AF670125

E. Voges · K. Petermann (Hrsg.)

Optische Kommunikationstechnik

Springer-Verlag Berlin Heidelberg GmbH

http://www.springer.de/engine-de/

E. Voges · K. Petermann (Hrsg.)

Optische Kommunikationstechnik

Handbuch für Wissenschaft und Industrie

Mit 908 Abbildungen

Springer

Professor Dr.-Ing. Edgar Voges
Universität Dortmund
Lehrstuhl für Hochfrequenztechnik
Otto-Hahn-Straße 6
44227 Dortmund
E-mail: voges@hft.e-technik.uni-dortmund.de

Professor Dr.-Ing. Klaus Petermann
Technische Universität Berlin
Fachgebiet Hochfrequenztechnik
Einsteinufer 25
10587 Berlin
E-mail: petermann@tu-berlin.de

ISBN 978-3-642-63134-4 ISBN 978-3-642-56395-9 (eBook)
DOI 10.1007/978-3-642-56395-9

Die Deutsche Bibliothek – CIP-Einheitsaufnahme

Voges, Edgar:
Optische Kommunikationstechnik : Handbuch für Wissenschaft und Industrie / Edgar Voges ;
Klaus Petermann. – Berlin ; Heidelberg ; New York ; Barcelona ; Hong Kong ; London ; Milan ; Paris ; Tokyo :
Springer, 2002
ISBN 978-3-642-63134-4

http://www.springer.de

Ursprünglich erschienen bei Springer-Verlag Berlin Heidelberg New York 2002
Softcover reprint of the hardcover 1st edition 2002

Einbandgestaltung: design & production, Heidelberg
Satz: Fotosatz-Service Köhler GmbH, Würzburg
Gedruckt auf säurefreiem Papier SPIN: 10697778 62/3020/M – 5 4 3 2 1 0

Vorwort

Faseroptische Nachrichtennetze sind heute eine entscheidene Grundlage der Informationsgesellschaft. Die ersten Glasfaserstrecken wurden vor etwa 20 Jahren installiert. Seitdem hat eine stürmische Entwicklung mit extrem schnell ansteigenden Anforderungen an Übertragungsbandbreite und Systemkapazität eingesetzt. Triebfedern sind dabei vor allem die Datenkommunikation und Internetanwendungen. Die Übertragungsrate folgte zunächst der Entwicklung der elektronischen Signalverarbeitung. Datenraten von 10 Gbit/s sind heute Stand der Technik; Systeme mit 40 Gbit/s Datenrate werden in Feldversuchen erprobt. Erbiumdotierte Faserverstärker mit vielen THz optischer Verstärkungsbandbreite erlauben eine dramatische Erhöhung der Übertragunskapazität einer Faser bis in den THz-Bereich durch die Einführung des Vielkanal-Wellenlängenmultiplex mit bis über 100 Wellenlängenkanälen. Diese Technik ermöglicht auch neue flexible Netzarchitekuren und eröffnet die Aussicht auf globale, optisch vermittelte transparente Nachrichtennetze.

Faseroptische Nachrichtennetze haben sich in der Weitverkehrstechnik, in Metronetzen, Hochgeschwindigkeits-Rechner-Verbindungen und für lokale Netze mit hohen Datenraten durchgesetzt; sie dringen heute auch in den Zugangsbereich vor.

Die Entwicklung der optischen Kommunikationstechnik ist keineswegs abgeschlossen, sie schreitet schnell voran bei Komponenten, Verfahren und Systemanwendungen. Der große Umfang der heute schon vorliegenden Erkenntnisse und Techniken fordert ein zusammenfassendes wissenschaftliches Nachschlagewerk in deutscher Sprache. Das Handbuch der optischen Kommunikationstechnik soll diesen Anforderungen gerecht werden. Es stellt die physikalisch/technischen Grundlagen der optischen Übertragungstechnik, die grundlegenden Komponenten und Verfahren sowie ausführlich die Systemanwendungen zusammen. Im Vordergrund stehen dabei Glas- oder auch Polymerfasern als Übertragungsmedium, Systemkomponenten wie Sender, Verstärker, Empfänger, Multiplexer und die vielgestaltigen Anwendungen in der Weitverkehrstechnik, den Datennetzen, den Zugangsnetzen und Verteilnetzen und letztlich auch optische Satellitenverbindungen und die Infrarot-Datenkommunikation.

Das Handbuch wendet sich an Ingenieure und Physiker in der Telekommunikationsindustrie, bei Netzbetreibern und in der Datenkommunikation. Es soll ihnen das Rüstzeug für ein grundlegendes Verständnis, für Anwendungen und Weiterentwicklungen der optischen Kommunikationstechnik bieten. Weiterhin soll es Wissenschaftlern und Studenten an Universitäten und Fachhochschulen für einen Überblick und das Einarbeiten in spezielle Gebiete dienen. Es ist das vorrangige Ziel des Handbuches, den neuesten Stand der Erkenntnisse und die Entwicklungslinien der optischen Kommunikationstechnik aufzuzeigen.

Es konnte eine große Anzahl namhafter Angehöriger von Universitäten, Forschungsinstituten und industriellen Forschungs- und Entwicklungsabteilungen gewonnen werden für eine sachgerechte und moderne Darstellung der einzelnen Gebiete. Die Herausgeber sind allen Autoren für ihre Beiträge und die damit verbundene große Mühe und Sorgfalt dankbar.

E. Voges
K. Petermann

Autorenverzeichnis

Amann, Markus-Christian, Prof. Dr., TU München, Walter Schottky Institut
Bach, Heinz-Gunter, Dr., Heinrich-Hertz-Institut für Nachrichtentechnik, Berlin
Bahl, André, Dr., Beilstein Informationssysteme, Frankfurt
Behm, Karl, Dr., Siemens HL-Fiber Optic, Berlin (jetzt: Hohen-Neuendorf)
Bogner, Georg, Dipl.-Ing., Osram Opto Semiconductors, Regensburg
Brinkmeyer, Ernst, Prof. Dr., TU Hamburg-Harburg
Bülow, Henning, Dr., Alcatel SEL, Stuttgart
Burkhard, Herbert, Dr., Darmstadt
Ebeling, Karl-Joachim, Prof. Dr., Universität Ulm
Elbers, Jörg-Peter, Dr., Siemens AG, München (jetzt: Marconi Ondata, Backnang)
Engel, Reinhard, Dr., Corning Cables Systems GmbH & Co. KG, Neustadt
Fischer, Georg, Dr., Siemens AG, München (jetzt: Ingenieurbüro Dr. Fischer, Gilching)
Fouckhardt, Henning, Prof. Dr., Universität Kaiserslautern
Freude, Wolfgang, Prof. Dr., Universität Karlsruhe
Geiger, Harald, Dr., Siemens AG, München (jetzt: Marconi Ondata, Backnang)
Gieschen, Nikolaus, Dipl.-Ing., T-Nova, Berlin
Gladisch, Andreas, Dr., T-Nova, Berlin
Glingener, Christoph, Dr., Siemens AG, München (jetzt: Marconi Ondata, Backnang)
Gottwald, Erich, Dr., Siemens AG, München
Großkopf, Gerd, Dr., Heinrich-Hertz-Institut für Nachrichtentechnik, Berlin
Hanik, Norbert, Dr., T-Nova, Berlin
Hansmann, Stefan, Dr., Opto Speed Deutschland, Darmstadt
Hoffmann, Detlef, Dr., Heinrich-Hertz-Institut für Nachrichtentechnik, Berlin
Kemeter, Karsten, Dr., Siemens AG, München
Kotten, Klaus, Dipl.-Ing., Siemens AG, München
Kropp, Jörg-Reinhardt, Dr., Infineon Technologies AG, Berlin
Krüger, Udo, Dr., Heinrich-Hertz-Institut für Nachrichtentechnik, Berlin
Krummlich, Peter, Dr., Siemens AG, München
März, Reinhardt, Dr., Infineon Technologies AG, München
Melchior, Hans, Prof. Dr., ETH-Zürich
Mende, Burkhard, Dipl.-Ing., Siemens AG, Berlin
Neyer, Andreas, Prof. Dr., Universität Dortmund
Oberschmid, Raimund, Dr., Osram Opto Semiconductors, Regensburg
Ohm, Gerhard, Dr., Bosch SatCom GmbH, Backnang (jetzt: Tesat-Spacecom, Backnang)
Petermann, Klaus, Prof. Dr., TU Berlin
Renner, Hagen, Dr., TU Hamburg-Harburg
Scheerer, Christian, Dipl.-Ing., Siemens AG, München
Schunk, Nikolaus, Dr., Robert Bosch GmbH, Hildesheim
Schwantes, Carsten, Dipl.-Ing., Infineon Technologies AG, Berlin
Ulrich, Reinhard, Prof. Dr., TU Hamburg-Harburg
Unrau, Udo, Dr., TU Braunschweig
van As, Harmen, Prof. Dr., TU Wien
Veith, Gustav, Dr., Alcatel SEL, Stuttgart
Voges, Edgar, Prof. Dr., Universität Dortmund

von Helmolt, Clemens, Dr., Heinrich-Hertz-Institut für Nachrichtentechnik, Berlin
Wedding, Berthold, Dr., Alcatel SEL, Stuttgart
Wiesmann, Theo, Dipl.-Ing., Bosch SatCom GmbH, Backnang (jetzt: Tesat-Spacecom, Backnang)
Weber, Hans-Georg, Prof. Dr., Heinrich-Hertz-Institut für Nachrichtentechnik, Berlin
Zengerle, Remigius, Prof. Dr., Universität Kaiserslautern

Inhaltsverzeichnis

1 Abkürzungsverzeichnis, physikalische Konstanten und Materialdaten

E. Voges, K. Petermann

1.1 Verzeichnis der Abkürzungen

A/D	analog/digital	Analog/Digital
ADM	add-drop multiplexer	Add-Drop Multiplexer
ADSL	asymmetric digital subscriber line	Asymmetrischer digitaler Teilnehmeranschluß
AEL	accessible emission limit	Grenzwert der zugänglichen Strahlung
APD	avalanche photodiode	Lawinenfotodiode
ASE	amplified spontaneous emission	Verstärkte spontane Emission
ASK	amplitude shift keying	Amplitudentastung
ATM	ansynchronous transfer mode	Asynchroner Transfer Modus
AWG	arrayed waveguide grating (multiplexer)	Wellenleiterfächer-(Multiplexer)
BER	bit error rate	Bitfehlerwahrscheinlichkeit
BEP	bit error probability	Bitfehlerwahrscheinlichkeit
BH	buried heterostructure	Vergrabene Heterostruktur
B-ISDN	broadband integrated service digital network	Breitbandiges diensteintegriertes digitales Netz
BK	-	Breitbandkommunikation
BPM	beam propagation method	Strahlausbreitungsberechnungsverfahren
CATV	cable television	Kabelfernsehen
CDM	code division multiplex	Codemultiplex
CDMA	code division multiple access	Vielfachzugriff im Codemultiplex
CMI	code mark inversion	-
CNR	carrier-to-noise ratio	Träger-Rausch-Verhältnis
CPA	coarse pointing assembly	Grobausricht-Mechanismus
CPFSK	continuous phase frequency shift keying	-
CPN	customer premises network	Firmeneigenes Netz
CSO	composite second order (distortion)	zusammengesetzte Verzerrungen 2. Ordnung
CSP	channeled substrate	-
CTB	composite triple beat	Zusammengesetzte Intermodulationsprodukte 3. Ordnung
CVD	chemical vapour deposition	Abscheidung aus der Dampfphase
CW	continuous wave	Dauerstrich
DBR-Laser	distributed bragg reflector laser	Laser mit verteiltem Bragg-Reflektor
DCF	dispersion compensating fiber	Dispersionkompensierende Faser
DCPBH	double channel planar buried heterostructure	-
DEMUX	Demultiplex(er)	Demultiplex(er)
DFB-Laser	distributed feedback laser	Laser mit verteilter Rückkopplung
DH	double heterostructure	Doppel-Heterostruktur

DOS	digital optical switch	Digitaler optischer Schalter
DPSK	differential phase-shift keying	Differentielle Phasenumtastung
DSF	dispersion shifted fiber	Dispersionsverschobene Faser
DST	dispersion supported transmission	Dispersionsunterstützte Übertragung
DWDM	dense wavelength division multiplex	Dichtes Wellenlängenmultiplex
EA	electro absorption	Elektroabsorption
EDFA	erbium-doped fibre amplifier	Erbium-dotierter Faser-Verstärker
EMBH	etched mesa buried heterostructure	
EMV	electromagnetic compatibility	elektromagnetische Verträglichkeit
EO	electro optical	elektrooptisch
ESA	exited state absorption	Absorption durch angeregte Zustände
FBG	fiber Bragg grating	Faser-Bragg-Gitter
FDDI	fiber distributed data interface	-
FDM	frequency division multiplex	Frequenzmultiplex
FDMA	frequency division multiple access	Vielfachzugriff im Frequenzmultiplex
FFT	fast fourier transform	Schnelle Fourier-Transformation
FITL	fiber in the loop	Glasfaser im Zugangsnetz
FM	frequency modulation	Frequenzmodulation
FOV	field of view	Gesichtsfeld
FP	Fabry-Perot	Fabry-Perot
FPA	fine pointing assemble	Feinausricht-Mechanismus
FSK	frequency shift keying	Frequenzumtastung
FSR	free spectral range	Freier Spektralbereich
FTTC	fiber to the curb	Glasfaser bis zum Bordstein
FTTH	fiber to the home	Glasfaser bis in die Wohnung
FWHM	full width half maximum	Halbwertsbreite
FWM	four-wave mixing	Vierwellenmischung
GEO	geostationary orbit	Geostationäre Umlaufbahn
GRIN	graded refractive index	Gradientenindex
GVD	group velocity dispersion	Chromatische Dispersion
GZS	accressible emission limit	Grenzwert der zugänglichen Strahlung
HDSL	high bit rate digital subscriber line	Hochbitratiger digitaler Teilnehmeranschluß
HDTV	high definition television	Hochauflösendes Fernsehen
I	radiant intensity	Strahlstärke
IF	intermediate frequency	Zwischenfrequenz (ZF)
IM	intensity modulation	Intensitätsmodulation
IM/DD	intensity modulaton/direct detection	Intensitätsmodulation/Direktdetektion
IP	internet protocol	Internetprotokoll
IrDA	Infrared Data Association	
IR	infrared	Infrarot
ISDN	integrated service digital network	Diensteintegriertes digitales Netz
ISI	intersymbol interference	Symbolübersprechen
ISL	intersatellite link	Intersatellitenverbindung
ITU	international telecommunication union	-
L-PAM	PAM of level L	PAM der Ordnung L
L-PPM	PPM of level L	PPM der Ordnung L
LAN	local area network	Lokales netz
LD	laser diode	Laserdiode
LED	light emitting diode	Lumineszenzdiode
LEO	low earth orbit	niedrige Umlaufbahn
LO	local oscillator	Lokaloszillator
LP	linearly polarised (mode)	Linear polarisierte (Eigenwelle)
LPE	liquid phase epitaxy	Flüssigphasenepitaxie
LPE	low phonon energy (glass)	Glas mit niedriger Phononenenergie
LT	line termination	Leitungsabschluß

LWL	light waveguide	Lichtwellenleiter
MAN	metropolitan area network	Mittelbereichsnetz
MBE	molecular beam epitaxy	Molekularstrahlepitaxie
MCRW	metal clad ridge waveguide	Metallbelegter Rippenwellenleiter
MCVD	modified chemical vapour deposition	Modifizierte CVD
MEO	medium earth orbit	mittlere Umlaufbahn
MFD	mode field diameter	Modenfelddurchmesser
MMI	multimode-interference	Multimode-Interferenz
MOCVD	metal organic chemical vapor deposition	Metallorganische Gasphasenepitaxie
MOMBE	metal organic MBE	Metallorganische Molekularstrahlepitaxie
MPE	maximum permissible exposure	maximal zulässige Bestrahlung
MQW	multiple quantum well	Vielfach-Quantentopfstruktur
MSK	minimum-shift keying	–
MSM	metal semiconductor metal	Metall-Halbleiter-Metall
MTBF	mean time between failure	Mittlere Zeit bis zum Ausfall
MTTF	mean time to failure	-
MUX	multiplex(er)	Multiplex(er)
MZ	Mach-Zehnder	Mach-Zehnder
MZB	maximum permissible exposure	maximal zulässige Bestrahlung
NA	numerical aperture	Numerische Apertur
Nd: YAG	neodymnium yitrium aluminium garnet	
NEP	noise equivalent power	Rauschäquivalente Leistung
NF	near field	Nahfeld
NIR	near infrared	Nahes Infrarot
NLS	non linear Schroedinger (equation)	Nichtlineare Schrödinger-Gleichung
NOLM	nonlinear optical loop mirror	Nichtlineares Faserring-Interferometer
NPRO	non-planar ring oscillator	Nichtplanarer Ringoszillator
NRZ	non return-to-zero	–
NZDF	non zero dispersion shifted fiber	Dispersionsverschobene Faser mit nichtverschwindender Dispersion
OADM	optical add-drop multiplexer	Optischer Add-Drop Multiplexer
OAM	operation, administration and maintenance	Betrieb, Administration und Instandhaltung
OEIC	optoelectronic integrated circuit	Optoelektronische integrierte Schaltung
OFDM	optical frequency division multiplexing	Optisches Frequenzmultiplex
OFDR	optical frequency domain reflectometry	Optische Frequenzbereichsreflektometrie
ONU	optical network unit	Teilnehmerseitige Glasfaseranschlußeinheit
OOK	on/off keying	–
OPAL	–	Optische Anschlußleitung
OPC	optical phase conjugation	Optische Phasenkonjugation
OPO	optical parametric oscillator	Optischer parametrischer Verstärker
OSI	open system interconnections	-
OTDM	optical time division multiplex	Optisches Zeitmultiplex
OTDR	optical time domain reflectometry	Optische Rückstreumeßtechnik
OVD	outside vapor deposition	Außenseitige Dampfphasenabscheidung
OXC	optical cross connect	Optischer Cross-Connect
PA	point ahead	Vorhalte(winkel)
PAM	pulse amplitude modulation	Puls-Amplitudenmodulation
PAT	pointing, acquisition and tracking	Ausrichtung, Verbindungsaufbau und Nachführung

PCM	pulse code modulation	Pulscodemodulation
PCS	plastic-cladded silica	–
PD	photo diode	Photodiode
PDF	probability density function	Wahrscheinlichkeitsdichtefunktion
PDFA	praseodymium doped fiber amplifier	Praseodym dotierter Faserverstärker
PDG	polarization dependent gain	Polarisationsabhängiger Gewinn
PDH	plesiosynchronous digital hirarchy	Plesiosynchrone digitale Hierarchie
PDL	polarisation dependent loss	Polarisationsabhängige Verluste
PECVD	plasma-enhanced chemical vapor desposition	Plasmaunterstützte Abscheidung aus der Dampfphase
PFM	pulse frequency modulation	Pulsfrequenzmodulation
PIC	photonic integrated circuit	Photonische integrierte Schaltung
PLL	phase locked loop	Phasenregelkreis
PLZT	Pb-La-Zr-Ti (lead lanthanum zirconate titanate)	Blei-Lanthan-Zirkonat-Titanat
PM	phase modulation	Phasenmodulation
PM	polarisation maintaining	Polarisationserhaltend
PMD	polarisation mode dispersion	Polarisationsmodendispersion
PMMA	polymethylmethycrylate	Polymethylmethacrylat
PMSMF	polarization maintaining single mode faser	Polarisationserhaltende Monomodefaser
POF	plastic optical fiber	Plastikfaser/Polymerfaser
PON	passive optical network	Passives optisches Netz
POTS	plain old telephone service	Analoger Telefondienst
PPM	pulse-position modulation	Pulspositionsmodulation
PSK	phase shift keying	Phasenumtastung
PSP	principal state of polarization	Polarisationshauptzustand
QAM	quadratur amplitude modulation	Quadratur-Amplitudenmodulation
QCSE	quantum confined Stark effect	–
QPSK	quaternary phase shift keying	quaternäre Phasenumtastung
QW	quantum well	Quantentopf
REM	scanning electron microscope (SEM)	Rasterelektronenmikroskop
RF	radio frequency	Hochfrequenz (HF)
RFA	Raman fiber amplifier	Raman-Faserverstärker
RIBE	reactive ion beam etching	Reaktives Ionenstrahlätzen
RIE	reactive ion etching	Reaktives Ionenätzen
RIN	relative intensity noise	Relatives Intensitätsrauschen
RNF	refracted nearfield (method)	Strahlenbrechungsmethode
RX	receiver	Empfänger
RZ	return-to-zero	–
SBS	stimulated Brillouin scattering	Stimulierte Brillouinstreuung
SCM	subcarrier multiplex	Hilfsträgermultiplex
SDH	synchronous digital hirarchy	Synchrone digitale Hierarchie
SDM	space division multiplex	Raummultiplex
SEED	self electro-optic effect device	–
SEM	scanning electron microscope	Rasterelektronenmikroskop (REM)
SLALOM	semiconductor laser amplifier loop mirror	Interferometer-Schalter mit Halbleiter-Laserverstärker
SMD	surface mounted device	Oberflächenmontiertes Bauelement
SNR	signal to noise ratio	Signal-zu-Rausch-Verhältnis
SOA	semiconductor optical amplifier	Halbleiter-Laserverstärker
SONET	synchronous optical network	Synchrones optisches Netz
SOP	state of polarisation	Polarisationszustand
SPM	self-phase modulation	Selbstphasenmodulation
SRS	stimulated raman scattering	Stimulierte Ramanstreuung
SSMF	standard single mode fibre	Standard-Einmodenfaser

STM	synchronous transport module	Synchrones Transportmodul
TDM	time division multiplex	Zeitmultiplex
TDMA	time division multiplex access	Vielfachzugriff im Zeitmultiplex
TE	transverse electric	Transversal elektrisch
TEM	transverse electromagnetic	Transversal elektromagnetisch
Tln	–	Teilnehmer
TM	transverse magnetic	Transversal magnetisch
TM/TC	telemetry and telecommand	Telemetrie und Telekommando
TMN	telecommunication management network	Telekommunikations-Management-Netz
TPON	telephony passive optical network	Passives optisches Netz für Telefonverkehr
TX	transmitter	Sender
UV	ultra-violet	Ultraviolett
VAD	vapor phase axial deposition	Axiale Dampfphasenabscheidung
VCSEL	vertical cavity surface emitting laser	Oberflächenemittierender Laser mit Vertikalresonator
VFIR	Very Fast IR	
VHDSL	very high bit rate digital subscriber line	Teilnehmeranschlußleitung für hohe Bitraten
VLSI	very large scale integration	Größtintegration
VPE	vapour phase epitaxy	Gasphasenepitaxie
WAN	wide area network	Fernbereichsnetz
WDM	wavelength division multiplex	Wellenlängenmultiplex
WFE	wave front error	Wellenfrontfehler
WKB	Wentzel-Kramers-Brillouin (method)	Wentzel-Kramers-Brillouin (Methode)
WLAN	wireless LAN	drahtloses LAN
XGM	cross-gain modulation	Kreuzgewinnmodulation
XPM	cross-phase modulation	Kreuzphasenmodulation
YAG	yttrium aluminum garnet	Yttrium-Aluminium-Granat
YIG	yttrium iron garnet	Yttrium-Eisen-Granat
ZBLAN	Zr-Ba-La-Al-Na (fluoride glass)	Zirkon-Barium-Lanthan-Aluminium-Natrium-Fluorid Glas
ZF	intermediate frequency (IF)	Zwischenfrequenz

1.2 Physikalische Konstanten und Materialdaten

1.2.1 Physikalische Konstanten

Größe/Formelzeichen	Zahlenwert/Einheit
Lichtgeschwindigkeit im Vakuum c	$2{,}99792458 \cdot 10^{8}$ m/s
Elementarladung e	$1{,}602176462 \cdot 10^{-19}$ As
Elektrische Feldkonstante ε_0	$8{,}854187817 \cdot 10^{-12}$ As/(Vm)
Magnetische Feldkonstante $\mu_0 = 1/(c^2\varepsilon_0)$	$4\pi \cdot 10^{-17}$ Vs/(Am) = $1{,}256637061 \cdot 10^{-6}$ Vs/(Am)
Boltzmann Konstante k_B	$1{,}3806503 \cdot 10^{-23}$ J/K
Elektronenruhemasse m_0	$9{,}10938188 \cdot 10^{-31}$ kg
Plancksches Wirkungsquantum h	$6{,}62606876 \cdot 10^{-34}$ Ws^2
Avogadro Konstante N_{AV}	$6{,}02214199 \cdot 10^{23}$ Mol^{-1}

Referenz

Peter J. Mohr and *Barry N. Taylor*, CODATA Recommended Values of the Fundamental Physical Constants: 1998, *Journal of Physical and Chemical Reference Data*, Vol. 28, No. 6, S. 1713–1852, Nov. 1999 and *Reviews of Modern Physics*, Vol. 72, No. 2, 2000. (siehe auch http://physics.nist.gov/constants)

1.2.2
Brechzahl ausgewählter Gläser

Sellmeier-Formel:

$$n^2(\lambda) - 1 = \frac{B_1\lambda^2}{\lambda^2 - C_1} + \frac{B_2\lambda^2}{\lambda^2 - C_2} + \frac{B_3\lambda^2}{\lambda^2 - C_3},$$

λ ist in µm einzusetzen.

	B_1	B_2	B_3	C_1 in µm^2	C_2 in µm^2	C_3 in µm^2
1 Quarzglas [1]	0,6961663	0,4079426	0,8974794	0,004679148	0,01351206	97,934002
2 mit 7,9% GeO_2 [2]	0,7136824	0,4254807	0,8964226	0,003808952	0,01614969	97,93401
3 BK 7 [3]	1,0853010	0,18606907	1,0143012	0,0063702457	0,021368361	104,29043
4 Herasil [4]	0,71902241	0,38530175	0,90246602	0,0048090215	0,013783899	98,6413834
5 Suprasil [5]	0,68521188	0,41890476	0,53086489	0,00461716793	0,013408000	58,6194632

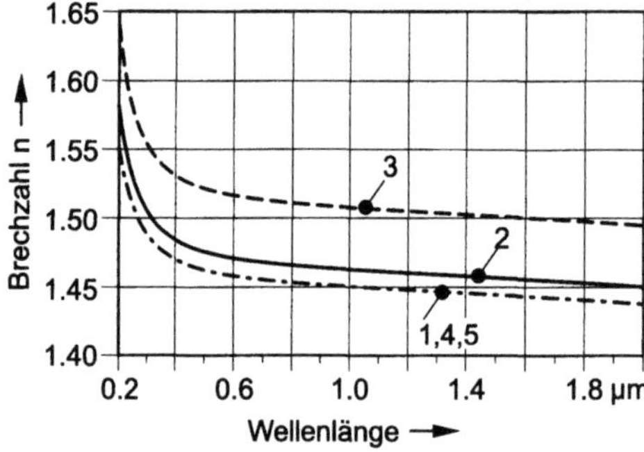

Abb. 1.1. Wellenlängengang der Brechzahl der Gläser [1–5]

Referenzen

[1] *Maltison, I.H.*: Interspecimen Comparison of the Refractive Index of Fused Silica, Journal of the Optical Society of America, Vol. 55, Nr. 10 (Oktober 1965), S. 1205ff (0,21 µm bis 3,71 µm)

[2] *Kobayashi, S.* u. a.: Refractive-index Dispersion of Doped Fused Silica, Tagungsband zur IOOC '77, Tokio 1977, S. 309–311 (aus S. Geckler, Lichtwellenleiter für die optische Nachrichtenübertragung, Springer-Verlag (0,6 µm bis 2 µm)

[3] Schott Glaswerke, Technische Information – Optisches Glas Nr. 23, August 1988 (0,365 µm bis 2,3 µm)

[4] Quarzglas Herasil und Homosil, Heraeus Quarzglas, Hanau, Datenblatt (Messung: Schott Glaswerke, 1993; 0,297 µm bis 2,32 µm), Herasil und Homosil sind eingetragene Warenzeichen der Firma Heraeus Quarzglas

[5] Synthetisches Quarzglas für UV-Anwendungen Suprasil 311, Heraeus Quarzglas, Hanau, Datenblatt (Messung: Ohara Inc. Measurement Service Center, 1997) (0,185 µm bis 1,014 µm), Suprasil ist ein eingetragenes Warenzeichen der Firma Heraeus Quarzglas

1.2.3
Komplexe Brechzahl n – jκ von Metallen

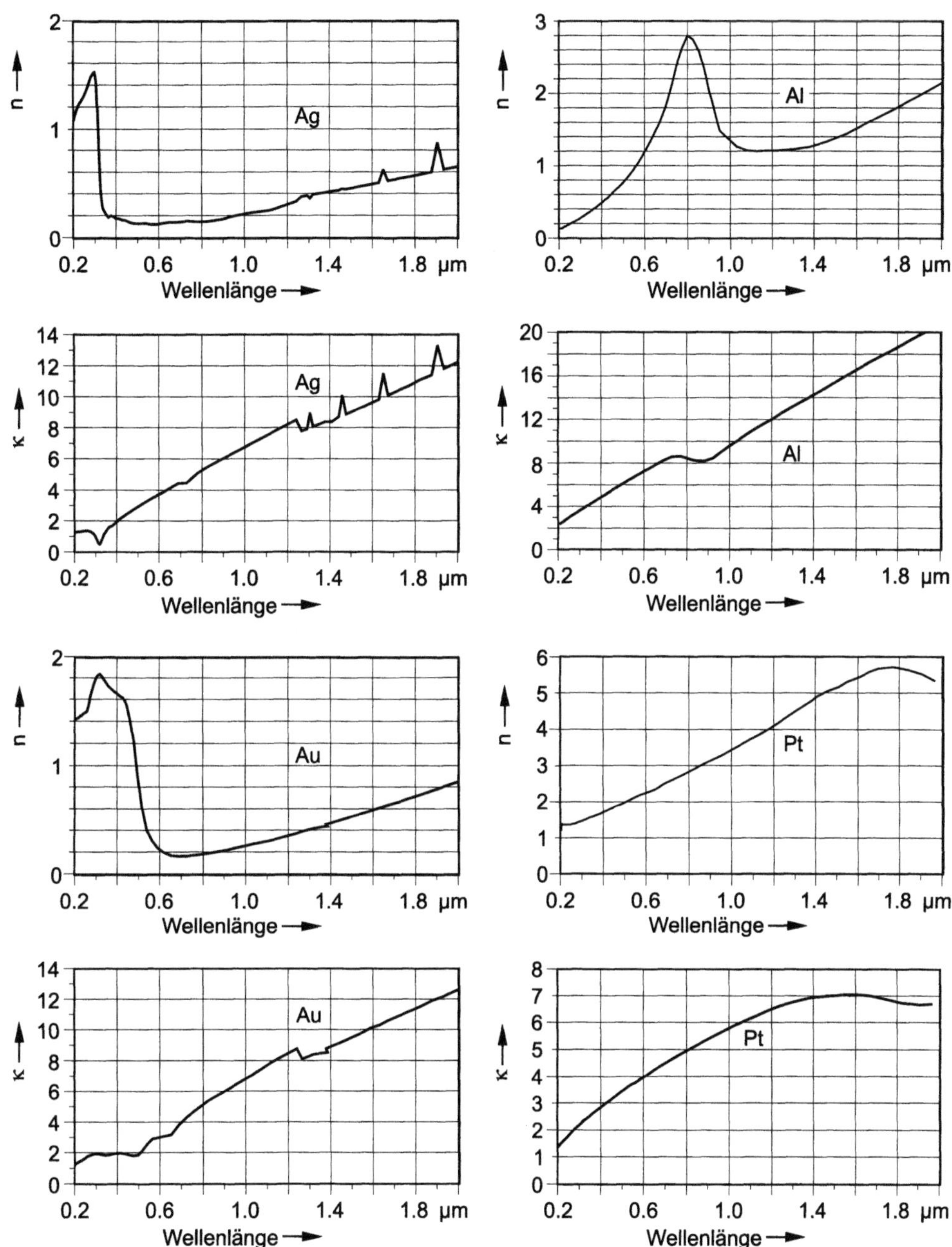

Referenz

Palik E.D. (Hrsg.), *Handbook of Optical Constants of Solids*, Academic Press, San Diego, 1998

1.2.4
Komplexe Brechzahl $n - j\kappa$ und Amplitudendämpfungskonstante $\alpha = 2\pi\ \kappa/\lambda$ von Silizium

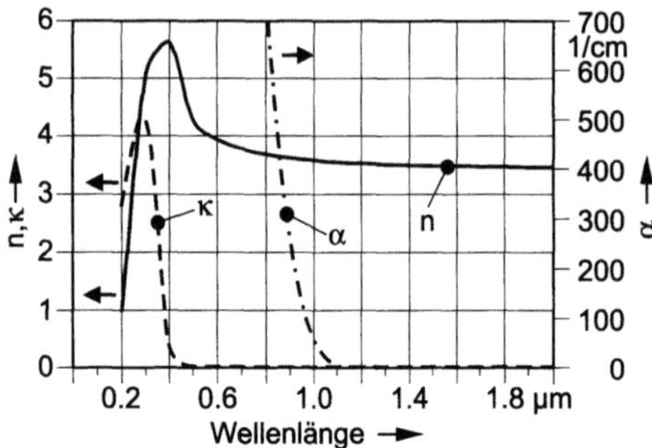

Referenz

Hüll R. (Hrsg.), *Properties of Crystalline Silicon*, EMIS Datareviews, Series No. 20, INSPEC, The Institution of Electrical Engineers, London 1999

1.2.5
Materialparameter Si, Ge, GaAs, InP

Größe/Formelzeichen	Einheit	Si	Ge	GaAs	InP
Elektronische Eigenschaften (T = 300 K)					
Gitterstruktur		Diamant	Diamant	Zinkblende	Zinkblende
Gitterkonstante α	nm	0,543 [1]	0,566 [1]	0,565 [1]	0,587 [1]
Dielektrizitätszahl ε_r		11,7 [1]	16,2 [1]	12,9 [1]	12,56 [1]
Bandabstand W_G	eV	1,124 [1] (indirekt)	0,664 (indirekt)	1,424 [3] (direkt)	1,344 [3] (direkt)
Effektive Massen, Elektronen m_n^*	m_0	0,916 [2]	1,590 [2]	0,063 [3]	0,077 [3]
Löcher (hh) m_h^*	m_0	0,49 [1]	0,33 [1]	0,50 [3]	0,60 [3]
Eigenleitungskonzentration n_i	cm^{-3}	$1,02 \cdot 10^{10}$ [1]	$2,33 \cdot 10^{13}$ [1]	$2,1 \cdot 10^{6}$ [1]	$1,31 \cdot 10^{7}$ [1]
Effekt. Zustandsdichte,					
Leitungsband N_L	cm^{-3}	$3,2 \cdot 10^{19}$ [1]	$1,0 \cdot 10^{19}$ [1]	$4,7 \cdot 10^{17}$ [1]	$5,7 \cdot 10^{17}$ [1]
Valenzband N_V	cm^{-3}	$1,8 \cdot 10^{19}$ [1]	$5,0 \cdot 10^{18}$ [1]	$9,0 \cdot 10^{18}$ [1]	$1,1 \cdot 10^{19}$ [1]
Beweglichkeiten, Elektronen μ_n	$cm^2/(Vs)$	1450	3900	9200	5370
Löcher (hh) μ_h	$cm^2/(Vs)$	370	1800	400	150
Durchbruchsfeldstärke E_B	V/cm	$\approx 3 \cdot 10^5$ [1]	$\approx 1 \cdot 10^5$ [1]	$\approx 4 \cdot 10^5$ [1]	$\approx 5 \cdot 10^5$ [1]
Optische Eigenschaften (300 K)					
Brechzahl n 600 nm		3,942 [5]	5,696 [6]	3,998 [4]	3,552 [4]
800 nm		3,679 [5]	4,68 [6]	3,897 [4]	3,374 [4]
1300 nm		3,508 [5]	4,3 [6]	3,644 [4]	3,2691 [4]
1500 nm		3,485 [5]	4,26 [6]	3,518 [4]	3,22085 [4]

Größe/Formelzeichen	Einheit	Si	Ge	GaAs	InP
Optische Eigenschaften (300 K)					
Extinktionskoeffizient κ 600 nm		0,018 [5]	[7]	0,289 [4]	1,000 [4]
800 nm		0,04 [5]		0,068 [4]	0,239 [4]
1300 nm		0,000 [5]		0,000 [3]	0,000 [3]
1550 nm		0,000 [5]		0,000 [3]	0,000 [3]
Elektrooptischer Koeffizient r_{41}	m/V	–	–	$1{,}2 \cdot 10^{-12}$	$1{,}3 \cdot 10^{-12}$
Thermooptischer Koeffizient k_T 1300 nm	K^{-1}	$1{,}923 \cdot 10^{-4}$	$\approx 5 \cdot 10^{-4}$ (1900 nm)	$2{,}5 \cdot 10^{-4}$ (1150 nm)	
1550 nm	K^{-1}	$1{,}818 \cdot 10^{-4}$			
Thermische Eigenschaften					
Atomgewicht	u	28,1 [1]	72,6 [1]	–	–
Dichte δ	g/cm^3	2,329 [1]	5,323 [1]	5,317 [1]	4,81 [1]
Schmelzpunkt C	K	1,685 [1]	1210 [1]	1513 [1]	1333 [1]
spez. Wärmekapazität c_p	Ws/(kg)	0,7 [1]	0,31 [1]	0,33 [1]	0,31 [1]
Wärmeleitfähigkeit λ	W/(Kcm)	1,3 [1]	0,58 [1]	0,55 [1]	0,68 [1]
Temperaturleitfähigkeit $\alpha = \lambda/(\delta c_p)$	cm^2/s	0,8 [1]	0,36 [1]	0,31 [1]	0,372 [1]
Längen-Ausdehnungskoeffizient (300 K) α_T	K^{-1}	$2{,}6 \cdot 10^{-6}$ [1]	$5{,}9 \cdot 10^{-6}$ [1]	$5{,}73 \cdot 10^{-6}$ [1]	$4{,}60 \cdot 10^{-6}$ [1]
Mechanische Eigenschaften					
C_{11}	GPa	165,6 [1]	126,0 [1]	118,8 [1]	101,1 [1]
C_{12}	GPa	64,0 [1]	44,0 [1]	53,4 [1]	56,1 [1]
C_{44}	GPa	79,6 [1]	67,7 [1]	59,6 [1]	45,6 [1]
(100) E-Modul	GPa	130,0 [1]	103,0 [1]	85,9 [1]	61,1 [1]
(100) Poisson-Zahl		0,28 [1]	0,26 [1]	0,31 [1]	0,36 [1]
Bulk-Modulus	GPa	98,0 [1]	75,0 [1]	75,3 [1]	71,1 [1]

[1] *Levinstein M.* et al.: *Semiconductor Parameters*, Bd. 1, World Scientific

[2] Conduction band masses in Si and Ge are averaged over the crystal direction, values from [1]

[3] Landolt-Börnstein, *Zahlenwerte und Funktionen aus Naturwissenschaft und Technik*, Neue Serie, 3. Auflage, Band 17a, Springer-Verlag, Berlin, 1990

[4] Interpolation aus Landolt-Börnstein, 3. Auflage, Bd. 17 a

[5] *Properties of Crystalline Silicon*, EMIS Datareviews, Series 20, INSPEC, The Institution of Electrical Engineers, London, 1999

[6] *Gosh, Gorachand: Handbook of Thermo-Optic Coefficients of Optical Materials with Applications*, Academic Press, 1998, S. 472 ff.

[7] Daten veraltet oder nicht zuverlässig

1.2.6 Materialparameter Lithiumniobat

Materialeigenschaften von $LiNbO_3$ sind in einer Vielzahl von Arbeiten publiziert, viele Daten sind nicht konsistent. Die folgenden Daten beziehen sich auf die kongruente Zusammensetzung.

$LiNbO_3 : Li_2O - Nb_2O_5$	
kongruente Zusammensetzung	48,45 mol % Li_2O [3] 48,38 mol % Li_2O [4]
Schmelzpunkt	1513 K [5]
Ferroelektrische Curie-Temperatur	1403 K [4] 1415 K [3]
Punktgruppe	Trigonal, 3m
Raumgruppe	R3C
Gitterkonstante (c: hexagonale c-Achse)	$C_H = 1{,}386$ nm [4, 5] $a_H = 0{,}515$ nm
Dichte	$\varrho = 4{,}65$ g/cm^3 [3, 5]
Linearer thermischer Ausdehnungskoeffizient (298 K)	$\alpha_C = 4{,}8 \cdot 10^{-6}$/K [5] $\alpha_a = 15{,}2 \cdot 10^{-6}$/K
Dielektrizitätszahl (Raumtemperatur)	$\varepsilon_{11}^T/\varepsilon_0 = 83{,}3$, $\varepsilon_{33}^T/\varepsilon_0 = 28{,}5$ [6] $\varepsilon_{11}^T/\varepsilon_0 = 84{,}6$, $\varepsilon_{33}^T/\varepsilon_0 = 29{,}1$ [4, 5] $\varepsilon_{11}^S/\varepsilon_0 = 44{,}9$, $\varepsilon_{33}^S/\varepsilon_0 = 26{,}7$ [6] $\varepsilon_{11}^S/\varepsilon_0 = 44{,}3$, $\varepsilon_{33}^S/\varepsilon_0 = 27{,}6$ [4, 5]

Außerordentliche (n_e) und ordentliche (n_o) Brechzahl

Wellenlängen-/Temperaturabhängigkeit:

$$n^2 = A_1 + \frac{A_2 + B_1 F}{\lambda^2 - (A_3 + B_2 F)^2} + B_3 F - A_4 \lambda^2$$

λ in nm,
$F = (T - 24{,}5)(T + 570{,}5)$,
T in °C

	n_e^2	n_o^2	
A_1	4,582	4,9048	[5, 7, 8]
A_2	$9{,}921 \cdot 10^4$	$1{,}178 \cdot 10^5$	
A_3	$2{,}109 \cdot 10^2$	$2{,}1802 \cdot 10^2$	
A_4	$2{,}194 \cdot 10^{-8}$	$2{,}7153 \cdot 10^{-8}$	
B_1	$5{,}2716 \cdot 10^{-2}$	$2{,}2314 \cdot 10^{-3}$	
B_2	$-4{,}9143 \cdot 10^{-5}$	$2{,}9671 \cdot 10^{-5}$	
B_3	$2{,}2971 \cdot 10^{-7}$	$2{,}1429 \cdot 10^{-8}$	

Lineare elektrooptische Koeffizienten in pm/V [5]	$r_{13}^T = 10, r_{22}^T = 6,8, r_{33}^T = 32,6,$ $r_{51}^T = 32,6,$ $r_{13}^S = 8,6, r_{22}^S = 3,4, r_{33}^S = 30,8,$ $r_{51}^S = 28$
Nichtlineare optische Koeffizienten d_{ij} in pm/V bei $\lambda = 1313$ nm	$d_{33} = 9,5, d_{31} = 3,2$ [9]
Elastische, piezoelektrische und fotoelastische Parameter	s. [1–6, 10]

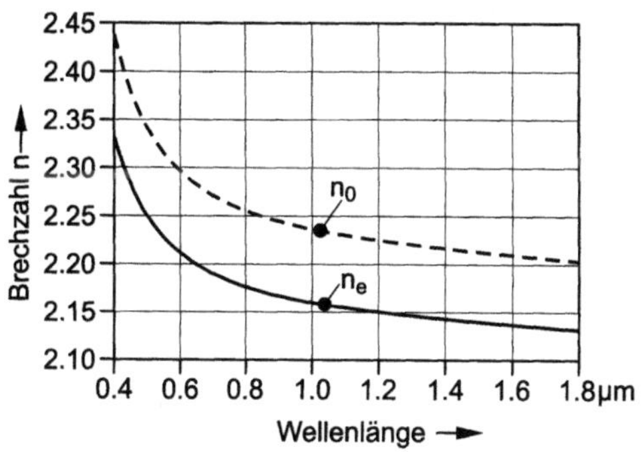

Abb. 1.2. Wellenlängengang von ordentlicher (n_o) und außerordentlicher (n_e) Brechzahl von $LiNbO_3$ für $T = 25\,°C$

Referenzen

[1] *Räuber, A.*: „Chemistry and Physica of Lithium Niobate", in: E. Kaldis (Hrsg.), Current Topics in Material Science Bd. 1, North-Holland Publishing Company, Amsterdam, 1979, S. 481–601

[2] *Weis, R.S.; Gaylord, T.K.*: „Lithium Niobate: Summary of Physical Properties and Crystal Structure", Applied Physics Bd. 1 A37, 1985, S. 191–203

[3] Lithium-Niobate, Optical Crystals, Unterlagen Crystal Technology Inc., Palo Alta, USA, 1999

[4] Landolt-Börnstein, Zahlenwerte und Funktionen aus Naturwissenschaft und Technik, Neue Serie, Gruppe III, Band 28, Springer-Verlag, Berlin, 1990, S. 105–109, 302–309

[5] „Properties of Lithium Niobate", EMIS Datareviews Series No. 5, INSPEC, The Institution of Electrical Engineers, London, 1989

[6] *Kovacs G.* et al.: „Improved Material Constants for $LiNbO_3$ and $LiTaO_3$", Proceedings IEEE Ultrasonics Symposium 1990, S. 435–438

[7] *Smith, D.S.; Riccius, H.D.*: „Refractive Indices of Lithium Niobate", Optics Communications Bd. 17, 1976, S. 332–335

[8] *Edwards, G.J.; Lawrence, M.*: „A Temperature-Dependent Dispersion Equation for Congruently Grown Lithium Niobate", Optical and Quantum Electron. Bd. 16, 1984, S. 373–375

[9] *Shoji, I.* et al.: „Absolute Scale of Second-Order Nonlinear-Optical Coefficients", J. Opt. Soc. Am. Bd. 14, 1997, S. 2268–2294

[10] *Kushibiki, J.* et al.: „Accurate Measurements of the Acoustical Physical Constants of $LiNbO_3$ and $LiTaO_3$ single crystals", IEE Transactions Ultrasonics, Ferroelectrics and Frequency Control., Bd. 46, 1999, S. 1315–1323

Elektromagnetische Wellen: Grundlagen 2

R. Ulrich

Allgemeine Literatur
S. Ramo, J.R. Whinnery and *T. Van Duzer*, Fields and Waves in Communication Electronics, Wiley, N.Y. (1965) – *A. Yariv*, Optical Electronics in Modern Communications, Oxford University Press, New York, (1997) – *M. Born* and *E. Wolf*, Principles of Optics, Pergamon, Oxford (1964) – *L.D. Landau* and *E.M. Lifshitz*, Electrodynamics of continuous media, Pergamon (1960) – *E. Hecht*, Optik, Addison-Wesley, Bonn (1989)

2.1 Übersicht

Elektromagnetische Wellen, die sich entlang dielektrischer Strukturen im Raum ausbreiten, bilden die Grundlage der optischen Kommunikationstechnik. Die Gesamtheit dieser Wellen ist Lösung der Maxwell-Gleichungen. Der Ingenieur, der eine Komponente des optischen Kommunikationsnetzes entwickeln oder beurteilen will, benötigt davon nur Teillösungen, und diese auch nur näherungsweise. Er gewinnt sie mit Hilfe von Begriffen, Modellen und „Gesetzen", die bestimmte technische Aspekte vereinfachend und idealisierend herausstellen. Diese Grundlagen sind vielfach miteinander verflochten, aufeinander aufbauend, und sie lassen sich auf verschiedenste Weisen hierarchisch anordnen. Es ist die „Kunst" des Ingenieurs, die „richtige" dieser Hierarchien zu wählen, um darin eine Beschreibung seines Problems auf möglichst einfacher Stufe zu finden.

Die folgende Darstellung hat zum Ziel, die in diesem Sinne grundlegenden Begriffe elektromagnetischer Wellen und deren Anwendung in der optischen Kommunikationstechnik nach Art einer „Formelsammlung" zu erläutern und ihre Zusammenhänge aufzuzeigen.

2.2 Grundbegriffe

Viele unserer praktischen Erfahrungen lassen sich qualitativ verstehen und quantitativ beschreiben mit der Vorstellung, daß es elektrische „Ladungen" gibt, und daß der Raum, in dem wir leben, von elektrischen und magnetischen „Feldern" erfüllt ist, die miteinander und mit den Ladungen wechselwirken. Die Felder hängen vom Ort $\boldsymbol{r}$ und der Zeit t ab. Ihre Wechselwirkungen werden durch die Verteilung der vorhandenen Materie beeinflußt.

2.2.1 Elektrische Ladung, Strom

Elektrische *Ladungen* existieren mit zweierlei Vorzeichen, *positiv* und *negativ*. Ladungen beiderlei Vorzeichens könnten gleichzeitig im gleichen Volumen V und formal sogar am gleichen Ort $\boldsymbol{r}$ vorhanden sein. Ihre Wirkungen überlagern sich dann algebraisch, d.h. unter Berücksichtigung der Vorzeichen. Sind in V zwei Teilladungen q_1 und q_2 vorhanden, so wirkt nach außen die *Gesamtladung* $q = q_1 + q_2$. Haben q_1 und q_2 gleiche absolute Größe, aber entgegengesetzte Vorzeichen, $q_1 = -q_2$, so verschwindet die Gesamtladung, $q_1 + q_2 = 0$, und das Volumen V ist elektrisch neutral.

Für alle bekannten Prozesse ist empirisch belegt, daß die Gesamtladung erhalten bleibt. Das *Gesetz der Ladungserhaltung* wird deshalb als Naturgesetz angesehen. Danach kann Ladung weder entstehen noch verschwinden. Wohl aber können durch *Ladungstrennung* gleich große Ladungen entgegengesetzten Vorzeichens gleichzeitig entstehen oder durch *Rekombination* verschwinden. Die Dimension der Ladung ist $[As]$.

Als elektrische *Raumladungsdichte* ϱ bezeichnet man das Verhältnis von Ladung Δq zu dem von der Ladung erfüllten Volumen ΔV im Grenzfall infinitesimal kleinen Volumens,

$\varrho = \lim_{\Delta V \to 0} (\Delta q/\Delta V)$. Ihre Dimension ist $[Asm^{-3}]$. Die Raumladungsdichte ist ein skalares Feld, von Ort und Zeit abhängig, $\varrho = \varrho(r, t)$. Integration von ϱ über ein endliches Volumen V liefert die in V enthaltene Gesamtladung

$$q(t) = \int_V \varrho(r,t)\, dV\,. \tag{2.1}$$

Bewegte Ladung bedeutet *elektrischen Strom*. Tritt durch eine gegebene Fläche in der Zeit Δt die elektrische Ladung Δq, so fließt durch diese Fläche der Strom der Stärke $I = \lim_{\Delta t \to 0} (\Delta q/\Delta t)$. Die Stromstärke variiert allgemein mit der Zeit, $I = I(t)$, bei *Gleichstrom* ist $I =$ const. Gelegentlich wird unterschieden zwischen „Konvektionsstrom", wenn sich die Ladungsträger im freien Raum bewegen, und „Leitungsstrom", wenn sie sich im Inneren eines „Leiters" bewegen. Formal tritt elektrischer Strom auch ohne bewegte Ladung als sogenannter „Verschiebungsstrom" auf, wenn ein elektrisches Feld sich ändert. Die Einheit der Stromstärke ist $[A]$.

Im Hinblick auf ihre Bewegungsmöglichkeit ist es zweckmäßig, Ladungen in „freie" und „gebundene" zu unterteilen. Die „freien" Ladungen sind solche mit quasi unbegrenztem Bewegungsspielraum, z. B. Elektronen im Vakuum oder Leitungselektronen in einem Metall. Sie tragen den elektrischen Strom bis herab zur Frequenz $f \to 0$ (Gleichstrom). Im Gegensatz dazu können Ladungen, die als Bausteine von Materie (insbesondere von Festkörpern) elastisch an einen Ort gebunden sind, sich nur begrenzt bewegen. Sie sind Ursache der dielektrischen *Polarisierbarkeit*, die bei höheren Frequenzen einen entscheidenden Beitrag zum (Verschiebungs-Wechsel-) Strom liefert.

Bewegte Raumladungsdichte bedeutet elektrische *Stromdichte* $\boldsymbol{S}(\boldsymbol{r}, t)$. Diese ist ein Vektorfeld, abhängig von Ort und Zeit, mit der Dimension $[Am^{-2}]$. Die Bewegung der Ladungsdichte $\varrho(\boldsymbol{r}, t)$ mit der lokalen Bewegungsgeschwindigkeit $\boldsymbol{v}_D(\boldsymbol{r}, t)$ erzeugt die Stromdichteverteilung

$$\boldsymbol{S}(\boldsymbol{r},t) = \varrho(\boldsymbol{r},t)\, \boldsymbol{v}_D(\boldsymbol{r},t)\,. \tag{2.2}$$

Tritt diese durch ein Flächenelement dA, das durch seinen Normalenvektor $\boldsymbol{dA}$ charakterisiert wird, so fließt durch dA ein Strom dI. Er ist durch das Skalarprodukt $dI = \boldsymbol{S}(\boldsymbol{r}, t)\, \boldsymbol{dA}$ gegeben. Dabei ist zu beachten, daß dem Strom dI eine Richtung und ein Vorzeichen zugeordnet sind: Das Flächenelement dA besitzt eine Seite 1 und eine Seite 2, wobei $\boldsymbol{dA}$ von der Seite 1 zur Seite 2 gerichtet ist. Damit bezeichnet dI die Ladung pro Zeiteinheit, die von der Seite 1 zur Seite 2 durch dA hindurchtritt. Sie kann positiv oder negativ sein.

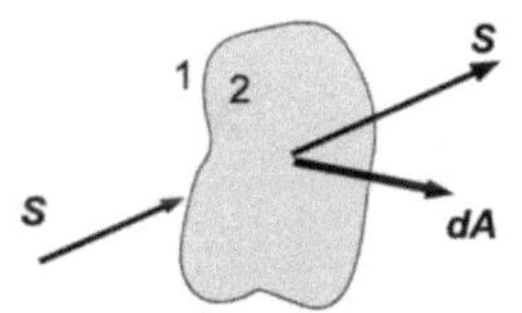

Abb. 2.1. Der Strom $dI = \boldsymbol{S}(\boldsymbol{r}, t)\, \boldsymbol{dA}$ fließt von der Seite 1 zur Seite 2 des Flächenelementes $\boldsymbol{dA}$

Wegen der Ladungserhaltung besteht für die Stromdichteverteilung $\boldsymbol{S}(\boldsymbol{r}, t)$ eine *Kontinuität der Ladungsströmung*. Für jedes endliche Volumen V mit nach außen gerichteten Oberflächenelementen $\boldsymbol{dA}$ gilt

$$I(t) = \oint_{(A)} \boldsymbol{S}(\boldsymbol{r},t)\, \boldsymbol{dA} = -\, dq(t)/dt\,. \tag{2.3}$$

Diese Integration ist über die gesamte Oberfläche A von V zu erstrecken. Damit zeigt (2.3), wie der aus V herausfließende Strom $I(t)$ die in V enthaltene Ladung $q(t)$ vermindert. Durch Übergang zu einem infinitesimal kleinem Volumen folgt aus der „integralen" Formulierung (2.3) der Ladungserhaltung die „differentielle" Fassung. Mit dem „Nabla"-Operator [1, 2, 3]

$$\nabla \boldsymbol{S}(\boldsymbol{r},t) = -\, d\varrho/dt\,. \tag{2.4}$$

Zur Beschreibung 2-dimensionaler oder 1-dimensionaler Strukturen werden vorstehende Begriffe in naheliegender Weise eingeschränkt. Eine *Flächenladungsdichte* hat die Dimension $[Asm^{-2}]$, eine *lineare Ladungsdichte* die Dimension $[Asm^{-1}]$. Bei einem *Flächenstrom*, bei dem die Ladungsträgerbewegung auf eine dünne Schicht begrenzt ist, wird die *Flächenstromdichte* in $[Am^{-1}]$ angegeben.

2.2.2 Elektrische, magnetische Felder

Die grundlegenden elektromagnetischen Feldgrößen sind die beiden elektrischen Felder $\boldsymbol{E}(\boldsymbol{r}, t)$ und $\boldsymbol{D}(\boldsymbol{r}, t)$, sowie die beiden magnetischen Felder $\boldsymbol{B}(\boldsymbol{r}, t)$ und $\boldsymbol{H}(\boldsymbol{r}, t)$.

Die räumliche Verteilung dieser Vektorfelder kann durch *Feldlinien* veranschaulicht werden, deren Tangente an jedem Punkt $\boldsymbol{r}$ des

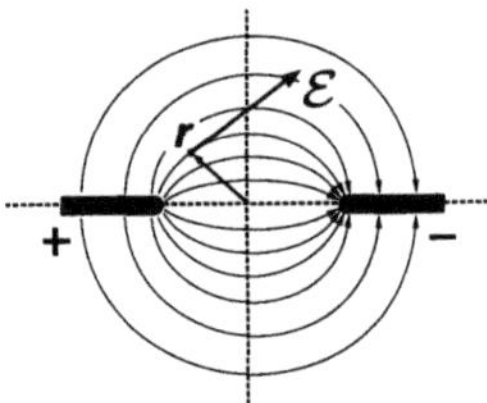

Abb. 2.2. Beispiel: Feldlinien der elektrischen Feldstärke $E\ (r)$ zwischen den Elektroden eines Modulators

Raumes die Richtung des Feldes angibt, vgl. Abb. 2.2.

Elektrische Feldstärke $\boldsymbol{E}\,(\boldsymbol{r}, t)$ beschreibt einen Zustand des Raumes, in dem auf eine elektrische Ladung q eine Kraft $\boldsymbol{F}$ ausgeübt wird. Die Feldstärke $\boldsymbol{E}$ wird definiert durch die im Grenzfall verschwindend kleiner Ladung ($\lim q \to 0$) am Ort $\boldsymbol{r}$ der Ladung bestehende Proportionalität von Kraft und Ladung,

$$\boldsymbol{F}(\boldsymbol{r}, t) = q\boldsymbol{E}\,(\boldsymbol{r}, t) \tag{2.5}$$

Die Dimension von $\boldsymbol{E}$ ist $[Vm^{-1}]$. Die elektrische Feldstärke $\boldsymbol{E}\,(\boldsymbol{r})$, die am Ort $\boldsymbol{r}$ aufgrund einer im freien Raum bei $\boldsymbol{r}'$ befindlichen Punktladung q im statischen Fall besteht, ist (mit ε_0 als Dielektrizitätskonstante des freien Raumes, s. u.)

$$\boldsymbol{E}\,(\boldsymbol{r}) = \frac{q}{4\pi\,\varepsilon_0}\,\frac{\boldsymbol{r}-\boldsymbol{r}'}{|\boldsymbol{r}-\boldsymbol{r}'|^3}\,.$$

Dielektrische Verschiebung $\boldsymbol{D}\,(\boldsymbol{r}, t)$, auch als „elektrische Flußdichte" bezeichnet, ist ein Vektorfeld, das die Ladungen q bzw. die Ladungsdichte ϱ als die Quellen elektrischer Wirkung repräsentiert. Die Ladungen sind die Quellen des $\boldsymbol{D}$-Feldes. Jede Feldlinie des elektrischen Feldes $\boldsymbol{D}$ beginnt auf einer positiven Ladung und endet auf einer negativen. Folglich ist der Fluß von $\boldsymbol{D}$ durch eine Hüllfläche A_0, die ein Volumen V ganz umschließt, gleich der in V enthaltenen Ladung q (Gaußscher Satz).

$$\oint_{(A_0)} \boldsymbol{D}\,(\boldsymbol{r}, t)\,d\boldsymbol{A} = \int_{(V)} \varrho\,(\boldsymbol{r}, t)\,dV = q \tag{2.6a}$$

$$\text{oder}\quad \nabla\,\boldsymbol{D} = \varrho_f \tag{2.6b}$$

Die Dimension von $\boldsymbol{D}$ ist $[Asm^{-2}]$. Die Benutzung von $\boldsymbol{D}$ vereinfacht die Feldberechnung in Räumen mit dielektrischer Materie, weil die meisten der dort vorhandenen gebundenen Ladungen paarweise (±) vorkommen und nicht explizit als Quellen des $\boldsymbol{D}$-Feldes in Erscheinung zu treten brauchen. Sie wirken allerdings vermittels der ihnen zukommenden *elektrischen Polarisation* oder *Dipoldichte* $\boldsymbol{P}$,

$$\boldsymbol{P}\,(\boldsymbol{r}, t) = \boldsymbol{D}\,(\boldsymbol{r}, t) - \varepsilon_0\,\boldsymbol{E}\,(\boldsymbol{r}, t)\,.$$

Magnetische Induktion $\boldsymbol{B}\,(\boldsymbol{r}, t)$, auch als *magnetische Flußdichte* bezeichnet, charakterisiert die im magnetischen Feld möglichen mechanischen und elektrischen Wirkungen. Die elementare *mechanische* Wirkung ist die Kraft $\boldsymbol{F}$ auf eine mit der Geschwindigkeit $\boldsymbol{v}$ bewegte Ladung q, die sogenannte *Lorentz-Kraft*,

$$\boldsymbol{F}(\boldsymbol{r}, t) = q\,\boldsymbol{v} \times \boldsymbol{B}\,(\boldsymbol{r}, t)\,.$$

Eine weitere mechanische Wirkung des Feldes $\boldsymbol{B}$ ist das Drehmoment $\boldsymbol{M}$, das ein kleiner magnetischer Dipol mit dem magnetischen Dipolmoment $\boldsymbol{m}$ erfährt, der sich am Ort $\boldsymbol{r}$ im Feld befindet.

$$\boldsymbol{M}\,(\boldsymbol{r}, t) = \boldsymbol{m} \times \boldsymbol{B}\,(\boldsymbol{r}, t)\,.$$

Die elementare *elektrische* Wirkung eines Magnetfeldes $\boldsymbol{B}$ ist die Induktion einer elektrischen Spannung U in einer geschlossenen Leiterschleife, wenn $\boldsymbol{B}$ sich ändert („Induktionsgesetz").

$$U(t) = \oint_{(s_0)} \boldsymbol{E}\,(\boldsymbol{r}, t)\,d\boldsymbol{s} = -\frac{d\Phi}{dt} \quad \text{mit} \tag{2.7a}$$

$$\Phi = \oint_{(A)} \boldsymbol{B}\,(\boldsymbol{r}, t)\,d\boldsymbol{A} \tag{2.7b}$$

Hier ist Φ der Fluß der magnetischen Induktion durch die Leiterschleife, deren Verlauf (s_0) abschnittsweise durch Vektoren $d\boldsymbol{s}$ charakterisiert ist. Die von der Schleife umschlossene Fläche umfaßt die Flächenelemente $d\boldsymbol{A}$. Die magnetische Induktion hat die Dimension $[V\,sm^{-2}]$. Das Feld $\boldsymbol{B}$ ist quellenfrei: Das Flußintegral über eine geschlossene Hüllfläche A_0 verschwindet, und die Feldlinien des $\boldsymbol{B}$-Feldes sind in sich geschlossene Linien.

$$\oint_{A_0} \boldsymbol{B}\,(\boldsymbol{r}, t)\,d\boldsymbol{A} = 0 \quad \text{oder} \tag{2.8a}$$

$$\nabla\,\boldsymbol{B}\,(\boldsymbol{r}, t) = 0\,. \tag{2.8b}$$

Die Magnetische Feldstärke $\boldsymbol{H}(\boldsymbol{r}, t)$ charakterisiert die Quellen des magnetischen Feldes. Für die entlang eines geschlossenen Weges s_0 integrierte Feldstärke $\boldsymbol{H}$ wirkt als (Wirbel-) Quelle zum einen der durch s_0 hindurchtretende elektrische Strom I, zum anderen der

Verschiebungsstrom I_D. Diese Ströme lassen sich durch die innerhalb s_0 bestehende Stromdichte $S(r, t)$ und Verschiebungsstromdichte $\dot{D}(r, t)$ ausdrücken.

$$\oint_{s_0} H(r,t)\, ds = \oint_{A_0} (S(r,t) + \dot{D}(r,t))\, dA$$

$$= I + I_D \tag{2.9}$$

$$\nabla \times H(r,t) = S(r,t) + \dot{D}(r,t) \tag{2.10}$$

Hier und im folgenden bedeutet der Punkt ($\dot{}$) über einer Größe deren zeitliche Ableitung. Die Dimension der magnetischen Feldstärke ist $[Am^{-1}]$.

2.2.3 Feldzerlegungen

Die Zeitabhängigkeit der Feldgrößen läßt sich mittels Fouriertransformation auflösen in die Überlagerung zeitlich sinusförmig variierender Spektralkomponenten. Beispielsweise gilt für das elektrische Feld $E(r, t)$

$$E(r,t) = \int_{-\infty}^{+\infty} E(r,\omega)\, e^{j\omega t}\, d\omega, \tag{2.11}$$

und entsprechendes für alle anderen Felder. Die *Fourieramplituden*, etwa $E(r, \omega)$, sind im allgemeinen komplexe Funktionen der Kreisfrequenz ω. Sie folgen aus den reellen Zeitfunktionen durch die zu (2.11) inverse Transformation.

$$E(r,\omega) = \frac{1}{2\pi} \int_{-\infty}^{+\infty} E(r,t)\, e^{-j\omega t}\, dt. \tag{2.12}$$

In ähnlicher Weise kann auch die Ortsabhängigkeit der Felder mittels Fouriertransformation in *räumliche Fourierkomponenten* zerlegt werden. Für diese besteht jeweils sinusförmige Ortsabhängigkeit, charakterisiert durch einen *Wellenzahlvektor* $-k$.

$$E(r,\omega) = \int E_k(k,\omega)\, e^{-jk\cdot r}\, dk \tag{2.13}$$

Ergebnis der raumzeitlichen Zerlegung sind *ebene Wellen* mit Ausbreitungsfaktoren $e^{j(\omega t - k\cdot r)}$. An einem festen Ort oszillieren sie mit der Frequenz ω; zu einem festen Zeitpunkt ist ihre räumliche Verteilung periodisch mit k. In homogenen Räumen (ε, μ = const) sind diese Wellen elementare Lösungen der Wellengleichung (s.u.). Statt der Zerlegung (2.13) in ebene Wellen ist oft die Zerlegung in andere elementare Wellenformen (Zylinder-, Kugel-, ...-Wellen) vorteilhaft.

2.2.4 Maxwell-Gleichungen

Die Maxwell-Gleichungen (2.7a) und (2.9) verknüpfen wechselseitig die elektrischen und magnetischen Feldgrößen miteinander und bilden damit die Grundlage elektromagnetischer Wellen. In Integralform

$$\oint_{(s_0)} H(r,t)\, ds = \frac{d}{dt} \int_{(A)} D(r,t)\, dA + I \tag{2.14a}$$

$$\oint_{(s_0)} E(r,t)\, ds = -\frac{d}{dt} \int_{(A)} B(r,t)\, dA. \tag{2.14b}$$

Dabei ist (A) eine von der geschlossenen Kurve (s_0) berandete Fläche und I der durch diese Fläche fließende Strom. Kürzer ist die Differentialform,

$$\nabla \times H(r,t) = \dot{D}(r,t) + S(r,t) \tag{2.15a}$$

$$\nabla \times E(r,t) = -\dot{B}(r,t). \tag{2.15b}$$

Für die Spektralkomponenten der Felder vereinfacht sich dies zu

$$\nabla \times H(r,\omega) = j\omega D(r,\omega) + S(r,\omega) \tag{2.16a}$$

$$\nabla \times E(r,\omega) = -j\omega B(r,\omega). \tag{2.16b}$$

2.3 Materie im Feld

2.3.1 Materialgleichungen

Zur Berechnung elektromagnetischer Felder mit Hilfe der Maxwell-Gleichungen müssen die Zusammenhänge bekannt sein, die jeweils zwischen E und S, zwischen D und E, sowie zwischen B und H bestehen. Sie werden durch *Materialgleichungen* beschrieben. Diese werden häufig den Maxwell-Gleichungen zugerechnet.

Nachfolgend werden diese Zusammenhänge zumeist in der Form $D = D(E)$ und $B = B(H)$ angegeben. Diese Formulierung kann, aber muß nicht so verstanden werden, daß E und H die Ursachen sind, aus denen D und B als Wirkungen folgen. Die umgekehrte Sichtweise, mit D und B als Ursachen und E und H als Wirkungen, ist genauso richtig und erlaubt gelegentlich einfachere Beschreibungen.

Für den leeren Raum, als triviales „Material“ angesehen, gilt universell

$$S(r,t) = 0 \qquad (2.17a)$$

$$D(r,t) = \varepsilon_0 E(r,t) \qquad (2.17b)$$

$$B(r,t) = \mu_0 H(r,t)\,. \qquad (2.17c)$$

Hier ist $\varepsilon_0 \approx 8{,}85 \cdot 10^{-12}$ As/Vm als *absolute Dielektrizitätskonstante* definiert und $\mu_0 = 4\pi \cdot 10^{-7}$ Vs/Am als *absolute Permeabilitätskonstante.* Der genaue Wert von ε_0 ist über $\varepsilon_0\mu_0c^2 = 1$ an die Lichtgeschwindigkeit c angeschlossen.

Im Prinzip können die Materialgleichungen aus den quantenmechanischen Bewegungsgleichungen der freien und gebundenen Ladungsträger ermittelt werden. Ziel ist es dabei, die Materialeigenschaften summarisch durch einige wenige „Materialkonstanten“ zu beschreiben. Sie berücksichtigen, daß jede Ladung einerseits felderzeugend ist, andererseits selbst dem Einfluß der Felder unterliegt, die von den anderenLadungen ausgehen, und daß die Dynamik ihrer Bewegung durch nichtelektrische Bindungskräfte mitbestimmt ist. Für die resultierenden Zusammenhänge der Feldgrößen gibt es zahlreiche Beschreibungsmodelle, mit denen sich interessierende Materialien in bestimmten Situationen und bei bestimmten Genauigkeitsanforderungen charakterisieren lassen.

Leitfähigkeit. Freie Ladungsträger einer Sorte i (mit $i = 1, 2, \dots$ für Elektronen, Löcher, ...) in Materie bewegen sich unter dem Einfluß eines elektrischen Feldes $\boldsymbol{E}$ mit einer mittleren *Driftgeschwindigkeit* $\boldsymbol{v}_{\mathrm{D,i}}$. Sie tragen einen Stromdichteanteil S_i zur Gesamtstromdichte $S = \sum S_i$ bei. In diesem einfachsten Modell gilt

$$\begin{aligned}
\boldsymbol{v}_{\mathrm{D,i}} &= b_i \boldsymbol{E} \\
S_i &= n_i\, q_i\, \boldsymbol{v}_{\mathrm{D,i}} = b_i\, n_i\, q_i \boldsymbol{E} \\
S &= \kappa_e \boldsymbol{E} \quad \text{mit} \\
\kappa_e &= \sum_i n_i\, b_i\, q_i\,. \qquad (2.18)
\end{aligned}$$

Hier ist $|b_i|$ die *Beweglichkeit* $[m^2V^{-1}\,s^{-1}]$ der Ladungsträger, q_i ihre Ladung und n_i ihre volumenbezogene Anzahldichte $[m^{-3}]$. Die Größe κ_e ist die *elektrische Leitfähigkeit* des Materials. Sie hat die Dimension $[\Omega^{-1}\,m^{-1}]$ und beschreibt den *Leitungsstrom.* Er dominiert bei niedrigen Frequenzen, bei denen der Verschiebungsstrom aufgrund der begrenzten Bewegungsmöglichkeit der gebundenen Ladungsträger vernachlässigbar ist. Bei höheren Frequenzen, oberhalb der *Relaxationsfrequenz,* tritt der Leitungsstrom gegenüber dem Verschiebungsstrom in den Hintergrund.

Permeabilitäten. Im einfachsten Modell dielektrischer bzw. magnetischer Materie wird die Abwesenheit von freien Ladungsträgern und Strömen unterstellt, und es wird ein *linearer, skalarer, lokaler,* und allgemein *frequenzabhängiger* Zusammenhang zwischen den Spektralkomponenten der Felder $\boldsymbol{E}$ und $\boldsymbol{D}$ bzw. $\boldsymbol{H}$ und $\boldsymbol{B}$ angesetzt.

$$D(r,\omega) = \varepsilon(r,\omega)\, \varepsilon_0\, E(r,\omega) \qquad (2.19a)$$

$$B(r,\omega) = \mu(r,\omega)\, \mu_0\, H(r,\omega)\,. \qquad (2.19b)$$

Die so definierten dimensionslosen Größen $\varepsilon(r,\omega)$ und $\mu(r,\omega)$ werden als *relative* Dielektrizitätskonstante und *relative* Permeabilitätskonstante der Materie am Ort $\boldsymbol{r}$ bei der Frequenz ω bezeichnet. Beide sind im allgemeinen komplex,

$$\varepsilon(r,\omega) = \varepsilon'(r,\omega) - j\,\varepsilon''(r,\omega) \qquad (2.20a)$$

$$\mu(r,\omega) = \mu'(r,\omega) - j\,\mu''(r,\omega)\,. \qquad (2.20b)$$

Ihre Realteile beschreiben die *reaktiven* Wirkungen der Materie, also die periodisch wiederkehrende Speicherung elektrischer bzw. magnetischer Feldenergie in der Materie. Daher zeigen ε und μ gewöhnlich ausgeprägte Frequenzabhängigkeiten, die durch Eigenschwingungen der Materie und ihre Kopplungen an das elektromagnetische Feld bestimmt sind. Die Vorzeichen der Realteile $\varepsilon'(r,\omega)$ und $\mu'(r,\omega)$ sind gewöhnlich positiv. In gewissen Frequenzbereichen, in der Nähe von Eigenschwingungen, können sie auch negativ werden. Bei optischen Frequenzen gilt $\mu = \mu' = 1$ für alle praktisch interessierenden Materialien.

Die Imaginärteile ε'' und μ'' beschreiben die *dissipativen* Wirkungen der Materie, d.h. die laufende Umwandlung elektromagnetischer Feldenergie in andere Energieformen, vorzugsweise in Wärme. Bei der hier benutzten „elektrotechnischen“ Zeitabhängigkeit $e^{+j\omega t}$ sind die Imaginärteile $\mathfrak{I}\{\varepsilon\}$ und $\mathfrak{I}\{\mu\}$ negativ, wenn es sich um ein *passives,* verlustbehaftetes Material handelt, vgl. Abschn. 2.5.2. Mit den in (2.20a,b) eingeführten Vorzeichen ist dann $\varepsilon'' \geq 0$ und $\mu'' \geq 0$. Bei optischen Frequenzen gilt $\mu'' = 0$ für alle praktisch interessierenden Materialien.

Suszeptibilitäten. Um den Unterschied zu charakterisieren, der in den Feldern bei Anwesenheit eines dielektrischen oder magnetischen Materials gegenüber dem leeren Raum besteht, werden die *dielektrische Suszeptibilität* $\chi(\boldsymbol{r}, \omega)$ und die *magnetische Suszeptibilität* $\chi_{\text{mag}}(\boldsymbol{r}, \omega)$ benutzt. Sie sind dimensionslos.

$$\varepsilon(\boldsymbol{r}, \omega) = 1 + \chi(\boldsymbol{r}, \omega) \tag{2.21 a}$$

$$\mu(\boldsymbol{r}, \omega) = 1 + \chi_{\text{mag}}(\boldsymbol{r}, \omega) \tag{2.21 b}$$

Hier repräsentiert die 1 auf der rechten Seite die Situation (2.17 a,b,c), die im freien Raum existiert, und χ ist der Zusatzbeitrag, der dem Material zugeordnet werden muß. Die besondere Bedeutung der Suszeptibilitäten liegt darin, daß sie additiv sind bezüglich der Überlagerung verschiedener dielektrischer Effekte und bezüglich der Mischung verschiedener Materialien. Wenn α_ν die Volumenanteile von Komponenten der Suszeptibilitäten χ_ν bezeichnet (z.B. Mehrkomponentenglas), so resultiert $\chi = \sum_\nu \alpha_\nu \chi_\nu$ als Suszeptibilität der Mischung.

Die magnetische Suszeptibilität aller wichtigen Materialien ist bei optischen Frequenzen vernachlässigbar klein, $\chi_{\text{mag}} \ll 1$, so daß praktisch immer mit $\mu = 1$ gerechnet werden kann.

Weitere Beziehungen. Materialien, in denen $\varepsilon' > 1$ bzw. $\mu' > 1$ ist und diese Realteile dominant gegenüber den Imaginärteilen sind ($\varepsilon' \gg |\varepsilon''|$ bzw. $\mu' \gg |\mu''|$), werden als „dielektrische" bzw. „magnetische" Materialien im engeren Sinne angesehen. Das Verhältnis von Imaginär- zu Realteil bestimmt den *Verlustwinkel* δ des Materials. Er ist eine Funktion der Frequenz.

$$\tan \delta^{(\text{diel})}(\omega) = |\varepsilon''(\omega)| / \varepsilon'(\omega)$$

Falls $|\varepsilon''| \gg 1$ ist, kann das Material besser durch die Beziehung (2.18) mit einer *komplexen elektrischen Leitfähigkeit* κ_e charakterisiert werden. Dieser Fall liegt bei Materialien mit hoher Konzentration an freien Ladungsträgern vor, typisch bei Metallen.

Der Realteil κ_e' repräsentiert dann gemäß (2.18) den von freien Ladungsträgern getragenen Leitungsstrom sowie dielektrische Verluste, der Imaginärteil κ_e'' beschreibt den Verschiebungsstrom infolge von Bewegungen der übrigen (gebundenen) Ladungsträger. Alternativ kann dieselbe Beschreibung auch mit (2.17 a,b,c) und der komplexen Dielektrizitätskonstante ε erreicht werden. Dann steht der Realteil ε' für die Bewegung der gebundenen Ladungsträger und der Imaginärteil ε'' für die der freien. Allgemein gilt

$$\kappa_e = j\omega\, \varepsilon_0\, \varepsilon \tag{2.22}$$

Der *komplexe optische Brechungsindex* $n(\boldsymbol{r}, \omega)$ als wichtigster Materialparameter der Optik hängt mit diesen elektromagnetischen Größen direkt zusammen. Sein Realteil bestimmt die Ausbreitungsgeschwindigkeit einer Lichtwelle der Frequenz ω, sein Imaginärteil die Dämpfung.

$$\varepsilon(\boldsymbol{r}, \omega) = n^2(\boldsymbol{r}, \omega) \tag{2.23}$$

In anisotropen Materialien, wie z.B. den meisten Kristallen, ist die Parallelität der Vektoren $\boldsymbol{D}$ und $\boldsymbol{E}$ bzw. $\boldsymbol{B}$ und $\boldsymbol{H}$, die bei der skalaren Beziehung (2.19 a,b) gilt, gewöhnlich nicht gegeben. Der durch die Kristallstruktur „verzerrte" Zusammenhang $\boldsymbol{D}(\boldsymbol{E})$ kann durch eine Tensorbeziehung zwischen den Komponenten von $\boldsymbol{D}(\omega)$ und $\boldsymbol{E}(\omega)$ modelliert werden,

$$D_i(\boldsymbol{r}, \omega) = \varepsilon_0 \sum_k \varepsilon_{ik}(\omega)\, E_k(\boldsymbol{r}, \omega)\,, \tag{2.24}$$

sowie eine entsprechende Beziehung für $\boldsymbol{B}(\boldsymbol{H})$. Auch die Suszeptibilität $\boldsymbol{\chi}$ wird dann zum Tensor, $\boldsymbol{\chi} = \boldsymbol{\varepsilon} - \mathbf{1}$, mit $\mathbf{1}$ als Einheitstensor. Diese Tensor-Beziehung (2.24) bildet die Grundlage der Kristalloptik.

Bei Abwesenheit von Bewegung und äußeren Magnetfeldern verhält sich das Material „reziprok". Die Tensoren $\boldsymbol{\varepsilon}$ und $\boldsymbol{\chi}$ sind dann symmetrisch, dabei nicht notwendig reell [4].

$$\varepsilon_{ik}(\omega) = \varepsilon_{ki}(\omega) \qquad \chi_{ik}(\omega) = \chi_{ki}(\omega)$$

Nur im Grenzfall eines verlustfreien Materials sind $\boldsymbol{\varepsilon}(\omega)$ und $\boldsymbol{\mu}(\omega)$ reell.

Gyrotrope Materialien erfordern kompliziertere Beschreibungen für den Zusammenhang $\boldsymbol{D}(\boldsymbol{E})$ bzw. $\boldsymbol{B}(\boldsymbol{H})$. Gyrotropie existiert zum einen in den als „optisch aktiv" bezeichneten Materialien mit „chiraler" Struktur. Dabei sind Materialien mit linkshändiger von solchen mit rechtshändiger Struktur zu unterscheiden. Auch Materialien mit mechanischer Torsionsspannung, z.B. elastisch verdrillte optische Fasern, sind dieser Materialgruppe zuzurechnen. Hier macht sich ein „nicht-lokaler" Zusammenhang $\boldsymbol{D}(\boldsymbol{E})$ bemerkbar. Eine andere Form der Gyrotropie besteht in Gegenwart eines starken Magnetfeldes, das den Zusammenhang $\boldsymbol{D}(\boldsymbol{E})$ modifiziert (magnetooptischer oder Faraday-Effekt).

Die Bezeichnung „gyrotrop“ für diese Materialien rührt daher, daß sie „zirkulare Doppelbrechung“ zeigen, die bei der Ausbreitung linear polarisierter Wellen zu einer Drehung der Polarisationsebene führt. Bei den Materialien der erstgenannten Gruppe ist es zur Ermittlung von $\boldsymbol{D}(\boldsymbol{r}, \omega)$ an einem Ort $\boldsymbol{r}$ nicht ausreichend, die Abhängigkeit vom Feld $\boldsymbol{E}(\boldsymbol{r}, \omega)$ allein an diesem Ort zu berücksichtigen, wie sie durch die ε_{ik} in (2.24) vermittelt wird. Vielmehr ist der Zusammenhang $\boldsymbol{D}(\boldsymbol{E})$ *nichtlokal*, d.h. es muß auch die Verteilung von $\boldsymbol{E}(\boldsymbol{r}, \omega)$ in der Umgebung von $\boldsymbol{r}$ mitberücksichtigt werden [4]. Dies geschieht mit einem Zusatzterm, der proportional zum Vektorgradienten $\partial E_k/\partial x_l$ ist. Er kann im Fall einer ebenen Welle in verlustfreiem Material durch den Ausbreitungsvektor $\boldsymbol{k}$ und dessen Komponenten k_l ausgedrückt werden. Dies führt auf

$$D_i = \varepsilon_0 \sum_k \left[\varepsilon_{ik} + j\gamma \sum_l e_{ikl} \frac{k_l}{|\boldsymbol{k}|} \right] E_k . \qquad (2.25)$$

Hier ist $\gamma(\omega)$ eine materialspezifische reelle Größe, die das *optische Drehvermögen* charakterisiert, und e_{ikl} der antisymmetrische Einheitstensor mit $e_{123} = e_{231} = e_{312} = 1$ und $e_{ikl} = -e_{kil} = -e_{ilk}$. Die Beziehung (2.25) kann formal mit (2.24) gleichgesetzt werden, indem die Klammer [] als modifizierter dielektrischer Tensor aufgefaßt wird. Dieser ist infolge des Zusatztermes jedoch *nicht* symmetrisch, $[\,]_{ik} \neq [\,]_{ki}$. Außer von der optischen Frequenz ω hängt er über $\{k_l/|\boldsymbol{k}|\}$ auch von der Ausbreitungsrichtung der Welle ab. Die Abhängigkeit ist so, daß der Drehsinn (recht/links) der resultierenden Polarisationsdrehung *unabhängig* von einer Umkehr der Ausbreitungsrichtung ist. Dies Verhalten fällt unter den Begriff „reziprok“. Der Zusatzterm ist typisch sehr klein. Er macht sich deshalb nur bemerkbar, wenn er nicht durch Anisotropie des Haupttermes ε_{ik} überdeckt wird, nämlich in optisch aktiven Flüssigkeiten, und in Kristallen bei Ausbreitung in Richtungen nahe einer „optischen Achse“.

Bei der zweiten, durch ein äußeres Magnetfeld $\boldsymbol{B}^{(M)}$ bedingten Form von Gyrotropie ist ein ähnlicher Zusammenhang wie (2.25) geeignet, die auftretenden optischen Phänomene zu beschreiben [4]. Im einfachsten Falle wird hier der dielektrische Tensor mit einer Materialkonstanten $\gamma^{(M)}$ angesetzt

$$D_i = \varepsilon_0 \sum_k \left[\varepsilon_{ik} + j\,\gamma^{(M)} \sum_l e_{ikl} \mathcal{B}_l^{(M)} \right] E_k . \qquad (2.26)$$

Wird dies wieder als Tensorbeziehung aufgefaßt, so besteht auch hier keine Symmetrie, $[\,]_{ik} \neq [\,]_{ki}$. Statt von der Ausbreitungsrichtung der Welle hängen die Tensorkomponenten $[\,]_{ik}$ hier linear vom Magnetfeld $\boldsymbol{B}^{(M)}$ ab. Sie werden am größten bei Ausbreitung in Richtung von $\boldsymbol{B}^{(M)}$ oder entgegengesetzt dazu. Bei Umkehr der Ausbreitungsrichung kehrt sich hier jedoch der rotatorische Drehsinn um. Dieses „nichtreziproke“ gyrotrope Verhalten wird zur Konstruktion optischer Isolatoren ausgenutzt [Kap. 11].

Nichtlineare Suszeptibilitäten. Bei höheren Feldstärken weicht der Zusammenhang $\boldsymbol{D}(\boldsymbol{E})$ von den linearen Beziehungen (2.19a,b) bzw. (2.24) ab. Man erweitert (2.24) dann um nichtlineare Glieder, die im Sinne einer Taylorentwicklung die höheren Potenzen der elektrischen Feldstärke als Tensorprodukte (durch : angedeutet) berücksichtigen [5].

$$\begin{aligned} \boldsymbol{D} = \varepsilon_0 [\boldsymbol{E} &+ \chi^{(1)} : \boldsymbol{E} \\ &+ \chi^{(2)} : \boldsymbol{E} : \boldsymbol{E} \\ &+ \chi^{(3)} : \boldsymbol{E} : \boldsymbol{E} : \boldsymbol{E} + \ldots] \end{aligned} \qquad (2.27)$$

Die Größen $\chi^{(n)}$ werden als Suszeptibilitäten n-ter Ordnung bezeichnet. Sie sind Tensoren $(n+1)$-ter Stufe, mit 3^{n+1} Komponenten. Zwischen diesen bestehen gewöhnlich zahlreiche Symmetriebeziehungen, die durch die Kristallstruktur des Materials bestimmt sind. Materialeigenschaften vom Typ (2.27) bilden die Grundlage der *Nichtlinearen Optik* [Kap. 16].

2.3.2 Parameter-Abhängigkeiten

Die Größe ε hängt von allen äußeren physikalischen Parametern x ab, welche die Struktur und Dichte der Materie beeinflussen: von der Temperatur T, von eingeprägten mechanischen Spannungen σ_{ik}, sowie von den Komponenten E_i^M bzw. $\mathcal{B}_i^M$ einer von außen wirkenden elektrischen Feldstärke oder magnetischen Induktion. In optischen Systemen sind diese Abhängigkeiten oft störend, andererseits bilden sie die Grundlage optischer Modulatoren [Kap. 15].

Zu ihrer Beschreibung genügt es im Prinzip, die Änderungsraten $\partial\varepsilon_{ij}/\partial x_k$ bezüglich des interessierenden Parameters x_k anzugeben, denn die praktisch vorkommenden Änderungen sind stets sehr klein. Mit jedem der obengenannten Parameter ändern sich jedoch nicht nur die ε_{ij}, sondern gewöhnlich auch Abmessungen, Dichte, mechanische Spannungen und weitere Zustandsgrößen des Materials, die ihrerseits ε beeinflussen. Bei Angabe einer Änderungsrate $\partial\varepsilon_{ij}/\partial x_k$ muß deshalb genau spezifiziert werden, welche der übrigen genannten Parameter bei der Messung konstant gehalten wurden [6].

Typisch werden Änderungsraten für die folgenden beiden Situationen ermittelt: (1) bei konstant gehaltener mechanischer Spannung (Index **SS**), bei der sich das Material ausdehnen kann, und (2) bei konstant gehaltenen Abmessungen (Index **XX**), wobei das Material eingespannt ist und mechanische Spannungen sich aufbauen. Die erstgenannte Änderungsrate ist für Anwendungen bei niedrigen Modulationsfrequenzen von Interesse, die zweite bei hohen, jeweils im Vergleich zu den mechanischen Eigenfrequenzen des untersuchten Objektes.

Historisch bedingt werden in Tabellenwerken [7] gewöhnlich nicht die Änderungsraten der Tensoren ε_{ij} selbst aufgeführt, sondern die des zu ε inversen Tensors. Dieser wird als Tensor B^d_{ij} der *dielektrischen Impermeabilität* [6] definiert, $\boldsymbol{B}^d = \boldsymbol{\varepsilon}^{-1}$, und seine Änderungsraten werden tabelliert. Zwischen den genannten Situationen (**SS, XX**) bestehen dann Zusammenhänge der Art

$$\left.\frac{\partial B^d_{ij}}{\partial x_k}\right|_{SS} = \left.\frac{\partial B^d_{ij}}{\partial x_k}\right|_{XX} + \left.\frac{\partial B^d_{ij}}{\partial a}\right|_{x_k} \cdot \left.\frac{da}{dx_k}\right|_{SS} \tag{2.28}$$

wobei da/dx_k die Änderungsrate der Längendimension a bezüglich x_k bedeutet, also eine verallgemeinerte Kompressibilität.

Temperaturabhängigkeit. Es interessiert primär der „thermo-optische" Koeffizient bei konstanter Spannung, $\partial B^d_{ij}/\partial T|_{SS}$, weil thermische Änderungen typisch so langsam erfolgen, daß Spannungen sich ausgleichen. In Festkörpern ist dieser Koeffizient typisch von der Größenordnung $-10^{-5}\,K^{-1}$. Das negative Vorzeichen zeigt an, daß der optische Brechungsindex mit wachsender Temperatur zunimmt.

Druckabhängigkeit. Hier kann zwischen „piezo-optischen" und „elasto-optischen" Koeffizienten unterschieden werden. Erstere beschreiben die Änderungen in Bezug auf mechanische Spannungen σ_{kl}, letztere bezüglich Dehnungen. In Kristallen, wie sie für akustooptische Modulatoren verwendet werden, existiert oft ein umfangreicher Satz von Koeffizienten, $\partial B^d_{ij}/\partial\sigma_{kl}$ mit $i, j, k, l = 1 \ldots 3$, aus dem aber praktisch meist nur 1 - 2 Koeffizienten relevant sind.

Abhängigkeit vom elektrischem Feld E^M wird als „Pockels-Effekt" bezeichnet und durch „elektro-optische" Koeffizienten $\partial B^d_{ij}/\partial E^M_k$ beschrieben. Damit ein Material diesen linearen elektro-optischen Effekt zeigt ist Voraussetzung, daß seine Kristallstruktur kein Inversionszentrum besitzt. Die Unterschiede zwischen den (**XX**) und den (**SS**) Koeffizienten gemäß (2.28) können hier erheblich sein.

Abhängigkeit von der magnetischen Induktion $\mathcal{B}^M_k$ wird bei den dielektrischen Materialeigenschaften als „Faraday-Effekt" bezeichnet und durch „magneto-optische" Koeffizienten $\partial B^d_{ij}/\partial\mathcal{B}^M_k$ beschrieben. Für isotrope Materialien ist nur ein Materialparameter erforderlich, die *Verdet*-Konstante. In einem z-gerichteten Magnetfeld ist sie proportional zu $\partial B^d_{xy}/\partial\mathcal{B}^M_z$.

Nichtlinear-optische Effekte gehören als „opto-optische" Effekte formal ebenfalls in diese Auflistung. Der nichtlineare Zusammenhang (2.27) ist nämlich maßgeblich, wenn das Feld oder die Leistungsdichte einer ersten optischen Welle die Materialeigenschaft ε so verändert, daß die Ausbreitung dieser oder einer zweiten Welle moduliert wird.

2.3.3 Randbedingungen

Obwohl elektromagnetische Felder bei hinreichend feiner Betrachtung stetige Ortsfunktionen sind, ist es oft zweckmäßig, Grenzflächen, Kanten und Ecken modellhaft so zu behandeln, als ob dort sprunghafte Änderungen auftreten. Dies interessiert speziell, wenn Lösungen der Feldgleichungen zunächst für Teilräume bestimmt werden, innerhalb derer die Materialeigenschaften ortsunabhängig sind. Die Teillösungen müssen dann an den Grenzflächen so aneinander angepaßt werden, daß auch dort die Feldgleichungen erfüllt sind. Dies wird durch folgende „Randbedingungen" oder „Stetigkeitsbedingungen" ausgedrückt, vgl. Abb. 2.3.

> Die Tangentialkomponenten von **E** und **H** sind an der Grenzfläche stetig.
>
> Die Normalkomponenten von **S**, **D** und **B** sind an der Grenzfläche stetig. (2.29)

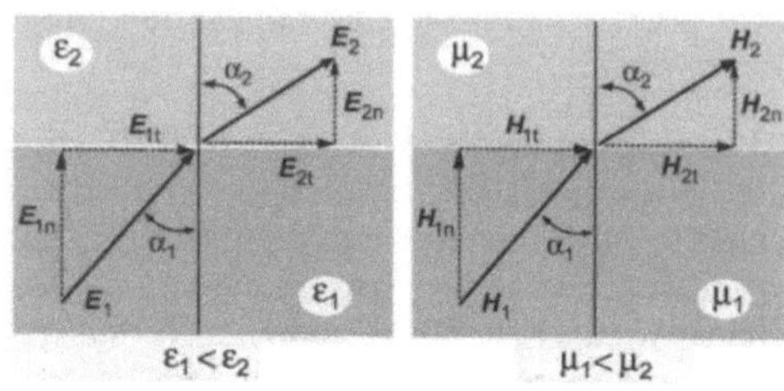

Abb. 2.3. Feldstärke-Komponenten an der Grenzfläche zweier Medien

Als Konsequenz können die Feldlinien an der Grenzfläche zweier verschiedener Materialien einen Knick haben. Falls die aneinandergrenzenden Materialien isotrop und verlustfrei sind, gilt für die gegen die Flächennormale gemessenen Winkel α_1 und α_2 der Feldlinien

$$\frac{\tan\alpha_1}{\tan\alpha_2} = \frac{\kappa_{e,1}}{\kappa_{e,2}} \quad \text{(elektr. Strom } S\text{)}$$

$$\frac{\tan\alpha_1}{\tan\alpha_2} = \frac{\varepsilon_1}{\varepsilon_2} \quad \text{(elektr. Feld } \boldsymbol{E}\text{)}$$

$$\frac{\tan\alpha_1}{\tan\alpha_2} = \frac{\mu_1}{\mu_2} \quad \text{(magnet. Feld } \boldsymbol{H}\text{)}$$

Hieraus folgt insbesondere: Grenzt ein dielektrisches Medium an ein gut leitendes Metall, so stehen im Dielektrikum die Feldlinien $\boldsymbol{E}$ und $\boldsymbol{D}$ senkrecht auf der Metalloberfläche, und die Feldlinien $\boldsymbol{H}$ und $\boldsymbol{B}$ verlaufen parallel zur Oberfläche.

In der Optik kommen die genannten Randbedingungen zum Ausdruck in Form des Reflexionsgesetzes und des Brechungsgesetzes für die Ausbreitungsrichtung optischer Wellen.

2.4 Feldenergie

Energiedichten. Die Energie des elektromagnetischen Feldes in einem Volumen V setzt sich aus einem elektrischen und einem magnetischen Anteil zusammen, $W = W^{(el)} + W^{(mag)}$. Für beide lassen sich volumenbezogene Energiedichten w mit der Dimension $[Jm^{-3}]$ angeben,

$$W = \int_{(V)} (w^{(el)} + w^{(mag)})\, dV$$

$$w^{(el)} = \frac{1}{2}\boldsymbol{D}^\dagger \boldsymbol{E} = \frac{1}{2}\varepsilon_0\,\varepsilon^*\,|\boldsymbol{E}|^2$$

$$w^{(mag)} = \frac{1}{2}\boldsymbol{B}^\dagger \boldsymbol{H} = \frac{1}{2}\mu_0\,\mu^*\,|\boldsymbol{H}|^2$$

Das Symbol (†) an einem Vektor oder einer Matrix bedeutet hier die konjugierte Transposition, und (*) bezeichnet die komplexe Konjugation. Damit gilt die Formulierung der Energiedichte als Skalarprodukt $\frac{1}{2}\boldsymbol{D}^\dagger\boldsymbol{D}$ bzw. $\frac{1}{2}\boldsymbol{B}^\dagger\boldsymbol{H}$ auch dann noch, wenn das Material anisotrop ist und die Richtungen von $\boldsymbol{E}$ und $\boldsymbol{D}$ bzw. von $\boldsymbol{H}$ und $\boldsymbol{B}$ nicht zusammenfallen.

Energieströmung. Die zeitliche Änderung der Feldenergie im Volumen V kann durch Dissipation im Volumen und durch Herausströmen erfolgen. Für ein verlustbehaftetes Material, bei dem ε komplex ist, gibt der Imaginärteil von w die volumenbezogene Dissipation pro Radiant der Schwingungsperiode $[Jm^{-3}\,rad^{-1}]$ an. Die Leistungsflußdichte der strömenden Feldenergie wird durch den *Poynting-Vektor* $\boldsymbol{P}$ beschrieben. Bei Abwesenheit dissipativer Verluste gilt Energieerhaltung in der Form

$$\frac{dW}{dt} = -\oint_{A_0} \boldsymbol{P}\, d\boldsymbol{A} \qquad (2.30)$$

$$\boldsymbol{P}(\boldsymbol{r},t) = \boldsymbol{E}(\boldsymbol{r},t) \times \boldsymbol{H}(\boldsymbol{r},t)$$

In entsprechender Weise liefern die Spektralkomponenten $\boldsymbol{E}(\boldsymbol{r},\omega)$ und $\boldsymbol{H}(\boldsymbol{r},\omega)$ der Feldstärken die Spektralkomponente $\boldsymbol{P}(\boldsymbol{r},\omega)$ des Poynting-Vektors. Sie stellt die zeitlich gemittelte Strömungsdichte der spektralen räumlichen Energiedichte dar.

$$\boldsymbol{P}(\boldsymbol{r},\omega) = \tfrac{1}{2}\boldsymbol{E}(\boldsymbol{r},\omega) \times \boldsymbol{H}^*(\boldsymbol{r},\omega)$$

Die Integration in (2.30) ist über die gesamte Oberfläche (A_0) von V zu erstrecken. Vorsicht ist geboten, wenn der Poynting-Vektor nach Betrag und Richtung unmittelbar als lokaler Fluß elektromagnetischer Feldenergie interpretiert werden soll. Dies ist zwar oft möglich, wenn weitere Argumente (z.B. Symmetrien) hinzugenommen werden können. Allgemein sind aber $\boldsymbol{P}$ und $\boldsymbol{P}(\boldsymbol{r},\omega)$ nur über den Wert des Integrales (2.30) definiert. Dieser ändert sich nicht, wenn $\boldsymbol{P}$ willkürlich modifiziert wird, indem eine quellenfreie Vektorfunktion addiert wird.

Die Frage nach der Geschwindigkeit, mit der die Feldenergie strömt, wird weiter unten (Abschn. 2.5.5) noch behandelt.

2.5 Wellenausbreitung

Gemeinsam bewegte elektrische und magnetische Felder sind ein entscheidendes Merkmal elektromagnetischer Wellen. Zur Charakterisierung des Wellenfeldes ist es zweckmäßig, zwischen lokaler und globaler Struktur zu unterscheiden. Lokal sind die Feldgrößen $\boldsymbol{E}$, $\boldsymbol{D}$, $\boldsymbol{H}$ und $\boldsymbol{B}$ sowie ihre Zusammenhänge untereinander von Interesse. Sie bestimmen die Polarisation der Welle, die Wellenfronten als Ebenen gleicher Schwingungsphase, und die Wellen-Ausbreitungsrichtung als Normale der Wellenfronten. Global interessiert vor allem die Energieströmung, im Grenzfall der „Strahlenoptik" allein die Richtung der Energieströmung. Eine Zwischenstellung nehmen Begriffe wie Reflexion, Transmission, Dämpfung, Absorption und Streuung ein. Sie sind von globalem Interesse, erfordern aber lokale Beschreibungen.

2.5.1 Wellengleichung

Die Ausbreitung elektromagnetischer Wellen folgt formal aus den Maxwell-Gleichungen (2.15a) und (2.15b), wenn die beiden materialspezifischen Zusammenhänge $\boldsymbol{D} = \boldsymbol{D}(\boldsymbol{E})$ und $\boldsymbol{B} = \boldsymbol{B}(\boldsymbol{H})$ hinzugenommen werden, die das Medium im Raum charakterisieren. Jede Welle in diesem Raum muß die vier genannten Gleichungen simultan erfüllen. Hiernach kann die Ausbreitung der Welle verstanden werden als zyklisch wiederholte Abfolge des Prozesses

$$\rightarrow \boldsymbol{D} \xrightarrow{\partial/\partial} \boldsymbol{H} \xrightarrow{\mu} \boldsymbol{B} \xrightarrow{\partial/\partial} \boldsymbol{E} \xrightarrow{\varepsilon} \boldsymbol{D} \rightarrow \qquad (2.31)$$

Hier repräsentiert ∂/∂ jeweils eine der Maxwell-Gleichungen, welche $\boldsymbol{H}$ mit $\boldsymbol{D}$ bzw. $\boldsymbol{E}$ mit $\boldsymbol{B}$ verknüpft, und ε, μ repräsentieren die Materialgleichungen. Diese Interpretation der Ausbreitung als „Prozeß" ist anschaulich und didaktisch zweckmäßig, aber willkürlich. Die umgekehrte Abfolge ist ebensogut zur Erklärung geeignet, denn tatsächlich beschreibt jeder der vier Schritte (2.31) nur einen Zusammenhang von zwei Feldgrößen, ohne dabei eine Wirkungsrichtung festzulegen.

Kombiniert man die vier genannten Beziehungen zu einer Gleichung für eine der Feldgrößen, so resultiert die *Wellengleichung* für diese Größe. Die Möglichkeiten hierzu und das Resultat werden durch die Eigenschaften und räumliche Verteilung des Materials bestimmt.

Ideale Medien. Wenn das Ausbreitungsmedium durch $\boldsymbol{D} = \varepsilon\varepsilon_0\boldsymbol{E}$ und $\boldsymbol{B} = \mu\mu_0\boldsymbol{H}$ beschrieben werden kann, und wenn dabei die Permeabilitäten ε und μ weder von Ort $\boldsymbol{r}$ und Zeit t noch von den Feldgrößen abhängen, so lassen sich (2.15a, b) zusammen vereinfachen. Es resultiert die Wellengleichungen des homogenen Raumes für die Feldstärken $\boldsymbol{E}(\boldsymbol{r}, t)$ und $\boldsymbol{H}(\boldsymbol{r}, t)$.

$$\nabla^2 \boldsymbol{E} - \mu_0 \varepsilon_0 \mu\varepsilon \ddot{\boldsymbol{E}} = 0 \qquad (2.32\text{a})$$

$$\nabla^2 \boldsymbol{H} - \mu_0 \varepsilon_0 \mu\varepsilon \ddot{\boldsymbol{H}} = 0\,. \qquad (2.32\text{b})$$

Der Punkt ($\dot{}$) bedeutet zeitliche Ableitung. Diese einfachste Form der Wellengleichung ist nur sinnvoll, wenn ε und μ frequenzunabhängig sind. Die Wellengleichungen (2.32a, b) gelten damit insbesondere für den freien Raum mit $\varepsilon = 1$ und $\mu = 1$. Für reale Medien ist die Annahme $\varepsilon = \text{const}$ in begrenzten Spektralbereichen oft eine gute Näherung.

Zu den Lösungen von (2.32a, b) gehört die allgemeinste *ebene* Welle

$$\boldsymbol{E}(\boldsymbol{r}, t) = \boldsymbol{f}_\mathrm{E}(\boldsymbol{r} - \boldsymbol{v}t) \qquad (2.33\text{a})$$

$$\boldsymbol{H}(\boldsymbol{r}, t) = \boldsymbol{f}_\mathrm{H}(\boldsymbol{r} - \boldsymbol{v}t) \qquad (2.33\text{b})$$

mit beliebiger Amplitudenfunktion $\boldsymbol{f}_\mathrm{E}$ des elektrischen Feldes und mit $\boldsymbol{f}_\mathrm{H} = Y\,\hat{\boldsymbol{v}} \times \boldsymbol{f}_\mathrm{E}$ für das magnetische Feld. Hier ist Y die Wellenimpedanz des Raumes, $\boldsymbol{v}$ der Vektor der Ausbreitungsgeschwindigkeit, und $\hat{\boldsymbol{v}}$ der Einheitsvektor in Richtung $\boldsymbol{v}$. Die Ausbreitung ist in beliebiger Richtung $\hat{\boldsymbol{v}}$ möglich. Aufgrund der Beziehung $\varepsilon_0\mu_0 c^2 = 1$ (Definition von μ_0) hat die Geschwindigkeit allgemein den Betrag $v = |\boldsymbol{v}| = c(\varepsilon\,\mu)^{-1/2}$. Im freien Raum $\varepsilon = \mu = 1$ ist das die Lichtgeschwindigkeit,

$$c = 299\,792\,458\ m/s \qquad (2.34)$$

Für die Ausbreitung in einem Medium wird $(\varepsilon\mu)^{1/2} = n$ als optischer *Brechungsindex* definiert. In diesem Medium ist die Ausbreitungsgeschwindigkeit

$$v = c/n \qquad (2.35)$$

Die Vektoren $\boldsymbol{E}$, $\boldsymbol{H}$ der Welle stehen senkrecht aufeinander und auf $\hat{\boldsymbol{v}}$, im übrigen sind ihre Polarisationsrichtungen beliebig.

Dispersive Medien. Reale Materialien zeigen mehr oder weniger ausgeprägte Dispersion

$\varepsilon(\omega)$ bzw. $\mu(\omega)$ ihrer dielektrischen und magnetischen Eigenschaften. Die Gleichungen (2.32 a,b) mit festem ε, μ sind dann nicht geschlossen lösbar. Sind aber $\varepsilon(\omega)$ und $\mu(\omega)$ konstant in Raum und Zeit, ist das Material also homogen und unveränderlich, so gelten (2.32 a,b) selektiv bei jeder Frequenz. Für die Spektralkomponente $\boldsymbol{E}(\boldsymbol{r}, \omega)$ resultiert die einfachere Wellengleichung

$$\nabla^2 \boldsymbol{E} + (\omega/c)^2 \, \mu(\omega) \, \varepsilon(\omega) \, \boldsymbol{E} = 0 \,. \qquad (2.36)$$

Dieselbe Wellengleichung gilt für $\boldsymbol{H}(\boldsymbol{r}, \omega)$. Elementare Lösungen dieser Gleichungen sind *monochromatische ebene Wellen* der Frequenz ω

$$\boldsymbol{E}(\boldsymbol{r}, t) = \hat{\boldsymbol{E}} \, e^{\mathrm{j}[\omega t - \mathbf{k} \cdot \mathbf{r}]} \qquad (2.37\,\mathrm{a})$$

$$\boldsymbol{H}(\boldsymbol{r}, t) = \hat{\boldsymbol{H}} \, e^{\mathrm{j}[\omega t - \mathbf{k} \cdot \mathbf{r}]} \qquad (2.37\,\mathrm{b})$$

die der *Dispersionsbeziehung*

$$|\boldsymbol{k}(\omega)|^2 = \mu(\omega) \, \varepsilon(\omega) \, k_0^2$$

mit $k_0 = \omega/c$ genügen. Die komplexen Amplitudenvektoren $\hat{\boldsymbol{E}}$ und $\hat{\boldsymbol{H}}$ bezeichnen Maximalamplitude, Polarisation, und Phasenlage der elektrischen und magnetischen Felder der Welle. Der *Wellenvektor* $\boldsymbol{k}$ gibt die Ausbreitungsrichtung und räumliche Periodizität der Welle an. Die drei Vektoren $\hat{\boldsymbol{E}}$, $\hat{\boldsymbol{H}}$ und $\boldsymbol{k}$ stehen paarweise senkrecht aufeinander, haben im übrigen aber beliebige Richtungen.

Paraxiale Wellengleichung. Ein wichtiger Sonderfall der Ausbreitung elektromagnetischer Wellen ist die *paraxiale Ausbreitung*, bei der die Richtung des Wellenvektors nahe bei einer vorgegebenen „Achse" liegt, beispielsweise in einem Linsensystems oder einer Faser. Diese Achse wird hier als z-Richtung eines kartesischen Koordinatensystems gewählt. Das Ausbreitungsmedium sei im folgenden als isotrop vorausgesetzt, doch dürfen die dielektrischen Eigenschaften $\varepsilon(\omega, r)$ von der Frequenz ω und vom Achsabstand $r = (x^2 + y^2)^{1/2}$ abhängen. Damit sind alle homogenen Medien (ε = const) sowie rotationssymmetrische optische Fasern in die Diskussion eingeschlossen. Zu einer vereinfachten, näherungsweisen Beschreibung der Wellenausbreitung kommt man unter diesen Bedingungen, indem die Transversalität der Welle ausgenutzt wird. So wird angesetzt, daß $\boldsymbol{E}$ und $\boldsymbol{H}$ in Richtungen $\hat{\boldsymbol{e}}_0$ und $\hat{\boldsymbol{h}}_0$ senkrecht zur z-Achse polarisiert seien. Im Vergleich zur strengen Lösung bedeutet dies die Vernachlässigung der axialen Feldkomponenten. Des weiteren wird die schnelle z-Abhängigkeit der Welle abgespalten. Dazu wird die Welle (2.37 a) zerlegt in $\boldsymbol{E}(\boldsymbol{r}) = \hat{\boldsymbol{e}}_0 \psi(x, y, z) \, e^{-\mathrm{j}k(r)z}$. Hier ist $k^2(r) = (\omega/c)^2 \, \mu(\omega, r) \, \varepsilon(\omega, r)$, und der Zeitfaktor $e^{\mathrm{j}\omega t}$ wurde unterdrückt. Mit diesem Ansatz vereinfacht sich (2.36) zur *paraxialen Wellengleichung* für die nur langsam mit dem Ort veränderliche Funktion $\psi(x, y, z)$.

$$\nabla_t^2 \psi - 2 j \, k(r) \, \psi_z = 0 \,. \qquad (2.38)$$

Hier bezieht sich ∇_t^2 auf die transversalen Koordinaten x, y, und ψ_z ist die Ableitung nach z. Die zweite Ableitung ψ_{zz} wurde wegen der langsamen Variation vernachlässigt.

Typische Lösungen von (2.38) sind Wellen in optischen Fasern und in Laserresonatoren, sowie die Gaußschen Strahlwellen, vgl. Abschn. 2.8.6.

Anisotropie, Gyrotropie. Wenn der materialspezifische Zusammenhang zwischen $\boldsymbol{D}$ und $\boldsymbol{E}$ keine einfache Proportionalität ist, sondern durch einen Tensor ε vermittelt wird, führt die Kombination der Materialgleichungen mit den beiden Maxwell-Gleichungen (2.16 a,b) zu folgender Wellengleichung für die Spektralkomponenten von $\boldsymbol{E}(\boldsymbol{r}, \omega)$.

$$\nabla^2 \boldsymbol{E} + (\omega/c)^2 \, \mu \, \varepsilon(\omega) \, \boldsymbol{E} = \nabla(\nabla \boldsymbol{E}) \qquad (2.39)$$

Sie unterscheidet sich von (2.36) durch die Tensorform von ε und den Term auf der rechten Seite. Auch hier existieren elementare Lösungen in Form monochromatischer ebener Wellen, $e^{\mathrm{j}[\omega t - \mathbf{k} \cdot \mathbf{r}]}$, mit beliebiger Ausbreitungsrichtung $\boldsymbol{k}$. Um sie eingehender zu charakterisieren, kann das Lösen von (2.39) ersetzt werden durch eine Analyse der Prozesse, die in (2.31) angedeutet waren. In der zu (2.31) inversen Abfolge lauten die Maxwell-Gleichungen (2.16 a,b) und die Materialgleichungen (2.24) für die ebene Welle

$$\boldsymbol{D} = -\,\omega^{-1} \, \boldsymbol{k} \times \boldsymbol{H} \qquad (2.40)$$

$$\boldsymbol{H} = \mu_0^{-1} \, \mu^{-1} \, \boldsymbol{B} \qquad (2.41)$$

$$\boldsymbol{B} = +\,\omega^{-1} \, \boldsymbol{k} \times \boldsymbol{E} \qquad (2.42)$$

$$\boldsymbol{E} = \varepsilon_0^{-1} \, \varepsilon^{-1} \, \boldsymbol{D} \qquad (2.43)$$

Durch Elimination von dreien der Feldgrößen $\boldsymbol{D}, \boldsymbol{H}, \boldsymbol{B}, \boldsymbol{E}$ kann man hieraus eine Gleichung für die vierte gewinnen. Sie ist homogen und stellt eine Lösbarkeitsbedingung dar. Dieses Vorgehen gibt Aufschluß über die Zusammenhänge zwischen $\boldsymbol{E}, \boldsymbol{D}, \boldsymbol{H}, \boldsymbol{B}$, und $\boldsymbol{k}$ und wird unten im

Abschn. 2.5.6 noch erläutert. Es zeigt sich, daß für anisotrope Medien, im Unterschied zu isotropen, die Polarisation der elementaren ebenen Wellen nicht beliebig ist, sondern in fester Winkelbeziehung zu den dielektrischen Hauptachsen des Mediums steht.

2.5.2 Eindimensionale Ausbreitung

In jedem homogen mit Material erfüllten Raum, isotrop oder anisotrop, können sich monochromatische ebene Wellen der Form (2.37 a, b) ausbreiten. Als besonders einfacher Wellentyp sind sie geeignet, charakteristische Begriffe elektromagnetischer Wellenausbreitung zu erklären. Der Raum wird dazu zunächst als verlustfrei vorausgesetzt.

Die monochromatische ebene Welle ist eine Idealisierung: Sie ist unendlich ausgedehnt in Raum und Zeit, in beiden Dimensionen streng periodisch. Sie ist näherungsweise realisierbar durch eine „quasimonochromatische" Welle, bei der die Kohärenzzeit lang ist gegen die Beobachtungszeit und der Strahlquerschnitt breit gegenüber den Abmessungen der betrachteten Strukturen. Die Forderung nach Ebenheit der Wellenfronten ist in der Taille einer Gaußschen Strahlwelle näherungsweise erfüllt, vgl. Abschn. 2.8.6.

Die Ausbreitung der ebenen Welle (2.37 a, b) wird durch den „Wellenvektor" $\boldsymbol{k}$ charakterisiert. Er bestimmt mit $\phi = \omega t - \boldsymbol{k} \cdot \boldsymbol{r}$ die Phase ϕ der Welle am Ort $\boldsymbol{r}$ zur Zeit t. Er steht senkrecht auf den Ebenen konstanter Phase, den *Wellenfronten*. Der Abstand zweier Wellenfronten, die sich in der Phase um 2π unterscheiden, ist die *Wellenlänge*

$$\lambda = 2\pi/|\boldsymbol{k}| = c/(n f)\,.$$

Hier ist $f = \omega/2\pi$ die Schwingungsfrequenz der Welle. Die Phasenfronten laufen in der Richtung von $\boldsymbol{k}$ mit der Phasengeschwindigkeit $\boldsymbol{v}_{\text{ph}}$, die durch den Brechungsindex n in dem gegebenen Medium bestimmt ist, $|\boldsymbol{v}_{\text{ph}}| = \omega/|\boldsymbol{k}| = c/n$.

Der Wellenvektor $\boldsymbol{k}$ kann eine beliebige Richtung im Raum haben. Zur Vereinfachung wird diese Richtung nachfolgend als z-Achse des Koordinatensystems gewählt. Ferner wird vorausgesetzt, daß das Ausbreitungsmedium isotrop sei und durch eine skalare reelle dielektrische Permeabilität $\varepsilon(\omega)$ charakterisiert wird. Die Rolle von Verlusten und der allgemeinere Fall anisotroper Medien werden anschließend behandelt.

Ebene Wellen. Eine ebene Welle, die in positiver z-Richtung läuft, deren elektrisches Feld linear in x-Richtung polarisiert ist, und deren magnetisches Feld in y-Richtung weist, hat in komplexer Darstellung die Feldverteilung

$$\boldsymbol{E}_+ = E_0 \hat{\boldsymbol{x}}\, e^{j(\omega t - kz)} \tag{2.44a}$$

$$\boldsymbol{H}_+ = Y_n E_0 \hat{\boldsymbol{y}}\, e^{j(\omega t - kz)} \tag{2.44b}$$

Hier sind $\hat{\boldsymbol{x}}$ und $\hat{\boldsymbol{y}}$ die Einheitsvektoren in x- und y-Richtung. Die Wellenadmittanz des Mediums ist $Y_n = n(\omega)(\varepsilon/\mu_0)^{1/2}$. Die Amplitude E_0 kann hier als reell angenommen werden. Elektrische und magnetische Feldstärke sind in *Phase*, sie erreichen an gegebenem Ort also gleichzeitig ihr Maximum. Die Momentan-Leistungsdichte der Welle ist durch den Poynting-Vektor gegeben

$$\boldsymbol{P}(z,t) = Y_n |E_0|^2\, \hat{\boldsymbol{z}} \cos^2(\omega t - kz).$$

Er weist in die z-Richtung. Im räumlichen oder zeitlichen Mittel ist die mittlere Leistungsdichte, unabhängig von Ort und Zeit,

$$\bar{p} = \overline{|\boldsymbol{P}(z,t)|} = \tfrac{1}{2} Y_n |E_0|^2\,.$$

Stehende Wellen. Eine Welle gleicher linearer Polarisation und Amplitude E_0 wie (2.44 a, b), die sich aber in entgegengesetzter Richtung ausbreitet, ist

$$\boldsymbol{E}_- = E_0 \hat{\boldsymbol{x}}\, e^{j(\omega t + kz)} \tag{2.45a}$$

$$\boldsymbol{H}_- = -Y_n E_0 \hat{\boldsymbol{y}}\, e^{j(\omega t + kz)} \tag{2.45b}$$

Die magnetische Feldstärke liegt hier in negativer y-Richtung, so daß der Poynting-Vektor $\boldsymbol{E} \times \boldsymbol{H}$ in $-z$-Richtung weist.

Die Überlagerung der beiden in entgegengesetzten Richtungen laufenden Wellen $\boldsymbol{E}_+$ und $\boldsymbol{E}_-$ ergibt ein stehendes Wellenfeld, auch *stehende Welle* genannt, wie es typisch in optischen Resonatoren auftritt. Addition von (2.44 a, b) und (2.45 a, b) liefert

$$\boldsymbol{E}_C = \boldsymbol{E}_+ + \boldsymbol{E}_- = 2 E_0 \hat{\boldsymbol{x}} \cos kz\, e^{j\omega t} \tag{2.46a}$$

$$\boldsymbol{H}_C = \boldsymbol{H}_+ + \boldsymbol{H}_- = -2j\, Y_n E_0 \hat{\boldsymbol{y}} \sin kz\, e^{j\omega t} \tag{2.46b}$$

Die Nullstellen der Felder $\boldsymbol{E}_C$ und $\boldsymbol{H}_C$ haben feste Lagen im Raum. Die Ebenen, in denen

$E_C = 0$ ist, liegen mittig zwischen den Ebenen $H_C = 0$. Die Feldstärken der stehenden Welle erreichen die doppelte Amplitude der einzelnen laufenden Wellen. Die Zeitpunkte, zu denen E_C und H_C an einem gegebenem Ort maximal werden, liegen um eine Viertelperiode auseinander. Der mit (2.46a,b) gebildete Poyntingvektor ist

$$P(z,t) = Y_n |E_0|^2 \hat{z} \sin(2kz) \sin(2\omega t) .$$

Er weist auch entlang der z-Richtung, wechselt aber mehrmals pro Periode sein Vorzeichen. Im räumlichen oder zeitlichen Mittel verschwindet er, was die Bezeichnung „stehende Welle" begründet.

Die Überlagerung derselben laufenden Wellen (2.44a,b) und (2.45a,b) mit entgegengesetzten Vorzeichen liefert ebenfalls eine stehende Welle, $E_S = E_+ - E_-$. Sie hat wieder die Form (2.46a,b), jedoch sind $\{\cos\}$ und $\{-j \sin\}$ vertauscht.

Interferenz. Die stehende Welle kann aufgefaßt werden als Sonderfall einer „Interferenz" der beiden laufenden Wellen. In Raumpunkten, wo beide Wellen gleichphasig schwingen, interferieren sie „konstruktiv", die Addition der Amplituden liefert den Faktor 2 in (2.46a,b). Wo die Schwingungen gegenphasig sind, erfolgt „destruktive Interferenz". Weil beide Wellen betragsmäßig gleiche Amplituden haben, führt ihre Überlagerung hier lokal zur Auslöschung. In anderen Fällen, bei unterschiedlichen Amplituden oder Polarisationen der interferierenden Wellen, ist die Auslöschung unvollkommen. An ihre Stelle tritt dann ein Minimum.

Man definiert für diese Situation den *Kontrast C* der Interferenz. Für zwei gegenläufige Wellen mit den komplexen Amplitudenvektoren E_A und E_B gilt allgemein

$$C \equiv \frac{I_{max} - I_{min}}{I_{max} + I_{min}} = \frac{2|E_A \cdot E_B^*|}{|E_A|^2 + |E_B|^2}, \qquad (2.47)$$

wobei I_{max} und I_{min} die maximale und minimale Intensität im Feld der stehenden Welle bedeuten. Nur im Falle paralleler Polarisationen und gleicher Wellenamplituden, $E_A = E_B$, erfolgt vollständige Auslöschung, der Kontrast wird dann maximal, $C \to 1$. Der Kontrast verschwindet, wenn E_A und E_B orthogonal zueinander polarisiert sind, oder wenn $E_A \to 0$ oder $E_B \to 0$.

An den letztgenannten Grenzfällen ist bemerkenswert, daß der Kontrast nur proportional zur *Amplitude* $|E|$ der schwächeren Welle abnimmt, nicht zu deren Leistung $|E|^2$. Praktisch bedeutet dies, daß eine Störreflexion von 1% Leistung zu einer Interferenz mit 20% Kontrast führen kann.

Die im Raum stationäre Interferenzerscheinung (2.46a,b) ist maximal ausgeprägt wenn, wie hier vorausgesetzt, beide Wellen dieselbe, feste Frequenz besitzen, dazu feste Phasenbeziehung, gleiche Polarisation und entgegengesetzte Ausbreitungsrichtungen. Jede Abweichung von diesen *Bedingungen für Interferenz* vermindert den Kontrast oder führt dazu, daß das Interferenzfeld im Raum verteilt ist oder sich bewegt und dadurch – im Mittel – an Sichtbarkeit verliert.

Begrifflich eng verwandt mit der Überlagerung zweier Wellen ist die Zerlegung einer gegebenen Welle in zwei andere. So läßt sich ein Stehwellenfeld stets zerlegen in zwei entgegengesetzt laufende Wellen. Als Beispiel kann (2.46a,b) dienen. Umgekehrt kann eine laufende Wellen stets als Überlagerung zweier kohärenter stehender Wellen ausgedrückt werden, beispielsweise

$$E_+ = [E_C + E_S]/2$$

$$H_- = [H_C - H_S]/2 .$$

Jedes der beiden Wellenpaare ist deshalb als Basis einer allgemeineren Wellenbeschreibung geeignet. Welches Paar zweckmäßiger ist, muß von Fall zu Fall entschieden werden.

Wellenimpedanz, -Admittanz. Bei einer Welle, die in einem homogenen isotropen Medium läuft, stehen die Beträge $|E(r,\omega)|$ und $|H(r,\omega)|$ überall im gleichen, festen Verhältnis zueinander. Es wird als *Wellenimpedanz* Z_n bzw. *Wellenadmittanz* $Y_n = 1/Z_n$ bezeichnet. Aus den Maxwell-Gleichungen folgt unmittelbar, daß der freie Raum die Wellenimpedanz $Z_0 = 1/Y_0 = \sqrt{\mu_0/\varepsilon_0} \approx 377\ \Omega$ hat. Für ein Medium mit Brechungsindex $n(\omega)$ und $\mu = 1$ gilt

$$Z_n \equiv \frac{|E(r,\omega)|}{|H(r,\omega)|} = \sqrt{\frac{\mu_0}{\varepsilon\varepsilon_0}} = \frac{Z_0}{n(\omega)}$$

$$Y_n \equiv \frac{|H(r,\omega)|}{|E(r,\omega)|} = \sqrt{\frac{\varepsilon\varepsilon_0}{\mu_0}} = n(\omega)\, Y_0 .$$

Dämpfung. In einem realen Wellenfeld, das sich in z-Richtung ausbreitet, hängt die mittlere Leistungsdichte im allgemeinen vom Ort ab, $\bar{p}(z) = |\bar{P}(z)|$. Ein erster Grund dafür ist bei divergenter Ausbreitung die aus der Energieerhaltung resultierende „geometrische Verdünnung“ des Wellenfeldes. Sie geht im Grenzfall großer Abstände r von der Quelle in das „quadratische Abstandsgesetz“ über, $\bar{p}(r) \propto 1/r^2$, und wird im Rahmen der geometrischen Optik (Abschn. 2.8.2) genauer beschrieben.

Dämpfung in einem anderen Sinn liegt vor, wenn die Leistungsdichte $\bar{p}(z)$ in Ausbreitungsrichtung abnimmt, weil die Feldenergie *Absorption* erfährt, d.h. in Wärme dissipiert oder in andere Energieformen umgewandelt wird, oder wenn Feldenergie durch *Streuung* in andere Ausbreitungsrichtungen umgelenkt wird. Gewöhnlich ist dabei der lokale längenbezogene Leistungsverlust $-d\bar{p}/dz$ proportional zur lokalen Leistungsdichte $\bar{p}$. Für eine ebene Welle resultiert dann das allgemeine exponentielle Dämpfungsgesetz mit einem Leistungs-Absorptionskoeffizenten α.

$$\bar{p}(z) = \bar{p}(0)\,e^{-\alpha z} \quad \text{mit} \quad \alpha = -\frac{1}{\bar{p}}\frac{d\bar{p}}{dz} \tag{2.48}$$

Die Dimension von α ist $[\mathrm{m}^{-1}]$ oder [dB/m] bei Bezug auf die Basis 10. Der Dämpfungsmechanismus bestimmt die Frequenzabhängigkeit des Absorptionskoeffizenten, $\alpha(\omega)$. Sind mehrere Dämpfungsmechanismen gleichzeitig wirksam, so gilt für die Gesamtdämpfung

$$\alpha_{\mathrm{ges}}(\omega) = \alpha_1(\omega) + \alpha_2(\omega) + \alpha_3(\omega) + \ldots$$

Die Ortsabhängigkeit der sich gedämpft ausbreitenden Welle kann – zusammen mit der Ausbreitung der Phase – formal mittels einer *komplexen Ausbreitungskonstante* k (bei eindimensionaler Ausbreitung) bzw. eines *komplexen Wellenvektors* $\boldsymbol{k}$ (bei Ausbreitung im Raum) beschrieben werden, oder mittels eines *komplexen Brechungsindex* n. Ihr Zusammenhang erschließt sich aus dem Ausbreitungsfaktor der Welle

$$\begin{aligned} e^{\mathrm{j}(\omega t - \mathrm{k}z)} &= e^{\mathrm{j}(\omega t - \mathrm{n}\mathrm{k}_0 z)} \\ &= e^{\mathrm{j}(\omega - \mathrm{n}'\mathrm{k}_0 z)}\, e^{-\mathrm{n}''\mathrm{k}_0 z} \end{aligned} \tag{2.49}$$

$$\text{mit} \quad k = n\,k_0 = 2\pi n/\lambda_0 \quad \text{und}$$

$$k = k' - \mathrm{j}\,k''$$

$$n = n' - \mathrm{j}\,n''$$

Die Vorzeichen sind hier so gewählt, daß n'' und k'' bei passiven, verlustbehafteten Materialien positiv sind. In Sonderfällen, etwa in einem durch Energiezufuhr „invertierten“ Material, ist auch $k'' < 0$ und $n'' < 0$ möglich. Dann ist die Dämpfung negativ, $\alpha < 0$, und die Welle wird verstärkt.

Die Leistungsdichte in der Welle ist $\propto |e^{\mathrm{j}(\omega t - \mathrm{k}z)}|^2 = e^{-2\mathrm{n}''\mathrm{k}_0 z}$ und nimmt deshalb gewöhnlich mit der Ausbreitungsdistanz z ab. Der Vergleich mit (2.48) und mit der Wellengleichung (2.36) liefert

$$\begin{aligned} (n' - \mathrm{j}\,n'')^2 &= \varepsilon' - \mathrm{j}\,\varepsilon'' \\ n'^2 - n''^2 &= \varepsilon' \\ 2n'\,n'' &= \varepsilon'' \\ \alpha = 2n''\,k_0 &= 4\pi n''/\lambda_0 \end{aligned}$$

2.5.3 Ebene Welle im Raum

Eine monochromatische, linear polarisierte ebene Welle der Frequenz ω, die sich in einem zwei- oder dreidimensionalen homogenen isotropen Raum ausbreitet, hat ein Feld

$$\boldsymbol{E}_1(\boldsymbol{r}, t) = E_0\,\hat{\boldsymbol{u}}_{\mathrm{e},1}\,e^{\mathrm{j}(\omega t - \mathbf{k}_1 \cdot \mathbf{r})} \tag{2.50a}$$

$$\boldsymbol{H}_1(\boldsymbol{r}, t) = Y_{\mathrm{n}}\,E_0\,\hat{\boldsymbol{u}}_{\mathrm{h},1}\,e^{\mathrm{j}(\omega t - \mathbf{k}_1 \cdot \mathbf{r})}\,. \tag{2.50b}$$

Die Einheitsvektoren $\hat{\boldsymbol{u}}_{\mathrm{e},1}$ und $\hat{\boldsymbol{u}}_{\mathrm{h},1}$ bezeichnen die Richtungen des elektrischen bzw. magnetischen Feldes, und $\boldsymbol{k}_1$ ist der Wellenvektor. Im Falle eines zweidimensionalen, planaren Ausbreitungsmediums liegt $\boldsymbol{k}_1$ in der Ausbreitungsebene. Diese 3 Vektoren stehen paarweise senkrecht aufeinander. Die Richtung von $\boldsymbol{E}$ wird als die Polarisationsrichtung der Welle bezeichnet. Es gilt

$$\boldsymbol{k}_1 = n(\omega)\,(\omega/c)\,[\hat{\boldsymbol{u}}_{\mathrm{e},1} \times \hat{\boldsymbol{u}}_{\mathrm{h},1}]\,. \tag{2.51}$$

2.5.4 Interferenzfeld im Raum

Existiert im selben Raum eine zweite Welle $\{\boldsymbol{E}_2, \boldsymbol{H}_2\}$ gleichen Typs, kohärent zur ersten, aber mit der Amplitude $\boldsymbol{E}_2$, den Polarisationsvektoren $\hat{\boldsymbol{u}}_{\mathrm{e},2}$, $\hat{\boldsymbol{u}}_{\mathrm{h},2}$ und dem Wellenvektor $\boldsymbol{k}_2$, so überlagern sich beide Wellen zu einem allgemeinen räumlichen Interferenzfeld.

$$\begin{aligned} \boldsymbol{E}(\boldsymbol{r}, t) &= \boldsymbol{E}_1(\boldsymbol{r}, t) + \boldsymbol{E}_2(\boldsymbol{r}, t) \\ &= \boldsymbol{E}_{\mathrm{C}} \cos(\boldsymbol{\delta} \cdot \boldsymbol{r}) \cos(\omega t - \bar{\boldsymbol{K}} \cdot \boldsymbol{r}) && (2.52) \\ &\quad + \boldsymbol{E}_{\mathrm{S}} \sin(\boldsymbol{\delta} \cdot \boldsymbol{r}) \sin(\omega t - \bar{\boldsymbol{K}} \cdot \boldsymbol{r}) && (2.53) \end{aligned}$$

$$\text{mit } \boldsymbol{\delta} = \tfrac{1}{2}(\boldsymbol{k}_1 - \boldsymbol{k}_2)$$

$$\bar{\boldsymbol{K}} = \tfrac{1}{2}(\boldsymbol{k}_1 + \boldsymbol{k}_2)$$

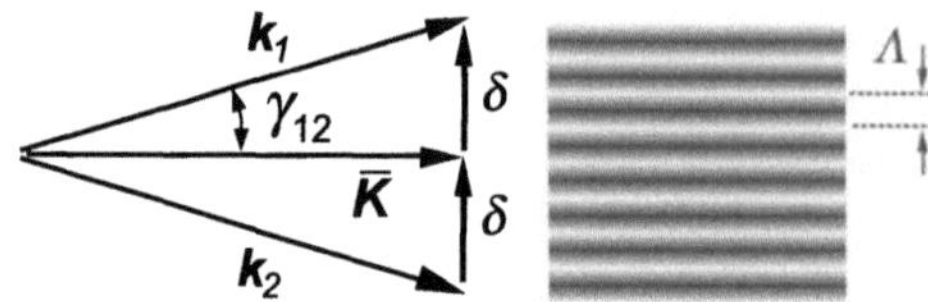

Abb. 2.4. Die Wellenvektoren $\boldsymbol{k}_1$ und $\boldsymbol{k}_2$ der interferierenden Wellen bestimmen die Normale $\boldsymbol{\delta}$ der Interferenz„schichten"

$$E_C = E_1 + E_2$$

$$E_S = E_1 - E_2$$

Es besteht aus den um $\pi/2$ phasenverschobenen Anteilen (2.52) und (2.53). Beide haben in der Richtung des Differenz-Wellenvektors $\boldsymbol{\delta}$ die Struktur einer stehenden Welle, hier repräsentiert durch die Faktoren mit $(\boldsymbol{\delta} \cdot \boldsymbol{r})$. Zugleich laufen beide Anteile gemeinsam in Richtung des mittleren Wellenvektors $\bar{\boldsymbol{K}}$. Wegen $|\boldsymbol{k}_1| = |\boldsymbol{k}_2|$ steht $\bar{K}$ senkrecht auf $\boldsymbol{\delta}$, vgl. Abb. 2.4. Im Raum entsteht somit ein räumlich geschichtetes *Interferenzfeld*, in dem die Leistung im Zeitmittel in der Ebene der Schichten strömt. Die räumliche Periodizität des Interferenzfeldes ist durch $\boldsymbol{\delta}$ bestimmt. Die Leistungsdichteverteilung ist $\propto \cos^2 (\boldsymbol{\delta} \cdot \boldsymbol{r})$. Schichten maximaler Intensität liegen im Abstand Λ, der durch den Winkel γ_{12} zwischen den Wellenvektoren $\boldsymbol{k}_1$ und $\boldsymbol{k}_2$ bestimmt wird. (vgl. Abb. 2.4)

$$\Lambda = \frac{\pi}{|\boldsymbol{\delta}|} = \frac{\lambda_0}{2 \sin \gamma_{12}} .$$

An einem festen Ort $\boldsymbol{r}$ im Feld (2.52, 2.53) wechselt die Feldstärke $\boldsymbol{E}(\boldsymbol{r}, t)$ jede Viertelperiode zwischen $\pm \boldsymbol{E}_C$ und $\pm \boldsymbol{E}_S$. Das Interferenzfeld ist damit im allgemeinen elliptisch polarisiert. Auf einem Schirm in diesem Feld erhält man ein Muster paralleler *Interferenzstreifen*. Der Kontrast (2.47) der Interferenz hängt von der relativen Größe und Orientierung der Felder $\boldsymbol{E}_1$ und $\boldsymbol{E}_2$ ab. Maximalen Kontrast erhält man mit $\boldsymbol{E}_1 = \boldsymbol{E}_2$. Bei orthogonaler Polarisation von $\boldsymbol{E}_1$ und $\boldsymbol{E}_2$ verschwindet der Kontrast.

2.5.5 Dispersion

Mit dem Begriff „Dispersion" bezeichnet man allgemein die Abhängigkeit einer Größe von der Frequenz und/oder von der Wellen-Ausbreitungsrichtung. Besondere Bedeutung hat die Dispersion der *Phasengeschwindigkeit* v_{ph}, mit der sich ein vorgegebener Phasenpunkt (etwa: ein Nulldurchgang der elektrischen Feldstärke) im Raum bewegt. Ist die Phasengeschwindigkeit abhängig von der Frequenz oder Ausbreitungsrichtung der Welle, so bestimmt diese Dispersion die *Gruppengeschwindigkeit*, mit der sich die Hüllkurve einer Wellengruppe (z. B. ein von der Welle übertragener Puls) ausbreitet. Dies ist zugleich auch die *Energiegeschwindigkeit*, mit der sich die in der Welle enthaltene elektromagnetische Feldenergie bewegt. Im allgemeinen unterscheiden sich Phasen- und Gruppengeschwindigkeit einer Welle in Größe und Richtung. Nur im Grenzfall verschwindender Dispersion, wenn die Phasengeschwindigkeit unabhängig von Frequenz und Richtung der Welle ist, stimmen Phasen- und Gruppengeschwindigkeit überein.

Bei eindimensionaler Ausbreitung einer Wellengruppe in einem optischen Medium ist jede Teilwelle der Gruppe vom Typ (2.44 a). Um die Frequenzabhängigkeit der Ausbreitungskonstanten [k in (2.44 a)] zu betonen, wird sie hier – nur zur Diskussion der Gruppengeschwindigkeit – mit $\beta(\omega)$ bezeichnet. Ihre Dispersion $\beta(\omega)^2 = \mu(\omega)\,\varepsilon(\omega)\;k_0^2$ folgt aus (2.36). Eine in z-Richtung laufende Wellengruppe $u(z, t)$ besteht aus einem Spektrum $S(\omega)$ von Teilwellen der Frequenzen ω, die sich mit ihren jeweiligen Ausbreitungskonstanten $\beta(\omega)$ bewegen.

$$u(z,t) = \int S(\omega)\, e^{j[\omega t - \beta(\omega) z]}\, d\omega \qquad (2.54\text{a})$$

$$\approx e^{j[\omega_T t - \beta_T z]} \int S(\Omega)\, e^{j[\Omega t - \beta' \Omega z]}\, d\Omega \qquad (2.54\text{b})$$

$$= e^{j[\omega_T t - \beta_T z]}\, s(t - \beta' z) \,. \qquad (2.54\text{c})$$

In (2.54b) ist die Ausbreitungsphase einer mittleren Frequenzkomponente ω_T der Gruppe als „Trägerwelle" abgespalten [mit $\beta_T = \beta(\omega_T)$], und in dem verbleibenden Ausdruck wurde $\Omega = \omega - \omega_T$ als Integrationsvariable eingeführt. Für Signale mit hinreichend schmalem Spektrum ist Ω klein, und die Abhängigkeit $\beta(\omega)$ darf näherungsweise durch die ersten Glieder ihrer Reihenentwicklung

$$\beta(\omega) = \beta_T + \beta' \Omega + (1/2) \beta'' \Omega^2 + \dots \qquad (2.55)$$

ersetzt werden. Mit $s(t) = \int S(\Omega)\, e^{j\Omega t}$ resultiert dann die Darstellung (2.54c), aus der die Gruppengeschwindigkeit $v_{ph} = 1/\beta'$ direkt abgelesen werden kann.

Das Signal wird verzögert übertragen. Nach einer Laufstrecke L, am Ort $z = L$, ist die Trägerphase um $\Phi = \beta(\omega_T)\, L$ verschoben und das Signal $s(t)$ um die *Gruppenlaufzeit* $T_{gr} = \beta' L$ verzögert. Damit und mit der Phasenlaufzeit $T_{ph} = \dfrac{\Phi}{\omega_T} = \dfrac{\beta_T L}{\omega_T}$ erhält man die Phasen- und Gruppengeschwindigkeiten,

$$v_{ph} = \frac{L}{T_{ph}} = \frac{\omega_T}{\beta_T} \tag{2.56}$$

$$v_{gr} = \frac{L}{T_{gr}} = \frac{1}{\beta'} = \left(\frac{d\beta}{d\omega}\right)^{-1} \tag{2.57}$$

Dies gilt, solange es zulässig ist, den Term β'' und höhere in der Entwicklung (2.55) zu vernachlässigen. Wird die Signalbandbreite so groß, daß diese Terme wesentlich sind, dann erleidet das Signal beträchtliche Verzerrungen. Es ist dann problematisch, überhaupt eine Signallaufzeit und damit die Gruppengeschwindigkeit sauber zu definieren.

Eine andere Darstellung desselben Sachverhaltes geht vom Brechungsindex n aus. In einem isotropen optischen Medium charakterisiert er die Phasengeschwindigkeit einer Welle als $v_{ph} = c/n$. Für allgemeinere Formen von Wellenausbreitung kann die Phasengeschwindigkeit in entsprechender Weise durch einen *effektiven Index* $n = c/v_{ph}$ charakterisiert werden. Er ist der Faktor, um den die Welle langsamer läuft als Licht im freien Raum. Bei einem dispersiven Material ist er frequenzabhängig, $n = n(\omega)$. Es gilt dann $\beta(\omega) = n(\omega)\,\omega/c$. In entsprechender Weise kann die Gruppengeschwindigkeit durch einen *Gruppenindex* n_{gr} ausgedrückt werden, $v_{gr} = c/n_{gr}$. Aus (2.57) folgt der allgemeine Zusammenhang

$$n_{gr}(\omega) = n(\omega) + \omega \frac{d\,n(\omega)}{d\,\omega}.$$

Bei Ausbreitung im Raum wird eine Wellengruppe durch Überlagerung eines Spektrums $S(\boldsymbol{k})$ ebener Teilwellen des Typs (2.37a) gebildet, die sich mit verschiedenen Wellenvektoren $\boldsymbol{k}$ bewegen. Zu jeder Teilwelle $\boldsymbol{k}$ gehört eine bestimmte Frequenz, $\omega(\boldsymbol{k})$, die aus der *Dispersionsfunktion* $\omega(\boldsymbol{k})$ des Ausbreitungsmediums folgt. Diese Funktion ist durch die besonderen Eigenschaften (speziell: Anisotropie) des Mediums geprägt. Neben der schon bei eindimensionaler Ausbreitung bestehenden *Frequenzdispersion* beschreibt $\omega(\boldsymbol{k})$ auch die *Richtungsdispersion* der Ausbreitung

$$u(\boldsymbol{r},t) = \int S(\boldsymbol{k})\, e^{j[\omega(\mathbf{k})t - \mathbf{k}\cdot\mathbf{r}]}\, d\boldsymbol{k} \tag{2.58a}$$

$$\approx e^{j[\omega_T t - \mathbf{k}_T\cdot\mathbf{r}]} \int S(\boldsymbol{K})\, e^{j[\mathbf{K}(\nabla\omega)t - \mathbf{K}\mathbf{r}]} d\boldsymbol{K} \tag{2.58b}$$

$$= e^{j[\omega_T t - \mathbf{k}_T\cdot\mathbf{r}]}\, s(\boldsymbol{r} - \boldsymbol{v}_{gr} t)\,. \tag{2.58c}$$

In (2.58b) ist die Ausbreitungsphase einer mittleren Welle $\boldsymbol{k}_T$ aus der Gruppe als *Trägerwelle* abgespalten [mit $\omega_T = \omega(\boldsymbol{k}_T)$], und in den verbleibenden Ausdruck wurde $\boldsymbol{K} = \boldsymbol{k} - \boldsymbol{k}_T$ eingeführt. Für Signale mit schmalem $\boldsymbol{k}$-Spektrum ist $\boldsymbol{K}$ klein, und die Abhängigkeit $\omega(\boldsymbol{k})$ kann näherungsweise durch die ersten Glieder ihrer Reihenentwicklung ersetzt werden:

$$\omega(\boldsymbol{k}) = \omega(\boldsymbol{k}_T) + \sum_m K_m \frac{\partial\omega(\boldsymbol{k})}{\partial k_m} + \ldots \tag{2.59}$$

Die hier auftretende Summe ist in (2.58b) durch das Skalarprodukt $\boldsymbol{K}\nabla\omega$ ausgedrückt worden. Bei Vernachlässigung höherer, in (2.59) nicht aufgeführter Terme läßt sich die Gruppe gemäß (2.58c) darstellen, mit $s(\boldsymbol{r}) = \int S(\boldsymbol{K})\, e^{-j\mathbf{K}\mathbf{r}}\, d\boldsymbol{K}$. Sie breitet sich unverzerrt aus, und der Vektor der Gruppengeschwindigkeit ist direkt ablesbar, $\boldsymbol{v}_{gr} = \nabla\,\omega(\boldsymbol{k})$. Für die i-te Komponente von $\boldsymbol{v}_{gr}$ gilt

$$v_{gr,i} = \frac{\partial\omega(\boldsymbol{k})}{\partial k_i} \qquad i = 1, 2, 3\,. \tag{2.60}$$

Zur Veranschaulichung dieser Beziehung wird bei dreidimensionaler Ausbreitung die Dispersionsfunktion $\omega(\boldsymbol{k})$ durch Flächen konstanter Frequenz im $\boldsymbol{k}$-Raum dargestellt. Bei zweidimensionaler Ausbreitung (z. B. in einem integriert-optischen Schichtleiter) treten an ihre Stelle Kurven konstanter Frequenz, vgl. Abb. 2.5. Der Abstand $|\boldsymbol{k}| = n\, k_0$ eines Kurven-

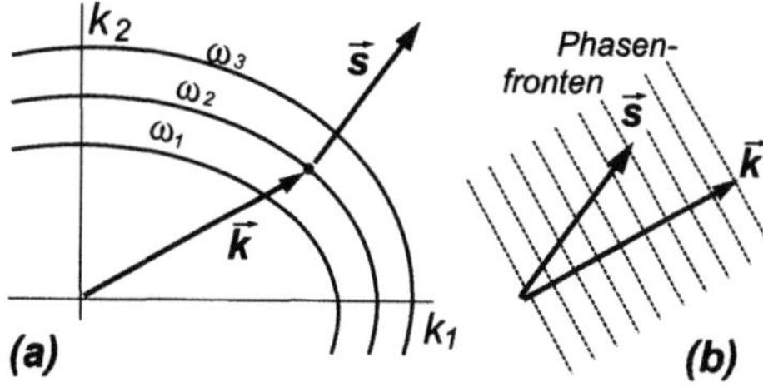

Abb. 2.5. Richtungsdispersion bei zweidimensionaler Ausbreitung: (a) Kurven konstanter Frequenz $\omega(\boldsymbol{k})$ im $\boldsymbol{k}$-Raum, (b) Phasenfronten, senkrecht zum Wellenvektor $\boldsymbol{k}$. Der Vektor $\boldsymbol{s}$ bezeichnet die Gruppengeschwindigkeit $\boldsymbol{v}_{gr} = \nabla\omega(\boldsymbol{k})$, er steht senkrecht zur Kurve $\omega = \text{const}$

punktes $\boldsymbol{k}$ vom Ursprung repräsentiert den „effektiven Index“ n der Ausbreitung in Richtung $\boldsymbol{k}$, wenn man von dem konstanten Faktor $k_0 = \omega/c$ absieht. Die Flächen/Kurven sind also solche gleicher „Langsamkeit“ (*engl.* slowness). Die Beziehung (2.60) bedeutet dann, daß eine ebene Welle, deren Phasenfronten sich mit dem Wellenvektor $\boldsymbol{k}$ ausbreiten, eine Gruppengeschwindigkeit hat, die im Punkte $\boldsymbol{k}$ senkrecht auf der Fläche/Kurve konstanter Frequenz steht (Vektor $\boldsymbol{s}$ in Abb. 2.5).

2.5.6 Ebene Wellen in anisotropen und gyrotropen Medien

Homogene optische Medien mit einer anisotropen oder gyrotropen Struktur, die vom inneren Aufbau her gegeben sein kann oder durch äußere Einflüsse bestimmt wird, erlauben ebenfalls die Ausbreitung monochromatischer ebener Wellen der Form

$$\boldsymbol{E}(\boldsymbol{r},t) = \hat{\boldsymbol{E}}\, e^{\mathrm{j}[\omega t - \mathbf{k}\cdot\mathbf{r}]}\,. \qquad (2.61)$$

Die anderen Feldgrößen haben dieselbe Form, mit entsprechenden Amplituden $\hat{\boldsymbol{H}}$, $\hat{\boldsymbol{D}}$, $\hat{\boldsymbol{B}}$. Sie enthalten alle denselben Ausbreitungsfaktor $e^{\mathrm{j}[\omega t - \mathbf{k}\cdot\mathbf{r}]}$. Die Wellenfronten liegen senkrecht zum Wellenvektor $\boldsymbol{k}$. Im Gegensatz zu isotropen Medien hängen die Beziehungen zwischen allen diesen Vektoren und der Ausbreitungsgeschwindigkeit in anisotropen Medien von der Richtung $\boldsymbol{k}$ der Ausbreitung im Raum ab. Zu jeder gegebenen Ausbreitungsrichtung $\boldsymbol{k}$ existieren allgemein zwei diskrete ebene Wellen. Sie unterscheiden sich in Polarisation, Phasen- und Gruppengeschwindigkeit. Dies bedingt die *Doppelbrechung* anisotroper Medien. Für jede der beiden Wellen besteht eine eigene, materialspezifische Richtungsdispersion $\omega(\boldsymbol{k})$.

Die Anisotropie oder Gyrotropie eines Mediums ist in den dielektrischen oder den magnetischen Eigenschaften begründet, oder in beiden. In der Optik sind wegen $\mu = 1$ nur die durch ε bedingten Effekte von Bedeutung. Im folgenden wird daher nur ε betrachtet. Des weiteren wird vereinfachend vorausgesetzt, daß das Ausbreitungsmedium verlustfrei sei.

Der Charakter der Doppelbrechung ist von den Symmetrieeigenschaften des Tensors $\boldsymbol{\varepsilon}$ abhängig. Er ist allgemein zerlegbar in einen symmetrischen$^{(s)}$ und einen antisymmetrischen$^{(a)}$ Anteil. Aufgrund fundamentaler thermodynamischer Bedingungen [4] gilt für sie

$$\varepsilon = \varepsilon^{(s)} + \varepsilon^{(a)} \quad \text{mit} \quad \varepsilon^{(s)}_{\mathrm{ki}} = +\,\varepsilon^{(s)*}_{\mathrm{ik}} \qquad (2.62)$$
$$\varepsilon^{(a)}_{\mathrm{ki}} = -\,\varepsilon^{(a)*}_{\mathrm{ik}}\,.$$

Hier bedeutet (*) die komplexe Konjugation. Der symmetrische Teil $\varepsilon^{(s)}$ bedingt die gewöhnliche *lineare Doppelbrechung*. Der antisymmetrische Teil $\varepsilon^{(a)}$ ist für die „gyrotropen“ Erscheinungen verantwortlich, er bedingt *zirkulare Doppelbrechung*. Im allgemeinsten Fall existieren beide Teile nebeneinander und es resultiert *elliptische Doppelbrechung*.

Für das folgende wird der Ausbreitungsvektor $\boldsymbol{k}$ in dem Medium bei der gegebenen Frequenz ω auf die Ausbreitungskonstante $k_0 = \omega/c$ des freien Raumes bezogen,

$$\boldsymbol{n} = \boldsymbol{k}/k_0\,. \qquad (2.63)$$

Dieser „normierte“ Wellenvektor $\boldsymbol{n}$ steht, genau wie $\boldsymbol{k}$, senkrecht auf den Wellenfronten und gibt deren Bewegungsrichtung an. Sein Betrag $|\boldsymbol{n}| = n$ hat die Bedeutung eines „effektiven“ Index in dem oben (Abschn. 2.5.5) definierten Sinne, daß c/n die Phasengeschwindigkeit der Welle ist. In isotropen Medien stimmt $|\boldsymbol{n}|$ mit dem Brechungsindex des Mediums überein.

Die Richtung des Energieflusses ist durch den Poynting-Vektor $\boldsymbol{E}\times\boldsymbol{H}$ bestimmt. Sie ist identisch mit der Richtung der Gruppengeschwindigkeit (2.60) und wird mit hier dem *Strahlenvektor* $\boldsymbol{s}$ bezeichnet. Er wird mit der Bedingung $\boldsymbol{n}\cdot\boldsymbol{s} = 1$ normiert [4].

Für ein anisotropes Medium folgt mit (2.40, 2.42) allgemein (vgl. Abb. 2.6)

$\boldsymbol{k}, \boldsymbol{H}$ und $\boldsymbol{D}$ sind paarweise orthogonal

$\boldsymbol{s}, \boldsymbol{B}$ und $\boldsymbol{E}$ sind paarweise orthogonal.

Wegen $\boldsymbol{\mu} = 1$ sind $\boldsymbol{B}$ und $\boldsymbol{H}$ parallel. Daher sind $\boldsymbol{E}$, $\boldsymbol{D}$, $\boldsymbol{k}$ und $\boldsymbol{s}$ koplanar, senkrecht zu $\boldsymbol{B}$ und $\boldsymbol{H}$. Aufgrund der Anisotropie von $\boldsymbol{\varepsilon}^{(s)}$ weichen die Richtungen von $\boldsymbol{E}$ und $\boldsymbol{D}$ im allgemeinen voneinander ab. In Abb. 2.6 ist diese Abweichung durch den Winkel α dargestellt. Er besteht einheitlich in allen Wellenfronten der ebenen Welle.

In einem gyrotropen Medium bedingt die Anisotropie von $\boldsymbol{\varepsilon}^{(a)}$ Winkelabweichungen aller Feldgrößen $\boldsymbol{E}$, $\boldsymbol{D}$, $\boldsymbol{B}$ und $\boldsymbol{H}$, wenn deren Richtungen auf benachbarten Wellenfronten verglichen werden. Dies bedeutet eine Drehung der Polarisationsebene. Die Rate der Drehung kann dabei, je nach Ursache der Gyrotropie, von der Ausbreitungsrichtung der Welle abhängen oder unabhängig davon sein.

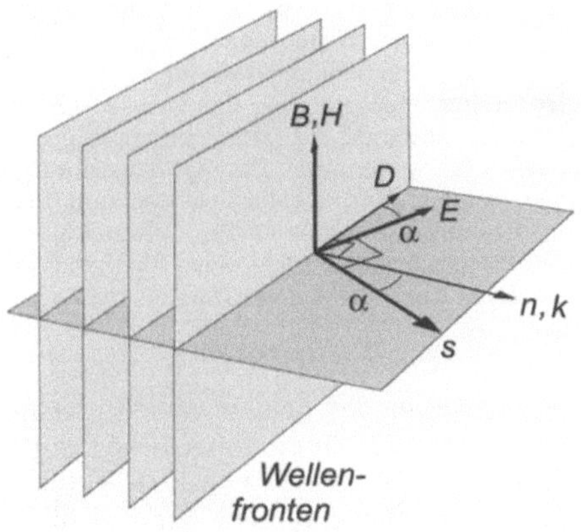

Abb. 2.6. Polarisationsverhältnisse bei einer ebenen Welle in einem anisotropem Medium: ***E***, ***D***, ***B***, ***H*** Feldvektoren, ***n*** Wellenvektor, ***s*** Strahlenvektor

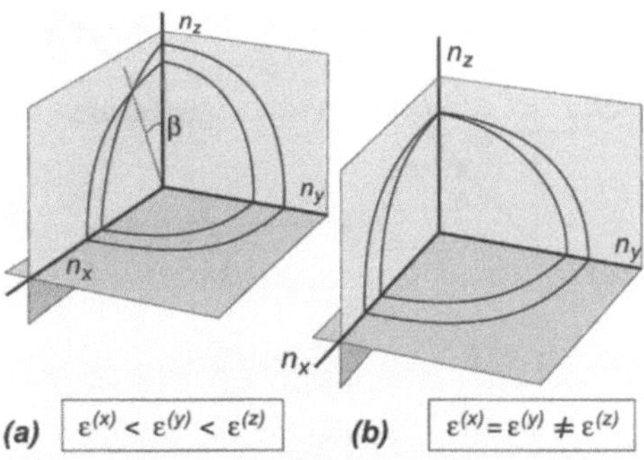

Abb. 2.7. Die zweischalige Wellenvektorfläche ebener Wellen in einem anisotropen Medium ist angedeutet durch ihre Schnittlinien mit den Koordinatenebenen [4]. Nur ein Oktant ist dargestellt. (a) optisch zweiachsiges, (b) optisch einachsiges Medium

Lineare Doppelbrechung. Die ebenen Wellen, die in einem Medium mit symmetrischem ε-Tensor existieren können, lassen sich aus der Wellengleichung (2.39) für anisotrope Medien bestimmen. Eine äquivalente Möglichkeit ist es, die vier Gleichungen (2.40–2.43), denen die Welle genügen muß, nach einer der Feldgrößen aufzulösen. Dazu werden in (2.40, 2.42) die Vektor-Produkte mit dem Wellenvektor $\boldsymbol{k} = \{k_1, k_2, k_3\}^{\mathrm{T}}$ ersetzt durch das Matrix-Produkt mit

$$\boldsymbol{\kappa} = \begin{pmatrix} 0 & +k_3 & -k_2 \\ -k_3 & 0 & k_1 \\ +k_2 & -k_1 & 0 \end{pmatrix} .$$

Die mit $k_0 = \omega/c$ resultierende Beziehung

$$[\boldsymbol{\kappa}\,\boldsymbol{\mu}^{-1}\,\boldsymbol{\delta}\,\boldsymbol{\varepsilon}^{-1}]\,\boldsymbol{D} = -\,k_0^2\,\boldsymbol{D} \tag{2.64}$$

ist eine Lösbarkeitsbedingung, die das ***D***-Feld identisch erfüllen muß. Sie bedeutet, daß ***D*** Eigenvektor des „Operators" $[\boldsymbol{\kappa}\,\boldsymbol{\mu}^{-1}\,\boldsymbol{\kappa}\,\boldsymbol{\varepsilon}^{-1}]$ sein muß. Sie läßt sich mit den Komponenten von $\boldsymbol{n} = \{n_1, n_2, n_3\}^{\mathrm{T}}$ und dem Kronecker-Symbol δ_{ik} auch ausdrücken als

$$\det \left\| \, |\boldsymbol{n}|^2\,\delta_{\mathrm{ik}}\,n_{\mathrm{i}}\,n_{\mathrm{k}} - \varepsilon_{\mathrm{ik}} \right\| = 0 \tag{2.65}$$

und ist in dieser Form als „Fresnel-Gleichung" bekannt [4, 8]. Die Mannigfaltigkeit ihrer Lösungen läßt sich geometrisch damit veranschaulichen, daß ***n*** auf der durch (2.65) definierten *Wellenvektorfläche* liegen muß. Im isotropen Fall ist diese Fläche eine Kugel, deren Radius den Brechungsindex des Mediums darstellt. Bei anisotropen Medien besteht die Wellenvektorfläche allgemein aus zwei konzentrischen „Schalen", vgl. Abb. 2.7. Für jede Ausbreitungsrichtung existieren daher allgemein *zwei* ebene Wellen mit unterschiedlichen effektiven Brechungsindizes $|\boldsymbol{n}|$. An 2 oder 4 diskreten Punkten berühren sich die Schalen. Liegt ***n*** in einer dieser Richtungen, gibt es nur eine Phasengeschwindigkeit. Diese Richtungen sind frei von Doppelbrechung, sie heißen *optische Achsen* des Mediums.

Die Form der Wellenvektorfläche hängt im Detail von der Struktur des dielektrischen Tensors $\varepsilon_{\mathrm{ik}}$ ab. Seine drei „Hauptwerte" $\varepsilon^{(\mathrm{x})}$, $\varepsilon^{(\mathrm{y})}$, $\varepsilon^{(\mathrm{z})}$, die man mittels Hauptachsentransformation aus den $\varepsilon_{\mathrm{ik}}$ erhalten kann, sind wegen der vorausgesetzten Symmetrie reell. Sie sind im allgemeinen alle verschieden. Das Koordinatensystem kann deshalb so gewählt werden, daß $\varepsilon^{(\mathrm{x})} < \varepsilon^{(\mathrm{y})} < \varepsilon^{(\mathrm{z})}$ gilt. Dann hat die Wellenvektorfläche die generelle, in Abb. 2.7 (a) gezeigte Form, bei der sich die beiden Schalen in 4 Punkten der $(n_{\mathrm{x}}\, n_{\mathrm{z}})$-Ebene durchdringen. Durch diese Punkte werden zwei Ausbreitungsrichtungen als optische Achsen definiert, wenn man vom Vorzeichen der Richtungen absieht. Anisotrope Medien sind deshalb allgemein *optisch zweiachsig* oder *biaxial*. Jede Ebene, welche die z-Richtung und die beiden optischen Achsen enthält, wird als *Hauptschnitt* bezeichnet. Der Neigungswinkel der optischen Achsen gegen die z-Richtung ist

$$\beta = \pm\, \arctan \left[\frac{\varepsilon^{(\mathrm{z})}\,(\varepsilon^{(\mathrm{y})} - \varepsilon^{(\mathrm{x})})}{\varepsilon^{(\mathrm{x})}\,(\varepsilon^{(\mathrm{z})} - \varepsilon^{(\mathrm{y})})} \right] \tag{2.66}$$

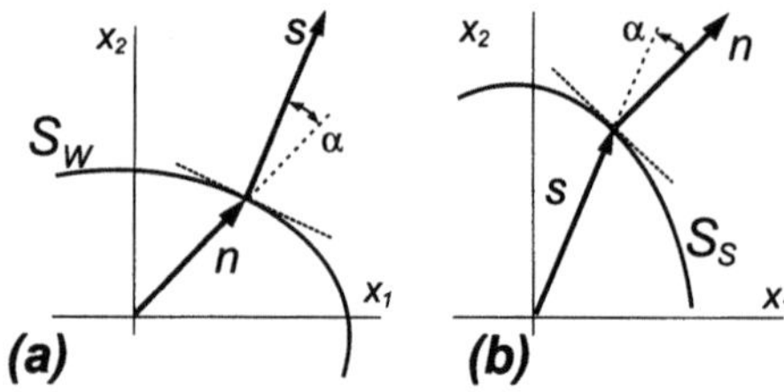

Abb. 2.8. S_W ist die Wellenvektorfläche, S_s die Strahlenvektorfläche. Sie vermitteln den Zusammenhang zwischen ***n*** und ***s***. Das Bild zeigt die Verhältnisse nur in einer Ebene, tatsächlich besteht die Konstruktion im Raum

In vielen anisotropen Medien sind zwei der drei Hauptwerte $\varepsilon^{(x)}$, $\varepsilon^{(y)}$, $\varepsilon^{(z)}$ gleich groß, und die Schalen der Wellenvektorfläche berühren sich in nur 2 Punkten, vgl. Abb. 2.7 (b). Es existiert dann nur eine optische Achse, das Medium ist *optisch einachsig* oder *uniaxial*. Eine der beiden Schalen der Wellenvektorfläche wird in diesem Fall zur Kugel. Für die zugehörige Welle ist die Phasengeschwindigkeit unabhängig von der Ausbreitungsrichtung. Diese Welle wird als *ordentliche* Welle bezeichnet, die andere als *außerordentliche*.

Die Wellenvektorfläche veranschaulicht auch den Zusammenhang des normierten Wellenvektors ***n*** mit der Phasen- und Gruppengeschwindigkeit der Welle. Abgesehen von einem Faktor k_0 ist die Wellenvektorfläche identisch mit der im Abschn. 2.5.5 beschriebenen $\omega(\boldsymbol{k})$-Fläche, vgl. Abb. 2.5. Mit der dort gegebenenKonstruktion findet man die Richtung ***s*** der Gruppengeschwindigkeit als Normale an die Wellenvektorfläche. Dies ist in Abb. 2.8 (a) illustriert. Diese Konstruktion veranschaulicht auch den Winkel α zwischen den Richtungen ***n*** und ***s*** der Welle. Er ist identisch mit dem aus der Materialbeziehung $\boldsymbol{D}(\boldsymbol{E})$ resultierenden Winkel zwischen ***D*** und ***E***.

Auch die hierzu„duale" Beziehung, also die Bestimmung von ***n*** aus ***s***, wird durch eine geometrische Normalenkonstruktion vermittelt, vgl. Abb. 2.8(b). Die dabei benutzte *Strahlenvektorfläche* S_S entsteht, indem alle Strahlenvektoren ***s*** vom Ursprung aus abgetragen werden [4].

Anmerkung zu Abb. 2.8. Der erwähnte Dualismus sollte nicht verwechselt werden mit seinen beiden in der Literatur gebräuchlichen Darstellungsweisen: Statt der hier durchgehend benutzten Darstellung [4] der Flächen $\boldsymbol{n}(\omega)$ und $\boldsymbol{s}(\omega)$ für $\omega = \text{const}$, die in gleicher Weise auch in der Festkörperakustik gebräuchlich ist („slowness"-Flächen), können die Zusammenhänge zwischen Wellen und Strahlen in einer „klassischeren" Darstellungsweise [8] auch erklärt werden, indem man statt n_{ph} die inversen Größe $1/n_{\text{ph}}$ von einem Punkt aus radial abträgt, und entsprechend für ***s*** verfährt. Die so konstruierten Flächen werden „Normalenflächen" genannt und haben etwas andere Gestalt als hier in Abb. 2.8. Die daraus gezogenen Schlußfolgerungen für ***E***, ***D***, ***B***, ***H***, ***n***, ***s*** sind natürlich bei beiden Darstellungsweisen gleich.

Die Polarisation der beiden Wellen, die zu einer gegebenen Ausbreitungsrichtung ***n*** gehören, muß durch ihre jeweiligen ***D***-Vektoren angegeben werden. Nur diese (und nicht ***E***) sind transversal zu ***n***. Die möglichen Richtungen ***D*** können formal aus der Bedingung gefunden werden, daß diese ***D*** Eigenvektoren des Operators [ ] in (2.64) sein müssen. Entsprechend den beiden möglichen Ausbreitungskonstanten existieren deshalb im allgemeinen zwei solche Polarisationsrichtungen, orthogonal zueinander.

Bei einem uniaxial-anisotropen Medium liegt eine dieser Polarisationsrichtungen in einer Ebene, die als „Hauptschnitt" bezeichnet wird. Er ist dadurch definiert, daß er die Ausbreitungsrichtung ***k*** und die Vorzugsrichtung $\hat{\boldsymbol{z}}$ des Mediums enthält. Daß in dieser Ebene einer der möglichen ***D***-Vektoren liegt, folgt aus der Tensorbeziehung $\boldsymbol{D}(\boldsymbol{E})$. Bei uniaxialen Medien enthält die von ***D*** und ***E*** aufgespannte Ebene stets auch die Vorzugsrichtung $\hat{\boldsymbol{z}}$ des Mediums. Diese Ebene ist der Hauptschnitt, vgl. Abb. 2.6. Diese Welle, bei der ein Winkel α zwischen ***D*** und ***E*** bzw. zwischen ***n*** und ***s*** besteht, ist die „außerordentliche" Welle.

Bei der zweiten mögliche Welle ist ***D*** senkrecht zum Hauptschnitt polarisiert, senkrecht zur Vorzugsrichtung. Dann sind ***D*** und ***E*** parallel, $\alpha = 0$. Diese Welle verhält sich so wie eine Welle in einem isotropen Material. Sie ist frei von Richtungsdispersion und wird als „ordentliche" Welle bezeichnet. Die zu dieser Welle gehörige Wellenvektorfläche bzw. Dispersionsfläche $\omega(\boldsymbol{k})$ ist eine Kugel. Liegt sie innerhalb der ellipsoidähnlichen zweiten („außerordentlichen") Dispersionsfläche, so wird das Medium als *positiv einachsig* bezeichnet, andernfalls als *negativ einachsig*.

Bei optisch zweiachsigen Medien ist der allgemeine Zusammenhang zwischen Ausbreitungs- und Feldrichtungen der Welle einerseits und den Hauptachsen des ε-Tensors andererseits komplizierter. Beide möglichen Wellen sind „außerordentliche“ Wellen, d.h. ihre Dispersionsflächen sind beide von höherer Ordnung als die Kugel, beide zeigen Richtungsdispersion. Auch hier ist eine geometrische Veranschaulichung der Polarisationsverhältnisse möglich. [4, 8, 9]. Wenn die Ausbreitungsrichtung $\boldsymbol{k}$ nahe bei einer der beiden optischen Achsen liegt, nähern sich die Polarisationsverhältnisse asymptotisch der einfacheren, uniaxialen Situation an.

Zirkulare, elliptische Doppelbrechung. Hat der ε-Tensor *neben einem isotropen symmetrischen Anteil* ($\boldsymbol{\varepsilon}^{(a)} = \varepsilon_i \cdot \mathbf{1}$) einen antisymetrischen Anteil, $\boldsymbol{\varepsilon}^{(a)} \neq 0$, so sind die elementaren Lösungen der Wellengleichung monochromatische ebene Wellen mit *zirkularer Polarisation*. Im verlustfreien Fall ist $\boldsymbol{\varepsilon}^{(a)}$ aufgrund von (2.62) imaginär. An festem Ort $\boldsymbol{r}$ sind dann $\boldsymbol{D}(\boldsymbol{r})$ und $\boldsymbol{E}(\boldsymbol{r})$ parallel und haben zeitlich konstante Beträge. Sie stehen senkrecht zur gemeinsamen Ausbreitungsrichtung $\boldsymbol{k}^{(\pm)}$ der Wellen und rotieren mit ω um diese Richtung. Die beiden elementaren Lösungen unterscheiden sich im Drehsinn ($\pm$) der Rotation und haben verschiedene Ausbreitungskonstanten, $|\boldsymbol{k}^{(+)}| \neq |\boldsymbol{k}^{(-)}|$. Es besteht also *zirkulare Doppelbrechung*, die auch als *optische Aktivität* bezeichnet wird.

Wirken in einem Medium mehrere Doppelbrechungseffekte gleichzeitig, z.B. materialbedingte innere und durch ein modulierendes Feld bedingte äußere, so addieren sich die betreffenden Suszeptibilitäten, vgl. Abschn. 2.3.1). In diesem Sinn können sich lineare und zirkulare Doppelbrechung überlagern. Es resultiert ein Medium mit elliptischer Doppelbrechung. Es erlaubt in jeder Raumrichtung die Ausbreitung zweier monochromatischer ebener Wellen mit elliptischen Polarisationen, die im polarisationsoptischen Sinn orthogonal zueinander schwingen.

2.5.7 Wellenbündel

Durch Überlagerung ebener Wellen lassen sich alle höheren Wellenfelder aufbauen. Mit monochromatischen Teilwellen der Gewichtungsfunktion $\boldsymbol{E}_k(\boldsymbol{k})$ erhält man, bei Unterdrückung des Zeitfaktor $e^{j\omega t}$, die Feldstärkeverteilung

$$\boldsymbol{E}_r(\boldsymbol{r}) = \int_{\Delta\Omega} \boldsymbol{E}_k(\boldsymbol{k})\, e^{-j\boldsymbol{k}\cdot\boldsymbol{r}}\, d^2\boldsymbol{k} \tag{2.67}$$

Wenn die Wellenvektoren $\boldsymbol{k}$ der beteiligten Wellen in enem eng begrenzten Raumwinkelbereich $\Delta\Omega$ liegen, spricht man von einem Wellen*bündel*. Beispiele sind

- das vom Ende einer Monomode-Faser abgestrahlte Feld,
- das Feld hinter einer Lochblende, die mit einer ebenen Welle „beleuchet“ wird,
- die Gaußsche Strahlwelle (Gaußstrahl), vgl. Abschn. 2.8.6.

Für solche Wellenbündel bestehen allgemeine Beziehungen zwischen den Verteilungen der Felder und der Leistungsdichten im Nahfeld und Fernfeld.

Um sie zu formulieren, wird die Achse des Bündels als z-Richtung gewählt, und $\boldsymbol{k}$ wird zerlegt in einen transversalen Wellenvektor $\boldsymbol{\kappa}$ und die axiale Komponente $k_z = |\boldsymbol{k}^2 - \boldsymbol{\kappa}^2|^{1/2}$. Damit kann (2.67) umgeschrieben werden, und man erhält in einer Querschnittsebene $z = 0$ des Wellenbündels folgende Beziehungen zwischen dem „Nahfeld“ und dem zugehörigen „Fernfeld“.

$$\boldsymbol{E}_r(x,y,0) = \int_{\Delta\Omega} \boldsymbol{E}_k(\boldsymbol{\kappa})\, e^{-j\boldsymbol{\kappa}\boldsymbol{r}}\, d^2\boldsymbol{\kappa} \tag{2.68a}$$

$$\boldsymbol{E}_k(\kappa_x,\kappa_y) = \int_{\Delta A} \frac{\boldsymbol{E}_r(x,y,0)}{4\pi^2}\, e^{j\boldsymbol{\kappa}\boldsymbol{r}}\, d^2\boldsymbol{r}\,. \tag{2.68b}$$

Die zweite dieser Beziehungen folgt aus der ersten, wenn man sie als Fourier-Transformation auffaßt und die inverse Transformation formuliert. Dabei läuft die Integration über den Querschnitt ΔA des Bündels, und es ist $|\boldsymbol{k}| = nk_0$. Mit diesen Funktionen $\boldsymbol{E}_r$ und $\boldsymbol{E}_k$ kann die Leistungsdichteverteilung des Bündels in zwei komplementären Formen angegeben werden. Zum einen als flächenbezogene Leistungsdichte p_A im Nahfeld, zum anderen als auf den Raumwinkel bezogene Leistungsdichte p_Ω im Fernfeld.

$$p_A \equiv \frac{\delta P}{\delta A} = \frac{Y_n}{2}\,|\boldsymbol{E}_r(\boldsymbol{r})|^2 \tag{2.69a}$$

$$p_\Omega \equiv \frac{\delta P}{\delta \Omega} = (2\pi n k_0)^2 \frac{Y_n}{2}\,|\boldsymbol{E}_k(\boldsymbol{\kappa})|^2 \tag{2.69b}$$

Für beide Verteilungen wird eine „effektive“ Breite, im Sinne eines quadratischen Mittelwertes, ermittelt. Dazu wird der Schwerpunkt der Leistungsdichteverteilung im Querschnitt ΔA mit $\bar{\boldsymbol{r}}$ bezeichnet, und mit $\varrho = |\boldsymbol{r} - \bar{\boldsymbol{r}}|$ der radiale Schwerpunktsabstand. Ebenso wird mit $\bar{\boldsymbol{\kappa}}$ die mittlere Ausbreitungsrichtung des

Bündels bezeichnet, und mit $\alpha \approx |\boldsymbol{\kappa} - \bar{\boldsymbol{\kappa}}|/|\boldsymbol{k}|$ der Winkelabstand von dieser Richtung. Die Mittelwerte von ϱ und α werden mit den Leistungsdichteverteilungen über $\boldsymbol{r}$ bzw. über $\boldsymbol{k}$ gebildet.

$$w_{\text{eff}}^2 = \int \varrho^2 p_{\text{A}}\, d^2\boldsymbol{r} / \int p_{\text{A}}\, d^2\boldsymbol{r} \tag{2.70a}$$

$$\alpha_{\text{eff}}^2 = \int \alpha^2 p_{\Omega}\, d\Omega / \int p_{\Omega}\, d\Omega\,. \tag{2.70b}$$

Mit diesen Größen kann $\pi w_{\text{eff}}^2 = A_{\text{eff}}$ als mittlere Querschnittsfläche des Bündels angesehen werden, und $\pi\alpha_{\text{eff}}^2 = \Omega_{\text{eff}}$ als mittlerer Raumwinkel. Das Produkt beider Größen ist aufgrund der Fourierbeziehung nach unten beschränkt,

$$A_{\text{eff}}\, \Omega_{\text{eff}} \equiv \pi w_{\text{eff}}^2 \cdot \pi \alpha_{\text{eff}}^2 \geq (\lambda_{\text{n}}/2)^2 \tag{2.71}$$

Hier ist $\lambda_{\text{n}} = \lambda_0/n$ die Wellenlänge im Medium. An diesem Ausdruck ist bemerkenswert, daß das = Zeichen nur in dem Sonderfall gilt, wenn $\boldsymbol{E}_{\text{r}}$ in beiden transversalen Richtungen Gauß-verteilt ist. Dann ist $\boldsymbol{E}_{\text{k}}$ als Fouriertransformierte ebenfalls Gauß-verteilt, und das Wellenbündel ist eine *Gaußsche Strahlwelle*, vgl. Abschn. 2.8.6.

Wird in diesem Fall Rotationssymmetrie unterstellt, so haben die Felder eines solchen Bündels, bezogen auf die „Taille", die Form [vgl. Abschn. 2.8.6]

$$\boldsymbol{E}_{\text{r}}(\boldsymbol{r}) = \boldsymbol{E}_{\text{r}_0}\, e^{-r^2/w_0^2} \quad \text{(Nahfeld)} \tag{2.72a}$$

$$\boldsymbol{E}_{\text{k}}(\boldsymbol{\alpha}) = \boldsymbol{E}_{\text{k}_0}\, e^{-\alpha^2/\theta^2} \quad \text{(Fernfeld)}\,. \tag{2.72b}$$

Hier bezeichnet w_0 den „Taillenradius, in dem die Leistungsdichte auf den Bruchteil e^{-2} ihres Wertes auf der Achse abgefallen ist, und entsprechend ist θ der e^{-2}-Aperturwinkel. Die Mittelungen (2.70a, b) liefern $w_{\text{eff}}^2 = w_0^2/2$ und $\alpha_{\text{eff}}^2 = \theta^2/2$. Damit läßt sich die Leistung des Strahles darstellen als $P = p_{\text{A}}(0)\ w_{\text{eff}}^2 = p_{\Omega}(0)\ \Omega_{\text{eff}}^2$.

Beide Parameter hängen aufgrund ihrer Fourier-Beziehung zusammen, es gilt $\theta w_0 = \lambda / n\pi$. Damit nimmt, in diesem Sonderfall, das Produkt $\Delta A\ \Delta\Omega$ in (2.71) seinen Minimalwert an. Bei allen anderen Wellenbündeln ist es größer.

2.5.8 Beugung

Als „Beugung" elektromagnetischer Wellen bezeichnet man summarisch diejenigen Erscheinungen im Wellenfeld, welche mit der vereinfachten *strahlenoptischen* Theorie der Ausbreitung nicht erklärbar sind (vgl. Abschn. 2.8.2). „Beugung" tritt auf, wenn die Voraussetzungen der strahlenoptischen Näherung nicht erfüllt sind: Wenn die Wellenlänge nicht klein genug ist im Vergleich zu Inhomogenitäten, die sich im Wellenfeld befinden, oder wenn die Struktur des Wellenfeldes in der Umgebung der strahlenoptischen Licht/Schatten-Grenze beschrieben werden soll.

Zahlreiche „Beugungstheorien" erlauben es, in speziellen Situationen genauere Beschreibungen des Wellenfeldes und seiner Ausbreitung zu finden als mit der Strahlenoptik. Wenn man – im konkreten Fall heutzutage fast regelhaft – die genauere Lösung der Wellengleichung numerisch bestimmt, erübrigt sich die Frage der Beugung für das behandelte Problem mehr oder weniger. Der heuristische Wert des Begriffes „Beugung" für das Verständnis der Wellenausbreitung und für die analytische Behandlung von Ausbreitungsproblemen bleibt davon unberührt.

Huygenssches Prinzip. Das älteste Konzept in diesem Sinne ist das *Huygenssche Prinzip* [10]. Es versucht, die Ausbreitung eines Wellenfeldes als selbstkonsistente Überlagerung unendlich vieler „Elementarwellen" zu erklären. Jeder Punkt einer Wellenfront ist Ausgangspunkt solcher Elementarwellen. Sie breiten sich radial in alle Richtungen aus und überlagern sich. In einer Richtung senkrecht zur Wellenfront ist ihre Interferenz konstruktiv. Dies erklärt direkt die Ausbildung einer neuen Wellenfront parallel zur ursprünglichen und damit die Ausbreitung. In seitlichen Richtungen ist die Interferenz destruktiv, in Rückwärtsrichtung ist sie ungeklärt [9].

Auf der Grundlage dieses Prinzips ist es in vielen Fällen möglich, die *Richtung* der von einfachen Inhomogenitäten (ebenen, gekrümmten und periodischen Grenzflächen, Blenden, ...) ausgehenden „Streuwellen" (gebrochene, reflektierte oder gebeugte Welle) korrekt anzugeben, und damit die Existenz von Beugungsphänomenen qualitativ verständlich zu machen.

Fresnel-Kirchhoff-Integral. Eine quantitative Erklärung der „Beugung" in Anlehnung an das Huygenssche Prinzip gelingt, wenn die Ausbreitungsrichtung der wesentlichen Streuwellen nahe bei der strahlenoptischen „Vorwärtsrichtung" liegen. Klassisches Beispiel dafür ist die Beugung einer monochromatischen, kohärenten Welle, die radial von einem Quellpunkt Q ausgeht und einen Schirm S be-

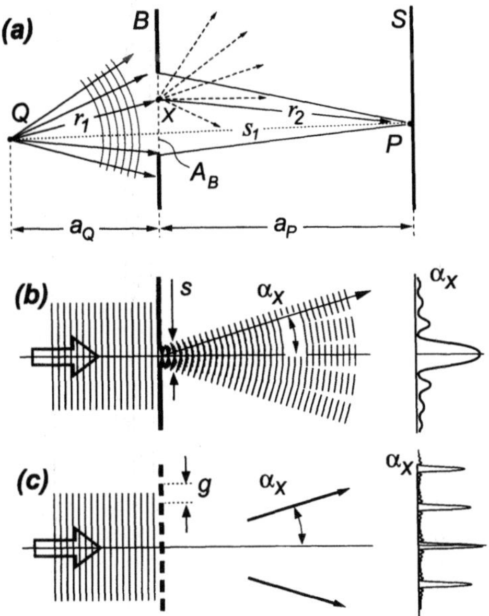

Abb. 2.9. (a) Zum Fresnel-Kirchhoffschen Beugungsintegral. (b) Beugung einer ebenen Welle am Spalt, (c) am Gitter

leuchtet, vgl. Abb. 2.9 (a). Zwischen Quelle und Schirm steht eine Blende mit einer Öffnung A_B. Außerhalb von A_B ist die Blende absorbierend.

Nach den Gesetzen der Strahlenoptik ist das Feld hinter der Blende und die Beleuchtung des Schirmes einfach durch direkte Strahlen s_1 beschreibbar, die von Q nach S laufen. Eine genauere Beschreibung, die die Beugung der Welle an der Öffnung umfaßt, resultiert, wenn alle Punkte X der Blendenöffnung als Zwischenpunkte und Quellen Huygensscher Elementarwellen angesehen werden. Hierzu ermittelt man zunächst die komplexe Amplitude $u_1(X)$ der Primärwelle bei X. Proportional dazu strahlt von dort eine Sekundärwelle in den Raum. Ihre Amplitude an einem Ort P des Schirmes ist proportional zu $u_1(X)\,u_2(X)$, wenn mit u_2 die Amplituden- und Phasenänderung auf dem Wege XP beschrieben wird. Integration dieser Teilwellen, die von allen Punkten X in der Öffnung A_B ausgehen, liefert die in P resultierende Amplitude

$$u(P) \propto \int_{A_B} \frac{e^{jk_0[r_1(X)+r_2(X)]}}{r_1\, r_2}\, d^2X\,. \qquad (2.73)$$

Dies ist das *Fresnel-Kirchhoffsche Beugungsintegral* [8]. Hier ist k_0 die Ausbreitungskonstante der Wellen, und die Abstände $r_1 = \overline{QX}$ und $r_2 = \overline{XP}$. Im Nenner berücksichtigen diese Faktoren die Amplitudenabnahme in den Kugelwellen, im Exponent die Änderung ihrer Phasen. Zur Auswertung des Integrals wird X durch Koordinaten $\{x, y\}$ in der Blendenebene beschrieben. Eine entscheidende Vereinfachung von (2.73) gelingt, wenn die Abstände a_Q und a_P von Quelle und Schirm so groß sind, daß die Krümmung der Wellenfronten im Bereich der Öffnung vernachlässigbar ist (sogen. *Fraunhofersche Näherung*). Die Amplitudenverteilung weit hinter der Öffnung wird dann zweckmäßig durch zwei Winkel $\{\alpha_x, \alpha_y\}$ beschrieben, welche die Lage von P relativ zu dem von Q durch die Öffnung verlaufenden „Strahl" angeben. Für kleine Winkel findet man, daß die Richtungsverteilung $u_P(\alpha_x, \alpha_y)$ die Fouriertransformierte der Blendenöffnung A_B ist.

$$u_P(\alpha_x, \alpha_y) \propto \int_{A_B} e^{jk_0[x\alpha_x + y\alpha_y]}\, dx\, dy \qquad (2.74)$$

Dieses mit Näherungen aus dem Huygensschen Prinzip erschlossene Ergebnis entspricht weitgehend der wellenoptischen Beziehung (2.68b), wenn die dortige „Nahfeldverteilung" $\boldsymbol{E}_r(\boldsymbol{r})$ mit $u_1(X)$ gleichgesetzt wird.

Die Wellenfrontkrümmung im Bereich der Öffnung macht sich bemerkbar, wenn mindestens einer der Abstände a_Q und a_P nicht sehr groß ist. Dies kann im Exponenten von (2.74) durch Terme 2. Ordnung in x, y berücksichtigt werden. Die resultierende *Fresnelsche Form* des Beugungsintegrals kann auf anschaulich-graphische Weise mit der *Fresnelschen Zonenkonstruktion* ausgewertet werden [8].

Beugung an Spalt und Gitter sind die einfachsten Anwendungsbeispiele von (2.74). Der Spalt sei entlang der y-Richtung, senkrecht zur Zeichenebene orientiert, Abb. 2.9 (b). Eine in z-Richtung einfallende ebene Welle hat in der Ebene des Spaltes eine Amplitude, die über die Spaltbreite $-s/2 < x < +s/2$ konstant ist. Die Amplitudenverteilung im Fernfeld ist proportional zu $u(\alpha_x) = \sin(\Phi)/\Phi$ mit $\Phi = \sin(\alpha k_0 s/2)$. Die zugehörige Leistungsdichteverteilung $|u(\alpha_x)|^2$ ist in Abb. 2.9 (b) skizziert. Neben dem zentralen Maximum in Richtung $\alpha_x = 0$ existieren Nullstellen im Abstand $\sin\alpha_x = \pm\lambda/s$.

Eine Vielzahl von Spalten, periodisch angeordnet, stellt ein Amplituden-Transmissionsgitter dar, Abb. 2.9 (c). Die entlang z einfallende ebene Welle wird in eine Anzahl von *Beu-*

gungsordnungen gebeugt, $m = 0, \pm 1, \pm 2, \ldots$, die in den Richtungen $\sin \alpha_x = m\lambda/g$ liegen. Hier ist g die Gitterkonstante.

2.6 Polarisation ebener Wellen

Die Beschreibung der Polarisation und ihrer Rolle bei der Wellenausbreitung ist ein klassisches Problem, das vor allem in der Kristalloptik entwickelt wurde [11]. Daraus resultieren die verschiedenen heute gebräuchlichen Darstellungsweisen, die jeweils bestimmte Aspekte betonen und spezielle Anwendungsbereiche abdecken:

- Die *Polarisationsellipse* beschreibt das reale physikalische E-Feld in direkter, anschaulicher Weise. Zur Charakterisierung von Zuständen ist sie gut geeignet, weniger für deren Transformationen.
- Der *Jones-Formalismus* ist abstrakt mathematisch, auf komplexen Vektoren und 2×2-Matrizen aufgebaut. Er ist die zweckmäßige Beschreibungsform für alle quantitativen Polarisationsprobleme, bei denen die *Amplituden* der Wellen (im Gegensatz zur Leistung) entscheidend sind, insbesondere bei der *kohärenten* Überlagerung und Interferenz polarisierter Wellen.
- Die *Poincaré-Darstellung* gibt eine anschauliche, räumlich-graphische Beschreibung derselben Sachverhalte, die mit dem Jones-Formalismus abstrakt berechenbar sind. Sie ist für ein intuitives Verständnis vieler Polarisationsprobleme besonders hilfreich.
- Der *Stokes-Formalismus* ist, zusammen mit den 4×4 *Mueller-Matrizen*, eine mathematische Methode zur Behandlung von Polarisationsproblemen, bei denen *inkohärente* Überlagerung verschiedener Polarisationszustände erfolgt. Damit ist er für die Beschreibung „partieller" Polarisation geeignet. Im Grenzfall vollständiger Polarisation geht er in die vorher erwähnten, einfacheren Darstellungsweisen über.

Bei allen Methoden geht es zunächst um die Beschreibung von Polarisations-*Zuständen*, dann um die Polarisations-*Transformation* der Zustände beim Durchgang durch optische Komponenten, und schließlich um die Charakterisierung der Polarisations-*Eigenschaften* optischer Komponenten und Systeme.

Die folgende Darstellung wird für ebene Wellen in einem homogenen Medium gegeben. Die hier erläuterten allgemeinen Begriffe sind aber mit geringen Modifikationen auch zur Beschreibung der Polarisation inhomogener Wellen geeignet, beispielsweise des Grundmodus in Monomode-Fasern (vgl. Kap. 4). Die Darstellung bezieht sich auf „schmalbandige" optische Wellen in dem Sinne, daß eine mittlere Schwingungsfrequenz ω definiert ist, mit der Angaben zur Phasenverzögerung wie „Viertelwellenlänge" sinnvoll sind.

Hier und im folgenden wird die Polarisation elektromagnetischer Wellen allgemein durch die Richtung ihres elektrischen Vektors $\boldsymbol{E}$ bezeichnet. Er ist transversal zur Ausbreitungsrichtung $\boldsymbol{k}$ der Welle gerichtet, wenn das Medium isotrop ist. In anisotropen Medien wird die Polarisation besser durch $\boldsymbol{D}$ bezeichnet, weil dieser Vektor jedenfalls transversal ist.

2.6.1 Polarisationsellipse

Eine ebene elektromagnetische Welle, die sich in einem isotropen Medium entlang der z-Richtung eines rechtshändigen kartesischen Koordinatensystems $\{x, y, z\}$ ausbreitet, hat an einem gegebenen Ort ein elektrisches Feld der Form $\bar{\boldsymbol{E}}(t) = \{\bar{E}_x, \bar{E}_y, 0\}$. Die Welle ist transversal, die z-Komponente verschwindet. In reeller Schreibweise, die hier durch Überstreichung angedeutet wird, ist

$$\bar{E}_x(t) = \hat{\bar{E}}_x \cos(\omega t + \varphi_x) \tag{2.75a}$$

$$\bar{E}_y(t) = \hat{\bar{E}}_y \cos(\omega t + \varphi_y) \tag{2.75b}$$

mit den Maximalamplituden $\hat{\bar{E}}_x$ und $\hat{\bar{E}}_y$. Das zugehörige Feld $\bar{\boldsymbol{H}} = \{H_x, H_y, 0\}$ braucht im folgenden nicht gesondert betrachtet zu werden, denn es hängt mittels $\bar{\boldsymbol{H}} = Y_n\, \hat{\boldsymbol{z}} \times \boldsymbol{E}$ stets direkt mit dem $\bar{\boldsymbol{E}}$-Feld zusammen. Dabei ist $\hat{\boldsymbol{z}}$ der Einheitsvektor in z-Richtung, und $Y_n = n\sqrt{(\varepsilon_0/\mu_0)}$ die Wellenadmittanz des Mediums.

Die zeitliche Variation des Feldes (2.75a, b) ist in Abb. 2.10 illustriert: die Spitze des Vektors $\bar{\boldsymbol{E}}(t)$ durchläuft eine Ellipse. Sie charakterisiert den *Polarisationszustand* der Welle. Größe, Lage und Form der Elipse sind durch die Amplituden $\hat{\bar{E}}_x$, $\hat{\bar{E}}_y$ und Phasenwinkel φ_x, φ_y bestimmt. Der Winkel ϕ, den die große Ellipsenachse mit der x-Richtung bildet, wird als *Azimut* der Polarisation bezeichnet. Ferner

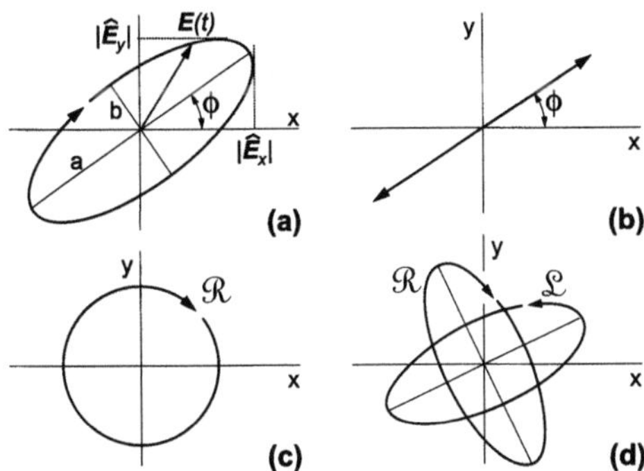

Abb. 2.10. (a) Polarisationsellipse: Während einer Schwingungsperiode der Welle durchläuft die Spitze des elektrischen Feldstärkevektors einmal pro Schwingungsperiode eine Ellipse. Diese entartet bei linearer Polarisation (b) zu einer Geraden und bei zirkularer Polarisation (c) zu einem Kreis. (d) orthogonale elliptische Zustände

definiert man mit dem Verhältnis b/a der Halbachsen die *Elliptizität* ψ des Zustandes.

$$\psi = \pm \arctan(b/a) \tag{2.76}$$

Das Vorzeichen ± wird hier benutzt, um den Drehsinn des Umlaufes zu charakterisieren. Traditionell bezieht man sich dabei auf einen Beobachter, welcher die Welle auf sich zukommen sieht. Erscheint ihm der Vektor $\bar{E}$ „rechtsdrehend", im Uhrzeigersinn rotierend, wird die Polarisation als elliptisch mit *rechtsdrehendem Zirkularanteil* bezeichnet, und in (2.76) wird das + Vorzeichen gewählt. Die Spitze des elektrischen Vektors folgt dann im Raum einer Linksschraube(!). Bei Drehung im Gegenuhrzeigersinn ist $\psi < 0$ und der Zirkularanteil *linksdrehend.*

Anmerkung: Die vorstehende „klassische" Definition des Drehsinnes wird fast durchgehend in der Literatur verwendet. Sie widerspricht allerdings einer in [12] zitierten IEEE-Standardisierung.

Die Winkel ϕ und ψ variieren im Bereich

$$-\pi/2 \le \phi \le +\pi/2 \tag{2.77a}$$

$$-\pi/2 \le \psi \le +\pi/2\,, \tag{2.77b}$$

weil $|b/a| \le 1$ ist und weil das Azimut der Polarisationsellipse modulo (π) unbestimmt ist. Mit der Abkürzung $\delta\varphi = (\varphi_y - \varphi_x)$ gelten folgende Beziehungen

$$\phi = \frac{1}{2}\arctan\left[\frac{2\,\hat{\hat{E}}_x\,\hat{\hat{E}}_y\cos\delta\varphi}{\hat{\hat{E}}_x^2 - \hat{\hat{E}}_y^2}\right]$$

$$\psi = \frac{1}{2}\arcsin\left[\frac{2\,\hat{\hat{E}}_x\,\hat{\hat{E}}_y\sin\delta\varphi}{\hat{\hat{E}}_x^2 + \hat{\hat{E}}_y^2}\right]$$

$$a^2 = \hat{\hat{E}}_x^2\cos^2\phi + \hat{\hat{E}}_y^2\sin^2\phi + 2\,\hat{\hat{E}}_x\hat{\hat{E}}_y\cos\phi\,\sin\phi\,\cos\delta\varphi$$

$$b^2 = \hat{\hat{E}}_x^2\sin^2\phi + \hat{\hat{E}}_y^2\cos^2\phi - 2\,\hat{\hat{E}}_x\hat{\hat{E}}_y\cos\phi\,\sin\phi\,\cos\delta\varphi$$

Zur Beschreibung der Polarisation in einem engeren Sinne, unabhängig von der absoluten Amplitude und der absoluten Phase der Welle, genügen Azimut ϕ und Elliptizität ψ. Neben dem allgemeinen Fall elliptischer Polarisation kann man hier unterscheiden

lineare Polarisation: mit Azimut ϕ	$\delta\varphi = 0$ $\tan\phi = \hat{\hat{E}}_y/\hat{\hat{E}}_x$
x-Polarisation „horizontal"	$E_y = 0$
y-Polarisation „vertikal"	$E_x = 0$
zirkulare Polarisation „rechtsdrehend" „linksdrehend"	$E_x = E_y$ $\delta\varphi = +\pi/2$ $\delta\varphi = -\pi/2$

Orthogonalität. Zwei lineare Polarisationszustände C_1 und C_2 sind *orthogonal*, wenn sich ihre Azimute um $\pi/2$ unterscheiden. Ein idealer Polarisator, der Licht des Zustandes C_1 passieren läßt, sperrt den dazu orthogonalen Zustand C_2. In diesem Sinne wird der Begriff „Orthogonalität" auf elliptische und zirkulare Polarisation verallgemeinert: Zwei zirkulare Polarisationszustände sind orthogonal, wenn sie entgegengesetzten Drehsinn haben. Zwei elliptische Polarisationszustände sind orthogonal, wenn sich ihre Azimut-Richtungen um $\pi/2$ unterscheiden und sie entgegengesetzten Drehsinn haben. Als Beispiel zeigt Abb. 2.10(d) zwei orthogonale Polarisationsellipsen.

Polarisationsgrad. Eine monochromatische Welle wie (2.75a, b), bei der $\bar{E}_x(t)$ und $\bar{E}_y(t)$ mit derselben festen Frequenz schwingen, ist *vollständig* polarisiert. Ihr *Polarisationsgrad*

ist $\eta_P = 1$. Allgemein lautet die Bedingung für vollständige Polarisation, daß die Phasendifferenz $\delta\varphi$ zwischen den Komponenten $\bar{E}_x$ und $\bar{E}_y$ zeitlich konstant sein muß. Eine solche Welle kann von einem entsprechenden Polarisationsanalysator vollständig blockiert werden.

Ändern sich jedoch die Phasendifferenz $\delta\varphi$ und/oder die Größe der Komponenten $\bar{E}_x$, $\bar{E}_y$ innerhalb der gegebenen Beobachtungszeit, so kann nur noch eine mittlere Polarisation festgestellt werden. Die Welle ist dann *partiell polarisiert*, sie kann durch einen Analysator nicht vollständig gelöscht werden, ihr Polarisationsgrad ist $\eta_P < 1$. Die Leistung P einer solchen (stationären) Welle kann eindeutig zerlegt werden [8] in einen vollständig polarisierten Anteil P_{pol}, der sich von einem Analysator sperren läßt, und einen unpolarisierten Restanteil P_{unpol}. Mit diesen Leistungsanteilen wird der Polarisationsgrad definiert,

$$P = P_{pol} + P_{unpol} \tag{2.78}$$

$$\eta_P = P_{pol}/P\,. \tag{2.79}$$

Sogenanntes „natürliches Licht“, von einem glühenden Körper emittiert, ist unpolarisiert, $\eta_P = 0$.

Überlagerung, Zerlegung. Zwei vollständig polarisierte, kohärente Wellen (gleiche Frequenz, feste Phasenbeziehung) mit den Feldstärken $\bar{E}^{(1)}(t)$ und $\bar{E}^{(2)}(t)$, die am gleichen Ort wirksam sind, überlagern sich zu einer resultierenden Gesamtwelle mit dem Feld $\bar{\boldsymbol{E}}_{ges}(t) = \bar{\boldsymbol{E}}^{(1)}(t) + \bar{\boldsymbol{E}}^{(2)}(t)$. Über diese Beziehung setzt sich die resultierende Polarisation aus den Einzel-Polarisationen zusammen. In entsprechender Weise läßt sich eine gegebene Welle in kohärente Teilwellen gleicher Ausbreitungsrichtung zerlegen. Ein Beispiel dafür ist die Zerlegung einer Welle elliptischer Polarisation in ihre beiden Anteile mit linearer und zirkularer Polarisation.

2.6.2 Jones-Formalismus

Eine kompakte mathematische Darstellung der Polarisation von vollständig polarisierten elektromagnetischen Wellen und ihren Transformationen beim Durchgang durch optische Elemente erlaubt der *Jones-Formalismus* [11, 13].

Polarisationszustände werden durch komplexe *Jones-Vektoren* beschrieben,

$$\boldsymbol{E} = \begin{pmatrix} E_x \\ E_y \end{pmatrix} = \begin{pmatrix} \hat{\bar{E}}_x\, e^{j\varphi_x} \\ \hat{\bar{E}}_y\, e^{j\varphi_x} \end{pmatrix}.$$

Ein solcher Vektor drückt die reelle elektrische Feldstärke $\bar{E}(t)$ im Sinne der komplexen Wechselstromrechnung aus, $\bar{E}(t) = \Re\,\{\boldsymbol{E}\, e^{j\omega t}\}$, mit dem „elektrotechnischen“ Zeitfaktor $e^{+j\omega t}$. Letzterer ist allen Signalen gemeinsam und wird im Rest dieses Abschnittes unterdrückt. Dies vereinfacht die Schreibweise erheblich. Von vielen Autoren [8, 9] wird auch der inverse Zeitfaktor $e^{-j\omega t}$ verwendet. Bei ihnen erscheint in allen Formeln, welche elliptische oder zirkulare Polarisation betreffen, die konjugiert komplexe Form der hier gegebenen Ausdrücke (vgl. hierzu [14], S. 10-5). Die Jones-Vektoren für einige ausgezeichnete Polarisationszstände sind tabellarisch in Abb. 2.11 angegeben.

Da Jones-Vektoren Feldstärken repräsentieren, gilt: Bei der Überlagerung mehrerer vollständig polarisierter *kohärenter* Teilwellen, etwa in einem Interferometer, addieren sich deren Jones-Vektoren zum Gesamt-Jones-Vektor, $\boldsymbol{E}_{ges} = \boldsymbol{E}_1 + \boldsymbol{E}_2 + \ldots$. Umgekehrt kann, entsprechend, eine Welle mit dem Jones-Vektor $\boldsymbol{E}_{ges}$ in kohärente Teilwellen $\boldsymbol{E}_1, \boldsymbol{E}_2, \ldots$ zerlegt werden. Als Beispiel zeigt Abb. 2.12 tabellarisch die Beziehungen zwischen den 6 wichtigsten Polarisationszuständen H, V, P, Q, R, L.

Der Jones-Vektor erlaubt es, die flächenbezogene mittlere Leistungsdichte $\bar{p}$ der Welle auszudrücken. Mit der Wellenadmittanz Y_n und dem Symbol (†) für konjugiert komplexe Transposition ist

$$\bar{p} = |\bar{\boldsymbol{P}}| = \tfrac{1}{2} Y_n\, |\boldsymbol{E}|^2 = \tfrac{1}{2} Y_n\, \boldsymbol{E}^\dagger \cdot \boldsymbol{E}$$

$\boldsymbol{E}_H = \begin{pmatrix} 1 \\ 0 \end{pmatrix}$ →	$\boldsymbol{E}_V = \begin{pmatrix} 0 \\ 1 \end{pmatrix}$ ↑
$\boldsymbol{E}_P = \frac{1}{\sqrt{2}}\begin{pmatrix} 1 \\ 1 \end{pmatrix}$ ↗	$\boldsymbol{E}_Q = \frac{1}{\sqrt{2}}\begin{pmatrix} 1 \\ -1 \end{pmatrix}$ ↘
$\boldsymbol{E}_R = \frac{1}{\sqrt{2}}\begin{pmatrix} 1 \\ j \end{pmatrix}$ ↻	$\boldsymbol{E}_L = \frac{1}{\sqrt{2}}\begin{pmatrix} 1 \\ -j \end{pmatrix}$ ↺

Abb. 2.11. Jones-Vektoren ausgezeichneter Polarisationszustände H,V = horizontal/vertikal linear, P, Q = ±45° linear, R, L = rechts/links zirkular

$$\boldsymbol{E}_H = \tfrac{1}{\sqrt{2}}(\boldsymbol{E}_P + \boldsymbol{E}_Q) \qquad \boldsymbol{E}_V = \tfrac{1}{\sqrt{2}}(\boldsymbol{E}_P - \boldsymbol{E}_Q)$$

$$\boldsymbol{E}_H = \tfrac{1}{2}(\boldsymbol{E}_R + \boldsymbol{E}_L) \qquad \boldsymbol{E}_V = \tfrac{1}{2j}(\boldsymbol{E}_R - \boldsymbol{E}_L)$$

$$\boldsymbol{E}_P = \tfrac{1}{\sqrt{2}}(\boldsymbol{E}_H + \boldsymbol{E}_V) \qquad \boldsymbol{E}_Q = \tfrac{1}{\sqrt{2}}(\boldsymbol{E}_H - \boldsymbol{E}_V)$$

$$\boldsymbol{E}_P = \tfrac{1-j}{2\sqrt{2}}\boldsymbol{E}_R + \tfrac{1+j}{2\sqrt{2}}\boldsymbol{E}_L \qquad \boldsymbol{E}_Q = \tfrac{1-j}{2\sqrt{2}}\boldsymbol{E}_R - \tfrac{1+j}{2\sqrt{2}}\boldsymbol{E}_L$$

$$\boldsymbol{E}_R = \boldsymbol{E}_H + j\boldsymbol{E}_V \qquad \boldsymbol{E}_L = \boldsymbol{E}_H - j\boldsymbol{E}_V$$

$$\boldsymbol{E}_R = \tfrac{1+j}{\sqrt{2}}\boldsymbol{E}_P + \tfrac{1-j}{\sqrt{2}}\boldsymbol{E}_Q \qquad \boldsymbol{E}_L = \tfrac{1-j}{\sqrt{2}}\boldsymbol{E}_H - \tfrac{1+j}{\sqrt{2}}\boldsymbol{E}_V$$

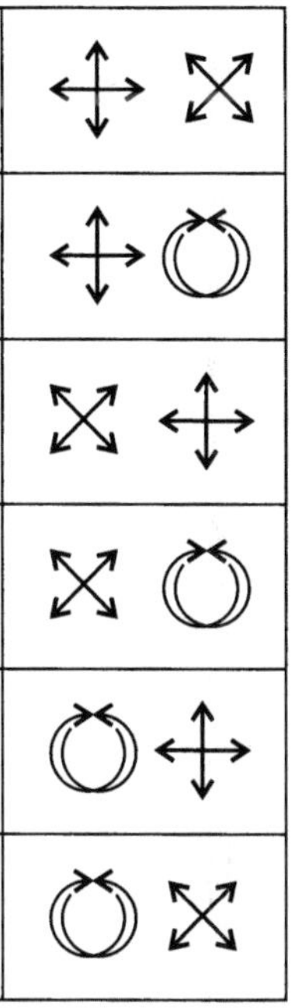

Abb. 2.12. Überlagerung/Zerlegung der Jones-Vektoren charakteristischer Polarisationszustände H, V, P, Q, R, L

Für zwei Wellen mit orthogonalen Polarisationszuständen, charakterisiert durch Jones-Vektoren $\boldsymbol{E}_1$ und $\boldsymbol{E}_2$, verschwindet das komplexe Skalarprodukt,

$$\boldsymbol{E}_1^\dagger \cdot \boldsymbol{E}_2 = 0 \quad \text{Orthogonalität} \tag{2.80}$$

Um die Polarisation einer Welle im engeren Sinne zu beschreiben, unabhängig von ihrer Gesamtamplitude $|\boldsymbol{E}|$ und von der Phase, die x- und y-Komponente gemeinsam ist, wird ein *normierter Jones-Vektor* $\boldsymbol{A}$ definiert, indem von $\boldsymbol{E}$ ein komplexer Amplitudenfaktor E_A abgespalten wird.

$$\boldsymbol{E} = E_A \boldsymbol{A} \quad \text{mit} \tag{2.81}$$

$$\boldsymbol{A}^\dagger \boldsymbol{A} = 1$$

$$|E_A|^2 = |\boldsymbol{E}|^2 = \hat{E}_x^2 + \hat{E}_x^2$$

$$\arg\{E_A\} = (\varphi_x + \varphi_y)/2$$

Polarisations-Transformation. Die Vorteile der Jones-Darstellung zeigen sich bei der Beschreibung der Polarisationsänderungen, die eine vollständig polarisierte Welle beim Durchgang durch optische Elemente erfährt, vgl. Abb. 2.13. Da bei passiven, zeitinvarianten optischen Elementen bei niedrigen Leistungen eine lineare Beziehung zwischen den Feldstärke-Komponenten an Eingang und Ausgang besteht, gilt universell

$$\boldsymbol{E}_2 = M\,\boldsymbol{E}_1 \quad \text{oder auch} \tag{2.82a}$$

$$\boldsymbol{A}_2 = M\,\boldsymbol{A}_1 \tag{2.82b}$$

mit einer komplexen 2×2-*Jones-Matrix* M, die das optische Element charakterisiert. Ihre Komponenten hängen im allgemeinen von der Frequenz ab,

$$M(\omega) = \begin{pmatrix} m_{11}(\omega) & m_{12}(\omega) \\ m_{21}(\omega) & m_{22}(\omega) \end{pmatrix}$$

Durchläuft die Welle mehrere Elemente nacheinander, so ist der Ausgangs-Jones-Vektor eines Elementes zugleich Eingangs-Vektor des folgenden. Für eine Kette von $(N-1)$ Elementen mit den Jones-Matrizen $M_{n,n-1}$ folgt durch wiederholte Anwendung von (2.82a)

$$\boldsymbol{E}_N = M_{N,1}\,\boldsymbol{E}_1 \tag{2.83}$$

$$= M_{N,N-1}\,M_{N-1,N-2} \ldots M_{32}\,M_{21}\,\boldsymbol{E}_1$$

Bei der Bildung dieses Matrizenproduktes $M_{N,1}$ ist die Reihenfolge zu beachten: Der erste der Faktoren repräsentiert das letzte Element der Kette, das auf die bereits von allen anderen Elementen modifizierte Welle einwirkt.

Besondere Bedeutung kommt den Eigenvektoren und Eigenwerten der Transformationsmatrix M zu. Sie sind durch die Beziehung $M\boldsymbol{E} = \Lambda\,\boldsymbol{E}$ mit einem skalaren Eigenwert Λ definiert. Ein Eigenvektor $\boldsymbol{E}$ der Jones-Matrix M repräsentiert danach einen Zustand, der nach Durchgang durch das optische Element „im engeren Sinn" unverändert ist, bei dem also die normierten Jones-Vektoren $\boldsymbol{A}$ am Ausgang und Eingang gleich sind. Der Faktor Λ kann zwar eine Änderung in Amplitude und Phase von $\boldsymbol{E}$ bewirken, er entfällt aber bei der Normierung.

Ein Sonderfall ist die Polarisationstransformation durch ein *verlustfreies* optisches

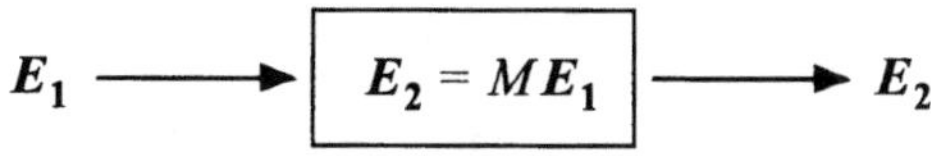

$$\boldsymbol{E}_1 \longrightarrow \boxed{\boldsymbol{E}_2 = M\boldsymbol{E}_1} \longrightarrow \boldsymbol{E}_2$$

Abb. 2.13. Die Transformation eines Polarisations-Eingangszustandes $\boldsymbol{E}_1$ in einen Polarisations-Ausgangszustand $\boldsymbol{E}_2$ beim Durchgang durch ein optisches Element wird durch eine Jones-Matrix M vermittelt

Element. Hier muß die Leistungsdichte hinter dem Element gleich der Leistungsdichte davor sein, $\bar{p}_2 = \bar{p}_1$ oder $A_2^\dagger A_2 = A_1^\dagger A_1$, und zwar für beliebige Zustände A_1. Es folgt, daß die zugehörige Transformationsmatrix M unitär ist, $M^\dagger M = 1$, wie auch umgekehrt jedes optische Element mit unitärer Jones-Matrix M verlustfrei ist. Die Eigenwerte von M sind dann allgemein von der Form $\Lambda_m = e^{j\varphi_m}$ mit $m = 1, 2$. Sie haben den Betrag $|\Lambda_m| = 1$. Falls die Phasen nicht zu groß sind, $|\varphi_m| < \pi/2$, kann der Zustand mit der größeren Phase als der „schnelle" Zustand identifiziert werden, der andere ist der „langsame". Ihre Phasendifferenz $\delta\varphi = (\varphi_1 - \varphi_2)$ ist die *Verzögerung* des Zustandes $m = 2$ gegenüber dem Zustand $m = 1$.

Die Jones-Matrizen einiger einfacher, idealer optischer Elemente sind in der Tabelle *Jones-Matrizen* zusammengestellt. Bei den aufgeführten idealen Polarisatoren hat jeweils ein Eigenwert der Matrix den Wert $|\Lambda| = 1$ (Durchlaß-Zustand), der andere ist $\Lambda = 0$ (Sperr-Zustand). Bei der *Viertelwellenplatte*, die auch als *λ/4-Verzögerungsplatte* bezeichnet wird, sind die Eigenwerte $e^{\pm j\pi/4}$. Ihre Verzögerung beträgt also $\delta\varphi = \pi/2$, entsprechend einer Viertel-Wellenlänge. Eine solche Platte transformiert ±45° linear polarisiertes Licht in zirkular polarisiertes, und umgekehrt.

optisches Element	Jones-Matrix
linearer Polarisator horizontal	$\begin{pmatrix} 1 & 0 \\ 0 & 0 \end{pmatrix}$
linearer Polarisator vertikal	$\begin{pmatrix} 0 & 0 \\ 0 & 1 \end{pmatrix}$
linearer Polarisator +45°	$\frac{1}{2}\begin{pmatrix} 1 & 1 \\ 1 & 1 \end{pmatrix}$
linearer Polarisator −45°	$\frac{1}{2}\begin{pmatrix} 1 & -1 \\ -1 & 1 \end{pmatrix}$
λ/4-Platte schnelle Achse vertikal	$e^{-j\pi/4}\begin{pmatrix} 1 & 0 \\ 0 & j \end{pmatrix}$
λ/4-Platte schnelle Achse horizontal	$e^{-j\pi/4}\begin{pmatrix} 1 & 0 \\ 0 & -j \end{pmatrix}$
Zirkular-Polarisator rechtszirkular	$\frac{1}{2}\begin{pmatrix} 1 & -j \\ j & 1 \end{pmatrix}$
Zirkular-Polarisator linkszirkular	$\frac{1}{2}\begin{pmatrix} 1 & j \\ -j & 1 \end{pmatrix}$

Jones-Matrizen einiger polarisationsoptischer Elemente

2.6.3 Poincaré-Darstellung

Polarisationszustände. Jedem normierten Polarisationszustand A, charakterisiert durch Azimut ϕ und Elliptizität ψ, wird ein Punkt auf der Oberfläche einer Einheitskugel zugeordnet, der die „geographische Länge" 2ϕ und die „geographische Breite" 2ψ hat, vgl. Abb. 2.14. Da hier jeweils die doppelten Winkel verwendet werden, füllt die Gesamtheit (2.77a, 2.77b) aller möglichen Polarisationszustände genau die Oberfläche der Kugel aus, und die Zuordnung von Punkten zu Zuständen ist umkehrbar eindeutig. Damit erlaubt die Poincaré-Darstellung eine geometrische Veranschaulichung polarisationsoptischer Vorgänge, die in der formal-mathematischen Jones-Darstellung oft weniger gut erkennbar sind.

Für linear polarisierte Zustände ist $\psi = 0$, sie liegen daher auf dem „Äquator" der Poincaré-Kugel. Der Zustand mit dem Azimut $\phi = 0$ ist bezüglich des $\{x, y, z\}$-Koordinatensystems „horizontal", er ist in Abb. 2.14 mit H bezeichnet. Der dazu orthogonale Zustand ist „vertikal", entlang der y-Richtung polarisiert ($\phi = \pi/2$), und ist mit V markiert. Die Zustände R, L zirkularer Polarisation bilden die „Pole" der Poincaré-Kugel. Die „nördliche" Hemisphäre repräsentiert alle elliptischen Zustände mit rechts-zirkularem Anteil, die „südliche" die elliptischen mit links-zirkularem Anteil.

Es ist eine allgemeine Eigenschaft dieser Darstellung, daß orthogonal polarisierte Zustände (2.80) sich auf der Poncaré-Kugel diametral gegenüberliegen. In Verallgemeinerung des Begriffes „Orthogonalität" wird gelegentlich mit dem *Abstand* ϑ_p zweier Polarisationszustände A_1 und A_2 argumentiert. Er ist für die normierten Jones-Vektoren A_1 und A_2 im Sinne der Vektorrechnung definiert durch $\cos\vartheta_p = A_1^\dagger A_2$. Auf der Poincaré-Kugel beträgt der Winkelabstand dieser Zustände, entlang dem Großkreis gemessen, $2\vartheta_p$. Nach dieser Definition verschwindet der Polarisationsabstand, $\vartheta_p \to 0$, wenn die Zustände „parallel"

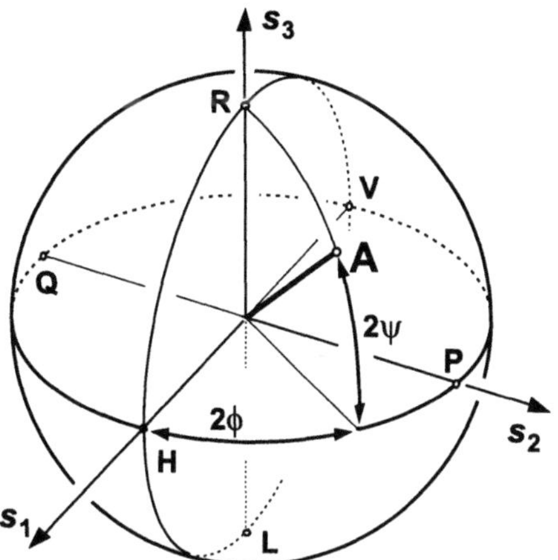

Abb. 2.14. Poincaré-Darstellung eines Polarisationszustandes A durch einen Punkt auf der Poincaré-Kugel. Spezielle Zustände: H, V = horizontal/vertikal linear, P, Q = ± 45° linear, R, L = rechts/links zirkular

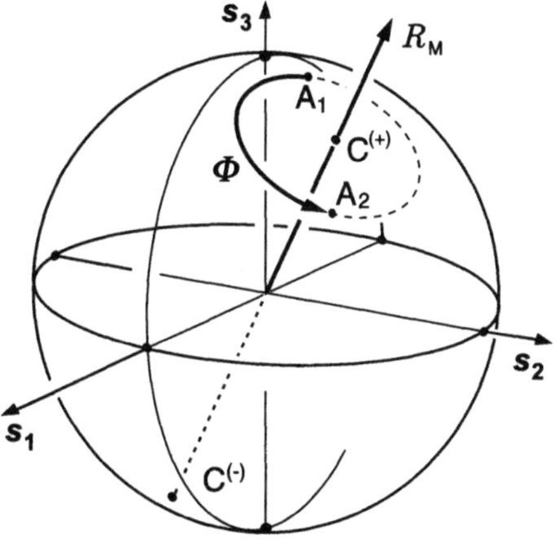

Abb. 2.15. Die Transformation eines Polarisations-Eingangszustandes A_1 in einen Ausgangszustand A_2 durch ein verlustfreies optisches Element erscheint in der Poincaré-Darstellung als eine Drehung. Der Drehvektor R_M charakterisiert das optische Element

polarisiert sind, $A_1 = A_2$. Orthogonale Zustände haben generell den Abstand $\vartheta_p = \pi/2$. Ein idealer Analysator mit dem Durchlaßzustand A_1 läßt von einer Welle der Polarisation A_2 nur den Bruchteil $\cos^2 \vartheta_p$ der Leistung passieren.

Polarisationstransformation. Der Transformation $A_1 \to A_2$ beim Durchgang einer Welle durch ein verlustfreies optisches Element entspricht auf der Poincaré-Kugel eine Rotation R_M, vgl. Abb. 2.15. Eine zweckmäßige Normierung ist es dabei, den Betrag des Drehvektors gleich dem Drehwinkel zu wählen, $|R_M| = \Phi$. Die Drehung erfolgt um eine Achse, welche zwei ausgezeichnete Zustände $[C^{(-)}, C^{(+)}]$ verbindet. Da diese auf der Drehachse liegen, bleiben sie bei der Drehung invariant. Sie sind damit als die *Eigenzustände* der Polarisationstransformation identifiziert.

Bei der Drehung bleiben alle auf der Kugel gemessenen Abstände erhalten. Zwei zueinander orthogonale Eingangszustände sind auch nach Durchgang durch ein verlustfreies optisches Element orthogonal. Vorstehendes gilt uneingeschränkt für verlustfreie optische Elemente. Es gilt auch noch bei bestehenden Verlusten, sofern diese polarisationsunabhängig sind. Der andere Fall polarisationsabhängiger Verluste wird als *Dichroismus* bezeichnet. Drastischstes Beispiel für ein dichroitisches optisches Element ist ein Polarisator. Seine Funktion ist nicht als Drehung darstellbar.

Die formale Polarisationstransformation (2.82b) mittels einer unitären 2 × 2 Jones-Matrix M und die geometrische Drehung R_M der Zustände auf der Poincaré-Kugel sind zwei äquivalente Beschreibungen der polarisationsoptischen Wirkung eines verlustfreien optischen Elementes. Als dritte, ebenfalls äquivalente Beschreibung ist die formal-mathematische Rotation der Zustände im kartesischen $\{s_1, s_2, s_3\}$-Koordinatensystem der Poincaré-Kugel möglich. In diesem „Poincaré-Raum" wird ein Polarisationszustand A durch einen Spaltenvektor $A^{(S)}$ mit 3 reellen Komponenten repräsentiert. Der Übergang von den Kugelkoordinaten $\{\phi, \psi\}$ zu kartesischen Koordinaten liefert

$$A^{(S)} = \begin{pmatrix} s_1^{(S)} \\ s_2^{(S)} \\ s_3^{(S)} \end{pmatrix} = \begin{pmatrix} \cos 2\phi \cos 2\psi \\ \sin 2\phi \cos 2\psi \\ \sin 2\psi \end{pmatrix} \tag{2.84}$$

mit $|A^{(S)}|^2 = 1$.

Dieser Vektor $A^{(S)}$ kann auch als der polarisierte Anteil des „normierten Stokes-Vektors" aufgefaßt werden, vgl. (2.91). Die Rotation eines Eingangszustandes $A_1^{(S)}$ in einen Ausgangszustand $A_2^{(S)}$ wird durch eine reelle 3 × 3 Drehmatrix $R_M^{(S)}$ vermittelt.

$$A_2^{(S)} = R_M^{(S)} A_1^{(S)} \quad \text{mit} \qquad \det \| R_M^{(S)} \| = 1 \tag{2.85}$$

Diese analytische Variante des geometrisch-graphischen Poincaré-Formalismus ist nützlich, wenn eine vorgegebene Rotation R_M

praktisch realisiert werden soll. Dazu muß $R_M^{(S)}$ bestimmt werden. Die 9 Komponenten von $R_M^{(S)}$ sind allgemein durch nur 3 reelle Größen festgelegt, etwa die 3 Komponenten des Drehvektors $\boldsymbol{R}_M$. Alternativ kann $R_M^{(S)}$ auch mittels der 3 *Eulerschen Winkel* α, β, γ angegeben werden. Für jede Drehung existiert eine eindeutige Zerlegung [2]

$$R_M^{(S)} = R_3(\gamma) \cdot R_2(\beta) \cdot R_3(\alpha) \quad \text{mit} \tag{2.86}$$

$$R_3(\alpha) = \begin{bmatrix} \cos\alpha & -\sin\alpha & 0 \\ \sin\alpha & \cos\alpha & 0 \\ 0 & 0 & 1 \end{bmatrix}$$

$$R_2(\beta) = \begin{bmatrix} \cos\beta & 0 & \sin\beta \\ 0 & 1 & 0 \\ -\sin\beta & 0 & \cos\beta \end{bmatrix}$$

$$R_3(\gamma) = \begin{bmatrix} \cos\gamma & -\sin\gamma & 0 \\ \sin\gamma & \cos\gamma & 0 \\ 0 & 0 & 1 \end{bmatrix}.$$

Damit ist das Produkt (2.86) interpretierbar als Aufeinanderfolge von 3 Rotationen mit α, β, γ um die 3 Koordinatenachsen. Jede dieser Drehungen kann durch eine entsprechende Verzögerungsplatte realisiert werden, deren Hintereinanderschaltung dann die Drehung $R_M^{(S)}$ bewirkt.

2.6.4
Stokes/Mueller-Formalismus

Polarisationszustände. Die gesamte vorangegangene Beschreibung von „Polarisation" bezog sich auf *vollständig* polarisierte elektromagnetische Wellen. Sie sind ein Sonderfall der allgemeineren Situation *partiell polarisierter* Wellen, bei denen die Feldstärkekomponenten $\bar{\boldsymbol{E}}_x(t)$ und $\bar{\boldsymbol{E}}_y(t)$ nur partiell oder gar nicht korreliert sind. Solche Wellen sind „polychromatisch". Ihre momentane Polarisation fluktuiert, und der über eine längere Beobachtungszeit gemittelte Polarisationsgrad ist $\eta_p < 1$.

Zur Beschreibung dieser mittleren Polarisation und ihrer Transformationen beim Durchgang durch optische Elemente dient der *Stokes-Vektor.*

$$\boldsymbol{S} = \begin{pmatrix} S_0 \\ S_1 \\ S_2 \\ S_3 \end{pmatrix} = \begin{pmatrix} 2I_0 \\ 2I_1 - 2I_0 \\ 2I_2 - 2I_0 \\ 2I_3 - 2I_0 \end{pmatrix}. \tag{2.87}$$

Seine vier reellen Komponenten S_i werden als *Stokes-Parameter* der Welle bezeichnet, $i = 0\ldots3$. Für eine gegebene Welle können sie bestimmt werden aus den Leistungsanteilen I_i, die hinter vier speziellen Polarisationsfiltern mit einem polarisationsunempfindlichen Detektor gemessen werden. Die Filter zur Messung von I_1 bzw. I_2 sind ideale lineare Polarisatoren mit Durchlaßrichtung beim Azimut 0° bzw. + 45°. Für I_3 dient ein idealer Zirkular-Polarisator, der R Polarisation durchläßt. Für I_0 wird ein Neutralfilter mit der Leistungstransmission 0,5 verwendet. Der Stokes-Parameter S_0 stellt somit die Gesamt-Leistungsdichte der Welle dar. Die Stokes-Vektoren einiger partiell polarisierter Wellen sind in Abb. 2.16 tabellarisch angegeben.

Anmerkung: Die Definition des Zirkularanteiles I_3 bzw. S_3 ist bezüglich des Vorzeichens oder Drehsinnes in der Literatur nicht einheitlich.

Für die Welle (2.75 a) ergeben sich die Stokes-Parameter durch zeitliche Mitteilung über die Phasen- und Amplitudenfluktuationen, hier durch $\langle\ \rangle$ angedeutet.

$$S_0 = \langle \bar{E}_x^2(t)\rangle + \langle \bar{E}_y^2(t)\rangle \tag{2.88a}$$

$$S_1 = \langle \bar{E}_x^2(t)\rangle - \langle \bar{E}_y^2(t)\rangle \tag{2.88b}$$

$$S_2 = 2\,\langle \bar{E}_x(t)\,\bar{E}_y(t)\cos\delta\varphi\rangle \tag{2.88c}$$

$$S_3 = 2\,\langle \bar{E}_x(t)\,\bar{E}_y(t)\sin\delta\varphi\rangle \tag{2.88d}$$

Stokes-Vektoren repräsentieren Leistungen. Bei der Überlagerung mehrerer partiell polarisierter *inkohärenter* Teilwellen, beispielsweise solcher, deren Frequenzunterschied groß gegen die inverse Beobachtungszeit ist, $\Delta\omega \gg 1/\tau_{beob}$, addieren sich deren Stokes-Vektoren

Polaris.	Pol.-Grad	Stokes-Vektor $\boldsymbol{S}$
H	0,6	$(1\ \ 0{,}6\ \ 0\ \ 0)^T$
V	0,4	$(1\ \ -0{,}4\ \ 0\ \ 0)^T$
Q	0,7	$(1\ \ 0\ \ -0{,}5\ \ 0)^T$
R	0,8	$(1\ \ 0\ \ 0\ \ 0{,}8)^T$
L	1	$(1\ \ 0\ \ 0\ \ -1)^T$
Ø	0	$(1\ \ 0\ \ 0\ \ 0)^T$

Abb. 2.16. Beispiele für die Stokes-Vektoren partiell polarisierter Wellen. Bezeichnungen H, V, P, Q, R, L wie in Abb. 2.14, ∅ = unpolarisierter Zustand

daher zum Gesamt-Stokes-Vektor, $S_{ges} = S_1 + S_2 + \ldots$. Der umgekehrte Prozeß, die Zerlegung einer Welle mit dem Stokes-Vektor S_{ges} in Teilwellen, deren Stokes-Vektoren S_1, S_2, ... additiv sind, ist nur dann sinnvoll, wenn die Teilwellen inkohärent sind. Ein Beispiel ist die Zerlegung $P = S_0 = P_{pol} + P_{unpol}$ einer partiell polarisierten Welle in eine vollständig polarisierte und eine unpolarisierte Welle.

$$P_{pol} = (S_1^2 + S_2^2 + S_3^2)^{1/2} \qquad (2.89a)$$

$$P_{unpol} = S_0 - P_{pol} \qquad (2.89b)$$

Diese Zerlegung liegt der Definition (2.79) des Polarisationsgrades $\eta_p = P_{pol}/P$ zugrunde.

Polarisationstransformation. Polarisationsänderungen, die eine partiell polarisierte Welle beim Durchgang durch ein optisches Element erfährt, können mit Hilfe von *Mueller-Matrizen* beschrieben werden. Für jedes passive zeitinvariante optische Element besteht bei niedrigen Leistungen ein linearer Zusammenhang zwischen den Ausgangs- und Eingangsleistungen. Daher erhält man den Stokes-Vektor S_2 am Ausgang aus dem Eingangsvektor S_1 durch Multiplikation mit einer reellen 4×4-Matrix $\mathcal{M}$,

$$S_2 = \mathcal{M} S_1 . \qquad (2.90)$$

Diese Mueller-Matrix $\mathcal{M}$ charakterisiert das optische Element in Bezug auf die vorliegende Welle. Die Komponenten von $\mathcal{M}$ hängen im allgemeinen vom optischen Element *und* vom Spektrum der Welle ab. Beim Durchgang der Welle durch das Element wird infolge polarisationsabhängiger Verzögerung eine Änderung des Polarisationszustandes erfolgen. Zugleich kann sich der Polarisationsgrad erniedrigen oder erhöhen, selbst wenn die Verluste polarisationsunabhängig sind. Ein Schmalbandfilter, beispielsweise, wird den Polarisationsgrad generell erhöhen, umso mehr, je schmaler seine Bandbreite ist.

Beispiele für die Mueller-Matrizen einfacher, idealer polarisationsoptischer Elemente sind in der Tabelle *Mueller-Matrizen* gegeben. Dort ist auch ein *Depolarisator* aufgeführt. Als passives Element ist er nur für Wellen mit endlicher Bandbreite realisierbar, ($\Delta\omega \cdot \tau_{beob} \gg 1$), und muß daher im Stokes/Mueller-Formalismus beschrieben werden. Für monochromatische Strahlung, im Jones-Formalismus, existiert er nicht.

Um den Polarisationszustand einer partiell polarisierten Welle „im engeren Sinn", unabhängig von der Leistung, zu beschreiben, kann man mit „normierten" Stokes-Parametern arbeiten

$$S/S_0 = \begin{pmatrix} 1 \\ s_1 \\ s_2 \\ s_3 \end{pmatrix} = \begin{pmatrix} 1 \\ S_1/S_0 \\ S_2/S_0 \\ S_3/S_0 \end{pmatrix} . \qquad (2.91)$$

optisches Element	Mueller-Matrix M
linearer Polarisator horizontal	$\frac{1}{2}\begin{pmatrix} 1 & 1 & 0 & 0 \\ 1 & 1 & 0 & 0 \\ 0 & 0 & 0 & 0 \\ 0 & 0 & 0 & 0 \end{pmatrix}$
linearer Polarisator vertikal	$\frac{1}{2}\begin{pmatrix} 1 & -1 & 0 & 0 \\ -1 & 1 & 0 & 0 \\ 0 & 0 & 0 & 0 \\ 0 & 0 & 0 & 0 \end{pmatrix}$
linearer Polarisator + 45°	$\frac{1}{2}\begin{pmatrix} 1 & 0 & 1 & 0 \\ 0 & 0 & 0 & 0 \\ 1 & 0 & 1 & 0 \\ 0 & 0 & 0 & 0 \end{pmatrix}$
linearer Polarisator − 45°	$\frac{1}{2}\begin{pmatrix} 1 & 0 & -1 & 0 \\ 0 & 0 & 0 & 0 \\ -1 & 0 & 1 & 0 \\ 0 & 0 & 0 & 0 \end{pmatrix}$
λ/4-Platte schnelle Achse vertikal	$\begin{pmatrix} 1 & 0 & 0 & 0 \\ 0 & 1 & 0 & 0 \\ 0 & 0 & 0 & -1 \\ 0 & 0 & 1 & 0 \end{pmatrix}$
λ/4-Platte schnelle Achse horizontal	$\begin{pmatrix} 1 & 0 & 0 & 0 \\ 0 & 1 & 0 & 0 \\ 0 & 0 & 0 & 1 \\ 0 & 0 & -1 & 0 \end{pmatrix}$
Zirkular-Polarisator rechtszirkular	$\begin{pmatrix} 1 & 0 & 0 & 1 \\ 0 & 0 & 0 & 0 \\ 0 & 0 & 0 & 0 \\ 1 & 0 & 0 & 1 \end{pmatrix}$
Zirkular-Polarisator linkszirkular	$\begin{pmatrix} 1 & 0 & 0 & -1 \\ 0 & 0 & 0 & 0 \\ 0 & 0 & 0 & 0 \\ -1 & 0 & 0 & 1 \end{pmatrix}$
Depolarisator	$\begin{pmatrix} 1 & 0 & 0 & 0 \\ 0 & 0 & 0 & 0 \\ 0 & 0 & 0 & 0 \\ 0 & 0 & 0 & 0 \end{pmatrix}$

Mueller-Matrizen polarisationsoptischer Elemente

Ihre erste Komponente ist $s_0 = 1$. Die übrigen können zu einem 3-dimensionalen Vektor $A^{(S)}$ zusammengefaßt werden, der im $\{s_1, s_2, s_3\}$-Koordinatensystem des Poincaré-Raumes dargestellt werden kann, vgl. Abb. 2.14. Diese Darstellung ist geeignet, auch partielle Polarisationszustände zu veranschaulichen. Der Betrag $|A^{(S)}| = (s_1^2 + s_2^2 + s_3^2)^{1/2}$ gibt nämlich direkt den Polarisationsgrad (2.79) der Welle an. Bei einer vollständig polarisierten Welle liegt der Zustand $A^{(S)}$ daher auf der Oberfläche der Kugel, bei partieller Polarisation im Inneren, $|A^{(S)}| < 1$, und der *unpolarisierte Zustand* $|A^{(S)}| = 0$ entspricht dem Kugelmittelpunkt. Im übrigen ist die Orientierung H, V, P, Q, R, L der normierten Stokes-Vektoren aufgrund von (2.88a) dieselbe wie in der Poincaré-Darstellung.

Die Verwandschaft mit der Poincaré-Darstellung reicht noch weiter: Verlustfreie, spektral breitbandige optische Elemente, welche die Leistung und den Polarisationsgrad einer hindurchtretenden Welle unverändert lassen, haben Mueller-Matrizen der allgemeinen Form $\begin{pmatrix} 1 & 0 \\ 0 & \mathcal{R} \end{pmatrix}$ mit reeller 3 × 3-Sub-Matrix $\mathcal{R}$. Letztere ist identisch mit der Transformationsmatrix $R_M^{(S)}$, die in (2.85) benutzt wurde, um die Polarisationstransformation als Drehung im Poincaré-Raum zu interpretieren. Im Grenzfall vollständiger Polarisation ist der Stokes/Mueller-Formalismus daher äquivalent zum Poincaré- und Jones-Formalismus. Letzterer ist dann wegen der einfacheren Form gewöhnlich zu bevorzugen.

2.7 Reflexion und Brechung ebener Wellen

Die Wellenausbreitung in einem *abschnittsweise* homogenem Raum, mit Grenzflächen zwischen den Teilräumen, kann analysiert werden, indem für jeden Teilraum einzeln eine Lösung der Wellengleichung angesetzt wird, und diese Teillösungen dann zur Gesamtlösung zusammengesetzt werden. Dies erfordert an den Grenzflächen die Erfüllung der Randbedingungen (2.29). Für ebene Grenzflächen folgen hieraus die Gesetze der Reflexion und Brechung von ebenen Wellen und, in der geometrischen Optik, von Strahlen.

Im einfachsten Fall sind zwei verlustfreie, isotrope Medien mit ebener Grenzfläche gegeben, vgl. Abb. 2.17. Eine im Medium 1 auf die Grenzflächen $z = 0$ „einfallende" ebene Welle

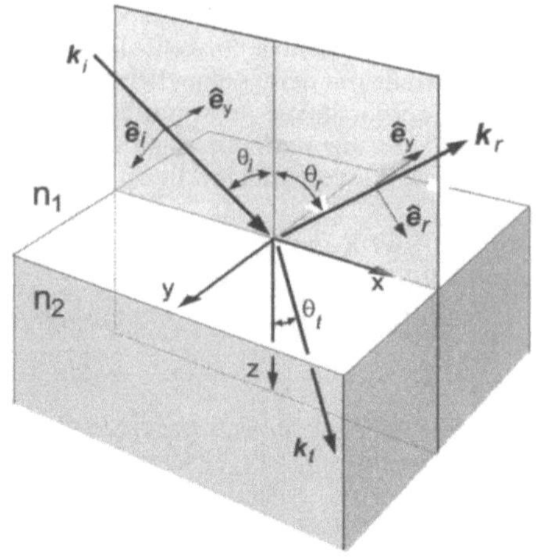

Abb. 2.17. Reflexion und Brechung einer ebenen Welle: Die Wellenvektoren $\boldsymbol{k}_r$ und $\boldsymbol{k}_t$ der auslaufenden Wellen liegen in der Einfallsebene, die durch die einfallende Welle $\boldsymbol{k}_i$ und die Lotrichtung definiert wird

mit einem Wellenvektor $\boldsymbol{k}_i$ wird durch die erwähnten Randbedingungen verkoppelt mit zwei „auslaufenden" ebenen Wellen, deren Wellenvektoren $\boldsymbol{k}_r$ und $\boldsymbol{k}_t$ von der Grenzfläche weg weisen: im Einfallsmedium 1 die reflektierte Welle, im Medium 2 die transmittierte oder „gebrochene" Welle. Die Richtungen, Amplituden, Phasen und Polarisationen der beiden auslaufenden Wellen werden durch die einfallende Welle bestimmt. Die Situation ist komplizierter, wenn nicht beide Medien isotrop sind, wenn die Grenzfläche nicht eben ist, oder wenn mehr als zwei Teilräume berücksichtigt werden müssen.

Die einfallende Welle wird nachfolgend als hinreichend monochromatisch vorausgesetzt, so daß die Wellenvektoren $|\boldsymbol{k}|$ und die Brechungsindizes als konstante Größen angesehen werden können.

2.7.1 Reflexion, Brechung

Die dielektrischen Eigenschaften der beiden Medien ($m = 1, 2$) werden durch ihre ε_m oder durch ihre Brechungsindizes $n_m = \sqrt{\varepsilon_m}$ charakterisiert. Die *Einfallsebene* wird aufgespannt vom Wellenvektor $\boldsymbol{k}_i$ der einfallenden Welle und von der Lotrichtung der Grenzfläche. Ein rechtshändiges $\{x, y, z\}$-Koordinatensystem wird so festgelegt, daß die z-Achse Lotrich-

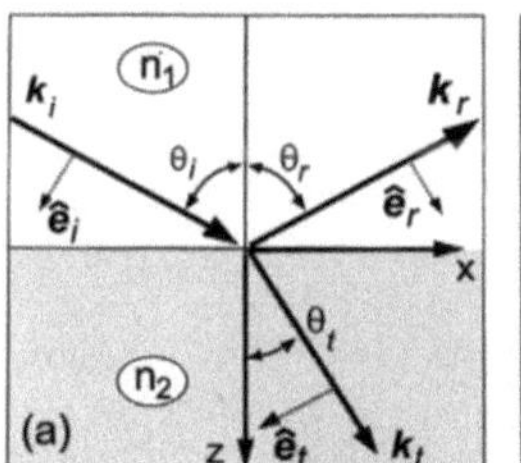

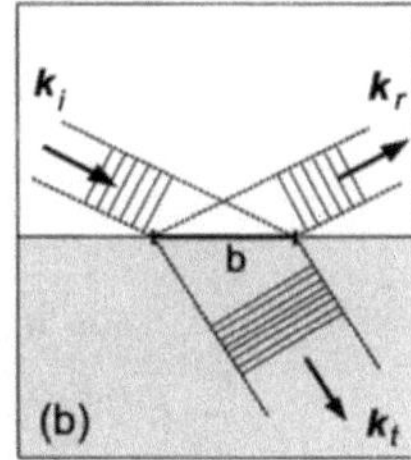

Abb. 2.18. Die Einheitsvektoren $\hat{\boldsymbol{e}}_\mathrm{i}$, $\hat{\boldsymbol{e}}_\mathrm{r}$ und $\hat{\boldsymbol{e}}_\mathrm{t}$ liegen in der Einfallsebene, jeweils senkrecht zum zugehörigen Wellenvektor. $\hat{\boldsymbol{e}}_\mathrm{y}$ steht senkrecht auf der Zeichenebene

tung ist, die x-Achse in der Einfallsebene liegt, und die y-Achse senkrecht darauf steht. Der Einheitsvektor $\hat{\boldsymbol{e}}_z$ wird so gerichtet, daß $\boldsymbol{k}_\mathrm{i}$ eine positive z-Komponente hat. In der Einfallsebene werden die Richtungen der 3 Wellen durch den Einfallswinkel θ_i, den Reflexionswinkel θ_r, und den Brechungswinkel θ_t beschrieben, wobei alle Winkel gegen die Lotrichtung gemessen werden.

Reflexion und Transmission der Grenzfläche sind polarisationsabhängig. Die drei Wellen werden deshalb in Komponenten zerlegt, die senkrecht (s) und parallel (p) zur Einfallsebene polarisiert sind. Diese Unterscheidung bezieht sich auf die elektrische Feldstärke $\boldsymbol{E}$. Die (s)-Komponente wird deshalb auch als *transversal elektrische* oder *TE*-Welle bezeichnet, die (p)-Komponente entsprechend als *TM*-Welle.

Für die Zerlegung werden 3 Einheitsvektoren $\hat{\boldsymbol{e}}_\mathrm{i}, \hat{\boldsymbol{e}}_\mathrm{r}$ und $\hat{\boldsymbol{e}}_\mathrm{t}$ definiert, vgl. Abb. 2.18 (a). Sie liegen alle in der Einfallsebene, senkrecht zu den Wellenvektoren, so daß die Tripel $[\hat{\boldsymbol{e}}_\mathrm{y}, \hat{\boldsymbol{e}}_\mathrm{m}, \boldsymbol{k}_\mathrm{m}]$ für $m = i, r, t$ jeweils ein rechtshändiges Orthogonalsystem bilden

$$\boldsymbol{E}_\mathrm{i} = [E_\mathrm{i}^{(\mathrm{p})}\,\hat{\boldsymbol{e}}_\mathrm{i} + E_\mathrm{i}^{(\mathrm{s})}\,\hat{\boldsymbol{e}}_\mathrm{y}]\; e^{\mathrm{j}[\omega t - \mathbf{k}_\mathrm{i}\cdot\mathbf{r}]}$$

$$\boldsymbol{H}_\mathrm{i} = [H_\mathrm{i}^{(\mathrm{s})}\,\hat{\boldsymbol{e}}_\mathrm{i} - H_\mathrm{i}^{(\mathrm{p})}\,\hat{\boldsymbol{e}}_\mathrm{y}]\; e^{\mathrm{j}[\omega t - \mathbf{k}_\mathrm{i}\cdot\mathbf{r}]}$$

$$\boldsymbol{E}_\mathrm{r} = [E_\mathrm{r}^{(\mathrm{p})}\,\hat{\boldsymbol{e}}_\mathrm{r} + E_\mathrm{r}^{(\mathrm{s})}\,\hat{\boldsymbol{e}}_\mathrm{y}]\; e^{\mathrm{j}[\omega t - \mathbf{k}_\mathrm{r}\cdot\mathbf{r}]}$$

$$\boldsymbol{H}_\mathrm{r} = [H_\mathrm{r}^{(\mathrm{s})}\,\hat{\boldsymbol{e}}_\mathrm{r} - H_\mathrm{r}^{(\mathrm{p})}\,\hat{\boldsymbol{e}}_\mathrm{y}]\; e^{\mathrm{j}[\omega t - \mathbf{k}_\mathrm{r}\cdot\mathbf{r}]}$$

$$\boldsymbol{E}_\mathrm{t} = [E_\mathrm{t}^{(\mathrm{p})}\,\hat{\boldsymbol{e}}_\mathrm{t} + E_\mathrm{t}^{(\mathrm{s})}\,\hat{\boldsymbol{e}}_\mathrm{y}]\; e^{\mathrm{j}[\omega t - \mathbf{k}_\mathrm{t}\cdot\mathbf{r}]}$$

$$\boldsymbol{H}_\mathrm{t} = [H_\mathrm{t}^{(\mathrm{s})}\,\hat{\boldsymbol{e}}_\mathrm{t} - H_\mathrm{t}^{(\mathrm{p})}\,\hat{\boldsymbol{e}}_\mathrm{y}]\; e^{\mathrm{j}[\omega t - \mathbf{k}_\mathrm{t}\cdot\mathbf{r}]}\,.$$

Die $\boldsymbol{H}$-Feldkomponenten sind über die Wellenadmittanz des Mediums durch die Amplituden $\boldsymbol{E}$-Felder bestimmt. Mit der Abkürzung $^{(\mathrm{pol})}$ für $^{(\mathrm{p})}$ oder $^{(\mathrm{s})}$

$$H_\mathrm{i}^{(\mathrm{pol})} = Y_1\, E_\mathrm{i}^{(\mathrm{pol})}$$

$$H_\mathrm{r}^{(\mathrm{pol})} = Y_1\, E_\mathrm{r}^{(\mathrm{pol})}$$

$$H_\mathrm{t}^{(\mathrm{pol})} = Y_2\, E_\mathrm{t}^{(\mathrm{pol})}$$

Es ist danach ausreichend, Reflexions- und Transmissionskoeffizienten $r^{(\mathrm{pol})}$, $t^{(\mathrm{pol})}$ allein mit den $\boldsymbol{E}$-Feldstärken zu definieren,

$$E_\mathrm{r}^{(\mathrm{pol})} = r^{(\mathrm{pol})}\, E_\mathrm{i}^{(\mathrm{pol})} \tag{2.92 a}$$

$$E_\mathrm{t}^{(\mathrm{pol})} = t^{(\mathrm{pol})}\, E_\mathrm{i}^{(\mathrm{pol})}\,. \tag{2.92 b}$$

Das Gesamtfeld besteht aus $\boldsymbol{E}_\mathrm{i} + \boldsymbol{E}_\mathrm{r}$ im Bereich $z < 0$, und aus $\boldsymbol{E}_\mathrm{t}$ bei $z > 0$. Es muß bei $z = 0$ die Randbedingungen (2.29) erfüllen. Daraus folgen die charakteristischen Merkmale der Gesamtlösung für „Reflexion und Brechung":

- Die Wellenvektoren $\boldsymbol{k}_\mathrm{i}$, $\boldsymbol{k}_\mathrm{r}$ und $\boldsymbol{k}_\mathrm{t}$ sind koplanar, sie liegen in der Einfallsebene,
- Es gilt das geometrische Reflexionsgesetz: Der Reflexionswinkel ist gleich dem Einfallswinkel. Die z-Komponenten der Wellenvektoren $\boldsymbol{k}_\mathrm{r}$ und $\boldsymbol{k}_\mathrm{i}$ haben entgegengesetzte Vorzeichen.

  $$\theta_\mathrm{r} = \theta_\mathrm{i} \qquad \boldsymbol{k}_\mathrm{r} = \boldsymbol{k}_\mathrm{i} - 2\hat{\boldsymbol{e}}_z\,(\hat{\boldsymbol{e}}_z \boldsymbol{k}_\mathrm{i})\,.$$

- Der Winkel θ_t der gebrochenen Welle wird durch das Brechungsgesetz bestimmt. Es bewirkt, daß der Strahl beim Übergang in ein optisch dichteres Medium zum Lot hin gebrochen wird, beim Übergang in ein dünneres Medium vom Lot weg.

  $$n_2 \sin\theta_\mathrm{t} = n_1 \sin\theta_\mathrm{i} \quad \text{(Snellius)}\,. \tag{2.93}$$

- Die (p) und (s) polarisierten Wellenanteile sind „Eigenzustände" der Reflexion und Brechung, sie werden unabhängig voneinander reflektiert bzw. gebrochen.
- Die in (2.92 a, b) definierten komplexen Reflexions- und Transmissionskoeffizienten sind durch die *Fresnelschen Formeln* gegeben,

$$r^{(\mathrm{p})} = \frac{n_2\cos\theta_\mathrm{i} - n_1\cos\theta_\mathrm{t}}{n_2\cos\theta_\mathrm{i} + n_1\cos\theta_\mathrm{t}} \tag{2.94 a}$$

$$r^{(\mathrm{s})} = \frac{n_1\cos\theta_\mathrm{i} - n_2\cos\theta_\mathrm{t}}{n_1\cos\theta_\mathrm{i} + n_2\cos\theta_\mathrm{t}} \tag{2.94 b}$$

$$t^{(\mathrm{p})} = \frac{2\,n_1\cos\theta_\mathrm{i}}{n_2\cos\theta_\mathrm{i} + n_1\cos\theta_\mathrm{t}} \tag{2.94 c}$$

$$t^{(\mathrm{s})} = \frac{2\,n_1\cos\theta_\mathrm{i}}{n_1\cos\theta_\mathrm{i} + n_2\cos\theta_\mathrm{t}} \tag{2.94 d}$$

Bei senkrechtem Einfall wird $\theta_i = \theta_r = \theta_t = 0$. Das Konzept einer „Einfallsebene“ und der darauf bezogenen Polarisation ist für $\theta_i \to 0$ nicht mehr anwendbar. Obige Ausdrücke vereinfachen sich dort zu

$$r^{(s)} = -r^{(p)} = \frac{n_1 - n_2}{n_1 + n_2} \tag{2.95a}$$

$$t^{(s)} = t^{(p)} = \frac{2n_1}{n_1 + n_2} \tag{2.95b}$$

Der Vorzeichenunterschied zwischen $r^{(s)}$ und $r^{(p)}$ rührt daher, daß die Einheitsvektoren $\hat{e}_i$ und $\hat{e}_r$, auf die sich $r^{(p)}$ bezieht, im Grenzfall $\theta_i \to 0$ entgegengesetzte Richtungen haben. Im physikalischen Endergebnis besteht somit bei $\theta_i = 0$ Übereinstimmung beider Polarisationen. Reflexion und Transmission sind dort unabhängig von der Polarisation.

- Aus den für die Wellenamplituden gültigen Koeffizienten (2.94a–d) folgen die relativen *Leistungsdichten* der auslaufenden Wellen. Bei der Brechung wirkt sich der Unterschied in den Admittanzen Y_1 und Y_2 aus. Wiederum mit $^{(pol)}$ für $^{(s)}$ oder $^{(p)}$

  $$p_r^{(pol)}/p_i = |r^{(pol)}|^2$$

  $$p_t^{(pol)}/p_i = (n_2/n_1)\, |t^{(pol)}|^2$$

- Um für ein Wellenfeld endlicher Breite (für einen „Strahl“) die von der Grenzfläche insgesamt reflektierte bzw. transmittierte Leistung anzugeben, muß berücksichtigt werden, daß diese Breite in den Medien 1 und 2 unterschiedlich ist, vgl. Abb. 2.18(b). Dies führt auf die Koeffizienten der *Leistungsreflexion* und *Leistungstransmission*,

$$\mathcal{R}^{(p)} = \frac{\tan^2(\theta_i - \theta_t)}{\tan^2(\theta_i + \theta_t)} \tag{2.96a}$$

$$\mathcal{R}^{(s)} = \frac{\sin^2(\theta_i - \theta_t)}{\sin^2(\theta_i + \theta_t)} \tag{2.96b}$$

$$\mathcal{T}^{(p)} = \frac{\sin 2\theta_i \sin 2\theta_t}{\sin^2(\theta_i + \theta_t)\cos^2(\theta_i - \theta_t)} \tag{2.96c}$$

$$\mathcal{T}^{(s)} = \frac{\sin 2\theta_i \sin 2\theta_t}{\sin^2(\theta_i + \theta_t)} \tag{2.96d}$$

Dabei gilt, getrennt für jede Polarisation,

$$\mathcal{R}^{(pol)}(\theta_i) + \mathcal{T}^{(pol)}(\theta_i) = 1 .$$

Bei senkrechtem Einfall, $\theta_i = 0$, werden $\mathcal{R}$ und $\mathcal{T}$ unabhängig von der Polarisation,

$$\mathcal{R}_{(\theta_i = 0)} = \left(\frac{n_1 - n_2}{n_1 + n_2}\right)^2 \tag{2.97a}$$

$$\mathcal{T}_{(\theta_i = 0)} = \frac{4 n_1 n_2}{(n_1 + n_2)^2} . \tag{2.97b}$$

Aus (2.97a) folgt das Leistungsreflexionsvermögen eines Mediums mit komplexem Index $n_1 = n' - jn''$ an der Grenzfläche gegen den freien Raum ($n_2 = 1$).

$$\mathcal{R}_{(\theta_i = 0)} = \frac{(n' - 1)^2 + (n'')^2}{(n' + 1)^2 + (n'')^2}$$

Dieser Ausdruck erklärt das hohe „metallische“ Reflexionsvermögen von Materialien mit $n'' \gg 1$, wie es für gutleitende Metalle typisch ist.

Die Amplituden von reflektierter und transmittierter Welle hängen in charakteristischer Weise vom Einfallswinkel θ_i ab. Abbildung 2.19 gibt beispielhaft die Funktionen $|r(\theta_i)|$ der (s)- und (p)-Amplituden-Reflexionskoeffizienten für die Übergänge Luft/Glas und Glas/Luft an. Wie die Kurven zeigen, gibt es für (p)-Polarisation einen speziellen Einfallswinkel θ_B, bei dem die Reflexion ver-

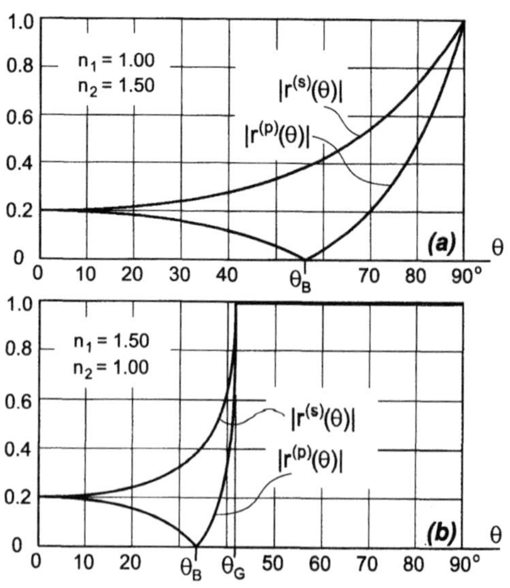

Abb. 2.19. Betrag des Amplituden-Reflexionskoeffizienten an einer Grenzfläche Glas/Luft, dargestellt als Funktion des Einfallswinkels θ. Bei (a) verläuft die einfallende Welle in Luft, bei (b) im Glas. θ_B = Brewster-Winkel, θ_G = Grenzwinkel der Totalreflexion

schwindet, $\mathcal{R}^{(p)} \to 0$. Dies ist der *Brewster-Winkel*

$$\theta_B = \arctan(n_2/n_1)\,. \tag{2.98}$$

Bei diesem Einfallswinkel $\theta_i = \theta_B$ wird die Transmission „total“, $\mathcal{T}^{(p)} \to 1$. Der zugehörige Brechungswinkel ist $\theta_t = \pi/2 - \theta_B$. Dies bedeutet, daß reflektierte und gebrochene Welle im Brewster-Fall senkrecht zueinander laufen.

2.7.2 Totalreflexion

Die Reflexion wird „total“, $\mathcal{R}^{(p)} \to 1$, und die Transmission verschwindet, $\mathcal{T}^{(p)} \to 0$, wenn die einfallende Welle im *optisch dichteren* Medium verläuft, wenn also $n_1 > n_2$ ist, und wenn dabei der Einfallswinkel den *Grenzwinkel der Totalreflexion* θ_G übersteigt. Unabhängig von der Polarisation ist

$$\theta_G = \arcsin(n_2/n_1) \tag{2.99}$$

Im Totalreflexionsbereich, $\theta_G < \theta_i < \pi/2$, existiert keine reelle Lösung von (2.93) für eine gebrochene Welle, die Leistung der einfallenden Welle wird vollständig reflektiert. Die Amplituden-Reflexionskoeffizienten (2.94 a, b) werden dann zweckmäßig in der Form $r^{(\mathrm{pol})} = e^{\mathrm{j}\Phi(\mathrm{pol})}$ geschrieben, wobei $\Phi^{(\mathrm{pol})}$ die Reflexionsphasen der beiden Polarisationen bedeuten. Sie hängen vom Einfallswinkel θ_i ab.

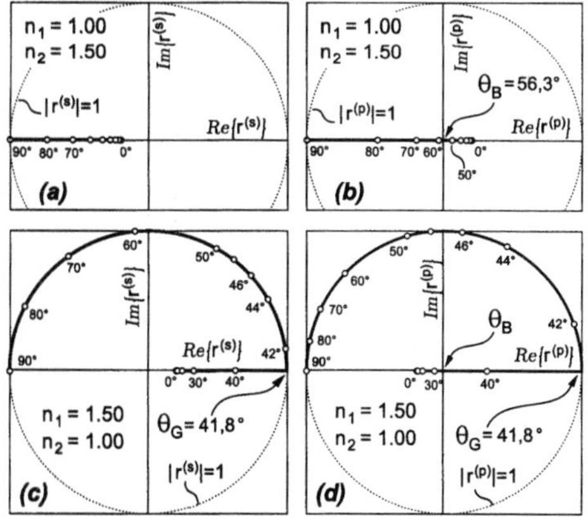

Abb. 2.20. Ortskurven der komplexen Amplituden-Reflexion an einer Grenzfläche zwischen Glas (n = 1,5) und Luft (n = 1,0). Parameter an den Ortskurven ist der Einfallswinkel im Medium 1. Bei (a)(b) verläuft die einfallende Welle in Luft, bei (c)(d) im Glas

$$\tan\frac{\Phi^{(s)}}{2} = \frac{(\sin^2\theta_i - n_2^2/n_1^2)^{1/2}}{\cos\theta_i} \tag{2.100 a}$$

$$\tan\frac{\Phi^{(p)}}{2} = \frac{n_1^2}{n_2^2}\frac{(\sin^2\theta_i - n_2^2/n_1^2)^{1/2}}{\cos\theta_i} \tag{2.100 b}$$

Wie die Ortskurven Abb. 2.20 (c, d) zeigen, wachsen beide Phasen kontinuierlich von $0 \ldots \pi$, wenn θ_i den Bereich der Totalreflexion durchläuft. Dabei ist stets $\Phi^{(p)} > \Phi^{(s)} > 0$. Jede der Phasen zeigt also ein Voreilen der reflektierten Welle an, das bei der (p)-Polarisation größer ist als bei (s)-Polarisation.

Im Medium 2 hat das Wellenfeld bei Totalreflexion die Form einer *quergedämpften Welle*. Deren Wellenfronten stehen senkrecht zur Grenzfläche, ihre Ausbreitung erfolgt parallel zur Grenzfläche. Die Amplituden aller Feldgrößen sind im Medium 2 *evaneszent*, sie nehmen wie e^{-z/h_e} mit dem Abstand z von der Grenzfläche ab. Unabhängig von der Polarisation beträgt die $1/e$-Eindringtiefe (mit $k_0 = \omega/c = 2\pi/\lambda_0$)

$$h_e = k_0\,(n_1^2 \sin^2\theta_i - n_2^2)^{-1/2}\,.$$

Am Grenzwinkel $\theta_i \to \theta_G$ divergiert die Eindringtiefe, $h_e \to \infty$, bei streifendem Einfall $\theta_i \to \pi/2$ ist sie von der Größenordnung $\lambda_0/2\pi$.

2.7.3 Anisotrope Medien

Ist mindestens eines der beiden Medien anisotrop, so erzeugt eine einfallende ebene Welle im allgemeinen zwei gebrochene Wellen und/oder zwei reflektierte Wellen. Dies wird verständlich, wenn die Grenzfläche als dielektrische Diskontinuität angesehen wird. Von ihr gehen, durch das Feld der einfallenden Welle angeregt, nach beiden Seiten, in die Medien 1 und 2, „Streuwellen“ aus. Dies sind die reflektierten und gebrochenen Wellen. Ihre Richtungen und Amplituden sind durch die Verteilung der Felder bei $z = 0$ bestimmt. Dort ist allen Feldkomponenten gemeinsam der von $\boldsymbol{k}_i$ eingeprägte Phasenfaktor $e^{\mathrm{j}\boldsymbol{k}_i^{\parallel}\boldsymbol{r}}$, wobei $\boldsymbol{k}_i^{\parallel}$ die Komponente von $\boldsymbol{k}_i$ parallel zur Grenzfläche ist. Alle von $z = 0$ auslaufenden Wellen müssen ebenfalls diese Komponente in ihrem Wellenvektor haben. Daher können die Richtungen der reflektierten und gebrochenen Wellen gefunden werden, indem festgestellt wird, welche Wellenvektoren $\boldsymbol{k}_r^{(\mathrm{pol})}$ und $\boldsymbol{k}_t^{(\mathrm{pol})}$ mit der Komponente $\boldsymbol{k}_i^{\parallel}$ existieren.

Dies ist möglich, für jedes der beiden Medien 1, 2 gesondert, mittels der zugehörigen

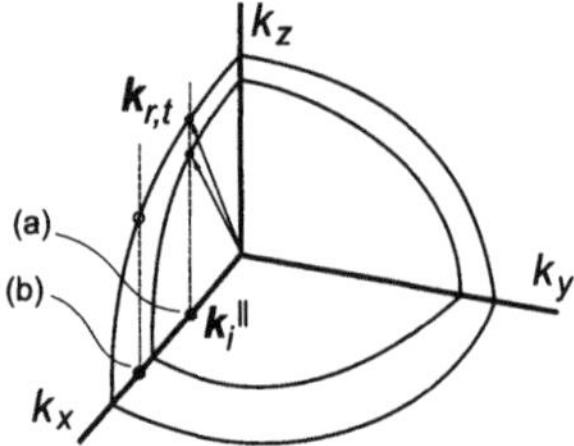

Abb. 2.21. Für anisotrope Medien können Anzahl und Richtung der reflektierten/gebrochenen Wellen mit Hilfe der zweischaligen Wellenvektorfläche gefunden werden. Je nach Größe der Komponente $\boldsymbol{k}_\mathrm{i}^{\|}$ des Wellenvektors existieren zwei auslaufende Wellen (a) oder nur eine (b)

Wellenvektorfläche, vgl. Abb. 2.7. Wird das Koordinatensystem so gewählt wie in Abb. 2.17, so hat $\boldsymbol{k}_\mathrm{i}^{\|}$ nur eine x-Komponente, und es resultiert die in Abb. 2.21 skizzierte Situation. Hier ist die zweischalige Wellenvektorfläche $\boldsymbol{k} = k_0 \boldsymbol{n}$ eines der anisotropen Medien dargestellt, und eingetragen ist $\boldsymbol{k}_\mathrm{i}^{\|}$. Im Falle (a) existieren zwei auslaufende Wellen. Dies ist die Ursache für Doppelbrechung. Bei anderer Anregung (b) existiert nur eine auslaufende Welle. Hierauf beruhen die bekannten Kristallpolarisatoren.

Diese Konstruktion zeigt, daß auch in anisotropen Medien die Wellenvektoren der reflektierten und der gebrochenen Wellen koplanar sind und in der durch die Einfallsrichtung $\boldsymbol{k}_\mathrm{i}$ und die Lotrichtung $\hat{\boldsymbol{e}}_z$ definierten Einfallsebene liegen. Dies gilt im allgemeinen nicht für die zugehörigen Strahlenvektoren, welche die Richtungen der Gruppengeschwindigkeiten bezeichnen. Sie können von der Einfallsebene abweichen. Durch die Anisotropie der Medien sind auch die Polarisationen der reflektierten und der gebrochenen Wellen vorbestimmt. Infolgedessen sind die auf die Einfallsebene bezogenen (s) und (p) Polarisationen in anisotropen Medien keine Eigenzustände, sondern werden durch Reflexion und Brechung allgemein miteinander verkoppelt.

2.8 Geometrische Optik

Um in „großen" Systemen elektromagnetische Wellenfelder als Lösung der Maxwell-Gleichungen zu bestimmen, ist oft die Näherung der *geometrischen Optik* ausreichend. Vergleichsgröße ist dabei die Wellenlänge λ, und „groß" bedeutet, daß alle charakteristischen Abmessungen der vorgegebenen Strukturen und der resultierenden Feldenergieverteilung sehr viel größer sind als λ. Mathematisch erhält man diese Näherung, indem die Maxwell-Gleichungen für den Grenzfall verschwindend kleiner Wellenlänge, $\lambda \to 0$, vereinfacht werden. Die daraus folgende *Strahlenoptik* vermindert den Aufwand bei der Problemlösung ganz erheblich im Vergleich zur strengen Wellenoptik.

Grundlage dieser Näherungslösung ist das Konzept optischer *Strahlen*, die sich im Raum ausbreiten. Lokal repräsentiert ein Strahl eine ebene Welle bestimmter Ausbreitungsrichtung und Polarisation, global bezeichnet die Gesamtheit der Strahlen die Strömung der elektromagnetischen Feldenergie. Ein anschauliches Bild eines Strahlenbündels in einem allgemeinen optischen Medium ergibt sich, wenn elektromagnetische Energie, von einer Quelle Q ausgehend, auf einen Schirm mit einer Öffnung trifft. Im Raum hinter dem Schirm strömt die Energie dann in einer *Stromröhre*, die seitlich von *Strahlen* begrenzt wird, vgl. Abb. 2.22(a). Den Strahlen selbst ist keine „Amplitude" oder „Leistung" zugeordnet. Die Leistungsdichte $\bar{p} = |\bar{\boldsymbol{P}}|$ der *Strahlung* vermindert sich mit zunehmendem Abstand von der Quelle entlang einer Stromröhre einfach deshalb, weil sich deren Querschnitt erweitert.

Bei Anwendungen dieses Ausbreitungsmodelles ist allerdings Vorsicht angebracht, denn an mehreren Stellen kann die zugrunde liegende Näherung versagen: Im Grenzfall $\lambda \to 0$ tritt an der Kante der Öffnung keine Beugung

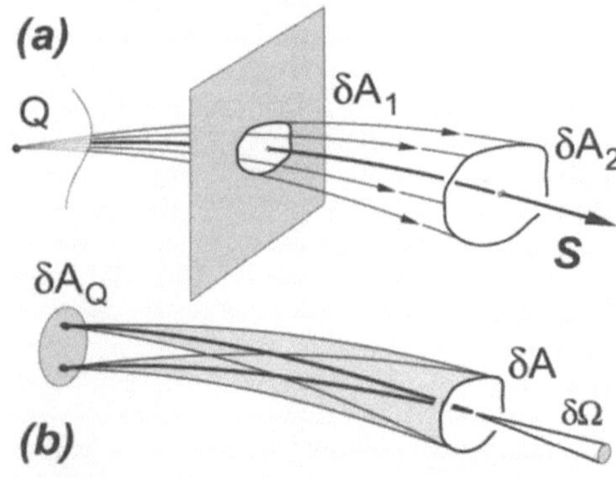

Abb. 2.22. (a) Strahlenbündel S, von einer Quelle Q ausgehend, durch die Öffnung δA_1 in einem Schirm begrenzt. (b) Überlagerung von Strahlenbündeln

auf, und die Begrenzung der Stromröhre mag deshalb als scharf erscheinen. Eine Aussage über die Verteilung der Leistungsdichte im Randbereich der Stromröhre ist aber im Rahmen der geometrischen Optik nicht möglich, weil dort die Voraussetzung verletzt ist, daß sich die Felder nur „langsam“ (nur über Distanzen $\gg \lambda$) ändern. Ein anderer Bereich, wo die Näherung versagen kann, ist der Quellbereich Q in Abb. 2.22 (a). Dort scheinen sich die Strahlen zu schneiden, was wiederum hohe Feldgradienten bedeuten würde. In diesen Bereichen sind für Feldberechnungen genauere Methoden als die geometrische Optik notwendig.

2.8.1 Eikonal

Zentraler Begriff der Strahlenoptik ist der *optische Weg* $S(\boldsymbol{r})$, der auch als *Eikonal* bezeichnet wird. Es ist eine skalare Funktion des Ortes und charakterisiert die Phase des elektromagnetischen Feldes. Das betrachtete Medium soll isotrop und frei von Ladungen und Strömen sein, darf aber „schwach“ inhomogen in dem oben definierten Sinne sein. Das Wellenfeld sei quasi-monochromatisch mit der Frequenz ω. Der Zeitfaktor $e^{j\omega t}$ wird unterdrückt. Um zur Näherung der Geometrischen Optik zu kommen, wird von den Feldern $\boldsymbol{E}$ und $\boldsymbol{H}$ der rasch oszillierende Phasenfaktor $e^{-jk_0 S(\boldsymbol{r})}$ abgespalten [8]:

$$\begin{aligned} \boldsymbol{E} &= \boldsymbol{e}(\boldsymbol{r})\, e^{-jk_0 S(\boldsymbol{r})} \\ \boldsymbol{H} &= \boldsymbol{h}(\boldsymbol{r})\, e^{-jk_0 S(\boldsymbol{r})} \end{aligned} \tag{2.101}$$

Mit den verbleibenden komplexen Amplitudenvektoren $\boldsymbol{e}(\boldsymbol{r})$ und $\boldsymbol{h}(\boldsymbol{r})$ können die Maxwell-Gleichungen (2.16a, b) umgeschrieben werden, ($k_0 = \omega/c = 2\pi/\lambda_0$)

$$\begin{aligned} \nabla S \times \boldsymbol{h} + \varepsilon \boldsymbol{e} &= \frac{1}{jk_0} \nabla \times \boldsymbol{h} \\ \nabla S \times \boldsymbol{e} - \mu \boldsymbol{h} &= \frac{1}{jk_0} \nabla \times \boldsymbol{e} \\ \boldsymbol{e} \cdot \nabla S &= \frac{1}{jk_0} (\boldsymbol{e} \cdot \nabla \log \varepsilon + \nabla \boldsymbol{e}) \\ \boldsymbol{e} \cdot \nabla S &= \frac{1}{jk_0} (\boldsymbol{h} \cdot \nabla \log \mu + \nabla \boldsymbol{h}) \end{aligned} \tag{2.102}$$

Im Grenzfall verschwindender Wellenlänge geht $k_0 \to \infty$, und die rechten Seiten dieser Gleichungen können vernachlässigt werden. Voraussetzung dafür ist allerdings, daß die in diesen Termen steckenden räumlichen Ableitungen beschränkt bleiben. Genau dies ist die Bedingung für die Anwendbarkeit der geometrischen Optik. In der vereinfachten Form sind die Gleichungen (2.102) nur lösbar, wenn

$$(\nabla S(\boldsymbol{r}))^2 = n^2(\boldsymbol{r}) \tag{2.103}$$

ist. Hier bedeutet $n^2 = \varepsilon\mu$. Diese Differentialgleichung ist als *Eikonalgleichung* bekannt. Sie bildet die Grundlage der geometrischen Optik [4, 8].

2.8.2 Strahlenoptik

Die Lösungen der Eikonalgeichung haben folgende Eigenschaften:

- Die Flächen $S(\boldsymbol{r}) = \text{const}$ sind die *Wellenfronten*. Senkrecht dazu, als orthogonale Trajektorien, verlaufen die Strahlen.
- Der zeitlich gemittelte Poynting-Vektor ist

$$\bar{\boldsymbol{P}} = \frac{c}{n} \bar{w}\, \hat{\boldsymbol{s}} \tag{2.104}$$

Hier bedeutet $\bar{w}$ die mittlere, volumenbezogene elektromagnetische Energiedichte. Gemäß (2.104) wird sie wird mit der lokalen Geschwindigkeit c/n in der Richtung des Vektors $\boldsymbol{s} = \nabla S/n$ transportiert. Wegen (2.103) ist $\hat{\boldsymbol{s}}$ der Einheitsvektor, der senkrecht auf den Wellenfronten steht.

- Die Vektoren $\boldsymbol{e}(\boldsymbol{r})$ und $\boldsymbol{h}(\boldsymbol{r})$ der elektrischen und magnetischen Feldstärken stehen an jedem Ort $\boldsymbol{r}$ senkrecht zur Richtung $\boldsymbol{s}$ des Strahles durch $\boldsymbol{r}$, sie liegen also in den Wellenfronten.
- Die „Intensität“ der Strahlung, also die elektromagnetische Leistungsdichte $\bar{p} = |\bar{\boldsymbol{P}}|$, ist im Rahmen der geometrischen Optik quellenfrei, $\nabla(\bar{p}\,\hat{\boldsymbol{s}}) = 0$. Dies folgt aus dem Energie-Erhaltungssatz. Angewandt auf ein schmales Strahlenbündel wie in Abb. 2.22 (a) folgt, daß das Produkt aus Intensität und Bündelquerschnitt, $\bar{p}\,\delta A$, längs eines Strahles konstant ist. Diese Beziehung bestimmt in der geometrischen Optik die räumliche Verteilung $\bar{p}(\boldsymbol{r})$ der Leistungsdichte.
- Besonders einfach ist die geometrische Optik in einem Raum oder Teilraum mit homogenem Index, $n(\boldsymbol{r}) = \text{const}$. Nach (2.103) sind die Strahlen dort gerade Linien. Im Sonderfall eines Bündels *homozentrischer* Strahlen, die alle von einem Quellpunkt Q

zu kommen scheinen, gilt für die Leistungsdichte $\bar{p}(r)$ im Abstand r vom Quellpunkt ein inverses quadratisches Abstandsgesetz,

$$\bar{p}(r) = \frac{\text{const}}{r^2} \qquad (2.105)$$

- Bei inhomogener Verteilung des Index $n(\boldsymbol{r})$ sind die Strahlen im allgemeinen gekrümmt. Dabei ist die Krümmung $|K| = 1/\varrho = |\nabla \log n|$ jedenfalls klein gegen k_0, der Krümmungsradius ϱ also groß gegen die Wellenlänge λ_0, wenn die Voraussetzungen der geometrischen Optik erfüllt sind. Der Strahl ist stets in die Richtung des Bereiches mit höherem Index gekrümmt.
- An dielektrischen Unstetigkeiten, beispielsweise an der Grenzfläche zweier Teilräume mit unterschiedlichen Brechungsindizes, ist die Näherung der geometrischen Optik im Prinzip nicht anwendbar, weil hier die Voraussetzung „langsamer" Änderung von $n(\boldsymbol{r})$ verletzt ist. Wenn jedoch der Querschnitt des Strahlenbündels groß gegen λ_0 ist und die Krümmung der Grenzfläche klein gegen k_0, so lassen sich die oben (Abschn. 2.7) für ebene Wellen an ebenen Grenzflächen aufgeführten Beziehungen für Reflexion und Brechung direkt auf die Strahlenoptik übertragen [8]. Der reflektierte Strahl ist dann an der Grenzfläche geknickt, der transmittierte Strahl wird „gebrochen". Die Übertragbarkeit besteht auch für die gesamte Polarisationsabhängigkeit. Werden die in der Wellenoptik benutzten Feldstärken $\boldsymbol{E}(\boldsymbol{r})$ und $\boldsymbol{H}(\boldsymbol{r})$ durch $\boldsymbol{e}(\boldsymbol{r})$ und $\boldsymbol{h}(\boldsymbol{r})$ ersetzt, und die dortige Grenzfläche durch die lokale Tangentialebene hier, so haben die dort angegebenen Reflexions- und Transmissionskoeffizienten für Amplituden und Leistungen auch in der geometrischen Optik Gültigkeit.

2.8.3 Strahlenbündel-Überlagerung

Treffen an einem Ort mehrere Strahlenbündel zusammen, so hängt das Ergebnis ihrer Überlagerung von ihren Phasenbeziehungen (ihrer „Kohärenz") ab. Sind ihre Phasen in einer gegebenen Beobachtungszeit voll korreliert, so addieren sich die Feldstärken der Bündel unter Berücksichtigung von Phase und Polarisation. Es kommt dann zur Ausbildung von Interferenzen entsprechend der oben im Abschn. 2.5.2 gegebenen Darstellung. Kohärente Überlagerung in diesem Sinne liegt vor bei jeder Darstellung eines monochromatischen Wellenfeldes als Integral über seine räumlichen Fourier-Komponenten. Ein konkretes Beispiel ist die Formung einer Gaußschen Strahlwelle durch Interferenz der ebenen Wellen eines „Bündels", vgl. Abschn. 2.5.7.

Bei inkohärenten Bündeln, deren Phasen unkorreliert sind, überlagern sich die Leistungs-Flußdichten $\bar{\boldsymbol{P}}$. In Abb. 2.22(b) ist diese Situation skizziert. Von allen Punkten eines Oberflächenelementes δA_{Q} einer inkohärenten Quelle gehen Strahlenbündel aus und durchsetzen eine Zielfläche δA. Zwei dieser Bündel sind dargestellt. Bei einem „inkohärenten" Strahler, etwa einer heißen Oberfläche (Glühlampe) oder einem Fluoreszenzvolumen (Leuchtdiode), sind alle diese Bündel unkorreliert, weil sie aus unabhängigen elementaren Emissionsprozessen stammen. Die Leistung, die durch die Zielfläche δA strömt, ist dann beschreibbar durch [8]

$$\delta P = \bar{p}\,\delta A = B\,\delta\Omega\,\delta A\,, \qquad (2.106)$$

Hier wurde die Integration über alle von δA_{Q} ausgehenden Strahlenbündel ersetzt durch das Produkt $B\,\delta\Omega$, in dem $\delta\Omega$ der Raumwinkel ist, unter dem δA_{Q} von der Zielfläche aus gesehen erscheint. Diese Beziehung (2.106) bildet die Grundlage der Strahlungsmeßtechnik. Der hierbei eingeführte Proportionalitätsfaktor B ist die *Strahlungsdichte* der inkohärent strahlenden Oberfläche. Da B aus thermodynamischen Gründen endlich sein muß, können reale Strahlenbündel, die eine endliche Leistung $\delta P \neq 0$ transportieren, nicht homozentrisch sein, sondern müssen einen endlichen Raumwinkel $\delta\Omega > 0$ einnehmen.

Anmerkung: Diese Darstellung ist in der Näherung der geometrischen Optik gegeben. Bei genauerer Analyse, unter Berücksichtigung elementarer Beugungseffekte, muß sie modifiziert werden: Die Teilstrahlenbündel, die von verschiedenen Punkten einer Quellfläche δA_{Q} ausgehen, sind nämlich nur bei großen Abständen der Punkte inkohärent. Bei kleinerem Abstand erscheinen sie partiell kohärent, umso mehr, je näher die Punkte zusammenliegen (van Cittert-Zernicke Theorem [8]).

2.8.4 Optik paraxialer Strahlen

Die Berechnungsmöglichkeiten der Ausbreitung elektromagnetischer Wellen erweitern sich ganz erheblich, wenn neben der Näherung der geometrischen Optik auch die Näherung paraxialer Ausbreitung zulässig ist. Diese Voraussetzungen treffen zu bei optischen Komponenten, die groß gegen die Wellenlänge sind und eine „Achse" besitzen. Typische Beispiele sind rotationssymmetrische Linsen und Spiegel sowie die daraus aufgebauten optischen Systeme.

Bei ihnen ist gewöhnlich ein Eingangs- und ein Ausgangsbereich (oder „Objektraum" und „Bildraum") zu unterscheiden, jeweils mit einer konstruktiv vorgegebenen Achse. Die Achsen können fluchten, wie bei einer Linse, oder schief zueinander stehen, etwa bei Spiegelsystemen. Die Systeme sind aus homogenen Medien mit ebenen und gekrümmten Grenzflächen so aufgebaut, daß achsennahe Strahlen des Eingangsbereiches in den Ausgangsbereich gebrochen oder reflektiert werden. Insbesondere wird ein Strahl, der entlang der Achse des Objektraumes verläuft, auch im Bildraum in der Achse verlaufen.

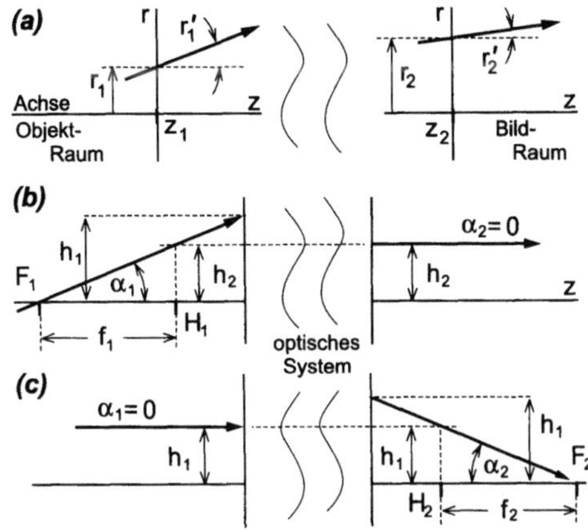

Abb. 2.23. (a) Charakterisierung von Eingangs- und Ausgangsstrahlen. (b, c) Definition der Brennpunkte F_1, F_2 und Hauptpunkte H_1, H_2 eines optischen Systems

Strahlverfolgung. Hier besteht für Konstruktion und Anwendung das Problem der optischen *Strahlverfolgung*: Den Verlauf eines Strahles zu berechnen, der im Objektraum an einem vorgegebenem Punkt in eine vorgegebene Richtung startet und nach Durchgang durch das optische System einen Punkt der „Bildebene" im Ausgangsbereich beleuchtet. Zur Lösung dieser Aufgabe stehen heute leistungsfähige Rechnerprogramme zur Verfügung. Sie kommen allein mit den Gesetzen der geometrischen Optik aus.

Die Hinzunahme der paraxialen Näherung (2.38) zur geometrischen Optik erlaubt es, optische Systeme auch analytisch zu behandeln und auf einfache Weise zu verstehen. Dazu wird die Betrachtung auf Strahlen beschränkt, die in der Nähe der Achsen verlaufen und deren Neigungswinkel α gegen die Achse klein ist. Die Näherung $\tan\alpha \approx \alpha \approx \sin\alpha$ führt zur Linearisierung der Gleichungen für den Strahlverlauf. Es resultieren diverse klassische Beschreibungsmethoden für einzelne optische Elemente wie für zusammengesetzte Systeme. Dazu gehören analytische Methoden („Linsengleichung"), Matrix-Methoden („ABCD"-Matrizen) sowie graphische Methoden. Einige davon werden nachfolgend dargestellt.

Das Prinzip der paraxialen Strahlverfolgung wird vereinfachend am Beispiel zweidimensionaler Ausbreitung in einer rz-Ebene erläutert, vgl. Abb. 2.23 (a). Sie kann direkt als *Meridionalebene* eines rotationssymmetrischen optischen Systems interpretiert werden, also als Längsschnitt, der die Strahlen und die Achse enthält. In allgemeineren optischen Systemen wird man zwei solcher Längsschnitte benutzen, senkrecht zueinander, um den Verlauf der wichtigsten Strahlen zu beschreiben. Da das System als abschnittsweise homogen vorausgesetzt wird, sind die Strahlen in jedem Abschnitt Geraden. Der Verlauf eines Strahles kann dann in einem Querschnitt $z = z_1$ durch den Achsenabstand r_1 und die Steigung $r_1' = dr/dz$ charakterisiert werden, wobei die Paraxial-Bedingung $|r_1'| \ll 1$ erfordert.

Für den weiteren Verlauf des Strahles folgt aus (2.38), daß die Parameter r_2 und r_2', die ihn in einem anderen Querschnitt z_2 charakterisieren, in linearer Weise von den beiden Parametern bei z_1 abhängen müssen. In Matrix-Schreibweise

$$\begin{pmatrix} r_2 \\ r_2' \end{pmatrix} = \begin{bmatrix} A & B \\ C & D \end{bmatrix} \begin{pmatrix} r_1 \\ r_1' \end{pmatrix} . \tag{2.107}$$

Zweckmäßig werden r_i und r_i' (mit $i = 1, 2, \ldots$) zu einem Spaltenvektor $X_i = X(z_i) = \begin{pmatrix} r_i \\ r_i' \end{pmatrix}$ für den Querschnitt z_i zusammengefaßt. Dann bedeutet (2.107), angewandt auf Objekt- und Bildraum eines optischen Systems, daß jeder Vektor X_1 am „Eingang" des Systems mittels einer 2×2-Matrix M in einen „Ausgangsvektor" $X_2 = M X_1$ transformiert wird. Die Matrix M ist allein durch die Eigenschaften des Systems (inklusive der Lage seiner Bezugsebenen z_1, z_2) bestimmt. Sie wird $ABCD$-Matrix

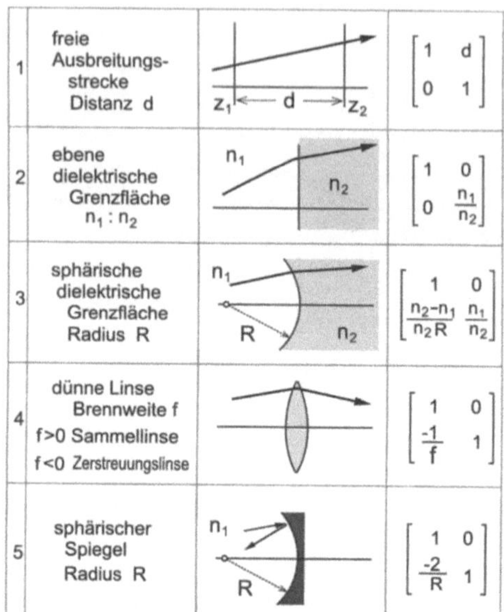

Abb. 2.24. Zur geometrisch-optischen Strahlverfolgung durch einfache optische Elemente dienen die angegebenen *ABCD*-Matrizen

oder *Strahlmatrix* genannt [15]. Eine solche Beziehung (2.107) muß insbesondere auch für das Verhalten des Strahles an einzelnen Grenzflächen gelten. Dort läßt man zweckmäßig die beiden Bezugsebenen zusammenfallen. Die Liste in Abb. 2.24 gibt für einige typische Fälle die Matrizen an.

Eine wesentliche Eigenschaft der Beziehung (2.107) und anderer, ähnlicher Matrix-Methoden [9, 16] ist die Möglichkeit, einen Strahl damit auf einfache Weise durch eine Reihe hintereinanderliegender Flächen zu verfolgen. Dabei ist der Ausgangsvektor einer Grenzfläche oder Ausbreitungsstrecke zugleich Eingangsvektor der nächsten. Für eine Reihe von $(N-1)$ Elementen mit den Strahl-Matrizen $M_{n,n-1}$ führt die wiederholte Anwendung von (2.107) auf ein Matrizenprodukt,

$$\begin{aligned} X_N &= M_{N,1}\, x_1 \qquad (2.108) \\ &= M_{N,N-1}\, M_{N-1,N-2} \dots M_{32}\, M_{21}\, X_1 \end{aligned}$$

Hier ist die Reihenfolge der Matrizen zu beachten: Im Produkt $M_{N,1}$ repräsentiert der erste der Faktoren das letzte Element der Folge, das auf den bereits von allen anderen Elementen modifizierten Strahl einwirkt.

Mit diesem Prinzip lassen sich aus den Matrizen in Abb. 2.24 solche für zusammengesetzte Systeme kombinieren, und zwar nicht nur numerisch, sondern auch analytisch mit den jeweiligen Bauelement-Parametern. Beispielsweise erhält man die *ABCD*-Matrix einer planparallelen dielektrischen Platte des Index n und der Dicke d durch Kombination dreier Matrizen: zwei dielektrische Übergänge mit einer dazwischenliegenden Strecke freier Ausbreitung, $M = \begin{pmatrix} 1 & nd \\ 0 & 1 \end{pmatrix}$.

Kardinalpunkte. Die praktische Bedeutung der Koeffizienten A, B, C, D einer gegebenen Matrix ergibt sich aus der Interpretation einiger Standard-Situationen. Allgemein sind für ein paraxiales optisches System die *Brennpunkte* F_1 und F_2 und die zugehörigen *Hauptpunkte* H_1 und H_2 mittels der in Abb. 2.23 (b, c) gezeigten Strahlen definiert. Hier ist der Achsenabstand der Strahlen mit h bezeichnet, ihr Winkel mit α.

$$z_{F_1} = -\,[h_1/\alpha_1]_{\alpha_2=0}$$

$$z_{F_2} = -\,[h_2/\alpha_2]_{\alpha_1=0}$$

$$z_{H_1} = -\,[(h_2 - h_1)/\alpha_1]_{\alpha_2=0}$$

$$z_{H_2} = -\,[(h_1 - h_2)/\alpha_2]_{\alpha_1=0}$$

Diese Quotienten können direkt mit der *ABCD*-Matrix ausgewertet werden. Dabei spielen die Brechungsindizes n_E und n_A im Eingangs- bzw. Ausgangsbereich des Systems eine Rolle, denn es gilt allgemein $AD - BC = n_a/n_e$. Unter der Voraussetzung $n_A = n_E$ findet man

$$z_1 = D/C \qquad z_2 = -\,A/C \qquad (2.109)$$

$$f_1 = 1/C \qquad f_2 = -\,1/C\,. \qquad (2.110)$$

Die hier für zweidimensionale Systeme gegebene Beschreibung ist einfach erweiterbar auf drei Dimensionen [16]. Bei rotationssymmetrischen, zentrierten optischen Systemen liefert dies in paraxialer Näherung jedoch keine weitergehenden Informationen. Bei allgemeineren dreidimensionalen Systemen kann die Beschreibung auf zwei zweidimensionale Meridionalebenen zurückgeführt werden, wenn deren azimutale Orientierung zweckmäßig gewählt wird.

2.8.5 Optische Komponenten

Spiegel, Prisma und Linse sind die einfachsten optischen Komponenten, aus denen größere optische Systeme zusammengesetzt werden. Ihre strahlenoptische Beschreibung folgt unmittelbar aus den Gesetzen, die in Abschn. 2.7 für die Brechung und Reflexion ebener Wellen angegeben wurden.

- Bei der Reflexion am Spiegel ist der Reflexionswinkel θ_r eines Strahles gleich seinem Einfallswinkel θ_i, vgl. Abb. 2.25(a). Die Normalkomponente des Strahlenvektors wird umgekehrt, die Tangentialkomponente bleibt erhalten.
- Ein *Prisma* wird durch zwei dielektrische Grenzflächen gebildet, die sich unter dem Prismenwinkel γ schneiden, Abb. 2.25(b). Ein einfallender Strahl wird nacheinander an beiden Flächen gebrochen. Zweimalige Anwendung des Brechungsgesetzes (2.93) ergibt $n_1 \sin \alpha_1 = n_2 \sin \alpha_2$ und $n_2 \sin \alpha_3 = n_1 \sin \alpha_4$. Hieraus und mit $\alpha_3 = \gamma - \alpha_2$ erhält man die Gesamtablenkung des Primas $\delta = (\alpha_4 - \alpha_3) + (\alpha_2 - \alpha_1)$. Wenn $n_2 > n_1$ ist, so ist die Gesamtablenkung des Prismas von der „brechenden Kante" weg gerichtet. Im Sonderfall symmetrischen Strahlverlaufs $\alpha_1 = \alpha_4$ hat der Ablenkwinkel ein Minimum. Die Ablenkungsgleichung vereinfacht sich dann zu $\sin \alpha_{1,\min} = (n_2/n_1)\sin \gamma/2$, die zugehörige Ablenkung ist $\delta_{\min} = \gamma - 2\alpha_{1,\min}$.
- Eine *sphärische Linse* besteht aus einem dielektrischen Medium n_2, das von zwei Kugelflächen mit den Krümmungsradien R_1 und R_2 gegen das umgebende Medium n_1 abgegrenzt wird, vgl. Abb. 2.25 (c). Die Verbindungslinie der Krümmungsmittelpunkte ist die *Achse* der Linse. Ein einfallender Strahl wird nacheinander an beiden Flächen gebrochen. In paraxialer Näherung wird die Linse durch ihre *Kardinalpunkte* charakterisiert, die den in (2.109) beschriebenen Situationen entsprechen. Ein achsenparalleler Eingangsstrahl schneidet hinter der Linse die Achse im *Brennpunkt* F_2, vgl. Abb. 2.25(c). Dementsprechend verläuft ein Eingangsstrahl, der die Achse im vorderen Brennpunkt F_1 schneidet, hinter der Linse achsenparallel, vgl. Abb. 2.25(d). Der Schnittpunkt von Brennpunktsstrahl und zugehörigem achsenparallelen Strahl liegt dabei jeweils in einer der *Hauptebenen*. Sie definieren auf der Achse die *Hauptpunkte*, H_1 und H_2. Ein auf H_1 gerichteter Eingangsstrahl wird zu einem Ausgangsstrahl, der von H_2 kommt und parallel zum Eingangsstrahl verläuft, vgl. Abb. 2.25(e). Die *Brennweiten* f_1 und f_2 geben den Abstand des Brennpunktes vom entsprechenden Hauptpunkt an. In einer Linse wie in Abb. 2.25, bei der die Medien vor und hinter der Linse gleiche Brechungsindizes haben, ist generell $f_1 = f_2$.

Eine sphärische Linse kann die *optische Abbildung* eines Objektpunktes A in einen Bildpunkt B vermitteln. Dabei bedeutet „Abbildung", daß ein von A ausgehendes homozentrisches Strahlenbündel von der abbildenden Optik in ein anderes homozentrisches Bündel umgewandelt wird, dessen Zentrum das Bild B ist. Verläßt das auslaufende Bündel die Optik konvergent, so kann das Bild auf einem Schirm oder einer Photoplatte aufgefangen werden, es wird dann als *reelles Bild* bezeichnet. Ist das auslaufende Bündel divergent, sein Zentrum nicht zugänglich, so wird letzteres als *virtuelles Bild* bezeichnet.

Lage und Größe des Bildes einer paraxialen Abbildung werden zweckmäßig durch 3 sogenannte „Konstruktionsstrahlen" ermittelt [17, 18]. Sie sind in Abb. 2.25(f) mit 1, 2, 3 bezeichnet. Diese Abbildung bezieht sich auf

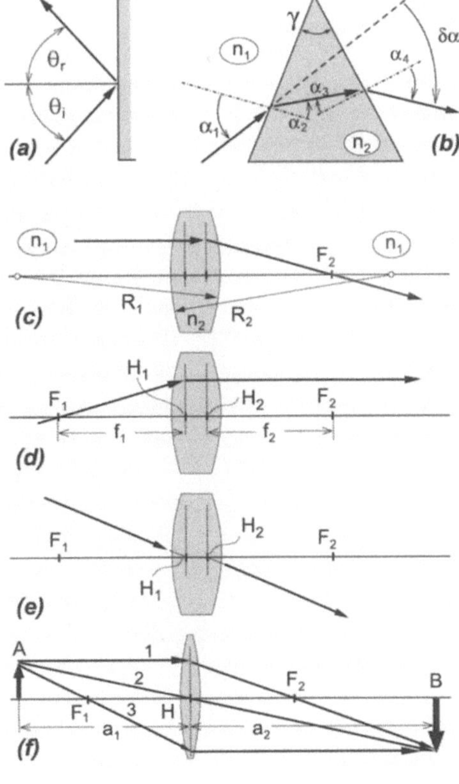

Abb. 2.25. Optische Komponenten

eine *dünne Linse.* Mit diesem Begriff bezeichnet man vereinfachend Abbildungssituationen, bei denen der Abstand $H_1 H_2$ der Hauptpunkte gegen die übrigen Abstände (Brennweite) vernachlässigbar klein ist. Die Strahlen 1 und 3 sind die schon erwähnten durch die Brennpunkte F_2 und F_1, und Strahl 2 verläuft durch den Hauptpunkt H im Zentrum der Linse. Die *Gegenstandsweite* a_1 und die *Bildweite* a_2 erfüllen die paraxiale Abbildungsbedingung der dünnen Linse im freien Raum ($n_1 = 1$):

$$\frac{1}{a_1}+\frac{1}{a_2}=\frac{1}{f}=\frac{n_2}{R_1}+\frac{n_2}{R_2}$$

Der *Abbildungsmaßstab* β, definiert als Verhältnis der Höhen, $\beta = y_2/y_1$, ist im Beispiel Abb. 2.25(e) negativ, $\beta = -a_2/a_1$, die Abbildung ist umgekehrt. Bei passender Wahl der Vorzeichen von f_i, a_i, R_i sind vorstehende Beziehungen nicht nur für konvexe Linsen wie in Abb. 2.25 geeignet, sondern auch für solche mit planen und konkaven Flächen und entsprechende Spiegel [17, 18].

2.8.6 Gaußsche Strahlwellen

Das abstrakte Konzept „Strahl" im Sinne der Strahlenoptik kann näherungsweise durch einen Laserstrahl realisiert werden, wie er aus einem HeNe-Laser kommt. Um ein möglichst schlankes Strahlenbündel darzustellen, sollten sowohl der Querschnitt δA wie auch die Apertur $\delta\Omega$ des Bündels möglichst klein gewählt werden. Hier besteht jedoch eine Untergrenze, denn bei Verkleinerung der Fläche δA, beispielsweise mittels einer Linse, vergrößert sich der Winkel $\delta\Omega$.

Das Produkt $\delta A\,\delta\Omega$ bleibt dabei angenähert konstant. Sein Wert hängt allgemein vom „Profil" des Laserstrahles ab. Es läßt sich zeigen, daß in paraxialer Näherung das kleinste $\delta A\,\delta\Omega$-Produkt resultiert, wenn der Strahl in Ort und Winkel Gaußsche Amplitudenverteilungen besitzt, vgl. (2.72a). Hiermit, und mit der paraxialen Wellengleichung (2.38) erhält man in einem homogenen Medium mit dem Brechungsindex n monochromatische Wellen folgenden Typs [15]

$$E(x,y,z) = E_0\frac{w_0}{w(z)} \times \exp\left\{-j\phi(z) - r^2\left(\frac{1}{w^2(z)}+j\frac{nk_0}{2R(z)}\right)\right\} \qquad (2.111\,\text{a})$$

mit

$$\phi(z) = \left[nk_0 z - \arctan\left(\frac{z}{z_0}\right)\right] \qquad (2.111\,\text{b})$$

$$w^2(z) = w_0^2\left(1+\frac{z^2}{z_0^2}\right) \qquad (2.111\,\text{c})$$

$$R(z) = z\left(1+\frac{z_0^2}{z^2}\right) \qquad (2.111\,\text{d})$$

$$z_0 = \frac{\pi\, w_0^2\, n}{\lambda_0} \qquad (2.111\,\text{e})$$

Eine solche Welle wird als *Gaußsche Strahlwelle* oder als *Gaußscher Strahl* bezeichnet, vgl. Abb. 2.26.

In der Ebene $z = 0$ ist der Strahlquerschnitt minimal, der Strahl besitzt dort seine *Taille.* Im Abstand w_0 von der Achse fällt hier die Leistungsdichte auf e^{-2} ihres Wertes auf der Achse ab. Dieser *Taillenradius* w_0 bestimmt im wesentlichen alle übrigen Merkmale des Strahles.

Entlang der Achse erweitert sich der Strahl gemäß (2.111c) mit zunehmender Entfernung von der Taille. Im Abstand z von der Taille ist der Radius $w(z)$. In den Ebenen $z = \pm z_0$ ist $w(\pm z_0) = \sqrt{2}\,w_0$, dort hat sich der Strahlradius um den Faktor $\sqrt{2}$ gegenüber dem Taillenradius erweitert. Asymptotisch, für $z \to \infty$, wird $w(z) = z(w_0/z_0)$. Die Größe $\theta = (w_0/z_0)$ hat daher die Bedeutung eines Aperturwinkels des Strahles. Im Winkelabstand θ von der Achsenrichtung fällt die Leistungsdichte auf e^{-2} ihres axialen Wertes ab.

Ein Gaußstrahl mit dem Radius $w(z)$ hat auf der Achse die Leistungsdichte $\bar{p} = 2P_G/(\pi w(z)^2)$, wenn P_G die Gesamtleistung des Strahles ist.

Die Phasenfronten des Gaußstrahles sind in der Taille eben, außerhalb davon ge-

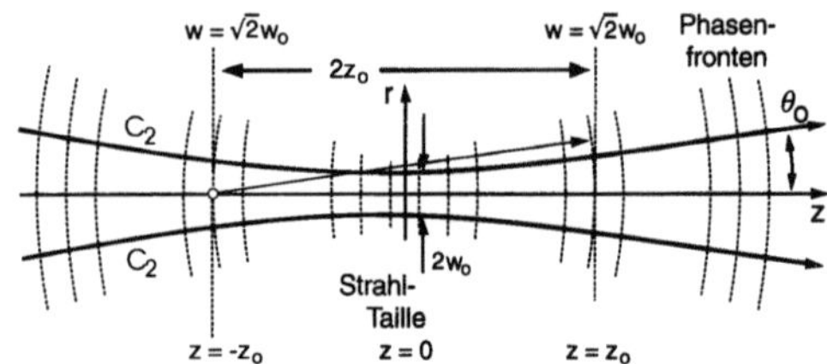

Abb. 2.26. Längsschnitt durch einen Gaußstrahl. Die Konturen C_2 markieren den „Rand" des Strahles dort, wo die Leistungsdichte radial auf $1/e^2$ abgefallen ist

krümmt. Mit dem Krümmungsradius $R(z)$ aus (2.111 d) ergibt sich die Krümmung $\kappa(z) = 1/R$ der Wellenfronten. Sie wächst mit zunehmendem Abstand von der Taille zunächst an, nimmt dann aber wieder ab. Ihr Maximum erreicht die Krümmung bei $z = \pm z_0$. In der Umgebung eines jeden dieser Punkte $z = \pm z_0$ liegt der Krümmungsmittelpunkt beim jeweils anderen Punkt $z = \mp z_0$ auf der Achse. Sie werden deshalb auch *konfokale Punkte* genannt. Ihr Abstand z_0 von der Taille wird als *Rayleigh-Distanz* bezeichnet. Asymptotisch, für $z \to \infty$, nähern sich die Wellenfronten denen einer Kugelwelle an, deren Krümmungsmittelpunkt im Zentrum der Taille liegt.

Zwischen den verschiedenen Parametern eines Gaußstrahles bestehen zahlreiche Querbeziehungen. Sie sind in Abb. 2.27 auch graphisch dargestellt.

$$z_0 = \frac{n\pi w_0^2}{\lambda_0} = \frac{w_0}{\theta} = \frac{\lambda_0}{n\pi\theta^2} \tag{2.112a}$$

$$\theta = \frac{\lambda_0}{n\pi w_0} = \frac{w_0}{z_0} = \left(\frac{n\lambda_0}{\pi z_0}\right)^{1/2} \tag{2.112b}$$

$$w_0 = z_0\theta = \frac{\lambda_0}{n\pi\theta} = \left(\frac{z_0\lambda_0}{n\pi}\right)^{1/2} \tag{2.112c}$$

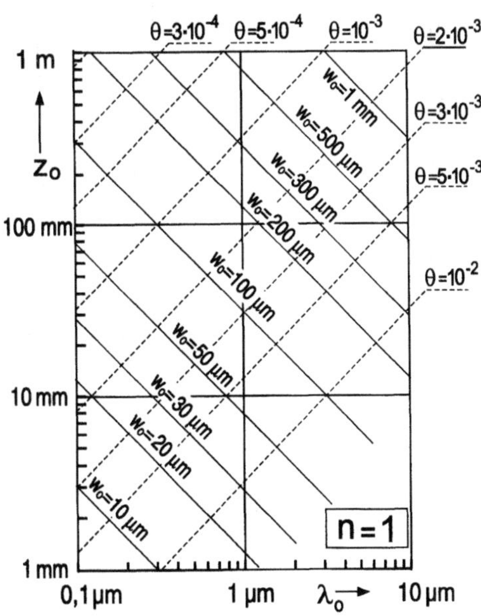

Abb. 2.27. Zusammenhang von Rayleigh-Distanz z_0, Taillenradius w_0, Apertur θ und Wellenlänge λ_0 bei Gaußstrahlen

Praktische Bedeutung hat der Gaußsche Strahl unter anderem als Modell der Abstrahlung von Fasern und Halbleiterlasern. Die Strahlungskeule entspricht dabei dem Halbraum $z > 0$. In diesem Sinne kann, vergröbernd, der Bereich der Rayleigh-Distanz, $z < z_0$ als das *Nahfeld* des Strahles angesehen werden, wo er annähernd zylindrisch ist (Radius w_0) und die Wellenfronten ungefähr eben sind. Im *Fernfeld*, $z > z_0$, ist die Form des Strahles ein Kegel mit dem Öffnungswinkel θ, und die Wellenfronten sind kugelförmig.

Strahl-Transformation. Beim Durchgang durch optische Systeme verändert ein Gaußscher Strahl seine Richtung und seine Form. Trifft etwa ein divergenter Gaußstrahl auf eine Linse, so wird er gemäß den Gesetzen der geometrischen Optik gebrochen, vgl. Abb. 2.28. Neben dieser Richtungsänderung seiner Achse erfährt der Strahl auch Änderungen von Strahlradius, Strahlapertur und anderen Parametern. Sie folgen eigenen Regeln, die nur in Grenzfällen mit der geometrischen Optik übereinstimmen. Zu ihrer Beschreibung ist ein *komplexer Krümmungsradius* q zweckmäßig. An jeder Stelle z des Strahles charakterisiert $q(z)$ den lokalen Strahlradius $w(z)$ und die lokale Distanz z bis zur Taille. Dieser Strahlparameter $q(z)$ verändert sich beim Durchgang des Strahles durch optische Elemente in eindeutig angehbarer Weise, so daß damit die erwähnten Änderungen von Radius und Taillenlage erfaßt werden können. Für den Strahl nach Abb. 2.26 in einem homogenen Medium ist

$$q(z) = z + q_0 = z + j\frac{n w_0^2}{\lambda_0}. \tag{2.113}$$

Hier ist z der Abstand bis zur Strahltaille und w_0 der Taillenradius. Aus einem gegebenem

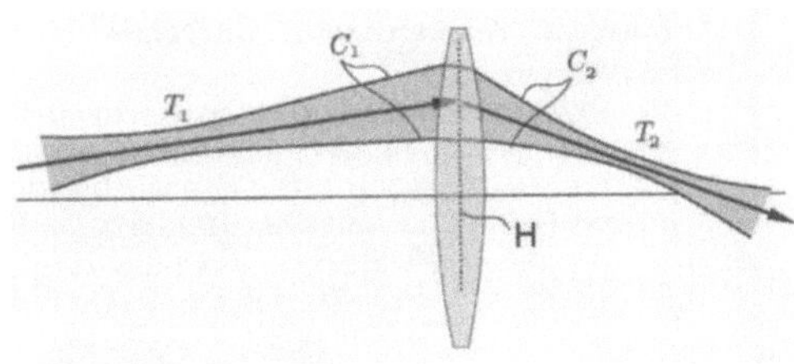

Abb. 2.28. Brechung und Refokussierung eines Gaußstrahles beim Durchgang durch eine Linse. C_1, C_2 sind die e^{-2}-Konturen, T_1, T_2 Taillen

Wert q lassen sich direkt die charakterstischen größen des Strahles ablesen, $z = \Re\{q\}$ und $\pi n w_0^2/\lambda_0 = \Im\{q\}$. Die lokalen Werte von Strahlradius w und Krümmungsradius R der Wellenfronten ergeben sich einfacher aus Real- und Imaginärteil von $1/q$.

$$\frac{1}{q} = \frac{1}{R} - j\frac{\lambda_0}{\pi n w^2}. \tag{2.114}$$

Die Veränderung des komplexen Krümmungsradius q beim Durchgang durch eine Grenzfläche oder ein optische System läßt sich mit Hilfe der *ABCD*-Strahlmatrix bestimmen, welche gemäß (2.107) das System in paraxialer Näherung beschreibt, vgl. Abschn. 2.8.4 und Abb. 2.24. Wenn q_1 der Strahlparameter am Eingang des Systems ist, gilt für den Strahl am Ausgang

$$q_2 = T(q_1) = \frac{A\,q_1 + B}{C\,q_1 + D} \tag{2.115}$$

Diese bilineare Transformation wird auch als *ABCD-Regel* bezeichnet. Sie ist, ebenso wie die Matrix-Formulierung (2.108), „verkettbar": Wenn ein erstes optisches Element durch $q_2 = T_{21}(q_1)$ charakterisierbar ist, und ein zweites Element mit $q_3 = T_{32}(q_2)$ dahintergeschaltet wird, so wirkt die Kombination beider Elemente gemäß $q_3 = T_{32}(T_{21}(q_1))$, und dies ist äquivalent zu $q_3 = T_{31}(q_1)$ mit einer Transformation T_{31}, die mit dem Produkt der beiden *ABCD*-Matrizen gebildet wird.

Die ABCD-Regel (2.115) bezieht sich auf die zweidimensionale paraxiale Ausbreitung in der „Meridionalebene". Für die Analyse rotationssymmetrischer Systeme liefert sie bereits die gesamte im Rahmen der paraxialen Näherung verfügbare Information. Für allgemeinere Systeme ist eine entsprechende Analyse in einer zweiten Meridionalebene, senkrecht zur ersten, notwendig.

Zur Illustration der *ABCD*-Regel kann ein Gaußstrahl dienen, der unter einem Winkel auf eine dielektrische Grenzfläche trifft. Mit der in Abb. 2.24 (Fall 2) angegebenen Matrix erhält man $q_2 = (n_2/n_1)q_1$ für die Strahlparameter auf beiden Seiten der Grenzfläche. Weiter zeigt (2.114), daß die Strahlradien auf beiden Seiten der Grenzfläche gleich sind, daß sich aber der lokale Krümmungsradius des Strahls beim Übertritt in das zweite Medium um den Faktor (n_2/n_1) ändert.

Mit Hilfe der *ABCD*-Regel läßt sich auch das häufig auftretende „inverse" Abbildungsproblem lösen: Das Auffinden eines optischen Systems, welches einen gegebenen Gaußstrahl so transformiert, daß eine Taille bestimmter Größe an einen bestimmten Ort projiziert wird. Hierzu versucht man typisch, mit Elementen aus Abb. 2.24 ein optisches System zusammenzustellen und dessen Parameter dann so anzupassen, daß das gegebene q_1 in das gewünschte q_2 transformiert wird.

Die hier für homogene Medien gegebene elementare Beschreibung rotationssymmetrischer Gaußscher Strahlen ist erweiterbar auf inhomogene Medien sowie auf *Gaußsche Strahlen höherer Ordnung*, die azimutal strukturiert sind [15].

Spezielle Literatur

[1] *I.N. Bronstein* und *K.A. Semendjajew:* Taschenbuch der Mathematik. B.G. Teubner Verlagsgesellschaft, Leipzig, 1959

[2] *G.A. Korn* und *T.M. Korn:* Mathematical Handbook for Scientists and Engineers. McGraw-Hill, New York, 1961

[3] *S. Ramo, J.R. Whinnery* and *T. Van Duzer:* Fields and Waves in Communication Electronics. Wiley, New York, 1967

[4] *L.D. Landau* and *E.M. Lifshitz:* Electrodynamics of continuous media. Pergamon Press, Oxford, 1960

[5] *N. Bloembergen:* Nonlinear Optics. World Scientific Pub, 1996

[6] *J.F. Nye:* Physical Properties of Crystals. Clarendon Press, Oxford, 1960

[7] *D.E. Gray* (Ed.): American Institute of Physics Handbook. McGraw-Hill, New York, 1963

[8] *M. Born* and *E. Wolf:* Principles of Optics. Pergamon Press, Oxford, 1965

[9] *E. Hecht:* Optik. Addison-Wesley, Bonn, 1989

[10] *C. Huygens:* Traité de la Lumière. Leyden, 1690

[11] *G.N. Ramachandran* and *S. Ramaseshan:* Encyclopedia of physics, volume XXV/1, chapter Crystal optics, Part A: Polarization of light, pages 1–54. Springer, Berlin, 1961

[12] *J.D. Kraus:* Electromagnetics. McGraw-Hill. New York, 1992

[13] *R.C. Jones:* New calculus for the treatment of optical systems. J. Opt. Soc. Am. 31: 488, 1941

[14] *W. G. Driscoll* and *W. Vaughan:* Handbook of Optics. McGraw-Hill, New York, 1978
[15] *A. Yariv:* Optical Electronics in Modern Communications. Oxford University Press, New York, 1997
[16] *A. Gerrard* and *J.M. Burch:* Introduction to Matrix Methods in Optics. Wiley, New York, 1975
[17] *G. Schröder:* Technische Optik. Vogel-Buchverlag, Würzburg, 1984
[18] *H. Naumann* und *G. Schröder:* Bauelemente der Optik. Carl Hanser Verlag, München, 1983

Optische Fasern: Grundlagen 3

E. Brinkmeyer

Allgemeine Literatur
Unger, H.-G.: Optische Nachrichtentechnik Teil I. Hüthig, 1984 – *Unger, H.-G.:* Optische Nachrichtentechnik Teil II. Hüthig, 1992 – *Agrawal, G. P.:* Fiber-optic communication systems. John Wiley & Sons, 1997 – *Neumann, E.-G.:* Single-mode fibers. Springer, 1988 – *Miller, S. E.; Chynoweth, A. G.; Chynoweth, A. G.* (Hrsg.): Optical fiber telecommunications. Academic Press, 1979 – *Miller, S. E.; Kaminow, I. P.; Kaminow, I. P.* (Hrsg.): Optical fiber telecommunications II. Academic Press, 1988 – *Kaminow, I. P.; Koch, T. L.; Koch, T. L.* (Hrsg.): Optical fiber telecommunications IIIA. Academic Press, 1997 – *Grau, G.; Freude, W.:* Optische Nachrichtentechnik. Springer, 1991 – *Gowar, J.:* Optical communication systems. Prentice Hall, 1993 – *Snyder, A. W.; Love, J. D.:* Optical waveguide theory. Chapman and Hall, 1983

Einführung

Optische Fasern sind in den letzten zwei Jahrzehnten zum wichtigsten Übertragungsmedium der Kommunikationstechnik geworden. Das Grundprinzip der Lichtführung in Fasern – die Totalreflexion – war zwar schon seit Mitte des 19. Jahrhunderts bekannt, jedoch konnten erst ab 1970 – wie vier Jahre zuvor theoretisch vorhergesagt [1] – akzeptable Dämpfungswerte von ca. 20 dB/km erreicht werden. In den folgenden Jahren reduzierten sich diese Werte bis auf etwa 0,2 dB/km – dies für Quarzglasfasern im günstigsten Wellenlängenbereich zwischen etwa 1500 und 1600 nm. Über die ausgezeichneten Dämpfungseigenschaften hinaus erwiesen sich optische Fasern bei geeignetem Aufbau auch als sehr wenig dispersiv: kurze optische Impulse können auf ihnen über lange Strecken mit geringen Verzerrungen übertragen werden Aus diesen Gründen bilden solche Wellenleiter – zusammen mit den ebenfalls weit fortgeschrittenen Sender- und Empfängerkomponenten – die Basis der Optische Nachrichtentechnik im heutigen Sinne.

3.1 Aufbau optischer Fasern

3.1.1 Grundstruktur

Die einfachste Struktur einer optischen Faser (und oftmals auch die tatsächliche Struktur) weist einen homogenen zylindrischen Kernbereich auf, der von einem ebenfalls homogenen Mantelbereich umgeben ist. In einer solchen Stufenprofilfaser (s. Abb. 3.1) bestehen Kern und Mantel aus unterschiedlichen Materialien. Sie sind so gewählt, daß der innere Bereich einen etwas höheren optischen Brechungsindex zeigt; somit kann für dort propagierendes Licht an der Kern-Mantel-Grenzfläche Totalreflexion auftreten. Typische Daten für Quarzglasfasern sind in Abb. 3.1 angegeben.

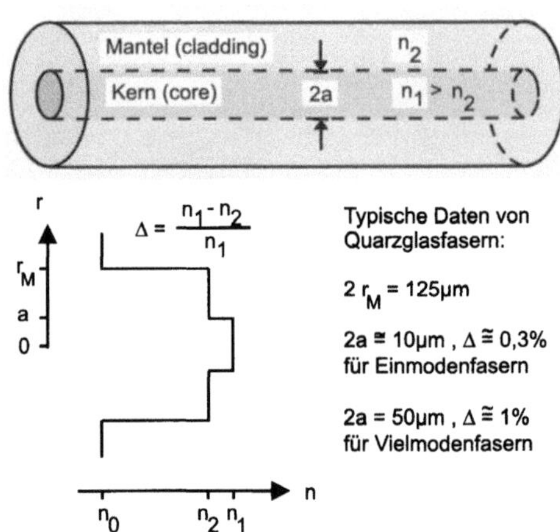

Abb. 3.1. Stufenprofilfaser

3.1.2 Faser-Materialien

Das wichtigste Material für optische Fasern ist Quarzglas (SiO_2), in dem SiO_4-Tetraeder ein unregelmäßiges Netzwerk bilden. Quarzglas ist ein amorphes Material, dessen optische Eigenschaften primär durch eine skalare Brechzahl n ($n \cong 1{,}444$ bei $\lambda = 1550$ nm) gegeben sind. Die für die Faserstruktur erforderlichen örtlichen Brechzahlunterschiede zwischen Kern- und Mantelbereich können durch Dotierungsstoffe realisiert werden. Insbesondere läßt sich der Brechungsindex durch Germanium oder Phosphor anheben, während eine Dotierung mit Bor oder Fluor zu einer Absenkung führt. Die relative Kern-/Mantel-Indexdifferenz liegt je nach Fasertyp im Bereich von einem Prozent oder darunter (s. dazu Kap. 6). Die Wellenlängenabhängigkeit der Brechzahl $n(\lambda)$ ist für chromatische Dispersion verantwortlich (s. Abschn. 3.4.4), die bei diesem Material im vornehmlich genutzten Wellenlängenbereich zwischen 1300 und 1600 nm jedoch niedrig ist und nur zu geringen Pulsverzerrungen bei der Ausbreitung führt. In dem genannten Wellenlängenbereich ist auch die Faserdämpfung sehr niedrig, mit dem erwähnten Minimum von ca. 0,2 dB/km in der Umgebung von $\lambda = 1550$ nm. Über die dielektrischen Eigenschaften hinaus besitzt Quarzglas bemerkenswerte mechanische Eigenschaften, vor allem hohe Zugfestigkeit und Elastizität, so daß SiO_2-Fasern eine gute Handhabbarkeit aufweisen und in Verkabelung und Verlegung wenig Probleme bereiten (s. hierzu Kap. 7).

Bei der Datenkommunikation über kurze Entfernungen, z.B. innerhalb von Gebäuden, können anstelle von Quarzglasfasern optische Polymerfasern eingesetzt werden (s. Kap. 8). Solche Fasern, insbesondere auf der Basis von Polymethylmethacrylat (PMMA) und Polycarbonat (PC), lassen sich preiswert herstellen, sie sind hochflexibel und ermöglichen eine besonders einfache Verbindungstechnik (s. Kap. 8).

Wegen grundsätzlicher Aussicht auf extrem niedriger Dämpfungswerte von einigen 10^{-3} dB/km werden seit etlichen Jahren Glasfasern für das mittlere Infrarot im Bereich von 2 bis 4 μm Wellenlänge erforscht [12]. Von Interesse sind dabei vor allem Fluoridfasern wie ZBLAN (ZrF_4-BaF_2-LaF_3-AlF_3-NaF). Da die vorausgesagte Transparenz noch nicht erreicht werden konnte und derartige Fasern erheblich schwerer zu handhaben sind als Quarzglasfasern, haben sie bisher als Übertragungsmedium keine praktische Bedeutung.

3.2 Fasertypen

3.2.1 Stufenprofilfasern als Einmoden- und Vielmodenfasern

Die oben beschriebenen Stufenprofilfasern können je nach Durchmesser ihres Kernbereiches und Brechzahlunterschied zwischen Kern- und Mantelbereich in zwei Klassen eingeteilt werden: Einmodenfasern (Monomodefasern; single-mode fibers) und Vielmodenfasern (Multimodefasern; multimode fibers). Tendenziell haben Fasern des ersten Typs einen kleineren Kerndurchmesser und eine kleinere Brechzahldifferenz (vgl. Abb. 3.1). In ihnen kann nur eine bestimmte laterale Feldverteilung, der Grundmodus, geführt werden; die (normierte) Intensitätsverteilung ist damit in jeder Querschnittsfläche gleich. In Vielmodenfasern sind dagegen viele Moden mit individuellen Feldverteilungen und individuellen Eigenschaften (s. Abschn. 3.3.3) ausbreitungsfähig, die – wenn von Faserstörungen oder Streueffekten abgesehen wird – unabhängig voneinander geführt werden.

Typische Einmodenfasern haben Kerndurchmesser von etwa 8 μm und eine relative Brechzahldifferenz zwischen Kern und Mantel von etwa 0,3%. Sie sind dann im üblichen Wellenlängenbereich um 1300 nm oder 1550 nm einmodig (s. Abschn. 3.3.4). Vielmodenfasern dagegen besitzen gewöhnlich Kerndurchmesser ≥ 50 μm und Brechzahldifferenzen ≥ 1%. Die Zahl der ausbreitungsfähigen Moden liegt i.a. über 100 (s. Abschn. 3.3.3).

Vielmodenfasern mit ihrer Mehrwegeübertragung sind Einmodenfasern, bei denen nur ein Übertragungsweg existiert, insbesondere in Bezug auf Pulsverbreiterung deutlich unterlegen (s. Abschn. 3.4.3–3.4.5). Für Weitverkehrsstrecken sind sie i.a. nicht geeignet. Bei Kurzstrecken-Übertragung kommt ihr Einsatz infrage, da aufgrund der größeren Kerndimensionen und der höheren numerischen Apertur (s. Abschn. 3.3.1) LED's als einfache Lichtquellen oder vertikal emittiertende Laserdioden (VCSEL) sowie preisgünstige Lichtquelle-Faser und Faser-Faser Verbindungstechniken benutzt werden können.

3.2.2 Vielmodenfasern mit Gradientenprofil und dispersionsmodifizierte Einmodenfasern

In Gradientenprofil-Vielmodenfasern ist die Brechzahl des Faserkerns nicht konstant, sondern ändert sich allmählich mit dem Abstand von der Achse. Eine oft betrachtete Klasse sind folgende Potenz-Profile:

$$n(r) = \begin{cases} n_1 \cdot [1 - \Delta(\frac{r}{a})^g] & \text{für } r < a \\ n_1 [1 - \Delta] = n_2 = \text{const} & \text{für } r > a \end{cases} \quad (3.1)$$

wobei a den Kernradius bezeichnet. In vielen Fällen werden stattdessen Potenzprofile auch in der Form $n^2(r) = n_1^2 \cdot [1 - \Delta(\frac{r}{a})^g]^2$ betrachtet. Für $\Delta \ll 1$ sind sie mit den Profilen nach Gl. (3.1) praktisch identisch. Der Parameter g bestimmt die Größe des Indexgradienten im Kern. Während $g = \infty$ eine Stufenindexfaser beschreibt, bedeutet $g = 2$ einen parabolisch abfallenden Brechungsindex, wie er näherungsweise in den meisten Quarzglas-Vielmodenfasern zu finden ist (s. Abb. 3.2). Grund für diese Profilwahl ist der dadurch annähernd erreichte intermodale Gruppenlaufzeitausgleich, der im Vergleich zu Stufenprofilfasern zu einer stark verringerten Pulsverbreiterung pro Längeneinheit führt (s. Abschn. 3.4.3).

Bei Einmodenfasern werden Abweichungen vom einfachen Stufenprofil vor allem dann vorgenommen, wenn die Dispersionseigenschaften verändert werden sollen. Die Dispersion in Einmodenfasern (chromatische Dispersion; s. Abschn. 3.4.4), d.h. die Wellenlängenabhängigkeit der Gruppenlaufzeit der ausbreitungsfähigen Mode, wird - außer durch Eigenschaften des Wellenleitermaterials - auch durch das Brechzahlprofil bestimmt. Diese sogenannte Wellenleiterdispersion kann durch Wahl der Brechzahlprofile so gestaltet werden, daß ein gewünschtes Gesamt-Dispersionsverhalten erreicht wird. Einige Beispiele sind schematisch in Abb. 3.3 dargestellt. Insbesondere unterscheidet man nach der Art der Brechzahlstruktur sogenannte 'matched cladding fibers' und 'depressed cladding fibers' und nach der Funktion Standard-Einmodenfasern (SSMF), 'dispersion shifted fibers' (DSF), 'dispersion flattened fibers' (DFF) und 'dispersion compensating fibers' (DCF). Siehe hierzu Abschn. 3.4.4 und Kap. 4.

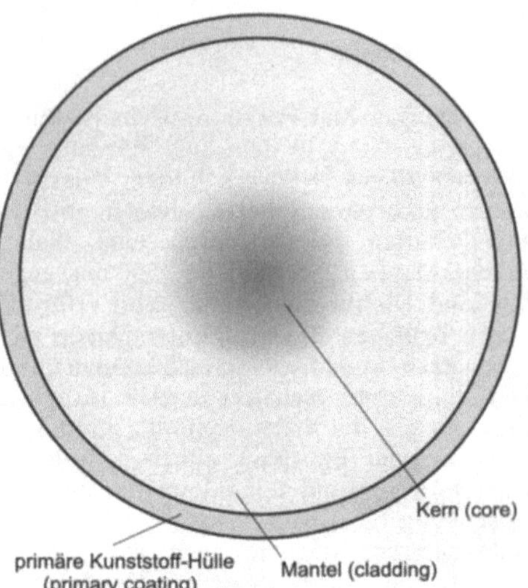

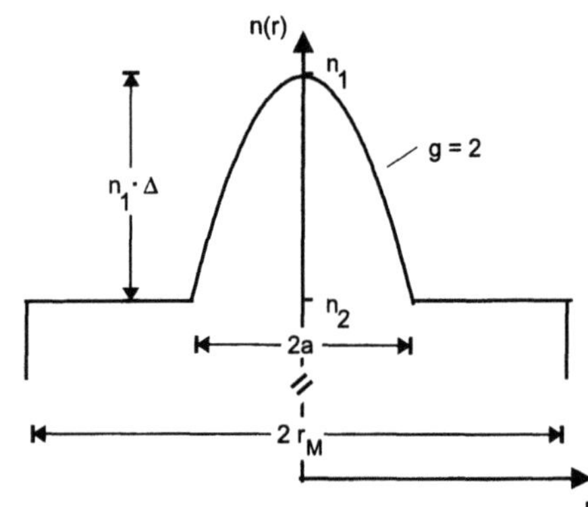

Abb. 3.2. Gradientenprofilfaser

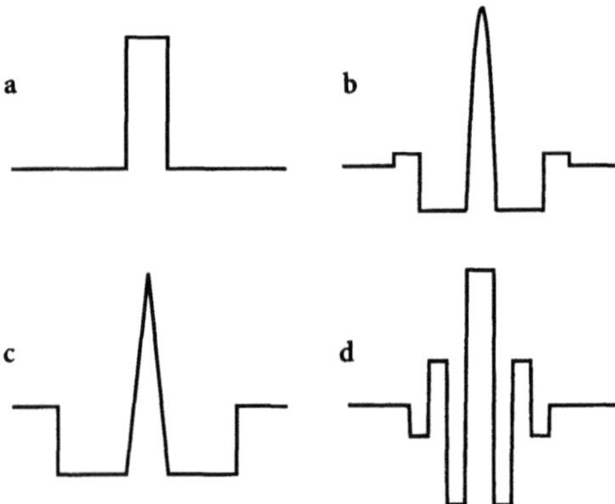

Abb. 3.3 a – d. Beispiele für Brechzahlprofile $n(r)$ verschiedener Typen von Einmodenfasern: **a** Standard-Einmodenfaser (SSMF), **b** 'dispersion compensating fiber' (DCF), **c** 'dispersion shifted fiber' (DSF), **d** 'dispersion flattened fiber' (DFF)

3.3 Beschreibung der Lichtausbreitung in optischen Fasern

3.3.1 Geometrisch-optische Beschreibung der Lichtausbreitung in Vielmodenfasern

Bei vielen optischen Problemen ist es ausreichend, strahlenoptische Betrachtungen anzustellen. Die Strahlenoptik ist umso besser geeignet, je größer die interessierenden linearen Abmessungen der optischen Elemente im Vergleich zur Wellenlänge sind. Bei einer Vielmodenfaser mit Kerndurchmesser von z. B. 50 μm und im Kern i. a. nur schwach ortsabhängiger Brechzahl – $|\mathrm{grad}\, n(x, y, z)| \ll k \cdot n$ – können aus diesem Grunde nützliche Ergebnisse erwartet werden (vgl. Kap. 5).

In der genannten Näherung schwach inhomogener Medien läßt sich die Wellenausbreitung mit Hilfe der sogenannten Eikonal-Gleichung beschreiben, aus der sich wiederum eine Differentialgleichung ergibt, die die Ausbreitung von Strahlen, den Orthogonaltrajektorien auf lokal ebenen Wellenfronten, beschreibt (s. auch Kap. 2 und 5):

$$\frac{d}{dl}\left(n \cdot \frac{dr}{dl}\right) = \mathrm{grad}\, n \qquad (3.2)$$

Dabei stellt d/dl die Richtungsableitung längs des Strahlweges $\boldsymbol{r}(l)$ dar. Für $n = \text{const}$ liefert diese Gleichung unmittelbar die geradlinige Strahlausbreitung. Ist n – wie in optischen Fasern – unabhängig von z, $\partial n/\partial z = 0$, so ergibt sich $n \cdot \cos\Theta = \text{const}$ längs des Strahles, wobei n den lokalen Brechungsindex längs des Strahles und Θ den lokalen Winkel gegen die z-Achse bezeichnet.

Geführte Strahlen in einer Faser nennt man solche, die den Kernbereich nicht verlassen. Zu unterscheiden sind dabei Meridionalstrahlen von schiefen Strahlen (skew rays). Die Meridionalstrahlen zeichnen sich dadurch aus, daß sie die Faserachse schneiden. In einer Stufenprofilfaser verlaufen die Strahlen stückweise gerade. Beim Auftreffen auf die Kern-Mantel-Grenze werden sie total reflektiert. Die Meridionalstrahlen verbleiben dabei in einer Ebene und nehmen einen Zick-Zack-Weg durch die Faser (Abb. 3.4). In Gradientenprofilfasern sind die Strahlwege gekrümmt. Für den Spezialfall einer Parabelprofilfaser, $g = 2$ in Gl. (3.1), ergibt die Strahlendifferentialgleichung (3.2) Strahlwege, deren x- und

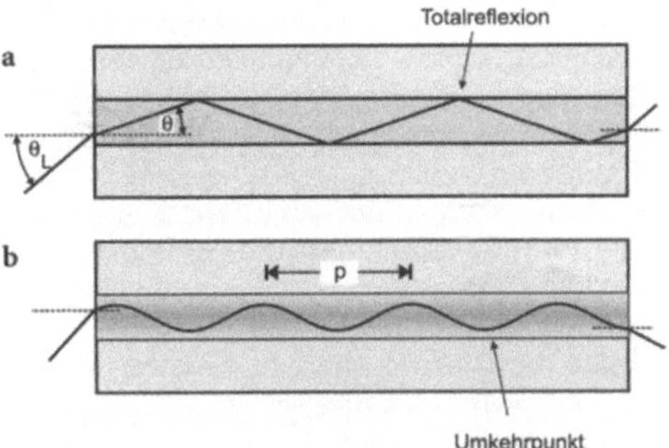

Abb. 3.4 a, b. Strahlausbreitung in **a** Stufenprofil- und in **b** Gradientenprofil-Vielmodenfaser

y-Koordinaten sinusförmig mit z variieren gemäß $x_s(z) = x_{max} \cdot \sin(2\pi\, z/p + \psi_x)$ bzw. $y_s(z) = y_{max} \cdot \sin(2\pi\, z/p + \psi_y)$. Für den Spezialfall der Meridionalstrahlen ändert sich der radiale Abstand r_s in dieser Weise (Abb. 3.4):

$$r_s(z) = r_{max} \cdot \sin\left(\frac{2\pi}{p} z + \psi\right)$$
$$\text{mit } p = \frac{2\pi a}{\sqrt{2\Delta}} \cdot \frac{n(r_{max})}{n_1} \qquad (3.3)$$

Der Bereich der geführten Strahlen ist bei Stufenprofilfasern dadurch eingeschränkt, daß die Strahlen an der Kern-Mantel-Grenzfläche totalreflektiert werden sollen. Dazu muß für den Winkel Θ gegen die z-Achse gelten:

$$\Theta < \Theta_{max} = \arccos\left(\frac{n_2}{n_1}\right) \qquad (3.4)$$

Bei Gradientenprofilfasern nach Gl. (3.1) ist von geführten Strahlen zu fordern, daß der sogenannte Umkehrpunkt r_{max} im Profil liegt und folglich der homogene Mantelbereich nicht erreicht wird:

$$r_{max} < a \quad \text{bzw.} \quad n(r_{max}) > n_2 \qquad (3.5)$$

In beiden Fällen ergibt sich daraus der Winkelbereich von Strahlen, die von außen (aus Luft kommend, $n_0 = 1$) auf die Kern-Querschnittsfläche auftreffen und nach Brechung in geführte Strahlen übergehen:

$$n_0 \cdot \sin|\Theta_L| < \sqrt{n^2(r) - n_2^2} := A_N \qquad (3.6)$$

Die so definierte numerische Apertur A_N ist eine wichtige Größe bei der Frage, welcher Leistungsanteil einer Lichtquelle in die Vielmodenfaser eingekoppelt werden kann. Umgekehrt gibt sie auch den maximalen Winkelbereich an, in den – in geometrisch-optischer Näherung – das ausgekoppelte Licht am Faserende abgestrahlt wird. Sie ist bei Stufenprofilfasern konstant, $A_N = \sqrt{n_1^2 - n_2^2}$, bei Gradientenfasern hängt sie vom Brechungsindex $n(r)$ im Auftreffpunkt ab. Oft ist dann mit A_N der Maximalwert $\sqrt{n_1^2 - n_2^2}$ gemeint (s. Abb. 3.2).

Für die Laufzeit eines in einen Strahlweg eingekoppelten Lichtpulses ist der optische Weg $\int n(l)\, dl$ längs des Strahles ausschlaggebend. Laufzeitunterschiede zwischen verschiedenen Strahlwegen in Vielmodenfasern führen zu Pulsverbreiterungen (intermodale Dispersion; vgl. Abschn. 3.4.3).

3.3.2 Modenkonzept

Viele Betrachtungen von Ausbreitungsvorgängen in optischen Fasern werden erleichtert, wenn die möglichen elektromagnetischen Feldverteilungen als lineare Superposition von bestimmten einfacheren Feldverteilungen, den Modenfeldern der betrachteten Faser, dargestellt werden. Unter einem Modus versteht man ein elektromagnetisches Feld bei gegebener optischer Kreisfrequenz ω, das zunächst – wie jede andere Feldverteilung – den Maxwell'schen Gleichungen gehorcht und die einschlägigen Randbedingungen erfüllt. Darüber hinaus wird von Moden gefordert, daß alle E- und H-Feldkomponenten eine harmonische Abhängigkeit von der Wellenleiter-Längskoordinate z aufweisen. In der üblichen Darstellung monofrequenter (= monochromatischer) Felder mittels komplexer Amplituden wird diese z-Abhängigkeit durch einen Ausbreitungsfaktor $\exp(-j\beta z)$ beschrieben, wobei β als Ausbreitungskonstante bezeichnet wird.

Eingeteilt werden die Moden in die Klasse der geführten Moden und die Klasse der Strahlungsmoden; gelegentlich wird unter den Strahlungsmoden noch genauer zwischen Leckmoden und reinen Strahlungsmoden unterschieden (vgl. Kap. 4). Die geführten Moden sind diejenigen, die zur Übertragung genutzt werden sollen. Ihre Feldkomponenten gehen mit wachsendem radialen Abstand von der Faserachse gegen null und ihre Ausbreitungskonstanten sind reell, wenn die Dämpfung des Wellenleitermaterials – wie hier bis zum Abschn. 3.4 – vernachlässigt wird. Eine Feldkomponente eines geführten Modus der Nummer m, z. B. die y-Komponente seines elektrischen Feldes, hat in komplexer Schreibweise die Form

$$E_{\mathrm{ym}}(x,y,z) = \hat{E}_{\mathrm{ym}} \cdot e_{\mathrm{ym}}(x,y) \cdot \exp(-j\beta_{\mathrm{m}} z) \qquad (3.7)$$

Die zugehörige reelle Feldkomponente ergibt sich aus $\Re\{E_{\mathrm{ym}}(x,y,z) \cdot \exp(j\omega t)\}$. Geführte Moden in Fasern stellen inhomogene ebene Wellen dar. Ihre Flächen konstanter Phase (Phasenflächen) sind Ebenen senkrecht zur Faserachse. In Längsrichtung z ändert sich nur die Phase, nicht jedoch der Betrag der Feldkomponenten und auch nicht die Intensitätsverteilung in der Querschnittsfläche, die – angesichts der geringen Brechzahlvariationen in der Faser – zum Betragsquadrat der transversalen elektrischen Feldstärke proportional ist.

Jede gegebene Faser besitzt eine bestimmte, endliche Anzahl geführter Moden. Ist diese Zahl gleich eins (bzw. zwei; vgl. Abschn. 3.3.6) so spricht man von einer Einmodenfaser, andernfalls von einer Vielmodenfaser. Unterschiedliche Moden, besitzen verschiedene Ausbreitungskonstanten β_{m} und jedes β_{m} ist eine Funktion der optischen Kreisfrequenz ω: $\beta_{\mathrm{m}} = \beta_{\mathrm{m}}(\omega)$. Für geführte Moden liegen alle β_{m} stets in dem Bereich (kn_1, kn_2), für ihre effektiven Modenindices $n_{\mathrm{eff,m}} = \beta_{\mathrm{m}}/k = \beta_{\mathrm{m}}/(2\pi/\lambda)$ gilt folglich: $n_2 < n_{\mathrm{eff,m}} < n_1$. Verschiedene Moden weisen ferner unterschiedliche Feldverteilungen als Funktion der Querschnittskoordinaten x und y auf. Die Felder verschiedener Moden sind zueinander orthogonal:

$$\frac{1}{2} \iint (\mathbf{E}_{\mathrm{m}} \times \mathbf{H}_{\mathrm{n}}^*) \cdot \hat{\mathbf{z}}\, dx\, dy = P \cdot \delta_{\mathrm{mn}} \qquad (3.8)$$

Hierbei bezeichnet $\hat{\mathbf{z}}$ den Einheitsvektor in z-Richtung, P für $m = n$ die Modenleistung und δ_{mn} das Kroneckersymbol.

3.3.3 Vereinfachte Modenbeschreibung bei schwacher Wellenführung

Die Modenfelder und Ausbreitungskonstanten einer gegebenen Faser können numerisch berechnet, i. a. aber nicht analytisch angeben werden. Eine der wenigen Ausnahmen ist die Stufenprofilfaser (step-index fiber), die oft als Beispiel dient, aber auch praktisch von Bedeutung ist. Die cartesischen Feldkomponenten E_{i}

und H_i ($i = x, y, z$) der Moden dieser Faser – z. B. E_y – erfüllen die Helmholtzgleichung

$$\Delta E_y + k^2 n^2 E_y = 0 \qquad (3.9)$$

im Kernbereich mit $n = n_1$ = const und im Mantelbereich mit $n = n_2$ = const. Die Lösungen sind so zu wählen, daß die Randbedingungen – Stetigkeit der Tangentialkomponenten der elektrischen und magnetischen Feldstärke an der Kern-Mantel-Grenzfläche $r = a$ – erfüllt sind.

Fasern für die optische Nachrichtentechnik sind gewöhnlich schwach führend (weakly guiding), d. h. für ihre relative Indexdifferenz Δ zwischen Kern und Mantel gilt $\Delta \ll 1$. Es kann gezeigt werden, daß unter dieser Voraussetzung als geführte Moden nahezu vollkommen einheitlich linear polarisierte Felder gewählt werden können [13]. Solche sogenannten *LP*-Moden besitzen eine transversale elektrische Feldstärke, die nur eine cartesische Komponente aufweist; ohne Beschränkung der Allgemeinheit kann dies die E_y-Komponente sein. Das transversale magnetische Feld hat dann näherungsweise nur eine x-Komponente, die sich über den jeweiligen Wellenwiderstand aus E_y ergibt: $H_x = E_y \cdot \frac{n_{1,2}}{Z_0}$. Ein Separationsansatz in Zylinderkoordinaten $E_y(r, \varphi, z) = F(r) \cdot \Phi(\varphi) \cdot \exp(-j\beta z)$ führt unmittelbar auf zwei gewöhnliche Differentialgleichungen für $\Phi(\varphi)$ und für $F(r)$. Die azimuthale Differentialgleichung

$$\frac{1}{\Phi(\varphi)} \cdot \frac{\partial^2 \Phi}{\partial \varphi^2} = \text{const} \qquad (3.10)$$

liefert wegen der notwendigen Periodizität der Umfangsabhängigkeit die Lösung

$$\Phi(\varphi) = \cos(l\varphi) \quad \text{oder} \quad \Phi(\varphi) = \sin(l\varphi) \qquad (3.11)$$

mit ganzzahligem $l = 0, 1, 2, \ldots$. Auf einem Kreis um die Faserachse ändert sich die Feldstärke somit cosinusförmig (oder sinusförmig) mit $2 \cdot l$ Feldextrema und Intensitätsmaxima auf dem Umfang. Die radiale Differentialgleichung ergibt sich – mit dieser Lösung für $\Phi(\varphi)$ und der azimuthalen Ordnungszahl l – zu

$$r^2 \frac{d^2F}{dr^2} + r\frac{dF}{dr} + [(k^2n^2 - \beta^2)r^2 - l^2]F = 0 \qquad (3.12)$$

Diese Differentialgleichung ist je nach dem Vorzeichen des Terms $k^2 n^2 - \beta^2$ – und folglich danach, ob der Kernbereich mit $n = n_1$ oder der Mantelbereich mit $n = n_2$ betrachtet wird – eine Besselsche Differentialgleichung oder eine modifizierte Besselsche Differentialgleichung. Als Lösungen mit nicht-singulären Funktionswerten kommen im Kernbereich Bessel-Funktionen J_l (1. Art, l-ter Ordnung) in Frage, als Lösungen mit abklingendem Verhalten im Mantelbereich modifizierte Hankelfunktionen K_l. Die Felder geführter *LP*-Moden einer Stufenprofilfaser können damit in folgender Form dargestellt werden:

$$E_y(r, \varphi, z) = E_0\, e^{-j\beta z} \cdot \cos(l\varphi) \cdot \begin{cases} J_l\,(u\frac{r}{a})/J_l(u) & \text{für } r \le a \\ K_l\,(w\frac{r}{a})/K_l(w) & \text{für } r \ge a \end{cases} \qquad (3.13)$$

$$\text{mit} \quad u = a\sqrt{k^2n_1^2 - \beta^2}; \quad w = a\sqrt{\beta^2 - k^2n_2^2}$$

Beispiele für Modenfelder und zugehörige Intensitätsverteilungen sind in Abb. 3.5 dargestellt. Die Lösung Gl. (3.13) ist erst dann vollständig, wenn die möglichen β-Werte der verschiedenen Moden – und damit die Werte für u und w – bekannt sind. Diese Werte ergeben sich aus den – o. g., aber bisher nicht benutzten – Randbedingungen an der Kern-Mantel-Grenzfläche: $E_\varphi, H_\varphi, H_z, E_z$ stetig. Die z-Komponenten von E und H ergeben sich dabei aus den Tranversalkomponenten direkt mit Hilfe der Maxwellschen Gleichungen und sind klein gegen die Transversalkomponenten. Die Randbedingungen sind für die diskutierten *LP*-Moden in schwach führenden Fasern näherungsweise erfüllt, wenn die Größen u und w der Gleichung

$$u\frac{J_{l-1}(u)}{J_l(u)} = -w\frac{K_{l-1}(w)}{K_l(w)} \qquad (3.14)$$

gehorchen [13]. Für den Fall schwacher Führung können die Randbedingungen auch so formuliert werden, daß E_y und $\frac{\partial E_y}{\partial r}$ stetig sein müssen. Dies führt ebenfalls auf Gl. (3.14). Da u und w nach Gl. (3.13) beide Funktionen der Ausbreitungskonstanten β sind, ist Gl. (3.14) die noch erforderliche Bestimmungsgleichung für β. Sie wird als charakteristische Gleichung bezeichnet und hat für gegebene azimuthale Ordnungszahl l eine endliche Zahl von Lösungen β_{lm}, die mit abnehmendem β-Wert mit $m = 1$ beginnend durchnumeriert werden. Die zugehörigen LP_{lm}-Modenfelder ergeben sich aus Gl. (3.13). Sie haben jeweils $2 \cdot l$ bzw. m Feldextrema (Intensitätsmaxima) auf einem Umfang bzw. auf einem Radius (vgl. Abb. 3.5).

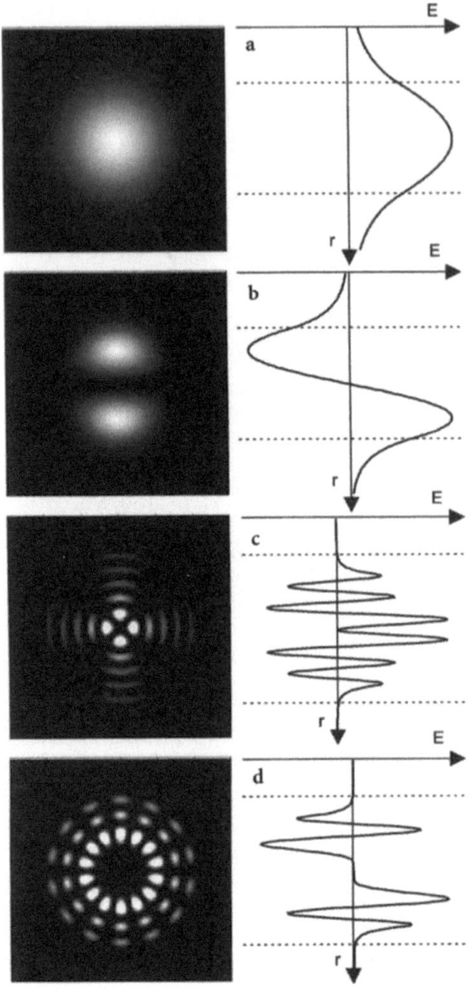

Abb. 3.5 a–d. Intensitäts- und Feldverteilungen einzelner Moden einer Stufenprofilfaser. **a** LP_{01}-Modus, $V = 2$, **b** LP_{11}-Modus, $V = 4$, **c** LP_{25}-Modus, $V = 20$, **d** LP_{73}-Modus, $V = 20$

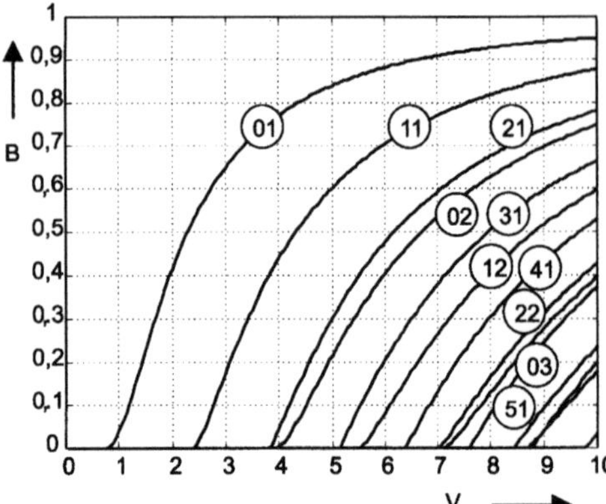

Abb. 3.6. Normierte Phasenkonstanten B der LP_{lm}-Moden einer Stufenindexfaser als Funktion der normierten Frequenz V

Zur Darstellung der Modeneigenschaften werden weitere normierte Größen benutzt. Von besonderer Wichtigkeit ist darunter die als normierte Frequenz bezeichnete Größe V (auch Faserparameter oder V-Zahl genannt), die folgendermaßen definiert ist:

$$V = ka\sqrt{n_1^2 - n_2^2} = \frac{2\pi}{\lambda}\, a\sqrt{n_1^2 - n_2^2} \tag{3.15}$$

Sie faßt die wichtigsten Kenngrößen der betrachteten Faser zusammen: Brechzahlen von Kern und Mantel, Kernradius und die Betriebswellenlänge λ. Sie ist offenbar zur optischen Betriebs-Frequenz $\nu = c/\lambda$ proportional. Mit Gl. (3.13) ergibt sich die Beziehung $u^2 + w^2 = V^2$.

Desweiteren wird vielfach die normierte Phasenkonstante B benutzt:

$$B = \frac{(\beta/k)^2 - n_2^2}{n_1^2 - n_2^2} \tag{3.16}$$

Durch diese Größe wird der β-Wertebereich $[kn_2, kn_1]$ auf das Einheitsintervall $[0,1]$ abgebildet. Mit Gl. (3.13) ergeben sich die alternativen Darstellungen $B = 1 - u^2/V^2$ und $B = w^2/V^2$. Die Lösungen der charakteristischen Gl. (3.14) werden demzufolge in der Regel nicht als $\beta = \beta(\lambda)$ oder $\beta = \beta(\omega)$ sondern in der Form $B = B(V)$ angegeben. Die numerischen Lösungen $B(V)$ für die verschiedenen LP-Moden einer Stufenindexfaser im niedrigen V-Bereich sind in Abb. 3.6 dargestellt.

Eine Analyse der charakteristischen Gl. (3.14) ergibt, daß jede geführte LP_{lm}-Mode nur für V-Werte oberhalb eines bestimmten, spezifischen Wertes V_{co} existieren kann, also nur für Wellenlängen unterhalb einer jeweils charakteristischen Wellenlänge λ_{co}. Die cut-off-Werte (daher der Index co) der normierten Frequenz sind in Abb. 3.6 für die niedrigen Moden einer Stufenprofilfaser abzulesen. Sie ergeben sich analytisch aus der Gleichung $J_{l-1}(V_{lm}^{(co)}) = 0$. Die Abzählung der ausbreitungsfähigen Moden bei einem gegebenen V-Wert liefert als Näherung $M_g = V^2/2$ geführte Moden in einer Stufenprofilfaser. Für eine

Parabelprofilfaser ergibt sich $M_g = V^2/4$. Bei dieser Abzählung ist bereits berücksichtigt, daß neben den Moden mit $\cos(l\varphi)$-Abhängigkeit (s. Gl. (3.13)) auch solche mit $\sin(l\varphi)$-Abhängigkeit existieren und darüber hinaus alle Modenfelder in zwei orthogonalen Polarisationsrichtungen auftreten (s. Abschn. 3.3.6).

3.3.4 Die LP_{01}-Grundmode

Von besonderer Wichtigkeit sind die normierten Grenzfrequenzen der zwei niedrigsten Moden, der LP_{01}- und der LP_{11}-Mode. Für Stufenprofilfasern ergibt sich

$$V_{01}^{(co)} = 0; \quad V_{11}^{(co)} = 2{,}405 \tag{3.17}$$

und daraus der Bereich, in dem nur die LP_{01}-Mode ausbreitungsfähig ist (einmodiger Bereich):

$$0 < V < 2{,}4 \tag{3.18}$$

Einmodigkeit erhält man damit bei solchen Standardfasern für Wellenlängen $\lambda > \lambda_{11}^{co} = 2\pi a\sqrt{n_1^2 - n_2^2}/2{,}4$. Die Feldverteilung des Grundmodus ergibt sich nach Gl. (3.13) zu

$$E_y = E_0 \cdot e^{-j\beta_{01}z} \begin{cases} J_0(u_{01}\frac{r}{a})/J_0(u_{01}) \\ K_0(w_{01}\frac{r}{a})/K_0(w_{01}) \end{cases} \tag{3.19}$$

wobei sich u_{01} und w_{01} durch die normierte Phasenkonstante B_{01} ausdrücken lassen, für die eine analytische Näherung bekannt ist ([5], Abweichung < 0,2 % im Bereich 1,5 < V < 2,5):

$$\begin{aligned} B_{01}(V) &\cong (1{,}1428 - 0{,}9960/V)^2 \\ u_{01}(V) &= V \cdot \sqrt{1 - B_{01}(V)} \\ w_{01}(V) &= V \cdot \sqrt{B_{01}(V)} \end{aligned} \tag{3.20}$$

Die Feldverteilung ist also zylindersymmetrisch, die transversale elektrische Feldstärke hat ein Maximum auf der Achse und fällt im Mantelbereich annähernd wie eine Exponentialfunktion ab (s. Abb. 3.5 a). Mit zunehmender Wellenlänge, d.h. mit abnehmender normierter Frequenz V, wächst die radiale Feldausdehnung, d.h. die Wellenführung wird schwächer. Für viele Anwendungen ist es aureichend, das Grundmodenfeld durch eine Gaußfunktion zu approximieren

$$E_y(r,z) \cong E_g(r,z) = \hat{E} e^{-\frac{r^2}{w_0^2}} e^{-j\beta z} \tag{3.21}$$

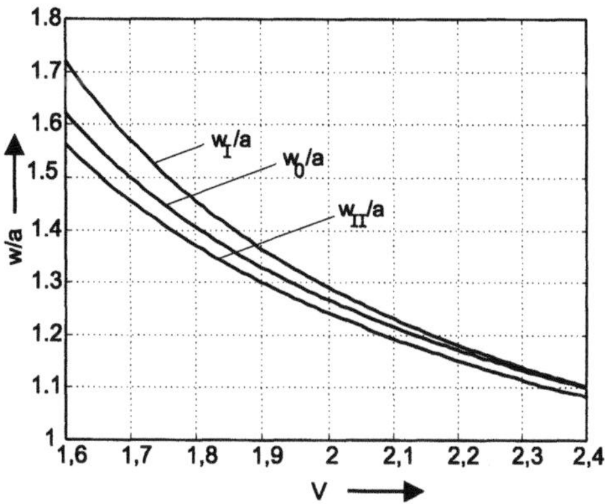

Abb. 3.7. Normierte Feldradien w_0, w_I, w_{II} einer Stufenindex-Einmodenfaser als Funktion der normierten Frequenz V

und es durch einen Parameter w_0, den Feldradius (spot size), zu charakterisieren. Der Feldradius normiert auf den Kernradius läßt sich mit der von Marcuse angegebenen Näherungsformel [5]

$$\frac{w_0}{a} = 0{,}65 + 1{,}619/V^{1{,}5} + 2{,}879/V^6 \tag{3.22}$$

berechnen (s. Abb. 3.7). Dieser Feldradius ist der Radius derjenigen Gaußfunktion, die das Überlappintegral (vgl. Abschn. 3.4.2) mit dem exakten LP-Modenfeld Gl. (3.19) maximiert.

Einmodenfasern mit anderen Brechzahlprofilen unterscheiden sich in ihren Feldverteilungen von Stufenprofilfasern. Die Berechnung muß i.a. numerisch erfolgen. Zur Beschreibung der Feldausdehnung durch einen Nahfeldradius werden neben der obigen verschiedene andere Definitionen benutzt. Am gebräuchlichsten sind die folgenden Größen w_I und w_{II}, die als Petermann I bzw. Petermann II-Feldradien bezeichnet werden und in enger Beziehung stehen zu Mikrokrümmungsverlusten bzw. zur Wellenleiterdispersion [5]:

$$w_I^2 = 2 \cdot \frac{\int_0^\infty E^2(r) r^2 r\, dr}{\int_0^\infty E^2(r) r\, dr} \tag{3.23}$$

$$w_{II}^2 = 2 \cdot \frac{\int_0^\infty E^2(r) r\, dr}{\int_0^\infty \left(\frac{dE}{dr}\right)^2 r\, dr} \tag{3.24}$$

Für Stufenindexfasern sind diese Feldradien ebenfalls in Abb. 3.7 als Funktion von V dargestellt.

Die Abhängigkeit der normierten Phasenkonstanten B_{01} von der normierten Frequenz V einer Einmodenfaser liefert, ohne Berücksichtigung der Wellenlängenabhängikeit der Brechungsindices, einen Beitrag zur Impulsverformung, die sogenannte Wellenleiterdispersion (s. Abschn. 3.4.4). Für Stufenprofilfasern ergibt sich dieser Anteil aus der Näherungsformel in Gl. (3.20). Durch andere Wahl des Brechzahlprofils läßt sich auch der funktionale Verlauf der normierten Phasenkonstanten $B_{01}(V)$ beeinflussen. Dies führt zu der – gelegentlich erwünschten – Änderung der Wellenleiterdispersion und der Gesamtdispersion (Abschn. 3.4.4).

3.3.5 Individuelle Moden in Vielmodenfasern und Modenkopplung

Die Eigenschaften einzelner Moden einer Vielmodenfaser können prinzipiell wellenoptisch berechnet werden. Auch ist es praktisch möglich, einzelne Moden oder zumindest einzelne Modengruppen selektiv einzukoppeln. Wegen der meist großen Zahl ausbreitungsfähiger Moden beschränkt man sich jedoch i.a. auf globale Betrachtungen. Insbesondere ist von Interesse, wie groß der Gruppenlaufzeitunterschied zwischen der schnellsten und der langsamsten sich ausbreitenden Mode ist (vgl. Abschn. 3.4.3), ob mit einer modenselektiven Dämpfung zu rechnen ist, welche der ausbreitungsfähigen Moden tatsächlich angeregt sind und welche Leistungsverteilung auf die Moden vorliegt. Diese Fragen werden in Kap. 5 angesprochen. Pauschal läßt sich festhalten, daß höhere Moden aufgrund ihrer größeren Feldausdehnung und schwächeren Führung tendenziell höhere Dämpfungen erleiden; dies ist ein Grund dafür, daß sich die anfängliche, durch die Einkopplungsbedingungen bestimmte Leistungsaufteilung auf die Moden verändert. Zusätzlich kommt es durch unvermeidliche Störungen in den Fasern aber auch zu Kopplungen zwischen verschieden Moden und demzufolge zu einem Leistungsaustausch. Nach einer für die jeweilige Faser charakeristischen Länge kann man aus diesen Gründen mit einer stationären Leistungsaufteilung, einem stationären Modenspektrum, rechnen (s. Kap. 5). Diese charakteristische Länge beträgt bei Quarzglasfasern in der Regel viele Kilometer, während sie bei Polymerfasern unter 10 m liegen kann.

3.3.6 Polarisationseigenschaften von Einmodenfasern

Die Modenfelder in schwach führenden optischen Fasern können gemäß Abschn. 3.3.3 als einheitlich linear polarisiert betrachtet werden. Als Polarisationsrichtung für den Grundmodus ist in Abschn. 3.3.4 willkürlich die y-Richtung gewählt worden. Mit gleicher Berechtigung existiert in der zylindersymmetrischen Struktur auch die entsprechende in x-Richtung linear polarisierte Mode mit sonst gleichem Feldverlauf und darüber hinaus alle Linearkombinationen dieser beiden Modenfelder. Eine Einmodenfaser besitzt also entgegen ihrer Bezeichnung zwei entartete geführte Moden. Um das aktuelle Gesamtfeld in einer gegebenen Faser bei gegebener Wellenlänge (bzw. optischer Frequenz) zu spezifizieren, genügt es, die komplexen Amplituden E_x und E_y an einem Ort der Querschnittsfläche anzugeben, z.B. auf der Faserachse, und sie zu einem Spaltenvektor zusammenzufassen:

$$E_J = \begin{pmatrix} E_x \\ E_y \end{pmatrix} \tag{3.25}$$

Dieser komplexe Vektor wird Jones-Vektor genannt [14]. Er gibt an, wie sich das Gesamtfeld aus den zwei orthogonal polarisierten Modenfeldern zusammensetzt. Damit bezeichnet er auch den – für alle Punkte einer Querschnittsfläche gleichen – Polarisationszustand der geführten Welle. Das Verhältnis $\chi = E_y/E_x$ wird Polarisationsparameter genannt. Reelle Werte von χ bezeichnen lineare Polarisationszustände mit den Sonderfällen $\chi = 0$ und $\chi = \infty$ für x- bzw. y-Polarisation. Zu den Werte $\chi = \pm j$, die eine gegenseitige Phasenverschiebung der Modenfelder um 90° beschreiben, gehören zirkulare Polarisationszustände. Alle übrigen Zustände werden elliptisch polarisiert genannt.

Für eine ideale zirkular symmetrische Faser ändert sich der Polarisationszustand nicht längs der Faser: $\chi = \text{const.}$ Anders liegen die Verhältnisse bei sogenannten linear doppelbrechenden Fasern, die einen elliptischen Kern besitzen oder anisotrope innere mechanische Spannungen aufweisen (Hauptachsen ohne Beschränkung der Allgemeinheit in x- und y-Richtung). Bei solchen Fasern ist die Abhängigkeit der Felder von der radialen

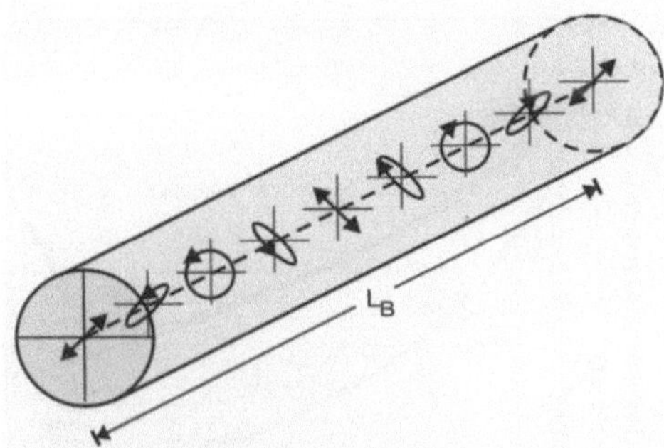

Abb. 3.8. Entwicklung des Polarisationszustandes in einer linear doppelbrechenden Einmodenfaser

Koordinate r kaum geändert, jedoch weisen die beiden in x- und y-Richtung polarisierten Modenfelder nun unterschiedliche Ausbreitungskonstanten β_x und β_y auf. Der Jonesvektor transformiert sich demzufolge längs der Faser gemäß

$$\begin{pmatrix} E_x(z) \\ E_y(z) \end{pmatrix} = T(z) \cdot \begin{pmatrix} E_x(0) \\ E_y(0) \end{pmatrix} = \begin{pmatrix} e^{-j\beta_x z} & 0 \\ 0 & e^{-j\beta_y z} \end{pmatrix} \cdot \begin{pmatrix} E_x(0) \\ E_y(0) \end{pmatrix} \quad (3.26)$$

Die Matrix T wird Jones-Matrix genannt. Der Polarisationsparameter ist in diesem Falle ortsabhängig, außer in den Fällen $E_{x0} = 0$ oder $E_{y0} = 0$. Ist $E_{x0} = E_{y0}$ so ergibt sich: $\chi(z) = \exp(-j(\beta_y - \beta_x)z$. Dieser Fall ist in Abb. 3.8 skizziert. Die Schwebungslänge (beat length) zwischen den beiden Eigenzuständen, d. h. die Strecke, nach der sich ein gegebener Polarisationszustand reproduziert, ist durch

$$L_B = \frac{2\pi}{|\beta_x - \beta_y|} \quad (3.27)$$

gegeben. Sie liegt bei stark doppelbrechenden Fasern (high birefrigence fibers, polarization maintaining fibers) im Millimeterbereich. Für Standardfasern liegt die lokale Schwebungslänge über 100 mm, meistens im Meterbereich. Durch externe Einflüsse, insbesondere Biegungen, können die Polarisationseigenschaften schwach doppelbrechender Fasern deutlich verändert werden.

Für eine allgemeine Einmodenfaser mit ortsabhängigen Doppelbrechungseigenschaften, jedoch unter der Voraussetzung polarisationsunabhängiger Dämpfung, gilt für die Jonesmatrix T:

$$T(z;\nu) = \gamma(z;\nu)\,U(z;\nu) \quad (3.28)$$

wobei γ den beiden Polarisationsmoden gemeinsansamen Phasen- und Dämpfungsterm bezeichnet. Die Abhängigkeit von der optischen Frequenz ist explizit vermerkt. U ist dabei eine unitäre Matrix:

$$U(z;\nu) = \begin{pmatrix} u_1(z;\nu) & u_2(z;\nu) \\ -u_2^*(z;\nu) & u_1^*(z;\nu) \end{pmatrix} \quad (3.29)$$

$$\text{mit: } |u_1(z;\nu)|^2 + |u_2(z;\nu)|^2 = 1$$

Diese Darstellung der Polarisationsentwicklung längs einer Faser ergibt sich aus der Voraussetzung polarisationsunabhängiger Verluste, die i. a. bestens erfüllt ist.

3.4 Übertragungseigenschaften

3.4.1 Dämpfung

Für eine Nachrichtenübertragung jeglicher Art ist die Höhe der zu erwartenden Signaldämpfung ein wichtiges – oft das entscheidende – Kriterium. Da optische Fasern in dieser Hinsicht herausragende Eigenschaften im Vergleich etwa zu Koaxial-Kupferkabeln haben können, liegt hier einer der Gründe für den außerordentlichen Erfolg der Optischen Nachrichtentechnik. Im deutlichen Gegensatz zu Kupferkabeln ist auch der Beitrag der Dämpfung zur Signalverzerrung vernachlässigbar klein aufgrund der schwachen Frequenzabhängigkeit der Dämpfungskonstanten.

Die Pulsenergie W in optischen Fasern nimmt gewöhnlich exponentiell längs der Übertragungsstrecke ab

$$W(z) = W_0\,e^{-\alpha z} \quad (3.30)$$

Bei geringer Impulsverbreiterung durch Dispersion (s. Abschn. 3.4.3 – 3.4.5) gilt diese Ortsabhängigkeit auch für die Pulsleistung $P(z)$. Werte für α können – im logarithmischen Maß – unter 0,2 dB/km liegen, dies jedoch nur, wenn Materialauswahl sowie Herstellungs- und Betriebsbedingungen optimiert sind. Die exponentielle Leistungsabnahme gilt für längshomogene Einmodenfasern, sie gilt stückweise, wenn die Übertragungsstrecke aus verschiedenen Faserstücken bestehen, und sie gilt nicht, falls sich die Faserdaten längs der Strecke deutlich verändern sollten. Bei Vielmodenfasern ohne Modenkopplung gelten diese Aussagen für jede einzelne Mode. Die Gesamtleistung nimmt demzufolge nur dann exponentiell ab, wenn die Dämpfungskonstanten aller Moden identisch sind oder dann, wenn sich ein stationäres Modenspektrum eingestellt hat (vgl. Abschn. 3.3.5).

Die Gesamtverluste einer Faser lassen sich in Absorptions-, Streu- und extrinsische Verluste unterteilen. Die Absorptionsverluste beruhen dabei auf Materialeigenschaften, die Streuverluste zum Teil ebenfalls auf Materialeigenschaften, zum Teil auf prinzipiell vermeidbaren Imperfektionen der Struktur. Als extrinsisch sind diejenigen Verluste bezeichnet, die erst nach der Faserherstellung beim Verkabeln und Verlegen enstehen; insbesondere sind dies Krümmungsverluste.

Absorption entsteht einerseits im kurzwelligen, ultravioletten Spektralbereich durch Wechselwirkung des Lichtes mit den Elektronen im Fasermaterial, andererseits im langwelligen, infraroten Bereich durch Anregung von Molekül-Schwingungszuständen. Konzentriert man sich auf das Material Quarzglas, so ist bei Wellenlängen unterhalb von 300 nm die elektronische UV-Absorption der dominierende Verlustmechanismus mit Dämpfungskonstanten über 100 dB/km. Ebenfalls über 100 dB/km liegt die Dämpfungskonstante im Bereich $\lambda > 2$ µm. Diese Absorption ist auf die Si-O Schwingung bei $\lambda = 9$ µm mit ihren Ober- und Kombinationstönen zurückzuführen und deren Ausläufern zu kürzeren Wellenlängen hin. Das mögliche Übertragungsfenster ist also, wie in Abb. 3.9 gezeigt, durch eine ultraviolette und eine infrarote Bandkante begrenzt, die – alleine genommen – den Bereich mit $\alpha < 1$ dB/km auf ca. 700 bis 1700 nm einschränken. Erhebliche Verluste können durch Verunreinigungen, inbesondere durch OH^--Ionen sowie durch Übergangsmetalle wie Vanadium, Chrom, Mangan etc. entstehen. Beispielsweise ergibt sich durch eine OH-Konzentration von 1 ppm (10^{-6}) eine Zusatzdämpfung bei $\lambda = 1390$ nm von ca. 50 dB/km; erforderlich ist eine Reduzierung auf ca. 0,05 dB/km und daher eine Begrenzung der Konzentration auf weniger als 1 ppb (10^{-9}) – eine typische Anforderung auch für andere Verunreinigungen.

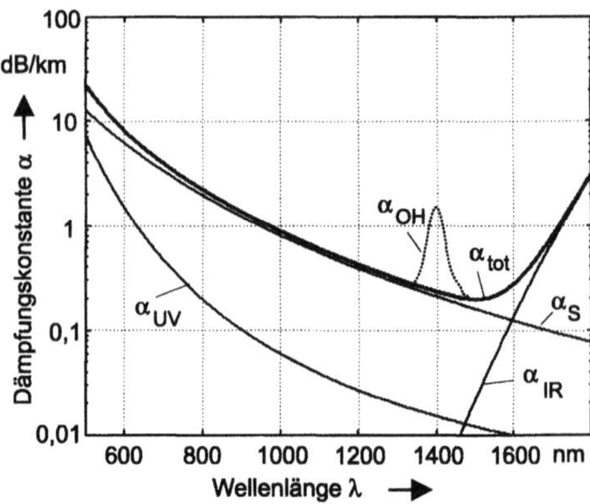

Abb. 3.9. Spektraler Dämpfungsverlauf α_{tot} von Quarzglasfasern. Dargestellt sind ferner die Einzelbeiträge durch elektronische UV-Absorption (α_{UV}), durch Molekülschwingungen (α_{IR}), durch Rayleighstreuung (α_S) und durch OH-Absorption (α_{OH})

Streuverluste treten auf, da die Lichtwellenleiter gewöhnlich aus amorphen Stoffen, insbesondere aus Quarzglas bestehen. Aufgrund der ungeordneten Struktur ergeben sich submikroskopische Variationen der Materialdichte und damit auch der Brechzahl. Diese räumlichen Brechzahl-Fluktuationen sind – wie die Dichteschwankungen in Flüssigkeiten – thermodynamisch unvermeidbar und in ihrer Stärke (d.h. Varianz) durch die Erstarrungstemperatur beim Herstellungsprozeß (ca. 1800 K bei Quarzglas) festgelegt. Optisch wirken sie sich in der Weise aus, daß einfallendes Licht in andere Raumrichtungen abgelenkt, d.h. gestreut wird. Das Modell zur Beschreibung dieses Streuprozesses, der als Rayleigh-Streuung bezeichnet wird, stützt sich auf zwei wesentliche Materialeigenschaften:

1. die Abweichungen der lokalen von der mittleren Brechzahl sind gering $\overline{(n^2 - \overline{n^2})^2} \ll (\overline{n^2})^2$
2. die Brechzahlschwankungen sind nur in kleinsten Raumbereichen miteinander korreliert $d_c \ll \lambda/n$, wobei d_c die Korrelationslänge darstellt, d.h. die Breite der räumlichen Korrelationfunktion der Brechzahlschwankungen.

Demzufolge läßt sich das Material in kleine, homogene und in obigem Sinne unkorrelierte Raumbereiche d_c^3 unterteilen. In jedem dieser Bereiche weicht die Brechzahl mehr oder weniger von dem globalen Mittelwert ab. In einer Ersatzanordnung, basierend auf die 1. Maxwell'sche Gleichung, kann der abweichende Index durch den mittleren Index ersetzt werden, wenn gleichzeitig dort eine Ersatzstromquelle, ein Hertz'scher Dipol, angebracht wird, dessen Dipolmoment sich nach der lokalen Brechzahlabweichung und dem elektrischen Feld der einfallenden Welle richtet. Der größte Teil der Strahlungsleistung eines solchen Dipols in einem Faser-Wellenleiter geht dem Wellenleiter verloren. Die Addition der unkorrelierten Beiträge aller Ersatzdipole ergibt dann den Gesamtleistungsverlust einer einfallenden Welle und die exponentielle Leistungsabnahme in einem Wellenleiter aufgrund der Rayleighstreuung:

$$P(z) = P_0\, e^{-\alpha_s z}$$

$$\text{mit } \alpha_s = \frac{8\pi^3}{\lambda^4}\,\overline{(n^2-\overline{n^2})^2}\cdot d_c^3 \qquad (3.31)$$

Charakteristisch ist die Wellenlängenabhängigkeit der Streudämpfungskonstanten: $\alpha_s \sim 1/\lambda^4$. Für Quarzglas ergeben die Materialdaten bei $\lambda = 1$ µm im logarithmischen Maß einen Wert für α_s von etwa 0,8 dB/km, allgemein somit $\alpha_s \cong 0{,}8\ (\mathrm{dB/km})\cdot(\mu\mathrm{m}/\lambda)^4$. Dieser Verlauf ist in Abb. 3.9 dargestellt und ergibt zusammen mit den obigen Absorptions-Dämpfungskurven den ebenfalls dargestellten Verlauf der Gesamtdämpfung, die bei etwa $\lambda =$ 1550 nm ihren minimalen Wert annimmt. Zusätzlich angedeutet ist in Abb. 3.9 der Absorptionszusatzverlust durch OH-Verunreinigungen. Nicht dargestellt sind dagegen mögliche Streu-Zusatzverluste, die durch Unvollkommenheiten im Wellenleiter, wie etwa eine 'rauhe' Kern-Mantelgrenze entstehen könnten.

Unterschiedliche Dämpfungsverläufe unterschiedlicher Fasern ergeben sich - außer durch die erwähnten absorbierenden und streuenden Imperfektionen - auch durch verschiedene Dotierung. Die Dotierungsstoffe erzeugen Zusatzabsorptionen; insbesondere geben sie aber auch Anlaß zu Zusatzstreuverlusten, da die stets vorhandene, da thermodynamisch ebenfalls unvermeidliche Ungleichförmigkeit der räumlichen Verteilung zu zusätzlichen Brechzahlschwankungen führt. Die Zusatz-Rayleighstreuverluste durch diese Mischungsfluktuationen steigen mit höherer Dotierung stark an, so daß dämpfungsarme Fasern gering dotiert sein müssen. Aus dieser Forderung ergeben sich die geringen relativen Brechzahldifferenzen $\Delta \ll 1$ gebräuchlicher Fasern und die daraus resultierende schwache Wellenführung (vgl. Abschn. 3.3.3).

Extrinsische Zusatzverluste treten vor allem durch Krümmungen auf, wobei man zwischen einzelnen Makrokrümmungen mit konstantem Krümmungsradius und regellosen, verteilt auftretenden Mikrokrümmungen unterscheidet. Bei Makrokrümmungen in Vielmodenfasern sind die Verluste stark modenselektiv: Moden mit großen Feldanteilen im Fasermantel werden stark, gut geführte Moden wenig geschwächt. Vereinfachend teilt man daher die Gesamtzahl M Moden in M_u ungedämpfte und $M - M_u$ vollständig gedämpfte Moden und berechnet die mittlere Dämpfung gemäß $a = 10 \log M/M_u$ (s. Kap. 5). Für Stufenindexfasern ergibt sich näherungsweise $M/M_u = 1 - a/(R\,\Delta)$, bei Parabelprofilfasern $M/M_u = (1 - a/(R\,\Delta))^2$, wobei a den Kernradius, R den Krümmungsradius und Δ die relative Brechzahldifferenz bezeichnet [9]. Für einen Krümmungsradius R = 50 mm und typischen Faserdaten ergeben sich damit Dämpfungen von etwa 0,2 dB bzw. 0,4 dB.

Die Auswirkung einer Makrokrümmung in einer Einmodenfaser kann intuitiv in folgender Weise beschrieben werden [5]: Die ebenen Phasenfronten einer aus einem geraden Faserstück kommende Welle müssen sich in einer nachfolgenden gekrümmten Sektion in der Außenkurve mit höherer Geschwindigkeit bewegen. Ab einem gewissen kritischen Radius müßte dabei die lokale Lichtgeschwindigkeit c/n_2 des Mantelmaterials überschritten werden. Jenseits dieses Radius krümmen sich daher die Phasenfronten, sie bleiben zurück; dies ist mit tangentialer Energieabstrahlung verbunden. Diese krümmungsbedingte Dämpfung (pure bend loss) einer Windung mit Krümmungsradius R ergibt sich bei Stufenindexfasern zu

$$a_K/dB = \alpha_K \cdot 2\pi R = 4{,}34\cdot\frac{k_1(V)\cdot\sqrt{R/a}}{(1+k_2(V,\Delta))^{R/a}}$$

$$\text{mit } k_1(V) = \frac{\pi\sqrt{\pi}}{2}\,\frac{\sqrt{W}}{K_1^2(W)}\left(\frac{1}{W^2}-\frac{1}{V^2}\right) \qquad (3.32)$$

$$\text{und } k_2(V,\Delta) = \exp\left[\frac{4}{3}\frac{W^3}{V^2}\Delta\right] - 1$$

Der Dämpfungsverlauf als Funktion des auf den Kernradius normierten Krümmungsradius ist in Abb. 3.10 dargestellt für den Fall $V =$ 2 und $\Delta = 0{,}3\,\%$ ($k_1 = 7{,}8$ und $k_2 = 2{,}15\cdot 10^{-3}$). Für allgemeinere Faserprofile sind Krümmungsdämpfungsformeln in [5] angegeben.

Über die Krümmungsverluste hinaus treten bei Einmodenfasern Verluste am Übergang zwischen einem geraden und einem gekrümmten Faserabschnitt auf. Diese Übergangsverluste beruhen auf der Tatsache, daß das Feldmaximum im Kurvenbereich nach

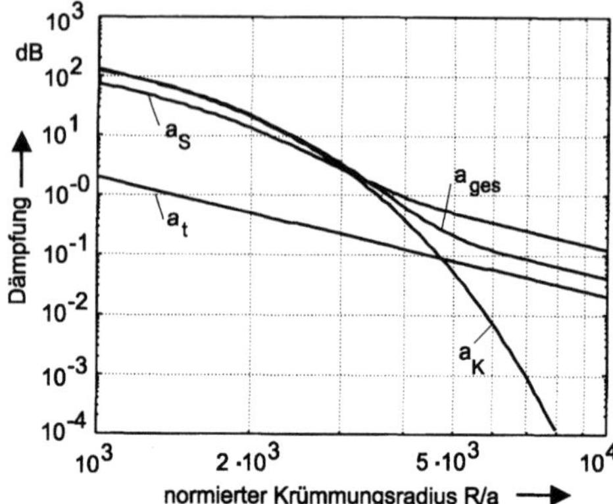

Abb. 3.10. Makrokrümmungsverluste einer Einmodenfaser: Krümmungsverluste a_K einer Windung, Übergangsverluste a_t, Gesamtverluste a_{ges} einer Windung und Verluste einer S-Kurve a_S

außen hin auswandert. Dies führt zu einer Feldfehlanpassung und damit zu Verlusten wie bei fehljustierten Steckverbindungen (vgl. Abschn. 3.4.2). Die Feldverschiebung bei einem Krümmungsradius R beträgt näherungsweise

$$d = \frac{2\pi^2 n_{\text{eff}}^2 w_0^4}{\lambda^2 R} \tag{3.33}$$

Der Übergangsverlust (transition loss) läßt sich damit zu (vgl. Abschn. 3.4.2, Gl. (3.37))

$$a_t/dB = 4{,}34 \cdot \left(\frac{d}{w_0}\right)^2 = 4{,}34 \left(\frac{(\frac{w_0}{a})^3 V^2}{4\Delta(R/a)}\right)^2 \tag{3.34}$$

abschätzen, wobei w_0 den Feldradius der Einmodenfaser bezeichnet. Der Übergangsverlust a_t liegt bei großen Krümmungsradien, d. h. bei niedrigen Verlusten, über den Krümmungsverlusten $\alpha_K \cdot 2\pi R$ (vgl. Abb. 3.10). Die Gesamtverluste durch eine Makrokrümmung ergibt sich somit zu $a_{ges} = \alpha \cdot L + 2 \cdot a_t$. Sie sind für das gewählte Beispiel (Stufenindexfaser mit $V = 2$, $D = 0{,}3\%$) mit $L = 2\pi R$ ebenfalls in Abb. 3.10 dargestellt. Als vierte Kurve ist der Verlust für eine S-Kurve gezeigt: $a_S \cong \alpha_K \cdot \pi R + 6 \cdot a_t$.

Mikrokrümmungen mit regellosen Biegungen der Faserachse können auftreten, wenn Fasern unter Zugspannung auf rauhe Trommeln aufgespult werden. Von besonderer Relevanz sind Mikrokrümmungen in verkabelten Fasern, hervorgerufen durch unterschiedliche Temperatur-Ausdehnungskoeffizienten. In ungünstigen Fällen kann der dadurch bedingte Zusatzverlust sehr hohe Werte wie etwa 100 dB/km annehmen, die diesbezüglichen Probleme sind heutzutage jedoch i. a. beherrschbar. Die tatsächlichen Verluste in einem gegeben Fall hängen vom Faser-Brechzahlprofil und von der Verteilung der Krümmungen längs der Faser ab. Die theoretische Beschreibung dieser Effekte enthält schwer zugängliche Größen wie die spektrale Leistungsdichte der Krümmungen (vgl. Kap. 4 und 5).

Die diskutierten Dämpfungsmechanismen gelten grundsätzlich auch für andere Materialien wie Polymere und Fluoridgläser. Die Größen und Gewichtungen der Einzelbeiträge sind jedoch andere. So werden Gläser untersucht (z. B. ZBLAN = Zirkon-Barium-Lanthan-Aluminiumfluorid-Natrium), deren Infrarot-Absorptionskanten zu längeren Wellenlängen verschoben sind, so daß der mittlere infrarote Wellenlängenbereich zwischen 2 und 5 μm Wellenlänge mit seinen sehr geringen Rayleigh-Streuverlusten nutzbar wird. Bei solchen Gläsern bestehen Schwierigkeiten mit der Herstellung, mit der Stabilität und mit Zusatzverlusten, so daß sie z. Zt. keine Konkurrenz zu Quarzglas darstellen. Polymerfasern aus PMMA oder Polystyrol auf der anderen Seite besitzen optimale Betriebswellenlängen im sichtbaren und nahen infraroten Bereich. Die Absorptionsdämpfungen liegen jedoch deutlich über 10 dB/km, so daß nur kurze Streckenlängen überbrückt werden können. Auch sind diese Fasern als Vielmodenfasern hoher numerischer Apertur erheblich dispersiv und weisen daher ein niedriges Bandbreite-Längenprodukt auf (s. Kap. 8).

3.4.2 Einkopplung in Fasern und lokalisierte Verluste an Koppelstellen

Fragen der Einkopplung in eine Faser und der Stirnflächenkopplung zwischen zwei Fasern können gemeinsam behandelt werden; im letzteren Fall übernimmt die abstrahlende primäre Faser die Rolle der Lichtquelle. Vielfach sind die Probleme sogar identisch, da Lichtquellen der optischen Nachrichtentechnik oft mit Anschlußfasern (pigtails) versehen sind.

Die Verluste an Steck- und Spleißverbindungen zwischen Fasern beruhen zum Teil auf Reflexionsverlusten, die im Mittel ca. $a_R/\text{dB} = -2 \cdot 10 \log[1-(n_{\text{eff}}-n_z)/(n_{\text{eff}}+n_z))^2]$ betragen. Bei Quarzglasfasern mit Luftzwischenraum $n_z = 1$ liegt der Betrag bei etwa 0,3 dB. Durch

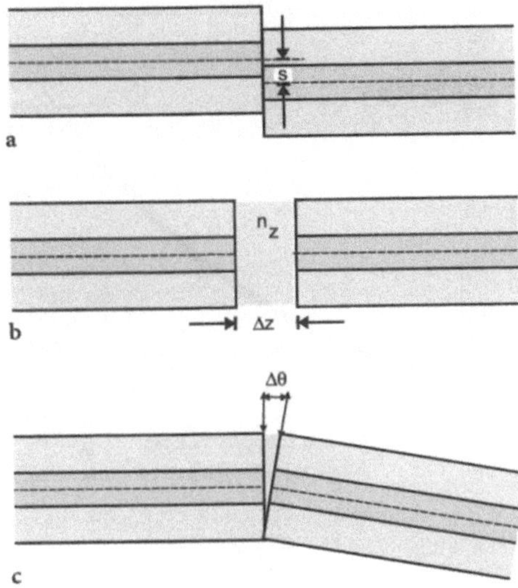

Abb. 3.11a–c. Fehljustierungen von Faser-Faser-Verbindungen. **a** radialer Versatz s, **b** longitudinaler Versatz Δz, **c** Winkel-Versatz $\Delta\Theta$

Fabry-Perot-Interfererenzeffekte kann er je nach Wellenlänge zwischen 0 und 0,6 dB schwanken. Reduzieren lassen sich diese Reflexionsverluste durch Verwendung von Ölen oder Gelen im Zwischenraum mit $n_z \sim n_{\text{eff}}$ oder durch Verwendung von Fasersteckern mit physischem Kontakt (physical contact; PC-Stecker). Über die Reflexionsverluste hinaus entstehen Verluste, wenn die zu verbindenden Fasern ungleich sind oder die Koppelstelle Unvollkommenheiten aufweist. Insbesondere können diese Unvollkommenheiten, wie Abb. 3.11 gezeigt, radiale, longitudinale oder winkelmäßige Fehlstellungen darstellen.

Verluste bei der Kopplung von Vielmodenfasern werden mit Hilfe geometrisch-optischer Überlegungen näherungsweise berechnet. Die Kernfläche der primären Faser stellt dabei eine ausgedehnte Quelle dar, die i. a. als räumlich inkohärent angesehen wird. Die Leistungen, die von jedem Flächenelement dieser Quelle in die weiterführende Faser eingekoppelt werden, addieren sich somit. Jedes Flächenelement ist dabei durch ein Strahlungsdiagramm charakerisiert, das die abgestrahlte Leistung pro Raumwinkelelement – $dP/d\Omega$ – angibt als Funktion der Raumrichtungen. Bei einer Vielmodenfaserendfläche als Strahler verschwindet $dP/d\Omega$ in geometrisch-optischer Näherung außerhalb der (lokalen) numerischen Apertur $\sqrt{n^2(r)-n_2^2}$ (vgl. Abschn. 3.3.1). Zur Berechnung der Einfügeverluste ist – ausgehend von der Strahlcharakteristik der primären Faser – für jede Strahlrichtung zu analysieren, ob (i) der betrachtete Strahl die Kernfläche der weiterführenden Faser trifft und, wenn ja, ob (ii) sein Winkel innerhalb der lokalen numerischen Apertur im Auftreffpunkt liegt. Im einfachsten Fall zweier gleicher Stufenindexfasern mit radialem Versatz ergibt sich als Leistungstransmissionsfaktor das Flächenverhältnis der Kernüberlappungsfläche zur Kernfläche. Für andere Fälle sind folgende Näherungsausdrücke bekannt [6, 9]:

radialer Versatz:

$$a_{\text{rad}}/\text{dB} = -10 \log \left[1 - \frac{2s}{\pi a}\frac{g+2}{g+1}\right]$$

longitudinaler Versatz:

$$a_{\text{long}}/\text{dB} = -10 \log \left[1 - G\frac{A_N \cdot \Delta z}{n_z a}\right] \quad (3.35)$$

Winkelversatz:

$$a_{\Theta}/\text{dB} = -10 \log \left[\frac{\Delta\Theta}{\sqrt{2\pi\Delta}}\frac{\Gamma(\frac{2}{g}+2)}{\Gamma(\frac{2}{g}+\frac{3}{2})}\right]$$

Dabei sind Gradientenprofilfasern (Profilparameter g) mit gleichmäßiger Modenanregung vorausgesetzt. Beim Winkelversatz ist zusätzlich Brechzahlanpassung $n_{\text{eff}} \sim n_z$ angenommen. Der Wert für G ist profilabhängig und nimmt für Stufenindexfasern – d. h. $g = \infty$ – den Wert $G = 2/3$, für Parabelprofilfasern den Wert $G(g = 2) = 1/\pi$ an.

Bei Einmodenfasern ist das Einkopplungs-/Stirnflächenkopplungs-Problem wellenoptisch zu lösen. Dabei sollen nur räumlich kohärente Quellen betrachtet werden. Bei dem Kopplungsproblem zwischen zwei Fasern ist dies direkt durch die Einmodigkeit der primären Faser gewährleistet. Ansonsten beschränken wir uns auf transversal einmodige Lichtquellen und/oder Lichtquellen mit einmodigem pigtail. Aufgrund der Orthogonalität und der Vollständigkeit des Modensystems einer Faser (unter Einschluß der Strahlungsmoden) läßt sich für den Leistungs-Einkopplungs- bzw. Überkopplungswirkungsgrad η zeigen

$$\eta = \frac{|\iint E_L(x,y) \cdot E_{01}^*(x,y)\,dx\,dy|^2}{\iint |E_L(x,y)|^2\,dx\,dy \cdot \iint |E_{01}(x,y)|^2\,dx\,dy} \quad (3.36)$$

Dabei ist $E_L(x,y)$ die auf der Querschnittsfläche der weiterführenden Faser von der

Lichtquelle (bzw. der primären Faser) erzeugte komplexe Feldstärkeverteilung. $E_{01}(x, y)$ bezeichnet das anzuregende Feld der Grundmode in der weiterführenden Faser. Das Integral im Zähler von Gl. (3.36) wird als Überlappintegral bezeichnet. Durch die Normierung ist gewährleistet, daß $\eta = 1$ ist für den Fall $E_L(x, y) = E_{01}(x, y)$ (eventuelle Reflexionsverluste sind allerdings gesondert zu betrachten), während offenbar $\eta = 0$ wird, wenn die Felder nicht räumlich überlappen. Ziel bei der Optimierung von η muß es folglich sein, $E_L(x, y)$ dem Feld $E_{01}(x, y)$ ähnlich zu machen. Dies schließt die Forderung $\arg(E_L(x, y)) =$ const (ebene Phasenfronten senkrecht zur Faserachse) ein.

Bei Standard-Einmodenfasern kann das Grundmodenfeld in guter Näherung durch eine Gaußsche Feldverteilung mit dem Feldradius w_0 approximiert werden (s. Gl. (3.22)). Um η zu berechnen, hat man folglich bei einem radialen Versatz das Überlappintegral zwischen zwei lateral verschobenen Gaußfeldern zu bilden, beim Winkelversatz ist die einfallende Feldverteilung mit einem Phasenfaktor zu versehen, der die Verkippung der Phasenfronten bezüglich der Achse der weiterführenden Faser beschreibt. Bei longitudinalem Versatz muß man die bekannten Gesetze der Ausbreitung eines Gaußschen Strahles anwenden (s. z.B. [15]). Näherungsweise ergibt sich bei gleichen Fasern [5]:

radialer Versatz:

$$a_{\text{rad}}/dB = 4{,}34 \cdot \left(\frac{s}{w_0}\right)^2$$

longitudinaler Versatz:

$$a_{\text{long}}/dB = 10 \log\left(1 + \left(\frac{\Delta z}{2 z_R}\right)^2\right)$$

$$\text{mit } z_R = \pi n_z w_0^2/\lambda \tag{3.37}$$

Winkelversatz:

$$a_\Theta/dB = 4{,}34 \frac{\Delta\Theta}{\Theta_g}$$

$$\text{mit } \Theta_g = \frac{\lambda}{\pi n_2 w_0}$$

Beim Winkelversatz ist wiederum $n_z = n_{\text{eff}}$ angenommen. In Abb. 3.12 sind diese Einfügungsdämpfungen in einem konkreten Fall als Funktion der Fehljustierungen dargestellt. Allgemeinere Formeln für verschiedene Fasern und für zusammengesetzte Fehljustierungen finden sich z.B. in [5] und [9].

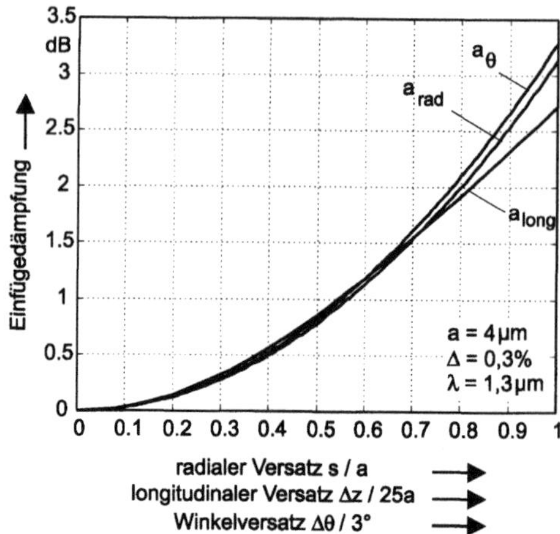

Abb. 3.12. Einfügeverluste durch Fehljustierung an Verbindungen von Einmodenfasern

3.4.3 Pulsverzerrung durch intermodale Dispersion in Vielmodenfasern

Jeder Modus einer Vielmodenfaser hat eine individuelle Gruppenlaufzeit durch eine gegebene Faser der Länge L:

$$\tau = L \cdot \frac{d\beta}{d\omega} \cong \frac{L}{c} \left[n_{2\text{gr}} + (n_{1\text{gr}} - n_{2\text{gr}}) \cdot \frac{d(VB)}{dV}\right. \tag{3.38}$$

Dabei gehen die Materialeinflüsse in die Gruppenindices $n_{1,2\,\text{gr}}$ ein, während die Wellenleiterstruktur den normierten Gruppenlaufzeitfaktor $d(VB)/dV$ bestimmt, der sich aus der normierten Phasenkonstanten B (s. Abschn. 3.3.3) ergibt. Der Unterschied der Gruppenlaufzeiten $\Delta\tau$ der langsamsten und der schnellsten Eigenwelle kann als Maß für die Impulsverbreiterung angesehen werden, wenn sich am Fasereingang die Energie eines zeitlich kurzen Impulses gleichmäßig auf die verschiedenen geführten Moden verteilt. Es handelt sich hier also um einen intermodalen Dispersionseffekt.

Die Berechnung der intermodalen Gruppenlaufzeitdifferenz $\Delta\tau$ in Vielmodenfasern erfolgt in der Regel nicht wellentheoretisch, sondern näherungsweise mit Hilfe geometrisch optischer Betrachtungen. Besonders einfach ist eine solche Behandlung bei Stufenindexfasern: dort sind die Strahlwege stückweise gerade mit Totalreflexionen an der Kern-Mantel-Grenze. Die kürzeste Gruppenlaufzeit geführter Strahlen ist damit durch

$\tau_{min} = n_1 \cdot L/c$, die längste durch $\tau_{max} = n_1 \cdot L/(c \cdot \cos \vartheta_c)$ gegeben, wobei $\vartheta_c = \arccos(n_2/n_1)$ den Grenzwinkel der Totalreflexion – den steilsten möglichen Winkel gegen die Faserachse bezeichnet. Damit gilt für Stufenindex-Vielmodenfasern

$$\Delta\tau = \frac{L n_1}{c} \cdot \Delta \tag{3.39}$$

wobei Δ die relative Indexdifferenz zwischen Kern und Mantel bezeichnet. Bei Vielmodenfasern mit Gradientenprofil $n(r)$ sind geometrisch optisch die Gruppenlaufzeit verschiedener Strahlwege gegeben durch

$$\tau = \int_0^{L_{Strahl}} \frac{dl}{c/n(l)} \tag{3.40}$$

Dabei ist längs des tatsächlichen Strahlweges mit der geometrischen Länge $L_{Strahl} > L$ zu integrieren und insbesondere der lokale Brechzahlwert einzusetzen. Für Gradienten-Vielmodenfasern mit Parabelprofil, bei denen die Strahlendifferentialgleichung sinusförmige Wege liefert, ergibt sich als Streuung $\Delta\tau = \tau_{max} - \tau_{min}$

$$\Delta\tau = \frac{L n_1}{c} \cdot \frac{\Delta^2}{2} \tag{3.41}$$

Dieser Wert ist offenbar wegen $\Delta \ll 1$ sehr viel geringer als bei Stufenindexfasern. Beispielsweise ergeben sich für den typischen Wert $\Delta = 1\%$ längenbezogene Gruppenlaufzeitstreuungen von 250 ps/km im Vergleich zu 50 ns/km.

Tatsächlich sind solche Werte nur als Anhaltspunkt für die Pulsverbreiterung in Vielmodenfasern und damit für die mögliche Datenrate anzusehen. Dies liegt daran, daß (i) Profilstörungen die Laufzeitverteilung verändern können, (ii) u.U. nur ein Teil der ausbreitungsfähigen Moden angeregt ist, (iii) Profildispersion (s. Kap. 5) in obiger Behandlung vernachlässigt wurde und (iv) Modenkopplungen zu einem Mittelungseffekt führen, der die Pulsverbreiterung verlangsamt.

3.4.4 Pulsverzerrung durch chromatische Dispersion

In Einmodenfasern entstehen Impulsverzerrungen innerhalb des einen ausbreitungsfähigen Modus – intramodal – durch chromatische Gruppenlaufzeitunterschiede. Die komplexe Amplitude der quasimonochromatischen elektrischen Feldstärke eines Eingangsimpulses $E_e(t) = u(t) \cdot \exp(j\omega_0 t)$ (die modale, unveränderte Abhängikeit von den Querschnittskoordinaten ist unterdrückt) wird zur Berechnung einer Fourier-Darstellung in ihre optischen Frequenzanteile zerlegt:

$$E_e(t) = \int_{-\infty}^{\infty} F_e(\nu) e^{j2\pi\nu t} d\nu \tag{3.42}$$

Ist $E_e(t)$ gegeben, so ist $F_e(\nu)$ durch die entsprechende Transformation $F_e(\nu) = \int (E_e(t) \exp(-j\,2\pi\nu t) dt$ wohlbestimmt. Bei der Ausbreitung wird jede monochromatische Komponente von $E_e(t)$, d.h. $F_e(\nu)\,d\nu \cdot \exp(j2\pi\nu t)$, mit dem Ausbreitungsfaktor

$$H(\nu; z) = e^{-\frac{1}{2}\alpha(\nu)z} \cdot e^{-j\beta(\nu)z} \tag{3.43}$$

multipliziert, der eine Übertragungsfunktion darstellt. Die Feldstärke des Ausgangsimpulses bei $z = L$ ergibt sich folglich zu

$$E_a(t) = \int F_e(\nu) \cdot H(\nu; L) e^{j2\pi\nu t} d\nu \tag{3.44}$$

Für einen konkreten Eingangsimpuls und mit konkreten Faserdaten $\alpha(\nu)$ und $\beta(\nu)$ läßt sich somit der Ausgangsimpuls berechnen. Insbesondere ergibt sich die Änderung der (direkt meßbaren) Leistungsimpuls-Form von $P_e(t) \sim |E_e(t)|^2$ in $P_a(t) \sim |E_a(t)|^2$.

In nahezu allen praktischen Fällen ist das Quellenspektrum $F_e(\nu)$ schmal genug und die Abhängigkeit der Dämpfungskonstanten α von der optischen Frequenz schwach genug, daß α in sehr guter Näherung als konstant angesehen werden kann. Der Dämpfungsterm kann daher aus dem Integral Gl. (3.44) herausgezogen werden, so daß eine Dämpfungsverzerrung vernachlässigt werden kann. Zur weiteren Auswertung von Gl. (3.44) entwickelt man die Ausbreitungskonstante $\beta(\nu)$ um eine gewählte Mittenfrequenz ν_0 des Quellenspektrums herum in eine Taylor-Reihe und berücksichtigt zumindest die ersten drei Terme

$$\beta(\nu) \cong \beta(\nu_0) + \beta' \cdot (\nu - \nu_0) + \frac{1}{2}\beta''(\nu - \nu_0)^2 + \ldots \tag{3.45}$$

Dabei bezeichnen β' und β'' die erste bzw. zweite Ableitung von β nach der optischen Frequenz, genommen bei der Mittenfrequenz ν_0. In dem Spezialfall, daß β'' und höhere Ableitungen gleich null sind, läßt sich $E_a(t)$ mit Gl. (3.44) direkt angeben:

$$E_a(t) = e^{-\frac{1}{2}\alpha L} \cdot e^{j\varphi_0} \cdot E_e(t - \tau) \tag{3.46}$$

Der Eingangs-Impulsverlauf wird also in diesem Fall lediglich in der Amplitude geschwächt, mit einem konstanten Phasenfaktor versehen ($\psi_0 = 2\pi\, \nu_0\, \tau - \beta(\nu_0) \cdot L$) und um eine gewisse Zeit

$$\tau_0 = \frac{1}{2\pi} \frac{d\beta}{d\nu}\bigg|_{\nu_0} \cdot L = \frac{1}{2\pi} \beta' \cdot L \tag{3.47}$$

verzögert, die man als Gruppenlaufzeit bezeichnet. In diesem Fall bleibt die Impulsform bei der Ausbreitung offenbar unverändert. Eine Impulsverzerrung tritt erst auf, wenn der quadratisch von der Frequenz abhängige Term in Gl. (3.45) nicht vernachlässigt werden kann. Er beschreibt in erster Näherung die Abhängigkeit der Gruppenlaufzeit τ von der optischen Frequenz.

$$\tau' = \frac{d\tau}{d\nu}\bigg|_{\nu_0} = \frac{1}{2\pi} \beta'' \cdot L \tag{3.48}$$

Ist $\tau' \neq 0$ und der entsprechende Term $\exp(-j\pi\,(\nu - \nu_0) \cdot \tau')$ in Gl. (3.44) wirksam, so muß die dadurch hervorgerufene Impulsverformung i.a. numerisch berechnet werden, da eine geschlossene Berechnung des Integrals nicht mehr möglich ist. Um die Art und das Ausmaß der Impulsverformung abzuschätzen und die Einflußgrößen zu studieren, ist es sinnvoll, die Ausgangsimpulse analytisch für spezielle Eingangsimpulse zu berechnen. Für diesen Zweck bieten sich Gaußimpulse der folgenden Form an:

$$E_e(t) = \hat{E}_e \cdot \exp\left(-1{,}39\left(\frac{t}{\Delta t_e}\right)^2\right) e^{j2\pi\nu_0 t} \tag{3.49}$$

Dabei bezeichnet Δt_e die Eingangsimpulsbreite, genauer gesagt – durch den Faktor 1,39 – die volle Halbwertsbreite (full width half maximum FWHM) des zugehörigen Leistungszeitverlaufes $|E_e(t)|^2$. Den durch Gl. (3.49) beschriebenen Verlauf des elektrischen Feldes nennt man einen transformationsbegrenzten (transform limited) Gaußimpuls: mit $\Delta t_e \to \infty$ wird $E_e(t)$ ideal monochromatisch; eine endliche optische Bandbreite bei endlichem Δt_e kommt durch die (Fourier-)Transformation in den optischen Frequenzbereich zustande. Durch die einfachen Transformationsbeziehungen für Gaußimpulse (Gaußfunktionen ○–● Gaußfunktionen) läßt sich der Verlauf der Ausgangs-Feldstärke elementar berechnen:

$$E_a(t) = \hat{E}_a \cdot \exp\left(-1{,}39\left(\frac{t - \tau_0}{\Delta t_a}\right)^2\right) e^{j(2\pi\nu_0 t + \psi(t))}$$

$$\text{mit } (\Delta t_a)^2/(\Delta t_e)^2 = 1 + \left(\frac{1{,}39\,\tau'}{\pi\,(\Delta t_e)^2}\right)^2 \tag{3.50}$$

$$\hat{E}_a = \hat{E}_e\, e^{-\frac{1}{2}\alpha L} \sqrt{\Delta t_e / \Delta t_a}$$

und einer hier unwesentlichen zeitabhängigen Phase $\psi(t)$. Der Anstieg der Ausgangspulsbreite Δt_a als Funktion der Streckenlänge L ist in Abb. 3.13 für ein konkretes Beispiel (Δt_e = 50 ps; $\tau'/L = -0{,}136$ ps/(km · GHz)) dargestellt. Die Pulsamplitude $\hat{P}_a(L) \sim |\hat{E}_a|^2$ nimmt zum einen durch Dämpfung gemäß $\exp(-\alpha \cdot L)$ ab, zum anderen zusätzlich gemäß $\Delta t_e/\Delta t_a(L)$ durch das dispersionbedingte Auseinanderlaufen des Pulses. Dieses Auseinanderlaufen wirkt sich nicht aus, wenn man die Pulsenergie $W = \int P_a(t)\, dt$ betrachtet.

Einen annähernd transformationsbegrenzten Impuls am Fasereingang erhält man, wenn z.B. eine schmalbandige DFB-Laserdiode (optische Bandbreite typisch etwa 10 MHz) im CW-Betrieb (continuous wave, Dauerstrich) eingesetzt wird und die Pulsformung – beispielsweise gaußförmig wie oben betrachtet – von einem externen Intensitätsmodulator übernommen wird. Bei direkt modulierten Laserdioden findet man dagegen eine Änderung der optischen Momentanfrequenz $\nu_{mom}(t)$ – einen 'Frequenz-Chirp' – hervorgerufen durch thermische und elektronische Effekte. Solch ein Chirp kann einen deutlichen Einfluß auf die Pulsverformung auf der Übertragungsstrecke haben. Ein einfaches Beispiel,

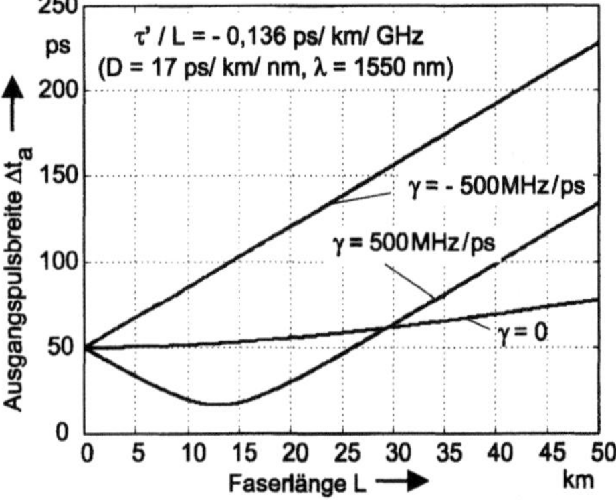

Abb. 3.13. Verbreiterung von Gauß-Impulsen durch chromatische Dispersion in Standard-Einmodenfasern (γ: Chirp-Parameter; $\gamma = 0$: transform-limitierter Impuls, $\gamma \neq 0$: 'gechirpte' Impulse)

das die Verhältnisse bei Laserdioden in erster Näherung angemessen wiedergibt und das Dispersionseffekte gut illustriert, ist ein linear gechirpter Puls

$$E_e(t) = \hat{E}_e \cdot \exp\left[-1{,}39\left(\frac{t}{\Delta t_e}\right)^2\right] \cdot e^{j\pi\gamma\cdot t^2} \cdot e^{j2\pi\nu_0 t} \tag{3.51}$$

mit der Momentanfrequenz

$$\nu_{mom}(t) = \frac{1}{2\pi}\cdot\frac{d}{dt}\,[2\pi\nu_0 t + \pi\gamma\cdot t^2] = \nu_0 + \gamma\cdot t \tag{3.52}$$

In Erweiterung von Gl. (3.50) ergibt sich hier für die Ausgangspulsbreite

$$(\Delta t_a)^2 = (\Delta t_e)^2 + \left(\frac{0{,}44\,\tau_0'}{\Delta t_e}\right)^2 + (\Delta t_e)^2\cdot(\gamma\tau_0' + 2)\cdot\gamma\tau_0' \tag{3.53}$$

Ist $\gamma\cdot\tau' > 0$ ist der Ausgangsimpuls gegenüber dem Fall eines transformationsbegrenzten Eingangspulses $\gamma = 0$ stets zusätzlich verbreitert. Für $\gamma\cdot\tau' < 0$ ergibt sich dagegen für kleine Längen L zunächst eine Reduzierung von Δt_a bis zu der Stelle, an der $\gamma\cdot\tau' = -1$ ist. Bei $\gamma\cdot\tau' = -2$ wird die Breite ohne Frequenzchirp erreicht und von dort an überschritten. Ein konkretes Beispiel ist in Abb. 3.13 dargestellt.

Die optische Bandbreite $\Delta\nu_Q$ (FWHM-Breite des optischen Leistungsspektrums) einer bereits ohne Modulation breitbandigen Quelle wie etwa einer LED kann man sich dadurch entstanden denken, daß die optische Momentanfrequenz gechirpt ist, also im Bereich von $\nu_0 - \Delta\nu/2 \ldots \nu_0 + \Delta\nu/2$ rasch variiert. Verwendet man dann Gl. (3.53) mit $\gamma = \Delta\nu/\Delta t_e$ und setzt $|\gamma\cdot\tau'| \gg 2$ voraus, so ergibt sich

$$(\Delta t_a)^2 = (\Delta t_e)^2 + (0{,}44\,\tau_0'/\Delta t_e)^2 + (\Delta\nu_Q\cdot\tau_0')^2 \tag{3.54}$$

Der zweite Term auf der rechten Seite rührt wie zuvor von der modulationsbedingten Spektralverbreiterung her. Der dritte Term beschreibt die Pulsverbreiterung durch die spektrale Breite des optischen Trägers, in Übereinstimmung mit der chromatischen Laufzeitdifferenz $\Delta\tau = \tau_{max} - \tau_{min} \cong d\tau/d\nu\cdot\Delta\nu$. Führt man als Quellenbandbreite, als modulationsbedingte Bandbreite und als effektive Gesamtbandbreite im Wellenlängenmaßstab ein

$$\Delta\lambda_Q = \frac{\lambda_0^2}{c}\cdot\Delta\nu_Q$$

$$\Delta\lambda_{mod} = \frac{\lambda_0^2}{c}\cdot\Delta\nu_{mod} = \frac{\lambda_0^2}{c}\cdot\frac{0{,}44}{\Delta t_e} \tag{3.55}$$

$$\Delta\lambda_{eff} = \sqrt{(\Delta\lambda_Q)^2 + (\Delta\lambda_{mod})^2}$$

und zur Charakterisierung der Faser anstelle von τ' den auf die Faserlänge bezogenen Dispersionskoeffizienten

$$D = \frac{1}{L}\frac{d\tau}{d\lambda}\bigg|_{\lambda_0}\left[\frac{\text{ps}}{\text{km}\cdot\text{nm}}\right], \tag{3.56}$$

so läßt sich wegen $D = -\frac{1}{L}\cdot\frac{c}{\lambda^2}\cdot\tau'$

Gl. (3.54) in kompakterer Form schreiben

$$(\Delta t_a)^2 = (\Delta t_e)^2 + (D\cdot L\cdot\Delta\lambda_{eff})^2 \tag{3.57}$$

Insbesondere ergibt sich damit für den Fall $\Delta t_a \gg \Delta t_e$, d.h. für genügend lange Strecken, die einfache Beziehung $\Delta t_a \cong |D|\,L\,\Delta\lambda_{eff}$. Ist beispielsweise $L = 100$ km, $\Delta\lambda_{eff} = 0{,}5$ nm und $D = 17$ ps/(km · nm) so beträgt die Ausgangspulsbreite 850 ps.

Wird eine Faser in der Nähe einer Nullstelle des Dispersionskoeffizienten $D(\lambda)$ betrieben, so reicht die obige Beschreibung nicht aus. Solche Nullstellen treten (s.u.) für Standard-Quarzglasfasern in der Nähe von 1300 nm auf, für dispersionsverschobene Fasern im 1550 nm-Bereich. Dort muß zur Beschreibung der Pulsverformung zumindest ein weiteres Glied in der Taylor-Entwicklung von $\beta(\nu)$ berücksichtigt werden. Stattdessen kann der Dispersionskoeffizient $D(\lambda)$ in der Form

$$D(\lambda) \cong S_0\cdot(\lambda - \lambda_0) \tag{3.58}$$

angesetzt werden. Der Dispersionskoeffizient S_0 höherer Ordnung wird in ps/(km · nm^2) angegeben.

Ursache für die chromatischen Dispersionseffekte, d.h. für das Auftreten von Termen $d\beta^n/d\nu^n$ mit $n \geq 2$, sind Wellenleiter- und Materialeffekte. Die Wellenleiterdispersion entsteht anschaulich dadurch, daß sich die Feldausdehnung des Modus mit der Wellenlänge verändert. Dadurch ändert sich – durch geänderte Gewichtung von Kern und Mantelbereich – der effektive Brechungsindex $n_{eff} = \beta/k$. Da β für kleine optische Frequenzen ($\beta \cong k\cdot n_2$) wie für große Frequenzen ($\beta \cong k\cdot n_1$) linear, aber mit unterschiedlicher Steigung, von ν abhängt, müssen im Zwischenbereich Ableitungen höherer Ordnung auftreten. Formal und quantitativ ergibt sich der Wellenleiterdispersionskoeffizient D_w in folgender Weise: die Lösung der charakterischen Gleichung des Wellenleiters liefert $\beta(v)$ bzw. in normierter Form $B(V)$ (vgl. Abschn. 3.3.3). Die Werte für τ' und auch für D_w sind proportional zu $d^2\beta/dv^2$. Mit den normierten Größen B und V ergibt sich

$$D_w = -\frac{1}{\lambda c} \cdot (n_1 - n_2) V \cdot \frac{d^2(VB)}{dV^2} \tag{3.59}$$

Bei diesen Überlegungen wurden Materialeffekte nicht berücksichtigt, d.h. die Brechungsindices der Faser wurden als konstant angesehen. Auf der anderen Seite werden die Materialeffekte – ohne Berücksichtigung des Wellenleiters – analysiert, indem das Verhalten einer homogenen ebenen Welle in dem räumlich homogenen Wellenleitermaterial betrachtet wird, dessen Brechungsindex von der optischen Frequenz abhängt. Die Ausbreitungskonstante dieser Welle

$$\beta(v) = \frac{2\pi v}{c} \cdot n(v) \tag{3.60}$$

hat i.a. höhere, nichtverschwindende Ableitungen. Der Wert für das hierdurch bedingte τ' ergibt sich direkt durch zweifache Ableitung und daraus der materialbedingte Dispersionskoeffizient

$$D_{\text{mat}} = -\frac{\lambda}{c} \cdot \frac{d^2 n}{d\lambda^2} \bigg|_{\lambda_0} \tag{3.61}$$

In einer realen Faser sind sowohl Wellenleiter- wie auch Materialeffekte wirksam. Der Gesamtdispersionskoeffizient ergibt sich näherungsweise als Summe beider Anteile

$$D = D_w + D_{\text{mat}} \tag{3.62}$$

Bei Verwendung eines bestimmten Materialsystems, z.B. Quarzglas, liegt der Materialanteil D_{mat} weitgehend fest. Der Wellenleiteranteil dagegen läßt sich durch Wahl des Brechungsindexprofils gestalten. Die chromatische Dispersion in Standard-Quarzglasfasern wird durch den Materialanteil dominiert. Damit liegt die Nullstelle von D in der Umgebung von $\lambda = 1300$ nm (s. Abb. 3.14). Mit anderen Fasern – sogenannten „dispersion shifted fibers", DSF – kann diese Nullstelle in den Bereich um 1550 nm verschoben werden, so daß dort – wo die Dämpfung ihre niedrigsten Werte annimmt (s. Abschn. 3.4.1) – auch eine dispersionsarme Übertragung möglich wird.

Auch lassen sich Fasernprofile so entwerfen, daß zwei Nullstellen von $D(\lambda)$ auftreten mit einem dazwischenliegenden Bereich niedriger D-Werte. Mit solchen „dispersion flattened fibers", DFF, ist dispersionarme Übertragung vieler Wellenlängenmultiplexkanäle möglich. Den Vorteilen dieser dispersions-modifizierten Fasern stehen oft jedoch deutliche Nachteile gegenüber, die in vielen Fällen für den Einsatz von Standard-Einmodenfasern sprechen: enge Toleranzen beim Faserdesign, höhere Krümmungsverluste, Kopplungsprobleme zu anderen Fasern und Nachteile, wenn nichtlineare Effekte (insbesondere Vierwellenmischung in WDM-Systemen) einbezogen werden. Einzelheiten zu derartigen Fasern sind in Kap. 4 zu finden. Das grundsätzliche Zusammmenspiel von Material- und Wellenleiterdispersion sei hier nur anhand von Stufenindexfasern mit unterschiedlichen Kernradien (und unterschiedlichen Brechzahldifferenzen) gezeigt (Abb. 3.14). Dabei wurde für die Wellenleiterdispersion die Näherungsformel (3.20) verwendet.

Bei dem Entwurf von Fasern kann sich auch die Aufgabe stellen, hohe Dispersionwerte mit bestimmtem Vorzeichen und Wellenlängenverlauf zu erreichen. Solche Fasern werden als dispersionkorrigierende Fasern (dispersion compensating fibers, DCF) verwendet, deren Funktion es ist, die auf langen Übertragungsstrecken akkumulierte Dispersion zu kompensieren. Typischer Dispersionswerte solcher Fasern sind von der Größe −100 ps/km/nm, so daß die Länge der dispersionskorrigierenden Faser ca. 20% der Übertragungslänge betragen muß. Da diese Fasern

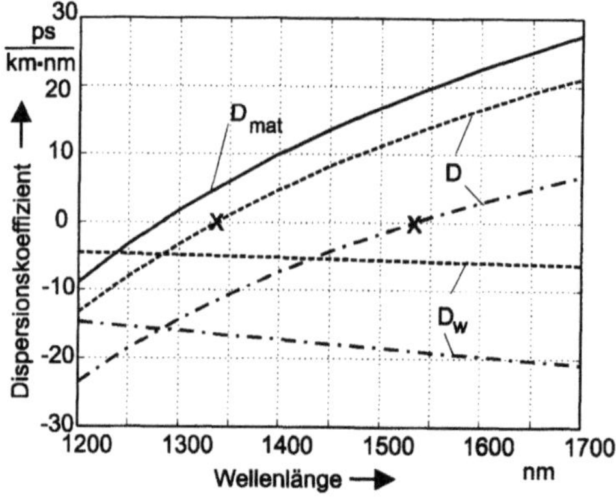

Abb. 3.14. Dispersionskoeffizient $D = D_{\text{mat}} + D_w$ als Funktion der Wellenlänge (– – – Kernradius a = 4 µm, – · – · – Kernradius a = 2,2 µm)

hohe Dotierungskonzentrationen und demzufolge erhöhte Dämpfungen aufweisen, tragen sie erheblich zu den Gesamtverlusten bei. Starke chromatische Dispersion weisen auch gechirpte Fasergitter in Reflexion auf, die ebenfalls zur Dispersionskompensation von Übertragungsstrecken dienen können (s. Abschn. 12.9).

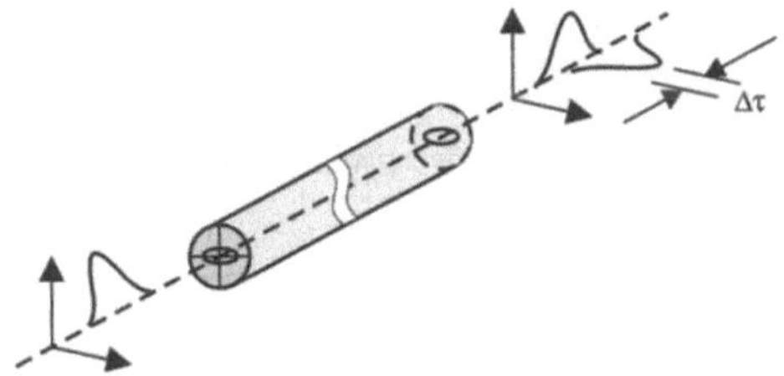

Abb. 3.15. Polarisationsmodendispersion in einer linear doppelbrechenden Faser

3.4.5 Pulsverzerrung durch Polarisationsmodendispersion

Neben der chromatischen Dispersion tritt in Einmodenfasern eine weitere Dispersionserscheinung auf, die als Polarisationsmodendispersion (PMD) bezeichnet wird. Sie beruht auf anisotropen Eigenschaften des Faserwellenleiters, die durch Abweichungen von der Zylindergeometrie oder durch innere mechanische Spannungen entstehen können. Die Ausbreitungseigenschaften werden dadurch vom Polarisationszustand der geführten Welle (vgl. Abschn. 3.3.6) abhängig.

Am einfachsten liegen die Verhältnisse in stark linear doppelbrechenden, polarisationserhaltenden Fasern. Solche Fasern besitzen zwei linear polarisierte Eigenzustände $E_x(x, y) \cdot \hat{x}$ und $E_y(x, y) \cdot \hat{y}$, die bei der Ausbreitung erhalten bleiben. Die Ausbreitungskonstanten β_x und β_y unterscheiden sich um einen gewissen Wert $\Delta\beta = (2\pi/\lambda) \cdot \Delta n_{\text{eff}}$ und damit auch i. a. die Gruppenlaufzeiten um

$$\Delta\tau = \frac{d\beta_x}{d\omega} \cdot L - \frac{d\beta_y}{d\omega} \cdot L \tag{3.63}$$

In polarisationserhaltenden Fasern kann dieser Laufzeitunterschied, bezogen auf die Faserlänge L, im Bereich von 1 ns/km liegen. Am Faserausgang erhält man demgemäß zwei um diesen Betrag zeitlich verschobene und orthogonal zueinander polarisierte Pulse, wenn am Fasereingang ein Puls mit irgendeinem - nicht mit einem Eigenzustand übereinstimmendem - Polarisationzustand eingekoppelt wird (s. Abb. 3.15). Ein polarisationsunabhängiger Detektor wie etwa eine Halbleiter-Photodiode wird folglich am Ausgang einen Puls empfangen, der über eventuelle chromatische Dispersion hinaus um etwa $\Delta\tau$ verbreitert ist (oder sogar zwei getrennte Impulse).

Eine schwach linear doppelbrechende Faser ist theoretisch ebenfalls - praktisch jedoch nicht über größere Längen - polarisationserhaltend, denn die lokalen linearen Eigenzustände werden durch Störungen gekoppelt und die Ausrichtung der Hauptachsen ändert sich längs der Faser. An kurzen Stücken lassen sich polarisationsbedingte Gruppenlaufzeitunterschiede zwischen den Eigenzuständen von beispielsweise 1 fs/m (formal entsprechend 1 ps/km) feststellen. Bei langen Strecken solcher Fasern können zwar immer noch Eigenzustände gefunden werden in dem Sinne, daß Eingangs- und Ausgangspolarisationszustände (ungeachtet der Entwicklung auf der Strecke dazwischen) gleich sind ($\chi_e = \chi_a$; vgl. Abschn. 3.3.6), jedoch haben diese Zustände wenig Bedeutung. Wichtig sind dagegen zwei zueinander orthogonale Polarisationszustände am Eingang, die sogenannten (eingangsseitigen) Hauptzustände (principal states) der gegebenen Faserstrecke. Sie sind dadurch gekennzeichnet, daß so polarisierte Impulse in erster Näherung nur die gewöhnliche chromatische Dispersion erleiden. Diese Hauptzustände werden durch die Faserstrecke in zwei wiederum zueinander orthogonale Zustände transformiert, die ausgangsseitigen Hauptzustände. Im Zusammenhang mit Dispersionserscheinungen übernehmen diese Hauptzustände die Rolle der Eigenzustände von polarisationserhaltenden Fasern.

Für allgemeine Einmodenfasern mit der schwachen Einschränkung polarisationsunabhängiger Verluste gilt die in Abschn. 3.3.6 Gl. (3.28) angegebene Jonesmatrix T. Daraus ergibt sich

$$\chi_a(\nu; \chi_e) = \frac{-u_2^*(\nu) + u_1^*(\nu)\,\chi_e}{u_1(\nu) + u_2(\nu)\,\chi_e} \tag{3.64}$$

als Transformationsgleichung zwischen den Polarisationsparametern χ am Eingang und Ausgang. Die Beträge von u_1 und u_2 sind gemäß Abschn. 3.3.6 durch die Beziehung $|u_1|^2 + |u_2|^2 = 1$ verknüpft.

Als Hauptzustände am Eingang χ_{eh} werden diejenigen zwei Eingangszustände definiert, für die die zugehörigen Ausgangszustände in erster Näherung frequenzunabhängig sind [16]:

$$\frac{d}{d\nu}\left[\chi_a(\nu;\chi_{eh}(\nu_0))\right]\Big|_{\nu_0} = 0 \tag{3.65}$$

Sie hängen i.a. von der gewählten Frequenz ν_0 ab. Mit Gl. (3.64) ergibt sich

$$\chi_{eh}^{(1,2)} = -\frac{1}{\xi}\left[1 \pm \sqrt{1+|\xi|^2}\right]$$
$$\text{mit } \xi = \frac{u_2 u_1^{*\prime} - u_1^* u_2'}{j\,\mathrm{Im}\{u_1 u_1^{*\prime} - u_2 u_2^{*\prime}\}} \tag{3.66}$$

wobei die Werte von $u_{1,2}$ und ihre Ableitungen $u_{1,2}' = \frac{du_{1,2}}{d\nu}$ an der Stelle $\nu = \nu_0$ zu nehmen sind. Übersichtlicher werden die Verhältnisse, wenn am Eingang und am Ausgang zusätzliche verlustlose und wellenlängenunabhängige Polarisationssteller vorgesehen werden, die die eingangs- und ausgangsseitigen Hauptzustände auf lineare Polarisationszustande in x- bzw. y-Richtung transformieren. Die Hauptzustände für das Gesamtsystem sind dann – bei unveränderten Pulsübertragungseigenschaften – durch die Polarisationsparameter $\chi_{eh\,1} = 0$ und $\chi_{eh\,2} = \infty$ gekennzeichnet. Mit den obigen Beziehungen ergibt sich für diesen Fall die Jones-Matrix in der spektralen Umgebung von ν_0

$$T = e^{-j\bar{\beta}(\nu)L}\, e^{-\frac{1}{2}\bar{\alpha}L} \cdot \begin{pmatrix} e^{j\psi_1'\cdot(\nu-\nu_0)} & 0 \\ 0 & e^{j\psi_1'\cdot(\nu-\nu_0)} \end{pmatrix} \tag{3.67}$$

wobei $\bar{\beta}$ und $\bar{\alpha}$ die mittlere Ausbreitungs- bzw. Dämpfungskonstante der Faser bezeichnen; ψ_1 ist der Phasenwinkel von u_1. Entwickelt man $\bar{\beta}\cdot L$ nach Potenzen von $\nu-\nu_0$, so beschreibt gemäß Abschn. 3.4.4 der lineare Term die mittlere Gruppenlaufzeitverzögerung und höhere Terme chromatische Dispersionseffekte. Nach Gl. (3.67) tritt nun für die x- und die y-Polarisation ein unterschiedlicher linearphasiger Term hinzu, der die polarisationsbedingten Laufzeitunterschiede beschreibt. Dieser polarisationsbedingte Gruppenlaufzeitunterschied $\Delta\tau$, d.h. der Gruppenlaufzeitunterschied zwischen den beiden Hauptzuständen, ist somit durch

$$\Delta\tau_{pol} = 2\cdot\frac{1}{2\pi}\psi_1' \tag{3.68}$$

gegeben. Für den Spezialfall einer polarisationserhaltenden Faser (s.o.) ist $\psi_1' = \pi\,\Delta n_{gr}\,L/c$ mit $\Delta n_{gr} = c\,\frac{d\Delta\beta}{d\omega}$.

Für polarisationserhaltende Fasern sind ψ_1' und auch $\Delta\tau$ proportional zur Streckenlänge L. Dies ist für Standardfasern nicht der Fall. Als Modell für eine reale, nicht polarisationserhaltende Faser kann eine Hintereinanderschaltung vieler kurzer, jeweils linear doppelbrechender Faserstücke dienen. Dabei schwankt die Stärke der Doppelbrechung der Einzelstücke in einem bestimmten Rahmen, die Orientierung der Hauptachsen ist regellos. Insgesamt ergibt sich durch diese Schwankungen ein Mittelungseffekt, der die Laufzeitunterschiede in den Hauptpolarisationszuständen nur proportional zur Wurzel aus der Streckenlänge wachsen läßt:

$$\Delta\tau = \sigma\cdot\sqrt{L} \tag{3.69}$$

wobei σ einen charakteristischen Wert der Strecke darstellt, den PMD-Koeffizienten, der in $\mathrm{ps}/\sqrt{\mathrm{km}}$ angegeben wird. Günstige Werte liegen heutzutage bei etwa 0,1 $\mathrm{ps}/\sqrt{\mathrm{km}}$, in ungünstigen Fällen sind bei älteren Fasern (aus den Jahren vor 1996) auch Werte von z.B 50 $\mathrm{ps}/\sqrt{\mathrm{km}}$ festgestellt worden. Bei einer Streckenlänge von 1000 km müßte dabei mit PMD-bedingten Verbreiterungen von bis zu 3 ps bzw. 1500 ps gerechnet werden.

Wichtig ist der Hinweis, daß sich die Hauptzustände in der Regel mit der optischen Frequenz verändern. Auch ändern sie sich zeitlich bei Änderung der Umweltbedingungen. Solche Änderungen können anschaulich auf der Poincaré-Kugel dargestellt werden. Soll der Effekt der Polarisationsmodendispersion (in erster Näherung) vermieden werden, so könnte am Fasereingang in einen jeweiligen (jedoch festzustellenden) Hauptzustand eingekoppelt werden. Aussichtsreicher ist es, die Laufzeitunterschiede auszugleichen, sei es durch polarisationsempfindliche Detektion mit zwei Empfängern und elektrische Kompensation der Laufzeitdifferenz, sei es durch eine polarisationsoptische Aufspaltung des Lichtes und eine gegenseitige optische Laufzeitverzögerung (s. Kap. 4).

3.4.6 Einfluß nichtlinearer Effekte

Nichtlineare Effekte in Einmodenfasern (s. [8, 17] und Abschn. 4.13) dürfen bei Konzeption und Betrieb heutiger Übertragungssysteme in vielen Fällen nicht vernachlässigt werden. Die Ursachen für diese Notwendigkeit liegen in den technologischen Fortschritten der letzten Jahre: die optischen Pegel haben sich dank leistungsstarker Quellen und durch Faserverstärker erhöht, die repeaterlosen Streckenlängen sind erheblich angewachsen und die Längen der optischen Impulse haben sich mit den wachsenden Bitraten ständig verkürzt. Schließlich müssen in den immer weiter verbreiteten Wellenlängen-Multiplex-Systemen Wechselwirkungen verschiedener Kanäle in Betracht gezogen werden.

Die zu berücksichtigenden Nichtlinearitäten in Quarzglasfasern sind Brillouin- und Raman-Streuung (BS bzw. RS) als nichtlineare Streuprozesse und Selbstphasenmodulation (self-phase modulation, SPM), Kreuzphasenmodulation (cross-phase modulation, XPM) und Vierwellenmischung (four wave mixing, FWM) als Prozesse aufgrund der Suszeptibilität dritter Ordnung $\chi^{(3)}$. Findet solch ein Prozess statt, so ändert sich in einem Längenelement der Faser die elektrische Feldstärke E_1 eines der anwesenden Signale gemäß

$$E_1(z+\Delta z) = E_1(z) \cdot \exp\left[-j\beta\Delta z - \frac{\alpha}{2}\Delta z + g\frac{P_i(z)}{2A_{\text{eff}}}\Delta z\right] \quad (3.70)$$

wobei β und α die linearen Ausbreitungseigenschaften und A_{eff} eine effektive Querschnittsfläche der Grundmode beschreiben. P_i bezeichnet je nach Prozess die Leistung P_1 desselben Signales oder die Leistung P_2 eines anderen Signales, das mit dem ersten in Wechselwirkung tritt. Der Koeffizient g kann ein reeller Verstärkungs- (gain) oder Dämpfungskoeffizient sein (BS, RS), oder aber ein imaginärer Phasenkoeffizient (SPM, XPM, FWM) und ist i. a. wellenlängenabhängig.

Bei der Brillouin-Streung tritt eine Wechselwirkung des Lichtes mit akustischen Phononen auf. Dies bedeutet eine Streung an Schallwellen, die in der Faser in Ausbreitungsrichtung ($+z$-Richtung) oder entgegengesetzt laufen können. Da diese Streuung eine Bragg-Reflexion (vgl. Abschn. 12.9) an durch die Schallwelle erzeugten Brechzahlschwankungen darstellt, entsteht nur Streulicht in Rückwärtsrichtung. Dieses an einer bewegten Struktur rückgestreute Licht ist durch den Dopplereffekt um $\Delta\nu = 2n\,\nu_{\text{schall}}/\lambda \cong 10$ GHz frequenzverschoben, je nach Schallausbreitungsrichtung zu niedrigeren oder höheren optischen Frequenzen. Eine in $+z$-Richtung laufende Schallwelle kann sich durch diesen Prozess verstärken, da das hinlaufende und von ihr reflektierte Licht ein optisches Interferenzfeld mit der Periode der Schallwellenlänge erzeugt. Daraus ergibt sich ein stimulierter Effekt, die stimulierte Brioullin-Streung (für die in $-z$-Richtung laufende Schallwelle mit Verschiebung zu höheren Frequenzen kann dies aus energetischen Gründen nicht auftreten). Bei sehr schmalbandigen und unmodulierten optischen Quellen wird die Leistungstransmission bereits bei Eingangsleistungen von einigen Milliwatt stark reduziert. Bei größeren optischen Quellenbandbreiten $\Delta\nu_Q$ – und damit auch bei kurzen Pulsbreiten – ist die Begrenzung weniger kritisch, da die Schwell-Leistung für stimulierte Brillouin-Streuung mit $1+\Delta\nu_Q/\Delta\nu_B$ anwächst. Die Bandbreite des Brioullin-Prozesses $\Delta\nu_B$ ist mit ca. 20 MHz (bestimmt durch die akustische Dämpfung in Quarzglas) sehr gering.

Raman-Streuung entsteht durch Wechselwirkung des Lichtes mit Molekülschwingungen des Wellenleitermaterials. Dabei kann Energie der elektromagnetischen Welle teilweise auf Molekülschwingungen übertragen werden. Dies führt zu einer zu längeren Wellenlängen verschobenen Streustrahlung (Stokes-Fall); der umgekehrte Anti-Stokes-Prozess ist erheblich unwahrscheinlicher und soll hier nicht diskutiert werden. Das Spektrum des Raman-gestreuten Lichtes ist in Quarzglas aufgrund der amorphen Glasstruktur nicht schmalbandig. Es weist eine Breite von etwa 10 THz auf und nimmt sein Maximum ungefähr 13 THz unterhalb der eingestrahlten optischen Frequenz an. Im Gegensatz zur Brillouin-Streuung kann Raman-Streuung auch in Vorwärtsrichtung auftreten. Breiten sich demzufolge in einer Faser zwei Signale mit verschiedenen Wellenlängen aus, so kann durch den Prozess der stimulierten Ramanstreuung (SRS) das langwelligere Signal durch die Anwesenheit des kurzwelligeren Signals verstärkt werden, besonders dann, wenn der Frequenzunterschied ca. 13 THz beträgt. Auf diese Art können also verschieden Kanäle eines WDM-Systems miteinander in unerwünschter Weise koppeln. Andererseits kann jedoch durch kurzwelligeres Pumplicht eine u. U. gewünschte Signalverstärkung realisiert werden. Die Schwell-Leistungen für SRS liegen allerdings ca. drei Größenordnungen über denjenigen der stimulierten Brillouin-Streuung.

Der Zusammenhang zwischen dielektrischer Polarisation P und elektrischer Feldstärke ist in isotropen Materialien und bei kleinen Feldstärken durch $P = \varepsilon_0 \cdot \chi \cdot E$ gegeben mit $\chi = \varepsilon_r - 1 = n^2 - 1$. Im allgemeinen Fall ist dieser Zusammenhang jedoch tensoriell und nichtlinear. Im isotropen Glasmaterial einer Faser ist die Suszeptibilität $\chi^{(2)}$ zweiter Ordnung gleich null. Der Einfluß der Suszeptibilität $\chi^{(3)}$ dritter Ordnung, welche die dielektrische Polarisation P mit dritten Potenzen von Feldstärkekomponenten verknüpft, kann durch eine zu $|E|^2$ und damit zur optischen Leistung P proportionale Änderung der Brechzahl n beschrieben werden

$$n = n_0 + n_2 \cdot \frac{P}{A_{\text{eff}}} \tag{3.71}$$

wobei A_{eff} eine effektive Querschnittsfläche des Modus bezeichnet. Der nichtlineare Brechzahl-Koeffizient beträgt in Quarzglasfasern etwa $n_2 = 2{,}6 \cdot 10^{-20}\,\text{m}^2/\text{W}$. Ein optischer Impuls wird durch diesen Effekt phasenmoduliert, er erleidet eine Selbstphasenmodulation (SPM). Ohne Berücksichtigung von Dämpfung und chromatischer Dispersion ergibt sich als Zusammenhang zwischen Fasereingang und Faserausgang einfach

$$E_a(t) = E_e(t) \cdot e^{j\hat{\Phi} \cdot \frac{P(t)}{P_{\text{max}}}} \tag{3.72}$$

wobei $P(t)$ die Leistungsverlauf des Pulses bezeichnet (der sich in diesem Falle bei der Ausbreitung nicht verändert). Die Zeitvariable ist der Einfachheit halber in reduzierter Form gegeben, d.h. die Zeitverschiebung um $\frac{L}{v_{\text{gr}}}$ tritt nicht in Erscheinung. Die Zusatzphase ergibt sich zu

$$\hat{\Phi} = \frac{2\pi}{\lambda} \frac{n_2}{A_{\text{eff}}} \cdot L \cdot P_{\text{max}} \tag{3.73}$$

Obwohl der Hub der nichtlinearen Brechzahlerhöhung äußerst gering ist (für $P_{\text{max}} = 10\,\text{mW}$ und $A_{\text{eff}} = 50\,\mu\text{m}^2$ ergibt sich z.B. $\delta n \sim 5 \cdot 10^{-12}$), führt der Faktor L/λ bei langen Strecken zu merklichen Phasenverschiebungen. Merklich werden diese Phasenverschiebungen bei der Pulsausbreitung durch gleichzeitig vorhandene chromatische Dispersion, die in Gl. (3.72) vernachlässigt wurde. Beide Effekte – Nichtlinearität und Dispersion – wirken sich dann auf die Entwicklung der Leistungs-Impulsform aus. In besonderen Fällen können sie sich gegenseitig balancieren; dies führt zu einer Ausbreitung von Pulsen mit unveränderter Form – sogenannter Solitonen. Um die Ausbreitung von einem Ort z bis zu einem benachbarten Ort $z + \Delta z$ und dann schrittweise längs einer ganzen Übertragungsstrecke zu berechnen wird oftmals die sogenannte 'split-step Fourier'-Methode angewandt: die Nichtlinearität wird im Ortsbereich gemäß der letzten beiden Terme in Gl. (3.70) berücksichtigt, die chromatische Dispersion durch eine Übertragungsfunktion Gl. (3.43) im Frequenzbereich.

Ebenfalls auf der Suszeptibilität dritter Ordnung $\chi^{(3)}$ beruhen die Kreuzphasenmodulation (XPM) und die Vierwellenmischung (FWM). Bei Kreuzphasenmodulation wird die optische Phase der Pulse in einem Kanal eines WDM-Systems durch Wechselwirkung mit einem anderen Kanal verändert. Im Zusammenwirken mit chromatischer Dispersion ergeben sich dann wiederum Veränderungen der Puls-Einhüllenden. Unter Vierwellenmischung versteht man einen Prozeß, bei dem drei kopropagierende Signale mit Frequenzen $f_{i,j,k}$ (von denen zwei identisch sein können) neue Frequenzkomponenten bei $f_{ijk} = f_i + f_j - f_k$ erzeugen. Auch dies führt zu Übersprechen in WDM-Systemen.

Spezielle Literatur

[1] *Kao, K.C.; Hockham, G.A.*: Dielectric-fiber surface waveguides for optical frequencies. In: Proc. Inst. Electr. Eng. 113 (1966), S. 1151–1158

[2] *Unger, H.-G.*: Optische Nachrichtentechnik Teil I. Hüthig, 1984

[3] *Unger, H.-G.*: Optische Nachrichtentechnik Teil II. Hüthig, 1992

[4] *Agrawal, G.P.*: Fiber-optic communication systems. John Wiley & Sons, 1997

[5] *Neumann, E.-G.*: Single-mode fibers, Springer, 1988

[6] *Miller, S.E.; Chynoweth, A.G., Chynoweth, A.G.* (Hrsg.): Optical fiber telecommunications. Academic Press, 1979

[7] *Miller, S.E.; Kaminow, I.P.; Kaminow, I.P.* (Hrsg.): Optical fiber telecommunications II. Academic Press, 1988

[8] *Kaminow, I.P.; Koch, T.L.; Koch, T.L.* (Hrsg.): Optical fiber telecommunications IIIA. Academic Press, 1997

[9] *Grau, G.; Freude, W.*: Optische Nachrichtentechnik. Springer, 1991

[10] *Gowar, J.*: Optical communication systems. Prentice Hall, 1993
[11] *Snyder, A.W., Love, J.D.*: Optical waveguide theory. Chapman and Hall, 1983
[12] *Aggarwal, D.; Lu, G.*: Fluoride glass fiber optics. Academic Press, 1991
[13] *Gloge, D.*: Weakly guiding fibers. In: Appl. Optics (1971), S. 2252–2258
[14] *Azzam, R.M.A.; Bashara, N.M.*: Ellipsometry and polarized light. North-Holland, 1987
[15] *Yariv, A.*: Optical Electronics in Modern Communications. Oxford University Press, 1997
[16] *Poole, C.D.; Wagner, R.E.*: Phenomenological approach to polarisation dispersion in single-mode fibers. In: Electron. Lett. (1986), S. 1029–1030
[17] *Agrawal, G.P.*: Nonlinear fiber optics. Academic Press, 1995

Einmodenfasern 4

H. Renner (Abschn. 4.1–4.13), R. Ulrich (Abschn. 4.14–4.15),
J.-P. Elbers und Ch. Glingener (Abschn. 4.16)

Allgemeine Literatur

D. Marcuse, Light Transmission Optics, Van Nostrand, New York, 1982. – *D. Marcuse*, Theory of dielectric optical waveguides, Academic Press, New York, 1974. – *A.W. Snyder* and *J.D. Love*, Optical Waveguide Theory, Chapman and Hall, London, 1983. – *E.-G. Neumann*, Single-mode fibers, Springer, Berlin, 1988. – *H.G. Unger*, Planar optical waveguides and fibers, Clarendon Press, Oxford, 1977. – *H.-G. Unger*, Optische Nachrichtentechnik. Teil I: Optische Wellenleiter, Hüthig, Heidelberg, 1984. – *H.-G. Unger*, Optische Nachrichtentechnik. Teil II: Komponenten und Systeme, Hüthig, Heidelberg, 1992. – *G. Grau* und *W. Freude*, Optische Nachrichtentechnik, Springer, Berlin, 1991. – *M.J. Adams*, An Introduction to Optical Waveguides, New York: Wiley, 1981. – *G.P. Agrawal*, Fiber-Optic Communication Systems, New York: Wiley, 1997. – *I.P. Kaminov* und *Th.L. Koch*, Herausgeber, Optical Fiber Telecommunications III, San Diego: Academic Press, 1997. – *I.P. Kaminow*, „Polarization in optical fibers", IEEE J. Quantum Electron. Vol. QE-17 S. 312–331, 1981. – *S.C. Rashleigh*, „Origins and control of polarization effects in single-mode fibers", IEEE J. Lightwave Technol. Vol. LT-1 S. 312–331, 1983. – *G.N. Ramachandra* and *S. Ramaseshan*, Crystal optics, Part A: Polarization of light, in Encyclopedia of physics, Vol. XXV/1, S. 1–54, Herausgeber S. Flügge, Berlin: Springer, 1961. – *R.G. Waarts, A.A. Friesem, E. Lichtman, H.H. Yaffe, R.-P. Braun*, „Nonlinear Effects in Coherent Multichannel Transmission Through Optical Fibers", Proc. IEEE, Vol. 78, Nr. 8, S. 1344–1368, 1990. – *A.R. Chraplyvy*, „Limitations on Lightwave Communications Imposed by Optical-Fiber Nonlinearities", J. Lightwave Tech., Vol. 9, Nr. 10, S. 1548–1557, 1990. – *G.P. Agrawal*, „Nonlinear Fiber Optics", 2. Auflage, Academic Press, 1992. – *R.W. Boyd*, „Nonlinear Optics", Academic Press, 1992. – *E. Iannone, F. Matera, A. Mecozzi, M. Settembre*, „Nonlinear Optical Communication Networks", Wiley, New York, 1998. – *F. Forghieri, R.W. Tkach, A.R. Chraplyvy*, „Fiber Nonlinearities and Their Impact on Transmission Systems", in Optical Fiber Telecommunications, Vol. III a, verlegt von *I.P. Kaminow* and *T.L. Koch*, Academic Press, S. 196–263, 1997; *Yariv, A.*, „Quantum Electronics", 3rd Edition, Wiley, 1998

4.1 Einleitung

Einmodenfasern unterscheiden sich von Vielmodenfasern darin, daß sie lediglich den Grundmodus führen. Da somit die Impulsverbreiterung durch Modendispersion (Kap. 5) entfällt, sind mit ihnen wesentlich längere Übertragungsstrecken bzw. höhere Übertragungsraten erreichbar. In modernen optischen Kommunikationssystemen kommen im wesentlichen nur noch Einmodenfasern zur Anwendung. In diesem Kapitel werden die Übertragungseigenschaften von Einmodenfasern beschrieben. Besondere Schwerpunkte sind die Modenausbreitung, chromatische Dispersion und Impulsübertragung, Verluste, Grenzfrequenzen, Doppelbrechung und Polarisationsmodendispersion sowie nichtlineare Effekte in optischen Fasern.

4.2 Exakte Eigenwellen in Fasern, Moden

Zur Beschreibung der Lichtausbreitung in optischen Fasern eignet sich insbesondere die Theorie der Eigenwellen oder Moden der Faser [1–3], die im folgenden skizziert wird.

4.2.1 Vektorielle Wellengleichungen

Die Ausbreitung von Licht als elektromagnetischer Vorgang gehorcht den Maxwellschen Gleichungen. Für Quellenfreiheit (verschwindende Ladungsdichte und Stromdichte) und einer Zeitabhängigkeit $\exp(+j\omega t)$ aller Feldkomponenten lassen sie sich wie folgt schreiben:

$$\nabla \times \mathbf{E} = -j\omega\mu_r\mu_0\mathbf{H}\,, \tag{4.1}$$

$$\nabla \times \mathbf{H} = +j\omega\varepsilon_0 n^2\mathbf{E} \tag{4.2}$$

$$\nabla \cdot (n^2\mathbf{E}) = 0\,,\quad \nabla \cdot \mathbf{H} = 0 \tag{4.3}$$

Hierbei bezeichnen **E** und **H** das elektrische beziehungsweise magnetische Feld, ∇ den Nabla-Operator, ε_0 und μ_0 die Dielektrizitätskonstante beziehungsweise die Permeabilitätskonstante des freien Raumes, n die Brechzahl und ω die Kreisfrequenz des Lichtes. Da optische Fasern im allgemeinen aus nicht-magnetischen Materialien bestehen, kann für die relative Permeabilitätskonstante $\mu_r = 1$ gesetzt werden. Die Gln. (4.1) und (4.2) können zu vektoriellen Wellengleichungen zusammengefaßt werden als

$$\nabla \times (\nabla \times \mathbf{E}) = k^2 n^2 \mathbf{E}\,, \tag{4.4}$$

$$\nabla \times \left(\frac{1}{n^2} \nabla \times \mathbf{H}\right) = k^2 \mathbf{H}\,, \tag{4.5}$$

wobei $k = \omega\,(\varepsilon_0\,\mu_0)^{1/2}$ die Wellenzahl des freien Raumes bezeichnet. Bezüglich der Freiraumwellenlänge λ gilt $k = 2\pi/\lambda$.

4.2.2 Eigenwellen, Moden

Optische Fasern können meist als prismatische Wellenleiter angesehen werden (Abb. 4.1), das heißt, sie ändern sich in der gewünschten Ausbreitungsrichtung z des Lichtes nicht. Die Brechzahlverteilung n in Gln. (4.1)–(4.5) ist dann nur eine Funktion der verbleibenden beiden transversalen Koordinaten. In kartesischen Koordinaten (x, y, z) bedeutet das $n = n(x, y)$. Für diese Wellenleiter können Lösungen der Maxwellschen Gleichungen mit exponentieller Längenabhängigkeit $\exp(-j\beta z)$ gefunden werden, deren transversale Feldverteilungen aber längenunabhängig sind und sich somit bei der Ausbreitung im Wellenleiter nicht verändern:

$$\mathbf{E}(x, y, z) = \mathbf{e}(x, y) \exp(-j\beta z)\,, \tag{4.6}$$

$$\mathbf{H}(x, y, z) = \mathbf{h}(x, y) \exp(-j\beta z)\,. \tag{4.7}$$

Dabei ist β die Ausbreitungskonstante. Solche Lösungen bezeichnet man als Moden oder Eigenwellen des Wellenleiters. Zusammen mit der Zeitabhängigkeit $\exp(+j\omega t)$ ergibt sich für die Ausbreitung einer bestimmten Phasenlage die sogenannte Phasengeschwindigkeit $v_{ph} = \omega/\beta$.

Für beliebige prismatische Wellenleiter, wie z. B. kreiszylindrische Fasern, erfüllen die longitudinalen Feldkomponenten e_z bzw. h_z in Bereichen i konstanter Brechzahl $n(x, y) = n_i$ die Wellengleichungen

$$\nabla_t^2 e_z + (k^2 n_i^2 - \beta^2)\, e_z = 0\,, \tag{4.8}$$

$$\nabla_t^2 h_z + (k^2 n_i^2 - \beta^2)\, h_z = 0\,, \tag{4.9}$$

wobei $\nabla_t^2 = \partial^2/\partial x^2 + \partial^2/\partial y^2$ den transversalen Laplace-Operator bezeichnet. Sind e_z, h_z und β bekannt, erhält man die transversalen Komponenten allgemein aus

$$\mathbf{e}_t = (\beta\, \nabla_t e_z - \omega\mu_0\, \hat{\mathbf{z}} \times \nabla_t h_z)/ [k^2 n^2(x, y) - \beta^2]\,, \tag{4.10}$$

$$\mathbf{h}_t = (\beta\, \nabla_t h_z + \omega\varepsilon_0 n^2\, \hat{\mathbf{z}} \times \nabla_t e_z)/ [k^2 n^2(x, y) - \beta^2]\,. \tag{4.11}$$

Hier ist ∇_t der transversale Nabla-Operator, der in kartesischen Koordinaten mit den transversalen Einheitsvektoren $\hat{\mathbf{x}}$ und $\hat{\mathbf{y}}$ durch $\nabla_t = \hat{\mathbf{x}}\partial/\partial x + \hat{\mathbf{y}}\partial/\partial y$ ausgedrückt werden kann. Der longitudinale Einheitsvektor ist $\hat{\mathbf{z}}$. Aus der Quellenfreiheit folgt die Stetigkeit der zu gegebenenfalls vorhandenen Brechzahlsprüngen tangentialen Feldkomponenten, die oft zur mathematischen Lösung z. B. für runde [1, 2, 4] oder elliptische [5] Fasern herangezogen wird.

Alternativ können Gln. (4.1–4.7) zu Wellengleichungen für die beiden miteinander verkoppelten Vektorkomponenten des transversalen Feldanteils $\mathbf{e}_t$ bzw. $\mathbf{h}_t$ kombiniert werden. Verwendet man kartesische Feldkomponenten $\mathbf{e}_t = \hat{\mathbf{x}}\, e_x + \hat{\mathbf{y}}\, e_y$ bzw. $\mathbf{h}_t = \hat{\mathbf{x}}\, h_x + \hat{\mathbf{y}}\, h_y$, so kann man schreiben

$$\nabla_t^2 \mathbf{e}_t + [k^2 n^2(x, y) - \beta^2]\, \mathbf{e}_t = -\nabla_t (\mathbf{e}_t \cdot \nabla_t \ln n^2)\,, \tag{4.12}$$

$$\nabla_t^2 \mathbf{h}_t + [k^2 n^2(x, y) - \beta^2]\, \mathbf{h}_t = (\nabla_t \times \mathbf{h}_t) \times \nabla_t \ln n^2\,. \tag{4.13}$$

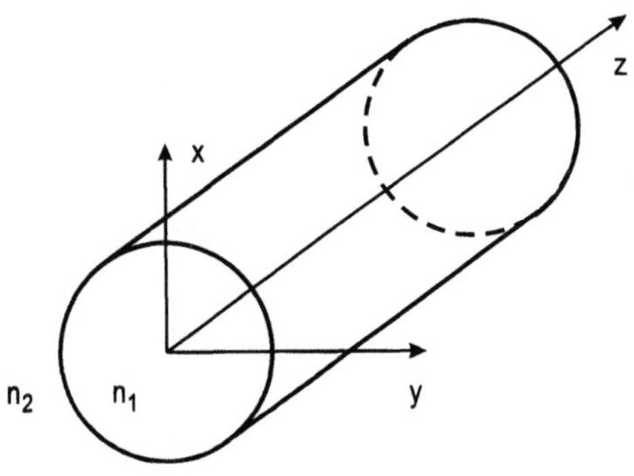

Abb. 4.1. Optische Faser als prismatischer Wellenleiter mit Kern- und mantelbrechzahl n_1 bzw. n_2 im kartesischen Koordinatensystem (x, y, z)

Physikalisch zulässige Lösungen sind überall endlich. Geführte Moden als diskrete Lösungen weisen im Unendlichen verschwindende Felder sowie eine Ausbreitungskonstante β größer als die Wellenzahl kn_2 des unendlich ausgedehnten Mantels und kleiner als die maximale Wellenzahl im Kern auf (Abb. 4.2). Strahlungmoden oszillieren im Unendlichen und existieren als kontinuierliches Spektrum mit $\beta < kn_2$ ähnlich den ebenen Wellen im homogenen Raum. Mantelmoden sind die geführten Moden des Wellenleiters, dessen Kern vom Fasermantel einschließlich Faserkern und dessen Mantel vom niederbrechenden Umgebungsmaterial, z. B. Luft, gebildet wird. Sie entsprechen dem Spektrum der Strahlungsmoden in der Faser mit unendlich ausgedehntem Mantel, das durch die Begrenzung des Mantels diskretisiert wird. Leckmoden sind Lösungen mit komplexer Ausbreitungskonstante, deren Imaginärteil die Dämpfungskonstante liefert. Das Mantelfeld enthält eine vom Kern fortlaufende Welle, die exponentiell nach außen hin anwächst. Diese Beschreibung gilt nur innerhalb eines gewissen Abstrahlkegels, außerhalb fällt das Feld wieder auf Null ab. Leckmoden stellen in β spektral schmalbandige Strahlungsmodenpakete dar [2, 6].

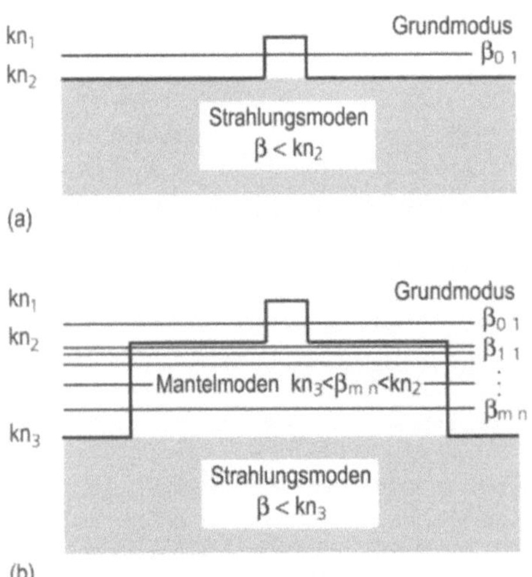

Abb. 4.2. a Grundmodus (β_{01}) und Strahlungsmoden ($\beta < kn_2$) in einer Faser mit unendlich ausgedehntem Mantel der Brechzahl n_2. **b** Grundmodus (β_{01}), Mantelmoden ($kn_3 < \beta_{mn} < kn_2$) und Strahlungsmoden ($\beta < kn_3$) in einer Faser mit den Mantel umgebender Hülle der Brechzahl n_3. [**a** und **b** inLP-Modennotierung]

Moden mit gleichen Ausbreitungskonstanten nennt man entartet. Entartung tritt z. B. in runden Fasern zwischen den Moden gleicher radialer und azimutaler Ordnungszahl, aber unterschiedlicher azimuthaler Phasenlage auf, wie es z. B. für Real- und Imaginärteil der Gln. (4.26) und (4.27) der Fall ist.

4.2.3 Orthogonalität und Vollständigkeit der Moden

Die Felder eines Modus i seien $\mathbf{e}_i(x, y)$ und $\mathbf{h}_i(x,y)$. Die Moden eines nichtabsorbierenden Wellenleiters sind leistungsorthogonal, d. h.

$$\int \mathbf{e}_m \times \mathbf{h}_n^* \cdot \hat{\mathbf{z}}\, dA = \int \mathbf{e}_n^* \times \mathbf{h}_m \cdot \hat{\mathbf{z}}\, dA = \begin{cases} 2N_m, & n = m, \\ 0, & n \neq m. \end{cases} \quad (4.14)$$

Die Integration erstreckt sich über den gesamten Wellenleiterquerschnitt. N_m ist eine Normierung und entspricht der von dem Modus längs des Wellenleiters (in z-Richtung) transportierten Leistung. Dabei bedeutet $N_m > 0$ Leistungtransport in positive z-Richtung, und $N_m < 0$ in entgegengesetzte Richtung. In die Orthogonalitätsrelation (4.14) gehen nur die transversalen Feldkomponenten $\mathbf{e}_t$ und $\mathbf{h}_t$ ein. Das elektromagnetische Feld $\mathbf{E}(x, y, z)$ und $\mathbf{H}(x,y,z)$ in einem prismatischen Wellenleiter läßt sich als eine Überlagerung seiner Moden darstellen:

$$\mathbf{E}(x,y,z) = \sum_i b_i(z)\, \mathbf{e}_i(x,y) + \mathbf{E}_s(x,y,z)\,, \quad (4.15)$$

$$\mathbf{H}(x,y,z) = \sum_i b_i(z)\, \mathbf{h}_i(x,y) + \mathbf{H}_s(x,y,z)\,. \quad (4.16)$$

Darin sind sowohl vorlaufende ($i = 1, 2, \ldots$) als auch rücklaufende ($i = -1, -2, \ldots$) Moden enthalten. Die Koeffizienten

$$b_i(z) = b_i(0) \exp(-j\beta_i z) \quad (4.17)$$

sind für die elektrischen und magnetischen Felder dieselben. Bezeichnet man die Felder der vorlaufenden Moden mit

$$\mathbf{e}_i = \mathbf{e}_{ti} + \hat{\mathbf{z}}\, e_{zi}\,, \quad \mathbf{h}_i = \mathbf{h}_{ti} + \hat{\mathbf{z}}\, h_{zi} \quad (4.18)$$

und die Ausbreitungskonstante mit β_i, so gilt für die rücklaufenden Moden

$$\mathbf{e}_{-i} = \mathbf{e}_{ti} - \hat{\mathbf{z}}\, e_{zi}\,, \quad \mathbf{h}_{-i} = -\,\mathbf{h}_{ti} + \hat{\mathbf{z}}\, h_{zi} \quad (4.19)$$

und $\beta_{-i} = -\,\beta_i$. Die vom Wellenleiter nicht geführten Strahlungfeldanteile $\mathbf{E}_s(x, y, z)$ und $\mathbf{H}_s(x,y,z)$ werden durch die Überlagerung der kontinuierlichen Spektren der Strahlungsmoden repräsentiert [2].

Bezüglich des transversalen elektromagnetischen Feldes bilden die Moden eines Wellenleiters ein vollständiges Fundamentalsystem. Das heißt, jede beliebige dreidimensionale Verteilung des transversalen elektromagnetischen Feldes, z. B. in längsveränderlichen Wellenleitern, kann durch die Transversalfelder der Moden eines beliebigen Wellenleiters dargestellt werden, es werden dazu keine anderen Funktionen benötigt. Die zugehörigen longitudinalen Komponenten E_z und H_z entsprechen dabei jedoch nicht im allgemeinen der Überlagerung aus den z-Komponenten der Modenfelder, sondern folgen aus den Transversalkomponenten des Gesamtfeldes $\mathbf{E}_t(x, y, z)$ und $\mathbf{H}_t(x, y, z)$ und den z-Komponenten der Gln. (4.1) und (4.2). Ausnahmen bilden prismatische Wellenleiter (Abb. 4.1), für die Gln. (4.15) und (4.16) für alle Feldkomponenten gelten [2].

4.2.4 Modenanregung

Ist in einem Wellenleiterquerschnitt z = konst das elektromagnetische Feld durch $\mathbf{E}(x, y)$ und $\mathbf{H}(x,y)$ gegeben, z. B. an der Stirnfläche einer Faser, so regt dieses im allgemeinen das gesamte Spektrum der geführten Moden und der Strahlungsmoden an. Die Stetigkeitsbedingungen für die tangentialen Feldkomponenten senkrecht zur z-Achse erzwingen

$$\mathbf{E}_t(x,y) = \sum_i a_i \mathbf{e}_{ti}(x,y) + \mathbf{E}_{ts}(x,y)\,, \tag{4.20}$$

$$\mathbf{H}_t(x,y) = \sum_i a_i \mathbf{h}_{ti}(x,y) + \mathbf{H}_{ts}(x,y)\,. \tag{4.21}$$

mit $a_i = b_i(0)$ aus Gl. (4.17). Für einen nichtabsorbierenden Wellenleiter folgen die Anregungskoeffizienten aus der Orthogonalitätsrelation (4.14) zu

$$\begin{aligned} a_i &= \frac{1}{2N_i}\int \mathbf{E}_t \times \mathbf{h}_{ti}^* \cdot \mathbf{z}\,dA \\ &= \frac{1}{2N_i}\int \mathbf{e}_{ti}^* \times \mathbf{H}_t \cdot \mathbf{z}\,dA\,. \end{aligned} \tag{4.22}$$

Der geführte Modus i transportiert dann die Leistung

$$P_i = |a_i|^2 N_i \tag{4.23}$$

entsprechend einer insgesamt vom Wellenleiter geführten Leistung

$$P = \sum_i P_i = \sum_i |a_i|^2 N_i\,. \tag{4.24}$$

4.2.5 Exakte Lösungen in Stufenprofil-Fasern

Optische Fasern sind praktisch meist rotationssymmetrische Wellenleiter. Abbildung 4.3 (a) zeigt den Querschnitt einer runden Stufenprofilfaser mit Kernradius a und den Brechzahlen n_1 und n_2 in Kern ($0 \le r < a$) bzw. Mantel ($a < r < \infty$):

$$n(r) = \begin{cases} n_1, & 0 \le r < a\,, \\ n_2, & a < r < \infty\,. \end{cases} \tag{4.25}$$

Für diese Struktur können Gln. (4.8) und (4.9) durch Separation der Variablen gelöst werden:

$$E_z = \begin{cases} c_1 J_m(UR)\exp(jm\phi), & 0 \le r \le a\,, \\ c_2 K_m(WR)\exp(jm\phi), & a \le r < \infty, \end{cases} \tag{4.26}$$

$$H_z = \begin{cases} c_3 J_m(UR)\exp(jm\phi), & 0 \le r \le a\,, \\ c_4 K_m(WR)\exp(jm\phi), & a \le r < \infty. \end{cases} \tag{4.27}$$

Hier sind r und ϕ die radiale und azimutale Zylinderkoordinate entsprechend $x = r\cos\phi$

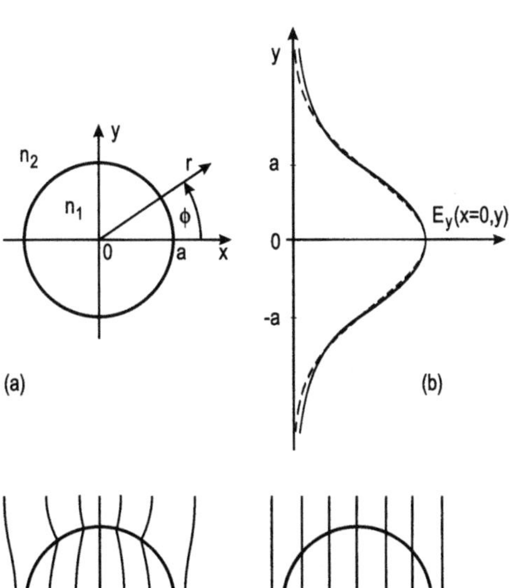

Abb. 4.3. **a** Stufenprofilfaser im Zylinderkoordinatensystem, **b** Exakte (durchgezogen) und durch eine Gaußfunktion angenäherte (unterbrochen) Feldverteilung $E_y(x = 0, y)$ des Grundmodus für $V = 2$, **c** Elektrische Feldlinien des vektoriellen HE_{11}-Modus. **d** Elektrische Feldlinien des linear polarisierten LP_{01}-Modus

und $y = r \sin\phi$, und $R = r/a$ bezeichnet einen normierten Radius. J_m und K_m sind die Besselfunktion bzw. die modifizierte Besselfunktion der Ordnung m [7]. Die modalen Parameter

$$U = V(1-B)^{1/2}, \quad W = VB^{1/2} \tag{4.28}$$

sind über die normierte Frequenz

$$V = kan_1(2\Delta)^{1/2}, \tag{4.29}$$

die relative Brechzahldifferenz

$$\Delta = \frac{n_1^2 - n_2^2}{2n_1^2} \tag{4.30}$$

und die normierte Ausbreitungkonstante

$$B = \frac{\beta^2/k^2 - n_2^2}{n_1^2 - n_2^2} \tag{4.31}$$

definiert. Es gilt $U^2 + W^2 = V^2$. Oft wird zur Charakterisierung auch die absolute Brechzahldifferenz $\Delta n = n_1 - n_2 \simeq n_1\Delta$ verwendet. Die zur Kern/Mantelgrenze tangentialen Komponenten sind E_z und H_z sowie, aus Gln. (4.10) und (4.11) herleitbar, E_ϕ und H_ϕ. Die Bedingung der Stetigkeit dieser Komponenten bei $r = a$ führt auf die Eigenwertgleichung

$$\left[\frac{J_m'(U)}{UJ_m(U)} + \frac{K_m'(W)}{WK_m(W)}\right] \times \left[\frac{J_m'(U)}{UJ_m(U)} + (1-2\Delta)\frac{K_m'(W)}{WK_m(W)}\right] = m^2\left(1 - 2\Delta\frac{U^2}{V^2}\right)\left(\frac{V}{UW}\right)^4. \tag{4.32}$$

Ihre Lösungen sind die mit HE_{mn} und EH_{mn} bezeichneten Hybridmoden mit einer deutlich ausgeprägten magnetischen bzw. elektrischen longitudinalen Komponente H_z bzw. E_z. Für umfangsunabhängige Felder mit $m = 0$ erhält man darüber hinaus transversal-elektrische TE_{0n}-Moden mit $E_z = 0$ und transversal-magnetische TM_{0n}-Moden mit $H_z = 0$. Die Ausbreitungskonstante β des betrachteten Modus erhält man aus Gln. (4.28), (4.29) und (4.31). Oft arbeitet man auch mit dem effektiven Index

$$n_e = \beta/k, \tag{4.33}$$

der für geführte Moden zwischen den Brechzahlwerten von Kern und Mantel liegt, $n_2 < n_e < n_1$.

Für die Optische Kommunikationstechnik wird insbesondere der HE_{11}- oder Grundmodus zur Signalübertragung genutzt. Er existiert in zwei zueinander orthogonalen Polarisationszuständen, z.B. mit jeweils dominierender elektrischer x- bzw. y-Komponente. Letztere ist in Abb. 4.3(b) für $V = 2$ und kleines Δ durchgezogen über den Faserquerschnitt abgetragen. Abbildung 4.3(c) zeigt das zugehörige Feldlinienbild von $\mathbf{e}_t(x, y)$ in seiner tatsächlichen Form [8], die der seit der ersten Berechnung durch Hondros und Debye aus dem Jahre 1910 [4] gebräuchlichen Darstellung hinsichtlich der Krümmungsrichtung der Feldlinien widerspricht.

Für einfach ummantelte Einmodenfasern interessant ist, daß der HE_{11}- oder Grundmodus bei allen Wellenlängen geführt wird. Seine Grenzfrequenz (s. Abschn. 4.13.1) ist damit $V_c = 0$. Zu kurzen Wellenlängen hin wird der Einmodigkeitsbereich durch die einsetzende Führung der TE_{01}- und TM_{01}-Moden bei deren Grenzfrequenz $V_c = 2{,}405$ und der beiden HE_{21}-Moden bei $V_c \simeq 2{,}405 + 0{,}83\Delta$ begrenzt. Um Verzerrungen des übertragenen Signal aufgrund von Laufzeitstreuungen (Kap. 5) oder Modenrauschen an fehlerhaften Spleißstellen (Abschn. 4.13.2) zu vermeiden, nutzt man in Einmodenfasern gerade den Bereich $0 < V < V_c$. Für die Ausnutzung des dämpfungsarmen Wellenlängenbereichs $\lambda = 1{,}3 - 1{,}7\ \mu m$ legt man die Einmodigkeitsgrenze etwa nach $\lambda = 1{,}2\ \mu m$. Für einen Kernradius $a = 4\ \mu m$ und eine Mantelbrechzahl des Quarzglases von $n_2 = 1{,}46$ ist dafür $\Delta \le 3 \cdot 10^{-3}$ einzuhalten.

4.3 Linear polarisierte Näherungslösungen für schwach führende Fasern

4.3.1 Schwache Führung, Skalare Näherung

Die Näherung der „Schwachen Führung“ vereinfacht viele Ausbreitungsprobleme. Sie beruht auf der praktisch meist erfüllten Annahme kleiner relativer Brechzahldifferenzen Δ. Die Wellengleichung (4.12) für das in kartesischen Komponenten betrachtete transversale elektrische Feld $\mathbf{e}_t(x,y) = \hat{\mathbf{x}}e_x(x,y) + \hat{\mathbf{y}}e_y(x,y)$ eines Modus kann mit der Profildarstellung

$$n^2(x,y) = n_1^2[1 - 2\Delta f(x,y)] \tag{4.34}$$

umgeschrieben werden zu

$$\nabla_T^2\mathbf{e}_t + V^2(1 - f - B)\mathbf{e}_t = 2\Delta\nabla_T\left(\frac{\mathbf{e}_t \cdot \nabla_T f}{1 - 2\Delta f}\right). \tag{4.35}$$

Hierbei bezeichnen $\nabla_T^2 = a^2 \nabla_t^2$ den normierten transversalen Laplace-Operator und $\mathbf{\nabla}_T = a\mathbf{\nabla}_t$ den normierten transversalen Nabla-Operator. Für kleine Brechzahldifferenzen kann ein Grenzübergang $\Delta \to 0$ gemacht werden, bei dem die rechte Seite von Gl. (4.35) verschwindet, die linke jedoch endlich bleibt. Setzt man $\mathbf{e}_t = \hat{\mathbf{s}}\,\psi(x, y)$, wobei $\hat{\mathbf{s}}$ ein transversaler Einheitsvektor, z.B. $\hat{\mathbf{s}} = \hat{\mathbf{x}}$ oder $\hat{\mathbf{s}} = \hat{\mathbf{y}}$, ist, so erhält man für die skalare Feldfunktion $\psi(x, y)$ die sogenannte skalare Wellengleichung in Form einer Helmholtzgleichung

$$\nabla_T^2 \psi + V^2[1 - f(x,y) - B]\ \psi = 0\,. \qquad (4.36)$$

Jede der beiden orthogonalen Lösungen $\mathbf{e}_t = \hat{\mathbf{x}}\,\psi(x,y)$ und $\mathbf{e}_t = \hat{\mathbf{y}}\,\psi(x,y)$ ist über den gesamten Wellenleiterquerschnitt einheitlich polarisiert. Man spricht von linear polarisierten Moden oder LP-Moden. Die transversale magnetische Feldstärke folgt aus

$$\mathbf{h}_t = n_1\,(\varepsilon_0/\mu_0)^{1/2}\,\hat{\mathbf{z}} \times \mathbf{e}_t\,. \qquad (4.37)$$

Die longitudinalen Feldkomponenten

$$e_z = j\,\sqrt{2\Delta}\,\nabla_T\,\mathbf{e}_t/V \quad \text{bzw.} \qquad (4.38)$$

$$h_z = j\,\sqrt{2\Delta}\,\nabla_T\,\mathbf{h}_t/V \qquad (4.39)$$

sind um die Ordnung $\mathcal{O}(\Delta^{1/2})$ kleiner als $\mathbf{e}_t$ bzw. $\mathbf{h}_t$. Die zu $\mathbf{e}_t$ bzw. $\mathbf{h}_t$ senkrechten transversalen Komponenten sogar um $\mathcal{O}(\Delta^1)$. Für Faserquerschnitte mit einer oder zwei Symmetriachsen wie z.B. elliptische Fasern sind die beiden Polarisationszustände eines LP-Modus entlang der Symmetrieachsen ausgerichtet [2, 9]. In runden Fasern bleibt die Ausrichtung unbestimmt.

Die Orthogonalitätsrelation (4.14) für die Moden einer Polarisation geht über in

$$\sqrt{\frac{n_1^2\,\varepsilon_0}{\mu_0}} \int \psi_m\,\psi_n\,dA = \begin{cases} 2N_m\,, & n = m\,, \\ 0\,, & n \neq m\,. \end{cases} \qquad (4.40)$$

Jeder x-polarisierte Modus ist wegen $\hat{\mathbf{x}} \cdot \hat{\mathbf{y}} = 0$ außerdem zu jedem beliebigen y-polarisierten Modus orthogonal.

4.3.2 Linear polarisierte Moden der runden Faser

In runden Fasern ist die Brechzahlverteilung nur eine Funktion der radialen Koordinate $r = (x^2 + y^2)^{1/2}$. Mit dem normierten Radius $R = r/a$ läßt sich schreiben $n^2(x,y) = n^2(r) = n_1^2[1 - 2\Delta f(R)]$, und die skalare Feldfunktion ψ vereinfacht sich zu

$$\psi(r, \phi) = F(R) \begin{cases} \cos(m\phi) \\ \sin(m\phi) \end{cases}. \qquad (4.41)$$

Dabei ist m die azimutale Modenzahl und ϕ die Winkelkoordinate. Die Funktion $F(R)$ erfüllt die radiale Wellengleichung

$$\left\{\frac{d^2}{dR^2} + \frac{1}{R}\frac{d}{dR} - \frac{m^2}{R^2} + V^2[1 - f(R) - B]\right\} F(R) = 0\,. \qquad (4.42)$$

Die Felder geführter Moden sind überall beschränkt und verschwinden im Unendlichen, $|F(R)| < \infty$ und $F(R \to \infty) = 0$.

Die Lösungen für die radiale Feldfunktion $F(R)$ mit der radialen Modennummer l durchlaufen l Extrema über R, in deren Umgebung sich die Leistung konzentriert und die Leistungsdichte ihre Maxima annimmt. Mit Gl. (4.41) bilden sie die Felder der LP_{ml}-Moden. Für das Stufenprofil Gl. (4.25) wird Gl. (4.42) zur Besselschen Differentialgleichung mit $V^2[1 - f(R) - B] = U^2$ im Kern $(0 \le R \le 1)$ bzw. zur modifizierten Besselschen Differentialgleichung mit $V^2[1 - f(R) - B] = -W^2$ im Mantel $(1 \le R < \infty)$ [7]. Die Lösung kann geschlossen in der Form

$$F(R) = F(1) \begin{cases} J_m(U R)/J_m(U), & 0 \le R \le 1\,, \\ K_m(W R)/K_m(W), & 1 \le R < \infty\,. \end{cases} \qquad (4.43)$$

angegeben werden. Die direkt aus der Wellengleichung (4.42) ableitbare Forderung nach Stetigkeit des Feldes F sowie seiner radialen Ableitung dF/dR an der Kern/Mantelgrenze bei $R = 1$ führt auf die Eigenwertgleichung

$$U\,\frac{J_{m+1}(U)}{J_m(U)} = W\,\frac{K_{m+1}(W)}{K_m(W)} \qquad (4.44)$$

mit den modalen Parametern nach Gl. (4.28). Die Lösung dieses Problems liefert die normierte Ausbreitungskonstante B nach Gl. (4.31). Für den LP_{01}- oder Grundmodus mit $m = 0$ und $l = 1$ ist die Dispersionkurve $B(V)$ in Abb. 4.4 dargestellt. B ist für alle V-Werte definiert, der Modus wird immer geführt. Abbildung 4.4 zeigt ebenfalls die für die Gesamtdispersion wichtigen Größen $d(VB)/dV$ und $Vd^2(VB)/dV^2$. Oberhalb der Grenzfrequenz $V_c = 2{,}405$ der LP_{11}-Moden werden auch diese geführt.

Für den Grundmodus in Stufenprofilfasern wurden nützliche analytische Ausdrücke angegeben. Die Näherung [10]

$$B \simeq (1{,}1428 - 0{,}9960/V)^2 \qquad (4.45)$$

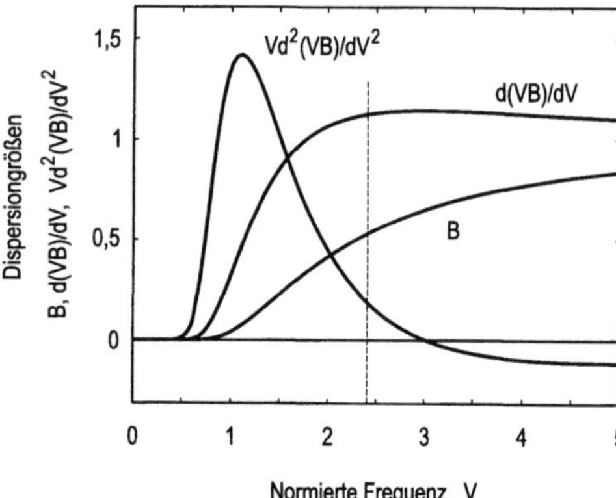

Abb. 4.4. Abhängigkeit von $B, d(VB)/dV$ und $V\,d^2(VB)/dV^2$ des Grundmodus von der normierten Frequenz V für eine Stufenprofilfaser. Die unterbrochene Linie gibt die Einmodigkeitsgrenze bei $V = V_{c,11} = 2{,}405$ wieder

weist im Bereich $1{,}5 \leq V \leq 2{,}5$ einen Fehler kleiner als 0,4% auf. Für beliebige Werte V kann

$$B = 1 - U^2/V^2 \tag{4.46}$$

unter Verwendung der Näherung

$$U \simeq \frac{j_{0,1}V}{1 + [(j_{0,1}-1)^4 + V^4]^{1/4}} \tag{4.47}$$

berechnet werden [11, 12]. Hierbei ist $j_{0,1} = 2{,}405$ die erste Nullstelle der Besselfunktion J_0. Formel (4.47) weist einen Fehler kleiner 1,3% auf und ist für $V \to 0$ und $V \to \infty$ exakt. Die Dispersionskurve $B(V)$ nach Gln. (4.46) und (4.47) ist in Abb. 4.7a als unterbrochene Linie dargestellt.

Für nur effektiv einmodige Fasern (Abschn. 4.13.2), die über der theoretischen Grenzfrequenz der nächsthöheren Moden betrieben werden, kann mit $s = (j^2_{m-1,n} - m^2 - 1)^{1/2}$ und der Näherung [11]

$$U \simeq j_{m-1,n} \exp\left\{\frac{1}{s}\left[\arcsin\left(\frac{s}{j_{m-1,n}}\right) - \arcsin\left(\frac{s}{V}\right)\right]\right\} \tag{4.48}$$

auch die Ausbreitungskonstante der höheren $LP_{m,n}$-Moden nach Gl. (4.46) berechnet werden. Dabei ist $j_{m-1,n}$ die n-te Nullstelle der Besselfunktion J_{m-1}. Für die LP_{11}-Moden ist $j_{0,1} = 2{,}405$ einzusetzen.

Die Feldverteilung Gl. (4.43) für den Grundmodus für schwache Führung gleicht der in Abb. 4.3(b) angegebenen vektoriellen Feldfunktion für $\Delta \to 0$. Die einheitliche Polarisation ist in Abb. 4.3(d) illustriert.

4.4 Moden in realen Fasern und Modenkopplung

Für die Beschreibung der Lichtausbreitung in längsveränderlichen Fasern bietet sich die Theorie der Modenkopplung als effizientes Werkzeug an. Sie eignet sich zur Analyse von beabsichtigt in die Faser eingebrachten Strukturen wie z. B. Bragg-Gitter (Kap. 12), aber auch zur Berechnung der durch regellose Störungen, wie z. B. Mikrokrümmungen, hervorgerufenen Verluste.

4.4.1 Normale Moden und Modenkopplungs-Gleichungen für längenabhängige Störungen

Die Brechzahlverteilung $\bar{n}(x, y)$ prismatischer Fasern ändert sich nicht über die Länge der Faser. Praktische Fasern weisen jedoch längenabängige Brechzahlprofile $n(x, y, z)$ auf. Die bisher betrachteten Moden sind dann nicht mehr die exakten Lösungen für das Ausbreitungsproblem. Sie stellen aber eine vorteilhafte Grundlage zur Beschreibung der Lichtausbreitung dar. Im folgenden wird das Konzept der Modenkopplung, das heißt der sich unter gegenseitiger Verkopplung ausbreitenden normalen Moden, skizziert.

Exakte Modenkopplung. Eine einfache, aber exakte Beschreibung des elektromagnetischen Feldes in einer Faser mit längenabhängiger Brechzahlverteilung $n(x, y, z)$ betrachtet vorerst nur die transversalen Modenfelder, da diese bereits allein der Orthogonalitätsrelation (4.14) genügen. Für eine einfache Formulierung verwendet man orthonormierte Moden $\hat{\mathbf{e}}_i = \mathbf{e}_i/\sqrt{|N_i|}$, $\hat{\mathbf{h}}_i = \mathbf{h}_i/\sqrt{|N_i|}$ für die Entwicklung der Transversalfelder

$$\mathbf{E}_t(x,y,z) = \sum_i [b_i(z) + b_{-i}(z)]\,\hat{\mathbf{e}}_{ti}(x,y), \tag{4.49}$$

$$\mathbf{H}_t(x,y,z) = \sum_i [b_i(z) - b_{-i}(z)]\,\hat{\mathbf{h}}_{ti}(x,y). \tag{4.50}$$

Strahlungsmoden wurden hierbei der Einfachheit wegen nicht explizit angeführt, verhalten sich aber bis auf ihre kontinuierliche Dichte im Strahlungsmodenspektrum ganz analog [2]. Sie können als in den Summen enthalten gedacht werden. In einer Einmodenfaser mit niedrigbrechender oder entfernter Hülle ist in Gln. (4.49) und (4.50) eine Vielzahl (bis zu 50000) von diskreten Mantelmoden beteiligt. Die longitudinalen Komponenten $E_z(x, y, z)$ und $H_z(x, y, z)$ des Gesamtfeldes können durch Einsetzen von $\mathbf{E}_t(x, y, z)$ und $\mathbf{H}_t(x, y, z)$ in die z-Komponenten von Gln. (4.1) und (4.2) hergeleitet werden. Für überall stetige Brechzahlverteilungen $n(x, y, z)$ folgt daraus [2]

$$E_z(x,y,z) = \frac{\bar{n}^2(x,y)}{n^2(x,y,z)} \sum_i [b_i(z) + b_{-i}(z)]\, \hat{e}_{zi}(x,y), \quad (4.51)$$

$$H_z(x,y,z) = \sum_i [b_i(z) - b_{-i}(z)]\, \hat{h}_{zi}(x,y). \quad (4.52)$$

Für eine nichtabsorbierende Wellenleiterstruktur gehorchen die Amplituden $b_i(z)$ und $b_{-i}(z)$ dem aus Gln. (4.1)-(4.3) folgenden System der Modenkopplungsgleichungen

$$\frac{db_i}{dz} + j\beta_i b_i = -j \sum_k (C_{ik} b_k + C_{i-k} b_{-k}), \quad (4.53)$$

$$\frac{db_{-i}}{dz} - j\beta_i b_{-i} = +j \sum_k (C_{-ik} b_k + C_{-i-k} b_{-k}). \quad (4.54)$$

Die Koppelkoeffizienten sind dabei

$$C_{ik}(z) = \frac{k}{4}\left(\frac{\varepsilon_0}{\mu_0}\right)^{1/2} \int (n^2 - \bar{n}^2) \cdot \left[\mathbf{\hat{e}}_{ti}^* \cdot \mathbf{\hat{e}}_{tk} + \frac{\bar{n}^2}{n^2} \hat{e}_{zi}^* \hat{e}_{zk}\right] dA. \quad (4.55)$$

Bei der Formulierung der Verkopplung entgegengesetzt laufender Moden kann man Gln. (4.18) und (4.19) ausnutzen.

Modenkopplung bei „Schwacher Führung". Im Rahmen der „Schwachen Führung" entwickelt man das skalare Gesamtfeld in die Orthonormalmoden $\hat{\psi}_i = \psi_i/\sqrt{|N_i|}$ mit N_i nach Gl. (4.40)

$$\Psi(x,y,z) = \sum_i [b_i(z) + b_{-i}(z)]\, \hat{\psi}_i(x,y). \quad (4.56)$$

Für eine nichtabsorbierende Wellenleiterstruktur gehorchen die Amplituden $b_i(z)$ und $b_{-i}(z)$ dem Differentialgleichungssystem

$$\frac{db_i}{dz} + j\beta_i b_i = -j \sum_k C_{ik}(b_k + b_{-k}), \quad (4.57)$$

$$\frac{db_{-i}}{dz} - j\beta_i b_{-i} = +j \sum_k C_{ik}(b_k + b_{-k}). \quad (4.58)$$

Für reell definierte Modenfelder $\hat{\psi}_i(x,y)$ sind die einfacheren Koppelkoeffizienten

$$C_{ik}(z) = \frac{k}{2n_1} \int (n^2 - \bar{n}^2)\, \hat{\psi}_i \hat{\psi}_k \, dA. \quad (4.59)$$

In Gln. (4.49)-(4.54) bzw. in Gln. (4.56)-(4.58) ist die von einem Modus transportierte Leistung

$$P_i(z) = |b_i(z)|^2. \quad (4.60)$$

Die hier betrachteten Sätze der Moden in Gln. (4.49) und (4.50) bzw. in Gl. (4.56) bleiben längs der Faser unverändert und werden als normale Moden bezeichnet. Für stark veränderliche Fasern, wie z.B. getaperte Fasern, verwendet man vorteilhafterweise gekoppelte lokale, längsveränderliche Moden [2]. Lokale Moden sind die Lösungen für eine prismatische Faser mit einer Brechzahlverteilung, die der lokalen Brechzahlverteilung $n(x,y,z)$ der stark veränderlichen Faser an der Stelle z entspricht. Das Konzept der verkoppelten lokalen Moden unterscheidet sich wesentlich von dem der verkoppelten normalen Moden [2].

4.4.2 Schwach verkoppelter Grundmodus

Um die durch Modenkopplung vom Grundmodus an höhere Moden abgegebene Leistung zu berechnen, kann im praktischen Fall schwacher Modenkopplung eine Störungsrechnung angewendet werden. Nimmt man an, daß sich im betrachteten Kopplungsintervall die Amplitude des Grundmodus in Vorwärtsrichtung kaum ändert, $a_1(z) \simeq a_1(0)$, und damit die Amplituden aller anderen Moden klein bleiben, $|a_{i\neq 1}(z)| \ll |a_1(z)|$, dann erhält man für normale Moden die expliziten Lösungen

$$a_i(z) \simeq -j a_1(0) \int_0^z C_{i1}(\zeta) \exp[-j(\beta_1 - \beta_i)\zeta]\, d\zeta, \quad (4.61)$$

$$b_i(z) = a_i(z) \exp(-j\beta_i z). \quad (4.62)$$

Die vom Grundmodus abgegebene Leistung ist

$$\delta P(z) = \sum_{i(\neq 1)} |b_i(z)|^2 \quad (4.63)$$

entsprechend einer lokalen Grundmoden-dämpfung

$$2\alpha(z) = -\frac{1}{P_1(z)}\frac{dP_1(z)}{dz} \simeq \sum_{i(\neq 1)} \frac{d}{dz}\left|\frac{a_i(z)}{a_1(0)}\right|^2 . \quad (4.64)$$

4.4.3 Regellose schwache Störungen

Modenkopplungs-Gleichungen. Tatsächliche Störungen wie z. B. Mikrokrümmungen sind unregelmäßig über die Länge der Faser verteilt. Sie führen zu einer erhöhten Dämpfung des Grundmodus durch Kopplung zu höheren Moden, in Einmodenfasern speziell zu den Mantelmoden oder Strahlungsmoden. Zur Beschreibung der Koppelverluste des Grundmodus werden folgende Voraussetzungen gemacht [13, 14]:

- Alle Koppelkoeffizienten haben die gleiche Längenabhängigkeit $C_{i1}(z) = \bar{C}_{i1} f(z)$.
- Die Störung verteilt sich als stationärer und ergodischer stochastischer Prozeß $f(z)$ entlang der Faser [15], d. h. jeder Mittelwert $\langle\ldots\rangle$ in einem Faserensemble ist unabhängig vom Ort z und gleich seinem über die Faserlänge L erstreckten Mittelwert $L^{-1}\int_0^L \ldots\, dz$, zum Beispiel

$$\langle f^2\rangle = \frac{1}{K}\sum_{k=1}^{K} f_k^2(z) = \frac{1}{L}\int_0^L f^2(z)\,dz . \quad (4.65)$$

- Die Autokorrelationsfunktion $\phi(\zeta)$ dieses Prozesses

$$\phi(\zeta) = \frac{1}{\langle f^2\rangle}\frac{1}{K}\sum_{k=1}^{K} f_k(z) f_k(z+\zeta) \quad (4.66)$$

$$= \frac{1}{\langle f^2\rangle}\frac{1}{L}\int_0^L f(z) f(z+\zeta)\,dz \quad (4.67)$$

  verschwindet für Distanzen im Bereich der Faserlänge L, d. h. die Korrelationlänge der Störung ist viel kleiner als die Länge der untersuchten Faser.
- Vom Grundmodus wird nur wenig Leistung zu höheren Moden übergekoppelt.

Diese Voraussetzungen werden für nominell längshomogene Fasern meist als erfüllt angesehen. Der Grundmodus erfährt damit im Mittel die Dämpfung

$$2\alpha = -\frac{1}{\langle P_1\rangle(z)}\frac{d\langle P_1\rangle(z)}{dz} = \frac{1}{2}\sum_{i(\neq 1)} \bar{C}_{i1}^2\, \Phi(\Delta\beta_i) \quad (4.68)$$

wobei $\Delta\beta_i = \beta_1 - \beta_i$ ist und

$$\Phi(\Omega) = \langle f^2\rangle \int_{-\infty}^{\infty} \phi(\zeta)\exp(-j\Omega\zeta)\,d\zeta$$

$$= \left\langle \left| \int_0^L f(z)\exp(j\Omega z)\,dz \right|^2 \right\rangle \quad (4.69)$$

das Leistungsspektrum des Prozesses $f(z)$ bei der räumlichen Frequenz Ω darstellt. Bei Kopplung zu den kontinuierlichen Spektren der Strahlungsmoden geht Gl. (4.68) über in

$$2\alpha = \frac{1}{2}\int_{\beta_{01}-kn_2}^{\beta_{01}} \bar{C}^2(\Delta\beta)\Phi(\Delta\beta)\,d(\Delta\beta) . \quad (4.70)$$

Diese Beziehung ist vor allem bei der Abschätzung von Mikrokrümmungsverlusten (Abschn. 4.12.3) nützlich.

Leistungskopplungs-Gleichungen. Für zufällig gestörte zwei- oder mehrmodige Fasern können auch gekoppelte Leistungsgleichungen aufgestellt werden. Anwendungen finden sich vor allem für die Verkopplung der beiden Polarisationszustände des Grundmodus in Einmodenfasern oder für die Wechselwirkung des Grundmodus und des LP_{11}-Modus in Zweimodenfaserstücken.

Folgende Voraussetzungen werden zur Herleitung der Leistungskopplungs-Gleichungen [16,14] gemacht:

- Die Störung verteilt sich als stationärer und ergodischer Prozeß $f(z)$ entlang der Faser.
- Der Mittelwert der Störung $\langle f(z)\rangle$ verschwindet.
- Alle Koppelkoeffizienten haben die gleiche Längenabhängigkeit $C_{ij}(z) = \bar{C}_{ij} f(z)$.
- Die Dämpfungsunterschiede zwischen den beteiligten Moden sind gering.
- Die Verkopplung der Moden ist schwach, so daß nur einfache Produktterme $\bar{C}_{ij}\bar{C}_{i'j'}$ berücksichtigt und höhere Produkte vernachlässigt werden.
- Die Regellosigkeit der Störung verhindert eine Korrelation der Phasenlagen verschiedener Moden zueinander.
- Das Amplitudenprodukt zweier Moden ist nicht mit der Störung $f(z)$ oder dem Produkt $f(z)\,f(z')$ in einer Entfernung größer als die Korrelationslänge korreliert.
- Der Leistungsaustausch zwischen Moden erfolgt nur langsam und über Faserlängen deutlich größer als die Korrelationslänge des Störprozesses.

In der Praxis werden diese Voraussetzungen für nominell längshomogene Fasern meist als erfüllt angesehen. Die über ein Faserensemble erstreckten Erwartungswerte der Modenleistungen $\langle P_i\rangle(z)$ gehorchen damit den „Gekoppelten Leistungsgleichungen"

$$\frac{d\langle P_i\rangle(z)}{dz} = -2\alpha_i\langle P_i\rangle(z) + \sum_j D_{ij}\left[\langle P_j\rangle(z) - \langle P_i\rangle(z)\right] \quad (4.71)$$

mit den längenunabhängigen Koppelkoeffizienten

$$D_{ij} = \bar{C}_{ij}^2 \Phi(\beta_i - \beta_j) \,. \quad (4.72)$$

Das System kann mit den Standardverfahren für lineare Differentialgleichungssysteme mit konstanten Koeffizienten [17] gelöst werden.

Verkopplung zweier Moden. Praktisch ist besonders der Fall zweier verkoppelter Moden relevant. Dabei können $P_1(z)$ und $P_2(z)$ z. B. die Erwartungswerte der Leistungen $\langle P_x\rangle(z)$ und $\langle P_y\rangle(z)$ im x- bzw. y-polarisierten Grundmodus in einer Einmodenfaser (Abschn. 4.15), oder die Erwartungswerte der Leistungen $\langle P_{01}\rangle(z)$ und $\langle P_{11}\rangle(z)$ im Grundmodus bzw. in den LP_{11}-Moden einer nur effektiv einmodigen Faser (Abschn. 4.13.2) sein. Mit den Anregungsbedingungen $P_1(0) = P$ und $P_2(0) = 0$ erhält man

$$P_1(z) = P \exp(-\bar{D}z)\left[\cosh(\eta z) + \eta^{-1}\Delta\alpha \sinh(\eta z)\right] \quad (4.73)$$

$$P_2(z) = P\,\eta^{-1} D \exp(-\bar{D}z) \sinh(\eta z) \,, \quad (4.74)$$

wobei $D = D_{12} = D_{21}$, $\bar{D} = \alpha_1 + \alpha_2 + D$, $\Delta\alpha = \alpha_2 - \alpha_1$ und $\eta = [D^2 + (\Delta\alpha)^2]^{1/2}$. Nach genügend großer Faserstrecke $z \gg 1/\eta$ nimmt das Leistungsverhältnis den stationären Wert

$$\frac{P_2(z)}{P_1(z)} \to \frac{D}{[D^2 + (\Delta\alpha)^2]^{1/2} + \Delta\alpha} \quad (4.75)$$

an. Bei gleicher Dämpfung beider Moden $\alpha_1 = \alpha_2 = \alpha$ folgt

$$P_1(z) = 2^{-1} P \exp(-2\alpha z)\left[1 + \exp(-2Dz)\right] \,, \quad (4.76)$$

$$P_2(z) = 2^{-1} P \exp(-2\alpha z)\left[1 - \exp(-2Dz)\right] \,. \quad (4.77)$$

Die Leistungen gleichen sich dann für große Faserlängen $z \gg 1/D$ asymptomisch gemäß

$$P_2(z)/P_1(z) = \tanh(Dz) \to 1 \,. \quad (4.78)$$

an und werden in gleichem Maße gedämpft, $P_2(z \gg 1/D) = P_1(z \gg 1/D) = P \exp(-2\alpha z)/2$. Analoges gilt für die umgekehrte Anregungssituation $P_1(0) = 0$ und $P_2(0) = P$. Die Lösung für eine gemischte Anregung $P_1(0) \neq 0$ und $P_2(0) \neq 0$ erhält man durch entsprechende lineare Überlagerung.

4.5 Feldcharakterisierung und Feldradius

Für einige spezielle Brechzahlprofile kann die radiale Funktion der transversalen Hauptkomponente des elektrischen Feldes geschlossen in Form bekannter Funktionen angegeben werden (Abschn. 4.11). Für Profile mit einer um die Faserachse konzentrierten Brechzahlerhöhung wie das Stufenprofil, Dreiecksprofil, Gaußprofil oder andere Gradientenprofile (Abb. 4.5a und 4.6a–c) kann die Feldverteilung jedoch mit guter Genauigkeit auch durch eine Gaußfunktion angenähert werden [18]. Dadurch ist es möglich, das Grundmodenfeld mit einem einzigen Parameter, dem sogenannten Feldradius, zu charakterisieren. Damit lassen sich sehr einfach Mikrokrümmungsverluste, Verluste an Faser-Faser-Kopplungen wie auch Nah- und Fernfeld beschreiben.

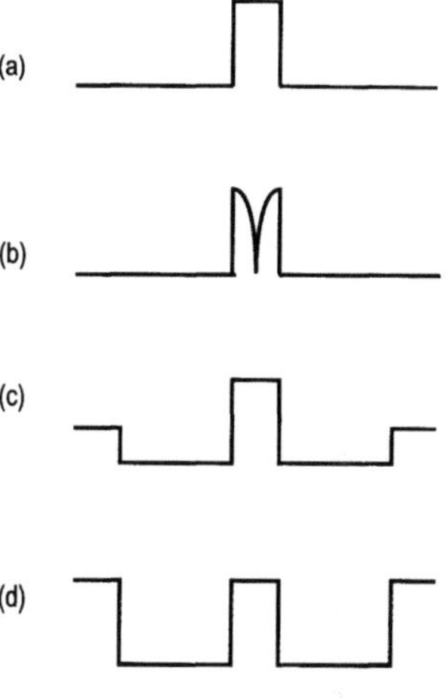

Abb. 4.5a–d. Standardfasern. **a** Stufenprofil, Matched-Cladding-Faser **b** Stufenprofil mit zentralem Brechzahleinbruch, **c** Depressed-Cladding-Profil, **d** Depressed-Cladding-Profil mit reinem SiO_2-Kern

4.5.1 Gaußsche Feldnäherung und Feldradius

Das exakte Feld $F(r)$ des Grundmodus kann für einfach strukturierte Fasern (Abb. 4.5a sowie 4.6a–c) mit guter Genauigkeit durch eine Gaußsche Glockenkurve

$$F_G(r) = \hat{F} \exp\left(-\frac{r^2}{w_G^2}\right) \tag{4.79}$$

angenähert werden [18, 19]. Dabei ist $\hat{F}$ das Feldmaximum im Zentrum der Verteilung und w_G der Gaußsche Feldradius. Letzterer läßt sich meßtechnisch als $1/e^2$-Radius der Intensitätsverteilung des Grundmodus ermitteln.

Anregung durch Gaußstrahl. Der Feldradius w_G wird zum einen experimentell definiert über die Anregung des Grundmodus mit einem Gauß-Strahl mit der Feldverteilung $F_G(r)$ in der Strahltaille:

$$\eta(w_G) = \frac{\left[\int_0^\infty F(r) F_G(r)\, r\, dr\right]^2}{\int_0^\infty F^2(r)\, r dr \int_0^\infty F_G^2(r)\, r\, dr}. \tag{4.80}$$

Die Anregungseffizienz $\eta(w_G)$ wird bei gegebenem Feld $F(r)$ für einen bestimmten Feldradius des Anregungstrahles maximal. Diesen optimalen Feldradius w_G bezeichnet man als Gaußschen Feldradius des Grundmodus. Die unterbrochene Kurve in Abb. 4.3b zeigt die Gaußsche Näherung für das Grundmodenfeld einer Stufenprofilfaser mit $V = 2$ im Vergleich zur exakten Feldverteilung (durchgezogen). Der optimale Feldradius w_G für die Stufenprofil-Faser kann mit der hier verwendeten Definition Gl. (4.79) genähert werden durch [19]

$$w_G = a\,(0{,}65 + 1{,}619\, V^{-3/2} + 2{,}879\, V^{-6})\,. \tag{4.81}$$

Bei $V = 2{,}4$ gilt $\eta = 0{,}9965$, und bei $V = 2{,}8$ wird das Maximum $\eta = 0{,}998$ erreicht. Das heißt, die beiden Felder stimmen sehr gut überein, und die Anregungseffizienz erreicht fast ihren maximal möglichen Wert Eins. Der normierte Feldradius $\Omega = w_G/a$ nach Gl. (4.81) ist in Abb. 4.7b als unterbrochene Kurve wiedergegeben.

Variationsrechnung mit Gaußschem Feldansatz. Zum anderen kann der Gaußsche Feldradius mathematisch über das Variationsprinzip definiert werden. Danach ist die Lösung der skalaren Helmholtzgleichung (4.36) äquivalent mit der Maximierung des Ausdrucks

$$B = -\frac{\int (a\nabla_t \psi)^2\, dA}{V^2 \int \psi^2 dA} + \frac{\int (1-f)\, \psi^2 dA}{\int \psi^2 dA} \tag{4.82}$$

über die das Feld $\psi(x, y)$ beschreibenden Parameter. Die normierte Ausbreitungskonstante B nimmt dann ihr Maximum und damit ihren exakten Wert an, wenn das Feld $\psi(x, y)$ mit dem exakten Feld übereinstimmt. Eine kleine Änderung irgendeines Parameters in der Felddarstellung bewirkt einen Fehler in B lediglich in zweiter Ordnung in dieser Änderung.

Aus der Stationarität des Ausdrucks (4.82) folgt die Beziehung

$$\frac{dB}{dV} = \frac{2}{V^3} \frac{\int (a\nabla_t \psi)^2\, dA}{\int \psi^2\, dA}. \tag{4.83}$$

die für die Berechnung der Gruppenlaufzeit in Gl. (4.153) herangezogen werden kann. Gleichung (4.83) zeigt, daß $B(V)$ für jeden Modus unabhängig von der Profilfunktion $1 - f(R)$ stets monoton mit V wächst, da die rechte Seite nicht negativ ist und damit $dB/dV \geq 0$ gilt. Ebenfalls aus der Stationarität von (4.82) folgt die Abhängigkeit

$$\frac{\partial B}{\partial p} = 2 \frac{\int [\partial (1-f)/\partial p]\, \psi^2 dA}{\int \psi^2 dA} \tag{4.84}$$

der normierten Ausbreitungskonstante B von einem beliebigen Parameter p in der Profil-

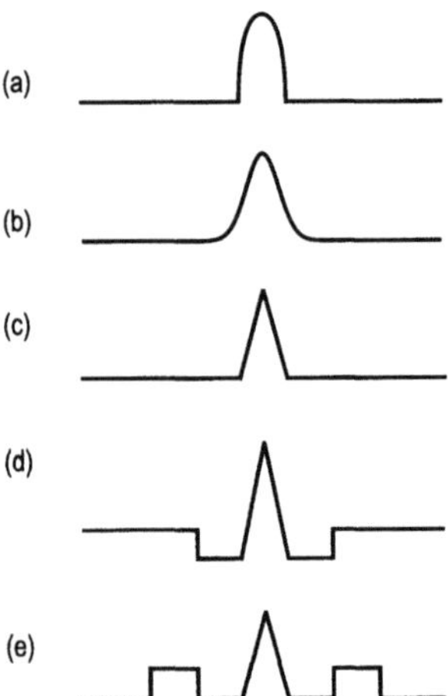

Abb. 4.6a–e. Dispersionsverschobene Fasern. **a** Gradientenprofil, **b** Gaußprofil, **c** Dreiecksprofil, **d** Dreiecksprofil mit abgesenktem Innenmantel, **e** Dreiecksprofil mit Ring

funktion $1 - f(R; p)$. Gleichung (4.84) erhält man auch im Ergebnis einer Störungsrechnung, bei der eine kleine Änderung Δp des Parameters p eine ebenfalls kleine Änderung $\Delta B = (\partial B/\partial p)\Delta p$ der normierten Ausbreitungskonstante bewirkt [2, 20].

Für rotationssymmetrische Brechzahlprofile bietet sich die Gaußsche Feldnäherung Gl. (4.79) mit dem normierten Feldradius $\Omega = w_G/a$ als Parameter an. Gl. (4.82) wird dann zu

$$B = -\frac{2}{V^2\Omega^2} + \frac{4}{\Omega^2}\int_0^\infty [1 - f(R)] \cdot \exp\left(-\frac{2R^2}{\Omega^2}\right) R\,dR\,. \qquad (4.85)$$

Den optimalen Wert für den normierten Feldradius Ω, bei dem B maximal wird, erhält man durch die Forderung $dB/d\Omega = 0$ für

$$\Omega^2 = 2V^2\int_0^\infty [1 - f(R)]\,(\Omega^2 - 2R^2) \cdot \exp\left(-\frac{2R^2}{\Omega^2}\right) R\,dR\,. \qquad (4.86)$$

Für das Stufenprofil (4.25) nach Abb. 4.5a gilt [21]

$$\Omega = (\ln V)^{-1/2}, \quad B = 1 - (1 + 2\ln V)/V^2\,. \qquad (4.87)$$

Für ein in $0 \le R < \infty$ Gaußsches Profil (Abb. 4.6b)

$$1 - f(R) = \exp(-R^2) \qquad (4.88)$$

folgt [21]

$$\Omega = [2/(V-1)]^{1/2}, \quad B = (1 - 1/V)^2\,. \qquad (4.89)$$

Abbildung 4.7 zeigt die Ergebnisse für beide Profile. Die Dispersionkurven für diese beiden Profile beginnen bei $V = 1$ mit $B = 0$ und täuschen somit eine endliche Grenzfrequenz des Grundmodus vor. Für größere normierte Frequenzen nimmt die Genauigkeit jedoch rasch zu.

Für ein Zweistufenprofil (Inset in Abb. 4.8a)

$$1 - f(R) = \begin{cases} 1\,, & 0 \le R < C\,, \\ H\,, & C < R < 1\,, \\ 0\,, & 1 < R < \infty\,, \end{cases} \qquad (4.90)$$

erhält man

$$B = 1 - \frac{2}{V^2\Omega^2} + (H-1)\exp\left(-\frac{2C^2}{\Omega^2}\right) - H\exp\left(-\frac{2}{\Omega^2}\right). \qquad (4.91)$$

Das Profil besteht aus zwei inneren konzentrischen Schichten, deren Einzelflächen für $C = 1/\sqrt{2}$ gleich sind. Werden bei der Herstellung der Faser durch Innenbeschichtung eines Quarzglasrohres Schichten mit gleicher Schichtdicke abgeschieden, so nehmen die innersten beiden Schichten nach dem Kolabieren gerade das Radienverhältnis $C{:}1 = 1{:}\sqrt{2}$ an. Für dieses Profil kann hier die explizite Lösung

$$\Omega = \left\{\ln\left[\frac{4VH}{V(H-1) + \sqrt{V^2(H-1)^2 + 16H}}\right]\right\}^{-1/2} \qquad (4.92)$$

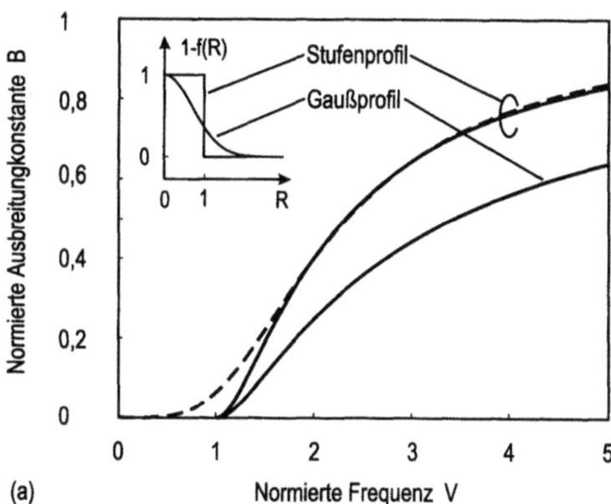

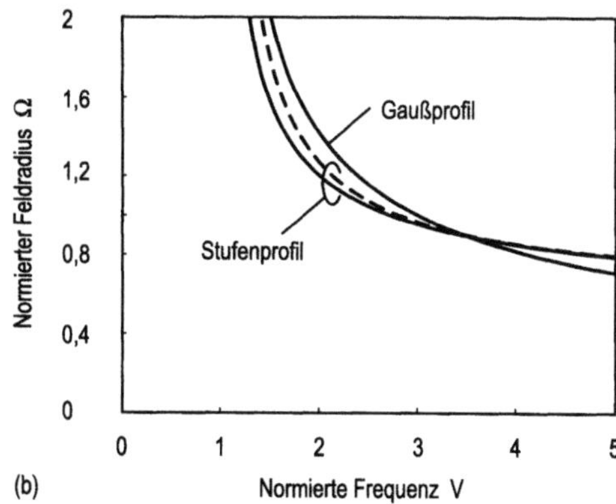

Abb. 4.7. (**a**) Dispersionskurven $B(V)$ für das Stufenprofil Gl. (4.25) und das Gaußprofil Gl. (4.88) nach der Variationrechnung Gl. (4.87) bzw. Gl. (4.89) (durchgezogen). Die unterbrochene Kurve zeigt die Näherung nach Gln. (4.46) und (4.47). (**b**) Normierter Feldradius $\Omega(V)$ nach Gl. (4.87) bzw. Gl. (4.89) (durchgezogen) und nach Gl. (4.81) (unterbrochen)

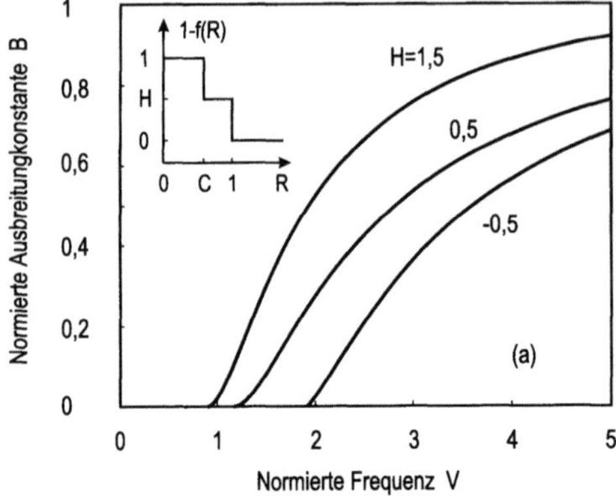

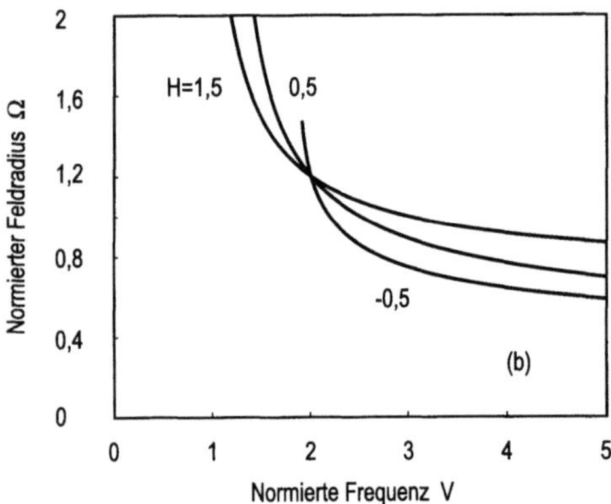

Abb. 4.8. (**a**) Dispersionkurven $B(V)$ aus der Variationrechnung nach Gl. (4.91) für das Zweistufenprofil Gl. (4.90) mit $C = 1/\sqrt{2}$ und $H = -0{,}5$; 0,5 und 1,5. (**b**) Normierter Feldradius $\Omega(V)$ nach Gl. (4.92)

angegeben werden. Abbildung 4.8 zeigt die normierte Ausbreitungskonstante $B(V)$ und den normierten Feldradius $\Omega(V)$ für verschiedene Höhen H der zweiten Profilschicht. Wiederum liefert das Verfahren endliche Grenzfrequenzen für den Grundmodus, deren exakter Wert für die in Abb. 4.8 betrachteten Profile dagegen Null beträgt (Abschn. 4.13.1).

4.5.2 Feldradien für Nicht-Gaußsche Felder

Das Grundmodenfeld von Fasern mit mehreren Brechzahlerhöhungen wie zum Beispiel Mehrstufenprofile (Abschn. 4.11) kann stark von der Gaußfrom abweichen. Die Charakterisierung verschiedener Verluste und Feldparameter ist dann durch allgemeinere Definitionen des Feldradius möglich.

Nahfeldradius oder Petermann-I-Feldradius. Der Nahfeldradius wird über die radiale Streuung der mit dem Radius r bewerteten Intensität im Nahfeld definiert als

$$w_\mathrm{n}^2 = 2\,\frac{\int_0^\infty F^2(r)\,r^3\,dr}{\int_0^\infty F^2(r)\,r\,dr}\,. \qquad (4.93)$$

In der Literatur wird er oft auch als Petermann-I-Feldradius w_I bezeichnet. Mikrokrümmungsverluste wie auch Übergangsverluste an verkippten Faser-Faser-Kopplungen nehmen mit wachsendem Nahfeldradius zu. Für annähernd Gaußsche Felder gilt $w_\mathrm{n} \simeq w_\mathrm{G}$. Abbildung 4.9 zeigt die Abhängigkeit des Nahfeldradius (4.93) von der normierten Frequenz für eine Stufenprofilfaser (unterbrochene Kurve). Aufgrund der annähernd gaußförmigen Feldverteilung ist die Differenz zu w_G (durchgezogene Kurve) gering.

Fernfeldradius, Petermann-II-Feldradius, Laplace-Feldradius. Dieser Feldradius wird als inverses quadratisches Mittel der Feldableitung als ein Maß für die Ebenmäßigkeit des Feldes definiert durch

$$w_\mathrm{f}^2 = 2\,\frac{\int_0^\infty F^2(r)\,r\,dr}{\int_0^\infty \left[\frac{dF(r)}{dr}\right]^2 r\,dr}\,. \qquad (4.94)$$

Er wird auch als Petermann-II-Feldradius w_II oder als Laplace-Feldradius w_L bezeichnet. Ein großer Fernfeldradius reduziert die Übergangsverluste an Faser-Faser-Kopplungen mit

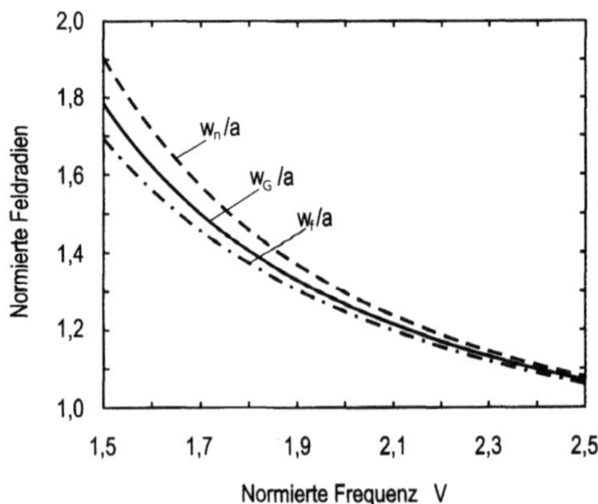

Abb. 4.9. Auf den Faserkernradius normierte Feldradien w_n/a, w_G/a und w_f/a einer Stufenprofilfaser in Abhängigkeit von der normierten Frequenz V

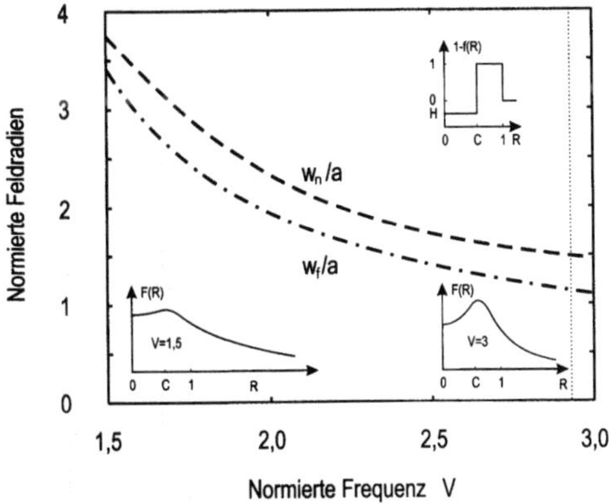

Abb. 4.10. Normierte Feldradien w_n/a und w_f/a einer Ringkernfaser (Inset oben rechts) mit $H = -0,3$ und $C = 0,6$ in Abhängigkeit von der normierten Frequenz V. Für $V = 1,5$ und $V = 3$ sind die Feldverteilungen $F(R)$ angegeben. Wegen der deutlichen Abweichung von der Gaußform unterscheiden sich ω_n und ω_f stark. Die punktierte Linie markiert die Grenzfrequenz der LP_{11}-Moden

kleinem Achsenversatz. Für annähernd Gaußsche Felder gilt $w_f \simeq w_G$. Die strichpunktierte Kurve in Abb. 4.9 stellt den Fernfeldradius (4.94) als Funktion der normierten Frequenz für eine Stufenprofilfaser dar.

Abbildung 4.10 zeigt einen deutlichen Unterschied zwischen Nah- und Fernfeldradius für eine Faser mit Ringkernprofil zur Verringerung nichtlinearer Effekte (z.B. nach [22]), in der das Grundmodenfeld stark von der Gaußfrom abweicht.

4.6 Nah- und Fernfeld von Einmodenfasern

4.6.1 Nahfeld

An der Endfläche einer schwach führenden Faser mit der Mantelbrechzahl n_2 wird ein Modus annähernd mit dem Leistungsreflexionsfaktor $R = (n_2 - n)^2/(n_2 + n)^2$ in sich selbst reflektiert, wobei n die Brechzahl des umgebenden Mediums ist. Für den Übergang von einer Quarzglasfaser ($n_2 \simeq 1,46$) auf Luft ($n = 1$) gilt $R = 3,5\,\%$. Bei dieser Reflexion findet kaum Leistungskonversion in andere rücklaufende Moden statt. Die Leistungstransmission an der Endfläche ist $T = 4\,n_2\,n/(n_2 + n)^2$. Für eine Quarzglasfaser in Luft beträgt der Transmissionsgrad der Endfläche 96,5 % entsprechend einer Dämpfung von 0,155 dB. Das elektrische Feld $\mathbf{E}_N$ dicht hinter der Endfläche verhält sich zum einfallenden Modenfeld $\mathbf{E}$ in der Faser wie

$$\mathbf{E}_N = \frac{2n_2}{n_2 + n}\,\mathbf{E} \tag{4.95}$$

und wird als Nahfeld bezeichnet.

4.6.2 Fernfeld und Öffnungswinkel

Für das Nahfeld $\mathbf{E}_N = \hat{\mathbf{s}} F_N(r)$ des Grundmodus einer runden Faser kann mit Gl. (4.95) geschrieben werden:

$$F_N(r) = \frac{2n_2}{n_2 + n}\,F(r)\,. \tag{4.96}$$

In großem Abstand $\varrho = (r^2 + z^2)^{1/2}$ von der Faserendfläche (Abb. 4.11) hat sich das Feld durch Beugung verändert und wird dort als Fernfeld $\tilde{F}(\varrho, \theta)$ bezeichnet. Es wird dann vorteilhaft durch seine Abhängigkeit von dem Winkel θ zwischen verlängerter Faserachse (z-Achse) und der Verbindungslinie zwischen Beobachtungspunkt und Mittelpunkt der Faserendfläche beschrieben. Zwischen Fernfeld und Nahfeld besteht der Zusammenhang

$$\tilde{F}(\varrho, \omega) = \frac{jkn}{\varrho}\exp(-jkn\varrho)\,\tilde{F}_H(kn \sin\theta) \tag{4.97}$$

wobei

$$\tilde{F}_H(\kappa) = \int_0^\infty F(r)\,J_0(\kappa r)\,r\,dr \tag{4.98}$$

die Hankeltransformierte des Nahfeldes bezüglich der Raumfrequenz $k = kn \sin\theta$ ist.

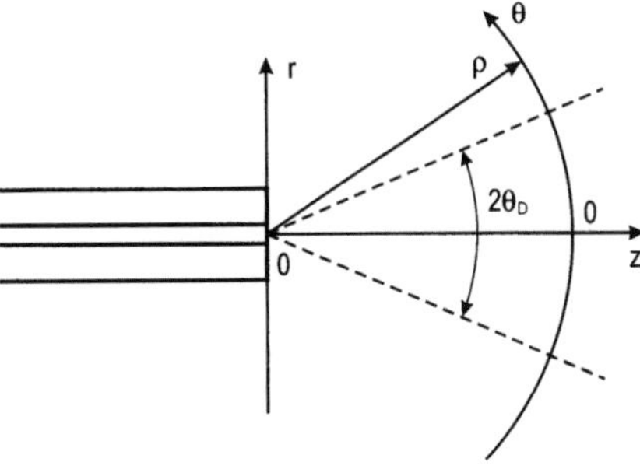

Abb. 4.11. Koordinaten (r, z) zur Nahfeldbeschreibung bzw. (ϱ, θ) zur Fernfeldbeschreibung. θ_D ist der Divergenzwinkel des Fernfeldes nach Gl. (4.102)

Umgekehrt erhält man das Nahfeld $F(r)$ aus der Fernfeldverteilung $\tilde{F}(\varrho, \theta)$ mit

$$\tilde{F}_H(\kappa) = -\frac{j\varrho}{kn} \exp(jkn\varrho) \tilde{F}_H \left[\varrho, \arcsin\left(\frac{\kappa}{kn}\right)\right] \tag{4.99}$$

über die Hankeltransformation

$$F(r) = \int_0^\infty \tilde{F}_H(\kappa) J_0(\kappa r) \kappa d\kappa . \tag{4.100}$$

Die analog zu Gl. (4.93) als Streuung definierte Winkelbreite $\tilde{w}_n$ des Fernfeldes über κ ist umgekehrt proportional zum Fernfeldradius w_f aus Gl. (4.94):

$$\tilde{w}_n^2 = 2 \frac{\int_0^\infty \tilde{F}_H^2(\kappa) \kappa^3 d\kappa}{\int_0^\infty \tilde{F}_H^2(\kappa) \kappa d\kappa} = \frac{4}{w_f^2} . \tag{4.101}$$

Gleichung (4.101) stellt im Prinzip die Meßvorschrift für die Bestimmung des Feldradius aus dem Fernfeld nach ITU-T Empfehlung G.650 dar [23]. Durch $\tilde{w}_n$ läßt sich ein Öffnungs- oder Divergenzwinkel θ_D des von der Faserendfläche abgestrahlten Feldes definieren. Man erhält

$$\theta_D = \arcsin\left(\frac{\tilde{w}_n}{kn}\right) \simeq \frac{\lambda \tilde{w}_n}{2\pi n} = \frac{\lambda}{\pi n w_f} . \tag{4.102}$$

Je stärker das Nahfeld strukturiert, z.B. transversal konzentriert, und je kleiner damit w_f ist, um so größer ist der Divergenzwinkel θ_D des Fernfeldes. Dagegen bestimmt der Nahfeldradius w_n aus Gl. (4.93) die zu Gl. (4.94) analoge Ebenmäßigkeit $\tilde{w}_f$ des Fernfeldes über den Winkel,

$$\tilde{w}_f^2 = 2 \frac{\int_0^\infty \tilde{F}_H^2(\kappa) \kappa d\kappa}{\int_0^\infty \left[\frac{d\tilde{F}_H(4k)}{d\kappa}\right]^2 \kappa d\kappa} = \frac{4}{w_n^2} . \tag{4.103}$$

Variiert das Fernfeld rasch über den Winkel, z.B. aufgrund eines schmalen Divergenzwinkels, dann ist $\tilde{w}_f$ klein, das Nahfeld aber breit und w_n groß. Mißt man z.B. ein über θ Gaußförmiges Fernfeld $\tilde{F}(\varrho, \theta) = \tilde{F}_0 \exp(-\theta^2/\theta_D^2)$, dann erhält man für kleine Divergenzwinkel $\theta_D \ll 1$ mit $\sin\theta \simeq \theta$ und $\arcsin(\kappa/kn) \simeq \kappa/kn$

$$\tilde{F}_H(\kappa) = -\frac{j\varrho}{kn} \exp(jkn\varrho) \tilde{F}_0 \exp\left(-\frac{\kappa^2}{k^2 n^2 \theta_D^2}\right) \tag{4.104}$$

und daraus ein über r ebenfalls Gaußförmiges Nahfeld

$$F(r) = -\frac{j\lambda\varrho}{\pi n w^2} \tilde{F}_0 \exp(jkn\varrho) \exp\left(-\frac{r^2}{w_G^2}\right) \tag{4.105}$$

mit dem Feldradius $w_G = \lambda/(\pi n \theta_D)$ in Übereinstimmung mit Gl. (4.102) und der für Gaußsche Fernfelder geltenden Identität $\tilde{w}_n = \tilde{w}_f = \tilde{w}_G$.

Für das Fernfeld einer Stufenprofilfaser mit dem Nahfeld nach Gl. (4.43) erhält man mit Gl. (4.98) und [24]:

$$\frac{\tilde{F}_H(\kappa)}{a^2 F(0)} = \frac{V^2 [U J_1(U) J_0(\kappa a) - \kappa a J_1(\kappa a) J_0(U)]}{(U^2 - \kappa^2 a^2)(W^2 + \kappa^2 a^2)} . \tag{4.106}$$

Für eine Stufenprofilfaser ist $\tilde{F}_H(\kappa)/\tilde{F}_H(0)$ in Abb. 4.12 für $V = 1{,}5$ und $V = 2{,}4$ dargestellt.

4.6.3 Gaußstrahl

Nimmt man ein Gaußförmiges Nahfeld nach Gl. (4.79) und (4.95) an, so kann das abgestrahlte Feld geschlossen als Gaußscher Strahl beschrieben werden:

$$F(r,z) = \hat{F} \frac{2n_2}{n_2 + n} \frac{w_G}{w(z)} \cdot \exp\left[-\frac{r^2}{w^2(z)}\right] \exp[-j\,\Phi(r,z)] . \tag{4.107}$$

Der Strahlradius $w(z)$ vergrößert sich mit der Ausbreitungsdistanz z von w_G in der Strahltaille bei $z = 0$ auf (Abb. 4.13)

$$w(z) = w_G \left(1 + \frac{z^2}{z_R^2}\right)^{1/2} . \tag{4.108}$$

Dabei ist

$$z_R = knw_G^2/2 = \pi n w_G^2/\lambda \tag{4.109}$$

die Rayleigh-Distanz, bis zu der der Gaußstrahl relativ kollimiert verläuft und nach der er sich mit dem Öffnungswinkel θ_D zu seiner Fernfeldform mit kugelförmig gekrümmten Phasenfronten $\Phi(r,z) = $ konst mit

$$\Phi(r,z) = knz - \Theta(z) + \frac{nkr^2}{2R(z)} \tag{4.110}$$

aufweitet. Hierbei ist

$$\Theta(z) = \arctan(z/z_R) \tag{4.111}$$

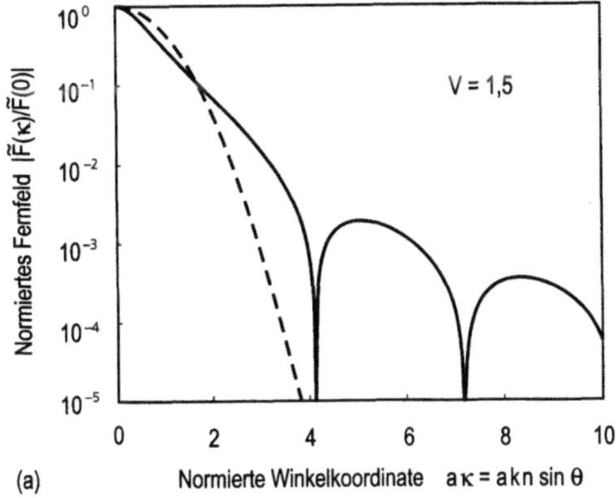

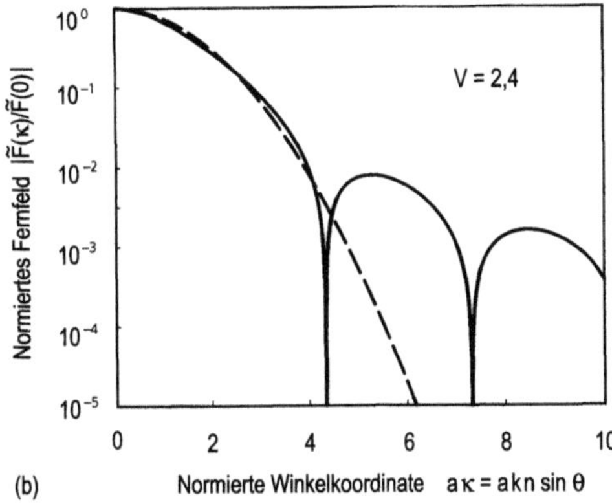

Abb. 4.12. Fernfeld (durchgezogen) einer Stufenprofilfaser für **a)** $V = 1{,}5$ und **b)** $V = 2{,}4$. Die unterbrochenen Kurven zeigen das Fernfeld für die jeweilige Gaußsche Näherung des Grundmodenfeldes Gl. (4.79) mit dem Feldradius nach Gl. (4.81)

die Phasendifferenz des Gaußstrahls auf seiner Achse $r = 0$ im Vergleich zu einer ebenen Welle, und

$$\frac{1}{R(z)} = \frac{z}{z^2 + z_R^2} \tag{4.112}$$

ein Maß für die Krümmung der Phasenfronten. Den Öffnungs- oder Divergenzwinkel θ_D des Gaußschen Strahls in großer Entfernung von seiner Taille, $z \gg z_R$, erhält man zu

$$\theta_D = \arctan\left[\frac{w(z)}{z}\right] \simeq \arctan\left(\frac{w_G}{z_R}\right) \simeq \frac{\lambda}{\pi n w_G} \tag{4.113}$$

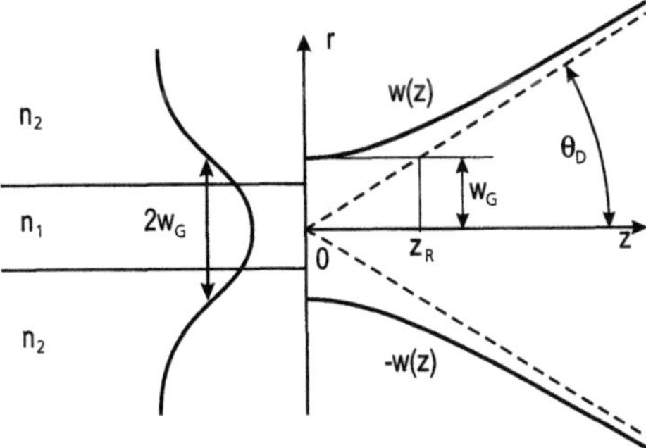

Abb. 4.13. Anregung eines Gaußstrahls durch den Grundmodus einer Einmodenfaser. Hierbei ist $w(z)$ die Breite des Gaußschen Strahls, w_G die Breite in der Strahltaille bei $z = 0$ und θ_D der Divergenzwinkel

Für eine Fasern mit $w_G = 4$ µm ergibt sich bei $\lambda = 1{,}55$ µm in Luft ($n = 1$) ein Öffnungswinkel $\theta_D = 7°$. Im Gegensatz zu Vielmodenfasern, für die der Öffnungswinkel als Numerische Apertur $A_N \simeq (n_1^2 - n_2^2)^{1/2}$ angegeben werden kann, wird der Öffnungswinkel von Einmodenfasern nicht primär von der Brechzahldifferenz $n_1^2 - n_2^2$, sondern insbesondere vom Feldradius w_G bestimmt. Dieser hängt vom Kernradius, von der Wellenlänge, von der Brechzahldifferenz und auch vom Brechzahlprofil ab und kann z. B. nach Gln. (4.81)-(4.92) oder experimentell (s. Kap. 9) bestimmt werden.

4.7 Faser-Faser-Kopplung

Der Grundmodus einer optischen Faser wird von einem anregenden Feld dann mit der größten Leistung angeregt, wenn dieses Feld identisch mit dem Feld des Grundmodus selbst ist. Jede Abweichung davon verringert den Einkoppelwirkungsgrad. Für viele Fasern kann das Grundmodenfeld durch eine Gaußsche Glockenkurve Gl. (4.79) angenähert werden. An der Stirnfläche tritt die Lichtleistung annähernd in Form eines Gaußschen Strahles [Gl. [4.107)] mit seiner typischen Strahlaufweitung und der Krümmung der Phasenfronten aus. Im allgemeinen wird dieser Strahl dann den Grundmodus einer anderen Faser nicht mit der gesamten zur Verfügung stehenden Leistung anregen, wenn die beiden Fasern nicht auf einer Achse liegen, zueinander verkippt sind oder sich die Stirnflächen nicht berühren.

4.7.1 Gaußähnliche Grundmodenfelder

In einer fehlerhaften Verbindung zweier Faser können die Faserachsen einen transversalen Versatz s oder einen Winkelversatz θ oder die Stirnflächen einen longitudinalen Versatz z aufweisen. In [25] wurde für Gaußförmige identische Felder in beiden Fasern ($w_{G1} = w_{G2} = w_G$) folgende Formel für die Übergangsverluste a (in dB) einer solchen fehlerhaften Faserverbindung hergeleitet:

$$\eta = \frac{4z_R^2}{z^2+4z_R^2}\exp\left[-\frac{2z_R^2}{w_G^2}\cdot\frac{2s^2+2sz\sin(\theta)+(z^2+2z_R^2)\sin^2(\theta)}{z^2+4z_R^2}\right], \quad (4.114)$$

$$a = -10\log(\eta)\,. \quad (4.115)$$

Dabei ist z_R die Rayleigh-Distanz des anregenden Gaußstrahls nach Gl. (4.109) und n die Brechzahl des Mediums, z. B. eines Immersionsöles, zwischen den Fasern. Die Versätze s, z und θ liegen in einer Ebene. Ist jeweils nur einer der Versätze vorhanden, so gilt

$$\eta_s = \exp\left(-\frac{s^2}{w_G^2}\right), \quad \theta = z = 0\,, \quad (4.116)$$

$$\eta_z = \frac{4z_R^2}{z^2+4z_R^2}, \quad \theta = s = 0\,, \quad (4.117)$$

$$\eta_\theta = \exp\left(-\frac{\sin^2\theta}{\tan^2\theta_D}\right) \simeq \exp\left(-\frac{\theta^2}{\theta_D^2}\right), \quad s = z = 0\,. \quad (4.118)$$

Dabei ist θ_D der Öffnungswinkel des abgestrahlten Feldes nach Gl. (4.113). Auch bei geometrisch perfekter Verbindung ($s = z = \theta = 0$) ist der Einkoppelwirkungsgrad η kleiner Eins, wenn die Feldradien w_{G1} und w_{G2} der beiden Fasern ungleich sind:

$$\eta_{1,2} = \left(\frac{2w_{G1}w_{G2}}{w_{G1}^2+w_{G2}^2}\right)^2. \quad (4.119)$$

Sind alle Koppelfehler klein und die Feldradien der beiden Fasern annähernd gleich ($|\Delta w_G| = |w_{G1} - w_{G2}| \ll w_{G1} \simeq w_{G2} \simeq w_G$), so addieren sich die Verluste (in dB) annähernd zu

$$a = 4{,}343\left[\frac{s^2}{w_G^2}+\frac{\theta^2}{\theta_D^2}+\frac{z^2}{4z_R^2}+\frac{(\Delta w_G)^2}{w_G^2}\right]. \quad (4.120)$$

Um die Übergangsverluste für eine dispersionverschobene Faser ($\lambda = 1550$ nm) mit ei-

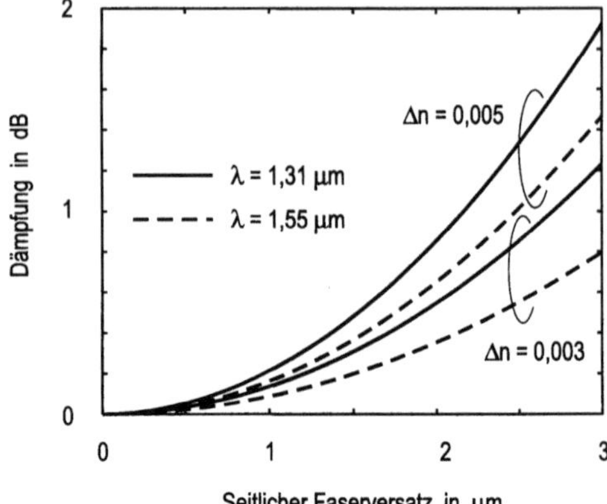

Abb. 4.14. Dämpfung einer Stoßstelle zweier Standard-Stufenprofil-Fasern mit dem Kernradius a = 4 µm infolge seitlichen Versatzes der Faserachsen nach Gl. (4.116)

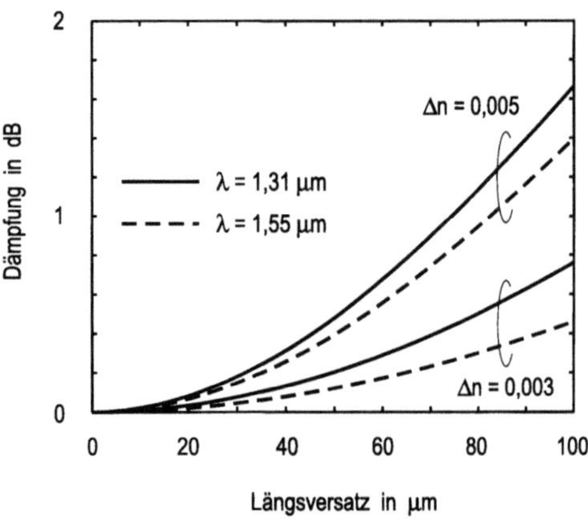

Abb. 4.15. Dämpfung einer Stoßstelle zweier Standard-Stufenprofil-Fasern mit dem Kernradius a = 4 µm infolge eines Längsversatzes der Faserachsen nach Gl. (4.117)

nem Feldradius $w_G = 4$ µm und einem Immersionsindex $n = 1{,}5$ kleiner als 0,1 dB zu halten, muß bei Vorhandensein stets nur eines Koppelfehlers gelten: $s < 0{,}6$ µm, $\theta < 0{,}7°$, $z < 14$ µm und $|\Delta w_G| < 0{,}6$ µm.

Wird die runde Faser mit dem Feldradius w_{Gr} von einem elliptischen Feld

$$F(x,y) = \hat{F}\exp\left[-\left(\frac{x^2}{w_{Gx}^2}+\frac{y^2}{w_{Gy}^2}\right)\right], \quad (4.121)$$

angeregt, wie z. B. von manchen Halbleiterlasern, integriert-optischen Wellenleitern oder stark elliptischen Fasern, so gilt

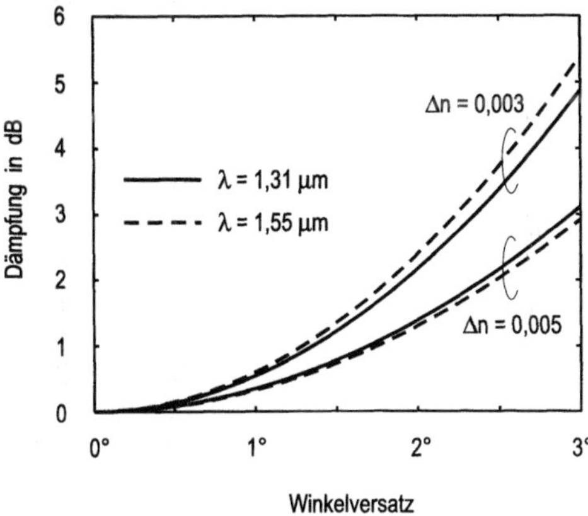

Abb. 4.16. Dämpfung einer Stoßstelle zweier Standard-Stufenprofil-Fasern mit dem Kernradius a = 4 µm infolge eines Winkelversatzes der Faserachsen nach Gl. (4.118)

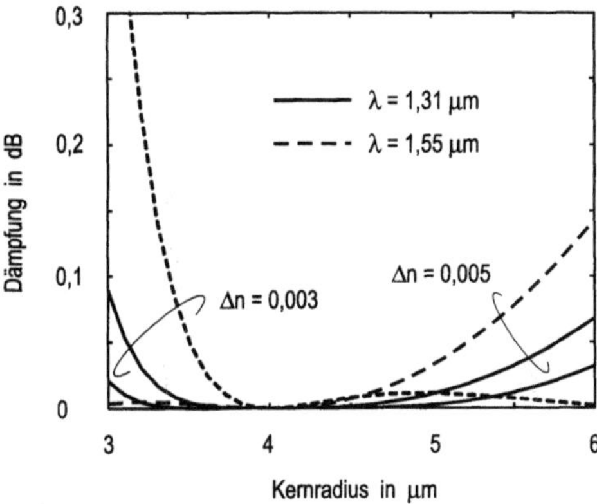

Abb. 4.17. Dämpfung einer Stoßstelle zweier Standard-Stufenprofil-Fasern mit unterschiedlichen Kernradien nach Gl. (4.119) in Abhängigkeit des Kernradius der einen Faser bei festem Kernradius a = 4 µm der anderen Faser

$$\eta_{r,E} = \frac{4 w_{Gr}^2 w_{Gx} w_{Gy}}{(w_{Gr}^2 + w_{Gx}^2)(w_{Gr}^2 + w_{Gy}^2)} \simeq 1 - \frac{(\Delta w_E)^2}{w_{Gr}^2}. \quad (4.122)$$

Die Näherung bezieht sich auf den Fall, daß die Feldweiten in der elliptische Faser annähernd gleich der Feldweite w_{Gr} in der runden Faser sind, $|\Delta w_E| = |w_{Gx} - w_{Gy}| \ll w_{Gx} \simeq w_{Gy} \simeq w_{Gr}$. Selbst bei relativ großen Elliptizitäten $|\Delta w_E|/w_{Gr}$ bis zu 15% bleiben die Verluste kleiner als 0,1 dB, spielen also bei Verbindungen von nominell runden Fasern kaum eine Rolle.

4.7.2 Beliebige Grundmodenfelder

Für dispersionsgeglättete Fasern (DFF) wie auch dämpfungsoptimierte dispersionsverschobene (DSF), nicht-null-dispersionsverschobene (NZDSF) Fasern, dispersionkompensierende Fasern (DCF) und für Fasern mit großer effektiver Führungsfläche mit ihren Mehrschichtprofilen (Abschn. 4.10) weicht die Feldverteilung des Grundmodus deutlich von der Gaußform Gl. (4.79) ab. Hierfür können jedoch zumindest für kleinen lateralen Versatz s und kleinenWinkelversatz θ die Verluste an Faserverbindungen geschlossen angegeben werden:

$$\eta_s = 1 - \frac{s^2}{w_f^2} \quad (4.123)$$

$$\eta_\theta = 1 - \frac{k^2 n^2 w_n^2 \sin^2(\theta)}{4} \simeq 1 - \frac{\theta^2}{\theta_D^2} \quad (4.124)$$

Dabei sind w_n und w_f die Nah- und Fernfeldradien aus Gln. (4.93) und (4.94) für beliebige Modenfeldverteilungen $F(r)$, und θ_D folgt hier aus Gl. (4.102).

4.7.3 Endflächenreflexion an Faserstoßstellen

Unterscheidet sich die Brechzahl n zwischen den beiden Endflächen zweier Fasern deutlich von der Mantelbrechzahl n_2, kann die in den Grundmodus reflektierte Leistung erheblich größer sein als etwa der doppelte Wert des in Abschn. 4.6.1 angegebenen Leistungsreflexionsfaktors [26]. Erfüllt der Abstand z zwischen den beiden Fasern die Bedingung $knz = (m + 1/2)\pi$, so haben die von den beiden Faserendflächen reflektierten Wellen die gleiche Phasenlage und überlagern sich konstruktiv. Dies führt zu einer Erhöhung der reflektierten Lichtleistung. Für $knz = m\pi$ dagegen wird aufgrund destruktiver Überlagerung gar keine Leistung reflektiert. Somit stellen die beiden Endflächen der Fasern ein Fabry-Perot-Interferometer dar [27]. Allgemein läßt sich für den Leistungsreflexionsfaktor zweier Faserendflächen im Abstand z schreiben

$$R = \frac{(n_2^2 - n^2)^2 \tan^2(knz)}{4 n_2^2 n^2 + (n_2^2 + n^2)^2 \tan^2(knz)}. \quad (4.125)$$

Für Luft ($n = 1$) und ein Immersionsöl mit der Brechzahl n = 1,6 ist der Leistungsreflexionsfaktor in Abhängigkeit vom Abstand z der

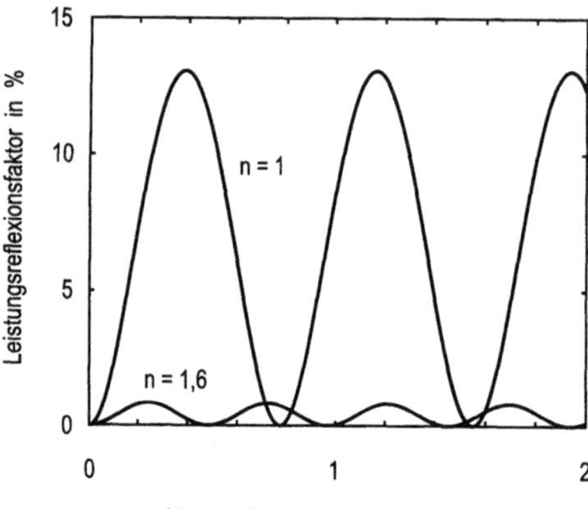

Abb. 4.18. Leistungsreflexionsfaktor einer Stoßstelle zweier Fasern (n_2 = 1,46) als Funktion des Endflächenabstands z nach Gl. (4.125) für Luft (n = 1) und ein Immersionsöl (n = 1,6) bei λ = 1,55 µm

Faserendflächen in Abb. 4.18 dargestellt. Für Luft beträgt er maximal 13%. Diese starken Reflexionen können den Betrieb von Laserquellen beeinträchtigen (Kap. 19). Die reduzierte Transmittivität $T = 1 - R$ entspricht einem Verlust bis zu 0,6 dB. Zur Vermeidung dieser Nachteile können die Mehrfachreflexionen sehr effektiv und einfach durch Schrägschliff der Faserendfläche unter einem Winkel über 10° zwischen Faserachse und Endflächennormale reduziert werden [28]. Für einen Winkel von 12° wurden Leistungsreflexionen unterhalb −58 bis −68 dB gemessen [28]. Alternativ kann die Endflächenreflexion durch Aufbringen von Antireflexions-Schichten oder durch Einbringen von Immersionsflüssigkeiten mit der Brechzahl nahe des effektiven Index des Grundmodus verringert werden (Kap. 10).

4.8 Chromatische Dispersion und Dispersionskompensation

4.8.1 Dispersion

Bei der Ausbreitung durch optische Fasern kommt es zu Verzerrungen der übertragenen Signale. Dämpfungsverzerrungen bewirken im allgemeinen nur eine Abschwächung, ohne die Signalform zu verändern, da der spektrale Dämpfungsverlauf über dem Bereich des Signalspektrums meist relativ glatt ist. Kritischer sind Phasenverzerrungen, die aufgrund der Dispersion der übertragenden Faser zu deutlichen Signalverzerrungen führen und somit die Übertragungskapazität begrenzen können. Als Dispersion bezeichnet man in der Optischen Kommunikationstechnik die Streuung der Laufzeiten eines eingespeisten Signals über das Ensemble der geführten Moden oder über das im Signal enthaltene Wellenlängen- bzw. Frequenzspektrum. Sie äußert sich im allgemeinen durch eine Vergrößerung der zeitlichen Dauer von Impulsen bei ihrer Ausbreitung durch die optische Faser. Die sogenannte intermodale Dispersion tritt aufgrund der Gruppenlaufzeitdifferenzen der Vielzahl von geführten Moden in Vielmodenfasern (Modendispersion, Kap. 5) oder der beiden Polarisationszustände des Grundmodus in Einmodenfasern (Polarisationsmodendispersion-PMD, Abschn. 4.15) auf. Die hier betrachtete chromatische Dispersion ist die wichtigste Ursache der Signalverzerrung in Einmodenfasern und beruht auf der Gruppenlaufzeitstreuung innerhalb des einzig geführten Grundmodus (intramodale Dispersion) über die Wellenlänge bzw. Frequenz [1, 29–33].

Die Signalübertragung wird vorteilhafterweise im Frequenzbereich beschrieben. Dem sich in der Faser ausbreitenden elektrischen Feld $\mathbf{E}(x, y, z, t)$ kann durch Fourier-Transformation das Spektrum

$$\tilde{\mathbf{E}}(x, y, z, \omega) = \int_{-\infty}^{+\infty} \mathbf{E}(x, y, z, t) \exp(-j\omega t)\, dt \tag{4.126}$$

zugeordnet werden. Eine einzelne spektrale Komponente des elektrischen Feldes $\tilde{\mathbf{E}}(x, y, z, \omega)$ eines LP-Modus ändert sich entlang der Faser in Abhängigkeit von der zugehörenden Ausbreitungskonstante $\beta(\omega)$ gemäß

$$\begin{aligned}&\tilde{\mathbf{E}}(x, y, z, \omega) \\ &\quad = \hat{\mathbf{s}}\, \tilde{E}(\omega)\, \tilde{\psi}(x, y, \omega) \exp[-j\beta(\omega) z]\,.\end{aligned} \tag{4.127}$$

Dabei ist $\hat{\mathbf{s}}$ der Einheitsvektor der Polarisationsrichtung des Lichtes, ω die Kreisfrequenz der spektralen Komponente, $\tilde{\psi}(x, y, \omega)$ die transversale Feldverteilung und $\tilde{E}(\omega)$ die Anregungsamplitude. Bei einer praktisch schmalbandigen Anregung mit der Mittenfrequenz $\bar{\omega}$ kann die Feldverteilung als spektral unabhängig angesehen werden, d. h. $\tilde{\psi}(x, y, \omega) \simeq \tilde{\psi}(x, y, \bar{\omega}) \equiv \psi(x, y)$. Dann ergibt sich für eine zeitliche Anregung am Fasereingang $z = 0$ durch das Feld

$$\mathbf{E}(x, y, z = 0, t) = \hat{\mathbf{s}}\, E_e(t)\, \psi(x, y) \tag{4.128}$$

das Eingangsspektrum

$$\tilde{E}_e(\omega) = \int_{-\infty}^{\infty} E_e(t) \exp(-j\omega t)\, dt\,. \qquad (4.129)$$

Für die einzelnen spektralen Komponenten am Faserausgang, das heißt nach der Ausbreitungsstrecke $z = L$, kann geschrieben werden

$$\tilde{\mathbf{E}}(x,y,z=L,\omega) = \hat{\mathbf{s}}\,\tilde{E}_a(\omega)\,\psi(x,y)\,. \qquad (4.130)$$

Dabei ist

$$\tilde{E}_a(\omega) = H(\omega)\,\tilde{E}_e(\omega) \qquad (4.131)$$

das Ausgangsamplitudenspektrum und

$$H(\omega) = \exp[-j\beta(\omega)L] \qquad (4.132)$$

die optische oder Amplitudenübertragungsfunktion. Die Ausgangszeitfunktion ergibt sich damit zu

$$E_a(t) = \frac{1}{2\pi}\int_{-\infty}^{\infty} \tilde{E}_a(\omega) \exp(j\omega t)\, d\omega \qquad (4.133)$$

$$= \frac{1}{2\pi}\int_{-\infty}^{\infty} \tilde{E}_e(\omega) \exp[j\omega t - j\beta(\omega)L]\, d\omega \qquad (4.134)$$

Für quasi-monochromatische Spektren $\tilde{E}_e(\omega)$ der Breite $\Delta\omega \ll \bar{\omega}$ bei der Mittenfrequenz $\bar{\omega}$ kann die Ausbreitungskonstante in eine Taylor-Reihe in $\omega - \bar{\omega}$ entwickelt werden

$$\beta(\omega) = \beta_0 + \beta_1(\omega-\bar{\omega}) + \frac{\beta_2}{2}(\omega-\bar{\omega})^2 + \frac{\beta_3}{6}(\omega-\bar{\omega})^3 + \ldots\,, \qquad (4.135)$$

wobei

$$\beta_\nu = \left.\frac{d^\nu \beta(\omega)}{d\omega^\nu}\right|_{\omega=\bar{\omega}} \qquad (4.136)$$

die ν-te Ableitung der Ausbreitungskonstante nach der Kreisfrequenz darstellt.

Gruppenlaufzeit. Der lineare Term der Ausbreitungskonstante aus Gl. (4.135) bewirkt in Gl. (4.134), abgesehen von einer für die Impulsübertragung (Direktempfang) unbedeutenden Phasendrehung um $\bar{\omega}t_g - \beta_0 L$, lediglich eine zeitliche Verzögerung des Signals um die sogenannte Gruppenlaufzeit $t_g = L/v_g$,

$$E_a(t) = \exp[j(\bar{\omega}t_g - \beta_0 L)]\, E_e(t - t_g)\,, \qquad (4.137)$$

wobei

$$v_g = 1/\beta_1 \qquad (4.138)$$

die Gruppengeschwindigkeit des Signals bezeichnet, mit dem es sich längs der Faser ausbreitet. Wenn also höhere Terme vernachlässigt werden können, z.B. für schmalbandige Quellen mit $\Delta\omega \to 0$ oder für optimierte Fasern mit $\beta_2 = \beta_3 = 0$, wird das Signal nicht verzerrt, sondern breitet sich unverändert mit der Gruppengeschwindigkeit v_g aus. Unter Verwendung des effektiven Index $n_e = \beta/k = \beta c/\omega$ läßt sich die Gruppengeschwindigkeit v_g auch durch den effektiven Gruppenindex

$$n_{eg} = n_e + \omega\frac{dn_e}{d\omega} = n_e - \lambda\frac{dn_e}{d\lambda} \qquad (4.139)$$

ausdrücken als $v_g = c/n_{eg}$.

Chromatische Dispersion. Erst höhere Terme von Gl. (4.135) führen zu einer Signalverzerrung in Gl. (4.134). Im allgemeinen ist die Gruppenlaufzeit t_g abhängig von der Kreisfrequenz ω bzw. von der Wellenlänge λ. In der Nähe der Mittenfrequenz $\bar{\omega}$ gilt

$$t_g(\omega) \simeq t_g(\bar{\omega}) + L\beta_2(\omega - \bar{\omega})\,. \qquad (4.140)$$

Über einen spektralen Bereich $\Delta\omega = -(2\pi c/\lambda^2)\Delta\lambda$ streut dann die Gruppenlaufzeit t_g um die Breite

$$\Delta t_g \simeq \frac{dt_g}{d\omega}\Delta\omega = L\beta_2\Delta\omega \qquad (4.141)$$

$$\simeq \frac{dt_g}{d\lambda}\Delta\lambda = LD\Delta\lambda \qquad (4.142)$$

wobei

$$D = \frac{d}{d\lambda}\left(\frac{1}{v_g}\right) = \frac{1}{c}\frac{dn_{eg}}{d\lambda} = -\frac{\lambda}{c}\frac{d^2 n_e}{d\lambda^2} = -\frac{2\pi c}{\lambda^2}\beta_2 \qquad (4.143)$$

als chromatische Dispersion oder Gruppenlaufzeitstreuung bezeichnet wird. Die unterbrochene Kurve in Abb. 4.19 zeigt den spektralen Verlauf der chromatischen Dispersion einer Standardfaser mit Stufenprofil.

Steigung der Dispersion. Noch höhere Terme aus Gl. (4.135) machen sich in bzw. in der Nähe der Dispersionsnullstelle $\lambda \simeq \lambda_0$ mit $D(\lambda_0) = \beta_2(\lambda_0) = 0$ bemerkbar:

$$t_g(\omega) \simeq t_g(\bar{\omega}) + L\beta_2(\omega-\bar{\omega}) + \frac{1}{2}L\beta_3(\omega-\bar{\omega})^2\,. \qquad (4.144)$$

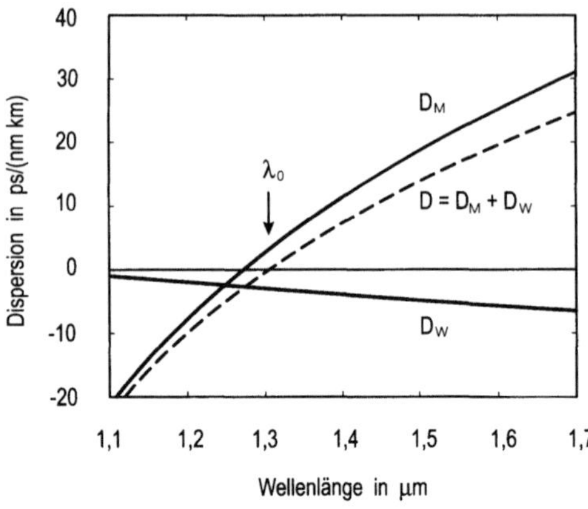

Abb. 4.19. Gesamtdispersion D und die Beiträge der Materialdispersion D_M und der Wellenleiterdispersion D_W einer Standard-Stufenprofilfaser mit a = 4 µm und $\Delta = 3 \cdot 10^{-3}$. Die Dispersionsnullstelle wird durch die Wellenleiterdispersion zu größeren Wellenlängen hin nach $\lambda_0 = 1{,}31$ µm verschoben

Die Laufzeitstreuung bei einer vollen spektralen Breite $\Delta\lambda$ der Quelle mit der Mittenwellenlänge in der Dispersionsnullstelle λ_0 wird dann

$$\Delta t_g \simeq \frac{1}{8} L S_0 (\Delta\lambda)^2 . \tag{4.145}$$

Dabei ist $S_0 = S(\lambda_0)$ und

$$S(\lambda) = \frac{dD}{d\lambda} = \frac{d^2}{d\lambda^2}\left(\frac{1}{v_g}\right) = \frac{4\pi c}{\lambda^4}(\lambda\beta_2 + \pi c\beta_3) \tag{4.146}$$

die Steigung (engl. „slope") der Dispersion über der Wellenlänge. In der Nähe der Dispersionsnullstelle $\lambda \approx \lambda_0$ gilt somit

$$D(\lambda) \simeq S_0 \cdot (\lambda - \lambda_0) ,$$
$$S_0 = S(\lambda_0) = 4\pi^2 c^2 \beta_3 / \lambda_0^4 . \tag{4.147}$$

In modernen WDM-Systemen, in denen viele Wellenlängenkanäle über einen breiten spektralen Bereich (z.B. 30 nm) übertragen werden (Kap. 26), ist die spektrale Steigung der Dispersion Gl. (4.146) grundsätzlich in den Entwurf mit einzubeziehen.

Bitrate. Die chromatische Dispersion ist einer der wichtigsten Faktoren, die die zulässige Bitrate (Taktfrequenz) B bei einer Pulsübertragung begrenzen. In einer groben Näherung darf die Impulsaufweitung Δt_g infolge Gruppenlaufzeitstreuung zur Vermeidung von Intersymbolintereferenzen von aufeinanderfolgenden Pulsen nicht größer sein als der zeitliche Impulsmittenabstand (Taktzeit) $T_B = 1/B$, das bedeutet $\Delta t_g < T_B$. Damit wird die Bitrate begrenzt auf

$$B < \frac{1}{L|D|\Delta\lambda} . \tag{4.148}$$

Für eine hohe Bitrate ist folglich eine geringe Quellenbandbreite $\Delta\lambda$ erforderlich. Für eine Standardfaser der Länge 100 km mit einer Dispersion von D = 17 ps/(nm km) bei λ = 1550 nm ergibt sich für $\Delta\lambda$ = 5 nm eine maximale Bitrate von 117 Mbit/s. In der Dispersionsnullstelle $\lambda = \lambda_0$ ermöglicht eine Verringerung der spektralen Quellenbreite $\Delta\lambda$ eine viel stärkere Erhöhung der Bitrate:

$$B < \frac{8}{L|S_0|(\Delta\lambda)^2} . \tag{4.149}$$

Für eine Dispersionsteigung S_0 = 0,075 ps/(nm^2 km) in der Dispersionsnullstelle λ_0 = 1550 nm einer dispersionsverschobenen Faser und $\Delta\lambda$ = 5 nm beträgt die Bitrate 42 Gbit/s. Die hier betrachtete Gruppenlaufzeitstreuung Δt_g stellt jedoch nur eine grobe Abschätzung der Impulsverbreiterung dar. Tatsächlich hängt die Verzerrung des Impulses bei der Ausbreitung in der Faser auch noch von seinem konkreten zeitlichen Verlauf und von den statistischen Eigenschaften des Quellenspektrums ab (Abschn. 4.9). Eine weitere Ursache für Impulsverbreiterung ist die Polarisationsmodendispersion infolge ungleicher Gruppenlaufzeiten der beiden orthogonalen Polarisationszustände des Grundmodus (Abschn. 4.15). Zur Unterdrückung störender nichtlinearer Effekte (Abschn. 4.16) wird in breitbandigen WDM-Systemen die Dispersion lokal zwar klein, aber verschieden von Null gehalten (Abschn. 4.10 und Kap. 26).

Im folgenden werden die Ursachen für die chromatische Dispersion betrachtet.

4.8.2 Materialdispersion

Die Brechzahl n von Gläsern ist wellenlängenabhängig. Die Ursachen dieser Materialdispersion können zurückgeführt werden auf Resonanzfrequenzen ω_i bzw. Resonanzwellenlängen $\lambda_i = 2\pi c/\omega_i$, bei denen Licht als elektromagnetische Strahlung von dem Material absorbiert wird. In großem spektralem Abstand zu diesen Resonanzen kann die

Brechzahl durch eine Sellmeier-Gleichung beschrieben werden:

$$n^2(\lambda) = 1 + \sum_{i=1}^{3} \frac{A_i \lambda^2}{\lambda^2 - \lambda_i^2}. \qquad (4.150)$$

Die Resonanzwellenlängen λ_i und die entsprechenden Oszillatorstärken A_i für reines Quarzglas sind [34]

$$\lambda_1 = 0{,}0684043\ \mu\text{m}, \quad A_1 = 0{,}6961663$$
$$\lambda_2 = 0{,}1162414\ \mu\text{m}, \quad A_2 = 0{,}4079426$$
$$\lambda_3 = 9{,}896161\ \mu\text{m}, \quad A_3 = 0{,}8974794.$$

Die Wellenlängenabhängigkeit wurde auch für dotiertes Quarzglas experimentell bestimmt [35–41]. Die Materialdispersion von reinem Quarzglas hat bei $\lambda = 1{,}276\ \mu$m eine Nullstelle, für dotierte Gläser liegt diese bei $\lambda = 1{,}27\ldots1{,}29\ \mu$m.

In Abwesenheit einer Wellenleiterstruktur breitet sich eine ebene Welle mit der Ausbreitungskonstante $\beta = kn = 2\pi n/\lambda$ aus. Die für die Ausbreitung von Signalen entscheidende Gruppengeschwindigkeit ergibt sich analog Gl. (4.139) zu $v_g = c/n_g$, wobei $n_g = n - \lambda dn/d\lambda$ der Gruppenindex des Materials ist. Die chromatische Dispersion (4.143) wird dann allein von der Materialdispersion D_M bestimmt:

$$D_M = \frac{1}{c}\frac{dn_g}{d\lambda} = -\frac{\lambda}{c}\frac{d^2 n}{d\lambda^2}. \qquad (4.151)$$

In der Faser ist dies der Beitrag zur Dispersion bei Annahme eines wellenlängenunabhängigen Modenfeldes. Für reines Quarzglas sind n und n_g in Abb. 4.20 und D_M in Abb. 4.19 wiedergegeben.

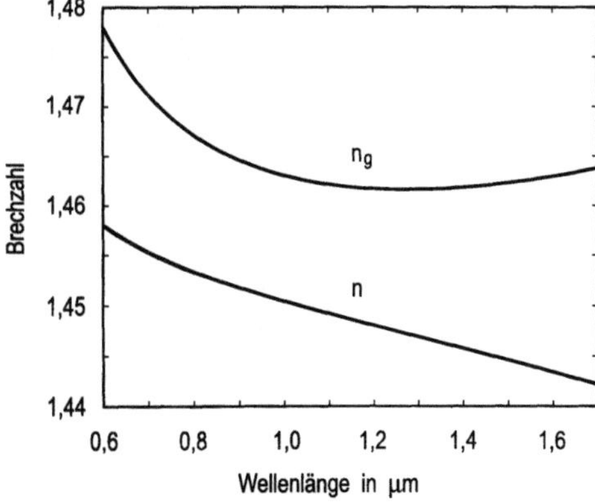

Abb. 4.20. Wellenlängenabhängigkeit der Brechzahl n und der Gruppenbrechzahl $n_g = n - \lambda\, dn/d\lambda$ für reines Quarzglas (vgl. Kap. 2)

4.8.3 Wellenleiterdispersion

In Anwesenheit einer Wellenleiterstruktur mit der kleinen relativen Brechzahldifferenz (4.30)

$$\Delta \simeq \frac{n_1 - n_2}{n_1} \simeq \frac{n_{g1} - n_{g2}}{n_{g1}} \qquad (4.152)$$

kann für die Gruppengeschwindigkeit (4.138) geschrieben werden

$$\frac{1}{v_g} = \frac{n_{g2}}{c}\left[1 + \Delta \frac{d(VB)}{dV}\right]. \qquad (4.153)$$

Mit dem mittleren Profildispersionsparameter

$$p = \frac{\lambda}{\Delta}\frac{d\Delta}{d\lambda}, \qquad (4.154)$$

der die Abhängigkeit von Δ von der Wellenlänge charakterisiert und für GeO_2-dotierte Fasern bei $\lambda = 1550$ nm etwa $p \simeq 0{,}1$ beträgt [42], erhält man für die Gesamtdispersion [43]

$$D = D_M\left[1 + \Delta \frac{d(VB)}{dV}\right] - \frac{n_{g2}\Delta}{\lambda c}\left[V \frac{d^2(VB)}{dV^2} - p\frac{d(VB)}{dV}\right] \qquad (4.155)$$

Die Größen $d(VB)/dV$ und $d^2(VB)/dV^2$ sind für eine Stufenprofilfaser in Abb. 4.4 dargestellt. Eine noch genauere Analyse wichtet die Material- und Profildispersion in jedem Profilbereich konstanter Brechzahl mit dem darin vom Modus konzentrierten Leistungsanteil [44]. Um bei einer Wellenlänge eine verschwindende oder definiert von Null verschiedene Gesamtdispersion zu erreichen, müssen sich die Beiträge in Gl. (4.155) ganz oder teilweise kompensieren. In einer einfacheren Abschätzung heißt das, die dominierenden Beiträge D_M der Materialdispersion (4.151) und der Wellenleiterdispersion

$$D_W = -\frac{n_g\Delta}{\lambda c} V \frac{d^2(VB)}{dV^2} \qquad (4.156)$$

so auszubalancieren, daß sich der gewünschte Wert

$$D \simeq D_M + D_W \qquad (4.157)$$

einstellt. Das geschieht zum einen durch geeignete Wahl von Δ, zum anderen aber vor allem durch die Gestaltung des Brechzahlprofils. Damit läßt sich die Stärke der Krümmung der $B(V)$-Kurve und somit die Größe des Wertes von $d^2(VB)/dV^2$ beeinflussen (Abschn. 4.10).

4.8.4 Dispersion in kaskadierten Fasern

Werden Faserstrecken der Gesamtlänge L aus Faserstücken i mit unterschiedlichen Dispersionseigenschaften $\beta_{v,i}$ und Längen L_i zusammengesetzt (kaskadiert), so sind die in diesem Abschnitt angegebenen Produkte $\beta_v L$ mit längenunabhängigen Koeffizienten β_v durch die Summe

$$\beta_v L \to \sum_i \beta_{v,i} L_i \qquad (4.158)$$

zu ersetzen. Damit kann durch geeignete Kaskadierung von Fasern mit positiver und negativer Dispersion die mittlere Dispersion der Gesamtfaserstrecke nach Systemgesichtspunkten eingestellt werden (Kap. 26 und 27).

4.8.5 Dispersion Management

Ein beträchtlicher Anteil der derzeit installierten Faserstrecken besteht aus Standardfasern mit einer Dispersionsnullstelle bei $\lambda_0 \simeq 1310$ nm. Die Verfügbarkeit von Faserverstärkern für den Wellenlängenbereich von 1530 nm bis 1565 nm (oft als ‚Erbiumband' bezeichnet) hat zu einer starken Ausnutzung dieses Bereichs um das Dämpfungsminimum bei $\lambda \simeq 1550$ nm für die Signalübertragung geführt. Dabei werden im sogenannten Wellenlängen-Multiplex (WDM, Kap. 26) in vielen (z.B. 16) dichtliegenden Wellenlängenkanälen jeweils hohe Bitraten (z.B. 10 Gbit/s) übertragen [45]. Die hohe Dispersion $D_S \simeq 17$ ps/(nm km) der verlegten Standardfasern bei $\lambda \simeq 1550$ führt dabei zur Verbreiterung der übertragenen Impulse, die infolge von Intersymbol-Interferenzen zwischen aufeinanderfolgenden Impulsen zu einer Beschränkung der Übertragungsrate führt. Zur Überbrückung großer Faserstrecken setzt man nach einer aus Standardfasern bestehenden Strecke der Länge L_S eine dispersionskompensierende Faser (Abschn. 4.10) der Länge L_K mit starker negativer Dispersion D_K ein. Die impulsverbreiternde Wirkung der Dispersion läßt sich durch Erfüllung der Bedingung

$$D_S L_S + D_K L_K = 0 \qquad (4.159)$$

bei einer Wellenlänge rückgängig machen [46]. Um jedoch die Dispersion für alle WDM-Kanäle im Erbiumband oder über die ganze Modulationsbandbreite von einigen Nanometern im Zeitmultiplex (TDM, Kap. 25) zu kompensieren, müssen auch höhere Terme von Gl. (4.144) ausgeglichen werden. Das erfordert eine analoge Anpassung der Dispersionsanstiege der beiden Fasern gemäß

$$S_S L_S + S_K L_K = 0\,. \qquad (4.160)$$

Die Bedingung (4.159) läßt sich für eine bestimmte negative Dispersion D_K durch geeignete Wahl der Länge L_K erfüllen. Zur gleichzeitigen Erfüllung beider Bedingungen, Gln. (4.159) und (4.160), ist jedoch ein geeigneter Entwurf der dispersionskompensierenden Faser erforderlich, bei dem das Verhältnis S_K/D_K des Anstiegs der Dispersion zur Dispersion selbst dem Verhältnis S_S/D_S der verlegten Standard-Faser entspricht. Damit sind die Bedingungen (4.159) und (4.160) äquivalent mit

$$\frac{L_K}{L_S} = -\frac{D_S}{D_K}\,, \quad \frac{S_K}{D_K} = \frac{S_S}{D_S}\,. \qquad (4.161)$$

Da dispersionskompensierende Fasern oft aufgrund ihrer Krümmungsempfindlichkeit eine hohe Dämpfung von 0,5 … 1 dB/km aufweisen, ist ihre Länge im allgemeinen klein zu halten. Dies erfordert dann eine große negative Dispersion D_K und einen entsprechend starken negative Anstieg S_K.

Die hier betrachtete Dispersionskompensation geht von linearer Signalübertragung bezüglich der Feldamplituden aus. Tatsächlich stellen jedoch nichtlineare Effekte zum Teil die begrenzenden Faktoren für die Übertragungskapazität dar (Abschn. 4.16). Dies ist insbesondere dann der Fall, wenn der Leistungspegel durch konzentrierte Verstärker, wie z.B. Erbium-Faserverstärker (Kap. 22), lokal stark angehoben wird. Zur Unterdrückung des Übersprechens zwischen den Kanälen z.B. durch Vierwellenmischung ist zu gewährleisten, daß die Dispersion an keiner Stelle der Faserstrecke verschwindet. Vielmehr werden in neu aufzubauenden Strecken Fasern verwendet, die abwechselnd eine geringe positive bzw. negative Dispersion von wenigen ps/(nm km) haben und so bei gut unterdrücktem nichtlinearen Übersprechen breitbandig zu einer verschwindenden Gesamtdispersion führen. Die Berücksichtigung des Zusammenspiels der Dispersion, der Faserdämpfung und der verschiedenen nichtlinearen Effekte führt auf die verschiedenen Techniken des sogenannten ‚dispersion management' [47] (Kap. 25 und 26).

4.9 Impulsübertragung und Übertragungsfunktion

In der OptischenKommunikationstechnik hat sich die Impulsübertragung mit Direktempfang durchgesetzt (Kap. 24). Dabei wird die Information in digitaler Form übermittelt, bei der z. B. ein Lichtimpuls eine logische „1" darstellt, seine Abwesenheit dagegen den Wert „0". Im folgenden wird die Ausbreitung von solchen Lichtimpulsen entlang von Einmodenfasern beschrieben.

4.9.1 Impulsübertragung

Die Impulsausbreitung in Einmodenfasern kann besonders einfach für Gaußsche Impulse formuliert werden. Für nicht-Gaußsche Impulsformen bietet sich eine Momentenbetrachtung des zeitlichen Leistungsverlaufs an.

Gaußsche Ausgangsimpulse. Für die Impulsübertragung wird eine schmalbandige Laserquelle mit der Mittenfrequenz $\bar{\omega}$ durch eine im Vergleich zu $1/\bar{\omega}$ langsam veränderliche Einhüllende $A(t)$ moduliert. Man kann dann für das Signal $E_e(t)$ am Fasereingang schreiben

$$E_e(t) = A(t) \exp(j\bar{\omega}t) . \tag{4.162}$$

Dabei entspricht $A(t) = A_0$ = konst dem Signal der unmodulierten monochromatischen Quelle. Besonders elegant läßt sich die Impulsausbreitung in der Faser für Gaußsche Eingangsimpulse

$$A(t) = A_0 \exp\left(-\frac{t^2}{2T_e^2}\right) \tag{4.163}$$

beschreiben [1, 29–31, 48]. Dabei entspricht $2T_e$ der vollen $1/e$-Breite des zeitlichen Intensitätsverlaufs $|E_e(t)|^2 = |A(t)|^2$ des Eingangsimpulses. Gleichzeitig kann in einfacher Weise berücksichtigt werden [32, 33], daß Impulse, die durch Direktmodulation von Halbleiterlasern erzeugt werden, die Frequenz über der Dauer des Impulses gemäß

$$\omega(t) = \bar{\omega} - \frac{Ct}{2T_e^2} \tag{4.164}$$

ändern können:

$$E_e(t) = A_0 \exp\left(-\frac{t^2}{2T_e^2}\right) \cdot \exp\left[j\left(\bar{\omega} - \frac{Ct}{2T_e^2}\right)t\right] . \tag{4.165}$$

Hierbei ist $C = -2T_e^2 \, d\omega(t)/dt$ der sogenannte Chirp-Parameter (engl.: to chirp – zirpen, zwitschern). In der Schreibweise von Gl. (4.162) kann ein solcher Frequenz-Chirp durch eine komplexe Einhüllende dargestellt werden:

$$A(t) = A_0 \exp\left[-\left(\frac{1+jC}{2T_e^2}\right)t^2\right] . \tag{4.166}$$

Außerhalb der Dispersionsnullstelle erhält man unter Vernachlässigung höherer Dispersionsterme ($\beta_3 \simeq 0$) in Gln. (4.129)–(4.135) damit einen Impuls am Faserausgang

$$E_a(t) = A(t') \exp\left[j(\bar{\omega}t - L\beta_0)\right] \tag{4.167}$$

mit der langsam veränderlichen Einhüllenden

$$A(t') = \frac{A_0 T_e}{[T_e^2 - j\beta_2 L(1+jC)]^{1/2}} \times \exp\left[-\frac{1+jC}{2} \cdot \frac{t'^2}{T_e^2 - j\beta_2 L(1+jC)}\right] , \tag{4.168}$$

wobei $t' = t - t_g$ eine um die Gruppenlaufzeit $t_g = L/v_g$ verzögerte Zeitkoordinate darstellt. Die Impulsverbreiterung von $|E_e(t)|^2$ zu $|E_a(t)|^2$ erhält man dann zu

$$\frac{T_a}{T_e} = \left[\left(1 + \frac{C\beta_2 L}{T_e^2}\right)^2 + \left(\frac{\beta_2 L}{T_e^2}\right)^2\right]^{1/2} . \tag{4.169}$$

Ein ungechirpter Impuls verbreitert sich entlang der Faser gemäß $T_a = T_e(1 + L^2/L_D^2)^{1/2} \to T_e L/L_D$, wobei die Dispersionslänge $L_D = T_e^2/|\beta_2|$, nach der sich der Impuls um den Faktor $\sqrt{2}$ verbreitert hat, selbst mit der Eingangsimpulsbreite T_e zunimmt. Für $C\beta_2 > 0$ verbreitert sich der Impuls noch schneller, nämlich mit der Anfangssteigung $dT_a/dz = C\beta_2/T_e$. Umgekehrt erfährt der Impuls für $C\beta_2 < 0$ zu Beginn der Faserstrecke eine Kompression, erreicht bei

$$L_{min} = -\frac{CT_e^2}{(1+C^2)\beta_2} \tag{4.170}$$

seine minimale Breite

$$T_{\mathrm{a,min}} = \frac{T_{\mathrm{e}}}{\sqrt{1+C^2}} \tag{4.171}$$

und verbreitert sich nach langen Faserstrecken gemäß $T_{\mathrm{a}} \simeq (1+C^2)^{1/2} T_{\mathrm{e}} L/L_{\mathrm{D}}$, effektiv also mit einer durch den Chirp reduzierten Dispersionslänge $L_{\mathrm{D}}/(1+C^2)^{1/2}$. Bei einer optimalen Eingangsimpulsbreite

$$T_{\mathrm{e,opt}} = \left[-\frac{\beta_2 L(1+C^2)}{2C}\right]^{1/2} \tag{4.172}$$

hat der Ausgangsimpuls die gleiche Breite wie der Eingangsimpuls, $T_{\mathrm{a}} = T_{\mathrm{e,opt}}$. Für verschiedene Chirp-Parameter ist die Impulsverbreiterung in Abb. 4.21 dargestellt. Da für Impulse aus direktmodulierten Halbleiterlasern im allgemeinen $C < 0$ gilt, sind hierfür besonders große Impulsverbreiterungen zu erwarten.

Nicht-Gaußsche Ausgangsimpulse – Momentenbetrachtung. Kommen auch höhere Terme in Gl. (4.135) zur Wirkung, z.B. in oder in der Nähe der Dispersionsnullstelle, so läßt sich zwar die Antwort auf einen gechirpten eingangsseitigen Gaußimpuls noch geschlossen darstellen [49], jedoch verliert der Ausgangsimpuls $|E_{\mathrm{a}}(t)|^2$ seine Gaußsche Form. Es ist daher zweckmäßig, die Impulsbreite σ_{a} des Ausgangsimpulses im Sinne einer Momentenbetrachtung als Standardabweichung zu definieren [30–32, 48]:

$$\sigma_{\mathrm{a}} = \sqrt{\langle t^2\rangle - \langle t\rangle^2} \tag{4.173}$$

$$\langle t^{\mathrm{m}}\rangle = \frac{\int_{-\infty}^{+\infty} t^{\mathrm{m}} |E_{\mathrm{a}}(t)|^2 dt}{\int_{-\infty}^{+\infty} |E_{\mathrm{a}}(t)|^2 dt} \tag{4.174}$$

Dies erlaubt wiederum eine einfache Beschreibung der Impulsverbreiterung für den praktisch relevanten Fall, daß bereits die unmodulierte Quelle nicht monochromatisch ist [30–32, 48]. Im allgemeinen fluktuiert das Ausgangssignal einer Laserquelle stochastisch über einen endlich breiten spektralen Bereich. Nimmt man für das Leistungsdichtespektrum der Quelle eine Gaußsche Verteilung mit der vollen spektralen $1/e$-Breite $2^{3/2}\sigma_\omega \ll \bar{\omega}$ bzgl. der Kreisfrequenz bzw. $2^{3/2}\sigma_\lambda = 2^{3/2}\sigma_\omega \bar{\lambda}/\bar{\omega} \ll \bar{\lambda}$ bzgl. der Wellenlänge an,

$$S(\omega) = \hat{S} \exp\left[-\frac{(\omega-\bar{\omega})^2}{2\sigma_\omega^2}\right]$$

bzw.

$$S(\lambda) = \hat{S} \exp\left[-\frac{(\lambda-\bar{\lambda})^2}{2\sigma_\lambda^2}\right], \tag{4.175}$$

so wird der Impuls bei der Ausbreitung durch die Faser um den Faktor

$$\frac{\sigma_{\mathrm{a}}}{\sigma_{\mathrm{e}}} = \left[\left(1+\frac{C\beta_2 L}{2\sigma_{\mathrm{e}}^2}\right)^2 + (1+4\sigma_{\mathrm{e}}^2\sigma_\omega^2)\left(\frac{\beta_2 L}{2\sigma_{\mathrm{e}}^2}\right)^2 + (1+C^2+4\sigma_{\mathrm{e}}^2\sigma_\omega^2)^2\left(\frac{\beta_3 L}{4\sqrt{2}\,\sigma_{\mathrm{e}}^3}\right)^2\right]^{1/2} \tag{4.176}$$

verbreitert. Dabei beschreibt $\sigma_{\mathrm{e}} = T_{\mathrm{e}}/\sqrt{2}$ die Breite des Gaußförmigen Eingangsimpulses von Gl. (4.163) bzw. (4.166).

Für ungechirpte Eingangsimpulse ($C = 0$) ist die Breite des Ausgangsimpulses immer größer als die des Eingangsimpulses,

$$\sigma_{\mathrm{a}} = \sqrt{\sigma_{\mathrm{e}}^2 + \sigma_{\mathrm{D}}^2} \tag{4.177}$$

wobei

$$\sigma_{\mathrm{D}} = L\left[(\beta_2\sigma_{\omega,\mathrm{eff}})^2 + \frac{1}{2}(\beta_3\sigma_{\omega,\mathrm{eff}}^2)^2\right]^{1/2} \tag{4.178}$$

die durch Dispersionseffekte hervorgerufene Impulsverbreiterung ist und

$$\sigma_{\omega,\mathrm{eff}} = \left(\sigma_\omega^2 + \frac{1}{4\sigma_{\mathrm{e}}^2}\right)^{1/2} \tag{4.179}$$

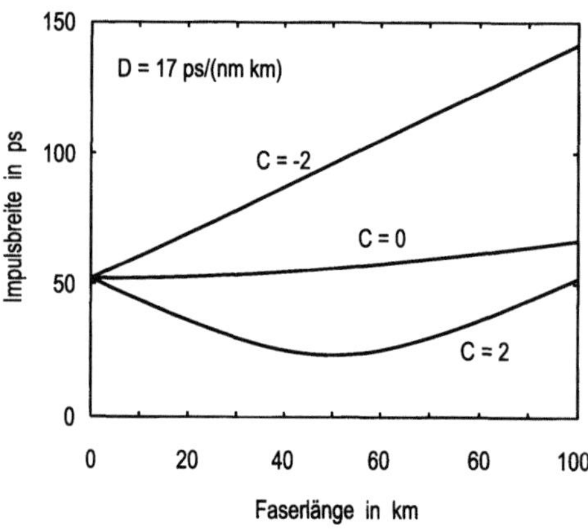

Abb. 4.21. Impulsbreite T_{a} nach Gl. (4.169) entlang einer Standardfaser mit einer Dispersion D = 17 ps/(nm km) bei λ = 1550 nm und einer Länge von L = 100 km. Der Eingangsimpuls hat die für einen Chirp von C = 2 optimale Breite $T_{\mathrm{e,opt}}$ = 52 ps nach Gl. (4.172). Für ungechirpte Impulse (C = 0) und Impulse mit negativem Chirp (z.B. C = −2) ist die Impulsverbreiterung deutlich größer

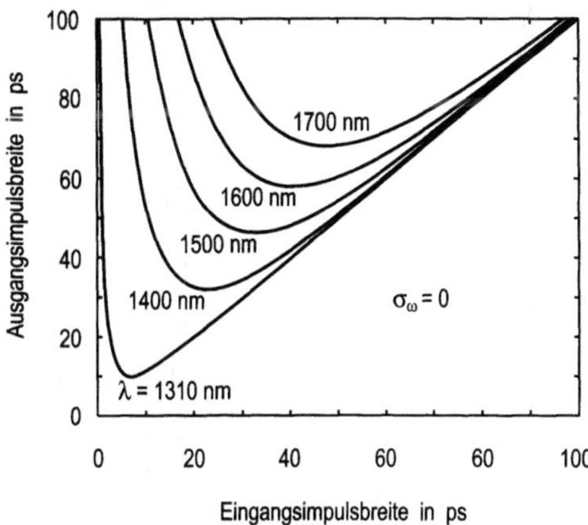

Abb. 4.22. Ausgangsimpulsbreite σ_a nach Gln. (4.177)-(4.179) als Funktion der Eingangsimpulsbreite σ_e für eine Standardfaser mit der Dispersionsnullstelle bei λ_0 = 1300 nm und einer Länge L = 100 km bei verschiedenen Wellenlängen

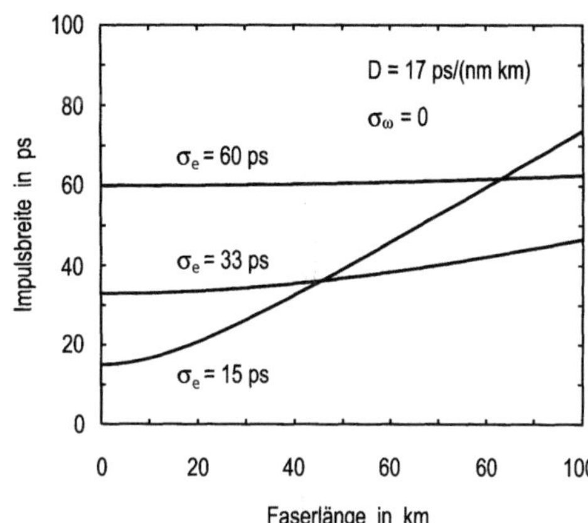

Abb. 4.23. Impulsbreite σ_a nach Gln. (4.177)-(4.179) als Funktion der Faserlänge L für eine Standardfaser mit einer Dispersion D = 17 ps/(nm km) bei λ = 1550 nm für eine monochromatische Quelle ($\sigma_\omega = 0$) und verschiedene Eingangsimpulsbreiten σ_e. Bei der für L = 100 km optimalen Eingangsimpulsbreite σ_e = 33 ps hat der Ausgangsimpuls die minimale Breite σ_a = 46,6 ps

einer durch die Impulsmodulation vergrößerten effektiven spektralen Breite des Eingangssignals entspricht. Für eine Standardfaser mit der Dispersionsnullstelle bei λ_0 = 1300 nm ist die Abhängigkeit der Ausgangsimpulsbreite σ_a von der Breite des Eingangsimpulses σ_e für verschiedene Betriebswellenlängen und eine monochromatische Quelle ($\sigma_\omega = 0$) in Abb. 4.22 dargestellt. Die Ausgangsimpulsbreite nimmt für eine bestimmte Eingangsimpulsbreite einen minimalen Wert an, der mit zunehmendem spektralen Abstand von der Dispersionsnullstelle anwächst.

Die zulässige Bitrate $B = 1/T_B$ folgt aus der Bedingung, daß jeder gesendete Impuls nicht breiter als die Taktzeit T_B werden darf. Für Gaußsche Impulse der Form (4.162) wird gewöhnlich $\sigma_a \leq T_B/4$ gewählt. Damit ergibt sich als Obergrenze für die Bitrate

$$B \leq \frac{1}{4\sigma_a}. \tag{4.180}$$

Sind die Ausgangsimpulse stark gegenüber den Eingangsimpulsen verbreitert bzw. ist die Breite der Eingangsimpulse vernachlässigbar klein, dann gilt $\sigma_D \gg \sigma_e$ und die Bitrate wird nur durch die Dispersion der Faser begrenzt:

$$B \leq B_D = \frac{1}{4\sigma_D}. \tag{4.181}$$

In den folgenden vier Fällen liefert Gl. (4.176) besonders einfache Ergebnisse für ungechirpte Eingangsimpulse ($C = 0$) [48]:

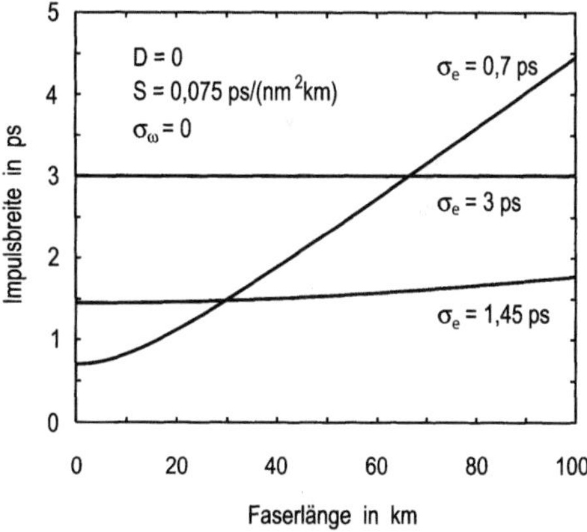

Abb. 4.24. Impulsbreite σ_a nach Gln. (4.177)-(4.179) als Funktion der Faserlänge L für eine dispersionsverschobene Faser mit einer Dispersion D = 0 und einer Dispersionssteigung S = 0,075 ps/(nm^2 km) bei λ = 1550 nm für eine monochromatische Quelle ($\sigma_\omega = 0$) und verschiedene Eingangsimpulsbreiten σ_e. Für die Faserlänge L = 100 km liefert die optimale Eingangsimpulsbreite σ_e = 1,45 ps die kleinste Ausgangsimpulsbreite σ_a = 1,78 ps

Fall 1: Außerhalb der Dispersionsnullstelle ($\lambda \neq \lambda_0$) können Terme, die β_3 enthalten, vernachlässigt werden. Für breitbandige Quellen bzw. lange Eingangsimpulse ($2\sigma_e\sigma_\omega \gg 1$) gilt dann für die Impulsverbreiterung Gl. (4.177):

$$\sigma_D = |\beta_2|\,\sigma_\omega L = |D|\,\sigma_\lambda L \tag{4.182}$$

Die maximal zulässige Bitrate in Gl. (4.181) wird dann ($\sigma_D \gg \sigma_e$)

$$B \leq B_D = (4\,|D|\,\sigma_\lambda L)^{-1} \tag{4.183}$$

Offensichtlich kann in Gl. (4.148) $\Delta\lambda = 4\sigma_\lambda$ interpretiert werden. Für eine Standardfaser der Länge 100 km ergibt sich mit einer Dispersion von 17 ps/(nm km) bei λ = 1550 nm eine Bitrate von 147 Mbit/s für σ_λ = 1 nm.

Fall 2: Außerhalb der Dispersionsnullstelle ($\lambda \neq \lambda_0$, $\beta_3 = 0$) gilt für schmalbandige Quellen bzw. kurze Eingangsimpulse ($2\sigma_e\sigma_\omega \ll 1$)

$$\sigma_D = \frac{|\beta_2|}{2}\,\frac{L}{\sigma_e} = \frac{|D|\,\lambda^2}{4\pi c}\,\frac{L}{\sigma_e}. \tag{4.184}$$

Die durch Dispersionseffekte begrenzte Bitrate Gl. (4.181) ist dann ($\sigma_D \gg \sigma_e$)

$$B \leq B_D = \frac{\pi c \sigma_e}{|D|\,\lambda^2 L}. \tag{4.185}$$

Für solche schmalbandige Quellen kann aus Gl. (4.176) eine optimale Eingangsimpulsbreite

$$\sigma_{e,\,opt} = \sqrt{\frac{|\beta_2|\,L}{2}} = \sqrt{\frac{|D|\,\lambda^2 L}{4\pi c}} \tag{4.186}$$

abgeleitet werden, für die die Ausgangsimpulsbreite den minimalen Wert

$$\sigma_{a,\,opt} = \sqrt{2}\,\sigma_{e,\,opt} \tag{4.187}$$

annimmt. Die damit erreichbare Bitrate Gl. (4.180) beträgt

$$B_{opt} \leq \frac{1}{4\sqrt{|\beta_2|\,L}} = \sqrt{\frac{\pi c}{8\,|D|\,\lambda^2 L}}. \tag{4.188}$$

Bei Anpassung der Eingangsimpulsbreite für zunehmende Faserlängen L an den optimalen Wert Gl. (4.186) wird die zulässige Bitrate also nur mit $1/\sqrt{L}$ reduziert. Für D = 17 ps/(nm km) bei λ = 1550 nm einer 100 km langen Faser wird bei dieser Wellenlänge die durch Optimierung erreichbare Bitrate $B_{opt} \leq$ 5,4 Gbits.

Fall 3: In der Dispersionsnullstelle ($\lambda = \lambda_0$) gilt $\beta_2 = 0$. Für breitbandige Quellen bzw. lange Eingangsimpulse ($2\sigma_e\sigma_\omega \gg 1$) beträgt die Impulsverbreiterung

$$\sigma_D = \frac{|\beta_3|}{\sqrt{2}}\,\sigma_\omega^2 L = \frac{|S_0|}{\sqrt{2}}\,\sigma_\lambda^2 L. \tag{4.189}$$

Die maximal zulässige Bitrate in Gl. (4.181) wird dann ($\sigma_D \gg \sigma_e$)

$$B \leq B_D = (2\sqrt{2}\,|S_0|\,\sigma_\lambda^2 L)^{-1}. \tag{4.190}$$

In Gl. (4.149) ist $\Delta\lambda$ mit $2^{1/4}4\sigma_\lambda = 5{,}7\,\sigma_\lambda$ gleichzusetzen. Für einen typischen Wert von S_0 = 0,075 ps/(nm^2 km) einer 100 km langen Faser mit der Dispersionsnullstelle bei λ = 1550 nm beträgt bei dieser Wellenlänge die Bitrate B_{opt} = 47 Gbit/s für σ_λ = 1 nm.

Fall 4: In der Dispersionsnullstelle ($\lambda = \lambda_0$, $\beta_2 = 0$) gilt für schmalbandige Quellen und kurze Eingangsimpulse ($2\sigma_e\sigma_\omega \gg 1$)

$$\sigma_D = \frac{|\beta_3|}{4\sqrt{2}}\,\frac{L}{\sigma_e^2} = \frac{|S_0|\,\lambda^4}{16\sqrt{2}\pi^2 c^2}\,\frac{L}{\sigma_e^2}. \tag{4.191}$$

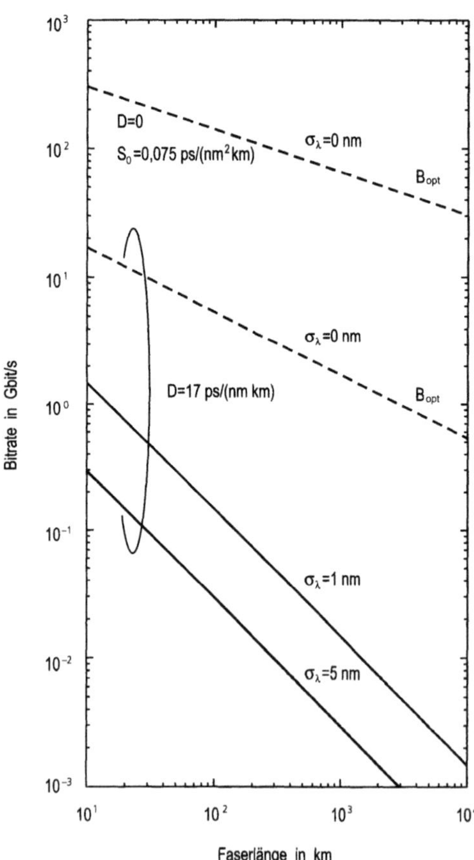

Abb. 4.25. Bitraten für Standardfasern [D = 17 ps/(nm km)] und dispersionsverschobene Fasern (D = 0) bei λ = 1550 nm. B_{opt} sind die maximal durch Impulsoptimierung erzielbaren Bitraten

Die durch Dispersionseffekte begrenzte Bitrate Gl. (4.181) ist dann ($\sigma_D \gg \sigma_e$)

$$B \le B_D = \frac{4\sqrt{2}\pi^2 c^2 \sigma_e^2}{|S_0|\lambda^4 L}. \qquad (4.192)$$

Auch hier kann in Gl. (4.176) eine optimale Eingangsimpulsbreite

$$\sigma_{e,opt} = \left(\frac{|\beta_3| L}{4}\right)^{1/3} = \left(\frac{\lambda^4 |S_0| L}{16\pi^2 c^2}\right)^{1/3} \qquad (4.193)$$

gewählt werden, für die der Ausgangsimpuls die minimale Breite

$$\sigma_{a,opt} = \sqrt{3/2}\,\sigma_{e,opt} \qquad (4.194)$$

annimmt. Die damit erreichbare Bitrate Gl. (4.180) beträgt

$$B_{opt} \le \frac{1}{\sqrt{3}\,(4\sqrt{2}\,|\beta_3| L)^{1/3}} = \frac{1}{\sqrt{3}}\left(\frac{\pi^2 c^2}{\sqrt{2}\,\lambda^4 |S_0| L}\right)^{1/3}. \qquad (4.195)$$

Bei Anpassung der Eingangsimpulsbreite für zunehmende Faserlängen L an den optimalen Wert Gl. (4.193) nimmt die zulässige Bitrate sogar nur mit $L^{-1/3}$ ab. Bei einer Länge von 100 km und S_0 = 0,075 ps/(nm^2 km) wird für eine Faser in der Dispersionsnullstelle bei λ = 1550 nm die durch Optimierung erreichbare Bitrate B_{opt} = 141 Gbit/s.

4.9.2 Übertragungsfunktion

Die Nachrichtenübermittlung über Glasfasern erfolgt zum größten Teil durch Intensitätsmodulation einer optischen Quelle und Direktempfang am Ausgang durch Detektion der optischen Ausgangsleistung. Da der Zusammenhang zwischen der Eingangsleistung einer Laserquelle und dem modulierenden Injektionstromes sowie zwischen detektierter Ausgangsleistung und Photostrom annähernd linear ist, interessiert bei einem faseroptischen System der Zusammenhang zwischen dem Zeitverlauf der *Leistung* des Eingangsimpulses, $P_e(t)$, und dem des Ausgangsimpulses, $P_a(t)$:

$$P_a(t) = \int_{-\infty}^{\infty} h(t-t')\,P_e(t')\,dt'. \qquad (4.196)$$

Für ein lineares System wäre dabei $h(t)$ die von dem Eingangssignal $P_e(t)$ unabhängige Impulsantwort und

$$H(f) = \int_{-\infty}^{\infty} h(t)\exp(-2\pi j f t)\,dt \qquad (4.197)$$

die lineare Übertragungsfunktion. Im allgemeinen lassen sich diese Eigenschaften jedoch *nicht* mit einer Beschreibung der Leistungs-Signalübertragung über Fasern mit Gl. (4.196) vereinbaren, da der Zusammenhang zwischen Eingangs- und Ausgangssignal nichtlinear ist. Dies kann wie folgt erklärt werden: Das aus der Quelle kommende optische Signal wird als $P_e(t)$ intensitätsmoduliert. Das entspricht einer *Amplituden*modulation im elektrischen Eingangsfeld $|E_e(t)| \sim \sqrt{P_e(t)}$, also einer nichtlinearen Operation. Bei der Ausbreitung in der Faser erfährt nun jede einzelne Frequenzkomponente des Amplitudensignals $E_e(t)$ eine Verzerrung in Betrag und Phase nach Gl. (4.131), hierauf wirkt die Faser als lineares und zeitinvariantes System. Der Detektor jedoch reagiert auf die Ausgangsleistung $P_a(t)$ oder das Betragsquadrat $|E_a(t)|^2$ des Ausgangsamplitudensignals $E_a(t)$, führt also die entgegengesetzte nichtlineare Operation aus. Da sich das Signal aber bei der Ausbreitung durch die Faser verändert hat, wird die eingangsseitige Quadratwurzelbildung im allgemeinen nicht rückgängig gemacht (außer bei frequenzunabhängiger Gruppenlaufzeit und Dämp-

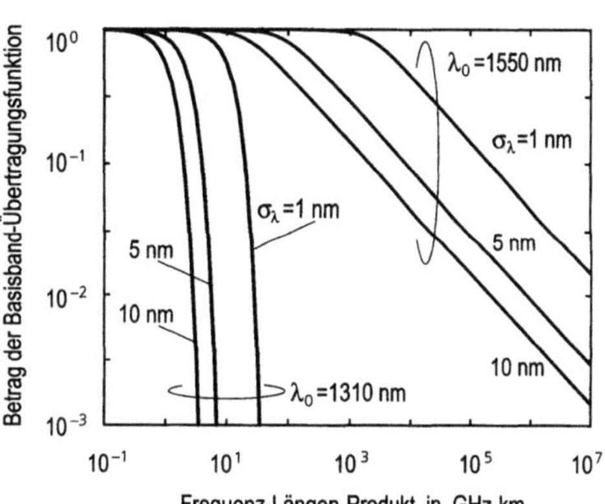

Abb. 4.26. Betrag der Basisband-Übertragungsfunktion Gl. (4.198) als Funktion des Produkts von Frequenz f und Faserlänge L bei der Betriebswellenlänge λ = 1550 nm für eine Standardfaser mit der Dispersionsnullstelle bei λ_0 = 1310 nm und einer Dispersionssteigung S_0 = 0,071 ps/(nm^2 · km) sowie für eine dispersionsverschobene Faser mit der Dispersionsnullstelle bei λ_0 = 1550 nm und einer Dispersionssteigung S_0 = 0,075 ps/(nm^2 · km). Die spektrale Breite der Quelle beträgt σ_λ = 1 nm, 5 nm und 10 nm

fung), und der resultierende leistungsmäßige Zusammenhang zwischen Eingangs- und Ausgangssignal ist nichtlinear.

Für eine nur partiell kohärente Quelle, deren Spektrum wesentlich breiter ist als das Spektrum des modulierenden Signals, erfolgt die Ausbreitung der einzelnen Spektralkomponenten annähernd unabhängig voneinander. Für diesen Fall kann eine lineare Leistungsübertragungsfunktion $H(f)$ nach Gl. (4.197) angegeben werden [1, 50, 51]. Für ein Gaußsches Leistungsdichtespektrum der Quelle nach Gl. (4.175) erhält man

$$H(f) = \frac{\exp(-jf/f_1)}{(1+jf/f_3)^{1/2}} \exp\left[-\frac{(f/f_2)^2}{2(1+jf/f_3)}\right] \tag{4.198}$$

wobei sich die Frequenzen

$$f_1 = \frac{1}{2\pi\beta_1 L} = \frac{v_g}{2\pi L} = \frac{1}{2\pi\tau_g} \tag{4.199}$$

$$f_2 = \frac{1}{2\pi\beta_2 L\sigma_\omega} = -\frac{1}{2\pi D L\sigma_\lambda} \tag{4.200}$$

$$f_3 = \frac{1}{2\pi\beta_3 L\sigma_\omega^2} = \frac{1}{2\pi(S+2D/\lambda)L\sigma_\lambda^2} \tag{4.201}$$

aus den dispersiven Eigenschaften der Ausbreitungskonstante ergeben. Dabei wirkt f_1 nur als Phasendrehung infolge der Signalverzögerung um die Gruppenlaufzeit τ_g. Dagegen begrenzen f_2 und f_3 die Übertragungsbandbreite infolge der Wellenlängenabhängigkeit der Gruppenlaufzeit.

Außerhalb der Dispersionsnullstelle ($\lambda \neq \lambda_0$) kann genähert werden

$$|H(f)| = \exp\left(-\frac{f^2}{2f_2^2}\right). \tag{4.202}$$

Eine 3 dB-Grenzfrequenz $f_{3\text{dB}}$ kann definiert werden durch $|H(f_{3\text{dB}})/H(0)| = 1/2$. Mit Gl. (4.202) folgt

$$f_{3\text{dB}} = \sqrt{2\ln 2}\,|f_2| = 0{,}187\,(|D|\,L\sigma_\lambda)^{-1}. \tag{4.203}$$

Übertragen auf die maximal zulässige Bitrate in Gl. (4.183) heißt das $B < 1{,}33\,f_{3\text{dB}}$.

In der Dispersionsnullstelle ($\lambda = \lambda_0, D = 0$) wird die Übertragungsfunktion

$$|H(f)| = \left(1 + \frac{f^2}{f_3^2}\right)^{-1/4}, \tag{4.204}$$

$$f_{3\text{dB}} = \sqrt{15}\,|f_3| = 0{,}616\,(|S|\,L\sigma_\lambda^2)^{-1}. \tag{4.205}$$

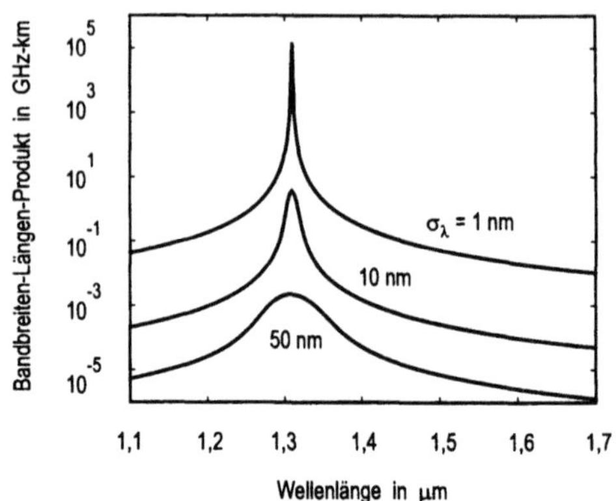

Abb. 4.27. Bandbreiten-Längen-Produkt $f_{3\text{dB}}L$ einer Standardfaser mit der Dispersionsnullstelle bei λ_0 = 1310 nm und einer Dispersionsteigung S_0 = 0,071 ps/(nm² λ km) für spektrale Quellenbreiten 1 nm, 10 nm und 50 nm

Für die Bitrate in der Dispersionsnullstelle Gl. (4.190) gilt damit $B < 0{,}573 f_{3\,\text{dB}}$. Sowohl B als auch $f_{3\,\text{dB}}$ eignen sich in beiden Fällen zur Charakterisierung der Übertragungskapazität. Für eine Quellenbreite σ_λ = 1 nm folgt ein Bandbreiten-Längen-Produkt von $f_{3\,\text{dB}}\,L$ = 11 GHz · km für eine Standardfaser mit D = 17 ps/(nm · km). Für eine dispersionverschobene Faser mit S_0 = 0,075 ps/(nm² · km) und D = 0 verbessert sich dieser Wert auf $f_{3\,\text{dB}}\,L$ = 8 THz · km.

Wegen der Proportionalität des vom Empfänger gelieferten Photostromes zur optischen Empfangsleistung wird die 3 dB-Grenzfrequenz häufig auch durch $|H(f_{3\,\text{dB}})/H(0)| = 1/\sqrt{2}$ definiert. Die oben angegebenen Werte für $f_{3\,\text{dB}}$ verringern sich dann für $\lambda \neq \lambda_0$ und $\lambda = \lambda_0$ um $\sqrt{2}$ bzw. $\sqrt{5}$.

Eine lineare Leistungsübertragungsfunktion $H(f)$ für eine Faser läßt sich also nur in Zusammenhang mit der spektralen Breite der Quelle angeben. Die Quelle muß dabei partiell inkohärent und ihr Spektrum viel breiter als das Modulationsspektrum des Signals sein [$\sigma_\lambda \to 0$ ist unzulässig in Gln. (4.198)–(4.205)]. Große Werte für die Dispersion D, für deren Ableitung S und für die spektrale Breite der Quelle reduzieren die Bandbreite.

4.10 Dispersionsoptimierte Fasern

Die Struktur von Gl. (4.157) weist darauf hin, daß die Dispersion bei entgegengesetzten

Vorzeichen von Materialdispersion D_M und Wellenleiterdispersion D_W kompensiert werden kann. Nach ihrem spektralen Dispersionsverhalten unterscheidet man folgende Fasertypen:

4.10.1 Standardfasern (SF: standard fibers)

Standardfasern stellen die historisch ursprünglichen Einmodenfasern dar und zeichnen sich durch eine Dispersionsnullstelle $D = 0$ im Bereich $\lambda = 1300 \ldots 1324$ nm aus [52]. Abbildung 4.28 zeigt die entsprechenden typischen spektralen Verläufe der Dispersion. Im Dämpfungsminimum bei $\lambda = 1550$ nm beträgt die Dispersion etwa 15 bis 18 ps/(nm km). Standardfasern haben meist ein einfaches Stufenprofil (Abb. 4.5a), das aus technologischen Gründen einen zentralen Brechzahleinbruch aufweisen kann (Abb. 4.5b). Sie haben kleine relative Brechzahldifferenzen $\Delta = 2 \ldots 4{,}5 \cdot 10^{-3}$ und werden bei normierten Frequenzen um $V = 2{,}0 \ldots 2{,}4$ betrieben. Wie aus Abb. 4.4 und Gl. (4.156) ersichtlich, weisen sie damit kleine Werte $0{,}4 \geq V\, d^2\,(V B) dV^2 \geq 0{,}2$ und somit eine geringe Wellenleiterdispersion auf. Diese ist klein genug, um die für reines Quarzglas bei $\lambda = 1276$ nm und für dotierte Gläser bei $\lambda = 1{,}27 \ldots 1{,}29$ µm liegende Dispersionsnullstelle λ_0 nicht in die störende OH-Absorptionslinie bei $\lambda = 1{,}38 \ldots 1{,}4$ µm zu verschieben. In Abb. 4.19 erhöht sich die Dispersionsnullstelle λ_0 durch die Wellenleiterdispersion einer Stufenprofilfaser mit $\Delta = 3 \cdot 10^{-3}$ und $a = 4$ µm nur geringfügig auf $\lambda_0 = 1{,}31$ µm.

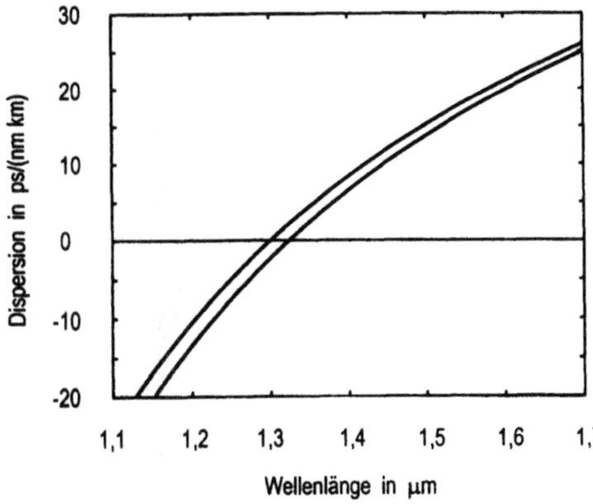

Abb. 4.28. Typischer spektraler Dispersionsverlauf von Standardfasern (SF) mit Dispersionsnullstellen bei $\lambda = 1300$ nm bzw. $\lambda = 1324$ nm

Depressed-Cladding-Fasern (Abb. 4.5c und d) werden als Standardfasern mit erhöhter normierter Frequenz leicht oberhalb der theoretischen Grenzwellenlänge der LP_{11}-Moden verwendet, sind aber aufgrund der hohen LP_{11}-Leckmodendämpfung effektiv einmodig (Abschn. 4.13). Wegen der höheren inneren Brechzahldifferenz und einem größeren Wert der normierten Frequenz und somit der normierten Ausbreitungskonstante sind sie weniger empfindlich in Bezug auf Makrokrümmungsverluste [Gl. (4.231)]. Die höhere innere Brechzahldifferenz wird über die Absenkung der Brechzahl des Innenmantels durch Fluordotierung erreicht. Damit bleibt die Dämpfung gering (Abschn. 4.12, Kap. 3).

4.10.2 Dispersionsverschobene Fasern (DSF: dispersion-shifted fibers)

Dispersionsverschobene Fasern weisen eine Dispersionsnullstelle $D = 0$ in der Nähe des Dämpfungsminimums von Quarzglas um $\lambda \simeq 1{,}55$ µm auf [53] (Abb. 4.29). Um die dort vorhandene hohe Materialdispersion $D_M = 22$ ps/(nm km) zu kompensieren, werden sie bei kleineren normierten Frequenzen um $V \simeq 1{,}2 \ldots 2$ mit höheren Werten $1{,}4 \geq V d^2\,(VB)\, dV^2 \geq 0{,}7$ infolge der stärkeren Krümmung der $B(V)$-Kurve betrieben. Zur Verringerung der normierten Frequenz Gl. (4.29) wird der Kernradius a verkleinert. Die relative Brechzahldifferenz wird dagegen sogar auf $\Delta = 0{,}005 \ldots 0{,}01$ erhöht. Aufgrund der Wurzelfunktion in Gl. (4.29) kann die normierte Frequenz V trotz der starken Erhöhung von Δ durch eine moderate Verringerung von a reduziert werden. Zum einen wird dadurch noch zusätzlich die Wellenleiterdispersion Gl. (4.156) erhöht, vor allem aber werden die Makrokrümmungsverluste Gl. (4.231) gering gehalten. Neben Stufenprofilen (Abb. 4.5a und b) kommen vor allem Dreiecksprofile (Abb. 4.6c) und andere Gradientenprofile (Abb. 4.6a und b) zur Anwendung. Diese weisen, vermutlich wegen der reduzierten mechanischen Spannungen am Kern/Mantelübergang, geringere Verluste infolge Rayleigh-Streuung auf. Auch W-Profilfasern eignen sich zur Verschiebung der Dispersionsnullstelle, sie sind jedoch vor allem als dispersionsgeglättete Fasern interessant.

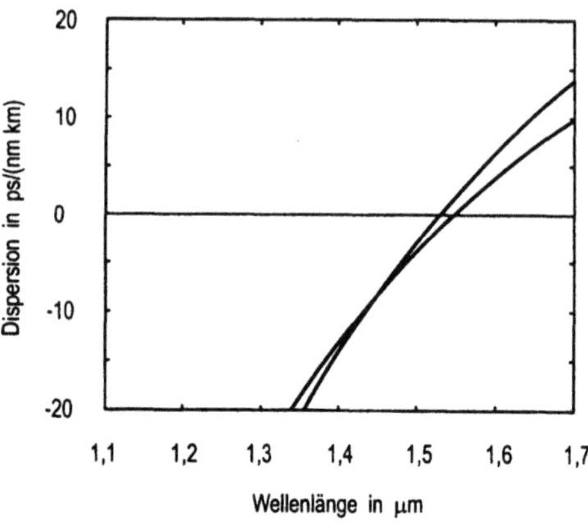

Abb. 4.29. Typischer spektraler Dispersionsverlauf von dispersionsverschobenen Fasern (DSF) mit Dispersionsnullstellen bei λ = 1,530 μm bzw. λ = 1,550 μm

Abb. 4.30. Dispersionsverlauf von dispersionsgeglätteten Fasern (DFF) mit zwei (unterbrochen) bzw. drei (durchgezogen) Dispersionsnullstellen und geringer Dispersion im Bereich 1,25 μm ≤ λ ≤ 1,65 μm

4.10.3 Dispersionsgeglättete Fasern (DFF: dispersion-flattened fibers)

Dispersionsgeglättete Fasern weisen im Wellenlängenbereich 1,2 ... 1,7 μm zwei oder mehrere Dispersionsnullstellen auf bzw. haben einen besonders flachen spektralen Verlauf der Dispersion (Abb. 4.30) mit Schwankungen typischerweise kleiner als $D = \pm\ 3$ ps/(nm km). Zwar wurde selbst mit einfachen Stufenprofilfasern eine breitbandig sehr kleine Dispersion im Bereich λ = 1,5 ... 2,0 μm erreicht [54], jedoch sind dabei die Verluste infolge Rayleigh-Streuung (Kap. 3) aufgrund der großen Brechzahldifferenzen inakzeptabel hoch.

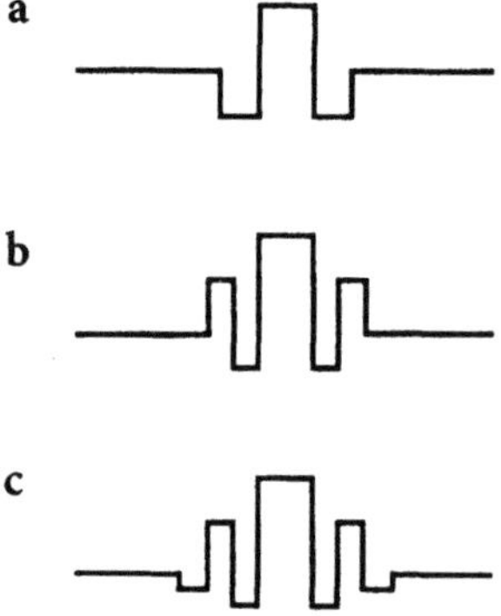

Abb. 4.31. Dispersionsgeglättete Fasern: **a** W-Profil, **b** Dreifachmantelprofil (triple-clad), **c** Vierfachmantelprofil (quadruple-clad)

W-Profilfasern

Als besonders geeignet für dispersionsgeglättete Fasern haben sich W-Profile (Abb. 4.31 a) erwiesen. Sie haben aufgrund ihrer Profilstruktur eine hohe Wellenleiterdispersion bei moderaten Brechzahldifferenzen und können somit die Materialdispersion breitbandig bei schwacher Rayleigh-Streuung kompensieren. Dabei wird ausgenutzt, daß die Wellenleiterdispersion Gl. (4.156) bei starker Krümmung der Dispersionskurve $B(V)$ ebenfalls hohe Werte annimmt. Der Vorteil von W-Profil-Fasern gegenüber einfachen Stufenprofilfasern wird aus dem Vergleich der jeweiligen $B(V)$-Kurven in Abb. 4.32 a klar. Für abnehmende normierte Frequenzen V verringert sich auch die normierte Ausbreitungskonstante B in der Stufenprofilfaser (unterbrochene Kurve), um in der Umgebung von $V \simeq 1$ eine deutliche Krümmung anzunehmen. Dort hat mit $V d^2 (V B)/dV^2$ auch die Wellenleiterdispersion ihr Maximum (Abb. 4.32 b). Die verzögerte Abnahme von B mit sinkendem V ist darauf zurückzuführen, daß sich das Feld für $B \to 0$ weit in den Mantel erstreckt und sich mehr und mehr wie eine ebene Welle verhält, für die $B \equiv 0$ gilt. Separiert man dagegen den Kern vom Mantel durch einen Graben oder abgesenkten Innenmantel (W-Profil, durchgezogen in Abb. 4.32 a), so „sieht" der Grundmodus für hinreichend großes V nur den Kern und den inneren Mantel. Da das Feld zum Außenmantel hin exponentiell abklingt, bleibt die Dispersionskur-

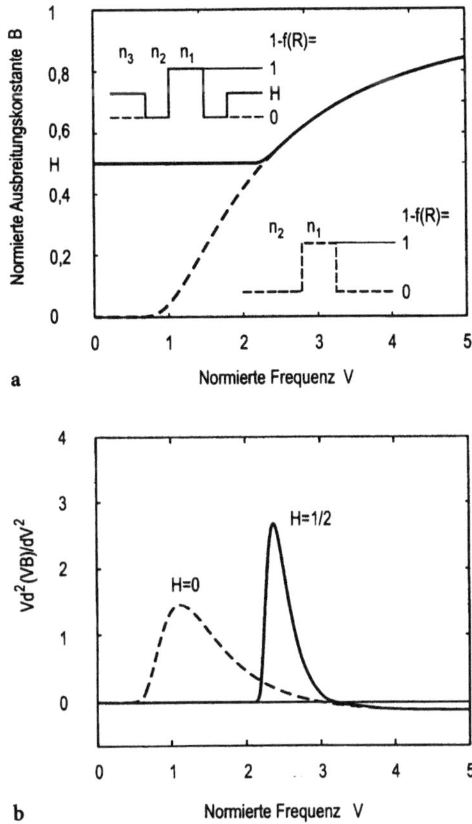

Abb. 4.32. a Dispersionskurve $B(V)$ für Fasern mit Stufenprofil (unterbrochen) und mit W-Profil (durchgezogen). Dabei sind $V = ka(n_1^2 - n_2^2)^{1/2}$ und $B = (\beta^2/k^2 - n_2^2)/(n_1^2 - n_2^2)$ die auf den Innenmantel (n_2) bezogene normierte Frequenz und Ausbreitungskonstante. b Dispersionsparameter $Vd^2(VB)\,dV^2$ für das Stufenprofil mit $H = 0$ (unterbrochen) und für das W-Profil mit $H = (n_3^2 - n_2^2)/(n_1^2 - n_2^2) = 1/2$ (durchgezogen)

ve (durchgezogen in Abb. 4.32a) vom Außenmantel weitgehend unbeeinflußt und ist kaum von der der einfachen Stufenprofilfaser zu unterscheiden. Nähert sich nun B mit abnehmender normierter Frequenz V der normierten Profilhöhe H des Außenmantels von oben, so ist das Verhältnis der Feldamplitude an der Innen/Außenmantelgrenze zu der auf der Faserachse zwar sehr klein, das Feld erstreckt sich wegen $V(B-H)^{1/2} \to 0$ aber plötzlich weit in den Mantel, B verharrt in der Höhe von H und der Abfall der Dispersionkurve mit abnehmendem V wird stark „abgebremst". Dieser Übergang erfolgt in einem V-Bereich, der um so schmaler ist,je breiter und tiefer der innere Graben ist. Damit kann die Krümmung der Dispersionskurve verstärkt und die resultierende Wellenleiterdispersion (durchgezogen Kurve in Abb. 4.32b) deutlich vergrößert werden. Für eine Abflachung der Gesamtdispersion D muß die Wellenleiterdispersion D_W von einem kleinen Wert ($\simeq 0$) bei $\lambda \simeq$ 1,3 μm auf den hohen Wert von etwa 22 ps/(nm km) bei $\lambda \simeq 1{,}55$ μm ansteigen, also innerhalb eines schmalen Bereichs über V, in dem sich V um den Faktor 1,3 μm/1,55 μm = 0,84 bzw. um 16% verringert. Wie aus Abb. 4.32b ersichtlich, weisen W-Profilfasern nicht nur einen steilen Abfall der Wellenleiterdispersion auf, sondern dieser ist auch noch zu höheren V-Werten verschoben, so daß die starke Änderung von D_W über einen kleinen relativen V-Bereich erfolgen kann. Es ist damit möglich, zwei Nullstellen der resultierenden Gesamtdispersion D bei den Wellenlängen $\lambda \simeq$ 1,3 μm und $\lambda \simeq 1{,}55$ μm zu erzeugen oder die Dispersion sogar in einem breiten Bereich $\lambda \simeq$ 1,25 μm und $\lambda \simeq 1{,}65$ μm sehr klein zu halten (Abb. 4.30).

Mehrfachmantelfasern

Ein Nachteil der dispersiongeglätteten W-Profilfasern ist ihre hohe Krümmungsdämpfung infolge des Betriebes nahe der LP_{01}-Grenzfrequenz mit $B \to 0$ in Gl. (4.231). Diesen Nachteil umgehen Mehrfachmantelprofile nach Abb. 4.31b und c. Sie bilden im wesentlichen eine koaxiale Kopplerstruktur, in der ein Einzelwellenleiter vom Kern ($0 < R < 1$, unterbrochenes Profil im Inset von Abb. 4.33a) und der andere von einem Ring erhöhter Brechzahl ($C_2 < R < C_3$, strich-punktiertes Profil im Inset von Abb. 4.33a) gebildet wird [55]. Die Moden jedes Einzelwellenleiters sind wegen der fehlenden Symmetrie im allgemeinen nicht resonant, tauschen also keine Leistung untereinander aus. Bei einer bestimmten normierten Frequenz ($V = 2{,}2$ in Abb. 4.33) überschneiden sich jedoch die Dispersionskurven $B(V)$ der Grundmoden der Einzelwellenleiter (unterbrochen bzw. strich-punktiert) und die Leistung der Moden der Gesamtstruktur (Supermoden LP_{01} und LP_{02}) verteilt sich in diesem schmalen spektralen Bereich annähernd gleichmäßig auf beide Wellenleiter. Dabei nähern sich die Dispersionskurven $B(V)$ der beiden Supermoden stark an. Damit einher gehen eine deutliche Krümmung der Dispersionskurven $B(V)$ und folglich große Werte für $V\,d^2(VB)/dV^2$ und für die Wellenleiterdispersion nach Gl. (4.156). Diese wird zur Kom-

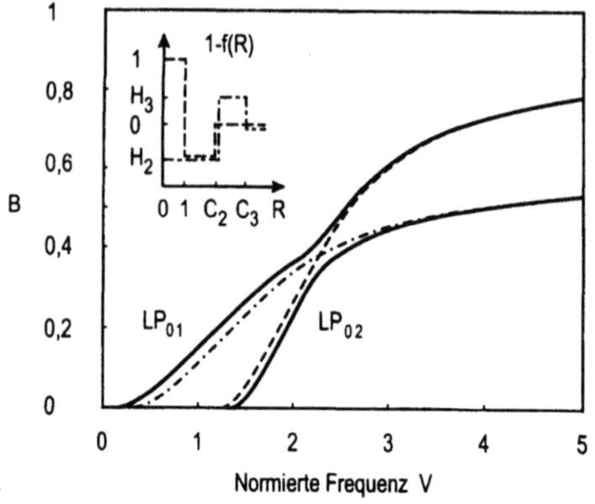

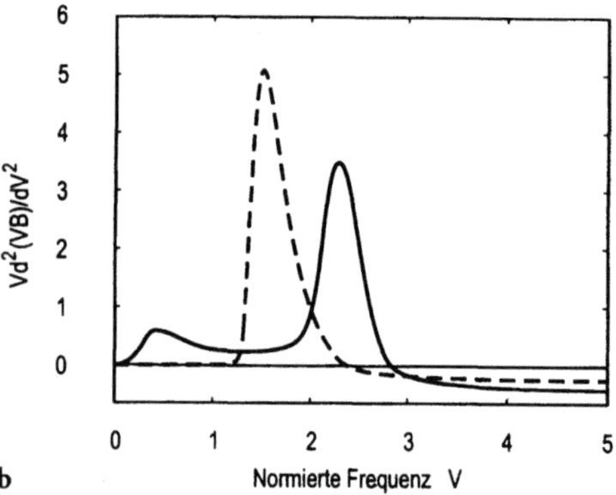

Abb. 4.33. **a** Dispersionskurven $B(V)$ von LP_{01}- und LP_{02}-Modus (durchgezogen) in einer Dreifachmantelfaser (triple-clad, TC). Im Inset sind unterbrochen und strich-punktiert die Profile einer W-Profilfaser und einer Ringprofilfaser dargestellt, aus denen sich die TC-Faser zusammensetzt. Die zugehörige Dispersionskurven $B(V)$ der Grundmoden der Teilprofile sind entsprechend unterbrochen und strich-punktiert angegeben. **b** $Vd^2\ (V\ B)/dV^2$ wird in der W-Profilfaser (unterbrochene Kurve) nahe der LP_{01}-Grenzfrequenz ($V \simeq 1{,}5$) mit $B \to 0$ groß. In der Dreifachmantelfaser (durchgezogene Kurve) tritt der Maximalwert in der Nähe der Synchronizität des Koaxialkopplers ($V \simeq 2{,}3$) mit $B \simeq 0{,}4$ aus Abb. **a** auf

pensation der hohen Materialdispersion bei großen Wellenlängen $\lambda = 1{,}5 \ldots 1{,}65$ µm genutzt. Die erzielbaren spektralen Dispersionsverläufe sind denen von dispersionsgeglätteten W-Profilfasern ähnlich (Abb. 4.30). Der Vorteil der Mehrfachmantelfasern besteht jedoch darin, daß die starke Krümmung der $B(V)$-Kurve und somit das Maximum der Wellenleiterdispersion bei gleichzeitig hohen Werten für B auftreten ($B \simeq 0{,}4$ bei $V \simeq 2{,}3$ in Abb. 4.33). Damit kann die Krümmungsdämpfung gering gehalten werden [vgl. Formel (4.231)]. Die normierte Frequenz V ist allerdings so groß, daß auch höhere Moden geführt werden können [56]. Deren Krümmungsdämpfung ist jedoch sehr hoch [57], so daß die Faser effektiv einmodig bleibt.

4.10.4 Dispersionskompensierende Fasern (DCF: dispersion-compensating fibers)

Besteht eine Faserstrecke aus Standard-Fasern, so kann deren große Dispersion von $D \simeq 17$ ps/(nm km) im Wellenlängenbereich um $\lambda \simeq 1{,}55$ µm durch Zwischenschalten von dispersionskompensierenden Fasern mit negativer Dispersion ($D < 0$) ausgeglichen werden [58] (Abschn. 4.8 und Kap. 25 und 26). Mit einmodigen Fasern lassen sich negative Dispersionswerte von $D \simeq -45 \ldots -300$ ps/(nm km) [59–62] erreichen (Abb. 4.34). Prinzipiell eignen sich dafür breits einfache Stufenprofilfasern, in denen ähnlich wie in dispersionsverschobenen Fasern durch eine sehr hohe Brechzahldifferenz (bis $\Delta = 2 \ldots 4\%$) und einen kleinen Kernradius eine starke negative Wellenleiterdispersion erzeugt wird, die viel größer als die positive Materialdispersion ist [60, 63, 64]. Kleinere Dämpfungswerte lassen sich jedoch mit Mehrfachmantelprofilen aufgrund der geringeren Dotierungen und der im vorangegangenen Abschnitt beschriebe-

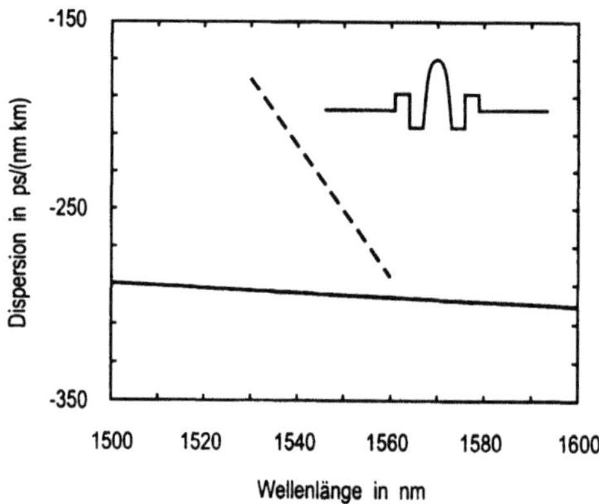

Abb. 4.34. Spektraler Dispersionsverlauf von dispersionskompensierenden Fasern mit Mehrfachmantelprofil und Gradientenprofil des inneren Kerns (Inset). Durchgezogene Kurve: gemessen in [62], unterbrochene Kurve: berechnet für eine optimierte Faser mit starkem negativen Dispersionsanstieg für breitbandige Dispersionskompensation in Standardfaserstrecken [46]

nen Freiheitsgrade erreichen [61, 65]. So wirken Dreifachmantel-Profile (Abb. 4.31b) für dispersionskompensierende Fasern ähnlich wie für die in Abschn. 4.10.3 beschriebenen dispersionsgeglätteten Fasern. Damit können auch die Krümmungsverluste reduziert werden [59].

Im WDM-Betrieb (Kap. 26) wird Information auf vielen, z. B. über das gesamte Erbiumband $\lambda = 1530 \ldots 1565$ µm verteilten Wellenlängenkanälen übertragen. Für die dafür erforderliche breitbandige Reduzierung der chromatischen Dispersion einer Faserstrecke ist es erforderlich, auch den Anstieg S der Dispersion über den entsprechenden Wellenlängenbereich zu kompensieren (Abschn. 4.9). Das heißt, die Dispersion D muß neben einem großen negativen Wert auch einen entsprechenden negativen Anstieg S über der Wellenlänge aufweisen (unterbrochene Kurve in Abb. 4.34). Diese Forderung können insbesondere Faserprofile mit mindestens einem Mantel mit abgesenkter Brechzahl erfüllen [46, 59, 60, 66–68]. Durch Variation der Breite des abgesenkten Innenmantels und des Kernradius wurden z. B. die für die Dispersionskompensation bei $\lambda = 1{,}55$ µm entworfenen Dreifachmantelfasern [61] so optimiert, daß das Verhältnis (relative dispersion slope) S/D des negativen Dispersionsanstiegs von etwa $S = -0{,}30 \ldots -0{,}33$ ps/(nm² km) zur negativen Dispersion von etwa $D = -92 \ldots -105$ ps/(nm km) dem Verhältnis $S/D \simeq 0{,}0032$/nm der verlegten Standardfasern mit $D = +17$ ps/(nm km) und $S = +0{,}055$ ps/(nm² km) entspricht [69]. Für die Kombination zweier derartiger dispersionskompensierender Fasern (2,8 km und 3,2 km) und einer Standardfaser (34,5 km) wurde eine mittlere Dispersion der Gesamtstrecke im Wellenlängenbereich $\lambda = 1530-1565$ nm unter 0,087 ps/(nm km) erreicht.

Durch das Hinzufügen von dispersionkompensierenden Fasern in Standardfaserstrecken kann zwar die Dispersion kompensiert werden, jedoch steigt durch die vergrößerte Streckenlänge auch der Gesamtverlust an, um so mehr, da dispersionskompensierenden Fasern oft höhere Dämpfungswerte (0,3 … 1 dB/km) als Standardfasern ($\simeq 0{,}2$ dB/km) aufweisen [59, 70, 71]. Dispersions-kompensierende Fasern sollten also eine große negative Dispersion bei geringer Dämpfung aufweisen, und zu ihrer Charakterisierung wird oft das Verhältnis (figure of merit)

$$\mathrm{FOM} = \frac{|D|}{\alpha} \tag{4.206}$$

in ps/(nm dB) herangezogen. Praktische Werte liegen bei FOM = 75 … 155 ps/(nm dB) [59], FOM = 196 … 222 ps/(nm dB) [61], FOM = 232 ps/(nm dB) [60], FOM = 280 ps/(nm dB) [67] bis hinauf zu FOM = 323 ps/(nm dB) [71]. Zu beachten ist hierbei, daß die FOM-Definition (4.206) im allgemeinen keine Aussagen über die Krümmungsempfindlichkeit der Verluste macht, die für dispersionskompensierende Fasern sehr hoch sein kann [62].

Neben den Gesamtverlusten kann sich entlang der hinzugefügten dispersionskompensierenden Fasern die Wirkung nichtlinearer Effekte noch weiter aufbauen, die um so größer ist, je kleiner die effektive Führungsfläche A_{eff} aus Gl. (4.207) ist [67, 71] (Abschn. 4.16). Die Eignung einer dispersionskompensierenden Fasern hängt somit insbesondere auch von ihrer Länge und ihrer effektiven Führungsfläche ab. Letztere konnte bisher nur auf etwa 30 µm² erhöht werden. Unter anderem kann die unerwünschte spektrale Verbreiterung infolge Selbstphasenmodulation (Abschn. 4.16) in dispersionskompensierenden Fasern mit $A_{\mathrm{eff}} \simeq 30$ µm² jedoch um den Faktor zwei größer sein als in dispersionsverschobenen Fasern mit $A_{\mathrm{eff}} \simeq 50$ µm² [72] und somit die Übertragungskapazität begrenzen.

Eine in [73] eingeführte kompliziertere FOM-Definition bewertet die dispersionskompensierende Faser noch umfassender hinsichtlich der eigenen linearen und nichtlinearen Eigenschaften und der Eigenschaften der zu kompensierenden Faser.

In [74, 75] wurde gezeigt, daß zur Dispersionskompensation prinzipiell auch ein LP_{11}-Modus einer zweimodigen Faser in der Nähe seiner Grenzfrequenz genutzt werden kann. Es wurden negative Dispersionswerte bis zu −770 ps/(nm km) erreicht [75]. Zur selektiven Anregung des höheren Modus ist ein Modenkonverter erforderlich, z. B. ein langperiodisches Fasergitter (Kap. 12). Durch die beabsichtigte Elliptizität des Faserkerns wird die Entartung (Abschn. 4.2.2) der beiden LP_{11}-Moden aufgehoben und damit die Überkopplung in den komplementären LP_{11}-Modus durch Faserstörungen (Abschn. 4.4) unterdrückt. Damit werden intermodale Dispersion sowie Modenrauschen (Abschn. 4.13) am rückkonvertierenden Gitter vermieden.

4.10.5 Non-Zero-Dispersion-Shifted Fibers (NZ-DSF)

Nichtlinearitäten können die Übertragungskapazität beeinträchtigen bzw. die Bitfehlerrate erhöhen. Für moderne Systeme mit dichtem Wellenlängen-Multiplex (DWDM, Kap. 26) ist die Vierwellenmischung einer der kritischsten nichtlinearen Effekte (Abschn. 4.16). Zu deren Unterdrückung sollten die Ausbreitungskonstanten bei den eingespeisten und den erzeugten Frequenzen die erforderlichen Phasenanpassung möglichst schlecht erfüllen. Dies ist bei genügend großer chromatischer Dispersion gewährleistet. Es ist folglich zu vermeiden, daß der spektrale Verlauf der chromatischen Dispersion in dem alle Kanäle umfassenden Wellenlängenbereich eine Nullstelle aufweist. Dieser Bereich liegt gegenwärtig im nutzbaren Verstärkungsband von Erbiumfaserverstärkern (EDFA, Kap. 22) zwischen 1530 nm und 1565 nm. Daher fordert man [76] von NZ-DSF eine Dispersion von 0,1 ps/(nm km) $\leq |D| \leq$ 6,0 ps/(nm km) im Bereich 1530 nm $\leq \lambda \leq$ 1565 nm. Ein typischer Verlauf ist in Abb. 4.35 wiedergegeben. Der gewünschte spektrale Dispersionsverlauf kann ähnlich wie für dispersionsgeglättete Fasern durch den geeigneten Entwurf von Mehrfachmantelprofilen eingestellt werden (Abb. 4.36) [77, 78].

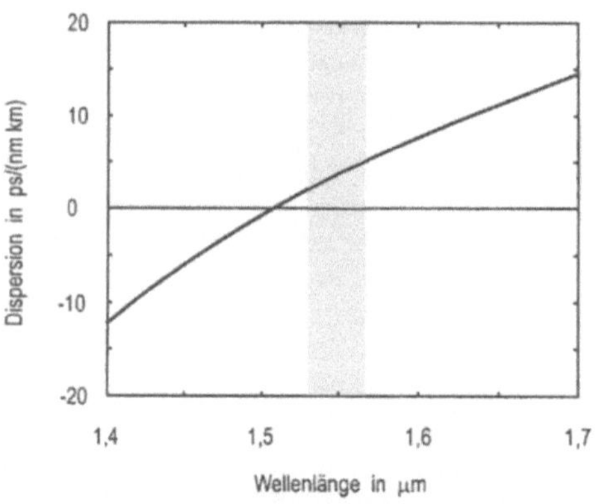

Abb. 4.35. Spektraler Dispersionsverlauf von Non-Zero Dispersion-Shifted Fibers. Der schattierte Wellenlängenbereich markiert das Erbiumband $\lambda =$ 1530 nm ... 1565 nm

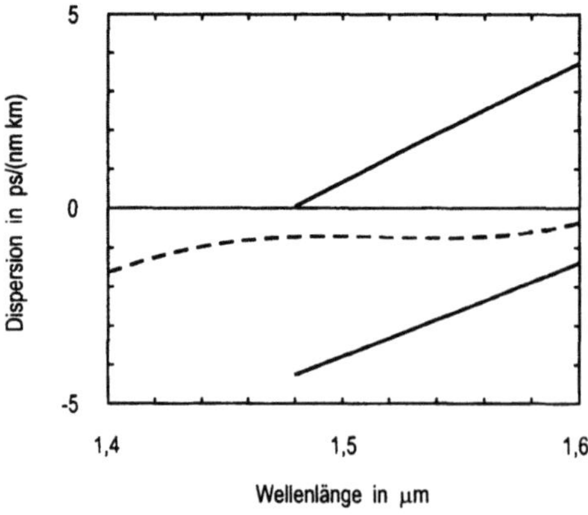

Abb. 4.36. Spektraler Dispersionsverlauf von Non-Zero Dispersion-Shifted Fibers: durchgezogene Kurven nach [77], unterbrochene Kurve nach [78]

4.10.6 Fasern mit großer effektiver Führungsfläche

Die Wirkung der meisten nicht-linearen Effekte (Selbstphasenmodulation, Kreuzphasenmodulation, Vierwellenmischung, Stimulierte Ramanstreuung, Stimulierte Brillounstreuung, Abschn. 4.16) in Einmodenfasern wird durch die Größe der effektiven Führungsfläche

$$A_{\text{eff}} = \frac{[\int \psi^2(x,y)\,dx\,dy]^2}{\int \psi^4(x,y)\,dx\,dy} \tag{4.207}$$

des Grundmodus bestimmt [29, 79, 80]. Für eine gegebene Leistung ist $1/A_{\text{eff}}$ ein Maß für die nichtlinear wirksame, vom Grundmodus „gesehene" Leistungsdichte und somit für die Stärke des jeweiligen nicht-linearen Effekts. Für annähernd Gaußförmige Grundmodenfelder nach Gl. (4.79) gilt $A_{\text{eff}} = \pi w_G^2$. Für Standard-Fasern liegt die effektive Führungsfläche des Grundmodus im Bereich um λ = 1,5 µm bei 50–80 µm^2. Konventionelle dispersionsverschobene Fasern weisen wegen des geringeren Kerndurchmessers und der erhöhten Brechzahldifferenz meist kleine Werte um 50 µm^2 auf. Durch eine Vergrößerung von A_{eff} kann die bei der Signalübertragung störende Wirkung nichtlinearer Effekte reduziert werden [81]. Durch geeigneten Entwurf von Ringkernprofilen konnte die effektive Führungsfläche dispersionsverschobener Fasern bei moderater Dämpfung bis auf 120–150 µm^2 erhöht werden [22, 82].

Durch einen äußeren Brechzahlring mit oder ohne Innenkern wird das Grundmodenfeld im wesentlichen nach außen gezogen und somit abgeflacht (Abb. 4.37). Durch diese deutliche Abweichung des Feldverlaufs von der Gaußform Gl. (4.79) gelingt es, die

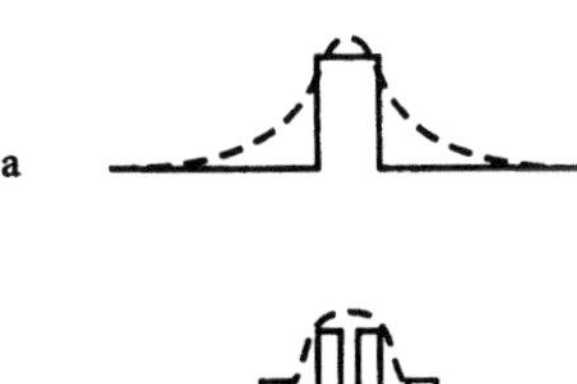

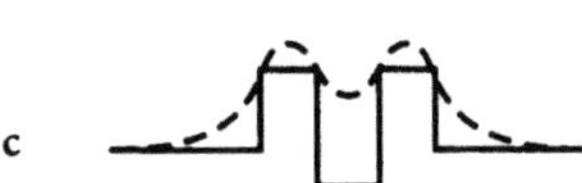

Abb. 4.37 a–c. Brechzahlprofile (durchgezogen) und Feldverteilungen (unterbrochen) für Fasern mit vergrößerter effektiver Führungsfläche A_{eff}. **a** Standard-Stufenprofilfaser mit annähernd gaußförmiger Feldverteilung ($A_{\mathrm{eff}} \simeq \pi w_{\mathrm{n}}^2$), **b** Doppelringkernfaser [83] und **c** Ringkernfaser [22]. (**b** und **c**: $A_{\mathrm{eff}} > \pi w_{\mathrm{n}}^2$)

effektive Führungsfläche A_{eff} größer als die durch den Nahfeldradius w_{n} aus Gl. (4.93) bestimmte und somit für die Mikrokrümmungsverluste Gl. (4.239) kritische Fläche πw_{n}^2 zu machen [83]. Damit bleiben die Verluste trotz vergrößerter Feldausdehnung gering. Die kleine effektive Führungsfläche herkömmlicher dispersionsgeglätteter Fasern von etwa 30 µm^2 konnte durch geeigneten Entwurf von Mehrfachmantelprofilen bei flachem, nullstellenfreiem Dispersionverlauf [$|D| \simeq 1 \ldots 3$ ps/(nm km)] im Bereich um $\lambda = 1{,}55$ µm und moderaten Verlusten auf über 70 µm^2 erhöht werden [78, 84].

4.11 Fasern mit Mehrstufen- und Gradientenprofil, äquivalente Ersatzfasern

Die Feldverteilung der Moden in Fasern mit Stufenprofil kann durch Gl. (4.43) dargestellt werden. Zur Beschreibung des Grundmodus für davon abweichende Profile liefert die Variationsrechnung mit einer Gaußschen Feldnäherung (4.79) eine vorteilhafte Alternative. Die Berechnung dispersionsoptimierter Fasern mit Mehrstufenprofilen erfordert jedoch eine viel höhere Genauigkeit, da große Werte der Materialdispersion gegen entgegengesetzt große Werte der Wellenleiterdispersion kompensiert werden sollen. Das Grundmodenfeld in Fasern mit Ringprofilen zur Unterdrückung von Nichtlinearitäten weisen darüber hinaus stark von der Gaußfunktion abweichende Formen auf (Abb. 4.37). Die Feldbeschreibung für derartige Fasern wird im folgenden kurz zusammengefaßt.

4.11.1 Fasern mit Mehrstufen-Profil

Fasern, die aus einer Anzahl $i_{\max}$ von Schichten i mit unterschiedlichen Brechzahlen aufgebaut sind, können wie folgt analysiert werden. In der Schicht i im Bereich $R_{\mathrm{i-1}} < R < R_{\mathrm{i}}$ mit der konstanten Brechzahl $n_{\mathrm{i}} = n_1 (1 - 2\Delta f_{\mathrm{i}})^{1/2}$ kann das Feld von geführten Moden durch Besselfunktionen beschrieben werden,

$$F(R) = \begin{cases} a_{\mathrm{i}} J_{\mathrm{m}}(U_{\mathrm{i}} R) + b_{\mathrm{i}} N_{\mathrm{m}}(U_{\mathrm{i}} R) \\ \quad \text{für } B < 1 - f_{\mathrm{i}} \\ a_{\mathrm{i}} I_{\mathrm{m}}(W_{\mathrm{i}} R) + b_{\mathrm{i}} K_{\mathrm{m}}(W_{\mathrm{i}} R) \\ \quad \text{für } B > 1 - f_{\mathrm{i}} \end{cases} \tag{4.208}$$

wobei $U_{\mathrm{i}} = V(1 - f_{\mathrm{i}} - B)^{1/2}$ und $W_{\mathrm{i}} = V[B - (1 - f_{\mathrm{i}})]^{1/2}$. Die Koeffizienten a_{i} und b_{i} ergeben sich aus der Stetigkeitsbedingung des Feldes $F(R)$ und seiner radialen Ableitung $dF(R)/dR$ an den Grenzschichten bei $R = R_{\mathrm{i}}$. Endlichkeit des Feldes der innersten Schicht bei $R = R_0 = 0$ erfordert $b_1 = 0$. Endlichkeit des Feldes der äußersten Schicht bei $R = R_{\mathrm{i\,max}} = \infty$ erfordert $a_{\mathrm{i\,max}} = 0$ [43].

Für Leckmoden in Depressed-Cladding-Fasern, das heißt Zweistufenprofilfasern mit breitem inneren Mantel, ist das Feld im Außenmantel mit der Brechzahl n_3 für $Re\{B\} < 1 - f_3$ eine fortlaufende Welle [51, 85]

$$F(R) = b_3 H_{\mathrm{m}}^{(2)}(SR) \tag{4.209}$$

$$\simeq b_3 \sqrt{\frac{2}{\pi SR}} \exp\left[-j\left(SR - \pi \frac{2m-1}{4}\right)\right]. \tag{4.210}$$

Die Näherung gilt in großem radialen Abstand von der Faserachse $|SR| \gg 1$ mit $S = U_3 = V(1 - f_3 - B)^{1/2}$.

4.11.2 Fasern mit Gradientenprofil

Für das parabolische Profil einer ummantelten Faser gilt

$$1 - f(R) = \begin{cases} 1 - R^2 & \text{für } 0 \le R \le 1 \\ 0 & \text{für } 1 \le R < \infty \end{cases} \tag{4.211}$$

Das skalare Feld erhält man zu [2]

$$F(R) = \begin{cases} \dfrac{M_{\kappa,\mu}(V R^2)}{R M_{\kappa,\mu}(V)} & \text{für } 0 \le R \le 1 \\[2ex] \dfrac{K_m(W R)}{K_m(W)} & \text{für } 1 \le R < \infty \end{cases} \tag{4.212}$$

wobei $\kappa = V(1 - B)/4$ und $\mu = m/2$ Parameter der Whittakerschen Funktion $M_{\kappa,\mu}$ sind. Die Eigenwertgleichung ist hierfür

$$2V \frac{M'_{\kappa,\mu}(V)}{M_{\kappa,\mu}(V)} - 1 = W \frac{K'_m(W)}{K_m(W)}. \tag{4.213}$$

Dies kann auch geschrieben werden als [86]

$$\left(1 + m + \frac{U^2}{2V}\right) \frac{M_{\kappa+1,\mu}(V)}{M_{\kappa,\mu}(V)} + V - \frac{U^2}{2V} - 1 = m - W \frac{K_{m+1}(W)}{K_m(W)}. \tag{4.214}$$

Als äquivalentes Näherungsmodell kann oft das sich unendlich erstreckende parabolische Profil

$$1 - f(R) = 1 - R^2 \quad \text{für } 0 \le R \le \infty \tag{4.215}$$

herangezogen werden, wenn sich das betrachtete Modenfeld im wesentlichen im Kerngebiet ($0 \le R \le 1$) konzentriert. Die expliziten Lösungen dafür sind [2]

$$F(R) = R^m L_{l-1}^{(m)}(V R^2) \exp(-V R^2/2) \quad \text{für } 0 \le R \le \infty \tag{4.216}$$

mit $m \ge 0$ und $l \ge 1$. Für die Laguerreschen Polynome $L_{l-1}^{(m)}$ gilt:

$$L_0^{(m)}(\zeta) = 1 \tag{4.217}$$

$$L_1^{(m)}(\zeta) = l + 1 - \zeta \tag{4.218}$$

$$L_2^{(m)}(\zeta) = \frac{1}{2}\left[(m+1)(m+2) - 2(m+2)\zeta + \zeta^2\right] \tag{4.219}$$

$$L_{l-1}^{(m)}(\zeta) = \sum_{\nu=0}^{l-1} \binom{l}{l-\nu-1} \frac{(-\zeta)^\nu}{\nu!}. \tag{4.220}$$

Die Eigenwerte sind $B = 1 - (4l - 2m - 2)/V$. Für den Grundmodus mit $m = 0$ und $l = 1$ erhält man

$$F(R) = \exp(-V R^2/2) \quad \text{für } 0 \le R \le \infty, \qquad B = 1 - 2/V, \tag{4.221}$$

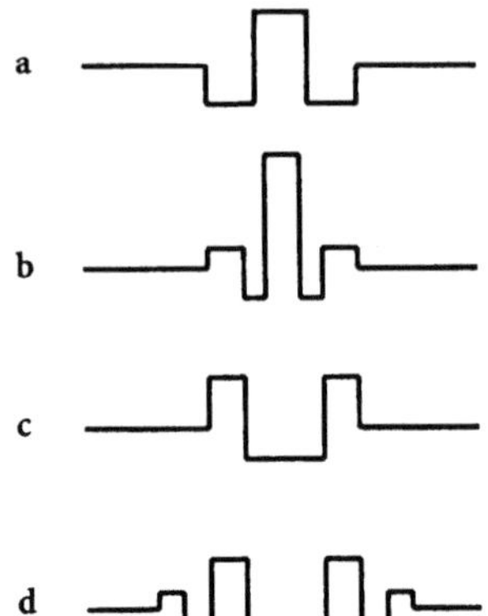

Abb. 4.38 a–d. Spezialfasern: **a** Dispersionskompensierende Faser mit W-Profil, **b** Dreifachmantelfaser zur gleichzeitigen Kompensation der Dispersion und der Dispersionssteigung, **c** und **d** dispersionsverschobene Ringkernfasern mit vergrößerter effektiver Führungsfläche

und für die LP_{11}-Modengruppe mit $m = 1$ und $l = 1$

$$F(R) = R \exp(-V R^2/2) \quad \text{für } 0 \le R \le \infty, \qquad B = 1 - 4/V. \tag{4.222}$$

4.11.3 Äquivalente Ersatzfasern

In der Vergangenheit hat sich der Begriff der äquivalenten Ersatzfaser etabliert. Man versteht darunter eine Stufenprofilfaser, die für bestimmte Parameter wie z. B. Ausbreitungskonstante, Feldradius oder Krümmungsverluste den gleichen Wert wie die betrachtete Faser mit beliebigem Profil liefert [87]. Für die Bewertung moderner Fasern mit komplizierten Brechzahlprofilen und maßgeschneiderten Dispersionseigenschaften sind jedoch im allgemeinen genauere Modelle und Berechnungsverfahren erforderlich.

4.12 Faserdämpfung

Als Dämpfung bezeichnet man die Verringerung der durch Gln. (4.14) und (4.23) bzw. (4.49), (4.50) und (4.60) definierten Leistung $P(z)$ eines Modus bei seiner Ausbreitung in der Faser. Ihr Verlauf wird durch die lokale Dämpfungskonstante $2\alpha(z)$ entsprechend

$$\frac{1}{P(z)} \frac{dP(z)}{dz} = -2\alpha(z) \tag{4.223}$$

bestimmt. Ist die Dämpfung längs der Faser konstant, $2\alpha(z) = 2\alpha$, so wird die Leistung exponentiell gedämpft:

$$P(z) = P(0) \exp(-2\alpha z). \tag{4.224}$$

Die Ursachen der Dämpfung können, wie in Kap. 3 ausgeführt, Absorptions-, Streu- und extrinsische Verluste sein. Die sowohl in Einmoden- wie auch Vielmodenfasern gleichermaßen auftretenden Mechanismen der Infrarotabsorption, der Ultraviolettabsorption, der OH-Absorption, der Absorption durch Verunreinigungen des Glases wie auch der Rayleighstreuung wurden in Kap. 3 diskutiert. Nichtlineare Streuvorgänge wie die Stimulierte Brillouinstreuung und die Stimulierte Ramanstreuung werden in Abschn. 4.16 betrachtet.

In diesem Kapitel werden die für Einmodenfasern typischen Dämpfungsmechanismen beschrieben. Dazu gehören Makrokrümmungsverluste, Übergangsverluste und Mikrokrümmungsverluste, die alle durch Faserkrümmungen hervorgerufen werden, aber auch Leckwellenverluste für Fasern mit erhöhter Brechzahl im Außenmantel oder in der Faserhülle. Verluste an Faserstoßstellen wurden bereits in Abschn. 4.7 betrachtet.

4.12.1 Gekrümmte Fasern: Äquivalentes Brechzahlprofil

Faserkrümmungen bewirken Leistungsverluste durch Leckstrahlung (Makrokrümmungsverluste), durch Fehlanpassung der Modenfelder am Übergang zwischen unterschiedlich gekrümmten Faserstücken (Übergangsverluste) und durch Modenkopplung infolge regelloser Krümmungen (Mikrokrümmungsverluste). Die Analyse einer gekrümmten Faser ist kompliziert. Näherungsweise kann aber eine gerade Ersatzfaser mit dem äquivalenten Brechzahlprofil

$$n_ä(x,y) \simeq n(x,y) + \frac{x}{R_K} n_2 \tag{4.225}$$

zur Berechnung herangezogen werden [88, 89], wobei $n(x,y)$ das Brechzahlprofil der geraden Faser darstellt und die Faserkrümmung in der Ebene $y = 0$ liegt. R_K ist der Krümmungsradius der Faserachse. Der photoelastische Effekt verringert die wirksame Brechzahl in der Außenseite der Krümmung und erhöht sie auf der Innenseite. Dies kann in Gl. (4.225) berücksichtigt werden, indem ein um den Faktor 1,25 ... 1,31 vergrößerter effektiver Krümmungsradius eingesetzt wird [90, 91].

In der geraden Faser sei das Brechzahlprofil und damit auch das Grundmodenfeld rotationssymmetrisch (Abb. 4.39a). Die Krümmung mit dem Radius R_K ist äquivalent mit einer „Verkippung" des Brechzahlprofiles nach Gl. (4.225) und führt zu einer Verschiebung des Feldmaximums um den Abstand s vom Krümmungszentrum weg (Abb. 4.39b). Der Ort x_C, bei dem die äquivalente Brechzahl $n_ä$ gleich dem effektiven Modenindex n_e ist,

$$n_ä(x_C, y) = n_e, \tag{4.226}$$

wird Kaustik genannt. Für gekrümmte Fasern folgt mit Gl. (4.225) für die Kaustik $x_C = \gamma^2 R_K / 2k^2 n_2^2$, wobei

$$\gamma = (\beta^2 - k^2 n_2^2)^{1/2} = W/a \tag{4.227}$$

das transversale Dämpfungsmaß des Mantelfeldes [vgl. Gl. (4.43)] ist bzw. $\gamma^2/k^2 = n_e^2 - n_2^2$ ein Maß für die Differenz von effektivem Modenindex und Mantelbrechzahl darstellt. Jenseits der Kaustik x_C wird die äquivalente Brechzahl im Mantelbereich $n_ä\ (x > a, y) \simeq (1 + x/R)\ n_2$ größer als der effektive Index n_e der geraden Faser. Das Feld oszilliert dort auch in transversaler Richtung und strahlt Leistung ab (Abb. 4.39b).

4.12.2 Makrokrümmungsverluste

Faserkrümmungen mit konstantem Krümmungsradius werden Makrokrümmungen genannt. Insbesondere wird damit die Unveränderlichkeit der Faserstruktur längs der Krümmung betont. Ein Modus wird darin als Leckwelle nur partiell geführt, jedoch erleidet er keine weiteren Verluste wie zum Beispiel durch Modenkopplung bei unregelmäßigen Faserkrümmungen. Verlegte Einmodenfasern weisen Verluste aufgrund der nur schwachen Krümmungen meist unter 10^{-2} dB/km auf. Makrokrümmungensverluste spielen in der Regel erst für Krümmungsradien unter 30 cm eine Rolle, z.B. auf Fasertrommeln, in Regeneratoren oder in unbestimmt gekrümmten Zuleitungsfasern. Für den Entwurf spezieller Fasern dagegen können Makrokrümmungsverluste der stärkste limitierende Parameter sein. So sind dispersionkompensierende Fasern wegen ihres Betriebs nahe der Grenzfrequenz des Grundmodus bzw. des als Signalträger genutzten LP_{11}-Modus [75] wie auch

Fasern mit vergrößerter effektiver Führungsfläche für die Vermeidung nichtlinearer Effekte sehr krümmungsempfindlich. Die Makrokrümmungsverluste sind für solche Fasern für Krümmungsradien von einigen Zentimetern oft noch im Bereich von 1 dB/m bis 100 dB/m [82, 92].

Krümmungsverluste bei unendlich ausgedehntem Mantel

Eine optische Faser stellt eine Verzögerungsstruktur dar. Die durch die Brechzahl vorgegebene Phasengeschwindigkeit einer lokal homogenen ebenen Welle ist im Kern mit der Brechzahl n_1 geringer als im Mantel mit der Brechzahl $n_2 < n_1$. Intuitiv kann damit die Führung eines Modus wie folgt aufgefaßt werden: Das Feld eines Modus mit dem effektiven Index n_e ($n_2 < n_e < n_1$) breite sich entlang der geraden Faser mit der Phasengeschwindigkeit $v_e = c/n_e$ aus (Abb. 4.39a). Der Kern verzögert also die Ausbreitungsgeschwindigkeit gegenüber der im Mantel möglichen, durch die Brechzahl n_2 bestimmten Phasengeschwindigkeit $v_2 = c/n_2$. Im Mantel kann sich kein Feld unabhängig vom Kern mit einer so geringen Geschwindigkeit $v_e < v_2$ ausbreiten und die transportierte Leistung bleibt an den Modus gebunden. Wird die Faser jedoch gekrümmt (nach Gl. (4.225) und Abb. 4.39b äquivalent mit einer Verkippung des Brechzahlprofils), so werden die Phasenfronten des Modus an der Krümmungsaußenseite auseinandergezogen (Abb. 4.40). Der Abstand zwischen gleichen Phasenlagen, gemessen tangential zur Faserachse, wird mit wachsender Entfernung von der Faserachse größer. In einem bestimmten Abstand erreicht die Bewegung des Feldes tangential zur Faser die Phasengeschwindigkeit $v_2 = c/n_2$. Jenseits dieses Kaustikradius $R_C = R_K + x_C$ (Abb. 4.40) mit $x_C = (n_e - n_2)\, R_K/n_2 \simeq \gamma^2 R/2\, k^2 n_2^2$ nach Gl. (4.226) wäre eine noch größere Phasengeschwindigkeit erforderlich, um dem von der Faser geführten Modus in die Krümmung folgen zu können (Strahlensatz der Geometrie). Da sich jedoch das im Mantel befindende Feld senkrecht zu seinen Phasenfronten nicht schneller als mit $v_2 = c/n_2$ ausbreiten kann, löst es sich von dem Modus und wird aus der Krümmung abgestrahlt (Abb. 4.40). Die entsprechende Leistung kann nicht mehr tangential zur Faserkrümmung transportiert werden. Wegen der Krümmung der Phasenfronten oszilliert das Feld außerhalb des Kaustikradius $R_K + x_C$ auch in transversaler Richtung (x-Richtung in Abb. 4.39b). Da aber das Mantelfeld zwischen Kern und Kaustik nahezu exponentiell abfällt (Abb. 4.39b), ist der Leistungsverlust über die Distanz einer Wellenlänge meist gering. Nur ein kleiner Anteil der vom Modus transportierten Leistung leckt je Längeneinheit aus dem Modus heraus. Statt eines geführten Modus breitet sich in der gekrümmten Faser ein Leckmodus aus.

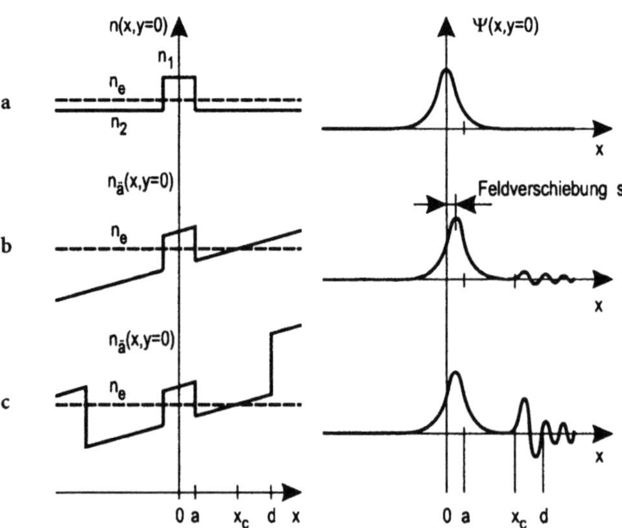

Abb. 4.39 a–c. Äquivalentes Brechzahlprofil nach Gl. (4.225) und Grundmodenfeld einer gekrümmten Faser

Für eine schwach führende Faser mit beliebigem Brechzahlprofil erhält man die Leistungsdämpfungskonstante zu [93]

$$2\,\alpha_K = \frac{1}{4}\left(\frac{\pi}{aR_K W^3}\right)^{1/2} \frac{a^2 F^2(a)}{K_m^2(W)\,N} \exp\left(-\frac{4\,R_K\,W^3\Delta}{3\,V^2 a}\right), \tag{4.228}$$

$$N = \int_0^\infty F^2(r)\,r\,dr\,. \tag{4.229}$$

Für Fasern mit homogenem Kern gilt

$$\frac{a^2 F^2(a)}{N} = \frac{2\,U^2 K_m^2(W)}{V^2 K_{m+1}(W)\,K_{m-1}(W)}, \tag{4.230}$$

und Gl. (4.228) vereinfacht sich zu den in [94, 95] hergeleiteten Formel für $\Delta \ll 1$.

Für den Grundmodus setzt man $m = 0$ und verwendet $K_{-1}(W) = K_1(W)$. (Wie in [94] diskutiert, stellt Gl. (4.228) für $m \geq 1$ tatsächlich die Krümmungsdämpfung der korrespondierenden $HE_{m+1,l}$- und $EH_{m-1,l}$-Moden der runden Faser dar. Für die hier betrachteten LP-Moden, die in schwach führenden nichtzirkularen Fasern die adequate Lösung bilden [2, 9], kann sich die Krümmungsdämpfung zwischen den jeweils zwei orthogonalen Symmetrien eines LP_{ml}-Modus um Größenordnungen unterscheiden [96, 97]).

Die Abhängigkeit der Makrokrümmungsdämpfung vom Krümmungsradius, von der Wellenlänge und von den Faserparametern ist im wesentlichen in der Exponentialfunktion in Gl. (4.228) enthalten.

Um die Rolle des Kernradius a und der relativen Brechzahldifferenz Δ für den Entwurf dämpfungsarmer Fasern aufzuzeigen, wird die Dämpfungsformel (4.228) hier in die gleichwertige ($\Delta \ll 1$) Form

$$2\,\alpha_K = \frac{1}{4}\left(\frac{\pi}{aR_K W^3}\right)^{1/2} \frac{a^2 F^2(a)}{K_m^2(W)\,N} \times \exp\left[-\frac{8\sqrt{2}\,\pi\,n_2 R_K (B\Delta)^{3/2}}{3\,\lambda}\right], \tag{4.231}$$

gebracht. Im allgemeinen wird der Entwurf von Quarzglasfasern mit $n_2 \simeq 1{,}46$ für eine oder mehrere Wellenlängen λ und einen vorgegebenen Minimalkrümmungsradius R_K erfolgen. Eine Erhöhung von a führt über Gl. (4.29) zu einer Erhöhung von V, damit über

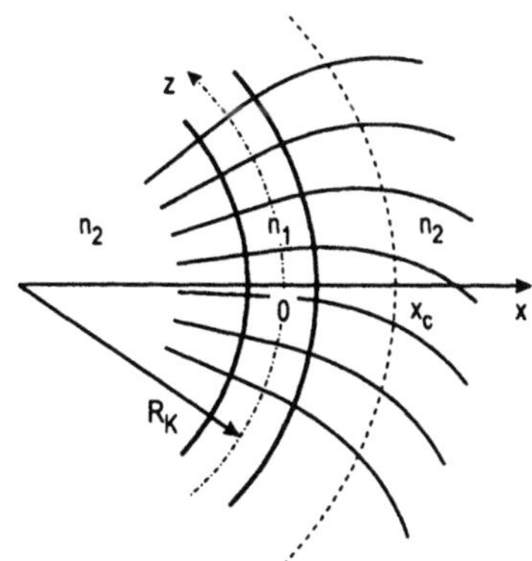

Abb. 4.40. Aufweitung und Krümmung der Phasenfronten in einer gekrümmten Faser

Gl. (4.83) zu einer Erhöhung von B und über Gl. (4.231) zu einer Reduzierung der Makrokrümmungsdämpfung. Eine Erhöhung von Δ führt neben der direkten Erhöhung des Exponenten in Gl. (4.231) zusätzlich über Gl. (4.29) zu einer Erhöhung von V, damit wiederum über Gl. (4.83) zu einer Erhöhung von B und somit ebenfalls zu einer Reduzierung der Makrokrümmungsdämpfung. Damit bewirken sowohl eine Vergrößerung des Kernradius a wie auch der relativen Brechzahldifferenz Δ für beliebige Profilfunktionen $1 - f(R)$ stets eine Reduzierung der Makrokrümmungsdämpfung jedes geführten Modus. Darüber hinaus führt jede lokale Erhöhung in der Profilfunktion über die Vergrößerung von B über Gl. (4.84) ebenfalls zu einer Verminderung der Makrokrümmungsverluste. Eine Vergrößerung der Wellenlänge führt durch die Verringerung von B über Gln. (4.29) und (4.83) wie auch durch die Vergrößerung des Nenners im Exponenten von Gl. (4.231) stets zu einem Anstieg der Makrokrümmungsverluste. Eine genauere Analyse unter Betrachtung der vollständigen Dämpfungsformel (4.231) wird erforderlich, wenn das Modenfeld innerhalb des Kernprofils bereits deutlich exponentiell anwächst oder abklingt und somit Änderungen im Brechzahlprofil den Faktor vor der Exponentialfunktion stark modifizieren, z. B. für W-Profile, Mehrfachmantelprofile oder Dreiecksprofile mit Ring (Abb. 4.6 und 4.31). Die Makrokrümmungsverluste nehmen nach Gl. (4.231) stets mit zunehmendem Krümmungsradius R_K ab. In Abb. 4.41 ist dieses Verhalten für zwei Stufenprofilfasern mit $n_1 = 1{,}465$ und $n_2 = 1{,}460$ für $\lambda = 1{,}55\ \mu m$ durch durchgezogene Kurven wiedergegeben.

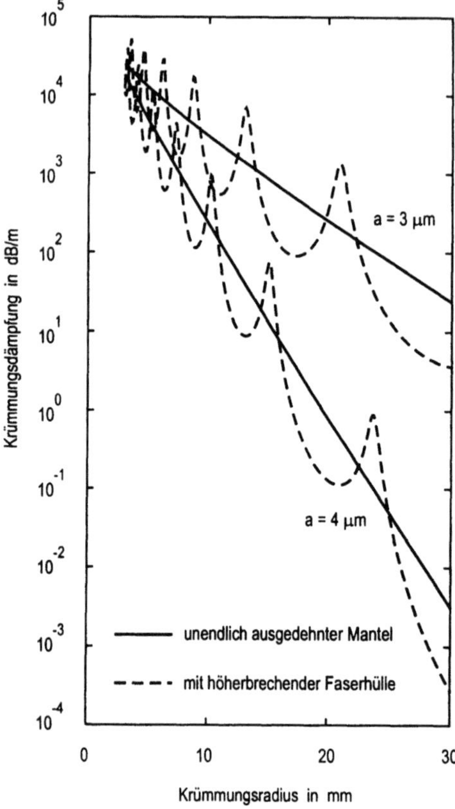

Abb. 4.41. Krümmungsdämpfung von einmodigen Stufenprofilfasern mit unendlich ausgedehntem Mantel nach Gln. (4.228–4.231) (durchgezogene Kurven) und mit höherbrechender Hülle nach Gl. (4.233) (unterbrochene Kurven)

Einfluß der Faserhülle

In Formel (4.228) bzw. (4.231) für die Krümmungsdämpfung wurde ein unendlich ausgedehnter Fasermantel angenommen. Praktisch hat der Mantel jedoch einen endlichen Außendurchmesser $2d$ und ist von einer meist höherbrechenden Hülle (Brechzahl n_3), z.B. aus Polymeren bestehend, umgeben. Aus dem Kern transversal abgestrahlte Leistung kann somit partiell an der Hülle reflektiert werden. Nach dem gleichen Prinzip, nach dem Leistung den Leckmodus verläßt, kann die in Richtung Kern reflektierte Leistung vom Leckmodus wieder aufgenommen werden. Je nach Phasenlage des von der Hülle reflektierten Feldes wird damit die Leckmodendämpfung um ein bis zwei Größenordnungen erhöht oder verringert. Alternativ kann dieser Effekt auch wie folgt erklärt werden. Die transversale Leckmodenstrahlung durchläuft ein Resonatorgebiet zwischen dem Kaustikabstand $x = x_C$ und der Mantel/Hülle-Grenzschicht bei $x = d$ (Abb. 4.39c). Ähnlich einem Fabry-Perot-Filter [27] weist die Transmittivität dieses Resonators Oszillationen über der Wellenlänge oder dem Krümmungsradius auf. Die Krümmungsdämpfung kann dabei rasch um ein bis zwei Größenordnungen schwanken [98–100]. Für kleine Krümmungsradien bis 2 mm oszilliert die Dämpfung bereits über Wellenlängenintervallen von nur 20 bis 40 nm [101]. Für ein Maximum der Transmittivität ist der Leckmodenverlust ebenfalls maximal. In diesem Fall ist das Feld im Resonatorgebiet $x_C < x < d$ überhöht, wie in Abb. 4.39c veranschaulicht. Für Krümmungsradien kleiner als der kritische Radius

$$R_c = 2\,k^2\,n_2^2\,d/\gamma^2 \simeq d/(B\Delta) \tag{4.232}$$

ergibt sich für die Leistungsdämpfung [100]

$$2\,\alpha_{KH} = 2\,\alpha_K \frac{2\,(\zeta_3\zeta_2)^{1/2}}{(\zeta_3+\zeta_2)-(\zeta_2-\zeta_2)\cos(2\Theta)} \tag{4.233}$$

$$\zeta_q \simeq k^2 n_q^2\left(1+\frac{2d}{R}\right)-\beta^2,\quad q=2,3 \tag{4.234}$$

$$\Theta = \frac{\gamma^3 R}{3\,k^2 n_2^2}\left(\frac{R_c}{R}-1\right)^{3/2},\quad R<R_c. \tag{4.235}$$

Dabei ist $2\,\alpha_K$ die für unendlich ausgedehnten Mantel geltende Dämpfung von Gl. (4.228) oder (4.231). In Abb. 4.41 sind Krümmungsdämpfungen von Stufenprofilfasern mit $n_1 = 1{,}465$, $n_2 = 1{,}460$, $n_3 = 1{,}600$, $\lambda = 1{,}55$ µm und $d = 62{,}5$ µm wiedergegeben.

Makrokrümmungen in Fasern mit abgesenkter Mantelbrechzahl

Das Verhalten der Makrokrümmungsdämpfung als Funktion des Krümmungsradius R_K in Depressed-Cladding-Fasern mit dem Innenmantelradius b (Abb. 4.42a) hängt vom Ort der Kaustik $x_C = R_K[\beta^2 - k^2 n(x_C)^2]/2\,k^2 n_2^2$ nach Gl. (4.226) ab [89, 102, 103], jenseits der das Modenfeld oszilliert und abgestrahlt wird (Abb. 4.39). Für starke Krümmungen $R_K < R_2 = 2\,bk^2\,n_2^2/(\beta^2 - k^2\,n_2^2)$ liegt die Kaustik im Innenmantel, $x_C < b$ (Abb. 4.42d), und die Dämpfung nimmt schnell mit dem Krümmungsradius entsprechend Gl. (4.228) ab. In Abb. 4.43 zeigt die unterbrochene Kurve die-

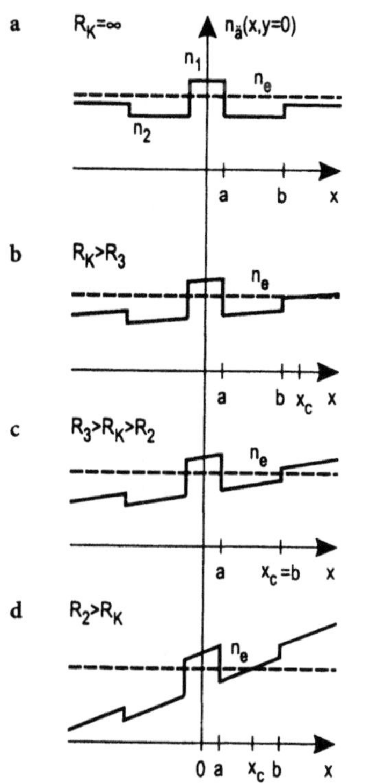

Abb. 4.42 a–d. Ort der Kaustik x_C des Grundmodus einer Depressed-Cladding-Faser für verschiedene Krümmungsradien

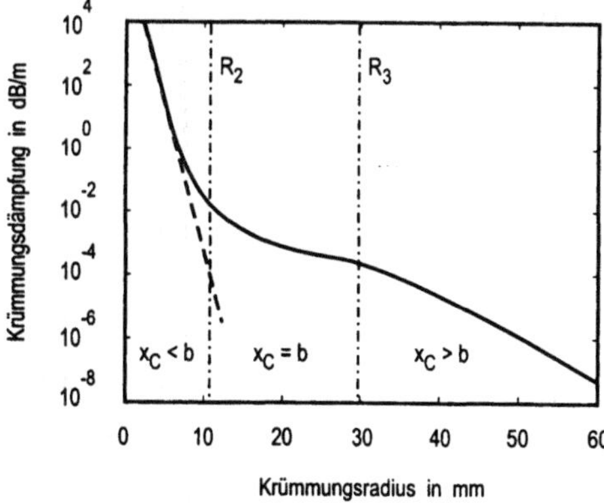

Abb. 4.43. Makrokrümmungsverluste (durchgezogene Kurve) einer Depressed-Cladding-Faser. Die unterbrochene Kurve folgt aus dem Modell eines unendlich breiten Innenmantels nach Gl. (4.228) und unterschätzt die Verluste deutlich für größere Krümmungsradien $R_K > R_2$

sen Verlauf, wobei die aus Gl. (4.233) folgenden Oszillationen hier nicht berücksichtigt sind. Für $R_K > R_2$ versagen Gln. (4.228) und (4.233). Die in [102] mittels eines WKB-Verfahrens hergeleitete Dämpfungsformel ist auch für größere Krümmungsradien anwendbar und liefert die durchgezogene Kurve in Abb. 4.43. Im gesamten Bereich mittlerer Krümmungen $R_2 \leq R_K \leq R_3 = 2\,bk^2 n_2^2/(\beta^2 - k^2 n_3^2)$ verbleibt die Kaustik bei $x_C = b$ (Abb. 4.42c). Damit ändert sich die Tunnelbarriere für die Leckmodenstrahlung im Innenmantel nur wenig und die Dämpfung nimmt nur langsam mit dem Krümmungsradius ab. Für noch schwächere Krümmungen $R_K > R_3$ verlagert sich die Kaustik gemäß $x_C = R_K(\beta^2 - k^2 n_3^2)/2\,k^2 n_2^2 > b$ im Außenmantel noch weiter nach außen (Abb. 4.42b) und die Dämpfung nimmt wieder stärker, aber langsamer als anfänglich mit wachsendem Krümmungsradius ab [102].

4.12.3 Mikrokrümmungsverluste

Praktische Fasern weisen einen regellosen Verlauf schwacher Krümmungen $1/R_K(z)$ auf. Eine Krümmung ist effektiv gleichwertig mit einer Verkippung Gl. (4.225) des Brechzahlprofils wie in Abb. 4.39 für a) die gerade und b) die gekrümmte Faser illustriert. Mikrokrümmungen sind gleichbedeutend mit einer längs der geraden Faserachse verlaufenden regellos verkippten Brechzahlstörung. Diese führt nach Abschn. 4.4 zur Verkopplung des Grundmodus mit den höheren Moden, im Fall von Einmodenfasern konkret mit den Strahlungsmoden. Die Koppelkoeffizienten ergeben sich nach Gl. (4.59), und die wirksame Differenz zwischen den Brechzahlverteilungen der gestörten Faser und der geraden, ungestörten Faser folgt aus Gl. (4.225) zu:

$$n^2 - \bar{n}^2 = n_ä^2(x,y,z) - n^2(x,y) \simeq 2 n_2^2 \frac{x}{R_K(z)} \tag{4.236}$$

Nutzt man die Ergebnisse aus Abschn. 4.4.3 mit $f(z) = 1/R_K(z)$, so lassen sich die Mikrokrümmungsverluste unmittelbar auf die dort beschriebene Modenkopplung zurückführen. Strahlungmoden mit der Ausbreitungskonstante $\beta < kn_2$ werden angeregt, wenn in dem Spektrum des Krümmungsverlaufes entlang der Faser die Raumfrequenzen $\Delta\beta = \beta_{01} - \beta$ enthalten sind. Die Leistung, die vom Grundmodus an einen solchen Strahlungsmodus abgegeben wird, ist nach Gl. (4.70) proportional zum Wert des Leistungsdichtespektrums $\Phi(\Delta\beta)$ des Krümmungsverlaufs bei $\Delta\beta$ und dem Betragsquadrat $\bar{C}^2(\Delta\beta)$ des normierten Feldüberlapps von Grundmodenfeld $\psi_{01}(r)$, Strahlungsmodenfeld $\psi_{1\beta}(r, \phi, \beta)$ und Brechzahlstörung (4.236). Beide spektralen Verläufe sind in Abb. 4.44 schematisch dargestellt. Die Mikrokrümmungsverluste ergeben sich dann aus der gesamten in alle Strahlungsmoden abgegebenen Leistung zu

$$2\,\alpha = \frac{1}{2} \int_{\beta_{01}-kn_2}^{\beta_{01}} \bar{C}^2(\Delta\beta)\,\Phi(\Delta\beta)\,d(\Delta\beta)\,. \tag{4.237}$$

Das Leistungsdichtespektrum $\Phi(\Delta\beta)$ gibt dabei Auskunft über die Stärke oder Häufigkeit, mit der die Raumfrequenz $\Delta\beta$ im Krümmungsverlauf enthalten ist, nicht aber über die Phasenlage, das heißt über den konkreten Verlauf der Krümmungen. Mathematisch ist sie die Fouriertransformierte der Autokorrelationsfunktion des Krümmungsverlaufs $f(z) = 1/R_K(z)$ entsprechend Gl. (4.69). Oft wird für das Leistungsspektrum eine Potenzfunktion

$$\Phi(\Omega) = A\Omega^{-2p} \tag{4.238}$$

angenommen. Der Parameter p wird von den mechanischen Eigenschaften der Faser, der Verkabelungstechnologie und der Temperatur bestimmt und kann sich durch Alterung verändern. Praktisch treten Werte bis $p = 4$ und größer auf [104], nach [105] haben vor allem kleinere Werte von p praktische Bedeutung.

Eine besonders einfache Formel für die Mikrokrümmungsverluste wurde in [106–108] entwickelt:

$$2\,\alpha \simeq \left(\frac{kn_2 w_n}{2}\right)^2 \Phi\left(\frac{2}{kn_2 w_n^2}\right). \tag{4.239}$$

Dabei entspricht $2/kn_2 w_n^2$ im Argument des Leistungsdichtespektrums Φ dem Schwerpunkt $\overline{\Delta\beta} = \beta_{01} - \bar{\beta}$ des Spektrums der Koppelkoeffizienten $\bar{C}^2(\Delta\beta)$ in Gl. (4.237) (Abb. 4.44). Der Vorfaktor $(kn_2\,w_n/2)^2$ ist gleich dem Integral über das gesamte Koppelspektrum, das heißt der schraffierten Fläche in Abb. 4.44. Damit ist Gl. (4.239) für Φ = konst exakt. Für beliebige Leistungsspektren ist Gl. (4.239) auf gaußähnliche Grundmoden anwendbar.

Für nicht-gaußsche Grundmodenfelder und Leistungsspektren nach Gl. (4.238) lassen sich mit

$$w_f^2 \le w_f w_n \le w_p^2(p) \le w_\infty^2 = 4/\gamma^2 \tag{4.240}$$

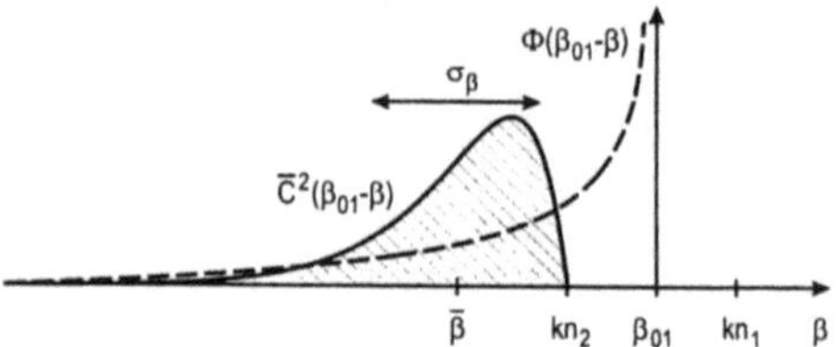

Abb. 4.44. Spektrum $\bar{C}^2\,(\beta_{01} - \beta)$ des Koppelkoeffizienten vom Grundmodus zu den Strahlungsmoden und Leistungspektrum $\Phi(\beta_{01} - \beta)$ von Mikrokrümmungen

obere und untere Grenzen für die Mikrokrümmungsverluste

$$2\,\alpha = A\left(\frac{kn_2\,w_n}{2}\right)^2 \left[\frac{kn_2\,w_p^2(p)}{2}\right]^{2p}, \quad p > 0\,, \tag{4.241}$$

angeben. Dabei ist $w_p^2\,(p)$ für kleine Werte p etwa von der Größe $w_f\,w_n$ und nähert sich für wachsendes p dem Wert w_∞^2 an [108]. Für große Werte $p \ge 4$ können mit

$$w_p(p) = w_\infty \left[\left(\frac{3}{2} - p\right) + \left(p - \frac{1}{2}\right)\frac{w_\infty^2}{w_n^2}\right]^{-1/(2p)}, \tag{4.242}$$

die Mikrokrümmungsverluste direkt aus Gl. (4.241) berechnet werden [105, 109]. Die Größe w_∞ wird mitunter als Mantelfeldradius bezeichnet [12] und beschreibt die Eindringtiefe des Modenfeldes in den Mantel bzw. den spektralen Abstand $\Delta\beta = \beta_{01} - \beta$ zwischen dem Grundmodus β_{01} und dem Beginn des Strahlungsmodenspektrums bei $\beta = kn_2$. In die Formel für die Mikrokrümmungsverluste geht die Größe w_∞ ein, da sie mit $\gamma^2 = 4/w_\infty^2 = \beta_{01}^2 - k^2\,n_2^2$ für große Werte p in Abb. 4.44 den spektralen Bereich beschreibt, in dem das Produkt von $\phi\,(\beta_{01} - \beta)$ und $\bar{C}^2\,(\beta_{01} - \beta)$ noch hinreichend groß ist, um Beiträge zu dem Integral in Gl. (4.237) zu liefern. Physikalisch bedeutet das: Für wachsende Werte p wird das Leistungsspektrum der Störungen immer schmaler. Daher koppelt der Grundmodus im wesentlichen nur noch zu den Strahlungsmoden, zu denen er den kürzesten spektralen Abstand $\Delta\beta$ hat. Da es keine Strahlungsmoden mit $\beta > kn_2$ gibt, machen sich in Gl. (4.237) am stärksten die Beiträge mit $\Delta\beta \simeq \beta_{01} - kn_2 \simeq 2/kn_2 w_\infty^2$ bemerkbar.

Durch Annäherung des Spektrums der Koppelkoeffizienten $\bar{C}^2\,(\Delta\beta)$ durch eine Poisson-Verteilung mit Beginn bei $\beta = kn_2$ und dem

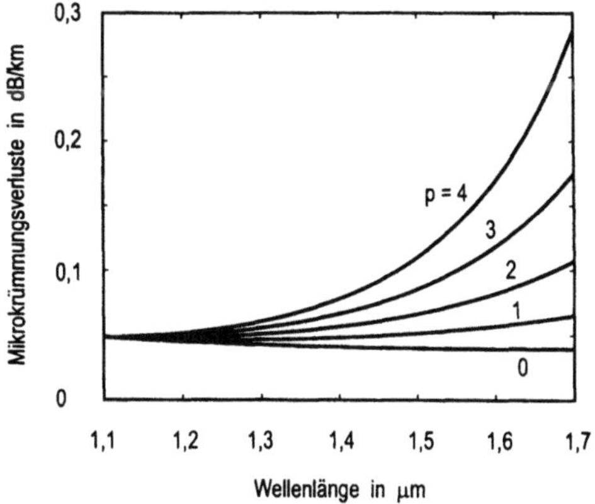

Abb. 4.45. Mikrokrümmungsverluste nach Gl. (4.239) einer Standardfaser mit $a = 4$ μm, $n_1 = 1{,}465$ und $n_2 = 1{,}460$ für verschiedene Parameter p des Leistungsspektrums in Gl. (4.238). A wurde dabei so gewählt, daß die Verluste bei $\lambda = 1{,}1$ μm stets 0,05 dB/km betragen

Schwerpunkt bei $\bar{\beta} = \beta_{01} - (kn_2\, w_n^2)^{-1}$ (Abb. 4.44) sollte eine einfache Berechnung der Mikrokrümmungsverluste auch für beliebige Leistungsspektren $\Phi(\Delta\beta)$ des Krümmungsverlaufes und deutlich von der Gaußform abweichende Grundmodenfelder möglich sein [109]. Als noch höheres Moment des Koppelspektrums wurde in [110] die Varianz $\sigma_\beta^2 = 2(w_n^2 - w_f^2)^{1/2}/(w_n^2\, w_f)$ als Maß für die spektrale Breite angegeben (Abb. 4.44), die für Gaußförmige Grundmodenfelder wegen $w_n = w_f$ Null beträgt.

Experimentell wird vor allem ein Anstieg der durch Aufprägen von Mikrokrümmungen bewirkten Verluste mit der Wellenlänge beobachtet [111–113]. Abbildung 4.45 gibt die Verluste für verschiedene Parameterwerte p des Leistungsdichtespektrums nach Gl. (4.239) wieder. Für kleine Werte von p können die Mikrokrümmungsverluste aber auch bis weit in den Einmodigkeitsbereich hinein mit zunehmender Wellenlänge abnehmen [114]. Ein Anstieg der Dämpfung mit der Wellenlänge ist dann auf andere Verluste z.B. infolge Makrokrümmungsdämpfung zurückzuführen [103, 114].

Im allgemeinen wird das exakte Leistungsspektrum des Krümmungsverlaufs nicht bekannt sein und eine zuverlässige Bestimmung der Mikrokrümmungsverluste bleibt schwierig. Dennoch liefern Gln. (4.238) bis (4.242) nützliche qualitative Aussagen. Für praktische Fasern sind zur Vermeidung von Mikrokrümmungsverlusten in der Regel möglichst kleine Feldradien anzustreben. Bereits eine Verkleinerung des Feldradius in Gl. (4.239) um 7% verringert die Mikrokrümmungsverluste für $p = 2$ auf die Hälfte.

4.12.4
Übergangsverluste zwischen gekrümmten und geraden Fasern

Am Übergang zwischen einem gekrümmten und einem geraden Faserstück treten Übergangsverluste infolge der Ungleichheit der Modenfelder in den beiden Fasern auf.

In einer gekrümmten Faser ist das Grundmodenfeld im Vergleich zur geraden Faser verformt [115, 116]. Am stärksten macht sich dabei eine Verschiebung des Feldes aus dem Krümmungszentrum heraus bemerkbar (Abb. 4.39), ähnlich der Wirkung der Fliehkraft bei einer Kreisbewegung. Die Größe dieses Feldversatzes s ist proportional zur Krümmung $1/R_K$. Eine Krümmung nach links bzw. rechts ($1/R_K > 0$ bzw. $1/R_K < 0$) bewirkt eine Verschiebung nach rechts bzw. links ($s > 0$ bzw. $s < 0$). Ein in der geraden Faser nahezu Gaußförmiges Grundmodenfeld Gl. (4.79) wird durch die Faserkrümmung annähernd zu

$$F(r,\phi) \simeq \hat{F} \exp\left(-\frac{r^2}{w^2}\right)\left(1 + \frac{k^2 n_2^2 w^2 r \cos\phi}{2\, R_K}\right) \tag{4.243}$$

verformt [107]. Die Verschiebung des Feldmaximums ($\partial F/\partial r = 0$) in der Krümmungsebene $\phi = 0$ erhält man zu [117]

$$s = k^2 n_2^2 w^4 / 4\, R_K\,. \tag{4.244}$$

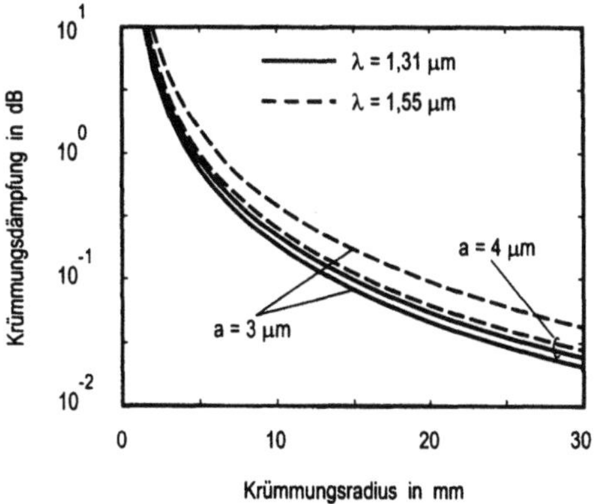

Abb. 4.46. Übergangsverluste zwischen einer geraden und einer mit dem Krümmungsradius R_K gekrümmten Standardfaser mit $\Delta n = 0{,}005$ nach Gl. (4.246)

Am Übergang zwischen gerader und gekrümmter Faser wirkt diese Feldverschiebung ähnlich dem transversalen Versatz zweier verbundener Fasern nach Gl. (4.123). Damit wird der Überkopplungsgrad reduziert auf

$$\eta_s \simeq 1 - \frac{k^4 n_2^4 w^6}{16 R_K^2}, \qquad (4.245)$$

entsprechend einer Dämpfung von

$$a = 423 \frac{n_2^4 w^6}{\lambda^4 R_K^2} \quad \text{(in dB)}. \qquad (4.246)$$

Für Stufenprofilfasern kann der Feldradius w z.B. nach Gl. (4.81) eingesetzt werden. Abbildung 4.46 zeigt die Verluste für je zwei verschiedene Wellenlängen und Kernradien. Neben der Feldverschiebung wird auch eine transversale Kompression des Feldes beobachtet [115, 116]. Da sie unabhängig davon sein muß, ob die Faser nach rechts oder links gekrümmt wird, ist sie eine gerade Funktion der Krümmung und proportional $1/R_K^2$. Zu den Übergangsverlusten trägt diese Feldkompression erst in höherer Ordnung ($1/R_K^4$) bei und spielt somit nur eine untergeordnete Rolle.

4.12.5 Leckwellenverluste in Depressed-Cladding-Fasern

Um bei einer vorgegebenen Wellenlänge (zum Beispiel $\lambda = 1{,}55$ µm) die Krümmungsverluste einer Quarzglasfaser ($n_2 \simeq 1{,}46$) bei einem Krümmungsradius R_K möglichst gering zu halten, sind in der Dämpfungformel (4.231) sowohl B als auch Δ möglichst groß zu wählen. Eine obere Grenze für die normierte Ausbreitungskonstante B ist durch die Forderung gegeben, daß die Faser einmodig oder zumindest effektiv einmodig (Abschn. 4.13) sein soll. Dagegen wird bei einer Erhöhung von Δ durch verstärkte Germaniumdotierung des Kerns die Dämpfung durch Rayleighstreuung unzulässig vergrößert (Kap. 3). Als Alternative hat sich die Absenkung der Brechzahl n_2 in einem inneren Mantelbereich $a < r < b$ durch Dotierung mit Fluor durchgesetzt (s. Abb. 4.5c). Fluordotierte Gläser sind extrem dämpfungsarm. Damit kann Δ bei geringgehaltener Gesamtdämpfung der Faser deutlich erhöht werden. Derartige Fasern werden „Depressed-Cladding(DC)"-Fasern genannt, um sie von Fasern mit homogenem Mantel [„Matched-Cladding(MC)"-Fasern] ohne Brechzahlsprung abzugrenzen. Ein damit einhergehender weiterer Vorteil ist, daß Δ sogar noch größer gewählt werden darf, als es die auf den Innenmantel bezogene theoretische Grenzfrequenz $V_{c,11}$ der LP_{11}-Moden zulassen würde. Für $V > V_{c,11}$ ist der effektive Index n_e der LP_{11}-Moden in Matched-Cladding-Fasern größer als die Mantelbrechzahl, die Moden werden mit exponentiell abklingendem Mantelfeld geführt (Abb. 4.47a). In einer Depressed-Cladding-Faser jedoch schließt sich bei $r = b$

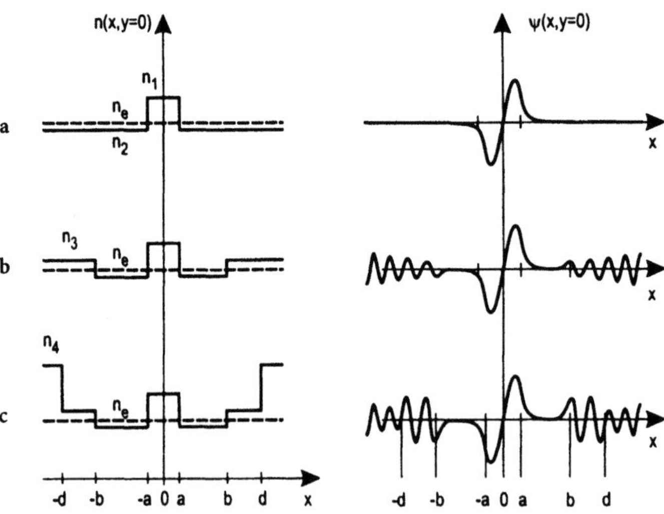

Abb. 4.47 a–c. Brechzahlprofil $n(x, y = 0)$ und LP_{11}-Modenfeld $\psi(x, y = 0)$ **a** einer Matched-Cladding-Faser, **b** einer Depressed-Cladding-Faser und **c** einer Depressed-Cladding-Faser mit höherbrechender Hülle

ein Außenmantel mit höherer Brechzahl $n_3 > n_e > n_2$ an (Abb. 4.47b). Die bei $r = a$ erfolgende Totalreflexion der LP_{11}-Modenfelder wird dabei durch den Brechzahlsprung bei $r = b$ vom Innenmantel zum höherbrechenden Außenmantel frustriert. Leistung tunnelt in den Außenmantel, die LP_{11}-Moden werden nur noch partiell als Leckmoden geführt und erleiden, abhängig von der Fasergeometrie, eine mehr oder weniger hohe Dämpfung (Abb. 4.47b). Durch geeignete Wahl von a, b, n_1, n_2, n_3 kann eine für effektive Einmodigkeit erforderliche Leckmodendämpfung der LP_{11}-Moden (Abschn. 4.13) bei verlustfreier Führung des Grundmodus erzielt werden. Für den Grundmodus wird der analoge Verlustmechanismus kritisch, wenn die Betriebswellenlänge von Depressed-Cladding-Fasern soweit vergrößert wird, daß mit $\beta < kn_3$ die Ausbreitungskonstante des Grundmodus kleiner als die Wellenzahl des Außenmantels wird, z.B. bei Unterschreitung des kritischen Wertes (4.258) für die normierte Frequenz. In Fasern mit reinem Quarzglaskern und durch Fluordotierung abgesenktem Innenmantel (Abb. 4.5d) tritt diese Leckwellendämpfung bei allen Wellenlängen auf [118] und muß durch einen hinreichend breiten Innenmantel klein gehalten werden [119].

Unendlicher Außenmantel

Für Depressed-Cladding-Fasern mit einem normierten Brechzahlsprung der Höhe $H = (n_3^2 - n_2^2)/(n_1^2 - n_2^2)$ vom Innen- zum Außenmantel bei $r = b = aC$ und homogenem Kern (Abb. 4.47b) wurde für die Leckmodendämpfung die Formel

$$2\,\alpha_L = \frac{8\pi k\Delta n U^2 W S}{V^4(W^2+S^2)K_{m-1}(W)K_{m+1}(W)} \cdot \exp(-2\,CW)\,, \qquad (4.247)$$

abgeleitet [51, 85], in der m die azimutale Ordnung der LP_{ml}-Moden bedeutet und für $m = 0$ die Beziehung $K_{-1}(W) = K_1(W)$ genutzt werden kann. Dabei ist $S = V(H-B)^{1/2} = a/k^2 n_3^2 - \beta^2)^{1/2}$ die transversale normierte Wellenzahl im Außenmantel. Die modalen Größen entsprechen denen des betreffenden Modus in der äquivalenten Matched-Cladding-Faser ($n_3 = n_2$) für $0 < B < H$ und sind folglich reell. Typische Leckmodendämpfungswerte für die LP_{11}-Moden sind in Abb. 4.48 als durchgezogene Kurven wiedergegeben.

Einfluß der Faserhülle

Tatsächlich wird die in den Außenmantel abgegebene Leckmodenstrahlung am Übergang bei $r = d = aD$ vom Außenmantel zur Faserhülle mit der Brechzahl n_4 reflektiert (Abb. 4.47c) und je nach Phasenlage dem Feld im Kern konstruktiv oder destruktiv überlagert. Am Übergang vom Außen- zum Innenmantel bei $r = b$ erfolgt wiederum eine frustrierte Totalreflexion. Damit stellt der Bereich $b < r < d$ des Außenmantels für die Leckmodenstrahlung ein Fabry-Perot-Filter [27] mit wellenlängenabhängiger Transmittivität dar. Die darin wirksame Wellenlänge $2\pi\, a/S$ wird von der transversalen Wellenzahl S im Außenmantel bestimmt. Für beliebige Kernprofile kann die Leckmodendämpfung wie folgt angegeben werden [120]:

$$2\,\alpha_{LH} = \frac{4\pi S^2 QW \exp(-2\,CW)}{kn_0 K_m^2(W)} \frac{F^2(a)}{N} \times [(S^2+W^2)(S^2+Q^2) - 2\,SW(S^2-Q^2)\sin(2\,DS) - (S^2-W^2)(S^2-Q^2)\cos(2DS)]^{-1} \qquad (4.248)$$

Dabei ist $Q = a(k^2 n_4^2 - \beta^2)^{1/2}$ die transversale normierte Wellenzahl in der Faserhülle mit der Brechzahl n_4. Die Normierung N ist, wie in Gl. (4.229) definiert, ein Leistungsinhalt des betreffenden Modus in der äquivalenten Matched-Cladding-Faser ($n_4 = n_3 = n_2$) für $0 < B < H$. Für das Stufenprofil gilt Gl. (4.230). Wie aus den unterbrochenen Kurven in Abb. 4.48 für die LP_{11}-Moden zu ersehen, bewirkt die Faserhülle eine rasche Oszillation der Leckmodendämpfung über der Wellenlänge über bis zu zwei Zehnerpotenzen. Diese Dämpfungsoszillationen sind problematisch für die experimentelle Bestimmung der effektiven Grenzwellenlänge [120–122] (Abschn. 4.13 und Kap. 9).

4.13 Grenzwellenlängen

Mit abnehmender Wellenlänge wird ein Modus einer optischen Faser immer besser, das heißt mit immer stärkerer transversaler Konzentration des Feldes geführt. Damit nehmen im allgemeinen auch die Verluste infolge Makrokrümmungen, Leckstrahlung in die gegebenenfalls höherbrechende Außenhülle,

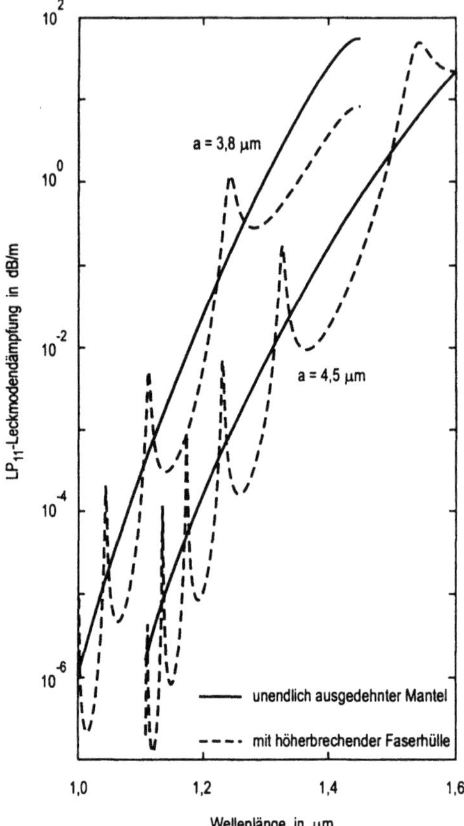

Abb. 4.48. LP_{11}-Leckmodendämpfung in Depressed-Cladding-Fasern mit unendlich ausgedehntem Außenmantel [durchgezogen, Gl. (4.247)] und mit höherbrechender Hülle [unterbrochen, Gl. (4.248)]

Mikrokrümmungen oder anderer regelloser Störungen ab. Umgekehrt nehmen diese Verluste nach größeren Wellenlängen hin zu. Der Grund ist eine Abnahme der Ausbreitungskonstante β, die sich mehr und mehr der Wellenzahl kn_2 des Mantels annähert. Damit verringert sich das transversale Dämpfungsmaß Gl. (4.227) des Mantelfeldes, das sich immer weiter in den Mantelbereich erstreckt. Man kann für einen Modus nach Systemgesichtspunkten, zum Beispiel zur Vermeidung intermodaler Interferenzen in eingespleißten kurzen Faserstücken [123], eine *effektive Grenzwellenlänge* $\lambda_{c,\,\mathrm{eff}}$ definieren, bei der er einen vorgegebenen längenbezogenen Dämpfungswert erreicht und somit durch seine eigenen Verluste unwirksam gemacht wird. Da der betreffende Modus dabei zumindest noch partiell geführt wird, hängt die Grenzwellenlänge im allgemeinen auch von äußeren Faktoren wie Krümmungsradius oder Länge der Faser ab. Eine davon unabhängige und dabei gleichzeitig eine obere Grenze für die effektive Grenzwellenlänge darstellende Definition ist die *theoretische Grenzwellenlänge* $\lambda_{c,\mathrm{th}}$, bei der die Ausbreitungskonstante β gleich der Wellenzahl kn_2 des Mantels wird. Oberhalb dieser Wellenlänge geht der Modus in das Spektrum der Strahlungsmoden (für unendlich ausgedehnten Mantel) bzw. der Mantelmoden (für begrenzt ausgedehnten Mantel) über. Damit kann dieser Modus keine Leistung mehr im Kern der Faser transportieren. Der Modus wird dann nicht mehr verlustarm geführt. Als Einmodigkeitsbereich wird das Wellenlängenintervall bezeichnet, in dem ausschließlich der Grundmodus geführt wird.

4.13.1 Theoretische Grenzwellenlängen

Die theoretische Grenzwellenlänge eines LP_{ml}-Modus erhält man durch Lösung der skalaren Wellengleichung (4.36) bzw. (4.42) unter Annahme eines unendlich ausgedehnten Mantels mit der Brechzahl n_2. Mit der Bedingung $\beta = kn_2$ und im Unendlichen verschwindenden Modenfeldern wird die Wellenlänge zum gesuchten Eigenwert, der theoretischen Grenzwellenlänge $\lambda_{c,\,\mathrm{th}}$. In der normierten Schreibweise ist dies äquivalent mit $B = 0$, der Eigenwert ist dann die normierte Grenzfrequenz V_c. Aus ihr erhält man die theoretische Grenzwellenlänge

$$\lambda_{c,\mathrm{th}} = 2\pi\, a(n_1^2 - n_2^2)^{1/2}/V_c. \tag{4.249}$$

Für rotationssymmetrische Profile $1 - f(x,y) = 1 - f(R)$ geht die radiale Wellengleichung (4.42) bei der Grenzfrequenz über in

$$\left\{\frac{d^2}{dR^2} + \frac{1}{R}\frac{d}{dR} - \frac{m^2}{R^2} + V_c^2[1 - f(R)]\right\} F(R) = 0 \tag{4.250}$$

mit den Randbedingungen $|F(0)|, |F(\infty)| < \infty$. Das Feld im Mantel wird dann zu $F(R) \sim K_m(W\,R)|_{W\to 0} \to \sim R^{-m}$. Die Eigenwertgleichung läßt sich formulieren als

$$\frac{1}{F(R)}\frac{dF(R)}{dR}\bigg|_{R=1} = -m \tag{4.251}$$

und muß im allgemeinen numerisch gelöst werden.

Grenzfrequenzen beliebiger Faserprofile

Der Grund- oder LP_{01}-Modus hat stets die kleinste Grenzfrequenz. Für die Grenzfrequenzen der LP_{ml}-Moden gleicher azimutaler Ordnungszahl m steigen die Grenzfrequenzen mit der radialen Ordnungszahl l an, $V_{c,\,ml} < V_{c,\,m\,(l+1)} < V_{c,\,m(l+2)}$, $l = 1, 2, 3 \ldots$ Für nichtnegative Profile $1 - f(R) \geq 0$, bei denen die Brechzahl nirgends kleiner ist als im äußersten Mantel, hat der Grundmodus die Grenzfrequenz $V_{c,01} = 0$. Für diese Profile steigen die Grenzfrequenzen der Moden der radialen Ordnung $l = 1$ in der Reihenfolge ihrer azimutalen Ordnungsnummer m, das heißt $V_{c,\,ml} < V_{c,\,(m+1)\,l} < V_{c,\,(m+2)\,l}$, $m = 0, 1, 2, \ldots$ Gewöhnlich ist der LP_{11}-Modus der erste, der bei abnehmender Wellenlänge zusätzlich zum Grundmodus geführt wird.

Grenzfrequenzen der Stufenprofilfaser

Für eine schwach führende *Stufenprofilfaser* nach Abb. 4.5a ist die Grenzfrequenz $V_{c,ml}$ des LP_{ml}-Modus identisch mit der l-ten Nullstelle $j_{m-1,l}$ der Besselfunktion m-ter Ordnung. Die Eigenwertgleichung lautet $J_{m-1}(V_c) = 0$, das heißt

$$V_{c,ml} = j_{m-1,\,l}\,. \qquad (4.252)$$

Insbesondere gilt für den Grundmodus auch hier $V_{c,\,01} = 0$, für die LP_{11}-Modengruppe $V_{c,\,11} = j_{0,\,1} = 2{,}405$ und für die LP_{02}- und LP_{21}-Moden $V_{c,02} = V_{c,21} = j_{1,1} = 3{,}832$.

LP_{11}-Grenzfrequenzen

Für das *Parabelprofil* nach Abb. 4.6a kann V_c mit der aus Gl. (4.213) folgenden Eigenwertgleichung

$$2\,V_c\,M'_{\frac{V_c}{4},\frac{m}{2}}(V_c) + (m-1)\,M_{\frac{V_c}{4},\frac{m}{2}}(V_c) = 0 \qquad (4.253)$$

numerisch berechnet werden. Für die LP_{11}-Moden folgt [124] $V_{c,\,11} = 3{,}518$. Für das *Dreiecksprofil* (Abb. 4.6c) ist keine geschlossene Eigenwertgleichung bekannt, in [124] wurde $V_{c,\,11} = 4{,}382$ numerisch ermittelt. Für das Gaußprofil (Abb. 4.6b) gilt [2] $V_{c,\,11} = 2{,}592$. Für die Profilklasse der *Stufenprofile mit zentralem Brechzahleinbruch* $1 - f(R) = R^p$ nach Abb. 4.5b können die Grenzfrequenzen exakt angegeben werden [125]:

$$V_{c,ml} = \left(1 + \frac{p}{2}\right) j_{\nu,l}\,, \quad \nu = \frac{2\,m}{2+p} - 1\,. \qquad (4.254)$$

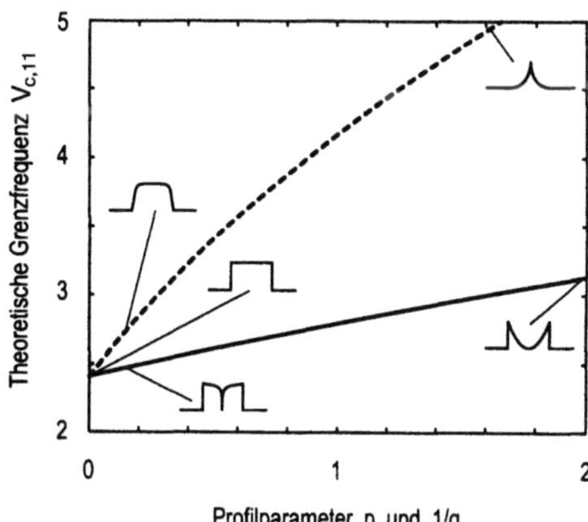

Abb. 4.49. Theoretische Grenzfrequenz $V_{c,11}$ der LP_{11}-Moden für Potenzprofile nach Gl. (4.255) (unterbrochene Kurve) und für Profile mit zentralem Brechzahleinbruch nach Gl. (4.254) (durchgezogene Kurve). Für einige Werte der Profilparameter q bzw. p sind die Profile angegeben

Die Näherung $V_{c,\,11} \simeq (2p + 64/11)^{1/2}$ für die LP_{11}-Moden ist für alle Werte des Profilparameters p mindestens auf 0,3% genau. Für die Klasse der allgemeinen *Potenzprofile* $1 - f(R) = 1 - R^q$ (z. B. $q = 2$ und $q = 1$ in Abb. 4.6a bzw. c) wurde in [54] mit Hilfe eines Variationsverfahrens die Näherung

$$V_{c,ml} \simeq (1 + 2/q)^{1/2}\, j_{m,l} \qquad (4.255)$$

hergeleitet. Besonders für große Werte q ist die Genauigkeit hoch. Die Grenzfrequenzen $V_{c,\,11}$ der LP_{11}-Moden nach Gln. (4.254) und (4.255) sind in Abb. 4.49 als Funktionen der Profilparameter dargestellt. Für *allgemeine Profile* mit einer konzentrierten Brechzahlerhöhung liefert die Formel

$$V_{c,11} = \frac{0{,}6575}{\sqrt{\int_0^1 [1 - f(R)]\, R^3 \exp(-R^2)\, dR}} \qquad (4.256)$$

genaue Ergebnisse für die Grenzfrequenz der LP_{11}-Moden [126]. Für Stufen-, Parabel- und Dreiecksprofil liegen sie mit 2,413; 3,575 und 4,504 leicht über den exakten Werten.

Grenzfrequenz des Grundmodus in W-Profil-Fasern

In W-Profil-Fasern (Abb. 4.38a) und allen anderen Fasern, in deren Profil die Brechzahl un-

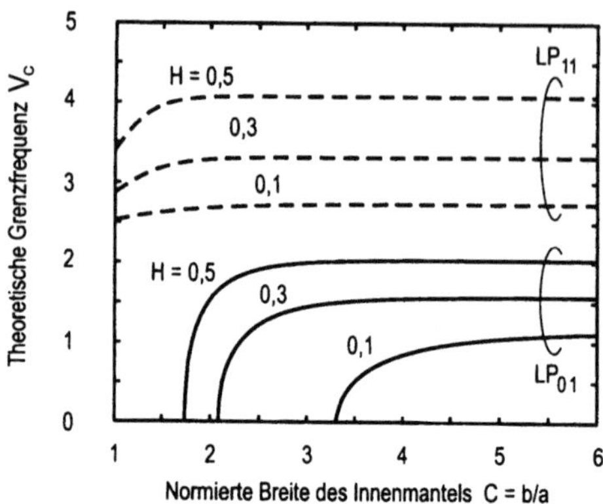

Abb. 4.50. Theoretische Grenzfrequenzen $V_c = 2\pi a (n_1^2 - n_2^2)^{1/2}/\lambda_{c,\text{th}}$ des LP_{01}-Modus (durchgezogen) und der LP_{11}-Moden (unterbrochen) in W-Profilfasern als Funktionen der Breite $C = b/a$ des Innenmantels. $H = (n_3^2 - n_2^2)/(n_1^2 - n_2^2)$ gibt die relative Größe des Brechzahlsprunges vom Innenmantel (n_2) zum Außenmantel (n_3) an

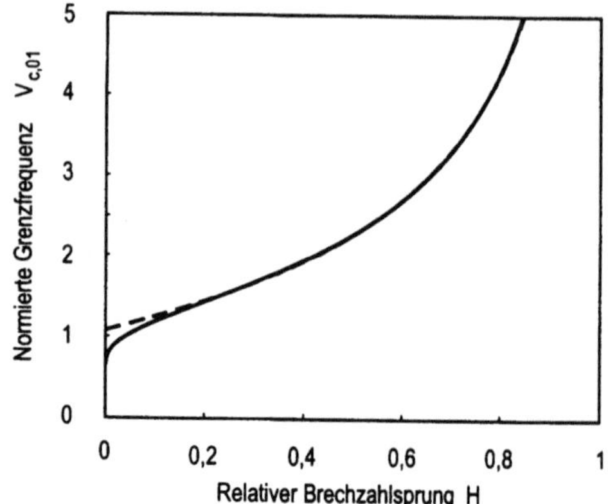

Abb. 4.51. Exakte normierte Grenzfrequenz $V_{c,01}$ (durchgezogen) des Grundmodus in Depressed-Cladding-Fasern mit unendlich breitem Innenmantel ($C = b/a \to \infty$) und die Näherung nach Gl. (4.258). $H = (n_3^2 - n_2^2)/(n_1^2 - n_2^2)$ ist die relative Brechzahldifferenz zwischen Innen- und Außenmantel

ter die Brechzahl des äußersten Mantels absinkt, kann auch der Grundmodus eine theoretische Grenzfrequenz größer Null und somit eine endliche Grenzwellenlänge $\lambda_{c,\text{th}}$ haben [127–130]. Für $V_{c,01} > 0$ muß das radial gewichtete Mittel des Brechzahlprofils negativ sein [131]:

$$\int_0^\infty [n(r)^2 - n^2(\infty)]\, r\, dr < 0\,. \qquad (4.257)$$

Für eine W-Profil-Faser mit $n(0 < r < a) = n_1$, $n(a < r < b) = n_2$, $n(b < r < \infty) = n_3$ und $n_1 > n_3 > n_2$ ist die Grenzfrequenz des Grundmodus folglich dann größer als Null, wenn die Bedingung $(n_1^2 - n_2^2)\, a^2 < (n_3^2 - n_2^2)\, b^2$ erfüllt ist. In Abb. 4.50 sind die Grenzfrequenzen des Grundmodus und der LP_{11}-Moden für verschiedene W-Profilfasern in Abhängigkeit von der Innenmantelbreite dargestellt. Für eine hinreichend große Brechzahldifferenz zwischen Außen- und Innenmantel bzw. eine hinreichend große Innenmantelbreite hat der Grundmodus eine Grenzfrequenz größer als Null.

Grenzfrequenz des Grundmodus in Depressed-Cladding-Fasern

Depressed-Cladding-Fasern (Abb. 4.5 c) sind W-Profil-Fasern mit breitem inneren Mantel. Für $B > H = (n_3^2 - n_2^2)/(n_1^2 - n_2^2)$ wird der Grundmodus verlustlos geführt. Für vollständig geführte Moden ist wegen Gl. (4.84) die Ausbreitungskonstante $B_{DC}(V)$ in der Depressed-Cladding-Faser stets größer als die Ausbreitungskonstante $B_{MC}(V)$ in der durch $n_3 \to n_2$ definierten äquivalenten Matched-Cladding-Faser. Der Unterschied ist jedoch infolge der großen Innenmantelbreite gering. Damit wird der Grundmodus für $B_{DC}(V) \geq B_{MC}(V) > H$ verlustlos geführt. In [129] wurde dafür die Bedingung

$$V > 1{,}075(1 + H)\,(1 - H)^{-1/2} \qquad (4.258)$$

hergeleitet. In Abb. 4.51 wird Gl. (4.258) mit der exakten Grenzfrequenz $V_{c,01}$ verglichen. Die Einhaltung der Bedingung (4.258) ist für die Ausnutzung der ursprünglich für das zweite optische Fenster um $\lambda = 1310$ nm optimierten Depressed-Cladding-Fasern auch für das C-Band (1530–1565 nm, drittes optisches Fenster) und das L-Band (1570–1620 nm, viertes optisches Fenster) von Bedeutung.

LP_{02}-Grenzwellenlänge in Mehrstufenprofilfasern

Für stark strukturierte Profile wie z. B. in dispersionsgeglätteten Dreifach- oder Vierfach-Mantel-Fasern (Abb. 4.31 b und c) kann die theoretische Grenzfrequenz des LP_{02}-Modus kleiner sein als die des LP_{11}-Modus [56]. Damit wird der Einmodigkeitsbereich nach unten durch die Grenzwellenlänge $\lambda_{c,\text{th}}$ des LP_{02}-Modus begrenzt.

4.13.2 Effektive Grenzwellenlänge

Modenrauschen

Abbildung 4.52 illustriert die Entstehung von Modenrauschen an einem eingespleißten effektiv zweimodigen Faserstück ($0 < z < L$). Der Grundmodus ψ_0 breite sich in positive z-Richtung aus. Bei $z = 0$ regt er in der fehlerhaft angespleißten, effektiv zweimodigen Faser den Grundmodus ψ_0 wie auch einen LP_{11}-Modus ψ_1 mit den Anregungskoeffizienten c_{00} bzw. c_{01} an. Aufgrund der Differenz $\Delta\beta = \beta_0 - \beta_1$ ihrer Ausbreitungskonstanten β_0 und β_1 laufen die Moden bis zum nächsten fehlerhaften Spleiß bei $z = L$ um die Phasendifferenz $\Delta\phi = \Delta\beta L$ auseinander. Für einen gegebenenfalls verlustbehafteten LP_{11}-Modus wird die Amplitude dabei zusätzlich um $\exp(-\alpha_1 L)$ gedämpft. Der Grundmodus der nachfolgenden Faser ($z > L$) wird bei $z = L$ durch das Interferenzfeld der beiden Moden der Spleißfaser angeregt. Aus der in Abb. 4.52 angegebenen Amplitude für $z > L$ folgt, daß der in den Grundmodus eingekoppelten Leistung für kleine Spleißfehler $c_{01}^2 \ll c_{00}^2$ eine Modulation entsprechend $c_{00}^2 [c_{00}^2 + 2c_{01}^2 \exp(-\alpha_1 L)\cos(\Delta\beta L)]$ aufgeprägt ist. Der $\cos(\Delta\beta L)$ enthaltende Term kann aufgrund der Empfindlichkeit der Ausbreitungskonstanten gegenüber Faserkrümmungen und der Temperatur- und Schallempfindlichkeit der Faserlänge L rasch variieren und somit der Grundmodenleistung für $z > L$ ein unerwünschtes Rauschsignal mit einem Signal-Rausch-Verhältnis SNR $= c_{00}^2 / [\sqrt{2}\, c_{01}^2 \exp(-\alpha_1 L)]$ aufprägen [123]. Durch eine genügend große Dämpfung $\exp(-\alpha_1 L) \ll 1$ des LP_{11}-Modus kann das Rauschen jedoch unterdrückt werden.

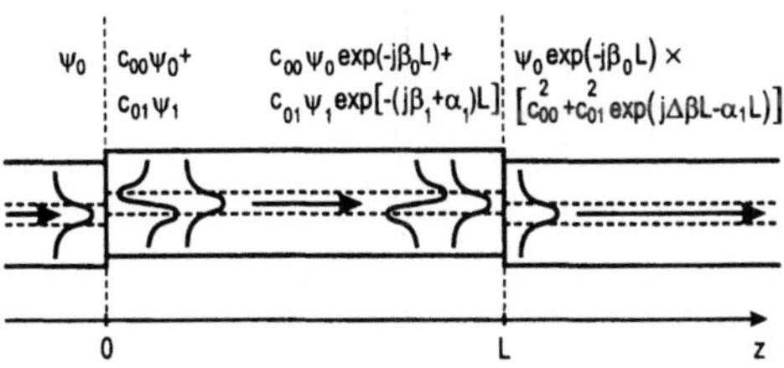

Abb. 4.52. Modenrauschen an einem eingespleißten zweimodigen Faserstück, $\Delta\beta = \beta_0 - \beta_1$ ist die Differenz der Ausbreitungskonstanten von Grund- und LP_{11}-Modus

Effektive Grenzwellenlänge

Die Ursachen für die Dämpfung des LP_{11}-Modus können Verluste infolge Makrokrümmungen, Leckstrahlung in die gegebenenfalls höherbrechende Außenhülle, Mikrokrümmungen und, beabsichtigt im Fall von Depressed-Cladding-Fasern, die in Abschn. 4.12 beschriebene Leckstrahlung in den höherbrechenden Außenmantel sein. Für eine entsprechend große Leistungsdämpfung $2\alpha_1$ des LP_{11}-Modus kann offensichtlich das Modenrauschen für eine vorgegebene Mindestspleißlänge L um den Faktor $\sqrt{2}\, c_{01}^2 \exp(-\alpha_1 L)/c_{00}^2$ unterdrückt und somit effektiv Einmodigkeit erreicht werden. Im allgemeinen nimmt α_1 mit der Wellenlänge zu und somit das Modenrauschen ab. Nach der CCITT-Empfehlung G.652 [132] bzw. aktueller nach der ITU-T-Empfehlung G.652 (04/97) [52] ist die effektive Grenzwellenlänge λ_{ce} als effektive Einmodigkeitsgrenze definiert als die Wellenlänge, bei deren Überschreiten das Verhältnis von Gesamtleistung einschließlich der angeregten höheren Moden zur Leistung im Grundmodus in einer quasi geraden, 2 m langen Faser mit einer Faserschleife von 28 cm Durchmesser kleiner als 0,1 dB wird. Bei Anregung jeder der geführten zwei Grundmoden und vier LP_{11}-Moden mit jeweils gleicher Leistung durch eine inkohärente Quelle ist diese Bedingung identisch mit der Forderung einer Dämpfung für die LP_{11}-Moden, die um 19,34 dB größer ist als die Dämpfung der Grundmoden,

$$2\,\alpha_1 L = 2\,\alpha_0 L + 19{,}34\ \text{dB}\,, \tag{4.259}$$

wobei $2\,\alpha_0$ die Leistungsdämpfungskonstante des Grundmodus ist. Für ein Faserstück der Länge $L = 2$ m erfordert das bei verlustlosem Grundmodus eine mittlere Dämpfung der LP_{11}-Moden von etwa 10 dB/m.

Längenabhängigkeit

Praktisch werden jedoch Länge und Krümmungsverlauf eingespleißter Faserstücke variieren und die effektive Grenzwellenlänge entscheidend beeinflussen. Experimentell wird eine logarithmische Abhängigkeit der effektiven Grenzwellenlänge von der Faserlänge beobachtet (Abb. 4.53 und 4.54) [133–135],

$$\lambda_{ce}(L) \simeq \lambda_{ce}(L_0) - \Delta\lambda_{ce} \cdot \log_{10}\left(\frac{L}{L_0}\right), \tag{4.260}$$

wobei L_0 eine Referenzfaserlänge ist. Theoretisch folgt die logarithmische Längenabhängigkeit aus der Tatsache, daß die wichtigsten Dämpfungsmechanismen für die LP_{11}-Moden auf tunnelnder Leckstrahlung beruhen (Abschn. 4.12), daher die Wellenlängenabhängigkeit der Dämpfungskonstanten im wesentlichen nur in den Exponentialfunktionen enthalten ist und die relative Änderung $\Delta\lambda_{ce}/\lambda_{ce}(L_0)$ im relevanten Bereich klein ist [136]. Damit die LP_{11}-Moden in einer langen Faser die gleiche Gesamtdämpfung erfahren wie in einer kurzen Faser, muß die mittlere lokale Dämpfung im umgekehrten Verhältnis der Faserlängen kleiner sein. Das ist bei den üblichen Dämpfungsmechanismen der Fall, wenn sich das Feld stärker auf den Faserkern konzentriert, also bei kleineren Wellenlängen. In Abhängigkeit von der Struktur und der Verlegung der Faser liegt $\Delta\lambda_{ce}$ im Bereich 15... 100 nm/Dekade Faserlänge [137].

Für gerade Depressed-Cladding-Fasern [Gl. (4.247)] erhält man aus den modalen Parametern des LP_{11}-Modus bei $\lambda = \lambda_{ce}(L_0)$ für die Änderungsrate der effektiven Grenzwellenlänge je Dekade Faserlänge [136]

$$\Delta\lambda_{ce} = \frac{\lambda \ln(10)}{2\,CW(1+\Theta)}\,. \tag{4.261}$$

Dabei kann

$$\Theta = \frac{V}{2B}\,\frac{\mathrm{d}B}{\mathrm{d}V} \tag{4.262}$$

für die Stufenprofilfaser durch $\Theta = U^2 K_1^2(W)/[W^2 K_0(W) K_2(W)]$ ausgedrückt werden. Analog gilt für gekrümmte Matched-Cladding-Fasern [Gl. (4.228)] [136]

$$\Delta\lambda_{ce} = \frac{3\ln(10)\,a\lambda}{4\,R_K W B\Delta\,(1+3\,\Theta)}\,. \tag{4.263}$$

wobei R_K der Radius der konstanten Krümmung ist. Abbildungen 4.53 und 4.54 zeigen die Längenabhängigkeit der effektiven Grenzwellenlänge für gerade Depressed-Cladding-Fasern bzw. gekrümmte Matched-Cladding-Fasern.

Für Faserlängen über 4 km nimmt die effektive Grenzwellenlänge nicht weiter mit der Faserlänge ab [138]. Aufgrund regelloser Mikrokrümmungen koppelt dann der Grundmodus über die gesamte Faserlänge Leistung zu den LP_{11}-Moden über und die für diese kleinere Wellenlänge deutlich geringeren Verluste der LP_{11}-Moden werden kompensiert. Damit nimmt das Leistungsverhältnis zwischen den Moden nach einer bestimmten Faserstrecke einen stationären, vergleichsweise schwach wellenlängenabhängigen Wert nach Gl. (4.75) an und ändert sich danach nicht mehr [139]. In geraden Depressed-Cladding-Fasern verringert sich die effektive Grenzwellenlänge nicht weiter mit der Länge, wenn die Ausbreitungskonstante der LP_{11}-Moden den Wert der Wellenzahl des Außenmantels erreicht [$B \leq H$ in Gl. (4.247)] und damit die Leckenmodendämpfung ihren kleinstmöglichen Wert angenommen hat.

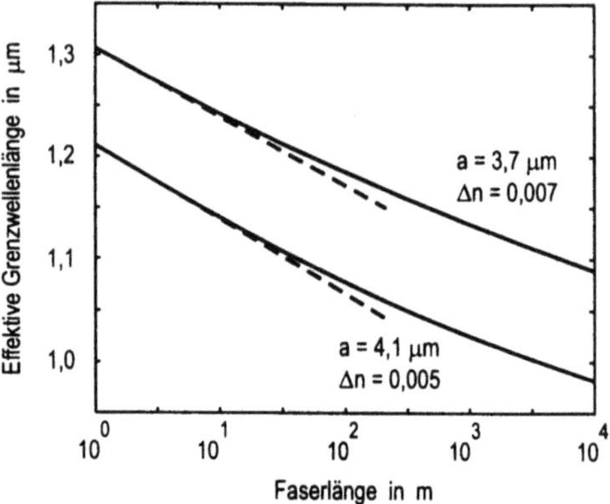

Abb. 4.53. Längenabhängigkeit der effektiven Grenzwellenlänge λ_{ce} von geraden Depressed-Cladding-Fasern mit homogenem Kern (durchgezogen). Die unterbrochenen Kurven geben die auf $L_0 = 2$ m bezogene logarithmische Längenabhängigkeit nach Gln. (4.260) und (4.261) wieder

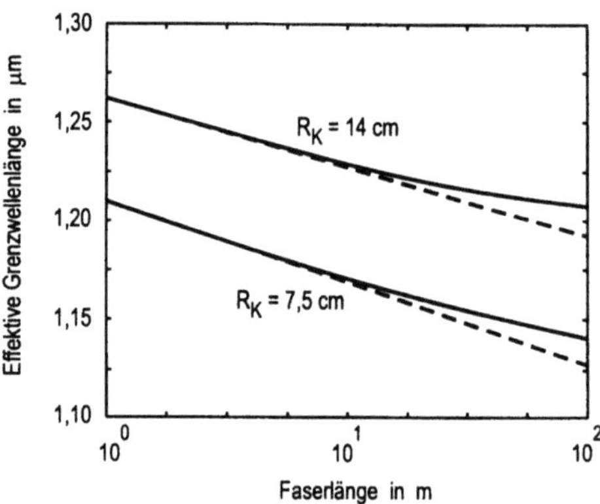

Abb. 4.54. Längenabhängigkeit der effektiven Grenzwellenlänge λ_{ce} von gekrümmten Matched-Cladding-Fasern mit homogenem Kern (durchgezogen) für die Krümmungsradien $R_K = 7{,}5$ cm und $R_K = 14$ cm ($a = 4{,}5$ µm, $\Delta n = 0{,}005$). Die unterbrochenen Kurven geben die auf $L_0 = 2$ m bezogene logarithmische Längenabhängigkeit nach Gln. (4.260) und (4.263) wieder

Für sehr kurze Faserstücken ist eine sehr hohe Dämpfung der LP_{11}-Moden erforderlich und die effektive Grenzwellenlänge nähert sich der theoretischen an, $\lambda_{ce} \to \lambda_{c,th}$.

Krümmungsabhängigkeit

Es wird ebenfalls eine Abhängigkeit der effektiven Grenzwellenlänge vom Krümmungsradius R_K beobachtet [140–143]. Für Matched-Cladding-Fasern mit einer einfachen Schleife vom Radius R_K gilt näherungsweise [134]

$$\lambda_{ce}(R_K) \simeq \lambda_{ce}(\infty) - \frac{q_1}{R_K} + \frac{q_2}{R_K^2}. \quad (4.264)$$

Dabei schwankt q_1 im Bereich von 300 nm · cm bis 1400 nm · cm [137], der höhere Term q_2 variiert stark. Typische Werte mit [134] $\lambda_{ce}(\infty) = 1125$ nm, $q_1 = 171$ nm · cm und $q_2 = 58$ nm · cm^2 sind in Abb. 4.55 wiedergegeben. Die Krümmungsempfindlichkeit der effektiven Grenzwellenlänge in Depressed-Cladding-Fasern ist für moderate Krümmungsradien $R_K > 2\,k^2 n_2^2\, b/\gamma^2$ gering, das heißt, solange die Kaustik bei $x_C = b$ verbleibt und sich nicht in den inneren, abgesenkten Mantel verschiebt (vgl. Abschn. 4.12). In Abb. 4.56 ist die Krümmungsabhängigkeit der effektiven Grenzwellenlänge für Depressed-Cladding- und Matched-Cladding-Fasern wiedergegeben. Für $R_K > 6$ cm ist dort die Grenzwellenlänge der Depressed-Cladding-Fasern nahezu krümmungsunabhängig. Die Matched-Cladding-Faser weist dagegen eine starke Krümmungsempfindlichkeit auf.

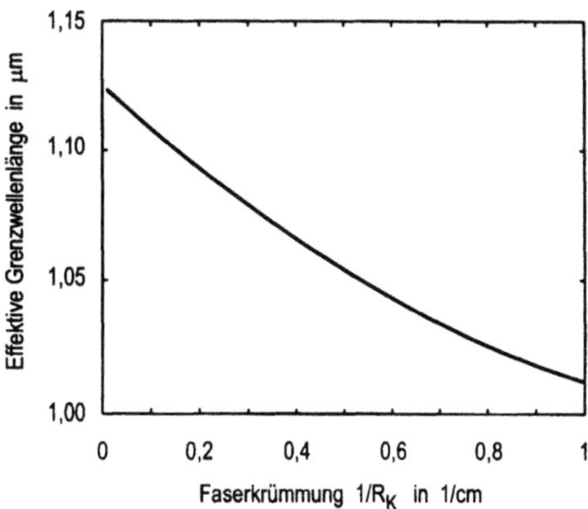

Abb. 4.55. Typische Abhängigkeit der effektiven Grenzwellenlänge λ_{ce} vom Krümmungsradius R_K nach [134]

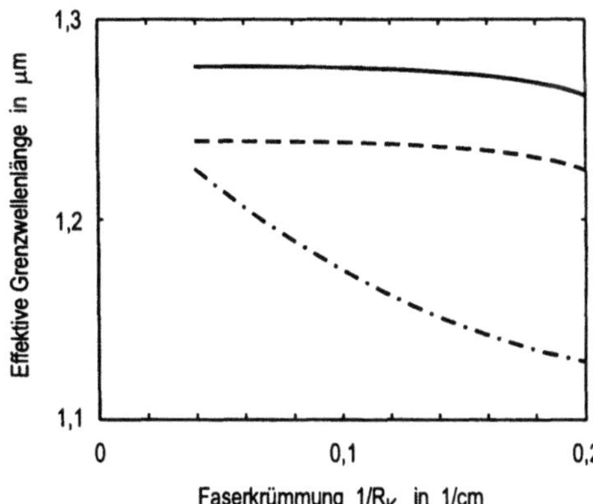

Abb. 4.56. Abhängigkeit der effektiven Grenzwellenlänge λ_{ce} von Depressed-Cladding-Fasern (durchgezogen und unterbrochen) und einer Matched-Cladding-Fasern (strichpunktiert) vom Krümmungsradius R_K nach [143]

4.14 Polarisation und Doppelbrechung in Einmodenfasern

Der im technischen Sprachgebrauch etablierte Begriff *Einmodenfaser* ist, bei strenger Betrachtungsweise, meist nicht zutreffend. Der damit bezeichnete Fasertyp kann in aller Regel nämlich *zwei* Moden orthogonaler Polarisation führen und zeigt deshalb ausgeprägte Polarisations- und Doppelbrechungs-Eigenschaften. Bei der Einkopplung polarisierten Lichtes in die Stirnfläche einer Faser werden im allgemeinen beide Polarisationsmoden angeregt, so daß zwischen ihnen eine feste Phasenbeziehung besteht. Bei der Ausbreitung der Wellen gemäß $\exp(-j\beta_i z)$ ändert sich diese Phasenbeziehung fortlaufend, weil die beiden Moden ($i = 1, 2$) einer realen Faser unterschiedliche Ausbreitungskonstanten besitzen, $\beta_1 \neq \beta_2$. Aus der kontinuierlich wechselnden Überlagerung der Modenfelder resultiert dann ein ortsabhängiger Polarisationszustand [144, 145]. Die damit zusammenhängenden Fasereigenschaften und Phänomene werden in den folgenden Abschnitten dieses Kapitels behandelt.

Übersicht: In 4.14.1 werden zunächst die verschiedenen Darstellungsweisen der Polarisation erläutert, die lokal an einem Ort einer Faser besteht. Die Zustände an verschiedenen Orten entlang der Faser sind durch lineare Gleichungen global miteinander verbunden.

Diese Polarisationstransformation durch endliche Faserabschnitte folgt in 4.14.2, die Darstellung kontinuierlicher Polarisationsentwicklung entlang der Faser in 4.14.3. Nach dieser rein phänomenologischen Betrachtung der Polarisation geht Abschn. 4.14.4 ausführlich auf den Begriff der „Doppelbrechung" der Faser und ihren Zusammenhang mit der Polarisationsentwicklung ein. Die Polarisations-Hauptzustände werden in 4.14.5 eingeführt, die eine kompakte Beschreibung der Frequenzabhängigkeit der Doppelbrechung von Faserstrecken erlauben. In Abschn. 4.15 werden die eigentlichen Ursachen der Doppelbrechung beschrieben, die von inneren (4.15.1) und äußeren Störungen (4.15.2) der idealen Indexverteilung herrühren. Das gezielte Anbringen solcher Störungen erlaubt es, den Polarisationszustand des im Inneren einer Faser geführten Lichtes von außen zu messen und damit Aussagen über die Doppelbrechung der Faser zu gewinnen (4.15.3). Gezieltes Einbringen von Störungen ins Innere der Faser resultiert in besonders hoher Doppelbrechung und ermöglicht es, Fasern auch in Gegenwart äußerer Störungen näherungsweise polarisationserhaltend zu betreiben (4.15.4). Faserpolarisatoren werden in 4.15.5 behandelt. In realen Faserstrecken ist die Doppelbrechung entlang der Faser mehr oder weniger zufällig verteilt und kann Pulsverbreiterungen durch Polarisations-Moden-Dispersion bewirken (PMD, 4.15.6). Die Messung der mit PMD zusammenhängenden Größen wird in 4.15.7 behandelt. Bei den höchsten heute in der Nachrichtentechnik benutzten Bit-Raten kann PMD die entscheidende Leistungsgrenze einer faseroptischen Übertragungsstrecke bilden. Dann ist es angebracht, durch Kompensation der PMD die Leistungsgrenze hinauszuschieben (4.15.8).

4.14.1 Polarisation in Einmoden-Fasern

Lokale Polarisation im Faserkern

Abbildung 4.57 zeigt schematisch die Transversalkomponenten der elektrischen Feldstärke zweier orthogonal polarisierter Modenfelder e_x und e_y einer ideal runden Einmodenfaser mit Stufen-Indexprofil bei monochromatischer Anregung mit einer Frequenz ω. An jedem Punkt (x, y) des Faserquerschnittes gibt die Feldlinie die Richtung der „lokalen" Polarisation an. Die Feldlinien sind gekrümmt, die lokale Polarisation ist nicht homogen. An der Kern/Mantel-Fläche bleibt die lokale Polarisation unbestimmt, weil die Feldlinien dort einen Knick haben.

Der Knickwinkel $\delta\alpha$ ist bei typischen Einmoden-Fasern mit ihren geringen Indexunterschieden Δn zwischen Kern und Mantel sehr klein. Aus dem „Brechungsgesetz" elektrischer Feldlinien [146] folgt, daß $\delta\alpha \approx (\Delta n/n_1) \sin 2\alpha$, wenn α den Winkel zwischen Feldlinie und Normalenrichtung der Grenzfläche bezeichnet. Der maximale Knickwinkel, der in den Bereichen um $\alpha = \pm 45°$ herum besteht, liegt für $\Delta n = 10^{-2}$ nur bei $\delta\alpha \approx 0{,}6 \cdot 10^{-2}$ oder 0,4°. Er ist also wesentlich kleiner als in Abb. 4.57 dargestellt.

In der Praxis kann das Feld deshalb meist als homogen polarisiert angenommen werden, vgl. Abb. 4.57 (c, d). Diese Feldfunktionen werden als **EP**-Moden (**E**inheitlich **P**olarisierte) [147] oder **LP**-Moden (**L**inear **P**olarisierte) [148] Moden bezeichnet.* Die lokale Polarisation hat dann überall dieselbe Richtung, gleich der Richtung des exakten Feldes auf der Faserachse. In dieser Näherung können dann die aus der gewöhnlichen Optik her bekannten Methoden zur Beschreibung der Polarisation [149–151] für das Feld in Einmodenfasern übernommen werden.

Bei höheren Genauigkeitsanforderungen muß jedoch mit den exakten, inhomogenen Feldverteilungen gerechnet werden. Als Beispiel sei hier die Frage nach der maximal erreichbaren Sperrwirkung genannt, die eine in die Faser eingefügte dünne, ideale Polarisatorfolie mit linearen Eigenzuständen hat. Ist sie auf minimale Transmission justiert, so läßt sie nur noch diejenigen Komponenten des lokalen Feldes passieren, die von der homogenen Polarisation abweichen. Ihr Anteil liegt um größenordnungsmäßig 60 dB und mehr unter

* *Anmerkung:* Die Bezeichnung **EP**-Moden trifft den zu bezeichnenden Sachverhalt genauer als **LP**. Der Ausdruck *linear* muß hier nämlich im Sinne von „geradlinig" verstanden werden und darf nicht verwechselt werden mit der Bezeichnung von Polarisationszuständen (linear, zirkular, elliptisch), wie sie in den folgenden Abschn. 4.14 und 4.15 benutzt wird. Eine **EP**-Mode mit dem Feldbild 4.57 (c) kann durchaus zirkular polarisiert sein, wenn nämlich dies Feldbild während einer Lichtperiode einmal um die *z*-Richtung rotiert. Dennoch wird, wegen der bestehenden weiten Verbreitung, im folgenden die Bezeichnung **LP** verwendet.

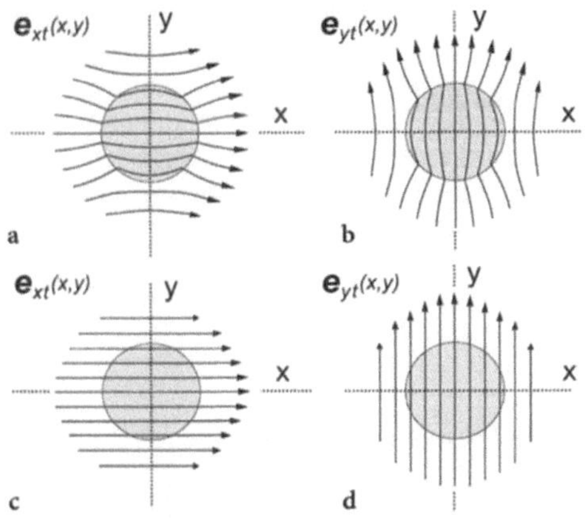

Abb. 4.57. a, b Feldlinien der Transversalkomponenten der elektrischen Feldstärke zweier orthogonal polariserter Moden im Kernbereich einer Einmoden-Faser (schematisch: Die Krümmung der Feldlinien ist übertrieben). **c, d** Im Grenzfall kleiner Indexunterschiede Kern/Mantel wird die Polarisation homogen

der Leistung der Hauptkomponente und repräsentiert die erreichbare Sperrwirkung. Bei Einstellung der Folie auf maximale Transmission sind diese Feldkomponenten jedoch belanglos.

Orthogonalität, Normierung

Die exakten Feldbilder 4.57 (a, b) der Transversalkomponenten $e_{x,t}$ und $e_{y,t}$ unterscheiden sich in ihrer azimutalen Orientierung durch eine Drehung um genau 90°. Wegen der Krümmung der Feldlinien bedeutet dies jedoch, daß an einem beliebig gewählten Punkt (x_1, y_1) des Querschnittes im allgemeinen kein rechter Winkel zwischen den Feldrichtungen $e_{x,t}(x_1, y_1)$ und $e_{y,t}(x_1, y_1)$ besteht. Der Fehlwinkel liegt in der Größenordnung des obengenannten Knickwinkels $\delta\alpha$. Im allgemeinen sind die Feldstärken $e_{x,t}$ und $e_{y,t}$ also „lokal" nicht orthogonal. Dennoch sind die transversalen Feld*verteilungen* als Ganzes orthogonal im Sinne der Funktionaldarstellung, denn sie gehören zu verschiedenen Moden

$$\int e_{x,t}(x,y)^* \, e_{y,t}(x,y) \, dx \, dy = 0. \qquad (4.265)$$

Die genäherten, linear polarisierten Feldverteilungen nach Abb. 4.57 (c, d) sind sowohl lokal wie funktional orthogonal.

Für das Folgende ist es zweckmäßig, die Feldverteilungen $e_{x,t}$ und $e_{y,t}$ als normiert vorauszusetzen, also für i = x, y

$$\int | e_{i,t}(x,y) |^2 \, dx \, dy = 1. \qquad (4.266)$$

4.14.2 Polarisations-Darstellung

Die in Abb. 4.57 gezeigten Feldverteilungen sind die Polarisationsmoden einer ideal runden Einmodenfaser bei gegebener Frequenz ω. Mit ihnen kann jedes andere in dieser Faser geführte Feld $e_t(x, y)$ der Frequenz ω als Linearkombination mit zwei komplexen Amplitudenfaktoren a_x, a_y dargestellt werden

$$e_t(x,y) = a_x \, e_{x,t}(x,y) + a_y \, e_{y,t}(x,y). \qquad (4.267)$$

In guter Näherung kann diese Darstellung auch verwendet werden, um das Feld in einer realen Faser zu beschreiben, wenn deren Indexprofil nur wenig von dem ideal rotationssymmetrischen Profil abweicht.

Somit reichen die Größen a_x, a_y zur Angabe des Feldes und der Polarisation aus, wenn die „Basisfunktionen" $e_{i,t}$ einmal festgelegt sind. In diesem Sinne bildet (4.267) die allgemeine Grundlage zur Beschreibung der Polarisation in Fasern. Zwei Anwendungen dieser Superposition sind wichtig:

(1) *Darstellung der lokalen Polarisationsmoden.* In einer realen Einmodenfaser können an jedem Ort z entlang der Faser zwei lokale „Polarisationsmoden" $\mathbf{e}_1(x, y\,|\,z)$ und $\mathbf{e}_2(x, y\,|\,z)$ definiert werden. Dies sind die Moden einer längshomogenen („prismatischen") Faser, deren Indexprofil überall gleich dem Profil der gegebenen Faser am Ort z ist. Die in Abb. 4.57 gezeigten Verteilungen stellen den Sonderfall dar, in dem diese Polarisationsmoden linear polarisiert sind. Bei realen Fasern sind sie im allgemeinen elliptisch polarisiert, so daß sich die Feldrichtung im Laufe einer Schwingungsperiode ändert. Dann ist eine anschauliche Darstellung durch *ein* Feldlinienbild nicht möglich. Formal lassen sich die Transversalkomponenten der Modenfelder an einem Ort z aber stets als Superposition der beiden linear polarisierten Moden schreiben,

$$e_{1t}(x,y\,|\,z) = a_{1x} \, e_{x,t}(x,y) + a_{1y} \, e_{y,t}(x,y), \qquad (4.268\text{a})$$

$$e_{2t}(x,y\,|\,z) = a_{2x} \, e_{x,t}(x,y) + a_{2y} \, e_{y,t}(x,y). \qquad (4.268\text{b})$$

Über das Koordinatensystem, in dem diese Beschreibung erfolgt, ist dabei nur vorausgesetzt, daß am betrachteten Ort z die Richtungen x, y senkrecht zur Achse der Faser und zueinander stehen, im übrigen können sie in beliebiger azimutaler Lage gewählt werden.

Die obige Darstellung wird benutzt bei der Ermittlung der lokalen Polarisationsmoden $\boldsymbol{e}_{1,2}$ und ihrer Ausbreitungskonstanten β_1 und β_2 für ein gegebenes, eventuell nichtideales Indexprofil durch Lösung der Wellengleichung. Die Modenfelder lassen sich mit Hilfe der Basisfunktionen $\boldsymbol{e}_{x,y}$ durch Angabe der Koeffizienten a_{ij} (mit $i = 1, 2$ und $j = x, y$) charakterisieren. Da die Transversalkomponenten $\boldsymbol{e}_{it}$ orthogonal sind und die a_{ij} angepaßt werden können, lassen sich die Felder auf den Leistungsfluß 1 normieren. Mit $i, j = 1, 2$ und dem Kronecker-Symbol δ_{ij} gilt dann

$$\int \boldsymbol{e}_{it}(x, y \,|\, z)^* \, \boldsymbol{e}_{jt}(x, y \,|\, z) \, dx \, dy = \delta_{ij} \tag{4.269}$$

(2) *Darstellung der Polarisationsentwicklung.* Die Polarisationsentwicklung des in einer realen Faser geführten Feldes läßt sich gemäß (4.267) beschreiben als Superposition der lokalen Polarisationsmoden $\boldsymbol{e}_1$ und $\boldsymbol{e}_2$ mit zwei ortsabhängigen Koeffizienten $a_i(z)$.

$$\boldsymbol{e}_t(x, y, z) = a_1(z) \, \boldsymbol{e}_{1t}(x, y \,|\, z) + a_2(z) \, \boldsymbol{e}_{2t}(x, y \,|\, z) \,. \tag{4.270}$$

Diese Beschreibung ist möglich, ohne die Ursachen der Polarisationsentwicklung zu kennen. Dabei sind die in (4.270) lokal maßgeblichen azimutalen Koordinatenrichtungen jeweils festgelegt durch die lokalen Polarisationsmoden $\boldsymbol{e}_1$ und $\boldsymbol{e}_2$, die ihrerseits vom lokalen Indexprofil bestimmt sind. Weil auf diese Weise entlang der Faser ein „natürliches" Bezugssystem definiert wird, ist diese Darstellung geeignet, die Entwicklung der Polarisation entlang einer realen, allgemein im Raum gekrümmten Faser zu beschreiben. Sind die Faser und ihre Form gegeben, so liegen entlang der Faser die Polarisationsmoden lokal fest, und es reicht die Angabe der Funktionen $a_1(z)$ und $a_2(z)$ aus, um das Feld $\boldsymbol{e}_t(x, y | z)$ in der Faser insgesamt eindeutig zu charakterisieren. Die übrigen Feldkomponenten, $\boldsymbol{h}_t(x, y)$, $\boldsymbol{e}_z(x, y)$ und $\boldsymbol{h}_z(x, y)$ können dann bei Bedarf mit Hilfe der Maxwell-Gleichungen bestimmt werden.

Die Polarisationsentwicklung $\boldsymbol{e}(x, y, z)$ entlang einer Einmodenfaser ist mit den beiden Koeffizienten-Funktionen $a_1(z)$ und $a_2(z)$ in gleicher Weise phänomenologisch beschreibbar wie die Polarisationsentwicklung einer ebenen Welle $\boldsymbol{E}(z)$ der Volumenoptik durch Angabe ihrer beiden Feldkomponenten $E_x(z)$ und $E_y(z)$ entlang der Ausbreitungsrichtung z. Falls bei der Faser mit der Näherung homogen polarisierter Felder gearbeitet wird, besteht zwischen diesen Polarisationsbeschreibungen volle Übereinstimmung, ausgenommen die durch die Wellenführung bedingte Inhomogenität von $|\boldsymbol{e}_t(x, y)|$.

Jones-Formalismus

Der *Jones*-Formalismus ist die Darstellungsform, die für die formale Berechnung von Polarisationseffekten gewöhnlich am zweckmäßigsten ist, wenn *vollständige* Polarisation vorliegt, wenn also die Transversalkomponenten des Feldes voll korreliert sind, vgl. Abschn. 2.6.2. Die beiden Modenamplituden $a_1(z)$ und $a_2(z)$ werden zu einem einspaltigen Jones-Vektor $\boldsymbol{a} = [a_1, a_2]^T$ zusammengefaßt, vgl. (4.273). Hier und im folgenden bedeutet das Superskript $()^T$ an einem Vektor oder einer Matrix die Transposition.

Die Leistung P der optischen Welle ist, von einem Normierungsfaktor abgesehen,

$$P = \boldsymbol{a}^\dagger \, \boldsymbol{a} = |\boldsymbol{a}|^2 = |a_1|^2 + |a_2|^2 \,. \tag{4.271}$$

Bei der Überlagerung zweier *kohärenter* vollständig polarisierter Wellen addieren sich deren Jones-Vektoren. Beim Durchgang durch ein optisches System, z. B. durch eine Faser, erfährt der Jones-Vektor eine lineare Transformation. Dabei ergibt sich der Vektor $\boldsymbol{a}_2$ am Ausgang des Systems aus dem Eingangsvektor $\boldsymbol{a}_1$ und einer komplexen 2×2 Jones-Matrix $\tilde{M}_J$, welche für das System charakteristisch ist (vgl. 4.2)

$$\boldsymbol{a}_2 = \tilde{M}_J \cdot \boldsymbol{a}_1 \tag{4.272}$$

Da die Komponenten a_i eines Jones-Vektors $\boldsymbol{a}$ im allgemeinen komplex sind ($i = 1, 2$), hängt $\boldsymbol{a}$ von 4 reellen Parametern ab. Häufig ist es angebracht, aus $\boldsymbol{a}$ die transversale Feldamplitude $E_t = |\boldsymbol{e}_t| = [\,|a_1|^2 + |a_2|^2]^{1/2}$ und eine mittlere Phase $\bar{\varphi} = (\varphi_1 + \varphi_2)/2$ herauszuziehen. Hier bedeutet φ_i die Phase von a_i

$$\boldsymbol{a} = \begin{pmatrix} a_1 \\ a_2 \end{pmatrix} = E_t \, e^{j\bar{\varphi}} \begin{pmatrix} A_1 \\ A_2 \end{pmatrix} = E_t \, e^{j\bar{\varphi}} \boldsymbol{A} \,. \tag{4.273}$$

Der verbleibende Spaltenvektor $\boldsymbol{A} = [A_1, A_2]^T$ ist normiert, $|\boldsymbol{A}|^2 = |A_1|^2 + |A_2|^2 = 1$. Er ist unabhängig vom Betrag E_t und von der mittleren

Phase $\bar{\varphi}$ des Feldes. Damit hängt $\boldsymbol{A}$ von nur *zwei* reellen Parametern ab und beschreibt die Polarisation in einem engeren Sinne als $\boldsymbol{a}$. Auch $\boldsymbol{A}$ wird gelegentlich als „Jones-Vektor" bezeichnet. Für $\boldsymbol{A}$ gilt aber wegen der Normierung nicht mehr die direkte Additivität bei der Überlagerung von Feldern. Es bestehen die Zusammenhänge

$$A_1 = e^{+j(\varphi_1 - \varphi_2)/2} \, |a_1|/E_t \tag{274a}$$

$$A_2 = e^{-j(\varphi_1 - \varphi_2)/2} \, |a_2|/E_t \, . \tag{274b}$$

Es folgen die Jones-Vektoren ausgewählter Polarisationszustände.** Sie beziehen sich auf die hier benutzte „elektrotechnische" Zeitabhängigkeit $e^{+j\omega t}$.

$$\boldsymbol{A}_H = \begin{pmatrix} 1 \\ 0 \end{pmatrix} \quad \text{linear, horizontal} \tag{4.275a}$$

$$\boldsymbol{A}_V = \begin{pmatrix} 0 \\ 1 \end{pmatrix} \quad \text{linear, vertikal} \tag{4.275b}$$

$$\boldsymbol{A}_P = \frac{1}{2} \begin{pmatrix} 1 \\ 1 \end{pmatrix} \quad \text{linear, +45° Azimut} \tag{4.275c}$$

$$\boldsymbol{A}_Q = \frac{1}{2} \begin{pmatrix} 1 \\ -1 \end{pmatrix} \quad \text{linear, −45° Azimut} \tag{4.275d}$$

$$\boldsymbol{A}_R = \frac{1}{2} \begin{pmatrix} 1 \\ j \end{pmatrix} \quad \text{rechts zirkular} \tag{4.275e}$$

$$\boldsymbol{A}_L = \frac{1}{2} \begin{pmatrix} 1 \\ -j \end{pmatrix} \quad \text{links zirkular} \tag{4.275f}$$

** **Anmerkung:** Die hier benutzte Definition des Drehsinnes zirkularer Polarisation ist die heute durchgängig gebräuchliche [148, 150, 152, 153]. Ihrzufolge beschreibt die Spitze des $\boldsymbol{E}$-Vektors einer rechtszirkular polarisierten Welle, als Momentaufnahme gesehen, eine Linksschraube im Raum. Im Laufe der Zeit, von einem festen Ort in Richtung zur Quelle blickend, dreht sich der $\boldsymbol{E}$-Vektor dann im Uhrzeigersinn. Die entgegengesetzte Möglichkeit ist zwar einmal als IEEE Standard festgelegt worden [154], ist allerdings ungebräuchlich geblieben.
Bei der Unterscheidung zwischen „rechts" und „links" zirkular ist ferner zu beachten, daß anstelle von $\exp(+j\omega t)$ einige Autoren auch die Zeitabhängigkeit $\exp(-j\omega t)$ benutzen [148, 150, 152]. In diesem Falle ändert sich die formale Darstellung zirkularer Polarisation: man erhält die für $\exp(-j\omega t)$ gültigen Ausdrücke, wenn in (4.275e) und (4.275f) das j durch $-j$ ersetzt wird. Auf der Poincaré-Kugel kommt dann statt des R-Zustandes der L-Zustand nach „oben" zu liegen.

Poincaré-Darstellung

Die Polarisation einer ebenen Welle kann nach Poincaré anschaulich dargestellt werden, indem man Azimut φ und Elliptizität ψ der Polarisations-Ellipse als die beiden $\boldsymbol{A}$ bestimmenden Parameter wählt und die Winkel 2ϕ und 2ψ als Kugelkoordinaten auf der Oberfläche einer Einheitskugel interpretiert [149, 151]. Um auf diese Weise die Polarisation einer Faser-geführten Welle (Abb. 4.57 (a, b)) darzustellen, werden aus den Koeffizienten $a_{1,2}$ oder $A_{1,2}$ entsprechende Winkel definiert und in gleicher Weise aufgetragen, Abb. 4.58

$$\phi = \arctan |A_2/A_1| = \arctan |a_2/a_1| \tag{4.276a}$$

$$\psi = \arg(A_2/A_1) = \arg(a_2/a_1) \, . \tag{4.276b}$$

Bei Übergang zu den einheitlich polarisierten Feldern (Abb. 4.57 (c, d)) geht diese Darstellung nahtlos in die Poincaré-Darstellung der ebenen Welle im Kernbereich über. Jedem Polarisationszustand $\boldsymbol{A}$ ist damit eindeutig ein *Punkt A* auf der Kugeloberfläche zugeordnet, der die „geographische Länge" 2ϕ und die „geographische Breite" 2ψ hat, vgl. Abb. 4.58. In leicht geänderter Betrachtungsweise ist $\boldsymbol{A}$ auch der *Vektor* vom Ursprung zu dem betr. Punkt auf der Kugelfläche.

Als Bezugspunkt $\phi = \psi = 0$ dient dabei gewöhnlich der Zustand linearer horizontaler Polarisation. Orthogonale Polarisationszustände, für die eine Relation wie (4.265) gilt, liegen auf der Poincaré-Kugel diametral zueinander.

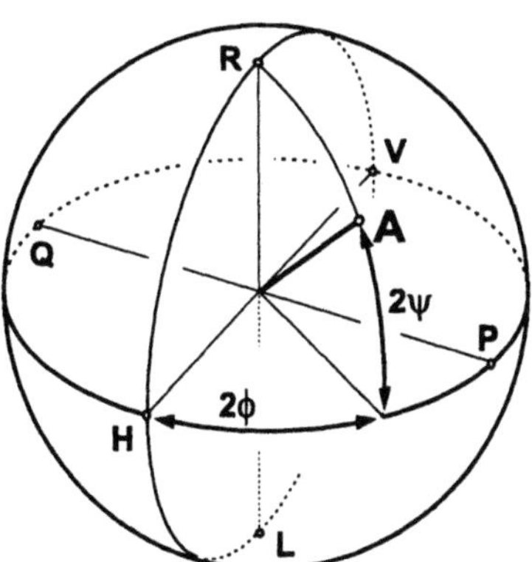

Abb. 4.58. Poincaré-Kugel zur anschaulichen Darstellung von Polarisationszuständen: H,V = horizontal/vertikal linear, P, Q = ± 45° linear, R, L = rechts/links zirkular

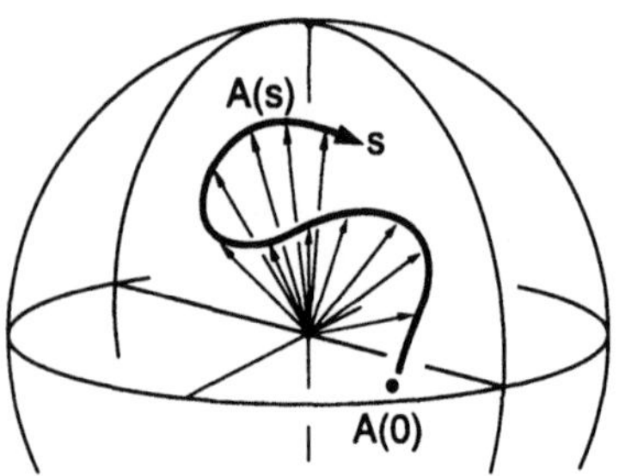

Abb. 4.59. Trajektorie $A(s)$ zur Beschreibung der allgemeinen Polarisationsentwicklung entlang einer Faser (s = Distanz entlang der Faser)

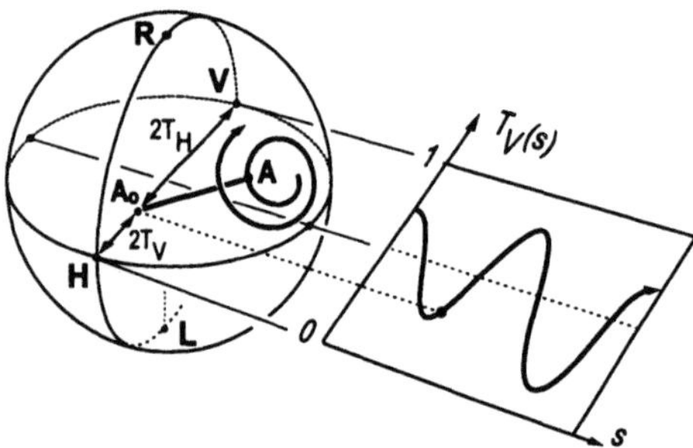

Abb. 4.60. Die Leistungstransmission $T_V(A)$ eines Analysators V für Licht des Polarisationszustandes A findet man durch Projektion von A auf den Durchmesser VH, (s. Text)

Die Poincaré-Darstellung ist im Vergleich zu anderen Polarisationsdarstellungen besonders anschaulich und wird deshalb auch in der Anzeige kommerzieller Polarisationsmeßgeräte verwendet. Jeder stetigen Abhängigkeit $A(s)$ der Polarisation von einem skalaren Parameter s entspricht auf der Poincaré-Kugel eine Kurve $A(s)$, vlg. Abb. 4.59. Derartige „Trajektorien" werden oft benutzt, um die Änderung einer Polarisation $A(t)$ im Laufe der Zeit, ihre Frequenzabhängigkeit $A(\omega)$ oder ihre Entwicklung entlang einer Faser zu veranschaulichen.

Zugleich bietet die Poincaré-Darstellung eine anschauliche Beschreibung der relativen Leistung, die ein vorgegebener idealer Analysator vom Licht eines Polarisationszustandes $A(s)$ passieren läßt. Abbildung 4.60 zeigt dies am Beispiel eines Analysators für vertikale Polarisation. Er läßt V-polarisiertes Licht mit der Transmission $T_V(V) = 1$ passieren und sperrt das orthogonal polarisierte H-Licht, $T_V(H) = 0$. Auf einer solchen T_V-Skala findet man die Analysator-Transmission für Licht eines Zustandes A, indem der Punkt A der Poincaré-Kugel auf die Verbindungslinie VH projiziert wird. Der Fußpunkt A_0 teilt diese Strecke VH im Verhältnis der Transmissionen T_V/T_H eines V- und eines H-Analysators, wie in Abb. 4.60 angedeutet. Entwickelt sich der Zustand entlang der Trajektorie $A(s)$, so bewegt sich A_0 wie der Stift eines Schreibers, der entlang einer gleichförmig bewegten s-Achse die Funktion $T_V(A(s))$ aufzeichnet. Eine entsprechende Konstruktion ist auch entlang jeder anderen Achse möglich, die zwei orthogonale Zustände verbindet.

Die Poincaré-Darstellung ist gegenüber Änderungen des Koordinatensystems tolerant: Bei Übergang zu einem anderen Basissystem der Polarisationsbeschreibung, $(x, y) \rightarrow (x', y')$, behält eine Trajektorie $A(s)$ ihre Form unverändert bei, sie verschiebt sich nur als Ganzes auf der Kugel.

Stokes-Formalismus

Wenn „partielle" Polarisation vorliegt, wenn also der Polarisationsgrad nicht 100% ist, wird zur Polarisationsbeschreibung zweckmäßig der Stokes-Formalismus verwendet (Abschn. 2.6.4) [149, 151]. Dies gilt insbesondere im Grenzfall unpolarisierten oder „natürlichen" Lichtes (ohne Korrelation der Feldkomponenten). Ein partiell polarisierter Lichtstrom kann aufgefaßt werden als Überlagerung eines vollständig polarisierten und eines unpolarisierten Anteiles. Zur Beschreibung dient der *Stokes-Vektor* $\mathbf{S} = [S_0, S_1, S_2, S_3]^T$ mit 4 reellen Komponenten [150]. Dabei repräsentiert S_0 die Gesamtleistung und $(S_1^2 + S_2^2 + S_3^2)^{1/2}$ den polarisierten Leistungsanteil. Bei der Überlagerung zweier *partiell polarisierter*, nicht korrelierter Felder addieren sich deren Stokes-Vektoren. Beim Durchgang durch ein optisches System ergibt sich der Stokes-Vektor $\mathbf{S}_2 = M_M \cdot \mathbf{S}_1$ am Ausgang des Systems aus dem Eingangsvektor $\mathbf{S}_1$ und einer reellen 4×4 Müller-Matrix M_M, welche das System charakterisiert.

Eine anschauliche Beschreibung partieller Polarisationszustände ist im „Stokes-Raum" möglich. Dazu wird ein *normierter* Stokes-Vektor $\tilde{S} = [\tilde{S}_1, \tilde{S}_2, \tilde{S}_2]^T$ mit den 3 Komponenten $\tilde{S}_i = S_i/S_0$ für $i = 1, 2, 3$ eingeführt und in einem kartesischen Koordinatensystem dargestellt. Diese Vektoren $\tilde{S}$ liegen alle innerhalb der Einheitskugel, $|\tilde{S}| \leq 1$. Unpolarisiertes Licht entspricht dem Kugelmittelpunkt, $\tilde{S} = 0$. Bei fast vollständiger Polarisation liegt $\tilde{S}$ nahe der

Kugeloberfläche, in gleicher Anordnung wie die Zustände auf der Poincaré-Kugel, vgl. Abb. 4.58. Aus diesem Grund wird bei der Beschreibung von Polarisation häufig nicht zwischen dem Poincaré-Raum (für die Amplituden vollständig polarisierter Wellen) und dem Stokes-Raum (für die Leistungen partiell polarisierter Wellen) unterschieden.

4.14.3 Polarisationsentwicklung in Einmoden-Fasern

Für den Rest dieses Abschn. 4.14 wird vollständige Polarisation unterstellt, wie sie in der optischen Kommunikationstechnik meist vorliegt. Dementsprechend werden nur die Jones- und Poincaré-Darstellungen benutzt. Alle Polarisationszustände liegen dann *auf* der Poincaré-Kugel. Der Index „J" zur Charakterisierung von Jones-Matrizen wird fortan weggelassen.

Bei der Beschreibung der Polarisation in einer Einmodenfaser ist zu unterscheiden zwischen einer ortsaufgelösten „lokalen" Untersuchung der Polarisations*entwicklung* längs der Faser einerseits, und der systemtheoretischen „globalen" Angabe der Polarisations*transformation* zwischen Anfang und Ende einer gegebenen Faser, ohne Bezug auf dazwischenliegende Details, andererseits. Die erstgenannte Form der Beschreibung ist die umfassendere, sie enthält die zweite als Grenzfall. Hinsichtlich einiger allgemeiner Aussagen ist auch die umgekehrte Argumentation möglich, indem zunächst die einfachere Polarisationstransformation betrachet wird, und dann zugelassen wird, daß der untersuchte Endpunkt entlang der Faser variiert. Diese Reihenfolge wird hier benutzt.

Globale Polarisations-Transformation zwischen den Enden einer Einmodenfaser. In einer allgemein verlegten Faser der Länge L möge sich eine geführte Welle gegebener Frequenz ω vom Ende ① zum Ende ② hin ausbreiten, vgl. Abb. 4.61. Ihre Polarisation wird an den Faserenden in je einem rechtshändigen kartesischen Koordinatensystem $\{x_1, y_1, z_1\}$ bzw. $\{x_2, y_2, z_2\}$ beschrieben. Dabei sollen die z-Achsen die jeweilige Richtung der Lichtausbreitung angeben, die übrigen Achsen können beliebig vorgegeben sein. In jedem der Koordinatensysteme sei ein Paar von Basisfunktionen $\boldsymbol{e}_{x,t}$ und $\boldsymbol{e}_{y,t}$ bekannt. Dann können die Polarisationen an den Faserenden gemäß (4.267) durch Jones-Vektoren $\boldsymbol{a}_1$ und

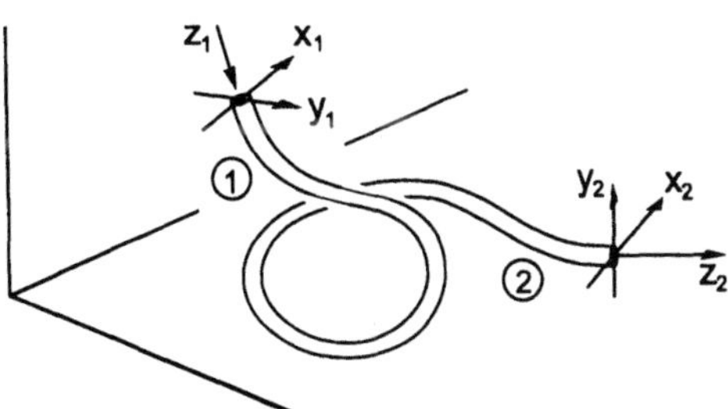

Abb. 4.61. Koordinatensysteme an den Enden einer Faser, unabhängig voneinander vorgegeben

$\boldsymbol{a}_2$ bezüglich dieser Basiszustände beschrieben werden. Der Zusammenhang von Ausgangs- und Eingangsamplituden ist linear. Die gesuchte Polarisationstransformation vom Eingang zum Ausgang der Faser wird deshalb allgemein durch eine Jones-Matrix $\tilde{M}$ vermittelt

$$\boldsymbol{a}_2 = \tilde{M}\,\boldsymbol{a}_1\,. \tag{4.277}$$

Diese Beschreibung ist erweiterbar auf eine Faserstrecke, die aus mehreren hintereinandergeschalteten Fasern besteht. Wenn $\boldsymbol{a}_2 = \tilde{M}_{21}\boldsymbol{a}_1$ die Transformation einer ersten Faser $1 \to 2$ ist, und sich daran eine weitere Faser $2 \to 3$ mit der Transformation $\boldsymbol{a}_3 = \tilde{M}_{32}\boldsymbol{a}_2$ anschließt, so findet man die Gesamt-Transformation der Faserstrecke $1 \to 2 \to 3$ in der Form $\boldsymbol{a}_3 = \tilde{M}_{32}\,\tilde{M}_{21}\,\boldsymbol{a}_1$. Insgesamt wirkt also das Produkt $\tilde{M} = \tilde{M}_{32}\tilde{M}_{21}$ der einzelnen Abschnittsmatrizen. Da Matrizenprodukte nicht kommutativ sind, ist es wichtig, in diesen Produkten die Reihenfolge der Abschnittsmatrizen (vom Ende des Produktes her) genau so zu wählen, wie sie auf den Eingangszustand $\boldsymbol{a}_1$ wirken.

Die mathematischen Eigenschaften der Jones-Matrix $\tilde{M}$ und innere Beziehungen zwischen ihren Elementen sind durch die optischen Eigenschaften der Faser bestimmt. Wenn Verluste in der Faser vernachlässigbar sind, ist die optische Ausgangsleistung gleich der Eingangsleistung, $|\boldsymbol{a}_2|^2 = |\boldsymbol{a}_1|^2$. Damit dies für beliebige $\boldsymbol{a}_1$ gilt, muß die Matrix $\tilde{M} = (\tilde{m}_{ik})$ unitär sein,

$$\tilde{M}\,\tilde{M}^{\dagger} = \mathbf{1} \tag{4.278}$$

mit der Einheitsmatrix $\mathbf{1}$. Aufgrund dieser Bedingung sind unter den 8 reellen Parametern, durch welche $\tilde{M}$ ganz allgemein bestimmt ist nur 4 unabhängig. Aus $\tilde{M}$ läßt sich noch die mittlere Transmissionsphase $\varphi_M = (\arg(\tilde{m}_{11})$

$+ \arg(\tilde{m}_{22}))/2$ herausziehen, so daß eine „reduzierte“ Form M der Matrix resultiert

$$\tilde{M} = e^{j\varphi_M} M. \tag{4.279}$$

Diese Matrix M ist ebenfalls unitär. Sie enthält nur noch 3 unabhängige reelle Parameter, die die Polarisationsformation der Faser vollständig bestimmen. Deshalb kann M stets mit zwei komplexen Zahlen u_1 und u_2, für die $|u_1|^2 + |u_2|^2 = 1$ gilt, in folgender Form geschrieben werden

$$M = \begin{pmatrix} u_1 & u_2 \\ -u_2^* & u_1^* \end{pmatrix}. \tag{4.280}$$

Wenn die Verluste in der Faser nicht verschwinden, ist $\tilde{M}$ nicht unitär. Häufig sind die Verluste jedoch unabhängig von der Polarisation (kein „polarization dependent loss“ PDL). Dann kann neben dem Phasenfaktor $e^{j\varphi_M}$ auch der Amplitudentransmissionsfaktor $|t_{\tilde{M}}|$ aus $\tilde{M}$ herausgezogen werden, und es resultiert auch für die verlustbehaftete, PDL-freie Faser eine reduzierte, unitäre Jones-Matris M mit 3 unabhängigen Parametern

$$\tilde{M} = |t_{\tilde{M}}|\, e^{j\varphi_M} M. \tag{4.281}$$

Diese 3-parametrige reduzierte Jones-Matrix M enthält keine Information über die Leistungs- und (gemeinsamen) Phasenbeziehungen zwischen Eingang und Ausgang der Faser. In Verbindung mit den in gleicher Weise reduzierten Jones-Vektoren A hat die gesuchte Polarisationstransformation vom Eingangszustand A_1 zum Ausgangszustand A_2 dann ganz allgemein die Form

$$A_2 = M A_1. \tag{4.282}$$

Poincaré-Darstellung der Transformation

Anschaulich läßt sich der durch M vermittelte Zusammenhang (4.282) auf der Poincaré-Kugel darstellen als eine Rotation R_M, die den Eingangszustand A_1 in den Ausgangszustand A_2 überführt (Abb. 4.62). Dabei kann R_M geometrisch als reeller 3-dimensionaler Vektor im Poincaré-Raum aufgefaßt werden. Seine Richtung gibt die Lage der Drehachse an, und sein Betrag $|R_M|$ den Drehwinkel im Sinne einer Rechtsschraube. Die Rotation R_M im Poincaré-Raum und die Transformation (4.282) mit der Matrix M sind zwei äquivalente Beschreibungen desselben Sachverhaltes.

Eine wichtige Eigenschaft der Polarisationstransformation ist die Erhaltung des „Polarisations-Abstandes“. Sie folgt unmittelbar aus der geometrischen Interpretation. Bei der Drehung bleibt der auf der Kugel gemessene Winkelabstand zwischen zwei Zuständen (vgl. Abschn. 2.6.3) erhalten. Zwei Zustände haben daher am Ausgang der Faser den gleichen Abstand wie am Eingang. Insbesondere ergeben zwei orthogonale Eingangszustände (Winkelabstand π, diametrale Lage auf der Poincaré-Kugel) bei der Transformation wieder zwei orthogonale Ausgangszustände.

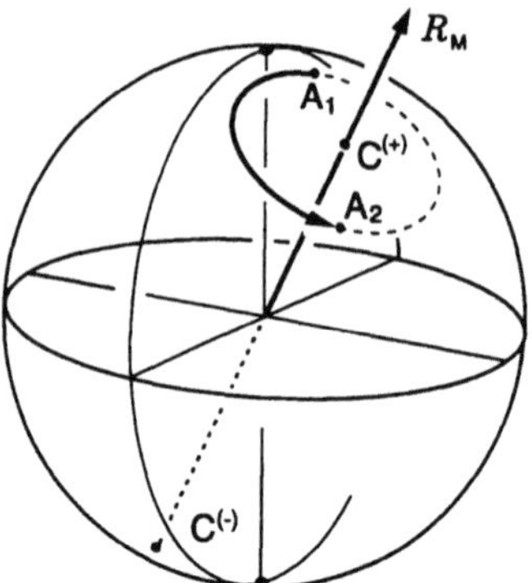

Abb. 4.62. Die Polarisationstransformation M entspricht einer Drehung mit dem Vektor R_M, die den Eingangszustand A_1 in den Ausgangszustand A_2 überführt. Die Zustände $C^{(\pm)}$ sind die Eigenzustände der Transformation

Eigenzustände der Polarisationstransformation

Aus der Poincaré-Darstellung von M als Rotation R_M folgt anschaulich, daß für jede Faserstrecke bei gegebener optischer Frequenz ω zwei Zustände existieren, die bei der Polarisationstransformation $A_1 \to A_2$ unverändert bleiben. Sie entsprechen auf der Poincaré-Kugel den Punkten $C^{(+)}$ und $C^{(-)}$, die auf der Drehachse liegen, also in den Richtungen $\pm R_M$, vgl. Abb. 4.62. In der Jones-Darstellung unterscheiden sich hier Ausgangs- und Eingangs-Jones-Vektor allenfalls um einen skalaren Faktor $\Lambda^{(\pm)}$, stellen aber bezüglich ihrer jeweiligen Basis gleiche Zustände dar. Diese Zustände sind also „Eigenzustände“ der Transformation bzw. der Matrix M. Die Eigenwert-Beziehungen lauten

$$C_2^{(+)} = M C_1^{(+)} = \Lambda^{(+)} C_1^{(+)} \tag{4.283 a}$$

$$C_2^{(-)} = M C_1^{(-)} = \Lambda^{(-)} C_1^{(-)}. \tag{4.283 b}$$

Die Eigenwerte $\Lambda^{(\pm)}$ haben den Betrag $|\Lambda^{(\pm)}| = 1$, weil M unitär ist. In der Form $\Lambda^{(\pm)} = e^{-j\phi(\pm)}$ enthalten sie die unterschiedlichen Phasenverzögerungen $\phi^{(+)}$ bzw. $\phi^{(-)}$, welche das Licht in diesen Eigenzuständen beim Durchgang durch die Faser erfährt. Nicht enthalten sind die gemeinsamen Phasenverzögerungen, die bei $\boldsymbol{A}_1, \boldsymbol{A}_2$, und M jeweils abgespalten wurden. Entsprechend (4.279) gilt $\phi^{(+)} + \phi^{(-)} = 0$, also $\phi^{(-)} = -\phi^{(+)}$. Wählt man, entsprechend dem hier generell verwendeten Ausbreitungsfaktor $\exp[j(\omega t - \beta z)]$, die Zuordnung der Indizes (+) und (-) zu den Eigenzuständen so, daß $\phi^{(+)} \geq 0$ gilt, so verzögert M die Phase des (+)-Zustandes gegenüber der des (-)-Zustandes. Bezüglich der *Phasen*laufzeiten ist also der (+)-Zustand „langsam" und der (-)-Zustand „schnell". Über die relative Größe der *Gruppen*laufzeiten, die nachrichtentechnisch meist bedeutsamer sind, lassen sich hieraus jedoch keine Schlüsse ziehen. Die Differenz $\Phi = \phi^{(+)} - \phi^{(-)}$ ist die insgesamt resultierende Verzögerung der Faser.

Praktisch kommt den Eigenzuständen solange keine besondere Bedeutung zu, wie die Wahl der Bezugssysteme $\{x_1, y_1, z_1\}$ und $\{y_2, y_2, z_2\}$ in Abb. 4.61 willkürlich ist. Die Eigenzustände wie auch die Doppelbrechung hängen nämlich von den azimutalen Orientierungen der beiden Bezugssysteme ab. Dennoch werden diese allgemeinen *Eigen*zustände hier ausdrücklich erwähnt, um später die noch zu behandelnden „*Haupt*zustände" dagegen abzugrenzen (vgl. 4.14.5).

Die erwähnte Willkür entfällt in den Situationen, die in Abb. 4.63 gezeigt sind. Die Eigenzustände erhalten dann anschaulichere Bedeutung. In Abb. 4.63(a) liegen die beiden Faserenden parallel versetzt zueinander, so daß zweckmäßig die Koordinatensysteme $\{x_1, y_1, z_1\}$ und $\{x_2, y_2, z_2\}$ parallel zueinander gewählt werden. Dann sind die am Eingang und Ausgang der Faser bestehenden Polarisationszustände direkt miteinander vergleichbar. Auch definiert der seitliche Versatz der Faserenden eine Ebene, hier als xz-Ebene gewählt, bezüglich derer die Begriffe „horizontale" und „vertikale" Polarisation an beiden Faserenden anschaulich werden. Gleiches ist auch in der Situation nach Abb. 4.63(b) möglich, in der die Faserenden in einer Ebene liegen und einen Winkel bilden. Derartige Situationen sind typisch für faseroptische Komponenten, beispielsweise mit Faserspulen.

Mit einer solchen Festlegung der Koordinatensysteme ist eine Vergleichbarkeit der

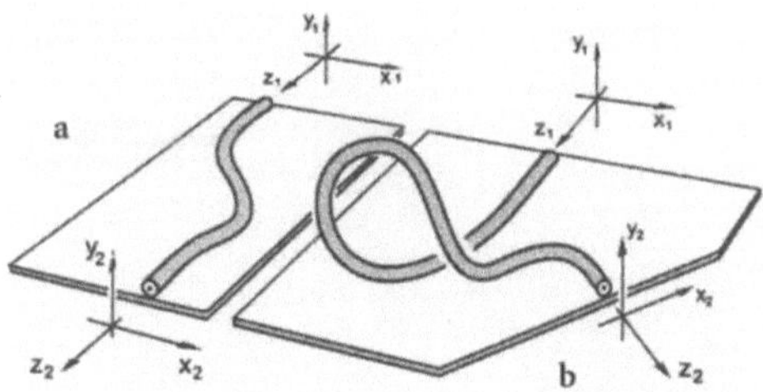

Abb. 4.63 a, b. Allgemein verlegte Fasern, bei denen die Faserenden eine Bezugsebene definieren: **a** Parallelversatz, **b** Winkel

Ein- und Ausgangszustände hergestellt und es wird sinnvoll, die Eigenvektoren $\boldsymbol{C}^{(\pm)}$ als diejenigen Polarisationszustände zu interpretieren, die bei Übertragung über die Faser, also bei Transformation mit M oder $\boldsymbol{R}_{\mathrm{M}}$, unverändert bleiben. Dabei ist anzumerken, daß dies Ergebnis nur für die Zustände an den Faser*enden* gilt, aber keineswegs eine Erhaltung der Zustände an allen Punkten entlang der Faser bedeutet. Über das „Innere" der Faser macht die globale Polarisationstransformation (4.282) keine Aussage.

Aus der Unitarität der Matrix M folgt allgemein, daß die beiden Eigenzustände $\boldsymbol{C}^{(+)}$ und $\boldsymbol{C}^{(-)}$ orthogonal zueinander polarisiert sind.

Die *Hauptachsentransformation* von M ist für formale Überlegungen sehr nützlich: Werden die zu den Eigenzuständen $\boldsymbol{C}^{(+)}$ und $\boldsymbol{C}^{(-)}$ gehörenden Jones-Vektoren auf den Betrag 1 normiert und als Spaltenvektoren in einer Matrix U zusammengefaßt, so ist U unitär. Die Eigenwertgleichungen (4.283a, 4.283b) können damit umgeschrieben werden als $M\,U = U\,D$ oder $M = U\,DU^{-1}$ mit einer Diagonalmatrix D, welche die beiden Eigenwerte $\Lambda^{(+)} = e^{-j\phi(+)}$ und $\Lambda^{(-)} = e^{-j\phi(-)}$ enthält. Die allgemeinere Jones-Matrix $\tilde{M}$ hat wegen (4.276a) die gleichen Eigenvektoren wie M.

Polarisationsabhängige Verluste, Polarisatoren

Läßt man die Forderung nach Verlustfreiheit der Faser fallen, so wird bei gegebener Eingangsleistung $P_1 = \boldsymbol{a}_1^\dagger \boldsymbol{a}_1$ im allgemeinen die Ausgangsleistung $P_2 = \boldsymbol{a}_2^\dagger \boldsymbol{a}_2$ von der Eingangspolarisation abhängig sein (*polarisation dependent loss, PDL*). Eine Faser mit dieser Eigenschaft wird auch als „dichroitisch" bezeichnet. Ihre Jones-Matrix $\tilde{M}$ ist im allgemeinen nicht unitär. Zu ihrer Charakterisierung läßt sich nur aussagen, daß zwei Eigenzustände existieren müssen. Dies folgt allgemein aus der vorausgesetzten Linearität und aufgrund der Tatsache, daß jedes der 4 Matrixelemente $\tilde{m}_{ik}$ von $\tilde{M}$ die Amplitudentransmission eines passiven, linearen, kausalen, zeitinvarianten Systems [155] bedeutet und beschränkt sein muß, $|\tilde{m}_{ik}(\omega)| \leq 1$. Diese Eigenzustände sind allgemein nicht orthogonal zueinander polarisiert. Betrachtet man jedoch statt der Amplitudentransmission die *Leistungstransmission* $T_{21} = P_2/P_1$, so existieren auch für eine dichroitische Faser zwei zueinander orthogonale Eingangspolarisationszustände $\boldsymbol{u}^{(+)}$ und $\boldsymbol{u}^{(-)}$, bei denen T_{21} ein Maximum bzw. Minimum hat. Sie sind nicht die Eigenzustände vom $\tilde{M}$, sondern von $\tilde{M}\tilde{M}^{\dagger}$.

Als *Polarisator* wirkt die Faser, wenn sich die Leistungstransmissionen bei $\boldsymbol{u}^{(+)}$ und $\boldsymbol{u}^{(-)}$ stark unterscheiden, wenn etwa $|t_{11}|^2 \gg |t_{22}|^2$ ist, wobei t_{11} und t_{22} die Eigenwerte von $\tilde{M}$ bedeuten. Der Zustand $\boldsymbol{u}^{(+)}$ wird dann mit einer geringen Durchlaßdämpfung $\mathcal{D}^{(+)}$ übertragen, der dazu orthogonale Zustand $\boldsymbol{u}^{(-)}$ erfährt eine hohe Sperrdämpfung $\mathcal{D}^{(-)}$. In logarithmischem Maß ist $\mathcal{D}^{(+)} = -20 \log_{10}|t_{11}|$ und $\mathcal{D}^{(-)} = -20 \log_{10}|t_{22}|$.

Der lineare Polarisator mit vollständiger Transmission für Strahlung des Azimuts ϕ und Blockierung für das Azimut $(\phi + \pi/2)$ hat die Jones-Matrix

$$M_\phi = \begin{pmatrix} \cos^2\phi & -\sin\phi\cos\phi \\ -\sin\phi\cos\phi & \sin^2\phi \end{pmatrix} \quad (4.284)$$

Für den Spezialfall $\phi = 0$ („horizontale" Polarisation) lautet diese Jones-Matrix $M_{\phi=0} = [1, 0; 0, 0]$, für $\phi = \pi/2$ („vertikale" Polarisation) $M_{\phi=\pi/2} = [0, 0; 0, 1]$. Hier wurde die abgekürzte Schreibweise $M = [m_{11}, m_{12}; m_{21} m_{22}]$ benutzt.

Der zirkulare Polarisator mit maximaler Transmission für Strahlung rechts- bzw. links-zirkularer Polarisation und kompletter Blockierung der jeweils orthogonalen Polarisation hat die Jones-Matrix $M_{\text{rechts}} = (1/2)[1, -j; j, 1]$ bzw. $M_{\text{links}} = (1/2)[1, j; -J, 1]$.

Polarisationstransformierende Fasern

Fasern mit vorgegebenen Transformations-Eigenschaften der Polarisation bei vernachlässigbaren Verlusten sind für zahlreiche Anwendungen von Bedeutung. Gewöhnlich werden hierfür Fasern mit linear polarisierten Eigenzuständen verwendet, beispielsweise Hi-Bi-Fasern oder stark gebogene Fasern (Faserspulen aus nominell nicht doppelbrechender Faser). In Sonderfällen sind aber auch Fasern mit zirkularen Eigenzuständen in Gebrauch (Beispiel: 45°/90°-Rotationsfaser).

λ/4-Faser mit 90° Phasenverzögerung des „langsamen" gegenüber dem „schnellen" Polarisations-Eigenzustand. Eine solche λ/4-Faser transformiert lineare Polarisation in zirkulare (und umgekehrt), wenn das Azimut der linearen Polarisation den Winkel zwischen langsamer und schneller Achsenrichtung halbiert. Für eine λ/4-Faser mit langsamer Achse in x-Richtung lautet die Jones-Matrix

$$M_{\lambda/4\,|\,\phi=0} = \begin{pmatrix} e^{-j\pi/4} & 0 \\ 0 & e^{+j\pi/4} \end{pmatrix}. \quad (4.285)$$

Die allgemeinste Form $M_{\lambda/4\,|\,\phi}$ der Jones-Matrix, bei der die Achsen der Faser um einen Azimutwinkel ϕ gegenüber der x-Richtung verdreht sind, läßt sich aus (4.285) gewinnen durch Anwendung der Rotationsmatrix $R_\phi = [\cos\phi, \sin\phi; -\sin\phi, \cos\phi]$.

$$M_{\lambda/4\,|\,\phi} = R_\phi\, M_{\lambda/4\,|\,\phi=0}\, R_\phi^{-1} = \frac{1}{\sqrt{2}} \begin{pmatrix} 1 - j\cos 2\phi & -j\sin 2\phi \\ -j\sin 2\phi & 1 + j\cos 2\phi \end{pmatrix}. \quad (4.286)$$

Auf der Poincaré-Kugel bewirkt diese Transformation eine Drehung $\boldsymbol{R}_{\pi/2}$ aller Polarisationszustände um 90° um eine in der Äquatorebene liegende Achse bei der „geographischen Länge" 2ϕ. Die notwendige Faserlänge $L_{\lambda/4}$ ergibt sich aus der Forderung $\Delta\beta\, L = \pi/2$, wobei $\Delta\beta = (\beta^{(+)} - \beta^{(-)})$ die längenbezogene Verzögerung der Faser ist. Diese Faserlänge $L_{\lambda/4}$ beträgt also genau $^1/_4$ der Polarisations-Schwebungslänge (s.u.). Bei Realisierung der λ/4-Faser mittels der Biege-Doppelbrechung in einer flachen Faserspule aus nominell nicht doppelbrechender Faser muß zwischen der Windungszahl N_S, dem Spulendurchmesser D_S und dem Faserdurchmesser D_F die Beziehung $\gamma_B N_S D_F^2 = \lambda\, D_S/2$ bestehen, wobei $\gamma_B \approx 0{,}86$ die für Faserbiegung maßgebliche elasto-optische Konstante aus (4.335) ist.

λ/2-Faser mit 180° Phasendifferenz zwischen linear polarisiertem „langsamem" und „schnellem" Eigenzustand. Durch sie wird der Drehsinn des zirkularen Polarisationsanteiles umgedreht, d.h. aus links-elliptisch polarisierter Strahlung wird rechts-elliptische und umgekehrt. Beim linearen Polarisationanteil wird die Azimut-Richtung verändert. Die neue Richtung ergibt sich aus der alten durch Spiegelung an der langsamen Achse der $\lambda/2$-Faser. Liegt die langsame Achse in x-Richtung, so lautet die Jones-Matrix der $\lambda/2$-Faser

$$M_{\lambda/2}|_{\phi=0} = \begin{pmatrix} -j & 0 \\ 0 & j \end{pmatrix}. \tag{4.287}$$

Die allgemeinste Form (langsame Achse mit Azimut ϕ) ist

$$M_{\lambda/2}|_{\phi} = R_{\phi}\, M_{\lambda/2}|_{\phi=0}\, R_{\phi}^{-1} = \\ = j\begin{pmatrix} -\cos 2\phi + \sin 2\phi \\ +\sin 2\phi + \cos 2\phi \end{pmatrix}. \tag{4.288}$$

Auf der Poincaré-Kugel bewirkt die $\lambda/2$-Faser eine Transformation $\boldsymbol{R}_{\pi}$, die alle Polarisationszustände um 180° um eine bei der „geographischen Länge“ 2ϕ in der Äquatorebene liegende Achse dreht. Die notwendige Faserlänge beträgt eine halbe Polarisations-Schwebungslänge, $L_{\pi} = \pi/\Delta\beta$. Bei einer Faserspule muß die Beziehung $\gamma_B N_S D_F^2 = \lambda D_S$ erfüllt sein.

λ-Faser mit 360° Phasendifferenz zwischen „langsamem“ und „schnellem“ Polarisations-Eigenzustand. Ihre Jones-Matrix ist, unabhängig von der Achsenorientierung, die Einheitsmatrix. Sie reproduziert jeden Eingangs-Polarisationszustand unverändert als Ausgangszustand.

Polarisationsdrehende Faser

Eine Einmodenfaser mit zirkularer Doppelbrechung dreht das Azimut eines jeden (linearen oder elliptischen) Polarisationszustandes um den Winkel $\vartheta = \Delta\beta\, L/2$, wenn $\Delta\beta = (\beta^{(+)} - \beta^{(-)})$ die längenbezogene zirkulare Verzögerung der Faser und L die Faserlänge ist. Die Elliptizität ψ der Zustände bleibt dabei unverändert. Diese Drehung entspricht der Wirkung eines „optisch aktiven“ Mediums. Bezeichnet (+) rechtszirkulare Polarisation und (−) linkszirkulare, so ist die Faser im Falle $\Delta\beta > 0$ „linksdrehend“, andernfalls „rechtsdrehend“.

In Quarzglasfasern kann zirkulare Doppelbrechung durch elastische Torsion erzeugt werden, vgl. 4.15.2. Dabei gilt $\vartheta = \gamma_T\, \theta$, wenn θ den Verdrillungswinkel zwischen Anfang und Ende der Faser bezeichnet und $\gamma_T \approx 0{,}16$ eine für Torsionsdoppelbrechung in Quarzglas charakteristische Materialkonstante ist (vgl. 4.15.2). Erfolgt die elastische Torsion im Sinne einer Rechtsschraube, so dreht sich auch das Azimut in diesem Sinne, die Faser ist dann (dem Licht entgegenblickend) „linksdrehend“.

Die Jones-Matrix für eine solche Azimut-Rotation um ϑ ist

$$M_{\vartheta} = \begin{pmatrix} \cos\vartheta & -\sin\vartheta \\ \sin\vartheta & \cos\vartheta \end{pmatrix}. \tag{4.289}$$

Ausbreitung in Rückwärts-Richtung

Die Polarisations-Transformation (4.277) bzw. (4.282) mit der Matrix M bezieht sich auf die Ausbreitung vom Ende ① zum Ende ② der Faser in Abb. 4.61. Auflösung nach $\boldsymbol{A}_1$ liefert

$$\boldsymbol{A}_1 = M^{-1}\boldsymbol{A}_2\,. \tag{4.290}$$

Diese Beziehung erlaubt es, den Eingangszustand $\boldsymbol{A}_2$ zu bestimmen, der notwendig ist, um einen gewünschten Ausgangszustand $\boldsymbol{A}_2$ zu erzeugen. Dabei ist die Richtung der Lichtausbreitung unverändert „vorwärts“, vom Ende ① zum Ende ②. In der Poincaré-Darstellung ergibt sich der zu einem Ausgangszustand $\boldsymbol{A}_2$ gehörende Eingangszustand $\boldsymbol{A}_1$ durch Drehung von $\boldsymbol{A}_2$ mit dem Rotationsvektor $-\boldsymbol{R}_M$, der die zu $\boldsymbol{R}_M$ inverse Drehung bedeutet.

Für die Anwendung in gewissen faseroptischen Komponenten (z. B. Isolator, „loop mirror“) interessiert es, auch die Rückwärts-Ausbreitung, also vom Ende ② zum Ende ①, zu beschreiben und in Zusammenhang zu bringen mit den Eigenschaften der Vorwärts-Ausbreitung. Im Jones-Formalismus läßt sich die Rückwärts-Ausbreitung allgemein durch eine Matrix-Beziehung

$$\overleftarrow{\boldsymbol{A}}_2 = \overleftarrow{M}\,\overleftarrow{\boldsymbol{A}}_1 \tag{4.291}$$

beschreiben, in der die Überstreichung ← an den Größen anzeigt, daß sie sich auf die Rückwärts-Ausbreitung beziehen. In diesem Sinne ist $\overleftarrow{M}$ die Jones-Matrix der Rückwärtsausbreitung, und die Jones-Vektoren $\overleftarrow{\boldsymbol{A}}_1$ und $\overleftarrow{\boldsymbol{A}}_2$ werden auf Koordinatensysteme $\{\overleftarrow{x}_2, \overleftarrow{y}_2, \overleftarrow{z}_2\}$ und $\{\overleftarrow{x}_1, \overleftarrow{y}_1, \overleftarrow{z}_1\}$ bezogen, bei denen die $\overleftarrow{z}$-Achsen in die Richtung $2 \rightarrow 1$ weisen. Damit alle Koordinatensysteme rechtshändig bleiben, muß eine zusätzliche Beziehung zwischen den übrigen Achsen festgelegt werden. Bei Fasern, deren Enden in einer Ebene liegen (Abb. 4.63), ist dies auf einfache Weise möglich. Dazu wird hier angesetzt, daß die Achsenrichtungen y_1 und $\overleftarrow{y}_1$ übereinstimmen sollen, ebenso y_2 und $\overleftarrow{y}_2$. Als Konsequenz können dann die x- und $\overleftarrow{x}$-Achsen *nicht* übereinstimmen, sondern erscheinen gespiegelt. Mit diesen Festlegungen ist eine Vergleichbarkeit der Koordinatensysteme für Vorwärts- und Rückwärts-Ausbrei-

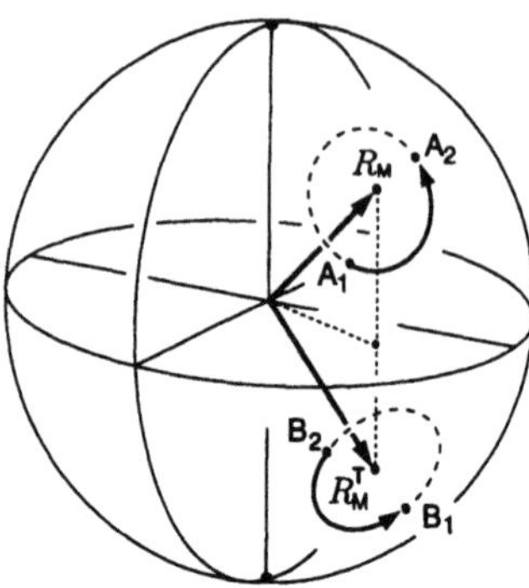

Abb. 4.64. Poincaré-Darstellung des Zusammenhanges zwischen den Polarisationstransformationen $\boldsymbol{R}_{\mathrm{M}}$ bei Vorwärtsausbreitung und $\boldsymbol{R}_{\mathrm{M}}^{\mathrm{T}}$ bei Rückwärtsausbreitung entlang einer Faser. Ein Eingangszustand B_2 am Faserende ② wird durch $\boldsymbol{R}_{\mathrm{M}}^{\mathrm{T}}$ in den Ausgangszustand B_1 am Faserende ① transformiert

tung sichergestellt, mit einheitlicher Definition des Drehsinnes der Polarisation. Auf dieser Basis kann eine allgemeine Beziehung zwischen den Matrizen M und $\overleftarrow{M}$ angegeben werden, wenn noch vorausgesetzt wird, daß die Faser keine Streuung aufweist und reziprok ist. Letzteres ist jedenfalls dann der Fall, wenn die Fasereigenschaften zeitinvariant sind und kein statisches Magnetfeld besteht, welches eine nichtreziproke Faraday-Drehung verursachen könnte [155]. Für eine solche reziproke Faser gilt

$$\overleftarrow{M} = M^{\mathrm{T}}, \qquad (4.292)$$

wobei das Superskript $()^{\mathrm{T}}$ die Transposition bedeutet. In der Poincaré-Darstellung Abb. 4.64 wird die Polarisationstransformation für ② → ① Ausbreitung durch einen Rotationsvektor

$$\overleftarrow{\boldsymbol{R}}_{\mathrm{M}} = \boldsymbol{R}_{\mathrm{M}}^{\mathrm{T}} \qquad (4.293)$$

vermittelt, der aus dem für ① → ② Ausbreitung wirksamen Vektor $\boldsymbol{R}_{\mathrm{M}}$ durch Spiegelung an der Äquatorebene der Poincaré-Kugel hervorgeht.

Polarisationstransformation bei Reflexion

Wird die in Richtung ① → ② laufende Welle am Faserende ② zurück in die Faser reflektiert, so besteht zwischen dem Jones-Vektor $\boldsymbol{A}_2$ der zum Reflektor hinlaufenden Welle und dem Jones-Vektor $\overleftarrow{\boldsymbol{A}}_2$ der zurückkommenden Welle ein allgemeiner linearer Zusammenhang

$$\overleftarrow{\boldsymbol{A}}_2 = M_{\mathcal{R}}\, \boldsymbol{A}_2 \qquad (4.294)$$

mit einer Reflexions-Jones-Matrix $M_{\mathcal{R}}$. Sie charakterisiert den Reflektor. Dabei ist zu beachten, daß die Komponenten von $\overleftarrow{\boldsymbol{A}}_2$ auf das im vorigen Abschnitt definierte Koordinatensystem $\{\overleftarrow{x}_2, \overleftarrow{y}_2, \overleftarrow{z}_2\}$ für Rückwärtsausbreitung bezogen sind, die von $\boldsymbol{A}_2$ auf das Vorwärts-System, vgl. Abb. 4.65.

Ist der Reflektor ein ideal leitender ebener Spiegel, wie in Abb. 4.65 (a) angedeutet, so ist seine Jones-Matrix $M_{\mathcal{R},\mathrm{SPIEGEL}} = [1, 0;\ 0, -1]$. Dies bedeutet, daß die y-Komponente des elektrischen Feldes, metallischer Reflexion entsprechend, mit dem Amplitudenreflexionsfaktor $r_{\mathrm{y}} = -1$ reflektiert wird. Für die x-Komponente muß wegen des Koordinaten-Wechsels von x zu $\overleftarrow{x}$ formal $r_{\mathrm{x}} = +1$ gelten. Bei einer elliptisch oder zirkular polarisierten Welle bewirkt $M_{\mathcal{R},\mathrm{SPIEGEL}}$ eine Umkehr des rechts/links-Drehsinnes, wie es für eine Spiegelung charakteristisch ist.

Ist der Reflektor dagegen ein idealer (leistungsunabhängiger) „loop mirror" aus nominell nicht doppelbrechender Faser, der in der xz-Ebene liegt, so bleibt die y-Komponente des Feldes im Raum erhalten, vgl. Abb. 4.65(b). Die Reflexionsmatrix ist dann $M_{\mathcal{R},\mathrm{LOOP},xz} = [1, 0;\ 0, 1]$. Jeder beliebige Jones-Vektor bleibt bei der Reflexion unverändert, $\overleftarrow{\boldsymbol{A}}_2 = \boldsymbol{A}_2$. Der Drehsinn bleibt erhalten, weil hier tatsächlich keine „Reflexion", sondern eine „Umleitung" vorliegt.

Ein „loop mirror", der in der yz-Ebene liegt, bewahrt die Richtung der x-Komponente im Raum und reflektiert die y-Komponente mit $r_{\mathrm{y}} = -1$, Abb. 4.65(c). Da jedoch die Achsen x_2 und $\overleftarrow{x}_2$ entgegengesetzt gerichtet sind, muß hier formal $r_{\mathrm{x}} = -1$ gelten. Die Reflexionsmatrix lautet damit $M_{\mathcal{R},\mathrm{LOOP},yz} = [-1, 0;\ 0, -1]$,

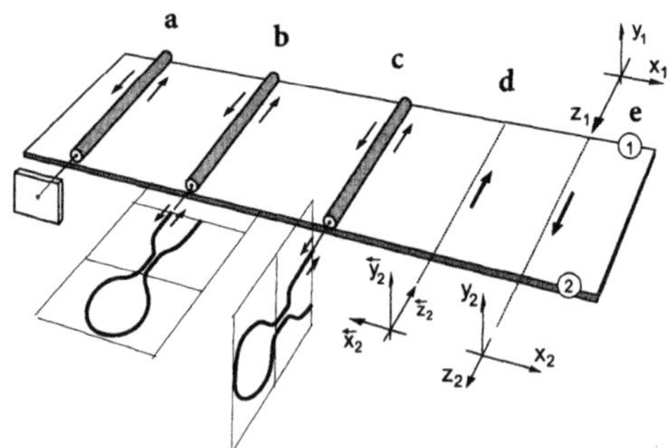

Abb. 4.65 a–e. Polarisationsverhältnisse an Reflektoren. **a** ebener Spiegel, **b, c** „loop"-Reflektoren in verschiedenen azimutalen Orientierungen, (**d, e**) Koordinatensysteme für hin- und rücklaufende Welle

und es resultiert $\overleftarrow{A}_2 = -A_2$. Auch hier bleibt also jede beliebige Polarisation erhalten, einschließlich Erhaltung des Drehsinnes. Somit besteht Polarisationserhaltung beim „loop mirror“ in beiden Orientierungen, Abb. 4.65 (a) und 4.65 (b). Damit besteht sie universell für jede Orientierung des Reflektors.

4.14.4 Doppelbrechung und Polarisationsentwicklung

Um die kontinuierliche Polarisationstransformation entlang der Faser, also die „Polarisationsentwicklung“, allgemein zu analysieren, wird die Faser der Länge L in kurze Abschnitte ds zerlegt. Dabei ist s die entlang der Faser gemessene Ausbreitungsdistanz (Bogenlänge). Die Transformation im Faserabschnitt ds wird dann, gemäß der Darstellung in (4.282), durch eine Jones-Matrix dm beschrieben, die nur infinitesimal von der Einheitsmatrix $\mathbf{1}$ abweicht.

$$dm(s) = \mathbf{1} - j\,\boldsymbol{\mu}(s)\,ds = \tag{4.295a}$$

$$= \begin{pmatrix} 1 & 0 \\ 0 & 1 \end{pmatrix} - j \begin{pmatrix} \mu_{11}(s) & \mu_{21}(s) \\ \mu_{12}(s) & \mu_{22}(s) \end{pmatrix} ds \tag{4.295b}$$

Das hier gewählte negative Vorzeichen entspricht dem Ausbreitungsfaktor $\exp(-j\beta s)$ der Welle. Die Hintereinanderschaltung aller Abschnitte ds wird durch das geordnete Produkt der Abschnittsmatrizen dm beschrieben. Bildet man dies Produkt vom Faseranfang bis zu einer allgemeinen Position s auf der Faser, so erhält man eine Matrix $M(s)$, die es erlaubt, zu gegebenem Eingangspolarisationszustand $A_1 = A(0)$ den lokalen Zustand $A(s)$ am Ort s der Faser auszudrücken. Dies ist die gesuchte Polarisationsentwicklung

$$A(s) = M(s)\,A(0) \quad \text{mit} \tag{4.296}$$

$$M(s) = \prod_0^s dm\,.$$

Für $s = L$ ergibt sich die im vorigen Abschnitt betrachtete Matrix $M = M(L)$, die zwischen den Faserenden transformiert.

Eine Beschreibung desselben Sachverhaltes auf der Poincaré-Kugel ist eine Trajektorie, die am Eingangszustand $A_1 = A(0)$ beginnt und den Verlauf $A(s)$ der Polarisationsentwicklung entlang der Faser wiedergibt, vgl. Abb. 4.59.

Die in (4.295 a) eingeführte Matrix $\boldsymbol{\mu}(s)$ hat die Bedeutung einer lokalen längenbezogenen „Entwicklungsrate“ der Polarisation mit der Dimension [rad/m], denn die formale „Änderungsgeschwindigkeit“ des lokal vorliegenden Polarisationszustandes bei Fortschreiten entlang der Faser ist

$$dA(s)/ds = -j\,\boldsymbol{\mu}(s)\,A(s) \tag{4.297}$$

Sieht man im Sinne einer „reduzierten“ Jones-Matrix (4.282) von Verlusten und von der absoluten Ausbreitungsphase ab, so ist dm unitär, $\boldsymbol{\mu}(s)$ hermitesch, und es gilt $\mu_{22} = -\mu_{11}$. Im übrigen hängen die Matrixelemente $\mu_{ik}(s)$ von sämtlichen bei s wirksamen Doppelbrechungseffekten ab. Diese werden unten in Abschn. (4.15) noch im einzelnen behandelt. Allgemein kann aber bereits hier der Charakter der bei s bestehenden Doppelbrechung aus $\boldsymbol{\mu}(s)$ festgestellt werden, indem die Matrix diagonalisiert wird und ihre Eigenvektoren untersucht werden. Dabei zeigt sich, daß $dm(s)$ und $\boldsymbol{\mu}(s)$ dieselben Eigenvektoren $\boldsymbol{u}^{(+)}(s)$ und $\boldsymbol{u}^{(-)}(s)$ besitzen. Werden diese als Spaltenvektoren zu einer Matrix $U(s)$ zusammengestellt, so gilt

$$\boldsymbol{\mu}(s)\,\boldsymbol{u}^{(\pm)} = \Lambda^{(\pm)}\,\boldsymbol{u}^{(\pm)} \quad \text{oder} \tag{4.298}$$

$$\boldsymbol{\mu}(s) = U\,D_\mu\,U^{-1} \tag{4.299}$$

$$D_\mu = U^{-1}\,\boldsymbol{\mu}(s)\,U = \begin{pmatrix} \beta^{(+)} & 0 \\ 0 & \beta^{(-)} \end{pmatrix} \tag{4.300}$$

mit den reellen Eigenwerten $\beta^{(+)} = +\beta_0(s)$ und $\beta^{(-)} = -\beta_0(s)$. Dies sind die Ausbreitungskonstanten der beiden Polarisations-Eigenzustände des Faserabschnittes ds relativ zu der beiden Zuständen gemeinsamen Ausbreitungskonstante $\bar{\beta}$. Die Differenz dieser Ausbreitungskonstanten ist die lokale, längenbezogene Verzögerung

$$\Delta\beta(s) = \beta^{(+)}(s) - \beta^{(-)}(s) = 2\beta_0(s) \tag{4.301}$$

Die Eigenvektoren $\boldsymbol{u}^{(\pm)}$ der Matrix $\boldsymbol{\mu}(s)$ sind durch den Charakter der Doppelbrechung bestimmt:

- *lineare Doppelbrechung:*
  mit linear polarisierten Eigenzuständen bei den Azimuten ϕ und $(\phi + \pi/2)$.

$$\boldsymbol{u}^{(+)} = \begin{pmatrix} +\cos\phi \\ +\sin\phi \end{pmatrix} \tag{4.302a}$$

$$\boldsymbol{u}^{(-)} = \begin{pmatrix} -\sin\phi \\ +\cos\phi \end{pmatrix} \tag{4.302b}$$

Wichtigstes Beispiel für solche Fasern sind die „HiBi“-Fasern mit hoher innerer linearer Doppelbrechung.

- *zirkulare Doppelbrechung:*
  mit rechts- und links-zirkular polarisierten Eigenzuständen,

$$u^{(+)} = \frac{1}{\sqrt{2}} \begin{pmatrix} 1 \\ +j \end{pmatrix} \qquad (4.303\,\text{a})$$

$$u^{(-)} = \frac{1}{\sqrt{2}} \begin{pmatrix} 1 \\ -j \end{pmatrix} \qquad (4.303\,\text{b})$$

  Als Beispiel solcher Faser sei hier eine zunächst doppelbrechungsfreie Faser angeführt, die dann elastisch tordiert wurde.
- *elliptische Doppelbrechung:*
  mit zwei allgemein elliptisch polarisierten Eigenzuständen,

$$u^{(+)} = \begin{pmatrix} \cos \psi \, e^{j\phi} \\ \sin \psi \, e^{-j\phi} \end{pmatrix} \qquad (4.304\,\text{a})$$

$$u^{(-)} = \begin{pmatrix} \sin \psi \, e^{-j\phi} \\ -\cos \psi \, e^{j\phi} \end{pmatrix} \qquad (4.304\,\text{b})$$

  Dieser Fall ist der Vollständigkeit halber hier aufgeführt.

Polarisationsentwicklung entlang einer gestreckten Einmodenfaser

Zur Berechnung von $M(s)$ wird zunächst vereinfachend unterstellt, daß die Faser geradlinig, längshomogen und verlustfrei sei. Es kann dann entlang der gesamten Faser ein festes Koordinatensystem $\{x, y, z\}$ verwendet werden, dessen z-Achse in Ausbreitungsrichtung weist. Ferner wird unterstellt, daß die Faser auf der Strecke $s = 0 \ldots L$ homogen sei, ihre Eigenschaften also nicht von s abhängen. Dann läßt sich das Produkt (4.299) der Abschnittsmatrizen dm direkt angeben

$$M(s) = U \left[\prod_{0}^{s} (1 - j\, D_\mu \, ds) \right] U^{-1} \qquad (4.305\,\text{a})$$

$$= U\, D(s)\, U^{-1} \quad \text{mit} \qquad (4.305\,\text{b})$$

$$D(s) = \begin{pmatrix} e^{-j\beta_0 s} & 0 \\ 0 & e^{+j\beta_0 s} \end{pmatrix} \qquad (4.305\,\text{c})$$

mit derselben Matrix U von Eigenvektoren wie in (4.299). Dies Ergebnis bedeutet, daß die längshomogene Faser insgesamt dieselben Polarisations-Eigenzustände $u^{(+)}$ und $u^{(-)}$ hat wie jeder ihrer Abschnitte ds, und daß die Gesamt-Doppelbrechung einer Faser der Länge L, also die zwischen den Eigenzuständen akkumulierte Phasendifferenz $\Phi = 2\beta_0 L = \Delta\beta L$, proportional zu L ist.

Doppelbrechung und Modenkopplung

Die vorstehende Analyse der Polarisationsentwicklung erlaubt zwei komplementäre Sichtweisen, die beide in Diskussionen der Doppelbrechung optischer Fasern verwendet werden.

(a) Beschreibung im willkürlich festgelegten $\{x, y\}$-Koordinatensystem: Da sich die Matrix μ in (4.295 a) und (4.297) auf einen infinitesimal kurzen Faserabschnitt bezieht, ist sie bei der Produktbildung (4.297) mit den μ-Matrizen ihrer Nachbarabschnitte vertauschbar. Auf dieser Ebene der Beschreibung mit infinitesimalen Faserabschnitten dürfen deshalb verschiedene Beiträge μ_i zur lokalen Gesamt-Doppelbrechung einfach addiert werden, $i = 1, 2, 3, \ldots$,

$$\mu(s) = \mu_1(s) + \mu_2(s) + \mu_3(s) + \ldots . \qquad (4.306)$$

Wichtigstes Beispiel solcher Addition ist die Überlagerung von linearer und zirkularer Doppelbrechung, die am gleichen Ort wirken, zu elliptischer Doppelbrechung. Umgekehrt kann elliptische Doppelbrechung stets in einen linearen und einen zirkularen Anteil zerlegt werden.

Eine Zerlegung der in (4.295 a) definierten Matrix μ erlaubt es auch, die Rolle ihrer Matrixelemente einzeln zu diskutieren.

$$\mu = \qquad (4.307)$$
$$\begin{pmatrix} \mu_{11} & 0 \\ 0 & 0 \end{pmatrix} + \begin{pmatrix} 0 & \mu_{12} \\ 0 & 0 \end{pmatrix} + \begin{pmatrix} 0 & 0 \\ \mu_{21} & 0 \end{pmatrix} + \begin{pmatrix} 0 & 0 \\ 0 & \mu_{22} \end{pmatrix}$$

Eine Polarisationstransformation (4.295 a) mit der ersten dieser Teilmatrizen, die nur das Element μ_{11} enthält, wirkt allein auf die x-Komponente des Feldvektors einer Welle $e_t(x, y, z)$ und verursacht eine Phasenverzögerung $\delta\varphi_x = \mu_{11} ds$. Ebenso wird durch μ_{22} allein die y-Komponente um $\delta\varphi_y = \mu_{22} ds$ verzögert. Die Teilmatrizen mit den Außerdiagonalelementen μ_{12} und μ_{21} bewirken dagegen einen Amplituden- und Leistungsübertrag zwischen der x- und der y-Komponente des Feldes. Dies bedeutet, daß sich die x- und y-Komponenten nicht unabhängig voneinander ausbreiten können, daß sie also keine Eigenzustände sind. Der auf $\{x, y\}$ bezogene Polarisationszustand verändert sich somit im allgemeinen kontinuierlich entlang der Faser. Dieses Phänomen, verursacht durch $\mu_{12} \neq 0$ und $\mu_{21} \neq 0$, wird häufig als „Modenkopplung" bezeichnet, obwohl die auf das $\{x, y\}$ Koordinatensystem bezogenen Größen $e_{tx}(x, y \mid z)$ und $e_{ty}(x, y \mid z)$ keine „Moden" sind, sondern Feldkomponenten.

(b) „Diagonale" Beschreibung: Durch einen Wechsel der Basis der Polarisationsbeschreibung von dem (gewöhnlich willkürlich festgelegten) $\{x, y\}$-Koordinatensystem in das $\{\boldsymbol{u}^{(+)}, \boldsymbol{u}^{(-)}\}$-System der lokalen Polarisations-Eigenvektoren der Faser geht die infinitesimale Polarisations-Transformationsmatrix dm (4.295 a) über in die diagonalisierte Form

$$dm^{(e)}(s) = 1 - j\, D_\mu\, ds, \tag{4.308}$$

mit der Diagonalmatrix D_μ, und für Ausbreitung über eine endliche Distanz s wird

$$M^{(e)}(s) = D(s) = \begin{pmatrix} e^{-j\beta_0 s} & 0 \\ 0 & e^{+j\beta_0 s} \end{pmatrix} \tag{4.309}$$

Hier zeigt das Superskript $^{(e)}$ den Bezug auf die Eigenzustände als Beschreibungsbasis an. Die Matrizen D_μ und $D(s)$ enthalten nur die phasenverzögernden Diagonalelemente, aber keine außerdiagonalen Kopplungen der Polarisationskomponenten $\boldsymbol{u}^{(+)}$ und $\boldsymbol{u}^{(-)}$. Diese beiden Komponenten breiten sich somit unabhängig voneinander aus, ihre Ausbreitungskonstanten sind $\beta^{(+)}$ und $\beta^{(-)}$. Sie stellen die „Moden" der Faser im strengen Sinn dieses Begriffes dar. In dieser Sichtweise kommt die *Doppelbrechung* als unterschiedlich schnelle Ausbreitung zweier unabhängiger Wellen klar zum Ausdruck.

Bezüglich des Basissystems $\boldsymbol{u}^{(+)}$ und $\boldsymbol{u}^{(-)}$ ist die Polarisationsentwicklung längs der Faser trivial: Die durch Anregung mit $\boldsymbol{A}_1$ am Faseranfang einmal vorgegebene Aufteilung der Eingangsleistung auf die beiden Polarisations-Moden (+) und (–) bleibt bei der Ausbreitung erhalten. Zwischen den lokalen Amplituden $A_i(s)$ der beiden Modenfelder akkumuliert dabei, proportional zur durchlaufenden Distanz s, eine Phasendifferenz $\Phi = \Delta\beta\, s$. Sie bewirkt bei Überlagerung der beiden Felder die kontinuierliche Polarisationsentwicklung entlang der Faser.

Schwebungslänge

Die proportional mit s wachsende Phase Φ hat zur Folge, daß die Polarisationsentwicklung entlang einer längshomogenen Faser periodisch ist. Jeweils nach Durchlaufen einer Distanz $L_p = 2\pi/|\Delta\beta| = \pi/\beta_0$ vergrößert sich Φ um 2π, und die Überlagerung der beiden Felder wiederholt sich. Dies kann aufgefaßt werden als „Schwebung" der beiden Polarisations-Moden. Die Distanz L_p wird deshalb auch als „Schwebungslänge" (engl. „*beat length*") der Polarisation bezeichnet.

Poincaré-Darstellung der Polarisationsentwicklung: längshomogene Faser

Die Polarisationsentwicklung nach Abb. 4.59 wird besonders einfach, wenn die Fasereigenschaften nicht vom Ort s abhängen. Die Entwicklung entlang einer längshomogenen Faser stellt sich auf der Poincaré-Kugel dar als kontinuierliche Rotation des Polarisationszustandes $\boldsymbol{A}(s)$ um eine feste Achse, die durch die Eigenzustände $\boldsymbol{u}$ der Faser gegeben ist, vgl. Abb. 4.66. Für eine Faserstrecke der Länge s ist der Rotationswinkel $\Phi(s) = \Delta\beta\, s$. Der zugehörige Rotationsvektor ist $\boldsymbol{R}_M(s) = \Delta\beta\, s\, \boldsymbol{u}^{(+)}$, wenn $\boldsymbol{u}^{(+)}$ der Einheitsvektor ist, der den langsamen Polarisationseigenzustand (+) auf der Kugel bezeichnet. Ein am Faseranfang beliebig vorgegebener Eingangszustand $\boldsymbol{A}(0)$ entwickelt sich auf einem Kreis um $\boldsymbol{u}^{(+)}$ herum. Die Trajektorie $\boldsymbol{A}(s)$ ist durch $\boldsymbol{u}^{(+)}$ und den Polarisationszustand $\boldsymbol{A}(0)$ am Faseranfang eindeutig bestimmt. Ein Umlauf auf dem Kreis entspricht der Ausbreitung um eine Schwebungslänge. Der auf die Faserlänge bezogene Rotationsvektor, $\boldsymbol{\Omega}_s = \boldsymbol{R}_M/L$ mit dem Betrag $|\boldsymbol{\Omega}_s| = \Delta\beta$, gibt die Rotations*rate* an. Seine Dimension ist [rad/m]. Er hat die Richtung von $\boldsymbol{u}^{(+)}$ und charakterisiert die Doppelbrechung der Faser unabhängig von der Faserlänge.

In der Poincaré-Darstellung gibt die Orientierung der Eigenzustände $\boldsymbol{u}^{(\pm)}$ bzw. von $\boldsymbol{\Omega}_s$ den Charakter der Faserdoppelbrechung anschaulich an: Bei einer Faser mit linearer Doppelbrechung liegen die Eigenzustände auf dem Äquator, und die Polarisationsentwicklung ist eine Rotation um eine in der Äquatorebene liegende Achse (Abb. 4.66 (a)). Herrscht dagegen zirkulare Doppelbrechung

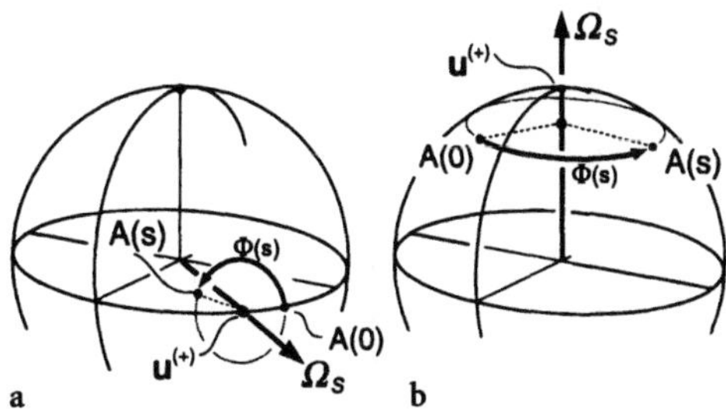

Abb. 4.66 a, b. Die Entwicklung eines Polarisationszustandes $\boldsymbol{A}(s)$ entlang einer längshomogenen Faser ist eine gleichförmige Drehung mit dem Drehvektor $\boldsymbol{\Omega}_s$. Er hat die Richtung des langsamen Eigenzustandes $\boldsymbol{u}^{(+)}$. Doppelbrechung **a** linear, **b** zirkular

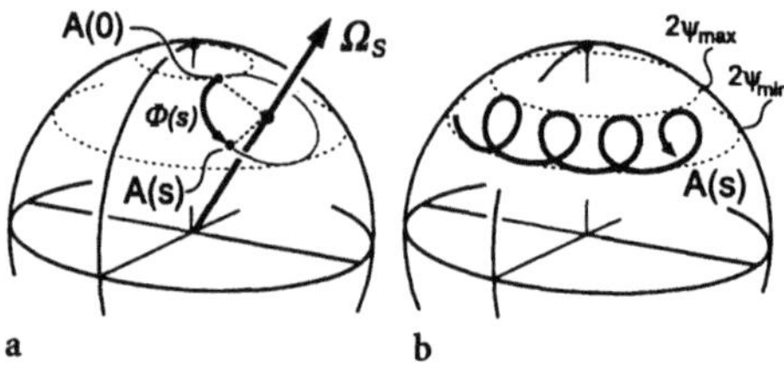

Abb. 4.67. **a** Entlang einer längshomogenen Faser mit allgemeiner elliptischer Doppelbrechung sind die Trajektorien der Polarisationsentwicklung Kreise. **b** Entsteht der zirkulare Doppelbrechungsanteil durch Torsion der Faser, so ist diese *nicht* längshomogen, die Trajektorien sind zykloidal

vor, wie in einer stark elastisch tordierten Faser, so liegen die Eigenzustände an den Polen der Kugel, und die Polarisationsentwicklung ist eine Rotation aller Zustände um die polare Achse (Abb. 4.66 (b)). Im allgemeinsten Fall mit elliptischen Eigenzuständen ist die Polarisationsentwicklung, ganz entsprechend, eine kontinuierliche Drehung um den elliptisch polarisierten Eigenzustand auf der Poincaré-Kugel (Abb. 4.67 (a)). Dabei variiert die Elliptizität 2ψ des Zustandes $A(s)$ zwischen zwei Extremwerten, die in Abb. 4.67 (a) durch zwei „Breitenkreise" $\psi_{\min}$ und $\psi_{\max}$ angedeutet sind.

Eine verwandte Entwicklung liegt vor, wenn eine gestreckte, *linear doppelbrechende* Faser elastisch tordiert wird. Durch die Torsionsspannung wird zirkulare Doppelbrechung induziert, und in Verbindung mit der gegebenen linearen Doppelbrechung besitzt diese Faser

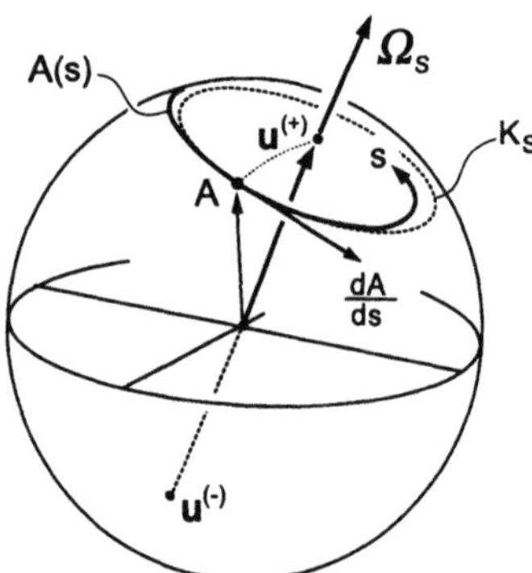

Abb. 4.68. Allgemeine Entwicklung des Polarisationszustandes $\boldsymbol{A}(s)$ entlang einer Faser. Der Zustand $\boldsymbol{A}$ bewegt sich lokal näherungsweise auf einem Kreis K_S, dem „Schmiegekreis" an die Trajektorie $\boldsymbol{A}(s)$. Seine Achse $\boldsymbol{\Omega}_s$ definiert die lokalen Eigenzustände der Polarisation

dann überall elliptische Eigenzustände. Im Gegensatz zu der vorher betrachteten Faser ist die tordierte Faser nicht längshomogen, denn das Azimut ihrer elliptischen Doppelbrechung dreht sich kontinuierlich entlang der Faser. Die resultierende Trajektorie ist zykloidenförmig. Sie entsteht durch Überlagerung der Kreisbewegung aufgrund der elliptischen Doppelbrechung und der Rotation um die polare Achse aufgrund der Drehung der Achsen. Auch sie verläuft zwischen zwei Breitenkreisen, vgl. Abb. 4.67 (b) [156].

Allgemeine Polarisationsentwicklung

Läßt man die Voraussetzung „längshomogen" fallen, so kann die Entwicklung einer Eingangspolarisation $\boldsymbol{A}(0)$ *global* nur noch durch eine allgemeine Trajektorie $\boldsymbol{A}(s)$ auf der Poincaré-Kugel beschrieben werden, vgl. Abb. 4.59. Die zuvor gegebene Beschreibung (4.295 a) – (4.303 b) und (4.306) – (4.308) bleibt aber *lokal* gültig. Wenn die Fasereigenschaften in der Umgebung eines Ortes s stetig sind, so ist die Entwicklung dort eine Rotation mit der für s charakteristischen Rate $\boldsymbol{\Omega}_s(s)$. Diese lokale „*Winkel*geschwindigkeit" ist ein Vektor mit der Dimension [rad/m]. Er bestimmt, wie sich der vorliegende Zustand $\boldsymbol{A}(s)$ auf der Kugel weiterbewegt, wenn man entlang der Faser fortschreitet. Die lokale „*Absolut*geschwindigkeit" der Entwicklung hat die Richtung des Tangentenvektors $d\boldsymbol{A}/ds$ an die Trajektorie $\boldsymbol{A}(s)$ und läßt sich im Poincaré-Raum ausdrücken als Vektorprodukt

$$d\boldsymbol{A}/ds = \boldsymbol{\Omega}_s \times \boldsymbol{A} \tag{4.310}$$

Die Bewegung $d\boldsymbol{A}/ds$ erfolgt also stets senkrecht zu $\boldsymbol{A}(s)$, so daß der Betrag $|\boldsymbol{A}(s)| = 1$ erhalten bleibt. Diese Beziehung war in anderer Form bereits als Gl. (4.297) angegeben worden. Der Rotationsvektor $\Omega_s(s)$ steht senkrecht auf der Schmiegeebene der Trajektorie im Punkt s, vgl. Abb. 4.68. Bei der längshomogenen Faser aus Abb. 4.66 ist $\boldsymbol{\Omega}_s$ unabhängig von s.

Polarisationsentwicklung entlang einer im Raum gekrümmten Einmodenfaser

Für die phänomenologische Beschreibung der Polarisationsentwicklung auf einer allgemein gekrümmten Faser ist es ein zentrales Problem, für jeden Ort entlang der Faser auf zweckmäßige Weise ein lokales Koordinatensystem zu definieren. Als solches bietet sich das „begleitende Dreibein" der Differentialgeometrie an. Es stellt ein „natürliches" Koordinatensystem in dem Sinne dar, daß es allein durch die geometrische Form (die „Raumkurve") der Faserachse festgelegt ist. Damit entfällt die Willkür, die für geradlinige oder in einer Ebene liegende Fasern bei der Wahl der Koordinatensysteme besteht.

Das begleitende Dreibein
Die Achse der Faser ist eine allgemeine Raumkurve mit dem Ortsvektor $\boldsymbol{r}(s) = [x(s), y(s), z(s)]^{\mathrm{T}}$, der sich auf ein festes „Laborsystem" $\{x, y, z\}$ bezieht. Das begleitende Dreibein wird an jedem Punkt $\boldsymbol{r}(s)$ von 3 Einheitsvektoren gebildet [157]: dem Tangenten-Vektor $\hat{\boldsymbol{t}} = (d\boldsymbol{r}/ds)^0$ an die lokale Richtung der Faserachse, dem Normalen-Vektor $\hat{\boldsymbol{n}} = (d\hat{\boldsymbol{t}}/ds)^0$, der parallel zum lokalen Krümmungsradius liegt, und dem Binormalen-Vektor $\hat{\boldsymbol{b}} = \hat{\boldsymbol{t}} \times \hat{\boldsymbol{n}}$, der senkrecht auf der lokalen Schmiegeebene steht. Der Exponent $(\ )^0$ und der Akzent ˆ an diesen Vektoren sollen anzeigen, daß diese auf den Betrag 1 normiert sind. Ferner bedeutet s die entlang der Faser in Ausbreitungsrichtung gemessene Distanz (Bogenlänge der Raumkurve). Die lokale Krümmung κ der Faser ist definiert durch $\kappa\hat{\boldsymbol{n}} = d\hat{\boldsymbol{t}}/ds$. Sie ist positiv, wenn $\hat{\boldsymbol{n}}$ zum Krümmungsmittelpunkt hin weist. Die „Windung" oder „geometrische Torsion" w_{T} der Faserachse ist definiert durch $w_{\mathrm{T}}\hat{\boldsymbol{n}} = -d\hat{\boldsymbol{b}}/ds$. Dabei ist $w_{\mathrm{T}} > 0$, falls die Faserachse wie eine Rechtsschraube gewunden ist.

Die Transversalkomponente $\boldsymbol{e}_{\mathrm{t}}$ der elektrischen Feldstärke des in der Faser geführten Lichtes liegt an jedem Ort s in der lokalen, durch $\hat{\boldsymbol{n}}(s)$ und $\hat{\boldsymbol{b}}(s)$ aufgespannten Ebene. Die Vektoren $\hat{\boldsymbol{n}}(s)$ und $\hat{\boldsymbol{b}}(s)$ eignen sich daher als Basissystem zur Beschreibung der Polarisationsentwicklung an der Faserposition s. Damit kann $\boldsymbol{e}_{\mathrm{t}}$ für jede in der Faser geführte Welle dargestellt werden als Linearkombination

$$\boldsymbol{e}_{\mathrm{t}}(x,y\,|\,s) = a_{\mathrm{n}}(s)\,\boldsymbol{e}_{\mathrm{tn}}(x,y\,|\,s) + a_{\mathrm{b}}(s)\,\boldsymbol{e}_{\mathrm{tb}}(x,y\,|\,s)\,. \tag{4.311}$$

Dies ist ein Spezialfall der Darstellung (4.270). Genau wie dort werden hier die Funktionen $\boldsymbol{e}_{\mathrm{tn}}(x, y\,|\,s)$ und $\boldsymbol{e}_{\mathrm{tb}}(x, y\,|\,s)$ als normiert im Sinne von (4.269) vorausgesetzt. Die Komponenten-Funktionen $a_{\mathrm{i}}(s)$ werden zum ortsabhängigen Jones-Vektor $\boldsymbol{a}(s) = [a_{\mathrm{n}}(s), a_{\mathrm{b}}(s)]^{\mathrm{T}}$ zusammengefaßt. Um allein die Polarisations- bzw. Richtungs-Information des Feldes darzustellen, unabhängig von den absoluten Werten von Feldstärke und Phase, wird gemäß (4.273) der „reduzierte" Jones-Vektor $\boldsymbol{A}(s) \equiv \boldsymbol{a}(s)/|\boldsymbol{a}(s)|$ definiert

$$\boldsymbol{A} = A_{\mathrm{n}}(s)\,\hat{\boldsymbol{n}}(s) + A_{\mathrm{b}}(s)\,\hat{\boldsymbol{b}}(s)\,. \tag{4.312}$$

Bei der Polarisationsentwicklung $\boldsymbol{A}(s)$ entlang einer gekrümmten Faser müssen, im Gegensatz zur gestreckten Faser, *zwei* Beiträge zur Doppelbrechung unterschieden werden:

a) eine materialbedingte Doppelbrechung $\boldsymbol{\mu}_{\mathrm{M}}(s)$ infolge aller Ursachen, die über die dielektrischen und die elasto-, elektro-, und magneto-optischen Eigenschaften von Kern und Mantel vermittelt werden (Unrundheit des Kernes, mechanische Druck- und Scherspannungen, etc.), sowie
b) eine „geometrische" Doppelbrechung $\boldsymbol{\mu}_{\mathrm{G}}(s)$, welche die „Bewegung" des Koordinatensystems längs der Faser berücksichtigt. Da letzteres durch das begleitende Dreibein festliegt, ist $\boldsymbol{\mu}_{\mathrm{G}}(s)$ eindeutig definiert.

Beide Doppelbrechungseffekte überlagern sich gemäß (4.306) auf der Ebene der infinitesimalen Beschreibung additiv zur lokalen Gesamt-Doppelbrechung,

$$\boldsymbol{\mu}(s) = \boldsymbol{\mu}_{\mathrm{M}}(s) + \boldsymbol{\mu}_{\mathrm{G}}(s)\,. \tag{4.313}$$

Die Integration dieser Größe längs der Faser liefert die Gesamt-Doppelbrechung $M(s)$ und erlaubt es, zu gegebener Anfangspolarisation die detaillierte Polarisationsentwicklung $\boldsymbol{A}(s)$ bezüglich des begleitenden Dreibeines entlang der Faser zu beschreiben. Nachfolgend wird zunächst der „geometrische" Anteil $\boldsymbol{\mu}_{\mathrm{G}}(s)$ diskutiert, die materialbedingten Doppelbrechungseffekte folgen dann im Abschn. 4.15.

Geometrisch bedingte Drehung der Polarisation entlang einer allgemein gekrümmten Faser. Bewegt man sich entlang der Faser, so ändern sich die Richtungen von $\hat{\boldsymbol{n}}(s)$ und $\hat{\boldsymbol{b}}(s)$ im Raum entsprechend der Gestalt der Faserachse. Auf diese Basisvektoren stützen sich die Komponentenfunktionen $A_{\mathrm{n}}(s)$ und $A_{\mathrm{b}}(s)$. Letztere werden sich also auch dann schon allgemein mit dem Ort s ändern, wenn keine materialbedingte Doppelbrechung in der Faser wirksam ist. Eine sorgfältige Interpretation der Maxwell-Gleichungen zeigt, daß die Ausbreitung polarisierten Lichtes in einer Doppelbrechungsfreien Faser unabhängig von ihrer Windung lokal einfach als „Paralleltransport" aufgefaßt werden kann [158]. Infolgedessen scheint die auf $\hat{\boldsymbol{n}}(s)$, $\hat{\boldsymbol{b}}(s)$ bezogene Polarisation des Lichtes sich entgegen der Windung der Faserachse zu drehen. Genauer:

Entlang einer im Raum gekrümmten Faser, die frei von materialbedingten Doppelbrechungseffekten ist, dreht sich das Azimut der auf das begleitende Dreibein $\hat{\boldsymbol{n}}(s)$ und $\hat{\boldsymbol{b}}(s)$ bezogenen Polarisation mit der Rate $-w_T$, wenn $w_T(s)$ die „Windung" der Faserachse $\boldsymbol{r}(s)$ ist. Der Drehsinn dieser geometrisch bedingten Polarisationsdrehung ist dem Drehsinn des begleitenden Dreibeines entgegengesetzt.

Formal bedeutet diese Drehung eine zirkulare Doppelbrechung. Die zugehörige, auf die Achsen $\hat{\boldsymbol{n}}(s)$ und $\hat{\boldsymbol{b}}(s)$ des Dreibeins bezogene Doppelbrechungsmatrix ist

$$\boldsymbol{\mu}_G(s) = j\begin{pmatrix} 0 & -w_T(s) \\ +w_T(s) & 0 \end{pmatrix} \tag{4.314}$$

Ihre Eigenvektoren $\boldsymbol{u}^{(+)}$ und $\boldsymbol{u}^{(-)}$ sind zirkular polarisiert. Die geometrisch bedingte Änderung der $A_{n,b}(s)$ erscheint daher als zirkulare Doppelbrechung, und zwar bei positiver Windung der Faser („Rechtsschraube") als rechtsdrehende Doppelbrechung ($\beta_{\text{links}} > \beta_{\text{rechts}}$). Ihr entspricht eine Dreh*rate* $\boldsymbol{\Omega}_s$ im Sinne von (4.310), ihre Größe ist $d\Phi/ds = \Delta\beta = w_T$. Ihre Bedeutung wird an einem Beispiel illustriert:

Wendelförmig gekrümmte Faser. Die betrachtete Faser sei im geradlinigen Zustand frei von Doppelbrechung, und sei dann ohne Torsion und mit vernachlässigbaren elastischen Spannungen gemäß Abb. 4.69 wendelförmig auf einen Zylinder gewickelt. Mit den Festlegungen R = Radius des Zylinders, H = Steigung der Wendel, und $K = 2\pi/H$ kann die Form der Faser in einem $\{x, y, z\}$-Laborsystem durch das Gleichungspaar $x = R\cos Kz$ und $y = R\sin Kz$ beschrieben werden. Der Steigungswinkel dieser Rechtsschraube ist $\sigma = \arctan(1/KR)$. Der Tangenten-Vektor $\hat{\boldsymbol{t}} = \sin\sigma[-KR\sin Kz, KR\cos Kz, 1]$, der Normalen-Vektor $\hat{\boldsymbol{n}} = -[\cos Kz, \sin Kz, 0]$ und der Binormalen-Vektor $\hat{\boldsymbol{b}} = \sin\sigma[\sin Kz, -\cos Kz, KR]$ bilden das begleitende Dreibein. Die Faser hat konstante Krümmung, $\kappa = (1/R)\cos^2\sigma$ und konstante Windung $w_T = (1/R)\sin\sigma\cos\sigma$. Es wird nun genau eine Periode der Wendel betrachtet. Ihre Bogenlänge ist $s_H = H/\sin\sigma$. Ihre Faserenden liegen parallel wie in Abb. 4.63(a). *Global* gesehen ist das begleitende Dreibein $\hat{\boldsymbol{t}}_2\hat{\boldsymbol{n}}_2\hat{\boldsymbol{b}}_2$ am Faserende identisch mit dem $\hat{\boldsymbol{t}}_1\hat{\boldsymbol{n}}_2\hat{\boldsymbol{b}}_1$ am Faseranfang. *Lokal* gesehen winden sich jedoch die Vektoren $\hat{\boldsymbol{n}}(s)$ und $\hat{\boldsymbol{b}}(s)$ im Uhrzeigersinn um die Faserachse, und entlang der

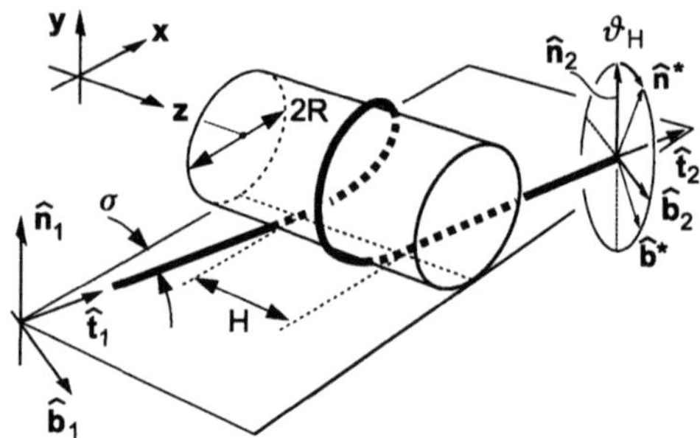

Abb. 4.69. Zur Illustration der geometrisch bedingten Doppelbrechung: Schraubenförmig gewundene Faser. Erläuterungen im Text

Periode resultiert eine Drehung um den Winkel $\vartheta_H = s_H\, w_T = 2\pi\sin\sigma$. Die entsprechend gedrehten Vektoren sind als $\hat{\boldsymbol{n}}^*\hat{\boldsymbol{b}}^*$ in Abb. 4.69 angedeutet. Da aber $\hat{\boldsymbol{n}}_2\hat{\boldsymbol{b}}_2$ tatsächlich dieselbe Orientierung haben wie am Faseranfang, hat sich die Polarisation entlang der betrachteten Periode um den Winkel ϑ_H im Gegenuhrzeigersinn gedreht.

Dies Beispiel zeigt, daß $\boldsymbol{\mu}_G$ aus dem Unterschied zwischen lokaler und globaler Betrachtung resultiert: Dadurch, daß der allgemein gekrümmten Faser lokal die geometrisch bedingte zirkulare Doppelbrechung $\boldsymbol{\mu}_G$ zugeschrieben wird und dann bei der Integration (4.305 a) entlang der Faser berücksichtigt wird, kommt die globale Polarisationsdrehung korrekt heraus.

Diese Betrachtungsweise gilt unverändert im Fall einer realen Faser mit materialbedingter Doppelbrechung $\boldsymbol{\mu}_M$. Diese (vorwiegend lineare) Doppelbrechung überlagert sich lokal der geometrisch bedingten Doppelbrechung $\boldsymbol{\mu}_G$ im Sinne von (4.313).

In der Ebene gebogene Faser. Die geometrisch bedingte Polarisationsdrehung $\boldsymbol{\mu}_G$ verschwindet in den beiden Grenzfällen $\sigma \to 0$ und $\sigma \to \pi/2$. Im ersten Fall liegt die Faser in einer Ebene. Die Steigung der Wendel und die „Windung" verschwinden, $H = w_T = 0$. Trotz endlicher Krümmung $\kappa = 1/R$ existiert also *kein geometrisch bedingter Beitrag* zur Biegedoppelbrechung. Gewöhnlich wird aber ein elastisch induzierter Beitrag auftreten, s. 4.15.2.

Geradlinige, tordierte Faser. Im anderen Grenzfall, $\sigma \to \pi/2$, geht bei fester Steigung H der Radius $R \to 0$ und die Faser wird geradlinig. In Abwesenheit materialbedingter Doppelbrechung muß dann, im Laborsystem gesehen, die Polarisation erhalten bleiben. Tatsächlich liefert der hier gegebene Formalismus dieses Ergebnis, weil das begleitende Dreibein zwar mit der Rate w_T rotiert, aber die darauf bezogene Polarisation zugleich mit derselben Rate im entgegengesetzten Sinne rotiert.

Allgemeine geometrisch bedingte Polarisationsdrehung: Berry's Phase. Im Falle einer allgemein im Raum gekrümmten Faser, die keine materialbedingte Doppelbrechung aufweist, ist allein die geometrisch bedingte Doppelbrechung $\boldsymbol{\mu}_G$ wirksam. Diese ist entlang der gesamten Faser durchgehend zirkular und kann deshalb im Sinne von (4.296) direkt integriert werden. Wird noch vorausgesetzt, daß die Faserenden entsprechend Abb. 4.63 (a) parallel zueinander liegen, so bedeutet das Integral eine Drehung des Polarisationsazimutes um den Winkel

$$\vartheta = \int_{(L)} w_T(s)\, ds\,. \qquad (4.315)$$

Er ist (modulo 2π) allein durch die geometrische Gestalt der Faserachse bestimmt und wird als „Berry's Phase" bezeichnet [158]. Die Größe 2ϑ läßt sich auf einer Einheitskugel veranschaulichen als Flächeninhalt der Kurve, welche die Trajektorie $\hat{t}(s)$ des Tangentenvektors zwischen $s = 0$ und $s = L$ umschließt. Diese Kurve ist geschlossen, weil die Faserenden parallel sind, $\hat{t}(L) = \hat{t}(0)$.

Reale Faser mit Krümmung und Torsion. Die Annahme, daß keine materialbedingte Doppelbrechung bestünde, diente nur der Veranschaulichung der krümmungsbedingten „geometrischen" Doppelbrechung. Praktisch besitzt jede reale Faser schon im gestreckten Zustand mehr oder weniger ausgeprägte Doppelbrechung aufgrund von Unrundheiten des Kernes und inneren Spannungen. Wird die Faser im Raum verlegt, so entstehen durch Biegung und Torsion weitere elastische Druck- bzw. Scherspannungen im Fasermaterial und erzeugen die unten noch zu beschreibenden linearen bzw. zirkularen Doppelbrechungsbeiträge. Alle genannten Effekte sind materialbedingt und tragen zusammen als $\boldsymbol{\mu}_M(s)$ zur Polarisationsentwicklung bei. Zusätzlich ist gemäß (4.313) die geometrisch bedingte Doppelbrechung $\boldsymbol{\mu}_G(s)$ zu berücksichtigen. Dabei bestehen folgende Querbeziehungen: Die für elastische Biegedoppelbrechung (4.334) maßgebliche Größe ist die aus dem begleitenden Dreibein abgeleitete geometrische Krümmung, $\kappa_B = |\kappa| = |d\hat{t}/ds|$. Ihr Vorzeichen ist gleichgültig, da in (4.334) nur κ_B^2 eingeht. Für die elastisch bedingte Torsionsdoppelbrechung (4.336) spielt die hier betrachtete Windung w_T der Faserachse keine Rolle, denn w_T ist eine rein geometrische Größe. Erst eine elastische Verdrillung w_{TE} der Faser *relativ zum begleitenden Dreibein* erzeugt Scherspannungen und zirkulare Doppelbrechung (4.336). Darüber hinaus bedeutet elastische Torsion natürlich auch, daß sich die azimutale Richtung des linearen Doppelbrechungsanteiles fortlaufend längs der Faser ändert. Die Konsequenz solcher Überlagerung von zirkularer mit tordierter linearer Doppelbrechung war in Abb. 4.67 (b) illustriert worden.

4.14.5 Polarisations-Hauptzustände

Parameter-Abhängigkeit der Polarisationstransformation

Ausgehend von der fundamentalen Beziehung (4.277) zwischen dem Polarisationszustand $\boldsymbol{a}_1$ am Eingang einer Faser und dem Zustand $\boldsymbol{a}_2 = \tilde{M}\boldsymbol{a}_1$ am Ausgang kann festgestellt werden: Ändern sich bei fest vorgegebener Eingangspolarisation $\boldsymbol{a}_1$ die Fasereigenschaften und damit $\tilde{M}$, so ändert sich der Ausgangszustand. Ursache dafür können Änderungen eines jeglichen Faserparameters ω sein, etwa der Temperatur T, des Umgebungsdruckes p, der Fasergeometrie $\boldsymbol{r}(s)$ oder der Stärke elektrischer oder magnetischer Störfelder. Vor allem aber führt eine Frequenzänderung der übertragenen Welle allgemein zu geänderter Doppelbrechung und damit zur Änderung von $\tilde{M}$. Zur Beschreibung der resultierenden Polarisationsänderung wird hier vereinfachend vorausgesetzt, daß eventuelle Faserverluste unabhängig von dem betrachteten *skalaren* Parameter ω und von der Polarisation selbst seien, und daß die Abhängigkeit $\tilde{M} = \tilde{M}(\omega)$ stetig und differenzierbar sei. Im folgenden wird dieser Parameter ω durchgehend als Kreisfrequenz der übertragenen Welle interpretiert, weil diese Abhängigkeit die wichtigste ist. Alle Ergebnisse gelten in entsprechender Weise aber auch, wenn ω einen der anderen genannten Parameter darstellt [159].

Zur Berechnung der Frequenzabhängigkeit $\boldsymbol{a}_2(\omega)$ des Ausgangs-Polarisationszustandes bei kleinen Änderungen von ω in der Umgebung einer Bezugsfrequenz ω_0 kann $\tilde{M}(\omega)$ durch die ersten Glieder einer Reihenentwicklung angenähert werden.

$$\begin{aligned} \boldsymbol{a}_2(\omega) & \qquad (4.316)\\ &= \tilde{M}(\omega)\,\boldsymbol{a}_1\\ &= \tilde{M}(\omega_0)\,\boldsymbol{a}_1 + (\omega-\omega_0)\,\tilde{M}'\,\boldsymbol{a}_1 + \ldots\\ &= \boldsymbol{a}_2(\omega_0) + (\omega-\omega_0)\,\tilde{M}'\,\tilde{M}^{-1}\,\boldsymbol{a}_2(\omega_0) + \ldots \end{aligned}$$

Hier bedeutet $\tilde{M}' = d\tilde{M}/d\omega$ die Ableitung der Matrixfunktion $\tilde{M}(\omega)$, und $\tilde{M}^{-1}$ ist die zu $\tilde{M}$ inverse Matrix. Beide werden bei der Bezugsfrequenz $\omega = \omega_0$ gebildet. Die Inverse wurde hier eingeführt, um die rechte Seite der Gleichung durch $\boldsymbol{a}_2$ anstelle von $\boldsymbol{a}_1$ ausdrücken zu können. Die dabei auftretende Produktmatrix

$$\boldsymbol{\Omega}_2 = \tilde{M}'\,\tilde{M}^{-1} = M'\,M^{-1} \qquad (4.317)$$

wird im folgenden als „*Dispersions-Matrix*" bezeichnet. Ihr entspricht im Poincaré-Formalismus ein „*Dispersions-Vektor*" $\boldsymbol{\Omega}_2$. Dessen Bedeutung ist vergleichbar mit dem Vektor $\boldsymbol{\Omega}_s$ in Abschn. 4.14.4. Letzterer beschreibt die Entwicklungsrate der Ausgangspolarisation bezüglich der Position s längs der Faser. In entsprechender Weise beschreibt $\boldsymbol{\Omega}_2$ die Entwicklungsrate bezüglich der Frequenz ω bzw. eines anderen skalaren Parameters. Die Dimension von $\boldsymbol{\Omega}_2$ ist invers zu der von ω, hier hat $\boldsymbol{\Omega}_2$ also die Dimension einer Zeit.

Aufgrund von (4.273) ist $\boldsymbol{\Omega}_2$ unabhängig davon, ob das Produkt (4.317) mit der Jones-Matrix $\tilde{M}$ oder mit der „reduzierten" Jones-Matrix M gebildet wird. Daher braucht hier und im folgenden zwischen diesen beiden Formen der Dispersionsmatrix nicht unterschieden zu werden. Ebenso kann die Unterscheidung zwischen den Jones-Vektoren $\boldsymbol{a}_i$ und den „reduzierten" Jones-Vektoren $\boldsymbol{A}_i$ entfallen. Es wird daher nur mit den $\boldsymbol{A}_i$ weitergerechnet und bei M die Tilde ˜ fortgelassen. Die bei kleinen Frequenzabweichungen $\delta\omega = \omega - \omega_0$ resultierende Änderung des Ausgangs-Jones-Vektors

$$\begin{aligned} \delta \boldsymbol{A}_2 &= \boldsymbol{A}_2(\omega) - \boldsymbol{A}_2(\omega_0) \qquad (4.318)\\ &= (\omega-\omega_0)\,M'\,M^{-1}\,\boldsymbol{A}_2(\omega_0)\\ &= \boldsymbol{\Omega}_2\,\boldsymbol{A}_2(\omega_0)\,\delta\omega \end{aligned}$$

hat im allgemeinen eine andere Richtung als der Ausgangs-Vektor $\boldsymbol{A}_2(\omega_0)$; daraus resultiert gerade die ω-Abhängigkeit von $\boldsymbol{A}_2$. Von besonderem Interesse ist nun der Sonderfall, in dem die Richtungen von $\delta\boldsymbol{A}_2$ und $\boldsymbol{A}_2$ übereinstimmen, weil dann die Ausgangspolarisation unverändert bleibt. Diese Situation liegt vor, wenn der Zustand $\boldsymbol{A}_2(\omega_0)$ ein *Eigenvektor* der Dispersionsmatrix $\boldsymbol{\Omega}_2$ ist, wenn also $d\boldsymbol{A}_2/d\omega = \boldsymbol{\Omega}_2\,\boldsymbol{A}_2 = -j\tau\,\boldsymbol{A}_2$ gilt mit einem Eigenwert $-j\tau$.

Tatsächlich gibt es im allgemeinen zwei solche Zustände. Sie werden „Hauptzustände" der Ausgangs-Polarisation der Faser bezüglich Änderungen des Parameters ω genannt und hier mit $\boldsymbol{H}_2^{(+)}$ und $\boldsymbol{H}_2^{(-)}$ bezeichnet. Sie sind Lösungen des Eigenwertproblems

$$\boldsymbol{\Omega}_2\,\boldsymbol{H}_2 = -j\tau\,\boldsymbol{H}_2 \qquad (4.319)$$

Zu den Eigenvektoren $\boldsymbol{H}_2^{(+)}$ und $\boldsymbol{H}_2^{(-)}$ gehören die Eigenwerte $-j\tau^{(+)}$ bzw. $-j\tau^{(-)}$. Sie sind rein imaginär, weil die Faser als verlustfrei vorausgesetzt wurde, so daß die Ausgangsleistung $|\boldsymbol{A}_2|^2$ unabhängig von ω ist. Ferner gehören zu den beiden Ausgangs-Hauptzuständen zwei bestimmte, untereinander orthogonale Eingangs-Hauptzustände $\boldsymbol{H}_1^{(+)}$ und $\boldsymbol{H}_1^{(-)}$. Zwischen ihnen bestehen die Zusammenhänge

$$\boldsymbol{H}_2^{(+)} = M\,\boldsymbol{H}_1^{(+)} \qquad (4.320\,\text{a})$$

$$\boldsymbol{H}_2^{(-)} = M\,\boldsymbol{H}_1^{(-)}\,. \qquad (4.320\,\text{b})$$

Analog zu (4.319) sind die Eingangshauptzustände $\boldsymbol{H}_1^{(\pm)}$ Lösungen des Eigenwertproblemes

$$\boldsymbol{\Omega}_1\,\boldsymbol{H}_1 = -j\tau\,\boldsymbol{H}_1 \qquad (4.321)$$

mit einer eingangsseitigen Dispersionsmatrix $\boldsymbol{\Omega}_1$. Diese ist zu einem festen Ausgangszustand $\boldsymbol{A}_2$ definiert durch $d\boldsymbol{A}_1/d\omega = \boldsymbol{\Omega}_1\,\boldsymbol{A}_1$, und sie ergibt sich entsprechend (4.318) als Produkt $\boldsymbol{\Omega}_1 = (M^{-1})'M$. Dabei ist $(M^{-1})' \neq (M')^{-1}$ zu beachten.

Die praktische Bedeutung der Hauptzustände liegt darin, daß sie die Möglichkeit bieten, ein Signal fester Eingangspolarisation so über die Faser zu übertragen, daß die Ausgangspolarisation unabhängig von kleinen Änderungen des Parameters ω bleibt. Dazu muß die Eingangspolarisation auf einen der Hauptzustände $\boldsymbol{H}_1^{(\pm)}$ eingestellt werden. Das Signal erscheint dann im entsprechenden Hauptzustand $\boldsymbol{H}_2^{(\pm)}$ am Ausgang. In dem speziellen Fall, wo ω die Frequenz des optischen Signales bedeutet, wird bei der Übertragung in einem der Hauptzustände (etwa von $\boldsymbol{H}_1^{(+)}$ nach $\boldsymbol{H}_2^{(+)}$) die Ausgangspolarisation in erster Näherung frequenzunabhängig, so daß eine größere Bandbreite übertragbar ist als bei jeder anderen Wahl der Eingangspolarisation (vgl. 4.15.6).

Gruppenlaufzeitdifferenz

Die in den Eigenwerten enthaltenen Zeiten bedeuten die durch Doppelbrechung bedingten Gruppenlaufzeiten in den beiden Hauptzuständen. Nicht enthalten ist die mittlere, beiden Zuständen gemeinsame Gruppenlaufzeit, weil bei der hier benutzten Darstellung mit reduzierten Jones-Vektoren und -Matrizen die mittlere Phasenverzögerung $\overline{\varphi_G}$ in (4.273) unterdrückt wurde. Die beiden Zeiten $\tau^{(\pm)}$ sind daher entgegengesetzt gleich. Da die Zuordnung der $^{(+)}$ und $^{(-)}$ Symbole zu den Zuständen willkürlich ist, kann im folgenden

$$\tau^{(+)} = -\tau^{(-)} = \tau_0 \geq 0 \qquad (4.322)$$

vorausgesetzt werden. Damit kann (4.320a) für jeden der beiden Hauptzustände umgeschrieben werden. Für $\omega = \omega_0 + \delta\omega$ wird

$$\begin{aligned} \boldsymbol{H}_2^{(\pm)}(\omega) &= \boldsymbol{H}_2^{(\pm)}(\omega_0) + \delta \boldsymbol{H}_2^{(\pm)} \\ &\approx \boldsymbol{H}_2^{(\pm)}(\omega_0) \mp j\,\tau_0\,\delta\omega\,\boldsymbol{H}_2^{(\pm)}(\omega_0) \\ &\approx e^{\mp j \tau_0 \delta\omega}\,\boldsymbol{H}_2^{(\pm)}(\omega_0)\,. \end{aligned} \qquad (4.323)$$

Hieraus folgt für die Hauptzustände, daß kleine Frequenzänderungen $\delta\omega$ in erster Näherung zu frequenzproportionalen Phasendrehungen $\delta\varphi = \mp \tau_0\ \delta\omega$ der Ausgangssignale führen. Aus diesen findet man die Gruppenlaufzeiten $t_G^{(\pm)} \equiv -d\varphi^{(\pm)}/d\omega = \tau^{(\pm)}$. Mit (4.322) gilt $t_G^{(+)} \geq 0$ und $t_G^{(-)} \leq 0$. Der Hauptzustand (+) ist also „langsam", der (–) Zustand „schnell" im Vergleich zur mittleren Gruppenlaufzeit $\overline{t_G}$.

Eingangssignale, deren Polarisation $\boldsymbol{A}_1$ nicht auf einen der Eingangshauptzustände $\boldsymbol{H}_1^{(\pm)}$ fällt, können in ihre Komponenten bezüglich dieser Hauptzustände zerlegt und separat übertragen werden. Am Faserausgang erscheinen sie mit entsprechenden Amplituden in den Zuständen $\boldsymbol{H}_2^{(\pm)}$. Deren Überlagerung ergibt, je nach Breite und Überlapp, zwei separate Pulse oder einen verbreiterten Puls. Maßgeblich für derartige Verzerrungen ist die Gruppenlaufzeitdifferenz (engl. *DGD*, differential group delay) der beiden Hauptzustände,

$$\tau_{\mathrm{DGD}} = |\,t_G^{(+)} - t_G^{(-)}\,| = 2\,\tau_0\,. \qquad (4.324)$$

Poincaré-Darstellung der Hauptzustände

Anhand eines solchen Signales, dessen Eingangszustand $\boldsymbol{A}_1$ nicht mit einem der Eingangs-Hauptzustände zusammenfällt, kann die Ausgangspolarisation $\boldsymbol{A}_2(\omega)$ noch genauer analysiert und damit die Rolle der Hauptzustände illustriert werden. Dazu werden in der Poincaré-Darstellung die Winkelabstände $\alpha^{(+)}$ und $\alpha^{(-)}$ betrachtet, welche die Eingangs-

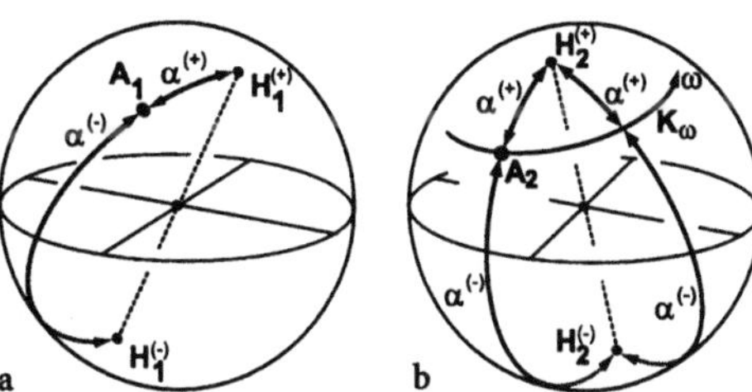

Abb. 4.70. Frequenzabhängige Polarisationstransformation eines festen Eingangszustandes $\boldsymbol{A}_1$ in den Ausgangszustand $\boldsymbol{A}_2(\omega)$. Eingangsseitige Poincaré-Kugel (**a**), ausgangsseitige **b**. Die Abstände $\alpha^{(+)}$ und $\alpha^{(-)}$ von den Hauptzuständen bleiben bei der Transformation erhalten. Bei kleinen Änderungen der Frequenz ω bewegt sich $\boldsymbol{A}_2(\omega)$ auf dem Kreis K_ω um die Hauptzustände $\boldsymbol{H}_2^{(+)}$ und $\boldsymbol{H}_2^{(-)}$

polarisation $\boldsymbol{A}_1$ von den beiden Hauptzuständen $\boldsymbol{H}_1^{(+)}$ und $\boldsymbol{H}_1^{(-)}$ hat, vgl. Abb. 4.70. Wegen der Orthogonalität der Hauptzustände ist $\alpha^{(+)} + \alpha^{(-)} = \pi$. Diese Abstände bleiben bei der Übertragung invariant. Sie müssen am Faserausgang in gleicher Größe zwischen $\boldsymbol{A}_2(\omega)$ und den Hauptzuständen $\boldsymbol{H}_2^{(+)}$ und $\boldsymbol{H}_2^{(-)}$ bestehen, unabhängig von ω. Bei kleinen Änderungen der Frequenz (soweit das Konzept der Hauptzustände anwendbar bleibt), bewegt sich der Ausgangszustand daher auf einem Kreis K_ω, dessen Achse die Verbindungslinie der Hauptzustände $\boldsymbol{H}_2^{(-)}$ und $\boldsymbol{H}_2^{(+)}$ ist. In dem Sonderfall, daß die Eingangspolarisation $\boldsymbol{A}_1$ auf einen der Hauptzustände fällt, wird einer der Winkel $\alpha^{(\pm)}$ Null. Der Kreis K_ω schrumpft zu einem Punkt zusammen, und die Ausgangspolarisation wird frequenzunabhängig.

Zum gleichen Ergebnis gelangt man auch, wenn man davon ausgeht, daß $\boldsymbol{A}_2(\omega)$ bei jedem ω ein Einheitsvektor ist. Die Änderung $d\boldsymbol{A}_2/d\omega$ kann nur in einer Richtung erfolgen, die senkrecht auf $\boldsymbol{A}_2$ steht. Dies muß für beliebige $\boldsymbol{A}_2$ gelten. Daher muß es einen Rotationsvektor $\boldsymbol{\Omega}_2$ geben, mit dem sich $d\boldsymbol{A}_2/d\omega$ als Vektor-Produkt

$$\frac{d\boldsymbol{A}_2}{d\omega} = \boldsymbol{\Omega}_2 \times \boldsymbol{A}_2 \qquad (4.325)$$

darstellen läßt, ganz analog zu (4.310). Diese Gleichung (4.325) ist die Poincaré-Darstellung der Jones-Beziehung (4.318). Die beiden Zustände, für die das Produkt (4.325) verschwindet, sind die Hauptzustände $\boldsymbol{H}_2^{(+)}$ und $\boldsymbol{H}_2^{(-)}$. Sie liegen in den Richtungen $\pm\,\boldsymbol{\Omega}_2$. Der Vektor $d\boldsymbol{A}_2/d\omega$ ist Tangentenvektor an der Trajektorie $\boldsymbol{A}_2(\omega)$ und an dem Kreis K_ω.

Zusammenfassende Charakterisierung der Hauptzustände einer Faserstrecke:

- Bezüglich jeden *skalaren* Parameters (ω, T, p, F, E_i, B_i, ...), der die Doppelbrechung der Faser in stetig differenzierbarer Weise beeinflußt, existiert ein Paar orthogonaler Hauptzustände. In diesen ist die Ausgangspolarisation näherungsweise unabhängig vom Wert des Parameters. Wichtigster solcher Parameter ist die optische Frequenz ω.
- In jedem der Hauptzustände hängt die Phasenverzögerung der Strecke näherungsweise linear vom Parameter ω ab. Wenn ω die Frequenz ist, bedeutet dies die Existenz je einer frequenzunabhängigen Gruppenlaufzeit $\tau^{(\pm)}$ und einer Gruppenlaufzeitdifferenz τ_{DGD}.
- Die Hauptzustände existieren „absolut", unabhängig von der Wahl der Koordinatensysteme am Fasereingang und -Ausgang. In dieser Hinsicht unterscheiden sie sich von den Eigenzuständen (vgl. 4.14.3), die überhaupt erst mit der Festlegung eines Koordinatensystemes definierbar werden und von dessen Wahl abhängig sind.
- Die Polarisation der Hauptzustände und die Laufzeitdifferenz τ_{DGD} hängen allgemein von der optischen Frequenz ω ab. Diese Abhängigkeiten sind von entscheidender Bedeutung für die Polarisationsmoden-Dispersion, deren nachrichtentechnische Bedeutung im Abschn. 4.15.6 noch ausführlich diskutiert wird.
- In stark doppelbrechenden polarisationserhaltenden Fasern sind die Hauptzustände frequenzunabhängig und stimmen mit den Polarisations-Eigenzuständen überein.

4.15 Ursachen der Doppelbrechung

Die Doppelbrechungseigenschaften einer Faser sind allgemein durch die räumliche Verteilung des Tensors $\varepsilon_r\,(x, y, z)$ der relativen dielektrischen Permittivität bestimmt. Im einfachsten Fall einer geradlinigen Faser aus isotropem Material mit rotationssymmetrischer Verteilung des Brechungsindex $\bar{n}\,(x,y,z)$ gilt $\varepsilon_r = \bar{n}^2\,(x,y,z)\cdot\mathbf{1}$ mit dem Einheitstensor $\mathbf{1}$. Die beiden Polarisationsmoden $\boldsymbol{e}_x$ und $\boldsymbol{e}_y$ sind dann entartet, $\beta_x = \beta_y$, Doppelbrechung ist nicht vorhanden, und ein am Faseranfang eingekoppelter Polarisationszustand bleibt bei seiner Ausbreitung unverändert. Die Entartung kann jedoch aufgehoben werden und Doppelbrechung auftreten, wenn das Material anisotrop ist und/oder die Rotationssymmetrie der Indexverteilung verletzt ist. Diese Abweichungen werden hier mit einem Tensor $\delta\varepsilon\,(x,y\,|\,z)$ bezeichnet.

$$\varepsilon_r = \bar{n}^2\,(x,y,z)\cdot\mathbf{1} + \delta\varepsilon\,(x,y\,|\,z) \tag{4.326}$$

In allen realen Fasern bestehen derartige Abweichungen. Sie sind gewöhnlich sehr klein und beruhen typisch auf Herstellungstoleranzen, die zu Querschnittsabweichungen und inneren Spannungen in der Faser führen, sowie auf äußeren Einflüssen wie mechanischen Spannungen, magnetischen und elektrischen Störfeldern oder Temperaturgradienten, denen die Faser ausgesetzt ist. Neben diesen durch Störungen verursachten unerwünschten Doppelbrechungsursachen $\delta\varepsilon\;(x,\;y\,|\,z)$ spielen in der optischen Nachrichtentechnik auch solche $\delta\varepsilon(x,y\,|\,z)$ eine Rolle, die gezielt in die Faser eingebracht werden, sei es permanent im Aufbau der Faser oder als von außen aufgeprägte räumliche oder zeitliche Modulation. Die wichtigsten dieser Doppelbrechungsursachen $\delta\varepsilon(x,\;y\,|\,z)$ und die jeweils resultierenden Doppelbrechungseffekte werden im folgenden dargestellt.

Die zweckmäßige Beschreibungsform der Doppelbrechungseffekte ist dabei jeweils die Angabe der Matrix $\boldsymbol{\mu} = [\mu_{11}, \mu_{12}; \mu_{21}, \mu_{22}]$, vgl. (4.295a). Sie bestimmt lokal die Rate der Polarisationstransformation. Auf dieser Beschreibungsebene infinitesimal kurzer Faserabschnitte ds sind die zugehörigen Transformationsmatrizen $dm = 1 - j\boldsymbol{\mu}ds$ mit entsprechenden Matrizen dm vertauschbar, die zu benachbarten Faserabschnitten gehören. Die betreffenden Matrizen $\boldsymbol{\mu}$ sind dann additiv. Es ist darum zulässig, für sämtliche an einem Ort s entlang der Faser wirksamen lokalen Doppelbrechungsursachen ($i = 1, 2, 3, \ldots$) die Matrizen $\boldsymbol{\mu}_i\,(s)$ getrennt zu ermitteln und sie entsprechend der Beziehung (4.306) zu einer Gesamt-Doppelbrechung $\boldsymbol{\mu}\,(s)$ zu addieren. Ihre globale Auswirkung ergibt sich dann gemäß (4.297) durch *gemeinsame* Integration entlang der Faser. Das Resultat am Faserende ist nicht mehr additiv, sondern setzt sich in meist unübersichtlicher Weise aus allen Einzelbeiträgen aller Ursachen an allen Orten zusammen.

Das Zusammenwirken zufälliger und beabsichtigter Doppelbrechungsursachen bestimmt auch die übliche Einteilung der kommerziell erhältlichen Einmodenfasern bezüglich ihrer Doppelbrechungseigenschaften. Man unterscheidet

- *nominell doppelbrechungsfreie Fasern*
  Fasern für optische Kommunikationsnetze werden mit dem vorrangigen Ziel günstiger Herstellungskosten fabriziert. Im Hinblick auf das weitere Ziel „perfekt runde, doppelbrechungsfreie Faser" müssen deshalb Kompromisse eingegangen werden. Aufgrund verbleibender geometrischer Toleranzen und innerer Spannungen der Faser oder ihrer Ummantelung besitzen diese Fasern daher gewöhnlich eine geringe, aber nicht vernachlässigbare lineare Doppelbrechung. Ihre Schwebungslängen liegen typisch in der Größenordnung von 1 - 10 m.
- *stark doppelbrechende Fasern*
  (engl. „high birefringence", daher auch „Hi-Bi"-Fasern genannt). Bei ihnen wird durch konstruktive Maßnahmen gezielt eine hohe lineare Doppelbrechung in die Faser eingebaut. Die Polarisations-Schwebungslängen liegen hier im Bereich von 1 - 10 mm. Derartige Fasern können „polarisationserhaltend" betrieben werden. Dies gilt insbesondere auch in solchen Umgebungen und Verlegungsformen, die gewisse Doppelbrechungsstörungen induzieren, welche bei den „nominell doppelbrechungsfreien" Fasern zu großen, unkontrollierbaren Polarisationsänderungen führen würden, hier aber nur wenig stören.
- *schwach doppelbrechende Fasern*
  Im Herstellungsprozeß wird diesen Fasern durch rasche Rotation der Vorform eine Struktur aufgeprägt (engl. „spun fiber"), welche über etwa vorhandene Indexstörungen hinweg mittelt und dadurch in einer besonders niedrigen Restdoppelbrechung resultiert. Hier sind Schwebungslängen im Bereich von 100 m und darüber möglich [160].

Doppelbrechung als Störung der idealen Indexverteilung

Doppelbrechung verursachende Indexstörungen $\delta\varepsilon\,(x,y\,|\,z)$ sind gewöhnlich klein gegen die Indexunterschiede, welche primär die Wellenleitung der Faser bewirken, oder sie sind auf relativ kleine Bereiche des Faserquerschnittes beschränkt. Hieraus folgt, daß die resultierenden Doppelbrechungseffekte praktisch immer sehr klein sind, $|\mu_{\mathrm{ik}}| \ll 1$, und daß die zugehörigen Schwebungslängen stets sehr groß gegen die Wellenlänge sind, $L_{\mathrm{p}} \gg \lambda$. Es ist deshalb in guter Näherung möglich, die Größe der Doppelbrechungseffekte mittels Störungsrechnung zu bestimmen, indem von der ideal runden Faser mit isotroper Indexverteilung $\bar{n}\,(x,y,z)$ als ungestörtem Fall ausgegangen wird.

Das Ergebnis dieser Störungsrechnungen [148] mit einem Paar orthogonal polarisierter Basisfunktionen $\boldsymbol{e}^{(\mathrm{i})}\,(x,y\,|\,z)$ des Grundmodus kann allgemein so formuliert werden ($i, k = 1$, 2 und $k_0 = \omega\,(\varepsilon_0\,\mu_0)^{1/2}$):

$$\mu_{\mathrm{ik}}(z) = \frac{k_0}{2n_1\,\mathcal{N}_{\mathrm{i}}} \int \boldsymbol{e}^{(\mathrm{i})*}\,\delta\varepsilon\,(x,y\,|\,z)\,\boldsymbol{e}^{(\mathrm{k})}\,dA \tag{4.327}$$

Hierbei ist die meist gut zutreffende Voraussetzung „schwacher Führung" zugrunde gelegt. Für $\boldsymbol{e}^{(\mathrm{i})}(x,y\,|\,z)$ sind im Prinzip die vollen Vektorfelder einschließlich der longitudinalen Komponenten der ungestörten Fasermoden einzusetzen, oft reichen aber auch einfachere Näherungen. Die Basisfunktionen sind mit ihren Transversalkomponenten auf $\mathcal{N}_{\mathrm{i}} = \int |\,\boldsymbol{e}_{\mathrm{t}}^{(\mathrm{i})}\,|^2 dA$ normiert. Alle Integrationen sind über den gesamten Faserquerschnitt A_∞ zu erstrecken.

Das Integral in (4.327) beschreibt den Überlapp der beiden Basisfunktionen miteinander und mit der Störung. Es ist so zu verstehen, daß der Tensor $\delta\varepsilon$ auf die dahinter stehende Funktion $\boldsymbol{e}^{(\mathrm{k})}$ wirkt. Die Störung $\delta\varepsilon$, die dem Feld $\boldsymbol{e}^{(\mathrm{k})}$ ausgesetzt ist, ruft damit im Vergleich zum ungestörten Fall eine zusätzliche dielektrische Verschiebung $\delta\boldsymbol{D}_{\mathrm{k}} = \delta\varepsilon\,\boldsymbol{e}^{(\mathrm{k})}$ hervor. Sie bedeutet einen Verschiebungsstrom $\delta\boldsymbol{J}_{\mathrm{k}} = (\partial/\partial t)\delta\boldsymbol{D}_{\mathrm{k}} = j\,\omega\,\delta\boldsymbol{D}_{\mathrm{k}}$, der das Feld $\boldsymbol{e}^{(\mathrm{i})}$ des zweiten Modus speist. Die resultierende Amplitudenänderungsrate dieses Modus ist $\mu_{\mathrm{ik}}(z)$.

Symmetrie doppelbrechender Störungen

Die Auswertung des Kopplungsintegrales (4.327) kann mit beliebigen Paaren von Basisfunktionen und in einem beliebigen Koordinatensystem erfolgen. Sie wird aber dann besonders einfach und transparent, wenn die Funktionen und ihre Darstellung der Symmetrie der Störung angepaßt sind, präziser: wenn sie Eigenfunktionen der Störungs-Symmetrie sind. Lokal, an einem Ort s entlang der Faser, ist bei nahezu allen wichtigen Doppelbrechungsursachen eine Symmetrie gegeben. Sie bestimmt den Charakter der Doppelbrechung (linear, zirkular, ...). Beispielsweise erzeugt seitlicher Druck auf eine Faser eine Spannungsverteilung, die in Kernnähe Spiegel-Symmetrie besitzt. Sie führt zu linearer Doppelbrechung, weil linear polarisierte Modenfelder dieselbe Spiegel-Symmetrie haben. Torsion der Faser ist dagegen eine rotationssymmetrische Störung und bedingt dementsprechend zirkulare Doppelbrechung.

Wenn die Funktionen $\boldsymbol{e}_i(x, y \mid z)$ in dieser Weise gewählt werden, verschwindet die Kopplung der beiden Basisfunktionen untereinander, $\mu_{ik} = 0$ für $i \neq k$. Es bleiben dann nur die Rückwirkungen jeder Mode auf sich selbst, also die Verzögerungen gegenüber der ungestörten Faser. Deren Differenz ist die lokale Doppelbrechung $\Delta\beta(z)$ der Faser.

$$\mu_{ii}(z) = \frac{1}{2} \int \boldsymbol{e}^{(i)*}\, \delta\varepsilon(x, y \mid z)\, \boldsymbol{e}^{(i)}\, dx\, dy \tag{4.328a}$$

$$\mu_{kk}(z) = \frac{1}{2} \int \boldsymbol{e}^{(k)*}\, \delta\varepsilon(x, y \mid z)\, \boldsymbol{e}^{(k)}\, dx\, dy \tag{4.328b}$$

$$\Delta\beta(z) = \mu_{ii}(z) - \mu_{kk}(z) \quad \text{wenn } \mu_{ik} = 0 \tag{4.328c}$$

Selbst für Störungen ohne spezielle Symmetrie sind vergleichbare Aussagen möglich, wenn man die Störung in eine Reihe von Teileffekten zerlegen kann, die Symmetrien besitzen. Zur Illustration dieser Möglichkeit wird hier die Doppelbrechung aufgrund kleiner Rundheitsabweichungen des Faserkernes betrachtet, vgl. Abb. 4.71 (a). Wenn die unregelmäßig geformte Kern/Mantel-Grenze der Stufenindexfaser (Indizes n_1, n_2) in Polarkoordinaten in der Form $r(\phi) = \bar{\rho} + u(\phi)$ mit einem mittleren Radius $\bar{\rho}$ gegeben ist, so repräsentiert $u(\phi)$ die Abweichung vom ideal runden Profil. Für $|u| \ll \bar{\rho}$ kann sie mit Hilfe der Kronecker-Deltafunktion $\delta_K()$ genähert und als Fourier-Summe ausgedrückt werden.

$$\begin{aligned}\delta\varepsilon(r, \phi) &= (n_1^2 - n_2^2)\, \delta_K(r - \bar{\rho})\, u(\phi) \\ &= (n_1^2 - n_2^2)\, \delta_K(r - \bar{\rho}) \sum_{n=-\infty}^{n=+\infty} u_n\, e^{jn\phi}\end{aligned} \tag{4.329}$$

Hier ist $\delta\varepsilon$ skalar. Wertet man die Verzögerungen μ_{ii} und μ_{kk} mit linear polarisierten Basisfunktionen für die Glieder ($n = 0, 1, 2, \ldots$) dieser Reihe aus, so erkennt man bei der Integration über den Azimutwinkel ϕ, daß die zweizählige Symmetrie der Funktionen $|\boldsymbol{e}^{(i)}|^2$ und $|\boldsymbol{e}^{(k)}|^2$ dazu führt, daß aus der Fourier-Summe allein die Terme mit $n = \pm 2$ zur Doppelbrechung beitragen. Ihr Anteil an der Summe, gegeben durch die Koeffizienten u_2 und u_{-2}, repräsentiert eine Indexstörung mit ebenfalls zweizähliger Symmetrie. Alle übrigen Anteile (mit $n = 1$ oder $n \geq 3$) verschwinden oder ($n = 0$) liefern $\mu_{ii} = \mu_{kk}$. Die Hauptachsen-Richtungen der Doppelbrechung lassen sich dadurch bestimmen, daß die Azimut-Richtungen von $\boldsymbol{e}^{(i)}$ und $\boldsymbol{e}^{(k)}$ soweit gedreht werden, bis $\mu_{ik} = 0$ wird. Dann sind $\boldsymbol{e}^{(i)}$ und $\boldsymbol{e}^{(k)}$ Eigenfunktionen des gegebenen Kernquerschnittes $r(\phi)$.

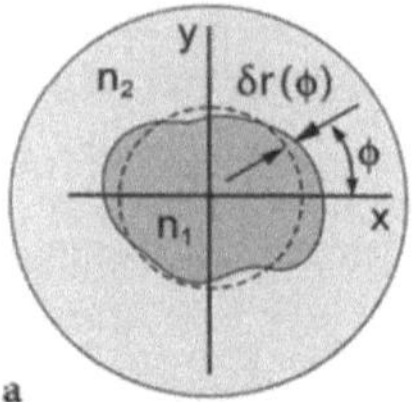

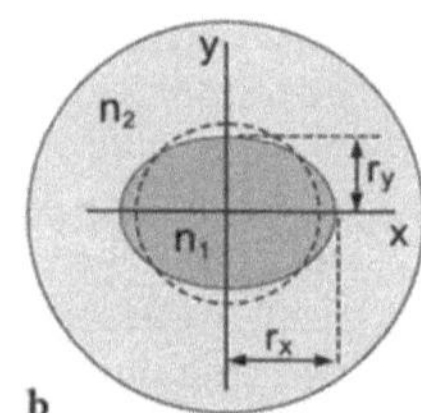

Abb. 4.71. **a** Doppelbrechung aufgrund von Rundheitsfehlern des Faserkernes. Von der Radialabweichung $\delta r(\phi)$ des Kernquerschnittes wirkt sich nur der zweizählige Anteil als Doppelbrechungsstörung aus. **b** Faser mit elliptischem Kern

4.15.1 Doppelbrechung aufgrund innerer Ursachen

Unrundheit des Kernes

Die Doppelbrechung einer Faser mit leichter Unrundheit des Kernes ist gemäß vorstehender Argumentation allein durch den Anteil der Kernform bestimmt, der eine 2-zählige Symmetrie besitzt. Er repräsentiert, für sich allein genommen, eine Faser mit elliptischem Kernquerschnitt. Eine solche ist in Abb. 4.71 (b) gezeigt. Sie ist hier so orientiert, daß die Koordinatenachsen Symmetrie- und somit Hauptachsen sind. Die Größe der Doppelbrechung folgt aus (4.327). In Fall eines unrunden Kernes führt diese Störungsrechnung mit der Näherung der „LP-Moden" allerdings erst in 2. Ordnung zu einem Ergebnis [148]. Die beiden Polarisationen (Abb. 4.57 (c, d)) unterscheiden sich in der LP-Näherung nämlich nicht in ihren Leistungsdichteverteilungen, so daß in (4.327) die Doppelbrechung in 1. Ordnung noch nicht sichtbar ist.

Die langsame Achse der Doppelbrechung hat das Azimut, bei dem der Kern die größte Ausdehnung besitzt. Charakterisiert man die Kern/Mantel-Indexdifferenz durch $\Delta = (1 - n_1^2/n_2^2)/2$, die Kernform durch den maximalen Radius r_x, minimalem Radius r_y, und mittleren Radius $\bar{\varrho}$, so kann die Doppelbrechung bei kleiner Elliptizität $e_0^2 = 1 - r_y^2/r_y^2$ näherungsweise ausgedrückt werden als [148]

$$\Delta\beta \equiv (\beta_x - \beta_y) = (e_0^2/\bar{\varrho})\Delta^{3/2} B_\varrho(V). \quad (4.330)$$

Hier ist $B_\varrho(V)$ eine Funktion der normierten Frequenz $V = 2\pi\,(\bar{\varrho}/\lambda)\sqrt{n_1^2 - n_2^2}$. Im Bereich $1 < V < 4$ gilt angenähert

$$B_\varrho(V) = 0{,}037\,V^3 - 0{,}367\,V^2 + 1{,}135\,V - 0{,}758\,. \quad (4.331)$$

Andere Näherungen führen zu qualitativ ähnlichen, aber numerisch abweichenden Ergebnissen, speziell bei größerer Elliptizität [161].

Die absolute Größe der Doppelbrechung infolge Unrundheit des Kerns wird illustriert am Beispiel einer Faser mit $r_x/r_y = 1{,}10$. Eine solche Elliptizität ist bei Betrachtung des Faserquerschnittes im Lichtmikroskop gerade noch als Abweichung vom Kreis erkennbar. Für Betrieb bei $\lambda = 1{,}53$ µm Wellenlänge mit $V = 2{,}2$ hat diese Faser den Kernradius $\bar{\varrho} = 4{,}1$ µm. Aus $e_0^2 = 0{,}17$ ergibt sich dann eine relative Doppelbrechung $\Delta\,\beta/\bar{\beta} \approx 10^{-6}$, entsprechend einer Polarisations-Schwebungslänge von $L_p \approx 1{,}5$ m.

Transversale mechanische Spannung

Im Inneren jeder realen Faser bestehen herstellungsbedingte mechanische Spannungen. Die für den Indexunterschied maßgeblichen Dotierungsunterschiede von Kern und Mantel haben allgemein auch unterschiedliche thermische Ausdehnungskoeffizienten dieser Materialien zur Folge, die beim Abkühlen nach dem Faserziehen die Spannungen erzeugen. Bei runder Fasergeometrie sind die lokalen Hauptspannungsachsen an jeder Stelle des Querschnittes radial, axial und tangential orientiert. Trotz $\delta\varepsilon \neq 0$ verschwindet dann bei perfekter Rotationssymmetrie die Doppelbrechung, weil die Integration (4.327) die Störung über den Faserquerschnitt mittelt. Bei Abweichung von der Rotationssymmetrie resultiert jedoch im allgemeinen Doppelbrechung, typisch mit linear polarisierten Eigenzuständen. Das Azimut der Achsen ist dann durch die Details der Spannungsverteilung bestimmt.

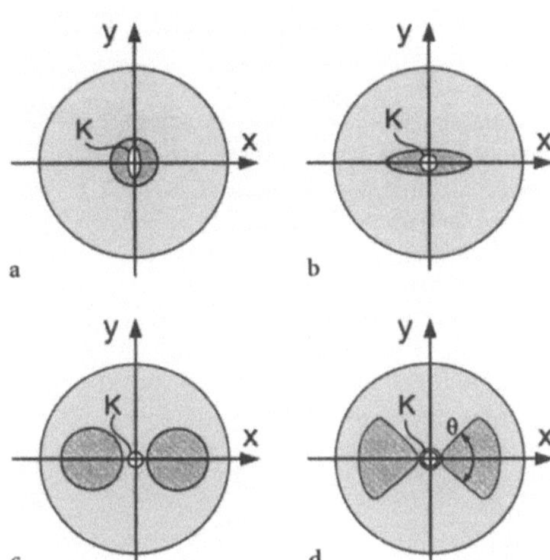

Abb. 4.72 a–d. Querschnitt stark doppelbrechender Einmodenfasern. Die eingefügten Elemente mit hohem B_2O_3-Gehalt (dunkle Flächen) erzeugen im Kernbereich Zugspannung in x-Richtung, Druckspannung in y-Richtung. K = Faserkern

Besitzt letztere im Kernbereich einen Anteil mit Spiegel-Symmetrie, vgl. Abb. 4.72 (a–d), so liegen die Hauptachsen der Doppelbrechung in der Spiegelungsebene und dazu senkrecht dazu.

In stark doppelbrechenden Fasern (Abb. 4.72) wird eine große innere Spannung dadurch erzielt, daß spezielle spannungserzeugende Elemente mit zweizähliger Symmetrie in den Faserquerschnitt eingefügt sind. In gleicher Weise wie solche inneren Ursachen erzeugen auch äußere Kräfte, die transversal auf die Faser einwirken, Spannungsdoppelbrechung. Die nachfolgende Analyse elastisch induzierter Doppelbrechung gilt unabhängig davon, welcher Art die Ursache der Spannung ist.

Der mechanische Spannungszustand im Bereich des Faserkerns ist durch einen Spannungstensor $\sigma_{ik}(x, y, z)$ beschreibbar [162]. Er bewirkt über den elasto-optischen Effekt eine Störung $\delta\varepsilon_{ik}(x, y \mid z)$ des dielektrischen Tensors, und gemäß (4.327) resultiert daraus die Doppelbrechung. Zu deren Berechnung wird der einfache Fall betrachtet, in dem die mechanische Spannung über den Kernbereich als homogen angenommen werden darf. Dies gilt praktisch um so besser, je weiter vom Kern entfernt sich die spannungserzeugenden Strukturen befinden, insbesondere also für Spannungen aufgrund äußerer Kräfte. Die

Richtung maximaler Zugspannung wird als x-Richtung benutzt. In axialer Richtung sei die Faser spannungsfrei, $\sigma_{33} = 0$.

Gemäß dem Standard-Formalismus für tensorielle optische Effekte [162] wird aus dem Spannungstensor $\boldsymbol{\sigma}$ zunächst der Tensor $\boldsymbol{\eta}$ der elastischen Dehnung ermittelt, und aus diesem mit Hilfe des elasto-optischen Tensors p_{iklm} die Änderung $\delta B_{ik} = \sum p_{iklm} \eta_{lm}$ des sogenannten „Impermeabilitätstensors" $\boldsymbol{B}$. Aus diesem folgt schließlich die Doppelbrechung $\delta \boldsymbol{\varepsilon}$. Dabei ist $\boldsymbol{B}$ gemäß $\boldsymbol{\varepsilon B} = 1$ als inverser Tensor zum gewöhnlichen Tensor $\boldsymbol{\varepsilon}$ der dielektrischen Permittivität definiert. Für kleine Änderungen gilt $\delta \boldsymbol{\varepsilon B} + \boldsymbol{\varepsilon}\,\delta \boldsymbol{B} = 0$, so daß $\delta \boldsymbol{\varepsilon} \approx -\boldsymbol{\varepsilon}^2 \delta \boldsymbol{B}$.

Zu gegebenen Transversalspannungen σ_{11}, σ_{22} findet man die Dehnungen als $\eta_{11} = (\sigma_{11} - \nu \sigma_{22})/E$ und $\eta_{22} = (\sigma_{22} - \nu\sigma_{11})/E$, wobei ν die Querkontraktionszahl bedeutet [163]. Bei den Beispielen in Abb. 4.72 ist η_{11} positiv (Dehnung) und η_{22} negativ (Kompression). Das Fasermaterial wird als elastisch isotrop vorausgesetzt, mit entsprechenden Symmetrien der p_{iklm} [162]. Damit wird $\delta B_{11} = (p_{1111} \eta_{11} + p_{1122} \eta_{22})$ und $\delta B_{22} = (p_{2211} \eta_{11} + p_{2222} \eta_{22})$. Mit der Näherung der LP-Moden wird dann (4.328 a) ausgewertet, wobei es ausreichend ist, die Transversalkomponenten zu benutzen. In der üblichen Schreibweise mit verkürzten Indizes [162] lautet schließlich die spannungsinduzierte Doppelbrechung

$$\begin{aligned}\Delta\beta \equiv \beta_x - \beta_y &\approx \frac{k_0}{2\bar{n}}\,(\delta\varepsilon_{11} - \delta\varepsilon_{22}) \\ &= -\frac{\pi \bar{n}^3}{\lambda E}\,(p_{11} - p_{12})(1 + \nu)(\sigma_{11} - \sigma_{22})\,.\end{aligned} \tag{4.332}$$

Um die Größenordnung des Effektes zu illustrieren, wird eine runde Quarzglasfaser mit der aufgrund innerer Spannungen maximal möglichen Spannungs-Anisotropie $(\sigma_{11} - \sigma_{22})$ betrachtet. Letztere läßt sich grob abschätzen als $\sigma_{max} \approx \Delta\alpha\, \Delta T\, E$. Dabei ist $\Delta\alpha$ die Differenz der linearen thermischen Ausdehnungskoeffizienten der beteiligten Materialien, ΔT ist die Differenz von Erstarrungstemperatur (bei der Faserherstellung) und Umgebungstemperatur, und E ist ein mittlerer Elastizitätsmodul. Mit $\Delta\alpha \approx 10^{-6}\ \mathrm{K}^{-1}$ und $\Delta T \approx 10^3$ K sowie $E \approx 7 \cdot 10^{10}\ \mathrm{N/m^2}$ erhält man $\sigma_{max} \approx 7 \cdot 10^7\ \mathrm{N/m^2} \approx$ 700 bar, ein Wert, der etwa 2 Größenordnungen unter der theoretischen Zerreißfestigkeit von Quarzglas liegt [164]. Für $\lambda = 1{,}53\ \mu$m Wellenlänge und mit den Materialkonstanten [165] von Quarzglas $(p_{11} - p_{12}) = -0{,}15$, und $\nu = 0{,}17$ ergibt sich eine relative Doppelbrechung $\Delta\beta/\beta \approx 0{,}002$, entsprechend einer Polarisations-Schwebungslänge von ≈ 1 mm. Dies ist ungefähr die kürzeste Schwebungslänge kommerziell erhältlicher „Hi-Bi"-Fasern. In nominell nicht-doppelbrechenden Fasern liegen die Schwebungslängen im Bereich von 1 m und darüber. Hieraus folgt, daß in solchen Fasern die Spannungs-Anisotropie um 3 Größenordnungen kleiner ist als in dem oben betrachteten Beispiel.

Das Vorzeichen der Doppelbrechung (4.332) besagt für Quarzglas, bei dem $(p_{11} - p_{12}) < 0$ ist, daß die „langsame" Achse parallel zur Richtung der maximalen Zugspannung liegt. In allen Beispielen von Abb. 4.72 ist das die x-Richtung.

4.15.2 Doppelbrechung aufgrund äußerer Ursachen

Die Fasern eines optischen Nachrichtenübertragungssystems sind zahlreichen äußeren Einflüssen unterworfen, welche Doppelbrechung in der Faser induzieren. Seitlicher Druck, Biegung, Verdrillung, axialer Zug und Magnetfelder sind notwendige Begleitumstände einer jeden installierten Faserübertragungsstrecke. Sie alle erzeugen Doppelbrechung. Während innere Doppelbrechungsursachen primär vom Faserhersteller verstanden und berücksichtigt werden müssen, sind die genannten äußeren Ursachen für Hersteller wie für Anwender der Faser und Faserkabel gleichermaßen bedeutsam, wenn Polarisationseffekte wie PMD („Polarisations-Moden-Dispersion") für das Systemverhalten eine Rolle spielen. Der wichtigste Einflußfaktor ist dabei mechanische Spannung, die von der Ummantelung, Verkabelung, Verlegung und Installation der Faser herrührt. Andere Faktoren sind Erschütterungen und Bewegungen (z.B. bei Luftkabeln oder „patch cords"), sowie Temperaturvariationen. Primär ist es Aufgabe der Verkabelung, den Einfluß aller dieser „Störungen" auf die Faser herabzumindern. Dies ist jedoch nur in begrenztem, recht unterschiedlichem Maße möglich. Der Anwender des Faserkabels ist daher gut beraten, dafür zu sorgen, daß solche Störungen von vorn herein möglichst gering bleiben.

Die Störungen werden im folgenden einzeln beschrieben. Dabei werden jeweils nur der Betrag $(\Delta\beta)$ der induzierten lokalen Doppelbrechung sowie die Natur und Achsenlage der Doppelbrechung angegeben. Das Zusammenwirken verschiedener Effekte ist dann lokal durch (4.306) gegeben, die globale Auswirkung am Faserende durch (4.297).

Seitlicher Druck. Wird eine Faser seitlich gepreßt, so resultiert eine innere Spannungsverteilung $\boldsymbol{\sigma}(x, y, z)$ im gesamten Querschnitt und induziert Doppelbrechung. In Abb. 4.73 (a) ist diese Situation illustriert. Zwei „Backen" leiten die Druckkraft an gegenüberliegenden Seiten in die Faser ein. Entlang der Berührungsflächen der Backen hängt die Spannungsverteilung in komplizierter Weise von geometrischen Details und den elastischen Eigenschaften von Faser und Backen ab (sogenannte „Hertzsche Pressung"). Im Inneren der Faser jedoch, im Bereich des Faserkerns, ist die Spannungsverteilung näherungsweise homogen, mit einer Hauptspannungsrichtung entlang der Faserachse. Dies führt zu *linearer* Doppelbrechung, in gleicher Weise wie es schon oben bei der Betrachtung innerer Doppelbrechungsursachen beschrieben worden war.

Die Größe dieser Doppelbrechung läßt sich abschätzen, indem anstelle der runden Faser eine solche mit quadratischem Querschnitt betrachtet wird, vgl. Abb. 4.73 (b). Für sie kann die maßgebliche Spannungs-Anisotropie am Faserkern einfach angegeben werden, weil die Spannung homogen verteilt ist. Die Abweichung von der im runden Querschnitt bestehenden Verteilung ist mäßig. Drückt eine äußere Kraft F_1 auf einen Faserabschnitt der Länge L, so ist $F_L = F_1/L$ die lineare Kraftdichte. Ihre Richtung wird zur y-Achse gemacht, so daß wieder die x-Achse die Richtung maximaler (Dehnungs-)Spannung ist. In der Mittelebene der quadratischen Faser (Kantenlänge = Faserdurchmesser = $2R_0$) ist dann $\sigma_{11} = 0$, und es besteht eine Spannungs-Anisotropie $\sigma_{11} - \sigma_{22} = F_L/(2R_0)$. Sie kann unmittelbar in die für innere Spannungen angegebene Gl. (4.332) eingesetzt werden und liefert die durch seitlichen Druck induzierte Doppelbrechung

$$\Delta\beta = -g_0 \frac{\pi \bar{n}^3}{2\lambda E R_0} (p_{11} - p_{12})(1 + \nu) F_L . \tag{4.333}$$

Hier ist noch ein Formfaktor g_0 eingefügt worden, der im Falle der homogenen Spannungsverteilung (Abb. 4.73 (b)) den Wert $g_0 = 1$ hat. Für die runde Faser (Abb. 4.73 (a)) zeigt

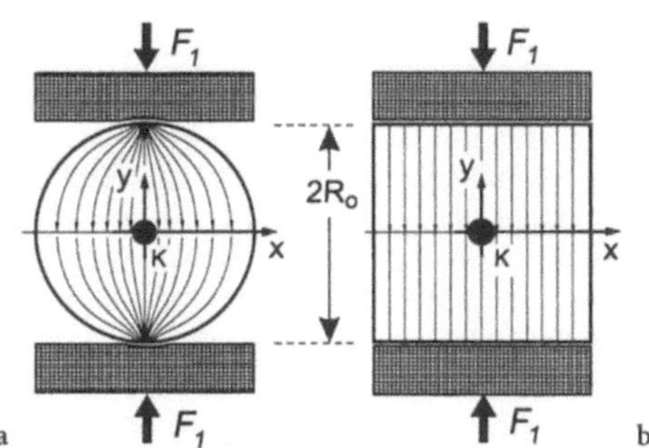

Abb. 4.73 a, b. Verteilung der mechanischen Spannung bei transversal wirkender Kraft F_1 im Querschnitt **a** einer runden Faser, **b** einer quadratischen Faser gleicher Abmessung $2R_0$. In **b** ist die Spannung homogen, sie hat überall die gleiche Größe wie bei **a** die *mittlere* Spannung in der Mittelebene. K = Faserkern

eine detaillierte Analyse [166], daß im Grenzfall harter Backen und nackter Faser die Spannung im Kernbereich konzentriert ist und die Doppelbrechung daher um den Faktor $g_0 = 8/\pi \approx 2{,}5$ größer ist als in der quadratischen Faser. Bei weicheren Backen und/oder Polymer-beschichteten Fasern ist die Spannung entlang der x-Richtung gleichmäßiger verteilt und g_0 kleiner. Das Vorzeichen von (4.333) besagt, daß die „schnelle" Achse der Doppelbrechung parallel zur Richtung der Druckkraft liegt.

An dem Ergebnis (4.333) ist bemerkenswert, daß es nicht von der axialen Spannung σ_{33} abhängt. Die bei der Herleitung von (4.333) gemachte Voraussetzung verschwindender axialer Spannung trifft zu, wenn die Druckbacken in axialer Richtung nachgiebig sind und die druckbedingte Verlängerung der Faser mitmachen, oder wenn die Faser in axialer Richtung an den Backen entlang gleiten kann. Tatsächlich gilt (4.333) aber auch im Fall massiver Backen, die nicht nachgeben, sondern per Haftreibung die gedrückte Länge L konstant halten, so daß eine axiale Spannung $\sigma_{33} = -\nu\sigma_{22}$ existiert.

Weiterhin ist bemerkenswert, daß die Verzögerung $\Phi = \int \Delta\beta(z)\, dz$ eines geraden Faserabschnittes L, auf den eine Gesamtkraft F wirkt, nicht von der genauen Kraftverteilung $F_L(z)$ entlang der gedrückten Länge abhängt. In praktischen Situationen ist $F_L(z)$ infolge von Oberflächenrauheit der Backen meist recht ungleichmäßig verteilt. Aufgrund der Integration ergibt sich Φ jedoch einfach proportional zur Gesamtkraft F.

Die Größenordnung dieser Doppelbrechung (4.333) wird durch ein Zahlenbeispiel veranschaulicht: Auf eine Quarzglasfaser mit $2R_0 = 125\,\mu m$ Durchmesser, betrieben bei $\lambda = 1{,}53\,\mu m$ Wellenlänge, drückt eine Kraft $F = 1\,N$, entsprechend dem Gewicht von $\approx 100\,g$. Hierfür liefert (4.333) eine Verzögerung von $\Phi \approx 0{,}31$ rad oder $\approx 18°$. In der Praxis kann die Verzögerung etwas von diesem Wert abweichen, weil zahlreiche Näherungen in (4.333) stecken und die Parameter p_{ik}, E, ν, n von Material, Wellenlänge und Temperatur abhängen.

Die Doppelbrechung aufgrund transversal wirkender äußerer Kraft findet praktische Anwendung in verschiedenen magnetisch oder piezoelektrisch betriebenen Polarisationsstellern. Sie spielt eine wichtige Rolle bei der Verkabelung von Einmodenfasern, wo insbesondere die eng anliegende Polymer-Ummantelung der Faser möglichst gleichmäßig und konzentrisch sein muß, um asymmetrische, thermisch bedingte Transversalspannungen klein zu halten. Sie ist ferner zu beachten bei der Befestigung von Fasern auf ebener Unterlage: Eine Klemme, welche die Faser niederhält, induziert schon bei geringer Kraft erhebliche Doppelbrechung. Letztere kann aber durch Klemmung in eine geeignet gestaltete Nut erheblich reduziert werden [167].

Axialer Zug

In einer Faser, die mit einer Zugkraft F_z in Längsrichtung elastisch gedehnt wird, entsteht eine axiale mechanische Zugspannung der mittleren Größe $\sigma_{33} = F_z/\pi R_0^2$. Es resultiert dabei keine transversale Spannung, $\sigma_{11} = \sigma_{22} = 0$, wenn die Faser im unbelasteten Zustand frei von Spannungen war. Deshalb wird durch axialen Zug im allgemeinen keine Doppelbrechung induziert. Dies entspricht bei gewöhnlichen Fasern der experimentellen Erfahrung.

Für Fasern mit komplexer, asymmetrischer innerer Struktur (z.B. elliptischer Kern oder spannungserzeugende Querschnittsbereiche) ist die genannte einfache Argumentation jedoch nicht ausreichend. Solche Strukturen werden typisch in polarisationserhaltenden Fasern zur Erzeugung hoher linearer Doppelbrechung verwendet. In derartigen Fasern können die „eingebauten" inneren Spannungen durch angelegte axiale Zugspannung in ihrer Größe modifiziert werden, und jede solche Änderung muß dann aufgefaßt werden als eine durch die axiale Spannung induzierte Zusatz-Doppelbrechung.

Da die einzelnen Querschnittsbereiche (Kern, innerer Mantel, spannungsgebende Bereiche) aus unterschiedlichen Glassorten ($m = 1, 2, \ldots$) bestehen, haben sie gewöhnlich auch unterschiedliche elastische Eigenschaften. Beim Anlegen einer axialen Spannung werden dann alle Bereiche um den gleichen Betrag $\eta_{33,\mathrm{m}} > 0$ gedehnt. Die resultierenden Querkontraktionen der dotierten Bereiche ($\eta_{11,\mathrm{m}}$ und $\eta_{22,\mathrm{m}}$) werden jedoch verschieden sein, wenn sich die Querkontraktionszahlen ν_{m} unterscheiden. Damit ändert sich die bestehende transversale Spannungsverteilung, es resultiert also eine Zusatzdoppelbrechung.

Deren Größe hängt vom speziellen Faserprofil ab und kann deshalb nicht allgemein angegeben werden. Ihr Vorzeichen jedoch folgt für Quarzglasfasern aus der einfachen Überlegung, daß im Vergleich zu dotiertem Quarzglas, reines SiO_2-Glas sowohl den geringsten thermischen Ausdehnungskoeffizienten wie auch die geringste Querkontraktionszahl ($\nu = 0{,}17$) aller Gläser besitzt [164]. Infolgedessen wirkt sich eine axiale Zugspannung in gleicher Weise aus wie die Abkühlung nach dem Faserziehen: beide Effekte vergrößern die Transversalspannung, die von den dotierten Bereichen ausgeht. Daher wird axiale Zugspannung stets die in die Faser „eingebaute" Spannungsdoppelbrechung *erhöhen*.

Biegung

Mit der Biegung einer Faser ist eine transversale elastische Spannung im Kernbereich verbunden, die in gleicher Weise Doppelbrechung induziert wie eine von außen wirkende Querkraft. Im gebogenen Zustand ist die ‚äußere' Hälfte ($y > 0$) des Faserquerschnitts gedehnt (Abb. 4.74), die innere ($y < 0$) gestaucht. Daher liegt die Hauptspannungskomponente überall in axialer Richtung. Sie ist proportional zur

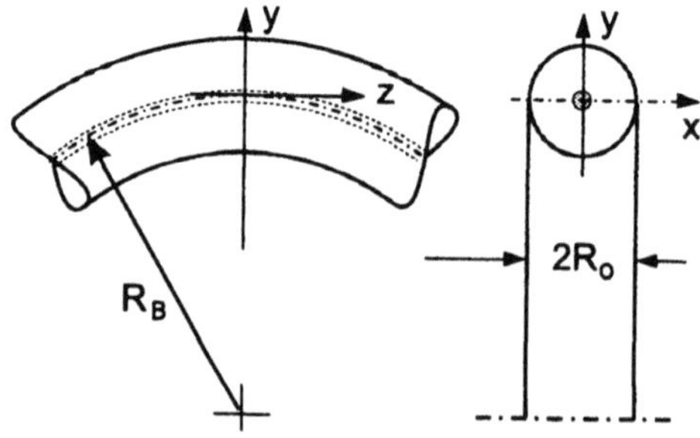

Abb. 4.74. Gebogene Faser. R_B = Krümmungsradius, R_0 = Faserradius

Krümmung $\kappa_B = 1/R_B$ der Faser [163]. Diese Komponente σ_{33} ist jedoch bezüglich Doppelbrechung (4.327) unwirksam, weil sie keinen Anteil mit 2-zähliger Symmetrie besitzt. Daneben gibt es eine kleinere, transversal gerichtete Spannungskomponente σ_{22}. Sie ist klein von 2. Ordnung, $\sim \kappa_B^2 R_0^2$, und bleibt deshalb in Lehrbüchern über technische Spannungsanalyse meist unerwähnt. Sie ist anschaulich damit erklärbar, daß die äußere, unter Zugspannung stehende Faserhälfte wie ein strammer Gürtel gegen die innere Faserhälfte drückt. Dieser transversale Druck zwischen den beiden Faserhälften induziert Doppelbrechung. Unter der vereinfachenden Voraussetzung, daß die Faser elastisch homogen und isotrop sei (also auch: ohne Ummantelung), ergibt sich die Größe der Biegedoppelbrechung als [159]

$$\begin{aligned}\Delta\beta &\equiv \beta_x - \beta_y \\ &= \frac{\pi \bar{n}^3}{2\lambda}(p_{11} - p_{12})(1+\nu)\kappa_B^2 R_0^2 . \qquad (4.334)\end{aligned}$$

Für eine Faser, die zu einer Spule mit Radius R_B gebogen ist, kann die Verzögerung in zusammengefaßter Form ausgedrückt werden als

$$\Phi = \gamma_B (R_0/R_B)^2 (L/\lambda) \qquad (4.335)$$

mit einer dimensionslosen Materialkonstanten $\gamma_B = (\pi/2)\bar{n}^3 |p_{11} - p_{12}|(1 + \nu) \approx 0{,}86$ für Quarzglas. Die schnelle Achse dieser Doppelbrechung liegt parallel zum Krümmungsradius. Als Beispiel wird eine Faser von 125 µm Außendurchmesser betrachtet. Wird sie mit $R_B = 2$ cm gebogen, so drückt ihre äußere Hälfte auf die innere mit einer Kraftdichte von ≈ 44 N/m und bewirkt bei der Betriebswellenlänge $\lambda = 1{,}53$ µm eine Biegedoppelbrechung von $\Delta\beta \approx 5{,}4$ rad/m. Ist die Faser ummantelt, so übt bei einer Biegung der Mantel zusätzlichen Druck auf die Faser aus, und die Doppelbrechung erhöht sich gegenüber (4.334).

Praktische Anwendungen findet die Biegedoppelbrechung bei $\lambda/4$- und anderen Verzögerungselementen, die aus entsprechend dimensionierten Faserspulen bestehen, vgl. 4.14.3.

Da die Biegedoppelbrechung eine Folge der transversalen mechanischen Spannung ist, besteht sie nur bei *elastischer* Verbiegung. Sie verschwindet, wenn die Faser bis über die Erweichungstemperatur erhitzt wird, so daß die Spannungen relaxieren.

Biegung mit seitlichem Druck besteht, wenn eine Faser unter Zugspannung auf eine Trommel gewickelt wird. Ist die Trommeloberfläche glatt, so wirkt zwischen ihr und der Faser eine Druckkraft mit der Kraftdichte $F_L = F_z/R_B$, wenn F_z die Zugspannung ist und R_B der Trommelradius. Diese Kraft induziert in der Faser Spannungsdoppelbrechung, die sich der Biegedoppelbrechung überlagert. Beide Effekte verstärken sich, da sie gleich orientierte Achsen haben. Im Gegensatz zu der in 4.15.1 beschriebenen Situation, wo zwei äußere Kräfte F_L an gegenüberliegenden Seiten auf die Faser drückten, wirkt die Kraft F_L hier *einseitig*. Die entsprechende Gegenkraft wird durch die axiale Spannung der gebogenen Faser aufgebracht. Eine Analyse dieser Situation zeigt, daß die von F_L induzierte Doppelbrechung hier gerade halb so groß ist wie (4.333) bei zweiseitiger Wirkung [168]. Auch hier gilt, daß ein „weicher" Kontakt zwischen Faser und Trommel eine kleinere Doppelbrechung erzeugt als ein „harter".

Das Problem ist komplexer, wenn die Trommeloberfläche rauh ist. Die Faser berührt die Trommel dann nur an diskreten, erhöht liegenden Punkten. Eine solche Situation besteht typisch auch in mehrlagigen, unregelmäßig gewickelten Faserspulen, bei denen die Windungen einer höheren Lage darunterliegende Windungen kreuzen. An den Unterstützungspunkten drückt jeweils eine relativ hohe Kraft einseitig und quasi punktförmig auf die Faser. Folglich ist die Faser hier stärker gebogen als zwischen den Punkten. In einer solchen Faser ist die Biegedoppelbrechung erhöht, weil sie quadratisch von der Krümmung abhängt. Dagegen ist die durch Druck erzeugte *mittlere* Doppelbrechung dieselbe wie bei glatter Trommel. Insgesamt ist auf einer rauhen Trommel die axiale Verteilung der Doppelbrechung stärker strukturiert, was zu erhöhter Polarisations-Moden-Dispersion führen kann [169].

Torsion

Die mit elastischer Verdrillung verbundene Scherspannung induziert in Einmodenfasern zirkulare Doppelbrechung, also eine Differenz $\Delta\beta = \beta^{(+)} - \beta^{(-)}$ der Ausbreitungskonstanten rechts- und links-zirkularer Polarisationsmoden. Wenn keine weiteren Doppelbrechungseffekte wirksam sind, dreht daher eine solche Faser das Azimut der Polarisation, vergleichbar einem „optisch aktiven" Medium. Ein verdrillter Faserabschnitt der Länge L dreht das Azimut um den Winkel $\vartheta = \Delta\beta\, L/2$. Wie in der Volumenoptik muß dabei zwischen rechtsdrehenden und linksdrehenden Fasern unterschieden werden. Bei gewöhnlichen Quarzglasfasern stimmt der optische Drehsinn mit dem Drehsinn der mechanischen Verdrillung überein, wenn die Wellenlänge im Sichtbaren oder nahen IR liegt.

Zur Erklärung des Effektes wird davon ausgegangen, daß in einem elastisch homogenen tordierten Zylinder die einzigen nichtverschwindenden Scherspannungskomponenten $\sigma_{\phi z}(r, \phi, z) = \sigma_{z\phi}(r, \phi, z) = r\, w_{TE} G$ sind, wenn Zylinderkoordinaten $\{r, \phi, z\}$ zugrunde gelegt werden [163]. Hier bedeutet r den Abstand von der Faserachse, w_{TE} die elastische Torsionsrate [rad/m] der Faser, und G den Schermodul des Fasermaterials. Diese Spannung bewirkt aufgrund des elasto-optischen Effektes die Änderungen $\delta B_{\phi z}(r, \phi, z) = \delta B_{z\phi}(r, \phi, z) = (p_{11} - p_{12})\, r\, w_{TE}$ der „Impermeabilität" $\boldsymbol{B}$. Die zugehörigen Störungen $\delta\varepsilon_{\phi z}(r, \phi, z) = \delta\varepsilon_{z\phi}(r, \phi, z) = -n^4 (p_{11} - p_{12})\, w_{TE}\, r$ verkoppeln in (4.327) die longitudinale Feldkomponente $e_z^{(i)}$ der einen Basisfunktion mit der transversalen Komponente $e_t^{(k)}$ der anderen, und umgekehrt. Zwischen beiden besteht eine Phasenverschiebung von 90°. Dies hat zur Folge, daß die Eigenfunktionen der Torsions-Doppelbrechung zirkular polarisiert sind. Unabhängig vom speziellen Indexprofil der Faser erhält man [156]

$$\Delta\beta = -\bar{n}^2 (p_{11} - p_{22})\, w_{TE} \tag{4.336}$$

Zur Illustration des Effektes wird eine geradlinige Quarzglasfaser der Länge L betrachtet, in die polarisiertes Licht eingekoppelt wird. Die Faser sei zunächst doppelbrechungsfrei. Dann hat das am anderen Ende austretende Licht dieselbe Polarisation wie am Faseranfang. Wird nun die Faser am Anfang festgehalten und das Ausgangsende um einen Winkel θ elastisch verdreht, so folgt das Azimut der Ausgangspolarisation partiell dieser Drehung. Die Torsionsrate der Faser ist $w_{TE} = \theta/L$, und das Ausgangsazimut dreht sich um den Winkel

$$\vartheta = \Delta\beta\, L/2 = \gamma_G \theta \quad \text{mit} \tag{4.337a}$$

$$\gamma_T = -\bar{n}^2 (p_{11} - p_{22})/2 \tag{4.337b}$$

Das hier auftretene Verhältnis $\gamma_T = \vartheta/\theta$ hat für reines Quarzglas mit $\bar{n} = 1{,}46$ und $(p_{11} - p_{22}) = -0{,}15$ den Wert $\gamma_T \approx 0{,}16$. In dotiertem Quarzglas kann der Wert etwas davon abweichen. Da die Torsionsdoppelbrechung eine Folge der Scherspannungen in der Faser ist, tritt sie nur bei *elastischer* Torsion auf. Sie verschwindet, wenn die Faser bis über die Erweichungstemperatur erhitzt wird, so daß die Spannungen relaxieren.

Die materialbedingte elastische Torsionsrate w_{TE} der Faser ist hier zu unterscheiden von der rein geometrischen Torsionsrate w_T der Faserachse. Bei einer allgemein im Raum gekrümmten Faser bedeutet w_{TE} nur die Torsion der Faser *relativ zum begleitenden Dreibein*, vgl. 4.14.4.

Axiales Magnetfeld

Eine andere Form zirkularer Doppelbrechung in optischen Fasern entspricht der in der Volumenoptik bekannten Faraday-Drehung. Wirkt ein Magnetfeld $\boldsymbol{H}$ auf die Faser, so zeigt sie eine zirkulare Doppelbrechung $\Delta\beta$, deren Größe durch denselben Ausdruck beschrieben wird wie in der Volumenoptik

$$\Delta\beta \equiv \beta^{(+)} - \beta^{(-)} = 2V H_z\,. \tag{4.338}$$

Dabei ist V die Verdet-Konstante des Fasermaterials, und H_z ist die in Ausbreitungsrichtung weisende Komponente von $\boldsymbol{H}$. Sind keine anderen Doppelbrechungseffekte wirksam, so resultiert auf einem Faserabschnitt der Länge L eine Drehung des Polarisationsazimutes um den Winkel $\vartheta = \Delta\beta\, L/2$. Entlang der Ausbreitungsrichtung folgt das Azimut einer Rechtsschraube, wenn $H_z > 0$ ist. Dies bedeutet ein nichtreziprokes Verhalten: wird die Ausbreitungsrichtung des Lichtes umgekehrt, so folgt das Azimut einer Linksschraube.

Eine Herleitung von (4.338) stützt sich wiederum auf (4.327). Bei strenger Betrachtung [152] ist die magnetisch induzierte Störung $\delta\varepsilon$ des dielektrischen Tensors in einem parallel zur z-Richtung magnetisierten Medium $\delta\varepsilon_{12} = -\delta\varepsilon_{21} = -2j\bar{n}\, V H_z/k_0$. Sie verkoppelt die Transversalkomponenten der Basisfunktionen $\boldsymbol{e}^{(i)}$ und $\boldsymbol{e}^{(k)}$. Da sie imaginär ist, sind die Eigenfunktionen der Doppelbrechung μ_{ik} zirkular polarisiert. Die Auswertung von (4.328a) mit $\boldsymbol{e}^{(\pm)} = \boldsymbol{e}_x \pm j\boldsymbol{e}_y$ und den LP-Moden liefert direkt (4.338). Die zur Faser senkrechte Komponente von $\boldsymbol{H}$ bleibt praktisch ohne Wirkung.

Die absolute Größe des Faraday-Effektes in Quarzglasfasern ist sehr klein. Bei $\lambda = 1{,}53$ µm Wellenlänge ist $V \approx 8 \cdot 10^{-7}$ rad/A [170]. Im erdmagnetischen Feld ($H \approx 35$ A/m) bedeutet dies eine Polarisationsdrehung von $\vartheta/L = 0{,}0015°$/m. Sie wird von zahlreichen anderen

Doppelbrechungseffekten um Größenordnungen übertroffen und spielt deshalb in Übertragungssystemen keine Rolle. Der Faraday-Effekt findet aber nützliche Anwendung bei Polarisationsuntersuchungen an Fasern. Hier kann man mit $H \cdot L = 10^4$ A und darüber arbeiten und erzielt damit Drehungen von 0,1 ... 1°.

Transversales elektrisches Feld

Wird eine Faser einem starken elektrischen Feld $\boldsymbol{E}$ ausgesetzt, so bewirkt der Kerr-Effekt eine anisotrope Störung $\delta\boldsymbol{\varepsilon}$ und damit Doppelbrechung. Mit (4.327) folgt, daß der wichtigste Beitrag dabei von der transversalen Feldkomponente $\boldsymbol{E}_t$ im Bereich des Faserkerns herrührt. Die Störung $\delta\boldsymbol{\varepsilon}$ ist reell und verkoppelt die Transversalkomponenten der Basisfunktionen. Daher sind die Eigenfunktionen der Doppelbrechung, $\boldsymbol{e}^{(\|)}$ und $\boldsymbol{e}^{(\perp)}$, linear polarisiert, ihre Achsen liegen parallel und senkrecht zu $\boldsymbol{E}_t$. In der Näherung der *LP*-Moden ergibt sich für die Doppelbrechung der gleiche Ausdruck wie in der Volumenoptik,

$$\Delta\beta \equiv \beta_{\|} - \beta_{\perp} = 2\pi B_K |E_t|^2 . \qquad (4.339)$$

Hier ist B_K die Kerrkonstante des Fasermaterials. Wegen ihrer geringen Größe und wegen der bequemen Abschirmbarkeit elektrischer Felder spielt der Kerr-Effekt in faseroptischen Übertragungssystemen keine Rolle. Er bietet sich aber an für Polarisationsuntersuchungen an Fasern [171]. Hier wurde mit $L = 1$ cm und Anlegen einer Spannung von 1 kV über die Faser eine Verzögerung von $\approx 5 \cdot 10^{-4}$ rad erhalten.

Im Zusammenhang mit elektrisch induzierter Doppelbrechung ist schließlich noch erwähnenswert, daß auch das elektrische Feld der Welle, die in der Faser geführt wird, aufgrund des Kerr-Effektes selbst schon eine Doppelbrechung bewirkt. Dieser Effekt ist eng verwandt mit der Selbstphasenmodulation, vgl. 4.16.

4.15.3 Messung von Polarisation und Doppelbrechung entlang einer Faser

Eine direkte Messung der Polarisation des geführten Lichtes ist nur am Faserende möglich, wo das Licht austritt. Entlang der Faser ist das Feld der im Faserkern geführten Mode von außen nicht direkt zugänglich. Dennoch gibt es Methoden, um an einem interessierenden Ort s entlang der Faser die Polarisation des im Faserkern geführten Lichtes von außen festzustellen. Wendet man solche Methoden über eine gewisse Ausbreitungsdistanz hinweg an, so erhält man auch Information über die Entwicklung der Polarisation entlang der Faser [171, 172]. Aus dieser folgt dann mit (4.325) oder (4.297) auch die Verteilung der Doppelbrechung entlang der Faser.

Polarisationsbestimmung aus Rayleigh-Streuung

Die azimutale Verteilung des (gewöhnlich sehr schwachen) Streulichtes, das seitlich aus der Faser austritt, kann Aufschluß geben über den Polarisationszustand des in der Faser geführten Lichtes. Erfolgt die Streuung an isotrop verteilten submikroskopischen Inhomogenitäten, so wird sie als „Rayleigh-Streuung" bezeichnet. Bei der Streuung von linear polarisiertem Licht und Beobachtung unter 90° zur Faserachse hat sie die Eigenschaft, daß die Streuintensität $P_s(\vartheta)$ in der Ebene der Polarisation $\boldsymbol{E}$ verschwindet, und in der dazu senkrechten Ebene maximal ist (vgl. Abb. 4.75). Dabei bezeichnet $\boldsymbol{E}$ die elektrische Feldstärke des geführten Lichtes. Ist es zirkular polarisiert, so ist die azimutale Streulichtverteilung isotrop. Allgemein, bei der Streuung elliptisch polarisierten Lichtes, gilt

$$P_s(\vartheta) \propto P_{zirk} + P_{lin} \sin^2(\vartheta - \vartheta_0) . \qquad (4.340)$$

Hier bezeichnen P_{zirk} und P_{lin} die Anteile an zirkular bzw. linear polarisierter Leistung in der Faser. Die Analyse einer gemessenen Verteilung $P_s(\vartheta)$ liefert die gesuchte Polarisation:

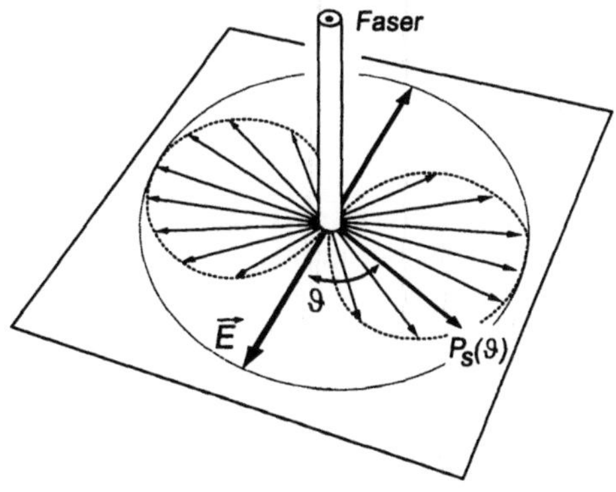

Abb. 4.75. Azimutale Verteilung $P_s(\vartheta)$ der Rayleigh-Streuintensität einer Faser, die linear polarisiertes Licht führt. $\boldsymbol{E}$ ist der elektrische Feldvektor des geführten Lichtes, er definiert das Azimut ϑ_0

Die Winkelrichtung ϑ_0 minimaler Streuintensität gibt das Azimut des linearen Polarisationsanteils an, und die Elliptizität ψ folgt aus dem Verhältnis der minimalen zur maximalen Streuintensität, $\sin^2 \psi = P_{min}/P_{max}$. Das Vorzeichen (r, l) der Elliptizität bleibt dabei allerdings unbestimmt.

Bestimmung der lokalen Doppelbrechung

Der Betrag der lokalen Doppelbrechung einer Faser kann bei sichtbaren Wellenlängen meist auf einfache Weise aus einer Beobachtung des seitlich aus der Faser gestreuten Lichtes bestimmt werden. Zur Messung wird monochromatisches, linear polarisiertes Licht möglichst hoher Leistung in die Faser gekoppelt. Falls an einem Ort s_0 entlang der Faser die Polarisation zufällig mit dem lokalen Eigenzustand der Doppelbrechung übereinstimmt, so bleibt sie auch weiter entlang der Faser unverändert. Die azimutale Verteilung des Streulichtes ist dann unabhängig von s. Die Faser erscheint, von der Seite im Streulicht gesehen, gleichmäßig hell. Im allgemeinen wird aber die Polarisation bei s_0 kein Eigenzustand sein. Dann findet entlang der Faser eine Polarisationsentwicklung statt, die sich bei einer längshomogenen Faser periodisch mit der Schwebungslänge $L_p = 2\pi/\Delta\beta$ wiederholt. Die bei s_0 bestehende Polarisation reproduziert sich bei $s_n = s_0 + nL_p$ mit $n = 1, 2, 3 \ldots$, und die Faser erscheint im Streulicht als „Perlschnur". Die Schwebungslänge L_p kann in günstigen Fällen direkt mit dem Auge erkannt werden. Dabei lassen sich auch noch die Orte linearer Polarisation identifizieren, weil es dort zwei Azimute gibt, in denen die 90°-Streuintensität verschwindet.

Bei visueller Beobachtung des Streulichtes ist diese Methode brauchbar für Fasern mit Schwebungslängen bis herauf zu ca. 100 mm. Besonders geeignet zur Messung ist grünes Laserlicht, weil es stärker als rotes Licht gestreut wird und vom Auge besser wahrgenommen wird. Bei der Messung an nachrichtentechnischen Fasern treten dabei jedoch zwei Probleme auf: Bei grünem Licht sind diese Fasern vielmodig, daher muß bei der Einkopplung und mittels Modenfilterung (Faserkrümmung) Sorge dafür getragen werden, daß nur der Grundmodus angeregt ist. Ein anderes Problem ist es, die im Grünen beobachtete Doppelbrechung auf diejenige bei der tatsächlich interessierende IR-Wellenlänge umzurechnen. Als Ausweg mag hier die Beobachtung des Streulichtes mit einem IR-Bildwandler erwogen werden. Bei guten Fasern ist das seitliche Streulicht bei $\lambda = 1{,}5\ \mu m$ jedoch so schwach, daß sein Nachweis schwer fällt. Die Methode ist nicht geeignet für Fasern mit undurchsichtiger Ummantelung.

Polarisationsbestimmung durch lokale Modulation

Die Polarisation $\boldsymbol{A}(s)$ des in einer Faser geführten Lichtes läßt sich bestimmen, indem der Faser an dem interessierenden Ort s mittels eines Modulators lokal eine definierte Zusatz-Doppelbrechung aufgeprägt wird, und die daraus resultierende Polarisations-Modulation am Faserende gemessen wird. Die transversale Einwirkung einer Kraft oder eines elektrischen Feldes induziert in der Faser lineare Zusatz-Doppelbrechung, ein axiales Magnetfeld zirkulare. Wenn die unbekannte Polarisation $\boldsymbol{A}(s)$ zufällig mit einem der beiden Eigenzustände der lokalen Zusatz-Doppelbrechung $\boldsymbol{\mu}(s)$ übereinstimmt, erfährt das in der Faser laufende Signal lediglich eine Phasenverschiebung, aber keine Änderung der Polarisation. Im allgemeinen jedoch wird $\boldsymbol{A}(s)$ nicht Eigenzustand von $\boldsymbol{\mu}(s)$ sein. Die Zusatz-Doppelbrechung bewirkt dann eine mehr oder weniger große Änderung $\delta \boldsymbol{A} = \boldsymbol{\mu}(s)\, \delta s$ der Polarisation. Sie wird am Faserende mittels eines Polarimeters oder, einfacher, mit Analysator und Leistungsmesser gemessen. Dabei ist es ausreichend, wenn der Beitrag $|\delta \boldsymbol{A}(L)|$ der Polarisations-Änderung festgestellt wird. Er hat am Faserende $s = L$ denselben Wert wie unmittelbar hinter der modulierten Stelle, denn als „Abstand" zweier Polarisationszustände bleibt er bei der Polarisations-Transformation zwischen Modulator und Faserende unverändert. Seine Größe ist

$$|\delta \boldsymbol{A}(s)| = |\boldsymbol{\mu}(s) \boldsymbol{A}(s)\, \delta s| \qquad (4.341)$$

Elasto-optische Modulation. Abbildung 4.76(a) zeigt schematisch die Durchführung dieser Meßmethode am Beispiel elasto-optischer Modulation. Die Kraft F_1 wird periodisch mit einer Frequenz f_m verändert, und $|\delta \boldsymbol{A}|$ wird synchron dazu aus dem Polarimeter-Signal gewonnen [172]. Durch Variation des Azimuts θ der Zusatz-Doppelbrechung und Analyse des resultierenden Signales $|\delta \boldsymbol{A}(\theta)|$ läßt sich $\boldsymbol{A}(s)$ bestimmen. Wenn $\boldsymbol{A}(s)$ linear polarisiert ist, verschwindet $|\delta \boldsymbol{A}|$ bei vier Azimut-Winkeln θ, bei zirkularer Polarisation ist $|\delta \boldsymbol{A}|$ unabhängig von θ. Wird der Modulator entlang der Faser verschoben, so variiert das gemessene $|\delta \boldsymbol{A}(s)|$ periodisch mit der Schwebungs-

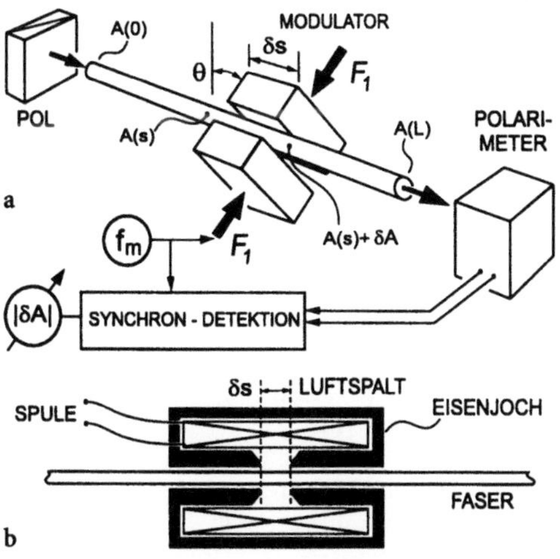

Abb. 4.76 a, b. Bestimmung des Polarisationszustandes $A(s)$ des Lichtes in einer Faser durch lokale Modulation der Doppelbrechung. **a** elasto-optische Modulation mittels transversaler Wechselkraft, **b** magneto-optische Modulation mittels axialem Magnetfeld, rotationssymmetrisch um die Faser herum angeordnet. POL = polarisierte monochromatische Lichtquelle

länge L_p. Ein praktisches Problem bei dieser elasto-optischen Messung kann es sein, daß die modulierende Kraft durch die Ummantelung der Faser hindurch auf den Faserkern wirken muß. Dies ist bei weicher oder dicker Ummantelung nicht gewährleistet. Bei solchen Fasern kann Modulation mittels Biege-Doppelbrechung eine geeignete Alternative sein.

Magneto-optische Modulation ist eine weitere Möglichkeit zur Bestimmung von Polarisation und Doppelbrechung. Anstelle der Wechselkraft wird ein Elektromagnet zur Modulation benutzt, Abb. 4.76 (b). Sein axiales Magnetfeld induziert aufgrund des Faraday-Effektes in der Faser zirkulare Doppelbrechung $\boldsymbol{\mu}_{\text{zirk}}$. Liegt im Luftspalt δs zirkulare Polarisation vor, so ist sie Eigenzustand von $\boldsymbol{\mu}_{\text{zirk}}$ und bleibt unverändert, $|\delta A(s)| = 0$. Lineare Polarisation dagegen ergibt die größte Änderung $|\delta A|$. Wird der Modulator entlang der Faser verschoben, so variiert $|\delta A(s)|$ wieder periodisch und liefert auf einfache Weise die Schwebungslänge L_p. Bei dieser Meßmethode bleibt der Doppelbrechungscharakter (linear/elliptisch/zirkular) unbestimmt. Sie hat aber den Vorteil, daß sie auch für ummantelte und verkabelte Fasern geeignet ist [171].

Frequenzabhängigkeit der Doppelbrechung. Die obengenannten Methoden arbeiten mit räumlicher Abtastung der Polarisation bei fester optischer Frequenz ω. Die alternative Methode, bei der die Polarisation an festem Ort (z. B. am Faserende $z = L$) beobachtet und statt des Ortes die Frequenz ω variiert wird, liefert *nicht* die Doppelbrechung $\Delta\beta$, sondern deren Frequenzabhängigkeit $(d/d\omega)\Delta\beta$. Diese Größe ist, von einem Faktor L abgesehen, die Gruppenlaufzeitdifferenz τ_{DGD} der beiden Polarisationshauptzustände. In einfachen Fällen variiert nämlich, wie in Abb. 4.67 (a) skizziert, die Ausgangspolarisation periodisch mit der Frequenz, und die Leistung hinter einem Analysator schwankt dann mit der Periodizität $\Delta\omega = 1/\tau_{\text{DGD}}$. In komplexeren Fällen (PMD höherer Ordnung) ist das Verhalten nicht periodisch sondern zufallsverteilt, s. 4.15.7.

4.15.4 Polarisationserhaltende Fasern

In einer realen, nominell nicht doppelbrechenden Faser sind gewöhnlich zahlreiche innere und äußere Doppelbrechungseffekte wirksam, und einige von diesen ändern sich mit Temperatur, Druck und anderen Störparametern. Dann ist es technisch nicht möglich, den Polarisationszustand am Faserende vorherzubestimmen oder zeitlich stabil zu halten, auch wenn am Faseranfang Licht mit eindeutig vorgegebener Polarisation eingekoppelt wird. Dieses Problem läßt sich jedoch lösen durch Benutzung spezieller Fasern mit wohldefinierter *hoher innerer Doppelbrechung*. Wenn diese hinreichend groß ist, und wenn die Einkopplung am Faseranfang in einen der beiden Polarisations-Eigenzustände erfolgt, bleibt das Licht entlang der gesamten Faserlänge in guter Näherung in diesem Zustand erhalten. Solche Fasern mit hoher innerer Doppelbrechung (high birefrinegence, „Hi-Bi"-Fasern) werden deshalb als „polarisationserhaltende" Fasern bezeichnet. Sie finden vielfache Anwendungen in passiven und aktiven Komponenten der optischen Nachrichtentechnik und Sensorik.

Für ihren praktischen Einsatz interessiert der Zusammenhang zwischen Eingangs- und Ausgangs-Polarisation in Gegenwart Doppelbrechung-induzierender Störungen. Im folgenden wird allgemein gezeigt, wie die optische Leistung in der unerwünschten Polarisation von der Größe und Verteilung der störenden Doppelbrechungseffekte, von der vorgegebenen Faserdoppelbrechung und von der Ausbreitungsdistanz abhängt. Hierzu wird der

Parameter h der Polarisations-Leistungsüberkopplungsrate definiert, mit dem man die polarisationserhaltende Wirkung einer Faser charakterisiert. Ferner wird die Statistik angegeben, mit der die optische Leistung in der unerwünschten Polarisation von diesem Mittelwert abweicht.

Zufallsverteilte Doppelbrechung

Es wird eine Faser der Länge L mit hoher innerer Doppelbrechung $\boldsymbol{\mu}$ betrachtet. Ihre Eigenzustände sind die in 4.14.4 erläuterten Polarisationen $\boldsymbol{u}^{(+)}$ und $\boldsymbol{u}^{(-)}$, ihre durch Doppelbrechung bedingten Ausbreitungskonstanten $\beta^{(+)} = -\beta^{(-)} = \beta_0 = \Delta\beta/2$ (relativ zu $\bar{\beta}$), und ihre Polarisationsschwebungslänge $L_p = 2\pi/|\Delta\beta|$. Die ungestörte Faser transformiert einen Eingangszustand $\boldsymbol{A}_1$ in den Ausgangszustand $\boldsymbol{A}_2 = M\,\boldsymbol{A}_1$, mit der Diagonalmatrix $M = [\exp(-j\beta_0 L), 0; 0, \exp(+j\beta_0 L)]$. Auf einem kurzen Faserabschnitt ds am Ort s möge nun eine Störung wirken, die eine kleine verlustfreie Zusatzdoppelbrechung $\delta\boldsymbol{\mu}$ verursacht. In der Sichtweise von 4.14.4 wird der gestörte Abschnitt durch eine Matrix

$$dm = \mathbf{1} - j\boldsymbol{\mu}\,ds - j\delta\boldsymbol{\mu}\,ds$$

charakterisiert. Der Anteil $\delta\boldsymbol{\mu}\,ds$ repräsentiert hier die Störung. Um die resultierende Änderung δM der Gesamt-Jones-Matrix zu finden, wird die Faser in die Abschnitte $0\ldots s$ und $s\ldots L$ vor bzw. hinter der Störung aufgeteilt. Deren Jones-Matrizen $M_{s,0}$ und $M_{L,s}$ sind ebenfalls diagonal. Damit ist die Änderung der Ausgangspolarisation

$$\delta\boldsymbol{A}_2 = \delta M\,\boldsymbol{A}_1 =$$

$$= -j\,ds\,M_{L,s}\,\delta\boldsymbol{\mu}\,M_{s,0}\,\boldsymbol{A}_1 \tag{4.342}$$

$$= -j\,ds \begin{pmatrix} \delta\mu_{11}\,e^{-j\beta_0 L} & \delta\mu_{12}\,e^{-j[\beta_0 L - \Delta\beta s]} \\ \delta\mu_{21}\,e^{+j[\beta_0 L - \Delta\beta s]} & \delta\mu_{22}\,e^{+j\beta_0 L} \end{pmatrix} \boldsymbol{A}_1 .$$

Wird die Faser am Eingang mit Licht im ungestörten Eigenzustand $\boldsymbol{A}_1 = \boldsymbol{u}^{(+)}$ gespeist, so zeigt (4.342), daß infolge der Störung am Ausgang in der (+) Polarisation eine kleine Zusatzkomponente $\delta\mu_{11}\,ds$ auftritt, die sich der Hauptkomponente $|\boldsymbol{u}^{(+)}| = 1$ überlagert. Zugleich erscheint in der orthogonalen Polarisation (–), die ohne Störung dunkel wäre, die Amplitude δA_{21}, proportional zu $\delta\mu_{21}\,ds$. Sie ist aus der (+) in die (–) Polarisation übergekoppelt und verletzt die gewünschte Polarisationserhaltung. Falls die Störung $\delta\boldsymbol{\mu}(s)$ über einen gewissen Bereich $s_{\delta\mu}$ verteilt ist, erhält man die insgesamt übergekoppelte relative Störamplitude durch Integration über den Bereich der Störung.

$$\delta A_{21} = \int_{(s_{\delta\mu})} \delta\mu_{21}(s)\,e^{-j\Delta\beta s}\,ds \tag{4.343}$$

Ein konstanter Phasenfaktor $-j\,e^{-j\beta_0 L}$ ist hier unterdrückt worden. Im Übrigen ist die Gültigkeit an die Voraussetzung $|\delta A_{21}| \ll 1$ geknüpft. Die Überkopplung in umgekehrter Richtung, von (–) nach (+), hat den gleichen Betrag, $|\delta A_{12}| = |\delta A_{21}|$.

Aus (4.343) erhellt die Rolle, welche die innere Doppelbrechung der Faser bei der Polarisationserhaltung spielt. Hierzu wird die ortsbezogene Fourier-Transformation der außerdiagonalen Störkomponente $\delta\mu_{21}(s)$ der Störung betrachtet.

$$\delta\mu_{21}(s) = \frac{1}{2\pi}\int V_{21}(K)\,e^{jKs}\,ds \tag{4.344a}$$

$$V_{21}(K) = \int_{s\delta\mu} \delta\mu_{21}(s)\,e^{-jKs}\,ds . \tag{4.344b}$$

Mit $V_{21}(K)$ wird also die spektrale Amplitudendichte der Störung bei der Ortsfrequenz K bezeichnet. Ein Vergleich von (4.344b) mit dem Ausdruck (4.343) zeigt, daß die relative Amplitude δA_{21} der unerwünschten Polarisationskomponente ausgedrückt werden kann als

$$\delta A_{21} = V_{21}(\Delta\beta) . \tag{4.345}$$

Die Überkopplung wird genau durch den Spektralanteil K_p der Störung hervorgerufen, dessen Ortsfrequenz gleich der Faserdoppelbrechung ist, $K_p = \Delta\beta = 2\pi/L_p$, dessen Periodizität also gleich der Schwebungslänge der Polarisation ist.

Die praktisch vorkommenden Störungen sind lokalisiert und „glatt". Sie haben daher ein „bandbegrenztes" Störspektrum, dessen Dichte $|V_{21}(K)|$ mit zunehmender Ortsfrequenz K (mit feiner werdender Periode) abnimmt. Je höher also die Faserdoppelbrechung $\Delta\beta$ gemacht wird, desto kleiner wird (4.345), und desto besser ist die Polarisationserhaltung. Dabei spielt es keine Rolle, ob die in der Faser vorausgesetzte Doppelbrechung linearen, zirkularen oder elliptischen Charakter hat. In der Praxis haben sich für den beschriebenen polarisationserhaltenden Betrieb jedoch die Fasern mit linearer Doppelbrechung durchgesetzt, weil nur sie mit den höchsten $\Delta\beta$ Werten stabil hergestellt werden können.

Grad der Polarisationserhaltung

Um von dieser Berechnung, die zunächst nur für eine klar definierte Störung gilt, zu einer allgemeinen Aussage über lange Fasern mit einer Vielzahl zufallsverteilter Störungen zu gelangen, wird vorausgesetzt, daß diese Störungen nicht miteinander korreliert seien. Als Beispiel können die Biegedoppelbrechungs-Störungen einer Faser dienen, die mit vielen unterschiedlichen, unregelmäßig verteilten Krümmungen installiert ist. Dann gilt immer noch (4.345), aber die Gesamtstörung $|V_{21}(K)|^2$ setzt sich ‚inkohärent', durch geometrische Addition, aus den Beiträgen $|V_{21,n}|^2$ aller Einzelstörungen ($n = 1, 2, 3 \ldots N$) zusammen. Alternativ kann $|V_{21}(K)|^2$ auch über die Autokorrelationsfunktion $C_{21}(s)$ der Störungen gefunden werden

$$\begin{aligned} |V_{21}(K)|^2 &= \sum_{n=1}^{N} |V_{21,n}(K)|^2 \\ &= N\, V^2_{21,a_v}(K) = h(K)\, L \qquad (4.346) \\ &= \int C_{21}(s)\, e^{-jKs}\, ds \quad \text{mit} \end{aligned}$$

$$C_{21}(s) = \int_{(L)} \delta\mu_{21}(s'+s)\, \delta\mu^*_{21}(s')\, ds' \,. \qquad (4.347)$$

Auf einer langen Faser mit ortsunabhängiger Statistik ist die Summe in (4.346) proportional zur Länge L der Faser. Der dabei maßgebliche Proportionalitätsfaktor wird mit $h(K)$ bezeichnet. Dieser h-Parameter charakterisiert die mittlere, entlang der Faser bei der Ortsfrequenz K bestehende „Rauhigkeit" der Doppelbrechung $\delta\mu_{21}(s)$. Hier interessiert der Wert bei $K = \Delta\beta$.

$$h = \frac{1}{L} \sum_{n=1}^{N} |V_{21,n}(\Delta\beta)|^2 \qquad (4.348)$$

Im übrigen kann das Produkt hL auch ausgedrückt werden durch die Anzahl N unabhängiger Störungen und deren mittlere Stärke $|V_{21}|^2_{a_v}$, vgl. (4.346).

Hiermit läßt sich nun angeben, welcher Bruchteil der Leistung am Faserende aus der (+) Polarisation in die unerwünschte Polarisationsrichtung (−) übergekoppelt worden ist. Wird die Eingangsleistung in die (+)Mode der Faser bei $s = 0$ mit $P^{(+)}(0)$ bezeichnet, und sind Verluste vernachlässigbar, so folgt aus (4.343)

$$\frac{P^{(-)}(L)}{P^{(+)}(0)} = hL \quad \text{für} \quad hL \ll 1 \,. \qquad (4.349)$$

Hieraus folgt direkt die anschauliche Bedeutung des Parameters h als längenbezogene relative mittlere Polarisations-Leistungsüberkopplung.

$$h = \frac{1}{P^{(+)}(s)} \frac{dP^{(-)}(s)}{ds} \,. \qquad (4.350)$$

In der vorstehenden Betrachtung ist die Möglichkeit ignoriert worden, daß auch Leistung aus der unerwünschten (−) Polarisation in die (+) Polarisation zurückgekoppelt werden kann. Dieser Effekt tritt erst dann auf, wenn sich ein nennenswerter Leistungsanteil in der (−) Komponente aufgebaut hat. Daher gilt (4.349) nur in Situationen mit $P^{(-)}(L) \ll P^{(+)}(0)$ oder, was dasselbe ist, wenn $hL \ll 1$ ist.

Für allgemeinere Situationen erhält man die Verteilung der Leistung auf die beiden Polarisationszustände aus dem System von Differentialgleichungen für die Leistungsüberkopplung zwischen den beiden Moden, vgl. 4.4.3. Durch Verallgemeinerung der (+) → (−) Kopplung (4.349) auf die Kopplung (−) → (+) erhält man

$$dP^{(+)}/ds = -h(P^{(+)} - P^{(-)}) \qquad (4.351\,a)$$

$$dP^{(-)}/ds = +h(P^{(+)} - P^{(-)}) \,. \qquad (4.351\,b)$$

Wird am Faseranfang die Leistung $P^{(+)}(0) = 1$ in den (+) Zustand eingekoppelt und keine Leistung in den (−) Zustand, $P^{(-)}(0) = 0$, so findet man die Erwartungswerte der Leistungen am Ort s entlang der Faser als

$$P^{(+)}(s) = (1 + e^{-2hs})/2 \,, \qquad (4.352\,a)$$

$$P^{(-)}(s) = (1 - e^{-2hs})/2 \,. \qquad (4.352\,b)$$

Das Verhältnis von übergekoppelter zu verbliebener Leistung hat bei s den Erwartungswert

$$\frac{P^{(-)}(s)}{P^{(+)}(s)} = \tanh(h\,s) \,. \qquad (4.353)$$

Diese Funktion ist in Abb. 4.77 skizziert. Für Ausbreitung über kurze Distanzen, bei denen $hL \ll 1$ gilt, ist die Leistung in der unerwünschten Polarisation klein, gemäß (4.349) ist sie hier annähernd proportional zur Faserlänge. Bei $hL = 1$ wird $P^{(-)}/P^{(+)} \approx 0{,}76$. Bei noch größeren Distanzen teilt sich die verfügbare Leistung zu etwa gleichen Teilen auf beide Polarisationen auf, von einer „Polarisationserhaltung" kann dann nicht mehr gesprochen werden.

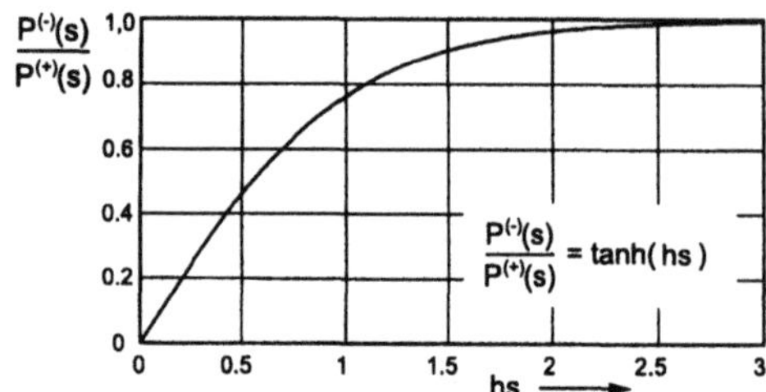

Abb. 4.77. Erwartungswert der Polarisationsüberkopplung einer Faser als Funktion von $h\,s$, mit h = charakteristischer Parameter, s = Distanz entlang der Faser

Für eine gute Polarisationserhaltung ist es entscheidend, das Kopplungsspektrum $h(K)$ möglichst flach und schmal zu halten, speziell in der Nähe der für die Überkopplung maßgeblichen Schwebungs-Periodizität $K_\mathrm{p} = \Delta\beta$. Die Größe von $h(K_\mathrm{p})$ hängt dabei einerseits von den inneren Störungen der Faser und der Sorgfalt ab, mit der bei der Verlegung der Faser äußere Doppelbrechungsstörungen vermieden werden (vgl. 4.15), zum anderen von dem Wert von $K_\mathrm{p} = 2\pi/L_\mathrm{p}$, also von der Schwebungslänge L_p. Sind verschiedene Arten von *unkorrelierten* Doppelbrechungsstörungen gleichzeitig wirksam, so addieren sich gemäß (4.348) ihre h-Parameter.

Bei Doppelbrechungsstörungen jeglicher Art $\delta\mu_{21}(s)$ ist sowohl ihr Betrag wie ihre Verteilung entlang s kritisch für die Polarisationserhaltung. Der Betrag geht gemäß (4.348) quadratisch in h ein. Die Verteilung sollte möglichst wenig Anteile bei hohen Ortfrequenzen enthalten. Die Schwebungslänge L_p sollte deutlich kürzer sein als die typische Ausdehnung der Störungen. Dies reduziert h, weil das Spektrum $|V_{21}(K)|^2$ der Doppelbrechungsstörungen dann nach hohen Ortsfrequenzen hin rasch abfällt.

In diesem Sinne ist es besonders wichtig, scharf lokalisierte Doppelbrechungsstörungen zu vermeiden. Besonders ungünstig sind quasi punktförmige Doppelbrechungsstörungen, deren Ausdehnung klein gegen die Schwebungslänge L_p ist. Ihr Rauhigkeitsspektrum $|V_{21}(K)|^2$ ist sehr breit, weit über K_p hinausreichend. Wenn solche Störungen vorliegen, bringt die Wahl einer kürzeren Schwebungslänge L_p keine Verbesserung der Polarisationserhaltung.

Beispiel. Um die praktisch auftretenden Größenordnungen der Doppelbrechungsstörungen und ihren Einfluß auf die Polarisationserhaltung zu illustrieren, wird eine typische polarisationserhaltende Faser für 1,5 µm Wellenlänge betrachtet, für die bei einer Schwebungslänge L_p = 5 mm eine Polarisationsüberkopplung von $h_0 \approx 10^{-5}\,\mathrm{m}^{-1}$ angegeben wird. Dieser Wert bedeutet, daß bei Abwesenheit äußerer Störungen nach 1000 m Faserlänge ein Leistungsbruchteil von $P^{(-)}/P^{(+)} = h_0\,L \approx 0{,}01$ in der unerwünschten Polarisation zu erwarten ist. Die hohe Doppelbrechung dieser Faser mindert aber nicht nur die Wirkung der inneren Störungen, sondern auch die der äußeren. Wird diese Faser mit zahlreichen Bögen von $\approx 90°$ mit $R_\mathrm{B} \approx 2$ cm Krümmungsradius verlegt, so entsteht innerhalb eines jeden Bogens der Länge $L_{90} \approx 3{,}14$ cm eine störende Biegedoppelbrechung von $\Delta\beta_\mathrm{B} \approx$ 5,4 rad/m. Die Fouriertransformation dieser Störfunktion liefert $|V_{21}(K)|^2_{\mathrm{a}_v} \approx \Delta\beta_\mathrm{B}^2/K^2$. Dabei ist über einen rasch oszillierenden Term $\sin^2(K\,L_{90}/2) \approx 0{,}5$ gemittelt worden, der bei der Fouriertransformation auftritt, sowie über einen Ausdruck $\sin^2(\alpha_\mathrm{B}) \approx 0{,}5$, der die als zufällig angenommene azimutale Verteilung der Bögen berücksichtigt. Bei einem mittleren Abstand der Bögen von 1 m erhält man mit $K_\mathrm{p} = 2\pi/L_\mathrm{p} \approx 1250$/m als Erwartungswert des Biegungs-bedingten Kopplungsfaktors $h_\mathrm{B} \approx 2 \cdot 10^{-5}$ m. Die äußeren Störungen sind also um den Faktor 2 stärker als die inneren. Es ist aber ersichtlich, daß die Polarisationserhaltung dieser Faser auch nach 1000 Bögen noch wirksam ist, denn insgesamt ist dort $(h_0 + h_\mathrm{B})\,L \approx 0{,}03$.

Statistik der Polarisationskopplung

Für eine realistische Beurteilung der polarisationserhaltenden Wirkung einer konkreten Faser, sowie für einen Vergleich gemessener Werte mit den genannten Erwartungswerten, ist es von Interesse, die zu diesen Werten gehörenden Streubreiten zu kennen. Die jeweils betrachtete eine Faser ist dabei als Stichprobe aus einem fiktiven Ensemble statistisch gleichwertiger Fasern aufzufassen. Die angegebenen Mittelwerte beziehen sich auf das Ensemble, die einzelne Faser kann mehr oder weniger weit davon abweichen.

Zentrales Problem bei der Ermittlung der Streubreiten ist es, die Anzahl N unabhängiger Störungen festzustellen, die zur übergekoppelten Leistung beitragen. Wenn eine „normale“ Statisitk vorliegt, ist $1/\sqrt{N}$ der Erwartungswert für die relative Streubreite. Die Anzahl N war in (4.346) unter der Annahme diskret liegender Störungen eingeführt worden. Alternativ ist auch die Interpretation $N = L/L_c$ möglich, wobei L die Faserlänge ist und L_c den mittleren Abstand der Störungen bedeutet. Diese Definition bleibt brauchbar, wenn die Störungen nahtlos ineinander übergehen. Dann ist L_c die Korrelationslänge der Störungsverteilung. In der Praxis sind die Störungen selten so gut bekannt, daß L_c berechnet werden kann. Eher ist die umgekehrte Vorgehensweise sinnvoll, aus einer gemessenen Streubreite der Polarisations-Überkopplung die Größe von N bzw. L_c festzustellen. Daraus können dann evtl. Rückschlüsse auf die Natur der dominanten Doppelbrechungsstörungen gezogen werden.

Die Streubreite der übergekoppelten Leistungswerte $P^{(-)}$ kann auf mehrere Weisen bestimmt werden. Als Konzept am anschaulichsten wäre die Analyse eines Ensembles von $Z \gg 1$ statistisch gleichwertigen Fasern. Würden daran die Störleistungen $P_{\mathrm{m}}^{(-)}$ gemessen werden ($m = 1 \ldots Z$), so könnte deren Standard-Abweichung als $\sigma_{\mathrm{P}} = \bar{P}/\sqrt{N}$ interpretiert werden. Dies liefert N. Häufig liegt jedoch nur eine einzige Faser vor. Darf dann Ergodizität unterstellt werden, kann eine statistische Analyse auch erfolgen, indem die optische Frequenz ω verändert wird, und die resultierenden Schwankungen der Leistung $P^{(-)}(\omega)$ entsprechend interpretiert werden. Damit diese Analyse signifikant ist, muß auch hier der Umfang Z des Ensembles genügend groß sein. Dafür ist eine hinreichend große Frequenzvariation nötig, $\Delta\omega = Z\,\delta\omega_c$, wenn $\delta\omega_c$ die Korrelationsbandbreite der Leistungsschwankungen ist. Es kann gezeigt werden, daß $\delta\omega_c \approx 4\pi/\tau_{\mathrm{DGD}}$ gilt, wobei τ_{DGD} die in 4.15.6 behandelte Differenz der Gruppenlaufzeiten in den beiden Polarisationen ist. Als Beispiel wird eine 100 m lange Faser mit $L_{\mathrm{p}} =$ 5 mm Schwebungslänge und $\tau_{\mathrm{DGD}} \approx 100$ ps betrachtet. Hier ist $\delta\omega_c/2\pi \approx 20$ GHz. Um $Z = 100$ unabhängige Meßwerte zu erhalten, muß die Frequenz über insgesamt 2 THz durchgestimmt werden.

Weitere Möglichkeiten, Zugriff auf die Statistik einer gegebenen Faser zu bekommen, wären Änderungen der Temperatur oder wiederholte Neuverlegungen bzw. Umspulungen der Faser, um die Geometrie-bedingten Störungen neu zu arrangieren.

Konstruktionsprinzipien polarisationserhaltender Fasern

Das Konstruktionsziel „Polarisationserhaltung" erfordert es vor allem, eine möglichst hohe Doppelbrechung permanent in die Faser einzubringen. Dies kann zum einen durch Verwendung eines stark elliptischen Faserkerns erfolgen, zum anderen durch Einbau hoher innerer Spannung, vgl. Abb. 4.72. Mit beiden Fasertypen werden gute Resultate erzielt. Es bestehen jedoch erhebliche Unterschiede nicht nur bei der Herstellung, sondern auch in den Eigenschaften und Anwendungsbereichen dieser beiden Typen.

Fasern mit elliptischem Kern erzeugen die Doppelbrechung hauptsächlich durch die Unrundheit des Kernes, vgl. 4.15.1. Daneben ist stets auch etwas Spannungsdoppelbrechung wirksam, die von den unterschiedlichen Ausdehnungseigenschaften von Kern und Mantel herrührt. Ein typisches Achsenverhältnis der Kernform ist $r_y/r_x = 0{,}5$, vgl. Abb. 4.71(b). Da die Doppelbrechung (4.330) überproportional mit dem Indexunterschied Δn zwischen Kern und Mantel zunimmt, bedingt die gewünschte hohe Doppelbrechung einen kleinen Kerndurchmesser (wenige µm) und kleinen Feldradius. Dies, zusammen mit der elliptischen Form des Feldes, erschwert die Einkopplung eines Laserstrahles in die Faser. Ein Vorteil der Fasern dieses Typs, der besonders bei Sensoranwendungen zum Tragen kommt, ist ihr relativ geringerer Temperaturkoeffizient der Doppelbrechung [161].

Fasern mit Spannungsdoppelbrechung enthalten im Querschnitt besondere Elemente, die ein modifiziertes Wärmedehnungsverhalten haben. Bei Quarzglasfasern bedeutet dies stets, daß die eingefügten Materialien (beispielsweise B_2O_3-dotiertes Glas) *größere* thermische Ausdehnungskoeffizienten als ihre Umgebung haben [164]. Bei Abkühlung nach dem Faserziehen kontrahieren diese Elemente stärker als der Rest der Faser. Sie selbst stehen dann unter innerer Zugspannung, können in anderen Bereichen des Querschnitts aber auch Druckspannung hervorrufen.

Im einfachsten Fall wirkt ein unrundes „inneres cladding" spannungserzeugend, Abb. 4.72(b). Es wird hergestellt, indem zunächst eine Vorform mit B_2O_3-Mantel erzeugt wird. Sie wird auf zwei gegenüberliegenden Seiten stark beschliffen und mit dem eigentlichen Mantelglas überfangen. Durch Fließvorgänge beim Faserziehen bildet sich dann der etwa elliptische Querschnitt des „inneren claddings" aus. Spannungsoptisch wirksamer und technisch günstiger herzustellen sind die kreisförmigen Spannungselemente der „PANDA"-Faser, Abb. 4.72 (c). Hier wird die Vorform zusammengesetzt, indem Stäbe aus B_2O_3-dotiertem Glas in entsprechende Bohrungen des Mantels eingefügt werden. Die höchste Wirksamkeit kann mit den Segment-förmigen Elementen der sogenannten „bow-tie" Faser erreicht werden, Abb. 4.72 (d), wenn ihr Segmentwinkel $\approx 90°$ ist. In allen Fällen von Abb. 4.72 (b, c, d) herrscht am Faserkern entlang der x-Richtung Zugspannung, entlang der y-Richtung Druckspannung.

Bei polarisationserhaltenden Fasern vom spannungsdoppelbrechenden Typ ist es vorteilhaft, daß der Kern rund sein kann und daß sein Durchmesser nach denselben Gesichtspunkten gewählt werden kann wie bei Standard-Fasern, also 8 ... 12 µm. Damit ist es einfacher als bei Fasern mit kleinem elliptischem Kern, einen hohen Wirkungsgrad bei der Einkopplung eines Laserstrahls zu erreichen. Da mittels Spannungsdoppelbrechung auch deutlich höhere Doppelbrechungswerte möglich sind, hat sich der spannungsdoppelbrechende Typ polarisationserhaltender Fasern in der optischen Nachrichtentechnik durchgesetzt.

4.15.5 Faserpolarisatoren

Einmodenfasern im strengen Sinn des Begriffes können nur eine einzige Mode führen. Ihr Feld besitzt eine bestimmte Polarisation. Durch Verbindung mit gewöhnlichen Einmodenfasern an beiden Enden können solche „single-mode single-polarization" Fasern als Faserpolarisatoren wirken. Sie haben hohe Dämpfung für Licht eines Polarisationszustandes, niedrige Dämpfung für den orthogonalen Zustand. Der Begriff „Faserpolarisatoren" wird daneben auch für mikro-optische Anordnungen verwendet, bei denen ein kleiner „volumenoptischer" Polarisator mit Faserenden versehen ist und dann in ähnlicher Weise als Polarisator wirkt. Solche Konstruktionen werden hier nicht betrachtet.

Für viele Anwendungen von Faserpolarisatoren wäre es gleichgültig, ob die durchgelassene Polarisation linear, zirkular oder elliptisch ist, denn ein kurzes Stück doppelbrechender Faser könnte auf den jeweils benötigten Zustand transformieren. In der Praxis arbeiten aber alle Faserpolarisatoren mit *linearen* Polarisationszuständen.

Generell kann man, wie in der Volumenoptik, zwischen dichroitischen und strahlteilenden Faserpolarisatoren unterscheiden. Bei den ersteren wird das Licht der unerwünschten Polarisation absorbiert, sie entsprechen etwa den bekannten Folienpolarisatoren. Dagegen lenken strahlteilende Faserpolarisatoren das Licht der unerwünschten Polarisation aus dem Lichtweg heraus (wo es dann meist auf Absorber trifft), vergleichbar den Polarisationsprismen der Volumenoptik.

Dichroitische Faserpolarisatoren enthalten als entscheidendes Element eine Metallschicht, die in geringem Abstand (einige µm) parallel zum Faserkern angeordnet ist. Sie kann als Wellenleiter aufgefaßt wrden, auf dem sich Oberflächenplasmonen ausbreiten können. Diese existieren nur in der „quasi TM" Polarisation, bei der das elektrische Feld senkrecht zur Metalloberfläche steht, und sie erfahren aufgrund der endlichen Leitfähigkeit des Metalls eine erhebliche Dämpfung (Größenordnung 1000 dB/m) [173]. Wenn Polarisation und Ausbreitungskonstante des in der Faser geführten Lichtes mit denen des Plasmons übereinstimmen, besteht zwischen beiden Wellen maximale Kopplung. Dann wird kontinuierlich optische Leistung aus der Faser auf die Metallschicht übertragen und dissipiert. Damit wird die TM-polarisierte Mode der Faser stark gedämpft. Die orthogonale Fasermode (TE-Polarisation) wird aufgrund der endlichen Leitfähigkeit ebenfalls gedämpft, jedoch sehr viel schwächer (Größenordnung 1 dB/m), und der notwendige Dichroismus ist gegeben. Eine besonders einfache Konstruktion dieses Faserpolarisators ist möglich bei Verwendung der sogenannten „D-Faser" [161]. Mit ihr wurde bei einer Wechselwirkungslänge von 70 mm eine Unterdrückung der TM-Polarisation von etwa 40 dB erzielt, bei einer Einfügedämpfung von 0,2 dB für TE-Polarisation [174].

Strahlteilende Faserpolarisatoren wurden in einer Form demonstriert, die der eben beschriebenen weitgehend gleicht [175]. Die erwähnte Metallschicht wird hier allerdings nicht neben dem Faserkern angeordnet, sondern so tief in demselben, daß der „cutoff" der TE-polarisierten Mode unterschritten wird. Im Bereich einer solchen Schicht ist dann allein die Plasmon-ähnliche TM-Polarisation ausbreitungsfähig. Sie bestimmt die Durchlaßdämpfung des Polarisators. Um ihre Dämpfung herabzusetzen, wird die Metallschicht extrem dünn (5 nm) gewählt. Das zu sperrende, TE-polarisierte Licht wird, beginnend am Anfang der Metallschicht, vom Faserkern in den Mantel abgestrahlt. Für diese Anordnung wurde eine Unterdrückung der TE-Polarisation von 47 dB berichtet, bei einer Einfügedämpfung von 1 dB für die TM-Polarisation [175].

Ein anderer Typ strahlteilender Faserpolarisatoren beruht auf der polarisationsabhängigen Abstrahlung vom Kern einer stark gekrümmten doppelbrechenden Einmodenfaser mit rundem Kern [176]. Die Abstrahlung hängt nach der Art eines Tunneleffekts extrem stark von der Faserkrümmung und von der Ausbreitungskonstante des Lichtes ab. Zu jeder Krümmung existiert ein kritischer Wert der Ausbreitungskonstanten, oberhalb derer die Abstrahlung gering ist, unterhalb derer sie jedoch rasch zunimmt. Aufgrund von Spannungsdoppelbrechung sind die Ausbreitungskonstanten der beiden linear polarisierten orthogonalen Fasermoden unterschiedlich. Durch passende Wahl aller Parameter kann in einem schmalen Wellenlängenbereich (einige 10 nm) erreicht werden, daß die kritische Ausbreitungskonstante zwischen denen der beiden Fasermoden liegt. Dann wird die „langsamere" Welle mit geringer Dämpfung geführt, die „schnelle" dagegen abgestrahlt. Eine dünne Schicht mit abgesenktem Brechungsindex zwischen Kern und Mantel („W-Profil") kann zweckmäßig sein. Es ist erwähnenswert, daß die hohe Doppelbrechung der Faser auch dafür sorgt, daß zwischen schneller und langsamer Welle keine Leistungsüberkopplung aufgrund von Biegedoppelbrechung erfolgt. Diese würde die Dämpfung der durchgelassenen Polarisation in unerwünschter Weise erhöhen. Praktisch wurde mit 15 Faserwindungen bei 15 mm Krümmungsradius eine Auslöschung von 62 dB erreicht, bei $\lessapprox 2$ dB Durchlaßdämpfung [177].

4.15.6 Polarisationsmodendispersion

Auf realen Faserstrecken sind stets zahlreiche Doppelbrechungseffekte wirksam, weil unvermeidliche Störungen bei der Faserherstellung, -Verkabelung und -Verlegung zu mechanischen Spannungen und Abweichungen von

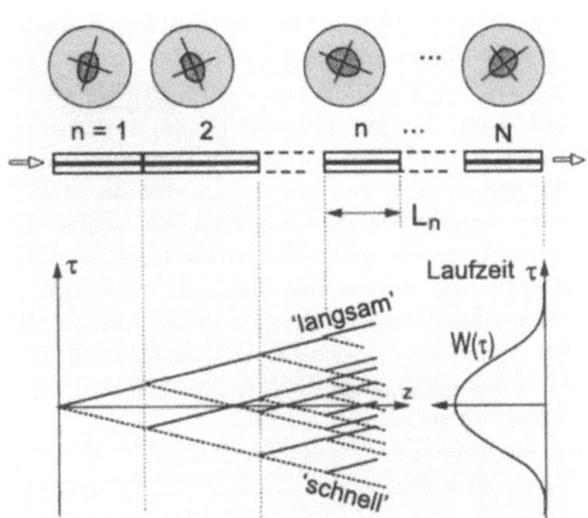

Abb. 4.78. PMD läßt sich als Mehrwege-Ausbreitung interpretieren: Modellierung der Faserstrecke durch Zerlegung in *N* diskrete Abschnitte mit jeweils konstanter Doppelbrechung, aber zufallsverteiltem Azimut. An jeder Abschnittsgrenze teilt sich das Signal in ein schnelles und ein langsames Teilsignal auf. Am Ende der Strecke resultieren 2^N Teilsignale, die sich mit unterschiedlichen Laufzeiten τ zu einem verbreiterten Ausgangspuls überlagern

der ideal-runden Fasergeometrie führen. Im allgemeinen können daher an jedem Ort der Faser die Pulse eines optischen Nachrichtensignales *lokal* auf zwei orthogonal polarisierten, verschieden schnellen Wegen laufen. Da Größe und Orientierung der Doppelbrechung entlang der Faser variieren, gibt es global, über eine lange Faserstrecke gesehen, entsprechend viele mögliche Ausbreitungspfade mit unterschiedlichen Laufzeiten. Dies ist in Abb. 4.78 skizziert. Das in die Faser eingespeiste optische Signal teilt sich an jeder Doppelbrechungsstörung erneut auf zwei Pfade auf und erreicht in Form vieler Teilsignale mit unterschiedlichen Laufzeiten das Faserende. Der Empfänger ‚sieht' die Überlagerung dieser Teilsignale als verbreiterte oder, im Falle starker PMD, als verzerrte Pulse. Da Intersymbol-Interferenz möglichst vermieden werden muß, begrenzt diese durch Doppelbrechung bedingte Pulsverbreiterung die auf der Strecke verwendbare Taktrate. Diese Form der Pulsverbreiterung infolge Mehrwegeausbreitung über eine Faserstrecke mit zufallsverteilter Doppelbrechung wird als Polarisationsmodendispersion (PMD) bezeichnet [178].

Sie wird praktisch durch Angabe einer mittleren Laufzeitdifferenz charakterisiert, die bei typischen Strecken im Bereich von

0,1 … 100 ps liegt. Wenn Verluste keine Rolle spielen (etwa, weil Faserverstärker eingesetzt werden) und andere Dispersionseffekte (insbesondere die chromatische Dispersion) kompensiert sind, kann diese Pulsverbreiterung der entscheidende Faktor sein, der die nutzbare Bandbreite der Faserstrecke begrenzt. Dies gilt insbesondere für Strecken mit älteren Fasern, bei denen die eingangs erwähnten Doppelbrechungsstörungen größer sind als bei moderneren Fasern, welche speziell im Hinblick auf geringe PMD hergestellt und verkabelt werden.

Im folgenden werden die mit PMD verbundenen Erscheinungen beschrieben. Es werden Modelle von Faserstrecken vorgestellt, mit denen die Auswirkungen der PMD von Faserstrecken vorgestellt, mit denen die Auswirkungen der PMD auf optische Signale im Zeit- und Frequenzbereich analysiert werden können. Da die PMD realer Faserstrecken gewöhnlich im Laufe der Zeit fluktuiert, interessieren die Größe, Geschwindigkeit und Statistik der Fluktuationen. Diese werden angegeben. Dann werden Methoden zur praktischen Bestimmung der PMD realer Faserstrecken erläutert. Schließlich wird gezeigt, wie man die PMD einer Faserstrecke kompensieren kann, indem man sie mit einer kurzen elektrischen oder optischen Zusatzstrecke passend gewählter Verzögerung kombiniert.

Phänomenologische Beschreibung im Zeitbereich und Frequenzbereich

In der folgenden Diskussion werden Verluste und Verstärkungen entlang der Faserstrecke ignoriert. Dies vereinfacht die formale Beschreibung und die numerische Modellierung mittels des Jones-Formalismus. Zugleich ermöglicht es Veranschaulichungen auf der Poincaré-Kugel. Soweit solche Verluste oder Verstärkungen polarisationsunabhängig sind, bedeutet diese Vereinfachung keine Einschränkung der Allgemeinheit. Wenn in der Praxis eine Polarisationsabhängigkeit besteht, so ist sie meist gering, und die folgende Darstellung gilt näherungsweise. Des weiteren wird hier noch vorausgesetzt, daß die „gewöhnliche" (chromatische) Dispersion der Faserstrecke kompensiert sei und deshalb ebenfalls ignoriert werden kann.

Die PMD resultiert aus der Frequenzabhängigkeit der von der Faserstrecke bewirkten, Doppelbrechungs-bedingten Polarisationstransformation $M = M(\omega)$ zwischen Fasereingang und -Ausgang. Sie wurde bereits in 4.14.5 diskutiert. Ohne im einzelnen auf die Ursachen dieser Abhängigkeit einzugehen, kann die Wirkung der PMD zunächst phänomenologisch verstanden werden. Dazu wird Gebrauch gemacht vom Konzept der Polarisations-Hauptzustände, das, historisch gesehen, eigens für diese Analyse eingeführt worden war [178].

Zu einem vorgegebenem festen Eingangs-Polarisationszustand $\boldsymbol{A}_1$, der vom Sender des optischen Nachrichtensystems bestimmt ist, gehört der Ausgangszustand $\boldsymbol{A}_2(\omega) = M(\omega)\,\boldsymbol{A}_1$. Seine Frequenzabhängigkeit $\boldsymbol{A}_2(\omega)$ bedeutet, je nach benutzter Zeitauflösung, einen „Polarisations-Chirp" oder eine Depolarisation. Dieser Effekt kann auf der Poincaré-Kugel veranschaulicht werden. Dazu wird die frequenzbezogene Trajektorie $\boldsymbol{A}_2(\omega)$ der Ausgangspolarisation betrachtet. Zur PMD-Analyse eines optischen *RZ*-Pulses wird dieser in sein Frequenzspektrum aufgelöst und die Polarisationstransformation der Spektralkomponenten betrachtet. Das Ergebnis hängt entscheidend von der relativen Größe der PMD im Vergleich zur Pulsdauer τ_P ab.

Im Zeitbereich ist der Betrag der PMD gegeben als $\tau_{DGD} = |\tau_G^{(+)} - \tau_G^{(-)}|$, also als Differenz (4.324) der Gruppenlaufzeiten, mit denen die Pulsenergie in den beiden Polarisations-Hauptzuständen $\boldsymbol{H}_2^{(\pm)}$ am Faserende erscheint. Sie wird im Englischen als „differential group delay" (DGD) bezeichnet.

Alternativ kann der Vergleich auch im Frequenzbereich angestellt werden. Dort wird der Puls durch seine spektrale Breite, $\Delta\omega_P \approx 1/\tau_P$ charakterisiert, und die PMD durch die frequenzbezogene Winkelgeschwindigkeit $|\boldsymbol{\Omega}_2| \approx 2\pi/\tau_{DGD}$, mit der die Ausgangspolarisation $\boldsymbol{A}_2(\omega)$ als Funktion der Frequenz auf der Poincaré-Kugel um die durch die Ausgangs-Hauptzustände $H_2^{(-)}(\omega_0)$ und $H_2^{(+)}(\omega_0)$ definierte Achse rotiert (4.14.4). Hier bedeutet ω_0 die Mittelfrequenz des Pulsspektrums.

Der Grenzfall zwischen Situationen mit kleiner bzw. großer PMD ist gegeben, wenn im Zeitbereich $\tau_{DGD} \approx \tau_P$ ist. Im Frequenzbereich liegt dieser Fall vor, wenn die spektrale Breite des Pulses so groß ist, daß die zugehörige Polarisationsänderung $\Delta\boldsymbol{A}_2$ des Ausgangszustandes etwa einem Winkel von 1 rad auf der Poincaré-Kugel entspricht, $\Delta\omega_P\,|\boldsymbol{\Omega}_2| \approx 1$.

„*Kleine PMD*" bedeutet in diesem Sinne im Zeitbereich $\tau_{DGD} \ll \tau_P$. Der Puls erfährt hier nur eine geringe Verbreiterung, Abb. 4.79. Im Frequenzbereich, auf der Poincaré-Kugel ge-

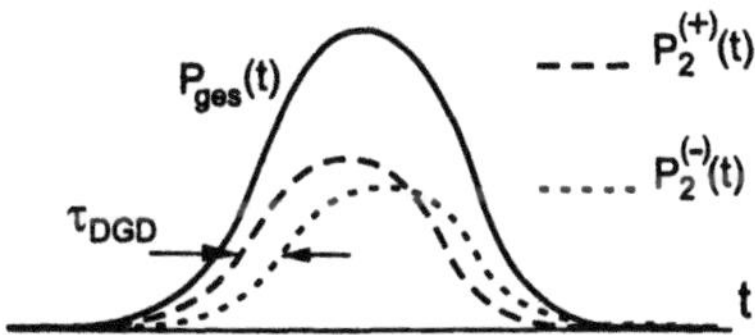

Abb. 4.79. Bei „schwacher" PMD teilt sich der Eingangspuls einer Faserstrecke in zwei orthogonal polarisierte Teilpulse auf. Sie erscheinen am Ende der Strecke in den beiden Hauptzuständen mit der Laufzeitdifferenz τ_{DGD}

sehen, ist der zur Puls-Bandbreite $\Delta\omega_P$ gehörende Abschnitt der Trajektorie $A_2(\omega)$ ein kurzer Kreisbogen, vgl. Abb. 4.80(a); die Ausgangspolarisation ist nahezu konstant. Die Rolle, die hierbei der Eingangspolarisation A_1 zukommt, ist durch ihre Lage relativ zu den beiden Eingangs-Hauptzuständen $H_1^{(+)}$ und $H_1^{(-)}$ bestimmt. Bei allgemeiner Lage von A_1 muß der Eingangspuls in seine Anteile zerlegt werden, die auf $H_1^{(+)}$ und $H_1^{(-)}$ entfallen, vgl. Abb. 4.70. Bezeichnet man auf der Poincaré-Kugel die Winkelabstände zwischen A_1 und diesen Hauptzuständen mit $\alpha_1{}^{(+)}$ und $\alpha_1{}^{(-)} = \pi - \alpha_1{}^{(+)}$, so sind die Energien der Teilpulse proportional zu $\cos^2(\alpha^{(+)}/2)$ und $\cos^2(\alpha_1{}^{(-)}/2) = \sin^2(\alpha_1{}^{(+)}/2)$. In Sonderfällen kann es vorkommen, daß A_1 mit dem einen oder dem anderen Hauptzustand zusammenfällt. Dann wird die Pulsenergie ganz in diesem Hauptzustand am Empfänger ankommen. Es sind dann keine oder nur minimale PMD-Effekte zu erwarten, obwohl die PMD-Laufzeitdifferenz formal auch dann noch besteht. Dieser Fall bleibt jedoch gewöhnlich nicht über längere Zeiten erhalten, weil die Lage der Hauptzustände infolge von Temperatur-Fluktuationen, Erschütterungen oder andere Störungen fortlaufend variiert.

Gewöhnlich wird A_1 deshalb irgendwo zwischen den Hauptzuständen liegen. Die PMD-Effekte sind besonders ausgeprägt, wenn $\alpha_1{}^{(+)} \approx \alpha_1{}^{(-)} \approx \pi/2$ ist, weil sich dann die Pulsenergie zu etwa gleichen Teilen auf die beiden Hauptzustände aufteilt. Die beiden Anteile breiten sich in unübersichtlicher Weise entlang der Strecke aus. Beide erscheinen, gemäß der Definition der Hauptzustände, schließlich unverzerrt in den Zuständen $H_2^{(+)}$ und $H_2^{(-)}$ mit der Laufzeitdifferenz τ_{DGD}. Da letztere hier als klein gegen die Pulsdauer vorausgesetzt worden war, überlappen die Pulsanteile zeitlich weitgehend [179] und setzen sich zu einer resultierenden Ausgangs-Polarisation A_2 zusammen. Diese besitzt einen kleinen Polarisations-Chirp $\delta\Phi$, weil der Teilpuls, der die Polarisation $H_2^{(+)}$ hat, um τ_{DGD} früher ankommt als der andere Teilpuls mit der Polarisation $H_2^{(-)}$. In den erwähnten Sonderfällen, wo A_1 mit einem der Eingangs-Hauptzustände $H_1^{(\pm)}$ zusammenfällt, verschwindet der Polarisations-Chirp.

Bei größerer PMD ist die Situationkomplizierter. Die Bandbreite $\Delta\omega_P$ des Pulses überdeckt dann einen breiteren Bereich der Trajektorie $A_2(\omega)$, vgl. Abb. 4.80(b), und dementsprechend größer ist der Polarisations-Chirp. Wenn $\Delta\omega_P$ so groß wird, daß A_2 etwa einen Halbkreis auf der Trajektorie einnimmt, überlappen die beiden Pulsanteile aus $H_2^{(+)}$ und $H_2^{(-)}$ zeitlich nur noch während der halben Pulsdauer. Dies folgt ganz allgemein aus der Tatsache, daß A_2 sich mit der Winkelgeschwindigkeit $dA_2/d\omega = \boldsymbol{\Omega}_2 \times A_2$ auf der Trajektorie bewegt, wobei $|\boldsymbol{\Omega}_2| = 2\pi/\tau_{DGD}$ ist. Der Ausgangspuls ist dann um $\approx 50\%$ verbreitert.

Bei starker PMD wird die vorstehende Beschreibung rasch unbrauchbar. Weil die Trajektorien $A_2(\omega)$ typischer Faserstrecken keine Kreise sind, sondern unregelmäßige Formen wie in Abb. 4.59 haben, kann die für kleine und mittlere PMD gegebene Beschreibung nicht auf $\tau_{DGD} \gg \tau_P$ extrapoliert werden. Die Näherung der Trajektorie durch einen Kreis ist dann nur auf einem kurzen Bogen nahe der Mittenfrequenz ω_0 brauchbar. Dabei definiert der Kreis auf der Oberfläche der Poincaré-Kugel zwei Mittelpunkte: Die beiden zu ω_0 gehörenden Hauptzustände $H_2^{(\pm)}(\omega_0)$. Ist die Signalbandbreite $\Delta\omega_P$ so groß, daß der vom Ausgangssignal belegte Teil der Trajektorie nennenswert von dem Kreisbogen abweicht

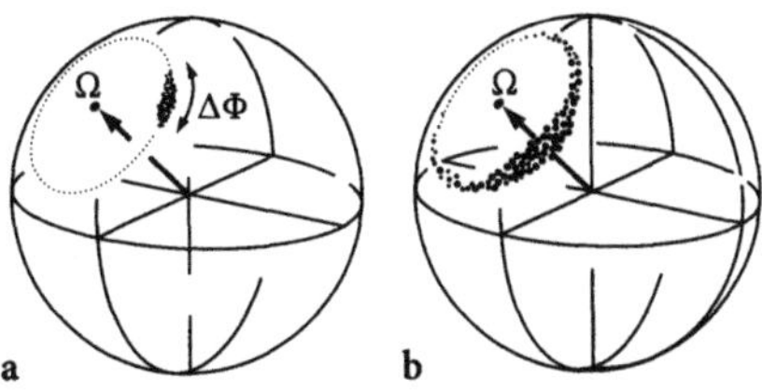

Abb. 4.80 a, b. Poincaré-Darstellung der Ausgangspolarisation einer Faserstrecke bei **a** schwacher PMD und **b** erheblicher PMD. Die Dichte der Punktierung deutet die spektrale Leistungsdichte an. Der Ausgangszustand überdeckt bei **a** nur einen kurzen Bogen $\Delta\Phi$, bei **b** einen größeren Bogen der Trajektorie $A_2(\omega)$. Dieser Bogen bedeutet einen Polarisations-Chirp

(typisch bei $\Delta\omega_P \cdot |\boldsymbol{\Omega}_2| \geq \pi$), so kann dies aufgefaßt werden als eine Situation, in der sich die Hauptzustände selbst mit der Frequenz ändern. Es resultieren dann erhebliche Verzerrungen des Ausgangspulses, und man spricht von PMD „höherer Ordnung". Dabei bezieht „Ordnung" sich auf die Potenz des höchsten in der Reihenentwicklung (4.316) berücksichtigten Terms.

Formale Beschreibung der PMD, Ergodizität

Um die Wirkung der zufällig-ortsabhängigen Doppelbrechung genauer zu modellieren, wird die Strecke gedanklich in eine Anzahl N diskreter Faserabschnitte zerlegt. Sie haben die Längen L_n mit $n = 1 \dots N$, so daß $L = \sum L_n$ die Länge der Gesamtstrecke ist. In jedem der Abschnitte soll die Doppelbrechung konstant sein, dabei statistisch unabhängig von den Doppelbrechungen der benachbarten Abschnitte. Sie wird im Abschnitt n durch eine unitäre Jones-Matrix M_n repräsentiert, welche die Stärke der lokalen Doppelbrechung in Form der Phasendifferenz $\Phi_n = L_n\beta_{on}$ des betr. Abschnittes enthält sowie, in Form ihrer Eigenzustände, die Orientierung der lokalen Doppelbrechung, vgl. (4.14.4). Alternativ kann der Abschnitt n im Poincaré-Raum beschrieben werden durch einen Rotationsvektor $\boldsymbol{R}_n$, der mit M_n gemäß 4.14.3 zusammenhängt. Die Abschnittsmatrizen M_n bzw. die Rotationsvektoren $\boldsymbol{R}_n$ werden als zufallsverteilt vorausgesetzt, und die Gesamt-Doppelbrechung der Strecke wird aus den M_n zusammengesetzt, $M = \Pi M_n$.

Aus der Gesamt-Jones-Matrix M berechnet sich gemäß (4.317) die Dispersionsmatrix $\boldsymbol{\Omega}_2 = M' M^{-1}$. Sie beschreibt die frequenzbezogene Änderungsrate des Ausgangszustandes $\boldsymbol{A}_2$. Ihre Eigenvektoren sind die ausgangsseitigen Hauptzustände $H_2^{(\pm)}$ der Faserstrecke. In der Poincaré-Darstellung beschreibt der Dispersionsvektor $\boldsymbol{\Omega}_2$ die Änderungsrate von A_2 mittels (4.325). Seine Eigenzustände $\boldsymbol{u}^{(\pm)}$ liegen auf der Poincaré-Kugel in den Richtungen $\pm\,\boldsymbol{\Omega}_2$. Sein Betrag ist die Gruppenlaufzeitdifferenz, $|\boldsymbol{\Omega}_2| = \tau_{DGD}$. Um die Übersichtlichkeit der Schreibweise zu verbessern, wird im Rest dieses Abschn. 4.15.6 bei τ_{DGD} das Subskript $(\,)_{DGD}$ fortgelassen, ebenso das Subskript $(\,)_2$ bei $\boldsymbol{\Omega}_2$. Eine Verwechslung mit anderen Größen τ bzw. $\boldsymbol{\Omega}$ ist unwahrscheinlich.

Bei einer konkret gegebenen Faserstrecke läßt sich über die Dispersionsmatrix bzw. den Dispersionsvektor $\boldsymbol{\Omega}$ a priori wenig aussagen, weil die Verteilung der Doppelbrechung entlang der Strecke unbekannt ist. Betrachtet man jedoch eine Vielzahl statistisch gleichwertiger Faserstrecken, so sind Aussagen im Sinne von Mittelwerten oder Erwartungswerten sehr wohl möglich. Jedenfalls gehört zu einem solchen Ensemble von Strecken eine Wahrscheinlichkeitsdichte-Verteilung $\mathcal{P}_\Omega(\boldsymbol{\Omega})$ der $\boldsymbol{\Omega}$-Vektoren im Poincaré-Raum. Mit ihr lassen sich Mittelwerte und Schwankungsbreiten für das Ensemble berechnen, die dann auch geeignet sind, das Verhalten einer konkreten Faserstrecke zu beurteilen.

Dabei kann gewöhnlich *Ergodizität* unterstellt werden, also die Gleichwertigkeit statistischer Aussagen über die Faserstrecken eines Ensembles, über das Verhalten einer einzelnen Strecke bei Frequenzänderungen, und über das Verhalten einer Strecke im Laufe der Zeit bei Fluktuationen der Temperatur oder des Luftdruckes. Diese Ergodizität sollte jedenfalls dann gegeben sein, wenn die Zahl N statistisch unabhängiger Faserabschnitte sehr groß ist. Die solchermaßen über ein Ensemble, über die Frequenz oder die Zeit gebildeten Mittelwerte werden im folgenden mit $\langle\ \rangle$ bezeichnet.

Häufigkeitsverteilung der Dispersions-Vektoren $\boldsymbol{\Omega}$ im Poincaré-Raum

Ohne Näheres über die Art der Abschnittsdoppelbrechungen zu wissen, läßt sich allein aufgrund von deren zufälliger Verteilung feststellen, daß für $N \gg 1$ die Wahrscheinlichkeitsdichteverteilung $\mathcal{P}_\Omega(\boldsymbol{\Omega})$ der Dispersions-Vektoren isotrop sein muß, daß also alle Orientierungen von $\boldsymbol{\Omega}$ im Poincaré-Raum gleich wahrscheinlich sind. Dies ist nicht trivial, denn die weit überwiegende Zahl aller Störungen der Faser induziert *lineare* Doppelbrechung. Man könnte daher vermuten, daß auch in der Verteilung der $M(\omega)$ lineare Doppelbrechung überwiegt, so daß die $\boldsymbol{\Omega}$-Verteilung anisotrop werden könnte. Sofern aber die Azimute der Störungen über $0 \dots 2\pi$ gleichverteilt sind, resultiert aus der Verkettung zahlreicher linearer Abschnittsdoppelbrechungen jede mögliche Form elliptischer Gesamt-Doppelbrechung mit gleicher Wahrscheinlichkeit. Zirkulare Doppelbrechungsanteile ändern diese Verteilung nicht. Mathematisch bedeutet dies Isotropie der $\boldsymbol{\Omega}$-Vektoren im Poincaré-Raum. Es folgt, daß der Ensemble-Mittelwert der $\boldsymbol{\Omega}$ verschwindet, $\langle\boldsymbol{\Omega}\rangle = 0$. Dasselbe folgt für jede der 3 Komponenten des Dispersionsvektors $\boldsymbol{\Omega} = [\Omega_x, \Omega_y, \Omega_z]$. Es gilt also $\langle \Omega_x \rangle = \langle \Omega_y \rangle = \langle \Omega_z \rangle = 0$. Der Mittelwert von $|\boldsymbol{\Omega}|^2$ verschwindet nicht. Er ist der Erwartungswert $\mathcal{E}$ für das Quadrat der Gruppenlaufzeitdifferenz, τ_{PMD}^2, den man findet [180], wenn man beliebige Faserstrecken aus dem Ensemble herausgreift. Aufgrund der Ergodizität gilt

$$\mathcal{E}\{\tau_{\text{PMD}}^2\} = \langle \tau_{\text{PMD}}^2 \rangle = \langle |\boldsymbol{\Omega}|^2 \rangle \tag{4.354}$$

Die Wurzel hieraus, also die quadratisch gemittelte Laufzeitdifferenz $\tau_{\text{PMD}} = [\langle \tau_{\text{PMD}}^2 \rangle]^{1/2}$ ist die Größe, die gewöhnlich zur PMD-Charakterisierung einer Strecke angegeben wird.

Aufgrund der Isotropie der $\boldsymbol{\Omega}$-Verteilung kann die Wahrscheinlichkeitsdichte $\mathcal{P}_\Omega(\boldsymbol{\Omega})$ explizit angegeben werden, wenn noch vereinfachend unterstellt wird, daß sie im Poincaré-Raum eine 3-dimensionale Gaußsche Normalverteilung ist, für die (4.354) gilt.

$$\mathcal{P}_\Omega(\Omega_x, \Omega_y, \Omega_z) = (2\pi/3)^{-3/2}\, \tau_{\text{PMD}}^{-3} \times \exp[-3(\Omega_x^2 + \Omega_y^2 + \Omega_z^2)/(2\tau_{\text{PMD}}^2)] \tag{4.355}$$

Die Gültigkeit dieses Verteilungstyps für $N \gg 1$ ist von verschiedenen Autoren eingehend begründet und experimentell bestätigt worden [181–184]. Die Verteilung (4.355) ist normiert mit

$$\iiint \mathcal{P}_\Omega\, d\Omega_x d\Omega_y d\Omega_z = 1 \tag{4.356}$$

$$\iiint (\Omega_x^2 + \Omega_y^2 + \Omega_z^2)\, \mathcal{P}_\Omega\, d\Omega_x d\Omega_y d\Omega_z = \tau_{\text{PMD}}^2$$

Bei voll ausgebildeter Statistik ($N \gg 1$) besteht Ergodizität, und die in (4.355) gegebene Verteilung $\mathcal{P}_\Omega(\Omega_x, \Omega_y, \Omega_z)$ gilt nicht nur für das Ensemble, sondern auch für eine gegebene Faserstrecke bei Variation der Frequenz ω oder, wenn Strecke und Frequenz gegeben sind, auch für andere Änderungen der Doppelbrechung im Laufe der Zeit aufgrund von Fluktuationen der Temperatur oder des Druckes. Eine entsprechende Verteilung muß bei langen Strecken auch für die Ortsabhängigkeit $\boldsymbol{\Omega}(z)$ des Dispersionsvektors gelten, sofern alle Abschnitte der Faser statistisch gleichwertig sind. Dann müssen die Funktionswerte $\boldsymbol{\Omega}(z)$ isotrop im Poincaré-Raum verteilt sein, und ihre Dichte muß (4.355) entsprechen.

Erwähnenswert in diesem Zusammenhang ist die formale Ähnlichkeit dieser Entwicklung $\boldsymbol{\Omega}(z)$ entlang einer Doppelbrechungs-gestörten Faserstrecke mit der zeitlichen Entwicklung des Geschwindigkeitsvektors $\boldsymbol{v}(t)$ eines durch Molekülstöße gestörten kleinen Partikels in einem Fluid (Brownsche Molekularbewegung, „random walk"-Problem). In beiden Fällen verschwindet der Mittelwert des Vektors, aber der Erwartungswert für das Quadrat des Vektors nimmt linear mit der Distanz bzw. mit der Zeit zu [181].

Häufigkeitsverteilung der Gruppenlaufzeitdifferenzen

Für gegebene Bedingungen (Frequenz, Temperatur, ...) der Faserstrecke hat die Laufzeitdifferenz einen ganz bestimmten Wert $|\boldsymbol{\Omega}| = \tau$ im Bereich $0 \le \tau \le \infty$. Mit Hilfe der Verteilung $\mathcal{P}_\Omega(\Omega_x, \Omega_y, \Omega_z)$ läßt sich ausdrücken, wie die Laufzeitdifferenzen τ verteilt sind, wenn ein Ensemble statistisch gleichwertiger Strecken verglichen wird. Die Wahrscheinlichkeitsdichte $\mathcal{P}_\tau(\tau)$ dafür, daß τ im Intervall $\tau \ldots \tau + d\tau$ liegt, findet man durch Integration von (4.355) im Poincaré-Raum über die Kugelschale mit Radius $|\boldsymbol{\Omega}| = \tau$.

$$\mathcal{P}_\tau(\tau) = \left(\frac{6}{\pi}\right)^{\frac{1}{2}} \frac{3\tau^2}{\tau_{\text{PMD}}^3} \exp\left[-\frac{3\tau^2}{2\tau_{\text{PMD}}^2}\right] \tag{4.357}$$

Diese Verteilung der Laufzeitdifferenzen ist vom Typ der Maxwell-Verteilung, welche für die Geschwindigkeit $|\boldsymbol{v}|$ der Brownschen Bewegung typisch ist. Sie ist mit $\int \mathcal{P}_\tau(\tau)\, d\tau = 1$ normiert. In Abb. 4.81 ist sie für zwei Werte von τ_{PMD} beispielhaft dargestellt. Der einfache Mittelwert der Verteilung $\mathcal{P}_\tau(\tau)$ ist

$$\langle \tau \rangle \approx 0{,}921\, \tau_{\text{PMD}} \tag{4.358}$$

Das Maximum der Verteilung $\mathcal{P}_\tau(\tau)$ repräsentiert die am häufigsten auftretende Gruppenlaufzeitdifferenz, sie liegt bei

$$\tau_{\text{häufigst}} \approx 0{,}816\, \tau_{\text{PMD}} \approx 0{,}886\, \langle \tau \rangle \tag{4.359}$$

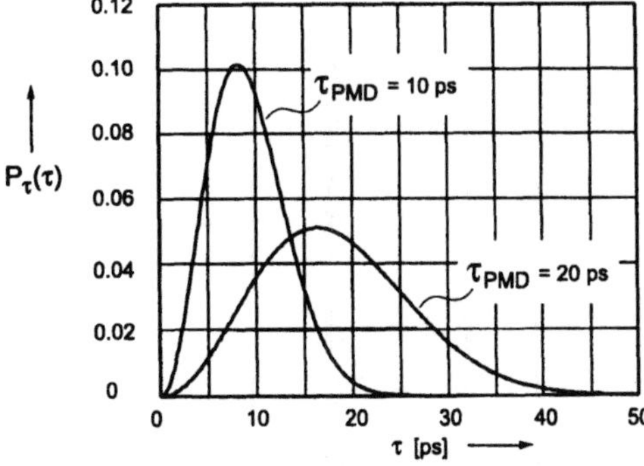

Abb. 4.81. Verteilung (4.357) der Gruppenlaufzeitdifferenzen zweier Faserstrecken mit den mittleren Differenzen $\tau_{\text{PMD}} = 10$ ps und $\tau_{\text{PMD}} = 20$ ps

Der quadratische Mittelwert der Laufzeitdifferenzen ist die schon erwähnte Größe

$$\tau_{\text{PMD}} \equiv \sqrt{\langle \tau^2 \rangle} \approx 1{,}085 \langle \tau \rangle \tag{4.360}$$

Die Standard-Abweichung der Laufzeiten τ von ihrem Mittelwert $\langle \tau \rangle$ beträgt

$$\sqrt{\langle (\tau - \langle \tau \rangle)^2 \rangle} = 0{,}389\, \tau_{\text{PMD}} \approx 0{,}422 \langle \tau \rangle \tag{4.361}$$

Für den Vergleich der Verteilung (4.357) mit anderen Darstellungen oder mit experimentellen Ergebnissen sei angemerkt, daß (4.357) alternativ auch in der etwas einfacheren Schreibweise

$$\mathcal{P}_{\text{A}}(\tau) = \left(\frac{2}{\pi}\right)^{\frac{1}{2}} \frac{\tau^2}{\tau^3_{\text{A,PMD}}} \exp\left[-\frac{\tau^2}{2\tau^2_{\text{A,PMD}}}\right] \tag{4.362}$$

dargestellt werden kann, wenn der Parameter $\tau_{\text{A,PMD}} \equiv \sqrt{3}\ \tau_{\text{PMD}} \approx 0{,}577\ \tau_{\text{PMD}}$ benutzt wird. Die Mittelwerte dieser Verteilung $\mathcal{P}_{\text{A}}(\tau)$ sind dieselben wie die von $\mathcal{P}_\tau(\tau)$.

Einfluß von Länge und Qualität der Faserstrecke auf die PMD-Laufzeitdifferenz τ_{PMD}. Eines der wichtigsten praktischen Probleme im Zusammenhang mit PMD ist es, die mittlere Laufzeitdifferenz τ_{PMD} einer Strecke aus den Eigenschaften ihrer Abschnitte zu ermitteln, um daraus dann bei gegebener Bitrate die maximal nutzbare Streckenlänge zu finden, bzw. bei gegebener Streckenlänge die maximale nutzbare Bitrate. Für eine aus $N \gg 1$ Abschnitten bestehende Faserstrecke erhält man die Gesamt-Laufzeitdifferenz durch geometrische Addition der Abschnittsbeiträge $\tau_{\text{i,PMD}}$,

$$\tau^2_{\text{PMD}} = \sum \tau^2_{\text{i,PMD}} = N\, \tau^2_{\text{a,PMD}} \tag{4.363}$$

mit

$$\tau^2_{\text{a,PMD}} = N^{-1} \sum \tau^2_{\text{i,PMD}} \tag{4.364}$$

Hier bedeutet also $\tau_{\text{a,PMD}}$ die quadratisch gemittelte Laufzeitdifferenz pro Faserabschnitt. Es folgt, daß bei gleichmäßiger Verteilung der Doppelbrechungsstörungen über die Streckenabschnitte die PMD-bedingte Laufzeitdifferenz mit der Wurzel aus der Streckenlänge L anwächst,

$$\tau_{\text{PMD}} \propto N^{1/2} \propto L^{1/2} \tag{4.365}$$

Dies gilt allerdings nur, wenn $N \gg 1$ ist, also nicht bei kurzen Strecken. Bezüglich der PMD kann somit die Qualität einer langen Faserstrecke durch einen Koeffizienten $\gamma_{\text{PMD}} = \tau_{\text{PMD}}/\sqrt{L}$ mit der Dimension [ps/km$^{1/2}$] charakterisiert werden. Er hängt sowohl von der verwendeten Faser wie von deren Verkabelung und Verlegung ab. Im Sinne der Statistik ergibt sich damit die zu erwartende mittlere Laufzeitdifferenz

$$\tau_{\text{PMD}} = \gamma_{\text{PMD}} \sqrt{L}\,. \tag{4.366}$$

Die Begründung für die quadratische Addition (4.363) liegt in dem Gesetz, nach dem sich die Gruppenlaufzeitdifferenzen nicht korrelierter Faserabschnitte zusammensetzen. Es kann für zwei Faserabschnitte mit den Gruppenlaufzeitdifferenzen τ_1 und τ_2 und fester Orientierung allgemein gezeigt werden, daß das Additionsgesetz

$$\tau^2 = \tau_1^2 + \tau_2^2 + 2\tau_1\, \tau_2 \cos\vartheta \tag{4.367}$$

gilt. Dabei ist ϑ eine Winkelkoordinate, die die relative Orientierung der beiden Doppelbrechungen angibt. Hat die Doppelbrechung der zweiten Faser relativ zur ersten eine zufällige Orientierung, so entfällt im Mittel über ein Ensemble von Fasern der $\cos\vartheta$ Term und es bleibt die einfache quadratische Addition. Dies gilt in gleicher Weise, wenn der erste Term in (4.367) die Strecke von $n = 1 \ldots N$ darstellt, und der andere Term den $(N+1)$-ten Abschnitt. In diesem Sinne resultieren (4.363) und (4.366).

Ausfallwahrscheinlichkeit einer Faserstrecke infolge von PMD-Fluktuationen. Die tatsächliche Laufzeitdifferenz τ einer Faserstrecke schwankt um ihren Mittelwert τ_{PMD}, wenn Temperaturfluktuationen oder Erschütterungen die Fasereigenschaften modifizieren oder wenn sich die Signalfrequenz ω_0 ändert. Dabei können gelegentlich so große Laufzeitdifferenzen τ und Pulsverbreiterungen vorkommen, daß die resultierenden Intersymbol-Interferenzen den Empfang eines schwachen, digital modulierten optischen Signals wegen zu hoher Bitfehlerrate unmöglich machen. Zur Auslegung von Übertragungsstrecken ist es deshalb von Interesse, diese durch PMD verursachte Ausfallwahrscheinlichkeit einer Faserstrecke abzuschätzen. Dies ist mit Hilfe der in (4.357) gegebenen Verteilung $\mathcal{P}_\tau(\tau)$ möglich.

Die primäre Wirkung der PMD-bedingten Pulsverbreiterung beim Empfang eines NRZ-Signals ist die Verminderung der „Augenöffnung" in der horizontalen (Zeit-)Richtung [185–187]. Entsprechend der Flankensteilheit der empfangenen Pulse resultiert daraus auch ein allmähliches Schließen des Auges in vertikaler (Amplituden-)Richtung. In Gegenwart von Rauschen wächst somit die Bitfehlerrate an. Wenn sie einen als akzeptabel angesehenen Grenzwert BER_G übersteigt, etwa $BER_G = 10^{-9}$, liegt ein „Ausfall" des Systems vor. Zur quantitativen Beschreibung dieser Zusammenhänge wird zweckmäßig das Verhältnis Q von Signal- zu Rauschleistung vor dem Entscheider herangezogen. Bei einem PMD-freien System hängt es näherungsweise über $\text{BER} \approx (1/2)\,\text{erfc}(Q/\sqrt{2})$ mit der Bitfehlerrate zusammen. Für $BER_G = 10^{-9}$ ist danach ein Wert $Q_G \approx 6$ erforderlich. Werden die Pulse durch PMD mit einer bestimmten Laufzeitdifferenz τ_1 verbreitert, so ist ein größeres Signal/Rauschverhältnis Q_1 erforderlich, um wieder eine akzeptable Bitfehlerrate $BER \le BER_G$ zu erhalten. Das Verhältnis $Q_1/Q_G > 1$ hat somit die Bedeutung einer „Leistungsbuße" oder „penalty", die beim Systementwurf für PMD vorgehalten werden muß [185, 186]. Ein so dimensioniertes System fällt aus, wenn die momentan wirksame PMD den zugelassenen Wert τ_1 übersteigt. Dies wird umso seltener der Fall sein, je kleiner die mittlere PMD-Laufzeitdifferenz τ_{PMD} ist. Die statistische Wahrscheinlichkeit $W_{\text{AUS}}(\tau_1)$ für einen Ausfall aufgrund einer Überschreitung $\tau > \tau_1$ erhält man durch Integration von (4.357) über den Bereich $\tau_1 \ldots \infty$. Näherungsweise (für $\tau_1 > \tau_{\text{PMD}}$) ergibt sich

$$\log_{10}[W_{\text{AUS}}(\tau_1)] \approx -\left(0{,}825\frac{\tau_1}{\tau_{\text{PMD}}} - 0{,}189\right)^2 \qquad (4.368)$$

Hiernach treten beispielsweise Laufzeitdifferenzen von $\tau > \tau_1 = 3\,\tau_{\text{PMD}}$ mit einer Wahrscheinlichkeit von $0{,}6 \cdot 10^{-5}$ auf, also während etwa 3 min/Jahr. Die erwähnte, zu einem gegebenen τ_1 gehörende Leistungsbuße $\mathcal{L}_{\text{PMD}} \equiv 10\log_{10}(Q_1/Q_G)$ wurde in [188] abgeschätzt zu

$$\mathcal{L}_{\text{PMD}} \approx 26\,(\tau_1/T_{\text{BIT}})^2 \quad [\text{dB}], \qquad (4.369)$$

wobei T_{BIT} die Taktzeit (inverse Bitrate) ist. Diese Beziehung sagt beispielsweise aus, daß bei $\tau_1 \approx 0{,}34\,T_{\text{BIT}}$ eine um 3 dB höhere Empfangsleistung notwendig ist, um die PMD-bedingte Verschlechterung der Bitfehlerrate auszugleichen. Durch Einsetzen von (4.369) in (4.368) erhält man einen direkten Zusammenhang zwischen der Ausfallwahrscheinlichkeit W_{AUS} und der vorgehaltenen Leistungsbuße $\mathcal{L}_{\text{PMD}}$.

$$\log_{10}[W_{\text{AUS}}(\tau_{\text{PMD}})] = \approx -\left[0{,}162\frac{T_{\text{BIT}}}{\tau_{\text{PMD}}}\sqrt{\mathcal{L}_{\text{PMD[dB]}}} - 0{,}037\right]^2 \approx -\left(\frac{T_{\text{BIT}}}{\tau_{\text{PMD}}}\right)^2 \frac{\mathcal{L}_{\text{PMD[dB]}}}{38{,}2} \qquad (4.370)$$

Diese Beziehung zeigt, daß man durch Vergrößerung von $\mathcal{L}_{\text{PMD}}$, also Erhöhung der Sendeleistung, die Ausfallwahrscheinlichkeit zwar verringern, aber nicht zu Null machen kann. Sie zeigt weiter, daß bei einer typischen Leistungsbuße von 3 dB die *mittlere* PMD-Verzögerung $\tau_{\text{PMD}} \le 0{,}1\,T_{\text{BIT}}$ sein muß, damit die Ausfallwahrscheinlichkeit $< 10^{-8}$ bleibt. Bei einem 10 Gb/s System mit 100 km Streckenlänge muß dann die mittlere PMD-Verzögerung $\tau_{\text{PMD}} \le 10$ ps sein. Wegen der Längenabhängigkeit (4.366) muß der PMD-Parameter der verlegten Faser $\gamma_{\text{PMD}} \le 1\,\text{ps/km}^{1/2}$ sein. Mit guten Fasern, die heute längenbezogene PMD-Werte von 0,5 … 0,05 ps/km$^{1/2}$ haben, ist diese für 10 Gb/s genannte Bedingung gut erfüllbar, bei schlechteren Fasern und/oder höheren Bitraten kann es zu den nachfolgend beschriebenen Problemen kommen.

PMD zweiter und höherer Ordnung führt bei sehr hohen Taktraten zu Pulsverzerrungen mit unzulässig hohen Fehlerraten. Diese Situation tritt ein, wenn die Frequenzabhängigkeit der Ausgangspolarisation nicht mehr durch die in (4.316) gemachte Näherung beschrieben werden kann. Das dort begründete Konzept mit den Kenngrößen „Hauptzustände" und „Gruppenlaufzeitdifferenz" repräsentiert nur den Term 1. Ordnung einer Reihenentwicklung. Der Term 2. Ordnung kann aufgefaßt werden als frequenzabhängige Modifizierung dieses Konzeptes. Sie wird mit zunehmender Abweichung $(\omega - \omega_0)$ von der Mittenfrequenz wirksam. Sie kann durch Angabe zusätzlicher Kenngrößen charakterisiert werden. Man spricht dann von PMD zweiter Ordnung. Damit läßt sich die Frequenzabhängigkeit der Ausgangspolarisation in einem etwas breiteren Frequenzbereich noch deterministisch beschreiben. Bei Überschreitung dieses Bereiches werden jedoch rasch noch höhere Terme der Reihenentwicklung bedeutsam, und das Konzept wird unbrauchbar.

Eine anschauliche Erklärung der PMD verschiedener Ordnung geben die Modelle zur Charakterisierung der Doppelbrechung einer

Faserstrecke. In erster Ordnung verhält sich die Strecke wie eine doppelbrechende Faser einfachster Struktur („HiBi-Faser"), jedoch mit variabler Orientierung und Verzögerung. Eine genauere Modellierung einer realen Strecke erfordert die Verkettung mehrerer doppelbrechender Fasern mit jeweils variabler Orientierung und Verzögerung. Die Anzahl der benutzten Fasern ist dann die „Ordnung" des PMD-Modelles. Es wird mit zunehmender Ordnung für immer breitere Frequenzbereiche anwendbar, bis hin zu der Situation, wo die Ordnung gleich der Anzahl der Doppelbrechungsstörungen auf der Strecke ist. Dann stimmt das Modell mit dem Original überein und gilt für alle Frequenzen.

Bei Beschreibung im Zeitbereich berücksichtigt PMD 1. Ordnung die Pulsausbreitung auf zwei Wegen unterschiedlicher Laufzeit, entsprechend den beiden Hauptzuständen. Dementsprechend berücksichtigt PMD höherer Ordnung eine größere Zahl möglicher Wege, vgl. Abb. 4.78. An jedem Übergang zu einem Abschnitt anderer Doppelbrechung teilt sich das Signal auf zwei Wege unterschiedlicher Gruppengeschwindigkeiten auf. Bei N Abschnitten resultieren 2^N Wege. Die Überlagerung der so entstehenden 2^N Ausgangspulse erklärt dann die Pulsverzerrung.

Zur Beschreibung im Frequenzbereich wird die Trajektorie $A(\omega)$ auf der Poincaré-Kugel betrachtet. Sie hat allgemein einen unregelmäßigen, aber glatten Verlauf, vergleichbar der in Abb. 4.59 gezeigten Ortsabhängigkeit $A(s)$. Das Ausgangssignal erstreckt sich auf dieser Trajektorie $A(\omega)$ über einen gewissen Abschnitt, der mit zunehmender Bandbreite (Taktrate) des Signals größer wird. Solange der Abschnitt (im Winkelmaß) klein ist, kann die Trajektorie durch den Schmiegekreis approximiert werden, vgl. Abb. 4.68. Dazu gehören die beiden Hauptzustände bei $\pm\boldsymbol{\Omega}$, in denen das Ausgangssignal mit der Laufzeitdifferenz τ_{DGD} erscheint. Dies ist das Konzept der PMD 1. Ordnung. Es versagt, wenn der vom Ausgangssignal besetzte Abschnitt so groß wird, daß er deutlich vom Schmiegekreis abweicht. Die Enden des Abschnittes haben dann andere Hauptzustände als die Mittenfrequenz ω_0. In diesem Sinne bedeutet PMD 2. Ordnung eine frequenzlineare Dispersion der Richtung von $\boldsymbol{\Omega}$. Zugleich bedeutet die Dispersion des Betrages $|\boldsymbol{\Omega}|$ unterschiedliche chromatische Dispersion der beiden Kanäle [189].

4.15.7 Messung und Simulation der PMD

Die wichtigste Größe zur Charakterisierung der PMD einer Faserstrecke ist die *mittlere* Gruppenlaufzeitdifferenz τ_{PMD}, weil von ihr gewöhnlich die maximal mögliche Bitrate abhängt. Ihr gilt daher bei der Messung das größte Interesse. Eine eingehendere PMD-Analyse erfordert die Bestimmung der tatsächlichen Laufzeitdifferenz $\tau_{\mathrm{DGD}}(\omega_0)$ und der Polarisation der Hauptzustände $H_2^{(\pm)}(\omega_0)$ bei einer gegebenen Frequenz ω_0, sowie die Veränderlichkeit dieser Größen mit der Frequenz ω und mit der Zeit, etwa als Folge von Temperaturschwankungen. Eine Messung der Frequenzabhängigkeiten $\tau_{\mathrm{DGD}}(\omega)$ und $H_2^{(\pm)}(\omega)$ liefert die umfassendste Information. Sie ermöglicht vor allem die Feststellung, ob die untersuchte Faserstrecke eine voll ausgebildete „normale" Statistik (4.355) besitzt und durch das angegebene Modell beschrieben wird. Wenn dies nicht der Fall ist, können τ_{PMD} und die übrigen statistischen Kenngrößen erster und höherer Ordnung aus den genannten Meßergebnissen ermittelt werden, insbesondere gilt dies auch für den Zusammenhang von Leistungsbuße und Ausfallwahrscheinlichkeit der Strecke. Ferner bestimmen $\tau_{\mathrm{DGD}}(\omega)$ und $H_2^{(\pm)}(\omega)$, zusammen mit ihrer zeitlichen Veränderlichkeit, die Möglichkeit, die Übertragungskapazität der Strecke durch Kompensation der PMD zu vergrößern.

Die Laufzeitdifferenz τ_{PMD} war in (4.354) eingeführt worden als quadratischer Mittelwert $\langle\tau_{\mathrm{DGD}}^2\rangle^{1/2}$ der Laufzeitdifferenzen $\tau_{\mathrm{DGD}}(\omega_0)$ eines Faser-Ensembles bei einer Frequenz ω_0. Ein solches Ensemble wird jedoch nur in den seltensten Fällen zur Verfügung stehen. Vielmehr ist es regelmäßig von Interesse, den Mittelwert an einer einzigen, gegebenen Faserstrecke festzustellen. Dies ist möglich, wenn die Strecke hinreichend lang ist und aus einer so großen Anzahl von Abschnitten besteht, daß Ergodizität unterstellt werden kann. Dann läßt sich τ_{PMD} auch als Mittelwert über ein hinreichend breites Spektralintervall oder Temperatur-Intervall bestimmen. Gewichtungsfunktion ist dabei die Verteilung $\mathcal{P}_{\mathrm{w}}(\omega)$ der bei der Messung benutzten Frequenzen, normiert mit $\int \mathcal{P}_{\mathrm{w}}(\omega)\,d\omega = 1$, bzw. der benutzten Temperaturen, $\int \mathcal{P}_{\mathrm{T}}(T)\,dT = 1$. Ist die Anzahl N_{S} von statistisch unabhängigen Intervallen oder „Stichproben", über die gemittelt wird, nicht zu klein, so kann die Mittelung wahlweise quadratisch oder auch absolut durchgeführt werden. Im letzteren Fall muß ein dimensionsloser Faktor $q = (3\pi/8)^{1/2} \approx 1{,}09$ berücksichtigt werden, der aus der Maxwell-Verteilung der τ_{DGD}-Werte folgt. Bei Messung der Laufzeitdifferenz $\tau_{DGD}(\omega)$ als Funktion der Frequenz findet man den Mittelwert

$$\tau_{PMD} = [\int \tau_{DGD}^2(\omega)\, \mathcal{P}_w(\omega)\, d\omega]^{1/2} \quad (4.371\,a)$$

$$= q \int |\tau_{DGD}(\omega)|\, \mathcal{P}_w(\omega)\, d\omega \quad (4.371\,b)$$

und bei Messung der Laufzeitdifferenz $\tau_T(T)$ als Funktion der Temperatur

$$\tau_{PMD} = [\int \tau_{DGD}^2(T)\, \mathcal{P}_T(T)\, dT]^{1/2} \quad (4.372\,a)$$

$$= q \int |\tau_{DGD}(T)|\, \mathcal{P}_T(T)\, dT \quad (4.372\,b)$$

In allen diesen Formulierungen nimmt der Fehler, der bei der Bestimmung von τ_{PMD} wegen der Endlichkeit der Stichprobenzahl N_S verbleibt, proportional zu $N_S^{-1/2}$ ab. Weil in der Praxis die verfügbare Stichprobenzahl N_S meist recht begrenzt ist, sind Messungen von τ_{PMD}, im Vergleich zu anderen Messungen an Faserstrecken, entweder relativ aufwendig oder nur von begrenzter Zuverlässigkeit. Nicht zuletzt aus diesem Grunde kommt der numerischen Simulation von Strecken und ihrer PMD-Effekte eine besondere Bedeutung zu.

Die Meßmethoden zur Bestimmung von τ_{PMD} lassen sich danach einteilen, ob sie im Zeitbereich oder im Frequenzbereich arbeiten, wie groß die jeweils erfaßte Stichprobenzahl N_S ist, und wie die jeweils erforderliche Mittelung praktisch ausgeführt wird. Ferner ist im Hinblick auf die Kompensation von PMD zu unterscheiden zwischen Meßanordnungen zur einmaligen PMD-Charakterisierung einer Strecke einerseits, und von Betriebsmeßgeräten andererseits, die an einer bereits weitgehend PMD-kompensierten Faserstrecke schnell und fortlaufend die ständig durch Änderungen der Störungen sich neubildende „Rest-PMD" erfassen und an einen adaptiven Regler weitergeben.

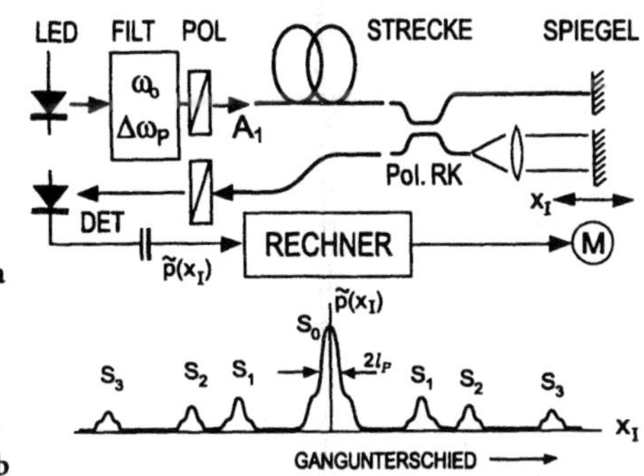

Abb. 4.82 a, b. Interferometrische Messung der PMD: Auswertung der „Sichtbarkeit" $\tilde{p}(x_I)$ der Interferenz breitbandiger Strahlung nach Durchlaufen der Faserstrecke. **a** Meßaufbau mit Interferometer, **b** Sichtbarkeitskurve. Jede vorkommende Laufzeitdifferenz τ_{DGD} erzeugt bei $x_I = \pm\, c\, \tau_{DGD}$ ein Paar von Maxima der Sichtbarkeitskurve. Pol.RK polarisationserhaltender Richtkoppler als Strahlteiler, M Motor zur Variation des Gangunterschiedes x_I durch Bewegung eines der Spiegel

PMD-Messung im Zeitbereich

Es werden kurze Pulse mit definierter Polarisation $\boldsymbol{A}_1$, Frequenz ω_0 und Dauer τ_P in die Faserstrecke eingekoppelt. Zur eindeutigen Auswertung ist es wichtig, daß die Pulse keinen Frequenzchirp besitzen. Sie werden deshalb meist durch externe Modulation eines Lasers erzeugt. Am Ausgang der Strecke werden sie mittels eines schnellen Oszilloskops beobachtet [179]. Es wird die Differenz $\tau_{DGD}(\omega_0)$ zwischen maximaler und minimaler Pulslaufzeit bestimmt, die gefunden wird, wenn die Eingangspolarisation $\boldsymbol{A}_1$ über alle möglichen Zustände variiert wird. Die Extremwerte der Laufzeit ergeben sich, wenn die Anregung $\boldsymbol{A}_1$ mit einem der Hauptzustände $\boldsymbol{H}_1^{(\pm)}(\omega_0)$ zusammenfällt. Bei dieser Messung repräsentiert das Spektrum der Breite $\Delta\omega \approx 2\pi/\tau_P$ ein gewisses Mittelungsintervall, das so schmal sein muß, daß keine nennenswerten Pulsverzerrungen auftreten.

Die genannte Bedingung bedeutet, daß PMD 2. Ordnung eine prinzipielle Begrenzung dieser Meßmethode darstellt. Die Laufzeitdifferenz ist nämlich nur dann sauber erfaßbar, wenn Puls relativ unverzerrt übertragen wird und bei Variation von $\boldsymbol{A}_1$ nicht seine Form verändert. PMD höherer Ordnung würde die Pulse verzerren, abhängig von dem gewählten Eingangszustand $\boldsymbol{A}_1$. Die genannte Bedingung bedeutet ferner, daß hier genau eine Stichprobe genommen wird, daß also $N_S = 1$ ist. Es folgt, daß die direkte Beobachtung der PMD im Zeitbereich nur den Wert von $\tau_{DGD}(\omega_0)$ bei der jeweils benutzten Frequenz ω_0 liefert. Zur Bildung des Mittelwertes τ_{PMD} muß die Messung bei einer Vielzahl weiterer Frequenzen wiederholt werden, damit τ_{DGD} dann gemäß (4.371 a) ausgewertet werden kann.

Interferometrische PMD-Messung

Eng verwandt mit der Zeitbereichs-Messung ist die interferometrische Methode [190]. Hier wird in die Faserstrecke ein polarisiertes, extrem breitbandiges Eingangssignal geschickt, das eine Vielzahl unabhängiger Spektralintervalle $\delta\omega_S$ der Strecke überdeckt. Entsprechend der in (4.371 a) angegebenen Mittelung wirkt in jedem Intervall $\delta\omega_S$ im wesentlichen nur PMD 1. Ordnung. Im Vergleich zur PMD-Messung im Zeitbereich hat die interferometrische Methode den Vorteil, daß viele Intervalle $\delta\omega_S$ parallel erfaßt werden.

Ihre Anzahl N_S ist durch die Bandbreite der Quelle bestimmt. Daher wird eine Breitbandquelle verwendet, sei es in Form einer Superlumineszenzdiode oder als Spontanemission eines EDFA-Faserverstärkers, vgl. Abb. 4.82 (a). Das Signal einer solchen Quelle kann aufgefaßt werden als Träger ω_0, der mit einem extrem breitbandigen Rauschsignal amplitudenmoduliert ist. Dies kommt einer Pulsmodulation mit sehr kurzen, zufallsverteilten Pulsen gleich. Wenn die spektrale Breite der Quelle $\Delta\omega_P$ beträgt, ist die äquivalente Pulsbreite $\tau_P \approx \pi/\Delta\omega_P$ in der Zeitskala, oder $l_P \approx c\pi/\Delta\omega_P$ in einer Ortsskala (c = Lichtgeschwindigkeit). Diese geometrische „Pulsbreite" hat dabei zugleich die Bedeutung der „Kohärenzlänge" des Signales. Entsprechend der Anzahl $N_S = \Delta\omega_P/\delta\omega_S$ unabhängiger Spektralbereiche der Faserstrecke erscheint das Rauschsignal am Ausgang der Strecke in (N_S + 1)-facher „Kopie".

Im Grenzfall kleiner Signalbandbreite ist $N_S = 1$. Dann ist nur PMD 1. Ordnung wirksam, und es erscheinen am Faserende 2 „Kopien" des Eingangssignales, die in den beiden Hauptzuständen mit der Laufzeitdifferenz $\tau_{DGD}(\omega_0)$ ankommen. Diese Differenz wird durch Autokorrelation des Ausgangssignales festgestellt, indem das Licht durch ein Michelson-Interferometer mit einstellbarem Gangunterschied x_I geschickt wird. Das Ausgangssignal $\tilde{p}(x_I)$ des Interferometers ist proportional zur Amplitude des Wechselanteiles des Detektorsignales, der sich bei Variation von x_I ergibt. Damit charakterisiert $\tilde{p}(x_I)$ die „Hüllkurve" oder „Sichtbarkeit" der Interferenz. Wird x_I systematisch durchfahren, so beobachtet man im Bereich S_0 gut ausgeprägte Interferenzen, solange der Gangunterschied x_I kleiner ist als die Kohärenzlänge des Lichtes, $|x_I| \leq l_P$. Bei größeren Gangunterschieden verschwindet die Sichtbarkeit der Interferenzen zunächst. Deckt sich jedoch die zu x_I korrespondierende Zeitverschiebung $t_I = x_I/c$ mit der Laufzeitdifferenz, $t_I = \pm\,\tau_{DGD}(\omega_0)$, so werden erneut Interferenzen sichtbar, vgl. Abb. 4.82 (b). In den beiden Bereichen S_1 interferiert das in einem der Hauptzustände ankommende Signal mit dem Signal des anderen Hauptzustandes, wobei die Laufzeitdifferenz der Faser durch diejenige des Interferometers gerade kompensiert wird. Zur Illustration sei angeführt, daß eine Laufzeitdifferenz von τ_{DGD} = 100 ps zur Kompensation einen Gangunterschied von x_I = 30 mm erfordert, entsprechend einer Spiegelverschiebung von 15 mm.

Praktisch ist jedoch die Signal-Bandbreite $\Delta\omega_P$ so groß, daß sie eine Vielzahl $N_S \gg 1$ unabhängiger Spektralintervalle der Strecke überdeckt, von denen jedes eine eigene Laufzeitdifferenz $\tau_{DGD}(\omega)$ hat. Man erhält dann eine Vielzahl von Sichtbarkeitsmaxima, in Abb. 4.82 (b) mit S_2, S_3, ... bezeichnet. Sie treten jeweils paarweise bei den Gangunterschieden $\pm\, x_I$ bzw. Laufzeitdifferenzen $\tau_{DGD}(\omega)$ auf, welche die Strecke innerhalb der Signalbandbreite hat. Sie sind also der Größe nach geordnet. Auf diese Weise erlaubt die interferometrische Methode die gleichzeitige Erfassung vieler „Stichproben" der Faser, und die interessierende mittlere Laufzeitdifferenz τ_{PMD} ergibt sich gemäß (4.371 b) einfach als Schwerpunktslage der Sichtbarkeitskurve in jedem der Bereiche $x_I > 0$ und $x_I < 0$.

Eine Suchstrategie zur Einstellung der Eingangspolarisation $\boldsymbol{A}_I$ auf die Hauptzustände, wie bei der Zeitbereichs-Messung, ist hier nicht erforderlich, weil sich bei $N_S \gg 1$ die Hauptzustände aufgrund ihrer Frequenzabhängigkeit $\boldsymbol{H}_1(\omega)$ innerhalb der großen Bandbreite vielfach über $\boldsymbol{A}_1$ hinwegbewegen.

Messung mit Sinus-moduliertem Träger

Die Laufzeitdifferenz $\tau_{DGD}(\omega)$ einer Faserstrecke läßt sich auch aus der Interferenz bestimmen, welche zwischen den *Modulations*signalen auftritt, die in den beiden Hauptzuständen am Ausgang einer Faserstrecke ankommen [191]. Dazu wird die Leistung P_1 eines schmalbandigen Lasers sinusförmig moduliert und mit definiertem Polarisationszustand $\boldsymbol{A}_1$ in die Strecke eingekoppelt, vgl. Abb. 4.83. Die Eingangsleistung hat dann die Form $p_1(t) = P_1\,[1 + m \cos \Omega t]$, wobei Ω die Modulationsfrequenz bezeichnet und mP_1 die optische Wechselleistung ist. Liegt der Zustand $\boldsymbol{A}_1$ zwischen den eingangsseitigen Haupt-

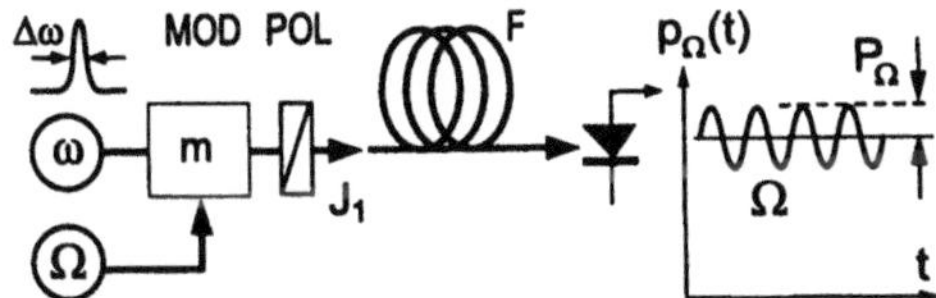

Abb. 4.83. PMD-Messung mit Sinus-moduliertem Träger: Es wird die Modulationsfrequenz Θ_m aufgesucht, bei der die Modulation P_Ω des Detektorsignales minimal wird. MOD Intensitäts-Modulator, POL Polarisator, F Faserstrecke

zuständen $H_1^{(\pm)}(\omega)$, so tragen sie beide zum Ausgangssignal bei. Am Ende der Strecke liefern sie die optischen Ausgangsleistungen $p_2^{(\pm)}(t) = P_2^{(\pm)}\,[1 + m\cos(\Omega t - \varphi^{(\pm)})]$. Aufgrund der Signallaufzeiten $\tau^{(\pm)}$ der Hauptzustände sind die Phasen der Wechselleistungsanteile um $\varphi^{(\pm)} = \Omega\tau^{(\pm)}$ gegenüber der Eingangswechselleistung verzögert. Da die Hauptzustände orthogonal polarisiert sind, addieren sich ihre Leistungen am Detektor des Empfängers. Es resultiert ein Detektorstrom proportional zu $P_\Omega(t) = [P_2^{(+)}\cos(\Omega t - \varphi^{(+)}) + P_2^{(-)}\cos(\Omega t - \varphi^{(-)})]$. Variiert man nun die Modulationsfrequenz Ω, so wird die Amplitude P_Ω des Detektorwechselstromes minimal, wenn die beiden Modulationsanteile (+) und (-) gegenphasig ankommen, wenn also $[\varphi^{(+)} - \varphi^{(-)}] = \pi$ gilt. Dies ist der Fall bei $\Omega_m = \pi/[\tau^{(+)} - \tau^{(-)}] = \pi/\tau_{DGD}$. Aus einer Messung von Ω_m läßt sich somit τ_{DGD} bestimmen. Falls A_1 mittig zwischen den Hauptzuständen liegt, so daß beide gleich große Leistungen übertragen, verschwindet in P_Ω die Modulation bei Ω_m ganz. Andernfalls zeigt P_Ω bei der Frequenz Ω_m ein Minimum der Modulation, das umso weniger ausgeprägt ist, je näher A_1 an einem der Hauptzustände $H_1^{(\pm)}$ liegt.

Es ist ein Vorteil dieser Methode, daß sie, vom Modulator abgesehen, mit einem gängigen HF-Netzwerkanalysator durchgeführt werden kann. Die praktisch vorkommenden Frequenzen liegen bei $\Omega/2\pi = 50 \ldots 5$ GHz, wenn τ_{DGD} im Bereich von $10 \ldots 100$ ps liegt. Bei der Durchführung dieser Methode ist es zweckmäßig, die Eingangspolarisation A_1 zu variieren, bis ein gut ausgeprägtes Minimum erhalten wird. Um die mittlere Laufzeitdifferenz τ_{PMD} zu berechnen, ist es für die Mittelwertsbildung notwendig, die τ_{DGD}-Werte bei einer Vielzahl unterschiedlicher Trägerfrequenzen oder über einen breiten Temperaturbereich zu bestimmen. Die Methode versagt, wenn PMD höherer Ordnung wirksam ist, weil dies gleichbedeutend ist mit der Erfassung einer größeren Anzahl ($N_S > 1$) von Stichproben, die sich in ihren Laufzeitdifferenzen τ_{DGD} unterscheiden und es somit unmöglich machen, *ein* Minimum von P_Ω zu identifizieren.

Polarimetrische Meßmethoden

Die vollständige Beschreibung der PMD-Eigenschaften einer Faserstrecke erfordert es, die Polarisationen $H_2^{(\pm)}(\omega)$ der Hauptzustände und die Laufzeitdifferenz $\tau_{DGD}(\omega)$ zwischen ihnen als Funktionen der Frequenz ω über den gesamten interessierenden Frequenzbereich anzugeben. Diese Funktionen lassen sich polarimetrisch direkt messen, und alle anderen PMD-relevanten Kennzahlen können daraus dann als Mittelwerte berechnet werden [192, 193]. Dies kann sowohl mit Hilfe des Jones- als auch des Stokes-Formalismus erfolgen. Beide Darstellungsformen sind bei Verwendung schmalbandiger Signale „isomorph", lassen sich also in beiden Richtungen vollständig ineinander umrechnen. Dabei ist die Jones-Darstellung aufgrund der komplexen Schreibweise etwas kompakter in der Formulierung und Programmierung, die reelle Stokes-Darstellung bietet aber den Vorteil der größeren Anschaulichkeit.

Eine besonders einfache und direkte Erfassung der PMD erhält man aus einer frequenzaufgelösten Analyse der Polarisation $A_2(\omega)$ am Ende der Faserstrecke. Voraussetzung dafür ist es, daß die Strecke über den gesamten interessierenden Frequenzbereich mit einem Eingangssignal fester Polarisation A_1 gespeist wird. Dies kann labormäßig aus einem abstimmbaren Laser erfolgen, der die Meßfrequenz ω vorgibt, vgl. Abb. 4.84(a). In diesem Falle kann das Polarimeter am Faserausgang breitbandig arbeiten. Von besonderem praktischen Interesse ist jedoch die alternative Möglichkeit, mit einem breitbandigen Eingangssignal zu arbeiten und die Frequenzauflösung am Faserende durch ein abstimmbares Schmalbandfilter vorzunehmen, vgl. Abb. 4.84(b). In diesem Fall kann nämlich das Signal, das im gewöhnlichen Telekommunikationsbetrieb über die Faser geleitet wird, zur PMD-Analyse mitverwendet werden. Ein gesonderter Sender entfällt, und die Messung kann fortlaufend während des normalen Betriebes erfolgen. Ein weiterer Vorteil dieser Meßmethode ist es, daß sie Zugang allein zum *ausgangs*seitigen Ende der Strecke erfor-

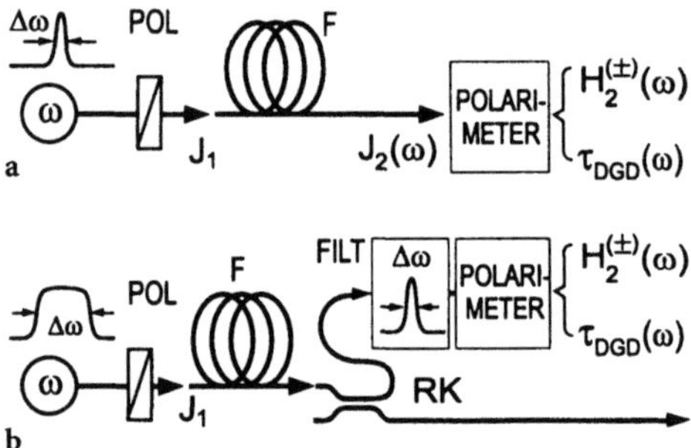

Abb. 4.84. a PMD-Messung mit schmalbandiger abstimmbarer Quelle, (**b**) mit Breitbandquelle („Daten") und frequenzselektivem Polarimeter; POL Polarisator, F Faserstrecke, FILT abstimmbares Schmalbandfilter, RK Richtkoppler

dert. Sie erlaubt es daher auch in verzweigten Netzen, die Wirkung einer nachgeschalteten PMD-Kompensation im Betrieb fortlaufend zu überwachen.

Bei der erstgenannten Methode mit durchgestimmter Quelle stellt die geringe Bandbreite sicher, daß keine PMD höherer Ordnung auftritt ($\Delta f_{\text{LASER}} \cdot \tau_{\text{DGD,max}} \ll 1$). Das Signal am Ende der Faser hat dann noch 100% Polarisationsgrad. Die Polarisations-Analyse des Ausgangszustandes kann mit einem allgemeinen Mehrkanal-Polarimeter erfolgen, das zwei oder drei Polarisations-Komponenten simultan erfaßt. Mit der typischen Winkel-Auflösung von 1°, die solche Instrumente haben, liegt die kleinste auflösbare Laufzeit-Differenz dann weit unterhalb von 1 ps. Alternativ kann die Polarisations-Analyse auch mit einem einfachen Analysator erfolgen, der nur eine Komponente des Stokes-Vektors erfaßt [194]. Dabei erhält man ein Spektrum nach der in Abb. 4.60 angedeuteten Methode, wenn der dortige Parameter s als Frequenz ω interpretiert wird.

Simulation der PMD von Faserstrecken

Numerisch-mathematische Modelle von Faserstrecken sind vielfach hilfreich, um das qualitative und quantitative Verständnis von PMD zu vertiefen. Dabei wird die reale Faserstrecke mit allgemeiner, kontinuierlich ortsabhängiger Doppelbrechung ersetzt durch eine Strecke, die aus einer Anzahl diskreter Faserabschnitte zusammengesetzt ist, längs derer die Doppelbrechung jeweils konstant ist. Die Doppelbrechungsparameter der Abschnitte werden durch einen Zufallsgenerator bestimmt. Mit einer solchen, konkret spezifizierten Strecke wird die Signalübertragung gemäß der Darstellung in Kap. 4.15.6 analysiert. Typisch ist es dann das Ziel, Aussagen über Ensemble- oder Frequenz-*Mittelwerte* der Strecke zu gewinnen. Dazu wird die Analyse mit geänderten Frequenzen oder neuen Doppelbrechungsparametern vielfach wiederholt, aber so, daß alle analysierten Faserstrecken statistisch äquivalent sind. Aus den Analyse-Ergebnissen einer hinreichenden Zahl von Einzelstrecken können dann die gesuchten Mittelwerte gebildet werden. Daneben erhält man so auch die Verteilungsfunktionen der Einzelwerte. Die beschriebene mathematisch-numerische Methode der *Simulation* ist wohl zu unterscheiden von der *Emulation* von Faserstrecken mit PMD. Bei letzterer geht es um die praktische Nachbildung von Übertragungsstrecken im Labor.

Ein Vorteil numerischer Simulation gegenüber analytischem Vorgehen liegt in ihrer größerer Direktheit und Anschaulichkeit, denn sie erfordert meist nur einfachste statistische Voraussetzungen, und die Konvergenz ihrer Ergebnisse läßt sich praktisch testen. Ein weiterer Vorteil ist, daß Effekte höherer Ordnung (speziell: PMD höherer Ordnung) relativ leicht in die Betrachtung mit einbezogen werden können. Ebenso ist die Berücksichtigung nichtlinear-optischer Effekte im Prinzip einfach. Praktisch jedoch kann die Simulation nichtlinearer Strecken extrem umfangreiche Rechnungen erfordern, wenn die Feldstärkenentwicklung der geführten Welle entlang der gesamten Faserstrecke im Detail verfolgt werden muß. Sehr rechenaufwendig kann auch die Bestimmung der Ausfallwahrscheinlichkeit simulierter Systeme mit PMD werden, weil die hier interessierenden Wahrscheinlichkeiten typisch bei $W_0 < 10^{-5}$ liegen. Um derart kleine stochastische Größen mit einiger Zuverlässigkeit erfassen zu können, müssen extrem viele ($\gg 10^5$) Simulationen durchgeführt werden.

Jones- und Stokes-Formalismus sind gleichermaßen zur Durchführung von Simulationen geeignet. Praktisch ist jedoch der Jones-Formalismus als der kompaktere vorzuziehen. Dabei ist es zur Veranschaulichung und Interpretation der benutzten Größen stets mit einfachen Transformationen möglich, in den Stokes-Formalismus und die Darstellung auf der Poincaré-Kugel zu wechseln.

Verschiedene Modelle können der Simulation zugrunde gelegt werden. In jedem Fall

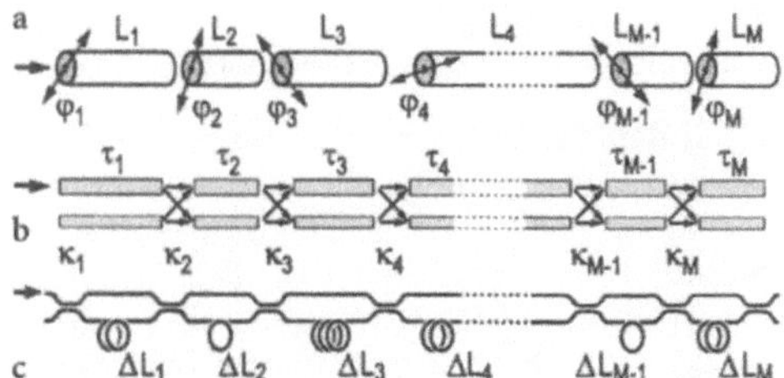

Abb. 4.85 a–c. Drei äquivalente Simulationsmodelle einer Faserstrecke mit PMD: **a** hintereinandergeschaltete, gegeneinander verdrehte Faserabschnitte, **b** zweimodiger Wellenleiter mit diskreten Kopplungen κ_m, **c** Kettenschaltung asymmetrischer Mach-Zehner Interferometer mit Kopplung κ_m

wird der nach Größe und Richtung gewöhnlich „glatte“ Verlauf der lokalen Doppelbrechung diskretisiert. Typisch wird dazu eine Strecke der Länge L in eine Anzahl M von hintereinander geschalteten doppelbrechenden Faserabschnitten L_m zerlegt ($m = 1 \ldots M$, $\sum L_m = L$). Es entspricht weitgehend den tatsächlichen Doppelbrechungsursachen, wenn dabei die Doppelbrechung für alle Abschnitte als *linear* angesetzt wird. Die Faserabschnitte sind an ihren Verbindungsstellen um zufallsverteilte Winkel φ_m gegeneinander verdreht, vgl. Abb. 4.85(a). Die Laufzeitdifferenzen τ_m der Abschnitte, die bei gleichförmiger Doppelbrechung proportional zu den Längen L_m sind, werden zufallsverteilt gewählt, mit einem Mittelwert $\bar{\tau}$. Alle Verzögerungen τ_m und Orientierungen φ_m werden als unkorreliert vorausgesetzt.

Anstelle der beschriebenen Verkettung doppelbrechender Faserabschnitte sind auch andere, im Simulationsergebnis äquivalente Modellierungen möglich [187]. Die Faserstrecke ist elektrotechnisch eine „Leitung“ mit zwei ausbreitungsfähigen Moden unterschiedlicher Ausbreitungskonstanten, $\beta_1 \neq \beta_2$, repräsentiert in Abb. 4.85(b) durch die beiden Streifen unterschiedlicher Breite. Zwischen diesen Moden bestehen in unregelmäßigen Abständen L_m diskrete Kopplungen κ_m. Dabei entspricht die Laufzeitdifferenz $\tau_m = (\beta^{(+)} - \beta^{(-)})L_m$ eines Faserabschnittes seiner Länge L_m und die Kopplung dem Verdrehungswinkel, $\kappa_m \leq \sin \varphi_m$.

In einer dritten Modellierungsform werden die beiden Moden durch Leitungen mit einheitlicher Ausbreitungskonstante k dargestellt, aber mit Längenunterschieden ΔL_m der einzelnen Abschnitte. Benachbarte Abschnitte sind über Richtkoppler mit Koppelfaktoren κ_m verbunden. In dieser Anordnung entspricht jeder Abschnitt einem Mach-Zehnder Interferometer mit dem Laufzeitunterschied $\tau_m = k\Delta L_m$.

Die Anzahl M der zu verwendenden Faserabschnitte ist ein Problem, das sich bei jeder dieser Simulationen in gleicher Weise stellt, und das einiger Aufmerksamkeit bedarf. Eine vorgegebene mittlere PMD-Verzögerung τ_{PMD} kann ja mit sehr unterschiedlichen Abschnittszahlen M modelliert werden, sofern nur $M \gg 1$ ist und $\bar{\tau}$ so gewählt wird, daß $\tau_{PMD} = \sqrt{M} \cdot \bar{\tau}$ gilt. Diese Wahlfreiheit würde für ein kleines M sprechen, weil es kurze Rechenzeiten für die Analyse ergibt. In der Tat lassen sich schon mit $M = 10$ wesentliche PMD-Charakteristika einer Faserstrecke befriedigend modellieren [195], wie beispielsweise die Maxwellsche Wahrscheinlichkeitsdichte-Verteilung der Laufzeitdifferenzen τ_{DGD}. In den Ausläufern solcher Verteilungen jedoch, wo die Wahrscheinlichkeitsdichte $\mathcal{P}(\tau_{DGD})$ sehr klein wird, kann ein Modell nur dann brauchbare Werte liefern, wenn M hinreichend groß gewählt wurde. Im Falle $M = 10$ etwa ergibt sich die maximal mögliche Laufzeitdifferenz (bei Parallelorientierung aller Faserabschnitte) zu $\tau_{DGD,\max} \approx 10\,\bar{\tau} \approx 3\tau_{PMD}$, so daß dieses Modell die Wahrscheinlichkeitsdichte für $\tau_{DGD} > 3\,\tau_{PMD}$ nicht mehr wiedergeben kann. In Umkehrung dieser Argumentation ist andererseits sichergestellt, daß mit $M \geq 50 \ldots 1000$ die Modellierung so gut wird, daß bis zu einem Verhältnis von $\tau_{DGD}/\tau_{PMD} = 5$ [und bis herab zu $\mathcal{P}(\tau_{DGD}) < 10^{-15}$] die genannte Begrenzung statistisch keine Rolle mehr spielt.

4.15.8 Kompensation der PMD

Polarisations-bedingte Laufzeitunterschiede bilden heute die entscheidende Grenze für die auf einer Faserstrecke übertragbare Bitrate, wenn der andere, größere Dispersionseffekt, die *chromatische Dispersion*, kompensiert worden ist. Die praktisch erreichbare Bitrate hängt dabei im wesentlichen nur von der PMD-Laufzeitdifferenz τ_{PMD} der Strecke ab und ist, außer von der Streckenlänge, entscheidend durch die Qualität der Faser und ihrer Verkabelung bestimmt. Bei Strecken mit modernen Fasern und Längen im Bereich 30 … 300 km liegt τ_{PMD} in der Größenordnung von wenigen ps und erlaubt typisch eine Bitrate von 10 Gb/s. Ältere Strecken aus der ersten Hälfte der 90-er Jahre, als die Perfektion der Fasern noch geringer war und das PMD-Problem weniger ernst genommen wurde, zeigen jedoch z.T. wesentlich größere PMD, mit Laufzeitdifferenzen bis zu 50 ps und mehr. Hier bietet sich die Möglichkeit, durch Kompensation der PMD die übertragbare Bitrate dieser Strecken erheblich zu vergrößern. Darüber hinaus wird erwartet, daß für längere Strecken, die mit Bitraten ≥ 40 Gb/s betrieben werden, PMD-Kompensation allgemein erforderlich sein wird, auch bei Benutzung moderner Faserkabel mit geringer Doppelbrechung.

Mögliche Methoden zur Kompensation oder Vermeidung PMD-bedingter Laufzeitunterschiede folgen direkt aus der Tatsache, daß diese Unterschiede aus „Mehrwege-Ausbreitung" herrühren. Wenn die Strecke so betrieben wird, daß das empfangene Signal nur in einem der möglichen Wege läuft (im folgenden als PMD-*Vermeidung* bezeichnet), oder wenn die Laufzeiten der verschiedenen Wege gleich gemacht werden (PMD-*Kompensation*), verschwinden die störenden Intersymbol-Interferenzen, und die Bitrate kann soweit erhöht werden, bis schließlich Unvollkommenheiten der Kompensation (PMD höherer Ordnung) begrenzend wirken. Zu beiden Methoden gibt es ausführliche Untersuchungen [196–206]. Ein generelles Problem ist es dabei, daß die störende Doppelbrechung der Faserstrecken zeitlich nicht konstant ist, sondern, durch Temperatur und Alterung bedingt, im Laufe von Sekunden bis Stunden unregelmäßig driftet [207]. Bei plötzlichen Störungen der Strecke (Erschütterungen) treten auch Änderungen im Verlauf von Millisekunden auf. Die Kompensation von PMD kann deshalb niemals statisch sein, wie bei chromatischer Dispersion, sondern muß *adaptiv* erfolgen, sich der jeweiligen Doppelbrechung anpassend. Dabei stellen sich schwierige Fragen der Meßtechnik (Erzeugung eines PMD-spezifischen Regelsignales), der technischen Optik (elektronisch steuerbare doppelbrechende Verzögerungsstrecke), und der Regelungstechnik (sprungfreie Mehrgrößenregelung über quasi-unbegrenzte Stellbereiche). Diese Probleme werden für den wichtigsten Fall von PMD 1. Ordnung im folgenden kurz erläutert.

PMD-Vermeidung:
Auswahl eines Hauptzustandes am Sender

Nach dem in Abb. 4.86(a) dargestellten Prinzip wird das von der Quelle und dem Polarisator kommende polarisierte Datensignal *im Sender* durch ein Stellglied PC1 auf eine Polarisation $\boldsymbol{A}_1$ gedreht, die genau in einen der Hauptzustände $\boldsymbol{H}_1$ der Strecke einkoppelt (engl. *PSP-transmission* [196]). Dann erscheint das Signal am Ausgang der Faserstrecke vollständig im entsprechenden Hauptzustand $\boldsymbol{H}_2$ und wird zum Detektor des Datenempfängers geleitet. Sofern nicht PMD höherer Ordnung vorliegt, ist das so empfangene Signal frei von PMD-bedingten Störungen, denn der zweite, orthogonal polarisierte Hauptzustand der Strecke bleibt dabei dunkel. Dies wird durch einen Regelkreis sichergestellt. Ein Teil der optischen Leistung wird mittels eines Richtkopplers von dem Detektor abgezweigt und einem hier als „PMD-Detektor" bezeichneten Element zugeführt. Letzteres analysiert das Signal bezüglich PMD und erzeugt ein Regelsignal, welches bei Verschwinden des PMD-Einflusses extrem wird. Dementsprechend optimiert der Regler über das Stellglied PC1 die Eingangs-Polarisation $\boldsymbol{A}_1$ der Strecke.

Zwei Schwierigkeiten bestehen bei dieser Lösung des PMD-Problems: Zum einen die Realisierung des PMD-Detektors, der in ähnlicher Form bei allen PMD-Kompensationsmethoden erforderlich ist. Darauf wird weiter unten noch eingegangen. Zum anderen be-

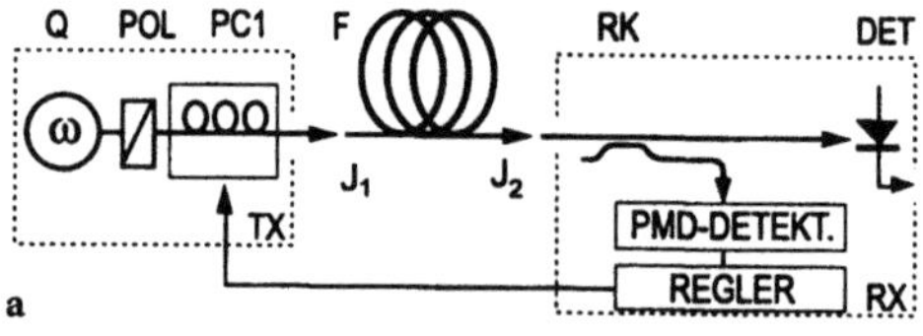

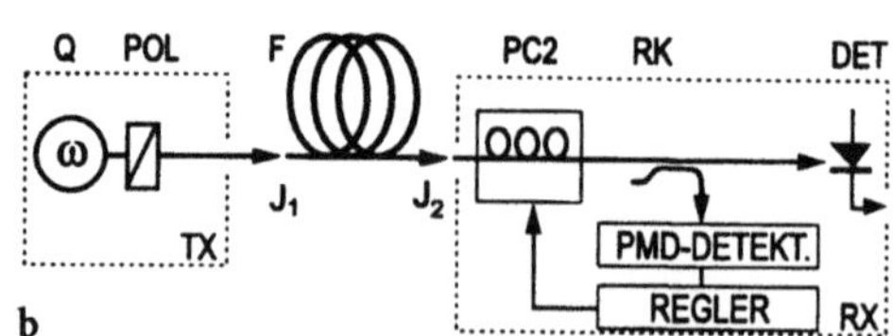

Abb. 4.86 a, b. Methoden der PMD-Vermeidung. **a** senderseitig durch Übertragung in einem Hauptzustand, **b** empfangsseitige Auswahl eines Hauptzustandes; Q Signalquelle, POL Polarisator, PC1,2 Polarisations-Stellglieder, F Faserstrecke, RK Richtkoppler

nötigt die beschriebene Methode einen Rückkanal vom Empfänger zum Sender. Dies ist aufwendig und nur für einfache Punkt-zu-Punkt Übertragung geeignet. Damit ist die praktische Verwendbarkeit dieser Methode erheblich eingeschränkt.

PMD-Vermeidung: Auswahl eines Hauptzustandes am Empfänger

Die Anordnung nach Abb. 4.86(b) kommt ohne den Rückkanal aus. Das polarisierte Datensignal wird hier ohne weitere Vorkehrungen in die Faserstrecke eingekoppelt. Zunächst wird deshalb ein wechselnder Bruchteil γ der Leistung in einem Hauptzustand übertragen, der Rest $(1-\gamma)$ im anderen. Im gleichen Aufteilungsverhältnis erscheint die Leistung in den Hauptzuständen am Ausgang der Strecke. Dort transformiert ein Stellglied PC2 die Polarisation, und das Signal geht parallel zum Detektor des Empfängers und zum PMD-Detektor. Im eingeschwungenen Zustand des Reglers hat dies Signal die Polarisation *eines* Hauptzustandes und ist deshalb frei von Intersymbol-Interferenzen, die durch PMD 1. Ordnung bedingt sind [197]. Diese Funktionsweise wird verständlich, indem Faserstrecke und Polarisationssteller zusammen als *ein* Element mit einstellbaren Hauptzuständen aufgefaßt werden. Wenn infolge des Reglers am Ausgang minimale PMD-Verzerrung besteht, muß die Übertragung in einem Hauptzustand des Gesamt-Elements erfolgt sein. Einer der eingangsseitigen Hauptzustände hat sich dann so eingestellt, daß er mit der Polarisation A_1 des eingespeisten Signales übereinstimmt. Dann ist $\gamma = 1$ oder $\gamma = 0$.

Größere optische Bandbreiten als mit den Methoden der PMD-Vermeidung lassen sich mit echter PMD-Kompensation erzielen, wenn also die PMD-bedingte Laufzeitdifferenz durch eine gleichgroße Laufzeitdifferenz entgegengesetzten Vorzeichens ausgeglichen wird. Dies kann nach der Detektion des optischen Signales, also elektrisch, erfolgen, oder davor, also rein optisch. Die zu kompensierenden Zeitdifferenzen betragen bis zu 100 ps, entsprechend einer geometrischen Wegdifferenz bis zu ca. 30 mm.

PMD-Kompensation durch elektrisches Transversalfilter vgl. Abb. 4.87(a). Das detektierte Signal wird durch ein Transversalfilter mit beispielsweise 4 Koeffizienten, $c_1 \ldots c_4$, und entsprechenden Verzögerungen geschickt

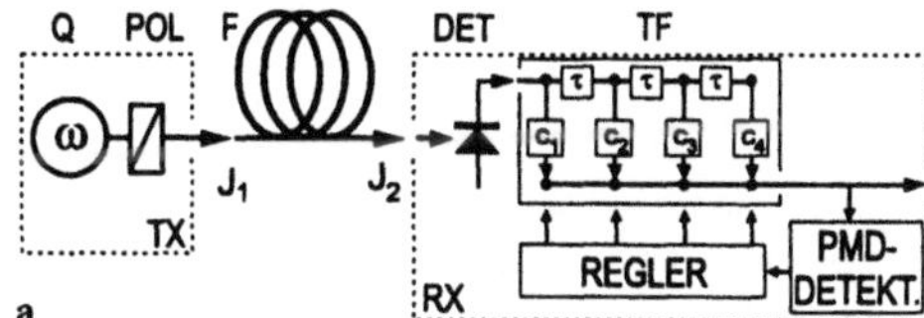

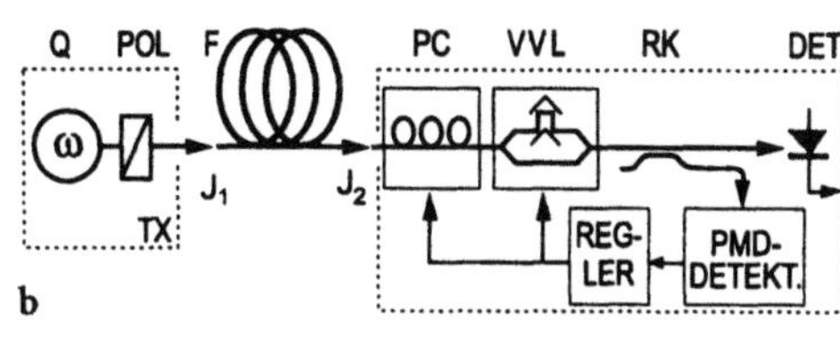

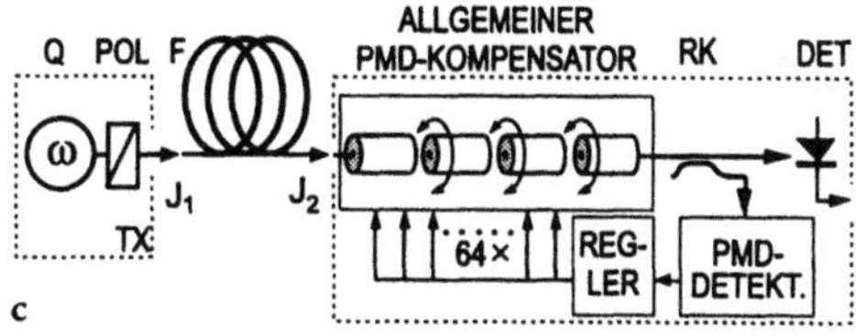

Abb. 4.87. Methoden der PMD-Kompensation: **a** elektrische Kompensation mittels Transversalfilter, **b, c** optische Kompensation mittels variabler Verzögerungsleitung; Q Signalquelle, POL Polarisator, PC Polarisations-Stellglied, F Faserstrecke, RK Richtkoppler, TF Transversalfilter, VVL variable Verzögerungsleitung

[200, 199]. Im Filter werden das Original und 3 zeitlich versetzte „Kopien" des detektierten Signales überlagert und zusammen zum Entscheider geschickt. Die Gewichte werden von einem PMD-Detektor und Regler über 4 Analog-Spannungen so eingestellt, daß die Überlagerung möglichst unverzerrt und das „Auge" weit geöffnet ist. Das ist dann der Fall, wenn die mit den Gewichten c_i gebildete mittlere elektrische Verzögerungszeit die PMD-Laufzeitdifferenz kompensiert. Im zitierten Beispiel [200] resultierte eine Signalverbesserung, die einer Leistungserhöhung um 5 dB entspricht.

PMD-Kompensation mit einstellbarer Verzögerung

Diese in Abb. 4.87(b) gezeigte Anordnung entspricht der Grundform Abb. 4.86(b), enthält aber neben dem Stellglied PC noch eine variable Verzögerungsleitung VVL. Letztere besteht aus einem polarisierenden Strahlteiler, der das optische Signal in zwei orthogonale Zustände zerlegt, und einem dazu komplementären Strahlvereiniger. Zwischen ihnen läßt sich das Signal der einen Polarisation gegenüber dem der anderen in einstellbarer Weise verzögern. Diese Leitung entspricht also einer doppelbrechenden Faser einstellbarer Länge. Sie wird zusammen mit dem Stellglied PC von dem Regler bedient [201, 202]. Im Vergleich zu Abb. 4.86(b) führt die Existenz dieser Leitung hier zu einer anderen PMD-Situation, auf die der Regler das System einstellt. Hier werden die PMD-bedingten Verzerrungen minimal, wenn die Laufzeitdifferenz der Gesamtstrecke (F + PC + VVL) verschwindet, $\tau_{\mathrm{PMD,\,ges}} \rightarrow 0$. Dann existieren zwar zwei verschieden polarisierte Wege, aber ihre Gruppenlaufzeiten sind gleich. Bei eingeschwungenem Regler transformiert das Stellglied PC den schnellen ausgangsseitigen Hauptzustand der Strecke auf den langsamen Eigenzustand der Verzögerungsleitung (die beiden anderen Zustände entsprechend), und die Doppelbrechung der Leitung kompensiert gerade die Laufzeitdifferenz der Strecke.

PMD-Kompensation mit allgemeinem Kompensator

Zu einem „idealen" Kompensator, der die Laufzeitdifferenz einer gegebenen Faserstrecke perfekt kompensiert, gehört eine Jones-Matrix $M_{\mathrm{K}}(\omega)$, welche invers zur Faserstrecken-Matrix $M_{\mathrm{F}}(\omega)$ ist, $M_{\mathrm{K}}(\omega) = M_{\mathrm{F}}^{-1}(\omega)$. Der Hintereinanderschaltung von Faserstrecke und Kompensator entspricht dann das Matrixprodukt $M_{\mathrm{K}} M_{\mathrm{F}}$, die Einheitsmatrix. Im Idealfall gilt dies bei allen Frequenzen ω. Bei der gerade beschriebenen Kompensation Abb. 4.86(b) erfüllt das Matrixprodukt diese Bedingung nur bei der mittleren Betriebsfrequenz ω_0, weil die Frequenzabhängigkeiten von Strecke und Kompensator aufgrund ihrer verschiedenen Strukturen sehr unterschiedlich sind. Es liegt deshalb der Gedanke nahe, durch Kombination einer Anzahl N von Verzögerungsleitungen und N Polarisations-Stellgliedern einen Kompensator zu synthetisieren, dessen Doppelbrechung $M_{\mathrm{K}}(\omega)$ die Zielfunktion $M_{\mathrm{F}}^{-1}(\omega)$ besser approximiert. Je größer N, desto genauer und/oder breitbandiger sollte $M_{\mathrm{F}}^{-1}(\omega)$ approximiert werden können, etwa bis zu PMD N-ter Ordnung. Formal erfordert dies den Entwurf eines Doppelbrechungselementes (Allpasses) mit vorgegebenem Phasenverlauf und vorgegebener Variation der Hauptzustände [208]. Bei der praktischen Realisierung eines solchen allgemeinen PMD-Kompensators wird der „Entwurf" einem Regler überlassen [209], der die zur Steuerung der Verzögerungsleitungen und Stellglieder verfügbaren Parameter so einstellt, daß der PMD-Detektor minimalen PMD-Einfluß meldet. Abbildung 4.87(c) zeigt das Prinzip eines solchen Kompensators [209]. Er benutzt 32 HiBi-Faserabschnitte mit festvorgegebenen Verzögerungen von 0,5 ... 2,7 ps, alternierend angeordnet mit 32 Polarisations-Stellgliedern mit je 2 Freiheitsgraden. Mit insgesamt 64 diskreten Stellelementen sollte dieser Kompensator im Prinzip in der Lage sein, in einem breiten Frequenzband für mehrere WDM-Kanäle gleichzeitig die PMD zu kompensieren. Die Ansprechgeschwindigkeit dieses ersten allgemeinen Kompensators ist noch langsam, da seine Stellelemente in Form von Schrittmotoren realisiert wurden, sie ließe sich aber durch die Verwendung von Flüssigkristallzellen erheblich steigern [210].

PMD-Detektion

Das primäre Ziel der PMD-Kompensation ist die Minimierung der durch PMD bedingten Bitfehlerrate einer Strecke. Da diese Rate während des laufenden Betriebes schlecht meßbar ist, bietet es sich an, stattdessen die praktisch zugängliche Augenöffnung zu optimieren, denn eine gute Augenöffnung bedeutet allgemein auch eine geringe Fehlerrate. Insofern muß die hier angesprochene, in Echtzeit während des laufenden Betriebes durchgeführte PMD-*Detektion* unterschieden werden von einer PMD-*Messung* zur Charakterisierung der Strecke, die besser außerhalb des Betriebes, unter genau spezifizierten Testbedingungen, erfolgt. PMD-Detektion ist damit ein zentrales Problem jeder PMD-Kompensation. Der eigentliche Kompensator kann die PMD nur insoweit kompensieren, wie die Auswirkungen unvollständiger Kompensation detektiert werden können.

Grundsätzlich kann bei PMD-Detektion unterschieden werden zwischen elektrischen Methoden, die *nach* dem Empfangs-Detektor angewandt werden, und optischen Methoden, die *vor* dem Detektor wirken. Erstere analysieren das vom Detektor kommende elektrische Signal bezüglich seines Kontrastes, also des Abstandes der Signalpegel für logisch „0" und „1" im Entscheidungszeitpunkt. Bei der heute verbreiteten inkohärenten Übertragungstechnik mit Intensitätsmodulation und NRZ-Kodierung ist die Amplitude der elektrischen

Spektralkomponente bei $f = f_B/2$ ein Maß für den Kontrast und die Augenöffnung. Dabei bedeutet $f_B = 1/T_B$ die Bitrate und T_B die „Bitzeit", also beispielsweise $T_B = 100$ ps bei einem System mit $f_B = 10$ GB/s. Die Amplitude dieser Komponente ist direkt proportional zur vertikalen Ausdehnung des Auges. Gute Augenöffnung in horizontaler Richtung erfordert steile Übergänge zwischen „0" und „1", was im Spektrum höhere Anteile bei Frequenzen $f \gtrsim 2 f_B$ bedeutet.

Elektrische Methoden der PMD-Detektion

In diesem Sinne wurden verschiedene Methoden elektrischer PMD-Detektion demonstriert, die Höhe und Form des Signalspektrums auswerten und den Kompensator solange verändern, bis das Spektrum demjenigen möglichst ähnlich ist, das bei optimaler Augenöffnung besteht.

Die einfachste Möglichkeit ist es, die HF-Gesamtleistung hinter dem Detektor zu optimieren [196, 197, 200]. Aufwendiger, aber signifikanter ist es, das Spektrum des elektrischen Signales durch Filter detailliert zu bewerten und die HF-Leistung hinter diesen Filtern zu optimieren [187, 211]. So wird in [201] zur PMD-Detektion in einem 10 GB/s System ein Zwei-Kanal-Filter beschrieben, in dem neben der Gesamt-HF-Leistung ein zweiter Kanal mit Tiefpass-Charakteristik für Frequenzen ≤ 2,5 GHz benutzt wird.

Die konzeptuell klarste und vermutlich auch empfindlichste Methode elektrischer PMD-Detektion ist es, die Signale in den beiden Hauptzuständen mittels eines Zweikanal-Hilfsempfängers mit Polarisations-Diversität separat zu empfangen. Die Einstellung der Polarisation übernimmt dabei ein Regelkreis, der zunächst die Empfangsleistung beider Kanäle egalisiert und dann ihre Zeit- bzw. Phasen-Differenz maximiert. Dies Maximum repräsentiert direkt die momentane PMD-Laufzeitdifferenz τ_{DGD}. Sie wird benutzt um eine (optische) Verzögerungsstrecke für den „schnelleren" Kanal entsprechend so einzustellen, daß schließlich beide Signale synchron sind und ihre elektrischen Signale addiert werden können [198].

Gegenüber den anderen, *einkanalig* arbeitenden Methoden elektrischer PMD-Detektion hat die vorgenannte Methode den Vorteil, daß sie direkt die Laufzeitdifferenz τ_{DGD} mißt und nicht die indirekt von τ_{DGD} abhängige Pulsverzerrung oder -verbreiterung. Diese Größen hängen quadratisch oder noch schwächer von τ_{DGD} ab und sind deshalb vom regelungstechnischen Standpunkt weniger gut geeignet. Darüber hinaus haben die anderen einkanalig arbeitenden Methoden elektrischer PMD-Detektion das grundsätzliche Problem gemeinsam, daß gewisse Voraussetzungen erfüllt sein müssen, damit das jeweils erzeugte PMD-Signal tatsächlich repräsentativ für die bestehende PMD ist. Ganz allgemein kann nämlich festgestellt werden, daß verschiedene einkanalig empfangene Signale mit gleichen elektrischen Spektren sich in Augenöffnungen und Bitfehlerrate durchaus unterscheiden können. Mit einkanalig elektrischer PMD-Detektion können solche Signale nicht unterschieden werden. Ein Grund dafür ist, daß bei der Empfangsgleichrichtung die Polarisation und die Phasenbeziehungen der Spektralkomponenten verloren gehen.

Optische Methoden der PMD-Detektion

Vor der Detektion sind diese Beziehungen noch vorhanden. Eine Messung der Verteilung der Polarisationszustände auf der Poincaré-Kugel kann deshalb mehr Information liefern als die elektrische PMD-Detektion. Zeigt die Messung, daß das empfangene Signal weitgehend einheitlich polarisiert ist, besteht keine nennenswerte PMD, oder es besteht nur PMD erster Ordnung und die Übertragung erfolgt in einem der Hauptzustände. Im ungünstigsten Fall, bei vergleichbar starker Einkopplung in beide Hauptzustände ($\gamma \approx 0{,}5$), liegt auch der Ausgangszustand etwa mittig zwischen den Hauptzuständen, und die gemessene Polarisation ist, je nach Größe der PMD, azimutal verteilt. Ein Maß für die Ausdehnung dieser Verteilung ist der optische Polarisationsgrad der am Empfänger eintreffenden Strahlung [203]. Er kann mit mäßigem Aufwand direkt gemessen werden und als Regelkriterium dienen.

Eine besonders genaue Information über die Verteilung der Polarisation und die auf einer Strecke gerade wirksame PMD erhält man mit einem spektral auflösenden Polarimeter, bestehend etwa aus einem abstimmbaren optischen Schmalbandfilter (Bandbreite $\delta f < 1/T_B$) und einem Polarimeter. Angewandt auf das am Ende der Strecke empfangene Betriebssignal liefert dies Instrument die Verteilung der spektralen optischen Leistungsdichte auf der Oberfläche der Poincaré-Kugel, vgl. Abb. 4.80. Die Verteilung bildet bei Vorliegen von PMD einen Bogen, dessen Länge ein gutes Maß für die wirksame PMD ist [202]. Eine Abschätzung (PMD 1. Ordnung) zeigt, daß die Bogenlänge (auf der Einheitskugel) etwa die Größe $\gamma(1-\gamma)\,\tau_{DGD}/T_B$ hat. Dieses optisch gewonnene PMD-Maß ist, ähnlich wie das zwei-kanalig elektrisch erzeugte Fehlersignal, direkt proportional zu τ_{DGD} und deshalb vom regelungstechnischen Standpunkt besonders gut zur PMD-Kompensation geeignet. Auch hier wird dieser Vorteil jedoch durch einen erheblichen apparativen Aufwand erkauft.

Bauelemente zur optischen PMD-Kompensation

Aufgabe eines optischen PMD-Kompensators ist es, die PMD einer gegebenen Strecke in dem vom Signal belegten Frequenzbereich mit umgekehrten Vorzeichen nachzubilden. Derartige Kompensatoren sind optische Elemente mit allgemeiner Doppelbrechung, die nach Größe und Richtung in weiten Grenzen einstellbar sein muß. Praktisch sind Verzögerungswerte bis zu ca. 100 ps von Interesse. Die Eigenzustände müssen allgemein elliptisch sein, adaptiv anpaßbar an die sich verändernden Hauptzustände der Strecke.

Die Realisierungsmöglichkeiten solcher Kompensatoren entsprechen den in Abb. 4.85 beschriebenen Anordnungen. Sie alle bestehen aus einer Anzahl hintereinandergeschalteter Doppelbrechungselemente, mit einstellbaren Verzögerungen und Richtungen. Prinzipiell sind ihre Funktionen gleichartig, aber praktisch muß aber unterschieden werden zwischen Elementen mit kleinen Verzögerungen, im Bereich von $\lambda/4$ oder $\lambda/2$ einerseits, und Elementen mit großen Verzögerungen, bis herauf zu 100 ps, entsprechend 20000 λ, andererseits. Erstere bilden die zentrale Komponente der „Polarisationssteller“, letztere werden als „Verzögerungsstrecken“ bezeichnet. Während bei den Polarisationsstellern typisch eine feine Verstellung der Verzögerung vorgesehen wird, ist es in allgemeineren Kompensatoren mit mehreren Verzögerungsleitungen nicht notwendig, alle Verzögerungen einstellbar zu machen. Vielmehr ist es mit Hilfe der Polarisationssteller möglich, ausgewählte Verzögerungsleitungen paarweise gegeneinander zu schalten, so daß sich ihre Verzögerungen mehr oder weniger aufheben, und dadurch eine Einstellung der Gesamt-Verzögerung zu erreichen [209].

Für die Konstruktion der Polarisationssteller gibt es eine Reihe bewährter Konstruktionsprinzipien, in gewöhnlicher Optik (als mechanisch drehbare Verzögerungs-Platten [212]), wie auch in faseroptischer Ausführung (mit seitlichem Druck auf die Faser [213], mit Verbiegung oder Verdrillung der Faser [209, 214]). Andere Konstruktionen benutzen dünne Schichten von Flüssigkristallen, deren azimutale Ausrichtung durch elektrostatische Kräfte einstellbar ist [210, 211, 215]. Die kürzeste Einstellzeit besitzen integriert-optische Stellelemente [201]. Ein wichtiger Gesichtspunkt beim Vergleich verschiedener Konstruktionen sind die Einfügungsverluste an Spleiß- und Koppelstellen. Hier sind faseroptische Konstruktionen gegenüber integriert-optischen meist im Vorteil, denn sie haben allgemein geringere Einfügungsverluste. Dies gilt insbesondere wenn es möglich ist, mehrere Polarisationssteller auf derselben, durchgehenden Faser anzuordnen.

Elektrisch einstellbare Verzögerungsleitungen zur PMD-Kompensation wurden in konventioneller optischer Bauweise mit verschiebbaren Spiegeln realisiert [187, 188, 202] oder mit einer Anzahl verschieden langer HiBi-Faserabschnitte. Während motorisch verstellbare Verzögerungsleitungen konventioneller optischer Bauweise allenfalls für Test- und Demonstrationszwecke geeignet sind, erscheinen sie in miniaturisierter Ausführung für eine breitere techniche Anwendung durchaus aussichtsreich [216]. Dabei ist es möglich, den Stellbereich der Verzögerung einer vergleichsweise schwach doppelbrechenden Struktur dadurch zu vergrößern, daß sie in einen optischen Resonator eingefügt wird. Hier wirkt der Gütefaktor des Resonators als Vergrößerungsfaktor, zugleich vermindert sich aber die nutzbare Bandbreite um diesen Faktor [208, 217].

Relativ große Verstellungen der Verzögerung (0 ... 80 ps) lassen sich ohne Änderung der Polarisationseigenzustände mit einem faseroptischen Konstruktionsprinzip erzielen [218]. Dabei wird ein in den Faserkern geschriebenes Bragg-Gitter mit Chirp verwendet, dem die beiden orthogonal polarisierten Signale, zwischen denen eine Verzögerung erzeugt werden soll, an entgegengesetzten Enden zugeführt werden. Schon bei geringen elastischen Dehnungen (0 ... 0,1 %) verschieben sich die Reflexions-Schwerpunkte um makroskopische Distanzen. Dies ermöglicht Ansprechzeiten im Bereich von 10^{-3} s für die Einstellung der Verzögerung.

PMD-Emulatoren sind Bauelemente, mit denen sich PMD-behaftete Übertragungsstrecken nachbilden lassen. Sie dienen zum Testen von PMD-Kompensatoren im Labor, ohne die Umstände von Feldmessungen, und mit der Möglichkeit, die dynamische und zeitliche Variabilität der PMD systematisch vorzugeben. Dafür muß der Emulator in der Lage sein, seine Doppelbrechung in kontrollierter Weise so zu verändern, daß die Eigenzustände über alle möglichen Orientierungen und die Verzögerung in einem vorgegebenen Bereich variieren [212, 219]. Unter konstruktiven Gesichtspunkten gesehen liegt der allgemeine PMD-Emulator nahe bei PMD-Kompensator, jedoch ohne den PMD-Detektor und Regler [206]. Beim Kompensator wie beim Emulator sind die verwendete PMD-Ordnung und die Verstellgeschwindigkeit entscheidende Parameter. Für eine realistische Emulation sollte die Ordnung des Emulators höher sein als die des Kompensators.

4.16 Nichtlineare Effekte in Einmodenfasern

Aufgrund der Verfügbarkeit von Lichtsendern mit hoher Ausgangsleistung und optischen Leistungsverstärkern auf Faser- oder Halbleiterbasis sind nichtlineare Effekte in Einmodenfasern für die optische Kommunikationstechnik von zentraler Bedeutung.

Nutzbringend lassen sich die nichtlinearen Effekte zur Dispersionskompensation, zur Realisierung verteilter Faserverstärker oder Faserlaser, zur Pulskompression und zum Aufbau von schnellen Schaltern und Modulatoren für die optische Signalverarbeitung einsetzen. Ein Ausbalancieren von Dispersion und Nichtlinearität ermöglicht die Formung von Solitonen, d.h. Impulsen, die sich auch über lange Faserstrecken hinweg unverzerrt ausbreiten.

Nachteilig können nichtlineare Fasereffekte sein, weil sie Signalverzerrungen, einen Leistungsverlust, Rauschen und Kanalübersprechen hervorrufen können.

Nach Abb. 4.88 lassen sich die nichtlinearen Effekte anhand ihres physikalischen Ursprungs in zwei Gruppen einteilen:

1. Selbstphasenmodulation (SPM: self phase modulation), Kreuzphasenmodulation (XPM: cross phase modulation) und Vierwellenmischung (FWM: four wave mixing) sind auf eine reversible Deformation der Elektronenorbitale der Glasmoleküle (Elektronenwechselwirkung) durch einfallende optische Wellen zurückzuführen. In der Literatur werden die drei Effekte häufig auch unter dem Oberbegriff Kerr-Effekt zusammengefaßt. Der Kerr-Effekt ist ein elastischer Prozeß; es kommt es zu keinem Energieaustausch zwischen den optischen Wellen und dem Medium. Weil die Elektronen den optischen Wellen nahezu unverzögert folgen (Zeitkonstante unter 0,1 fs), läßt sich der damit annähernd momentane Kerr-Effekt durch eine intensitätsabhängige Brechzahl modellieren.
2. Die stimulierte Raman-Streuung (SRS: stimulated Raman scattering) und die stimulierte Brillouin-Streuung (SBS: stimulated Brillouin scattering) sind darauf zurückzuführen, daß optische Wellen mit den Glasmolekülen wechselwirken (Molekülwechselwirkung). Die Streuung optischer Wellen an Molekülschwingungen (lokalisierte optische Phononen) wird als Raman-Streuung bezeichnet. Eine einfallende Pumpwelle hoher Intensität führt aus dem Rauschen heraus zum Aufbau und (durch

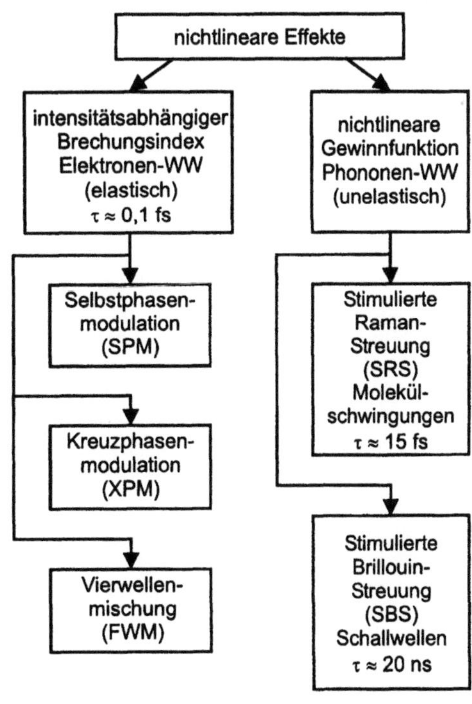

Abb. 4.88. Nichtlineare Effekte in Einmodenfasern

stimulierte Emission) zur Verstärkung einer frequenzverschobenen sogenannten Stokeswelle, die sich in Propagationsrichtung der Pumpwelle ausbreitet (stimulierte Raman-Streuung). Die Streuung optischer Wellen an Schallwellen (akustische Phononen) wird als Brillouin-Streuung bezeichnet. Eine einfallende Pumpwelle hoher Intensität führt hier zu Aufbau und Verstärkung einer frequenzverschobenen und zur Pumpwelle entgegengesetzt laufende Stokeswelle (stimulierte Brillouin-Streuung). Für SRS und SBS gelten unterschiedliche Zeitkonstanten (Brillouin: 20 ns, Raman: 15 fs). Beide Prozesse sind unelastisch (Energieabgabe an das Medium) und lassen sich durch von der Pumpleistung abhängige spektrale Gewinnfunktionen beschreiben. Während beim Kerr-Effekt die Leistung eine Erhaltungsgröße ist, ist es bei diesen molekularen Wechselwirkungsprozessen die Photonenzahl. Nach den Kramers-Kronig-Relationen liefern die molekularen Wechselwirkungsprozesse auch einen schwachen frequenzabhängigen Beitrag zum nichtlinearen Brechungsindex.

Sehr vereinfacht läßt sich die Impulsausbreitung in einer Einmodenfaser der Länge L durch folgende Beziehung für die elektrische Feldstärke modellieren [225]:

$$E(L) = E(0)\exp\left(-\left(\frac{\alpha}{2}+\mathrm{j}\beta\right)L + \frac{gPL_{\mathrm{eff}}}{2A_{\mathrm{eff}}}\right). \tag{4.373}$$

Der erste Term im Exponenten umfaßt Dämpfung und lineare Phasendrehung, charakterisiert durch die leistungsbezogene Dämpfungskonstante α und die Ausbreitungskonstante β. Der zweite Term beschreibt den Einfluß der Fasernichtlinearitäten. g stellt hier einen Gewinnkoeffizienten dar. Ist er reell, so kommt es zu einer Verstärkung oder Abschwächung der einfallenden Welle. Ist er imaginär, so bewirkt er eine intensitätsabhängige Phasenmodulation der einfallenden Welle. A_{eff} ist die effektive Führungsfläche der Einmodenfaser. P bezeichnet die Leistung der Pumpwelle, die, wie im Fall von SPM, auch mit der einfallenden Welle übereinstimmen kann. L_{eff} ist die effektive Wechselwirkungslänge für die nichtlinearen Effekte

$$L_{\mathrm{eff}} = \frac{1}{P(0)}\int_0^L P(0)\,e^{-\alpha z}\,\mathrm{d}z = \frac{1-e^{-\alpha L}}{\alpha}, \tag{4.374}$$

$P(0)$ die Leistung am Faseranfang und L die Faserlänge. Für $\alpha L \ll 1$ gilt $L_{\mathrm{eff}} \approx L$, für $\alpha L \gg 1$ läßt sich $L_{\mathrm{eff}} \approx 1/\alpha$ Dämpfungslänge) setzen. Für Standardeinmodenfasern ($\alpha = 0{,}21$ dB/km bei $\lambda = 1{,}55$ µm) ist die Dämpfungslänge $L_{\mathrm{eff}} \approx$ 21 km. Durch Einführung der effektiven Länge wird eine dämpfungsbehaftete Faser durch eine bezüglich der nichtlinearen Effekte äquivalente dämpfungsfreie Faser ersetzt. Ein Leistungsverlust der Pumpwelle durch nichtlineare Effekte, Polarisationsabhängigkeiten sowie Signalverzerrungen durch Dispersion und Fasernichtlinearitäten sind in (4.373) vernachlässigt worden.

Maßgebend für die Effizienz der nichtlinearen Effekte ist das Produkt aus Intensität und Wechselwirkungslänge. In der klassischen nichtlinearen Optik, die mit ausgedehnten Medien und fokussierten Laserstrahlen arbeitet, geht eine Vergrößerung der lokalen Intensität einer optischen Welle durch eine stärkere Fokussierung automatisch mit einer Reduktion der effektiven Wechselwirkungslänge aufgrund einer schnelleren Strahlaufweitung einher. In der Faseroptik hingegen führt die Kombination aus Wellenführung in einem sehr kleinen Kernbereich der Faser und einer sehr niedrigen Dämpfung zu hohen Intensitäten über lange Strecken hinweg. Dadurch sind die nichtlinearen Effekte in Fasern von grundlegender Bedeutung für die Auslegung optischer Übertragungssysteme, obwohl der nichtlineare Brechungsindex und die Gewinnkoeffizienten für Raman- und Brillouin-Streuung in Quarzglas um mehrere Größenordnungen kleiner sind als in den gewöhnlich in der nichtlinearen Optik eingesetzten Medien [222].

Abbildung 4.89 zeigt in einem groben Abriß die Auswirkungen der nichtlinearen Fasereffekte in optischen Kommunikationssystemen: SPM ruft eine spektrale Verbreiterung eines eingekoppelten Impulses hervor. XPM bewirkt, daß ein Impuls in Wellenlängen-Multiplexsystemen eine asymmetrische spektrale Verbreiterung durch einen kopropagierenden, zeitverschobenen Impuls eines anderen Kanals erfährt. FWM führt in Mehrkanalsystemen zur Generation von neuen Frequenzkomponenten und Frequenzmischprodukten. SRS verursacht die Verkippung eines Mehrkanalspektrums zum kurzwelligen Bereich in. SBS

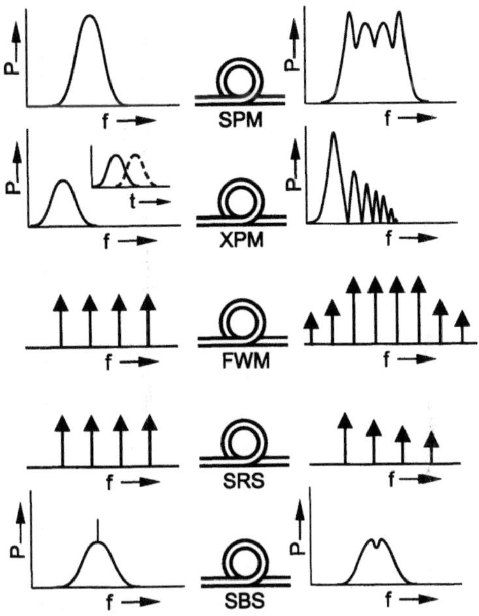

Abb. 4.89. Auswirkungen der nichtlinearen Fasereffekte in optischen Kommunikationsystemen

schließlich bewirkt die spektrale Verzerrung eines Signals durch den Verlust des Signalträgers.

4.16.1 Mathematische Beschreibung

Die Impulsausbreitung in nichtlinearen Medien läßt sich durch eine vektorielle Wellengleichung für die elektrische Feldstärke

$$\nabla \times \nabla \times \boldsymbol{E} + \frac{1}{c^2}\frac{\partial^2 \boldsymbol{E}}{\partial t^2} = -\mu_0 \frac{\partial^2 \boldsymbol{P}}{\partial t^2} \qquad (4.375)$$

beschreiben. Die Polarisation $\boldsymbol{P}$ kann dabei in eine Volterra-Reihe nach Potenzen von $\boldsymbol{E}$ entwickelt werden:

$$\begin{aligned} \boldsymbol{P}(\boldsymbol{r},\omega) = \varepsilon_0 \sum_{n=1}^{\infty} \{ \int\int \dots \int \chi^{(n)} \qquad (4.376) \\ \cdot (\boldsymbol{r}, t; \boldsymbol{r}_1, \boldsymbol{r}_2, \dots, \boldsymbol{r}_n, t_1, t_2, \dots, t_n) \\ \cdot \boldsymbol{E}(\boldsymbol{r}_1, t_1)\, \boldsymbol{E}(\boldsymbol{r}_2, t) \dots \boldsymbol{E}(\boldsymbol{r}_n, t_n) \\ \cdot \boldsymbol{r}_1\, d\boldsymbol{r}_2 \dots d\boldsymbol{r}_n\, dt_1\, dt_2 \dots dt_n \}, \end{aligned}$$

wobei die $\chi^{(n)}$ die Suszeptibilitätstensoren ($n+1$)-ter Stufe mit jeweils $3^{(n+1)}$ Elementen darstellen (s. Kap. 2.2). Für Einmodenfasern und Frequenzen im nahen Infrarot kann die Polarisation in einer makroskopischen Betrachtungsweise als lokal angesehen werden. Die Ortsabhängigkeit der Integralrelation (4.376) entfällt damit. Terme geradzahliger Ordnung liefern aufgrund der Inversionssymmetrie der Quarzglasmoleküle, d. h. $\boldsymbol{P}(-\boldsymbol{E}) = -\boldsymbol{P}(\boldsymbol{E})$, in (4.376) keinen Beitrag. Für eine Beschreibung schwach nichtlinearer Medien wie Quarzglas genügen der lineare und der kubische Term [226] der Reihenentwicklung. Der lineare Term ist für Doppelbrechung, Dämpfung und Dispersion verantwortlich. Der kubische Term beschreibt die auftretenden nichtlinearen Effekte. Mit Hilfe von Symmetrieüberlegungen lassen sich die 81 Elemente des Tensors $\chi^{(3)}$ auf drei unabhängige Elemente $\chi^{(3)}_{xxyy}$, $\chi^{(3)}_{xyxy}$, $\chi^{(3)}_{xyyx}$ mit $\chi^{(3)}_{xxxx} = \chi^{(3)}_{xxyy} + \chi^{(3)}_{xyxy} + \chi^{(3)}_{xyyx}$ reduzieren; Elemente mit einer ungeraden Zahl an Indizes x oder y verschwinden [25]. Für die Elektronenwechselwirkung sind die drei Elemente $\chi^{(3)}_{xxyy}$, $\chi^{(3)}_{xyxy}$, $\chi^{(3)}_{xyyx}$ gleich groß [235]. Bei Berücksichtigung von Kerr-Effekt und Raman-Streuung läßt sich die nichtlineare Polarisation dann in folgender Form darstellen (Born-Oppenheimer-Approximation) [222, 229, 230]:

$$\begin{aligned} \boldsymbol{P}_{\mathrm{nl}}(t) = \varepsilon_0\, \chi^{(3)}_{xxxx} \qquad (4.377) \\ \cdot \Big\{ \delta \boldsymbol{E}(t)\, [\boldsymbol{E}(t)\, \boldsymbol{E}(t)] + (1-\delta) \\ \Big[\boldsymbol{E}(t) \int_{-\infty}^{+t} h_{\mathrm{a}}(t-s)\, [\boldsymbol{E}(s)\, \boldsymbol{E}(s)]\, ds \\ + \int_{-\infty}^{+t} h_{\mathrm{b}}(t-s)\, [\boldsymbol{E}(t)\, \boldsymbol{E}(s)]\, ds \Big] \Big\}. \end{aligned}$$

Der erste Term beschreibt den unverzögert wirkenden (momentanen) Elektronenanteil der nichtlinearen Polarisation. $h_{\mathrm{a}}(t)$ und $h_{\mathrm{b}}(t)$ sind die auf

$$\int_{-\infty}^{+\infty} [h_{\mathrm{a}}(t) + h_{\mathrm{b}}(t)]\, dt = 1 \qquad (4.378)$$

normierten Raman-Impulsantworten des Mediums (vgl. Abschn. 4.16.6). δ legt die relative Stärke von Elektronen- und Molekülwechselwirkung fest. In Siliziumfasern gilt $\delta \approx 0{,}82$ [232]. Die Brillouin-Streuung wird wegen ihrer Wirkung in Rückwärtsrichtung in der weiteren Herleitung nicht berücksichtigt. Maßnahmen zur SBS-Unterdrückung sind in Abschn. 4.16.6 zu finden.

Im folgenden werden schwach führende Glasfasern vorausgesetzt, bei denen die HE_{11}-Grundwelle in guter Näherung durch eine TEM-Welle approximiert werden kann (LP_{01}-Welle, vgl. Abschn. 3.3.3). Die Faser sei linear doppelbrechend, so da die Entartung der beiden orthogonalen LP_{01}-Moden aufgehoben ist. Die Störung der transversalen Feldverteilung durch die Nichtlinearität ist für Anwendungen in der optischen Kommunikationstechnik vernachlässigbar [222]. Durch Einführung einer näherungsweise frequenzunabhängigen effektiven Modenfläche A_{eff} läßt sich die transversale Feldabhängigkeit aus (4.375) eliminieren. Bei Approximation der LP_{01}-Grundwelle durch ein Gauß-Profil $\Psi(r)$ mit Fleckradius w_0 gilt dann:

$$A_{\text{eff}} = \frac{\left[2\pi \int\limits_{-\infty}^{+\infty} \Psi(r)\, r\, dr\right]^2}{2\pi \int\limits_{-\infty}^{+\infty} \Psi^4(r,)\, r\, dr} = \pi w_0^2 \,. \qquad (4.379)$$

Nichtlineare Effekte in Fasern mit räumlich und zeitlich langsamen Änderungen lassen sich ausreichend genau mit dem Einhüllenden-Konzept beschreiben. Um auch Polarisationsabhängigkeiten modellieren zu können, wird eine Einhüllende

$$\boldsymbol{E}(z,t) = \frac{1}{2}\begin{bmatrix} A_1(z,t)\exp\left(\mathrm{j}(\omega_0 t - \beta_{(0)1} z)\right) \\ A_2(z,t)\exp\left(\mathrm{j}(\omega_0 t - \beta_{(0)2} z)\right) \end{bmatrix} + cc\,. \qquad (4.380)$$

eingeführt, wobei *cc.* das konjugiert Komplexe des ersten Terms in (4.380) bezeichnet und A_1 und A_2 die langsam veränderlichen Feldamplituden der beiden LP_{01}-Fasermoden sind. Als Referenzfrequenz ω_0 wird zweckmäßig die Mitte des betrachteten Frequenzbereichs gewählt. Die Ausbreitungskonstanten β_{01} und β_{02} charakterisieren die beiden Fasermoden bei der Referenzfrequenz. Die Beschränkung auf sich nur in positive z-Richtung ausbreitenden Wellen führt dann auf die Ausbreitungsgleichung [229, 230]

$$\begin{aligned}
&\frac{\partial A_i}{\partial z} + \frac{\alpha}{2} A_i + (3-2i)\frac{1}{2}\Delta\beta^{(1)}\frac{\partial A_i}{\partial t} - \frac{\mathrm{j}}{2}\beta_i^{(2)}\frac{\partial^2 A_i}{\partial t^2} - \frac{1}{6}\beta_i^{(3)}\frac{\partial^3 A_i}{\partial t^3} \qquad (4.381)\\
&- \mathrm{j}\kappa_i(z)\exp\left(\mathrm{j}(3-2i)\Delta\beta^{(0)} z\right) A_{3i} \\
&- \mathrm{j}\gamma\left(1 - \frac{\mathrm{j}}{\omega_0}\frac{\partial}{\partial t}\right)\left\{\delta |A_i|^2 A_i + \frac{2}{3}\delta |A_{3-i}|^2 A_i + \frac{1}{3}\delta \exp\left(\mathrm{j}\,2(3-2i)\Delta\beta^{(0)} z\right) A_i^* A_{3-i}^* + \right. \\
&+ (1-\delta) A_i \left(\int\limits_{-\infty}^{+\infty} [h_a(t-\tau) + h_b(t-\tau)]\, |A_i(\tau)|^2 d\tau + \int\limits_{-\infty}^{+\infty} h_a(t-\tau)\, |A_{3-i}(\tau)|\, \delta\tau\right) \\
&+ \frac{1}{2}(1-\delta) A_{3-i} \cdot \\
&\left.\cdot\left(\int\limits_{-\infty}^{+\infty} h_b(t-\tau) A_i(\tau) A_{3-i}^*(\tau)\, d\tau + \exp\left(\mathrm{j}\,2(3-2i)\Delta\beta^{(0)} z\right)\int\limits_{-\infty}^{+\infty} h_b(t-\tau) A_i^*(\tau) A_{3-i}(\tau)\, \delta\tau\right)\right\}
\end{aligned}$$

mit (4.381) wird als verallgemeinerte nichtlineare Schrödinger-Gleichung bezeichnet (GNLS: generalised nonlinear Schrödinger equation). Die Wellenamplituden A_1 und A_2 sind so normiert, daß sie die Einheit $\sqrt{W}$ aufweisen. Die erste Zeile der Gleichung beschreibt die linearen Fasereffekte Dämpfung, Doppelbrechung, Dispersion und lineare Modenkopplung. Mit der zweiten Zeile wird die Kerr-Nichtlinearität (SPM, XPM, FWM) modelliert. Die Faltungsterme in der dritten und vierten Zeile beschreiben die stimulierte Raman-Streuung.

Für die Ausbreitungskonstanten der beiden LP_{01}-Moden ist eine Reihenentwicklung um die Referenzfrequenz ω_0

$$\beta_i(\omega) = \beta_i^{(0)} + \beta_i^{(1)}(\omega - \omega_0) + \frac{1}{2}\beta_i^{(2)}(\omega - \omega_0)^2 + \frac{1}{6}\beta_i^{(3)}(\omega - \omega_0)^3, \tag{4.382}$$

mit $\beta_i^{(n)} = \partial^n \beta_i / \partial\omega^n |_{\omega=\omega_0}$ und $i = 1, 2$ angesetzt worden. $\beta_i^{(2)}$ und $\beta_i^{(3)}$ beschreiben die chromatische Dispersion erster und zweiter Ordnung. Sie sind über

$$D = -\frac{2\pi c_0}{\lambda^2}\beta_i^{(2)} \tag{4.383}$$

und

$$S = \frac{dD}{d\lambda} = \frac{4\pi c_0}{\lambda^3}\beta_i^{(2)} + \left(\frac{2\pi c_0}{\lambda^2}\right)^2 \beta_i^{(3)} \tag{4.384}$$

mit dem linearen Dispersionskoeffizienten D und dessen Ableitung S verknüpft. In Übereinstimmung mit [224] wird angenommen, daß $\beta_i^{(2)}$ und $\beta_i^{(3)}$ für beide Moden gleich groß sind.

Die modale Doppelbrechung wird durch $\Delta\beta^{(0)} = \beta_0^{(1)} - \beta_2^{(0)}$ berücksichtigt. $\Delta\beta^{(1)} = \beta_1^{(1)} - \beta_2^{(1)}$ beschreibt die Gruppenlaufzeitdifferenz zwischen den beiden orthogonalen Moden und ist damit für Polarisationsmodendispersion (PMD: polarization mode dispersion) verantwortlich (s. Kap. 4.11). Gleichung (4.381) ist mit Hilfe der Transformation $t \to t - \beta_1^{(1)} + \beta_2^{(1)})\, z/2$ auf die mittlere Gruppenlaufzeit normiert worden. $\kappa_i(z)$ beschreibt formal eine ortsabhängige Modenkopplung an zufälligen Faserstörungen. Es gilt $\kappa_2(z) = \kappa_1^*(z)$ [224].

$$\gamma = \frac{n_2 \omega_0}{c_0 A_{\text{eff}}} \tag{4.385}$$

ist der nichtlineare Koeffizient in 1/(W km). n_2 bezeichnet den intensitätsbezogenen nichtlinearen Brechungsindex in m^2/W. Er ist über

$$n_2 = \frac{2 Z_0 n_2'}{n_{\text{eff}}} \tag{4.386}$$

mit dem auf die Feldstärke bezogenen Brechungsindex

$$n_2' = \frac{3}{8 n_{\text{eff}}} Re\,\{\chi_{\text{xxxx}}^{(3)}\} \tag{4.387}$$

in m^2/V^2 und der nichtlinearen Suszeptibilität verknüpft. n_{eff} bezeichnet den gemittelten effektiven Brechungsindex der beiden Fasermoden, Z_0 ist der Wellenwiderstand des Vakuums. Der PMD-Wert der Faser hängt über

$$\langle \Delta\tau \rangle = \sqrt{\frac{8 L L_{\text{cor}}}{3\pi}}\,\Delta\beta^{(1)} \tag{4.388}$$

mit der Faserlänge L, der Gruppenlaufzeitdifferenz $\Delta\beta^{(1)}$ und der Polarisationskorrelationslänge L_{cor} zusammen.

Gleichung (4.381) ist für Impulsdauern bis herab zu 20 fs oder analog Bandbreiten von bis zu 50 THz gültig [222]. Sie ist in der Darstellung sehr allgemein, zugleich aber auch nur umständlich zu handhaben. Vereinfachungen sind auf der Basis von drei Einflußfaktoren möglich:

- Impulsdauer (polarisationsabhängige Effekte vernachlässigt, Index i weggelassen): Für Impulsdauern größer 0,1 ps lassen sich die mit den Impulsantworten korrespondierenden Raman-Gewinnfunktionen durch Geraden approximieren. Werden nur Ableitungen der nichtlinearen Terme bis zur ersten Ordnung berücksichtigt, so resultiert die folgende Ausbreitungsgleichung

$$\frac{\partial A}{\partial z} + \frac{\alpha}{2}A - \frac{j}{2}\beta^{(2)}\frac{\partial^2 A}{\partial t^2} - \frac{1}{6}\beta^{(3)}\frac{\partial^{(3)} A}{\partial t^3} = -j\gamma\left\{|A|^2 A - \frac{j}{\omega_0}\frac{\partial |A|^2 A}{\partial t} - T_{\text{SRS}} A \frac{\partial |A|^2}{\partial t}\right\} \tag{4.389}$$

mit der Raman-Zeitkonstante [232]

$$T_{\text{SRS}} = \int_{-\infty}^{+\infty} t\,[h_a(t) + h_b(t)]\,dt = \frac{g_R(\Delta\omega_{\max})}{2\gamma\Delta\omega_{\max} A_{\text{eff}}} \tag{4.390}$$

und einem typischen Wert von $T_{SRS} = 5$ fs. $g_R(\Delta\omega_{max})$ ist der Raman-Gewinnkoeffizient in m/W, bezogen auf die Pumpfrequenz ω_0 und die Frequenzverschiebung $\Delta\omega_{max}$. Ein Störungsansatz für (4.375) liefert die gleiche Lösung [231]. Der vorletzte Term in (4.389) bewirkt eine Selbstversteilerung der Impulsflanken, der letzte beschreibt approximativ SRS. Bei Impulsdauern größer als 1 ps führt die Vernachlässigung der zeitlichen Ableitungen der nichtlinearen Terme auf die nichtlineare Schrödinger-Gleichung (NLS: nonlinear Schrödinger equation) in der Form

$$\frac{\delta A}{\partial z} + \frac{\alpha}{2} A - \frac{\mathrm{j}}{2} \beta^{(2)} \frac{\partial^2 A}{\partial t^2} - \frac{1}{6} \beta^{(3)} \frac{\partial^3 A}{\partial t^3} = -\mathrm{j}\gamma |A|^2 A \quad (4.391)$$

Im CW- oder Quasi-CW-Fall kann auch noch der Dispersionsterm weggelassen werden. Die Lösung von (4.391) ist dann von der Form (4.373).

- Polarisationsabhängigkeit (SRS vernachlässigt):
  Zur Herleitung von Gleichung (4.381) ist lediglich angenommen worden, daß die Faser linear doppelbrechend sei. In typischen Telekommunikationsfasern ist die Doppelbrechung aber so hoch ($L_B \ll L_{eff}$, L_{nl}, L_{GVD}; s. Tab. 4.2), daß die mit $\exp(\mathrm{j}\, 2 \cdot (3-2i)\Delta\beta^{(0)} z)$ oszillierenden nichtlinearen Terme im Mittel keinen Beitrag liefern; sie können deshalb vernachlässigt werden. Im Fall geringer Doppelbrechung gilt $\exp(\mathrm{j}\, 2(3-2i)\Delta\beta^{(0)} z) \approx 1$. Für praktische Rechnungen wird oft die Polarisationsabhängigkeit ignoriert. Das skalare Modell führt dann zu einer Überschätzung der nichtlinearen Effekte. Zum Vergleich mit experimentellen Ergebnissen kann eine Anpassung des nichtlinearen Koeffizienten γ mit einem Faktor 0...1 erfolgen [224].
- Kanalzahl (Polarisationsabhängigkeit vernachlässigt):
  Alle bisher behandelten Ausbreitungsgleichungen sind sowohl für die Modellierung von Ein-, als auch von Mehrwellenlängensystemen geeignet, wenn die Beschreibung auf den gesamten betrachteten Frequenzbereich ausgedehnt wird (Total Field Approach). Für typische Systeme mit Impulsdauern > 1 ps und Gesamtbandbreiten < 10 THz kann dann mit der vereinfachten Gleichung (4.389) gearbeitet werden, wobei der für die Impuls-Selbstversteilerung verantwortliche Term vernachlässigbar ist. Ohne SRS genügt (4.391).

Bei der Analyse von Mehrkanalsystemen ist es oft hilfreich, die verwendete Ausbreitungsgleichung in ein System aus nichtlinear gekoppelten Differentialgleichungen für die einzelnen Kanäle aufzuspalten (Single Channel Approach). Untenstehend findet sich die Gleichung für Impulsdauern im Bereich größer 1 ps [222]. SRS bewirkt hier nur eine Kopplung der einzelnen Kanäle; Intrakanal-SRS ist vernachlässigt worden. n bezeichnet die Kanalnummer; die Kanäle sind in der Frequenz aufsteigend sortiert worden.

$$\begin{aligned} * \frac{\partial A_n}{\partial z} &+ \frac{\alpha}{2} A_n + (\beta_n^{(1)} - \beta_{ref}^{(1)}) \frac{\partial A_n}{\partial_t} \\ &- \frac{\mathrm{j}}{2} \beta_{2n} \frac{\partial^2 A}{\partial t^2} - \frac{1}{6} \beta_3 \frac{\partial^3 A}{\partial t^3} \\ &= -\mathrm{j}\gamma \left\{ |A_n|^2 + 2 \sum_{i=1, i \neq n}^{N} |A_i|^2 \right\} A_n \\ &\quad - \mathrm{j}\gamma \sum_{n = i+j-k;\, i,j \neq k} A_i A_j A_k^* \exp(-\mathrm{j}\Delta k z) \\ &\quad - \sum_{i=1}^{n-1} \frac{\omega_n}{\omega_i} \frac{g_{ni}}{2} |A_i|^2 + \sum_{i=n+1}^{N} \frac{g_{ni}}{2} |A_i|^2 \end{aligned} \quad (4.392)$$

mit

$$\begin{aligned} \Delta k &= k_i + k_j - k_k - k_n \\ &= -\beta_2(\omega_i - \omega_k)(\omega_j - \omega_k) \\ &\quad - \beta_3(\omega_i - \omega_k)(\omega_j - \omega_k) \\ &\quad \cdot \left[\frac{(\omega_i + \omega_j)}{2} - \omega_0 \right]. \end{aligned} \quad (4.393)$$

In dieser Formulierung sind die einzelnen Terme auf der rechten Seite von (4.392) den einzelnen nichtlinearen Effekten zugeordnet. Der erste Term beschreibt SPM, der zweite XPM und der dritte Term FWM. Die beiden letzten Terme modellieren SRS, wobei der vorletzte Ausdruck eine Leistungsumsetzung in niederfrequentere Kanäle beschreibt und der letzte Term die Leistungskopplung höherfrequenter Kanäle in den betrachteten Kanal modelliert.

Der Raman-Gewinn g_{ni} bestimmt sich bei linearer Approximation zu

$$g_{ni} = g_{max} \left| \frac{\Delta\omega_{ni}}{\Delta\omega_{max}} \right|, \quad (4.394)$$

Tabelle 4.1. Längenskalen in Einmodenfasern

Bezeichnung	Formelzeichen
effektive Länge (Dämpfungslänge)	$L_{eff} = (1 - e^{-\alpha L})/\alpha \approx 1/\alpha$
Dispersionslänge 1. Ordnung	$L_{GVD,1} = \{ \lvert\beta_2\rvert \Delta\omega^2 \}^{-1}$
Dispersionslänge 2. Ordnung	$L_{GVD,2} = \{ \lvert\beta_3\rvert \Delta\omega^3 \}^{-1}$
nichtlineare Länge	$L_{nl} = 1/\gamma P_0$
Polarisationsschwebungslänge	$L_B = 2\pi/\Delta\beta_0$
Polarisationskorrelationslänge	L_{cor}
Walkoff-Länge	$L_{Wl} = T_0/\lvert d_{12}\rvert$

wobei $\Delta\omega_{ni}$ den Frequenzversatz zwischen den Kanälen n und i angibt und $\Delta\omega_{max}$ die g_{max} zugeordnete Frequenzverschiebung von der Pumpwelle bezeichnet. Die Frequenzabhängigkeit von γ und g_{max} (s. Abschn. 4.16.6) ist nicht explizit ausgeschrieben worden. Der Term ω_n/ω_i sorgt bei SRS für einen Erhalt der Photonenzahl.

Vereinfachte analytische Berechnungen für Einmodenfasern werden oft mit Gauß-Impulsen (Zusammenhang zwischen Impulsbreite und spektraler Breite $\Delta\omega T_0 = 1$) durchgeführt. Um den Einfluß der einzelnen Fasereffekte gegeneinander abschätzen zu können, werden verschiedene Längenskalen definiert [222]. Tabelle 4.1 zeigt diese Längen für Dämpfung, Dispersion, Polarisationsschwankungen und Modenkopplung. L_{eff}, L_B und L_{cor} sind bereits in den vorhergehenden Abschnitten eingeführt worden. L_{nl} gibt die Länge an, bei der ein gaußförmiger Impuls eine spektrale Verbreiterung um den Faktor 1,33 erfährt. Die Länge $L_{GVD,1}$ korrespondiert mit einer zeitlichen Verbreiterung durch Dispersion erster Ordnung um den Faktor $\sqrt{2}$. $L_{GVD,2}$ definiert analog die Länge für Dispersion zweiter Ordnung und einen Verbreiterungsfaktor von $\sqrt{5}/2$. L_{Wl} ist die Walkoff-Länge. Sie bezeichnet die Strecke, in der zwei zeitsynchrone Impulse, die sich mit unterschiedlichen Gruppengeschwindigkeiten bewegen, genau um eine Impulsbreite T_0 auseinandergelaufen sind. Häufig wird hier zur Definition der Walkoff-Parameter $d_{12} = 1/v_{g1} - 1/v_{g2} = \beta_1(\omega_1) - \beta_1(\omega_2)$ verwendet, der die Differenz der längenbezogen Gruppenlaufzeiten angibt.

Im allgemeinen ist eine isolierte Betrachtung einzelner nichtlineaer Effekte nicht möglich. Für eine geschlossene Beschreibung muß auf eine numerische Lösung der vorgestellten Ausbreitungsgleichungen zurückgegriffen werden.

Tabelle 4.2 listet abschließend typische Faserparameter bei $\lambda = 1{,}55$ µm für eine Standardeinmodenfaser (SSMF), eine dispersionskompensierende Faser (DCF) und eine dispersionsverschobene Faser mit Restdispersion (NZDSF) auf.

Tabelle 4.2. Typische Parameter für verschiedene Fasertypen

Fasertyp	SSMF	DCF	NZDSF	Einheit
α	0,22	0,5	0,25	dB/km
n_{eff}	1,47	1,47	1,47	
D	17	- 80	± 2,8	ps/nm km
S	0,06	- 0,15	0,07	ps²/nm km
$\Delta\beta_0$	$4 \cdot 10^2 \ldots 4 \cdot 10^4$	$4 \cdot 10^2 \ldots 4 \cdot 10^4$	$4 \cdot 10^2 \ldots 4 \cdot 10^4$	1/km
$\Delta\beta_1$	1,7 … 5,4	1,7 … 5,4	1,7 … 5,4	ps/km
$\Delta\beta_2$	- 21,68	102	∓ 3,57	ps²/km
$\Delta\beta_3$	0,13	- 0,41	0,12	ps²/km
γ	1,37	5,27	2,19	1/W km
g_B	$5 \cdot 10^{-13}$	$5 \cdot 10^{-13}$	$5 \cdot 10^{-13}$	m/ω
g_R	$7 \cdot 10^{-14}$	$7 \cdot 10^{-14}$	$8 \cdot 10^{-14}$	m/ω
Δf_B	10 … 30	10 … 30	10 … 30	MHz
L_{cpl}	10 … 100	10 … 100	10 … 100	m
$\Delta\tau/\sqrt{L}$	0,1 … 0,5	0,1 … 0,5	0,1 … 0,5	ps/$\sqrt{\text{km}}$
h_2	$2{,}7 \cdot 10^{-20}$	$2{,}6 \cdot 10^{-20}$	$2{,}7 \cdot 10^{-20}$	
P_{eff}	80	20	50	µm²

4.16.2 Numerische Lösung der Ausbreitungsgleichung

Die analytische Lösung der Ausbreitungsgleichung ist nur in Spezialfällen möglich. In der Regel ist eine numerische Lösung erforderlich. Hierzu stehen verschiedene Verfahren zur Verfügung [252]. Bewährt hat sich das sogenannte Split-Step-Fourier-Verfahren [222]. Bei diesem werden linearer und nichtlinearer Anteil der Gleichung getrennt, wobei der lineare im Frequenzbereich und der nichtlineare im Zeitbereich behandelt wird. In Operatorschreibweise läßt sich die Ausbreitungsgleichung (4.389) wie folgt darstellen:

$$\frac{\partial A}{\partial z} = (\hat{D} + \hat{N})\, A\,. \tag{4.395}$$

Hierin umfaßt der Operator $\hat{D}$ die linearen Anteile Dämpfung und Dispersion und der Operator $\hat{N}$ beschreibt Kerr-Effekt und SRS

$$\hat{D} = -\frac{\alpha}{2} + \frac{j}{2}\beta^{(2)}\frac{\partial^2}{\partial t^2} - \frac{1}{6}\,\beta^{(3)}\frac{\partial^3}{\partial t^3}\,, \tag{4.396}$$

$$\hat{N} = j\gamma\left\{A^2 - \frac{2j}{\omega_0 A}\,\frac{\partial |A|^2 A}{\partial t} - T_{\mathrm{SRS}}\,\frac{\partial |A|^2}{\partial t}\right\}. \tag{4.397}$$

Die Diskretisierung der Faser in Ausbreitungsrichtung z mit Schrittweiten der Länge dz und die Verwendung eines Exponentialansatzes für (4.395) ergibt:

$$A(z + dz) = \exp\left(dz\,(\hat{D} + \hat{N})\right) A(z)\,. \tag{4.398}$$

Mittels einer Taylorreihe und der Vernachlässigung von Gliedern höherer Ordnung kann der Exponentialterm durch ein Produkt aus linearem und nichtlinearem Teil genähert werden. Der lineare Teil wird durch die Fouriertransformation und Multiplikation im Frequenzbereich und der nichtlineare Teil durch analytische oder numerische Verfahren im Zeitbereich behandelt. Die Konvergenz wird durch die Trennung des linearen Teilschrittes in zwei Teilschritte gemäß

$$A(z + dz) = \exp\left(\frac{dz}{2}\hat{D}\right) \exp\left(\int_z^{z+dz} \hat{N}(\xi)\, d\xi\right) \cdot \exp\left(\frac{dz}{2}\hat{D}\right) A(z) \tag{4.399}$$

zusätzlich verbessert.

Analog lassen sich auch die gekoppelten Ausbreitungsgleichungen (4.381) unter Berücksichtigung der Polarisationseigenschaften lösen. Hierzu wird jedes diskrete Fasersegment der Länge dz als ein doppelbrechendes Element betrachtet. Für ein solches Element werden die Ausbreitungsgleichungen der beiden orthogonalen Moden getrennt gelöst, wobei die Gruppenlaufzeitdifferenz $\Delta\beta^{(1)}$ zu berücksichtigen ist. Die Kopplung der Moden wird zwischen zwei Fasersegmenten durch eine zufällige Änderung des Polarisationszustandes modelliert. Zu diesem Zwecke werden Zufallsprozesse eingeführt, die die Rotation der Hauptachsen und die Phasenverschiebung zwischen den Moden beschreiben. Für die Definition dieser Prozesse und den Zusammenhang mit den üblichen Parametern sei auf [234] verwiesen. Werden bei der Berücksichtigung von Polarisationseffekten Schrittweiten dz verwendet, die größer als die Korrelationslänge sind, zeigt eine genauere Analyse, daß $\Delta\beta^{(0)}$ und $\Delta\beta^{(1)}$ um den Faktor $\sqrt{2L_{\mathrm{cor}}/dz}$ erniedrigt werden sollten. Als problematisch erweist sich jedoch in der Praxis die genaue Kenntnis dieser Parameter.

Neben vorgestellten Lösungsverfahren existieren weitere Möglichkeiten zur Lösung der Ausbreitungsgleichung. Die Behandlung des linearen Teils im Frequenzbereich stellt eine FIR-Filterung dar (FIR: Finite Impulse Response). Eine weitere Variante ist die Näherung des linearen Teils durch eine IIR-Filterung (IIR: Infinite Impulse Response), was bei relativ geringen betrachteten Bandbreiten (< 150 GHz) eine erhebliche Reduktion des Rechenaufwandes zur Folge hat [241].

Eine weitere Lösungsvariante verzichtet auf das Operatorsplitting. Die gesamte Ausbreitungsgleichung wird durch eine geeignete Transformation auf eine Differentialgleichung erster Ordnung reduziert und im Frequenzbereich durch numerische Integration gelöst [242]. Die komplementäre Möglichkeit ist die gesamte Lösung der Ausbreitungsgleichung im Zeitbereich mittels der Methode der finiten Differenzen [253]. Die Stabilität beider Verfahren erfordert jedoch die Einhaltung von maximalen Schrittweiten, wogegen das Split-Step-Fourier-Verfahren bei analytischer Lösung des nichtlinearen Teils uneingeschränkt stabil ist. Eine weitere Lösungsvariante stellt die Verwendung von Volterra-Reihen [243] dar. Die zugehörigen Volterra-Kernel können aus der nichtlinearen Schrödinger-Gleichung im Frequenzbereich hergeleitet werden. Nachteilig ist jedoch der hohe Aufwand.

Bei Signalen mit Wellenlängenmultiplex hängt der Rechenaufwand von der Wahl der Signaldarstellung ab. So kann zum einen für alle Kanäle zusammen eine Ausbreitungsgleichung gemäß (4.381) aufgestellt werden, d.h. die Kanäle werden in einem gemeinsamen Basisband betrachtet. Zum anderen kann ein System gekoppelter Differentialgleichungen nach (4.392) verwendet und jeder Kanal für sich in einem Basisband beschrieben werden. Sofern FWM vernachlässigbar ist führt die getrennte Betrachtung der Kanäle zu einem erheblich geringeren Rechenaufwand. Sollen die Interkanaleffekte berücksichtigt werden, ist die gemeinsame Betrachtung der Kanäle in einem Basisband der getrennten Modellierung der Kanäle vorzuziehen. Aus der Diskretisierung in Ausbreitungsrichtung resultiert jedoch ein Problem, was zwingend berücksichtigt werden muß. Bei der Betrachtung dispersiver Fasern und Signale mit Wellenlängenmultiplex in einem gemeinsamen Basisband führen relativ große Schrittweiten zu einer Überschätzung der Vierwellenmischungseffizienz. Aufgrund der örtlichen Diskretisierung werden unter Umständen Phasenänderungen nicht korrekt erfaßt. Durch die scheinbare Phasenanpassung wird die FWM fälschlicherweise überschätzt [252]. Die gewählten Schrittweiten sollten erheblich kleiner als die FWM-Kohärenzlänge sein, die sich in diesem Fall durch

$$L_{cor} = \frac{2\pi}{|\beta_2|\,(N-1)^2 - \omega^2} \tag{4.400}$$

bestimmt. Hierbei steht N für die Kanalzahl und $\Delta\omega$ für den Kanalabstand.

4.16.3 Selbstphasenmodulation (SPM)

Der intensitätsabhängige Anteil des Brechungsindex

$$n = n_0 + n_2 \frac{P}{A_{eff}} \tag{4.401}$$

bewirkt die Phasenmodulation eines Signals durch seine eigene Intensität, die im Frequenzbereich zu einer Verbreiterung des Signalspektrums führt (vgl. Abb. 4.89). Dieser Effekt wird als Selbstphasenmodulation (SPM: self phase modulation) bezeichnet. Nach Gleichung (4.391) gilt ohne Dispersion, d.h. für $\beta^{(2)} = \beta^{(3)} = 0$

$$A(L,t) = A(0,t)\, e^{\,j\Phi_{NL}}, \tag{4.402}$$

mit der nichtlinearen Phasendrehung

$$\Phi_{NL}(L,t) = -\gamma\,|A(0,t)|^2 L_{eff} = -\gamma P L_{eff}. \tag{4.403}$$

Die Phasenmodulation läßt die Hüllkurve eines Signals unverändert. Sie führt aber zu einem Chirp, d.h. einer zeitlich aufgelösten Abweichung seiner Momentanfrequenz von der Trägerfrequenz gemäß

$$\Delta f = \frac{1}{2\pi}\,\gamma\, L_{eff}\,\frac{dP}{dt}. \tag{4.404}$$

Steigende Impulsflanken erfahren durch SPM nach (4.404) eine Verschiebung der Frequenz zu niedrigeren Frequenzen (Rotverschiebung), fallende Flanken eine Verschiebung zu höheren Frequenzen (Blauverschiebung). Durch die Phasenmodulation werden Frequenzkomponenten im Bereich von näherungsweise

$$\Delta B_{SPM} \approx \pm \frac{1}{2\pi}\,\gamma L_{eff}\,\frac{P_{max}}{aT} \tag{4.405}$$

generiert, wobei P_{max} die maximale Impulsleistung ist und a das Verhältnis aus Impulsanstiegszeit und Impulsdauer T angibt. Der Einfluß von SPM steigt mit Bitrate und Impulsleistung. Im Frequenzbereich führt SPM zu einer symmetrischen Verbreiterung des Signalspektrums.

Als einfache Faustformel kann gelten, daß die durch SPM hervorgerufene spektrale Verbreiterung nicht größer als die Breite des Originalspektrums sein soll. Mit (4.405) und einer angenommenen Signalbandbreite von $2/T$ folgt dann für die maximal zulässige mittlere Sendeleistung (a = 0,25, γ = 1,5/W km) und L_{eff} = 20 km):

$$P_{av} < \frac{\pi a}{\gamma L_{eff}} = 14\ \text{dBm}\,. \tag{4.406}$$

In Abb. 4.90 ist die grundsätzliche Wirkungsweise der SPM anhand eines Gauß-Impulses höherer Ordnung dargestellt [222].

Zu sehen sind die Hüllkurve des Signals, der durch SPM hervorgerufene Chirp und das elektrische Feld. Abbildung 4.91 zeigt qualitativ die aus der SPM resultierende Verbreiterung eines gaußförmigen Impulsspektrums in Abhängigkeit von der Faserlänge.

Dispersion ist bis hierher vernachlässigt worden. Dispersive Medien bewirken eine

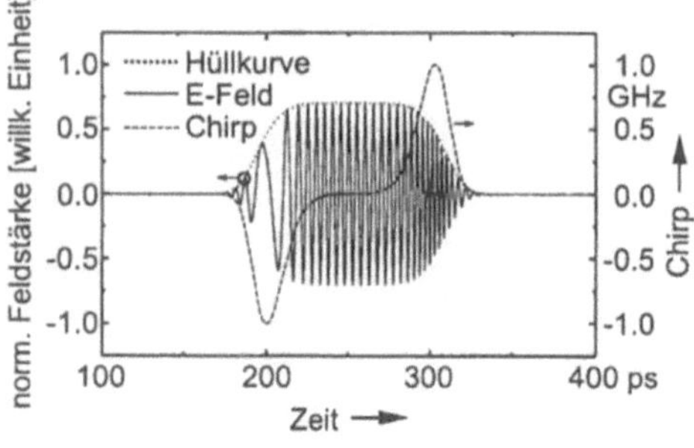

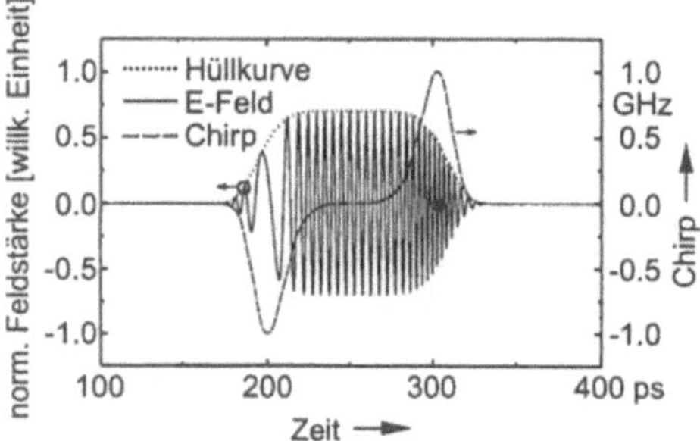

Abb. 4.90. Einfluß der Selbstphasenmodulation auf intensitätsmodulierte Signale (20 km SMF, Impulsbreite 100 ps, $P_{max} = 5$ mW)

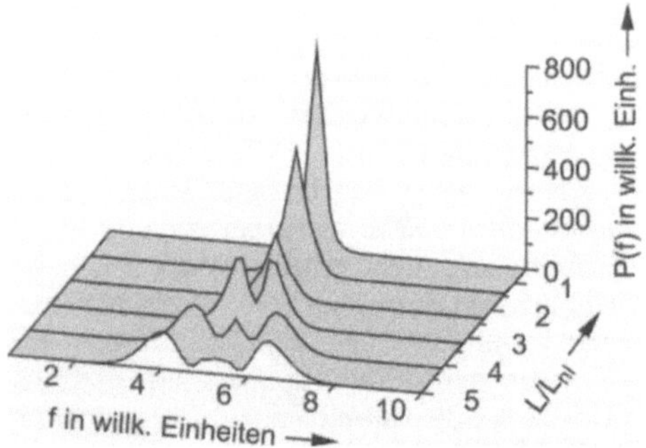

Abb. 4.91. Verbreiterung eines gaußförmigen Impulsspektrums durch SPM

PM-AM-Konversion phasenmodulierter Signale [233], d. h. in diesem Fall eine Umwandlung des Chirps in Amplituden- bzw. Leistungsschwankungen. In Verbindung mit Dispersion kann SPM zu einer Impulsverbreiterung oder Impulskompression führen. Im Bereich anomaler Dispersion ($D > 0$) laufen die hochfrequenten Signalanteile schneller als die niederfrequenten. Aus diesem Grunde ergibt sich hier in Verbindung mit SPM zunächst eine

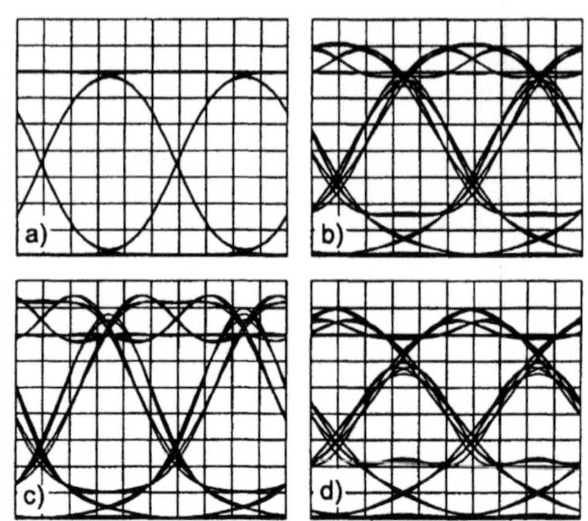

Abb. 4.92. Augendiagramme **a** nur SPM, **b** nur Dispersion, **c** SPM und anormale Dispersion, **d** SPM und normale Dispersion

Impulskompression, weil die durch SPM erzeugten Impulsanteile an der steigenden Flanke langsamer und die Impulsanteile an der fallenden Flanke schneller laufen. Im weiteren Verlauf erfährt das Signal dann eine Impulsverbreiterung, die jedoch geringer ist als im Fall einer rein dispersiven Faser. SPM kann damit zur Dispersionskompensation eingesetzt werden (s. Abschn. 4.4). Das Zusammenwirken von anomaler Dispersion und SPM ermöglicht die Formung von Solitonen (s. Abschn. 4.16.8). In Verbindung mit normaler Dispersion ($D < 0$) führt SPM zu einer stärkeren Impulsverbreiterung und damit einer höheren Signalverschlechterung als im linearen Fall. Dispersion höherer Ordnung führt in Verbindung mit SPM zu einer spektralen und zeitlichen Asymmetrie der Impulse. Ein eventueller Chirp des Lichtsenders kann je nach zeitlichem Verlauf sowohl zu einer Verbesserung als auch zu einer Verschlechterung der Signalqualität führen.

Abbildung 4.92 zeigt simulierte Augendiagramme eines rauschfreien 10 Gbit/s-Signals mit einer mittleren Impulsspitzenleistung von 20 mW nach Ausbreitung in 80 km Faser ($D = \pm 16$ ps/(nm km), $\gamma = 1{,}5$/(W km), $\alpha = 0{,}2$ dB/km) und Detektion mit einem idealen Empfänger (Empfängerbandbreite $B =$ 7 GHz).

Im dispersionsfreien Fall ist das Auge gut geöffnet. Dispersion allein bewirkt immer eine Verkleinerung der Augenöffnung. Die Wechselwirkung mit SPM führt im Fall anomaler Dispersion zu einer Vergrößerung der vertikalen Augenöffnung gegenüber dem rein dispersiven Fall. Gleichzeitig zeigt das Augendiagramm eine Versteilerung der Flankenbereiche. Normale Dispersion und SPM führen zu einer deutlich kleineren Augenöffnung als im rein dispersiven Fall.

4.16.4 Kreuzphasenmodulation (XPM)

Kreuzphasenmodulation (XPM: cross phase modulation) beschreibt die Phasenmodulation einer optischen Welle durch eine kopropagierende weitere Welle mit

$$\Phi_{NL}(L,t) = -\gamma \xi P_{cp} L_{eff} \tag{4.407}$$

und bewirkt dadurch eine nichtlineare Kanalkopplung (s. Abb. 4.89). P_{cp} ist hier im Unterschied zu (4.403) die Leistung der kopropagierenden Welle. Der Koeffizient ξ hängt von Polarisationszustand und der Frequenzlage beider Wellen ab. Die zu verwendenden Werte sind in Tabelle 4.3 für linear doppelbrechende Fasern angegeben [222]. Eine Kopplung durch XPM kann auch zwischen orthogonal polarisierten Signalanteilen der gleichen Trägerfrequenz auftreten.

Die Auswirkung von XPM in Wellenlängenmultiplexsystemen mit Intensitätsmodulation und Direktdetektion (IM-DD) läßt sich durch einen zweistufigen Prozeß beschreiben:

Zunächst erfährt ein Signal im ersten Schritt eine Phasenmodulation durch ein kopropagierendes zweites Signal nach (4.407). Im zweiten Schritt bewirkt die Dispersion dann eine Umwandlung der Phasenmodulation in Leistungschwankungen. Dispersion führt darüber hinaus zu einem Walk-off zwischen den Kanälen und reduziert damit den XPM-Einfluß.

Eine einfache Abschätzung für die XPM läßt sich nach [225] so angeben:

Ist die Walk-off-Länge viel kleiner als die Dämpfungslänge der Faser und ist eine Impulsverzerrung durch Dispersion vernachlässigbar, so wechselwirken viele identisch geformte Bits miteinander. Der von der steigenden Flanke eines Pump-Impulses durch XPM hervorgerufene Chirp eines Testsignals durch den von der nachfolgenden fallenden Flanke des Pumpsignals induzierten Chirp vollständig wieder kompensiert. Dieser Vorgang läßt sich auch als eine zeitliche Impulskollision auffassen, nach deren Ablauf die ursprüngliche Form des Testimpulses wiederhergestellt ist (Abb. 4.93).

Tabelle 4.3. XPM-Gewichtungsfaktor ξ

Frequenz	Polarisations-zustand	Gewichtsfaktor ξ
$f_1 = f_2$	$\parallel$	1 (SPM)
$f_1 \neq f_2$	$\parallel$	2
beliebig	$\perp$	2/3

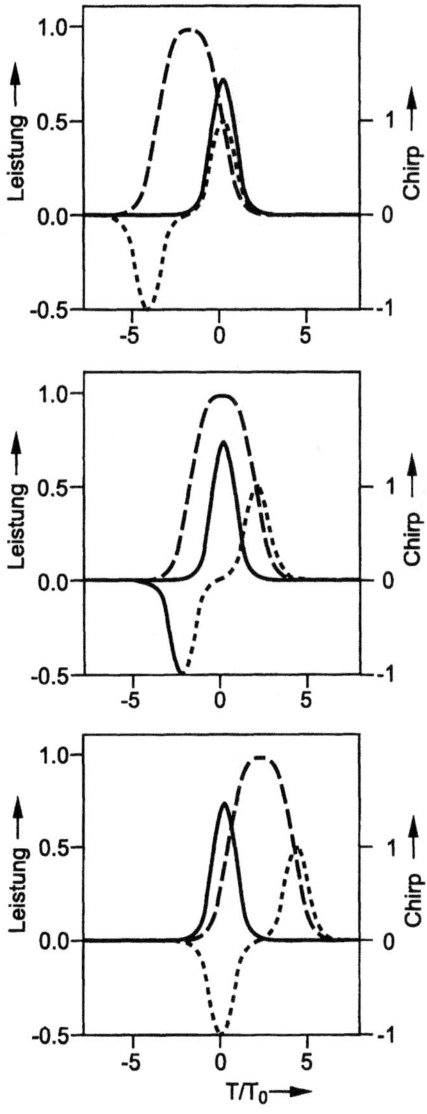

Abb. 4.93. Impulskollision durch XPM und Chirp durch XPM (Leistung des untersuchten Impulses (—), Leistung des kopropagierten Impulses (– – –), Chirp durch XPM (- - -))

Eine Beeinflussung des Signals durch XPM wird demnach nur von unvollständigen Kollisionen hervorgerufen. Die spektrale Verbreiterung durch XPM kann dann analog zu (4.405) als

$$\Delta B_{XPM} = \frac{1}{\pi} \gamma L_{eff, XPM} \frac{XP}{aT} \tag{4.408}$$

definiert werden, wobei als Wechselwirkungslänge die Walkoff-Länge für eine Impulsflanke $L_{eff, XPM} = aT/D\Delta\lambda$ zu verwenden ist. Die zeitliche Impulsverbreiterung ergibt sich dann zu

$$\Delta t = \frac{\lambda^2}{c} DL \, \Delta B_{XPM} = \frac{\gamma PL}{\pi \Delta f} \, . \tag{4.409}$$

Wird die übliche Bedingung $\Delta t < T/4$ angesetzt, so resultiert für $L = 500$ km, $\gamma = 1{,}5/(\omega \cdot \text{km})$, $P = 10$ mW und $T = 100$ ps ein minimaler Kanalabstand von 100 GHz.

Eine genauere Analyse ist möglich [237], wenn der Einfluß einer Pumpwelle auf ein unmoduliertes CW-Testsignal (Leistung P_1) untersucht wird. Abbildung 4.94 zeigt dafür gemessene Ergebnisse. Dargestellt ist die durch XPM hervorgerufene Impulsverzerrung des unmodulierten Testsignals bei 75 GHz Kanalabstand, 2,5 Gbit/s Datenrate (0101...-Folge) und 16 dBm Gesamtleistung nach 6 Faserstrecken, bestehend aus 40 km SSMF und 7,9 km DCF (exakt dispersionskompensiert).

Die Pumpwelle weist nach $P_2 = P_{20} + \Delta P_2$ eine Modulation mit ΔP_2 auf. Sie ruft im ersten Schritt eine Phasenmodulation des Testsignals hervor. Für ein infinitesimal kleines Faserstück dz an der Stelle z gilt

$$d\Phi_{XPM}(z, \omega) = -2\gamma_1 \Delta P_2(z, \omega) \tag{4.410}$$

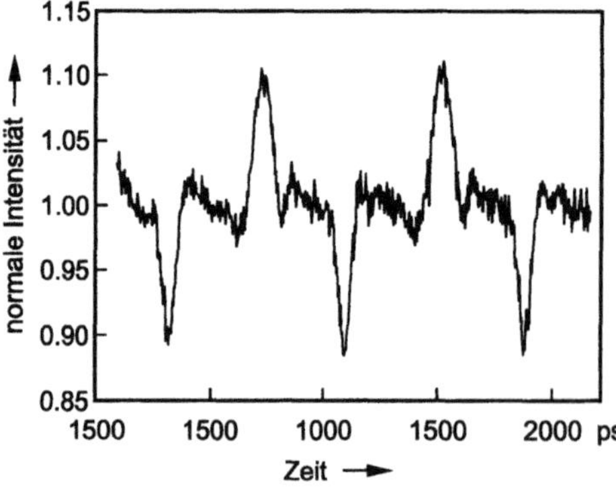

Abb. 4.94. XPM-Verzerrung eines unmodulierten Signals durch ein kopropagierendes moduliertes Signal mit 1010...-Bitfolge nach [246]

mit

$$\Delta P_2(z, \omega) = \Delta P_2(0, \omega) \exp(j\omega z / v_{g2}) \exp(-\alpha z) \tag{4.411}$$

und der Gruppenlaufzeit v_{g2}. Der Anteil (4.410) bewirkt durch die PM/AM-Konversion eine Schwankung der optischen Leistung des Testsignals am Faserende L gemäß [233]

$$d P_{XPM} = -2 P_1(z) \, e^{(-\alpha(L-z))} \, e^{(j\omega(l-z)/v_{g1})} \cdot \sin[-\omega^2 D_1 \lambda_1^2 (L-z)/4\pi c] \cdot d\Phi_{XPM}(z, \omega), \tag{4.412}$$

v_{g1} und D_1 sind Gruppenlaufzeit und Dispersion bei der Wellenlänge λ_1.

Nach der Integration von (4.412) folgt als XPM-Kleinsignalübertragungsfunktion der Faser

$$H_{XPM} = \frac{P_{XPM}(\omega)}{\Delta P_2(\omega)} \tag{4.413}$$

$$= 4 \gamma_1 P_1(0) \, e^{(-\alpha L)} \, e^{(j\omega L/v_{g1})} \cdot \frac{1}{a^2 + b^2} [a \sin(bL) - b \cos(bL) + be^{-aL}]$$

mit den Abkürzungen $a = \alpha - j\omega d_{12}$, $b = \omega^2 D_1 \lambda_1^2 / 4\pi c$ und dem Walkoff-Parameter $d_{12} = (1/v_{g1}) - (1/v_{g2}) \approx D_1 \Delta\lambda_{12}$. Für lange Fasern ($\exp(-\alpha L) \ll 1$) und einen Kanalabstand, viel größer als die Modulationsfrequenz läßt sich (4.413) vereinfachen:

Bei nicht zu hohen Frequenzen ($\sin(bL) \approx bL$) und für $|\alpha| \gg |\omega d_{12}|$ steigt H_{XPM} näherungsweise mit $\omega^2 D_1$ an; der Verlauf ist unabhängig vom Kanalabstand. Im Grenzfall $|\alpha| \gg |\omega d_{12}|$ ist H_{XPM} proportional zu $\omega/(\Delta\lambda_{12})$; der Verlauf ist dann unabhängig von der Dispersion (vgl. auch (4.408)). Zu höheren Frequenzen hin bewirkt die Periodizität des trigonometrischen Terms einen Einbruch im Betragsgang der Übertragungsfunktion, wobei die genaue Lage der Resonanzen von der Dispersion und Faserlänge abhängen. Generell nimmt die XPM-Effizienz mit größeren Kanalabständen ab. Darüber hinaus ist eine kleine XPM-Effizienz mit niedrigen Signalleistungen zu erzielen. Abbildung 4.95 zeigt die unter Verwendung von (4.413) ermittelte maximale Leistungsschwankung $\Delta P_1^{max}/P_1$ in Abhängigkeit von Kanalabstand und Kanalleistung für 80 km SMF und eine 7 Gbit/s-Bitfolge.

Unter realen Systembedingungen ist XPM nicht von den durch SPM und Dispersion verursachten Verzerrungen zu trennen.

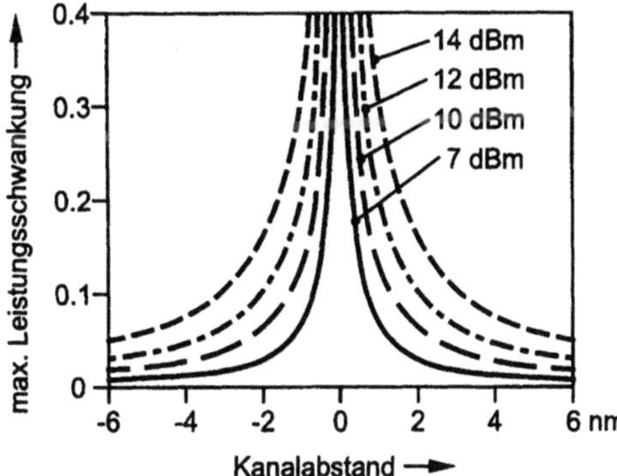

Abb. 4.95. Normierte Leistungsschwankung durch XPM als Funktion von Kanalabstand und Pumpleistung nach [253]

In Systemen mit Phasenmodulation kann eine Systemverschlechterung durch die Umwandlung von Intensitätsschwankungen in Phasenschwankungen aufgrund von SPM und XPM hervorgerufen werden. Als konservative Abschätzung läßt sich

$$P_{max} < \frac{\sigma_{max}}{\gamma \frac{\langle \Delta P \rangle}{P} L_{eff} \sqrt{4N-1}} \tag{4.414}$$

angeben [220], wobei σ_{max} die maximal zulässige Phasenschwankung, N die Kanalzahl und $\langle \Delta P \rangle / P$ die auftretenden Leistungsschwankungen sind. Für typische Werte ($\sigma_{max} = 0{,}15$ rad, $\gamma = 1{,}5$, $\langle \Delta P \rangle / P = 5\,\%$, $L_{eff} = 20$ km und $N = 32$) resultiert eine maximale Kanalleistung von 9 mW.

4.16.5 Vierwellenmischung (FWM)

Der intensitätsabhängige Brechungsindex der Faser bewirkt eine Frequenzmischung optischer Wellen. Als Vierwellenmischung (FWM: four wave mixing) wird der Mischprozeß bezeichnet, bei dem durch drei einfallende optische Wellen ein neuer Beitrag bei einer vierten Frequenz erzeugt wird, wobei die Frequenzbedingung

$$f_n = f_i + f_j - f_k \tag{4.415}$$

mit $f_i, f_j \neq f_k$ erfüllt sein muß. Als entartete FWM wird der Fall bezeichnet, wenn $f_i = f_j$ ist und sich (4.415) auf $f_n = 2f_i - f_k$ damit reduziert.

Die mathematische Beschreibung erfolgt im CW-Fall und bei gleichem Polarisationszustand der beteiligten Wellen durch ein System aus 4 nichtlinear gekoppelten Differentialgleichungen der Form

$$\frac{\partial \alpha_n}{\partial z} + \frac{\alpha}{2} A_n \tag{4.416}$$

$$= -j\gamma A_n \left\{ |A_n|^2 + 2 \sum_{i=1, i \neq n}^{N} |A_i|^2 \right\}$$

$$\cdot -j\gamma \sum_{n=i+j-k;\, i,j \neq k} A_i A_j A_k^* \exp(-j\Delta k z).$$

Im allgemeinen muß das entstehende Gleichungssystem numerisch gelöst werden. Eine Einsicht läßt sich aber auch mit Hilfe einer Näherungslösung gewinnen. Wird die nichtlineare Leistungsdegradation der Kanäle i, j, k vernachlässigt, weil die neu erzeugte Leistung im Kanal n nur gering im Vergleich zu den Kanalleistungen i,j,k ist, und sind darüber SPM und XPM ebenfalls vernachlässigbar, so gilt [235]

$$A_n(z) = -j\gamma D_n A_i(0) A_j(0) A_k^*(0) \cdot e^{-\alpha z/2} \left(\frac{1 - e^{-(\alpha + j\Delta k) z}}{\alpha j \Delta k} \right), \tag{4.417}$$

mit den Entartungsfaktor

$$D = \begin{cases} 1 \; f_i = f_j \\ 2 \; f_i \neq f_j \end{cases}. \tag{4.418}$$

Für die durch FWM erzeugte Leistung folgt dann

$$P_n(L) = \eta \, (\gamma D_n L_{eff})^2 P_i P_j P_k \, e^{-\alpha L} \tag{4.419}$$

mit der FWM-Effizienz

$$\eta = \frac{P_n(L, \Delta k)}{P_n(L, \Delta k = 0)} \tag{4.420}$$

$$= \frac{\alpha^2}{\alpha^2 + \Delta k^2} \left(1 + \frac{4\, e^{-\alpha L} \sin\left(\frac{\Delta k L}{2}\right)}{(1 - e^{-\alpha L})^2} \right).$$

Δk ist bereits in (4.393) angegeben worden. Die durch FWM erzeugte Leistung oszilliert im nicht phasenangepaßten Fall über der Faserlänge, wobei die zugehörige Periodenlänge (FWM-Kohärenzlänge) $L_{coh} = 2\pi/\Delta k$ ist. Bei gleichen Signalleistungen gilt für das maximal erzeugte FWM-Übersprechen XTK

$$\mathrm{XTK} = \frac{P_{ijk,\infty}}{P\, e^{-\alpha L}} = \frac{\gamma^2 D_{ijk}^2 P^2}{\alpha^2 + \Delta k^2}. \tag{4.421}$$

Alle Überlegungen beziehen sich auf parallel polarisierte Wellen. Im Fall orthogonal polarisierter Pumpwellen ist in obigen Formeln γ durch $\gamma/3$ zu ersetzen [241].

Für eine hohe FWM müssen sowohl die Frequenzbedingungen als auch die Phasenbedingungen $\Delta k \approx 0$ erfüllt sein. Liegt keine perfekte Phasenanpassung vor, so ist die Mischungseffizienz drastisch herabgesetzt. Im Fall der Modulationsinstabilität (MI: modulation instability) [236] läßt sich jedoch auch für $\Delta k_{\text{lin}} \neq 0$ eine perfekte Phasenanpassung erreichen, weil der nichtlineare Brechungsindex ebenfalls einen Beitrag zur Wellenzahldifferenz $\Delta k = \Delta k_{\text{lin}} + \Delta k_{\text{nlin}}$ liefert. MI wird in diesem Zusammenhang auch als durch SPM angepaßte FWM bezeichnet. Sie führt bei CW-Signalen oder langen Eins-Folgen in IM-Signalen im Bereich anomaler Dispersion zu einer Ausbildung von Modulationsseitenbändern aus dem Rauschen heraus [222]. Im Zeitbereich ergibt sich dadurch eine Pulsation der ursprünglich konstanten Intensität.

Abbildung 4.96 zeigt das FWM-übersprechen (4.421) für unterschiedliche Kanalabstände und Fasertypen bei einer Kanalleistung von 0 dBm.

Es ist zu erkennen, daß Vierwellenmischung in Fasern mit geringer Dispersion einen größeren Einfluß hat als in Standardeinmodenfasern. Zur effizienten Unterdrückung von FWM sollten WDM-Systeme deshalb eine hohe lokale Dispersion und zur gleichzeitigen Vermeidung von Impulsverzerrungen eine niedrige akkumulierte Dispersion aufweisen.

Obige Analyse konzentriert sich auf die Generation eines Frequenzmischproduktes. Im allgemeinen Fall von N Signalfrequenzen führt FWM zur Generation von $(N^2(N-1))/2$ Mischprodukten unterschiedlicher Stärke und

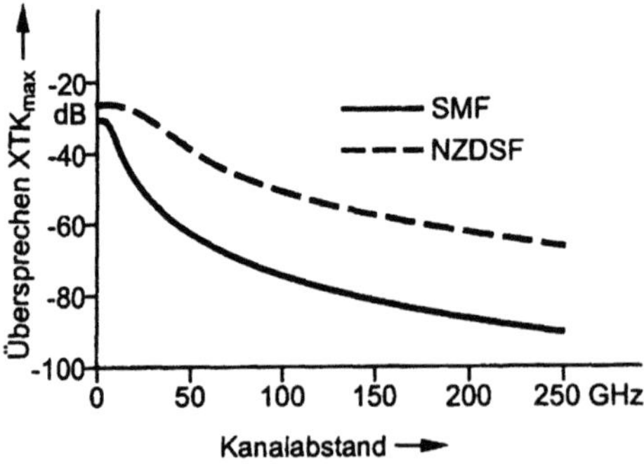

Abb. 4.96. FWM-Übersprechen in Abhängigkeit vom Kanalabstand für verschiedene Fasertypen ($P = 0$ dBm)

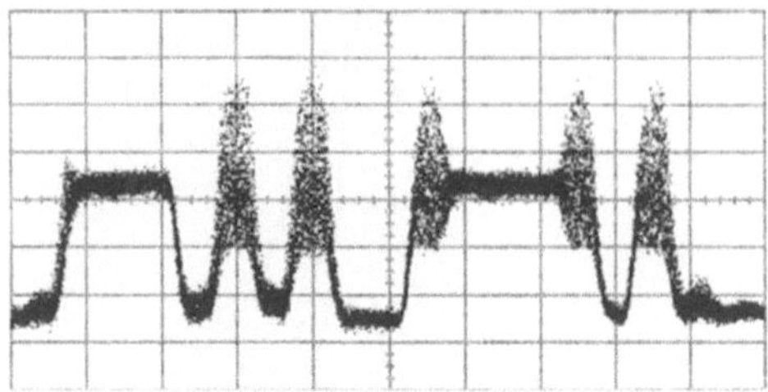

Abb. 4.97. Typisches Übersprechen durch FWM (5 dBm pro Kanal)

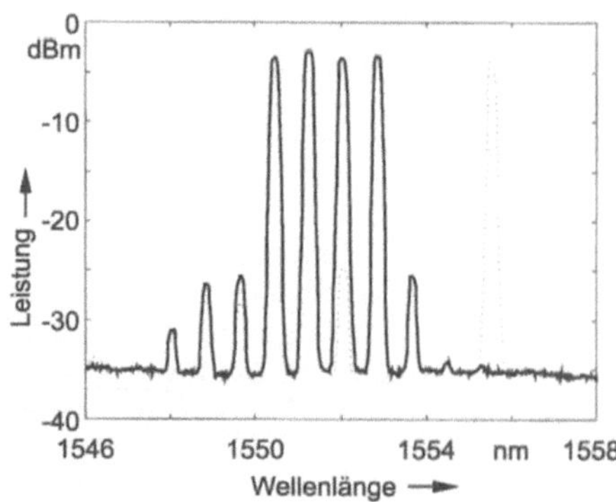

Abb. 4.98. Ausgangsspektrum nach 11 km dispersionsverschobener Faser

Frequenzlage und bewirkt einen Leistungsverlust sowie Kanalübersprechen.

In den Abbildungen 4.97 und 4.98 sind experimentelle Ergebnisse dargestellt. Vier Kanäle wurden mit 100 GHz Abstand um eine Mittenwellenlänge von 1551,72 nm über 11 km dispersionsverschobene Faser übertragen.

Abbildung 4.97 verdeutlicht das nichtlineare Übersprechen anhand eines typischen Signalverlaufs für eine Kanaleingangsleistung von 5 dBm.

Abbildung 4.98 zeigt die gemessenen Spektren am Ausgang der Faser. Zur Auflösung des Übersprechens in Kanal 3 (1552,12 nm) wurde dieser verstimmt, was gestrichelt dargestellt ist.

Für eine korrekte Beschreibung müssen sowohl die relative Frequenz- und Phasenlage der Mischprodukte als auch eine Bitmuster-Abhängigkeit berücksichtigt werden. Bezüglich der Frequenzlage lassen sich zwei Fälle unterscheiden [225]:

1. Durch eine geeignete Kanalzuweisung wird sichergestellt, daß die durch FWM generierten Mischprodukte außerhalb der Sig-

nalkanäle liegen. Das ist auch bei Vorgabe eines äquidistanten Frequenzrasters nach ITU-Norm auf Kosten einer verringerten Bandbreiteneffizienz möglich, wenn nicht alle vorgegebenen Kanalfrequenzen belegt werden. In diesem Fall wirkt FWM wie ein Leistungsverlust in den Kanälen.

2. Die Kanäle sind äquidistant in der Frequenz angeordnet. In diesem Fall liegen die entstehenden Mischprodukte wiederum bei den Kanalfrequenzen; es wird ein kohärentes Übersprechen durch die FWM-Beiträge erzeugt, das für große Kanalzahlen wie eine Verringerung des optischen Signal-Rausch-Verhältnisses wirkt. Die Phasenlage der Mischprodukte schwankt zufällig.

Zur Berechnung der Systemgrenzen kann in beiden Fällen die Bitmuster-Abhängigkeit über eine Binomialverteilung erfaßt werden, da bei der für eine signifikante FWM-Effizienz notwendigen kleinen Dispersion der Walkoff der Kanäle gering sein muß und damit ein quasi-bitsynchroner Fall betrachtet werden kann.

4.16.6 Stimulierte Raman-Streuung (SRS)

Stimulierte Raman-Streuung (SRS: stimulated Raman scattering) stellt einen Wechselwirkungsprozeß zwischen optischen Wellen und Molekülschwingungen dar. Dabei wird Licht einer einfallenden Pumpwelle in eine kopropagierende Signalwelle niedriger Frequenz (Stokeswelle) gestreut und verstärkt diese, sofern ihre Frequenz innerhalb der Bandbreite der Raman-Gewinnfunktion (ca. 40 THz) liegt. Weil die beteiligten Gitterschwingungen die Wellenvektordifferenz zwischen Pump- und Stokeswelle aufnehmen können, ist der SRS-Prozeß phasenangepaßt.

Ist nur eine monofrequente Pumpwelle vorhanden, so entsteht aus dem Rauschen heraus zunächst spontane Ramanstreuung, wobei Stärke und Frequenzlage des rückgestreuten Lichtes aus den für ein Material charakteristischen Raman-Streuquerschnitten resultiert. Die Streuquerschnitte $d^2\sigma/d\Omega\, d\omega$ in s/(m s rad) lassen sich experimentell bestimmen und geben den Anteil der spontan gestreuten Pumpphotonen pro Einheitsabstand, Raumwinkel und Frequenz an. Sie sind in Abb. 4.99 für Ko- und Kreuzpolarisation von Pump- und Stokeswelle dargestellt.

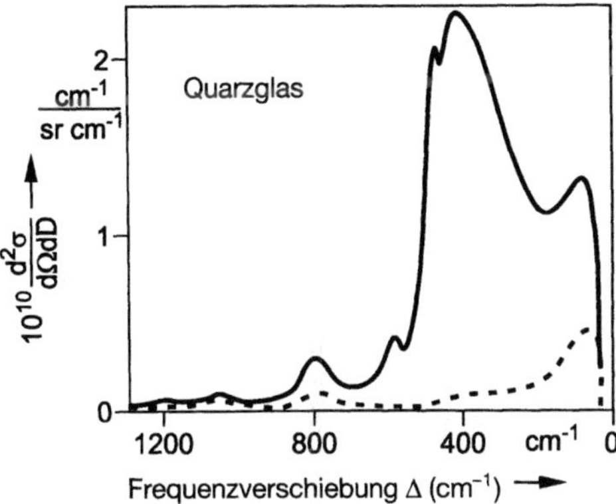

Abb. 4.99. Raman-Streuquerschnitt nach [3]. Kopolarisation (–), Kreuzpolarisation (– –), 1 cm^{-1} ≙ 30 GHz

Das durch die spontane Streuung erzeugte Licht erfährt durch SRS eine Verstärkung, wobei sich die für die stimulierte Raman-Streuung verantwortliche Gewinnfunktion g_{par} in m/W bei Kopolarisation mit Hilfe der Beziehung [227]

$$g_{\text{par}}(\omega_s, \Delta\omega) = \frac{4\pi^3 c_0^2}{\hbar\, \omega_p\, \omega_s^2\, n_s^2}\, \frac{d^2\sigma_{\text{par}}}{d\Omega\, d\omega} \cdot \left(1 - e^{-\hbar\,\Delta w/k_B T}\right)$$

aus dem zugehörigen Streuquerschnitt berechnet $\hbar = 2\pi\hbar$ ist das Plancksche Wirkungsquantum, k_B die Boltzmann-Konstante, T die Fasertemperatur, Ω der Raumwinkel, ω_s die Stokeskreisfrequenz, ω_p die Pumpkreisfrequenz, n_s der Berechnungsindex bei der Stokesfrequenz und $\Delta\omega = \omega_p - \omega_1$ die Frequenzverschiebung zwischen Pumpwelle und Stokeswelle. g_{par} ist in Abb. 4.100 dargestellt.

Die Gewinnfunktion skaliert sich proportional zur Pumpfrequenz [222]. Eine analoge Beziehung ergibt sich für g_{orth} für den Fall orthogonaler Polarisation. Der Zusammenhang zwischen der Raman-Gewinnfunktion und den Impulsantworten aus (4.381) ergibt sich unmittelbar aus

$$g_{\text{par}}(\omega_s, \Delta\omega) = \gamma\, 2\frac{\omega_s}{\omega_0} A_{\text{eff}}(1-\delta) \cdot \operatorname{Im}\{H_a(-\Delta\omega) + H_b(-\Delta\omega)\} \tag{4.423}$$

und

$$g_{\text{orth}}(\omega_s, \Delta\omega) = \gamma\, \frac{\omega_s}{\omega_0} A_{\text{eff}}(1-\delta) \cdot \operatorname{Im}\{H_b(-\Delta\omega)\}\,. \tag{4.424}$$

H_a und H_b sind die Fourier-Transformierten der Raman-Impulsantworten. Ihre Realteile

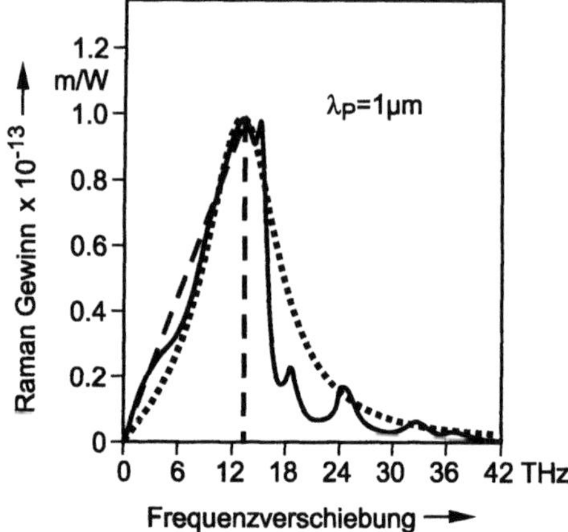

Abb. 4.100. Raman-Gewinnfunktion (-) nach und Approximation nach [6] durch Lorentz-Kurve (...) und eine Dreieckfunktion (- -)

ergeben sich durch Anwendung der Kramers-Kronig-Relationen (Kap. 2.5). Anstelle gemessener Daten werden auch häufig Lorentz-Kurven zur Approximation der Gewinn-Funktion verwendet. Die daraus resultierenden Impulsantworten sind dann von der Form

$$h_R(t) = \frac{\tau_1^2 + \tau_2^2}{\tau_1 \tau_2^2} \exp(-t/\tau_2) \sin(t/\tau_1) \tag{4.425}$$

Typische Daten sind $\tau_1 = 12{,}2$ fs und $\tau_2 = 32$ fs (skalare Ausbreitungsgleichung) [229].

Abbildung 4.100 zeigt die aus den Streuquerschnitten ermittelten Gewinnfunktionen sowie die Approximation durch eine Lorentz-Kurve und eine Gerade (vgl. (4.389)) für den Fall der Kopolarisation von Pump- und Stokeswelle. In optischen Übertragungssystemen läßt sich SRS nutzbringend für den Aufbau von Raman-Verstärkern einsetzen [26].

Für Einkanalsysteme stellt Raman-Streuung einen begrenzenden Effekt dar, wenn der Leistungspegel des Kanals so hoch ist, daß sich aus dem Rauschen heraus die um 13,2 THz rotverschobene Stokeslinie aufbaut und dem Signal so Leistung entzieht. Übersteigt die Signalleistung einen bestimmten Schwellwert, so wächst die Stokesleistung exponentiell an [240]. Als kritische Leistung

$$P_{cr} = \frac{16\,\xi A_{eff}}{g_R L_{eff}} \tag{4.426}$$

ist der Wert definiert, bei dem die Leistung der Stokeswelle am Faserende gleich der Signalleistung am Ausgang ist. g_R ist der Maximalwert des Raman-Gewinns und ξ ist ein Polarisationsfaktor ($\xi = 1$ parallel, $\xi = 2$ zufällig). Bei typischen Werten für eine Standardeinmodenfaser ist $P_{cr} = 1{,}8$ W; damit ist SRS für Einkanalsysteme nur selten von Bedeutung.

Wie sich anschaulich an Gleichung (4.392) ablesen läßt, kann SRS aber für Mehrwellenlängensysteme sehr wohl eine Begrenzung darstellen. Sie bewirkt eine Kopplung zwischen den Kanälen, wobei es zu einem stetigen Leistungsaustausch kommt. Kanäle höherer Frequenz geben Leistung an Kanäle niedrigerer Frequenz ab. Bei Vernachlässigung von Dispersion ist die Leistungskopplung umso größer, je weiter die Trägerfrequenzen der Kanäle auseinanderliegen. Soll der Leistungsverlust im Kanal mit der höchsten Trägerfrequenz nicht größer als 1 dB sein, so läßt sich für ein System mit N Kanälen der Leistung P und mit dem Frequenzabstand Δf auf Standardeinmodenfaser die einfache Abschätzung

$$(N-1)\,\Delta f\,N\,P < 1{,}1 \text{ LTHz W} \tag{4.427}$$

angeben [221]. Bei 32 Kanälen und einem Abstand von 100 GHz beträgt damit die maximal zulässige Kanalleistung 5 mW.

Eine genauere Analyse erfordert die Berücksichtigung der Bitmuster-Abhängigkeit sowie des durch Dispersion hervorgerufenen Walkoffs zwischen den Kanälen. Es läßt sich zeigen, daß der durch SRS hervorgerufene relative Leistungsverlust im Kanal mit der höchsten Frequenz bei hinreichend großen Kanalzahlen ($N > 10$) durch eine bei der Standardabweichung abgeschnittene Gauß-sche WDF mit dem Mittelwert

$$\eta = \frac{N(N-1)}{4} K \tag{4.428}$$

beschrieben werden kann [225]. Für die Varianz gilt bei vernachlässigbarer Dispersion

$$\sigma_0^2 = \frac{N(N-1)(2N-1)}{24} K^2, \tag{4.429}$$

bei hoher Dispersion gilt

$$\sigma_D^2 = \frac{N(N-1)}{8} \frac{L_W}{L_{eff}} K^2 . \tag{4.430}$$

Dabei ist

$$K = \frac{P \Delta f\, g_R L_{eff}}{\xi \Delta f_{max} A_{eff}}, \tag{4.431}$$

Δf_{max} ist die Frequenzdifferenz zwischen Pump- und Stokeswelle beim Raman-Gewinn g_R, $L_W \approx BD\Delta\lambda$ die Walkoff-Länge. An (4.429) und (4.430) ist abzulesen, daß die Leistungsfluktuationen σ/η in beiden Fällen mit zunehmender Kanalzahl abnehmen. SRS zeigt damit für große Kanalzahlen ein deterministisches Verhalten und äußert sich nur in einer Verkippung des Kanalspektrums (Abb. 4.89), die durch ein geeignetes Filter wieder kompensiert werden kann. Dispersion erhöht die Anzahl der wechselwirkenden unabhängigen Bits, wirkt damit effektiv wie eine Erhöhung der Kanalzahl und reduziert ebenfalls die Leistungsfluktuationen.

4.16.7 Stimulierte Brillouin-Streuung (SBS)

Einfallendes Pumplicht wird an akustischen Phononen, die aus dem thermischen Rauschen heraus entstehen, gestreut. Die Interferenz zwischen Pumpwelle und rückgestreuter Welle verstärkt die akustische Welle durch Elektrostriktion und führt zu einer erhöhten periodischen Brechzahlmodulation. Die so gebildete Gitterstruktur führt zur weiteren Streuung der Pumpwelle und Verstärkung der rückgestreuten Wellen gemäß der Bragg-Bedingung. Da sich die Gitterstruktur mit Schallgeschwindigkeit ausbreitet, ist das rückgestreute Licht gemäß dem Doppler-Effekt um

$$f_a = \frac{2 n_{eff} v_a}{\lambda_p} \tag{4.432}$$

gegenüber der einfallenden Welle verschoben. Hierin ist n_{eff} die Brechzahl der LP_{01}-Welle, v_a die Schallgeschwindigkeit und λ_p die Wellenlänge der einfallenden Pumpwelle. Diese Doppler-Verschiebung liegt bei Einmodenfasern und den für die optische Nachrichtentechnik üblichen Wellenlängen im Bereich von 10–15 GHz. Der Stokes-Fall bezeichnet die Verschiebung des rückgestreuten Lichtes zu niedrigen Frequenzen und somit die Bewegung vom einfallenden Licht und Schallwelle in gleicher Richtung. Entsprechend wird der Anti-Stokes-Fall die Verschiebung zu höheren Frequenzen und die Bewegung des einfallenden Lichts entgegengesetzt zu der Schallwelle. Stimuliert wird der Brillouin-Prozeß, wenn die Interferenz von rückgestreutem und eingefallenem Licht die Bildung von Schallwellen durch Elektrostriktion verstärkt [220]. Dies ist nur im Stokes-Fall möglich, weil im Anti-Stokes-Fall der Schallwelle durch Interferenz Energie entzogen wird.

Im Vergleich zu SRS ist die 3 dB-Bandbreite des Brillouin-Gewinns Δf_B sehr gering und liegt im Bereich von 10–30 MHz. Die Bandbreite ist durch die akustische Dämpfung in der Einmodenfaser festgelegt. Die Annahme exponentiell gedämpfter akustischer Wellen führt auf eine Lorentz-förmige Brillouin-Gewinnfunktion [222] gemäß

$$g_B(f) = \frac{(\Delta f_B/2)^2}{(f-f_a)^2 + (\Delta f_B/2)} g_{sbs}(f_a) \,. \tag{4.433}$$

Die Frequenz f ist hierbei auf die Mittenfrequenz der einfallenden Pumpwelle bezogen. Der maximale Gewinn tritt bei Doppler-Frequenz auf und berechnet sich aus [222]

$$g_{sbs}(f_a) = \frac{2\pi n^7 p_{12}^2}{\lambda_p^2 \rho_0 v_a \Delta f_B} \,. \tag{4.434}$$

Dieser maximale Gewinn liegt für Einmodenfasern im Bereich von $5 \cdot 10^{-11}$ m/W und ist somit um zwei bis drei Größenordnungen größer als der Raman-Gewinn bei einer Wellenlänge von 1,55 μm. Die Leistung P_s der rückgestreuten Stokes-Welle steigt in Rückwärts-Richtung exponentiell an entsprechend der Beziehung

$$P_s(0) = P_s(L) \exp\left[g_{SBS} P_p(0) L_{eff}/A_{eff} - \alpha L\right] . \tag{4.435}$$

Die SBS-Schwelle als Eingangs-Pumpleistung, ist definiert bei der der SBS-Gewinn identisch der Faserdämpfung ist. Sie berechnet sich aus [225]

$$P_{cr}^B = \frac{42 A_{eff}}{g_B(f_a) L_{eff}} \left(1 + \frac{\Delta f_p}{\Delta f_B}\right), \tag{4.436}$$

worin Δf_p die 3 dB-Bandbreite der einfallenden Pumpwelle ist. Für intensitätsmodulierte Signale ist es aufgrund der relativ geringen Bandbreite Δf_B die Trägerkomponente des Signals, die zurückgestreut wird. Oberhalb der Schwelle führt der Verlust des Trägers schnell zu erheblichen Signalverzerrungen. Daher sollte diese Schwelle nicht überschritten werden. Die Abbildungen 4.101 und 4.102 verdeutlichen die Zusammenhänge anhand experimenteller Resultate für 100 km Standard-Einmodenfaser. Gemäß Abb. 4.101 liegt die Schwelle für CW-Signale im Bereich von 5–6 dBm. Die binäre Intensitätsmodulation mit 10 Gbit/s unter Verwendung eines chirparmen

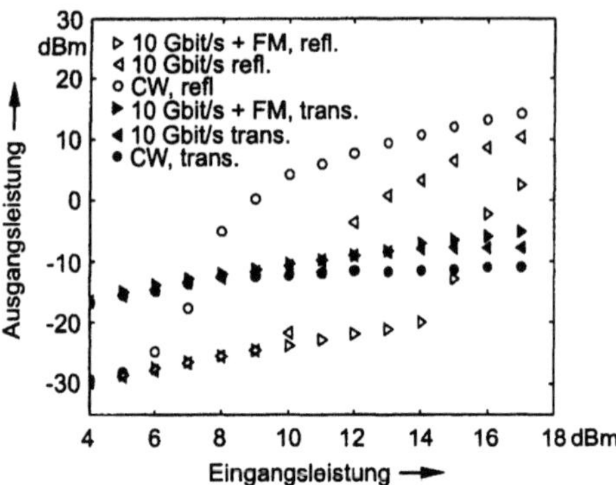

Abb. 4.101. Transmittierte (trans.) und rückgestreute (refl.) Leistung durch SBS in Abhängigkeit von der Eingangsleistung für CW-Signal und 10 Gbit/s Signal mit optionaler SBS-Unterdrückung

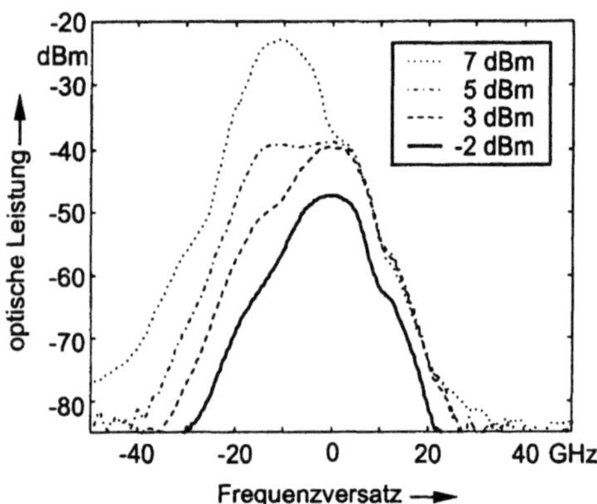

Abb. 4.102. Spektrum des rückgestreuten Signals für unterschiedliche Eingangsleistungen

externen Modulators führt erwartungsgemäß zu einer Erhöhung der Schwelle um weitere 3 dBm, da die Trägerkomponente die halbe mittlere Leistung enthält. Die Schwelle verschiebt sich weiter für stark gechirpte Signale, wie sie beispielsweise bei direkt modulierten Lasern auftreten. In regeneratorfreien Systemen werden Eingangsleistungen oberhalb dieser Schwelle verwendet. Daher müssen weitere Maßnahmen zur Brillouinunterdrückung ergriffen werden. Eine Möglichkeit ist die Frequenzmodulation des Signals mit einem Hub von einigen hundert MHz und einer Frequenz im kHz-Bereich [244], so daß die eigentliche Übertragung nicht beeinträchtigt wird. Abbildung 4.101 zeigt eine Erhöhung der SBS-Schwelle auf ca. 15 dBm durch eine dreieckförmige Frequenzmodulation mit 200 MHz Hub und einer Wiederholrate von 10 KHz.

Weitere Möglichkeiten zur Verschiebung der SBS-Schwelle sind spezielle Modulationsverfahren, die den Trägeranteil reduzieren, wie beispielsweise eine duobinäre Übertragung [245]. Durch diese Techniken kann SBS unterdrückt werden und es dominieren in der Regel andere nichtlineare Effekte. In Abb. 4.102 ist das Spektrum des rückgestreuten Signals bei unterschiedlichen Eingangsleistungen (CW) und ebenfalls 100 km Standard-Einmodenfaser dargestellt.

Bei geringen Eingangsleistungen resultiert das gemessene Spektrum im wesentlichen aus Rayleigh-Streuung. Im Bereich der SBS-Schwelle bei 5 dBm Eingangsleistungen sind die Leistungen von Rayleigh und SBS vergleichbar. Eine weitere Steigerung der Eingangsleistung führt zu einer dominierenden SBS. Deutlich sichtbar ist die Frequenzverschiebung des Stokes-Lichts um ca. 11 GHz.

Die Ausnutzung von SBS für Faserverstärker [249] scheiterte bislang an dem hohen Rauschen durch thermische Fluktuation der akustischen Wellen bei Raumtemperatur. Um eine ausreichende Bandbreite bei geringem Rauschen zu erzielen, müßte ein Billouin-Verstärker gekühlt werden.

4.16.8 Solitonen

Wie in Abschn. 4.16.3 bereits erwähnt wurde, ermöglicht die Balance zwischen Dispersion und SPM im Bereich anomaler Dispersion die Formung stabiler Pulse, die sich über weite Strecken nahezu ungehindert ausbreiten können. Diese Pulse werden Solitonen genannt. Mathematisch lassen sie sich als Eigenlösungen der nichtlinearen Schrödinger-Gleichung (4.391) unter Vernachlässigung von Faserdämpfung und Dispersionen höherer Ordnung mit Hilfe der inversen Streumethode [246] bestimmen. Als Lösung ergeben sich Pulse der Form

$$A(0,t) = \sqrt{P_0}\,\mathrm{sec}h(t/T_0) \tag{4.437}$$

mit der Pulsspitzenleistung P_0 und der Pulsbreite T_0, die dem 0,567-fachen der 3 dB-Breite des Pulses entspricht. Diese Größen sind über die Solitonenordnung N miteinander verknüpft:

$$N^2 = \frac{\gamma P_0 T_0^2}{|\beta_2|}. \tag{4.438}$$

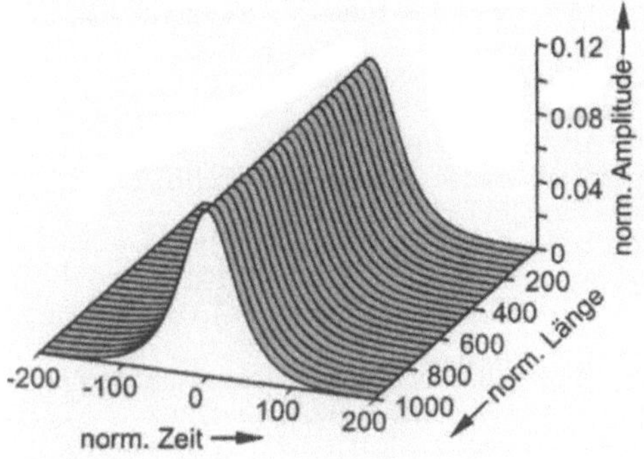
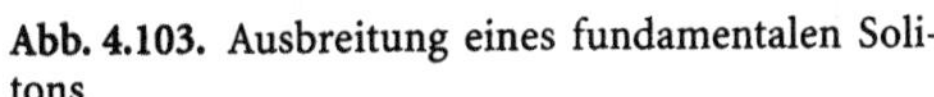

Abb. 4.103. Ausbreitung eines fundamentalen Solitons

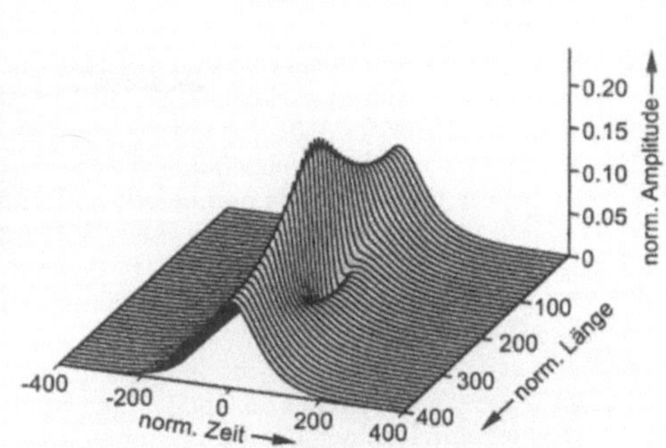

Abb. 4.104. Ausbreitung eines Solitons zweiter Ordnung

Der Fall mit $N = 1$ wird fundamentales Soliton genannt und besitzt entlang der Ausbreitungsrichtung die Form

$$A(z,t) = \sqrt{P_0}\ \sec h(t/T_0)\ \exp\left(-\mathrm{j}\,\frac{z\,|\beta_1|}{2\,T_0^2}\right). \tag{4.439}$$

Bei diesem fundamentalen Soliton bleibt die Pulsform entlang der Faserstrecke erhalten. Solitonen höherer Ordnung ändern hingegen während der Ausbreitung ihre Form. Abbildung 4.103 und 4.104 zeigen die Simulation der Ausbreitung von fundamentalem Soliton und Soliton zweiter Ordnung.

Die zuvor beschriebenen Zusammenhänge gelten im Bereich anomaler Dispersion ($\beta_2 < 0$). Auch im Bereich normaler Dispersion sind Solitonen ausbreitungsfähig. Diese werden als dunkle Solitonen bezeichnet und stellen Einbrüche der Lichtintensität in einer konstanten Hintergrundintensität dar.

Die Faserdämpfung verlangt eine periodische Verstärkung, um die Solitonenausbreitung zu ermöglichen. Sind die Verstärkerabstände klein genug, verhält sich die Strecke nahezu wie eine verlustfreie Faser [247]. Die periodische Verstärkung durch optische Verstärker induziert auch optisches Rauschen, welches sowohl die Amplitude, als auch die Phase der Solitonen beeinflußt. Aufgrund dieser Beeinflussung entstehen zeitliche Schwankungen, die als Gordon-Haus-Jitter bekannt sind und die Übertragungsreichweite erheblich begrenzen. Weitere Ursachen für unerwünschten zeitlichen Jitter sind Elektrostriktion, Polarisationsmodendispersion und Interaktion zwischen benachbarten Solitonen [251], da benachbarte Solitonen zusammen keine Eigenlösung der nichtlinearen Schrödinger-Gleichung darstellen. Zur Abhilfe wurde der Einsatz optischer Filter vorgeschlagen, deren Mittenfrequenz periodisch um einen Mittelwert pendelt [248]. Diese Technik wird als „sliding-frequency filters“ bezeichnet.

Spezielle Literatur

[1] *D. Marcuse.* Light Transmission Optics. Van Nostrand, New York, 1982
[2] *A.W. Snyder and J.D. Love.* Optical Waveguide Theory. Chapman and Hall, London, 1983
[3] *E. Snitzer.* Cylindrical Dielectric waveguide modes. J. Opt. Soc. Am., 51: 491–498, 1961
[4] *A. Hondros and P. Debye.* Electromagnetic waves in dielectric waveguides. Ann. Phys., 32: 465–476, 1910
[5] *C. Yeh.* Elliptical dielectric waveguides. J. Appl. Phys., 33: 3235–3242, 1962
[6] *A.K. Ghatak.* Leaky modes in optical waveguides. Opt. Quantum. Electron., 17: 311–321, 1985
[7] *M. Abramowitz and I.A. Stegun*, editors. Handbook of Mathematical Functions. Dover, New York, 1965
[8] *X.H. Zheng, W.M. Henry and A.W. Snyder.* Polarization characteristics of the fundamental mode of optical fibers. J. Lightwave Technol., 6: 1300–1305, 1988
[9] *A.W. Snyder and W.R. Young.* Modes of optical waveguides. J. Opt. Soc. Am., 68: 297–309, 1978.
[10] *H.D. Rudolph and E.G. Neumann.* Approximations for the eigenvalues of the fundamental mode of a step index glass fiber waveguide. Nachrichtentechn. Z., 29: 328–329, 1976
[11] *D. Gloge.* Weakly guiding fibers. Appl. Opt., 10: 2252–2258, 1971
[12] *G. Grau and W. Freude.* Optische Nachrichtentechnik. Springer, 1991

[13] *H.G. Unger*. Regellose Störungen in Wellenleitern. AEÜ Archiv Elektron. Übertragungstechn., 15: 393–401, 1961
[14] *H.G. Unger*. Planar optical waveguides and fibers. Clarendon Press, Oxford, 1977
[15] *F.H. Lange*. Korrelationselektronik. Verlag Technik, Berlin, 1962
[16] *D. Marcuse*.Theory of dielectric optical waveguides. Academic Press, New York, 1974
[17] *I.N. Bronstein and K.A. Semendjajew*. Taschenbuch der Mathematik. Harry Deutsch, Zürich, 1976
[18] *A.W. Snyder*. Understanding monomode optical fibers. Proc. IEEE, 69: 6–13, 1981
[19] *D. Marcuse*. Loss analysis of single-mode fiber splices. Bell Syst. Techn. J., 56: 703–718, 1977
[20] *P.M. Morse and H. Feshbach*. Methods of theoretical physics. McGraw-Hill, New York, 1953
[21] *A.W. Snyder and R.A. Sammut*. Fundamental (HE_{11}) modes of graded optical fibers. J. Opt. Soc. Am., 69: 1663–1671, 1979
[22] *Y. Liu und G. Berkey*. Single-mode dispersion-shifted fibers with effective area over 100 μm^2. In Proc. 24th European Conference on Optical Communication ECOC '98, pages 41–42, Madrid, 1998
[23] Definition and test methods for the relevant parameters of single-mode fibres. ITU-T Recommendation G.650 (04/9/). Technical report, International Telecommunications Union
[24] *W.A. Gambling, D.N. Payne, and H. Matsumura*. Routine characterization of single-mode fibres. Electron. Lett., pages 546–547, 1976
[25] *S. Nemoto and T. Makimoto*. Analysis of splice loss in single-mode fibres using a Gaussian field approximation. Opt. Quant. Electron., 11: 447–457, 1979
[26] *V. Shah, W.C. Young and L. Curtis*. Large fluctuations in transmitted power at fiber joints with polished endfaces. In Proc. Optical Fiber Communication Conference, p 56, Reno, 1987. paper TuF4
[27] *A. Yariv*. Optical Electronics in Modern Communications. Oxford University Press, New York, 1997
[28] *R. Ulrich and S. Rashleigh*. Beam-to-fiber coupling with low standing wave ratio. Appl. Opt., 19: 2453–2456, 1980
[29] *G.P. Agrawal*. Fiber-Optic Communication Systems. Wiley & Sons, New York, 1997
[30] *D. Marcuse*. Pulse distortion in single-mode fibers. Appl. Opt. 19: 1653–1660, 1980
[31] *D. Marcuse*. Pulse distortion in single-mode fibers: Part 2. Appl. Opt., 20: 2969–2974, 1981
[32] *D. Marcuse*. Pulse distortion in single-mode fibers. 3: chirped pulses. Appl. Opt., 20: 3573–3579, 1981
[33] *G.P. Agrawl and M.J. Potasek*. Effekt of frequency chirping on the performane of optical communication systems. Opt. Lett., 11: 318–320, 1986
[34] *I.H. Maltison*. Interspecimen comparison of the refractive index of fused silica. J. Opt. Soc. Am., 55: 1205–1209, 1965
[35] *J.W. Fleming*. Material and mode dispersion in $GeO_2 \cdot B_2O_3 \cdot SiO_2$ glasses. J. Amer. Ceramic Soc., 59: 503–507, 1976
[36] *J.W. Fleming*. Material dispersion in lightguide glasss. Electron. Lett., 14: 326–328, 1978
[37] *J.W. Fleming and D.L. Wood*. Refractive-index dispersion and related properties in flourine doped silcia. Appl. Opt., 22: 3102–3104, 1983
[38] *J.W. Fleming and D.L. Wood*. Dispersion in $GeO_2 \cdot SiO_2$ glasses. Appl. Opt., 23: 4486–4493, 1984
[39] *C.R. Hammond and S.R. Norman*. Silical based binary glass systems – refactive-index behaviour and composition in optical fibers. Opt. Quant. Electron., 9: 399–409, 1977
[40] *C.R. Hammond*. Silica-based binary glass systems: wavelength dispersive properties and composition in optical fibers.Opt. Quant. Electron., 10: 163–170, 1978
[41] *S. Mitachi*. Dispersion measurement on flouride glasses and fibers. J. Lightwave Technol., 7: 1256–1263, 1989
[42] *F.M.E. Sladen, D.N. Payne and M.J. Adams*. Profile measurements for optical fibers over the wavelength range 350 nm to 1900 nm. In Proc 4th European Conference on Optical Communication ECOC '78, pages 48–57, Genua, 1978
[43] *M. Monerie*. Propagation in doubly clad single-mode fibers. IEEE Trans. Microwave Theory Techn., 30: 381–388, 1982
[44] *P.L. Francois*. Zero dispersion in attenuation optimized doubly clad fibers. J. Lightwave Technol., 1: 26–37, 1983
[45] *M. Marukami, H. Maeda and T. Imai*. Long-haul 16 × 10 WDM transmission experiment using higher-order dispersion management technique. In Proc. 24th European Conference on Optical Communication ECOC'98, pages 313–314, Madrid, 1998
[46] *A.M. Vengsarkar and W.A. Reed*. Dispersion-compensating single-mode fibers: efficient designs for first- and second-order compensation. Opt. Lett., 11: 924–926, 1993
[47] *A. Bertaina, S. Bigo, C. Francia, S. Gauchard, J.P. Hamaide, and M.W. Chbat*. Experimental investigation of dispersion management for an 8 × 10 Gbit/s WDM transmission over non-zero dispersion shifted fiber. In Proc.Optical Fiber Communication Conference, pages 77–79, San Diego, 1999. paper FD6
[48] *D. Marcuse*. Low-dispersion single-mode fiber transmission – The question of practical versus theoretical maximum transmission bandwidth. IEEE J. Quantum Electron., 17: 869–878, 1981
[49] *M. Miyagi and S. Nishida*. Pulse spreading in a single-mode fiber due to third-order dispersion. Appl. Opt., 18: 678–682, 1979

[50] *M.J. Bennet.* Dispersion characteristics of monomode optical-fibre systems. IEE Proceedings, 13: 309–314, 1983. Part H: Optoelectronics
[51] *L.G. Cohen, D. Marcuse and W.L. Mammel.* Radiating leaky-mode losses in single-mode lightguides with depressed-index cladding. IEEE J. Quantum Electron., 18: 1467–1472, 1982
[52] Characteristics of single-mode optical fibre cable. ITU-T Recommendation G.652 (04/97). Technical report, International Telecommunications Union.
[53] Characteristics of dispersion-shifted single-mode optical fibre. ITU-T Recommendation G.653 (04/97). Technical report, International Telecommunications Union
[54] *K. Okamoto and T. Okoshi.* Analysis of wave propagation in optical fibers having core with α-power refractive-index distribution and uniform cladding. IEEE Trans. Microwave Theory Tech, 24: 416–421, 1976
[55] *P.L. Francois.* Propagation mechanisms in quadruple-clad fibres: mode coupling, dispersion and pure bend loss. Electron. Ledd., 19: 885–886, 1983
[56] *P.L. Francois, F. Alard, J.F. Bayon and B. Rose.* Multimode nature of quadruple-clad fibres. Electron. Lett., 20: 37–38, 1984
[57] *H. Schwierz and E.G. Neumann.* Bend losses of higher-order modes in dispersion-flattened multiple-clad fibres. Electron. Lett., 23: 1296–1298, 1987
[58] *R.W. Tkach, R.M. Deroier, F. Forghieri, A.H. Gnauck, A.M. Vengsarkar, D.W. Peckham, J.L. Zyskind, J.W. Sulhoff and A.R. Chraplyvy.* Transmission of eight 20-Gb/s channels over 232 km of conventional single-mode fiber. IEEE Photon. Technol. Lett., 7: 1369–1371, 1995
[59] *A.J. Antos and D.K. Smith.* Design and characterization of dispersion compensating fiber based on the LP_{01} mode. J. Lightwave Technol., pages 1739–1945, 1994
[60] *Y. Akasaka, R. Sugizaki, A. Umeda, I. Oshima and K. Kokura.* Dispersion-compensating fiber with W-shaped index profile. In Proc. Optical Fiber Communication Conference, pages 2611–262, San Diego, 1995. paper ThH3
[61] *L. Grüner-Nielsen, B. Edvold, D. Magnussen, D. Peckham, A. Vengsarkar, D. Jacobsen, T. Veng, C.C. Larsen and H. Damsgaard.* Large volume manufacturing of dispersion-compensating fibers. In Proc. Optical Fiber Communication Conference, pages 24–25, San Jose, 1998
[62] *D.W. Hawtoff, G.E. Berkey and A.J. Antos.* High figure of merit dispersion compensating fiber. In Proc. Optical Fiber Communication Conference, San Jose, 1996. paper PD6
[63] *M. Onishi, H. Ishikawa, M. Shigematsu, H. Kanamori and M. Nishimura.* Dispersion-compensating fiber with high figure of merit and its application to an analog transmission system. In Proc. Optical Fiber Communication Conference, pages 224–225, San Jose, 1994. paper ThK1
[64] *C.D. Poole.* Optical fiber-based dispersion-compensating techniques. In Proc. Optical Fiber Communication Conference, pages 202–203, Sam Jose, 1993. paper ThJ1
[65] *A.M. Vengsarkar, A.E. Miller, M. Haner, A.H. Gnauck, W.A. Reed and K.L. Walter.* Fundamental-mode dispersion-compensating fibers: design considerations and experiment. In Proc. Optical Fiber Communication Conference, pages 225–227, San Jose, 1994. paper ThK2
[66] *M. Onishi, C. Fukuda, H. Kanamori and M. Nishimura.* High NA double-cladding dispersion compensating fiber for WDM systems. In Proc. 20th European Conference on Optical Communication ECOC'94, pages 681–684, Florenz, 1994
[67] *M. Onishi, H. Kanamori, T. Kato and M. Nishimura.* Optimization of dispersion-compensating fibers considering self-phase modulation suppression. In Proc. Optical Fiber Communication Conference, pages 200–201, San Jose, 1996. paper ThA2
[68] *R. Sugizaki, Y. Akasaka, Y. Emori, S. Namaki and Y. Suzuki.* Polarization insensitive broadband transparent DCF module with Faraday rotator mirror, Raman-amplified by single polarization diode-laser pumping. In Proc. Optical Fiber Communication Conference, pages 279–281, San Diego, 1999. paper TuS5
[69] *L. Grüner-Nielsen, S.N. Knudsen, T. Veng, B. Edvold and C.C. Larsen.* Design and manufacture of dispersion compensating fibers for simultaneous compensation of dispersion and dispersion slope. In Proc. Optical Fiber Communication Conference, pages 232–234, San Dieso, 1999. paper WM13
[70] *A.J. Antos, D.W. Hall and D.K. Smith.* Dispersion-compensating fiber for upgrading existing 1310-nm-optimized systems to 1550-nm operation. In Proc. Optical Fiber Communication Conference, pages 204–205, San Jose, 1993. paper ThJ3
[71] *Y. Akasaka, R. Sugizaki, A. Umeda and T. Kamiya.* High-dispersion-compensation ability and low non-linearity of W-shaped DCF. In Proc. Optical Fiber Communication Conference, pages 201–202, San Jose, 1996. paper ThA3
[72] *V.L. da Silva, Y. Liu, A.J. Antos, G.E. Berkey and A.A. Newhouse.* Comparison of nonlinear coefficient of optical fibers at 1550 nm. In Proc. Optical Fiber Communication Conference, pages 202–203, San Jose, 1996. paper ThA4
[73] *F. Forghieri, R.W. Tkach, A.R. Chraplyvy and A.M. Vengsarkar.* Dispersion compensating fibers: is there merit in the figure of merit? In Proc. Optical Fiber Communication Conference, pages 255–257, San Jose, 1996. paper ThM5

[74] *C.D. Poole, J.M. Wiesenfeldt and D.J. DiGiovanni.* Elliptical-core dual-mode fiber dispersion compensator. IEEE Photon.Technol. Lett., 5: 194–197, 1993

[75] *C.D. Poole, J.M. Wiesenfeld, D.J. DiGiovanni and A.M. Vengsarkar.* Optical fiber-based dispersion compensation using higher order modes near cutoff. J. Lightwave Technol., 12: 1746–1758, 1994

[76] Characteristics of non-zero dispersion-shifted single-mode optical fibre cable. ITU-T Recommendation G.655 (04/97). Technical report, International Telecommunications Union

[77] *Y. Yokoyama, T. Kato, M. Hirano, M. Onishi, E. Sasaoka, Y. Makio and M. Nishimura.* Practically feasible dispersion flattened fibers produced by VAD technique. In Proc. 24th European Conference on Optical Communication ECOC'98, pages 131–132, Madrid, 1998

[78] *Y. Liu, W.N. Mattingly, D.K. Smith, C.E. Lacy, J.A. Cline and E.M. DeLiso.* Design and fabrication of locally dispersion-flattened large effective area fibers. In Proc. 24th European Conference on Optical Communication ECOC'98, pages 37–38, Madrid, 2998

[79] *A.R. Chraplyvy.* Limitations on lightwave communications imposed by optical-fiber nonlinearities. J. Lightwave Technol., 8: 1648–1557, 1990

[80] *G.P. Agrawal.* Nonlinear Fiber Optics. Academic Press, San Diego, 1995

[81] *A.J. Lucero, S. Tsuda, V.L. da Silva and D.L. Butler.* 320 Gbit/s WDM transmission over 450 km of LEAF optical fiber. In Proc. Optical Fiber Communication Conference, pages 215–217, San Diego, 1999. paper ThO2

[82] *M. Kato, K. Kurokawa and Y. Miyajima.* A new design for dispersion-shifted fiber with an effective core area larger than 100 μm^2 and good bending characteristics. In Proc. Optical Fiber Communication Conference, pages 301–302, San Jose, 1998. paper ThK1

[83] *Y. Liu, A.J. Antos and M.A. Newhouse.* Large effective area dispersion-shifted fibers with dual-ring index profiles. In Proc. Optical Fiber Communication Conference, pages 165–166, San Jose, 1996,paper WK15

[84] *Y. Akasaka and Y. Suzuki.* Enlargement of effective core area on dispersion-flattened fiber and its low non-linearity. In Proc. Optical Fiber Communication Conference, pages 302–303, San Jose, 1998. paper ThK2

[85] *S. Kawakami and S. Nishida.* Perturbation theory of a doubly clad optical fiber with low-index inner cladding. IEEE J. Quantum Electron., 11: 131–138, 1975

[86] *W. Magnus, F. Oberhettinger and R.P. Somi.* Formulas and Theorems for the Special Functions of Matheamtical Physics. Springer Verlag, New York, 1966

[87] *P.J. Samson.* Usage-based comparisiion of ESI-techniques. J. Lightwave Technol., pages 165–175, 1985

[88] *M. Heiblum and J.H. Harris.* Analysis of curved optical waveguides by conformal transformation. IEEE J. Qantum Electron., QE-11: 75–83, 1975

[89] *D. Marcuse.* Influence of curvature on the losses of doubly clad fibers. Appl. Opt., 23: 4208–4213, 1982

[90] *J.H. Hannay.* Mode coupling in an elastically deformed optical fibre. Electron. Lett., 12: 173–174, 1976

[91] *K. Nagano, S. Kawakami and S. Nishida.* Changes of the refractive index in an optical fiber due to external forces. Appl. Opt., 17: 2080–2085, 1978

[92] *M. Hirano, T. Kato, T. Ishihara, M. Nakamura, Y. Yokoyama, M. Onishi, Y. Makio and M. Nishimura.* Novel ring-core-dispersion-shifted fiber with depressed cladding and its four-wave mixing efficiency. In Proc. 25th European Conference om Optical Communications ECOC '99, Vol. II, pages 278–279, Nizza, 1999

[93] *J. Sakai and T. Kimura.* Bending loss of propagation modes in arbitrary-index profile optical fibers. Appl. Opt., 22: 1499–1506, 1978

[94] *D. Marcuse.* Curvature loss formula for optical fibers. J. Opt. Soc. Am., 66: 216–220, 1976

[95] *C. Vassallo.* Scalar-field theory and 2-D ray theory for bent single-mode weakly guiding optical fibers. J. Lightwave Technol., 3: 416–423, 1985

[96] *D. Marcuse.* Bend loss of slab and fiber modes computed with diffraction theory. IEEE J. Quantum Electron., 29: 2957–2961, 1993.

[97] *C.D. Poole and S.C. Wang.* Bend-induced loss for the higher-order spatial mode in a dual-mode fiber. Opt. Lett., 20: 1712–1714, 1993

[98] *A.J. Harris and P.F. Castle.* Bend loss measurements on high numerical aperture single-mode fibers as a function of wavelength and bend radius. J. Lightwave Technol., pages 34–40, 1987

[99] *C.I. Swift and A.J. Harris.* Bend loss in neodymium-doped fiber lasers. J. Lightwave Technol., 16: 428–432, 1998

[100] *H. Renner.* Bending losses of coated single-mode fibers: a simple approach. J. Lightwave Technol., 10: 544–551, 1992

[101] *G.L. Tangonan, H.P. Hsu, V. Jones and J. Pikulski.* Bend loss measurements for small mode field diameter fibres. Electron. Lett., 25: 142–143, 1989

[102] *S.B. Andreasen.* New bending loss formual explaining bends on loss curve. Electron. Lett., 23, 1987. 1138–1139

[103] *P. Geittner, H. Lydtin, F. Weling, and D.U. Wiechert.* Bend loss characteristics of single-mode fibres. In Proc. 13th European Conference on Optical Communication ECOC '87, pages 97–108, Helsinki, 1987

[104] *K.J. Blow, N.J. Doran and S. Hornung.* Power spectrum of microbends in monomode optical fibres. Electron. Lett., 18: 448–450, 1982

[105] *M. Artiglia, C. Coppa, P. Di Vita, H.J. Kalinowski and M. Potenza.* Bending loss characterization in singlemoe fibres. In Proc.13th European Conference on Optical Communication ECOC '87, pages 437–443, Helsinki, 1987

[106] *K. Petermann.* Theory of microbending loss in monomode fibres with arbitrary refractive-index profiles. AEÜ Arch. Elektr. Übertr., 30: 337–342, 1976.

[107] *K. Petermann.* Fundamental mode microbending loss in graded-index and W fibres. Opt. Quantum Electron., 9: 167–175, 1977

[108] *K. Petermann and R. Kühne.* Upper and lower limits for microbending loss in arbitrary single-mode fibers. J. Lightwave Technol., 4: 2–7, 1986

[109] *M. Artiglia, C. Coppa and P. Di Vita.* Simple and accurate microbending loss evaluation in generic single-mode fibres. In Proc. 12[rh] European Conference on Optical Communication ECOC'86, pages 341–344, Barcelona, 1986

[110] *M. Artiglia, C. Coppa and P. Di Vita.* New analysis of microbending losses in single-mode fibres. Electron. Lett., 22: 623–625, 1986

[111] *S. Hornung, N.J. Doran and R. Allen.* Monomode fiber microbending loss measurements and their interpretation. Opt. Quantum Electron., 14: 359–362, 1982

[112] *J.M. Arnold and R. Allen.* Microbending loss in optical waveguides. Proc. IEE; 130: 331–339, 1983. Part H: Optoelectronics

[113] *C. Unger and W. Stöcklein.* Investigation of the microbending sensitivity of fibers. J. Lightwave Technol., 12: 591–596, 1994

[114] *H. Renner.* Anomalous wavelength dependence of microbending losses in single-mode fibres. Int. J. Optoelectron., 6: 293–299, 1991

[115] *D. Marcuse.* Field deformation and loss caused by curvature of optical fibers. J. Opt. Soc. Am., 66: 311–320, 1976

[116] *Z.W. Bao, M. Miyagi and S. Kawakami.* Measurement of field deformations caused by bends in a single-mode optical fiber. Appl. Opt., 22: 3678–3680, 1983

[117] *W.A. Gambling, H. Matsumura and C.M. Ragdale.* Field deformation in a curved single-mode fibre. Electron. Lett., 14: 130–132, 1978

[118] *K. Ciemiecki Nelson, D.L. Brownlow, L.G. Cohen, F.V. DiMarcello, R.G. Huff, J.T. Krause, P.L. Lemaire, W.A. Reed, D.S. Shenk, E.A. Sigety, J.R. Simpson, A. Tomita and K.L. Walker.* The fabrication and performance of long lengths of silica core fibers. J. Lightwave Technol., LT-3: 935–941, 1985

[119] *J.B. MacChesney, D.W. Johnson, P.L. Lemaire, L.G. Cohen and E.M. Rabinovich.* Depressed index substrate tubes to eliminate leaky-mode losses in single-mode fibers. J. Lightwave Technol., LT-3: 942–945, 1985

[120] *H. Renner.* Leaky-mode loss in coated depressed-cladding fibers. IEEE Photon. Technol. Letters, 3: 31–32, 1991

[121] *A.S. Sudbø and E. Nesset.* Attenuation coefficient and effective cutoff wavelength of the LP_{11} modes in curved optical fibers. J. Lightwave Technol., 7: 785–790, 1989

[122] *V. Shah and L. Curtis.* Mode coupling effects of the cutoff wavelength characteristics of dispersion-shifted and dispersion-unshifted single-mode fibers. J. Lightwave Technol., 7: 1181–1187, 1989

[123] *S. Heckmann.* Modal noise in single-mode fibres operated slightly above cutoff. Electron. Lett., 17: 499–500, 1981

[124] *K. Oyamada and T. Okoshi.* High-accuracy numerical data on propagation characteristics of α-power graded-core fibers. IEEE Trans. Microwave Theory Tech., 28: 1113–1118, 1980

[125] *H. Renner.* Cutoff frequencies in optical fibres with central refractive-index depression. Opt. Quant. Electron., 29: 591–604, 1997

[126] *J.D. Love.* Explicit formulae for cutoff values on fibers and couplers. Opt. Quant. Electron., 17: 139–147, 1985

[127] *S. Kawakami and S. Nishida.* Characteristics of doubly-clad optical fibers with low-index inner cladding. IEEE J. Quantum Electron., 10: 879–887, 1974

[128] *R.A. Sammut.* Range of monomode operation of W-fibers. Opt. Quantum Electron., 10: 509–514, 1978

[129] *M. Monerie.* Fundamental-mode cutoff in depressed inner cladding fibres. Electron. Lett., 18: 642–644, 1982

[130] *P. Sansonetti, F. Alard, C. Vassalo, P. Kammerer, P.L. Francois, M. Monerie, J.M. Gabriagues and P. Dupont.* Evidence of fundamental mode cutoff in depressed inner cladding single-mode fibres. Electron. Lett., 18: 989–991, 1982

[131] *C.D. Hussey and C. Pask.* Theory of the profile-moments description of single-mode fibres. Proc. IEE, 129: 123–134, 1982. Part H: Optoelectronics

[132] Recommendation G.652: Characteristics of a single-mode fiber cable. Technical report, CCITT, 1984. CCITT-Dokument COM.XV 46-E

[133] *W.T. Anderson and T.A. Lenahan.* Length dependence of the effective cutoff wavelength in single-mode fibers. J. Lightwave Technol., 2: 238–242, 1984

[134] *D.L. Franzen.* Determining the cutoff wavelength of single-mode fibers: a interlaboratory comparision. J. Lightwave Technol., 3: 128–134, 1985
[135] *L. Wei, R.S. Lowe and S. Saravanos.* Practical upper limits to cutoff wavelength for different single-mode fiber designs. J. Lightwave Technol., 5: 1147–1155, 1987
[136] *H. Renner.* Simple coefficients for the length dependence of the effective cutoff wavelength in optical single-mode fibres. Int. J. Optoelectron., 7: 417–424, 1992
[137] *E.G. Neumann.* Single-mode fibers. Springer, Berlin, 1988
[138] *K. Kitayama, M. Ohashi and Y. Ishida.* Length dependence of the effective cutoff wavelength in single-mode fibers.J. Lightwave Technol., 2: 629–634, 1984
[139] *G. Cancellieri and A. Orfei.* Asymptotic effective cutoff condition in single-mode optical fibers. J. Lightwave Technol., 5: 1147–1155, 1987
[140] *P.D. Lazay.* Effect of curvature on the cutoff wavelength of single-mode fibers. In Techn. Dig. Symp. Opt. Fiber Measur., pages 93–95, 1980. NBS SP-597
[141] *H.T. Nijnuis and K.A.H. van Leeuwen.* Length and curvature dependence of effective cutoff wavelength and LP_{11} mode attenuation in single-mode fibers. In Techn. Dig. Symp. Opt. Fiber Measur., pages 11–14, 1984. NBS SP-683
[142] *V. Shah.* Effective cutoff wavelength for single-mode fibers: the combined effect of curvature and index profile. In Techn. Dig. Symp. Opt. Fiber Measur., pages 7–10, 1984. NBS SP-683
[143] *V. Shah.* Curvature dependence of the effective cutoff wavelength in single-mode fibers. J. Lightwave Technol., 5: 35–43, 1987
[144] *I.P. Kaminow.* Polarization in optical fibers. IEEE J. Quantum Electron., QE-17: 15–22, 1981
[145] *S.C. Rashleigh.* Origins and control of polarization effects in single-mode fibers. IEEE J. Lightwave Technol., LT-1: 312–331, 1983
[146] *K. Simonyi.* Theoretische Elektrotechnik. VEB Deutscher Verlag der Wissenschaften, Berlin, 1980
[147] *H.-G. Unger.* Optische Nachrichtentechnik. Elitera-Verlag, Berlin, 1976
[148] *A.W. Snyder and J.D. Love.* Optical Waveguide Theory. Chapman and Hall, London, 1983
[149] *M. Born and E. Wolf.* Principles of Optics. Pergamon Press, Oxford, 1965
[150] *E. Hecht.* Optik. Addison-Wesley, Bonn, 1989
[151] *G.N. Ramachandra and S. Ramaseshan.* Encyclopedia of physics, volume XXV/1, chapter Crystal optics, Part A: Polarization of light, pages 1–54. Springer, Berlin, 1961
[152] *L.D. Landau and E.M. Lifshitz.* Electrodynamics of continuous media. Pergamon Press, Oxford, 1960
[153] *K. Lange and K.-H. Löcherer.* Meinke-Gundlach, Taschenbuch der Hochfrequenztechnik. Springer, Berlin, 1992
[154] *J.D. Kraus.* Electromagnetics. McGraw-Hill, New York, 1992
[155] *H.J. Carlin.* Network Theory without circuit elements. Proc. IEEE, 55: 482–497, 1967
[156] *R. Ulrich and A. Simon.* Polarization optics of twisted single-mode fibers. Appl. Opt., 18: 2241–2251, 1979.
[157] *I.N. Bronstein and K.A. Semendjajew.* Taschenbuch der Mathematik, S. 214–218. B.G. Teubner, Leipzig, 1959
[158] *F.D.M. Haldane.* Path dependence of the geometric rotation of polarization in optical fibers. Opt. Lett., 11: 730–732, 1986
[159] *R. Ulrich, S.C. Rashleigh and W. Eickhoff.* Bending-induced birefringence in single-mode fibers. Opt. Lett., 5: 273–275, 1980
[160] *S.R. Norman, P.N. Payne and M.J. Adams.* Fabrication of single-mode fibres exhibiting extremely low polarisation birefringence. Electron. Lett., 15: 309–310, 1979
[161] *R.B. Dyott.* Elliptical fiber waveguides. ARTEC House, Norwood, 1995
[162] *J.F. Nye.* Physical Properties of Crystals. Clarendon Press, Oxford, 1960
[163] *P. Grummert and K.A. Reckling.* Mechanik. Friedrich Vieweg & Sohn, Braunschweig, 1994
[164] *H. Bach and N. Neuroth.* The properties of optical glass, Springer, Berlin, 1995
[165] *D.E. Gray* (Ed.). American Institute of Physics Handbook. McGraw-Hill, New York, 1963
[166] *Y. Namihira, M. Kudo and Y. Mushiako.* Effect of mechanical stress on the transmission characteristics of optical fiber. Trans. IECE (Japan), 60-C: 391–398, 1977. Korrektur: Trans. IECE, Japan, (1981) 64-C, S. 596
[167] *F. Maystre and A. Bertholds.* Zero-birefringence optical-fiber holger. Opt. Lett., 12: 126–128, 1987
[168] *S.C.R. Rashleigh and R. Ulrich.* High birefringence in tension-coiled single-mode fibers. Opt. Lett., 5: 354–356, 1980
[169] *R. Ulrich and S.C.R. Rashleigh.* Polarization coupling in kinked single-mode fibers. IEEE J. Quantum Electron., QE-18: 767–771, 1982
[170] *J. Noda, T. Hosaka, Y. Sasaki and R. Ulrich.* Dispersion of Verdet constant in stress-birefringent fibre. Electron. Lett., 20: 906–907, 1984
[171] *R. Ulrich and A. Simon.* Evolution of polarization along a single-mode fiber. Appl. Phys. Lett., 31: 517–519, 1977
[172] *N. Chinone and R. Ulrich.* Elasto-optic polarization measurement in optical fiber. Opt. Lett., 6: 16–18, 1981
[173] *W. Eickhoff.* In-line fiber-optic polarizer. Electron. Lett., 22: 762–763, 1980

[174] *R.B. Dyott, J. Bello and V.H. Handerek.* Indium-coated D-shaped-fiber polarizer. Opt. Lett., 12: 287–289, 1984
[175] *R. Feth and C.H. Chang.* Metal clad fiber-optic cutoff polarizer. Opt. Lett., 11: 386–388, 1986
[176] *M.P. Varnham, D.N. Payne, A.J. Barlow and E.J. Tarbox.* Coiled-birefringet-fiber polarizers. Opt. Lett., 9: 306–308, 1984
[177] *M.P. Varnham, D.N. Payne, R.D. Birch and E.J. Tarbox.* Single-polarisation operation of highly birefringent bow-tie fibres. Electron. Lett., 19: 246–247, 1983
[178] *C.D. Poole and R.H. Wagner.* Phenomenological approach to polarisation dispersion in long single-mode fibres. Electron. Lett., 16: 1029–1030, 1986
[179] *C.D. Poole and C.R. Giles.* Polarization-dependent pulse compression and broadening due to polarization dispersion in dispersion-shifted fibers. Opt. Lett., 13: 155–157, 1988
[180] *C.D. Poole.* Statistical treatment of polarization dispersion in single-mode fibers. Opt. Lett., 13: 687–689, 1988
[181] *F. Curti, B. Daino, G. deMarchis and F. Matera.* Statistical treatment of the evolution of the principal states of polarization in single-mode fibers. IEEE J. Lightwave Technol., LT-8: 1162–1166, 1990
[182] *C.D. Poole, J.H. Winters and J.A. Nagel.* Dynamical equation for polarization dispersion. Opt. Lett., 16: 372–374, 1991
[183] *G.J. Foschini and C.D. Poole.* Statistical theory of polarization dispersion in single-mode fibers. IEEE J. Lightwave Technol., LT-9: 1439–1456, 1991
[184] *G.J. Foschini, R.M. Jopson, L.E. Nelson and H. Kogelnik.* The statistics of PMD-induced chromatic fiber dispersion. IEEE J. Lightwave Technol., LT-17: 1560–1565, 1999
[185] *F. Bruyère.* Impact of first- and second-order PMD in optical digital transmission systems. Opt. Fiber Technol., 2: 269–280, 1996
[186] *E. Iannone, F. Matera, A. Galtarossa, G. Gianello and G. Schiano.* Effect of polarization dispersion on the performance of IM-DD communication systems. IEEE Photon Technol. Lett., 5: 1247–1249, 1993
[187] *F. Heismann.* Polarization mode dispersion: fundamentals and impact on optical communication systems. In ECOC '98, pages 20–24, Madrid, Spanien, September 1998
[188] *C.D. Poole, R.W. Tkach, A.R. Chraplyvy and D.A. Fishman.* Fading in Lightwave Systems due to Polarization-Mode Dispersion. IEEE Photon Technol. Lett., 3: 68–70, 1991
[189] *L.E. Nelson, R.M. Jopson and H. Kogelnik.* Polarization mode dispersion penalties associated with rotation of principal states of polarization in optical fiber. In Conf. on Optical Communication: OFC 2000, Baltimore, März 2000. paper ThB2
[190] *N.J. Gisin, J.P. Von der Weid and J.P. Pellaux.* Polarization mode dispersion of short and long single-mode fibers. IEEE J. Lightwave Technol., LT-9: 821–827, 1991
[191] *S.J. Bahsoun, J.A. Nagel and C.D. Poole.* Measurement of temporal variations in fiber transfer characteristics to 20 GHz due to polarization mode dispersion. In Proceedings of the European Conference on Optical Communications: ECOC '90, Amsterdam, 1990. Postdeadline paper
[192] *L.B. Heffner.* Automated measurement of polarization mode dispersion using Jones matrix eigenanalysis. IEEE Photon Technol. Lett., 4: 1066–1069, 1992
[193] *B.L. Heffner.* Accurate, automated measurement of differential group delay dispersion and principal state variation using Jones matrix eigenanalysis. IEEE Photon Technol. Lett., 5: 814–817, 1993
[194] *C.D. Poole and D.L. Favin.* Polarization-mode dispersion measurements based on transmission through a polarizer. IEEE J. Lightwave Technol., LT-12: 917–929, 1994
[195] *D. Penninckx and S. Lanne.* Influence of the statistics on polarization-mode dispersion compensator performance. In Conf. on Optical Communication: OFC 2000, Baltimore, März 2000. paper WL6
[196] *T. Ono, S. Yamazaki, H. Shimizu and K. Emura.* Polarization control method for suppressing polarization mode dispersion influence in optical transmission systems. IEEE J. Lightwave Technol., LT-12: 891–898, 1994
[197] *T. Takahashi, T. Imai and M. Aiki.* Automatic compensation technique for timewise fluctuating polarization mode dispersion in in-line amplifier systems. Electron. Lett., 30: 348–349, 1994
[198] *B.W. Hakki.* Polarization mode dispersion compensation by phase diversity detection. IEEE Photon Technol. Lett., 9: 121–123, 1997
[199] *J.H. Winters and M.A. Santoro.* Experimental equalization of polarization dispersion. IEEE Photon. Techn. Lett., 2: 591–593, 1990
[200] *H. Bülow, R. Ballentin, W. Baumert, G. Maisoneuve, G. Thielecke and T. Wehren.* Adaptive PMD mitigation at 10 *GB/s* using an electronic SiGe equaliser IC. In Proceedings of the European Conference on Optical Communication ECOC'99, Nizza, Frankreich, September 1999
[201] *F. Heismann, D.A. Fishman and D.L. Wilson.* Automatic compensation of first-order polarization mode dispersion in a 10 Gb/s Transmission system. In Proceedings of the European Conference on Optical Communications: ECOC'98, pages 529–530, Madrid, Spanien, September 1998
[202] *H. Rosenfeldt, R. Ulrich, U. Feiste, R. Ludwig, H.G. Weber and* A. Ehrhardt. First order PMD-compensation in a 10 *Gb/s* NRZ field experiment using a polarimetric feedback signal. In Proceedings of the European Conference on Optical Communications: ECOC '99, Nizza, Frankreich, September 1999

[203] *N. Kikuchi and S. Sasaki.* Polarization-mode dispersion (PMD) detection sensitivity of degree of polarization method for PMD compensation. In Proceedings of the European Conference on Optical Communications: ECOC '99, Nizza, Frankreich, September 1999

[204] *H. Bülow.* Operation of a digital optical transmission system with minimal degradation due to polarization mode dispersion. Electron. Lett., 31: 214–215, 1995

[205] *C. Francia, F.B. Penninckx and M.W. Chbat.* Time impulse response of second order PMD in single-mode fibers. In Proceedings of the European Conference on Optical Communications: ECOC'98, pages 143–144, Madrid, Spanien, September 1998

[206] *A. Mecozzi, M. Shtaif, M. Tur and J. Nagel.* A simple compensator for high-order polarization mode dispersion effects. In Proc. Conference on Optical Communication: OFC 2000, Baltimore, März 2000. paper WL2

[207] *J. Vobian and K. Mörl.* Aspects of PMD measurements. J. Opt. Communications, 18: 82–92, 1997

[208] *G. Lenz and C.K. Madsen.* General optical all-pass filter structures for dispersion control in WDM-systems. IEEE J. Lightwave Technol., LT-17: 1248–1254, 1999

[209] *R. Noe, D. Sandel, S. Hinz, V. Mirvoda, A. Schöpflin, C. Glingener, E. Gottwald, C. Scheerer, G. Fischer, W. Weyrauch and W. Haase.* Polarization mode dispersion compensation at 10, 20, and 40 Gb/s with various optical equalizers. IEEE J. Lightwave Technol., LT-17: 1602–1615, 1999

[210] *T. Chiba, Y. Ohtera and S. Kawakami.* Polarization stabilizer using liquid crystal rotatable waveplates. IEEE J. Lightwave Technol., LT-17: 885–890, 1999

[211] *D. Sandel, S. Hinz, M. Yoshida-Dierolf, J. Gräser, R. Noe, L. Beresnev, T. Weyrauch and W. Haase.* 10 Gb/s PMD compensation using deformed-helical ferroelectric liquid crystals. In Proceedings of the European Conference on Optical Communications: ECOC'98, pages 555–556, Madrid, Spanien, September 1998

[212] *J.N. Damask.* A programmable polarization-mode dispersion emulator for systematic testing in 10 GB/s PMD compensators. In Proc. Conference on Optical communication: OFC 2000, Baltimore, März 2000. paper ThB3

[213] *H. Shimizu, S. Yamazaki, T. Ono and K. Emura.* Highly practical fiber squeezer polarization controller. IEEE J. Lightwave Technol., LT-9: 1217–1224, 1991

[214] *M. Johnson.* In-line fiber-optical polarisation transformer. Appl. Opt., 18: 1288–1289, 1979

[215] *L. Dupont, J.L. de Bougrenet de la Tocnaye, M. Le Gall and D. Penninckx.* Principle of compact polarisation mode dispersion controller using homeotropic electroclinic liquid crystal confined single mode fibre devices. Opt. Communic., 176: 113–119, 2000

[216] *L.Y. Lin, E.L. Goldstein, N.J. Frigo and R.W. Tkac.* Micromachined polarization-state controller and its application to polarization-mode dispersion compensation. In Proc. Conference on Optical Communication: OFC 2000, Baltimore, März 2000. paper ThQ3

[217] *B.A. Ferguson and C.L. Chen.* Polarization controller based on a fiber-recirculating delay line. Appl. Opt., 36: 7597–7604, 1992

[218] *H. Rosenfeldt, Ch. Knothe and E. Brinkmeyer.* Component for optical PMD-compensation in a WDM environment. In Proc. Europ. Conf. on Optical Communication: ECOC 2000, volume 1, pages 135–136, München, 2000

[219] *I.T. Lima, R. Khosravani, P. Ebrahimi, E. Ibragimov, A.E. Willner and C.R.Menyuk.* Polarization mode dispersion emulator. In Proc. Conference on Optical Communication: OFC 2000, Baltimore, März 2000. paper ThB4

[220] *R.G. Waarts, A.A. Friesem, E. Lichtman, H.H. Yaffe and R.-P. Braun.* Nonlinear Effects in Coherent Multichannel Transmission Through Optical Fibers, Proc. Ieee, Vol. 78, Nr. 8, S. 1344–1368, 1990

[221] *A.R. Chraplyvy.* Limitations on Lightwave Communications Imposed by Optical-Fiber Nonlinearities, J. Lightwave Tech., Vol. 9, Nr. 10, S. 1548–1557, 1990

[222] *G.P. Agrawal.* Nonlinear Fiber Optics. 2. Auflage, Academic Press, 1992

[223] *R.W. Boyd.* Nonlinear Optics, Academic Press, 1992

[224] *E. Iannone, F. Matera, A. Mecozzi and M. Settembre.* Nonlinear Optical Communication Networks. Wiley, New York, 1998

[225] *F. Forghieri, R.W. Tkach, A.R. Chraplyvy,* „Fiber Nonlinearities and Their Impact on Transmission Systems. In Optical Fiber Telecommunications, Vol. IIIa, verlegt von I.P. Kaminow and T.L. Koch, Academic Press, S. 196–263, 1997

[226] *R.W. Hellwarth.* Third-Order Optical Susceptibilities of Liquids and Solids. Prog. Quant. Electr., Vol. 5, S. 1–68, 1997

[227] *C. Headley and G.P. Agrawal.* Noise Characteristics and Statistics of Picosecond Stokes Pulses Generated in Optical Fibers Through Stimulated Raman Scattering. IEEE J. Quantum Elec., Vol. 31, Nr. 11, S. 2058–2067, 1977

[228] *R. Hellwarth, J. Cherlow and T.-T. Yang.* Origin and frequency dependence of nonlinear optical susceptibilities of glasses. Phys. Rev. B, Vol. 11, Nr. 12, 1975

[229] *K.J. Blow and D. Wood.* Theoretical Description of Transient Stimulated Raman Scattering in Optical Fibers. IEEE J. Quantum Electr., Vol. 11, Nr. 1, S. 2665–2673, 1989

[230] *E.A. Golovchenko and A.N. Pilipetskii.* Unified analysis of four-photon mixing, modulational instability, and stimulated Raman scattering under various polarization conditions in fibers. J. Opt. Soc. Am. B, Vol. 11, Nr. 1, S. 92–101, 1994

[231] *Y. Kodama, A. Maruta and A. Hasegawa.* Long distance communications with solitons. Quantum Opt., Vol. 6, S. 463–516, 1994

[232] *R.H. Stolen, J.P. Gordon, W.J. Tomlinson and H.A. Haus.* Raman response function of silica-core fibers", J. Opt. Soc. Am. B, Vol. 6, Nr. 6, S. 1159–1165, 1989

[233] *J. Wang and K. Petermann.* Small Signal Analysis for Dispersive Optical Fiber Communication Systems. J. Lightwave Tech., Vol. 10, Nr. 1, S. 96–100, 1992

[234] *D. Marcuse, C.R. Menyuk and P.K.A. Wai.* Application of the Manakov-PMD Equation to Studies of Signal Propagation in Optical Fibers with Randomly Varying Birefringence. J. of Lightwave Techl, Vol. 15, Nr. 9, S. 1735–1746, 1997

[235] *K.O. Hill, D.C. Johnson, B.S. Kawasaki and R.I. MacDonald.* Cw three-wave mixing in single-mode optical fibers. J. Appl. Phys., Vol. 49, Nr. 10, S. 5098–5106, 1978

[236] *R.H. Stolen and J.E. Bjorkholm.* Parametric Aplification and Frequency Conversion in Optical Fibers. IEEE J. Quantum Electronics, Vol. 18, Nr. 7, S. 1062, 1982

[237] *A.V.T. Cartaxo.* Impact of Modulation Frequency on Cross-Phase Modulation Effect in Intensity Modulation-Direct Detection WDM Systems. IEEE Photon. Technol. Lett., Vol. 10, Nr. 9, S. 1268–1270, 1998

[238] *A.V.T. Cartaxo.* Cross-phase modulation in intensity modulation – direct detection WDM systems with multiple optical amplifiers and dispersion compensators. J. Lightwave Technol., to be published

[239] *R. Hui, Y. Wang, K. Demarest and C. Allen.* Frequency Response of Cross-Phase Modulation in Multispan WDM Optical Fiber Systems. IEEE Photon. Technol. Lett., Vol. 10, Nr. 9, S. 1271–1273, 1998

[240] *R.H. Stolen, C. Lee and R.K. Jain.* Development of the stimulated Raman spectrum in single-mode silica fibers. J. Opt. Soc. Am. B, Vol. 1, Nr. 4, S. 652–657, 1984

[241] *A. Carena, V. Curri, R. Gaudino, P. Poggiolini and S. Benedetto.* A Time-Domain Optical Transmission System Simulation Package Accounting For Nonlinear And Polarization Effects in Fiber. IEEE J. Select. Areas, Vol. 15, Nr. 4, S. 751–761, 1997

[242] *D. Marcuse, A.R. Chraplyvy and R.W. Tkach.* Effect of Fiber-Nonlinearity on Long-Distance Transmission. J. Lightwave Technol., Vol. 9, Nr. 1, S. 121–128, 1991

[243] *K.V. Peddanarappagari and M. Brandt-Pearce.* Volterra-Series Transfer Function of Single Mode Fibers. J. Lightwave Technol., Vol. 15, Nr. 12, S. 2232–2241, 1997

[244] *D. Cotter.* Supression of Stimulated Brioullin Scattering During Transmission of High-Power Narrow-band Laser Light in Monomode Fiber. IEEE Electron. Lett., Vol. 18, S. 638, 1982

[245] *S. Kuwano, K. Yonenaga and K. Iwashita.* 10 Gbit/s repaeterless transmission experiment of optical duobinary modulated signal. IEEE Electron. Lett., Vol. 31, S. 1359, 1995

[246] *V.E. Zakharov and A.B. Shabat.* Exact Theory of Two-Dimensional Self-Focussing and One-Dimensional Self-Modulation of Waves in Nonlinear Media. Sov. Phys. JETP34, S. 62–69, 1972

[247] *L.F. Mollenauer, S.G. Evangelides and H.A. Haus.* Long-Distance Soliton Propagation usig lumoed amplifiers and Dispersion-Shifted fiber. J. Lightwave Technol., Vol. 9, Nr. 2, S. 194–196, 1991

[248] *L.F. Mollenhauer, J.P. Gordon and S.G. Evangelides.* The Sliding-Frequency Guiding Filter: An Improved Form of Soliton Jitter Control. Opt. Lett., Vol. 17, Nr. 22, S. 1575–1577, 1992

[249] *N.A. Olson and J.P. van der Ziel.* Characteristics of a semiconductor laser pumped Brillouin Amplifier with electronically controlled Bandwidth. J. Lichtwave Technol., Vol. 5, S. 147, 1987

[250] *M. Schubert und B. Wilhelmi.* Nonlinear Optics and Quantum Electronics. Wiley, New York, 1986

[251] *G.P. Agrawal.* Fiber optic Communication Systems. Wiley, New York, 1997

[252] *C. Glingener.* Modellierung und Simulation faseroptischer Netze mit Wellenlägenmultiplex. WFT-Verlag, 1998

[253] *M. Kuckartz.* Nichtlineare Effekte in optischen Einmoden-Fasern und ihre Anwendung zur Erzeugung ultra-kurzer Lichtpulse mit einem Nd: Yag Laser. Dissertation an der Universität der Bundeswehr Hamburg, 1989

[254] *F. Heismann, S.K. Korotky and J.J. Veselka.* Lithium Niobate Integrated Optics, Selected Contemporary Devices and System Applications. Vol. IIIb, verlegt von I.P. Kaminow, T.L. Koch, Academic Press, S. 196–263, 1997

[255] *H.J. Thiele, R.I. Killey and P. Bayvel.* Influence of fibre dispersion on XPM pulse distortion in WDM systems. Proc. ECOC '98, Madrid, Vol. 1, S. 593–594, 1998

Vielmodenfasern 5

W. Freude

Allgemeine Literatur
Adams, M.J.: An introduction to optical waveguides. Chichester: John Wiley & Sons 1981 – *Agrawal, G.P.:* Fiber-optic communication system. Chichester: John Wiley & Sons 1997 – *Arnaud, J.A.:* Beam and fiber optics. New York: Academic Press 1976 – *Ghatak, A.; Thyagarajan, K.:* Introduction to fiber optics. Cambridge: University Press 1998 – *Grau, G.; Freude, W.:* Optische Nachrichtentechnik, 3. Aufl. Berlin: Springer Verlag 1991. Seit 1997 vergriffen. Berichtigter Nachdruck über W. F. (W. Freude@etec.uni-karlsruhe.de); die nachstehende Darstellung stützt sich auf dieses Buch. – *Snyder, A. W.; Love, J.D.:* Optical waveguide theory. London: Chapman and Hall 1983 – *Unger, H.-G.:* Planar optical waveguides and fibres. Oxford: Clarendon Press 1977 – *Unger, H.-G.:* Optische Nachrichtentechnik, Teil I und II, 2. Aufl. Heidelberg: Dr. Alfred Hüthig 1990 und 1992

5.1 Einführung

Für Übertragungsstrecken im 100-m-Nahbereich, bei denen keine hohe Teilnehmerbündelung erreicht wird, oder für die Signalübertragung innerhalb elektronischer Geräte werden die Herstellungs-, Installations- und Wartungskosten besonders wichtig. Daher verwendet man dort preiswerte Quarzglas- oder Kunststoff-Lichtwellenleiter mit so großen Querschnittsabmessungen, daß die notwendigen Verbindungselemente aus Kunststoffteilen hergestellt werden können, Kap. 8. Als Lichtquellen lassen sich großflächige Lumineszenzdioden verwenden. In Fasern dieser Art propagieren zahlreiche Moden, deren Laufzeitunterschiede die Übertragungsbandbreite begrenzen, Kap. 3.

In den Begriffsdefinitionen DIN VDE 0888 Teil 1 wird die Bezeichnung „Mehrmodenfaser“ empfohlen. Sprachlich kommt dadurch nicht zum Ausdruck, daß bei den hier behandelten Wellenleitern normalerweise *sehr viele* Moden vorliegen ($10^2 \ldots 10^6$). Manche Techniken der theoretischen Beschreibung – Kombinationen von wellen- und strahlenoptischen Methoden – sind ganz auf diese Tatsache abgestimmt und gestatten nicht ohne weiteres die Behandlung von Zwei- oder Wenigmodenfasern. Aus diesem Grund erscheint die Bezeichnung „Vielmodenfaser“ angemessener.

Durch die hohe Modenanzahl entstehen spezifische praktische Probleme, die bei Einmodenfasern keine Rolle spielen. Insbesondere lassen sich keine Vielmoden-Richtkoppler oder -Leistungsteiler herstellen, die bei der Hintereinanderschaltung von Spleißen oder weiteren Verzweigern ihre Koppeldämpfung beibehalten. Zusätzlich kann es zu einer FM-AM-Konversion kommen. Auch bei der Messung von Dämpfung und Dispersion sind entsprechende Besonderheiten zu beachten.

Die folgenden Ausführungen spezialisieren sich auf Vielmoden-Lichtwellenleiter mit Zylindersymmetrie, was in der Bezeichnung Faserwellenleiter oder kurz „Fasern“ zum Ausdruck kommt.

Das Feld in der Faseraustrittsfläche wird üblicherweise – abweichend von der Terminologie der Beugungs- und Antennentheorie – als „Nahfeld“ bezeichnet. Dieser bequeme Sprachgebrauch findet eine gewisse Berechtigung darin, daß optische Wellenlängen sehr klein sind und das beugungstheoretische Nahfeld im Entfernungsbereich weniger Wellenlängen λ liegt. Ist allerdings die transversale Ausdehnung des abgestrahlten Feldes (wie beim Halbleiterlaser, wegen der hohen Brechzahl der wellenführenden Zone) deutlich kleiner als λ, so wird die Unterscheidung von „Feld in der Austrittsfläche“ und „Feld im Abstand weniger λ“ sehr wichtig [53, Abschn. 2.7.2, Anmerkung 1].

Brechzahlprofil

Vielmodenfasern bestehen aus einem kreiszylindrischen Kern der Brechzahl n mit einem Durchmesser $2a$, den ein ebenfalls kreiszylindrischer Mantel mit geringerer Brechzahl n_2 umhüllt. Im üblichen Betriebsbereich sind die Felder auf den Kern konzentriert und reichen nicht bis zum Außenbereich des Mantels, so daß dieser für die Rechnung als unendlich ausgedehnt angenommen werden kann.

Kern- und Mantelbereich werden in Zylinderkoordinaten r, φ, z durch einen Brechzahlverlauf $n(r)$ charakterisiert, der vom Radius r, aber nicht vom Polarwinkel φ abhängt und sich längs der Faserachse z (in Ausbreitungsrichtung des Lichtes) nicht ändert; Parameter von $n(r)$ sind die Kernbrechzahl n_1 auf der Faserachse, die konstante Mantelbrechzahl n_2 und die relative Brechzahldifferenz Δ,

$$\Delta = \frac{n_1^2 - n_2^2}{2n_1^2} \approx \frac{n_1 - n_2}{n_1} \quad \text{für } n_1 \approx n_2 . \tag{5.1}$$

Für Δ kann man eine Näherung angeben, wenn sich n_1 und n_2 nur wenig unterscheiden; man spricht dann von einer schwachen Führung des Lichtes. In diesem Fall nimmt auch die numerische Faserapertur

$$\begin{aligned} A_N &= \sqrt{n_1^2 - n_2^2} = n_1 \sqrt{2\Delta} \\ &= \sin \gamma_N \\ &\approx \gamma_N \quad \text{für } n_1 \approx n_2 \end{aligned} \tag{5.2}$$

kleine Werte an. Der durch (5.2) definierte Aperturwinkel γ_N bezeichnet im Fall $n(r) \leq n_1$ denjenigen maximalen Winkel gegenüber der Faserachse z, unter dem ein vom Wellenleiter geführter Lichtstrahl die Stirnfläche der Faser verlassen und ins Vakuum übertreten könnte; für den Fall, daß Totalreflexion einen Lichtaustritt aus der Faserendfläche unter dem Winkel γ_N verhindert, wäre $\sin \gamma_N$ nur eine durch A_N definierte Rechengröße ohne direkte physikalische Bedeutung.

Das Faserfeld hat ungefähr die radiale Ausdehnung a des Kerns (lichterfüllte Fläche $F \approx \pi a^2$) und ist mit der Winkelabmessung $A_N \approx \gamma_N$ des von der Endfläche abgestrahlten Fernfeldes (lichterfüllter Raumwinkel $\Omega \approx \pi A_N^2$) sowie mit der Vakuum-Wellenlänge $\lambda = c/f$ durch die normierte Frequenz V verknüpft,

$$V = a k_0 A_N , \quad k_0 = \frac{2\pi}{\lambda} = \frac{\omega}{c} . \tag{5.3}$$

Dabei ist $f = c/\lambda$ die Frequenz, $\omega = 2\pi f$ die Kreisfrequenz und c die Vakuum-Lichtgeschwindigkeit. Die Gestalt des Brechzahlprofils $n^2(r)$ wird durch die Profilfunktion $g(r/a)$ bestimmt,

$$\begin{aligned} n^2(r) &= n_1^2 \, [1 - 2\Delta \cdot g(r/a)], \\ n(r) &\approx n_1 \, [1 - \Delta \cdot g(r/a)] \text{ für } n_1 \approx n_2 , \\ g(r/a) &= \begin{cases} 0, & r = 0 , \\ 1, & r \geq a . \end{cases} \end{aligned} \tag{5.4}$$

Bei schwacher Führung ($\Delta \ll 1$) gilt eine linear genäherte Form für den Brechzahlverlauf $n(r)$. Die Profilfunktion $y = g(x)$ ist im Kernbereich stetig vorausgesetzt (in manchen Fällen streng monoton mit der Umkehrfunktion $x = g^{-1}(y)$) und zeigt keinen Brechzahlsprung an der Kern-Mantel-Grenze (englisch *matched cladding*). Besonders wichtig ist für die theoretische Beschreibung die Klasse der Potenzprofile,

$$g(r/a) = (r/a)^q , \quad 0 \leq q < \infty . \tag{5.5}$$

Für $q \to \infty$ erhält man das Stufenprofil ($n = n_1$ für $0 \leq r < a$, $n = n_2$ für $r \geq a$), für $q = 2$ das ummantelte Parabelprofil. Fasern, bei denen die Brechzahl im Kern nicht konstant ist, werden als Gradientenfasern bezeichnet.

Faserdaten

Vielmodenfasern werden aus Quarzglas, aber auch aus polymerisierten Kunststoffen hergestellt; besonders große Durchmesser im Millimeterbereich sind nur bei Polymerfasern möglich. Gängige Parameterwerte für Vielmodenfasern aus Glas (Kunststoff) liegen bei $2a$ = 50 … 200 µm (980 µm), A_N = 0,2 … 0,4 (0,5), Δ = 1 … 4% (5%) für n_1 = 1,45 (1,49) mit V = 35 … 300 (2400) bei λ = 0,85 µm (0,65 µm) und V = 25…200 bei λ = 1,3 µm, s. auch Kap. 8.

Gruppenlaufzeitdispersion

In Kap. 3 wurde die sogenannte Gruppenlaufzeitdispersion diskutiert: In einer Faser mit homogenem Kernmedium propagieren verschieden stark zur Achse geneigte Lichtstrahlen mit unterschiedlichen Laufzeiten. Chromatische Dispersion werde dabei nicht berücksichtigt.

Diese Intermoden- oder kurz Modendispersion kann verringert und damit die Übertragungsbandbreite vergrößert werden, wenn die Brechzahl des Kerns vom Wert n_1 auf der Achse *allmählich* auf den Wert n_2 an der Kern-Mantel-Grenze abnimmt, so daß Strahlen mit

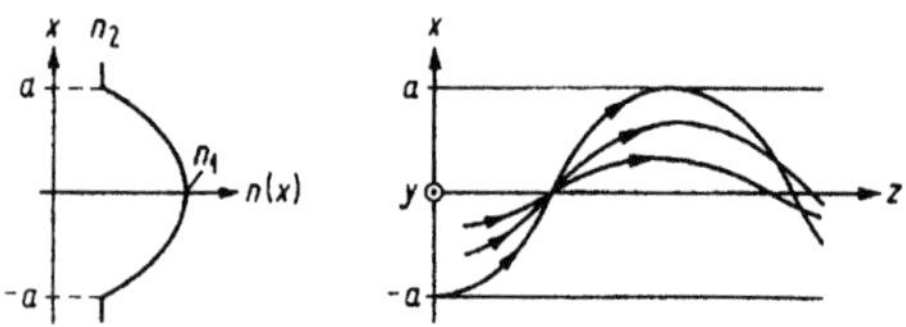

Abb. 5.1. Gradientenwellenleiter

größerer geometrischer Weglänge einen Teil ihres Wegs in Bereichen niedrigerer Brechzahl laufen und dadurch die optischen Weglängen einander angeglichen werden.

Abbildung 5.1 zeigt einen solchen Gradientenwellenleiter. Der Profilexponent q in (5.5) ist demnach so zu wählen, daß minimale Modendispersion auftritt.

5.2 Wellen und Moden

Einige Begriffe und Ergebnisse der skalaren Wellenoptik werden hier zusammengefaßt [53, Abschn. 2.1, 2.6], Kap. 3.

Koordinaten

Neben kartesischen Koordinaten x, y, z und Zylinderkoordinaten r, φ, z werden auch Kugelkoordinaten d, Φ, γ verwendet. Dabei sind d der Abstand vom Ursprung, Φ die geographische Länge (Azimutwinkel) und γ die geographische Breite (Elevationswinkel, gemessen von der z-Achse aus). Der durch Φ, γ aufgespannte Raumwinkel wird mit $\Omega(\Phi, \gamma)$ bezeichnet. Zwischen den Darstellungen in kartesischen, zylindrischen und sphärischen Koordinatensystemen gelten die Transformationsbeziehungen

$$\begin{aligned} \mathrm{d}F &= \mathrm{d}x\,\mathrm{d}y = r\,\mathrm{d}r\,\mathrm{d}\varphi, \\ x &= d\sin\gamma\cos\Phi, \\ y &= d\sin\gamma\sin\Phi, \\ z &= d\cos\gamma, \\ \frac{\partial(x,y)}{\partial(\gamma,\Phi)} &= d^2\cos\gamma\sin\gamma, \\ \mathrm{d}\Omega &= \sin\gamma\,\mathrm{d}\gamma\,\mathrm{d}\Phi. \end{aligned} \tag{5.6}$$

Medium

Das Medium, in dem sich Wellen fortpflanzen, sei bei den betrachteten Schwingungsfrequenzen zeitinvariant, ortslokal, isotrop, linear und nicht magnetisierbar, d.h. die Mediumeigenschaften können durch Größen beschrieben werden, die von den Richtungen der Feldstärken und deren Amplituden unabhängig sind, wobei die relative Permeabilitätskonstante $\mu_r = 1$ ist.

Dielektrizitäts- und Permeabilitätskonstante des freien Raums sind mit ε_0 und μ_0 bezeichnet. Die Lichtgeschwindigkeit im Vakuum hat den Wert $c = 1/\sqrt{\varepsilon_0\mu_0}$.

Wellengleichung

Für ein homogenes Medium der Brechzahl n vereinfachen sich die Maxwell-Gleichungen in kartesischen Koordinaten x, y, z (und nur in diesen!) auf 2×3 entkoppelte Wellengleichungen für die je drei Komponenten der elektrischen ($\boldsymbol{E}$) und magnetischen ($\boldsymbol{H}$) Feldstärkevektoren. Für deren Komponenten in Richtung der Achsen $q = x, y, z$ resultieren strukturell identische, skalare Wellengleichungen,

$$\begin{aligned} \Psi(t,\boldsymbol{r}) &= E_\mathrm{q},\ H_\mathrm{q}(t,x,y,z)\,, \\ \Delta\Psi(t,\boldsymbol{r}) &= \frac{n^2}{c^2}\,\frac{\partial^2}{\partial t^2}\,\Psi(t,\boldsymbol{r})\,. \end{aligned} \tag{5.7}$$

Anfangs- und Randbedingungen definieren die Abhängigkeiten der Feldstärkekomponenten untereinander. Im folgenden werden kartesische Vektorkomponenten der Felder vorausgesetzt. Die Einheitsvektoren werden mit $\boldsymbol{e}_\mathrm{x}, \boldsymbol{e}_\mathrm{y}, \boldsymbol{e}_\mathrm{z}$ bezeichnet, der Ortsvektor mit $\boldsymbol{r} = x\,\boldsymbol{e}_\mathrm{x} + y\boldsymbol{e}_\mathrm{y} + z\,\boldsymbol{e}_\mathrm{z}$.

Schwache Inhomogenität

Ein Medium wird schwach inhomogen genannt, wenn die relativen Änderungen von n und $|\mathrm{grad}\,n|$ längs einer Strecke von der Größe der Medium-Wellenlänge λ/n sehr klein sind, Kap. 3,

$$\frac{|\Delta n|_\lambda}{n} \ll 1, \quad \frac{|\Delta(\mathrm{grad}\,n)|_\lambda}{|\mathrm{grad}\,n|} \ll 1\,. \tag{5.8}$$

Die Differentialgleichungen für die Feldstärkekomponenten haben dann ebenfalls die Gestalt von Gleichung (5.7), wobei $n = n(\boldsymbol{r})$ zu setzen ist.

$\mathrm{LP}_{\nu\mu}$-Moden

In Faserwellenleitern mit schwacher Führung $\Delta \ll 1$ und typischen Kernabmessungen $2a \geq 6\lambda$ (z.B. $2a = 9\ \mu\mathrm{m}$, $\lambda = 1{,}55\ \mu\mathrm{m}$), die deutlich größer als die Wellenlänge ausfallen, sind die Voraussetzungen der sogenannten skalaren Optik erfüllt; damit wird der Vektorcharakter der Felder irrelevant. In diesem Fall kann das elektromagnetische Feld durch *eine* skalare Größe $\Psi(t, \boldsymbol{r})$ beschrieben werden, welche der Wellengleichung (5.7) genügt.

Unter den genannten Voraussetzungen sind die Faserfelder demnach näherungsweise über den gesamten Faserquerschnitt *l*inear *p*olarisiert (sogenannte LP-Moden) und werden durch *eine* transversale Feldkomponente charakterisiert, z.B. durch diejenige in Richtung des linear polarisierten elektrischen Feldstärkevektors.

Jede Spektralkomponente des Feldes wird durch eine komplexe, geeignet normierte Wellenfunktion $\Psi(t, \boldsymbol{r}) = \Psi(\boldsymbol{r}) \exp(\mathrm{j}\omega t)$ mit der komplexen Amplitude $\Psi(\boldsymbol{r})$ repräsentiert, welche der skalaren Helmholtz-Gleichung genügt,

$$\Psi(t, \boldsymbol{r}) = \Psi(\boldsymbol{r})\, \mathrm{e}^{\mathrm{j}\omega t},$$
$$(\Delta + k_0^2 n^2(\boldsymbol{r}))\, \Psi(\boldsymbol{r}) = 0\,. \tag{5.9}$$

Mit den Modenindizes $\nu = 0, 1, 2, \ldots$ und $\mu = 1, 2, 3, \ldots$ in azimutaler und radialer Richtung werden die Eigenlösungen $\Psi(\boldsymbol{r}) = \Psi_{\nu\mu}(\boldsymbol{r})$ der skalaren Helmholtz-Gleichung (5.9) $\mathrm{LP}_{\nu\mu}$-Moden genannt.

Man verwendet für die skalare Wellenfunktion $\Psi(\boldsymbol{r})$ Zylinderkoordinaten r, φ, z und setzt mit der Ausbreitungskonstanten $\beta = \beta_{\nu\mu}$ an:

$$\Psi_{\nu\mu}(r, \varphi, z) = \Psi_{\nu\mu}(r, \varphi)\, \mathrm{e}^{-\mathrm{j}\beta_{\nu\mu}}, \tag{5.10}$$
$$\Psi_{\nu\mu}(r, \varphi) = \Psi_{\mu}^{(\nu)}(r)\, \Psi^{(\nu)}(\varphi),$$
$$\Psi^{(\nu)}(\varphi) = \frac{1}{\sqrt{1 + \delta_{\nu 0}}} \left\{ \begin{matrix} \cos \nu\varphi \\ \text{oder} \\ \sin \nu\varphi \end{matrix} \right\}.$$

$\delta_{\nu\mu}$ ist das Kronecker-Delta. Jeder $\mathrm{LP}_{\nu\mu}$-Modus mit festem $\beta_{\nu\mu}$ ist vierfach entartet, wenn $\nu \neq 0$ ist ((cos $\nu\varphi$)- und (sin $\nu\varphi$)-Abhängigkeit in zwei orthogonalen Polarisationen), und zweifach entartet für rotationssymmetrische Moden $\nu = 0$ (zwei orthogonale Polarisationen) [53, Gl. (2.72) und folgender Text]. Die Intensität des Feldes ist über $I_{\nu\mu}(r, \varphi) = \frac{1}{2} n_1 |\Psi_{\nu\mu}(r, \varphi)|^2$ definiert ($n_1 \approx n_2$).

Die Modenindizes ν, μ werden im weiteren meist nicht mehr notiert. Die Einheitsvektoren in radialer, azimutaler und axialer Richtung schreibt man $\boldsymbol{e}_r, \boldsymbol{e}_\varphi, \boldsymbol{e}_z$. Der Ausbreitungsvektor einer lokal ebenen Welle heißt in Zylinderkoordinaten $\boldsymbol{k} = k_r \boldsymbol{e}_r + k_\varphi \boldsymbol{e}_\varphi + k_z \boldsymbol{e}_z$, $k_z = \beta$, $|\boldsymbol{k}| = k = k_0 n(r)$.

Wegen der verlustfrei vorausgesetzten Wellenführung ist die gesuchte Funktion $\Psi(r) = \Psi_\mu^{(\nu)}(r)$ reell. Man erhält aus (5.9), (5.10) die Differentialgleichung (Kap. 3; Striche auf Funktionensymbolen bedeuten Ableitungen nach dem Argument)

$$\Psi''(r) + \tfrac{1}{r}\, \Psi'(r) + k_r^2(r)\, \Psi(r) = 0\,,$$
$$k_r^2(r) = k_0^2 n^2(r) - k_\varphi^2 - \beta^2, \tag{5.11}$$
$$|k_\varphi| = \nu / r\,.$$

Die azimutale Ausbreitungskonstante k_φ erfüllt die azimutale Konsistenz- oder Resonanzbedingung für das Feld $\Psi^{(\nu)}(\varphi)$ nach (5.10), da bei vollständigem Umkreisen der Faserachse im Abstand r die Phasenverschiebung $-2\pi r |k_\varphi| = -2\nu\pi$ ein ganzzahliges Vielfaches von 2π sein muß, damit das Feld in sich selbst übergeht. $k_r(r)$ ist die radiale Ausbreitungskonstante.

In Gebieten, wo $k_r^2 > 0$ gilt, sind nach (5.11) in Extremalpunkten $\Psi' = 0$ die Vorzeichen von Ψ'' und Ψ verschieden. Sowohl in positiven Maxima als auch in negativen Minima krümmt sich die Funktion $\Psi(r)$ zur Abszisse r hin. Das Feld hat daher im Bereich $k_r^2 > 0$ oszillatorischen Charakter.

Gesucht werden jene Lösungen $\Psi(r)$ von (5.11) zu den Eigenwerten β, die für $r = 0$ regulär sind und für $r \to \infty$ verschwinden, d.h. im Bereich $k_r^2 < 0$ evaneszent sind und endliche Leistung transportieren.

Anhand von (5.11) überlegt man sich, daß im Bereich $k_r^2 < 0$ die „bauchige" Seite der Funktion $\Psi(r)$ immer zur r-Achse hin zeigt. Für ein bestimmtes Verhältnis Ψ'/Ψ an der Grenze zwischen den Bereichen $k_r^2 > 0$ und $k_r^2 < 0$ kann man erreichen, daß $\Psi(r)$ die r-Achse im Unendlichen berührt, daß also asymptotisch $\Psi(r) \to 0$ für $r \to \infty$ gilt. Dieses Verhältnis wird durch eine geeignete Ausbreitungskonstante β eingestellt.

Normierte Parameter

Es erweist sich als zweckmäßig, die Parameter u (transversales Phasenmaß im Kern) und w (transversales Dämpfungsmaß im Mantel) einzuführen,

$$k_i = n_i k_0\,, \quad i = 1, 2\,,$$
$$u = a\sqrt{k_1^2 - \beta^2}\,, \tag{5.12a}$$
$$w = a\sqrt{\beta^2 - k_2^2}\,,$$
$$V = a k_0 A_N = \sqrt{u^2 + w^2}\,.$$

Weiter werden die normierten Ausbreitungskonstanten B, δ sowie die effektive Brechzahl n_e definiert und mit den Größen a, $n_{1,2}$, k_0, Δ, A_N, V und β verknüpft,

$$\begin{aligned} \beta &= k_1\sqrt{1-2\delta}\,,\quad n_e = \beta/k_0\,, \\ \delta &= \frac{n_1^2 - n_e^2}{2n_1^2}\,, \\ \delta &\approx \frac{n_1 - n_e}{n_1} \quad \text{für } \Delta \ll 1\,, \\ B &= \frac{\beta^2 - k_2^2}{k_1^2 - k_2^2} = \frac{w^2}{V^2} = 1 - \frac{u^2}{V^2} \\ &= 1 - \frac{\delta}{\Delta}\,, \\ B &\approx \frac{\beta - k_2}{k_1 - k_2} \quad \text{für } \Delta \ll 1\,. \end{aligned} \tag{5.12b}$$

Parabelprofil

Für den Fall, daß man das Brechzahlprofil (5.4) mit $g(r/a) = (r/a)^2$ im unendlich ausgedehnten Bereich $0 \le r < \infty$ idealisiert, ist (5.11) exakt lösbar. Man erhält für diskrete Eigenwerte der Ausbreitungskonstanten β, δ (5.12b) bzw. der Hauptmodenzahl m als Ergebnis die Gauß-Laguerre-Moden [110, Abschn. 5.2 Gl. (5.59)] [53, Gl. (2.88)],

$$\begin{aligned} \Psi_\mu^{(\nu)}(r) &\sim \left(\frac{2r^2}{w_0^2}\right)^{\nu/2} e^{-r^2/w_0^2} \\ &\quad \times \mathrm{L}_{\mu-1}^{(\nu)}\left(\frac{2r^2}{w_0^2}\right), \\ \frac{\delta}{\Delta} &= \frac{m}{m_{\max 2}}\,,\quad m_{\max 2} = \left[\frac{V}{2}\right], \\ m &= \nu + 2\mu - 1\,,\quad w_0^2 = \frac{a^2}{V/2}\,. \end{aligned} \tag{5.13}$$

$[x]$ ist der ganzzahlige Anteil der Zahl x. Mit $\mathrm{L}_{\bar\mu}^{(\nu)}$ werden die verallgemeinerten, mit $\mathrm{L}_{\bar\mu}^{(0)} = \mathrm{L}_{\bar\mu}$ die gewöhnlichen Laguerre-Polynome mit Grad $\bar\mu$ und Ordnung ν bezeichnet [1, Abschn. 22],

$$\begin{aligned} \mathrm{L}_0^{(\nu)}(x) &= 1,\quad \mathrm{L}_1^{(\nu)}(x) = -x + \nu + 1\,, \\ \mathrm{L}_2^{(\nu)}(x) &= \tfrac{1}{2}[x^2 - 2(\nu+2)x \\ &\quad + (\nu+1)(\nu+2)]\,. \end{aligned} \tag{5.14}$$

Für den LP_{01}-Modus (Grundmodus) erhält man mit (5.10), (5.13) die transversale Abhängigkeit eines rotationssymmetrischen Gaußschen Nahfelds mit dem 1/e-Strahlradius w_0.

Alle Moden mit demselben Hauptmodenindex m haben identische Ausbreitungskonstanten δ bzw. β nach (5.12b) und sind daher in diesem Sinne entartet.

Für eine Faser mit $a = 23$ µm, $A_N = 0{,}2$, $V = 46$ bei $\lambda = 0{,}6328$ µm zeigt Abb. 5.2 die Intensitätsverteilung der 12 $LP_{\nu\mu}$-Moden niedrigster Ordnung mit $(\cos \nu\varphi)$-Abhängigkeit. Die eingerahmten Intensitätsbilder stellen für

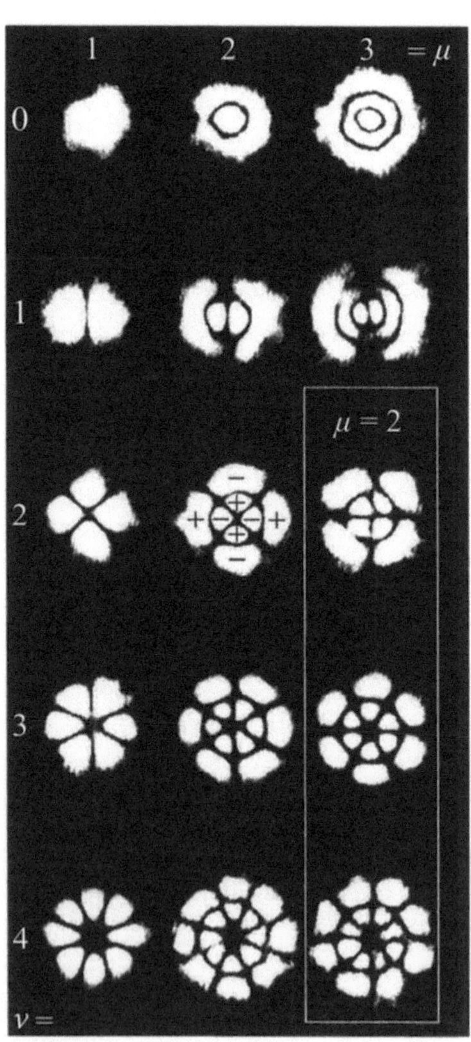

Abb. 5.2. Gauß-Laguerre-Moden einer Parabelprofilfaser [31] $a = 23$ µm, $A_N = 0{,}2$, $V = 46$ bei $\lambda = 0{,}6328$ µm. Der Strahlradius des LP_{01}-Grundmodus ist $w_0 = 4{,}8$ µm

($\nu = 2,3,4; \mu = 2$) die entsprechenden ($\sin\nu\varphi$)-Abhängigkeiten dar. Identische Intensitätsverläufe können in zwei orthogonalen Polarisationen auftreten, z. B. in vertikaler und in horizontaler Polarisation.

In radialer und azimutaler Richtung benachbarte helle Bereiche alternieren im Vorzeichen der Wellenfunktion $\Psi_{\nu\mu}(r, \varphi)$, s. Abb. 5.2 ($\nu = 2; \mu = 2$) sowie – für die Stufenprofilfaser – Kap. 3. Man sieht im Vergleich, daß die Feldradien der Parabelprofilfaser mit höherer Modenordnung wachsen, während die der Stufenprofilfaser gleich bleiben und ungefähr dem Kernradius entsprechen [53, Text nach Gl. (2.81)].

Nach (5.13) ist die Anzahl radialsymmetrischer Moden ($\nu = 0$) $M_{g0} \sim (m_{\max 2} + 1)/2 \approx V/4$. Die Gesamtzahl aller Moden ist mit $M_g \sim (m_{\max 2} - 1)^2/4 \approx V^2/16$ für $V \gg 1$ wesentlich größer. Unter Berücksichtigung der nach (5.10) diskutierten Entartung der $\mathrm{LP}_{\nu\mu}$-Moden (Faktor $g_0 = 2$ für $\nu = 0$, Faktor $g = 4$ für $\nu \neq 0$) und wegen $M_g \gg M_{g0}$ für $V \gg 1$ erhält man für die Modenanzahlen des unendlich ausgedehnten Parabelprofils

$$M_{g0} = g_0 \frac{m_{\max 2} + 1}{2} \approx \frac{V}{2} \quad \text{für } \nu = 0\,,$$

$$M_g = g\frac{(m_{\max 2} - 1)^2}{4} - g_0 \frac{m_{\max 2} + 1}{2}$$

$$\approx m^2_{\max 2} \approx \tfrac{1}{4} V^2 \approx M^2_{g0}\,. \qquad (5.15)$$

5.3 Strahlen und Moden

Die Felder in und außerhalb einer Vielmodenfaser werden mit kombiniert wellen- und strahlenoptischen Methoden beschrieben, was zur Klassifizierung von Strahltypen führt.

Aus der Anzahl der in der Faser propagierenden Moden und der von der Faserendfläche abgestrahlten Freiraum-Moden kann man verschiedene Kenngrößen von Vielmodenfasern berechnen, nämlich

- Ankoppelwirkungsgrade von Lichtquellen an Fasern und von Fasern untereinander,
- Nahfeld- und Fernfeldintensität,
- Gruppenlaufzeiten der Fasermoden und optimale Profile sowie eine
- Abschätzung der Impulsantworten für Potenzprofile.

5.3.1 Freiraum-Moden

In einem homogenen Medium der Brechzahl n wird die Wellengleichung (5.7) durch monochromatische *h*omogene ebene *W*ellen mit der komplexen Amplitude $\widetilde{\Psi}(k_x, k_y, k_z)$, der reellen Kreisfrequenz ω und dem reellen Ausbreitungsvektor $\boldsymbol{k}$ gelöst,

$$\Psi_{\mathrm{hW}}(t, \boldsymbol{r}) = \widetilde{\Psi}(k_x, k_y, k_z)\, \mathrm{e}^{\mathrm{j}(\omega t - \boldsymbol{k}\cdot\boldsymbol{r})}\,,$$

$$\boldsymbol{k} = k_x \boldsymbol{e}_x + k_y \boldsymbol{e}_y + k_z \boldsymbol{e}_z\,, \qquad (5.16)$$

$$|\boldsymbol{k}| = k = n k_0\,, \quad k_0 = \omega/c\,.$$

Sind die Komponenten von $\boldsymbol{k}$ vorgegeben, so legt die Separationsbedingung $|\boldsymbol{k}| = n\omega/c$ die Frequenz fest (vgl. (5.11) in Zylinderkoordinaten). Durch eine Superposition homogener ebener Wellen können beliebige sogenannte Strahlungsfelder dargestellt werden.

Longitudinale Moden

Homogene ebene Wellen einer festen Polarisation und Ausbreitungsrichtung mit unterscheidbaren Kreisfrequenzen ω nennt man „longitudinale Moden" des Feldes. Als Beispiel diene eine Ausbreitung in z-Richtung mit $k_{x,y} = 0$ und $k_z = n\omega/c$ nach (5.16).

Ein Signal sei nur innerhalb eines Ortsintervalls $0 \leq z < L_z$ bekannt. Ohne Einschränkung der Allgemeinheit läßt sich dieses Grundgebiet L_z periodisch fortsetzen und damit das Signal in eine Fourier-Reihe entwickeln,

$$\Psi(t, z) = \sum_{l_z} \widetilde{\Psi}(k_z)\, \mathrm{e}^{\mathrm{j}(\omega t - k_z z)}\,, \qquad (5.17)$$

$$k_z = l_z \Delta k_z\,, \quad \Delta k_z = 2\pi/L_z\,,$$

$$l_z = 0, \pm 1, \pm 2\,, \ldots$$

Wegen der periodischen Randbedingung $\Psi(t, z) = \Psi(t, z + L_z)$, $\exp[-\mathrm{j}\, k_z z] = \exp[-\mathrm{j}\, k_z(z + L_z)]$ nehmen k_z und damit ω diskrete Werte an, welche durch die (hier nicht angeschriebenen) Laufzahlen l_z unterschieden werden. Die komplexen Koeffizienten $\widetilde{\Psi}(k_z) = \int_0^{L_z} \Psi(t, z)$ $x\, \mathrm{e}^{-\mathrm{j}(\omega t - k_z z)}\, \mathrm{d}z/L_z$ werden aus einer Integration des Feldes innerhalb des Grundgebiets gewonnen und legen die beiden reellen Bestimmungsstücke Amplitude und Phase für jeden longitudinalen Modus $\widetilde{\Psi}(k_z)\, \mathrm{e}^{\mathrm{j}(\omega t - k_z z)}$ des Feldes $\Psi(t, z)$ fest.

Ein Feld der Bandbreite Δf, das mit der Gruppenlaufzeit t_g (Gruppenbrechzahl n_g) durch das Grundgebiet propagiert,

$$\frac{t_g}{L_z} = \frac{dk_z}{d\omega} = \frac{n_g}{c},$$

$$n_g = n + f\,\frac{dn}{df}, \qquad (5.18)$$

kann während der Zeit $\Delta\tau = t_g = L_z n_g/c$ beobachtet werden. Dem Feld sind $(dk_z/d\omega)\,\Delta\omega = \Delta l_z \cdot 2\pi/L_z$ unterscheidbare k_z-Werte zugeordnet, d.h. eine Anzahl von $\Delta M_L = \Delta l_z$ longitudinalen Moden im Laufzeitintervall $\Delta\tau$ und im Frequenzintervall $\Delta f = \Delta\omega/(2\pi)$, so daß man erhält

$$\frac{d^2 M_L}{d\tau\, df} = 1, \quad \Delta\tau = \frac{L_z n_g}{c}. \qquad (5.19)$$

Für die Messung eines Modus $M_L = [d^2 M_L/(d\tau\, df)]\Delta\tau\,\Delta f = 1$ steht nach (5.19) die Zeit $\Delta\tau = 1/\Delta f = \tau_K$ zur Verfügung; in dieser Zeit ist der Modus eine Strecke $L_K = \tau_K c/n_g$ gelaufen. Da ein Modus zwei Bestimmungsstücke enthält (Amplitude und Phase), benötigt man im Mittel für *eine* Messung die Zeit $\tau_1 = \tau_K/2$,

$$\Delta\tau\,\Delta f = 1, \quad L_K = \tau_K c/n_g, \qquad (5.20)$$
$$\tau_1 = 1/(2\Delta f) = \tau_K/2\,.$$

Ein beliebiges Signal der Zeitdauer $\Delta\tau$ kann innerhalb der sogenannten Kohärenzbandbreite $f_K = \Delta f$ nach (5.20) als ein einziger longitudinaler Modus, d.h. als zeitlich sinusförmig variierendes Feld mit fester Amplitude und Phase betrachtet werden (ein hinreichend schmales Filter der Bandbreite f_K läßt nur eine Frequenzkomponente des diskreten Signalspektrums passieren). Umgekehrt läßt sich auch ein beliebiges Signal der Bandbreite Δf innerhalb der sogenannten Kohärenzzeit $\tau_K = \Delta\tau$ nach (5.20) als ein einziger longitudinaler Modus ansehen (in einer hinreichend kleinen Beobachtungszeit nimmt man Veränderungen von Amplitude und Phase nicht wahr). Für ein weiteres Zeitintervall der Länge τ_K springen Amplitude und Phase dann auf andere Werte.

Die Kohärenzlänge L_K gibt an, über welche Laufstrecke hin das Feld als ein einziger longitudinaler Modus erscheint.

Transversale Moden

Homogene ebene Wellen einer bestimmten Frequenz $f = kc/(2\pi n)$, die von einer Fläche der Größe $F = L_x L_y$ in unterscheidbare Richtungen $\boldsymbol{k}$ laufen und senkrecht zu $\boldsymbol{k}$ eine bestimmte Polarisation haben, nennt man „transversale Moden" des Feldes.

Das Feld sei auf einer ebenen Rechteckfläche der Kantenlängen $L_{x,y}$ bekannt. Dieses Grundgebiet werde analog zu (5.17) periodisch fortgesetzt gedacht, so daß diskrete Ausbreitungskonstanten $k_{x,y}$ mit Inkrementen $\Delta k_{x,y} = 2\pi/L_{x,y}$ in x- und y-Richtung resultieren.

Es sei angenommen, daß $\Delta k_{x,y} \ll k_z \approx k$ gelte. Der Raumwinkel für einen in z-Richtung laufenden, transversalen Modus wird dann $\delta\Omega_M = \Delta k_x \Delta k_y/k^2 = c^2/(F f^2 n^2)$.

Im Raumwinkelintervall $\Delta\Omega$ sind demnach $\Delta M_T = \Delta\Omega/\delta\Omega_M$ transversale Moden zu beobachten. Die Änderung der transversalen Modenzahl M_T mit dem Raumwinkel und der Fläche beträgt also $d^2M_T/(dF\, d\Omega) = (fn/c)^2$. Ist der Raumwinkel nicht auf die Flächennormale der abstrahlenden Fläche zentriert, so ist statt F die scheinbare Abstrahlfläche $F \cos\gamma$ einzusetzen, und man erhält

$$\frac{d^2 M_T}{dF\, d\Omega} = \left(\frac{fn}{c}\right)^2 \cos\gamma = \frac{\cos\gamma}{(\lambda/n)^2}. \qquad (5.21)$$

Für einen einzigen transversalen Modus $M_T = [d^2 M_T/(dF\, d\Omega)]\,\Delta F\,\Delta\Omega = 1$ gilt daher

$$\Delta F \cos\gamma\, \frac{\Delta\Omega}{(\lambda/n)^2} = 1\,. \qquad (5.22)$$

Wird also ein beliebiges monochromatisches Feld von einer Fläche der Größe ΔF abgestrahlt, dann kann man es nach (5.22) im sogenannten Kohärenzraumwinkel $\Omega_K = \Delta\Omega$ als homogene ebene Welle mit konstanter Amplitude und Phase auffassen.

Umgekehrt kann man Strahlung aus einem Raumwinkel $\Delta\Omega$ innerhalb der sogenannten Kohärenzfläche $F_K = \Delta F$ als homogene ebene Welle mit konstanter Amplitude und Phase betrachten. In einem anderen Flächenbereich derselben Größe springen Amplitude und Phase dann auf andere Werte.

Abtasttheorem

Gleichung (5.20) ist das bekannte Abtasttheorem. Es besagt, daß ein Signal der Bandbreite $\Delta f = B$ durch $2B$/Hz reelle Messungen pro Sekunde bestimmt ist, also durch $2B$/Hz äquidistante Abtastwerte pro Sekunde.

Ein äquivalentes zweidimensionales räumliches Abtasttheorem ist in (5.22) formuliert: Ein Feld der Raumfrequenz-Bandbreiten $B_{x,y}$ in x- und y-Richtung ($\Delta\Omega = 2\pi B_x \cdot 2\pi B_y/k^2$ zentriert auf die Flächennormale $\gamma = 0$) wird festgelegt durch $B_{x,y}/\mathrm{m}^{-1}$ komplexe oder

$2B_{x,y}/m^{-1}$ reelle äquidistante räumliche Feldabtastwerte pro Meter in x- bzw. in y-Richtung.

5.3.2 Phasenraum

Die Bahnkurve eines Lichtstrahls ist nach Kap. 2 durch den Ausbreitungsvektor $\boldsymbol{k}$ der assoziierten lokal ebenen Welle bestimmt. Die Komponenten k_x, k_y im Punkt (x, y, z) legen die Neigung des Lichtstrahls fest. Nach de Broglie ist der lokal ebenen Welle ein Vektor des mechanischen Impulses $\boldsymbol{p} = \hbar \boldsymbol{k}$ zuzuordnen. Im Sinne des Hamilton-Formalismus [46, Abschn. 8.1] führt man generalisierte Koordinaten x, y, p_x, p_y in einem $2g$-dimensionalen (hier: $g = 2$) Phasenraum ein. Das Volumen im Phasenraum ist

$$\begin{aligned} V_\phi &= \int\int\int\int \mathrm{d}x\, \mathrm{d}y\, \mathrm{d}p_x\, \mathrm{d}p_y \qquad (5.23)\\ &= h^2 \int\int\int\int \mathrm{d}x\, \mathrm{d}y\, \frac{1}{(2\pi)^2}\, \mathrm{d}k_x\, \mathrm{d}k_y\,. \end{aligned}$$

Mit den Transformationsbeziehungen (5.6) ergibt sich $\mathrm{d}k_z\, \mathrm{d}k_y = (\partial(k_x, k_y)/\partial(\gamma, \Phi))\, \mathrm{d}\gamma\, \mathrm{d}\Phi = k^2 \cos\gamma\, \mathrm{d}\Omega$, so daß sich das Phasenraumvolumen (5.23) mit der transversalen Modenanzahl (5.21) verknüpfen läßt,

$$\begin{aligned} V_\phi &= \frac{h^2}{\lambda^2} \int\int n^2\, \mathrm{d}F \cos\gamma\, \mathrm{d}\Omega\,,\\ M_T &= V_\phi / h^2 = \text{const}\,. \qquad (5.24) \end{aligned}$$

Das Phasenraumvolumen, geteilt durch das quadrierte Plancksche Wirkungsquantum h, ergibt die Anzahl transversaler Moden.

Diese Moden sind durch ihre Richtungen k_x, k_y am Ort x, y in einer Ebene $z = \text{const}$ charakterisiert und daher mit den unterscheidbaren Zuständen im Phasenraum gleichzusetzen. Folglich gibt es für Systeme mit zwei Freiheitsgraden im vierdimensionalen Phasenraum ein kleinstes Volumen h^2 (für Systeme mit g Freiheitsgraden im $2g$-dimensionalen Phasenraum ein Volumen h^g), das gerade einem einzigen transversalen Modus zugeordnet ist.

Dieses Ergebnis ist auch aus der Heisenbergschen Unschärferelation zu erwarten, nach der Orts- und Impulsunsicherheit für einen Freiheitsgrad durch $\Delta x \Delta p_x \geq \hbar/2$ verknüpft sind.

Mit wachsendem z verändern sich x, y und p_x, p_y. Diese „Bewegung" wird im Hamilton-Formalismus durch eine kanonische Transformation [46, Abschn. 9.5] des Anfangs- in den Endzustand beschrieben. Mit der Bewegung deformiert sich die Gestalt des Phasenraumvolumens.

Nach [46, Abschn. 9.4 S. 403 ($J_n \triangleq V_\phi$), Abschn. 9.8, S. 427] ist aber V_ϕ bei kanonischen Transformationen eine Poincaré-Invariante, d.h. das Volumen V_ϕ und damit M_T ändern ihren Wert mit z *nicht*.

Daraus folgt: Bei beliebigen verlustlosen optischen Transformationen kann sich die Anzahl transversaler Moden nicht ändern (kein Lichtstrahl wird blockiert).

Aus der Konstanz des Phasenraumvolumens (5.24) folgt weiter, daß kein optisches System realisierbar ist, das in einem großen Flächenbereich ΔF_1 der Eingangsebene Licht aus einem großen Raumwinkel $\Delta\Omega_1$ sammelt und dieses Licht von einem kleinen Flächenbereich ΔF_2 der Ausgangsebene in einen kleinen Raumwinkel $\Delta\Omega_2$ wieder abstrahlt (es existiert wegen $\Delta F_1 \Delta\Omega_1 = \Delta F_2 \Delta\Omega_2 = (\lambda/n)^2$ kein „Licht-Einfülltrichter").

Bei Abbildungen vergrößert oder verkleinert sich auch die Kohärenzfläche F_K. Da aber

$$\begin{aligned} \cos\gamma\, \Omega(\gamma) &= 2\pi \cos\gamma \int_0^\gamma \sin\gamma'\, \mathrm{d}\gamma'\\ &= 2\pi \cos\gamma (1 - \cos\gamma) \leq \pi/3 \approx 1 \end{aligned}$$

ist, muß für die Kohärenzfläche eines Strahlungsfeldes nach (5.22) $F_K \geq \frac{\pi}{3} (\lambda/n)^2 \approx (\lambda/n)^2$ gelten. Damit also eine Lichtquelle endlicher Leistung überhaupt Strahlung emittieren kann, muß sie eine Mindest-Abstrahlfläche $(\lambda/n)^2$ haben.

5.3.3 Strahlen und Moden in Fasern

Strahlenoptik

Die Voraussetzung schwacher Inhomogenität (5.8) trifft immer dann zu, wenn nur hinreichend kleine Wellenlängen betrachtet werden. Das Feld (5.7) behält dann *lokal*, d.h. in der Umgebung weniger Wellenlängen, den Charakter einer gleichförmigen ebenen Welle (5.16), breitet sich aber im inhomogenen Medium nicht mehr geradlinig aus und hat eine ortsabhängige Amplitude.

Diese sogenannte geometrische Optik oder Strahlenoptik, s. Kap. 2, stellt ein Näherungsverfahren dar, dem die Maxwell-Gleichungen im Grenzfall $\lambda \to 0$, $k_0 \to \infty$ zu Grunde liegen.

Es gibt daher keine evaneszenten Felder, sondern scharfe Grenzen zwischen hellen und dunklen Bereichen.

Die Beziehung zwischen Strahlen- und Wellenoptik ist dieselbe wie die zwischen klassischer Mechanik (de Broglie-Wellenlänge $\to 0$) und Quantenmechanik [74, Abschn. 3.6]. Als Lichtstrahl bezeichnet man in diesem Feld die lokale Richtung des Poynting-Vektors, die mit der lokalen Richtung des Phasenvektors $\boldsymbol{b}$ und der lokalen Richtung des Ausbreitungsvektors $\boldsymbol{k}$ übereinstimmt, Kap. 2.

Normalkongruenz

Kurvenscharen, die einen betrachteten Raumbereich so füllen, daß durch jeden Punkt des Gebiets nur eine einzige Kurve der Schar geht, nennt man eine Kongruenz [13, Abschn. 3.2.3]. Gibt es eine Flächenschar, die auf jeder Kurve senkrecht steht, nennt man die Kongruenz normal (nichtnormale Kongruenzen sind für die Elektronenoptik von Belang).

Sind die Kurven einer Normalkongruenz Geraden, spricht man von einer rektilinearen Normalkongruenz; der allgemeine Fall wird im Gegensatz dazu gelegentlich als kurvilineare Normalkongruenz bezeichnet.

Lichtstrahlen, die der Strahlgleichung Kap. 2 gehorchen, gehören zu (kurvilinearen) Normalkongruenzen. Zwei Raumpunkte können nur dann durch Strahlen verschiedener Normalkongruenzen verbunden werden, wenn deren optische Weglänge extremal ist (Fermatsches Prinzip) [74, Abschn. 3.4] [39, Abschn. 2.1].

Innerhalb einer Röhre, die von den zu einer Normalkongruenz gehörenden Lichtstrahlen gebildet wird, wird eine konstante Leistung transportiert [13, Abschn. 3.1.2 Gl. (30)].

Kaustik

Als Kaustik („Brennfläche", von griechisch *καύστειρα*, heiß) wird eine Fläche bezeichnet, welche Einhüllende einer Schar von Lichtstrahlen ist. Mit der Annäherung an die Kaustikfläche geht der zunächst positiv angenommene lokale Abstand Δr eines Lichtstrahls 1 zu einem benachbarten Lichtstrahl 2 linear gegen null und wechselt danach das Vorzeichen. Daher wächst die Leistungsdichte zwischen den Strahlen aus Gründen der Leistungserhaltung mit $I \sim 1/\Delta r \to \infty$, und die Feldstärke hat eine Singularität $\Psi \sim \sqrt{I} \sim 1/\sqrt{\Delta r}$; ähnliches gilt in Brennpunkten.

Die geometrische Optik versagt (angewandt auf reale Probleme mit $\lambda \neq 0$) in jenen Bereichen, in denen evaneszente Felder eine Rolle spielen. Eine Möglichkeit, Evaneszenz zu erfassen, ist die Einführung eines komplexen Eikonals [24].

Weil an der Kaustik der Abstand Δr das Vorzeichen wechselt, erfährt das Feld nach der Kaustik $\Psi \sim 1/\sqrt{-|\Delta r|} \sim e^{-j\pi/2}$ eine Phasenverschiebung um $-\pi/2$ [5, S. 139].

JWKB-Näherung

Für Vielmodenfasern mit schwacher Führung ($\Delta \ll 1$) und ihren gegen die Wellenlänge großen Kernabmessungen treffen die Voraussetzungen für skalare Optik (5.8) und geometrische Optik gleichzeitig zu. Allgemein löst man daher für $\lambda \to 0$ bzw. $k_0 \to \infty$ die skalare Helmholtz-Gleichung (5.9) mit dem Ansatz [50, Abschn. 1.7.2 Gl. (1.337)]

$$\Psi(\boldsymbol{r}) = e^{-j k_0 S(\boldsymbol{r})} \sum_{i=0}^{\infty} \frac{\Psi_i(\boldsymbol{r})}{(j k_0)^i} . \tag{5.25}$$

Man substituiert (5.25) in der Helmholtz-Gleichung, dividiert durch $(j\,k_0)^2$ und setzt die Koeffizienten C_i der Terme mit $(j\,k_0)^{-i}$ zu null.

Aus $C_0 = 0$ (nullte Näherung) resultiert eine Gleichung für das reele Eikonal $S(\boldsymbol{r})$ („Bild-Funktion", von griechisch *ἡ εἰκών*, das Bild), das ein Maß für die optische Weglänge darstellt [74, Abschn. 3.2] [50, Abschn. 1.7.1] [13, Abschn. 3.1.1], s. Kap. 2. Die Größe $\Psi_0(\boldsymbol{r})$ bleibt unbestimmt, so daß nur Aussagen über die Phasenfronten gemacht werden.

In erster Näherung folgt dann aus $C_1 = 0$ eine Beziehung für $\Psi_0(\boldsymbol{r})$. Verwendet man nur die Ergebnisse der nullten und ersten Näherung, so wird dieses Lösungsverfahren JWKB-Methode[1] genannt; es ist in [83, § 9.3 Seiten 1092 ff., 1101] [40, Kap. 17] ausführlich beschrieben.

Bei rotationssymmetrischen Brechzahlprofilen (5.4), die hier monoton vorausgesetzt seien, ist (5.11) zu lösen [83, § 9.3 Seiten 1092 ff., 1101]. Man erhält mit den sogenann-

[1] Meist als WKBJ- oder nur WKB-Methode bezeichnet. Namensgebung nach dem Erfinder der Methode, H. Jeffreys, später aufgegriffen von G. Wentzel, H.A. Kramers und L. Brillouin; s. die historischen Bemerkungen in [40, Abschn. 17.9].

ten Kaustikradien $R = R_1, R_2$ ($R_1 \leq R_2$), definiert durch $k_r(R_{1,2}) = 0$,

$$\Psi(r) \sim \frac{1}{\sqrt{r}\,\sqrt{|k_r(r)|}} \qquad (5.26)$$

$$\times \exp\left[-\sigma \int_{r_1}^{r_2} |k_r(r)|\,dr\right],$$

$$\sigma = \begin{cases} j, & k_r^2 \geq 0, \quad r_1 = R_1, \quad r_2 = r \leq R_2 \\ 1, & k_r^2 < 0, \quad \begin{matrix} r_1 = R_2, & r_2 = r > R_2 \\ r_1 = r < R_1, & r_2 = R_1 \end{matrix} \end{cases}$$

Eine Betrachtung von (5.26) mit k_r aus (5.11) oder (5.27) zeigt, daß wegen $\lim_{r \to 0} \Psi(r) \sim 1/\sqrt{v}$ für $v = 0$, $r = 0$ und an den Kaustiken die Näherungslösung ungültig wird. Bei $r = R_1$, R_2 müssen die Teillösungen in Funktionswert und Steigung aneinander angepasst werden, was wegen der Singularitäten der Näherungslösung besondere Techniken erfordert.

Dispersionsrelation
Man erhält die nach Gloge und Marcatili [41, Gl. (5)] [42, Gl. (3)] benannte Dispersionsrelation [83, § 9.3 Seiten 1092ff., 1101]

$$2\mu\pi = 2 \cdot \frac{\pi}{2} + 2\int_{R_1}^{R_2} k_r(r)\,dr, \quad \mu \gg 1, \qquad (5.27)$$

$$k_r(r) = \sqrt{k_0^2 n^2(r) - (v/r)^2 - \beta^2}.$$

Der Ausdruck $-2\int_{R_1}^{R_2} k_r(r)\,dr$ repräsentiert die radiale Phasenänderung des Feldes in einer Ebene $z = \text{const}$ auf dem Weg von der Kaustik R_1 zur Kaustik R_2 und zurück. Da sich an den Kaustikradien die radiale Strahlrichtung umkehrt, spricht man auch von Umkehrpunkten (englisch *turning points*).

In den Umkehrpunkten treten (wie bereits diskutiert) Phasenverzögerungen von jeweils $-\pi/2$ auf, wenn $k_r(r)$ einen einfachen und stetigen Nulldurchgang hat, was für Gradientenprofile im weiteren vorausgesetzt werden soll (vgl. [3, Abschn. 3.1.3] für Gradientenprofil-Schichtwellenleiter). Die Gesamtphase muß ein ganzzahliges Vielfaches von -2π sein, damit das Feld transversal konsistent und damit geführt propagiert.

Licht-Schatten-Grenze
Bei Stufenprofilen legt der Vorzeichenwechsel von $k_r^2(r)$ die äußere Licht-Schatten-Grenze $r_2 = a$ fest (keine Kaustik; diese ist durch $k_r^2(R) = 0$ definiert, s. Text vor (5.26)). Die Phasenverschiebung einer dort reflektierten lokal ebenen Welle ist $-2 \arccos (u^2/V^2 - v^2/V^2)^{1/2}$ [56, Gl. (14)] mit den Bezeichnungen von (5.12b) und hat für $V \gg \mu$ den Grenzwert $-\pi$.

Für große Werte $v, \mu \gg \pi/2$ kann man demnach auch bei Stufenprofilen ($R_2 = a$) die Dispersionsrelation (5.27) verwenden. Für ein Stufen- und ein Parabelprofil läßt sich das Integral in (5.27) berechnen, und man erhält mit der Hauptmodenzahl m:

$$q \to \infty:$$

$$2\mu - 1 = \frac{2}{\pi}\left(\sqrt{u^2 - v^2} - v \arccos \frac{v}{u}\right),$$

$$q = 2:$$

$$m = v + 2\mu - 1 = \frac{u^2}{2V} = \frac{\delta}{\Delta}\,\frac{V}{2}. \qquad (5.28)$$

Mit $x_0 = j_{v,\mu}$ bezeichnet man die μte positive Nullstelle $x_0 > 0$ der Bessel-Funktion $J_v(x_0) = 0$ für $v \geq 0$ [1, S. 409 Tabelle 9.5]. $x_0 = 0$ wird nur für $v = -1$ (d.h. für $J_{-1}(x) = -J_1(x) = J_0'(x) = dJ_0(x)/dx$) als erste Nullstelle mitgezählt.

Für das Stufenprofil hängt $u = u_{v\mu}$ nach (5.28) nicht von V ab; nach [53, Gl. (2.85)] und Kap. 4 trifft das dann zu, wenn $V \gg j_{v,\mu}$, $V \gg 1$ ist: Nach [106, Gl. (60)] gilt $u(V) \approx j_{v,\mu}\, e^{-1/V} \approx j_{v,\mu} \cdot (V-1)/V \approx (m + 1/2)\pi/2$ für $V \gg j_{v,\mu}$.

Für das Parabelprofil ergibt sich mit der JWKB-Methode dieselbe Lösung (5.13) wie aus der Feldtheorie (für allgemeine Potenzprofile s. (5.38)).

Hat $k_r(r)$ mehr als zwei Nullstellen (damit seien auch nicht-monotone Profilfunktionen berücksichtigt), so sind die entwickelten Beziehungen in den entsprechenden Bereichen sinngemäß anzuschreiben.

Strahltypen

Abbildung 5.3 zeigt die Zerlegung des Ausbreitungsvektors $\boldsymbol{k}$ einer lokal ebenen Welle im Punkt r, φ einer Fasereingangsfläche bei $z = 0$.

Unter dem Winkel γ zur Faserachse fällt aus dem Vakuum $n_0 = 1$ im Halbraum $z < 0$ ein Lichtstrahl ein, der durch die Ausbreitungskonstante k_0 der lokal ebenen Welle charakterisiert ist und dessen Projektion (in Abb. 5.3 nach links unten gezeichnet) auf die Grenzfläche $z = 0$ den Winkel ψ mit dem Radiusvektor und den Winkel Φ mit der x-Achse einschließt.

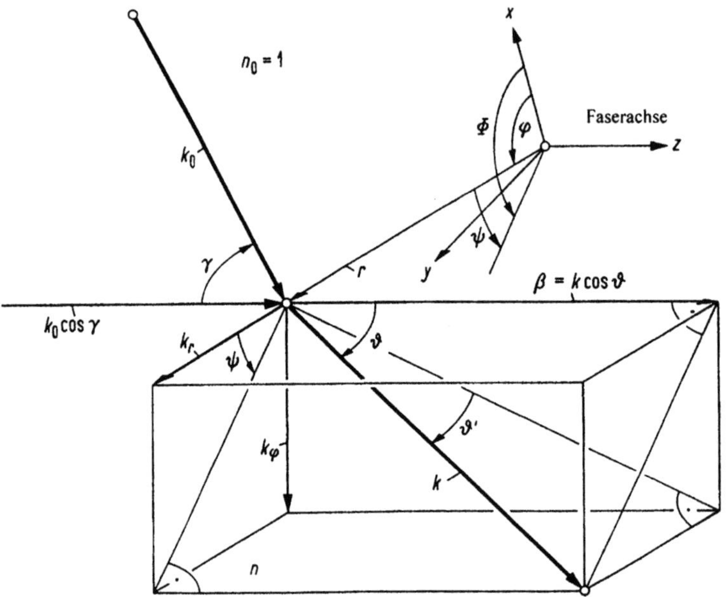

Abb. 5.3. Koordinatensysteme und Ausbreitungsvektor; Anfangswerte für $z = 0$: $r = r_0$, $\varphi = \varphi_0 = 0$, $\psi = \psi_0$, $\vartheta = \vartheta_0$, $\sin\gamma_0 = n(r_0)\sin\vartheta_0$; $\int \mathrm{d}F = \int \mathrm{d}x\,\mathrm{d}y = \int r\,\mathrm{d}r\,\mathrm{d}\varphi$, $\mathrm{d}\Omega = \sin\vartheta\,\mathrm{d}\vartheta\,\mathrm{d}\psi$, $\psi = \Phi - \varphi$; $\boldsymbol{k} = k_r\boldsymbol{e}_r + k_\varphi\boldsymbol{e}_\varphi + k_z\boldsymbol{e}_z$, $|\boldsymbol{k}| = k = k_0 n(r)$, $k_r = k\sin\vartheta\cos\psi$ $(= k_x)$, $k_\varphi = k\sin\vartheta\sin\psi$ $(= k_y)$, $\beta = k\cos\vartheta = k_z$. Für den Lichtstrahl (Bogenlänge s) gilt: $\mathrm{d}r : r\,\mathrm{d}\varphi : \mathrm{d}z : ds = k_r : k_\varphi : k_z : k$

Wegen der Stetigkeit der tangentialen Feldstärkekomponenten bleiben die Transversalkomponenten k_r, k_φ des Ausbreitungsvektors ebenso wie die Winkel ψ, Φ beim Übertritt des Lichtstrahls in die Faser erhalten, so daß sich nur dessen Longitudinalkomponente und damit der Winkel zur z-Achse ändert, $\sin\gamma = n(r)\sin\vartheta$. Damit die Strahlen der entsprechenden Kongruenzen sich zu einem azimutal konsistenten Feld überlagern können, müssen die Strahlanfangswerte der Bedingung $|k_\varphi| = \nu/r$ genügen, vgl. (5.11).

Für die in Abb. 5.3 spezifizierten Anfangswerte (Index 0 für die Koordinaten) erhält man die Komponenten

$$\begin{aligned} k_r &= \sqrt{k_0^2 n^2(r_0) - k_\varphi^2 - \beta^2}\,, \\ k_\varphi &= \frac{r_0}{r}\, k_0\, n(r_0)\sin\vartheta_0 \sin\psi_0\,, \\ |k_\varphi| &= \frac{\nu}{r}\,, \quad \sin\gamma_0 = n(r_0)\sin\vartheta_0\,, \\ \beta &= k_z = k_0\, n(r_0)\cos\vartheta_0\,. \end{aligned} \tag{5.29}$$

Für ein z-unabhängiges Brechzahlprofil ist die z-Komponente β des Ausbreitungsvektors eine Invariante des Lichtstrahls längs z, vgl. Kap. 2 während sich k_r und k_φ mit dem Radius $r(z)$ der Strahlbahn ändern.

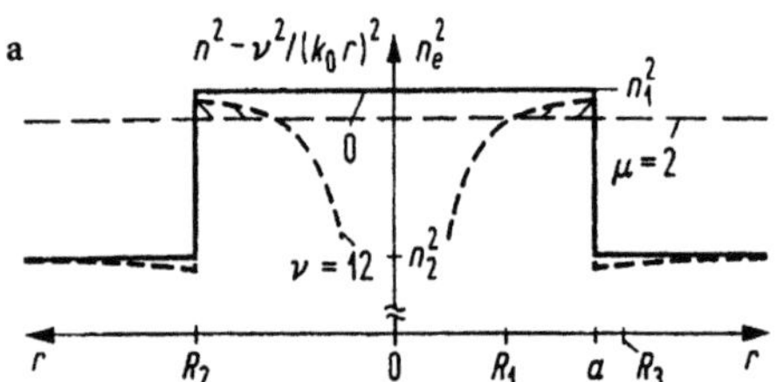

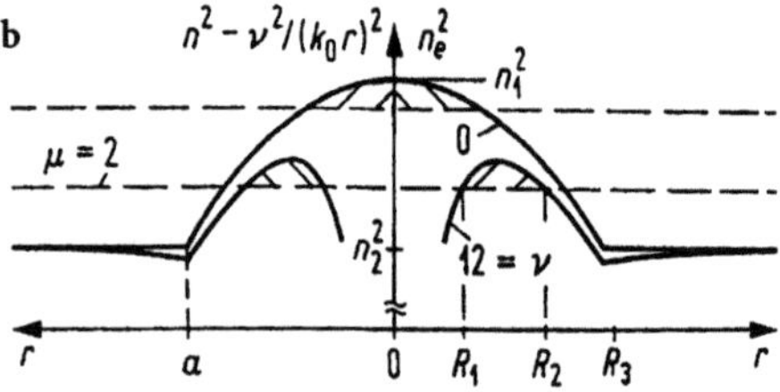

Abb. 5.4. Strahltypen von Vielmodenfasern mit den Parametern $a = 50$ µm; $\lambda = 1{,}3$ µm; $n_1 = 1{,}45$; $\Delta = 1\%$; (—), (- -): $n^2(r) - \nu^2/(k_0 r)^2$; (— —): $n_e^2 = \beta_{\nu\mu}^2/k_0^2$; die Schraffur deutet lichterfüllte Bereiche im Faserquerschnitt an. **a** Stufenprofil, **b** Gradientenprofil (als Beispiel hier: Parabelprofil)

Lichtstrahlen können ferner nur existieren, wenn k_r reell und folglich $k^2 - \nu^2/r^2 > \beta^2$ ist (5.26), (5.27), Text nach (5.11). $k^2 - \nu^2/r^2 < \beta^2$ definiert dann den geometrisch-optischen Schattenbereich.

In Abb. 5.4 sind die Brechzahlfunktionen $n^2(r) - \nu^2/(k_0 r)^2$ für $\nu = 0$; 12 und die effektive Brechzahl $n_e^2 = \beta^2/k_0^2 = \beta_{\nu\mu}^2/k_0^2$ (horizontale strichlierte Geraden) für $(\nu, \mu) = (12, 2)$ dargestellt. Abbildung 5.5 zeigt die Brechzahlfunktionen für $\nu = 0$; 30; 60 und die effektiven Brechzahlen n_e^2 für $(\nu, \mu) = (30, 6)$; $(60, 2)$; $(30, 11)$; $(60, 9)$. Lichterfüllte Querschnittsbereiche mit $k_r^2 > 0$ sind durch Schraffur hervorgehoben.

Die Radien R mit $k_r(R) = 0$ definieren, soweit sie existieren, bei der Stufenprofilfaser die inneren und äußersten Umkehrpunkte an den Kaustiken $R = R_1, R_3$. Hinzu kommt ein äußerer Umkehrpunkt an der Licht-Schatten-Grenze $R_2 = a$.

Bei Gradientenprofilen (hier der Übersicht halber monoton vorausgesetzt) bestimmen die Nullstellen $R = R_1$, R_2, R_3 die inneren, äußeren und äußersten Umkehrradien an den entsprechenden Kaustiken.

Zunächst werden sogenannte Meridionalstrahlen mit $\nu = 0$ (entsprechend $LP_{0\mu}$-Moden in Abb. 5.2) betrachtet, die wegen $k_\varphi = 0$ keinen Drall um die z-Achse haben und folglich in einer Ebene laufen, welche die Faserachse enthält. Sie sind im Bereich $r < R_2$ gefangen (*trapped rays, bound rays*), oberster schraffierter Bereich in Abb. 5.4b; R_2 ist für diesen Fall nicht eingezeichnet. Wird n_e kleiner als n_2, so propagieren die Strahlen unter größerem Winkel ϑ zur Faserachse als bei gefangenen Strahlen. Sie werden dann bei $R_2 = a$ in den Mantel gebrochen (*refracted rays*), wobei das Wort „Brechung" nur für Stufenprofile mit ihrem Brechzahlsprung bei $r = a$ zutrifft.

Strahlen mit $\nu \neq 0$ (entsprechend $LP_{\nu\mu}$-Moden in Abb. 5.2) rotieren längs z um die Faserachse und werden als windschiefe Strahlen (*skew rays*) bezeichnet. Es bildet sich eine zusätzliche innere Kaustik $r = R_1$ aus, Abb. 5.4. Bei Gradientenfasern können innerer und äußerer Umkehrradius zusammenfallen, $k_r^2(R) = 0$, $dk_r^2(r)/dr|_{r=R} = 0$, $R = R_1 = R_2$; der Strahl propagiert dann in Form einer Schraubenlinie auf einem Zylinder und wird deshalb Helixstrahl genannt (entspricht $LP_{\nu 1}$-Moden in Abb. 5.2, *ein* radiales Intensitätsmaximum).

Für $n_e < n_2$, $\nu \neq 0$ kann eine weitere, äußerste Kaustik $R_3 > a$ auftreten, Abb. 5.5. Im Bereich $r > R_3$ existieren wieder Lichtstrahlen, weil $|k_\varphi| = \nu/r$ so klein geworden ist, daß k_r dort reell ist. Tangential zur Kaustik bei $r = R_3$ und in einem Winkel zur Faserachse wird Licht abgestrahlt. Man bezeichnet solche Strahlen als tunnelnde Strahlen (*tunneling rays*), da sie das für Lichtausbreitung nicht zulässige Gebiet $R_2 < r < R_3$ auf Grund eines Tunneleffekts durchqueren.

Stünde jeder Lichtstrahl für eine lokal ebene Welle, welche gerade die Energie eines Lichtquants transportiert, so könnte dieses bei jedem Erreichen des Umkehrradius R_2 mit einer bestimmten Wahrscheinlichkeit den „verbotenen" Ringbereich durchtunneln. Die klassische Intensität $I(r) \sim |\Psi(r)|^2$ ist in diesem Fall als Aufenthalts-Wahrscheinlichkeitsdich-

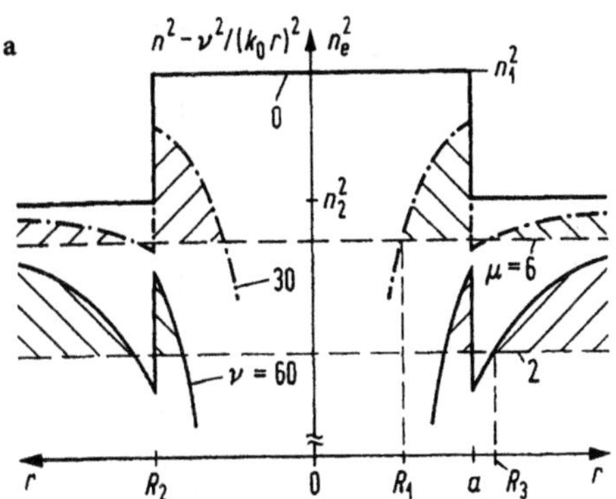

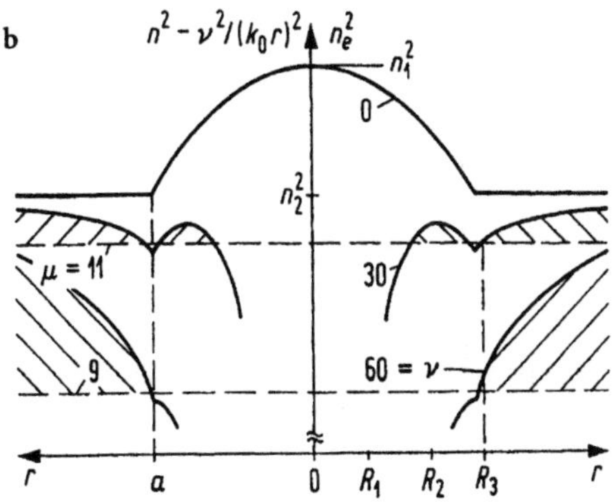

Abb. 5.5. Strahltypen von Vielmodenfasern mit den Parametern $a = 50$ µm; $\lambda = 1{,}3$ µm; $n_1 = 1{,}45$; $\Delta = 1\%$; (—), (- · -): $n^2(r) - \nu^2/(k_0 r)^2$; (— —): $n_e^2 = \beta_{\nu\mu}^2/k_0^2$; die Schraffur deutet lichterfüllte Bereiche im Faserquerschnitt an. **a** Stufenprofil, **b** Gradientenprofil (als Beispiel hier: Parabelprofil)

te aufzufassen. Die Wahrscheinlichkeit für das Auftreten eines Strahls bei R_3 ist um so kleiner, je breiter die verbotene Ringzone wird, d.h. je stärker die Intensität des evaneszenten Feldes abgeklungen ist.

Solche Felder treten auch bei Makrokrümmungen auf, s. Kap. 4, und wurden dort als Leckwellen klassifiziert.

In sinngemäßer Anwendung von (5.26) beträgt also die Tunnelwahrscheinlichkeit im wesentlichen $\left[\exp\left(-\int_{R_2}^{R_3} |k_r(r')|\,dr'\right)\right]^2 = -\Delta P/P$ entsprechend dem Verhältnis der nach außen dringenden Leistung $\Delta P < 0$ zur Gesamtleistung P. Der Bruchteil ΔP geht auf dem Weg des Strahls von der äußeren Kaustik R_2 nach R_1 und wieder zurück nach R_2 verloren, wobei der Strahl längs der z-Achse den Weg $\Delta L = 2\int_{R_1}^{R_2} (dz/dr)\,dr$ zurücklegt. Mit der Unterschrift zu Abb. 5.3 ($dz{:}dr = \beta{:}k_r$) erhält man man $\Delta L = 2\beta \int_{R_1}^{R_2} dr/k_r$ und folglich die Leistungsdämpfungskonstante der Leckwelle als $\alpha_l = -\Delta P/(P\,\Delta L)$.

Die Grenzbedingung für die Existenz von Leckwellen lautet $R_2 = R_3 = a$, $k_0^2 n^2(a) - v^2/a^2 = \beta^2$, also mit (5.12b) $\delta/\Delta = 1 + v^2/V^2 = 1 - w^2/V^2$, so daß w imaginär wird. Für $\delta/\Delta > 1 + v^2/V^2$ erhält man Strahlungsmoden, und für $\delta \to 1/2$ geht $\beta^2 \to 0$, d.h. diese gebrochenen Strahlen propagieren in Ebenen $z = \text{const}$.

Die Bereiche von geführten Moden, Leckwellen und Strahlungsmoden (Indizes g, l, s) werden also abgegrenzt durch die normierten Ausbreitungskonstanten

$$0 < \left(\frac{\delta}{\Delta}\right)_g < 1\,, \tag{5.30}$$

$$1 \le \left(\frac{\delta}{\Delta}\right)_l \le 1 + \left(\frac{v}{V}\right)^2,$$

$$1 + \left(\frac{v}{V}\right)^2 < \left(\frac{\delta}{\Delta}\right)_s \le \frac{1}{2\Delta}\,.$$

Bei Stufen- und monotonen Gradientenprofilen gibt es für $v = 0$ keine Leckwellen.

Das Auftreten gefangener, tunnelnder und gebrochener Strahlen läßt sich für Stufenprofilfasern [107, Abschn. 7-6] mit den Winkeln ϑ, $\vartheta' \le \vartheta$ von Abb. 5.3 darstellen; der Grenzwinkel ϑ_T mit $\cos\vartheta_T = n_2/n_1$, Kap. 2, entspräche einer Totalreflexion an einer ebenen Grenzfläche.

Der durch $\boldsymbol{k}$ gegebene Lichtstrahl werde in Abb. 5.3 innerhalb des Kerns an der Kern-Mantel-Grenze $r = a$ betrachtet. Analog zu (5.29) ist $\beta = k_1 \cos\vartheta$, $\beta^2 + k_\varphi^2(r = a) = k_1^2 \times \cos^2\vartheta'$. Weiter gilt $n_2^2 < n_e^2$ für geführte Moden, $n_2^2 - v^2/(k_0 a)^2 \le n_e^2 \le n_2^2$ für Leckwellen und $n_e^2 < n_2^2 - v^2/(k_0 a)^2$ für Strahlungsmoden. Man erhält:

$$\begin{aligned} &\vartheta' \le \vartheta < \vartheta_T && \text{geführte Moden,} \\ &\vartheta' \le \vartheta_T \le \vartheta && \text{Leckwellen,} \\ &\vartheta_T < \vartheta' \le \vartheta && \text{Strahlungmoden.} \end{aligned} \tag{5.31}$$

Grenzfrequenz

Bei Meridionalstrahlen gibt es einen unmittelbaren Übergang von gefangenen zu gebrochenen Strahlen, wenn $n_e \le n_2$ wird (s. Abb. 5.4), d.h. die vorher im Kern geführte Leistung P_1 verteilt sich bei der Grenzfrequenz $V = V_{0\mu G}$ für $w_{0\mu} = 0$ (vgl. Kap. 4) über die gesamte Ebene $z = \text{const}$, so daß der Feldkonzentrationsfaktor $\Gamma_{LP} = P_1/P$ (P ist die gesamte Querschnittsleistung) null wird, Kap. 4.

Da bei Stufenprofilen die Größe Γ_{LP} (Kap. 4) und der Gruppenlaufzeitfaktor $d(VB)/dV$ (Kap. 3 und 4) die gleiche Struktur haben, läßt sich auch aus $d(VB)/dV$ (Kap. 4) der prinzipielle Verlauf von Γ_{LP} ablesen.

Für windschiefe Strahlen $v \ge 2$ liegt bei der Grenzfrequenz die äußerste Kaustik R_3 für tunnelnde Strahlen im Unendlichen (s. Abb. 5.5), und die Tunnelwahrscheinlichkeit wird null; durch das evaneszente Feld im für Strahlen verbotenen Bereich $a < r < R_3$ verringert sich der Bruchteil der im Kern konzentrierten Leistung nach Kap. 4 auf den Wert $\Gamma_{LP} = (v-1)/v > 0$.

Bei windschiefen Strahlen mit $v = 1$ wäre nach dieser Überlegung ebenfalls $\Gamma_{LP} > 0$ zu erwarten, was wellenoptisch gesehen nicht zutrifft [53, Abschn. 2.8.1 Anmerkung 1]. Das Feld ist bei der Grenzfrequenz nur für $v \ge 2$ quadratintegrabel, hat dann eine endliche Mantelleistung P_2 und liefert damit $\Gamma_{LP} > 0$.

Bahnkurve eines Lichtstrahls

Die Bahnkurve eines Lichtstrahls läßt sich mit der Strahlgleichung Kap. 2. verfolgen; bei schwacher Führung, d.h. bei Strahlen, die sich nahezu parallel zur Faserachse bewegen, schreibt man in paraxialer Näherung nach Kap. 2 für ein axial homogenes Medium

$$\frac{\partial}{\partial z}\left(n(x,y)\,\frac{d\boldsymbol{r}}{dz}\right) = \text{grad}\,n(x,y)\,. \tag{5.32}$$

Bei einer unendlich ausgedehnten Parabelprofilfaser wie in (5.13) und (5.4), aber mit $g(r/a) = (x^2 + y^2)/a^2$ für $0 \le r < \infty$ und $\Delta \ll 1$ (d.h. $n_1^2/n^2(x,y) \approx 1$), erhält man aus (5.32) Differentialgleichungen für $x(z)$ und $y(z)$, welche die Ausbreitung von geeignet lancierten Strahlen im Kernbereich $r^2 = x^2 + y^2 < a^2$ beschreiben,

$$x''(z) + (\sqrt{2\Delta}/a)^2 x(z) = 0\,, \qquad (5.33)$$
$$y''(z) + (\sqrt{2\Delta}/a)^2 y(z) = 0\,.$$

Die Gleichungen (5.33) werden gelöst durch

$$x = X\cos(\Delta\beta z + \phi_x)\,,$$
$$y = Y\cos(\Delta\beta z + \phi_y)\,, \qquad (5.34)$$
$$|\Delta\beta| = \sqrt{2\Delta}/a = 2\pi/\Lambda\,,$$

wobei $|\Delta\beta|$ gerade die Betragsdifferenz der Ausbreitungskonstanten benachbarter Moden m mit $\Delta m = \pm 1$ nach (5.13), (5.12b) für unendlich ausgedehnte Parabelprofile darstellt, $\beta \approx k_1[(1 - m\Delta/(V/2)]$.

Die Strahlamplituden X, Y und die Phasen ϕ_x, ϕ_y werden durch die Anfangswerte bei $z = 0$ festgelegt. Die resultierende Bahnkurve hat längs z die Periodenlänge Λ und die Gestalt einer Schraubenlinie, deren Projektion in Flächen z = const eine Ellipse ist, Abb. 5.6b. Die Längen der Halbachsen entsprechen gerade den inneren und äußeren Kaustikradien, die Neigung der Ellipse gegenüber der x-Achse liegt durch die Anfangsbedingungen fest. Sowohl in nichtparaxialer Betrachtung als auch für nichtparabolische Profilfunktionen schließt sich die Projektionskurve nicht.

Abbildung 5.6a zeigt die Projektion der Bahnkurve eines gefangenen, windschiefen Strahls auf die Querschnittsfläche einer Stufenprofilfaser (Anfangsstrahl A). Die Bahnkurve scheint sich nach einigen Umkreisungen der Faserachse zu schließen. Das liegt an der begrenzten Genauigkeit der Darstellung und trifft tatsächlich *nicht* zu [53, Text nach Abb. 2.27].

Abzählung von Moden

Die Dispersionsrelationen (5.28) für Stufen- und Parabelprofilfasern sind in Abb. 5.7 in ν/V $-\mu/V$-Diagrammen mit dem Parameter δ/Δ aufgezeichnet und die Gebiete nach (5.30) abgegrenzt. Jeder Punkt mit ganzzahligen Werten ν, μ repräsentiert die vier möglichen $LP_{\nu\mu}$-Moden bzw. zwei $LP_{0\mu}$-Moden, s. Text nach (5.10).

Für Meridionalstrahlen gilt $\nu = 0$, Helixstrahlen haben $\mu = 1$ für maximales $\nu = \nu_{max}$ und festes δ. Die Fläche der einzelnen Bereiche multipliziert mit $4 \cdot V^2$ ist gleich der Anzahl der in ihnen enthaltenen Moden.

Wegen der hohen Modenanzahl bei Vielmodenfasern und den daraus folgenden großen Maximalwerten ν_{max}, μ_{max} werden ν, μ bzw. ν, δ im folgenden als kontinuierliche Modenvariable betrachtet.

Als Anzahl $M_g(\delta)$ der im Bereich $0 < \delta < \Delta$ geführten Moden erhält man mit (5.27) unter Vernachlässigung des Terms $2\pi/2$ für ein streng monotones Brechzahlprofil

$$M_g(\delta) = 4\int_0^{\nu_{max}} d\nu \int_0^{\mu(\nu)} d\mu = 4\int_0^{\nu_{max}} \mu(\nu)\,d\nu$$
$$= \frac{4}{\pi}\int_{R_{1\,min}}^{R_{2\,max}} \int_0^{\nu_{max}} k_r(r)\,d\nu\,dr\,. \qquad (5.35)$$

Der Minimalwert des inneren Kaustikradius ist $R_{1\,min} = 0$. Der Maximalwert des äußeren Kaustikradius wird $R_{2\,max} = ag^{-1}(\delta/\Delta)$ für $\nu = 0$; $g^{-1}(x)$ ist die Umkehrfunktion von $g(x)$. Zu gegebenem $\delta(\beta)$ und r ist $\nu_{max} = r[k_0^2 n^2(r) - \beta^2]^{1/2}$ der Maximalwert von ν für einen Helixstrahl. Mit der Substitution $y = \nu/\nu_{max}$, $d\nu = \nu_{max}\,dy$ und $(\nu_{max}/r)^2\, r\int_0^1 \sqrt{1-y^2}\,dy = (\nu_{max}/r)^2 r\pi/4$ erhält man das Ergebnis

$$M_g(\delta) = \int_0^{R_{2\,max}} [k_0^2 n^2(r) - \beta^2(\delta)]\,r\,dr\,, \qquad (5.36)$$
$$R_{2\,max} = ag^{-1}(\delta/\Delta)\,.$$

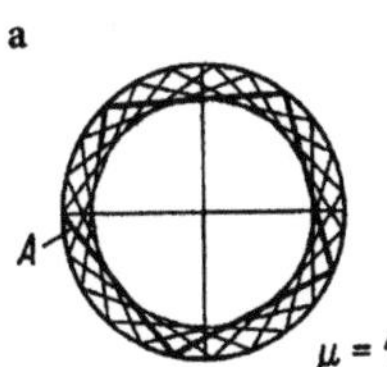

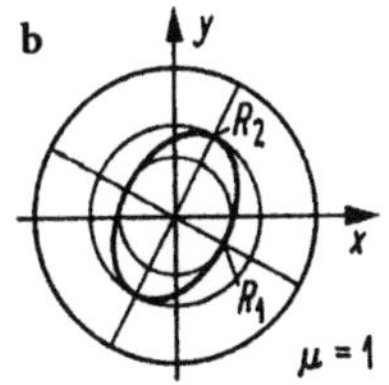

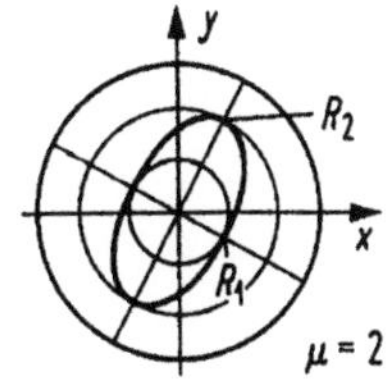

Abb. 5.6. Projektionen von Strahlbahnen auf eine Querschnittsfläche für die Parameter von Abb. 5.4, 5.5 und $\nu = 12$, $\mu = 1$, $\mu = 2$. **a** Stufenprofil, Anfangsstrahl A; **b** Parabelprofil

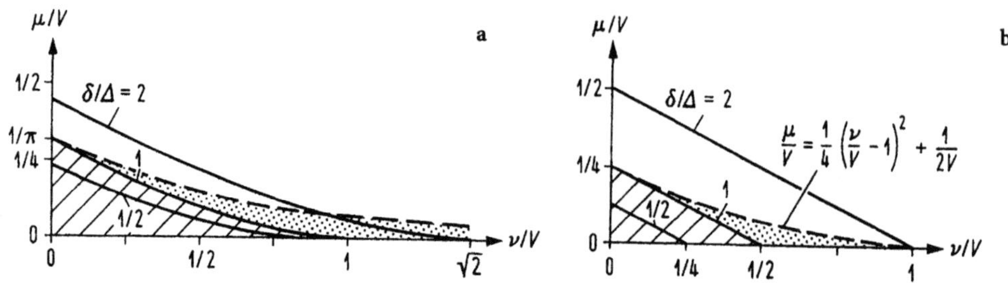

Abb. 5.7. Modendiagramm und Modentypen; schraffiert: geführte Moden (Anzahl M_g), gepunktet: Leckwellen (Anzahl M_l). **a** Stufenprofil, $M_g = M_l = V^2/2$, $M_g + M_l = V^2$; **b** Parabelprofil, $M_g = V^2/4$, $M_l = V^2/12$, $M_g + M_l = V^2/3$

Für Potenzprofile (5.5) ergibt sich als Anzahl geführter Moden mit maximalen Ausbreitungskonstanten δ bzw. als Anzahl aller geführten Moden M_g

$$M_g(\delta) = M_g \cdot (\delta/\Delta)^{1+2/q}, \tag{5.37}$$

$$M_g = \frac{q}{q+2}\,\frac{V^2}{2} = \frac{q}{q+2}\,\pi a^2\,\pi A_N^2\,\frac{2}{\lambda^2}$$

$$\approx \frac{q}{q+2}\,2\,M_T\,.$$

Die Größe $\sqrt{M_g(\delta)}$ identifiziert man durch Vergleich mit einer modifizierten JWKB-Methode [108, Gl. (23b)] [90, Gl. (2.53)] als Hauptmodenindex $m = \nu + 2\mu - 1$ von (5.13).

Für eine lichtabstrahlende Fläche $\Delta F \approx \pi a^2$ und einen lichterfüllten Raumwinkel $\Delta\Omega \approx \pi A_N^2$ ergibt sich nach (5.21) eine transversale Modenanzahl von $M_T \approx \Delta F\,\Delta\Omega/\lambda^2$ im Vakuum.

Da der Faktor $\frac{1}{3} \le q/(q+2) \le 1$ für $1 \le q < \infty$ die Größenordnung 1 hat, entsprechen sich die Anzahlen von geführten Moden M_g und abgestrahlten Freiraum-Moden $2M_T$ in zwei orthogonalen Polarisationen. Für Stufenprofile $q \to \infty$, bei denen Kernfläche und Akzeptanzwinkel bei gleichförmiger Anregung aller geführten Moden homogen ausgeleuchtet sind, gilt $M_g = 2\,M_T$ exakt.

Aus (5.37) berechnet man β und $m_{\max q}$ für geführte Moden eines Potenzprofils mit dem Exponenten q [43],

$$\beta = k_1\sqrt{1 - 2\Delta\left(\frac{m}{m_{\max q}}\right)^{\frac{2q}{q+2}}}, \tag{5.38}$$

$$m = \nu + 2\mu - 1,\quad m_{\max q}^2 = M_g\,.$$

Für $q = 2$ ist (5.38) identisch mit der Feldlösung (5.13) des unendlich ausgedehnten Parabelprofils und mit der JWKB-Näherung (5.28). Auch bei Stufenprofilen mit $q \to \infty$ und $V \gg j_{\nu,\mu}$ stimmt (5.38) mit (5.28) näherungsweise überein (s. Text nach (5.28)). Die Abschätzungen der Modenanzahl M_g für Stufenprofilfasern [53, Gl. (2.82)] und für das Parabelprofil (5.13) decken sich ebenfalls mit den Ergebnissen (5.37).

Die Anzahl M_l der Leckwellen bestimmt man durch Einsetzen des Maximalwerts $(\delta/\Delta)_{l\max}$ aus (5.30) in die Dispersionsrelationen (5.28) und durch Berechnen der gepunkteten Fläche in Abb. 5.7 (s. Bildunterschrift).

Für eine Faser mit $a = 50$ µm, $\lambda = 1{,}3$ µm, $n_1 = 1{,}45$, $\Delta = 1\%$ ist $V = 50$. In einer derartigen Stufenprofilfaser gibt es also $M_g = 1250$ geführte Moden und ebensoviele Leckwellen, in einer korrespondierenden Parabelprofilfaser propagieren halb so viele geführte Moden, $M_g = 625$, und wesentlich weniger Leckwellen, $M_l = 208$.

Nach (5.35) ist die Modendichte für die weitaus überwiegende Anzahl von Moden in ν-μ-Koordinaten $m(\nu, \mu) = 4$ (s. auch Text nach (5.10) sowie (5.15)), und die differentielle Anzahl von Moden beträgt $m(\nu,\mu)\,d\nu\,d\mu$.

Mit der Transformation $\delta = \delta(\nu,\mu)$ aus der Dispersionsrelation (5.27) (s. (5.12b)) werden neue Modenvariablen ν, δ eingeführt, und man erhält unter Beachtung von $k_0^2 \times n^2(R_{2\max}) = \beta^2(\delta)$ die Modendichten $m(\nu,\delta)$ bzw. $m(\delta) = dM_g(\delta)/d\delta$ für monotone Profilfunktionen $g(r/a)$ und speziell für Potenzprofile [53, Gl. (2.140)],

$$m(\nu,\delta) = 4\,\frac{\partial\mu(\nu,\delta)}{\partial\delta}\,,$$

$$m(\delta) = k_0^2 n_1^2 R_{2\max}^2(\delta) \tag{5.39}$$

$$= \frac{V^2}{2\Delta}\left[g^{-1}\left(\frac{\delta}{\Delta}\right)\right]^2 = \frac{V^2}{2\Delta}\left(\frac{\delta}{\Delta}\right)^{2/q}.$$

Für Stufenprofilfasern ist $m(\delta) = V^2/(2\Delta)$ konstant, für Parabelprofilfasern gilt $m(\delta) = V^2/(2\Delta) \cdot \delta/\Delta$.

5.3.4 Modenanregung

Jeder $LP_{\nu\mu}$-Modus wird durch die Überlagerung von Strahlkongruenzen (lokal ebenen Wellenfeldern, s. Abschn. 5.3.3) repräsentiert. Mit den Modenzahlen ν, μ ist über die Dispersionsrelation (5.38), (5.27) die Ausbreitungskonstante β sowie mit (5.12b) die normierte Ausbreitungskonstante $\delta = \delta(\nu, \mu)$ festgelegt und damit der Satz möglicher Anfangswerte $r_0, \varphi_0 = 0, \vartheta_0$ bzw. γ_0, ψ_0 der zugehörigen Lichtstrahlen, Abb. 5.3 und (5.29). Die Koordinaten der Anfangswerte des anregenden Lichtstrahls werden im weiteren ohne den Index 0 geschrieben.

Da ν nur den Betrag von k_φ bestimmt, sind Azimutwinkel $\pm\psi$, $\pi \pm \psi$ zugelassen. Durch (5.29) werden im Einstrahlpunkt r vier Strahlkongruenzen definiert (zwei Strahlkongruenzen für Meridionalstrahlen $\psi = 0$).

Den maximalen Einschußwinkel $\gamma_N(r)$, unter dem ein Strahl gerade noch für einen geführten Modus mit $\beta = k_0 n_2$ akzeptiert wird, bestimmt man nach (5.29), dritte und letzte Zeile.

Der Sinus vom Maximalwert γ_N des lokalen Akzeptanzwinkels $\gamma_N(r)$ wurde als (maximale äußere) numerische Apertur A_N eingeführt (5.2); dementsprechend ist $\sin \gamma_N(r) = A_N(r)$ als lokale (äußere) numerische Apertur zu bezeichnen und $\sin \vartheta_N(r)$ (vgl. (5.29)) als lokale innere numerische Apertur mit dem Maximalwert $\sin \vartheta_N$,

$$A_N(r) = \sqrt{n^2(r) - n_2^2} \qquad (5.40)$$
$$= \sin \gamma_N(r) = n(r) \sin \vartheta_N(r),$$
$$A_N = \sin \gamma_N = n_1 \sin \vartheta_N .$$

Lokale Funktionen $X(r)$ und maximale Werte X_N der Aperturgrößen in (5.40) werden durch die Argumentklammern unterschieden. Für $n_1 = 1{,}45$ und $\Delta = 1\%$ erhält man $\gamma_N = 12°$, $\vartheta_N = 8°$, $A_N = 0{,}2$.

Anregung mit Lichtstrahlen

Mit der normierten Ausbreitungskonstanten δ von (5.12b) und $n(r)$ von (5.4) schreibt man (5.29) für die Einstrahlbedingungen $r_0 = r$, $\vartheta_0 = \vartheta$ bzw. $\gamma_0 = \gamma$, $\psi_0 = \psi$ als

$$\frac{\delta}{\Delta} = g\left(\frac{r}{a}\right) + \left(\frac{\sin\gamma}{A_N}\right)^2, \qquad (5.41)$$
$$\frac{\nu}{V} = \left(\frac{r}{a}\right)\left(\frac{\sin\gamma}{A_N}\right)|\sin\psi| .$$

Für das Parabelprofil $g(r/a) = (r/a)^2$ sind r/a und $\sin\gamma/A_N$, d.h. Einstrahlpunkt und Strahlneigung bei konstantem δ/Δ und ν/V, gegeneinander austauschbar.

Der maximale Winkel γ_{lN} für die Anregung von Leckwellen berechnet sich nach (5.30), (5.41).

In den kartesischen Koordinaten von Abb. 5.3 findet man mit den in r_0 und φ_0 lokalen Koordinaten $x' = \sqrt{x'^2+y'^2+z^2}\, \sin\gamma_{lN} \cos\psi$, $y' = \sqrt{x'^2+y'^2+z^2}\, \sin\gamma_{LN} \sin\psi$ die Schnittkurve des entsprechenden Akzeptanzkonus mit Ebenen $z = \text{const}, z < 0$; es ist zu beachten, daß mit $r = r_0, \varphi = \varphi_0 = 0$ die Polarkoordinaten des Einstrahlpunkts in abkürzender Schreibweise ohne Indizes vereinbart sind. Es ergibt sich

$$\sin^2\gamma_{lN} = \frac{A_N^2(r)}{1 - \left(\frac{r}{a}\right)^2 \sin^2\psi}, \qquad (5.42)$$

$$\frac{1 - A_N^2(r)}{z^2 A_N^2(r)} x'^2 + \frac{1 - A_N^2(r) - \left(\frac{r}{a}\right)^2}{z^2 A_N^2(r)} y'^2 = 1 .$$

Die Schnittkurve des Akzeptanzkonus für Leckwellen mit Ebenen $z = \text{const}$ ist eine Ellipse, deren kleinere Halbachse $h = |z|\, A_N(r)/\sqrt{1 - A_N^2(r)}$ parallel zum Radiusvektor r des Einstrahlpunkts steht und der kleineren numerischen Apertur $A_h = A_N(r)$ entspricht. Die größere Halbachse $H = |z|\, A_N(r)/\sqrt{1 - A_N^2(r) - r^2/a^2}$ steht senkrecht zum Radiusvektor des Einstrahlpunkts und entspricht der größeren Apertur $A_H = A_N(r)/\sqrt{1 - r^2/a^2} \geq A_h$.

Der Akzeptanzkonus für geführte Moden hat nach (5.40) einen kreisförmigen Querschnitt mit Radius h entsprechend der Apertur $A_h = A_N(r)$.

Bei Parabelprofilfasern gilt für den lokalen Akzeptanzwinkel $A_N^2(r) = A_N^2 \cdot (1 - r^2/a^2)$, und man erhält für die größere Apertur $A_H = A_N$; folglich werden für $r = a$ keine geführten Moden mehr angeregt, wohl aber Leckwellen für die Azimutwinkel $\psi = \pm\pi/2$ bis zur Maximalapertur A_N.

Bei Stufenprofilfasern dagegen ist $A_N(r) = A_N$ über dem Faserquerschnitt konstant, so daß A_H mit r stark wächst (wegen $\gamma_{lN} \leq \pi/2$ gilt aber $A_H \leq 1$) und proportional zu den Raumwinkeln von Kreis- und Ellipsen-Konus neben geführten Moden ein zunehmender Anteil an Leckwellen akzeptiert wird. Beleuchtet man mit einem Parallelstrahlenbündel γ = const, so werden bei der Stufenprofilfaser wegen $g(r/a) = 0$ in (5.41) nur Moden mit derselben Ausbreitungskonstanten δ angeregt.

Abstrahlung von Moden

Kehrt man den Strahlengang von Abb. 5.3 um, so lassen sich alle bisher angestellten Überlegungen auch auf die Lichtabstrahlung von einer Faserendfläche ins Vakuum übertragen.

Mit (5.24) und den Koordinaten (5.6) von Abb. 5.3 kann man die Anzahl der transversalen Moden M_T berechnen, die durch einen Kreisring $r_1 \leq r \leq r_2 \leq a$ in einen durch $\gamma_1 \leq \gamma \leq \gamma_2 \leq \gamma_{max}$ definierten Raumwinkelbereich der konstanten Brechzahl n (hier $n = 1$) abgestrahlt werden,

$$M_T = \frac{n^2}{\lambda^2} \int_{r_1}^{r_2} r \, dr \int_0^{2\pi} d\varphi \int_0^{2\pi} d\Phi \times \int_{\sin\gamma_1}^{\sin\gamma_2} \sin\gamma \, d(\sin\gamma) \,. \tag{5.43}$$

Die Strahlung werde von der gesamten Endfläche, $r_1 = 0$, $r_2 = a$, in einen Konus mit halbem Öffnungswinkel γ_2 abgegeben, $\gamma_1 = 0$. Emittieren nur die $M_g = 2M_T$ geführten Moden in beiden Polarisationen, so ist $\gamma_2 = \gamma_N(r)$ von (5.40) zu setzen.

Tragen auch Leckwellen bei, so ist die Gesamtzahl der Moden $M_g + M_l = 2M_T$, wobei wegen $\gamma_2 \leq \pi/2$ für die quadrierte Leckwellenapertur nach (5.42) $\sin^2\gamma_2 = \min[A_N^2(r)/(1 - r^2/a^2 \sin^2\psi), 1]$ gilt und wegen der Rotationssymmetrie $\psi = \Phi - \varphi$ ist.

Die Bedingung $\gamma_2 \leq \pi/2$ macht das Ergebnis der Integrationen in (5.43) unübersichtlich. Eine vereinfachte Behandlung ist für Potenzprofile möglich, wenn $\lim_{x\to 1} [A_N^2 \cdot (1 - x^q)/(1 - x^2)] = A_N^2 q/2 \leq 1$ eingehalten wird, da man dann für $r \leq a$ und alle ψ Gl. (5.42) unmittelbar verwenden kann. Es ergibt sich

$$M_g = V^2 \int_0^1 [1 - g(x)] x \, dx \,,$$

$$M_g + M_l = V^2 \int_0^1 f(x) \, x \, dx \,, \tag{5.44}$$

$$f(x) = \frac{1 - x^q}{\sqrt{1 - x^2}} \quad \text{für} \quad q \leq \frac{2}{A_N^2} \,.$$

Für $A_N = 0{,}2$ muß $q \leq 50$ sein, wobei ein Potenzprofil mit $q = 50$ wegen $x^{50} \leq 0{,}01$ im Bereich $x \leq 0{,}91$ eine Stufenprofilfaser sehr gut approximiert; wenn $q \leq 2$ ist, kann A_N im Bereich $A_N \leq 1$ beliebig sein.

Für das Stufenprofil $q \to \infty$ folgt aus (5.44) mit $x^q \approx 0$ und $f(x) \approx 1/\sqrt{1 - x^2}$ die Modenanzahl $M_g = M_l = V^2/2$, für das Parabelprofil $M_g = V^2/4$, $M_g + M_l = V^2/3$ in Übereinstimmung mit (5.38), (5.12b), (5.28) und Abb. 5.7. Bei Potenzprofilen erhält man für die Anzahl der von geführten Wellen abgestrahlten Moden die Beziehung (5.37).

Es bestätigt sich erwartungsgemäß, daß die verlustfreie optische Transformation „Abstrahlung von der Faserendfläche" das Phasenraumvolumen V_ϕ von (5.24) nicht verändert: V_ϕ ist eine Poincaré-Invariante.

Wenn von allen gefangenen Strahlen nur diejenigen registriert werden, die in der Faserendfläche von einer zentrierten Kreisfläche mit Radius $r_F \leq a$ in einen Konus mit maximalem halbem Öffnungswinkel $\gamma_{max} = \gamma_F$ abstrahlen, $\sin\gamma_F = A_F \leq A_N$, berechnet man die Anzahl $M_{gF} = 2M_T$ der Moden in beiden Polarisationen nach (5.43); dabei ist $\gamma_1 = 0$, $\sin\gamma_2 = \min(A_N(r), A_F)$, $A_N^2(r) = A_N^2[1 - g(r/a)]$ nach (5.40), (5.4).

Für Potenzprofile $g(x) = x^q$ gilt demnach im Bereich $r/a \geq (1 - A_F^2/A_N^2)^{1/q}$ für den Aperturwinkel $\sin^2\gamma_2 = A_N^2[1 - (r/a)^q]$, wenn $(r_F/a)^q \geq 1 - A_F^2/A_N^2$ ist. Im übrigen ist $\sin\gamma_2 = A_F$,

$$M_{gF} = \frac{V^2}{2}\left(\frac{r_F}{a}\right)^2\left[1 - \frac{2}{q+2}\left(\frac{r_F}{a}\right)^q\right] - \frac{q}{q+2}\frac{V^2}{2}\left[1 - \frac{A_F^2}{A_N^2}\right]^{(q+2)/q} ;$$

$$M_{gF} = \frac{V^2}{2}\frac{r_F^2}{a^2}\frac{A_F^2}{A_N^2} \quad \text{für} \quad \left(\frac{r_F}{a}\right)^q \leq 1 - \frac{A_F^2}{A_N^2} , \tag{5.45}$$

$$\text{speziell:} \quad q \geq 2, \ \frac{r_F}{a}, \ \frac{A_F}{A_N} \leq 0{,}7 \,.$$

Lumineszenzdiode

Eine flächenemittierende Lumineszenzdiode (LED) kann durch einen Lambert-Strahler (s. Text nach (5.50)) approximiert werden. Sie habe den Durchmesser $2a_Q$ und gebe Strahlung ab in einen Halbraum der konstanten Brechzahl n_Q innerhalb eines Kegels mit halbem Öffnungswinkel γ_Q. Alle Moden tragen gleiche

Leistung. Die Anzahl transversaler Moden $M_Q = 2M_T$ in beiden Polarisationen berechnet sich nach (5.43) mit $r_1 = 0$, $r_2 = a_Q$, $\gamma_1 = 0$, $\gamma_2 = \gamma_Q$ wie bei einer Stufenprofilfaser (37) zu

$$M_Q = \frac{1}{2}(a_Q k_0 A_Q)^2, \; A_Q = n_Q \sin\gamma_Q. \quad (5.46)$$

Für $a_Q = 50\ \mu m$, $\gamma_Q = \pi/2$, $\lambda = 1{,}3\ \mu m$, $n_Q = 1$ erhält man $M_Q = 3 \cdot 10^4$ Moden.

Der Kopplungsgrad einer LED, die der Fasereingangsfläche zentrisch aufliegt ($n_Q = n_1$), wird durch das Anzahlenverhältnis $\eta = M_{gF}/M_Q$ der zugeordneten Moden nach (5.45) und (5.46) abgeschätzt. Normalerweise ist $A_Q > A_N$, so daß es zu Verlusten kommt (vgl. aber Kap. 8). In (5.45) ist dann zu setzen $A_F = A_N$. Eine Flächenüberstrahlung der LED ist durch $r_F = \min(a_Q, a)$ zu berücksichtigen,

$$\eta = \eta_m \begin{cases} 1 - \dfrac{2}{q+2} a_Q^q / a^q & (a_Q < a) \\ \dfrac{q}{q+2} a^2/a_Q^2 & (a_Q \geq a) \end{cases}$$

$$\eta_m = \frac{n_1^2}{n_Q^2} 2\Delta, \quad n_Q = n_1. \quad (5.47)$$

Der größte Kopplungsgrad $\eta_m = 2\Delta$ wird für $q \to \infty$, $a_Q = a$ bzw. für $q < \infty$, $a_Q \ll a$ erreicht. Das entspricht dem Aperturraumwinkel $\pi(A_N/n_I)^2 = \pi \cdot 2\Delta$ innerhalb der Faser (5.40) bezogen auf den gewichteten LED-Abstrahlraumwinkel

$$\int_{\gamma=0}^{\gamma_Q} \int_{\Phi=0}^{2\pi} \sin\gamma \, d(\sin\gamma) \, d\Phi = \pi \sin^2\gamma_Q$$

nach (5.6) für $\gamma_Q = \pi/2$, wobei mit $\sin\gamma \, d(\sin\gamma) = \cos\gamma \sin\gamma \, d\gamma$ die scheinbare Größe der LED-Fläche ($\sim \cos\gamma$) erfaßt ist.

Technischer Lichtstrahl

Ein reales Lichtbündel bei nichtverschwindenden Wellenlängen läßt sich als Gaußscher Strahl (Kap. 2) mit $1/e$-Strahlradius w_G technisch approximieren; die mathematische Abstraktion ist ein Lichtstrahl, s. Kap. 3.

Die Anregung mit solchen TEM_{00}-Strahlen wurde von [32] [59] [60] am Modell einer Stufenprofilfaser, von [15] für ein W-Profil und von [51] [67] [103] [104] [105] am Modell einer unendlich ausgedehnten Parabelprofilfaser untersucht.

Die Berechnung der Leistungs-Kopplungsgrade η (definiert in Kap. 3) ergab, daß nur der Grundmodus LP_{01} einer realen, ummantelten Parabelprofilfaser mit Kernradius a und normierter Frequenz V selektiv angeregt werden kann, so daß $\eta_{01} \to 1$ geht. Nach (5.13) ist dann für den TEM_{00}-Strahlradius $w_G = w_0 = a/\sqrt{V/2}$ zu wählen. Alle anderen Moden können von TEM_{00}-Strahlen nur in größeren Gruppen angeregt werden.

Für eine selektive Modenanregung muß wegen Kap. 3 das anregende Feld $\Phi(r, \varphi)$ in der Fasereingangsfläche nach Betrag und Phase mit dem (reellen) Faserfeld $\Psi_{\nu\mu}(r, \varphi)$ übereinstimmen, was nur durch Verwendung spezieller (auch holographischer) Filteranordnungen erreicht werden kann [9] [11] [22] [23] [31] [47] [48] [62] [63].

Die Anregung mit fokussierten ebenen Wellen bei Stufen- und Gradientenfasern behandelt [8].

Vor diesem Hintergrund werden die Schwierigkeiten verständlich, einzelne Fasermoden oder auch Modengruppen zu Meß- und Übertragungszwecken selektiv anzuregen. Die Ergebnisse hängen empfindlich von der individuellen Faser und der jeweils gewählten Anregung ab, s. Kap. 8.

Von großer Bedeutung bei Dämpfungsmessungen ist die sogenannte 2/3- oder 70%-Anregung. Ein zur Faserachse zentrisches Lichtbündel mit einem Radius $r_F = 2a/3 \approx 0{,}7\,a$ und einer numerischen Apertur $A_F = 2A_N/3 \approx 0{,}7\,A_N$ regt die Fasermoden nur teilweise an, um eine stationäre Leistungsverteilung anzunähern, s. Kap. 8.

5.3.5 Gradientenlinse

Unter einer Gradientenlinse versteht man einen rotationssymmetrischen, isotropen Wellenleiter mit parabolischem Brechzahlprofil $n^2(r)$ von der Form (5.4), (5.5) mit dem Profilexponenten $q = 2$, der relativen Brechzahldifferenz Δ und Kernradien a im Millimeter-Bereich, Kap. 11.

Es gelten die Koordinaten von Abb. 5.3. Ein Lichtstrahl aus dem Vakuum im Bereich $z < 0$ trifft unter einem Winkel γ_0 zur optischen Achse die Eingangsebene $z = z_1 = 0$ der Gradientenlinse im Punkt $r = r_0 = x_0$, $\varphi = \varphi_0 = 0$; $\psi = \psi_0$ ist der Projektionswinkel des Lichtstrahls in der Eingangsebene, gemessen vom Radiusvektor aus (Bezeichnungen s. (5.29)).

Die paraxial genäherte Bahnkurve $x(z)$, $y(z)$ (5.34) eines Lichtstrahls wird als Funktion des Radius angegeben, $r^2(z) = x^2(z) + y^2(z)$; $\Lambda = 2\pi/|\Delta\beta|$ ist die Periodenlänge der Bahnkurve. Die geometrische Länge L der Gradientenlinse drückt man aus in Bruchteilen $p = L/\Lambda$ der Strahlperiode Λ (englisch *pitch*, mechanische Periode).

Mit den Anfangswerten r_0, γ_0 und ψ_0 erhält man für den Abstand des Lichtstrahls von der Achse

$$r^2(z) = \left[r_0 \cos\left(\frac{2\pi}{\Lambda}z\right) + \rho_0 \cos\psi_0 \sin\left(\frac{2\pi}{\Lambda}z\right)\right]^2 + \left[\rho_0 \sin\psi_0 \sin\left(\frac{2\pi}{\Lambda}z\right)\right]^2. \tag{5.48a}$$

Dabei ist ρ_0 ein normiertes Maß für den Einstrahlwinkel γ_0. Meridionalstrahlen haben $\psi_0 = 0$, für windschiefe Strahlen gilt $\psi_0 \neq 0$, Helixstrahlen sind durch $\psi_0 = \pm\pi/2, r_0 = \rho_0$ charakterisiert und umkreisen die Achse auf einem Zylinder mit Radius $r = r_0$,

$$r_0 = x_0, \quad \rho_0 = \frac{\Lambda \tan\vartheta_0}{2\pi}, \tag{5.48b}$$

$$\sin\vartheta_0 = \frac{\sin\gamma_0}{n(r_0)}, \quad p = \frac{L}{\Lambda} = \frac{\sqrt{2\Delta}}{2\pi a}L.$$

Die Projektion der Bahnkurve in Ebenen z = const ist im allgemeinen eine Ellipse, s. Abb. 5.6b.

Lichtstrahlen, in Abb. 5.8 repräsentiert durch Meridionalstrahlen, durchlaufen die Gradientenlinse mit sinusförmig variierendem Achsenabstand und der räumlichen Periodenlänge Λ. Es entsteht daher in der Ausgangsebene bei einer Linse mit $p = \frac{1}{2}$ ein seitenverkehrtes und bei einer Linse mit $p = 1$ ein seitenrichtiges Bild des Eingangsobjekts.

Ein rotationssymmetrischer Gaußscher Strahl (vgl. Kap. 2) mit einem $1/e$-Strahlradius w_G wird „angepaßt" genannt, wenn w_G bei der Wellenlänge $\lambda = 2\pi/k_0$ dem Strahlradius des Grundmodus der Gradientenlinse mit Parabelprofil gleich ist, $w_G^2 = w_0^2 = 2a^2/V = \Lambda/(\pi k_0 n_1)$, s. (5.13), (5.48b). Im folgenden sei vorausgesetzt, daß die Strahltaille in der Linseneingangsebene $z = z_1 = 0$ liegt.

Tritt ein angepaßter Gaußscher Strahl in die Stirnfläche einer Gradientenlinse ein, so verläuft die Strahlachse wie die Bahnkurve (5.48a) eines geometrisch-optischen Lichtstrahls. Der Strahlradius bleibt längs z gleich dem Anfangswert w_0. Radialer Versatz r_0 des Einstrahlpunktes und axiale Verkippung ρ_0 der Einstrahlachse sind austauschbar (vgl. Text nach (5.41)): An der Bahnkurve der Strahlachse und an den Moden der Gradientenlinse, die den Gaußschen Strahl konstituieren (s. auch die spätere Diskussion am Anfang von Abschn. 5.4), ändert sich bei einem solchen Austausch nur die relative Lage bezüglich z.

Tritt der Gaußsche Strahl achsenparallel mit einem Strahlradius $w_G \neq w_0$ ein, so oszilliert das Strahlprofil wie in Abb. 5.8 mit der Periodenlänge $\Lambda/2$ um den Wert w_0 [50, Abschn. 1.9.3] [74, Abschn. 7.4] [4]; dabei ist der Minimalwert $w_{min} = w_G$ für $w_G < w_0$, im Fall $w_G > w_0$ gilt für den Maximalwert $w_{max} = w_G$. Zwischen Minimal- und Maximalwert besteht die Beziehung

$$w_{min}w_{max} = w_0^2 = \frac{2a^2}{V} = \frac{\Lambda}{\pi k_0 n_1}. \tag{5.49}$$

Aus (5.49), (5.48a) und Abb. 5.8 folgt, daß ein achsenparalleler Gaußscher Strahl ($\rho_0 = 0$) mit radialem Versatz $r_0 = r_0'$ der Eintrittsstelle und $w_G = w_{min} < w_0$ denselben Modensatz in einem Wellenleiter mit parabolischem Brechzahlprofil anregt wie ein Gaußscher Strahl ohne Versatz ($r_0 = 0$), aber mit einer Verkippung $\rho_0 = r_0'$ der Strahlachse in einer Meridionalebene $\psi_0 = 0$, wobei $w_G = w_{max} > w_0$ ist.

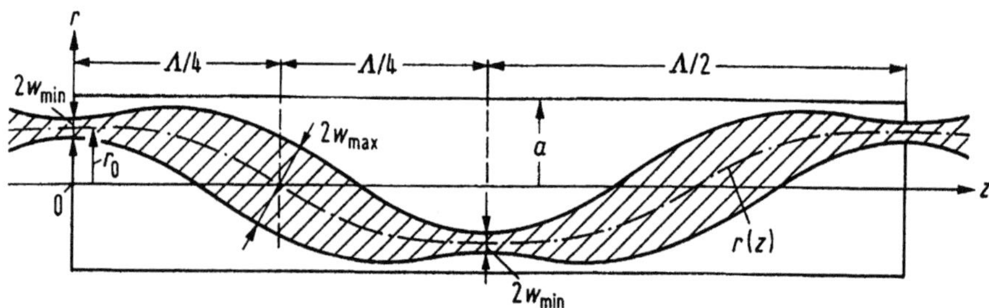

Abb. 5.8. Gradientenlinse im Meridionalschnitt; $r(z)$: geometrisch-optischer Meridionalstrahl ($\psi_0 = 0$); schraffiert: Gaußscher Strahl mit ortsabhängigem Durchmesser $2w/z$)

In einer Ebene senkrecht zur gezeichneten Meridionalebene von Abb. 5.8, der sogenannten Sagittalebene, sieht das Strahlprofil ähnlich wie in Abb. 5.8 aus. Allerdings hat in nicht-paraxialer Betrachtung der die Linse verlassende Gaußsche Strahl unterschiedlich positionierte Strahltaillen in Meridional- und Sagittalebene, er ist also astigmatisch. Die nicht-paraxiale Wellenausbreitung in einem Medium mit einem Brechzahlprofil, das nach Art einer Hyperbelsekans-Funktion (sech (x) $= 1/\cosh(x)$) verläuft, wird in [70] behandelt.

Gradientenlinsen werden üblicherweise mit relativen Längen von p = 0,23; 0,25; 0,29; 0,5 hergestellt. Mit $p = 1/4$ transformiert man in paraxialer Näherung beispielsweise einen zentrierten, achsenparallelen Gaußschen Strahl, der in der Eingangsebene $z = z_1$ die Strahltaille $w = w_{\min}$ hat, in einen zentrierten, achsenparallelen Gaußschen Strahl mit der Strahltaille $w = w_{\max}$ in der Ausgangsebene $z = z_2 = z_1 + \Lambda/4$.

Der Poynting-Vektor hat die lokale Richtung des Gaußschen Strahls, wohingegen in den Querschnittsebenen z = const der Gradientenlinse die Phasenfronten eben sind. Das ist günstig, wenn ein Fasermodus transformiert werden soll, da man Linse und Faser stumpf stoßend verkleben kann. Soll das Feld eines Halbleiterlasers kollimiert (oder fokussiert) werden, muß die Linse einen gewissen Sicherheitsabstand zum Halbleiter einhalten, so daß man Gradientenlinsen mit $p < 1/4$ oder $p > 1/4$ verwendet.

Linear taperförmige Gradientenlinsen mit transversal parabolischem Brechzahlprofil der Art $n^2(r,z) = n_1^2[1 - 2\Delta[r/(a - \alpha z)]^2]$ werden mit strahlenoptischen Methoden von [102] berechnet und auf ihre Eignung als Koppelelemente geprüft.

Die Abbildungsfehler von Gradientenlinsen (Literatur s. [2]) sind in der Praxis größer als die von konventionellen Linsen, weil das Brechzahlprofil nicht mit gleicher Genauigkeit kontrolliert werden kann wie der Radius einer sphärischen oder gar asphärischen Linsenfläche.

Typische Gradientenlinsen haben Durchmesser von $2a = 1\ldots2$ mm und Viertel-Periodenlängen von $\Lambda/4 = 3{,}2\ldots6{,}6$ mm bei λ = 1,3 μm. Die Brechzahl auf der Achse beträgt n_1 =1,551...1,636, die numerische Apertur A_N = 0,37...0,60. Einen guten Überblick über die Eigenschaften von Gradientenlinsen-Optiken vermittelt [73].

5.4 Nahfeld und Fernfeld

In paraxialer Näherung bleibt ein monochromatischer Gaußscher Strahl in einem unendlich ausgedehnten Parabelprofil erhalten, s. Abschn. 5.3.5 Text vor (5.49). Seine Achse durchläuft genau den Weg, den ein geometrisch-optischer Lichtstrahl durchliefe, und sein Strahlradius w_0 oszilliert. Er bleibt konstant, wenn $w_G = w_0$ nach (5.49) gewählt wird.

In realen Fasern ist das Brechzahlprofil nicht parabolisch bis ins Unendliche, die Lichtausbreitung ist nicht paraxial, das Eingangssignal nicht monochromatisch. Zunächst entsteht bei jeder Frequenz ein etwas anderer „Lichtstrahl". Nach kurzen Faserlängen erhält man ein systematisches Fleckenmuster [116] als Summe der Durchstoßpunkte der Gaußschen Strahlen verschiedener Frequenzen in der Faserendfläche.

Jeder dieser Flecken entsteht als phasenrichtige Superposition aller $LP_{\nu\mu}$-Felder Abb. 5.2 derselben Frequenz. Wegen der Modendispersion, der Verkopplung einzelner Moden und der Leckwellendämpfung zerfällt jeder einzelne Fleck bei weiterer Ausbreitung in ein kompliziertes Interferenzmuster aller Moden (Granulationsmuster, englisch *speckle pattern*, Abschn. 5.9). Die Muster aller Frequenzkomponenten überlagern sich.

Wenn man bei der Messung der Intensität im Nah- oder Fernfeld über so lange Zeiten integriert, daß wegen der Frequenzschwankungen der Lichtquelle oder der Instabilitäten der Faser (eventuell gewollt, z. B. durch Immersion der Faser in ein Ultraschallbad) alle Moden relative Phasen im Intervall $0\ldots2\pi$ durchlaufen haben, so mißt man stetige, über alle möglichen Granulationsmuster gemittelte Intensitätsverteilungen.

In der Intensitätsverteilung ist die Information über die relativen Phasen der Moden verlorengegangen, aber Information über die Leistung in den einzelnen Moden erhalten geblieben. Da die Modenfelder über den Endflächenquerschnitt orthogonal sind, Kap. 3, ist die abgestrahlte Gesamtleistung immer die Summe der einzelnen Modenleistungen [53, Gl. (2.94)]. Die so definierte Nahfeldintensität $I_N(r, \varphi)$ (W/m^2) und die Fernfeldintensität $P_F(\gamma, \Phi)$ (W/sr) sollen nun berechnet werden.

5.4.1 Strahldichte

Zugrunde liegt das Koordinatensystem von Abb. 5.3, wobei die Strahlrichtung umgekehrt sei und eine Abstrahlung in den Vakuum-Halbraum $z \leq 0$ betrachtet werde.

Unter der Strahldichte $L(r, \varphi, \gamma, \Phi)$ (W/(m^2 sr)) eines Flächenelementes $\mathrm{d}F = r\,\mathrm{d}r\,\mathrm{d}\varphi$ innerhalb eines Raumwinkelelements $\mathrm{d}\Omega = \sin\gamma\,\mathrm{d}\gamma\,\mathrm{d}\Phi$ versteht man die differentielle Leistung P, bezogen auf die scheinbare Fläche $\mathrm{d}F \cos\gamma$ und auf den Raumwinkel $\mathrm{d}\Omega$,

$$L(r, \varphi, \gamma, \Phi) = \frac{\mathrm{d}^2 P}{\mathrm{d}F \cos\gamma\,\mathrm{d}\Omega}. \qquad (5.50)$$

Beim sogenannten Lambert-Strahler ist die Strahldichte $L = L_\mathrm{L}$ für alle Raumrichtungen konstant, d.h. $L(r, \varphi, \gamma, \Phi) = L_\mathrm{L}(r, \varphi)$ ist von γ und Φ unabhängig, und die von $\mathrm{d}F$ pro $\mathrm{d}\Omega$ abgestrahlte Leistung $\mathrm{d}P/\mathrm{d}\Omega$ variiert daher wie $\cos\gamma$.

5.4.2 Strahlleistung

Die Leistung in dem durch die Modenvariablen v, δ beschriebenen Modenquartett (s. Text nach (5.10)) sei $P(v, \delta)$. Für eine rotationssymmetrische Faser kommt es wie bisher nur auf die Winkeldifferenz $\psi = \Phi - \varphi$ an, und I_N bzw. P_F sind unabhängig von φ bzw. Φ. Die gesamte, vom Faserende abgestrahlte Leistung P läßt sich somit durch $L(r, \gamma, \psi)$, $P(v, \delta)$, $I_\mathrm{N}(r)$ oder $P_\mathrm{F}(\gamma)$ ausdrücken,

$$\begin{aligned} P &= \int\!\!\int L(r, \gamma, \psi)\,\mathrm{d}F \cos\gamma\,\mathrm{d}\Omega \\ &= \int\!\!\int P(v, \delta)\, m(v, \delta)\,\mathrm{d}v\,\mathrm{d}\delta \\ &= \int I_\mathrm{N}(r)\,\mathrm{d}F = \int P_\mathrm{F}(\gamma)\,\mathrm{d}\Omega\,. \end{aligned} \qquad (5.51)$$

Für einen rotationssymmetrischen Lambert-Strahler $L_\mathrm{L}(r)$ gilt wegen der Invarianz des Phasenraumvolumens $V_\phi \sim \int\!\!\int n^2(r)\,\mathrm{d}F \cos\gamma \times \mathrm{d}\Omega$ (5.24) und wegen der konstanten Leistung $P = \int\!\!\int [L_L(r)/n^2(r)] n^2(r)\,\mathrm{d}F \cos\gamma\,\mathrm{d}\Omega$, daß auch $L_\mathrm{L}(r)/n^2(r)$ konstant ist.

Nach (5.24) ist $2\,\mathrm{d}^2 M_\mathrm{T} = (2/\lambda^2)\,\mathrm{d}F\,\cos\gamma\,\mathrm{d}\Omega$ die Anzahl der Moden, die von $\mathrm{d}F$ unter γ nach $\mathrm{d}\Omega$ ins Vakuum $n = 1$ gestrahlt werden.

Bezeichnet $P(r, \gamma, \psi)$ die Leistung in einem Freiraum-Modus, so ist die differentielle abgestrahlte Leistung $\mathrm{d}^2 P = P(r, \gamma, \psi) \cdot 2\,\mathrm{d}^2 M_\mathrm{T}$. Ein Vergleich mit der differentiellen Form von (5.51) zeigt, daß somit $L(r, \gamma, \psi) = (2/\lambda^2) \times P(r, \gamma, \psi)$ gilt.

Die Strahldichte $L(r, \gamma, \psi)$, die durch einen einzigen Wellenleitermodus entsteht, wird an jeder Stelle der Faserendfläche durch die Lichtstrahlen gleicher Leistung gebildet, welche zu den Strahlkongruenzen gehören, die den Modus konstituieren. Daher ändert sich mit r die Strahldichte für diesen Modus nicht im Betrag, sondern nur in der mit r variablen Strahlrichtung, in der L gemessen werden kann, so daß L nicht explizit, sondern nur implizit nach (5.41) über die Modenvariablen v, δ von r abhängt,

$$L(r, \gamma, \psi) = \frac{2}{\lambda^2} P[v(r, \gamma, \psi), \delta(r, \gamma)]. \qquad (5.52)$$

5.4.3 Nah- und Fernfeldintensität

Für die Nah- und Fernfeldintensität folgt mit (5.51) und (5.52)

$$\begin{aligned} I_\mathrm{N}(r) &= \int L(r, \gamma, \psi) \cos\gamma\,\mathrm{d}\Omega\,, \\ P_\mathrm{F}(\gamma) &= \cos\gamma \int L(r, \gamma, \psi)\,\mathrm{d}F\,. \end{aligned} \qquad (5.53)$$

Die Lösungen der Integrale (5.53), (5.52) sind bei [69] [52] zu finden (für $P_\mathrm{F}(\gamma)$ unter Annahme einer monotonen Profilfunktion); für nicht-monotone Profile wurde $P_\mathrm{F}(\gamma)$ von [29, Abschn. F6] berechnet.

Bei gleichförmiger Anregung aller geführten Moden (z.B. mit einem Lambert-Strahler, der über den Kernbereich der Faser eine konstante Strahldichte $L(r) = L_0$ hat), gilt $P(v, \delta) = P_0 = L_0 \lambda^2/2$ für $\gamma \leq \gamma_\mathrm{N}(r)$ und $P(v, \delta) = 0$ sonst. Man erhält:

$$\begin{aligned} I_\mathrm{N0}(r) &= \frac{V^2}{2} \frac{P_0}{\pi a^2} [1 - g(r/a)]\,, \\ P_\mathrm{F0}(\gamma) &= \frac{V^2}{2} \frac{P_0}{\pi A_\mathrm{N}^2} \cos\gamma \\ &\quad \times \left[g^{-1}\left(1 - \frac{\sin^2\gamma}{A_\mathrm{N}^2}\right)\right]^2. \end{aligned} \qquad (5.54)$$

Werden sowohl geführte Moden als auch Leckwellen gleichförmig angeregt, so ergibt sich bei Potenzprofilen für die Nahfeldintensität mit $f(x)$ von (5.44)

$$I_{l0}(r) = \frac{V^2}{2} \frac{P_0}{\pi a^2} f\left(\frac{r}{a}\right). \qquad (5.55)$$

Abbildung 5.9 zeigt die durch Leckwellen beeinflußte normierte Nahfeldintensität $I_{l0}(r)/I_{l0}(0)$ (durchgezogene Kurven) zusammen mit der normierten Nahfeldintensität $I_\mathrm{N0}(r)/$

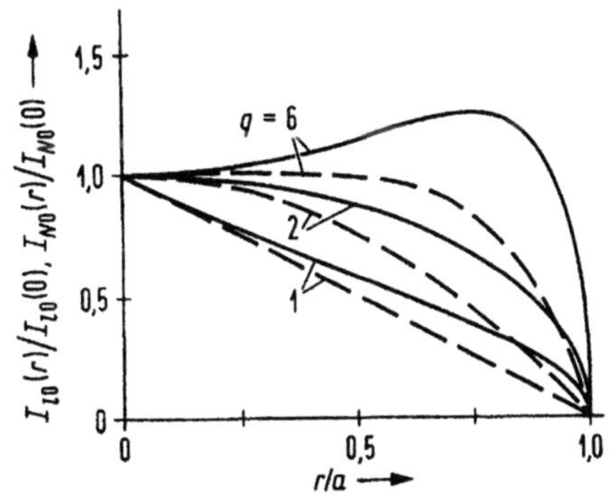

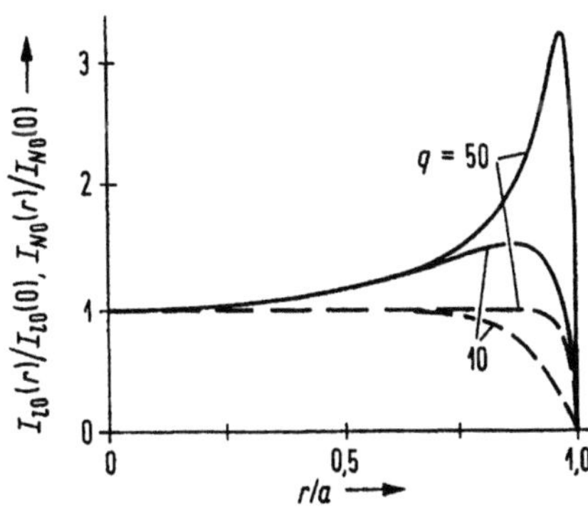

Abb. 5.9. Normierte Nahfeldintensität von Gradientenfasern mit Potenzprofil $g(x) = x^q$; geführte Moden und Leckwellen (—) (5.55), geführte Moden allein (- - -) (5.54)

$I_{N0}(0)$ von geführten Moden nach (5.54) (strichliert).

Aus der Fernfeldintensität kann man bei tatsächlich nicht-monotonen Profilfunktionen über (5.54) nur auf ein *äquivalentes monotones* Profil rückschließen, das zur selben Fernfeldintensität führt wie die tatsächliche Profilfunktion [27].

Bei Anregung mit einer um γ gegen die Faserachse geneigten ebenen Welle zeigt die Faserendfläche besondere, charakteristische Muster. Die Strahlen des Beleuchtungsbündels liegen für $\varphi = 0$ in Ebenen $y = \text{const}$, Abb. 5.3. Damit neben Leckwellen auch Strahlungsmoden angeregt werden, muß nach (5.42) für Stufen- bzw. Parabelprofile gelten:

$$q \to \infty: \quad \sin\gamma \geq A_N\,, \qquad (r\sin\psi)^2 \leq a^2(1 - A_N^2/\sin^2\gamma)\,.$$

$$q = 2: \quad \sin\gamma \leq A_N\,, \qquad \frac{(r\cos\psi)^2}{1-\sin^2\gamma/A_N^2} + (r\sin\psi)^2 \leq a^2\,. \tag{5.56}$$

Ist für Stufenprofile $\sin\gamma \geq A_N$, so stellt die Grenzkurve für Leckwellen (5.56) im Koordinatensystem von Abb. 5.3 ($\varphi = 0$) zwei zur x-Achse parallele Geraden dar, Abb. 5.10a. Strahlungsmoden im Bereich zwischen beiden Geraden sind sehr stark gedämpft, und die Endfläche bleibt dort dunkel; im Kernbereich oberhalb und unterhalb dieser Geraden beobachtet man Licht, da Leckwellen weniger stark gedämpft sind als Strahlungsmoden.

Bei Parabelprofilen muß für Leckwellenanregung stets $\sin\gamma \leq A_N$ sein, so daß auch geführte, (im Idealfall) ungedämpfte Moden im Kreisbereich $r^2 \leq a^2(1 - \sin^2\gamma/A_N^2)$ nach (5.40) angeregt werden. Als Grenzkurve zu Strahlungsmoden erhält man nach (5.56) eine Ellipse, Abb. 5.10b.

Bei Dickkernfasern kann man die Helligkeitsverteilung von Abb. 5.10 mit bloßem Auge erkennen.

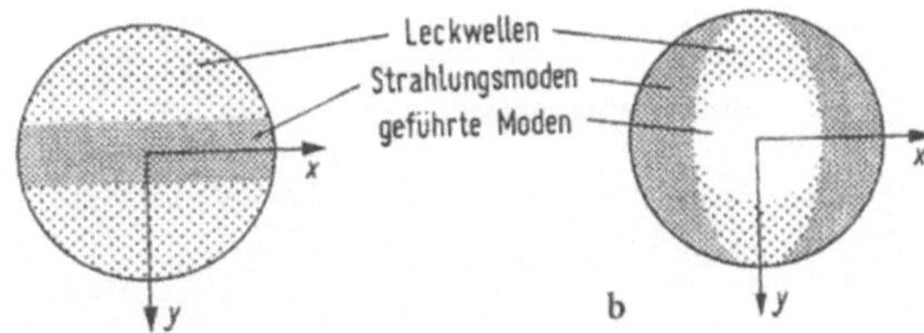

Abb. 5.10. Nahfeldintensität von Vielmodenfasern bei Anregung von geführten Moden, Leckwellen und Strahlungsmoden mit einem Bündel von Strahlen konstanter Neigung γ in Ebenen $y = \text{const}$ (z-Achse senkrecht auf Zeichenebene, hell abstrahlende Bereiche mit geringer Schwärzung). **a** Stufenprofilfaser, $\sin\gamma > A_N$; **b** Parabelprofilfaser, $\sin\gamma < A_N$

5.4.4 Modenleistungsverteilung

Moden gleicher oder ähnlicher Ausbreitungskonstanten werden durch unvermeidliche Faserstörungen besonders gut verkoppelt, s. Abschn. 5.7. In diesem Fall ist die Annahme $P(\nu, \delta) = P(\delta)$ gerechtfertigt. Es besteht dann die Möglichkeit, aus der Fernfeldintensität $P_{N0}(\gamma)$ bei gleichförmiger Modenanregung die Gruppenlaufzeitverteilung $t_g(\delta)$ zu bestimmen [28]. Weiter läßt sich in diesem Fall die Beziehung (5.53) für die Nahfeldintensität eindeutig umkehren [69], und man erhält für monotone Profilfunktionen mit (5.54)

$$P(\delta) = P_0 \frac{\mathrm{d}I_N(r)/\mathrm{d}r}{\mathrm{d}I_{N0}(r)/\mathrm{d}r}\Bigg|_{r = ag^{-1}\left(\frac{\delta}{\Delta}\right)}. \tag{5.57}$$

Auch wenn $P(\nu, \delta)$ nur von ν abhängt, ist für monotone Profile eine eindeutige Umkehrung der Nahfeldintensität möglich [69], so daß man aus Meßwerten $I_N(r)$ die Modenleistungsverteilungen $P(\delta)$ oder $P(\nu)$ ermitteln kann; für praktische Details s. [115].

Die Umkehrung der Fernfeldintensität $P_F(\gamma)$ (5.53) ist für die zwei genannten Spezialfälle der Modenleistungsverteilung nur bei Potenzprofilen bekannt [52]. Zwar sind $I_N(r)$ und $P_F(\gamma)$ durch die allgemeine Modenleistungsverteilung $P(\nu, \delta)$ und das Brechzahlprofil eindeutig bestimmt, jedoch kann von $I_N(r)$ und $P_F(\gamma)$ nicht eindeutig auf $P(\nu, \delta)$ rückgeschlossen werden, da die Phaseninformation der Felder verlorengegangen ist; ebensowenig läßt sich aus $P_F(\gamma)$ bzw. $I_N(r)$ eindeutig $I_N(r)$ bzw. $P_F(\gamma)$ berechnen. Eine Besonderheit stellt wiederum das Parabelprofil dar. Es folgt allgemein bei beliebigem $P(\nu, \delta)$ aus (5.53) [52]

$$P_F(\gamma) = \frac{a^2}{A_N^2} \cos\gamma \, I_N\left(\frac{a}{A_N} \sin\gamma\right). \tag{5.58}$$

Die strukturelle Identität des Nah- und Fernfelds wurde anhand der Äquivalenz von Verkippung und Versatz eines anregenden Lichtstrahls bereits im Text nach (5.41) und (5.49) festgestellt [53, Gl. (2.109)].

5.5 Gruppenlaufzeitdispersion

Die unterschiedlichen Gruppenlaufzeiten der einzelnen Moden bzw. Strahlkongruenzen führen dazu, daß sich Impulse während der Übertragung auf einer Faser zeitlich verbreitern. Man spricht von einer Gruppenlaufzeit- bzw. Intermodendispersion (von lateinisch *dispersio*, Zerstreuung) oder kurz Modendispersion. Die Phasenlaufzeit t_p und die Gruppenlaufzeit t_g auf einer Faserstrecke der Länge L betragen

$$t_p = \frac{\beta}{\omega} L, \quad t_g = \frac{\mathrm{d}\beta}{\mathrm{d}\omega} L. \tag{5.59}$$

Zur Berechnung von t_g müßte zunächst β aus der Dispersionsrelation (5.27) bestimmt und dann abgeleitet werden. Wegen der Differentiation empfiehlt sich ein numerischer Algorithmus nach diesem Schema nicht.

5.5.1 Gruppenlaufzeit

Ein direkteres Verfahren differenziert das Dispersionsintegral $F(\beta, \omega) = 2 \int_{R_1}^{R_2} k_r(r)\, \mathrm{d}r$ (5.27) implizit. Man erhält das strahlenoptische Äquivalent zur sogenannten Brownschen Identität [53, G. (2.117)], die Phasen und Gruppenlaufzeiten verknüpft.

Mit der Brechzahl $n = n(r)$, der profilabhängigen Gruppenbrechzahl $n_g = n_g(r)$ (18), der radialen Ausbreitungskonstanten $k_r^2(r) = k_0^2 n^2(r) - \nu^2/r^2 - \beta^2$ (5.27) und den Kaustikradien $k_r(R_{1,2}) = 0$ (5.26) eines monoton angenommenen Brechzahlprofils berechnet man die Integralbeziehung

$$\frac{\beta}{\omega}\frac{\mathrm{d}\beta}{\mathrm{d}\omega} = -\frac{\beta}{\omega}\frac{\partial F(\beta,\omega)/\partial\omega}{\partial F(\beta,\omega)/\partial\beta} \tag{5.60}$$

$$= \frac{1}{c^2}\int_{R_1}^{R_2} n n_g \frac{\mathrm{d}r}{k_r} \Big/ \int_{R_1}^{R_2} \frac{\mathrm{d}r}{k_r}.$$

Da nach Kap. 2 die Brechzahl $n(r)$ von λ abhängt (Materialdispersion), ändern sich auch die relative Brechzahldifferenz Δ und die Profilgestalt $g(r/a)$ mit der Wellenlänge.

5.5.2 Profiloptimierung

Als lineare und nichtlineare Profildispersion [35] P_l und P_n bezeichnet man

$$P_l = \frac{n_1}{n_{1g}} \frac{\lambda}{\Delta} \frac{\mathrm{d}\Delta}{\mathrm{d}\lambda}, \tag{5.61}$$

$$P_n = \frac{n_1}{n_{1g}} \frac{\lambda}{g(r/a)} \frac{\partial g(r/a)}{\partial \lambda}.$$

Bei einer bestimmten Klasse von Profilen, die durch eine nur von λ abhängige Funktion $D(\lambda)$ definiert werden, hängt auch bei nichtverschwindender Profildispersion die Gruppenlaufzeit t_g nur von δ ab [72] [36],

$$\frac{t_g}{L} = \frac{n_{1g}}{c} \frac{1 - 2\delta / D(\lambda)}{\sqrt{1 - 2\delta}}, \qquad (5.62)$$

$$D(\lambda) = \frac{2\,g(x) + x g'(x)}{g(x)\,(2 - P_l - P_n)}.$$

Die kleinste maximale Gruppenlaufzeitdifferenz ergibt sich für $D = 1 + \sqrt{1 - 2\Delta} \approx 2 - \Delta$ zu $\Delta t_{g\max}^{(\min)}/L = n_{1g}/c \cdot \Delta^2/8$.

Ist $P_n = 0$, dann sind Potenzprofile $g(r/a)$, Vielfach-Potenzprofile [89] und zusammengesetzte Potenzprofile [72] [113] mögliche Lösungen von (5.62).

Der Profilexponent q bzw. der mit $D = 2 - \Delta$ optimale Profilexponent q_{op} betragen dann für einfache Potenzprofile und $P_n = 0$

$$q = (2 - P_l)\,D - 2\,, \qquad (5.63)$$

$$q_{op} \approx 2 - 2P_l - 2\Delta\,.$$

Vernachlässigt man zusätzlich die lineare Profildispersion mit $P_l = 0$, so erhält man für Potenzprofile aus (5.62) mit $\delta < \Delta \ll 1$

$$\frac{t_g}{L} = \frac{n_{1g}}{c} \frac{1 - 4\delta/(q+2)}{\sqrt{1 - 2\delta}} \qquad (5.64)$$

$$\approx \frac{n_{1g}}{c} \begin{cases} 1 + \dfrac{q-2}{q+2}\,\delta, & q \neq 2\,, \\ 1 + \delta^2/2\,, & q = 2\,. \end{cases}$$

5.5.3 Gruppenlaufzeitdifferenz

Für Stufen- und Parabelprofile berechnet man aus (5.64) die Gruppenlaufzeiten t_g bzw. die entsprechenden maximalen Gruppenlaufzeitdifferenzen $\Delta t_{g\max}$,

$$\frac{t_g}{L} = \frac{n_{1g}}{c} \frac{1}{\sqrt{1 - 2\delta}} \approx \frac{n_{1g}}{c}(1 + \delta)\,,$$

$$\frac{\Delta t_{g\max}}{L} = \frac{n_{1g}}{c}\,\Delta \quad (q \to \infty)\,;$$

$$\frac{t_g}{L} = \frac{n_{1g}}{c} \frac{1 - \delta}{\sqrt{1 - 2\delta}} \approx \frac{n_{1g}}{c}\left(1 + \frac{\delta^2}{2}\right), \qquad (5.65)$$

$$\frac{\Delta t_{g\max}}{L} = \frac{n_{1g}}{c}\,\frac{\Delta^2}{2} \quad (q = 2)\,.$$

5.5.4 Impulsantwort

Alle geführten Moden seien von demselben zeitlichen Dirac-Impuls mit derselben Leistung angeregt; chromatische Dispersion werde vernachlässigt, so daß die Moden-Impulsantworten wiederum Dirac-Impulse sind.

Die Ausgangsleistung im Laufzeitintervall $t_g \ldots t_g + dt_g$ist der Summe der in diesem Bereich vorhandenen, gleichgroßen Dirac-Impulsflächen proportional. Die Impulsantwort $h(t_g)$ nach Durchlaufen der Faserlänge L definiert man demnach [42, Gl. (21)] als Anzahl geführter Moden $dM_g(\delta)$ pro Gruppenlaufzeitintervall dt_g (s. (5.37), (5.39)) an der Stelle t_g, bezogen auf die Gesamtzahl M_g geführter Moden. Mit der Dichte geführter Moden $m(\delta) = dM_g(\delta)/d\delta$, vgl. (5.39), erhält man

$$h(t_g) = \frac{m[\delta(t_g)]}{M_g} \left| \frac{d\delta(t_g)}{dt_g} \right| \qquad (5.66)$$

$$\text{für } 0 < \delta(t_g) < \Delta\,.$$

Aus der Umkehrung von (5.64) gewinnt man $\delta(t_g)$; folglich ergibt (5.66) mit der Gruppenlaufzeit t_{g0} des niedrigsten Modus $\delta \to 0$

$$h(t_g) = \frac{1}{t_{g0}} \begin{cases} \dfrac{q+2}{q} \left| \dfrac{q+2}{q-2} \dfrac{1}{\Delta} \right|^{1+\frac{2}{q}} \left| \dfrac{t_g}{t_{g0}} - 1 \right|^{\frac{2}{q}}, & q \neq 2 \\ 1/\Delta\,, & q \to \infty \\ 2/\Delta^2, & q = 2 \end{cases}$$

$$t_{g0} = \frac{n_{1g} L}{c}\,. \qquad (5.67)$$

Abbildung 5.11a zeigt den Verlauf der Impulsantworten (5.67) für verschiedene, suboptimale Profilexponenten als Funktion der normierten Gruppenlaufzeit, wobei als Nullpunkt die Laufzeit t_{g0} gewählt ist; Abb. 5.11b vergrößert die Umgebung des Nullpunkts.

Bei Profilexponenten, die nach (5.63) optimiert wurden, sollte man Gruppenlaufzeitdifferenzen der Größenordnung $\Delta t_{g\max}/L = n_{1g}/c \times \Delta^2/8 \approx 60$ ps/km beobachten können. Das trifft jedoch in der Praxis selbst dann nicht zu, wenn bei der Optimierung $P_n \neq 0$ [37] berücksichtigt wurde.

Reale Fasern zeigen Profilstörungen, s. Abschn. 5.7, so daß Gruppenlaufzeitdifferenzen von $\Delta t_{g\max}/L = n_{1g}/c \cdot 8\,\Delta^2$ der Wirklichkeit näher kommen.

Ferner spielt die Verteilung der Leistung auf die einzelnen Moden eine wichtige Rolle.

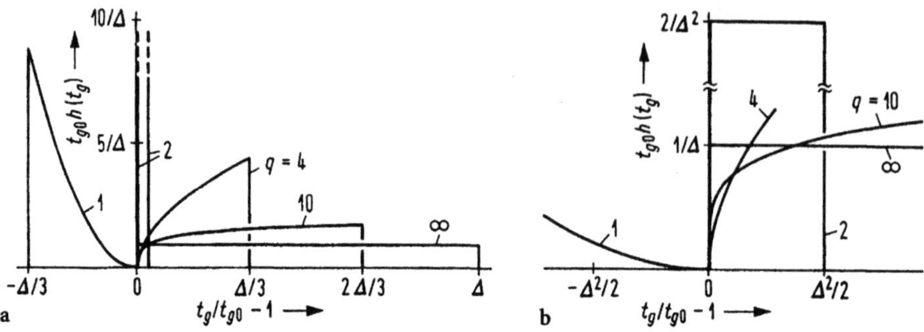

Abb. 5.11. Impulsantworten für verschiedene Exponenten q eines Potenzprofils bei gleichförmiger Anregung aller geführten Moden und $P_l = P_n = 0$; $t_{g0} = n_{1g}L/c$ ist die Laufzeit des niedrigsten Modus

Ein Minimum der größten Gruppenlaufzeitdifferenz Δt_{max} nach (5.65) bedeutet deswegen noch nicht, daß die Breite der tatsächlichen Impulsantwort ebenfalls minimal wird.

Bei der Herstellung optimierter Gradientenfasern muß daher das nach (5.62), (5.63) optimierte Brechzahlprofil über Messungen der Impulsaufweitung schrittweise verbessert werden.

Im nächsten Abschnitt werden die Einflüsse der Gruppenlaufzeitdispersion wellenoptisch und ohne Bezug auf spezifische Brechzahlprofile beschrieben. Der übergeordnete Blickpunkt gestattet allgemeine Aussagen zur Übertragungskapazität von Vielmodenfasern und zu geeigneten Meßverfahren.

5.6 Impulsantwort und Übertragungsfunktion

Die Gruppenlaufzeitdispersion optischer Wellenleiter begrenzt einerseits wegen der dadurch verursachten Impulsaufweitung die maximale Impulsfolgefrequenz f_t in Digitalsystemen (Nachrichtenbreite $B = f_t/2$), und sie beschränkt andererseits die Bandbreite B der Übertragungsfunktion von Analogsystemen.

Diese Bandbreitebegrenzung ist besonders einfach am Beispiel einer Zweimodenfaser einzusehen: Die optische Eingangsleistung werde wie in Abb. 5.12a um einen genügend großen Mittelwert P_0 herum mit einem sinusförmigen Signal der Frequenz $f = B$ moduliert und zu gleichen Teilen in jeden der beiden Moden eingekoppelt.

Hätten beide Moden identische Gruppenlaufzeiten, so würden sich bei geeigneten Betriebsbedingungen die Zeitfunktionen der optischen Intensitäten (d.h. die Ströme nach der Photodetektion) phasenrichtig addieren, und das ursprüngliche Sinus-Signal könnte durch einen optischen Leistungsdetektor rekonstruiert werden, Abb. 5.12a.

Entsteht durch unterschiedliche Gruppenlaufzeiten in beiden Moden eine Gruppenlaufzeitdifferenz Δt_g, die gerade einer halben Signal-Periodendauer entspricht, d.h. wird $\Delta t_g = 1/(2B)$, so summieren sich zwar wie in Abb. 5.12b am Ende der Übertragungsstrecke die jeweiligen Mittelwerte zum Signalmittelwert

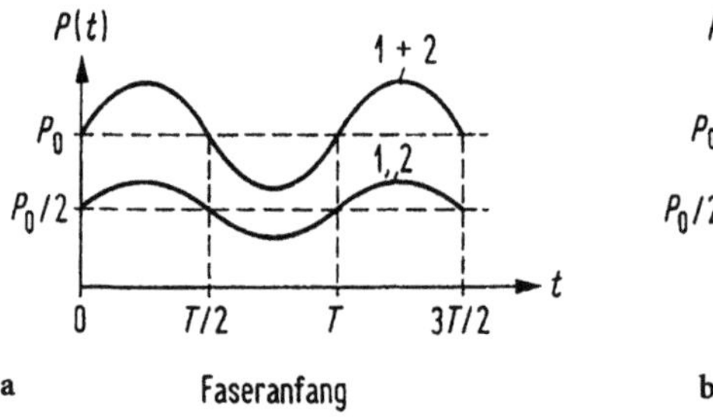

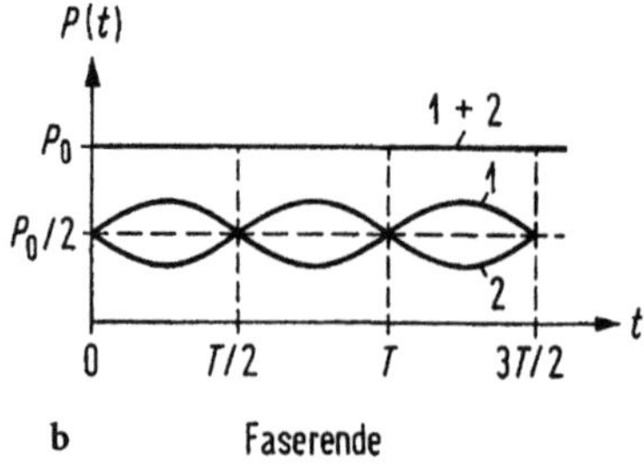

Abb. 5.12. Auslöschung des Modulationssignals zufolge Dispersion. $T = 1/B$ ist die Periodendauer einer sinusförmigen Modulation der Leistung $P(t)$

P_0, die gegenphasigen Sinus-Signale jedoch addieren sich zu null.

Die über eine Signalperiode gemittelte detektierte optische Leistung ist konstant geblieben, aber ihre spektrale Verteilung hat sich geändert. Die sogenannte Leistungs-Übertragungsfunktion dieses Wellenleiters hat bei $f = 1/(2\Delta t_g) = B$ einen Dämpfungspol. Da Δt_g linear mit der Wellenleiterlänge L steigt, sinkt die Leistungs-Übertragungsbandbreite $\sim 1/L$.

5.6.1 Lineare zeitinvariante Systeme

Ein lineares zeitinvariantes Übertragungssystem wird charakterisiert durch einen linearen Differentialoperator, der die zeitabhängige Ursache $u(t)$ in eine zeitabhängige Wirkung $w(t)$ transformiert; $w(t)$ ergibt sich daher als Faltung von $u(t)$ mit der sogenannten Impulsantwort $h(t)$,

$$w(t) = \int_{-\infty}^{+\infty} u(t')\, h(t-t')\, \mathrm{d}t' . \tag{5.68}$$

Die Funktion $h(t)$ erhält man formal, wenn man die Ursache $u(t)$, ungeachtet ihrer physikalischen Bedeutung und Einheit $E = E_u$, durch die Dirac-Funktion $\delta(t)$ mit der Einheit $E_\delta = \mathrm{s}^{-1}$ ersetzt. Die Einheit der Wirkung $w(t)$ sei $E = E_w$; als Einheit der Impulsantwort folgt dann $E_h = (E_w/E_u) \cdot \mathrm{s}^{-1}$.

Die Spektralfunktion $\breve{\Psi}(f)$ ergibt sich als Fourier-Transformierte der Zeitfunktion $\Psi(t)$,

$$\Psi(t) = \int_{-\infty}^{+\infty} \breve{\Psi}(f)\, \mathrm{e}^{+\mathrm{j}2\pi f t}\, \mathrm{d}f ,$$

$$\breve{\Psi}(f) = \int_{-\infty}^{+\infty} \Psi(t)\, \mathrm{e}^{-\mathrm{j}2\pi f t}\, \mathrm{d}t . \tag{5.69}$$

Mit den Spektren $\breve{w}(f)$ und $\breve{u}(f)$ schreibt man die Faltungsoperation (5.68)

$$w(t) = u(t) * h(t) , \tag{5.70}$$

$$\breve{w}(f) = \breve{u}(f)\, \breve{h}(f) .$$

Das Spektrum $\breve{h}(f)$ wird Übertragungsfunktion des linearen zeitinvarianten Systems genannt.

Als Halbwertsbreite Δt_H bezeichnet man den Abstand derjenigen Abszissenwerte, bei denen eine impulsförmige Zeitfunktion den halben Maximalwert erreicht; f_H meint die Frequenz, bei der das zugehörige Tiefpaßspektrum seinen halben maximalen Betrag annimmt. Die Größe Δf_H ist entsprechend Δt_H als Halbwertsbreite für Bandpaßspektren definiert.

Häufig werden Gauß-Funktionen als Modelle für Impulse und Spektren verwendet. Der zeitliche Erwartungswert ist $\bar{t}$. Die effektive zeitliche Breite wird durch die Standardabweichung σ bzw. durch die Varianz $\sigma^2 = \overline{(t-\bar{t})^2}$ festgelegt. Es folgt mit $\omega = 2\pi f$

$$\begin{aligned} G(t) &= \frac{1}{\sqrt{2\pi\sigma^2}}\, \mathrm{e}^{-(t-\bar{t})^2/(2\sigma^2)} , \\ \breve{G}(f) &= \mathrm{e}^{-\sigma^2\omega^2/2}\, \mathrm{e}^{-\mathrm{j}\omega\bar{t}} , \\ \Delta t_H &= 2\sqrt{\ln 4}\, \sigma \approx 2{,}35\sigma , \\ f_H &= \frac{\sqrt{\ln 4}}{2\pi} \Big/ \sigma \approx 0{,}187/\sigma , \\ \Delta t_H &= \frac{\ln 4}{\pi} \Big/ f_H \approx 0{,}441/f_H . \end{aligned} \tag{5.71}$$

Ist die Übertragungsfunktion ein Gauß-Tießpaß $\breve{h}(f) \sim \breve{G}(f, \bar{t}, \sigma_h)$, und die Ursachenfunktion hat mit $\breve{u}(f) \sim \breve{G}(f, 0, \sigma_u)$ ein gaußförmiges Spektrum, dann ergibt sich auch eine Wirkungsfunktion mit gaußförmigem Spektrum $\breve{w}(f) \sim \breve{G}(f, \bar{t}, \sigma_w)$,

$$\begin{aligned} \sigma_w^2 &= \sigma_h^2 + \sigma_u^2 , \\ (\Delta t_{wH})^2 &= (\Delta t_{hH})^2 + (\Delta t_{uH})^2 , \\ f_{wH}^{-2} &= f_{hH}^{-2} + f_{uH}^{-2} . \end{aligned} \tag{5.72}$$

5.6.2 Eigenschaften der Lichtquelle

Betrachtet werde ein transversaler Modus des emittierten Feldes einer quasimonochromatischen (schmalbandigen) Lichtquelle der Mittenfrequenz $f_0 = \omega_0/(2\pi)$. Das Zeitsignal habe eine im Maßstab der Periodendauer $1/f_0$ langsam veränderliche Amplitude und Phase und werde durch ein analytisches Signal $\underline{a}(t)$ (Spektrum $\breve{a}(f<0) = 0$, s. z.B. [53, Anhang B]) mit der komplexen Amplitude $A_0(t)$ und dem Träger $\mathrm{e}^{\mathrm{j}\omega_0 t}$ beschrieben. Die Quellenleistung $P_0(t)$ ergibt sich dann aus einer Mittelung über wenige optische Perioden und ist ebenfalls zeitabhängig,

$$\underline{a}(t) = A_0(t)\, \mathrm{e}^{\mathrm{j}\omega_0 t} , \tag{5.73}$$

$$P_0(t) = \frac{1}{2}\, |A_0(t)|^2 .$$

Zwischen den Korrelationsfunktionen und den Leistungsspektren des komplexen analytischen Signals $\underline{a}(t)$ und des reellen Signals $a(t) = \Re\{\underline{a}(t)\}$ besteht allgemein der Zusammenhang (vgl. [13, Abschn. 10.3.2]):

$$\vartheta_{\underline{a}}(\tau) = \overline{\underline{a}(t+\tau)\,\underline{a}^*(t)} = \overline{A_0(t+\tau)\,A_0^*(t)}\,\mathrm{e}^{\mathrm{j}\omega_0\tau},$$

$$\vartheta_a(\tau) = \overline{a(t+\tau)\,a(t)} = \frac{1}{2}\,\Re\{\vartheta_{\underline{a}}(\tau)\},$$

$$\Theta_a(f) = \int_{-\infty}^{+\infty} \vartheta_a(\tau)\,\mathrm{e}^{-\mathrm{j}\,2\pi f\tau}\,\mathrm{d}\tau, \qquad (5.74)$$

$$\Theta_{\underline{a}}(f) = \int_{-\infty}^{+\infty} \vartheta_{\underline{a}}(\tau)\,\mathrm{e}^{-\mathrm{j}\,2\pi f\tau}\,\mathrm{d}\tau = \begin{cases} 4\,\Theta_a(f) & \text{für } f>0\,, \\ 0 & \text{für } f<0\,. \end{cases}$$

Die Leistung $P_0(t)$ mit dem Erwartungswert $P_0 = \overline{P_0(t)}$ werde durch das reelle Signal $p(t)$ (Spektrum $\breve{p}(f)$) moduliert; zur Schreibweise s. (5.69). Für Vielmodenfasern, deren Bandbreite hauptsächlich durch Intermodendispersion und nicht durch chromatische Dispersion bestimmt wird, spielt eine signalabhängige Änderung der Sender-Schwingfrequenz (ein sogenannter „Chirp“) keine Rolle. Vereinfachend werde daher angenommen, daß der Modulationsprozeß die optische Phase nicht beeinflußt; ihr dann konstanter Wert darf zu null gesetzt werden,

$$\underline{a}_p(t) = \sqrt{p(t)}\,A_0(t)\,\mathrm{e}^{\mathrm{j}\omega_0 t}, \qquad (5.75)$$

$$P_{0p}(t) = p(t)\,P_0, \qquad p(t) \geq 0\,.$$

5.6.3 Einmoden-Impulsantwort

In einem verlustlosen Wellenleiter breitet sich nach (5.10) das Feld des Modus $m \,\hat{=}\, (\nu, \mu)$ längs der Wellenleiterachse z gemäß $\exp[-\mathrm{j} \times \beta_m(\omega) z]$ aus; ein monochromatisches Signal $\exp(\mathrm{j}\omega_0 t)$ mit dem Spektrum $\delta(f-f_0)$ am Anfang einer solchen Übertragungsstrecke der Länge $z = L$ wird also ein Ausgangssignal $\exp\{\mathrm{j}[\omega_0 t - \beta_m(\omega_0)L]\}$ mit dem Spektrum $\exp[-\mathrm{j}\beta_m(\omega)L]\,\delta(f - f_0)$ hervorrufen. Nach (5.70) erhält man dann für die analytische Übertragungsfunktion $\breve{h}_m(f)$ und die kausale reelle Impulsantwort $h_m(t)$ in diesem Modus

$$\breve{h}_m(f) = \mathrm{e}^{-\mathrm{j}\,\beta_m(\omega)L}, \qquad (5.76)$$

$$\beta_m(\omega) = -\,\beta_m(-\omega);$$

$$h_m(t) = \int_{-\infty}^{+\infty} \breve{h}_m(f)\,\mathrm{e}^{\mathrm{j}\,2\pi f t}\,\mathrm{d}f\,.$$

Im dispersionsfreien Vakuum ist $\beta_m(\omega) = k_0 = \omega/c$, was eine Impulsantwort $h_m(t) = \delta(t - L/c)$ zur Folge hat. Mit (5.70) führt dann eine Ursache $u(t)$ zu einer Wirkung $w(t) = u(t - L/c)$; diese Übertragung wird „verzerrungsfrei“ genannt.

Für schmalbandige, bei f_0 konzentrierte Signalspektren ist es sinnvoll, die Ausbreitungskonstante bei der Frequenz f_0 in eine Reihe zu entwickeln, $\beta_m^{(i)} = \mathrm{d}^i\beta_m(\omega)/\mathrm{d}\omega^i|_{\omega=\omega_0}$,

$$\beta_m(\omega \approx \beta_m^{(0)} + (\omega - \omega_0)\,\beta_m^{(1)} + \frac{(\omega-\omega_0)^2}{2!}\,\beta_m^{(2)} + \frac{(\omega-\omega_0)^3}{3!}\,\beta_m^{(3)}\,. \qquad (5.77)$$

$L\beta_m^{(0)}/\omega_0 = t_{pm}$ und $L\beta_m^{(1)} = t_{gm}$ identifiziert man nach (5.59) als Phasen- und Gruppenlaufzeit im Modus m.

Berücksichtigt man Terme bis $\beta_m^{(1)}$, dann erhält man als Reaktion auf das analytische Schmalbandsignal (5.73) mit (5.76), (5.77) das Ausgangssignal $A_0(t - t_{gm})\exp[\mathrm{j}\,\omega_0 \times (t - t_{pm})]$. Die langsam veränderliche Einhüllende $A_0(t)$ wird um die Gruppenlaufzeit verzögert, bleibt aber in der Form erhalten; die Trägerphase des Ausgangssignals wird um $\omega_0 t_{pm}$ retardiert.

Berücksichtigt man $\beta_m^{(2)}$ (eventuell auch $\beta_m^{(3)}$ usw.), dann ändert sich die Form der Einhüllenden, die zeitlich breiter oder schmaler werden kann. Durch die Gruppenlaufzeitdispersion kommt es zu linearen Verzerrungen.

Werden in (5.77) nur Terme bis $\beta_m^{(2)}$ erfaßt, so spricht man von Gruppenlaufzeitdispersion erster Ordnung (lineare Dispersion).

5.6.4 Einmoden-Leistungs-Impulsantwort

Die intensitätsmodulierte Signalquelle (5.75) rege einen Wellenleitermodus $\Psi_m(r, \varphi)$ an; der Kopplungskoeffizient sei c_m mit der Normierung $\sum_m |c_m|^2 = 1$, das reelle Amplitudenmodulationssignal werde mit $s(t)$ abgekürzt. Am Eingang des Wellenleiters bei $z = 0$ lautet dann das skalare Feld

$$\Phi_m(t, r, \varphi, 0) = c_m\,\Psi_m(r, \varphi)\,\mathrm{e}^{\mathrm{j}\omega_0 t} \times s(t)\,A_0(t)\,, \qquad (5.78)$$

$$s(t) = \sqrt{p(t)}\,.$$

Am Ende des Wellenleiters bei $z = L$ erhält man mit (5.68), (5.76) eine zum Eingangssignal lineare Beziehung,

$$\Phi_{\rm m}(t,r,\varphi,L) = c_{\rm m}\Psi_{\rm m}(r,\varphi)\,{\rm e}^{{\rm j}\omega_0 t} \qquad (5.79)$$
$$\times \int_{-\infty}^{+\infty} {\rm d}t_1 h_{\rm m}(t_1) s(t-t_1)\, A_0(t-t_1)\,{\rm e}^{-{\rm j}\omega_0 t_1}\,.$$

Mit einem über $A(t)$ mittelnden, hinreichend großflächigen Photodetektor registriert man den wegen der Modulation zeitabhängigen Erwartungswert $P_{\rm m}(t) = \overline{P_{\Phi_{\rm m}}(t)}$ der gesamten Querschnittsleistung

$$P_{\Phi_{\rm m}}(t) = \tfrac{1}{2}\,n_1 \iint |\Phi_{\rm m}(t,r,\varphi,L)|^2\, r\,{\rm d}r\,{\rm d}\varphi\,.$$

Wegen der Orthogonalitätsrelation erhält man mit (5.74)

$$P_{\rm m}(t) = \frac{|c_{\rm m}|^2}{2} \iint_{-\infty}^{+\infty} {\rm d}t_1\,{\rm d}t_2\, h_{\rm m}(t_1)\, h_{\rm m}(t_2)$$
$$\times\, s(t-t_1)\, s(t-t_2)\, \vartheta_{\underline{a}}(t_2-t_1)\,. \qquad (5.80)$$

Zwischen dem reellen Eingangssignal $p(t) = s^2(t)$ und dem reellen Ausgangssignal $P_{\rm m}(t)$ besteht also eine *nichtlineare* Beziehung.

Dieses nichtlineare System ist (im Gegensatz zur linearen Beziehung (5.79) zwischen den Amplituden) nicht durch die Übertragungseigenschaften des Wellenleiters allein bestimmt. Zusätzlich gehen mit $\vartheta_{\underline{a}}(\tau)$ die spektralen Quelleneigenschaften ein, und da der Detektor implizit frequenzunabhängig vorausgesetzt war, sind auch dessen spektrale Eigenschaften in (5.80) erfaßt.

Zur weiteren Diskussion wird eine Moden-Übertragungsfunktion $\breve{h}_{\rm m}(f)$ nach (5.76), (5.77) vorausgesetzt. Das einseitige Quellenspektrum $2\Theta_{\rm a}(f>0)$ des Schmalbandprozesses $a(t)$ sei gaußförmig mit dem Mittelwert f_0 und der effektiven Breite $\sigma_\Theta \ll f_0$. Der Leistungs- bzw. Amplituden-Modulationsimpuls $p(t)$ bzw. $s(t) = \sqrt{p(t)}$ werde gaußförmig nach (5.71) angenommen. Man erhält

$$2\,\Theta_{\rm a}(f) = \frac{P_0}{\sqrt{2\pi\sigma_\Theta^2}}\, 2^{-(f-f_0)^2/(2\sigma_\Theta^2)}\,, \qquad (5.81)$$
$$p(t) = p_0\,{\rm e}^{-t^2/(2\sigma_{\rm p}^2)}\,.$$

Die spektrale Halbwertsbreite $\Delta f_{\Theta{\rm H}}$ der unmodulierten Lichtquelle und die Bandbreite $f_{\rm pH}$ der Modulationsfunktion $p(t)$ können aus den entsprechenden Standardabweichungen nach (5.71) bestimmt werden.

Linearisierung

Der nichtlineare Zusammenhang (5.80) kann unter bestimmten Bedingungen linearisiert werden. Zu diesem Zweck führt man durch

$$p(t) = u_0 + u(t)\,, \qquad (5.82)$$
$$s(t) = \sqrt{u_0 + u(t)}$$

ein zeitabhängiges, reelles Modulationssignal $u(t)$ mit dem Spektrum $\breve{u}(f)$ und der Bandbreite $f_{\rm uH}$ ein; $u_0 \geq 0$ ist konstant.

Zwei Voraussetzungen führen zum selben Ergebnis: Entweder gelte $|u(t)| \ll u_0$ (Kleinsignalnäherung), oder die Korrelationsfunktion $\vartheta_{\underline{a}}(t_2-t_1)$ sei zeitlich wesentlich schmaler als die Modulationsfunktion $s(t-t_{1,2})$ im Integranden von (5.80) (Schmalbandmodulation mit Bandbreite $f_{\rm uH}, f_{\rm pH} \ll \Delta f_{\Theta{\rm H}}$). Bei Schmalbandmodulation ist das Spektrum der modulierten Quelle gegenüber dem Fall ohne Modulation nicht signifikant verbreitert.

Man erhält unter Beachtung von $\vartheta_{\underline{a}}(t_2-t_1) = \vartheta_{\underline{a}}^*(t_1-t_2)$ (Gl. (5.74)) aus (5.80) zwischen Eingangs- und Ausgangsimpuls im Modus m eine *lineare* Beziehung, wobei $g_{\rm m}(t)$ die sogenannte Leistungs-Impulsantwort und $\breve{g}_{\rm m}(f)$ die Leistungs-Übertragungsfunktion des linearisierten Systems ist,

$$P_{\rm m}(t) = \int_{-\infty}^{+\infty} g_{\rm m}(t_1)\, u(t-t_1)\,{\rm d}t_1 + g_{\rm m,0}\,,$$
$$\breve{P}_{\rm m}(f) = \breve{g}_{\rm m}(f)\,\breve{u}(f) + g_{\rm m,0}\,\delta(f)\,. \qquad (5.83)$$

Der Summand $g_{\rm m,0}$ stellt eine konstante Lichtleistung dar [53, Gl. (2.187)], die vom konstanten Anteil u_0 der Modulationsfunktion herrührt.

Die komplizierten Ausdrücke für $g_{\rm m}(t)$ und $\breve{g}_{\rm m}(f)$ [53, Gl. (2.188)] kann man nach Einsetzen der Moden-Übertragungsfunktion (5.76), (5.77) im Fall der Schmalbandmodulation ($f_{\rm pH} \ll \Delta f_{\Theta{\rm H}}$) vereinfachen [44]. Verwendet man das Quellenspektrum (5.81) mit (5.74), so erhält man das Ergebnis (vgl. [44, Gl. (4)] [16, Gl. (4)] [10, Gl. (8)]

$$\breve{g}_{\rm m}(f) = \frac{|c_{\rm m}|^2 P_0}{\sqrt[4]{1+(\omega\sigma_{2,\rm m})^2}}\,{\rm e}^{-(\sigma_{1,\rm m}\omega)^2/2}$$
$$\times\,{\rm e}^{-{\rm j}\,\omega\beta_{\rm m}^{(1)}L}\,{\rm e}^{{\rm j}(\sigma_{1,\rm m}\omega)^2\sigma_{2,\rm m}\omega/2}$$
$$\times\,{\rm e}^{-{\rm j}\arctan(\omega\sigma_{2,\rm m})/2}\,,$$
$$\sigma_{1,\rm m} = \frac{2\pi\,\sigma_\Theta\beta_{\rm m}^{(2)}L}{\sqrt[2]{1+(\omega\sigma_{2,\rm m})^2}}\,, \qquad (5.84)$$
$$\sigma_{2,\rm m} = (2\pi\sigma_\Theta)^2\,\beta_{\rm m}^{(3)}L\,.$$

Für $\beta_{\rm m}^{(2)} \neq 0$, $\beta_{\rm m}^{(3)} = 0$ (d.h. wenn die chromatische Dispersion erster Ordnung dominiert) und für ein gaußförmiges Quellenspektrum, das sehr viel breiter ist als die spektrale Breite des Modulationsimpulses ($f_{pH} \ll \Delta f_{\Theta H}$, Schmalband-Modulation), resultiert eine gaußförmige Leistungs-Übertragungsfunktion $\breve{g}_m(f)$.

Mit einem gaußförmigen Modulationsimpuls $p(t) = u(t)$, $u_0 = 0$ von (5.81), (5.82) erhält man dann nach (5.83) einen ebenfalls gaußförmigen Empfangsimpuls $P_m(t)$, s. [53, Gl. (2.185)].

5.6.5 Vielmoden-Leistungs-Impulsantwort

Die Übertragungsbandbreite vielmodiger Wellenleiter wird durch die Intermodendispersion auf wesentlich kleinere Werte als beim einmodigen Wellenleiter reduziert. Ferner können billige Lichtquellen mit breiterem optischen Spektrum verwendet werden. In vielen Fällen ist daher die Näherung $f_{pH} \ll \Delta f_{\Theta H}$ (Schmalbandmodulation) gerechtfertigt.

Die über den gesamten Wellenleiterquerschnitt integrierte Gesamtleistung P ist gleich der Summe der Einzelleistungen P_m in den M orthogonalen Moden m, was auch im Falle einer Modulation gilt. Mit einer in jedem Modus identischen Intensitätsmodulation $p(t) = u(t)$, $u_0 = 0$ erhält man demnach bei Detektion der gesamten Leistung im Faserquerschnitt für die zeitabhängige Ausgangsleistung $P(t) = \sum_m P_m(t)$.

Bei gleichförmiger Modenleistungsverteilung $|c_m|^2 = 1/M$ ($\sum_m |c_m|^2 = 1$, vgl. Text vor (5.78)) und einem gaußförmigen Quellenspektrum nach (5.81) berechnet man die Vielmoden-Leistungs-Übertragungsfunktion $\breve{g}(f) = \sum_m \breve{g}_m(f)$ mit (5.84); es werde angenommen, daß nur die Gruppenlaufzeiten $t_{gm} = \beta_m^{(1)} L$ in den einzelnen Moden sich wesentlich unterscheiden, daß jedoch die Terme mit $\beta_m^{(2)} \approx \beta^{(2)}$ und $\beta_m^{(3)} \approx \beta^{(3)}$ für alle Moden m praktisch identisch sind, so daß $\sigma_{1,m} \approx \sigma_1$ und $\sigma_{2,m} \approx \sigma_2$ unabhängig vom Modenindex gilt (chromatische Beiträge zur Intermodendispersion werden also vernachlässigt). Man erhält dann mit (5.83), (5.84) das Faltungsintegral

$$P(t) = \int_{-\infty}^{+\infty} g(t_1)\, p(t - t_1)\, dt_1\,, \qquad (5.85\text{a})$$

$$\breve{P}(f) = \breve{g}(f)\, \breve{p}(f)$$

mit der Leistungs-Impulsantwort $g(t)$

$$g(t) = \sum_{m=1}^{M} \frac{|c_m|^2}{2} \Re \left\{ h_m(t) \times \int_{-\infty}^{+\infty} h_m(t')\, \vartheta_a(t' - t)\, dt' \right\} \qquad (5.85\text{b})$$

und der Leistungs-Übertragungsfunktion $\breve{g}(f)$,

$$|\breve{g}(f)|^2 \approx \frac{P_0^2\, e^{-\sigma_1^2 \omega^2}}{\sqrt{1 + (\omega \sigma_2)^2}}\, |\breve{g}_{LZ}(f)|^2,$$

$$\sigma_1 = \frac{2\pi \sigma_\Theta \beta^{(2)} L}{\sqrt{1 + (\omega\sigma_2)^2}}, \qquad (5.85\text{c})$$

$$\sigma_2 = (2\pi\, \sigma_\Theta)^2 \beta^{(3)} L\,.$$

$|\breve{g}(f)|^2$ setzt sich multiplikativ zusammen aus einem vom Quellenspektrum abhängigen „chromatischen" Term (chromatische Dispersion) und einem Laufzeitterm $|\breve{g}_{LZ}(f)|^2$ (Intermodendispersion),

$$|\breve{g}_{LZ}(f)|^2 \approx \frac{1}{M} + \frac{2}{M^2} \times \sum_{m=2}^{M} \sum_{n=1}^{m-1} \cos\left[\omega(t_{gm} - t_{gn})\right]. \qquad (5.85\text{d})$$

Das linearisierte System (5.85a)–(5.85d) ist (im Gegensatz zur linearen Beziehung (5.79) zwischen den Amplituden) wie schon in (5.80) nicht durch die Übertragungseigenschaften des Wellenleiters allein bestimmt. Zusätzlich gehen mit $|c_m|^2$ die räumlichen, mit $\vartheta_a(\tau)$ die spektralen Quelleneigenschaften ein, und mit der Vorschrift, daß der (implizit frequenzunabhängig vorausgesetzte) Detektor den gesamten Wellenleiterquerschnitt erfassen soll, sind die räumlichen und spektralen Eigenschaften der Auskoppelanordnung in (5.85a)–(5.85d) ebenfalls inbegriffen.

Zu nichtlinearen Verzerrungen kann es bei nur teilweiser räumlicher oder spektraler Detektion durch sogenannte Granulationseffekte (s. Abschn. 5.9) kommen, oder wenn sich zufolge mechanischer, elektrischer bzw. thermischer Einwirkungen die Brechzahl des Wellenleiters zeitlich ändert und das System damit zeitvariant wird.

Den Einfluß des chromatischen Terms (5.85c) schätzt man ab mit der typischen Materialdispersion für undotiertes Quarzglas [53, Abb. 2.8]: −84; 0; +22 ps/(km nm) für λ = 0,85; 1,28; 1,55 μm. Der Laufzeitterm soll im weiteren diskutiert werden.

5.6.6 Laufzeit-Leistungs-Übertragungsfunktion

Die Impulsantwort einer Stufenprofilfaser besteht (unter Vernachlässigung der chromatischen Dispersion) nach (5.66) und Abb. 5.11 aus einer Folge von δ-Impulsen, die über den maximalen Laufzeitbereich $\Delta t_{g\,\max}$ (5.65) mit gleichen Abständen verteilt sind, so daß zwischen zwei benachbarten Moden die Laufzeitdifferenz $\Delta t_g = |t_{gm} - t_{g,m\pm1}| = \Delta t_{g\,\max}/M$ unabhängig von m ist; dieselbe Näherung ist für Parabelprofilfasern zulässig, wenn man die mit der Modendichte gewichteten Impulsantworten auf eine Impulsfolge mit gleichen Abständen umrechnet.

Für große Modenanzahlen darf ferner in (5.85d) der Summand $1/M$ gegen die Doppelsumme mit $(M^2 - M)/2$ Termen vernachlässigt werden, und diese kann man näherungsweise durch eine Integration $\int_0^M dm \int_0^m dn$ ersetzen. Für die Laufzeit-Leistungs-Übertragungsfunktion $|\breve{g}_{LZ}(f)|^2$ ($|\breve{g}_{LZ}(0)|^2 = 1$, Halbwertsbreite $B = f_{|gLZ|^2H}$, vgl. $f_H \approx 0{,}441/\Delta t_H$ von (5.71) beim Gauß-Tiefpaß) erhält man damit

$$|\breve{g}_{LZ}(f)|^2 \approx \left[\frac{\sin(\omega\Delta t_{g\,\max}/2)}{\omega\Delta t_{g\,\max}/2}\right]^2, \qquad (5.86)$$

$$B = f_{|g_{LZ}|^2H} \approx 0{,}443/\Delta t_{g\,\max}.$$

Für kleine f ist $|\breve{g}_{LZ}(f)|^2/\mathrm{dB} = 10\lg|\breve{g}_{LZ}(f)|^2$ in Abb. 5.13 eine gaußähnliche Tiefpaßfunktion; für größere Frequenzen wird das typische Laufzeitverhalten sichtbar. Meßwerte nach [26] für eine Gradientenfaser $2a = 30\,\mu$m, $A_N = 0{,}16$, $L = 650$, $B = 0{,}69$ GHz mit einer relativ schmalbandigen Lichtquelle $\Delta f_{\Theta H} = 22$ GHz ($\Delta\lambda_{\Theta H} = 0{,}05$ nm) bei $\lambda = 0{,}82\,\mu$m bestätigen die Kurvenform. Bei Modulationsfrequenzen $f \le f_{pH} = 2{,}25$ GHz ist die Bedingung der Schmalbandmodulation $f_{pH} \ll \Delta f_{\Theta H}$ für (5.83)-(5.86) erfüllt.

Aus (5.65) lassen sich für Stufenprofilfasern ($q \to \infty$) und Parabelprofilfasern ($q = 2$) die maximalen Gruppenlaufzeitdifferenzen $\Delta t_{g\max}$ abschätzen. Aus (5.86), (5.65) erhält man mit $n_{1g} = 1{,}46$ für das durch Modendispersion bedingte Bandbreite-Länge-Produkt

$$\frac{BL}{\text{MHz km}} \approx 9{,}1\begin{cases} 1/(100\Delta) & (q\to\infty)\,, \\ 200/(100\Delta)^2 & (q=2)\,. \end{cases} \qquad (5.87)$$

Für reale, gestörte Parabelprofile (s. Text nach (6.57) und Abschn. 5.7) ist ein um eine Größenordnung niedrigerer Wert von BL realistischer. Mit den Faserparametern von Abb. 5.13 errechnet man nach (5.87) $B_\infty L = 15$ MHz km für $q \to \infty$ und $B_2 L = 5$ GHz km für $q = 2$. Der Meßwert $BL = 450$ MHz km beträgt nur 9% von B_2L.

Man sieht durch Vergleich mit den Zahlenwerten für die chromatische Dispersion (s. Text nach (5.85d)), daß bei dämpfungsarmen vielmodigen Wellenleitern die Intermodendispersion selbst für Quellenbandbreiten von $\Delta\lambda_{\Theta H} = 5$ nm dominiert. Die tatsächlichen Bandbreite-Länge-Produkte BL sind für übliche Lichtquellen so niedrig, daß die anfangs getroffene Voraussetzung der Schmalbandmodulation ($f_{pH} \ll \Delta f_{\Theta H}$) in allen praktischen Fällen gerechtfertigt ist.

Die Ergebnisse von Bandbreitenmessungen wie in Abb. 5.13 sind nach (5.85b) stark

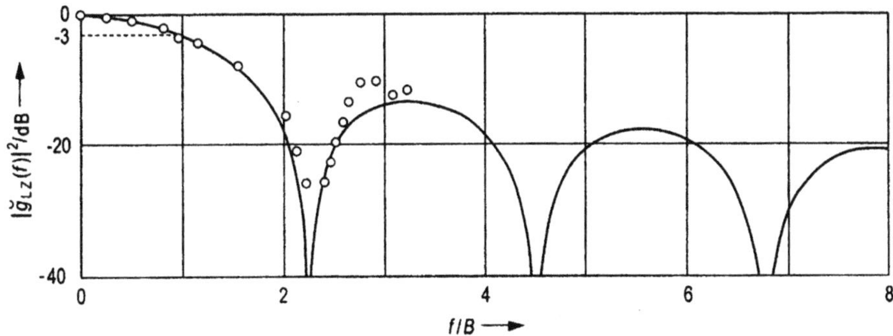

Abb. 5.13. Betragsquadrat der Laufzeit-Leistungs-Übertragungsfunktion als Funktion der auf die 3-dB-Bandbreite B normierten Frequenz. Meßdaten (o) nach [26] für eine Gradientenfaser $2a = 30\,\mu$m, $A_N = 0{,}16$, $L = 650$ m, $B = 0{,}69$ GHz bei $\lambda = 0{,}82\,\mu$m. 20-dB-Übertragungsbereiche für $0 \le f/B \le 2{,}1$; $2{,}5 \le f/B \le 4{,}1$; $5{,}1 \le f/B \le 6{,}1$

von den Moden-Leistungskopplungskoeffizienten $|c_m|^2$ abhängig. Regt man alle Moden wie bei $|\breve{g}(f)|^2$ in (5.85a)–(5.87) gleichförmig an, so wird die Bandbreite in der Tendenz niedriger sein als für den Fall, daß (wie z. B. bei der 2/3- oder 70%-Anregung am Ende von Abschn. 5.3.4) vergleichsweise wenige Moden angeregt werden [14].

Über Versuche, durch geeignete Modenfilter die Bandbreite vielmodiger Fasern zu erhöhen, berichtet [54]. Eine Verdopplung des Verstärkungs-Bandbreite-Produkts wird dabei mit einer um 6,5 dB erhöhten Übertragungsdämpfung bezahlt. – Mit einer axial versetzten Lichteinkopplung kann ebenfalls ein reduzierter Modensatz angeregt und dadurch die effektive Übertragungsbandbreite erhöht werden [112]. Insbesondere läßt sich verhindern, daß bei axial zentrierter Anregung eine Profilwelligkeit die Bandbreite deutlich verringert, s. Abschn. 5.7. – Durch eine axial zentrierte Anregung nur weniger Moden einer Gradientenfaser mit $2a = 65{,}5$ µm konnte ein Bandbreite-Länge-Produkt von 5,6 GHz km bei $\lambda = 1{,}3$ µm erreicht werden [18].

Gemäß dem Bandbreite-Länge-Produkt (5.87) überträgt man Signale nur im 3-dB-Basisbereich $0 \le f/B \le 1$ und nutzt damit nicht die volle Informationskapazität einer Vielmodenfaser. Unter Hinnahme einer auf maximal 20 dB erhöhten Dämpfung könnte man mit einem Subträger-Multiplex-System auch im Bereich des zweiten Transmissionsmaximums ($2{,}5 \le f/b \le 4{,}1$) und des dritten „Fensters“ ($5{,}1 \le f/B \le 6{,}1$) der Abb. 5.13 übertragen [100]; das 20-dB-Basisband würde sich auf $0 \le f/B \le 2{,}1$ ausdehnen. Die Gesamt-Übertragungskapazität wäre auf das 4,7-fache der 3-dB-Basisbandbreite vergrößert.

5.7 Faserstörungen und Modenkopplung

Reale Wellenleiter weichen ab von den bisher behandelten, idealisierten Strukturen, vgl. [74, Kap. 9] [75, Abschn. 3.6] [5, Abschn. 5.11 ff.] [110, Kap. 6] [111, Abschn. 6.3]. Die Verluste durch Absorption und Rayleigh-Streuung sind gering; es ist daher zulässig, die Wellenleitereigenschaften von verlustfrei angenommenen Strukturen zu berechnen und die Dämpfung nachträglich zu berücksichtigen. Abweichungen vom idealisierten Wellenleiter werden als Faserstörungen, s. Abschn. 5.4.1.4, bezeichnet und im folgenden behandelt.

5.7.1 Störungstypen

Die orthogonalen Moden des idealisierten, z-unabhängigen Wellenleiters propagieren unabhängig und somit ohne Energieaustausch. Ein mit z variables Brechzahlprofil verkoppelt im allgemeinen die geführten Moden sowohl untereinander als auch mit nichtgeführten Moden, was eine zusätzliche Dämpfung verursacht [110, Kap. 6].

Der Brechzahlverlauf $n(r)$ wird gestört durch:

- Brechzahleinbrüche auf der Achse (englisch *dip*),
- radiale Welligkeit (englisch *ripple*),
- ungewollte Abweichungen von der Rotationssymmetrie und
- mit z wechselnde, elliptische Deformationen des Kerns (Verkopplung von Moden mit $\Delta\nu = \pm 2$ [110, Kap. 6] [96]).

Für Abweichungen der Faserachse von einer Geraden sind verantwortlich:

- Makrokrümmungen (Biegungen) und
- Mikrokrümmungen (statistische Störungen, Verkopplung von Moden mit $\Delta\nu = \pm 1$ [110, Kap. 6] [96]).

Eine Anisotropie der Brechzahl verursachen:

- Spannungsdoppelbrechung und
- elektrooptischer Effekt.

Anisotropien und Abweichungen des Brechzahlprofils von der Rotationssymmetrie vergrößern die Differenz $\Delta\beta$ der Ausbreitungskonstanten von Vektormoden, die einen LP-Modus konstituieren, und verursachen damit auch bei nominell einmodigen Fasern eine merkliche Intermodendispersion; es kann dann von Vorteil sein, den Effekt gezielt zu vergrößern [53, Abschn. 2.7.7].

Kernelliptizität

Aus der Theorie der Modenkopplung gestörter Wellenleiter folgt (s. z. B. [19, Abschn. 5.1.1, 6.1]), daß Moden mit $\exp[\mathrm{j}\beta z]$ und Moden mit $\exp[\mathrm{j}(\beta \pm \Delta\beta)z]$ um so effektiver ihre Leistung austauschen können, je kleiner $|\Delta\beta|$ ist, d. h. je besser man sich dem Fall der Phasenanpassung $\Delta\beta = 0$ nähert.

Für Parabelprofile haben die $LP_{\nu\mu}$-Moden einer Hauptmodengruppe m nach (5.28) gleiche Ausbreitungskonstanten; dasselbe ist nach

(5.28) asymptotisch für $V \gg j_{\nu,\mu}$ (s. Text nach (5.28)) auch bei Stufenprofilfasern richtig. Diese Aussagen gelten selbst bei stark gestörten Profilen [29, Abschn. 3.2] wie z.B. in Abb. 5.14.

Man kann daher allgemein sagen, daß elliptische Störungen mit $\Delta\nu = \pm 2$ die Moden einer Hauptmodengruppe wegen $m = (\nu \pm 2) + 2(\mu \mp 1) - 1 = \text{const}, \Delta\beta \approx 0$ besonders stark verkoppeln, so daß ein Leistungsaustausch auf Strecken in der Größenordnung von 10 cm möglich ist.

Achsenkrümmung

Bei Parabelprofilfasern ist der nächstgrößere Wert von $|\Delta\beta|$ bei Modenpaaren zu beobachten, die sich um $\Delta m = \pm 1$ für $\Delta\nu = \pm 1$ unterscheiden. Brechzahlvariationen mit einer Raumperiode $\Lambda = 1/\xi$ (Raum-Kreisfrequenz $K = 2\pi\xi$) längs der Wellenausbreitungsrichtung z können durch ihre räumliche Grund-„Schwingung" $n(r,z) \sim 2\cos(Kz) = \exp(\text{j}Kz) + \exp(-\text{j}Kz)$ beschrieben werden; einen solchen Verlauf kann man mit einer periodischen Verbiegung der Faserachse hervorrufen.

Folgendes Ergebnis der Modenkopplungstheorie [19, Abschn. 5.2 Gl. (5.43)] ist daher plausibel: Die Moden mit β und mit $\beta + \Delta\beta$ werden im Fall der Phasenanpassung $|\Delta\beta| = K$ besonders gut verkoppelt.

Bei Parabelprofilfasern differieren alle Ausbreitungskonstanten benachbarter Hauptmodengruppen $\Delta m = \pm 1$ wegen $\beta \approx k_1[(1 - m\Delta/(V/2)]$ nach (5.34), (5.38) um annähernd denselben Betrag $|\Delta\beta| = \sqrt{2\Delta}/a$. Krümmt man daher die Achse einer Parabelprofilfaser mit den Parametern $2a = 10$; 50 µm bzw. $\Delta = 0{,}1$; 1% sinusförmig mit einer Raumperiode $\Lambda = 2\pi a/\sqrt{2\Delta} = 0{,}7$; 1,1 mm (das könnte auch eine räumliche Spektralkomponente von Makro- oder Mikrokrümmungen sein), so verkoppelt man die Moden aller Hauptmodengruppen untereinander. Die Moden innerhalb der Hauptmodengruppen sind nach der Diskussion des vorigen Abschnitts ebenfalls verkoppelt.

Bei Stufenprofilfasern ändert sich $\Delta\beta$ mit m, folglich ist ein breiteres räumliches Mikrokrümmungsspektrum zur Kopplung zahlreicher und nicht nur einzelner Moden notwendig.

Profilwelligkeit

Bei Fasern, die durch schichtweisen Niederschlag von Glaspartikeln unterschiedlicher Brechzahl an der Innenseite eines Substratglasrohres hergestellt werden, ist die häufigste Profilstörung ein Brechzahleinbruch auf der Faserachse; er wird durch das Abdampfen von Dotierungsstoffen der innersten Schicht beim Kollabieren des Rohres zu einem Stab verursacht. Aber auch bereits beim Aufbringen der achsenferneren Schichten verdampfen wegen der hohen Prozeßtemperatur Dotierungsstoffe. Dieser Materialverlust verstärkt die Brechzahlstufung, so daß trotz möglicher Diffusion der Dotierungsstoffe eine ausgeprägte radiale Profilwelligkeit resultiert, Abb. 5.14.

Als Folge wächst die Intermodendispersion von vielmodigen Fasern. Die theoretische Untergrenze der maximalen Laufzeitdifferenz einer ungestörten Potenzprofilfaser mit $q = 1{,}97$ bei $\lambda = 0{,}85$ µm ist $\Delta t_{\text{g max}}^{(\text{min})}/L = n_{1\text{g}}/c \cdot \Delta^2/8 = 60$ ps/km (s. Text nach (5.62), Zahlenwerte nach [77, Abb. 1]). Sie steigt bei Störungen wie in Abb. 5.14 ohne Berücksichtigung von Modenkopplung um z.B. das 60fache auf $\Delta t_{\text{g max}}/L = 3{,}6$ ns/km an [29, Abschn. 3.2]. Fragen der Intermodendispersion und ihrer Reduktion durch geeignete Ankopplung wurden bereits in Abschn. 5.5 und insbesondere nach (5.87) diskutiert [112] [100].

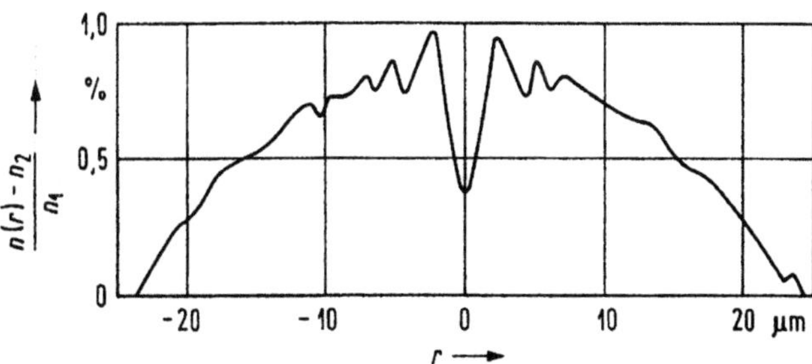

Abb. 5.14. Gemessenes, welliges Gradientenprofil mit Brechzahleinbruch auf der Faserachse (nach [27])

Berücksichtigt man aber, daß $n(r, \varphi, z)$ in longitudinaler Richtung mit z variiert und folglich die geführten Moden untereinander verkoppelt sind, so nähern sich die mittleren Laufzeiten von Lichtsignalimpulsen, die in den verschiedenen Moden propagieren, einander an, und $\Delta t_{g\,max}/L$ sinkt (im oben diskutierten Beispiel von 3,6 ns/km auf 1,1 ns/km [29, Abschn. 3.2]). Details hierzu werden in Abschn. 5.7.4 besprochen.

5.7.2 Makrokrümmungen

Eine spezielle und besonders krasse Form der Profilstörung sind kreisförmige Krümmungen der Faserachse [80].

Bei vielmodigen Fasern mit Stufenprofil ($q \to \infty$) oder Parabelprofil ($q = 2$) nimmt man vereinfachend an, daß die M_g geführten Moden mit maximalem Hauptmodenindex $m_{max\,q}$ (für Potenzprofilfasern s. (5.38), (5.37)) gleiche Leistung transportieren. Krümmt man die Faser, so propagieren M_B Moden mit Hauptmodenindizes $m < m_B$ nahezu verlustfrei.

Moden mit $m \geq m_B$, die signifikante Feldanteile im Mantel haben, werden stark gedämpft. Bei Stufenprofilparametern $2a = 50$ µm, $\Delta = 1\%$, $\lambda = 1{,}3$ µm, $n_1 = 1{,}46$, $V = 25$ und Krümmungsradien $R_B \gg a$ ist die Leistungs-Dämpfungskonstante $\alpha_B \approx 4ak_1/R_B \approx 700/R_B$ derart groß [90, Gl. (4.7) ff.], daß diese Felder nach Laufstrecken im Promille-Bereich von R_B keine wesentliche Leistung mehr transportieren.

Der Leistungs-Kopplungsgrad η_B einer Biegung bemißt sich demnach nahezu unabhängig von der Bogenlänge durch die Anzahl M_B der wenig gedämpften Moden bezogen auf die gesamte Modenzahl M_g der geraden Faser. Man erhält für das Dämpfungsmaß $a_B = 10 \lg \eta_B^{-1}$ [90, Gl. (4.8), (4.10)]

$$a_B = 10 \lg \frac{M_g}{M_B}, \tag{5.88}$$

$$q \to \infty: \quad \frac{M_g}{M_B} \approx \left(1 - \frac{a}{R_B \Delta}\right)^{-1},$$

$$q = 2: \quad \frac{M_g}{M_B} \approx \left(1 - \frac{a}{R_B \Delta}\right)^{-2}.$$

a_B wächst, wenn der Kernradius a zunimmt, da sich dann mehr Moden mit signifikanten Feldanteilen im Mantel ausbreiten können. Je größer Δ wird, desto stärker sind die Felder auf den Kern konzentriert und desto geringer werden die Verluste. Fasern mit vergleichbarem Quotienten a/Δ haben auch ähnliche Krümmungsdämpfung.

Typische Dämpfungen sind bei den oben angegebenen Faserparametern und $R_B = 50$ mm für Stufenprofile $a_{B\infty} = 0{,}2$ dB und für Parabelprofile $a_{B2} = 0{,}4$ dB. Für Stufenprofil-Polymerfasern nach Kap. 8 Tabelle 8.1 ($2a = 990$ µm, $\Delta = 5{,}6\%$, $\lambda = 0{,}65$ µm, $n_1 = 1{,}49$, $V = 2400$) ergibt sich ein erhöhter Wert von $a_{B2} = 0{,}8$ dB, wobei allerdings bereits die Grunddämpfung der geraden Faser 0,13 dB/m beträgt.

Einen Vergleich von numerischer Simulation und Experimenten bietet [71].

5.7.3 Mikrokrümmungen

Unter Mikrokrümmungen versteht man regellose Biegungen der Faserachse mit ortsabhängigen Krümmungsradien $R_B(z)$; für eine Literaturübersicht s. [98] und [86, Abschn. 5.9.9]. Mikrokrümmungen entstehen beim Beschichten der Faser mit einer Schutzschicht sowie beim Verkabeln und beim Verlegen der Kabel. Die Abweichung der Faserachse von einer Geraden liegt dabei in der Größenordnung von $r_{V\,max} = 0{,}1 \ldots 1$ µm.

Der Querstrich bezeichne einen Ensemblemittelwert. Das Krümmungsleistungsspektrum

$$\Phi(\zeta) = \overline{\lim_{L \to \infty} \frac{1}{L} \left| \int_0^L \frac{1}{R_B(z)} e^{j 2\pi \zeta z} dz \right|^2}$$
$$\approx A/(2\pi\zeta)^{2p} \tag{5.89}$$

weist typischerweise Raumfrequenzkomponenten auf im Bereich $0{,}1\ \text{mm}^{-1} \leq \zeta \leq 1\ \text{mm}^{-1}$ mit Periodenlängen $\Lambda = \zeta^{-1}$, $1\ \text{mm} \leq \Lambda \leq 10$ mm. Das Spektrum nimmt mit ζ rasch ab. Die empirische Näherungsfunktion wird durch die Parameter A und p bestimmt, wobei die Größenordnung $p = 2 \ldots 4$ beobachtet wurde [58] [6].

Der Wert $p = 0$ charakterisiert ein weißes Krümmungsleistungsspektrum, d.h. die Achsenauslenkungen sind örtlich δ-korreliert. Bei einer Faserstrecke, die aus identischen, aber zufällig radial versetzten, achsenparallelen Abschnitten besteht, erhält man ein Leistungsspektrum nach (5.89) mit $p = -1$ [98].

Fasern, die aus statistisch unabhängigen Abschnitten mit konstanter Krümmung bestehen, wobei $1/R_B$ stationär und zufällig verteilt ist, haben ein Leistungsspektrum mit $p = 1$ [93, Gl. (24)].

Bei vielmodigen Fasern mit einem Krümmungsspektrum gemäß (5.89) erhält man für die Leistungsdämpfungskonstante [93, Gl. (29)] [88, Gl. (94)]

$$\alpha_p = A\frac{C}{\Delta}(a^2/\Delta)^p\,. \qquad (5.90)$$

C hängt vom Brechzahlprofil sowie von p ab und liegt im Bereich 0,1...1 [88, Abb. 1].

5.7.4 Modengleichgewichtsverteilung

Die im folgenden diskutierten Impulse werden gaußähnlich angenommen und ihre Breite mit der in (5.71) definierten Standardabweichung σ charakterisiert.

Grundsätzliche Ergebnisse der Modenkopplungstheorie [110, Kap. 6] [96] [19] wurden bereits zu Beginn von Abschn. 5.7 und im Text nach (5.67) von Abschn. 5.5 diskutiert. Eine neuere Arbeit [68] entwickelt asymptotisch gültige Beziehungen für Modenkopplung und Intermoden-Leistungsdiffusion auf der Basis von Fokker-Planck-Gleichungen.

Ein merklicher Leistungsaustausch zwischen den einzelnen Moden findet innerhalb einer dafür charakteristischen Kopplungslänge L_c statt. Für kleine Wellenleiterlängen $L \ll L_c$ kann die Kopplung vernachlässigt werden, und die Standardabweichung σ_P des gaußförmig genäherten Gesamtimpulses $P(t) \approx P_0 \exp[(t-\bar{t})^2/(2\sigma_P^2)]$ (5.85a) vergrößert sich gemäß (5.85c)–(5.87) proportional zur Länge, also $\sigma_P \sim L$.

Bei größeren Längen koppeln zwar die Moden *innerhalb* der Hauptmodengruppen, die jeweils durch nahezu gleiche Ausbreitungskonstanten $\beta = k_1\sqrt{1-2\delta}$ charakterisiert sind (s. (5.12b), (5.38)). Der in einer solchen Hauptmodengruppe transportierte Impuls $P_\delta(t)$ hat eine Standardabweichung σ_δ, die sich auf Grund der Modenkopplung nur wie $\sigma_\delta \sim \sqrt{L}$ vergrößert; das Wurzelgesetz wird im folgenden noch erläutert. Die Hauptmodengruppen mit *unterschiedlichem* δ haben jedoch noch wenig Energie ausgetauscht, so daß ihre Laufzeitdifferenzen und damit die gesamte Impulsbreite wie $\sigma_P \sim L$ steigen.

Ab der charakteristischen Kopplungslänge $L = L_c$ ist der Energieaustausch zwischen den verschiedenen Hauptmodengruppen so groß, daß die Gesamtimpulsbreite nur noch mit $\sigma_P \sim \sqrt{L}$ ansteigt. Da bei einem realen Wellenleiter die chromatische Dispersion eine Impulsverbreiterung $\sim L$ verursacht (s. (5.85c), $\sigma_1 \sim L$), wird die mit $\sqrt{L}$ wachsende Modendispersion schließlich von der chromatischen Dispersion übertroffen.

Durch die Kopplungsmechanismen werden Moden aller möglichen Polarisationszustände angeregt, so daß die Gesamtemission am Ende eines vielmodigen Wellenleiters mit $L \gg L_c$ sich wie unpolarisiertes Licht verhält. Einzelheiten zum Feld eines vielmodigen Wellenleiters sind in Abschn. 9 behandelt.

Stationäre Modenleistungsverteilung

Aus den Differentialgleichungen, welche die Kopplung von Feldern der Normalmoden eines Wellenleiters beschreiben, lassen sich Gleichungen für die Leistungen P_m ableiten, die an einer Stelle z des Wellenleiters in den einzelnen Moden transportiert werden [76] [68]. Wegen der Kopplung zu verlustbehafteten Moden vornehmlich höherer Ordnung bildet sich unter den Annahmen dieser Theorie auf dem Wellenleiter nach großen Längen $L \gg L_c$ eine von der Anfangsanregung unabhängige stationäre *M*oden*l*eistungs*v*erteilung $P(\delta)$ aus (SMLV, englisch *steady state equilibrium mode distribution*, EMD [55].

Die SMLV ist nur eine Funktion der Ausbreitungskonstanten δ. Das Verhältnis der in den einzelnen Moden transportierten Leistungen bleibt bei der Ausbreitung konstant; die absolute Leistung in den einzelnen Moden verringert sich aber weiter.

Jede nicht-stationäre Anregung bringt höhere, längs z transiente Verluste mit sich, bis sich (im wesentlichen nach der Kopplungslänge L_c) die SMLV eingestellt hat. Mit einer modenunabhängigen, globalen Leistungsdämpfungskonstanten α kann ein vielmodiger Wellenleiter daher nur dann beschrieben werden, wenn er mit seiner SMLV angeregt wurde.

Pauschal kennzeichnen kann man die SMLV dadurch, daß Moden im inneren Kernbereich dämpfungsarm propagieren, während Moden mit Feldanteilen, die nennenswert in den Mantelbereich ragen, stark gedämpft sind. Um eine SMLV zu approximieren, kann man daher mit Makrokrümmungen (auf einem Dorn aufgewickelte Faserschleifen) die gewünschte Dämpfungscharakteristik einstellen. Auch mit einer 2/3- oder 70-%-Anregung (englisch *limited phase space launch*, LPS

[55]) kann die SMLV genähert werden, s. Abschn. 5.3.4 sowie Abschn. 5.8.2.

In [105] wird gezeigt, wie man eine solche Verteilung durch geeignete Anregung der Faser schon nach sehr kurzen Laufstrecken erhalten kann.

Stationäre Modenimpulsverteilung

Ausgehend von den Leistungskopplungsgleichungen wurde in [38] die Impulsausbreitung auf einem Wellenleiter mit Modenkopplung untersucht. Die Ergebnisse dieser Analyse werden im folgenden dargestellt.

Die Lage der Impulsschwerpunkte der in den einzelnen Moden nach (5.80) propagierenden Impulse $P_m(t, L)$ an der Stelle $z = L$ sei t_m, ihre Varianz $\sigma_S^2 = \overline{(t_m - \bar{t}_m)^2}$ berechnet sich mit den ortsabhängigen bezogenen Modenleistungen

$$w_m = W_m \Big/ \sum_m W_m, \quad W_m = \int_{-\infty}^{+\infty} P_m(t, L)\, dt$$

zu

$$\sigma_S^2 = \sum_m w_m t_m^2 - \left(\sum_m w_m t_m\right)^2, \qquad \sum_m w_m = 1\,. \tag{5.91}$$

Die Schwerpunkte-Standardabweichung σ_S ist nur dann gleich der Breite σ_P des Gesamtimpulses $P(t)$, wenn die Breiten $\sigma_m \ll \sigma_S$ der einzelnen Impulse sehr kurz sind. Bezeichnet man mit $\sigma_{S0} = \sigma_S(L = 0)$, $\sigma_{S\infty} = \sigma_S(L \to \infty)$ die Standardabweichung der zeitlichen Impulsschwerpunkte für verschwindende und für sehr große Streckenlänge, so ändert sich σ_S mit der Streckenlänge L nach der Funktion

$$\sigma_S(L) = \sigma_{S0}\, e^{-2L/Lc} + \sigma_{S\infty}(1 - e^{-2L/Lc})\,. \tag{5.92}$$

Wenn man von einer Lichtquelle unmittelbar in den Wellenleiter einstrahlt, ist $\sigma_{S0} = 0$ ($t_m = t_n\ \forall\ (m, n)$ für $L = 0$); fungiert dagegen der Ausgang eines anderen, vorgeschalteten Wellenleiters als Lichtquelle, so werden bereits dort die Impulsschwerpunkte i.a. nicht mehr zusammenfallen ($t_m \neq t_n\ \forall\ m \neq n$ für $L = 0$), und es ist $\sigma_{S0} \neq 0$.

Beim idealen, ungestörten Wellenleiter mit unverkoppelten Orthogonalmoden würde die Schwerpunkte-Standardabweichung $\sigma_S(L) \sim L$ entsprechend der wachsenden Gruppenlaufzeitdifferenzen der einzelnen Moden linear wachsen. Infolge der Modenkopplung in einem realen, vielmodigen Wellenleiter stellt sich aber nach großen Propagationslängen ein dynamisches Gleichgewicht ein, in dem sich der Abstand der Impulsschwerpunkte in den einzelnen Moden nicht mehr ändert, so daß bei $L \gg L_c$ für die Standardabweichung $\sigma_S(L) \to \sigma_{S\infty}$ gilt. Die einzelnen Impulse dagegen vergrößern ihre Breite σ_m zufolge des Leistungsaustauschs mit Moden anderer Gruppenlaufzeiten weiter, so daß die Varianz $\sigma_P^2(L)$ des Gesamtimpulses über die Gleichgewichtsvarianz $\sigma_{S\infty}^2$ der Impulsschwerpunkte hinaus anwächst [38],

$$\sigma_P^2(L) = \sigma_P^2 + 2\sigma_{S0}\,\sigma_{S\infty}(1 - e^{-2L/Lc}) + 2\sigma_{S\infty}^2\left(\frac{2L}{L_c} - 1 + e^{-2L/Lc}\right). \tag{5.93}$$

Koppelt man direkt von einer Lichtquelle aus ein ($\sigma_{S0} = 0$)), und ist die Breite des eingekoppelten Impulses $\sigma_P(0) = \sigma_p$ sehr klein ($\sigma_p \approx 0$), so bleibt nur der dritte Summand in (5.93) übrig. Er beschreibt demnach die Standardabweichung der Leistungs-Impulsantwort $g(t)$ ((5.85 a) ohne chromatische Dispersion) eines realen Wellenleiters, der durch die globalen Parameter $\sigma_{S\infty}$ und L_c charakterisiert ist. Man erhält

$$\sigma_P(L) = 2\sigma_{S\infty}\begin{cases} L/L_c & (L \ll L_c) \\ \sqrt{L/L_c} & (L \gg L_c) \end{cases}$$

$$\sigma_p = 0, \quad \sigma_{S0} = 0\,. \tag{5.94}$$

Wie einleitend schon gesagt, wächst wegen der Modenkopplung und ohne Berücksichtigung chromatischer Dispersion die Impulsbreite für kleine Streckenlängen $\sim L$, für große Streckenlängen dagegen $\sim \sqrt{L}$. Erfaßt man auch die chromatische Dispersion, so wird das lineare Gesetz bei sehr großen Streckenlängen schließlich überwiegen.

Bei üblichen Gradientenprofil-Glasfasern können die Kopplungslängen $L_c = 25$ km betragen [66]. Polymerfasern haben wegen des weniger gut kontrollierten Herstellungsprozesses Streuzentren durch Luftblasen und Risse. Weiter treten beim Ausziehen der Faser Schwankungen des Brechzahlprofils und des Kerndurchmessers auf. Aufgrund dieser extrinsischen, d.h. prinzipiell vermeidbaren Störungen werden sehr kleine Kopplungslängen $L_c < 20$ m gemessen [33] [114], vgl. Kap. 8 und Abschn. 5.8.

Spleißverbindung

Nicht-ideale Spleiß-Verbindungen zweier Wellenleiter können zum lokalisierten Austausch der Impulsleistungen in den einzelnen Moden führen. Dadurch verändert sich die Standardabweichung σ_{S0} der Impulsschwerpunkte vor dem Spleiß näherungsweise um den sogenannten Spleißfaktor C_{sp} auf $\sigma_{S\,sp}$. Die Breite des Gesamtimpulses σ_P unmittelbar vor und nach dem Spleiß bei $z = z_S$ bleibt dabei identisch, weil zwar die Impulse auf die Moden nach dem Muster $P_m(t, z_S) \rightarrow P_n(t, z_S)$ neu verteilt werden, sich dadurch die Form des Impulses der Gesamtleistung $P(t, z_S) = \sum_m P_m(t, z_S)$ (vgl. (5.85a)) aber nicht verändert. Man erhält für σ_S und σ_P nach dem Spleiß

$$\sigma_{S\,sp} = \sigma_{S0}\, C_{sp}\,, \qquad (5.95)$$
$$\sigma_{P\,sp} = \sigma_p = \sigma_P\,(0)\,.$$

Ein idealer Spleiß ändert an der relativen Lage der Impulsschwerpunkte der einzelnen Moden nichts, $C_{sp} = 1$. Ein Spleiß, der die Moden völlig vermischt, erzeugt in allen Moden zeitlich übereinstimmende Impulsschwerpunkte, $C_{sp} = 0$. Man vereinbart, daß $\sigma_S > 0$ langsamere Propagation von Moden höherer Ordnungszahl bedeutet, für $\sigma_S < 0$ ist es umgekehrt. Spleiße, welche die Energie von langsamen Moden in schnelle Moden transferieren und umgekehrt, haben folglich den Wert $C_{sp} = -1$. Dies könnte dann der Fall sein, wenn eine Faser mit dem Profilexponenten $q = 1$ an eine Faser mit $q = 4$ gespleißt wird, vgl. die entsprechenden Impulsantworten in Abb. 5.11.

Bandbreite-Länge-Produkt

Das Verhalten einer aus unterschiedlichen Fasern zusammengesetzten Strecke läßt sich beurteilen, indem man σ_S und σ_P am Ende der vorausgehenden Faser als σ_{S0} und σ_p des folgenden Abschnitts nimmt.

Wegen des unterschiedlichen Verhaltens von Fasern mit $L < L_c$ und $L > L_c$ beschreibt man das Bandbreite-Länge-Produkt durch die empirische Funktion $BL^\kappa = \text{const}$; der Exponent κ läßt sich, wenn zwei verschieden lange Abschnitte L_1, L_2 derselben Faser verfügbar sind, aus den jeweiligen Bandbreiten B_1, B_2 bestimmen. Man erhält

$$B_1 L_1^\kappa = B_2 L_2^\kappa = \text{const}\,, \qquad (5.96)$$
$$\kappa = \frac{\lg (B_1/B_2)}{\lg (L_2/L_1)}\,.$$

5.8 Koppelelemente

Koppelelemente sollen die verschiedenen Komponenten eines optischen Übertragungssystems miteinander verbinden. Die einfachsten Koppelanordnungen sind Stirnflächen-Stoßverbindungen von Fasern. Die geometrische Anordnung beider Fasern (falls notwendig, unter Berücksichtigung eines Luftspalts und der Reflexionen an den Faserendflächen) ist dabei als Koppelelement zu betrachten.

Für ein allgemeines Koppelelement wird mit $z = z_1$ die Eingangs- und mit $z = z_2 \geq z_1$ die Ausgangsbezugsebene bezeichnet; bei $z = z_1$ beträgt die Gesamtleistung P_1, bei $z = z_2$ registriert man die Gesamtleistung P_2 (jeweils geführte und nichtgeführte Moden). Kopplungsgrad η und Einfügungsdämpfungsmaß a_η (dB) definiert man durch

$$\eta = \frac{P_2}{P_1}\,, \qquad (5.97)$$
$$a_\eta = 10 \lg \eta^{-1} = 10 \lg \frac{P_1}{P_2}\,.$$

Gleichung (5.97) sagt nichts darüber aus, wie sich die Gesamtleistungen P_1, P_2 auf die Moden derjenigen Wellenleiter verteilen, die an das Koppelelement in den Bereichen $z < z_1$ und $z > z_2$ anschließen. Mit den Modenleistungsverteilungen $P_1(\nu, \delta)$, $P_2(\nu, \delta)$ (5.51) in beiden Bezugsebenen und einer Modenleistungs-Transferfunktion $K(\nu, \delta; \nu', \delta')$ könnte das Koppelelement vollständiger durch die Beziehung

$$P_2(\nu, \delta) = \int\int \mathrm{d}\nu'\, \mathrm{d}\delta' \qquad (5.98)$$
$$\times K(\nu, \delta; \nu', \delta')\, P_1(\nu', \delta')$$

charakterisiert werden; allerdings verhindern sowohl die Schwierigkeiten der theoretischen Beschreibung [97] [101] [65] als auch die Probleme der meßtechnischen Erfassung [82] [87] [84] [115] bei vielmodigen Fasern mit beispielsweise 500 Moden die praktische Anwendung von (5.98).

Die Modenumwandlungseigenschaften von Koppelelementen nehmen wesentlichen Einfluß auf die Dispersionseigenschaften einer vielmodigen Übertragungsstrecke, wenn die Streckenlänge kleiner als die Kopplungslänge L_c ist, s. Abschn. 5.7.4.

Auch die Streckendämpfung wird durch die Modenumwandlung in Koppelelementen beeinflußt. Zwischen zwei benachbarten Ebenen z_2', z_2'' $(z_2 < z_2' < z_2'')$ mit den Leistungen P_2', P_2'' in kleinem Abstand von der Ausgangsbezugsebene des Koppelelements kann selbst bei längs z homogener Faser ein anderes Dämpfungsmaß $a = 10\ \lg(P_2'/P_2'')$ gemessen werden als in großer Entfernung $z_2', z_2'' \gg z_2$ von der Koppelstelle bei jeweils gleicher Differenz $z_2'' - z_2'$. Moden hoher Ordnung werden stärker bedämpft (selektive Modendämpfung, s. Abschn. 5.7.4) als Felder, deren Leistung fast vollständig auf den Kern konzentriert ist. Moden hoher Ordnung werden daher für $z_2', z_2'' \gg z_2$ nicht mehr erfaßt.

Dicht hinter der Koppelstelle können im Vergleich zur Modenleistungsverteilung des anregenden Wellenleiters bevorzugt Moden hoher oder auch niedriger Ordnung vorhanden sein. Mißt man die Dämpfung durch die Leistungen P_2, P_2'' in den Ebenen $z = z_2$ und $z_2'' \gg z_2$ und berechnet das längenbezogene Dämpfungsmaß $[10 \lg(P_2/P_2'')]/(z_2'' - z_2)$, so kann dieses vom längenbezogenen Dämpfungsmaß $[10 \lg(P_2'/P_2'')]/(z_2'' - z_2')$ des Falles $z_2', z_2'' \gg z_2$ besonders stark abweichen.

Entsprechende Aussagen gelten für vielmodige, mehrtorige Koppelelemente. Die Modenabhängigkeit ist besonders bei Abzweigen störend, weil dadurch das Teilerverhältnis des einzelnen Kopplers in einer Kettenschaltung vom Abstand der vorangehenden Abzweige abhängt.

5.8.1 Lichtquellen und Fasern

Halbleiterlaser

Licht eines transversal einmodigen Halbleiterlasers kann prinzipiell mit einem Kopplungsgrad $\eta = 1$ in ein- und vielmodige Fasern eingekoppelt werden, s. Abschn. 5.3.2.

Ohne Anpaßmittel erreicht man mit Halbleiterlasern bei typischen Vielmodenfasern ($a = 50\ \mu\text{m}, \Delta = 1\%$) bereits Koppeldämpfungen von 4 dB. Daher benötigt man keine zwischengeschalteten Linsen oder Taper.

Lumineszenzdiode

Der erreichbare Kopplungsgrad η zwischen einer flächenemittierenden LED-Quelle, die mit einer Vielmoden-Potenzprofilfaser stoßgekoppelt ist, wurde in Abschn. 5.3.4 berechnet. Parameter sind für die LED der Durchmesser $2a_\text{Q}$, die Brechzahl n_Q des die Strahlung aufnehmenden Mediums und die transversale Freiraum-Modenanzahl M_Q von (5.46). Die Faser hat den Kernradius a, die Kernbrechzahl n_1, die numerische Apertur $A_\text{N} = \sin \gamma_\text{N}$ und den Profilexponenten q. Für eine Koppelanordnung wie in Abb. 5.15 a mit $a_\text{Q} < a$, $n_\text{Q} = n_1$ und überstrahlter Faserapertur beträgt der Kopplungsgrad (5.47)

$$\eta = \eta_\text{m} \cdot \left(1 - \frac{2}{q+2} \frac{a_\text{Q}^q}{a^q}\right), \tag{5.99}$$

$$\eta_\text{m} = \frac{n_1^2}{n_\text{Q}^2} 2\Delta = \frac{A_\text{N}^2}{n_\text{Q}^2}, \qquad n_\text{Q} = n_1 .$$

Bei einer Polymer-Stufenprofilfaser mit $q \to \infty$, $\Delta = 5\%$ und $n_\text{Q} = n_1$ ist der Größtwert $\eta = \eta_\text{m} = 2\Delta = 10\%$ nach (5.47), was einer Koppeldämpfung von nur $a_{\eta_\text{m}} = 10$ dB entspricht.

Der maximal mögliche Kopplungsgrad η_max wird für $a_\text{Q} < a$ erst mit einer geeigneten Anpaßtransformation erreicht. Bildet man die Quelle in Abb. 5.15 a mit einer Linse derart ab, daß sich der Quellenradius a_Q auf $a_\text{Q}' \leq a$ vergrößert, so verringert sich der Divergenzwinkel (5.46) der Strahlung von γ_Q auf γ_Q'. Wird $\gamma_\text{Q}' \leq \gamma_\text{N}$, dann reduzieren sich die Verluste durch Überstrahlung der Faserapertur, ohne daß es zu einer Überstrahlung der Kernfläche zu kommen braucht. Wegen (5.21) bzw. (5.43) und dem Text nach (5.47) glt für eine verlustfreie optische Transformation $\pi a_\text{Q}^2\, \pi \sin^2 \gamma_\text{Q} = \pi a_\text{Q}'^2 \pi \sin^2 \gamma_\text{Q}'$. Mit $\gamma_\text{Q} = \pi/2$, $a_\text{Q}' = a$ und $\gamma_\text{Q}' = \gamma_\text{N}$ darf der LED-Radius für maximalen Kopplungsgrad η_max höchstens gleich $a_\text{Q}/a = A_\text{N}$ sein, und man erhält

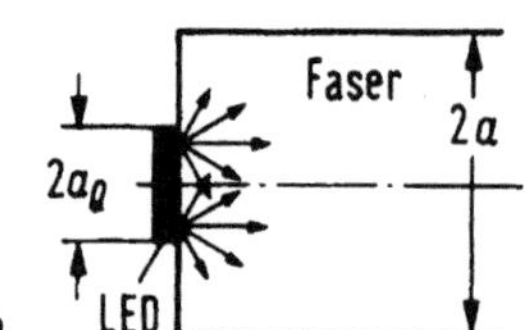

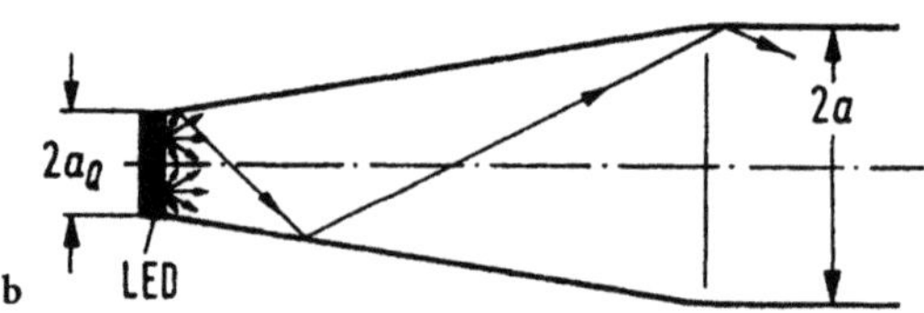

Abb. 5.15. Ankopplung einer LED an eine Vielmodenfaser. **a** Stoßkopplung, **b** Taper-Kopplung

$$\eta_{\max} = \eta_m \frac{q}{q+2} \frac{a^2}{a_Q^2}, \qquad (5.100)$$

$$\eta_m = \frac{n_1^2}{n_Q^2} 2\Delta = \frac{A_N^2}{n_Q^2}, \quad \frac{a_Q}{a} \le A_N .$$

Da die LED bei Linsenkopplung ins Vakuum $n_Q = 1$ strahlt, vergrößert sich η_m von (5.47) im Vergleich zu (5.99) um einen Faktor $n_1^2/n_Q^2 = (1{,}46)^2 \approx 2$; allerdings sind die geänderten Verluste beim Austritt von Licht aus dem hochbrechenden LED-Material in ein niedriger brechendes Medium mit $n_Q = n_1$ bzw. $n_Q = 1$ sowie die Reflexions- und Streuverluste der Linse nicht berücksichtigt. Wegen der begrenzten Linsenapertur ist die Strahltransformation zusätzlich verlustbehaftet.

Zur Strahltransformation geeignete Mikrolinsen lassen sich auf elegante Weise mit UV-härtenden Kunststofftröpfchen herstellen [92] und an Fasern befestigen.

Ein sehr einfacher Strahltransformator ist ein Taper, Abb. 5.15 b (kein abbildendes Element!). Der eingezeichnete Strahl einer Strahlkongruenz illustriert die Umwandlung eines Modus hoher Ordnungszahl am Taper-Anfang (großer Divergenzwinkel) in einen Modus niedrigerer Ordnung am Taper-Ende (geringerer Divergenzwinkel). Moden zu hoher Ordnung werden ins Mantelmedium abgestrahlt. Die Transformation ist dann verlustbehaftet.

Für eine LED mit $n_Q = n_1$, die an eine Stufen- bzw. an eine Parabelprofilfaser mit Δ = 1%, $A_N = 0{,}2$, $a_Q = a$ gekoppelt wird, beträgt die kleinste Koppeldämpfung $a_\eta = 10 \lg \eta_m^{-1}$ nach (5.99) $a_{\eta_m} = 17$ dB bzw. $a_{\eta_m} = 20$ dB. Für $a_Q/a = A_N$ kann man nach (5.100) mit geeigneten Anpaßtransformationen den Kopplungsgrad um den Faktor $A_N^{-2} = 25$ auf $\eta_{\max}$ erhöhen (die Koppeldämpfung um 14 dB erniedrigen) [7, S. 205, Abb. 6.5, 6.6] [109] [92].

Spezielle flächenemittierende AlGaAs-LED mit $2a_Q$= 50 µm und Mikroresonator ermöglichen Koppelwirkungsgrade an Polymerfasern (a = 250 µm, A_N = 0,5) von a_η = 11 dB [12], ohne daß Anpaßtransformationen notwendig werden.

Der maximale Kopplungsgrad zwischen einer LED und einer Einmodenfaser (M_g = 2 Moden in zwei orthogonalen Polarisationen) ist aufgrund der Poincaré-Invarianz des Phasenraumvolumens V_ϕ (s. Abschn. 5.3.1, (5.24) mit folgendem Text) auf den Wert $\eta = 2/M_Q$ festgelegt und kann durch keine Anpaßtransformation gesteigert werden. Für λ = 1,3 µm, a_Q = 25 µm erhält man mit M_Q nach (5.46) in einem Medium der Brechzahl $n_Q = n_1 = 1{,}46$ eine Freiraum-Modenanzahl von $M_Q = 1{,}6 \cdot 10^4$ und damit eine Koppeldämpfung von a_η = 40 dB (vgl. den Wert für einen Halbleiterlaser vom Anfang des Abschn. 5.8.1). Für Kantenemitter mit ihrer räumlich konzentrierteren Strahlung wurden Koppeldämpfungen von a_η = 10 dB berechnet und gemessen [57].

Die Beziehungen dieses Abschnitts machen nur eine Aussage darüber, inwieweit die emittierte LED-Strahlung in eine Faser eingekoppelt werden kann. Die Frage, wie effizient ein Injektionsstrom tatsächlich verwertbare Strahlung erzeugt [12], blieb undiskutiert.

Optimierung von LED-Systemen

Für LED-Systeme ist es wegen des zu Δ proportionalen Kopplungsgrades (5.99) (s. auch (5.47)) günstig, Dickkernfasern mit Stufenprofil und möglichst hohem Δ zu nehmen, sofern es das geforderte Bandbreite-Länge-Produkt (5.87) und die Dämpfung des Wellenleiters zulassen. Man erhält für Ge-dotierte Quarzglasfasern als bezogenes Dämpfungsmaß bei Rayleigh-Streuung nach [34, Gl. (12)] [53, Gl. (2.51), (2.217)]

$$\frac{a_S/z}{\text{dB/km}} = \frac{A(1+B\Delta)}{(\lambda/\mu\text{m})^4}, \qquad (5.101)$$

$$A = 0{,}8, \quad B = 100, \quad \Delta < 2\,\% .$$

Da a_S proportional mit der Ge-Dotierung und deshalb mit Δ wächst, wird die Leistung P am Ende einer Faserstrecke der Länge L für ein optimales $\Delta = \Delta_{op}$ maximal (Parameter A und B von (5.101)),

$$P \sim \Delta \cdot 10^{-0{,}1 a_s/(\text{dB/km}) \cdot L/\text{km}}$$

$$\sim \Delta \cdot 10^{-0{,}1 A (1+B\Delta)/(\lambda/\mu\text{m})^4 \cdot L/\text{km}},$$

$$\Delta_{op} = \frac{1}{L/\text{km}} \frac{(\lambda/\mu\text{m})^4}{A\,B} \frac{10}{\ln 10} \qquad (5.102)$$

$$= 5{,}4 \cdot 10^{-2} \frac{(\lambda/\mu\text{m})^4}{L/\text{km}} .$$

Das Optimum liegt für λ = 0,85 µm und L = 1,4 km sowie für λ = 1,28 µm und L = 7 km bei $\Delta_{op} \approx 2\,\%$.

5.8.2 Stirnflächenkopplung

Fasern können untereinander auf vielfältige Weise verbunden werden: durch verstellbare

Stirnflächenkopplung in Laboraufbauten, mit lösbaren Stirnflächen-Steck- und Klemmverbindern und mit nichtlösbaren Spleißverbindungen in Schmelz- und Klebetechnik [49, Abschn. 8] [78, Abschn. 4.2]. Wenn ähnliche Fasern verkoppelt werden sollen, sind für hohe Kopplungsgrade keine gesonderten Strahltransformatoren wie Linsen oder Taper notwendig.

Beide zu verkoppelnden Fasern stehen sich bei der Stirnflächenkopplung unmittelbar mit den Endflächen gegenüber; wenn sich die Endflächen berühren, spricht man von Stoßkopplung. Durch Fresnel-Reflexion an den Grenzflächen entstehen Verluste; für zwei Reflexionsflächen Quarzglas-Luft tritt bereits eine Koppeldämpfung von $a_\eta = 0{,}3$ dB auf. Bei geringen Abständen der Stirnflächen spielen Interferenzeffekte eine Rolle und erhöhen oder erniedrigen (je nach Abstand) die Koppeldämpfung gegenüber dem interferenzfreien Fall.

Analog zu (5.47) kann man mit (5.37) und (5.45) den maximal möglichen Kopplungsgrad für den Lichtübergang von einer Potenzprofil-Vielmodenfaser A in eine Potenzprofil-Vielmodenfaser B berechnen. Mit $i = A, B$ haben die Wellenleiter A und B in Abb. 5.16 die Profilexponenten q_i, die Kernradien a_i und die numerischen Aperturen $A_{Ni} = \sin \gamma_{Ni}$ mit den zugehörigen Aperturwinkeln γ_{Ni} (s. (5.40)). Die Wellenleiter zeigen in Abb. 16a,b einen kleinen Parallelversatz der Achsen um $r_V \ll a_i$ sowie einen kleinen Winkelversatz der Achsen um $\gamma_V \ll A_{Ni}$.

Um komplizierte Ausdrücke zu vermeiden, werden die maximal möglichen Kopplungsgrade über die Modenanzahlen der Wellenleiter abgeschätzt.

Fasern ohne Versatz

Die Modenzahl M_g in einer anregenden Faser A sei M_{gA} und werde nach (5.37) berechnet. Die Modenzahl M_g in einer Faser B, die durch A angeregt wird, ist M_{gB}. Eine Überstrahlung der Kernfläche durch $a_A > a_B$ kann nicht mit einer „Unterstrahlung" der Apertur $A_{NA} < A_{NB}$ ausgeglichen werden und umgekehrt. Für den Kopplungsgrad $\eta = M_{gB}/M_{gA}$ zweier unterschiedlicher Fasern A und B gilt dann ohne Versatz und Verkippung

$$\eta = \frac{q_B(q_A+2)}{q_A(q_B+2)} \left(\frac{a_B}{\max(a_A, a_B)}\right)^2 \times \left(\frac{A_{NB}}{\max(A_{NA}, A_{NB})}\right)^2 . \tag{5.103}$$

Setzt man für ähnliche Fasern $q_A = q_B = q$ und nähert $a_A = a$ für die dickere, $a_B = a - |\Delta a|$ für die dünnere Faser und entsprechend $\sin \gamma_{NA} \approx \gamma_{NA} = \gamma_N$, $\sin \gamma_{NB} \approx \gamma_{NB} = \gamma_N - |\Delta\gamma_N|$, $|\Delta a|/a$, $|\Delta\gamma_N|/\gamma_N \ll 1$, so ergibt sich aus (5.103)

$$\eta \approx 1 - 2\frac{|\Delta a|}{a} - 2\frac{|\Delta\gamma_N|}{\gamma_N} . \tag{5.104}$$

Die Beziehung entspricht dem Kopplungsgrad η zweier Einmodenfasern $A \to B$ in [53, Gl. (5.11) $r_V = 0, \gamma_V = 0$] und Abschn. 5.4.3; dieser ist einfacher gestaltet, da dort die Feldcharakteristiken w_0 und γ_0 über die Ausbreitungsgesetze der Maxwell-Gleichungen fest verknüpft sind. In (5.103) dagegen kann a unabhängig von γ_N gewählt werden.

Für gleiche *relative* Differenzen der Nahfeldausdehnung (Vielmodenfaser: $|\Delta a|/a$, Einmodenfaser $|\Delta w_0|/w_0 = |\Delta a|/a \ll 1$) ist der Kopplungsgrad zwischen einer dickeren und einer dünneren Vielmodenfaser ($\eta \approx 1 - 2|\Delta a|/a$) immer kleiner als der zwischen entsprechenden Einmodenfasern ($\eta_1 \approx 1 - (\Delta a/a)^2$).

Relative Differenzen von $|\Delta a|/a = 0{,}1$; $0{,}3$ oder $|\Delta\gamma_N|/\gamma_N = 0{,}1$; $0{,}3$ führen bei der Stoßkopplung von Vielmodenfasern zu Koppeldämpfungen von $a_\eta = 1$; 4 dB.

a
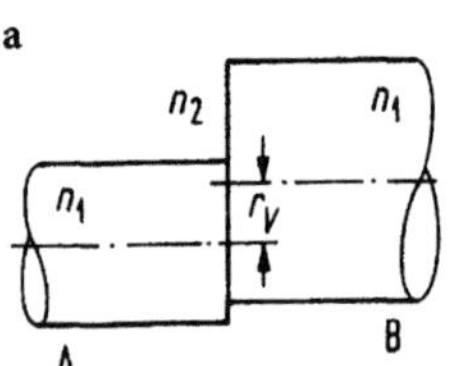

b
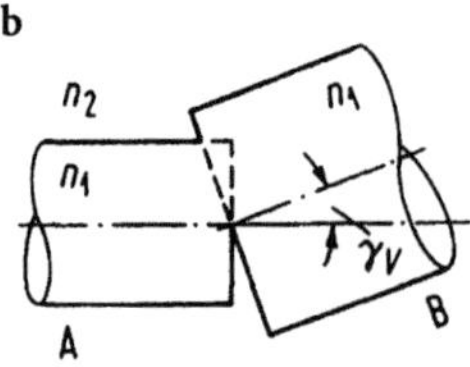

c
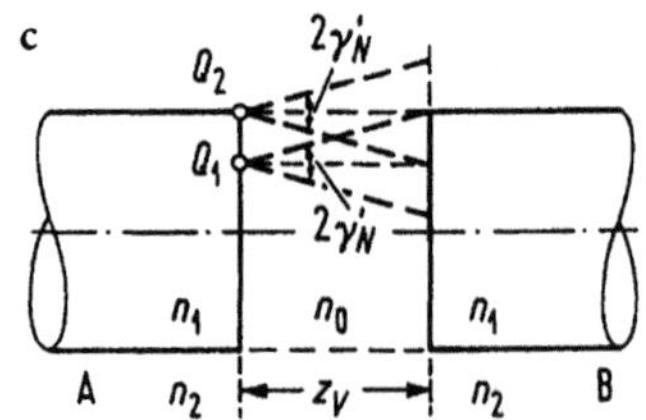

Abb. 5.16. Stirnflächenkopplungen von Fasern. **a** Parallelversatz der Achsen, **b** Winkelversatz der zentrierten Endflächen, **c** zentrierter Endflächenversatz

Beim Übergang von einer Stufenprofilfaser $q_A \to \infty$ auf eine Parabelprofilfaser $q_B = 2$, $a_B = a_A$, $\gamma_{NB} = \gamma_{NA}$ beträgt die Koppeldämpfung $a_\eta = 3$ dB.

Achsenversatz

Für die folgenden Überlegungen zur Koppeldämpfung bei Achsenversatz (Abb. 5.16a,b) und für die spätere Diskussion des Stirnflächenversatzes (Abb. 5.16c) werden die Wellenleiter A und B zunächst als gleiche Stufenprofilfasern vorausgesetzt, $q_A = q_B \to \infty$, $a_A = a_B = a$, $\gamma_{NA} = \gamma_{NB} = \gamma_N$, und es gelte $r_V \ll a$, $\gamma_V \ll \gamma_N$.

Die Fläche des Überdeckungsbereichs der beiden Kernkreisflächen in Abb. 5.16a, deren Mittelpunkte um r_V gegeneinander verschoben sind, beträgt dann näherungsweise $\pi a^2 - 2ar_V$; analog dazu erhält man für den gemeinsam überdeckten Raumwinkel in Abb. 5.16b $\pi\gamma_N^2 - 2\gamma_N\gamma_V$.

Von Faser A aus gesehen hat sich durch den Versatz sowohl der Kernradius als auch der Akzeptanzwinkel der Faser B näherungsweise um $|\Delta a|$ und $|\Delta\gamma_N|$ verringert, erste Doppelzeile von (5.105). Das stimmt mit der aufwendigen Rechnung [17, Gl. (14), Tabelle I] überein; für $q = 2$ findet man dort ebenfalls eine Beziehung, so daß sich ergibt:

$$\begin{aligned} &q \to \infty: \\ &|\Delta a| = \frac{r_V}{\pi}, \qquad |\Delta\gamma_N| = \frac{\gamma_V}{\pi}, \\ &q = 2: \\ &|\Delta a| = \frac{r_V}{3\pi/4}, \quad |\Delta\gamma_N| = \frac{\gamma_V}{3\pi/4}. \end{aligned} \tag{5.105}$$

Nach (5.104) kann dann der Kopplungsgrad berechnet werden.

Endflächenversatz

Die Endflächenmittelpunkte zweier gleicher Stufenprofilfasern seien durch ein Medium der Brechzahl $n = n_0$ wie in Abb. 5.16c um den Stirnflächenversatz $z_V \ll a$ voneinander entfernt. Faser A strahlt mit dem maximalen Akzeptanzwinkel $\gamma'_N = \gamma_N/n_0$ ab (vgl. (5.40) in Abschn. 5.3.4). Alle Punkte $0 \le r \le a - z_V \tan\gamma'_N$ der Endfläche A, die näher zur Achse liegen als Q_1 (Kreisfäche $\pi(a - z_V \tan\gamma'_N)^2$), strahlen ihre Leistung vollständig auf die Kernfläche der Faser B.

Die Abstrahlung von Punkten beim Kernradius (Punkt Q_2) wird nur noch (annähernd) zur Hälfte von Faser B akzeptiert; die Abstrahlung aller Punkte im Kreisring $a - z_V \tan\gamma'_N \le r \le a$ (Ringfläche $\approx 2\pi a z_V \tan\gamma'_N$) ist daher mit einem Faktor $\frac{1}{2} < G \le 1$ zu gewichten. Infolgedessen ordnet man der Faser B die fiktive Endfläche $\pi(a - z_V \tan\gamma'_N)^2 + G \cdot 2\pi a z_V \tan\gamma'_N$ zu, so daß der Kernradius a der Faser B um den Betrag $|\Delta a|$ verringert erscheint,

$$\begin{aligned} &|\Delta a| = (1 - G)\, z_V \tan(\gamma_N/n_0), \\ &\tfrac{1}{2} < G \le 1, \\ &G = 1 - \tfrac{2}{3\pi} \approx 0{,}79 \quad (q \to \infty), \\ &G = \tfrac{3}{4} \qquad\qquad\quad (q = 2). \end{aligned} \tag{5.106}$$

Der Überdeckungsfaktor G für $q \to \infty$ ergibt sich aus einer Berechnung der Überdeckungs-Kreisflächen von Beleuchtungsfleck und Stirnfläche der Faser B. Gleichung (5.106) wurde für $q \to \infty$ und $q = 2$ aufwendig abgeleitet [21, Gl. (18). Fehler in Gl. (40): $2/(\pi N) \to 2/(\pi N^2)$]. Wenn die Faserapertur gleichförmig bzw. gaußförmig ausgeleuchtet wird, ändert sich für $q \to \infty$ der Überdeckungsfaktor G nur um 5%, vgl. [81]. Für $q = 2$ bleibt G konstant. Den Kopplungsgrad für Endflächenversatz berechnet man aus (5.104) mit $\Delta\gamma_N = 0$.

Modenleistungsverteilung

Die Kopplungsgrade der Gleichungen (5.103)-(5.105) wurden unter der Annahme berechnet, daß alle Moden der anregenden Faser A gleiche Leistung tragen. Bei realen Übertragungssystemen trifft dies nicht zu, da Moden hoher Ordnungszahl mit signifikant in den Mantel reichenden Feldern stärker gedämpft werden als Moden niedrigerer Ordnung.

Bei vielmodigen Gradientenfasern mit $V \gg 1$ konzentrieren sich die Moden niedriger Ordnung stärker auf den inneren Kernbereich als bei Stufenprofilfasern (s. Abb. 5.2, 5.4, 5.5) und werden daher weniger gedämpft als Moden hoher Ordnungszahl. Deswegen wird für eine stationäre Modenleistungsverteilung, die sich nach langen Laufstrecken einstellt (s. Abschn. 5.7.4), die geführte Leistung in der Umgebung der Faserachse höher sein als im Fall einer gleichförmigen Modenleistungsverteilung, s. Text am Anfang dieses Abschnitts und (5.98).

Deswegen ist aber auch der Kernradius a_A in den Beziehungen (5.103), (5.104) durch den effektiven Radius $a_{A\,\mathrm{eff}} < a_A$ des signifikant lichterfüllten Kernbereichs zu ersetzen, während für Faser B der physikalische Kernradius a_B gültig bleibt. Damit folgt ein erhöhter Kopplungsgrad bei einem Versatz der Faserachsen, der unmittelbar hinter der Koppelstelle zu messen ist. Stellt sich weit entfernt von der Koppelstelle wieder eine stationäre Modenleistungsverteilung ein, dann reduziert sich der Kopplungsgrad auf Werte, die aus den entsprechenden effektiven Kernradien $a_{A\,\text{eff}}$ und $a_{B\,\text{eff}}$ für eine stationäre Modenleistungsverteilung zu berechnen sind.

70-%-Anregung

Die sogenannte 2/3- oder 70%-Anregung wurde bereits am Ende von Abschn. 5.3.4 und in Abschn. 5.7.4 kurz diskutiert als Verfahren, annähernd eine stationäre Modenleistungsverteilung einzustellen. Ändern sich der gleichförmig ausgeleuchtete Radius r_F oder die gleichförmig erhellte Apertur A_F des Beleuchtungsflecks der Faser, dann ändert sich auch nach (5.45) die eingekoppelte Leistung P_{gF} bezogen auf die insgesamt in geführten Moden transportierbare Leistung P_g,

$$\varepsilon_F = \frac{P_{gF}}{P_g} = \frac{M_{gF}}{M_g}. \qquad (5.107)$$

Als Empfindlichkeit gegenüber Änderungen von Fleckradius und -apertur ergibt sich für $q \geq 2$ und $r_F/a, A_F/A_N \leq 0{,}7$

$$\begin{aligned} \frac{\partial \varepsilon_F}{\partial (r_F/a)} &= 2\frac{q+2}{q}\frac{r_F}{a}\left(\frac{A_F}{A_N}\right)^2, \\ \frac{\partial \varepsilon_F}{\partial (A_F/A_N)} &= 2\frac{q+2}{q}\left(\frac{r_F}{a}\right)^2\frac{A_F}{A_N}. \end{aligned} \qquad (5.108)$$

Für eine Faser mit $q \to \infty$ bzw. $q = 2$ und 2/3-Anregung $r_F/a = A_F/A_N = 2/3 \approx 0{,}7$ ist $\varepsilon_{F\infty} = 0{,}395$ bzw. $\varepsilon_{F2} = 0{,}197$. Die maximale relative Änderung der bezogenen Leistung ε_F beträgt bei Radius- $(\Delta r_F/a)$ und Aperturänderungen $(\Delta A_F/A_N)$

$$\left|\frac{\Delta \varepsilon_F}{\varepsilon_F}\right| = 3\left|\frac{\Delta r_F}{a}\right| + 3\left|\frac{\Delta A_F}{A_N}\right|. \qquad (5.109)$$

Für $|\Delta r_F/a| = |\Delta A_F/A_N| = 1$; 10% wird $|\Delta\varepsilon_F/\varepsilon_F| = 6$; 60% entsprechend $10\lg(1 - |\Delta\varepsilon_F/\varepsilon_F|) = 0{,}25$; 4 dB. Die Empfindlichkeit gegenüber geringen Einkoppeländerungen (z.B. bei einer Variation der Wellenlänge) ist also hoch. Sorgfältige Kalibrierungsmessungen sind erforderlich.

5.9 Modenrauschen

Als Modenrauschen bezeichnet man Intensitätsschwankungen, die bei der Aufteilung der Leistung eines Vielmoden-Wellenleiters entstehen; dabei kann es sich z.B. um einen Koppler oder um einen unvollkommenen Stecker handeln, bei dem nicht die gesamte Leistung aus der ankommenden Faser in die abgehende Faser transferiert wird.

Das Feld am Faserende ist als Superposition aller Modenfelder ein kompliziertes Interferenzmuster aus hellen und dunklen Flecken (Granulationsmuster, englisch *speckle pattern*), s. Text am Anfang von Abschn. 5.4. Wegen der Orthogonalität der Modenfunktionen, Kap. 3, bildet man die Gesamtleistung als Summe aller Modenleistungen, da Kreuzleistungsterme bei Integration über den Querschnitt keinen Beitrag liefern.

Wird nur ein Teil des Querschnitts betrachtet, so liefern die Kreuzleistungsterme der Art $\Psi_m \Psi_n^*$ einen endlichen (positiven oder negativen) Beitrag, der von den Phasendifferenzen der Modenfelder abhängt. Wenn sich diese Phasendifferenzen ändern, ändert sich der Beitrag der Kreuzleistungsterme, und es kommt zu Intensitätsschwankungen in der Leistungsaufteilung.

Die relativen Phasen der Moden ändern sich z.B. bei Frequenzschwankungen einer Quelle wegen der Frequenzabhängigkeit der Ausbreitungskonstanten. An Leistungsteilern mit Vielmodenfasern tritt daher eine FM-AM-Konversion auf.

5.9.1 Modenüberlagerung

Am Faserende einer Vielmodenfaser ist das Feld $\Phi_A(t, r, \varphi)$ eine Überlagerung der Strukturfunktionen $\Psi_m(r, \varphi)$ der geführten Moden, s. (5.78) und Text vor (5.80). Die lokale Intensität $I_A(t, r, \varphi)$ besteht aus helleren und dunkleren Flecken, s. Abb. 5.17. P_A ist die über den Faserquerschnitt gemittelte Gesamtleistung. Mit der Gruppenlaufzeit t_{gm} (s. (5.59)) des Modus m auf der Faserstrecke der Länge L schreibt man:

$$\Phi_A(t, r, \varphi) = \sum_m A_m(t - t_{gm})\, \Psi_m(r, \varphi) \times e^{j[\omega_0 t - \beta_{m0} L + \varphi_m(t)]},$$

$$I_A(t, r, \varphi) = \frac{1}{2} n_1 |\Phi_A|^2 \quad (5.110)$$
$$= \sum_{m,n} A_m A_n^* \Psi_m \Psi_n^*$$
$$\times e^{j[(-\beta_{m0} - \beta_{n0})L + (\varphi_m - \varphi_n)]} .$$

Selbst bei konstanten Moden-Amplituden A_m ändert das Muster seine Lage und Form, da sich die Phasen φ_m durch mechanische Erschütterungen bzw. zufolge temperaturbedingter Schwankungen der Brechzahl ändern, oder weil bei Frequenzschwankungen der Quelle um den Mittelwert f_0 auch die Ausbreitungskonstanten $\beta_m(\omega)$ um den Mittelwert β_{m0} schwanken.

Wird an einer Kopplungsstelle nur ein Teil der ankommenden Leistung P_A als abgehende Leistung P_B in eine weitere Faser übertragen (z. B. durch radialen Versatz oder Verkippung in einem Stecker, Überkopplung in einem Faserkoppler, ect.), so schwankt P_B aufgrund der sich ändernden Beiträge der Kreuzleistungsterme. Im folgenden werden diese Schwankungen abgeschätzt.

5.9.2 Leistungsfluktuation

Die Leistungen P_K in verschiedenen Flecken sind statistisch unabhängig, wenn die Faser mit einer Quelle erregt wurde, bei der die Kohärenzfläche der Quelle höchstens so groß ist wie die Fläche F_K eines hellen oder dunklen Flecks in Abb. 5.17. Zwischen den Größen F_K, dem Kohärenzraumwinkel Ω_K (für cos $\gamma = 1$, s. (5.22)), der numerischen Apertur A_N, dem V-Parameter, der Anzahl M_g der geführten Moden, dem Kernradius a einer Stufenprofilfaser und der Anzahl N_{TA} der Kohärenzflächen, die im Faserkern Platz finden, besteht der Zusammenhang

$$F_K = \frac{\lambda^2}{\Omega_K} = \frac{\lambda^2}{\pi A_N^2} = \frac{\pi a^2}{V^2/4}$$
$$= \frac{\pi a^2}{M_g/2} = \frac{\pi a^2}{N_{TA}}, \quad (5.111)$$
$$N_{TA} = M_g/2.$$

N_{TA} wird als die Anzahl der „transversalen Flecken" bezeichnet, s. Abschn. 5.3.1. Die Anzahl der Freiheitsgrade für Leistungen in den Flecken muß M_g sein: Jeder der N_{TA} unterscheidbaren Flecken ist wegen der beiden Polarisationen, in denen das Feld vorliegen kann, doppelt zu zählen.

Es können aber unabhängige Muster am Faserende in mehreren „Farben" überlagert sein, wenn die Faser mit einer Lichtquelle der Bandbreite Δf angeregt wird. Bei einer Frequenzänderung um Δf_{kor} (sogenannte Korrelationsbandbreite der Faser) müssen sich dann in (5.110) die einzelnen superponierten Zeiger über ein Phasenintervall von 2π verstreut haben; für die Differenz der Gruppenlaufzeiten wird die maximale Gruppenlaufzeitdifferenz $\Delta t_{g\,max}$ eingesetzt (s. (5.65)):

$$L \frac{d(\beta_m - \beta_n)}{d\omega}\bigg|_{\omega_0, max} \cdot 2\pi \Delta f_{kor} \quad (5.112)$$
$$= \Delta t_{g\,max} \cdot 2\pi\, \Delta f_{kor} = 2\pi,$$
$$\Delta t_{g\,max}\, \Delta f_{kor} = 1.$$

Die letzte Zeile von (5.112) entspricht der Beziehung (5.20) für die Anzahl longitudinaler Moden in Abschn. 5.3.1. Bei einer Quelle der Halbwertsbreite Δf (Kohärenzzeit $\tau_K = 1/\Delta f$) ist die Anzahl N_{LA} der unterscheidbaren „Farben" der Muster

$$N_{LA} = \frac{\Delta f}{\Delta f_{kor}} = \frac{\Delta t_{g\,max}}{\tau_K}. \quad (5.113)$$

N_{LA} wird wegen der Analogie zur Anzahl der longitudinalen Moden eines Feldes als die Anzahl der „longitudinalen Flecken" bezeichnet. Die Anzahl N_A der unabhängigen, am Faserende unterscheidbaren Fleckleistungen P_K ist somit (in beiden Polarisation, für polarisierte Muster entfällt der Faktor 2)

$$N_A = 2N_{TA} N_{LA} = M_g \frac{\Delta f}{\Delta f_{kor}}$$
$$= M_g\, \Delta t_{g\,max}\, \Delta f. \quad (5.114)$$

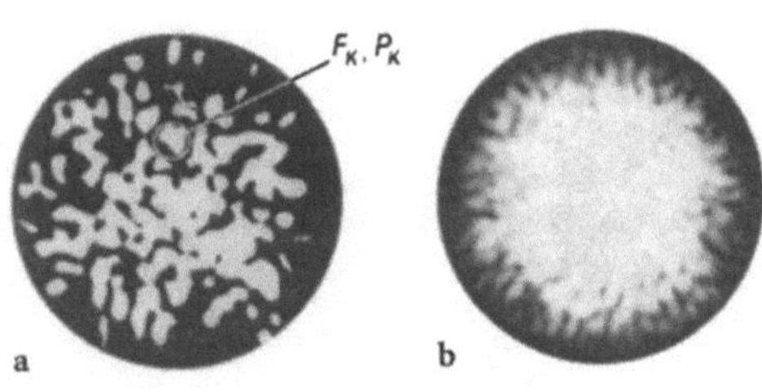

Abb. 5.17. Unpolarisierte Granulationsmuster am Faserende einer Multimodenfaser. **a** Granulationskontrast $C_{AB} = 1/\sqrt{2}$; F_K Kohärenzfläche der Faser, P_K durch die Kohärenzfläche austretende Leistung. **b** Muster mit kleinerem Granulationskontrast

Eine abgehende Faser entnimmt von den N_A Flecken eine Stichprobe von $N_B \leq N_A$ Fleckleistungen mit der mittleren Gesamtleistung $\overline{P_B} = N_B \overline{P_K}$. Bei annähernd gleicher Anregung der Moden gilt für eine Kopplungsstelle mit dem mittleren Kopplungsgrad η

$$\eta = \frac{\overline{P_B}}{\overline{P_A}} = \frac{N_B \overline{P_K}}{N_A \overline{P_K}} = \frac{N_B}{N_A}. \qquad (5.115)$$

Ein Merkmal x soll in einer Gesamtheit von N_A Elementen die Varianz σ_A^2 besitzen. Man entnimmt der Gesamtheit Stichproben von $N_B \leq N_A$ Elementen und ermittelt für jede Stichprobe den Stichprobenmittelwert x_S dieses Merkmals; die Stichprobenmittelwerte x_S sind selbst Zufallsgrößen mit einer Varianz σ_B^2. Für σ_B^2 gilt [25, Kap. 14.3] [45, S. 114]

$$\sigma_B^2 = \overline{(x_S - \overline{x_S})^2} = \frac{N_A - N_B}{N_B(N_A - 1)}\sigma_A^2,$$
$$\sigma_A^2 = \overline{(x - \overline{x})^2}. \qquad (5.116)$$

Das interessierende Merkmal sind die Fleckleistungen. Es ist daher für x die Größe P_K, für x_S die Größe P_B/N_B einzusetzen. Das Feld am Faserende ist in einer Kohärenzfläche die zufällige Überlagerung vieler identisch verteilter Modenfelder und somit nach dem Grenzwertsatz annähernd gaußverteilt. Für die Leistung P_K gilt daher die Exponentialverteilung mit Mittelwert $\overline{P_K}$ und Varianz $\sigma_{P_K}^2$,

$$w_{P_K}(P_K) = \frac{1}{\overline{P_K}} e^{-P_K/\overline{P_K}}, \qquad (5.117)$$
$$\sigma_{P_K}^2 = \overline{\delta P_K^2} = \overline{(P_K - \overline{P_K})^2} = \overline{P_K}^2.$$

Mit den Beziehungen

$$\sigma_A^2 = \overline{\delta P_K^2} = \overline{P_K}^2, \qquad (5.118)$$
$$\sigma_B^2 = \overline{(P_B/N_B - \overline{P_B}/N_B)^2} = \overline{\delta P_B^2}/N_B^2,$$
$$\overline{P_B} = N_B \overline{P_K}$$

erhält man für die bezogenen Leistungsschwankungen in der abgehenden Faser mit (5.114) und (5.115) den sogenannten Granulationskontrast C_{AB},

$$C_{AB}^2 = \frac{\overline{\delta P_B^2}}{\overline{P_B}^2} = \frac{N_A - N_B}{N_B(N_A - 1)} = \frac{1-\eta}{\eta}\,\frac{1}{M_g \Delta t_{g\,max} \Delta f - 1}. \qquad (5.119)$$

C_{AB} hat den Maximalwert $C_{AB} = 1$ für $N_B = 1$.

5.9.3 Signal-Geräusch-Verhältnis

In der abgehenden Faser ergibt sich ein Signal-Geräusch-Verhältnis der Leistungen von

$$\gamma = \frac{\overline{P_B}^2}{\overline{\delta P_B^2}} = \frac{1}{C_{AB}^2} \qquad (5.120)$$

Für $\Delta t_{g\,max} = 2$ ns, $\Delta f = 100$ MHz, $M_g = 225$ und $\eta = 0{,}8$ ($\triangleq 1$ dB Dämpfung) wird $\gamma = 176 \triangleq 22{,}5$ dB. Für eine Analogübertragungsstrecke wäre dieser Wert viel zu klein. Beim Modenrauschen ist die Rauschleistung proportional zur Signalleistung, die Störungen führen daher nach [53, Gl. (6.14), (6.17)] zu einer Rest-Bitfehlerwahrscheinlichkeit (englisch *bit error rate floor*).

Bei vielmodig schwingenden Lasern mit merklichem Modenverteilungsrauschen darf für Δf in (5.113) nicht die Langzeit-Halbwertsbreite Δf_H der Einhüllenden eines Viellinienspektrums eingesetzt werden, weil der jeweils gerade schwingende Modus den Granulationskontrast und damit das Modenrauschen bestimmt. C_{AB} wird um so kleiner, je größer η, M_g, Δt_{gmax} und Δf sind. Gleichung (5.119) führt nur dann zu guten Abschätzungen, wenn $N_A \gg 1$ gilt.

Modenrauschen führt bei der Analogübertragung zu nichtlinearen Verzerrungen. Mit einer Intensitätsmodulation $P_A(t) = P_{A0} + P_{A1} \cos(\omega t)$ bei der Frequenz $f = \omega/(2\pi)$ ist nach [53, Gl. (3.220)] auch eine Frequenzmodulation des Lasers verbunden. Die momentane Abweichung von der mittleren Emissionsfrequenz f_0 beträgt dann $\Re\{|\Delta f_0(\omega)| e^{j\varphi(\omega)} e^{j\omega t}\} = |\Delta f_0(\omega)| \cos[\omega t + \varphi(\omega)]$. Da $\beta_m - \beta_n$ eine Funktion der Frequenz ist, ist auch der Kopplungsgrad η von der Lichtfrequenz abhängig, und somit gelten für abgehende Leistung P_B und momentane Laserfrequenz f_L

$$P_B(t) = \eta(f_L)\,[P_{A0} + P_{A1}\cos(\omega t)], \qquad (5.121)$$
$$f_L(t) = f_0 + |\Delta f_0(\omega)| \cos[\omega t + \varphi(\omega)].$$

Daraus resultieren zusätzliche Frequenzen in $P_B(t)$.

Eine aufwendige Theorie des Modenrauschens und weiterführende Literatur findet man in [30], bei [99, Kap. 8] auch speziell zum Modenrauschen in Wenigmoden-Fasern. Dazu zählen Einmodenfasern, bei denen die Polarisationsentartung des Grundmodus aufgehoben ist und polarisationsabhängige Verluste merkbar werden. Die Einflüsse selektiver Modenanregung von Vielmodenfasern werden in [91] behandelt.

Spezielle Literatur

[1] *Abramowitz, M.; Stegun, I.A.* (Herausg.): Handbook of mathematical functions, 9. Aufl. New York: Dover Publications 1970

[2] *Accordi, P.; Basola, C.P.; Bava, G.P.; Chiaretti, G.; Montrosset, I.:* Coupling efficiency evaluation of multimode fiber devices using GRIN rod lenses. Appl. Opt. 29 (1990) 37–46

[3] *Adams, M.J.:* An introduction to optical waveguides. Chichester: John Wiley & Sons 1981

[4] *Alda, J.; Boreman, G.D.:* On-axis and off-axis propagation of Gaussian beams in graded index media. Appl. Opt. 29 (1990) 2944–2950

[5] *Arnaud, J.A.:* Beam and fiber optics. New York: Academic Press 1976

[6] *Artiglia, M.; Coppa, G.; Di Vita, P.; Kalinowski, H.J.; Potenza, M.:* Bending loss characterization in single-mode fibres. Proc. 13th Europ. Conf. Opt. Commun. Helsinki (ECOC 1987) 437–443

[7] *Barnoski, M.K.:* Fiber couplers, in: Semiconductor devices for optical communication (herausgegeben von H. Kressel). Berlin: Springer Verlag 1980

[8] *Barrell, K.F.; Pask, C.:* Optical fibre excitation by lenses. Optica Acta 26 (1979) 91–108

[9] *Bartelt, O.; Lohmann, A.W.; Freude, W.; Grau, G.K.:* Mode analysis of optical fibres using computer-generated matched filters. Electron. Lett. 19 (1983) 247–249. Satzfehlerberichtigung: Electron. Lett. 19 (1983) 560. Weiterer Satzfehler: Nenner von (3), statt $2\pi a$ lies $2\pi a^2$

[10] *Bennett, M.J.:* Dispersion characteristics of monomode optical-fibre systems. Proc. IEE 130 (1983) 309–314

[11] *Berdagué, S.; Facq, P.:* Mode division multiplexing in optical fibers. Appl. Opt. 21 (1982) 1950–1955

[12] *Bockstaele, R.; Sys, C.; Blodelle, J.; Dhoedt, B.; Moerman, I.; Van Daele, P.; Demeester, P.; Baets, R.:* Resonant cavity LED's optimized for coupling to polymer optical fibers. IEEE Photon. Technol. Lett. 11 (1999) 158–160

[13] *Born, M.; Wolf, E.:* Principles of optics, 6. Aufl. Oxford: Pergamon Press 1980

[14] *Brown, G.D.:* Chromatic dispersion measurements in graded-index multimode optical fibers. J. Lightwave Technol. 12 (1994) 1907–1909

[15] *Chandra, R.; Thyagarajan, K.; Ghatak, A.K.:* Mode excitation by tilted and offset Gaussian beams in W-type fibers. Appl. Opt. 17 (1978) 2842–2847

[16] *Cohen, L.G.; Mammel, W.L.; Lumish, S.:* Dispersion and spectra in single-mode fibers. IEEE J. Quantum Electron. QE-18 (1982) 230–233

[17] *Di Vita, P.; Rossi, U.:* Theory of power coupling between multimode fibres. Opt. Quantum Electron. 10 (1978) 107–117

[18] *Düser, M.; Bayvel, P.:* 2.5 Gbit/s transmission over 4.5 km of 62.5 μm multimode fibre using centre launch technique. Electron. Lett. 36 (2000) 57–58

[19] *Ebeling, K.J.:* Integrierte Optoelektronik, 2. Aufl. Berlin: Springer Verlag 1992

[20] *Van Etten, W.:* The ergodicity of laser light in connection with optical fibre transmission. Opt. & Quantum Electron. 13 (1981) 519–521

[21] *Van Etten, W.; Lambo, W.; Simons, P.:* Loss in multimode fiber connections with a gap. Appl. Optics 24 (1985) 970–976

[22] *Facq, P.; Fournet, P.; Arnaud, J.:* Observation of tubular modes in multimode graded-index optical fibres. Electron. Lett. 16 (1980) 648–650

[23] *Facq, P.; De Fornel, F.; Jean, F.:* Tunable single-mode excitation in multimode fibres. Electron. Lett. 20 (1984) 613–614

[24] *Felsen, L.B.:* Evanescent waves. J. Opt. Soc. Am. 66 (1976) 751–760

[25] *Fisz, M.:* Wahrscheinlichkeitsrechnung und mathematische Statistik. Berlin: VEB Deutscher Verlag der Wissenschaften 1971

[26] *Freude, W.:* Messung der Faserdispersion mit Lichtimpulsen geringer spektraler Breite. Diskussionssitzung der Informationstechnischen Gesellschaft ITG (früher NTG) „Meßtechnik an optischen Nachrichtenübertragungssystemen". Ottilienberg-Karlsruhe: Vortrag 1978

[27] *Freude, W.:* Far-field profiling of multimode optical fibres. Electron. Lett. 17 (1981) 385–387

[28] *Freude, W.:* Impulse dispersion in a multimode optical fiber from its far-field radiation pattern. Appl. Opt. 23 (1984) 4209–4211

[29] *Freude, W.:* Analyse von Lichtwellenleitern aus dem Nah- und Fernfeld. Universität Karlsruhe: Habilitationsschrift 1986

[30] *Freude, W.; Fritzsche, C.; Grau, G.; Lu, Shan-da:* Speckle interferometry for spectral analysis of laser sources and multimode optical waveguides. J. Lightwave Technol. LT-4 (1986) 64–72. Satzfehlerberichtigung: LT-4 (1986) 694. Weitere Satzfehler: In (1), statt Nenner $\langle \delta P^2(f_s, r)\rangle_r$ lies $\langle \delta P(f_s, r)^2\rangle_r$; in (B2), statt $\langle \delta P(f_s, r)\, \delta P(f_s + f, r)\rangle_r$ lies $\langle \delta P(f_s, r)\, \delta P(f_s + f, r)\rangle_r$

[31] *Freude, W.; Grau, G.K.; Liebler, W.; Wüppermann, B.:* Computer-generated holograms with error compensation. Appl. Opt. 27 (1988) 138–146

[32] *Gambling, W.A.; Payne, D.N.; Matsumura, H.:* Mode excitation in a multimode optical-fibre waveguide. Electron. Lett. 9 (1973) 412–414. Nachdruck in: Electron. Lett. 25 (1989) S13–S15

[33] *Garito, A.F.; Wang, J.; Gao, R.:* Effects of random perturbations in plastic optical fibers. Science 281 (1998) 962–967
[34] *Carrett, I.; Todd, C.J.:* Review. Components and systems for long-wavelength monomode fibre transmission. Opt. & Quantum Electron. 14 (1982) 95–143
[35] *Geckeler, S.:* Gruppenlaufzeitdifferenzen in Lichtwellenleitern mit Gradientenprofil. Frequenz 32 (1978) 68–75
[36] *Geckeler, S.:* Dispersion in optical fibers: new aspects. Appl. Opt. 17 (1978) 1023–1029
[37] *Geckeler, S.:* Compensation of profile dispersion in graded-index optical fibres. Electron. Lett. 15 (1979) 682–683
[38] *Geckeler, S.:* Pulse broadening in optical fibers with mode mixing. Appl. Opt. 18 (1979) 2192–2198
[39] *Ghatak, A.:* Optics, 2. Aufl. Delhi: Tata McGraw-Hill 1992
[40] *Ghatak, A.:* Introduction to quantum mechanics. Delhi: Macmillan India 1996
[41] *Gloge, D.; Marcatili, E.A.J.:* Impulse response of fibers with ring-shaped parabolic index distribution. Bell Syst. Techn. J. 52 (1973) 1161–1168
[42] *Gloge, D.; Marcatili, E.A.J.:* Multimode theory of graded-core fibers. Bell Syst. Techn. J. 52 (1973) 1563–1578
[43] *Gloge, D.:* Propagation effects in optical fibers. IEEE Trans. Microw. Theory Tech. MTT-23 (1975) 106–120
[44] *Gloge, D.; Ogawa, K.; Cohen, L.G.:* Baseband characteristics of long-wavelength L.E.D. systems. Electron. Lett. 16 (1980) 366–367
[45] *Goldberg, S.:* Die Wahrscheinlichkeit, 2. Aufl. Brauschweig: Vieweg-Verlag 1969
[46] *Goldstein, H.:* Classical mechanics, 2. Aufl. Reading: Addison-Wesley 1980
[47] *Golub, M.A.; Karpeev, S.V.; Krivoshlykov, S.G.; Prokhorov, A.M.; Sisakyan, I.N.; Soifer, V.A.:* Experimental studies of spatial filters which separate transverse modes of optical fields. Kvantovaya Elektron. Moscow 10 (1983) 1700–1701
[48] *Golub, M.A.; Karpeev, S.V.; Krivoshlykov, S.G.; Prokhorov, A.M.; Sisakyan, I.N.; Soifer, V.A.:* An experimental study into the power distribution over transverse modes in a fiber-optic wave-guide with the use of spatial filters. Kvantovaya Elektron. Moscow 11 (1984) 1869–1871
[49] *Gottwald, K.:* Das Verbinden von Glasfasern, in: Optische Telekommunikationssysteme, Band 1: Physik und Technik (Herausg. W. Haist). Gelsenkirchen-Buer: Damm-Verlag 1989
[50] *Grau, G.K.:* Quantenelektronik. Braunschweig: Vieweg 1978
[51] *Grau, G.; Leminger, O.G.; Sauter, E.G.:* Mode excitation in parabolic index fibres by Gaussian beams. Arch. Elektron. & Übertragungstech. 34 (1980) 259–265
[52] *Grau, G.K.; Leminger, O.G.:* Relations between near-field and far-field intensities, radiance, and modal power distribution of multimode graded-index fibers. Appl. Opt. 20 (1981) 457–459
[53] *Grau, G.; Freude, W.:* Optische Nachrichtentechnik, 3. Aufl. Berlin: Springer Verlag 1991. Seit 1997 vergriffen. Berichtigter Nachdruck über W.F. E-mail: W.Freude@etec.uni-karlsruhe.de
[54] *Haas, Z.; Santoro, M.A.:* A mode-filtering scheme for improvement of the bandwith-distance product in multimode fiber systems. J. Lightwave Technol. 11 (1993) 1125–1131
[55] *Hackert, M.J.:* Explanation of launch condition choice for GRIN multimode fiber attenuation and bandwidth measurements. J. Lightwave Technol. 10 (1992) 125–129
[56] *Hartog, A.H.; Adams, M.J.:* On the accuracy of the WKB approximation in optical dielectric waveguides. Opt. & Quantum Electron. 9 (1977) 223–232
[57] *Hillerich, B.:* Efficiency and alignment tolerances of LED to single-mode fibre coupling – theory and experiment. Opt. & Quantum Electron. 19 (1987) 209–222
[58] *Hornung, S.; Doran, N.J.; Allan, R.:* Monomode fiber microbending loss measurements and their interpretation. Opt. & Quantum Electron. 14 (1982) 359–362
[59] *Imai, M.; Hara, E.H.:* Excitation of the fundamental and lower-order modes of optical fiber waveguides with Gaussian beams. 1: Tilted beams. Appl. Opt. 13 (1974) 1893–1899
[60] *Imai, M.; Hara, E.H.:* Excitation of the fundamental and lower-order modes of optical fiber waveguides with Gaussian beams. 2: Offset beams. Appl. Opt. 14 (1975) 169–173
[61] International Union of Pure and Applied Physics: Symbole, Einheiten und Nomenklatur in der Physik. Dt. Ausg. von *Symbols, Units and Nomenclature in Physics.* Document U.I.P.20 (1978). Weinheim: Physik Verlag 1981
[62] *Jean, F.; Facq, P.; De Fornel, F.:* Coupling efficiency in selective excitation of tubular modes into graded-index multimode fibres. Electron. Lett. 22 (1986) 11–13
[63] *Kapany, N.S.; Burke, J.J.; Sawatari, T.:* Fiber optics. XIII. Mode detection and discrimination in optical waveguides and resonators. J. Opt. Soc. Am. 60 (1970) 1350–1358
[64] *Karstensen, H.; Drögemüller, K.:* Loss analysis of laser diode to single-mode fiber couplers with glass spheres or silicon plano-convex lenses. J. Lightwave Technol. 8 (1990) 739–747
[65] *Kitayama, K.-I.; Ohashi, M.; Seikai, S.:* Mode conversion at splices in multimode graded-index fibers. IEEE J. Quantum Electron. QE-16 (1980) 971–978

[66] *Kitayama, K.-I.; Seikai, S.; Uchida, N.:* Impulse response prediction based on experimental mode coupling coefficient in a 10-km long graded-index fiber. IEEE J. Quantum Electron. QE-16 (1980) 356–362
[67] *Krivoshlykov, S.G.; Sauter, E.G.:* Mode coupling between two waveguides with offset, tilt and gap using quantum theoretical methods. J. Phys. A: Math. Gen. 20 (1987) 3805–3823
[68] *Kutz, J.N.; Cox, J.A.; Smith, D.:* Mode mixing and power diffusion in multimode fibers. J. Lightwave Technol. 16 (1998) 1195–1202
[69] *Leminger, O.G.; Grau, G.K.:* Near-field intensity and modal power distribution in multimode graded-index fibres. Electron. Lett. 16 (1980) 678–679
[70] *Linares, J.; Gomez-Reino, C.:* Optical propagator in a graded-index medium with a hyperbolic secant refractive-index profile. Appl. Opt. 33 (1994) 3427–3431
[71] *Loke, M.-Y.; McMullin, J.N.:* Simulation and measurement of radiation loss at multimode fiber macrobends. J. Lightwave Technol. 8 (1990) 1250–1256
[72] *Marcatili, E.A.J.:* Modal dispersion in optical fibers with arbitrary numerical aperture and profile dispersion. Bell Syst. Techn. J. 56 (1977) 49–63
[73] *Marchand, E.W.; Nishihara, H.* (Herausg.): Feature papers on graded-index optics. Appl. Opt. 29 (1990) 3991–4110
[74] *Marcuse, D.:* Light transmission optics. New York: Van Nostrand Reinhold 1972
[75] *Marcuse, D.:* Theory of dielectric otpical waveguides. New York: Academic Press 1974
[76] *Marcuse, D.:* Coupled power equations for lossy fibers. Appl. Opt. 17 (1978) 3232–3237
[77] *Marcuse, D.; Presby, H.M.:* Effects of profile deformations on fiber bandwidth. Appl. Opt. 18 (1979) 3758–3763. Erratum: Marcuse, D.: Calculation of bandwidth from index profiles of optical fibers: correction. Appl. Opt. 19 (1980) 188–189
[78] *Marcuse, D.:* Pulse distortion in single-mode fibers. Appl. Opt. 19 (1980) 1653–1660
[79] *Mattheus, A.:* Faserverbindungen, in: Optische Telekommunikationssysteme (Herausg. H. Hultzsch). Gelsenkirchen: Damm-Verlag 1996
[80] *McMullin, J.N.; Freeman, J.E.:* On the shape of bent fiber. J. Lightwave Technol. 8 (1990) 1091–1096
[81] *Miller, C.M.; Mettler, S.C.:* A loss model for parabolic-profile fiber splices. Bell Syst. Techn. J. 57 (1978) 3167–3180
[82] *Miyagi, M.; Kawakami, S.; Ohashi, M.; Nishida, S.:* Measurement of mode conversion coefficients and mode dependent losses in a multimode fiber. Appl. Opt. 17 (1978) 3238–3244
[83] *Morse, P.M.; Feshbach, H.:* Methods of theoretical physics, Band 1 and 2. New York: McGraw-Hill 1953
[84] *Nagano, K.; Kawakami, S.:* Mode conversion coefficients in graded-index fibers with various fiber-coating schemes: measurements. Appl. Opt. 21 (1982) 542–546
[85] *Naqwi, A.; Durst, F.:* Focusing of diode laser beams: a simple mathematical model. Appl. Opt. 29 (1990) 1780–1785
[86] *Neumann, E.-G.:* Single-mode fibers. Berlin: Springer Verlag 1988
[87] *Ohashi, M.; Kitayama, K.-I.; Seikai, S.:* Mode coupling effects in a graded-index fiber cable. Appl. Opt. 20 (1981) 2433–2438
[88] *Olshansky, R.:* Mode coupling effects in graded-index optical fibers. Appl. Opt. 14 (1975) 935–945
[89] *Olshansky, R.:* Multiple-α index profiles. Appl. Opt. 18 (1979) 683–689
[90] *Olshansky, R.:* Propagation in glass optical waveguides. Rev. Mod. Phys. 51 (1979) 341–367
[91] *Papen, G.; Murphy, G.M.:* Modal noise in multimode fibers under restricted launch conditions. J. Lightwave Technol. 17 (1999) 817–822
[92] *Park, E.-H.; Kim, M.-J.; Kwon, Y.-S.:* Microlens for efficient coupling between LED and optical fiber. IEEE Photon. Technol. Lett. 11 (1999) 439–441
[93] *Petermann, K.:* Fundamental mode microbending loss in graded-index and W fibres. Opt. & Quantum Electron. 9 (1977) 167–175
[94] *Petermann, K.:* Uncertainties of the leaky mode correction for near-square-law optical fibres. Electron. Lett. 13 (1977) 513–514
[95] *Petermann, K.:* Modes in active waveguides with inhomogeneous gain profiles as applied to injection lasers. Arch. Elektron. & Übertragungstech. 32 (1978) 313–320
[96] *Petermann, K.:* A generalized condition for the delay equalization in multimode optical fibres. Proc. 4th Europ. Conf. Opt. Commun. Genova (ECOC 1978) 281–287
[97] *Petermann, K.:* Nonlinear distortions and noise in optical communication systems due to fiber connectors. IEEE J. Quantum Electron. QE-16 (1980) 761–770
[98] *Petermann, K.; Kühne, R.:* Upper and lower limits for the microbending loss in arbitrary single-mode fibers. J. Lightwave Technol. LT-4 (1986) 2–7
[99] *Petermann, K.:* Laser diode modulation and noise. Dordrecht: Kluwer Academics Publishers 1988
[100] *Raddatz, L.; White, I.H.:* Overcoming the modal bandwidth limitation of multimode fiber by using passband modulation. IEEE Photon. Technol. Lett. 11 (1999) 266–268
[101] *Rodhe, P.M.:* A matrix transfer function for an optical fibre based on coupled power theory. Opt. & Quantum Electron. 13 (1981) 175–178. Erratum: 13 (1981) 352

[102] *Safaadi-Jazi, A.; Suppanitchakij, V.:* A tapered graded-index lens: analysis of transmission properties and applications in fiber-optic communication systems. IEEE J. Quantum Electron. 33 (1997) 2159–2166
[103] *Saijonmaa, J.; Sharma, A.B.; Halme, S.J.:* Optimal excitation of multimode graded-index fibres in D.M.D. and D.M.A. measurements. Electron. Lett. 16 (1980) 690–692
[104] *Saijonmaa, J.; Sharma, A.B.; Halme, S.J.:* Selective excitation of parabolic index optical fibers by Gaussian beams. Appl. Opt. 19 (1980) 2442–2452
[105] *Sauter, E.G.; Grau, G.K.:* Excitation of steady-state power distribution in parabolic-index fibres by Gaussian TEM_{00}-beam. Electron. Lett. 16 (1980) 748–749
[106] *Snyder, A.W.:* Asymptotic expressions for eigenfunctions and eigenvalues of a dielectric or optical waveguide. IEEE Trans. Microwave Theory Tech. MTT-17 (1969) 1130–1138
[107] *Snyder, A.W.; Love, J.D.:* Optical waveguide theory. London: Chapman and Hall 1983
[108] *Streifer, W.; Kurtz, C.K.:* Scalar analysis of radially inhomogeneous guiding media. J. Opt. Soc. Am. 57 (1967) 779–786
[109] *Uematsu, Y.; Ozeki, T.:* Efficient power coupling between a MH LED and a multimode fiber with a tapered launcher. Techn. Dig. Internat. Conf. Integrated Optics and Opt. Commun. Tokyo (1977) 371
[110] *Unger, H.-G.:* Planar optical waveguides and fibres. Oxford: Clarendon Press 1977
[111] *Unger, H.-G.:* Optische Nachrichtentechnik, Teil I und II, 2. Aufl. Heidelberg: Dr. Alfred Hüthig 1990 und 1992
[112] *Webster, M.; Raddatz, L.; White, I.H.; Cunningham, D.G.:* A statistical analysis of conditioned launch for Gigabit Ethernet links using multimode fiber. J. Lightwave Technol. 17 (1999) 1532–1541
[113] *Weierholt, A.:* Modal dispersion of optical fibres with a composite α-profile graded-index core. Electron. Lett. 15 (1979) 733–734
[114] *White, W.R.; Düser, M.; Reed, W.A.; Onishi, T.:* Intermodal dispersion and mode coupling in perfluorinated graded-index plastic optical fiber. IEEE Photon. Technol. Lett. 11 (1999) 997–999
[115] *Yang, S.; Hjelme, D.R.; Januar, I.P.; Vayshenker, I.P.; Mickelson, A.R.:* Transfer function approach to the experimental determination of mode transfer matrices. Appl. Opt. 29 (1990) 3166–3175
[116] *Yevick, D.; Stoltz, B.:* Near-field distributions in selectively excited elliptical optical fibres. Electron. Lett. 16 (1980) 210–211

Herstellungsverfahren von Lichtwellenleitern 6

K. Kemeter

Allgemeine Literatur
[A] *Li, Tingye* (Hrsg.) (1985), Optical Fiber Communications, Vol 1: Fiber Fabrication, Academic Press, Inc., Orlando. - [B] *Murata, H.* (1996), Handbook of Optical Fibers and Cables, Marcel Dekker, Inc., New York 1996. - [C] *Scherer, G. W., Schultz, P. C.* (1983), Glass: Science and Technology, Vol. 1, Glass Forming Systems, Academic Press, Inc., Kap. 2, 49–103. - [D] *Mahlke, G., Gössing, P.* (1998), Lichtwellenleiterkabel, Publicis MCD Verlag Erlangen. - [E] *Scholte, H.* (1988), Glas, Springer-Verlag Berlin. - [F] *Miller, S. E.* (Hrsg.) (1980), Proc. of IEEE **68**, (10), Special Issue On: Optical Fiber Communications, 1173–1360. - [G] *Griffioen, W.* (1994), Optical Fiber Mechanical Reliability, Dissertation an der Eindhoven University of Technology, Leidschendam, ISBN 90-386-0494-7. - [H] Britannica Online (www.eb.com), "Industrial Glass: Glass formation". - [I] *Neumann, E.-G.* (1988), Single-Mode Fibers, Springer-Verlag Berlin.

Einführung

Die Herstellung von Lichtwellenleitern (LWL) aus Glas wurde in den 70er und 80er Jahren erforscht und bis zur Produktionsreife entwickelt. Der wesentliche technologische Durchbruch wurde in dieser Zeit mit der Verbesserung des Dampfabscheide-Prozesses erreicht. Er erlaubt es, hochreines Glas mit großer Präzision herzustellen, sowohl hinsichtlich seiner molekularen Zusammensetzung als auch seiner geometrischen Eigenschaften. Seither wurden weltweit mehr als 200 Millionen Kilometer Lichtwellenleiter aus Glas für die Telekommunikation installiert.

Dieses Kapitel behandelt die Herstellungsverfahren von Lichtwellenleitern. Im ersten Teil werden allgemeine Eigenschaften von Quarzglas und ihre Beeinflussung durch verschiedene Dotiermaterialien diskutiert. Der zweite Teil beschreibt die wesentlichen Methoden der Vorformherstellung, der dritte Teil das Ziehen von Lichtwellenleitern aus den Vorformen. Der vierte Abschnitt ist den mechanischen Eigenschaften des Lichtwellenleiters - Festigkeit, Bruchverhalten, Lebensdauer - gewidmet.

Nicht betrachtet wird hier die Herstellung von Lichtwellenleitern aus Kunststoff.

6.1 Herstellung von Quarzglas

Die **Herstellung von Quarzglas** (SiO_2) im Dampfabscheide-Prozess (Chemical Vapour Deposition = CVD), aus historischen Gründen auch Flammenhydrolyse genannt, findet bei hohen Temperaturen in der Gasphase statt. Ausgangsmaterialien sind zumeist Metallhalide wie $SiCl_4$ und $GeCl_4$, $TiCl_4$, oder auch organische Metallverbindungen wie SiH_4. Bei ausreichender Aktivierungsenergie (Temperaturen von 1300 °C) läuft die Glasentstehung durch die Reaktion

$$SiCl_4 + O_2 \rightarrow SiO_2 + 2\,Cl_2$$

zu 99% innerhalb von Sekundenbruchteilen ab. Sie wird als homogene Reaktion bezeichnet, weil sie keine weiteren Katalysatoren benötigt. Die Abscheideraten des Glases erreichen einige Gramm pro Minute. Das abgeschiedene Material besteht aus kleinen Feststoffteilchen, die einen porösen, opaken Körper bilden. Wegen der sehr großen Oberfläche wirken molekulare Kräfte, die eine Sinterung der Glaspartikel zu einem transparenten Glaskörper ermöglichen. Synthetisches Glas ist von besonders hoher Reinheit und Festigkeit und wird für optische Linsen, astronomische Spiegel oder für Lichtwellenleiter verwendet.

Neben homogenen Reaktionen gibt es heterogene, bei denen die Glasentstehung durch Oberflächen katalysiert wird. Sie werden zur Abscheidung von dünnen Filmen (von einigen Mikrometern Dicke) auf Silikon-Wafern oder anderen Materialien eingesetzt. Die heterogenen Reaktionen finden bei niedrigen Temperaturen (500 °C) und mit niedriger Abscheiderate statt und sind in der Halbleiterindustrie von Bedeutung.

6.2 Eigenschaften von Quarzgläsern

Silizium ist eines der häufigsten Elemente in der Erdkruste. Silizium kommt als Oxid im Quarz vor und ist in dieser Form Bestandteil von Sand und Granit. Der Bergkristall ist kristalliner Quarz in seiner reinen Form. Quarzglas ist im Gegensatz zum Quarz nicht kristallin, sondern eine erstarrte Schmelze amorpher Struktur. Allein aufgrund der hohen Viskosität des Quarzglases erscheint die starre Schmelze bei Raumtemperatur als Feststoff und verändert sich auch über Jahrhunderte hinweg nur wenig.

Den Vorgang der **Glasentstehung** verdeutlicht Abb. 6.1: Bei hohen Temperaturen (Punkt 1) ist das Quarzglas eine Flüssigkeit. Eine Abkühlung auf Temperaturen unterhalb des Schmelzpunktes führt nur dann zur Kristallisierung, wenn Kristallisationskeime

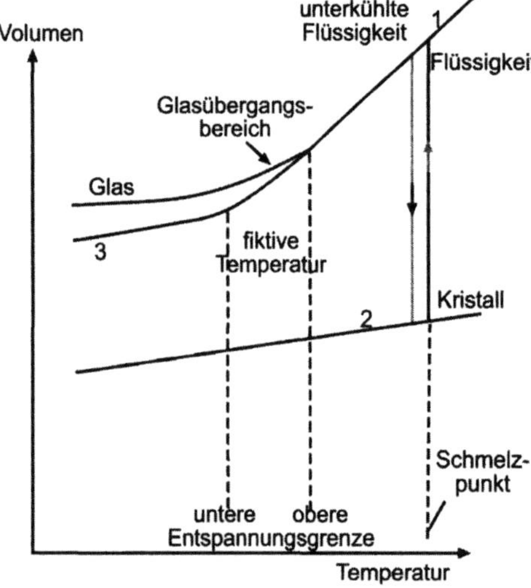

Abb. 6.1. Quarzglas hat keine Kristallstruktur, sondern ist eine erstarrte, elasto-spröde Flüssigkeit. Der Erstarrungszustand wird mit Hilfe der fiktiven Temperatur (Glastemperatur) beschrieben [(H)]

entstehen und wachsen. Beim Abkühlen von Quarzglas entsteht eine unterkühlte Flüssigkeit, deren hohe Viskosität die Kristallbildung normalerweise verhindert. Im Glasübergangsbereich wird die Viskosität schließlich so groß, daß sich die Moleküle nicht zu noch dichteren Strukturen umorganisieren können. Die molekulare Struktur der Flüssigkeit wird „eingefroren", die zu dieser Struktur gehörende Temperatur wird fiktive Temperatur oder auch Glastemperatur genannt. Der viskose Zustand der unterkühlten Schmelze von reinem Siliziumdioxid geht bei der Glastemperatur von ~1100 °C in den elasto-spröden Zustand über. Das Volumen des Glases verringert sich bei Temperaturänderung unterhalb von 1100 °C deutlich weniger, vergleichbar mit der des kristallinen Zustands (Linie 2). Die fiktive Temperatur ändert sich mit der Abkühlungsgeschwindigkeit, die zur Glasbildung geführt hat (Linie 3).

Die Schmelze geht stetig in Glas über. Dieser Glasübergangsbereich wird von der unteren und oberen Entspannungsgrenze (engl.: strain bzw. annealing point) eingegrenzt. Er wird über die Viskosität definiert: die untere Entspannungsgrenze entspricht der Glastemperatur und hat eine Viskosität von $10^{14,5}$ Poise, die obere von 10^{13} Poise. Das reine Quarzglas hat bei gegebener Temperatur die größte Viskosität, andere Glasarten wie Boro- oder Aluminosilikate haben aufgrund einer anderen molekularen Netzwerkstruktur eine geringere Viskosität [(E)].

Oberhalb der Erweichungstemperatur (engl.: softening point) von über 1600 °C verformt sich Glas plastisch unter seinem Eigengewicht. Zur mechanischen Bearbeitung werden höhere Temperaturen bevorzugt (Abb. 6.2).

Dotierte Gläser: Der Lichtwellenleiter (Abb. 6.3), manchmal einfach nur Glasfaser genannt, besteht aus einem Glaskern, in dem das Licht geführt wird, und einem Glasmantel. Die Brechzahl des Kernglases ist im Vergleich zum Mantelglas leicht erhöht. Diese Erhöhung wird durch Veränderung der Glaszusammensetzung erreicht. Entweder wird die Brechzahl des Kernglases durch Dotierung mit Fremdatomen gegenüber dem Mantelglas aus reinem SiO_2 erhöht, oder ein Teil des Mantelglases wird in seiner Brechzahl erniedrigt. Das Glas wird üblicherweise mit Germanium oder Phosphor bzw. mit Bor oder Fluor dotiert, wodurch sich die Brechzahl je

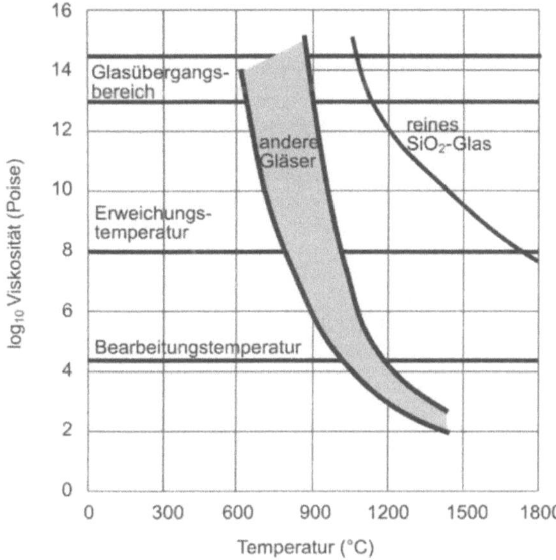

Abb. 6.2. Charakteristische Zustände von Glas werden über die Viskosität definiert. Reines Quarzglas hat eine besonders stabile Molekülstruktur, weshalb die Glastemperatur höher ist als bei anderen Glastypen

nach Konzentration dieser Moleküle gegenüber der von reinem Quarzglas erhöht (Ge, P) bzw. erniedrigt (B, F) (Abb. 6.4). Die Standardfaser mit einem Stufenbrechzahlprofil hat im Falle einer reinen Germaniumdotierung einen Anteil von 6 Molprozent Germanium im Kern.

Bei der Auswahl der Dotieratome muß beachtet werden, daß das dotierte Glas allen Anforderungen bzgl. Dämpfung, Dispersion, Festigkeit und Verarbeitungsfähigkeit gleichzeitig genügen muß [1]. Derjenige Teil der Dämpfung, der von der Dotierung festgelegt wird (intrinsische Dämpfung), setzt sich aus drei Komponenten zusammen:

- aus der Rayleigh-Streuung aufgrund von Fluktuationen der Brechzahl, also aufgrund kleiner Schwankungen der Materialdichte bzw. -zusammensetzung. Die Dämpfung ist proportional zur Dotierungskonzentration.
- einem Elektronenbeitrag, der zur Absorption im Ultravioletten (unterhalb von 350 nm) führt, und
- einer Absorption im infraroten Spektralbereich, deren Ursache Vibrationsschwingungen sind.

Die extrinsische Dämpfung wird von Verunreinigungen verursacht. Einerseits kommen

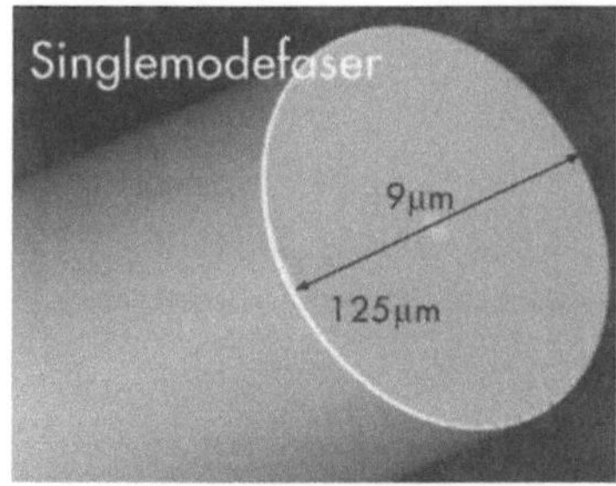

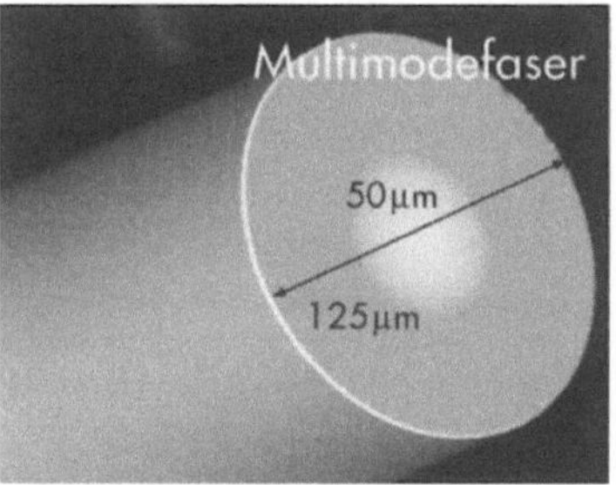

Abb. 6.3. Rasterelektronenmikroskopische Aufnahme (REM) des Querschnitts eines Singlemode- und eines Multimode-Lichtwellenleiters. Der Kern ist mit Germanium dotiert und erscheint deshalb im REM heller als das Mantelglas aus reinem Quarzglas mit einem Durchmesser von 125 µm. Die Kunststoffbeschichtung des LWL muß vor einer Aufnahme entfernt werden. Der Unterschied zwischen den Kerndurchmessern des Singlemode- (9 µm) und des Multimode-Lichtwellenleiters (hier 50 µm) ist deutlich zu sehen

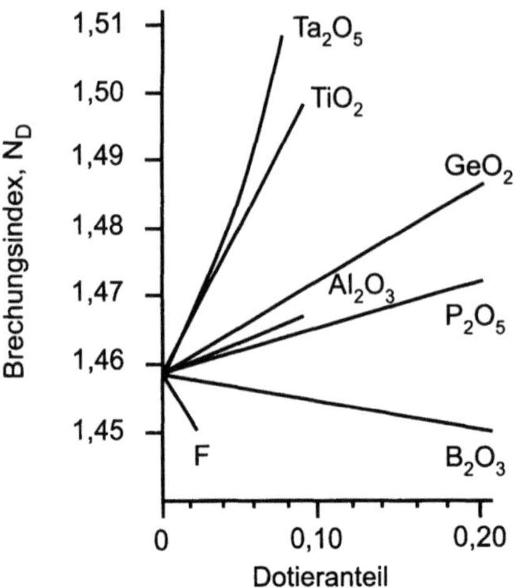

Abb. 6.4. Änderung der Brechzahl von reinem Quarzglas durch Dotierung mit Fremdatomen unterschiedlicher Konzentration

Fremdstoffe durch Verunreinigung der Ausgangsmaterialien in das Glas. Andererseits entsteht Wasser bei der Synthetisierung von Glas. Die im Glas verbleibenden Hydroxyl-Ionen haben eine starke Absorptionsbande bei ~1383 nm, schon 1 ppm verursacht eine Dämpfung von 35–55 dB/km [I]. Lichtwellenleiter können heutzutage mit einem Verunreinigungsgrad kleiner 10 ppb, entsprechend weniger als 1 dB/km Dämpfung bei 1383 nm, hergestellt werden. Den spektralen Dämpfungsverlauf einer Germanium-dotierten Standard-Einmodenfaser zeigt Abb. 6.5.

Zur extrinsischen Dämpfung tragen auch prozeßinduzierte Materialdefekte bei (z.B. Sauerstoffradikale oder unvollständige SiO_2-Strukturen). Hierher gehört auch die Dämpfungserhöhung durch Wasserstoffeinlagerung im Glas. In Abhängigkeit vom Wasserstoffpartialdruck dringen Wasserstoff-Moleküle in die Zwischenräume des Glases ein und absorbieren insbesondere bei Wellenlängen von 1240 nm und 1590 nm. Neben diesem reversiblen Effekt (engl.: interstitial effect) existiert auch ein permanenter Effekt. Er entsteht durch die Sättigung von Sauerstoffradikalen im Glas mit Wasserstoff und führt zur Bildung von Hydroxyl-Ionen, mithin zur Ausbildung eines „Wasserpeaks".

Die folgenden Eigenschaften sind bei der Auswahl der Dotiermaterialien des Lichtwellenleiters besonders wichtig:

Optische Eigenschaften: Das Brechzahlprofil wird mit Germanium oder Fluor erzeugt. Die

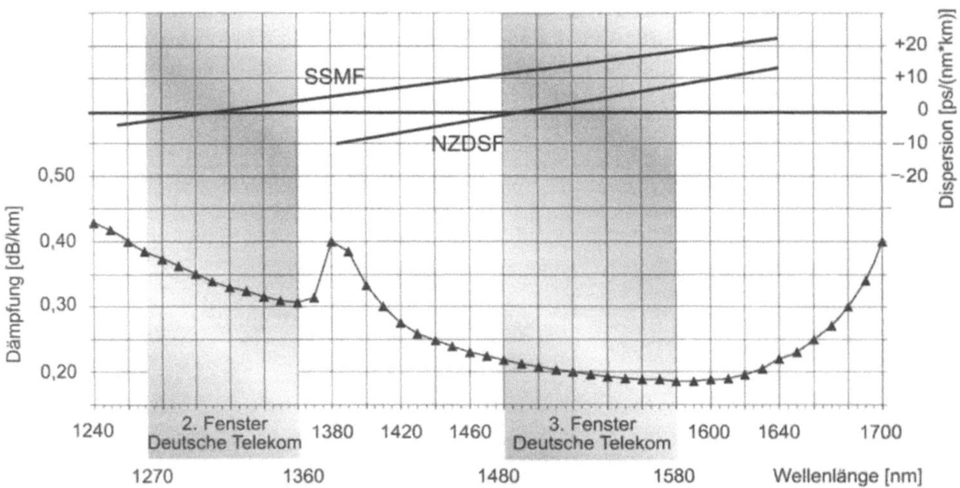

Abb. 6.5. Spektrale Dämpfung einer Standard-Einmodenfaser. Im zweiten und im dritten optischen Fenster links und rechts vom Wasserpeak werden Signale in einem Lichtwellenleiter übertragen, oftmals mit mehreren Wellenlängen gleichzeitig. Neuerdings stehen auch Wellenlängen und optische Verstärker von 1565 nm–1625 nm zur Verfügung. Die Dämpfung kann beim Verkabeln geringfügig ansteigen. Im oberen Bildteil ist die Dispersion der Standard-Einmodenfaser (SSMF) und der heute üblichen dispersionsverschobenen Faser (NZDSF) dargestellt. Die Dispersion beschränkt das Bitraten-Längenprodukt, kann aber mit passiven Komponenten einfach kompensiert werden

Verwendung von Bor im Faserkern ist für Einmodenfasern aufgrund der Schwingungsbanden oberhalb von 1,2 µm Wellenlänge problematisch. Atome mit größerem Atomgewicht als Bor verschieben diese Infrarot-Banden zu größeren Wellenlängen und ermöglichen die Ausnutzung der geringen Rayleigh-Streuung im 2. bzw. 3./4. optischen Fenster von 1285 nm – 1330 nm bzw. 1525 nm – 1625 nm (Abb. 6.5). Wegen der ferner im Infraroten (>1620 nm) absorbierenden Schwingungen ist Germanium der Verwendung von Phosphor als Dotiermaterial vorzuziehen. Phosphor hat darüber hinaus die wenig erwünschte Eigenschaft, die Wasserstoffempfindlichkeit des Lichtwellenleiters zu erhöhen [1]. Neben der Dämpfung werden auch die Dispersion und der Modenfelddurchmesser von den verschiedenen Dotiermaterialien unterschiedlich beeinflußt.

Festigkeit: Es werden auch Lichtwellenleiter hergestellt, deren Mantelglas in der äußeren Schicht mit Titan dotiert ist. Diese Dotierung erzeugt Kompression innerhalb dieser Randschicht und erhöht die Festigkeit des Lichtwellenleiters einerseits sowie seine Alterungsbeständigkeit gegenüber Faserdehnung andererseits.

Verarbeitungsmöglichkeiten: Bei der Verarbeitung des Glases treten radiale Spannungen in der Glasfaser auf, wenn die Viskosität von Kern- und Mantelglas zu unterschiedlich ist. Die thermischen Ausdehnungskoeffizienten von Kern- und Mantelglas dürfen sich nicht stark voneinander unterscheiden, weil sonst die großen Temperaturänderungen während der Herstellung zum Glasbruch führen. Hohe Konzentrationen von Phosphor führen zu solchen Glasspannungen. Andererseits werden Bor und Phosphor eingesetzt, weil sie in geringen Konzentrationen die Viskosität des Quarzglases herabsetzen. Dadurch ermöglichen sie niedrigere Verarbeitungstemperaturen, die im IVD-Verfahren (s. u.) vorteilhaft sind. Beide Dotiermaterialien dienen nicht direkt zur Erzeugung des Brechzahlprofils.

6.3 Herstellungsverfahren von Vorformen

Der erste Verfahrensschritt bei der Herstellung von Lichtwellenleitern ist die Fertigung von Vorformen. Grundvoraussetzung der LWL-Herstellung ist die Reinheit der Ausgangsmaterialien (Abschn. 6.3.1). In den folgenden Abschnitten werden die unterschiedlichen Methoden der Vorformherstellung dargestellt.

Die Vorformen sind zylindrische Körper von über einem Meter Länge und mehreren Zentimetern Durchmesser. Sie bestehen aus (dotiertem) Kern- und Mantelglas, deren Durchmesser-Verhältnis dem der fertigen Faser entspricht. Alle Vorformen werden heutzutage im chemischen Dampfabscheideverfahren hergestellt. Schmelzverfahren der klassischen Glasherstellung werden selten eingesetzt, allenfalls zur Herstellung des Glasmantels (Abschn. 6.3.3.5). Die Abscheidung erfolgt entweder auf die innere Wand eines Glashohlrohres (Innendampfabscheidung, engl.: Inside Vapour Deposition = IVD mit den Varianten MCVD (Abschn. 6.3.3.1) und PCVD (Abschn. 6.3.3.2)) oder auf die Außenfläche eines Substratstabes (Außendampfabscheidung, engl.: Outside Vapour Deposition = OVD mit den Varianten OVD (Abschn. 6.3.2.1) und VAD (Abschn. 6.3.2.3)). Diese Verfahren werden in den folgenden Abschnitten erläutert.

Historisch betrachtet gelang der Durchbruch bei der Lichtwellenleiterherstellung in den Laboratorien der Corning Glass Works 1973 [2], wo das MCVD-Verfahren zuerst entwickelt wurde. Das OVD-Verfahren wurde ebenfalls von Corning erfunden [3, 4] und zur Anwendungsreife entwickelt; es ist heute das meistverwendete Verfahren zur Lichtwellenleiterherstellung.

6.3.1 Reinheit der Ausgangsmaterialien

Den unterschiedlichen Methoden der Vorformherstellung, die im folgenden kurz vorgestellt werden, ist gemeinsam, daß die Reinheit der Ausgangsmaterialien und die Sauberkeit der Verarbeitung von entscheidender Bedeutung für eine niedrige Dämpfung und somit für die Verwendbarkeit der Produkte als Lichtwellenleiter sind.

Natürliches Quarzglas enthält Verunreinigungen wie Eisenoxid (Fe_2O_3) in ppm-Konzentrationen (parts per million = 10^{-6}). Man kann hingegen sehr reines synthetisches Quarzglas durch Abscheidung aus der Gasphase, teilweise mit nachfolgender Chlor-Reinigung, herstellen. Als Ausgangsmaterial für die LWL-Herstellung wird zumeist Siliziumtetrachlorid verwendet. Silizium entsteht durch

Reduktion von natürlich vorkommendem Siliziumdioxid aus Quarzsand, das mit Chlor versetzt zu Siliziumtetrachlorid wird. Siliziumtetrachlorid läßt sich leicht chemisch reinigen. Der Anteil von Eisen liegt in der Größenordnung von ppb (parts per billion = 10^{-9}).

Neben strengen Forderungen an die Materialreinheit bestehen ebensolche Anforderungen an die Sauberkeit der Herstellung. Deshalb erfolgt sie unter Reinraumbedingungen. Die Raumluft wird kontinuierlich abgesaugt und sorgfältig gefiltert. Zusätzlich trägt das Personal Reinraumkleidung und befolgt Sicherheitsvorschriften, die das Einbringen von Schmutzstoffen in die Fertigungsräume vermeiden helfen.

Die strengen Anforderungen an die Reinheit der Herstellung verringern auch die Wahrscheinlichkeit, daß Fremdpartikel auf der Oberfläche oder im Glasinneren des Lichtwellenleiters eingeschmolzen werden. Fremdpartikel verringern die Glasfestigkeit und erhöhen das Risiko eines Bruchs bei der Verarbeitung des Lichtwellenleiters (Abschn. 6.5.2).

6.3.2 Außendampfabscheidung

6.3.2.1 *Outside Vapour Deposition: OVD*

Beim Außendampfabscheideverfahren (OVD) wird ausgenutzt, daß Siliziumdioxid als Feststoff fein verteilt in einer Brennerflamme aus der Gasphase entsteht und an anderen Materialien haften bleibt [5, 6]. Dazu werden die flüssigen Ausgangsstoffe wie Siliziumtetrachlorid verdampft, mit Gasen wie Erdgas und Sauerstoff vermischt und über Rohrleitungen aus Spezialmaterial (z.B. rostfreien Stahl) zu einem Brenner transportiert. Eine geeignete Einstellung der Gasflüsse ermöglicht die Temperatur- und Reaktionskontrolle in der Flamme: Im Zentrum des Brenners entströmen die Reaktionsgase. Ein benachbarter Gasring besteht aus Schutzgas zur Vermeidung vorzeitiger Glasentstehung auf dem Brenner selbst. Weitere äußere Gasringe enthalten Brennmaterialien wie Erdgas und Sauerstoff zur Erzeugung der benötigten Reaktionstemperatur [6]. In der Flamme entsteht Quarzglas als Feststoff von wenigen Zehntel-Mikrometern Durchmesser [7]. Die Beimischung anderer Metallhalogeniden wie $GeCl_4$ zu den Reaktionsgasen ermöglicht die Dotierung des reinen Quarzglases.

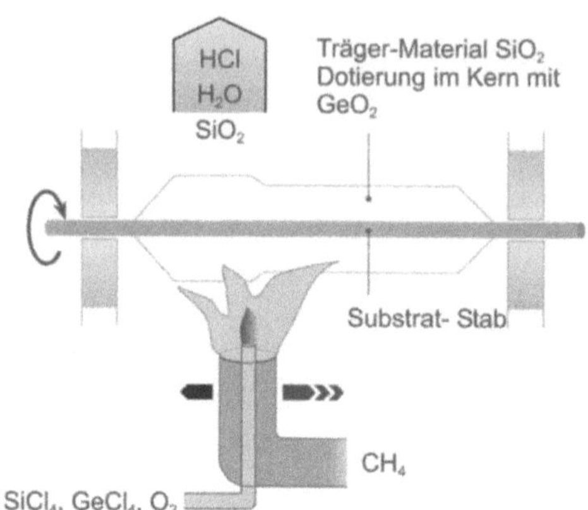

Abb. 6.6. OVD-Herstellung einer Vorform: In der Brennerflamme oxidiert Silizium und scheidet sich als Glasruß auf dem Substratstab ab. Durch die Rotation des Stabes und die Querbewegung des Brenners entsteht eine gleichmäßige, kreisringförmige Schicht. Die inneren Schichten sind z.B. mit Germanium dotiert

Beim OVD-Verfahren ist die Flamme gegen einen Substratstab aus Spezialkeramik gerichtet, der auf einer gekapselten Drehbank eingespannt ist (Abb. 6.6). Die Glaspartikel setzen sich auf dem Substratstab ab. Es entsteht eine Lage von aneinander haftenden Glasflocken, die eine Porosität von ~75% aufweist [7]. Die Porengrößen sind um ein Vielfaches größer als die abgeschiedenen Glaspartikel selbst, deren Größe bei 0,1 µm liegt. Die Oberfläche ist sehr groß (>20 m^2/g) [6,7]. Die Dichte beträgt ~$^1/_4$ der Dichte von dichtgeschmolzenem Quarzglas (2,17–2,23 g/cm^3). Weil dieses Zusammenbacken dem Ruß einer Kerzenflamme ähnelt, wird das angelagerte Material Glasruß (engl.: glass soot) genannt (Abb. 6.7). Der Glasruß ist lichtundurchlässig und hat eine hellweiße Farbe, vergleichbar mit Schnee. Erst das dichtgeschmolzene Glas ist transparent, vergleichbar wiederum mit Eis.

Zur Herstellung von Vorformen wird der Substratstab gleichmäßig gedreht und der Brenner gleichzeitig längs des Stabes bewegt. Es entstehen Hunderte von zylindrischen Lagen von Ablagerungen mit dem Substratstab im Zentrum. Diese Lagen können in ihrer Glaszusammensetzung und somit in ihrer Brechzahl durch die Zusammensetzung der Brennergase kontrolliert werden. Es entsteht eine makroskopische Vorform, deren Geometrie die des späteren mikroskopischen Licht-

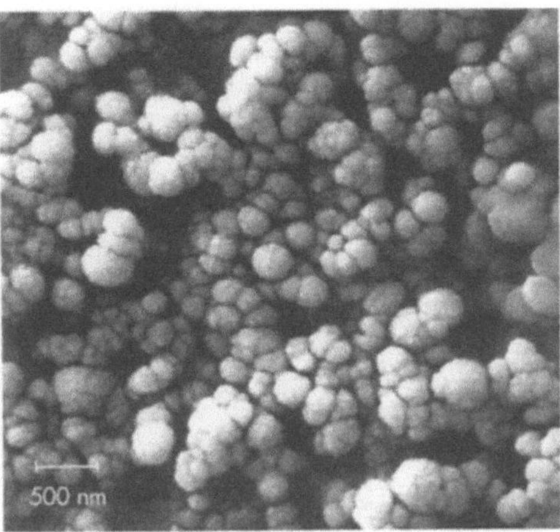

Abb. 6.7. Rasterelektronenmikroskopische Aufnahme vom Glasruß. Die einzelnen Glasflocken sind ~ 100 nm groß und haften leicht aneinander. Sie setzen sich selbst wiederum aus kleineren Partikeln zusammen. Die Porosität und somit die Durchlässigkeit für andere Gase ist sehr groß

wellenleiters festlegt. Selbst komplizierte Brechzahlprofile wie die dispersionsverschobener Fasern sind auf diese Weise herstellbar (Abb. 6.8). Insbesondere die Anzahl und Gleichmäßigkeit derjenigen Lagen, die den Faserkern bilden, sind zur Herstellung geometrisch wie optisch präziser Lichtwellenleiter sehr wichtig. Die spätere Geometrie der Faser wie auch ihre optischen und mechanischen Eigenschaften werden durch die Qualität der Vorformherstellung ganz wesentlich bestimmt. Alle späteren Prozeßschritte können deren Qualität nur noch vermindern. Die Abscheiderate des OVD-Verfahrens gilt als relativ hoch.

Der zentrale Substratstab kann nach Abkühlen des Materials problemlos herausgezogen werden. Es verbleibt in dem porösen Körper ein zentrales „Kernloch", welches in einem späteren Prozeßschritt (beim Sintern oder beim Faserzug) geschlossen wird. Von den in der Brennerflamme entstandenen Glaspartikeln setzen sich nicht 100 % auf dem Substratstab bzw. auf der ungesinterten Vorform ab. Die entstehenden Abgase werden abgesaugt und Wäschern zugeführt, in denen insbesondere eine chemische Neutralisation mit Natronlauge durchgeführt wird. Die entstehenden Salze und Glasrußpartikel werden auf Spezialfiltern wie Teflon abgeschieden, deren Porengröße sehr klein ist.

6.3.2.2
Trocknen und Sintern

Wegen der Porosität, also der vielfältigen Hohlräume zwischen den Glasflocken, kann die ungesinterte Vorform in einem Prozeßschritt mit Chlor- und Heliumgas gespült werden. Dazu werden die Vorformen senkrecht in einen (elektrisch beheizten) Ofen gehängt.

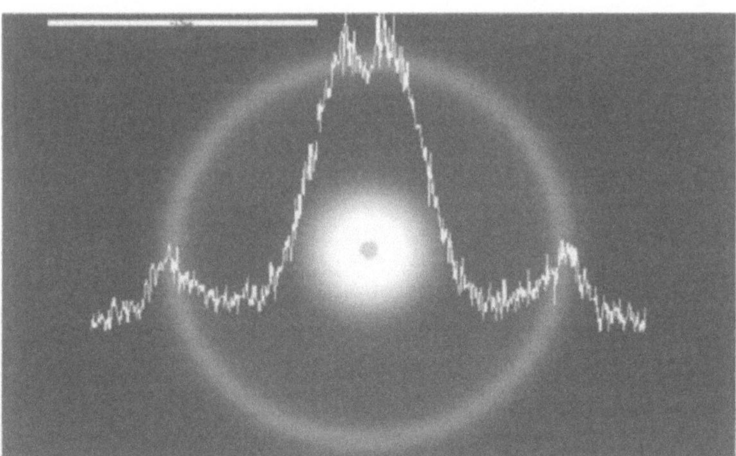

Abb. 6.8 Brechzahlprofil eines Lichtwellenleiters, indirekt ermittelt im REM durch Messung der Intensität des Elektronenstreuspektrums. Die Dispersionsnullstelle dieses Wellenleiters wurde durch Wellenleiterdispersion auf ~ 1550 nm verschoben. Der Bildhintergrund stellt die zugehörige REM-Querschnittsaufnahme dar

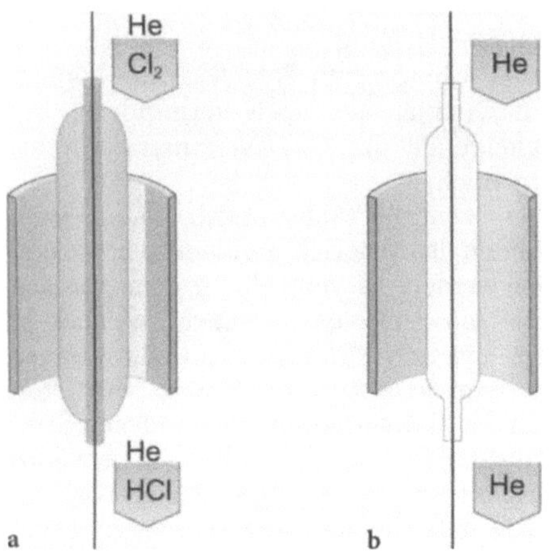

Abb. 6.9 **a** Chlorgas (Cl_2) wird durch die Poren der Glasruß-Vorform getrieben und trocknet sie. **b** Die Sinterung (rechte Seite) verdichtet die Vorform zu transparentem Quarzglas

In der oberen Zone (Abb. 6.9a) sorgt der Chlorgasfluß im Rohrinneren für die Säuberung des Glasrusses von Verunreinigungen, insbesondere von Hydroxylionen. Deshalb spricht man auch von Trocknung. Chlorgas (Cl_2) setzt sich dabei zu Chlorwasserstoff-Gas (HCl) um. Die Trocknung ermöglicht es, die Dämpfung des Lichtwellenleiters im Bereich der Absorptionsbande der Hydroxylionen zu verringern. Schließlich verbleiben nur wenige ppb Hydroxylionen im Glas. Das Helium dient als Spülgas, welches Chlorgas in die Poren hinein und Chlorwasserstoff aus den Poren heraus treibt. Die Vorform hat eine gleichmäßige Temperatur von über 1000 °C.

In einer zweiten Zone des Ofens (Abb. 6.9b) werden die Poren zwischen den Glasflocken geschlossen, das Glas wird gesintert [7, 8]. Die Sinterung erfolgt wiederum in Heliumatmosphäre bei über 1400 °C. Treibende Kraft der Sinterung ist die Tendenz des Glasrusses, seine Oberflächenenergie durch Bildung größerer Einheiten zu verringern. Die Temperatur ist so gewählt, daß das Brechzahlprofil nahezu unverändert bleibt. Die Absenkung des Brechzahlprofils nahe dem Zentrum, die beim MCVD-Verfahren sehr stark ist, ist hier kaum merklich. Angesichts der hohen Temperaturen müssen die verwendeten Ofenmaterialien sorgfältig ausgewählt werden. Geeignet sind Spezialkeramiken und Quarzglas, die ausreichend hitzebeständig sind. Verwendet wird z. B. Molybdändisilizid, welches durch Wärmeeinwirkung auf der Oberfläche zu Quarzglas reagiert und sich somit selbst vor hohen Temperaturen schützt.

Der Verdichtungsgrad des Quarzglases erreicht beim Sintern nahezu 100 % der theoretischen Dichte [7]. Das Ergebnis der Sinterung ist eine Vorform, die aus völlig transparentem Glas besteht und wesentlich kleiner als die ungesinterte Vorform ist. Sie wird anschließend bei einigen hundert Grad Celsius gelagert, um Verunreinigungen und Temperaturschocks beim anschließenden Faserzug zu vermeiden.

6.3.2.3
Vapour Axial Deposition: VAD

Das VAD-Verfahren ist dem OVD-Verfahren sehr ähnlich [9, 10]. Die Dampfabscheidung findet allerdings in axialer Richtung statt, also in Längsrichtung der Vorform (Abb. 6.10). Der Dampf wird auf die gleichmäßig rotierende Stirnseite der Vorform abgeschieden. Dadurch entsteht kein zentrales Kernloch in der Vorform, das geschlossen werden muß. Man verwendet einen Brenner, der den Glasruß für den Kern herstellt, und einen weiteren für den Glasmantel. Dies macht die Flammenkontrolle schwieriger; ein sehr fein gestuftes Gradienten-Brechzahlprofil ist mit diesem Herstellungsverfahren nicht leicht zu kontrollieren. Es entsteht wie beim OVD-Verfahren eine Vorform aus Glasruß, die auf gleiche Weise getrocknet und gesintert werden muß.

Beim VAD-Verfahren wächst die ungesinterte Vorform kontinuierlich. Deshalb ist es prinzipiell möglich, die Vorformherstellung und die Sinterung im gleichen Prozeßschritt

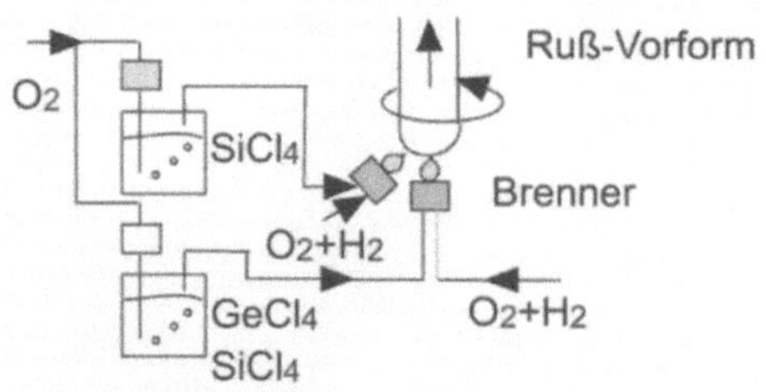

Abb. 6.10. VAD: Axiale Abscheidung von Glasruß aus der Gasphase. Die Vergasung der Ausgangsmaterialien wird vereinfacht in Gestalt von Blasenverdampfern dargestellt. Mindestens zwei Flammen sind zur Herstellung von Kern- und Mantelglas erforderlich

durchzuführen. Dazu wird die Vorform oberhalb der Abscheidemaschine in einen Sinter-Ofen gezogen.

6.3.3 Innendampfabscheidung

Das IVD-Verfahren, welches in der Praxis Anwendung findet, nennt sich Modified Chemical Vapour Deposition (MCVD). Eine Variante davon ist das Plasma-activated Chemical Vapour Deposition (PCVD)-Verfahren.

6.3.3.1 *Modified Chemical Vapour Deposition: MCVD*

Die Dampfabscheidung findet beim MCVD-Verfahren [11–13] im Inneren eines Glasrohres statt, welches unter konstanter Rotation von außen durch eine Knallgasflamme erhitzt wird. Im Inneren des Glasrohres wird also die Reaktion zum Glas im konstanten Gasfluß der Ausgangsmaterialien (z.B. $SiCl_4$, $GeCl_4$, O_2, C_2F_6) thermisch aktiviert. Zur Veranschaulichung stelle man sich ein Glasrohr vor, das eine Länge von ~ 1 Meter, eine Wandstärke von einigen Millimetern und einen Außendurchmesser von einigen Zentimetern hat (Abb. 6.11).

Die in der Gasphase entstandenen Glaspartikel strömen mit dem Gas weiter und scheiden sich an der kalten Glasinnenwand vor der Reaktionszone als Glasruß ab, ähnlich den im OVD-Verfahren beschriebenen Glasflocken. Die Flamme wird in Richtung des Gasflusses bewegt und erwärmt den Glasruß am Rohrinneren so sehr, daß der Ruß gesintert wird. Am Ende des Glasrohres wird die Flamme mit großer Geschwindigkeit zum Rohranfang gefahren und die Ablagerung beginnt von neuem. Weil die Sinterung während der Ablagerung erfolgt, ist kein eigener Trocknungsprozeß möglich. Die Ablagerungsschicht wird nach innen, zum späteren Lichtwellenleiter-Kern hin, dicker. Die Anzahl abgeschiedener Schichten ist relativ niedrig (wenige 10 Schichten). Durch Kontrolle der Zusammensetzung des Gasstromes kann man schichtweise dotiertes Glas herstellen. Weil das Rohr geschlossen ist, läßt sich die Reaktionszone gut kontrollieren. Die Wärmezufuhr von außen mit einer Flamme ist schwierig, weshalb für dieses Verfahren Dotiermaterialien eingesetzt werden, die die Viskosität des Glases herabsetzen. Die Abscheiderate ist im Vergleich zu OVD geringer.

6.3.3.2 *Plasma-activated Chemical Vapour Deposition: PCVD*

Das PCVD-Verfahren [11, 14, 15] ist eine Variante des MCVD-Verfahrens, bei der die Reaktionsenergie zur Glasbildung nicht durch eine Flamme außerhalb des Rohres, sondern durch einen Mikrowellen-Resonator (2,45 GHz) bereitgestellt wird (Abb. 6.12). Dieser erzeugt im rotierenden Hohlrohr ein Plasma der Reaktionsgase, das sich bei Unterdruck als gesintertes Glas, also nicht als Glasruß auf die Innenwand absetzt (heterogene Reaktion). Die Temperatur der Gasionen im Rohr beträgt ~ 1200 °C, die Temperatur der Elektronen ist wesentlich höher (nicht-isothermes Plasma). Die Glasschichten sind besonders dünn, Tausende von Schichten werden in einem Rohr abgelagert. Die Effizienz der Glasabscheidung beträgt fast 100%.

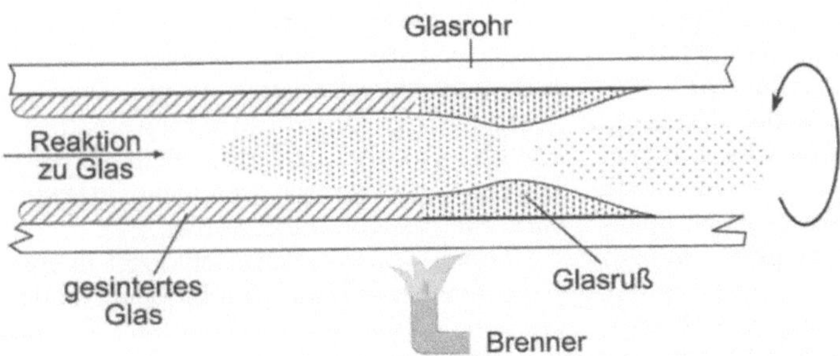

Abb. 6.11. MCVD: Die Energiezufuhr erfolgt durch eine Flamme, die am Rohr entlang bewegt wird. Die Ausgangsmaterialien reagieren im Rohrinneren und lagern sich als Ruß an der Rohrwand vor der Flamme ab

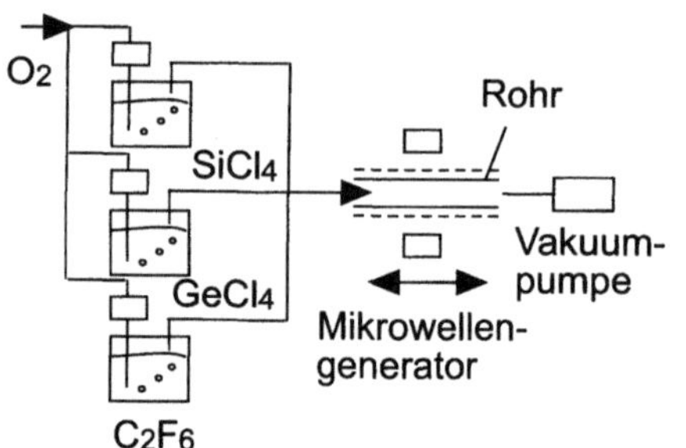

Abb. 6.12. PCVD-Verfahren: Die Energie wird durch Mikrowellen an die Ausgangsmaterialien abgegeben, die ein Plasma bilden. Fluor kann als Dotant zur Senkung des Brechungsindizes verwendet werden

6.3.3.3
Kollabieren des Hohlrohres

Sowohl beim MCVD- als auch beim PCVD-Verfahren wird das verbleibende zentrale Kernloch der Vorform kollabiert, indem das Glasrohr unter Rotation auf ~2000°C erhitzt wird. Infolge der Erhitzung sublimiert allerdings GeO_2 in den innersten Schichten so stark, daß eine ausgeprägte Verminderung des Brechzahlprofils im Kernzentrum (engl.: dip) entsteht. Dieser „dip" beeinträchtigt die übertragbare Bandbreite von Multimode-Fasern. Diesen negativen Effekt vermeiden einige Hersteller, indem sie die inneren Glasschichten kurz vor dem vollständigen Kollabieren wegätzen, z.B. mit einem Freon (C_2F_6)/Sauerstoffgemisch.

Die Geschwindigkeit des Sinterns kann beim MCVD-Verfahren durch Beimischung von P_2O_5 erhöht werden. Das im Inneren des Hohlrohres abgeschiedene Glas stellt den Kern und die inneren Teile des Mantelglases des Lichtwellenleiters dar, das Glasrohr bildet den äußeren Teil des Mantelglases. Die in der Anfangszeit verwendeten natürlichen Quarzglasrohre hatten nicht die Reinheit des synthetischen Quarzglases. Das hat sich insbesondere auf die Dämpfung und die Festigkeit des im MCVD-Verfahren hergestellten Lichtwellenleiters negativ ausgewirkt. Weiterhin hängt die Viskosität von Gläsern aus verschiedenen Herstellungsverfahren unterschiedlich von der Temperatur ab. Dies führt zu Spannungen innerhalb des Vorformglases und zur Verschlechterung optischer Eigenschaften. Heutzutage können Rohre aus sehr reinem Quarzglas synthetisch hergestellt und als Hohlrohr im MCVD-Verfahren verwendet werden [13, 14].

6.3.3.4
Überfangtechnik

Um die Effizienz der Vorformherstellung, insbesondere beim MCVD-Verfahren, zu steigern, wird die kollabierte Vorform mit einem weiteren Rohr überfangen (rod-in-tube) und ein zweites Mal kollabiert. Dieses Glas stellt im späteren Lichtwellenleiter die äußeren Teile des Mantelglases dar. Um die hohen geometrischen Anforderungen eines Lichtwellenleiters zu erfüllen, müssen die verwendeten Rohre eine runde Innen- und Außenwand haben, die relativ zueinander konzentrisch sind. Auch der Vorgang des Kollabierens muß gut kontrolliert ablaufen.

6.3.3.5
MCVD-Plasma

Das MCVD-Plasma Verfahren stellt das Kernglas wie im MCVD-Verfahren her, vermeidet aber die Verwendung von Überfangrohren als Mantelglas. Stattdessen wird der Glasmantel aus Quarzkristallen hergestellt [16]. Das Quarzkristall-Pulver wird auf die rotierende (kollabierte) Vorform aufgebracht. Ein Hochtemperaturofen erzeugt ein Plasma, welches sich schichtweise als Glas abscheidet. Vorteil des Verfahrens gegenüber dem Einsatz von Überfangrohren ist insbesondere, daß das Verhältnis von Kern- zu Mantelglas genauer eingestellt werden kann.

6.4
Faserzug

Beim Faserzug werden die makroskopischen Vorformen, deren relative Verhältnisse von Kern- und Mantelglas denen der fertigen Faser entsprechen, auf mikroskopische Dimensionen transformiert und mit einer schützenden Kunststoffschicht umgeben. Die Qualität des Lichtwellenleiters in optischer und geometrischer Hinsicht wird im wesentlichen von der Vorform bestimmt. Beim Faserzug können diese Eigenschaften nicht verbessert, wohl aber verschlechtert werden.

Die Vorformen werden senkrecht in einen Hochfrequenzofen aus Graphit oder Keramik wie Zirkondioxid gesenkt [17]. Der Ofen wird per Induktion durch Wechselfelder geheizt (Zirkondioxid wird bei hohen Temperaturen leitend) oder durch Ausnutzung des elektrischen Widerstandes (Graphit). Im Ofenzentrum herrscht eine gleichmäßige Temperatur von ~2000°C, so daß die Spitze der Vorform geschmolzen wird. Wie ein Honigtropfen fällt ein Ziehtropfen aus dem unteren Ofenende und zieht dabei einen dünnen Glasfaden hinter sich her. Der Glastropfen kühlt beim Fallen ab und wird vom Faden getrennt. Die verbleibende Glasfaser wird in einen Bandabzug geführt, der auf die Faser eine moderate Zugkraft ausübt, wodurch der Glasfaden kontinuierlich aus der Vorform herausgezogen wird (Abb. 6.13).

Die Abzugsgeschwindigkeit der Faser und die Nachführgeschwindigkeit der Vorform werden in einem Regelkreis so aufeinander abgestimmt, daß die Menge zugeführten Vorformglases mit der Menge abgeführten Faserglases übereinstimmt. Der Glasdurchmesser von 125 µm wird während des Ziehvorgangs mit Lasermeßgeräten berührungslos gemessen und dabei auf den Mikrometer genau geregelt. Die Ofentemperatur, welche die Zähigkeit der Glasspitze der Vorform bestimmt, wird in weiteren Regelkreisen kontrolliert. Eine zu hohe Ofentemperatur kann zur Bildung von Defektzentren im Glas führen, wodurch die Dämpfung des Lichtwellenleiters ansteigt. Eine zu niedrige Temperatur, damit einhergehend eine zu hohe Abzugsspannung, kann zu einer Veränderung optischer Eigenschaften führen.

Die Glasfaser wird während des Ziehens zumeist in Rohren geführt, die mit Gasen gespült werden. Dies erlaubt die Abführung der Schmelzwärme und die Erzeugung einer gleichmäßigen Wärmeverteilung in der Umgebung der Faser.

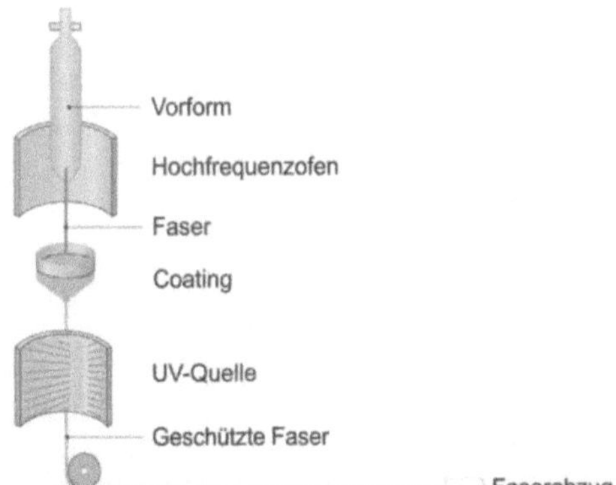

Abb. 6.13 Faserzug: Eine Rolle zieht aus der heißen Vorformspitze einen Glasfaden, der während des Zugs mit einer schützenden, zumeist aus zwei Komponenten bestehenden Beschichtung (Coating) umhüllt wird

Während des Faserzugs wird der Glasfaden mit einer Kunststoffumhüllung (engl.: coating) versehen. Diese hat die Funktion, das Glas vor mechanischen Beschädigungen zu schützen. Gleichzeitig soll die Kunststoffbeschichtung verhindern, daß Druckkräfte auf das Glas einwirken, weil sie die optischen Eigenschaften, z. B. Dämpfungserhöhung durch Mikrobiegungen, verändern können. Faserhersteller verwenden zumeist ein Zweischicht-Coating. Wie bei einem Ei hat die äußere Schicht die Funktion des mechanischen Schutzes, die innere Schicht puffert äußere Druckkräfte ab.

Die flüssige Beschichtung wird in eine Düse eingeleitet, durch die die Faser gezogen wird. Dabei wird je nach Düsendicke und Beschichtungstemperatur die Glasfaser mehr oder weniger dick umhüllt. Üblich ist ein Faserdurchmesser mit einem Coating von 245 µm. Das Kunststoffmaterial wird während des Faserzugs durch UV-Licht polymerisiert und härtet aus.

Der Lichtwellenleiter wird schließlich auf Spulen von ca. 30 cm Durchmesser aufgewickelt. Erst jetzt können die optischen, geometrischen und mechanischen Eigenschaften des LWL geprüft werden.

Der Ziehofen ist am oberen Ende eines Turmes, des Ziehturmes, angebracht. Der Lichtwellenleiter wird am Fuß des Ziehturms aufgewickelt. Ziehtürme haben heutzutage eine Höhe von weit über zehn Metern, um eine ausreichende Kühlung des Glases zu ermöglichen. Der Turm wird im Idealfall auf ein eigenes Fundament gebaut, um ihn von Gebäudeschwingungen zu entkoppeln, die andernfalls die geometrische Präzision der Glasfaser beeinträchtigen können. Ziehgeschwindigkeiten von weit über 10 m/s sind in der Praxis realisiert.

6.5 Mechanische Eigenschaften von Lichtwellenleitern

Von großer Bedeutung für den Einsatz von Lichtwellenleitern in der Nachrichtentechnik ist ihre Haltbarkeit. Deshalb sollen in den drei folgenden Abschnitten die wesentlichen Begriffe zur Beschreibung der mechanischen

Eigenschaften eines Lichtwellenleiters – Faserfestigkeit, Brüche und Lebensdauer – erläutert werden.

6.5.1 Faserfestigkeit

Bevor die Messungen der optischen und geometrischen Eigenschaften im Prüffeld durchgeführt werden, wird die mechanische Integrität des Lichtwellenleiters kontrolliert. Eine Durchlaufprüfung (engl.: proof test) hat zum Ziel, Fehlstellen im Glas zu eliminieren, die zu einer Verminderung der Faserfestigkeit führen. Auf diese Weise kann der Faserhersteller dem Kabelhersteller und -installateur eine Mindestfestigkeit garantieren. Sie beträgt im Normalfall 0,69 GPa, für Spezialanwendungen 1,4 GPa, was bei einem Glasdurchmesser von 125 μm einer Kraft von ~8,5 N bzw. ~17 N entspricht.

Die Festigkeit vom LWL wird definiert als diejenige Längsspannung, die zum sofortigen Bruch führt. Sie erreicht theoretisch Werte von über 15 GPa. In der Praxis haben Lichtwellenleiter eine Festigkeit von ungefähr 5 GPa, weil mikroskopische Risse auf der Glasoberfläche in der Größenordnung von 0,03 μm Tiefe die Festigkeit herabsetzen. Die Verteilung der Festigkeit von LWL wird statistisch nach Weibull beschrieben [18] (Abb. 6.14). Folgender funktionaler Zusammenhang liegt zugrunde:

$$F(L,\sigma) = 1 - \exp\left[-\frac{L}{L_0}\left(\frac{\sigma}{\sigma_0}\right)^{m}\right]$$

Die Fehlerwahrscheinlichkeit F ergibt sich bei der Untersuchung der Festigkeit von Lichtwellenleitern aus der relativen Anzahl von Proben der Länge L, die bei einer Spannung kleiner als σ brechen. Die angegebenen Wahrscheinlichkeiten sind demnach Probenwahrscheinlichkeiten. S_0 und L_0 sind Konstanten. Die Überlebenswahrscheinlichkeit berechnet sich aus (1-Fehlerwahrscheinlichkeit). Um Vorhersagen über Fehlerwahrscheinlichkeiten machen zu können, müssen entsprechend viele Proben der Länge L einer zerstörenden Prüfung unterzogen werden. Dabei wird die Faserlänge zwischen zwei Rollen eingespannt und mit konstanter Dehnungsrate bis zum Bruch bei der Spannung σ gedehnt. Das typische Ergebnis einer solchen Untersuchung zeigt Abb. 6.14: Bei Auftragung von ln (−ln (Überlebenswahrscheinlichkeit)) über dem Logarithmus der Bruchfestigkeit ergibt sich eine Gerade, die sog. Weibull-Verteilung. Die in Abb. 6.14 mit I bezeichnete Weibull-Verteilung von LWL mit hoher (intrinsischer) Festigkeit dominiert die Verteilung und bestimmt den Mittelwert. Der extrinsische Bereich II rührt von einer weiteren Population von Rissen her. Der Bereich III entsteht durch die Durchlaufprüfung und hat in diesem Beispiel eine untere Grenze bei 0,7 GPa.

Einen Lichtwellenleiter kann man sich wie eine Kette vorstellen, er zerbricht an seiner schwächsten Stelle. Je länger das untersuchte Faserstück, desto größer ist die Wahrscheinlichkeit, daß die Probe einen Faserabschnitt niedriger Festigkeit enthält. Also ist die Weibull-Verteilung abhängig von der Probenlänge L, je größer L, desto größer die Fehler-

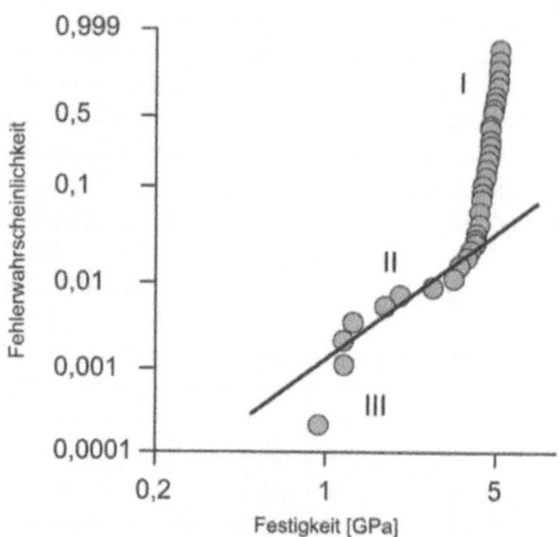

Abb. 6.14. Typische Weibull-Verteilung eines Lichtwellenleiters. Die Fehlerwahrscheinlichkeit wird als (1−F) doppelt logarithmiert dargestellt, die Festigkeit einfach logarithmisch. Zur Bestimmung kleiner Fehlerwahrscheinlichkeiten ist die Untersuchung vieler Proben großer Länge notwendig

Tabelle 1. Mechanische Eigenschaften von Lichtwellenleitern

Eigenschaft	Wert	Einheit	Symbol
Youngs Modul	72	GPa	E_0
Schermodul	33	GPa	G
Dichte	2,17–2,23	g/cm³	ϱ
Temperaturausdehnungskoeffizient	$5{,}5 \cdot 10^{-7}$	1/K	α

wahrscheinlichkeit bei einer betrachteten Festigkeit. Weibull-Verteilungen sind deshalb nur sinnvoll unter Angabe der Probenlänge und der Prüfvorrichtung. Die Dehnungsrate sollte möglichst hoch sein, damit sich die Festigkeit nicht während der Prüfung durch Ermüdung (Abschn. 6.5.3) verringert. Gute Ergebnisse liefern Faserlängen von mehreren Metern bei Dehnungsraten von mehreren %/Minute.

Die Festigkeit der Lichtwellenleiter ist so groß, daß es schwierig ist, ihn mit der Hand durch Längsdehnung zu zerstören. Man bricht ihn am einfachsten, indem man eine Schlaufe mit einem Radius von weniger als einem Zentimeter legt, denn durch Biegung entsteht Spannung (und Kompression) auf der Glasoberfläche.

In Abb. 6.15 ist ein Maschinentyp gezeigt, mit dem ein Durchlauftest durchgeführt wird. Der Lichtwellenleiter wird zwischen den Bandabzügen gedehnt, weil ein Gewicht von ~1,7 kg die zentrale Durchlaufrolle beschwert. Die Dehnung führt zu einem Bruch der Faser an den Fehlstellen und filtert sie auf diese Weise aus. Die Dehnung muß so lange dauern, wie die Faser zum Brechen braucht. Brüche breiten sich im Lichtwellenleiter mit Schallgeschwindigkeit (im Glas ~5700 m/s) aus. Deshalb beträgt die Bruchzeit einer 125 µm dicken Faser weniger als eine Mikrosekunde. Im dargestellten Fall arbeitet die Maschine nicht in den Ablauf des Faserzugs integriert, um im Falle eines Faserbruchs den Faserzug nicht zu unterbrechen.

Bei der Durchlaufprüfung wird nicht die Kraft spezifiziert, sondern die Dehnung, die mit der Spannung durch den *E*-Modul in Verbindung steht [19]:

$$\sigma = E_0 \cdot \varepsilon \cdot (1 + 0{,}5 \cdot \beta \cdot \varepsilon)$$

mit der Faserdehnung ε, der Spannung σ, dem Youngschen *E*-Modul E_0 (Tabelle 1) und einer Nichtlinearitätskonstante β ($\beta = 6$ im Fall der Längsdehnung).

Die genannte Festigkeit von 0,69 GPa entspricht einer Dehnung von 1 %, wie in internationalen Normen festgelegt. (In den USA wird als Einheit kpsi verwendet; 100 kpsi entsprechen 0,689 GPa.)

6.5.2 Faserbruch

Für Faserhersteller ist es wichtig, die Ursache von Fehlstellen, die zu Brüchen führen, zu kennen und zu beheben. Deshalb werden mittels Licht- oder Elektronenmikroskopie Bruchanalysen durchgeführt. Bruchursachen sind Fremdstoffe im Glas, z. B. aus den Rohrleitungen der Vorform-Maschinen, äußere Partikel auf dem Glas, die durch Verunreinigung der Umgebung entstehen, oder herstellungsbedingte mikroskopische Beschädigungen auf der Glasoberfläche.

Die Abbildung 6.16 zeigt ein typisches Beispiel eines Faserbruchs. Die Aufnahme ist mit einem Rasterelektronenmikroskop (REM) aufgenommen worden. Um den Bruchursprung herum ist das Glas glatt durchgeschnitten. Zu Beginn eines Bruchs wachsen Risse unter Spannung langsam, indem benachbarte Bindungen des SiO_4-Tetraeders

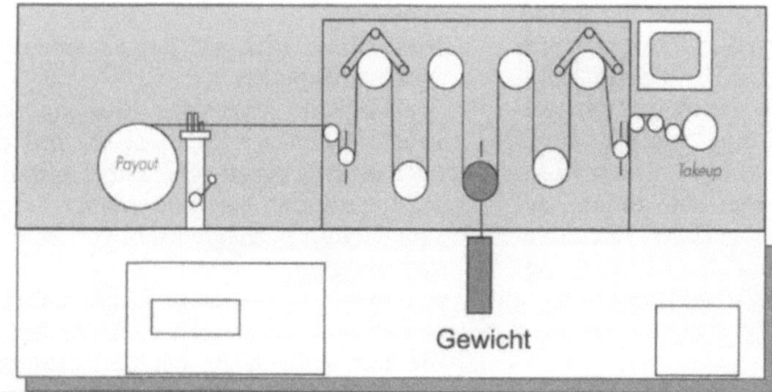

Abb. 6.15. Durchlaufprüfung: Jeder Millimeter des Lichtwellenleiters wird auf mikroskopische Beschädigungen geprüft, indem ein Gewicht den Wellenleiter zwischen den beiden Bandabzügen (obere Rollen außen) dehnt

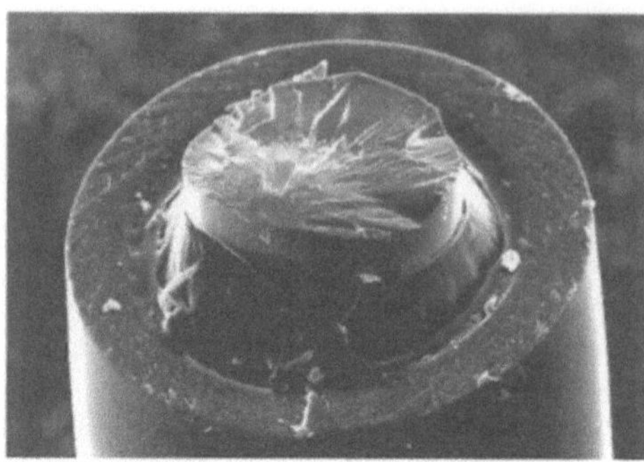

Abb. 6.16. Typisches Bruchbild eines Lichtwellenleiters mit einem Partikel auf der nach vorn links gerichteten Stirnseite. Aus dem Bruchbild kann die Bruchursache festgestellt werden

gespaltet werden (Spannungskorrosion). Diesen Teil des Bruchs nennt man Bruchspiegel. Je größer die Kraft ist, die zum Bruch geführt hat, desto kleiner ist die Zeit für die Spannungskorrosion gewesen und desto kleiner ist auch der Bruchspiegel. Die Bruchkraft läßt sich aus dem Durchmesser des (halb)runden Bruchspiegels abschätzen [20].

In der Umgebung des Bruchspiegels sieht man Riefen (engl.: hackles), die zur Bruchursache hin zeigen. Diese Bruchriefen entstehen, weil die Festigkeit der Faser durch den gewachsenen Bruchspiegel herabgesetzt ist und die Rißspannung größer geworden ist. Die Faser bricht explosionsartig, die Bruchenergie wird an mehrere Risse in unterschiedliche Richtungen der Glasstruktur abgegeben und führt zu unregelmäßigen Riefen, bei noch größerer Energie zu gebirgigen Brüchen.

In Abb. 6.16 befindet sich ein Partikel am zum Betrachter zeigenden Rand der Faserstirnfläche. Um dieses Partikel herum hat sich ein kleiner Bruchspiegel in Form eines Halbkreises gebildet. Das Glas wird von der weichen inneren Beschichtung umfaßt, deren Struktur durch die Präparation für die REM-Aufnahme zerstört wurde. Die äußere Beschichtung wurde glatt abgerissen. Die molekulare Zusammensetzung des Partikels läßt sich mit Hilfe der Elektronenspektroskopie ermitteln und erlaubt Rückschlüsse auf deren Ursache.

Hat eine Faser die Durchlaufprüfung bestanden, dann kommt als Ursache für einen späteren Bruch normalerweise nur eine mechanische Beschädigung der Beschichtung und damit einhergehend des Glases in Frage.

Reines Quarzglas zeichnet sich durch eine sehr hohe Elastizität aus. Plastische Verformungen kommen praktisch nicht vor, es sei denn, das Glas bricht. Wechselnde Biegebelastung, die Metalldrähte (z.B. Büroklammern) durch häufige Wiederholung plastisch bis zum Bruch verformt, verändert Lichtwellenleiter nicht. Plastische Verformung gibt es nur bei weniger reinen Gläsern, deren Netzwerkstruktur durch Netzwandler wie Alkaliatome modifiziert wurde.

6.5.3 Lebensdauer von Lichtwellenleitern

Heutzutage erwartet man von Fasern und Kabeln eine Lebensdauer von 25 Jahren und mehr. Deshalb muß neben der Mindestfestigkeit des Lichtwellenleiters auch seine Festigkeitsveränderung (Ermüdung) im Laufe der Zeit betrachtet werden. Ursache für Ermüdungen ist ein Rißwachstum aufgrund von Spannungskorrosion.

Die Si-O-Si Tetraeder-Bindungen des Glases werden durch Faserdehnung, die eine kleine untere Grenze übersteigt, destabilisiert. Insbesondere an den Spitzen kleiner Glasrisse kann die lokale Spannung um das 100-fache (oder mehr) größer sein als die Faserlängsdehnung: Dort kommt es zu einer Reaktion des Siliziumdioxids mit kleinen Molekülen, die in diese Risse eindringen können, z.B. Wasser und Methanol. Das Tetraeder wird aufgebrochen und der Glasriß wächst um einige Angström.

Das Rißwachstum hat also drei notwendige Voraussetzungen:

- Risse. Risse sind auf der Glasoberfläche immer vorhanden.
- Feuchtigkeit. Weil das Coating keine Feuchtigkeitsbarriere darstellt, und diese auch nur bedingt vom Kabel garantiert wird, muß man bei Lebensdauer-Betrachtungen vom Vorhandensein von Feuchtigkeit ausgehen.
- Faserdehnung. Durch geeignete Kabelkonstruktionen kann man sicherstellen, daß die Lichtwellenleiter bei der Installation und während des Betriebs keine oder nur kurzzeitig schwache Dehnung erfahren. Ihre Lebensdauer ist damit praktisch unbegrenzt.

Die Wachstumsgeschwindigkeit hängt weiterhin von der Rißform, der Temperatur und der chemischen Umgebung ab.

Um Kabelkosten zu verringern, möchte man für eine gewünschte Lebensdauer die maximal zulässige Dehnung und Dehnungsdauer eines Lichtwellenleiters feststellen. Dazu wird der Spannungsriß-Koeffizient der Faser bestimmt (auch n-Wert genannt). Der n-Wert macht eine Aussage über die Rißgeschwindigkeit und erlaubt Extrapolationen auf die Lebensdauer [21]. Der dynamische n-Wert von hochreinem Quarzglas beträgt 18–20. Die korrekte theoretische Beschreibung von Lebensdauermodellen wird in der aktuellen wissenschaftlichen Literatur diskutiert [22–26]. Trotz aller Schwierigkeiten, die der extrapolatorische Charakter solcher Lebensdauermodelle mit sich bringt, besteht Einigkeit darüber, daß dauerhafte Längsdehnungen von 0,10%–0,20% nur zu wenigen Ausfällen (1 auf 100000 km LWL) während einer Lebensdauer von 30–40 Jahren führt.

Der letzte Schritt der Lichtwellenleiterherstellung besteht in der Prüfung der optischen und geometrischen Eigenschaften gemäß internationaler Normen wie ITU-T G.650 (Singlemode-Faser) IEC 68-793-xxx oder EN 188000. Zuletzt wird der Lichtwellenleiter auf Spulen von ~25 cm Durchmesser gewickelt, die im Normalfall bis zu 50 Kilometer LWL aufnehmen, und ist zum Färben und schließlich zum Verkabeln bereit.

Spezielle Literatur

[1] *Vandewoestine, R. V.* und *Morrow, A. J.* 1986, Developments in Optical Waveguide Fabrication by the Outside Vapor Deposition Process, J. Lightwave Techn. LT-4, 1020–1025

[2] *Keck, D. B., Schultz, P. C.* (1973), US Patent 3711262, Jan. 16

[3] *Keck, D. B., Schultz, P. C., Zimar, F.* (1973), US Patent 3737292, June 5

[4] *Keck, D. B., Schultz, P. C., Zimar, F.* (1974), US Patent Re 28029, June 4

[5] *Schultz, P. C.* (1979), Vapor Phase Materials and Processes for Glass Optical Waveguides, in: Fiber Optics: Advances in Research and Development, Hrsg.: B. Bendow, S. Mitra, Plenum Press, N. Y., 3–31

[6] *Blankenship, M. G.,* und *Deneka, C. W.* (1982), The Outside Vapor Deposition Method of Fabricating Optical Waveguide Fibers, IEEE Journ. of Quantum Electronics, Vol. QE-18, No. 10, 1418–1423

[7] *Scherer, G. W.* (1977), Sintering of Low-Density Glasses, J. Am. Ceram. Society 60, 236–246

[8] *Scherer, G. W.* (1979), Sintering Inhomogeneous Glasses: Application to Optical Waveguides, J. Non-Cryst. Solids 34, 239–256

[9] *Izawa, T., Kobayashi, S., Sudo, S.,* und *Hanawa, F.* (1977), Continuous Fabrication of High Silica Fiber Preform, Int. Conf. Integrated Opt. Opt. Fiber Communi. (IOOC), Tokyo, Japan, 375–378

[10] *Niizeki, N.* (1981), Recent Progress in Glass Fibers for Optical Communication, J. Appl. Phys. 20 (8), 1347–1360

[11] *F. P. Kapron, D. B. Keck,* und *R. D. Maurer* (1970), Appl. Phys. Lett. 17, 423–425

[12] *Küppers, D., Lydtin, H.* (1977), The Preparation of Optical Waveguides by Means of CVD-techniques, 6th Int. Conf. Chem. Vapor Dep. Proc., 461–476

[13] *Glodis, P. F., Gridley, C. F., Flegal, W. M., Klein, A. A., Jablonowski, D. P., Kalish, D., Sorby, A., Damsgaard, H., Knudsen, G., Schaper, H., Treber, N., Fabian, H., Schultz, P. C.* (1994), The Application of Synthetic Silica Tubing for Large Preform Manufacture using MCVD, Int. Wire and Cable Symp. 1994, S. 105–113

[14] *van Bergen, A. H.,* und *Breuls, T.* (1992), Large, all synthetic, PCVD Preform Manufacturing, EFOC/LAN Conf. Proc., 220–224

[15] *van Bergen, A. H.,* und *Breuls, T.* (1998), PCVD: The Ultimate Technology for Production of High Bandwidth Multimode Fibres, Int. Wire and Cable Symp. 1998, 66–71

[16] *Carratt, M., Walker, S.* (1994), MCVD-Plasma Process for Manufacturing Single-mode Optical Fibers for Terrestrial Applications, Electrical Communication, 1. Q. 1994, 11–14

[17] *Kar, G.* (1985), Optical Waveguides: Fabrication and Drawing Standards, Photonics Spectra, Dec. 1985

[18] *Glaesemann, G. S.* und *Walter, D. J.* (1991), Method for Obtaining Long-length Strength Distributions for Reliability Prediction, Opt. Eng. 30, 746

[19] *Glaesemann, G. S., Gulati, S. T.* und *Helfinstine, J. D.* (1988), Effect of Strain and Surface Composition on Young's Modulus of Optical Fibers, 11. OFC, TUG5, 26

[20] *Baker, L. K.* und *Glaesemann, G. S.* (1998), Break Source Analysis: Alternative Mirror Measurement Methods, IWCS Conf. Proc., 933–937

[21] IEC draft, Technical Report on the Power-Law Theory of Optical Fibre Reliability, IEC SC86 A WG 1, to be published

[22] *Mitsunaga, Y., et al.* (1982), Failure Prediction for Long-length Optical Fiber based on Proof Testing, J. Appl. Phys. 53, 4847

[23] *Paul, A.*, und *Glaesemann, G. S.* (1997), An Appraisal of Mechanical Reliability Predictions for Optical Fibers based on Break Rates, IWCS Conf. Proc., 896–901
[24] *Hanson, T.*, und *Glaesemann, G. S.* (1997), Incorporating Multi-region Crack Growth into Mechanical Reliability Predictions for Optical Fibers, J. Mat. Sci. 32, 5305–5311
[25] *Garvey, P. T.*, *Hanson, T. A.*, *Estep, M. G.*, und *Glaesemann, G. S.* (1997), Mechanical Reliability Predictions: An Attempt at Measuring the Initial Strength of Draw-abraded Optical Fiber using High Stressing Rates, IWCS Proc., 883–888
[26] *Volotinen, T.*, *Breuls, T.*, *Evanno, N.*, *Kemeter, K.*, *Kurkjian, C.*, *Regio, P.*, *Semjonov, S.*, *Svensson, T.*, *Glaesemann, G. S.* (1998), Mechanical Behavior and B-value of an Abraded Optical Fiber, IWCS Conf. Proc., 881–890.

Lichtwellenleiterkabel 7

R. Engel

Allgemeine Literatur
Deutsch, Mohr, Roller, Rost: Elektrische Nachrichtenkabel. Erlangen; München: Publicis-MCD-Verlag, 1998. – *Mahlke, Gössing:* Lichtwellenleiterkabel. Erlangen; München: Publicis-MCD-Verlag, 1998. – *Käufer:* Arbeiten mit Kunststoffen. Berlin: Springer-Verlag, 1978. – *Senior:* Optical Fiber Communications. Cambridge: Prenice Hall International 1992. – *Barnoski:* Fundamentals of Optical Fiber Communications. New York: Academic Press, Inc. 1981. – *Miller, Chynoweth:* Optical Fiber Telecommunication. New York: Academic Press, 1979. – *Midwinter:* Optical Fibers for Transmission. New York: Wiley1979. – *Lutzke:* Lichtwellenleitertechnik. München: Pflaum, 1986

Einführung

Schon wegen ihrer haarfeinen Abmessungen sind Lichtwellenleiterfasern für die direkte Verlegung nicht geeignet. Außerdem sind sie spröde und brechen in engen Biegungen leicht ab. Werden LWL-Fasern dauernd mit Zug- oder Biegespannungen beansprucht, verkürzt sich deren Lebensdauer, da an den belasteten Stellen mit der Zeit Risse in das Glas hineinwachsen und dann spontan Brüche auftreten. Zudem gelten die in den Produktblättern beschriebenen Dämpfungseigenschaften nur, wenn die LWL-Fasern keinen nennenswerten Biege-oder Druckbeabspruchungen ausgesetzt werden.

Trotz dieser Vielzahl von Einschränkungen besteht der Wunsch, die hervorragenden optischen Übertragungseigenschaften der LWL-Fasern in möglichst allen Umweltbereichen zu nutzen. So werden LWL- Kabelverbindungen u.a. an Masten, unter der Erde, in Schächten, in Gebäuden, im Meer, in der Wüste, im Gebirge, in Dauerfrostgebieten und in Industrieanlagen installiert.

Sowohl während der Montage als auch im Betrieb sind die hier eingesetzten Kabel erheblichen Belastungen durch Zug- und Stauchkräfte, durch Biegung und Druck sowie durch Temperaturschwankungen und Witterungseinflüssen ausgesetzt.

Die Aufgabe des Kabels besteht somit darin, durch einen geeigneten Aufbau die Lücke zu schließen, die sich aus den Eigenschaften der LWL-Fasern und aus den Anforderungen des praktischen Einsatzes ergibt.

Da es sich bei LWL-Kabeln heute um Massenprodukte handelt, spielen wirtschaftliche Gesichtspunkte bei der Konstruktion eine wichtige Rolle. Es müssen also Lösungen gefunden werden, die neben der Einhaltung der technischen Grundanforderungen auch eine hohe Lebenserwartung und niedrige Herstellungskosten sicherstellen.

Grundsätzlich unterscheidet man bei Kabeln zwischen zwei Funktionselementen, der Kabelseele und dem Kabelmantel. Die Kabelseele bestimmt die übertragungtechnischen Eigenschaften und wird vom umgebenden Kabelmantel geschützt. Die zur mechanischen Stabilisierung in das Kabel eingebauten Stütz- und Zugelemente werden je nach ihrer Lage im Kabel der Kabelseele oder dem Kabelmantel zugeordnet.

7.1 Bauprinzipien

Die vielfältigen Einsatzgebiete von LWL-Kabeln könnten grundsätzlich mit wenigen Varianten von Erdkabeln, von Luftkabeln, von Seekabeln und von Innenkabeln abgedeckt werden. Um aber wirtschaftlich günstige Kabel herstellen zu können, müssen die Anforderungen an das Kabel mit dessen Eigenschaften möglichst gut übereinstimmen. Vor allem darf kein Leistungsmerkmal einge-

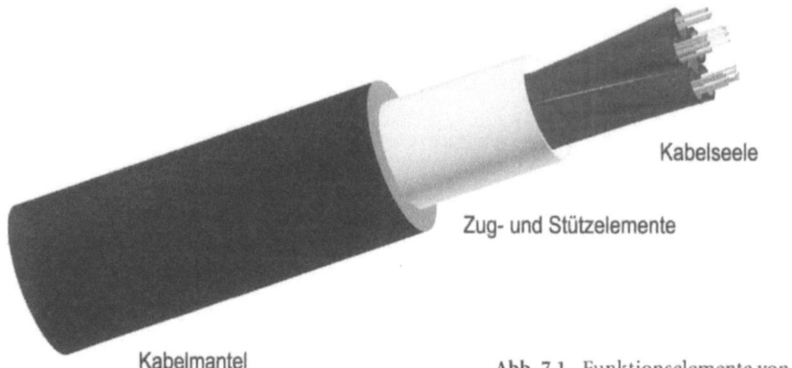

Abb. 7.1. Funktionselemente von Kabeln

baut werden, das nicht genutzt und damit vom Anwender auch nicht bezahlt wird.

Die seit mehr als 20 Jahren fortdauernde Spezialisierung und Perfektionierung hat dazu geführt, daß heute weltweit einige tausend Varianten von LWL-Kabeln am Markt erhältlich sind, mit steigender Tendenz.

Die Aufgabe jedes LWL-Kabels ist das Schützen und Ordnen der LWL-Fasern, die deshalb stets gruppiert im Inneren des Kabels, in der Kabelseele zu finden sind. Zum Abschirmen äußerer Einflüsse wird die Kabelseele von einem Kabelmantel umhüllt, der bei Bedarf noch durch zusätzliche Bewehrungen und Schutzhüllen verstärkt sein kann.

7.1.1
Anforderungen

Eine umfassende Beschreibung der technischen Anforderungen an LWL- Kabel ist in den nationalen und internationalen Normen zu finden. Sie sind in jahrelanger Diskussion und Abstimmung zwischen Kabelherstellern und Anwendern entstanden und stellen den allgemein akzeptierten technischen Stand dar. Normen sind keine Gesetze, sondern freiwillige Vereinbarungen. Allerdings beziehen sich gesetzliche Regelungen wie z.B. die Produkthaftung oder Sicherheitsrichtlinien auf den gültigen technischen Stand, der wieder in den Normen zu finden ist. Eine Berücksichtigung der Normen ist damit in jedem Fall vorteilhaft.

Häufig zitiert werden die internationalen Normen IEC 60793 für optische Fasern und IEC 60794 für optische Faserkabel.

Gestützt auf die Normen geben die Betreiber großer Kabelnetze eigene Beschreibungen der Kabelanforderungen vor. Hier sind als Beispiel für den amerikanischen Raum die Bellcore Generic Requirements GR-20-Core und für Deutschland die Technischen Lieferbedingungen der Deutschen Telekom TS 0006 bis 00014 zu nennen.

Anforderungen können auch frei zwischen Hersteller und Anwender vereinbart werden, sofern die gesetzlichen Regelungen zur EMV-Verträglichkeit, zum Umweltschutz, zur Personensicherheit usw. eingehalten werden.

Aus den allgemeinen Anforderungen ergeben sich durch Festlegen der Belastbarkeitsgrenzen die speziellen Anforderungen, denen das Kabel je nach Verwendungszweck oder Einsatzbereich entsprechen muß.

Als Ausfallkriterium gilt die Beeinträchtigung der Übertragungseigenschaften der im Kabel enthaltenen optischen Fasern und zwar während der gesamten Lebensdauer des Kabels, einschließlich der Verlegung. Bei allgemeiner nachrichtentechnischer Verwendung werden für die Lebensdauer mindestens 25 Jahre angesetzt.

Die Tauglichkeit des Kabels läßt sich durch genormte Prüfverfahren nachweisen.

7.1.2
Aufbauregeln

Bevor mit dem Konstruieren eines Kabels begonnen werden kann, müssen die Anforderungen an das Kabel detailliert festgelegt werden. Unter Berücksichtigung der bewährten Aufbauregeln für LWL-Kabel lassen sich dann mit diesen Anforderungen der am besten geeignete Kabelaufbau, die kleinstmöglichen Kabelabmessungen und die Art und Menge der Materialien festlegen. Aus der Fülle von

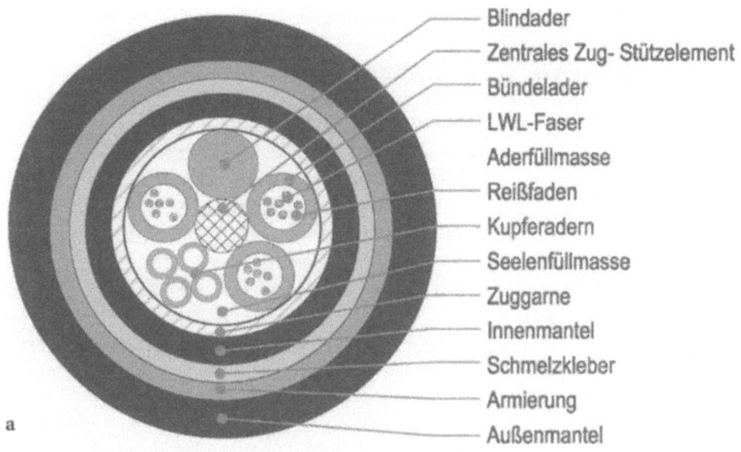

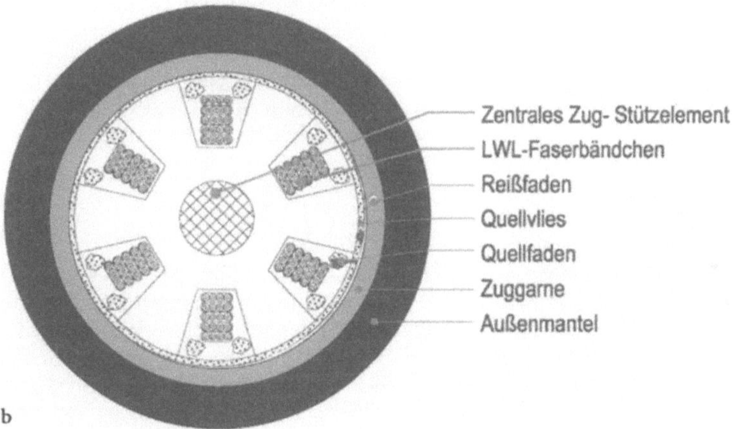

Abb. 7.2 a, b. Grundvarianten von LWL-Kabeln. **a** Bündeladerkabel, **b** Kammerkabel

Tabelle 7.1. Auswahl der wichtigsten allgemeinen Anforderungen an LWL-Kabel

Eigenschaft	Belastung	Prüfverfahren	Internationale Norm
Mechanische Belastbarkeit	Längsdehnung	Ziehen	IEC 60794-1-E1
	Quetschen	Querdruck	IEC 60794-1-E3
	Schlag	Hammerfall	IEC 60794-1-E4
Handhabung	Wiederholtes Biegen	Biegewechsel	IEC 60794-1-E6
	Einmaliges Biegen	Biegung	IEC 60794-1-E11
	Verdrehen	Torsion	IEC 60794-1-E7
	Abknicken	Knick	IEC 60794-1-E10
Umweltbeständigkeit	Hitze, Kälte	Temperaturwechsel	IEC 60794-1-F1
	Feuer	Brennprüfung	IEC 60332
	Gasdruck	Manteldichtigkeit	IEC 60794-1-F3
	Wassereinbruch	Längswasserdichtigkeit	IEC 60794-1-F5
	Verrottung	Biologische Beständigkeit	IEC 6068-2-10, J

Aufbau- und Gestaltungsregeln zeichnen sich vier durch ihre Allgemeingültigkeit aus. Sie bilden die grundsätzlichen Regeln des Kabelaufbaus, die als Generalprinzipien bei jedem Kabel zu beachten sind.

Entlasten der LWL-Faser

Eine weitgehend entlastete LWL-Faser ist die Voraussetzung für eine hohe Faserlebensdauer und für die Erhaltung der guten Übertragungseigenschaften. Es ist die Aufgabe des Kabels im Rahmen der vereinbarten mechanischen und thermischen Beanspruchungen mechanische Belastungen von den LWL-Fasern fernzuhalten. Kabeldehnungen treten auf, wenn z.B. beim Verlegen am Kabel gezogen wird. Bei Abkühlung zieht sich der Kabelmantel zusammen, wodurch die Kabelseele gestaucht wird. Stauchen und Dehnen lassen sich von den Fasern entkoppeln, wenn diese sich im Kabel frei bewegen können, was im Kabel konstruktiv durch das Einbringen der Fasern in Röhrchen oder Kammern gelöst wird (s. Abb. 7.2).

In Anlehnung an die Kupferadern werden die Röhrchen in der Kabeltechnik als Hohladern bezeichnet (s. Abschn. 7.2.1). Befindet sich die Faser gestreckt in einer geraden Hohlader, muß sie sich beim Dehnen der Ader mitdehnen. Beim Stauchen der Ader legt sich die Faser in Schlangenlinien und kommt bei ungenügendem Freiraum mit der Aderwand in Berührung. An den Kontaktflächen mit der Aderwand prägen sich deren Strukturen als Mikrobiegungen in die Faser ein und führen zu Übertragungsverlusten. Werden die helixförmigen Ausbiegungen zu eng, spricht man von Übertragungsverlusten durch Makrobiegungen [1].

Der Freiraum der LWL-Faser in der Hohlader läßt sich vergrößern, wenn man die Adern um ein zentrales Element verseilt. Durch das damit verbundene Biegen der Hohlader erhalten die LWL-Fasern einen zusätzlichen Freiheitsgrad. Beim Dehnen des Kabels können sich die LWL-Fasern jetzt näher zur Kabelachse hinbewegen und eine zugspannungsarme Lage einnehmen. Beim Verkürzen des Kabels können sie nach außen wandern und so weitgehend gestreckt bleiben. Bei den üblichen Verseilsteigungen können Längenänderungen des Kabels von bis zu 1% durch diesen Verseileffekt ausgeglichen werden (s. Abb. 7.4). Der Wert der ausgleichbaren Längenänderung ΔL berechnet sich aus der Schlaglänge S der verseilten Hohladern, dem radialen Abstand r zwischen Faser und Aderwand und der Entfernung R zwischen Kabelmitte und Hohladermitte.

$$\Delta L = \pm \left(\frac{2\pi}{S}\right)^2 \left(R + \frac{r}{2}\right) r$$

LWL-Kabel mit zentraler, gestreckter Hohlader müssen schon im unbelasteten Zustand eine Faserüberlänge in Form von Faserbiegungen in der Ader vorhalten. Beim Stauchen der Kabelseele werden die Fasern stärker, beim Dehnen schwächer gebogen. Das zulässige Stauch-Dehnungsfenster des Kabels

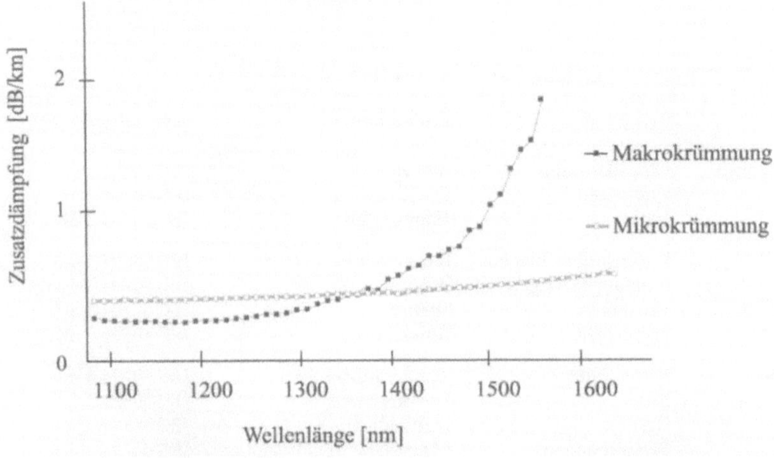

Abb. 7.3. Spektrale Zusatzdämpfungen bei Einmoden LWL-Fasern durch Mikro- und Makrobiegungen

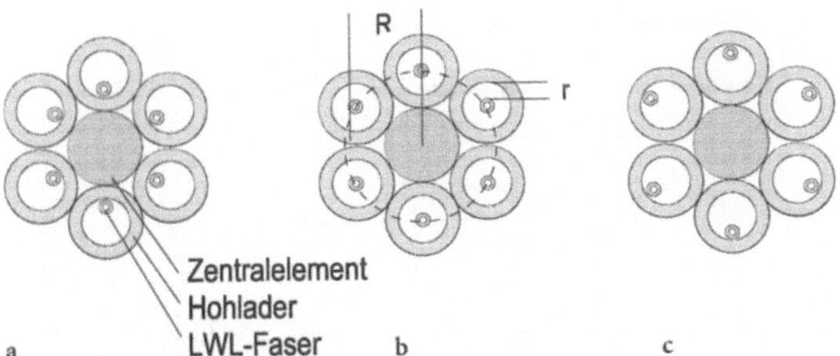

Abb. 7.4 a – c. Lage der LWL-Fasern in verseilten Hohladern bei **a** unbelasteter, **b** gedehnter und **c** gestauchter Kabelseele

hängt vom Innendurchmesser der Hohlader und von der Anzahl der Fasern in der Ader ab. Typisch werden 0,2 bis 0,4% Faserüberläge eingestellt, so daß ein Stauch- Dehnungsfenster von etwa 0,4 bis 0,8% erreicht wird.

Die Einhaltung des relativ kleinen Stauch-Dehnungsfensters muß für die Betriebsbedingungen des Kabels durch das Einbringen geeigneter mechanischen Vertärkungselemente sichergestellt werden.

Zum Aufnehmen der Zugkräfte werden Zugelemente aus hochfesten Materialien wie Stahl, Aramid- oder Glasgarnen eingesetzt. Aramidfasern wie z.B. Kevlar® oder Twaron® haben gegenüber Stahldrähten den Vorteil, daß sie die Biegsamkeit des Kabels kaum beeinträchtigen. Zudem haben sie ein geringeres Gewicht und sind elektrisch nicht leitfähig, was sie besonders für den Einsatz in dielektrischen Kabeln auszeichnet. Glasgarne bestehen aus feinsten Glasfilamenten, die mit Kunstharz zu Fäden zusammengefaßt werden. Sie sind weniger zugfest als Aramidgarne und auch weniger geschmeidig, dafür aber auch kostengünstiger.

Zum Abfangen der Schubkräfte muß das Kabel mit Stützelementen ausgerüstet werden, die gleichzeitig auch die Zugbelastbarkeit verbessern. Stützelemente werden entweder in der Kabelmitte oder im Mantelbereich plaziert. Wie bei den Zugelementen werden Stahldrähte, Stahlseile oder nichtleitende GFK-Elemente verwendet. GFK-Elemente werden ähnlich wie Glasgarne aus Glasfilamenten und Kunstharz hergestellt und zu runden Stäben passenden Durchmessers in beliebiger Länge geformt.

Armierte Kabel besitzen über dem Mantel eine oder mehrere Lagen aus Stahldrähten, die neben den Querdruckkräften auch die Zug- und Schubkräfte aufnehmen. Hier kann in der Regel auf Verstärkungselemente im Kabelinneren verzichtet werden.

Zum Berechnen der zulässigen Zugkraft müssen für das betrachtete Kabel die Querschnittsflächen A_i und die Elastizitätsmodule E_i (s. Tabelle 7.2) der Verstärkungselemente bekannt sein. Für die Praxis reicht es aus, nur das Zentralelement und die Zugelemente zu betrachten, da alle übrigen Kabelmaterialien nur einen geringen Beitrag zur Zugfestigkeit liefern. Mit dem Dehnungsfenster ε_K errechnet sich die erlaubte Zugkraft F_{max} zu

$$F_{max} = \sum E_i \cdot A_i \cdot \varepsilon_K \, .$$

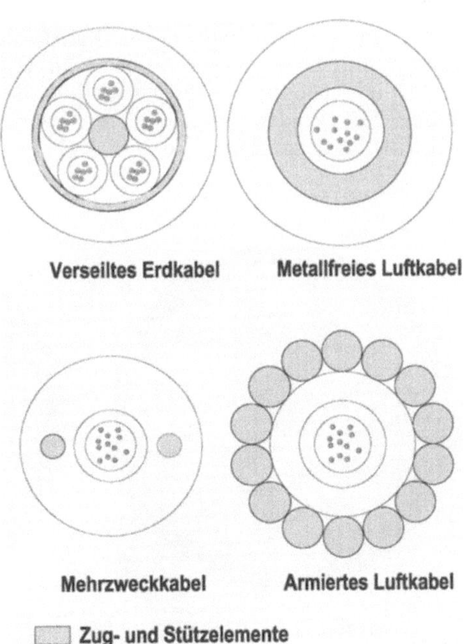

Abb. 7.5. Zug- und Stützelemente in LWL-Kabeln

Tabelle 7.2. *E*-Modul, Dichte und Ausdehnungskoeffizient wichtiger Kabelmaterialien

Material	*E*-Modul in N/mm²	Dichte in g/cm³	Linearer Ausdehnungskoeffizient α in 1/K
Quarzglas	72 500	2,20	$5{,}5 \cdot 10^{-7}$
Aramidgarn	100 000	1,45	$-2 \cdot 10^{-6}$
Glasgarn	15 000	2,6	$6{,}5 \cdot 10^{-6}$
GFK (Glasverstärkter Kunststoff)	50 000	1,9 ... 2,1	$6{,}5 \cdot 10^{-6}$
Federstahl	200 000	7,85	$1{,}3 \cdot 10^{-5}$
PE (Polyäthylen)	200 ... 1000	0,91 ... 0,97	$1 \ldots 2{,}5 \cdot 10^{-4}$
PVC	60	1,31	$1{,}5 \cdot 10^{-4}$

Bei ausreichender Dimensionierung wird das Verkürzen des Kabels bei niedrigen Temperaturen durch das Stützelement bestimmt. Dessen relative Längenänderung muß für den Bereich der Betriebstemperatur innerhalb des Stauchfenters des Kabels liegen. Die relative Längenänderung ε_{TK} in Abhängigkeit von der Temperaturdifferenz ΔT ergibt sich aus dem linearen Temperaturausdehnungskoeffizienten α (s. Tabelle 7.2) zu

$$\varepsilon_{IK} = \frac{\Delta L}{L} = \alpha \cdot \Delta T$$

Verseilen

Die Verseilung der längslaufenden Kabelelemente zu einer helixförmigen Kabelseele bewirkt einen kompakten Aufbau und verbessert gleichzeitig das Biegeverhalten des Kabels. Mit geraden Seelenelementen würde sich ein Kabel annähernd so steif verhalten, wie ein zylindrisches Vollprofil und bei engen Biegungen abknicken.

Bei LWL-Kabeln mit verseilten Hohladern wird fast ausschließlich die Lagenverseilung angewendet. Hierbei werden die Adern lagenweise um ein zentrales Element verseilt. Je nach Anzahl der Hohladern entsteht so ein Lagenkabel mit einer oder mehreren Lagen von Adern.

Werden die LWL-Fasern in den Hohladern erst zu Bündeln zusammengefaßt und dann verseilt, spricht man von einem Bündeladerkabel (s. Abb. 7.6).

Zur Kabelherstellung werden zwei Verseilverfahren angewendet, die Gleichschlag- und die SZ-Verseilung.

Bei der Gleichschlagverseilung werden die Verseilelemente immer in der gleichen Richtung verseilt, entweder links herum als S-Schlag oder rechts herum als Z-Schlag. Die Verseilsteigung bleibt dabei längs des Kabels konstant.

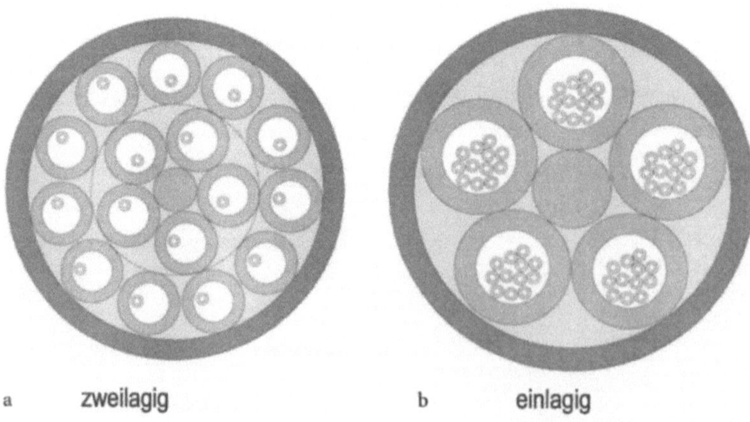

Abb. 7.6 a, b. Lagenverseilte LWL-Kabel mit **a** Einzelfaseradern und **b** Bündeladern

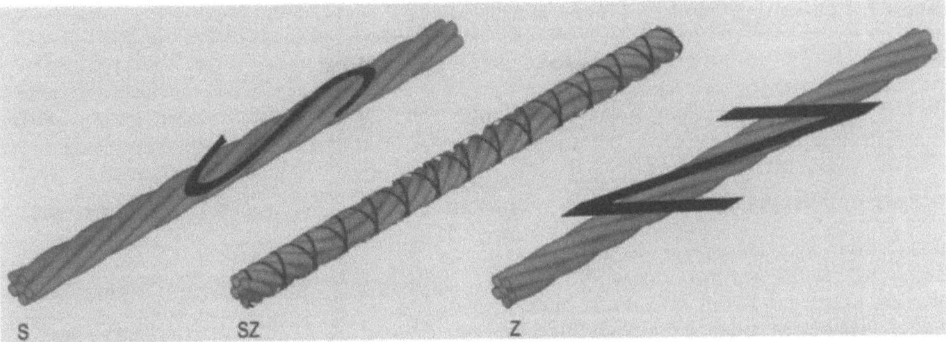

Abb. 7.7. Kabelseelen in Gleichschlagverseilung (S), (Z) und in Wechselschlagverseilung (SZ) mit Haltebewicklung

Bei der SZ-Verseilung wird im Gegenschlag verseilt. Hier wechselt die Verseilrichtung längs des Kabels periodisch von der S- in die Z-Richtung, wodurch sich die Verseilsteigung ständig ändert. An den Umkehrstellen liegen die Verseilelemente parallel zur Kabelachse (s. Abb. 7.7). Nachteilig an der SZ-Verseilung ist der labile Verseilzustand, der durch eine feste Bewicklung fixiert werden muß, damit die Verseillage sich nicht selbständig wieder löst. Die Vorteile des SZ-Verseilverfahrens liegen in der Ausgestaltung der SZ-Verseilmaschinen, die eine wirtschaftlichere Kabelfertigung ermöglichen. Sie arbeiten mit feststehenden Spulen und erreichen dadurch wesentlich höhere Abzugsgeschwindigkeiten als Gleichschlagverseilmaschinen, bei denen die Spulen mit den Verseilelementen kreisförmig um die Maschinenachse rotieren müssen [2]. Sie können zudem deutlich kleiner gebaut werden.

Die Verseilelemente beschreiben bei der Gleichschlagverseilung eine Schraubenlinie, deren Ganghöhe als Schlaglänge S bezeichnet wird. Die geometrischen Zusammenhänge sind durch das Abwickeln der Schraubenlinie in eine Ebene einfach zu erkennen (Abb. 7.8).

Den Winkel zwischen der Schraubenlinie und der Querschnittsebene des Kabels bezeichnet man als Verseilsteigung α, den Abstand zwischen der Kabelachse und der Mitte des Verseilelements als Verseilradius R.

Damit ergibt sich für die Länge L des Verseilelements und für die Verseilsteigung α:

$$L = \sqrt{S^2 + (2\pi R)^2}$$

$$\alpha = \arctan \frac{S}{2\pi R}$$

Das Verseilelement ist damit immer länger als das Kabel. Der Längenunterschied wird als Verseilzuschlag Z bezeichnet und als Bruchteil der Schlaglänge in % angegeben.

$$Z = \frac{L - S}{S} \cdot 100\,\% = \left(\frac{1}{\sin\alpha} - 1\right) \cdot 100\,\%$$

Die Lebensdauer und das Dämpfungsverhalten der LWL-Fasern hängen direkt von den Biegebelastungen ab, die auf die LWL-Fasern einwirken. Als Grenzwert für die Dauerbiegung wird ein Biegeradius $\rho >$ 30 mm angegeben. Für einen vorgegebenen Verseilradius R berechnet sich die Schlaglänge S zu

$$S = 2\pi R \cdot \sqrt{\frac{\rho}{R} - 1}$$

In guter Näherung sind die Formeln auch für SZ-verseilte Kabel anwendbar.

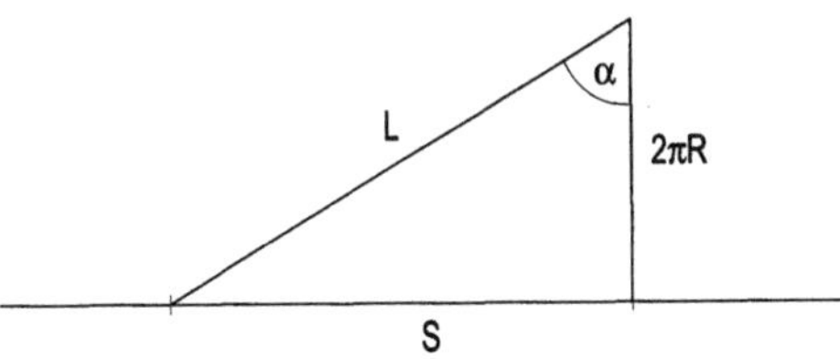

L Länge des Verseilelements
S Schlaglänge
R Radius des Verseilkreises
α Verseilsteigung

Abb. 7.8. Abgewickelte Schraubenlinie eines verseilten Elementes

Tabelle 7.3. Farbfolge gefärbter LWL-Fasern nach IEC 60794-2

Nummer	1	2	3	4	5	6	7	8	9	10	11	12
Farbe	blau	orange	grün	braun	grau	weiß	rot	schwarz	gelb	violett	rosa	türkis

Ordnen und Gruppieren

Das Ordnen und Gruppieren der LWL-Fasern durch das Kabel kommt immer dann zum Tragen, wenn das Kabel mit einem anderen Kabel verbunden oder an ein Gerät angeschlossen werden muß. Durch das Zusammenfassen der Fasern in Hohladern oder Kammern wird das Auffinden einzelner Fasern erheblich erleichtert. Kammern und Hohladern können durch Einfärben, Nummerieren oder durch die Position im Kabel identifiziert werden.

Die Anzahl der einzelnen Fasern in einer Kammer oder Ader ist durch die genormte Farbfolge auf 12 begrenzt. Die in der Farbfolge gewählten Farben unterscheiden sich so deutlich voneinander, daß sie mit bloßem Auge auf den dünnen LWL-Fasern noch gut erkannt werden können. Eine feinere Abstufung der Farben führt zu Verwechslungen beim Anschließen oder Verbinden der Fasern und damit zu Montagefehlern.

Eine Erweiterung der Unterscheidbarkeit durch zusätzliche Markierungen in Form von Ringen oder Doppelringen ist wenig verbreitet [3]. Ringförmige Kennzeichen verursachen einen ungleichmäßigen Farbbelag und damit Mikrobiegungen im Glas. Die dadurch hervorgerufenen Dämpfungsverluste stellen ein zusätzliches Fertigungsrisiko dar und werden bei der Kabelproduktion möglichst vermieden.

Faßt man die einzelnen Fasern zu Faserbändchen zusammen, lassen sie sich leicht durch ihre Position im Bändchen identifizieren. Zusätzlich zur Codierung sind die Fasern mechanisch verbunden, sortiert und ausgerichtet. Ein Faserbändchen ist im Vergleich zur Einzelfaser erheblich robuster und läßt sich besser handhaben. Mit Bändchenspleißgeräten lassen sich, als Bändchen zusammengefaßt, bis zu 12 Fasern gleichzeitig verbinden, was die Montagezeiten beim Verbinden und Anschließen von LWL-Kabeln erheblich verkürzt. Faserbändchen enthalten üblicherweise 2, 4, 6, 8, 10, 12 oder 24 Fasern, wobei vorzugsweise Bändchen mit 8 oder 12 Fasern verwendet werden.

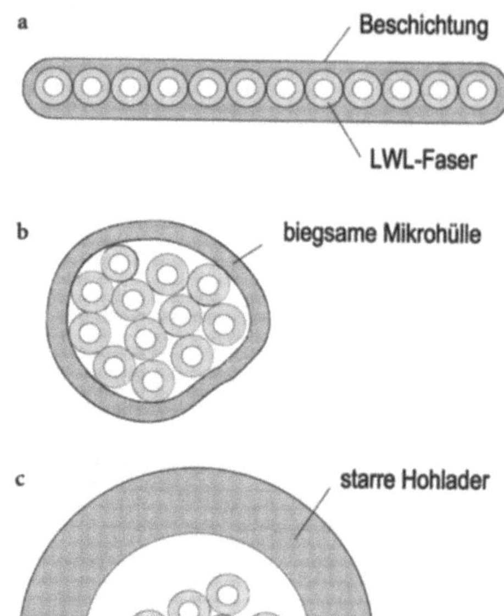

Abb. 7.9 a-c. Gruppierungen von LWL-Fasern als **a** LWL-Faserbändchen, **b** LWL-Faserbündel und **c** Bündelader

Sollen alle einzelnen Fasern gemeinsam in einer Hohlader untergebracht werden, müssen sie zur eindeutigen Unterscheidbarkeit zu Gruppen zusammengefaßt werden. Wegen ihres geringen Platzbedarfs hat sich hier die Mikrohülle bewährt. Sie besteht aus einer dünnen farbigen Polymerschicht, die als Schlauch auf das Faserbündel extrudiert wird. Anders als die Hohlader kann die Mikrohülle keine mechanische Schutzfunktion übernehmen. Sie dient nur zum losen Zusammenhalten und zum Kennzeichnen des Faserbündels. Dafür läßt sie sich mit bloßen Fingern leicht abreißen, was das Anschließen des Kabel erleichtert.

Füllen

Die Forderung nach Längswasserdichtigkeit hat ihren Ursprung im röhrenförmigen Aufbau der LWL-Kabel. Wird der Kabelmantel beschädigt, kann Wasser in die Kabelseele eindringen und durch die Hohlräume des Kabels bis zu den angeschlossenen Endgeräten vordringen. Zudem besteht die Gefahr, daß das eingedrungene Wasser gefriert und die LWL-Fasern unter Druck setzt, was Dämpfungserhöhungen durch Mikrobiegungen hervorrufen und zum Ausfall der Übertragungsstrecke führen kann. LWL-Kabel für den Außenbereich werden deshalb mit Dichtmitteln ausgerüstet. Als Dichtmittel werden überwiegend Füllmassen verwendet.

Aderfüllmassen werden in die Hohlader eingebracht und füllen alle Hohlräume in der direkten Umgebung der Fasern. Sie müssen sich chemisch neutral verhalten und dürfen die Faserbeschichtung weder angreifen noch aufquellen. Im Bereich der Betriebstemperatur von -40°C bis +70°C dürfen sie nicht einfrieren, nicht auslaufen und die Beweglichkeit der LWL-Fasern nicht behindern. Thixotropierte Polyolefine erfüllen alle genannten Anforderungen. Sie bilden eine klare, geleeartige Masse, die sich bei Scherung verflüssigt und im Ruhezustand wieder in den zähflüssigen Zustand übergeht.

Die Hohlräume in der Kabelseele können entweder mit einer Seelenfüllmasse aus Petrolaten oder mit Quellmitteln gegen das Durchfließen von Wasser abgedichtet werden. Seelenfüllmasse wird vor dem Aufbringen des Kabelmantels mit hohem Druck in die freien Zwickel der Kabelseele gepreßt. Sie hat einen niedrigen thermischen Ausdehnungskoeffizienten und nahezu keine Quellwirkung auf den Kabelmantel. Allerdings wirkt sie schmierend und kann den Kraftschluß zwischen der Seelenbespinnung und dem fest aufsitzenden Kabelmantel aufheben, wodurch der Kabelmantel seine Zugfestigkeit verliert. Besonders beim Einziehen des Kabels in Rohre oder Kabelschächte rutscht der Mantel dann über die Kabelseele und wird gedehnt oder abgerissen. Als Gegenmaßnahme wird nach dem Füllen der Kabelseele die obere Lage der Bespinnung mit Schmelzkleber beschichtet, der dann eine fugenlose, zugfeste Verbindung mit dem anschließend aufextrudierten Kabelmantel herstellt.

Soll ein trockenes, d.h. ein füllmassenfreies Kabel hergestellt werden, das trotzdem längswasserdicht ist, müssen als Füllstoffe Quellpulver und Quellgarne in das Kabel eingebaut werden. Kommen diese Quellmittel mit dem eindringenden Wasser in Berührung vervielfachen sie durch Wasseraufnahme ihr Volumen in wenigen Sekunden und dichten die Hohlräume ab. Quellmittel haben gegenüber Füllmassen den Vorteil, daß sie sich beim Montieren des Kabel leicht abblasen oder abschütteln lassen. Damit entfällt gegenüber dem massegefüllten Kabel der Arbeitsgang des Abwaschens und Entfettens der Kabelseele. Für die Garnbespinnung auf der Kabelseele werden bei trockenen Kabeln wasserhemmende Aramidfäden verwendet, die bereits beim Hersteller mit einem quellfähigen Überzug versehen werden. Die Weiterleitung des Wassers durch die Dochtwirkung der Garne wird damit zuverlässig verhindert.

Schützen der Kabelseele

Die Kabelseele muß zum Schutz vor äußeren Einflüssen mit einem Kabelmantel bedeckt werden. Äußere Einflüsse sind Zug, Druck, Feuchtigkeit, Hitze, Chemikalien und Mikroben.

Im einfachsten Fall besteht der Kabelmantel aus einer einzigen Kunststoffschicht, die als heißer Schlauch direkt auf die Kabelseele extrudiert wird. Als Mantelmaterialien stehen eine Reihe von thermoplastischen Kunststoffen mit unterschiedlichen Leistungsmerkmalen zur Verfügung, die zum Teil auch extremen thermischen und mechanischen Belastungen standhalten (s. Tabelle 7.3).

Reicht das Leistungsspektrum einer Mantelschicht nicht aus, werden mehrlagige Schichtenmäntel verwendet. Um ein Kabel z.B. hermetisch gegen Wasserdampf abzudichten, muß wegen der Dampfdurchlässigkeit der Kunststoffe eine metallische Sperrschicht auf die Kabelseele aufgebracht werden. Sie besteht üblicherweise aus einem Aluminiumband, das längslaufend um die Kabelseele geformt und an der Überlappungsstelle verklebt wird. Auf diesen rohrförmigen Unterbau wird dann eine Kunststoffschicht extrudiert. An Stelle des Aluminiumbandes setzt man bei hohen Querdruckbelastungen ein Stahlband ein, das zur besseren Biegsamkeit quer zur Laufrichtung gewellt und dann zu einem Wellrohr geformt und an der Naht verschweißt oder verklebt wird. Zusätzlich ist damit ein sicherer Schutz der Kabelseele vor der Zerstörung durch Nagetiere hergestellt.

Tabelle 7.3. Wichtige thermoplastische Mantelmaterialien für LWL-Kabel

Bezeichnung	Abkürzung	Gebrauchs-temperatur in °C	bevorzugte Verwendung	Eigenschaften
Perfluoralkoxy-Copolymer	PFA	260	Sonderanwendungen mit Hitze, Öl, Schmutz	temperaturfest, glatt, flammwidrig, halogenhaltig, witterungsbeständig, teuer
Perfluorethylen-Propylen	FEP	270	Sonderanwendungen mit Hitze, Öl, Schmutz	temperaturfest, glatt, flammwidrig, halogenhaltig, witterungsbeständig, teuer
Polyamid	PA	140	Nagetierschutz, Termitenschutz	hart, starr
Polyethylen	PE	105	Außenbereich	reibungsarm, nur mit Rußbeimischung UV beständig, preiswert
Polypropylen	PP	110	Außenbereich	abriebfest, zäh
Polyurethan	PUR	115	flexible Verlegung	ölbeständig
Ethylenvinylacetat (gefüllt)	EVA (FRNC)	80	Innenraum	flammwidrig durch Zusatz von Aluminium- oder Magnesiumhydroxid
Polyvinylchlorid	PVC	80	Innenraum	flammwidrig, rauh, halogenhaltig

Soll das LWL-Kabel metallfrei aufgebaut werden, kann das Stahlblech durch eine 1 bis 2 mm starke Polyamidschicht ersetzt werden. Polyamid zeichnet sich durch eine hohe Zähigkeit und Festigkeit aus und kann als Rohr auf die Kabelseele extrudiert werden. Die Polyamidschicht verbessert die Querdruckbeständigkeit erheblich und bietet Schutz gegen Nagetierverbiss. Als Permeationssperre für Wasserdampf ist Polyamid nicht geeignet, da seine Wasserdampfdurchlässigkeit zehnmal größer ist als die von Polyethylen, dem wichtigsten Mantelmaterial.

Generell verlieren Kabel durch die Schichtenmäntel an Biegsamkeit und werden schwerer.

Für Innenkabel müssen schwer entflammbare Mantelmaterialien verwendet werden, die das selbständige Weiterbrennen des entflammten Kabels verhindern und für einige Minuten den Erhalt der Übertragungsfunktion sicherstellen. Außerdem sollte während des Brennens nur eine geringe Rauchentwicklung ohne korrosive Gase auftreten. Schwer entflammbare Kunststoffe sind PVC, PFA und FEP.

Brennen diese Stoffe aber wegen zu großer Hitze dennoch ab, so bilden sich Salzsäure bzw. Flußsäure, die in Verbindung mit dem Löschwasser zu starken korrosiven Beschädigungen an den Gebäuden führen können. Zunehmend werden Mäntel deshalb aus EVA hergestellt, dem bis zu 50% Aluminium- oder Magnesiumhydroxyd beigemischt sind. Bei Flammeneinwirkung spalten die Hydroxide Wasser ab, wodurch die Temperatur absinkt und die Verbrennung verzögert wird. Der freiwerdende Wasserdampf verdrängt zudem den Sauerstoff in der Nähe des Brandherdes, so daß die Flamme erlischt. Die wichtigsten Brandeigenschaften sind der Tabelle 7.4 zu entnehmen. Für die Beschreibung des Brandverhaltens werden vielfach Kombinationen von Eigenschaften, wie z.B. FRNC oder LS0H verwendet.

Extreme mechanische Beanspruchungen, wie sie bei Seekabeln oder bei Grubenkabeln in Bergwerken auftreten, können in der Regel nur mit ein- oder mehrlagigen Stahldrahtarmierungen von der Kabelseele abgehalten werden. Die Stahldrähte werden so dimensioniert, daß sie eine geschlossene Lage bilden und die Kabelseele wie ein Gewölbe umgeben. Da die Drähte sich gegenseitig stützen, können diese Kabel einem Wasserdruck bis zu einigen hundert bar ausgesetzt werden, ohne zu kollabieren. Sie sind äußerst zugbelastbar und überstehen unbeschadet die härtesten Einzieh- und Verlegebelastungen. Zum Schutz vor Korrosion werden zwischen den einzelnen

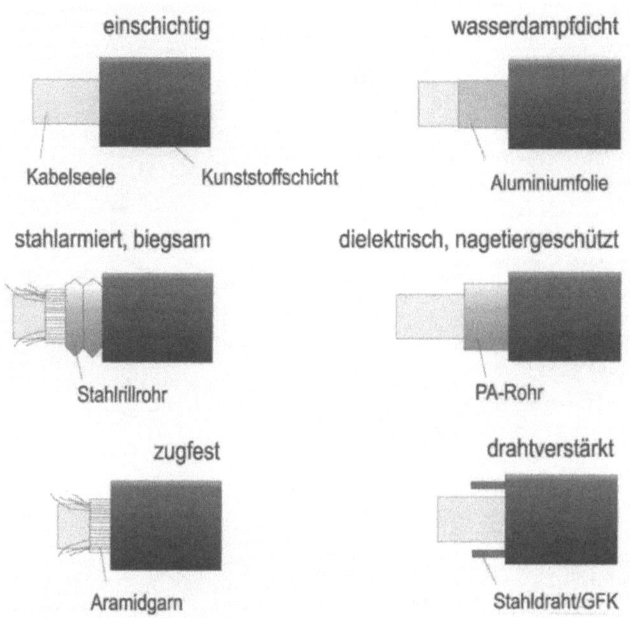

Abb. 7.10. Eigenschaften von LWL-Kabelmänteln

Tabelle 4. Brandverhalten von LWL-Kabeln und Normungshinweise

Brandverhalten	Kurzbezeichnung	Deutsche Norm DIN VDE	Internationale Norm IEC
flammwidrig	FR (flame retardant)	0472, Teile 804-A,B,C	60332
nicht korrosiv	NC (non corrosive)	0472, Teil 813	60754-2
halogenfrei	0H (zero Halogen)	0472, Teil 815	
raucharm	LS (low smoke)	0472, Teil 816	61034

Drahtlagen PE-Schichten aufgebracht. Zusammen mit der PE-Außenschicht ergeben sich so mehrschichtige Mäntel mit bis zu drei Lagen aus Draht und PE (s. Abb. 7.18).

7.2 Bauelemente

Kommunikationskabel mit LWL-Fasern zeichnen sich durch eine klare Aufgabenteilung zwischen den Kabelelementen aus. Die LWL-Faser ist ausschließlich für die Übertragung der optischen Daten geeignet. Auf mechanische Belastungen reagiert sie sehr sensibel mit Dämpfungzunahmen oder vorzeitigem Faserbruch.

Die restlichen Kabelbauelemente übernehmen die Aufgaben einer hochwertigen Verpackung und haben keinerlei übertragungstechnische Bedeutung. Da auch hochwertige Verpackungen keine perfekte Abschirmung aller äußeren Kräfte leisten können, wenn zudem noch Biegsamkeit und kompakter Aufbau gefordert sind, muß die LWL-Faser mechanisch weitestgehend von der Verpackung entkoppelt werden. Dies läßt sich durch das Einbauen von Freiräumen in das Kabel umsetzen, die der Faser ausreichend Spielraum für Ausgleichsbewegungen gestatten.

Freiräume lassen sich als Hohlröhrchen oder durch längslaufende Kammern in die Kabelseele einbringen.

7.2.1 Hohlader

In Anlehnung an die Kupferader, die aus dem Kupferleiter und der Isolierhülle besteht, wird in der LWL-Kabeltechnik die „Hohlader“ eingesetzt. Unter einer Hohlader versteht man eine rohrförmige Hülle, die mit einer leicht thixotropen Masse gefüllt sein kann und eine oder mehrere LWL-Fasern enthält. Sie bildet die erste von mehreren Verpackungsschichten, von denen die LWL-Fasern im fertigen Kabel umgeben und geschützt werden. Abhängig vom Einsatzbereich des Kabels kann sie aus ein- oder zweischichtigem Kunststoff, aus Aluminium, aus Kupfer oder aus Stahl hergestellt werden. Für Erd- und Röhrenkabel werden hauptsächlich Kunststoffadern verwendet. Für Luft- und Seekabel kommen überwiegend metallische Hohladern zur Anwendung.

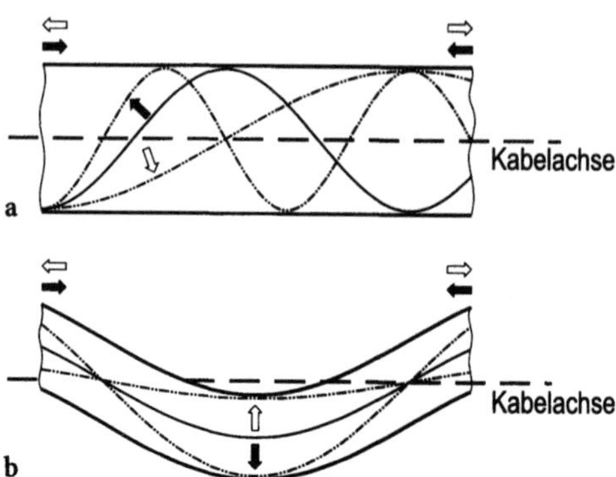

Abb. 7.11 a, b. Längenausgleich für LWL-Fasern **a** in Hohladern bei gestrecktem und **b** verseiltem Einbau im Kabel

Funktionen

Die Hohlader gibt der LWL-Faser die erforderliche Bewegungsfreiheit in einem kompakten, festen Kabelgefüge. Ihr Innendurchmesser muß deshalb immer etwas größer sein als der Außendurchmesser der Faser oder des Faserbündels. Ebenso müssen die Fasern stets etwas länger sein, als die sie umgebende Hohlader, da sie sonst einer Dauerdehnung ausgesetzt wären. Das Maß der Faserüberlänge hängt von der Verwendung der Hohlader im Kabel ab.

Werden die Hohladern beim Herstellen der Kabelseele verseilt, dürfen die Fasern nur 0,05 bis 0,1% länger sein als die Hohladern und nehmen eine nahezu gestreckte Lage ein. Durch das Verseilen können Verkürzungen und Verlängerungen des Kabels um bis zu 0,8% durch radiale Bewegungen der Fasern in der Hohlader ausgeglichen werden (s. Abschn. 7.1.2).

Werden die Hohladern gerade in der Kabelmitte angeordnet, müssen die Fasern um 0,2 bis 0,4% länger sein als die Hohlader. Sie liegen dann in helixförmigen Biegungen an der Innenwand der Hohlader an. Beim Dehnen des Kabels bleibt die Faser innerhalb der Überlängenfensters entspannt, da durch den Übergang in die gestreckte Lage ein Längenausgleich möglich ist.

Beim Anschließen und Verbinden von LWL-Kabeln können die Hohladern nach dem Absetzen des Kabelmantels als flexibles Schutzröhrchen bis an den Anschlußpunkt der LWL-Fasern weitergeführt werden. Dies spart Montagematerial und verringert das Risiko für das Abreißen der Fasern. Da Hohladern die Fasern nur lose umhüllen, lassen sie sich durch ringförmiges Einschneiden und Abziehen leicht entfernen.

In Metallausführung bilden sie eine wirksame Sperre vor Feuchtigkeit und vor Wasserstoff. Wasserstoff hat die Eigenschaft durch alle Kabelkunststoffe hindurch bis in die LWL-Faser vorzudringen und dort Dämpfungserhöhungen hervorzurufen [4]. Erhöhte Wasserstoffkonzentrationen treten z. B. im Küstenbereich auf, wo wegen der geringen Wassertiefe Seekabel bevorzugt verlegt werden.

Varianten

Die kleinste Bauform der Hohlader ist die *Festader*. Bei ihr ist die Aderhülle von der Schutzbeschichtung der LWL-Faser nur durch eine dünne Gleitschicht getrennt. Die Gleitschicht kann aus Öl oder aus einem dünnen Teflonbelag bestehen und hat die Aufgabe, das Abziehen der Aderhülle zu erleichtern. Die Gleitschicht sollte max. 10 µm dick sein, um beim Konfektionieren der Festadern mit LWL-Steckern zeitraubende Reinigungsschritte zu vermeiden. Festadern lassen der LWL-Faser keinen nennenswerten Bewegungsspielraum, sind aber wegen ihres geringen Außendurchmessers sehr biegsam. Sie werden hauptsächlich für Innenkabel und für flexible Anschlußschnüre mit geringen Zugbeanspruchungen verwendet.

Die *Kompaktader* ist eine echte Hohlader, bei der die LWL-Faser in einem etwa 50 µm dicken Füllmassenpolster schwimmt. Sie stellt einen Kompromiß zwischen kompakter Bauform und Bewegungsfreiheit für die LWL-Faser dar und ist für Innenkabel vorgesehen. Allerdings ist die Füllmasse brennbar und

Tabelle 7.5. Abmessungen von LWL-Hohladern

Bezeichnung	Außendurchmesser in mm	Innendurchmesser in mm	Anzahl der LWL-Fasern
Festader	0,9	0,25	1
Kompaktader	0,6 ... 1,2	0,35 ... 0,6	1
Bündelader, verseilt	1,4 ... 3,5	0,8 ... 2,1	1 ... 12
Bündelader, zentral	4 ... 11	2,5 ... 7	12 ... 144

muß zudem vor dem Anbringen der LWL-Stecker gründlich entfernt werden. Die Kompaktader wird deshalb zunehmend von den Festadern verdrängt.

Die *verseilte Bündelader* enthält bis zu zwölf LWL-Fasern. Sie bietet diesen genügend radialen Bewegungsfreiraum für den Ausgleich von Längenänderungen des Kabels. Durch ihren hohen Füllmassenanteil ist sie leicht brennbar und damit für Innenkabel weniger geeignet. Die Aderwand besteht aus ein- oder zweilagigem Kunststoff und muß innen eine glatte Oberfläche aufweisen. Beim Kontakt mit der LWL-Faser wird so dem Auftreten von Mikrobiegungen vorgebeugt. Bei extremen Beanspruchungen werden auch Bündeladern aus Aluminium oder aus Stahl verwendet. Sie können z.B. an Stelle eines Drahtes in die Erdungsseile von Hochspannungsleitungen eingebaut werden.

Die größte Bauform der Hohlader ist die Maxibündelader. Sie heißt auch *zentrale Bündelader*, da sie im Zentrum des Kabels angeordnet wird. Wegen ihrer gestreckten Position in der Achse des Kabels kann sie steifer ausgelegt werden als verseilte Bündeladern. Als Materialien werden für Erd- und Röhrenkabel Kunststoffe wie PC, PBT und PE verwendet. Für See- und Luftkabel setzt man vorzugsweise Aluminium, Kupfer und auch Stahl ein. Von allen Hohladern erlaubt die *zentrale Bündelader* die Herstellung von Kabeln mit der höchsten Packungsdichte, d.h. mit der größten Anzahl von LWL-Fasern je Querschnittsfläche. Sie kann bis zu 144 LWL-Fasern enthalten, die zur besseren Unterscheidbarkeit in der Ader gruppiert werden müssen (s. Abb. 7.9).

7.2.2 Kammer

LWL-Kabel mit mittleren bis hohen Faserzahlen lassen sich sehr kompakt aufbauen, wenn die Kabelseele als Kammerstrang ausgebildet wird. Der Kammerstrang enthält üblicherweise im Zentrum als Zug- und Stützelement einen geraden oder mehrere verseilte Stahldrähte, die das Kabel bei Zug-Temperatur und Biegebelastungen stabilisieren. Um das Stahlelement herum wird eine mehrere Millimeter dicke Schicht aus PE oder PP aufextrudiert und mit Kammern versehen. Die Form, die Anzahl und die Größe der Kammern hängen von der Zahl der aufzunehmenden Fasern und von der Breite der Faserbändchen ab. Zum Abdichten gegen längslaufendes Wasser werden zusammen mit den LWL-Fasern Quellgarne die Kammern eingelegt oder sie werden mit Füllmassen ver-

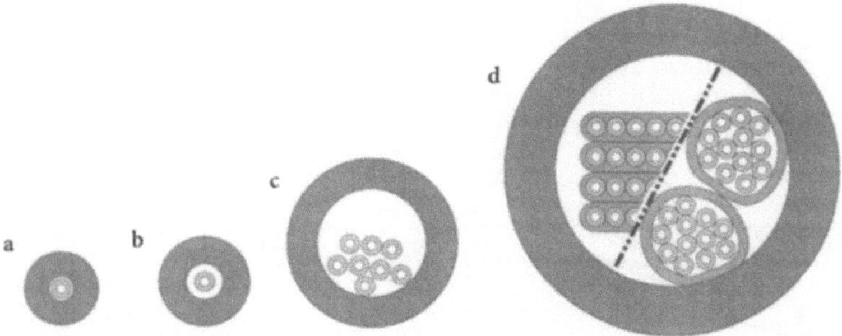

Abb. 7.12 a–d. Bauformen von LWL-Adern. **a** Festader, **b** Kompaktader, **c** Bündelader mit Einzelfasern, **d** Zentralbündelader mit LWL-Bändchen oder LWL-Bündeln

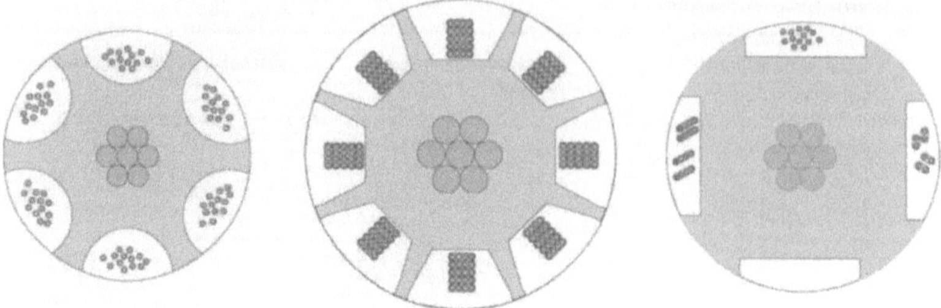

Abb. 7.13. Querschnitte von Kammersträngen für einzelne LWL-Fasern und für LWL-Faserbändchen

schlossen. Die Wände der Kammern müssen glatt und eben sein, damit beim Kontakt mit den Faserbändchen Mikrobiegungen vermieden werden. Die Kammerstege stützen den Kabelmantel gut ab, weshalb sich Kammerkabel durch hohe Querdruckbelastbarkeit auszeichnen.

Funktionen

Die Kammern befinden sich in einer Lage außerhalb der Kabelmitte und müssen deshalb spiralförmig in den Kammerstrang eingelassen werden. Wie bei der verseilten Bündelader können die LWL-Fasern in Kabelbiegungen oder bei Kabeldehnung die Längenänderungen des Kabels durch radiale Verlagerung ausgleichen (s. Abschn. 7.1.2).

Die Kammern können durchgehend in der gleichen Drehrichtung oder mit abschnittsweise wechselnder Drehrichtung einprägt werden. Es ist technisch aufwendiger, Kammern mit wechselnder Drehrichtung herzustellen, bringt aber den Vorteil, daß ein Zugriff auf einzelne Fasern oder Faserbändchen ohne Zerschneiden des Kabels möglich wird (engl.: mid span access) [5]. Hierzu wird der Kabelmantel über einer Umkehrstelle entfernt und das LWL-Element aus der Kammer herausgewickelt. In der nun von der Kabelseele abgesetzten Schlaufe können einzelnen Fasern bequem aufgetrennt und z.B. an ein abzweigendes Kabel angeschlossen werden. Die übrigen, noch durchgehenden Fasern werden anschließend in die Kammer zurückgewickelt.

Nachteilig für die Kabelmontage ist das Fehlen der beweglichen Bündeladern, die in Schaltschränken und Verbindungsmuffen als Schutz für die LWL-Fasern dienen. Bei Kammerkabeln müssen Schutzröhrchen nachträglich auf die Fasern aufgeschoben werden.

Varianten

Zum Herstellen von LWL-Kabeln mit sehr hohen Faserzahlen bei gleichzeitig geringem Außendurchmesser muß vom einlagigen auf den mehrlagigen Aufbau übergegangen werden. Massive Kammerstränge lassen sich aus Fertigungsgründen nur einlagig mit LWL-Fasern füllen. Die Kammern werden deshalb als einzelnes U-Profil hergestellt, mit Faserbändchen gefüllt und so auf das zentrale Seelenelement aufgeseilt, daß sich ein mehrlagiges Kammerprofil ergibt (s. Abb. 7.15). Mit solchen Aufbauten lassen sich bis zu 4000 LWL-Fasern in einem Kabel mit 35 mm Außendurchmesser unterbringen [6].

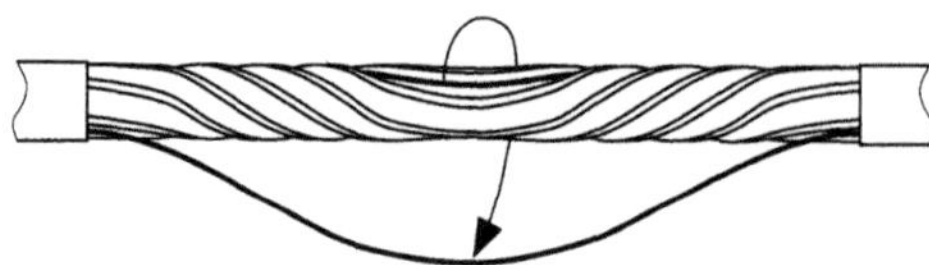

Abb. 7.14. Abwickeln einer LWL-Faser von der durchgängigen Kabelseele an einer Umkehrstelle

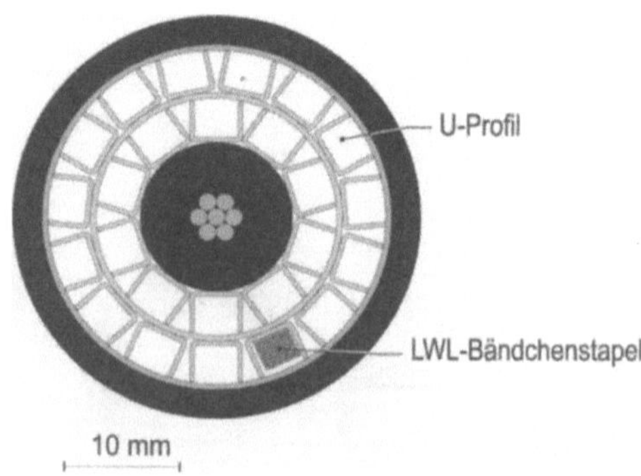

Abb. 7.15. Zweilagiges, aus einzeln gefüllten U-Profilen zusammengesetztes Kammerkabel

Hohe Querdruckstabilität des Kabels und gute Montierbarkeit lassen sich kombinieren, wenn in die Kammern des Strangprofils LWL-Bündeladern eingelegt werden [7].

7.3 Bauformen

LWL-Kabel unterscheiden durch das Bauprinzip, durch die Anzahl der LWL-Fasern und durch die Ausgestaltung der verwendeten Bauelemente. Nach ihrer bevorzugten Anwendung lassen sie sich grob einteilen in Außenkabel, Innenkabel und Sonderkabel.

Außenkabel

Zur Familie der Außenkabel gehören die Erdkabel, die Röhrenkabel und die Luftkabel. Sie sind so aufgebaut, daß sie unter normalen Umweltbedingungen eingesetzt werden können.

Erdkabel werden üblicherweise ins Erdreich eingegraben und liegen dort gut geschützt vor besonderen mechanischen und klimatischen Beanspruchungen. Sie müssen aber widerstandsfähig sein gegen Nagetierverbiss, gegen eindringendes Wasser und gegen Verrottung. Dies läßt sich gut durch einen Schichtenmantel aus Stahlband und PE sowie durch Füllen der Adern, der Kammern und der Kabelseele erreichen. Da Kabel im allgemeinen im Freien gelagert werden, sind die Lagerbedingungen hinsichtlich UV-Licht und Temperaturschwankungen härter als die Betriebsbedingungen.

Röhrenkabel werden bei der Verlegung in Röhren eingezogen, weshalb sie nicht mit einem eigenen Nagetierschutz ausgerüstet werden müssen. Die Permeationssperre gegen Wasserdampf wird mit einem Schichtenmantel aus Aluminiumfolie und PE realisiert, wodurch die Röhrenkabel biegsamer und leichter sind als Erdkabel. Damit werden Einzugslängen von bis zu 2000 m erreicht. Um den erheblichen Zugkräften von bis zu 3000 N widerstehen können, die beim Einziehen in Röhren und Formsteine auftreten, werden Röhrenkabel zwischen Seele und Mantel mit

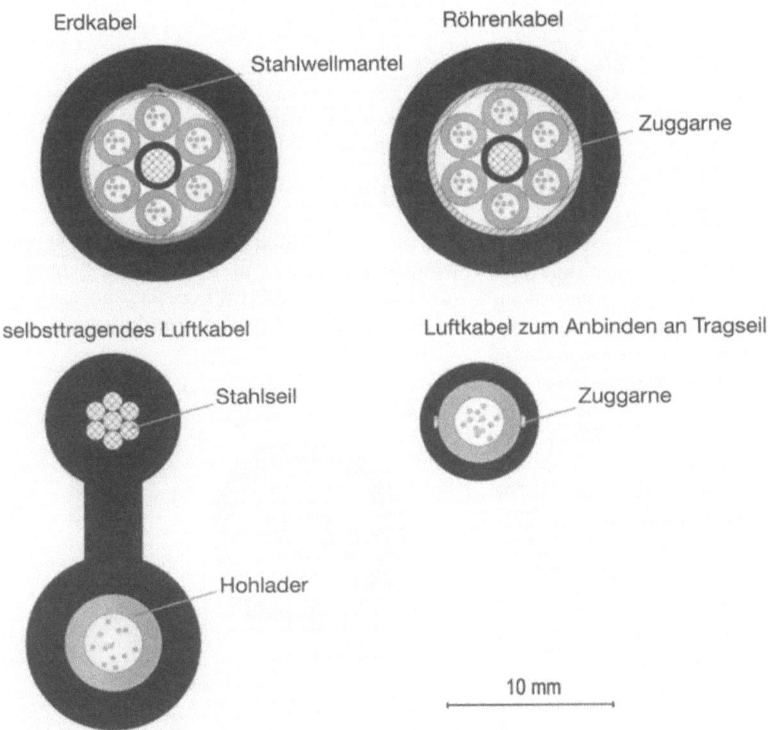

Abb. 7.16. Querschnitte üblicher Außenkabel für allgemeine Anforderungen

einer Lage hochfester Glas- oder Aramidgarne ausgestattet.

Luftkabel lassen sich von allen Kabeln am leichtesten verlegen. Mit ihrem geringen Gewicht und der Immunität gegen elektromagnetische Störungen können sie vielfach an bereits vorhandene Telefon- oder Stromversorgungsmasten mit aufgehängt werden. Luftkabel sind Wind und Wetter ungeschützt ausgesetzt, weshalb sie neben den Abspannkräften zusätzlich mit erheblichen Zugkräften durch Wind und Eis belastet werden. Bewährt hat sich hier das Achterkabel, bei dem parallel zur Kabelseele ein Stahlseil verläuft, das über den gemeinsamen Mantel mit dem LWL-Kabelteil verbunden ist. Auf die tragenden Elemente kann weitgehend verzichtet werden, wenn das Luftkabel an ein vorhandenes Tragseil angebunden werden kann.

Innenkabel

Zur Familie der Innenkabel gehören die Mehrfaserinnenkabel, die Aufteilungskabel und die Verbindungskabel. Innenkabel sind ausschließlich zur Verlegung in Innenräumen geeignet, da die verwendeten Materialien und Bauformen weder größere Temperaturschwankungen, noch mechanische Belastungen ohne Beeinträchtigung der Übertragungseigenschaften überstehen. Dafür zeichnen sie sich durch besondere Biegsamkeit, gute Konfektionierbarkeit und schwere Entflammbarkeit im Brandfall aus. LWL-Innenkabel sind metallfrei und können ohne Erdung und Blitzschutz eingesetzt werden.

Mehrfaserinnenkabel werden vorzugsweise zur Verkabelung von Bürogebäuden verwendet. Sie bestehen aus verseilten Festadern und aus dielektrischen Zugelementen, die zentral in der Kabelmitte und als Bespinnung auf der Kabelseele angeordnet werden. Als Mantelmaterial werden vorzugsweise schwer entflammbare Materialien wie PVC oder FRNC verwendet (s. Tabelle 7.3). Die dauernde Zugbelastbarkeit liegt zwischen 200 N für ein 2-Faserkabel und 4000 N für ein 144-Faserkabel. Für einige Minuten darf die Zuglast um bis zu viermal höher sein als die Dauerzuglast. Sie wird dann teilweise von den LWL-Fasern übernommen, die kurzzeitig ohne Schädigung mechanisch belastet werden können. Durch den Kabelaufbau ist sichergestellt, daß die dabei auftretende Dämpfungszunahme nach dem Entlasten wieder verschwindet.

Aufteilungskabel enthalten robuste Hohladern, die außerhalb des Kabelmantels ohne zusätzlichen Schutz in Anschlußgestellen oder Verteilerschränken weiterverlegt werden können. Sie können auch zwischen Gebäuden in Schutzrohre eingezogen werden, die sich unterhalb der Frostgrenze im Erdboden befinden. Wegen der dickeren Hohladern und des erforderlichen schlanken Aufbaus enthalten Aufteilungskabel typischerweise nur bis zu 24 LWL-Fasern.

Verbindungskabel sind sehr bewegliche, dünne Anschlußkabel die eine oder zwei LWL-Fasern enthalten. Sie sind in der Regel mit Steckern konfektioniert und stellen z.B. die Verbindung zwischen der Wandauslaßdose und einem beweglichen Gerät her. Verbindungskabel werden auch als Rangierkabel in Verteilerfeldern eingesetzt. Als Bauform sind die flache Zwillingsleitung und die Rundleitung mit einer oder zwei LWL-Fasern möglich.

Werden die Einzlfasern in Innenkabeln durch Faserbändchen (s. Abschn. 7.1.2) ersetzt, lassen sich dünnere Kabel herstellen, die durch die Verwendung von Mehrfachspleißen und Mehrfachsteckern zudem noch schneller angeschlossen und verbunden werden können. Auch lassen sich LWL-Faserbändchen besser handhaben, da sie größer und robuster sind als Einzelfasern. Faserbändchen sind deshalb zunehmend häufiger auch in Innenkabeln zu finden [8].

Sonderkabel

Müssen LWL-Kabel wegen ungewöhnlicher Beanspruchungen mit besonderen Schutzeigenschaften für die LWL-Fasern ausgerüstet werden, spricht man von Sonderkabeln. Zur

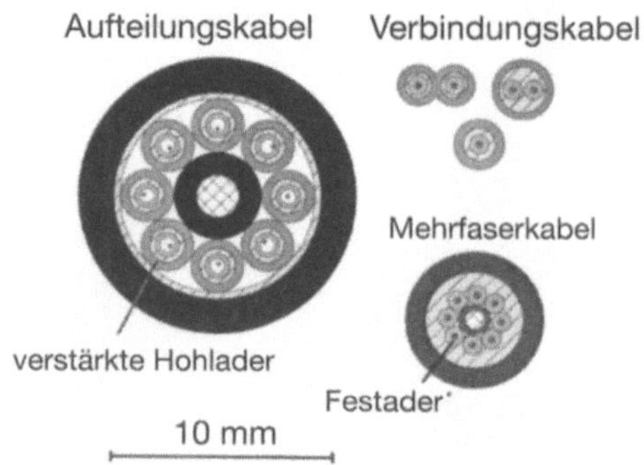

Abb. 7.17. Querschnitte üblicher Innenkabel

Familie der Sonderkabel zählen beispielsweise Seekabel, Luftkabel für Hochspannungsleitungen und Erdkabel für Permafrostgebiete. Seekabel müssen den hydrostatischen Druck in großen Wassertiefen überstehen und zugleich die LWL-Fasern vor molekularem Wasserstoff schützen. Wasserstoff entsteht durch Fäulnis und durch Korrosion. Er kann in das Glas der LWL-Fasern hineindiffundieren und deren Dämpfungseigenschaften verschlechtern. Den besten Schutz bietet hier eine Hohlader aus Kupfer, die je nach den zu erwartenden Zugkräften mit Stahldrähten bewehrt wird. Die Drahtlagen sind durch PE-Schichten voneinander getrennt. Der Mantel besteht ebenfalls aus PE. Mit LWL-Seekabeln lassen sich Entfernungen von bis zu 350 km ohne Zwischenverstärkung der Lichtsignale überbrücken.

Durch das Einfügen von erbiumdotierten LWL-Faserstücken in die signalführenden LWL-Fasern kann die Entfernung auf über 400 km gesteigert werden. Die erbiumdotierten LWL-Faserstücke haben Lasereigenschaften. Sie wirken als optische Verstärker und werden vom Land her über die signalführenden LWL-Fasern mit Energie in Form von Pumplicht versorgt [9]. Damit ist es möglich, Signalverstärker in das Kabel zu integrieren.

Durch den Einsatz von LWL-Luftkabeln lassen sich vorhandene Hochspannungstrassen zu Datenkabelverbindungen ausbauen. Der Schlüssel dafür sind die hervorragenden elektrischen Isolationseigenschaften von LWL-Fasern, die das direkte Anschließen der vom Hochspannungsmast herabgeführten LWL-Fasern an die Kommunikationseinrichtungen möglich machen. Ohne zusätzliche Belastung der Maststatik können Erdseil-Luftkabel mit integrierten LWL-Fasern verwendet werden. Sie ersetzen bei gleichem Durchmesser und Gewicht das konventionelle Erdseil,

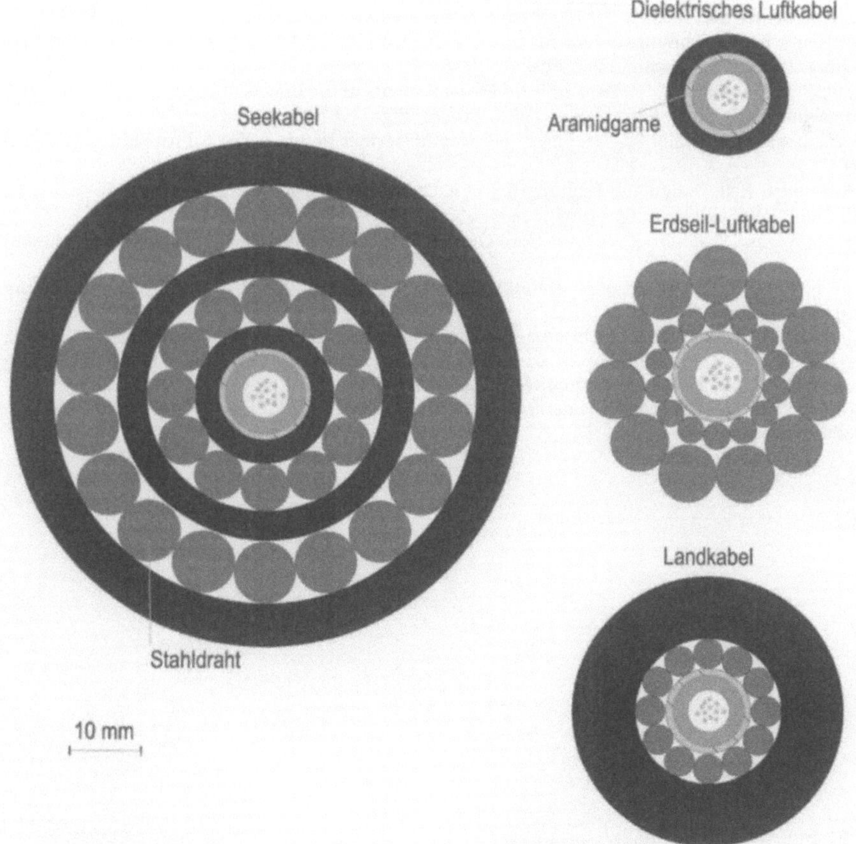

Abb. 7.18. Querschnitte von Sonderkabeln für höchste Belastungen

das zwischen den Spitzen der Hochspannungsmasten aufgespannt ist. Die LWL-Fasern sind hier entweder in einer Hohlader in der Seilmitte untergebracht oder sie verlaufen in einer metallischen Bündelader, die in die Bewehrungslage aus Drähten mit eingeseilt wird.

Möglichst leicht, dünn und zugfest müssen selbsttragende dielektrische LWL-Luftkabel ausgeführt sein, die unterhalb der Phasenseile zwischen den Hochspannungsmasten aufgespannt werden. Neben den für Luftkabel üblichen mechanischen Belastungen durch Wind- und Eislasten sind sie zusätzlich noch dem elektrischen Hochspannungsfeld ausgesetzt. Der erosiven Wirkung der Oberfächenentladungen längs des nassen Kabelmantels muß durch die Verwendung erosionsbeständiger Mantelmaterialien und durch eine ausreichend dicke Mantelschicht entgegengewirkt werden [10]. LWL-Luftkabel können auch spiralförmig um das Erdseil herumgewickelt oder an das Erdseil angebunden werden. Fehlt das Erdseil, ist sogar das Anbinden an spannungsführende Phasenseile möglich. Auch hier müssen die Belastungen durch elektrische Korona und erhöhte Betriebstemperatur durch den Einsatz hochstabiler Mantelmaterialien kompensiert werden [11].

Stahlarmierte Landkabel mit dickem PE-Mantel überstehen sogar die rauhen Verlege- und Betriebsbedingungen in der Taiga, wo sie in die Sümpfe über den Dauerfrostschichten eingeschwemmt werden und ohne Beeinträchtigung den jährlichen Wechsel zwischen Tiefgefrieren und Auftauen überdauern.

Spezielle Literatur

[1] *Unger, C.:* Charakterisierung der optischen Biegeeigenschaften von Einmodenfasern in Nachrichtenkabeln. Fortschr.-Ber. Reihe 10 Nr. 308. Düsseldorf: VDI-Verlag (1994)
[2] *Schmid, H.:* Theorie und Technik der Nachrichtenkabel. Heidelberg: Hüthig Verlag (1976), S.334–338
[3] *Hög, G.:* Neues Kennzeichnungssystem für optische Fasern in hochfaserigen Bündeladern. VDE: ITG-Fachtagung: Zukunft der Kommunikationskabelnetze. Köln (1995), S.115–126
[4] *Anderson, W. T.; Johnson, A. T.; DeVito, A.:* Field Measurements of the Effects of Hydrogen Gas on Installed Submarine Single-Mode Fiber Cables. IWCS-Proceedings (1989), S. 675–683
[5] *Okada, N.; Mogi, A.:* A SZ Slot Ribbon Fiber Cable for Subscriber Network. IWCS-Proceedings (1989), S. 155–160
[6] *Sears, F.M., Bark, P.R.:* Design and Performance of a 3200-Fiber Hybrid SCR/U-Groove Cable using 16-Fiber Ribbons. IWCS-Proceedings (1996), S. 645–653
[7] *Larsson, A.; Nygard-Skalman, K.:* Slotted Core Optical Fibre Cable. ERICSSON REVIEW No. 3, (1988), S.100–107
[8] *Montalti, F.; Polidoro R.:* Optical fibre ribbon cables: the Italian experience. Communications Cabling. Amsterdam: IOS Press (1997), S. 147–162
[9] *Fricke, J.:* Optische Verstärker für Lichtleitfasern. Physik unserer Zeit, 23. Jahrg. (1992), Nr. 6, S. 256–258
[10] *Carter, C.N.; Deas, J.:* Applicability of All-Dielectric Self Supporting Cable Systems to Very High Voltage Overhead Power Lines. IWCS-Proceedings (1997), S. 622–631
[11] *Starr, W. T.; Steffens, H.G.:* Corona: Insulation's Silent Enemy, Part 1. IEEE Electrical Insulation Magazine (1988), Bd. 4, Nr. 3, S. 41–45

Optische Polymerfasern Plastic Optical Fibres (POF) 8

A. Neyer

Allgemeine Literatur
A. Weinert, Kunststofflichtwellenleiter, Publicitis MCD Verlag, Erlangen 1998 – Club des Fibres Optiques Plastiques, Plastic Optical Fibres, John Wiley & Sons, Chichester 1997 – *O. Ziemann*, Grundlagen und Anwendungen optischer Polymerfasern, Verlag für Wissenschaft und Leben Georg Heidecker GmbH, Erlangen 1996 – Proceedings of the Plastic Optical Fibre Conferences (POF) 1992–1998, AKM Congress Service, Basel

Einführung

Optische Polymerfasern, abgekürzt auch POF (Plastic Optical Fiber) genannt, werden in der optischen Übertragungstechnik hauptsächlich im Bereich kurzer Strecken wie z. B. in der Maschinen- und Anlagensteuerung, in der Bürokommunikation und in der Kraftfahrzeugtechnik eingesetzt. Ihr Hauptvorteil gegenüber Glasfasern besteht in dem relativ großen Kerndurchmesser und der daraus resultierenden einfacheren und kostengünstigeren Verbindungstechnik. Weitere Vorteile sind u. a. die einfache Handhabung beim Schneiden und bei der Bearbeitung der Endflächen, die große Flexibilität und die hohe Unempfindlichkeit gegenüber Biegungen. Hauptnachteile gegenüber Glasfasern sind erhöhte Dämpfungswerte und eine nur mäßige Temperaturbelastbarkeit. Neuere Ergebnisse mit fluorierten Gradientenindexprofilfasern, die zu einer erheblichen Reduzierung der Dämpfung und zur Erhöhung der Übertragungsbandbreite geführt haben, machen die POF zunehmend interessant für Tele- und Datenkommunikationsanwendungen.

8.1 Übersicht über Fasertypen

Optische Polymerfasern sind von ihrem Aufbau und ihrer Funktion den optischen Multimode-Glasfasern sehr ähnlich. Sie bestehen aus einem hochbrechenden, lichtführenden Polymerkern, der von einem niedrigerbrechenden Polymermantel umgeben wird. Im Unterschied zu Glasfasern besitzen POF jedoch einen relativ großen Kerndurchmesser, der den Bereich von 100 µm bis 3000 µm überstreicht, und eine relativ große Brechzahldifferenz zwischen Kern- und Mantelmaterial.

Diese Randbedingungen bewirken die extrem hohen Modenzahl M (> 10 000) der Polymerfasern. Explizit hängt diese ab vom Kerndurchmesser D, der relativen Brechzahldifferenz $\Delta = (n_k - n_m)/n_k$ zwischen Kern- und Mantelmaterial (n_k, n_m) bzw. der numerischen Apertur

$$A_N = \sqrt{n_k^2 - n_m^2} \cong n_k \sqrt{2\Delta}\,, \tag{8.1}$$

und der verwendeten Wellenlänge λ [1]:

$$M \approx \frac{1}{2}\left(\frac{\pi D A_N}{\lambda}\right)^2 \tag{8.2}$$

Für eine Stufenindexfaser mit einem Kerndurchmesser von 980 µm, einer numerischen Apertur von 0,5 und einer Wellenlänge von 650 nm erhält man beispielsweise eine Modenzahl $M \approx 2.8$ Millionen.

Standard-Polymerfasern besitzen ein Stufenindexprofil (SI-POF) (Abb. 8.1 a) mit einer numerischen Apertur von ca. 0,5. Bedingt durch die starke Modendispersion, bzw. den großen Laufzeitunterschied zwischen den Moden mit dem längsten und kürzesten optischen Weg (s. Abb. 8.1 a), ist die Übertragungsbandbreite dieser Fasern sehr begrenzt und liegt bei ca. 70 MHz · 100 m. Zur Erhöhung der Bandbreite wird daher seit einigen Jahren an der Entwicklung von Gradienten-Index-Polymerfasern (GI-POF) gearbeitet (Abb. 8.1 b). Wie bei den Gradienten-

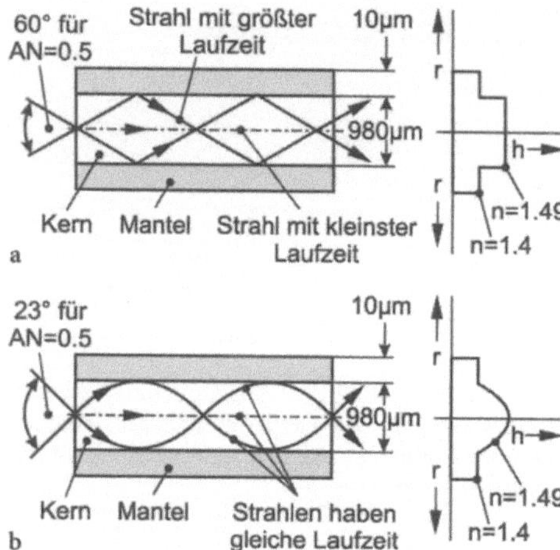

Abb. 8.1 a, b. Aufbau, Strahlverlauf und Brechzahlprofil. **a** einer Standard-1mm-POF mit Stufenindexprofil (SI-POF), **b** einer Gradientenindex-POF (GI-POF)

Index-Glasfasern [1] wird durch das parabelförmige Brechzahlprofil des Kernbereiches eine Homogenisierung der optischen Weglängen aller ausbreitungsfähigen Moden erreicht. Bandbreiten >1 GHz · 100 m konnten bereits demonstriert werden [2]. Die numerische Apertur der GI-POF ist jedoch mit NA ≈ 0,2 gegenüber der Standard SI-POF wesentlich reduziert, was zu einer erhöhten Dämpfung bei Krümmungen führt. Einen Kompromiß zwischen der Standard SI-POF und der relativ schwierig herzustellenden GI-POF stellt die SI-POF mit einer reduzierten numerischen Apertur von ca. 0,2–0,3 dar (‚Low-NA' SI-POF). Durch diese Maßnahme konnte die Bandbreite gegenüber der Standard SI-POF auf etwa 170 MHz · 100 m bei mäßiger Zunahme der Krümmungsverluste erhöht werden.

8.2 Stufenindex-Polymerfaser (SI-POF)

8.2.1 Aufbau und Herstellung

Die einzige genormte und derzeit am Markt verfügbare Polymerfaser ist die Stufenindex-Polymerfaser (SI-POF). Sie besteht aus einem hochbrechenden homogenen Polymerkern und einem dünnen niedrigerbrechenden homogenen Polymermantel. Aus diesem Aufbau ergibt sich der stufenförmige Brechungsindexverlauf. Während der Kerndurchmesser kommerzieller SI-POF von 125 Mikrometern bis zu einigen Millimetern reicht, beträgt die Dicke des Mantels nur wenige Mikrometer. Bei der gebräuchlichsten SI-POF mit einem Faseraußendurchmesser von 1000 µm entfallen 980 µm auf den Kern und nur 20 µm auf den Mantel. Weitere handelsübliche Faserdurchmesser sind: 125 µm, 250 µm, 380 µm, 500 µm, 750 µm, 1500 µm, 2000 µm und 3000 µm. Von diesen Fasertypen sind bislang drei genormt (Tabelle 8.1).

Die Herstellung der Polymerfasern geschieht entweder diskontinuierlich durch Ziehen aus einer Vorform (Abb. 8.2), ähnlich dem Glasfaserziehen, oder kontinuierlich durch Koextrusion. Für eine großtechnische Produktion wird die Koextrusion bevorzugt. Bei diesem Verfahren wird das Kernmaterial entweder ‚online' in einem Reaktor als Vorpolymer in

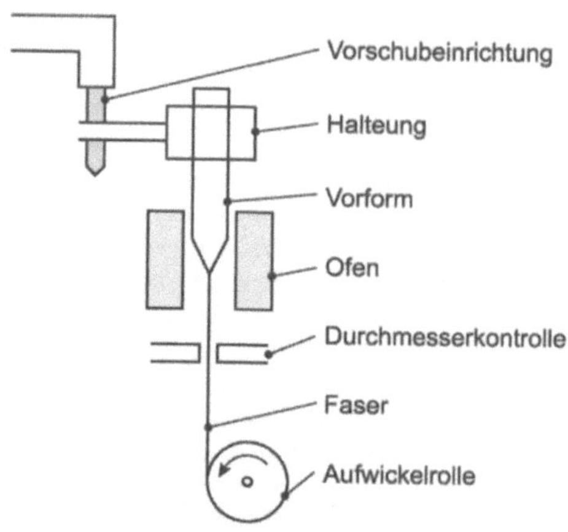

Abb. 8.2. Herstellung von Polymerfasern durch Ziehen aus der Vorform (nach [3])

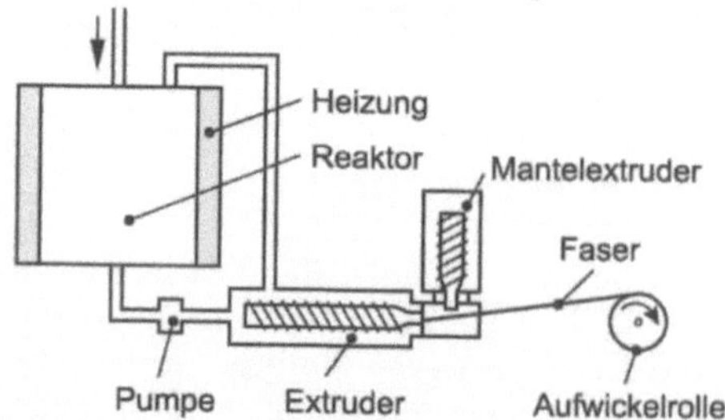

Abb. 8.3. Kontinuierliche Herstellung von Polymerfasern durch Koextrusion von Kern und Mantel (nach [3])

Tabelle 8.1. Genormte Stufenindex-POF nach Spezifikation IEC 60793-2 [3]

Kategorie	A4a	A4b	A4c
Manteldurchmesser in µm	1000 ± 60	750 ± 45	500 ± 30
Kerndurchmesser	typisch 10–20 µm kleiner als der Manteldurchmesser		
Numerische Apertur	0,5 ± 0,15		
Dämpfung in dB auf 100 m	≤40		
Bandbreiten-Längen-Produkt in MHz · 100 m	≥10		

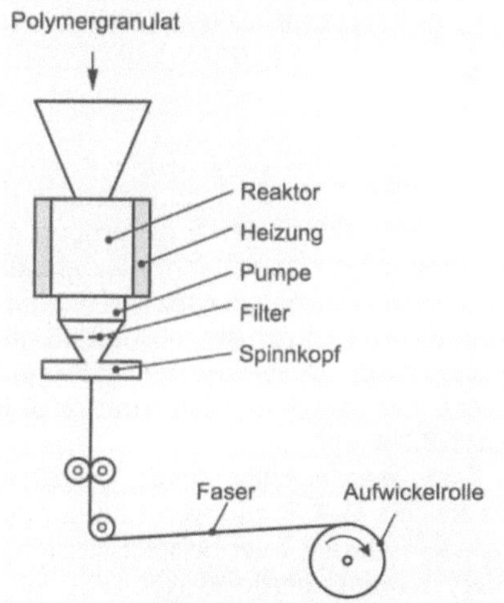

Abb. 8.4. Kontinuierliche Herstellung von Polymerfasern durch das Spinn-Schmelz-Verfahren (nach [3])

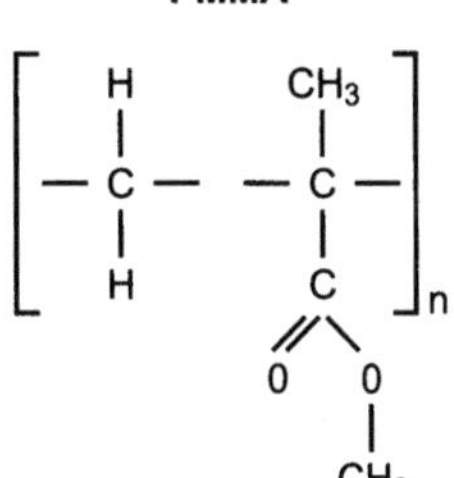

Abb. 8.5. Strukturformel von Polymethylmethacrylat (PMMA)

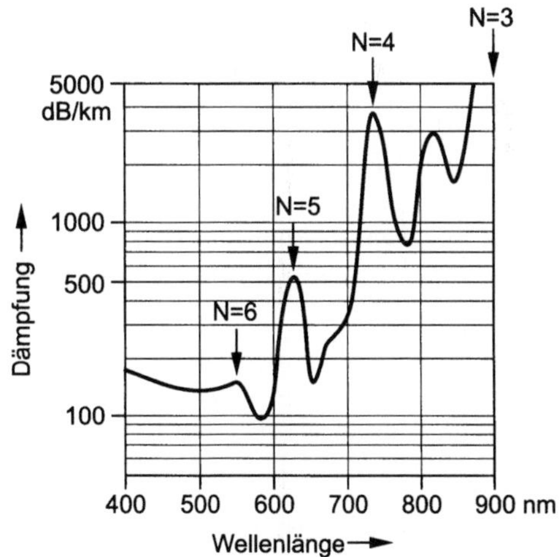

Abb. 8.6. Spektraler Dämpfungsverlauf von PMMA; N gibt die Ordnung der CH-Obertöne an (nach [5])

flüssiger Form hergestellt (Abb. 8.3) oder als vollpolymerisiertes thermoplastisches Granulat aufgeschmolzen und dann dem Extruder bzw. Spinnkopf in flüssiger Form zugeführt (Abb. 8.4).

8.2.2 Materialsystem und Dämpfungsverhalten

Polymethylmethacrylat (PMMA)-System

Das am weitesten verbreitete Materialsystem für optische Polymerfasern besteht aus reinem Polymethylmethacrylat (PMMA) (Abb. 8.5) für den Kern und aus stark fluorierten Methacrylaten für den Mantel. Im sichtbaren Spektralbereich liegt die Brechzahl von PMMA bei ca. 1,49 und die des fluorierten Mantels je nach Fluor-Anteil zwischen 1,35 und 1,42, typisch um 1,40, was zu der großen numerischen Apertur von ca. 0,5 führt. Die Glasübergangstemperatur von PMMA liegt bei ca. 105 °C, wodurch ihre Dauergebrauchstemperatur von ca. 85 °C bestimmt wird.

Ursachen der Dämpfung: Die Dämpfung der PMMA-Polymerfaser ist stark wellenlängenabhängig (Abb. 8.6). Ihre Ursache liegt neben den von den Glasfasern her bekannten Mechanismen wie Rayleigh-Streuung, Absorption durch Metallverunreinigungen, Mikrokrümmungen etc. in der Hauptsache jedoch in der Absorption durch Obertöne der C–H-Schwingungsbanden. Diese befinden sich in der Umgebung der Wellenlängen 1700 nm (1. Oberton), 1170 nm (2.), 900 nm (3.), 740 nm (4.), 630 nm (5.), 550 (6.) etc., wobei die Absorptionsstärke mit zunehmender Ordnung exponentiell abfällt [4].

Messung der Dämpfung: Die sicherste Methode zur Bestimmung des Dämpfungsverhaltens von Polymerfasern ist die Rückschneide – bzw. Cut-Back-Methode. Dazu wird zunächst die Dämpfung einer POF der Länge L_1 bestimmt. Anschließend wird das POF-Ende vom Empfänger entfernt, auf die Länge L_2 zurückgeschnitten und erneut gemessen. Wiederholt man diese Prozedur mehrfach und trägt man die gemessenen Werte in ein geeignetes Diagramm ein, so ergibt sich aus der Steigung der Ausgleichsgeraden die Dämpfung der POF. Der Vorteil dieses Verfahrens ist, daß die Anregungsbedingungen der POF nicht verändert werden. Bei Messungen an vielwelligen Lichtwellenleitern ist das Transmissionsverhalten nämlich stark von den Anregungsbedingungen abhängig [6] Für reproduzierbare Messungen ist darauf zu achten, daß durch die gewählte Modenanregung (z. B. 70 % Anregung) eine Modengleichgewichtsverteilung erreicht wird. Diese wird ermöglicht durch sogenannte Modenmischer, die eine Modenkopplung durch Biegungen mit kleinen Radien erzwingen. Zur Vergleichbarkeit von Meßergebnissen hat sich ein Modenmischer bewährt, der aus zwei Zylindern mit einem Durchmesser von 42 mm besteht, die im Abstand von 3 mm angeordnet sind. Um diese beiden Zylinder werden 10 Windungen in Form einer 8 gewickelt. Diese Prozedur bewirkt für die 1 mm POF jedoch eine Zusatzdämpfung von etwa 8 dB [3].

Die technisch wichtigen Minima im Dämpfungsverlauf der PMMA POF ergeben sich aus der Überlagerung von Streu- und Absorptionsverlusten bei 650 nm zu ca. 130 dB/km, bei 570 nm zu 66 dB/km (absolutes Minimum) und bei 520 nm zu 73 dB/km [3]. Eine weitere Verringerung der Verluste auf Werte um 10 – 20 dB/km (bei 650 nm) ist nur durch eine Substitution des Wasserstoffs durch Deuterium, Fluor oder Chlor möglich, was jedoch aufwendigere und kostenintensivere Herstellungsverfahren zur Folge hat. Die Ursache der Dämpfungsreduzierung liegt in einer Veschiebung der C–H-Schwingungsbanden in den infraroten Spektralbereich, die proportional zur Erhöhung der substituierten Atommasse ist. Die Grundschwingung der CH-Verbindung verschiebt sich durch die Substitution von Wasserstoff durch Deuterium von 3,390 μm nach 4,484 und durch die Substitution mit Fluor nach 8,000 μm.

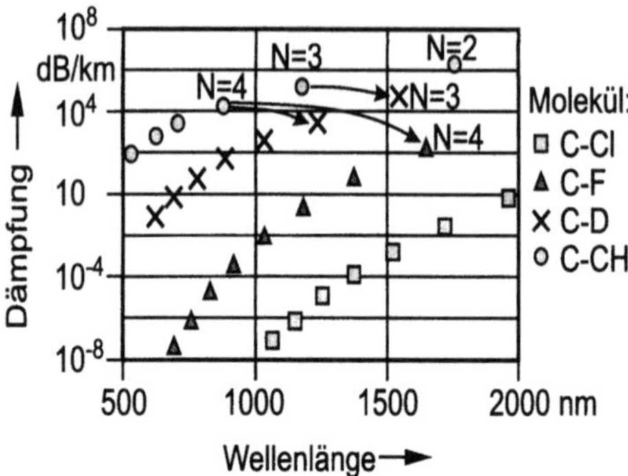

Abb. 8.7. Dämpfungsbeiträge der Obertöne von CH-, CD-, CF- und Cl-Bindungen in Polymeren (nach [4])

Die Dämpfungsbeiträge durch Obertöne verschiedenener C–X-Bindungen sind in Abb. 8.7 dargestellt. Daraus folgt beispielsweise für die Dämpfung eines perfluorierten (PF) Polymers eine theoretische Gesamtdämpfung von 0,3 dB/km bei 1300 nm Wellenlängen, was in der Größenordnung der Dämpfungswerte von Glasfasern liegt [7].

Polycarbonat (PC)-System

Für Einsatzbereiche bei höheren Temperaturen sind auch Polymerfasern aus Polycarbonat (PC) (Abb. 8.8) mit einer Glasübergangstemperatur von 150 °C verfügbar, jedoch mit dem Nachteil, daß die Dämpfung mit 600 dB/km (765 nm) bzw. 700 dB/km (580 nm) wesentlich über der von PMMA liegt [3]. Abbildung 8.9 zeigt die spektrale Dämpfung von PC. Eine Verringerung der Dämpfung ist auch hier durch die teilweise bzw. vollständige Substitution des Wasserstoffs durch Halogene möglich [27].

8.2.3 Dispersion und Bandbreite

Neben der Dämpfung ist die Übertragungsbandbreite das zweite wichtige Kriterium für den Einsatz eines Übertragungsmediums in der Kommunikationstechnik. Der bandbrei-

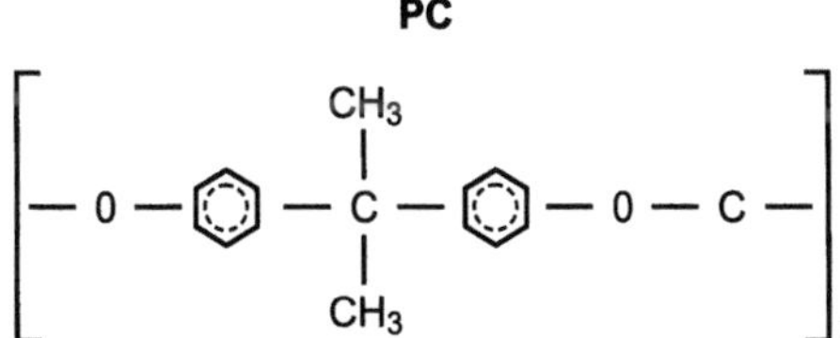

Abb. 8.8. Strukturformel von Polycarbonat (PC)

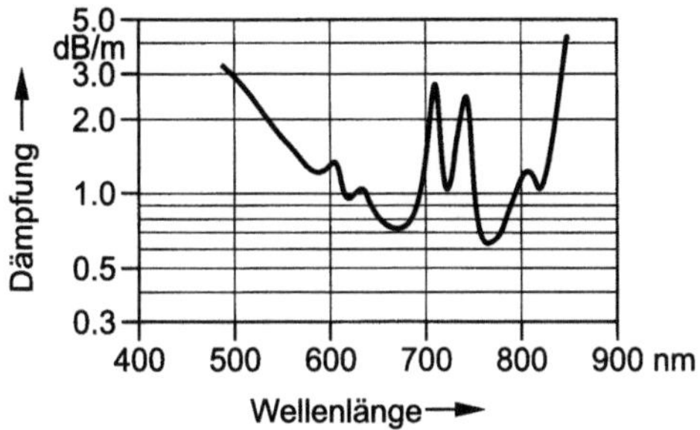

Abb. 8.9. Spektraler Dämpfungsverlauf von PC (nach [8])

tenbestimmende Faktor bei POFs ist die Modendispersion, d.h. die unterschiedliche Gruppenlaufzeit der geführten Moden. Wellenleiterdispersion und Materialdispersion, die insbesondere bei einwelligen Glasfasern zu berücksichtigen sind, können hier vernachlässigt werden. Bei Stufenindexfasern läßt sich die Modendispersion relativ einfach abschätzen durch die maximale Laufzeitdifferenz Δt_{gmax} des längsten und kürzesten Strahls durch den Faserkern, die in guter Näherung der Laufzeitdifferenz durch Kern- und Mantelmaterial entspricht [1]:

$$\Delta t_{\mathrm{gmax}} = (n_{\mathrm{k}} L/c)\,\Delta \qquad (8.3)$$

bzw. unter Einbeziehung der numerischen Apertur A_N (Gl. 8.1)

$$\Delta t_{\mathrm{gmax}} = L\,A_N^2/(2\,c n_{\mathrm{k}}) \qquad (8.4)$$

wobei L die Länge der Faser und c die Vakuumlichtgeschwindigkeit darstellt. Bei einer Länge von 100 m und den Brechzahlen n_k = 1,49 und n_m = 1,41 (λ = 650 nm) ergibt sich daraus bereits ein Laufzeitunterschied von ca. 28 ns.

Berücksichtigt man näherungsweise Gaußsche Pulsformen für die Sende- und Empfangsimpulse mit den entsprechenden Pulsbreiten τ_S und τ_E und der resultierenden Impulsverbreiterung $\Delta\tau = \sqrt{\tau_E^2 - \tau_S^2}$, dann läßt sich

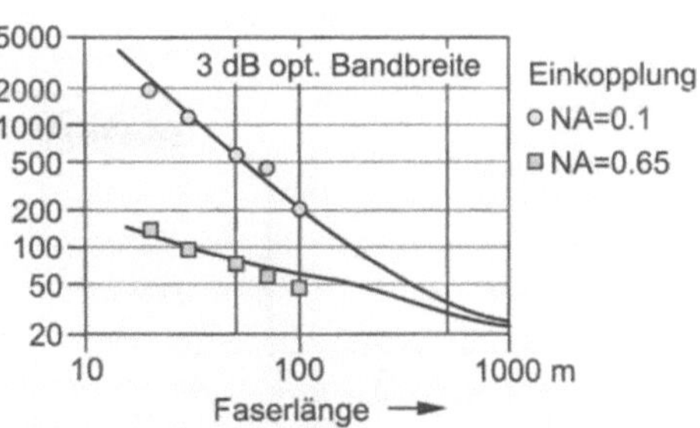

Abb. 8.10. Abhängigkeit der Bandbreite von der Anregungsapertur (nach [10])

die Übertragungsbandbreite B unter der Annahme $\Delta\tau \cong \Delta t_{\mathrm{g\,max}}$ angeben zu [1]

$$B \approx 0{,}443/\Delta t_{\mathrm{g\,max}} \qquad (8.5)$$

Mit dem Ergebnis (8.3) erhalten wir somit für das Bandbreiten-Längen-Produkt einer POF als Funktion des Faserparameters Δ:

$$BL \approx 0{,}443\; c/n_{\mathrm{k}}\Delta \qquad (8.6)$$

und für ein typisches Δ = 0,056 (entspricht einer A_N von 0,5) bei n_k = 1,49:

$$BL = 15{,}9\ \mathrm{MHz} \cdot 100\ \mathrm{m} \qquad (8.7)$$

In der Praxis werden durchweg höhere Bandbreiten gemessen, was daraufhin deutet, daß es durch Streueffekte in der Faser zu erheblicher Modenkopplung und damit zu einer gewissen Kompensation der Laufzeitstreuung kommt [1]. In [9] wird berichtet, daß in POF bereits nach Längen <20 m eine erhebliche Modenkopplung und damit eine Abnahme der Bandbreite gemäß $1/\sqrt{L}$ und nicht wie erwartet nach $1/L$ erfolgt. In [10] wird eine Bandbreite von 42,3 MHz · 100 m bei Anregung mit einer numerischen Apertur von 0,65 und eine Bandbreite von 152 MHz · 100 m bei Anregung mit einer NA von 0,1 erreicht. Die Abhängigkeit der erzielten Bandbreite von der Anregungsapertur zeigt Abb. 8.10. Neben der Apertur der Anregung hängt die erzielbare Bandbreite ferner von Krümmungen der Übertragungsstrecke ab [6]. Spezifiziert werden die genormten POF mit 10 MHz · 100 m (s. Tabelle 8.1).

8.2.4 Stufenindexfaser mit verringerter numerischer Apertur (Low-NA-POF)

Eine Erweiterung der Übertagungskapazität von POF oberhalb einiger 10 Mbit/s, z.B. zur

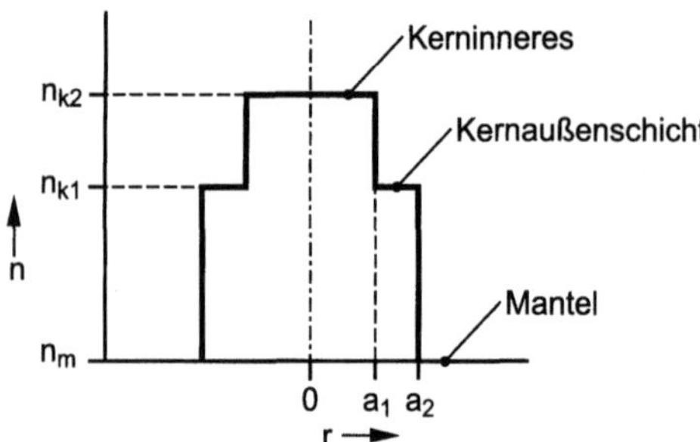

Abb. 8.11. Schematische Darstellung des doppelstufigen Brechzahlprofils einer ‚Low-NA-POF'

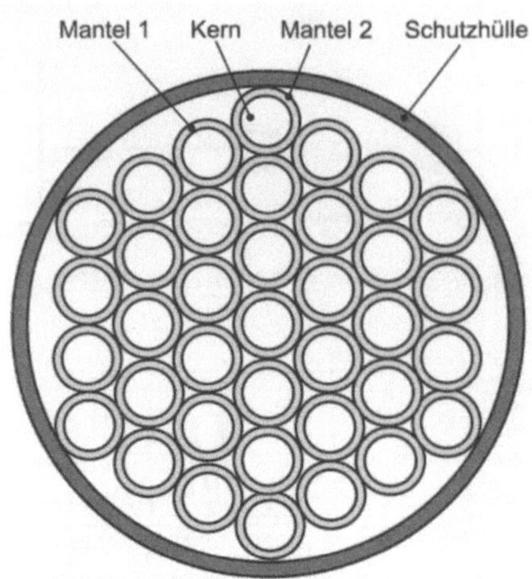

Abb. 8.12. Schematischer Aufbau einer Vielkern- bzw. Multicore-Faser

Übertragung von Daten im STM-1 oder ATM Format bei 155 Mbit/s, erfordert entweder ein Gradienten-Index-Profil oder eine Reduzierung der numerischen Apertur und der daraus resultierenden Pulsverbreiterung. Inzwischen sind sogenannte ‚Low-NA-POF' mit numerischen Aperturen von 0,25 [11] und 0,32 [12] kommerziell verfügbar. Durch die Reduzierung der numerischen Apertur um einen Faktor 2 ergibt sich laut (8.4) und (8.5) eine theoretische Vergrößerung der Übertragungsbandbreite um den Faktor 4. Experimentell wurden mit Low-NA-POF Bandbreiten von 170 MHz · 100 m gemessen [11], womit die Anforderungen an eine zuverlässige ATM-Übertragung erfüllt werden. Die Dämpfungseigenschaften sind bei 650 nm mit denen der üblichen SI-POF vergleichbar, liegen zu kürzeren Wellenlängen hin jedoch über denen der Standard POF. Eine Reduzierung der numerischen Apertur wird allerdings immer erkauft durch erhöhte Krümmungsverluste.

Um diese Krümmungsempfindlichkeit zu kompensieren, werden kommerzielle Low-NA-POFs mit einem zweifach gestuften Brechzahlprofil des Kerns versehen (Abb. 8.11), wobei ein großer Brechzahlsprung vom Kerninneren zum Mantel ($(n_{k2} - n_m) = 0{,}09$, entsprechend einer NA von 0,5) die Krümmungsverluste niedrig hält und ein geringerer Brechzahlsprung zur Kern-Außenschicht ($(n_{k2} - n_{k1}) = 0{,}03$, entsprechend einer NA von ca. 0,3) die erhöhte Bandbreite bewirkt [31].

8.2.5 Vielkernfaser (Multicore bzw. MC-POF)

Eine zweite Lösung für das Problem, SI-POFs mit erhöhter Bandbreite bei gleichzeitig niedrigen Krümmumgsverlusten zu realisieren, stellt die Vielkern- bzw. Multicore-Faser dar (Abb. 8.12). Diese Faser, die mittlerweile auch kommerziell angeboten wird [13], enthält typischerweise 37 Einzelfasern mit einem Durchmesser von 130 µm, die insgesamt einen Faserdurchmesser von 1 mm ergeben. Bei einer verringerten numerischen Apertur der Einzelfasern von 0,25 konnten bei einem Krümmungsradius von 3 mm keine Krümmungsverluste festgestellt werden [14] im Gegensatz zu 8,8 dB, die mit einer Einkern-Low-NA-POF (Durchmesser 1 mm) gemessen wurden. Über eine Entfernung von 50 m konnten mit einer MC-POF bereits 500 Mbit/s erfolgreich übertragen werden [14].

8.2.6 Verkabelung der Stufenindexfaser

Zum Schutz vor Beschädigungen werden Kunststofflichtwellenleiter in der Regel mit einer mechanisch und chemisch beständigen Schutzhülle umgeben, d.h. verkabelt. Die gebräuchlichsten Kabel sind Simplex- und Duplexkabel, in denen jeweils eine bzw. zwei Polymerfasern eingebettet sind. Abbildung 8.13 zeigt den schematischen Aufbau eines Simplex- und Duplexkabels. Die auf die Polymerfaser aufgebachte Schutzhülle besteht in der Regel aus Polyethylen (vernetzt, chloriert), PVC oder Polyamid, der Außenmantel aus Polyurethan oder PVC [3]. Neben den hier genannten nicht verseilten Kabeltypen wer-

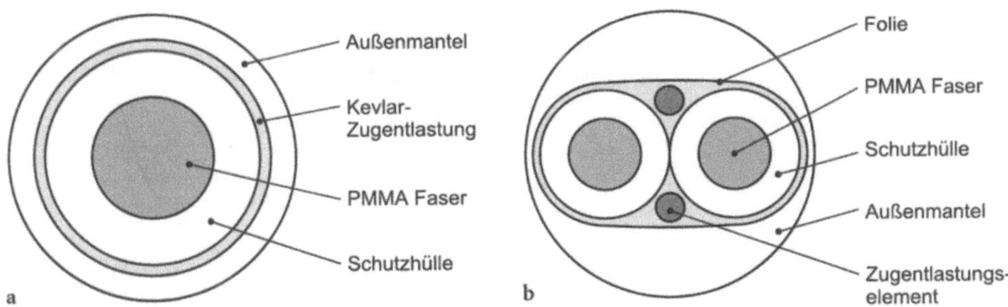

Abb. 8.13 a, b. Aufbau eines **a** Simplex- und **b** Duplexkabels

den Kabel mit mehr als zwei Adern in der Regel verseilt. Nähere Details zur Verseiltechnik finden sich in [3].

8.3 Gradientenindex-Polymerfaser (GI-POF)

8.3.1 Aufbau und Herstellung

Wie von der Glasfasertechnik bekannt, kann die Pulsbverbreiterung durch Modendispersion durch die Verwendung eines parabelförmigen bzw. gradientenförmigen Brechzahlprofils nahezu völlig unterdrückt werden. Die optimale Form des Brechnungsindexprofils wird neben der Modendispersion von der Materialdisperison und der verwendeten Signalwellenlänge bestimmt. Für kleine relative Brechzahldifferenzen $\Delta = (n_k - n_m)/n_k$ zwischen Faserachse und Mantel kann das Gradientenindex (GI) - Profil in guter Näherung beschrieben werden durch [1].

$$n(r) = n_k(1 - 2\Delta(r/a)^g)^{1/2} \quad \text{mit} \quad 0 \leq r \leq a \qquad (8.8)$$

wobei n_k den Brechnungsindex auf der Faserachse, r den Abstand zur Faserachse, a den Kernradius und g einen wählbaren Exponent (≈ 2) darstellt. Erste hergestellte Fasern haben einen Kerndurchmesser von 470 µm, eine maximale Indexdifferenz $\Delta n = (n_k - n_m)$ von 0.015 und eine NA von 0.21. Ein Beispiel eines hergestellten Gradientenindexprofils in PMMA zeigt Abb. 8.14.

Die Herstellung der GI-POF erfolgt wie für die GI-Glasfaser durch Ziehen aus einer Vorform. Die Vorformherstellung ist jedoch von der GI-Glasfaser sehr verschieden. Sie wird mit dem sogenannten ‚interfacial-gel-copolymerisation' - Verfahren gewonnen [16]. Bei dieser Technik wird ein Mehrkomponenten-Monomergemisch in ein Kunststoffrohr aus PMMA gegeben. Das Monomergemisch löst das PMMA an und bildet eine Gel-Schicht an der Rohrinnenseite. Auf diesem Gel beginnt die niedrigbrechende Komponente des Gemisches zu polymerisieren. Die höherbrechende Komponente startet ihren Polymerisationsprozeß später und konzentriert sich daher mehr im Bereich der Faserachse. Auf diese Weise ergibt sich ein Brechzahlprofil, welches allmählich vom Rand her zu einem Indexmaximum in der Mitte ansteigt. Durch die Mischungszusammensetzung und entsprechendes Temperaturprofil kann das entstehende Brechzahlprofil in Grenzen gesteuert werden. Hergestellte Vorformen haben z.B. einen Durchmesser von 18 mm.

Alternative Herstellungsverfahren sind die stufenweise Extrusion, die Copolymerisation und die Dotierung [30].

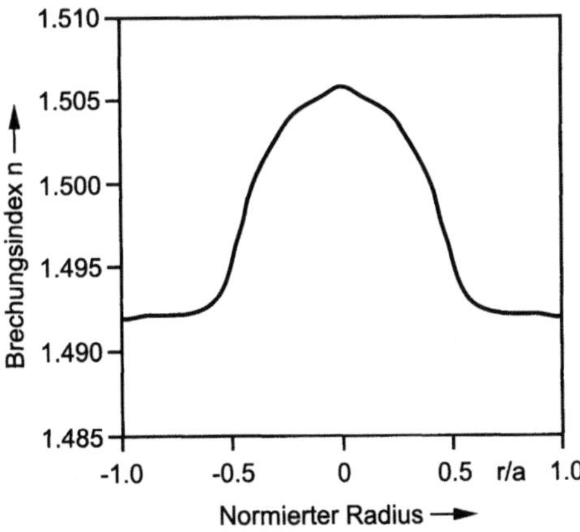

Abb. 8.14. Brechungsindexprofil einer Gradientenindexfaser (GI-POF) (nach [15])

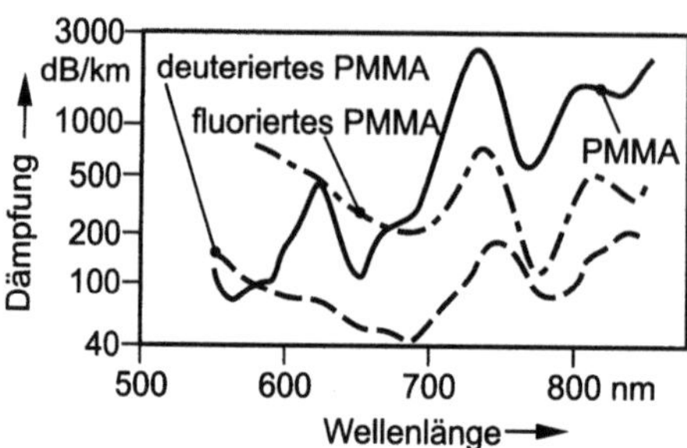

Abb. 8.15. Dämpfungsverlauf deuterierter und fluorierter GI-POF (nach [6])

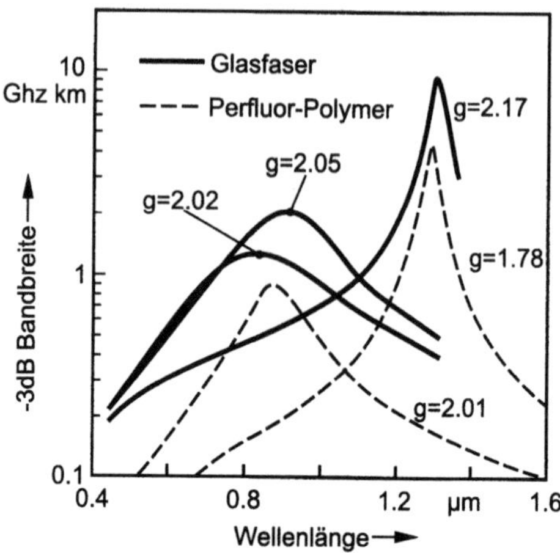

Abb. 8.16. Wellenlängenabhängigkeit der Bandbreite einer GI-POF verglichen mit GI-Glasfasern für unterschiedliche Index-Exponenten *g* (nach [15])

8.3.2 Materialsysteme und Dämpfungsverhalten

Werden GI-POF auf MMA-Basis hergestellt, so liegen ihre Dämpfungswerte auf Grund der Mischungsfluktuationen leicht über denen der homogenen SI-POF. Werte von 150 dB/km wurden berichtet [17]. Da in diesem Fall die Übertragungsreichweite nicht so sehr durch die Bandbreite sondern durch die Dämpfung begrenzt wird, liegt es nahe, durch den Einsatz deuterierter und fluorierter Monomere die Dämpfungswerte der GI-POF abzusenken. Die niedrigsten Dämpfungswerte wurden mit deuterierten GI-POF erreicht: 56 dB/km bei 688 nm und 94 dB/km bei 780 nm [18] (Abb. 8.15). Leider sind deuterierte Systeme nicht langzeitstabil, weshalb fluorierte Systeme präferiert werden. Diese erreichen Dämpfungsminima von 115 dB/km bei 773 nm bzw. von 120 dB/km bei 850 nm (CYTOP [4]). Es ist bemerkenswert, daß die vollständig fluorierten Systeme einen Dämpfungsverlauf aufweisen, der dem des Quarzglases sehr nahe kommt und im Wellenlängenbereich um 1300 nm ihr absolutes Dämpfungsminimum besitzen. Für die CYTOP-Faser wurden 56 dB/km bei 1300 nm gemessen [4]. Diese Entwicklung macht in Zusammenhang mit der geringen Dispersion (siehe unten) die GI-POF auch für Anwendungen im Telekommunikationsbereich sehr attraktiv.

8.3.3 Bandbreite

Die Bandbreite der GI-POF hängt zum einen vom eingestellten Indexprofil-Exponenten *g* wie auch von der bei dieser Faserform nicht zu vernachlässigenden Materialdispersion ab. Diese ist für perfluoriniertes Polymer weitaus geringer als die für Standard-PMMA und unterschreitet sogar die für Quarzglas. Das läßt darauf schließen, daß mit perfluorierten Polymerfasern sogar höhere Bandbreiten als in Glasfasern erreichbar sein sollten. Die theoretisch erzielbare Bandbreite als Funktion des Indexexponenten ist für verschiedene Materialien und Wellenlängen in Abb. 8.16 zusammengefaßt. Daraus ergibt sich beispielsweise, daß bei der Wellenlänge 650 nm und einer spektralen Breite von 2 nm mit einer perfluorierten GI-POF (Indexexponent $g = 2{,}17$) eine Übertragungsbandbreite von mehr als 10 Gbit/s über eine Strecke von 1 km möglich sein sollte [15]. Experimentell konnte mit einer solchen Faser bisher eine Übertragungsrate von 2,5 Gbit/s über 100 m erzielt werden [19].

8.4 Umweltbeständigkeit von Polymerfasern

Über den Einsatz von Polymerfasern in kommerziellen Übertragungssystemen entscheiden nicht nur Dämpfung und Brandbreite sondern in ebenso bedeutendem Maße ihre Umweltbeständigkeit. Bei polymeren Werkstoffen sind die Temperaturbelastbarkeit und die Empfindlichkeit gegenüber Wasserdampf und anderen chemischen Einflüssen besondere Kriterien. Die Auswirkungen von physikalischen und chemischen Angriffen auf die unverkabelte Polymerfaser (Ader) sind in [6] und [8] ausführlich beschrieben, während die entsprechenden Prüfverfahren und Ergebnisse für verkabelte Kunststoff-Lichtwellenleiter (K-LWL) in [3] detailliert beschrieben sind. Die wichtigsten Ergebnisse werden im folgenden kurz zusammengefaßt.

8.4.1 Biegeempfindlichkeit und mechanische Belastbarkeit

Während Polymerfasern gegenüber Biegungen und Wechselbiegebeanspruchungen in der Regel wesentlich unempfindlicher sind als Glasfasern, führt der große Durchmesser der Standard SI-POF mit 1 mm und dem daraus resultierenden Biegeradius im cm-Bereich doch bereits zu Beeinträchtigungen bei der Installation.

Die Abhängigkeit der Zusatzverluste einer PMMA-Faserader mit 1 mm Durchmesser vom Krümmungsradius ist in Abb. 8.17 gezeigt. Daraus ergibt sich für eine numerische Apertur von 0,48 eine Zusatzdämpfung von 1 dB bei einem Krümmungsradius von 5 mm, während bei einer Reduzierung der Apertur auf 0,25 der Biegeradius für 1 dB Zusatzverlust auf 20 mm ansteigt. Bei Installationen von 1 mm-POF wird deshalb sicherheitshalber ein Biegeradius von 40 mm nicht unterschritten. Bei verkabelten K-LWL liegt der zulässige Krümmungsradius in der Größenordnung des zehnfachen Kabeldurchmessers.

Eine extrem wirkungsvolle Methode, die Krümmungsverluste zu reduzieren, stellt die Viel-Kern-Faser dar (s. dazu Abschn. 8.2.5).

Wechselbiegebeanspruchungen stellen für Polymerfasern kein Problem dar. Bei Wechselbiegungen um 90° betragen die Zusatzverluste weniger als 0,5 dB nach einer Million Biegezyklen.

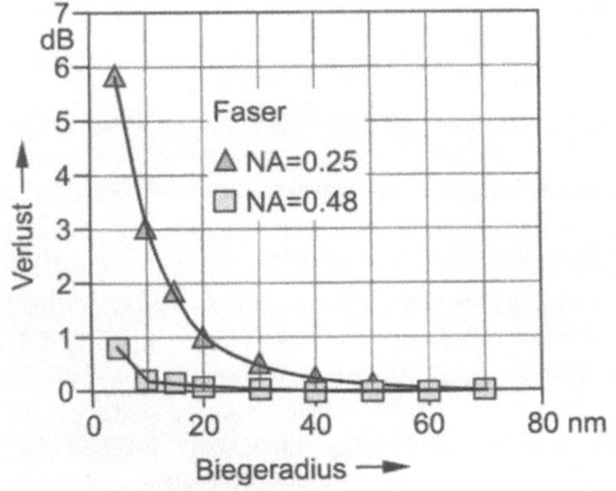

Abb. 8.17. Krümmungsverluste einer 1 mm-SI-POF (nach [6])

Torsionen um 180° auf einer Länge von 200 mm bewirken ebenfalls keine Dämpfungserhöhung.

Die mechanische Zugfestigkeit von PMMA-Adern mit 1 mm Durchmesser wird mit 5 N angegeben, während eine verkabelte Faser mit einer Polyethylen Schutzhülle eine Zugfestigkeit von > 100 N besitzt.

Damit zeigt insbesondere die verkabelte Polymerfaser mechanische Eigenschaften, die vergleichbar mit denen von Glasfasern sind.

8.4.2 Temperatur/Luftfeuchte/ Chemische Beständigkeit

Polymerfasern bestehen aus thermoplastischen Materialien mit Erweichungstemperaturen T_g zwischen 100 °C und 200 °C. Daher ist die zulässige Temperaturbelastung ein wichtiger Parameter. Die obere Grenze der Dauergebrauchstemperatur wird in der Regel durch eine Temperatur, die um etwa 20 °C unter dem Erweichungspunkt liegt, angegeben. Bei PMMA sind das ca. 85 °C (T_g = 105 °C) und bei PC ca. 125 °C (T_g = 145 °C). Werden diese Grenzwerte eingehalten, sind keine Langzeitdegradationen auch bei Temperaturzyklen zwischen −40 °C und +85 °C (bei PMMA) beobachtet worden [6]. Während ungeschütztes PMMA und PC auf heißen Wasserdampf in der Regel mit erhöhter Korrosion (Mikrorißbildung) reagiert, konnte bei verkabelten Fasern (z. B. Typ Mitsubishi Eska EH 4001) auch bei einer Luftfeuchtigkeit von 95 % und Temperaturen bis 65 °C keine signifikante Transmissionsänderung festgestellt werden. Während der spezifizierte Temperaturbereich für die Installationstechnik und Anwendungen im PKW-Innenraum in der Regel ausreicht, werden für höhere Temperaturanforderungen insbesondere im PKW-Bereich Spezialfasern entwickelt, die auch Dauergebrauchstemperaturen von 150 °C erlauben werden [20].

Zur chemischen Beständigkeit von PMMA-Fasern sind insbesondere von Toray umfangreiche Untersuchungen gemacht worden mit dem Ergebnis, daß bei Belastung der Fasern mit Schwefelsäure (34,6 Gew. %), Natronlauge (10 Gew.%), Maschinenöl und Salzwasser (5 Gew. %) bei einer Temperatur von 50 °C über einen Zeitraum von 1000 h keine nennenswerten Dämpfungsänderungen festgestellt werden konnten [21].

Ein weiterer wichtiger Parameter für die Installationstechnik ist die Entflammbarkeit. Da sowohl PMMA als PC bei hohen Temperaturen entzündlich ist, muß durch entsprechende Coatings die Nichtentflammbarkeit gewährleistet werden.

8.5 Verbindungstechniken und Stirnflächenbearbeitung

Die Verbindungstechnik von Polymerfasern stellt wegen ihrer Einfachheit und der daraus resultierenden niedrigen Kosten eine der wichtigsten Vorteile gegenüber Glasfasern dar. Um die Verluste an den Koppelstellen möglichst gering zu halten, sind der Präparation der Faserstirnflächen und der Positionierung der Fasern zueinander besondere Beachtung zu schenken.

8.5.1 Verlustmechanismen an der Koppelstelle

Die Verluste an einer Faser-Faser-Koppelstelle setzen sich zusammen aus

- den Reflexions- und Streuverlusten der Faserstirnflächen,
- den axialen und lateralen Versätzen und
- den Winkelverkippungen

beider Fasern.

Reflexionsverluste
Die Signalreflexion an einer Grenzfläche Faserkern-Luft beträgt ca. 4%, was einem Leistungsverlust von 0,17 dB entspricht. Für die Koppelstelle zwischen zwei Fasern bedeutet das einen Fresnel-Verlust von 0,35 dB, der nur durch die Verwendung von Immersionsgel mit angepaßter Brechzahl vermieden werden kann.

Streuverluste
Die Streuverluste der Faserstirnflächen hängen stark von ihrer Präparationstechnik ab. Wie in 8.5.3 näher erläutert wird, können diese Verluste je nach Verfahren zwischen 0,3 und 3 dB betragen.

Axialer und lateraler Versatz
Während aus einem lateraler Versatz bis zu 10% des Kerndurchmessers lediglich Zu-

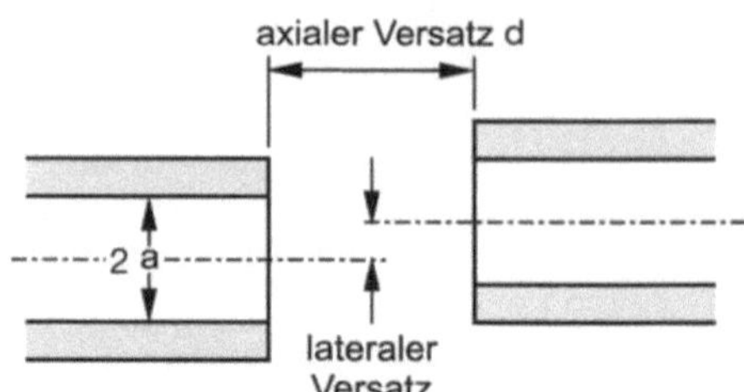

Abb. 8.18. Axialer und lateraler Versatz an einer Koppelstelle

satzdämpfungen unter 1 dB resultieren [6], führt axialer Versatz aufgrund der großen numerischen Apertur zu erheblichen Verlusten. Haben die Faserendflächen (Kernradius a) einen Abstand d voneinander und ist der Zwischenraum mit einem Medium der Brechzahl n gefüllt (Abb. 8.18), dann läßt sich der Koppelverlust bestimmen gemäß [3]

$$A = -10 \log \left(1 - \frac{d \cdot \mathrm{NA}}{3 \cdot n \cdot a}\right)$$

Daraus ergeben sich für die 1 mm-POF bei einem Abstand von 100 µm bereits Zusatzverluste von 0,15 dB.

Winkelverkippungen
Die Verluste durch Winkelfehler von wenigen Grad sind bei Fasern mit großer numerischer Apertur (0,5) zu vernachlässigen, können bei den ‚low-NA'-Fasern (0,2) jedoch bereits bei Winkelfehlern größer als 2° zu Verlusten von 0,5 – 1 dB führen.

8.5.2 Stecksysteme

Zur einfachen Verbindung von Polymerfasern wurden spezielle ‚low-cost' Stecksysteme entwickelt, die z.T an Standards der Glasfaserstecker angepaßt wurden. Wegen des großen Faserdurchmessers und der daraus resultierenden größeren Toleranzen konnten jedoch kostengünstigere Bauelemente und Fertigungsverfahren eingesetzt werden.

Eine Übersicht über Stecksysteme, die am meisten verbreitet sind, gibt Tabelle 8.2. Stecksysteme für Polymerfasern sind z.Z. nur für den Faserdurchmesser von 1 mm verfügbar.

Tabelle 8.2. Stecksysteme für POF-Verbindungen (nach [3])

Bezeichnung	Standard	Anschluß-technik	Verbindungs-technik	Stecker mit Zugentlastung
FSMA	in Anlehnung an IEC 874-2	Klemmen oder Crimpen	Schrauben	verfügbar
BFOC	In Anlehnung an IEC-874-10	Crimpen	Bajonet	verfügbar
Versatile Link[a]	herstellerspezifisch	Klemmen oder Crimpen	Snap In	verfügbar
F05	JIS C 5974	Klemmen	Snap In	z. Zt. nicht verfügbar
F07	JIS C 5976	Klemmen	Snap In	z. Zt. nicht verfügbar

[a] Handelsname der Fa. Hewlett-Packard.

8.5.3 Stirnflächenbearbeitung

Im Anschluß an die Steckerkonfektionierung sind zur Bearbeitung der Faserstirnflächen drei Verfahren im Einsatz:

- Schneiden,
- ‚Hot-Plate'-Verfahren,
- Schleifen und Polieren.

Schneiden
Das Schneiden mit einer scharfen Klinge ist ein einfaches Verfahren, das sich speziell für Polymerwellenleiter eignet und so zu einer kostengünstigen Endflächenpräparation beiträgt.

Allerdings sind an die Klinge hohe Anforderungen bezüglich der Rauhigkeit zu stellen, da sich diese beim Schneiden in eine Oberflächenrauhigkeit der Faserendfläche überträgt. Dieses Verfahren wird wegen der kaum zu vermeidenden Riefen und den damit verbundenen Streuverlusten nur selten angewendet, ist jedoch in der Produktion von POF-Komponenten bei zusätzlicher Verwendung von Immersionsgel eine sehr kostengünstige Methode. Typische Zusatzdämpfungen liegen bei 2–3 dB, in denen die Fresnel-Verluste bereits enthalten sind.

‚Hot-Plate'-Verfahren
Weite Verbreitung hat inzwischen das thermische ‚Hot-Plate'-Verfahren gefunden, bei dem die Faserstirnfläche durch Berührung mit einer polierten, planen Heizplatte bei ca. 160°C aufgeschmolzen und geglättet wird (Abb. 8.19). Der Aufschmelz- und Abkühlvorgang benötigt nur ca. 5–30 Sekunden. Wird dieses Verfahren zur Endflächenpräparation von Steckern eingesetzt, dann muß das beim Aufschmelz- und Andrückvorgang seitlich abfließende Polymer durch spezielle Senken an der Steckerstirnseite aufgefangen werden. Abb. 8.20 zeigt den Längsschnitt durch einen Steckerstift mit kegelförmiger Senke. Das ‚Hot-Plate'-Verfahren liefert Einfügedämpfungen zwischen 0,8 und 1,6 dB.

Schleifen und Polieren
Die besten Oberflächenqualitäten mit den niedrigsten Zusatzdämpfungen von 0,6–1,6 dB

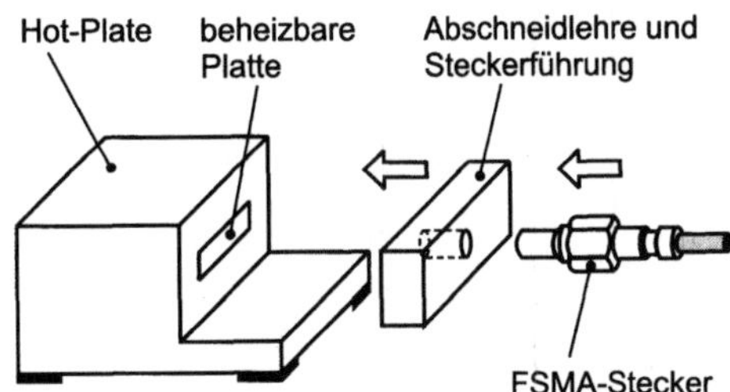

Abb. 8.19. Vorrichtung zur Endflächenbearbeitung nach dem ‚Hot-plate'-Verfahren (nach [3])

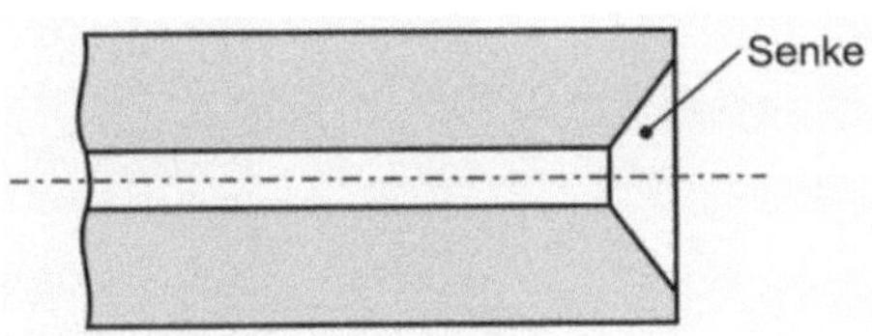

Abb. 8.20. Längsschnittt durch einen Steckerstift mit kegelförmiger Senke an der Stirnseite

(inklusive der Fresnel-Verluste) werden immer noch von der klassischen Schleif- und Poliermethode, wie sie von der Glasfaserpräparation bekannt ist, erzielt. Dieses Verfahren ist jedoch auch das zeitaufwendigste. Bei der Schleif- und Poliertechnik wird der zu bearbeitende Stecker in einen speziell auf diesen Stecker abgestimmten Schleifteller eingebracht und auf Schleif- bzw. Polierpapieren unterschiedlicher Körnungen bearbeitet. Bei einer Körnung von 5 μm ergibt sich beispielsweise eine Zusatzdämpfung durch Oberflächenrauhigkeit von 0,3 dB [3].

8.6 Komponenten für Übertragungssysteme mit Polymerfasern

8.6.1 Sendeelemente

Speziell an Polymerfasern angepaßte Sendeelemente sind oberflächenemittierende LED und VCSEL (vertical cavity surface emitting laser diodes).

Eine speziell für 1mm-Polymerfasern entwickelte LED bei der Betriebswellenlänge 650 nm zeigt Abb. 8.21 [22]. Die Diode hat einen speziellen Ringkontakt, um eine möglichst angepaßte runde Lichtverteilung zu erzeugen. Es können bis zu 1,7 mW Lichtleistung bei 100 mA Diodenstrom in eine Faser eingekoppelt werden.

Die maximale Bandbreite, die mit LEDs erreichbar ist, liegt in der Größenordnung von 100 MHz. Für höhere Bandbreiten werden Laserdioden eingesetzt, wobei für POF-Anwendungen VCSEL [23] zu bevorzugen sind. Diese besitzen niedrige Schwellströme in der Größenordnung weniger mA, haben eine geringe spektrale Breite von wenigen Nanometern und sind bis in den GHz-Bereich modulierbar. Die Standard-Wellenlänge für optische Kurzstreckenverbindungen mit VCSELn ist 850 nm. Da das jedoch keine optimale Wellenlänge zur Übertragung mit POF ist, gibt es vielfältige Aktivitäten, VSCEL bei 650 nm zu entwickeln. Ein Vorteil von VCSELn ist die einfache Ankopplung an POF durch Stoßkopplung mit Wirkungsgraden nahe 100%. Der Leuchtfleckdurchmesser von VCSEL kann zwischen 3 und 20 μm eingestellt werden – jeweils abhängig von den Anforderungen an die spektrale Bandbreite und den Schwellstrom.

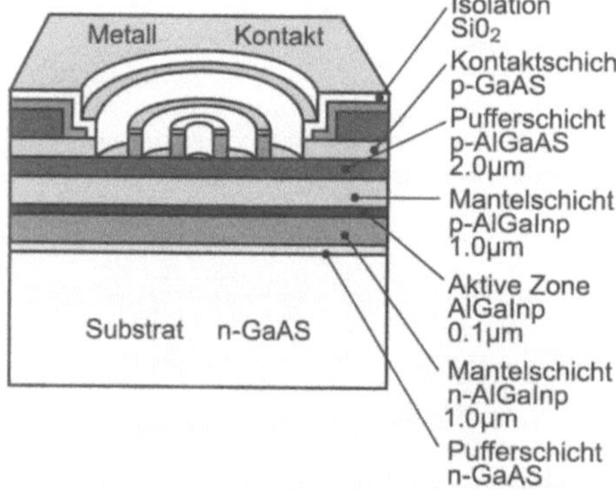

Abb. 8.21. LED mit ringförmigen Kontakten zur optimalen Einkopplung in POF (nach [22])

8.6.2 Empfangselemente

Für den Wellenlängenbereich zwischen 500 und 900 nm, der wegen der Dämpfungscharakteristik bei nicht-halogenierten Polymerfasern in Frage kommt, eignen sich Silizium-Photodioden besonders. Sie haben bei einem Durchmesser von 1 mm Kapazitäten im Bereich weniger pF, Anstiegszeiten unter 1 ns und Rauschleistungsdichten von 0,05 pW/$\sqrt{\text{Hz}}$. Für sehr hohe Datenraten im Gbit/s Bereich werden Photodioden auf AlGaInP/GaAs-Basis entwickelt. Bei 90 μm Durchmesser wurden bereits Bandbreiten von 4 GHz erreicht [24].

8.6.3 Passive Komponenten: Leistungsteiler und Sternkoppler

Leistungsteiler und Sternkoppler stellen die wichtigsten passiven optischen Komponenten für lokale optische Netze dar. Sie unterstützen die Aufteilung von Lichtsignalen von einem auf mehrere Signalwege (Verzweiger) oder auch die Vermischung von vielen Lichtsignalen, um sie allen Teilnehmern verfügbar zu machen (Sternkoppler).

Leistungsteiler

Die einfachste und kostengünstigste Lösung eines 1×2 Leistungsteilers ist der Stirnflächenkoppler (Abb. 8.22). Dabei werden die polierten Stirnflächen der zwei abgehenden Fasern stumpf mit der Zugangsfaser verklebt. Nachteilig ist neben der außeraxialen Ein-

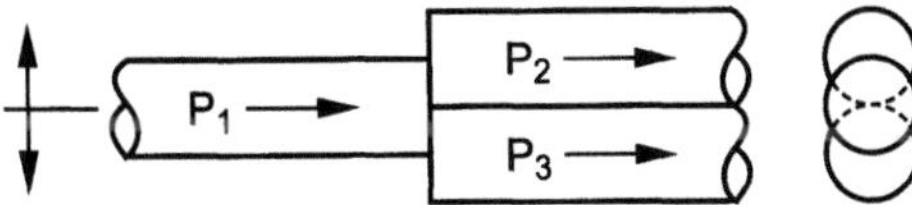

Abb. 8.22. 1 × 2 Strinflächenkoppler (nach [3])

kopplung die relativ hohe Zusatzdämpfung aufgrund der geringen Flächenüberdeckung. Diese liegt bei einem Teilerverhältnis von 50% bei 1,1 dB.

Die bei thermoplastischen Materialien naheliegende Möglichkeit der thermischen Verschmelzung stellt sich wegen der Resistenz der fluorierten Mantelmaterials nicht einfach dar. Es muß daher vor dem Verschmelzvorgang chemisch oder mechanisch entfernt werden, was sehr aufwendig ist und die Reproduzierbarkeit des Teilungsverhältnisses beeinträchtigt.

Eine weitere Möglichkeit, Leistungsteiler herzustellen, besteht darin, den Koppelbereich zwischen den drei Fasern in Wellenleitertechnik auszuführen. Am einfachsten wird dazu eine Kunststoffgrabenstruktur verwendet, in die die drei Fasern eingelegt werden und der Zwischenraum mit einem optischen Polymer entsprechender Brechzahl aufgefüllt wird (Abb. 23). Die mit solchen 1×2 Leistungsteilern erzielten Zusatzverluste betragen 1,7 dB für die 1 mm-POF [25].

Sternkoppler

Zur Vermischung einer Anzahl optischer Signale werden Sternkoppler vom Transmissions- und Reflexionstyp verwendet. Bei Transmissionstyp sind Ein- und Ausgänge getrennt voneindander angeordnet, während bei Reflexionstyp jeder Eingang auch als Ausgang wirkt.

Als Signalmischer werden häufig Plättchen oder Stäbe verwendet (Abb. 8.24). Während

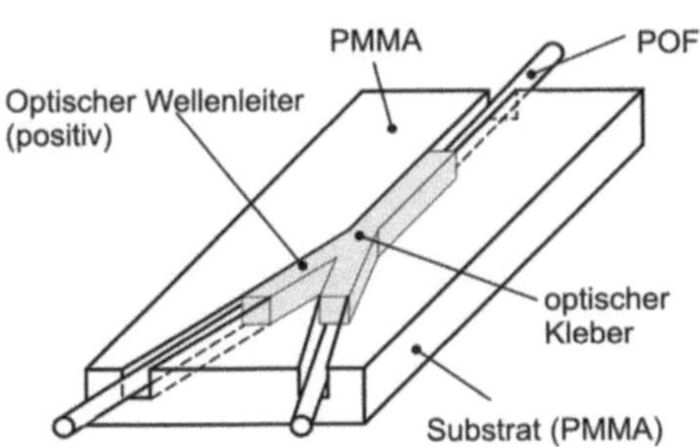

Abb. 8.23. 1 × 2 Koppler nach dem LIGA-Verfahren hergestellt (nach [25])

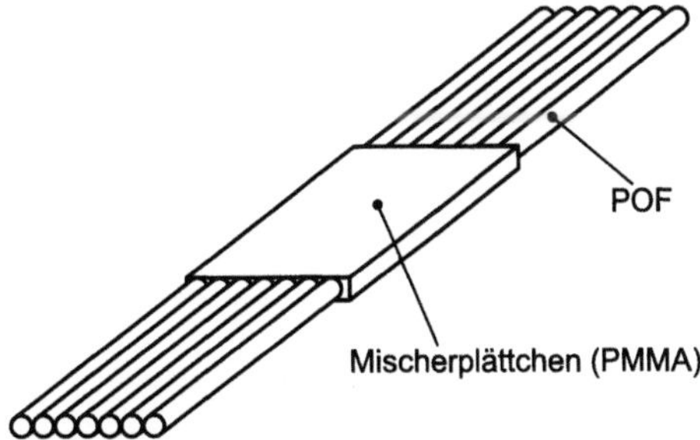

Abb. 8.24. 7×7 Sternkoppler realisiert mit Mischerplättchen (nach [3])

bei Mischerplättchen die Anzahl der Ein- und Ausgänge beliebig gewählt werden kann, bieten sich bei Mischerstäben besonders Zahlen an, die eine vollständige Flächenbelegung auf der Auskoppelseite erreichen wie z.B. 7. Die Verluste durch Flächenfehlanpassung betragen beim Mischerplättchen wie auch bei Mischerstab etwa 1,1 dB.

8.7 Anwendungen von POF-Systemen

Haupteinsatzgebiete von POF liegen dort, wo die Kosten für die Verbindungstechnik dominant sind. Das ist der Fall bei optischen Kurzstreckenverbindungen in folgenden Bereichen [28]:

LAN:	- Kurze Entfernungen zwischen Gebäuden (< 100 m) - In-Haus-Anwendungen (Rechnervernetzung)
Industrie:	- Maschinensteuerung (Hauptrechner-Maschine-Verbindung)
Automatisation:	- Robotersteuerung (Hauptrechner-Roboter-Verbindung)
Kfz:	- Kommunikationssysteme im Fahrgastraum (Radio, CD, Telefon etc.) - Kontrollfunktionen im Fahrgastraum: Türen, Sitze, Spiegel, Fenster etc. - Motormanagement
Verkehrssysteme:	- Kommunikations- und Steuersysteme in Lokomotiven, Schiffen und Flugzeugen

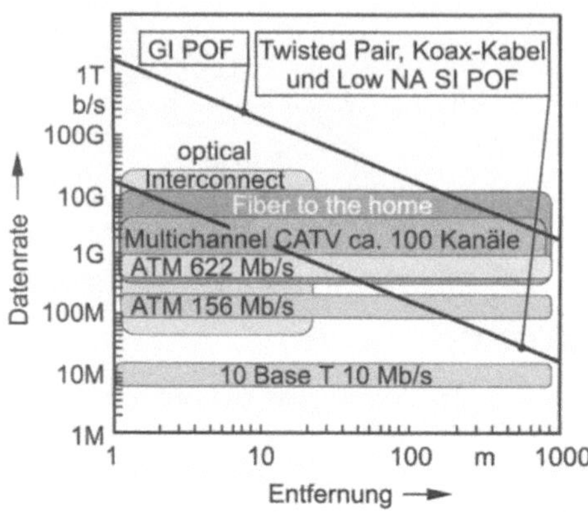

Abb. 8.25. Anwendungsbereiche von POF für die Datenübertragung nach [32]

Kommerziell entwickelt wurden bereits die Systeme HiSPOT (High Speed Plastic Optical Fiber Transceiver) von NEC mit einer Datenrate von 156 Mbit/s [29], Toslink von Toshiba und Sumitomo und Versatile Link von Hewlett Packard [26].

Die aktuellen und zukünftigen Möglichkeiten der Datenübertragung mit POF sind in Abb. 8.25 zusammengefaßt. Dabei ist festzuhalten, daß die konventionelle SI-POF und die Low-NA-POF bereits heute in der Lage sind, die typischen Anwendungsbereiche der Kupferleitungen (Koaxialkabel und verdillte Doppelleitungen) zu ersetzen. Mit der zukünftigen Verfügbarkeit von GI-POF wird sich der Anwendungsbereich auf schnelle Rechnernetze und den Teilnehmerzugang in öffentlichen Netzen erweitern.

Spezielle Literatur

[1] *W. Freude:* „Vielmodenfasern“, Handbuch der Optischen Kommunikationstechnik, Kapitel 5
[2] *T. Ishigure:* „2,5 Gbit/s 100 m data transmission using graded-index polymer optical fibre and high-speed laser diode at 650 nm wavelength“, Electron. Lett., vol. 31, 1995, pp. 467–469
[3] *A. Weinert:* „Kunststofflichtwellenleiter“, Publicitis MCD Verlag, Erlangen 1998
[4] *M. Murofushi:* „Low loss perfluorinated POF“, Proceedings POF '96, Paris, 1996, pp. 17–23
[5] Toray High Purity and High Quality PF/PG Series, Toray Industries, Inc.
[6] *Ziemann, O.:* Grundlagen und Anwendungen optischer Polymerfasern, Verlag für Wissenschaft und Leben Georg Heidecker GmbH, Erlangen 1996
[7] *Y. Koike, E. Nihei:* „Polymer optical fibres“, Proceedings OFC '96, 1996, pp. 59–60
[8] Club des Fibres Optiques Plastiques: Plastic Optical Fibres, John Wiley & Sons, Chichester 1997
[9] *A. F. Garito, J. Wang, R. Gao,* „Effects of random perturbations in plastic optical fibers“, Science, vol. 281, 1998, pp. 962–967
[10] *S. Takahashi:* „Experimental studies on lauching conditions in evaluating transmission charakteristics of POFs“, Proceedings POF '93, 1993, pp. 171–172
[11] ESKAMEGA, Plastic optical fiber for data communication, Produktinformation von Mitsubishi Rayon
[12] Misubishi Rayon Co., Ltd, „Broad Band Step Inex Plastic Optical Fiber: MH 4001“, Produktkatalog
[13] Plastic optical fiber for high speed transmission, Asahi Chemical Industry., Ltd.
[14] *S. Teshima, H. Munekuni,* „Multi-core POF for high speed transmission“, Proceedings POF '98, 1998, pp. 135–142
[15] *Y. Koike:* „Progress of plastic optical fiber technology“, Proceedings ECOC '96, 1996, pp. 1.41–1.48
[16] *Y. Koike:* „High bandwidth, low loss polymer fibers“, Proceedings ECOC '92, 1992, pp. 679–686
[17] *T. Ishigure:* „High bandwidth, high numerical aperture graded index polymer optical fiber“, IEEE J. Lightw. Techn., vol. 13, 1995, pp. 1686 - 1691
[18] *T. Ishigure, E. Nihei, Y. Koike:* „High bandwidth (2 GHz/km) low loss (56 dB/km) GI polymer optical fiber“, SPIE vol. 1799, 1992, pp. 67–78
[19] *S. Yamazaki:* „A 2,5 Gbit/s 100 m GRIN plastic plastic optical data link at 650 nm wavelength“, Proceedings ECOC '94, 1994, Post D.-papers, pp. 1–4
[20] *S. Irie, M. Nishiguchi,* „Development of the heat resistant plastic optical fiber“, Proceedings POF '94, 1994, pp. 88–91,
[21] ‚Technical Bulletin: Toray polymer optical fiber cord: PF/PG/PHK-Series‘, Toray Industries, Inc.
[22] *A.K. Dutta:* “High-brightness, AlGaInP-based, visible light-emitting diode for efficient coupling with POF“, IEEE Phot. Techn. Lett., vol. 7, 1995, pp. 1134 - 1136
[23] *K. Ebeling:* „Vertikal emittiernede Laserdioden“, in Handbuch der Optischen Kommunikationstechnik, Kapitel 20
[24] *H. Melchior:* „Optische Detektoren“, in Handbuch der Optischen Kommunikationstechnik, Kap. 23
[25] *A. Rogner, H. Pannhoff,* „Characterization and qualification of moulded couplers for POF-networks“, Proceedings POF '93, 1993, pp. 136–139

[26] Hewlett Packard, Application Note 1066, „Fiber optic solutions for 125 MBd Communication Applications at Copper Wire Prices“
[27] halogenuiertes PC (hattori, IWCS '99)
[28] *E. Th. C. van Woesik, J. Post:* „NxN Bi-directional transmissive starcoupler“, POF '93, pp. 18–28
[29] *S. Yamazaki,* „High speed plastic optical fiber transmission for Desk-Top LAN“, ECOC '1995, pp. 337–340
[30] *A. Baran:* „GI POF – Comparison of different technologies“, Proceedings POF '98, 1998, pp. 43–49
[31] *K.-F. Klein:* private Mitteilung
[32] *Y. Koike:* „Status of POF in Japan“, Proceedings POF '96, 1996, pp. 1–8

Fasermeßtechnik und Fasercharakterisierung 9

E. Brinkmeyer

Allgemeine Literatur
Marcuse, D.: Principles of optical fiber measurements. Academic Press, 1981 – *Neumann, E.-G.*: Single-mode fibers. Kapitel 13; Springer, 1988 – *Unger, H.-G.*: Optische Nachrichtentechnik Teil II. Kapitel 14; Hüthig, 1992 – *Derickson, D.* (Hrsg.): Fiber Optic test and measurement. Prentice Hall, 1998

Einführung

Mit dem Voranschreiten der Komponentenentwicklung für die Optische Nachrichtentechnik – bereits dargestellt in vorangehenden und ergänzt in nachfolgenden Kapiteln – gehen Fortschritte in den zugehörigen Meß- und Prüfverfahren einher. Auf dem Feld der Optischen Nachrichtentechnik, wie überall in den Ingenieurswissenschaften, hängen Innovationen nicht zuletzt von der Fähigkeit ab, präzise Messungen an den Entwicklungsobjekten durchführen zu können. In dem vorliegenden Kapitel über Fasermeßtechnik und Fasercharakterisierung werden Methoden behandelt zur Feststellung von Strukturdaten, zur Bestimmung von Eigenschaften der ausbreitungsfähigen Wellenfelder und zur Charakterisierung von Fasern als Übertragungsmedium. Ferner werden Meßmethoden für faseroptische Komponenten diskutiert. Diese Methoden sind von Bedeutung sowohl zur Kontrolle der Herstellungsprozesse wie auch zur Bereitstellung von Daten für den Faser-Nutzer. An mehreren Stellen dieses Kapitels wird Bezug genommen auf einschlägige Empfehlungen von Normungsgremien, insbesondere auf ITU-Vorschriften über Messungen an Einmodenfasern (ITU-T G.650) und an Vielmodenfasern (ITU-T G.651).

9.1 Bestimmung von Geometrie- und Brechzahldaten optischer Fasern

9.1.1 Messung geometrischer Kenngrößen

Äußere geometrische Daten optischer Fasern können durch lichtmikroskopische Inspektion festgestellt werden. Dies gilt insbesondere für den Faser-Außendurchmesser, der durch Auflicht-Mikroskopie mit Submikrometerauflösung bestimmt werden kann. Im Durchlicht, also bei Lichteinkopplung am anderen Faserende, kann i.a. die Kern-Mantel-Grenze nicht scharf erkannt werden. Sichtbar ist jedoch die Lage des Kernbereiches, so daß die Kern-Mantel-Konzentrizität mit Mitteln der Lichtmikroskopie meßbar ist. Die optische Oberflächenqualität von Faserendflächen und ihre Winkel zur Faserachse – letztere wichtig für die Reflexionseigenschaften – können durch interferenzmikroskopische Auflichtaufnahmen festgestellt werden. Schließlich lassen sich Längen gegebener Faserstücke entweder rein mechanisch, oder – bei genügend genau bekannten Gruppenindices – durch Laufzeitmessungen optischer Impulse in Transmission (bzw. mit zweimaligem Durchgang in Reflexion) bestimmen (vgl. Abschn. 9.3.1.4).

9.1.2 Brechzahlprofil-Meßmethoden

Die laterale Brechungsindexverteilung $n(x,y)$, die bei optischen Fasern i.a. zylindersymmetrisch ist, $n = n(r)$, hat entscheidenden Einfluß auf die Ausbreitungseigenschaften von dielektrischen Wellenleitern. Bei der Herstellung einer Faser wird dementsprechend stets ein klar definiertes und mit engen Toleranzen versehenes Brechzahlprofil $n(r)$ vorgegeben. Die Werte von Kernradius und Brechzahldifferenz zwischen Kern- und Mantel verraten in erster Linie, ob es sich um eine Einmodenfaser (Monomodefaser) oder um eine Vielmodenfaser (Multimodefaser) handelt. Die Details des Brechzahlverlaufes bestimmen dann sowohl bei Vielmodefasern wie auch bei Einmodenfasern die Dispersions-Charakteristika (vgl. Abschn. 3.2, 3.4.3, 3.4.4).

Zur Bestimmung des detaillierten Brechzahlprofils sind seit dem Beginn der Faseroptik eine beträchtliche Zahl verschiedener Meßmethoden entwickelt worden. Von besonderer Bedeutung ist das sogenannte „Refracted Near-Field Verfahren" (RNF; Strahlenbrechungsmethde). Dieses Verfahren wird im folgenden Abschn. dargestellt. Weiteren Methoden werden in Abschn. 9.1.2.2 kurz angesprochen.

9.1.2.1 *RNF-Verfahren zur Brechzahlprofilbestimmung*

Eine Prinzipsskizze des RNF-Meßplatzes (refracted near-field method, Strahlenbrechungsmethode) ist in Abb. 9.1 zu sehen. Die Funktionsweise des Verfahrens wird hier, wie auch in der zugrundeliegenden Literatur (s. [1–3], vgl. ITU G.651) strahlenoptisch beschrieben: Die Testfaser in Abb. 9.1 befindet sich in einer Küvette mit Immersionsöl. Ihre Stirnfläche wird von einem fokussierten Lichtbündel angestrahlt. Die numerische Apertur des einfallenden Lichtbündels, also der Winkelbereich einfallender Strahlen, wird so groß gewählt, daß ein erheblicher Anteil der Lichtleistung die Küvette durch das rückwärtige Fenster wieder verläßt und nicht als geführte Strahlen in die Faser eingekoppelt wird. Ein Teil dieser Leistung – nämlich derjenige mit Abstrahlwinkeln zwischen Θ''_{min} und Θ''_{max} – wird mit Hilfe einer Linse einem Photodetektor zugeführt. Zu jedem ausgangsseitigen Winkel Θ'', also insbesondere auch zu Θ''_{min} und Θ''_{max}, gehört ein eingangsseitiger Winkel Θ', der sich durch wiederholte Anwendung des Brechungsgesetzes (bzw. des verallgemeinerten Brechungsgesetzes $n \cdot \cos\,\Theta$ = const in der Faser) ergibt:

$$\sin^2\Theta' = \sin^2\Theta'' + n^2(r) - n_i^2 \tag{9.1}$$

Dabei bezeichnet $n(r)$ den gesuchten Brechungsindex im jeweiligen Fokuspunkt des einfallenden Lichtbündels und n_i den – bekannten – Brechungsindex des Immersionsöls. Eingangsseitig wird durch eine Eingangsapertur der Winkel Θ'_{max} vorgegeben, ausgangsseitig durch eine sogenannte Leckwellenblende der Winkel Θ''_{min} festgelegt, der nach Gl. (9.1) in einen Winkel Θ'_{min} umgerechnet werden kann. Von dem einfallenden Lichtbündel trägt daher nur der Teil mit Winkeln zwischen Θ'_{min} und Θ'_{max} zum Detektorsignal bei. Verhält sich das einfallende Licht wie ein Lambert'scher Strahler mit einer Verteilung der Leistung pro Raumwinkelelement gemäß $dP/d\Omega = I_0 \cos(\Theta')$, so ergibt sich die Leistung am Detektor zu

$$\begin{aligned} P_{det}(r) &= \int_0^{2\pi} \int_{\Theta'_{min}}^{\Theta'_{max}} I_0 \cos(\Theta') \sin(\Theta')\, d\Theta'\, d\varphi' \\ &= \pi I_0 [\sin^2(\Theta'_{max}) - \sin^2(\Theta''_{min}) \\ &\quad - n^2(r) + n_i^2] \end{aligned} \tag{9.2}$$

als Funktion der Fokusposition r. Nach einer Referenzmessung mit dem Fokus im Bereich des Immersionsöls – dort ist $n(r) = n_i$ und $P_{det} = P_{ref}$ – folgt das Brechzahlprofil aus

$$n^2(r) - n_i^2 = K \cdot (1 - P_{det}(r)/P_{ref}) \tag{9.3}$$

mit $K = \sin^2(\Theta'_{max}) - \sin^2(\Theta''_{min})$. Falls die Winkel Θ'_{max} und Θ''_{min} nicht genügend genau bekannt sind, so kann K auch durch eine Kalibrierungsmessung bestimmt werden.

Die Ableitung der Gl. (9.1) berücksichtigt nur gebrochene Strahlen. Aus diesem Grunde dürfen sogenannte tunnelnde Leckwellen (s. Kap. 5) nicht zu Detektorsignal beitragen. Dies zu verhindern ist die Aufgabe der Leckwellenblende (s. Abb. 9.1), die den Winkel Θ''_{min} festlegt. Sie soll alle Leckwellen abblenden, andererseits aber nur so groß sein, daß das Detektorsignal nicht unnötig verkleinert wird. Vor der Messung ist daher eine Abschätzung [3] über den maximalen Leckwellenwinkel, also den minimal wählbaren Winkel Θ''_{min} notwendig. Typische Werte für Θ''_{min} liegen bei 10° bis 15°.

Bei der Durchführung von RNF-Messungen befindet sich die Küvette mit der Testfaser auf einer hochpräzisen xyz-Verschiebeeinheit. Nach Vorjustage wird der Fokuspunkt mit einer der transversalen Positionierungen vom n_i-Bereich bis in den gegenüberliegenden n_i-Bereich entlang eines Durchmessers über die Faserquerschnittsfläche verschoben und die zugehörige Detektorleistung $P_{det}(r)$ registriert. Als Lichtquellen werden i.a. keine

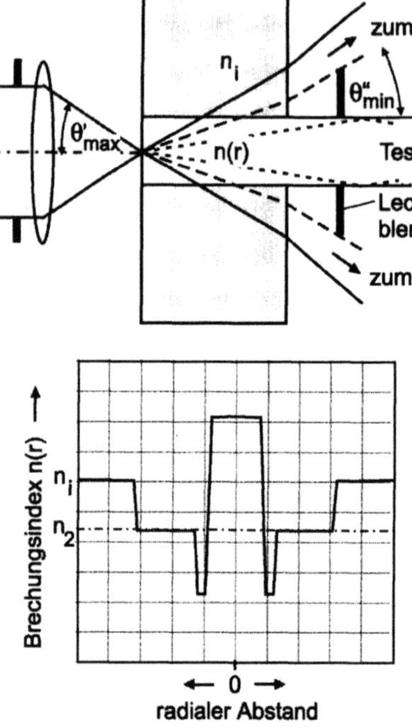

Abb. 9.1. Refracted-Near-Field-Verfahren (RNF) zur Bestimmung des Brechzahlprofils

Lambert'schen Strahler, sondern Laserquellen verwendet (He-Ne-Laser oder Laserdioden). Für den schmalen benutzten Winkelbereich muß dann eine geeignete Approximation der tatsächlichen Strahlcharakteristik gewählt werden, z. B. $dP/d\Omega = I_0 \cdot \cos^q(\Theta')$. Die obigen Betrachtungen sind dann entsprechend zu modifizieren.

Das RNF-Meßverfahren ist sowohl für Vielmoden wie auch für Einmodenfasern verwendbar. Die Ortsauflösung ist im wesentlichen durch die Größe des fokussierten Lichtbündels gegeben, die weniger als 1 µm betragen kann. Eine Brechungsindexauflösung unter 0,01% ist erreichbar.

9.1.2.2
Weitere Methoden zur Bestimmung von Faser-Brechzahlprofilen

Weitere Methoden [3] zur Bestimmung des Brechungsindex-Profils optischer Fasern haben sich entweder nicht durchgesetzt oder haben durch den Erfolg des RNF-Verfahrens an Bedeutung verloren. Verschiedene Gründe sind dafür maßgeblich: Ungenügende Meßgenauigkeit, einschränkende Anwendungsbedingungen, Abhängigkeit von schwer kontrollierbaren experimentellen Bedingungen, aufwendige Faserpräparationen u. a. Zu nennen sind hier die Endflächen-Reflexionsmethode [4], das Nahfeld- [5] und das invertierte Nahfeldverfahren für Vielmodenfasern und Verfahren mit transversaler Durchstrahlung der Testfasern oder mit transversaler Interferometrie [6–8]. Bei Methoden die geführtes Licht in der Testfaser verwenden, spielt insbesondere die Leckwellenproblematik eine Rolle.

9.1.3
Bestimmung der numerischen Apertur von Vielmodenfasern

Eine einfache Methode, um bei Vielmodenfasern den Unterschied zwischen maximalem Kernbrechungsindex n_k und Mantelbrechungsindex n_m zu bestimmen, ist die Messung und Auswertung des Fernfeld-Intensitätsverlaufes. Eine Meßanordnung für diesen Zweck ist in Abb. 9.2 skizziert. Ein Photodetektor wird dabei auf einem Kreis um die abstrahlende Faserendfläche bewegt. Um die Fernfeldbedingung einzuhalten, wird bei einem Faserkernradius a ein Abstand $R \gg \pi a^2/\lambda$ gewählt. Die Messung der Fernfeldintensität als Funktion des Abstrahlwinkels Θ ergibt einen Verlauf, wie er schematisch und normiert ebenfalls in Abb. 9.2 dargestellt ist.

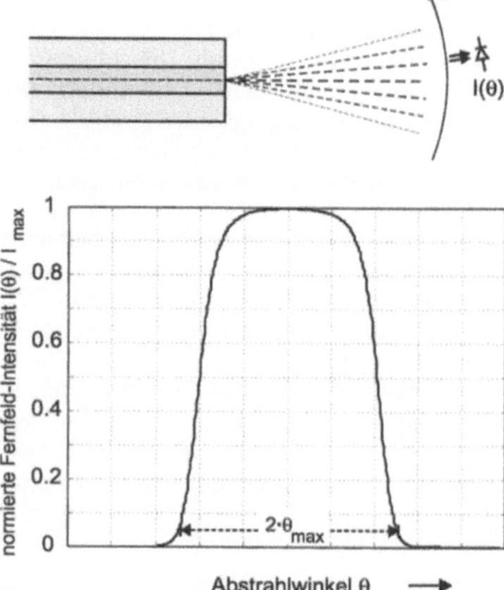

Abb. 9.2. Messung des Fernfeld-Intensitätsverlaufes zur Bestimmung der numerischen Apertur

Für die praktische Auswertung ist von den Normungsgremien festgelegt worden, die halbe 5%-Breite dieser Kurve als maximalen Abstrahlwinkel Θ_{max} anzusehen (s. ITU-T G. 651). Der Sinus dieses Winkels, die numerische Apertur A_N der Faser, liefert dann den Brechzahlhub zwischen Kern und Mantel (s. Abschn. 3.3.1 und Kap. 5)

$$A_N = \sin \Theta_{max} = \sqrt{n_k^2 - n_m^2} \tag{9.4}$$

Diese Beziehung gilt, wenn alle geführten Moden in der Faser tatsächlich angeregt sind. Daher muß die Lichteinkopplung in die Faser mit einem genügend weit geöffneten Lichtkegel – einer genügend großen numerischen Apertur – geschehen. Durch Verwendung eines Modenabstreifers (modestrippers) ist sicherzustellen, daß Mantelmoden nicht das Faserende erreichen können. Ferner können Leckwellen die Messung verfälschen, da Gl. (9.4) nur geführte Moden berücksichtigt. Dies ist besonders dann der Fall, wenn der maximale zu Leckwellen gehörende Abstrahlwinkel nicht deutlich unter Θ_{max} liegt. Praktisch genügt es zur Vermeidung von Leckwellenstörungen, den Kernbereich der Faser bei der Einkopplung nur bis $r = a/2$ zu beleuchten.

9.1.4 Messung des nichtlinearen Brechzahl-Koeffizienten n_2

In heutigen faseroptischen Systemen mit hohen Bitraten, leistungsstarken Laserquellen und optischen Verstärkern muß vielfach in Betracht gezogen werden, daß der Brechungsindex optischer Wellenleiter intensitätsabhängig ist:

$$\delta n = n_2 \cdot I \tag{9.5}$$

Diese Nichtlinearität führt besonders in Übertragungssystemen mit Einmodenfasern zu Selbstphasenmodulation, Kreuzphasenmodulation und Vierwellenmischung (s. Kap. 4). Die hier gewählte – da übliche – Bezeichnung des nichtlinearen Brechzahl-Koeffizienten mit n_2 ist unglücklich, da es sich um eine dimensionsbehaftete Größe handelt (cm^2/W), die keinesfalls mit dem Faser-Mantelindex verwechselt werden darf.

Die Messung des nichtlinearen Brechzahlkoeffizienten kann in der Weise geschehen [9, 10], wie es in Abb. 9.3 skizziert ist. Dabei wird eine Folge kurzer Pulse in eine lange Testfaser eingekoppelt. Am Ausgang wird das optische Spektrum mit Hilfe eines Fabry-Perot-Inter-

Abb. 9.3. Meßverfahren zur Bestimmung des nicht-linear

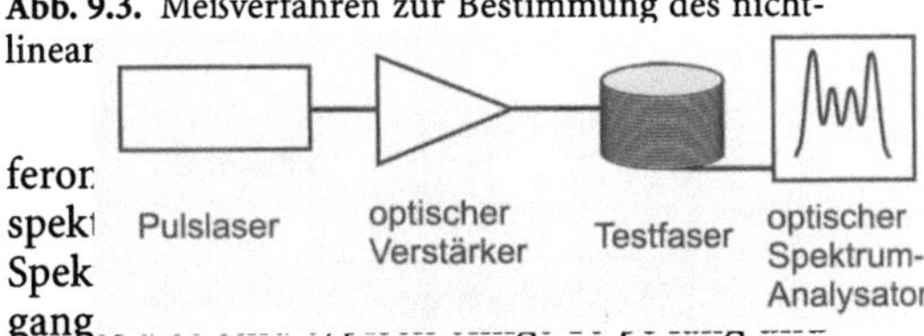

feror spek Spek gang

haben z.B. einen annähernd gaußförmigen Zeitverlauf. Es handelt sich in der Regel um Pulse eines modengekoppelten Lasers, z.B. eines Erbium-Faser-Ringlasers [10]. Wichtig ist es sicherzustellen, daß die Laserimpulse annähernd transformationsbegrenzt (transform limited) sind, also ihre Momentanfrequenz konstant ist (vgl. Abschn. 3.4.4). In diesem Fall ist das optische Leistungsdichtespektrum am Fasereingang ebenfalls gaußförmig. Der gleiche gaußförmige Spektralverlauf ergäbe sich am Faserende, wenn die Brechzahl intensitätsunabhängig wäre. Tatsächlich ist das ausgangsseitige Leistungsdichtespektrum durch die Selbstphasenmodulation verändert: Die elektrische Feldstärke wird – bei Vernachlässigung von Faserdämpfung und chromatischer Dispersion – im Pulszentrum gegenüber den Pulsrändern um $\hat{\Phi}$ phasenverschoben

$$E_a(t) = E_e(t) \cdot \exp(j\hat{\Phi} \cdot |E_e(t)/E_e(0)|^2) \tag{9.6}$$

und dies wirkt sich im Leistungsdichtespektrum aus gemäß

$$\frac{dP_a}{d\nu} \sim |\mathcal{F}\{E_a(t)\}|^2 = |\int E_a(t) e^{-j2\pi\nu t} d\nu|^2 \tag{9.7}$$

Bei bestimmten Maximalphasenhüben, $\hat{\Phi} = (n + 1/2) \cdot \pi$, ergeben sich wie in Abb. 9.4 dargestellt im Ausgangsspektrum deutlich identifizierbare Funktionsverläufe. Meßtechnisch werden diese Werte eingestellt, indem die Pulsspitzenleistung am Fasereingang durch einen Abschwächer so variiert wird, daß die Berge und Täler in den Spektren maximiert werden. Aus diesen Werten kann n_2 bestimmt werden, da dieser Parameter die Größe von $\hat{\Phi}$ bestimmt:

$$\hat{\Phi} = \frac{2\pi}{\lambda} L \cdot n_2 \cdot \frac{P_{max}}{A_{eff}} \tag{9.8}$$

Dabei bezeichnet A_{eff} die effektive Fläche des Modus. Sie berücksichtigt, daß die Brech-

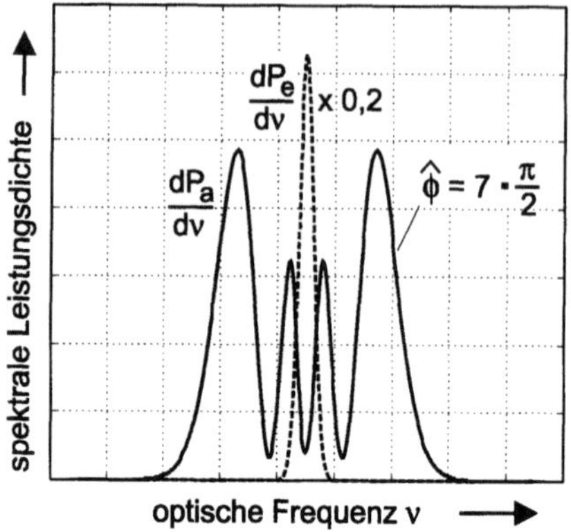

Abb. 9.4. Änderung des Leistungsdichtespektrums eines Impulses durch Selbstphasenmodulation. Die gestrichelte Kurve (×0,2) zeigt das Leistungsdichtespektrum des Eingangsimpulses

zahländerung gemäß dem Modenfeld auch in lateraler Richtung abnimmt, und muß für Präzisionsmessungen getrennt sorgfältig bestimmt werden.

Die in der bisherigen Diskussion vernachlässigten Effekte von Faserdämpfung und chromatischer Dispersion beeinflussen sehr wohl die beschriebene Messung. Diese Einflüsse können durch Modellrechnungen bei bekannten Dispersions- und Dämpfungswerten berücksichtigt werden [10].

Andere Verfahren, die z.B. Vierwellenmischung [11] oder Messungen an nichtlinearen „loop mirrors" benutzen, liefern näherungsweise die gleichen n_2-Werte wie das beschriebene Spektralverfahren: $n_2 \sim 2{,}5 \cdot 10^{-16}\,\mathrm{cm^2/W}$. Die gegenseitigen Abweichungen, die den genannten Veröffentlichungen zu entnehmen sind, betragen aber immerhin ca. 10%.

9.2 Bestimmung der Eigenschaften von Wellenfeldern in optischen Fasern

9.2.1 Grenzwellenlängen-Messungen an optischen Fasern

9.2.1.1 *Definition und Bedeutung von Grenzwellenlängen*

Die Zahl ausbreitungsfähiger Moden in einer optischen Faser wächst annähernd quadratisch mit ihrer normierten Frequenz V (s. Abschn. 3.3.3). Jeder einzelne Modus wird erst oberhalb eines individuellen Wertes $V_{\mathrm{co,lm}}$ geführt. Zu jedem $V_{\mathrm{co,lm}}$-Wert gehört eine Grenzwellenlängen $\lambda_{\mathrm{co,lm}}$ (cut-off Wellenlänge); nur bei Betriebswellenlängen unterhalb dieser Grenzwellenlänge ist der betreffende Modus ausbreitungsfähig. Von besonderer Bedeutung ist die Grenze zwischen Einmoden- und Vielmodenbetrieb. Diese Grenze, im folgenden vereinfacht ohne zusätzliche Indizes als λ_{co} bezeichnet, ist dadurch markiert, daß bei abnehmender Betriebswellenlänge der erste höhere Modus ausbreitungsfähig wird – i.a. der LP_{11}-Modus. Bei λ_{co} ändern sich die Faser-Ausbreitungseigenschaften wesentlich. Insbesondere tritt dort eine zusätzliche Art der Impulsverbreiterung auf durch intermodale Gruppenlaufzeitdifferenzen. Ferner können die Überlagerung der Moden und gegenseitige Phasenschwankungen zu Interferenzeffekten und zu Modenrauschen führen.

Der theoretische Wert der Grenzwellenlänge λ_{co} des LP_{11}-Modus ist wohldefiniert durch die Bedingung, daß der effektive Modenindex β_{11}/k den Mantelindex n_2 erreicht. Dieser Wert kann bei Kenntnis des Brechzahlprofils, z.B. gemessen mit Hilfe des RNF-Verfahrens (s. Abschn. 9.1.2), im Prinzip berechnet werden. Praktische direkte Meßverfahren (s.u.) benutzen jedoch Ausbreitungseffekte der Moden, um λ_{co} zu bestimmen. Sie bestimmen dabei Wellenlängen, effektive Grenzwellenlängen genannt, oberhalb derer der Einfluß des höheren Modus kaum mehr „relevant" ist. Damit hängt die effektive Grenzwellenlänge λ_{co} von dem gewählten Ausbreitungseffekt ab und der Relevanz-Definition. Von Normungsgremien werden die beiden in Abschn. 9.2.1.2 diskutierten Krümmungsmethoden empfohlen (vgl. ITU-T G.650). Darüber hinaus existieren in der Literatur eine Reihe weiterer Meßverfahren, von denen einige im Abschn. 9.2.1.3 skizziert sind.

9.2.1.2 *Krümmungsmethoden zur Messung der effektiven Grenzwellenlängen des LP_{11}-Modus*

Werden höhere Moden nur wenig unterhalb ihrer Grenzwellenlängen betrieben, so besitzen sie eine große Feldausdehnung bis weit in den Mantel hinein, sie sind besonders schwach geführt und reagieren empfindlich auf Faserkrümmungen. Diese Krümmungsempfindlichkeit kann zur Grenzwellenlängenbestimmung ausgenutzt werden.

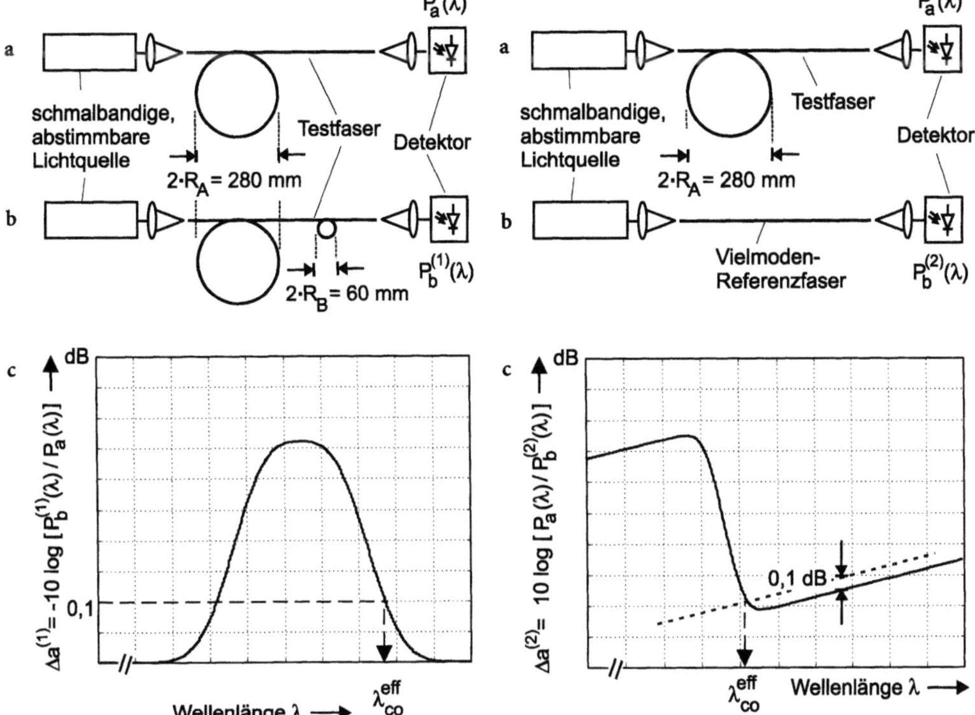

Abb. 9.5 a–c. Doppelschleifenmethode zur Bestimmung der effektiven Grenzwellenlänge einer Einmodenfaser

Abb. 9.6 a–c. Vielmoden-Referenz-Methode zur Bestimmung der effektiven Grenzwellenlänge einer Einmodenfaser

In den Abb. 9.5 und 9.6 sind zwei Meßmethoden zur Grenzwellenlängenbestimmung skizziert. Sie unterscheiden sich nur im zweiten Teil der Messung; der erste Meßschritt, s. Abb. 9.5 und 9.6, ist dagegen identisch. Für alle Messungen wird eine in der Wellenlänge abstimmbare, schmalbandige Quelle benötigt.

Im ersten Teil a der beiden Krümmungsmethoden wird das Licht der abstimmbaren Quelle in ein kurzes Testfaserstück der Länge L eingekoppelt. Dieses Testfaserstück ist mit einer Windung mit Krümmungsradius R_A versehen. Bei der – zu bestimmenden – Grenzwellenlänge soll der LP_{11}-Modus durch diese Krümmung eine erhebliche Dämpfung erfahren. Laut ITU-Norm (ITU-T G.650) sind Werte $L = 2$ m und $R_A = 140$ mm vorgesehen. In dieser Anordnung wird die Ausgangsleistung $P_a(\lambda)$ der Faser als Funktion der Wellenlänge gemessen.

Bei der Doppelschleifenmethode [12, 13], Abb. 9.5, wird im zweiten Meßschritt b eine zusätzliche Einzelwindung mit deutlich kleinerem Krümmungsradius R_B eingeführt. Dieser Krümmungsradius – ITU-Empfehlung $R_B = 30$ mm – soll jedoch groß genug sein, um den LP_{01}-Grundmodus kaum zu beeinflussen. Bei unveränderter Einkopplung wird nun wiederum die Ausgangsleistung als Funktion der Wellenlänge bestimmt. Der Pegeldifferenz dieser Messung $P_b^{(1)}(\lambda)$ zur ersten Messung $P_a(\lambda)$

$$\Delta a^{(1)} = -10 \log \frac{P_b^{(1)}(\lambda)}{P_a(\lambda)} \tag{9.9}$$

wird als Funktion der Wellenlänge dargestellt. Dabei ergibt sich prinzipiell ein Verlauf, wie er in Abb. 9.5 c dargestellt ist. Er ist qualitativ folgendermaßen zu verstehen: Für sehr kleine Wellenlängen ist sowohl der LP_{01}-Grundmodus wie auch der LP_{11}-Modus gut geführt. Die zusätzliche enge Windung mit Krümmungsradius R_B ändert somit dort die Ausgangsleistung nicht. Für sehr große Wellenlängen andererseits ist der LP_{11}-Modus nicht ausbreitungsfähig und der Grundmodus ist immer noch zu gut geführt um Zusatzverluste durch R_B zu erleiden. In beiden Bereichen ist somit $\Delta a^{(1)} = 0$. Im mittleren dargestellten Wellenlängenbereich sind die LP_{11}-Verluste durch die enge Windung erheblich und führen zu $\Delta a^{(1)} > 0$. Anhand dieser Meßkurve wird nun die effektive Grenzwellenlänge nach Abb. 9.5c definiert: $\lambda_{co,\,eff}$ ist die längere Wellenlänge, bei der die Zusatzverluste $\Delta a^{(1)}$ den Wert 0,1 dB annehmen.

Warum dies eine vernünftige Definition ist, die dem theoretischen Wert der Grenzwellenlänge nahekommt, kann durch Dämpfungsbetrachtungen gezeigt werden: Bei $\lambda = \lambda_{co,\,eff}$ wird die Leistung am Detektor in beiden Messungen fast ausschießlich von dem LP_{01}-Grundmodus getragen, die von beiden Krümmungen nahezu unbeeinflußt ist. Bei der Messung Abb. 9.5a und dieser Wellenlänge wird der LP_{11}-Modus durch die Windung mit Radius R_A deutlich gedämpft, trägt jedoch noch einen kleinen Teil zur Detektorleistung bei. Durch die enge Windung in Messung Abb. 9.5b wird dieser Anteil nahezu auf null reduziert. Der Pegelunterschied $\Delta a^{(1)} = 0{,}1$ dB bedeutet ein Leistungsverhältnis von 1,0233; folglich hat die große Windung mit Krümmungsradius R_A die LP_{11}-Leistung um den Faktor $(2/4) \cdot 0{,}0233$ reduziert, entsprechend einer Dämpfung von 19,3 dB. Der zusätzliche Faktor 2/4 ergibt sich dabei aus den Entartungsgraden der Moden (2 LP_{01}-Moden und 4 LP_{11}-Moden, s. Abschn. 3.3.3) und der Annahme gleicher Leistung pro Modus bei der Einkopplung. Die mäßige Krümmung mit R_A = 140 mm erzeugt demnach bei $\lambda_{co,\,eff}$ eine erhebliche LP_{11}-Dämpfung von 19,3 dB (auf den Windungsumfang bezogen: 22 000 dB/km); der LP_{11}-Modus ist somit praktisch („effektiv") nicht geführt.

Bei der Vielmodenreferenz-Methode [12, 13] (auch power step Methode genannt), die in Abb. 9.6 dargestellt ist, wird nach der gleichen Eingangsmessung **a** die Testfaser in einem zweiten Schritt (Abb. 9.6 b) durch eine etwa ebenso lange Vielmodenfaser ersetzt und die Detektorleistung $P_b^{(2)}(\lambda)$ wellenlängenabhängig gemessen. Daraus wird der Pegelunterschied

$$\Delta a^{(2)} = 10 \log \frac{P_a(\lambda)}{P_b^{(2)}(\lambda)} \qquad (9.10)$$

berechnet, der – gegen die Wellenlänge aufgetragen – qualitativ den in Abb. 9.6c skizzierten Verlauf zeigt. Er ist gekennzeichnet durch einen stufenartigen Abfall von $\Delta a^{(2)}$ im Bereich der LP_{11}-Grenzwellenlänge. Dieser Abfall läßt sich dadurch erklären, daß die in der Messung **a** aus der Testfaser am Detektor eintreffende Leistung im kurzwelligen Bereich von 6 Moden getragen wird (2 LP_{01}- und 4 LP_{11}-Moden), im langwelligen Bereich dagegen nur noch von den zwei Grundmoden. Die Stufenhöhe sollte damit gemäß einem Leistungsverhältnis 6/2 etwa 5 dB betragen. Die Referenzmessung mit der Vielmodenfaser dient bei dieser Meßmethode lediglich dazu, gemeinsame Wellenlängenabhängigkeiten in beiden Messungen durch Quelle, Optik-Komponenten und Detektor zu eliminieren. Die effektive Grenzwellenlänge wird bei dieser Methode in folgender Weise definiert: $\lambda_{co,eff}$ ist diejenige Wellenlänge, bei der sich die Kurve $\Delta a^{(2)}$ und eine zum langwelligen Kurventeil parallele und um 0,1 dB verschobene Gerade schneiden (vgl. Abb. 9.6c). Diese Definition kann ähnlich wie bei der oben dargestellten Doppelschleifenmethode interpretiert: Bei der Messung **a** an der Testfaser werden für Wellenlängen oberhalb von $\lambda_{co,eff}$ fast ausschließlich die LP_{01}-Grundmoden geführt. Bei $\lambda_{co,eff}$ tragen die LP_{11}-Moden – obwohl am Faseranfang angeregt und nach theoretischer Grenzwellenlänge bereits ausbreitungsfähig – nur ein wenig zur Detektorleistung bei. Sie sind folglich bei dieser Wellenlänge stark gedämpft und diese Dämpfung ist offenbar zurückzuführen auf die eingebaute Windung mit Krümmungsradius R_A. Wie oben bei der Doppelschleifenmethode kann man schließen, daß bei der so definierten effektiven Grenzwellenlänge der LP_{11}-Modus praktisch nicht geführt ist, da die einzelne Windung mit R_A bereits eine Dämpfung von 19,3 dB hervorruft.

Die beiden in diesem Abschnitt diskutierten Meßmethoden liefern wegen der Ähnlichkeit der Verfahren und der Äquivalenz der Definitionen annähernd gleiche effektive Grenzwellenlängen. Dies hat sich durch Vergleichsmessung bestätigt. In experimenteller Sicht muß bei beiden Methoden eine abstimmbare Lichtquelle zur Verfügung stehen; dies wird i. a. eine Weißlichtquelle mit Gittermonochromator sein. Die Leistungsmessung wird üblicherweise bei periodisch modulierter Eingangsleistung phasenempfindlich mit Hilfe eines Lock-in Verstärkers durchgeführt. Wichtig für das Meßprinzip ist es, daß sowohl die Grundmoden wie auch die höheren Moden bei der Einkopplung angeregt werden. Bei Verwendung eines abstimmbaren, räumlich kohärenten Lasers kann diese Bedingung leicht verletzt werden. Insbesondere ist es nicht zweckmäßig, eine einmodige Anschlußfaser zur Lichteinkopplung zu verwenden (es sei denn, bei der Verkopplung wird ein definierter transversaler Versatz eingeführt). Ausgangsseitig sollte das gesamte austretende Licht mit dem Detektor erfaßt werden, um Effekte durch Modeninterferenzen (Modenrauschen) auszuschließen. Unbedingt erforderlich ist es, Mantelmoden nicht mitzumessen, d.h. einen geeigneten Mantelmodenabstreifer (mode stripper) zu verwenden, falls nicht die primäre Kunststoffbeschichtung der Faser (coating) bereits diese Aufgabe übernimmt. Bei den Faserwindungen ist darauf zu achten, daß nicht unbeabsichtigt zusätzliche Krümmungen mit kleineren Krümmungsradien eingeführt werden Bei bestimmten „depressed-cladding"-Fasern versagt die Doppelschleifenmethode Abb. 9.5, da der Dämpfungsunterschied $\Delta a^{(1)}$ den Wert 0,1 dB für keine Wellenlänge überschreitet [14].

9.2.1.3
Weitere Methoden zur Messung der effektiven Grenzwellenlängen des LP_{11}-Modus

Neben Krümmungseffekten werden Änderungen der Nahfelder, intermodale Gruppenlaufzeitunterschiede, Interferenzerscheinungen bei der Modenüberlagerung und einige weitere Effekte herangezogen, um effektive Grenzwellenlängen zu bestimmen.

Bei der Nahfeldmethode [15] wird die Feldverteilung und ihre Änderung mit der Wellenlänge mikroskopisch beobachtet. Oberhalb der Grenzwellenlänge erhält man eine abfallende Intensitätsverteilung ähnlich einer Gaußfunktion. Für kürzere Wellenlängen ergibt sich eine Einsattelung auf der Achse. Dies erklärt sich – bei Faserlängen von einigen Metern und Quellenbandbreiten von einigen Nanometern – mit einer inkohärenten, intensitätsmäßigen Überlagerung der Modenfelder in Verbindung mit der Tatsache, daß die LP_{11}-Moden eine Nullstelle auf der Achse besitzen. Anhand dieser Beobachtung kann ein Kriterium für den Übergang von Einmodigkeit zu Mehrmodigkeit definiert werden; hochpräzise und gut reproduzierbare Resultate sind allerdings kaum zu erwarten. Die Nahfeldänderung mit der Wellenlänge wird auch bei der Feldweitenmethode [16] genutzt. Dort wird ein Verfahren eingesetzt, das zur Bestimmung der Feldweite von Einmodenfasern vorgesehen ist (Verkopplungsmethode [17], s. Abschn. 2.2.5). Im Übergangsbereich zur Mehrmodigkeit liefert dieses Meßverfahren ansteigende Feldradien mit abnehmender Wellenlänge: ein quantifizierbarer Hinweis auf die Ausbreitung des weit ausgedehnten LP_{11}-Modus.

Bei langen Testfaserstrecken kann auch der Unterschied in den Gruppenlaufzeiten zur Grenzwellenlängenbestimmung ausgenutzt werden. Erforderlich ist dafür eine in der Wellenlänge abstimmbare Quelle, die kurze Pulse im Subnanosekundenbereich emittiert. Aus dem Leistungsverhältnis der beiden Teilpulse am Faserausgang, die von dem Grundmodus bzw. dem höheren Modus getragen werden, kann ein grobes Maß zur Bestimmung einer effektiven Grenzwellenlänge gewonnen werden.

Ein sehr empfindlicher Nachweis der Existenz mehrerer Moden ist durch Beobachtung von Interferenzerscheinungen möglich [18]. Koppelt man Licht eines schmalbandigen und abstimmbaren Lasers in die kurze Testfaser ein, so ergibt sich bei Wellenlängenabstimmung unterhalb der LP_{11}-Grenzwellenlänge ein veränderliches Intensitätsnahfeld, da die Phasenkonstanten des Grundmodus und des höheren Modus unterschiedlich von der optischen Frequenz abhängen. Ein Photodetektor, der nicht die gesamte – phasenunabhängige – Ausgangsleistung, sondern nur ein Segment des Ausgangsnahfeldes registriert, zeigt dann ein oszillierendes Signal als Funktion der Wellenlänge. Die Größe dieses Signals ist allerdings kein geeignetes Kriterium für die Definition einer effektiven Grenzwellenlänge, da sie von den Einkoppelbedingungen und der Detektorplazierung abhängt. Aus der Änderung der Periodizität des Interferenzsignals kann dagegen ein Kriterium gewonnen werden, das sich auf die, von den experimentellen Bedingungen weitgehend unabhängigen, Unterschiede in den Gruppenlaufzeiten zwischen LP_{01}- und LP_{11}-Moden bezieht.

Neben den genannten direkten Bestimmungsmethoden, die Ausbreitungseffekte und deren Änderungen in Grenzwellenlängen-Nähe ausnutzen, existieren einige indirekte Bestimmungsmethoden. Dazu gehören insbesondere die wellenleitertheoretische Berechnung der Grenzwellenlänge aus einem – z.B. mit Hilfe des RNF-Verfahrens (s. Abschn. 9.1.2.1) – gemessenen Brechungsindexprofil. In die Kategorie indirekter Verfahren gehört auch eine Methode [19], bei der aus der Breite des von der Faser abgestrahlten Fernfeldes und der Breite des Fernfeldes, das sich bei einer Querdurchstrahlung der Faser ergibt auf die Grenzwellenlänge geschlossen wird.

9.2.2 Messung des Felddurchmessers von Einmodenfasern

9.2.2.1 *Definition und Bedeutung des Felddurchmessers*

Die laterale Ausdehnung des Feldes in einer Einmodenfaser hat Auswirkungen auf Krümmungs- und Mikrokrümmungsverluste, auf den Fangfaktor bei Rückstreumessungen und auf die Wellenleiterdispersion. Die Feldausdehnung zu kennen, ist unerläßlich bei der Wahl von Einkoppeloptiken und bei der Verbindung verschiedener Fasern in Steckern oder Spleißen. Die volle Information ist durch das Faser-Nahfeld als Funktion der Querschnittskoordinaten gegeben. Mit der Angabe eines Felddurchmessers wird diese Information auf einen Parameter reduziert, der in die Gleichungen zur Beschreibung der o.g. Effekte eingeht.

Die Definition des Felddurchmessers kann auf verschiedene Weise geschehen. Möglich wäre beispielsweise die Angabe der Halbwertsbreite der Feldintensität. Gebräuchlich sind jedoch Definitionen, die integrale Feldeigenschaften enthalten. Sie unterscheiden sich dadurch, daß sie mit der Beschreibung jeweils eines physikalischen Effektes, sei es Krümmungsdämpfung, Dispersion oder Faserverkopplung vornehmlich verknüpft sind. Von besonderer Wichtigkeit sind die beiden in Abschn. 3.3.4 definierten Feldradien (spot sizes) w_{I} und w_{II}, die als „Petermann I" bzw. „Petermann II" Feldradien bezeichnet werden. Die Feldverteilungen von Einmodenfasern lassen sich i.a. durch Gauß-Funktionen approximieren. Für den theoretischen Fall exakt gaußförmiger Nahfelder $E \propto \exp[-(x^2+y^2)/w^2]$ liefern alle in diesem Abschn. angesprochenen Methoden die gleichen Feldradien, insbesondere $w_{\mathrm{I}} = w_{\mathrm{II}} = w$. Der Feldradius ist also in diesem Sinne derjenige Abstand von der Faserachse, bei dem die elektrische Feldstärke auf $\frac{1}{e}$ und somit die Intensität auf $\frac{1}{e^2}$ abgefallen ist.

9.2.2.2 *Allgemeine experimentelle Gesichtspunkte bei der Bestimmung von Felddurchmessern*

In den folgenden beiden Abschnitten sollen zunächst drei Methoden vorgestellt werden, die von Normungsgremien (ITU, CEI) in erster Linie empfohlen werden: die Fernfeld-Abtast-Methode und zwei Fernfeld-Apertur-Methoden. Dabei werden kurze Testfaserstücke von üblicherweise ca. 2 m Länge verwendet. Als Lichtquellen werden Laserdioden oder mit Filtern bzw. Monochromatoren ausgestattete Weißlichtquellen eingesetzt. Bei gegebenen Detektoreigenschaften muß die eingekoppelte Leistung groß genug sein, um einen genügenden Meß-Dynamikbereich, z.B. 40 dB (s.u.), zu gewährleisten. Um eine ausreichende Wellenlängenauflösung der Feldweite zu erhalten, sollte die optische Quellenbandbreite unter 10 nm liegen. Innerhalb dieses Wellenlängenbereiches ist mit einer relativen Änderung der Feldweite von deutlich weniger als 1% zu rechnen. Die Quelle muß leistungsstabil sein; ebenso wichtig ist eine stabile, zeitinvariante Einkopplung in die Faser. Bei der Einkopplung sollen insbesondere auch Interferenzeffekte vermieden werden, die bei Kopplung einer Anschlußfaser (pigtail) und der Testfaser auftreten können. Dies kann durch schräggeschliffene Fasern oder durch Verwendung von Immersionsöl geschehen. Die Testfaser selbst muß einen Modenabstreifer (mode stripper) für Mantelmoden besitzen und ein Filter zur Unterdrückung eventuell ausbreitungsfähiger höherer Moden. Letzteres kann dadurch realisiert werden, daß die Testfaser eine Schleife mit etwa 30 mm Krümmungsradius enthält. Das abstrahlende Faserende muß mit einer ebenen und annähernd achsennormalen Endfläche versehen werden, eine mit kommerziellen Faserbrechgeräten leicht zu erfüllende Bedingung. Bei der Wahl des Abstandes r_{F} zwischen Faserendfläche und Detektor (Abschn. 9.2.2.3) bzw. Faserendfläche und Fernfeldaperturblende (Abschn. 9.2.2.4) ist die Fernfeldbedingung einzuhalten: $r_{\mathrm{F}} \gg \pi w_0^2/\lambda$, wobei w_0 der erwartete Nahfeldradius ist. Tatsächlich wird in der Regel ein Abstand $r_{\mathrm{F}} > 100\, w_0^2/\lambda$ gewählt, z.B. 20 mm oder mehr. Von dem verwendeten Detektor wird gefordert, daß innerhalb des Dynamikbereiches der Messung die einfallenden optischen Leistungen linear in Spannungswerte umgesetzt werden. Die Detektion geschieht auch bei diesen Meßverfahren i.a. phasenempfindlich mit periodischer Modulation der Quelle (direkt oder durch einen Chopper) und Einsatz eines Lock-in Verstärkers.

Viele der genannten experimentellen Gesichtspunkte gelten sinngemäß auch für weitere Meßmethoden, die im Abschn. 9.2.2.5 angesprochen werden, insbesondere für die Verkopplungsmethode.

9.2.2.3
Fernfeld-Abtast-Methode

Nach ITU-Norm ist der Modenfelddurchmesser $2 \cdot w_0$ des Nahfeldes (!) gegeben durch (vgl. ITU-T G.650)

$$2w_0 = \frac{\lambda\sqrt{2}}{\pi} \cdot \left[\frac{\int_0^{\pi/2} P_F(\Theta) \sin \Theta \cos \Theta d\Theta}{\int_0^{\pi/2} P_F(\Theta) \sin^3 \Theta \cos \Theta d\Theta} \right]^{1/2} \quad (9.11)$$

wobei $P_F(\Theta)$ die Leistung im Fernfeld bezeichnet als Funktion des Winkels Θ gegen die Symmetrieachse. Diese Leistung muß mit einem kleinflächigen Detektor auf einem Kreis um die abstrahlende Faserendfläche gemessen werden (P_F ist also ein Maß für die Fernfeld-Intensität). Um den Sinn dieser Festlegung zu verstehen, muß gesagt werden, daß darin als Meßgröße zunächst der effektive Fernfeldradius (im Sinne der Petermann I-Definition) enthalten ist:

$$W_I = 2 \cdot \left[\frac{\int_0^{1/\lambda} f_\varrho^2 P_F(f_\varrho) f_\varrho df_\varrho}{\int_0^{1/\lambda} P_F(f_\varrho) f_\varrho df_\varrho} \right]^{1/2} \quad (9.12)$$

wobei f_ϱ die Ortsfrequenzvarable $f_\varrho = \sin(\Theta)/\lambda$ bezeichnet. Es läßt sich nun zeigen (s. [20] und Kap. 4), daß der Petermann II-Feldradius w_{II} des Nahfeldes mit obigem Fernfeldradius W_I gemäß

$$w_{II} = \frac{1}{\pi W_I} \quad (9.13)$$

zusammenhängt. Daraus ergibt sich, daß die Festsetzung des Felddurchmessers nach Gleichung (9.11) der Petermann II-Definition des Nahfeldes entspricht: $w_0 = w_{II}$ [21, 22]. Die Beziehung Gl. (9.13) ist im Rahmen einer skalaren Beugungstheorie exakt. Sie beruht auf dem Zusammenhang zwischen den Verteilungen der elektrischen Feldstärke im Nah- und Fernfeld, der durch eine zweidimensionale Fourier-Transformation gegeben ist, die für radialsymmetrische Felder speziell eine Hankel-Transformation 0. Ordnung darstellt.

Die experimentelle Bestimmung der Leistungsverteilung $P_F(\Theta)$ geschieht grundsätzlich mit einem Aufbau, wie er in Abschn. 9.1.3 zur Bestimmung der numerischen Apertur von Vielmodenfasern gezeigt ist. Da das Nahfeld des Grundmodus näherungsweise als gaußförmig angenommen werden kann, muß der Meßabstand zur Faserendfläche – zur Erfüllung der Fernfeldbedingung – sehr groß gegen den Rayleighabstand $\pi w_0^2/\lambda$ eines Gaußschen-Strahles sein. Tatsächlich wird diese in der Regel mit Abständen >2 cm bei weitem erfüllt. Die abgestrahlte Gesamtleistung der Faser verteilt sich im Fernfeld bei vorgegebener Winkelauflösung und Schrittweite $\Delta\Theta$ auf ca. $(1/\Delta\Theta)^2$ Flächenelemente, so daß mit kleinen Detektorsignalen zu rechnen ist. Um systematische Fehler zu vermeiden, darf die Abtastung in nicht zu großen Schritten $\Delta\Theta$ erfolgen – typischerweise $<0{,}5°$ (die aktive Detektorgröße bzw. der Abstand Detektor-Faserendfläche ist entsprechend zu wählen). Andererseits muß der Dynamikbereich des Detektors ausreichen, um die Randbereiche des Fernfeldes genügend genau zu erfassen. Typischerweise ist ein Dynamikbereich vom Fernfeldmaximum bis zur Detektionsgrenze von mehr als 40 dB erforderlich, um Fehler in der Bestimmung von W_I, und damit auch in w_{II}, unter 1% zu halten. Für hochgenaue Messungen werden 50 dB gefordert. Steht als Lichtquelle ein Laser zur Verfügung, z.B. eine abstimmbare Laserdiode mit „extended cavity", so sind die Detektionsprobleme nicht gravierend. Bei der Verwendung von Weißlichtquellen mit Gittermonochromatoren wird dagegen in der Regel nur wenig eingekoppelte Lichtleistung zur Verfügung stehen.

9.2.2.4
Fernfeld-Apertur-Methoden

Bei der Schneidenmethode („knife-edge method", s. Abb. 9.7 a) wird ein Teil des Fernfeldes durch eine Halbebene abgedeckt [21]. Der transmittierte Teil wird mit Hilfe einer Linse einem Photodetektor zugeführt und als Funktion der Winkelposition der Schneide registriert. Wie in [23] gezeigt, kann der effektive Fernfeldradius W_I aus dem differenzierten Meßsignal oder einfacher auch direkt aus dem Meßsignal $P_S(f_s)$ berechnet werden:

$$W_I = \left[8 \cdot \int_0^{1/\lambda} [P_S(f_s)/P_S(0)] f_s df_s \right]^{1/2} \quad (9.14)$$

wobei $f_s = \sin(\Theta)/\lambda$ die Stellung der Schneide S beschreibt. Wie bei der Fernfeldmethode im vorhergehenden Abschn. dargestellt, ergibt sich daraus der Petermann II-Felddurchmesser des Nahfeldes $2w_{II} = 2/\pi W_I$ (s. Gl. (9.13)).

Eine ähnliche Methode, durch ITU empfohlen (s. ITU-T G.650), ist die Fernfeldme-

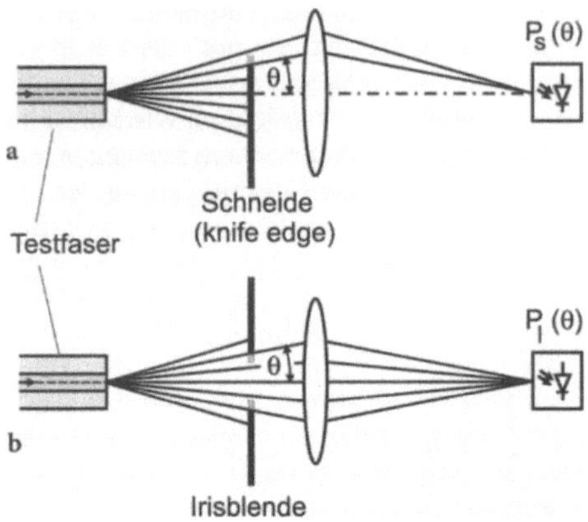

Abb. 9.7 a, b. Fernfeld-Apertur-Methoden zur Bestimmung des Felddurchmessers w_{II}

thode mit variabler Apertur, bei der sich zentrisch im Fernfeld eine kreisförmige Irisblende befindet [24]. Die transmittierte Leistung $P_I(\Theta)$ wird hier als Funktion der Blendengröße, spezifiziert durch die Winkelposition Θ des Blendenrandes, aufgenommen (s. Abb. 9.7b). Wird die Fernfeldkoordinate mit $f_\varrho = \sin(\Theta)/\lambda$ bezeichnet, so ist P_I proportional zum Integral über $I(f_\varrho) \cdot f_\varrho$ und die Fernfeldintensität $I(f_\varrho)$ folglich proportional $(1/f_\varrho) \cdot dP_I/df_\varrho$. Damit ergibt sich die effektive Fernfeldbreite W_I zu

$$W_I = \left[2 \cdot \int_0^{1/\lambda} \frac{d}{df_\varrho} \left(\frac{P_I(f_\varrho)}{P_{I\,max}} \right) \cdot f_\varrho^2 \, df_\varrho \right]^{1/2} \tag{9.15}$$

Führt man die komplementäre Leistungs-Transmissionsfunktion $a(f_\varrho) = 1 - P_I(f_\varrho)/P_{I\,max}$, so ergibt sich durch partielle Integration

$$W_I = \left[4 \int_0^{1/\lambda} a(f_\varrho) f_\varrho \, df_\varrho \right]^{1/2} \tag{9.16}$$

und daraus wie zuvor der Petermann II-Durchmesser des Nahfeldes

$$2w_{II} = \frac{2}{\pi W_I} = \frac{\lambda\sqrt{2}}{\pi} \frac{1}{\left[\int_0^{\pi/2} a(\Theta) \sin[2\Theta] d\Theta \right]^{1/2}} \tag{9.17}$$

Da bei den Aperturmethoden im Vergleich zur direkten Fernfeldabtastung (Abschn. 9.2.2.3) über größere Fernfeldbereiche integriert wird, erhält man bei gleicher geführter Leistung in der Faser größere Leistungen am Detektor. Im Blick auf Signal-Rauschverhältnisse sind diese Methoden daher zu bevorzugen und derartige Messungen können daher durchaus mit gefilterten Weißlichtquellen durchgeführt werden.

9.2.2.5 Weitere Methoden zur Bestimmung des Felddurchmessers

Der Felddurchmesser des LP_{01}-Modus kann grundsätzlich auch direkt aus dem Nahfeld entnommen werden. Dazu muß das Nahfeld mit einem geeigneten Mikroskop-System vergrößert abgebildet werden. Die Abtastung des Nahfeldbildes erfolgt dann punktweise auf einem Durchmesser und liefert somit einen Schnitt $I(r)$ durch die Nahfeldintensität. Daraus können die Felddurchmesser je nach gewünschter Definition berechnet werden. Für den meist gewünschten Petermann II-Felddurchmesser ist allerdings gemäß der Definitionsgleichung aus Abschn. 9.3.3.4 eine Ableitung der – besonders in den Randgebieten verrauschten – Meßdaten nach der radialen Koordinate zu bilden.

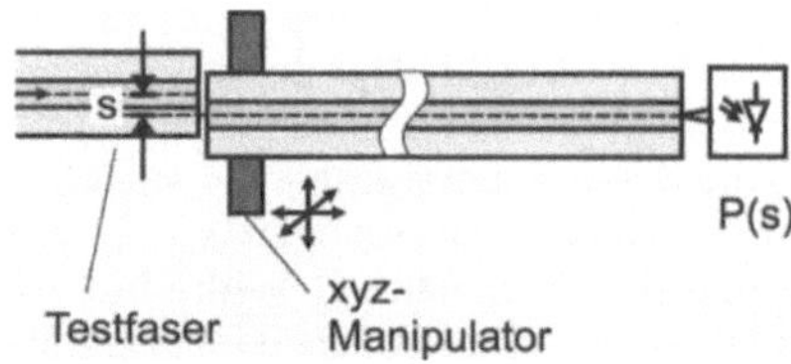

Abb. 9.8. Verkopplungsmethode zur Bestimmung des Felddurchmessers w_a

Eine sehr zuverlässige und einfach zu realisierende Methode ist Verkopplungsmethode [17] (s. Abb. 9.8). Hierbei werden zwei präparierte Enden einer Faser – eines fixiert, das andere positionierbar – zunächst mit kleinem longitudinalen Abstand (<5 μm) transversal auf maximale Überkopplung justiert. Anschließend wird anhand der Detektorleistung P der relative Kopplungswirkungsgrad $\eta = P(s)/P_{max}$ als Funktion des vorgegebenen transversalen Versatzes s vermessen. Die volle $1/e$-Breite der Meßkurve ergibt den Felddurchmesser $2w_a$ im Sinne einer Autokorrelations-Definition:

$$\eta(s) = \left[\frac{\iint E(x,y) \cdot E_S(x,y) \, dx\,dy}{\iint E^2(x,y) \, dx\,dy} \right]^2$$
$$\eta(w_a) := \frac{1}{e} \tag{9.18}$$

wobei $E(x, y)$ das LP_{01}-Modenfeld und $E_S(x, y)$ die um s transversal verschobene Feldverteilung bezeichnet. Trotz vieler günstiger Eigenschaften dieser Methode ist sie jedoch von internationalen Normungsgremien nicht berücksichtigt worden.

9.2.3 Messung von Polarisationszuständen und Polarisationszustands-Änderungen in einmodigen Fasern

Bei der Signalübertragung in optischen Fasern machen sich Polarisationseffekte vor allem in Form von Polarisationsmodendispersion bemerkbar (vgl. Abschn. 9.3.2.5 und 3.4.5). Der Polarisationszustand und seine zeitlichen Änderungen am Anfang und am Ende einer Faser oder Komponente ist immer dann von Interesse, wenn Bauelemente oder Detektionsverfahren mit polarisationsabhängigen Eigenschaften verwendet werden. Oft sind die Polarisationsabhängigkeiten nur schwach und müssen erst in zweiter Linie bei der Optimierung von Systemen berücksichtigt werden. Dagegen sind alle Übertragungs- und Meßverfahren, die auf kohärentem Empfang basieren, inhärent stark polarisationsempfindlich. Um polarisationsbedingte Probleme beurteilen und lösen zu können – sei es durch Verwendung von Polarisationsstellern, Polarisations-Scramblern oder durch Ersatz von Komponenten – müssen zunächst die interessierenden Polarisationszustände meßtechnisch erfaßt werden.

Die Erfassung von Polarisationszuständen (und auch von Polarisationsgraden) ist die Aufgabe von Polarimetern. Ein schematischer Polarimeter-Meßaufbau ist in Abb. 9.9 dargestellt. Das auf seinen Polarisationszustand zu untersuchende Licht wird dabei auf vier räumlich getrennte Detektionszweige 1–4 aufgeteilt. Mit Ausnahme des letzten Zweiges befinden sich vor den Detektoren polarisierende Elemente: lineare Polarisatoren unter 0° und 45° in den Zweigen 1 und 2 und eine Kombination aus Viertelwellenlängenplatte (Hauptachsen unter 0° bzw. 90°) und Linearpolarisator unter 45° im Zweig 3, jeweils bezüglich eines beliebig in der Transversalebene festgelegten x-y-Bezugssystems. Auf diese Weise erhält man Meßgrößen für die Leistung im x-polarisierten Zustand, im linearen Zustand unter 45° zur x- und y-Achse, in einem der beiden zirkularen Polarisationszustände und für die Gesamtleistung. Damit können die vier Stokesparameter $S_0 \dots S_3$ bestimmt werden, die den zu messenden Polarisationszustand beschreiben und insbesondere auch die normierten Stokesparameter $s_1 = S_1/S_0$, $s_2 = S_2/S_0$ und $s_3 = S_3/S_0$. Letztere liefern die Darstellung der Polarisationszustände auf der Poincaré-Kugel (s. Kap. 4). Beispielsweise ergibt sich s_1 gemäß $s_1 = (P_x - P_y)/(P_x + P_y) = (2P_x - P_{ges})/P_{ges}$. Die gleiche Information über einen Polarisationszustand kann auch – einfacher – gewonnen werden, wenn die obigen Messungen ohne Strahlaufteilung sequentiell mit einer drehbaren Viertelwellenlängenplatte und einem drehbaren linearen Polarisator durchgeführt wird. Ein solcher Meßaufbau ist dann sinnvoll, wenn nicht mit schnellen Fluktuationen des Polarisationszustandes gerechnet werden muß und eine mechanische Einstellung der Komponenten akzeptiert wird.

Bei dem tatsächlichen Aufbau von Polarimetern treten stets Abweichungen zu dem obigen Konzept auf. So sind insbesondere verschiedene Detektoren unterschiedlich empfindlich, Viertelwellenlängen-Verzögerungsplatten haben Retardierungsfehler und die Strahlaufteilung bringt Änderungen des Polarisationszustandes mit sich. Alle diese Effekte zusammen müssen nach Kalibrierungsmessungen nachträglich bei der numerischen Auswertung der Meßergebnisse berücksichtigt werden.

Viele faser- und integriert-optische Bauelemente sind – zumindest in begrenzten Teilbereichen – linear doppelbrechend, d.h. sie besitzen linear polarisierte Eigenzustände. Wird einer dieser Eigenzustände angeregt, so bleibt er bei der Ausbreitung erhalten. Die Ausbreitungskonstanten der beiden Eigenzustände unterscheiden sich jedoch um einen gewissen Betrag $\Delta\beta$. Die Bestimmung dieser Differenz in den Ausbreitungskonstanten oder der äquivalenten Größe der sogenannten Schwebungs-

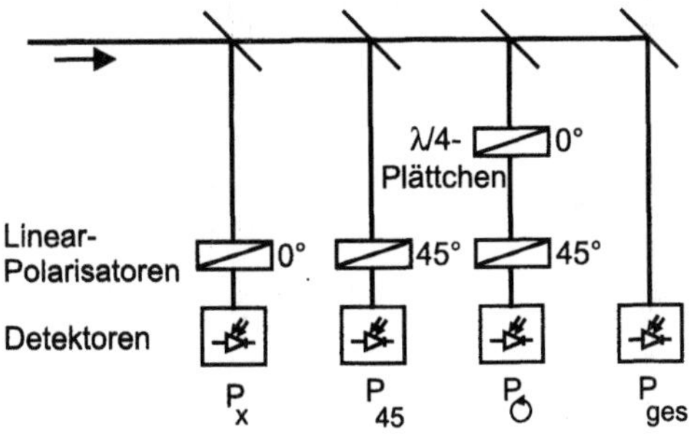

Abb. 9.9. Polarimeter

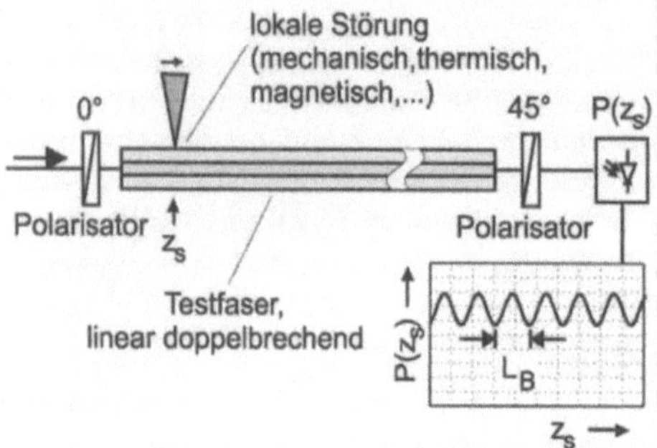

Abb. 9.10. Anordnung zur Bestimmung der Schwebungslänge einer linear doppelbrechenden Einmodenfaser

länge (beat length) $L_B = 2\pi/\Delta\beta$ ist eine oft auftretende Meßaufgabe. Sie kann gelöst werden durch eine Meßanordnung wie in Abb. 9.10: Am Eingang wird ein Eigenzustand (Polarisationsrichtung 0°) angeregt und das Ausgangssignal hinter einem Polarisator unter 45° detektiert (alternativ: Einkopplung unter 45° und Detektion mit Polarisator unter 0°). Längs des Bauelementes wird eine lokalisierte und verschiebbare Störung eingeführt, die die beiden Eigenzustände verkoppelt. Am Ausgang erhält man dann in Abhängigkeit von der Position der Störung ein oszillierendes Signal, dessen Periode direkt die Schwebungslänge darstellt. Zur lokalisierten Kopplung der Eigenzustände kommen mechanische, thermische oder magnetische Störungen in Frage [25, 26].

9.3 Bestimmung der Übertragungseigenschaften optischer Fasern

9.3.1 Faser-Dämpfungsmessungen

9.3.1.1 *Ursachen und Bedeutung von Dämpfungseffekten*

Die Faserdämpfung ist eine der wichtigsten Meßgrößen für optische Übertragungssysteme, denn - zusammen mit den Dispersionseffekten - entscheidet sie über die maximalen Abstände zwischen Repeatern bzw. optischen Faserverstärkern. In vielen Fällen wird nur die Gesamtdämpfung einer Faserstrecke von Interesse sein, unabhängig davon, durch welche faser-internen Ursachen sie zustande kommt.

Für Faser- und Kabelhersteller ist es jedoch auch bedeutsam, wie sich diese Gesamtdämpfung aus Absorptions-, Streu-, Krümmungs- und sonstigen Verlusten zusammensetzt. Bei zweimodigen und vielmodigen Fasern stellt sich zusätzlich die Frage, ob unterschiedliche, modenselektive Verluste auftreten. Für Hersteller wie für Anwender ist ferner oftmals die Dämpfungsverteilung längs einer Testfaser von Interesse, um die Einzelbeiträge von Teilstrecken und die Verluste an Verbindungs- und Störstellen erkennen zu können. Für diese verschiedenen Aufgaben werden geeignete Meßverfahren benötigt, die in den folgenden Unterabschnitten diskutiert werden sollen.

9.3.1.2 *Messung der Gesamtdämpfung einer Faser*

Zum Standardmeßverfahren für die hochgenaue Dämpfungsmessung an Fasern ist das in Abb. 9.11 dargestellte Rückschneideverfahren (cutback method) geworden (s. ITU-T G.650). Es zeichnet sich durch einen äußerst einfachen Aufbau aus und kann in der angegebenen Form auch für alle mit Faseranschlüssen versehenen Komponenten verwendet werden: Als erstes wird dabei die optische Leistung P_a am Ende der gegebenen Strecke gemessen. Um diese Leistung mit der eingekoppelten Leistung am Fasereingang vergleichen zu können, wird die Strecke bis auf einen kurzen Rest zurückgeschnitten. Dort wird bei ungeänderter Quelle und unveränderter Einkopplung die dortige Leistung P_e mit demselben Leistungsmeßgerät bestimmt. Die Streckendämpfung in dB ergibt sich dann offenbar gemäß $a = 10\log(P_e/P_a)$.

Als Quelle werden bei solchen Messungen meistens Laserdioden eingesetzt, wenn die

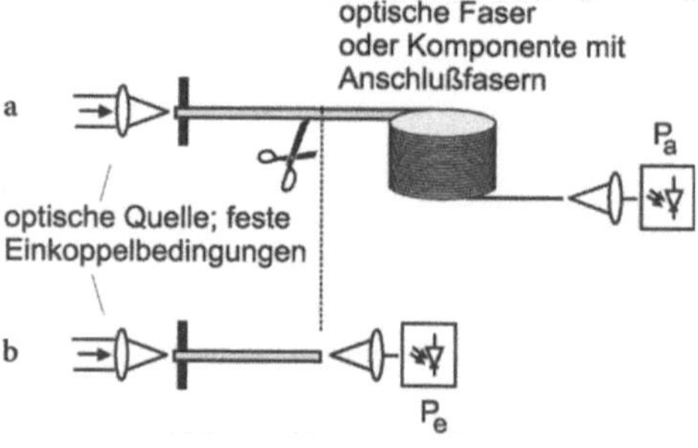

Abb. 9.11 a, b. Rückschneideverfahren (cut-back-method) zur Dämpfungsbestimmung

Dämpfung nur bei einer Wellenlänge gesucht ist. Soll der Verlauf der Dämpfung über der Wellenlänge $a(\lambda) = 10 \log(P_e(\lambda)/P_a(\lambda))$ bestimmt werden, müssen zunächst P_a und dann P_e als Funktion der Wellenlänge registriert werden. Dazu wird breitbandiges Licht im Zusammenwirken mit abstimmbaren Filtern, insbesondere Monochromatoren eingesetzt. Alternativ können auch abstimmbare Laser benutzt werden.

Die Wahl der Lichtquelle hat Auswirkungen auf den Wellenlängenmeßbereich, die Wellenlängenauflösung, den erreichbaren Dynamikbereich der Messung und die Störungsempfindlichkeit. Soll der gesamte für die optische Nachrichtentechnik interessierende Wellenlängenbereich mit einer Quelle abgedeckt werden, so ist ein thermischer Strahler, insbesondere eine Halogenlampe, einzusetzen. In begrenzteren Wellenlängenbereichen von 50 ... 100 nm können LED's benutzt werden. Dabei sind für Messungen an Einmodenfasern Kantenemitter vorzuziehen wegen ihrer erheblich höheren einkoppelbaren Leistung. Verschiedene Mittenwellenlängen des Meßbereiches erhält man durch Wahl des Halbleitermaterials. Ist nur der Wellenlängenbereich von ca. 1520 bis 1550 nm von Interesse so bietet sich das verstärkte spontan emittierte Licht (ASE) eines rauschenden Erbiumfaserverstärkers (ohne optisches Eingangssignal) an. Für den 1300 nm-Bereich kommen entsprechend auch Praseodym-Verstärker infrage. Sollen abstimmbare Laserquellen verwendet werden, so stehen – vor allem im 1500 ... 1600 nm Bereich – Laserdioden mit externem Gitterreflektor, sogenannte External Cavity Laser (ECL) zur Verfügung, die in der Regel um etwa 100 nm abgestimmt werden können. Für Messungen bei Einzelwellenlängen ist die Benutzung von Laserdioden üblich, entweder in Form von Fabry-Perot- oder von DFB-Lasern.

Die in Einmodenfasern einkoppelbaren Leistungen liegen für Wolframlampen, LED's und EDFA's größenordnungsmäßig bei jeweils −30 dBm, −10 dBm und +10 dBm. Der letzte Wert von 10 mW gilt auch als Anhaltspunkt für Laserdioden und steht in diesem Fall für die Messung zur Verfügung. Bei den drei genannten Breitbandquellen ist dagegen die verfügbare Leistung nach der spektralen Filterung erheblich geringer. Wählt man beispielsweise eine optische Meßbandbreite von 1 nm, so kann man mit Leistungspegeln von etwa −60 dBm, −30 dBm bzw. −10 dBm rechnen. Bei gegebener Empfindlichkeit des optischen Empfängers ergeben sich daraus stark unterschiedliche, für die Messung nutzbare Dynamikbereiche.

Trotz des einfachen Meßaufbaus sind bei der praktischen Durchführung eine Reihe von Gesichtspunkten zu beachten, insbesondere deshalb, da i.a. hochgenaue Ergebnisse, bis herunter zu Fehlern von ±0,01 dB, angestrebt werden. Als mögliche Fehlerquelle kommen zunächst die Faserendflächen in den beiden Messungen in Betracht. Sie sollten beide so weit wie möglich senkrecht zur Faserachse und von optischer Qualität sein. Unbedingt zu vermeiden sind Justageänderungen der Einkopplung zwischen den Messungen. Dies ist mehr bei einer Freistrahleinkopplung zu befürchten, weniger wenn die Meßfaser an eine Vorlauffaser angespleißt ist. Weitere Meßungenauigkeiten können von den Spektraleigenschaften der Quelle herrühren. Bei großer optischer Bandbreite ist u. U. die spektrale Auflösung geringer als gewünscht. Bei sehr kleinen Bandbreiten, wie sie insbesondere bei DFB-Laserdioden und bei ECL's auftreten, können sich Interferenzeffekte störend bemerkbar machen. Zwar trifft dies in erheblich stärkerem Maße auf Messungen von Komponenten-Einfügeverlusten zu, aber auch bei Fasern können beispielsweise zwei benachbarte Reflexionsstellen mit 1 Prozent Leistungsreflexion wellenlängenabhängige Dämpfungsschwankungen von fast 0,2 dB hervorrufen. Allerdings sind dies tatsächliche Transmissionsschwankungen, und die Messung ist insofern als korrekt anzusehen. Wirkliche quellenabhängige Meßfehler treten auf, wenn derartige Reflexe etwa das Spektralverhalten der Quelle verändern. Schwankungen in der Ausgangsleistung sind dagegen weniger schwerwiegend, da i.a. zeitliche Mittelwerte als Meßwerte verwendet werden. Schließlich wirken sich Detektoreigenschaften auf die Meßgenauigkeit aus. In dieser Hinsicht kann zunächst festgehalten werden, daß der Detektor nicht absolute Leistungen, sondern nur Leistungsverhältnisse zu messen braucht. Fehler in seiner Linearität gehen aber unmittelbar in das Meßergebnis ein und müssen korrigiert werden. Weitere Fehlermöglichkeiten liegen in örtlichen Inhomogenitäten der aktiven Detektorfläche und in der begrenzten nutzbaren Detektions-A_N. Beides tritt aber nur als Differenzeffekt zwischen den beiden Messungen in Erscheinung. Letztlich sei noch auf eine mögliche Polarisationsabhängigkeit der Messung hingewiesen. Diese wird i.a. nicht von polarisationsabhängigen Faserverlusten herrühren (wie bei etlichen Wellenleiter-Komponenten), sondern von einer gelegentlich zu beobachtenden leichten Polarisationsabhängigkeit des Detektors.

Bei Dämpfungsmessungen an Vielmodenfasern ist als grundsätzlicher Gesichtspunkt festzustellen, daß jeder Modus eine individuelle Dämpfung erfahren wird. Die Gesamtdämpfung hängt damit vom Modenspektrum, der Leistungsaufteilung auf die unterschiedlichen Moden ab. Ohne Modenmischung ergäbe sich keine exponentiell abfallende Gesamtleistung. Tatsächlich stellt sich durch Kopplungseffekte in realen Vielmodenfasern i.a. nach einer charakteristischen Kopplungslänge L_c ein stationäres Modenspektrum ein (vgl. Kap. 5). Die Dämpfung in diesem Zustand bestimmt das Verhalten langer Übertragungsstrecken mit $L \gg L_c$. Sie ist damit für den Anwender oft von Interesse. Um vergleichbare Ergebnisse zu bekommen, sollte bei der Dämpfungsmessung die Einkopplung so gewählt werden, daß dieses stationäre Modenspektrum approximiert wird (vgl. Kap. 5). Dazu ist die sogenannte 70%-Anregung üblich, bei der das Eingangslicht $1/\sqrt{2}$ des Kernradius ausleuchtet und die anregende numerische Apertur $1/\sqrt{2}$ der numerischen Apertur der Faser ausmacht. Alternativ können Vorlauffasern mit Modenmischern wie etwa Kugelbett-Mischern eingesetzt werden. Auf diese Weise lassen sich für die Praxis aussagekräftige und reproduzierbare Ergebnisse gewinnen.

9.3.1.3
Messung einzelner Verlustbeiträge

Zum Gesamtverlust in Fasern tragen Absorption und Streuung im Material bei; neben diesen intrinsischen Verlusten entstehen Zusatzverluste durch Makro- und Mikrokrümmungen.

Die absorptiven Verluste können bestimmt werden, indem in einem gegebenen Faserstück neben der transmittierten Leistung auch die absorbierte Leistung gemessen wird. Letztere kann über Temperaturmessungen bestimmt werden, z.B. mittels Thermoelementen in einem Kalorimeter. Die Streuverluste ergeben sich, wenn man neben der transmittierten Leistung das Streulicht detektiert, das die Faser seitlich verläßt. Dies kann mit mehreren seitlich angeordneten Einzeldetektoren oder mit Hilfe einer integrierenden Kugel (Ulbricht-Kugel) geschehen. Zu berücksichtigen ist, daß ein Teil der Gesamtstreuleistung als Mantelmoden in der Faser geführt wird.

Ziel der Messung von Krümmungsverlusten ist es oftmals, die Empfindlichkeit einer gegebenen Faser bei gegebener Wellenlänge auf Makro- oder Mikrokrümmung zu bestimmen. In diesem Falle werden die Testfasern definierten Krümmungen unterworfen und die dadurch bedingte Änderung der Transmission beobachtet. Zur Bestimmung der Makrokrümmungsverluste ist es üblich, die Faser von einer Trommel mit großem Radius (z.B. 500 mm) auf eine Trommel mit kleinem Radius (z.B. 50 mm) umzuspulen unter fortlaufender Registrierung der transmittierten Leistung. Zur Messung der Mikrokrümmungsempfindlichkeit kann die Faser unter Zugspannung und mit Selbst-Überkreuzungsstellen auf eine Trommel aufgespult oder auf andere Weise (Sandpapier, Drahtgitter) deformiert werden.

Modenselektive Dämpfungsmessungen in Vielmodenfasern können durchgeführt werden, indem entweder selektiv Modengruppen angeregt werden oder bei voller Anregung am Ausgang selektive Fernfeldmessungen durchgeführt werden [3]. Von besonderer Bedeutung ist der Dämpfungsunterschied zwischen dem LP_{01}-Grundmodus und dem nächsthöheren LP_{11}-Modus in Fasern nahe der Einmodigkeitsgrenze. Derartige Messungen wurden bereits in Abschn. 9.2.1.2 diskutiert als Mittel zur Bestimmung der cut-off Wellenlängen.

9.3.1.4
Ortsaufgelöste Dämpfungsmessungen mittels Zeitbereichreflektometrie

Obwohl optische Fasern in großen Längen und mit weitgehend gleichbleibender Qualität gefertigt werden können, so muß doch mit ortsabhängigen Dämpfungen gerechnet werden. Dies kann verschiedene Ursachen haben: nicht-ideale Produktionsbedingungen, Einsatz von Fasern aus verschiedenen Chargen/von verschiedenen Herstellern, Verkabelungsprobleme, Umwelteinflüsse etc. Insbesondere schwankt auch die Perfektion von Steckern und Spleißen. Die Zeitbereichsreflektometrie (Optical Time Domain Reflectometry, OTDR) ist ein Mittel, Verluste ortsabhängig zu quantifizieren [27,28]. Die Methode ist zerstörungsfrei, sie ist feldgeeignet und erfordert nur den Zugang zu einem Faserende. Typischerweise können Streckenlängen von 100 km und mehr erfaßt werden. Übliche

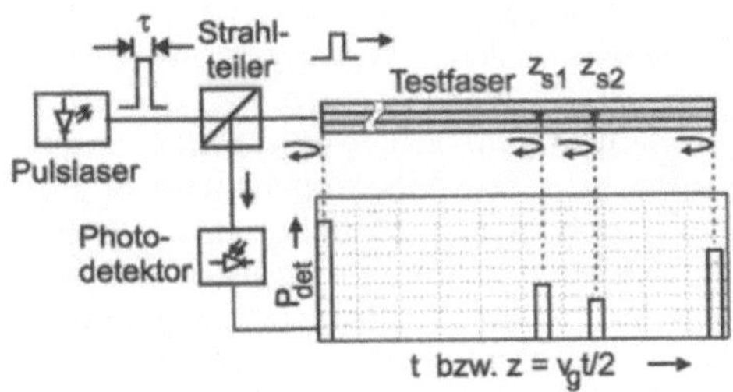

Abb. 9.12. Faseroptisches Zeitbereichs-Reflektometer (OTDR)

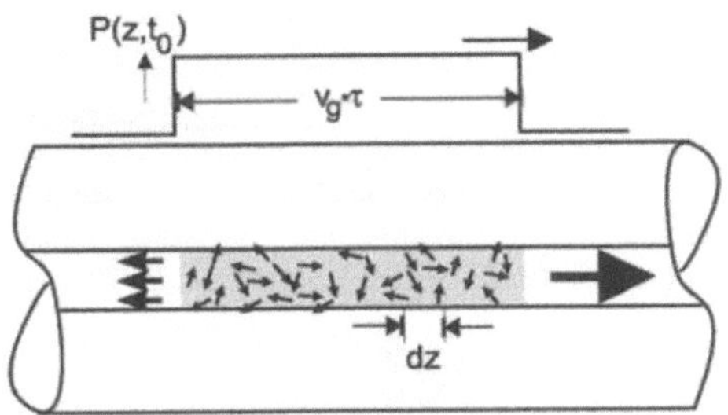

Abb. 9.13. Rayleigh-Streuung in einem Fasersegment durch einen einlaufenden optischen Impuls

Ortsauflösungen liegen zwischen etwa 1 m und 100 m.

Das Grundprinzip des OTDR-Meßverfahrens ist das Prinzip eines Pulsradars (s. Abb. 9.12): Ein Laserimpuls wird über einen Strahlteiler in die Testfaser eingekoppelt. Befindet sich an einer Stelle z_s eine lokalisierte und reflektierende Störstelle, so erreicht nach der Umlaufzeit $t = 2 z_s / v_g$ eine verzögerte und abgeschwächte Version des Laserpulses den am Einkoppelort befindlichen Detektor. Bei bekannter Gruppengeschwindigkeit in der Faser $v_g = c/n_g$ ergibt sich aus der Messung der Verzögerungszeit t direkt der Ort der Störung. Der Reflexionsfaktor der Störstelle ist dabei zunächst noch unbestimmt. Mit Zusatzannahmen über die Dämpfungseigenschaften der Strecke $[0 \ldots z_s]$ kann er aus der gemessenen Impulshöhe (bei bekanntem Eingangsimpuls) abgeschätzt werden. Ist der Eingangsimpuls rechteckförmig mit der Breite τ und befinden sich zwei benachbarte Störstellen bei z_{s1} und z_{s2} in der Faser, so muß i. a. mit einer zeitlichen Überlappung der beiden reflektierten, am Detektor eintreffenden Impulse gerechnet werden. Keine Überlappung tritt offenbar dann auf, wenn $z_{s2} - z_{s1} > v_g \cdot \tau/2$. Diese Größe kann dann als Ortsauflösung angesehen werden:

$$\Delta z = \frac{v_g}{2} \cdot \tau \tag{9.19}$$

Zur ortsaufgelösten Dämpfungsbestimmung – der Hauptaufgabe des OTDR-Meßverfahrens – werden nicht Reflexe lokalisierter Störstellen ausgewertet. Vielmehr wird ein Teil des Lichtes detektiert, das in jedem, vom einlaufenden optischen Impuls erfaßten Längenelement dz durch Rayleigh-Streuung entsteht (Abb. 9.13). Die den Detektor erreichende optische Leistung $dP_{\text{streu}}(t)$, die von einem bestimmten Längenelement dz der Strecke ausgeht, kann folgendermaßen angegeben werden:

$$dP_{\text{streu}}(t) = R_{\text{ST}} \cdot S\alpha_{\text{S}} \cdot P(z)\,dz \cdot e^{-a_{\text{r}}(z)} \cdot f(t;z) \tag{9.20}$$

Dabei bedeutet $P(z)$ die am Streuort eintreffende Leistung des hinlaufenden Impulses. Der Term $\alpha_{\text{S}} \cdot P(z) \cdot dz$ (mit dem Streudämpfungskoeffizienten α_{S}; s. Abschn. 3.4.1) ist dann die gesamte in dz erzeugte Streuleistung. Der Fangfaktor (Rückstreufaktor) S bezeichnet den kleinen Anteil dieses Streulichtes, der in die Faser eingekoppelt wird und zum Detektor zurücklaufen kann (s. unten). Auf dem Rückweg wird das Streulicht insgesamt um den Faktor $\exp(-a_{\text{r}}(z))$ aufgrund aller dort vorkommender Dämpfungsursachen (inklusive neuerlicher Streuung) geschwächt. Schließlich wird am Eingangs-Strahlteiler (Richtkoppler) nur ein Teil R_{ST} der ankommenden Lichtleistung (ca. 50 % bei Einsatz eines 3 dB-Kopplers) zum Detektor gelangen. Der durch die Funktion $f(t;\, z)$ beschriebene Zeitverlauf des Streusignals des Längenelementes dz folgt dem Zeitverlauf des Eingangspulses, verzögert um die Umlaufzeit $2 \cdot z/v_g$. Bei einem rechteckförmigen Eingangsimpuls mit Pulsbreite τ ist somit $f(t;\, z) = 1$ für $2 \cdot z/v_g - \tau/2 < t < 2 \cdot z/v_g + \tau/2$ und sonst null. Die Gesamtstreuleistung $P_{\text{streu}} = \int dP_{\text{streu}}$ kann in diesem Falle direkt angegeben werden, wenn der Integrand über die Pulslänge als konstant angesehen wird:

$$P_{\text{streu}}(z) = T_{\text{ST}} R_{\text{ST}} \cdot S(z)\, \alpha_{\text{S}}(z) \cdot P_0\, e^{-(a_{\text{h}}(z) + a_{\text{r}}(z))} \cdot \Delta z \tag{9.21}$$

Dabei ist das Zeitsignal gemäß $t = 2 \cdot z/v_g$ als Funktion einer äquivalenten Ortskoordinate längs der Faser angegeben. P_0 bezeichnet die Eingangsleistung vor dem Strahlteiler, die bis zum Orte z auf $P(z) = P_0 \cdot T_{ST} \cdot \exp(-a_h(z))$ abnimmt. Die Länge des Integrationsintervalls ergibt den Faktor Δz, der der halben räumlichen Länge des Eingangsimpulses und der in Gl. (9.19) angegebenen Ortsauflösung entspricht. In logarithmischem Maßstab ergibt sich das Rückstreusignal damit zu

$$\rho(z) = 10 \log \frac{P_{streu}(z)}{P_0} = 10 \log [T_{ST} R_{ST} \cdot S(z) \alpha_S(z) \Delta z] - (a_{hdB}(z) + a_{rdB}(z)) \tag{9.22}$$

Dabei sind a_{hdB} und a_{rdB} die zu $a_{h,r}$ gehörenden Dämpfungswerte, angegeben in dB. Unter den später genauer diskutierten Annahmen, daß die Streu- und Einfangeigenschaften der Faser nicht ortsabhängig sind, ist der erste Term auf der rechten Seite von Gl. (9.22) konstant. Kann ferner vorausgesetzt werden, daß die Dämpfung auf dem Hin- und Rückweg gleich ist, so liefert die Meßgröße $\rho(z)$ bis auf eine Konstante das zweifache der Einwegdämpfung bis zum Streuort z: $\rho(z) = \text{const} - 2 \cdot a_{dB}(z)$. Wie in Abb. 9.14 schematisch dargestellt, ergibt sich unter diesen Voraussetzungen aus der Steigung der Meßkurve $\rho(z)$

$$\frac{d\rho}{dz} = -2 \cdot \frac{da_{dB}(z)}{dz} = -2\alpha_{dB}(z) \tag{9.23}$$

die lokale Dämpfungskonstante α_{dB} am Orte z, angegeben in dB/km. Bei Stoßstellen oder lokalisierten Fehlstellen ist der zugehörige Sprung in $\rho(z)$ ein Maß für den Einfügungsverlust Δa_{dB} in dB:

$$\rho(z_1) - \rho(z_2) = -2 \cdot (a_{dB}(z_1) - a_{dB}(z_2)) = 2\Delta a_{dB} > 0 \tag{9.24}$$

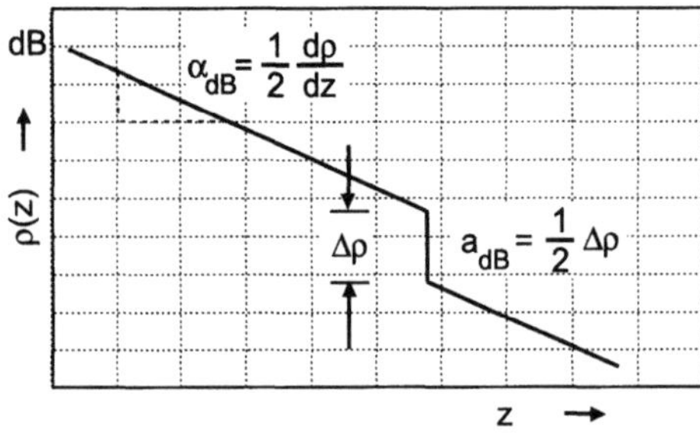

Abb. 9.14. Zur Auswertung einer OTDR-Rückstreukurve

Der oben eingeführte Fangfaktor S bezeichnet den Bruchteil der Gesamtstreuleistung eines Faser-Längenelementes, der von der Faser aufgefangen wird, d.h. in Rückwärtsrichtung wieder in die Faser eingekoppelt wird. Er geht somit wesentlich, s. Gl. (9.21), in die Größe des detektierten Rückstreusignals ein. Sein Wert läßt sich für Vielmoden-Stufenindexfasern leicht abschätzen: Setzt man eine gleichmäßige Leistungsverteilung über die Kernfläche voraus, und nimmt man die Rayleigh-Streuung als isotrop an, so ergibt sich S zu $\Delta\Omega/4\pi$. Dabei bezeichnet $\Delta\Omega$ den Raumwinkel, der durch den Grenzwinkel Θ_{max} der Totalreflexion der Faser gegeben ist: $\Delta\Omega = 2\pi \cdot [1 - \cos\Theta_{max}]$. Wegen der Anisotropie der Rayleighstreuung ergibt eine genauere Behandlung und Mittelung über verschiedene Polarisationszustände einen um den Faktor 1,5 größeren Wert. Berücksichtigt man ferner die Zusammenhänge $1 - \cos\Theta_{max} = \Delta = (n_1 - n_2)/n_1$ (relative Indexdifferenz zwischen Kern und Mantel) und $A_N = \sqrt{n_1^2 - n_2^2} \approx n_1\sqrt{2\Delta}$ (numerische Apertur der Faser) so erhält man die folgenden Ausdrücke:

$$S = \frac{3}{4}[1 - \cos\Theta_{max}] = \frac{3}{4}\Delta \cong \frac{3}{8}\frac{A_N^2}{n_1^2} \tag{9.25}$$

Bei $\Delta = 1\%$, entsprechend einer $A_N = 0{,}2$, ergibt sich daraus beispielsweise ein Wert $S = 7 \cdot 10^{-3}$. Bei Vielmodenfasern mit Parabelprofil ist die Berechnung von S etwas komplizierter und ergibt eine Abhängigkeit von dem angeregten Modenspektrum [29]. Bei gleichmäßiger Modenanregung ergibt sich

$$S = \frac{1}{4} \cdot \frac{A_N^2}{n_1^2} \tag{9.26}$$

Für Einmodenfasern ist der Fangfaktor wellentheoretisch zu berechnen. Dies gelingt über Betrachtungen, bei denen der Streuprozeß durch Dipolstrahlung, angeregt durch die einfallende Welle, modelliert wird und im zweiten Schritt die Anregung des Grundmodus durch die induzierten Dipole berechnet wird. Das Ergebnis lautet [30]

$$S = \frac{3}{2} \cdot \frac{(n_1^2 - n_2^2)/n_1^2}{(\frac{w_0}{a})^2 V^2} \tag{9.27}$$

Dabei bezeichnet w_0 den Gaußschen Feldradius des Grundmodus und V die normierte Frequenz. Mit typischen Werten ergeben sich S-Werte von wenig mehr als 10^{-3}.

Aufgrund variierender Faserparameter längs der Faser (Schwankungen $\delta\Delta$ der relativen Brechzahldiferenz und Schwankungen δa des Kernradius) ist bei Einmodenfasern wie auch bei Vielmodenfasern grundsätzlich eine Ortsabhängigkeit $S = S(z)$ nicht auszuschließen. Mit den obigen Formeln erhält man

$$\delta S/S = \delta\Delta/\Delta \text{ für Vielmodenfasern}$$

$$\delta S/S = \approx 0{,}78 \cdot \delta\Delta/\Delta - 0{,}46 \cdot \delta a/a \quad \text{für Einmodenfasern } (2 < V < 2{,}4)$$

Für Einmodenfasern ist dabei die von Marcuse [30] angegebene Näherungsformel für die Feldweite verwendet worden: $w_0/a = 0{,}65 + 1{,}619\ V^{-3/2} + 2{,}879\ V^{-6}$. Einflüsse durch Änderung des Modenspektrums kommen bei Vielmodenfasern hinzu. Wertet man eine OTDR-Rückstreukurve gemäß Gl. (9.23), also unter der Annahme konstanter Werte für $S(z)$ und $\alpha_s(z)$, aus, so ergeben sich z. B. bei relativen Schwankungen der relativen Brechzahldifferenz von 1% scheinbare Schwankungen der Dämpfungswerte im Bereich von 0,02 dB.

Die in Gl. (9.23) angenommene Gleichheit der Dämpfungswerte auf Hin- und Rückweg ist für Vielmodenfasern nicht exakt erfüllt, da aufgrund unterschiedlicher Modenanregungen auf beiden Strecken sich unterschiedliche Dämpfungen einzelner Moden bis zum Erreichen eines stationären Modenspektrums bemerkbar machen. Bei Einmodenfasern (polarisationsunabhängige Verluste vorausgesetzt) ist

$$a_h(z) = a_r(z) = a(z) \tag{9.28}$$

eine direkte Folge der Reziprozität, die in Abwesenheit wesentlicher Magnetfelder und zeitvariabler Effekte gesichert ist.

In die OTDR-Rückstreuformel Gl. (9.22) geht das Produkt $S(z) \cdot \alpha_s(z)$ ein. Während – wie oben diskutiert – der Fangfaktor vom Kernradius und besonders von der Indexdifferenz abhängt, ändert sich die Streudämpfungskonstante α_s mit der Glaszusammensetzung und der Dotierung. Mit Änderungen von S und α_s muß insbesondere an Verbindungsstellen verschiedener Fasern gerechnet werden. Anstelle von Gl. (9.24) gilt dann

$$\Delta\rho = 2\Delta a_{dB} + 10 \log \frac{S(z_1)\,\alpha_S(z_1)}{S(z_2)\,\alpha_S(z_2)} \text{ dB} \tag{9.29}$$

Damit kann es durchaus geschehen, daß $\rho(z_1) - \rho(z_2) < 0$ wird, eine Verstärkung statt eines Einfügeverlustes vorgetäuscht wird, tatsächlich jedoch lediglich das entferntere Faserstück stärker streut bzw. einen größeren Teil des Streulichtes einfängt. Falls es in einem speziellen Fall bei einmodiger Faserstrecke notwendig sein sollte, solche Arten der Verfälschung von Dämpfungsmessungen zu eliminieren, so können Dämpfungs- und Streueinflüsse durch eine zweite OTDR-Messung vom entfernten Ende aus getrennt werden:

$$\Delta\rho_A + \Delta\rho_B = 4\Delta a_{dB}$$

$$\Delta\rho_A - \Delta\rho_B = 20 \log \frac{S(z_1)\,\alpha_S(z_1)}{S(z_2)\,\alpha_s(z_2)} \tag{9.30}$$

Insbesondere liefert also die mittlere Stufenhöhe aus den von den beiden Seiten aus durchgeführten Messungen A und B die tatsächliche Einfügungsdämpfung, die sich stets als positiv (Verlust) ergibt. Gleichungen (9.30), die direkt auf den Fall von Fasern mit kontinuierlich ortsabhängigen Streueigenschaften verallgemeinert werden können, resultieren unmittelbar aus der Reziprozität der einmodigen Faserstrecke.

In Abb. 9.15 sind die bisher angesprochenen Merkmale von OTDR-Meßkurven graphisch und schematisch dargestellt:

1. die Kurvenabschnitte s_1, s_2 und s_3 zeigen unterschiedliche Steigungen. Die entsprechenden Streckenabschnitten unterscheiden sich demzufolge in ihren Dämpfungskonstanten und diese können unter den o. g. Bedingungen aus den Steigungswerten entnommen werden.
2. An den durch E_1 und E_2 bezeichneten Stellen tritt ein reflexionsfreier Einfügeverlust auf, beispielsweise durch einen Spleiß oder eine Faserkrümmung verursacht. Die Höhe der Stufe läßt in einfachen Fällen, z. B. bei E_1, direkt gemäß Gl. (9.24) auf den Einfügeverlust schließen. Der bei E_2 dargestellte Fall, bei dem das Meßsignal ansteigt, muß darauf zurückgeführt weren, daß die hintere Faser einen größeren Streuparameter $S \cdot \alpha_s$ aufweist; der wahre Wert des Einfügeverlustes kann hier nur durch eine zweite Messung vom hinteren Faserende aus bestimmt werden (s. o.). Ist die Verluststelle bekanntermaßen lokalisiert, z. B. ein Spleiß, so gibt die Stufenbreite die Ortsauflösung bzw. die verwendete Laser-Pulsbreite wieder.
3. Mit F_1 und F_2 sind lokalisierte Reflexionsstellen dargestellt. Solche Reflexe können sich z. B. bei faseroptischen Steckern erge-

ben. Zusätzlich zur Reflexion können mehr oder weniger große Einfügeverluste auftreten. Mit Reflex und großem Einfügeverlust, F_3, muß insbesondere bei Faserbrüchen gerechnet werden. Der Reflex F_1 am Faseranfang ist auf die Koppelstelle zwischen Meßgerät und Testfaser zurückzuführen, u. U. aber auch auf ein direktes Übersprechen des Sendeimpulses auf den Detektor am Eingangskoppler. Die Stelle F_4 zeigt schließlich die Auswirkung eines Fresnel-Reflexes am Faserende, der – bei glattem, achsennormalem Bruch – bis zu 3,5% der dort einfallenden Leistung betragen kann.

Eine für die praktische Anwendbarkeit überaus wichtige Frage betrifft den Dynamikbereich D eines OTDR-Meßgerätes. Darunter versteht man die Hälfte des Pegelabstandes zwischen dem anfänglichen Rückstreusignal und dem Rauschpegel, i.e. dem Pegel an demjenigen entfernten Ort z_{max}, an dem ein Rückstreusignal nur noch mit einem Signal-Rausch-Verhältnis $SNR = 1$ detektiert werden kann (s. Abb. 9.15): $D = (\rho(0) - \rho(z_{max}))/2\,[\mathrm{dB}]$. Dies bezieht sich auf eine vorgegebene, zur Signalmittelung (s. u.) verwendete Meßzeit von i. a. 3 Minuten. Der Faktor 1/2 bedeutet, daß die Angabe des Dynamikbereiches die maximal überbrückbare Faser-Einweg-Dämpfung liefern soll (vgl. Gl. (9.22)). Zu beachten ist, daß der Meßbereich, in dem Ereignisse wie etwa kleine Spleißverluste erkannt werden können, deutlich kleiner ist als der so

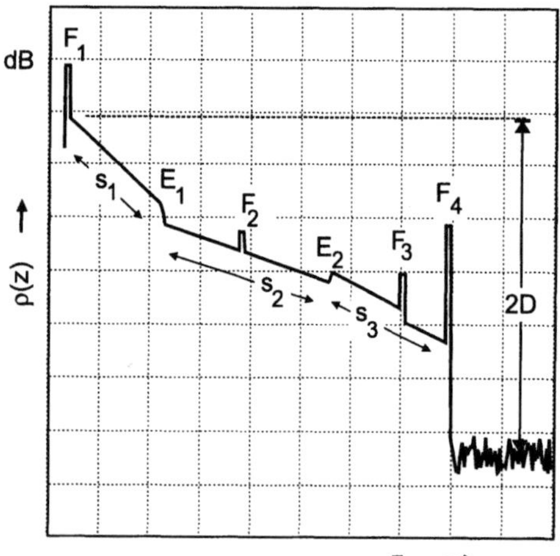

Abb. 9.15. Detaillierte Interpretation einer OTDR-Meßkurve

definierte Dynamikbereich. Dennoch ist D ein sinnvoller charakteristischer Parameter. Er ist, da der Streuparameter $S \cdot \alpha_s$ für verschiedene Fasern nicht sehr unterschiedlich ist, im wesentlichen ein Charakteristikum des Meßgerätes. Bestimmt ist er vorwiegend durch die eingekoppelten Pulsenenergie, die Rauscheigenschaften des Meßsystems und die Rauschminderungs-Maßnahmen durch Signalmittelung. Typische Werte bei Langstrecken-OTDR's mit Ortsauflösung von 100 m liegen oberhalb von 30 dB.

Da die eingekoppelte optische Spitzenleistung aus Laserdioden (typischerweise einige 10 mW in Einmodenfasern) zumeist unabhängig von der Pulslänge festliegt, kann zur Steigerung der Impulsenergie und damit des Rückstreusignals und des Dynamikbereiches nur die Pulslänge gesteigert werden. Diese Maßnahme geht auf Kosten der räumlichen Auflösung, die sich beispielsweise von Δz = 1 m bei τ = 10 ns auf Δz = 100 m bei τ = 1 µs verschlechtert. Zusätzlich kann bei längeren Pulsen die elektrische Bandbreite des Detektorsystems und infolgedessen das Detektorrauschen reduziert werden. Für Kurzstrecken-OTDR-Meßgeräte, von denen eine hohe Ortsauflösung gefordert wird, gilt diese Argumentation in umgekehrter Richtung. Sind diese Einflußgrößen optimiert, so kann ein besseres Signal-Rauschverhältnis SNR nur durch Mittelung über mehrere aufeinanderfolgende Messungen erreicht werden. Die Wiederholfrequenz, mit der Laserpulse ausgesandt und Rückstreukurven aufgenommen werden, muß sich nach der Gesamtstreckenlänge richten. Für eine 100 km lange Faserstrecke muß sie wegen der Umlaufzeit von 1 ms unterhalb von 1 kHz liegen. Wird bei jeder Einzelmessung das Rückstreusignal abgetastet und digitalisiert und Mittelwerte durch fortlaufende Addition gewonnen, so verbessert sich das Signal-Rausch-Verhältnis um $\sqrt{N}$, wenn N die Zahl der Einzelmessungen bedeutet. Im obigen Beispiel ist folglich in einer Sekunde eine Verbesserung des SNR im logarithischen Maßstab um $10 \log(\sqrt{1000}) = 15$ dB, nach drei Minuten um 26 dB möglich.

Reflexionen auf den getesteten Faserstrecken liegen oft weit oberhalb der Pegel rückgestreuten Lichtes. Als effektiver Reflexionsfaktor des streuenden Auflösungselementes Δz kann nach Gl. (9.21) die Größe $R_{\mathrm{eff}} = S \cdot \alpha_s \cdot \Delta z$ angesehen werden. Die Leistungsreflexion eines normalen Glas/Luft-Fresnelreflexes von $R_F = 0{,}035$ liegt damit um ca. 60 dB

(120 elektrische dB wegen Proportionalität von optischer Leistung und Detektorstrom) über R_{eff}, falls $\Delta z = 1$ m und $\lambda \approx 1500$ nm; bei $\Delta z = 100$ m ergibt sich immerhin noch ein Pegelunterschied von 40 dB. Solche Reflexe führen oft zu einer Übersteuerung der Empfänger, gefolgt von einer mehr oder weniger langen Erholungsphase. Diese Erholungsphase, in der die eigentliche Meßgröße nicht bestimmt werden kann, wird Totzone genannt. Zu unterscheiden ist die Totzone, nach der ein weiterer Reflex wieder erkannt werden kann, von der i. a. deutlichen längeren Totzone, nach der das Empfängersignal so weit abgefallen ist, daß das Rayleigh-Streusigal wieder ausgewertet werden kann. Weitere mögliche, durch Reflexe verursachte Artefakte sind unter dem Namen Geisterreflexe bekannt. Sie erscheinen an Stellen $z_{\text{geist}} = 2z_2 - z_1$ durch Doppelreflexion, falls sich bei z_1 und z_2 (reale) Reflexionsstellen befinden.

Optische Zeitbereichsreflektometer gehören sicherlich zu den wichtigsten Meßgeräten in der optischen Nachrichtentechnik. Wie oben dargestellt, erlauben sie die ortsaufgelöste Bestimmung von Störstellen, Stoßstellen und lokalen Dämpfungskonstanten. Tatsächlich können sie auch Aufschlüsse über Polarisations- [32] und Dispersionseigenschaften [33] (vgl. Abschn. 9.3.2.4) liefern. Sollen Faserstrecken im Betrieb getestet werden, so verlagert man die Meßwellenlänge in einen von der Datenübertragung nicht genutzten Bereich, meist oberhalb von 1600 nm. Die Ein- und Auskopplung erfolgt dann über wellenlängenselektive Koppler (WDM).

An dem in Abb. 9.16 gezeigten Blockdiagramm eines OTDR-Systems sind verschiedene Modifikationen möglich. So können beispielsweise Messungen weniger polarisationsempfindlich gemacht werden durch den Einsatz polarisierender Richtkoppler, bei gleichzeitiger Reduzierung der Kopplerverluste von 6 dB auf 4,7 dB [34]. Vermieden werden können die Koppelverluste prinzipiell vollständig durch Ersetzung des passiven Richtkopplers durch einen aktiven Schalter. Darüber hinaus gibt es alternative OTDR-Systeme, die sich jedoch bisher allesamt nicht entscheidend durchgesetzt haben. Dazu gehören die inkohärente Frequenzbereichs-Reflektometer, bei denen ein leistungsmoduliertes und in der Modulationsfrequenz durchgewobbeltes Dauerstrichsignal am Faseranfang eingekoppelt wird [35], die Korrelations-Reflektometer [36], die pseudo-zufällige Pulsfolgen verwenden und damit mehr optische Energie in die Faser bringen können, und kohärente Heterodyn-Reflektometer [37, 38], bei denen die Detektion durch optischen Überlagerungsempfang annähernd quantenbegrenzt erfolgen kann.

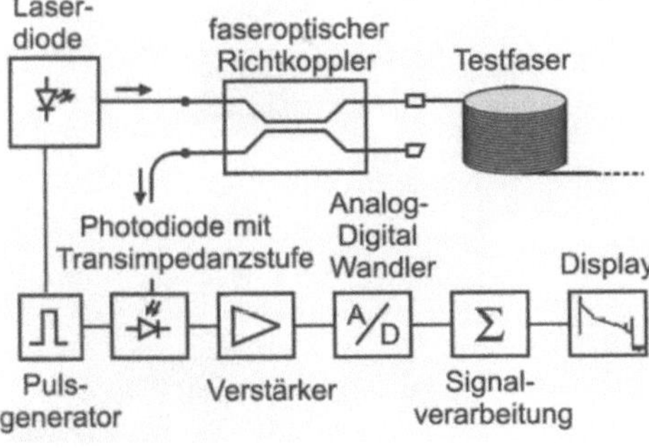

Abb. 9.16. Blockschaltbild eines optischen Zeitbereichs-Reflektometers

9.3.2 Dispersionsmessungen

9.3.2.1 *Klassifizierung und Bedeutung von Dispersionseffekten*

Im Abschn. 3.4 sind die verschiedenen Erscheinungen in optischen Fasern angesprochen worden, die unter dem Oberbegriff Dispersionseffekte zusammengefaßt werden. Alle diese Effekte haben Pulsverzerrungen bei der Ausbreitung zur Folge. In den meisten Fällen führen sie zu einer Pulsverbreiterung, somit zu einer Einschränkung der übertragbaren Informationsrate und sind daher i.a. unerwünscht. Zu unterscheiden sind die intermodale Dispersion (vgl. Abschn. 3.4.3), die nur in Vielmodenfasern auftritt, die chromatische Dispersion (vgl. Abschn. 3.4.4) und die Polarisationsmodendispersion (vgl. Abschn. 3.4.5). Vor Installation und Betrieb von Faserstrecken ist es unerläßlich, Meßdaten über Dispersionseigenschaften zu bestimmen. Solche Daten werden vor allem benötigt, um bei vorgegebenen Streckenlängen die Realisierbarkeit spezifizierter Übertragungs-Bitraten im Vorwege sicherstellen zu können. Bei längsinhomogenen Strecken, die aus Einmodenfasern mit unterschiedlichen Dispersionseigenschaften bestehen, sind solche Daten auch dafür wichtig, ein geeignetes Dispersions-Management durchführen zu können.

Darunter versteht man eine Kombination unterschiedlich dispersiver Teilstrecken, die sich gegenseitig soweit wie möglich kompensieren. Dieses Dispersionmanagement ist vor allem bei chromatischer Dispersion von Interesse, in speziellen Fällen auch bei Polarisationsmodendispersion. In diesem Zusammenhang sei bemerkt, daß bei erhöhten Leistungspegeln aufgrund nichtlinearer Effekte auch die Reihenfolge der hintereinandergeschalteten Streckenabschnitte von Bedeutung sein kann. Notwendig sind daher Meßverfahren, die die Bestimmung der einzelnen Dispersionbeiträge gestatten. Wünschenswert sind auch Verfahren, die eine ortsaufgelöste Analyse ermöglichen. Eine Auswahl diesbezüglicher experimenteller Methoden ist im folgenden dargestellt.

9.3.2.2 *Messung der intermodalen Dispersion in Vielmodenfasern*

Während Einmodenfasern lediglich einen Modus, bzw. unter Berücksichtigung unterschiedlicher Polarisationsmöglichkeiten zwei Moden führen, sind in Vielmodenfasern typischerweise hunderte von Moden ausbreitungsfähig (vgl. Abschn. 3.2.2 und 3.4.3). Jeder individuelle Modus besitzt dort seine eigene Gruppenlaufzeit. Verteilt sich die Energie eines Eingangsimpulses auf diese Moden, so liefert jeder Modus am Faserausgang einen individuell zeitversetzten Beitrag zum zeitlichen Verlauf der Gesamtleistung. Der Ausgangsimpuls $P_a(t)$ ist dann in etwa um die Gruppenlaufzeitstreuung der beteiligten Moden verbreitert (falls Modenverkopplung auf der Strecke keine Rolle spielt). Die tatsächliche Impulsverbreiterung über eine gegebene Testfaser wird in den meisten Fällen direkt durch Vergleich von Eingangs- und Ausgangsimpuls gemessen (s. Abb. 9.17). Dabei wird ein kurzer optischer Impuls in die Vielmodenfaser eingekoppelt und der Zeitverlauf der Leistung sowohl dieses Eingangsimpulses $P_e(t)$ wie auch des Ausgangsimpulses $P_a(t)$ mit einem Photodetektor registriert. Zeigt sich im Ergebnis, daß die Ausgangspulsbreite groß gegen die Eingangspulsbreite ist, so kann sie direkt als übertragungsbedingte Verbreiterung angesehen werden. In diesem Falle bleibt nur festzulegen, welche Breitendefinition verwendet werden soll. Stattdessen ist jedoch folgende genauere Vorgehensweise üblich: Die Pulsverläufe am Eingang und Ausgang werden digitalisiert bis zu Leistungspegeln von 1% des Maximalwertes herunter und im Sinne des Samplingtheorems genügend eng abgetastet. Nach numerischer Fourier-Transformation wird die Übertragungsfunktion gebildet:

$$H(f) = \frac{\mathcal{F}\{P_a(t)\}}{\mathcal{F}\{P_e(t)\}} \tag{9.31}$$

Die Bandbreite B der Übertragungsstrecke ist als diejenige niedrigste Frequenz definiert, bei der der Betrag dieser Übertragungsfunktion auf die Hälfte seines Maximalwertes abgefallen ist: $|H(B)|/|H|_{max} = 1/2$.

Bei derartigen Messungen sind eine Reihe von grundsätzlichen und von technischen Gesichtspunkten zu beachten. Von grundsätzlicher Bedeutung ist die Tatsache, daß Bandbreitenmessungen an Vielmodenfasern von den Einkopplungsbedingungen abhängen. Um reproduzierbare Ergebnisse zu erhalten, muß vor der Testfaser ein modenmischendes Element (Modescrambler) eingesetzt werden, das – weitgehend unabhängig von seiner Anregung – eine große Zahl von Fasermoden in definierter Weise erregt. Ebenso ist es von grundsätzlicher Bedeutung, daß die oben beschriebene Messung, mit der die intermodale Dispersion bestimmt werden soll, auch von chromatischen Dispersionseffekten (s. Abschn. 9.3.2.3) beeinflußt wird. Um deren Einfluß vernachlässigen zu können, müssen ihre – von der optischen Bandbreite der Pulse abhängenden – Auswirkungen abgeschätzt und eine genügend schmalbandige Laserquelle verwendet werden. Auch darf u. U. die zeitliche Breite des Eingangsimpulses nicht extrem klein gewählt werden, da dies wiederum zu einer spektralen Verbreiterung führt. In techni-

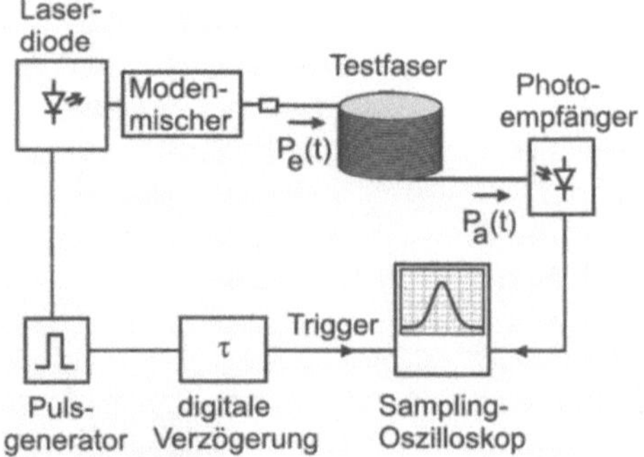

Abb. 9.17. Messung der Impulsverbreiterung in Vielmodenfasern

scher Hinsicht ist darauf hinzuweisen, daß die Messung eine schnell modulierbare Quelle erfordert. Die Eingangspulsbreiten liegen i. a. im Subnanosekundenbereich. Ebenso muß ein optischer Empfänger mit genügend großer Bandbreite zur Verfügung stehen. Die Auswertung der Impulsformen geschieht i. a. mit Hilfe eines Sampling-Oszilloskops. Um eine Verfälschung der Ergebnisse durch Mantelmoden auszuschließen, sollte ein Mode-Stripper eingesetzt werden, es sei denn, das Coating der Faser besitzt bekanntermaßen bereits entsprechende Eigenschaften.

Nach der oben beschriebenen Zeitbereichsmethode werden die Meßdaten numerisch Fouriertransformiert, um die Übertragungsfunktion $H(f)$ zu bestimmen. Alternativ kann zur Bestimmung von $H(f)$ - wie allgemein bei der Charakterisierung linearer Zweitore - eine Frequenzbereichsmethode verwendet werden. Dabei wird die optische Quelle sinusförmig leistungsmoduliert und Eingangs- und Ausgangssignal nach Betrag und Phase verglichen. Für diese Messung, die in einem breiten Bereich von Modulationsfrequenzen durchgeführt werden muß, können elektrische Netzwerkanalysatoren eingesetzt werden (dabei ist wegen der Umsetzung von optischen Leistungen in elektrische Ströme auf die richtige Interpretation der dB-Skala zu achten).

Es sei darauf hingewiesen, daß die obige Festsetzung der Übertragungsbandbreite problematisch sein kann, wenn - hervorgerufen durch Störungen des Brechzahlprofils der Faser - der Betrag der Übertragungsfunktion nicht monoton abfällt. Derartige Schwierigkeiten ergeben sich regelmäßig, wenn ein komplexes System durch wenige Zahlenwerte beschrieben werden soll. Ferner ist anzumerken, daß durch Modenmischung bedingt die Pulsverbreiterung in Vielmodenfasern i. a. unterproportional mit der Streckenlänge zunimmt. Längenbezogene Daten in ns/km bzw. GHz · km sind daher mit Vorsicht zu verwenden.

9.3.2.3
Messung der chromatischen Dispersion in Einmodenfasern

Die Materialdispersion und die Wellenleiterdispersion (s. Abschn. 3.4.4) machen zusammen die chromatische Dispersion einer Faser aus und stellen i. a. den bei weitem wichtigsten Pulsverbreiterungsmechanismus in Einmodenfasern dar (vgl. Polarisationsmodendispersion, Abschn. 3.4.5). Die Größe der chromatischen Dispersion - spezifiziert durch den Dispersionskoeffizienten D mit der Dimension ps/(km · nm) - wird von dem Fasermaterial, dem Brechzahlprofil und der Betriebswellenlänge bestimmt. Die Quellenbandbreite ist bei festem Dispersionskoeffizienten dann entscheidend für die beobachtete Pulsverbreiterung. Dies ist ein Grund, weshalb Pulsverbreiterungsmessungen wie bei Vielmodenfasern (s. Abb. 9.17) hier nicht sinnvoll sind, denn damit würde eine Mischung aus Faser- und Quellendaten bestimmt. Ferner wären Pulsverbreiterungen bei mäßig langen Strecken oftmals so gering, daß sie nicht oder nur schwer bestimmt werden könnten. Stattdessen wird daher die Wellenlängenabhängigkeit der Gruppenlaufzeit τ_g in der Testfaser bestimmt, mit der dann - zusammen mit getrennt bestimmten Spektraleigenschaften der Quelle - Pulsverzerrungen berechnet werden können.

Die meistverwendete Bestimmungsmethode ist die Phasenverschiebungs-Methode [12, 39, 40], die in Abb. 9.18 schematisch dargestellt ist (vgl. ITU-T G.650). Bei diesem Verfahren wird eine in ihrem optischen Spektrum schmalbandige und abstimmbare Quelle verwendet, die in ihrer Leistung sinusförmig bei fester Modulationsfrequenz f_m moduliert wird. Die Leistung $P_{ein}(t) = \hat{P}_{ein} \cdot (1 + m \sin(\omega_m t))$ wird - zunächst bei fester optischer Wellenlänge λ - in die Faser eingekoppelt und die zugehörige Ausgangsleistung $P_{aus}(t) = \hat{P}_{aus}(1 + m \sin(\omega_m t + \Phi_m)$ detektiert. Ein Vergleich der Modulationsphasen (nicht: optischer Phasen) liefert die Phasenverschiebung Φ_m, die bei gegebener Faserlänge L direkt mit der Gruppenlaufzeit τ_g bei der Testwellenlänge zusammenhängt:

$$\Phi_m(\lambda) = \omega_m \cdot \tau_g(\lambda) \qquad (9.32)$$

Diese Messung wird bei anderen Wellenlängen $\lambda_1 \ldots \lambda_N$ innerhalb des Abstimmbereiches der verwendeten Quelle wiederholt. Eine scheinbare Schwierigkeit liegt darin, daß die absolute Phase Φ_m i. a. sehr groß sein wird (bei einer Modulationsfrequenz von 200 MHz und 10 km Streckenlänge ca. $10^4 \cdot 2\pi$), das Phasenmeßgerät jedoch nur Werte im Bereich von $\pm\pi$ feststellen kann. Dieser Einwand ist jedoch in zweifacher Weise nicht stichhaltig: zum einen kann durchaus auch die absolute Phase durch Vergleich mehrerer Messungen bestimmt werden, zum anderen wird die absolu-

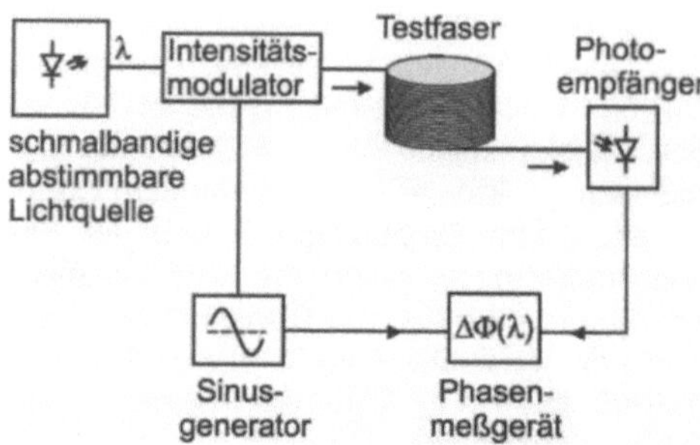

Abb. 9.18. Phasenverschiebungsmethode zur wellenlängenaufgelösten Laufzeitmessung in Einmodenfasern

te Phase für die hier letztlich zu bestimmende Meßgröße $D = (1/L) \cdot d\tau_g/d\lambda$ gar nicht benötigt. Vielmehr reicht es, eine relative Gruppenlaufzeit $\Delta\tau_g(\lambda)$ zu bestimmen:

$$\begin{aligned}\tau_g(\lambda) &= \frac{\Phi_m(\lambda)}{\omega_m} = \frac{M \cdot 2\pi + \Delta\Phi_m(\lambda)}{\omega_m} \\ &= \tau_{gM} + \Delta\tau_g(\lambda)\end{aligned} \tag{9.33}$$

$$\text{mit } \Delta\tau_g(\lambda) = \frac{\Delta\Phi_m(\lambda)}{\omega_m}$$

Um die relative Gruppenlaufzeit $\Delta\tau_g(\lambda)$ eindeutig bestimmen zu können, müssen daher die Abstände auf der Wellenlängenskala genügend klein gewählt werden, um bei stetigem $\Delta\tau_g(\lambda)$ einen festen Wert von τ_{gM} bzw. M garantieren zu können. In Abb. 9.19 sind mögliche Meßergebnisse für $\Delta\tau_g(\lambda)$ als Diagramm dargestellt. Die numerische Differentiation ergibt den zugehörigen, ebenfalls in Abb. 9.19 dargestellten Dispersionskoeffizienten

$$D(\lambda) = \frac{1}{L}\frac{d\Delta\tau_g(\lambda)}{d\lambda} \tag{9.34}$$

als Funktion der Wellenlänge, üblicherweise angegeben in der Einheit ps/(km · nm). Im Bereich der Nullstelle λ_0 von $D(\lambda)$ ist es sinnvoll, für die Beschreibung von Ausbreitungsvorgängen die Dispersion S_0 nächsthöherer Ordnung zu verwenden, die – angegeben in ps/(km · nm^2) – ebenfalls aus den Meßdaten entnommen werden kann:

$$S_0 = \left.\frac{dD(\lambda)}{d\lambda}\right|_{\lambda_0} \tag{9.35}$$

Als optische Sender kommen bei diesen Dispersionsmessungen in Betracht wellenlängenabgestufte Sätze von Laserdioden, Breitbandlichtquellen (insbesondere Infrarot-LEDs) mit nachfolgenden abstimmbaren optischen Bandpaßfiltern (Gittermonochromator oder Satz diskreter Filter) oder abstimmbare Laserquellen (insbesondere tunable external cavity laserdiodes). Diese Quellen können direkt moduliert sein oder als CW-Quellen mit externen optischen Intensitäts-Modulatoren laufen. Die optische Bandbreite muß sich nach der gewünschten Wellenlängenauflösung im Gesamtmeßergebnis richten. Die Genauigkeit, mit der die verschiedenen Mittenwellenlängen bekannt sind, geht wegen der Differentiation nach der Wellenlänge Gl. (9.35) direkt in die Meßgenauigkeit für den Dispersionskoeffizienten ein. Die Bestimmung der Mittenwellenlänge kann konventionell geschehen, z. B. mit Hilfe von Gitterspektrometern; in kritischen Fällen können Wavemeter eingesetzt werden, die eine Meßgenauigkeit im Sub-Pikometer-Bereich ermöglichen. Ein weiterer

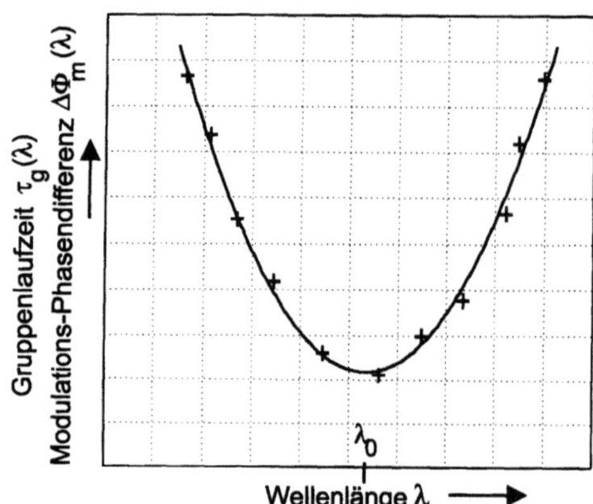

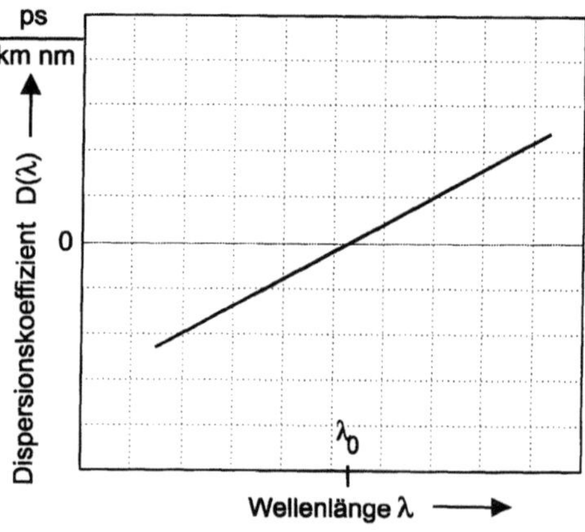

Abb. 9.19. Zur Dispersionsbestimmung aus wellenlängen-aufgelösten Laufzeitmessungen

Gesichtspunkt für den Meßaufbau ist die Wahl der Modulationsfrequenz. Bei gegebenen Geräten, i. e. Sender, Empfänger und Phasenmeßgerät, sollte tendenziell ein möglichst großer Wert benutzt werden, da die Phasendifferenz pro Wellenlängenschritt linear mit f_m anwächst. Üblich sind Modulationsfrequenzen etwa im Bereich zwischen 100 und 1000 MHz. Auswirkungen durch die Seitenbänder im optischen Eingangsspektrum sind in diesem Bereich nicht zu befürchten. Schließlich ist es für die Auswertung ein wichtiger Gesichtspunkt, daß die Meßwerte differenziert werden müssen. Durch Meßungenauigkeiten und durch Rauschen können bei direkter Differentiation erhebliche Meßfehler auftreten. Besser ist es daher, zunächst eine Kurve an die Gruppenlaufzeitmessungen anzupassen (vgl. Abb. 9.19) und diese dann zu differenzieren. Als Anpaßkurven sind dabei Funktionen vorzuziehen, die sich auf ein physikalisches Modell der Eigenschaften der betreffenden Faser gründen.

In einer modifizierten Form der Phasenverschiebungsmethode, auf die hier nicht näher eingegangen werden soll, wird die optische Wellenlänge in einem kleinen Bereich um eine Mittenwellenlänge herum moduliert und die Änderung der Gruppenlaufzeit in diesem Wellenlängenintervall wird bestimmt als direktes Maß für den Dispersionskoeffizienten.

Die Gruppenlaufzeit, deren Bestimmung in Abhängigkeit von der Wellenlänge die Grundlage der Phasenverschiebungsmethode ist, kann auch direkt im Zeitbereich bestimmt werden [41]. Benötigt wird dazu eine abstimmbare Pulslichtquelle. Die Pulsankunftszeit am Faserende wird mit Hilfe einer digitalen Triggerverzögerung und eines Abtastoszilloskops bestimmt. Als Lichtquellen sind Faser-Raman-Laser verwendet worden, bei denen Modelock-Impulse aus einem Nd:YAG-Laser durch Ramanstreuung in einer Vorlauffaser ein breites Wellenlängenspektrum im Bereich von 1100 bis 1700 nm erzeugen, das anschließend mit einem Monochromator optisch bandpaßgefiltert wird. Aber auch ein Satz von Laserdioden unterschiedlicher Wellenlängen ist für diesen Zweck geeignet. Die verwendeten Pulsbreiten liegen im Bereich von 100 ps oder darunter. Bei sorgfältiger Auslegung des Meßsystems können die Laufzeitmessungen bis auf ca. 1 ps reproduziert werden.

Bei der Phasenverschiebungsmethode wird wie oben beschrieben bei jeder Meßwellenlänge die Eingangsleistung sinusförmig moduliert und die Phase zwischen Eingangs- und Ausgangssignal modulo 2π bestimmt. Statt dieser Phasenmessung kann der Modulationsgrad am Ausgang in Abhängigkeit von der Modulationsfrequenz bestimmt werden [42]. Dieser Frequenzgang weist – aufgrund der verschiedenen dispersionsbedingten optischen Phasenverschiebungen der Modulations-Seitenbänder – eine Reihe von Nullstellen auf bei

$$f_m = \sqrt{\left(m - \frac{1}{2}\right) c/(\lambda^2 DL)} \tag{9.36}$$

deren Lage bestimmt und zur Berechnung des Dispersionskoeffizienten genutzt werden kann. Allerdings ergeben sich nach Gl. (9.36) bei kleinem D sehr große Modulationsfrequenzen, die extrem schnelle externe Modulatoren und Detektoren erfordern.

Eine alternative Meßmethode, bei der die Dispersion an kurzen Faserstücken (Größenordnung 1 m) bestimmt werden kann, verwendet einen weißlichtinterferometrischen Aufbau, wie er schematisch in Abb. 9.20 dargestellt ist. Dabei handelt es sich um ein Mach-Zehnder Interferometer, bei dem ein Arm die Testfaser enthält. Der andere Arm ist als variable Verzögerungsleitung ausgebildet. Als Quellenspektrum dient ein Bandpaßspektrum mit variabler Mittenwellenlänge und einer typischen Breite von wenigen nm, herausgefiltert aus dem Licht einer Breitbandquelle (Halogenlampe, LED, SLD). Bei Variation des

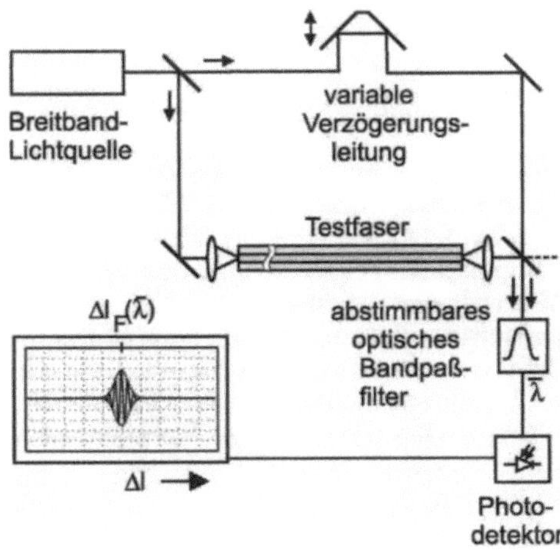

Abb. 9.20. Weißlicht-interferometrische Laufzeitmessung in Einmodenfasern zur Dispersionsbestimmung

optischen Weges im Referenzarm des Interferometers bleibt das Detektorsignal konstant, es sei denn, die optischen Wegdifferenzen zwischen den Interferometerarmen ist nahezu null. In der Umgebung dieser Stelle ergibt sich ein Interferenzsignal als Funktion der Weglängenänderung mit einer Periode von etwa der Mittenwellenlänge und einer Ausdehnung entsprechend der Kohärenzlänge $L_c \cong \lambda^2/\Delta\lambda$ des Meßlichtes. Das Zentrum dieser Signatur ist somit ein Maß für die Gruppenlaufzeit durch die Testfaser bei der gegebenen Mittenwellenlänge. Durch Variation der Mittenwellenlänge können Laufzeitdaten wie bei der Phasenverschiebungsmethode bestimmt und entsprechend ausgewertet werden [43]. Diese weißlichtinterferometrische Methode ist mit vergleichsweise geringem Aufwand realisierbar und kommt ohne schnelle Elektronik aus. Vorsicht ist allerdings geboten, wenn aus den an den kurzen Faserstücken gewonnenen Daten mit hoher Genauigkeit auf das Dispersionsverhalten langer Strecken geschlossen werden soll. Andererseits ermöglicht es gerade dies, die herstellungsbedingten Variationen der Dispersionseigenschaften zu studieren.

Eine weitere Methode, die Feldweitenmethode, ist eine indirekte Bestimmungsmethode für einen Teil der chromatischen Dispersion, die Wellenleiterdispersion. Ein Zusammenhang zwischen Feldweite und Wellenleiterdispersion ist anschaulich verständlich, da letztere ein Maß für die wellenlängenabhängige Aufteilung der Gesamtleistung auf Kern und Mantel, den aufteilungsbedingten effektiven Indexverlauf, darstellt. Als Zusammenhang wird angegeben [44, 45]

$$D_W = \frac{\lambda}{2\pi^2 c n_1} \cdot \frac{d}{d\lambda}\left(\frac{\lambda}{w_{II}^2}\right) \tag{9.37}$$

wobei n_1 den Kernindex bezeichnet und w_{II} die sogenannte Petermann II-Feldweite ist (s. Abschn. 3.3.4). Messung der Wellenlängenabhängigkeit der Feldweite und Addition des aus Materialdaten bestimmten Material-Dispersionskoeffizienten D_m zu D_w ergibt somit die Gesamtdispersion. Die Kombination dieses Verfahrens mit der optischen Zeitbereichreflektometrie (OTDR) stellt eine Möglichkeit dar, Dispersionsdaten ortsaufgelöst zu bestimmen (s. Abschn. 9.3.2.4).

9.3.2.4 Ortsaufgelöste Messung der chromatischen Dispersion in Einmodenfasern

In einigen Fällen ist es wünschenswert, die chromatische Dispersion in einer Übertragungsstrecke ortsaufgelöst zu kennen. Dies gilt zum einen, wenn mit verschieden dispersiven Teilstrecken eine vorgegebene maximale Dispersion der Gesamtstrecke unterschritten werden muß. Desweiteren ist die Kenntnis örtlich variierender Dispersionseigenschaften wichtig, wenn gleichzeitig über den nichtlinearen Brechzahlkoeffizienten eine Selbstphasenmodulation auftritt.

Eine Methode [33] zur ortsaufgelösten Dispersionsmessung ist in Abb. 9.21 skizziert: Intensive, EDFA-verstärkte Pulse aus zwei Laserquellen bei verschiedenen Wellenlängen λ_1 und λ_2 (in [33]: λ_1 = 1536,15 nm; λ_2 = 1532,6 nm, Pulsbreite ca. 0,5 μs, Pulsspitzenleistung ca. 1 W) werden simultan in die Testfaser eingekoppelt. Durch Vierwellenmischung, ermöglicht durch den nichtverschwindenden n_2-Koeffizienten der Faser, entstehen damit in der Faser neue Spektralkomponenten mit den optischen Kreisfrequenzen $\omega_S = 2\omega_1 - \omega_2$ (Stokes-Komponente) und $\omega_{AS} = 2\omega_2 - \omega_1$ (Anti-Stokes Komponente). Alle beteiligten Wellen sind äquidistant in der optischen Frequenz: $\delta\omega = \omega_1 - \omega_S = \omega_2 - \omega_1 = \omega_{AS} - \omega_2$. Für Dauerstrichpumpwellen bei ω_1 und ω_2 wächst die elektrische Feldstärke der Stokes- und auch der Antistokeswelle zunächst linear mit dem Orte an (und proportional zu $\sqrt{P_2^2 \cdot P_2}$ bzw. $\sqrt{P_2^2 \cdot P_1}$) und die jeweilige Leistung folglich proportional zu z^2. Da die an der Wechselwirkung beteiligten Wellen jedoch verschiedene Ausbreitungskonstanten aufweisen, d.h. der Prozeß nicht phasenangepaßt erfolgt, sind die Leistungen P_S und P_{AS} für größere z proportional zu $\sin^2(\delta k z)$ mit

$$\begin{aligned} \delta k &= \beta_2 + \beta_S - 2\beta_1 \quad \text{bzw.} \\ \delta k &= \beta_1 + \beta_{AS} - 2\beta_2 \end{aligned} \tag{9.38}$$

Die Leistungen $P_S(z)$ und $P_{AS}(z)$ oszillieren also mit einer örtlichen Periode Λ, die durch den Dispersionskoeffizienten D und die spektrale Distanz $\delta\lambda = (\lambda^2/2\pi c) \cdot \delta\omega$ gegeben ist

$$\Lambda = \frac{2\pi}{\delta k} = \frac{1}{cD(\delta\lambda/\lambda)^2} \tag{9.39}$$

Für den Fall D = 1 ps/(km · nm) und $\delta\lambda/\lambda$ = $2 \cdot 10^{-3}$ ergibt sich $\Lambda \approx$ 800 m. Ortsvariable

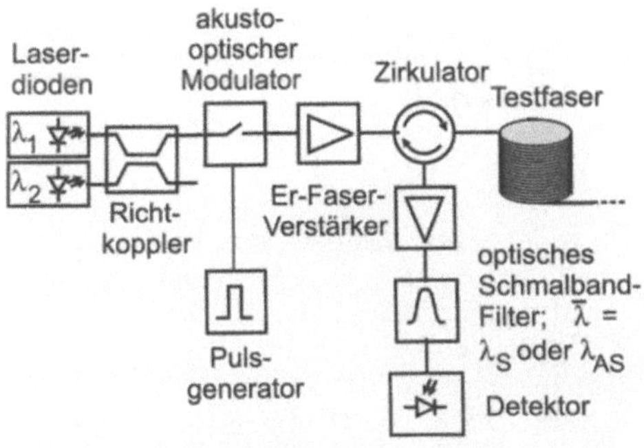

Abb. 9.21. Ortsaufgelöste Dispersionsmessung mit Hilfe von Vierwellenmischung

Signale P_S und P_{AS} entstehen auch durch die gepulsten Pumpwellen in Abb. 9.21. Die Periode Λ verändert sich längs der Faser, wenn sich der Dispersionskoeffizient ändert. Aufgabe ist es daher $\Lambda(z)$ zu bestimmen. Dies geschieht mit den Mitteln der optischen Zeitbereichsreflektometrie: Das durch Rayleigh-Streuung entstandene Licht wird am Faseranfang wahlweise bei λ_S oder λ_{AS} detektiert. Das Detektorsignal ist dann zeitlich oszillierend und die – i. a. sich ändernde – zeitliche Periode T kann wie gewöhnlich in die Ortsperiode $\Lambda(z)$ umgerechnet werden: $\Lambda = (c/2n_g) \cdot T$. Die bislang erreichten Werte für die Meßgenauigkeit des Dispersionskoeffizienten und die Auslösung für örtliche Änderungen werden in [33] mit $\delta D \approx 0{,}03$ ps/(km · nm) bzw. $\delta z \approx$ 1 km angegeben.

Eine alternative Meßmethode, die keine nichtlinearen Effekte verwendet, benutzt eine Mehrwellenlängen-Zeitbereichsreflektometrie [46]. Ihre Zielsetzung ist es, den Feldradius w der Faser orts- und wellenlängenabhängig zu bestimmen: $w = w(z, \lambda)$. Ist dies gelungen, so kann der Wellenleiterdispersionskoeffizient $D_w(z, \lambda)$ gemäß Gl. (9.37) berechnet werden. Um die Gesamtdispersion zu erhalten, muß der Materialdispersionskoeffizient D_{mat} aus Materialdaten abgeschätzt werden: $D = D_w + D_{mat}$.

Zur Bestimmung der Feldweite w wird ihr Zusammenhang mit dem Rückstreu-Fangfaktor S [30] (vgl. Abschn. 9.3.1.4) ausgenutzt:

$$S(z,\lambda) = \frac{3}{2} \cdot \frac{n_1^2 - n_2^2}{n_1^2 V^2} \cdot \frac{a^2}{w^2(z,\lambda)} \quad (9.40)$$

Dieser Fangfaktor kann – wenn α_s als konstant angesehen werden kann – aus zweiseitigen OTDR-Messungen bestimmt werden (s. Abschn. 9.3.1.4). Benutzt man ein Modell mit drei Parametern, um die Wellenlängenabhängigkeit der Feldweite zu beschreiben, z. B. analog zu [31]

$$w(z,\lambda) = g_0(z) + g_1(z) \cdot \lambda^{1,5} + g_2(z) \cdot \lambda^6 \quad (9.41)$$

und führt man zweiseitige OTDR-Messungen bei drei oder mehr Wellenlängen durch, so kann man $w(z, \lambda)$ und – im Rahmen der Annahmen – auch den Dispersionskoeffizienten $D(z, \lambda)$ bestimmen. Mit diesem Verfahren wurden in [46] Meßgenauigkeiten von bis zu 0,2 ps/(km · nm) erreicht.

9.3.2.5
Messung der Polarisationsmodendispersion von Einmodenfasern

Die Polarisationsmodendispersion ist der zweite Pulsverbreiterungsmechanismus in Einmodenfasern, der sich in der Regel erst bei kompensierter chromatischer Dispersion, sehr hohen Bitraten und großen Faserstrecken bemerkbar macht (s. Abschn. 3.4.5 und Kap. 4). Sie beruht auf Gruppenlaufzeitunterschieden verschieden polarisierter Moden in nicht vollkommen zirkular symmetrischen Fasern oder durch innere mechanische Spannungen anisotropen Fasermaterialien.

Quantifiziert wird der Effekt der Polarisationsmodendispersion durch Angabe des Gruppenlaufzeitunterschiedes zwischen den beiden Hauptpolarisationszuständen der Faser. Ein solcher Hauptzustand am Fasereingang zeichnet sich nach seiner Definition dadurch aus, daß der zugehörige Polarisationszustand am Faserausgang – der ausgangsseitige Hauptzustand – in erster Näherung nicht von der optischen Frequenz abhängt. Der zweite Hauptzustand, eingangsseitig wie ausgangsseitig, ist orthogonal zu dem ersten: $(E_y/E_x)_2 = -(E_x^*/E_y^*)_1$. Meßmethoden, die direkt von dieser Definition ausgehen, sind in Abb. 9.22 dargestellt. Die Anordnung in Abb. 9.22 a ist dabei ein Zeitbereichsverfahren: Subpicosekunden-Impulse mit möglichst geringer optischer Bandbreite (transformationsbegrenzte Pulse) werden in die Übertragungsfaser eingekoppelt. Bei Variation des Eingangspolarisationszustandes können dabei Variationen in der Gruppenlaufzeit festgestellt werden. Die Differenz zwischen größtem und kleinstem Wert stellt die gesuchte Gruppenlaufzeitdifferenz durch Polarisationsmoden-

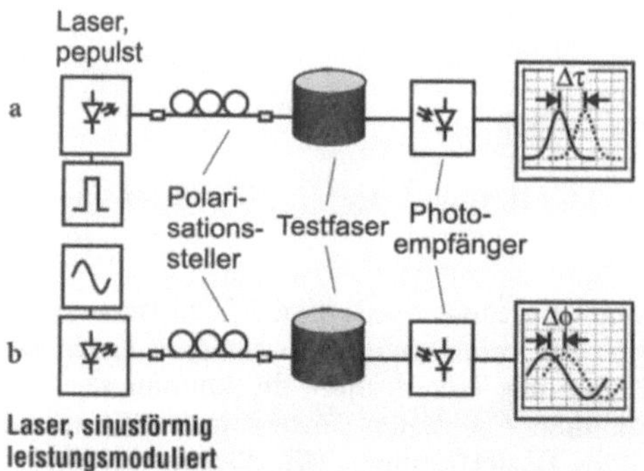

Abb. 9.22 a, b. Meßverfahren zur Bestimmung der Polarisationsmodendispersion

dispersion dar. Das gleiche Prinzip kann auch in den (Modulations-)Frequenzbereich übertragen werden und ist aus experimentellen Gründen vorzuziehen. Der Aufbau gleicht dann weitgehend der Phasenverschiebungsmethode zur chromatischen Dispersionsmessung, die in Abschn. 9.3.2.3 behandelt wurde. Ergänzt wird der Aufbau nun um einen eingangsseitigen Polarisationsteller. Der Unterschied der Meßwerte für die größte und die kleinste Phasenverschiebung bei Variation der Eingangspolarisation liefert dann: $\Delta\tau_{pol} = (\Phi_m^{max} - \Phi_m^{min})/\omega_m$. Beide genannten Verfahren benötigen einen geeigneten Algorithmus zur Polarisationsstellung, i.e. zum Auffinden der Hauptzustände.

Das allgemeinste PMD-Meßverfahren ist die sogenannte Jones-Matrix-Eigenanalyse [47] (Abb. 9.23). Als wesentliche Komponenten werden hierbei benötigt eine schmalbandige, abstimmbare CW-Quelle und ein Polarimeter (s. Abschn. 9.2.3). Für eine vorgegebene Wellenlänge wird nacheinander der Ausgangspolarisationszustand für drei Eingangspolarisationszustände gemessen. Aus diesen Messungen kann die komplexe 2×2 Jones-Matrix T berechnet werden, die die Transformation von Eingangspolarisationszuständen in Ausgangspolarisationszustände beschreibt:

$$\begin{pmatrix} E_x \\ E_y \end{pmatrix}_a = T \cdot \begin{pmatrix} E_x \\ E_y \end{pmatrix}_e \tag{9.42}$$

Diese Messung wird bei verschiedenen Wellenlängen λ bzw. verschiedenen optischen Kreisfrequenzen ω wiederholt. Aus den Jones-Matrizen bei benachbarten optischen Frequenzen $\omega_{1,2} = \omega \pm \Delta\omega/2$, $T_1 = T(\omega_1)$ und $T_2 = T(\omega_2)$, kann die Gruppenlaufzeitdifferenz zwischen den Hauptzuständen gemäß

$$\Delta\tau_{pol} = \left| \frac{\Psi_2 - \Psi_1}{\Delta\omega} \right| \tag{9.43}$$

berechnet werden. Dabei sind Ψ_1 und Ψ_2 die Phasenwinkel der Eigenwerte von $T_1 \cdot T_2^{-1}$. Dieser Zusammenhang ist unmittelbar einzusehen, wenn es sich um eine Faser mit einheitlich linearer Doppelbrechung handelt mit $T_{1,2} = (1{,}0; 0, \exp(j\Psi_{1,2}))$. Im allgemeinen Fall können die eingangs- wie auch die ausgangsseitigen Hauptzustände durch wellenlängenunabhängige Polarisationssteller auf die linearen Polarisationszustände in x- und y-Richtung transformiert werden. In der Umgebung von ω ist dieses System dann zu der obigen einheitlich linear doppelbrechenden Faser äquivalent.

Bei der praktischen Durchführung der Jones-Matrix Eigenanalyse (Abb. 9.23) wird zumeist ein abstimmbarer External cavity laser (ECL) verwendet. Als Eingangspolarisationszustände werden i.a. drei lineare Zustände eingestellt, z.B. unter 0°, 60° und 120° zu einer vorgegebenen x-Achse. In den dafür benutzten Polarisator wird oft annähernd zirkular polarisiertes Licht eingestrahlt, um die drei Messungen bei vergleichbaren Leistungspegeln durchzuführen. Mit Hilfe des Polarimeters (vgl. Abschn. 9.2.3) können dann die jeweiligen Stokesparameter am Ausgang und auch die Jones-Matrix T bestimmt werden. Die verwendete Quelle muß genügend schmalbandig sein, um eine Depolarisation zu vermeiden: $s_1^2 + s_2^2 + s_3^2 \approx 1$ – eine i.a. leicht erfüllbare Voraussetzung. Als Ergebnis der Jones-Matrix Eigenanalyse erhält man für jedes Paar $\omega_{1,2} = \omega \pm \Delta\omega$ optischer Meßfrequenzen einen Wert für die polarisationsbedingten Gruppenlaufzeitunterschiede. Bei langen realen Fasern sind deutliche Schwankungen mit ω bzw. mit der Wellenlänge λ zu erwarten. Dieses Verhalten als Funktion der Wellenlän-

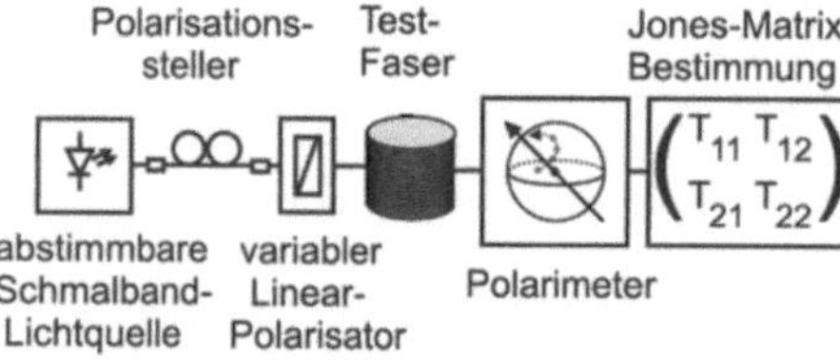

Abb. 9.23. Jones-Matrix-Eigenanalyse zur Bestimmung der Polarisationsmodendispersion

ge, wie auch als Funktion von Änderungen der Umgebungsbedingungen kann somit für gegebene Teststrecken untersucht werden.

Eine ähnliche Meßmethode wie die in Abb. 9.23 dargestellte Jones-Matrix Eigenanalyse ist die Poincaré-Methode, bei der zunächst nur Licht eines Polarisationszustandes am Fasereingang eingekoppelt wird, wiederum aus einem schmalbandigen und abstimmbaren Laser. Ein ausgangsseitiges Polarimeter stellt den zugehörigen Ausgangspolarisationszustand fest und stellt ihn (genauer: die normierten Stokes-Parameter s_1, s_2, s_3) graphisch als einen Punkt auf der Poncaré-Kugel-Oberfläche dar (vgl. Kap. 4). Eine Variation der optischen Frequenz um $\Delta\omega$ liefert – bei ungeänderter Eingangspolarisation – einen anderen Ausgangswert des Polarisationszustandes, also auch eine Änderung des Punktes auf der Poincaré-Kugel. Die Bewegung des Punktes bei der Wellenlängenänderung kann als Rotation um eine Achse dargestellt werden, die durch die für diese Wellenlänge gültigen Hauptpolarisationszustände gegeben ist. Die Polarisations-Gruppenlaufzeitdifferenz ergibt sich dann zu

$$\Delta\tau_{pol} = \frac{\Delta\Theta}{\Delta\omega} \tag{9.44}$$

wobei $\Delta\Theta$ die Winkeldrehung um die genannte Drehachse bezeichnet. Offenbar ist die Messung nicht möglich, wenn zufällig in einen Hauptzustand der Faser eingekoppelt wird. Dann ist sie mit einem anderen Eingangspolarisationszustand zu wiederholen.

Eine weitere Meßmethode („fixed-analyzer method") zur Bestimmung der Polarisationsmodendispersion nutzt einen Aufbau mit einem schmalbandigen und abstimmbaren Laser, Polarisatoren am Eingang und am Ausgang mit fester Orientierung und einen einfachen Detektor [48]. Für den (unrealistischen) Spezialfall wellenlängenunabhängiger Hauptzustände (d.h. für eine einheitlich linear doppelbrechende Faser) ist nach der obigen Beschreibung der Poincaré-Methode ein sinusförmig mit der Wellenlänge veränderliches Signal zu erwarten. Eine Periode, entsprechend einer vollen Umdrehung auf der Poincaré-Kugel tritt nach Gl. (9.44) in dem ω-Intervall $\Delta\omega = 2\pi/\Delta\tau_{pol}$ auf. In einem größeren Intervall von ω_{min} bis ω_{max} sind somit $N = (\omega_{max} - \omega_{min}) \cdot \Delta\tau_{pol}/2\pi$ Perioden im Detektorsignal zu erwarten. Sind λ_{max} und λ_{min} die Abstimmgrenzen in Wellenlängen gemessen, so ergibt sich für $\Delta\tau$

$$\Delta\tau = \frac{N \cdot 2\pi}{\omega_{max} - \omega_{min}} = \frac{N}{c} \cdot \frac{\lambda_{max} \cdot \lambda_{min}}{\lambda_{max} - \lambda_{min}} = \frac{N_{extr}}{2c} \cdot \frac{\lambda_{max} \cdot \lambda_{min}}{\lambda_{max} - \lambda_{min}} \tag{9.45}$$

wobei N_{extr} die Zahl der Extrema des Detektorsignal bezeichnet. Für eine reale Faser mit veränderlichen Hauptzuständen ergibt sich – bis auf einen nicht weit von 1 entfernten Faktor – das gleiche Ergebnis für den über die Wellenlänge gemittelten Erwartungswert.

Als letztes Verfahren sei eine interferometrische Methode erwähnt. Hier werden, ähnlich der in Abschn. 9.3.2.3 beschriebenen interferometrischen Methode zur Bestimmung der chromatischen Dispersion, Lichtströme polarisationsmäßig aufgeteilt und polarisationsbedingte Laufzeitunterschiede in der Übertragungsfaser werden durch Gangunterschiede in Interferometern ausgeglichen [49]. Kenntlich wird dieser Abgleich der Laufzeiten wiederum an rasch mit der Verzögerung schwankenden Detektorsignalen (Signaturen).

9.4 Bestimmung von Eigenschaften faseroptischer Komponenten

9.4.1 Relevante Meßgrößen faseroptischer Komponenten

Komponenten, die in Systemen der optischen Nachrichtentechnik zum Einsatz kommen, sind in der Regel mit Faseranschlüssen versehen. Durch Faser-Steckverbindungen oder Spleiße können sie damit mit den Übertragungsfasern, mit Quellen und Detektoren und untereinander verbunden werden. Aus der Vielzahl solcher Komponenten seien hier nur Verzweiger und Richtkoppler, Isolatoren und Zirkulatoren, Fasergitter und AWG's (arrayed waveguide gratings, phased arrays), sowie Modulatoren und Elemente mit optischer Verstärkung genannt.

Äußerlich unterscheiden sich verschiedene faseroptische Komponenten zunächst in der Zahl der Faseranschlüsse. Dabei soll die Diskussion hier auf Komponenten mit Einmoden-Faseranschlüssen beschränkt bleiben. Bei einem Zweitor, wie etwa einem Transmissionsfilter, interessieren die Transmissions- und Reflexionseigenschaften, wellenlängenaufgelöst und in der Regel sowohl nach Betrag wie auch nach Phase – wie in der Mikrowellentechnik also die Elemente der Streumatrix S. Elemente mit zwei Monomode-Faseranschlüssen müssen i.a. aber schon als Viertore aufgefaßt werden mit jeweils zwei orthogonal polarisierten Moden in jeder Anschlußfaser und der dementsprechenden Zahl von 4×4 komplexen Streuparametern. Zusätzlich interessieren dann Fragen der Polarisationserhaltung oder Nichterhaltung bei der Transmission, der Polarisationsabhängigkeit der Verluste und polarisationsabhängiger Laufzeiten. Bei Kopplungs- und Verteilungskomponenten wie z.B. Richtkopplern, Wellenlängenmultiplexern (wavelength division multiplexer, WDM) und arrayed waveguide gratings (AWG) interessieren darüber hinaus vor allem Teilungsverhältnisse und ungewünschtes wellenlängenabhängiges Übersprechen.

Für die Charakterisierung faseroptischer N-Tore sind somit wellenlängenaufgelöste Transmissions- und Reflexionsmessungen notwendig. Geeignete Meßmethoden sollen in knapper Form im Abschn. 9.4.2 behandelt werden. Weiterführend ist die Fragestellung, warum eine gegebene Komponente bestimmte Eigenschaften aufweist. Ein Teil derartiger Fragen kann mit Hilfe hochauflösender Reflektometrieverfahren beantwortet werden, die einen Einblick in das Innenleben der Testkomponenten gestatten. Diese Verfahren sind Gegenstand des Abschn. 9.4.3.

9.4.2 Transmissions- und Reflexionsmessungen an faseroptischen *N*-Toren

Die Bestimmung der Leistungstransmission eines faseroptischen Zweitor kann mit der Rückschneidemethode (cut back) geschehen, die in Abschn. 9.3.1.2 als Methode zur Faserdämpfungsmessung vorgestellt wurde. Sind die Anschlußfasern mit Steckern versehen, die nicht für eine Referenzmessung entfernt werden sollen, so kann statt einer Rückschneidemessung auch eine weniger präzise Einfügemessung durchgeführt werden. Dazu wird in einer Referenzmessung die Quelle mit dem Leistungsmeßgerät über eine, mit Steckern versehene Faser verbunden. In einer zweiten Messung wird dann die Testkomponente über Steckverbindungen in die Strecke eingefügt. Aus beiden Messungen ergibt sich die Summe aus der gesuchten Einfügedämpfung der Faserkomponente und der Einfügedämpfung der zusätzlichen Steckverbindung. Letztere kann in der Regel nicht besser als auf einige Zehntel dB abgeschätzt werden, so daß auch das Meßergebnis für die Komponente mit dieser Unsicherheit behaftet ist. Sind polarisationsabhängige Dämpfungen zu erwarten, so sind diese Dämpfungsmeßmethoden mit polarimetrischen Meßmethoden zu kombinieren, um – im allgemeinen Fall – die vollständige Jones-Matrix zu bestimmen (vgl. Abschn. 9.3.3.6). Messungen nach der Rückschneidemethode oder der Einfügemethode können selbstverständlich wellenlängenselektiv und in gleicher Weise auch bei Vieltoren durchgeführt werden. Damit können beispielsweise wellenlängenselektive Koppler bezüglich Zusatzverlusten, Koppelverhältnissen und Nebensprechdämpfungen charakterisiert werden. In der Regel ist bei Vieltormessungen darauf zu achten, daß die jeweils ungenutzten Faseranschlüssen reflexionsfrei abgeschlossen sind, z.B. durch Immersionsöl auf den Endflächen oder – besser – durch Schrägschliff.

Neben Transmissionseigenschaften sind auch die Reflexionseigenschaften von faseroptischen Bauelementen von großem Interesse, da selbst durch winzige unerwünschte Reflexionen Systemeigenschaften, insbesondere Lasereigenschaften, erheblich beeinträchtigt werden können. Die Größe des Gesamt-Reflexionsfaktor R am Eingang einer Komponente, bzw. die Größe der sogenannten Rückflußdämpfung (return loss) $-10 \log R$, kann mit einer Meßanordnung bestimmt werden, wie sie in Abb. 9.24 skizziert ist. Sind die Daten des Richtkopplers bekannt, so kann R aus dem Verhältnis der Leistungen in den beiden unteren Kopplerarmen bestimmt werden. Besonderer Wert ist auf Reflexionsfreiheit des rechten unteren Faserendes zu legen. Ebenfalls wichtig ist es, möglichst geringe Reflexe an der Verbindungsstelle zwischen Koppler und Testkomponente entstehen zu lassen. Wird eine Schrägschliffsteckverbindung benutzt, so kann man die dort entstehenden Störreflexionen auf weniger als -60 dB reduzieren. Darüber hinaus existieren andere Störreflexionen, die nicht beeinflußt werden können. Dies gilt für u.U. im Koppelbereich des Richtkopplers entstehende Reflexionen und die Rayleigh-Streuung der Faserzuleitungen (typisch -70 dB/m). Insgesamt lassen sich mit einem Meßverfahren nach Abb. 9.24 schwerlich Reflexionen der Testkomponente unter -70 dB feststellen. Eine weitaus größeren Dynamikbereich erreicht man mit ortsauflösenden Verfahren (s. Abschn. 9.4.3).

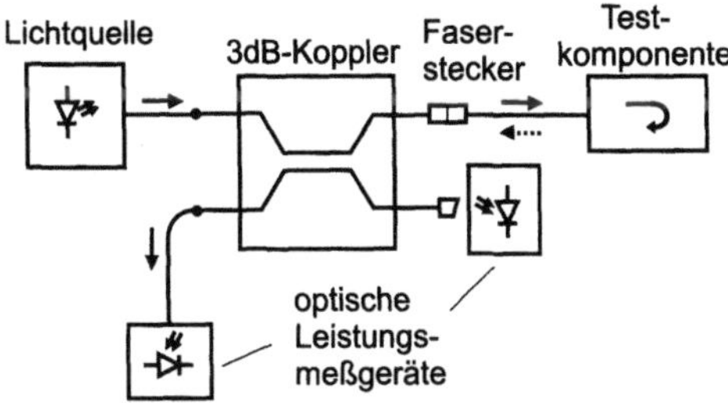

Abb. 9.24. Messung der Rückflußdämpfung (return loss) einer optischen Komponente

Sollen die komplexen Amplitudenfrequenzgänge der Transmission und Reflexion bestimmt werden, muß zusätzlich zur obigen Leistungsmessung eine Messung optischer Phasendifferenzen vorgenommen werden. Dazu sind Interferometer notwendig. Ein einfaches Meßschema mit einem Mach-Zehnder Interferometer ist in Abb. 9.25 gezeigt: Ein schmalbandiger und abstimmbarer Laser speist das Interferometer, in dessen Meßzweig sich die Testkomponente befindet (hier als Reflexionsobjekt). Das Licht des Meßzweiges wird mit dem Licht des Referenzzweiges in dem ausgangsseitigen Koppler überlagert. Die bei Änderung der Wellenlänge geänderten Phasenbeziehungen zwischen beiden Zweigen führen zu einer Änderung des detektierten Interferenzsignales. Aus dessen Änderung soll rückwärts auf die Phasenänderungen geschlossen werden. Bei bekannter Referenzlänge ergibt sie Steigung $d\Phi/d\omega$ der Meßphase mit der optischen Frequenz die Gruppenlaufzeit in der Testkomponente. Tatsächlich ist die Phasenbestimmung aus einem Detektorsignal nicht in jedem Fall eindeutig möglich (das komplementäre Signal am zweiten Interferometerausgang liefert keine zusätzliche Information). Eindeutigkeit kann z. B. erreicht werden, wenn statt eines 2×2 ein 3×3 Koppler am Interferometerausgang eingesetzt wird. In einem praktischen Aufbau ist ferner eine genaue Bestimmung der Laser-Wellenlängenänderungen notwendig, beispielsweise durch ein nicht-balanciertes Hilfsinterferometer (i. e. ein Interferometer mit ungleichen Armlängen). Schließlich sind die Polarisationszustände in den Interferometerarmen einzustellen und mechanische und thermische Störungen zu vermeiden.

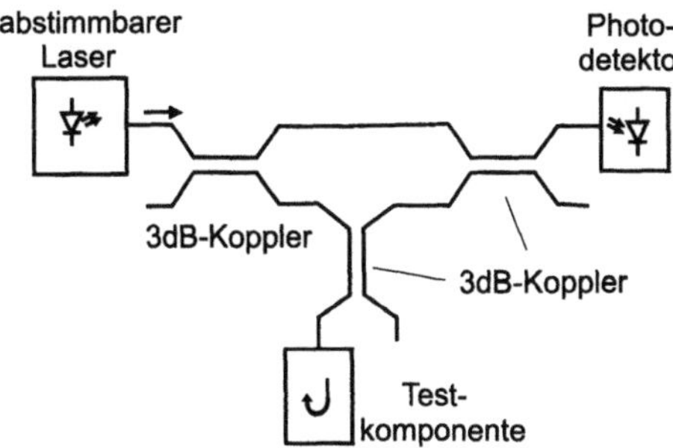

Abb. 9.25. Reflexionsmessung an einer Testkomponente nach Betrag und Phase

Weitere Eigenschaften faseroptischer Komponenten, insbesondere ihre Charakteristika bezüglich chromatischer Dispersion und Polarisationsmodendispersion, können mit den entsprechenden, u. U. modifizierten Meßmethoden für Faserstrecken erfaßt werden. Dies gilt prinzipiell auch für die ortsaufgelöste reflektometrische Analyse. Eine direkte Übertragung der OTDR-Meßtechnik ist aufgrund der unterschiedlichen Dimensionen hier jedoch weniger empfehlenswert. Verwandte, aber besser geeignete Reflektometer werden in Abschn. 9.4.3 behandelt.

9.4.3 Hochortsauflösende Reflektometrieverfahren

9.4.3.1 *Allgemeine Gesichtspunkte zur reflektometrischen Charakterisierung optischer Wellenleiter-Komponenten*

Mit Hilfe der Zeitbereichsreflektometrie (s. Abschn. 9.3.1.4) und verwandter Techniken können Eigenschaften von Faserstrecken ortsaufgelöst bestimmt werden: Lokalisation und Quantifizierung von Störstellen und Koppelstellen, Bestimmung lokaler Dämpfungsbeläge, Polarisationseigenschaften etc. Die Ortsauflösungen liegen dabei i. a. oberhalb von 1 m. Zur Charakterisierung von Komponenten optischer Nachrichtensysteme ist dies offensichtlich bei weitem nicht ausreichend. Vielmehr sind hier Ortsauflösungen im Millimeterbereich notwendig, in vielen Fällen auch noch deutlich darunter. Die im folgenden diskutierten Verfahren erreichen Werte bis zu wenigen Mikrometern. Gleichzeitig können Empfindlichkeiten erreicht werden, die es erlauben, Reflexionsstellen mit Leistungsreflexionsfaktoren unter 10^{-15} zu erkennen.

Um mit einem OTDR-Meßgerät eine Ortsauflösung in einer optischen Faser von weniger als 1 mm zu erreichen, müssen die Pulsbreiten der Laserquelle nach Gl. (9.19) unter 10 ps liegen. Die gleiche Ortsauflösung erhält man mit der am Ende von Abschn. 9.3.2.4 erwähnten inkohärenten Frequenzbereichsreflektometrie, wenn die Frequenz, mit der die Eingangsleistung moduliert wird, in einem Bereich von etwa 100 GHz durchgewobbelt wird. Die mit beiden Verfahren erreichbaren Ortsauflösungen ergeben sich also näherungsweise aus

$$\Delta z = \frac{c}{2n_g}\tau \quad \text{bzw.} \quad \Delta z = \frac{c}{2n_g}\cdot\frac{1}{\Delta f_{\text{mod}}} \tag{9.46}$$

Dies liegt darin begründet, daß beide Verfahren über eine Fouriertransformation miteinander in Beziehung stehen. Ein formal gleicher Ausdruck

$$\Delta z = \frac{c}{2n_g}\cdot\frac{1}{\Delta \nu} \tag{9.47}$$

ergibt sich für in den folgenden Abschnitten diskutierte Meßverfahren, die ein breites Band $\Delta\nu$ optischer Frequenzen und einen interferometrischen Meßaufbau benutzen.

Mit Picosekundenimpulsen aus modengekoppelten Lasern und einem aufwendigen Detektionsschema (scanning heterodyne detection) können hochauflösende Zeitbereichsreflektometer für die Komponentencharakterisierung realisiert werden [50]. Erheblich weniger aufwendig und besser für die Praxis geeignet sind dagegen die Spektralmethoden, die in den beiden folgenden Abschnitten dargestellt sind.

9.4.3.2
Kohärenzbereichs-Reflektometrie (OCDR/OLCR)

Die Prinzipskizze eines Weißlichtinterferometers, das unter den Bezeichnungen Kohärenzbereichsreflektometer (Optical Coherence Domain Reflectometer, OCDR) und „Optical Low Coherence Reflectometer" (OLCR) geführt wird, ist in Abb. 9.26 dargestellt [51, 52]. Der Aufbau stellt ein Michelson-Interferometer dar, das von einer optisch breitbandigen Dauerstrichquelle gespeist wird, im Testarm die zu untersuchende Komponente mit schwachen inneren Reflexionsstellen und im Referenzarm einen beweglichen Reflektor enthält. Da die Quelle breitbandig ist und somit eine kurze Kohärenzlänge besitzt, wird durch eine Bewegung des Referenzreflektor i. a. kein oszillierendes Interferenzsignal am Detektor

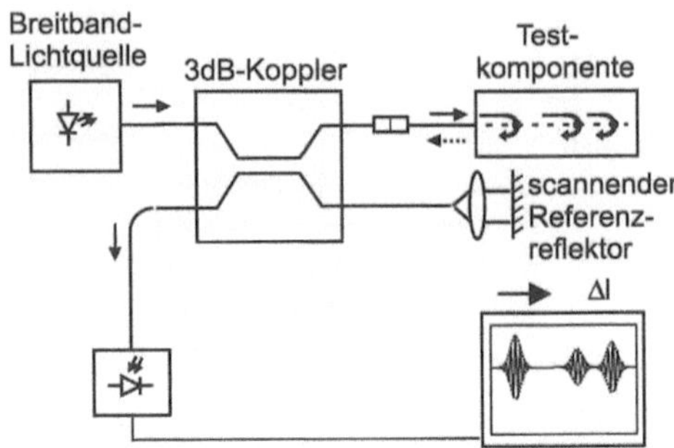

Abb. 9.26. Kohärenzbereichs-Reflektometer (Low coherence reflectometer) zur Störstellenmessung mit hoher Ortsauflösung

entstehen. Anders verhält es sich allerdings in der Umgebung derjenigen Referenzreflektor-Positionen, bei denen – vom Richtkoppler aus gesehen – die optische Umweglänge im Referenzarm gerade mit der Umweglänge zu einer der Reflexionsstellen der Testkomponente übereinstimmt. An diesen Stellen ergeben sich, wie in Abb. 9.26 skizziert, Signaturen, deren Breite in etwa der Kohärenzlänge der Quelle entsprechen. Die jeweilige Höhe der Einhüllenden ist ein Maß für den Amplitudenreflexionsfaktor $|r| = \sqrt{R}$ der Störstelle, wobei R den Leistungsreflexionsfaktor bezeichnet. Ein Scan des Referenzreflektors liefert in dieser Weise die Reflektivitätsverteilung innerhalb der Testkomponente [53].

Analytisch besteht der Detektorstrom als Funktion der Spiegelposition x aus einen Gleichanteil $I_=$, der gemäß der Detektoransprechempfindlichkeit proportional zur Summe der Leistungen aus Referenz- und Testarm ist. Der Wechselanteil $I_{\text{m}}^{\sim}$ durch eine Störstelle an der Stelle z_{m} läßt sich – gleiche Polarisationszustände aus beiden Armen vorausgesetzt – in normierter und leicht vereinfachter Form (vgl. [54]) als folgendes Fourierintegral schreiben:

$$I_{\text{m}}^{\sim}(x) = |r_{\text{m}}| \int P(\bar{\nu})\, e^{-j\beta(\bar{\nu})2z_{\text{m}}} \cdot e^{-j2\pi\bar{\nu}2x}\, d\bar{\nu} \tag{9.48}$$

Dabei bezeichnet $P(\bar{\nu})$ das Leistungsdichtespektrum der Quelle, genommen als Funktion der Wellenzahl $\bar{\nu} = 1/\lambda = \nu/c$ und β die Ausbreitungskonstante des Wellenleiters. Dies ist die Aufintegration aller differentiellen cosinusförmigen Interferenzsignale für monochromatische Quellen mit der Leistung $P(\bar{\nu})d\bar{\nu}$. An dieser Stelle wurden Wellenzahlen $\bar{\nu}$ eingeführt, um Gl. (9.48) als Fourier-Beziehung schreiben zu können. Leicht auszuwerten ist Gl. (9.48) für folgendes Beispiel: Gaußförmiges Leistungsdichtespektrum $P(\bar{\nu})$ mit Mitten-Wellenzahl $\bar{\nu}_0$ und voller $1/e$-Breite $\Delta\bar{\nu}$, nichtdispersiver Wellenleiter mit $\beta(\bar{\nu}) = \beta_0 + 2\pi(\bar{\nu} - \bar{\nu}_0) \cdot n_g$. In diesem Fall ergibt sich ein Wechselanteil von

$$I_m^{\sim}(x) = \hat{I}_m^{\sim} \cdot \exp\left[-\left(\frac{z_m - x/n_g}{\Delta z}\right)^2\right] \cos(2\pi\bar{\nu}_0 2x)$$

$$\text{mit } \Delta z = \frac{1}{2n_g \frac{\pi}{4} \Delta\bar{\nu}} \tag{9.49}$$

$$\text{und } \hat{I}_m^{\sim} \propto |r_m|$$

also ein gemäß der Mittelwellenlänge $1/\bar{\nu}_0$ oszillierendes Signal mit einer gaußförmigen Einhüllenden, deren Breite Δz als Mindestabstand zur Trennung zweier Störstellen - als Ortsauflösung - angesehen werden kann. Der Ausdruck für Δz steht in Einklang mit Gl. (9.47) (hier nun mit genau festgelegter Breitendefinition).

Die Ortsauflösung ist im Idealfall somit durch die Quellenbandbreite $\Delta\bar{\nu} \approx \Delta\lambda/\lambda_0^2$ gegeben. Mit $n_g = 1{,}5$ und $\lambda_0 \approx 1500$ nm ergibt sich aus Gl. (9.49) $\Delta z \approx 1$ mm/($\Delta\lambda$/nm), also etwa 10 μm Ortsauflösung bei einer Quellenbandbreite von 100 nm. Die Detektionsgrenze schwacher Reflexionsstellen ist durch das Quantenrauschen gegeben. Sie kann annähernd erreicht werden (s.u.), da das Meßprinzip der OLCR einen optischen Überlagerungsemfang darstellt, mit einem schwachen Signal $P_{sig} \approx R \cdot P_{quelle}/4$, einem starken Lokaloszillator mit $P_{LO} \approx P_{quelle}/4$ und einem Interferenzterm mit der Amplitude $2\sqrt{P_{sig} \cdot P_{LO}}$, die damit zu $|r| = \sqrt{R}$ proportional ist. Die Quantenrauschgrenze liegt bei Überlagerungsempfang etwa bei einem Photon pro zeitlichem Auflösungselement $1/\Delta f_{el}$, wobei Δf_{el} die elektrische Meßbandbreite darstellt: $R_{min} = h\nu \cdot \Delta f_{el}/P_0$. Für eine Meßbandbreite Δf_{el} von 100 Hz und Wellenlängen von etwa 1500 nm ergibt sich daraus $R_{min} \approx 10^{-14}/(P_0/\text{mW})$, also im logarithmischen Maß etwa -150 dB bei einer Quellenleistung von 10 mW.

Eingeschränkt wird die oben angegebene Ortsauflösung, falls der Testwellenleiter chromatische Dispersion aufweist (und der Referenzweg dispersionfrei ist). Das Auflösungslängenelement Δz wächst dann um den Faktor

$$q_{disp} = \left[1 + \left(\left(\frac{\Delta\lambda}{\lambda}\right)^2 \cdot \frac{\pi}{2} cDz_m\right)^2\right]^{1/2} \tag{9.50}$$

wobei D den Dispersionskoeffizienten bezeichnet. Für $\Delta\lambda = 100$ nm, $\lambda = 1500$ nm, eine Standard-Einmodenfaser mit $D = 17$ ps/(km · nm) und einen Reflexionsort $z_m = 10$ cm ergibt sich beispielsweise $q_{disp} \approx 3$, also absolut eine Ortsauflösung von 30 μm statt 10 μm. Trotzdem kann selbst für Reflexionsorte z_m von einigen Metern und entsprechend großen Gruppenlaufzeiten τ_g, die ein sehr großes q_{disp} liefern, die hohe Ortsauflösung aufrecht erhalten werden, wenn auch der Referenzweg geeignet dispersiv ist: $d\tau_g/d\lambda(z_m) \stackrel{!}{=} d\tau_g/d\lambda$ (Referenz). Da der veränderliche Teil des Referenzweges eine nichtdispersive Luftstrecke ist, kann dieser Dispersionsausgleich jedoch im Meßbereich nur angenähert geschehen.

Einschränkungen der oben gegebenen quantenrauschbedingten Meßgrenze ergeben sich bei konkreten Meßplätzen insbesondere durch thermische Rauschbeiträge im optischen Empfänger und das relative Intensitätsrauschen der Breitbandlichtquelle, gekennzeichnet durch ihren RIN-Wert (relative intensity noise). Das Signal-Rauchverhältnis (signal-to-noise ratio, SNR) als Verhältnis der quadrierten Effektivwerte der Signal- und Rauschströme hat damit für einen schwachen Einzelreflektor im Testwellenleiter die Form

$$\text{SNR} = \frac{\frac{1}{2}(\mathcal{R} \cdot 2\sqrt{P_{sig} \cdot P_{LO}})^2}{[4kTG + 2e\mathcal{R}P_{LO} + RIN\,\mathcal{R}^2 P_{LO}^2]\Delta f_{el}} \tag{9.51}$$

wobei $\mathcal{R}$ die Ansprechempfindlichkeit des Detektors $\eta \cdot e/h\nu$ bezeichnet. Bei hoher Empfängerimpedanz $1/G$, z.B. 1 MΩ, kann der thermische Rauschanteil oft vernachlässigt werden. Ist die Lokaloszillatorleistung dann noch groß gegen $2h\nu/(\eta RIN)$, wobei η die Quantenausbeute des Detektors – z.B. 80% – bezeichnet, so ist der letzte Term im Nenner von Gl. (9.51) dominant, beispielsweise ab $P_{LO} = 10$ μW. Mit wachsender Quellenleistung nähert sich das SNR dann asymptotisch dem Wert $2 \cdot R/(RIN \cdot \Delta f_{el})$. Mit Werten von $RIN = 10^{-13}$/Hz und $\Delta f_{el} = 100$ Hz ergibt sich daraus ein Mindestreflexionsfaktor $R_{min} = 0{,}5 \cdot 10^{-11}$, bei dem das SNR den Wert 1 annimmt. Wäre dagegen das Intensitätsrauschen beseitigt, so würde sich für eine Quellenleistung von 10 mW wieder der o.g. quantenrausch-limitierte Wert R_{min} von etwa 10^{-15} ergeben. Dies kann näherungsweise erreicht werden durch einen Meßaufbau, wie er in Abb. 9.27 gezeigt ist. Bei dieser balancierten Detektion werden die gleichphasigen Intensitätsanteile durch die Subtraktion der beiden

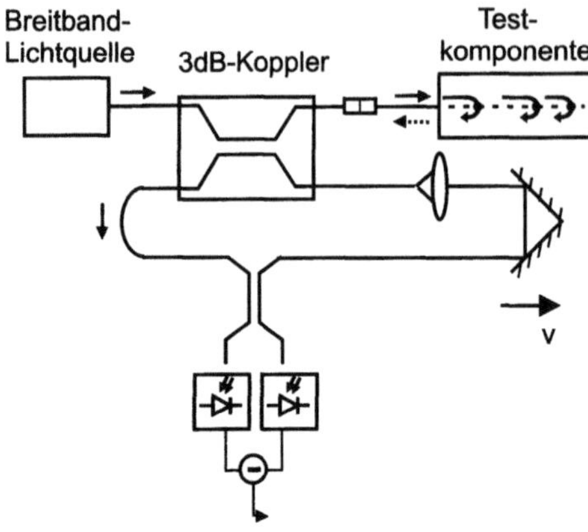

Abb. 9.27. Kohärenzbereichsreflektometer mit balancierter Detektion

Detektorsignale unterdrückt, während sich die gegenphasigen Interferenzsignale addieren.

Zu der diskutierten Dispersions- und Rauschproblematik treten noch einige weitere grundsätzliche und praktische Gesichtspunkte hinzu. So ist zunächst der mögliche Meßbereich durch die notwendige mechanische Bewegung des Referenzreflektors begrenzt, z.B. auf einige zehn Zentimeter. Längere Meßstrecken können dann durch das Einfügen von Zusatzfasern im Referenzarm nach und nach vermessen werden. Als weiterer Gesichtspunkt sind Polarisationseffekte zu nennen, da das Detektionsprinzip inhärent polarisationsempfindlich ist. Treffen reflektierte Wellen von verschiedenen Orten des Testobjektes mit unterschiedlichen Polarisationen am Detektor ein, so ergeben sich bei fester Referenzpolarisation unterschiedliche Interferenzsignale. Dieses Problem kann dadurch gelöst werden, daß am Ende der Detektorfaser ein polarisierender Strahlteiler eingesetzt wird und zwei Meßsignale in zwei orthogonalen Polarisationszuständen registriert werden (polarisation diversity detection). Schließlich sei erwähnt, daß spektrale Modulationen des Leistungsdichtespektrums $P(\nu)$, oft hervorgerufen durch innere Reflexionen in den Quellen, zu Satelliten-Signaturen führen, die als Reflexionsstellen im Wellenleiter fehlgedeutet werden können. Dies ergibt sich direkt aus Gl. (9.48). Daher ist darauf zu achten, Breitbandquellen mit glattem Spektralverlauf zu verwenden.

In den meisten Fällen werden mit OLCR-Reflektometern nur die Einhüllenden der Signaturen bestimmt. Vielfach geschieht dabei die Messung auf folgende Weise: der Referenzreflektor wird mit einer konstanten Geschwindigkeit $v_R = dx/dt = \text{const}$ bewegt. Dann ergibt jede Signatur gemäß Gl. (9.49) ein Signal mit der Mittenfrequenz $f_0 = 2\nu_0 \cdot v_R = 2v_R/\lambda_0$. Diese Frequenz kann man auch als Dopplerfrequenzverschiebung deuten. Die Meßsignale können bandpaßgefiltert werden; anschließend wird ihre Einhüllende bestimmt. Schließlich wird diese Einhüllende in der Regel quadriert, um die Leistungsreflektivität über dem Ort darzustellen. Die Bandbreite des Filters muß sich nach der Breite der Signaturen, also nach der Kohärenzlänge $l_{coh} \approx 1/\Delta\bar{\nu}$ richten: $\Delta f_0 \approx 2v_R/l_{coh}$. Die Geschwindigkeit v_R sollte so gewählt werden, daß f_0 außerhalb des Bereiches des $1/f$-Rauschens des Detektors liegt. Wird beispielsweise bei $\lambda_0 = 1500$ nm ein Wert $v_R = 10$ mm/s gewählt, so ergibt sich $f_0 \approx 12$ kHz. Beträgt die optische Bandbreite $\Delta\lambda = 50$ nm, somit $l_{coh} \approx 50$ µm, so sollte die Bandbreite mindestens 1 kHz betragen.

Aufwendiger als die bloße Detektion der Einhüllenden ist die Aufnahme des vollständigen Interferenzsignals. Dies kommt insbesondere dann in Betracht, wenn die zu untersuchenden Komponenten (z.B. integriert-optische Komponenten aus Halbleitermaterialien) stark dispersiv sind und ein mittlerer Dispersionsausgleich im Referenzarm nicht ausreicht. Das vollständige Interferenzsignal ermöglicht einen einfachen numerischen Algorithmus, der die Meßdaten von allen Dispersionsauswirkungen nachträglich befreit [54].

Eine interessante Fragestellung lautet, inwieweit mit OLCR – wie mit OTDR in Fasern – auch Streusignale detektiert werden können [54]. Der effektive Reflexionsfaktor durch Rayleigh-Streuung aus dem Auflösungs-Längenelement beträgt nach Abschn. 9.3.1.4 $R_{eff} = S \cdot \alpha_s \cdot \Delta z$. Für einmodige Quarzglasfasern bei $\lambda \approx 1550$ nm ist der Fangfaktor typisch $S \approx 10^{-3}$ und $\alpha_s \approx 4 \cdot 10^{-5}$/m. Somit ergibt sich ein Reflexionsfaktor pro Längeneinheit von etwa $4 \cdot 10^{-8}$/m $= 4 \cdot 10^{-13}$/10 µm. Obwohl dieser Wert pro Auflösungslängenelement bei hochauflösenden Kohärenzbereichsreflektometern extrem niedrig liegt, ist er nach den obigen Betrachtungen jedoch durchaus erreichbar [53, 55]. Tatsächliche Messungen von Wellenleiter-Streusignalen zeigen allerdings starke, rauschartige Fluktuationen als Funktion der Referenzdetektor-Position. Dies ist nicht auf Detektor- oder Quellenrauschen zurückzuführen, sondern auf die kohärente Überlagerung sehr vieler Streubeiträge aus dem Auflösungselement. Das Phänomen ist zu beschreiben wie Speckle-Erscheinungen in kohärenten Wellenfeldern und tritt auch auf bei optischen Zeitbereichsreflektometern mit Heterodyn-Empfang. Obwohl dort sehr schmalbandige, hier bei der OLCR jedoch sehr breitbandige Quellen Verwendung finden, tritt in beiden Fällen kohärente Überlagerung auf, da alle Streuzentren im Auflösungselement innerhalb der Kohärenzlänge liegen. Der Erwartungswert der detektierten Streuleistung ist weiterhin durch den obigen effektiven Reflexionsfaktor gegeben. Die Fluktuationen sind räumliche Fluktuationen, sie können daher nicht durch zeitliche Mittelung der Meßsignale eliminiert werden. Eine Glättung kann allenfalls dadurch erzielt werden, daß die Phasenbeziehungen zwischen den Beiträgen verschiedener Streuzentren verändert werden. Dies kann z.B. durch Temperaturänderung der Testkomponente oder - wenn möglich - durch Änderung der Mittenwellenlänge der Quelle geschehen. Ansonsten bleibt nur eine numerische räumliche Mittelwertbildung über einen gewissen Bereich mit entsprechendem Verlust an Ortsauflösung.

Als breitbandige Quellen für OLCR-Messungen kommen Wolframlampen, Superlumineszenzdioden, kantenemittierende LED's und rauschende Faserverstärker infrage. Erstere sind i.a. nicht brauchbar, da die in einmodige Wellenleiter einkoppelbaren Leistungen zu gering sind. Mit kantenemittierenden LED's und Superlumineszenzdioden (SLD) können Leistungen von einigen zehn Mikrowatt bis in den Milliwattbereich eingekoppelt werden, mit dem verstärkten spontan emittierten Licht (amplified spontaneous emission, ASE) von Erbiumverstärkern (Erbium doped fiber amplifier, EDFA) bis zu einigen zehn Milliwatt. Die drei letztgenannten Quellen bieten spektrale Bandbreite zwischen 20 und 100 nm mit zugehörigen Auflösungen im Bereich von 10 bis 50 μm. Bei LED's, und stärker noch bei SLD's, muß mit Satellitensignaturen durch wellige Spektren, hervorgerufen durch Facetten-Restreflexionen, gerechnet werden [54], es sei denn, es werden sehr speziell optimierte Bauelemente eingesetzt. Bei EDFA's sind derartige Probleme nicht zu befürchten, so daß sie - abgesehen von den Kosten - als geeignetste Lichtquellen anzusehen sind.

9.4.3.3 *Kohärente Frequenzbereichs-Reflektometrie (C-OFDR)*

Eine Alternative zur Kohärenzbereichsreflektometrie (OCDR oder OLCR) stellt die kohärente Frequenzbereichsreflektometrie (coherent frequency domain reflectometry, C-OFDR) dar. Die Grundkonfiguration ist in Abb. 9.28 dargestellt und ist einem FMCW-Radar (frequency modulated continuous wave) vergleichbar [56]. Die Testkomponente mit ihren reflektierenden Störstellen befindet sich dabei - wie bei der OLCR - in einem Arm eines Michelson-Interferometers. Der Referenzreflektor im zweiten Arm ist hier nun jedoch fixiert. Als Lichtquelle wird ein schmalbandiger, stetig abstimmbarer Laser verwendet. Die Abstimmung im Meßzeitraum soll so geschehen, daß sich die optische Momentanfrequenz $\nu(t)$ linear mit der Zeit ändert:

$$\nu(t) = \nu_0 + \gamma \cdot t \tag{9.52}$$

Die von einer Stelle in der Testkomponente reflektierte Welle und die Welle vom Referenzreflektor unterscheiden sich dann am Detektor in ihrer optischen Phase um

$$\Delta\Phi(t) = 2\pi(\gamma\tau) \cdot t + \text{const} \tag{9.53}$$

wobei τ die auf die Umlaufzeit im Referenzweg bezogene Umweglaufzeit zur betrachteten Störstelle bezeichnet. Gl. (9.53) besagt, daß sich beide Wellen um $\gamma \cdot \tau$ in ihrer optischen Frequenz unterscheiden. Diese Differenzfrequenz erscheint als Modulationsfrequenz des Stromes im Detektor. Wegen der kohärenten Überlagerung ist die Größe des Modulationssignals wieder proportional zum Amplituden-

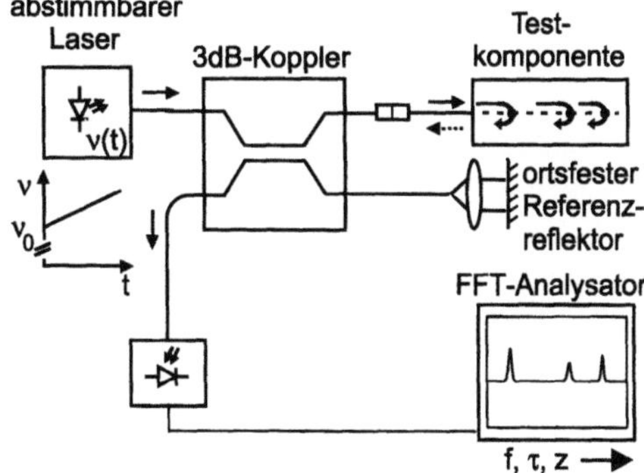

Abb. 9.28. Kohärentes Frequenzbereichs-Reflektometer

Reflexionsfaktor $|r|$ der Störstelle. Wie in Abb. 9.28 gezeigt, wird das Detektorsignal einer Fourier-Transformation unterworfen. Jede Frequenz im Spektralbereich entspricht dann einer bestimmten Umweglänge, also einem bestimmten Ort in der Testkomponente und das Spektrum stellt die Verteilung der örtlichen Amplitudenreflektivität dar.

Da die Meßzeit T endlich ist

$$T = \frac{\nu_{\max} - \nu_{\min}}{\gamma} \tag{9.54}$$

ergibt sich bei der Fouriertransformation des harmonischen Detektorsignales einer Einzelstörstelle keine δ-Funktion, sondern ein breiteres Spektrum gemäß einer sinc-Funktion. Seine Breite ergibt sich zu $\Delta f_{\mathrm{mod}} \approx 1/T = \gamma/\Delta\nu$. Umgerechnet auf die Ortsauflösung Δz ergibt sich damit ein Wert

$$\Delta z = \frac{c}{2 n_g \Delta\nu} \tag{9.55}$$

der durch den gesamten Durchstimmbereich $\Delta\nu = \nu_{\max} - \nu_{\min}$ der Quelle bestimmt ist – wieder im Einklangmit Gl. (9.47).

Die verwendete Laserquelle muß ausreichend schmalbandig sein, d.h. ihre Kohärenzlänge muß die relevanten Wegunterschiede zwischen Meß- und Referenzarm deutlich überschreiten. Wichtig für das Meßprinzip ist es auch, daß die Abstimmung des Lasers stetig, also ohne Modensprünge, geschieht. Andernfalls ergeben sich Phasensprünge in den Meßsignalen, die die hohe Ortsauflösung zerstören. Von einer linearen Abstimmung kann abgewichen werden, jedoch muß die Abstimmkurve $\nu(t)$ bekannt sein. Als Quellen geeignet sind elektronisch abstimmbare Mehrsektions-Laserdioden, durch Injektionsstromänderungen abgestimmte Laserdioden und auch mit internen Peltierelementen thermisch abgestimmte DFB-Laserdioden. Die Durchstimmbereiche liegen dabei im Bereich von 1 GHz bis zu 1 THz. Die Meßbereiche können je nach Kohärenzlänge einige Meter, aber auch ggfls. mehr als 10 m betragen. Die Meßempfindlichkeit kann reichen bis herunter zu – 150 dB [57], die Ortsaulösung bis zu einigen zehn Mikrometern [56, 58]. Jedoch sind diese Ergebnisse bislang nicht gleichzeitig erreicht worden.

Grundsätzlich müßten sich mit der C-OFDR, ausgereifte abstimmbare Quellen vorausgesetzt, ebenso überzeugende Ergebnisse erzielen lassen wie mit der OLCR. Als erheblicher praktischer Vorteil der C-OFDR ist anzusehen, daß sie keine mechanisch bewegten Teile im Meßaufbau benötigt.

Spezielle Literatur

[1] *Stewart, W.J.:* A new technique for measuring the refractive index profile of graded optical fibers. In: International Conference on Integrated Optics and Optical fiber communication (IOOC), Tokyo, 1977. – paper C2-2

[2] *White, K.I.:* Practical application of the refracted near-field technique for the measurement of optical fiber refractive index profiles. In: Opt. and Quantum Electron. 11 (1979), S. 185–196

[3] *Marcuse, D.:* Principles of optical fiber measurements. Academic Press, 1981

[4] *Eickhoff, W.; Weidel, E.:* Measuring method for the refractive index profile of optical glass fibers. In: Opt. and Quantum Electron. (1975), S. 109–113

[5] *Sladen, F.M.E.; Payne, D.N.; Adams, M.J.:* Determination of optical fiber refractive index profiles by a near-field scanning technique. In: Appl Phys. Lett. 28 (1976), S. 255–258

[6] *Saunders, M.J.; Gardner, W.B.:* Nondestructive interferometric measurement of the delta and alpha of clad optical fibers. In: Appl. Opt. 16 (1977), S. 2368–2371

[7] *Brinkmeyer, E.:* Refractive-Index profile determination of optical fibers from the diffraction pattern. In: Appl. Opt. 16 (1977), S. 2802–2803

[8] *Presby, H.M.:* Rapid automatic index profiling of whole fiber samples. In: Bell Syst. Tech. J. 58 (1979), S. 883

[9] *Kim, K.S. et al.:* Measurement of the nonlinear index of silica-core and dispersion-shifted fibers. In: Opt. Lett. 19 (1994). S. 257–259

[10] *Stolen, R.H. et al.:* Measurement of the nonlinear refractive index of long dispersion-shifted fibers by self-phase modulation at 1.55 μm. In: J. Lightwave Techn. (1998), S. 1006–1012

[11] *Pringent, L.; Hamide, J.P.:* Measurement of fiber nonlinear Kerr coefficient by four-wave mixing. In: IEEE Photon. Technol. Lett. (1993), S. 1092–1095

[12] *Srivastava, R.; Franzen, J.P.:* Single-mode fiber characterization/National Bureau of Standards Report. 1985. – Forschungsbericht

[13] *Franzen, D.L.; Srivastava, R.:* Determining the effective cutoff wavelength of single-mode fibers: an interlaboratory comparison. In: J. Lightwave Techn. (1985), S. 1073–1077
[14] *Renner, H.:* Reliability of the bending technique for measuring the effective cut-off wevelength in depressed-claddin fibres. In: International Journal of Optoelectronics 7 (1992), S. 425–428
[15] *Murakami, Y.; Kawana, A., Tsuchiya, H.:* Cutoff wavelength measurements of single-mode optical fibers. In: Appl. Opt. 18 (1979), S. 1101–1105
[16] *Millar, C.A.:* Direct method of determining equivalent-step-index profiles for monomode fibers. In: Electron. Lett. 17 (1981), S. 458–460
[17] *Streckert, J.:* New method for measuring the spot size of single mode fibers. In: Opt. Lett. 5 (1980), S. 505–506
[18] *Brinkmeyer, E.; Heckmann, S.:* Cutoff wavelength determination in single-mode fibers by mode interference. In: *Opt. Lett.* 9 (1984), S. 28–30
[19] *Brinkmeyer, E.:* Profile-independent representation of near- and far-field charakteristics of single-mode fibers and its use for the determination of fiber parameters. In: Proc. of the 5th European Conference on Optical Communication (ECOC), 1979
[20] *Neumann, E.-G.:* Single-mode fibers. Berlin: Springer, 1988
[21] *Anderson, W.T. et al.:* Mode-field diameter measurements for single-mode fibers with non-Gaussian field profiles. In: J. Lightwave Techn. 5 (1987), S. 211–217
[22] *Pask, C.:* Physical interpretation of Petermann's strange spot size for single-mode fibers. In: Electron. Lett. 20 (1984), S. 144–145
[23] *Samson, P.J.:* Far-field techniques for the characterization of single-mode fibers. In: Opt. and Quantum Electron. 18 (1986), S. 5–22
[24] *Saravanos, S.; Lowe, R.S.:* New approach for determining non-Gaussian mode fields of single-mode fibers from measurements in the far-field. In: Electron. Lett. 21 (1985), S. 898–899
[25] *Takada, K.; Noda, J.; Ulrich, R.:* Precision measurement of modal birefringence of highly birefringent fibers by periodic lateral force. In: Appl. Opt. 24 (1985), S. 4387–4391
[26] *Eckhardt, R.; Ulrich, R.:* Mode-beating spectroscopy in an few-mode optical guide. In: Appl. Phys. Lett. 63 (1993), S. 284–286
[27] *Barnoski, M.K.; Jensen, S.M.:* Fiber waveguides; a novel technique for investigating attenuation characteristics. In: Appl. Opt. 15 (1976), S. 2112–2115
[28] *Gold, M.P.:* Design of long-range single-mode OTDR. In: J. Lightwave Techn. 3 (1985), S. 39–46
[29] *Neumann, E.G.:* Analysis of the backscattering method for testing optical fiber cables. In: AEÜ 34 (1980), S. 157–160
[30] *Brinkmeyer, E.:* Analysis of the backscattering method for single-mode optical fibers. In: J. Opt. Soc. Am. 70 (1980), S. 1010–1012
[31] *Marcuse, D.:* Loss analysis of single-mode fiber splices. In: Bell Syst. Tech. J. 56 (1977), S. 703–718
[32] *Brinkmeyer, E.:* Forward-backward transmission in birefringent single-mode fibers: interpretation of polarization-sensitive measurements. In: Opt. Lett. 6 (1981), S. 575–577
[33] *Mollenauer, L.F.; Mamyshev, P.V.; Neubelt, M.J.:* Method for facile and accurate measurement of optical fiber dispersion maps. In: Opt. Lett. 21 (1996), S. 1724–1726
[34] *Brinkmeyer, E.; Streckert, J.:* Reduction of polarization sensitivity in optical domain reflectometers for single-mode fibers. In: J. Lightwave Techn. 4 (1986), S. 513–515
[35] *Ghafoori-Shiraz, H.; Okoshi, T.:* Fault location in optical fibers using optical frequency domain reflectometry. In: J. Lightwave Techn. 3 (1986), S. 316–322
[36] *Nazarathy, M. et al.:* Real-time long range complementary correlation optical domain reflectometer. In: J. Lightwave Techn. 7 (1989), S. 24–37
[37] *Healey, P.; Malyon, D.J.:* OTDR in single mode fibre at 1.5 µm using heterodyne detection. In: Electron. Lett. 18 (1982), S. 862–863
[38] *Rybach, J.; Heckmann, S.; Fuchs, M.; Brinkmeyer, E.:* Heterodyne-OTDR: The long-wavelength long range solution: In: Proc. Intern. Wire and Cable Symp., 1987, S. 77–84
[39] *Costa, B. et al.:* Phase shift technique for measurement of chromatic dispersion in optical fibers using LED's. In: IEEE J. Quantum Electron. 18 (1982), S. 1509–1515
[40] *Costa, B.; Puelo, M.; Vezzoni, E.:* High dynamic chromatic dispersion measurement in single-mode fibers. In: Proc. of the 10th European Conference on Optical Communication (ECOC), 1984, S. 72–73
[41] *Cohen, L.G.:* Comparision of single-mode fiber dispersion measurement techniques. In: J. Lightwave Techn. 3 (1985), S. 958–966
[42] *Christensen, B. et al.:* Simple dispersion measurement technique with high resolution. In: Electron. Lett. 29 (1993), S. 132–133
[43] *Thevenaz, L.; Pellaux, J.; von der Weid, J.P.:* All-fiber interferometer for chromatic dispersion measurements. In: J. Lightwave Techn. 5 (1988), S. 1–7
[44] *Sansonetti, P.:* Modal dispersion in single-mode fibers: simple approximation issued from Mode spot size spectral behaviour. In: Electron. Lett. 18 (1982), S. 647–648

[45] *Buckland, E.L.; Nishimura, M.:* Measurement of wavelength variation of mode radius using far-field pattern method. In: Electron. Lett. 21 (1985), S. 1149–1151
[46] *Nakajima, K.; Ohashi, M.; Tateda, M.:* Chromatic dispersion distribution measurement along a single-mode optical fiber. In: J. Lightwave Techn. 7 (1998), S. 1095–1101
[47] *Heffner, B.L.:* Automated measurement of polarization mode dispersion using Jones matrix eigenanalysis. In: IEEE Photon. Technol. Lett. 4 (1992), S. 1066–1068
[48] *Poole, C.D.; Favin, D.L.:* Polarization-mode dispersion measurements based on transmission spectra through a polarizer. In: J. Lightwave Techn. 12 (1994), S. 917–929
[49] *Gisin, N.; von der Weid, J.P.; Pellaux, J.P.:* Polarization mode dispersion of short and long single-mode fibers. In: J. Lightwave Techn. 9 (1991), S. 821–827
[50] *McGoldrick, E. et al.:* Optical characterization of arsenic-doped silica-on-silicon waveguides using femtosecond optical time-domain reflectometry techniques. In: Opt. Lett. 15 (1990), S. 1354–1356
[51] *Youngquist, R.C.; Carr, S.; Davies, D.E.N.:* Optical coherence domain reflectometry: a new optical evaluation technique. In: Opt. Lett. 12 (1987), S. 158–160
[52] *Danielson, B.L.; Whittemberg, C.D.:* Guided wave reflectometry with micrometer resolution. In: Appl. Opt. 26 (1987), S. 2836–2842
[53] *Takada, K. et al.:* High-sensitivity low coherence reflectometer using erbium-doped superfluorescent fiber source and erbium doped power amplifier. In: Electron. Lett. 29 (1993), S. 365–367
[54] *Kohlhaas, A.; Frömchen, C.; Brinkmeyer, E.:* High-resolution OCDR for testing integrated-optical waveguides. In: J. Lightwave Techn. 9 (1991), S. 1493–1502
[55] *Sorin, W.V.; Baney, D.M.:* Measurement of Rayleigh backscattering at 1.55 μm with 32 μm spatial resolution. In: IEEE Photon. Technol. Lett. 4 (1992), S. 374–376
[56] *Glombitza, U.; Brinkmeyer, E.:* Coherent frequency-domain reflectometry for characterization of single-mode integrated-optical waveguides. In: J. Lightwave Techn. 8 (1993), S. 1377–1384
[57] *Mussi, G. et al.:* 152.5 dB sensitivity high dynamic range optical frequency-domain reflectometry. In: Electron. Lett. 32 (1996), S. 926–927
[58] *Iizuka, K.; Fujii, S.:* A fault locator for integrated optics. In: 8th Optical Fiber Sensor's Conference, Monterey, 1992

Faseroptische Verbindungen 10

B. MENDE, K. BEHM

Allgemeine Literatur
[A1] *Labs, J.*: Verbindungstechnik für Lichtwellenleiter. Berlin: Verlag Technik 1989 – [A2] *Lutzke, D.*: Lichtwellenleiter-Technik. München: R. Pflaum Verlag 1986 – [A3] *Rossberg, R.*: Kabeltechnik (I)-Lichtwellenleiter-Verbindungstechniken: Stecker und Spleiße (Kompendium der „Telekom-Praxis"; 8). Berlin: Fachverlag Schiele & Schön 1991 – [A4] *Allard, F. C.*: Fiber Optic Handbook, Chapter 3, Morra, P./Vezzoni, E.: Fiber-Optic Splices, Connectors and Couplers. New York: McGraw-Hill Publishing Comp. 1990 – [A5] *Hoss, R.-J.*: Fiber Optic Communications Design Handbook. Englewood Cliffs, New Jersey, USA: Prentice Hall 1990

Einführung

Zum Aufbau eines Kommunikationsnetzes besteht die Notwendigkeit alle aktiven Komponenten für die Signalverarbeitung, Signalwandlung und Signalübertragung zu einer Übertragungsstrecke zu verbinden. Im einfachsten Fall besteht ein solcher Link aus einem Sender (Transmitter), einer Leitungsverbindung und einem Empfänger (Receiver). Die Qualität der Übertragung hängt dabei natürlich wesentlich von der Struktur und der Güte der Verbindungstechnik ab.

Die optische Verbindungstechnik verdient durchaus genauere Betrachtung, weil sie sich signifikant von der konventioneller leitungsgebundener Kommunikationstechnik aus z. B. Kupfer unterscheidet. Bei der Verbindung von Kupferleitungen sind vor allem elektrische Kenngrößen entscheidend für die Qualität der Übertagung an einer Koppelstelle, die im Grundsatz nur in der galvanischen Kopplung begründet sind. Das einfachste Beispiel dafür wäre ein Zusammenknoten der freien Enden eines Kupferkabels.

Die Verbindung zweier Lichtwellenleiter (LWL) ist dagegen ein zutiefst feinmechanisches Problem. Die Übertragungsverluste an einer Lichtwellenleiterverbindung lassen sich nur durch exaktes Aneinanderstoßen der beiden Faserstirnflächen minimieren, um die austretenden Lichtwellen des lichtführenden LWL in den Kern des zweiten LWL einzukoppeln. Dazu haben sich verschiedene Verbindungstechniken für die verschiedensten Applikationen herausgebildet, die sich in drei Gruppen unterteilen lassen.

10.1 Verbindungstechniken, Überblick

1. Lösbare Verbindungen

Unter lösbaren Verbindungen werden diverse optische Steckverbinder verstanden, die für die unterschiedlichsten Einsatzmöglichkeiten optimiert werden. Die Qualität von lösbaren Verbindungen wird (neben den allgemeingültigen Kriterien der geringen Koppeldämpfung) an Kriterien wie der Reproduzierbarkeit der Verbindung, der mechanischen Lebensdauer (max. Anzahl von Steckzyklen) und Robustheit gegenüber mechanischen und klimatischen Einflüssen gemessen.

2. Bedingt lösbare Verbindungen

Bedingt lösbare Verbindungen treten uns in Form des sogenannten mechanischen Spleißes entgegen. Dabei stoßen die stumpfen Enden des LWL aufeinander und werden in dieser Lage mit mechanischen Hilfsmitteln wie Hülsen, Muffen, Kapillarröhrchen, o. ä. fixiert. Ihr Einsatz ist im Reparaturbetrieb, Laborbetrieb oder anderen Feldinstallationen anzusetzen, da sie sich ohne aufwendige Hilfsmittel herstellen lassen, wie es im Gegensatz dazu bei den lösbaren Verbindungen der Fall wäre.

3. Nicht lösbare Verbindungen

Zur Herstellung von Faserverbindungen mit sehr geringen Koppelverlusten werden sogenannte permanente Spleißverbindungen eingesetzt. Besonders im Bereich der Telekommunikation bei Weitverkehrsverbindungen aber auch in anderen Datennetzen mit großen Übertragungslängen ist das Einsatzgebiet von nicht lösbaren Spleißverbindungen zu sehen, um die zur Verfügung stehende optische Leistung nicht durch unnötige Koppelverluste aufzubrauchen. Die Vorteile dieser Spleißverbindungen sind die Feldtauglichkeit und die hohe Lebensdauer in Verbindung mit sehr kleinen Verlusten. Es sind zwei Arten von Spleißen zu nennen, der Klebespleiß und der thermische Spleiß (Schweißen), die sich für diese Form der Faserverbindungen durchgesetzt haben.

10.2 Grundlagen der Kopplung ein- und vielmodiger Lichtwellenleiter

10.2.1 Koppeldämpfung und ihre Ursachen

Für die Entstehung von Koppelverlusten, die allgemein auch als Koppeldämpfung bezeichnet werden, gibt es sehr vielfältige Ursachen mit unterschiedlichsten Wichtungen. Besonders Einflüsse, die auf prozeßtechnischen Toleranzen beruhen, haben durch die fortschreitende Entwicklung der gesamten optischen Kommunikationstechnik und deren Fertigungsverfahren an Bedeutung verloren, während im Gegenzug dazu andere an Bedeutung gewannen.

Die Entstehung von Koppeldämpfung ist auf zwei Ursachengruppen aufteilbar.

1. geometrische und optische Fehler bzw. Unterschiede der Fasern, die an einer Faserverbindung beteiligt sind, z. B. zwischen
- den Brechzahlprofilen
- den Kernradien
- den numerischen Aperturen
- den Konzentrizitäten von Core zu Cladding

Diese Einflußfaktoren sind auf den Fertigungsprozeß bei der Faserherstellung zurückzuführen, für den ein bestimmtes Toleranzfeld für die verschiedenen Kennwerte gegeben ist. Sie werden als intrinsische Einflußfaktoren bezeichnet und sind durch die Verbindungstechnik nicht beeinflußbar. Verantwortlich für geometrisch-optische Fehler können auch Fehlanpassungen bei einer Faserverbindung sein, z. B.

- Kopplung von Fasern mit unterschiedlichen Kerndurchmessern (Kopplung einer 50 μm Vielmodenfaser mit einer 62,5 μm Vielmodenfaser)
- Kopplung von Fasern mit verschiedenen Brechzahlprofilen (Kopplung einer Stufenindexfaser an eine Gradientenfaser).

2. Fehler bei der Justage und in der Oberflächengüte der Faserenden, wie
- Luftspalt zwischen den Faserenden
- Fehlwinkel (Faserstirnfläche ist nicht senkrecht zur Symmetrieachse)
- Rauhe Faserstirnfläche
- Kippwinkel zwischen den Fasern
- Lateraler Versatz der Fasern

Für die zweite Ursachengruppe der Koppeldämpfung sind die Verfahren zur Herstellung der Faserverbindung (Spleißgeräte, Faserbrechgeräte, Poliermaschinen, usw.) und die Technologie und Konstruktion von Teilen und Baugruppen, die an einer Faserverbindung beteiligt sind (Steckerteile, Teile für mechanische Spleißverbindungen), verantwortlich. Durch diese Einflußfaktoren entstehende Verluste werden auch extrinsische Verluste genannt.

Die mathematisch-technische Beschreibung der Koppeldämpfung erfolgt über eine Wirkungsgradbetrachtung. Dabei wird im allgemeinen die in die lichtzuführende Faser eingekoppelte Lichtleistung ins Verhältnis zur Lichtleistung in der lichtempfangenen Faser gesetzt.

$$\eta = \frac{P_1}{P_0} \tag{10.1}$$

P_1 – *Leistung in der lichtempfangenden Faser (Ausgangsleistung)*
P_0 – *in die lichtzuführende Faser eingestrahlte Leistung (Eingangsleistung)*

Es wird dabei angenommen, daß die Verluste der optischen Verbindung nur von der Koppelstelle verursacht werden (gilt nur für kurze Übertragungslängen $l < 70$ m). Die Koppeldämpfung wird logarithmisch in Dezibel angegeben zu:

$$L\,[\mathrm{dB}] = -10 \log \eta \tag{10.2}$$

In der industriellen Praxis läßt sich mit dieser Leistungsbetrachtung (10.1) der Koppelverlust relativ einfach ermitteln. Die Beschreibung eines entsprechenden Meßaufbaus für die Dämpfungsmessung ist in der IEC 60874-1, Kap. 4.4.7 standardisiert worden.

10.2.2 Einfluß geometrischer und optischer Faserparameter auf die Koppeldämpfung (Intrinsische Verluste)

Für die Ermittlung von Einflußfaktoren für intrinsische Verluste, die, wie in Abschn. 10.2.1 beschrieben, nur durch Unterschiede der Faserkennwerte der zu koppelnden Fasern entstehen, sind zwei Voraussetzungen zu definieren. Es wird zum ersten von einem Ausschluß extrinsischer Verluste ausgegangen. Man spricht dann von einer idealen Faserverbindung, d.h. die Kernmittelpunkte liegen auf einer gemeinsamen Achse, die Stirnflächen des betrachteten Faserpaares stehen senkrecht zu dieser Achse und stoßen ohne Luftspalt aufeinander (beinhaltet ideal planpolierte Oberfläche mit Rauhtiefe null). Die zweite Bedingung ist eine Fallunterscheidung in Vielmoden- und Einmodenverbindungen.

Für die Betrachtung von Vielmodenfasern wird die Beschreibung des Wirkungsgrades durch das Verhältnis der Modenzahlen realisiert.

$$\eta = \frac{N_1}{N_0} \quad \text{für } N_1 < N_0 \tag{10.3}$$

$$\eta = 1 \quad \text{für } N_0 < N_1$$

N_1 - *empfangene Modenzahl*
N_0 - *abgestrahlte Modenzahl*

Voraussetzung für die Gültigkeit von (10.3) ist die gleichmäßige Anregung aller ausbreitungsfähigen Moden.

Die Anzahl der ausbreitungsfähigen Moden läßt sich berechnen zu:

$$N = \frac{g}{g+2}\left(\frac{2\pi}{\lambda}\right)^2 R^2 \frac{A_N^2}{2} \tag{10.4}$$

g - *Exponent des Brechzahlprofils*
λ - *Wellenlänge*
R - *Radius des Kerns*
A_N - *numerische Apertur*

Nimmt man für die lichtführende und die empfangende Faser unterschiedliche Faserparameter an, so ergibt sich nach Einsetzen von (10.4) in (10.3):

$$L\,[\text{dB}] = -10\log\frac{g_1(g_0+2)}{g_0(g_1+2)} - 10\log\left(\frac{R_1}{R_0}\right)^2 - 10\log\left(\frac{A_{N1}}{A_{N0}}\right)^2 \tag{10.5}$$

für $R_1 < R_0$
$A_{N1} < A_{N0}$
$g_1 < g_0$

Gleichung (10.5) spiegelt sehr gut den Einfluß der verschiedenen Größen wider und läßt durch Betrachtung nur jeweils eines Verhältnisses ebenfalls eine sehr gute Quantifizierung der Einflüsse des jeweiligen Parameters zu. Eine weitere Schlußfolgerung ist die Richtungsabhängigkeit des Koppelverlustes bei Vielmodenfasern, da sich dann die indizierten Größen 1 und 0 vertauschen.

Koppeldämpfung durch Unterschiede in den Kernradien

$$\begin{aligned} L_R\,[\text{dB}] &= -20\log\frac{R_0}{R_1} && \text{für } R_0 < R_1 \\ L_R\,[\text{dB}] &= 0 && \text{für } R_0 \geq R_1 \end{aligned} \tag{10.6}$$

Koppeldämpfung durch Unterschiede in den numerischen Aperturen

$$\begin{aligned} L_{A_N}\,[\text{dB}] &= -20\log\frac{A_{N0}}{A_{N1}} && \text{für } A_{N0} < A_{N1} \\ L_{A_N}\,[\text{dB}] &= 0 && \text{für } A_{N0} \geq A_{N1} \end{aligned} \tag{10.7}$$

Koppeldämpfung durch Unterschiede in den Brechzahlprofilen

$$\begin{aligned} L_g\,[\text{dB}] &= -10\log\left(\frac{g_1(g_0+2)}{g_0(g_1+2)}\right) && \text{für } g_0 < g_1 \\ L_g\,[\text{dB}] &= 0 && \text{für } g_0 \geq g_1 \end{aligned} \tag{10.8}$$

Anders verhält es sich bei der Kopplung zweier Einmodenfasern. Für die Übertragung von Lichtwellen wird bei Einmodenfasern nur der Grundmode verwendet. Nach Gl. (10.3) könnte demnach nur ein Wirkungsgrad von eins oder null in Frage kommen, d.h. entweder völlig verlustfreie oder gar keine Übertragung an einer Koppelstelle.

Richtig beschrieben wird der Koppelwirkungsgrad durch eine Beziehung der Modenfelder (Spot). Dabei geht man von einer Gaußverteilten Feldstärke im Nahfeld über dem Kerndurchmesser aus. Der Modenfelddurchmesser $2w$ entspricht dem Durchmesser des Kreises, auf dem die Intensität des Nahfelds auf $E_{2w} = \frac{E_{max}}{e^2}$ abgefallen ist. Bei ungleichen Modenfelddurchmessern zwischen lichtführender und empfangender Faser entsteht eine Dämpfung, die sich nach folgender Gleichung ergibt [A1],[A5]:

$$L\,[\mathrm{dB}] = -\,10 \log \left(\frac{2\,w_0\,w_1}{w_0^2 + w_1^2} \right)^2 \tag{10.9}$$

Die Dämpfung bei Einmodenfaserverbindungen ist nicht richtungsabhängig.

10.2.3 Einfluß der Justage und der Oberflächengüte der Faserenden auf die Koppeldämpfung (Extrinsische Verluste)

Eine zweite wichtige Gruppe von Einflußfaktoren, die auf die Qualität der Übertragung an einer faseroptischen Koppelstelle wirken, wird vor allem durch die Art der geometrische Anordnung bzw. Fehlanordnung zweier LWL zueinander charakterisiert. Dazu gehören Fehlanpassungen durch:

- Axialen Abstand der LWL-Stirnflächen
- Lateralen Versatz der Kerne
- Verkippung der LWL zueinander
- Fehlwinkel einer Stirnfläche an einer Koppelstelle

Um die Auswirkungen dieser Faktoren auf die Koppeldämpfung zu beschreiben, wird ein ähnlicher Ansatz wie bei der Betrachtung der intrinsischen Verluste gewählt. Die Idealisierung der Faserverbindung erfolgt hier durch die Annahme, daß die beteiligten LWL exakt gleiche Faserparameter aufweisen.

Tabelle 10.1 zeigt eine Übersicht über die Zusammenhänge bei extrinsischen Verlusten von Vielmoden- und Einmodenverbindungen nach J. Labs und D. Schilder in [A1], die besonders für den praktischen Anwendungsfall gut zu handhaben sind, eine etwas ausführlichere Beschreibung ist in [A5] zu finden.

Beim Vergleich der verschiedenen Einflußfaktoren auf die extrinsischen Verluste besitzt der laterale Versatz zweier LWL zueinander das größte Gewicht. Am unempfindlichsten auf eine Faserverbindung wirkt sich ein axialer Abstand der Faserstirnflächen aus. Einfluß auf diesen Verlustfaktor hat neben dem Kernradius vor allem die numerische Apertur. Je kleiner die Apertur desto geringer ist der Anteil des Lichtes, das am Kern der empfangenden Faser vorbeistrahlen kann.

Beim Verkippen und auch bei Fehlwinkeln einer LWL-Verbindung ist der funktionale Zusammenhang umgekehrt. Neben den Einflüssen von Fehl- und Kippwinkeln wirkt sich hier eine große numerische Apertur begünstigend auf die Kopplung aus.

Bei Verbindungen von Vielmoden-LWL ist neben den geometrischen Relationen noch die Leistungsverteilung im Kern von Bedeutung. Die beschriebenen Fehlanpassungen wirken sich besonders auf die Moden höherer Ordnung aus. Diese werden stärker bedämpft, als Moden, die sich mehr in der Kernmitte befinden. In Abhängigkeit von der Verteilung der Lichtleistung, s. Gl. (10.10), ergeben sich demnach unterschiedliche Dämpfungen. Für eine Koppelstelle, an der die Leistung der abstrahlenden Faser gleichverteilt über alle ausbreitungsfähigen Moden vorliegt, ist der Verlust größer als an einer Faserverbindung, bei der sich das Licht der sendenden Faser bereits im Modengleichgewicht befindet.

Der Leistungsanteil der Moden bei Gleichgewichtsverteilung wir durch (10.10) beschrieben [A4]:

$$P(\chi) = K \frac{J_1(3{,}832\sqrt{\chi})}{\sqrt{\chi}} \tag{10.10}$$

K - Konstante
J_1 - Besselfunktion 1. Ordnung
χ - Modenparameter

Der Modenparameter beschreibt die Ausbreitungsbedingungen entlang der Faser und ist definiert zu [A4]:

$$\chi = \left[\left(\frac{r}{R} \right)^g + \left(\frac{\sin\theta}{\sin\theta_c} \right)^2 \right]^{\frac{(g+2)}{2g}} \tag{10.11}$$

g - Exponent des Brechzahlprofils
r - Radius der betrachteten Moden
R - Radius des Kerns
θ - Ausbreitungswinkel
θ_c - Grenzwinkel

Dieses Modengleichgewicht ist in Tabelle 10.1 durch die mittlere Spalte berücksichtigt und stellt den typischen Betriebsfall bei längeren Faserstecken dar.

Bei den für Einmoden-LWL-Verbindungen gültigen Beziehungen wird für die Abstrahlung des Grundmode das Modell des Gaußschen Strahls (10.12) verwendet (in Analogie zu Abschn. 10.2.2).

Tabelle 10.1. Extrinsische Verluste

Einfluß-faktor	Skizze	Funktioneller Zusammenhang			Graphische Darstellung
		Vielmoden-LWL bei Gleich-verteilung	Vielmoden-LWL bei Gleichgewichts-verteilung	Einmoden-LWL	
Lateraler Versatz	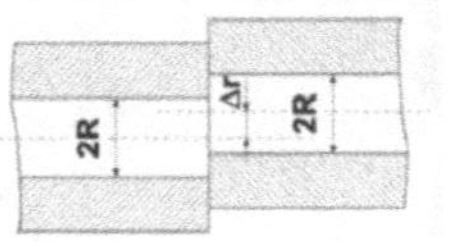 2R, Δr, 2R	$L\,[\mathrm{dB}] = 2{,}8\,\frac{\Delta r}{R}\,\frac{g+2}{g+1}$ für $\Delta r \ll R$	$L\,[\mathrm{dB}] = 10{,}2\left(\frac{\Delta r}{R}\right)^2$ für $\Delta r \ll R$	$L\,[\mathrm{dB}] = 4{,}34\left(\frac{\Delta r}{w}\right)^2$ w-Modenfeldradius	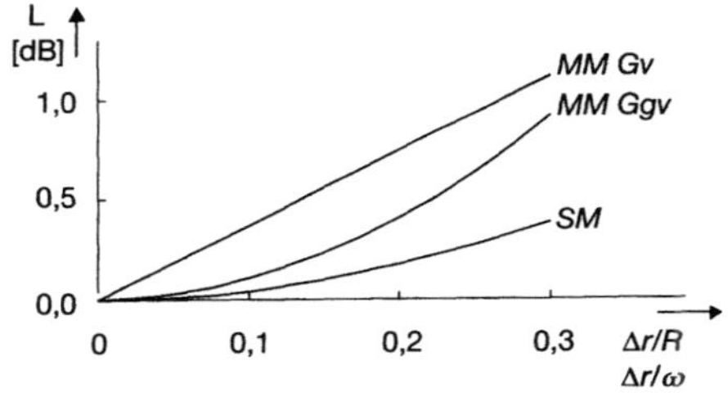 L [dB]; 0,0; 0,5; 1,0; 0; 0,1; 0,2; 0,3; Δr/R, Δr/ω; MM Gv; MM Ggv; SM
Axialer Abstand	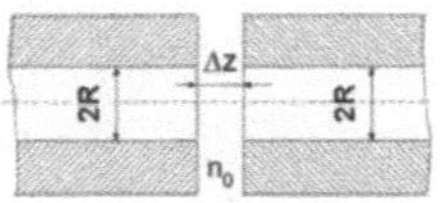 2R, Δz, 2R, n_0	$L\,[\mathrm{dB}] = 0{,}72\,\frac{A_N}{n_0}\,\frac{\Delta z}{R}$		$L\,[\mathrm{dB}] = 0{,}52A_N^2\left(\frac{\Delta z}{R}\right)^2$	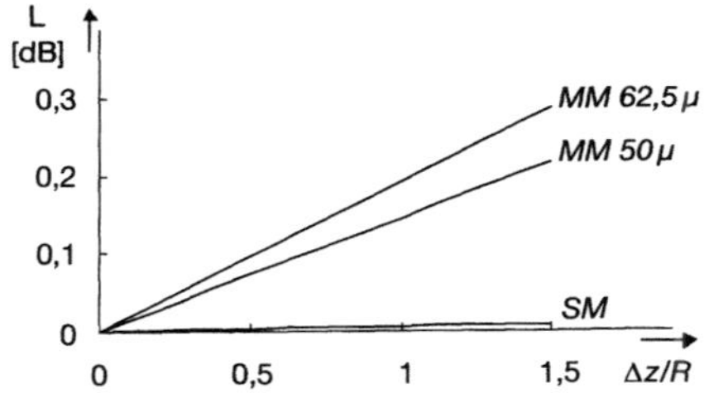 L [dB]; 0; 0,1; 0,2; 0,3; 0; 0,5; 1; 1,5; Δz/R; MM 62,5 μ; MM 50 μ; SM

Tabelle 10.1 (Fortsetzung)

Einflußfaktor	Skizze	Funktioneller Zusammenhang			Graphische Darstellung
		Vielmoden-LWL bei Gleichverteilung	Vielmoden-LWL bei Gleichgewichtsverteilung	Einmoden-LWL	
Verkippung/ Fehlwinkel	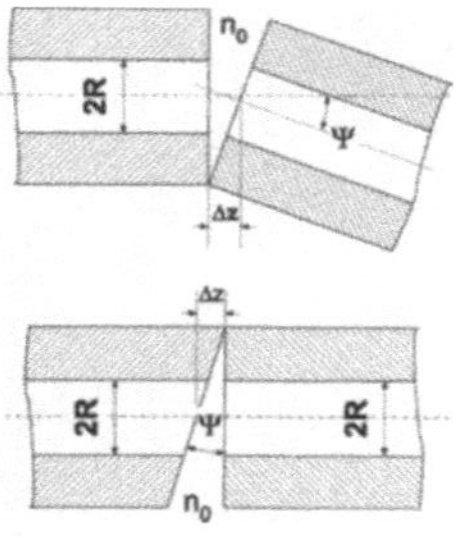n₀ 2R Ψ Δz	$L\,[\mathrm{dB}] = 2{,}45\,\dfrac{n_0}{A_\mathrm{N}}\,f(g)\,\Psi$	$L\,[\mathrm{dB}] = 10{,}2\left(\dfrac{n_0}{A_\mathrm{N}}\right)^2\Psi^2$ für $\Delta r \ll R$	$L\,[\mathrm{dB}] = 171\left(\dfrac{w}{\lambda}\right)^2\Psi^2$ w-Modenfeldradius	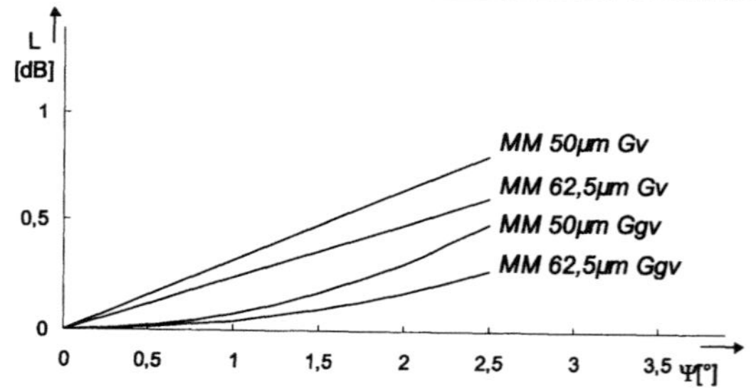L [dB] 1 0,5 0 0,5 1 1,5 2 2,5 3 3,5 Ψ[°] MM 50µm Gv MM 62,5µm Gv MM 50µm Ggv MM 62,5µm Ggv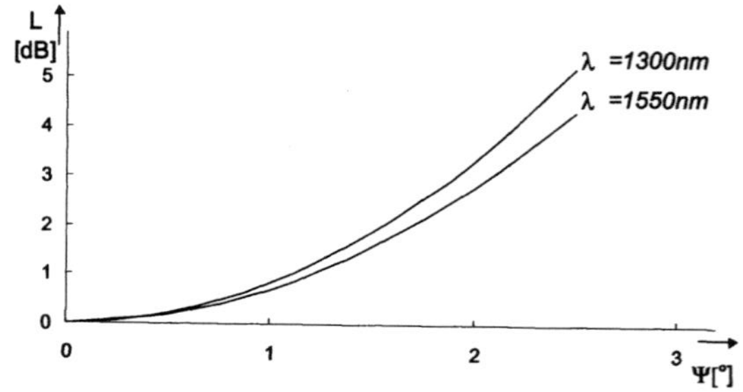L [dB] 5 4 3 2 1 0 1 2 3 Ψ[°] λ =1300nm λ =1550nm

$$E_X = E_0 \exp\left(\frac{-r^2}{w^2}\right) \quad (10.12)$$

Neben den Einflüssen von geometrischen und optischen Faserparametern, der Ausführung und Qualität der Justage der Fasern zueinander ist die Oberflächengüte der Faserenden einer LWL-Verbindung ein dritter wichtiger Einflußfaktor, der auf die Koppeldämpfung wirkt. Stirnflächendefekte wie Kratzer, Ausmuschelungen und allgemein geringe Güte der Oberflächenpolitur sind nicht zu vernachlässigende Faktoren, die erheblich zur Erhöhung der Koppelverluste durch Streuung und Absorption beitragen. Gleiches gilt für Verunreinigungen der Stirnfläche durch Staub, Fett (durch Berühren der Stirnfläche mit den Fingern) oder andere Bearbeitungsrückstände (Poliersuspensionen). Ein Staubkorn mit etwa 10 µm Durchmesser bedeckt 4% des Kerns einer Vielmodenfaser mit 50 µm Kerndurchmesser. Das entspricht einer zusätzlichen Dämpfung von fast 0,2 dB. [A2] Außerdem kann es je nach Art der Verunreinigungen zu erheblichen Beschädigungen der Faserstirnflächen kommen (besonders bei Steckverbindungen, die häufig gesteckt werden).

10.2.4 Einfluß von Reflexionen auf die Koppeldämpfung (Fresnelsche Verluste)

An Grenzflächen treten beim Übergang von Licht aus einem Medium mit der Brechzahl n_1 in ein anderes Medium mit der Brechzahl n_0 Reflexionen auf. Bei spaltbehafteten Verbindungen von LWL entstehen gleich zwei Grenzflächen, bei denen ein Teil des Lichtes reflektiert wird. Der reflektierte Anteil des gesendeten Lichtes muß von der eingespeisten Leistung subtrahiert werden und ist somit ein Verlustanteil. Bei dieser Art von Koppeldämpfung spricht man von Fresnelschen Verlusten.

Eine Koppelstelle sei ideal und frei an intrinsischen und extrinsischen Verlusten. Die Lichtleistung der lichtzuführenden Faser ist dann die Summe aus empfangener und reflektierter Leistung.

$$P_0 = P_r + P_1 \quad (10.13)$$

Der Reflexionsanteil ergibt sich nach den Fresnelschen Beziehungen an einer Grenzfläche zu:

$$P_r = P_0 \left(\frac{n_1 - n_0}{n_1 + n_0}\right)^2 \quad (10.14)$$

Für die Reflexionsverluste erhält man nach (10.2), (10.12) und (10.13)

$$L_r\,[\mathrm{dB}] = -10 \log\left(1 - \left(\frac{n_1 - n_0}{n_1 + n_0}\right)^2\right) \quad (10.15)$$

Nach (10.2) und (10.13) erhält man für die sogenannte Rückflußdämpfung als Verhältnis von P_r zu P_0:

$$L_{rf}\,[\mathrm{dB}] = -10 \log\left(\frac{n_1 - n_0}{n_1 + n_0}\right)^2 \quad (10.16)$$

Demnach erzeugt jeder Übergang des Lichtes an einer Grenzfläche mit $\Delta n = 0{,}45$, das entspricht einem Quarzglas-Luft-Übergang, einen Verlust von $L_r = 0{,}15$ dB und eine Rückflußdämpfung von $L_{rf} \approx 14{,}7$ dB.

Bei der Anwendung verschiedener Verbindungstechniken liegen die Rückflußdämpfungen durch den Einsatz von Immersionsflüssigkeiten bei Spleißverbindungen (s. Abschn. 10.3) oder des physikalischen Kontakts bei Steckverbindungen (s. Abschn. 10.4) deutlich höher. In Standardapplikationen sind Rückflußdämpfungen um $L_{rf} = 40$ dB und bei rückflußarmen Verbindungen von $L_{rf} = 50-65$ dB industrielle Praxis. Reflexionsverluste sind auf die gleichen Einflußfaktoren wie auch extrinsische Verluste zurückzuführen. Den größten Anteil an den Reflexionsverlusten hat jedoch die Güte der Faserstirnfläche.

Von großem Interesse ist die Rückflußdämpfung beim Einsatz von kohärentem Licht (Laserquellen) für die Informationsübertragung als Maß für die Leistung des reflektierten Laserlichtes. Laser hoher Kohärenz und hoher Leistung reagieren auf reflektiertes Licht mit Stabilitätsschwankungen von Leistung und Wellenlänge und können sogar zerstört werden. In solchen Fällen ist der Einsatz rückflußarmer Verbindungen unumgänglich. Die Vermeidung von Leistungsreflexionen auf den Laser spielte bisher in den Weitverkehrsnetzen der Telekomverbindungen mit spektral sehr schmalbandigen Lasern und in der optischen CATV-Technik mit Laserverstärkern eine Rolle. Mit zunehmender Übertragungsrate sind auch in den Datennetzen Laser erforderlich (Gigabit-Ethernet) und damit auch dort rückflußarme Verbindungen.

10.3 Spleißverbindungen

Bei der Planung von Netzwerken und Anlagen mit LWL ist für die Ermittlung der erreich-

baren Verbindungslängen die Dämpfung des gesamten optischen Links maßgeblich. Besonders in den Weitverkehrsverbindungen der Telekomnetze können die Einfügedämpfungen ungeeigneter Faserverbindungen die verfügbare Streckenlänge erheblich begrenzen. Da LWL-Kabel aus fertigungstechnischen und verlegetechnischen Gründen nur in max. 2 km langen Stücken verlegt werden können, sind hier besonders dämpfungsarme, im Aufbau einfache, im Feld herstellbare und stabile Verbindungen hoher Lebensdauer für den Aufbau großer Leitungslängen erforderlich. Reparaturen von LWL-Defekten sollen ebenfalls nicht zusätzlich die zur Verfügung stehende Leistung verringern.
Eine Verbindungstechnik mit diesen Eigenschaften stellt das Spleißen von LWL dar. Für fast jeden spezifischen Anwendungsfall, von einfachsten semipermanenten Laboraufbauten bis hin zu qualitativ hochwertigen permanenten Schmelzspleißverbindungen für Telekomanwendungen, haben sich spezielle Spleißtechniken herausentwickelt.

10.3.1 Mechanische Spleißverbindungen

Kennzeichnend für eine mechanische Spleißverbindung ist, daß die mechanischen Hilfsmittel zur Ausrichtung der beiden präparierten Faserenden, die es in mannigfaltigen Varianten gibt, fester Bestandteil der LWL-Verbindung werden. Je genauer diese Ausrichtung erfolgt desto geringer ist die entstehende Koppeldämpfung.

Es wird in zwei Arten mechanischer Spleiße unterschieden:

- Semipermantenter Spleiß
- Permanenter Spleiß

Diese Unterteilung beschreibt dabei lediglich die Art der Fixierung, die bei semipermanenten Spleißen mit Klemmen oder ähnlichen mechanischen Mitteln erfolgt, beim permanenten Spleiß entsprechend mit einem geeigneten optischen Kleber oder durch Crimpung. Genereller Vorteil mechanischer Spleiße ist der geringere Aufwand für die Herstellung, bei der keine komplexen Hilfsmittel oder Fremdenergien benötigt werden. Diesem Vorteil steht allerdings eine erhöhte Koppeldämpfung und Rückflußdämpfung, bezogen auf andere Spleißverfahren, gegenüber. Zur Verringerung der entstehenden Dämpfungen besonders durch Reflexion werden in den Zwischenraum der beiden Fasern geeignete Immersionsflüssigkeiten sogenannte Index-Matching Gele eingebracht, die einen an das Glas angepaßten Brechungsindex haben. Bei Klebespleißen wird diese Funktion durch die Auswahl des Klebers erreicht.

Bei einer Faserverbindung durch Spleißen werden die Stirnflächen durch eine exakte Führung stumpf aufeinander gestoßen. Im Idealfall sind die Stirnflächen genau rechtwinklig und plan, die Führung ist so optimal, so daß der Kernversatz nicht mehr als $\Delta r = \frac{1}{10} D$ beträgt (s. Abschn. 10.2.2). Zwei Faktoren sind dafür verantwortlich, wie dämpfungsarm eine solche mechanische Verbindung wird.

- Qualität der Faserpräparation
- Genauigkeit der Justage der Faserenden zueinander

Für die Herstellung einer dem beschriebenen Idealfall nahekommenden Stirnflächenbeschaffenheit wird beim Spleiß das Faserende durch Ritzen und Brechen präpariert.

Dazu wird der Sekundärschutzmantel (Buffer) und der Primärschutzmantel (Coating) von der Faser entfernt, das Faserende gespannt und mit einem geeigneten Werkzeug aus einem scharfen und harten Material angeritzt. Zur Vermeidung von Fehlern wie Aussplitterungen oder Fehlwinkeln müssen dazu einige wichtige Kriterien beachtet werden [A3]:

- Herstellung einer gleichmäßigen Einspannung des Faserendes; durch eine axiale Zugbelastung läßt sich die notwendige Spannung am eingespannten Faserende gut realisieren; bei ungleimäßiger Einspannung kommt es zur Bildung von Lippen an der Bruchstelle
- Vermeidung von Torsionskräften auf die Einspannung; Torsionskräfte führen zu Fehlwinkeln an der Bruchstelle
- Verwendung eines sehr scharfen Ritzwerkzeugs, um eine sehr feine Kerbung zu gewährleisten; nach Möglichkeit sollte ein Ritzdiamant eingesetzt werden; Fehler aufgrund ungenügenden Werkzeugs sind oft Aussplitterungen

Für das Präparieren der Faserstirnflächen sind verschiedenste Werkzeuge erhältlich. Die Vielfalt reicht von einfachsten Diamantmessern bis hin zu sehr komfortablen Geräten mit ultraschallunterstützem Brechprozeß.

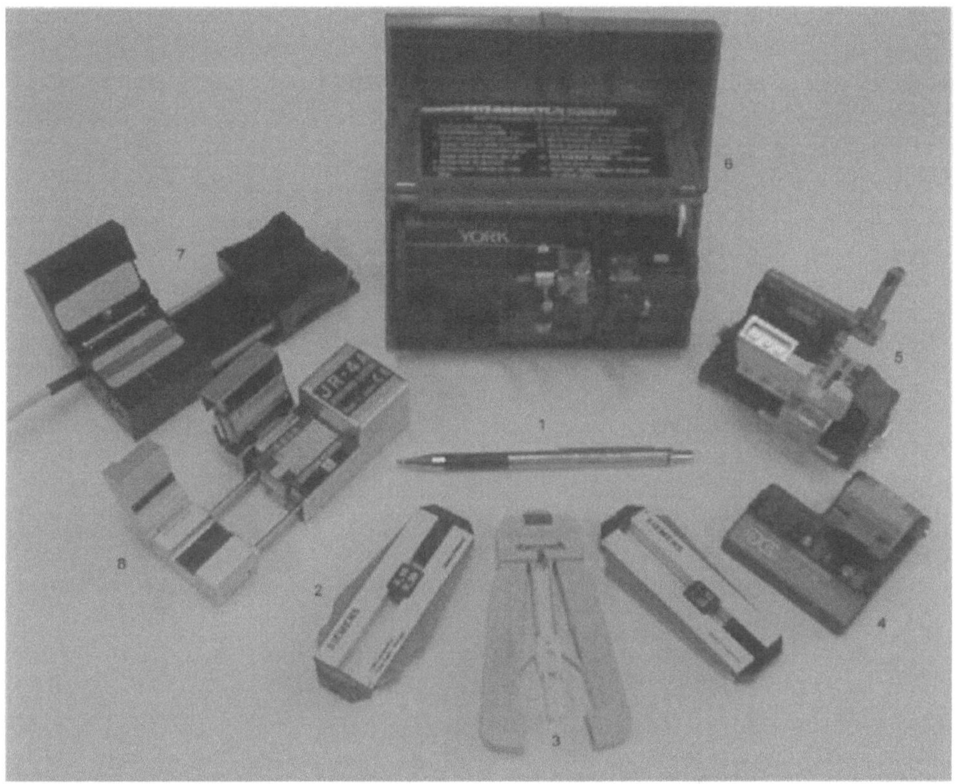

Abb. 10.1. Werkzeuge für die Faserpräparation
1 einfaches Diamantmesser (Diamond); 2 Coatingzange (SIEMENS); 3 Coatingzange (Augat); 4 Faserbrechgerät (RXS); 5 Faserbändchenbrechgerät (RXS); 6 hochwertiges, ultraschallunterstütztes Faserbrechgerät – auch geeignet zum winkligen Scriben (YORK); 7 wärmeunterstütztes Werkzeug zur Entfernung des Coating bei Faserbändchen (Fujikura); 8 wärmeunterstütztes Werkzeug zur Entfernung des Coating bei Faserbändchen (Sumitomo)

Für das Entfernen von Buffer und Coating ist die Vielfalt der zur Verfügung stehenden Hilfsmittel ähnlich groß.

Nach der Herstellung qualitativ ausreichender Faserenden müssen diese durch einen geeigneten Mechanismus zueinander ausgerichtet und fixiert werden. Nach der Faservorbereitung werden beide Enden in einen solchen Spleißeinsatz eingeschoben und fixiert und man erhält sofort eine gebrauchsfähige Verbindung. Die angewendeten Grundprinzipien sind dabei immer gleich oder ähnlich. Die häufigsten Konstruktionen sind V-Nutenführungen (Abb. 10.3) oder Röhrchenjustage (Abb. 10.2).

Zu den einfachsten Varianten mechanischer Spleißverbindungen gehört der Kapillarspleiß. In ein Röhrchen mit einem Innendurchmesser, der nur ein bis drei Mikrometer größer ist als der Durchmesser des Mantelglases, werden die Fasern eingefädelt, bis sie sich berühren. Innerhalb des Röhrchens befindet sich Immersionsflüssigkeit (engl.: Index-Matching Gel) zur Verringerung der Reflexionsverluste. Die Genauigkeit der Ausrichtung ist abhängig von der Größe und Toleranz der Feinbohrung sowie der Eigenexzentrizität der Fasern [3]. Für Einmodenfasern müßten Röhrchen mit besonders engen Toleranzen

Abb. 10.2. Prinzipskizze Röhrchenjustage

ausgewählt werden. Daher findet diese Form eher für Vielmodenfasern Anwendung. Die Fixierung der Adern kann auf verschiedene Weise erfolgen. Bei Verwendung eines Weichmetallröhrchens kann durch Crimpung auf das Buffermaterial eine Festlegung erfolgen. Möglich ist auch der Einsatz von Klebstoffen.

Die gebräuchlichste Form der Justage ist der Einsatz von V-Nuten. Eine exakte Herstellung der V-Nuten ist wie bei der Röhrchenjustage vorausgesetzt. Jedoch dürfen die Herstellungstoleranzen sehr viel großzügiger bemessen sein. Maßgeblich für einen geringen lateralen Versatz ist die Kernexzentrizität der Fasern, weshalb die V-Nutenjustage eine bessere Singlemodfähigkeit besitzt.

V-Nuten können auf verschiedene Weise hergestellt werden. Sehr exakt lassen sich V-Nuten auf einem Siliziumsubstrat ätzen. Aber auch geprägte Weichmetallträger sind präzise genug und finden durch ihre geringen Herstellkosten große Verbreitung.

Zur Fixierung werden vorwiegend Klemmmechanismen eingesetzt.

Eine Mischung aus Kapillarspleiß und V-Nut-Spleiß ist der Einsatz einer Drei-Stab-Führung. Der Durchmesser der Stäbe ist so gewählt, daß der eingeschriebene Kreis, der sich bei einer Anordnung nach Abb. 10.4 ergibt, dem Außendurchmesser eines LWL entspricht. Die entsprechende Genauigkeit wird über die Toleranzen der Außendurchmesser der Stäbe bestimmt. Die Mechanismen zur Fixierung der Fasern sind äquivalent zum Kapillarspleiß.

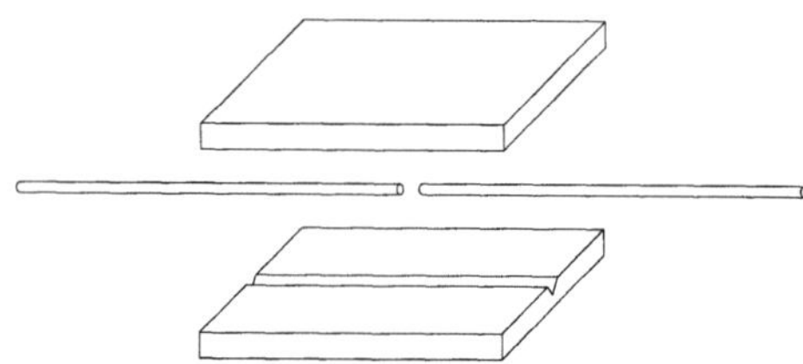

Abb. 10.3. Prinzipskizze V-Nutenjustage

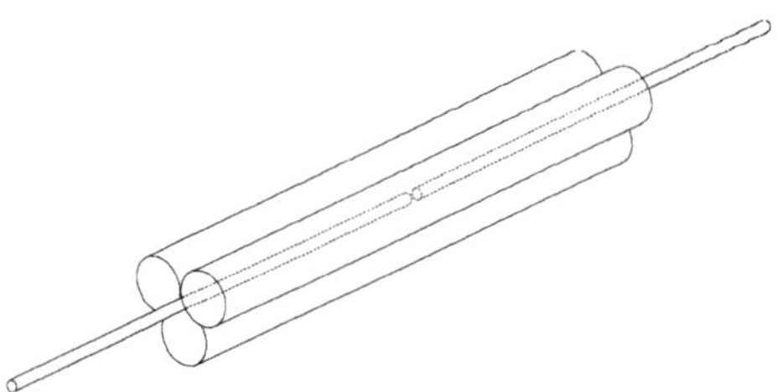

Abb. 10.4. Prinzipskizze Drei-Stab-Führung

Erreichbare Koppeldämpfungen von mechanischen Spleißverbindungen bei Multimodeverbindungen liegen erfahrungsgemäß im Bereich von 0,1 dB $\leq L \leq$ 0,5 dB, bei Einmodenverbindungen auch darüber. Die Ursachen für die entstehende Koppeldämpfung sind weitestgehend extrinsischer Natur, allen voran der laterale Versatz. Durch eine gewissenhafte Präparation der Faserenden lassen sich Fehlwinkel und unsaubere Faseroberflächen und damit zusätzliche Koppelverluste vermeiden. Reflexionsverluste sowie der Einfluß von faserspezifischen Parametern sind durch den Einsatz von Immersionsmitteln und durch die moderne Faserherstellung bei der Betrachtung nicht relevant.

10.3.2 Thermisches Spleißen

Aus den Ergebnissen von Abschn. 10.2 geht hervor, daß für eine verlustarme LWL-Verbindung die Ausrichtung der Fasern zueinander und die Vermeidung von Fresnelschen Verlusten die Basis bilden. Intrinsische Verluste wie Fehlanpassungen der numerischen Apertur oder der Kerndurchmesser spielen durch moderne Herstellungsverfahren der Fasern nur noch eine untergeordnete Rolle bzw. können sie bei der Herstellung einer LWL-Verbindung nicht beeinflußt werden. Bei den einfachen mechanischen Spleißverfahren wurden durch Ausrichten der Fasern unter Verwendung der Außengeometrie des Mantelglases und den Einsatz von Index-Matching Gel LWL-Verbindungen mit geringen Dämpfungswerten besonders für Vielmodenapplikationen realisiert. Für Einmodenverbindungen sind die beschriebenen Verfahren allerdings oft zu ungenau. Ein Kernversatz von kleiner 1,5 µm läßt sich nur sehr schwer durch die beschriebenen Möglichkeiten auch im Hinblick auf die Stabilität realisieren. Zur Herstellung von besonders langzeitstabilen als auch sehr dämpfungsarmen LWL-Verbindungen auch für Einmodenanwendungen hat das Schweißen oder thermische Spleißen von LWL große Verbreitung gefunden.

Mit Hilfe einer punktuellen Wärmequelle die durch einen Lichtbogen erzeugt wird, werden die Enden der zu verbindenden Fasern miteinander verschmolzen. Die Fasern werden über Mikromanipulatoren, die auf piezokeramischer Basis arbeiten, und einem Lichtinjektions- und Detektionssystem (LID™-eingetragenes Warenzeichen der SIECOR Corp. (Siemens AG/Corning Inc.)) hoch präzise nach dem Dämpfungsminimum zueinander justiert [4]. Eine hochfrequente Wechselspannung dient zum Zünden des Lichtbogens, bei dem zwischen zwei Elektrodenspitzen (Abb. 10.5) die zum Spleißen erforderliche Glimmentladung mit einer Temperatur von über 2000 °C entsteht. Für die Herstellung thermischer Spleiße sind speziell dafür entwickelte Spleißgeräte notwendig. Diese Spleißgeräte sind im allgemeinen hoch automatisiert und ermöglichen so schnell und unkompliziert das Schweißen.

Die Präparation der Faserenden wird analog zu mechanischen Spleißverbindungen vorgenommen. Die vorbereiteten Faserenden werden in präzisen V-Nuten-Führungen aufgenommen und fixiert. Eine aktive Justage der Faserenden ermöglicht die dämpfungsarme LWL-Verbindung. Dazu wird über Biegekoppler Licht in eine Faser eingekoppelt und aus der zweiten ausgekoppelt. Die auf die Mikromanipulatoren gespannten Fasern werden solange zueinander in yz-Richtung bewegt, bis die Dämpfung an der Spleißstelle minimal ist. In x-Richtung wird dann ein Abstand von 1 bis 2 μm zwischen den Stirnflächen eingestellt.

Der folgende Schweißvorgang verläuft in zwei Stufen. Die erste Phase, das Vorschmelzen oder Prefusing, dient einem leichten Aufschmelzen der Faserstirnfläche.

Mit dem Prefusing werden folgende Effekte erreicht:

- verrunden des Faserrandes und erzeugen einer konvexen Faseroberfläche, wodurch Lufteinschlüsse beim eigentlichen Schweißvorgang verhindert werden
- Reinigung der Faserenden durch die Verbrennung von Schmutzpartikeln

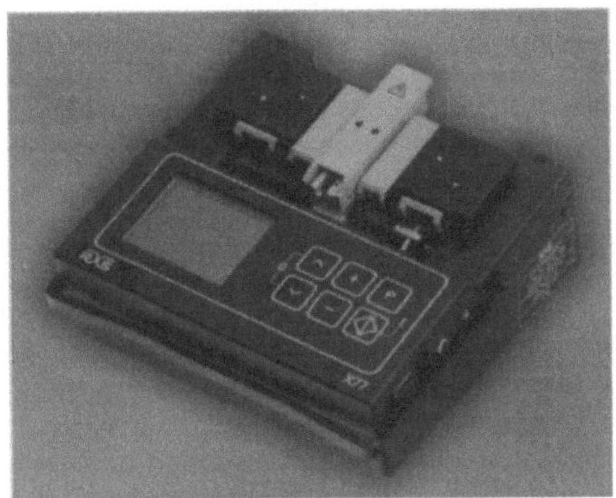

Abb. 10.6. RXS-Fusionsspleißgerät

- eliminieren von kleinen Oberflächendefekten, kleinen Fehlwinkeln, bei nicht ganz optimalen Brüchen (Fire Polishing)

Durch Erhöhen des Schweißstromes wird in der zweiten Phase das Glas weiter bis zu einem schmelzflüssigen Zustand erwärmt, so daß ein Ineinanderfließen des Glases erreicht wird. Gleichzeitig werden die Fasern einige Mikrometer in x-Richtung zusammengeschoben. Ein besonderer Effekt, der während des Spleißens auftritt, ist die Selbstzentrierung der Faserenden. Ursache dafür ist die Oberflächenspannung der Glasschmelze. Durch diesen Mechanismus werden laterale Fehlanpassungen der Fasern bis zu einigen Mikrometern ausgeglichen, wodurch aber eine geringe Verschiebung des Kern am Faserende auftritt (Abb. 10.8). Beim Fügen von zwei LWL, die mit Fehlwinkeln gebrochen wurden kommt es aus dem gleichen Grund zu einem einseitigen Herausschieben des Kerns aus der Verbindungsebene.

Für das Spleißen von Vielmoden-LWL sind die Auswirkungen der Kernverschiebung vernachlässigbar klein. Bei Einmoden-LWL kann es zu einer Verminderung bis hin zur Aufhe-

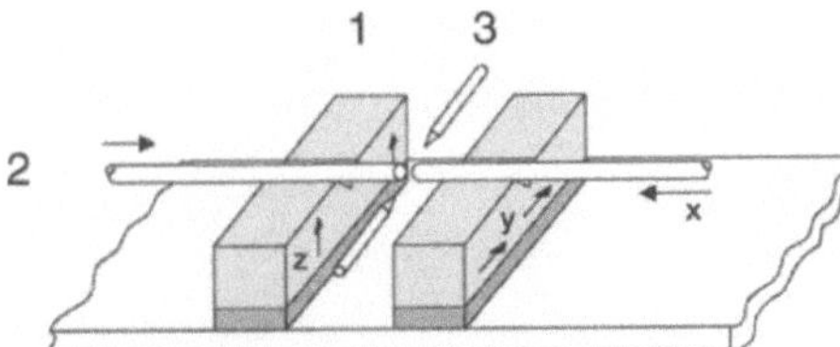

Abb. 10.5. Schematische Darstellung der Mikromanipulation; 1 Mikromanipulator; 2 Faser; 3 Schweißelektrodenpaar

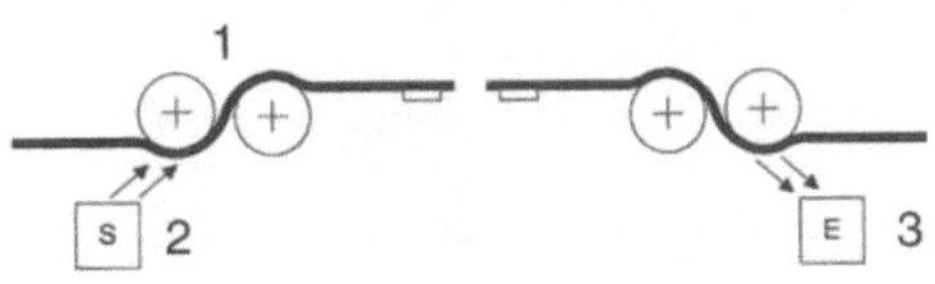

Abb. 10.7. Schematische Darstellung des Lichtinjektions- und Detektionssystems; 1 Biegekoppler; 2 Sendediode; 3 Empfangsdiode

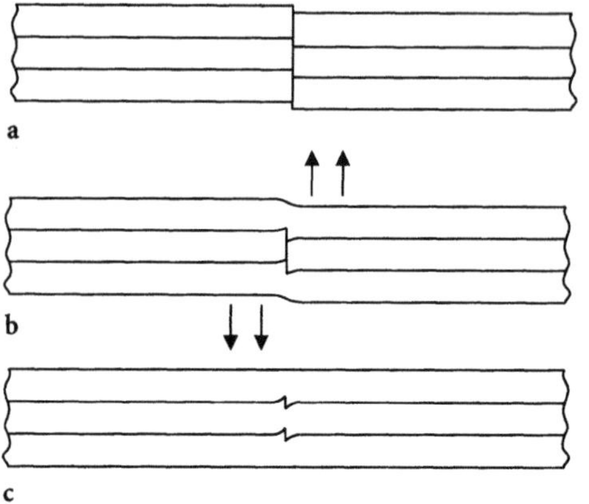

Abb. 10.8a–c. Kernverschiebung. **a** Fasern vor Spleißvorgang, **b** Bewegung der Fasern während des Spleißvorgangs in transversaler Richtung, **c** Fasern nach Spleißvorgang

bung der Kernjustage kommen, wenn zwei Fasern mit hohen Kernexzentrizitäten miteinander verspleißt werden. Durch eine Verringerung der Vorschmelzzeit und die Verkleinerung der Schmelzzone kann diese Effekt kompensiert werden (Quick and Narrow Fusion) [A4].

Eine Veränderung des Brechungsindex an der Spleißstelle tritt kaum auf, weder bei Vielmoden- noch bei Einmodenfasern.

Großen Einfluß auf die Qualität eines thermischen Spleißes hat die Lichtbogentemperatur und die Dauer des Spleißvorganges. Bei zu hohen Schweißtemperaturen kann es zu Verformungen des Kerns kommen, wodurch es zu signifikant größeren Koppelverlusten kommt. Zu niedrige Temperaturen führen zu einem unvollständigen Verschmelzungsprozeß. Diese Parameter sind vom jeweiligen Fasertyp abhängig und müssen angepaßt werden.

Nach dem automatisch und in wenigen Sekunden ablaufenden Spleißprozeß und der Entnahme aus dem Spleißgerät erhält man einen sogenannten Rohspleiß. Die Fasern sind an der Spleißstelle äußeren Einflüssen ohne schützenden Mantel ausgesetzt und mechanisch um 30%–50% weniger belastbar als im Ausgangszustand. Der Spleiß muß deshalb durch geeignete Maßnahmen geschützt werden. Ähnlich wie bei den mechanischen Spleißverbindungen ist die Vielfalt der zur Verfügung stehenden Möglichkeiten groß. Sie reicht von auf die Ader gekrimpten Weichmetallröhrchen über Schrumpfschläuche mit Schmelzkleberbeschichtung und integriertem Metall- oder Kunststoffstab zur mechanischen Stabilisierung, Spleißschutzpasten oder Recoatings bis hin zu kleinen um die Faser herumklappbaren V-förmigen Weichmetallträgern [A3]. Beim Vorliegen mehrerer Spleiße in Patchfeldern oder Kabelschächten werden die Einzelspleiße zur besseren Ordnung und zum Schutz bei Außeninstallationen in sogenannten Spleißkassetten untergebracht, die wiederum für die verschiedensten Installationsanwendungen optimiert worden sind.

Die entstehende Koppeldämpfung bei thermischen Spleißen ist zu 95% auf die Beeinflussung der geometrischen Form des Kerns wie Einschnürungen, Aufbauchungen und Kernverschiebungen zurückzuführen. Der mögliche laterale Versatz sowie die Kernverschiebung durch Fehlwinkel haben die größten Auswirkungen. Weitere extrinsische und Fresnelsche Verluste spielen durch das stoffschlüssige Verbinden nur eine vernachlässigbare Rolle [A1]. Eine Aussage über die Höhe der Koppelverluste läßt sich nur statistisch vornehmen. Die Streubreite für die Dämpfung

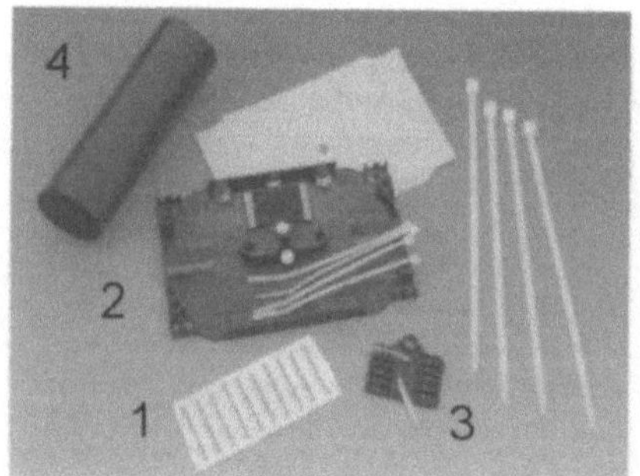

Abb. 10.9. Spleißkassette; 1 Weichmetallträger mit V-Nuten; 2 Kassettenkörper; 3 Abdeckung; 4 Schrumpfschlauch

Abb. 10.10. Spleißkassette mit Patch-fasern im 19″ Einschub

kann mit 0,01 dB ≤ L ≤ 0,15 dB (für Einmodenfasern) angegeben werden. Der Mittelwert liegt bei L_{Mean} = 0,05 dB.

10.3.3 Mehrfachspleißen

Mit der Verbreitung der optischen Kommunikationstechnik erhöht sich auch stetig die Anzahl der eingesetzten LWL. Neben der Entwicklung neuer Systeme und Netzwerkkomponenten müssen auch die Verbindungstechniken für die optischen Übertragungsstrecken verbessert und effizienter gestaltet werden, um den steigenden Bedarf an hochleistungsfähigen optischen Datennetzen zu befriedigen.

Damit begründet wird die Nachfrage an Spleißtechnologien, bei denen gleichzeitig mehrere Fasern miteinander verbunden werden können, um die Installation von optischen Kommunikationssystemen durch eine Verringerung von Aufwand und Zeit günstiger zu gestalten.

Dem Rechnung tragend sind vor allem für die Verbindung von Bändchenkabel (Arraystruktur mehrerer Fasern, die durch ein z.B. gemeinsames Coating verbunden sind) Spleißtechniken entstanden, bei denen die gleichen Verfahren wie für einfache LWL eingesetzt werden. So sind thermische Vielfachspleißgeräte und auch mechanische Konstruktionen (Abb. 10.11) zur Verbindung von Faserbändchen erhältlich.

Eine Verringerung der Installationskosten durch Mehrfachspleißen wird jedoch zur heutigen Zeit nicht erreicht.

Die Gründe dafür sind relativ einfacher Natur. Um verlustarme Verbindungen von einem Faserpaar herzustellen, ist die Einhaltung von sehr kleinen Toleranzen bei der Ausrichtung der Fasern zueinander notwendig. Eine Struktur zur Führung mehrerer Fasern, die mit der gleichen Qualität verbunden werden sollen wie ein einzelnes Faserpaar, muß um die Anzahl der zu verbindenden Fasern genauer sein. Dadurch wird gewährleistet, daß in der Addition der Toleranzen die Verbindungsqualität vergleichbar mit denen der Einfachspleißmethoden ist.

Zur Verbindung zweier Einmodenfasern durch ein thermisches Schweißverfahren werden die beiden Fasern über Mikromanipulatoren nach dem Dämpfungsminimum ausgerichtet und verschweißt. Der Schweißvorgang dauert nur wenige Sekunden (s. Abschn. 10.3.2). Sollen 10 Einmodenleitungen miteinander verschweißt werden, wird ein Spleißgerät mit 10 Paaren Mikromanipulatoren und Elektroden und allen weiteren Komponenten mit einer äußerst aufwendigen Steuerung benötigt, um alle Fasern in gleicher Qualität zu verbinden. Für Faserbändchen ist eine solche technische Lösung durch den einzuhaltenden Faserabstand von 250 µm nicht realisierbar. Für Einzelfasern steht ein Einsparung von wenigen Sekunden in keinem Verhältnis zu den enormen Kosten eines solchen Gerätes, da der Vorbereitungsaufwand der gleiche bleibt.

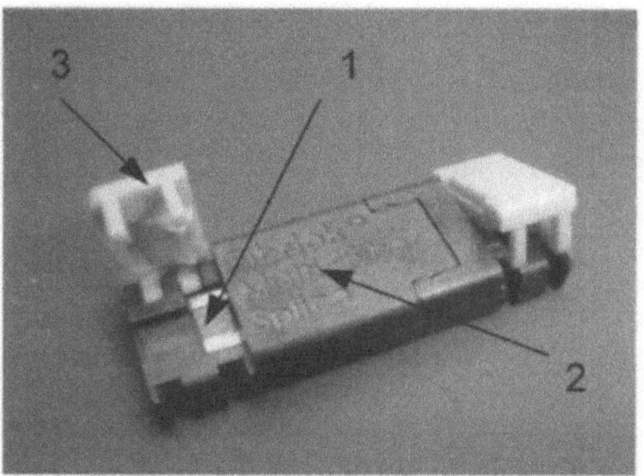

Abb. 10.11. mechanischer Bändchenspleiß Fa. 3M; 1 Substrat mit V-Nuten; 2 Spleißkörper mit Immersionsflüssigkeit; 3 Klemmechanismus

Zweite von der Firma RXS, Deutschland, realisierte Variante ist ein Spleißgerät mit einer höchstpräzisen Aufnahme für bis zu 12 Fasern, einem Mikromanipulator und einem Elektrodenpaar zur Erzeugung der Glimmentladung (s. auch Abb. 10.5). Über eine Bildverarbeitung werden die Fasern geometrisch zueinander ausgerichtet derart, daß der geometrische Versatz der Fasern im Mittel minimal ist. Durch die in Abschn. 10.3.2 angesprochene Selbstzentrierung können weitere Fehlanpassungen ausgeglichen werden, eine Ausrichtung nach Dämpfungsminimum ist aber nicht möglich. Ganz entscheidend ist auch hier der Einfluß der Faserpräparation. Alle Fasern müßten idealerweise auf wenige Zehntel eines Mikrometers genau auf gleicher Länge zueinander gebrochen sein, um alle Fasern zu verschweißen.

Auch hier ist der Zeitaufwand durch die gleichen Vorbereitungsprozeduren wahrscheinlich um nur wenige Sekunden geringer. Die Nachteile wiegen dagegen zum Teil schwerer. Das einzusetzende Gerät ist um ein Vielfaches teurer. Eine Ausrichtung nach

Dämpfungsminimum für jede Faser ist nicht möglich. Die mittlere Spleißdämpfung liegt bei $L_{\text{Mean}} = 0{,}2$ dB (Bei Einfachspleißen $L_{\text{Mean}} = 0{,}05$ dB). Es werden aufwendigere Präparationsarbeiten notwendig, um geringste Längenunterschiede der Fasern zueinander zu realisieren. Bei Fehlern im Spleißvorgang muß für alle Fasern des Ribbon-Kabels der Vorgang wiederholt werden. Beim Mehrfachspleißen von mehreren Einzelfasern erhöht sich der Vorbereitungsaufwand durch Sortieren und Ausrichten unverhältnismäßig zur Einsparung beim eigentlichen Schweißprozeß bei gleichzeitiger Erhöhung der Ausfallmöglichkeiten. Ein Einsparungseffekt ist nicht erkennbar.

Mehrfachspleißtechnologien sind deshalb ausschließlich für Faserbändchen relevant.

10.4 Optische Steckverbinder

Permanente und bedingt lösbare Verbindungen von LWL können nur an Stellen innerhalb optischer Kommunikationssysteme eingesetzt werden, bei denen die Variabilität für optische Links gleich null sein sollte. Für den Anschluß an Sender und Empfänger und für Verteilung von Daten in Patch-Feldern, in Komponenten im LAN-Bereich usw. sind flexiblere, lösbare Verbindungen erforderlich.

Die Anforderungen an optische Steckverbinder in Fragen der Übertragungsqualität an der Verbindungsstelle sind im Wesentlichen äquivalent gegenüber denen von Spleißverbindungen. Neben

- geringer Koppeldämpfung
- hoher Stabilität gegenüber Umwelteinflüssen
- hoher Lebensdauer
- geringen Kosten

ist der Forderungskatalog noch um die Merkmale

- hohe Reproduzierbarkeit der Dämpfungswerte bei Wiederholsteckungen
- hohe Anzahl der möglichen Steckzyklen
- geringe Abmessungen, besonders im Querschnitt

zu erweitern.

10.4.1 Aufbau optischer Steckverbinder

10.4.1.1 *Allgemeiner konstruktiver Aufbau*

Der optische Steckverbinder soll niedrige optische Verluste und niedrige Reflexionen sicherstellen, dabei häufig und einfach steckbar und lösbar sein und umfangreichen mechanischen, thermischen und chemischen Belastungen standhalten. Diese Forderungen führen zu vier grundlegenden Konstruktionseigenschaften:

- Die Fasern stoßen stumpf mit den Stirnflächen aufeinander und werden von millimeterdicken Stiften geführt, die wiederum in Hülsen koaxial ausgerichtet werden.
- Die Stirnflächen müssen in axialer Richtung mit etwa 10 N aneinander gepreßt werden, gleichzeitig müssen die Stifte transversal frei schwimmend gelagert sein, damit sie beim Stecken nicht festklemmen.
- Die Verrastung mit der Kupplung oder dem Gehäuse erfolgt über Schraubenverschlüsse, Bajonettverschlüsse oder Rasthaken.
- Da die Fasern nur sehr geringe Zugkräfte aushalten, werden die Zugbelastungen des Kabels über das Steckergehäuse an die Kupplung und eventuell das Gerätegehäuse weitergeleitet.

(s. Abb. 10.14)

Die Fasern werden an ihrem Ende über gut einen Zentimeter zum mechanischen Schutz in Stifte (Ferrulen) eingeklebt und an ihrer Stirnfläche poliert. Um niedrigen transversalen Versatz zu erreichen, müssen sowohl die Fasern als auch die Stifte in ihren Durchmessern und Exzentrizitäten hoch präzise sein. Beispielsweise werden Einmodenfasern mit einem Durchmesser von 125 μm in Ferrulen mit einer Bohrung von 125,5 μm – 126 μm eingeklebt, deren Außendurchmessertoleranz 0,1 μm beträgt. Die maximalen Exzentrizitäten von Faser und Stift betragen 0,3 μm und 0,7 μm. Als Stiftmaterial hat sich Zirkonoxidkeramik (ZrO_2) weltweit durchgesetzt.

Viele Versuche, zur Kostenreduktion die Ferrulen im Spritzgußverfahren aus Kunststoff herzustellen, waren bisher erfolglos. Die notwendigen Genauigkeiten lassen sich nur mit großem Aufwand erreichen, und es sind keine Kunststoffe verfügbar, die über die notwendige thermische Stabilität verfügen, um

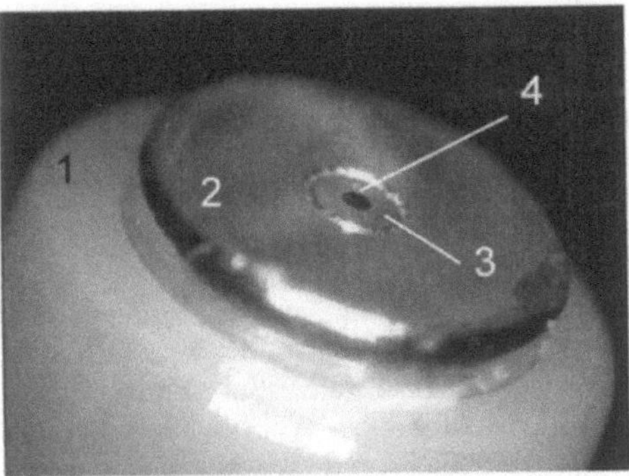

Abb. 10.12. Ferrule mit Prägetechnologie (Fa. Diamond); 1 Keramikröhrchen; 2 Weichmetalleinsatz; 3 Prägung; 4 Faserstirnfläche

auf Dauer die Präzision der Passung zu gewährleisten. Zusätzliche Probleme ergeben sich aus der geringen Abriebfestigkeit des Materials.

Ein anderes Verfahren für exakt konzentrische Ferrulen als das der Monoblockferrulen, bei denen die geforderte Genauigkeit bereits bei der Herstellung erreicht wird, wurde durch die Firma Diamond, Schweiz, entwickelt. Sie verwendet eine zweiteilige Ferrule, die aus einem im Außendurchmesser genauen Keramikrohr und einem Stirnflächeneinsatz aus einem duktilen Metall besteht (Abb. 10.12). Der Weichmetalleinsatz ist mit einer Feinbohrung versehen, die mit großzügigeren Toleranzen hergestellt werden kann als die der Monoblockferrule. Nach Applizierung des Klebers und Fädeln der Faser wird der Stift in einer genauen Aufnahme gespannt und mit einem konzentrisch zur Aufnahme positionierten Prägewerkzeug eine ringförmige Vertiefung in das weiche Metall eingebracht. Das Material fließt zur Faser und umschließt und positioniert sie mit einer Restexzentrizität von 3 μm. Danach wird der Kleber ausgehärtet. Bei Einmodenfasern wird nach einem ersten Polierschritt noch eine Kernzentrierung durch eine Viertelkreisprägung vorgenommen. Man erhält so Restexzentrizitäten unter 1 μm.

Neben der komplexeren Herstellung hat dieses Verfahren auch Nachteile. Durch das Verschieben der Faser innerhalb der oberflächennahen Schicht kann es zur Entstehung von größeren Schielwinkeln (Winkel zwischen geometrischer Symmetrieachse der Ferrule und der optischen Achse) kommen. Der mechanisch sehr empfindliche Weichmetalleinsatz führt die Faser nur wenige Millimeter. Das darunterliegende relativ große Klebervolumen zur Fixierung der Faser, kann bei thermischer Belastung zur Streßbildung auf die Faser führen. Besonders bei Vielmodenanwendungen konnten mehrfach Brechzahlprofilverschiebungen (vergleichbar mit Faserexzentrizitäten) bis hin zu Faserbrüchen beobachtet werden.

In Kupplern werden die Ferrulen durch längsgeschlitzte Zirkonoxydkeramikhülsen koaxial geführt.

Durch die Schlitze können die Hülsen gleichzeitig stramm anliegen, beim Einfädeln ein gewisses Spiel erlauben und schließlich die Luft zwischen den Stiften entweichen lassen. In optischen Modulen (z. B. Transceivern) mit Steckbuchse (Receptacle) werden die Stifte zur exakten transversalen Führung immer in geschlossenen Hülsen geführt. Die Hülsen werden in Gehäusen gehalten, die eine Vor-

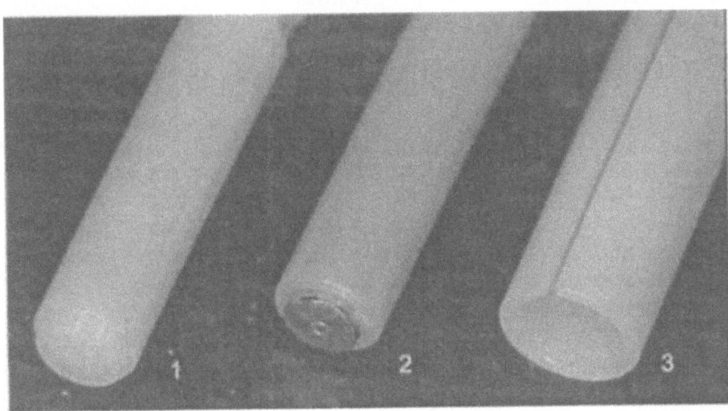

Abb. 10.13. 1 Monoblockferrule; 2 Zweikomponentenferrule (Diamond); 3 Split Sleeve

führung des Steckers, die Verrastung und die Überleitung der Zugkräfte auf das Gerät bewirken. Als Verrastmechanismus werden bei älteren Steckertypen Schraub- und Bajonettverschlüsse, bei neueren Schnappverschlüsse eingesetzt.

Die Halterung der Ferrulen im Steckergehäuse stellt über Spiralfedern einen definierten Anpreßdruck der Stirnflächen sicher. Der Federmechanismus erfordert eine axiale Beweglichkeit der Stifte im Gehäuse von 1 bis 2 mm (Abb. 10.14). Um diesen Betrag wird die Faser in das Kabel hineingeschoben oder muß in einem definierten Bogen oder Umwegschleife im Steckergehäuse verlegt sein, um ausreichend Bewegungsspielraum zu ermöglichen damit es nicht zum Abknicken oder Überstrecken der Faser kommt (Abb. 10.21). Um die hohen Anforderungen an transversale und winkelmäßige Ausrichtung von Stift zu Hülse zu realisieren, werden die Stifte schwimmend gelagert. Sie sind beim Steckvorgang mit dem Steckergehäuse nur über die Feder verbunden (Abb. 10.14). Zur Verbindung von Ferrule zur Feder und zum Gehäusekäfig dient ein Stiftlager (Backbone) aus Metall oder Kunststoff, das auf die Ferrule gepreßt oder gespritzt ist. Das Stiftlager begrenzt den Bewegungsspielraum der Ferrule durch den Abstand seiner Kanten zum umliegenden Käfig des Gehäuses und sichert die Ferrule gegen Verdrehen.

Die Verbindung der Zugabfangungsfäden (Kevlar) des Kabels und des Kabelmantels mit dem Steckergehäuse muß so konstruiert sein, daß die Ader keine Zugbelastung erfährt und bei Simplexkabeln axial frei beweglich ist. Meistens werden Zugfäden und Kabelmantel zwischen Metallhülsen gekrimpt oder es wird geklebt. Schließlich wird der Stecker nach hinten mit einer Knickschutztülle abgeschlossen, um Dämpfungserhöhungen durch zu starke Faserkrümmung oder gar Bruch von Faser oder Kabelmantel zu verhindern (Abb. 10.14).

10.4.2 Physikalischer Kontakt (PC)

Auch bei sehr gut planpolierten Oberflächen kommt es zu Reflexionsverlusten. Ein Einsatz von Index-Matching-Gel oder anderen Immersionsflüssigkeiten ist für Steckverbinder nicht nur nicht praktikabel sondern auch schädlich. Flüssigkeiten und Gele können Schmutzpartikel binden, die bei mehreren Steckzyklen die Oberflächen der Fasern bis zu Ausplatzungen aus der Faser beschädigen können (s. auch Abschn. 10.2.4). Als Gegenmaßnahme müßte nach jedem Steckzyklus eine sorgfältige Reinigung des Stecksystems und das Applizieren neuer Immersionsflüssigkeit erfolgen. Außerdem sind besondere Maßnahmen für den Verbleib an den Stirnflächen und gegen eine Eintrübung bei hoher Lebensdauer und extremen Umwelteinflüssen nötig.

Um Reflexionsverluste ohne Zwischenmedium zu verringern bzw. auszuschließen müssen sich die Faserstirnflächen physikalisch berühren. An planpolierte Oberflächen müßten dafür sehr hohe Anforderungen wie den Winkel zur Symmetrieachse und die Qualität der Politur gestellt werden.

Deutlich bessere Werte für die optische Übertragung erreicht man mit Stirnflächen, die zuverlässig physikalischen Kontakt gewährleisten und deshalb mit dem angehängten Kürzel PC (Physical Contact) bezeichnet werden. Dazu werden die Flächen konvex poliert und so gegeneinander gepreßt, daß sie in der Mitte flach aneinander liegen. In den meisten Standards für optische Steckverbinder hat sich für die sphärische Fläche ein Krümmungsradius von $r = 15 \pm 10$ mm durchgesetzt. Bei konzentrischen Sphären liegt

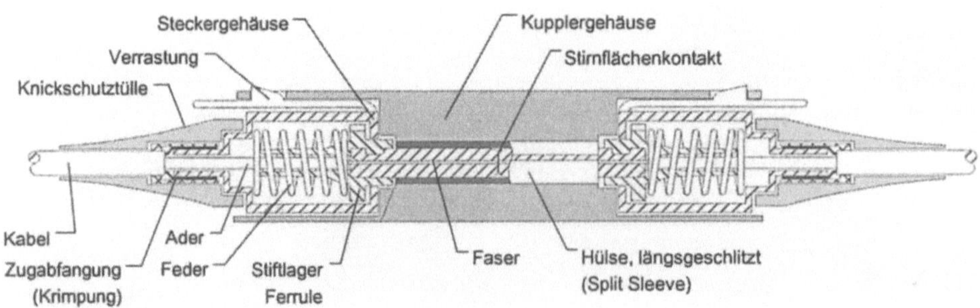

Abb. 10.14. Aufbau einer LWL-Steckverbindung (schematisch)

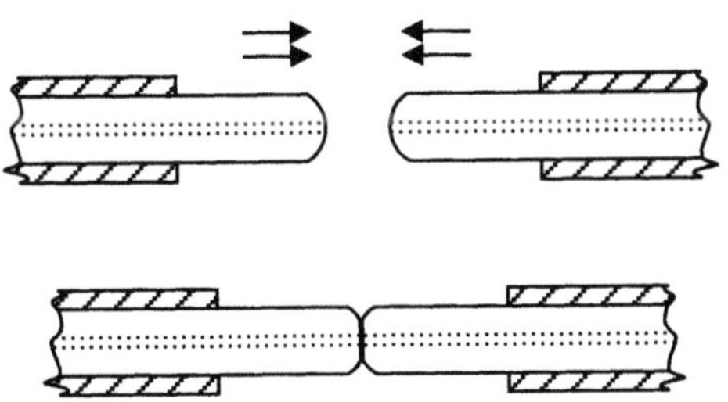

Abb. 10.15. physikalischer Kontakt durch elastische Abplattung der konvexen Steckerstirnfläche

deren höchster Punkt, der Pol, auf dem Mittelpunkt der Faser. Beim Steckvorgang stoßen dann beide Ferrulen mit den Fasermittelpunkten aufeinander. Durch die Federkraft der Steckerstifte kommt es zu einer elastischen Verformung der Oberfläche in einem konzentrischen Bereich um den Pol. Die notwendige Andruckkraft (7–10 N) wird so bemessen, daß es in einem Radius von 130 µm um den Pol zur elastischen Abplattung kommt. Berechnungsgrundlage dafür sind die HERTZschen Formeln über Spannungen und Verformungen für homogene-isotrope Körper aus HOOKEschem Material [5]. Die relativ große Abplattungsfläche sichert den pysikalischen Kontakt der lichtführenden Kernflächen auch noch, wenn poliertechnisch bedingt der Pol nicht auf dem Fasermittelpunkt liegt. Dieser Polversatz darf üblicherweise maximal $\Delta r \pm 65$ µm betragen. Die zwischen den Stirnflächen eingeschlossene Luft kann durch die konvexe Oberflächenform zur Seite und über den Spalt der Hülse entweichen. Kleine Schmutzpartikel, die sich auf den Randzonen der Ferrulenoberfläche befinden wirken sich nicht auf die Koppeldämfung aus. Die Kontaktzone muß aber wie bei planpolierten Stirnflächen staubfrei sein. Eine Reinigung der Stirnflächen vor jedem neuen Steckvorgang ist für einen sicheren physikalischen Kontakt deshalb immer angebracht. Die Stirnflächen müssen außerdem im Glasbereich frei von Kratzern, Ausmuschelungen und Bruchflächen unterhalb der Stirnflächen sein.

10.4.3 Physikalischer Kontakt mit Winkelschliff (APC)

Durch Steckverbinder mit physikalischem Kontakt lassen sich Fresnelsche Verluste soweit verhindern, daß typische Rückflußdämpfungen zwischen 30 dB und 40 dB liegen. Durch Ultrapolituren (Steckverbinder mit Ultrapolituren werden international mit UPC (Ultra Physical Contact) abgekürzt) der Stirnflächen, die gehütete Geheimnisse der verschiedenen Anbieter von Steckverbindern sind und auf einer Mischung aus extrem perfekter Oberfläche und Einflüssen der Oberflächenchemie beruhen, lassen sich Rückflußdämpfungen von 50 dB und für wenige Steckvorgänge auch darüber erreichen [2].

Um zuverlässige Rückflußdämpfungen über 50 dB zu erreichen, werden die Stirnflächen der Ferrulen schräg zur Achse angeschliffen. Als Standard für Einmodensteckverbinder hat sich ein Winkel von 8° durchgesetzt.

Mit Hilfe solcher Angled Physical Contact (APC)-Steckverbinder [in Deutschland wird die Abkürzung APC auch für Advanced Polished Connector verwendet, worunter ein PC-Steckverbinder mit Ultrapolitur verstanden wird; für Steckverbinder mit Winkelschliff wird dann das Kürzel HRL (High Return Loss) gebraucht. Diese Terminologie ist aber international nicht gebräuchlich] können für Einmodenstecker dauerhaft Rückflußdämpfungen um 65 dB erreicht werden. Ein weiterer Vorteil von Steckverbindern mit APC-Schliff ist, daß im Gegensatz zu einer geraden Politur auch im nicht gesteckten Zustand ein Rückfluß des Lichtes verhindert wird. Der pysikalische Kontakt der beiden Fasern muß aber auch bei APC-Steckern realisiert werden, um erhöhte Koppeldämpfungen zu vermeiden. Die Stirnflächen werden deshalb nicht nur schräg, sondern auch ballig poliert.

In Abschn. 10.2.4 wurde bereits die aufkommende Bedeutung rückflußarmer Steckverbinder auch für Vielmodenfasern erwähnt. Erfahrungen mit APC-Steckverbindern für Vielmodenanwendungen liegen zur Zeit (1999) nicht vor.

10.4.4 Technische Anforderungen an optische Steckverbinder

Die technischen Anforderungen an optische Steckverbinder sind grundsätzlich in internationalen Standards geregelt. Konkret sind die Anforderungen weitgehend für die mechanischen Anschlußmaße jedes einzelnen Steckverbindertyps geregelt (z.B. IEC, CECC, TIA-konkrete Normen s. Abschn. 10.4.5). Für die anderen technischen Anforderungen wie z.B. die Koppeldämpfung, die Zugfestigkeit und die Temperaturbelastbarkeit gilt das nur sehr begrenzt. Das liegt vor allem an den sehr verschiedenen Anwendungen, aber auch am Konflikt zwischen den eigentlichen Zielen der Standards und den geschäftspolitischen Zielen der beteiligten Firmen. In den Grund- und Rahmenspezifikationen von IEC 1754-1 oder EN 186000 werden nur sehr allgemeine Aussagen zum Aufbau von Steckverbindern gemacht, konkrete Meßgrößen fehlen.

Für Teilbereiche der technischen Anwendung haben sich daher die Spezifikationsanforderungen führender großer Kunden als ein Quasi-Standard etabliert. Ein Beispiel sind die Spezifikationen der US-amerikanischen Telekom-Gesellschaft Bellcore, die ein sehr hohes Anforderungsniveau ergeben, das man nur mit besonderen Materialien und Verfahren erreicht. Andere Beispiele sind die Spezifikationen der Deutschen Telekom oder die der Firma IBM für ihre Mainframe- und Backbone-Vernetzungen. Unterteilt man die Anwendungen in die drei großen Bereiche

- LAN
- High-End-Datacom
- Telekom,

so haben sich jeweils typische Werte etabliert.

LAN-Anwendungen
Der größte Teil der verfügbaren Stecker wird durch das LAN-Segment abgedeckt, deren Anwendungsbereich vor allem im Bereich der In-House-Vernetzung von kleineren Serversystemen mit geringen Datenraten und Übertragungslängen liegt. Aber auch bei optischen Datenschnittstellen von Geräten wie CCD-Kameras oder HF-Meßgeräten kommen Stekker dieser Gruppe zum Einsatz. Die Anforderungen an die Einfügedämpfung, die Temperaturbereiche, die Zugbelastung und an die zuverlässige Einhaltung aller Werte sind nicht sehr hoch. Die Einfügedämpfung kann bis zu 0,6 dB erreichen, die Temperatur ist auf 0 °C bis 60 °C beschränkt, als Zugbelastung werden oft Werte deutlich unter 100 N toleriert. Insbesondere in der Zuverlässigkeit werden zugunsten niedriger Preise große Zugeständnisse gemacht und Ausfallraten im Prozentbereich akzeptiert.

High-End-Datacom
Die hier zur Anwendung kommenden Steckverbinder müssen großen thermischen und mechanischen Anforderungen genügen und dabei Zuverlässigkeiten im 100 ppm-Bereich erreichen. Dafür werden sie umfangreichen Testprogrammen unterzogen, die sich dann an den genannten Normen und den Spezifikationen der Kunden orientieren. Sie sind für eine hohe Anzahl von Steckzyklen konzipiert (es sind Kundenanforderungen mit bis zu 2000 Steckzyklen bekannt, in denen eine Dämpfungserhöhung von maximal 0,5 dB zulässig ist) und dürfen auch bei großen Zugbelastungen am Kabel keine Dämpfungserhöhung aufweisen (die Konstruktion von Knickschutz und Zugentlastung muß für einen ESCON®[1]-Stecker so bemessen sein, daß er 4–6 Monate bei einer Belastung von 50 N in einem Winkel von 90° zur Steckebene nicht mehr als eine maximale Dämpfungserhöhung von 0,6 dB erreicht). Der wesentliche Unterschied zu den LAN-Anforderungen ist der wesentlich größere Umfang an Spezifikationen und die geforderten Zuverlässigkeiten. Die Spezifikationen enthalten neben den Hauptfunktionswerten, der Einfügungsdämpfung, der Rückflußdämpfung und der Länge einen großen Umfang an Nebenwerten: Abmessungen, Steck- und Trennkräfte, spektrale Dämpfung, Entflammbarkeit, Zugfestigkeit axial und unter Winkeln, Festigkeit gegen Biegung und Torsion des Kabels, Biegefestigkeit von Stecker und Kuppler, Festigkeit gegen Schlag und Schock, Kälte, trockene und feuchte Wärme, Temperaturwechsel, Korrosionsfestigkeit. Die Hauptfunktionswerte werden meistens produktionsbegleitend und teilweise zu 100% geprüft. Die Nebenwerte werden im Rahmen von Qualifikationsprüfungen vor Lieferbeginn getestet und später in periodischen Wiederholungen nachgeprüft.

Telekom
Qualitativ am aufwendigsten sind Steckverbinder für Telekommunikationsverbindungen. An sie werden die höchsten Anforderungen im Hinblick auf Lebensdauer, Einfüge- und Rückflußdämpfung gestellt. Besonders für Einmodenweitverkehsverbindungen sind sehr rückflußarme Stecker (PC: $L_{rf} > 40$ dB; APC: $L_{rf} > 65$ dB) mit geringen Einfügedämpfungen $L_{max} = 0{,}3$ dB gefordert. Wie bei den High-End-Datacom-Steckern werden auch hier durch den Kunden umfangreiche Qualifikationen verlangt. Beim Einsatz in Geräten

[1] ESCON® ist ein eingetragenes Warenzeichen der International Business Machine Corp.

Tabelle 10.2. Konstruktive Merkmale von Steckverbinderklassen

Fasertyp	Kabelform	Steckermerkmale
Einmoden	Ader	Stirnflächentyp
Einmoden mit Winkelablage	Simplexkabel	Innerer Aufbau
Vielmoden	Duplexkabel	Kodierungsnasen
	Zipcordkabel	Knickschutztüllen
	Faserbändchen	Farbe

der Vermittlungstechnik mit aktiven optischen Modulen werden Temperaturbereiche von $-40\,°C \leq T \leq 85\,°C$ notwendig. Weitere typische Anforderungen sind die zyklische Temperaturbelastung in den genannten Grenzen und langandauernde feuchte Wärme mit 85 °C Temperatur und 85 % Feuchte.

10.4.5 Steckerbauformen

Aus der Vielzahl der standardisierten und handelsüblichen Stecker sollen nachfolgend nur die wichtigsten Typen beschrieben werden, die auch internationale Verbreitung finden. Die technischen Grundlagen aus 10.4.1 und 10.4.4 sind diesen Typen weitgehend gemeinsam. Sie werden hier in Simplex-Stecker mit nur einer Faser, Duplex-Stecker mit zwei Fasern und Multifaser-Stecker mit 4 bis 12 Fasern unterschieden. Hinter jedem Steckertyp stehen jeweils Familien von Einzeltypen mit den folgenden wichtigsten Merkmalen (s. Tabelle 10.2).

Zu allen Eigenschaften gibt es zwei bis 6 Ausführungen (Fasertyp, Materialien, Struktur), so daß die komplette Produktfamilie eines Steckverbindertyps etwa 30 Einzeltypen umfaßt, die jeweils noch mit beliebig vielen Leitungslängen kombiniert werden können.

Zur Vereinfachung wird im folgenden nur die Vielmodenversion mit physikalischem Kontakt und Kabel beschrieben. Ebenso werden ähnliche Typen zusammengefaßt.

10.4.5.1 *Simplex-Steckverbinder*

ST-Steckverbinder (Standard F.O. Connector)

Der ST-Stecker besitzt einen Verriegelungsmechanismuß mit Bajonettverschluß, der am Steckkörper eingearbeitet ist (Abb. 10.16). Der Keramikstift (Ferrule) ist mit 2,5 mm Durchmesser standardisiert. Die Krimphülse zur Aufnahme der Kabelzugkräfte ist meistens starr mit dem Stiftlager und dem Keramikstift verbunden. Dadurch ist eine richtige Zugabfangung, die die Einflüsse axialer Zugbelastung auf die Verbindung verhindert, nicht gegeben. Zieht man am Kabel mit mehr als 10 N, heben die Stifte voneinander ab und es kommt zur Dämpfungserhöhung (Typ ST1). Der Typ ST2-NOD (Non Optical Disconnect) ist um eine Rändelmutter zur Arretierung der Stifte erweitert.

Der Steckkörper ist meistens aus Metall, Gesamtdurchmesser und -länge betragen 10 mm und 54 mm. Ursprünglich von AT&T in den USA entwickelt, werden heute etwa 60 % aller LWL-Steckverbinder in ST-Form

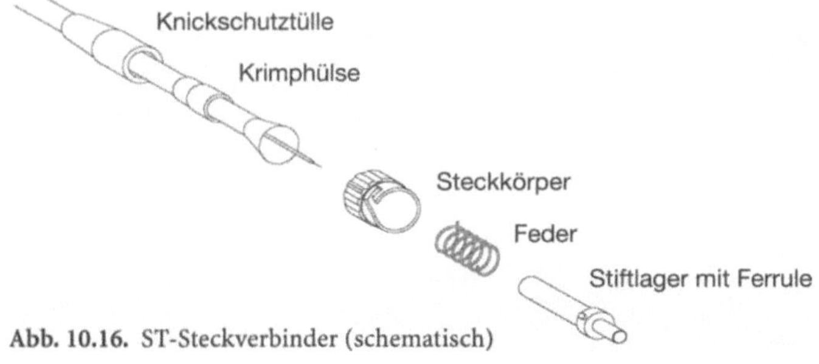

Abb. 10.16. ST-Steckverbinder (schematisch)

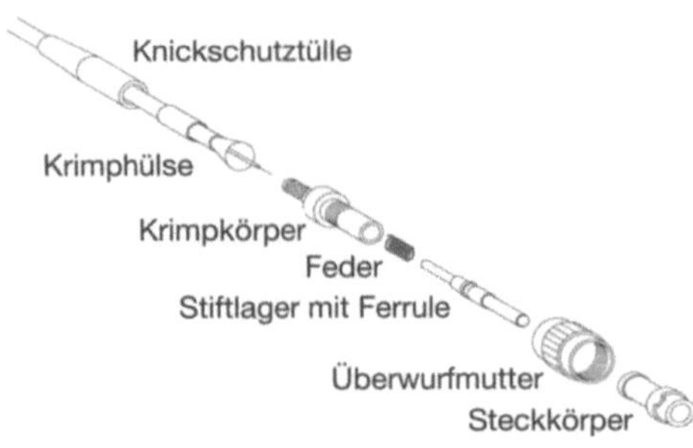

Abb. 10.17. FC/PC-Steckverbinder (schematisch)

gebaut, in der Mehrzahl zum Einsatz in lokalen Datennetzwerken. Die für die Kompatibilität notwendigen mechanischen Anschlußmaße und Rahmenspezifikationen sind in der CECC 86220 und IEC 1754-2 standardisiert.

FC-Steckverbinder (Fibre Optic Connector)

Der FC-Stecker, standardisiert nach IEC 1754-13, CECC 86110 und TIA/EIA-604-4/4A, wurde ursprünglich von NTT in Japan entwickelt. Der Verriegelungsmechanismus ist als Schraubverschluß ausgeführt (Überwurfmutter Abb. 10.17). Über eine äußere Krimphülse wird die Zugbelastung des Kabels vom Stift entkoppelt. LWL-Verbindungen mit FC-Steckverbinder sind mechanisch sehr stabil und durch die vollständige Ausführung in Metall von hoher Zuverlässigkeit. Seine Anwendung liegt aus diesem Grund vor allem im Telekom- und Meßgerätebereich. Durchmesser und Länge betragen 10 mm und 68 mm. Standardmäßig wird zur Aufnahme der Faser eine Keramikferrule mit 2,5 mm Durchmesser verwendet.

Die Bezeichnung FC/PC oder FC/APC weist auf den von der Bauart gleichen Steckverbindertyp hin. Das Kürzel PC oder APC beschreibt nur den Stirnflächenkontakt. Dabei steht PC für Pysical Contact bzw. APC für Angled Physical Contact (s. auch Abschn. 10.4.2 und 10.4.3).

LSA(DIN)-Steckverbinder (LWL-Steckverbinder Typ A)

Der LSA-Stecker (IEC 1754-3, CECC 86135-801, DIN 47 256), ist dem FC-Steckverbinder sehr ähnlich. Die Verriegelung wird hier ebenfalls durch einen Schraubverschluß vorgenommen. Wichtigstes Unterscheidungsmerkmal zum FC-Steckverbinder ist die besonders lange Ferrule. Durch die entstehende große Führungslänge ist der LSA-Steckverbinder sehr querkraftstabil. Mit einem Gesamtdurchmesser von 6,5 mm und einer Länge von 56 mm ist er der dünnste der Steckverbinder. Er wird überwiegend bei der Deutschen Telekom eingesetzt, für die er eigens von SIEMENS entwickelt wurde.

SC-Steckverbinder (Subscriber Connector)

Der SC-Stecker besitzt ein rechteckiges zweiteiliges Gehäuse. Es besteht aus einem inneren Rahmen und einem äußeren Gehäuse. Die gefederte Ferrule (Durchmesser 2,5 mm) und die Zugabfangung wird vom Rahmen aufgenommen und besitzt die Verrastöffnungen (Abb. 10.18). Codierung und Führung des Steckers im Kuppler sowie die Entriegelungsfunktion werden vom äußeren Gehäuse übernommen. Eine Verdrehsicherung ist wegen der rechteckigen Gestaltung nicht erforderlich.

Die Besonderheit des SC-Steckers ist ein „Push-Pull“ Verrastmechanismus, bei dem durch Schieben und Ziehen an der gleichen Stelle die Ver- und Entriegelung erfolgt (Abb. 10.19). Über Rasthaken, die aus der Kupplung

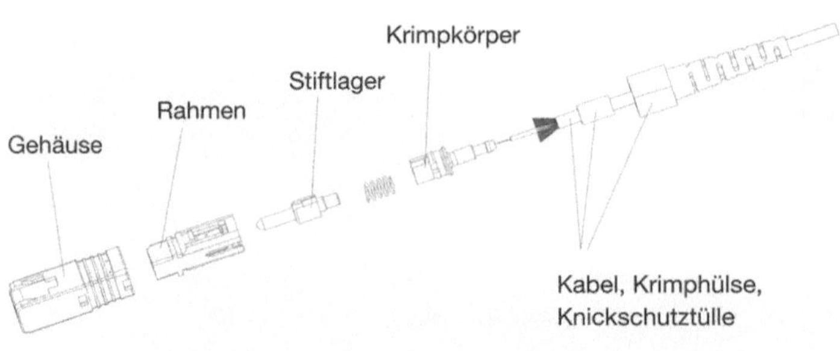

Abb. 10.18. SC-Steckverbinder (schematisch)

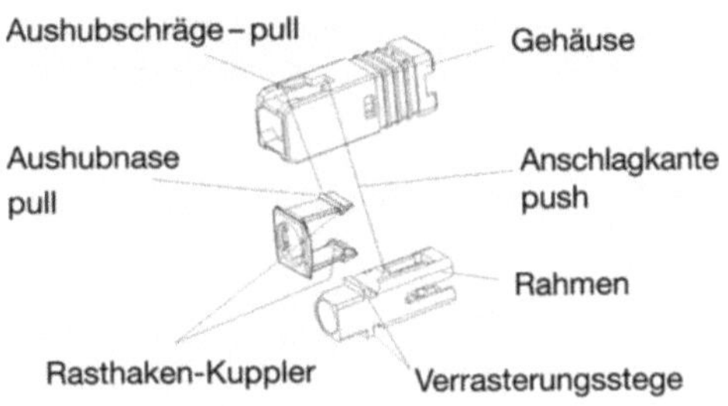

Abb. 10.19. SC-Push-Pull-Mechanismus (schematisch)

heraus durch das äußere Gehäuse hindurch in die Verrastöffnungen des Rahmens greifen, wird der SC-Stecker in der Kupplung fixiert. Beim Steckvorgang zieht das Gehäuse den Rahmen bis zum Einrasten vor. Eine Kulisse im Gehäuse schiebt (unterschneidet) beim Entriegeln die Rasthaken nach außen und löst den Stecker aus der Verrastung (Abb. 10.19).

Gehäuse und Rahmen des SC-Steckverbinders sind aus Kunststoff, die Querschnittsmaße betragen 9 mm × 9 mm, die Länge 55 mm. Der Stecker wurde von NTT in Japan entwickelt und ist mit ca. 30 % Marktanteil der nach ST meistangewandte Steckverbinder und in den Standards IEC 1754-4, CECC 3401 und TIA/EIA 604-3 genau beschrieben.

LSH(E2000)-Steckverbinder (LWL-Steckverbinder Typ H)

Der E2000-Stecker (IEC 1754-15, CECC 86275-801) besitzt ebenfalls ein rechteckiges Kunststoffgehäuse und als einziger der verfügbaren Simplex-Steckverbinder mit 2,5 mm-Ferrule eine Klappe am vorderen Ende, die sich beim Einstecken automatisch öffnet und beim Entriegeln entsprechend schließt. Damit benötigt er keine Schutzkappe für Transport- und Lagerzwecke. Außerdem ermöglicht er so die volle Lasersicherheit, d.h. den Schutz der Augen vor zu intensivem Licht aus dem Stecker. Die Gehäuseverrastung erfolgt ähnlich dem SC-Stecker über einen aus der Kupplung kommenden Rasthaken, der über eine Wippe am Stecker entriegelt werden kann (Abb. 10.20). Der Stift weist einen Durchmesser von 2,5 mm auf, die Querschnittsabmessungen betragen 6 mm × 8 mm, die Länge 65 mm. Der Stecker wurde von Diamond in der Schweiz entwickelt und wird vorwiegend im Netz der deutschen Telekom verwendet.

EC-Steckverbinder

Beim EC-Stecker der Fa. Radiall in Frankreich werden keglige Metallstifte durch eine Kupplungshülse mit einem speziellen Kugelzentrierelement zueinander ausgerichtet. Die Stirnflächen sind schräg und plan und berühren sich über eine Kunststoffmembran zur Vermeidung Fresnelscher Verluste. Der Stecker findet im französischen Telekomnetz Verwendung. Die korrespondierenden Standards sind IEC 1754-13 und CECC 86215-801.

10.4.5.2
Duplex-Steckverbinder

Die Duplex-Stecker nehmen in einem Steckverbinder zwei Fasern (Kanäle) auf. Leitungen für die serielle optische Datenübertragung (sog. Nullmodem-Kabel) werden mit Duplex-Steckverbindern realisiert. Dafür sind sie so konstruiert, daß sie durch ihre Querschnittsform oder Führungsnasen verdrehsicher sind, d.h. nicht versehentlich Sender auf Sender oder Empfänger auf Empfänger geschaltet werden kann.

Duplex-Steckverbinder können in zwei Gruppen unterteilt werden. Die erste Gruppe (echte Duplex Steckverbinder) zeichnet sich dadurch aus, daß zwei Ferrulen mit je einer Faser im selben Gehäuse angeordnet sind (ESCON® und FDDI-MIC). Zur Konfektionierung von ESCON®- und FDDI-MIC-Steckverbinder (wird fast immer DIB-Cable (Duplex Intra Building) verwendet, bei dem zwei gebufferte Adern in einem runden Kabelmantel angeordnet sind (s. Kap. 7). Bei der zweiten Gruppe (unechte Duplex-Steckverbinder) werden zwei Simplex-Stecker über

Abb. 10.20. E2000-Steckverbinder

Klammern am Entriegelungsmechanismus miteinander verbunden (FCS, E2000, EC), die aus diesem Grund mit Zipcord-Kabel verarbeitet werden, das aus zwei leicht miteinander verschmolzenen Simplex-Kabeln besteht (s. Kap. 7).

ESCON®-Steckerverbinder (Enterprise System Connector)

Der ESCON®-Stecker besteht aus einem rechteckigen Gehäuse, die Querschnittabmessungen betragen 29 mm × 8 mm, die Länge 107 mm. Er wurde als Geräte- bzw. Modulsteckverbinder von SIEMENS, Deutschland, für IBM, USA, für den Einsatz in Großrechenanlagen entwickelt. Der ESCON®-Steckverbinder wird deshalb überwiegend als Vielmoden-Stecker verwendet. Auf der Stirnseite ist eine Kappe aufgeschoben, die die zwei Ferrulen vor mechanischer Beschädigung schützt (Abb. 10.21). Beim Stecken wird die Kappe zurück- und durch eine Feder beim Entriegeln wieder nach vorn geschoben. Zwei seitliche Rastarme verriegeln den Stecker in der Kupplung und werden durch Zusammendrücken wieder gelöst (Snap-In). Das Steckergehäuse nimmt im vorderen Teil zwei schwimmend gelagerte Ferrulen mit Stiftlager und Feder im Abstand von 17,78 mm auf (Abb. 10.21). Diese schwimmende Lagerung (Floating) muß große Toleranzen von $T_u = 0{,}34$ mm bis $T_o = 0{,}45$ mm in transversaler Richtung ausgleichen können, die am Transceiver im Abstand zwischen der Führungshülse des Senders und der des Empfängers auftreten können, damit der Stecker nicht klemmt bzw. mit weniger als 60 N steckbar ist.

Die Zugentlastungsbuchse wird mit dem Kabelmantel und den Zugentlastungsfäden verklebt und leitet so den Zug an das Gehäuse weiter. Gleichzeitig werden die Adern fixiert, so daß sie auch bei starken Kabelverwindungen weder aus dem Kabel herausgezogen noch hineingeschoben werden können. Sie müssen in einem definierten Bogen zum Stiftlager geführt werden, um innerhalb des großen Bewegungsspielraumes der Ferrulen nicht abgeknickt oder auf Zug beansprucht zu werden (Abb. 10.21).

MIC(FDDI)-Steckverbinder (Medium Interface Connector)

Der FDDI-MIC-Stecker ist dem ESCON®-Stecker sehr ähnlich und unterscheidet sich vor allem durch die fehlende Schutzkappe und eine Kappe über den Rasthaken, die den Snap-In-Mechanismus in einen Pusch-Pull-Mechanismus für die Verriegelung umwandelt. Er wird in LAN-Netzen im Backbone-Bereich eingesetzt.

SC-Duplex

Der SC-Duplex-Stecker, auch FCS-Stecker (Fiber Channel Standard-Stecker) genannt, besteht aus zwei SC-Steckerverbindern, die wie in Abb. 10.22 zwischen einer Boden- und einer Deckplatte schwimmend verankert sind.

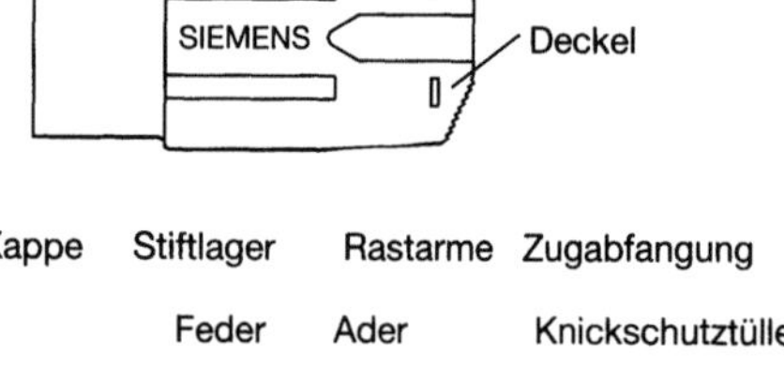

Abb. 10.21. ESCON®-Steckverbinder

Abb. 10.22. SC-Duplex-Steckverbinder (SIEMENS)

Er gehört damit zu der unter Abschn. 10.4.5.2 genannten zweiten Gruppe der Duplex-Steckverbinder (unechte Duplex-Steckverbinder). Zur Verbindung der zwei SC-Steckverbinder gibt je nach Hersteller viele verschiedene Bauformen. Die Querschnittsmaße betragen 23 mm × 10 mm, die Länge 65 mm. Der Stecker wird im High-End-Datacom und im LAN-Bereich eingesetzt.

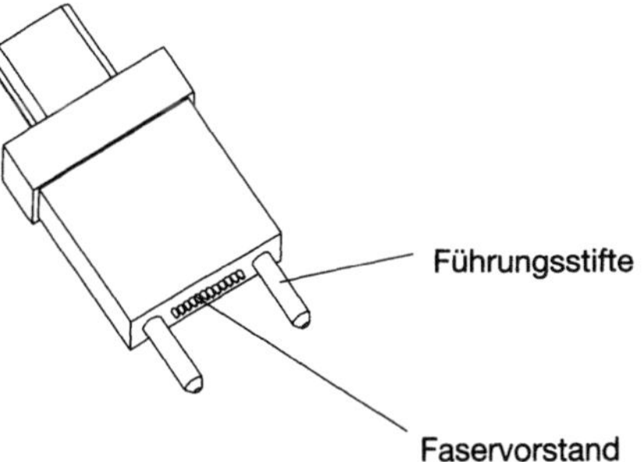

Abb. 10.23. MT-Ferrule

10.4.5.3 *Mehrfaser-Steckverbinder*

Bei zunehmender Vernetzungsdichte wird die Packungsdichte der Steckdurchführungen eine entscheidende Größe für die Abmessungen der Verteilsyteme und Geräte. Bei den Kabeln wird eine hohe Packungsdichte durch Faserbändchen (Ribbons) erreicht, bei denen die international üblichen Fasern mit einem äußeren Coatingdurchmesser von 250 µm direkt nebeneinandergelegt und verbunden werden. Die ebene Anordnung von Fasern im Abstand von 250 µm findet ihre Entsprechung in Sender-bzw. Empfänger-Arrays (Parallel Optical Link, s. Kap. 13) und in Steckern, bei denen die Fasern in einer Ferrule mit nebeneinander liegenden Bohrungen geführt werden.

Als vorherrschende Lösung hat sich eine rechteckige Ferrule, Querschnittsmaße 6,5 × 2,5 mm², aus hochfestem Kunststoff mit sehr niedrigem Ausdehnungskoeffizient durchgesetzt, in der sich vier bis 12 Bohrungen mit 127 µm Durchmesser befinden (Abb. 10.23).

Die Fasern werden als Bändchen herangeführt, in die Bohrungen eingeklebt und an der Stirnfläche poliert. Durch ein sehr spezielles Polierverfahren wird ein definierter Faservorstand von 2 µm aus der Kunststofffläche heraus erzeugt, durch den sich dann der physikalische Kontakt über alle Fasern realisieren läßt. Die Gleichförmigkeit der Verbindungen ist von den Höhendifferenzen zwischen den Fasern abhängig, die nicht größer als 100 nm sein sollten. Die Andruckkraft für die gesamte Ferrule beträgt 12 N, pro Faser also 1 N. Das Stirnflächenprofil der Einzelfasern und der Ferrule ist nicht weiter spezifiziert. Die transversale Justage der Fasern zueinander erfolgt über Führungsstifte aus Metall. Die Anordnung dieser Stifte erfolgt dabei derart, daß ein Steckverbinder beide Metallstifte aufnimmt während der Gegenstecker zwei Bohrungen zur Aufnahme der Stifte besitzt. Für gleichförmige und niedrige Dämpfungswerte sind die Toleranzen der Bohrungen und Stifte, ihre Lage zueinander und die Höhe der Fasern die kritischen Parameter. Zur Herstellung der Ferrulen wird das Transfer-Molding-Verfahren angewendet. Diese Technologie ist aus der Halbleiterfertigung übernommen und dient dort zur Herstellung von Chipgehäusen. Dazu werden mit Siliziumdioxid (SiO_2) hochgefüllte Duroplaste bei sehr niedrigen Drücken und Temperaturen in einer entsprechenden Form verarbeitet. Auf diese Weise werden die feinen Drähte in der Form, die die späteren Bohrungen erzeugen, nur niedrigen mechanischen Belastungen ausgesetzt und damit die notwendigen Formstandzeiten und Toleranzen für eine wirtschaftliche Herstellung erreicht. Beim Einsatz vergleichbarer Spritzgußverfahren müssen die Ferrulen zweiteilig als Schale und Deckel ausgeführt werden. Die Führung der Fasern wird durch V-Nuten übernommen, wobei die notwendigen Formdetails durch eine Siliziumabformtechnik erreicht werden. Für die notwendige thermische und mechanische Stabilität müssen auch hier hochgefüllte Thermoplaste (PPS) eingesetzt werden.

Wie bei den Einfachsteckverbindern haben sich auch auf Basis der MT-Ferrule (Mechanical Transferable Ferrule) unterschiedliche Steckverbinder entwickelt. Die verschiedenen Ausführungsformen bestehen auch hier aus den Komponenten Feder, Hülsen zur Zugabfangung, Knickschutztülle und Verriegelungsmechanismus. Die Kunststofferrule ist so konstruiert, daß ein Stiftlager nicht mehr erforderlich ist und die Druckfeder direkt am Bund der Ferrule anschlägt. Über V-Nuten werden die Fasern des Bändchens vorgeführt und verklebt. Der SMC-Steckverbinder (Simplex-MT-Connector) der SIEMENS AG verwendet in Anlehnung an den ESCON®-Stecker einen Snap-In-Mechanismus mit zwei seitlich

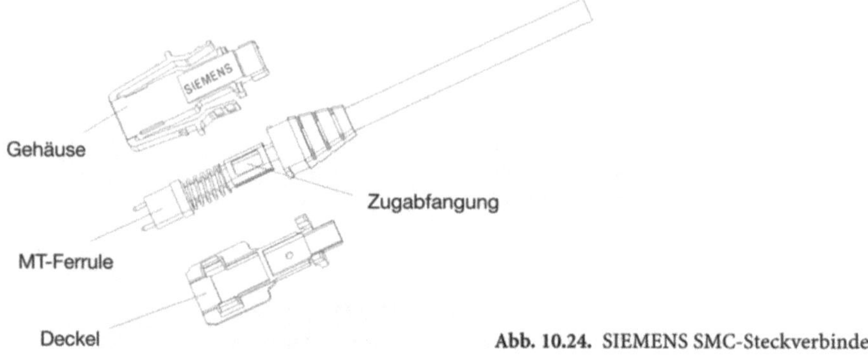

Abb. 10.24. SIEMENS SMC-Steckverbinder

angeordneten Rasthaken zu Ver- und Entriegelung des Steckers. Die von SIEMENS patentierte Zugabfangung nutzt den Kabelmantel zur Fixierung der Kevlarfasern, die über ein Klemmblech am Mantel befestigt werden. Ein Metallring, durch den die Zugabfangungsfäden gefädelt werden nimmt die Zugbelastung auf und leitet sie an das Steckergehäuse. Durch diese sehr kompakte Gestaltung ist der SMC-Stecker mit 44 mm Länge der kürzeste in der MT-Familie. Seine Querschnittsabmessungen sind 13 mm × 5 mm. Weitere MT-Steckverbinder sind der MPX (AMP) und der MPO/MTP (NTT).

Die Hauptanwendungen liegen in hochvernetzten Rechenzentren. Die mit einer großen Anzahl von Duplexleitungen realisierten Verbindungen werden durch den Einsatz der MT-Technologie und den Einsatz von Bändchenkabeln zusammengefaßt. Eine weitere Verdichtung wird durch sogenannte Trunk-Kabel erreicht, die mehrere Bändchenkabel mit insgesamt bis zu 288 Kanälen enthalten können, was zu einer erheblichen Platzreduktion und einer besseren Übersichtlichkeit der Systeme führt. Gleichzeitig sinken die Kosten für Installation und Konfektionierung. In naher Zukunft wird das Einsatzspektrum aber in der parallelen Datenübertragung zu sehen sein. Mehrere führende Computerhersteller arbeiten an Großrechenanlagen, bei denen für die Kommunikation zwischen den Hauptrechnerkomponenten parallele Datenübertragung mit sehr hoher Datenrate eingesetzt werden wird (z.B. PAROLI™-Parallel Optical Link; Trademark der SIEMENS AG). Empfangs- und Sendemodule mit jeweils 12 Kanälen werden durch Ribbon-Kabel miteinander verbunden. Mehrere Bändchenkabel werden zu Trunk-Kabeln zusammengefaßt.

Zur Kopplung von Trunk-Kabeln wird ein Steckverbinder mit 72 Fasern verwendet (Abb. 10.25), bei dem sechs MT-Ferrulen in einem Stecker angeordnet sind. Ein 288-kanaliges Kabel wird dazu in vier Segmente mit je sechs 12-kanaligen Faserbändchen unterteilt. Die Einzelsegmente werden mit einem MMC-Steckverbinder konfektioniert. Abbildung 10.25 zeigt ein besteckertes Segment eines derart aufgebauten Trunk-Kabels.

Auch in den Netzen zukünftiger Telekomvermittlungsanlagen werden für die Verbindung von Leiterkarte zu Leiterkarte über Rückwandsysteme Einmoden-Faserbändchen zum Einsatz kommen.

10.4.5.4 *Small-Form-Faktor-Steckverbinder*

Unter Small-Form-Faktor-Steckverbinder versteht man eine neue Generation von Duplex-

Abb. 10.25. MMC-Steckverbinder (SIEMENS)

Steckern. Ende 1995 Anfang 1996 wurde verstärkt nach technischen Lösungen gesucht, den sehr viel größeren Platzbedarf faseroptischer Verkabelungssysteme gegenüber Kupfernetzen drastisch zu verringern.

Als Richtlinie für zu entwickelnde Systeme wurde in einem Multi-Source-Agreement zwischen den größten Anbietern optischer Übertragungstechnik 1996 vereinbart, daß sich in einem 19"-Einschub nebeneinander 24 Duplex-Ports unterbringen lassen sollen. Die Höhe der Transceiver wurde auf 9,8 mm beschränkt. Die Dimensionen für die dazu passenden Steckverbinder entsprechen ungefähr der Größe eines SC-Steckverbinders für zwei Fasern (Kanäle).

Um die Konkurrenzfähigkeit und die Akzeptanz von Glasfaseranwendungen gegenüber Kupfer weiter zu verbessern, entschloß man sich, den von Kupfersteckern her vertrauten Rastmechanismus RJ-45 zu übernehmen. Die Installationskosten pro Kanal sollten ebenfalls deutlich gesenkt werden. Für die optischen Transceiver wurde ein einheitliches Footprint zwischen den führenden Herstellern vereinbart, um eine Unabhängigkeit der diversen Hardwareplattformen vom verwendeten Steckertyp zu ermöglichen. Im Rahmen dieser Ziele sind etwa sieben neue Steckertypen entstanden, die zur Zeit standardisiert und am Markt eingeführt werden. Die vier wahrscheinlich erfolgreichsten Typen werden hier kurz vorgestellt: der LC, der MT-RJ, der SC/DC und der VF-45.

LC-Steckverbinder

Beim LC-Steckverbinder der Fa. Lucent, USA, wird in Anlehnung an den MU-Steckverbinder (Mini-SC) von NTT in Japan ein Keramikstift mit 1,25 mm Durchmesser verwendet. Die Verrastung wird durch einen einseitigen RJ-45-Mechanismus realisiert. Zum Duplex-Stecker wird er wie der SC durch Verklammerung von zwei Einzelsteckern (TIA/EIA 604-10 als Vorschlag eingereicht). Der Stecker erreicht die gleichen guten Eigenschaften wie andere Keramikstecker, bietet allerdings keine Einsparpotentiale in der Herstellung.

MT-RJ-Steckverbinder

Der MT-RJ-Steckverbinder, von Fa. AMP, USA, entwickelt, benutzt eine Mini-MT-Ferrule zur Aufnahme von bis zu vier Fasern im Abstand 250 μm, von denen beim MT-RJ nur zwei (Abstand 750 μm) verwendet werden. Die Mini-MT-Ferrule entspricht einer miniaturisierten Variante der unter Abschn. 10.4.5.3 beschriebenen MT-Ferrule. Die Fertigungstechnologie und das Material sind indentisch. Zwei Führungsbohrungen im Abstand von 2,6 mm bzw. entsprechende metallische Führungsstifte, die baugleich denen der MT-Ferrule sind, sichern die transversale Ausrichtung der Steckverbindung. Der Querschnitt der Ferrule ist mit $4{,}4 \times 2{,}5\ \text{mm}^2$ festgelegt. Die Ferrulen sitzen gefedert in einem Gehäuse mit dem RJ-45 Rasthaken (TIA/EIA 604-12 als Vorschlag eingereicht).

Durch die zur Zeit noch sehr hohen Preise für MT-Ferrulen ist für den MT-RJ ebenfalls ein Einsparpotential bei der Herstellung nicht vorhanden.

SC/DC-Steckverbinder

Die Firma Siecor, USA, hält mit dem SC/DC-Steckverbinder das Ziel der halben SC-Abmessungen am genauesten ein. Das Gehäuse und andere Steckerteile sind identisch zum SC-Stecker. Die Funktionalität der Ferrule ist der der Mini-MT-Ferrule nachempfunden. Auch sie enthält vier Bohrungen im Abstand von 0,25 mm und ist in Material und Herstellverfahren äquivalent. Im Gegensatz zur Mini-MT-Ferrule sind die des SC/DC-Steckverbinders rund mit einem Durchmesser von 2,5 mm. Die Justage wird durch den Einsatz eines Railsystems gelöst. Die Ferrulen besitzen beidseitig halbkreisförmige Führungsnuten, die im Kuppler duch entsprechende Führungsrippen aufgenommen werden. Bei Einmodenanwendungen sind diese Rippen aus Metall, bei Vielmoden aus Kunststoff ausgeführt (TIA/EIA 604-11 als Vorschlag eingereicht).

Bei der Konfektionierung mit vier Kanälen wird der Stecker als SC/QC bezeichnet.

Die erreichbaren Dämpfwerte und die Herstellungskosten sind vergleichbar mit denen der MT-basierenden Steckverbindersystemen.

VF-45-Steckverbinder

Ebenfalls aus den USA, von der Firma 3M, stammt der innovativste Small-Form-Faktor-Steckverbinder, der VF-45. Das VF-45-Stecksystem besteht im Gegensatz zu den konventionelleren Systemen aus nur zwei Teilen, dem Steckverbinder selbst und dem sogenannten Socket. Zur Ausrichtung wird eine V-Nuten-

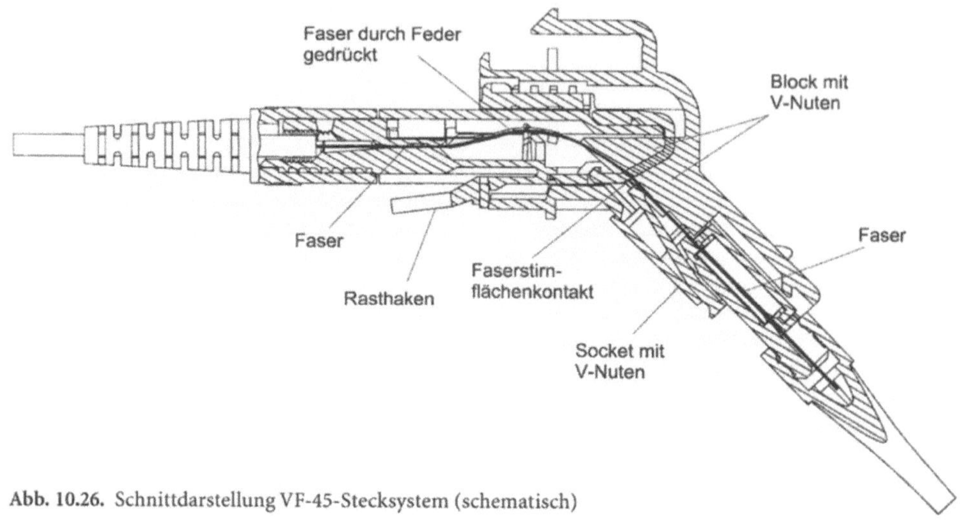

Abb. 10.26. Schnittdarstellung VF-45-Stecksystem (schematisch)

justage (s. Abschn. 10.3.1) der freiliegenden Faser verwendet und dabei vollständig auf Ferrulen verzichtet. Das Socket enthält zwei V-Nuten im Abstand von 4,5 mm. Über einen Krimpmechanismus werden zwei Fasern in den V-Nuten direkt im Socket fixiert. Die Fasern des Steckverbinders werden unter einem Winkel von 45° und einem Radius von 19 mm in die Nuten des Sockest eingeführt (Abb. 10.26). Die Andruckkraft zur Herstellung des physikalischen Kontakts wird durch die Faser selbst erzeugt und durch eine hoch sensible Feder zusätzlich unterstützt. Zur Verringerung Fresnelscher Verluste sind die Faserenden in einem Winkel von 8° gebrochen (TIA/EIA 604-7; zur Abstimmung).

Um die dauerhafte Biegebelastung der Steckerfaser zu ermöglichen, wird eine Spezialfaser im VF-45-Steckverbinder eingesetzt. Es handelt sich dabei um eine Dreischichtfaser, bei der über eine Kern-Mantel-Konstruktion aus Glas eine zusätzliche Kuststoffschicht aufgebracht ist. Die Faser wird dementsprechend als GGP-Faser (Glas-Glas-Polymer-Faser) bezeichnet. Der Gesamtdurchmesser der Faser beträgt äquivalent zu Standardfasern 125 µm. Der geringere Durchmesser des Glascladdings erlaubt so erhöhte Biegebelastungen. Bei der im Socket verwendeten Faser handelt es sich um Standard-LWL.

Der VF-45 ist mit einem RJ-45 Rastmechanismus versehen und erfüllt mit den Querschnittsabmessungen von 12 mm × 8 mm und einer Länge 62,5 mm die Small-Form-Faktor-Bedingungen.

Zum Schutz der Fasern und zur Herstellung der Lasersicherheit ist das VF-45 Stecksystem mit speziellen Schutzklappen versehen, die sich beim Stecken und Ziehen selbständig öffnen und schließen.

Die Reinigung erfolgt mittels speziellem Reinigungsspray aus rückstandsfrei verflüchtigenden Lösungsmitteln. Die mittlere Dämpfung liegt bei 0,3 dB, maximal bei 0,75 dB.

Der VF-45 ist innerhalb der neuen Steckergeneration der Steckverbinder mit dem höchsten Einsparpotential, kann aber für die mittlere Dämpfung nur mit Werte um 0,3 dB bis L_{max} 0,75 dB aufwarten.

10.4.6 Steckerkonfektionierung

Optische Steckverbinder werden heutzutage zu etwa 80 bis 90% in Fabriken, der Rest im Feld konfektioniert. Als Konfektionierung bezeichnet man die Montage von Steckern und Kabeln oder Adern zu Leitungen oder Pigtails (einseitig mit einem Steckverbinder konfektioniertes LWL-Kabel (oder auch Ader) zum Anspleißen an eine Übertragungsstrecke mit einer Länge < 5 m). Dazu werden die Kabel abgelängt, die Fasern in die Ferrulen geklebt und stirnseitig poliert, der Kabelmantel mit dem Steckergehäuse verbunden und optische Transmission gemessen. Bei der Fabrikkonfektionierung werden meistens eine Reihe halbautomatischer Geräte benutzt, die manuell bedient werden. Vollständig automatisierte Geräte oder Gerätelinien sind kommerziell noch nicht erhältlich. Bei der Feldkonfektionierung kommt man mit einem Gerätekoffer von der Größe einer großen Aktentasche aus. Die Fabrikkonfektionierung ermöglicht hohe Qualität und niedrige Kosten, insbesondere bei hohen Stückzahlen. Die Feldkonfektionierung erlaubt eine flexible Montage oder auch Reparatur vor Ort und ist vor allem bei niedrigen Stückzahlen und niedrigen Qualitätsanforderungen von Vorteil.

10.4.6.1
Industrielle Konfektionierung

Die verschiedenen Steckertypen (s. auch Abschn. 10.4.5) und deren herstellerbedingt unterschiedliche Ausführungsformen ergeben eine große Vielfalt von Montagedetails, doch sind drei Basisschritte allen gemeinsam und für die Qualität entscheidend:

- Verbinden des Kabelmantels mit dem Gehäuse
- Kleben der Faser in der Ferrule
- Polieren der Steckerstirnflächen

Begonnen wird der Konfektionierungsprozeß mit dem Ablängen des benötigten Kabelmaterials mit kommerziell erhältlicher Maschinen (z.B. Fa. Kabelmat, Fa. Löhr + Hermann) und der Präparation der Kabelenden. Die Kabelenden werden durch Absetzen des Kabelmantels, Kürzen des Kevlars, Entfernen des Buffers und Coatings und Reinigen der Faser mit Ethanol oder Isopropanol präpariert. Die jeweiligen Maße werden durch den Steckerhersteller vorgegeben. Für diese Prozesse werden spezielle Maschinen eingesetzt, um so schnell und kostengünstig arbeiten zu können. Die Auswahl von Lieferanten solcher Fertigungsmittel ist durch das gegenüber Kupferapplikationen geringe Produktionsvolumen noch nicht sehr groß. Die wenigen Hersteller wie die Firma SCHLEUNIGER, Schweiz, bieten aber schon sehr gute Komplettlösungen an. Meistens werden jedoch Spezialanfertigungen eingesetzt.

Die Montage der Zugabfangung erfolgt je nach Steckertyp vor oder nach dem Fädeln der Faser in die Ferrule. Das verbreitetste Verfahren zur Herstellung der Zugentlastung ist die Krimptechnik, die ebenfalls durch spezielle Vorrichtungen teilmechanisiert ist. Dabei werden insbesondere die Zugabfangungsfäden des Kabels (z.B. aus Kevlar) zwischen zwei Metallhülsen gequetscht, die dann den Zug zum Gehäuse weiterleiten. An einer zweiten Klemmstelle wird der Kabelmantel befestigt. Seltener als die Krimptechnik werden auch Klebeverfahren verwendet.

Die Faser wird mit speziellen, an das Ausdehnungsverhalten von Glas angepaßten Epoxidharzen in die Ferrule eingeklebt. Die bekanntesten Hersteller sind hier 3M, TRACON, Epoxytechnology u.v.m. Die Klebung der Faser ist entscheidend für die spätere Funktion des Steckverbinders. Dabei sind die wichtigsten Ziele die mechanische Festigkeit, die Lagestabbilität und die Fixierung der Faser ohne mechanische und optische Schäden. Die Faser muß in der Ferrule mit einer Zugfestigkeit von 10 bis 25 N fixiert werden. Die Ferrule steckt bei der Klebung meistens bereits in einen Stiftlager aus Metall oder Kunststoff und bildet mit Faser, Coating und Kleber einen Verbund aus fünf Materialien mit recht unterschiedlichen thermischen Ausdehnungsparametern und Elastizitätskoeffizienten. Es muß sichergestellt werden, daß die Faser sich bei späteren Temperaturänderungen um nicht mehr als wenige Nanometer in axialer Richtung bewegt (Fiber Pistoning). Außerdem können mechanische Spannung Dämpfungen der Faser bewirken und sie schließlich auch zerbrechen. Die Epoxidharze müssen deshalb einen angepaßten E-Modul besitzen und spannungsarm aushärten. Die Dosierung des Klebers, muß blasenfrei und in der exakt richtigen Menge von nur wenigen Mikrolitern erfolgen. Lufteinschlüsse in der Kleberfüllung haben bei thermischer Belastung die gleichen Ergebnisse wie ein nicht angepaßter Kleber zur Folge. Bei Luftblasen in unmittelbarer Nähe der Faser kann es bereits beim Aushärteprozeß zum Faserbruch kommen.

Bei zu großem Klebervolumen droht ein Verkleben der Federn im Steckerinnern oder die Bildung eines Meniskus am Ausgang des Stiftlagers. Durch einen Klebermeniskus entsteht eine sehr scharfe Kante an der Faser, die bei Biegebeanspruchungen wiederum zum Faserbruch führen kann. Die Dosierung von zu wenig Epoxidharz vermindert die Zugfestigkeit der Faser. Für eine gute stoffschlüssige Verbindung von Faser und Ferrule ist auf das ausreichende Durchsteigen des Klebers in die Feinbohrung zu achten. Das Dosieren erfolgt mit speziellen volumetrischen Dosiergeräten.

Das Fädeln der Faser wird im allgemeinen manuell vorgenommen. Die Aushärtung ist vom verwendeten Epoxidharz abhängig.

Typisch sind Ausheiztemperaturen von 85 °C bis 100 °C und Zeiten von 10 bis 60 Minuten. Für höhere Anforderungen an die Faserstabilität sind sehr exakte Temperaturverläufe erforderlich.

Nach dem Ausheizen steht die Faser über der Ferrulenstirnfläche einige Millimeter hervor und ist vorne von einem Kleberrest umgeben. Für die Durchführung eines erfolgreichen und schnellen Polierprozesses der Steckerstirnfläche ist die Qualität des Entfernens des Faservorstandes besonders wichtig. Die einfachste Form ist wie bei den Spleißverbindungen der Einsatz eines Diamantmessers. Bei dieser Vorgehensweise werden Vorschleifprozesse erforderlich, um den verbleibenden Faserstumpf auf ein definiertes Maß von 20–30 µm über der Stirnfläche zurückzuschleifen, damit es beim Poliervorgang nicht zum Wegsplittern oder unkontrolliertem Brechen der Faser unter die Stirnfläche in die Feinbohrung kommt. Das Vorpolieren muß sehr vorsichtig und deshalb manuell durchgeführt werden. Schneller und zuverlässiger lassen sich Faserrest und Kleber mit Mikrosandstrahlverfahren entfernen, die aber nicht kommerziell erhältlich sind.

Das Geheimnis der Polituren liegt nicht in den eingesetzten Fertigungsgeräten. Viele Hersteller verwenden gängige Poliergeräte von Firmen wie Seiko-Giken, Domaille, Siemens u.v.a. Sie ermöglichen ein gleichzeitiges Polieren mehrerer Steckverbinder mit definiertem Andruck und definierter Geschwindigkeit. Über integrierte Timer werden die Polierzeiten exakt eingehalten. Das Know-How des Polierens ist die Entwicklung der Prozeßparameter, wie die Anzahl der Polierschritte, mit welchen Arten von Polierfolien und Polierzeiten der Prozeß erfolgen muß, sowie der Einsatz von speziellen Suspensionen, die von den Herstellern selbst entwickelt werden. Die entsprechenden Polierfolien sind Zuliefermaterial, der bekannteste Hersteller ist 3M, und werden mit einer großen Vielfalt an Körnungen, Schleifmitteln (Aluminiumoxid, Siliziumcarbid, Diamant usw.) und Bindern angeboten. Beim Poliervorgang selbst werden die Steckverbinder in geeigneten Aufnahmen gehalten und auf einer harten oder elastischen Unterlage poliert. Das Material der Unterlage ist entsprechend dem gewünschten Profil der Ferrule auszuwählen. Je kleiner die polierten Radien werden sollen, um so weicher muß die Unterlage sein. Eine weiche Unterlage hat aber auch einen höheren Polversatz zur Folge. Zufriedenstellende Ergebnisse resultieren deshalb auch aus der richtigen Auswahl einer geeigneten Polierunterlage.

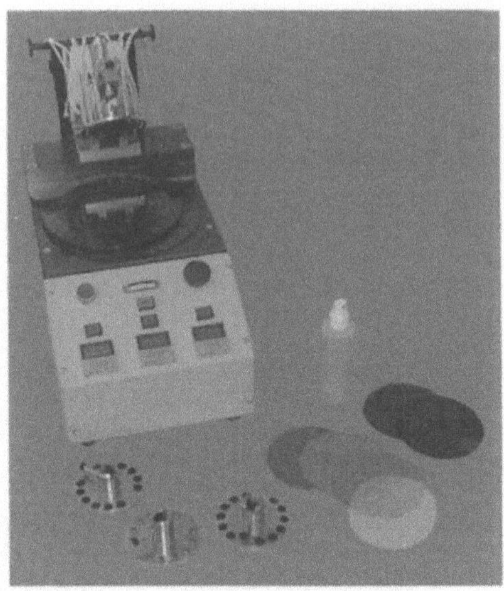

Abb. 10.27. Poliergeräte und Folien

Typische Polierprozesse enthalten zwei bis fünf Schritte und enthalten zwei bis sechs Minuten Gesamtpolierzeit bei Keramikferrulen.

Nach der Politur erfolgt eine gründliche Reinigung der Steckerstifte und die visuelle Inspektion der Stirnflächen. Eine Mikroskopoptik mit 200–500facher Vergrößerung macht die Oberfläche des Steckverbinders sichtbar. Mit verschiedenen Beleuchtungen wird die Qualität hinsichtlich der Oberflächenbeschaffenheit geprüft (s. auch Abschn. 10.2.3). Die Auswertung des Stirnflächenprofils wird mit einem Weißlichtinterferrometer durchgeführt. Mit dieser Messung lassen sich sehr genau Stirnflächenradius, Stirnflächenwinkel, Polversatz und Faservor- bzw. Faserrückstand ermitteln.

Bei Einmoden-Steckern vor allem für Telekomanwendungen wird nach dem Polieren die Exzentrizität von Faser zu Keramikstift in einem definierten Sektor abgelegt (Abschn. 10.2.3 Extrinsische Verluste). Durch dieses Verfahren, auch Tuning genannt, erreicht man, daß die Exzentrizitäten verschiedener Steckverbinder im selben Winkelsegment der Ferrulen angesiedelt sind. Dabei wird gegen einen Meßstecker mit einer defi-

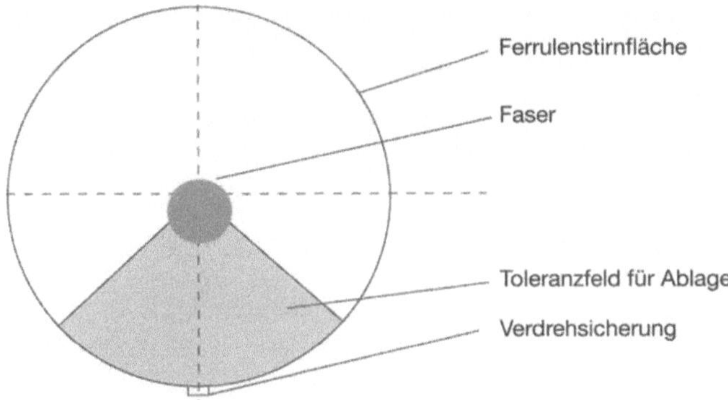

Abb. 10.28. Sektor für die Ablage der Exzentrizität

nierten Exzentrizität von sechs Mikrometern innerhalb des betreffenden Winkelsegments die Einfügedämpfung gemessen. Die beiden Ferrulen werden solange gegeneinander verdreht, bis die Dämpfung minimal ist. Über die Montage der Verdehsicherung wird der Ablagesektor fixiert (Abb. 10.28).

Am Ende des Konfektionierungsprozesses steht die Messung von Einfügedämpfung und Rückflußdämpfung.

10.4.6.2
Feldkonfektionierung

Die zur Konfektionierung eines Steckverbinders vor Ort notwendigen Schritte und Prozeduren sind vergleichbar mit denen der industriellen Fertigung. Um rationell eine Steckermontage durchführen zu können, ist auch hier spezielle Ausrüstung erforderlich, wie Polierhilfen, spezielle Zangen und Faserpräparationswerkzeuge, sowie transportable Aushärtevorrichtungen. Es wird in der Regel von Hand poliert, mit Handzangen gekrimpt, die Stirnfläche nur schwach vergrößert und die Koppeldämpfung unvollständig gemessen. Die Werkzeug-Kits werden durch die Hersteller von Steckerbausätzen angeboten.

Für schnellere Konfektionierungszeit und bessere Qualität bieten verschiedene Hersteller Bausätze an, die durch industrielle Vorfertigung den Einsatz von speziellen Werkzeugen unnotwendig machen. Besonders bei feldkonfektionierbaren Steckverbindern mit bereits vorgefertigten Stirnflächen ist eine wesentliche höhere Qualität zu erreichen, wobei das Haupteinsparpotential dieser Produkte bei der Reduzierung der Aushärtezeiten liegt, die bei konventionellen Methoden von 20 Minuten bis zu einer Stunde betragen (Tabelle 10.3). Nach dem Klebevorgang müssen die bekannten Prozesse zur Herstellung der Steckerstirnfläche ganz normal vorgenommen werden. Der Klebeprozeß dauert nur wenige Minuten und verkürzt erheblich die Konfektionierungszeit.

Feldkonfektionierbare Steckverbinder mit sehr guten optischen Eigenschaften und

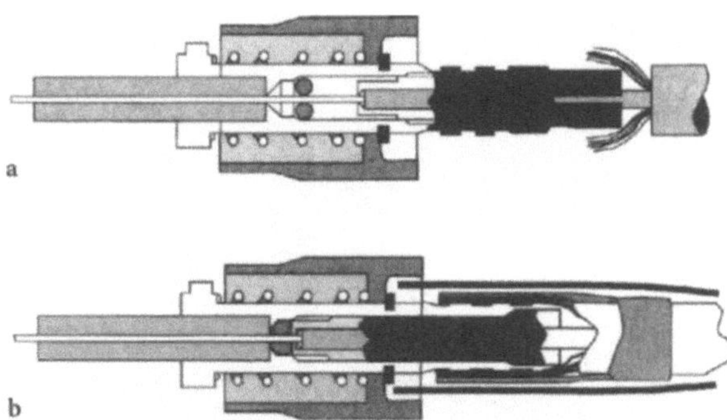

Abb. 10.29 a, b. AMP-LightCrimp, schematische Darstellung. **a** vor Krimpvorgang, **b** nach Krimpvorgang

Tabelle 10.3. Feldkonfektionierbare Steckerbausätze mit speziellen Techniken zur Beschleunigung des Klebevorgangs

Bausatz	Hersteller	Verfahren zur Faserfixierung	Steckertypen
Hot-Melt	3M	mit Heißkleber vorbefüllter Bausatz; mit speziellem Ofen wird der Heißkleber erwärmt und fixiert Faser und Kevlar	ST, SC
Xpress	Molex	Einsatz eines Beschleunigers zur Verringerung der Aushärtzeit des eingesetzten Epoxidharzes	ST, SC
Cold Cure	BICC	Einsatz eines Beschleunigers zur Verringerung der Aushärtzeit des eingesetzten Epoxidharzes	ST, SC
Light Cure	Siemens	Einsatz von transparenten Ferrulen in Verbindung mit lichtaktivierbarem Epoxidharz	SC
LightCrimp	AMP	Faser wir durch Triple-Ball-Führung aus duktilem Material in der Ferrule zentriert (Abb. 10.29, Bild a); durch Aufschieben des Stiftlagers werden die Kugeln gleichmäßig in einen Konus gepreßt und fixieren so die Faser (Abb. 10.29, Bild b); Für das Entfernen des Faservorstandes ist ein spezielles Werkzeug erforderlich, um einen Bruch möglichst nah an der Stirnfläche zu realisieren	ST, SC

schneller Montage wurden durch die Firmen RXS (FuseLite) und Diamond (E2000-Fusion) entwickelt. Die Verfahren sind äquivalent dem Einsatz von Pigtails. Industriell vorgefertigte Steckverbinder werden an ein entsprechend präpariertes Kabel angespleißt (Abb. 10.30, Bild b). Die Faserlänge ist aber im Gegensatz zum Pigtail null. Die Ferrulen der Bausätze sind am Ende mit einem Einstich versehen, in dem die Faser frei verläuft (Abb. 10.30). Dort wird werksseitig die konfektionierte Faser definiert gebrochen. Mit einem speziellen thermischen Spleißgerät kann dann der auf diese Weise präparierte Steckverbinder vor Ort an das entsprechende Kabel angespleißt werden. Polierprzesse sind nicht erforderlich. Die zu montierenden Steckverbinder sind mit verschiedenen Polituren verfügbar.

Beide Steckerbausätze sind aber relativ teuer und benötigen zur Montage ein spezielles Spleißgerät mit einer ebenfalls nicht unerheblichen Investition. Der Vorteil gegenüber einer konventionellen Pigtaillösung liegt im Wegfall der Spleißschutzmuffe. Dafür muß beim Mißlingen des Spleißvorgangs aber der ganze Stecker verworfen werden.

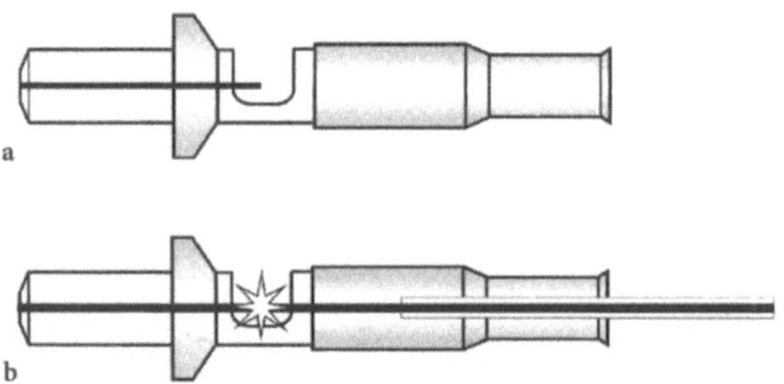

Abb. 10.30 a, b. RXS FuseLight (schematisch). **a** vor Spleißvorgang, **b** nach Spleißvorgang

Spezielle Literatur

[1] *Wrobel, C.:* Optische Übertragungstechnik in industrieller Praxis. Heidelberg: Hüttig-Verlag 1994
[2] *Marazzi, S.:* Rückflußarme Stecker für Breitband-Teilnehmeranschlüsse. Berlin: VDI-Berichte Nr. 1242 1995, S. 145ff
[3] *Hecht, Jeff:* Understanding Fiber Optics. Indianapolis, IN, USA: Sams Publishing 1993
[4] *Mahlke, G., Gössing, P.:* Lichtwellenleiterkabel. Erlangen: Publicis-MCD-Verlag 1995
[5] *Czichos, H.:* HÜTTE-Die Grundlagen der Ingenieurwissenschaften. Berlin, Heidelberg: Springer Verlag 1989, S. E100f

Strahlenoptische Komponenten 11

H. Fouckhardt

Allgemeine Literatur
[A1] *Bass, M.* (Ed.): Handbook of optics I & II. McGraw Hill (1994 & 95) – [A2] *Bergmann, L., Schaefer, C.:* Lehrbuch der Experimentalphysik Band III Optik. Walter de Gruyter 9. Auflage (1993) – [A3] *Born, M.; Wolf, E.:* Principles of optics. Cambridge University Press (1997) – [A4] *Hecht, E.:* Optik. Oldenbourg (1989, Nachdruck 1994) – [A5] *Lauterborn, W.; Kurz, T.; Wiesenfeldt, M.:* Kohärente Optik. Springer (1993) – [A6] *Lipson, S. G.; Lipson, H. S.; Tannhauser, D.S.:* Optik. Springer (1997) – [A7] *Schröder, G.:* Technische Optik. Vogel-Fachbuch Technik Kamprath-Reihe 8. Auflage (1998)

11.1 Spiegel

Spiegel können nach ihrer Form und „Bauart" unterschieden werden. Gekrümmte Spiegel sind Sonderformen abbildender optischer Elemente, so daß an dieser Stelle nur Planspiegel berücksichtigt werden. Hinsichtlich der Bauart sind metallische Spiegel und dielektrische Spiegel – letztere aus Schichtstrukturen mit Vielfach-$\lambda/4$-Schichtenpaaren – zu unterscheiden.

Die Funktion aller Spiegel beruht auf der Reflexion elektromagnetischer Wellen an optischen Grenzflächen, wie sie durch die Fresnelschen Formeln (s. Kap. 2) beschrieben wird. Dabei kann der Dämpfung der Materialien durch den Imaginärteil einer komplexen Brechzahl

$$\bar{n} = n - \mathrm{j}\kappa \tag{11.1}$$

mit n als reeller Brechzahl und κ als Extinktionskoeffizient Rechnung getragen werden. Bei nichtmetallischen Materialien ist die Dämpfung eine Folge von Absorption und Streuung.

Metallische Spiegel, Neutralfilter und Strahlteiler

Auch metallische Materialien lassen sich durch eine komplexe Brechzahl beschreiben, wobei dem Imaginärteil eine besondere Bedeutung zukommt. Ein Zugang zu dieser Größe ergibt sich aus der Überlegung, daß beim Einfall elektromagnetischer Wellen auf Leiteroberflächen die Stromdichte J im Ampèreschen Gesetz nicht vernachlässigt werden darf:

$$\nabla \times \boldsymbol{H} = \boldsymbol{J} + \varepsilon_0\,\varepsilon_\mathrm{r}\,\frac{\partial \boldsymbol{E}}{\partial t} \tag{11.2}$$

mit $\boldsymbol{H}$ als magnetischem H-Feld, $\boldsymbol{E}$ als elektrischem Feld, ε_0 als Dielektrizitätskonstante, ε_r als reeller Dielektrizitätszahl (ggf. ein richtungsabhängiger Tensor, hier aber als Skalar angenommen) und t als Zeit. Mit dem Ohmschen Gesetz,

$$\boldsymbol{J} = \sigma \boldsymbol{E}\,, \tag{11.3}$$

wobei σ die Leitfähigkeit darstellt, läßt sich Gl. (11.2) schreiben:

$$\nabla \times \boldsymbol{H} = \sigma \boldsymbol{E} + \varepsilon_0\,\varepsilon_\mathrm{r}\,\frac{\partial \boldsymbol{E}}{\partial t}\,. \tag{11.4}$$

Bei einer harmonischen Zeitabhängigkeit gemäß $\exp(\mathrm{j}\,\omega t)$ mit der Kreisfrequenz ω der elektromagnetischen Welle ergibt sich weiter:

$$\nabla \times \boldsymbol{H} = j\omega\varepsilon_0 \boldsymbol{E}\left(\varepsilon_\mathrm{r} + \frac{\sigma}{\mathrm{j}\,\omega\,\varepsilon_0}\right). \tag{11.5}$$

Bei dieser Schreibweise wird deutlich, daß eine komplexe Dielektrizitätszahl

$$\begin{aligned}\bar{\varepsilon}_\mathrm{r} &= \varepsilon_\mathrm{r} - \mathrm{j}\,\varepsilon_\mathrm{ri}\\ &= \varepsilon_\mathrm{r} - \mathrm{j}\,\frac{\sigma}{\omega\,\varepsilon_0}\end{aligned} \tag{11.6}$$

mit dem Imaginärteil

$$-\varepsilon_\mathrm{ri} = \frac{-\sigma}{\omega\,\varepsilon_0} \tag{11.7}$$

– und, daraus folgend, eine komplexe Brechzahl

$$\begin{aligned}\bar{n} &= n - \mathrm{j}\kappa \\ &= \sqrt{\bar{\varepsilon}_\mathrm{r}} \\ &= \sqrt{\varepsilon_\mathrm{r} - \mathrm{j}\,\varepsilon_\mathrm{ri}}\,,\end{aligned} \tag{11.8}$$

wobei

$$\varepsilon_\mathrm{r} = n^2 - \kappa^2 \tag{11.9}$$

und

$$\varepsilon_\mathrm{ri} = 2n\kappa\,, \tag{11.10}$$

– verwendet werden kann, wenn die Ausbreitung einer Welle in einem Leiter beschrieben werden soll. Dies ist ein phänomenologisches Modell, keine mikroskopische Theorie. Für ein Metall dominiert der Imaginärteil der komplexen Dielektrizitätszahl über den Realteil, so daß $\kappa^2 > n^2$ und $\varepsilon_\mathrm{r} < 0$. Eine Abschätzung der $1/e$-Eindringtiefe l, der sogenannten Skin-Eindringtiefe, der senkrecht auf die Leiteroberfläche einfallenden elektromagnetischen Welle ergibt z. B. nach [A6]:

$$l = \sqrt{\frac{2\varepsilon_0 c^2}{\sigma\omega}} = \sqrt{\frac{2}{\omega\mu_0\sigma}} \tag{11.11}$$

mit c als Vakuum-Lichtgeschwindigkeit und μ_0 als Induktionskonstante. Die starke Reflexion von Metallen in einem weiten Spektralbereich, die zu dem typischen metallischen Glanz führt, kann mit der Existenz zahlreicher quasifreier Ladungsträger erklärt werden. Der große Extinktionskoeffizient κ von Metallen bei gleichzeitig relativ geringen reellen Brechzahlen n deutet nicht auf hohe Absorption hin, sondern entspricht einer überwiegenden, starken Reflexion.

Viele Metalle (darunter Au) weisen einen charakteristischen farbigen Schimmer auf, der durch Resonanzabsorption (und Streuung) der Komplementärfarbe durch gebundene Elektronen zustande kommt. Aus der breitbandigen Reflexion der freien Ladungsträger wird damit ein gewisser Spektralbereich herausgeschnitten und nicht reflektiert.

Abbildung 11.1 zeigt Real- und Imaginärteil der Brechzahl von Pt nach [1]. Typisch ist die Dominanz des Betrags des Imaginärteils κ der komplexen Brechzahl $\bar{n} = n - \mathrm{j}\kappa$ über den Realteil n in diesem Wellenlängenbereich. In Abb. 11.2 ist die Reflektivität R einer Al-Schicht nach [1] mit ihrer für Metalle typischen Breitbandigkeit dargestellt. Die genauen Kurven für verschiedene Metallbeschichtungen entnehme man den Katalogen der Optik-

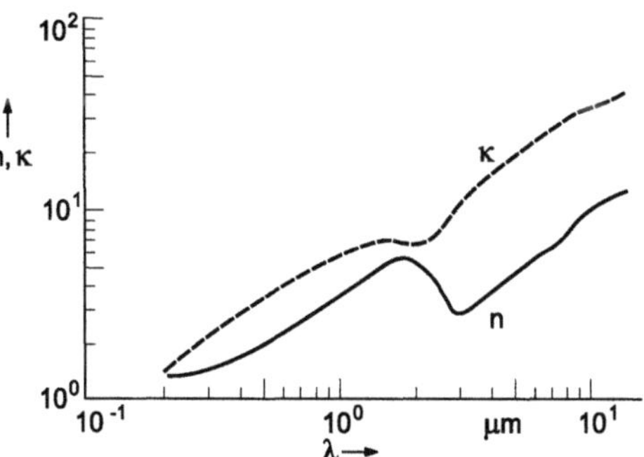

Abb. 11.1. Reelle Brechzahl n und Extinktionskoeffizient κ von Pt als Funktion der Vakuum-Wellenlänge $\lambda \geq 200$ nm nach [1]

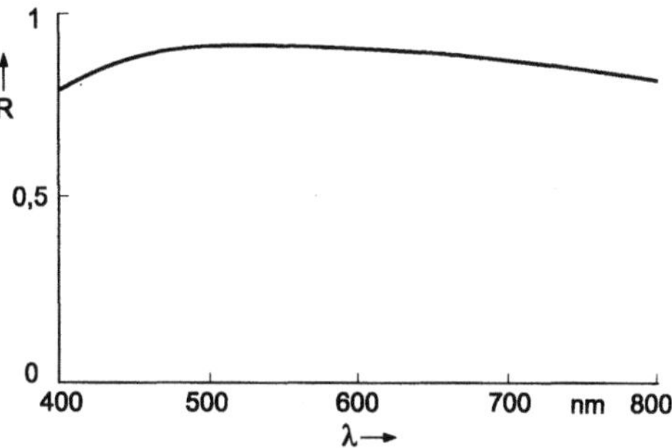

Abb. 11.2. Reflektivität R einer Al-Beschichtung mit einer Dicke deutlich oberhalb der Eindringtiefe über der Vakuum-Wellenlänge λ nach [1]

Anbieter; je nach Herstellungsprozeß und -parametern können die Kurven selbst bei gleichem Beschichtungsmaterial variieren.

Metallische Spiegel

Metallische Spiegel bestehen üblicherweise aus einem Glassubstrat mit einer einseitig aufgedampften oder -gesputterten Metallschicht einer Dicke deutlich oberhalb der Eindringtiefe. Die Reflektivität R, i. e. das Verhältnis der reflektierten zur einfallenden Lichtleistung ($P_\mathrm{refl}/P_\mathrm{ein}$), für senkrechten Einfall aus Luft,

$$\begin{aligned}R &= \frac{P_\mathrm{refl}}{P_\mathrm{ein}} \\ &= \left|\frac{\sqrt{\bar{\varepsilon}_\mathrm{r}} - 1}{\sqrt{\bar{\varepsilon}_\mathrm{r}} + 1}\right|^2 \\ &= \left|\frac{\bar{n} - 1}{\bar{n} + 1}\right|^2 \\ &= \frac{(n-1)^2 + \kappa^2}{(n+1)^2 + \kappa^2}\,,\end{aligned} \tag{11.12}$$

hängt von der komplexen Dielektrizitätszahl $\tilde{\varepsilon}_r(\omega)$ bzw. der komplexen Brechzahl $\tilde{n}(\omega)$ des Materials ab. Um die Oberflächen z.B. gegen Oxidation zu passivieren, werden unter Umständen zusätzlich breitbandig transparente Oxidschichten aufgebracht (häufig bei Al-Metallisierungen).

Metallische Neutralfilter

Die Dicke von Metallisierungsschichten kann so genau auch auf Werte unterhalb der Skin-Eindringtiefe eingestellt werden, daß entsprechende Bauelemente als Dämpfungsglieder mit definiertem Transmissionsgrad

$$\tau = P_{\text{trans}}/P_{\text{ein}}\,, \tag{11.13}$$

dem Verhältnis der transmittierten Lichtleistung P_{trans} zur einfallenden Leistung P_{ein}, genutzt werden können. Die Dämpfung wird meist als optische Dichte

$$D = -\,log_{10}\frac{P_{\text{trans}}}{P_{\text{ein}}} = -\,log_{10}\,\tau \tag{11.14}$$

angegeben. Eine Leistungsabschwächung um einen Faktor 100 z.B. entspricht einem Transmissionsgrad von 1/100 und einer optischen Dichte von 2. Solche Elemente können als Neutralfilter, d.h. als Dämpfungsglieder mit gleichmäßiger Abschwächung in einem weiten Spektralbereich, eingesetzt werden.

Metallische Strahlteiler

Da bei metallischen Neutralfiltern die Dämpfung der transmittierten Welle kaum durch Absorption zustande kommt, sondern überwiegend durch Reflexion, kann die reflektierte Strahlung natürlich auch genutzt werden. Insofern kann jedes metallische Neutralfilter auch als Strahlteiler aufgefaßt und verwendet werden. Üblicherweise wird das Bauelement schräg zum Strahl und zur optischen Achse gestellt, um eine Trennung der Strahlengänge der reflektierten und der einfallenden Welle vorzunehmen.

Eine Sonderform von metallischen Neutralfiltern (und metallischen Strahlteilern) verwendet gerasterte Metallbeschichtungen mit Dicken deutlich oberhalb der Eindringtiefe. Abbildung 11.3 zeigt eine Skizze eines solchen gerasterten Neutralfilters/Strahlteilers. Die Metallrasterpunkte sind gleichmäßig auf dem Substrat verteilt. Wenn der Strahldurchmesser deutlich größer als der der Rasterpunkte ist, bestimmt das Flächenverhältnis der unbeschichteten Fläche $A_{\text{unbeschichtet}}$ zu der gesamten Bauelementfläche A_{gesamt} den Transmissionsgrad:

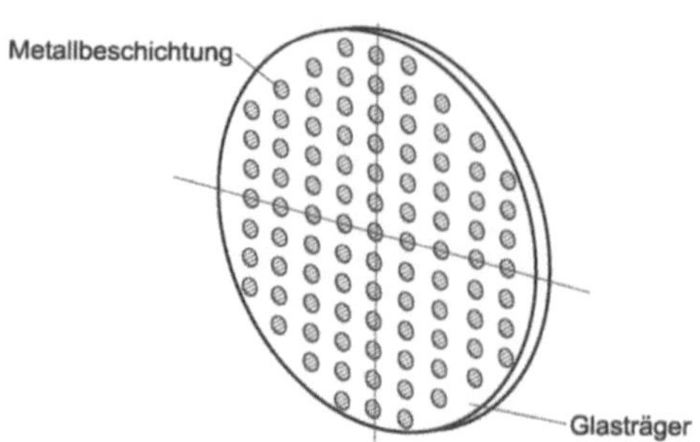

Abb. 11.3. Neutralfilter/Strahlteiler mit gerasterter Metallbeschichtung

$$\tau = \frac{P_{\text{trans}}}{P_{\text{ein}}} = \frac{A_{\text{unbeschichtet}}}{A_{\text{gesamt}}}\,. \tag{11.15}$$

Natürlich verändert ein solches Bauelement das räumliche Intensitätsprofil über dem Strahlquerschnitt des Strahlenbündels, und die Profile des transmittierten und des reflektierten Bündels stimmen nicht überein, sondern sind räumlich angenähert komplementär zueinander.

Dielektrische Spiegel

Dielektrische Spiegel werden in der optischen Kommunikationstechnik u.a. in Wellenlängenmultiplexsystemen (WDM = „wavelength devision multiplexing“) als optische „add drop“-Multiplexer (OADM) oder optische Filter verwendet (s. auch Kap. 26). Sie stellen Vielschichtstrukturen (meist auf Glassubstraten) aus $\lambda/4$-Schichtenpaaren dar [2, 3]. Dabei besteht ein Schichtenpaar aus einem Dielektrikum mit relativ geringer und einem mit relativ hoher Brechzahl. Abbildung 11.4 zeigt die Reflektivität – die Filterfunktion – einer solchen Schichtstruktur für die beiden Polarisationsrichtungen (E-Feld-Vektor) senkrecht und parallel zur Einfallsebene auf die Grenzfläche in Abhängigkeit von der Vakuum-Wellenlänge λ und dem Einfallswinkel α_1 nach [4]. Die Filterwirkung kommt dadurch zustande, daß sich die an den zahlreichen optischen Grenzflächen reflektierten Teilwellen in verschiedenen Wellenlängenbereichen entweder konstruktiv oder destruktiv in Vorwärts- bzw. Rückwärtsrichtung überlagern. Daher

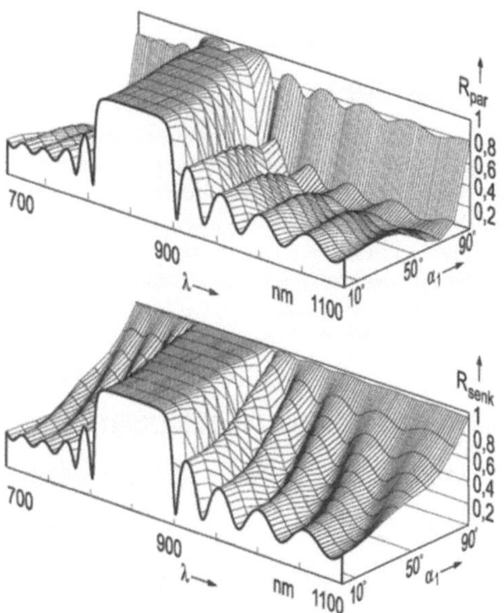

Abb. 11.4. Berechnete Reflektivität R eines dielektrischen Spiegels (Beispiel) über der Vakuum-Wellenlänge λ und dem Einfallswinkel α_1 für die beiden Polarisationsrichtungen parallel („par") und senkrecht („senk") zur Einfallsebene nach [4]

heißen dielektrische Spiegel auch Interferenzspiegel. Für die Berechnung zu Abb. 11.4 wurde ein GaAs-Substrat mit 20 Schichtenpaaren aus einer AlAs-Schicht mit 71,07 nm Dicke und einer nachfolgenden $Al_{0,12}Ga_{0,88}As$-Schicht mit 60,35 nm Dicke angenommen. Auffällig und typisch ist das relativ breite Hauptmaximum der Reflektivität, das die Bezeichnung dielektrischer Spiegel rechtfertigt. Zahlreiche Nebenmaxima sind zu erkennen. Die Ausprägung des Hauptmaximums und der Nebenmaxima ist von den Parametern der Struktur, insbesondere von der Schichtenpaaranzahl bei gegebenen Brechzahldifferenzen, abhängig. In den Kurven für R_{par} für die Polarisationsrichtung parallel zur Einfallsebene über dem Einfallswinkel spiegelt sich die Existenz des Brewster-Winkels $\alpha_B \equiv \alpha_1 = 90° - \alpha_2$ (α_1 als Einfallswinkel, α_2 als Brechungswinkel) mit der Reflektivität $R = 0$ wider. - An den Minima ist erkennbar, daß die Filterspektralkurven mit zunehmendem Einfallswinkel zu kleineren Wellenlängen wandern. Entscheidend für die Lage der Extrema ist nur die Wellenvektorkomponente senkrecht zu den Grenzflächen, da aus ihr die Antiresonanz (i.e. Resonanz in Reflexion, starke Reflexion) resultiert. Diese Komponente wird bei zunehmendem Einfallswinkel α_1 auf die Grenzfläche mit cos α_1 immer kleiner. Gewissermaßen um dies auszugleichen und innerhalb der Antiresonanz zu bleiben, muß der Betrag des Wellenvektors $2\pi/\lambda$ größer werden; dies kann nur über eine Verkleinerung von λ erfolgen.

Das Hauptreflektivitätsmaximum von dielektrischen Spiegeln ist spektral zwar relativ breitbandig, aber meist deutlich schmalbandiger als die Reflektivität metallischer Spiegel. Daher können dielektrische Spiegel (zumindest bei Verwendung gleichartiger Schichtenpaare) zwar auch als Filter, aber meist nicht als Neutralfilter aufgefaßt werden. Bei geeigneten Substraten können natürlich auch dielektrische Spiegel als Strahlteiler eingesetzt werden, wobei der reflektierte Anteil der Strahlung das zu dem des transmittierten Anteils komplementäre Leistungsspektrum aufweist.

Aus Abb. 11.4 wird klar, daß bei der Optimierung eines dielektrischen Spiegels für eine spezielle Anwendung sowohl die Wellenlänge als auch der Einfallswinkel der Welle auf den Spiegel in der gegebenen optischen Anordnung berücksichtigt werden müssen.

Durch die Phasensprünge, die die Wellen an den optischen Grenzflächen - auch in Abhängigkeit von den Einfallswinkeln - erfahren, können mit $\lambda/4$-Schichtstrukturen nicht nur Verspiegelungen, sondern auch Entspiegelungen realisiert werden. Insbesondere „halbe Paare" (i.e. Einzelschichten) haben hier einen besonderen Einfluß. Abbildung 11.5 nach [5] zeigt dies an einem Schichtstrukturbeispiel. Die Kurve für Strukturen mit einer Einzelschicht zum Abschluß liegt in der Reflektivität deutlich unter der für vollständige Paare. In diesem Rechenbeispiel ergibt sich sogar ein Reflektivitätsminimum mit $R \approx 0$.

Polarisationsdrehung durch Spiegel

In interferometrischen optischen Anordnungen wird meist mit linear polarisierten Lichtwellen gearbeitet, wobei die interferierenden Teilwellen dieselbe Polarisationsrichtung aufweisen müssen. Daher ist es (z.B. bei holographischen Aufbauten) wichtig, daß innerhalb der Anordnung die Polarisationsrichtung nicht verändert wird. Aber schon durch die Umlenkung einer linear polarisierten elektromagnetischen Welle über zwei in zwei Achsen gekippte oder drei in je einer Achse gekippte Spiegel ist eine Drehung der Polarisationsrichtung sogar um 90° möglich, was mit

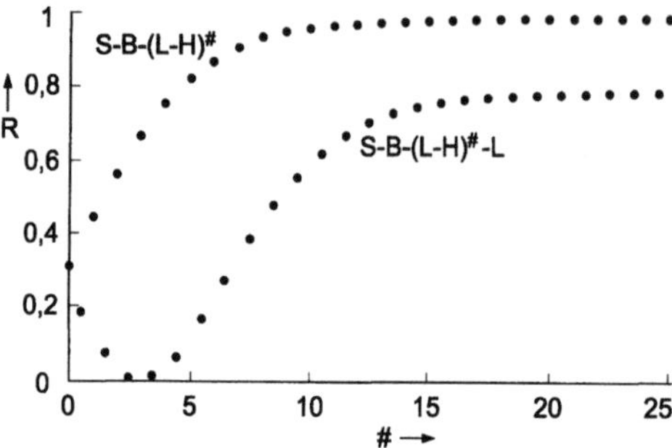

Abb. 11.5. Berechnete Reflektivität von Vielfachschichtstrukturen für senkrechten Einfall ($\alpha_1 = 0$) – im Beispiel im Materialsystem AlGaAs unter Berücksichtigung der Dämpfung ($\alpha \neq 0$) nach [5] (Berechnungsmethode nach [5, 6]). S = Substrat (300 μm dick, Brechzahl n_S = 3,56), B = Puffer („buffer") (1 μm dick, n_B = 3,56), L = „low index"-Schicht ($\lambda/(4n_L)$ dick, n_L = 2,95), H = „high index"-Schicht ($\lambda/(4n_H)$ dick, n_H = 3,56), # = Anzahl der Schichtenpaare – λ = 933 nm. Die Kurven sind nur für die gezeichneten Punkte, i.e. für diskrete #, definiert (oben: # = 1, 2 3, ...; unten: # = 1/2, 3/2, 5/2, 7/2, ...)

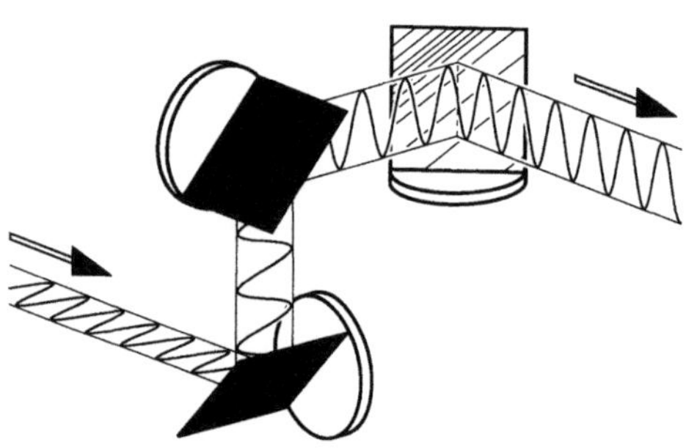

Abb. 11.6. Polarisationsdrehung um 90° durch drei um 45° gegen je eine (andere) Raumachse gekippte Spiegel nach [4]

Abb. 11.6 nach [4] veranschaulicht werden soll. Solche Situationen treten z. B. auf, wenn aus Platzmangel auf einer optischen Bank nicht der gesamte Lichtweg in einer Ebene liegen kann, sondern teilweise in der dritten Dimension geführt werden muß. Der in Abb. 11.6 skizzierte Fall ist ein Spezialfall möglicher Polarisationsdrehungen, die zu unterschiedlichen sogenannten geometrischen Phasen führen [A6].

11.2 Optische spektrale Filter

Optische spektrale Filter dienen dazu, aus einem Wellenbündel bei dessen Transmission durch das Filterelement einen bestimmten Spektralbereich herauszufiltern. Auch Spektralapparate, wie Gitter- oder Prismenspektrometer, könnten als optische spektrale Filter aufgefaßt werden. Hier seien unter diesem Begriff aber nur einzelne optische Elemente – gegebenenfalls mit Beschichtungen – zu verstehen.

Dielektrische Filter und Absorptionsfilter

Als optische spektrale Filter können beispielsweise dielektrische Spiegel, die in Abschn. 11.1 behandelt werden, oder absorbierende Filter, die auch als Farbglasfilter bezeichnet werden, dienen. Letztere bestehen aus Gläsern, die mit Farbstoffen dotiert sind. Die Farbstoffe absorbieren (und streuen) bei charakteristischen Wellenlängen die elektromagnetische Strahlung; die Filter transmittieren die Strahlung mit dem verbleibenden Spektrum in Vorwärtsrichtung. Absorbierende Filter sind in der Regel schmalbandiger, die Flanken ihrer Filterkurven flacher, als es bei dielektrischen bzw. Interferenzfiltern der Fall ist. Daher werden Bandpässe, Bandsperren und Kantenfilter (die sich durch besonders steile Filterflanken auszeichnen) üblicherweise durch Interferenzfilter realisiert [2, 3]. Spezielle absorbierende Filter können – z. B. durch Verwendung mehrerer Farbstoffe unterschiedlicher charakteristischer Wellenlängen – so breitbandig und gleichmäßig in ihrer Abschwächung sein, daß sie als (nichtmetallische) Neutralfilter Verwendung finden können. Abbildung 11.7 zeigt exemplarisch eine Farbglasfilterkurve nach [1]; der blauviolette Spektralbereich und kleine Anteile des roten werden transmittiert, der gelbrote Bereich wird weggefiltert. Logarithmisch aufgetragen ist der Transmissionsgrad $\tau = P_{trans}/P_{ein}$, das Verhältnis von transmittierter zu eingestrahlter Lichtleistung. Er hängt bei gegebenen Herstellungsprozeduren der Filter von der Filterdicke ab.

Fabry-Perot-Resonator

Eigenschaften

Dielektrische Spiegel bestehen aus $\lambda/4$-Schichtenpaaren mit abwechselnd relativ geringer und relativ hoher Brechzahl. Ihre Wir-

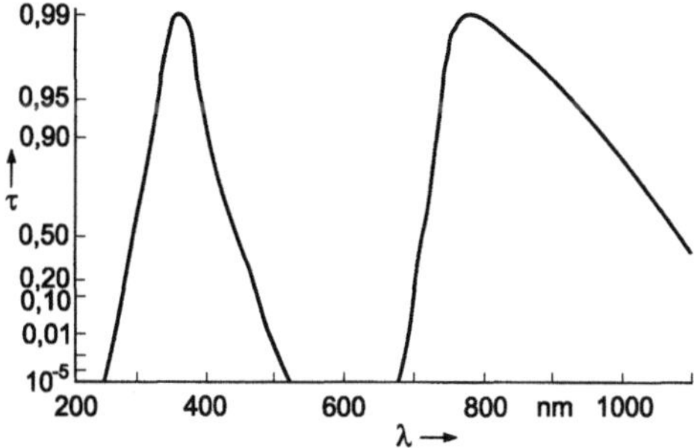

Abb. 11.7. Farbglasfilterkurve, i.e. Transmissionsgrad τ in Abhängigkeit von der Vakuum-Wellenlänge λ nach [1]; der Transmissionsgrad ist von der Herstellungsprozedur (Konzentration der Farbstoffdotierungen) und der Filterdicke abhängig

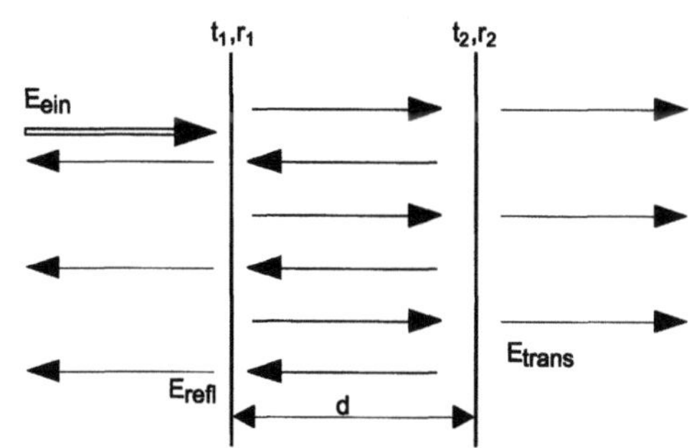

Abb. 11.8. Überlagerung von Teilwellen in Transmission und Reflexion beim Fabry-Perot-Resonator – in diesem Beispiel mit planparallelen optischen Endflächen

kung als spektrale Filter beruht auf der Wellenlängenabhängigkeit der Fresnel-Reflexionen an den optischen Grenzflächen und der interferometrischen (konstruktiven oder destruktiven) Überlagerung der Teilwellen in Transmission und Reflexion für senkrechten oder schrägen Einfall. Schon jede einzelne Schicht übt aufgrund ihrer beiden optischen Grenzflächen (Vorder- und Rückseite) eine gewisse Filterwirkung auf die einfallende Strahlung aus, so wie dies auch bei jeder planparallelen dünnen Glasplatte der Fall ist. Die Einzelschicht mit ihren beiden optischen Grenzflächen stellt einen optischen Resonator dar. Je nachdem, wie gut die elektromagnetischen Wellen in ihn hineinpassen, wird das Licht mehr oder weniger transmittiert oder reflektiert. Ein solcher Resonator aus zwei optischen Grenzflächen fällt unter den Oberbegriff Fabry-Perot-Resonator oder -Interferometer. In diesem Sinne sind dielektrische Filter/Spiegel als ein System aus gekoppelten Fabry-Perot-Resonatoren aufzufassen.

Neben dem Resonator mit planparallelen Endflächen gibt es – wie bei Laser-Resonatoren gebräuchlich – auch andere Formen. Am bekanntesten sind konfokale Fabry-Perot-Resonatoren mit sphärisch gekrümmten Spiegeln des Krümmungsradius r_k im Abstand $d = r_k$ der doppelten Brennweite (f) zueinander:

$$d = r_k = 2f. \tag{11.16}$$

Im folgenden soll aber exemplarisch die geometrisch einfachste Form eines Fabry-Perot-Resonators – d.h. mit planparallelen Endflächen – behandelt werden. (Im einfachsten Fall der Herstellung wird eine planparallele Glasplatte mit metallischen Spiegelschichten auf beiden Endflächen versehen. Hierfür wird die Bezeichnung Fabry-Perot-Etalon verwendet. Abbildung 11.8 zeigt schematisch die bei der Überlagerung zu berücksichtigen Teilwellen. Der Phasenterm $\exp(-j\gamma d)$ beschreibt die Phasendrehung infolge der Ausbreitung der elektromagnetischen Welle längs des Weges d, wobei

$$\begin{aligned}\gamma &= \frac{2\pi}{\lambda}\,\bar{n} = \frac{2\pi}{\lambda}\,(n - j\kappa)\\ &= \frac{2\pi}{\lambda}\,n - j\frac{\alpha}{2}\end{aligned} \tag{11.17}$$

die komplexe Ausbreitungskonstante darstellt – mit $\bar{n}$, n, κ und α als komplexe Brechzahl, reelle Brechzahl, Extinktionskoeffizient und (Intensitäts)-Absorptions- oder allgemeiner Dämpfungskoeffizient in dieser Reihenfolge. Die Größen r und t mit Indizierung nach der Nummer der Grenzfläche sind die Amplitudenreflexions- und Amplitudentransmissionsfaktoren der Endflächen. Bei Dämpfung innerhalb der Spiegelflächen können diese Faktoren bereits komplex sein. Für die E-Feldstärke der Teilwellen in Transmission (elektrische Feldstärke E_{trans} der elektromagnetischen Welle) und in Reflexion (E_{refl}) ergeben sich geometrische Reihen:

$$\begin{aligned}E_{\text{trans}} &= E_{\text{ein}}\, t_1 t_2 \exp(-j\gamma d)\cdot\\ &\quad\cdot \sum_{l=0}^{\infty} r_1^l r_2^l \exp(-j\gamma l 2d)\\ &= E_{\text{ein}}\, t_1 t_2 \exp(-j\gamma d)\cdot\\ &\quad\cdot \frac{1}{1 - r_1 r_2 \exp(-2j\gamma d)},\end{aligned} \tag{11.18}$$

$$E_{\text{refl}} = E_{\text{ein}}\,(-r_1 + t_1^2 r_2 \exp(-\mathrm{j}\gamma 2d) \cdot \\ \cdot \sum_{l=0}^{\infty} r_1^l r_2^l \exp(-\mathrm{j}\gamma l 2d)) \\ = E_{\text{ein}}\left(-r_1 + t_1^2 r_2 \exp(-\mathrm{j}\gamma 2d) \cdot \cdot \frac{1}{1 - r_1 r_2 \exp(-2\mathrm{j}\gamma d)}\right). \tag{11.19}$$

Für den Fall des passiven, verlustlosen Resonators – i.e. Dämpfung $\alpha = 0$ – und für $|r_1| = |r_2| \equiv r$ sowie $|t_1| = |t_2|$ folgt für die Transmissivität T und die Reflektivität R des gesamten Fabry-Perot-Resonators weiter [A5, 4]:

$$T = \frac{I_{\text{trans}}}{I_{\text{ein}}} = 1\Big/\left[1 + \frac{4r^2}{(1-r^2)^2}\sin^2\left(\frac{2\pi}{\lambda}nd\right)\right], \tag{11.20}$$

$$R = \frac{I_{\text{refl}}}{I_{\text{ein}}} = 1 - T \tag{11.21}$$

mit I_{ein}, I_{trans} und I_{refl} als Intensitäten der einfallenden, der transmittierten und der reflektierten Welle. Abbildung 11.9 zeigt zu diesem Fall die Transmissivität und die Reflektivität in Abhängigkeit der Lichtfrequenz ν für zwei verschiedene Einzelspiegelreflektivitäten $R_{\text{einzeln}} = |r|^2$. Wegen des Energieerhaltungssatzes $T + R = 1$ (im Fall ohne Dämpfung) sind die Transmissivitäts- und die Reflektivitätskurven komplementär. Die Transmissivität zeigt eine Kammfilterstruktur. Es gibt Frequenzen, für die die Welle sehr stark oder sogar vollständig durch den Fabry-Perot-Resonator hindurchtritt; dies sind die sogenannten Resonanzen des Fabry-Perot-Resonators. Die Bereiche minimaler Transmissivität – also maximaler Reflektivität – heißen Antiresonanzen.

Der Frequenzabstand zwischen zwei Resonanzen eines Fabry-Perot-Interferometers wird als freier Spektralbereich $\Delta\nu \equiv$ FSR (FSR = „free spectral range“) bezeichnet:

$$\Delta\nu = \text{FSR} = \frac{c}{2nd} \tag{11.22}$$

mit c wieder als Vakuum-Lichtgeschwindigkeit und n hier als Gruppenbrechungsindex des Resonatorinneren der geometrischen Länge d bzw. als effektiver Brechungsindex in Monomode-Wellenleitersystemen. Fabry-Perot-Resonatoren können bei hohen Spiegelreflektivitäten in höchstauflösenden Spektralapparaten – allerdings nur innerhalb des (üblicherweise vergleichsweise geringen) freien Spektralbereichs – eingesetzt werden. Das Auflösungsvermögen von Fabry-Perot-Resonatoren wird durch die Reflektivitäts-Finesse [7]

$$F_{\text{r}} = \frac{\Delta\nu}{\nu_{1/2}}, \tag{11.23}$$

beschrieben – mit $\nu_{1/2}$ als Halbwertsbreite FWHM (FWHM = „full width half maximum“) der Resonanzen. Für ein planparalleles („pp“) Fabry-Perot folgt für die Reflektivitäts-Finesse:

$$F_{\text{r,pp}} = \frac{c}{2nd}\Big/\left[2\frac{c}{2\pi nd}\frac{1-r^2}{2r}\right] = \frac{\pi r}{1-r^2}. \tag{11.24}$$

Für ein konfokales („kf“) Fabry-Perot ergibt sich in ähnlicher Weise:

$$F_{\text{r,kf}} = \frac{\pi R_{\text{einzeln}}}{1 - R_{\text{einzeln}}^2}. \tag{11.25}$$

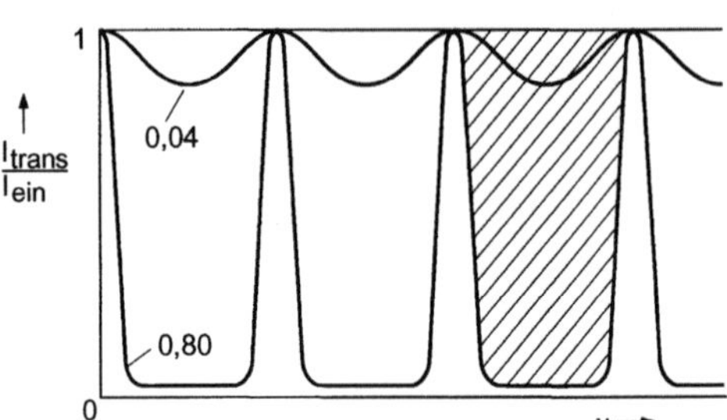

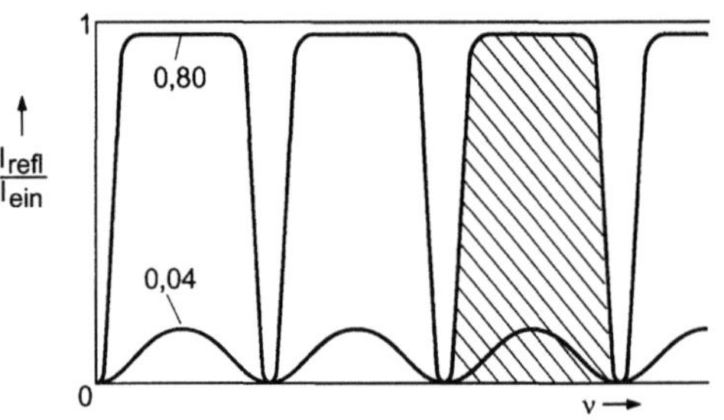

Abb. 11.9. Fabry-Perot-Resontor-Transmissivität $T = I_{\text{trans}}/I_{\text{ein}}$ und Reflektivität $R = I_{\text{refl}}/I_{\text{ein}}$ des Fabry-Perot-Resonators in Abhängigkeit der Lichtfrequenz ν für zwei Einzelspiegelreflektivitäten $R_{\text{einzeln}} = |r|^2$. (Die Zahlen an den Kurven bezeichnen R_{einzeln}). Je größer R_{einzeln}, desto stärker die Durchmodulation der Kurven

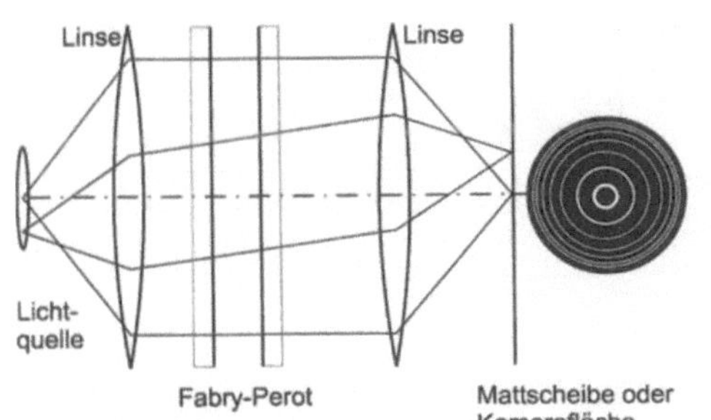

Abb. 11.10. Typische Anordnung zur Verwendung eines Fabry-Perot-Resonators und resultierendes Intensitätsmuster (um 90° auf die Zeichenebene gekippt) mit konzentrischen hellen Ringen

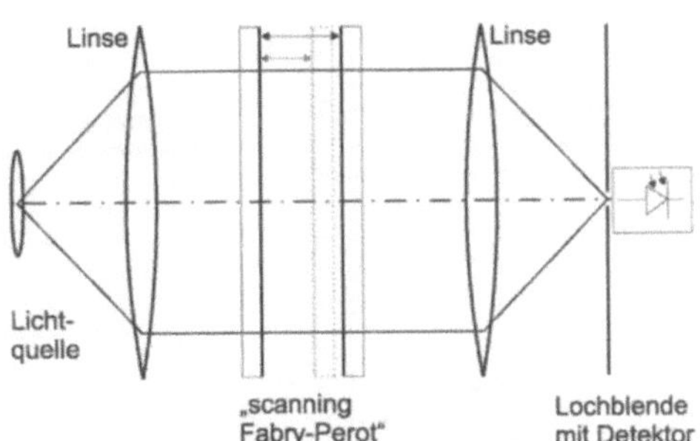

Abb. 11.11. Anordnung zur Verwendung eines durchstimmbaren Fabry-Perot-Resonators

In Abb. 11.10 findet sich eine typische Anordnung zur Verwendung eines Fabry-Perot-Resonators. Das Licht der (ggf. spektral zu analysierenden) Lichtquelle wird mit einer ersten Linse kollimiert. Parallele Strahlenbündel unterschiedlichen Winkels zur optischen Achse durchlaufen den Resonator. Eine zweite Linse jenseits des Resonators nimmt eine Fokussierung vor. In der Fokalebene ergibt sich ein Intensitätsmuster mit konzentrischen Ringen. Die Abstände benachbarter Ordnungen entsprechen jeweils einem freien Spektralbereich. Die sogenannte Instrument-Finesse (oder Geräte-Finesse) F_g ist aber auch von der Planitäts-Finesse [7]

$$F_p = M_p/2 \tag{11.26}$$

abhängig. Dabei gibt M_p die Abweichung von der Planität (λ/M_p) der Spiegel, bezogen auf die Wellenlänge (üblicherweise mit 546 nm angenommen), an. Die Instrument-Finesse F_g [7] ergibt sich aus:

$$\frac{1}{F_g^2} = \frac{1}{F_r^2} + \frac{1}{F_p^2} . \tag{11.27}$$

Spektrale Auflösungsvermögen $\lambda/\Delta\lambda$ sehr guter Fabry-Perot-Resonatoren mit hoher Instrument-Finesse können bei mehreren 10^6 liegen.

Fabry-Perot-Resonator als durchstimmbares optisches Filter

Beim durchstimmbaren Fabry-Perot („scanning Fabry-Perot") ist einer der Spiegel auf einer Piezoverstelleinheit angebracht und kann so periodisch relativ zu dem anderen hin- und herbewegt werden. Dadurch verändert sich periodisch die Wellenlänge, für die die Resonanzbedingung auf der optischen Achse erfüllt ist. In der Fokalebene der 2. Linse befindet sich auf der optischen Achse eine kleine Lochblende („pinhole"), hinter der ein Detektor angebracht ist. Abbildung 11.11 zeigt die Anordnung. Bei der Bestimmung der Instrument-Finesse F_g ist im Fall der Anordnung nach Abb. 11.11 noch der Einfluß der Punktblende zu berücksichtigen; denn deren Größe bestimmt den „Grad der Kollimiertheit" des Lichts, das von dem Detektor hinter der Punktblende aufgefangen wird. Die Punktblenden-Finesse [7] ist:

$$F_b = \frac{4\lambda f^2}{D^2 d} . \tag{11.28}$$

Dabei sind D der Punktblendendurchmesser und f die Brennweite der 2. Linse (hinter dem Fabry-Perot). Unter Berücksichtigung aller Beiträge ergibt sich die Instrument-Finesse F_g [7] dann zu:

$$\frac{1}{F_g^2} = \frac{1}{F_r^2} + \frac{1}{F_p^2} + \frac{1}{F_b^2} . \tag{11.29}$$

Berechnung dielektrischer Filter mit der Transfer-Matrix-Methode

Zur Berechnung der Feldverteilungen in periodischen Strukturen eignet sich u.a. die Transfer-Matrix-Methode, zunächst von Born und Wolf [A3] zur Berechnung der Reflexions- und Transmissionseigenschaften von verspiegelten Systemen aufgestellt und von Chilwell & Hodgkinson [8] für Berechnungen an Vielschichtstrukturen und Filmwellenleitern verfeinert. Abbildung 11.12 zeigt eine dielektrische Schichtenfolge nach [9]. Für die Berech-

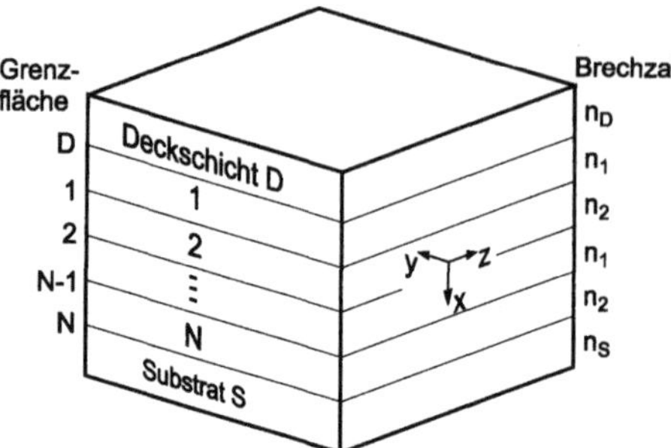

Abb. 11.12. Aufbau einer planaren Vielschichtstruktur mit $(N+2)$ homogenen Schichten. Substrat S und Deckschicht D sind im jeweiligen Halbraum unendlich weit ausgedehnt

nung wird eine linear polarisierte, ebene Welle betrachtet, die sich mit dem Phasenterm

$$\exp(-\mathrm{j}(\boldsymbol{k}\cdot\boldsymbol{r}-\omega t)) \tag{11.30}$$

in der x-z-Ebene ausbreitet, wobei $\boldsymbol{k}$, $\boldsymbol{r}$, ω und t in dieser Reihenfolge den Ausbreitungsvektor, den Ortsvektor, die Kreisfrequenz der sich in z-Richtung ausbreitenden elektromagnetischen Welle und die Zeit darstellen. Die Schichten sind in y-Richtung unendlich ausgedehnt. Als Separationsbedingung ergibt sich:

$$|\boldsymbol{k}|^2 = k_x^2 + k_z^2 = \tilde{n}^2 k_0^2\,, \tag{11.31}$$

mit

$$k_0 = 2\pi/\lambda \tag{11.32}$$

als Vakuum-Wellenzahl und

$$\tilde{n} = n - \mathrm{j}\kappa \tag{11.33}$$

wieder als komplexe Brechzahl. Es gilt weiter:

$$k_x = k_0\sqrt{\tilde{n}^2 - \frac{k_z^2}{k_0^2}}\,, \tag{11.34}$$

$$\begin{aligned} k_z &= \gamma \\ &= k_0(n-\mathrm{j}\kappa)\sin\alpha_1 \end{aligned} \tag{11.35}$$

mit γ erneut als komplexer Ausbreitungskonstante und α_1 als Einfallswinkel der Welle auf die Grenzfläche. Die komplexe elektrische Feldstärke $E_x(x,y,z)$ läßt sich an jeder Stelle z aus einer Anfangsfeldverteilung $E_{x0} \equiv E_x(x,y,0)$ mit

$$E_x(x,y,z) = E_{x0}\exp(-\mathrm{j}\gamma z) \tag{11.36}$$

berechnen. Aufgrund der Reflexionen an den optischen Grenzflächen ist es sinnvoll und

Tabelle 11.1. Zuordnung der polarisationsunabhängigen Größen zu Feldkomponenten

Pol.	A	B	C
TE	E_y	$-H_z$	H_x
TM	H_y	E_z	$-E_x$

notwendig, die Wellen in x-Richtung in eine hinlaufende und eine rücklaufende Welle zu unterteilen. Die Überlagerung beider Anteile beschreibt das Gesamtfeld. Jede sich ausbreitende Welle kann in zwei linear polarisierte Wellen mit zueinander senkrechten Polarisationsrichtungen zerlegt werden. Man spricht von TE- und TM-Polarisation (TE = „transversal elektrisch", TM = „transversal magnetisch"). Bei der TE-Polarisation liegt der elektrische Feldvektor parallel zu den Schichtgrenzen, bei der TM-Polarisation der magnetische Feldvektor. Mit der Einführung von polarisationsunabhängigen Größen A, B, C und u kann ein Gleichungssystem unabhängig von der Polarisation (bzw. gleichzeitig für beide Polarisationsrichtungen) aufgestellt werden. Die Zuordnung der polarisationsunabhängigen Größen ist in Tabelle 11.1 dargestellt. In Abb. 11.13 wird der Zusammenhang zwischen diesen Größen hergestellt. Die Größe u ist für TE- und TM-Polarisation unterschiedlich definiert:

$$u = \frac{k_x}{k_0}\,\frac{1}{c}\,\mu_0 \quad (TE)\,, \tag{11.37}$$

$$u = \frac{k_x}{k_0}\,\frac{1}{c}\,\varepsilon_0\varepsilon_r \quad (TM) \tag{11.38}$$

mit $c = \sqrt{\varepsilon_0\mu_0}$ wieder als Vakuum-Lichtgeschwindigkeit und μ_0 als Induktionskon-

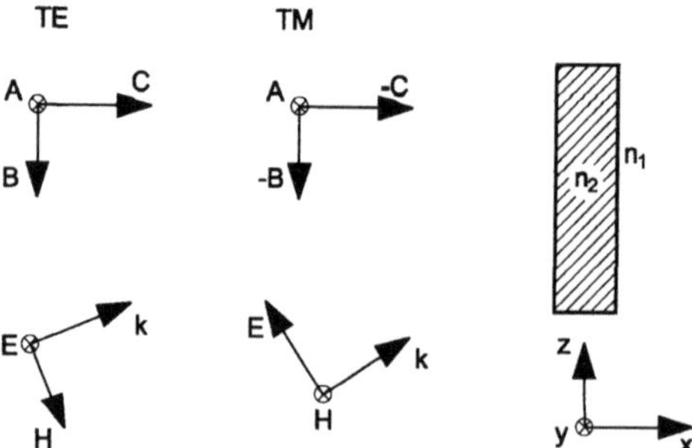

Abb. 11.13. Zusammenhang/Lage der Feldkomponenten

stante. Für die polarisationsunabhängigen Größen ergibt sich:

$$A = \frac{1}{\mathrm{j}uk_x} \frac{dB}{dx} \tag{11.39}$$

$$B = \frac{u}{\mathrm{j}k_x} \frac{dA}{dx} \tag{11.40}$$

$$C = k_0 \frac{u(n - \mathrm{j}\kappa)\sin\alpha_1}{k_x} A\,. \tag{11.41}$$

Die Komponente C ist zu A direkt proportional; daher braucht nur der Vektor $\binom{A}{B}$ bestimmt zu werden. Die Verkopplung der Feldgrößen A und B diesseits und jenseits einer Schicht erfolgt durch eine Transfer-Matrix $\mathbf{T}_i$. Dadurch lassen sich die Feldkomponenten an der $(i-1)$-ten Grenzfläche aus denen der i-ten über

$$\begin{pmatrix} A_{i-1} \\ B_{i-1} \end{pmatrix} = \mathbf{T}_i \begin{pmatrix} A_i \\ B_i \end{pmatrix} \tag{11.42}$$

berechnen. Die Matrix $\mathbf{T}_i$ der Schicht i ist:

$$\mathbf{T}_i = \begin{pmatrix} \cos\delta_i & -\frac{\mathrm{j}}{u_i}\sin\delta_i \\ -\mathrm{j}u_i\sin\delta & \cos\delta_i \end{pmatrix} \tag{11.43}$$

mit

$$\delta_i = k_{xi}(x_i - x_{i-1}) \tag{11.44}$$

als sogenannte Phasendicke der Schicht i. Die gesamte Struktur läßt sich dann durch

$$\begin{pmatrix} A_D \\ B_D \end{pmatrix} = \mathbf{T} \begin{pmatrix} A_S \\ B_S \end{pmatrix} \tag{11.45}$$

(Indizes D und S für „Deckschicht" und „Substrat") mit

$$\mathbf{T} = \prod_{i=1}^{N} \mathbf{T}_i = \mathbf{T}_1 \cdot \mathbf{T}_2 \cdots \mathbf{T}_N = \begin{pmatrix} t_{11} & t_{12} \\ t_{21} & t_{22} \end{pmatrix}. \tag{11.46}$$

beschreiben.

Die Reflektivität bei M Schichtenpaaren und senkrechtem Einfall auf die Deckschicht ist

$$R_{2M} = \left(\frac{1 - \frac{n_S}{n_D}\left(\frac{n_1}{n_2}\right)^{2M}}{1 + \frac{n_S}{n_D}\left(\frac{n_1}{n_2}\right)^{2M}} \right)^2 \tag{11.47}$$

nach [A3].

Dieser Formalismus kann zur Bestimmung geführter Wellen verwendet werden (s. auch Kap. 14). Unter der Annahme, daß von außen durch das unendlich dick angenommene Substrat und die ebenfalls unendlich dick angenommene Deckschicht keine Wellen in das Schichtsystem einfallen, ergibt sich die charakteristische Gleichung:

$$u_D t_{11} + u_D u_S t_{12} + t_{21} + u_S t_{22} = 0\,. \tag{11.48}$$

Mit dieser charakteristischen Gleichung können die Eigen-Feldverteilungen des Systems berechnet werden. Die Felder an der Stelle x innerhalb der Schichten lassen sich mit

$$\delta(x) = k_{xi}(x - x_{i-1}) \tag{11.49}$$

aus

$$\begin{pmatrix} A \\ B \end{pmatrix} = \begin{pmatrix} \cos\delta(x) & -\frac{\mathrm{j}}{u_i}\sin\delta(x) \\ -\mathrm{j}u_i\sin\delta(x) & \cos\delta(x) \end{pmatrix} \begin{pmatrix} A_i \\ B_i \end{pmatrix} \tag{11.50}$$

berechnen.

11.3 Abbildende optische Elemente

Eine ideale optische Abbildung liegt dann vor, wenn sich Lichtstrahlen, die von einem Punkt eines Objektes bzw. einer Objektfeldverteilung ausgehen, wieder in einem Punkt des Bildes treffen, das sich so Punkt für Punkt zusammensetzt. Bei in sich parallelen Lichtbündeln (die also von einem Punkt im Unendlichen herzukommen scheinen) treffen sich die Strahlen eines Bündels in einem Punkt im Abstand der sogenannten Brennweite f von dem abbildenden optischen Element. In der Realität existieren keine idealen Abbildungen: die von einem Punkt ausgehenden Strahlen treffen sich meist nur in einem Gebiet in der Nähe des idealen Bildpunktes, und für manche Strahlen trifft nicht einmal diese Aussage zu. Diese Abweichungen von der idealen Abbildung werden unter dem Begriff Abbildungsfehler zusammengefaßt. Wichtig in diesem Zusammenhang ist die Erkenntnis, daß Abbildungsfehler inhärente Eigenschaften von Abbildungen sind und im Prinzip nichts mit schlechter Herstellung der abbildenden Elemente zu tun haben. Einige Abbildungsfehler lassen sich zwar z.B. durch eine geschickte Wahl und Herstellung der Oberflächenform der abbildenden optischen Elemente reduzieren oder beseitigen – meistens jedoch nur für einen ganz bestimmten Abbildungsmaßstab (Vergrößerung M) und nicht-ausgedehnte Objekte.

Zu den abbildenden optischen Elementen gehören Linsen (meistens Glaskörper, von denen minestens eine optische Grenzfläche gekrümmt ist), Linsensysteme, gekrümmte Spiegel, gekrümmte Reflexionsgitter (als gleichzeitig abbildene und dispersive Elemente), Fresnelsche Zonenplatten und geeignete Hologramme. Die abbidende Wirkung kann dabei auf Brechung (→ Linsen, Linsensysteme), Reflexion an gekrümmten Flächen (→ gekrümmte Spiegel, gekrümmte Reflexionsgitter) und Beugung (→ Fresnelsche Zonenplatten, Hologramme) beruhen. Alle diese abbildenden optischen Elemente zeigen Abbildungsfehler (s. im Fall von Hologrammen z. B. [10, 11]).

Geometrische Optik und Gaußsche Näherung

In der geometrischen Optik im Grenzübergang $\lambda \to 0$ (s. auch Kap. 2) wird davon ausgegangen, daß sich Licht durch Strahlen beschreiben läßt, die sich in homogenen Medien geradlinig ausbreiten und an den optischen Grenzflächen zwischen zwei Medien 1 und 2 der Brechzahlen n_1 und n_2 nach dem Snelliusschen Brechungsgesetz

$$n_1 \sin \alpha_1 = n_2 \sin \alpha_2 \qquad (11.51)$$

mit α_1 als Einfallswinkel (Winkel zum Lot auf die Grenzfläche) und α_2 als Brechungswinkel gebrochen werden oder an spiegelnden Grenzflächen nach dem Reflexionsgesetz

$$\alpha_r = \alpha_1 \qquad (11.52)$$

mit α_r als Reflexionswinkel reflektiert werden. In Abb. 11.14 sind die Situationen skizziert.

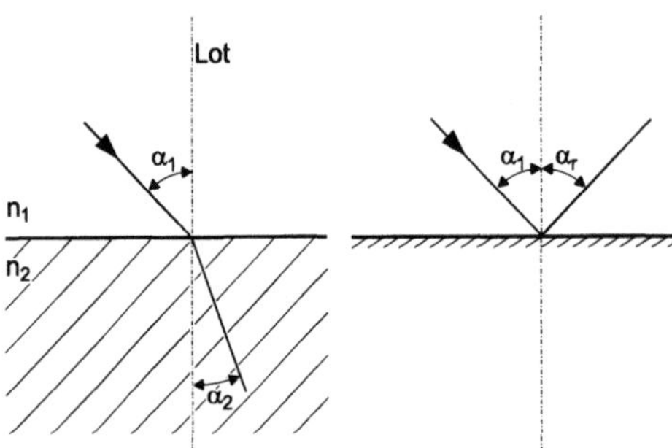

Abb. 11.14. Brechung (gezeichnet für den Fall der Brechung ins optisch dichtere Medium ($n_2 > n_1$) hinein) und Reflexion

Dabei werden die charakteristischen Abmessungen der optischen Elemente als groß gegen die Vakuum-Wellenlänge λ des Lichts angenommen. Letzteres schließt teilweise bereits Beugungseffekte aus, so daß z. B. Fresnelsche Zonenplatten – streng genommen – nicht mehr nach der geometrischen Optik beschrieben werden können. Dennoch ist es auch bei solchen abbildenden optischen Elementen oft möglich, sie wie „übliche Linsen" zu beschreiben und ihnen z. B. eine Brennweite zuzuordnen.

Für viele Berechnungen wird in der geometrischen Optik die sogenannte Gaußsche oder paraxiale Näherung verwendet, die davon ausgeht, daß alle Strahlen unter einem sehr kleinen Winkel $\alpha_\bullet$ ($\Rightarrow \sin \alpha_\bullet \approx \alpha_\bullet$) zur Zylindersymmetrieachse der Anordnung, der sogenannten optischen Achse, (und oft auch achsennah) verlaufen. Unter dieser Annahme schreibt sich das Brechungsgesetz

$$n_1 \alpha_1 = n_2 \alpha_2 \,. \qquad (11.53)$$

Die schon erwähnten Abbildungsfehler entsprechen den Abweichungen von der paraxialen Näherung [A2]. Oder anders ausgedrückt: die geometrische Optik in Gaußscher Näherung beschreibt ideale Abbildungen.

Linsen

Obwohl Linsen nur eine Klasse von abbildenden optischen Elementen darstellen, sollen für die Darstellung grundsätzlicher Zusammenhänge im folgenden zunächst nur Linsen (oft auch nur dünne Linsen) betrachtet werden. Einige Aspekte, wie die Abbildungsgleichung oder die Beugungsbegrenzung der Abbildungsschärfe, treffen analog auch für andere abbildende optische Elemente zu; andere gelten nur für Linsen, wie die Auswahlkriterien für Linsen mit Hilfe der Abbeschen V-Zahl in Linsen-Dupletts. Gekrümmte Spiegel lassen sich in vieler Hinsicht wie Linsen mit gleichzeitiger Reflexion behandeln; die Brennweite f ist bei sphärischen Spiegeln die Hälfte des Krümmungsradius r_k:

$$f = \frac{r_k}{2} \,. \qquad (11.54)$$

Abbildungsgleichung

Die Abbildungsgleichung lautet:

$$\frac{1}{g} + \frac{1}{b} = \frac{1}{f} \qquad (11.55)$$

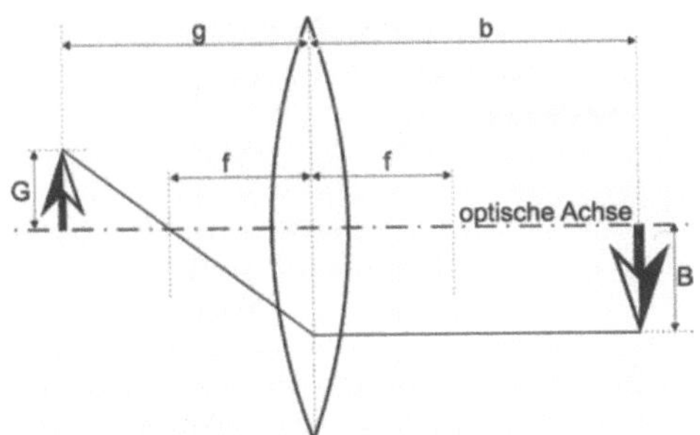

Abb. 11.15. Skizze zur Veranschaulichung der Größen in der Abbildungsgleichung

mit g, b und f als Gegenstands-, Bild- und Brennweite – oder umgeformt als sogenannte Newtonsche Gleichung:

$$(f-g)(f-b)=f^2. \tag{11.56}$$

In Abb. 11.15 werden die Größen veranschaulicht. Mit G und B als Gegenstands- und Bildhöhe ergibt sich nach den Strahlensätzen die Vergrößerung

$$M=\frac{B}{G}=\frac{b}{g}. \tag{11.57}$$

Für eine 1:1-Abbildung, d.h. $M=1$, gilt $g=2f=b$. Für g oder $b\to\infty$ ist der jeweils andere Parameter b oder $g=f$. Für eine feste Entfernung $\tilde{d}=g+b$ zwischen Objekt und Bild und bei gegebener Brennweite f gibt es im allgemeinen entweder keine oder zwei mögliche Linsenpositionen und Abbildungen (im Sonderfall der Entartung, $M=1$, eine):

$$b_{1,2}=+\frac{\tilde{d}}{2}\pm\sqrt{\frac{\tilde{d}^2}{4}-f\tilde{d}} \tag{11.58}$$

[4]. Im einen Fall handelt es sich um eine Verkleinerung ($b<g$, $B<G$, $M<1$), im anderen um eine Vergrößerung ($b>g$, $B>G$, $M>1$).

Dünne Linsen, dicke Linsen, Linsensysteme, Abbildungsfehler, numerische Apertur

Linsen werden – um der einfacheren und damit kostengünstigeren Herstellung willen – üblicherweise mit sphärischen Oberflächen hergestellt; zum Polieren der Oberflächen können die Linsenoberflächen gegen sphärische Gegenstücke gepreßt und um eine „taumelnde Drehachse" bewegt werden. Asphärische Linsen werden für spezielle Abbildungen und zur Reduktion bestimmter Abbildungsfehler eingesetzt. Im folgenden sollen sphärische Linsen betrachtet werden. Für asphärische Linsen gelten die unten stehenden Gleichungen in paraxialer Näherung (wenn die nicht-sphärischen Oberflächen noch als sphärisch angenommen werden können) genauso.

Linsen werden als dünn bezeichnet, wenn ihre Dicke d_L auf der optischen Achse gegenüber der Brennweite vernachlässigt werden kann. Die Erläuterungen im letzten Abschnitt beziehen sich auf dünne Linsen. Für dicke Linsen ist die Situation komplizierter. Genau genommen, stellen dicke Linsen den allgemeineren Fall dar [A3]. Für die Erläuterungen wird davon ausgegangen, daß die dicke Linse aus dem Material mit der Brechzahl n in einer homogenen Umgebung der Brechzahl n_0 eingebettet ist. Vier Brennweiten müssen unterschieden werden: die vordere Brennweite $f_{1,v}$ der 1. Grenzfläche, die hintere Brennweite $-f_{1,h}$ (Achtung: Vorzeichenkonvention!) der 1. Grenzfläche, die vordere Brennweite $f_{2,v}$ der 2. Grenzfläche und die hintere Brennweite $-f_{2,h}$ der 2. Grenzfläche:

$$f_{1,v}=\frac{n_0\cdot r_1}{n-n_0} \tag{11.59}$$

$$f_{1,h}=-\frac{n\cdot r_1}{n-n_0} \tag{11.60}$$

$$f_{2,v}=-\frac{n\cdot r_2}{n-n_0} \tag{11.61}$$

$$f_{2,h}=\frac{n_0\cdot r_2}{n-n_0} \tag{11.62}$$

mit r_1 und r_2 hier als Krümmungsradien (nicht als Amplitudenreflexionsfaktoren) der beiden Grenzflächen; die Radien werden positiv gezählt, wenn die Krümmungen nach rechts (in Ausbreitungsrichtung) vorliegen und umgekehrt. Die Brennweiten der Grenzflächen werden von den Ebenen senkrecht zur optischen Achse, die durch die Schnittpunkte der Linsenoberflächen mit der optischen Achse gehen, gezählt. Sie wären vor und hinter der jeweiligen Grenzfläche bis auf das Vorzeichen gleich, wenn auf beiden Seiten der Grenzfläche dieselbe Brechzahl gelten würde (diese Bemerkung ist etwas weiter unten für Linsensysteme von Bedeutung). Die Kombination des „Systems" aus vorderer und hinterer optischer Grenzfläche hat die vordere und die hintere Brennweite:

$$f_v=-\frac{f_{1,v}f_{2,v}}{d_L-(-f_{1,h})-f_{2,v}}, \tag{11.63}$$

$$f_h = \frac{f_{1,h} f_{2,h}}{d_L - (-f_{1,h}) - f_{2,v}} \qquad (11.64)$$

mit

$$f_v = -f_h = \frac{n_0 n \cdot r_1 r_2/(n - n_0)^2}{d_L - (-f_{1,h}) - f_{2,v}}, \qquad (11.65)$$

$$|f_v| = |f_h| \equiv f. \qquad (11.66)$$

Diese Brennweite f wird von den sogenannten Hauptebenen der dicken Linse gezählt. Abbildung 11.16 zeigt exemplarisch die Konstruktion der Hauptebenen; dazu werden Brennpunkt- und Parallelstrahlen verwendet, die aufgrund der Abbildungsgleichung beim Durchgang durch die Linse ineinander übergehen müssen. Es läßt sich zeigen [A2]:

$$f = \frac{r_1 r_2}{(n - n_0)[(r_2 - r_1) + (n - n_0) d_L/n]}. \qquad (11.67)$$

Für eine dünne Linse mit $d_L \approx 0$ ist dies gerade:

$$f = \frac{r_1 r_2}{(n - n_0)(r_2 - r_1)} = \frac{1}{(n - n_0)((1/r_1) - (1/r_2))}. \qquad (11.68)$$

Systeme aus dünnen Linsen lassen sich als dicke Linsen auffassen und beschreiben. Bei einem Duplett zum Beispiel, skizziert in Abb. 11.17, treten an die Stelle der beiden Grenzflächen der gedachten dicken Linse die beiden dünnen Linsen. Jede dünne Linse hat betragsmäßig gleiche vordere und hintere Brennweiten (da die Brechzahl vor und hinter der Linse gleich ist – s. Bemerkung weiter oben). Die Brennweite f des Dupletts – bezogen auf die Hauptebenen des Linsensystems – mit d_D als Abstand der beiden Linsen ergibt sich aus:

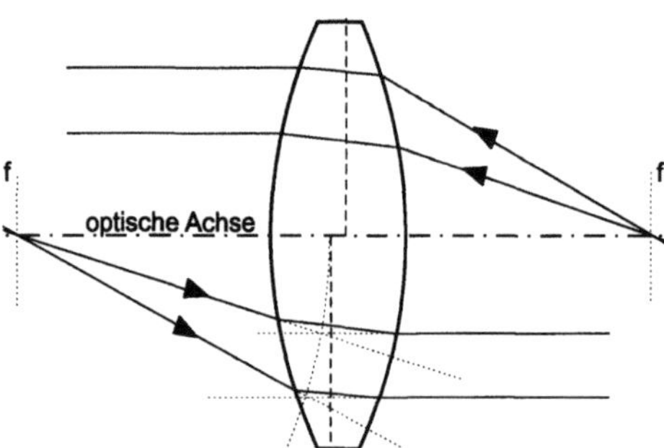

Abb. 11.16. Skizze zur Konstruktion der Hauptebenen (exemplarisch für eine dicke Bikonvexlinse)

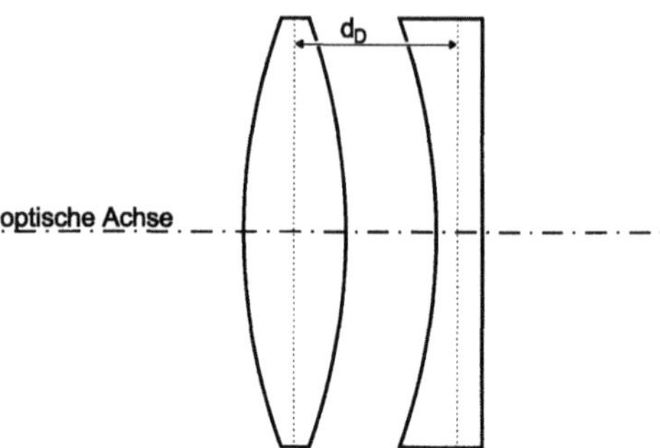

Abb. 11.17. Duplett aus einer bikonvexen und einer plankonkaven Linse

$$\frac{1}{f} = \frac{1}{f_1} + \frac{1}{f_2} - \frac{d_D}{f_1 f_2} \qquad (11.69)$$

mit f_1 und f_2 als Brennweiten der beiden Einzellinsen bzw.

$$\frac{1}{f} = \frac{1}{f_1} + \frac{1}{f_2} \qquad (11.70)$$

im Grenzfall verschwindenden Linsenabstands $d_D \approx 0$.

Für Mikro-Kugellinsen (mit typischen Durchmessern $d_L = 1 - 10$ mm z.B. aus Quarzglas), die teilweise zur Einkopplung in Glasfasern verwendet werden, gilt Gl. (11.67) in der paraxialen Näherung genauso und wird wegen $r \equiv |r_1| = |r_2|$ und $d_L = 2r$ zu

$$f = \frac{nr}{2n_0(n - n_0)}. \qquad (11.71)$$

Aufgrund der geringen Größe dieser Bauelemente bzw. ihrer starken Krümmung sowie ihrer in üblichen Anwendungen großen Ausleuchtung ist die paraxiale Näherung aber für die meisten Strahlen nicht mehr gerechtfertigt; Abbildungsfehler treten verstärkt auf.

Die Sinus-Reihe schreibt sich folgendermaßen:

$$\sin x = x - \frac{x^3}{3!} + \frac{x^5}{5!} - + \ldots \qquad (11.72)$$

Die paraxiale Näherung bezieht sich darauf, daß im Brechungsgesetz der Sinus durch sein Argument ersetzt wird, die Sinus-Reihe also nach ihrem ersten Glied abgebrochen wird. Diese Näherung entspricht einer idealen Abbildung. Für Strahlen, für die die paraxiale Näherung nicht mehr gilt, können/müssen sukzessive weitere Glieder der Sinus-Reihe hinzugenommen werden. Die Abweichungen, die diese Strahlen auf ihrem Weg durch das optische System gegenüber dem Fall der paraxialen Näherung erfahren, werden als Abbildungsfehler oder Aberrationen bezeichnet. Wenn nur das 2. Glied der Sinus-Reihe hinzugenommen wird/werden muß, spricht man von den fünf Seidel-Aberrationen: sphärische Aberration, Astigmatismus, Koma, Bildfeldwölbung und Verzeichnung. Die Unterscheidung dieser Begriffe ist zu einem gewissen Grad willkürlich, da diese Abbildungsfehler teilweise miteinander verknüpft sind. So sind z.B. Verzeichnungen nur im Zusammenhang mit der Bildfeldwölbung zu verstehen. Zu den fünf Seidel-Aberrationen kommen chromatische Aberrationen infolge der Materialdispersion optischer Elemente hinzu. Eine ausführliche und zugleich anschauliche Darstellung von Aberrationen findet sich im Bergmann Schaefer [A2]. Einige Aberrationen können durch die Verwendung von Linsen-Dupletts statt Einzellinsen reduziert oder vermieden werden.

Abbesche V-Zahl und Auswahlkriterien für Linsen in Dupletts

Die Abbe- oder V-Zahl ist ein Maß für die Stärke der Materialdispersion, also der Wellenlängenabhängigkeit der Brechzahl eines optischen Materials [A1, A7]:

$$V = \frac{n_d - 1}{n_F - n_C} \qquad (11.73)$$

mit den n als Brechzahlen des jeweiligen Materials bei den Vakuum-Wellenlängen 587,6 nm (Helium-d-Linie), 486,1 nm (Wasserstoff-F-Linie), 656,3 nm (Wasserstoff-C-Linie). Bei dieser Definition wird davon ausgegangen, daß die Hauptanwendung des optischen Elements oder Systems im gesamten sichtbaren Spektralbereich liegt. Für andere Anwendungen in eingeschränkten oder verschobenen Spektralbereichen kann eine Umdefinition auf die neuen Randwellenlängen und die Mittenwellenlänge des aktuellen Spektralbereichs vorgenommen werden:

$$V_{\text{alternativ}} = \frac{n_{\text{mittel}} - 1}{n_{\text{kurz}} - n_{\text{lang}}}. \qquad (11.74)$$

Einfachste Systeme zur Reduktion von Aberrationen bestehen aus zwei dünnen Linsen mit den Brennweiten f_1 und f_2 sowie den Abbeschen V-Zahlen V_1 und V_2. Dupletts werden üblicherweise aus einer Sammellinse ($f_1 > 0$) und einer Zerstreuungslinse ($f_2 < 0$) aufgebaut. Zur Reduktion chromatischer und anderer Aberrationen (insbesondere der sphärischen Aberration) muß z.B. nach [4] gelten:

$$f_{1,\text{mittel}} \cdot V_1 + f_{2,\text{mittel}} \cdot V_2 = 0\,. \qquad (11.75)$$

Daraus folgt mit Gl. (11.69):

$$f_1 = f\,\frac{V_1 - V_2}{V_1}\,, \qquad (11.76)$$

$$f_2 = f\,\frac{V_2 - V_1}{V_2} \qquad (11.77)$$

mit f als Brennweite des Dupletts. Zur Reduktion von Abbildungsfehlern müssen die Krümmungsradien klein gehalten werden; dazu sind große Brennweiten erforderlich. Mit den obigen Gleichungen bedeutet dies, daß die Differenz $|V_1 - V_2|$ der V-Zahlen der beiden Linsenmaterialien betragsmäßig möglichst groß sein muß. Abbildung 11.18 zeigt eine Darstellung einiger Materialgruppen optischer Elemente mit ihren V-Zahlen und Brechzahlen.

Die numerische Apertur NA ist ein Maß für die Öffnung der Linse oder des Linsensystems von der optischen Achse in der Gegenstandsebene aus:

$$\mathrm{NA} = n_v \sin(\delta/2) \qquad (11.78)$$

mit $\delta/2$ als planarer Halbwinkel und n_v als Brechzahl in dem Raum zwischen Gegenstandsebene und Linse („v" = vorne). Für die Vergleichbarkeit der Zahlenwerte muß die Gegenstandsweite angegeben werden. (Bei Mikroskopobjektiven ist dies implizit dadurch der Fall, daß von einer bestimmten optischen Tubuslänge – Abstand zwischen hinterer Brennebene des Objektivs und vorderer Brennebene des Okulars – und einer Abbil-

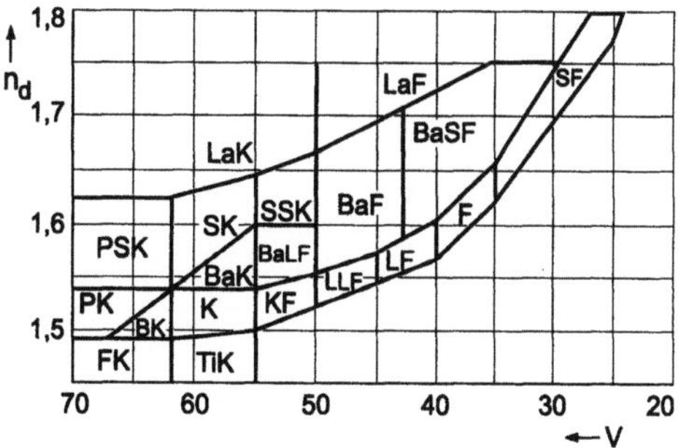

Abb. 11.18. Abbesche V-Zahl in Abhängigkeit von der Brechzahl $n = n_d$ nach [A1, A7]

dung des Objektivs in die vordere Brennebene des Okulars ausgegangen wird.)

Beugungsbegrenzung der Abbildungsschärfe

Gaußsche Strahlen- bzw. Wellenbündel stellen für transversal begrenzte elektromagnetische Felder eine mögliche und in der Natur häufig auftretende Lösung der zeitunabhängigen Wellengleichung dar (s. auch Kap. 2). Die auf 1 normierte, umfangsunabhängige Lösung in Zylinderkoordinaten (r, z) mit $r = \sqrt{x^2 + y^2}$ hat die Form:

$$\frac{E(r,z)}{E_{\text{norm}}} = \frac{1}{\sqrt{1 + (z/z_S)^2}} \cdot \exp\left(-\frac{r^2}{r_{\min}^2 (1 + (z/z_S)^2)}\right) \cdot \exp(-\mathrm{j}(knz - \arctan(z/z_S))) \cdot \exp\left(-\mathrm{j}\frac{knr^2}{2z(1 + (z_S/z)^2)}\right) \quad (11.79)$$

mit

$$z_S = \frac{\pi r_{\min}^2}{\lambda} = \left(\frac{2\pi}{\lambda}\right)\frac{r_{\min}^2}{2} = k\frac{r_{\min}^2}{2} \quad (11.80)$$

[12]. Hierbei ist $r_{\min}$ der minimale Fleckradius (bei $z = 0$); der Fleckradius wird über den $1/e$-Abfall der elektrischen Feldstärke definiert. Die Größe z_S ist eine Skalierungslänge; bei $z = z_S$ ist der Fleckradius auf $\sqrt{2} \cdot r_{\min}$ angestiegen. Bemerkenswert ist, daß der minimale Fleckradius nach Gl. (11.79) nicht Null ist. Das heißt, für Gaußsche Strahlenbündel versagt die geometrische oder Strahlen-Optik, wenn zu kleinsten Abmessungen übergegangen wird. Und: je kleiner der minimale Fleckradius, desto kleiner ist auch die Skalierungslänge z_S, desto größer muß der Öffnungswinkel δ des Strahlenbündels bei Fokussierung sein. Dieser Öffnungswinkel kann z.B. Folge einer Fokussierung durch eine Linse sein. Die Situation ist in Abb. 11.19 veranschaulicht.

Diese Erkenntnisse können auch bei Betrachtung von einer anderen Seite gewonnen werden. Durch die laterale Begrenzung der Wellen tritt grundsätzlich Beugung auf. Aus der Beugungstheorie folgt unter der Annahme eines kreisrunden parallelen Strahlenbündels, das durch eine Linse der Brennweite f fokussiert wird, eine Abschätzung für den minimalen Fleckradius:

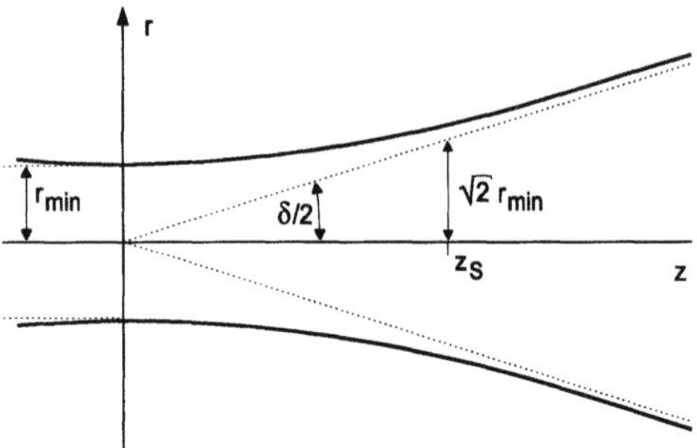

Abb. 11.19. Veranschaulichung der Begriffe Fleckradius bzw. Strahltaille. Bei Betrachtung von „Fokuspunkten" gilt die geometrische Optik nicht mehr. Statt mathematischer Punkte existieren Strahltaillen. Je kleiner der Öffnungswinkel δ, desto größer der Radius $r_{\min}$ der Strahltaille. Die Normierungsgröße z_s wird im Text erklärt

$$r_{\min} \approx 1{,}22 \cdot \frac{f\lambda}{a} \quad (11.81)$$

mit a als Durchmesser des ausgeleuchteten Teils der Linse [A2]. Der Zahlenfaktor $1{,}22 \approx 3{,}83/\pi$ ist eine Konsequenz aus der Lage der ersten Nullstelle der Besselfunktion erster Gattung erster Ordnung J_1 bei 3, 83, die in der mathematischen Beschreibung des Beugungsscheibchens vorkommt. Infolge der Beugung wird jeder Objektpunkt bei der Abbildung in ein Beugungsscheibchen verschmiert. Dieses Phänomen hat nichts mit den üblichen Abbildungsfehlern zu tun und kommt zu diesen hinzu.

(In Kap. 2 werden die ABCD-Matrizen für Gaußsche Strahlwellen bzw. Strahlenbündel behandelt.)

„GRIN rod"-Linsen

Das Prinzip von „GRIN rod"-Linsen („graded refractive index"-Stab-Linsen) [13, 14] erinnert an Glasfasern mit über dem Radius graduell veränderter Brechzahl. Durch ein spezielles Herstellungsverfahren mit räumlich variierter Dotierung wird erreicht, daß sich die Brechzahl $n(r)$ über der Radialkoordinate r des Stabes (übliche Durchmesser $2 \cdot r_{\max}$ um 2 mm, typische Längen von einigen mm) kontinuierlich ändert – mit einem Maximum auf der optischen Achse. Das Licht tritt in Richtung der optischen Achse in den Stab ein. Durch die radiale graduelle Brechzahlvaria-

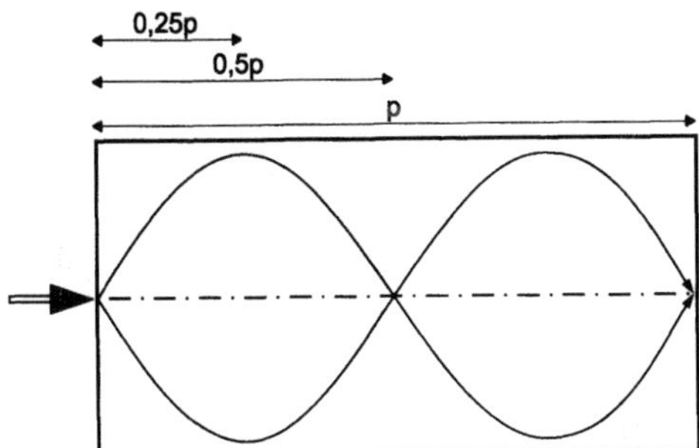

Abb. 11.20. Strahlenweg in einer „GRIN rod“-Linse

tion findet eine kontinuierliche Strahlumlenkung auf dem Weg der Lichtstrahlen durch den Stab statt. In Abb. 11.20 ist die Situation skizziert. Projiziert auf eine Ebene, die die optische Achse enthält, verlaufen die Lichtstrahlen in der „GRIN rod“-Linse sinusförmig, wenn die radiale Brechzahlverteilung

$$n(r) = n_a\left(1 - \frac{A_p}{2} r^2\right) \qquad (11.82)$$

parabolisch ist; n_a ist die maximale Brechzahl auf der optischen Achse, A_p ist eine Konstante (Dimension $[A_p] = m^{-2}$), die die Stärke des quadratischen Gradienten beschreibt. Die Ausbreitungslänge, bei der eine Sinusperiode vollständig ist, wird „pitch“ p genannt mit:

$$p = \frac{2\pi}{\sqrt{A_p}}. \qquad (11.83)$$

Hat eine Linse eine Länge, die gleich $p/2$ ist, findet eine Abbildung von der vorderen auf die hintere Facette statt. Bei $p/4$ wird z.B. ein eintretendes paralleles Strahlenbündel auf die hintere Facette fokussiert. „GRIN rod“-Linsen sind daher für mikrooptische Aufbauten sehr gut geeignet. Mit r_{max} als Radius des runden Linsenstabes gilt für den maximalen Akzeptanz(halb)winkel $\delta_{max}/2$ der Linse:

$$\sin(\delta_{max}/2) = n_a \sqrt{A_p} \cdot r_{max}. \qquad (11.84)$$

Fresnel-Linsen, Fresnelsche Zonenplatten und holographisch-optische Elemente

Fresnel-Linsen sind abbildende Elemente, die auf der Brechung des Lichts basieren, Fresnelsche Zonenplatten (ebenso wie holographisch-optische Elemente) solche, deren Funktion auf Beugung gründet. Sie werden hier gemeinsam in einem Abschnitt behandelt, gerade um mit üblichen Verwechslungen aufzuräumen und da sie sicher gemeinsam zu den spezielleren optischen Elementen gehören.

Bei den Fresnel-Linsen wird – bei Vernachlässigung der Problematik von Aberrationen – vor allem ausgenutzt, daß für die Funktion einer Linse die Winkel der optischen Grenzfläche zu den Strahlen die wesentliche Rolle spielen. Bei Fresnel-Linsen werden deshalb – vom Prinzip her – nur die Randbereiche der Linse aus dem vollen Linsenkörper „herausgeschnitten“ und aneinandergesetzt. Dies ist in Abb. 11.21 skizziert. Fresnel-Linsen sind dann geeignet, wenn Linsen mit kleiner Brennweite f (großer Brechkraft $1/f$) benötigt werden, die aber gleichzeitig dünn oder leicht sein müssen, oder wenn eine qualitativ hochwertige Herstellung aufgrund der Materialmenge und Linsendicke kostengünstig kaum möglich ist bzw. thermische Probleme auftreten können.

Zur Erklärung von Fresnelschen Zonenplatten soll anhand von Abb. 11.22 nach [A4, 4] zunächst ein Gedankenexperiment vorgenommen werden. Von einer Lichtquelle Q werde eine Kugelwelle abgestrahlt. Für die Frage, welche Feldstärke bzw. Intensität

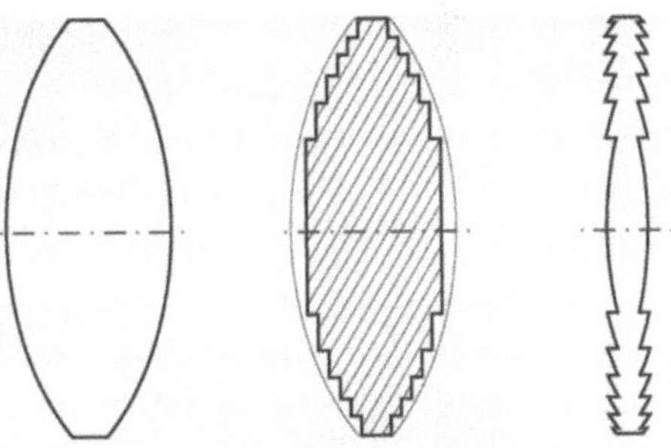

Abb. 11.21. Prinzip der Fresnel-Linsen

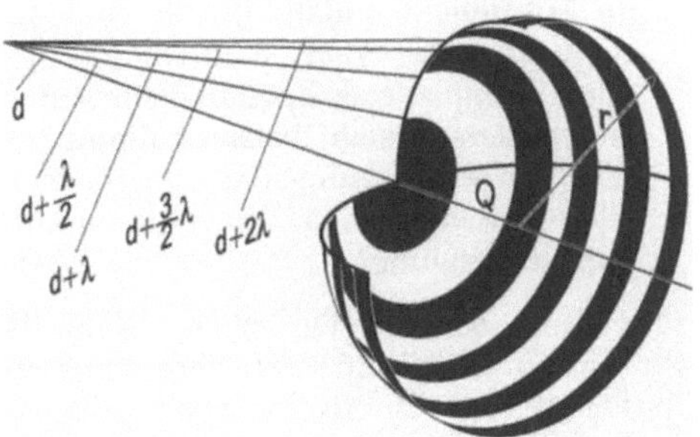

Abb. 11.22. Skizze zur Erläuterung Fresnelscher Zonenplatten nach [4]

sich in einem Beobachtungspunkt (links oben im Bild auf der optischen Achse) ergibt, kann die Kugeloberfläche gedanklich in Zonen (im Bild hell und dunkel gekennzeichnet), eben sogenannte Fresnelsche Zonen, unterteilt werden. Zwei benachbarte Zonen zeichnen sich dadurch aus, daß man zu jedem Strahl von der einen einen korrespondierenden Strahl von der anderen Zone finden kann, der auf dem Weg zu dem Beobachtungspunkt eine optische Weglänge zurücklegt, die sich von der des Strahls in der einen Zone betragsmäßig um $\lambda/2$ unterscheidet. Benachbarte Zonen löschen sich also aufgrund destruktiver Interferenz im Beobachtungspunkt aus. Könnte man jede zweite Zone auf der Kugelfläche durch eine geeignete Blende abdecken, würden nur Wellen mit konstruktiver Überlagerung auftreten. Im Beobachtungspunkt ergäbe sich ein heller Punkt, ein Fokuspunkt. Die Anordnung mit den Blenden würde ein beugendes abbildendes optisches Element darstellen. Es handelt sich um Fresnel- oder Nahfeld-Beugung. In der Praxis nimmt man zwei Änderungen vor:

- Die Überlegungen gelten analog für eine *ebene* Welle. Die Blendenanordnung auf einer ebenen Fläche, die dann die Bezeichnung Fresnelsche Zonenplatte zuläßt, ist einfacher zu realisieren. Es ergibt sich qualitativ das gleiche Zonenmuster.
- Die Herstellung einer Zonenplatte durch Schwärzung jeder zweiten Zone ist ungünstig, weil damit ein starker inhärenter Lichtverlust in Kauf genommen wird. Durch Realisierung eines Oberflächenreliefs, das den Strahlen jeder zweiten Zone einen zusätzlichen optischen Weg von $\lambda/2$ auferlegt, wird auch erreicht, daß die Strahlen im Beobachtungs- bzw. Fokuspunkt konstruktiv interferieren; gleichzeitig wird praktisch die gesamte Lichtleistung, die auf die Zonenplatte einfällt, für die Fokussierung verwendet. Wenn man eine Fresnelsche Zonenplatte als Spezialfall eines Beugungsgitters versteht, bedeutet dieses Vorgehen die Realisierung eines Oberflächenrelief-Phasengitters in Transmission (für Nahfeld-Beugung).

Fresnelsche Zonenplatten haben – wenn das Zonenprofil (Amplitude oder Phase) nicht sinusförmig ist – im allgemeinen in Ausbreitungsrichtung mehrere Fokuspunkte auf einer Linie [A6], da die Wegdifferenzbedingungen für konstruktive Interferenz wiederkehren; man spricht in diesem Fall von den Ordnungen m der Fokussierung oder Abbildung. Für ein axialsymmetrisches System sind die Zonenringe konzentrisch. Und bei rechteckigem Zonenprofil und senkrechtem Einfall einer ebenen Welle liegen die Fokuspunkte auf der optischen Achse im Abstand

$$z_\mathrm{m} = \frac{r_1^2}{m\lambda} \tag{11.85}$$

von der Zonenplatte mit r_1 als Radius der mittleren (ersten) Zone. Im Fall divergent von einem Punkt im Abstand g vor der Zonenplatte einfallenden Lichts ergibt sich eine Abbildungsgleichung:

$$\frac{1}{g} + \frac{1}{b_\mathrm{m}} = m\frac{\lambda}{r_1^2} \tag{11.86}$$

mit

$$f_\mathrm{m} \equiv z_\mathrm{m} = \frac{r_1^2}{m\lambda} \tag{11.87}$$

als Brennweiten und b_m als Bildweiten. Für ein sinusförmiges Profil existiert nur *ein* Fokuspunkt mit:

$$f = \frac{r_1^2}{\lambda}\,. \tag{11.88}$$

Der mittlere (erste) Ring kann hell oder dunkel (im Oberflächenrelief erhaben oder nicht) sein, ohne daß an der Funktion der Fresnelschen Zonenplatte etwas geändert wird (Babinetsches Prinzip). Mit r_1 erneut als Radius der ersten Zone, ergeben sich die Außenradien aller Zonen l aus:

$$r_l = \sqrt{l}\cdot r_1\,, \tag{11.89}$$

wobei

$$l = 1, 2, 3, \ldots\,. \tag{11.90}$$

Felder Fresnelscher Zonenplatten können in „sandwich"-Strukturen zur Fokussierung der Emission von Feldern oberflächenemittierender Laserdioden eingesetzt werden [15]. Durch verzerrte Fresnelsche Zonenplatten kann auch eine Fokussierung auf Punkte außerhalb der optischen Achse herbeigeführt werden. Durch Überlagerung verschiedener (ggf. verzerrter) Fresnelscher Zonenplatten kann ein holographisches optisches Element mit mehreren verteilten Fokuspunkten realisiert werden [16]. Durch die Überlagerung der Zonenplatten werden allerdings die Schärfe der Fokussierung und die Beugungswirkungsgrade reduziert.

Für integriert-optische oder mikrooptische Situationen ist nicht mehr eindeutig zwischen Fresnel-Linsen und Fresnelschen Zonenplatten zu unterscheiden. Dies kann man, aus zwei gedanklichen Richtungen kommend, verstehen:

- Je kleiner eine Fresnel-Linse wird, desto wichtiger wird die beugende Wirkung der kleinen Oberflächenelemente.
- In den obigen Erläuterungen wird implizit meistens von binären Zonenplatten, d.h. Zonenplatten mit zwei möglichen Amplituden- oder Phasenwerten, ausgegangen. Um die Beugungswirkungsgrade zu optimieren, können auch Zonenplatten mit mehr als zwei Werten (4, 8, 16, ...) eingesetzt werden, die dann natürlich schwieriger herzustellen sind [16–18]. Durch die verschiedenen digitalen Werte wird gewissermaßen ein kontinuierliches Profil angenähert, was an eine Fresnel-Linse erinnert. Das fundamentale Funktionsprinzip von Fresnelschen Zonenplatten beruht aber auf Beugung und nicht auf Brechung.

11.4 Prismen und Beugungsgitter als dispersive optische Elemente

Prismen

In Abb. 11.23 ist der Strahlenverlauf in einem symmetrischen Prisma skizziert. Die Gesamtwinkelablenkung Γ [A2] ergibt sich aus:

$$\Gamma = -\Phi + \alpha_{1V} + \arcsin \ldots$$
$$\ldots [\sin\Phi \sqrt{n^2 - \sin^2\alpha_{1V}} - \cos\Phi \sin\alpha_{1V}]. \tag{11.91}$$

mit n als Brechzahl des Prismenmaterials in Luft. Ein Minimum der Ablenkung ergibt sich für den Fall, daß für die Winkel $\alpha_{1v} = \alpha_{2h}$ und $\alpha_{2v} = \alpha_{1h}$ gilt („v“ = „vordere Grenzfläche (Einfall der Welle von links“), „h“ = „hintere Grenzfläche“, „1“ = „auf dem Strahlweg links der Grenzfläche“, „2“ = „rechts der Grenzfläche“). In diesem Fall durchläuft der Strahl das Prisma symmetrisch und senkrecht zu der Winkelhalbierenden des Winkels Φ an der „brechenden“ Spitze.

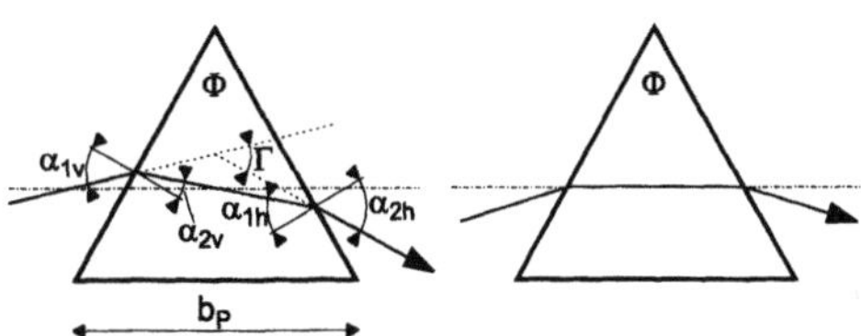

Abb. 11.23. Strahlenverlauf in einem Prisma

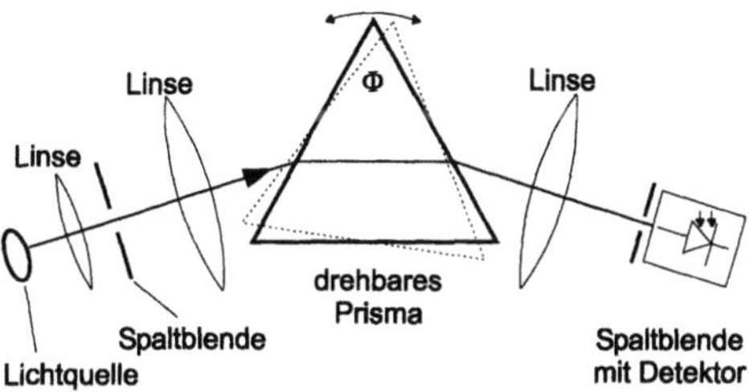

Abb. 11.24. Prinzipieller optischer Aufbau eines Prismenspektralapparats. Die Basislinie des Prismas habe die Länge b_p

Prismen werden als dispersive Elemente in Prismenspektralapparaten eingesetzt. Eine übliche Anordnung zeigt die Abb. 11.24. Aus dem Eintrittsspalt entspringt ein divergentes Strahlenbündel, das durch eine Linse kollimiert wird, bevor es auf das Prisma trifft. Nach der spektralen und räumlichen Auffächerung wird das parallele Strahlenbündel auf einen Austrittsspalt mit dahinter liegender Photodiode fokussiert. Eine Drehung des Prismas schwenkt das Spektrum über den Austrittsspalt bzw. über den Detektor. Das spektrale Auflösungsvermögen des Prismas wird durch

$$\frac{\lambda}{\Delta\lambda} = b_p \frac{dn}{d\lambda} \tag{11.92}$$

mit b_p als Basislänge des Prismas und $\Delta\lambda$ als kleinste noch auflösbare Wellenlängendifferenz (z.B. unter Verwendung des Rayleigh-Kriteriums: 1. Minimum des Beugungsscheibchens der einen Wellenlänge liegt auf dem Hauptmaximum des Beugungsscheibchens der anderen Wellenlänge) beschrieben. Typische spektrale Auflösungen von Prismen liegen bei 1000–10000. Bei ganzen Prismenspektralapparaturen bestimmen auch andere Parameter die Auflösung, z.B. die Eintritts- und Austrittsspaltbreiten.

Neben der Verwendung in Spektralapparaten werden Prismen sehr unterschiedlicher Formen bzw. Anordnungen für ganz verschiedene Zwecke eingesetzt. In Abb. 11.25 ist ein Prisma links für eine Strahlumlenkung durch Totalreflexion an der Basisfläche und rechts zur (eindimensionalen) Bildumkehr durch

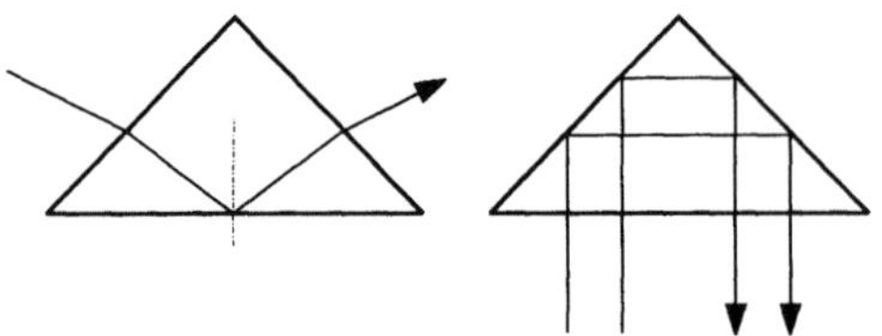

Abb. 11.25. Zwei mögliche Prismenanwendungen

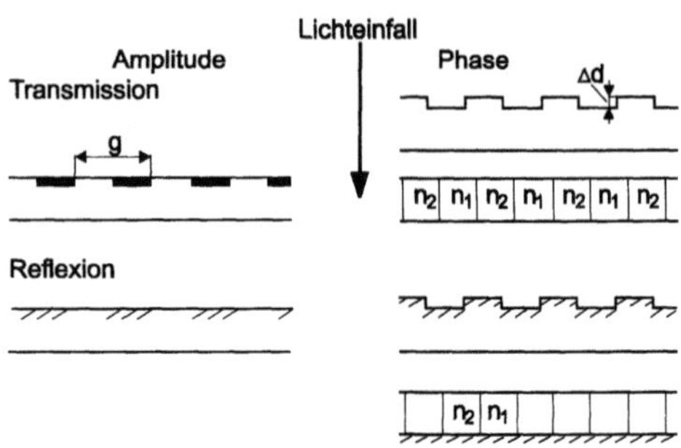

Abb. 11.26. Gitterklassifizierungen

zweifache Strahlumlenkung via Totalreflexion an den beiden Seitenflächen zu sehen. Mit zwei solchen Bildumkehrprismen, die um 90° gegeneinander gedreht sind, kann ein Bild vollständig, d.h. in beiden Querschnittsdimensionen, umgekehrt werden. Solche Doppelprismenanordnungen werden z.B. in Feldstechern eingesetzt; hierdurch ist gleichzeitig eine Faltung des Lichtweges gegeben, die eine kompakte Bauweise des optischen Instruments zuläßt.

Beugungsgitter

Prinzip

Im einfachsten Fall sind Beugungsgitter periodische Anordnungen von parallelen Linien (Linienpaaren), wobei die Periode, Gitterkonstante g genannt, in der Größenordnung der Wellenlänge liegt, so daß an der periodischen Struktur charakteristische Beugungserscheinungen auftreten. Üblicherweise, aber nicht notwendigerweise werden Beugungsgitter für eine Beugung in das Fernfeld (Fraunhofer-Beugung) eingesetzt. Bei Beugungsgittern mit geeignet gekrümmten Gitterlinien kann neben der Beugung gleichzeitig z.B. eine Bündelung des Lichts erfolgen. Auch Fresnelsche Zonenplatten, die allerdings unter die Rubrik Nahfeld- bzw. Fresnel-Beugung fallen, können in diesem Sinne als spezielle Beugungsgitter aufgefaßt werden. Und Hologramme können als komplizierte Beugungsgitter mit lokal veränderlicher Gitterkonstante und Linienausrichtung gesehen werden, gewissermaßen als Überlagerung von vielen Beugungsgittern mit parallelen Linien oder/und von vielen Fresnelschen Zonenplatten.

Beugungsgitter werden häufig zur spektralen Zerlegung des einfallenden Lichts aufgrund der Wellenlängenabhängigkeit der Beugungsrichtung verwendet. – Wenn ganze Beugungsordnungen aufgefangen werden, können sie aber auch als spezielle Strahlteiler eingesetzt werden.

Nach der Funktionsweise kann – wie in Abb. 11.26 skizziert – klassifiziert werden. Bei einem Amplitudengitter werden bestimmte räumliche Anteile der einfallenden elektromagnetischen Welle ausgeblendet (z.B. durch periodische Schwärzung oder lokale periodische Bedampfung mit einem Metall). Die übrigen Anteile der Welle interferieren in typischer Weise. Der Nachteil von Amplitudengittern beruht in dem inhärenten Lichtverlust durch die Ausblendung von Wellenteilen. Bei einem Phasengitter wird im Prinzip die ganze einfallende Lichtleistung genutzt. Unterschiede zwischen Wellenteilen werden durch zusätzliche Phasendrehungen von 180° (bei binären Gittern) herbeigeführt. Letztere werden üblicherweise entweder durch eine periodische Variation der Brechzahl im Substratmaterial oder durch eine periodische Dickenvariation des Substrats (Oberflächenrelief) realisiert. Des Weiteren werden Transmissions- oder Reflexionsgitter nach der Art des Lichtaustritts unterschieden. Reflexionsphasengitter, die bei weitem gebräuchlichsten kommerziell erhältlichen Gitter, verwenden ein metallisch beschichtetes Oberflächenrelief. Prinzipiell stünde aber auch dem Ansatz nichts entgegen, ein Substrat mit periodischer Brechzahlvariation zu verwenden, das auf seiner Rückseite verspiegelt ist. Wichtig ist, daß auf Hin- und Rückweg der Welle die zusätzliche Phasendrehung zwischen benachbarten Bereichen 180° (bei binären Gittern) beträgt.

Die Gleichung, die die Beugung am Gitter makroskopisch beschreibt, enthält den Einfallswinkel α_1 (Winkel zum Lot auf die Gitteroberfläche), den Beugungswinkel α_2, die Beugungsordnung m mit $m = 0, \pm 1, \pm 2, \ldots$, die Vakuum-Wellenlänge λ und die Gitterkonstante (Gitterperiode) g:

$$\sin \alpha_1 \pm \sin \alpha_2 = m \frac{\lambda}{g} . \qquad (11.93)$$

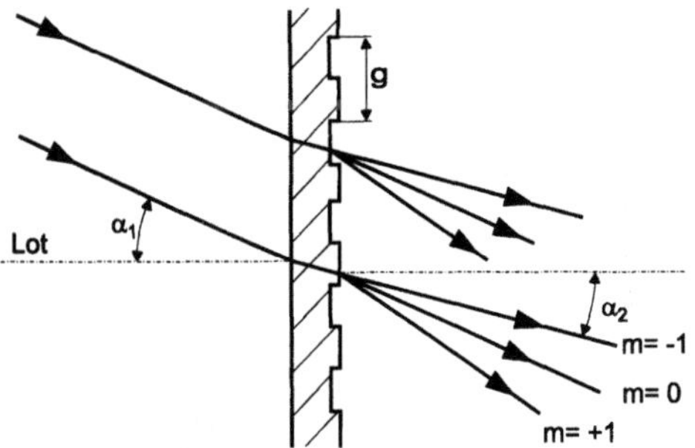

Abb. 11.27. Skizze zur Beugung am Gitter

Diese Gleichung gilt für Transmissions- und Reflexionsgitter. Das Pluszeichen ist zu nehmen, wenn einfallender und gebeugter Strahl auf derselben Seite des Lots auf das Gitter liegen, das Minuszeichen im anderen Fall [19]. Die Verhältnisse sind in Abb. 11.27 skizziert. Unter der Beugungsordnung werden alle Strahlen - auch und gerade unterschiedlicher Wellenlänge - verstanden, für die die Gleichung mit demselben m erfüllt wird. Gerade bei höheren m können sich Beugungsordnungen für Strahlen stark unterschiedlicher Wellenlänge überlappen. Der Gleichung ist auch zu entnehmen, daß längerwelliges Licht stärker, d.h. unter einem größeren Winkel gebrochen wird als kürzerwelliges. Dieser Sachverhalt stellt einen Gegensatz zu den Verhältnissen bei der Brechung (z.B. am Prisma) im Fall der normalen Dispersion dar.

Auflösungsvermögen und Beugungswirkungsgrad

Die spektrale Auflösung eines Beugungsgitters ist über die Gleichung:

$$\frac{\lambda}{\Delta\lambda} = mN \tag{11.94}$$

mit $\Delta\lambda$ als kleinster noch auflösbarer Wellenlängendifferenz (z.B. unter Verwendung des Rayleigh-Kriteriums: 1. Minimum des Beugungsscheibchens der einen Wellenlänge liegt auf dem Hauptmaximum des Beugungsscheibchens der anderen Wellenlänge), N als Anzahl der *beleuchteten* Gitterperioden und m wieder als Nummer der Beugungsordnung. Gitter haben in üblichen Anordnungen unter Verwendung der 1. Beugungsordnung typische Auflösungen um 100 000. Mit Gittern können daher deutlich höhere spektrale Auflösungen erzielt werden als mit Prismen. Je höher die verwendete Gitterordnung und je breiter das Gitter ausgeleuchtet wird, desto besser ist die Auflösung. Der Verwendung sehr großer m stehen aber mindestens zwei Argumente entgegen:

- Bei relativ senkrechtem Einfall auf das Gitter kann es sein, daß nur wenige Beugungsordnungen auftreten, da die Gittergleichung (11.93) für höhere Ordnungen u.U. nicht mehr erfüllt werden kann.
- Die gebeugte Leistung ist nicht gleich auf die vorhandenen Beugungsordnungen verteilt. Kleinere Beugungsordnungen enthalten üblicherweise einen viel größeren Anteil der gebeugten Leistung, besitzen einen größeren Gitter-Beugungswirkungsgrad η_G [20, 21].

In Abhängigkeit des Einfallswinkels α_1 ergibt sich der Beugungswirkungsgrad für jeden Beugungswinkel α_2 (nicht über die Winkel bzw. Wellenlängen innerhalb einer Ordnung integriert!) unter Vernachlässigung des Facettenprofils [22] aus:

$$\begin{aligned}\eta_{Go} &= \eta_{Go}(\alpha_1, \alpha_2)\\ &= \frac{\sin^2[(\sin\alpha_1 \pm \sin\alpha_2)Ng\pi/\lambda]}{N^2\sin^2[(\sin\alpha_1 \pm \sin\alpha_2)g\pi/\lambda]}\,.\end{aligned} \tag{11.95}$$

Der Beugungswirkungsgrad hängt aber auch von der Art der periodischen Struktur bzw. dem Facettenprofil ab. So kann bei einem Amplitudengitter die Schwärzung z.B. sinus- oder rechteckförmig vom Ort abhängen. Oder das Oberflächenrelief beim Reflexionsgitter ist z.B. sinus- oder rechteckförmig in seiner Dicke über dem Ort moduliert. D.h. in der Ebene des Gitters muß die Amplituden- oder Phasenfunktion der einzelnen beugenden Öffnung/Grube berücksichtigt werden; der Beugungswirkungsgrad muß daher mit dem Quadrat der Fourier-Transformierten dieser Funktion der einzelnen Grube multipliziert werden. Im Fall eines Rechteck-Amplitudenreflexionsgitters mit dem Tastverhältnis s/g z.B. (s = Breite der reflektierenden Bereiche) folgt für die Winkelabhängigkeit des Beugungswirkungsgrads:

$$\begin{aligned}\eta_G &= \eta_{Go}\cdot\eta_{Gs}\\ &= \eta_{Go}\cdot\frac{\sin^2[(\sin\alpha_1 \pm \sin\alpha_2)\pi s/\lambda]}{[(\sin\alpha_1 \pm \sin\alpha_2)\pi s/\lambda]^2}\end{aligned} \tag{11.96}$$

mit n_{Go} aus Gl. (11.95) und n_{Gs} als Einfluß der Beugung an jeder Einzelfacette. Abbildung

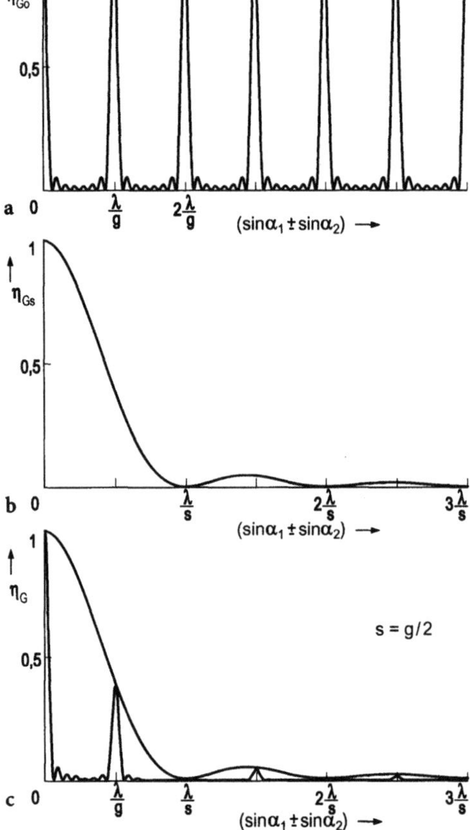

Abb. 11.28. **a** Beugungswirkungsgrade der periodischen Gitterstruktur ohne Berücksichtigung des Facettenprofils, **b** der Beugung an jeder einzelnen Facette, **c** der Gesamtstruktur für den Fall $N = 8$ und $s/g = 1/2$

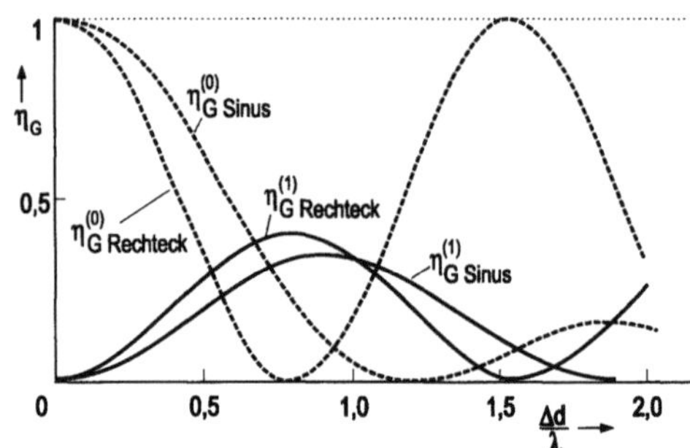

Abb. 11.29. Beugungswirkungsgrade η_G für die 0. und 1. Ordnung von Sinus- und Rechteck-Phasentransmissionsgittern mit Oberflächenrelief bei senkrechtem Einfall nach [4]. Die Brechzahl n des Gittermaterials beträgt 1,65. Die Größe Δd ist der maximale Dickenhub im Oberflächenrelief, λ die Vakuum-Wellenlänge

11.28 gibt die normierten Fernfeld-Beugungsfunktionen entsprechend den Gln. (11.95) und (11.96) für den Fall $N = 8$ und $s/g = 1/2$ wieder (N wird hier zur Verdeutlichung des Prinzips als ungewöhnlich klein angenommen).

Bei senkrechtem Einfall, was das Auftreten der positiven und der negativen Beugungsordnungen impliziert, beträgt der maximale Beugungswirkungsgrad eines Sinus-Phasentransmissionsgitters etwa 33% in jeder der 1. Ordnungen, der eines entsprechenden Rechteckgitters etwa 41%. Dieser Sachverhalt wird in Abb. 11.29 nach [4] dargestellt. Werden Einfallswinkel und Gitterkonstante so (extrem) gewählt, daß nur einige wenige Beugungsordnungen existieren (etwa auf der einen Seite der „0. Ordnung“, i.e. des ungebeugten Strahls), kann sehr viel Leistung in diese Ordnungen gelenkt werden. Eine genaue Berechnung der Beugungswirkungsgrade kann nur über die Beugungstheorie erfolgen. In erster Näherung kann festgestellt werden:

- Höhere Beugungsordnungen tragen kaum Leistung.
- Wird eine Ordnung durch die spezielle Anordnung unterdrückt, verteilt sich ihre potentielle Leistung auf die verbliebenen Ordnungen – etwa im Verhältnis der üblichen Beugungswirkungsgrade. (Beispiel: Werden beim Rechteckphasengitter die (−1). und höhere Ordnungen unterdrückt, kann für die (+1). Ordnung ein Beugungswirkungsgrad von ca. 80% erreicht werden.)

„Geblazte“ Gitter

„Geblazte“ Gitter (häufig Phasenreflexionsgitter) stellen einen Spezialfall von Gittern mit besonders geformter periodischer Oberflächenstruktur dar. Es handelt sich um asymmetrische Dreiecke als kleinste Einheiten der periodischen Struktur [19, 22], wie in Abb. 11.30 skizziert. Im Gegensatz zum Sinus- oder Rechteckgitter erfüllt hier die Furchenform einen weiteren Zweck: Für eine bestimmte Beugungsordnung (in der Abbildung die + 1.) wird die Reflexion an jeder Einzelperiode genutzt, um den Beugungswirkungsgrad zu erhöhen [4, 22]. D.h. die Furchenform und der sogenannte „blaze“-Winkel γ_B (im Fall senkrechten Einfalls auf das Reflexions-

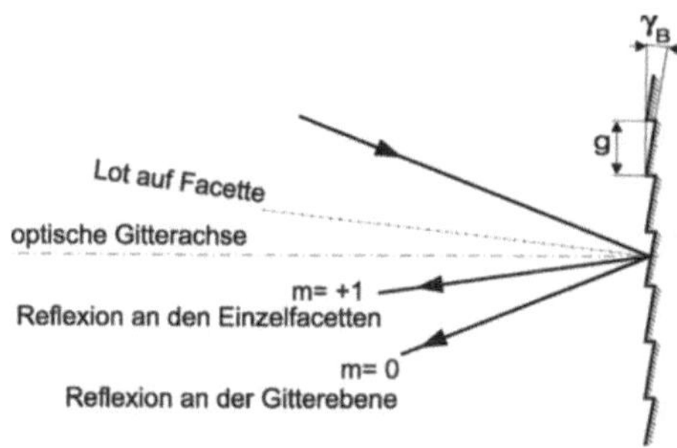

Abb. 11.30. Veranschaulichung des Prinzips eines „blazed grating" nach [4]

gitter: $\alpha_1 = \alpha_r = \gamma_B$ mit den Winkeln an der Einzelfacette) werden so gewählt, daß die Reflexionsrichtung an der Einzelfacette mit der Richtung der bevorzugten Beugungsordnung zusammenfällt. Der Winkelverteilung der Beugungsordnungen ist also ein scharfes Reflexionsmaximum überlagert. Andere Beugungsordnungen werden stark unterdrückt. Beugungswirkungsgrade in der gewünschten Ordnung über 80% sind zu erzielen. „Geblazte" Gitter sind allerdings immer nur für eine bestimmte Beugungsordnung m_B und Wellenlänge λ_B optimiert. Das bedeutet u.a., daß durch die Wahl des „blaze"-Winkels γ_B innerhalb einer Beugungsordnung sogar noch auf eine bestimmte Wellenlänge, die dann „blaze"-Wellenlänge λ_B genannt wird, optimiert werden kann. Die Effizienz der Beugung für die Wellenlänge λ in jeder Ordnung $m \neq m_B$ ist bei „geblazten" Gittern für senkrechten Einfall durch

$$\eta_G^{(m \neq m_B)}(\lambda) = \operatorname{sinc}^2\left[\frac{\pi s}{g}\left(m - m_B \frac{\lambda_B}{\lambda}\right)\right] \tag{11.97}$$

mit s als projizierter Furchenbreite und m_B als Ordnung, für die optimiert wurde, gegeben. Für die m_B-te Beugungsordnung gilt bei senkrechtem Einfall:

$$\eta_G^{(m_B)}(\lambda) = 1 - \sum_{m \neq m_B} \operatorname{sinc}^2\left[\frac{s\pi}{g}\left(m - m_B \frac{\lambda_B}{\lambda}\right)\right]. \tag{11.98}$$

Für $\lambda = \lambda_B$ und $s = g$ könnte die Beugungseffizienz für m_B 100% betragen. Die Bedingung $s = g$ ist aber praktisch nicht einzuhalten.

Die Formel für die Winkelabhängigkeit des Beugungswirkungsgrads ergibt sich mit s erneut als projizierter Furchenbreite zu:

$$\eta_G = \eta_{Go} \cdot \frac{\sin^2[(\sin\hat{\alpha}_1 \pm \sin\hat{\alpha}_2)\pi s/\lambda]}{[(\sin\hat{\alpha}_1 \pm \sin\hat{\alpha}_2)\pi s/\lambda]^2} \tag{11.99}$$

mit

$$\hat{\alpha}_1 = \alpha_1 - \gamma_B\,, \tag{11.100}$$

$$\hat{\alpha}_2 = \alpha_2 - \gamma_B\,. \tag{11.101}$$

Nachdem „geblazte" Gitter („blazed gratings") jahrelang nur kundenspezifisch hergestellt wurden, findet sich mittlerweile im Repertoir von Optik-Anbietern auch ein gewisser Satz an Standard-Gittern (für Standardanordnungen) mit „blaze".

Herstellung

Frühere Beugungsgitter wurden durch Ritzen von Furchen in ein Glas oder Metall mittels einer symmetrischen Diamantspitze hergestellt (Rowland-Gitter). „Geblazte" Gitter können durch Verwendung eines speziellen Diamant-Kristallschnitts und asymmetrisches Ansetzen des Diamants realisiert werden. – Mittlerweile werden Gitter häufig durch eine Abdrucktechnik produziert. In eine Zylinderoberfläche wird ein sehr feines Gewinde geschnitten. Es folgt eine Kunststoffbeschichtung des Zylinders, eine Härtung des Kunststoffs und ein Abwickeln der Gitterfolie mit dem Abdruck des Gewindes. Die Kunststoffschicht wird dann auf ein Substrat aufgebracht und durch eine zusätzliche Beschichtung verspiegelt. – Immer häufiger werden Gitter aber auch holographisch hergestellt. Im einfachsten Fall bedeutet dies, daß die Belichtung einer lichtempfindlichen Schicht (holographische Photoschicht oder Photolackschicht) durch ein Interferenzstreifenmuster erfolgt, das durch zwei ebene Wellen erzeugt wird, die unter einem bestimmten Winkel zueinander und zum Gittersubstrat auf die Schicht einfallen. Holographische Photoschichten lassen Auflösungen in der Belichtung von über 5000 Linienpaaren/mm zu. Durch Verwendung der holographischen Technik können auch kompliziertere Gitter – z. B. mit gleichzeitig fokussierender Wirkung – realisiert werden. In diesem Beispiel wäre dazu eine konvergente Welle mit einer ebenen Welle am Ort der holographischen Schicht zur Interferenz zu bringen. Die Beleuchtung der belichteten und entwickelten Schicht, d. h. die Beleuchtung des fertigen „Gitters", mit einer ebenen Welle entspricht in diesem Sinne der

Rekonstruktion des Hologramms; die hinter dem Hologramm fokussierte Welle entspricht der rekonstruierten Objektwelle.

Gitterspektrometer

Beugungsgitter werden häufig in Gitterspektrometern bzw. Gittermonochromatoren eingesetzt. Einen sehr verbreiteten optischen Spektrometeraufbau stellt die Czerny-Turner-Anordnung dar, die in Abb. 11.31 im Spezialfall eines Spektrometers mit Photodiodenzeile skizziert ist. Am Eingang des Spektrometers befindet sich ein Spalt. Das von ihm ausgehende divergente Lichtbündel trifft auf einen gekrümmten kollimierenden Spiegel. Von dort wird das parallele Strahlenbündel auf das spektral zerlegende und reflektierende Beugungsgitter gelenkt. Das reflektierte, spektral und räumlich aufgefächerte parallele Strahlenbündel gelangt auf einen weiteren gekrümmten Spiegel, der das Licht fokussiert. In älteren Spektralapparaten findet sich in der Fokalebene ein Spalt, hinter dem eine Photodiode angeordnet ist. Durch Drehung des Beugungsgitters kann das Spektrum über den Spalt und damit über den Detektor geschwenkt werden. In neueren Geräten werden Photodiodenzeilen als Detektor eingesetzt. Das Gitter ist fest, und das gesamte Spektrum wird gleichzeitig von der Diodenzeile aufgenommen. Die spektrale Auflösung des ganzen Spektralapparats wird durch die Eingangsspaltbreite, die Gitterdispersion sowie die Ausleuchtung und Brennweite der gekrümmten Spiegel bestimmt; letztere ist beim Czerny-Turner-Aufbau etwa gleich der Spektrometerlänge. Daher werden in Katalogen häufig die Spektrometerlängen als grobes Maß für die potentiellen maximalen spektralen Auflösungen der Spektralapparate mitangegeben. Jeder „Fokuspunkt" einer bestimmten Wellenlänge in der Detektionsebene ergibt sich aus der Faltung des Beugungsscheibchens der Abbildung im Spektrometer mit der Eingangsspaltbreite. Eine Verringerung der Spaltbreite erhöht die spektrale Auflösung; andererseits wird dadurch das Signal-Rausch-Verhältnis schlechter, die Detektion unempfindlicher.

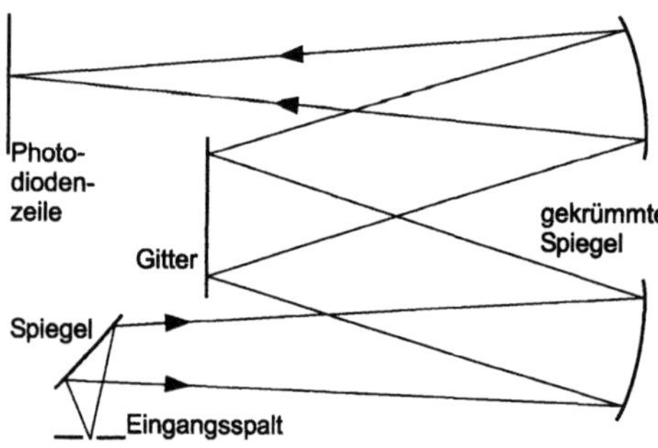

Abb. 11.31. Czerny-Turner-Spektrometer-Anordnung mit Photodiodenzeile

11.5 Polarisatoren und optische Isolatoren

Folien- und Kristallpolarisatoren, polarisierende Strahlteiler, $\lambda/2$-, $\lambda/4$-Platten, Kompensatoren

Sehr viele optische Elemente beeinflussen einfallende Lichtwellen je nach ihrem Polarisationszustand (und im Fall linear polarisierten Lichts je nach ihrer Polarisationsrichtung) – insbesondere bei nicht-senkrechtem Einfall auf die optische Grenzfläche – unterschiedlich; meistens ist dies ein unerwünschter, ggf. kleiner Nebeneffekt. Unter Polarisatoren sind alle optischen Elemente zu verstehen, die die Wellen je nach Polarisationszustand stark und erwünscht unterschiedlich beeinflussen [A2]. Insbesondere versteht man hierunter Elemente, die aus dem natürlichen (unpolarierten) Licht linear polarisiertes Licht einer Polarisationsrichtung wegfiltern und nur linear polarisierte Wellen der orthogonalen Polarisationsrichtung transmittieren. Dies ist möglich, weil prinzipiell jedes Lichtbündel als eine Überlagerung zweier linear polarisierter Wellen orthogonaler Polarisationsrichtung aufgefaßt werden kann.

Ein konzeptionell einfacher Polarisator besteht aus einer Folie mit einer Vorzugsrichtung im Sinne relativ guter elektrischer Leitfähigkeit, wobei die mikroskopischen leitenden parallelen Strukturen Abstände im Bereich der Lichtwellenlänge haben. Die Wellenanteile, deren starke elektrische Feldkomponente in der Vorzugsrichtung schwingt, werden gedämpft, während die anderen praktisch verlustlos transmittiert werden. Dieses Prinzip wird in einigen Polarisator-Folien verwendet; zum Beispiel können in einer Dimension ausgerichtete parallele leitende Polyvinyl-Polymerketten für diesen Zweck eingesetzt werden.

Kristallpolarisatoren basieren auf der Doppelbrechung bestimmter Materialien, z.B. des Kalkspats [A2]. Eine Möglichkeit besteht darin, daß die beiden orthogonal linear polarisierten Wellen im Kristall in unterschiedliche Richtungen gebrochen werden (der allgemeine Fall). Abbildung 11.32 veranschaulicht die Verhältnisse. Es handelt sich um Kristalle mit optisch anisotropem Verhalten. D.h. die Brechzahl des Materials ist in verschiedenen Raumrichtungen unterschiedlich und wird durch ein Brechzahlellipsoid beschrieben. Für eine Lichtwelle ist diejenige Brechzahl ausschlaggebend, die in der Richtung herrscht, in die die starke elektrische Feldkomponente der Lichtwelle zeigt. Infolge des Brechzahlellipsoids laufen Strahlen in unterschiedlichen Richtungen unterschiedlich schnell, so daß Elementarwellen im Querschnitt (Einfallsebene) selbst wieder ellipsenförmig sein können, wie in der Abb. 11.32 skizziert. Für parallel zur Einfallsebene polarisiertes Licht (Abb. 11.32b) trifft diese Bemerkung zu. Je nach der Strahlrichtung vom Ausgangspunkt der Elementarwelle gilt eine andere Brechzahl (außer in dem Fall, in dem die Hauptsymmetrieachse des Kristalls, die sogenannte optische Kristallachse (bei einachsigen Kristallen), senkrecht zu der Einfallsebene liegt). Für senkrecht zur Einfallsebene polarisiertes Licht (Abb. 11.32a) ist die Lage des Indexellipsoids gleichgültig, da die starke elektrische Feldstärkekomponente für alle Strahlen in ein und dieselbe Richtung weist. Im Fall der Welle mit Ellipse als Querschnittsfläche in der Einfallsebene spricht man von der außerordentlichen Welle, die andere heißt ordentlich.

Für die ordentliche Welle gilt das Brechungsgesetz, für die außerordentliche nicht. Im Fall der außerordentlichen Welle stehen die Wellenfronten nicht senkrecht auf der Ausbreitungsrichtung; der innenliegende Winkel $\tilde{\alpha}_{2,a}$ ist ungleich dem Brechungswinkel $\alpha_{2,a}$. Im Fall der ordentlichen Welle sind die entsprechenden Winkel $\tilde{\alpha}_{2,0}$ und $\alpha_{2,0}$ identisch. Wäre das Brechungsgesetz über die Winkel $\tilde{\alpha}_2$ formuliert worden, würde es für ordentliche und außerordentliche Wellen gelten. Der Innenwinkel $\tilde{\alpha}_{2,a}$ ist aber einer Messung nicht zugänglich.

In Kristallpolarisatoren wird eine der beiden resultierenden Polarisationsrichtungen durch einen geschickten Kristallschnitt weggebrochen, u.U. sogar in eine absorbierende Schicht hineingebrochen, oder durch Totalreflexion aus der Vorwärtsrichtung abgelenkt und stört daher den weiteren Strahlverlauf nicht mehr. Wenn die abgelenkte Teilwelle nicht absorbiert wird und stattdessen den Kristall wieder verläßt, kann das Bauelement auch als polarisierender Strahlteiler Verwendung finden. Die orthogonal zueinander linear polarisierten Teilwellen verlassen den Kristall in unterschiedlichen Richtungen. In die Klasse dieser Kristallpolarisatoren fallen z.B. das Glan-Luft-Prisma (oft aus Kalkspat mit einem Übergang zu Luft – s. Abb. 11.33) und das Glan-Taylor-Prisma. Letzteres geht aus dem Glan-Luft-Prisma hervor, wenn die beiden Hälften mit einem optisch transparenten Kleber verkittet werden, dessen Brechzahl n zwischen der Kristallbrechzahl des ordentlichen und der des außerordentlichen Strahls liegt;

Abb. 11.32 a, b. Doppelbrechung nach [A2, 4]

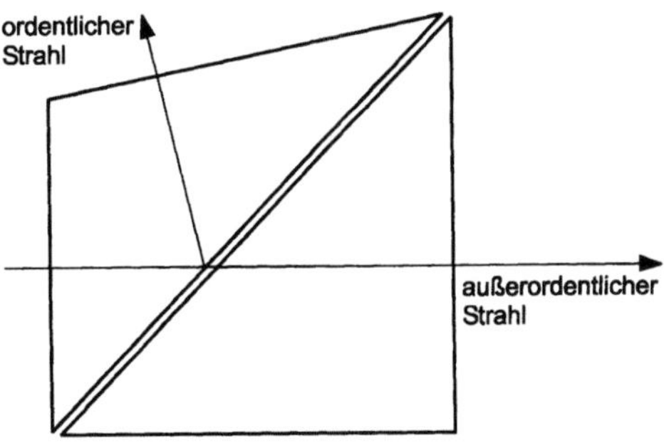

Abb. 11.33. Glan-Luft-Prisma

die optische Kristallachse ist Teil der Einfallsebene. Beim Glan-Thompson-Prisma gilt alles genauso – nur daß die optische Kristallachse senkrecht zur Einfallsebene und daher in der Ebene der Hypothenusenflächen der Teilprismen liegt.

$\lambda/2$- und $\lambda/4$-Platten sind Bauelemente, mit denen der Polarisationszustand einer Welle in besonderer Weise verändert werden kann. Die Funktionsweise einer $\lambda/2$-Platte ist in Abb. 11.34 veranschaulicht. Die Bezeichnung bezieht sich *nicht* etwa darauf, daß die Platte womöglich eine Dicke von $\lambda/2$ hätte. Eine solche Platte besteht aus doppelbrechendem Material. Eine einfallende linear polarisierte Welle wird in zwei orthogonal linear polarisierte, kollineare Wellen zerlegt, für die aufgrund der optischen Anisotropie unterschiedliche Brechzahlen gelten. Eine der beiden Teilwellen erfährt auf dem Weg durch die Platte gegenüber der anderen eine zusätzliche Phasendrehung von 180°, entsprechend einem Gangunterschied von $\lambda/2$ – daher die Bezeichnung. Das führt dazu, daß die resultierende Welle jenseits der $\lambda/2$-Platte, die sich durch Überlagerung der beiden Teilwellen ergibt, eine um 90° gegenüber der einfallenden Welle gedrehte Polarisationsrichtung aufweist. (Anders als in der Zeichnung dargestellt, passen viele 1000 Wellenlängen in die Platte hinein.) Bei einer $\lambda/4$-Platte beträgt der Unterschied in den Phasendrehungen der beiden Teilwellen nur 90°. Aus linear polarisiertem Licht wird daher elliptisch bzw. zirkular polarisiertes Licht oder umgekehrt. Kompensatoren sind Bauelemente, mit denen – im Gegensatz zu der Situation bei $\lambda/2$- oder $\lambda/4$-Platten – eine kontinuierliche Veränderung und Einstellung des Phasenunterschieds zwischen den beiden orthogonal linear polarisierten Teilwellen möglich ist. Dies wird meist durch zwei doppelbrechende und gegeneinander gedrehte Kristallkeile erreicht, die gegeneinander verschoben werden können. Ein häufig verwendeter Kompensator ist der Babinet-Soleil-Kompensator [A2].

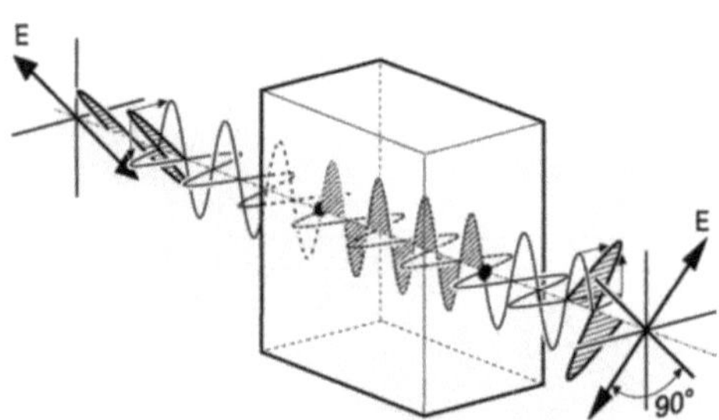

Abb. 11.34. Funktionsweise einer $\lambda/2$-Platte

Faraday-Rotation, optische Isolatoren, Zirkulatoren

Proben aus bestimmten magneto-optischen Materialien [23], wie $(GdBi)_3Fe_5O_{12}$, $Y_3Fe_5O_{12}$ (YIG) oder $(LuNdBi)_3(FeAl)_5O_{12}$, drehen (in Abhängigkeit von der Magnetfeldstärke, der Rotator-Kristallänge und der Wellenlänge) die Polarisationsrichtung linear polarisierten Lichts unter dem Einfluß eines magnetischen Felds in *nicht*-reziproker Weise (i. e. führen bei den Bauelementen zu nicht-symmetrischen Streumatrizen [z. B. 14]). D. h. bei Reflexion des so veränderten Lichts durch die Probe wird der Ausgangspolarisationszustand des Lichts im Allgemeinen *nicht* wiederhergestellt, sondern die Polarisationsrichtung wird um denselben Betrag weitergedreht. Dieses Phänomen wird – im Fall der linearen Anhängigkeit der Polarisationsdrehung von der magnetischen Feldstärke – Faraday-Effekt oder Faraday-Rotation genannt. Es wird zum Aufbau von optischen Isolatoren und optischen Zirkulatoren verwendet [24, 25].

Ein optischer Isolator wird z. B. in der optischen Kommunikationstechnik häufig eingesetzt, um Rückreflexionen von Grenzflächen auf der optischen Übertragungsstrecke in den Halbleiterlaser-Sender und daraus folgende Emissionsschwankungen (nach Wellenlänge, Leistung u. a.) zu vermeiden. Dazu sind Dämpfungen der Rückreflexion von mehr als 30 dB wünschenswert. Isolatoren werden durch ihre Einfügungsdämpfung L_{iso} und ihre Isolation I_{iso} charakterisiert. Mit der Streumatrix

$$\mathrm{S} = \begin{pmatrix} s_{11} & s_{12} \\ s_{21} & s_{22} \end{pmatrix} \tag{11.102}$$

gilt

$$L_{iso} = -\,10 \log \frac{P_{trans}}{P_{ein}} = 10 \log \frac{1 - |s_{11}|^2}{|s_{21}|^2}\,, \tag{11.103}$$

$$I_{iso} = 10 \log \frac{1}{|s_{12}|^2}\,. \tag{11.104}$$

Im Idealfall gilt:

$$L_{iso} = 0\,, \tag{11.105}$$

$$I_{iso} = \infty\,. \tag{11.106}$$

Ein Isolator besteht aus einem Faraday-Rotator, dessen Länge für eine Polarisationsdrehung von 45° bei einer bestimmten Wellenlänge gewählt wird, und je einem Polarisator/Analysator vor und hinter dem Rotator-Kristall. Die beiden Analysatoren sind um 45° in ihrer Durchlaßrichtung gegeneinander gedreht. Auf den 1. Polarisator einfallendes Licht (in der Praxis meistens schon linear polarisiert mit einer Polarisationsrichtung gleich der Durchlaßrichtung des Polarisators) verläßt den Polarisator linear polarisiert. Der Faraday-Rotator dreht die Polarisationsrichtung um 45°, so daß die Welle den 2. Polarisator und damit den Isolator in Vorwärtsrichtung mit geringer Dämpfung verlassen kann. Die Situation wird in Abb. 11.35 veranschaulicht. Reflektierte Strahlung dieser Polarisationsrichtung fällt durch den 2. Polarisator in den Isolator ein; ihre Polarisationsrichtung wird von dem Faraday-Rotator um 45° weitergedreht – steht also senkrecht zu der ursprünglichen Polarisationsrichtung des einfallenden Lichts. Diese Richtung wird von dem 1. Polarisator, der jetzt als gekreuzter Analysator wirkt, stark abgeschwächt, so daß Rückreflexionen etwa in demselben Maß gedämpft werden.

Die nahezu vollständige Unterdrückung von Licht, das in den Isolator von hinten unter 45° Polarisationsrichtung einfällt, ist für bidirektionale Übertragungsstrecken (ggf. mit zwei unterschiedlichen Wellenlängen für die beiden Übertragungsrichtungen) nicht wünschenswert; denn dieses Licht muß nicht unbedingt eine Rückreflexion sein, sondern kann das in der Gegenrichtung übertragende Signal darstellen, das extrahiert werden soll. Um dieses Signal nutzen zu können, werden sogenannte optische Zirkulatoren mit mehreren „Toren" eingesetzt. Bei optischen Zirkulatoren findet eine optische Isolation zwischen je zwei aufeinanderfolgenden Toren statt; man könnte auch sagen: die Numerierung der Tore wird so gewählt, daß ein Tor einer bestimmten Nummer P gegen das mit der Nummer $(P + 1)$ isoliert ist. Die Streumatrix für einen *idealen* optischen Zirkulator mit drei Toren würde z. B. folgendermaßen aussehen:

$$\mathbf{S}_{\mathbf{ideal}} = \begin{pmatrix} 0 & 0 & 1 \\ 1 & 0 & 0 \\ 0 & 1 & 0 \end{pmatrix}. \qquad (11.107)$$

Abbildung 11.36 zeigt eine mögliche Version eines optischen 4-Tor-Zirkulators nach [26]. Der Faraday-Rotator ist zwischen zwei um 45° gegeneinander um die Längsachse gedrehte Glan-Taylor-Prismen angeordnet. Diese Drehung führt dazu, daß auch die Polarisationsrichtungen ihrer außerordentlichen Strahlen um 45° gegeneinander gedreht sind. Die Prismen dienen u. a. zur Erzeugung zweier Wellen (ordentlich und außerordentlich) mit orthogonalen Polarisationsrichtungen. Wie innerhalb der Abb. 11.36 rechts unten zu sehen ist, geht der außerordentliche Strahl gerade durch, während der ordentliche um einen Winkel relativ zu seiner ursprünglichen Richtung abgelenkt wird. Bei dem gezeichneten Glan-Taylor-Prisma beträgt der Winkel etwa 110°. Die Prismen haben gleichzeitig Polarisatorfunktion und ermöglichen eine Trennung der hin- und der rücklaufenden Wellen. Wenn ein Strahl mit einer Polarisationsrichtung wie der des außerordentlichen Strahls des linken Prismas auf Tor 1 einfällt, passiert er ungehindert dieses Prisma. Der Faraday-Rotator dreht die Polarisationsrichtung dieses Strahls um 45°, so daß sie mit der Polarisationsrichtung des außerordentlichen Strahls des rechten Prismas übereinstimmt. Daher passiert dieser

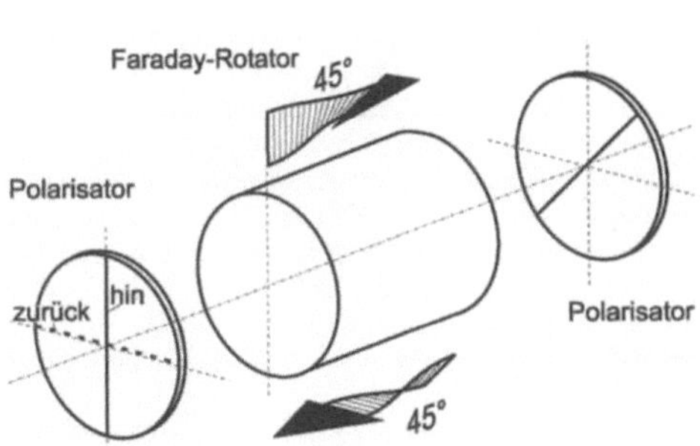

Abb. 11.35. Prinzip eines optischen Isolators

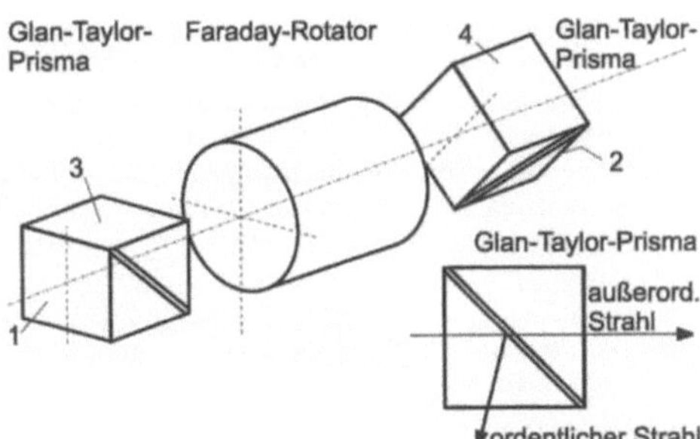

Abb. 11.36. Eine mögliche Version eines optischen Zirkulators nach [26]

Strahl auch das rechte Prisma und tritt aus Tor 2 aus. Ein Strahl, der bei Tor 2 als außerordentlicher Strahl des rechten Prismas eintritt, wird auf dem Weg durch den Rotator um 45° gedreht, so daß er ordentlicher Strahl im linken Prisma wird und bei Tor 3 austritt. Ein Strahl, der bei Tor 3 als ordentlicher Strahl eintritt, verläßt den Zirkulator bei Tor 4 als ordentlicher Strahl des rechten Prismas. Ein Strahl, der bei Tor 4 als ordentlicher Strahl des rechten Prismas eintritt, verläßt den Zirkulator bei Tor 1 als außerordentlicher Strahl des linken Prismas. (Tor 1 ist mit Tor 5 (= 4+1) identisch.) – Optische Zirkulatoren werden auch in Wellenleitertechnik entwickelt [z.B. 27,28].

Spezielle Literatur

[1] Der Katalog. Spindler & Hoyer

[2] *Macleod, H.A.*: Thin-film optical filters. Adam Hilger 2. Aufl. (1986)

[3] *Madsen, C.K.; Zhao, J.H.*: Optical filter design and analysis: a signal processing approach. Wiley VCH (1999)

[4] *Fouckhardt, H.*: Photonik. Teubner (1994)

[5] *Fouckhardt, H.; Walther, M.; Hackbarth, Th.; Ebeling, K.J.*: Design of epitaxial AlGaAs multilayer structures: interference filters and optically controllable reflection modulators. Opt. & Las. Techn. 22, 1 (1990) 23–30

[6] *Ebeling, K.J.; Coldren, L.A.*: Analysis of multielement semiconductor lasers. J. Appl. Phys. 54, 6 (1983) 2962–2969

[7] *Gornall, W.S.*: The world of Fabry-Perots. Lasers & Applications July (1983) 47–52

[8] *Chilwell, J.; Hodgkinson, I.*: Thin-films field-transfer matrix method of planar multilayer waveguides and reflection from prism-loaded waveguides. J. Opt. Soc. Am. A1 (1984) 742–753

[9] *Delonge, Th.*: ARROW-Wellenleitung in der optischen Nachrichtentechnik und Analytik. Dissertation Fachbereich Elektrotechnik TU Braunschweig (1994) und Fortschritt-Berichte VDI Reihe 10: Informatik/Kommunikationstechnik Nr. 344 (1995)

[10] *Champagne, E.B.*: Nonparaxial imaging, magnification, and aberration properties in holography. J. Opt. Soc. Am. 57, 1 (1967) 51–55

[11] *Zarschizky, H.*: Numerische und experimentelle Untersuchungen an holographischen Bildspeichern für ein digitales 3-D-Bildverarbeitungssystem. Diplomarbeit Fachbereich Physik Universität Göttingen (1982)

[12] *Verdeyen, J.T.*: Laser electronics. Prentice Hall (1981)

[13] Data sheets, theoretical notes, and application notes to SELFOC lenses (i.e. „GRIN rod lenses"). Nippon Sheet Glass Co.

[14] *Coldren, L.A.; Corzine, S.W.*: Diode lasers and photonic integrated circuits. John Wiley & Sons (1995)

[15] *Rastani, K.; Orenstein, M.; Kapon, E.; Von Lehmen, A.C.*: Integration of planar Fresnel microlenses with vertical cavity surface-emitting laser arrays. Opt. Lett. 16, 12 (1991) 919–921

[16] *Zarschizky, H.; Stemmer, A.*: Diffraktive Linsen – moderne mikrooptische Elemente. Siemens-Zeitschrift Special FuE (1994) Herbst 9–12

[17] *Zarschizky, H.; Stemmer, A.; Mayerhofer, F.; Lefranc, G.; Gramann, W.*: Binary and multilevel diffractive lenses with submicrometer feature sizes. Opt. Eng. 33, 11 (1994) 3527–3536

[18] *Haruna, M.; Takahashi, M.; Wakahayashi, K.; Nishihara, H.*: Laser beam lithographed micro-Fresnel lenses. Appl. Opt. 29, 34 (1990) 5120–5126

[19] *Schmahl, G.; Rudolph, D.*: Holographic diffraction gratings. In: Wolf, E.: Progress in optics XIV North-Holland Publishing (1976)

[20] *Loewen, E.G.; Neviere, M.; Maystre, D.*: Grating efficiency theory as it applies to blazed and holographic gratings. Appl. Opt. 16, 10 (1977) 2711–2721

[21] *Palmer, C.; Loewen, E.* (Eds.): Diffraction grating handbook. Richardson Grating Laboratory

[22] *Hayat, G.S.*: Handbook of diffraction gratings – ruled and holographic. JOBIN-YVON S.A.

[23] *Schoenes, J.*: Magneto-optical properties of metals, alloys and compounds. In: *Buschow, K.H.J.* (Ed.): Material science and technology A – comprehensive treatment – volume 3A. (1992). In: *Cahn, R.W.; Haasen, P.; Kramer, E.J.* (Eds.): Electronic and magnetic properties of metals and ceramics. 18 Bände Wiley VCH

[24] *Ando, K.*: Nonreciprocal devices for integrated optics. Proc. SPIE 1126 (1989) 58–65

[25] *Kashima, N.*: Passive optical components for optical fiber transmission. Artech House (1995)

[26] *Shibukawa, A.; Kobayashi, M.*: Compact optical circulator for near-infrared region. Electron. Lett. 14, 25 (1978) 816–817

[27] *Mizumoto, T.; Chihara, H.; Tokui, N.; Naito, Y.*: Verification of waveguide-type optical circulator operation. Electron. Lett. 26, 3 (1990) 199–200

[28] *Wolfe, R.*: Thin films for non-reciprocal magneto-optic devices. Thin Solid Films 216, 1 (1992) 184–188

Faseroptische Komponenten 12

R. Zengerle (Abschn. 12.1–12.8), E. Brinkmeyer (Abschn. 12.9)

Allgemeine Literatur
Grau G. und Freude W., Optische Nachrichtentechnik, Springer Verlag, 1991. – *Tosco F. (Hrsg.)*, Fiber Optic Communications Handbook, TAB Professional and Reference Books, Blue Ridge Summit, PA, USA, 1990. – *Unger, H.-G.*, Optische Nachrichtentechnik Teil II, Hüthig Buch Verlag, Heidelberg, 1992

Einführung

Unter „Faseroptischen Komponenten" werden solche verstanden, bei denen die Glasfaser selbst oder diese aufgrund spezieller Bearbeitung (Modifikation) eine zentrale Funktionalität ausübt. Im Vergleich zu anderen, insbesondere planaren oder mikrooptischen Lösungen haben faseroptische Komponenten folgende typische Vor- und Nachteile:

Vorteile:
- geringe Eigenverluste
- geringe Koppelverluste
- weitgehende Polarisationsunabhängigkeit
- niedrige Produktions- und Montagekosten
- exzellente Längshomogenität

Nachteile:
- geringe elektro- akusto- und magnetooptische Wechselwirkungen
- geringe bzw. fehlende Nichtlinearitäten
- große optische und geometrische Längen

Bevorzugte Anwendungsbereiche in der optischen Kommunikationstechnik sind passive Leistungsaufteiler in der Form optischer Verzweiger. Das Aufteilungsverhältnis kann sowohl wellenlängenunabhängig sein als auch eine definierte Wellenlängenabhängigkeit aufweisen, so daß ein Einsatz in Systemen, die im Wellenlängenmultiplex arbeiten, gegeben ist. Darüber hinaus kommen optische Wellenlängenfilter für Multiplexanwendungen als interferometrische und periodische Strukturen zum Einsatz, welche die kohärente Überlagerung von Teilwellen ausnutzen. Spezielle Ausführungsformen dienen zum Schalten optischer Pfade, der Transformation von Wellenfronten und der Einstellung spezieller Polarisationszustände.

Wesentliche Herstellungsverfahren sind Schmelztechniken, während Anschlifftechniken hauptsächlich Sonderanwendungen bei kleinen Stückzahlen vorbehalten sind. Zur definierten Einstellung von Brechzahlprofilen werden zusätzlich Diffusionstechniken eingesetzt. Periodische Strukturen wie Faser-Bragg-Gitter (vgl. Kap. 12) werden über photoinduzierte Brechzahländerungen in speziell vorbehandelte Glasfasern eingeschrieben.

12.1 Optische Verzweigungen

Aufgabe: Mittels faseroptischer Wellenleiter (i. a. Glas- oder Kunststoffasern) soll die in einem optischen Netz geführte Lichtleistung auf mehrere Abzweigleitungen aufgeteilt werden.

Prinzipielle Möglichkeiten: Als wesentliche Strukturen kommen „diskrete" faseroptische $1 \times N$ Leistungsteiler (Abb. 12.1a) oder „verteilte" faseroptische Koppler (Abb. 12.1b) zur Anwendung. Bei diskreten Leistungsaufteilern erfolgt die Aufteilung an einer oder mehreren genau lokalisierbaren Stellen. Beim verteilten Koppler hingegen erfolgt die Aufteilung über einen mehr oder weniger räumlich ausgedehnten (= verteilten) Bereich.

Weitere Unterscheidungskriterien: Entsprechend dem verwendetem Fasertyp (Einmoden- bzw. Vielmoden-Faser) ist zwischen einmodigem und mehrmodigem Betrieb zu unterscheiden. Außerdem wird zwischen fre-

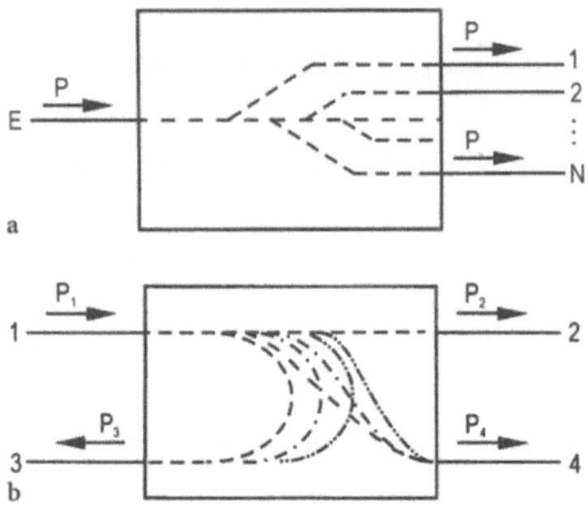

Abb. 12.1 a, b. Optische Verzweiger. a Schema eines diskreten faseroptischen $1 \times N$ Leistungsteilers; b Schema eines faseroptischen Kopplers

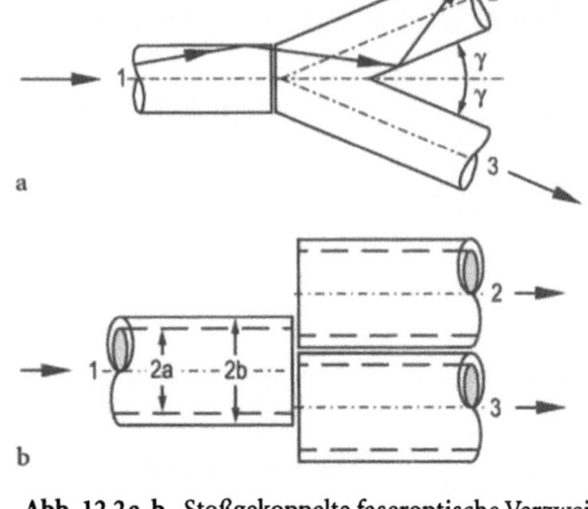

Abb. 12.2 a, b. Stoßgekoppelte faseroptische Verzweiger. a Y-Verzweiger, b Parallelverzweiger

quenz- (wellenlängen-) unabhängiger bzw. frequenz- (wellenlängen-) selektiver Leistungsaufteilung unterschieden. Die Leistungsaufteilung selbst kann polarisationsunabhängig oder aber polarisationsabhängig erfolgen.

Eine Sonderstellung nimmt der $M \times N$ „Sternkoppler" ein. Bei ihm existieren M-Eingänge und N-Ausgänge. Die Leistungsaufteilung erfolgt über einen ausgedehnten gemeinsamen Koppelbereich.

12.1.1 Stoßgekoppelte Strukturen

Insbesondere bei Verzweigungen für Vielmodenfasern werden Stirnflächen-Verzweiger als Y-Verzweigung (Abb. 12.2a) eingesetzt. Die Leistungsaufteilung (je nach Konfiguration 0–100% in einem Abzweig) erfolgt nach der Stoßkopplung über einen räumlich verteilten Bereich auf zwei seitlich angeschliffene Ausgangsfasern (auch mehr als 2 Ausgänge sind prinzipiell denkbar), die in Form eines „Y" angeordnet sind. Nur für kleine Abzweigwinkel bleiben die Zusatzverluste (d.h. Verluste, die über die reine Dämpfung infolge Leistungsaufteilung hinaus gehen) klein. Unter Verzicht auf eine Schrägschliffpräparation ergibt sich der Parallelverzweiger (Abb. 12.2b). Die Leistungsaufteilung wird hier unmittelbar an den Grenzflächen festgelegt. Eine laterale Verschiebung der Einkoppelfaser erlaubt hier variable Aufteilungsverhältnisse. Diese einfachen Techniken erweisen sich bei Polymerfasern mit einem Verhältnis zwischen Kern- und Manteldurchmesser $2a/2b \approx 1$ (vgl. Kap. 7) als besonders günstig.

12.1.2 Konzentrierte Koppler (Strahlteiler)

Wirkungsprinzip: Das (nach Abb. 12.3) bei Tor 1 einfallende Wellenbündel trifft unter einem definierten Winkel (zumeist 45°) auf einen teildurchlässigen Spiegel. Ein Teil des Lichts wird nach Tor 2 transmittiert, der Rest zu Tor 3 hin reflektiert.

Die Phasenlagen der Teilwellen zueinander sind nur bei einmodigen Strukturen wesentlich; mit vielmodigen Fasern wirkt der Strahlteiler als Leitungsaufteiler entsprechend dem Aufteilungsfaktor η_k.

Ausführungsformen: Bei Verwendung von vielmodigen Fasern läßt sich nach Abb. 12.4

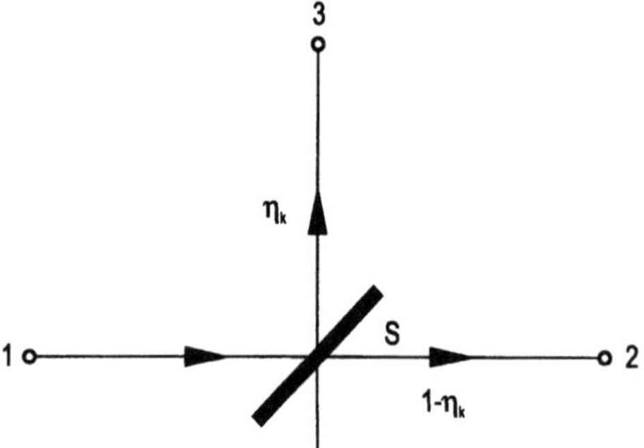

Abb. 12.3. Funktionsprinzip eines Strahlteilers als konzentrierter Koppler

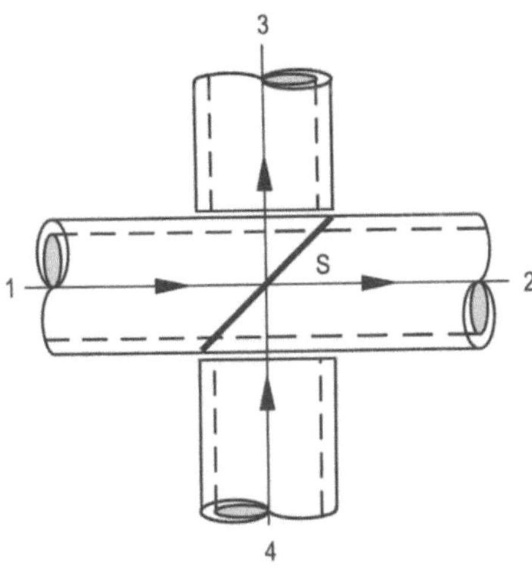

Abb. 12.4. Orthogonales Faserkreuz mit eingebettetem Strahlteiler.

der Strahlteiler (der üblicherweise aus dielektrischen Vielfachschichten besteht) unmittelbar zwischen zwei schräg angeschliffene Faserenden plazieren, der reflektierte Lichtanteil wird durch eine seitlich angebrachte vielmodige Faser weitgehend aufgefangen.

Eine Anordnung mit Gradientenlinsen (vgl. Abb. 12.5) weist im abzweigenden Kanal geringere Koppelverluste auf und ist auch bei einmodigen Glasfasern einsetzbar [1]. Die bei Tor 1 einfallende Lichtwelle wird in der Gradientenlinse der Länge $p/4$ (vgl. Kap. 11) zu einem quasi „Parallelbündel" aufgeweitet („kollimiert"). Zwischen Eingangs- (G1) und Ausgangs-Gradientenlinse (G2) ist der Strahlteiler untergebracht, entweder unmittelbar an der Stirnfläche einer Gradientenlinse oder separat in einem eingefügten Strahlteilerwürfel. Das transmittierte Licht wird mittels einer Ausgangs-Gradientenlinse wieder mit möglichst großem Einkopplungsgrad in die Ausgangsfaser (Tor 4) refokussiert. Das reflektierte Licht durchquert erneut auf anderem Wege die Gradientenlinse G1 nach Tor 3. Die Einfügungs-

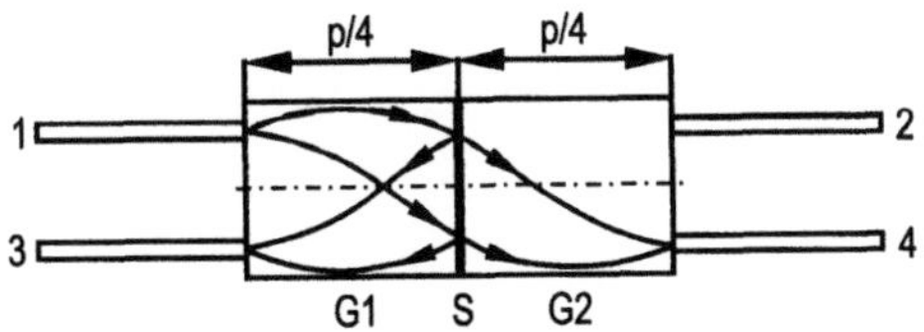

Abb. 12.5. Doppel-Gradientenlinse mit eingebettetem Strahlteiler nach [1]

dämpfungen können auch im Falle von Einmodenfasern unter 1 dB liegen.

Der besondere Vorteil des fast senkrechten Lichteinfalls auf den Strahlteiler besteht in der damit auf einfache Weise realisierbaren geringen Polarisationsabhängigkeit selbst über weite Wellenlängenbereiche.

Wird der Strahlteiler wellenlängenselektiv ausgeführt, können diese Stukturen darüber hinaus als Richtungs-Multiplexer für unterschiedliche Betriebswellenlängen eingesetzt werden.

12.1.3 Faser- Richtkoppler

Funktionsprinzip: Zwei oder mehrere Wellenleiter sind (vgl. Abb. 12.6) entlang einer „Kopplungsstrecke" so eng benachbart angeordnet, daß die (angenähert exponentiell abklingenden) Feldausläufer der geführten Welle eines Wellenleiters im Bereich des Kerns des anderen Wellenleiters noch nicht abgeklungen ist. Infolge der vorhandene Wellenkopplung findet ein Energieaustausch zwischen den Wellenleitern statt. Als Maß für die Stärke der Wellenkopplung wird die Koppelkonstante κ verwendet. Diese Konstante wird wesentlich vom Abstand der Faserkerne bestimmt und steigt mit abnehmendem Wellenleiterabstand steil an (s. Theoretische Grundlagen zu Wellenleiter-Richtkopplern Kap. 14). Die Koppellänge L_c sei die Wegstrecke längs des Richtkopplers über der die Wellenkopplung wirksam ist. Sie entspricht näherungsweise der

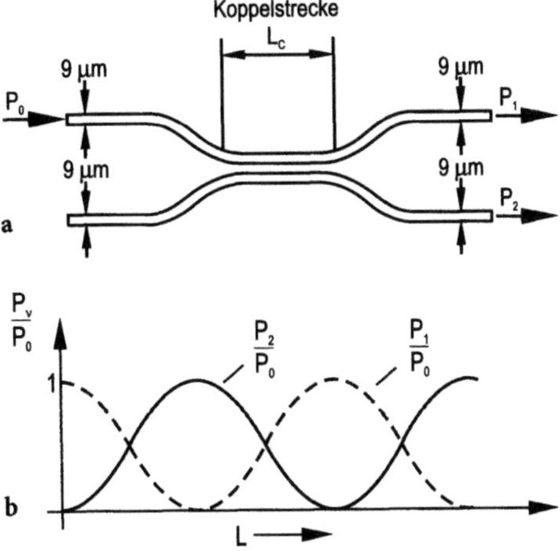

Abb. 12.6 a, b. Der symmetrische Faserrichtkoppler. a Aufbau, b Übertragungscharakteristik

Strukturlänge des Richtkopplers. Für den Fall vollständigen Energietransfers von einem Kopplerzweig in den anderen muß die Bedingung

$$\kappa \cdot L_c = (2m + 1)\,\frac{\pi}{2} \tag{12.1}$$

(Mit $m = 0, 1, 2 \ldots n$) erfüllt sein. ist. Beim verlustfreien Faserkoppler erfolgt der Leistungstransfer in den anderen Kopplerzweig selbst nach der Beziehung:

$$\frac{P_2}{P_0} = \sin^2(\kappa \cdot z) \tag{12.2}$$

Der am häufigsten verwendete Richtkoppler ist der sogenannte 3-dB-Koppler, bei dem eine Gleichverteilung der Ausgangsleistungen auf beide Ausgänge erfolgt.

Da die Wellenführung und mit ihr auch κ deutlich wellenlängenabhängig ist, weist der klassische symmetrische Faserkoppler für den Energietransfer zu den Ausgangstoren eine ausgeprägte Wellenlängenabhängigkeit auf.

Je nach Herstellungsvefahren sind unterschiedliche Ausführungsformen zu unterscheiden.

12.1.3.1
Schmelzkoppler

Zur Herstellung eines Ein- bzw. Vielmoden-Schmelz(fusions-)kopplers (vgl. Abb. 12.7) werden zwei Fasern zunächst gegeneinander durch Verdrillen fixiert. Der Koppelbereich wird lokal erhitzt, konisch ausgezogen und verschmolzen [FBT- (fused biconical taper-) Prozeß]. Im konischen Bereich werden geführte Moden in Mantelmoden umgewandelt, die teilweise das benachbarte Faserstück mit erfassen und im konischen Bereich großteils in geführte Moden zurückgekoppelt werden. Schmelzkoppler werden heute überwiegend aus Einmoden-Faser hergestellt.

Typische Kopplerdaten sind (Bei Verwendung einmodiger Fasern): Einfügungsdämpfung: 0,1 – 0,2 dB, Spleißverlust: < 0,1 dB; Nebensprechdämpfung: 40 – 50 dB. Trotz dieser guten Daten beschränken typische Nachteile wie große Abmaße (mehrere mm Länge) und die schlechte Kakadierbarkeit (lange Faseranschlüsse) den Einsatz in optischen Kommunikationssystemen häufig auf Verzweigungen mit niedrigem Aufteilungsgrad.

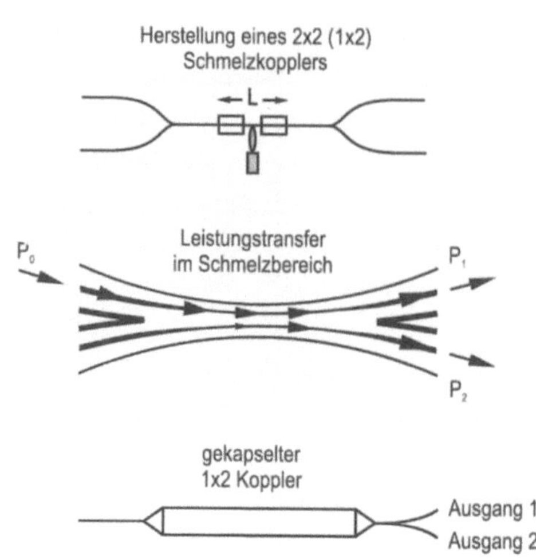

Abb. 12.7. Schmelz- (Fusions-) Koppler

12.1.3.2
Faseranschliffkoppler

Zur Herstellung (vgl. Abb. 12.8) werden zunächst zwei Glasfasern in getrennten Halterungen leicht gekrümmt (Krümmungsradius je nach Anwendung wenige cm bis einige Meter) fixiert und lateral bis in Nähe des Faserkerns angeschliffen. Beide Kopplerhälften werden anschließend definiert zueinander justiert und ggf. verklebt. Die Herstellung ist aufwendig und die betriebliche Langzeitstabilität ist oftmals unbefriedigend. Faseranschliffkoppler werden daher heute nur für Sonderzwecke eingesetzt. Wird im Anschliffbereich Immersions-Flüssigkeit anstelle von

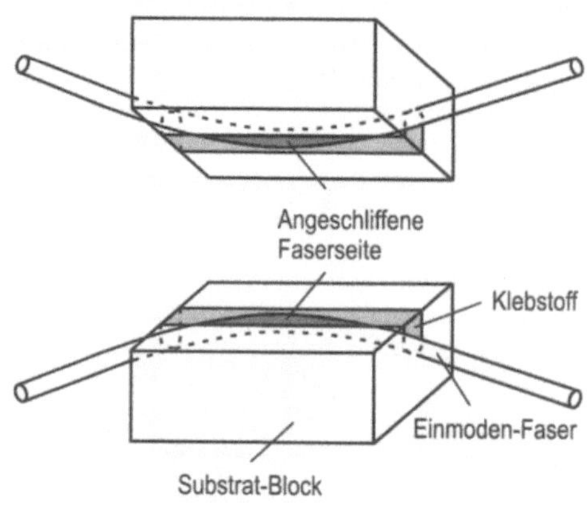

Abb. 12.8. Faseranschliffkoppler

Klebstoff verwendet, so läßt sich ein Koppler mit variablem, justierbarem Koppelverhältnis durch laterales Verschieben der Kopplerblöcke realisieren.

12.1.3.3
3-dB Faserkoppler aus Einmodenfasern

Beim bekanntesten Faserkoppler, dem 1:1 Aufteiler („3-dB-Koppler") ist für viele Anwendungen die Wellenlängenabhängigkeit des Aufteilungsverhältnisses unerwünscht. Dies gilt insbesondere bei der Verwendung symmetrischer Richtkoppler (gleicher Faseraufbau und identische Faserbehandlung in beiden Kopplerarmen). Um diese Wellenlängenabhängigkeit zu verringern, wurden spezielle Koppler mit reduzierter Wellenlängenabhängigkeit entwickelt. Im Prinzip handelt es sich dann um „asymmetrische Richtkoppler" [2]. Hier wird eine Unsymmetrie in die Wellenleiterstrukturen [3] in Form geringfügig unterschiedlicher Ausbreitungskonstanten der einzelnen Fasermoden eingebaut.

Neben der Verwendung von Fasern mit unterschiedlichem Brechzahlprofil kann dies beim Fusionskoppler durch ein dem eigentlichen Schmelz- und Ziehprozeß vorgezogenes leichtes Ausziehen („pretapering") einer der beiden Fasern erzielt werden [3].

Typische breitbandige Faserkoppler erreichen über einen Wellenlängenbereich von 80 nm (bei 1550 nm) eine Restvariation des Aufteilungsverhältnisses von weniger als 0,6 dB bei Zusatzverlusten von <0,5 dB und einer Polarisationsabhängigkeit von <0,1 dB [4].

Eine andere Methode zur Erweiterung des nutzbaren Wellenlängenbereichs ist die Verwendung eines speziell optimierten faseroptischen Mach-Zehnder Interferometers [5] mit einem nutzbaren Wellenlängenbereich von >200 nm (bei Variation des Koppelverhältnisses um <±1 dB).

12.1.3.4
Polarisationsunabhängige Richtkoppler

Richtkoppler aus üblichen Fasern erweisen sich stets als nicht polarisationserhaltend aber hinsichtlich des Koppelverhältnisses wenig polarisationsabhängig. Um zuverlässig polarisationserhaltende Koppler zu realisieren, müssen beim Koppleraufbau speziell polarisationserhaltende Fasern (s. Kap. 4) verwendet werden.

Diese reinen Faserkoppler werden häufig durch hybride Formen (Anschlüsse über polarisationserhaltende Fasern, Koppler selbst in Planartechnologie) ersetzt. Typische Einfügedämpfungen liegen hier bei <2 dB, die Rückflußdämpfung bei >55 dB [6].

12.1.4
Verzweiger höherer Ordnung

Verzweiger höherer Ordnung lassen sich durch Hintereinanderschaltung von 1 × 2 Aufteilern oder als direkte $1\times N$ Koppler herstellen.

12.1.4.1
Aufteilungsnetzwerk aus 1 ×2 Kopplern

Hier erfolgt eine reine Serienschaltung von 1×2 Kopplern (vgl. Abb. 12.9) in Form einer „binären Baumstruktur" („binary tree"). Werden ausgangsseitig gleiche Leistungspegel angestrebt, so kommen hauptsächlich Koppler mit dem Teilerverhältnis 1:1 zum Einsatz.

Eine Reihen/Parallelschaltung von 1×2 Kopplern mit Teilerverhältnis 1:1 liefert ein Aufteilungsverhältnis von $N = 2^k$, wobei k die Zahl der Zahl der hintereinander geschalteten Aufteilerstufen ist.

Werden Zwischenteilerverhältnisse ≠1:1 zugelassen, so können auch Aufteilungsverhälnisse $N \neq 2^m$ erzielt werden (Abb. 12.10).

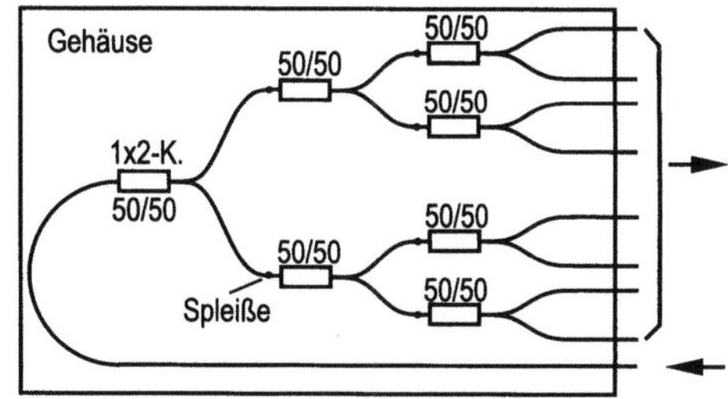

Abb. 12.9. Verzweiger höherer Ordnung als kaskadierte 1×2 Koppler (Teilerverhältnis 1:1) am Beispiel eines 1×8 Kopplers

12.1.4.2
1 ×N Einmoden-Schmelzkoppler

Zur Herstellung wird in Analogie zum klassischen Schmelzkoppler ein verdrilltes Faserbündel beim Verschmelzen auseinandergezogen. Zur besseren Fixierung der Fasern zuein-

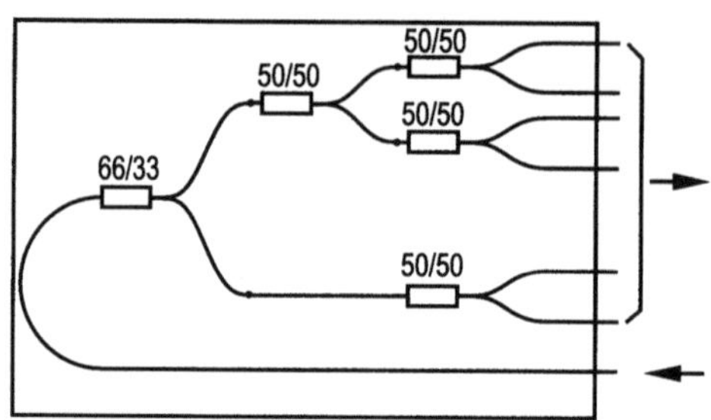

Abb. 12.10. Verzweiger höherer Ordnung (1×6 Koppler) als kaskadierte 1×2 Koppler (Teilerverhältnisse: 1:1 und 1:2).

ander beim Ziehprozeß wird das Ausgangsfaserbündel zumeist in einer Kapillare gefaßt. Die Gesamtgröße entspricht etwa der eines einzelnen 2×2 Kopplers.

Die bekannteste Form ist eine hexagonale Faseranordnung (Abb. 12.11). Eine zentrale Faser wird von 6 gleichartigen Fasern umgeben. Bei geeigneter Auslegung des Ziehprozesses entsteht ein 1×7 Koppler [7] mit konstantem Aufteilungsverhältnis für alle Abzweigkanäle. Hier kann auch bei symmetrischem Aufbau unter Einhaltung von Nebenkriterien

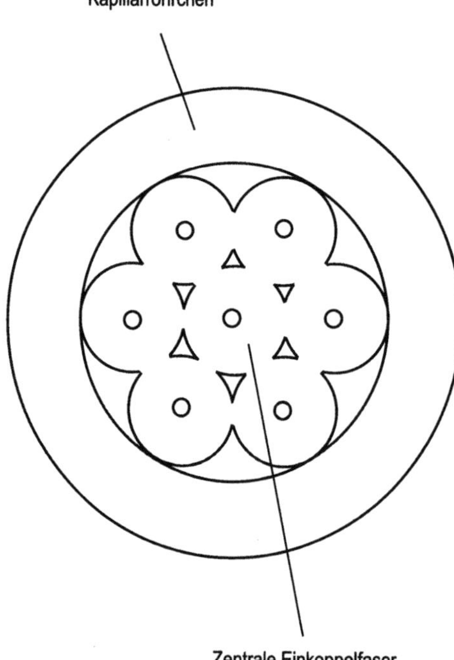

Abb. 12.11. 1×7 Fusionskoppler nach [7]

(z.B. Wahl der wirksamen Kopplerlänge) die Wellenlängenabhängigkeit des Aufteilungsverhältnisses gering gehalten werden. Die Streuung des Aufteilungsverhältnisses kann für alle Kanäle unter 1% liegen, bei einer Zusatzdämpfung von < 0,3 dB. Im Bereich von 1300 nm bis 1550 nm variiert das Aufteilungsverhältnis um ±20% [7].

12.1.5 Sternkoppler

Sternkoppler als Schmelzkoppler

Für einen $N \times N$ Koppler existieren zwei wesentliche Ausführungsformen: Zum einen wird ein Faserbündel aus N Fasern in einem Hilfsröhrchen fixiert, verdrillt und gemeinsam ausgezogen (Abb. 12.12). Im Gegensatz zum $1 \times N$ Koppler werden aber alle Eingangs- und Ausgangsfasern „belegt".

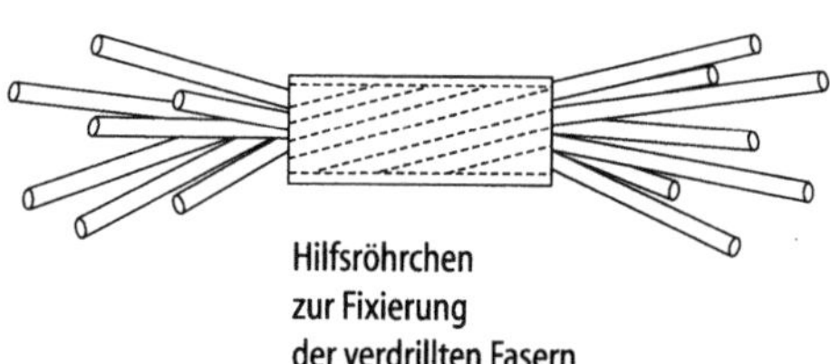

Abb. 12.12. Faser-Sternkoppler als Schmelzkoppler

Die zweite Ausführungsform (Abb. 12.13) besteht aus einer Serien-Parallel-Schaltung von 2×2 Schmelzkopplern (jeweils 4 parallel, 3 seriell). Die Koppler selbst sind in der Regel Schmelzkoppler, die zusammengespleißt werden. Diese Lösung ist zwar voluminös aber sehr verlustarm (Zusatzdämpfung 0,1–0,2 dB). Der wesentliche Nachteil ist die große Baulänge.

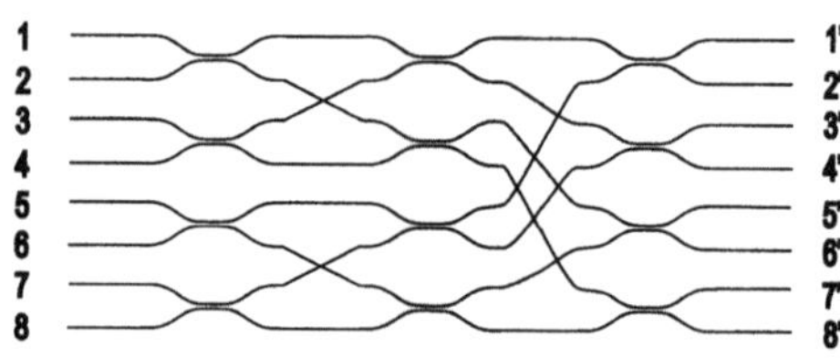

Abb. 12.13. 8×8 Faser-Sternkoppler aus 2×2 Schmelzkopplern

Sternkoppler als Hybridkoppler

Hybridkoppler stellen eine wichtige Realisierungsform bei Sternkopplern für Vielmodenfasern dar. Abbildung 12.14 zeigt den Aufbau eines hybriden vielwelligen $M \times N$ Sternkopplers. Zwischen der (i.a. gekrümmten) Eingangsbezugsfläche (Ende des ankommenden Faserbündels) und der Ausgangsbezugsfläche (Anfang des abgehenden Faserbündels) befindet sich ein vielwelliger Mischwellenleiter. Dieser kann, wie in [8] vorgesehen, als Stufenindex-Wellenleiter in Form einer zwischen Glasplatten eingebetteten dünnen „Mischplatte" höherbrechenden Glases ausgeführt sein. Hier sind z.B. auch ionenausgetauschte Lösungen denkbar.

Die Verluste der hybriden Lösung lassen sich durch einen möglichst großen Füllungsgrad bei den Fasern (d.h. Verhältnis Kernfläche/Gesamtfläche groß, wie insbesondere bei Kunststoffasern) verbessern. Für eine Faser mit 80 μm Kern- (und 92 μm Mantel-) durchmesser wurde im Falle eines 15×15 Sternkopplers eine Gesamteinfügungsdämpfung von 14 dB, d.h. 2,2 dB über der Aufteilungsdämpfung bei einer Streuung von ±0,5 dB erzielt [8].

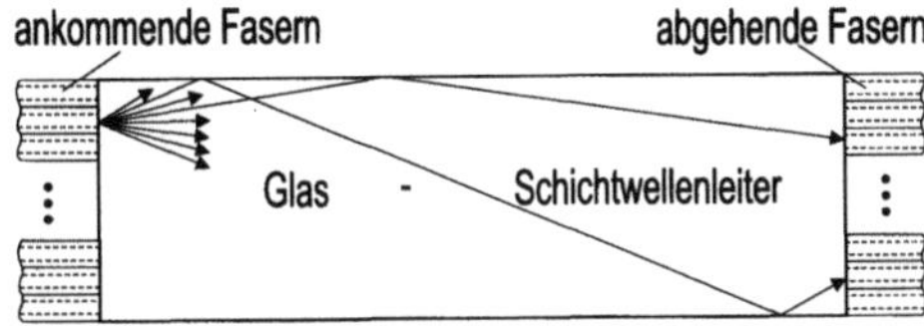

Abb. 12.14. Hybrider Vielmoden Sternkoppler [8]

12.2 Optische Filter

12.2.1 Frequenzselektive symmetrische Richtkoppler

Die Koppelkonstante κ weist beim Richtkoppler – neben der bereits in Kap. 12.1.3 erwähnten starken Abhängigkeit vom Faserabstand s – zusätzlich eine ausgeprägte Wellenlängenabhängigkeit auf, so daß sich für den symmetrischen Richtkoppler – bei ausreichend großer Länge – eine quasiperiodische Wellenlängenabhängigkeit der Übertragungscharakteristik ergibt. Der Abstand zwischen den Minima, bzw. Maxima auf der Wellenlängenachse ist im wesentlichen umgekehrt proportional zur Länge der Koppler. Unter der Annahme der Verlustfreiheit werden auch hier an den Maxima, bzw. Minima der Transmissionscharakteristik prinzipiell 100% bzw. 0% erreicht.

Bei Faseranschliffkopplern wurden minimale Bandbreiten von 10–20 nm erzielt. Schmelzkoppler werden häufig zur Trennung von Kanälen in unterschiedlichen „optischen Fenstern" (insbesondere die Bereiche um 1300 nm und 1550 nm) verwendet. Typische Daten für getaperte Schmelzkoppler [4] zur Trennung von 2 Kanälen bei 1310/1550 nm sind Einfügungsdämpfungen von < 0,5 dB, sowie ein (typischerweise relativ großes) Kanalübersprechen von <–16 dB bei jedoch nur geringer Polarisationsabhängigkeit von <0,1 dB.

12.2.2 Frequenzselektive asymmetrische Richtkoppler

Im Gegensatz zum symmetrischen Richtkoppler weist die Übertragungsfunktion des asymmetrischen Richtkopplers ein echtes Bandpaßverhalten auf. Das Funktionsprinzip beruht auf der Ausnutzung der unterschiedlichen Frequenzverläufe der individuellen Ausbreitungskonstanten der beiden den Richtkoppler bildenden Wellenleiter. Bedingung für die Überkopplung ist die Gleichheit der Ausbreitungskonstanten (vgl. Dipersionsdiagramm Abb. 12.15b) bei der gewünschten Bandpaßmittenfrequenz. Bekanntestes Ausführungsbeispiel ist der Anschliffkoppler aus Fasern mit unterschiedlichem Brechzahlprofil der Kerne [9].

Die 3-dB Bandbreite $\Delta\lambda$ (FWHM = Full Width at Half Maximum) hängt im wesentlichen vom Schnittwinkel der Dispersionskurven (vgl. Abb. 12.15b) im Schnittpunkt ab und ergibt sich näherungsweise mit L_{eff} als effektiver Kopplerlänge zu [10]:

$$\Delta\lambda = \frac{4}{L_{\text{eff}} \cdot |d\beta_1/d\lambda - d\beta_2/d\lambda|} \qquad (12.3)$$

Zur vollständigen Leistungsüberkopplung muß zusätzlich die Bedingung (12.1) erfüllt sein.

Durch Absenkung der Mantel-Brechzahl in einer der beiden Fasern („depressed cladding") läßt sich das Selektionsverhalten der Koppler noch deutlich verbessern (vgl. Abb. 12.16). Experimentell wurde eine 3-dB Band-

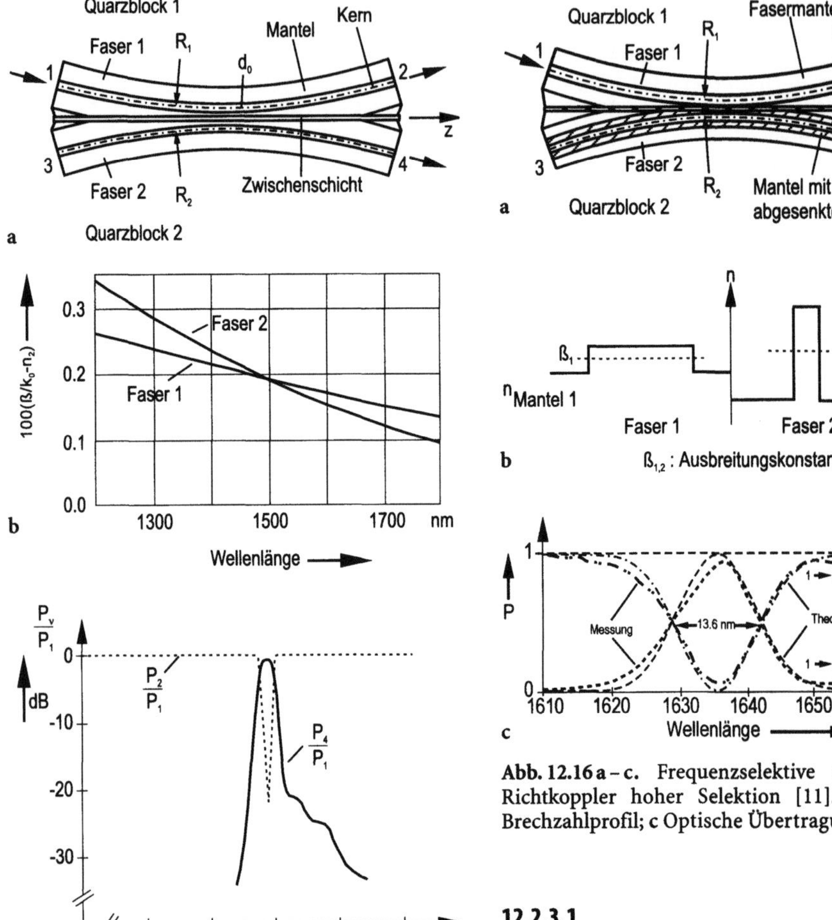

Abb. 12.15 a – c. Frequenzselektive asymmetrische Richtkoppler nach [9]. **a** Aufbau; **b** Dispersiomsdiagramm; **c** Optische Übertragungsfunktion (Frequenzgang)

Abb. 12.16 a – c. Frequenzselektive asymmetrische Richtkoppler hoher Selektion [11]. **a** Aufbau; **b** Brechzahlprofil; **c** Optische Übertragungsfunktion

breite von ca. 13 nm erreicht [11]. Die theoretische Grenze für realisierbare Fasern liegt bei ca. 8 nm.

12.2.3 Gitterunterstützte Faserrichtkoppler

Fasergitterkoppler sind im Prinzip Richtkoppler mit integriertem Faser-Bragg-Gitter (s. Kap. 12). Entsprechend der Ausbreitungsrichtung in welcher die Bragg-Reflexion genutzt wird, unterscheidet man zwischen Vorwärts- und Rückwärts-Gitterkopplern.

12.2.3.1 *Der gitterkompensierte Richtkoppler*

Der gitterkompensierte Richtkoppler („Grating-frustrated directional coupler", Abb. 12.17) ist die Spezialform eines schmalbandigen Transmissionsfilters. Ein stark moduliertes Bragg-Gitter wird in einen Faserzweig eines Faserrichtkopplers eingeschrieben. Bei geeigneter Dimensionierung wird im einem schmalen optischen Sperrband des Bragg-Gitters die Richtungskopplung (in die benachbarte Faser) aufgehoben [12]. Für diesen Bereich verbleiben also die optischen Signale in der Einkoppelfaser. Mit den üblichen Methoden der Fasergitterherstellung lassen sich Filterbandbreiten von 0,7 nm erzielen.

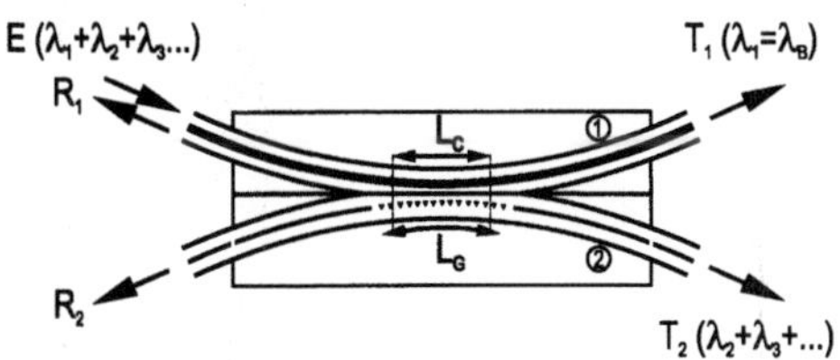

Abb. 12.17. Gitterkompensierter Richtkoppler [12]

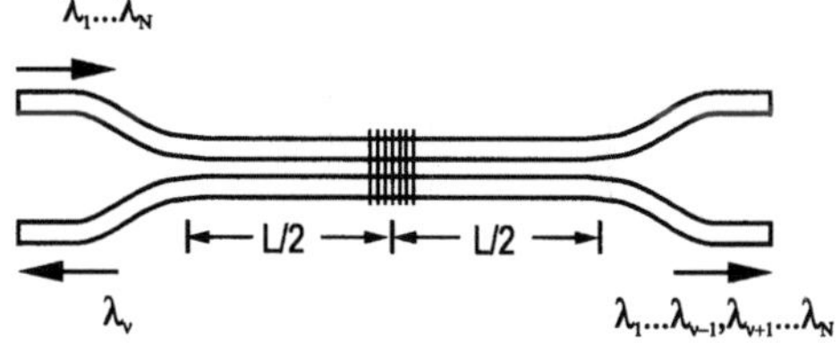

Abb. 12.19. Gittergestützte 3-dB Richtkoppler [14]

12.2.3.2
Der asymmetrische Fasergitterkoppler

Funktionsprinzip: Die Dispersionscharakteristiken der beiden zum Aufbau verwendeten unterschiedlichen Einmoden-Fasern (Abb. 12.18) sind so gewählt, daß im Betriebswellenlängenbereich keine signifikante Wellenkopplung zwischen den Richtkopplerzweigen erfolgen kann. Bei der Bragg- („add/drop"-) Wellenlänge hingegen wird mit Hilfe des in der Koppelzone zusätzlich eingeschriebenen Bragg-Gitters eine (Rückwärts-) Kopplung in den anderen Arm des Gitterkopplers ermöglicht [13]. Die „klassische Bragg-Reflexion in der Eingangsfaser erfolgt hingegen bei der Wellenlänge λ_D. Es wurde eine 3-dB Bandbreite von 0,6 nm bei Gesamtverlusten im Bereich von 1,5 dB erzielt.

Die Struktur läßt sich auch als Viertor Add/Drop Gitter-Multiplexer verwenden.

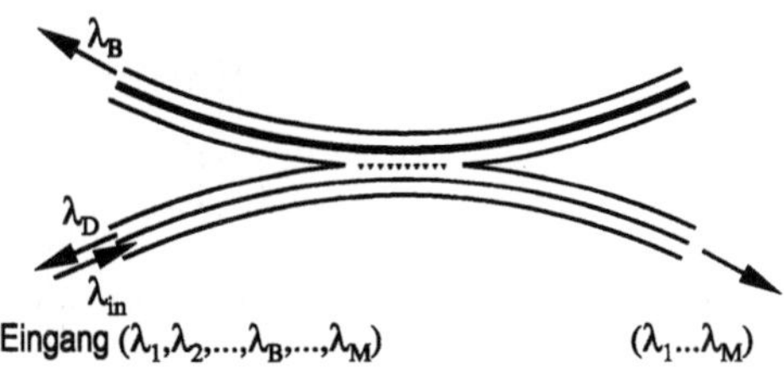

Abb. 12.18. Asymmetrischer Fasergitterkoppler [13]

12.2.3.3
Gitterunterstützte 3-dB Richtkoppler

Ein echtes Bandpaßverhalten analog zum asymmetrischen Fasergitterkoppler kann auch bei modifizierten symmetrischen Gitter-Richtkopplern („in-coupler Bragg grating filter") erreicht werden [14]. Nach Abb. 12.19 besteht ein solcher Fasergitterkoppler aus zwei hintereinandergeschalteten 3 dB-Faserkopplern, die in der Mitte zusätzlich ein Bragg-Gitter aufweisen. Die einfallende Lichtwelle wird zunächst über einen 3-dB-Koppler, der bis zum Gitter reicht, in der Leistung zu je 50% auf beide Kopplerzweige aufgeteilt. Im Gitterbereich erfolgt für den schmalen Wellenlängenbereich der Bragg-Reflexion eine vollständige Reflexion beider Wellenanteile, für alle übrigen Wellenlängenbereiche hingegen erfolgt (unter der Annahme eines wellenlängenunabhängigen Koppelverhältnisses) im verbleibenden Kopplerbereich vollständige Überkopplung. Bei der Propagation der reflektierten Wellenanteile wird die Lichtleistung hingegen vollständig zum Eingangstor des zweiten Kopplerzweigs zurückgekoppelt.

12.2.4
Mach-Zehnder-Filter

Mach-Zehnder-Filter arbeiten nach dem Prinzip des Mach-Zehnder-Interferometers. Dieses besteht aus zwei Faserarmen unterschiedlicher geometrischer (und damit optischer) Länge, eingebettet zwischen zwei 3-dB Kopplern. Beide 3-dB Koppler sind in der Regel Schmelzkoppler. Die Übertragungscharakteristik weist unter der Annahme eines wellenlängenunabhängigen Koppelverhältnisses der 3-dB-Koppler im genutzten Wellenlängenbereich einen periodischen, $\sin^2$-förmigen Verlauf auf. Die Abstände der Maxima bzw. Minima auf der Wellenlängenskala hängen im wesentlichen von der Differenz der optischen Weglängen in den beiden Zweigen ab und können daher je nach Dimensionierung 10–100 nm, aber auch <0,1 nm betragen.

Die 3-dB Bandbreite ergibt sich nach:

$$\Delta f = \frac{c}{2\, n_{\mathrm{eff}}\, \Delta L}, \tag{12.4}$$

wobei ΔL der Unterschied in den geometrischen Längen der beiden Interferometerarme ist.

Auch diese Komponenten werden außerhalb des Laborbereichs häufig in integrierter

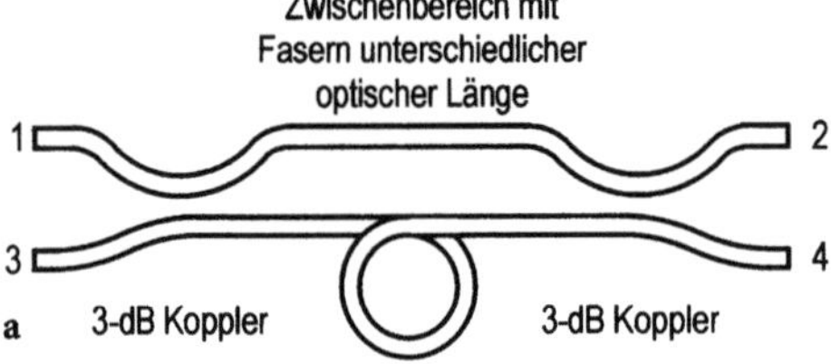

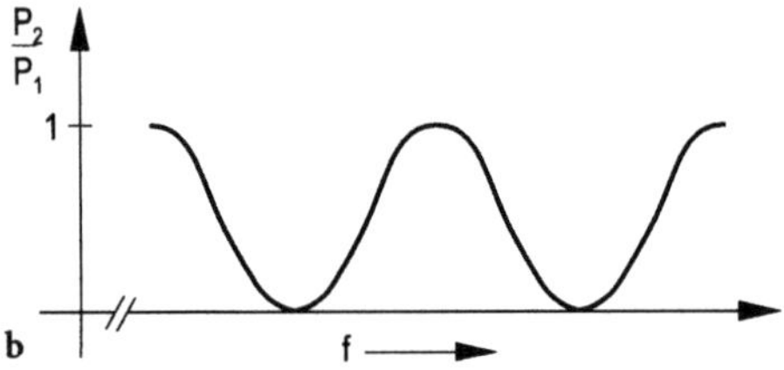

Abb. 12.20 a, b. Faseroptisches Mach-Zehnder-Filter. **a** Aufbau **b** Frequenzgang

Form mit angekoppelten Faserenden eingesetzt. Der kleinste Abstand zwischen zwei Minima, die freie spektrale Bandbreite (FSR = Free Spectral Range) liegt dann im Bereich von 3 GHz bis >1 TH_z, mit Einfügungsdämpfungen (je nach FSR) von <2 dB bis 5 dB. Systembedingt (Nutzsignal entsteht durch eine Differenzbildung) liegt die Übersprechdämpfung lediglich bei >15 dB.

12.2.5
Faser-Ringresonatoren

Diese bestehen im einfachsten Fall aus einer Faserschleife, bzw. einem Faserring in Verbindung mit einer Richtkopplerstruktur nach Abb. 12.21.

In Transmission treten infolge Leistungstransfers durch den Faserkoppler in der Übertragungsfunktion (über der Frequenz) periodische Einbrüche auf. Die freie spektrale Bandbreite (FSR) ergibt sich durch den Zusammenhang

$$\mathrm{FSR} = \frac{c}{2\,n_{\mathrm{eff}}\,L_{\mathrm{R}}} \tag{12.5}$$

wobei L_{R} die Länge des geschlossenen Faserringes angibt. Mit dem Intensitäts-Koppelkoeffizienten k_{r} des Richtkopplers ergibt sich für die „Finesse" (vgl. Kap. 11) der Resonanzabsenkung die Beziehung [15]:

$$F = \frac{\pi}{2\sin^{-1}\left[\dfrac{k_{\mathrm{r}}}{2\sqrt{1-k_{\mathrm{r}}}}\right]} \tag{12.6}$$

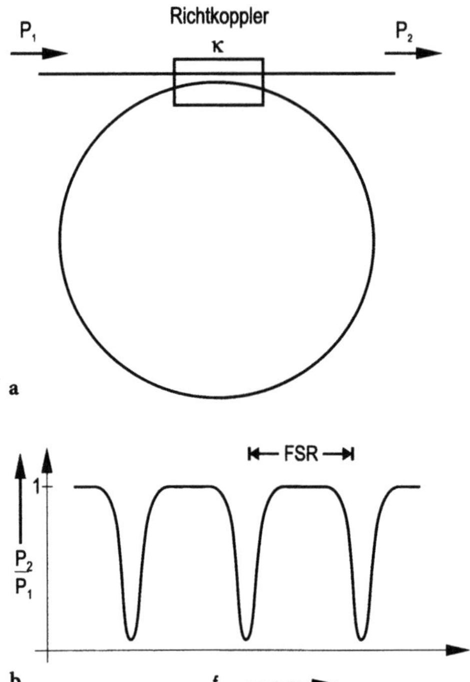

Abb. 12.21 a, b. Faser-Ringresonator-Filter. **a** Aufbau; **b** Frequenzgang

Unter der Annahme gängiger Faser- und Kopplerdaten lassen sich Werte von F im Bereich vom 100 – 1000 erzielen.

12.2.6
Fabry-Perot Faserresonatoren (Interferometer)

Das faseroptische Fabry-Perot-Filter (Abb. 12.22) besteht aus zwei eben geschliffenen blanken oder verspiegelten Faserenden. Die Resonatorlänge wird durch die Größe s des Luftzwischenraums bestimmt. Wegen der prinzipiell divergenten Lichtausbreitung zwischen den Faserenden eignet sich eine derartige Konfiguration nur für kurze Resonatorlängen, d.h. für Filter mit einer großen freien spektralen Bandbreite (FSR). Kleine Bandbreiten, also große Resonatorlängen, erfordern zur Verringerung der Strahldivergenz eine Strahlaufweitung mittels Taperstrukturen oder mit Hilfe konventioneller Linsen bzw. Gradientenlinsen.

Die Leistungstransmission eines Fabry-Perot Filters weist über der Frequenzachse unter Vernachlässigung möglicher Einflüsse chromatischer Dispersion ein periodisches Verhalten auf (näheres s. Kap. 11). Der mini-

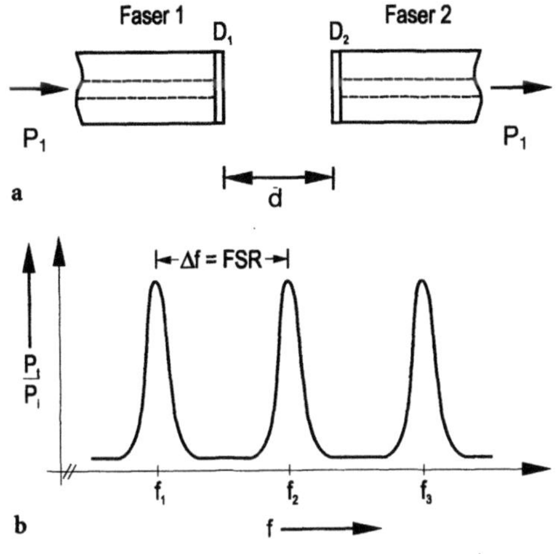

Abb. 12.22 a,b. Fabry-Perot Faserresonatoren. **a** Aufbau; **b** Optische Übertragungsfunktion

male Abstand zweier Transmissionsmaxima, die freie spektrale Bandbreite (FSR) folgt mit n als wirksamer Brechzahl im Resonatorzwischenraum der Länge d aus:

$$\mathrm{FSR} = \frac{c}{2nd} \tag{12.7}$$

Das Selektionsvermögen, die „Finesse" - der Quotient von FSR und 3-dB Bandbreite in Transmission - ergibt sich nach Kap. 11.2.2.

Durch das Einfügen von Dielektrika, deren relative Dielektrizitätszahl variiert werden kann, wie z.B. bei Flüssigkristallen [16] lassen sich ohne mechanische Längenänderungen abstimmbare Fabry-Perot Filter realisieren.

12.2.7 Faseranschliffilter

Einseitig angeschliffene Fasern lassen durch Aufbringen einer (ggf. auch mehrlagigen) Funktionsschicht über dem angeschliffenen Bereich die Realisierung vielfältiger Selektionseigenschaften zu.

12.2.7.1 *Faseroptische Kantenfilter*

Die lateral angeschliffene Faser wird mit einer dielektrischen Deckschicht versehen, die im Vergleich zur Faser eine andere Dispersionscharakteristik der Brechzahl aufweist. Oberhalb einer durch die dielektrischen Materialparameter einstellbaren Grenzwellenlänge treten Leckwellen auf, die innerhalb eines Übergangsbereiches („Kante" von z.B. 40 nm) zu einer Transmissionsdämpfung von >30 dB führen. Das hier gezeigte Prinzip wird auch häufig für andere faseroptische Funktionselemente bis hin zu Modulatoren verwendet.

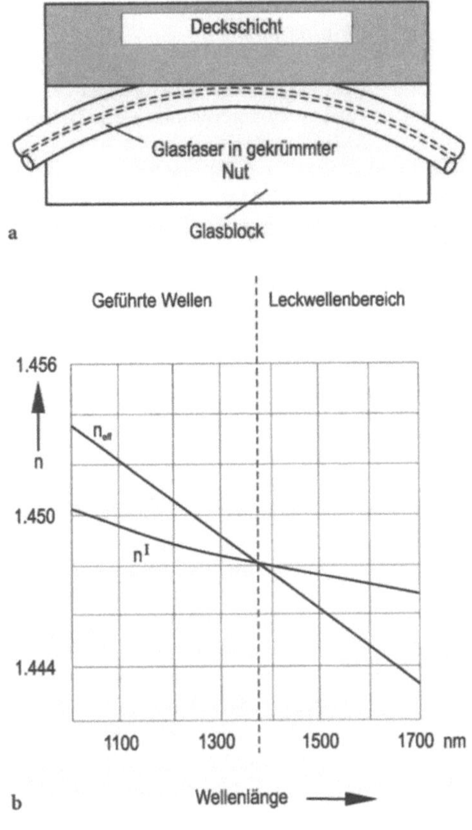

Abb. 12.23 a, b. Faseranschliffilter. **a** Prinzipieller Aufbau; **b** Beispiel für den optischen Frequenzgang eines Kantenfilters

12.2.7.2 *Faseroptische Bandpaßfilter*

Infolge Wellenkopplung zwischen dem Fasermodus und einer vielmodigen Funktionsschicht (z.B. in Form einer dielektrischen Wellenleiter-Deckschicht festgelegter Dicke oder Vielfachschichten) läßt sich auch eine (häufig periodische) Bandpaß Transmissionscharakteristik mit Bandbreiten von 5 nm bei > 20 dB Sperrdämpfung und 0,5 dB Einfügungsdämpfung erreichen [17].

12.2.7.3
Faseranschliff-Gitterfilter

Weist die Deckschicht eine periodische Struktur auf, so lassen sich schmalbandige Reflexionsfilter (3-dB Bandbreite von < 0,3 nm [18]) realisieren. Diese Technik wird heute, bis auf spezielle Anwendungen in der Meßtechnik und Sensorik durch unmittelbar in den Faserkern geschriebene Bragg-Gitter (s. Kap. 12) ersetzt.

12.2.8
Mehrkern Faserfilter

12.2.8.1
Zwillingskern-Filter

Bei Fasern mit mehreren getrennten Kernen, wobei jeder für sich nur den Grundmodus führt, ergibt sich - ähnlich wie beim Richtkoppler - infolge von Wellenkopplungen eine ausgeprägte Wellenlängenabhängigkeit der Transmissionseigenschaften. Bekanntester Vertreter ist die Zwillingskern-Faser (TCF = Twin-Core Fibre). Die Brechzahlprofile der Faserkerne selbst können identisch (für „symmetrische" Koppler) aber auch unterschiedlich (für „asymmetrische" Koppler, MTC = Mismatched Twin-Core fibre) ausgelegt sein.

Die Zwillingskern- Faser (Abb. 12.24) wird bei der Verwendung als optisches Frequenzfilter zumeist in eine Einmodenfaser angespleißt. Mit einer asymmetrischen Struktur [19] wurden Bandbreiten im Bereich von <20 nm erzielt.

Der Signalempfang kann beim Betrieb als Demultiplexer z.B. über einen Doppeldiodendetektor [20] erfolgen. Diese preisgünstigen Strukturen dienen häufig zur Selektion zwischen dem 1300 nm und dem 1500 nm Fenster.

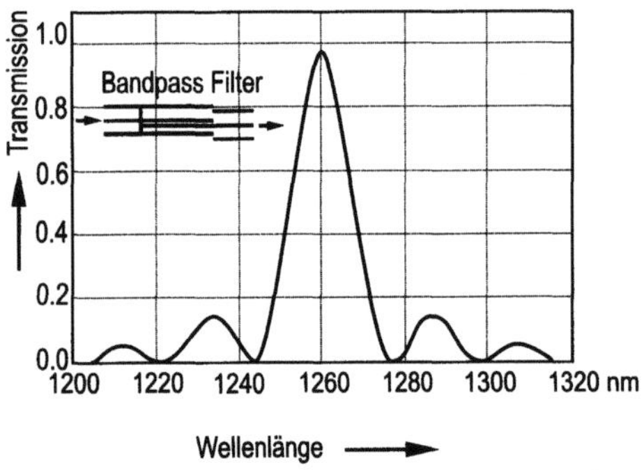

Abb. 12.24. Mehrkern Faserfilter [19]

12.2.8.2
Die Mehrkern Faserfilter-Kette

Mittels einer Serienschaltung von Mehrkernfasern unterschiedlicher Länge - mit Einfachkern-Fasern als Zwischengliedern - lassen sich ebenfalls nichtperiodische (echte) Bandpässe realisieren. Theoretisch können so Bandbreiten im Bereich von 10 nm bei Nebenmaxima von −13 dB realisiert werden. Wird hingegen eine Dreikern Faserfilter-Kette verwendet, so lassen sich die Nebenmaxima auf −27 dB reduzieren [21].

12.2.8.3
Getapertes asymmetrisches Doppelkern Faserfilter

Diese Filter zeigen wegen der Ungleichheit der Brechzahlprofile der beiden Kerne ebenfalls echtes Bandpaßverhalten und verbessern die für asymmetrische Doppelkernfilter typische ungenügende Sperrdämpfung. Durch die zusätzliche Schaffung von Übergangszonen bei Schmelztaperung an den Kopplerenden kann diese Dämpfung signifikant (theoretisch auf >30 dB) erhöht werden [22].

12.2.9
Komplexe faseroptische Gitterfilter

Faseroptische Gitterfilter, die lediglich die Reflexionseigenschaften eines klassischen faseroptischen Bragg-Gitters nutzen, erfordern zum Betrieb in Transmission die Verwendung eines optischen Zirkulators. Im Gegensatz hierzu bietet eine Kombination aus Richtkopplern und Fasergittern die Möglichkeit der Realisierung von Transmissions-Bandpässen ohne den Einsatz optischer Zirkulatoren.

Die Grundstruktur nach Abb. 12.25 [23] besteht aus zwei identischen faseroptischen Bragg-Gittern an den Ausgangszweigen eines 3-dB -Schmelzkopplers. Beide Zweige bilden die Arme eines Michelson-Interferometers wobei die Spiegel durch Gitter ersetzt sind. Bei absolut symmetrischem Aufbau (z.B. durch „Trimmen" mittels induzierter Brechzahlvariation durch UV-Licht im Faserkern eines Interferometerzweiges) ergibt sich eine Bandpaß-Charakteristik für den zweiten Kopplerzweig auf der Eingangsseite.

Diese Filter lassen sich mit Bandbreiten im Bereich von 0,1 nm bis 25 nm bei einer Einfü-

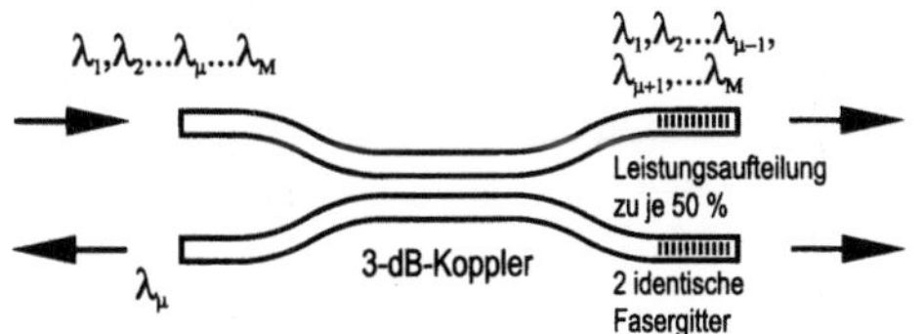

Abb. 12.25. Faseroptische Bandpaß-Filter mit Reflexionsgittern in einem Michelson Interferometer

gungsdämpfung von <0,5 und einer Rückflußdämpfung von ≥15 dB realisieren [6].

12.3 Faseroptische Multiplexer-Komponenten

12.3.1 Faseroptische Mehrkanal-Demultiplexer

Für dichtes Wellenlängenmultiplex (DWDM = „Dense Wavelength Division Multiplex") werden im ITU Grundraster minimale Kanalabstände von Δf = 100 GHz festgelegt (entsprechend $\Delta\lambda \approx$ 0,8 nm auf der Wellenlängenskala bei 1,55 µm). Fasergitter -Transmissionsfilter, bestehend aus zwei aufeinanderfolgenden Gittern mit geringfügig unterschiedlicher Gitterperiode (Abb. 12.26) eignen sich für derartige Bandbreiten. Sie lassen sich in Verbindung mit Schmelzkoppler-Verzweigern zu Vielkanal-Demultiplexern erweitern [24]. Die erreichbare Kanalselektion liegt bei >40 dB. Nachteilig sind die Aufteilungsverluste des Faserverzweigers (z. B. 6 dB bei 4 Kanälen) und die Notwendigkeit eines optischen Isolators.

Mittels kaskadierter faseroptischer Mach-Zehnder Interferometer können ebenfalls Vielkanal-Multiplexer/Demultiplexer realisiert werden. Ein 16-Kanal Multiplexer im 100 GHz-Raster mit 15 Mach-Zehnder Interferometern, auf der Basis von Fusionskopplern wies eine mittlere Einfügungsdämpfung von 1,5 dB bei einer Kanalselektion von >30 dB und einer Temperaturabhängigkeit von <0,002 nm/°C auf [25].

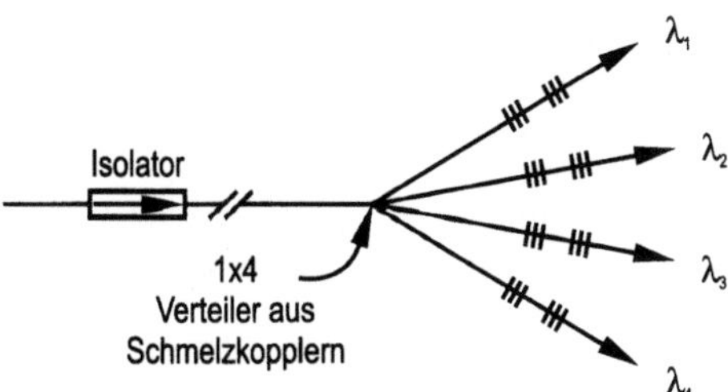

Abb. 12.26. Faseroptische Mehrkanal-Demultiplexer.

12.3.2 Add-Drop-Multiplexer

Eine Erweiterung des faseroptischen Michelson-Interferometers nach 12.2.9 ermöglicht in einem optischen Mehrkanalsystem die Extraktion und das erneute Einschleifen eines einzelnen optischen Kanals im Sinne eines Add-Drop-Multiplexers (ADM) [26].

Der Multiplexer (Abb. 12.27) besteht aus einem Mach-Zehnder Interferometer mit zwei identischen Bragg-Reflexionsgittern in den Interferometerarmen und zwei 3 dB Richtkopplern. Alle optischen Kanäle werden am Eingang A eingespeist und verlassen die Struktur über Ausgang C. Ausgang B dient zur Extraktion eines festgelegten Kanals („drop"-Funktion). Über Eingang D kann auf derselben Trägerwellenlänge ein Signal eingespeist werden („add"-Funktion).

Kommerzielle Komponenten erreichen Filterbandbreiten von bis zu 5 nm bei vernachlässigbarer Welligkeit im Durchlaßband und einer Flankensteilheit von 20 dB/nm. Bei Einfügungsverlusten von <0,5 dB ergeben sich Sperrdämpfungen von 30 – 35 dB. Zum Einsatz in optischen Vielkanalsystemen lassen sich auch geringe Kanalabstände von 0,5 nm realisieren [6].

Störende Reflexionen im Eingangskanal lassen sich durch Anordnung der Gitterstruktur im Mantelbereich der Glasfasern reduzieren, so daß Reflexionsdämpfungen von >30 dB erreicht werden können [27].

Auf das interferometrische Prinzip kann verzichtet werden, wenn anstelle der beiden Fasergitter-Zweige ein Zweig mit schräg gestelltem Fasergitter (z. B. 2° Neigung zur Orthogonalrichtung) in einer Zweimodenfaser und statt der beiden 3-dB-Koppler zwei modenselektive Koppler zum Einsatz kommen [28].

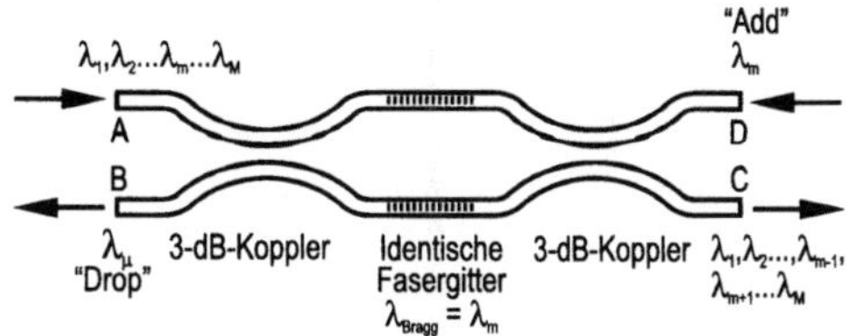

Abb. 12.27. Faseroptischer Add-Drop-Multiplexer (ADM) mit Fasergittern [26]

12.4
Faseroptische Schalter und Modulatoren

12.4.1
Allgemeine Hinweise

Faseroptische Schalter sind schaltbare Verzweiger, die zur unmittelbaren Umschaltung von Faserpfaden dienen. Hierbei stehen zwei Hauptanwendungsgebiete im Vordergrund. Einerseits - im Rahmen der Ersatzschaltetechnik in faseroptischen Übertragungssystemen - zur optischen Umschaltung auf Reservebaugruppen oder Ersatzfaserwege im Falle von Störungen. Zum andern zur gezielten Umschaltung von optischen Übertragungswegen in Vermittlungsstellen.

Im Falle von Vermittlungsfunktionen wird hier die wahlfreie Weiterleitung von jedem beliebigen Eingangskanal auf jeden beliebigen Ausgangskanal angestrebt. Größen der Schaltfelder im Bereich von 128 × 128 Kanälen sind in den nächsten Jahren zu erwarten. Diese rein optische Kanaldurchschaltung hat gegenüber elektronischen Lösungen den Vorteil nahezu absoluter Bitratentransparenz. Die Kaskadierung einer Vielzahl von 1 × 2 bzw. 2 × 2 Schaltern in einer Schaltmatrix stellt aber an den einzelnen Schalter hohe Anforderung an die Zuverlässigkeit und Qualität der optischen Eigenschaften.

Wesentliche Anforderungen an optische Wegeschalter seitens der Systemtechnik sind: Niedrige Durchgangsdämpfung, geringes Übersprechen, (bis zu -40 dB) und Vermeidung störender Reflexionen. Da vorrangig Informationswege und keine Bitströme geschaltet werden sollen, ist für die meisten Anwendungen ein relativ „langsames" Umschalten völlig ausreichend (ca. 10 ms von einen Ruhezustand in den anderen Ruhezustand).

Schaltprinzipien: Die Grundstrukturen für optische Wegeschalter sind Y-Verzweigungen oder X-Verzweigungen. Diese Wegeschaltfunktion kann ohne mechanisch bewegte Teile mittels elektrooptischer Umschaltung von Wellenleitereigenschaften erfolgen. Wegen der niedrigen effektiv erzielbaren Variation dielektrischer Eigenschaften ist diese Lösung recht voluminös und besitzt in der Regel alle bekannten Nachteile integrierter Schalter, insbesondere die relativ schlechte Übersprechdämpfung. Nach derzeitigen Erkenntnissen existieren (zwecks Massenproduktion in Schaltmatrizen) einfache, integrierte oder faseroptische Schalterstrukturen mit sehr guten Systemparametern (Einfügedämpfung, Übersprechen und Polarisationsunabhängigkeit) bislang nicht.

Ein Ausweg bietet die Verwendung mechanisch bewegter Teile: Zum optischen Wegeschalten unmittelbar innerhalb einer faseroptischen Anordnung bestehen dann zwei weitere Möglichkeiten: Das Bewegen der Glasfaser selbst, oder das Bewegen eines mechanischen Zwischengliedes.

Gerade in Sachen Übersprechen sind „mechanische Schalter" konkurrenzlos gut, sofern die mechanischen Anschläge wohldefiniert sind und somit ein „echter" digitaler Schalter entsteht.

Klassifizierung: Wesentliche Funktionsbedingungen für Schalter sind eindeutige Schaltzustände, die mit **„digitalen"** optischen Schaltern erreicht werden. Neben minimalem Energieverbrauch je Schaltspiel wird angestrebt, insbesondere den Gesamtenergieverbrauch zu minimieren, d.h., die jeweiligen Ruhezustände so zu gestalten, daß ein Energietransfer nur zum Schalten selbst notwendig ist, also ein **„bistabiler"** Schalter entsteht.

12.4.2
Mikromechanische Faserschalter

Die rein optische Signalvermittlung in einer Schaltmatrix (im optischen Raummultiplex) mit Wellenleitern basierend auf einer Vielzahl kaskadierter 1 × 2 oder 2 × 2 Schalter. Typische Werte für heute kommerziell erhältliche Schalter sind (bezogen auf einen 2 × 2 Schalter): Einfügungsdämpfung 0,7 bis 1,2 dB, maximale Schaltzeit 10 – 20 ms.

12.4.2.1
Bewegliche Faser

Dieses einfachste Schalterprinzip beruht auf der unmittelbaren Auslenkung einer Faser relativ zu den gegenüberliegenden Ausgangsfasern (Abb. 12.28). Die Bewegung der Faser (durch mechanisches Verbiegen) erfolgt mittels sogenannter elektrooptischer Aktuatoren, z.B. mit Hilfe von Elektromagneten. Die Schaltfaser muß hierbei zwischen zwei mechanischen Anschlägen bewegt werden. Probleme bereitet die hohe mechanische Präzision in Verbindung mit einer ausreichenden Wiederholgenauigkeit auch nach zahlreichen Schaltspielen.

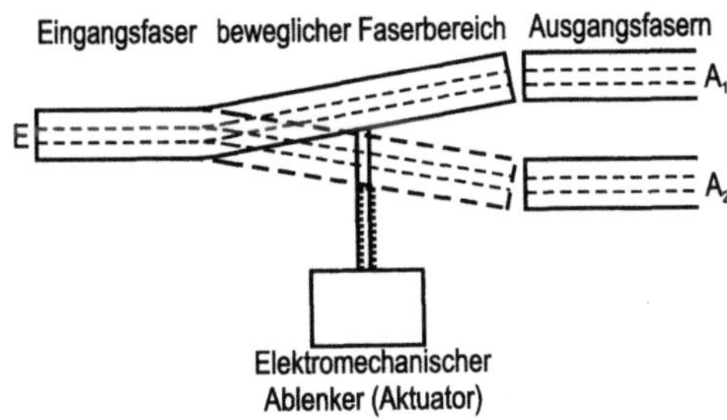

Abb. 12.28. Faseroptischer 1 × 2 Schalter, Funktionsprinzip

Der Vorteil von Schaltern, bei denen die Glasfaser selbst zum Schalten benutzt wird, ist der damit verbundene Verzicht auf zusätzliche optische Komponenten im Wirkstrahlengang (z.B. optische Linsen). Ein Beispiel für einen bistabilen, digitalen faseroptischen Schalter, basierend auf dem Prinzip der Silizium-Mikrobank-Technik, ist in Abb. 12.29 wiedergegeben [29]. Die bistabile Haltefunktion ist mittels einer präzisen V-Nuten-Klammerung realisiert, das Schalten selbst erfolgt thermomechanisch. Hierzu wird zunächst die V-Nuten-Halterung thermisch induziert abgesenkt. Ein thermomechanischer Lateral-Ablenker sorgt für das „Umlegen" des Schaltfaserarmes. Dessen mechanische Fixierung im anderen Schaltzustand erfolgt mittels der benachbarten V-Nut beim Wiederanheben der V-Gruben-Trägers. Die Einfügungsdämpfung liegt im Bereich von 1 dB bei einem Nebensprechen von < – 60 dB. Erweiterungen auf $1 \times N$ ($N \leq 4$) bzw. 2 × 2 Schalter sind einfach möglich.

Wird in Sonderfällen die Schaltfunktion $1 \times N$ (z.B. 1 × 16) gewünscht, also das Schalten eines einzelnen Eingangskanals auf eine von mehreren Ausgangsfasern, kann eine einstufige Anornung in der Form des Drehtellerprinzips verwendet werden. Hier wird die Eingangsfaser auf einen Schaltarm geführt, der z.B. mittels Schrittmotor auf die gewünschte Ausgangsfaser gerichtet wird.

12.4.2.2
Bewegtes optisches Zwischenglied

Hier wird das in der Eingangsfaser geführte Licht zunächst mittels Kollimator (Mikrolinse oder Gradientenlise) in ein quasi Parallellichtbündel aufgeweitet (Abb. 12.30). Der eigentliche Schaltvorgang erfolgt dann im Rahmen einer Freistrahloptik mit Hilfe von schalt-(klapp-)baren Freistrahl-Ablenkelementen wie Mikrospiegeln [30], Polygonen, Prismen oder Planparallelplatten. Ausgangsseitig ist ein zweiter, invers betriebener Kollimator erforderlich um das geschaltete Freistrahlbündel mit hoher Effizienz in die gewünschte Ausgangsfaser koppeln zu können. Die Gesamtanordnung wird häufig als Mikro Elektro Mechanisches System (MEMS) bezeichnet. Der Antrieb der Umschaltoptik erfolgt zumeist elektrostatisch oder elektromagnetisch.

Der Vorteil der Schalter mit beweglichem optischen Zwischenglied im Vergleich zur direkt geschalteten Faser beruht in der reduzierten mechanischen Genauigkeit, die im Bereich der Freistrahloptik, also beim Schaltvorgang selbst erforderlich ist. Nachteilig ist die größere Anzahl der benötigten Komponenten und damit auch der erhöhte Aufwand um störende Einflüsse durch parasitäre Effekte wie Reflexionen zu minimieren.

Die Einfügungsverluste bei einer 16 × 16 Matrix lagen (je nach Länge des zu schalten-

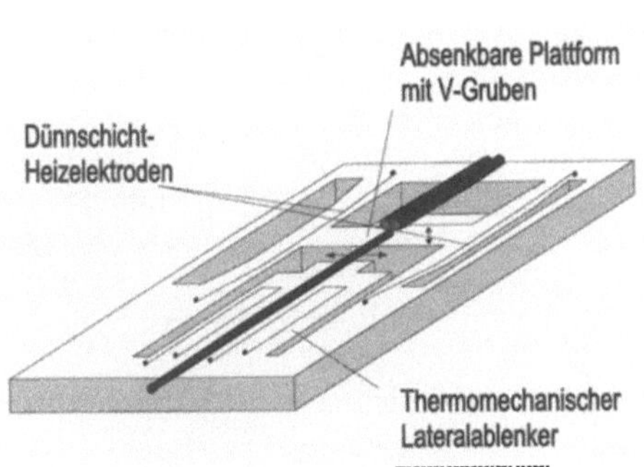

Abb. 12.29. Bistabiler faseroptischer 1 × 2 Schalter nach [29]

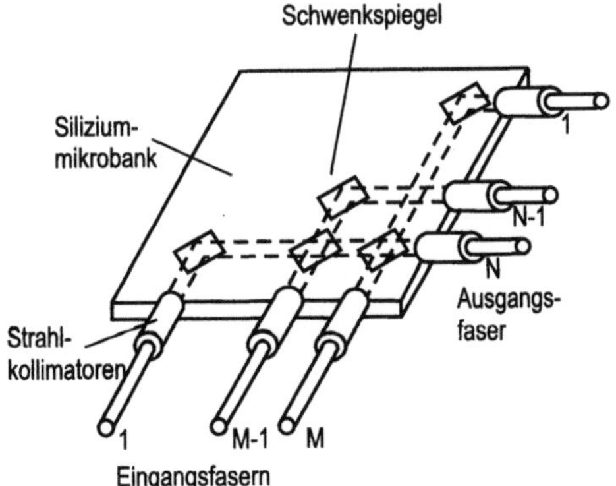

Abb. 12.30. Faseroptische Schaltmatrix mittels schwenkbarer Mikrospiegel nach [30]

den optischen Freistrahl-Weges) bei ca. 3,1 bis 3,5 dB [30]. Die Schaltzeiten können < 1 ms betragen. Neben einer weitgehenden Polarisationsunabhängigkeit ist auch hier das geringe Nebensprechen (< –60 dB) hervorzuheben.

12.4.3
Faseroptische Modulatoren

Fasermodulatoren nach dem Prinzip der feldinduzierten Variation dielektrischer Parameter bei lateral angeschliffenen Fasern ermöglichen eine Realisierung unter Umgehung aller Probleme der Faser-Chip Stoßkopplung. Insbesondere nichtlineare Polymere eignen sich zur Modulation der Lichtausbreitung mittels angelegter elektrischer Felder [31]. Über den linearen elektrooptischen Effekt lassen sich die Leckwelleneigenschaften des Verbundwellenleiters Glasfaser-Polymerschicht steuern. Bei einer Einfügungsdämpfung von 1 dB läßt sich eine Modulationstiefe von 30 dB erreichen. Die obere Grenzfrequenz (> 100 MHz) wird im wesentlichen von der Elektrodenkonfiguration beschränkt.

12.5
Polarisationskomponenten

12.5.1
Polarisationssteller

Faseroptische Polarisationssteller [32] transformieren einen beliebigen Eingangspolarisationszustand mittels geeigneter Zusatzkomponenten längs einer Glasfaser, in einen gewünschten Polarisationszustand am ausgangsseitigen Faserende. Da die Glasfaser unmittelbares Funktionselement ist, bleibt die Einfügungsdämpfung gering. Nachteilig ist die zumeist große Empfindlichkeit gegenüber äußeren Einflüssen, insbesondere hinsichlich der Temperatur. Daher wird die reine Faserlösung oftmals durch 3 Verzögerungsplatten in einem Freistrahlaufbau ersetzt. Geringe Verluste von < 1 dB sind auch hier erreichbar, aber die zusätzlich auftretenden Reflexionsprobleme sind nur unter erhöhtem Aufwand an reflexionsmindernden Maßnahmen, wie Vielfachbeschichtungen zu minimieren.

Der klassische (statische) Polarisationssteller verwendet Standard-Einmodenfasern und arbeitet mittels dreier gegeneinander verdrehbarer Faserschleifen. Ausgenutzt wird die infolge Biegung induzierte Doppelbrechung. Durchmesser und Zahl der Faserwindungen bestimmen die Größe der „optischen Verzögerung". Abbildung 12.31 zeigt den prinzipiellen Aufbau und dessen Äquivalent mit 3 in Serie angeordneten Verzögerungsplatten ($\lambda/4$ - $\lambda/2$ - $\lambda/4$). Verluste entstehen im wesentlichen nur aufgrund unvermeidbarer Leckwellen als Folge der Faserkrümmung. Diese Anordnung eignet sich im wesentlichen nur zur temporären Einstellung eines definierten Polarisationszustandes.

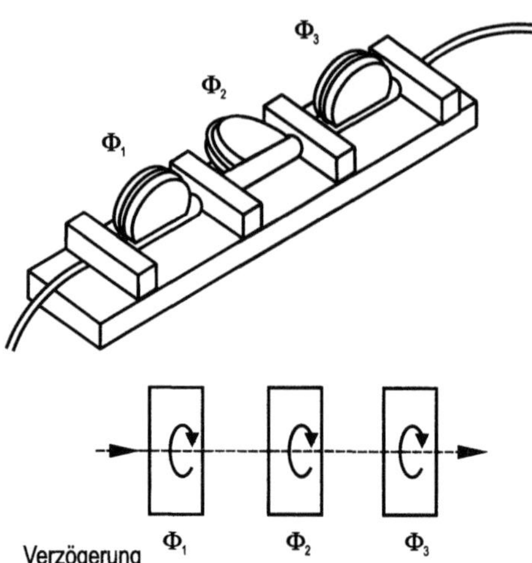

Abb. 12.31. Faseroptischer Polarisationssteller

Zur kontinuierlichen („reset-free", „endless") Polarisationskontrolle sind hingegen aufwendigere Konfigurationen erforderlich. Dies kann mittels vier alternierend um 45° verdreht angeordneter Klemmsteller erfolgen (Abb. 12.32). Durch gezielte individuelle Variation der Druckkräfte wird jeweils die optische Verzögerung im Klemmsteller variiert, so daß unter Verwendung spezieller Algorithmen eine kontinuierliche Polarisationskontrolle erreichbar ist.

Eine robustere Version besteht in der Verwendung piezoelektrischer Zylinder mit aufgewickelten polarisationserhaltenden Fasern, die winkelversetzt zueinander verspleißt sind.

Eine weitere prinzipielle Möglichkeit der kontinuierlichen Polarisationskontrolle ist die Verwendung einer Serienschaltung aus 3 doppelbrechenden faseroptischen Verzögerungsleitungen und 4 Faraday-Effekt-Rotatoren.

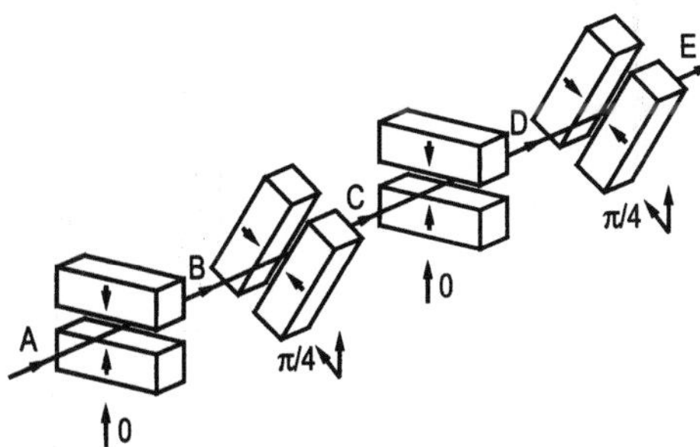

Abb. 12.32. Faseroptischer Polarisationssteller mittels „druckinduzierter, Doppelbrechung“ durch Klemmsteller („sqeezer“)

12.5.2 Polarisatoren

Faserpolarisatoren sind in der Lage, aus den orthogonal zueinander polarisierten Eigenwellen einer Glasfaser einen Polarisationszustand zu extrahieren. Dies kann durch einseitiges Anschleifen einer Glasfaser mit anschließender Metallisierung der Anschliffflächе erfolgen (Abb. 12.33). Die Polarisationsselektion erfolgt durch Kopplung des quergedämpftem Feldes der Faserwelle an Oberflächenplasmonen im Metallfilm. Die Dämpfungseigenschaften dieser Anordnung sind sehr stark polarisationsabhängig. Bei ausreichender Länge der wirksamen Metallisierungsschicht kann die Polarisationsextinktion des TM-Modus 50–70 dB erreichen, während die Transmissionsdämpfung des TE-Modus im Bereich von 1 dB verbleibt [33]. Bei einer Transmissionsdämpfung von <0,5 dB läßt sich immer noch eine Extinktionsdämpfung von >45 dB erzielen [34]. Geringere Transmissionsdämpfungen erfordern den Ersatz der Metallisierung durch (allerdings wellenlängenabhängige) dielektrische Schichten [34a].

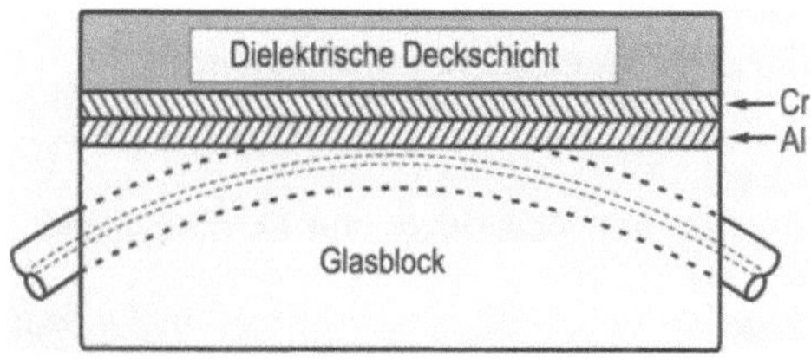

Abb. 12.33. Faseroptischer Polarisator [34]

12.6 Halbleiterlaser mit Fasergitter-Kopplung

12.6.1 Frequenzstabilisation mittels externem Fasergitter

Fasergitter lassen sich einfach in großen Serien mit genau spezifizierten Filtercharakteristiken und geringer Temperaturabhängigkeit herstellen. Sie können daher als externe Frequenzreferenz hybrider kostengünstiger WDM-Sender dienen. Der interne Laserresonator wird durch einseitige Entspiegelung aufgehoben. Als zweiter Resonatorspiegel wird das Fasergitter entweder über eine Freistrahl-Zwischenoptik oder (zur Verringerung parasitärer Reflexionen) über eine Faserlinse an den Halbleiterlaser angekoppelt. Die eleganteste Lösung ist eine chipseitige Fleckweitenanpassung mittels integriertem Taper und stoßgekoppeltem Fasergitter (Abb. 12.34). Letztere Lösung ermöglicht es, das Fasergitter in geringem Abstand zum laseraktiven Medium zu plazieren, so daß die effektive Resonatorlänge minimiert und im Falle der Direktmodulation die obere Modulationsgrenzfrequenz maximiert wird. Experimentell konnten Grenzfrequenzen von >3 GHz erzielt werden [35].

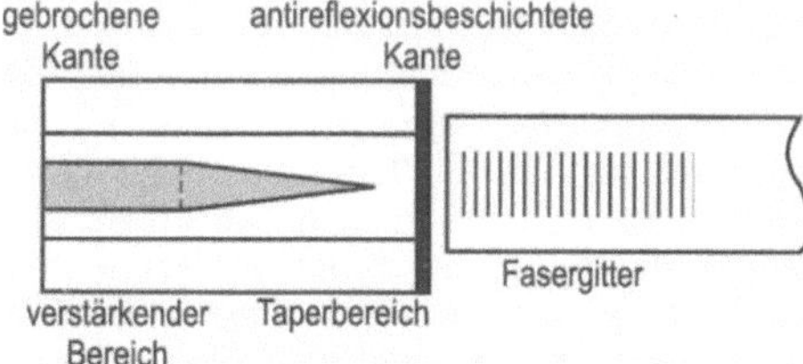

Abb. 12.34. Halbleiterlaser mit externem Fasergitter nach [35]

12.6.2 Kurzimpulslaser

Hier bilden im Gegensatz zum Aufbau nach Abschn. 12.6.1 Laser und Fasergitter einen relativ langen Resonator. Die Impulsbreite wird durch die Zahl der verkoppelten Resonatormoden, die Wiederholungsrate durch die über die effektive Resonatorlänge festgelegte Umlaufzeit des extern mit der Umlauffrequenz modulieten Lasers bestimmt. Beim konventionellen Aufbau wird die Fleckweitenanpassung zwischen Glasfaser und Halbleiterchip mittels

Faserlinse bewerkstelligt. Wesentlich weniger Toleranzprobleme weist eine Lösung auf, bei der die Fleckaufweitung bereits auf dem Laserchip erfolgt [36].

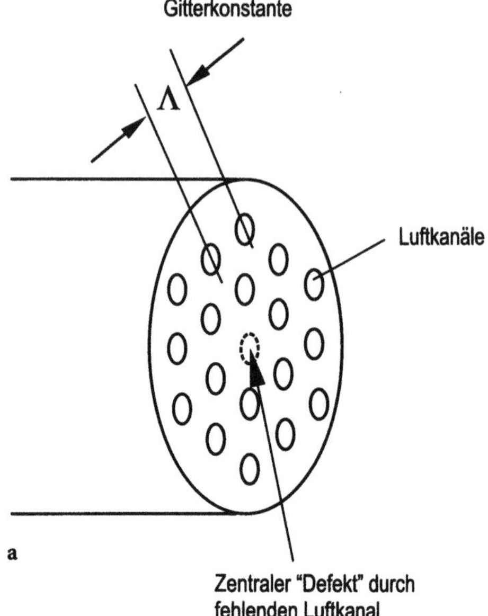

Abb. 12.35 a, b. Photonische Kristall-Fasern. **a** Prinzipieller Querschnittsaufbau, **b** Beispiele für Dispersionskurven [38] (d/Λ = 0,4; Λ = 1,4 µm, 2,3 µm, 3,2 µm, wobei d: Durchmesser des Kapillarhohlraumes, Λ: Gitterkonstante)

12.7 Dispersionskompensatoren

12.7.1 Kompensationsverfahren

Wesentliche Verfahren zur Kompensation der Chromatischen Dispersion (Wellenlängenabhängigkeit der Gruppenlaufzeit) in Glasfasern stehen Spezialfasern („Dispersionskompensierende“ Fasern, s. Kap. 4) oder Faser-Bragg-Gitter (u. U. in Verbindung mit einem Zirkulator, s. Kap. 12.9.3) zur Verfügung. Eine potentiell dritte Variante sind Fasern mit integrierter photonischer Kristallstruktur, auf die hier eingegangen werden soll.

12.7.2 Kompensatoren mittels Photonischer Kristall-Fasern

Fasern mit integrierter photonischer Kristallstruktur (Photonic Crystal Fibres, PCF) stellen eine besondere Art photonischer Kristalle dar. Der „klassische“ Photonische Kristall besteht aus einer dreidimensionalen Gitterstruktur extrem hoher periodischer Modulation, so daß in allen Raumrichtungen ein ausgeprägtes photonisches Sperrband existiert. Bei Photonischen Kristall-Fasern (Abb. 12.35) handelt es sich im Prinzip um einen sehr langen photonischen Kristall, mit transversal zweifach periodischem Aufbau [37]. Dies wird durch Einbettung von Glaskapillaren mit Lufteinschlüssen in einer hexagonalen Anordnung erreicht. In Richtung der Faserachse handelt es sich hingegen um eine längshomogene Struktur. Eine Modenführung wird durch den definierten Einbau von „Defekten“, z. B. Ersatz der zentralen Kapillare durch einen massiven Glaszylinder (= „Faserkern“) erzielt.

Diese Fasern weisen – je nach Aufbau der hexagonalen Substruktur – eine deutlich von üblichen Wellenleitern abweichende Dispersionscharakteristik auf [38].

Mit speziell optimierten Fasern [39] soll es möglich werden, eine chromatische Dispersion von – 2000 ps/(nm km) bei 1550 nm zu erzielen. Dies würde zur Kompensation von mehr als der 100-fachen Länge einer Standard-Einmodenfaser ausreichen. Mit geringeren Werten (z. B. für 35-fache Länge) soll es sogar möglich sein, die chromatische Dispersion über ein Wellenlängenband von 100 nm zu kompensieren.

12.8 Sonstige faseroptische Komponenten

12.8.1 Faseroptische Dämpfungs- und Abschlußglieder

Faseroptische Dämpfungsglieder haben vornehmlich die Aufgabe, innerhalb einer Übertragungsstrecke die optische Leistung um einen definierten Wert abzusenken. Wir unterscheiden zwischen breitbandigen Dämpfungsgliedern mit annähernd konstantem Dämpfungskoeffizienten im Arbeitswellenlängenbereich und Dämpfungsgliedern die durch ihren Aufbau eine starke Frequenzabhängigkeit aufweisen.

12.8.1.1
Frequenzunabhängige Strukturen

Die übliche Ausführungsart besteht im Einfügen eines absorbierenden, metallbeschichteten, teildurchlässigen Spiegels in eine aufgeschnittene Glasfaser. Um unerwünschte Reflexionen von der Übertragungsstrecke fern zu halten, ist der Absorber schräg zu stellen, die benachbarten Faserenden also schräg anzuschleifen (vgl. Abb. 12.36a). Eine andere Lösung verwendet anstelle des Spiegels eine mit Metallionen dotierte (und damit absorbierende) Dämpfungsfaser geringer Länge, die als verteiltes Dämpfungselement wirkt (vgl. Abb. 12.36b) [40]. Hiermit können Rückflußdämpfungen von >50 dB und hohe Eingangslichtleistungen von 100 mW zugelassen werden.

Wird ausgangsseitig auf einen Faseranschluß verzichtet und die interne Faserdämpfung ausreichend groß gewählt, so lassen sich auch für hohe Leistungen nahezu reflexionsfreie Faserabschlüsse (Rückflußdämpfung >50 dB) realisieren [40].

Eine dritte Variante sind faseroptische Dämpfungsglieder die auf dem FBT-Prozeß (Fused Biconical Taper) basieren. Sie besitzen typischerweise eine Bandbreite von 40 nm und erreichen eine Rückreflexionsdämpfung von ≤60 dB.

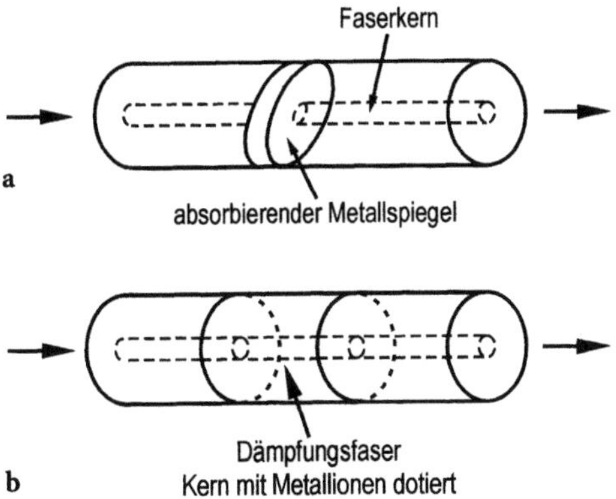

Abb. 12.36a, b. Faseroptische Dämpfungsglieder. **a** mit eingefügtem halbdurchlässigen Metallspiegel, **b** mit eingefügter Dämpfungsfaser

12.8.1.2
Frequenzabhängige Strukturen

Frequenzabhängige Strukturen weisen einen für spezielle Aufgaben genau spezifizierten Frequenzverlauf des Dämpfungskoeffizienten auf. Ein wichtiges Anwendungsfeld ist die Unterdrückung der verstärkten spontanen Emission (ASE) von Faserverstärkern mit Hilfe eingeschleifter Faser-Bragg-Gitter.

Um die Einflüsse der spontanen Emission in Erbium - dotierten Faserverstärken zu minimieren, ist es notwendig, im Bereich des „Erbium-Maximums" bei 1530 nm eine definierte, ausreichend breitbandige Zusatzdämpfung einzufügen. Dies kann mittels speziell dimensionierter Fasergitter, die in Transmission arbeiten, erfolgen. Typischerweise beträgt die Zusatzdämpfung in Bereich 1525 nm bis 1535 nm ≤10 dB, im Maximum der Erbium-Verstärkung hingegen ≤15 dB. Oberhalb 1540 nm wird typischerweise die erwünschte geringe Dämpfung von ≤0,2 dB erreicht.

Für spezielle, rückflußarme frequenzabhängige Dämpfungsglieder werden Bragg-Gitter verwendet, die zur Faserachse unter einem Winkel von weniger als 90° geneigt („slanted gratings") sind. In diesem Fall findet keine merkliche Reflexion in einen geführten Fasermodus mehr statt [41].

12.8.2
Faseroptische Koppelelemente

Zielsetzung: In der optischen Kommunikationstechnik wird eine Vielzahl unterschiedlicher optischer Komponenten verwendet, die zur Erreichung optimaler Funktionalität oftmals stark unterschiedliche Feldverteilungen der geführten optischen Wellen aufweisen. So liegt bei Glasfasern die sogenannte „Fleckweite" (Modenfelddurchmesser) im Bereich von 10 µm, die von Halbleiterlasern hingegen im Bereich um 1 µm. Faseroptische Koppelelemente sollen diese Komponenten mittels Strahltransformation möglichst verlustarm optisch miteinander verbinden. Je nach Aufwand können damit Transformationswirkungsgrade von >95% erreicht werden.

12.8.2.1
Die Faserlinse

Der klassische Aufbau sieht eine Halbkugellinse in Form einer sogenannten Mikrolinse (Abb. 12.37) aus hochbrechendem Glas (Brennweite < 100 µm) vor, die auf die Stirnfläche einer Glasfaser mit dünn geätztem Mantel aufgeklebt wird. Wird anstelle einer Halbkugel ein „Halbellipsoid" verwendet, so lassen sich auch elliptische Strahlformen mit hoher Effizienz anpassen.

Die heute zumeist angewendete Technik sieht speziell bearbeitete Faserenden zur unmittelbaren faserseitigen Strahltransformation vor. Im Vordergrund steht hierbei ein Verfahren, bei dem zunächst der Manteldurchmesser im Bereich des Faserendes stark reduziert und anschließend durch Anschmelzen das Faserende selbst halbkugelförmig abgerundet wird (Abb. 12.38).

Andere Verfahren sehen das schräge Anschleifen von Faserenden vor. Ein derartiges Anschleifen eignet sich insbesondere zur Herstellung stark asymmetrischer Krümmungsradien zur Anpassung extrem elliptischer Feldverteilungen. Dies ist z.B. dann gegeben, wenn das Licht eines Hochleistungs-(Pump-) Lasers (in Streifenwellenleiteraufbau) mit extrem asymmetrischem Ausgangsfleck aber hohem Koppelwirkungsgrad in Spezialfasern (z.B. für optische Verstärker) eingekoppelt werden soll.

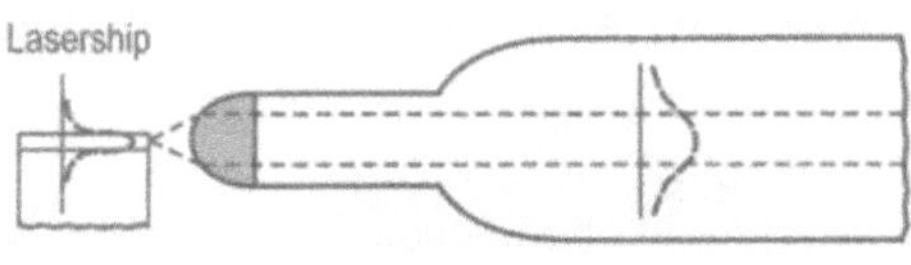

Abb. 12.37. Faseroptische Fleckweitenanpassung mittels Mikrolinse. Prinzipieller Querschnittsaufbau

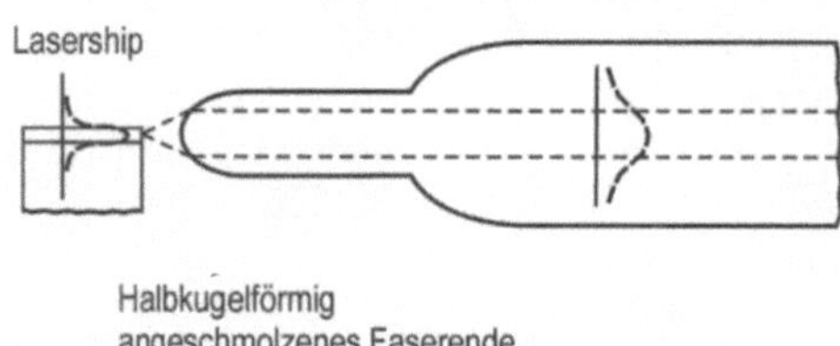

Abb. 12.38. Faseroptische Fleckweitenanpassung mittels Faserlinse. Prinzipieller Querschnittsaufbau

Bei Faserlinsen erfolgt die Fleckweitentransformation grundsätzlich mittels Brechung an einer oder mehreren Grenzflächen. Dies führt häufig zu unerwünschten Reflexionsproblemen. Vorteilhaft ist aber die relativ kurze Baulänge im Submillimeter-Bereich.

12.8.2.2
Fleckweitenkonverter mittels längsinhomogener Wellenleiter

Als Alternative zur Strahltransformation infolge Brechung an den Grenzflächen von Faserlinsen kann der als Wellenleiter wirkende Faserkern selbst zur Strahltransformation dienen [41a]. Längsinhomogene Fasern (sogenannte Faser-„Taper") besitzen in der Regel ein rotationssymmetrisches Brechzahlprofil, das sich aber kontinuierlich entlang der Faserachse ändert. Beim sogenannten adiabatischen Taper erfolgt die Strahltransformation sehr allmählich und dann faktisch verlustfrei. Nach Abb. 12.39 verjüngt sich der Kerndurchmesser entlang der positiven z-Achse. Mit abnehmendem Kernduchmesser aber gleich bleibender Brechzahl verringert sich die Wellenführung mit der Folge zunehmenden Fleckdurchmessers.

Insbesondere für Freistrahlaufbauten wird eine erhebliche Strahlaufweitung im Vergleich zur geführten Welle einer Standardeinmodenfaser benötigt, auch dies ist mit Fasertapern erreichbar.

12.8.2.3
Strahlkollimatoren

Bei optischen Komponenten in Freistrahl-Aufbautechnik wird häufig ein möglichst gut kollimiertes Lichtbündel gefordert (Gauß-

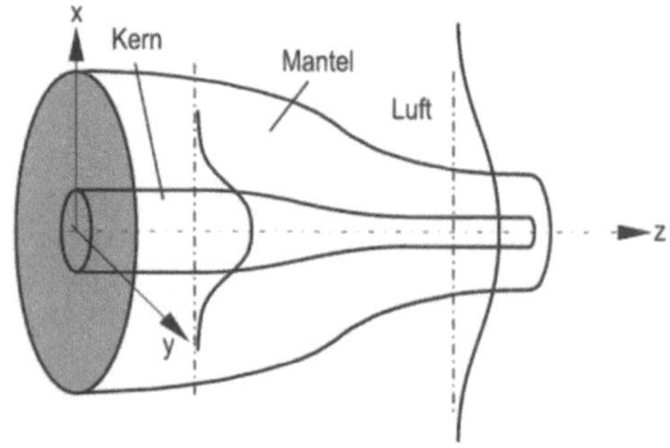

Abb. 12.39. Faseroptische Fleckweitenanpassung mittels Fasertaper. Prinzipieller Querschnittsaufbau

scher Strahl mit großer Strahltaille). Neben der Verwendung von Gradientenlinsen (vgl. Abschn. 11.3.3) läßt sich diese Aufgabe auch mittels einer speziellen Faseroptik lösen [6].

Hierzu wird nach Abb. 12.40 an eine übliche Glasfaser zusätzlich eine kernlose Faser, an deren Ende sich eine Kugellinse mit großem Krümmungsradius befindet, angespleißt. Die kernlose Faser wirkt hierbei lediglich als homogenes Medium in dem sich ein Gaußscher Strahl aufweitet. Die Kollimation selbst erfolgt durch Brechung an der sphärischen Grenzfläche Faser-Luft.

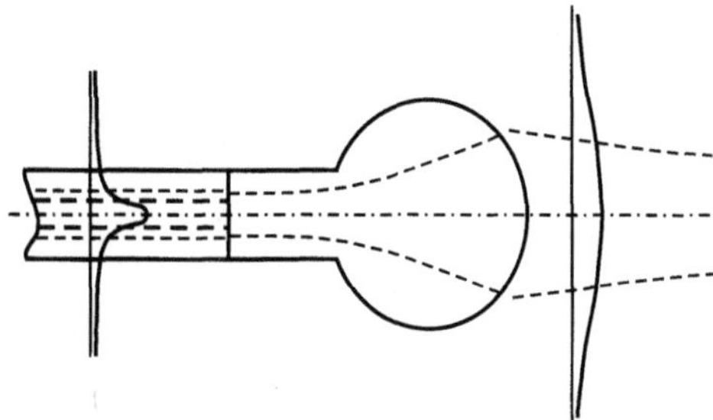

Abb. 12.40. Faseroptischer Strahlkollimator

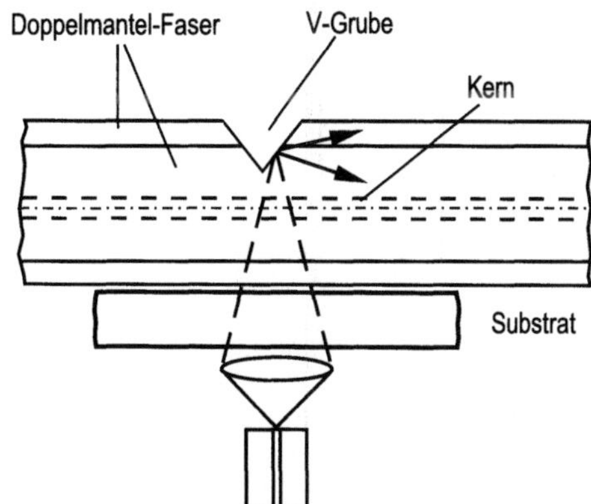

Abb. 12.41. V-Gruben-Koppler [42]

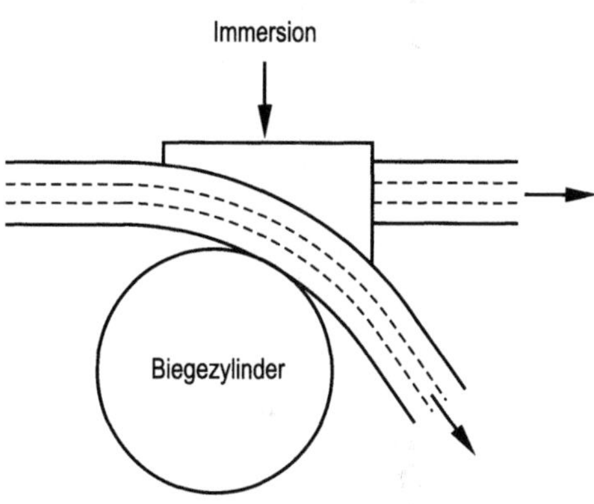

Abb. 12.42. Der Biegekoppler

12.8.2.4 Der V-Nuten-Koppler

Faseroptische Verstärker, deren Inversion über das Pumpen im Mantelbereich erzielt wird, können als Quelle Breitstreifen- Laserdioden verwenden. Mit der V-Nuten Technik nach Abb. 12.41 lassen sich Koppelwirkungsgrade von über 80% erzielen [42]. Hierbei wird die Pumpquelle über eine Mikrolinse seitlich in die Faser auf die Innenfläche einer V-Nut fokussiert und nach Totalreflexion in den Mantelbereich der Verstärkerfaser gelenkt.

12.8.2.5 Der Biegekoppler

Einen Sonderfall, bei dem weniger die Effizienz der Lichtkopplung, sondern vielmehr die grundsätzliche Möglichkeit, Licht ein- bzw. auszukoppeln wesentlich wird, stellt der Biegekoppler dar.

Die Eigenschaft einer gekrümmten Glasfaser, des grundsätzlichen Auftretens von Abstrahlungsverlusten als Folge von Leckwellen, läßt sich mit Hilfe des sogenannten Biegekopplers vorteilhaft nutzen. Nach Abb. 12.42 wird hierzu eine Glasfaser um eine Biegekern von wenigen Millimetern Durchmesser gebogen und das austretende Licht mittels einer Photodiode aufgefangen. Damit ausreichend Lichtleistung austreten kann, wird zwischen Photodiode und Faser Immersionsflüssigkeit verwendet ($n_{\text{Immersion}} > n_{\text{Mantel}}$). Das Primärcoating der Faser muß entweder entfernt werden oder aber es muß das Mantellicht „abstreifen" ($n_{\text{coating}} > n_{\text{Mantel}}$). Wird die Photodiode durch eine LED ersetzt, läßt sich umgekehrt in beschränktem Umfang Licht in die Glasfaser einkoppeln.

Derartige Koppler werden z.B. in Spleißgeräten zur Kontrolle des Spleißvorganges bei unzugänglichen Faserenden eingesetzt [42a].

12.8.3 Faserintegrierte Isolatoren

Zwischen den Faserenden besonders behandelter Glasfasern, die auf einer mikrooptischen Bank fixiert sind, wird nach Abb. 12.43

ein Isolator-Chip in ein quasi paralleles Freistrahl-Lichtbündel eingepaßt [43]. Durch spezielle Behandlungen der Glasfaser mittels des Verfahrens der „Thermischen Expansion des Kerndurchmesser" (TEC = Thermallydiffusion Expanded Core) ist es möglich, einen längsinhomogenen Brechzahlverlauf („Taper") herzustellen, so daß die numerische Apertur der Faser zur Mitte der mikrooptischen Bank drastisch gesenkt wird. Für einen Modenfelddurchmesser von 20 µm beträgt dann die Zusatzdämpfung für einen Faserabstand von 1 mm weniger als 0,4 dB, so daß der mikrooptische Isolator-Chip verlustarm eingefügt werden kann.

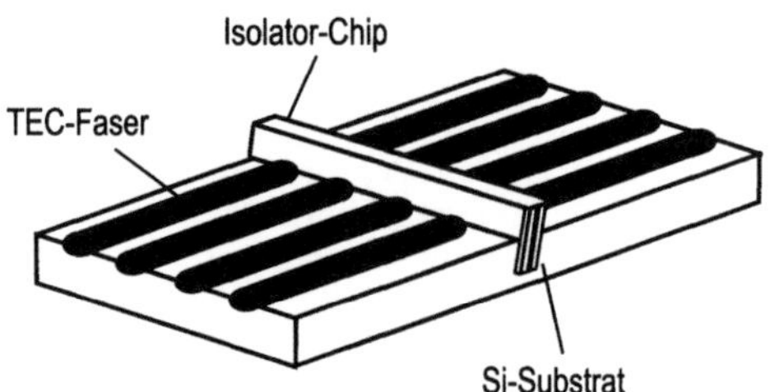

Abb. 12.43. Faserintegrierte Isolatoren nach [43]

Spezielle Literatur

[1] *Lipson, J. and Harvey, G.T.:* Low-loss wavelength division multiplexing (WDM) devices for single-mode systems. Journal of Lightwave Technology 1 (1983) 387–390

[2] *Takagi, A. et al.:* Wavelength characteristics of (2×2) optical channel-type directional couplers with symmetric and nonsymmetric coupling structures. Journal of Lightwave Technology 10 (1992) 735–746

[3] *Mortimore, D.B.:* Wavelength-flattened fused couplers. Electronics Letters 21 (1985) 742–743

[4] *OPLINK*, Produkt Katalog 2000

[5] *Morishita, K. and Tahara, T.:* Wavelength-insensitive couplers in form of all-fibre Mach-Zehnder interferometer. Electronics Letters 27 (1991) 1200–1202

[6] *TECOS Telecommunications Systems*, Produkt Katalog

[7] *Mortimore, D.B. and Arkwright, J.W.:* Monolithic wavelength-flattened 1×7 single-mode fused coupler. Electronics Letters 25 (1989) 606–607

[8] *Nosu, K, and Watanabe, R.:* Slab waveguide star coupler for multimode optical fibres. Electronics Letters 16 (1980) 608–609

[9] *Zengerle, R. and Leminger, O.:* Narrow-band wavelength - selective directional couplers made of dissimilar single-mode fibres. Journal of Lightwave Technology 5 (1987) 1196–1198

[10] *Leminger, O., Zengerle, R.:* Bandwidth of directional-coupler wavelength filters made of dissimilar optical fibres. Electronics Letters 23 (1987) 241–242

[11] *Leminger, O. and Zengerle, R.:* Narrow-band directional couplers made of dissimilar single-mode fibers with different cladding refractive indexes. Journal of Lightwave Technology 8 (1990) 1289–1291

[12] *Archambault, J.L. et al.:* Grating-frustrated coupler: a novel channel-dropping filter in single-mode optical fiber. Optics Letters 19 (1994) 180 - 182

[13] *Whalen, M. S. et al.:* Demonstration of a narrowband Bragg-reflection filter in a single-mode fibre directional coupler. Electronics Letters 22 (1986) 681–682

[14] *Baumann, I. et al.:* Compact all-fiber add-drop multiplexer using fiber Bragg gratings. IEEE Photon. Technol. Lett 8 (1997)

[15] *Zhang, F. and Lit, J.W.Y.:* Direct-coupling single-mode fiber ring resonator. J. Opt. Soc. Am. A 5 (1988) 1347–1355

[16] *Bao, Y. et al.:* High-speed liquid crystal fiber Fabry-Perot tunable filter. OFC 96, proceedings 90–91

[17] *McCallion, K. et al.:* Tunable in-line fiber-optic bandpass filter. Optics Letters 19 (1994) 542–544

[18] *Sorin, W.V. and Shaw, H. J.:* A single-mode fiber evanescent grating reflector. Journal of Lightwave Technology 3 (1985) 1041–1043

[19] *Ortega, B. and Dong, L.:* Highly tunable mismatched twin-core fibre filters. ECOC 98 Proceedings 31–32

[20] *Atkins, G.R. et al.:* UV tuning of twin-core fiber demultiplexers. OFC 95 Proceedings 161–162

[21] *Ahmad, S.-J. and McKeeman, J.C.:* All-fiber spectral filters with nonperiodic bandpass characteristics and high extinction ratios in the wavelength range 0.8 µm < λ < 1.6 µm. Journal of Lightwave Technology 9 (1991) 959–963

[22] *Tjugiarto, T. et al.:* Bandpass filtering effect in tapered asymmetrical twin-core optical fibres. Electronics Letters 29 (1993) 1077–1078

[23] *Bilodeau, F. et al.:* High-return-loss narrowband all-fiber bandpass Bragg transmission filter. IEEE Phot. Technol. Lett. 6 (1994) 80–82

[24] *Mizrahi, V. et al.:* Four channel fibre grating demultiplexer. Electronics Letters 30 (1994) 780–781

[25] *Huang, C. et al.:* Ultra-low loss temperature-insensitive 16 channel 100-GHz dense wavelength division multiplexers based on cascaded all-fiber unbalanced Mach-Zehnder structure. OFC 99 proceedings paper TuH2 79–81
[26] *Johnson, D.C. et al.:* New design concept for a narrowband wavelength-selective optical tap and combiner. Electronics Letters 23 (1987) 668–669
[27] *Bakhti, F. et al.:* Grating-assisted Mach-Zehnder OADM using cladding-photosensitive fibre for cladding mode suppression. OFC 99 proceedings paper TuN2 193–195
[28] *Park, H.S. et al.:* All fiber add-drop multiplexer using a tilted fiber Bragg grating and mode-selective couplers. OFC 99 proceedings paper TuH6 91–93
[29] *Hoffmann, M. et al.:* All-silicon bistable micromechanical fibre switches. Electronics Letters 34 (1998) 207–208.
[30] *Lin, L. Y. et al.:* High-density micromachined polygon optical crossconnects exploiting network connection-symmetry. IEEE Photonics Technology Letters 10 (1998) 1425–1427
[31] *Hill, R.A. et al.:* Polymeric in-line fiber modulator using novel processing techniques. OFC 96 Proceedings 166–167
[32] *Walker, N.G. and Walker, G. R.:* Polarization control for coherent communications. Journal of Lightwave Technology 8 (1990) 438–458
[33] *Johnstone, W. et al.:* Surface plasmon polaritons in thin metal films and their role in fibre optic polarizing devices. Journal of Lightwave Technology 8 (1990) 538 - 544
[34] *Zervas, M.N. and Giles, I.P.:* Optical Fibre Surface-Plasmon-Wave Polarizers with Enhanced Performance. Electron. Lett. 25 (1989) 321–323
[34a] *Creaney, S. et al.:* Low loss fibre optic polaris + ers using differential coupling to dielectric waveguide overlays. Electronics Letters 30 (1994) 349–351
[35] *Zengerle, R. et al.:* Large-spot laser diodes with stable carrier frequency by an external fiber grating. IPR 96 paper IThD3
[36] *Zengerle, R. et al.:* Mode-locking in large-spot laser diodes with external fiber grating. Optics for Science and New Technology, SPIE Vol. 2778 (1996) 1080–1081
[37] *Knight, J.C. et al.:* Properties of photonic crystal fiber and the effective index model. J. Opt. Soc. Am. A 15 (1998) 748–752
[38] *Bjarklev, A. et al.:* Dispersion properties of photonic crystal fibres. ECOC 98, Proceedings 135–136
[39] *Birks, T.A. et al.:* Single material fibres for dispersion compensation. OFC 99 proceedings paper FG2 108–110
[40] *SHOWA ELECTRIC WIRE & CABLE,* Produkt Katalog
[41] *Riant, I. et al.:* Gain equalization with optimized slanted Bragg grating on adapted fibre for multichannel long-haul submarine transmission. OFC 99 paper ThJ6 147–149
[41a] *Love, J.D. et al.:* Tapered single-mode fibres and devices. IEE Proceedings-J 138 (1991) 343–354
[42] *Goldberg, L. and Koplow, J.:* High power side-pumped Er/Yb doped fiber amplifier. OFC 99 proceedings paper WA7 19–21
[42a] *Mahlke, G. und Gössing, P.:* Lichtwellenleiterkabel, Publicis MCD Verlag, 1998
[43] *Irie, T. et al:* Fiber-integrated isolators with high performance. OFC 96 Proceedings 53–54

12.9 Faseroptische Gitter

E. Brinkmeyer

Allgemeine Literatur
Kashyap, R.: Fiber Bragg Gratings. Academic Press, 1999

Einführung

Für viele Aufgaben der Wellenlängenselektion werden in der klassischen Optik wie auch in der Wellenleiteroptik Gitterstrukturen eingesetzt. Um insbesondere in optischen Quarzglas-Fasern periodische Brechzahlverteilungen zu erzeugen, steht mit der UV-Schreibtechnik seit 1989 [1] eine einfache und flexible Methode zur Verfügung, mit der frühere aufwendige Anschliff- und Ätztechniken ersetzt werden können. Grundlagen und Anwendungen dieser Methode sollen im folgenden umrissen werden. Zusammenfassende Darstellungen finden sich auch in der Monographie [2] und in den Übersichtsartikeln [3–6].

Als faseroptische Gitter werden Abschnitte von meist einmodigen Fasern bezeichnet, in denen der Brechungsindex im Kern quasiperiodisch als Funktion der Längskoordinate z moduliert ist. Oft ist diese Modulation annähernd sinusförmig. Typische Brechzahlhübe liegen zwischen 10^{-5} und 10^{-2}, die verwendeten Längen reichen von weniger als 1 mm bis über 1 m. Zu unterscheiden sind langperiodische Gitter (long period gratings) mit Gitterperioden Λ im 100 µm-Bereich von sogenannten Faser-Bragg-Gittern, bei denen die Periode Λ in der Regel ca. 0,5 µm beträgt. Die langperiodischen Gitter (s. Abschn. 12.9.3.4) erzeugen wellenlängenselektive Verluste für eine einfallende Grundmode durch Kopplung an Mantelmoden. Sie sind im folgenden unter dem Begriff Fasergitter nur dann gemeint, wenn dies ausdrücklich vermerkt ist. Die Bragg-Gitter verkoppeln dagegen vor allem die vorwärts- und die rückwärtslaufende Grundmode miteinander und führen in der Umgebung einer charakteristischen Wellenlänge, der Bragg-Wellenlänge λ_B, zu starker Reflexion. Eine solche Gitterstruktur ist schematisch in Abb. 12.44 dargestellt. Sie läßt sich qualitativ folgendermaßen verstehen (genauere Behandlung in Abschn. 12.9.2): Jede Brechzahl-Diskontinuität in Längsrichtung der Faser führt zu einem kleinen Fresnel-Reflex. Die elektrischen Felder dieser reflektierten Einzelwellen überlagern sich nach Betrag und Phase. Dies führt bei den meisten Wellenlängen zu einer Gesamtwelle mit vernachlässigbar kleiner Amplitude, nicht jedoch in der Umgebung der sogenannten Bragg-Wellenlänge $\lambda_B = 2n_{\text{eff}}\Lambda$. Bei dieser Wellenlänge beträgt der optische Weg zwischen sich entsprechenden Einzelreflexionsstellen ein Vielfaches einer halben geführten Wellenlänge. Nach Ausbreitung auf Hin- und Rückweg sind damit alle Einzelreflexe in Phase und liefern zusammen ein großes Reflexionssignal durch konstruktive Interferenz.

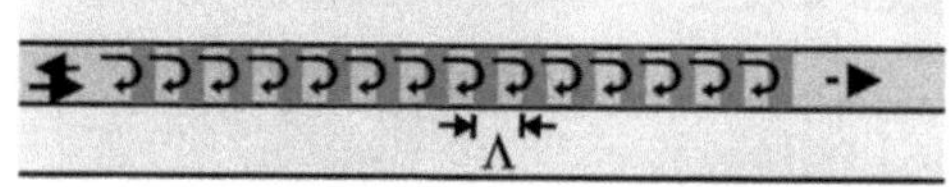

Abb. 12.44. Funktionsweise eines Faser-Bragg-Gitters

12.9.1 Herstellung

Grundlage des optischen Einschreibens von Gitterstrukturen in Fasern ist die Photosensitivität des Fasermaterials. Zusätzlich ist eine Strukturierung notwendig, die bei langperiodischen Gittern durch Amplitudenmasken oder durch punktweises Einschreiben realisiert wird. Das Einschreiben von Faser-Bragg-Gittern beruht vornehmlich auf interferometrischen Prinzipien.

12.9.1.1
Photosensitivität dotierter Quarzglasfasern und Laserquellen zur Brechzahländerung

Unter Photosensitivität versteht man die permanente Änderung von Materialeigenschaften durch optische Einstrahlung. Bei Germanium-dotierten Quarzgläsern stellt man insbesondere bei Beleuchtung mit blauem, grünem oder ultraviolettem Licht eine Änderung des Brechungsindex fest. Einen besonders starken Effekt erzielt man mit UV-Wellenlängen im Bereich zwischen 190 und 250 nm. Üblich Germanium-dotierte Faserkerne haben hier Absorptionskonstanten bis zu einigen 100 dB/mm. Obwohl die betreffenden physikalisch-chemischen Vorgänge noch nicht hinreichend geklärt sind, so steht doch nach allgemeiner Meinung die Existenz der Absorptionsbanden in Zusammenhang mit Sauerstoff-Mangelstellen (Germanium-Oxygen-Deficient-Centers, GODC), bei denen in falschen Bindungen (wrong bonds) direkte Ge-Ge oder Ge-Si Bindungen vorliegen. Durch UV-Licht können solche Bindungen aufgebrochen werden, wobei Farbzentren entstehen. Dadurch wird die Absorption des Materials verändert und dies führt – über die Kramers-Kronig-Verknüpfung von Real- und Imaginärteil der Dielektrizitätskonstanten – zu einer Brechzahländerung, insbesondere auch im nahinfraroten Wellenlängenbereich der optischen Nachrichtentechnik [7]. Daneben werden mit spannungsoptischen Gesichtspunkten und Material-Kompaktierungsmodellen auch andere brechzahländernde Effekte angegeben [8].

Als Lichtquellen werden vornehmlich gepulste KrF- und ArF-Excimer-Laser bei λ_{UV} = 248 nm bzw. 193 nm, sowie frequenzverdoppelte CW-Argonionenlaser bei λ_{UV} = 244 nm verwendet. Die in Ge-dotiertem Quarzglas auf diese Weise erreichbaren Brechzahländerungen liegen gewöhnlich im Bereich von $\Delta n_{UV} = 10^{-5} \dots 10^{-4}$. Eine deutliche Steigerung um bis zu zwei Größenordnungen und Δn_{UV}-Werten von 10^{-2} kann durch eine dem Schreibprozeß vorangehende Wasserstoffbeladung erreicht werden [9]. Dabei werden die Fasern für mehrere Tage in einer Wasserstoff- (oder Deuterium-) Atmosphäre von typisch mehreren 10^5 hP (mehreren hundert bar) gehalten. Zum Erreichen der genannten Brechzahländerungen sind i.a. UV-Expositionen (fluence) von etwa 10^4 Ws/cm^2 notwendig.

12.9.1.2
Methoden zur Gittererzeugung durch UV-Belichtung

Um in photosensitiven Fasern auf optischem Wege eine Gitterstruktur einzuschreiben, kann prinzipiell ein stark fokussierter Laserstrahl geeigneter Wellenlänge verwendet werden, mit dem die Faser Punkt für Punkt schrittweise belichtet wird. Die lokal gewünschten Brechzahländerungen können über die Laserleistung und/oder die Belichtungszeit eingestellt werden. Mit Ausnahme von langperiodischen Gittern (long period gratings, s. Abschn. 12.9.3.4) hat sich diese direkte Schreibtechnik aus Gründen des Zeitaufwandes und der Anforderungen an die Präzision der örtlichen Positionierung nicht durchgesetzt. Alle anderen Methoden beruhen darauf, die Faser mit einer bereits stückweise periodischen Intensitätsverteilung zu belichten.

Ein Verfahren, um im Kern einer Einmodenfaser ein in Längsrichtung periodisches Intensitätsmuster wirken zu lassen, beruht auf der Erzeugung eines optischen Stehwellenfeldes. Dazu muß das für den Schreibprozeß vorgesehene Licht in die Faser eingekoppelt und am Ende reflektiert werden. Das Intensitätsmuster mit der Periode $\lambda/(2n_{eff})$ „brennt sich" dann mit wachsender Zeit in die Faser ein, d.h. es entsteht ein Brechzahlmuster gleicher Periode. Ein solches Gitter (Hill grating [10]), wie es erstmals 1978 mit Argon-Laserlicht bei λ = 488 nm in Germanosilikatfasern erzeugt wurde, hat den Nachteil, daß die Gitterperiode nicht frei gewählt werden kann, sondern durch die Schreibwellenlänge bereits festliegt.

Bei den heutigen Verfahren zur Herstellung von Fasergittern werden außerhalb der Faser mit UV-Laserlicht Interferenzmuster erzeugt, mit denen die Faser seitlich belichtet wird. Diese ursprünglich von Meltz [1] eingeführte Technik wird in einer Vielzahl von Varianten angewendet; insbesondere sind Gitter-Schreibverfahren mit Interferometern im eigentlichen Sinne von solchen Verfahren zu unterscheiden, die auf der Anwendung vorgefertigter Phasenmasken beruhen.

Das Prinzip eines interferometrisches Gitterschreibaufbaus ist in Abb. 12.45 skizziert: Ein UV-Laserstrahl wird durch einen Strahl-

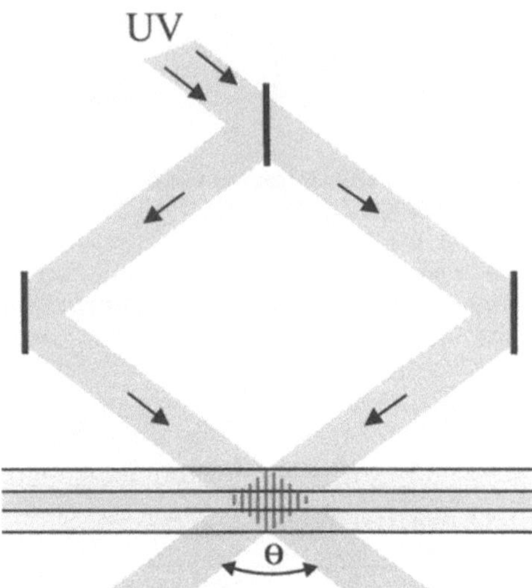

Abb. 12.45. Gitter-Einschreibverfahren mit Zweistrahl-UV-Interferometrie

teiler in zwei Teilstrahlen aufgeteilt, die über zwei Spiegel in einem Kreuzungsbereich wieder überlagert werden. Unter der Voraussetzung ausreichender Kohärenz des Laserlichtes und gleicher Polarisation der Teilstrahlen ist der Kreuzungsbereich von Interferenzstreifen durchzogen. In dieses Gebiet mit annähernd $\sin^2$-förmiger örtlicher Intensitätsmodulation wird die optische Faser plaziert und so durch deren Photosensitivität die gewünschte Gitterstruktur in den Kern eingeschrieben. Der Abstand der Interferenzstreifen, d. h. die Periode Λ des Brechzahlgitters in der Faser, läßt sich durch Wahl des Überschneidungswinkels θ der interferierenden Teilstrahlen einstellen:

$$\Lambda = \frac{\lambda_{UV}}{2\sin(\theta/2)} \tag{12.8}$$

Ein solches Interferometer erfordert eine hohe mechanische Stabilität und Einstellgenauigkeit sowie einen optisch genügend schmalbandigen, zeitlich kohärenten UV-Laser. In dem in Abb. 12.45 dargestellten Interferometer muß der Laser zusätzlich eine hohe räumliche Kohärenz besitzen, da sich die Teilstrahlen spiegelbildlich zueinander verhalten. Diese Anforderung kann durch Einfügung eines weiteren Spiegels in einem Interferometerarm gemildert werden.

Eine einfachere Technik zur Herstellung von Fasergittern ist die Kontaktbelichtung durch kommerziell erhältliche Phasenmasken (s. Abb. 12.46). Solche Masken aus Quarzglas besitzen einseitig gefurchte Oberflächen, die sie für das einfallende UV-Licht zu Phasengittern machen. Sie sind dahingehend optimiert, daß die nullte Beugungsordnung - der direkt transmittierte Strahl - bei senkrechtem Einfall weitgehend unterdrückt ist und der Hauptteil der optischen Leistung gleichmäßig auf die +1. und −1. Beugungsordnung verteilt wird. Diese beiden Beugungsordnungen erzeugen in dem Überlappungsbereich unterhalb der Maske ein Interferenzmuster, wie die Teilstrahlen des Interferometeraufbaus in Abb. 12.45. In diesem Bereich wird wiederum die Faser gebracht, in die Gitterstruktur eingeschrieben werden soll. Für die Gitterperiode Λ im eingeschriebenen Fasergitter gilt:

$$\Lambda = \Lambda_{PM}/2 \tag{12.9}$$

wobei Λ_{PM} die Gitterkonstante auf der Phasenmaske bezeichnet. Diese Beziehung, die unmittelbar aus der Gitterbeugungsformel und Gl. (12.8) folgt, ist somit unabhängig von der Schreibwellenlänge λ_{UV} (jedoch gilt die Optimierung des Beugungswirkungsgrades der Phasenmaske nur für eine bestimmte Wellenlänge). Mit einer Phasenmaske können demnach ohne Zusatzmaßnahmen nur Fasergitter mit einer festen Periode und einer bestimmten Bragg-Wellenlänge geschrieben werden, im Gegensatz zu der flexibleren Interferometertechnik.

Bei dem Einschreibvorgang kann die gesamte Phasenmaske mit einem breiten Laserstrahl beleuchtet werden. Stattdessen ist es auch möglich, einen „dünnen" Laserstrahl entlang der Faserachse zu bewegen (s. Abb. 12.46). Dann werden die Gittersegmente sequentiell in einem Scan-Vorgang eingeschrieben, und es ist dann auch möglich, die Inten-

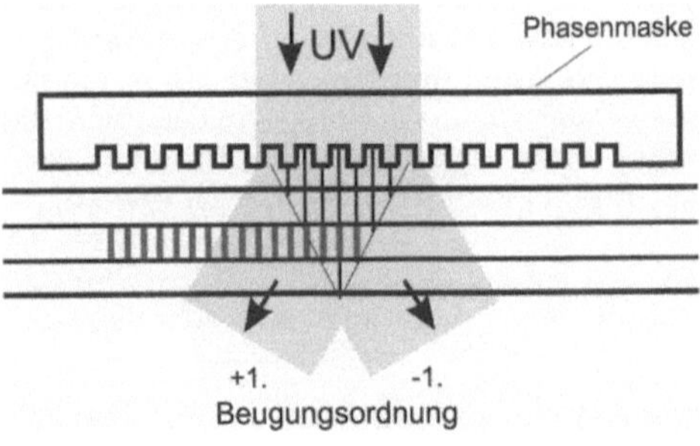

Abb. 12.46. Phasenmasken-Technik zum Einschreiben von Brechzahlgittern

sität des Laserlichtes (oder die Scangeschwindigkeit) zu verändern, um ein Gitter mit örtlich variierender Gitterstärke zu realisieren. Allerdings wird dadurch auch die mittlere Brechzahlanhebung und damit die lokale Bragg-Wellenlänge ortsabhängig. Aus diesem Grunde ist es besser, eine gewünschte Variation der Gitterstärke durch partielles „Verwischen" der Gitterstriche zu realisieren, erzeugt durch eine kontrollierte Relativbewegung zwischen Phasenmaske und Faser. Eine kontrollierte Relativbewegung zwischen Phasenmaske und Faser ist auch eine der möglichen Methoden, um Fasergitter mit variierender Gitterperiode, sog. gechirpte Gitter (chirped gratings), herzustellen [11].

12.9.2
Berechnung von Faser-Bragg-Gittern

Werden in einen faseroptischen Wellenleiter Störungen in Form von lokalen Änderungen des Brechungsindex eingebracht, so resultieren daraus Kopplungen zwischen den sich zuvor unabhängig voneinander ausbreitenden Moden [12]. In einem Standard-Bragg-Gitter sind die Brechzahländerungen annähernd unabhängig von den Querschnittskoordinaten. Für diesen Fall findet in einer Einmodenfaser durch das Gitter nur eine Kopplung zwischen der in Vorwärtsrichtung und der in Rückwärtsrichtung laufenden Grundmode statt. Das Gesamtfeld in der Faser läßt sich durch die Überlagerung dieser beiden Moden darstellen

$$E(x,y,z;\tilde{\nu}) = [E^+(z;\tilde{\nu})\,e^{-j\beta z} + E^-(z;\tilde{\nu})\,e^{+j\beta z}]\,e_{01}(x,y) \tag{12.10}$$

wobei $e_{01}(x,y)$ das normierte transversale Modenfeld darstellt, β die Ausbreitungskonstante der Grundmode und E^+ und E^- die durch die Wirkung des Gitters ortsabhängigen komplexen Feldstärkeamplituden der hinlaufenden bzw. rücklaufenden Mode. Durch Anwendung der Wellengleichung ergeben sich für quasi-sinusförmige Brechzahlmodulation näherungsweise die folgenden gekoppelten Differerentialgleichung (coupled mode equations) für diese Amplituden:

$$\begin{aligned} \frac{\partial E^-(z;\tilde{\nu})}{\partial z} &= \kappa(z)\,E^+(z;\tilde{\nu})\,e^{-j2\pi\tilde{\nu}z} \\ \frac{\partial E^+(z;\tilde{\nu})}{\partial z} &= \kappa^*(z)\,E^-(z;\tilde{\nu})\,e^{+j2\pi\tilde{\nu}z} \end{aligned} \tag{12.11}$$

Der komplexe Kopplungskoeffizient $\kappa(z)$ beschreibt darin die Eigenschaften des Gitters. Sein Betrag $|\kappa|$ hängt mit der lokalen Amplitude δn_G der Indexmodulation - der Gitterstärke, seine Phase $\phi_\kappa = \arg(\kappa)$ mit der Abweichung der lokalen Gitterperiode $\Lambda(z)$ von der mittleren Gitterperiode $\bar{\Lambda}$ zusammen:

$$\begin{aligned} |\kappa| &= \eta \cdot \frac{\pi\,\delta n_G}{\lambda} \\ \frac{1}{2\pi}\frac{d\phi_\kappa}{dz} &= \frac{1}{\Lambda(z)} - \frac{1}{\bar{\Lambda}} \end{aligned} \tag{12.12}$$

Der genaue Werte von κ ergibt sich aus einem Überlappintegral, das die beteiligten (hier identischen) Modenfelder und die transversale Brechzahlstruktur des Gitters enthält [13]. Der Überlappfaktor η ist nur dann gleich eins, wenn das Gitter transversal homogen ist, d.h. insbesondere in den Mantel hineinreicht.

Die Lösungen der gekoppelten Modengleichungen (Gl. (12.11)) hängen stark von der betrachteten optischen Wellenlänge ab, die über den Parameter $\tilde{\nu}$ in die Gleichungen eingeht:

$$\tilde{\nu} = \frac{1}{\lambda/2n_{\text{eff}}} - \frac{1}{\bar{\Lambda}} \tag{12.13}$$

Für ein Gitter mit κ = const, i.e. ein Gitter mit ortsunabhängiger Brechzahlmodulation und überall gleicher Gitterperiode Λ, läßt sich das Gleichungssystem (12.11) analytisch lösen. In dem Fall einer von links einfallenden Welle mit der Amplitude $E_0^+ = E^+(z=0;\tilde{\nu})$ am Gitteranfang $z = 0$, einer Gitterlänge L und keiner Einstrahlung aus dem Bereich $z > L$ (d.h. $E^-(L;\tilde{\nu}) = 0$) ergibt sich

$$\begin{aligned} r(\tilde{\nu}) &= E^-(z=0;\tilde{\nu})/E_0^+ = \frac{-j\kappa}{Q}\sinh(\gamma L) \\ t(\tilde{\nu}) &= E^+(z=L;\tilde{\nu})/E_0^+ = \frac{j\gamma}{Q} \\ &\text{mit } \gamma = \sqrt{|\kappa|^2 - (\pi\tilde{\nu})^2} \\ &\text{und } Q = -\pi\tilde{\nu}\sinh(\gamma L) + j\gamma\cosh(\gamma L) \end{aligned} \tag{12.14}$$

Dabei ist r der frequenzabhängige komplexe Amplitudenreflexionsfaktor und t der komplexe Amplitudentransmissionsfaktor. Der zugehörige Leistungsreflexionsfaktor bzw. Leistungstransmissionsfaktor ergibt sich durch Betragsquadratbildung. Aufgrund der vorausgesetzten Verlustlosigkeit ergänzen sich beide - wie sich aus Gl. (12.14) ergibt - zu eins:

$$R(\tilde{\nu}) = |r(\tilde{\nu})|^2 = \frac{\tanh^2(\gamma L)}{1 - \left(\frac{\pi\tilde{\nu}}{|\kappa|\cosh(\gamma L)}\right)^2}$$
$$T(\tilde{\nu}) = |t(\tilde{\nu})|^2 = 1 - R(\tilde{\nu}) \qquad (12.15)$$

Der Maximalwert der Reflexion

$$R_{\max} = R(\tilde{\nu} = 0) = \tanh^2(|\kappa|L) \qquad (12.16)$$

tritt bei Erfüllung der Bragg-Bedingung auf

$$\tilde{\nu} = 0 \Leftrightarrow \lambda = \lambda_B = 2n_{\mathrm{eff}}\Lambda$$
$$\Leftrightarrow 2\beta = \frac{2\pi}{\Lambda} \qquad (12.17)$$

Für schwache uniforme Gitter ($|\kappa|L \ll 1$) ergibt sich nach Gl. (12.15) für die Reflexionskurve eine sinc^2-Funktion

$$R(\tilde{\nu}) = (|\kappa| \cdot L)^2 \,\mathrm{sinc}^2(\gamma L)$$
$$= (|\kappa| \cdot L)^2 \left(\frac{\sin(\pi\tilde{\nu}L)}{\pi\tilde{\nu}L}\right)^2 \qquad (12.18)$$

Die Reflexionskurve eines starken uniformen Gitters für das Beispiel $\kappa \cdot L = \mathrm{const} = 3$ ist in Abb. 12.47 dargestellt. Die Abszisse ist dabei zum einen in normierter Form $\tilde{\nu} \cdot L$ angegeben und zusätzlich noch als Wellenlängenskala für den konkreten Fall L = 8 mm, Λ = 524 nm und n_{eff} = 1,46 (und einer sich daraus ergebenden Bragg-Wellenlänge von 1530 nm).

Die Reflexions- und Transmissionseigenschaften eines uniformen Gitters als 2-Tor lassen sich nach Gl. (12.14) in einer Streumatrix [14] zusammenfassen:

$$\mathbf{S} = \begin{pmatrix} S_{11} & S_{12} \\ S_{21} & S_{22} \end{pmatrix} = \frac{1}{Q}\begin{pmatrix} -j\kappa\sinh(\gamma L) & j\gamma \\ j\gamma & j\kappa^*\sinh(\gamma L) \end{pmatrix} \qquad (12.19)$$

Insbesondere sind die Transmissionsfaktoren – jetzt S_{12} und S_{21} genannt – aus Reziprozitätsgründen in beiden Richtungen gleich. Für die Hintereinanderschaltung mehrerer Gitter ist es günstig, aus der Streumatrix die sogenannte Kettenmatrix oder Transmissionsmatrix **T** zu bestimmen, die die Amplituden der vor- und rücklaufenden Wellen auf einer Seite des Gitters mit denjenigen auf der anderen Seite verknüpft [14]:

$$\mathbf{T} = \frac{1}{S_{12}}\begin{pmatrix} S_{21}S_{12} - S_{22}S_{11} & S_{22} \\ -S_{11} & 1 \end{pmatrix} = \begin{pmatrix} j\left(\frac{Q}{\gamma}\right)^* & \frac{\kappa}{\gamma}\sinh(\gamma L) \\ \frac{\kappa}{\gamma}\sinh(\gamma L) & -j\frac{Q}{\gamma} \end{pmatrix} \qquad (12.20)$$

Für eine Reihenschaltung von mehreren verschiedenen uniformen Gittern wie in Abb. 12.48 multiplizieren sich die einzelnen Kettenmatrizen zur Gesamtkettenmatrix:

$$\mathbf{T}_{\mathrm{ges}} = \ldots\mathbf{T}_c \cdot \mathbf{T}_b \cdot \mathbf{T}_a \qquad (12.21)$$

Damit ist nach Gl. (12.20) auch die Gesamtstreumatrix $\mathbf{S}_{\mathrm{ges}}$ bekannt, also insbesondere die komplexen Amplituden-Reflexions- und -Transmissionfaktoren der Gesamtstruktur. Ein Gitter mit einer komplizierten Ortsabhängigkeit $\kappa(z) \neq \mathrm{const}$ kann folglich berechnet werden, indem es durch eine Hintereinanderschaltung vieler kurzer, in sich uniformer Teilgitter approximiert wird (vgl. Abschn. 12.9.3.1

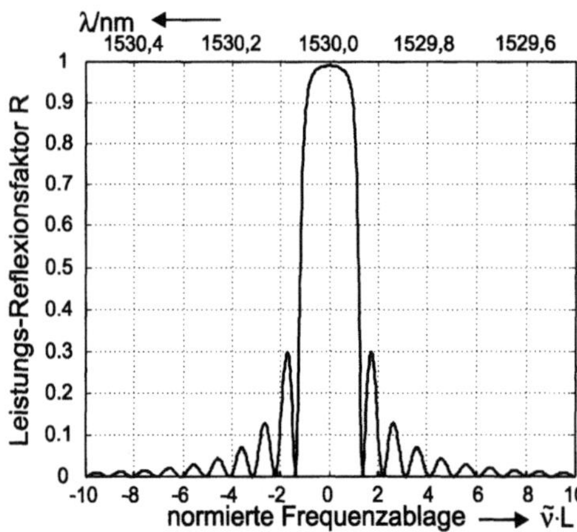

Abb. 12.47. Leistungs-Reflexionsspektrum eines uniformen Gitters mit κL = 3. Für die konkrete Dimensionierung L = 8 mm, Λ = 524 nm und n_{eff} = 1,46 ist zusätzlich zur normierten Frequenzskala eine Wellenlängenskala angegeben

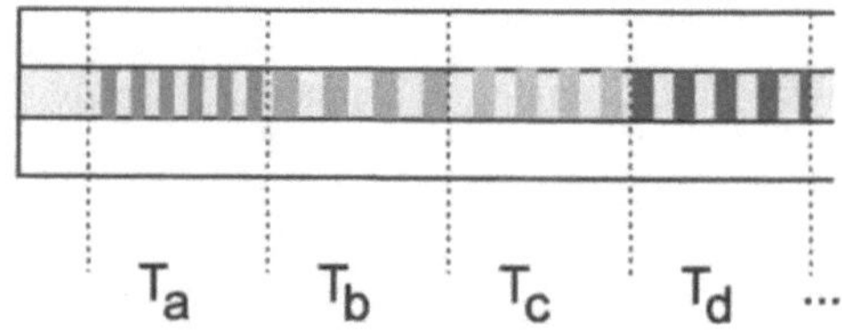

Abb. 12.48. Kettenschaltung verschiedener, jeweils uniformer Gitter, gekennzeichnet durch ihre Transmissionsmatrizen

und 12.9.3.2). Einige allgemeine Eigenschaften können [15] entnommen werden.

12.9.3
Gittertypen und Eigenschaften

12.9.3.1
Uniforme und apodisierte Gitter

Die Eigenschaften uniformer Gitter mit gleichbleibender Brechzahlmodulation und gleichbleibender Gitterperiode sind in Abschn. 12.9.2 bereits dargestellt worden und können analytisch behandelt werden. Solche Gitter stellen in Reflexion schmalbandige Bandpaßfilter dar. In Transmission wird entsprechend ein schmaler Wellenlängenbereich um die Bragg-Wellenlänge herum gesperrt (Stopband). Die Bandbreite dieses Filters (als $\tilde{\nu}$-Differenz zwischen den ersten Nullstellen der Reflexion) ergibt sich aus Gl. (12.15) zu

$$\Delta\tilde{\nu} = \frac{2}{L}\sqrt{1+\left(\frac{|\kappa|L}{\pi}\right)^2} \cong \begin{cases} \frac{2}{L} & \text{für } |\kappa|L \ll \pi \\ \frac{2|\kappa|}{\pi} & \text{für } |\kappa|L \gg \pi \end{cases} \qquad (12.22)$$

Schwache lange Gitter haben also eine kleine Bandbreite, starke Gitter tendentiell eine relativ große Bandbreite. Die zugehörige Bandbreite im Wellenlängenmaßstab $\Delta\lambda = (\lambda^2/2n_{\text{eff}}) \cdot \Delta\tilde{\nu}$ ergibt sich im 1500 nm-Wellenlängenbereich für $L = 10$ mm zu $\Delta\lambda = 0{,}15$ nm bei $|\kappa|L = 1$ und $\Delta\lambda = 0{,}5$ nm bei $|\kappa|L = 10$.

Wie an dem Beispiel in Abb. 12.47 abzulesen ist, haben uniforme Gitter erhebliche Nebenmaxima in der Reflexionskurve. Diese Nebenmaxima können stark reduziert werden, wenn sich die Gitterstärke $|\kappa|$ am Anfang und Ende des Gitters nicht sprungförmig, sondern sanft mit dem Orte ändert. Diese Maßnahme nennt man Apodisierung. Für schwache Gitter kann die Lösung der gekoppelten Modengleichungen auch bei ortsvariablem κ direkt angegeben werden und besitzt die einfache Form (s. z. B. [15])

$$r(\tilde{\nu}) = -\int_0^{L_g} \kappa(z)\, e^{-j2\pi\tilde{\nu}z}\, dz = -\mathscr{F}\{\kappa(z)\} \qquad (12.23)$$

Wegen der Fourier-Beziehung Gl. (12.23) ist die Apodisierung in diesem Falle identisch

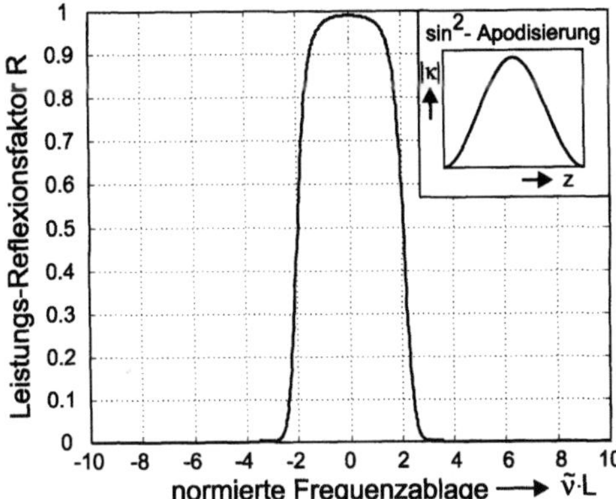

Abb. 12.49. Leistungsreflexionsspektrum eines apodisierten Gitters mit konstanter Gitterperiode. Der Wert für $\int \kappa(z)\, dz = 3$ ist ebenso gewählt wie in Abb. 12.47

mit dem Problem der Fensterung in der Systemtheorie, so daß hier je nach gewünschtem Filterverhalten die bekannten Hamming-, Hanning- oder andere Fenster übertragen werden können. Bei stärkeren Gittern ist die Situation qualitativ gleichgelagert. Ein Beispiel für die Reflexionskurve eines apodisierten Gitters mit gleichbleibender Gitterperiode ist in Abb. 12.49 dargestellt. Als Inset ist der gewählte $|\kappa(z)|$-Verlauf mit sanften Flanken angegeben. Der maximale Reflexionsfaktor beträgt wie in Abb. 12.47 $R_{\max} = 0{,}99$.

12.9.3.2
Gitter variabler Gitterperiode („chirped gratings")

Unter den Gittern mit variabler Gitterperiode $\Lambda(z)$ sind die sogenannten linear gechirpten Gitter von besonderem Interesse:

$$\frac{1}{\Lambda(z)} = \frac{1}{\Lambda_0}\left(1 + \sigma\frac{z}{L}\right) \qquad (12.24)$$

Dabei ist L die Länge des Gitters und $\sigma \ll 1$ bezeichnet die relative Gesamt-Änderung der Gitterperiode. Eine schematische Darstellung eines solchen Gitters ist in Abb. 12.50 zu sehen. In vereinfachter, anschaulicher Beschreibung werden verschiedene Wellenlängen-Komponenten des einfallenden Lichtes an verschiedenen Orten im Gitter reflektiert, und zwar jeweils an demjenigen Orte z_R, an dem lokal die Bragg-Bedingung $\lambda = \lambda_B(z_R) = 2n_{\text{eff}} \cdot \Lambda(z_R)$ erfüllt ist. Damit verbreitert sich das Reflexionsspektrum näherungsweise auf

$$\Delta\lambda \cong 2n_{\text{eff}}\Lambda_0\sigma \cong \lambda_0 \cdot \sigma \qquad (12.25)$$

Abb. 12.50. Fasergitter mit linear variierender Gitterperiode (linear „gechirptes" Gitter)

wobei λ_0 die Mittenwellenlänge bezeichnet. Für die reflektierten Wellenlängenkomponenten ergibt sich die Zusatzlaufzeit im Gitterbereich zu

$$\tau(\lambda) = \frac{2n_{\text{eff}}}{c} z_R(\lambda) \cong \frac{2n_{\text{eff}}}{c} L \cdot \frac{(\lambda_0 - \lambda)}{\Delta\lambda} \qquad (12.26)$$

Diese Wellenlängenabhängigkeit der Laufzeit kann zur Dispersionskompensation von Übertragungsstrecken genutzt werden (s. Abschn. 12.9.4.2).

Zur genaueren Berechnung des Verhaltens gechirpter Fasergitter können die Methoden aus Abschn. 12.9.2 verwendet werden. Ein linear gechirptes Gitter wird danach zunächst durch einen komplexen Kopplungsfaktor $\kappa(z)$ beschrieben, dessen Phase nach Gl. (12.12) quadratisch vom Orte abhängt

$$\kappa(z) = |\kappa(z)| \cdot \exp\left[j\pi\sigma \frac{L}{\Lambda_0} \left(\frac{z}{L}\right)^2 \right] \qquad (12.27)$$

wobei σ wiederum den Chirp-Parameter aus Gl. (12.24) darstellt. Anschließend wird diese Gitterstruktur durch eine Hintereinanderschaltung einer ausreichenden Zahl kurzer Gitterabschnitte approximiert, in denen κ nach Betrag und Phase annähernd konstant ist. Die Transmissionsmatrix-Methode (s. Abschn. 12.9.2) liefert dann die Reflexions- und Transmissionseigenschaften der Gesamtstruktur. Insbesondere ergibt sich aus dem berechneten Amplitudenreflexionsfaktor $r(\tilde{v}) = |r(\tilde{v})| \cdot \exp(j\phi_r(\tilde{v}))$ und Gl. (12.13) die wellenlängenabhängige Gruppenlaufzeit $\tau(\tilde{v})$

$$\tau(\tilde{v}) = -\frac{d\phi_r(\tilde{v})}{d\omega} = -\frac{n_{\text{eff}}}{\pi c} \cdot \frac{d\phi_r(\tilde{v})}{d\tilde{v}} \qquad (12.28)$$

Ein Berechnungsbeispiel ist in Abb. 12.51 dargestellt. Zusätzlich zur numerisch berechneten Gruppenlaufzeitkurve ist dort auch die Näherungskurve nach Gl. (12.26) eingezeichnet.

Reale gechirpte Gitter weisen Oszillationen (ripples) auf der spektralen Gruppenlaufzeitkurve auf, die beim Systemeinsatz zusätzliche

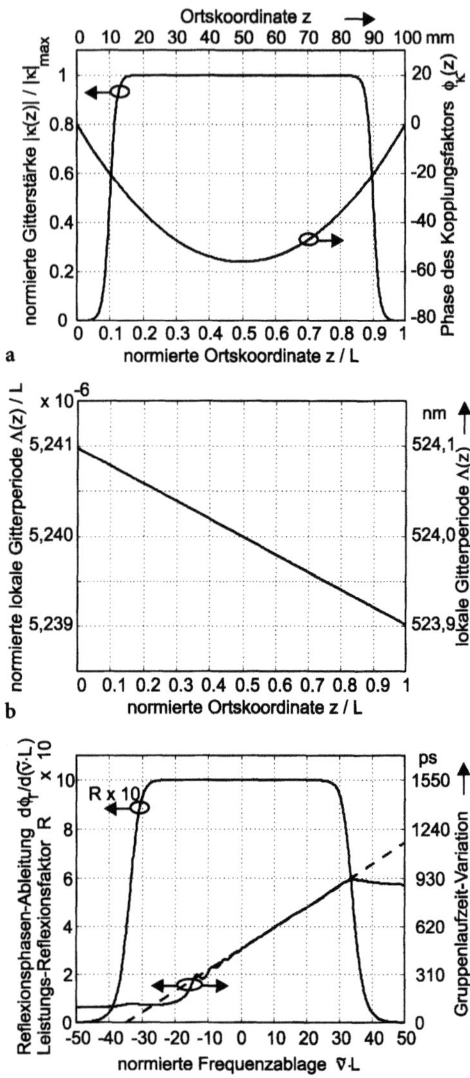

Abb. 12.51 a–c. Örtliche Struktur und Spekraleigenschaften eines gechirpten Gitters. **a** Kopplungsfaktor $\kappa(z)$ nach Betrag und Phase, **b** zur Kopplungsfaktor-Phase $\phi_\kappa(z)$ gehörige Variation der Gitterperiode, **c** Leistungs-Reflexionsspektrum des gechirpten Gitters und Ableitung der Phase des komplexen Reflexionsfaktors. Zusätzlich zu den normierten Größen sind absolute Werte angegeben für folgende Dimensionierung: $L = 100$ mm, $\bar{\Lambda} = 524$ nm ($\lambda_B = 1530$ nm), $\int |\kappa(z)| dz = 20$, $\sigma = 3{,}74 \cdot 10^{-4}$. Die Periodenvariation ist so gewählt, daß die chromatische Dispersion von 100 km Standard-Einmodenfaser (1700 ps/nm) kompensiert wird. Die Näherungskurve Gl. (12.19) für die Gruppenlaufzeitkurve ist zusätzlich gestrichelt eingezeichnet. Der dargestellte Frequenzbereich entspricht einem ITU-Kanal für dichten Wellenlängenmultiplex mit 100 GHz (ca. 0,8 nm) Kanalabstand

Bitfehler hervorrufen und den Nutzen bei der Dispersionskompensation einschränken. Welche Ursachen diese Oszillationen haben ist in [16] dargestellt, ihre praktische Reduzierung ist z.Zt. noch Gegenstand umfangreicher Forschungs- und Entwicklungstätigkeit.

12.9.3.3 *Lateral inhomogene Gitter und Gitter in zweimodigen Fasern*

Die Brechzahlmodulation in einer Faser, die die Gitterstruktur ausmacht, ist i.a. nicht nur von z abhängig, sondern ändert sich auch in der x-y-Querschnittsfläche. Aus diesem Grunde treten in realen Fasergittern nicht nur wechselseitige Kopplungen zwischen kontrapropagierenden Grundmoden auf, sondern auch Kopplungen der Grundmode und rücklaufenden Mantelmoden. Die der Bragg-Bedingung Gl. (12.17) entsprechende allgemeinere Phasen-Anpassungsbedingung lautet

$$|\beta_{01}| + |\beta_M| = \frac{2\pi}{\Lambda} \Leftrightarrow \lambda_B = (n_{01} + n_M)\Lambda \quad (12.29)$$

wobei $\beta_{01} = (2\pi/\lambda) \cdot n_{01}$ die Ausbreitungskonstante der Grundmode und $\beta_M = (2\pi/\lambda) \cdot n_M$ die Ausbreitungskonstanten individueller Mantelmoden bezeichnen. Da $n_M < n_{01}$ treten diese Kopplungen auf der kurzwelligen Seite der Grundmoden-Bragg-Reflexion auf. Die Stärke der meist unerwünschten Kopplungen hängt von dem Wert des Überlappintegrals ab, das als Integrand die beteiligten Modenfelder und die laterale Brechzahlverteilung enthält [13]. Ist diese Verteilung in der Querschnittsfläche ortsunabhängig, so ist das Überlappintegral wegen der Modenorthogonalität gleich null. Eine Ortsabhängigkeit liegt i.a. jedoch schon deshalb vor, weil nur der Faserkern, nicht aber der Fasermantel photosensitiv ist und eine Gitterstruktur trägt. Ferner führt die meist erhebliche UV-Absorption im Kern dazu, daß die Brechzahlmodulation auf der dem Schreibstrahl abgewandten Seite schwächer ausfällt.

Durch Gitter, bei denen die Normalen der Äquiindexflächen gegen die z-Achse geneigt sind (schräge Bragg-Gitter, slanted gratings, tilted gratings), können gezielt Kopplungen zu rücklaufenden Mantel- oder Strahlungsmoden erzeugt werden [17]. Hergestellt werden solche Gitter beispielsweise, indem die zu belichtetende Faser auf einer Phasenmaske nicht

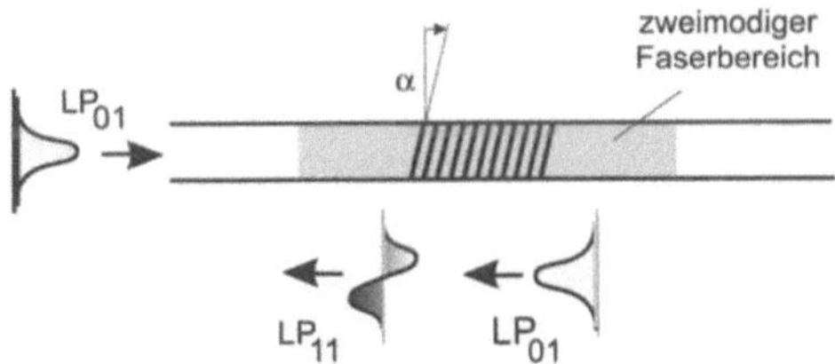

Abb. 12.52. LP_{01}–LP_{11}-Modenkonversion in einem Bragg-Gitter mit geneigten Gitterebenen

senkrecht, sondern schräg zu den Gitterlinien der Maske plaziert wird. In zweimodigen Fasern besteht – wie in Abb. 12.52 schematisch gezeigt – die interessante Möglichkeit, durch schräge Gitter eine Konversion der LP_{01}-Grundmode in die nächsthöhere LP_{11}-Mode vorzunehmen. Die Zweimodigkeit kann dabei ebenfalls durch UV-Belichtung erreicht werden, indem der vorgesehene Bereich durch homogene Bestrahlung einen erhöhten Brechungsindex im Faserkern erhält. Das in Abb. 12.53 dargestellte Transmissionsspektrum [18] einer solchen Struktur zeigt die übliche LP_{01} – LP_{01} Bragg-Reflexion und zusätzlich den Transmissionseinbruch durch die LP_{01} – LP_{11}-Konversion. Das – hier nicht gezeigte – Reflexionsspektrum weist im Konversions-Wellenlängenbereich nicht die sonst übliche Reflexion auf, da das in die LP_{11}-Mode konvertierte Licht im angrenzenden einmodigen Bereich nicht geführt und folglich abgestrahlt wird. Die LP_{01} – LP_{01}-Kopplung kann – falls nötig – durch geeignete Wahl des Gitter-Neigungswinkels unterdrückt werden.

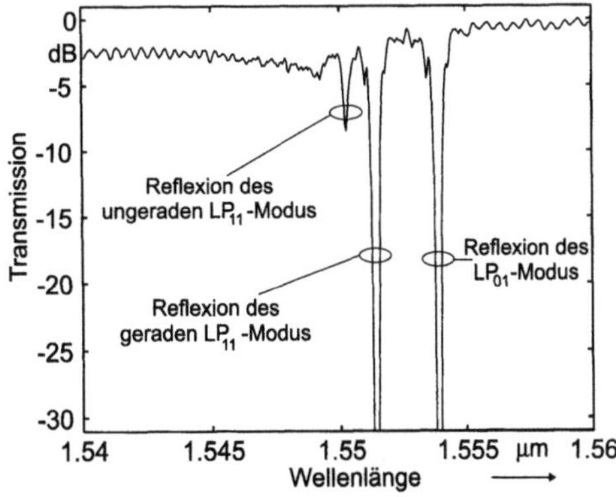

Abb. 12.53. Transmissionskurve eines schrägen Bragg-Gitters wie in Abb. 12.52. Im Bereich der Konversionswellenlänge von 1551,5 nm tritt keine Reflexion auf

12.9.3.4
Langperiodische Gitter (long period gratings)

Eine andere Art von Gitterstrukturen, die mit UV-Licht geschrieben werden können, sind die sogenannten langperiodischen Gitter (long period gratings), die es erlauben, gezielt wellenlängenabhängige Transmissionsverluste in einem Fasersegment zu erzeugen [19]. Die Periodenlängen der Brechzahlmodulation im Faserkern haben hier - statt der bei Faser-Bragg-Gittern üblichen Werte von $\Lambda \cong 500$ nm - nun Werte Λ zwischen 50 µm und 1000 µm. Die Gitterlängen betragen meist einige Zentimeter. Durch solche Gitter entstehen Vorwärtskopplungen von der LP_{01}-Grundmode in verschiedene Mantelmoden der Faser. Diese Mantelmoden unterliegen bei ihrer Ausbreitung i. a. einer hohen Dämpfung, so daß Rückkonversionen in die Grundmode vernachlässigt werden können. Langperiodische Gitter wirken damit als Verlustelemente. Die Wellenlängenabhängigkeit der Überkopplung ist analog zu Gl. (12.17) und Gl. (12.29) durch die Phasenanpaßbedingung

$$\delta_{\mathrm{lp}} = \frac{1}{2}\left(\beta_{01} - \beta_{\mathrm{M,n}} - \frac{2\pi}{\Lambda}\right)$$
$$= 0 \Leftrightarrow \lambda_K = (n_{01} - n_{\mathrm{M,n}})\Lambda \qquad (12.30)$$

bestimmt. Hier sind β_{01} und $\beta_{\mathrm{M,n}}$ die Ausbreitungskonstanten des Grundmodus und der verschiedenen Mantelmoden und n_{01} und $n_{\mathrm{N,n}}$ die entsprechenden effektiven Modenbrechzahlen. Mit λ_K ist die Mittenwellenlänge der Überkopplung bezeichnet. Bei vorgegebener Gitterperiode Λ treten i. a. Kopplungen zu verschiedenen Mantelmoden auf, jedoch liegen die zugehörigen Mittenwellenlängen in der Regel weit voneinander entfernt [19]. So kann beispielsweise erreicht werden, daß im gesamten Erbium-Verstärkungsband nur Kopplung zu einer einzigen Mantelmode und entsprechend nur ein Transmissionseinbruch für den geführten LP_{01}-Grundmodus auftritt. Die theoretische Beschreibung ist ähnlich derjenigen der kodirektionalen Kopplung in einem Richtkoppler. Ein auf diese Weise berechnetes Beispiel ist in Abb. 12.54 dargestellt. Wird die Überkopplung durch Wahl von Koppelkoeffizient und Gitterlänge L maximiert, so ergibt sich für die spektrale Breite (FWHM) der LP_{01}-Transmissionseinbruch die Näherungsformel

$$\Delta\lambda = 0{,}8\,\frac{\lambda^2}{L\,(n_{01} - n_{\mathrm{cl}})} \qquad (12.31)$$

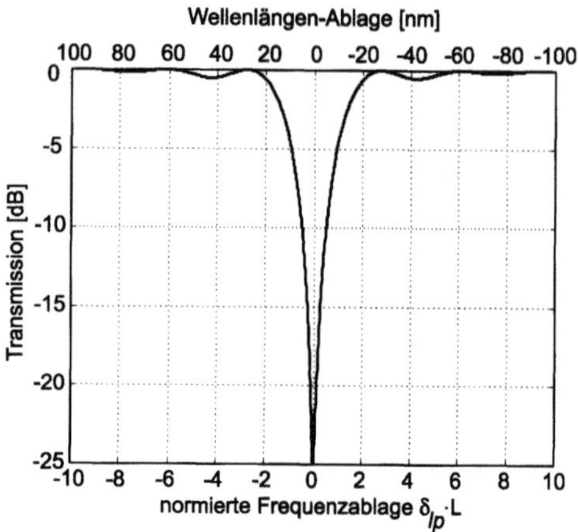

Abb. 12.54. Transmissionspektrum eines langperiodischen Gitters. Die Wellenlängenskala gilt für $\Lambda = 510$ µm, $L = 15$ mm, $n_{01} - n_{\mathrm{M,n}} = 3 \cdot 10^{-3}$

wobei n_{cl} hier die konstante Mantelbrechzahl bezeichnet. In der Praxis werden Transmissionseinbrüche von bis zu 30 dB erreicht.

12.9.4
Anwendungen

Bragg-Gitter und langperiodische Gitter haben in der optischen Nachrichtentechnik und darüber hinaus eine Vielzahl von Anwendungen gefunden. In einer kürzlichen Übersichtsarbeit [20] wurden sie für optische Netze sogar als potentiell allgegenwärtig bezeichnet. Einige der Anwendungsfelder sind in den folgenden Unterabschnitten skizziert.

12.9.4.1
Filter-, Wellenlängenmultiplex- und Spektrometeranwendungen

Faser-Bragg-Gitter stellen optische Bandpaßfilter in Reflexion und Bandsperren in Transmission dar. In der Mehrzahl der Anwendungen sind dagegen Filter mit schmalbandiger Transmission gefragt. Zwar können die spektralen Eigenschaften der Bragg-Gitter durch Wahl von Betrag und Phase des Kopplungsfaktors $\kappa(z)$ in weiten Grenzen den Anforderungen angepaßt werden, jedoch lassen sich die Transmissions- und Reflexionscharakteristika nicht ohne weiteres umkehren. Grundsätzlich besteht die Möglichkeit, das Gitter in einem Arm eines 3-Tor-Zirkulators anzuordnen, so daß das Bragg-reflektierte Licht aus dem nächsten Arm in Zirkulationsrichtung emittiert wird. Diese Lösung scheidet meist aus Kostengründen aus. Andere Lösungen oder Teillösungen basieren entweder auf Resonanzeffekten in speziellen Gitterstrukturen oder auf Interferenzeffekten im Zusammenwirken mit weiteren wellenleiteroptischen Bauelementen.

Eine Möglichkeit, ein lokales Transmissions-Schmalbandfilter zu realisieren, besteht darin, in der longitudinalen Brechzahlstruktur eines ungechirpten Gitters mittig einen Phasensprung $\delta\phi_\kappa = \pi$ zu erzeugen (vgl. $\lambda/4$-Phasensprung in DFB-Laserdioden). Dies kann durch eine lokale UV-Nachbehandlung geschehen. Innerhalb des Transmissionsstopbandes öffnet sich dadurch ein sehr schmales Transmissionsfenster. Außerhalb des Gitter-Stopbandes ist dieses Element allerdings, wie ein gewöhnliches Bragg-Gitter, transparent. Ein solches Gitter mit Phasensprung stellt einen Spezialfall einer Struktur mit zwei Gitterreflektoren und Zwischenraum dar: eines Fabry-Perot-Interferometers mit Bragg-Gittern. Ein solches Bauelement (s. Abb. 12.55) weist einen Kamm von schmalen Transmissionslinien auf und verhält sich somit – innerhalb des Reflexionsbereiches der Gitter und bei Vernachlässigung der Wellenlängenabhängigkeit der Reflexionsphase – wie ein gewöhnliches Fabry-Perot-Interferometer. Soll ein derartiges Transmissionverhalten erzielt werden, jedoch ohne die breitbandige starke Reflexion zwischen den Resonanzstellen, so

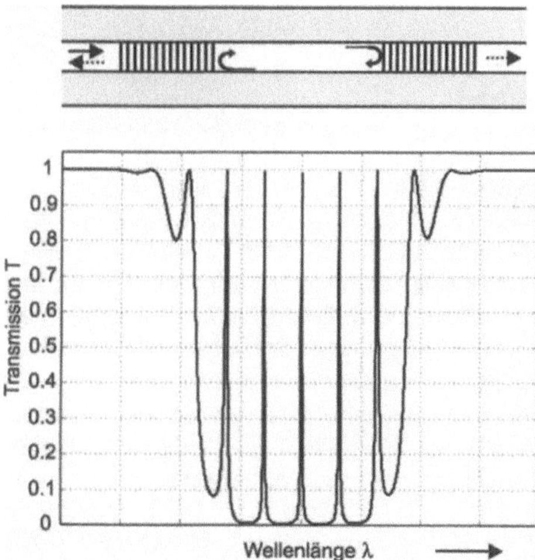

Abb. 12.55. Stopband eines Bragg-Gitters mit Fabry-Perot-Transmissionsfenstern

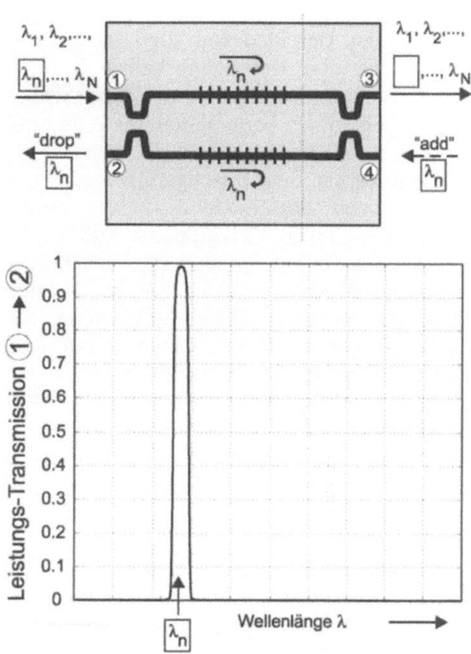

Abb. 12.56. Schmalbandfilter in Transmission und Erweiterung zu einem „Add-Drop-Multiplexer“

können schräge Bragg-Gitter eingesetzt werden [18]. Auch läßt sich mit schrägen Bragg-Gittern ein Verhalten mit schmalbandiger Transmission und gleichzeitiger schmalbandiger Reflexion erreichen [21]. Weitere Methoden, Transmissionsfenster zu erzeugen, beruhen auf der Verwendung sogenannter Moiré-Gitter, in denen zwei Gitter mit ähnlicher Periode überlagert werden, sowie auf der Erzeugung von Superstrukturen (sampled gratings) [22].

Ein gitterbasiertes Bandpaßfilter mit breitbandiger Transmissionsunterdrückung außerhalb des Bandpaßbereiches [23] kann mit Hilfe eines Michelson-Interferometeraufbaus realisiert werden (oberer Teil von Abb. 12.56): einfallendes Licht im Tor 1 wird durch den 3 dB-Koppler aufgeteilt und gelangt je zur Hälfte auf die beiden identischen Bragg-Gitter. Dort reflektiertes Licht erscheint ausschließlich am Tor 2, wenn die Phasendifferenz der rückkehrenden Teilwellen um π verschoben ist. Diese Struktur läßt sich – wie im unteren Teil der Abb. 12.56 gezeigt – zu einem optischen Add/Drop-Multiplexer (OADM) erweitern: das von den Gittern nicht reflektierte, transmittierte Licht kann durch richtige Wahl der Phase beispielsweise am Tor 3 ausgekoppelt werden. Der Pfad von Tor 1 nach Tor 3 stellt dann den Durchgangskanal dar, ein durch die Gitter bestimmter Wellenlängenbereich erscheint im Drop-Kanal Tor 2. Signale in diesem Wellenlängenbereich können im Tor 4 (Add) neu dem Durchgangskanal zugeführt werden. Entscheidend für die Funktionsweise dieses Wellenlängen-Add-Drop-Multiplexers sind neben dem 1:1 Aufteilungsverhalten der Koppler und der Gleichheit der Gitter die richtigen Phasenverhältnisse, die durch Trimmung mit UV-Licht eingestellt werden können. Aus Stabilitätsgründen ist diese Komponente besser in planarer Technik in silica-on-silicon-Wellenleitern (vgl. Kap. 14) zu realisieren. In solche Wellenleiter lassen sich auch Gitterstrukturen mit UV-Licht einschreiben, da sie i.a. Ge-dotierte Kernschichten besitzen.

Ein anderes Konzept für einen Wellenlängen-Multiplexer ist in Abb. 12.57 schematisch dargestellt [24]. Es handelt sich dabei um einen synchronen Richtkoppler mit vollständiger Überkopplung vor Tor 1 nach Tor 4. Zusätzlich ist in einem Arm des Koppler-Stammbereiches ein Gitter eingeschrieben, das die Überkopplung in einem schmalen, durch die Gitterperiode bestimmten Wellenlängenbereich frustriert.

Gitterstrukturen in Fasern können auch als einfache Spektrometer benutzt werden. Verwendet man ein schräges Gitter zur Auskopplung eines kleinen Teil des geführten Lichtes, so ist die Auskopplungsrichtung von der Wellenlänge abhängig. Die Aktivität oder Inaktivität von Wellenlängenkanälen in einem WDM-System kann auf diese Weise selektiv überwacht werden.

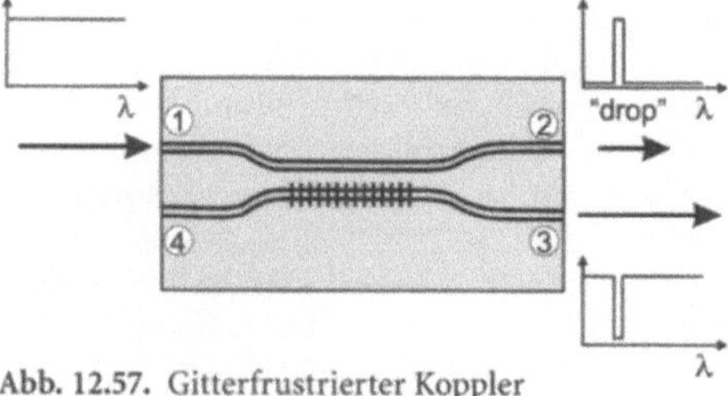

Abb. 12.57. Gitterfrustrierter Koppler

12.9.4.2 Dispersionskompensation auf langen Übertragungsstrecken

Viele der heute betriebenen faseroptischen Übertragungssysteme waren ursprünglich für den Wellenlängenbereich bei 1300 nm vorgesehen. Sie arbeiten mit Standard-Einmodenfasern, die dort ihre Dispersionsnullstelle besitzen. Im Bereich von 1550 nm haben derartige Fasern Dispersionskoeffizienten $D = (1/L_F)\,\frac{d\tau_F}{d\lambda} \cong 17$ ps/(km · nm) (diese Dispersionseigenschaften werden angesichts nichtlinearer Effekte heute sogar vielfach als Vorteil angesehen, vgl. Abschn. 12.4.13). Diese Gruppenlaufzeitdispersion kann mit Hilfe dispersionskompensierender Fasern (DCF), aber auch durch gechirpte Faser-Bragg-Gitter (vgl. Abschn. 12.9.3.2) ausgeglichen werden [25]. Ein schematischer Aufbau ist in Abb. 12.58 gezeigt. Die schnelleren kurzwelligen Anteile des dispergierten Pulses werden im hinteren Gitterbereich, die langwelligeren Anteile entsprechend im vorderen Gitterbereich reflektiert. Werden gemäß Gl. (12.26) die Gitterdaten so gewählt, daß

$$\frac{d\tau}{d\lambda} = -\frac{2n_{\text{eff}}}{c} \cdot L/\Delta\lambda = -L_F \cdot 17 \text{ ps/(km} \cdot \text{nm)} \tag{12.32}$$

so wird die Eingangspulsbreite reproduziert. Die Gruppenlaufzeitkurven $\tau(\lambda)$ – vgl. Abb. 12.51 – leiden allerdings z.Zt. noch an Stör-Modulationen, die sich nachteilig auf die Dispersionskompensation auswirken.

12.9.4.3 Anwendungen für optische Quellen und Verstärker

Faseroptische Bragg-Gitter und langperiodische Gitter können die Eigenschaften einer Vielzahl von Laser- und Verstärkersystemen verbessern [26]. Angewendet werden sie insbesondere als Reflektoren in Faserlasern, als externe Reflektoren für Halbleiterlaser, in kaskadierten Raman-Faserlasern und -Verstärkern, als Pumplichtreflektoren und als Elemente zur spektralen Glättung der Verstärkungskurve in Faserverstärkern.

Die Realisierung linearer Laserresonatoren in Fasern durch das UV-Einschreiben von Bragg-Gittern ist eine direkte, kostengünstige und leistungsfähige Anwendung. Solche Gitterreflektoren werden bei verschiedenen sel-

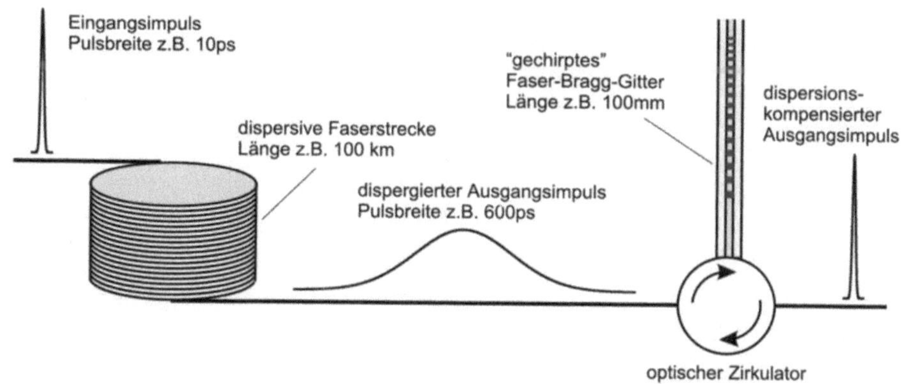

Abb. 12.58. Kompensation chromatischer Dispersion von Faserstrecken durch gechirpte Faser-Bragg-Gitter. Die kurzwelligen Frequenzanteile des Pulses werden im hinteren Teil des Gitters reflektiert und dadurch stärker verzögert

tenerd-dotierten Faserlasern eingesetzt. Die Wellenlängenselektivität der Gitter reicht allerdings meist nur bei kurzen Resonatoren ($\lesssim$10 cm), um einen stabilen longitudinal einmodigen Betrieb zu gewährleisten. Da kurze Erbium-Faserlaser nur wenig Pumplicht absorbieren können, werden zur Erzielung höherer Ausgangsleistungen MOPA-Konfigurationen (master oscillator power amplifier) oder mit Ytterbium kodotierte Fasern eingesetzt. Auch werden Bragg-Gitter im Kern von cladding-gepumpten Hochleistungsfaserlasern zur spektralen Einengung benutzt. Solche Faserlaser, wie z.B. Ytterbium- oder Neodym-Laser, können aufgrund von Ramanstreuung ihrerseits zur Erzeugung anderer Wellenlängen dienen. Dazu wird ihr Licht in Germanosilikatfasern eingekoppelt, die an beiden Enden mehrere Bragg-Gitter für verschiedene Wellenlängen enthalten. Die Wellenlängen sind so gewählt, daß die zugehörigen optischen Frequenzen um Vielfache der Ramanfrequenzverschiebung (ca. 13 THz in Ge:Quarzglas) nach unten verschoben sind. Dadurch ergeben sich ineinandergeschachtelte Resonatoren, bei der eine Wellenlänge durch die Vorgänger-Wellenlänge Raman-Verstärkung erfährt. In solchen kaskadierten Raman-Resonatoren kann beispielsweise mit hohem Wirkungsgrad eine Pumpwellenlänge von 1117 nm in fünf Stufen nach 1480 nm konvertiert werden. Dieses Prinzip kann auch zur Signalverstärkung genutzt werden, etwa – wie in Abb. 12.59 gezeigt – für 1300 nm-Signale bei Pumplicht mit 1060 nm Wellenlänge.

Faser-Bragg-Gitter können auch vorteilhaft mit Halbleiter-Laserdioden zusammenwirken. Eine Quelle dieser Art mit einer einseitig entspiegelten Laserfacette und einem direkt in das Faserpigtail eingeschriebenen, als Auskoppelspiegel wirkenden, Bragg-Gitter ist in Abb. 12.60 dargestellt. Die Gitterband-

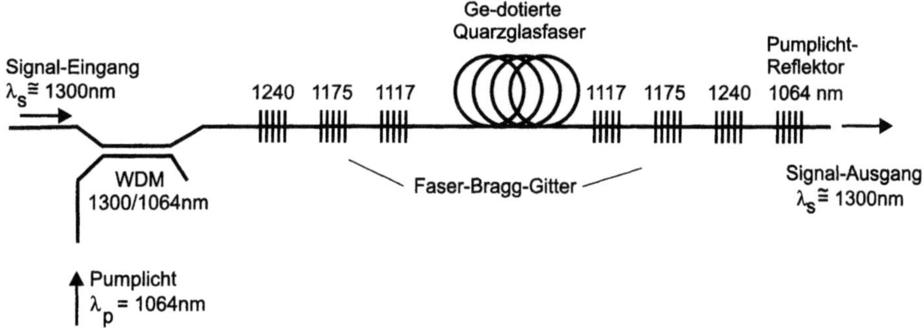

Abb. 12.59. Kaskadierter optischer Raman-Verstärker für 1300 nm-Signalwellenlängen

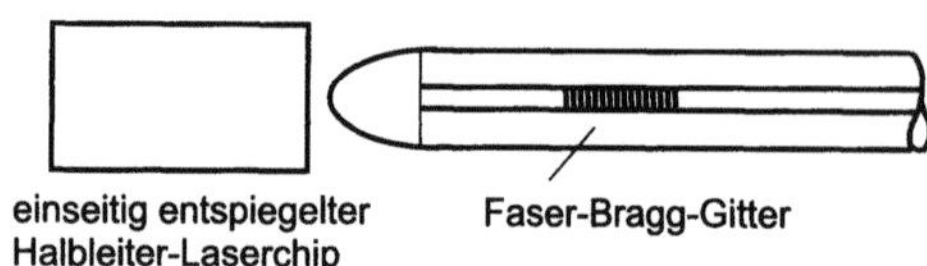

Abb. 12.60. Einseitig entspiegelter Halbleiterlaser mit externem Fasergitter-Reflektor

breite wird i.a. niedrig (z.B. 0,1 nm), der Gitterabstand zur Laserendfläche kurz (bis herunter zu einigen Millimetern) gewählt. Damit erhält man einen stabil longitudial einmodigen Betrieb. Die Emissionswellenlänge wird durch das Fasergitter bestimmt. Da dieses mit engen Toleranzen ($\delta\lambda_B < 0{,}1$ nm) gefertigt werden kann, kann die Wellenlänge im Hinblick auf das WDM-Raster von 100 GHz entsprechend ca. 0,8 nm gut kontrolliert werden. Wichtige Vorteile dieser hybriden Quellen im Vergleich zu DFB- oder DBR-Halbleiterlasern ist ihre um etwa eine Größenordnung niedrigere Temperaturempfindlichkeit der Emmissionswellenlänge (ca. 0,01 nm/°C im Vergleich zu 0,1 nm/°C). Sie können daher u.U. ohne Temperaturkontrolle betrieben werden. Darüber hinaus lassen sich solche Laser direkt mit hohen Frequenzen modulieren und zeigen dabei eine sehr geringe Wellenlängenänderung (geringen „Chirp“).

Die in Abschn. 12.9.3.4 angesprochenen langperiodischen Gitter (long period gratings) [19] werden vor allem zur Glättung der Verstärkungskurve von Erbium-Faserverstärkern (EDFA) eingesetzt. Diese spektrale Glättung ist in WDM-Netzen eine äußert wichtige Aufgabe, da sich Verstärkungsunterschiede durch aufeinanderfolgende Verstärkerstufen in langen Übertragungsstrecken akkumulieren. Um den dem Verstärkungsverlauf komplimentären Verlauf der Verluste durch das Gitter zu realisieren, kann der UV-induzierte Index und die Gitterperiode geeignet entlang der Faser variiert werden. Eine besonders einfache und effektive Methode besteht darin, wenige Standard-Gitter mit verschiedenen Gitterstärken und verschieden Mittenwellenlängen hintereinanderzuschalten. Die Gitter müssen so gewählt werden, das die Überlagerung von gegenseitig verschobenen und in der Tiefe variierten Verlustkurven wie in Abb. 12.54 das komplimentäre Verstärkungsspektrum approximieren.

12.9.4.4 *Weitere Anwendungen*

Außerhalb des Bereiches der optischen Nachrichtentechnik werden Faser-Gitter für eine Reihe von sensorischen Zwecken eingesetzt [27]. Wegen der Wellenlängenselektivität sind Multiplexverfahren interessant, bei denen viele Meßstellen hintereinander auf einer Faserstrecke angeordnet sind.

Spezielle Literatur

[1] *Meltz, G.; Morey, W.W.; Glenn, W.H.:* Formation of Bragg gratings in optical fibers by a transverse holographic method. In: Opt. Lett. 14 (1989), S. 823–825

[2] *Kashyap, R.:* Fiber Bragg Gratings. Academic Press, 1999

[3] *Campbell, R.J.; Kashyab, R.:* The properties and applications of photosensitive germanosilicate fiber. In: Int. J. Optoelectron. 9 (1994), S. 33–57

[4] *Russell, P.St.J.; Archambault, J.-L.; Reekie, L.:* Fibre gratings. In: Physics World (1993), S. 41–46

[5] *Bennion, I. et al.:* UV-written in-fibre Bragg-gratings. In: Opt. Quantum Electron. 28 (1996), S. 93–135

[6] *Hill, K.H.; Meltz, G.:* Fiber Bragg grating technology: Fundamentals and overview. In: J. Lightwave Technol. 15 (1997), S. 1263–1276

[7] *Hand, D.P.; Russell, P.St.J.:* Photoinduced refractive-index changes in germanosilicate fibers. In: Opt. Lett. 15 (1990), S. 102–104

[8] *Douay, M.:* Densification involved in UV-Based photosensitivity of silica glasses and optical fibers. In: J. Lightwave Technol. 15 (1997), S. 1329–1342

[9] *Lemaire, P.J. et al.:* High pressure H_2 loading as a technique for achieving ultrahigh UV photosensitivity in GeO_2 doped optical fibers. In: Electron. Lett. 29 (1993), S. 1191–1193

[10] *Hill, K.O. et al.:* Photosensitivity in optical fiber waveguides: Application to reflection filter fabrication. In: Appl. Phsy. Lett. 32 (1978), S. 647–649

[11] *Loh, W.H. et al.:* Complex grating structures with uniform phase masks based on the moving fiber-scanning beam technique. In: Opt. Lett. 20 (1995), S. 2051–2053

[12] *Erdogan, T.:* Fiber grating spectra. In: J. Lightwave Technol. 15 (1997), S. 1277–1294

[13] *Yariv, A.:* Optical Electronics in Modern Communications. Oxford University Press, 1997

[14] *Unger, H.-G.:* Elektromagnetische Theorie für die Hochfrequenztechnik. Bd. 2. Heidelberg: Hüthig Verlag, 1981

[15] *Brinkmeyer, E.:* Simple algorithm for reconstruction fiber gratings from reflectometric data. In: Opt. Lett. (1995), S. 810–812
[16] *Poladian, L.:* Analysis and modelling of group delay ripple in Bragg gratings. In: OSA Technical Digest: Conference on Bragg Gratings, Photosensitivity and Poling in Glass Waveguides, 1999, S. 258–260
[17] *Erdogan, T.; Sipe, J.E.:* Tilted fiber phase gratings. In: J. Opt.Soc. Amer. A 13 (1996), S. 296–313
[18] *Johlen, D.; Klose, P.; Ewald, A.; Brinkmeyer, E.:* Non-reflecting narrow-band fiber optical Fabry-Perot transmission filter. In: OSA Technical Digest: Conference on Bragg Gratings, Photosensitivity and Poling in Glass Fibers and Waveguides: Application and Fundamentals, 1997, S. 42–44
[19] *Vengsarkar, M. et al.:* Long Period fiber gratings as band-rejection filters. In: J. Lightwave Technol. 14 (1996), S. 58–65
[20] *Giles, C.R. et al.:* Lightwave applications of fiber Bragg gratings. In: J. Lightwave Technol. 15 (1997), S. 1391–1404
[21] *Johlen, D.; Klose, P.; Renner, H.; Brinkmeyer, E.:* Narrow-band-mode converting Fabry-Perot output coupler for fiber lasers. In: Proc. Conf. Opt. Fiber Comm. (OFC), San Jose, 1998. – paper FA4
[22] *Eggleton, B.J. et al.:* Long period superstructure Bragg gratings in optical fibers. In: Electron. Lett. 30 (1994), S. 1620–1622
[23] *Bilodeau, F. et al.:* High-return-loss narrow-band a-fiber bandpass Bragg transmission Filter. In: IEEE Photon. Technol. Lett. 6 (1994), S. 80–82
[24] *Archambault, J.L. et al.:* Grating-frustated coupler: a novel channel-dropping filter in single-mode optical fiber. In: Opt. Lett. 19 (1994), Nr. 3, S. 180–183
[25] *Ouellette, F.:* Dispersion cancellation using inearly chirped Bragg grating filters in optical waveguides. In: Opt. Lett. 12 (1987), S. 847–849
[26] *Archambault, J.-L.; Grubb, S.G.:* Fiber gratings in lasers and amplifiers. In: J. Lightwave Technol. 15 (1997), S. 1378–1390
[27] *Kersey, A.D.:* Fiber grating sensors. In: J. Lightwave Technol. 15 (1997), S. 1442–1463

Optische Aufbau- und Verbindungstechniken 13

J.-R. Kropp

Allgemeine Literatur
Scheel, W.: Baugruppentechnologie der Elektronik. Eugen Leutze Verlag, D-7968-Saulgau/Württ., ISBN 3-87480-134-9 - *Treiber, H.:* Der Laser in der industriellen Fertigungstechnik. Verlag Hoppenstedt 1990, ISBN 3-87807-161-2 - *Habenicht, G.:* Kleben - Grundlagen. Techniken. Anwendungen. Springer Verlag, ISBN 3-540-51878-9 - *De Cusatis, C.; Maass, E.; Clement, D. P.; Lasky, R. C.:* Handbook of Fiber Optic Data Communication. Academic Press, San Diego, USA., ISBN 0-12-437162-0 - *Ziemann, O.:* Grundlagen und Anwendungen optischer Polymerfasern. Der Fernmeldeingenieur, 50. Jahrgang, Heft 11/12, 1-67 (1996)

Einführung

Mit den Jahren hat die optische Nachrichtentechnik in vielen, teilweise recht unterschiedlichen Anwendungen ihren Einsatz gefunden. Aufgrund dieser Vielfältigkeit existiert keine einheitliche Aufbau- und Verbindungstechnik für optische Komponenten in diesem Bereich. Dieses Kapitel soll daher ausgehend von den Anforderungen aus den verschiedenen Bereichen einen groben Überblick zu den eingesetzten Techniken geben.

13.1 Anforderungen an die Aufbau- und Verbindungstechnik

Als wesentliche Anwendungsbereiche haben sich die Telekommunikation und Datenkommunikation etabliert. Darüber hinaus findet der sogenannte Desktop- oder Arbeitsbereich (lokale bzw. interne Computer- und Geräteverkabelung) große Beachtung. Weiterhin werden zunehmend Anwendungen im Automotive Bereich (Fahr- und Flugzeug sowie individual- und Massenverkehrsmittel) sowie in der Avionik bearbeitet und realisiert. Bei allen diesen Anwendungen werden spezielle Anforderungen gestellt, die mit den technischen Spezifikationen beginnen, über den vom Markt akzeptierbaren Kostenrahmen und die Handhabung der Technik bis zur allgemeinen Akzeptanz bestimmter Lösungen reichen. Hier soll speziell auf die Anforderungen und den daraus resultierenden Modulkonstruktionen aus der Telekommunikation, Datenkommunikation und dem Desktopbereich eingegangen werden.

13.1.1 Charakteristische Technik in der Telekommunikation

In der Telekommunikation muß eine möglichst hohe Übertragungskapazität über große Strecken realisiert werden. Da aufgrund der großen Entfernungen von hundert und mehr Kilometern die Kosten für die Kabelverbindungen einen wesentlichen Faktor darstellen, werden Lösungen gefordert, die die hohe Bandbreite der Einmodenwellenleiter möglichst weit ausnutzen. Dieses führt zu immer höheren Übertragungsgeschwindigkeiten und zur WDM-Technik. Weiterhin werden hohe Anforderungen an die Betriebsbedingungen (Temperatur, Feuchte usw.) und an das Alterungsverhalten gestellt. Die Kosten der notwendigen optischen Komponenten stellen nur einen kleinen Teil des Systems dar und sind daher nicht von primärer Bedeutung. Die Spezifikationen für die entscheidenden Betriebsdaten sind in der ITU-T G. 957 [1] niedergelegt. Für Installationen im Außenbereich ist ein Temperaturspanne von −40 °C bis +85 °C (industrial temperature range) für den Betrieb festgelegt, in dem die Spezifikationen der ITU-T G. 957 eingehalten werden müssen. Im Bereich der Gebäudeinstallationen (office environment) ist ein Betriebsbereich von 0 °C

Tabelle 13.1. Übersicht zu typischen Modulmerkmalen aus den drei wesentlichen Anwendungsgebieten der Nachrichtentechnik

Eigenschaft	Telekommunikation	Datenkommunikation	Arbeitsbereich (Desktop)
Wellenlängenbereich	1,3 μm/1,55 μm	0,85 μm/1,3 μm	0,65 μm/(0,85 μm)
Wellenleitertyp	Einmodig ca. 10 μm Kerndurchmesser	vielmodig mit Gradientenindexverlauf 50 μm oder 62,5 μm Kerndurchmesser	vielmodig mit Stufenindexverlauf 200 μm bis 2000 μm Durchmesser
Sender	Laser (Kantenstrahler)	LED, Laser (VCSEL)	LED
Empfänger	APD, PIN-PD	PIN-PD, MSM-PD	PIN-PD
Datenraten pro Kanal	0,155 bis 40 Gbit/s	0,1 bis 10 Gbit/s	4–100 Mbit/s
typ. Übertragungslängen	>10 km	<20 km	<100 m
Anschluß des LWL	Pigtail	Stecker	Stecker
Modultyp	ein- oder mehrkanalige optische BE im Modul	Ein- oder mehrkanalige optische und elektrische BE in einem Modul	einkanalige, optische Einzel-BE
Aufbautechnik	He-leckdicht, anorg. Materialien, Keramik-Schaltungsträger, Si-Präzisionsätzteile, Löten, Schweißen, Einglasen	grobleckdicht, Kunststoffverguß, MCM-L, Leiterplatte, Kunstst.-Präzisionsteile, Kleben, Löten	Kunststoffverguß, Leadframe-Montage
Modulfunktionen	Lasersender, Detektoren, opt. Verstärker, WDM-Bauelemente, Verzweiger, opt. Schalter	Transceiver, parallele optische Module mit Treiber-, Verstärker-, Multiplexerelektronik	Sender, Empfänger als Einzelbauelemente Verzweiger, Sternkoppler
Gehäusetypen	TO-Bauformen, Butterfly-Gehäuse, Sonderformen	Gehäuse nach Standards wie ESBCON, FDDI, Fiber Channel [6, 7]	Kunststoffformteile, Chipumhüllung aus Kunststoff

bis 70 °C gefordert. Zur Einhaltung dieser Anforderungen ist es notwendig die optisch aktiven Bauelemente helium-leckdicht zu kapseln und bei der Gehäusetechnik nahezu ausschließlich anorganische Materialien und Fügetechniken einzusetzen. Ein opto-elektrisches Modul für eine Telekom-Anwendung besitzt daher in der Regel ein metallisches Gehäuse mit einer integrierten Durchführung für den oder die Lichtwellenleiter. Diese Lichtwellenleiter sind fest mit dem Gehäuse verbunden und bilden freie Faserenden („Pigtails"). Weitere Charakteristika von Modulen für Telekom-Anwendungen sind in der Tabelle 13.1 aufgeführt.

13.1.2 Modultechnik für die Datenkommunikation

In der Datenkommunikation werden Entfernungen von einigen Metern bis zu wenigen Kilometern überbrückt. Bei der Verkabelung in lokalen Netzen unterscheidet man die Flächenverkabelung zwischen Gebäuden (Campus Backbone) von der vertikalen Gebäudeverkabelung (Building Backbone) und der Flurverkabelung (Horizontal Wiring). Je nach der geforderten Datenrate bei gegebener Länge werden Einmoden-Lichtwellenleiter oder Vielmoden-Lichtwellenleiter eingesetzt. Da diese Bereiche in der Regel von Verteilern mit elektro-optischer Wandlung getrennt sind, werden in den verschiedenen Netzbereichen auch unterschiedliche Komponenten eingesetzt, z.B. Einmodenwellenleiter bei der Flächenverkabelung und Vielmodenwellenleiter für die Gebäude und Flurverkabelung. Daher werden auch unterschiedliche Modultypen eingesetzt [2]. Für eine vorgegebene Anwendung ist das Auswahlkriterium in der Regel das günstigste Preis-Leistungs-Verhältnis der Gesamtlösung. Da der Kostenanteil der Module höher ist als im Telekom-Bereich, besteht hier auch ein großer Preisdruck. Dieses führt zu starken Preisreduktionen, die in diesem Bereich in der Vergangenheit weltweit bei ca. 20–25% pro Jahr lagen. Die geforderten Datenraten sind durch die rasante Entwicklung der Computersysteme und der Netzwerke stark bis in den Gigabit-Bereich gestiegen (z.B. Gigabit-Ethernet [3]). Eine besondere Anwendung bilden die Verbindungen innerhalb von großen Computersystemen. Hier werden bei kurzen Entfernungen von einigen 10 cm bis 100 m zunehmend sehr hohe Übertragungskapazitäten von teilweise deutlich über 1 TBaud gefordert, um einen ausreichenden Datentransfer zwischen bzw. innerhalb von größeren Computern zu ermöglichen. Da hier viele optische Modulkomponenten in einem System benötigt werden, können hier nur mit kostengünstigsten Modultechnologien wirtschaftlich akzeptable Lösungen erreicht werden. In diesem Bereich wird eine parallele Übertragung mit vielen Vielmoden-Lichtwellenleiter verwendet mit speziellen Modulen, die z.B. 10 oder 12 parallele optische Kanäle enthalten.

Um die Installation zu vereinfachen, besitzen die Module für die Datenkommunikation in der Regel eine optische Steckbucht, durch die das optische Kabel über optische Stecker verbunden wird. Bei der Modulaufbautechnik werden überwiegend Kunststoffe sowie Polymere für Verguß und Klebungen eingesetzt (s. Tabelle 13.1).

13.1.3
Einsatz im Arbeitsbereich

Als Arbeitsbereich (Desktop) werden Übertragungsentfernungen unter 100 m angesehen. Hier werden einfachste, kostengünstige Installationstechnik mit besonders preiswerten Komponenten verlangt. Bei den Kosten besteht ein direkter Wettbewerb mit elektrischen Verbindungen über Kupferleitungen, die eine ähnliche Übertragungsqualität ermöglichen. Als Übertragungsmedium werden Kunststofflichtwellenleiter (POF = Plastik Optical Fiber) mit Durchmessern von 0,25 mm bis 2 mm aber auch Glasfasern mit Kern aus Glas und Mantel aus Kunststoff (HCS = Hard Clad Silica Fiber) eingesetzt [4]. Bisher finden nur vielmodige Wellenleiter mit Stufenindexprofil Anwendung, im Versuchsstadium befinden sich aber auch Wellenleiter aus Kunststoff mit Gradientenindexprofilen. Aufgrund der relativ hohen Dämpfung der derzeitigen Polymerwellenleiter (vorwiegend aus PMMA = Polymethylmethacrylat) bei höheren Wellenlängen wird überwiegend im Bereich von 650 nm übertragen. Für die Übertragung mit höheren Wellenlängen bieten sog. Perfluorierte POF einen vielversprechenden Ansatz, bei der alle H-Atome im Kunststoff durch Fluor ersetzt sind, so daß sich eine nahezu wellenlängenunabhängige Dämpfung über einen weiten Bereich vom Sichtbaren bis in den nahen infraroten Bereich ergibt. Derartige Kunststoffe und Vorformen für die Faserherstellung sind aber noch recht teuer, weshalb bisher noch keine Wellenleiterkabel angeboten werden (s. auch [5]).

Die Sende- und Empfangsmodule besitzen einen Anschluß für einen optischen Stecker und werden als Massenprodukt als transparent umspritztes Leadframe hergestellt (Tabelle 13.1). Der Einsatzbereich beginnt im Audio-Markt und reicht von Maschinensteuerungen und Rechnerverbindungen bis zu Automotive-Anwendungen (z.B. Automobilindustrie).

13.1.4
Allgemeine Entwicklungstrends

Die treibende Kraft ist die Notwendigkeit der Kostenreduzierung, wobei nicht nur die optischen Module für sich billiger werden, sondern die gesamte Systemherstellung. Damit wird es auch Veränderungen sowohl in der Montagetechnik der Module als auch in den Modulanforderungen geben, welche in zukünftigen, modifizierten Systemen eingesetzt werden sollen.

Sowohl für Telecom- als auch für Datacomanwendungen besteht eine Anforderung darin, die derzeitige Einzelmontage optischer Module abzuschaffen und die optischen Module derart auszulegen, daß eine gemeinsame Montage (Plazierung und Lötung auf der Leiterplatte) gemeinsam mit allen elektronischen Bauelementen möglich wird. Dieses erfordert erhebliche Veränderungen. Die Temperaturbelastbarkeit der Module muß derart ausgelegt werden, daß die Löttemperaturen von bis zu 260 °C über 20 s überstanden werden unter Einhaltung der opto-elektrischen Spezifikationen nach der Lötung. Es werden dazu neue Materialien wie hochtemperaturfeste Kunststoffe sowie neue Kopplungs- und Fixierungstechniken Verwendung finden. Da die Lichtwellenleiter selbst aufgrund der Kunststoffummantelung diesen Temperaturen nicht standhalten, müssen die Module mit fest angekoppeltem Wellenleiter („Pigtail") ersetzt werden durch Module mit abnehmbarer Faser, und miniaturisierter spezieller Steckverbindung. Der optische Steckbereich wird dann durch eine spezielle Kappe bei der Montage geschützt.

Durch den Einsatz der WDM-Technik werden optische Module mit neuen optischen Funktionen (z.B. optisches Multiplexen, optische Add-Drop Multiplexer) in Serienfertigung hergestellt. Da die hier benötigten optischen Chips teilweise erheblich größer sind als bisher üblich (Chipflächen größer als 10 cm^2), wird eine neue, spezielle Modultechnik benötigt.

In dem Bereich der Datenkommunikation wird darüber hinaus eine ständige Verringerung der Baugröße verlangt, unter Beibehaltung oder Erhöhung der Übertragungsrate. Durch den besonders starken Kostendruck aufgrund der sich weiterentwickelnden, konkurrierenden Übertragungstechnik mit Kupferleitungen wird in der Modultechnik nahezu ausschließlich Kunststoff eingesetzt werden, wobei durch die geforderten Toleranzen nur eine Präzisionsabformtechnik anwendbar ist. Die Verringerung der Baugröße wird nur möglich, wenn neue, kleine optische Stecker und neue Steckprinzipien zum Einsatz kommen. Eine natürliche Grenze bildet hier die manuelle Handhabbarkeit der Teile.

Durch die Verkleinerung der optischen Module verbunden mit der Erhöhung der Übertragungsraten verstärken sich die elektrischen Störeinflüsse wie elektrische Reflexionen oder elektrisches Übersprechen. Zur Beherrschung dieser Effekte sind neue elektrische Schnittstellen der optischen Module notwendig. Darüber hinaus wird durch die Miniaturisierung pro Volumen erheblich mehr Verlustleistung erzeugt, ein Effekt, welcher durch die Erhöhung der Übertragungsraten noch multipliziert wird. Da der Wärmeableitung über große Kühlkörper Grenzen gesetzt sind und diese Lösung der Miniaturisierung entgegensteht, müssen hier zukünftig neue Wege gefunden werden.

13.2 Grundlegende Typen von optischen Modulen

13.2.1 Optische Bauteile mit Einzelgehäusen

Die erste Häusung von optischen Bauelementen wurde mit Einzelgehäusen vorgenommen. Die von den elektronischen Bauelementen bekannte Technik von verschweißten Metallgehäusen wurde für optische Bauelemente modifiziert. Hierdurch entstanden Gehäusebauformen, die sehr ähnlich den bekannten Formen wie TO 18 oder TO 46 für Transistoren sind, welche auch heute noch häufig eingesetzt werden. Diese Gehäuse bestehen aus einer metallischen Grundplatte in der durch Einglasung die elektrischen Anschlüsse durchgeführt sind. Eine tiefgezogene metallische Kappe wird auf die Grundplatte aufgesetzt und durch eine Ringbuckelschweißung verbunden. In die Kappe ist ein Glasfenster eingelötet, um den optischen Durchgang zu erreichen. Mit diesem Gehäusetyp ist eine hermetische Kapselung, d.h. eine He-leckdichte Abschirmung des optischen Chips von seiner Umgebung möglich, wobei gleichzeitig auch eine elektrische Abschirmung entsteht. Abb. 13.1 zeigt den Querschnitt durch ein Gehäuse mit einem kantenemittierenden Laser und einer Monitor Photodiode. Der Laserchip ist vertikal an einen hochstehenden Absatz gelötet, an dessen Fuß in einen leichten Winkel die Monitordiode montiert ist. Die aus der rück-

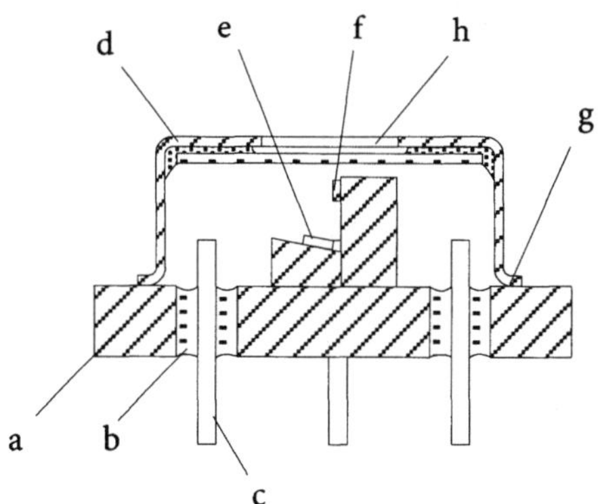

Abb. 13.1. Hermetisches TO-Gehäuse mit kantenemittierendem Laser. a) metalllische Bodenplatte (z.B. Kovar), b) Einglasung, c) Anschlußstifte, d) Metallkappe mit eingelötetem Fenster e) Monitor-Photodiode, f) Laser-Chip, g) Ringbuckelschweißung, h) Fenster

wärtigen Laserfacette austretende Strahlung fällt auf die Monitordiode. Durch die winklige Anordnung wird verhindert, daß die an der Diodenoberfläche reflektierte Strahlung in den Laser zurückgeworfen wird. Bei einigen Aufbauvarianten ist in das Gehäuse auch noch eine Abbildungsoptik integriert. Bei dieser Gehäusetechnik werden sowohl für die Gehäuseteile als auch für die Verbindungstechnik ausschließlich anorganische Materialien verwendet. Dadurch ist gewährleistet, daß auch über lange Zeiträume keine Feuchtigkeit oder andere Fremdgase eindringen, welche zur Degradation der Lasereigenschaften führen können.

Die Abb. 13.2 zeigt ein Beispiel für die Häusung eines oberflächenemittierenden Lasers (VCSEL = Vertical Surface Emitting Laser) zusammen mit einer Monitorphotodiode. Hier ist die Photodiode auf der Grundplatte des TO-Gehäuses montiert und der VCSEL wurde direkt auf die Photodiode aufgesetzt. Der Laser emittiert senkrecht zur Chipoberfläche, wobei die aktive Zone für die Emission der Wellenlänge $\lambda = 850$ nm an der Oberfläche des für diese Wellenlänge undurchsichtigen GaAs-Substrates ist. Die Oberfläche der Kappe mit dem integrierten Fenster ist unter einem relativ kleinen Winkel von 10° - 20° geneigt. An diesem geneigten Fenster wird ein Teil der emittierten Strahlung des VCSEL reflektiert und fällt auf die Monitorphotodiode zurück. Dieser reflektierte Anteil kann durch eine teilreflektierende Spiegelschicht auf dem Fenster dem Bedarf angepaßt werden. Hier besitzt nun das Fenster zusätzlich eine wesentliche optische Funktion. Wie dieses Beispiel zeigt, ist der VCSEL aufgrund seiner Eigenschaft, das Licht senkrecht zu einer Montagefläche zu emittieren, mit deutlich geringerem Aufwand zu montieren als ein Kantenemitter.

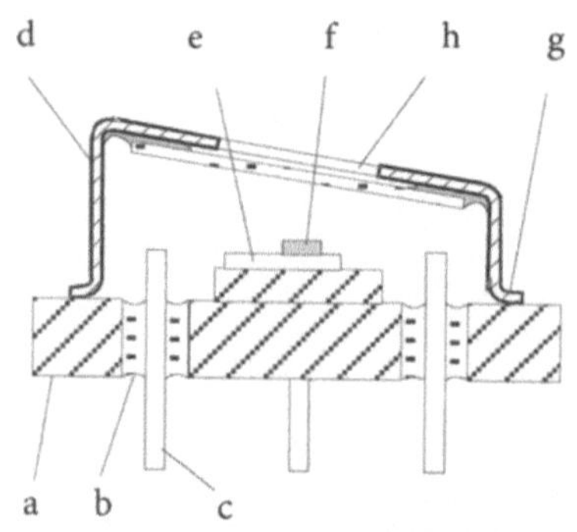

Abb. 13.2. Häusung eines VCSEL mit Monitordiode (Bezeichnungen wie Abb. 13.1), siehe [8]

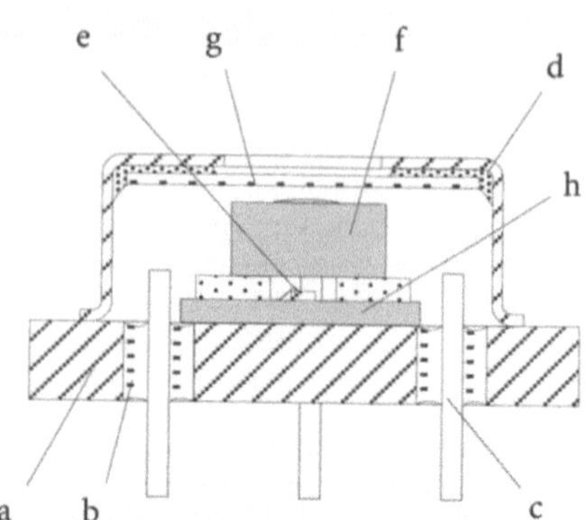

Abb. 13.3. Photodiode mit Optik in hermetisch dichtem Gehäuse. a) metalllische Bodenplatte (z. B. Kovar), b) Einglasung der Anschlußstifte, d) Metallkappe mit eingelötetem Fenster e) optische Diode, f) Silizium-Linse, g) optisches Fenster, h) Silizium Submount

Ein Beispiel für eine Photodiode, welche zusammen mit einer kleinen optischen Linse in ein TO-Gehäuse montiert ist, wird in der Abb. 13.3 dargestellt. Auf einem planar strukturiertem Submount (h), ist eine Photodiode (e) aufgelötet. Neben der Diode sind jeweils gegenüber zwei Abstandshalter montiert, welche eine planar hergestellte optische Linse (f) tragen. Diese Linse kann durch Präzisionsätzung in einem Waferprozess aus Silizium hergestellt werden. Bei der Montage wird die Linse relativ zum lichtempfindlichen Bereich des Diodenchips über dem Diodenchip zentriert aufgelegt und gelötet. Der Si-Submount mit Dioden-Chip und montierter Linse wird auf die Grundplatte eines TO-Gehäuses fixiert und durch eine Feindrahtbondung mit den eingeglasten Durchführungen elektrisch verbunden. Durch die Kappe mit dem Fenster (d, g) wird das Gehäuse durch Rigbuckelschweißung gasdicht verschlossen. Die in dem Gehäuse integrierte Optik ist dabei derart ausgelegt, daß die Objektebene außerhalb des Gehäuses vor dem Fenster des Deckels liegt. Dadurch kann das Bauelement in verschiedenen Modulen und Anwendungen eingesetzt werden. Ein deutlicher Vorteil bei dieser Bauform ist die Möglichkeit, daß die Einheit von Si-Submount mit Diode und Linse auf einem Wafer gefertigt und geprüft werden kann. Außerdem ist diese Einheit einem üblichem SMT-Bauelement vergleichbar (z.B. einem Chipkondensator) auch außerhalb von TO-Bauformen montierbar (vgl. auch Abb. 13.7).

In dem Arbeitsbereich und für Automotiveanwendungen werden bei kurzen Entfernungen Kunststoff-Wellenleiter (POF) verwendet. Derzeit werden Wellenleiter mit 2 mm optischem Durchmesser eingesetzt, die einen lichtführenden Kern aus PMMA mit einer besonders niedrigen Dämpfung bei $\lambda =$ 660 nm (rot) sowie bei λ = 570 nm (grün) besitzen. Die Sende- und Empfangsdioden arbeiten daher meist mit rotem Licht bei einer Datenrate von bis zu 20 Mbit/s. In Anlehnung an die Verarbeitungstechnik der üblichen sichtbaren Dioden erfolgt die Häusung dieser Bauelemente durch eine vollständige Umhüllung mit transparentem Kunststoff. Die optischen Chips werden durch entsprechende Fertigungsautomaten auf metallische Leadframes geklebt oder gelötet. Das dünne, ausgestanzte Leadframe-Blech bildet den Chipträger und gleichzeitig eine Elektrode (z.B. die Kathode). Die elektrische Verbindung des oberen Chipkontaktes wird durch Drahtbondung zu einem zweiten Leadframestreifen erreicht (z.B. Anode). Zur Kapselung wird der Leadframe-Bereich auf dem der optische Chip positioniert ist mit speziellem Kunststoff umhüllt. Die Formgebung des Kunststoffes ist dabei derart gewählt, daß vor der aktiven Fläche der Diode eine Linse ausgebildet wird und darüber hinaus auch die mechanische Zentrierung des zugeführten Kunststoff-Lichtwellenleiters möglich ist. Die Abb. 13.4 zeigt die Geometrie eines derartigen Serienproduktes von Infineon. Für die Führung des Kunststoffwellenleiters ist eine Öffnung von mindestens 2,2 mm Durchmesser vorgesehen auf deren Boden die Linse für die Fokussierung geformt ist.

13.2.2 Optische Bauteile in Gehäusen mit integriertem Lichtwellenleiteranschluß

In den Anlagen der Telekommunikation ist es üblich geworden, alle Anschlüsse einer Baugruppe über eine Steckleiste an einer Seite der Baugruppe zu führen. Damit ist ein einfacher Wechsel der Baugruppen durch Einschieben von der vorderen Seite und Kontatierung zur Rückwand des Gestellschrankes möglich. Die optischen Module sind mit der Elektronik auf der Baugruppe montiert und mit einem Faserende versehen, welches mit einem optischen Stecker am Ende ebenfalls in die Steckerleiste zur Rückwandkontaktierung geführt wird. Daher besitzen in der Regel alle optischen Module in Telekom-Anwendungen einen direkt an das Modulgehäuse montierten, integrierten Lichtwellenleiteranschluß, das sog. „Pigtail".

Im Anwendungsbereich des Teilnehmeranschlusses wird in verschiedenen Netzen eine bidirektionale Übertragung verwendet, bei der auf nur einem Lichtwellenleiter die Informationen in die zwei entgegengesetzten Richtungen übertragen werden. Dadurch wird für zwei Übertragungsrichtungen nur ein Wellenleiter gebraucht. Die optischen Module an beiden Enden der Übertragungsstrecke besitzen dann einen Lichtwellenleiteranschluß und intern eine Aufteilung auf einen Sender und Empfänger. Um eine Übertragung mit geringem Übersprechen der beiden Kanäle zu erhalten, wird z.B. in einer Richtung mit der Wellenlänge λ =1300 nm und in der anderen

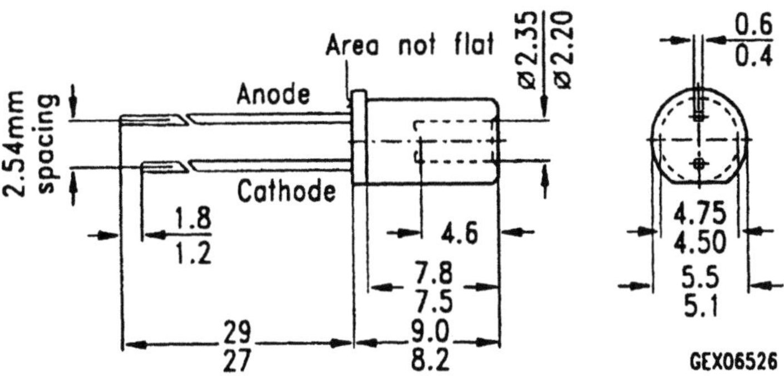

Abb. 13.4. Häusung von Sende- oder Empfangsdioden durch Kunststoffumhüllung (Infineon SFH 450)

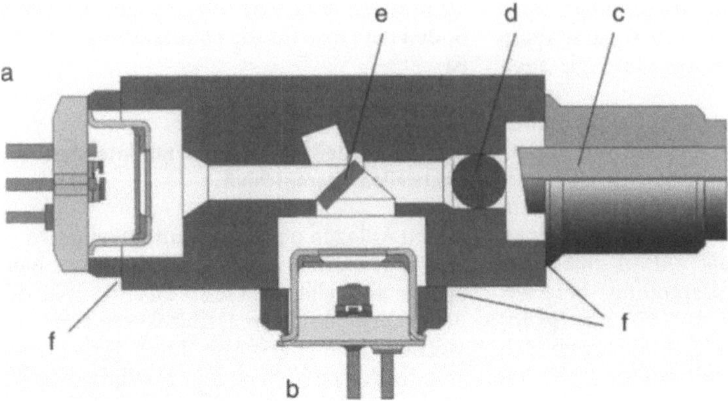

Abb. 13.5. Aufbau eines bidirektionalen Moduls mit integriertem Wellenleiteranschluß (BIDI). a) TO-Gehäuse mit Laserdiode und Mikrolinse, b) Empfangsdiode (s. Abb. 13.3), c) Wellenleiterende im Steckerstift, d) Kugellinse, e) spektraler Strahlenteiler, f) Fügung durch Laserschweißen

mit $\lambda = 1550$ nm gesendet und bei der Aufteilung in den Modulen werden die Wellenlängen separiert.

Wie in Abb. 13.5 gezeigt, endet der Lichtwellenleiter in einer präzisen Führung, welche in einem Winkel von 8° poliert ist, um Rückreflexionen in den Wellenleiter zu unterdrücken (c). Diese Führung ist in einem Edelstahlteil gefaßt, welches nach einer Präzisionsjustage durch Laserschweißung (f) an den Modulkörper fixiert werden kann. In den Modulkörper ist eine Kugellinse (d) zur Fokussierung und ein teildurchlässiger Spiegel eingelassen, der durch eine dielektrische Filterschicht eine Aufteilung der Wellenlängen (Kantenfilter) erreicht (e). Die Laserdiode sowie die Empfangsdiode sind jede separat in einem TO-Gehäuse hermetisch gekapselt (a, b) und ebenfalls durch Schweißung an dem Modulgehäuse fixiert. Durch die massive, metallische Ausführung des Moduls und die Fixierung des Wellenleiteranschlusses und der optischen Sende- und Empfamgsbauelemente durch Schweißung erhält man einen festen Aufbau, der eine stabile Einkopplung über einen großen Temperaturbereich mit einer langen Lebensdauer gewährleistet.

13.2.3 Gehäuse mit Steckbucht

In der Datenkommunikation ist es üblich, Lichtwellenleiter-Kabel mit optischen Steckern zu verwenden, welche direkt in die optischen Module gesteckt werden. Dazu sind diese mit einer Steckbucht ausgerüstet und werden so am Rand einer Baugruppe montiert, daß die Öffnung für den optischen Stecker von außen zugänglich ist. Dadurch ist ein schneller Wechsel der Verbindungen möglich.

Speziell bei Verbindungen mit Einmodenwellenleitern wird der optische Wandler in einem TO-Gehäuse gekapselt und dann nach einer Justage mit einer Steckbucht verbunden, welche die Präzisionsführung für den Einmodenstecker enthält. Die Abbildungsoptik wird dabei entweder in der Steckbucht gehalten (Abb. 13.6 a) oder ist in dem TO-Gehäuse mit integriert (Abb. 13.6 b). Bei einer alternativen Ausführung ist in der Steckbucht ein Stiftstummel mit einem Einmoden-Wellenleiter (S) enthalten, so daß zur Anschlußleitung eine Kopplung entsteht, wie sie auch bei einer

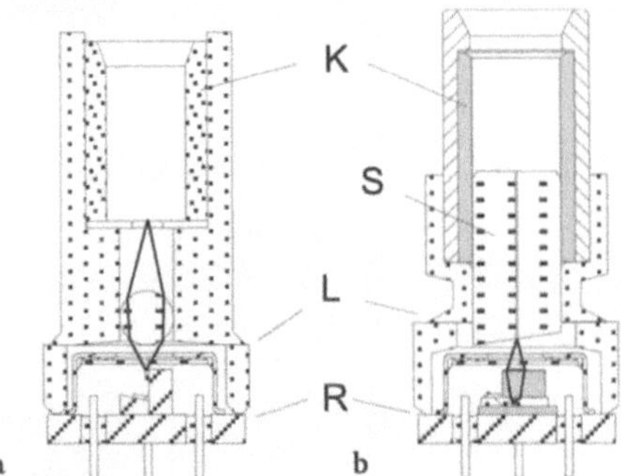

Abb. 13.6. Baugruppen mit Laserdiode im TO-Gehäuse und verbundener Steckbucht. **a** direkte Einkopplung über Optik. **b** Einkopplung unter Verwendung eines Stiftstummels

Ankopplung von zwei Steckern erfolgt (Abb. 13.6 b). Die Führung des Steckerstiftes wird dabei z. B. von einer präzisen Hülse aus Keramik (K) realisiert, welche längs geschlitzt ist, um Durchmesservariationen der Steckerstifte ausgleichen zu können. Die Fixierung von der Steckbucht an dem TO-Gehäuse wird in der Regel mit einer Laserschweißung (L) durchgeführt, wobei die TO-Gehäuse vorher mit einer Ringbuckelschweißung (R) mit einem Montagering verbunden wurden. Wenn die dem Sender zugewandte Seite des Stiftstummels mit einer winkeligen Stirnfläche ausgeführt ist (z. B. 8°), kann mit dieser Anordnung die optische Rückwirkung auf den Sendelaser stark verringert werden.

Bei Sendedioden, Empfangsdioden aber auch bei oberflächenemittierenden Lasern (VCSEL) ist häufig eine hermetische Kapselung nicht unbedingt notwendig. Hier eröffnen sich weitere Möglichkeiten für die Aufbautechnik. Abb. 13.7 zeigt den Aufbau eines Moduls, bei dem die optische Diode (Sender oder Empfänger) mit der Abbildungsoptik zu einem oberflächenmontierbaren Bauelement (b) von ca. $1 \times 1 \times 2$ mm^3 zusammengefaßt wurde. Dabei ist der optische Chip durch einen Kunststoffverguß vor Umwelteinflüssen geschützt. Dieses Bauelement ist auf der Oberfläche einer Leiterplatte montiert, auf der ebenfalls ein Präzisionskunststoffteil für die Steckerführung (a) aufgesetzt ist. Aufgrund der Montage des optischen Elementes und der Steckerführung auf der Leiterplatte als gemeinsamer Oberfläche wird eine kurze Toleranzkette zwischen optischem Element und dem Lichtwellenleiter in der Steckerführung erreicht, wodurch in dieser Richtung auf eine Justage verzichtet werden kann. Durch die geringe Zahl der Bauelemente und den einfachen, kompakten Aufbau ist hiermit eine kostengünstige Modultechnik möglich.

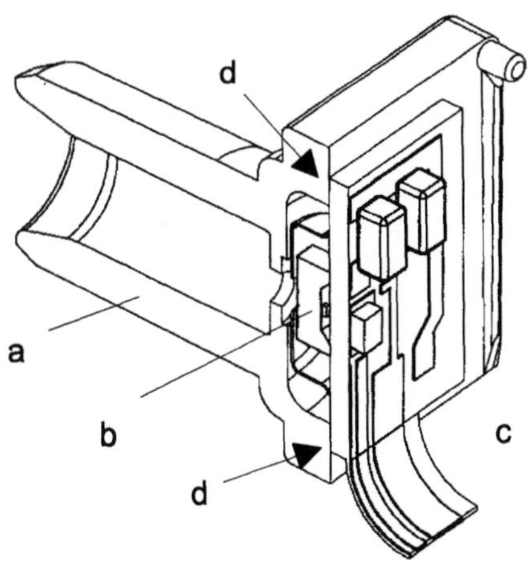

Abb. 13.7. Steckbares Modul mit oberflächenmontiertem optischen Wandlerbauelement (Längsschnitt). a) Steckbuchse aus Kunststoff, b) optisches SMD-Bauelement, c) bestückte Leiterplatte, d) Bereich der Klebeverbindung

Eine weitere wichtige Klasse von Bauelementen stellen die parallelen optischen Module dar. Hier werden viele optische Kanäle parallel betrieben und durch einen Stecker, der viele Lichtwellenleiter in einer Reihe führt, gemeinsam kontaktiert. Für diese Steckung wird überwiegend als Führungselement die MT- (mechanical transfer) Ferule eingesetzt, die bis zu 12 Lichtwellenleiter in einem Abstand von jeweils 250 µm fassen kann. Bei der Verbindung von zwei MT-Ferulen erzwingen zwei Führungsstifte die Ausrichtung, indem sie in zwei Führungslöcher auf beiden Seiten der LWL eingreifen. Die optischen Sender oder Empfänger sind als Array auf jeweils einem Chip im Modul montiert. Die Abstände der optischen Elemente auf dem Chip betragen je 250 µm und entsprechen damit den Abständen im MT-Steckerelement. Auch die elektronischen Ansteuerungs- und Verstärkerschaltungen sind in diesem Raster auf jeweils einem Chip angeordnet. Da bei der Montage jeweils nur eine Komponente für viele Kanäle gesetzt werden muß, ist eine bezogen auf die Übertragungskapazität sehr kostengünstige Aufbautechnik realisierbar, welche darüber hinaus auch sehr platzsparend ist.

Die Abb. 13.8 zeigt den Querschnitt durch einen Aufbau, bei dem die Steckbucht des

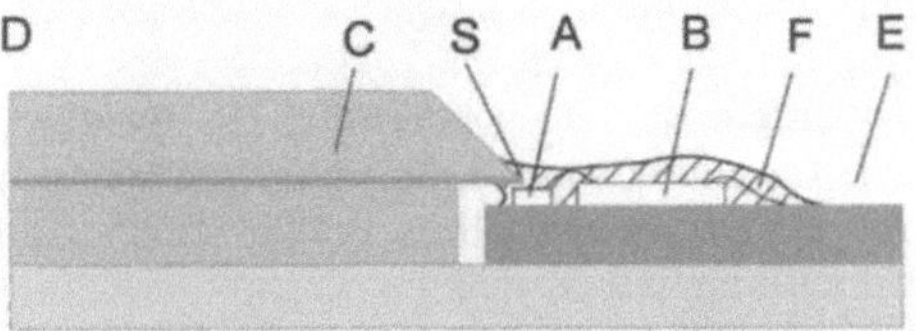

Abb. 13.8. Prinzip der optischen Kopplung mit Steckbucht für parallele optische Verbindungen (PAROLI von Infineon), die optischen Kanäle sind senkrecht zur Darstellungsebene angeordnet. A) Arraychip Sender oder Empfänger, B) Lasertreiber oder Verstärker, C) Wellenleiterarray mit 90°-Umlenkspiegel, D) Steckbucht für optischen Arraystecker (MT), E) Leiterplatte, F) Vergußmasse, S) Spiegelschicht zur Strahlumlenkung

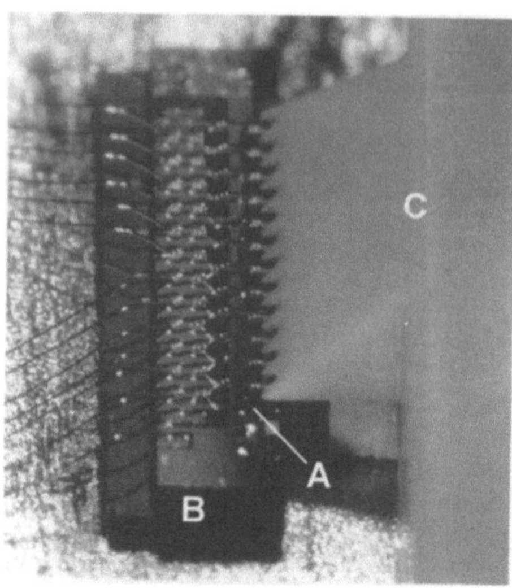

Abb. 13.9. Foto der Koppelanordnung eines Array-Moduls mit 12 Kanälen in 250 μm Abstand mit optischer Strahlumlenkung um 90°. A) Laserarray (teilweise von dem Wellenleiterarray verdeckt), B) Submount des Laserarrays und den Feindraht-Kontaktierungen, C) Träger mit Wellenleiterarray und Strahlumlenkung

Moduls ein Array von Wellenleitern enthält, welches auf den MT-Stecker abgestimmt ist (D stellt die Anlagefläche des Array-Steckers dar). Auf der den optischen Wandlern (A) zugewandten Seite der Wellenleiter erfolgt eine Strahlumlenkung um 90° durch eine Spiegelfläche (S). Als Sender werden VCSEL eingesetzt, deren Licht ohne optische Abbildung über die Spiegelumlenkung direkt in die Wellenleiter eingekoppelt wird [10]. Bei den Empfangsmodulen sind in gleicher Anordnung unter der Spiegelumlenkung die Empfangsdioden angeordnet. Die optischen Sender- und Empfängerarrays (A) sowie die elektronischen Chips (B) sind planar auf einer Leiterplatte bzw. Trägeroberfläche (E) montiert. Die Kapselung sowohl der optischen als auch der elektronischen Chips erfolgt durch eine Umhüllung mit speziellen Kunststoffmassen (F), es wird daher keine hermetische Kapselung benötigt. Hierdurch wird ein besonders kostengünstiger Modulaufbau erreicht. Die Vielzahl an optischen Kanälen ist in einem Abstand von 250 μm senkrecht zur Bildebene von Abb. 13.10 angeordnet. Diese ist deutlich in Abb. 13.9 zu erkennen.

13.3 Optische Kopplungsprinzipien

Die Eigenschaften von optischen Modulen werden sehr stark von der Qualität und Art der optischen Kopplung zwischen den Sende- bzw. den Empfangsbauelementen und dem optischen Wellenleiter beeinflußt. Unter diesem Aspekt ist nicht nur die Koppeleffizienz zu verstehen, sondern auch allgemeine Eigenschaften wie Stabilität der Parameter bei Umwelteinflüssen und Komplexität der Konstruktion, welche z.B. die Herstellungskosten stark beeinflußt. Aufgrund der Vielzahl von optischen Bauteilen und den unterschiedlichen Anwendungen werden daher in der Nachrichtentechnik auch verschiedene Kopplungsprinzipien eingesetzt. Im folgenden sollen die drei grundlegenden Gruppen mit den wesentlichen Eigenschaften und Anwendungen beschrieben werden.

13.3.1 Stumpfkopplung

Bei der Stumpfkopplung (engl. butt coupling) wird die flache Endfläche des Wellenleiters direkt möglichst dicht vor dem optischen Sende- oder Empfangselement positioniert und die optische Übertragung findet ohne zusätzliche optische Elemente statt. Diese Anordnung ist sehr einfach und im allgemeinen kostengünstig zu realisieren, hat aber den Nachteil, daß ein hoher Kopplungswirkungsgrad nur dann erreicht wird, wenn der Sender bzw. Empfänger einen dem Lichtwellenleiter angepaßten Durchmesser sowie Strahlungswinkel besitzt. Daher wird diese Anordnung nur in bestimmten Anwendungen eingesetzt. Hierzu gehört unter anderem die Übertragung mit Kunststoff- Wellenleitern. Diese Wellenleiter haben in der Regel einen großen Kerndurchmesser von 0,5 bis 1 mm bei gleichzeitig recht hoher Apertur im Bereich von 0,4. Als Sender werden LED's eingesetzt, welche mit diesen Wellenleitern recht gute Koppeleffizienzen zeigen. Aufgrund der niedrigen Übertragungsraten werden als Empfänger großflächige Photodioden verwendet, welche die Strahlung ausreichend detektieren. Diese Verbindungen sind sehr einfach und kostengünstig (s. auch Abb. 13.4). Man findet die Stumpfkopplung auch bei der Einkopplung des Lichtes von kantenemittierenden Laserdioden in Einmoden- sowie Vielmoden- Wellenleiter. Da die abstrahlende Fläche der Laser sehr klein ist im Verhältnis zu dem Durchmesser des Wellenleiters ist diese Kopplung auch bei Einmoden- Wellenleitern sehr robust und wird häufig in Verbindung mit passiven Montagetechniken verwendet. Je nach der Strahlungscharakteristik der Komponenten wird in Verbindung mit 62,5 µm Vielmoden- Wellenleiter eine Koppeleffizienz von bis zu 50% erreicht, wohingegen bei Einmoden- Wellenleitern in der Regel weniger als 10% eingekoppelt werden (s. auch Abb. 13.15). Besonders günstig ist die Stumpfkopplung bei dem Einsatz von VCSEL. Aufgrund der geringen Abstrahlungsapertur und der kleinen Fleckdurchmesser kann eine nahezu vollständige Einkopplung in Vielmoden- Wellenleiter erfolgen (s. Abb. 13.8) aber auch in Einmoden-Wellenleiter erreicht man eine sehr hohe Koppeleffizienz.

13.3.2 Linsenkopplung

Um eine optimale Koppeleffizienz zu erreichen, ist in der Regel eine optische Kopplung mit Linsen zwischen dem Wellenleiter und dem elektro- optischen Wandler notwendig. Mit der Wahl der Vergrößerung kann eine Anpassung der Strahlungsfelder (Fleckdurchmesser und Apertur) zwischen dem Wellenleiter und dem Sender bzw. Empfänger erfolgen, wodurch die Koppeleffizienz optimiert werden kann. Diese Möglichkeit wird vor allem bei Modulen für die Telekommunikation genutzt, bei denen zum einen eine hohe optische Leistung für die Weitverkehrsübertragung gefordert wird, und darüber hinaus bei den allgemein verwendeten Kantenstrahlern ein großer Unterschied des Strahlungsfeldes zu dem der eingesetzten Einmoden- Wellenleiter besteht.

Durch die Linsenkopplung ist auch ein großer Abstand zwischen den einzelnen Komponenten erreichbar. Dieses wird in der Gehäusetechnik genutzt, um weitere Komponenten in den Strahlengang einzuführen. Abb. 13.6 zeigt ein Beispiel, bei dem eine Linse zusammen mit dem Laser- Chip in dem TO-Gehäuse montiert ist, wobei die Abbildung durch ein Fenster im Strahlengang erfolgt, welches die hermetische Kapselung des elektro- optischen Wandlers sicherstellt.

Bei Sendemodulen für die Weitverkehrsübertragung werden häufig zwei Linsen verwendet. Der typische Aufbau besteht aus einer kurzbrennweitigen Mikrolinse, welche dicht

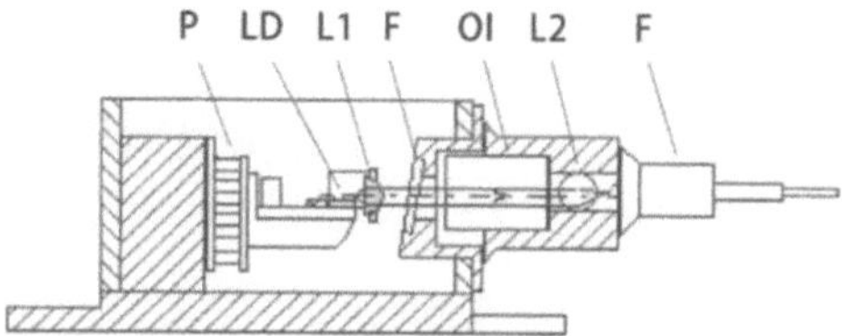

Abb. 13.10. Schematischer Aufbau eines Moduls für die Weitverkehrsübertragung. P) Peltier-Kühler, LD) Laserdiode, L1) erste Linse, F) Fenster, OI) optischer Isolator, L2) zweite Linse, F) Wellenleiterankopplung

an dem Laser- oder Modulatorchip auf einem gemeinsamen Träger montiert ist. Die nahezu parallele Strahlung tritt durch das Gehäusefenster und einen optischen Isolator, um dann durch die zweite Linse auf den Lichtwellenleiter abgebildet zu werden (Abb. 13.10). Hier wird die eigentliche optische Einkopplung in den Wellenleiter erweitert und die Funktion der Abschirmung der extern reflektierten Strahlung mit in den Abbildungsstrahlengang integriert. Da eine vergrößernde Abbildung verwendet wird, besteht eine hohe Empfindlichkeit z. B. gegenüber seitlichem Versatz von Mikrolinse zu Laser. Es muß dort eine extrem hohe Stabilität im Bereich von einigen 0,1 µm erreicht werden.

13.3.3 Kopplung mit Linsentaper

Diese Kopplung wird nahezu ausschließlich in Verbindung mit Einmoden- Wellenleitern und Lasern bzw. Modulatoren eingesetzt. Sie ist eine Abwandlung der Stumpfkopplung, bei der die optische Einkopplung mit einer an die Stirnfläche der Wellenleiterfaser angebrachten Linse erfolgt (s. Abb. 13.11 a). Diese Linse kann extrem kleine Krümmungsradien bis hinunter zu $r = 5$ µm besitzen. Dadurch wird der Abstand zwischen Wellenleiter und Laserchip im Punkt der optimalen Einkopplung sehr klein, welches bei der Justage und Montage sowie bei der Einhaltung der sehr engen Toleranzen einen hohen Aufwand erfordert. Die Herstellung des Wellenleiters mit Linse erfolgte ursprünglich durch Ziehen und Dünnen des Wellenleiters bei Temperaturen im Schmelzpunkt (dem Tapern), dem Trennen des Wellenleiters und dem Anschmelzen einer Linse. Später wurden Wellenleiter mit Linsen auch durch Zusammensetzung von Einmoden-WL mit Vielmoden-Gradientenin-

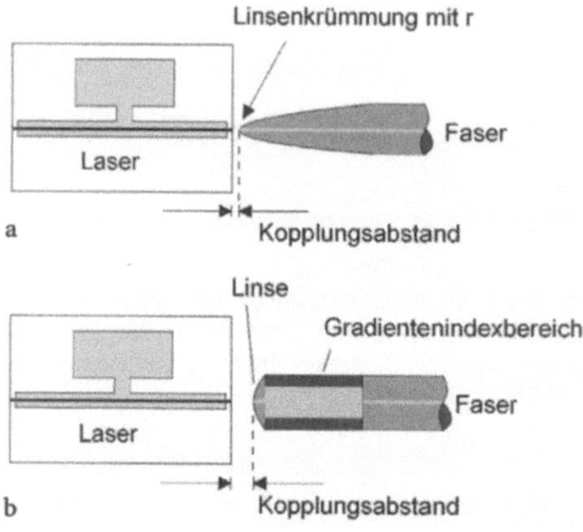

Abb. 13.11 a, b. Optische Ankopplung mit Fasertaper: **a** verjüngte Faser mit Mikrokrümmung, **b** Faser mit interner Strahlaufweitung

dex-WL und einer angeschmolzenen Linse hergestellt [11]. Hier wird die Strahlung vor der Linse an der Faserstirnfläche etwas aufgeweitet, weshalb der Abstand bei optimierter Einkopplung größer wird und die einzuhaltenden Toleranzen etwas größer sind (Abb. 13.11 b).

Die Anforderungen an die Kopplungstechnik sind bei dieser Einkopplung sehr hoch; es muß mit einer Genauigkeit im Bereich von 0,1 μm justiert werden und bei der Fixierung darf sich diese Justage nicht verändern. Der Vorteil besteht darin, daß sehr hohe Koppelwirkungsgrade erreicht werden können bei gleichzeitig geringer Rückreflexion und sehr kompakter Anordnung (s. auch Abb. 13.12).

13.4 Justier- und Fixiertechnik in optischen Modulen

Entsprechend dem weiten Anwendungsbereich der optischen Nachrichtentechnik und den damit verbundenen variierenden Aufbautechniken der Module werden auch unterschiedliche Justier- und Fixierverfahren eingesetzt. Über die Auswahl des jeweils angewendeten Verfahrens entscheiden Bewertungskriterien, die neben der geforderten Umweltstabilität des fertigen Produktes unter anderen auch die notwendigen Materialkombinationen sowie die Fertigungskosten umfassen. Im Folgenden wird beispielhaft auf die Anwendungsbereiche und Eigenschaften von verschiedenen Verfahren eingegangen, wobei eine Aufteilung erfolgt in Montagetechniken, die in Kombination mit einer aktiven Justage eingesetzt werden und solche, welche ohne Justage auskommen.

13.4.1 Fixierung mit aktiver Justage

Da die optisch aktiven Bereiche der Sende- und Empfangselemente sehr kleine Durchmesser aufweisen, erfolgt in der Regel eine aktive Justage zwischen dem Sender bzw. Empfänger und der Glasfaser als optischem Übertragungsmedium, wobei häufig zusätzlich eine Optik verwendet wird. Nach der Justage müssen die Bauteile in der festgestellten Lage zueinander fixiert werden. Je nach Anwendungsbereich und den daraus resul-

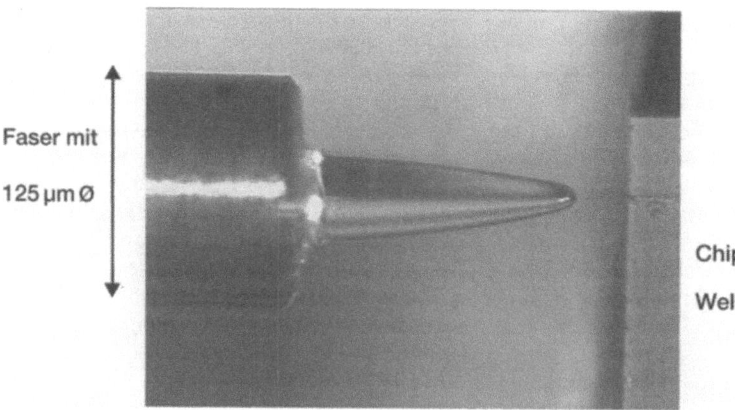

Abb. 13.12. Optische Chipkopplung mit Wellenleitertaper (Heinrich-Hertz Institut Berlin)

tierenden Anforderungen an die Module werden verschiedene Fixiertechniken eingesetzt.

13.4.1.1
Löten

In Modulen mit kantenemittierenden Lasern, bei denen Linsen oder optische Wellenleiter nahe dem Laserchip justiert und fixiert werden müssen, werden im allgemeinen anorganische Fügetechniken wie Löten oder Schweißen verwendet. Damit soll verhindert werden, daß sich z. B. organische Ausdünstungen oder Ablagerungen im Laufe der Verwendungsdauer auf die Laserspiegel niederschlagen und zu einer vorzeitigen Alterung führen.

Ein typisches Anwendungsbeispiel ist hier die Kopplung einer Faser mit integrierter oder angeschmolzener Linse direkt vor dem optischen Laserchip (s. auch Kap. 13.3.3). Zuerst wird der Laserchip auf ein Substrat (z. B. Keramik oder Silizium) aufgelötet, wobei dieses Substrat auf der Oberfläche eine metallische Strukturierung von Bondpads und elektrischen Leiterbahnen enthält. Für die Chip-Lötung wird ein hochschmelzendes Lot wie z. B. AuSn 80/20 verwendet. Danach wird der Laser durch Drahtbondung mit Au-Draht auf dem Substrat elektrisch kontaktiert und kann so betrieben werden. Das Endstück der Faser mit der Linse besitzt auf dem Glasmantel eine Metallisierung mit einer lötbaren Oberfläche (z.B. die Schichtenfolge Cr, Ni, Au). Diese Faser wird in einem Mikromanipulator gehalten und kann sehr fein mit einer Auflösung von ca. 0,1 μm bewegt werden. Bei der aktiven Justage wird der Laser betrieben und darf dabei nicht zu hohen Temperaturen ausgesetzt werden. Daher wird das Substrat nur lokal aufgeheizt und der Bereich des Lasers wird (z. B. durch ein Peltier-Element) gezielt gekühlt. Zur lokalen Erhitzung der Montagestelle werden verschiedene Verfahren eingesetzt (z. B. Widerstandsheizung mit Heizstreifen auf dem Substrat, Erhitzen mit Prozeßlaser). Die Faser wird im flüssigen Lot (z. B. eutektisches PbSn) justiert, nach Erreichen des justierten Zustandes wird die Energiezufuhr abgeschaltet und die Faser in diesem Zustand fixiert. Bei verschiedenen Modulen wird die Faser in einem Röhrchen im aufgeschmolzenen Lot justiert. Dieses Röhrchen bildet gleichzeitig einen Teil der Gehäusedurchführung und man erreicht dadurch zusätzlich einen anorganischen, Heleckdichten Verschluß der Durchführung. Durch die Auslegung des Moduls muß dabei sichergestellt werden, daß sich der thermische Verzug zwischen Faser und Laserchip in engen Grenzen hält.

Bei der Lötung muß besonders die Auswahl des Lotes beachtet werden. Für mit der Temperatur abgestufte Lötungen steht eine Vielzahl von Loten unterschiedlichster Zusammensetzung zur Verfügung. Diese Lote besitzen aber stark unterschiedliche Eigenschaften in Bezug auf Benetzung, Oxidation, Aktivierbarkeit, Löslichkeit von Metallen, Struktur usw., welche den Lötprozeß selbst aber auch die Langzeitstabilität unter den verschiedenen Belastungen beeinflussen. Weiterhin ist bei vielen Lötverfahren ein Flußmittel zur Aktivierung der Oberflächen bzw. zur Reduktion von Oxidschichten notwendig, welches nachhaltigen Einfluß auf die Fügungsqualität als auch auf nachfolgende Fertigungsprozesse haben kann (s. auch [12]). Dieses kann umgangen werden, indem das Flußmittel durch eine aktivierende bzw. reduzierende Atmosphäre ersetzt wird oder die Lötung unter Fernhaltung von Sauerstoff durchgeführt wird. Dadurch wird aber der Lötvorgang speziell in der Kombination mit der Justage erheblich erschwert.

13.4.1.2
Schweißen (mit Laser)

Bei vielen Anwendungen werden nach der Justage die Bauteile durch Schweißen mit einem Laser fixiert. Dieses ist besonders vorteilhaft, da die Wärmeeinbringung berührungslos erfolgt und dadurch größere Freiheiten in der Modulkonstruktion zuläßt. Mit einem Pulslaser (z. B. Nd-YAG) werden an den Stoßstellen von metallischen Baugruppen Schweißpunkte gesetzt, innerhalb denen die Materialien der Fügepartner verschmelzen. Da der Laserpuls sehr kurz ist, werden kurze Taktzeiten bei der Fertigung erreicht und die Teile erwärmen sich nur gering. Um den Verzug in der Erkaltungsphase zu minimieren werden auch mehrere Schweißpulse gleichzeitig auf einem Umfang gesetzt. Aufgrund der hohen Festigkeit und Stabilität gegenüber Temperaturänderungen eignet sich diese Fixierungsmethode auch sehr gut für die Verbindung von einmodigen Bauelementen [13].

Als Beispiel für eine Anordnung, bei denen die Justierung in Kombination mit der Fixierung mit Schweißen realisiert werden, kann

Abb. 13.6 (aber auch Abb. 13.10) dienen. Das aktive optische Bauelement ist in einem TO-Gehäuse hermetisch gekapselt, welches auch die Abbildungsoptik enthält. An dieses Gehäuse wird z.B. mit Ringbuckelschweißung ein Metallring mit angepaßter Länge angeschweißt. Die anzukoppelnde Faser ist in einem Stift mit schrägem Anschliff gefaßt, der seinerseits in einem Metalldrehteil befestigt ist. Die Außenkontour dieses Teils verläuft zum Bereich der Fügung konisch nach außen und bildet einen spitzen Winkel (Abb. 13.6, Markierung L). Diese Geometrie ist für den Schweißprozeß mit dem Laser besonders günstig. Die Auflageflächen der Fügepartner besitzen eine hohe Ebenheit mit geringer Rauheit. Bei der Justage werden die Teile parallel zu der Fügeebene in zwei Dimensionen ($x-y$) mit sehr feiner Auflösung bewegt. Am Ort der optimalen Einkopplung werden mit einem Laserpuls ein oder mehrere Schweißpunkte gleichzeitig in derart gesetzt, daß der Übergangsbereich zwischen beiden Teilen aufgeschmolzen wird und sich verbindet. Je nach Anwendung können diese Schweißpunkte auch durch enges Aneinandersetzten zu einer kompletten Schweißnaht vervollständigt werden. Diese Anordnung ist möglich, wenn eine genaue Voreinstellung der z-Lage des optischen Fokus erreicht werden kann. Lassen die Toleranzen dieses nicht zu, dann muß in einem weiteren Justage- und Fixierschritt die z-Lage eingestellt werden.

13.4.1.3 *Kleben*

Zum Löten und Schweißen müssen die Fügepartner eine Reihe von speziellen Voraussetzungen erfüllen (metallische Oberfläche oder Vollkörper, Lötbarkeit bzw. Schweißbarkeit der Materialien usw.), welche das Moduldesign stark einengen. Außerdem sind die Prozesse in der Durchführung recht aufwendig. Bei Anwendungen, bei denen sehr niedrige Herstellungskosten gefordert werden und die mit etwas reduzierten Anforderungen in Bezug auf die Stabilität der Bauteile z.B. über einen verringerten Temperaturbereich auskommen, bietet die Justage mit anschließender Klebung eine gute Alternative. Dieses Verfahren wird daher überwiegend bei der Herstellung von Modulen für optische vielmodige Übertragung eingesetzt, bei denen auch in der Gehäusetechnik überwiegend kostengünstige Kunststoffe verwendet werden.

Bei der Auslegung der Justierklebung müssen eine Reihe von wichtigen materialspezifischen Randbedingungen beachtet werden, von denen einige hier kurz angesprochen werden sollen (s. auch [14]):

a) Materialverträglichkeit. Die Materialien der Fügepartner und des Klebstoffes dürfen sich speziell auch über längere Zeit nicht gegenseitig beeinflussen (z.B. Versprödung durch Diffusion von Materialkomponenten),
b) Die Haftung des Klebers speziell nach Feuchtelagerung oder Belastungen durch Temperaturwechsel muß ausreichend gewährleistet sein,
c) Der Verzug der justierten Fügepartner zum einen durch den Schrumpf des Klebers während der Aushärtung und zum anderen durch unterschiedliche Wärmeausdehnung der Materialkomponenten muß ausreichend berücksichtigt werden,
d) Ausscheidungen des Klebstoffes während der Aushärtung aber auch unter Feuchteeinwirkung dürfen keine Beeinträchtigung der optischen Funktion bewirken.

Da die Fixierung nach der Justage möglichst wenig Zeit in Anspruch nehmen darf, werden überwiegend Kleber verwendet, die durch Aktivierung mit UV-Strahlung oder intensivem tiefblauem Licht innerhalb von Sekunden gehärtet werden können.

Bei einer mehrfach angewendeten Anordnung für Kopplungen in Vielmoden-Lichtwellenleiter ist der opto-elektrische Wandler in einem TO-Gehäuse montiert, wobei die Abbildungsoptik auch in dieser Einheit enthalten ist (z.B. Gehäuse mit Linsenkappe). Die Halterung des Lichtwellenleiters (z.B. eine Steckbucht für einen optischen Stecker) ist an der Seite der Einkopplung wie ein Topf ausgebildet, in den das TO-Gehäuse eingetaucht und optisch justiert werden kann. In den verbleibenden Spalt zwischen TO-Gehäuse und Topfinnenwand wird Kleber eingefügt und im justierten Zustand optisch ausgehärtet. Der Vorteil dieser Anordnung ist die Möglichkeit der Justage in allen Achsen. Dieser ist aber mit dem Nachteil verbunden, daß durch den Schrumpf und Verzug während der Aushärtung eine gewisse Dejustage nicht zu vermeiden ist.

Ein weiteres Beispiel ist in Abb. 13.7 dargestellt. Der optische Wandler ist mit der Optik auf einem größeren, flachen Substrat (c) montiert. Die Anordnung ist derart ausgeführt, daß die Steckbucht aus Kunststoff im justierten Zustand auf dem Substrat aufliegt, d. h. die z-Koordinate ist mit ausreichender Genauigkeit durch die Optik vorgegeben. Justiert wird in beiden Achsen senkrecht zur Strahlrichtung. Die Fixierung wird durch eine schmale, ebene Klebefuge zwischen Substrat und Steckbucht (s. Abb. 13.7, Bereiche d) erreicht, wobei die Aushärtung ebenfalls durch optische Strahlung erfolgt. Bei dieser Anordnung kann aufgrund der dünnen Klebefuge und der relativ großen Fläche der Verzug sehr gering gehalten werden. Außerdem wird eine hohe Festigkeit und Zuverlässigkeit erreicht.

13.4.1.4
Automatische Fertigungseinrichtungen

Die kleinen Bauteile verbunden mit der notwendigen genauen Justage erfordern schon bei der Herstellung von geringen Stückzahlen von optischen Modulen einen recht hohen Grad an Mechanisierung. Die hohe Auflösung und Genauigkeit im Bereich bis unter 1 µm bei den Justiervorgängen ist nur mit aufwendigen Stellelementen (Schrittmotoren, piezoelektrische Stellglieder) möglich und die Fertigungszeiten für ein Modul sind erheblich. Daher stellt sich schon bei geringeren Stückzahlen die Frage nach der Automatisierung. Der Grad der optimalen Automatisierung hängt dabei von einer großen Zahl von Parametern ab, die individuell beurteilt werden müssen. Zu diesen Parametern gehören z. B. Stückzahl, Typenvielfalt, Qualitätsanforderungen, Stabilität und Regelbarkeit der Prozesse, Kosten der Automatisierung, erwartete Fertigungszeiten usw.

Für die automatische Justage und Fixierung von Komponenten der optischen Nachrichtentechnik können allgemein drei Schritte der Automatisierung unterschieden werden: Automatisierung

a) der Justage,
b) der Justage und Fixierung und
c) der Justage, Fixierung und Bauteilezuführung.

Bei der empfindlichen und manuell recht zeitaufwendigen Justage der optischen Komponenten ist eine Automatisierung auch bei geringeren Stückzahlen schon sinnvoll. Der Aufwand für die weitere zusätzliche Automatisierung des Fixierungsprozesses ist stark von dem angewandten Verfahren abhängig, von den Gerätekosten als auch von der Stabilität sowie Überwachbarkeit und Steuerbarkeit des Prozesses. Der dritte Schritt der zusätzlichen, automatischen Teilezuführung kann eine erhebliche Vergrößerung des Aufwandes bis hin zum Aufbau einer Prozesslinie mit verketteten Herstellungsprozessen bedeuten und ist nur für große Stückzahlen sinnvoll.

Für alle drei angesprochenen Prozesse, Löten, Schweißen mit Laser und Kleben, sind automatisierte Fertigungen bekannt. Da das Laserschweißen ein berührungslos durchführbarer, sehr schneller Fixierungsprozeß ist, eignet sich dieser besonders gut für die Automatisierung. Von Spezialfirmen werden automatische Anlagen auch mit integrierter Präzisionsjustage angeboten, die für die entsprechende Anwendung modifiziert werden. Bei diesen Anlagen wird die Laserstrahlung von einem Nd-Yag Laser in mehrere Strahlen aufgeteilt und über Lichtleiter an die Schweißstellen geführt. Über eine Optik wird die aus den Lichtwellenleitern austretende Strahlung auf die zu schweißende Stelle fokussiert. Durch diese Aufteilung kann mit einem einzigen Laserpuls z. B. von mehreren Seiten gleichzeitig geschweißt werden, weshalb der Verzug minimiert werden kann.

Automatische Einrichtungen zum Justieren und Löten sind in der Regel individuelle Sondermaschinen, die auf den speziellen Lötprozeß und die Teilegeometrien abgestimmt werden müssen. Die einzubringende Wärmemenge ist verhältnismäßig groß, da in der Regel die kompletten Bauteile und Greifeinrichtungen oder Halter erwärmt werden müssen. Da in dem flüssigen Lot justiert wird, muß die hohe Temperatur während des Justiervorganges aufrecht erhalten werden. Dabei ist darauf zu achten, daß keine Entnetzung des Lotes von den Oberflächen z. B. durch Oxidbildung auftritt. Wenn die Komponente aktiv betrieben werden muß, ist in der Regel eine lokale Kühlung erforderlich. Die Automatisierung ist daher nur bei einem stabilen Prozeß mit einer genauen Kontrolle über angepaßte Sensoren und Regelungen möglich.

Die automatische Justierung mit Fixierung durch Kleben ist praktisch nur durch den Einsatz von lichthärtenden Klebern sinnvoll, bei denen eine Aushärtung im Bereich von einigen Sekunden erreichbar ist. Zur Beherrschung des automatischen Prozesses muß neben der exakten Dosierung des Klebers auf eine stabile, zeitlich konstante Bestrahlung für die Aushärtung gesorgt werden. Die Geometrien der Fügepartner besitzen hier einen sehr

Abb. 13.13. Automatische Fertigungseinrichtung zur Justage und Klebfixierung optischer Komponenten. A) Montagebasis für die Justiereinrichtung, B) Zuführung der COB-Baugruppe über Transportband, C) Justageeinrichtung, D) automatische Dosiereinrichtung, E) Rechner für Prozesssteuerung

wesentlichen Einfluß auf die Automatisierung (Reproduzierbarkeit, Verzug, ...). Als Beispiel zeigt die Abb. 13.13 einen Ausschnitt einer voll automatisierten Fertigungseinrichtung mit integrierter Teilezuführung, welche mit anderen Prozessen verkettet ist. In dieser Einrichtung wird die Justage und Fixierung von Modulkomponenten für die optischen Datenkommunikation durchgeführt, wie sie in der Abb. 13.7 beschrieben sind. Es wird eine Steckbucht, in die ein LWL-Stecker eingeführt wird relativ zu dem optischen Element mit Optik, welches auf einer Leiterplatte montiert ist, justiert und geklebt. Aufgrund der Teilegeometrie bleibt der Verzug auf wenige μm begrenzt. Die nach dem Abschluß des Vorgangs erzielten opto-elektrischen Parameter werden mit denen vor der Fügung verglichen und protokolliert. Auf diese Weise ist eine Prozeßsteuerung und eine Rückverfolgbarkeit möglich.

13.4.2 Justierfreie Fixierung

Unter einer justagefreien Kopplung im engeren Sinne versteht man die optische Ankopplung und Fixierung von Komponenten wie z.B. Laser an einen Wellenleiter ohne das die optischen Komponenten aktiv betrieben werden. Hierzu werden auch Montageverfahren gezählt, bei denen die Positionierung der Komponenten durch Einsatz von optischer Bildverarbeitung durchgeführt wird. Durch Vermessung von Strukturen und Marken auf den Komponenten und der daraus bestimmten Ist-Lage werden die Fügepartner mit einen Mikropositioniersystem an eine vorherbestimmte Sollposition gebracht und in dieser Lage fixiert. Diese Verfahren erfordern im Allgemeinen eine aufwendige, automatisierte Gerätetechnik und erreichen Genauigkeiten im Bereich von 5–10 μm.

Im weiteren Sinn werden bei der justierfreien Fixierung aber Verfahren angestrebt, bei denen die Montage ohne Meßvorgänge und genaue Positionierung möglich ist. Hier können durch die genaue Herstellung der Komponenten sowie unter Ausnutzung von zentrierenden Effekten Ausrichtungen mit Genauigkeiten um 1 μm erreicht werden. Zwei vielfach erprobte und auch in Kombination angewendete Montagetechnologien werden im Folgenden beschrieben.

13.4.2.1 *V-Nut Ankopplung*

Für die passive, lagegenaue Montage von optischen Fasern ist in der Vergangenheit eine Vielzahl von Konzepten realisiert worden. Besonders gut eignet sich die Fassung der Fasern in V-förmigen Nuten, wobei die Herstellung von V-Nuten in einkristallinem Si auf einer (100)-Oberfläche mit anisotroper, naßchemischer Ätztechnik auch in der Serienproduktion eingesetzt wird. Aufgrund der Ausbildung der Flanken entlang der (111) Kristallflächen, an denen die Ätzung stoppt, kann man sehr hohe Genauigkeiten im Bereich von 0,1 µm erreichen. Als Substrat werden neben einkristallinen Substraten aber auch sowohl Glas als auch strukturierte Kunststoffe verwendet. Die Herstellung der Führungsnut, welche teilweise auch U-förmig mit steilen Flanken ausgebildet wird, erfolgt hier mit unterschiedlichen Prozessen wie z.B. Strukturierung mit anschließenden reaktivem Ätzen, Präzisionsschleifen sowie Präzisionsprägen.

Für eine passive Faser-Chip Kopplung sind mehrere Konzepte demonstriert worden:

d) die V-Nut in einem Montagesubstrat wird zur Lagefixierung sowohl der optischen Faser als auch des optischen Chips verwendet [15],
e) in dem Montagesubstrat sind zum einen V-Nuten für die Fasern als auch weitere genaue mechanische Anschläge oder strukturierte Metallisierungen zur Chipmontage, siehe z.B. [9],
f) in den optisch aktiven Chip wird eine V-Nut in der Art integriert, daß beim Einlegen einer Faser der Faserkern automatisch vor dem optischen Funktionsbereich des Chips plaziert wird [16].

Bei optischen Kopplungen mit einer Linsenabbildung werden auch Anordnungen eingesetzt, bei denen in einem Si-Substrat neben den V-Nuten für die Faser auch pyramidenförmige Vertiefungen für sehr kleine Kugellinsen integriert sind. Die Kugellinsen werden in die Vertiefung eingelegt und durch Kleben, Löten aber auch Schweißen mit dem Substrat verbunden, wobei in der Regel die eingelegten Komponenten durch eine angepaßt geformte Deckplatte angedrückt werden. Die Positionierungsstrukturen können im Silizium mit Genauigkeiten im Bereich von 0,1 µm hergestellt werden, die Lage der optischen Achse der Kugellinse relativ zur optischen Faser wird aber zusätzlich durch die nicht unerheblichen Toleranzen der Durchmesser von den Kugellinsen und Fasern bestimmt.

Besonders günstig ist die Fassung der Fasern in V-Nuten bei Bauelementen mit vielen optischen Kanälen wie optischen Verzeigern, Schaltern, Mehrfach-Spleißen oder parallelen optischen Modulen. Es wird ein Substrat mit mehreren mehreren, eng nebeneinander liegenden V-Nuten hergestellt, wobei je nach Anforderungen einkristalline Materialien aber auch Kunststoffe Verwendung finden. Das Substrat stellt sicher, daß die Fasern mit engen Toleranzen in einer Reihe in dem vorgesehenen Abstand liegen, wobei sich der Abstand von 250 µm, der bei den optischen Faserbandkabeln verwendet wird, zu einem Standard entwickelt hat.

13.4.2.2
Selbst zentrierende Flip-Chip Montage

Die Flip-Chip (FC) Montage von rein elektronischen Komponenten hat in Verbindung mit verschiedenen Montageverfahren und Gehäusetechniken eine weite Verbreitung gefunden. Für die justierfreie Fixierung von optischen Komponenten eignet sich die FC-Montage, wenn der sogenannte Selbstjustage-Effekt ausgenutzt wird [9].

Auf den zu verbindenden Komponenten befinden sich eng begrenzte metallische Pads, welche auch zur elektrischen Kontaktierung dienen können. Auf einer Seite werden Lotdepots aufgebracht und kugelförmig aufgeschmolzen. Für die Montage werden die Komponenten derart aufeinandergelegt, daß die zugehörigen Metall-Pads überlappend zu liegen kommen. Bei Erhitzung schmilzt das Lot auf und benetzt die zweite Metalloberfläche. Da das Lot im flüssigen Zustamd die Tendenz besitzt, aufgrund der Oberflächenspannung die Größe der Oberfläche zu minimieren, versucht das System die Lotverbindung symmetrisch zu gestalten, wodurch eine Zentrierung des Chips auf dem Substrat erfolgt. Um dieses selbstzentrierende Verhalten zu erreichen, muß eine Vielzahl von Randbedingungen während des Lötvorganges eingehalten werden (Lotmaterial, Flußmittel, Atmosphäre, Oberflächen, ...), siehe z.B. in [17]. Die Genauigkeit der Positionierung senkrecht zur Oberfläche wird durch die Variation des angebotenen Lotvolumens sowie die Toleranzen bei den zu benetzenden Padoberflächen bestimmt. Parallel zur Oberfläche ist die erzielbare Genauigkeit unter anderem von der Größe und Zahl der Lotkugeln abhängig. Abb. 13.14 zeigt die schematische Darstellung einer entsprechenden Flip-Chip Anordnung und Abb. 13.15 die bei Bosch realisierte Baugruppe [18]. Die erreichte Genauigkeit liegt in der Größenordnung von 1 bis einigen µm.

Höhere Genauigkeiten können erreicht werden, wenn zusätzlich auf dem Substrat Anschläge vorgesehen werden. Diese werden derart angeordnet, daß der Chip durch die Bewegung zur Zentrierung während des Lötvorganges an diese Anschläge gedrückt wird (s. auch [9]).

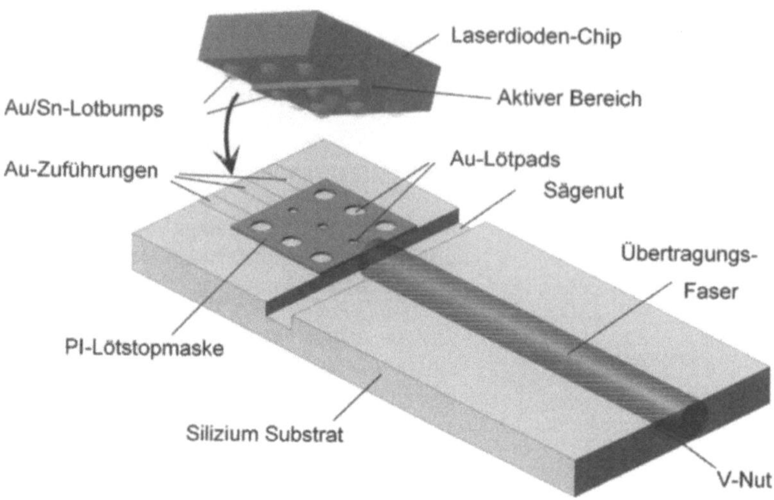

Abb. 13.14. Schematische Darstellung einer FC-Anordnung nach [18]

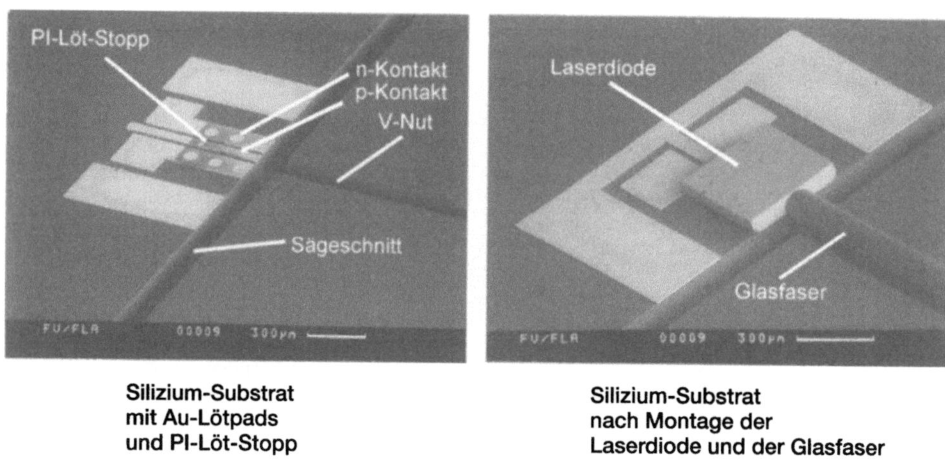

Abb. 13.15. Selbstzentrierende Laserdioden-Faserkopplung (aus der Entwicklung von Bosch) [18]

Für die Montage von vielmodigen Komponenten oder auch von Empfängern ist die justagefreie Fixierung in vielen Fällen ausreichend. Ein Beispiel ist hier die Ankopplung von Fasern an Photodioden als Empfänger. Die Fasern werden derart in V-Nuten geführt, daß sie vollständig unter der planaren Substratoberfläche liegen. Am Ende der Nut ist in das Substrat eine schräge Fläche als Spiegel integriert, durch die die Strahlung aus der Faser nach oben reflektiert wird. Auf der Substratoberfläche sind metallische Pads zur Kontaktierung der Dioden so positioniert, daß der empfindliche Bereich der Diode bei der FC-Kontaktierung den umgelenkten Strahl detektieren kann.

13.5 Kapselung der optischen Chipkomponenten

Optische Chipkomponenten müssen vor Umgebungseinflüssen geschützt werden, um eine hohe Funktionsdauer ohne wesentliche Einbußen der opto-elektrischen Parameter zu erhalten. Die Art der Kapselung hängt von der

Empfindlichkeit der optischen Chips aber auch von den Anforderungen an die fertigen Bauteile ab. In der Vergangenheit wurden alle optischen Chips fast ausnahmslos hermetisch gekapselt. Mit der Verbesserung der Chiptechnologien und der Eröffnung von Märkten mit teilweise reduzierten Anforderungsprofilen ist der Einsatz einer Vielzahl von Kapselungsmethoden möglich geworden, welche zu einer großen Kostenreduzierung geführt haben. Grundsätzlich werden daher heute zwei Arten der Kapselung unterschieden: hermetisch und nicht hermetisch.

13.5.1 Hermetische Dichtung

Unter hermetischer Kapselung wird eine gasdichte Gehäusetechnik verstanden, bei der nur mit anorganischen Materialien gearbeitet wird. Die Bedingung für die Dichtheit ist z.B. gegeben durch eine Leckrate für Helium mit $L < 1 \cdot 10^{-7}$ mbar l/s (MIL-STD-833-C, Methode 1014.7). Diese Leckrate kann auch mit organischen Materialien erreicht werden. Da aber organische Materialien eine Diffusion z.B. von Wasser über größere Zeiträume zulassen, dürfen diese nicht bei einer hermetischen Kapselung verwendet werden.

Besonders empfindlich gegenüber Umwelteinflüssen und hier speziell gegenüber Feuchte sind kantenemittierende Halbleiterlaser und Photodioden. Bei den kantenemittierenden Halbleiterlasern sind die Austrittsflächen der Laserstrahlung stark gefährdet, da dort auf kleinster Fläche eine hohe optische Strahlungsbelastung in Verbindung mit einer hohen Temperatur auftritt. Eine Schädigung der Laserspiegel in diesem Bereich führt sofort zum Ausfall des Bauelementes. Bei Photodioden können unter Feuchteeinfluß Kriechströme entstehen, die den Dunkelstrom erheblich erhöhen. Dadurch wird die optische Empfindlichkeit des Bauelementes stark reduziert.

Für die hermetische Verkapselung einzelner optischer Chips hat sich die Häusung in sogenannten TO-Bauformen verschiedener Größe bewährt. In Abb. 13.1, Abb. 13.2 und Abb. 13.3 sind verschiedene Beispiele gezeigt. Die Dichtung wird erreicht, indem zum einen die elektrischen Anschlüsse mit Stiften, welche durch Öffnungen in der metallischen Bodenplatte geführt sind, in der Bodenplatte mit Glaslot gefaßt und verschmolzen sind. Über das Bauelement wird eine Kappe gestülpt und mit einem elektrischen Pulsschweißen auf die Bodenplatte aufgeschweißt. In der Kappe ist ein Fenster oder eine Glaslinse integriert. Dieser optische Durchgang ist ebenfalls mit Glaslot oder auch mit metallischem Lot dicht montiert.

Bei optischen Sende- und Empfangsmodulen hoher Datenrate für die Weitverkehrsübertragung hat sich die hermetische Kapselung in Butterfly-Gehäusen mit im allgemeinen 14 Anschlüssen weit verbreitet (s. auch Abb. 13.10). Für die einzelnen Funktionen der Gehäuse, welche mit einem integrierten Faseranschluß ausgerüstet sind, existieren unterschiedliche Ausführungen. Zur Realisierung der dichten Faserdurchführung werden zum einen Röhrchen in die Gehäusewand eingelötet, in die wiederum die metallisierte Faser eingelötet wird, zum anderen werden Fenster mit Metall oder Glas eingelötet und die Faser endet außerhalb des Fensters (Abb. 13.10). Durch eine optische Abbildung durch das Fenster erfolgt dann die optische Ankopplung, wobei die Justage und Fixierung im allgemeinen durch Laserschweißen realisiert ist. Für die seitlichen elektrischen Durchführungen werden entweder eingeglaste Leadframes eingesetzt oder aber auch mehrlagige Keramikeinsätze mit elektrischen Durchführungen in das Gehäuse eingelötet. Die abschließende leckdichte Montage des Deckels wird entweder mit Rollnahtschweißung oder wieder durch Lötung erreicht

13.5.2 Kapselung durch Umhüllung mit Kunststoff

In Marktsegmenten mit sehr hohem Kostendruck wie dem Consumer Markt aber auch dem Desktop-Bereich werden die optischen Elemente (LED's und Photodioden) in Serienproduktion mit Kunststoff gekapselt [19]. Hiermit ist ein Umgebungsschutz dieser optischen Bauelemente z.B. gegenüber Feuchte möglich und ein Temperaturbereich von -40 °C bis +85 °C für den Betrieb wird garantiert. Üblicher Weise werden die optischen Chips auf einem Leadframe montiert und gebondet und anschließend eingegossen oder umspritzt. Die äußere Form der Kunststoffummantelung wird dabei auch als Linse oder Führungselement gestaltet (s. auch Abb. 13.4). Die Kapselung von Laserdioden mit Kunststoff ist ebenfalls demonstriert worden. Hier ist es aber schwer, eine genügende Alterungsstabilität zu erreichen, da neben der Feuchte und Dimensionsstabilität über den geforderten Temperaturbereich auch die Unempfindlichkeit gegenüber höheren Intensitäten der optischen Strahlung gewährleistet sein muß. Speziell bei kantenemittierenden Lasern tritt an den Austrittsspiegeln des Laserchips eine hohe Strahlungsdichte auf, welche eine große Belastung für den umhüllenden Kunststoff darstellt. Unkritischer ist hier die Kunststoffumhüllung von VCSE-Lasern, da die Austrittsfläche der Strahlung in der Regel größer ist und das Bauelement durch die tief eingebettete aktive Zone unempfindlicher ist als ein Kantenemitter. Daher wird hier die Kunststoffumhüllung auch in der Serienproduktion eingesetzt (s. z. B. Abb. 13.8).

Spezielle Literatur

[1] ITU-T G.957: Optical Interfaces for Equipments and Systems Relating to the Synchronous Digital Hierarchy, International Telecommunication Union, ITU-T Recommendation G.957 (1995)

[2] *De Cusatis, C.:* Handbook of Fiber Optic Data Communication. Academic Press, San Diego, USA., ISBN 0-12-437162-0

[3] *Cunningham, D.G., Lane, W.G.:* Gigabit Ethernet Networking. Macmillan Technical Publishing, Indianapolis, USA, 1999, ISBN 1-57870-062-0

[4] *Ziemann, O.:* Grundlagen und Anwendungen optischer Polymerfasern. Der Fernmeldeingenieur, 50. Jahrgang, Heft 11/12, 1-67 (1996)

[5] *Koike, Y.:* POF – From the past to the future. Proc. of 7th Int. Plastic Optical Fibres Conf. 98, Berlin, Oct. 5–8, 1998, S. 1–8, und weitere Artikel in diesem Band, ISBN 3-905084-55-4

[6] Fibre Data Distributed Interface (FDDI) – Token Ring Physical Layer (PMD). American Nationl Standard: ANSI X3.166-1900 und Fibre Distributed Data Interface (FDDI) – Part: Token Ring low-cost fibre physical layer medium dependent (LCF-PMD). ANSI X3.237:199X (Rev. 2.1) von 1995 bzw. ISO Standard IS 9314

[7] Fiber Channel Standard, physical and signaling protocol (FC-PH). American National Standaed ANSI X3.230-1994 rev. 4.3

[8] *Claisse, P.R.:* Automatic Power Control of a VCSEL Using an Angled Lid TO56 Package. IEEE Proc. of 48th ECTC 1998 in Seattle, ISBN 0-7803-4526-6, S. 203–209

[9] *Tan, Q.; Lee, Y.C.:* Soldering Technology for Optoelectronic Packaging. IEEE ISBN 0-7803-3286-5/96 (1996) 26–36

[10] *Karstensen, H.:* Parallel Optical Link (PAROLI) for Multichannel Gigabit Rate Interconnections. IEEE Proc. of 48th ECTC 1998 in Seattle, ISBN 0-7803-4526-6

[11] *Kalonji, N.; Semo, J.:* High efficiency, long working distance laser diode to singlemode fibre coupling arrangement. Electr. Lett. Vol. 30, No. 11 (1994) 892–894

[12] *Scheel, W.:* Baugruppentechnologie der Elektronik. Eugen Leutze Verlag, D-7968 Saulgau/Würt., ISBN 3-87480-134-9

[13] *Treiber, H.:* Der Laser in der industriellen Fertigungstechnik. Verlag Hoppenstedt 1990, ISBN 3-87807-161-2

[14] *Habenicht, G.:* Kleben – Grundlagen. Techniken. Anwendungen. Springer Verlag, ISBN 3-540-51878-9

[15] *Wenger, G.:* Self-Aligned Packaging of an 8×8 InGaAsP-InP Space Switch. IEEE Journal of Selected Topics in Quantum Electronics, Vol. 3, No. 6, December 1997, pp. 1445–1456

[16] *Moosburger, R.:* Passive Alignment of Single Mode Fibers to Integrated Polymer Waveguide Structures Utilizing a Single Mask Process. IEEE Photonics Technology Letters, Vol. 11, No. 7, July 1999

[17] *Lei, W., Patra, S.K., Lee, Y.C.:* Design of Solder Joints for Self-Aligned Optoelectronic Assemblies. IEEE Trans. on Com., Pack., and Man. Tech. – Part B. Vol. 18. No. 3, August 1995

[18] Grundlagen für eine optische Hybridtechnik – Optohybrid: Abschlußbericht des BMBF-Verbundvorhabens, VDI/VDE-IT, 1999

[19] *Hamid, S.H.* and *Usmani, A.M.:* Applications of Polymer in LED Devices. Polym. Plast. Technol. Eng. 22(2), 155–176 (1984)

Planare optische Schaltungen 14

R. März

Allgemeine Literatur

Marcuse, D.: Light Transmission Optics. Van Nostrand, New York, 1972 - *Marcuse, D.:* Theory of Dielectric Optical Waveguides. Academic Press, New York, 1974 - *Unger, H. G.:* Planar Optical Waveguides and Fibres. Clarendon, Oxford, 1977 - *Tamir, T. editor.* Guided-Wave Optoelectronics. Springer, Berlin, third edition, 1988 - *Snyder, A. W. und Love, J. D.:* Optical Waveguide Theory. Chapman and Hall, London, 1983 - *Haus, H. A.:* Waves and Fields in Optoelectronics. Prentice Hall, Englewood Cliffs, 1984 - *Hunsperger, R. G.:* Integrated Optics: Theory and Technology. Springer, Berlin, 1984 - *Yariv, A. und Yeh, P.:* Optical Waves in Crystals. Wiley, New York, 1984 - *Nishihara, H.; Haruna, M. und Suhara, T.:* Optical Integrated Circuits. McGraw-Hill, New York, 1989 - *Karthe, W. und Müller, R.:* Integrierte Optik. Geest & Portig, Leipzig, 1991 - *Vasallo, C.:* Optical Waveguide Concepts. Elsevier, Amsterdam, 1991 - *Ebeling, K. J., editor:* Integrierte Optoelektronik. Springer, Berlin, second edition, 1992 - *März, R.:* Integrated Optics: Design and Modeling. Artech House, Boston, 1994 - *Ladouceur F.* und *Love, J. D.:* Silica-Based Burried Channel Waveguides and Devices. Chapman and Hall, London, 1996 - *Suhara T.* und *Nishihara, H.:* Integrated optical components and devices using periodic structures. IEEE Journal of Quantum Electronics, 22: 845–867, 1986 - *Coldren, L. A.* und *Corzine, S. W.:* Diode Lasers and Photonic Integrated Circuits. Wiley, New York, 1995 - *Adams, M. J., editor:* An Introduction to Optical Waveguides. Wiley, New York, 1981 - *Lee, D. L., editor:* Electromagnetic Principles of Integrated Optics. Wiley, New York, 1986 - *Hutcheson, L. D., editor:* Optical Circuits and Components, Design and Applications. Marcel Dekker, New York, 1987 - *Guekos, G., editor:* Photonic Devices. Springer, Berlin, 1999

14.1 Einführung

Der Begriff „Integrierte Optik" wurde 1969 von Miller [1] eingeführt. Er stand seinerzeit als Synonym für die Vision einer planaren optischen Schaltungstechnik, mit der es eines Tages möglich werden sollte, optische Sende- und Empfangsbausteine und die für das Verteilen, Schalten und Filtern notwendigen passiven Komponenten monolithisch auf einem Chip zu integrieren.

In der Pionierzeit der integrierten Optik konzentrierten sich die Aktivitäten weltweit auf die Demonstration von aktiven und passiven Komponenten, die mit den Technologien der integrierten Optik kompatibel sind. Der DFB-Laser markiert einen ersten Meilenstein dieser Entwicklung. Zahlreiche passive Komponenten, wie z. B. Richtkoppler, Y-Verzweiger, Wellenleiterkreuzungen, Bragg-Gitter, Transmissionsgitter, akustooptische Filter, optische Schalter und Modulatoren konnten in dieser Phase ebenfalls erstmals demonstriert werden. Neben den III–V Halbleiter-Materialsystemen InGaAsP/InP und GaAlAs/GaAs, die die monolitische Integration von Laserdioden, Photodioden und passiven Komponenten erlauben, wurden auch in einer Reihe von Materialsystemen, vor allem in Lithiumniobat ($LiNbO_3$), in glasbasierten Materialsystemen (Spezialgläser für den Ionenaustausch, Glas auf Silizium SiO_2/Si) und in Polymeren (Acrylate, Polyimide und Polykarbonate), die keine monolithische Integration zulassen, Chips hergestellt.

In der folgenden Zeit (ab Mitte der 80er Jahre) konnten zunehmend integriert-optische Schaltungen, d.h. Chips mit einer Vielzahl gleichartiger Bauelemente oder monolithische integrierte Chips mit optischen Sendern, Empfängern und passiver Optik, hergestellt werden. Die folgende Liste zeigt einige typische Beispiele und die für ihre Herstellung verwendeten Materialsysteme:

– 1:*N* Verzweiger [2]	Glas (1:32), SiO_2/Si (1:32)
– Optische Rückwand (Backplane) [3,4]	Polymere
– Optisches Phased Array Arrayed Waveguide Grating (AWG)) [5,6]	SiO_2/Si, InGaAsP/InP, Polymere
– Schaltmatrix [7–15]	InGaAsP/InP (4 × 4, 1 × 8), SiO_2/Si (8 × 8, 16 × 16), $LiNbO_3$ (8 × 8)
– Durchstimmbares WDM-Filter [16]	SiO_2/Si (Mach-Zehnder Kaskaden), $LiNbO_3$ (Akustooptische Filter)
– Laser-Modulator Baustein [17]	InGaAsP/InP
– Laser-Booster Baustein [18]	InGaAsP/InP
– Bidirektionaler Sende/Empfangsbaustein [19,20]	InGaAsP/InP
– WDM Vielkanal-Empfänger [6,21,22]	InGaAsP/InP
– WDM Vielkanal-Sender [18]	InGaAsP/InP
– Heterodyn-Empfänger [23]	InGaAsP/InP

Gleichzeitig wurden komplexe Einzelkomponenten, wie z.B. fokussierende Reflexionsgitter, optische Phased Arrays und polarisationsunabhängige akustooptische Filter erstmals realisiert. Mit dem Markteintritt der integrierten Optik Mitte der 90er Jahre wurden Prüf- und Meßverfahren genormt [24].

Seit der Pionierzeit der integrierten Optik wurde weltweit erwartet, daß sich die *optoelektronische Integration* auf Basis der III–V Technologien (OEIC-Technik) wegen des offensichtlichen Vorteils der monolithischen Integrierbarkeit aktiver Bauelemente relativ rasch gegen die *hybride Integration* mit den Materialsystemen SiO_2/Si, Glas, Polymere und $LiNbO_3$ durchsetzen würde [25]. Die Realität stellt sich aus einer Reihe von Gründen bis heute anders dar. Zum einen führt die Komplexität der III–V Technologien, die insbesondere durch die Integration höchst unterschiedlicher Bauelemente getrieben wird, zu hohen Entwicklungsvorleistungen und damit auf den derzeit noch stückzahlschwachen Märkten integriert-optischer Schaltungen zu hohen effektiven Stückkosten. Zum zweiten konnten die III–V Komponenten bislang wesentliche Leistungsdaten der Hybridtechnologien – Faser-Chip Kopplung, Wellenleiterverluste, Polarisationsabhängigkeit – nicht erreichen. Das optische Phased Array zeigt zudem, daß die Realisierbarkeit komplexer Einzelkomponenten ein weiterer, heutzutage entscheidende Stärke der integrierten Optik ist. In diesem Punkt bieten die III–V Technologien jedoch überhaupt keinen Vorteil im Vergleich zur konkurrierenden Hybridintegration (z.B. „Planar Lightwave Circuits (PLCs)" [26]).

14.1.1 Wellenleiterstrukturen

Abbildung 14.1 zeigt einige für die integrierte Optik typische Streifenwellenleiter. Die lateralen Wellenleiterstrukturen werden üblicherweise lithographisch (meist durch Kontakt- oder Projektionslithographie) definiert, in Polymeren werden für vielmodige Strukturen auch Abformtechniken eingesetzt.

Stufenindexwellenleiter 14.1 a1–a4 – Rippenwellenleiter, streifenbelasteter Wellenleiter, vergrabener Streifen- und Rippenwellenleiter – werden zumeist unter Verwendung von Naß- oder Trockenätztechniken in InGaAsP/InP, GaAlAs/GaAs oder SiO_2/Si hergestellt. In jüngerer Zeit wurden Wellenleiter dieser Typen auch durch Lithographie und/oder Abformtechniken in Polymeren realisiert. Die Auswahl des Herstellprozesses bestimmt die Parameterbereiche der möglichen Schichtdicken und Materialzusammensetzungen (Brechzahlen). Das Herstellungsverfahren und das benötigte Aspektverhältnis (Wellenleiterhöhe/Wellenleiterbreite) bestimmen die genaue Form des Wellenleiters, seine Oberflächenbeschaffenheit und die typischen Fabrikationstoleranzen, d.h. die Schwankung der Brechzahl und der Wellenleiterabmessungen von Charge zu Charge. Die beiden letzten Wellenleitertypen – vergrabene oder unvergrabene Wellenleiter mit Gradientenindexprofil – sind typisch für Diffusions- oder Ionenaustauschprozesse, d.h. für Wellenleiterstrukturen in $LiNbO_3$ oder ionenausgetauschten Gläsern. Das Brechzahlprofil und seine Toleranzen werden im wesentlichen durch den Diffusions- bzw. Ionenaustauschprozeß definiert.

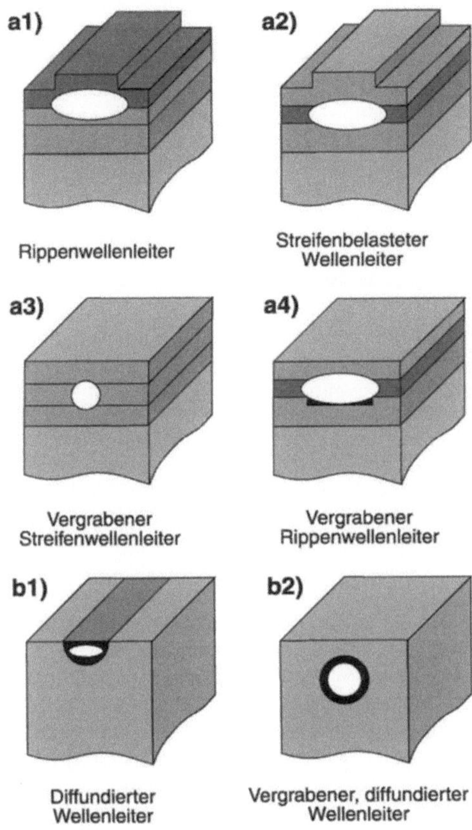

Abb. 14.1 a1–b2. Verbreitete einmodige, integriert-optische Wellenleiterstrukturen. **a1–a4** Stufenindexprofile, **b1–b2** Gradientenindexprofile. Die Feldverteilung der geführten Welle ist als weiße Fläche angedeutet

Die typischen Abmessungen eines Streifenwellenleiters bilden ein weiteres Klassifikationskriterium. Sie vermitteln einerseits ein Gefühl für die Schwierigkeiten bei der Herstellung der integriert-optischen Chips. Andererseits bestimmen sie die notwendige Fleckvergrößerung bei der Faser-Chip Kopplung und damit die Auslegung der Koppeloptik, damit wiederum die Justiertoleranzen bei der Faser-Chip Kopplung und letztendlich die Kosten der Aufbautechnik. Die maximale Dicke d_c eines einmodigen, symmetrischen Schichtwellenleiters ist durch [27]

$$d_c = \frac{\lambda}{n_{cl}\sqrt{8\Delta}}, \qquad (14.1)$$

gegeben, wobei n_{cl} die Mantelbrechzahl, n_{co} die Kernbrechzahl des Wellenleiters und $\Delta = (n_{co}^2 - n_{cl}^2)/(2n_{co}^2)$ sein relativer Brechzahlkontrast ist. Der relative Brechzahlkontrast nimmt für faserangepaßte Einmodenwellenleiter (Feldradius: ≈ 5 µm) Werte von $\Delta \approx 10^{-3}$ an, für stark führende Wellenleiter, z.B. im Materialsystem InGaAsP/InP, erreicht er hingegen Werte von $\Delta > 10^{-2}$. Der relative Brechzahlkontrast Δ (s. Abschn. 14.3.1) bestimmt nicht nur die Wellenleiterabmessungen und die Fleckgröße des Nahfeldes an der Chipstirnfläche, sondern auch den minimalen Krümmungsradius des Wellenleiters und damit die Abmessungen einer Schaltung.

14.1.2 Steuerung integriert-optischer Bauelemente

Für die Steuerung optischer Komponenten steht, je nach Materialsystem, eine mehr oder weniger große Palette linearer und nichtlinearer Effekte zur Verfügung (s. Abschn. 14.5).

Der gebräuchlichste skalare Effekt, der thermooptische Effekt [28] beschreibt die Abhängigkeit der Brechzahl n von der Temperatur T, der zugehörige Koeffizient ist in den meisten Materialien von Null verschieden. Der thermooptische Effekt dient einerseits zum Feinabgleich von Komponenten, z.B. Lasern und optischen Filtern für WDM-Anwendungen, andererseits wird er auch in optische Schaltern, Abschwächern und abstimmbaren optischen Filtern genutzt. Da Brechzahl und Temperatur fernab atomarer Resonanzen in guter Näherung linear zusammenhängen, wird der thermooptische Effekt meist durch eine einzige Größe, den normierten thermooptischen Koeffizienten ($1/n\; dn/dT$), beschrieben. Tabelle 14.1 zeigt den normierten thermooptischen Koeffizienten und den Wärmeaus-

Tabelle 14.1. Normierter thermooptischer Koeffizient ($1/n\; dn/dt$) und Wärmeausdehnungskoeffizient (α_L) für verschiedene Materialien

Material		$\frac{1}{n}\frac{dn}{dT}$ [10^{-6}/K]	α_L [10^{-6}/K]
InP		58,0	4,9
GaAs		66,7	5,7
$LiNbO_3$	o	24,1	16,7
	e	2,4	2,0
Silikatgläser		4 ... 7	0,3 ... 0,6
PMMA		– 93	80

dehnungskoeffizienten für eine Reihe in der integrierten Optik gebräuchlicher Materialien. Man erkennt, daß die Wärmeausdehnung in den meisten Fällen nur einen kleinen Beitrag zum thermooptischen Koeffizienten liefert. Weiterhin sieht man, daß die Änderungen aufgrund atomarer Resonanzen und Wärmeausdehnung meist gegenläufig sind. Polymere, PMMA ist hier als typischer Repräsentant aufgeführt, weisen dagegen häufig einen sehr hohen negativen thermooptischen Koeffizienten auf, d.h. die effektive Brechzahl sinkt bei Aufheizung eines Wellenleiters. Die Reaktionszeiten des thermooptischen Effekts liegen, bedingt durch den Wärmetransport, typischerweise im Bereich von Millisekunden.

Eine Reihe weiterer physikalischer Phänomene modifiziert nicht nur den Betrag der Brechzahl bzw. der dielektrischen Funktion, sondern auch die Form und Orientierung des Indexellipsoids. In isotropen Materialien und in Kristallen, die ein Inversionszentrum aufweisen (z.B. Diamantstruktur) treten keine nichtlinearen optischen (NLO) Effekte erster Ordnung (auch $\chi^{(2)}$-Effekte), wie z.B. der Pockels Effekt, auf. NLO-Effekte zweiter Ordnung (auch $\chi^{(3)}$-Effekte), wie z.B. der Kerr Effekt oder der elastooptische Effekt, treten grundsätzlich auf, d.h. sie erzeugen sogar Anisotropie in ansonsten isotropen Materialien. Eine weitergehende Diskussion der isotropen und anisotropen Effekte in den für die integrierten Optik typischen Materialsystemen, insbesondere auch der zahlreichen, in III-V Halbleitern auftretenden Phänomene, findet sich in Kap. 15.

14.2 Berechnungsverfahren

Die Dimensionierungsaufgaben und die mathematischen Methoden der integrireten Optik sind in weiten Bereichen denen der Faseroptik und aufgrund der mathematischen Äquivalenz der skalaren Helmholtzgleichung und der Schrödingergleichung denen der Quantenmechanik verwandt. Bedingt durch die große Strukturvielfalt kommen in der integrierten Optik jedoch häufiger numerische Verfahren, z.B. auf der Basis der finiten Elemente (FE), der finiten Differenzen (FD) und der Methode der Geraden (MoL), zum Einsatz [29, 30]. In den letzten Jahren haben die Berechnungsverfahren der integrierten Optik eine Reife erlangt, die eine „ad-hoc" Dimensionierung zahlreicher, insbesondere passiver Strukturen erlaubt. Benchmarktests [31, 32] haben dennoch gezeigt, daß die Analyse integriert-optischer Strukturen mit großen Brechzahlsprüngen, zahlreichen geführten Moden bzw. großer Strahldivergenz noch nicht von allen Berechnungsverfahren hinreichend präzise durchgeführt werden kann.

14.2.1 Eigenmodenanalyse

Ein Eigenmodus ist eine Welle, die ihre Form bei Ausbreitung entlang einer longitudinal invarianten Wellenleiterstruktur erhält. Das elektrische und magnetische Feld eines Eigenmodus l wird durch die Gleichungen

$$E^{(l)}(r_t, z) = e^{(l)}(r_t)\, e^{-jkn_l z}$$
$$H^{(l)}(r_t, z) = h^{(l)}(r_t)\, e^{-jkn_l z} \qquad (14.2)$$

beschrieben, wobei $n_l = \beta/k$ den effektiven Brechungsindex des Eigenmodus l, z seine Ausbreitungsrichtung und r_t einen Ortsvektor in der dazu transversalen Ebene bezeichnet. Abbildung 14.2 zeigt das dielektrische Profil $n^2(x)$ eines fiktiven, asymmetrischen Wellenleiters und die verschiedenartigen Moden, die von einer Wellenleiterstruktur geführt werden können.

Die geführten Moden bilden ein diskretes Spektrum im Bereich $n_{max}^2 > n_l^2 > n_s^2$ zwischen

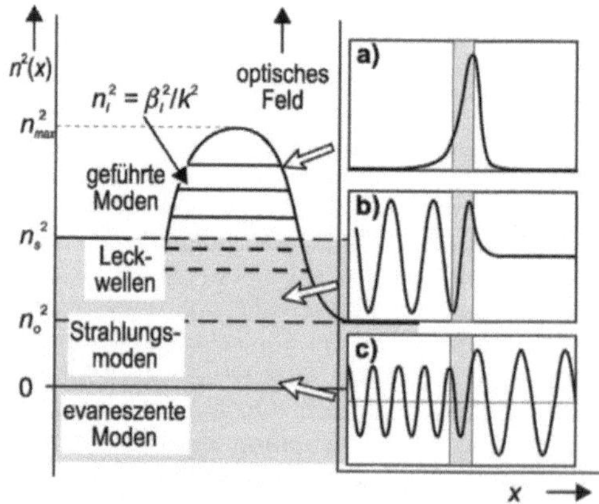

Abb. 14.2. Dielektrisches Profil $n^2(x)$ eines Schichtwellenleiters, die verschiedenartigen Moden, die von dieser Wellenleiterstruktur geführt werden können, und Feldverläufe für den Grundmodus (a) und für zwei verschiedene Typen von Strahlungsmoden (b, c). Die kontinuierlichen Bereiche des Spektrums sind grau unterlegt

der größten Brechzahl n_{max} der Wellenleiterstruktur und der größten Brechzahl n_s^2 im „Unendlichen" (meist der des Wellenleitersubstrates). Sie können im Zuge einer geometrisch-optischen Analyse als Strahlenbündel verstanden werden, die durch Totalreflexion im Wellenleiter geführt werden. Die durch Totalreflexion entstehenden Partialbündel (Brillouinwellen) überlagern sich jedoch nur für einige wenige Reflexionswinkel, bei denen sich dann die geführten Moden finden, konstruktiv. Während symmetrische Wellenleiterstrukturen immer mindestens einen geführten Modus aufweisen, besitzen asymmetrische Brechzahlprofile erst oberhalb einer Mindestgröße geführten Moden. Das optische Feld a) in Abb. 14.2 zeigt den typischen Verlauf des Grundmodus, d.h. des geführten Modus mit der höchsten Brechzahl. Das optische Feld des l-ten angeregten Modus besitzt $l + 1$ Minima bzw. Maxima, es verschwindet jedoch ebenso wie das Feld des Grundmodus im Unendlichen. Unterschiedliche Brechzahlen für Substrat n_s und Außenraum n_o schlagen sich in einer Asymmetrie des optischen Feldes nieder.

Die ausbreitungsfähigen Strahlungsmoden bilden ein kontinuierliches Spektrum, wobei die Eigenmoden im Bereich $n_s^2 > n^2 \geq n_o^2$ (s. optisches Feld b) in Abb. 14.2) im Unendlichen nur teilweise oszillatorisch sind, während sie im Bereich $n_o^2 > n^2 \geq 0$ (s. optisches Feld c) in Abb. 14.2) im Unendlichen einen rein oszillatorischen Charakter besitzen. Zusammen mit den evaneszenten Strahlungsmoden ($n^2 < 0$), die nur bei der Behandlung von Wellenleiterdiskontinuitäten praktische Bedeutung haben, bilden die geführten Moden und die ausbreitungsfähigen Strahlungsmoden ein vollständiges Funktionensystem, d.h. jede Feldverteilung kann durch eine Linearkombination dieser Moden dargestellt werden. Die Leckwellen („leaky modes") stellen keine echten Eigenmoden der Wellenleiterstruktur sondern Resonanzen in Bereich der ausbreitungsfähigen Strahlungsmoden dar. Sie können als geführte Moden unterhalb des Cutoff aufgefaßt werden.

Die Bezeichnung der geführten Eigenmoden orientiert sich an der Wellenleiterstruktur. So werden die Eigenmoden von Schichtwellenleitern, Transversalmoden mit je drei nichtverschwindenden Vektorkomponenten, als (transversal elektrische) TE_l-Moden bzw. (transversal magnetische) TM_l-Moden bezeichnet. In der Literatur werden mit Hinweis auf die nichtverschwindenden longitudinalen Feldanteile für die TE_l-Moden bzw. TM_l-Moden auch die Begriffe H_l-Moden bzw. E_l-Moden verwendet. Der Grundmodus ($l = 0$) des Schichtwellenleiters besitzt keinen Knoten (Nullstelle), der l-te angeregte Modus besitzt l Knoten. Die Eigenmoden von integriert-optischen Streifenwellenleitern mit hybriden Charakter werden entsprechend als HE_{lm}-Moden bzw. EH_{lm}-Moden bezeichnet. Sie gehen im Grenzfall schwacher seitlicher Führung in der H_l-Moden (TE_l-Moden) bzw. E_l-Moden (TM_l-Moden) des Schichtwellenleiters über [33]. Die Bedeutung der Indexpaare lm, auch Ordnungen, der Eigenmoden orientieren sich an den Achsen des für die Eigenmodenanalyse verwendeten Koordiatensystems. Für integriert-optische Wellenleiter werden im Hinblick auf die technologisch bedingte Schichtstruktur häufig kartesische Koordinaten (x, y) verwendet, für Fasern werden durchgängig Zylinderkoordinaten (r, φ) herangezogen.

Grundgleichungen

Die Vektor-$\boldsymbol{H}$-Feld Formulierung des integriert-optischen Eigenwertproblems mit dem Helmholtzoperator [5]

$$\mathcal{H}_H = \frac{1}{k^2}\Delta_t + n^2 + \frac{2}{k^2 n}(\nabla_t n) \times \nabla_t \times , \qquad (14.3)$$

insbesondere die häufig verwendete Darstellung in kartesischen Koordinaten [27]

$$\frac{\partial^2 h_x^{(l)}}{\partial x^2} + \frac{\partial^2 h_x^{(l)}}{\partial y^2} + \frac{2}{n}\frac{dn}{dy}\left(\frac{\partial h_y^{(l)}}{\partial x} - \frac{\partial h_x^{(l)}}{\partial y}\right) + (kn)^2 h_x^{(l)} = (kn_l)^2 h_x^{(l)}$$

$$\frac{\partial^2 h_y^{(l)}}{\partial x^2} + \frac{\partial^2 h_y^{(l)}}{\partial y^2} - \frac{2}{n}\frac{dn}{dx}\left(\frac{\partial h_y^{(l)}}{\partial x} - \frac{\partial h_x^{(l)}}{\partial y}\right) + (kn)^2 h_y^{(l)} = (kn_l)^2 h_y^{(l)} \qquad (14.4)$$

bildet heute meist den Ausgangspunkt numerischer Eigenmodenanalysen für die integrierte Optik. Sie wird gegenüber konkurrierenden Formulierungen bevorzugt, da die Transversalkomponenten des magnetischen Feldes an dielektrischen Grenzflächen weder Unstetigkeiten noch logarithmische Singularitäten aufweisen. Die longitudinale Feldkomponente h_z ergibt sich unmittelbar aus der Forderung nach Quellfreiheit ($\nabla \cdot \boldsymbol{H} = 0$) des magnetischen Feldes. (Für die Analyse von Fasern werden hingegen meist die Feldgleichungen für die beiden longitudinalen Feldkomponenten (E_z, H_z) herangezogen (s. Kap. 4.1)).

Die Eigenmoden schwach-führender Wellenleiter ($|\Delta n| \ll |\bar{n}|$) zeigen einen nur schwach ausgeprägten hybriden Charakter. Die vektorielle Kopplung in (14.3), die durch den Operator $(\nabla_t n) \times \nabla_t \times$ beschrieben wird, kann dann als Störung behandelt werden. Im Grenzfall verschwindender vektorieller Kopplung werden die Eigenmoden des Wellenleiters durch die Eigenmoden des skalaren Helmholtzoperators [33, 34, 35]

$$\mathcal{H}_s = \frac{1}{k^2} \nabla_t^2 + n^2 \tag{14.5}$$

ersetzt. Bei Verwendung kartesischer Koordinaten entkoppeln die zugehörigen Eigenwertgleichungen vollständig und es ergibt sich

$$\frac{\partial^2 \psi_l}{\partial x^2} + \frac{\partial^2 \psi_l}{\partial y^2} + (kn)^2 \psi_l = (kn_l)^2 / \psi_l , \tag{14.6}$$

wobei ψ_l eine beliebige transversale Vektorkomponente des elektrischen oder magnetischen Feldes ist. Die hybriden Moden können im Rahmen einer Rayleigh-Schrödinger Störungstheorie 1. Ordnung angenähert werden.

Störungstheorie

Die Störungstheorie umfaßt eine Reihe von universellen mathematischen Methoden, mit deren Hilfe Eigenwerte und Eigenmoden eines Operators aus der Lösung eines verwandten Eigenwertproblems approximiert werden können.

Das bekannteste Verfahren ist die Rayleigh-Schrödinger-Störungstheorie, bei der ein Operator $\mathcal{H} = \mathcal{H}_0 + \mathcal{H}_1$ in einen Ausgangsoperator $\mathcal{H}_0$ mit den Eigenwerten $\varepsilon_l^{(0)}$ und den normalisierten Eigenmoden $\psi_l^{(0)}(r_t)$ und einen Störanteil $\mathcal{H}_1$ aufgeteilt wird. Die Eigenlösungen werden dann nach Potenzen des Störoperators entwickelt. Betrachtet man nur den führenden Beitrag (Störungstheorie 1. Ordnung), so ergibt sich für einen nicht-entarteten Eigenwert

$$\varepsilon_l \approx \int d^2 r_t \, \psi_l^{(0)}(r_t) * \mathcal{H} \psi_l^{(0)}(r_t) \, . \tag{14.7}$$

Im entarteten Fall muß zunächst die charakteristische Gleichung

$$\left| \int d^2 r_t \, \psi_{l,\mu}^{(0)}(r_t) * \mathcal{H}_1 \psi_{l,\nu}^{(0)}(r_t) - \Delta \varepsilon_l \, \delta_{\mu\nu} \right| = 0 \tag{14.8}$$

zur Diagonalisierung des Eigenraumes für den Eigenwert $\varepsilon_l^{(0)}$ gelöst werden. Die Rayleigh-Schrödinger Störungstheorie bildet die Grundlage zahlreicher Approximationen in der integrierten Optik. Wichtige Beispiele bilden die effektive Indexmethode (EIM), die Abschätzung der Verstärkung bzw. Abschwächung durch Confinementfaktoren sowie die Vektorkorrekturformeln innerhalb der Theorie schwach führender Wellenleiter.

Das Ritzsche Variationsverfahren ist der Rayleigh-Schrödinger Störungstheorie verwandt. Analog zu (14.7) wird der korrigierte Eigenwert als Mittelwert des Operators $\mathcal{H}$ dargestellt, d.h.

$$\varepsilon_l \approx \frac{\int d^2 r_t \, \psi_{\text{test}}(\alpha_l, r_t) * \mathcal{H} \psi_{\text{test}}(\alpha_l, r_t)}{\int d^2 r_t \, |\psi_{\text{test}}(\alpha_l, r_t)|^2} \, . \tag{14.9}$$

Im Unterschied zur Rayleigh-Schrödinger Störungstheorie können die Testfunktion $\psi_{\text{test}}(\alpha_l, r_t)$, bezüglich derer der Operator gemittelt wird, jedoch frei gewählt werden. In der integrierten Optik werden z.B. häufig Hermite-Gauß-Moden (14.24), die am Ende dieses Abschnitts behandelt werden, als Testfunktion eingesetzt. Die Parameter α_l der Testfunktion werden beim Ritzschen Variationsverfahren so bestimmt, daß der Eigenwert extremal (in der integrierten Optik maximal) wird, d.h. $\partial \varepsilon_l / \partial \alpha_l = 0$. Das Verfahren wird bis auf seltene Ausnahmen nur auf den Grundmodus angewandt.

Schichtwellenleiter

Während Streifenwellenleiter im allgemeinen hybride Eigenmoden aufweisen, werden in Schichtwellenleitern nur zwei Arten von Transversalmoden mit je drei nichtverschwindenden Vektorkomponenten unterstützt. Für die Beschreibung von Schichtwellenleitern wird ein kartesisches Koordinatensystem verwendet, dessen x-Achse senkrecht auf den Wellenleiterschichten steht und dessen z-Achse die Ausbreitungsrichtung der optischen Welle bezeichnet. Die (transversal elektrischen) TE-Moden besitzen eine elektrische (E_y) und zwei magnetische Feldkomponenten (H_x, H_z), die (transversal magnetischen) TM-Moden weisen eine magnetische (H_y) und zwei elektrische Feldkomponenten (E_x, E_z) auf. Die beiden Sätze von Eigenmoden $E_y^{(l)}$ und $H_y^{(l)}$ gehören zu den folgenden Helmholtzoperatoren

$$\mathcal{H}_{\text{TE}} = \frac{1}{k^2} \frac{d^2}{dx^2} + n^2 \tag{14.10}$$

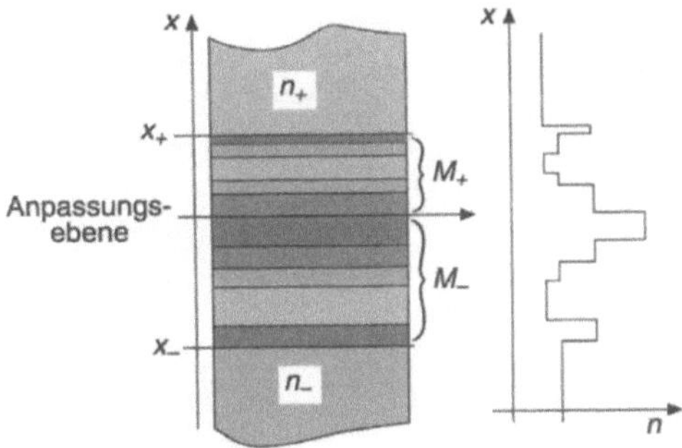

Abb. 14.3. Zusammengesetzter Schichtwellenleiter mit zwei Schichtpaketen, die durch die Kettenmatrizen $\mathcal{M}_+$ und $\mathcal{M}_-$ beschrieben werden

$$\mathcal{H}_{\mathrm{TM}} = \frac{1}{k^2}\frac{d^2}{dx^2} - \frac{2}{k^2 n}\frac{dn}{dx}\frac{d}{dx} + n^2 . \quad (14.11)$$

Für die weiteren, nichtverschwindenden Feldkomponenten des TE_l-Modus ergibt sich mit $\omega = kc$

$$H_x^{(l)} = \frac{-\beta_l}{\omega\mu_0} E_y^{(l)}$$

$$H_z^{(l)} = \frac{j}{\omega\mu_0}\frac{\partial E_y^{(l)}}{\partial x} , \quad (14.12)$$

für die des TM_l-Modus gilt

$$E_x^{(l)} = \frac{\beta_l}{n^2\omega\varepsilon_0} H_y^{(l)}$$

$$E_z^{(l)} = \frac{-j}{n^2\omega\varepsilon_0}\frac{\partial H_y^{(l)}}{\partial x} . \quad (14.13)$$

Für die numerische Berechnung der Eigenmoden beliebig zusammengesetzter Schichtwellenleiter mit Stufenindexprofil hat sich ein quasi-analytisches Verfahren auf Basis der Kettenmatrix [36]

$$\mathcal{M} = \begin{pmatrix} \cos\delta & -\sin\delta/Y \\ Y\sin\delta & \cos\delta \end{pmatrix} \quad (14.14)$$

bewährt. Es bietet die Möglichkeit, die Supermoden verkoppelter Kopplerstrukturen (s. Abschn. 14.3.3) direkt zu berechnen. Auch läßt es sich zur Analyse von Gradientenindexprofilen einsetzen, indem das kontinuierlich verlaufende Brechzahlprofil durch ein beliebig feines Stufenindexprofil angenähert wird. Die Kettenmatrix $\mathcal{M}$ beschreibt innerhalb des Verfahrens eine Schicht der Dicke d und der Brechzahl n durch ihre äquivalente Phasendicke $\delta = kd\sqrt{n^2 - n_l^2}$ und ihre charakteristische Admittanz $Y = \sqrt{n^2 - n_l^2}$. Ein beliebig aufgebauter Schichtwellenleiter wird durch zwei Schichtpakete (Abb. 31.3) mit den aufmultiplizierten Kettenmatrizen $\mathcal{M}_+$ und $\mathcal{M}_-$ beschrieben. Die stetige Fortsetzung der Felder innerhalb der Schichtpakete ist durch die Verwendung der Kettenmatrizen garantiert, die stetige Fortsetzung der Felder an der Anpassungsebene zwischen den beiden Schichtpaketen führt auf die charakteristische Gleichung

$$\frac{m_{11}^{(+)} - jY_+ m_{12}^{(+)}}{m_{21}^{(+)} - jY_+ m_{22}^{(+)}} = -\frac{m_{22}^{(-)} - jY_- m_{12}^{(-)}}{m_{21}^{(-)} - jY_- m_{11}^{(-)}} , \quad (14.15)$$

an deren Nullstellen die effektiven Brechzahlen der TE-Moden gefunden werden. Für das elektrische Feld E_y innerhalb einer Schicht der Dicke d und der Brechzahl n, die sich im Bereich $(x_0 \le x < x_0 + d)$ ausdehnt, ergibt sich

$$E_y^{(l)}(x) = E_{y,0}\cos\left(\frac{\delta}{d}(x - x_0)\right) + \frac{H_{z,0}}{Y}\sin\left(\frac{\delta}{d}(x - x_0)\right) . \quad (14.16)$$

Für $\delta > 0$, d.h. $n^2 > n_l^2$, ergeben sich also oszillatorische, für $\delta < 0$ hyperbolische Lösungen.

Die Berechnung der TM-Moden verläuft analog. Ausgehend von der modifizierten Kettenmatrix

$$\tilde{\mathcal{M}} = \begin{pmatrix} \cos\delta & -\sin\delta/Z \\ Z\sin\delta & \cos\delta \end{pmatrix} , \quad (14.17)$$

die eine Schicht durch ihre äquivalente Phasendicke und ihre charakteristische Impedanz $Z = \sqrt{n^2 - n_l^2}/n^2$ beschreibt, ergibt sich die charakteristische Gleichung für die TM-Moden,

$$\frac{\tilde{m}_{11}^{(+)} - jZ_+ \tilde{m}_{12}^{(+)}}{\tilde{m}_{21}^{(+)} - jZ_+ \tilde{m}_{22}^{(+)}} = -\frac{\tilde{m}_{22}^{(-)} - jZ_- \tilde{m}_{12}^{(-)}}{\tilde{m}_{21}^{(-)} - jZ_- \tilde{m}_{11}^{(-)}} , \quad (14.18)$$

Der TE_l- bzw. TM_l-Modus eines Schichtwellenleiters hat immer l Knoten (Nullstellen) und $l + 1$ Extremwerte. Abbildung 14.4 zeigt die geführten TE-Moden eines asymmetrischen Schichtwellenleiters (d = 25 µm, n_{co} = 1,505), der von einem Substrat und von Luft umschlossen wird. Das optische Feld wird durch die unterschiedlichen Brechzahlen von Substrat n_s = 1,5 und Außenraum n_0 = 1 deutlich zum Substrat verschoben.

Eine symmetrische Einfachschicht, d.h. eine Wellenleiterschicht der Dicke d und der Brechzahl n_{co}, die von einem Mantel der Brechzahl n_{cl} umgeben ist, besitzt genau l

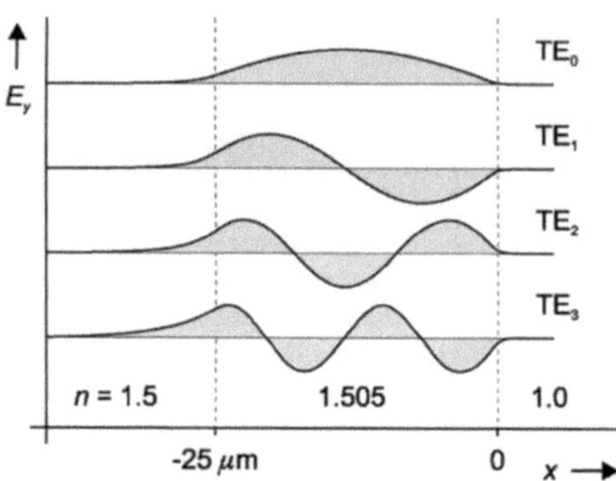

Abb. 14.4. Bei $\lambda = 1{,}5$ µm geführte TE-Moden (TE_0, TE_1, TE_2, TE_3) eines asymmetrischen Schichtwellenleiters ($d = 25$ µm, $n_{co} = 1{,}505$), der links von einem Substrat der Brechzahl ($n_s = 1{,}5$) und rechts von Luft ($n_o = 1$) eingeschlossen wird

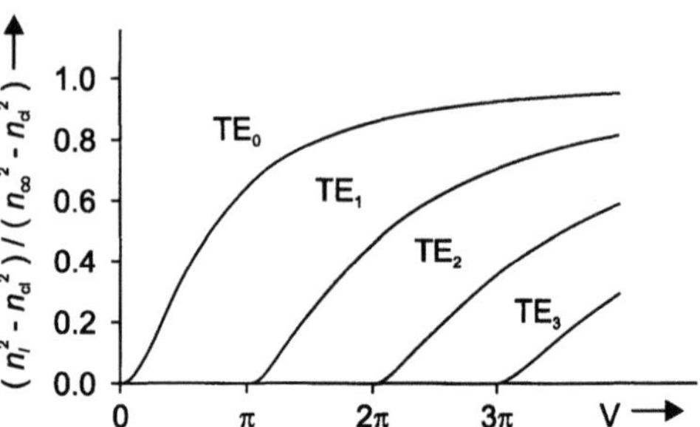

Abb. 14.5. Effektive Brechzahl (normiert auf den Brechzahlkontrast) als Funktion des V-Parameters für die TE-Moden eines symmetrischen Schichtwellenleiters mit Stufenindexprofil

geführte Moden, wenn der V-Parameter $V = kd\sqrt{n_{co}^2 - n_{cl}^2}$ der Bedingung $l - 1 \leq V/\pi < l$ genügt. Die symmetrische Einfachschicht besitzt mindestens einen geführten Modus. Die effektive Brechzahl des Eigenmodus l findet sich in einem Intervall, das durch die Bedingung $l \geq \delta_l/\pi < l + 1$ gegeben ist, wobei $\delta_l = kd\sqrt{n_{co}^2 - n_l^2}$ die Phasendicke der Wellenleiterschicht bezeichnet. Weit entfernt vom Cutoff gilt für die TE_l-Moden

$$n_l^2 = n_{co}^2 - \left(\frac{(l+1)\pi}{kd}\right)^2\left(1 - \frac{4}{V} + \ldots\right). \qquad (14.19)$$

Abbildung 14.5 zeigt zur Illustration die effektive Brechzahl (normiert auf den Brechzahlkontrast) als Funktion des V-Parameters für die TE-Moden eines symmetrischen Schichtwellenleiters mit Stufenindexprofil.

Methode der effektiven Brechzahl

Die Methode der effektiven Brechzahl („Effective-Index Method (EIM)“) ist ein Näherungsverfahren, das die Eigenmoden eines schwach führenden Streifenwellenleiters liefert. Sie reduziert dabei das zweidimensionale Eigenwertproblem auf zwei ineinandergreifende eindimensionale Eigenwertprobleme [5]. Abbildung 14.6 illustriert das Vorgehen im Detail. In einem ersten Schritt wird das Brechzahlprofil auf die y-Achse projiziert. Das Brechzahlprofil $n(x, y = \text{const})$ entlang einer „Säule“ wird hierbei durch die effektive Brechzahl $n_l(y)$ eines Schichtwellenleiters mit dem entsprechenden Brechzahlverlauf ersetzt. Im zwei-

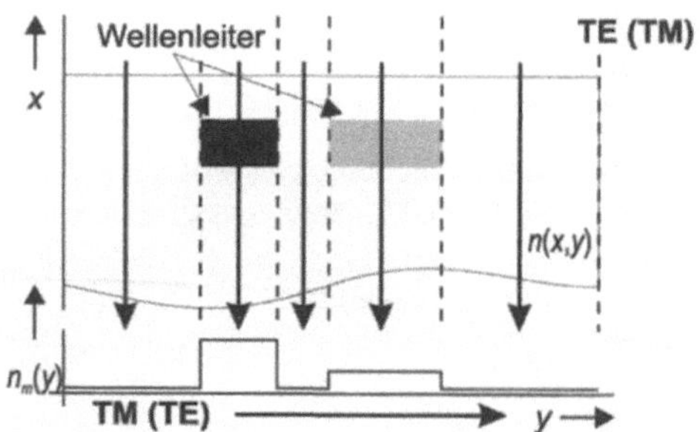

Abb. 14.6. Modenanalyse eines Stufenindexprofils mittels der Methode der effektiven Brechzahl („Effective-Index Method (EIM)“)

ten Schritt wird die effektive Brechzahl des Streifenwellenleiters durch Projektion der effektiven Brechzahlen entlang der y-Achse auf einen Punkt gewonnen. Die beiden ineinandergreifenden Eigenwertprobleme lauten folglich:

$$\frac{1}{k^2}\frac{\partial^2 \chi_l}{\partial x^2} + n(x,y)^2\chi_l = n_l(y)^2\chi_l$$

$$\frac{1}{k^2}\frac{d^2\eta_{lm}}{dy^2} + n_l(y)^2\eta_{lm} = n_{lm}^2\eta_{lm}\,. \qquad (14.20)$$

Für die numerische Berechnung der Eigenmoden wird in der Regel das für Schichtwellenleiter etablierte Kettenmatrixverfahren (Abschn. 14.2.1) verwendet. Der hybride Charakter der HE-Moden kann durch eine Analyse nach TE-Moden im ersten Schritt und eine anschließende Analyse nach TM-Moden entlang des Streifens nachgebildet werden. Für EH-Moden wird zunächst eine TM- und dann eine TE-Analyse durchgeführt.

Aufgrund ihrer Einfachheit und Genauigkeit ist die Methode der effektiven Brechzahl ein beliebtes Näherungsverfahren; sie wird meist zur Berechnung des Grundmodus von Stufenindexstrukturen herangezogen. Sie ist jedoch auch für Gradientenindexstrukturen mit geschlossenen Lösungen des Eigenwertproblems gut geeignet.

Marcatili-Näherung [37, 38]

Im Rahmen der Marcatili-Näherung wird das tatsächliche Brechzahlprofil durch ein separables Brechzahlprofil $n(x,y)^2 = \bar{n}^2 + \Delta n(x)^2 + \Delta n(y)^2$ ersetzt. Das Eigenwertproblem separiert dann in zwei voneinander unabhängige eindimensionale Eigenwertprobleme,

$$\frac{1}{k^2}\frac{\partial^2 \chi_l}{\partial x^2} + (\bar{n}^2 + \Delta n(x)^2)\,\chi_l = n_l^2 \chi_l$$

$$\frac{1}{k^2}\frac{\partial^2 \eta_m}{\partial y^2} + (\bar{n}^2 + \Delta n(y)^2)\,\eta_m = n_m^2\,\eta_m\,; \qquad (14.21)$$

die effektive Brechzahl des Schichtwellenleiters ergibt sich aus $n_{lm}^2 = n_l^2 + n_m^2 - \bar{n}^2$. Die Marcatili-Näherung wird heutzutage wegen ihrer mangelhaften Genauigkeit in der Nähe des Cutoff kaum noch eingesetzt.

Analytische Lösungen

Geschlossene Lösungen des Eigenwertproblems der Vektor-$\boldsymbol{H}$-Feld Formulierung oder anderer vektorieller Formulierungen der Helmholtzgleichung (14.3) sind derzeit nicht bekannt, für das Eigenwertproblem der skalaren Helmholtzgleichung (14.5) gibt es jedoch eine Reihe von analytischen Lösungen [27]. Der parabolische Schichtwellenleiter und die rotationssymmetrische parabolische Faser bilden die beiden wichtigsten Beispiele. Sie werden auch häufig als Ausgangspunkt des Ritzschen Variationsverfahrens (14.9) eingesetzt. Auf die parabolische Näherung wird in der Regel auch zur Berechnung der Einfügeverluste bei der Faser-Chip-Kopplung einmodiger Strukturen zurückgegriffen (s. Abschn. 4.3).

Das Brechzahlprofil beider Wellenleiter ist durch

$$n(\zeta)^2 = n_{co}^2 - \frac{4\zeta^2}{k^2 r_0^4} \qquad (14.22)$$

$$= n_{co}^2 \left(1 - 2\Delta \frac{\zeta^2}{r_{cl}^2}\right) \qquad (14.23)$$

gegeben, wobei n_{co} die Kernbrechzahl und r_0 den Feldradius des Hermite-Gauß-Moden beschreibt. Die zweite Darstellung des Brechzahlprofils wird häufig zur Beschreibung von Gradientenindexfasern (s. Kap. 5) herangezogen. In ihr steht r_{cl} für den Profilradius, außerhalb dessen die Faserummantelung mit der Brechzahl n_{cl} begnnt, und $\Delta = (n_{co}^2 - n_{cl}^2)/n_{co}^2$ für den relativen Brechzahlhub des parabolischen Profils. Der Parameter ζ steht im Fall des parabolischen Schichtwellenleiter für die kartesische Koordinate x und im Fall der parabolischen Faser für die radiale Koordinate r. Die Lösungen können in beiden Fällen durch Hermite-Gauß-Moden

$$\Phi_l^{(HG)}(\zeta) = (2^{l-1/2} l!\, r_0 \sqrt{\pi})^{-1/2} \cdot H_l(\sqrt{2}\,\zeta/r_0)\, e^{-\zeta^2/r_0^2} \qquad (14.24)$$

ausgedrückt werden. Für die TE-Moden des Schichtwellenleiters ergibt sich

$$n_l^2 = n_{co}^2 - \frac{4}{(kr_0)^2}\left(l + \frac{1}{2}\right) \qquad (14.25)$$

die Eigenmoden sind durch $e_y^{(l)}(x) = \Phi_l^{(HG)}(x)$ gegeben. Die effektiven Brechzahlen der rotationssymmetrischen, parabolischen Faser werden aus

$$n_{lm}^2 = n_{co}^2 - \frac{4}{(kr_0)^2}(l + m + 1) \qquad (14.26)$$

bestimmt. Die Eigenmoden $\psi_{lm}(x, y) = \Phi_l^{(HG)}(x) \cdot \Phi_m^{(HG)}(y)$ sind durch das direkte Produkt der Hermite-Gauß Moden für die beiden Koordinatenrichtungen gegeben. Diese Näherungen sind für Gradientenindexstrukturen gut geeignet, wenn der Feldradius r_0 deutlich kleiner als die Profilabmessungen ist.

14.2.2 Theorie gekoppelter Moden

Die Theorie gekoppelter Moden („Coupled Mode Theory (CMT)") [39–41] beschreibt die Ausbreitung des optischen Feldes in einer Wellenleiterstruktur, die aus zwei oder mehreren, meist einmodigen Streifenwellenleitern besteht. Sie gilt für schwach verkoppelte Wellenleiterstrukturen, bei denen die eingespeiste optische Leistung ausschließlich zwischen den geführten Moden der einzelnen Streifenwellenleiter ausgetauscht wird, d.h. es tritt keine (oder nur geringe) Abstrahlung auf. Die Theorie der gekoppelten Moden bildet die Basis zur Behandlung von Richtkopplerstrukturen (s. Abschn. 14.3.3) und darauf aufsetzender Bauelemente, wie z.B. Mach-Zehnder Koppler

(s. Abschn. 14.4.4). Das optische Feld $\Psi(\boldsymbol{r}_t, z) = \sum_{l=1}^{N} a_l(z)\, \psi_l(\boldsymbol{r}_t)$ einer aus N einmodigen Streifenwellenleitern zusammengesetzten Struktur kann daher durch Superposition der Grundmoden $\psi_l(\boldsymbol{r}_t)$ der einzelnen Streifenwellenleiter dargestellt werden. Die Entwicklungskoeffizienten $a_l(z)$ genügen einem System von linearen gewöhnlichen Differentialgleichungen

$$j\frac{da_l}{dz} = \sum_{m=1}^{N} \kappa_{lm}\, a_m\,, \qquad (14.27)$$

den „Coupled-Mode"-Gleichungen. Die Koppelkoeffizienten κ_{lm} können zum einen als rein phänomenologische Größen verstanden werden, die als Anpaßparameter aus experimentellen oder BPM-Ergebnissen abgeleitet werden. Es ist aber auch möglich, die Koppelkoeffizienten in Form von Überlappintegralen „ab initio" zu berechnen.

Die Diagonalelemente $\kappa_{ll} \approx kn_l$ werden bis auf kleine Korrekturen („Selbstkopplung" [39, 40]) durch die effektiven Ausbreitungskonstanten in den einzelnen Streifenwellenleitern gegeben. Für die Nichtdiagonalelemente gilt bei schwacher Kopplung

$$\kappa_{lm} \propto \exp\left(-k\sqrt{n_l^2 - n_B^2}\, d_{lm}\right), \qquad (14.28)$$

wobei d_{lm} den Abstand der beiden verkoppelten Wellenleiter l und m und n_B die Hintergrundsbrechzahl bezeichnet. Man erkennt aus (14.28), daß der Koppelkoeffizient mit zunehmendem Abstand exponentiell abnimmt. Aus diesem Grund trägt im allgemeinen nur die Kopplung zwischen den unmittelbar benachbarten Streifenwellenleitern zum Verhalten einer komplizierten Wellenleiterstruktur bei.

Ist die Wellenleiterstruktur aus verlustlosen Wellenleitern zusammengesetzt, so bleibt die eingespeiste optische Leistung erhalten:

$$\frac{d}{dz}\sum_{l=1}^{N} |a_l|^2 = 0\,. \qquad (14.29)$$

Für die Koppelkoeffizienten gilt dann: $\kappa_{lm} = \kappa_{lm}^*$, d.h. die aus den Koppelkoeffizienten gebildete Matrix ist hermitisch ($\mathcal{K} = \mathcal{K}^\dagger$).

14.2.3 Theorie lokaler Normalmoden

Die Theorie der lokalen Normalmoden behandelt die Modenkonversion in einer getaperten, d.h. in einer sich langsam verändernden Wellenleiterstruktur. Das optische Feld wird im Rahmen dieser Theorie entlang der Ausbreitungsrichtung z nach den lokalen Eigenmoden $\psi_l(\boldsymbol{r}_t, z)$ der Wellenleiterstruktur entwickelt.

$$\Psi(\boldsymbol{r}_t, z) = \sum\!\!\!\!\!\!\int_l a_l(z) \cdot \exp\left(-jk\int_0^z d\zeta\, n_l(\zeta)\right)\psi_l(\boldsymbol{r}_t, z) \qquad (14.30)$$

Der oszillatorische Beitrag vom Typ $\exp(-j\Phi)$ beschreibt die Ausbreitung der perfekt getaperten Moden; die Entwicklung der Koeffizienten $a_k(z)$ wird ausschließlich von der Modenkonversion bestimmt. Die Modenkonversion von und zum Strahlungsfeld ist bei Hornstrukturen (Tapern) in der Regel von entscheidender Bedeutung, daher müssen im Rahmen der Entwicklung (14.30) sowohl geführte Moden als auch Strahlungsmoden berücksichtigt werden. Das kombinierte Summen- und Integralsymbol deutet im folgenden an, daß über alle geführten Moden summiert und über alle Strahlungsmoden integriert wird.

Die Entwicklungskoeffizienten werden aus einem System nichtautonomer gewöhnlicher Differentialgleichungen

$$\frac{da_l}{dz} = \sum\!\!\!\!\!\!\int_{m \neq l} \kappa_{lm}(z)\, a_m\,, \qquad (14.31)$$

den „Local-Normal-Mode" Gleichungen, gewonnen. Die Koppelkoeffizienten

$$\kappa_{lm} = \frac{1}{n_m^2 - n_l^2}\int d^2 r_t\, \psi_l(\boldsymbol{r}_t, z)^* \cdot \frac{\partial n(\boldsymbol{r}_t, z)^2}{\partial z}\psi_m(\boldsymbol{r}_t, z) \qquad (14.32)$$

weisen Resonanznenner $1/(n_m^2 - n_l^2)$ auf, d.h. die Stärke der Kopplung nimmt mit zunehmendem Abstand der effektiven Brechzahlen n_m und n_l ab. Die wesentlichen Beiträge zur Modenkonversion werden daher von dicht benachbarten Moden geliefert. Die Überlappintegrale liefern ihre Hauptbeiträge dort, wo die Wellenleiterstruktur modifiziert wird, meist an ihren Rändern. Die „Local-Normal-Mode" Gln. (14.31) werden in der Regel durch sukzessive Iterationen gelöst.

14.2.4 Strahlausbreitung

Unter der Bezeichnung „Beam-Propagation-Methode (BPM)" verbergen sich eine Reihe von Algorithmen, die die Ausbreitung eines beliebigen kohärenten Lichtbündels in einem Halbraum ($z > 0$) mit beliebiger Brechzahlverteilung simulieren [29, 30, 42–47, 48–50]. Alle derzeit gebräuchlichen Algorithmen gehen schrittweise voran, d. h. sie transportieren das optische Feld in einem Schritt von der Schnittebene z zur Schnittebene $z + \Delta z$. Die Schrittweite Δz ist hierbei grundsätzlich so klein, daß die Änderung des Brechzahlprofils während eines Ausbreitungsschrittes vernachlässigt werden kann. Die Helmholtzgleichungen, die die Ausbreitung des optischen Feldes steuern, werden in der Form

$$\frac{\partial^2 \Psi(r_t, z)}{\partial z^2} = -k^2 \mathcal{H} \Psi(r_t, z) \tag{14.33}$$

geschrieben, wobei $\mathcal{H}$ den jeweils verwendeten Helmholtzoperator (s. Gln. (14.3), (14.5), (14.10) und (14.11)) bezeichnet.

Die Gleichungen für die Ausbreitung der langsam veränderlichen Amplituden $\psi_\pm(r_t, z) = \Psi_\pm(r_t, z) \exp(\mp jk\bar{n}z)$ in Vorwärts- (+) bzw. Rückwärtsrichtung (–) („Forward/Backward Helmholtz Equations")

$$\frac{\partial \psi_\pm(r_t, z)}{\partial z} = \mp jk(\sqrt{\mathcal{H}} - \bar{n})\, \psi_\pm(r_t, z) \tag{14.34}$$

erhält man, indem man die Wurzeln der zugehörigen Helmholtzgleichungen zieht. Die Hintergrundsbrechzahl

$$\bar{n}(z)^2 = \int d^2 r_t\, \psi_\pm(r_t, z)^* \mathcal{H} \psi_\pm(r_t, z) \tag{14.35}$$

muß während der Simulation ständig so angepaßt werden [51], daß die Oszillationen des optischen Feldes weitestgehend ausgedämpft werden. Die sorgfältige Behandlung der Randbedingungen an den seitlichen Begrenzungen des Berechnungsfensters [52–55] ist zur Vermeidung von numerischen Reflexionen bzw. Verlusten unerläßlich. Die Gleichungen (14.34) definieren zwei Anfangswertprobleme, welche die formalen Lösungen

$$\psi_\pm(r_t, z \pm \Delta z) = \exp(\mp jk(\sqrt{\mathcal{H}} - \bar{n})\, \psi_\pm(r_t, z) \tag{14.36}$$

besitzen. Die verschiedenen Algorithmen, die im folgenden kurz diskutiert werden, verfolgen unterschiedliche Ansätze zur Berechnung des Propagators $\exp(\mp jk(\sqrt{\mathcal{H}} - \bar{n})\,\Delta z)$.

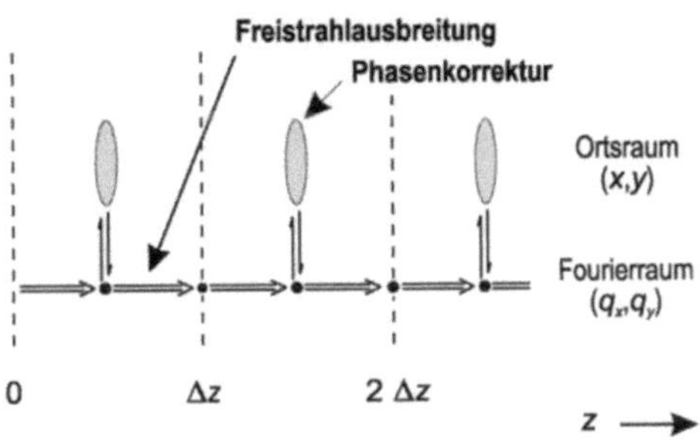

Abb. 14.7. Klassische Beam-Propagation-Methode (BPM) für einige Ausbreitungsschritte

Klassische BPM mit Fouriertransformationen [42]

In der klassischen Beam-Propagation-Methode wird der Propagator für die skalare Helmholtzgleichung

$$\exp(-jk(\sqrt{\mathcal{H}} - \bar{n})\,\Delta z) = \exp\left(-j\frac{\mathcal{Q}\Delta z}{2}\right) \cdot \exp(-j\Delta\Phi_L) \exp\left(-j\frac{\mathcal{Q}\Delta z}{2}\right) \tag{14.37}$$

in einem diffraktiven Anteil mit dem Operator $\mathcal{Q} = \nabla_t^2/(k\bar{n} + \sqrt{\nabla_t^2 + (k\bar{n})^2})$, der die Ausbreitung des Bündels in einem homogenen Halbraum mit der Hintergrundsbrechzahl $\bar{n}$ beschreibt, und in eine Phasenkorrektur $\Delta\Phi_L = k(n(r_t)^2 - \bar{n}^2)\,\Delta z/(2\bar{n})$, die den Einfluß der Inhomogenitäten berücksichtigt, zerlegt. Abbildung 14.7 illustriert das Vorgehen der klassischen BPM für einige Propagationsschritte. Die Phasenkorrektur ist in diesem Bild als Linse symbolisiert, da die Wirkung des Operators im paraxialen Grenzfall als die Wirkung einer dünnen Linse verstanden werden kann. Da der Operator $\mathcal{Q}$ im Fourierraum diagonal ist, muß im Verlauf der Berechnung, wie in Abb. 14.7 angedeutet, durch numerische Fouriertransformation ständig zwischen Orts- und Fourierraum gewechselt werden.

Die klassische Beam-Propagation-Methode wird heutzutage nur noch selten angewandt, da der zugrundeliegende Split-Step-Algorithmus sehr kleine Schrittweiten und damit einen hohen numerischen Aufwand erfordert.

Eigenmodenbasierte Verfahren [44]

Während in der klassischen Beam-Propagation-Methode das optische Feld nach ebenen

Wellen entwickelt wird, basieren die eigenmodenbasierten Algorithmen auf einer Entwicklung des optischen Feldes nach den Eigenmoden $\psi_l(\boldsymbol{r}_t, z)$ des lokalen Brechzahlprofils. Für die Entwicklungskoeffizienten ergibt sich im skalaren Fall

$$a_l(z) = \int d^2 r_t \, \psi_l(\boldsymbol{r}_t, z)^* \, \Psi(\boldsymbol{r}_t, z) \,. \tag{14.38}$$

Da die Eigenmoden bei Ausbreitung in ihrer Form erhalten bleiben, ist das optische Feld nach einem Schritt durch

$$\Psi(\boldsymbol{r}_t, z + \Delta z) = \sum_l a_l(z) \cdot \exp(-jkn_l \Delta z) \, \psi_l(\boldsymbol{r}_t, z) \tag{14.39}$$

gegeben. Herzstück eines solchen BPM-Verfahrens ist ein Eigenmodensolver, der „hinreichend" viele Eigenmoden bestimmt, so daß eine gute Darstellung des Eingangsfeldes möglich wird. Das Strahlungsfeld wird meist durch die Kastenmoden des metallisch berandeten Berechnungsfensters approximiert.

Eigenmodenbasierte Algorithmen liefern bei Berücksichtigung aller geführten und nichtgeführten Eigenmoden die exakte Lösung der Ausbreitungsgleichung (14.34), d.h. sie sind auch für die Simulation der nicht-paraxialen Strahlausbreitung geeignet. Da die Zerlegung des optischen Feldes nach Eigenmoden numerisch aufwendig ist, werden eigenmodenbasierte Algorithmen bevorzugt bei Ausbreitungsproblemen mit wenigen relevanten Eigenmoden eingesetzt.

Numerische Verfahren

Für die Implementierung kommerzieller BPM-Software wird heutzutage meist auf rein numerische Verfahren (s. Abschn. 14.2.5) zurückgegriffen. Dabei wird die Ausbreitung in z-Richtung üblicherweise durch ein implizites Finite-Differenzen Verfahren behandelt, während in der Transversalebene Finite-Differenzen [29] oder Finite-Elemente Verfahren [30] zum Einsatz kommen. Besonders interessant sind die „Wide-Angle" Algorithmen [47], die auch die Simulation der nicht-paraxialen Strahlausbreitung mit hoher Genauigkeit erlauben.

Bidirektionale BPM

Für zahlreiche Probleme der Strahlausbreitung, z.B. die Berechnung der Rückflußdämpfung in passiven Komponenten oder die Analyse von komplizierten Laserresonatoren, müssen vor- und rücklaufende Wellen berücksichtigt werden. Bei der Entwicklung der zugehörigen Simulationsverfahren wurden, ähnlich wie in der Theorie der Interferenzfilter, zwei Strategien verfolgt.

Der historisch erste Ansatz [56] beruht analog zur Airy Summation auf der Überlagerung der durch Reflexion an den internen Grenzflächen entstehenden Partialbündel (Abb. 14.8). Deren iterative Verfolgung wird in der Simulation solange fortgesetzt, bis die optische Leistung, die in den durch Reflexion neu erzeugten Partialbündeln gespeichert ist, unter eine vordefinierte Schwelle abgesunken ist. Offensichtlich ist dieser Ansatz mit jedem beliebigen BPM-Algorithmus kompatibel.

In jüngerer Zeit wurde ein zweiter Ansatz [57], der auf einer Verallgemeinerung der bidirektionalen Transfermatrizen zur Beschreibung optischer Schaltungen (s. Abschn. 14.4) beruht, publiziert. Eine Wellenleiterstruktur mit S internen Grenzflächen wird im Rahmen dieses Ansatzes durch eine zusammengesetzte Transfermatrix

$$\mathcal{U} = \mathcal{U}_{S+1} \, \mathcal{T}_S \mathcal{U}_S \ldots \mathcal{T}_1 \mathcal{U}_1 \tag{14.40}$$

beschrieben, wobei die Transfermatrix $\mathcal{U}_l$ die Strahlausbreitung zwischen der $(l-1)$. und der l. Grenzfläche und $\mathcal{T}_l$ die Wirkung der l. Grenzfläche selbst beschreibt. Wird das eingespeiste optische Feld durch N Freiheitsgrade – z.B. die Koeffizienten einer Eigenmodenzerlegung – beschrieben, so besitzen die

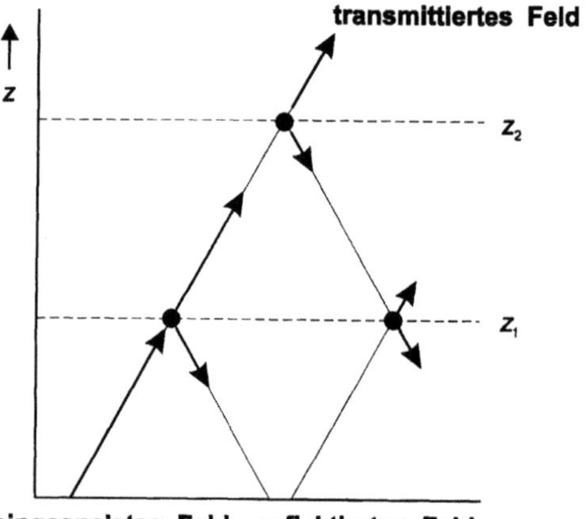

Abb. 14.8. Partialbündel der bidirektionalen Beam-Propagation-Methode

Transfermatrizen die Dimension $2N \times 2N$, d.h. der Speicherplatzverbrauch des Algorithmus nimmt quadratisch mit der Zahl der Freiheitsgrade zu. Aus diesem Grund sind bidirektionale Algorithmen dieses Typs nur für Strahlausbreitungsprobleme mit wenigen Parametern geeignet; die derzeit bekannten Verfahren wurden mit der eigenmodenbasierten BPM kombiniert.

Die Behandlung der Grenzfläche ist für beide Ansätze weitgehend kompatibel. Eine exakte Behandlung der Reflexion an einer strukturierten dielektrischen Grenzfläche kann nur im Rahmen der vektoriellen BPM unter Einbeziehung der evaneszenten Moden geleistet werden, da der hybride Charakter der optischen Felder durch die unterschiedlichen dielektrischen Randbedingungen für die verschiedenen Feldkomponenten beeinflußt wird. Für schwach führende Wellenleiter kann der Reflexionskoeffizient für TE-polarisiertes Licht in Analogie zu den Fresnelschen Formeln durch den Reflexionsoperator

$$\mathcal{R} = \frac{\sqrt{\mathcal{H}_{\text{in}}} - \sqrt{\mathcal{H}_{\text{out}}}}{\sqrt{\mathcal{H}_{\text{in}}} + \sqrt{\mathcal{H}_{\text{out}}}} \tag{14.41}$$

beschrieben werden, dessen Wirkung durch einen Split-Step-Algorithmus approximiert werden kann [5, 56].

Strahlverfolgung (Ray Tracing)

Für die Beschreibung der Ausbreitung optischer Felder in vielmodigen Wellenleiterstrukturen sind Strahlverfolgungsverfahren („ray tracing"), die auf einer Lösung der Eikonalgleichung beruhen, häufig zu bevorzugen. Zum einen steigt nämlich der Rechenaufwand in den oben beschriebenen BPM-Verfahren bei gleicher Diskretisierung wegen der Vergrößerung des Berechnungsgebiets an. Oft muß zudem das Berechnungsgitter verfeinert werden, da Beugungsphänomene, z.B. entlang von Kaustiken, ansonsten zu Instabilitäten der numerischen Verfahren führen. Die Beam-Propagation-Methode ist zudem als streng monochromatischer Ansatz für die Beschreibung der Ausbreitung inkohärenter, d.h. spektral breitbandiger, Bündel wenig geeignet.

Für die Strahlverfolgung in vielmodigen Strukturen werden, anders als zur Dimensionierung von Linsensystemen, bei denen nur achsennahe Strahlen auftreten, nichtsequentielle Ray-Tracing Verfahren [58] benötigt, die die Behandlung achsenferner und reflektierter Strahlen zulassen. Für die Berechnung von Einfüge- und Nebensprechdämpfungen werden Werkzeuge benötigt, die die auf eine Kontrollfläche auftreffende optische Leistung numerisch messen. Ray-Tracing Programme, die diesen Anforderungen genügen, sind kommerziell erhältlich. Die größten Fehlerquellen bei der Strahlverfolgung sind zumeist nicht die Approximationen, auf denen die Eikonalgleichung beruht, sondern die unzureichende Kenntnis der Anfangsbedingungen, d.h. der Strahldarstellung zu Beginn der Simulation.

14.2.5 Numerische Verfahren

Die langen Vorlaufzeiten und hohen Kosten bei der Chipherstellung führen in der integrierten Optik zu einem starken Interesse an quantitativen Voraussagen der Chipeigenschaften. Diese stützen sich insbesondere auf eine präzise Kenntnis der Eigenmoden und eine (häufig mehr qualitative) Simulation der Strahlausbreitung. Bedingt durch die große Strukturvielfalt basieren die notwendigen Solver, Eigenmodensolver und BPM-Simulatoren, durchwegs auf teilweise oder vollständig numerischen Verfahren. In der integrierten Optik stehen, wie in verwandten Disziplinen, folgende Bewertungskriterien im Blickfeld des Anwenders.

Präzision
Für die Eigenmodenanalyse ist die Präzision der Berechnung, wenn möglich zusammen mit einer Fehlerabschätzung, die zentrale Forderung an ein numerisches Verfahren, da wesentliche Parameter integriert-optischer Bauteile empfindlich von den effektiven Brechzahlen oder ihren Differenzen, z.B. den Koppellängen, abhängen. Ein relativer Fehler der effektiven Brechzahlen von $|\delta n_{\text{eff}}/n_{\text{eff}}| < 10^{-6}$ ist für viele Anwendungen unerläßlich. Die Beam-Propagation Methode wird, im Unterschied zur Eigenmodenanalyse häufig für mehr qualitative Untersuchungen eingesetzt. Die absoluten Genauigkeitsanforderungen sind dann deutlich entspannt, die Abweichung der Ergebnisse untereinander muß dennoch gering sein, damit numerische Studien verwandter Strukturen nicht zu falschen Schlußfolgerungen verleiten.

Universelle Einsetzbarkeit, Stabilität
Der Anwender wünscht sich aufwendige, numerische Verfahren meist als „letzte Instanz".

Folglich sollten Näherungen bzw. Zusatzannahmen, wie z. B. das Verrundung von Brechzahlprofilen oder das Ersetzen von MQW-Schichtpaketen durch eine Schicht mittlerer Brechzahl, weitgehend vermieden werden. Der Solver sollte überdies imstande sein, weitgehende beliebige Brechzahlprofile zu bearbeiten. Diese Forderung beinhaltet, daß er über einen breiten Parameterbereich stabil arbeitet. Obwohl die Berechnungsverfahren der integrierten Optik inzwischen zunehmend ausgereift sind, traten bei Benchmarktests [31, 32] mit kritischen Strukturen – große Brechzahlsprünge, zahlreiche geführte Moden bzw. große Strahldivergenz – immer noch deutliche Stabilitätsprobleme zutage.

Numerische Effizienz
Im Zeitalter rapide wachsender Rechenleistungen wird die numerische Effizienz numerischer Verfahren – Laufzeitverhalten und Speicherplatzbedarf – nicht mehr mit höchster Priorität gefordert. Wenn die Anwendung eines Verfahrens jedoch die Grenzen der verfügbaren Computer-Hardware sprengt, sinken seine Einsatzchancen deutlich.

Einfachheit
Numerische Verfahren sollten grundsätzlich einfach und sicher zu handhaben sein. Insbesondere die Wahl des Berechnungsfensters und seine adäquate Diskretisierung erweist sich in der Praxis oft als großes Hemmnis beim Einsatz. Adaptive Verfahren bieten dem Nutzer – gute Softwaretechnik vorausgesetzt – in dieser Hinsicht große Vorteile.

Abbildung 14.9 gibt einen Überblick über einige gängige numerische Verfahren und ihren Einsatz in der integrierten Optik [29].

Neben rein numerischen Algorithmen werden klassische Verfahren auf Basis der Fouriertransformation und geometrische Methoden zur Strahlverfolgung und zur Berechnung von optischen Weglängen (Huygensches Prinzip) eingesetzt. Wendet man die oben genannten Kriterien konsequent an, so drängen sich moderne, meist adaptive Verfahren (z. B. adaptive Finite-Elemente Methoden (FEM)) ins Blickfeld.

Die Schwierigkeiten bei ihrer Implementierung und die immer noch mangelnde Verfügbarkeit der zugehörigen Software am Markt führen dazu, daß einfache Finite-Differenzen (FD) Methoden sich nach wie vor großer Beliebtheit erfreuen. Diese Algorithmen arbeiten zumeist auf einem starren Gitter, d. h. der Abstand zwischen zwei benachbarten Gitterpunkten $\Delta x = x_{m+1} - x_m$ bleibt über das gesamte Berechnungsfenster konstant. Die Ableitungen in den Differentialgleichungen werden durch die zentralen Differenzen

$$f_m = f(x_m)$$

$$f'_m = \frac{f_{m+1} - f_{m-1}}{2\Delta x}$$

$$f''_m = \frac{f_{m+1} - 2f_m + f_{m-1}}{\Delta x^2}$$

ersetzt. Systeme linearer Differentialgleichungen reduzieren sich dann zu Systemen linearer algebraischer Gleichungen. Da die finiten Differenzen nur benachbarte Punkte verknüpfen, treten in den korrespondierenden Gleichungssystemen durchwegs Bandmatrizen auf, für deren Behandlung – z. B. Inversion, Eigenwertanalyse – effiziente Algorithmen bereitstehen. Durch die Diskretisierung der Ab-

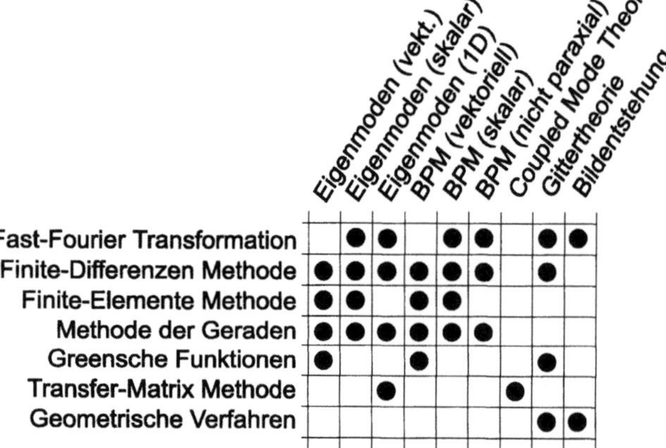

	Eigenmoden (vekt.)	Eigenmoden (skalar)	Eigenmoden (1D)	BPM (vektoriell)	BPM (skalar)	BPM (nicht paraxial)	Coupled Mode Theorie	Gittertheorie	Bildentstehung
Fast-Fourier Transformation		●	●		●	●		●	●
Finite-Differenzen Methode	●	●	●	●	●	●		●	
Finite-Elemente Methode	●	●		●	●				
Methode der Geraden	●	●	●	●	●	●			
Greensche Funktionen	●			●				●	
Transfer-Matrix Methode			●				●		
Geometrische Verfahren								●	●

Abb. 14.9. Einsatz numerischer Verfahren in der integrierten Optik

leitungen können in der numerischen Darstellung Erhaltungssätze verlorengehen. Implizite Formulierungen, wie z.B. das Crank-Nicholson Verfahren, vermeiden diesen Fehler und die durch ihn verursachten künstlichen Gewinne bzw. Verluste, wenn auch auf Kosten eines erhöhten numerischen Aufwandes.

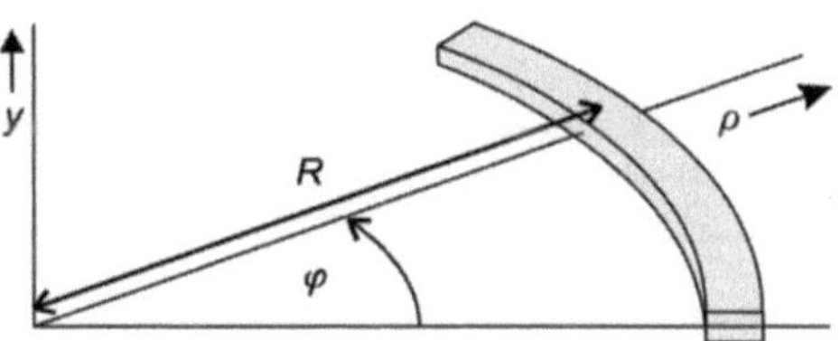

Abb. 14.10. Gekrümmter Wellenleiter

14.3 Bauelemente der integrierten Optik

Im folgenden Abschnitt werden einige Grundkomponenten der integrierten Optik diskutiert. Ein Teil dieser Komponenten - Wellenleiterkrümmung, Hornstrukturen (Taper), symmetrischer Richtkoppler und Bragg-Gitter - wurden und werden auch als Faserkomponenten hergestellt, andere und insbesondere komplexere Grundkomponenten wie z.B. Vielmodenkoppler und optische Phased Arrays wurden bislang ausschließlich in integriert-optischer Bauform realisiert.

14.3.1 Gekrümmte Wellenleiter

Der gekrümmte Wellenleiter stellt kein eigenständiges Bauelement dar. Als verbindendes Element innerhalb integriert-optischer Komponenten und Schaltungen spielt er dennoch eine zentrale Rolle, da die zulässigen Krümmungsradien den Platzbedarf integriert-optischer Schaltungen stark beeinflussen. Bei der Auslegung von Krümmungen steht die Minimierung des Platzbedarfs integriert-optischer Schaltungen einerseits und die Vermeidung unnötiger Verluste andererseits im Vordergrund. Für interferometrische Anwendungen kommt die Einstellung der korrekten Phasenverschiebung als weiterer Gesichtspunkt hinzu.

Die Eigenmoden eines schwach führenden, kreisförmig gekrümmten Wellenleiters (Abb. 14.10) mit dem Brechzahlprofil $n(\varrho, y)$ und dem Krümmungskreisradius R werden als Lösungen des impliziten Eigenwertproblems

$$\frac{d^2\phi_1}{d\varrho^2} + \frac{1}{\varrho}\frac{d\phi_1}{d\varrho} + \frac{d^2\phi_1}{dy^2} + (kn(\varrho,y))^2\phi_1 - \left(kn_1\frac{R}{\varrho}\right)^2\phi_1 = 0 \qquad (14.42)$$

gewonnen. Durch Transformation des optischen Feldes $\phi_1 = \sqrt{R/\varrho}\,\psi_L$, Verwendung lokaler, kartesischer Koordinaten $\varrho = R + x$ und Taylorentwicklung um das Wellenleiterzentrum gewinnt man das einfachere Eigenwertproblem

$$\frac{d^2\psi_1}{dx^2} + \frac{d^2\psi_1}{dy^2} + (kn_{\text{eq}}(x,y))^2\psi_1 = (kn_1)^2\psi_1 \qquad (14.43)$$

eines geraden Wellenleiters. Für das äquivalente Brechzahlprofil $n_{\text{eq}}(x, y)$ werden in der Literatur eine Reihe von Formeln diskutiert. Vergleichende numerische Studien [64] deuten darauf hin, daß

$$n_{\text{eq}}(x,y)^2 = n(x,y)^2\left(1+2\frac{x}{R}\right) \qquad (14.44)$$

die beste Approximation der Krümmungsverluste liefert. Abbildung 14.11 zeigt als Beispiel das äquivalente Brechzahlprofil eines gekrümmten Stufenindexwellenleiters. Man erkennt, daß die Krümmungsverluste durch das Tunneln des optischen Feldes durch eine mit sinkendem Krümmungsradius kleiner werdende Barriere verursacht werden. Der kaustische Radius

$$x_c = \frac{n_1^2 - n_{\text{cl}}^2}{2n_{\text{cl}}^2}R \approx \frac{n_1 - n_{\text{cl}}}{n_{\text{cl}}}R \qquad (14.45)$$

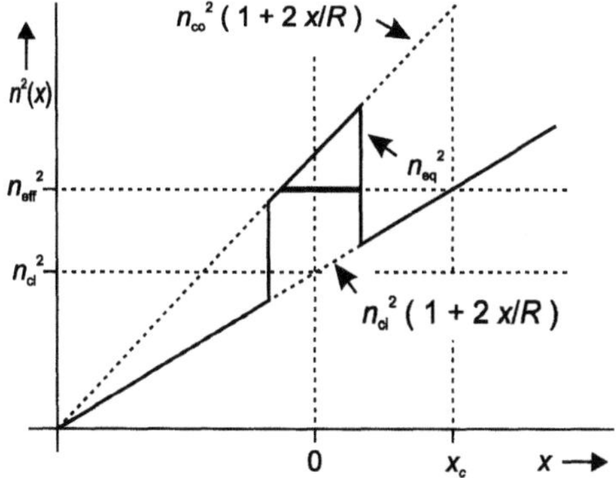

Abb. 14.11. Äquivalente Brechzahlprofil eines gekrümmten Stufenindexwellenleiters

beschreibt den Abstand zwischen Wellenleiterzentrum und dem Ende dieser Barriere. Im Grenzfall großer Krümmungsradien, der durch asymptotische Entwicklung abgeschätzt werden kann, nimmt der Abstrahlungsverlust $IL_{rad} \propto \exp(-\chi R)$ mit sinkendem Krümmungskreisradius exponentiell zu. Die Konstante χ hängt vom verwendeten Wellenleitertyp und seinen Parametern ab. Für eine präzise Bestimmung der zu erwartenden Abstrahlungsverluste muß auf numerische Propagation der Felder im Rahmen der Beam Propagation Methode [65] oder auf die numerische Lösung von (14.42) zurückgegriffen werden [64].

Die Wellenleiterkrümmung führt neben der Abstrahlung zu einer Verschiebung des optischen Feldes zur Außenseite des Wellenleiters. Für eine Abschätzung der Verschiebung wird das Ritzsche Variationsverfahren (14.9) verwendet. Als Testfunktion dient hierbei eine verschobene Gaußfunktion $\psi_{test} = (1 + \alpha x/R) \exp(-x^2/x_0^2 - y^2/y_0^2)$, die den Grundmodus eines parabolischen Schichtwellenleiters (s. Abschn. 14.2.1) mit der effektiven Brechzahl n_{eff} approximiert. Die Extremalbedingung $\partial \bar{n}_{eff}^2/\partial \alpha = 0$ liefert $\alpha = (k n_{eff} x_0)^2/2$, für die Verschiebung Δx des optischen Feldes ergibt sich damit

$$\Delta x = \frac{(k n_{eff})^2 x_0^4}{4R}. \tag{14.46}$$

Der durch die Verschiebungen verursachte Verlust am Übergang zwischen den beiden Kreisbögen eines S-Bogens ist

$$IL_{if} = 10 \cdot \log(e) \left(\frac{\Delta x_1^2}{x_1^2} + \frac{\Delta x_2^2}{x_2^2} \right), \tag{14.47}$$

wobei Δx_1 und x_1 die Verschiebung der Felder und der Feldradius der einen Krümmung und Δx_2 und x_2 die entsprechenden Parameter der zweiten Krümmung sind. Durch den Einbau eines geeignet dimensionierten Versatzes am Übergang zwischen den beiden Kreisbögen bzw. durch stetigen Verlauf der Krümmung entlang des S-Bogens kann der Übergangsverlust vollständig vermieden werden.

Für viele Anwendungen ist eine Grobdimensionierung der Wellenleiterkrümmungen, bei der der kaustische Radius $x_c > x_0 + \Delta x$ deutlich größer als die Summe des Feldradius x_0 und der durch die Krümmung verursachten Verschiebung Δx gewählt wird, ausreichend.

14.3.2 Hornstrukturen (Taper) [59, 60, 62]

Als Hornstrukturen (Taper) bezeichnet man alle Arten von Wellenleiterstrukturen, die sich entlang der Ausbreitungsrichtung der optischen Welle so langsam („adiabatisch") verändern, daß die Verteilung der optischen Leistung über die lokalen Eigenmoden während der Ausbreitung erhalten bleibt. Sie werden, insbesondere im Materialsystem InGaAsP/InP, zunehmend eingesetzt, um durch chipseitige Vergrößerung des Nahfeldes die Faser-Chip Kopplung zu erleichtern.

Bei ansonsten festem Brechzahlprofil kann der Feldradius des Grundmodus eines Wellenleiters sowohl durch Vergrößern wie durch Verkleinern des Wellenleiterquerschnitts vergrößert werden. Man kann jedoch durch Anwendung der Theorie lokaler Normalmoden (Abschn. 14.2.3) zeigen, daß das Vergrößern des Wellenleiterquerschnitts vorzuziehen ist, da es sukzessive zu einer Verbesserung der Wellenführung und damit zu einer Reduktion der Modenkonversion zum Strahlungsfeld führt. Das Verkleinern des Wellenleiterquerschnitts führt dagegen zu einer sukzessiven Verschlechterung der Wellenführung und damit zu einer zunehmenden Neigung zur Abstrahlung. Aus technologischen Gründen werden häufig beide Verfahren kombiniert. So wird bei Tapern im Materialsystem InGaAsP/InP (Abb. 14.12) in der Regel die laterale Feldweite (parallel zur Chipoberfläche) durch Verbreiterung des Wellenleiters vergrößert. Die vertikale Feldweite wird dagegen häufig durch Reduktion der Schichtdicke vergrößert, da so das epitaktische Aufwachsen dicker Schichten zu vermieden werden kann.

Obwohl die Theorie lokaler Normalmoden (Abschn. 14.2.3) eine geeignete Basis zur Auslegung von Wellenleitertapern darstellt, werden heutzutage die meisten Taper mit Hilfe

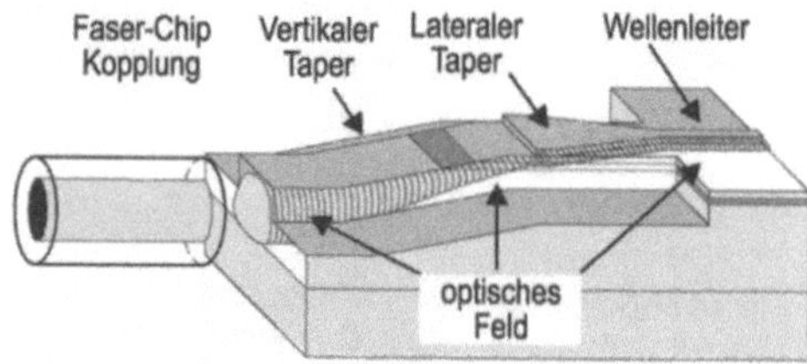

Abb. 14.12. Wellenleitertaper im Materialsystem InGaAsP/InP

der Beam-Propagation-Methode (s. Abschn. 14.2.4) dimensioniert.

14.3.3 Richtkoppler

Der Richtkoppler stellt eine weitere Grundkomponente der integrierten Optik dar. Er ist einerseits ein eigenständiges Bauelement, andererseits integraler Bestandteil von zusammengesetzten Komponenten wie Mach-Zehnder Kopplern, optischen Schaltern und Modulatoren.

Die Coupled-Mode Gleichungen für einen idealen Richtkoppler, der aus zwei parallel verlaufenden, verlustlosen, einmodigen Wellenleitern mit den effektiven Brechzahlen $n_0^{(1)}$ und $n_0^{(2)}$ besteht, lauten

$$j\frac{d}{dz}\begin{pmatrix}a_1\\a_2\end{pmatrix}=\begin{pmatrix}kn_0^{(1)} & \kappa\\ \kappa & kn_0^{(2)}\end{pmatrix}\begin{pmatrix}a_1\\a_2\end{pmatrix}. \qquad (14.48)$$

Der (reelle) Koppelkoeffizient κ beschreibt die Überkopplung der optischen Leistung zwischen den beiden Wellenleitern. Die Eigenmoden des gesamten Richtkopplers, die sogenannten Supermoden, sind durch $n_{0/1} = \bar{n} \pm \delta_{\text{eff}}/k$ gegeben, wobei $\bar{n} = (n_0^{(1)} + n_0^{(2)})/2$ die mittlere Brechzahl der beiden Einzelwellenleiter, $\delta = k(n_0^{(1)} - n_0^{(2)})/2$ die halbe Verstimmung ihrer Eigenmoden („Detuning") und

$$\delta_{\text{eff}} = \sqrt{\delta^2 + \kappa^2} \qquad (14.49)$$

die effektive halbe Verstimmung der Supermoden im Richtkoppler bezeichnet. Die Koppelkoeffizienten κ können entweder durch Berechnung der Überlappintegrale oder aus den mit einem Eigenmodensolver berechneten effektiven Brechzahlen n_0 und n_1 der Supermoden mittels $\delta_{\text{eff}} = k(n_0 - n_1)/2$ gewonnen werden. Auf eine Betrachtung der Selbstkopplung [39, 40] kann in den meisten Fällen verzichtet werden.

Die Transfermatrix des idealen Richtkopplers, die die Entwicklung der Amplituden für die beiden Einzelwellenleiter beschreibt, ist durch

$$\mathcal{U}_{\text{CM}}(z) = \begin{pmatrix} A^{\ominus} & A^{\otimes}\\ -A^{\otimes *} & A^{\ominus *}\end{pmatrix} \qquad (14.50)$$

mit den Koeffizienten

$$\begin{aligned} A^{\ominus} &= \cos(\delta_{\text{eff}} z) - j\delta \sin(\delta_{\text{eff}} z)/\delta_{\text{eff}}\\ A^{\otimes} &= -j\kappa \sin(d_{\text{eff}} z)/\delta_{\text{eff}} \end{aligned} \qquad (14.51)$$

gegeben. Ein realer Richtkoppler besteht nicht nur aus zwei parallel verlaufenden Wellenleitern, sondern auch aus den notwendigen Zuführungen. Die Transfermatrix des realen Richtkopplers wird daher als das Produkt der Transfermatrizen einer Kette idealer Richtkoppler berechnet, die die Zuführungen stufenförmig nachbilden.

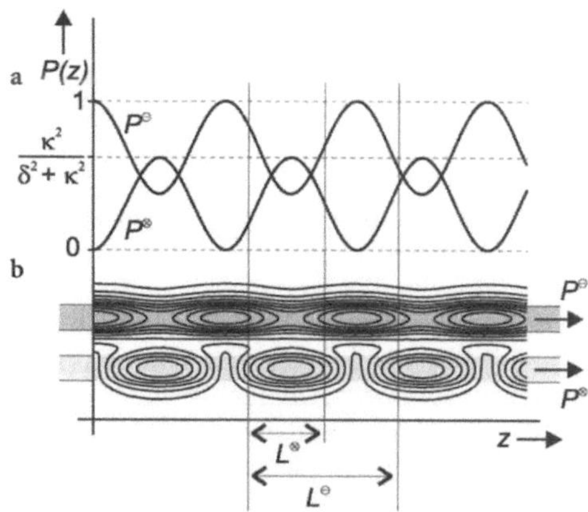

Abb. 14.13. a Leistungsentwicklung in den beiden Wellenleitern und **b** BPM-Simulation der Feldausbreitung für einen Richtkoppler (ohne Zuführungen)

Abbildung 14.13a zeigt für einen idealisierten Richtkoppler (ohne Zuführungen), der über einen der beiden Wellenleiter angeregt wird, die Entwicklung der optischen Leistung im Eigenmodus des nichtangeregten

$$P^{\otimes} = |A^{\otimes}|^2 = \left|\frac{\kappa}{\delta_{\text{eff}}}\right|^2 \sin^2(\delta_{\text{eff}} L). \qquad (14.52)$$

bzw. des angeregten Wellenleiters. Zur Illustration ist eine BPM-Simulation des Richtkopplers unterlegt (Abb. 14.13b). Man erkennt, daß der Richtkoppler nach der doppelten Koppellänge $L^{\ominus} = \pi/\delta_{\text{eff}}$ in den Ausgangszustand ($P^{\otimes} = 0$) zurückkehrt, nach der Koppellänge $L^{\otimes} = L^{\ominus}/2$ wird die maximale Überkopplung ($P^{\otimes}_{\max} = |\kappa/\delta_{\text{eff}}|^2$) erreicht. Die optische Leistung bleibt während der Ausbreitung stets erhalten, d.h. $P^{\ominus} + P^{\otimes} = 1$.

Symmetrische Richtkoppler bestehen aus zwei identischen Streifenwellenleitern ($\delta = 0$, $\delta_{\text{eff}} = |\kappa|$). Sie erlauben stets die vollständige Überkopplung der optischen Leistung ($P^{\otimes}_{\max} = 1$). Reale symmetrische Koppler, d.h. Koppler mit Zuführungen, werden durch die Transfermatrix

$$\mathcal{U}_{\asymp} = \begin{pmatrix}\cos\varphi & j\sin\varphi\\ j\sin\varphi & \cos\varphi\end{pmatrix} \qquad (14.53)$$

beschrieben. Die Koppelphase φ eines Kopplers der Länge L ist durch das Integral

$$\varphi = -\int_{-L/2}^{L/2} dz\,|\kappa(z)| \qquad (14.54)$$

über den lokalen Koppelkoeffizienten $\kappa(z)$ entlang des Kopplers gegeben. Auch der reale, symmetrische Richtkoppler koppelt die optische Leistung ($P^{\otimes} = \sin^2 \varphi$) periodisch vollständig von einem Wellenleiter in den anderen über. Symmetrische Richtkoppler werden in der Regel als breitbandige Komponenten eingesetzt. In den vergangenen Jahren wurden große Anstrengungen unternommen worden, spektral flache, faserbasierte bzw. integriert-optische Richtkoppler für die Anwendung als Verzweiger, Abzweiger bzw. Strahlteiler zu entwickeln. Für die Dimensionierung derartiger Komponenten müssen die Einflüsse von Material- und Wellenleiterdispersion auf die Koppelkoeffizienten berücksichtigt werden.

Asymmetrische Richtkoppler [66] werden aus zwei verschiedenen Streifenwellenleitern ($\delta \neq 0$) gebildet. Besteht ein asymmetrischer Koppler aus einem hochbrechenden Wellenleiter kleinen Querschnitts und einem niederbrechenden Wellenleiter großen Querschnitts, so können die effektiven Brechzahlen der zugehörigen Eigenmoden bei einer bestimmten Wellenzahl $k^{(c)}$ den gleichen Wert (s. Abb. 14.14) annehmen. Nur bei dieser Wellenzahl kann der asymmetrische Richtkoppler die eingespeiste optische Leistung vollständig überkoppeln. In der Nähe des Überkreuzungs-

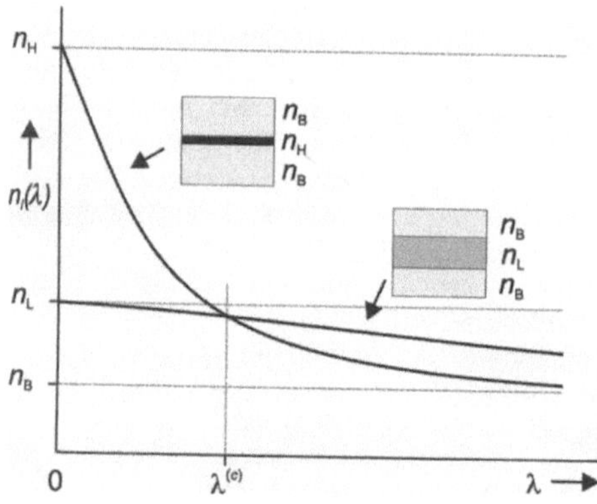

Abb. 14.14. Verlauf der Dispersionskurven der beiden Wellenleiter eines asymmetrischen Richtkopplers

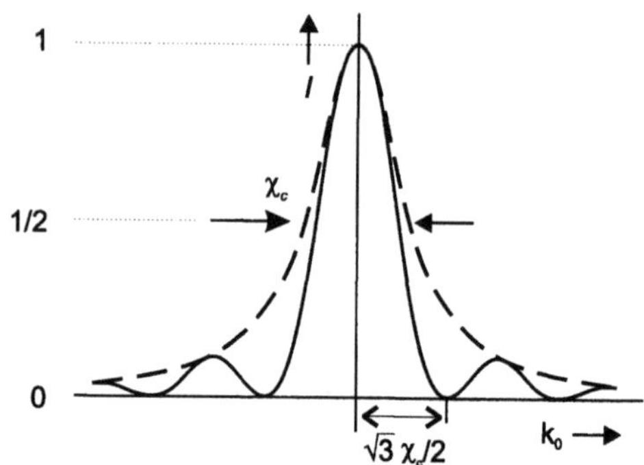

Abb. 14.15. Filterkurve und Einhüllende der Maxima für einen asymmetrischen Richtkoppler

punktes zeigt die Filterkurve (Abb. 14.15) des asymmetrischen Richtkopplers,

$$P^{\otimes}(\Delta k) = F(\Delta k)\sin^2(\delta_{\text{eff}} L), \qquad (14.55)$$

Resonanzverhalten. Die Maxima der Filterkurve liegen entlang einer Lorentzkurve

$$F(\Delta k) = \frac{(\chi_c/2)^2}{(\chi_c/2)^2 + (\Delta k)^2}, \qquad (14.56)$$

deren Halbwertsbreite durch $\chi_c = 2|\kappa/(\partial\delta/\delta z)|$ gegeben ist. Die Schwierigkeiten bei der Realisierung von zwei Wellenleitern mit völlig unterschiedlichen Eigenschaften haben dazu geführt, daß nur wenige Bauelemente dieses Typs gebaut worden sind. Durch die Überlagerung des Kopplers mit periodischen Strukturen („$\Delta\kappa$-Koppler") kann der Entwurfsspielraum jedoch entscheidend vergrößert werden (s. Abschn. 14.4.4).

14.3.4 Vielmodenkoppler

Der klassische Richtkoppler mit je zwei Toren auf der Eingangs- und Ausgangsseite (s. Abschn. 14.3.3) beruht auf der Interferenz des Grundmodus und des ersten angeregten Modus einer verkoppelten Wellenleiterstruktur. Der Vielmodenkoppler („Multimode Interference Coupler (MMI)") hingegen nutzt die Abbildungseigenschaften [67, 68] eines lateral vielmodigen und stark führenden Wellenleiters, dessen Eigenmoden in guter Näherung als direktes Produkt $\phi_{01}(x, y) = \chi_0(x)\,\psi_1(y)$ eines transversalen Grundmodus $\chi_0(x)$ und eines lateralen Modus $\psi_1(y)$ dargestellt werden können. Im folgenden wird die Ausbreitung der lateralen Moden $\psi_1(y)$ analysiert.

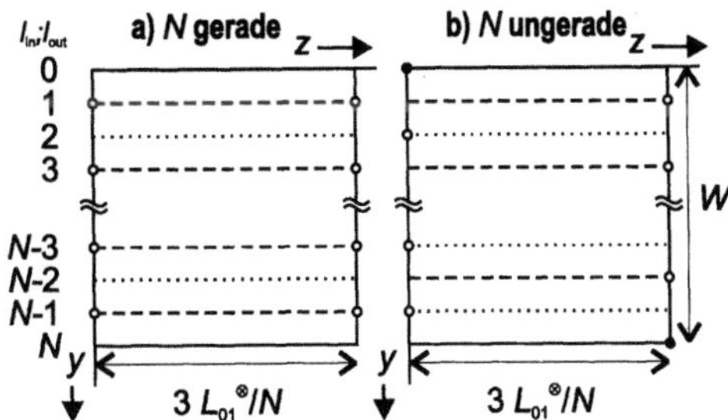

Abb. 14.16a,b. Zwei typische Lateralstrukturen für Vielmodenkoppler („Multimode Interference Coupler (MMI)") der Länge $3L_{01}^{\otimes}/N$. Die Eingangs- und Ausgangstore sind jeweils durch Kreise markiert

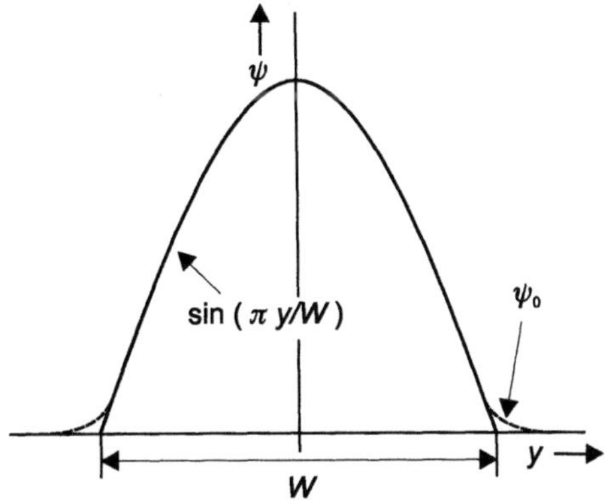

Abb. 14.17. Kastenbreite für Vielmodenkoppler auf der Basis dielektrischer Wellenleiter

Abbildung 14.16 zeigt zwei typische Lateralstrukturen des Vielmodenkopplers. Der Breitstreifenwellenleiter als Kern des Vielmodenkopplers weist die Brechzahl n_{co} auf. Seine Eigenmoden werden für die weitere theoretische Behandlung durch die Eigenmoden

$$\psi_l(y) = \sin\left(\pi(l+1)\frac{y}{W}\right) \qquad (14.57)$$

eines metallischen Kastens der Breite W approximiert, die effektiven Brechzahlen des Wellenleiters sind dann durch

$$n_l = \sqrt{n_{co}^2 - \left(\frac{\pi(l+1)}{k_0 W}\right)^2} \approx n_{co} - l(l+2)\frac{\pi}{3kL_{01}^{\otimes}} \qquad (14.58)$$

gegeben, wobei

$$L_{01}^{\otimes} = \frac{2kn_{co}W^2}{3\pi} \qquad (14.59)$$

die Koppellänge zwischen dem Grundmodus und dem ersten angeregten Modus bezeichnet. Simulationen der Strahlausbreitung im Vielmodenkoppler mit Hilfe der Beam-Propagation Methode [69] haben gezeigt, daß für (realistische) dielektrische Wellenleiter die Kastenbreite $W \approx \lambda/(2\sqrt{n_{co}^2 - \bar{n}_0^2})$ in guter Näherung durch den Bereich zwischen den extrapolierten Durchstoßpunkten des Grundmodus des dielektrischen Wellenleiters mit der effektiven Brechzahl $\bar{n}_0$ (Abb. 14.17) gegeben ist.

Für den Betrieb in integriert-optischen Schaltungen ist in der Regel nur die Ein- und Auskopplung von Eigenmoden symmetrischer Streifenwellenleiter von Bedeutung, d.h. die Einspeisung von symmetrischen bzw. antisymmetrischen Funktionen $\Psi_{in}(y) = \pm\,\Psi_{in}(y - 2y_{WG})$ mit einem Symmetriezentrum im Zentrum y_{WG} des angekoppelten Wellenleiters. Überdies werden für den praktischen Betrieb nur Bauelemente eingesetzt, bei denen sich je ein normales und ein seitenverkehrtes Bild des Eigenmodus überlagern. Die Abbilder der linken Begrenzung des Breitstreifenwellenleiters werden hierbei um $y_l - y_m = 2(l-m)W/N$ gegeneinander verschoben. Damit wird es möglich, die eingespeiste Leistung auch ungleichmäßig aufzuteilen [70, 71]. Schließlich werden die überlagerten Bilder am Ausgang realer Vielmodenkoppler vollständig getrennt, so daß benachbarte Bilder bei geringem Nebensprechen in benachbarte Streifenwellenleiter eingekoppelt werden können. Unter den genannten Randbedingungen reduziert sich die Vielfalt möglicher Anordnungen auf zwei prinzipiell unterschiedliche Konfigurationen, eine für eine gerade (Abb. 14.16a) bzw. ungerade Anzahl (Abb. 14.16b) von Teilbildern. Die Ein- und Ausgangstore sind in Abb. 14.16 jeweils durch Kreise markiert. Für das optische Feld in der Umgebung des Ausgangstores bei $y_{out} = l_{out}W/N$ ergibt sich

$$\Psi_{out}\left(y_{out} + \Delta y, \frac{3L_{01}^{\otimes}}{N}\right) = A\ \Psi_{in}(y_{in} + \Delta y) \cdot \cos\left(\frac{\Delta\varphi}{2}\right) e^{-j(\varphi_0 + \bar{\varphi})}, \qquad (14.60)$$

wobei $y_{in} = l_{in}W/N$ die Lage des Eingangstores, $\bar{\varphi}$ die mittlere Phasenlage der beiden überlagerten Bilder und

$$\Delta\varphi = l_{in}l_{out}\frac{\pi}{N} + \Delta\varphi_s \qquad (14.61)$$

ihre Phasendifferenz ist. Die Normierungskonstante hat den Wert $A = \sqrt{2/N}$, wenn das Ausgangstor am Rand des Breitstreifenwellenleiters liegt, ansonsten hat sie den Wert $A = 2/\sqrt{N}$. Die zusätzliche Phasenverschiebung

$$\Delta\varphi_s = \begin{cases} \pi \text{ für symmetrische Felder} \\ 0 \text{ für antisymmetrische Felder} \end{cases} \quad (14.62)$$

wird durch das unterschiedliche Verhalten von symmetrischen und antisymmetrischen Feldern bei Seitenumkehr verursacht. Eine detailliertere Analyse von (14.61) erlaubt weitere Schlußfolgerungen:

- Die optische Leistung wird für $N = 4M - 2$ und bei Anregung duch das zentrale Eingangstor ($l_{in} = N/2$) gleichmäßig auf die Ausgangstore aufgeteilt.
- Die optische Leistung wird für $N = 3M$ und bei Anregung durch das Eingangstor am Ende des ersten ($l_{in} = N/3$) bzw. zweiten Drittels ($l_{in} = 2N/3$) des Breitstreifenwellenleiters gleichmäßig auf die Ausgangstore aufgeteilt. Die Ausgangstore an den Positionen $N = 6M - 6$ bleiben jedoch grundsätzlich ohne Leistung.
- Nur für $N = 4M - 2$ und bei Anregung durch die Eingangstore $l_{in} = N/(4M - 2)$ werden symmetrische und antisymmetrische Felder in gleicher Weise aufgeteilt. Bei Ankopplung lateral mehrmodiger Streifenwellenleiter werden also die geraden und ungeraden Moden bei den meisten Konfigurationen ungleich behandelt.
- Bei Einspeisung symmetrischer Felder treten am Rand des Breitstreifenwellenleiters ($l_{out} = 0$ bzw. $l_{out} = N$) grundsätzlich keine Bilder auf, bei Einspeisung antisymmetrischer Felder sind hingegen am Rand „Halbbilder" mit häufig großer relativer Leistung zu beobachten.

Tabelle 14.2 zeigt die erzielbaren Teilungsverhältnisse für Vielmodenkoppler mit einem und zwei Ausgangstoren [71], die ebenso wie die Eingangstore auf dem oben diskutierten Raster ($y_M = (M - 1)y/W$) liegen. Die optischen Leistungen an den Ausgangstoren sind auf die eingespeisten Leistungen bezogen. Während sich bei Ankopplung symmetrischer Felder („symmetrischer Fall") die Summe der Ausgangsleistungen der Eingangsleistung entspricht, treten bei Ankopplung antisymmetrischer Felder Verluste durch „Halbbilder" am Rande des Breitstreifenwellenleiters auf. Ausgehend von den in Tabelle 14.2 gezeigten Designs können die Teilungsverhältnisse durch lineares Tapern („Butterfly MMI Koppler") kontinuierlich variiert werden [72]. Ebenso können die Bauteile durch Tapern deutlich verkürzt werden [73]. Bedingt durch seine guten Abbildungseigenschaften neigt der Multimodenkoppler zu deutlichen Rückwirkungen auf den Eingang [74].

Tabelle 14.2. Teilungsverhältnisse von Vielmodenkopplern mit einem und zwei Ausgangstoren

N	Ausgänge	Eingang	P_{out}/P_{in} [%] symmetrischer Fall	antisymmetrischer Fall
2	1	1	100,0	100,0
3	1	2	100,0	33,3
	2	1	100,0	33,3
4	1:3	1	14,6:85,4	85,4:14,6
		3	85,4:14,6	14,6:85,4
	2	2	100,0	0,0
5	2:4	1	72,4:27,6	7,6:52,4
		3	27,6:72,4	52,4:7,6
	1:3	2	72,4:27,6	7,6:52,4
		4	27,6:72,4	52,4:7,6

Die Herstellbarkeit von stark führenden Wellenleitern ist für die Realisierung von MMI-Kopplern von entscheidender Bedeutung. Aus diesem Grund werden heute die meisten Bauelemente in III-V Halbleitern (im wesentlichen im Materialsystem InGaAsP/InP) hergestellt. Bei den Anwendungen steht der Einsatz als Strahlteiler im Vordergrund, das Bauelement ist aber auch zum Abflachen der Filterkurven in optischen Phased Arrays eingesetzt worden [6].

14.3.5 Beugungsgitter und Phased Arrays

Optische Filter, deren Selektivität auf der Interferenz zahlreicher, aus einem Eingangsbündel abgeleiteter Teilbündel in einem Schichtwellenleiter beruhen, bezeichnet man in der integrierten Optik ganz allgemein als planare Spektrographen. Spezielle Ausführungsformen sind Transmissionsgitter, Reflexionsgitter und optische Phased Arrays (auch „Arrayed Waveguide Gratings (AWG)" oder „PHASAR"). In der WDM-Systemen (s. Kap. 26), insbesondere in Anwendungen mit vielen WDM-Kanälen, werden planare Spektrographen als WDM-Multiplexer und -Demultiplexer an den Streckenenden sowie in optischen Add/Drop-

Multiplexern (OADMs) und Cross-Connects (OXCs) eingesetzt.

In der integrierten Optik können, bedingt durch die Vorteile der Planartechnik, fokussierende Spektrographen leicht hergestellt werden. Die Bildfehleranalyse spielt bei ihrer Auslegung eine große Rolle, da Bildfehler sowohl die spektrale Auflösung als auch die Nebensprechunterdrückung wesentlich beeinflussen.

Theorie fokussierender Spektrographen [5,75]

Die theoretische Behandlung planarer Spektrographen basiert auf der optischen Pfadverfolgung mittels der Pfadfunktion („light path function")

$$F(y) = F_{\mathrm{I}}(y) + \overline{PD} - \overline{OD} + m\lambda G(y)\,. \tag{14.63}$$

Diese Technik stellt eine Verallgemeinerung des Huygenschen Prinzips zur Analyse fokussierender Spektrographen dar. Die Pfadfunktion beschreibt hierbei die effektive Wegdifferenz zwischen zwei Strahlen, die auf verschiedenen Wegen vom Eingangstor I (I_{T} für Transmissionsgitter bzw. Phased Arrays und I_{R} für Transmissionsgitter) zu einem Beobachtungspunkt $D = (y_{\mathrm{D}}, z_{\mathrm{D}})$ gelangen. Der eigentliche Fahrstrahl passiert die Gitterlinie $z_{\mathrm{G}}(y)$ am Punkt $P = (y, z_{\mathrm{G}}(y))$, der Referenzstrahl im Zentrum $O = (0,0)$ der Gitterlinie (Abb. 14.18). Das Koordinatensystem wird im Rahmen dieser Betrachtungen so gewählt, daß die Gitterlinie die y-Achse in ihrem Zentrum berührt. Der erste Term $F_{\mathrm{I}}(y)$ in (14.63) beschreibt die Wegdifferenz im Eingangsbereich. Dieser Ausdruck unterscheidet sich für die verschiedenen Typen von Spektrographen. Die nächsten beiden Terme $\overline{PD} - \overline{OD}$ beschreiben die Wegdifferenz auf der Ausgangsseite. Der letzte Term, $m\lambda G(y)$, beschreibt die zusätzliche Wegdifferenz, die für die Analyse eines in der m-ten Beugungsordnung betriebenen Spektrographen hinzugefügt werden muß (Huygensches Prinzip). Verschwindet die Pfadfunktion $F(y) \equiv 0$ entlang der gesamten Gitterlinie, so bildet ein fokussierender Spektrograph das optische Feld am Eingangstor perfekt, d.h. ohne jeden Bildfehler ab. Diese Bedingung kann nur an einigen wenigen Bildpunkten, den stigmatischen Punkten des Spektrographen, erfüllt werden. In ihrer Umgebung sind die Abbildungsfehler des Filters dann klein.

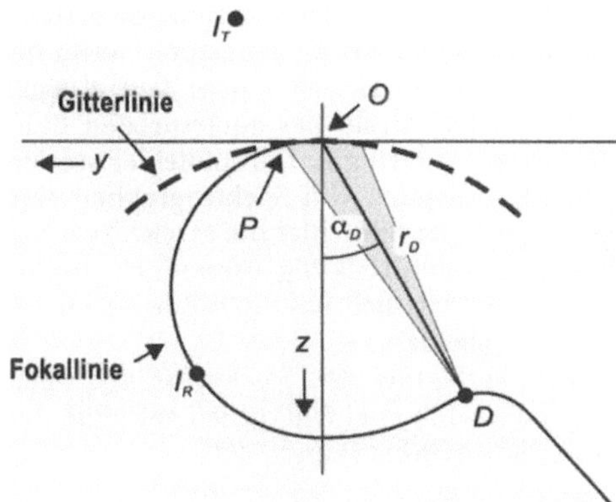

Abb. 14.18. Koordinatensystem für die Analyse fokussierender Spektrographen

Für eine Bildfehleranalyse planarer Spektrographen wird die Pfadfunktion $F(y)$ in eine meist rasch konvergierende Taylorreihe entwickelt. Wenn nur die beiden führenden Koeffizienten der Taylorentwicklung verschwinden, wird das optische Feld am Eingangstor verzerrt abgebildet. Der Beugungswinkel wird im ersten Schritt ($F'(0) = 0$) aus der Gittergleichung (Fermatsches Prinzip)

$$\sin\alpha_{\mathrm{D}} = -F_{\mathrm{I}}'(0) - m\lambda G'(0) \tag{14.64}$$

bestimmt. Das Bild des Eingangstores ($F''(0) = 0$) befindet sich im Abstand

$$r_{\mathrm{D}} = \frac{\cos^2\alpha_{\mathrm{D}}}{-m\lambda G''(0) - F_{\mathrm{I}}''(0) + z_{\mathrm{G}}''(0)\cos\alpha_{\mathrm{D}}} \tag{14.65}$$

vom Zentrum der Gitterlinie. Die Fokallinie, auf der sich die Bilder des Eingangstores befinden, ist durch

$$r_{\mathrm{f}} = r_{\mathrm{D}}\begin{pmatrix} -\sin\alpha_{\mathrm{D}} \\ \cos\alpha_{\mathrm{D}} \end{pmatrix} \tag{14.66}$$

gegeben. Fokussierende Spektrographen besitzen keineswegs immer ein reelles Bild. Beispielsweise liegen die Bilder gerader, chirpfreier Gitter immer im Unendlichen.

Weitere Entwicklungskoeffizienten ($F^{(\nu)}(0)$, $\nu > 2$) verschwinden nur für spezielle Anordnungen. Sie klassifizieren die Bildfehler des Spektrographen. Der führende Term $F'''(0)$ beschreibt das Koma, der folgende Beitrag $F^{(\mathrm{IV})}(0)$ die sphärischen Aberrationen. Um die erwünschte spektrale Auflösung auf kleinstem Raum zu erzielen, versucht man grundsätzlich, die Bildfehler zu minimieren. Spektrographen liefern, wie jedes abbildende System, ein scharfes Bild des Eingangstores, wenn für die Wegdifferenz zwischen dem Zentralstrahl und dem $1/e^2$-Strahl des eingespeisten Bündels $F(y_{1/e}) < \lambda/10$ gilt. Die Bildfehler spielen bei der Auslegung von Spektrographen eine große Rolle, da Bildfehler die erreichbare Nebensprechunterdrückung wesentlich beeinflussen und letztlich über den Einsatz im System entscheiden.

Das Verhältnis der Fleckvergrößerungen m_D und m_E für zwei willkürlich gewählte Beobachtungspunkte D und E ist

$$\frac{m_D}{m_E} = \frac{r_D \cos \alpha_E}{r_E \cos \alpha_D}. \tag{14.67}$$

Die Linien konstanter Fleckvergrößerung werden von einer Familie von Kreisen gebildet, die die Gitterlinie jeweils im Zentrum berühren. Die Fleckvergrößerung bestimmt die Effektivität für die Ankopplung an die Wellenleiter des Ausgangsbereichs und, ebenso wie die Bildfehler, die Nebensprechdämpfung des Spektrographen.

Man bezeichnet einen ungechirpten Spektrographen ($G^{(\nu)}(0) = 0, \nu > 1$), dessen Gitterlinie auf einem Halbkreis $z_G(y) = R - \sqrt{R^2 - y^2}$ mit dem Radius R liegt, als verallgemeinerte Rowland-Anordnung, wenn das Eingangstor gleichzeitig so plaziert wird, daß auch das Phasenportrait entlang der Gitterlinie linear ist ($F_1^{(\nu)}(0) = 0, \nu > 1$). Die Fokallinie einer verallgemeinerten Rowland-Anordnung wird durch einen Kreis mit dem Radius $r = R/2$ gebildet, der sich im Zentrum O an die Gitterlinie schmiegt. Die zentrale Bedeutung der Rowland-Anordnungen wird durch das Bildfehlertheorem deutlich: *Es ist unmöglich, einen planaren Spektrographen zu bauen, der weder Koma noch sphärische Aberrationen zeigt. Nur verallgemeinerte Rowland-Anordnungen zeigen kein Koma.* Rowland-Anordnungen weisen überdies eine wellenlängenunabhängige Fleckvergrößerung auf. Fokussierende planare Spektrographen werden aufgrund dieser positiven Eigenschaften häufig als Rowland-Anordnungen ausgelegt.

Die Linienform des gebeugten Bündels an einem beliebigen Ausgangstor ist in guter Näherung durch die Fouriertransformierte der Einhüllende des optischen Feldes entlang der Gitterlinie gegeben. Die Fouriertransformierte einer Einzelapertur an der Gitterlinie bildet umgekehrt die Einhüllende aller gebeugten Bündel an der Fokallinie (Abb. 14.19). Die Effizienz des Gitter wird durch Ausrichtung aller Aperturen auf einen Punkt der Fokallinie („Blaze-Punkt“) optimiert.

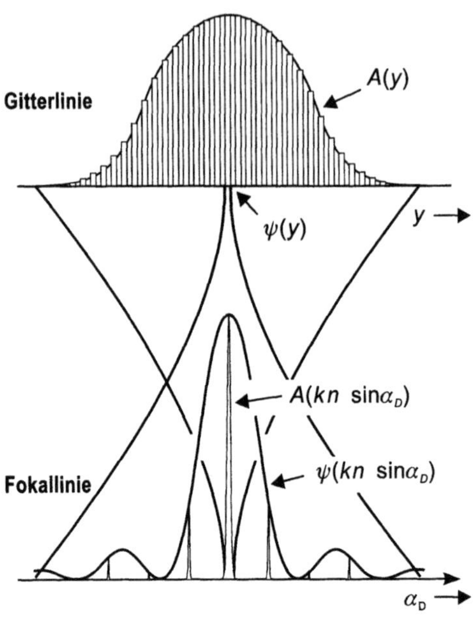

Abb. 14.19. Beugungswirkungsgrad und Linienform eines Spektrographen

Planare Spektrographen, deren Wellenleiterstrukturen dispersionsfrei sind, stellen streng periodische Filter dar, da für die Pfadfunktion $F(y, m, \nu) \equiv F(y, m \pm l, \nu \pm l\Delta\nu_{FSR})$ mit $\nu \propto 1/\lambda$ gilt. Der freie Spektralbereich $\Delta\nu_{FSR} = \nu/m$ bezeichnet dabei den spektralen Abstand zur nächsten Beugungsordnung. Die spektrale Auflösung eines Spektrographen wird durch die Anzahl N der ausgeleuchteten Aperturen und durch die für den Betrieb vorgesehene Beugungsordnung m bestimmt. Bei Anwendung des Rayleigh Kriteriums ergibt sich

$$\Delta\lambda_{RC} = \frac{\lambda}{|m|N}. \tag{14.68}$$

Die spektrale Auflösung, die ein Spektrograph im Systemeinsatz erzielt, hängt im wesentlichen von der geforderten Nebensprechdämpfung ab. Die Herstellung von Spektrographen kann immer auf Kosten eines verringerten freien Spektralbereichs vereinfacht werden, da seine Gitterperiode linear mit der Beugungsordnung zunimmt, während der freie Spektralbereich („Free Spectral Range (FSR)“) gleichzeitig abnimmt. Planare Spektrographen, die in optischen Übertragungssystemen eingesetzt werden, werden häufig in der größtmöglichen Beugungsordnung betrieben; Komponenten mit Beugungsordnungen von $|m| > 100$ wurden bereits hergestellt. Die Anzahl der unterscheidbaren Kanäle N_{ch} ist durch den Quotienten von freiem Spektralbereich und spektraler Auflösung gegeben.

Reflexions- und Transmissionsgitter

Bei Gittern ist die Wegdifferenz im Zuführungsbereich in Gl. (14.63) durch die Wegdifferenz $F_I(y) = \overline{IP} - \overline{IO}$ zwischen dem Fahrstrahl und dem Zentralstrahl vom Eingangstor I zum Gitter gegeben. Für die in (14.64) und (14.65) benötigten Ableitungen ergibt sich damit $F_I'(0) = \sin\alpha_I$ und $F_I''(0) = \cos^2\alpha_I - z_G''(0)\cos\alpha_I$. Die Fleckvergrößerung eines fokussierenden Gitters beträgt damit $m_o = (r_D\cos\alpha_I)/(r_I\cos\alpha_D)$, wobei α_D den Beugungswinkel und r_D den Abstand des Bildpunktes vom Zentrum der Gitterlinie bezeichnet. α_I und r_I sind die korrespondierenden Parameter für die Eingangsseite.

Transmissionsgitter können als Amplituden- und/oder Phasengitter realisiert werden. Reine Amplitudengitter modulieren die Amplitudenverteilung durch eine Reihe meist äquidistanter Schlitze. Durch den damit einhergehenden Verlust von üblicherweise 3 dB werden sie nur noch selten eingesetzt. Reine Phasengitter verändern das Phasenportrait, ohne die Amplitudenverteilung zu modifizieren. Sie sind technisch weitaus attraktiver, jedoch schwieriger herzustellen. Integriert-optische Transmissionsgitter wurden in den 70er und 80er Jahren von verschiedenen Gruppen realisiert [76, 77].

Fokussierende Reflexionsgitter führen aufgrund des gefalteten Strahlenganges stets zu einem kompakteren Aufbau. Da sich die Randbedingungen am meist metallisierten Gitter für die Vektorkomponenten des elektrischen und magnetischen Feldes unterscheiden, reagieren Reflexionsgitter auf die Polarisation des einfallenden Bündels. So können Wood Anomalien oder die Anregung von Oberflächenplasmonen zu Einbrüchen in der Effizienz führen [78]. Planare Spektrographen mit Reflexionsgittern wurden erfolgreich in verschiedenen Materialsystemen – SiO_2/Si, InGaAsP/InP und Polymeren – hergestellt. Das eigentliche Gitter wurde dabei entweder in einen Schichtwellenleiter geätzt oder an der Chipstirnfläche angebrcht. Durch das lithographiebasierte Herstellverfahren können

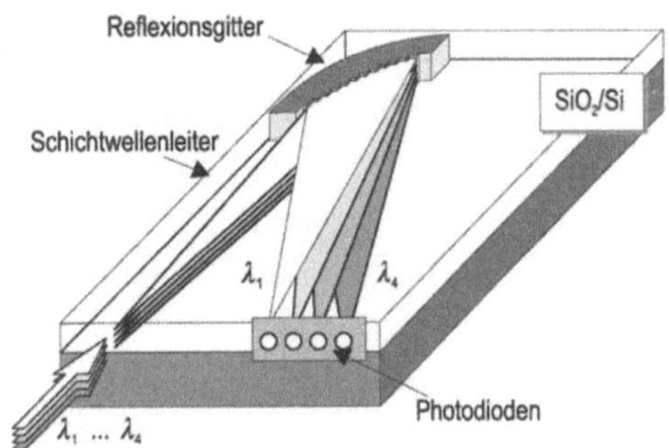

Abb. 14.20. Flat-Field Spektrograph im Materialsystem SiO_2/Si

auch gekrümmte und gechirpte Gitter problemlos hergestellt werden. Abbildung 14.20 zeigt als illustratives Beispiel einen Flat-Field Spektrographen im Materialsystem SiO_2/Si [79, 80]. Das Eingangstor und die Fokallinie befinden sich bei dieser Komponente an der Stirnfläche des Chips. In den Materialsystemen InGaAsP/InP und SiO_2/Si wurden von einer Reihe von Gruppen [81, 82] Rowland-Anordnungen realisiert, teilweise mit integrierten Photodioden und/oder optischen Vorverstärkern. Integriert-optische Gitter wurden für bis zu 128 Wellenlängenkanälen für Kanalabstände von 4 nm ... 0,5 nm realisiert.

Optische Phased Arrays

Das optische Phased Array (auch „Arrayed Waveguide Grating (AWG)“ oder „PHASAR“) stellt ein Phasentransmissionsgitter dar, das mit den wellenleiterbasierten Technologien der integrierten Optik sehr gut harmoniert. Im Unterschied zu konventionellen Phasentransmissionsgittern erlaubt es große Phasenverschiebungen und damit den Betrieb in sehr hohen Beugungsordnungen.

Abbildung 14.21 zeigt die schematische Darstellung eines optischen Phased Arrays und zur Illustration die Realisierung einer Komponente im Materialsystem SiO_2/Si. Das Eingangstor I_T befindet sich am Eingang des linken Schichtwellenleiters. Ausgehend von diesem Punkt weitet sich das eingespeiste Bündel unter dem Einfluß der Beugung im eingangsseitigen Schichtwellenleiter auf. Am Eingang des Phasenschiebers wird das Fernfeld in N Partialbündel zerlegt, die in die Streifenwellenleiter des Phasenschiebers eingespeist werden. Im Phasenschieber werden die Phasenlagen der Partialbündel relativ zuein-

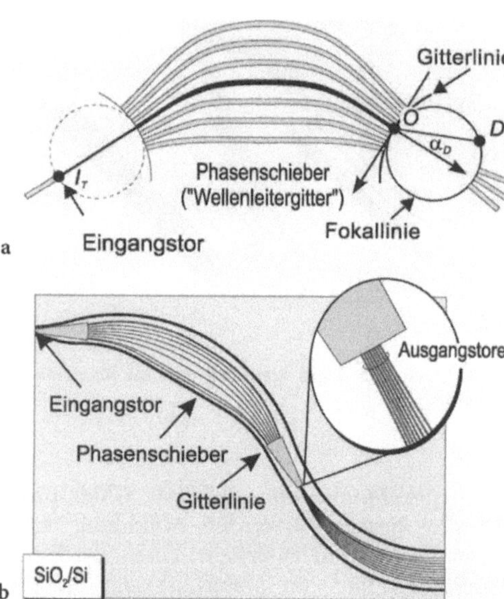

Abb. 14.21 a, b. Optisches Phased Array (auch „Arrayed Waveguide Grating (AWG)" oder „PHASAR". **a** schematische Darstellung, **b** Realisierung im Materialsystem SiO_2/Si

ander eingestellt. Der Ausgang des Phasenschiebers bildet die Gitterlinie, die Wellenleiterenden ersetzen dabei die Gitterzähne bzw. -schlitze eines konventionellen Gitters (s. Abb. 14.18). Die Gitterperiode des Phased Arrays ist durch den Abstand der Wellenleitermitten am Ausgang des Phasenschiebers bestimmt. Um die gegenseitige Beeinflussung der Partialbündel im Phasenschieber zu minimieren, werden optische Phased Arrays meist in der größtmöglichen Beugungsordung betrieben. Das Blazen optischer Phased Arrays geschieht durch Ausrichten der Wellenleiter am Ausgang des Phasenschiebers auf einen Punkt der Fokallinie.

Bei Phased Arrays ist die Wegdifferenz im Zuführungsbereich in Gl. (14.63) durch $F_I(y) = \overline{IP_I} - \overline{IO_I} + (n_p/n_s)(\widetilde{P_IP} - \widetilde{O_IO})$ gegeben, wobei O das Zentrum der Gitterlinie und P den Punkt bezeichnet, an dem der Fahrstrahl die Gitterlinie passiert. Die beiden anderen Punkte O_I und P_I sind die korrespondierenden Punkte am Eingang des Phasenschiebers. Die Größen $\widetilde{P_IP}$ und $\widetilde{O_IO}$ bezeichnen die Bogenlängen der von P und O ausgehenden Streifenwellenleiter. Durch das Verhältnis n_p/n_s werden die Phasendifferenzen, die durch die unterschiedlichen effektiven Brechzahlen n_p und n_s für die Streifen- und Schichtwellenleiter verursacht werden, berücksichtigt. Wenn sich die Eingänge des Phasenschiebers auf einem Kreis befinden, dessen Zentrum am Eingangstor liegt, liefert die Differenz der beiden Terme $(\overline{IP_I} - \overline{IO_I})$ keinen Beitrag.

Zahlreiche optische Phased Arrays wurden als Rowland-Anordnungen [6] aufgebaut, d.h. $G(y) = y/\lambda$, wobei λ die (auf die y-Achse projizierte) Gitterkonstante des Phased Arrays bezeichnet. Die Gitterlinie bildet dann einen Halbkreis mit dem Radius R. Der eingangsseitige Schichtwellenleiter und der Phasenschieber sind so ausgelegt, daß die (auf die y-Achse projizierte) Phase ebenfalls linear verläuft. Für die Wegdifferenz im Zuführungsbereich ergibt sich dann $F_I(y) = (-m\lambda_C/\lambda - \sin\alpha_C)\, y = n_p\Delta L/(n_s\lambda)$, wobei λ_C die Designwellenlänge (im Material), α_C den Beugungswinkel bei dieser Wellenlänge und ΔL die Wegdifferenz zwischen zwei benachbarten Streifenwellenleitern des Phasenschiebers darstellt. Als Rowland-Anordnung realisierte Phased Arrays zeigen ebenfalls kein Koma. Überdies besitzen sie einen stigmatischen Punkt am Scheitel des Rowlandkreises ($\alpha_D = 0$). Das in Abb. 14.21b zeigt das heute gebräuchliche Layout [83], daneben wird auch noch ein zweites Layout [84, 85] verwendet, bei dem die Ausgangswellenleiter des Phasenschiebers jedoch nicht auf einen Blazepunkt gerichtet sind. Abbildung 14.22 zeigt einen Satz von Filterkurven für ein optisches Phased Array im Materialsystem Glas auf Silizium (SiO_2/Si). Die Filterkurven zeigen in guter Näherung einen parabolischen Verlauf. Für zahlreiche Anwendungen sind jedoch Bauelemente mit abgeflachten Filterkurven wünschenswert, da durch die Verbreiterung des Paßbandes die Anforderungen an die Stabilisierung der Sendebausteine gesenkt werden können. In den vergangenen Jah-

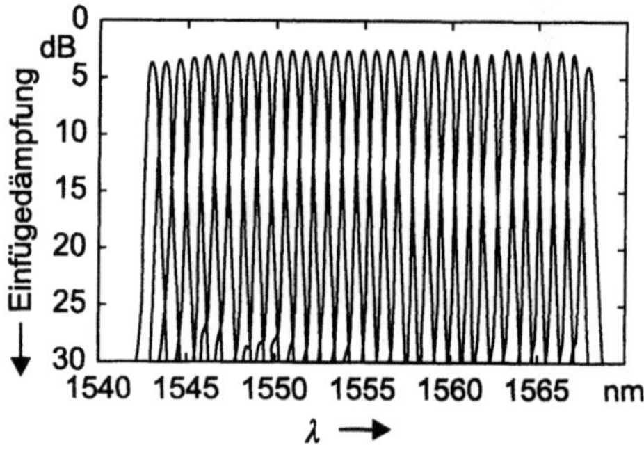

Abb. 14.22. Filterkurven eines optischen Phased Arrays im Materialsystem Glas auf Silizium (SiO_2/Si)

ren konnte eine Reihe von Methoden - Verwendung von vielmodigen Wellenleitern und Y-Gabeln auf der Ausgangsseite [86], Verwendung von Vielmodenkopplern auf der Eingangsseite [87] sowie Modifikation des Phasenschiebers [88] - erfolgreich demonstriert werden. Lediglich durch die Verwendung von (bis zum Empfänger führenden) vielmodigen Wellenleitern auf der Ausgangsseite des Phased Arrays lassen sich theoretisch verlustfreie Bauelemente mit abgeflachten Filterkurven realisieren, alle anderen Methoden führen zu Zusatzverlusten von typischerweise 2 ... 3 dB.

Optische Phased Arrays werden als Wellenlängenmultiplexer und -demultiplexer in WDM-basierten Übertragungsstrecken eingesetzt. Komponenten im Materialsystem Glas auf Silizium (SiO_2/Si) sind bereits kommerziell erhältlich, im Materialsystem InGaAsP/InP wurden optische Phased Arrays erfolgreich mit Photodioden, optischen Verstärkern, optischen Modulatoren und optischen Schaltern integriert [17]. Auch in anderen Materialsystemen - Ionenaustausch in Glas, $LiNbO_3$ und Polymeren - konnten bereits optische Phased Arrays demonstriert werden. Optische Phased Arrays wurden bis heute mit bis zu 64 Wellenlängenkanälen und (mit wenigen Ausnahmen [89]) für Kanalabstände von 50 GHz ... 400 GHz realisiert.

14.3.6 Kontradirektionale Koppler

Kontradirektionale Koppelung ist das wellenleiteroptische Analogon zur Bragg Reflexion in Kristallen. Während jedoch die Rückkopplung im Kristall durch das kristallographische Gitter selbst verursacht wird, muß sie im Wellenleiter durch geeignete periodische oder beinahe periodische Strukturen initiiert werden. Im folgenden wird nur das Bragg-Gitter, der einfachste kontradirektionale Koppler, kurz vorgestellt. Eine Behandlung des kontradirektionalen Richtkopplers, eines Richtkopplers mit integriertem Bragg-Gitter, findet sich in [90].

Die von einem Gitter mit der Periode Λ bei senkrechter Inzidenz reflektierten Partialwellen überlagern sich für alle diejenigen Wellenlängen λ_B konstruktiv, für die die Bragg-Bedingung

$$l\,\frac{\lambda_B}{n} = \Lambda \tag{14.69}$$

erfüllt ist, wobei die Ordnung l eine natürliche Zahl ist. In der Nähe jeder Resonanz, d.h. für kleine Abweichungen der Wellenzahl $\delta = kn - \pi l/\Lambda$, kann man die Wirkung des Gitters im Rahmen der Theorie gekoppelter Moden [91, 92] analysieren. Die Transfermatrix des Bragg-Gitters, die die Entwicklung der Amplituden für die vor- und rücklaufenden Wellen beschreibt, ist durch

$$\mathcal{U}_{BG} = \begin{pmatrix} A^{\ominus} & A^{\otimes} \\ A^{\otimes *} & A^{\ominus *} \end{pmatrix} \tag{14.70}$$

mit den Koeffizienten

$$A^{\ominus} = \cos(\delta_{eff} z) + j\delta \sin(\delta_{eff} z)/\delta_{eff}$$

$$A^{\otimes} = -j\chi \sin(\delta_{eff} z) \exp(j2\pi l z/\Lambda)/\delta_{eff}$$

gegeben, wobei χ der Koppelkoeffizient des Gitters und $\delta_{eff} = \pm\sqrt{\delta^2 - |\chi|^2}$ die effektive Verstimmung der verkoppelten Moden sind. Für die Amplituden der vor- und rücklaufenden Wellen $a^{(+)}$ und $a^{(-)}$ verlustfreier Gitter gilt der Erhaltungssatz

$$\frac{d}{dz}(|a^{(+)}|^2 - |a^{(-)}|^2) = 0\,. \tag{14.71}$$

Das Reflexionsvermögen des Bragg-Gitters ist durch $R = |A^{\otimes}/A^{\ominus}|^2$ gegeben; für ein Gitter der Länge L erhält man damit

$$R = \frac{|\chi|^2 \sin^2(\delta_{eff} L)}{\delta_{eff}^2 \cos^2(\delta_{eff} L) + \delta^2 \sin^2(\delta_{eff} L)}\,, \tag{14.72}$$

für das Transmissionsvermögen gilt $T = 1 - R$.

Abbildung 14.23 zeigt die Dispersionsrelation und die Filtercharakteristik eines Bragg-Gitters. Das Stopband, in dem die effektive Verstimmung δ_{eff} des Gitters imaginär wird, ist grau unterlegt. Man erkennt, daß die optische Welle im Stopband eines Gitters endlicher Länge nicht vollständig reflektiert wird. So gilt für das Reflexionsvermögen im Zentrum des Stopbandes $R(0) = \tanh^2(|\chi|L)$, am Rand des Stopbandes ergibt sich $R(|\chi|) = |\chi L|^2/(1 + |\chi L|^2)$. Aus diesen Beziehungen wird offensichtlich, daß die „Stärke" eines Bragg-Gitters durch den Parameter χL bestimmt wird. Während Bragg-Gitter bei $|\chi|L < 1$ ein kaum ausgeprägtes Stopband zeigen, ist das Reflexionsvermögen eines Bauelementes mit $|\chi|L > 10$ im gesamten Stopband hoch (> 99%). Die Anzahl der Nullstellen und ihre Positionen hängen ebenfalls von der Länge

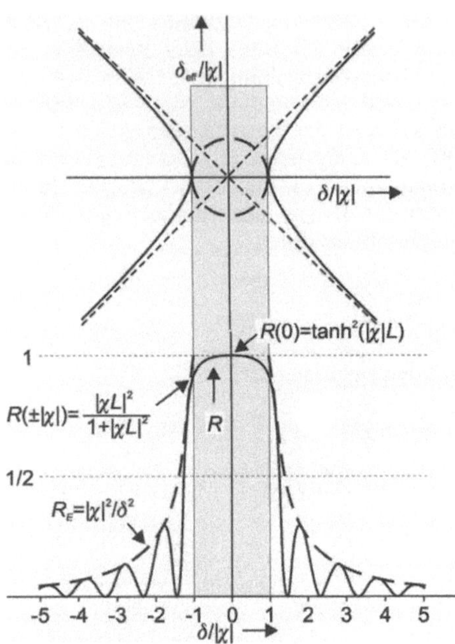

Abb. 14.23. Dispersionsrelation und Filtercharakteristik eines Bragg-Gitters mit $|\chi|L = 3$

des Bragg-Gitters ab. Die Einhüllende der Filterkurve $R_{\text{E}} = |\chi|^2/\delta^2$ mit $\delta^2 > |\chi|^2$, die alle Maxima umhüllt, ist hingegen von der Länge des Bragg-Gitters unabhängig. Die beim streng periodischen Bragg-Gitter nur langsam abfallende Einhüllende kann durch Reduktion des Koppelkoeffizienten zu den Rändern des Gitters („κ-tapern") deutlich aufgesteilt werden [93].

Beim Betrieb von Bragg-Gittern treten eine Reihe parasitärer Effekte wie Goos-Hänchen Verschiebung [94], Brewsterwinkel, Polarisationskonversion [95, 96] und Abstrahlung ins Substrat bzw. in den Außenraum [97] auf.

Bragg-Gitter wurden in beinahe allen Materialsystemen [76, 96, 98] meist durch holographische Belichtung und direkte Elektronenstrahllithographie hergestellt. DFB- und DBR-Laser (s. Kap. 19) bildeten lange Zeit die Hauptanwendung von (geätzten) Bragg-Gittern. In den letzten Jahren werden im Materialsystem SiO_2/Si jedoch zunehmend Brechzahlgitter durch UV-Projektion von Phasenmasken hergestellt [99, 100]. Ähnlich wie bei Faser-Bragg-Gittern (s. Kap. 12) gewinnt die Dispersionskompensation neben dem Einsatz als Sperrfilter an Bedeutung.

14.4 Integriert-optische Schaltungen

Die Transfermatrizen $\mathcal{U}$ eines Bauelements oder einer integriert optischen Schaltung stimmen mit den Propagatoren des optischen Feldes

$$\tilde{\mathcal{U}} = e^{j\bar{\varphi}}\mathcal{U} \tag{14.73}$$

bis auf eine zusätzliche mittlere Phasenverschiebung $\bar{\varphi}$ überein. Deren Größe hängt von den Details der Auslegung, insbesondere auch von der Länge der Zuführungen, ab. Die mittlere Phasenverschiebung hat zumeist keinen Einfluß auf die Funktion eines Bauelements; sie wird im folgenden so gewählt, daß die Transfermatrizen verlustloser Bauelemente unitär ($\mathcal{U}^{-1} = \mathcal{U}^{\dagger}$) und unimodular ($\det \mathcal{U} = 1$) sind. (Die Transfermatrizen werden in der Literatur auch als Transmissionsmatrizen bezeichnet. Neben der hier gewählten Bezeichnung $\mathcal{U}$ ist auch die Notation $\mathcal{T}$ gebräuchlich (s. Kap. 11 bzw. [101]).

Die Transfermatrizen eignen sich (s. Abschn. 14.3.3 und 14.3.6) zur Beschreibung ko- und kontradirektional gekoppelter optischer Felder. In einer optischen Schaltung, in der kodirektional verlaufende Wellen verkoppelt werden, bleibt die optische Leistung erhalten, wenn die Amplituden der Beziehung

$$\frac{d}{dz}\sum_{m=1}^{N}|a_{\text{m}}|^2 = 0 \tag{14.74}$$

gehorchen; die zugehörigen unitär unimodularen Transfermatrizen bilden die Gruppe SU(N). Treten in einer optischen Schaltung kontradirektionale Überkopplungen auf, so müssen auch die rücklaufenden Wellen berücksichtigt werden. Die optische Leistung bleibt in einer solchen Schaltung erhalten, wenn die Amplituden den Erhaltungssatz

$$\frac{d}{dz}\sum_{m=1}^{N}\left(|a_{\text{m}}^{(+)}|^2 - |a_{\text{m}}^{(-)}|^2\right) = 0 \tag{14.75}$$

erfüllen; Die zugehörigen unitär unimodularen Transfermatrizen bilden in diesem Fall die Gruppe SU(N,N). Für die wichtigsten Spezialfälle, das kodirektionale 4- und das kontradirektinale 2-Tor, ergeben sich Transfermatrizen der Form

$$\mathcal{U}_{\pm} = \begin{pmatrix} A^{\ominus} & A^{\otimes} \\ \mp A^{\otimes *} & A^{\ominus *} \end{pmatrix}. \tag{14.76}$$

Für das verlustfreie kodirektionale 4-Tor (oberes Vorzeichen) ist bei Anregung durch ein Eingangstor die am diagonal gegenüberliegenden Tor austretende relative optische Leistung durch $P^{\otimes} = |A^{\otimes}|^2$ gegeben, die aus dem direkt gegenüberliegenden Tor durch $P^{\ominus} = |A^{\ominus}|^2$. Für das verlustfreie kontradirektionale 2-Tor (unteres Vorzeichen) ist bei Anregung von einer Seite das Reflexionsvermögen durch $R = |A^{\otimes}/A^{\ominus}|^2$ gegeben, für das Transmissionsvermögen gilt $T = 1 - R$.

Da die Transfermatrizen verlustloser, zusammengesetzter Komponenten (s. Abschn. 14.4.3) wiederum unitär unimodular sind, wird die Antwort einer Komponente auf in Rückwärtsrichtung laufende Wellen durch die adjungierte Matrix $\mathcal{U}^{\dagger}$ beschrieben. Weitere Vorteile kann man durch den Einsatz einer Vielzahl spezieller mathematischer Methoden ziehen. So kann beispielsweise die Gruppe SU(2) eineindeutig auf die Gruppe SO(3) der Drehungen im 3-dimensionalen Raum abgebildet werden, die Wirkung eines verlustlosen 4-Tores kann daher als Bewegung auf einer Kugeloberfläche S^2 interpretiert werden [102].

14.4.1 Weitere Grundkomponenten

Abbildung 14.24 zeigt die Transfermatrizen $\mathcal{U}$ für eine Reihe von Grundkomponenten [5]. Die meisten der gezeigten Bauelemente sind unsymmetrisch im Bezug auf den Austausch der Eingangstore, d.h. bezüglich der Transformation $\alpha_1^{(\text{in})} \Leftrightarrow \alpha_2^{(\text{in})}$, $\alpha_1^{(\text{out})} \Leftrightarrow \alpha_2^{(\text{out})}$. Die Transfermatrix für ein Bauelement mit vertauschten Eingangstoren kann jedoch aus den angegebenen Matrizen durch die folgende Transformation unschwer gewonnen werden:

$$\mathcal{U}_{\Updownarrow} = \begin{pmatrix} U_{22} & U_{21} \\ U_{12} & U_{11} \end{pmatrix}. \tag{14.77}$$

Aktive und passive einmodige Wellenleiter und Taper werden durch die Transfermatrix

$$\mathcal{U}_{-} = \sqrt{\gamma} \tag{14.78}$$

beschrieben, wobei γ das Verhältnis von Ausgangs- und Eingangsleistung bezeichnet. Für einen verlustlosen Wellenleiter gilt $\gamma = 1$. Für die Phasenverschiebung eines geraden, einmodigen Wellenleiters der Länge L gilt $\bar{\varphi} = -knL$, wobei n die effektive Brechzahl des Grundmodus ist.

Phasenschieber bestehen im einfachsten Fall aus zwei vollständig entkoppelten, einmodigen Wellenleitern. Durch die Verwendung zweier Wellenleiter mit der Längendifferenz $\Delta L = L_1 - L_2$ und der Differenz $\Delta n = n_1 - n_2$ der effektiven Brechzahlen werden am Ausgang zwei Wellen mit einer zusätzlichen Phasendifferenz

$$\Delta\varphi = -k\bar{n}\,\Delta L - k\Delta n\,\bar{L} \tag{14.79}$$

erzeugt, wobei $\bar{L} = (L_1 + L_2)/2$ die mittlere Länge und $\bar{n} = (n_1 + n_2)/2$ die mittlere effektive Brechzahl der beiden Wellenleiter ist; die zugehörige Transfermatrix lautet

$$\mathcal{U}_{\Delta\varphi} = \begin{pmatrix} \exp(j\Delta\varphi/2) & 0 \\ 0 & \exp(-j\Delta\varphi/2) \end{pmatrix}. \tag{14.80}$$

Wellenleiterkreuzungen dienen ausschließlich dem Zweck, zwei Eingangstore zu vertauschen. Die Transfermatrix der idealen Wellenleiterkreuzung ist daher durch

$$\mathcal{U}_{\times} = \begin{pmatrix} 0 & j \\ j & 0 \end{pmatrix} \tag{14.81}$$

gegeben. Da die Wellenleiter, die die Wellenleiterkreuzung bilden, im Kreuzungsbereich – wenn auch nur schwach – verkoppelt sind, werden reale Wellenleiterkreuzungen häufig als Richtkoppler modelliert.

Y-Gabeln können als Strahlteiler oder Strahlvereiniger betrieben werden. Die Y-Gabel stellt zwar ein 3-Tor dar, sie wird jedoch als 4-Tor behandelt. Die Transfermatrix einer als $1:X$-Strahlteiler betriebenen Y-Gabel mit einem leistungsfreien Zusatztor lautet

$$\mathcal{U}_{\prec} = \frac{1}{\sqrt{X+1}} \begin{pmatrix} \sqrt{X} & 0 \\ 1 & 0 \end{pmatrix}, \tag{14.82}$$

wobei das Eingangstor durch das erste Element des Amplitudenvektors (Abb. 14.24) gegeben ist. Die optischen Wellen verlaufen an den Ausgangstoren phasengleich, da die in die Wurzel der Y-Gabel eingekoppelte optische Welle in den Grundmodus der verzweigten Wellenleiterstruktur getapert wird.

Die Transfermatrix einer Y-Gabel, die als $1:X$-Strahlvereiniger betrieben wird, lautet hingegen

$$\mathcal{U}_{\succ} = \frac{1}{\sqrt{X+1}} \begin{pmatrix} \sqrt{X} & 1 \\ 0 & 0 \end{pmatrix}, \tag{14.83}$$

wobei das Ausgangstor wiederum durch das erste Element des Amplitudenvektors gegeben ist. Das Verhalten eines Strahlvereinigers hängt von der Phasenverschiebung der in die beiden Arme der Y-Gabel eingespeisten opti-

Aktiver bzw. passiver Wellenleiter

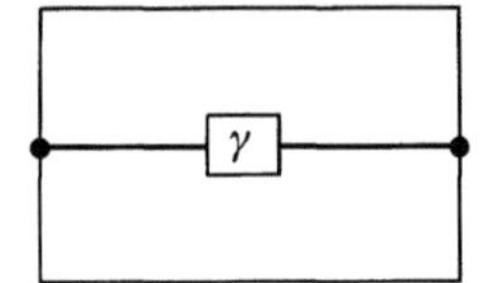

$$\mathcal{U}_{-} = \sqrt{\gamma}$$

Wellenleiterkreuzung

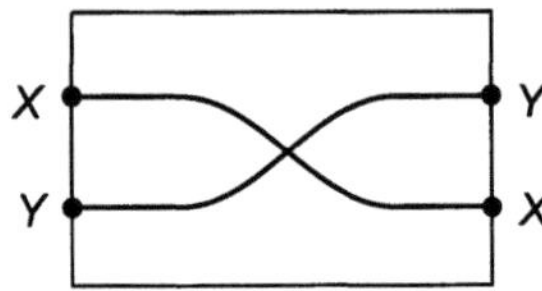

$$\mathcal{U}_{\times} = \begin{pmatrix} 0 & j \\ j & 0 \end{pmatrix}$$

Phasenschieber

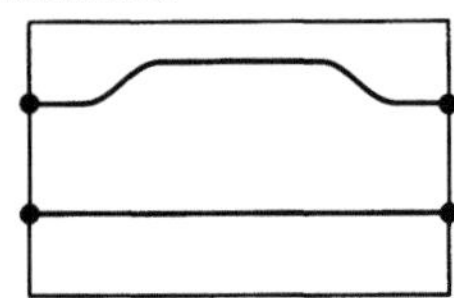

$$\mathcal{U}_{\Delta\varphi} = \begin{pmatrix} \exp(j\ \Delta\varphi/2) & 0 \\ 0 & \exp(-j\ \Delta\varphi/2) \end{pmatrix}$$

Verzweiger/Vereiniger

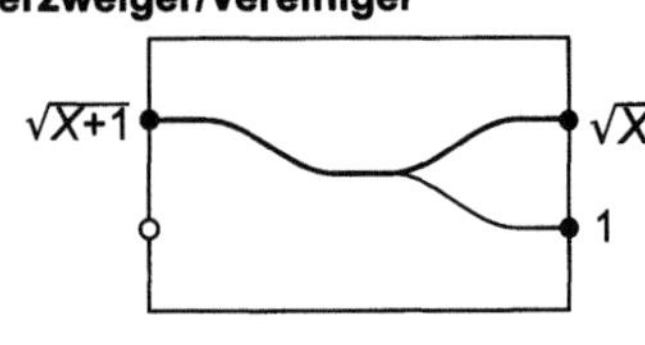

$$\mathcal{U}_{\prec} = \frac{1}{\sqrt{X+1}} \begin{pmatrix} \sqrt{X} & 0 \\ 1 & 0 \end{pmatrix}$$

$$\mathcal{U}_{\succ} = \frac{1}{\sqrt{X+1}} \begin{pmatrix} \sqrt{X} & 1 \\ 0 & 0 \end{pmatrix}$$

Vereiniger mit "Abstrahlungstor"

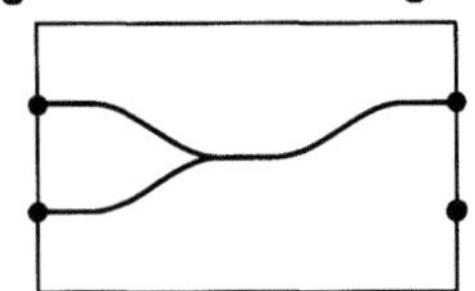

$$\mathcal{U}_{\succeq} = \frac{j}{\sqrt{X+1}} \begin{pmatrix} \sqrt{X} & 1 \\ 1 & -\sqrt{X} \end{pmatrix}$$

Asymmetrischer Richtkoppler ($\mathcal{U}_{+}$)

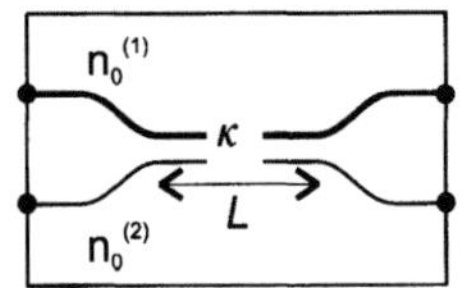

$$A_{\asymp}^{\ominus} = \cos(\delta_{eff} L) - j\delta\ \sin(\delta_{eff} L)\ \delta_{eff}$$

$$A_{\asymp}^{\otimes} = -j\kappa\ \sin(\delta_{eff} L)/\delta_{eff}$$

$$\delta = k\,(n_0^{(1)} - n_0^{(2)})/2$$

$$\delta_{eff} = \sqrt{\delta^2 + \kappa^2}$$

Bragg-Gitter ($\mathcal{U}_{-}$)

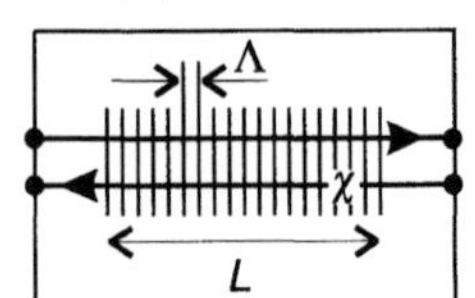

$$A_{BG}^{\ominus} = \cos(\delta_{eff} L) + j\delta\ \sin(\delta_{eff} L)\ \delta_{eff}$$

$$A_{BG}^{\otimes} = -j\ \chi\ \sin(\delta_{eff} L)/\delta_{eff}$$

$$\delta = kn - l\,\pi/\Lambda$$

$$\delta_{eff} = \sqrt{\delta^2 - |\chi|^2}$$

Abb. 14.24. Transfermatrizen für eine Reihe von Grundkomponenten

schen Wellen ab. Sind beide Wellen phasengleich und pegelangepaßt, so wird der Grundmodus der verzweigten Wellenleiterstruktur angeregt, der dann verlustlos in den Grundmodus im Bereich der Wurzel der Y-Gabel getapert wird. Wird durch Überlagerung der beiden eingekoppelten Wellen hingegen der erste angeregte Modus der verzweigten Wellenleiterstruktur erzeugt, so wird die eingekoppelte Leistung beim Übergang in die Wurzel der Y-Gabel vollständig abgestrahlt. Wird die optische Leistung nur in einen der beiden Arme der Y-Gabel eingekoppelt, so wird sowohl der Grundmodus als auch der erste angeregte Modus der verzweigten Wellenleiterstruktur angeregt. Ein Teil der optischen Leistung, 50 % für einen 1 : 1-Verzweiger, geht in diesem Fall durch Abstrahlung verloren.

Y-Gabeln sind also in der Regel durch Abstrahlung verlustbehaftet; die Transfermatrix kann daher nicht unitär sein. Durch Einführen eines virtuellen „Strahlungstores" [5] ist es jedoch möglich, die Wirkung einer Y-Gabel durch eine unitäre Transfermatrix

$$\mathcal{U}_{\Sigma} = \frac{j}{\sqrt{X+1}} \begin{pmatrix} \sqrt{X} & 1 \\ 1 & -\sqrt{X} \end{pmatrix}, \qquad (14.84)$$

zu beschreiben, wobei im „virtuellen Strahlungstor" die in der Wurzel der Y-Gabel abgestrahlte Leistung gesammelt wird. Dieses Tor darf natürlich nicht an andere Schaltungsteile angeschlossen werden.

14.4.2 Zusammengesetzte Komponenten und Netzwerke

Die Transfermatrizen für die elementaren Komponenten (s. Abschn. 14.4.1) bilden die Bausteine für das Design und die Analyse zusammengesetzter Komponenten und integriert optischer Schaltungen, d.h. von Netzwerken komplexerer Topologie.

Die Transfermatrizen für zusammengesetzte Komponenten werden direkt durch Aufmultiplizieren der Transfermatrizen ihrer Konstituenten gewonnen. Die mittlere Phasenverschiebung der Gesamtkomponente, ebenso wie die ihrer Einzelteile, ist für die Analyse zusammengesetzter Komponenten ohne jede Bedeutung, d.h. die in Abschn. 14.4.1 hergeleiteten Transfermatrizen sind äquivalent zu den vollen Propagatoren des Bauelements [5]. Im folgenden werden Mach-Zehnder-Koppler, Richtkoppler mit periodischen Strukturen und zusammengesetzte Bragg-Gitter als Beispiele

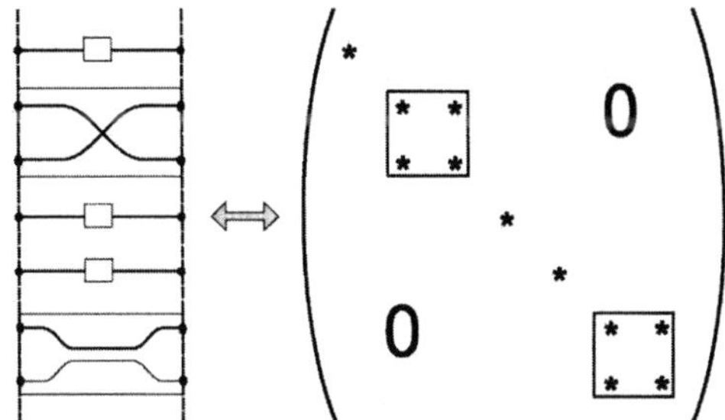

Abb. 14.25. Transfermatrix für eine Stufe eines optischen Netzwerkes mit je N Eingangs- und Ausgangstoren

für zusammengesetzte Komponenten vorgestellt.

Für eine Analyse von Netzen komplexerer Topologie wird das Netz in einzelne Stufen unterteilt. In jeder Stufe können sich gleichzeitig miteinander verkoppelte Tore wie auch unverkoppelte Tore befinden. Abbildung 14.25 zeigt zur Illustration eine Stufe eines fiktiven Netzwerkes, das aus elementaren 2- und 4-Toren aufgebaut ist. Die zugehörige Transfermatrix hat die Gestalt einer Blockmatrix, wobei die 2 × 2-Blöcke in der Diagonale je zwei verkoppelte Eingangstore beschreiben, während Einzelelemente in der Diagonale für unverkoppelte Eingangstore stehen. Wegen der kohärenten Kopplung sind die mittleren Phasenverschiebungen $\bar{\varphi}$ der Einzelkomponenten für das Verhalten des Netzwerkes wesentlich. Die Determinante einer Stufe eines Netzwerks, das aus P elementaren Komponenten bzw. Unternetzwerken besteht, ist durch

$$\det \mathcal{U} = \prod_{m=1}^{P} \exp(j N_m \bar{\varphi}_m) \det \mathcal{U}_m \qquad (14.85)$$

gegeben, wobei N_m die Zahl der Eingangstore der Komponente m, eines $2N_m$-Tores, bezeichnet, d.h. es gilt $\sum_{m=1}^{P} N_m = N$. Die Transfermatrix, die eine Stufe eines Netzwerkes beschreibt, kann wiederum durch Einführen einer mittleren Phasenverschiebung, die zu $\sum_{m=1}^{P} N_m \bar{\varphi}_m = 0$ führt, unimodular unitär gemacht werden. Die Transfermatrix des vollständigen Netzwerkes wird schließlich in Analogie zu der zusammengesetzter Komponenten durch Aufmultiplizieren der Transfermatrizen für die einzelnen Stufen gewonnen.

Als illustratives Beispiel wird im folgenden die Transfermatrix eines 1 : 4-Verzweigers (Abb. 14.26), der aus drei symmetrischen Y-Gabeln ($X = 1$) besteht, konstruiert. Bei Verwendung der Y-Gabeln mit einem virtuellen

„Strahlungstor" ergibt sich mit Gl. (14.84) für die Transfermatrix des Verzweigers

$$\mathcal{U} = \frac{1}{2}\begin{pmatrix} \boxed{\begin{matrix} j & -j \\ -j & -j \end{matrix}} & \begin{matrix} 0 & 0 \\ 0 & 0 \end{matrix} \\ \begin{matrix} 0 & 0 \\ 0 & 0 \end{matrix} & \boxed{\begin{matrix} -j & -j \\ -j & j \end{matrix}} \end{pmatrix} \begin{pmatrix} \sqrt{2} & 0 & 0 & 0 \\ 0 & \boxed{\begin{matrix} -j & -j \\ -j & j \end{matrix}} & & 0 \\ 0 & & & 0 \\ 0 & 0 & 0 & \sqrt{2} \end{pmatrix}$$

$$= \frac{1}{2}\begin{pmatrix} j\sqrt{2} & -1 & -1 & 0 \\ -j\sqrt{2} & -1 & -1 & 0 \\ 0 & -1 & 1 & -j\sqrt{2} \\ 0 & -1 & 1 & j\sqrt{2} \end{pmatrix}. \tag{14.86}$$

Bei Einkopplung über Tor 2 wird die optische Leistung gleichmäßig auf die vier Ausgangstore verteilt, und alle auslaufenden Partialwellen befinden sich in Phase. Da die Transfermatrix unitär ist, beschreibt die adjungierte Matrix den zugehörigen Strahlvereiniger. Durch Einsetzen sieht man, daß bei Anregung des Strahlvereinigers über eines der vier Eingangstore 75% der optischen Leistung zu den virtuellen „Strahlungstoren" gelangt, d.h. abgestrahlt werden.

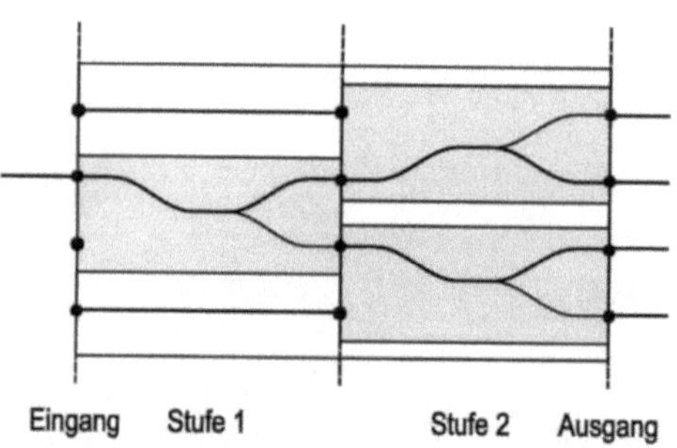

Abb. 14.26. Stufendarstellung eines 1:4-Verzweigers

14.4.3 Mach-Zehnder-Bauelemente

Mach-Zehnder-Bauelemente sind zusammengesetzte Bauelemente, bei denen ein Phasenschieber zwischen Y-Gabeln oder Richtkopplern eingebettet ist. Im folgenden werden drei Varianten kurz diskutiert [103]. Die Transfermatrizen der Grundkomponenten – $\mathcal{U}_{\Delta\varphi}$, $\mathcal{U}_{\succ}$, $\mathcal{U}_{\prec}$, $\mathcal{U}_{\succeq}$ und $\mathcal{U}_{\asymp}$ – finden sich in Abschn. 14.4.1.

Mach-Zehnder-Interferometer (Abb. 14.27a) stellen 2-Tore dar, bei denen der Phasenschieber Phasenänderungen $\Delta\varphi$ in Intensitätsänderungen übersetzt. Der Transferfaktor des Mach-Zehnder-Interferometers lautet

$$\begin{aligned} \mathcal{U} &= (0 \quad 1)\, \mathcal{U}_{\succ}\mathcal{U}_{\Delta\varphi}\mathcal{U}_{\prec}\begin{pmatrix}1\\0\end{pmatrix} \\ &= \cos(\Delta\varphi/2)\,. \end{aligned} \tag{14.87}$$

Die Vektoren am Anfang und Ende des Matrixprodukts in Gl. (14.87) filtern die beiden aktiven Tore des Mach-Zehnder-Interferometers heraus. Die relative optische Leistung am Ausgangstor ist dann $P_{\text{out}} = \cos^2(\Delta\varphi/2)$. Die optischen Wellen laufen am Beginn des Phasenschiebers phasengleich, da die in die Wurzel der Y-Gabel eingekoppelte optische Welle in den Grundmodus der verzweigten Wellenleiterstruktur getapert wird. Werden die beiden Partialwellen im Phasenschieber um $\Delta\varphi = 2m\pi$ gegeneinander verschoben, so wird am Ende des Phasenschiebers der Grundmodus der verzweigten Wellenleiterstruktur wieder verlustfrei in den Grundmodus am Ausgang des Mach-Zehnder-Interferometers überführt, d.h. das 2-Tor ist offen. Werden im Phasenschieber die beiden Partialwellen hingegen um $\Delta\varphi = (2m-1)\pi$ gegeneinander verschoben, so wird der erste angeregte Modus der verzweigten Wellenleiterstruktur beim Passieren der zweiten Y-Gabel vollständig abgestrahlt, d.h. das 2-Tor ist geschlossen.

Mach-Zehnder-Interferometer in $LiNbO_3$ werden heutzutage als schnelle Modulatoren in hochbitratigen Übertragungssystemen eingesetzt (s. Kap. 15).

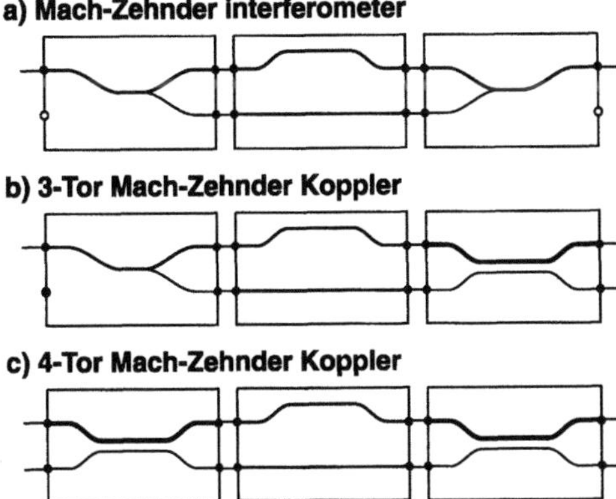

Abb. 14.27. a Mach-Zehnder-Interferometer, b 3-Tor, c 4-Tor Mach-Zehnder-Koppler

Mach-Zehnder-Koppler weisen drei oder vier Tore (Abb. 14.27 b, c) auf. Im Unterschied zum Mach-Zehnder-Interferometer werden diese Bauelemente bevorzugt als optische Schalter oder verlustfreie optische Filter eingesetzt. So finden Mach-Zehnder-Koppler, etwa als Grundstruktur für thermooptische Schalter, in glas- oder polymerbasierten Materialsystemen Verwendung.

Der 3-Tor Mach-Zehnder-Koppler (Abb. 14.27b) besteht aus einem Phasenschieber, an den sich eingangsseitig eine Y-Gabel und ausgangsseitig ein symmetrischer Richtkoppler anschließt. Seine Transfermatrix lautet $\mathcal{U} = \mathcal{U}_{\asymp}\mathcal{U}_{\Delta\varphi}\mathcal{U}_{\succeq}$ mit den Koeffizienten $A^{\ominus} = (-\sin(\phi + \Delta\varphi/2) + j\cos(\phi - \Delta\varphi/2))/\sqrt{2}$ und $A^{\otimes} = (\sin(\phi - \Delta\varphi/2) - j\cos(\phi + \Delta\varphi/2))/\sqrt{2}$. Bei Anregung durch ein Eingangstor ist die optische Leistung am direkt gegenüberliegenden Ausgangstor durch

$$P^{\ominus} = \frac{1 + \sin(2\phi)\sin(\Delta\varphi)}{2} \qquad (14.88)$$

gegeben. Nur wenn der symmetrische Richtkoppler als perfekter Strahlteiler ($\phi = (2m+1) \cdot \pi/4$) arbeitet, erreicht der 3-Tor Mach-Zehnder-Koppler durch Abstimmen des Phasenschiebers perfekte Auslöschung in jedem seiner beiden Ausgangstore [5].

Der 4-Tor Mach-Zehnder-Koppler (Abb. 14.27 c), bei dem der Phasenschieber von zwei symmetrischen Richtkopplern mit der gleichen Phasendicke ϕ eingeschlossen wird, wird durch die Transfermatrix $\mathcal{U} = \mathcal{U}_{\asymp}\mathcal{U}_{\Delta\varphi}\mathcal{U}_{\asymp}$ mit den Koeffizienten $A^{\ominus} = \cos(2\phi)\cos(\Delta\varphi/2) + j\sin(\Delta\varphi/2)$ und $A^{\otimes} = j\sin(2\phi)\cos(\Delta\varphi/2)$ beschrieben. Bei Anregung durch ein Eingangstor ist die relative optische Leistung am diagonal gegenüberliegenden Tor

$$P^{\otimes} = \sin^2(2\phi)\cos^2(\Delta\varphi/2)\,. \qquad (14.89)$$

Auch der 4-Tor Mach-Zehnder-Koppler erlaubt durch Abstimmen des Phasenschiebers nur dann perfekte Auslöschung für beide Ausgangstore, wenn der symmetrische Richtkoppler als perfekter Strahlteiler arbeitet. Allerdings tritt am diagonal gegenüberliegenden Tor auch dann perfekte Auslöschung auf, wenn diese Bedingung nicht erfüllt ist.

14.4.4 Periodische und quasiperiodische Strukturen

Wenn eine unimodulare Transfermatrix des Typs Gl. (14.76) die Wirkung einer Periode einer verlustfreien Wellenleiterstruktur beschreibt, so beschreibt eine Transfermatrix des gleichen Typs mit den Koeffizienten $A_N^{\ominus} = \cos(N\theta) + j\,\Im(A^{\ominus})\sin(N\theta)/\sin\theta$ und $A_N^{\otimes} = A^{\otimes}\sin(N\theta)/\sin\theta$ das Verhalten einer kaskadierten Wellenleiterstruktur mit N Perioden, wobei für den Winkel $\cos\theta = (\mathrm{Tr}\,\mathcal{U})/2 = \Re(A^{\ominus})$ gilt [5].

Für das kodirektionale 4-Tor ergibt sich bei Anregung durch ein Eingangstor die relative optische Leistung am direkt bzw. diagonal gegenüberliegenden Tor

$$P_N^{\ominus} = \cos^2(N\theta) + \Im(A^{\ominus})^2\frac{\sin^2(N\theta)}{\sin^2\theta}$$

$$P_N^{\otimes} = |A^{\otimes}|^2\frac{\sin^2(N\theta)}{\sin^2\theta}\,. \qquad (14.90)$$

Durch den Einfluß der periodischen Struktur bleibt das diagonal gegenüberliegenden Tor nicht für $A^{\otimes} = 0$, sondern überdies für

$$\Re(A^{\ominus}) = \cos\frac{m\pi}{N} \qquad (14.91)$$

vollständig leistungsfrei. Das direkt gegenüberliegende Tor bleibt nur dann völlig leistungsfrei, wenn die beiden Bedingungen

$$\Im(A^{\ominus}) = 0$$

$$\Re(A^{\ominus}) = \cos\frac{(2m-1)\pi}{2N} \qquad (14.92)$$

gleichzeitig erfüllt sind. Wenn im gesamten Parameterraum $\Im(A^{\ominus}) \equiv 0$ gilt, so wird die zweite Bedingung in Gl. (14.92) für eine Vielzahl von Parameterkombinationen erfüllt werden; ansonsten bleibt das direkt gegenüberliegende Tor bestenfalls für einige wenige Parameterkombinationen leistungsfrei.

Für zahlreiche Anwendungen, insbesondere für den Einsatz als Filter wird der Koppelkoeffizient („κ-tapern") und/oder die Periode („chirpen") periodischer Strukturen quasiadiabatisch variiert. Die Enveloppe der überkoppelten optischen Leistung eines Kopplers ist nämlich in guter Näherung durch die Fouriertransformierte

$$P_E = |\mathcal{F}[\kappa]_{\Delta k}|^2 \qquad (14.93)$$

des getaperten Koppelkoeffizienten bestimmt [93]. Es ist daher möglich, die Seitenbänder der Filtercharakteristik durch adiabatische Änderung des Koppelkoeffizienten deutlich zu reduzieren. Durch Variation der Gitterperiode („chirpen") läßt sich bei Bragg-Gittern sowohl die Breite des Stopbandes vergrößern als auch die Dispersion des Gitters erhöhen. Die Beziehungen für den streng periodischen Fall – Gln. (14.90), (14.91) und (14.92) – werden dann für eine grobe Dimensionierung quasiperiodischer Bauelemente verwendet, für ihre endgültige Auslegung werden die Transfermatrizen der getaperten Struktur sektionsweise aufmultipliziert.

$\Delta\beta$-Koppler [104] sind symmetrische Richtkoppler, die durch Anlegen einer Steuerspannung lokal asymmetrisch werden. Eine Periode eines $\Delta\beta$-Koppler besteht aus zwei gleichlangen Sektionen mit entgegengesetzter Verstimmung. Die Transfermatrix für eine Periode des Kopplers ist dann $\mathcal{U} = \mathcal{U}_{\asymp}(\delta)\,\mathcal{U}_{\asymp}(-\delta)$, für ihre Koeffizienten ergibt sich $A^{\ominus} = |A^{\ominus}_{\delta}|^2 - |A^{\otimes}_{\delta}|^2 = 1 - 2\,|A^{\otimes}_{\delta}|^2$ und $A^{\otimes} = 2A^{\ominus *}_{\delta}\,A^{\otimes}_{\delta}$. Bei Anregung über ein Eingangstor gilt für die relativen optischen Leistungen an den beiden Ausgangstoren $P^{\ominus} = \cos^2(N\theta)$ bzw. $P^{\otimes} = \sin^2(N\theta)$. Jeweils ein Ausgangstor des $\Delta\beta$-Koppler bleibt vollständig leistungsfrei, wenn die Bedingung

$$\sin^2\theta_c \sin^2\left(\frac{\delta_{\text{eff}}\,\Lambda}{2}\right) = \sin^2\left(\frac{m\pi}{4N}\right) \qquad (14.94)$$

erfüllt ist. Und zwar ist für gerade m das dem Eingangstor diagonal gegenüberliegende Ausgangstor leistungsfrei und für ungerade m das direkt gegenüberliegende. Abbildung 14.28 zeigt das Zustandsdiagramm des $\Delta\beta$-Kopplers, d.h. die Kombinationen des Koppelkoeffizienten κ und der Verstimmung δ, bei denen jeweils eines der Ausgangstore leistungsfrei bleibt.

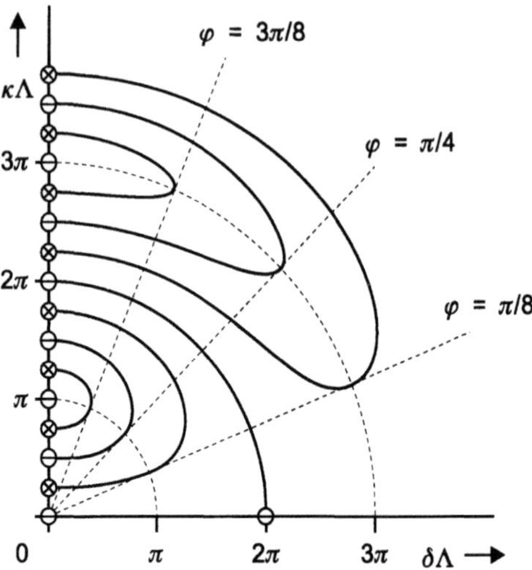

Abb. 14.28. Zustandsdiagramm des $\Delta\beta$-Kopplers

$\Delta\kappa$-Koppler [105, 106] sind asymmetrische Richtkoppler mit periodisch variierendem Koppelkoeffizienten. Im Grenzfall schwacher Variation ($\Delta\kappa \to 0$) verhält sich der $\Delta\kappa$-Koppler wie ein asymmetrischer Richtkoppler, dessen Transfermatrix die Koeffizienten $A^{\ominus}_{\delta} = \cos(\delta_{\text{eff}}\Lambda) - j\,\delta\sin(\delta_{\text{eff}}\Lambda)/\delta_{\text{eff}}$ und $A^{\otimes}_{\delta} = -j\kappa\sin(\delta_{\text{eff}}\Lambda)/\delta_{\text{eff}}$ aufweist. Die durch ein Eingangstor eingekoppelte optische Leistung wird vollständig auf das diagonal gegenüberliegende Ausgangstor überkoppelt, wenn die Periode der Bedingung

$$\Lambda = \frac{m\pi}{\delta_{\text{eff}}} \qquad (14.95)$$

genügt. Die Filterkurve in der Nähe dieser Resonanz gleicht der eines asymmetrischen Richtkopplers (s. Abschn. 14.3.3), d.h. die Maxima der Filterkurve befinden sich entlang einer Lorentzlinie. Eine vollständige Überkopplung der optischen Leistung ist nur möglich, wenn die Koppellänge ein ganzzahliges Vielfaches der Periodenlänge $L^{\otimes} = N\Lambda$ ist.

Akustooptische Bauelemente basieren auf dynamischen Gittern, die durch eine laufende akustische Oberflächenwelle („Surface Acoustic Wave (SAW)") – zumeist eine Rayleighwelle – erzeugt werden. Dabei erzeugt die akustische Welle lokale Spannungen im Material, die über den elastooptischen Effekt zu Änderungen des Indexellipsoids, im wesentlichen zu Spannungsdoppelbrechung, führen. In Lithiumniobat ($LiNbO_3$), dem für akusto-

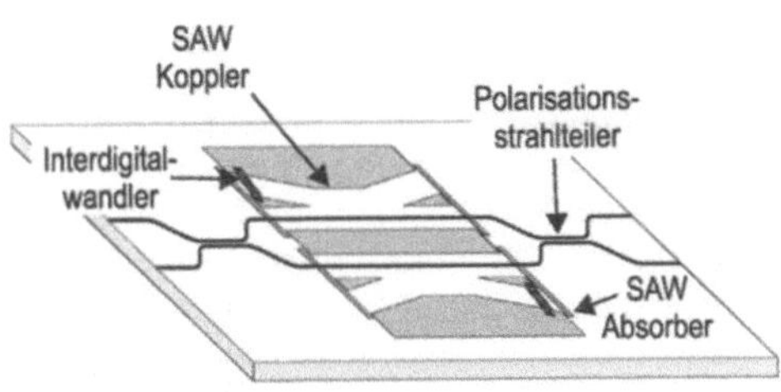

Abb. 14.29. Polarisationsunabhängiges akustooptisches Filter [16]

optische Bauelemente bevorzugten Materialsystem, tritt aufgrund des piezoelektrischen Effekts zusätzlich eine indirekte elektrooptische Wechselwirkung auf.

Eine Analyse der TE-TM Kopplung in einem geraden Wellenleiter im Rahmen der Theorie gekoppelter Moden führt auf Gl. (14.55), wobei δ die halbe Verstimmung zwischen TE- und TM-Modus ist. Die Resonanzbedingung Gl. (14.95) kann dann ebenfalls unverändert übernommen werden. Die Filtercharakteristik in der Nähe dieser Resonanz gleicht wiederum der eines asymmetrischen Richtkopplers, d.h. die Maxima der Filterkurve finden sich entlang einer Lorentzlinie, deren Breite durch die Stärke der Spannungsdoppelbrechung bestimmt wird.

Durch Führung der akustischen Welle in einem akustischen Richtkoppler („SAW-Koppler") kann die Stärke der akustooptischen Kopplung entlang des Kopplers lokal variiert werden. Es ist auf Kosten einer zweiten akustischen Welle möglich, die Seitenbänder in der Filtercharakteristik auf < –30 dB abzusenken [107]. Durch das Einspeisen mehrerer akustischer Wellen können gleichzeitig Signale mit verschiedenen Wellenlängen ausgekoppelt werden. Die Interferenz der verschiedenen akustischen Wellen führt jedoch zu einer Amplitudenmodulation der transmittierten Signale und damit insbesondere für kleine Kanalabstände zu einer spürbaren Degradation der Signalübertragung [108].

Abbildung 14.29 zeigt einen akustooptischen Add/Drop-Multiplexer. Er besteht aus zwei Polarisationstrahlteilern vor und nach dem Bereich der akustooptischen Wechselwirkungszone. Die akustische Welle wird über akustische Richtkoppler zugeführt, die piezoelektrischen Oberflächenerreger sind meist als Interdigitalstrukturen ausgelegt. Zur Dämpfung der auslaufenden akustischen Wellen sind Oberflächenwellenabsorber eingebaut.

14.5 Technologien der integrierten Optik

Integriert-optische Chips werden derzeit in einer Reihe von Materialsystemen hergestellt; Abb. 14.30 gibt einen Überblick über die derzeit wichtigsten Vertreter, ihre Anwendungsgebiete und Richtwerte für einige wichtige Technologieparameter. Die glasbasierten Technologien zielen aufgrund ihrer guten Leistungsdaten, insbesondere der niedrigen Verluste für die Faser-Chip Kopplung („FC-Kopp-

Materialsystem	Wellenleiterstruktur		Abstimmbarkeit				Wellenlängenbereiche			Technologieparameter			Typische Verluste	
	SM	MM	TO	AO	EO	sonstige	1.3/1.5 µm	0.8 µm	≤0.6 µm	Ø Wafer [mm]	Prozess-schritte	$R_{Krümmung}$ [mm]	FC-Kopplung [dB]	Ausbreitung [dB/cm]
Ionenaustausch	x	(x)	(x)	–	–	–	x	(x)	–	50	<10	20	0.1	<0.1
SiO_2/Si	x	(x)	x	–	–	–	x	(x)	–	100	10-15	5-20	0.1-0.5	<0.1
Polymere	(x)	x	x	–	(x)	–	(x)	x	x	≤300	3-20	5-20	0.3	0.1-2
$LiNbO_3$	x	–	(x)	x	x	–	x	–	–	100	<10	20	0.3	<0.3
InGaAsP/InP	x	–	(x)	–	(x)	x	x	–	–	50	10-300	0.05-1	1-5	0.1-2
GaAlAs/GaAs	x	–	(x)	–	(x)	x	–	x	x	50 | 75	10-50	0.1-1	1-5	0.5-2

Abb. 14.30. Technologien der integrierten Optik im Vergleich

lung“) und die Ausbreitung in Wellenleitern, auf den Einsatz in den High-End Systemen der optischen Kommunikationstechnik, die im Wellenlängenbereich 1,3/1,5 μm auf Einmodenfasern betrieben werden. Das Schalten bzw. Abstimmen von Komponenten ist nur über den thermooptischen (TO) Effekt möglich, typische Schaltzeiten liegen im Bereich von Millisekunden. Polymere zielen dagegen auf den Low-Cost Markt der Kurz- und Mittelstreckenverbindungen, die bevorzugt im Wellenlängenbereich 0,6...0,8 μm unter Einsatz von Vielmoden- und Plastikfasern betrieben werden. Ein weiteres wichtiges Argument für den Einsatz von Polymeren in diesem Anwendungsfeld ist die Realisierbarkeit großflächiger Schaltungen. Die Ausbreitungsverluste der für die Wellenleiterherstellung verwendeten Polymere liegen bei 1,5 μm über 1 dB/cm, durch Fluorierung bzw. Deuterierung der Polymere können sie jedoch auf Kosten einer schlechteren Haftung der Polymere auf < 0,5 dB/cm gedrückt werden. Lithiumniobat ($LiNbO_3$) zeichnet sich durch große akustooptische und elektrooptische Koeffizienten aus, es wird heutzutage ausschließlich für Spezialkomponenten - Mach-Zehnder Modulatoren für 10-40 Gbit/s Systeme und akustooptische Filter - in High-End Systemen eingesetzt, die in anderen Materialsystemen nicht oder nicht in vergleichbarer Qualität hergestellt werden können. III-V Halbleiter erlauben, im Unterschied zu den konkurrierenden Technologien, die Herstellung von Laser- und Photodioden und folglich die monolithische Integration von aktiven und passiven Komponenten auf einem Chip. Für die Steuerung der Brechzahlen stehen in III-V Halbleitern eine breite Palette von Effekten zur Verfügung. Das quaternäre InGaAsP Materialsystem wird für den Wellenlängenbereich 1,3/1,5 μm, d.h. überwiegend für die optischen Kommunikationstechnik, verwendet. Das ternäre GaAlAs Materialsystem wird für den Wellenlängenbereich 0,6-0,8 μm, d.h. mit Schwerpunkt in der optischen Kurzstrecken- und Verbindungstechnik, eingesetzt. Die hohen Entwicklungsvorleistungen, insbesondere für Chips mit integrierten Sendern und Empfängern, haben bis heute einen breiten Einsatz der III-V Materialsysteme in der integrierten Optik verhindert. Neben den hier vorgestellten Ansätzen werden in kleinerem Umfang weitere Materialsysteme [109], wie z.B. Silizium („Semiconductor-on-Insulator (SOI)“) und Silizium-Germanium [110], untersucht.

In Abb. 14.30 sind zur Illustration des technologischen Aufwandes einige wichtige Technologieparameter - die Wafergröße, die Anzahl der zur Herstellung eines Wafers erforderlichen Prozeßschritte und die minimal möglichen Krümmungsradien, die die Größe einer Schaltung entscheidend beeinflussen - angegeben. Diese Maßzahlen sind natürlich, ähnlich wie die typischen Verluste, Momentaufnahmen, die im Zuge der weiteren technologischen Entwicklung modifiziert werden. Für die Auslegung zahlreicher Bauelemente ist die genaue Kenntnis der Materialeigenschaften, insbesondere der Materialdispersion $n(\lambda)$ unerläßlich. Die Dispersionsrelationen werden zumeist als rein empirische, z.B. Taylorentwicklungen für kommerzielle Gläser, oder semi-empirische Beziehungen, d.h. theoretisch fundierte Gleichungen, z.B. die Sellmeiergleichung (Kap. 2.5), mit einer Reihe von Anpaßparametern formuliert.

14.5.1 Glasbasierte Materialsysteme

Glasbasierte Wellenleiter werden heute im wesentlichen mittels zweier verschiedener Technologien - Eindiffusion des Wellenleiters in ein Glassubstrat durch Ionenaustausch [2, 111, 112] einerseits und Abscheidung von Glasschichten und deren Strukturierung durch Trockenätztechnik andererseits - hergestellt. Die Wellenleiterstrukturen sind traditionell faserangepaßt, d.h. das Nahfeld des integriert-optischen Streifenwellenleiters wird an das Nahfeld einer Standard-Einmodenfaser angepaßt. In jüngerer Zeit werden im Zuge zunehmender Komplexität zur Reduktion der Krümmungsradien innerhalb optischer Schaltungen vermehrt Wellenleiter mit höherem Brechzahlkontrast, deren Grundmoden dann einen reduzierten Feldradius aufweisen, hergestellt. Auch wurden bereits Bragg-Gitter in integriert-optischen Wellenleitern durch UV-Belichtung realisiert [99, 100].

Als Substrate für den Ionenaustausch werden Spezialgläser verwendet. Aus einer Salzschmelze werden dann bei 170...500 °C durch Öffnungen in einer Metallmaske hindurch Ionen aus der Schmelze gegen Ionen aus dem Substratglas ausgetauscht. Der Austauschprozeß kann entweder rein thermisch oder feldunterstützt mit statischen elektrischen Feldern von 20...250 V/mm senkrecht zur Waferoberfläche durchgeführt werden. Für das von der Firma IOT für kommerzielle Komponenten eingesetzte Substratglas BGG31 werden die Wellenleiter beispielsweise durch Silbereindiffusion (Ag ⇔ K) gebildet. Dessen Materialdispersion ist durch die empirische Beziehung $n = p_0 - p_1 \ln (p_2 \lambda^2 + p_3 \lambda + p_4)$ mit $p_0 = 1{,}50656$, $p_1 = 1{,}21158 \cdot 10^{-2}$, $p_2 = -1{,}52753/\text{nm}^2$, $p_3 = 6{,}58296 \cdot 10^{-2}/\text{nm}$ und $p_4 = -18{,}6382$ gegeben; der thermooptische Koeffizient von BGG31 hat den Wert $3{,}1 \cdot 10^{-6}$. Andere Substratgläser - BGG21 (Cs ⇔ K), Soda-Lime Glas (K oder Ag ⇔ Na), BK7 (K oder Ag ⇔ Na) - erlauben den Austausch anderer Ionensorten.

Die Prozeßtechnologien, die auf der Abscheidung der Glasschichten basieren, gehen von einem Silizium- oder Quarzglassubstrat aus, wobei Silizium wegen der niedrigen Kosten und der günstigen mechanischen und thermischen Eigenschaften zumeist bevorzugt wird. Als Dotierstoffe werden Bor (B_2O_3) zur Brechzahlreduktion und Germanium (GeO_2) und Phosphor (P_2O_5) zur Brechzahlerhöhung verwendet. Die Wellenleiterschichten können mittels Flammenhydrolyse („Flame Hydrolysis Deposition (FHD)") oder in einem Reaktor aus der Gasphase („Chemical Vapour Deposition (CVD)") abgeschieden werden.

Bei der Flammenhydrolyse, die der Preformherstellung für Glasfasern verwandt ist, werden aus der Flamme eines Brenners Glaspartikel in Form einer porösen Glasschicht auf der Waferoberfläche abgeschieden. Anschließend werden die porösen Schichten bei 900...1300°C zu einem kompakten Glas gesintert. Die Brechzahl der Glasschichten wird über die Mischung der in die Flamme eingebrachten Gase (z.B. $SiCl_4$, $TiCl_4$, $POCl_3$, BCl_3 oder $GeCl_4$) eingestellt. Bei den verschiedenen konkurrierenden Verfahren, die auf der Abscheidung aus der Gasphase (CVD) beruhen, werden die Wellenleiterschichten bei Temperaturen von 400...700°C zunächst in einem Reaktor abgeschieden. Durch Plasmaunterstützung („Plasma-Enhanced Chemical Vapour Deposition (PECVD)") können dabei die Prozeßtemperaturen auf Kosten eines nachfolgenden Ausheilungsprozeß, der bei ≈ 1000°C durchgeführt wird, auf ≈ 300°C gesenkt werden. Mit PECVD lassen sich neben dem Germanium (GeO_2) und Phosphor (P_2O_5) dotierten Glasschichten ($\Delta n \approx 0{,}007\ldots0{,}01$) auch Siliziumoxinitrid (SiON) Schichten, deren Brechzahlen im Bereich von $n \approx 1{,}45\ldots2$ eingestellt werden können [113, 114], herstellen. Die lateralen Wellenleiterstrukturen werden für beide Technologien mittels Kontakt-

Tabelle 14.3. Materialparameter für die Dispersionsbeziehung (14.96) von SiO_2 mit den Dotierstoffen B_2O_3, GeO_2 und P_2O_5

	SiO_2	B_2O_3	GeO_2	P_2O_5
E_0/eV	13,38	12,63	9,80	13,84
$E_0^{(d)}$/eV	14,71	13,00	15,49	16,49
E_1/eV	0,1254	0,170	0,113	0,155
$\Delta E_1^{(d)}$/eV	0	$4 \cdot 10^{-4}$	$1{,}4 \cdot 10^{-3}$	$2 \cdot 10^{-4}$
U	1	$3m/(m+2)$	m	$2m/(m+1)$
V	1	$2m/(m+1)$	m	$2m/(m+1)$

oder Projektionslithographie und reaktivem Ionenätzen („Reactive Ion Etching (RIE)") auf der Basis von Fluorverbindungen (z.B. CF_4, C_2F_6 oder CHF_3) hergestellt.

Die Materialdispersion von Quarzgläsern, die mit B_2O_3, GeO_2 und P_2O_5 dotiert sind, ist durch die Sellmeiergleichung [115, 116]

$$n^2 = 1 + \frac{E_0 E_0^{(d)}}{E_0^2 - E^2} + \frac{E_1 E_1^{(d)}}{E_1^2 - E^2} \tag{14.96}$$

mit

$$\begin{aligned} E_0 &= E_0(SiO_2) + U\,(E_0(X) - E_0(SiO_2)) \\ E_0^{(d)} &= E_0^{(d)}(SiO_2) + V\,(E_0^{(d)}(X) - E_0^{(d)}(SiO_2)) \\ E_1 &= E_1(SiO_2) + U\,(E_1(X) - E_1(SiO_2)) \\ E_1^{(d)} &= E_1^{(d)}(SiO_2) - m\Delta E_1^{(d)}(X) \end{aligned} \tag{14.97}$$

und $E_1^{(d)}(SiO_2) = 0{,}11251$ eV gegeben. An Glasfasern ermittelte Materialparameter sind in Tabelle 14.3 aufgelistet. Für die Beschreibung integriert-optischer Strukturen müssen die Parameter durch nichtlineare Regression den technologischen Gegebenheiten Ort angepaßt werden, da die Brechzahlen auch durch die Dichte und der inneren Struktur der wellenleitenden Schichten und damit durch die Prozeßführung beeinflußt werden.

14.5.2 III–V Halbleiter

Die folgende Diskussion konzentriert sich auf die beiden gebräuchlichsten Materialsysteme, das quaternäre Materialsystem $In_{1-x}Ga_xAs_yP_{1-y}/InP$ für die Wellenlängenbereiche 1,3/1,5 μm und das ternäre Materialsystem Al_x-$Ga_{1-x}As/GaAs$ für den Wellenlängenbereich um 0,8 μm. Direkte Halbleiter erlauben im Unterschied zu allen anderen Materialsystemen die (monolithische) Integration von aktiven und passiven Komponenten, d.h. von Wellenleiterstrukturen, Laserdioden, Photodioden und optischen Schaltern auf einem Chip [8, 18, 19, 117, 118]. Die möglichen Emissionswellenlängen der Laserdioden bestimmen den Wellenlängenbereich, in dem ein Materialsystem bevorzugt eingesetzt wird. Die Wellenleiterstrukturen werden in der Regel bezüglich der Feldweite des Grundmodus an die aktiven Komponenten, insbesondere an die Laserdioden, angepaßt. Für die Ankopplung an Einmodenfasern werden daher (ähnlich wie bei Laserdioden) Koppeloptiken oder Taper mit einer Fleckvergrößerung von $m = 3\ldots5$ benötigt.

In den III-V Technologien werden Bauelemente durch gitterangepaßtes, epitaktisches Wachstum auf einem Substrat – in der Regel auf Indiumphosphit (InP) oder Galliumarsenid (GaAs) – hergestellt. Die epitaktischen Schichten werden heute zumeist mit metallorganischer Gasphasenepitaxie („Metal Organic Vapour Phase Epitaxy (MOVPE)") oder Molekularstrahlepitaxie („Molecular Beam Epitaxy (MBE)") aufgewachsen; die früher verbreitete Flüssigphasenepitaxie („Liquid Phase Epitaxy (LPE)") wird wegen der großen Schichtdickenschwankungen nur noch selten eingesetzt. Die lateralen Wellenleiterstrukturen werden unter Einsatz vonKontakt- oder Projektionslithographie, bei hochauflösenden Strukturen wie Bragg-Gittern mit Phasensprung auch durch Direktschreiben mittels Elektronenstrahllithographie, hergestellt. Zum Ätzen der Lateralstrukturen [19] kommen heutzutage aufgrund der guten Reproduzierbarkeit und der präzisen Einstellbarkeit des Ätzprofils überwiegend reaktive Trockenätztechniken („Reactive Ion Etching (RIE)" bzw. „Reactive Ion Beam Etching (RIBE)") zum Einsatz, wobei meist Argon (Ar) als nichtreaktive und Stickstoff (N_2) als reaktive Komponente zum Ätzen der quaternären und ternären Schichten verwendet wird. Daneben spielt nach wie vor das naßchemische Ätzen eine große Rolle, da es Störungen der Kristallstruktur durch den Ätzprozeß vermeidet. Für GaAs wird meist eine Ätzlösung $H_2SO_4:H_2O_2:H_2O = 3:1:1$ verwendet, für InP und verwandte ternäre bzw. quaternäre Schichten $HCl:H_3PO_4 = 1:1$. Bragg-Gitter werden bevorzugt mit einer Ätzlösung ($HBr:SBW:H_2O = 1:10:40$) auf der Basis von gesättigtem Bromwaser (SBW) geätzt.

Zur Beschreibung der Materialdispersion von $In_{1-x}Ga_xAs_yP_{1-y}$/InP und $Al_xGa_{1-x}As$/GaAs wurden semiempirische, analytische Modelle, die auf der Bandstruktur der zugrundeliegenden III-V Halbleiter aufsetzen, entwickelt [117, 119, 120] und durch die Berücksichtung der Impulsabhängigkeit der Matrixelemente verfeinert [121]. Durch die Verfeinerung konnte die Präzision für Energien im Bereich der fundamentalen Bandlücke E_0, die für die Beschreibung von Laserdioden wesentlich sind, deutlich verbessert werden. Für eine gegebene Wellenlänge sinkt die Brechzahl von $Al_xGa_{1-x}As$/GaAs mit zunehmender Aluminiumkonzentration ab, d.h. die Brechzahl des GaAs-Substrats ist größer als die der aufgewachsenen, ternären Schichten. Die Wellenleiterschichten müssen daher durch eine hinreichend dicke Pufferschicht vom Substrat getrennt werden. Die Brechzahl von $In_{1-x}Ga_xAs_yP_{1-y}$/InP steigt degegen mit zunehmender Arsenkonzentration an, d.h. die Brechzahl des InP-Substrats ist stets kleiner als die aller quaternären Schichten.

14.5.3 Lithiumniobat ($LiNbO_3$) [122, 123]

Lithiumniobat ist ein synthetischer, ferroelektrischer Kristall. Für die integrierte Optik ist Lithiumniobat als Ausgangsmaterial für optische Schalter, Modulatoren und akustooptische Filter interessant, da es den linearen elektrooptischen (Pockels-) Effekt zeigt und überdies einen großen elastooptischen Koeffizienten und eine geringe Dämpfung akustischer Wellen aufweist.

Für die Herstellung von optischen Wellenleiterschichten in $LiNbO_3$ wurden in den letzten 25 Jahren eine Vielzahl technologischer Ansätze – Epitaxie, Sputtern, Ionenaustausch, thermische Ein- bzw. Ausdiffusion – verfolgt. Durchgesetzt haben sich heute zwei Verfahren: die thermische Eindiffusion von Titan (Ti) und der Protonenaustausch ($H \Leftrightarrow Li$).

Bei der thermischen Eindiffusion von Ti wird zunächst eine strukturierte Ti-Schicht mit einer Dicke von 20...60 nm durch Sputtern oder Elektronenstrahlverdampfung auf die Chipoberfläche aufgebracht. Aus der lithographisch strukturierten Schicht wird das Titan lokal bei $\approx 1000\,°C$ eindiffundiert. Der Brechzahlhub an der Oberfläche beträgt je nach Dicke der Ti-Schicht $\Delta n_o = 0{,}5\ldots1 \cdot 10^{-2}$ für den ordentlichen und $\Delta n_e = 1\ldots2 \cdot 10^{-2}$ für den außerordentlichen Brechungsindex. Senkrecht zur Oberfläche wird das Brechzahlprofil durch eine Gaußverteilung mit einer typischen Diffusionstiefe von $d = 2\ldots3$ µm beschrieben. Um zu verhindern, daß gleichzeitig mit der Ti-Eindiffusion Lithiumdioxid (LiO_2) ausdiffundiert und sich damit an der Oberfläche ein parasitärer Wellenleiter bildet, wird der Wafer während der Ti-Eindiffusion entweder von einer geeigneten Gasathmosphäre, z.B. einem feuchten Argon/Sauerstoff-Gemisch, umspült oder in einem möglichst kleinen, gasdichten Platin-Behälter untergebracht.

Beim Protonenaustausch wird aus geschmolzener Benzoesäure (C_6H_5COOH) bei 160...250 °C durch Öffnungen in einer Maske Wasserstoff gegen Lithium (H ⇔ Li) ausgetauscht. Um Streuverluste durch die hohe Wasserstoffkonzentration nahe der Oberfläche zu vermeiden, werden protonenausgetauschte Wellenleiter einem mehrstündigen Ausheilungsprozeß bei 400 °C unterzogen. Der Protonenaustausch führt auch nach dem Ausheilungsprozeß zu wesentlich größeren Brechzahlhüben $\Delta n_e = 2\ldots5 \cdot 10^{-2}$ für den außerordentlichen Brechungsindex als die Ti-Eindiffusion, die ordentliche Brechzahl wird durch den Protonenaustausch abgesenkt ($\Delta n_o \approx -4 \cdot 10^{-2}$). Die Eindringtiefe der Protonen ist bei einem näherungsweise stufenförmigen Brechzahlprofil ebenfalls größer ($d \approx 4$ µm) als bei der Ti-Eindiffusion. Für die Herstellung von einmodigen Wellenleitern durch Protonenaustausch kann der Brechzahlhub durch Zusatz einer geringen Menge Lithiumbenzoats deutlich reduziert werden.

Die Materialdispersion von Lithiumniobat wird in Kap. 2.5 bzw. [124] diskutiert.

14.5.4 Polymere [125, 126]

Polymere werden seit mehr als 20 Jahren für die Herstellung planarer Wellenleiterstrukturen verwendet. Es eilte ihnen für lange Zeit der Ruf mangelnder Alterungsbeständigkeit voraus; die Einstellung vieler Systemanbieter zu den Polymertechnologien war folglich zurückhaltend bis ablehnend. Heutzutage sind Wellenleiterpolymere mit großer Alterungsbeständigkeit im Markt, verbleibende Empfindlichkeiten gegen Lösungsmitteldämpfe und UV-Bestrahlung können durch eine geeignete Gehäusetechnik weitgehend unwirksam gemacht werden.

Polymere zeichnen sich durch eine geringe Absorption im „Roten" ($\lambda = 0{,}6\ldots0{,}9$ µm) aus; im für Telekomanwendungen relevanten Infrarotbereich ($\lambda = 1{,}3\ldots1{,}5$ µm) treten jedoch erhebliche Absorptionsverluste (> 1 dB/cm) durch CH-Gruppen auf. Diese Verluste können durch Fluorieren bzw. Deuterieren der Monomere auf Kosten einer schlechteren Haftung der Wellenleiterschichten auf dem Substrat reduziert werden.

Polymerwellenleiter können auf beinahe beliebige Substraten aufgebracht werden. Häufig werden wegen der guten Substratqualität und der ausgezeichneten mechanischen Eigenschaften Siliziumsubstrate verwendet, obwohl die mangelhafte Anpassung der Wärmeausdehnungskoeffizienten bei Temperaturwechseln zu starken Spannungen und damit zu Spannungsdoppelbrechung führt. Zahlreiche Wellenleiterpolymere werden auf eigens entwickelten Polymersubstraten, deren thermische Eigenschaften angepaßt sind, aufgebracht.

Polymere wurden lange Zeit beinahe ausschließlich für multimodige Wellenleiterstrukturen im Wellenlängenbereich 0,6...0,9 µm eingesetzt, da Polymere im Unterschied zu den meisten konkurrierenden Materialien problemlos in dicken Schichten (> 10 µm) aufgebracht werden können. Überdies sind Polymere aufgrund ihres Kostensenkungspotentials bei Massenproduktion für Multimodeanwendungen besonders interessant. Im Hinblick auf die typischen Anwendungen für Inter- und Intraboardverdrahtung sollten Polymere lötfest sein, d.h. eine kurzzeitige Aufheizung auf 150...250 °C vertragen. Zudem treten beim Einsatz in engen Gehäusen dauerhaft hohe Temperaturen (60...85 °C) auf. Die Glastemperatur T_G steht daher bei der Beurteilung wellenleitender Polymere häufig im Mittelpunkt der Diskussion. In jüngerer Zeit werden neben multimodigen vermehrt auch einmodige Wellenleiterstrukturen und die dazugehörigen Komponenten (z.B. optische Phased Arrays) für Telekomanwendungen ($\lambda = 1{,}3\ldots1{,}5$ µm) realisiert.

Für die Herstellung planarer Wellenleiterstrukturen werden heute im wesentlichen drei Verfahren und Kombinationen aus ihnen angewandt:

Guß, Spritzguß [127]
Bei den Gießverfahren wird das verflüssigte Polymer in ein vorher hergestelltes Formwerkzeug eingebracht, in der Regel gespritzt (Spritzguß). Dieses Verfahren ist für die Massenfertigung besonders gut geeignet, da die Kosten für das Formwerkzeug nur einmal an-

Tabelle 14.4. Typische Materialdaten für einige Polymere

Material	T_G[°C]	Absorptionsverlust [dB/cm]		
		$\lambda = 0{,}8$ µm	$\lambda = 1{,}3$ µm	$\lambda = 1{,}5$ µm
PMMA	104°C	< 0,1	0,3	0,8
Polyguide™, MM	260°C	0,1	0,4	1,6
Polyguide™, SM	260°C	0,1	0,2	0,6
BeamBox™	> 180°C	?	0,3	0,5
BCB	280°C	< 0,1	0,2	1,5
FBCB	280°C	< 0,1	0,1	0,2

fallen und die eigentlichen Wellenleiterkomponenten in einem oder zumindest in sehr wenigen Schritten hergestellt werden können. Bis heute konnte für Gießverfahren die Maßhaltigkeit lithographisch hergestellter Strukturen ($|\Delta r_t| \approx 0{,}1 \ldots 0{,}5$ µm) noch nicht erreicht werden; sie werden daher bevorzugt zur Herstellung vielmodiger Wellenleiterstrukturen verwendet.

Aufschleudern, Eintauchen

Schichten von Polymeren oder Monomeren können aus geeigneten Lösungen durch Aufschleudern (manchmal auch durch Eintauchen) hergestellt werden, die realisierbaren Schichtdicken ($d = 0{,}1 \ldots 10$ µm) überdecken einen riesigen Bereich. Für die direkte Herstellung mit einem Formwerkzeug ist das Einbringen von Polymeren aus der Lösung weniger geeignet, da aufgrund der komplizierteren Geometrie in der Regel Lösungmittelrückstände und Materialinhomogenitäten unvermeidbar sind.

In-Situ Polymerisation

Die In-Situ Polymerisation ist eine elegante Methode, um laterale Wellenleiterstrukturen in eine vorher aufgebrachten Schicht einzubringen. Besonders vorteilhaft ist die durch UV-Belichtung ausgelöste Polymerisation, da sie meist bei Zimmertemperatur oder nur wenig erhöhten Temperaturen durchgeführt werden kann. Bei der Belichtung der Wellenleiterstrukturen müssen Abschattungen vermieden werden, da in teilweise abgeschatteten Bereichen die aufgebrachten Monomere nur unzureichend polymerisieren.

Tabelle 14.4 zeigt die typische Materialdaten – Glastemperatur T_G und typische Absorptionsverluste bei $\lambda = 0{,}8$, 1,3 und 1,5 µm – für einige interessante Materialsysteme: PMMA, Polyguide™ [4], BeamBox™ [128], BCB [14] und FBCB [129]. Alle diese Materialsysteme erlauben, ähnlich wie die glasbasierten Materialsysteme, rein passive Wellenleiterstrukturen und deren Steuerung über den thermooptischen Effekt.

Nichtlineare optische (NLO) Polymere, die die Steuerung der Brechzahl über elektrooptische Effekte erlauben, werden durch Zugabe gerichteter Polymere in Wirtspolymere („Guest-Host Systeme"), durch Einbindung geeigneter Seiten- oder Hauptketten, durch Vernetzung oder durch Sol-Gel Verfahren hergestellt [130–132]. Nichtlineare optische (NLO) Polymere befinden sich derzeit noch im Forschungsstadium.

14.5.5 CAD für integriert-optische Schaltungen

CAD-Systeme (CAD: Computer Aided Design) werden in der integrierten Optik, wie in anderen Chiptechnologien, benutzt, um eine integriert-optische Schaltung in eine physikalische Beschreibung – in der Regel einen Satz von Masken für die Herstellung – zu übersetzen. CAD-Systeme sollen einerseits den Designprozeß beschleunigen, andererseits sollen sie dem Designer helfen, Maskenfehler bereits während des Designprozesses („correctness by construction") zu vermeiden.

Seit einer Reihe von Jahren sind daher spezielle Layout-Editoren für die integrierte Optik verfügbar. Deren elementare Strukturen – gerader Wellenleiter, gekrümmter Wellenleiter, Y-Gabel, Taper, Bragg-Gitter – sind an die Erfordernisse der integrierten Optik angepaßt. Sie erlauben die Konstruktion und Modifikation dieser Strukturen durch Zugriff auf ihre physikalischen Parameter (Abb. 14.31), wie z.B. Wellenleiterbreiten, Krümmungsradien oder Gitterkonstanten, und nicht durch Zugriff auf die Eckpunkten komplexer

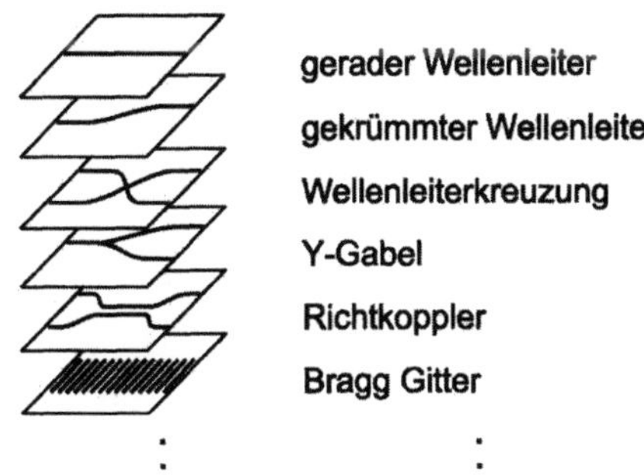

Abb. 14.31. CAD-Systeme der integrierten Optik: Elementare Strukturen und Entwurfsstrategien

Polygone, und sie helfen überdies, Wellenleiterstrukturen knickfrei, d.h. ohne Winkelfehler, miteinander zu verbinden, z.B. durch das Einführen von Verbindungswellenleitern (SIGRAPH-Optik). Zahlreiche integriert-optische Schaltungen bestehen nur aus wenigen elementaren Strukturen und lassen sich folglich sehr gut interaktiv erstellen. Komplexe bzw. zusammengesetzte Strukturen wie z.B. optische Phased Arrays, Mach-Zehnder-Ketten oder gechirpte Bragg-Gitter bestehen aus hunderten, teilweise sogar tausenden von elementaren Strukturen. Zur Bewältigung dieser Aufgaben wurden auch die CAD-Systeme der integrierten Optik inzwischen mit eigens angepaßten Makrosprachen, z.B. AQL, ausgerüstet.

14.5.6 Vergleiche zwischen Mikrooptik und integrierter Optik

Beinahe jede Technologie muß sich heutzutage dem Wettbewerb mit konkurrierenden Ansätzen stellen. Der schärfste Wettbewerber der integrierten Optik ist nach wie vor die Mikrooptik. Noch in der jüngsten Vergangenheit wurde die Daseinsberechtigung der integrierten Optik immer wieder in Zweifel gezogen. Inzwischen sind diese Stimmen angesichts des erfolgreichen Eintritts der integrierten Optik in den Verzweigermarkt (1:4-, 1:8-, 1:16- und 1:32-Verzweiger [Ionenaustausch]), den Markt der schnellen Modulatoren (10–40 GHz Mach-Zehnder Modulatoren [$LiNbO_3$]) und insbesondere den rasch wachsenden WDM-Markt (optische Phased Arrays [SiO_2/Si] und Laser-Elektroabsorptionsmodulator-Chips [InGaAsP]) weitgehend verstummt.

Die Frage nach den Vorteilen einer integriert-optischen Lösung muß jedoch – insbesondere bei der Substitution alternativer Komponenten – unter Berücksichtigung der folgenden vier Aspekte stets neu diskutiert werden.

Leistungsdaten

Obwohl die Technologien der integrierten Optik während der letzten Jahre große Fortschritte gemacht haben, konnten die niedrigen Einfügeverluste mikro- und faseroptischer Bauelemente bislang nur von glasbasierten Komponenten (Ionenaustausch in Glas bzw. SiO_2/Si) und auch von denen nicht in allen Fällen erreicht werden. Andererseits bieten integriert-optische Komponenten häufig eine geringere Parameterstreuung als die konkurrierenden mikro- und faseroptischen Lösungen. So haben z.B. integriert-optische 1:N-Verzweiger ($N \geq 4$) in ionenausgetauschten Gläsern unter anderem wegen der gleichmäßigeren Leistungsaufteilung inzwischen die Marktführerschaft errungen.

Kosten, Ausbeuten, Reproduzierbarkeit

Integriert-optische Komponenten sind in der Regel mit höheren Entwicklungsvorleistungen bei später niedrigeren Stückkosten belastet, d.h. sie versprechen bei steigenden – die aufwendigen III–V Technologien mit mehreren hundert Prozeßschritten aber erst bei großen – Stückzahlen Kostenvorteile. Weit früher wird die Kostenführerschaft bei steigender Komplexität (z.B. für Schaltmatrizen oder Spektrographen) erreicht.

Größe, Handhabbarkeit, Komplexität

Mit zunehmender Bedeutung des Wellenlängenmultiplex in der optischen Kommunikationstechnik hat die Komplexität optischer Schaltungen rasch zugenommen. So besteht beispielsweise ein Array optischer Abschwächer mit vollständiger Leistungsüberwachung für 16 Wellenlängenkanäle aus 16 Abschwächern und 32 TAP-Kopplern, d.h. es weist bei hybridem Aufbau 32 externe und 64 interne Faserschnittstellen auf. Eine faseroptische 16 × 16-Schaltmatrix, ein komplexeres Beispiel, besteht typischerweise aus 256 2 × 2-Schaltern mit 510 internen Faserverbindungen. Der Einsatz integriert-optischer Chips erlaubt offensichtlich eine deutliche Verringerung der inneren Komplexität des Aufbaus und gleichzeitig eine Verkleinerung des Bauelements.

Lebensdauer, Einsatzbedingungen
Die Lebensdauer von Lasern und integriert-optischen Komponenten war in den ersten Jahren ihrer Vermarktung durch Schwierigkeiten in der Aufbautechnik – die Faser-Chip Kopplung bei Verwendung hermetisch dichter Gehäuse für aktive Komponenten bzw. die mangelnde Feuchteresistenz von Epoxy-basierten Klebeverbindungen faserangepaßter integriert-optischer Chips – teilweise noch unzureichend. Das Vorliegen nach „Bellcore 12.09 und 12.21“ qualifizierter Komponenten zeigt jedoch, daß diese Probleme inzwischen gelöst werden konnten. Andererseits sinkt mit zunehmender Komplexität mikrooptischer Aufbauten – ähnlich wie seinerzeit bei Röhrenrechnern – die Lebensdauer einer Gesamtkomponente im Vergleich zu den Lebensdauern ihrer Bestandteile spürbar ab. Ähnliches gilt auch für integriert-optische Chips, wenn die Chipfläche und insbesondere die Zahl der Prozeßschritte deutlich zunimmt [133].

Spezielle Literatur

[1] *Miller, S.E.:* Integrated optics: An introduction. Bell Systems Technology, 48:2059–2068, 1969
[2] *Roß, L.:* Integrated optical components in substrate glasses. Glastechnische Berichte, 62:285–297, 1989
[3] *Hornak, L.A.* et al.: The impact of polymer integrated optics on silicon wafer area networks. Proc. SPIE, 1337:12–22, 1990
[4] *Booth, B.L.* et al.: Polyguide™ polymeric technology for optical inteconnect circuits and components. Proc. SPIE, 3005:238–250, 1997
[5] *März, R.:* Integrated Optics: Design and Modeling. Artech House, Boston, 1994
[6] *Smit, M.K.:* PHASAR-based WDM devices: Principles, design and applications. IEEE Journal of Selected Topics in Quantum Electronics, 2:236–250, 1996
[7] *Alferness, R.C.:* Waveguide electrooptic switch arrays. IEEE Journal on Selected Areas in Communications, 6:1117–1130, 1988
[8] *Ikegami, R.C. Kawaguchi, H.:* Semiconductor devices in photonic switching. IEEE Journal on Selected Areas in Communications, 6:1131–1140, 1988
[9] *Wenger, G.* et al.: A completely packaged strictly nonblocking 8 × 8 optical matrix switch on InGaAsP/InP. IEEE Journal of Lightwave Technology, 14:2332–2337, 1996
[10] *Pohlmann, T.; Neyer, A.; Voges, E.:* Polarization independent Ti:$LiNbO_3$ switches and filters. IEEE Journal of Quantum Electronics, 27:602–607, 1991
[11] *Heidrich, H.; Hoffmann, D.:* Review on integrated-optics switch matrices in $LiNbO_3$. The Transactions of the IEICE, E73, No. 1:94–98, 1989
[12] *Nagase, R.* et al.: Silica-based 8 × 8 optical matrix switch module with hybrid integrated driving circuit and its system application. IEEE Journal of Lightwave Technology, 12:1631–1639, 1994
[13] *Okuno, M.* et al.: Silica-based thermo-optic switches, NTT Review, 7/5:57–63, 1995
[14] *Moosburger, R.* et al.: Digital optical switch based on 'oversized' polymer rib waveguides. Electronics Letters, 32:544–545, 1996
[15] *Keil, N.:* Optische Schalter aus Kunststoff – Schlüsselkomponenten in den Telekomnetzen der Zukunft. In A. Grütz, editor, Jahrbuch der Elektrotechnik, volume 16. VDI-Verlag, 1997
[16] *Wehrmann, F.* et al.: Integrated optical, wavelength selective, acoustically tunable 2 × 2 switches (add-drop multiplexers) in $LiNbO_3$. IEEE Journal on Selected Areas in Communications, 2:263–269, 1996
[17] *Joyner, C.H.; Zirngibl, M.; Centanni, J.C.:* An 8-channel digitally tunable transmitter with electro-absorption modulated output by selective-area epitaxy. IEEE Photonic Technology Letters, 7:1034–1036, 1995
[18] *Koch, T.L.; Koren, U.:* Semiconductor photonic integrated circuit. IEEE Journal of Quantum Electronics, 27:641–653, 1991
[19] *Matz, R.:* Photonic integrated circuits, technology and components. In S.A. Campell and J.J. Lewerenz, Editoren, Techniques and Industrial Applications, volume 2 of Semiconductor Micromachining. Wiley, New York, 1997
[20] *Kaiser, R.* et al.: Monolithically integrated transceivers on InP: The development of a generic integration concept and its technological challenges. Proc. Conference on Indiumphosphid and Related Materials (IPRM), pages 431–434, 1998

[21] *Cremer, C.* et al.: Grating spectrograph integrated with photodiode array in InGaAsP/InP. IEEE Photonic Technology Letters, 4:108–110, 1992

[22] *Tong, F.* et al.: A wavelength matching scheme for multiwavelength optical links and networks using grating demultiplexers. IEEE Photonic Technology Letters, 7:688–690, 1995

[23] *Kaiser, R.* et al.: Heterodyne receiver PICs as the first monolithically integrated tunable receivers for OFDM system applications. Optical and Quantum Electronics, 28:565–573, 1996

[24] Lichtwellenleiter Verbindungselemente und passive Bauteile – Grundlegende Prüf- und Meßverfahren, Deutsche Normen der Reihen DIN EN 61300-2 und 61300-3 edition. (identisch mit EN 61300-2/-3 bzw. IEC 61300-2/-3)

[25] *Dagenais, M.* et al.: Applications and challenges of the OEIC technology: A report of the 1989 Hilton Head workshop. IEEE Journal of Lightwave Technology, 8:846–862, 1989

[26] *Hashimoto, T.* et al.: Multichip optical hybrid integration technique with planar lightwave circuit platform. IEEE Journal of Lightwave Technology, 16:1249–1257, 1998

[27] *Snyder, A.W.; Love, J.D.:* Optical Waveguide Theory. Chapman and Hall, London, 1983

[28] *Haruna, M.:* Thermooptic waveguide devices. In: Y. Suematsu, Editor, Optical Devices and Fibers. OHMSHA, 1985

[29] *Guekos, G.:* Editor. Photonic Devices. Springer, Berlin, 1999

[30] *Schmidt, F.:* An adaptive approach to the numerical solution of Fresnel's wave equation. IEEE Journal of Lightwave Technology, 11:1425–1434, 1993

[31] Cost 216 Working Goup I. Comparison of different modelling techniques for longitudinally invariant integrated optical waveguides. IEE Proceedings, J 136:273–280, 1989

[32] *Nolting, H.-P.; März, R.:* Results of benchmark tests for different numerical BPM algorithms. IEEE Journal of Lightwave Technology, 13:216–224, 1995

[33] *Unger, H.G.:* Planar Optical Waveguides and Fibres. Clarendon, Oxford, 1977

[34] *Marcuse, D.:* Theory of Dielectric Optical Waveguides. Academic Press, New York, 1974

[35] *Lewin, L.:* Theory of Waveguides. Newes-Butterworth, London, 1975

[36] *Chilwell, J.; Hodgekinson, I.:* Thin-films field-transfer matrix theory of planar multilayer waveguides and reflection from prism-loaded waveguides. Journal of the Optical Society of America, A1:742–753, 1984

[37] *Schlosser, W.O.; Unger, H.G.:* Partially filled waveguides and surface waveguides of rectangular cross-section. In: L. Young, Editor, Advances in Microwaves, volume 1. Academic Press, New York, 1969

[38] *Marcatili, E.A.J.:* Dielectric rectangular waveguide and directional coupler for integrated optics. Bell Systems Technology, 48:2071–2102, 1969

[39] *Hardy, A.; Streifer, W.:* Coupled mode theory of parallel waveguides. IEEE Journal of Lightwave Technology, 3:1135–1146, 1985

[40] *Haus, H.A.* et al.: Coupled-mode theory of optical waveguides. IEEE Journal of Lightwave Technology, 5:16–23, 1987

[41] *Weinert, C.:* Three dimensional coupled mode method for simulation of coupler and filter structures. IEEE Journal of Lightwave Technology, 10:1218–1225, 1992

[42] *Feit, M.D.; Fleck Jr, J.A.:* Light propagation in graded-index optical fibres. Applied Optics, 17:3990–3998, 1978

[43] *van Roey, J.; van der Donk, J.; Lagasse, P.E.:* Beam propagation: Analysis and assessment. Journal of the Optical Society of America, 71:803–810, 1981

[44] *Gerdes, J.; Pregla, R.:* Beam-propagation algorithm based on the method of lines. Journal of the Optical Society of America, B8:389–394, 1991

[45] *Pregla, R.:* MoL BPM – method of lines based beam propagation method. In: Methods for Modeling and Simulation of Optical Guided-Wave Devices. Elsevier, Amsterdam, 1995

[46] *Huang, W.P.* et al.: The finite-difference vector beam propagation method: Analysis and assessment. IEEE Journal of Lightwave Technology, 10:295–305, 1992

[47] *Hadley, G.R.:* Multistep method for wide angle beam propagation. Optics Letters, 17:1743–1745, 1992

[48] *Yevick, D.; Hermansson, B.:* Efficient beam propagation techniques. IEEE Journal of Quantum Electronics, 26:109–112, 1990

[49] *Yevick, D.* et al.: Split-operator electric field reflection techniques. IEEE Photonic Technology Letters, 3:527–529, 1991

[50] *Koch, T.B.* et al.: Computation of wave propagation in integrated optical devices using *z*-transient variational principle. IEEE Transactions on Magnetics, 27:3876–3879, 1991

[51] *Schmidt, F.; März, R.:* On the reference wave vector of paraxial Helmholtz equations. IEEE Journal of Lightwave Technology, 14:2395, 1996

[52] *Hoekstra, H.J.W.M.; Krijnen, G.J.M.; Lambeck, P.V.:* Efficient interface conditons for the FDBPM. IEEE Journal of Lightwave Technology, 10:1352–1355, 1992

[53] *Hadley, G.R.:* Transparent boundary condition for the BPM. IEEE Journal of Quantum Electronics, 28:363–370, 1992

[54] *Baskakov, V.A.; Popov, A.V.:* Implementation of transparent boundaries for numerical solution of the Schrödinger equation. Wave Motion, 14:123–128, 1991
[55] *Schmidt, F.; Deuflhard, P.:* Discrete transparent boundary conditions for Fresnel's equation. Proc. Conference on Integrated Photonics Research (IPR), 94/3:45–47, 1994
[56] *Kaczmarski, P.; Lagasse, P.E.:* Bidirectional beam propagation method. Electronics Letters, 24:675–676, 1988
[57] *Sztefka, G.; Nolting, H.-P.:* Bidirectional eigenmode propagation for large refractive index steps. IEEE Photonic Technology Letters, 5:554–557, 1993
[58] *Glassner, A.S.* Editor: An Introduction to Ray Tracing. Academic Press, London, 1989
[59] *Milton, A.F., Burns, W.K.:* Mode coupling in optical waveguide horns. IEEE Journal of Quantum Electronics, 13:828–835, 1977
[60] *Sporleder, F.; Unger, H.-G.* Editoren: Waveguide Tapers, Transitions and Couplers. Peregrinus, London, 1979
[61] *Zengerle, R.* et al.: Low-loss fibre-chip coupling by buried laterally tapered InGaAsP/InP waveguide structure. Electronics Letters, 28:631–632, 1992
[62] *Wenger, G.* et al.: Design and fabrication of monolithic optical spot size transformers (MOST's) for highly efficient fiber-chip coupling. IEEE Journal of Lightwave Technology, 12:1782–1790, 1994
[63] *Schwander, T.* et al.: Simple and low-loss fibre-to-chip coupling by integrated field-matching waveguide in InP. Electronics Letters, 29:326–328, 1993
[64] *Vasallo, C.:* Optical Waveguide Concepts. Elsevier, Amsterdam, 1991
[65] *Pregla, R.; Ahlers, E.:* Method of lines for analysis of arbitrarily curved waveguide bends. Electronics Letters, 30:1478–1479, 1994
[66] *Broberg, B.* et al.: A novel integrated optics wavelength filter in InGaAsP-InP. IEEE Journal of Lightwave Technology, 4:196–203, 1986
[67] *Ulrich, R.:* Image formation by phase coincidence in optical waveguides. Optics Communications, 13:259–264, 1975
[68] *Bryngdahl, O.:* Image formation using self-imaging techniques. Journal of the Optical Society of America, 63:416–419, 1973
[69] *Soldano, L.B.; Pennings, E.C.M.:* Optical multi-mode interference devices based on self-imaging: Principles and applications. IEEE Journal of Lightwave Technology, 13:615–627, 1995
[70] *Bachmann, M.; Besse, P.A.; Melchior, H.:* General self-imaging properties in $N \times N$ multimode interference couplers including phase relations. Applied Optics, 33:3905–3911, 1994
[71] *Bachmann, M.; Besse, P.A.; Melchior, H.:* Overlapping-image multimode interference couplers with a reduced number of self-images for uniform and nonuniform power splitting. Applied Optics, 34:6890–6910, 1995
[72] *Bachmann, M.* et al.: New 2×2 and 1×3 multimode interference couplers with free selection of power splitting ratios. IEEE Journal of Lightwave Technology, 14:2286–2293, 1996
[73] *Levy, D.S.; Scarmozzino, R.; Osgood Jr, R.M.:* Length reduction of tapered $N \times N$ MMI devices. IEEE Photonic Technology Letters, 10:830–832, 1998
[74] *Pennings, E.C.M.* et al.: Reflection properties of multimode interference devices. IEEE Photonic Technology Letters, 6:715–718, 1994
[75] *März, R.; Cremer, C.:* On the theory of planar spectrographs. IEEE Journal of Lightwave Technology, 10:2017–2022, 1992
[76] *Suhara, T.; Nishihara, H.:* Integrated optical components and devices using periodic structures. IEEE Journal of Quantum Electronics, 22:845–867, 1986
[77] *Nishihara, H.; Haruna, M.; Suhara, T.:* Optical Integrated Circuits. McGraw-Hill, New York, 1989
[78] *Petit, R.* Editor: Electromagnetic Theory of Gratings. Springer, Berlin, 1980
[79] *Clemens, P.C.* et al.: 8-channel optical demultiplexer realized as SiO_2/Si flat-field spectrograph. IEEE Photonic Technology Letters, 6:1109–1111, 1994
[80] *Sun, Z.J.; McGreer, K.A.; Broughton, J.N.:* Integrated concave grating WDM demultiplexer with 0.144 nm channel spacing. Electronics Letters, 33:1140–1142, 1997
[81] *Cremer, C.* et al.: Monolithically integrated DWDM receiver. IEE Proceedings, 140:71–74, 1993
[82] *Liu, K.; Tong, F.; Bond, S.W.:* Planar grating wavelength demultiplexer. Proc. SPIE, 2024:278–285, 1993
[83] *Dragone, C.:* An $N \times N$ optical multiplexer using a planar arrangement of two star couplers. IEEE Photonic Technology Letters, 3:812–815, 1991
[84] *Takahashi, H.; Oda, K.; Toba, H.; Inoue, Y.:* Transmission characteristics of arrayed waveguide $N \times N$ wavelength multiplexer. IEEE Journal of Lightwave Technology, 13:447–455, 1995
[85] *Teshima, M.; Koga, M.; Sato, K.-I.:* Performance of multiwavelength simultaneous monitoring circuit employing arrayed-waveguide grating. IEEE Journal of Lightwave Technology, 14:2277–2285, 1996
[86] *Amersfoort, M.R.* et al.: Phased-array wavelength demultiplexer with flattened wavelength response. Electronics Letters, 30:300–302, 1994
[87] *Amersfoort, M.R.* et al.: Passband broadening of integrated arrayed waveguide filters using multimode interferenz couplers. Electronics Letters, 32:449–451, 1996

[88] *Okamoto, K.; Yamada, H.:* Arrayed waveguide grating multiplexer with flat spectral response. Optics Letters, 20:43–45, 1995
[89] *Adar, R.* et al.: Broad-band array multiplexers made with silica waveguides on silicon. IEEE Journal of Lightwave Technology, 11:212–219, 1993
[90] *März, R.; Nolting, H.P.:* Spectral properties of asymmetrical optical directional couplers with periodic structures. Optical and Quantum Electronics, 19:273–287, 1987
[91] *Kogelnik, H.:* Coupled wave theory for thick hologram gratings. Bell Systems Technology, 48:2909–2947, 1969
[92] *Yariv, A.:* Coupled mode theory of guided wave optics. IEEE Journal of Quantum Electronics, 9:919–933, 1973
[93] *Kogelnik, H.:* Filter response of nonuniform almost-periodic structures. Bell Systems Technology, 55:632–637, 1976
[94] *Jacob, J.:* A Goos-Hänchen effect for Bragg reflection. AEÜ, 39:69–72, 1985
[95] *Weller-Brophy, L.A.; Hall, D.G.:* Local normal mode analysis of guided mode interactions with waveguide gratings. IEEE Journal of Lightwave Technology, 6:1069–1082, 1988
[96] *Wagatsuma, K.; Sakaki, H.; Saito, S.:* Mode conversion and optical filtering of obliquely incident waves in corrugated waveguide filters. IEEE Journal of Quantum Electronics, 15:632–637, 1979
[97] *Furuya, K.; Suematsu, Y.; Shigeo, S.:* Integrated optical branching filter consisting of three-dimensional waveguide and its nonradiative condition. IEEE Transactions on Circuits and Systems, 26:1049–1054, 1979
[98] *Heise, G.; März, R.; Schienle, M.:* Investigation of Bragg gratings on planar InGaAsP/InP waveguides at normal and oblique incidence. IEEE Journal of Lightwave Technology, 7:735–739, 1989
[99] *Maxwell, G.D.* et al.: Photosensitivity in planar silica waveguides. International Journal of Optoelectronics, 9:289–293, 1994
[100] *Kashyap, R.* et al.: Light-sensitive optical fibers and planar waveguides. British Telecom Technology Journal, 11:150–160, 1993
[101] *Coldren, L.A.; Corzine, S.W.:* Diode Lasers and Photonic Integrated Circuits. Wiley, New York, 1995
[102] *Korotky, S.K.:* Three-space representation of phase-mismatch switching in coupled two-state optical systems. IEEE Journal of Quantum Electronics, 22:952–958, 1986
[103] *Walker, R.G.* et al.: 1.3/1.5 μm Mach-Zehnder wavelength duplexers for integrated optoelectronic transceiver modules. IEE Proceedings, J 137:33–38, 1990
[104] *Kogelnik, H.; Schmidt, R.V.:* Switched directional couplers with alternating $\Delta\beta$. IEEE Journal of Quantum Electronics, 12:396–401, 1976
[105] *Bornholdt, C.* et al.: Meander coupler, a novel wavelength division multiplexer/demultiplexer. Applied Physics Letters, 57:2517–2519, 1990
[106] *Grawert, M.; Nolting, H.-P.:* Syngrat, an electro-optically controlled tunable filter with a synthesized grating structure. Optical and Quantum Electronics, 27:887–896, 1995
[107] *Herrmann, H.; Rust, U.; Schäfer, K.:* Tapered acoustical directioal couplers for integrated acousto-optical mode converters with weighted coupling. IEEE Journal of Lightwave Technology, 13:364–374, 1995
[108] *Tian, F.; Herrmann, H.:* Interchannel interference in multiwavelength operation of integrated acousto-optical filters and switches. IEEE Journal of Lightwave Technology, 13:1146–1154, 1995
[109] *Karthe, W.; Müller, R.:* Integrierte Optik: Geest & Portig, Leipzig, 1991
[110] *Schüppert, B.* et al.: Integrated optics in silicon and SiGe-heterostructures. IEEE Journal of Lightwave Technology, 14:2311–2323, 1996
[111] *Lilienhoff, H.J. et al.:* Field-induced index profiles of multimode ion-exchanged strip waveguides. IEEE Journal of Quantum Electronics, 18:1877–1883, 1982
[112] *Ramaswami, R.V.; Srivastava, R.:* Ion-exchanged glass waveguides: A review. IEEE Journal of Lightwave Technology, 6:984–1002, 1988
[113] *Bååk, T.:* Silicon oxynitrid; a material for GRIN optics. Applied Optics, 21:1069–1072, 1982
[114] *Bossi, D.E.; Hammer, J.M.; Shaw, J.M.:* Optical properties of silicon oxynitrid dielectric waveguides. Applied Optics, 26:609–611, 1987
[115] *Hammond. C.R.:* Silica based binary glass systems – refractive index behaviour and composition in optical fibres. Optical and Quantum Electronics, 9:399–409, 1977
[116] *Hammond, C.R.:* Silica-based binary glass systems: Wavelength dispersive properties and composition in optical fibres. Optical and Quantum Electronics, 10:163–170, 1978
[117] *Pearsell, T.P.* Editor: GaInAsP Alloy Semiconductors. Wiley, New York, 1982
[118] *Glingener, C.; Schulz, D.; Voges, E.:* Modeling of optical modulators on III–V semiconductors. IEEE Journal of Quantum Electronics, 31:101–112, 1995
[119] *Adachi, S.:* Optical properties, of $Al_xGa_{1-x}As$ alloys. Physical Review B, 38:12345–12352, 1988
[120] *Adachi, S.:* Optical properties of $In_{1-x}Ga_xAs_yP_{1-y}$ alloys. Physical Review B, 39:12612–12621, 1989
[121] *Jenkins, D.W.:* Optical constants of $Al_xGa_{1-x}As$. Journal of Applied Physics, 68:1848–1853, 1990
[122] *Räuber, A.:* Chemistry and physica of lithium niobate. In: E. Kaldis, Editor, Current Topics in Material Science, Vol. 1. North-Holland, 1978

[123] *Weis, R.S.; Gaylord, T.K.:* Lithium niobate: Summary of physical properties and crystal structure. Applied Physics, A37:191–203, 1985
[124] *Schlarb, U.; Betzler, K.:* Refractive indices of lithium niobate as a function of temperature, wavelength and composition: A generalized fit. Physical Review B, 48:15613–15619, 1993
[125] *Yardley, J.T.:* Design and characterization of organic waveguides for passive and active devices. In: F. Kajzar and J.D. Swalen, Editor, Organic Thin Films for Waveguiding Nonlinear Optics. Gordon and Breach, Amsterdam, 1996
[126] *Booth, B.L.:* Polymers for integrated optical waveguides. In: C.P. Wong, Editor, Polymers for Electronic and Photonic Applications. Academic Press, Boston, 1993
[127] *Knoche, T.:* Integriert-optische Komponenten in Polymeren. In: Informatik/Kommunikationstechnik, volume Reihe 10, Nr. 474 of Fortschritt-Berichte. VDI-Verlag, Düsseldorf, 1997
[128] *Flipse, M.C.* et al.: Reliability assurance of polymer-based solid state optical switches. Proc. SPIE, 3278:8–62, 1998
[129] *Fischbeck, G.* et al.: Singlemode optical waveguides using a high temperature stable polymer with low losses in the 1.55 μm range. Electronics Letters, 33:518–519, 1997
[130] *Miller, R.D.:* Poled polymers for $\chi^{(2)}$ applications. In: F. Kajzar and J.D. Swalen, Editor, Organic Thin Films for Waveguiding Nonlinear Optics. Gordon and Breach, Amsterdam, 1996
[131] *Kuzyk, M.C.:* Polymers as third-order nonlinear-optical materials. In: C.P. Wong, Editor, Polymers for Electronic and Photonic Applications. Academic Press, Boston, 1993
[132] *van Tomme, E.* et al.: Integrated optic devices based on nonlinear optical polymers. IEEE Journal of Quantum Electronics, 27:778–787, 1991
[133] *März, R.; Mahlein, H.F.; Acklin, B.:* Yield and cost model for integrated optical chips. IEEE Journal of Lightwave Technology, 14:158–163, 1996

Optische Modulatoren und Schalter 15

D. Hoffmann

Allgemeine Literatur
*A. Yariv, P. Yeh.*Optical Waves in Crystals, Wiley, New York, 1984 – *T. Tamir.* Ed. Integrated Optics, Berlin, Springer, 1975 – *R. G. Hunsperger.* Integrated Optics: Theory and Technology, Springer Berlin, Heidelberg New York 1982 – *S. L. Chuang*, Physics of Optoelectronic Devices, Wiley, New York, 1995 – *G. Bastard*, Wave mechanics applied to semiconductor heterostructures, les editions de physique, 91944 Les Ulis Cedex, France – *K. J. Ebeling*, Integrierte Optoelektronik, Springer Verlag – *A. Räuber*, Chemistry and physics of lithium niobate in: Current Topics in Materials Scienc, North-Holland Publishing Company Amsterdam New York Oxford, 1978 – *Möschwitzer, Lunze*, Halbleiterelektronik, VEB Verlag Technik, Berlin, 1984 – *Koichi Wakita*, Semiconductor Optical Modulators, Kluwer Academic Publishers, Boston/Dordrecht/London 1998 – *L. D. Hutcheson, Ed.*, Integrated Optical Circuits and Components, Marcel Dekker, Inc., New York and Basel 1998

Einführung

Die Forderung nach höherer Übertragungskapazität optischer Übertragungssysteme, d.h. höherer Bandbreite gilt gleichermaßen für Komponenten wie Phasen- und Amplitudenmodulatoren. Ihre Funktion basiert auf verschiedenartigen Wechselwirkungen im Festkörper, die je nach Material unterschiedlich ausfallen. Die Effizienz der Effekte läßt sich in miniaturisierten Strukturen der integrierten Optik intensivieren, denn die elektrische Feldstärke steigt mit sinkendem Elektrodenabstand.

15.1 Überblick

Der Verkleinerung der optischen Wellenleiter ist eine natürliche Grenze gesetzt, die bei etwa 1 µm liegt [1]. Geeignete Materialklassen für nachrichtentechnische Anwendungen sind ferroelektrische Kristalle ($LiNbO_3$, $LiTaO_3$, KTP), Halbleiter (GaAs, InP, ..., InGaAsP, AlGaInAs), Polymere und auch SiO_2. Die Halbleiter – hier insbesondere InP – und $LiNbO_3$ sind die wichtigsten Materialien und nehmen deshalb in diesem Kapitel den größten Raum ein. Auch Polymere, SiO_2- und Glasbasierte Bauelemente werden kurz behandelt.

In diesem Kapitel werden zunächst die geeigneten physikalische Effekte vorgestellt, die an verschiedene Materialien gebunden sind. Es folgt die Beschreibung der für die optische Wellenführung notwendigen Wellenleiterstrukturen und Elektroden, sowie ein Abriß über spezielle Technologien zur Herstellung integriert optischer Strukturen. Anschließend werden Phasenmodulatoren, Amplitudenmodulatoren, Schalter und Polarisationsmodulatoren im einzelnen vorgestellt.

15.2 Physikalische Modulations- und Schalteffekte

Zum Modulieren und Schalten einer optischen Welle ist es erforderlich, die optischen Eigenschaften eines Materials zu verändern. Zur Steuerung eignen sich Ladungsträger (Strom), elektrische Felder (Spannung), Temperatur (mittels Heizelektroden) und mechanische Modifikation. Verändert wird entweder der Brechungsindex des Wellenleiters, seine Absorptionseigenschaften oder beides.

Das Ausmaß der Effekte ist material- und polarisationsabhängig. Tabelle 15.1 zeigt, welche Effekte mit welchen Materialien gut kombiniert werden können. Die mit X gekennzeichneten Felder zeigen die Hauptanwendungsgebiete.

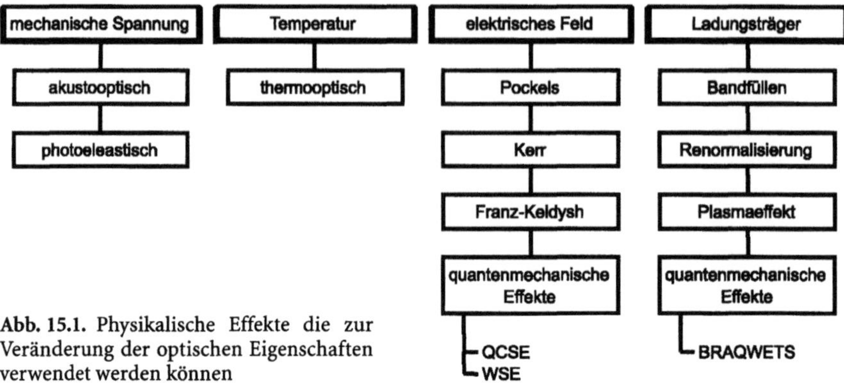

Abb. 15.1. Physikalische Effekte die zur Veränderung der optischen Eigenschaften verwendet werden können

Tabelle 15.1. Physikalische Effekte und Hauptanwendungen

	Glas	Polymere	$LiNbO_3$	Halbleiter
Mechanik	x	x	x	x
Temperatur	X	X	x	x
elektrisches Feld			X	X
Ladungsträger				X

15.2.1 Skalare Effekte

15.2.1.1 *Der thermooptische Effekt*

Als thermooptischen Effekt bezeichnet man die Abhängigkeit der Brechzahl n von der Temperatur T bei konstantem Druck. Da beide Größen fernab von atomaren Resonanzen in guter Näherung linear zusammenhängen, wird der thermooptische Effekt häufig durch eine Größe, den thermooptischen Koeffizienten $\mathrm{d}n/\mathrm{d}T$ beschrieben.

In transparenten Medien kann der thermooptische Effekt in besserer Näherung durch ein Multioszillatormodell $n^2 = 1 + \sum_m \chi_m$ mit den Suszeptibilitäten $\chi_m = a_m/(E_m^2 - E^2)$ erfaßt werden, dessen Resonanzenergien E_m und/oder Oszillatorstärken a_m sich mit der Temperatur verändern. Überdies sinkt die Brechzahl im Medium durch effektive Verdünnung, wenn sich das Medium temperaturbedingt ausdehnt. Für den normierten thermooptischen Koeffizienten ergibt sich damit [2]

$$\frac{1}{n}\frac{\mathrm{d}n}{\mathrm{d}T} = -\frac{3}{2}\alpha_L\left(1-\frac{1}{n^2}\right) + \frac{1}{2n^2}\sum_m \frac{d\chi_m}{\mathrm{d}T} \quad (15.1)$$

wobei α_L der Wärmeausdehnungskoeffizient ist. Tabelle 15.2 zeigt beide Koeffizienten für eine Reihe in der integrierten Optik gebräuchlichen Materialien. Der Wärmeausdehnungskoeffizient liefert in den meisten Fällen nur einen kleinen Beitrag zum thermooptischen Koeffizienten. Die Änderungen aufgrund der atomaren Resonanzen und der Wärmeausdehnung sind in der Regel gegenläufig.

Aufgrund des thermooptischen Effekts verändern zahlreiche passive optische Komponenten, z. B. Filter, ihre Eigenschaften mit der Umgebungstemperatur. Umgekehrt wird der thermooptische Effekt zur Stabilisierung von Komponenten, z. B. von WDM-Lasern, genutzt. Schaltzeiten liegen im Millisekundenbereich.

Weitere ausführliche Angaben zu thermooptischen Koeffizienten findet man in [3].

Tabelle 15.2. Normierter thermooptischer Koeffizient ($1/n\ \mathrm{d}n/\mathrm{d}T$) und Wärmeausdehnungskoeffizient (α_L) für verschiedene Materialien. Bei optisch zweiachsigen Kristallen wird der ordentliche Brechungsindex mit n_o, der außerordentliche mit n_e bezeichnet

Material	$\frac{1}{n}\frac{\mathrm{d}n}{\mathrm{d}T}\ 10^{-6}/\mathrm{K}$	$\alpha_L\ 10^{-6}/\mathrm{K}$
InP	58,0	4,9
GaAs	66,7	5,7
$LiNbO_3$, n_o	24,1	16,7
$LiNbO_3$, n_e	2,4	2,0
Silica Gläser	4…7	0,3…0,6
Polymere (z. B. PMMA)	– 93	80

15.2.2
Tensorielle Effekte

Eine Reihe optischer Phänomene modifizieren nicht nur den Betrag der Brechzahl bzw. der dielektrischen Funktion, sondern auch die Form und Orientierung des Indexellipsoids, das die Brechzahlverteilung geometrisch veranschaulicht. Zeichnet man vom Mittelpunkt ausgehend einen Pfeil in irgendeine Richtung bis zur Oberfläche des Indexellipsoids, so gibt seine Länge den Betrag des Brechungsindex in dieser Richtung an. Im folgenden werden die drei für die integrierte Optik interessantesten Phänomene, der lineare elektrooptische Effekt, der quadratische elektrooptische Effekt oder Kerr Effekt und der elastooptische Effekt kurz diskutiert. Für isotrope Medien und die in der integrierten Optik gebräuchlichsten Kristallstrukturen

- die Zinkblendestruktur (43m) für die Halbleitermaterialien InGaAsP und GaAlAs,
- die trigonale Kristallstruktur mit der Punktgruppe 3m für Lithiumniobat ($LiNbO_3$) und
- die Diamantstruktur (m3m) für Silizium (Si) und Germanium (Ge)

werden explizite Ausdrücke für die zugehörigen Tensoren angegeben.

Ausgangspunkt für die Beschreibung ist die Darstellung des inversen dielektrischen Tensors

$$\hat{\hat{\varepsilon}}^{-1} = \hat{\varepsilon}^{-1} + \hat{\Delta} \qquad (15.2)$$

als Summe der inversen dielektrischen Funktion $\hat{\varepsilon}^{-1}$ des unbeeinflußten Materials und einer Störung $\hat{\Delta}$ durch den gerade betrachteten Effekt. Die Dächer auf den Symbolen weisen hier auf den tensoriellen Charakter der verwendeten Größen hin. Im weiteren wird das optische Hauptachsensystem des Kristalls verwendet, d.h. die dielektrische Funktion und ihre Inverse werden durch diagonale Matrizen

$$\hat{\varepsilon} = \begin{pmatrix} n_1^2 & 0 & 0 \\ 0 & n_2^2 & 0 \\ 0 & 0 & n_3^2 \end{pmatrix} \qquad (15.3)$$

beschrieben, Isotrope Materialien sowie Kristalle mit Zinkblende- und Diamantstruktur sind optisch isotrop ($n_1^2 = n_2^2 = n_3^2 = n^2$), trigonale Kristalle der Punktgruppe 3m sind optisch einachsig ($n_1^2 = n_2^2 = n_0^2, n_3^2 = n_e^2$).

Innerhalb eines anisotropen Mediums ist die gespeicherte Feldenergie durch $W_e = \vec{E}\,\hat{\varepsilon}\,\vec{E}$ gegeben. Verlustlose, optisch inaktive Materialien werden daher durch symmetrische dielektrische Tensoren $\varepsilon_{ji} = \varepsilon_{ij}$ beschrieben. Zur Vereinfachung der Darstellung der komplizierten tensoriellen Effekte werden in der einschlägigen Literatur [4] die kontrahierten Indizes 1 ... 6 verwendet, die der Symmetrie der verwendeten Tensoren Rechnung tragen. Die Matrix

$$\hat{T} = \begin{pmatrix} T_1 & T_6 & T_5 \\ T_6 & T_2 & T_4 \\ T_5 & T_4 & T_3 \end{pmatrix} \Leftrightarrow \begin{pmatrix} T_{11} & T_{12} & T_{13} \\ T_{21} & T_{22} & T_{23} \\ T_{31} & T_{32} & T_{33} \end{pmatrix} \qquad (15.4)$$

zeigt die Zuordnung der kontrahierten Indizes, die im weiteren durch Großbuchstaben, z.B. L gekennzeichnet werden, zu den Indexpaaren, z.B. $(L_1 L_2)$, der ursprünglichen Matrixelemente. Für kleine Störungen lassen sich die korrigierten Brechzahlen damit in der Form

$$\tilde{n}_L^2 = n_L^2 - n_{L_1}^2 n_{L_2}^2 \Delta_L \qquad (15.5)$$

darstellen.

15.2.2.1
Linearer elektrooptischer Effekt (Pockels Effekt)

Die Änderung des inversen dielektrischen Tensors durch den linearen elektrooptischen Effekt wird durch

$$\Delta_L^{(LEO)} = \sum_{m=1}^{3} r_{Lm} E_m, \quad L = 1, \dots 6 \qquad (15.6)$$

beschrieben, wobei in kontrahierter Darstellung r_{Lm} die Koeffizienten des linearen elektrooptischen Tensors und E_m die Komponenten des von außen angelegten elektrischen Feldes repräsentieren. In Kristallen, die ein Inversionszentrum aufweisen, tritt kein linearer elektrooptischer Effekt auf. Dies gilt insbesondere für isotrope Materialien und Kristalle mit Diamantstruktur ($\hat{r}_{iso} = \hat{r}_{m3m} = \hat{0}$). Für Materialien mit Zinkblendestruktur ergibt sich

$$\hat{r}_{43m} = \begin{pmatrix} 0 & 0 & 0 \\ 0 & 0 & 0 \\ 0 & 0 & 0 \\ r_{41} & 0 & 0 \\ 0 & r_{41} & 0 \\ 0 & 0 & r_{41} \end{pmatrix} \qquad (15.7)$$

Für Galliumarsenid und Indiumphosphid besitzt bei $\lambda = 900$ nm der verbleibende Koeffizient $r41$ die Werte 1,1 bzw. $1{,}3 \cdot 10^{-12}$ m/V.

Tabelle 15.3. Elektrooptische Koeffizienten für Lithiumniobat bei 633 nm in Einheiten von 10^{-12} m/V [4]. Die in Klammern stehenden Werte basieren auf Meßwerten von [5]. Die Koeffizienten hängen von der relativen Lage der Frequenz der zu den akustooptischen Resonanzen ab. Der elektrooptische Effekt ist prinzipiell bis zu einer Frequenz von 2,76 THz nutzbar [6]

Koeffizient	$f < 1$ MHz	$f > 1$ MHz
r_{13}	9,6	8,6 (7,7)
r_{22}	6,8	3,4 (3,4)
r_{33}	30,9	30,8 (28,8)
r_{51}	32,6	28 (18,2)

Für die trigonale Kristallstruktur 3m (z.B. $LiNbO_3$) gilt

$$\hat{r}_{3m} = \begin{pmatrix} 0 & -r_{22} & r_{13} \\ 0 & r_{22} & r_{13} \\ 0 & 0 & r_{33} \\ 0 & r_{51} & 0 \\ r_{51} & 0 & 0 \\ -r_{22} & 0 & 0 \end{pmatrix} \tag{15.8}$$

Die entsprechenden Zahlenwerte der Koeffizienten sind in Tabelle 15.3 zusammengefaßt.

Wird ein homogenes elektrisches Feld E in z-Richtung angelegt ($E = E_3$) so ergibt sich für III-V Halbleiter mit Zinkblendestruktur

$$\tilde{n}^2 = n^2 - r_{41}\, n^4 E \tag{15.9}$$

und für Lithiumniobat

$$\tilde{n}_o^2 = n_o^2 - r_{13}\, n_o^4 E \tag{15.10}$$

$$\tilde{n}_e^2 = n_e^2 - r_{33}\, n_e^4 E \tag{15.11}$$

15.2.2.2
Quadratischer elektrooptischer Effekt (Kerr Effekt)

Der quadratische elektrooptische Effekt ist ein Effekt höherer Ordnung und wird bei anisotropen Materialien meist vernachlässigt. Wenn der Pockelseffekt aufgrund von Inversionssymmetrie nicht auftritt, stellt er jedoch den führenden elektrooptischen Effekt dar. Die Änderung des inversen dielektrischen Tensors durch den quadratischen elektrooptischen Effekt wird durch

$$\Delta_L^{(QEO)} = \sum_{M=1}^{6} S_{LM}\, E_{M1}\, E_{M2} \tag{15.12}$$

beschrieben, wobei s_{LM} die Koeffizienten des quadratischen elektrooptischen Tensors und E_{M1} und E_{M2} zwei Komponente des von außen angelegten elektrischen Feldes darstellen. Für isotrope Materialien und Kristalle, die in Zinkblende- und Diamantstruktur vorliegen, hat der quadratische elektrooptische Tensor die Form [7]

$$\hat{s}_{iso} = \hat{s}_{m3m} = \hat{s}_{\bar{4}3m} =$$

$$= \begin{pmatrix} s_{11} & s_{12} & s_{12} & 0 & 0 & 0 \\ s_{12} & s_{11} & s_{12} & 0 & 0 & 0 \\ s_{12} & s_{12} & s_{11} & 0 & 0 & 0 \\ 0 & 0 & 0 & s_{44} & 0 & 0 \\ 0 & 0 & 0 & 0 & s_{44} & 0 \\ 0 & 0 & 0 & 0 & 0 & s_{44} \end{pmatrix} \tag{15.13}$$

für isotrope Materialien gilt überdies

$$s_{44} = \frac{1}{2}(s_{11} - s_{12}) = -\frac{K\lambda}{n^3}, \tag{15.14}$$

wobei K die Kerrkonstante des Materials bezeichnet. Wird ein homogenes elektrisches Feld E in z-Richtung angelegt, so wird das Material unter dem Einfluß des Kerr Effekts optisch einachsig mit

$$\tilde{n}_o^2 = n^2 - s_{12}\, n^4 E^2 \tag{15.15}$$

$$\tilde{n}_e^2 = n^2 - s_{11}\, n^4 E^2 \tag{15.16}$$

Für die trigonale Kristallstruktur 3m ergibt sich schließlich

$$\hat{s}_{3m} = \begin{pmatrix} s_{11} & s_{12} & s_{13} & s_{14} & 0 & 0 \\ s_{12} & s_{11} & s_{13} & -s_{14} & 0 & 0 \\ s_{31} & s_{31} & s_{33} & 0 & 0 & 0 \\ s_{41} & -s_{41} & 0 & s_{44} & 0 & 0 \\ 0 & 0 & 0 & 0 & s_{44} & s_{41} \\ 0 & 0 & 0 & 0 & s_{14} & \frac{1}{2}(s_{11}-s_{12}) \end{pmatrix} \tag{15.17}$$

Der Kerr Effekt spielt auch bei Fasern eine wichtige Rolle (s. dazu Abschn. 4.12).

15.2.2.3
Photoelastischer Effekt

Der photoelastische Effekt beschreibt die Kopplung zwischen mechanischen Spannungen und dem inversen dielektrischen Tensor. Er wird durch die Gleichung [4]

$$\Delta_L^{(PO)} = \sum_{M=1}^{6} p_{LM}\, S_M \tag{15.18}$$

beschrieben, wobei p_{LM} die Koeffizienten des spannungsoptischen Tensors und S_M die Koeffizienten des Spannungstensors sind, der aufgrund der Permutationssymmetrie ebenfalls mit kontrahierten Indizes beschrieben wer-

Tabelle 15.4. Beipiele für Zahlenwerte des spannungsoptischen Tensors [10]

Material	Wellenlänge	p_{11}	p_{12}	p_{22}	p_{44}
Quarzglas	633 nm	0,121		0,270	
GaAs	1150 nm	- 0,165	- 0,140		- 0,072
Silizium	1150 nm	- 0,101	- 0,0094		

den kann. Der photoelastische Effekt beschreibt die Auswirkungen von Spannungen im Material auf die optischen Eigenschaften, insbesondere die Drehung der Polarisation des optischen Feldes. Die PMD (Polarisations Moden Dispersion) in Fasern ist auch auf diesen Effekt zurückzuführen (s. Abschn. 4.11).

Für alle Kristallstrukturen ist die Form des spannungsoptischen Tensors mit der des quadratischen, elektroptischen Tensors identisch. Gleichung 15.13 beschreibt die Form der spannungsoptischen Tensoren $\hat{p}_{\mathrm{iso}}$, $\hat{p}_{\mathrm{m3m}}$ und $\hat{p}_{\bar{4}3\mathrm{m}}$ für isotrope Materialien bzw. Diamant- und Zinkblendestruktur. Für isotrope Materialien gilt $p_{44} = 1/2(p_{11}-p_{12})$.

Wird eine homogene mechanische Spannung S in z-Richtung angelegt (Dehnung) oder eine in z-Richtung laufende, longitudinale Schallwelle in ein solches Medium eingebracht, so wird das Material unter dem Einfluß des photoelastischen Effekts optisch einachsig mit

$$\tilde{n}_{\mathrm{o}}^2 = n^2 - p_{12} n^4 S \tag{15.19}$$

$$\tilde{n}_{\mathrm{e}}^2 = n^2 - p_{11} n^4 S \tag{15.20}$$

Gleichung 15.17 beschreibt die Form der spannungsoptischen Tensoren $\hat{p}_{3\mathrm{m}}$ für trigonale Kristallstrukturen der Punktgruppe 3m. Bei 633 nm besitzt $LiNbO_3$ die spannungsoptischen Koeffizienten $p_{11} = -0{,}026$, $p_{12} = 0{,}090$, $p_{13} = 0{,}133$, $p_{14} = -0{,}075$, $p_{31} = 0{,}179$, $p_{33} = 0{,}071$, $p_{41} = -0{,}151$ und $p_{44} = 0{,}146$ [4].

15.2.3 Ladungsträgereffekte

Ladungsträger beeinflussen über unterschiedliche Mechanismen Absorption und Brechungsindex im Festkörper. Dazu gehören

- Bandfüllen,
- Bandkantenrenormalisierung,
- Plasmaeffekt.

Sie treten i.a. gleichzeitig auf, ihre relative Stärke ist einerseits abhängig vom Abstand zur Bandkante und andererseits von den beteiligten Ladungsträgerdichten [8]. Diese sind entweder durch die Dotierung gegeben oder hängen von der injizierten Stromdichte ab.

Der Zusammenhang zwischen Strom und Ladungsträgerdichte in Halbleitern (s. auch Abschn. 19.3.2) ist durch die Ratengleichung gegeben. Für den stationären Zustand und ohne Berücksichtigung einer stimulierten Rekombination (passive Strukturen) gilt:

$$i = \frac{I}{wL} = ed\,R(N) = e\,d\,[AN + BN^2 + CN^3] \tag{15.21}$$

i ist die Stromdichte, I der Strom, e die Elementarladung, L die Länge, w die Weite, d die Dicke des aktiven Volumens ($V = L \cdot w \cdot d$) und $R(N)$ die von der Ladungsträgerdichte N abhängige Rekombinationsrate. Sie wird üblicherweise mit drei Anteilen angesetzt. Tabelle 15.5 zeigt Rekombinationsparameter für InP.

Tabelle 15.5. Rekombinationsparameter für InP

Art der Rekombination	Parameter	Zahlenwert	Einheit
an Störstellen	A	$2 \cdot 10^{8}$	s^{-1}
spontan	B	$1 \cdot 10^{-16}$	m^3s^{-1}
Auger-Prozeß	C	$1 \cdot 10^{-41}$	m^6s^{-1}

Einen typischen Verlauf für eine 300 nm dicke Rekombinationsschicht zeigt Abb. 15.2. Man erkennt den zunächst linearen Verlauf für kleine Stromdichten und eine geringere Zunahme für Stromdichten >1 kA/cm².

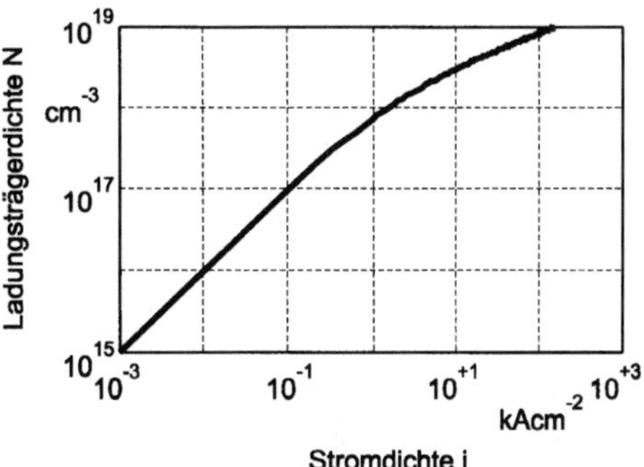

Abb. 15.2. Beispiel für den Zusammenhang zwischen Stromdichte und Ladungsträgerdichte bei InP mit den Daten aus Tabelle 15.5 und einer Schichtdicke von $d = 300$ nm

15.2.3.1
Bandfüllen

Sind die niedrigsten Zustände im Leitungsband gefüllt bzw. die obersten im Valenzband unbesetzt, so wird für einen optischen Übergang zwischen den Bändern eine größere Energie benötigt als es für das unbesetzte Band der Fall wäre, wie Abb. 15.3 zeigt.

Bei Strominjektion oder optischer Injektion sind Löcher und Elektronen gemeinsam beteiligt. Wir betrachten die Änderung der Absorption eines Photons mit der Energie $\hbar\omega$ in Abhängigkeit vonden Ladungsträgerdichten N und P. Mit Absorption ist ein Übergang aus einem Zustand W_V im Valenzband in einen Zustand W_L im Leitungsband verbunden. Es ergibt sich je ein Beitrag für Übergänge zwischen dem leichten bzw. schweren Lochband [8].

$$\begin{aligned}\Delta\alpha(\hbar\omega) &= \frac{C_{hh}}{\hbar\omega}\sqrt{\hbar\omega - W_G}\,[f_V(W_{Vh}) - f_L(W_{Lh}) - 1] \\ &+ \frac{C_{lh}}{\hbar\omega}\sqrt{\hbar\omega - W_g}\,[f_V(W_{Vl}) - f_L(W_{Ll}) - 1]\end{aligned} \tag{15.22}$$

Die Konstanten C_{hh} und C_{lh} sind Parameter, die experimentell angepaßt werden müssen. f_V ist die Wahrscheinlichkeit dafür, daß der Zustand W_V im Valenzband mit einem Elektron besetzt, f_L die entsprechende Wahrscheinlichkeit, daß W_L unbesetzt ist.

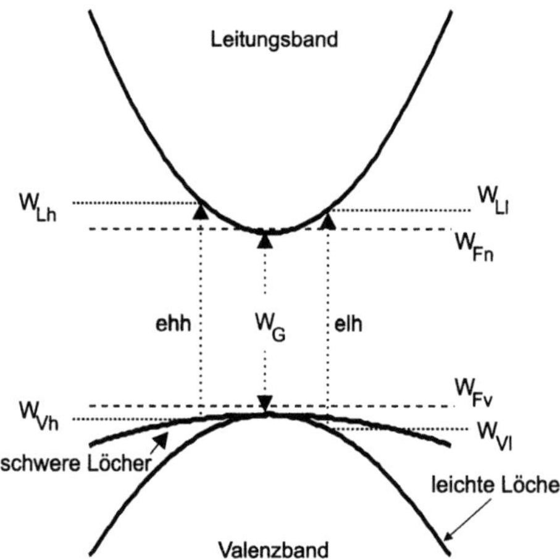

Abb. 15.3. Bandstruktur eines direkten Halbleiters. Absorption kann nur zwischen besetzten Valenzband- und unbesetzten Leitungsbandzuständen auftreten

$$\begin{aligned}f_V(W_V) &= \frac{1}{1 + \exp\left[\dfrac{W_V - W_{Fp}}{kT}\right]}, \\ f_L(W_L) &= \frac{1}{1 + \exp\left[\dfrac{W_L - W_{Fn}}{kT}\right]}\end{aligned} \tag{15.23}$$

W_{Fn} und W_{Fp} sind die Quasiferminiveaus der Elektronen im Leitungsband bzw. der Löcher im Valenzband. Ihre Abhängigkeit von den Ladungsträgerdichten N und P kann durch

$$W_{Fn} = \left\{\ln\left(\frac{N}{N_C}\right) + \frac{N}{N_C}\left[64 + 0{,}05524\,\frac{N}{N_C} \cdot \left(64 + \sqrt{\frac{N}{N_C}}\right)\right]^{-1/4}\right\} kT$$

und

$$W_{Fn} = \left\{\ln\left(\frac{P}{N_V}\right) + \frac{P}{N_V}\left[64 + 0{,}05524\,\frac{P}{N_V} \cdot \left(64 + \sqrt{\frac{P}{N_V}}\right)\right]^{-1/4}\right\} kT - W_G \tag{15.24}$$

approximiert werden. Hierbei sind N_C und N_V die effektiven Zustandsdichten

$$N_C = 2\left[\frac{2\pi\, m_e kT}{h^2}\right]^{3/2}, \quad \text{bzw.} \qquad N_V = 2\left[\frac{2\pi\, m_h kT}{h^2}\right]^{3/2} \tag{15.25}$$

wobei

$$m_h = (m_{hh}^{3/2} + m_{lh}^{3/2})^{2/3}$$

eine effektive Masse für die Löcher ist. Die mit Gl. (15.22) beschriebene Absorptionsänderung ist nur oberhalb der Bandkante wesentlich von Null verschieden, wie Abb. 15.4 zeigt. Da integriert optische Wellenleiter dämpfungsarm, d.h. bei Photenenenergien betrieben werden, die unterhalb der Bandkante liegen, ist dieser Absorptionsmechanismus von nur geringer Bedeutung.

Absorption und Bechungsindex sind aber nicht unabhängig voneinander, sondern über die Kramers-Kronig Transformation (KKT) miteinander verknüpft [9–11]. Ist die Absorption(sänderung) über den gesamten Frequenzbereich bekannt, so kann der Brechungsindex(änderung) berechnet werden und umgekehrt. Zumeist ist die Bestimmung der Absorption experimentell einfacher. Dann ergibt sich:

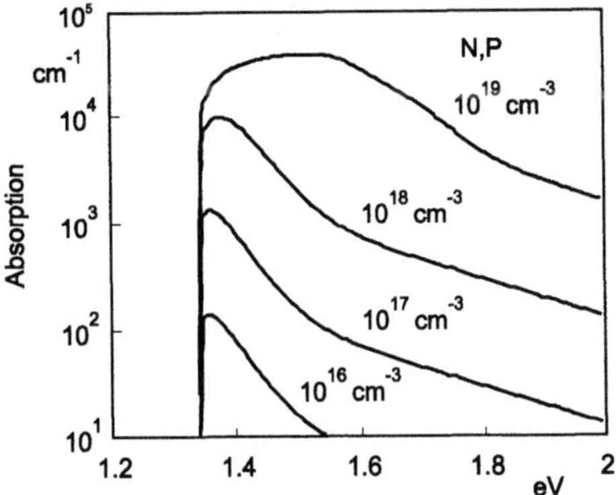

Abb. 15.4. Absorptionsänderung für InP als Funktion der Injektion von Elektron-Lochpaaren (Bandfüllen)

$$\Delta n(\hbar\,\omega, E) \frac{c}{\pi} \int_0^\infty \frac{\Delta\alpha(\hbar\,\omega, E)}{(\omega'^2 - \omega^2)}\,\mathrm{d}\omega' \qquad (15.26)$$

Die Änderungen im Brechungsindex liegen für das Bandfüllen zwischen -10^{-5} bis -10^{-2} wenn die Ladungsträgerkonzentration im Bereich 10^{16}–10^{18}/cm^{-3} liegt.

15.2.3.2
Bandkantenrenormalisierung

Injizierte Elektronen nehmen Zustände an der Unterkante des Leitungsbandes an. Wenn die Konzentration groß genug ist, überlappen sich ihre Wellenfunktionen. Daraus resultiert eine starke Wechselwirkung. Die Elektronen stoßen sich aufgrund der Coulomb-Wechselwirkung und des Pauli Prinzips gegenseitig ab. Die Folge ist eine Abnahme der Energie und eine Absenkung der Leitungsbandkante. Eine analoge Beziehung ergibt sich für das Valenzband. In der Summe ergibt sich eine Absenkung der Bandkante (engl. bandgap shrinkage), die proportional zum Teilchenabstand $N^{1/3}, P^{1/3}$ ist, von [12]

$$\Delta W_G = -\left(\frac{e}{2\pi\,\varepsilon_0\,\varepsilon_s}\right)\left(\frac{3}{\pi}\right)^{1/3} (N,P)^{1/3} \qquad (15.27)$$

Eine genauere Analyse zeigt, daß für kleine Trägerkonzentraitonen gilt [8}:

$$\Delta W_G(N,P) = -\frac{\kappa}{\varepsilon_s}\left(1 - \frac{N,P}{\chi_{kr}}\right)^{1/3}$$

$$\text{für } N,P > \chi_{kr} \qquad (15.28)$$

und

$$\Delta W_G(N,P) = 0 \quad \text{für } N,P < \chi_{kr}\,. \qquad (15.29)$$

Für InP ist $\chi_{kr} = 1{,}3 \cdot 10^{17}$ cm^{-3}, κ ist ein Anpaßparameter. Die resultierende Absorptionsänderung berechnet sich aus der wurzelförmigen Abhängigkeit der Bandkante [8]

$$\alpha(\hbar\,\omega) = \frac{C\sqrt{\hbar\,\omega - W_G}}{\hbar\,\omega} \qquad (15.30)$$

indem die Differenz zwischen den Absorptionswerten mit und ohne Renormalisierung genommen wird

$$\Delta\alpha(N,P,\hbar\,\omega) = \qquad (15.31)$$

$$\frac{C}{\hbar\,\omega}\left(\sqrt{\hbar\,\omega - W_G - \Delta W_G(N,P)} - \sqrt{\hbar\,\omega - W_G}\right)$$

Die größten Beiträge finden sich wieder in der Nähe der Bandkante. Zur Bestimmung der Brechungsindexänderung wendet man wieder das Kramers-Kronig-Integral an Gl. (15.26). Im Gegensatz zum Bandfülleffekt ist die zugehörige Brechzahländerung positiv.

15.2.3.3
Plasmaeffekt

Freie Ladungsträger bewirken eine isotrope und deshalb polarisationsunabhängige Absenkung des Brechungsindex. Der Einfluß injizierter Ladungsträger auf die Dielektrizitätskonstante kann durch ein klassisches Oszillatormodell beschrieben werden. Es folgt eine lineare Abhängigkeit zwischen Brechzahländerung und Ladungsträgerkonzentration [13]:

$$\Delta n_{\text{Plasma}} = -\left(\frac{e^2\lambda^2}{8\pi^2 c^2 \varepsilon_0\, n}\right)\left(\frac{N}{m_e} + \frac{P}{m_h}\right) \qquad (15.32)$$

Im Fall hoher Injektion, $N = P$, ist bei InP der Beitrag der Elektronen etwa 6-mal größer als derjenige der Löcher. Die zugehörige Absorptionsänderung beträgt:

$$\Delta\alpha_{\text{Plasma}} = \left(\frac{e^2\lambda^2}{4\pi^2 c^3 \varepsilon_0\, n\, \tau_{in}}\right)\left(\frac{N}{m_e} + \frac{P}{m_h}\right) \qquad (15.33)$$

Hierin ist τ_{in} die Intrabandrelaxationszeit (typisch 25–100 fs).

15.2.3.4
Kombination der Ladungsträgereffekte

Für InP ist die relative Größe der drei Effekte beispielhaft für eine Photonenenergie von

Tabelle 15.6. Brechzahländerung durch Ladungsträgereffekte in InP bei $\lambda = 1{,}3\ \mu m$

Ladungsträger dichte cm^{-3}	Band-füllen	Bandkanten Renormalisierung	Plasma-effekt
$3 \cdot 10^{16}$	− 0,00021	0	− 0,00012
$3 \cdot 10^{17}$	− 0,0021	+ 0,0030	− 0,0012
$3 \cdot 10^{18}$	− 0,019	+ 0,0008	− 0,012

0,95 eV ($\lambda = 1{,}3\ \mu m$), die unterhalb der Bandkante liegt, in Tabelle 15.6 gezeigt. Für kleine Ladungsträgerkonzentration gibt es keine Bandkantenrenormalisierung.

Oberhalb der kritischen Ladungsträgerdichte gibt es eine Konkurrenz zwischen Bandfüllen und Bandkantenrenormalisierung, bei Ladungsträgerdichten oberhalb von $10^{18}\ cm^{-3}$ dominiert der Bandfülleffekt.

15.2.4 Franz-Keldysh Effekt (FKE)

Das Konzept des Franz-Keldysh Effekts zeigt Abb. 15.5. Ein an den Kristall angelegtes elektrisches Feld verkippt das Valenz- und das Leitungsband, so daß die Ladungsträger einem Potential ausgesetzt sind, welches sich linear mit dem Ort ändert. Die Lösungen der Schrödinger Gleichung dieses Problems sind Airy-Funktionen anstatt trigonometrischer Funktionen im ungestörten Fall. Insbesondere reichen die Wellenfunktionen nun in den Bereich des verbotenen Bandes. Die Absorption ist proportional zur Aufenthaltswahrscheinlichkeit in der verbotenen Zone. Eine Überlappung der Elektron- und Lochwellenfunktionen tritt bei Energien auf, die kleiner als der Bandabstand sind, d.h. optische Absorption tritt unterhalb der Bandkante auf (Rotverschiebung der Absorption) [14].

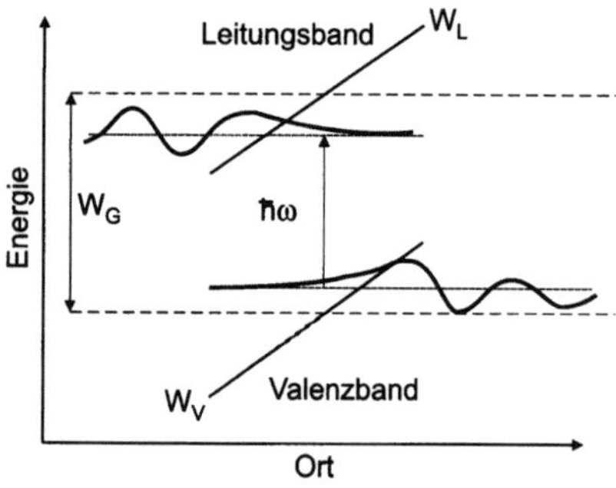

Abb. 15.5. Prinzip des Franz-Keldysh Effekts: Ein externes elektrisches Feld verkippt Valenz- und Leitungsband mit einer Steigung eE. Die Elektronenwellenfunktionen besitzen dann exponentiell abklingende Ausläufer im verbotenen Band und deshalb eine nicht verschwindende Aufenthaltswahrscheinlichkeit. Die Absorption eines Photons dessen Energie kleiner als der Bandabstand ist wird möglich

In diesem einfachen Modell sind exzitonische Effekte nicht berücksichtigt. Basierend auf experimentellen Arbeiten wird der Absorptionsverlauf unterhalb der Bandkante ohne elektrisches Feld durch

$$\alpha = \alpha_u \exp\left[\frac{W_G - \hbar\omega}{W_u}\right] \qquad (15.34)$$

beschrieben [15–17] W_u ist die sogenannte Urbach-Energie (ca. 10 meV [18]). Die Absorptionsspektren mit und ohne Feld sind in Abb. 15.6 dargestellt.

Das Absorptions-Spektrum mit Feld hat nicht mehr den einfachen Verlauf nach Gl. (15.30), sondern noch „Ausläufer" unterhalb und Oszillationen oberhalb der Bandkante. Der Abstand der Überschneidungen skaliert mit der elektrooptischen Energie $\hbar\omega$, die vom elektrischen Feld und der effektiven Masse m^* abhängt nach [19]:

$$(\hbar\omega)^3 = \frac{(e\hbar E)^2}{2m^*} \qquad (15.35)$$

Besonders deutlich wird der Modulationseffekt, wenn man die differentielle Änderungen betrachet, die für dünne Schichten auch oberhalb der Bandkante über große Wellenlängenbereiche meßbar sind. Abbildung 15.7 zeigt eine Berechnung bei zwei verschiedenen Feld-

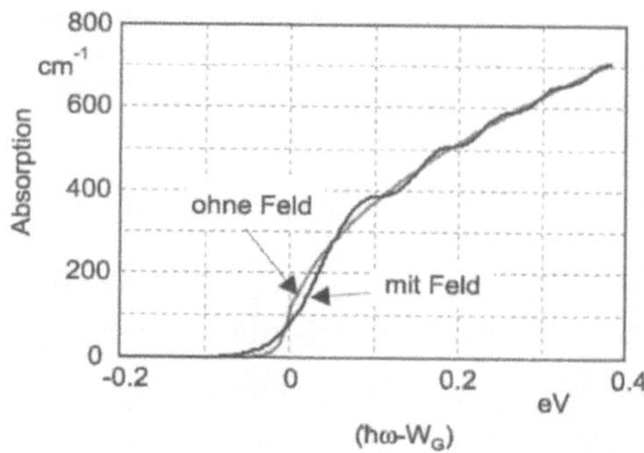

Abb. 15.6. Berechnetes Absorptionsspektrum für quaternäres InGaAsP mit $W_G = 1$ eV mit (100 V/cm) und ohne elektrisches Feld, gemäß dem Modell ohne Exzitonen

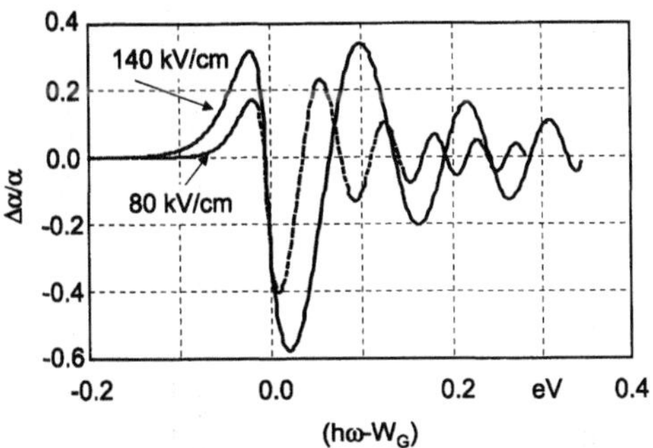

Abb. 15.7. Relative Absorptionsänderung durch den Franz-Keldysh Effekt für quaternäres InGaAsP mit $W_G = 1$ meV bei zwei verschiedenen Feldstärken

stärken (80 kV/cm und 140 kV/cm) die Zunahme der Absorption unterhalb der Bandkante und die Franz-Keldysh-Oszillationen oberhalb davon [20]. Aus derartigen Messungen kann die Brechzahländerung mit großer Genauigkeit über Kramers-Kronig-Transformation berechnet werden.

Sowohl für elektroabsorptive als auch für elektrorefraktive Bauelemente ist eine geringe Grundabsorption der Wellenleiter von Bedeutung. Dies ist nur dann möglich, wenn sie ca. 50–100 meV unterhalb der Bandkante betrieben werden. Bei Bauelementen, deren Funktion auf einer Brechzahländerung beruht, ist die gleichzeitig auftretende Absorption unerwünscht. Dann muß der Abstand von der Bandkante noch weiter erhöht werden, was die Effizienz der Refraktion reduziert. In diesem Bereich kann die Brechzahländerung als Funktion der Feldstärke quadratisch angenähert werden. Der Franz-Keldysh Effekt bildet hier einen Beitrag zum Kerr Effekt. Ein günstigeres Verhältnis von Brechzahländerung zu Absorptionsänderung findet man in den Quanteneffekten.

15.2.5 Quanteneffekte

Die technologischen Fortschritte auf dem Gebiet der Epitaxie mit Molekularstrahlen (MBE) und mit metallorganischen Verbindungen (MOVPE) ermöglichen die Realisierung von Strukturen mit atomar glatten Grenzflächen und Änderungen der Zusammensetzung über atomare Dimensionen (atomic layer epitaxy = ALE). Damit ist es möglich, quantenmechanische Effekte zu realisieren. Es werden im folgenden nur Auswirkungen auf das optische Verhalten betrachtet.

15.2.5.1 Quantenunterstützter Stark-Effekt QCSE: Quantum Confined Stark Effect

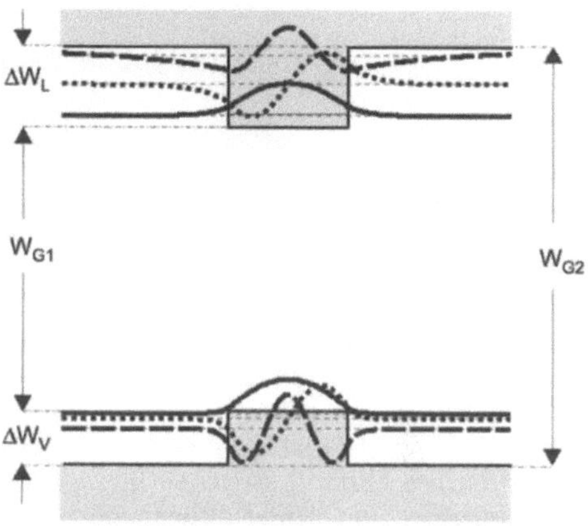

Abb. 15.8. Potentialtopf mit Wellenfunktion für Elektronen im Leitungsband und Löcher im Valenzband. Gezeigt sind die ersten drei Wellenfunktionen der Elektronen und Löcher

Bringt man einkristallin dünne Schichten von etwa nur 10 nm Dicke eines Halbleiters mit dem Bandabstand W_{G1} zwischen zwei Schichten mit größerem Bandabstand W_{G2}, so entsteht für die Elektronen im Leitungsband und die Löcher im Valenzband jeweils ein Potentialtopf, wie Abb. 15.8 zeigt. Gängige Materialkombinationen für Quantenfilme sind GaAs/GaAlAs/GaAs für den Wellenlängenbereich um 800 nm, sowie InP/InGaAsP/InP und InAlAs/InGaAs/InAlAs gitterangepaßt an InP für Wellenlängen um 1300 nm und 1550 nm. Die Tiefe der Potentialtöpfe wird durch die Aufteilung der Bandlückendifferenz $\Delta W_G = W_{G2} - W_{G1}$ auf das Leitungs-ΔW_L und das Valenzband ΔW_V bestimmt und ist für die Materialkombinationen unterschiedlich. Tabelle 15.7 zeigt typische Werte.

Tabelle 15.7. Aufteilung der Bandlückendifferenz auf Leitungsband und Valenzband für die gängigsten Materialsysteme

Materialsystem	$\Delta W_L/\Delta W_G$	$\Delta W_V/\Delta W_G$
GaAs/GaAlAs/GaAs	0,6	0,4
InP/InGaAsP/InP	0,4	0,6
InAlAs/InGaAs/InAlAs	0,8	0,2

In den Potentialtöpfen sind nur diskrete Energiezustände erlaubt (Subbänder), deren Werte sich aus der Lösung der Schrödingergleichung mit ortsabhängiger effektiver Masse ergeben.

$$\left(-\frac{\hbar^2}{2}\frac{\partial}{\partial z}\frac{1}{m^*(z)}\frac{\partial}{\partial z}+V(z)\right)\psi(z)=W\psi(z) \tag{15.36}$$

Die Wellenfunktionen sind trigonometrische Funktionen innerhalb der Quantenschicht und exponentiell abklingende Funktionen in der Barriere. Der energetische Abstand zwischen dem oberstem Lochniveau und dem unterstem Elektronenniveau liegt zwischen W_{G1} und W_{G2}. Mit größerer Breite des Quantenfilms nimmt dieser Abstand ab und nähert sich W_{G1} an. Es ist daher möglich den gleichen energetischen Abstand zwischen den beiden Grundniveaus mit unterschiedlichen quaternären Zusammensetzungen einzustellen, wenn die Breite des Quantenfilms entsprechend angepaßt wird, wie Abb. 15.9 zeigt.

Da Elektron und Loch noch eng beieinander sind, herrscht eine starke Coulomb-Wechselwirkung: es bildet sich ein Exziton dessen „Dimensionalität" als Funktion der Filmbreite zwischen 2 und 3 liegt. Der Bohrsche Radius in 3 Dimensionen ist

$$r_{\text{Bohr}}=4\pi\varepsilon_0\varepsilon_r\frac{\hbar^2}{\mu_{\text{eh}}e^2}, \tag{15.37}$$

wobei ε_r die relative Dielektrizitätskonstante des Halbleiters und μ_{eh} die reduzierte Masse aus Elektron und Loch ist. Man erhält Radien zwischen 10 nm und 20 nm. Die Bindungsenergie der Exzitonen ist abhängig von der Schichtdicke L und beträgt [21]:

$$E_{\text{ex}}=\left[-1-3\exp\left\{-\frac{2}{3}\left(\frac{L}{r_{\text{Bohr}}}\right)^{2/3}\right\}\right]\cdot\left[\frac{1}{16\pi^2\varepsilon_r^2\varepsilon_0^2}\frac{\mu_{\text{eh}}e^4}{2\hbar^2}\right] \tag{15.38}$$

Der Ausdruck in der ersten eckigen Klammer beschreibt die Skalierung mit der Schichtdicke, die zweite Klammer ist die Rydbergenergie eines 3-D Exzitons. Um den Betrag dieser Energie (ca. 10 meV) wird die Absorptionskante bezüglich der Subbänder reduziert.

Wenn ein elektrisches Feld senkrecht zu den Schichten angelegt wird, so verkippen Valenz- und Leitungsband wie Abb. 15.10 zeigt. In der Schrödingergleichung muß in diesem Fall ein ortsabhängiges Potential eEz zu dem Potential $V(z)$ hinzu addiert werden. Gelöst wird das Problem mit der üblichen Störungsrechnung, wobei die gestörten Wellenfunktionen als Linearkombinationen der ungestörten angesetzt werden [22].

Das angelegte elektrische Feld hat zwei Auswirkungen.

Die Quantisierungsenergien W_{e1}, W_{e2} ... der Elektronen im Leitungsband werden abgesenkt, diejenigen für schwere Löcher W_{hh1}, W_{hh2} ... und für leichte Löcher W_{lh1}, W_{lh2}, im Valenzband steigen an. Die resultierende Rotverschiebung der Absorptionskante ändert sich mit der vierten Potenz der Dicke der Quantenschicht und ist für kleine Feldstärken quadratisch von E abhängig [23]:

$$\Delta W = C\,m^*E^2L^4 \tag{15.39}$$

Daher scheint ein breiter Quantenfilm besser geeignet zu sein, um bei gleicher elektrischer Feldstärke E eine größere Verschiebung zu erzielen.

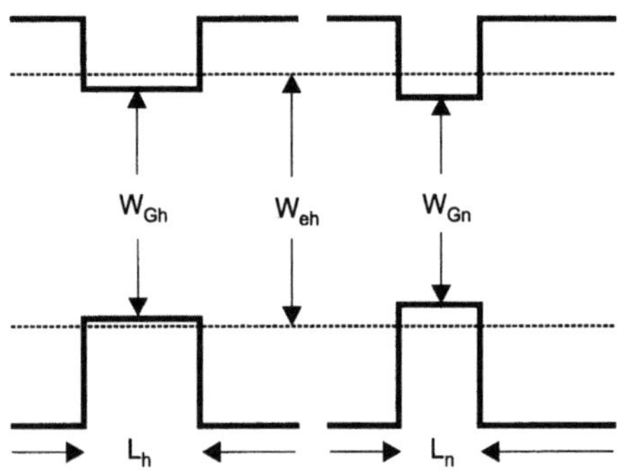

Abb. 15.9. Gleicher energetischer Abstand W_{eh} für verschiedene Zusammensetzungen eines Quantenfilms. Den kleinsten Bandabstand erhält man für ternäres Material InGaAs. Ein kleiner Bandabstand wird durch eine geringere Schichtdicke ausgeglichen

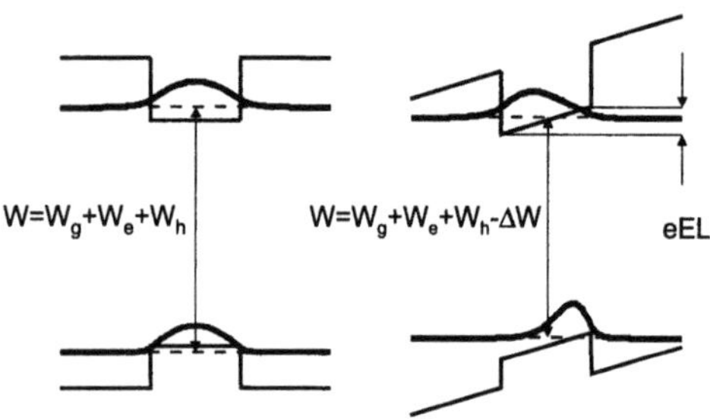

Abb. 15.10. Potentialtopf beim QCSE mit und ohne elektrisches Feld

Das Elektron wird in Richtung zur positiven Elektrode, das Loch in Gegenrichtung gezogen. Es ergibt sich eine geringere Absorptionswahrscheinlichkeit für „erlaubte" Übergänge, da die Oszillatorstärke mit dem Überlappintegral zwischen den Wellenfunktionen von Elektron und Loch mit gleicher Quantenzahl kleiner wird. Das Überlappintegral für zuvor „verbotene" Übergänge (z.B. zwischen dem zweiten Lochzustand und dem ersten Elektronenzustand) ist nun von Null verschieden und bewirkt zunehmende Absorption bei der entsprechenden Energie.

Die Wände des Quantenfilms verhindern das Tunneln in die Barriere und damit die Ionisierung des Exzitons. Da die Bindungsenergie der Exzitonen klein ist gegenüber der Separation zwischen den Subbändern, wird die Energieverschiebung im wesentlichen durch die Lage der Subbänder bestimmt.

Abbildung 15.11 zeigt die optische Absorption in einem AlGaAs/GaAs/AlGaAs-Quantenfilm für unterschiedliche Feldstärken. Die schmalen exzitonischen Absorptionsspitzen verschmälern die Absorptionskante und verbessern damit die Eigenschaften von MQW Modulatoren. Sie sind aber nicht der wesentlichste Punkt für die Arbeitsweise der Modulatoren.

Zur Intensitätsmodulation in Bauelementen kommt es auf die relative Änderung der Absorption an:

$$\Delta\alpha = \frac{\alpha(E) - \alpha(E=0)}{\alpha(E=0)} \tag{15.40}$$

Um geringe Einfügeverluste zu realisieren sollte der Nenner dieses Ausdrucks klein sein.

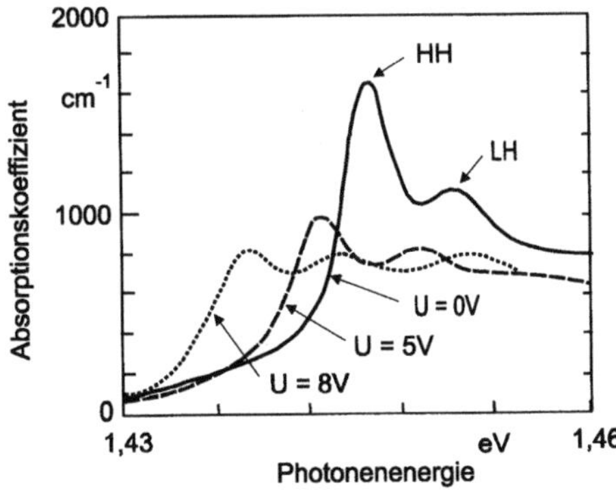

Abb. 15.11. Absorption im Quantenfilm ohne und mit elektrischem Feld [24]. HH markiert schwere Löcher (heavy hole), LH die leichten Löcher (light hole)

Für ein großes Extinktionsverhältnis muß der Zähler hingegen groß sein. Da die Energieverschiebung der Subbänder mit größerer Filmbreite größer wird (Gl. 15.39) aber die Oszillatorstärke dabei abnimmt, gibt es eine optimale Zusammensetzung, die für die gewünschte Betriebswellenlänge berechnet werden muß. Die Brechzahländerungen in Quantenfilmen sind deutlich größer ist als der lineare elektrooptische Effekt. Auch ist $\Delta n/\Delta\alpha$ größer als beim Franz-Keldysh-Effekt.

In gitterangepaßten Quantenfilmen ist die energetische Lage für leichte und schwere Löcher verschieden, weil Leicht- und Schwerlochbänder entartet sind. Aus den Auswahlregeln für optische Übergänge folgt, daß TM-polarisierte Wellen nur an die leichten Löcher ankoppeln (rel. Intensität 2/3), TE polarisierte Wellen hingegen an leichte (rel. Intensität 1/3) und schwere Löcher (rel. Intensität 1). Deshalb sind die einfachen Quantenfilme inhärent polarisationsabhängig. Eine mögliche Lösung Polarisationsunabhängigkeit zu erreichen, sind verspannte Quantenfilme zu verwenden. Verspannte Schichten werden ebenfalls in Halbleiterlasern verwendet, dort allerdings mit dem Ziel, den Schwellstrom zu reduzieren (s. Abschn. 17.7).

Werden Halbleiterschichten mit unterschiedlichen Gitterkonstanten epitaktisch aufeinander gewachsen, so entstehen mechanische Spannungen in der Schicht. Die Gitter-

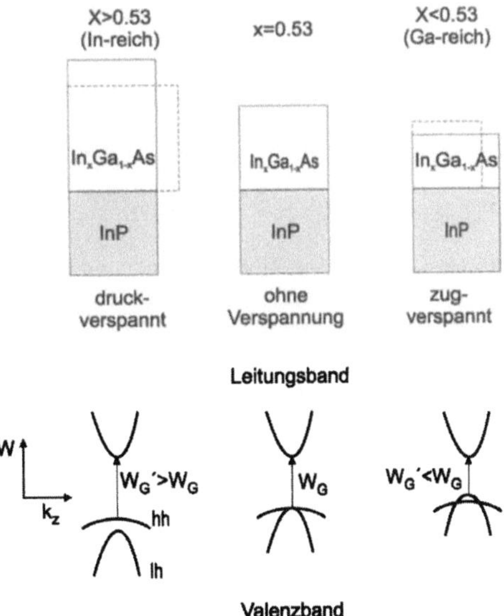

Abb. 15.12. Bandstruktur bei Verspannung

konstante in der Wachstumsebene wird durch die darunter liegende Schicht vorgegeben (z.B. InP). Ist die Gitterkonstante des aufwachsenden Materials größer als die des Substrates (z.B. durch den Ersatz eines Gruppe-III-Atoms durch ein größeres), dehnt es sich in Wachstumsrichtung aus, in der Wachstumsebene entsteht eine Druckverspannung (compressive strain). Zu Zugverspannung (tensile strain) kommt es, wenn ein kleineres Atom eingebaut wird. In beiden Fällen wird die Symmetrie erniedrigt und bewirkt eine starke Änderung der Valenzbandstruktur. Das Leitungsband wird dadurch kaum beeinflußt. Die Auswirkungen auf das Leichtlochband sind in beiden Fällen stärker ausgeprägt. Bei Druck (Zug)verspannung erhöht (erniedrigt) sich der Bandabstand (vgl. Abb. 15.12).

Bei geeigneter Dimensionierung erreicht man für TE und TM-Polarisation die gleiche Bandkante. Technologisch ist die Realisierung problematisch, da üblicherweise die Schichten gitterangepaßt gewachsen werden müssen. Ist die Gesamtspannung zu stark, so reißen die Schichten und sind unbrauchbar. Die elastische Grenze liegt bei einem einer Nettoverspannung von 20–40 nm% (Produkt aus Schichtdicke und Verspannung) [25]. Ein Ausweg ist hier die Verwendung ternären Materials (z.B. InAlAs) für die Barriere, das man mit entgegengesetzter Verspannung versehen kann.

Polarisationsunabhängige Strukturen

Mit verspannten Quantenfilmen kann für TE- und TM-Polarisation dieselbe Übergangsenergie erreicht werden. Die Verschiebung der Bandkante mit dem elektrischen Feld bleibt unter diesen Voraussetzungen aber noch immer polarisationsabhängig, denn es gilt

$$\Delta W = C\, m^*\, E^2 L^4 \qquad (15.41)$$

was für unterschiedlich effektive Massen zu einer ungleichen Verschiebung führt. Wenn es nun gelingt, für die beiden Polarisationen die Dicke L der Quantenfilme ungleich zu machen, so läßt sich erreichen, daß auch ΔW für beide Polarisationen gleich groß wird [26,27]. Dafür muß gelten

$$m^*_{\mathrm{TE}} L^4_{\mathrm{TE}} = m^*_{\mathrm{TM}} L^4_{\mathrm{TM}} \qquad (15.42)$$

Die in Abb. 15.13 gezeigte Struktur mit eingebauten Tunnelbarrieren ermöglicht diese Unabhängigkeit. Die schweren Löcher sind in dem inneren Film der Breite L_{HH} gebunden,

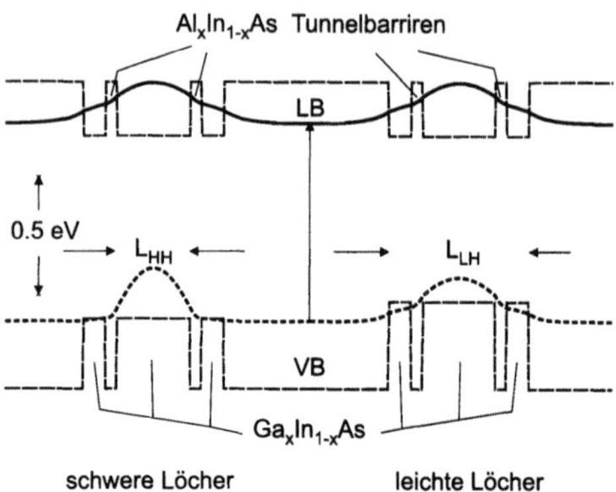

Abb. 15.13. Bandstruktur eines zugverspannten Quantentopfes mit dünnen Tunnelbarrieren

die leichten Löcher hingegen können durch die dünnen Barriere tunneln und besetzen eine effektive Filmdicke L_{LH}. Die Kombination von verspannten Schichten und zusätzlichen Barrieren ermöglicht die gleiche Bandkante und eine gleichgroße Verschiebung der Quantenniveaus. Ebenso ist eine polarisationsunabhängige Elektrorefraktion möglich.

15.2.5.3 *Wannier-Stark Effekt*

Der Wannier-Stark Effekt (WSE) tritt dann auf, wenn der Abstand zwischen benachbarten Quantenfilmen so gering ist, daß durch resonantes quantenmechanisches Tunneln die Wellenfunktionen stark miteinander koppeln [28, 29] (vgl. Abb. 15.14). Wenn die Struktur feldfrei ist, sind die Elektronen nicht lokalisiert, ihre Aufenthaltswahrscheinlichkeit verteilt sich auf alle gekoppelten Quantenfilme. Die ursprünglich diskreten Energieniveaus der Quantenfilme verbreitern sich und bilden Subbänder mit einer Breite ΔL bzw. ΔV. Die Breite des Subbandes im Leitungsband ist aufgrund der geringeren Elektronenmasse größer als die des Valenzbandes. Beim Einschalten eines elektrischen Feldes wird die Kopplung wieder aufgehoben. Die Elektronen sind dann mit zunehmender Feldstärke E immer stärker lokalisiert. Es ergeben sich zusätzliche „schiefe" Übergänge durch Wechselwirkung zwischen Elektron- und Lochzuständen des n-ten bzw. $n+p$-ten Quantenfilms mit den Energien $W_{\mathrm{QW}} + peEd$ ($p = \pm 1, \pm 2, \ldots, d$ Periodizitätslänge des Übergitters). Gleichzeitig vergrößert sich der Bandabstand, weil die Minibänder immer schmaler werden. Bei voll-

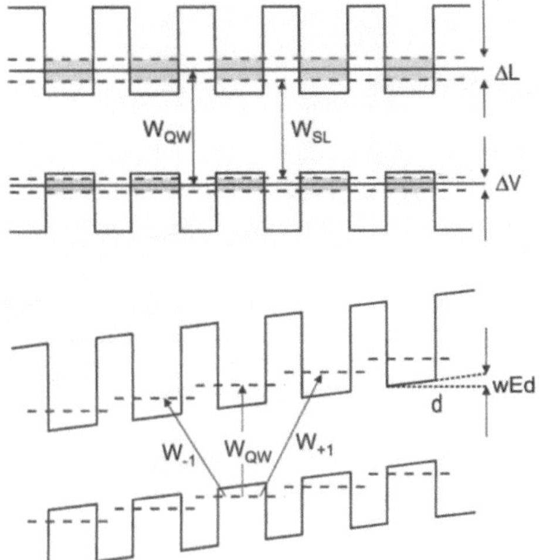

Abb. 15.14. Wannier-Stark-Übergitter ohne und mit elektrischem Feld

ständiger Lokalisierung nimmt der Überlapp der Wellenfunktionen rapide ab und die „schiefen" Übergänge verschwinden.

Man kann zwei „Betriebsarten" unterscheiden.

Die eingestrahlte Photonenenergie ist größer als der Bandabstand des Übergitters im feldfreien Fall, aber kleiner als die Übergangsenergie eines isolierten Zustandes. Dann gibt es eine negative Absorption oder Blauverschiebung. Dieser Effekt ist für Bauelementanwendungen nicht gut geeignet, da die Restabsorption, die von schiefen Übergängen ($p = -1$) herrührt, zu stark ist.

Die eingestrahlte Photonenenergie ist kleiner als der Bandabstand des Übergitters im feldfreien Fall. Dann gibt es eine positive Absorptionsänderung, die von dem Übergang ($p = -1$) herrührt. Dies entspricht der konventionellen Rotverschiebung beim QCSE, außer daß er bei kleineren Feldstärken auftritt.

Mit einem aus 20 Schichten bestehenden Übergitter wurde ein 320 µm langer Modulator realisiert [30]. Bei einer Wellenlänge von 1,57 µm wurde ein Extinktionsverhältnis von 14 dB und eine Dämpfung für den „ein"-Zustand von 4,6 dB erreicht. Die zugehörige Schaltspannung lag bei nur 0,6 V.

15.2.5.3 *BRAQWETS (Barrier Reservoir and Quantum Well Electron Transfer Structure)*

Die für Volumenhalbleiter beschriebene Möglichkeit, nämlich das Bandfüllen zur Absorptions- und Refraktionsmodulation auszunutzen, ist auch für Quantenfilme gegeben. Im Gegensatz zur dort verwendeten Stromsteuerung, wird hier ein thermodynamisch abgeschlossenes Systems betrachtet. Man benötigt ein dem zu modulierenden Quantenfilm eng benachbartes Ladungsträgerreservoir und eine Barriere, die den Stromfluß unterdrückt. Wie Tabelle 15.8 und Abb. 15.15 zeigen, besteht die Struktur im wesentlichen aus 7 Schichten mit unterschiedlicher Zusammensetzung und Dotierung. Eine n-dotierte Schicht mittleren Bandabstandes W_R bildet das Ladungsträgerreservoir (1), daran schließt sich eine dünne undotierte Sperrschicht mit nahezu gleichem Bandabstand an (2), gefolgt von dem zu steuernden asymmetrischen Quantenfilm (3) mit Bandabstand W_{QF}. Es folgt die Barriere W_B, die in einen undotierten (4) p-dotierten (5) und wieder undotierten (6) Bereich aufgeteilt ist. Daran schließt sich schließlich wieder das Reservoirmaterial an (7). Diese Struktur wurde erstmals im Materialsystem InGaAlAs/InP realisiert [31] und später auf das System InGaAsP/InP übertragen [32].

Die beiden Enden der Struktur sind mit dem Ferminiveau der hoch n-dotierten

Tabelle 15.8. Schichtenfolge einer BRAQWET Struktur

No.	Funktion	Material	Bandabstand	Dicke	Dotierung (cm^{-3})
1	Reservoir	n-Q	1250	60	$2 \cdot 10^{18}$
2	Trennschicht	Q	1250	11	keine
3	Quantenfilm	Q	1550	10	keine
4	Barriere	InP		30	keine
5	Barriere	p-InP		15	$1 \cdot 10^{18}$
6	Barriere	InP		15	keine
7	Senke	Q	1250	12	keine

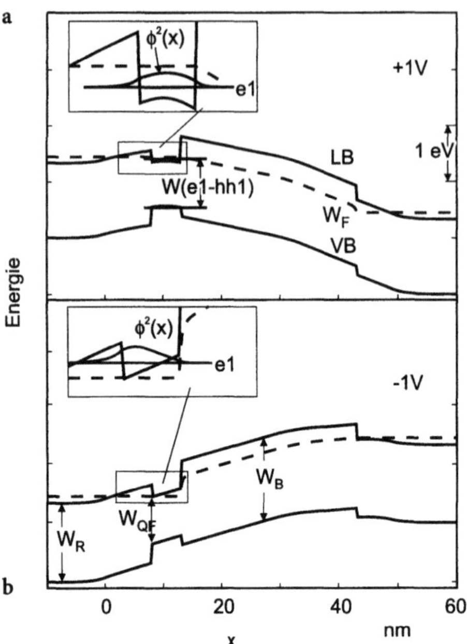

Abb. 15.15 a, b. Aufbau und Banddiagramm einer Barrier Reservoir And Quantum Well Electron Transfer Structure (BRAQWETS). **a** Bei einer angelegten Spannung von +1 V liegt das Ferminiveau im Quantenfilm, d.h. der Film wird mit Elektronen aus dem benachbarten Reservoir gefüllt, **b** das Ferminiveau liegt in der Bandlücke, damit enthält der Quantenfilm keine Elektronen

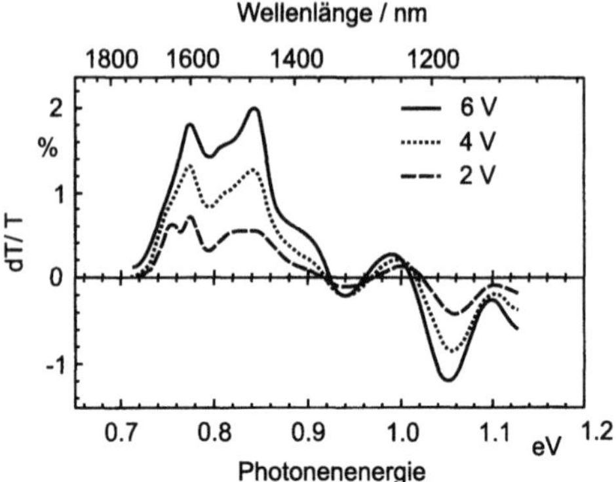

Abb. 15.16. Differentielle Transmissionspektroskopie an einer BRAQWET-Struktur mit graduierter Barriere [34]

Schicht verankert. Die vollständig ausgeräumte p-Schicht induziert auch im Reservoir Bereiche mit Ladungsträgerverarmung. Die Ladungsträgerdichte im Quantenfilm wird über das Ferminiveau gesteuert [33].

$$N = \frac{m^* kT}{\hbar^2} \ln\left[1 + \exp\left(\frac{W_{\mathrm{Fn}} - W(e1)}{kT}\right)\right] \tag{15.43}$$

Das Leitungsband im QW liegt im spannungslosen Fall gerade über dem Ferminiveau und enthält somit keine Elektronen. Legt man jetzt eine positive Spannung an die Oberfläche der Probe an, werden die Energiebänder gekippt. Ab einer gewissen Spannung gerät der niedrigste Energiezustand im QW unter das Ferminiveau, so daß Elektronen vom Reservoir in den QW gelangen und die dort möglichen Zustände besetzen. Nach dem Pauli-Prinzip verhindern sie Absorptionsvorgänge. Dies ist deutlich in der in Abb. 15.16 dargestellten Messung zu erkennen. Es handelt sich bei dem Meßverfahren um differentielle Transmissions-Spektroskopie (DTS). Man legt dabei eine Rechteckspannung an das Bauelement an und registriert mittels Lock-In-Technik die Änderungen der Transmission der aktiven Schicht als Funktion der Photonenenergie. Mit zunehmender Spannung (= zunehmende Elektroneninjektion) nimmt die Transmission zu.

Die Refraktionsänderung wird wieder mit KKT bestimmt. Interessant ist insbesondere der Bereich unterhalb der Bandkante, wo die Absorptionsänderung vernachlässigbar ist. Der wesentliche Unterschied zum QCSE ist ein unipolares DTS-Signal. Daraus ergibt sich bei der KKT ein wesentlich größerer Wert für Δn verglichen mit einem bipolaren QCSE-Signal. Auch $\Delta n/\Delta k$ wird sehr groß, was für refraktive Bauelemente von Vorteil ist. Die Brechzahländerung bezogen auf die steuernde Ladungsträgerdichte, die sich mit der BRAQWET-Struktur erreichen läßt, ist etwa genauso groß, wie eine über Strominjektion bewirkte Modulation.

Die Geschwindigkeit des Schalteffekts wird wesentlich durch den Transport der Ladungsträger innerhalb der Struktur bestimmt. Das Befüllen des Quantenfilms geschieht nahezu unmittelbar, nur durch die Driftzeit bestimmt. Das Entladen des Quantenfilms geschieht über die Barriere und ist von ihrer Höhe abhängig. Wird die Barriere zwischen Reservoir und Quantenfilm kontinuierlich im Bandabstand abgestuft (z.B. von 1,08 eV auf 0,73 eV über eine Strecke von 15 nm), so können die Transferzeiten auf etwa eine ps reduziert werden. Der Vorteil gegenüber Bauelementen mit Strominjektion bei Volumenhalbleitern liegt in der wesentlich größeren Geschwindigkeit.

15.3 Wellenleiter und Elektroden

Wellenleiter führen das Licht in den Bauelementen und vermitteln in Verbindung mit den Elektroden die Wechselwirkung zwischen dem Steuersignal und dem physikalischen Effekt. Sie bestehen aus einer Schicht der Dicke h und einem Brechungsindex n_f eingebettet in ein Material mit der Brechzahl n_s. Hinzu kommt eine laterale Begrenzung, die unterschiedlich ausgelegt sein kann (Abb. 15.17). Das optische Feld hat exponentiell abfallende Anteile auch außerhalb der wellenleitenden Schicht und damit eine effektive Feldausdehnung h_{eff}. Eine grobe Abschätzung für die Dimension eines einmodigen Wellenleiters liefert [31]:

$$h_{\text{eff}} \approx \frac{\lambda}{\sqrt{n_f^2 - n_s^2}} \tag{15.44}$$

15.3.1 Wellenleiter

An die Wellenleiter sind verschiedene Anforderungen zu stellen:

1. Das Material, aus dem die wellenleitende Schicht besteht, sollte sich leicht in seinen Absorptions- bzw. Refraktions-Eigenschaften durch die elektrooptischen, elastooptischen und thermooptischen Effekte beeinflussen lassen.
2. Die Abmessungen der Wellenleiter sollten im Bereich weniger µm liegen, damit mit kleinen Spannungen hohe elektrische Feldstärken eingestellt werden können.
3. Grundvoraussetzung zum effizienten Schalten in Interferometeranordnungen sind einmodige Wellenleiter. Ein zweiter lateraler Mode wird zwar ebenso von den Steuereffekten beeinflußt, hat aber eine andere Phasengeschwindigkeit. Die resultierende Interferenz der Moden führt dann zu einem nicht beabsichtigten Nebensprechen. Ausnahme bilden Multimode-Interferenzanordnungen (MMIs), bei denen bewußt viele Moden angeregt werden (typisch 3–6 Moden). Der Richtkoppler ist zwar eine zweimodige Struktur, die einzelnen Wellenleiter sind aber einmodig.
4. Optische Verluste in den Wellenleitern sind soweit wie möglich zu reduzieren. Ursachen sind:
   - die Absorption des Wellenleitermaterials, gute Werte liegen bei < 1 dB/cm,
   - die Wellenleiterdotierung, sie sollte kleiner sein als 10^{15} cm^{-3},
   - eine Absorption in den Metallelektroden,
   - Krümmungsverluste (exponentiell vom Krümmungsradius abhängig),
   - interne Stoßstellen
5. Optische Verluste bei der Ankopplung an Fasern resultieren aus der unsymmetrischen Feldverteilung im Wellenleiter, deren Breite von denen der Faser abweichen. Die Verluste sind durch das Überlappintergral des geführten Modes im planaren Wellenleiter und dem Fasermodus bestimmt. Die Feldverteilung in der Faser wird als symmetrisch mit der Halbwertsbreite a angesetzt. Nähert man die Nahfeldverteilung durch gaußförmige Profile mit den in Abb. 15.18 angedeuteten Halbwertsbreiten an, so ergibt sich als gute Näherung für das Überlappintegral [35]:

$$\eta = \frac{2\left[\left[\frac{1}{a^2}+\frac{1}{a_1^2}\right]^{-\frac{1}{2}} + \left[\left[\frac{1}{a^2}+\frac{1}{\sigma_2^2}\right]^{-\frac{1}{2}}\right]\right]^2}{a^2\,\sigma_3(\sigma_1+\sigma_2)\left[\frac{1}{a^2}+\frac{1}{\sigma_3^2}\right]} \tag{15.45}$$

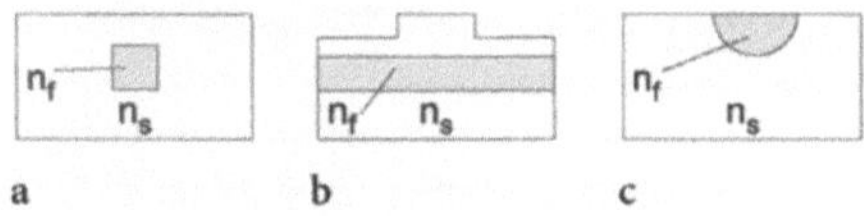

Abb. 15.17 a–c. Typische Wellenleiter der integrierten Optik. **a** vergrabener Wellenleiter, **b** Rippenwellenleiter, **c** diffundierter Wellenleiter

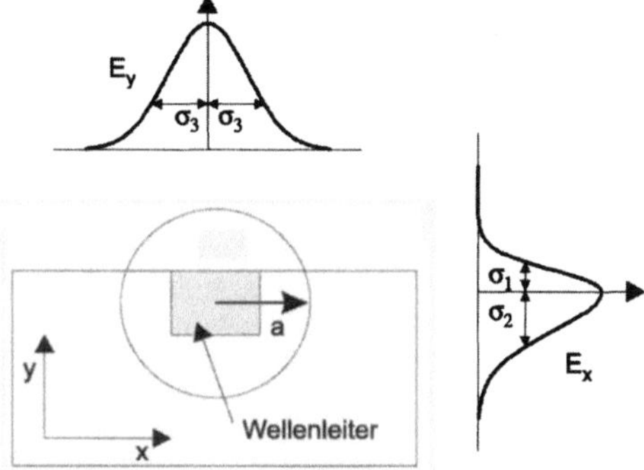

Abb. 15.18. Feldverteilung eines asymmetrischen Wellenleiters. Sie ist gekennzeichnet durch die $1/e$-Halbwertsbreiten σ_1, σ_2, und σ_3. Eingezeichnet ist zudem die $1/e$-Halbwertsbreite a der Faser

Die erfolgreichste - wenn auch technologisch aufwendige - Methode zur Minimierung der Koppelverluste besteht darin, die Feldverteilung auf dem Chip derjenigen der Faser anzupassen. Dies geschieht durch sog. „Taper" (vgl. Abschn. 14.3). Zusätzliche Verluste sind die Fresnelverluste an den Stirnflächen, die durch die Intensitätsreflektivität bedingt sind

$$R = \left(\frac{n_{\mathrm{eff}} - n_{\mathrm{F}}}{n_{\mathrm{eff}} + n_{\mathrm{F}}}\right)^2 \tag{15.46}$$

Hierin ist n_{eff} der effektive Index des Wellenleiters, n_{F} derjenige der Faser. Die Fresnelverluste lassen sich durch Entspiegelungsschichten wesentlich reduzieren. Der Brechungsindex dieser Entspiegelungsschicht ist das geometrische Mittel aus Faserindex und effektivem Wellenleiterindex, ihre Dicke beträgt ein Viertel der Wellenlänge. Mit Mehrfachschichten sind breitbandige Entspiegelungen möglich.

Zur Dimensionierung einmodiger Wellenleiter und ihrer vertikalen und lateralen Feldverteilung sind ein- und zweidimensionale numerische Verfahren entwickelt worden [36, 37]. Dies sind die Effektiv-Index Methode (EIM) [38], die Finite Differenzen Methode (FDM) [39], die Finite Elemente Methode (FEM) [40] und die Methode der Geraden (method of lines (MOL) [41]. Zur Beschreibung der optischen Felder in Ausbreitungsrichtung eignet sich die Theorie der gekoppelten Moden und darüber hinaus für komplexere Strukturen die „beam propagation method" (BPM) [42]. Ausführlich sind diese Berechnungsverfahren in Kap. 14 erläutert.

15.3.2 Elektroden

Elektroden sind für dielektrische Materialien und für Halbleiter unterschiedlich auszulegen. Da die Bauelemente in Planartechnologie hergestellt werden, handelt es sich in beiden Fällen im wesentlichen um nahezu koplanare Anordnungen. Sind die optische Feldverteilung im Wellenleiter und die Brechzahländerungen durch die physikalischen Effekte bekannt, so ist es möglich, die effektive Brechzahländerung zu bestimmen, die für die Funktion eines Bauelementes von Bedeutung sind [43]:

$$\Delta n_{\mathrm{eff}} = \frac{\int_{-\infty}^{\infty} \Delta n(x,y)\, E_{\mathrm{opt}}^2(x,y)\,\mathrm{d}x\,\mathrm{d}y}{\int_{-\infty}^{\infty} E_{\mathrm{opt}}^2(x,y)\,\mathrm{d}x\,\mathrm{d}y} \tag{15.47}$$

Eine entsprechende Beziehung gilt für die effektive Absorptionsänderung.

15.3.2.1 Dielektrika

Eine Optimierungsaufgabe besteht darin, die Elektrodenanordnung zu finden, für die bei gegebener Spannung die größte effektive Brechzahländerung erreicht wird. Da weder das elektrische noch das optische Feld gleichförmig ist, so hängt die optimale elektrooptische Wirkung von den lateralen geometrischen Parametern ab. Für Dielektrika sind die beiden in Abb. 15.19 skizzierten lateralen Anordnungen vorstellbar. Für die Anordnung mit flankierenden Elektroden wirkt im wesentlich das horizontale elektrische Feld. Die Feldstärke wird mit abnehmender Elektrodenlücke g immer größer, der Überlapp mit dem optischen Feld aber sinkt. Es gibt deshalb eine optimale Lücke, die dann erreicht wird, wenn g ca. halb so groß ist wie die $1/e$-Halbwertsbreite der optischen Mode. Im Falle bedeckender Elektroden ist für eine sehr kleine Lücke das vertikale Feld im Wellenleiter klein, es steigt mit zunehmender Lücke weiter an, ebenso steigt das Überlappintegral mit größerer Lücke g. Hier kann kein optimaler Wert angegeben werden. Die effektive elektrooptisch induzierte Brechungsindexänderung ist durch

$$\bar{n}_{\mathrm{eff}}\, 2\sigma = -\frac{1}{2} r n^3 \frac{U}{g/2\sigma} \frac{\iint E\,|E_{\mathrm{opt}}|^2\,\mathrm{d}A}{\iint |E_{\mathrm{opt}}|^2\,\mathrm{d}A} \tag{15.48}$$

gegeben [44] und in Abb. 15.20 für die beiden Fälle skizziert. Weitere Informationen zur Elektrodenoptimierung findet man in [45] und [46].

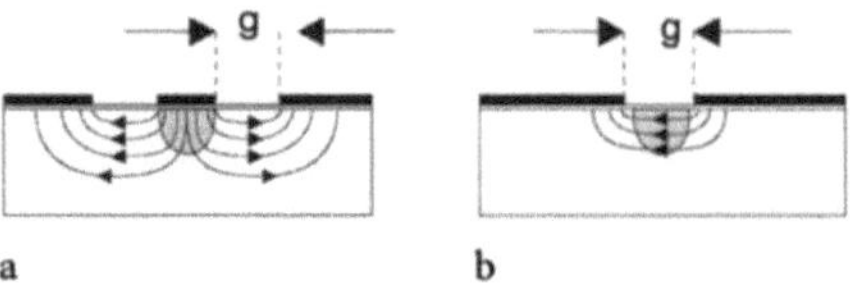

Abb. 15.19 a, b. Elektroden für dielektrische Wellenleiter. **a** bedeckende Elektroden, **b** flankierende Elektroden

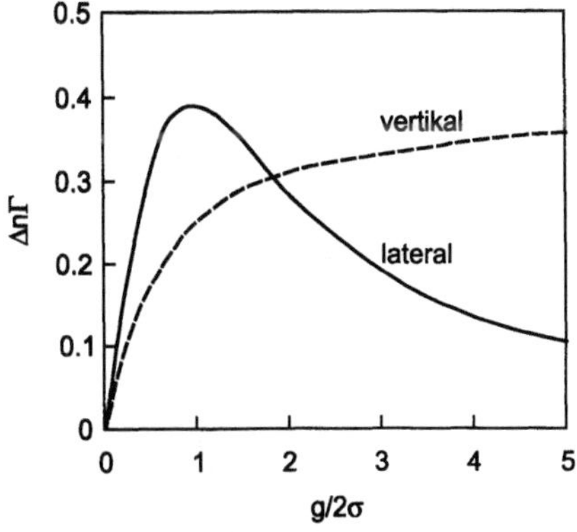

Abb. 15.20. Effizienz der Elektroden für laterale und vertikale Anordnung

15.3.2.2
Pufferschichten

Bedeckende Metallelektroden führen für TM Polarisation zu starken optischen Verlusten. Damit das optische Feld an den Elektroden nur noch schwach ist, wird bei $LiNbO_3$ eine Pufferschicht zwischen Wellenleiter und Metallelektrode eingebaut, die jedoch die Effizienz herabsetzt [47]. Der Brechungsindex dieser Schicht muß kleiner sein, als der des Wellenleiters. Eine typische SiO_2 Pufferschicht erhöht die benötigte Treiberleistung um 1–3 dB. Gut geeignet sind auch elektrisch leitende und optisch isolierende Schichten aus Indium-Zinn-Oxid, (ITO). Auch CdO kann als leitende Elektrode verwendet werden. Problematisch ist hier die Toxizität von Cd.

15.3.2.3
Halbleiter

Im Halbleiter wird das steuernde elektrische Feld in einem rückwärts gepolten *pn*-Übergang oder einem Schottky-Kontakt erzeugt. Die wirksame Sektion ist die Raumladungszone der Dicke *d*, die bei Halbleiter in der Größenordnung von 1 µm liegt und damit bei gleicher Spannung höhere Feldstärken ermöglicht als bei den Dielektrika. Als Abschätzung kann der pn-Übergang als Plattenkondensator mit dem Plattenabstand *d* betrachtet werden. Das Feld ist aber nicht homogen, sondern wegen der Raumladungszone ortsabhängig. Der Feldgradient ist proportional zur Hintergrunddotierung. Aus diesem Grunde muß die Hintergrunddotierung so klein wie möglich sein (mit modernen epitaktischen Verfahren kann die Hintergrunddotierung zwischen 10^{14}–$10^{15}\,\mathrm{cm}^{-3}$ realisiert werden). Die höchste Feldstärke ergibt sich bei abrupten *pn*-Übergängen direkt an der Stoßstelle zwischen *p*- und *n*-Gebiet.

15.3.2.4
Bandbreite

Neben der elektrooptischen Effizienz ist die Modulationsbandbreite entscheidend bei der Auswahl der Elektroden. Man unterscheidet konzentrierte Elektroden und Wanderwellenelektroden.

Der Kapazitätsbelag (Kapazität/Längeneinheit) kann für koplanare Elektroden bei gegebener Geometrie mit Hilfe der konformen Abbildung berechnet werden. Bei dieser Methode wird eine koplanare Anordnung auf einen Plattenkondensator abgebildet. Eine einfache Beziehung ergibt sich unter der Voraussetzung unendlich dünn gedachter Elektroden und eines unendlich dicken Substrates: Für den Kapazitätsbelag der drei koplanaren Anordnungen nach Abb. 15.21 mit den in der Tabelle 15.9 angegebenen Größen ergibt sich:

$$\frac{C}{L} = 2^{r-s}\,\varepsilon_{\mathrm{eff}}\left(\frac{K'(k)}{K(k)}\right)^{s} \tag{15.49}$$

mit

$$\varepsilon_{\mathrm{eff}} = \varepsilon_0\left(\frac{\varepsilon_r + 1}{2}\right) \tag{15.50}$$

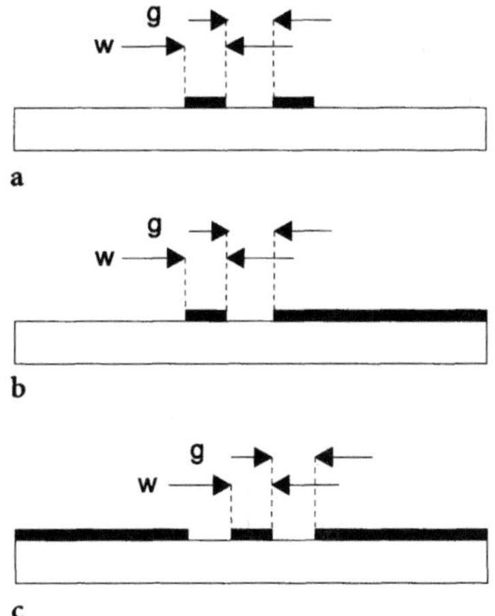

Abb. 15.21 a–c. Typische koplanare Elektroden. **a** symmetrische Schlitzleitung, **b** asymmetrische Schlitzleitung, **c** symmetrische Koplanarleitung

Tabelle 15.9

Elektrode	r	s	k
symmetrische Schlitzleitung	1	+1	$(1+2w/g)^{-1}$
asymmetrische Schlitzleitung	2	+1	$(1+w/g)^{-1/2}$
symmetrische Koplanarleitung	1	−1	$(1+2g/w)^{-1}$

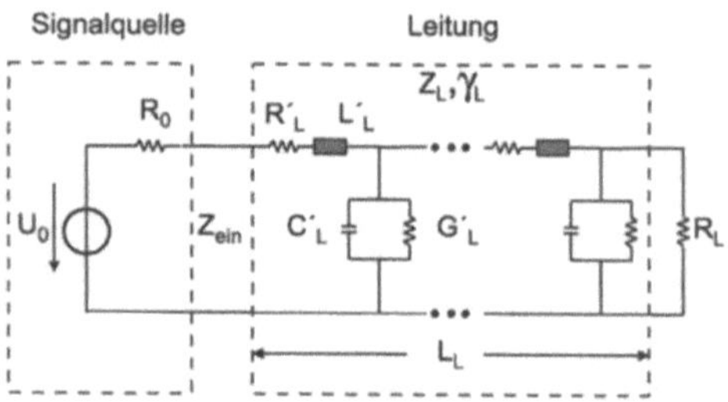

Abb. 15.22. Ersatzschaltbild für die Ansteuerung mit Wanderwellenelektroden. Die Signalquelle mit der Impedanz R_0 speist die Leitung der Länge L_L. Ihre Impedanz und Ausbreitungskonstante sind Z_L, bzw. γ_L. Die eigentliche Steuerelektrode ist identisch mit dem Kapazitätsbelag der Leitung. Die Leitung wird am Ende mit R_L abgeschlossen

Für $LiNbO_3$ ist ε_r durch das geometrische Mittel aus $\varepsilon_1 = 28$ und $\varepsilon_3 = 43$ gegeben.

$K(k)$ sind die vollständigen elliptischen Integrale erster Gattung, für die Näherungslösungen existieren. Mit einer relativen Genauigkeit vom $8 \cdot 10^{-6}$ erhält man [48]:

$$\frac{K(k)}{K'(k)} = \frac{1}{\pi} \ln\left(2\frac{1+\sqrt{k'}}{1-\sqrt{k'}}\right)^{-1} \quad \text{für } 0 \le k \le 0{,}7$$

$$\frac{1}{\pi} \ln\left(2\frac{1+\sqrt{k}}{1-\sqrt{k}}\right) \quad \text{für } 0{,}7 \le k \le 1 \tag{15.51}$$

Bei Ansteuerung mit konzentrierten Elektroden schaltet man einen Widerstand R von 50 Ω parallel zum Bauelement, um die Quelle breitbandig anzupassen. Die Bandbreite eines solchen Modulators ist dann gegeben durch:

$$f_g = \frac{1}{\pi RC}. \tag{15.52}$$

Der Grundgedanke bei der Verwendung von ***Wanderwellen-Elektroden*** besteht darin, die Elektrode als Erweiterung der treibenden Übertragungsleitung zu betrachten. Dies ist in Abb. 15.22 schematisch gezeigt. Der Zusammenhang zwischen den Ersatzschaltbildkomponenten Widerstandsbelag R'_L, Induktivitätsbelag L'_L, Kapazitätsbelag C'_L, und Ableitungsbelag G'_L mit den Leitungskenngrößen Fortpflanzungskonstante γ_L und Leitungsimpedanz Z_L ist gegeben durch:

$$\gamma_L = \sqrt{(j\omega L'_L + R_{L'})(j\omega C'_L + G'_L)}, \tag{15.53}$$

bzw.

$$Z_L = \sqrt{\frac{(j\omega L'_L + R_{L'})}{(j\omega C'_L + G'_{L'})}} \tag{15.54}$$

Die komplexe Ausbreitungskonstante γ_L kann auch geschrieben werden als:

$$\gamma_L = \alpha_\mu + j\frac{\omega}{c} n_\mu \tag{15.55}$$

Hierin sind α_μ die Dämpfungskonstante, n_μ der Brechungsindex bei Mikrowellenfrequenzen und ω die Modulationsfrequenz. Die Verluste hängen im wesentlichen vom Skineffekt ab und werden durch

$$\alpha_\mu = \alpha_{skin} \sqrt{\omega} \tag{15.56}$$

approximiert. Diese Beziehung vernachlässigt zwar die endliche Dämpfung bei $\omega = 0$, die Fehler bei der Bestimmung des Frequenzganges sind aber typisch kleiner als 0,5 dB [49].

Der Frequenzgang eines Bauelements mit Wanderwellenelektroden hängt von drei Faktoren ab:

1. dem Unterschied der Ausbreitungsgeschwindigkeiten von optischer (c/n_{opt}) und elektrischer (c/n_μ)Welle,
2. den Mikrowellenverlusten der Leitung,
3. der Impedanzanpassung.

Das Prinzip der elektrooptischen Wechselwirkung zeigt Abb. 15.23. Wir stellen uns vor, daß am Eingang der Leitung ein Photon und das elektrische Ansteuersignal gleichzeitig loslaufen. Wenn – wie in der Abbildung angenommen – das elektrische Signal sich schneller ausbreitet als das optische, so „spürt" das Photon am Ende der Leitung nichts mehr vom Steuersignal. Ebenso sinkt die Effizienz der Wechselwirkung mit abnehmender Amplitude des Steuersignals.

Betrachten wir die Wirkung der Wanderwellenelektrode aus einem etwas anderen Blickwinkel. Zur Vereinfachung nehmen wir an, daß die Leitung impedanzmäßig angepaßt ist, es also nur eine nach rechts laufende Welle gibt. Wir interessieren uns für den Spannungsverlauf entlang der Wechselwirkungsstrecke den die Phasenfront eines optischen Signals „sieht". Das modulierende Signal bewegt sich mit der Differenz der Phasenge-

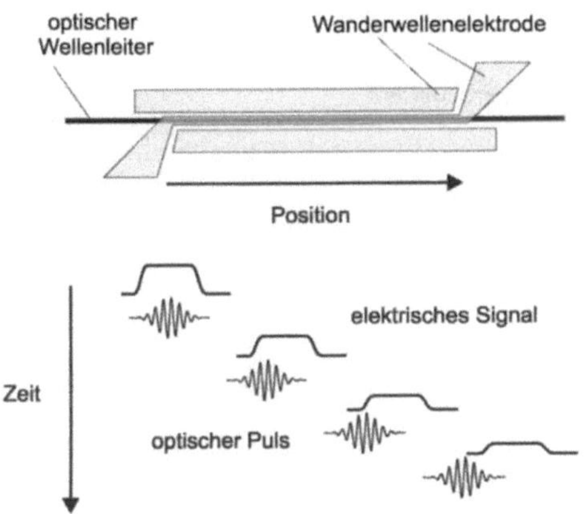

Abb. 15.23. Schematische Darstellung der elektrooptischen Wechselwirkung in einem Wanderwellenmodulator: Ein optischer Puls, der zeitgleich mit dem elektrischen Steuersignal am Eingang des Modulators losläuft und eine unterschiedliche Ausbreitungsgeschwindigkeit besitzt, ist am Ende der Leitung nicht mehr dem Einfluß des elektrischen Signals ausgesetzt. Auch die Mikrowellendämpfung reduziert die Wechselwirkung

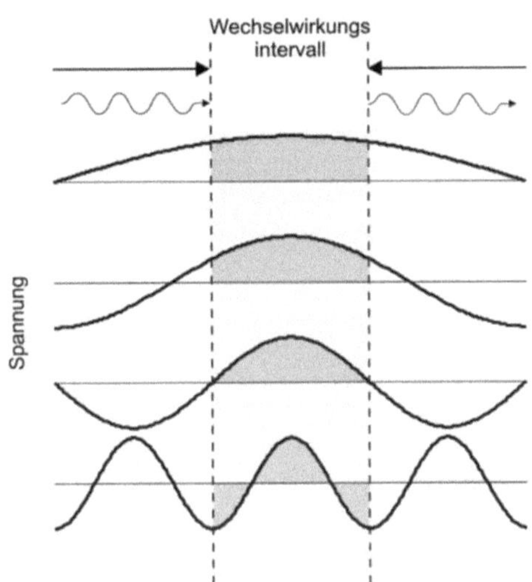

Abb. 15.24. Einfluß der Phasenfehlanpassung β^{μ}_{opt} auf die Modulationseffizienz. Gezeigt ist die Spannung, die von der Phasenfront eines optischen Signals ohne Berücksichtigung der Dämpfung „gesehen" wird. Bei zunehmender Fehlanpassung kommt es zur Begrenzung der Bandbreite durch unterschiedliche Ausbreitungsgeschwindigkeit von optischer und elektrischer Welle

schwindigkeiten entlang des Modulators. Mit der Abkürzung

$$\beta^{\mu}_{\text{opt}} = \frac{\omega}{c}(n_{\text{opt}} - n_{\mu}) \tag{15.57}$$

gilt:

$$U(z,t) = U(z)\exp\left[\mathrm{j}\{\omega_{\mathrm{m}} t - \beta^{\mu}_{\text{opt}} z\} - \alpha_{\mu} z\right] \tag{15.58}$$

In Abb. 15.24 ist der Spannungsverlauf unter der Voraussetzung verschwindender Dämpfung für unterschiedliche β^{μ}_{opt} dargestellt. Je größer die Phasenfehlanpassung β^{μ}_{opt}, desto geringer wird die Effizienz des Modulators. Es kommt sogar zu einer Invertierung des Signals.

Sie entspricht – bei entsprechender Normierung – dem schraffiert dargestellten Integral über der Wechselwirkungsstrecke, d.h.

$$U_{\text{eff}}(t) = \exp(\mathrm{j}\omega_{\mathrm{m}} t)\frac{1}{L_{\mathrm{L}}}\int_0^{L_{\mathrm{L}}} U(z)\exp\left[-(\mathrm{j}\beta^{\mu}_{\text{opt}} + \alpha_{\mu})z\right] \tag{15.59}$$

Die Frequenzantwort ist definiert als das Verhältnis der Modulation bei der Frequenz ω bezogen auf die Modulation bei der Frequenz 0. Da die Modulation bei linearer elektrooptischer Funktionen der effektiven Spannung proportional ist, erhält man als komplexe Antwort:

$$M(\omega) = \frac{1 - \exp[-(\alpha_{\mu} + \mathrm{j}\beta^{\mu}_{\text{opt}})L_{\mathrm{L}}]}{L_{\mathrm{L}}(\alpha_{\mu} + \mathrm{j}\beta^{\mu}_{\text{opt}})} \tag{15.60}$$

Aus Gl. (15.60) erhält man für den Betrag der Frequenzantwort:

$$|M(\omega)| = \frac{\sqrt{\exp(-2\alpha_{\mu}L_{\mathrm{L}}) - 2\exp(-\alpha_{\mu}L_{\mathrm{L}})\cos(\beta^{\mu}_{\text{opt}}L_{\mathrm{L}}) + 1}}{L_{\mathrm{L}}\sqrt{\alpha_{\mu}^2 + {\beta^{\mu}_{\text{opt}}}^2}} \tag{15.61}$$

Die Grenzfrequenz ist definiert als diejenige Frequenz bei der $|M(\omega)| = 1/\sqrt{2}$ gilt. Einfache Beziehungen können für Spezialfälle angegeben werden.

Für den Fall ohne Dämpfung erhält man:

$$\frac{1}{\sqrt{2}} = \frac{\sqrt{2 - 2\cos(\beta^{\mu}_{\text{opt}}L_{\mathrm{L}})}}{\beta^{\mu}_{\text{opt}}L_{\mathrm{L}}} \tag{15.62}$$

Dies ist erfüllt für: $\beta^{\mu}_{\text{opt}} L_{\mathrm{L}} = 2{,}783$. Daraus resultiert die Beziehung für die Grenzfrequenz [50]:

$$f_g = \frac{1{,}392}{\pi L_L (n_{opt} - n_\mu)} \tag{15.63}$$

Für den Fall, daß die Ausbreitungsgeschwindigkeiten von optischer und elektrischer Welle gleich groß sind, wird $\beta^\mu_{opt} = 0$. Die Grenzfrequenz hängt nur noch von den Mikrowellenverlusten ab:

$$\frac{1}{\sqrt{2}} = \frac{1 - \exp(-\alpha_\mu L_L)}{\alpha_\mu L_L} \tag{15.64}$$

Diese Beziehung ist für $\alpha_\mu L_L = 0{,}7355$ erfüllt. Mit Hilfe von Gl. (15.56) erhält man für die Grenzfrequenz:

$$f_g = \frac{0{,}27}{\pi (\alpha_{skin} L_L)^2} \tag{15.65}$$

In diesem Fall besitzt die Elektrode eine Dämpfung von – 6,4 dB [51], denn es gilt:

$$\begin{aligned} &20 \log\{\exp[-(\alpha_{sin}\sqrt{2\pi f_g})] L_L\} \\ &= 20 \log\{\exp(-\sqrt{2 \cdot 0{,}27})\} \approx -6{,}4\,. \end{aligned} \tag{15.66}$$

Dieser Zusammenhang bietet die Möglichkeit allein durch Messung des elektrischen Verhaltens bei Phasen- und Impedanzanpassung auf die optische Grenzfrequenz zurückzuschließen.

Wir betrachten schließlich noch den Fall, daß die Impedanzen von Signalquelle, Leitung und Abschlußwiderstand nicht aneinander angepaßt sind. Dies führt zu frequenzabhängigen Reflexionen und damit auch zu einer Variation der effektiv wirksamen Steuerspannung. Die Signalquelle habe die Leerlaufspannung U_0, und die Impedanz R_0. Außerdem sei die Leitung sei am Ende mit der Impedanz R_L abgeschlossen (vgl. Abb. 15.22). Für die Frequenzantwort ergibt sich in diesem Fall [49, 52]:

$$\begin{aligned} M(\omega) = {} & K_1 \frac{[\exp(G_1 L_L) - 1]}{G_1} \\ & + K_2 \frac{[\exp(G_2 L_L) - 1]}{G_2} \end{aligned} \tag{15.67}$$

mit

$$K_1 = \frac{2 Z_L}{(R_0 + Z_L)} \frac{1}{[1 - \varrho_{aus} \varrho_{ein} \exp(-2\gamma_L L_L)] L_L} \tag{15.68}$$

$$K_2 = K_1 \varrho_{aus} \exp(-2\gamma_L L_L) \tag{15.69}$$

$$G_1 = -\gamma_L + j\frac{\omega}{c} n_{opt} \tag{15.70}$$

$$G_2 = +\gamma_L + j\frac{\omega}{c} n_{opt} \tag{15.71}$$

ϱ_{ein}, bzw. ϱ_{aus} sind die Reflektionsfaktoren am Ein- bzw. Ausgang der Leitung. In Gl. (15.67) stellt der erste Ausdruck den Beitrag der vorwärts laufenden Welle dar, der zweite Ausdruck den der rückwärts laufenden Welle. Dieser verschwindet bei Impedanzanpassung. In diesem Fall wird der Reflektionsfaktor am Ausgang = 0, $K_1 = 1$ und damit Gl. (15.67) identisch mit Gl. (15.60).

Die Realisierung des Wanderwellenprinzips stößt auf praktische Probleme, alle drei Voraussetzungen (Geschwindigkeits- und Impedanzanpassung sowie geringste Mikrowellenverluste) gleichzeitig zu erfüllen. Für $LiNbO_3$ ist es schwierig, gleiche Phasengeschwindigkeiten zu realisieren, denn die elektrische Welle breitet sich langsamer aus als die optische. Im Gegensatz dazu sind bei den Halbleitern GaAs und InP die Dielektrizitätskonstanten im optischen Wellenlängengebiet und bei Mikrowellenfrequenzen nahezu gleich groß. Hier breitet sich die elektrische Welle schneller aus als optische, da ein Teil des elektrischen Feldes in Luft übertragen wird.

Eine Geschwindigkeitsanpassung wird möglich, indem man die elektrische Welle beispielsweise durch kapazitive Last abbremst (s. z.B. [53], wie in Abb. 15.25 schematisch gezeigt ist.

Man geht dabei von einer Leitung aus, deren Impedanz > 50 Ω ist. Im verlustfreien Fall gilt:

$$Z_0 = \sqrt{\frac{L'_L}{C'_L}} \quad \text{und} \quad n_\mu = c\sqrt{L'_L C'_L} \tag{15.72}$$

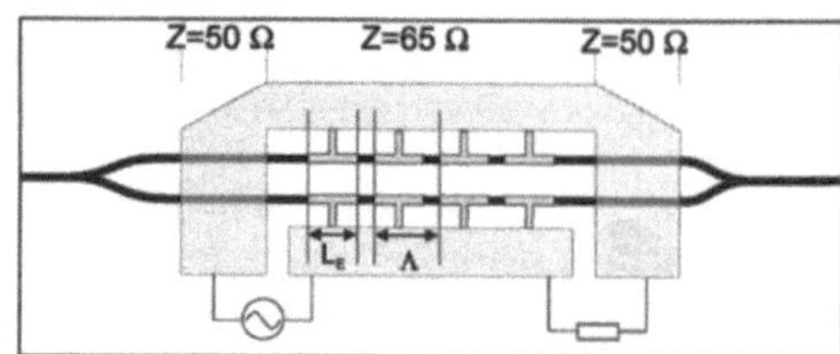

Abb. 15.25. Kapazitiv belastete Leitung bei einem Mach-Zehnder Modulator. Eine Leitung deren Wellenwiderstand größer ist als 50 Ω wird mit einer Reihe von kleinen Kapazitäten „belastet". Die Periodenlänge Λ sollte klein im Verhältnis zur Wellenlänge der Modulation sein. Durch die Wahl des Quotienten L_E/Λ kann der Kapazitätsbelag frei eingestellt werden. Bei geeigneter Dimension wird die resultierende Impedanz 50 Ω

Schaltet man nun dem Kapazitätsbelag der Leitung C'_L eine zusätzliche Kapazität C'_E parallel, so ergibt sich für Impedanz und Brechungsindex der belasteten Leitung:

$$Z_b = \sqrt{\frac{L'_L}{C'_L + C'_E}} \quad \text{und} \quad n_b = c\sqrt{L'_L(C'_L + C'_E)} \tag{15.73}$$

Die Impedanz wird kleiner und der Brechungsindex größer. Damit die belastete Lauffeldleitung denselben Brechungsindex wie die optische Welle hat ($n_b = n_{opt}$), muß

$$C'_E = \frac{n_{opt}^2 - n_\mu^2}{c Z_0 n_\mu} \tag{15.74}$$

und

$$Z_0 = \frac{n_{opt}}{n_\mu} Z_b \tag{15.75}$$

gelten. Wenn n_μ, n_{opt} und $Z_b = 50\,\Omega$ bekannt sind, kann die belastete Wanderwellenleitung dimensioniert werden.

15.4 Technologie

Im folgenden werden die verschiedenen Verfahren zur Herstellung integriert optischer Modulatoren und Schalter vorgestellt, die sich in bezug auf Komplexität unterscheiden.

15.4.1 $LiNbO_3$

$LiNbO_3$ ist ein ferroelektrischer Kristall mit einer hohen Curie-Temperatur von 1210°C. Die hohe Curie-Temperatur ermöglicht die schnelle Diffusion von Metallionen bei Temperaturen >1000°C, bei der die ferroelektrischen Eigenschaften noch erhalten bleiben. Das Basismaterial zur Herstellung der Bauelemente sind Substrate mit 3 bzw. 4 Zoll Durchmesser, die mit der Bezeichnung „optical quality" angeboten werden. Das Substrat ist an der Oberfläche poliert mit einer Restrauhigkeit von $\lambda/20$.

15.4.1.1 *Eindiffusion von Metallionen*

Ti-Dotierung führt zu einer Erhöhung, Mg-Dotierung zu einer Absenkung des Brechungsindexes. Mit Nd und Er-Dotierung sind verstärkende Bauelemente möglich. Die Eindiffusion von Titanatomen in den Kristall ist das bewährteste Herstellungsverfahren. Mit Hilfe der üblichen Methoden der Planartechnologie werden auf die Oberfläche Titanstreifen der Breite w (typisch 2–8 µm) und der Dicke τ (typisch 40–100 nm) aufgebracht. In einem Rohrofen diffundiert das Metall bei Temperaturen von ca. 1000°C während einer Zeit von etwa 5 h in den $LiNbO_3$-Kristall ein und wird als 4-wertiges Ion an Gitterplätzen eingebaut. Es bildet sich eine 2-dimensionale Verteilung $c(x,y)$ der Ti Atome [54].

$$c(x,y) = \frac{0{,}125\,\tau}{D_\perp} \exp\left(\frac{-y^2}{D_\perp^2}\right) \cdot \frac{1}{2}\left\{\mathrm{erf}\left[\frac{w}{2D_x}\left(1+\frac{2x}{w}\right)\right] + \mathrm{erf}\left[\frac{w}{2D_x}\left(1-\frac{2x}{w}\right)\right]\right\} \tag{15.76}$$

Hier ist y die Richtung senkrecht zur Substratoberfläche und x die Richtung parallel zur Oberfläche. Die Diffusionsweiten ihrerseits sind Funktionen von Diffusionstemperatur T und Diffusionszeit t.

$$d_{\perp,\parallel} = \sqrt{4\,D_{0\perp,y} \exp\left(\frac{-W_{a\perp,y}}{kT}\right) t} \tag{15.77}$$

Die Konstanten $D_{0\perp,\parallel}$ und die Aktivierungsenergien $W_{a\perp,\parallel}$ wurden experimentell bestimmt und sind in Tabelle 15.10 zusammengestellt.

Für den Zusammenhang zwischen Brechungsindexänderung und Titankonzentration gilt die folgende Beziehung

$$\Delta n_{o,e}(x,y) = \frac{dn_{o,e}}{dc} c(x,y) \tag{15.78}$$

mit den experimentell ermittelten Zahlenwerten [55]

$$\frac{dn_o}{dc} = \begin{cases} 0{,}89 & \text{für } c \le 0{,}003; \\ 0{,}47 & \text{für } 0{,}003 \le c \le 0{,}007 \\ 0{,}32 & \text{für } c > 0{,}007 \end{cases}$$
$$\frac{dn_e}{dc} = 0{,}625 \tag{15.79}$$

Tabelle 15.10. Diffusionsparameter für $LiNbO_3$

	$D_{0\perp}/m^2/s$	$W_{0\perp}/eV$	$D_{00\parallel}\,m^2/s$	$W_{0\parallel}/eV$
y-Schnitt, x-Ausbreitung	$2{,}1 \cdot 10^{-7}$	2,41	$2{,}1 \cdot 10^{-11}$	1,18
z-Schnitt, y-Ausbreitung	$1{,}5 \cdot 10^{-4}$	3,11	$5{,}1 \cdot 10^{-14}$	0,67

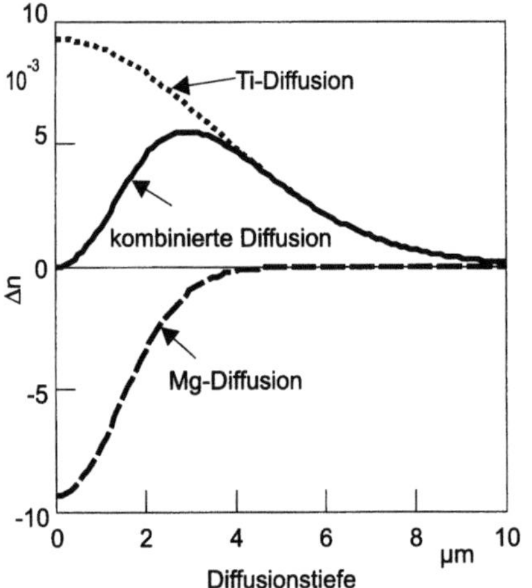

Abb. 15.26. Doppeldiffusion von Ti und Mg in $LiNbO_3$

Mit einer anschließenden Diffusion von MgO, mit der sich der Brechungsindex absenken läßt, gelingt es, die Wellenleiter zu „vergraben" und die Koppelverluste zur Faser zu reduzieren [56]. Da die Diffusionstemperatur für Mg niedriger liegt, bleibt das zuvor diffundierte Titan nahezu ortsfest. Abbildung 15.26 zeigt das Prinzip dieser Methode. Mg hat eine geringere Diffusionstiefe als Ti, der Brechzahlsprung an der Oberfläche wird so eingestellt, daß beide sich gegenseitig aufheben.

Um optische Verstärkung in $LiNbO_3$ zu ermöglichen, wird eine Er-Diffusion mit der Ti-Diffusion kombiniert. Erbium wird zunächst in einer Dicke von 11 nm aufgedampft, und dann bei einer Temperatur von 1060 °C für 41 h eindiffundiert. Das diffundierte Profil hat ein Konzentrationsprofil in Form einer komplementären Fehlerfunktion mit einer Tiefe von 2,5 µm [57].

15.4.1.2
Protonenaustausch

Ein alternativer Herstellungsprozeß ist der Protonenaustausch. Dazu wird ein maskiertes Substrat in geschmolzene Benzolsäure eingetaucht. Es tritt ein Austausch der Li^+-Ionen des $LiNbO_3$ und der H^+-Ionen der Schmelze auf. Dies führt zu einer Verspannung der Oberfläche und einer lokalen Erhöhung des außerordentlichen Brechungsindexes sowie einer Absenkung des ordentlichen Brechungsindexes. Ein derart erzeugter Wellenleiter führt deshalb nur eine Polarisation. Ein anschließender Ausheilprozeß bei Temperaturen zwischen 300 °C und 400 °C ist notwendig, um Instabilitäten der Ausbreitungskonstanten zu verhindern, die optischen Verluste sowie die ansonsten starke Drift zu verringern [58].

15.4.1.3
Drift und Zuverlässigkeit

Bei $LiNbO_3$ Bauelementen treten materialbedingte Probleme auf, die im folgenden erläutert werden.

1. Bei Anwendungen im sichtbaren Wellenlängenbereich tritt in Richtkopplern optisch induziertes Nebensprechen auf, das mit dem photorefraktiven Effekt erklärt werden kann [59]. Ursache sind Restdotierungen mit Eisen, die bei der Herstellung der Substrate eingebaut werden.
2. Schnelle Drift mit einer Zeitkonstante von ca. 5 s. Ursache hierfür sind Leckströme durch die Pufferschicht.
3. Langsame Drift mit einer Zeitkonstanten im Bereich von Stunden. Erklärung: Die hohe Lichtintensität im Wellenleiter führt auch zu Ladungsträgergeneration. Diese Ladungsträger werden im verbotenen Band eingefangen und erzeugen ihrerseits lokale elektrische Felder und damit Brechungsindexänderungen (photorefraktiver Effekt). Eine andere Erklärung führt die langsame Drift auf die Wirkung eines RC-Netzes zurück, das die unterschiedlichen Kapazitäts- und Widerstandsbeläge von $LiNbO_3$ und der Pufferschicht berücksichtigt. Daraus ergibt sich der folgende Ausweg: Ionenstrahlätzen der Oberfläche bzw. Verwendung von ITO-Schichten. Diese Schichten (u.a. bei Solarzellen in Anwendung) müssen folgende Voraussetzungen erfüllen: elektrisch leitend sein um die optisch induzierten Ladungsträger abzuleiten, optisch transparent sein, um keine Zusatzdämpfung zu erzeugen und andererseits einen Brechungsindex haben der kleiner ist als der von $LiNbO_3$, damit das optische Feld nicht in diese Schicht gezogen wird (ITO erfüllt die Voraussetzung) [60, 61]. Eine Übersicht über Schichtherstellung und Eigenschaften sind in [62] und [63] zu finden.
4. *z*-Schnitt $LiNbO_3$ weist gegenüber den anderen üblichen Kristallorientierungen eine erhöhte Empfindlichkeit gegenüber Temperaturänderungen auf. Der pyroelektrische Effekt führt insbesondere bei Temperaturgradienten auf der Oberfläche zu Aufladungen, die dann den statischen Arbeits-

punkt des Bauelements verändern [64, 65]. Um diese Drift zu verhindern ist es vorteilhaft, die Oberfläche mit einer leitenden Schicht zu versehen. Als Materialien eignen sich sowohl Si und auch ITO (Indium-Zinn-Oxid).

Eine aktuelle Übersicht über Zuverlässigkeitsaspekte bei $LiNbO_3$-Modulatoren ist in [66] und [67] zu finden.

15.4.2 III/V-Halbleiter

Das Basismaterial zur Herstellung der Bauelemente sind GaAs oder InP Substrate in (100)-Orientierung. Auf die polierte Oberfläche werden Kristallschichten mit unterschiedlicher Zusammensetzung aufgewachsen. Die beiden geeignetsten Verfahren sind die Molekularstrahlepitaxie (MBE) und die Gasphasenepitaxie mit metallorganischen Ausgangsstoffen (MOVPE). Man verwendet Trimethyl-Indium (Tm-In), Trimethyl-Gallium (Tm-Ga), Arsin (AsH_3) und Phosphin (PH_5) als Ausgangsstoffe. Lithographische Verfahren der Mikroelektronik in Kombination mit Ätz-, Sputter- und Aufdampfprozessen dienen zur Strukturierung auf die gewünschte Topographie. Die Orientierung der Wellenleiter ist entweder parallel zur (011) oder zur (01$\bar{1}$)-Richtung, weil in diesen Richtungen gute Spaltkanten entstehen. Abbildung 15.27 zeigt einen typischen InP Wafer mit Orientierungsfläche (Flat) und Identifizierungsfläche, die die kristallographischen Richtungen eindeutig festlegen.

Um schmale Wellenleiter mit geringer Dämpfung herzustellen sind naßchemische Ätzverfahren besser geeignet als z. B. reaktives

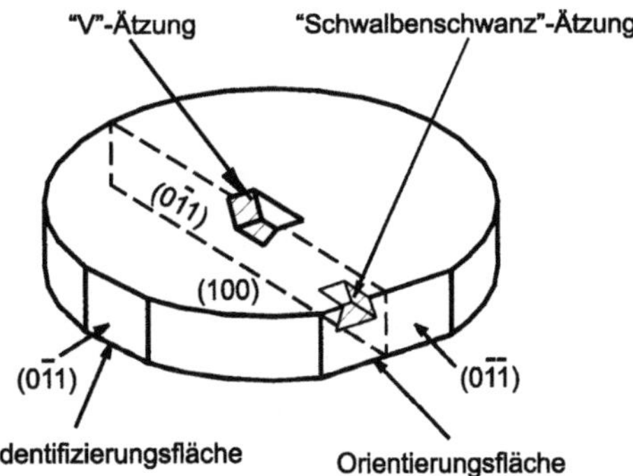

Abb. 15.27. InP-Wafer mit kristallographischen Achsen

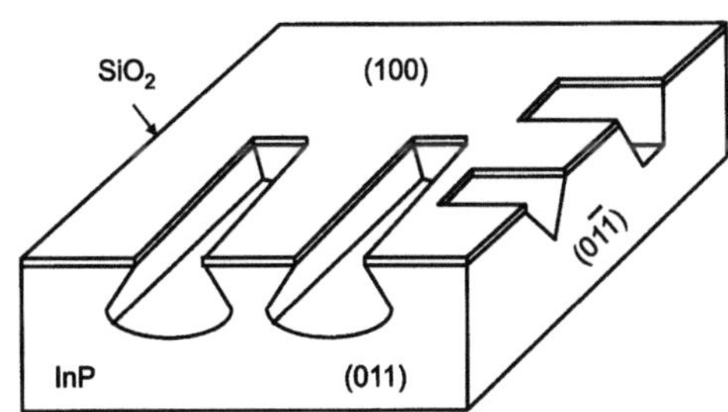

Abb. 15.28. Unterschiediche Wellenleiterkanten beim Ätzen in unterschiedlicher Kristallrichtung mit kristallographisch selektiver Ätzlösung

Ionenstrahlätzen (RIE). Liegt der Wellenleiter in Richtung senkrecht zur Orientierungsfläche (Flat) (vgl. Abb. 15.28), so bildet sich beim Ätzen mit konzentrierter HCl eine Schwalbenschwanzform mit einem Winkel von ca. 7° heraus. Der geätzte Wellenleiter hat dann am „Fuß" eine etwas geringere Breite als an seinem „Kopf". In der dazu senkrechten Richtung sind die Wellenleiter an ihrem unteren Ende breiter.

15.4.3 SiO_2/Si

Auf Siliziumsubstraten lassen sich dämpfungsarme optische Wellenleiter herstellen, deren Zusammensetzung sehr ähnlich ist derjenigen von Glasfasern [68]. Zur Herstellung von Silikatwellenleitern gut geeignet sind Vakuumabscheidung von SiO_2-TiO_2, eine chemische Vakuumabscheidung von SiO_2-P_2O_5 und um Flammenhydrolyse von SiO_2-TiO_2, bzw. von SiO_2-GeO_2 kombiniert mit Ätzschritten. Im folgenden wird die Methode der Flammenhydrolyse genauer erläutert.

Nach der Ausbildung eines natürlichen Oxids auf der Siliziumscheibe folgt die Abscheidung von Glaspartikeln für eine SiO_2 Pufferschicht und die Wellenleiterkernschicht mittels Flammenhydrolyse. Diese Technologie wurde ursprünglich für die Herstellung der „preform" von Fasern entwickelt. Eine Mischung aus $SiCl_4$ und $TiCl_4$ bzw. $SiCl_4$ und $GeCl_4$ wird in die Sauerstoff/Wasserstoff-Flamme geführt. Die erzeugten feinen synthetischen Glaspartikel werden direkt auf die Si-Scheibe abgeschieden, die sich auf einem Drehtisch befindet. Geringe Zumischungen von BCl_3 und PCl_3 im Gasstrom setzen den Schmelzpunkt herab. Der Brechungsindex der Glaspartikel wird durch das Verhältnis der

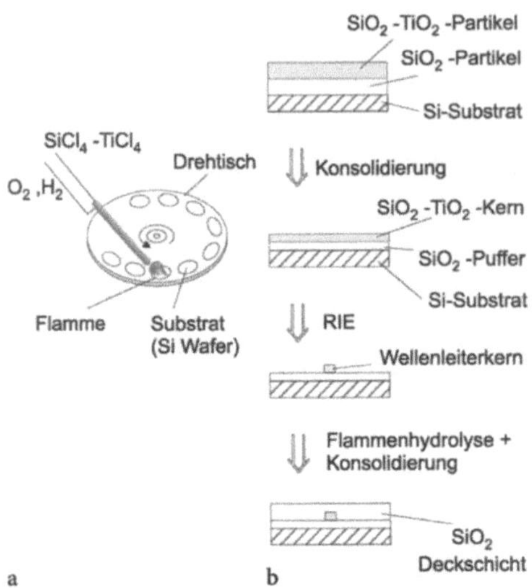

Abb. 15.29 a, b. Herstellung von Silikat Wellenleitern. **a** Flammenhydrolyse, **b** Prozeßabfolge

Tabelle 15.11. Kenndaten von SiO_2/Si-Bauelementen [75]

Parameter	Zahlenwert	Dimension
Abmessung		
Wellenleiterkern	8×8	μm^2
Minimaler Biegeradius	25	mm
Wellenleiterverluste	< 0,1	dB/cm
Doppelbrechung		
Si Substrat	$4 \cdot 10^{-4}$	
Doppelbrechung		
Al_2O_3Substrat	$11 \cdot 10^{-4}$	
dn/dT	$1 \cdot 10^{-5}$	
Schaltleistung	0,5	Watt
Schaltgeschwindigkeit	2	ms
Thermische		
Leitfähigkeit SiO_2	0,014	$W/(cm^2grad)$
Thermische		
Leitfähigkeit Si	1,6	$W/(cm^2grad)$

Flüsse von $TiCl_4$ bzw. $GeCl_4$ geregelt. Der Drehtisch hat einen Durchmesser von 1 m und kann 30 3-Zoll Scheiben gleichzeitig halten. Nach der Depositen werden die Si-Scheiben in einem elektrisch geheizten Ofen auf 1100–1300 °C aufgeheizt. Typische Schichtdicken sind 20 μm für die SiO_2 Pufferschicht und 6 μm für die GeO_2 Wellenleiterkernschicht. Der Brechzahlunterschied beträgt in diesem Falle 0,7 %. Zur lateralen Strukturierung der Wellenleiter wird ein amorpher 2 μm dicker Si-Film aufgesputtert und photolithographisch und mit reaktivem Ionenstrahlätzen strukturiert. Die Siliziumschicht dient als Maskenmaterial für die anschließende RIE Strukturierung der 8 μm dicken Kernschicht. Schließlich wird der Wellenleiter in einer 20–30 μm dicken SiO_2 Deckschicht vergraben. Mit einem größeren Brechzahlsprung (z. B. 1,5 % sind kleinere Wellenleiterabmessungen (4,5 μm) möglich. Damit lassen sich geringere Krümmungsradien (2 mm) bei etwas erhöhten Wellenleiterverlusten realisieren [69].

Da der thermische Ausdehnungskoeffizient von SiO_2 kleiner als der des Substrats ist, wird die Glasschicht kompressiv verspannt. Dies führt zu einer Doppelbrechung, die etwa so groß ist wie diejenige von polarisationserhaltenden Fasern ($4 \cdot 10^{-4}$). Wenn diese Doppelbrechung zu störend ist, muß auf Quarzglassubstrate zurückgegriffen werden, mit dem Nachteil der plastischen Verformung bei hohen Temperaturen. Auf Al_2O_3-Substraten kann eine Doppelbrechung bis zu $11 \cdot 10^{-4}$ erreicht werden.

Die Schaltleistung hängt von der thermischen Leitfähigkeit des Wellenleiter- und Substratmaterials ab. Zum Schalten benötigt man 0,4 Watt pro Schalter [70]. Im Gegensatz dazu sind bei Polymeren etwa 20 mW erforderlich [71], Rekordwerte von nur 4,8 mW pro Schalter wurden ebenfalls erreicht [72].

Zur Faserkopplung werden die Stirnflächen mit einer Chipsäge gesägt und die Glasfasern angeklebt. Da der Brechungsindex von „Silica"-Wellenleiter und Glasfaser nahezu identisch ist, gibt es kaum Probleme mit einem Indexsprung. Auch die geometrische Fehlanpassung zwischen dem quadratischen Kern des Wellenleiters und des kreisförmigen Kerns der Faser ist unkritisch.

SiO_2/Si-Bauelemente

Die Basisstruktur für abstimmbare SiO_2/Si-Bauelemente ist der thermooptische Phasenschieber. Hierzu wird ein Dünnfilm-Heizelement direkt über dem vergrabenen Wellenleiter angeordnet. Wenn eine elektrische Spannung an den Heizdraht angelegt wird, so erhöht sich die Temperatur um ΔT, und die optische Weglänge bei einer Elektrodenlänge L um $(dn/dT) L \Delta T$. Die Schaltleistung und -geschwindigkeit hängen hauptsächlich von der thermischen Leitfähigkeit des Wellenleiter und Substratmaterials ab. Die Wärme diffundiert durch die SiO_2-Schicht direkt unter dem Heizelement in das Si Substrat, weil die thermische Leitfähigkeit von Si viel größer ist, als die des SiO_2. Zudem ist der laterale Wärmefluß zu dem Deckglas klein und dieses Glas erreicht das thermische Gleichgewicht recht schnell, da das Si als Wärmesenke fungiert. Typische Werte für die Schaltleistung für eine Phasenschiebung um π sind 0,5 W. Die zugehörige Schaltzeit beträgt 2 ms [68].

Auf der Grundlage derartiger Phasenschieber wurden mit der SiO_2/Si-Technologie z.B. 2×2 Mach-Zehnder-Interferometer-Schalter [73, 74], 4×4 Schalter [75], 8×8-Schaltmatrizen [76] und 16×16 Schaltmatrizen [77] hergestellt.

15.4.4 Polymere

Organische Polymere weisen für thermooptische Anwendungen günstige Materialeigenschaften auf, einen sehr großen thermooptischen Koeffizienten (thermooptischer Effekt) bei gleichzeitig geringer Wärmeleitfähigkeit. Geeignete Materialien sind PMMA und fluorierte Polyimide. Für elektrooptische Anwendungen müssen die Polymere in einem hohen elektrischen Feld gepolt werden, weil die permanenten Dipole ausgerichtet werden müssen. In mehreren Forschungslabors optimiert man die aktiv wirksamen Moleküle, um sie anschließend zu Polymeren zu synthetisieren. Um einen großen elektro-optischen Effekt r_{33} von 20 pm/V zu erreichen, ergibt sich bei Feldern von 160 V/μm eine Brechzahldifferenz $\Delta n = 0{,}1$ [78]. Dann ist die Führung für TE nur noch sehr schwach. Nach dem Polungsprozeß resultiert eine Doppelbrechung, wobei sich der Index für TM um $\Delta n/2$ erhöht, der für TE um $\Delta n/2$ erniedrigt [79]. Diese Polung ist für die thermooptischen Bauteile nicht erforderlich.

Ein typischer Herstellungsprozeß ist anhand von Abb. 15.30 erläutert. Auf ein Siliziumsubstrat, welches zugleich als Wärmesenke dient, werden eine Pufferschicht und anschließend eine wellenleitende Polymerschicht aufgeschleudert, deren Brechungsindex etwa 0,3% höher ist, als der der Randschichten. Die wellenleitende Schicht wird maskiert und mit reaktivem Ionenstrahlätzen werden die einmodigen Wellenleiter definiert. Um Polarisationsunabhängigkeit zu gewährleisten, besitzen sie einen quadratischen Querschnitt mit einer Kantenlänge von ca. 6–8 μm (abhängig von der Brechzahldifferenz) [80]. Eine obere Deckschicht wird wiederum aufgeschleudert. Typische Dicken für die untere und obere Deckschicht sind ca. 15 μm. Schließlich wird eine Metallschicht (Cr/Au oder Al/Au) aufgedampft und naßchemisch strukturiert. Sie dient als Heizelektrode zur Vermittlung des thermooptischen Effektes. In alternativen Herstellungsprozessen wird zunächst ein Graben in das Siliziumsubstrat geätzt, die obere Schicht thermisch oxidiert (ca. 2 μm), danach das wellenleitende Polymer aufgeschleudert, wobei inverse Rippenwellenleiter entstehen [81, 82]. In einem weiteren Herstellungsverfahren werden die Wellenleiterrippen als Alternative zur RIE-Ätzung durch Belichtung der Polymere mit UV-Licht erzeugt [80].

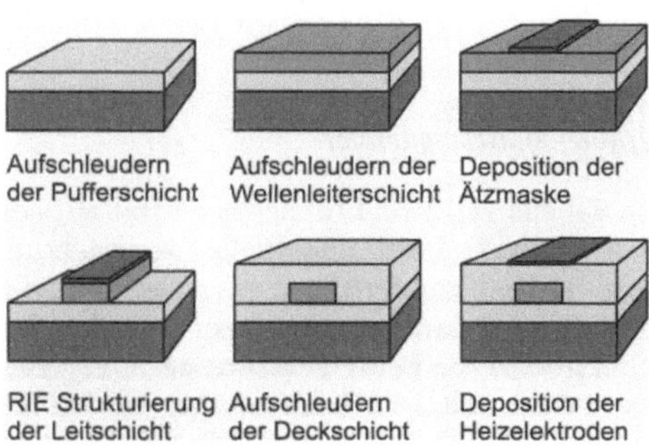

Abb. 15.30. Herstellungsprozeß für Polymerwellenleiter

15.4.5 Glas

Um Wellenleiter zu erzeugen muß die Brechzahl des Glases lokal erhöht werden. Das geeignetste Verfahren hierzu ist der Austausch der Alkali-Ionen in Gläsern, durch andere Metallionen (Ag, K, Th, Li, ...). Zu diesem Zweck werden die Gläser in ein Bad aus geschmolzenem Salz getaucht. Dieses Verfahren wird als thermischer Ionenaustausch bezeichnet. Der Ionenaustausch durch eine Öffnung in einer Al- oder Ti-Maskierung führt zur Ausbildung von Streifenwellenleitern. Vergrabene Wellenleiter erhält man durch einen zweiten Ionenaustausch in einer Natriumschmelze (Gegenaustausch). Vorteile dieser Anordnung sind Verringerung der Wellenleiterdämpfung und bessere Ankopplung an die Glasfaser durch eine symmetrischere Feldverteilung. Die Herstellungsschritte zur Wellenleiterstrukturierung sind ähnlich denen bei $LiNbO_3$. Der Austauschprozeß wird in einem senkrecht stehenden Ofen bei Temperaturen zwischen 250 und 350 °C durchgeführt. Das Substrat muß vorgeheizt werden, damit beim Eintauchen in die

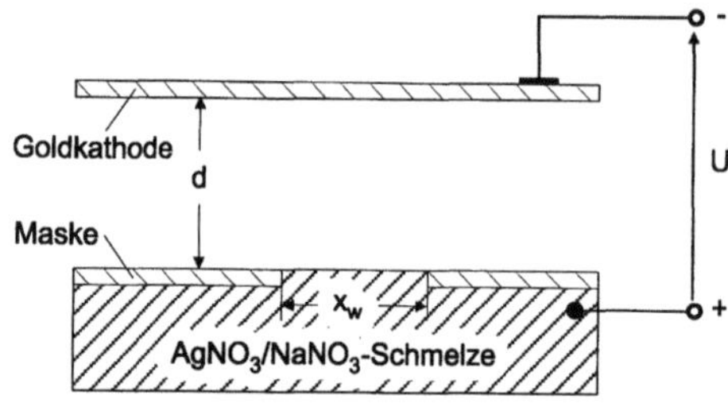

Abb. 15.31. Ionenaustausch-Prozeß

Salzschmelze die Temperatur nicht zu stark absinkt. Legt man während des Ionenaustauschprozesses zusätzlich ein elektrisches Feld wie in Abb. 15.31 gezeigt an, so wandern die Ionen aus der Schmelze in das Glas. Dadurch kann das Brechzahlprofil genau definiert werden [83].

15.5 Refraktive Bauelemente

15.5.1 Phasenmodulatoren

Ein Phasenmodulator ist die einfachste integriert-optische Komponente. Er besteht aus einem geraden Wellenleiter mit einer Elektrode der Länge L, die eine elektrooptische oder thermooptische Wechselwirkung der Stärke Δn_{eff} vermittelt.

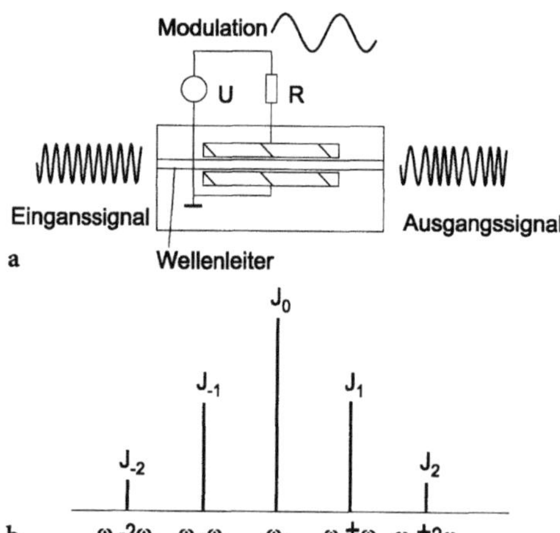

Abb. 15.32. a Prinzip eines Phasenmodulators bei sinusförmiger Modulation. Es erfolgt die Aufteilung der Intensität auf die Seitenbänder im Abstand der Modulationsfrequenz vom Träger. **b** Spektren für sinusförmige Ansteuerung

Die am Eingang des Modulators eingespeiste optische Welle $E_0 \exp(j\omega t)$ hat nach Durchgang durch die Interaktionslänge L das folgende Aussehen:

$$E_a = E_0 \exp\left\{ j\left(\omega t - \frac{\omega_0 L}{c} [n_{\text{eff}} + \Delta n_{\text{eff}}(t)] \right) \right\} \tag{15.80}$$

Mit dem Phasenmodulationsgrad

$$\varphi = \frac{\omega_0 L \Delta n_{\text{eff}}}{c} \tag{15.81}$$

erhält man für eine sinusförmige Modulation.

$$\begin{aligned} E_a &= E_0 \exp\left\{ -j \frac{\omega_0 L n_{\text{eff}}}{c} \right\} \\ &\quad \cdot \exp\{ j(\omega t - \varphi \sin(\omega_m t)\} \\ &= E_0 \exp\left\{ -j \frac{\omega_0 L n_{\text{eff}}}{c} \right\} \\ &\quad \cdot \sum_{n=-\infty}^{\infty} J_n(\varphi) \exp\{ j(\omega_0 + n\omega_m) t \} \end{aligned} \tag{15.82}$$

mit J_n: Bessel-Funktion 1. Art n-ter Ordnung.

Man erkennt, daß sich die Ausgangsintensität infolge der Phasenmodulation in die Seitenbänder im Abstand ω_m um den Träger herum aufteilt. Eine Kenngröße elektrooptischer Phasenmodulatoren ist das Produkt aus der Spannung, die notwendig ist um eine Phasendrehung von π zu erreichen und der Elektrodenlänge L. Im allgemeinen bilden die Enden des Wellenleiters zwei Spiegel eines Fabry-Perot-Resonators. Die Phasenmodulation wird dann zusätzlich in eine unerwünschte Amplitudenmodulation umgesetzt, was sich nur durch gute Entspiegelung vermindern läßt. Ist R die Intensitätsreflektivität der Spiegel, so ergibt sich für die Amplitudenmodulation:

$$I_a(\varphi) = I_e \frac{(1 - R^2)}{(1 - R^2) + 4R\sin^2(\varphi)} \tag{15.83}$$

15.5.1.1 *$LiNbO_3$-Phasenmodulator*

In Tabelle 15.12 sind für sechs Permutationen von Kristallschnitt und Wellenleiterrichtungen die Indexänderungen zusammengestellt, die sich bei flankierenden bzw. bedeckenden Elektroden für beide Polarisationen ergeben (vgl. dazu Abb. 15.21). Sie resultieren den aus dem in Gl. (15.8) Abschn. 15.2 angegebenen Tensor für $LiNbO_3$. Daneben sind selbstverständlich noch Anordnungen denkbar, bei

Tabelle 15.12. Kristallschnitte und elektrisches Feld

Kristall Schnitt	Wellenleiter-Richtung	bedeckende Elektroden		flankierende Elektroden	
		Δn_{TE}	Δn_{TM}	Δn_{TE}	Δn_{TM}
x	y	0	0	$1/2\ r_{33}\,n_e^3\,E$	$1/2\ r_{13}\,n_0^3\,E$
x	z	0	0	$-1/2\ r_{22}\,n_0^3\,E$	$1/2\ r_{22}\,n_0^3\,E$
y	x	0	$1/2\ r_{22}\,n_0^3\,E$	$1/2\ r_{33}\,n_e^3\,E$	$1/2\ r_{13}\,n_0^3\,E$
y	z	$-1/2\ r_{22}\,n_0^3\,E$	$1/2\ r_{22}\,n_0^3\,E$	0	0
z	x	$1/2\ r_{13}\,n_0^3\,E$	$1/2\ r_{33}\,n_e^3\,E$	$1/2\ r_{22}\,n_0^3\,E$	0
z	y	$1/2\ r_{13}\,n_0^3\,E$	$1/2\ r_{33}\,n_e^3\,E$	0	0

denen der Wellenleiter unter einem beliebigen Winkel zu den ausgezeichneten Achsen angeordnet wird. Die besonders effizienten Varianten sind in der Tabelle grau hinterlegt. Aus technologischen Gründen (die laterale Diffusion entlang der y-Achse ist zu groß) wird für flankierende Elektroden der xy-Schnitt, für bedeckende Elektroden der zy-Schnitt bevorzugt. Die jeweils orthogonale Polarisation erfährt eine geringere Phasendrehung, die Bauelemente sind daher polarisationsabhängig. Die kleineren Phasendrehungen bei xz-Schnitt werden später bei Polarisationsmodulatoren benötigt.

Die besten Ergebnisse hinsichtlich Einfügedämpfung mit 1,1 dB wurden mit der Ti/Mg-Doppeldiffusion erzielt. Die Effizienz für xy-Schnitt liegt bei 8 Vcm, die für zy-Schnitt bei 13 Vcm.

15.5.1.2
III/V-Halbleiter

Das steuernde elektrische Feld in III/V-Halbleitern ist für feldinduzierte Effekte durch die Sperrspannung eines rückwärts gepolten pn-Übergangs gegeben und aufgrund der Restdotierung ortsabhängig. Wenn man beim Entwurf der Wellenleiter auf eine starke elektrooptische Wechselwirkung abzielt, liegt das Maximum des optischen Feldes am Ort

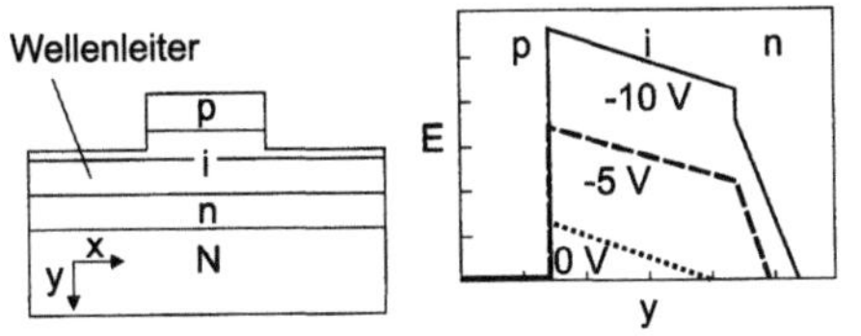

Abb. 15.33. Feldverteilung beim III/V-Halbleiter Phasenmodulator

Tabelle 15.13. Vorzeichen der unterschiedlichen Effekte bei unterschiedlichen Wellenleiterrichtungen

Effekt	[1$\bar{1}$0]		[110]	
	TE	TM	TE	TM
Pockels	+	0	–	0
Kerr	+	+	+	+
Plasma	+	+	+	+
Bandfüllen	+	+	+	+
QCSE				

des Maximums der elektrischen Feldstärke. Nachteilig ist, die starke Dämpfung im Bereich der nicht ausgeräumten p-Dotierung. Deshalb muß ein Kompromiß geschlossen werden zwischen Einfügeverlusten und Effizienz der Phasenmodulation. Wegen des Pockelseffektes der bei elektrischem Feld senkrecht zur Oberfläche nur auf die TE-Polarisation wirkt, sind die Bauelemente polarisationsabhängig. Das läßt sich umgehen, wenn die Wellenleiter in [001] Richtung gelegt werden, wo der lineare Effekt verschwindet. Diese Richtung ist aber keine Orientierung, bei der sich der Kristall senkrecht dazu spalten läßt, so daß die Wellenleiter unter 45° geknickt werden müssen (entweder über lange Bögen oder mit Hilfe von kleinen Spiegeln).

15.5.2
Mach-Zehnder-Modulatoren

Ein Mach-Zehnder-Interferometer (MZI) Modulator ist die einfachste Modulatorstruktur, deren Funktionsweise auf der Brechzahlmodulation basiert (Abb. 15.34).

Der einwellige Eingangswellenleiter spaltet in einer als Leistungsteiler ausgelegten Y-Verzweigung in zwei Arme auf, die parallel ver-

a
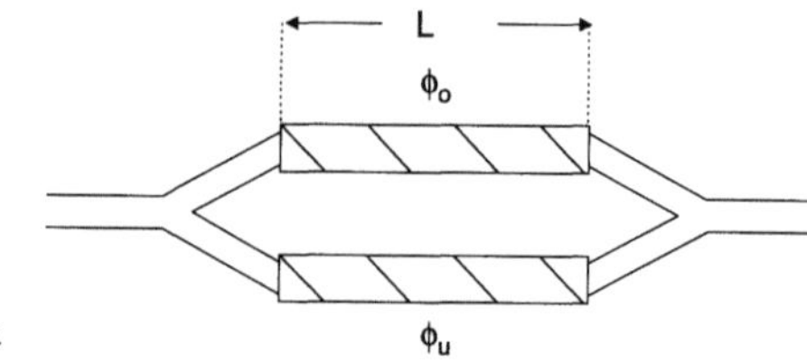

b
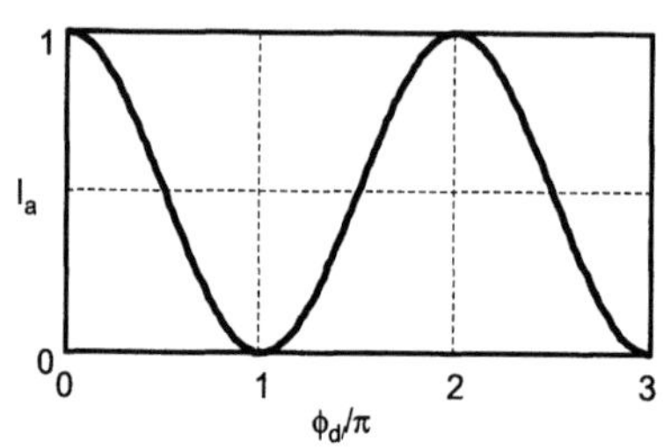

Abb. 15.34. a Struktur eines integriert optischen Mach-Zehnder-Interferometers. **b** Ausgangsintensität als Funktion der Phasendifferenz zwischen den beiden Zweigen des Interferometers

laufen und anschließend wieder zu einem Wellenleiter vereinigt werden. In den parallel verlaufenden Interferometerarmen wird über Brechungsindexmodulation entlang der Wechselwirkungsstrecke L_{BE} eine relative Phasenverschiebung induziert. Der im oberen Zweig induzierte Phasenmodulationsgrad (vgl. Gl. 15.81) sei φ_0, der im unteren Zweig φ_u. Dann wird aus der eingekoppelten optischen Welle $E_0 \exp(j\omega t)$ nach dem Durchgang durch das Interferometer die Welle

$$E_a = E_0 \exp\left\{-j\,\frac{\omega_0 L_{BE} n_{eff}}{c}\right\} \cdot \frac{\exp(-j\varphi_o)+\exp(-j\varphi_u)}{2}\exp(j\omega_0 t) \quad (15.84)$$

Mit den Definitionen der differentiellen Phasenänderung φ_d, die mit dem Steuersignal U (Spannungsdifferenz zwischen oberer und unterer Elektrode) korreliert ist

$$\varphi_d = \varphi_o - \varphi_u$$

$$\text{mit}\quad \varphi_d = \pi\,\frac{U_o - U_u}{U_\pi} = \pi\,\frac{U}{U_\pi} \quad (15.85)$$

und einem Asymmetriefaktor

$$\theta = \frac{\varphi_o + \varphi_u}{\varphi_o - \varphi_u} \quad (15.86)$$

der zwischen − 1 und + 1 liegt, schreiben sich die beiden Phasendrehungen

$$\varphi_o = \frac{\varphi_d}{2}(\theta+1)\ \text{und}\ \varphi_u = \frac{\varphi_d}{2}(\theta-1) \quad (15.87)$$

Schreiben wir weiterhin als Abkürzung

$$E_0' = E_0 \exp\left\{-j\,\frac{\omega_0 L_{BE} n_{eff}}{c}\right\} \quad (15.88)$$

so folgt nach Zusammenfassung

$$E_a = E_0' \exp\left(-j\,\frac{\varphi_d}{2}\,\theta\right)\cos\left(\frac{\varphi_d}{2}\right)\exp(j\omega_0 t). \quad (15.89)$$

Für $\theta = 0$, d.h. $\varphi_o = -\varphi_u$, dem Gegentaktbetrieb ergibt sich eine reine Intensitätsmodulation. Für eine ungleiche Aufteilung der Phasenschiebung ist die Intensitätsverteilung zwar dieselbe,

$$I_a = |E_a|^2 = E_0^2 \cos^2(\varphi_d) \quad (15.90)$$

aber die Momentanfrequenz ändert sich mit der zeitlichen Änderung der Phase nach

$$\Omega = \omega_0 - \frac{\theta}{2}\,\frac{d\varphi_d}{dt}. \quad (15.91)$$

Je nach Vorzeichen von θ kann ein positiver oder negativer Chirp eingestellt werden.

15.5.2.1 *LiNbO₃*

Dimensionierungsziele sind Geschwindigkeitsanpassung von optischer und elektrischer Welle, geringe Mikrowellenverluste der Elektroden, niedrige Schaltspannung und eine Impedanz der Elektrode nahe bei 50 Ω. Der Mikrowellenindex ist mit 4,225 fast doppelt so groß wie der optische Index, der bei 1,5 μm Wellenlänge 2,138 beträgt. Eine bessere Geschwindigkeitsanpassung wird möglich, wenn es gelingt, die Mikrowellenmode in einem Bereich zu führen, der eine geringere Dielektrizitätskonstante aufweist. Dies wird durch dicke koplanare Elektroden in Verbindung mit einer zwischen $LiNbO_3$ und Metall liegenden SiO_2-Schicht erreicht. Eine geringe Substratdicke verschiebt eine Kopplung an Substratmoden zu höheren Frequenzen.

Eine Grenzfrequenz von 75 GHz wurden mit der in Abb. 15.35 im Querschnitt gezeigten Struktur eines Mach-Zehnder-Interferometer Modulators erreicht [84]. Die Kenndaten sind in Tabelle 15.14 zusammengestellt. Eine entscheidende Maßnahme zur Geschwindigkeitsanpassung ist die Rippenätzung in Verbindung mit galvanisch verstärk-

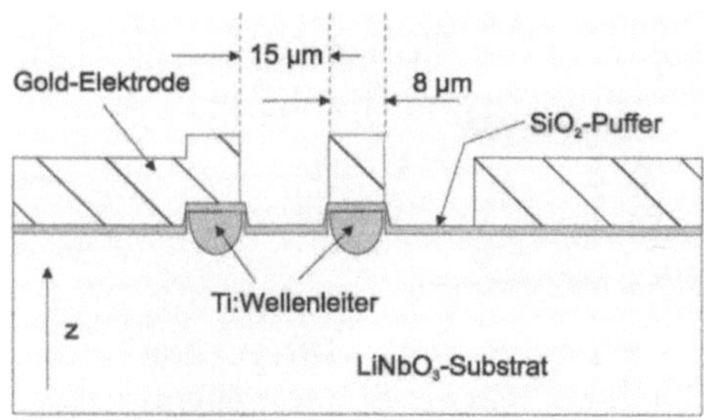

Abb. 15.35. Querschnitt eines Mach-Zehnder-Interferometer Modulators mit Wanderwellenelektroden

Tabelle 15.14. Kenndaten des Mach-Zehnder-Interferometers

Parameter	Zahlenwert	Dimension
Ti-Streifenbreite	7	µm
Ti-Dicke	90	nm
Diffusionstemperatur	1000	°C
Diffusionszeit	10	h
Breite der Mittelelektrode	8	µm
Schlitzbreite	15	µm
Wechselwirkungslänge	20	mm
Rippenbreite	8,3	µm
Rippenhöhe	3,3	µm
Dicke der Pufferschicht	1,2	µm
Elektrodendicke	10	µm
Winkel der Elektrode	keine Angabe	
Mikrowellenindex	2,20	
Impedanz	47	Ω
Grenzfrequenz	75	GHz
Schaltspannung	5	V

ten koplanaren Elektroden. Dabei ist der Mikrowellenindex von der Dicke und vom Flankenwinkel der Galvanisierung abhängig [85].

In einer theoretischen Arbeit wurde eine Parameteroptimierung dieser Anordnung und einer Variante mit asymmetrischen Elektroden durchgeführt. Das Potential liegt bei einer Bandbreite bei 100 GHz bei 4 V Schaltspannung [86].

Im Mach-Zehnder-Interferometer betrachtet man die Amplituden vor dem Vereinigungspunkt. Für $LiNbO_3$ Mach-Zehnder-Interferometer sind zwei Anordnungen denkbar, x-Schnitt mit flankierenden Elektroden und z-Schnitt mit bedeckenden Elektroden, wobei im zweiten Fall die Elektroden eine unsymmetrische Feldverteilung bewirken. Dies führt zu unterschiedlichem Chirp.

15.5.2.2
III/V Halbleiter

Bei einem III/V-Modulator sind Absorptions- und Phasenänderung nichtlineare Funktionen der angelegten Spannung [87], die durch die KKT miteinander in Beziehung stehen. Die zum Schalten erwünschte Phasenänderung hat als Begleiterscheinung eine Elektroabsorption. In diesem Fall wird in den Formeln die reelle Brechzahl durch eine komplexe Brechzahl ersetzt mit

$$\tilde{n} = n - \mathrm{j}\kappa \tag{15.92}$$

Der Zusammenhang zwischen dem Realteil und dem Imaginärteil der komplexen Brechzahl ist üblicherweise mit

$$\alpha_{\mathrm{H}} = \frac{\delta n}{\delta \kappa} \tag{15.93}$$

bezeichnet. α_{H} ist nicht konstant, sondern arbeitspunktabhängig, denn mit dem elektrischen Feld verschiebt sich der Bandabstand. Mit den Abkürzungen

$$\frac{2\pi}{\lambda}\Delta n = \Delta\beta \quad \text{und} \quad \frac{2\pi}{\lambda}\Delta\kappa = \frac{\Delta\alpha}{2} \tag{15.94}$$

erhält man für die Änderung des optischen Feldes in einem Zweig des Modulators:

$$E(U) = E_0 \exp\left\{-\left[\frac{\Delta\alpha(U)}{2} + \mathrm{j}\Delta\beta(U)\right] L_{\mathrm{BE}}\right\} \tag{15.95}$$

Am Ausgang des Mach-Zehnder-Interferometers wird das modulierte Signal mit dem des unmodulierten zweiten Zweiges überlagert. Da sich neben der Phase auch die Amplitude ändert, ist die destruktive Interferenz nicht mehr vollständig. Das Extinktionsverhältnis verschlechtert sich. Als Ausweg aus diesem Dilemma wurde vorgeschlagen, eine asymmetrische Aufteilung der optischen Leistung in den beiden Y-Verzweigungen des Mach-Zehnder-Interferometers zu verwenden [87]. Ansonsten ist es wichtig, die Materialeigenschaften so auszuwählen, daß α_{H} möglichst groß wird, was jedoch nur weitab der Absorptionskante auftritt, wo der Betrag der Phasenänderung geringer ist. Es muß ein Kompromiß gefunden werden zwischen hoher Extinktion und geringer Modulationsspannung.

15.5.3 Richtkoppler

Eine weitere Basiskomponente der integrierten Optik für Modulationsanwendungen ist der Richtkoppler. Er besteht aus zwei eng benachbarten Wellenleitern der Weite w, deren gegenseitiger Abstand g entlang einer Strecke L_{RK} so gering ist, daß eine in einem der beiden Wellenleiter (R) geführte optische Welle teilweise in den zweiten Wellenleiter (S) eindringt und hier zu einer weiteren Welle koppelt (Abb. 15.36). Die Ortsabhängigkeit der Amplituden wird durch das gekoppelte Differentialgleichungssystem

$$\frac{d\tilde{R}}{dz} = -j\beta_R \tilde{R} - j\kappa\tilde{S}$$
$$\frac{d\tilde{S}}{dz} = -j\beta_S \tilde{S} - j\kappa\tilde{R} \qquad (15.96)$$

beschrieben. β_R und β_S sind die Phasenkonstanten für die isoliert gedachten i. a. ungleichen Wellenleiter. κ ist die Koppelkonstante, die exponentiell vom Wellenleiterabstand abhängt. Mit den Definitionen einer mittleren Ausbreitungskonstanten und der halben Verstimmung

$$\beta = \frac{\beta_R + \beta_S}{2} \quad \text{und} \quad \delta = \frac{\beta_R - \beta_S}{2} \qquad (15.97)$$

sowie den Abkürzungen

$$\tilde{R} = R \cdot \exp(-j\beta z) \quad \text{und} \quad \tilde{S} = S \cdot \exp(-j\beta z) \qquad (15.98)$$

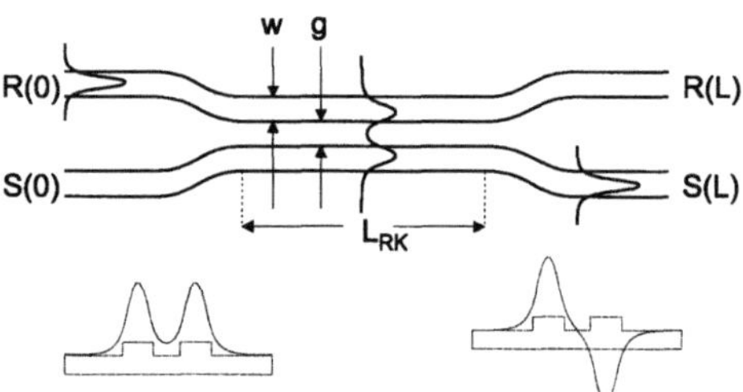

Abb. 15.36. Integriert optischer Richtkoppler. Im unteren Teilbild sind die beiden lokalen Normalmoden des Richtkopplers gezeigt, die sich mit unterschiedlicher Geschwindigkeit ausbreiten. Das in den oberen Eingang eingekoppelte Signal läßt sich als Überlagerung dieser beiden Moden auffassen. Im oberen Wellenleiter findet konstruktive im unteren destruktive Interferenz statt. Am Ende des Richtkopplers sind die Phasen so verschoben, daß es im unteren Wellenleiter zu konstruktiver Interferenz kommt

kann der gemeinsame Exponentialfaktor eliminiert und das Gleichungssystem auf folgende Matrixform gebracht werden:

$$\frac{d}{dz}\frac{R}{S} = -j\begin{pmatrix} +\delta & \kappa \\ \kappa & -\delta \end{pmatrix}\begin{pmatrix} R \\ S \end{pmatrix} \qquad (15.99)$$

Es hat als Lösungen

$$\begin{pmatrix} R(z) \\ S(z) \end{pmatrix} = \begin{pmatrix} A(z) & -jB(z) \\ -jB^*(z) & A^*(z) \end{pmatrix}\begin{pmatrix} R(0) \\ S(0) \end{pmatrix} = M_{RK}(z)\begin{pmatrix} R(0) \\ S(0) \end{pmatrix} \qquad (15.100)$$

mit

$$A(z) = \cos(\sqrt{\kappa^2+\delta^2}\,z) - j\frac{\delta}{\sqrt{\kappa^2+\delta^2}}\sin(\sqrt{\kappa^2+\delta^2}\,z) \qquad (15.101)$$

und

$$B(z) = \frac{\kappa}{\sqrt{\kappa^2+\delta^2}\,z}\sin(\sqrt{\kappa^2+\delta^2}\,z) \qquad (15.102)$$

Der Stern kennzeichnet die konjugiert komplexen Größen. Für einen symmetrischen Richtkoppler ($\delta = 0$) der Länge L reduziert sich die Übertragungsmatrix auf

$$\begin{pmatrix} R(z) \\ S(z) \end{pmatrix} = \begin{pmatrix} \cos(\kappa L) & -j\sin(\kappa L) \\ -j\sin(\kappa L) & \cos(\kappa L \end{pmatrix}\begin{pmatrix} R(0) \\ S(0) \end{pmatrix} \qquad (15.103)$$

Die Länge, bei der die optische Leistung aus dem Eingangswellenleiter vollständig in den anderen Wellenleiter übergekoppelt ist, nennt man Koppellänge $L_C = \pi/2\kappa$. Eine bewährte Methode zur Bestimmung der Koppellänge besteht in der Berechnung der Ausbreitungskonstanten für die Normalmoden der Anordnungmit zwei Wellenleitern, z. B. mit der Finiten Element Methode. Die Feldverteilung der Normalmoden ist in Abb. 15.36 unten skizziert. Das in einen Wellenleiter eingekoppelte Feld kann man sich als Überlagerung der beiden Normalmoden vorstellen. Sie breiten sich mit β_0 und β_1 aus. Nach der Länge L_C hat sich die Phase der Moden relativ zueinander um 180° gedreht. Dann ergibt die Überlagerung der Moden eine hohe Intensität im anderen Richtkopplerzweig. Die Koppellänge ist mit den Normalmoden durch

$$L_C = \frac{\pi}{\beta_0 - \beta_1} \qquad (15.104)$$

verknüpft.

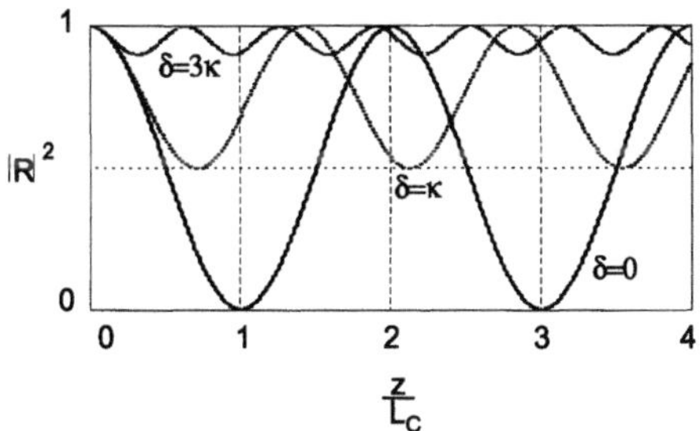

Abb. 15.37. Intensität in Wellenleiter R als Funktion des Ortes mit derVerstimmung als Parameter

In Abb. 15.37 ist der Intensitätsverlauf im Einkoppelwellenleiter als Funktion des Ortes dargestellt. Mit zunehmender Verstimmung wird der periodische Energieaustausch geringer, auch die Periode wird kürzer.

Damit der Richtkoppler als Schalter funktioniert, muß die in einen Eingang eingekoppelte optische Leistung auf zwei Ausgänge geschaltet werden können. Die beiden Schaltzustände werden mit ⊗ und ⊜ bezeichnet. Wird in den oberen Wellenleiter eingekoppelt, sind die Anfangsbedingungen $R(0) = 1$ und $S(0) = 0$. Durch Manipulation der Brechzahl läßt sich für jede beliebige Bauelementlänge L eine geeignete Asymmetrie

$$\delta = \pm\sqrt{\left(\frac{\nu\pi}{L}\right)^2 - \kappa^2} \text{ mit } \nu = 1,2,\ldots \quad (15.105)$$

finden, für die $B = 0$ wird (⊜-Zustand). Der ⊗-Schaltzustand wird nur für $\delta = 0$ und $L = \nu L_c$ ($\nu = 1, 3, 5\ldots$) erreicht. Der geschilderte Sachverhalt wird in einem Schaltdiagramm eines Richtkopplers graphisch dargestellt. Die Abszisse dient zur Darstellung der normierten Verstimmung $2\delta L/\pi$, auf der Ordinate wird die mit der Überkoppellänge L_C normierte Baulänge des Richtkopples L/L_C aufgetragen.

Die Intensitäten sind Höhenlinien, die zwischen 0 und 1 liegen. Die ⊗-Schaltzustände sind in diesem Diagramm isolierte Punkte die auf der Ordinate bei 1, 3, 5 ... liegen. Für den Geradeauszustand ergeben sich Viertelkreise mit den Radien 2, 4, 6, ... Für den Fall, daß die Baulänge exakt mit der Überkoppellänge übereinstimmt, benötigt man zum Schalten eine Verstimmung von

$$\frac{2\delta L}{\pi} = \sqrt{3} \quad (15.106)$$

Wir betrachten im folgenden bei einem Koppler der Länge L_c die Phasenvariation während

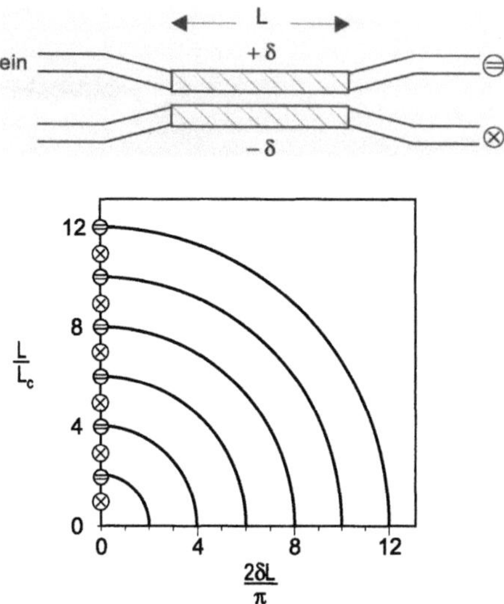

Abb. 15.38. Schaltdiagramm eines Richtkopplers

sich die Intensität ändert. Wenn die Verstimmung im Richtkoppler von $\delta L = 0$ nach $\delta L = \frac{\pi}{2}\sqrt{3}$ erhöht wird, so steigt die Intensität des Ausgangs R von 0 nach 1, seine Phase sinkt von $-\pi/2$ nach $-\pi$. Damit ist $\alpha_C < 0$. Für eine Modulation von $\delta L = 0$ nach $\delta L = -\frac{\pi}{2}\sqrt{3}$ wird $\alpha_C > 0$. Die Phase des Ausganges S bleibt in beiden Fällen konstant bei $-\pi/2$, er ist chirpfrei.

Da die Technologie oft nicht so gut beherrscht wird, die Bauelementlänge L so genau zu treffen, muß man bei der Herstellung entweder die Baulänge oder den Wellenleiterabstand geringfügig modifizieren und anschließend die geeigneten Komponenten selektieren.

Ein gesteuertes Umschalten ist auch für solche Richtkoppler möglich, deren Länge größer als eine Koppellänge ist. Wie in Abb. 15.39 angedeutet, wird in der Mitte der Struktur der Richtung der induzierten Asymmetrie umgekehrt. Diese Umkehrung wirkt so, als hätte man in der Mitte die beiden Wellenleiter miteinander vertauscht. Wenn an dieser Stelle Gleichverteilung erreicht ist, koppelt man „zurück“ in den „Eingangswellenleiter“. Damit ist ein vollständiges Überkoppeln in den ⊗-Ausgang erreicht. Die Wirkung des Schalters wird pro Sektion mathematisch durch eine Matrix wie Gl. (15.103) beschrieben. Das Schaltverhalten des δ-Umkehr-Schalters ergibt sich aus einer Matrizenmultiplikation für je eine Sektion der Länge $L/2$. Die Vorzeichenumkehr bei δ wirkt sich nur auf die Elemente

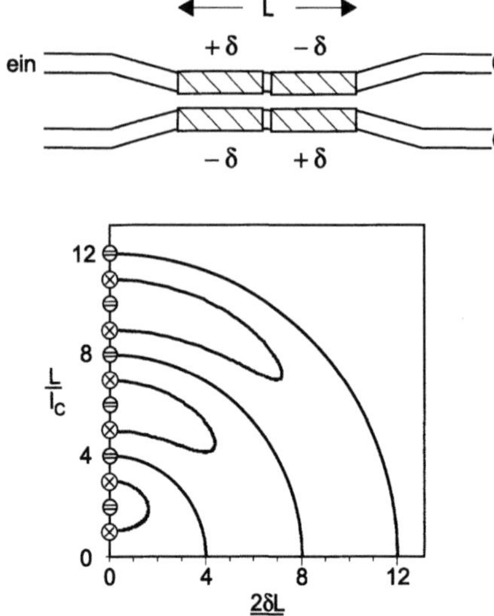

Abb. 15.39. Schaltdiagramm für Richtkoppler mit δ-Umkehr

A aus, die konjugiert komplex zu nehmen sind.

$$\begin{pmatrix} R(L) \\ S(L) \end{pmatrix} = M_{\mathrm{RK}}\left(\tfrac{L}{2}\right) M_{\mathrm{RK}}{}^{*}\left(\tfrac{L}{2}\right) \begin{pmatrix} R(0) \\ S(0) \end{pmatrix} \quad (15.107)$$

$$\begin{pmatrix} R(L) \\ S(L) \end{pmatrix} = \begin{pmatrix} A(\tfrac{L}{2})\,A^{*}(\tfrac{L}{2}) - B(\tfrac{L}{2})\,B^{*}(\tfrac{L}{2}) & -2\mathrm{j}\,B(\tfrac{L}{2})\,A(\tfrac{L}{2}) \\ -2\mathrm{j}\,B^{*}(\tfrac{L}{2})\,A^{*}(\tfrac{L}{2}) & A^{*}(\tfrac{L}{2})\,A(\tfrac{L}{2}) - B^{*}(\tfrac{L}{2})\,B(\tfrac{L}{2}) \end{pmatrix} \begin{pmatrix} R(0) \\ S(0) \end{pmatrix} \quad (15.108)$$

Die Lösungen für die ⊗- und ⊖-Zustände sind die Nullstellen der Matrixelemente. Für den Geradeauszustand ergeben sich Viertelkreise mit den Radien 4, 8, 12 … Die Kreuzzustände sind charakterisiert durch die Parameterdarstellung

$$\frac{L}{L_C} = \frac{1}{\sqrt{2}} \left| \frac{r}{\sin(\frac{\pi}{4} r)} \right| \quad \text{und}$$

$$\frac{2\delta L}{\pi} = \sqrt{r^2 - \left(\frac{L}{L_C}\right)^2} \quad (15.109)$$

wobei r der Abstand zum Koordinatenursprung ist, der gegeben ist durch

$$r = \frac{2L}{\pi} \sqrt{\kappa^2 + \delta^2} \quad (15.110)$$

für $1 \le r \le 3$; $5 \le r \le 7$; $9 \le r \le 11$ usw. Die Ergebnisse sind in dem Schaltdiagramm Abb. 15.39 zusammengefaßt. Den kürzesten Abstand erhält man für eine Baulänge von 2,335 Koppellängen. Hier beträgt die erforderliche normierte Verstimmung 1,8.

Die bisherige idealisierte Betrachtung geht von einem konstanten Wellenleiterabstand aus. Damit ein Richtkoppler an zwei Glasfasern angeschlossen werden kann, müssen die Wellenleiter auf einen Abstand von 250 µm (Standard) separiert werden. Ausgehend von dieser Distanz sind Wellenleiterkrümmungen erforderlich, um den Koppelabstand von wenigen µm zu erreichen. Da die Kopplungsstärke exponentiell mit $\kappa = \kappa_0 \exp(-\gamma g)$ vom gegenseitigen Wellenleiterabstand und der lateralen Abklingkonstante γ abhängt, werden sich die Krümmungen auf das Koppelverhalten so auswirken, als sei das parallele Koppelgebiet zu beiden Seiten um eine effektive Zusatzkoppellänge verlängert. Die Größe dieser Länge hängt von der Form der gegenseitigen Annäherung ab [88]. Sind die Wellenleiter unter einem kleinen Winkel abgeknickt, dann ändert sich die Koppelkonstante gemäß:

$$\begin{aligned} \kappa(z) &= \kappa_0 \exp[-\gamma\{g(z_0) + 2z\tan(\vartheta)\}] \\ &= \kappa_{g0} \exp[-\gamma 2z \tan(\vartheta)] \end{aligned} \quad 15.111)$$

Die Zusatzkoppellänge hat einen Wert von

$$L_{\mathrm{ZKn}} = \frac{1}{\gamma \tan(\vartheta)} \quad (15.112)$$

Ist die Krümmung aus zwei Kreisbögen zusammengesetzt, so nimmt in guter Näherung der gegenseitige Wellenleiterabstand parabelförmig mit der Entfernung z vom parallelen Koppler zu und die Koppel„konstante" ist ortsabhängig. Es gilt in guter Näherung:

$$\begin{aligned} \kappa(z) &= \kappa_0 \exp\left[-\gamma\left(g(z_0) + \frac{z^2}{R}\right)\right] \\ &= \kappa_{g0} \exp\left[-\gamma \frac{z^2}{R}\right] \end{aligned} \quad (15.113)$$

Die Zusatzkoppellänge hat einen Wert von

$$L_{\mathrm{ZKr}} = \sqrt{\frac{\pi R}{\gamma}}$$

Für R = 10 mm und $\gamma = 1\ \mu\mathrm{m}^{-1}$ erhält man 177 µm Zusatzkoppellänge. Sind die Bereiche nicht von Elektroden bedeckt, so führt dies zu unerwünschtem Nebensprechen.

15.5.4 Digitale optische Schalter (DOS)

Unter digitalen optischen Schaltern versteht man Bauelemente mit einer idealisiert stufenförmigen Änderung des optischen Ausgangssignals bei linearer Variation des Ansteuersignals. Sie zeigen eine hohe Arbeitspunktstabilität und benötigen keine präzise Ansteuerelektronik, solange die dafür notwendige Ansteuerleistung einen bestimmten Schwellenwert nicht unterschreitet.

Der DOS basiert auf einer Wellenleiterverzweigung, die in Abb. 15.40 skizziert ist. In einer symmetrischen Verzweigung teilen sich die beiden lokalen Supermoden β_{00} und β_{01} symmetrisch auf die Ausgangswellenleiter auf. Für eine asymmetrische Verzweigung ist bei großen Winkeln die Aufteilung auch symmetrisch. Wenn aber der Winkel θ der Verzweigung der Beziehung

$$\theta < \frac{\beta_{0\mathrm{a}} - \beta_{1\mathrm{a}}}{0{,}43\,\gamma} \tag{15.114}$$

genügt, so ist der Übergang adiabatisch und die symmetrische Mode β_{00} gelangt in den breiten Wellenleiter, die asymmetrische Mode β_{01} in den schmalen Wellenleiter [89]. γ ist die exponentielle Abklingkonstante des Feldes im Bereich zwischen den Wellenleitern und ein Maß für die Wellenführung.

Die einfachste Anordnung, die diese Eigenschaften einer Verzweigung ausnutzt, ist ein 1×2 Schalter, wie in Abb. 15.41 a) gezeigt [90, 91]. Die Wellenleiter sind symmetrisch aufgebaut, lassen sich aber durch elektro- oder thermooptische Beeinflussung asymmetrisch machen. Ein in den einwelligen Eingangswellenleiter eingespeistes Signal teilt sich ohne Steuersignal gleichmäßig auf die beiden Ausgangswellenleiter auf und wird bei anliegendem Steuersignal in den Wellenleiter mit dem höheren Brechungsindex gelenkt. Da mit zunehmender Steuerspannung die Asymmetrie immer größer wird, so kommt es im Gegensatz zum Richtkoppler zu keinem periodischen Zurückkoppeln in den zweiten Wellenleiter. Die zweite Variante (Abb. 15.41 b)), ein 2×2-Schalter, basiert auf demselben Prinzip [92]. Sie setzt sich aus einer asymmetrischen Verzweigung auf der Eingangs- und einer symmetrischen auf der Ausgangsseite zusammen.

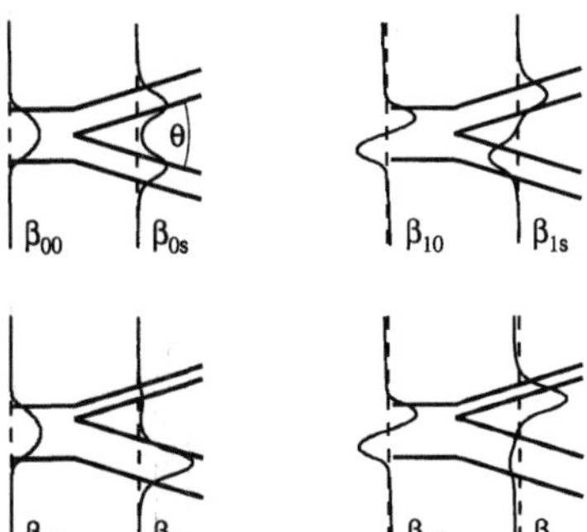

Abb. 15.40. Symmetrische und asymmetrische Wellenleiterverzweigung mit den dazugehörigen lokalen Normalmoden

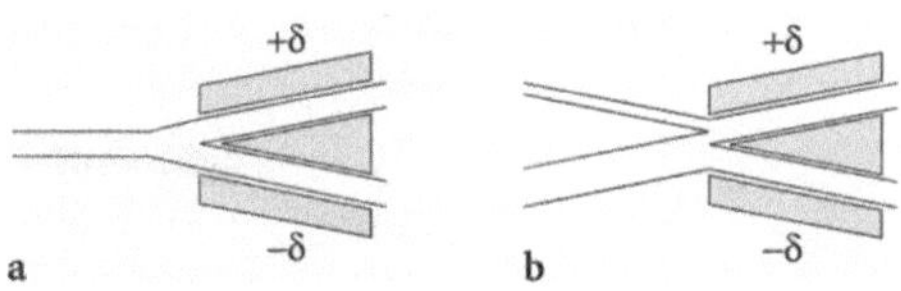

Abb. 15.41 a, b. Digitaler Schalter. **a** 1×2-Version, **b** 2×2 Version

Gut untersucht wurden bisher die lineare Verzweigung, die von der Herstellung am einfachsten ist und eine speziell gestaltete Kurvenform, mit deren Hilfe es gelingt, das Problem analytisch zu lösen [89]. Gemeinsames Kennzeichen beider Varianten ist eine große Verstimmung δ auf der gesamten Strecke. Bei der linearen Verzweigung ist die Kopplung am Anfang der Struktur am größten und nimmt ständig ab. Die zweite Variante erlaubt geringere Schaltspannungen, hat aber kein echtes digitales Verhalten.

Aus der Wellenleiterasymmetrie δ, der ortsabhängigen Koppelkonstanten κ, der transversalen Abklingkonstante γ und dem Winkel θ zwischen den Wellenleitern lassen sich zwei normierte Kenngrößen bestimmen, die die Verhaltensweise des DOS kennzeichnen. Dies sind:

1. die normierte Verstimmung $X = \delta/\kappa$, die das Verhältnis von Phasenasymmetrie und Koppelstärke widerspiegelt, sowie
2. eine normierte Koppelkonstante k_{D}, die ein Maß für die Kopplung zwischen den Normalmoden ist

$$k_{\mathrm{D}} = \frac{1}{2}\frac{\gamma}{\delta}\frac{X^2}{(1+X)^{\frac{3}{2}}}\tan\left(\frac{\theta}{2}\right), \tag{15.115}$$

In der Verzweigung nimmt der Wert X von X_0 bis zu einem Maximalwert $X_{\max}$ in stetiger Weise zu. Für konstantes k_{D} existieren analytische Lösungen für den Energieaustausch zwi-

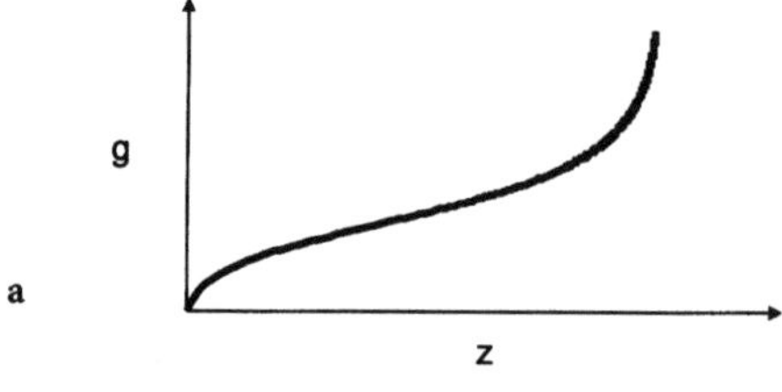

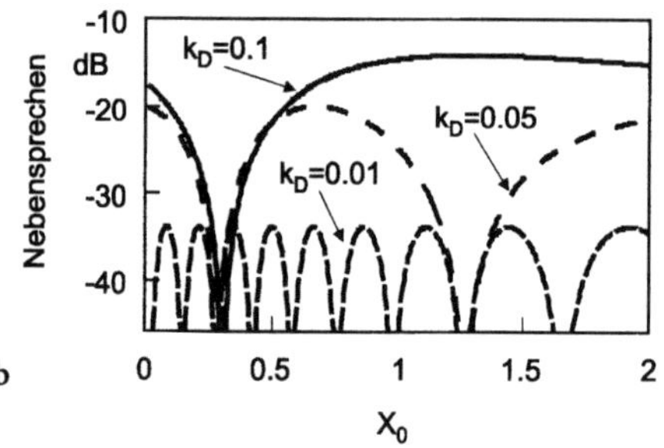

Abb. 15.42 a Kurvenform des „geformten" DOS. Dargestellt ist der Wellenleiterabstand g als Funktion des Abstandes z von der Verzweigung. **b** Nebensprechen zwischen den Normalmoden als Funktion der normierten Verstimmung X_0 am Anfang der Verzweigung. Kurvenparameter ist die normierte Koppelkonstante k_D (s. Text)

schen den Moden. Die zugehörige Kurvenform ist in Abb. 15.42 beispielhaft gezeigt. Durch diese Kurvenform erhält man eine gleichmäßige Überkopplung zwischen den Normalmoden. Wenn der Energieaustausch zwischen den Normalmoden verschwindend gering ist, spricht man von adiabatischem Verhalten. Abbildung 15.42b zeigt für verschiedene Anfangsverstimmungen X_0 und drei verschiedene k_D den Energieaustausch zwischen den Normalmoden. Erwünscht sind Werte < -30 dB. Dies ist erreichbar mit – einerseits großen Werten von X_0, (die allerdings unrealistisch sind) und anderseits kleinen Werten für k_D

$$w(k_D, X_0) = \frac{4k_D^2}{1+4k_D^2}\sin^2 \cdot \left\{\frac{\arctan(X_{max}) - \arctan(X_0)}{4k_D}\sqrt{1+4k_D^2}\right\}$$

In [93] konnte gezeigt werden, daß mit einer Kurvenform, die zwischen der linearen Verzweigung und der oben beschriebenen liegt, das Spannungs-Längenprodukt um einen Faktor drei bezüglich der linearen Verzweigung verbessert werden kann. Mit einer Strategie, die der biologischen Evolution nachempfunden ist, kann eine optimale Form der Verzweigung $g(z)$ gefunden werden [94]. Ausgehend, von mehreren nicht idealen Prototypen werden neue Generationen durch Kombination und Mutation erzeugt. Die Schaltfunktion der Strukturen mit veränderten Parametern werden mit der BPM berechnet und hinsichtlich geringen Nebensprechens bewertet. Die besten Exemplare dienen als neue Elterngeneration. Dieses Verfahren wird wiederholt, bis ein optimales $g(z)$ gefunden ist. 25 bis 50 Generationen sind dazu notwendig. Als Ergebnis erhält man einen DOS mit einem zunächst größeren Knickwinkel (5 mrad), der dann um den Winkel der geraden Verzweigung (mrad) oszilliert. Das Nebensprechen der optimierten Struktur liegt unter 40 dB.

15.5.4.1
Thermooptische digitale Schalter

Der digitale thermooptische Schalter basiert auf einer Y-Verzweigung deren Arme mit Heizelektroden bedeckt sind. Die Aufheizung eines Arms verringert dessen Brechungsindex gegenüber dem ungeheizten Arm und bewirkt so ein Umlenken des Lichtsignals. Mit diesem 1×2-Schalter als Basiselement wurden mit Polymerwellenleitern auf Si-Substraten Nebensprechunterdrückungen von über 25 dB erreicht [95]. Die Ansteuerleistungen liegen bei ca. 100 mW.

15.5.4.2
Richtkoppler mit Geschwindigkeitskopplung

Eine andere Variante eines digitalen optischen Schalters geht nicht von einer konstanten Verstimmung in der Struktur aus, sondern verwendet eine Geschwindigkeitskopplung in Richtkopplern in Kombination mit einer ortsabhängigen Koppelkonstante. Abbildung 15.43 zeigt einen derartigen Koppler bei dem

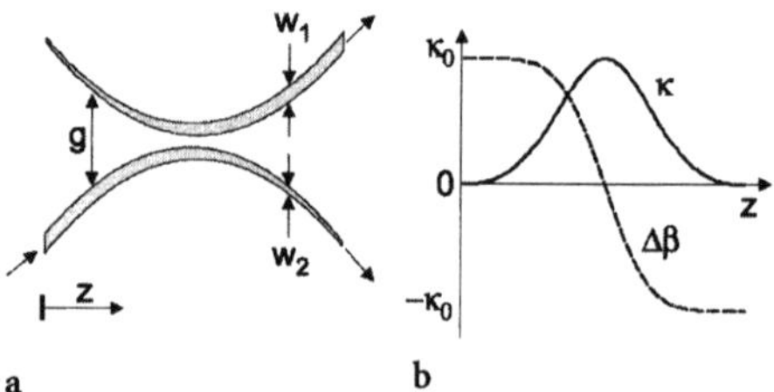

Abb. 15.43 a, b. Digitaler Schalter mit Geschwindigkeitskopplung

sich die Wellenleiterbreite des einen Wellenleiters kontinuierlich verbreitert, während der zweite Wellenleiter mit zunehmendem z schmaler wird. Genau in der Mitte der Struktur sind ihre Breiten identisch. Wie von den Richtkopplern her bekannt ist, ist die Überkopplung dort am größten, wo die Phasengeschwindigkeiten gleich sind. Am Anfang und Ende ist einerseits die Verstimmung sehr groß und andererseits auch der Kopplerabstand. Nur der Bereich in der Mitte trägt wesentlich zur Kopplung bei.

Ein in den breiten Wellenleiter eingekoppeltes Signal regt die symmetrische Normalmode an bleibt in der symmetrischen Normalmode. Erzeugt man eine zusätzliche Asymmetrie $\Delta\beta_S$ z.B. durch Anlegen eines elektrischen Feldes so wird die $\Delta\beta$-Kurve nach oben oder unten verschoben. Der Punkt, bei dem $\Delta\beta = 0$ ist, fällt nicht mehr mit dem Wert für den größten Koppelkoeffizienten zusammen und der Grad der Überkopplung nimmt stark ab [96]. Bisher ist diese Struktur nur theoretisch untersucht worden. Experimentelle Ergebnisse existieren für die „Vorläuferversion" mit linearer Variation von $\Delta\beta$ [97].

15.5.4.3
„Gabel"-Koppler

Die Verbindung von Brechzahl- und Absorptionsänderung kann für effizientes Schalten eingesetzt werden. In Mach-Zehnder-Interferometer Strukturen auf Halbleitern führt die Elektroabsorption zu einer Verschlechterung des Extinktionsverhältnisses. Die in Abb. 15.44 gezeigte Struktur besitzt einen Wellenleitereingang, von dem aus das Signal zunächst symmetrisch in beide Nachbarwellenleiter überkoppeln kann. Die Länge der Koppelstrecke wird so dimensioniert, daß sie genau eine Koppellänge eines Richtkopplers entsprechen würde, wenn man sich einen der äußeren Wellenleiter wegdenkt. Ohne Spannung erhält man eine Verteilung auf alle drei Wellenleiter. Ändert man nun durch Anlegen einer Spannung den Brechungsindex in einem der äußeren Wellenleiter, so führt die induzierte Asymmetrie dazu, daß die Kopplung in diesem Wellenleiter zunehmend weniger wird. Die kleine Leckwelle wird noch zusätzlich gedämpft, so daß man zu sehr geringer Überkopplung kommt. Die beiden unbeeinflußten Wellenleiter wirken nun so wie ein Richtkoppler mit der korrekten Länge für eine Überkopplung. Ein Meßresultat für einen derartigen Koppler, der aus einem MQW Wellenleiter besteht ist in Abb. 15.44 b gezeigt. Die Struktur hat digitales Verhalten. Das hohe Extinktionsverhältnis resultiert aus der zunehmenden Absorption im Wellenleiter mit angelegtem elektrischen Feld.

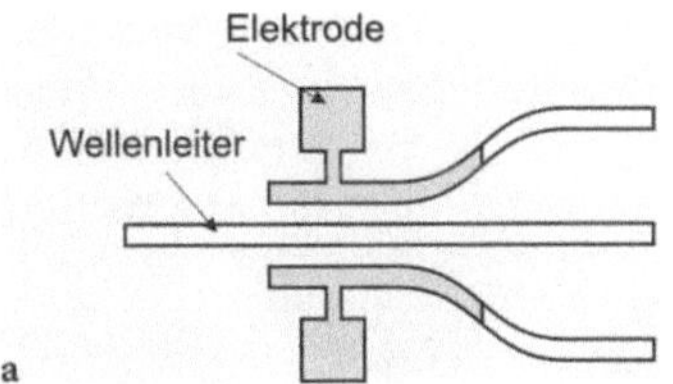

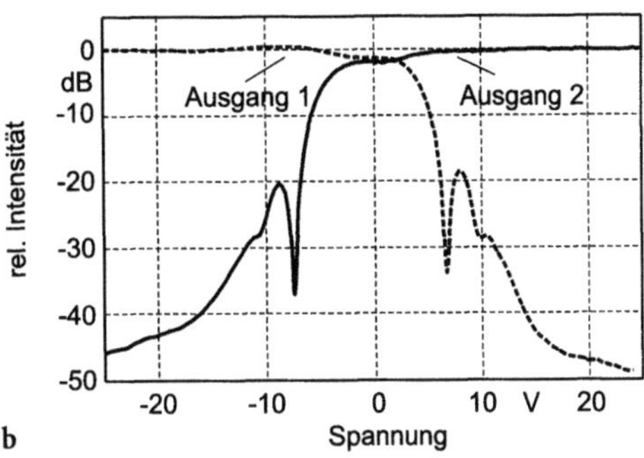

Abb. 15.44 a, b. Symmetrischer Gabelkoppler. **a** Wellenleiterstruktur, **b** Schaltverhalten. Das hohe mit ER und EA

15.5.5
X-Schalter

Wellenleiterkreuzungen mit einem kleinen Kreuzungswinkel lassen sich ebenfalls als Schalter verwenden [98]. Damit es aber nicht zu nennenswerten Interferenzeffekten kommt, sollte der Winkel >2° sein. Ohne Modulation der Brechzahl gehen die eingekoppelten Felder geradeaus weiter. Damit ist der erste Schaltzustand definiert. Für den zweiten Schaltzustand wird im Idealfall ein total reflektierender Spiegel in der Mitte der Struktur benötigt. Der Kreuzungswinkel beträgt 5°, die

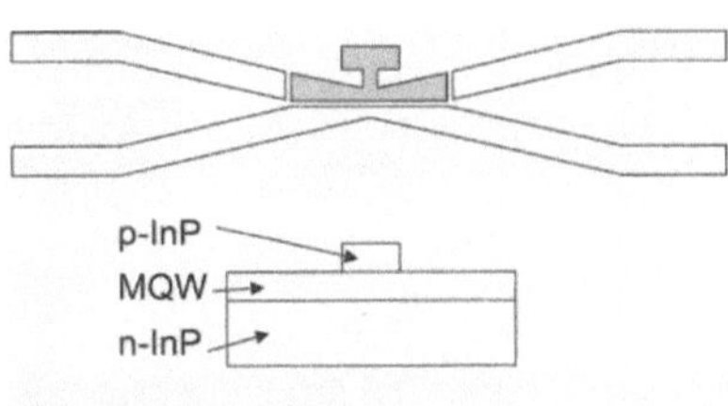

Abb. 15.45. X-Schalter

Wellenleiterbreite 3 μm. Der MQW-Wellenleiter hat 40 Perioden mit einem 6 nm breiten InGaAs Film und 6 nm breiten InP Barrieren. Vorteil gegenüber Ladungsträgerinjektion ist die höhere Geschwindigkeit, der elektrooptische Effekt in Volumenmaterial ist zu klein. Der Ätzgraben in der Mitte hat eine Breite von 0,5 μm [99].

15.5.6 Schaltmatrizen

Die oben beschriebenen Einzelschalter lassen sich zu größeren Einheiten, den Schaltmatrizen zusammenschalten. Am Beispiel von 4×4-Matrizen sind in Abb. 15.46 unterschiedliche Architekturen zusammengestellt, mit denen derartige Schaltmatrizen aufgebaut werden. Als Basiselemente können 1 × 2 bzw. 2 × 2 Schaltern wie Richtkoppler, MZ-Schalter oder

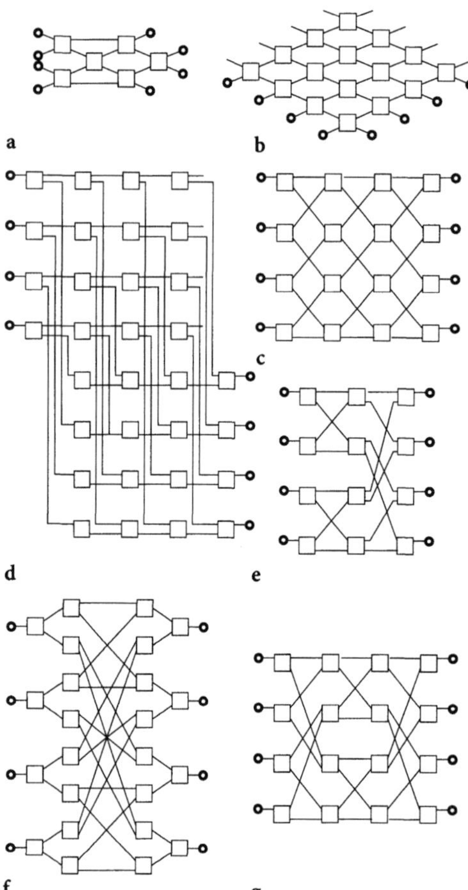

Abb. 15.46 a–g. Architekturen für optische Schaltmatrizen [100]

digitale Schalter dienen. Die Schaltmatrizen unterscheiden sich hinsichtlich Anzahl der benötigten Schaltebenen und Einzelschalter, sowie bezüglich des Nebensprechens. Sie sind zum Teil ihrem elektronischen Pendant nachempfunden. Da das Nebensprechverhalten der optischen Einzelschalter unzureichend ist, sind besondere Maßnahmen beim Aufbau der Schaltmatrizen erforderlich.

a) Die n-stufige planare Anordnung kommt im Falle einer 4 × 4-Matrix mit der geringsten Anzahl (6) von Einzelschaltern aus. Sie ist aber nicht strikt blockierungsfrei. In jedem der bis zu $(n-1)$ Schalter, die durchlaufen werden kann Nebensprechen addiert werden.
b) Bei der Kreuzschienenanordnung kann man sich zunächst alle Schalter im Kreuzzustand vorstellen. Zum Aufbau einer Verbindung wird der Schalter geradeaus geschaltet wo sich die Verbindungslinien von Eingang und Ausgang kreuzen. Sie ist immer blockierungsfrei. Für unterschiedliche Schaltwege werden unterschiedlich viele Schalter durchlaufen.
c) Die rechteckige Kreuzschienenanordnung benötigt zusätzlich Wellenleiterkreuzungen, die zu Nebensprechen führen können. Für große Kreuzungswinkel ist dies vernachlässigbar klein.
d) Zur Vermeidung von Nebensprechen wird bei der Doppelkreuzschiene eine zusätzliche Ebene eingeführt. Denkt man sich zunächst alle Einzelschalter im Geradeauszustand, so werden die Signale auf „blinde“ Ausgänge geschaltet. Zum Aufbau einer Verbindung müssen jeweils zwei Schalter in den ⊗-Zustand umgeschaltet werden, die beide mit nur einem Signal beaufschlagt sind.
e) Die nächste Variante kommt – zumindest bei größeren Netzen – mit der geringsten Anzahl von Schaltern aus, die man sich durch eine große Zahl von Kreuzungen erkauft. Da einige Schalter von zwei Signalen gleichzeitig durchlaufen werden können, ist das Nebensprechen beträchtlich.
f) Bei der Baumstruktur wird das Signal über 1 × 2 Schalter zunächst auf eine von n angeschlossenen Verbindungsleitungen geschaltet, der angewählte Ausgang muß ebenfalls auf diese Verbindungsleitung geschaltet sein. Insgesamt sind n^2 derartige Verbindungsleitungen vorhanden. Das Nebensprechen vom Eingang wird auf die

Tabelle 15.15 Gibt eine Übersicht über die Zahl der Stufen und Schalter

Abbildung	Strukturbezeichnung	Zahl der Schalterebenen	Zahl der Schalter
a)	planar n-stufig	n	$n\,(n-1)/2$
b)	einfache Kreuzschiene	$2n-1$	n^2
c)	rechteckige Kreuzschiene	n	n^2
d)	Doppel Kreuzschiene	$n+1$	$2n^2$
e)	Basisnetz	$\log_2 n + 1$	$n\,(\log_2 n + 1)$
f)	Baumstruktur	$2 \log_2 n$	$2n\,(n-1)$
g)	erweitertes Benes Netz	$2 \log_2 n$	$2n \log_2 n$

$n-1$ „blinden" Leitungen gelegt. Jeder Ausgang „empfängt" auch ein Nebensprechsignal auf seinen $(n-1)$ blinden Eingängen. Somit ist das Nebensprechen auf jeweils die Hälfte reduziert.

g) Eine ähnliche Reduktion des Nebensprechens erzielt man mit dem erweiterten Benes Netz. Durch die Einführung einer zusätzlichen Ebene wird sichergestellt, daß jeder Einzelschalter immer nur ein Signal führt.

15.5.6.1 *Laser in Schaltmatrizen*

Der Einsatz großer Schaltmatrizen erfordert infolge der Verluste in den Bauelementen eine zusätzliche optische Verstärkung. Die Integration der Verstärker in die Matrix und die simultane Verwendung als Schaltelement ist möglich. Das grundlegende Schaltelement dieser Struktur ist eine passive Y-Verzeigung mit zwei Halbleiterverstärkern. Die Verstärkungsmodulation hat eine hohe Dynamik, womit sich ein hohes Nebensprechungsdämpfungsmaß erzielen läßt. Ein inhärenter Nachteil dieser Struktur ist der 3 dB Verlust in jedem Schaltpunkt im Falle einer Punkt-zu-Punkt Verbindung. Die blockierungsfreie Architektur einer 4 × 4 Schaltmatrix zeigt Abb. 15.47. Von den 24 eingebauten Verstärkern haben 16 die eigentliche Schaltfunktion, während die restlichen 8 der Kompensation der Verluste dienen.

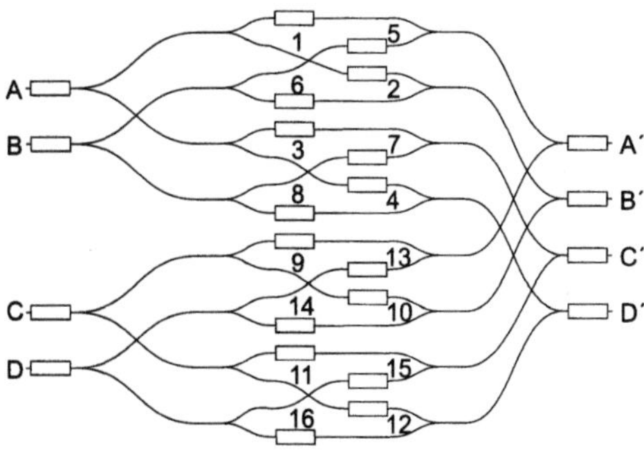

Abb. 15.47. Schaltmatrix mit Lasern als Schalter

15.6 Absorptive Bauelemente

15.6.1 EA-Modulatoren (III/V-Halbleiter)

Für hochratige Anwendungen werden externe Modulatoren verwendet, weil die Lichterzeugung von der Modulation getrennt ist. Außerdem wird die Frequenz des Sendesignals weniger verschoben als bei einem direkt modulierten Laser, wo die Verschiebung bis zu 0,6 nm (≈75 GHZ) ausmacht [101]. Auch ist die erreichbare Modulationsgeschwindigkeit höher.

Neben den Mach-Zehnder-Interferometer-Modulatoren eignen sich Elektroabsorptions-Modulatoren gut als effiziente externe Modulatoren [102]. Ihr Aufbau ist einfacher, weil es genügt, einen geraden Wellenleiter zu verwenden, wobei unnötige dämpfende Zusatzlängen entfallen. Der spezielle Aufbau richtet sich nach der jeweiligen Anwendung in digitalen und analogen Systemen. Wenn Elektroabsorptionsmodulatoren einem DFB oder DBR-Lasern direkt nachgeschaltet werden, kann ihre Funktion polarisationsabhängig sein. Für andere Anwendung (z.B. Demultiplexen) ist Polarisationsunabhängigkeit Grundvoraussetzung. Wichtige Kenngrößen für ihren Einsatz sind: geringe Einfügeverluste, niedrige Schaltspannung, hohe elektrische Bandbreite, evtl. Polarisationsabhängigkeit, geringer α_C-Parameter (Chirp = Kleinsignalgröße).

15.6.1.1
Einzelmodulatoren

Einzelbauelemente sind technologisch einfacher zu beherrschen und es ist leichter möglich sie zu optimieren. Die Effizienz der Modulation wird durch die Spannung definiert die notwendig ist um ein bestimmtes Kontrastverhältnis (z.B. 10 dB) zu erreichen. Hier sind Modulatoren, die auf Quanteneffekten – insbesondere dem QCSE – beruhen am besten geeignet. Abbildung 15.48 zeigt den Aufbau eines derartigen Modulators. Damit sich ein möglichst hohes elektrisches Feld ausbildet, ist die aktive Quantenfilmschicht in den Bereich der Rippe verlegt worden. Es handelt sich dabei um einen stark führenden Wellenleiter, der leicht dazu tendiert zweimodig zu werden. Um eine hohe Grenzfrequenz zu erzielen, muß die Kapazität minimiert werden, was mit extrem kurzen Bauelementen möglich wird. Je kürzer der Wellenleiter ist, desto größer wird der relative Anteil des Bondkontakts an der Gesamtkapazität. Dessen Kapazität hat für Bondflächen von $50 \cdot 50\ \mu m^2$ einen Wert 0,07 pF, wenn der Metallkontakt auf eine dicke Polyimidschicht aufgebracht wird.

In der folgenden Tabelle sind typische Bauelement-Parameter zusammengestellt.

Die Absorptionskurve eines derartigen Modulators hat den Verlauf [103]:

$$P_{aus}(t) = P_0 \exp\left\{-\left[\frac{U(t)}{U_0}\right]^a\right\} \qquad (15.116)$$

U_0 ist die Spannung für den die Leistung von P_0 auf den $1/e$-ten Teil abgefallen ist. Der Koeffizient a liegt bei Modulatoren mit quaternären Schichten bei 1–2, in Multi-Quantenfilm-Schichten liegen die Werte zwischen 2

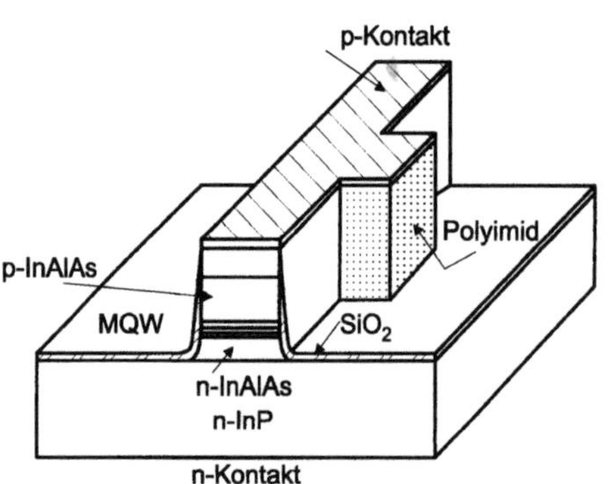

Abb. 15.48. Aufbau eines Elektro-Absorptions-Modulators

Tabelle 15.16

Parameter	Zahlenwert	Dimension
Wellenleiterbreite	2–5	μm
Quantenfilm Dicke	8–13	nm
Dicke der aktiven Schicht	400	nm
$\lambda_{Betrieb} - \lambda_{Bandkante}$	50–600	nm
Länge des Bauelements	75–200	μm
Bondkapazität	0,07	pF
Grenzfrequenz	10–40	GHz
Grenzfrequenz/ Schaltspannung	20	GHz/Volt

und 4. In Abb. 15.49 ist dieser Verlauf zusammen mit einer sinusförmigen Ansteuerung gezeigt.

Polarisationsunabhängigkeit erreicht man wie in Abschn. 15.2.5 beschrieben durch zugverspannte Schichten. Bestwerte wurden mit folgenden Parametern erzielt: 12 nm dicke InGaAs Filme mit 0,35 % Verspannung und 8 nm dicke InAlAs Barrieren. Mit einem EA-Modulator, der eine 200 μm lange Wanderwellenelektrode besitzt wurde eine Grenzfrequenz von 50 GHz erreicht. Die Komponente ist zudem polarisationsunabhängig [104].

15.6.1.2
„Chirp" in Elektro-Absorptions-Modulatoren

Eine nicht zu vernachlässigende Begleiterscheinung der erwünschten Amplitudenmodulation ist eine gleichzeitig auftretende Phasenmodulation, die als Zirpen (engl. „chirp")

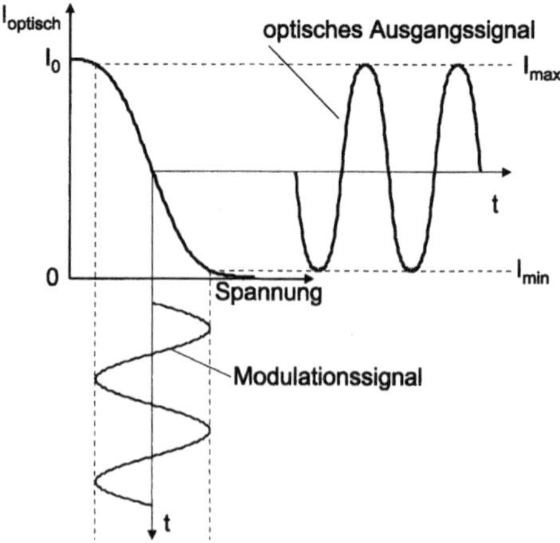

Abb. 15.49. Extinktions-Kennlinie eines EA Modulators

bezeichnet wird [105]. Ist α_C die relative Änderung des Real- und Imaginärteils des komplexen Brechungsindexes

$$\alpha_C = \frac{\Delta n'}{\Delta n''}, \text{ bzw. } \alpha_C = \frac{4\pi\, dn}{\lambda_0\, d\alpha}\bigg|_{\lambda=\lambda_0} \quad (15.117)$$

so resultiert daraus eine Phasenänderung, die mit der Intensitätsänderung zusammenhängt nach:

$$\frac{d\phi}{dt} = \alpha_C \frac{1}{2I}\frac{dI}{dt} \quad (15.118)$$

Hierin bezeichnet I die Intensität und ϕ die Phase der Welle.

Für positive a_C-Werte ergibt sich nach der Übertragung über eine dispersive Faser eine Pulsverbreiterung, und damit eine Reduktion der überbrückbaren Strecke. Wünschenswert sind optische Pulse, die zu Beginn längere Wellenlängen und am Ende kürzere Wellenlängen haben. Dies ist nur mit negativem Chirp möglich. Wird die Absorptionsänderung von Ladungsträgern verursacht, so liegt a_C zwischen 2 und 7. Bei den hier betrachteten EA Modulatoren ist a_C kleiner ($|a_C| \leq 1$) und hängt von der Wellenlänge und dem elektrischen Feld ab und kann deshalb durch die Modulatorstruktur optimiert werden.

In Quantenfilmen sind kleine Werte für α_C möglich, negative Werte erhält man für hohe Feldstärken. Nachteilig ist die dann hohe Einfügedämpfung. In breiten Quantenfilme (z.B. 12 nm) ist ein negatives α_C schon bei kleineren Feldstärken zu erzielen. Darüber hinaus ist es mit zugverspannten (0,4%) breiten Quantenfilmen möglich, über einen großen Bereich von elektrischen Feldstärken negative α_C-Werte einzustellen.

Zur Messung des α_C-Parameters wird das kleinsignalmäßig modulierte Signal über eine dispersive Strecke (30-400 km Standardfaser) übertragen und mit einem Netzwerkanalysator detektiert [106]. Als Referenzmessung dient der Frequenzgang ohne dispersives Medium. Eine Messung sieht wie in Abb. 15.50a) aus. Das Signal ist eine Funktion der Frequenz, der Dispersion D, des α_C-Parameters, der Faserlänge L, der Wellenlänge λ und des Modulationsindexes m.

$$I = I_0 m \sqrt{1+\alpha^2}\left[\cos\left(\frac{\pi\lambda^2 DLf^2}{c} + \arctan(\alpha)\right)\right] \quad (15.119)$$

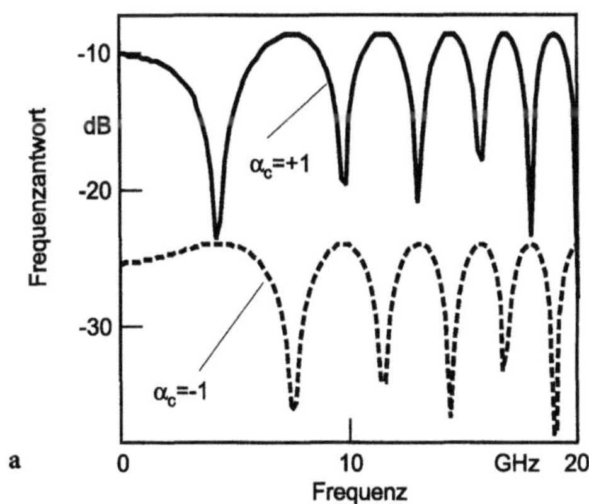

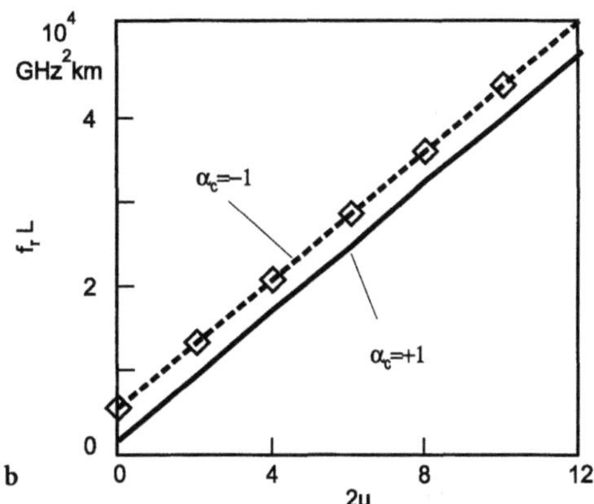

Abb. 15.50 a, b. Simulierte Messung für zwei verschiedene α_C-Parameter. Die Simulation wurde für typische in Experimenten verwendete Daten durchgeführt: Faserlänge 100 km, Faserdispersion 16.4 ps/(nm km), Modulationsindex $m = 0{,}1$. **a** Frequenzantwort. Die Kurve für $\alpha_C = -1$ ist zur Verdeutlichung um 15 dB nach unten verschoben. **b** Auswertung der Nullstellen der Meßkurve. Aufgetragen wird als Funktion der Ordnung u der Nullstelle das Produkt aus Frequenz der Nullstelle und die Faserlänge

Man erhält Minima der Übertragungsfunktion an den Nullstellen von (15.119). Diese sind gegeben durch:

$$f_u^2 L = \frac{c}{2D\lambda^2}\left(1 + 2u - \frac{2}{\pi}\operatorname{arctg}(\alpha)\right) \quad (15.120)$$

Trägt man die experimentell ermittelten Werte $f_u^2 L$ als Funktion der Ordnung u der Nullstellen auf, so kann man sowohl die Dispersion als auch den Chirp-Parameter α_C ermitteln, die durch die Steigung der Kurve bzw. dem Achsenabschnitt gegeben sind.

15.6.1.3
Integrierte Modulatoren

Wenn man einen externen Modulator monolithisch mit einem Laser verbindet, so erhält man eine kompakte Sendequelle, die sich potentiell kostengünstiger herstellen läßt als die Einzelkomponenten. Zudem werden die Koppelverluste zwischen Laser und Modulator entscheidend reduziert.

Bei der monolithischen Integration sind Kompromisse unvermeidlich. Laser- und Modulatorwellenleiter benötigen Wellenleiter mit unterschiedlichem Bandabstand und entgegengesetzter Spannung an den *pn*-Übergängen. Technologisch am elegantesten ist es, wenn Laser- und Modulatorschichten gemeinsam gewachsen werden, was mit der SAG-Technik (selective area growth) möglich ist. Dabei wird das Substrat teilweise maskiert und an diesen Stellen das Kristallwachstum unterbunden. Durch diese Maßnahmen entstehen beim Wachstum von Quantenfilmschichten lokal Bereiche mit unterschiedlicher Dicke und damit der gewünschten Bandabstandsdifferenz. Komplizierter - wenn auch flexibler - ist es, wenn die Laser und Modulatorschichten nacheinander gewachsen werden. Dazu wächst man zunächst die Laserschichten, ätzt die Bereiche für den Modulator frei und führt ein selektives Wachstum im Bereich des Modulators durch. Anschließend können beide Bereiche gemeinsam überwachsen werden. Abbildung 15.51 zeigt das Konzept der so hergestellten Laser/Modulator-Komponente. Die hier gezeigte Variante verwendet einen RW-Laser. Alternativ ist es auch möglich BH-Laser zu verwenden.

Gegenüber dem Aufbau aus Einzelkomponenten ergeben sich zusätzliche Effekte, die zu berücksichtigen sind. Da der Elektroabsorptionsmodulator ein Bestandteil des Laserresonators ist, hat er auch Einfluß auf dessen Frequenz. Dämpfung und Phasenänderung sind über den Linienbreitenfaktor miteinander verbunden. Deshalb verursachen Änderungen der Verluste auch entsprechende Veränderungen in der Phase. Des weiteren wird die Schwellenverstärkung des Lasers vom Verlust des Modulators und der Rest Facettenreflektion beeinflußt [107] (vgl. auch Kap. 17).

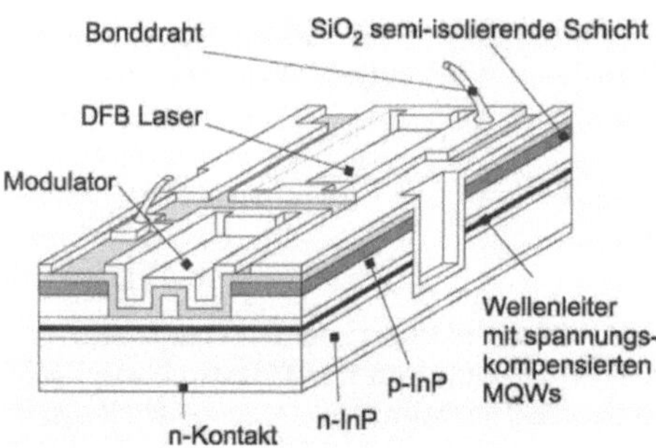

Abb. 15.51. Integration von Laser und Absorptionsmodulator

15.7
Polarisationsmodulation

Für zahlreiche Anwendungen in der Nachrichtentechnik ist eine Variation des Polarisationszustandes der Signalwelle erforderlich. Dazu gehören beispielsweise:

1. die Kompensation der Polarisationsmodendispersion in Übertragungsstrecken.

   Neben der Faserdispersion in Verbindung mit dem „Chirp" der Sendequelle setzt letztlich die Polarisationsmodendispersion die ultimative Grenze für das Produkt aus Übertragungslänge und -Kapazität. Polarisationsmodendispersion ist das Wechselspiel von Doppelbrechung (sowohl systematisch als auch zufällig) und der Kopplung zwischen orthogonalen Moden in einer Einmodenfaser. Damit diese Grenze so hoch als möglich gesetzt werden kann, sind Polarisationsregelungen unerläßlich (s. auch Abschn. 4.11).
2. die Anpassung der Polarisation von Eingangssignal und lokalem Laser beim kohärenten Überlagerungsempfang,
3. eine Polarisationsmodulation für Polarisations Scrambling (Verwürfelung),
4. die Erzeugung orthogonaler Polarisation in einem Empfänger für beide Polarisationen. Hier genügt eine passive Polarisationsdrehung um 45°.

Prinzipiell können zur Polarisationsumwandlung sowohl zirkular als auch linear doppelbrechende Materialien herangezogen werden. Da aber die hier betrachteten elektrooptischen Materialien alle linear doppelbrechend sind, konzentrieren wir uns im folgenden ausschließlich auf diese Variante.

15.7.1
TE-TM-Konverter

Wir betrachten zunächst einen einfachen Fall, bei dem eine lineare Eingangspolarisation

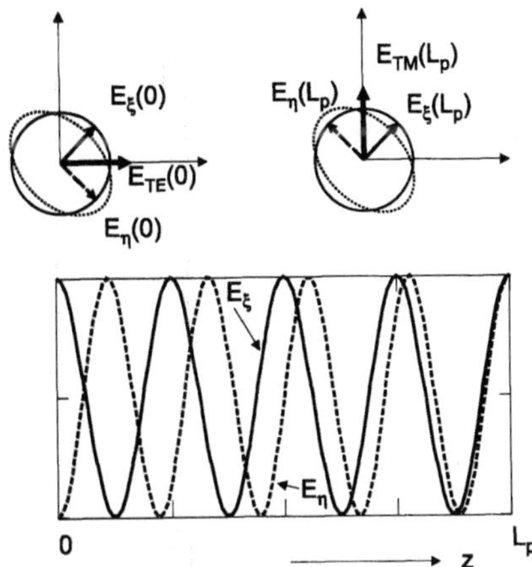

Abb. 15.52. Erläuterung der Polarisationskonversion an einem um 45° gedrehten Indexellipsoid. Das Eingangsfeld E_{TE} spaltet in zwei orthogonale Teilwellen auf, die mit unterschiedlicher Phasengeschwindigkeit übertragen werden. Nach der Übertragungsstrecke L_p ist die relative Phasendrehung zwischen den Komponenten auf 180° gewachsen und ihre Vektorsumme weist in die zum Eingang orthogonale Richtung

(z. B. TE) in die orthogonale lineare Ausgangspolarisation (TM) gedreht wird. Das Verfahren wird anhand von Abb. 15.52 erläutert. Man benötigt dazu ein Medium mit einem Indexellipsoid, das um 45° gegenüber der Richtung von TE und TM verkippt ist. Die Hauptachsen des gedrehten Koordinatensystems seien mit ξ und η bezeichnet. Das elektrische Feld E_{TE} am Anfang des Konverters ($z = 0$) kann man sich in die beiden gleich großen orthogonalen Anteile

$$E_\xi(0) = E\cos(\alpha) = E\cos(45°) = \frac{1}{\sqrt{2}}E(0)$$

$$\begin{aligned} E_\eta(0) &= -E\cos(\alpha) \\ &= -E\cos(45°) = -\frac{1}{\sqrt{2}}E(0) \end{aligned} \tag{15.121}$$

aufgeteilt denken, die den Hauptachsen des gedrehten Indexellipsoids parallel sind. Beide Teilwellen werden unverkoppelt mit unterschiedlicher Phasengeschwindigkeit übertragen

$$\begin{aligned} E_\xi(z) &= \frac{1}{\sqrt{2}}\,E(0)\exp\left(-j\frac{2\pi}{\lambda}n_\xi z\right), \\ E_\eta(z) &= -\frac{1}{\sqrt{2}}E(0)\exp\left(-j\frac{2\pi}{\lambda}n_\eta z\right) \end{aligned} \tag{15.122}$$

Der Phasenfaktor zwischen den Teilwellen beträgt

$$\exp\left(-j\frac{2\pi}{\lambda}(n_\xi - n_\eta)z\right) \tag{15.123}$$

bzw. die optische Phasendifferenz φ ist durch:

$$\varphi(z) = \frac{2\pi}{\lambda}(n_\xi - n_\eta)\,z = \kappa_P\,z \tag{15.124}$$

gegeben, worin z die Wechselwirkungslänge des Lichts im Konverter und κ_P die Koppelkonstante für die Polarisationskonverson ist. Nach der Strecke L_p beträgt die relative Phase zwischen den beiden Teilwellen 180°. Addiert man hier wieder die einzelnen elektrischen Felder, so ist die Vektorsumme in Richtung TM orientiert. (Eine in TM polarisierte Welle wäre in diesem Bauteil in TE konvertiert worden).

Jeder beliebige Polarisationszustand kann durch einen Punkt auf der Poincaré-Kugel dargestellt werden [108] (vgl. auch Kap. 2). Der entsprechende Punkt hat die Stokes Parameter $S = (S_1, S_2, S_3)$ als Koordinaten. Ausgezeichnete Punkte sind:

- H horizontale Polarisation (TE) mit $S = (1, 0, 0)$,
- V vertikale Polarisation (TM) mit $S = (-1, 0, 0)$,
- P linear Polarisation mit 45° Erhebungswinkel (ξ-Achse) mit $S = (0, 1, 0)$,
- Q lineare Polarisation mit −45° Erhebungswinkel (η-Achse) mit $S = (0, -1, 0)$,
- L links zirkular mit $S = (0, 0, 1)$ und
- R rechts zirkular mit $S = (0, 0, -1)$.

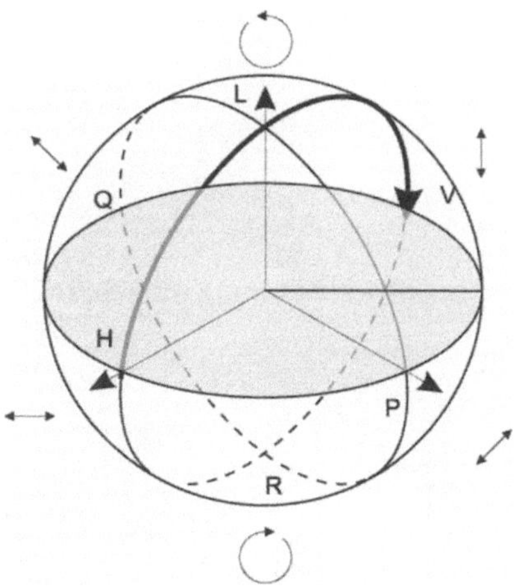

Abb. 15.53. Poincaré-Kugel zur Darstellung von Polarisationszuständen

Die Äquatorebene beschreibt Zustände linearer Polarisation. Die oben beschriebene Polarisationsdrehung läßt sich durch eine Bewegung auf der Poincaré-Kugel darstellen. Ausgehend von Punkt H für $z = 0$ geht der Weg über Punkt L auf einem Großkreis zu V ($z = L_p$). Die Rotationsachse ist die Verbindungslinie PQ. Eine reine Phasenschiebung entspricht einer Rotation um die Verbindungslinie HV. So kann beispielsweise mit dem Phasenschieber eine Eingangspolarisation P durch eine derartige Drehung in den orthogonalen Polarisationszustand Q verwandelt werden. Phasenschieber und Polarisationskonverter unterscheiden sich nicht prinzipiell sondern nur durch die Orientierung zu einem gegebenen Koordinatensystem. Der Drehwinkel um die jeweilige Rotationsachse auf der Poincaré-Kugel ist durch

$$\Omega_p = \frac{4\pi}{\lambda}(n_\xi - n_\eta)\,L_p \qquad (15.125)$$

gegeben, wobei L_p die Länge des Bauelementes ist.

Zur Realisierung eines integriert optischen Konverters muß sein Brechungsindex allein mit Hilfe einer elektrischen Spannung so modifiziert werden können, daß die Hauptachsen aus ihrer normalen Lage um 45° gedreht sind. Dazu benötigt man diejenigen Komponenten des in Abschn. 15.2 beschriebenen elektro-optischen Effektes, die zu nicht verschwindenden Diagonalelementen für das Indexellipsoid führen. Das ungestörte Indexellipsoid lautet:

$$(x,y,z)\begin{pmatrix} \frac{1}{n_1^2} & 0 & 0 \\ 0 & \frac{1}{n_2^2} & 0 \\ 0 & 0 & \frac{1}{n_3^2} \end{pmatrix}\begin{pmatrix} x \\ y \\ z \end{pmatrix} = 1 \qquad (15.126)$$

Mit elektrooptischer Störung wird daraus:

Die neuen Hauptachsen findet man z.B. mit Hilfe der Jacobimethode [109].

Im allgemeinen sind die Brechungsindizes für TE und TM unterschiedlich groß. Die Diagonalelemente im feldfreien Fall sind also nicht identisch. Dies hat Auswirkungen auf die erzielbare Drehung des Indexellipsoid, wie im folgenden für den zweidimensionalen Fall gezeigt wird. Das „gestörte" Ellipsoid hat dann die Form

$$\begin{pmatrix} A & B \\ B & C \end{pmatrix}, \qquad (15.128)$$

wobei A, B, C reell sind. Durch eine Drehung um den Winkel θ wird die Matrix auf Diagonalform gebracht, wenn folgende Bedingung erfüllt ist:

$$tg(2\theta) = \frac{2B}{A - C} \qquad (15.129)$$

Die transformierte Matrix lautet nun:

$$\begin{pmatrix} \frac{A+C}{2} + \sqrt{\left(\frac{A-C}{2}\right)^2 + B^2} & 0 \\ 0 & \frac{A+C}{2} - \sqrt{\left(\frac{A-C}{2}\right)^2 + B^2} \end{pmatrix} \qquad (15.130)$$

Man erkennt aus Gl. 15.130, daß ein Kippwinkel von 45° nur dann erreicht wird, wenn A = C ist. In diesem Fall lauten die neuen Eigenwerte (A + B) und (A – B). In der Näherung für kleine elektrische Felder erhält man mit $B = rE$ für die Koppelkonstante

$$\kappa_p = \frac{2\pi}{\lambda}\,n^3 rE \qquad (15.131)$$

Aber auch mit einem kleinen Kippwinkel ist es möglich, eine vollständige TE-TM-Polarisationsdrehung zu erzielen. Dies kann wieder mit der Poincaré-Kugel erklärt werden. Dazu betrachten wir in Abb. 15.54 eine Draufsicht auf die Kugel.

$$(x,y,z)\begin{pmatrix} \frac{1}{n_1^2} + \sum_1^3 r_{1n}E_n & \sum_1^3 r_{61n}E_n & \sum_1^3 r_{5n}E_n \\ \sum_1^3 r_{61n}E_n & \frac{1}{n_2^2} + \sum_1^3 r_{2n}E_n & \sum_1^3 r_{4n}E_n \\ \sum_1^3 r_{5n}E_n & \sum_1^3 r_{4n}E_n & \frac{1}{n_3^2} + \sum_1^3 r_{3n}E_n \end{pmatrix}\begin{pmatrix} x \\ y \\ z \end{pmatrix} = 1 \qquad (15.127)$$

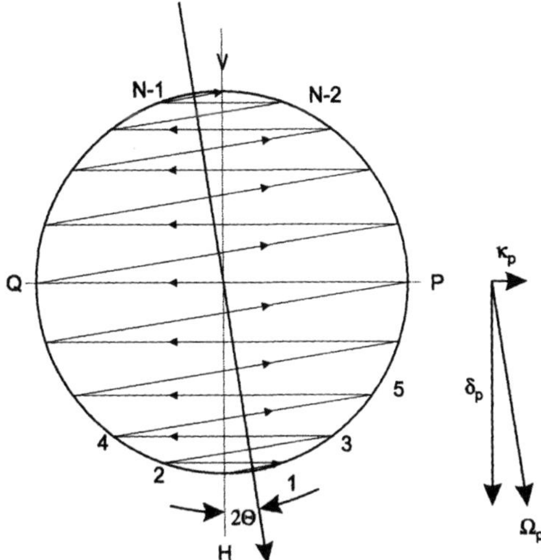

Abb. 15.54. Darstellung einer Polarisationsdrehung in der Poincaré-Darstellung mit einem Indexellipsoid welches um einen kleinen Winkel gegenüber der horizontalen Polarisation verkippt ist. Den schräg liegenden Drehvektor Ω_p kann man sich aus zwei orthogonalen Anteilen zusammengesetzt denken, einem polarisationsdrehenden Anteil κ_p, der parallel zu PQ liegt, und einem phasendrehenden Anteil δ_p parallel zu HV orientiert

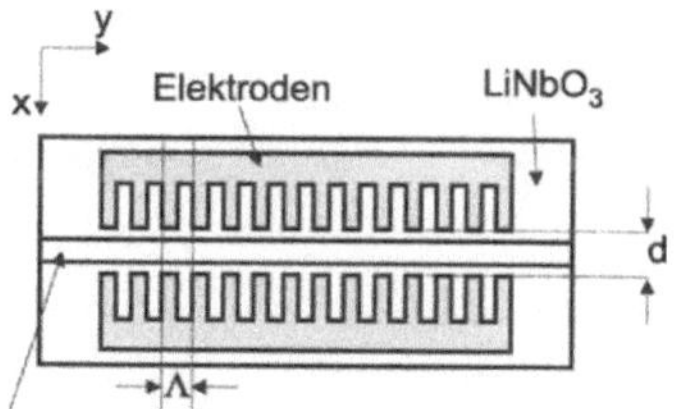

Abb. 15.55. Aufbau eines Modenkonverters auf z-Schnitt $LiNbO_3$ mit elektrischem Feld in x-Richtung. Die Drehung des Indexelipsoids wird durch die Komponente r_{51} bewirkt. Das elektrische Feld ist proportional zum Quotienten aus angelegter Spannung und Elektrodenabstand d

Die Drehachse liegt in der Äquatorebene und ist um den Winkel 2θ gegenüber der Verbindungslinie HV verkippt. Wir beginnen o.B.d.A. mit einem Polarisationszustand H. Bei einer Drehung um 180° auf einem Kleinkreis endet die erste Bewegung im Punkt 1, der um den Winkel 4θ vom Ursprung entfernt ist. Es folgt eine „passive" Sektion in der der Polarisationsvektor mit HV als Drehachse um einen Drehwinkel von 180° rotiert. Der Endpunkt 2 dieser Bewegung liegt um den Winkel -4θ vom Ausgangspunkt entfernt. Es folgt eine erneute Drehung um die verkippte Achse Ω zu Punkt 3 usw. bis man endlich den Punkt V erreicht.

Die ersten Polarisationskonverter auf $LiNbO_3$ [110], und InP waren nach diesem Prinzip aufgebaut. Abbildung 15.55 zeigt die Realisierung auf $LiNbO_3$. Die Periodenlänge Λ (Schwebungswellenlänge) ist gegeben durch:

$$\Lambda = \frac{\lambda_0}{n_{TE,eff} - n_{TM,eff}} \qquad (15.132)$$

Hierin ist λ_0 die Wellenlänge und $n_{TE,eff}$ bzw. $n_{TM,eff}$ sind die effektiven Brechzahlen. Bei einer Wellenlänge von 1,3 μm erhält man eine Periodenlänge von ca. 16 μm. Nachteilig an dieser Anordnung sind die Empfindlichkeit gegenüber Wellenlänge (Bandbreiten < 2 nm) und Temperatur (aufgrund unterschiedlicher Temperaturkoeffizienten des ordentlichen und außerordentlichen Brechungsindexes).

Eine elegantere Methode benutzt eine alternierende Folge verkippter Halbwellenplatten, die einmal um $+\varphi$ und dann um $-\varphi$ ausgerichtet sind. In der Freistrahloptik ist diese Anordnung als Solc-Filter bekannt und in Abb. 15.56 skizziert. Um in $LiNbO_3$ die Verkippung in die entgegengesetzte Richtung zu erreichen, ist eine Umkehr der Richtung des elektrischen Feldes erforderlich (vgl. Gl. 15.124).

Zur Verwirklichung einer Polarisationsdrehung im Halbleiter muß ein Feld parallel zur Oberfläche und senkrecht zur Ausbreitungsrichtung angelegt werden, wie Abb. 15.57 zeigt. Dies erreicht man dadurch, daß der Bereich neben dem Rippenwellenleiter mit p-Material dotiert wird. Die resultierende Feldrichtung ist abhängig davon, auf welcher Seite die Spannung angelegt wird. Optimie-

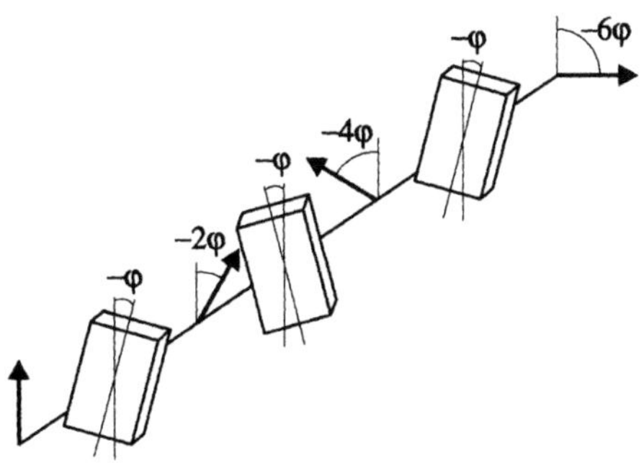

Abb. 15.56. Solc-Filter als Polarisationskonverter

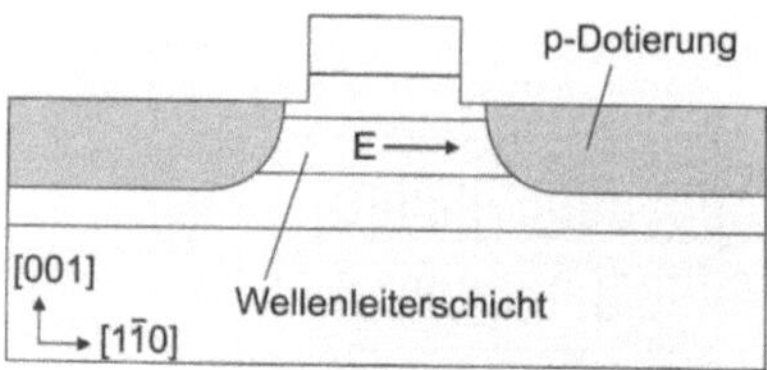

Abb. 15.57. Anordnung zur Polarisationsdrehung mit einem Halbleiter-Rippenwellenleiter. Ein elektrisches Feld quer zum Wellenleiter wird mit Hilfe eines neben der Rippe p-dotierten Bereiches erreicht

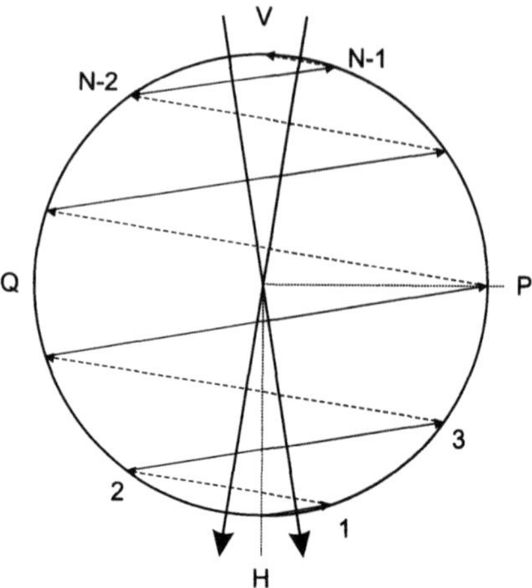

Abb. 15.58. Polarisationsdrehung mit zwei Drehachsen Ω_{p+} Ω_{p-} und, die um den gleichen Betrag aber in entgegengesetzter Richtung aus der Verbindungslinie HV verkippt sind. Die Bewegung beginnt im Punkt H. Es wir um die Achse Ω_{p+} bis Punkt 1 gedreht. Dann folgt eine Drehung um die Achse Ω_{p-} nach Punkt 2. Danach wird wieder um Achse Ω_{p+} gedreht, bis man schließlich den Punkt V erreicht hat

rungsparameter ist der Abstand des pn-Übergangs von der Rippe. Ein kleiner Abstand bedeutet großen Überlapp mit dem optischen Feld und damit kleine Modulationsspannung. Anderseits nimmt die Dämpfung durch Wellenführung im p-dotierten Bereich dabei stark zu [111].

Selbst wenn die Brechzahl im Halbleiter isotrop ist, so sind alleine aufgrund der Wellenleiterdispersion die effektiven Brechzahlen für TE und TM unterschiedlich und eine Drehung des Indexellipsoids um 45° ist deshalb nicht möglich. Es bleibt nur die Variante mit dem gering verkippten Ellipsoid zur Polarisationsdrehung übrig. Die resultierenden Periodenlängen sind größer als bei $LiNbO_3$ und liegen im Bereich $300\ \mu m < \Lambda < 700\ \mu m$.

Die Polarisationskonversion mit alternierend gepolten Sektionen, d. h. mit entgegengesetzter Kipprichtung wird mit der Bewegung auf der Poincaré-Kugel mit Hilfe von Abb. 15.58 erläutert.

Wir beginnen wieder mit dem Polarisationszustand H als Ausgangspunkt. Bei einer Drehung um 180° auf einem Kleinkreis endet die erste Bewegung im Punkt 1, der um den Winkel 4θ vom Ursprung entfernt ist. Es folgt eine Drehung um eine Konvertersektion, die um den Winkel -2θ verkippt ist. Eine 180° Drehung um diese Achse endet in Punkt 2 mit einem Abstand von 8θ von der Achse HV. Nach dem Passieren von

$$N = \frac{90°}{\theta}$$

Sektionen wird der Punkt V erreicht. Dieses Prinzip wurde mit einer Ansteuerung durch Wanderwellenelektroden kombiniert, um einen schnellen Polarisationskonverters zu verwirklichen [112, 113].

15.7.2 Polarisationsregelung

Eine weitere, kompliziertere Aufgabe besteht darin, eine den Polarisationszustand von einem beliebigen Punkt auf der Poincaré-Kugel zu einem anderen beliebigen Punkt auf der Poincaré-Kugel zu transformieren. Dies ist durch die Serienschaltung von Phasenschiebern und den oben beschriebenen Polarisationskonvertern möglich. Mit dem Phasenschieber kann z. B. der beliebige Polarisationszustand auf den Äquator der Poincaré-Kugel gedreht werden. Daran schließt sich eine Drehung auf einen anderen Punkt des Äquators an, von dem aus schließlich mit einem zweiten Phasenschieber der Endpunkt angesteuert wird. Die Elemente besitzen eine variable Verzögerung um einen jeweils festen Winkel.

Daneben existieren auch Elemente, die eine feste Verzögerung bei variablen Achsen aufweisen. Hierzu gehören Viertelwellenlängen- und Halbwellenlängenplatten.

Die nächst schwierige Aufgabe ist eine kontinuierliche, rücksetzfreie Polarisationsnachführung oder Regelung über mehrere Zyklen. Dabei sollen die an die Bauelemente angelegten Spannungen stets unterhalb von maximalen Werten bleiben. Beide Anordnungen sind prinzipiell für „endlose“ Polarisationsnachführungen geeignet. „Endlos“ bedeutet hier eine Nachführung der Polarisation über beliebig viele Zyklen auf der Poincaré-Kugel.

Im folgenden wird ein Bauelement beschrieben, welches für beide Varianten geeignet ist und als Kompensator mit drehbarer optischer Achse fungiert. Es handelt sich um eine Schaltung auf x-Schnitt $LiNbO_3$ mit Wellenleitern die parallel zur z-Achse orientiert sind [114–116]. Für diese Anordnung besitzen beide orthogonalen Polarisation vom Kristall her den ordentlichen Brechungsindex n_0. Dennoch bleibt, wie in Wellenleitern üblich, eine kleine Modendispersion übrig. Wenn sowohl ein Feld in x-Richtung als auch in y-Richtung angelegt werden kann, erhält man für das gestörte Indexellipsoid das folgende Ergebnis:

$$\begin{pmatrix} \frac{1}{n_0^2} - r_{22}E_y & -r_{22}E_x & r_{51}E_x \\ -r_{22}E_x & \frac{1}{n_0^2} + r_{22}E_y & r_{51}E_y \\ r_{51}E_x & r_{51}E_y & \frac{1}{n_e^2} \end{pmatrix}, \tag{15.133}$$

Man erkennt, daß die Änderungen für die Diagnoalelemente n_{xx} und n_{yy} das umgekehrte Vorzeichen besitzen und es deshalb möglich ist, die Modendispersion mit geeigneter Feldstärke E_y zu kompensieren. Für diesen Fall ergibt sich ein Drehwinkel von 45°. Für die Größe der neuen Eigenwerte ist dann der Betrag der Feldstärke E_x verantwortlich. Es wird eine Anordnung mit drei Elektroden verwendet, wie in Abb. 15.59 gezeigt.

Gegenüber der Anordnung auf x-Schnitt mit Wellenleitern parallel zur y-Achse sind als Vorteile eine einfache Elektrodengeometrie, eine große optische Bandbreite (kein Filterverhalten) und ein weiter Temperaturbereich hervorzuheben. Nachteilig ist die höhere erforderliche Spannung.

Der Kompensator besitzt drei Elektroden, eine direkt über dem Wellenleiter und zwei flankierende. Es sind zum Betrieb zwei unabhängige Steuerspannungen U_b und U_c zwingend. Die an die beiden äußeren Elektroden angelegte Spannung U_b erzeugt ein Feld in y-Richtung und vermittelt über r_{22} eine Differenz in den Ausbreitungskonstanten

$$\Delta n_{TM} \propto +\frac{1}{2} n_0^3 r_{22} E_y \quad . \qquad \Delta n_E \propto -\frac{1}{2} n_0^3 r_{22} E_y \tag{15.134}$$

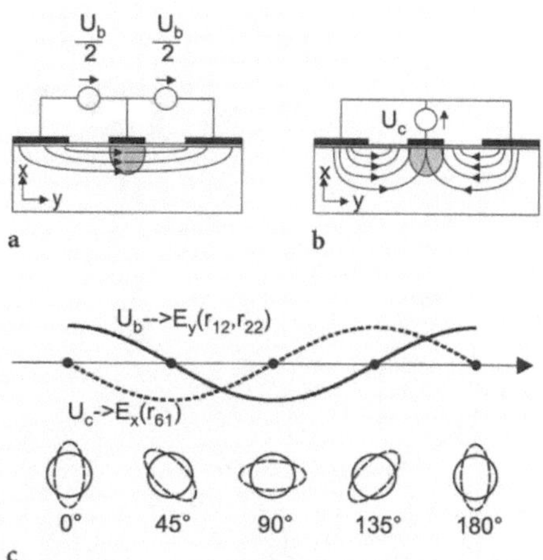

Abb. 15.59 a–c. Integriert optischer Kompensator. Liegt nur ein horizontales Feld an, so wirkt das Bauelement als Phasenschieber. Ist die Wellenleiterdispersion durch geeignete Spannung U_b kompensiert, so ist das Ellipsoid um 45° gedreht und die Schaltung wirkt als TE <> TM Konverter. Durch sinusförmige Modulation der Spannungen ist ein kontinuierliches Drehen des Ellipsoids möglich, ohne daß die angelegten Spannungen einen maximalen Wert überschreiten

Mit geeigneter Spannung kann die restliche Polarisationsdoppelbrechung kompensiert werden. Wird dann die Spannung U_c hinzugeschaltet, so bewirkt das Feld in x-Richtung eine Drehung des Indexellipsoids auf 45° und einer Modenkopplung von TE und TM über den Koeffizienten r_{61} (= $-r_{22}$).

$$\kappa_p \propto \frac{1}{2}\frac{\pi}{\lambda} n_0^3 r_{22} E_x \tag{15.135}$$

Durch Kombination unterschiedlicher Spannungsverhältnisse kann ein beliebiger Drehwinkel der Indikatrix eingestellt werden. Für den Winkel gilt:

$$\tan(\alpha) \propto \frac{U_{b-b0}}{U_c} \tag{15.136}$$

wobei U_{b0} die Spannung ist, mit der die Modendispersion kompensiert wird.

Für eine Endlosregelung genügen zwei derartige Kompensatoren. Das erste Bauelement wird als $\lambda/4$-Platte betrieben, das zweite als $\lambda/2$-Platte. Die Eingangspolarisation sei durch die beiden Winkel θ und ϕ definiert.

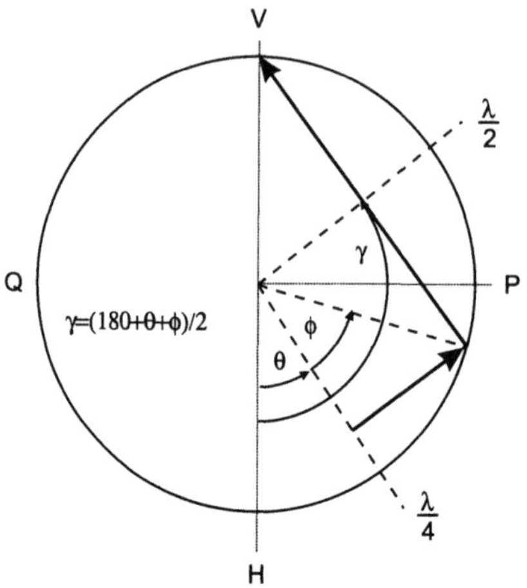

Abb. 15.60. Kontinuierliche rücksetzfreie Polarisationstransformation mit einer Kombination aus einer $\lambda/4$ und einer $\lambda/2$ Platte mit variablen Einstellwinkeln

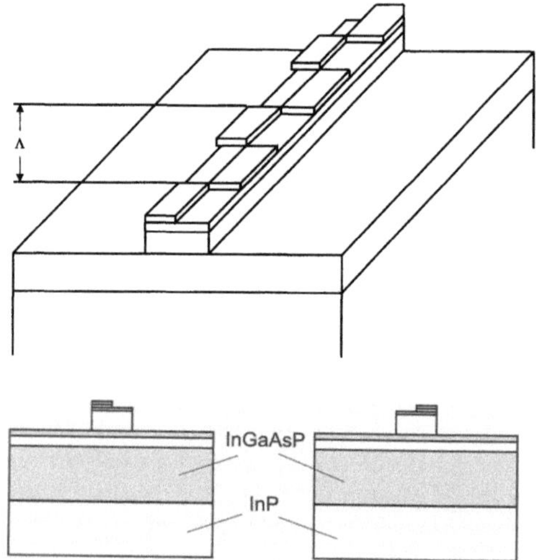

Abb. 15.61. Periodisch asymmetrischer Wellenleiter zur Polarisationswandlung. Zur Unterstützung bei der Strukturierung sind abwechselnd quaternäre InGaAsP- und InP-Schichten gewachsen

$$\tan(\theta) = \frac{S_2}{S_1} \tag{15.137}$$

$$\sin(\phi) = \frac{S_3}{S} \tag{15.138}$$

Wird der Winkel der $\lambda/4$-Platte auf den Wert θ eingestellt, so endet die Drehung auf dem Äquator mit dem Abstand $(\theta + \phi)$. Die $\lambda/2$-Platte auf den Wert θ. Wie Abb. 15.60 zeigt.

Passive Konverter: Da sich Halbleitermaterialien wie InP ohne äußeres elektrisches Feld isotrop verhalten, muß für eine Polarisationswandlung in die Wellenleiterstruktur gezielt eine Unsymmetrie eingebracht werden. Eine Möglichkeit besteht darin, eine Stufe in das Substrat zu ätzen und den Wellenleiter auf diese Stufe aufzuwachsen. Es entsteht dadurch ein relativ zur geraden Oberfläche gekipptes Indexellipsoid. Da es wegen der erforderlichen großen Stufenhöhe äußerst schwierig ist, einen Winkel von 45° zu realisieren, müssen mehrere derartige Wellenleiterstücke mit alternierender Verkippung aneinander gereiht werden [117]. Es ist aber auch machbar, die Asymmetrie in den Bereich der Rippe zu verlegen und auch damit die Eigenachsen zu verkippen [118]. Eine derartige Anordnung zeigt Abb. 15.61. Es wird entweder die rechte oder die linke Hälfte der oberen Rippenschicht weggelassen und damit eine Verkippung der Eigenmoden relativ zu einem mittleren symmetrischen Wellenleiter erzeugt. Der asymmetrische Wellenleiter kann als eine Superposition eines ungestörten symmetrischen Wellenleiters und einer ortsabhängigen Störung betrachtet werden. Die oberste Rippenschicht hat in dem ungestörten Wellenleiter eine mittlere Brechzahl. Die Kopplung ergibt sich aus dem Überlappintegral zwischen der Störung und dem Skalarprodukt der Modenfelder des ungestörten Wellenleiters.

15.8 Ausblick

Im Bereich der Quanteneffekte findet zur Zeit eine stürmische Entwicklung statt. So wird sicherlich eine Weiterentwicklung von den in diesem Kapitel beschriebenen Quantenfilmen hin zu Quantendraht- und Quantenpunktstrukturen stattfinden, die noch effizientere Modulatoren und Schalter versprechen. Die theoretische Ansätze existieren wie auch erste Schichten, jedoch sind diese Ideen noch nicht in brauchbare Komponenten umgesetzt worden.

Spezielle Literatur

[1] *Kogelnik, H.*: „Limits in Integrated Optics", Proc. of the IEEE, vol. 69, no. 2, 232–238 (1981)
[2] *Ghosh, G.*: J. Am. Ceram. Soc., vol. 78, 218–220 (1995)
[3] *Ghosh, G.*: „Handbook of Thermo-Optic Coefficients of Optical Materials with Applications", Academic Press San Diego London Boston New York Sydney Tokyo Toronto 1998
[4] *Yariv, A.; Xeh, P.*: Optical Waves in Crystals, Wiley, New York 1984
[5] *Kaminow, I. P. et al.*: „Crystallographic and electrooptic properties of cleaved $LiNbO_3$", J. Appl. Phys., vol. 51, no. 8, 4379–4384 (1980)
[6] *Kaminow, I. P.*: „Quantitative determination of sources of the electro-optic effect in $LiNbO_3$ and $LiTaO_3$", Phys. Rev., vol. 160, no. 3, 519–522 (1967)
[7] *Maldonado, Th. A.*: „Electro-Optic Modulators" in Handbook of Optics Volume II Devices, Measurements and Properties", Chapter 13, Michael Bass Ed., McGraw-Hill
[8] *Bennett, B.R.; Soref, R.A.; del Alamo, J.A.*: „Carrier-induced change in refractive index of InP, GaAs, and InGaAsP", IEEE J: Quant. Electr., vol. 26, no. 1, 113–122 (1990)
[9] *Kramers, H. A.*: „La diffusion de la lumière par les atomes", Atti del congresso internazionale dei fisici vol. II-35, 545–557 (1927)
[10] *Kramers, H.A.*: „Die Diserpsion and Absorption von Röntgenstrahlen", Physik. Zeitschr. XXX, 522–523 (1929)
[11] *Kronig, De L. R.*: „On the theory of dispersion of X-rays", J. Opt. Soc. Am. and Rev. Sci. Instrum., vol. 12, no. 6, 547–557 (1926)
[12] W*olff, P.A.*: „Theory of the band structure of very degenerate semiconductors", Phys. Rev., vol. 126, 405–412 (1962)
[13] *Henry, C. H.; Logan, R. A.; Bertness, K.A.*: „Spectral dependence of the change in refractive index due to carrier injection in GaAs lasers", J. Appl. Phys., vol. 52, 4457–4461 (1981)
[14] *Franz, W.*: „Einfluß eines elektrischen Feldes auf eine optische Absorptionskante", Z. Naturforschg. 13a, 484–489 (1958)
[15] *Kowalsky, W.; Schlachetzki, A.; Fiedler, F.*: Physica Status Solidi, vol. 68a, 153 ff., 1981
[16] *Seraphin, B.O.; Bennett, H.E.*: In: Semiconductors and Semimetals, vol. 3 (Editors: R.K. Willardson and A.C. Beer), Academic Press, New York, London, 499–543 (1967)
[17] *Urbach, F.*: „The long-wavelength edge of photographic sensitivity and of the electronic absorption of solids", Phys. Rev. 92, 1324 (1953)
[18] *Fiedler, F.; Schlachetzki, A.*: „Optical Parameters of InP-based waveguides", Solid-State Electronics, vol. 30, no. 1, 73–83 (1987)
[19] *Weihofen, R. Weiser, G.*: „Optical Study of Valence Bnd Splitting in Weakly Strained $In_{1-x}Ga_xAs_yP_{1-y}$/InP Heterostructures", Phys. Stat. Sol. (b), vol. 179, 563–577 (1993)
[20] *Mähnß, J.*: „Integriert-Optische Wellenleitermodulatoren in InGaAsP/InP Herstellung, Charakterisierung, Berechnung", Fortschr.-Ber. VDI, Reihe 9, Nr. 117. Düsseldorf: VDI-Verlag (1991)
[21] *Campi, D,* V*illavecchia, C.*: „Excitonic Properties in Semiconductor Quantum Wells: Numerical Calculations and Scaling Behavior", IEEE J. Quant. Electron., vol. 28, no. 8, 1765–1772 (1992)
[22] *Lengyel, G.; Jelly K.W.; Engelmann, R.W.H.*: „A Semi-Empirical Model for Electroabsorption in GaAs/AlGaAs Multiple Quantum Well Modulator Structures", IEEE J. Quant. Electron., vol. 26, no. 2, 296–304 (1990)
[23] *Bastard, G.*: Wave mechanics applied to semiconductor heterostructures, les editions de physique, 91944 Les Ulis Cedex, France, Chapter VIII
[24] *Wood, T.H.*: „Multiple quantum well (MQW) waveguide modulators", IEEE J. Light-wave Techn., vol. 6, no. 6, 743–757 (1988)
[25] *Reier, F.*: private Mitteilung; *Houghton, D.C., Davies, M.; Dion, M.*: „Design criteria for structurally stable, highly strained multiple quantum well devices", Appl. Phys. Lett., vol. 64, no. 4, 505–507 (1994)
[26] *Yamaguchi, T. et al.*: „Quantum well with mass-dependent width for polarization-intensive optical modulation", in Integrated Photonics Research (IPR '94) Technical Digest Series, vol. 3 (Optical Society of America, Washington, DC, 1994, 263–265
[27] *Yamaguchi, T. et al.*: „Polarisation-intepent waveguide modulator using a novel quantum well with mass-dependent width for polarization-intensitive optical modulation", IEEE Photon. Techn. Lett. vol. 6, 1442 - 1444 (1994)
[28] *Bleuse, J.; Bastard, G.;* V*oisin, P.*: „Electric-Field-Induced Localization and Oscillatory Electro-optical Properties of Semiconductor Superlattices", Phys. Rev. Lett., vol. 60, no. 3, 220–223 (1988)
[29] *Bleuse, J. et al.*: „Blue shift of the absorption edge in AlGaInAs superlattices: Proposal for an original electro-optical modulator", Appl. Phys. Lett., vol. 53, no. 26, 2632–2634 (1988)
[30] *Bigan, E. et al.*: „Optimization of Optical Waveguide Modulators Based on Wannier-Stark Localization: An Experimental Study", IEEE J. Quant. Electron, vol. 28, no. 1, 214–223 (1992)
[31] *Wegener, M. et al.*: „Absorption and refraction spectroscopy of a tunable-electron-density quantum-well and reservoir structure", Phys. Rev. B., vol. 41, no. 5, 3097–3104 (1990)

[32] *Agrawal, N. et al.*: „Electro-optic modulation by electron transfer in multiple InGaAsP/InP barrier, reservoir, and quantum well structures“, Appl. Phys. Lett., vol. 61, no. 3, 249–251 (1992)
[33] *Wang, J. et al.*: „Speed response analysis of an electron-transfer multiple-quantum-well waveguide modulator“, J. Appl. Phys., vol. 73, no. 9, 4669–4679 (1993)
[34] *Agrawal, N.; Wegener, M.*: „Ultrafast graded-gap electron transfer optical modulator structure“, Appl. Phys. Lett., vol. 65, no. 6, 685–687 (1994)
[35] *McCaughan, L.; Murphy, E.*: „Influence of temperature and initial titanium dimensions on fiber-to-Ti:$LiNbO_3$ waveguide insertion loss at $\lambda = 1{,}3$ μm“, IEEE J. Quant. Electron., vol. QE-19, no. 2, 131–135 (1983)
[36] *Saad, S.M.*: „Review of numerical methods for the analysis of arbitrarily-shaped microwave and optical dielectric waveguides“, IEEE Trans. on Microwave Theory and Techniques, vol. MTT-33, no. 10, 894–899 (1985)
[37 *Chiang, K.S.*: „Review of numerical and approximae methods for the modal analysis of general optical dielectric waveguides“, Optical and Quantum Electronics, vol. 26, S113–S134 (1994)
[38] *Chiang, K.S.*: „Dual effective-index method for the analysis of rectangular dielectric waveguides“, Appl. Opt., vol. 25, no. 13, 2169–2174 (1986)
[39] *Bierwirth, K.; Schulz, N.; Arndt, F.*: „Finite-Difference Analysis of Rectangular Dielectric Waveguide Structures“, IEEE Trans. Microwave Theory Tech., vol. MTT-34, no. 11, 1104–1114 (1986)
[40] *Koshiba, M.; Hayata, K.; Suzuki, M.*: „Finite-Element Formulation in Terms of the Electric-Field Vector for Electromagnetic Waveguide Problems“, IEEE Trans. on Microwave Theory and Techniques, vol. MTT_33, no. 10, 900–905 (1985)
[41] *Pregla, R.; Pascher, W.*: „The Method of Lines“, in T. Itoh (editor), Numerical Techniques for Microwave and Millimeter-Wave Passive Structures, J. Wiley Publ., New York, 381–446 (1989)
[42] *Feit, M.D.; Fleck, J.A.*: „Light propagation in graded-index optical fibers“, Appl. Opt., vol. 17, no. 24, 3990–3998 (1978)
[43] *Kogelnik, H.*: Theory of dielectric waveguides in *T. Tamir*, Ed. Integrated Optics, Berlin, Springer, 1975
[44] *Alferness, R.C.*: „Waveguide Electrooptic Modulators“, IEEE Trans. on Microwave Theory and Techniques, vol. MTT-30, no. 8, 1121–1137 (1982)
[45] *Marcuse, D.*: „Optimal Electrode Design for Integrated Optics Modulators“, IEEE J. Quant. Electron., vol. QE-18, no. 3, 393–398 (1982)
[46] *Ramer, O.G.*: „Integrated Optic Electrooptic Modulators Electrode Analysis“, IEEE J. Quant. Electron., vol. QE-18, no. 3, 386–392 (1982)
[47] *Thylen, L.; Granestrand, P.*: „Integrated Optic Electrooptic Device Electrode Analysis: The Influence of Buffer Layers“, J. Opt. Commun., vol. 7, 11–14 (1986)
[48] Handbook of Microwave and optical components, vol. 1, Microwave passive and antenna components, Kai Chang Ed., John Wiley & Sons, New York Chichester Brisbane Toronto Singapore, S. 25
[49] *Parsons, N.J.; O'Donnel, A.C.; Wong, K.K.*: „Design of efficient and wideband travelling-wave modulators“, Proc. SPIE Integrated Optical Circuit Engineering III, vol. 651, 148–153 (1986)
[50] *Chen, F.S.*: „Modulators for optical communications“, Proc. IEEE, vol. 58, no. 10, 1440–1456 (1970)
[51] *Sakamoto, S.R.; Spickermann, R.; Dagli, N.*: „Narrow gap coplanar slow wave electrode for travelling wave electro-optic modulators“, Electro. Lett., vol. 31, no. 14, 1183–1185 (1995)
[52] *Kubota, K.; Noda, J.; Mikami, O.*: „Traveling wave optical modulator using a directional coupler $LiNbO_3$ waveguide“, IEEE J. Quant. Electron., vol. QE-16, no. 7, 754–760 (1980)
[53] *Walker, R.G.*: „High-speed III–IV semiconductor intensity modulators“, IEEE J. Quant. Electron., vol. 27, no. 3, 654–667 (1991)
[54] *Ctyroky, J. et al.*: „3-D Analysis of $LiNbO_3$:Ti Channel Waveguides and Directional Couplers“, IEEE J. Quant. Electron., vol. QE-20, no. 4, 400–409 (1984)
[55] *Feit, M.D.; Fleck, J.A.; McCaughan, L.*: „Comparison of calculated and measured performance of diffused channel-waveguide couples“, J. Opt. Soc. Am., vol. 73, no. 10, 1296–1304 (1983)
[56] *Komatsu, K. et al.*: „Low-Loss Broad-Band $LiNbO_3$ Guided-Wave Phase Modulators Using Titanium/Magnesium Double Diffusion Method“, J. Lightw. Techn., vol. LT-5, no. 9, 1239–1245 (1987)
[57] *Becker, P. et al.*: „Er-diffused Ti:$LiNbO_3$ waveguide laser of 1563 and 1576 nm emission wavelength“, Appl. Phys. Lett., vol. 61, no. 11, 1257–1259 (1992)
[58] *Jackel, J.L.; Rice, C.E.; Veselka, J.J.*: „Proton exchange for high-index waveguides in $LiNbO_3$“, Appl. Phys. Lett., vol. 47, no. 7, 607–608 (1982)
[59] *Schmidt, R.V.; Cross, P.S.; Glass, A.M.*: „Optically induced crosstalk in $LiNbO_3$ waveguide switches“, J. Appl. Phys. vol. 51, no. 1, 90–93 (1980)
[60] *Yamada, S.; Minakata, M.*: „DC drift phenomena in $LiNbO_3$ optical waveguide devices“ Jap. J. Appl. Phys. vol. 20, no. 4, 733–737 (1981)
[61] *Gee, C.M. et al.*: „Minimizing dc drift in $LiNbO_3$ waveguide devices“ Appl. Phys. Lett., vol. 47, no. 3, 211–213 (1985)

[62] *Sreenivas, K. et al.*: „Preparation and characterization of rf sputtered indium tin oxide films" J. Appl. Phys. vol. 57, no. 2, 384–392 (1985)

[63] *Hamberg, I.; Granqvist, C.G.*: „Evaporated Sn-doped In_2O_3 films: Basic optical properties and applications to energy-efficient windows" J. Appl. Phys. vol. 60, no. 11, R123–R159 (1986)

[64] *Bulmer, C.H.; Burns, W.K.*: „Pyroelectric effects in $LiNbO_3$ channel waveguide devices", Appl. Phys. Lett., vol. 48, no. 16, 1036–1038 (1986)

[65] *Ctyroky, J. et al.*: „Integrated electrooptic modulators and switches in $LiNbO_3$", Kybernetika (Czechoslovakia), vol. 26, no. 3, 171–190 (1990)

[66] *Nagata, H.; Ichikawa, J.*: „Progress and problems in reliability of Ti:$LiNbO_3$ optical intensity modulators", Opt. Eng., vol. 34, no. 11, 3284–3293 (1995)

[67] *Nagata, H.; Oikawa, S.; Yamada, M.*: „Comments on fabrication for reducing thermal drift on $LiNbO_3$ optical modulators", Opt. Eng., vol. 36, no. 1, 283–286 (1997)

[68] *Kawachi, M.*: „Silica waveguides on silicon and their application to integrated-optic components", Optical and Quantum Electronics, vol. 22, 391–416 (1990)

[69] *Miya, T.*: „Silica-Based Planar Lightwave Circuits: Passive and Thermally Active Devices", IEEE Journal of Selected Topics in Quantum Electronics, vol. 6, no. 1, 38–45 (2000)

[70] *Okuno, M. et al.*: „Silica-based thermo-optic switches", NTT Review vol. 7, no. 5, 57–63 (1995)

[71] *Keil, N.; Yao, H.H.; Zawadzki, C.*: „Polymer waveguide optical switch with < – 40 dB polarisation independent crosstalk", Electron. Lett., vol. 32, no. 7, 655–657 (1996)

[72] *Hida, Y.; Onose, H.; Imamura, S.*: „Polymer Waveguide thermooptic switch with low electric power consumption at 1,3 µm", IEEE Phot. Techn. Lett., vol. 5, no. 7, 82–84 (1993)

[73] *Kitoh, T. et al.*: „Novel Broad-Band Optical Switch Using Silica-Based Planar Lightwave Circuit", IEEE Phot. Techn. Lett., vol. 4, no. 7, 735–737 (1992)

[74] *Lai, Q.; Hunziker, W.; Melchior, H.*: „Low-Power Compact 2 × 2 Thermooptic Silica-on-Silicon Waveguide Switch with Fast Response", IEEE Phot. Techn. Lett., vol. 10, no. 5, 681–683 (1998)

[75] *Yamada, Y. et al.*: „Hybrid-Integrated 4 × 4 Optical Gate Matrix Switch Using Silica-Based Optical Waveguides and LD Array Chips", IEEE J. Lightw. Techn., vol. 10, no. 3, 383–390 (1992)

[76] *Okuno, M. et al.*: „8 × 8 Optical Matrix Switch Using Silica-Based Planar Lightwave Circuits", IEICE Trans. Electron., vol. E76-C, no. 7, 1215–1223 (1993)

[77] *Goh, T. et al.*: „Low-Loss and High Extinction-Ratio Silica-Based Strictly Nonblocking 16 × 16 Thermooptic Matrix Switch", IEEE Phot. Techn. Lett., vol. 10, no. 6, 810–812 (1998)

[78] *Teng, C.C.; Mortazavi, M.A.; Boudoughian, G.K.*: „Origin of the poling induced optical loss in a nonlinear optical polymeric waveguide", Appl. Phys. Lett., vol. 66, no. 6, 667–669 (1995)

[79] *Oh, M.-C. et al.*: „Electro-optic polymer modulators operating in both TE and TM modes incorporating a vertically tapered cladding", IEEE Phot. Techn. Lett., vol. 9, no. 9, 1232–1234 (1997)

[80] *Keil, N.; Yao, H.H.; Zawadzki, C.*: „Integrated optical switching devices for telecommunications made on plastics", Plastics in Telecommunications VIII, London 14th–16th September, 11–17 (1988)

[81] *Fischbeck, G. et al.*: „Design concept for singlemode polymer waveguides", Electron. Lett., vol. 32, no. 3, 212–213 (1996)

[82] *Moosburger, R.; Petermann, K.*: „4 × 4 Digital optical matrix switch using polymeric oversized rib waveguides", IEEE Phot. Techn. Lett., vol. 10, no. 5, 684–686 (1998)

[83] *Roß, L.*: „Integrated optical components in substrate glasses", Glastech. Ber., vol. 62, no. 8, 285–297 (1989)

[84] *Noguchi, K.; Miyazawa, H.; Mitomi, O.*: „75 GHz broadband Ti:$LiNbO_3$ optical modulator with ridge structure", Electron. Lett. vol. 30, no. 12, 949–951 (1994)

[85] *Gopalakrishnan, G. et al.*: „Performance and Modelling of Broadband $LiNbO_3$ Travelling Wave Optical Intensity Modulators", J. Lightw. Techn., vol. 12, no. 10, 1807–1819 (1994)

[86] *Mitomi, O.; Noguchi, K.; Miyazawa, H.*: „Design of ultra-broad-band $LiNbO_3$ optical modulators with ridge structure", IEEE Trans. on Microwave Theory and Techniques, vol. MTT-43, no. 9, 2203–2207 (1995)

[87] *Lawetz, C. et al.*: „Modulation Characteristics of semiconductor Mach-Zehnder Optical Modulators", IEEE J. Lightw. Techn., vol. 15 no. 4, 697–703 (1997)

[88] *Findakly, T.; Chen, C.*: „Optical directional couplers with variable spacing", Appl. Opt. vol. 17, no. 5, 769–773 (1978)

[89] *Burns, W.K.; Milton, A.F.*: „An analytic solution for mode coupling in optical waveguide branches", IEEE J. Quant. Electron., vol. QE-16, no. 4, 446–454, 1980

[90] *Granestrand, P. et al.*: „Integrated optics 4 × 4 switch matrix with digital optical switches", Electron. Lett., vol. 26, no. 1, 4–5 (1990)

[91] *Okayama, H.; Ushikubo, T.; Kawahara, M.*: „Low drive voltage Y-branch digital optical switch", Electron. Lett., vol. 27, no. 1, 24–26 (1991)

[92] *Silberberg, Y.; Perlmutter, P.; Baran, J.E.*: „Digital optical switch", Appl. Phys. Lett., vol. 51, no. 16, 1230–1232 (1987)

[93] *Burns, W.K.*: „Shaping the digital switch", IEEE Phot. Techn. Lett., vol. 4, no. 8, 861–863 (1992)

[94] *Moosburger, R. et al.*: „Shaping the digital optical switch using evolution strategies and BPM", IEEE Phot. Techn. Lett., vol. 9, no. 11, 1484–1186 (1997)

[95] *Keil, N.; Yao, H.H.; Zawadzki, C.*: „Polymeric optical switches, Integrated Photonics Research, March 30–April 1, 1998, Technical Digest, 353–355

[96] *Syms, R.R.A.*: „The digital directional coupler: improved design“, IEEE Phot. Techn. Lett. vol. 4, no. 10, 1135–1138 (1992)

[97] *Xie, S. et al.*: „Carrier-injected GaI-nASP/InP duirectional coupler optical switch with both tapered velocity and tapered coupling“, IEEE Phot. Techn. Lett., vol. 4, no. 2, 166–169 (1992)

[98] *Shimomura, K.; Arai, K.*: „Semiconductor waveguide optical switches and modulators“, Fiber and Integrated Optics, vol. 13, 65–100 (1992)

[99] *Shimomura, K. et al.*: „2 V drive-voltage switching operation in 1,55 μm GaInAS/InP MQW structure“, Electron. Lett. vol. 28, no. 10, 955–957 (1992)

[100] *Heidrich, H.; Hoffmann, D.*: „Review on integrated-optics switch matrices on $LiNbO_3$“, Trans. IEICE, vol. E 73, no. 1, 94–98 (1990)

[101] *Linke, R.A.*: „Modulation induced transient chirping in single frequency lasers“, IEEE J. Quant. Electron., vol. QE-21, no. 6, 593–597 (1985)

[102] *Wakita, K.; Kotaka, I.*: „Multiple-quantum-well optical modulators and their monolithic integration with DFB lasers for optical-fiber communications“, Microwave-and-Optical-Technology-Letters (USA), vol. 7, no. 3, p. 120–128, 20 Feb. 1994

[103] *Mitomi, O.; Wakita, K.; Kotaka, I.*: „Chirping characteristics of electroabsorption-type optical-intensity modulator“, IEEE Phot. Techn. Lett. vol. 6, no. 2, 205–207 (1994)

[104] *Kawano, K. et al.*: „Polarisation-insensitive travelling wave electrode electroabsorption (TW-EA) modulator with bandwidth over 50 GHz and driving voltage less than 2V“, Electron. Lett. vol. 33, no. 18, 1580–1581 (1997)

[105] *Koyama, F.; Iga, K.*: „Frequency chirping in external modulators“, IEEE J. Lightw. Techn., vol. 6, no. 1, 87–92 (1988)

[106] *Devaux, F.; Sorel, Y.; Kerdiles, J.F.*: „Simple measurement of fiber dispersion and of chirp parameter of intensity modulated light emitters“, J. Lightw. Techn., vol. 11, no. 12, 1937–1940 (1993)

[107] *Marcuse, D.*: „DFB laser with attached external intensity modulator“, IEEE J. Quant. Electron., vol. 26, no. 2, 262–269 (1990)

[108] *Jerrard, H.C.*: „Transmission of light through birefringent and optically active media: the Poincare'-sphere“, J. Opt. Soc. Am., vol. 44, no. 5, 634–640 (1954)

[109] *Maldonado, T.A.; Gaylord, T.K.*: „Electrooptic effect calculations: simplified procedure for arbitrary cases“, Appl. Opt., vol. 27, no. 24, 5051–5066 (1988)

[110] *Alferness, R.C.*: „Efficient waveguide electro-optic TE → TM mode converter/wavelength filter“, Appl. Phys. Lett., vol. 36, no. 7, 513–515 (1980)

[111] *Schlak, M. et al.*: „Tunable TE/TM-Mode converter on (001)-InP-substrate“, Phot. Techn. Lett. vol. 3, no. 1, 15.16 (1991)

[112] *Jaeger, N.A.F. et al.*: „Velocity-matched electrodes for compound semiconductor travelling wave electro-optic modulators: Experimental results“, IEEE Microwave Guided Wave Lett., vol. 6, 82–84, Feb. 1996

[113] *Rahmatian, F. et al.*: „An ultrahigh-speed AlGaAs-GaAs polarization converter using slow-wave coplanar electrodes“, IEEE Photon. Techn. Lett., vol. 10, no. 5, 675–677 (1998)

[114] *Thaniyavarn, S.*: „Wavelength independent, optical damage immune Z-propagation $LiNbO_3$ waveguide polarization converter“, Appl. Phys. Lett., vol. 47, no. 7, 674–677 (1985)

[115] *Thaniyavarn, S.*: „Wavelength independent, optical-damage-immune $LiNbO_3$ waveguide TE-TM converter“, Opt. Lett., vol. 11, no. 1, 39–41 (1986)

[116] *Haruna, M.; Shimada, J.; Nishihara, H.*: „An efficient TE-TM mode converter using a z-propagation $LiNbO_3$ waveguide“, The transactions of the IECE of Japan, vol. E69, no. 4, 418–419 (1986)

[117] *Heidrich, H. et al.*: „Passive Mode Converter with a periodically tilted InP/GaInAsP rib waveguide“, IEEE Photon. Techn. Lett., vol. 4, no. 1, 34–36 (1992)

[118] *Shani, Y. et al.*: „Polarisation rotation in asymmetric loaded rib waveguides“, Appl. Phys. Lett. Vol. 59, no. 11, 1278–1280 (1991)

Nichtlineare Optik und optische Signalverarbeitung 16

H. G. WEBER

Allgemeine Literatur

Abschnitt 16.2:
Agrawal, G.P.: Nonlinear fiber optics, London: Academic Press, 1995. – *Boyd, R.W.:* Nonlinear optics, Boston: Academic Press, 1991. – *Butcher, P.N.; Cotter, D.:* The elements of nonlinear optics, Cambridge: Cambridge University Press, 1991 – *Eason, R.W.; Miller, A.* (Editors): Nonlinear optics in signal processing, London: Chapman & Hall, 1993 – *Shen, Y.R.:* The principles of nonlinear optics, New York: John Wiley & Sons, 1984. – *Stegeman, G.I.:* Nonlinear guided wave optics, in: "Contemporary nonlinear optics", pp. 1–40 (Editors: Agrawal, G.P.; Boyd, R.W.), Boston: Academic Press, Inc. 1992. – *Stegeman, G.I.; Miller, A.:* Physics of alloptical switching devices, in: "Photonics in switching", vol 1, Academic Press, 1993. – *Sutherland, R.L.:* Handbook of nonlinear optics, New York: Marcel Dekker, 1996

Abschnitt 16.3:
Siegman, A.E.: Lasers, Mill Valley, CA: University Science Books, 1986. – *Yariv, A.:* Quantum Electronics, New York: Wiley, 1975. – *Agrawal, G.P.; Dutta, N.K.:* Long-wavelength semiconductor lasers, Van Nostrand Reinhold Company, New York, 1986. – *Saleh, B.E.A.; Teich, M.C.:* Fundamentals of photonics, John Wiley, New York, 1991, Kapitel 13–16. – *Saitoh, T.; Mukai, T.:* Traveling-wave semiconductor laser amplifier, in "Coherence, Amplification, and Quantum Effects in Semiconductor Lasers", Editor: Yamamoto, Y., John Wiley, 1991. – *O'Mahony, M.J.:* Semiconductor laser amplifiers for use in future fiber systems, IEEE J. of Lightwave Technol., vol 6, pp 531–544, 1988. – *Saitoh, T.; Mukai, T.:* 1.5 μm GaInAsP traveling-wave semiconductor laser amplifier, IEEE J. of Quantum Electron. QE-23, pp 1010–1020, 1987. – *Simon, J.C.:* GaInAsP semiconductor laser amplifiers for single mode fiber communications, IEEE J. of Ligthwave Technol. LT-5, pp 1286–1295, 1987. – *Saitoh, T.; Mukai, T.:* Recent progress in semiconductor laser amplifiers, IEEE J. of Lightwave Technol. LT-6, pp 1656–1664, 1988. – *Mukai, T.; Yamamoto, Y.; Kimura, T.:* Optical amplification in semiconductor lasers, in: "Semiconductors and Semimetals", vol 22-E, Editors: Willardson, R.K. and Beer, A.C., Academic Press, New York, 1985

Abschnitt 16.4:
Sabella, R.; Iannone, E.: Wavelength conversion in optical transport networks, Fiber and Integrated Optics, vol 15, pp 167–191, 1996. – *Durhuus, T.; Mikkelsen, B.; Jørgensen, C.; Danielsen, S.L.; Stubkjaer, K.E.:* All-optical wavelength conversion by semiconductor optical amplifier, IEEE J. of Lightwave Technol., vol 14, pp 942–954, 1996. – *Yoo, S.J.B.:* Wavelength conversion technologies for WDM network applications, IEEE J. of Lightwave Technol., vol 14, pp 955–966, 1996. – *Jourdan, A., et al.:* All-optical wavelength converters for optical switching applications, Fiber and Integrated Optics, vol 15, pp 193–210, 1996. – *Ludwig, R.; Pieper, W.; Schnabel, R.; Diez, S.; Weber, H.G.:* Four-wave mixing in semiconductor laser amplifiers: applications for optical communication systems, Fiber and Integrated Optics, vol 15, pp 211–223, 1996. – *Pauluhn, U.; Derr, F.:* Frequenzumsetzer für rein optische Netzknoten, ntz Heft 7, pp 10–19, 1996

Abschnitt 16.5–16.9:
Stegeman, G.I.: Nonlinear guided wave optics, in "Contemporary nonlinear optics", Editors: Agrawal, G.P.; Boyd, R.W., Academic Press, New York, 1992. – *Stegeman, G.I.; Miller, A.:* Physics of all-optical switching devices, in "Photonics in Switching", vol 1, Editor: Midwinter, I.E., Academic Press, New York, 1993. – *Islam, M.N.:* Ultrafast fiber switching devices and systems, Cambridge University Press, Cambridge 1992. – *Islam, M.N.:* Ultrafast all-optical switching devices, in "Photonic Switching and Interconnects", Editors: Marrackhi, A., Marcel Dekker, New York, 1994

16.1 Einleitung

In der linearen Optik wird die Ausbreitung von Licht in Materie durch die Brechzahl n und die Dämpfungskonstante α beschrieben. Beide sind frequenzabhängige bzw. wellenlängenabhängige Größen, die unabhängig von der Strahlungsdichte des einfallenden Lichtes sind. Es gilt das Superpositionsprinzip, das besagt, daß Lichtsignale sich gegenseitig nicht beeinflussen und sich ungestört überlagern können. Die lineare Optik ist aber nur ein Grenzfall der Optik für kleine Strahlungsdichten. Bei großen Strahlungsdichten werden n und α von der Lichtleistung abhängig, und es tritt eine Vielzahl weiterer optischer Effekte auf, die die lineare Optik nicht kennt. Insbesondere gilt das Superpositionsprinzip nicht mehr. Licht kann durch Licht beeinflußt, gesteuert und geschaltet werden. Dies ist die Grundlage für die optische Signalverarbeitung, die in diesem Kapitel beschrieben wird.

Die optische Signalverarbeitung hat im Vergleich zur elektrischen Signalverarbeitung einige Vorteile. Die Verarbeitungsgeschwindigkeit der optischen Signalverarbeitung ist in vielen Fällen weniger begrenzt als die der elektrischen Signalverarbeitung. Verarbeitungsgeschwindigkeiten von mehr als 100 Gbit/s konnten erreicht werden. Häufig können Funktionselemente auf der Basis der optischen Signalverarbeitung nach einfachen Prinzipien realisiert werden, dort wo die elektrische Signalverarbeitung sehr aufwendige Lösungen verlangt. Mit der optischen Signalverarbeitung kann die Anzahl der optoelektronischen Umsetzer in den optischen Kommunikationssystemen reduziert werden. Das kann wesentlich zur Vereinfachung dieser Systeme beitragen.

Die optische Signalverarbeitung ist heute ein Forschungsgegenstand in vielen Laboratorien. Bisher gibt es kaum eine Umsetzung in die Praxis. Aus diesem Grund ist eine Darstellung der Grundlagen der optischen Signalverarbeitung das Hauptanliegen dieses Kapitels. Optische Signalverarbeitung wird häufig unterteilt in Freistrahloptik und Wellenleiteroptik. Dieses Kapitel behandelt fast ausschließlich Wellenleiteroptik.

16.2 Grundlagen der nichtlinearen Optik

16.2.1 Nichtlineare Polarisation und Suszeptibilität

Die Ausbreitung von Licht in einem Medium wird häufig durch das sogenannte Oszillatormodell beschrieben. Die elektrische Feldstärke $\boldsymbol{E}(t)$ einer Lichtwelle übt auf die elastisch gebundenen Elektronen eine Kraft aus. Die leichten negativ geladenen Elektronen folgen dem Einfluß dieser Kraft und schwingen gegen die schweren positiv geladenen Kerne. Es entsteht ein oszillierendes elektrisches Dipolmoment. Die Summe der auf diese Weise induzierten elektrischen Dipolmomente pro Volumen wird elektrische Polarisation $\boldsymbol{P}(t)$ genannt. Vernachlässigt man zunächst den Vektorcharakter von $\boldsymbol{E}(t)$ und $\boldsymbol{P}(t)$ und nimmt weiterhin an, daß $P(t)$ instantan dem Feld $E(t)$ folgt, dann läßt sich $P(t)$ in einer Reihenentwicklung nach Potenzen von $E(t)$ in folgender Form darstellen.

$$P(t) = \varepsilon_0 \chi^{(1)} E(t) + \varepsilon_0 \chi^{(2)} E(t) E(t) + \varepsilon_0 \chi^{(3)} E(t) E(t) E(t) + \dots \quad (16.1)$$

Hier ist ε_0 die elektrische Feldkonstante. Die Größe $\chi^{(1)}$ ist die lineare Suszeptibilität und die Größen $\chi^{(n)}$ mit $n \geq 2$ werden als nichtlineare Suszeptibilitäten der Ordnung n bezeichnet. Die lineare Optik beschreibt den Grenzfall, in dem alle $\chi^{(n)}$ mit $n \geq 2$ vernachlässigt werden können. Die nichtlineare Optik beschäftigt sich mit den Phänomenen, die mit den nichtlinearen Suszeptibilitäten $\chi^{(n)}$, $n \geq 2$ verknüpft sind.

In der linearen Optik ist $P(t)$ proportional zu $E(t)$. Das durch $P(t)$ repräsentierte elektrische Dipolmoment oszilliert mit der Frequenz des eingestrahlten optischen Feldes $E(t)$. Die Polarisation $P(t)$ ist Quelle einer neuen optischen Welle, die sich der eingestrahlten optischen Welle zu einer resultierenden optischen Welle überlagert. Die makroskopischen optischen Eigenschaften des Mediums, die Brechzahl und die Dämpfungskonstante, gehen aus der Überlagerung dieser beiden Wellen hervor, wobei allerdings die in Gl. 16.1 vernachlässigte Phasenverschiebung zwischen $P(t)$ und $E(t)$ berücksichtigt werden muß. Diese Phasenverschiebung wird dadurch verursacht, daß $P(t)$ im allgemeinen nicht instantan dem Feld $E(t)$ folgt.

Die nichtlineare Optik beschreibt die Effekte bei hohen optischen Feldstärken, für die die Auslenkung der elastisch gebundenen Elektronen nicht mehr proportional dem elektrischen Feld $E(t)$ ist. Das durch $P(t)$ repräsentierte elektrische Dipolmoment oszilliert nicht nur mit den Frequenzen der eingestrahlten optischen Wellen, sondern auch mit anderen Frequenzen, z.B. den höheren Harmonischen und den Summen- und Differenzfrequenzen. Es können also auch optische Wellen mit anderen Frequenzen erzeugt werden. In der nichtlinearen Optik gilt das Superpositionsprinzip der linearen Optik nicht mehr. Lichtwellen können sich gegenseitig beeinflussen. Licht kann Licht steuern.

Die Form der Verknüpfung von $P(t)$ und $E(t)$ in Gl. 16.1 beruht auf einigen Annahmen. Berücksichtigt man den Vektorcharakter von $\boldsymbol{P}(t) = \{P_x, P_y, P_z\}$ und $\boldsymbol{E}(t) = \{E_x, E_y, E_z\}$, dann ist $\chi^{(1)} = \chi^{(1)}_{\alpha\beta}$ ein Tensor 2. Stufe (9 Elemente), $\chi^{(2)} = \chi^{(2)}_{\alpha\beta\gamma}$ ein Tensor 3. Stufe (27 Elemente) und $\chi^{(3)} = \chi^{(3)}_{\alpha\beta\gamma\sigma}$ ein Tensor 4. Stufe (81 Elemente). Hier kann jeder Index $\{\alpha, \beta, \gamma, \sigma\}$ die Koordinaten $\{x, y, z\}$ annehmen. Symmetrien des Mediums reduzieren die Anzahl der Tensorelemente, die von Null verschieden bzw. unabhängig voneinander sind. In inversionssymmetrischen Medien, also solchen, deren Eigenschaften bei einer Punktspiegelung unverändert bleiben, gilt $\chi^{(2)} \equiv 0$ und allgemeiner $\chi^{(n)} \equiv 0$ für gerade n, da bei der Substitution $E \rightarrow -E$ auch $P \rightarrow -P$ folgen muß. Auch andere Symmetrieeigenschaften können die Anzahl der Tensorelemente stark reduzieren. In einem isotropen Medium ist nicht nur $\chi^{(2)} \equiv 0$ und $\chi^{(1)}$ ein Skalar, sondern $\chi^{(3)}$ reduziert sich auf 21 von Null verschiedene Elemente, von denen aber nur 3 unabhängig sind. Es ist wichtig zu betonen, daß in einem isotropen Medium zwar $\chi^{(1)}$ als Skalar geschrieben werden kann aber für $\chi^{(3)}$ immer der Tensorcharakter berücksichtigt werden muß.

In Gl. 16.1 wurde vorausgesetzt, daß die elektrische Polarisation $\boldsymbol{P}(t)$ instantan dem Feld $\boldsymbol{E}(t)$ folgt. Diese Annahme ist nur gültig in einem Medium ohne Dispersion und Absorption. Eine Möglichkeit, die Dispersion und Absorption voll zu berücksichtigen, besteht darin, in Gl. 16.1 das Produkt von Suszeptibilität und elektrischer Feldstärke durch eine Faltung zu ersetzen. Die in der Literatur viel häufiger angewandte Methode, Dispersion und Absorption voll zu berücksichtigen, benutzt die Verknüpfung von elektrischer Polarisation und elektrischer Feldstärke im Frequenzbereich. Für die Fourier-Transformierten $\tilde{\boldsymbol{E}}(\omega) = \{\tilde{E}_x(\omega), \tilde{E}_y(\omega), \tilde{E}_z(\omega)\}$ und $\tilde{\boldsymbol{P}}(\omega) = \{\tilde{P}_x(\omega), \tilde{P}_y(\omega), \tilde{P}_z(\omega)\}$ von $\boldsymbol{E}(t)$ und $\boldsymbol{P}(t)$ gilt

$$\tilde{P}_\alpha(\omega) = \tilde{P}^{(1)}_\alpha(\omega) + \tilde{P}^{(2)}_\alpha(\omega) + \tilde{P}^{(3)}_\alpha(\omega) + \ldots$$

$$\tilde{P}^{(1)}_\alpha(\omega) = \varepsilon_0 \sum_\beta \chi^{(1)}_{\alpha\beta}(\omega)\, \tilde{E}_\beta(\omega)$$

$$\tilde{P}^{(2)}_\alpha(\omega) = \varepsilon_0 \sum_{\beta,\gamma} \sum_{m,n} \cdot \chi^{(2)}_{\alpha\beta\gamma}(\omega = \omega_m + \omega_n)\, \tilde{E}_\beta(\omega_m)\, \tilde{E}_\gamma(\omega_n)$$

$$\tilde{P}^{(3)}_\alpha(\omega) = \varepsilon_0 \sum_{\beta,\gamma,\sigma} \sum_{m,n,l} \cdot \chi^{(3)}_{\alpha\beta\gamma\sigma}(\omega = \omega_m + \omega_n + \omega_l) \cdot \tilde{E}_\beta(\omega_m)\, \tilde{E}_\gamma(\omega_n)\, \tilde{E}_\sigma(\omega_l) \qquad (16.2)$$

wobei jeder Index $\alpha, \beta, \gamma, \delta$ die Koordinaten x, y, z annehmen kann und die Summe über $m, n, (l)$ über alle $\omega_m, \omega_n, (\omega_l)$ mit $\omega = \omega_m + \omega_n + (\omega_l)$ erfolgt. Zum Beispiel kann $\omega_m = \omega_n$ sein, so daß ω folgende Werte annehmen kann: $\omega = \omega_m + \omega_n, 2\omega_m, 2\omega_n$. Außerdem gilt $\tilde{\boldsymbol{E}}(-\omega) = \tilde{\boldsymbol{E}}^*(\omega)$. Hier bezeichnet $\boldsymbol{E}^*$ das Konjugiert Komplexe von $\boldsymbol{E}$. Für $\chi^{(2)}$ und $\chi^{(3)}$ wird eine verkürzte Schreibweise benutzt. Beispielsweise gilt $\chi^{(2)}(\omega = \omega_m + \omega_n) = \chi^{(2)}(\omega_m + \omega_n, \omega_m, \omega_n)$, was zeigt, daß $\chi^{(2)}$ im allgemeinen eine Funktion von ω_m, ω_n und $\omega = \omega_m + \omega_n$ ist. Ähnliches gilt für $\chi^{(3)}$. $\tilde{\boldsymbol{P}}^{(1)}(\omega)$ bezeichnet die lineare Polarisation, und $\tilde{\boldsymbol{P}}^{(2)}(\omega)$ bzw. $\tilde{\boldsymbol{P}}^{(3)}(\omega)$ sind die nichtlinearen Polarisationen zweiter und dritter Ordnung. Die nichtlinearen Polarisationen faßt man häufig zusammen und schreibt

$$\tilde{\boldsymbol{P}}(\omega) = \tilde{\boldsymbol{P}}^{(1)}(\omega) + \tilde{\boldsymbol{P}}^{\mathrm{NL}}(\omega) \qquad (16.3)$$

wobei $\tilde{\boldsymbol{P}}^{\mathrm{NL}}(\omega)$ die Summe von $\tilde{\boldsymbol{P}}^{(2)}(\omega), \tilde{\boldsymbol{P}}^{(3)}(\omega)$ und, falls erforderlich, noch weiteren nichtlinearen Polarisationen höherer Ordnung ist.

$\tilde{\boldsymbol{P}}^{(2)}(\omega)$ und $\tilde{\boldsymbol{P}}^{(3)}(\omega)$ sind Quellterme in der Wellengleichung für die neu generierten optischen Wellen. Damit $\tilde{\boldsymbol{P}}^{(2)}(\omega)$ und $\tilde{\boldsymbol{P}}^{(3)}(\omega)$ effizient die neue optische Welle $\tilde{\boldsymbol{E}}(\omega) = \tilde{\boldsymbol{A}}(\omega) \exp(-j\boldsymbol{kr})$ generieren, muß der Quellterm sich mit der gleichen Phasengeschwindigkeit und Richtung (dem gleichen Wellenvektor $\boldsymbol{k}$) durch das Medium ausbreiten wie $\tilde{\boldsymbol{E}}(\omega)$. Dies wird Phasenanpassung (phase matching) genannt. Geht man mit dem Ansatz $\tilde{\boldsymbol{E}}(\omega_m) = \tilde{\boldsymbol{A}}_m(\omega_m) \exp(-j\boldsymbol{k}_m\boldsymbol{r})$ und ähnlich für $\tilde{\boldsymbol{E}}(\omega_n)$ und $\tilde{\boldsymbol{E}}(\omega_l)$ in Gl. 16.2 ein, so erhält man den Wellenvektor $\boldsymbol{k}_p = \boldsymbol{k}_m + \boldsymbol{k}_n$ für $\tilde{\boldsymbol{P}}^{(2)}(\omega)$ und $\boldsymbol{k}_p =$

$\boldsymbol{k}_m + \boldsymbol{k}_n + \boldsymbol{k}_l$ für $\tilde{\boldsymbol{P}}^{(3)}(\omega)$. Die Phasenanpassungsbedingung lautet dann

$$\Delta \boldsymbol{k} = \boldsymbol{k}_p - \boldsymbol{k} = 0 \qquad (16.4)$$

Da $\tilde{\boldsymbol{E}}(-\omega) = \tilde{\boldsymbol{E}}^*(\omega)$, bedeutet ein Vorzeichenwechsel von $\omega_m, \omega_n, \omega_l$ in Gl. 16.2 auch einen Vorzeichenwechsel von $\boldsymbol{k}_m, \boldsymbol{k}_n$ und $\boldsymbol{k}_l$ in $\boldsymbol{k}_p$.

In diesem Kapitel werden die optischen Wellen in der Form

$$\boldsymbol{E} = \boldsymbol{E}(t) = \frac{1}{2}\, \boldsymbol{E}_\omega \exp(j\omega t) + cc \qquad (16.5)$$

$$\boldsymbol{E}_\omega = \boldsymbol{E}(\omega) = \boldsymbol{E}(\omega, r, t) = \boldsymbol{A}(\omega, r, t) \exp(-j\boldsymbol{k}\boldsymbol{r})$$

geschrieben. Hier ist $\boldsymbol{E}_\omega$ die langsam veränderliche Amplitude der optischen Welle, und *cc* bezeichnet den konjugiert komplexen Term. Häufig wird auch $\boldsymbol{E}(\omega)$ optische Welle genannt. Wird das optische Feld in einem Wellenleiter mit der z-Achse als Wellenleiterachse geführt, dann wird $\boldsymbol{E}(\omega)$ in der Form

$$\begin{aligned} \boldsymbol{E}_\omega &= \boldsymbol{E}(\omega) = \boldsymbol{E}(\omega, r, t) \\ &= F(x, y)\boldsymbol{A}(\omega, z, t) \exp(-j\beta z) \end{aligned} \qquad (16.6)$$

geschrieben. Hier wird der Wellenvektor $\boldsymbol{k}$ durch die Ausbreitungskonstante β ersetzt. $F(x, y)$ beschreibt die transversale Feldverteilung. Die Intensität einer ebenen optischen Welle ist gegeben durch

$$I = \frac{1}{2}\, \varepsilon_0 nc |\boldsymbol{E}(\omega)|^2. \qquad (16.7)$$

Hier ist c die Lichtgeschwindigkeit im Vakuum, n die Brechzahl des Mediums und ε_0 die elektrische Feldkonstante (s. Kap. 2).

16.2.2 Zusammenstellung von nichtlinearen optischen Effekten

In Tabelle 16.1 sind die wichtigsten optischen Effekte, die mit den Suszeptibilitäten $\chi^{(1)}$, $\chi^{(2)}$ und $\chi^{(3)}$ verknüpft sind, zusammengestellt. Neben der Bezeichnung des Effektes ist auch die Suszeptibilität (ohne die Tensorindizes) angegeben.

Die Suszeptibilitäten $\chi^{(1)}$, $\chi^{(2)}$ und $\chi^{(3)}$ sind im allgemeinen komplexe Größen, deren Realteil und Imaginärteil häufig unterschiedliche Prozesse beschreiben. So beschreibt in einem isotropen Medium der Realteil von $\chi^{(1)}$ die lineare Brechzahl ($n_0^2 = 1 + \mathrm{Re}\,\chi^{(1)}(\omega)$) und der Imaginärteil von $\chi^{(1)}$ den Beitrag der Absorption $\alpha_A = \frac{\omega}{cn_0}\,\mathrm{Im}\,\chi^{(1)}(\omega)$ zur Dämpfungslänge α. Beide Größen sind über die Kramers-Kronig Relation miteinander verknüpft. Auch für $\chi^{(n)}$ mit $n \geq 2$ sind der Realteil und der Imaginärteil über eine verallgemeinerte Kramers-Kronig Relation verknüpft. $\chi^{(1)}$ ist dimensionslos. $\chi^{(2)}$ wird in mV^{-1} und $\chi^{(3)}$ in $\mathrm{m}^2\mathrm{V}^{-2}$ angegeben, wenn SI-Einheiten verwendet werden. Bei den quadratischen Effekten sind im wesentlichen nur Prozesse mit reellem $\chi^{(2)}$ von Bedeutung.

Man kann die nichtlinearen optischen Effekte in verschiedene Klassen unterteilen. Eine Klasse repräsentiert die Generierung von neuen Frequenzkomponenten im optischen Feld. Zum Beispiel stehen die Suszeptibilitäten $\chi^{(2)}$ $(\omega = \omega_1 + \omega_2)$ und $\chi^{(2)}$ $(\omega = \omega_1 - \omega_2)$ für die Summenfrequenzerzeugung und Differenzfrequenzerzeugung. Zwei optische Wellen mit den Kreisfrequenzen ω_1 und ω_2 werden in das nichtlineare Medium eingestrahlt und generieren mittels der nichtlinearen Wechselwirkung neue, vorher nicht vorhandene optische Wellen mit den Kreisfrequenzen $\omega = \omega_1 + \omega_2$ und $\omega = |\omega_1 - \omega_2|$. Entsprechendes gilt auch für $\chi^{(3)}$. Für $\omega_1 = \omega_2$ repräsentiert $\chi^{(2)}$ $(\omega = \omega_1 + \omega_2)$ den Effekt der Frequenzverdopplung. Es müssen nicht zwei getrennte optische Wellen mit der Kreisfrequenz ω_1 eingestrahlt werden, sondern es genügt eine eingestrahlte Welle zur Generierung einer neuen Welle mit der Kreisfrequenz $\omega = 2\omega_1$. Eine detaillierte Diskussion erfolgt für die Summenfrequenzerzeugung in Abschn. 16.2.7, für die Differenzfrequenzerzeugung mittels $\chi^{(2)}$ in Abschn. 16.2.8 und für die Differenzfrequenzerzeugung mittels $\chi^{(3)}$ (Vierwellenmischung) in Abschn. 16.2.9. Der Prozeß mit $\chi^{(2)}$ $(0 = \omega_1 - \omega_1)$ führt zur Generierung eines elektrischen Gleichfeldes ($\omega = 0$) und wird optische Gleichrichtung (optical rectification) genannt. Die Frequenzverdopplung entspricht einem Quadrieren der Feldstärke E. Ähnlich wie bei einer Gleichrichterdiode der Hochfrequenz-Technik tritt dabei ein Gleichfeld auf. Bei Verwendung von ultrakurzen Lichtimpulsen können mit diesem Effekt sehr kurze elektrische Impulse generiert werden.

Eine andere Klasse von nichtlinearen optischen Effekten sind solche, in denen die eingestrahlten optischen Wellen über die nichtlineare Wechselwirkung mit der Materie auf sich selbst einwirken. Zum Beispiel beschreibt die Suszeptibilität $\chi^{(3)}(\omega = \omega_1 - \omega_1 + \omega_1)$ die durch eine optische Welle der Kreisfrequenz $\omega = \omega_1$ im Medium induzierte Brechzahländerung bzw. Absorptionsänderung und die Rückwirkung dieser Änderung auf die Ausbreitung

Tabelle 16.1. Beispiele von optischen Effekten, die mit den Suszeptibilitäten $\chi^{(1)}$, $\chi^{(2)}$ und $\chi^{(3)}$ verknüpft sind

lineare Effekte, $\chi^{(1)}$		
lineare Brechzahl n_0	$\chi^{(1)}(\omega)$	reell
Absorption α_A	$\chi^{(1)}(\omega)$	imaginär
quadratische Effekte, $\chi^{(2)}$		
Summenfrequenzerzeugung	$\chi^{(2)}(\omega = \omega_1 + \omega_2)$	reell
Frequenzverdopplung	$\chi^{(2)}(\omega = \omega_1 + \omega_1)$	reell
Differenzfrequenzerzeugung parametrische Verstärkung optisch parametrischer Oszillator	$\chi^{(2)}(\omega = \omega_1 - \omega_2)$	reell
linearer elektrooptischer Effekt (Pockels-Effekt)	$\chi^{(2)}(\omega = \omega + 0)$	reell
optische Gleichrichtung	$\chi^{(2)}(0 = \omega_1 - \omega_1)$	reell
Kubische Effekte, $\chi^{(3)}$		
Summenfrequenzerzeugung	$\chi^{(3)}(\omega = \omega_1 + \omega_2 + \omega_3)$	reell
Frequenzverdreifachung	$\chi^{(3)}(\omega = \omega_1 + \omega_1 + \omega_1)$	reell
Vierwellenmischung (Differenzfrequenzerzeugung)	$\chi^{(3)}(\omega = \omega_1 + \omega_2 - \omega_3)$	komplex
nichtlineare Brechzahl optischer Kerr-Effekt Selbstphasenmodulation	$\chi^{(3)}(\omega = \omega_1 - \omega_1 + \omega_1)$	reell
Kreuzphasenmodulation	$\chi^{(3)}(\omega = \omega_1 - \omega_1 + \omega_2)$	reell
sättigbare Absorption sättigbare Verstärkung Gewinnmodulation	$\chi^{(3)}(\omega = \omega_1 - \omega_1 + \omega_1)$	imaginär
Kreuzgewinnmodulation	$\chi^{(3)}(\omega = \omega_1 - \omega_1 + \omega_2)$	imaginär
Stimulierte Raman-Streuung Stimulierte Brillouin-Streuung	$\chi^{(3)}(\omega = \omega_1 - \omega_1 + \omega_2)$	imaginär
quadratischer elektrooptischer Effekt	$\chi^{(3)}(\omega = \omega_1 + 0 + 0)$	reell
feldinduzierte Frequenzverdopplung	$\chi^{(3)}(\omega = \omega_1 + \omega_1 + 0)$	reell

der optischen Welle selbst. Ähnlich beschreibt $\chi^{(3)}(\omega = \omega_1 - \omega_1 + \omega_2)$ die Änderung der Phase bzw. Amplitude einer optischen Welle der Kreisfrequenz $\omega = \omega_2$ im Medium verursacht durch die Brechzahländerung bzw. Absorptionsänderung, die eine zweite optische Welle der Kreisfrequenz ω_1 im Medium induziert. Eine detaillierte Beschreibung dieser nichtlinearen optischen Effekte erfolgt in den Abschnitten 16.2.10 und 16.2.11.

Eine weitere Klasse von nichtlinearen optischen Effekten sind die elektrooptischen Effekte. Die elektrischen Felder, die durch die nichtlineare Suszeptibilität gekoppelt werden, müssen nicht notwendigerweise optische Frequenzen haben. Auch (quasi) elektrostatische Felder ($\omega = 0$) können zur nichtlinearen Wechselwirkung beitragen. Die resultierenden Prozesse werden elektrooptische Effekte genannt. Dazu gehören folgende Effekte in Tabelle 16.1: der lineare elektrooptische Effekt (Pockels-Effekt), der quadratische elektrooptische Effekt (Kerr-Effekt) und die feldinduzierte Frequenzverdopplung. Die Anwendungen der elektrooptischen Effekte werden in Kap. 15 beschrieben.

Zu einer weiteren Klasse von nichtlinearen optischen Effekten gehören die Stimulierte

Raman-Streuung (SRS) und die Stimulierte Brillouin-Streuung (SBS). Eine in einem Medium mit der Suszeptibilität $\chi^{(3)}$ sich ausbreitende optische Welle mit der Kreisfrequenz ω_1 verliert optische Leistung aufgrund von Stimulierter Raman-Streuung und Stimulierter Brillouin-Streuung. Ein Photon der Energie $\hbar\omega_1$ wird vernichtet, und ein Photon der Energie $\hbar\omega_2 = \hbar(\omega_1 - \omega_0)$ mit $\omega_1 \gg \omega_0$ wird erzeugt. Im Raman-Effekt geht die Energiedifferenz $\hbar\omega_0$ ($\omega_0/2\pi = f_0 \approx 15$ THz in der Glasfaser bei $\lambda = 1{,}55$ µm) über in Vibrationsenergie eines Moleküls, und im Brillouin-Effekt geht die Energiedifferenz $\hbar\omega_0$ ($\omega_0/2\pi = f_0 \approx 11$ GHz in der Glasfaser bei $\lambda = 1,55$ µm) über in eine akustische Schwingung. Stimulierte Raman-Streuung und Stimulierte Brillouin-Streuung können die Signalübertragung auf der Glasfaser begrenzen (Kap. 4). Die Stimulierte Raman-Streuung führt aber auch zu einem optischen Verstärker mit einer spektralen Breite von etwa 10 THz.

16.2.3 Phasenanpassung

Für eine effiziente Erzeugung der verschiedenen nichtlinearen Effekte genügt es im allgemeinen nicht, daß die nichtlinearen Suszeptibilitäten $\chi^{(2)}$ und $\chi^{(3)}$, beziehungsweise die nichtlinearen Polarisationen ungleich Null sind. Vielmehr muß auch Phasenanpassung (Gl. 16.4) gegeben sein.

Bei einigen nichtlinearen optischen Prozessen ist die Phasenanpassung automatisch erfüllt, z. B. bei der Selbstphasenmodulation, weil die nichtlineare Polarisation die gleiche Frequenz wie die einfallende optische Welle hat (s. Tabelle 16.1), und bei der Stimulierten Raman-Streuung und der Stimulierten Brillouin-Streuung, weil die nichtlineare Polarisation durch die neu generierte Welle stimuliert wird. Dagegen muß bei den Prozessen der Summenfrequenzerzeugung und im allgemeinen auch bei der Differenzfrequenzerzeugung, z. B. bei der Vierwellenmischung, die Phasenanpassung durch externe Maßnahmen erreicht werden. In diesem Fall selektiert die Phasenanpassung den möglichen Prozess. Es gibt mehrere Methoden, die Phasenanpassung durchzuführen. Man kann die Doppelbrechung in Kristallen (Freistrahlanordnung) oder die Ausbreitung der Lichtwellen in verschiedenen Moden eines Wellenleiters einsetzen. Eine andere Methode ist die Quasiphasenanpassung (quasi-phase matching), bei der sich die optischen Wellen in periodisch strukturierten Medien (Wellenleitern) ausbreiten, so daß die Phasendifferenz $|\Delta \boldsymbol{k}|$ periodisch um einen Mittelwert schwankt. Die Abschnitte 16.2.7 bis 16.2.9 bringen Beispiele für Phasenanpassung.

16.2.4 Physikalische Mechanismen der Nichtlinearität

In Abschn. 16.2.1, G. 16.1 wurden die nichtlinearen Suszeptibilitäten $\chi^{(n)}$ mit $n \geq 2$ phänomenologisch eingeführt. Zur physikalischen Erklärung wurde das Oszillatormodell herangezogen. Dieses Modell beschreibt nicht alle physikalischen Prozesse für das optisch nichtlineare Verhalten der Materie. Um im folgenden die Diskussion zu vereinfachen, schreiben wir die Polarisation in der Form $\boldsymbol{P} = N\boldsymbol{p}$. Hier bezeichnen $\boldsymbol{p}$ das induzierte elektrische Dipolmoment z. B. pro Molekül und N die Anzahl der Dipolmomente (bzw. Moleküle) pro Volumen. Diese Form für $\boldsymbol{P}$ ist gültig, wenn in dem Medium nur eine Spezies von induzierten elektrischen Dipolmomenten vorkommt. In der linearen Optik ist N unabhängig von der elektrischen Feldstärke $\boldsymbol{E}$ der optischen Welle, und $\boldsymbol{p}$ ist linear abhängig von $\boldsymbol{E}$ (in einem isotropen Medium proportional zu $\boldsymbol{E}$). Die Materie wird optisch nichtlinear, wenn entweder $N = N(\boldsymbol{E})$ eine Funktion von $\boldsymbol{E}$ ist oder $\boldsymbol{p}$ nichtlinear von $\boldsymbol{E}$ abhängt. Ein Beispiel für die Abhängigkeit $N(\boldsymbol{E})$ ist die Elektrostriktion. Mit Elektrostriktion bezeichnet man die Tendenz der Materie, sich unter Einwirkung eines elektrischen Feldes $\boldsymbol{E}$ zusammenzuziehen (zu verdichten). Das bewirkt eine Abhängigkeit $N(\boldsymbol{E})$ und damit eine optisch nichtlineare Polarisation $\boldsymbol{P}$. Auch die Absorption von optischer Leistung und damit eine Erwärmung des Mediums kann zu einer Abhängigkeit $N(\boldsymbol{E})$ führen. Eine wichtige Nichtlinearität im Halbleiter-Laserverstärker kann mit einer nichtlinearen Abhängigkeit der Form $N(\boldsymbol{E})$ verknüpft werden, wobei N in diesem Fall die Dichte der Elektron-Loch Paare bezeichnet. Ein Beispiel für die Nichtlinearität von $\boldsymbol{p}$ ist die elektronische Polarisation. Das in Abschn. 16.2.1 erwähnte Oszillatormodell beschreibt besonders gut diesen Mechanismus. Im Oszillatormodell ist $\boldsymbol{p}$ das Produkt von Elementarladung und Auslenkung $\boldsymbol{X}$ eines elastisch gebundenen Elektrons aus einer stationären Lage. Nur für kleine Felder $\boldsymbol{E}$ ist $\boldsymbol{X}$ in guter Näherung proportional $\boldsymbol{E}$. Ansonsten ist $\boldsymbol{X}$ eine nichtlineare Funktion von $\boldsymbol{E}$, die von der speziellen Bindung der Elektronen an die Atome oder Moleküle abhängt.

Man unterscheidet resonante und nichtresonante Wechselwirkung einer optischen Welle mit dem Medium. Bei nichtresonanter Wechselwirkung liegt die Kreisfrequenz ω (Photonenenergie $\hbar\omega$) der optischen Welle weit außerhalb von Resonanzen im Medium, so daß keine rellen optischen Übergänge zwischen Energieniveaus, sondern nur sogenannte virtuelle Übergänge im Medium induziert werden. Für die nichtresonante Wechselwirkung ist die Reihenentwicklung von $\boldsymbol{P}$ nach Potenzen von $\boldsymbol{E}$ sehr nützlich, weil die Entwicklung schnell konvergiert und meist nur $\chi^{(2)}$ und $\chi^{(3)}$ zur Beschreibung der nichtlinearen Eigenschaften erforderlich sind. Außerdem können die Suszeptibilitäten $\chi^{(1)}$, $\chi^{(2)}$ und $\chi^{(3)}$ wohldefinierten optischen Effekten zugeordnet werden (s. Tabelle 16.1). Die Nichtlinearität der Glasfaser ist ein typisches Beispiel für nichtresonante Wechselwirkung.

Resonante optische Wechselwirkung beruht auf reellen optischen Übergängen zwischen Energieniveaus im Medium. Ein Beispiel ist die Sättigung des Gewinnkoeffizienten eines Halbleiter-Laserverstärkers. Der physikalische Mechanismus, der zur Gewinnsättigung im Halbleiter-Laserverstärker führt, wird mit N verknüpft, wobei N die Dichte der Elektron-Loch Paare bezeichnet. Durch resonante optische Übergänge zwischen Leitungsband und Valenzband im Halbleiter werden Elektron-Loch Paare vernichtet. Dieser Vorgang beeinflußt die Übergangswahrscheinlichkeit der nachfolgenden optischen Wechselwirkungsprozesse und bewirkt damit den optisch nichtlinearen Effekt der Gewinnsättigung. Die Polarisation $\boldsymbol{P}$ wird nichtlinear abhängig von $\boldsymbol{E}$, weil $N(\boldsymbol{E})$ eine Funktion der eingestrahlten optischen Leistung wird. Der Gewinnkoeffizient g hängt von der eingestrahlten optischen Leistung (oder elektrischen Feldstärke $\boldsymbol{E}$) näherungsweise in folgender Weise ab

$$g = \frac{g_0}{1 + \dfrac{|\boldsymbol{E}|^2}{|\boldsymbol{E}_{\mathrm{sat}}|^2}} \tag{16.8}$$

Hier ist g_0 der Gewinnkoeffizient für verschwindende optische Leistung und $|\boldsymbol{E}_{\mathrm{sat}}|^2$ eine Konstante. Man kann g in eine Reihe entwickeln,

$$g = g_0\left[1 - \frac{|\boldsymbol{E}|^2}{|\boldsymbol{E}_{\mathrm{sat}}|^2} + \left(\frac{|\boldsymbol{E}|^2}{|\boldsymbol{E}_{\mathrm{sat}}|^2}\right)^2 - \ldots\right] \tag{16.9}$$

die nur für $|\boldsymbol{E}|^2/|\boldsymbol{E}_{\mathrm{sat}}|^2 < 1$ konvergiert. Nur unter dieser Bedingung kann der nichtlineare optische Effekt der Gewinnsättigung in einer Potenzentwicklung nach Gl. 16.9 dargestellt werden. Wie das Beispiel zeigt, ist eine Reihenentwicklung entsprechend Gl. 16.1 für resonante optische Wechselwirkung nicht immer sinnvoll. Es ist vielmehr vorteilhafter, die optische Nichtlinearität mittels optischer Übergangsraten, die durch $\boldsymbol{p}$ repräsentiert werden, und Ratengleichungen für die Dichte der Elektron-Loch Paare zu beschreiben. Mit diesem Ansatz können auch effektive Suszeptibilitäten $\chi_{\mathrm{eff}}^{(n)}$, die den nichtresonanten Suszeptibilitäten in der Beschreibung der optisch nichtlinearen Effekte entsprechen aber noch von der optischen Leistung abhängen, hergeleitet werden.

Die verschiedenen physikalischen Mechanismen für das optisch nichtlineare Verhalten der Materie können gleichzeitig wirken. In der Glasfaser ist die elektronische Polarisation für die meisten nichtlinearen Effekte verantwortlich. Beispielsweise ist aber die Elektrostriktion für die Stimulierte Brillouin-Streuung in der Glasfaser wichtig. Im Halbleiter-Laserverstärker tritt auch elektronische Polarisation auf, aber die durch $N(\boldsymbol{E})$ beschriebene Ladungsträgerdichtemodulation und andere mit der Verteilung der Ladungsträger verknüpfte Effekte ergeben bis zu einem Faktor 10^5 größere nichtlineare Effekte, so daß hauptsächlich der mit den freien Ladungsträgern verknüpfte Mechanismus für die Anwendungen in der optischen Signalverarbeitung von Interesse ist.

Die verschiedenen physikalischen Mechanismen für das optisch nichtlineare Verhalten der Materie unterscheiden sich nicht nur hinsichtlich der Stärke der durch sie verursachten nichtlinearen Effekte, sondern auch durch ihr Zeitverhalten. Die charakteristische Zeitkonstante (response time) ist ein Maß dafür, wie schnell die nichtlinearen Effekte auf eine Änderung des optischen Feldes $\boldsymbol{E}$ reagieren. Die Zeitkonstante ist auch ein Maß dafür, wie schnell Licht durch Licht geschaltet werden kann. Die elektronische Polarisation hat eine charakteristische Zeitkonstante kleiner 10^{-15} s, während die charakteristische Zeit für die Ladungsträgerdichtemodulation etwa 10^{-10} s beträgt. (Es gibt aber auch noch schnellere Ladungsträgereffekte im Halbleiter-Laserverstärker.)

16.2.5 Materialien mit der Suszeptibilität $\chi^{(2)}$

Typische Materialien für $\chi^{(2)}$-Prozesse sind Kristalle, die für die Arbeitswellenlängen transparent sind. Die Nichtlinearität resultiert überwiegend aus dem Mechanismus der elektronischen Polarisation, und es liegt nichtresonante Wechselwirkung des eingestrahlten Lichtes mit dem Medium vor. Die Zeitkonstanten betragen etwa 10^{-15} s. Tabelle 16.2 gibt die Beträge von $\chi^{(2)}$-Werten für einige Materialien an. Es sind ungefähre Werte, da für genaue Angaben die einzelnen Tensorkomponenten und die Arbeitswellenlängen festgelegt werden müssen. Außerdem ist noch der Wellenlängenbereich λ angegeben, in dem die Materialien transparent sind. In der Literatur werden häufig die sogenannten d-Koeffizienten verwendet. Anstelle des Tensors $\chi^{(2)}_{\alpha\beta\gamma}$ wird die d-Matrix d_{jk} eingeführt. Näherungsweise gilt $d = \chi^{(2)}/2$. Eine umfangreiche Zusammenstellung von d-Koeffizienten für verschiedene Materialien und eine umfangreiche Liste von Referenzen gibt [1].

Für die optische Signalverarbeitung im Bereich der optischen Nachrichtentechnik spielen die $\chi^{(2)}$-Prozesse heute eine untergeordnete Rolle. Anwendungen finden allenfalls der optisch parametrische Oszillator und der optisch parametrische Verstärker (Abschn. 16.2.8) und die Frequenzverdopplung als optische Signalquelle, sowie die Differenzfrequenzerzeugung als Wellenlängen- bzw. Frequenzumsetzer (Abschn. 16.4).

Tabelle 16.2. Nichtlineare Suszeptibilitäten $\chi^{(2)}$ einiger Materialien. Die $\chi^{(2)}$-Werte hängen von der Wellenlänge und von den Tensorkomponenten ab. Die angegebenen Werte geben nur die Größenordnung von $|\chi^{(2)}|$ an. λ bezeichnet den Transparenzbereich der Materialien

Material	$\chi^{(2)}$ in 10^{-12} mV^{-1}	λ in µm
KDP (KH_2PO_4)	≈ 1	0,20 - 1,7
KTP ($KTiOPO_4$)	≈ 30	0,35 - 4,5
Lithiumniobat ($LiNbO_3$)	≈ 80	0,42 - 4,2
BBO (BaB_2O_4)	≈ 3	0,19 - 3,5
Galliumarsenid (GaAs)	≈ 270	> 0,9

Tabelle 16.3. Nichtlineare Suszeptibilität $\chi^{(3)}_{xxxx}$ einiger Materialien für die angegebene Wellenlänge λ. Angegeben ist auch die charakteristische Zeit τ_c, die die Dynamik der Nichtlinearität bestimmt

Material	λ in µm	$\chi^{(3)}_{xxxx}$ in 10^{-22} m^{2}V^{-2}	τ_c in s
Quarzglas	1,55	2,8	$\approx 10^{-15}$
Diamant	0,54	6,4	$\approx 10^{-15}$
Borkron-Glas	1,06	2,9	$\approx 10^{-15}$
Luft (20 °C)	1,06	$3{,}7 \cdot 10^{-3}$	
GaAs	1,06	$1{,}4 \cdot 10^{4}$	$\approx 10^{-8}$

16.2.6 Materialien mit der Suszeptibilität $\chi^{(3)}$

Die Suszeptibilität $\chi^{(3)}$ ist ungleich Null in allen Materialien. Tabelle 16.3 gibt $\chi^{(3)}$-Werte für einige Materialien an. Eine umfangreiche Zusammenstellung von $\chi^{(3)}$-Werten zusammen mit einer Liste von Referenzen gibt [2].

Die Suszeptibilität $\chi^{(3)}$ liefert die für das optische Schalten wesentliche Materialeigenschaft, nämlich die vom optischen Feld E bzw. von der optischen Intensität I abhängige Brechzahl $n = n_0 + \Delta n(|E|^2)$. Die Glasfaser (Quarzglas) hat eine relativ geringe Abhängigkeit der Brechzahl von $|E|^2$. Aber die geringe Dämpfung der Glasfaser, sowie die hohe optische Leistung innerhalb des Faserkerns machen die Glasfaser zu einem attraktiven Material für die optische Signalverarbeitung. Einmodenfasern haben zudem den Vorteil, daß die Wirkung der nichtlinearen Brechzahl einzig darin besteht, die Ausbreitungskonstante zu modifizieren, wobei sich die Modifizierung in gleicher Weise auf die gesamte transversale Feldverteilung des optischen Feldes erstreckt. Die Eigenschaften von Einmodenfasern werden in Kap. 4 behandelt.

Halbleiter, Halbleiter-Laser und insbesondere Halbleiter-Laserverstärker sind eine andere Gruppe von Materialien für die Anwendung von $\chi^{(3)}$-Prozessen in der optischen Signalverarbeitung. In Abschn. 16.3 wird der Halbleiter-Laserverstärker ausführlich behandelt, weil er heute überwiegend für die optische Signalverarbeitung im Bereich der Telekommunikation eingesetzt wird. Es kommen dabei im wesentlichen resonante nichtlineare Prozesse zur Anwendung. Deshalb ist die Klassifizierung als $\chi^{(3)}$-Prozeß nur unter Einschränkung möglich, wie die Diskussion in Abschn. 16.2.4 zeigt. Im Vergleich zu den nichtresonanten Prozessen in der Glasfaser sind die resonanten Prozesse im Halbleiter-Laserverstärker sehr stark. Die Anwendung wird aber teilweise durch charakteristische Zeitkonstanten von einigen 100 ps eingeschränkt.

16.2.7 Summenfrequenzerzeugung, Frequenzverdopplung, Frequenzverdreifachung

Summenfrequenzerzeugung (sum-frequency generation) tritt auf in Medien mit den Suszeptibilitäten $\chi^{(2)}$ oder $\chi^{(3)}$. Es seien $\boldsymbol{E}_1(\omega_1)$ und $\boldsymbol{E}_2(\omega_2)$ zwei kopropagierende optische Wellen in einem Medium mit $\chi^{(2)} \neq 0$. Die beiden Wellen generieren nach Gl. 16.2 Polarisationen $\boldsymbol{P}^{(2)}(\omega_3)$ mit den Kreisfrequenzen $\omega_3 = \omega_1 + \omega_2, 2\omega_1, 2\omega_2$. Diese Polarisationen sind ihrerseits Quellen von optischen Wellen $\boldsymbol{E}_3(\omega_3)$. Für $\omega_3 = \omega_1 + \omega_2$ wird dieser Prozeß in Abb. 16.1 schematisch dargestellt und im Photonenbild beschrieben. In einem nichtresonanten Übergang (die gestrichelten Linien sind keine reellen Energieniveaus) werden ein Photon der Energie $\hbar\omega_1$ und ein Photon der Energie $\hbar\omega_2$ vernichtet, und es entsteht ein neues Photon der Energie $\hbar(\omega_1 + \omega_2)$. Die Photonenenergie bleibt erhalten. Die Frequenzverdopplung (second harmonic generation) mit $\omega_3 = 2\omega_1$ bzw. $\omega_3 = 2\omega_2$ ist ein Spezialfall der Summenfrequenzerzeugung.

Die Summenfrequenzerzeugung und Frequenzverdopplung mittels $\chi^{(2)}$ werden häufig angewandt, um durchstimmbares UV-Licht mit Hilfe eines Lasers, der im sichtbaren Spektralbereich arbeitet, zu generieren. Das wichtigste nichtlineare Medium sind Kristalle, die für die Kreisfrequenzen ω_1, ω_2 und ω_3 transparent sind (nichtresonante Nichtlinearität).

Als Beispiel wird die Frequenzverdopplung diskutiert. Die optische Welle (Pumpwelle) $\boldsymbol{E}_1(\omega_1) = \boldsymbol{A}_1(\omega_1)\exp(-jk_1z)$ durchläuft einen Kristall (Eintritt bei $z = 0$, Austritt bei $z = L$) und generiert die Welle $\boldsymbol{E}_3(\omega_3) = \boldsymbol{A}_3(\omega_3)\exp(-j\,k_3z)$ mit $\omega_3 = 2\omega_1$. Unter der Annahme, daß die Schwächung der Pumpwelle vernachlässigt werden kann, läßt sich ein einfacher Ausdruck für die optische Leistung P_3 der neu-generierten Welle am Orte $z = L$ gewinnen [3]

$$\frac{P_3(L)}{P_1(0)} = \frac{|\boldsymbol{E}_3(\omega_3)|^2}{|\boldsymbol{E}_1(\omega_1)|^2} = \eta\,\frac{\sin^2(\Delta kL/2)}{(\Delta kL/2)^2} \qquad (16.10)$$

$$\eta = \frac{8\pi^2\,d_{\mathrm{av}}^2\,L^2\,I(\omega_1)}{\varepsilon_0 n_1^2 n_3 c\lambda_1^2}$$

Hier ist $P_1(0)$ die optische Leistung der Pumpwelle $\boldsymbol{E}_1(\omega_1)$ am Orte $z = 0$, $I(\omega_1) = \frac{1}{2}\,\varepsilon_0 n_1 c\,|\boldsymbol{E}_1(\omega_1)|^2$ die Intensität der Pumpwelle und $d_{\mathrm{av}} = \frac{1}{2}\,\chi_{\mathrm{av}}^{(2)}$ die wirksame (effektive) Suszeptibilität, die von den speziellen experimentellen Bedingungen (Polarisationszustand von $\boldsymbol{E}_1(\omega_1)$, Orientierung der Kristallachsen usw.) abhängt. Außerdem sind $n_1 = n(\omega_1)$, $n_3 = n(\omega_3)$ und $\lambda_1 = \lambda(\omega_1)$. Die Funktion $(\sin^2 x)/x^2$ beschreibt den Effekt der nicht angepaßten Phasengeschwindigkeiten von $\boldsymbol{E}_3(\omega_3)$ und der Polarisation $\boldsymbol{P}^{(3)}(\omega_3)$. Es gilt $\Delta k = k_3 - 2k_1$.

Mit $k = \frac{\omega}{c}\,n$ bedeutet die Phasenanpassungsbedingung $\Delta k = 0$, daß $n(\omega_1) = n(2\omega_1)$ sein muß. Wegen der Dispersion ist diese Bedingung im allgemeinen nicht zu erfüllen. In doppelbrechenden Kristallen wie KDP kann Phasenanpassung dadurch erreicht werden, daß die Ausbreitungs- bzw. Polarisationsrichtungen der Wellen so gewählt werden, daß sich $\boldsymbol{E}_1(\omega_1)$ als ordentlicher Strahl und $\boldsymbol{E}_3(\omega_3 = 2\omega_1)$ als außerordentlicher Strahl (oder umgekehrt) ausbreiten. In der Wellenleiteroptik ist die Quasiphasenanpassung (16.2.3) eine geeignete Methode. Beispielsweise wurde damit in einem $LiNbO_3$-Wellenleiter mittels Frequenzverdopplung blaues Licht (Wellenlänge 425.8 nm) durch Einstrahlen von Licht der Wellenlänge 851.7 nm generiert [4].

Werden in ein Medium mit der Suszeptibilität $\chi^{(3)}$ drei optische Wellen $\boldsymbol{E}_1(\omega_1)$, $\boldsymbol{E}_2(\omega_2)$ und $\boldsymbol{E}_3(\omega_3)$ eingestrahlt, so werden Polarisationen $\boldsymbol{P}^{(3)}(\omega)$ und neu generierte Wellen $\boldsymbol{E}(\omega)$ mit folgenden Kreisfrequenzen ω erzeugt: $\omega = 3\omega_1$, $3\omega_2$, $3\omega_3$, $\omega_1 + \omega_2 + \omega_3$, $2\omega_1 + \omega_2$, $2\omega_1 + \omega_3$, $2\omega_2 + \omega_1$, $2\omega_2 + \omega_3$, $2\omega_3 + \omega_1$, $2\omega_3 + \omega_2$. Die Summenfrequenzerzeugung und Frequenzverdreifachung mittels der Suszeptibilität $\chi^{(3)}$ sind ganz analog der Summenfrequenzerzeugung und Frequenzverdopplung mittels der Suszeptibilität $\chi^{(2)}$. Für die Anwendungen als durchstimmbare UV-Lichtquellen sind aber die $\chi^{(3)}$-Prozesse von geringerem Interesse.

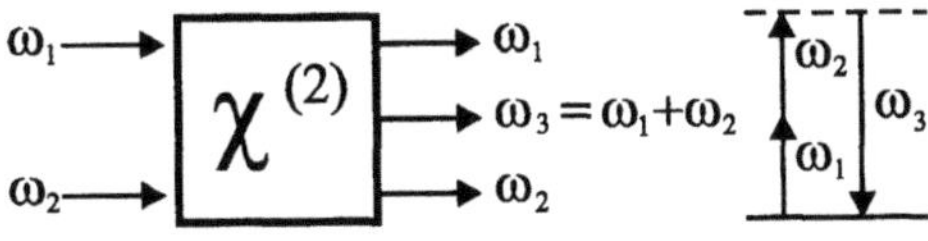

Abb. 16.1. Schematische Darstellung der Summenfrequenzerzeugung in einem Material mit der Suszeptibilität $\chi^{(2)}$

16.2.8 Differenzfrequenzerzeugung, parametrische Verstärkung, optisch parametrischer Oszillator

In das nichtlineare Medium mit der Suszeptibilität $\chi^{(2)}$ werden die beiden kopropagierenden optischen Wellen $E_p(\omega_p)$ und $E_s(\omega_s)$ mit $\omega_p > \omega_s$ eingestrahlt. Die optische Welle $E_s(\omega_s)$ wird verstärkt, und eine neue optische Welle $E_i(\omega_i)$ mit $\omega_i = \omega_p - \omega_s$ wird generiert (Abb. 16.2). Üblicherweise bezeichnet man die Welle $E_p(\omega_p)$ als Pumpwelle, die Welle $E_s(\omega_s)$ als Signalwelle und die generierte Welle $E_i(\omega_i)$ als Hilfswelle (auch Idlerwelle). Im Photonenbild wird ein Photon der Energie $\hbar\omega_p$ vernichtet, und es entstehen zwei neue Photonen mit den Energien $\hbar\omega_s$ und $\hbar\omega_i = \hbar(\omega_p - \omega_s)$. Die optische Energie bleibt bei diesem Prozeß erhalten. Anwendungen dieser Differenzfrequenzerzeugung sind der optische parametrische Verstärker (optical parametric amplifier (OPA)) und der optische parametrische Oszillator (optical parametric oscillator (OPO)).

In der Anwendung als optischer parametrischer Verstärker wird die Hilfswelle (idler) nicht genutzt. Bei Vernachlässigung der Schwächung der Pumpwelle ist der Gewinn für die optische Leistung P_s der Signalwelle nach Durchlaufen der Interaktionslänge L im nichtinearen Medium [5]

$$\frac{P_s(L)}{P_s(0)} = 1 + (gL)^2 \frac{\sinh^2(\sqrt{(gL)^2 - (\Delta kL/2)^2})}{(gL)^2 - (\Delta kL/2)^2}$$

$$g = 4\pi\,|d_{av}|\sqrt{\frac{I(\omega_p)}{2\,\varepsilon_0 n_p n_s n_i c\lambda_s\lambda_i}} \qquad (16.11)$$

Hier ist $I(\omega_p) = \frac{1}{2}\varepsilon_0 n_1 c\,|E_p(\omega_p)|^2$ die Intensität der ebenen Pumpwelle und $d_{av} = \frac{1}{2}\,\chi^{(2)}_{av}$ die wirksame (effektive) Suszeptibilität, die von den speziellen experimentellen Bedingungen abhängt. Es gilt $n_x = n(\omega_x)$, $\lambda_x = \lambda(\omega_x)$, $k_x = k(\omega_x)$ und $\Delta k = k_p - k_s - k_i$ mit $x = p, s, i$.

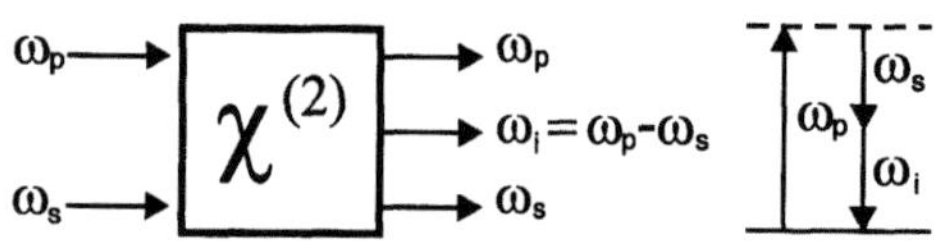

Abb. 16.2. Schematische Darstellung der Differenzfrequenzerzeugung in einem Material mit der Suszeptibilität $\chi^{(2)}$

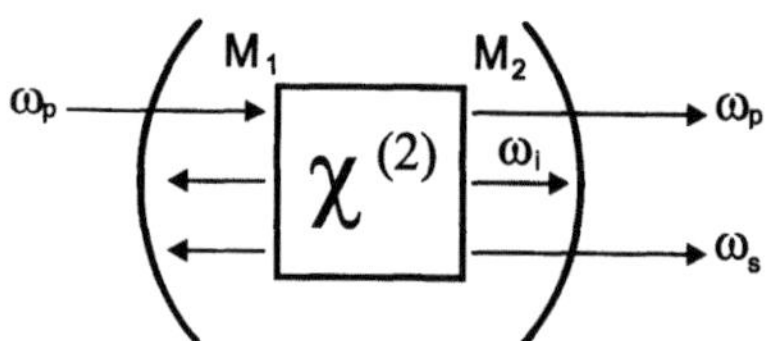

Abb. 16.3. Schema eines optischen parametrischen Oszillators. Der Spiegel M_1 ist für die Pumpwelle (ω_p) durchlässig und für die beiden anderen Wellen hochreflektierend. Der Spiegel M_2 ist für die Hilfswelle (ω_i) hochreflektierend und für die Signalwelle (ω_s) teildurchlässig

In der Anwendung als optischer parametrischer Oszillator befindet sich, wie in Abb. 16.3 gezeigt, das nichtlineare Medium in einem optischen Resonator, der für die Hilfswelle $E_i(\omega_i)$ eine hohe optische Güte (die Spiegel haben eine hohe Reflexion für die Kreisfrequenz ω_i) aufweist. Unter diesen Bedingungen können die Hilfswelle und die Signalwelle zu sehr hohen optischen Leistungen anwachsen. Die Signalwelle braucht nicht einmal eingestrahlt zu werden. Sie baut sich aus dem Rauschen des optischen Feldes (Quantenrauschen) von selbst auf. Dieser Prozeß wird noch unterstützt, wenn nicht nur für die Hilfswelle, sondern auch für die Signalwelle eine Rückkopplung im Resonator vorliegt. Wie bei einem Laser-Oszillator erfolgt das Anschwingen des OPO dann, wenn die Verluste im Resonator durch den parametrischen Gewinn kompensiert werden, also wenn der Gewinnkoeffizient g gleich einem effektiven Verlustkoeffizienten ist [6].

Die Bezeichnung optisch „parametrischer" Oszillator ist in Analogie zum parametrischen Oszillator der Hochfrequenztechnik zu sehen. Bei diesem wird durch periodische Veränderung eines Parameters eines Resonanzkreises die Oszillationsfrequenz gesteuert. Im optischen parametrischen Oszillator tritt ein nichtlinearer optischer Kristall an die Stelle des Resonanzkreises, und die Einstrahlung der Pumpwelle steuert die optische Oszillation.

Aus der Phasenanpassungsbedingung $\Delta k = k_p - k_s - k_i = 0$ folgt $\omega_p n_p = \omega_s n_s + \omega_i n_i$. Bei fester Kreisfrequenz ω_p der Pumpwelle kann die Kreisfrequenz ω_s der Signalwelle abgestimmt werden, indem die Brechzahlen n_p, n_s und n_i so verändert werden, daß die Phasenanpassungsbedingungen für verschiedene Paare von Signal- und Hilfswelle erreicht werden. Man unterscheidet zwei Arten der

Phasenanpassung. Bei der Phasenanpassung durch Doppelbrechung wird ein doppelbrechender Kristall als nichtlineares Medium vorausgesetzt. Über Winkeldrehung und Temperaturveränderung des doppelbrechenden Kristalls wird die Phasenanpassung für verschiedene Paare ω_s und ω_i erreicht. Mit dem Verfahren der Quasi-Phasenanpassung z. B. in Lithiumniobat oder KDP können auch Wellenleiter als nichtlineare optische Medien verwendet werden [7–9]. Optische parametrische Oszillatoren werden primär als durchstimmbare Lichtquellen für Infrarotstrahlung eingesetzt.

16.2.9 Vierwellenmischung

Es werden drei optische Wellen $E_1(\omega_1), E_2(\omega_2)$ und $E_3(\omega_3)$ in einem Medium mit der Suszeptibilität $\chi^{(3)}$ überlagert. Diese Wellen generieren über die nichtlineare Polarisation $P^{(3)}(\omega)$ neue optische Wellen $E(\omega)$ mit folgenden Kreisfrequenzen: $\omega = \omega_1 + \omega_2 - \omega_3, \omega_1 - \omega_2 + \omega_3, -\omega_1 + \omega_2 + \omega_3, 2\omega_1 - \omega_2, 2\omega_1 - \omega_3, 2\omega_2 - \omega_1, 2\omega_2 - \omega_3, 2\omega_3 - \omega_1, 2\omega_3 - \omega_2$. Mit der generierten Welle sind vier Wellen (auch bei Entartung z. B. $\omega_1 = \omega_2 = \omega_3$) an diesen Prozessen beteiligt. Deswegen werden diese Prozesse auch Vierwellenmischung genannt. Für eine effiziente Erzeugung der neuen optischen Wellen $E(\omega)$ muß die Phasenanpassungsbedingung erfüllt sein. Dadurch wird im allgemeinen nur eine der neugenerierten Wellen selektiert. Es gibt viele unterschiedliche Anordnungen der vier beteiligten Wellen, die zu folgender Klassifizierung führen [10]:

- Bei der entarteten Vierwellenmischung (degenerate four-wave mixing (DFWM)) sind alle Kreisfrequenzen gleich ($\omega_1 = \omega_2 = \omega_3 = \omega$). Man unterscheidet zwei Geometrien. Entweder breiten sich alle Wellen in der gleichen Richtung aus (forward geometry), oder die Wellen breiten sich paarweise in entgegengesetzten Richtungen aus (backward geometry). In der letzteren Anordnung ist die Phasenanpassung automatisch erfüllt.
- Bei der nahezu entarteten Vierwellenmischung (nearly degenerate FWM) haben die Pumpwellen $E_1(\omega_1)$ und $E_2(\omega_2)$ die gleiche Kreisfrequenz ($\omega_1 = \omega_2$). Für die Signalwelle $E_3(\omega_3)$ gilt $\omega_3 \neq \omega_1$ mit $|\omega_1 - \omega_3| \ll \omega_1$.

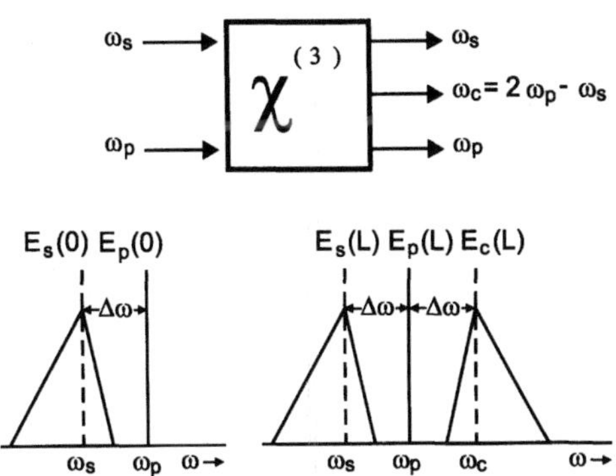

Abb. 16.4. Schematische Darstellung der (nahezu entarteten) Vierwellenmischung in einem Medium (Wellenleiter) mit der Suszetibilität $\chi^{(3)}$, mit $E(0)$ werden die optischen Felder am Eingang und mit $E(L)$ die optischen Felder am Ausgang bezeichnet

- Bei der nichtentarteten Vierwellenmischung (nondegenerate FWM) besteht keine Einschränkung für ω_1, ω_2 und ω_3.

Die folgende Diskussion beschränkt sich auf den Spezialfall der nahezu entarteten Vierwellenmischung, der für die optische Signalverarbeitung in der optischen Nachrichtentechnik von Interesse ist. Entsprechend Abb. 16.4 werden eine Pumpwelle $E_p(\omega_p)$ und eine Signalwelle $E_s(\omega_s)$ mit $|\omega_p - \omega_s| = \Delta\omega$ kopropagierend und mit dem gleichen Polarisationszustand in ein Medium mit der Suszeptibilität $\chi^{(3)}$ (z. B. Einmodenfaser oder Halbleiter-Laserverstärker) eingekoppelt. Es wird die konjugierte Welle $E_c(\omega_c)$ mit $\omega_c = 2\omega_p - \omega_s = \omega_p + \Delta\omega$ generiert, wobei in Abb. 16.4 $\omega_p > \omega_s$ und $E_p(\omega_p)$ als monochromatische Welle angenommen werden. E_c ist proportional zum Konjugiert-Komplexen von E_s:

$$E_c(\omega_c) \propto E_p(\omega_p)\, E_p(\omega_p)\, E_s^*(\omega_s) \qquad (16.12)$$

Eine Konsequenz ist, daß das Spektrum von $E_c(\omega_c)$ ein um $2(\omega_p - \omega_s) = 2\Delta\omega$ verschobenes und invertiertes Abbild des Spektrums von $E_s(\omega_s)$ ist. Es ensteht auch eine optische Welle mit $\omega = 2\omega_s - \omega_p$, die hier nicht weiter betrachtet wird. Bei hohen optischen Leistungen können noch weitere Frequenzkomponenten auftreten.

In der Einmodenfaser ist die Vierwellenmischung durch die Nichtlinearität elastisch gebundener Elektronen verursacht. Sie wird durch eine einzige Zeitkonstante von wenigen fs charakterisiert und deshalb in sehr guter Näherung als instantaner Prozeß mit einem reellen $\chi^{(3)}$ beschriebe. Unter der Annahme, daß die Abschwächung von $E_p(\omega_p)$ und $E_s(\omega_s)$ durch den Prozeß der Vielwellenmischung und durch die Dämpfung der Faser vernachlässigbar sind, erhält man für die optische Leistung $P_c(L)$ von $E_c(\omega_c)$ am Ausgang der Faser [11]

$$\frac{P_c(L)}{P_s(0)} = \frac{|E_c(\omega_c)|^2}{|E_s(\omega_s)|^2} \tag{16.13}$$

$$= (\gamma L)^2 P_p^2(0) \frac{\sin^2\left(\frac{\Delta\beta L}{2}\right)}{\left(\frac{\Delta\beta L}{2}\right)^2}$$

$$\Delta\beta = 2\beta(\omega_p) - \beta(\omega_s) - \beta(\omega_c)$$

$$\approx \frac{(2\pi c)^2}{\omega_p^4}(\omega_p - \omega_0)(\omega_p - \omega_s)^2 \frac{dD}{d\lambda}$$

wobei $P_s(0)$ und $P_p(0)$ die optischen Leistungen von $E_s(\omega_s)$ und $E_p(\omega_p)$ am Eingang der Faser sind. Statt k wird die für die Wellenleiteroptik üblichere Ausbreitungskonstante $\beta = \frac{\omega}{c} n$ eingesetzt. Hier ist n die effektive Brechzahl im Wellenleiter. Der Nichtlinearitätskoeffizient γ, der proportional zu $\chi^{(3)}_{xxxx}$ ist, wird in Abschn. 16.2.10 eingeführt. D ist die Dispersionskonstante und ω_0 die Kreisfrequenz, die durch $D(\omega_0) = 0$ definiert ist. Phasenanpassung ($\Delta\beta = 0$) wird erreicht, indem $\omega_p = \omega_0$ gesetzt wird. Der Näherungsausdruck für $\Delta\beta$ beruht auf einer Entwicklung aller $\beta(\omega)$ um $\beta(\omega_0)$ bis zu Termen mit $d^3\beta/d\omega^3$. In Ref. 11 wird ein allgemeinerer Ausdruck für $P_c(L)$ angegeben, der z. B. auch die Faserdämpfung berücksichtigt. Vierwellenmischung im Halbleiter-Laserverstärker wird in Abschn. 16.3.6 diskutiert.

16.2.10 Nichtlineare Brechzahl, optischer Kerr-Effekt

Alle Materialien haben eine von der optischen Intensität I abhängige Brechzahl. Dafür können verschiedene physikalische Mechanismen verantwortlich sein (s. auch Abschn. 16.2.4). In der allgemeinsten Form ist die nichtlineare Brechzahl gegeben durch

$$n = n_0 + \Delta n(I) \tag{16.14}$$

wobei n_0 die Brechzahl bei verschwindender optischer Intensität I ist. In einem Wellenleiter ist n_0 durch die effektive Brechzahl zu ersetzen. Im optischen Kerr-Effekt ist $\Delta n(I)$ proportional zur Intensität I.

$$\Delta n(I) = n_2 I = \bar{n}_2 |E(\omega)|^2 \tag{16.15}$$

Die Parameter n_2 bzw. $\bar{n}_2$ werden häufig nichtlineare Brechzahl-Koeffizienten genannt. Die Beziehung zwischen der Intensität I und $|E(\omega)|^2$ lautet $I = (1/2)\varepsilon_0 c n_0 |E(\omega)|^2$. Daraus folgt $n_2 \varepsilon_0 c n_0 = 2\bar{n}_2$. Die nichtlinearen Brechzahl-Koeffizienten sind durch die Suszeptibilität $\chi^{(3)}$ gegeben zu [12]

$$\bar{n}_2 = (1/2)\,\varepsilon_0 c n_0 n_2 \tag{16.16}$$

$$= \frac{3}{8\,n_0} \mathrm{Re}\,[\chi^{(3)}_{xxxx}(\omega = \omega - \omega + \omega)]$$

In Tabelle 16.4 sind nichtlineare Brechzahl-Koeffizienten n_2 für einige Materialien zusammengestellt. Daraus läßt sich auch $\bar{n}_2$ berechnen. Quarzglas hat z. B. $\bar{n}_2 = 7{,}1 \cdot 10^{-23}\ \mathrm{m^2/V^2}$.

In einem Wellenleiter bewirkt die Brechzahländerung Δn eine Änderung der Ausbreitungskonstanten β [15]

$$\beta = \beta_0 + \Delta\beta \tag{16.17}$$

$$\Delta\beta = \frac{\omega}{c} \frac{\iint \Delta n\, |F(x,y)|^2\, dx\, dy}{\iint |F(x,y)|^2\, dx\, dy} \approx \gamma \cdot \iint I dx dy$$

$$\gamma = \frac{\omega n_2}{c A_{\mathrm{eff}}}$$

$$A_{\mathrm{eff}} = \frac{[\iint |F(x,y)|^2\, dx dy]^2}{\iint |F(x,y)|^4\, dx dy}$$

Hier ist β_0 die Ausbreitungskonstante bei verschwindender optischer Leistung $\iint I dx dy$ im Wellenleiter, γ der sogenannte Nichtlinearitätskoeffizient und A_{eff} die effektive Fläche, die mit der Modenverteilungsfunktion (transversale Feldverteilung) $F(x,y)$ berechnet wird, wobei sich die Integration über den gesamten Querschnitt des Wellenleiters erstreckt.

Von besonderem Interesse für die optische Nachrichtentechnik ist die nichtlineare Brechzahl in Fasern aus Quarzglas. Da in diesem

Tabelle 16.4. Nichtlineare Brechzahl-Koeffizienten für einige Materialien

	n_2 in $\mathrm{m^2/W}$	λ in µm
Quarzglas	$3{,}2 \cdot 10^{-20}$	1,30
Chalcogenid-Glas	$1{,}7 \cdot 10^{-18}$	1,30
GaAs	$\sim -10^{-17}$	1,06
AlGaAs	$\sim -10^{-17}$	0,85

Fall $\chi^{(3)}$ durch elastisch gebundene Elektronen verursacht wird, beträgt die mit der nichtlinearen Brechzahl verknüpfte Zeitkonstante wenige fs. Durch Einstrahlen von Licht wird eine nahezu momentane Brechzahländerung induziert. Ein typischer Wert für die effektive Fläche einer Standard-Einmodenfaser ist $A_{\mathrm{eff}} = 80\ \mu\mathrm{m}^2$ was $\gamma = 1{,}6\ \mathrm{W}^{-1}\ \mathrm{km}^{-1}$ ergibt. Es existieren auch Spezialfasern mit erheblich kleinerem A_{eff}, z.B. $A_{\mathrm{eff}} = 10{,}7\ \mu\mathrm{m}^2$, die ein $\gamma = 20{,}4\ \mathrm{W}^{-1}\ \mathrm{km}^{-1}$ ergeben. Die Auswirkungen des Kerr-Effektes in Fasern aus Quarzglas sind ausführlich in Kap. 4 dargestellt.

16.2.11 Selbstphasenmodulation, Kreuzphasenmodulation

Die in einem Medium induzierte Brechzahländerung $\Delta n = n - n_0$ (s. 16.2.10) führt zur Selbstphasenmodulation (self-phase modulation) und Kreuzphasenmodulation (cross-phase modulation). Es wird zuerst die Selbstphasenmodulation allein betrachtet. $\boldsymbol{E}_1(\omega_1) = \boldsymbol{E}_1(\omega_1, r, t)$ sei die langsam veränderliche Amplitude einer optischen Welle $\boldsymbol{E}_1(t)$ nach Gl. 16.5 und Gl. 16.6. Bei Vernachlässigung der Dispersion und unter der Annahme, daß $I = I(0)\exp(-\alpha z)$ die z-Abhängigkeit (die z-Achse ist die Wellenleiterachse) der optischen Intensität beschreibt, kann $\boldsymbol{E}_1(\omega_1)$ näherungsweise in folgender Form geschrieben werden

$$\begin{aligned} \boldsymbol{E}_1(\omega_1) &= \boldsymbol{E}_1(\omega_1, r, t) \qquad (16.18)\\ &= F(x,y)\,\boldsymbol{A}_1(\omega_1, 0, t)\\ &\quad\cdot \exp\left\{-\frac{\alpha}{2}z - j(\beta_0 z + \Delta\varphi(z))\right\} \end{aligned}$$

$$\Delta\varphi(z) = \int_0^z \Delta\beta(z')\,\mathrm{d}z' = \Delta\beta(0)\,L_{\mathrm{eff}}$$

$$L_{\mathrm{eff}} = \frac{1}{\alpha}\,[1 - \exp(-\alpha z)]$$

$\Delta\varphi(z)$ ist die durch die Brechzahländerung Δn in der optischen Welle selbstinduzierte Phasenänderung. $\Delta\beta(0)$ ist die Änderung der Ausbreitungskonstanten für $I = I(0)$, also für die ungeschwächte optische Leistung bei Eintritt der optischen Welle in den Wellenleiter. $\Delta\beta(0)$ ist mit der Brechzahländerung Δn entsprechend Gl. 16.17 verknüpft. L_{eff} ist die effektive Wechselwirkungslänge. Es gilt $L_{\mathrm{eff}} \approx z$ für $\alpha z \ll 1$.

Kreuzphasenmodulation tritt auf, wenn außer $\boldsymbol{E}_1(t)$ eine weitere optische Welle $\boldsymbol{E}_2(t)$ mit der langsam veränderlichen Amplitude $\boldsymbol{E}_2(\omega_2) = \boldsymbol{E}_2(\omega_2, r, t)$ im Medium vorhanden ist. $\boldsymbol{E}_2(\omega_2)$ generiert ebenfalls eine Brechzahländerung, die auch von $\boldsymbol{E}_1(\omega_1)$ erfahren wird und zu einer Phasenänderung von $\boldsymbol{E}_1(\omega_1)$, der Kreuzphasenmodulation führt. Die strenge mathematische Behandlung der Kreuzphasenmodulation muß berücksichtigen, daß beide Wellen unterschiedliche transversale Feldverteilungen $F(x,y)$ oder effektive Flächen A_{eff}, unterschiedliche Wellenvektoren bzw. Ausbreitungskonstanten und unterschiedliche Dämpfungskonstanten haben können. In vielen Fällen, z.B. in Einmodenfasern, sind diese Unterschiede vernachlässigbar, und bei Vorliegen des optischen Kerr-Effektes läßt sich die Brechzahländerung Δn, die $\boldsymbol{E}_1(\omega_1)$ sieht, näherungsweise in folgender Form angeben

$$\Delta n = \bar{n}_2\,|\boldsymbol{E}_1(\omega_1)|^2 + b\bar{n}_2\,|\boldsymbol{E}_2(\omega_2)|^2 \qquad (16.19)$$

und in Gl. 16.17 für die Änderung der Ausbreitungskonstante $\Delta\beta(0)$ einsetzen. Der erste Term in Gl. 16.19 mit $|\boldsymbol{E}_1(\omega_1)|^2$ führt zur Selbstphasenmodulation, während der zweite Term mit $|\boldsymbol{E}_2(\omega_2)|^2$ zur Kreuzphasenmodulation führt.

Sind $\boldsymbol{E}_1(\omega_1)$ und $\boldsymbol{E}_2(\omega_2)$ im gleichen linearen Polarisationszustand, so ist $b = 2$. Sind hingegen $\boldsymbol{E}_1(\omega_1)$ und $\boldsymbol{E}_2(\omega_2)$ orthogonal zueinander linear polarisiert, so ist $b = 2/3$. Dies folgt aus den Tensoreigenschaften von $\chi^{(3)}$ für den optischen Kerr-Effekt. Der Faktor $b = 2$ ist z.B. dadurch bedingt, daß die Summation über alle $\omega_m, \omega_n, \omega_l$ mit $\omega_m + \omega_n + \omega_l = \omega_1$ in Gl. 16.2 doppelt so viele Terme für $\omega_1 \neq \omega_2$ als für $\omega_1 = \omega_2$ ergibt.

Da der optische Kerr-Effekt in der Glasfaser eine charakteristische Zeitkonstante von wenigen fs hat, müssen sich die optischen Signale $\boldsymbol{E}_1(\omega_1)$ und $\boldsymbol{E}_2(\omega_2)$ räumlich und zeitlich genau überlappen, um miteinander wechselwirken zu können. Sind $\boldsymbol{E}_1(\omega)$ und $\boldsymbol{E}_2(\omega_2)$ zwei Impulse, dann tritt eine effektive Wechselwirkung (hinreichende Wechselwirkungslänge) nur ein, wenn beide Impulse kopropagieren und sich in der Gruppengeschwindigkeit nur wenig unterscheiden (s. 16.6.2).

16.3 Der Halbleiter-Laserverstärker als Funktionselement der optischen Signalverarbeitung

16.3.1 Aufbau eines Halbleiter-Laserverstärkers

Ein Halbleiter-Laserverstärker (semiconductor optical amplifier (SOA)) ist im wesentlichen eine Laserdiode, deren Facetten so präpariert sind, daß trotz hoher Inversion im aktiven Medium kein Anschwingen des Lasers erfolgt. Es gibt mehrere Möglichkeiten, die Reflexion der Laser-Facetten, und damit die Rückkopplung zu unterdrücken. Die Facetten können durch Aufdampfen einer $\lambda/4$-Antireflexionsschicht entspiegelt werden. Auf diese Weise werden Restreflexionen von weniger als 10^{-3} erreicht. Im allgemeinen ist diese geringe Restreflexion aber auf einen engen Spektralbereich begrenzt. Eine Verbesserung erreicht man durch Mehrschichtentspiegelungen und durch den Aufbau von sogenannten Fensterregionen, in denen das optische Feld aufgeweitet und damit die Reflexion reduziert wird. Eine weitere Verbesserung wird durch schräge Endflächen (angled facets) erreicht. In diesem Fall hat die aktive Region (der Wellenleiter) einen Winkel von 5-10 Grad relativ zu den Spaltflächen. In heutigen Halbleiter-Laserverstärkern wird eine Kombination dieser Techniken verwendet, und es werden Restreflexion von 10^{-5} erreicht [16-20]. Eine weitere wichtige Forderung an die Halbleiter-Laserverstärker ist eine polarisationsunabhängige Verstärkung. In einem Volumen-Halbleiter-Laserverstärker erreicht man dies durch einen quadratischen Querschnitt des aktiven Mediums. In MQW-Halbleiter-Laserverstärkern wird polarisationsunabhängige Verstärkung durch geeignete spannungskompensierte MQW-Strukturen erreicht [17-20].

Als Beispiel zeigt Abb. 16.5 einen typischen InGaAsP/InP-Volumen-Halbleiter-Laserverstärker [18]. Die Gesamtlänge des Chips beträgt L = 980 µm. Die Abbildung zeigt nur eine Hälfte des Verstärkers. Der aktive Wellenleiter besitzt einen nahezu quadratischen Querschnitt, um eine weitgehend polarisationsunabhängige Verstärkung zu erreichen. Er ist in der zentralen Region etwa 0,5 µm breit und hoch. Er verengt sich in der Breite zu den Facetten hin linear auf einer Länge von 100 µm. Die Verwendung einer solchen „Taper"-Region verbessert die Ankopplung an die externe Glasfaser. An beiden Facetten befinden sich 25 µm lange InP-Fensterregionen, die ebenfalls die Facettenreflexion verringern. Zum selben Zweck ist der aktive Wellenleiter (was im Bild nicht zu erkennen ist) unter einem Winkel von 7 Grad schräg zur Endfläche des Chips angeordnet. Die Endflächen des Chips sind mit einer TiO_2/SiO_2-Zweifachschicht dielektrisch entspiegelt. Der Chip befindet sich auf einer Wärmesenke, die über ein Peltier-Element temperaturgeregelt ist. Der Injektionsstrom wird über einen Bond-Kontakt von der Oberseite zugeführt. Das Ein- und Auskoppeln von Licht in den Chip erfolgt über „getaperte" Fasern mit einer Koppeleffizienz von 40-50% pro Seite.

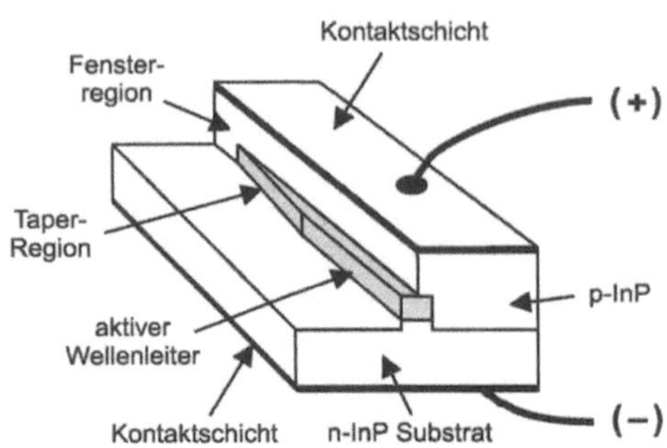

Abb. 16.5. Teilansicht der Struktur eines Halbleiter-Laserverstärkers (SOA)

Die charakteristischen Daten für einen Halbleiter-Laserverstärker sind die spektrale Verteilung der Kleinsignalverstärkung, sowie die spektrale Verteilung seiner verstärkten spontanen Emission (amplified spontaneous emission (ASE)). Abbildung 16.6 zeigt diese Spektren für den oben beschriebenen SOA bei einem Injektionsstrom von 140 mA. Die ASE-Spektren werden bezogen auf eine durch das Meßverfahren vorgegebene spektrale Bandbreite (z. B. 0,1 nm in Abb. 16.6) angegeben. Aufgrund der nichtidealen Entspiegelung des Verstärkers (z. B. auch Reflexe von Fasertapern) sind im Maximum des ASE-Spektrums Fabry-Perot-Resonanzen zu erkennen. In der Gewinnkurve sind die Fabry-Perot-Resonanzen natürlich auch vorhanden. Sie sind aber aufgrund des Meßverfahrens (Mittelung über mehrere Resonanzen) in der Meßkurve nicht zu sehen. Im Maximum beträgt die Kleinsignalverstärkung 28 dB. Wird die Eingangsleistung erhöht, dann wird der SOA gesättigt und der Gewinn reduziert sich. Im vorliegen-

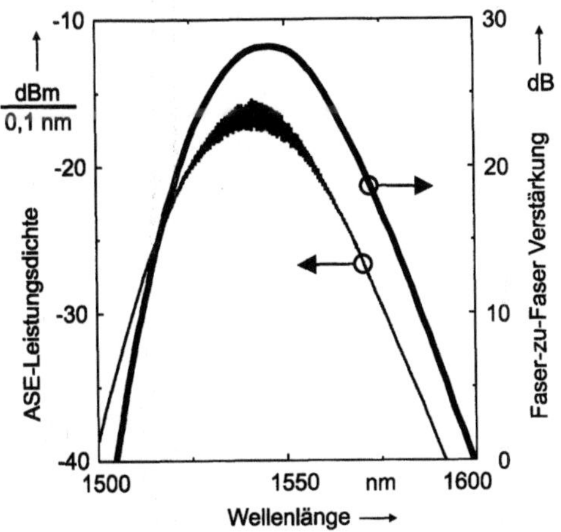

Abb. 16.6. ASE-Spektrum und Verstärkungsspektrum des in Abb. 16.5 beschriebenen Halbleiter-Laserverstärkers bei einem Injektionsstrom von 140 mA

den Beispiel reduziert sich der Gewinn um 3 dB auf 25 dB im Maximum für eine Eingangsleistung von −21 dBm (Sättigungseingangsleistung). Die maximale Ausgangsleistung beträgt im speziellen Fall + 7,5 dBm und im allgemeinen Fall etwa + 10 dBm.

16.3.2 Funktionsweise eines Halbleiter-Laserverstärkers

Abbildung 16.7 zeigt ein einfaches Bandschema eines direkten Halbleiters, das dadurch ausgezeichnet ist, daß das Energieminimum des Leitungsbandes und das Energiemaximum des Valenzbandes beim gleichen k-Wert liegen. Mit k wird der Betrag des Wellenvektors der freien Ladungsträger bezeichnet. Das Leitungsband und das Valenzband sind durch eine Bandlücke mit der Bandlückenenergie W_g getrennt. Die Bandstruktur als Funktion von k kennzeichnet die Energieabhängigkeit der freien Ladungsträger (Elektronen im Leitungsband und Löcher im Valenzband).

Durch den Injektionsstrom werden Elektronen im Leitungsband und gleich viele Löcher im Valenzband injiziert. Im Quasi-Gleichgewicht kann die Ladungsträgerverteilung im Leitungsband und im Valenzband durch Fermifunktionen mit separaten Fermienergien (Quasi-Fermi-Energien W_{fc} für das Leitungsband und W_{fv} für das Valenzband) beschrieben werden. In einem optisch verstärkenden Halbleiter ist $(W_{fc} - W_{fv}) > W_g$. Strahlt man in den aktiven Halbleiter eine optische Welle mit der Kreisfrequenz ω (Photonenenergie $\hbar\omega$) mit [22]

$$W_g < \hbar\omega < (W_{fc} - W_{fv}) \tag{16.20}$$

ein, dann wird diese Welle aufgrund der Besetzungszahlinversion durch stimulierte Emission verstärkt. Für $\hbar\omega < W_g$ ist das Medium im wesentlichen transparent. Abgesehen von Zwei-Photonen-Absorption werden keine Übergänge zwischen den Bändern (Interband-Übergänge) induziert. Es kann aber Absorption innerhalb eines Bandes (Intraband-Absorption) auftreten. Für $\hbar\omega > (W_{fc} - W_{fv})$ überwiegt die Absorption der eingestrahlten Welle.

Ein wichtiger Parameter für die Dynamik des Halbleiter-Laserverstärkers ist die Ladungsträgerdichte N, die z.B. für die freien Elektronen wie folgt definiert ist.

$$\begin{aligned} N &= \int_{W_c}^{\infty} N'(W)\,\mathrm{d}W \\ &= \int_{W_c}^{\infty} \rho_c(W) f_c(W)\,\mathrm{d}W \end{aligned} \tag{16.21}$$

Hier ist $N'(W)$ die Verteilung der Elektronendichte als Funktion der Energie $W \cdot N'(W)$ ist das Produkt das Zustandsdichte $\rho_c(W)$ und Besetzungswahrscheinlichkeit $f_c(W)$. Mit W_c wird die Kantenenergie des Leitungsbandes bezeichnet.

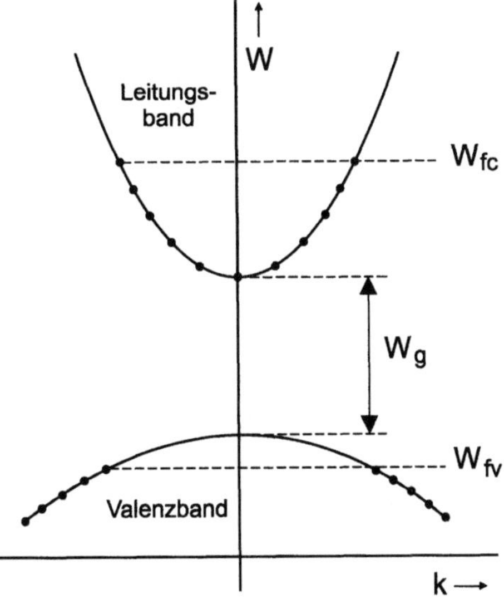

Abb. 16.7. Vereinfachtes Bandschema eines direkten Halbleiters

$P(z)$ sei die Leistung einer optischen Welle am Orte z in einem Halbleiter-Laserverstärker (Wellenleiterachse ist z-Achse). Die Leistungsverstärkung wird durch

$$\frac{\mathrm{d}P(z)}{\mathrm{d}z} = [\Gamma g(z) - \alpha_s]P(z) \qquad (16.22)$$

beschrieben. Hierbei ist Γ der Feldkonzentrationsfaktor (confinement factor), der den Anteil der optischen Energie angibt, die in der aktiven Zone geführt wird. Typische Werte liegen je nach Breite und Höhe der aktiven Zone im Bereich von 0,1 bis 0,5. Mit α_s wird der Verlustkoeffizient z. B. durch Streuung im Mantelmaterial bezeichnet. Ein typischer Wert ist $\alpha_s = 20\ \mathrm{cm}^{-1}$. Schließlich ist $g(z)$ der Gewinnkoeffizient (auch materieller Gewinnkoeffizient genannt). Der Gewinn des Verstärkers ist dann

$$G = \frac{P(L)}{P(0)} = \exp\left[\int_0^L (\Gamma g(z) - \alpha_s)\,\mathrm{d}z\right] \qquad (16.23)$$

wobei L die Länge des aktiven Mediums ist und $P(L)$ und $P(0)$ die optischen Leistungen am Ausgang und am Eingang des aktiven Mediums bezeichnen.

Abbildung 16.8 zeigt schematisch den Gewinnkoeffizienten g eines InGaAsP Halbleiter-Laserverstärkers für die Bandlückenenergie $W_g = 0{,}92$ eV (Bandlücken-Wellenlänge $\lambda_g = 2\pi\,\hbar c/W_g \approx 1{,}3\ \mu\mathrm{m}$) als Funktion der Photonenenergie $\hbar\omega$ mit der Ladungsträgerdichte N als Parameter. Bei genügend großer Ladungsträgerdichte ($N > 10^{18}\ \mathrm{cm}^{-3}$) ist $g > 0$. Es liegt Verstärkung vor. Für $g < 0$ liegt Absorption vor. Die minimale Energie, bei der Verstärkung einsetzt, ist die Bandlückenenergie W_g. Mit zunehmender Ladungsträgerdichte reduziert sich die Bandlückenenergie (bandgap shrinkage [33]. Auch die maximale Energie, bei welcher Verstärkung vorliegt (der Transparenzpunkt mit $\hbar\omega = W_{fc} - W_{fv}$), verschiebt sich mit zunehmendem N zu größeren Energien, so daß auch das Gewinnspektrum zu höheren Energien verschoben wird. Das Maximum von g wächst nahezu proportional zu N. Deswegen wird für den Gewinnkoeffizienten g häufig der Näherungsansatz [22]

$$g = g(N) \approx \frac{\mathrm{d}g}{\mathrm{d}N}(N - N_0) \qquad (16.24)$$

angegeben. Hier ist $\mathrm{d}g/\mathrm{d}N$ der differentielle Gewinnkoeffizient, der von der Energie W (Wellenlänge λ) abhängt, und N_0 wird die Transparenzladungsträgerdichte ($g = 0$) genannt.

Die Ladungsträgerdichte $N = N(z, t)$ wird häufig näherungsweise durch folgende Ratengleichung beschrieben [23–25]:

$$\frac{\mathrm{d}N}{\mathrm{d}t} = \frac{I}{eV} - \frac{N}{\tau} - \frac{g(N,z)}{\hbar\omega}\, cn\varepsilon_0 \langle |\boldsymbol{E}(t)|^2 \rangle \qquad (16.25)$$

Hier bedeutet der erste Term auf der rechten Seite der Gleichung die Zunahme der Ladungsträgerdichte durch elektrisches Pumpen. e ist die Elementarladung und V das aktive Volumen ($V = L \cdot A$, A: Querschnittsfläche der aktiven Zone). Der zweite Term beschreibt die Abnahme der Ladungsträgerdichte durch spontane Rekombination. Hierbei ist τ nur eine effektive Lebensdauer, da τ selbst noch von N abhängig ist, indem es strahlende spontane Interband-Rekombination und nichtstrahlende Auger-Rekombination einschließt. Der dritte Term in der Gleichung beschreibt schließlich die stimulierte Emission und hängt daher von der Intensität $cn\varepsilon_0\langle|\boldsymbol{E}(t)|^2\rangle$ des optischen Feldes im aktiven Medium ab. Hier ist c die Lichtgeschwindigkeit im Vakuum, n die Brechzahl im aktiven Medium und ε_0 die elektrische Feldkonstante. Die spitzen Klammern bedeuten eine Mittelung über die schnellen Oszillationen von $\boldsymbol{E}(t)$. Der letzte Term in Gl. 16.25 ist die Ursache für die mit

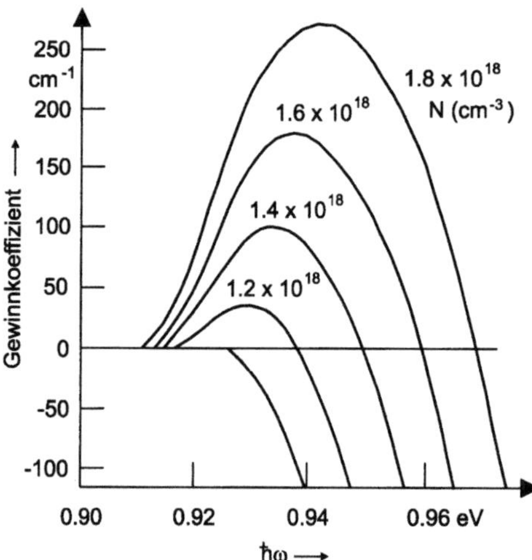

Abb. 16.8. Schematische Darstellung des Gewinnkoeffizienten g eines InGaAsP Halbleiter-Laserverstärkers als Funktion der Photonenenergie $\hbar\omega$ nach [21]

der Ladungsträgerdichte verknüpfte optische Nichtlinearität im Halbleiter-Laserverstärker. In Gl. 16.25 wurde ein Term vernachlässigt, der die Diffusion der Ladungsträger repräsentiert. Häufig wird eine Mittelung über die transversale Ladungsträgerverteilung durchgeführt und die Intensität $cn\varepsilon_0\langle|E(t)|^2\rangle$ durch $(\Gamma/A)P(z,t)$ ersetzt, wobei $P(z,t)$ die optische Leistung bezeichnet und A und Γ die Querschnittsfläche bzw. der Feldkonzentrationsfaktor sind. Die stimulierte Emission führt zu einer Verkürzung der Lebensdauer der Ladungsträger, nämlich zur effektiven Lebensdauer der Ladungsträger τ_{eff} mit [26]

$$\frac{1}{\tau_{\text{eff}}} = \frac{1}{\tau}\left(1 + \frac{P}{P_{\text{sat}}}\right) \tag{16.26}$$

$$P_{\text{sat}} = \frac{\hbar\omega A}{\Gamma\tau\,(\mathrm{d}g/\mathrm{d}N)}$$

Der Parameter P_{sat} wird Sättigungsleistung genannt. Ein typischer Wert für einen InGaAsP Halbleiter-Laserverstärker ist P_{sat} = 5 mW.

16.3.3 Optische Nichtlinearität des Halbleiter-Laserverstärkers

Die optische Nichtlinearität eines Halbleiter-Laserverstärkers wird an folgendem Beispiel erläutert. In den Halbleiter-Laserverstärker (Wellenleiterachse ist die z-Achse) werden zwei optische Wellen

$$\boldsymbol{E}_i(t) = \boldsymbol{e}_x \frac{1}{2} F(x,y) A_i(\omega_i, z) \cdot \exp(-j\beta_i z)\exp(j\omega_i t) + cc \tag{16.27}$$

mit i = 1, 2 eingekoppelt. Zur Vereinfachung wird angenommen, daß beide Wellen monochromatisch sind, sich im gleichen Polarisationszustand (Einheitsvektor $\boldsymbol{e}_x$) befinden und die gleiche transversale Feldverteilung $F(x,y)$ haben. Über nichtlineare Wechselwirkung im Halbleiter-Laserverstärker wirken die beiden Wellen $\boldsymbol{E}_1$ und $\boldsymbol{E}_2$ jede auf sich selbst und auch gegenseitig aufeinander ein. Außerdem generieren sie zusätzliche Wellen mit neuen Frequenzkomponenten $\omega \neq \omega_1, \omega_2$. Für die räumliche Entwicklung der eingekoppelten Amplituden $A_i(\omega_i, z)$ mit $\omega_i = \omega_1, \omega_2$ und der neu generierten Amplituden $A_i(\omega_i, z)$ mit $\omega_i \neq \omega_1, \omega_2$ werden folgende Bewegungsgleichungen aus den Maxwell'schen Gleichungen abgeleitet [24]

$$\frac{\mathrm{d}}{\mathrm{d}z} A_i(\omega_i, z) = \frac{1}{2}\left[j\frac{\Gamma\omega_i}{cn}\tilde{\chi}^{(1)}(N) - \alpha_s\right] A_i(\omega_i, z) + j\frac{\Gamma\omega_i}{2cn}\sum_{m,l,p}\chi^{(3)}_{xxxx}(\omega_i = \omega_m + \omega_l - \omega_p) \cdot A_m(\omega_m, z)\,A_l(\omega_l, z)\,A_p^*(\omega_p, z) \cdot \exp[-j\Delta\beta z] \tag{16.28}$$

Hier ist $\Delta\beta = \beta_m + \beta_l - \beta_p - \beta_i$. Die Indizes m, l, p können unabhängig voneinander die Werte 1, 2 annehmen. Außerdem gilt $n = n(\omega_i)$ und $\omega_i = \omega_m + \omega_l - \omega_p$. Die Konstanten Γ und α_s wurden schon in 16.3.2 als Feldkonzentrationsfaktor bzw. als Verlustkoeffizient eingeführt. Γ erscheint in Gl. 16.28, weil eine Mittelung über die transversale Feldverteilung vorgenommen wurde.

$\tilde{\chi}^{(1)}(N)$ repräsentiert einen Teil der Suszeptibilität erster Ordnung $\chi^{(1)}$. Die Suszeptibilität $\chi^{(1)}$ kann als Summe von Hintergrundsuszeptibilität, die für die Brechzahl $n \approx 3{,}5$ verantwortlich ist, und von einem Anteil $\tilde{\chi}^{(1)}(N)$, der den Effekt der freien Ladungsträger beschreibt, dargestellt werden. Nach [25] gilt

$$\tilde{\chi}^{(1)}(N) = -j\frac{nc}{\omega} g(N,z)[1 - j\alpha_H]$$

$$\alpha_H = \frac{\partial\,[\operatorname{Re}\tilde{\chi}^{(1)}(N)]/\partial N}{\partial\,[\operatorname{Im}\tilde{\chi}^{(1)}(N)]/\partial N} \tag{16.29}$$

Hier ist $g(N,z)$ der in 16.3.2 eingeführte Gewinnkoeffizient und α_H der Henry-Faktor [27]. Typische Werte für α_H liegen zwischen 3 und 10 [28]. $\tilde{\chi}^{(1)}(N)$ bewirkt nur einen geringfügigen Beitrag ($\approx 10^{-3}$) zur Brechzahl. Andererseits ist $\tilde{\chi}^{(1)}(N)$ für den Gewinn des Verstärkers verantwortlich. Vernachlässigt man in Gl. 16.28 den Term mit $\chi^{(3)}$, dann folgt Gl. 16.22 aus $\mathrm{d}(AA^*)/\mathrm{d}t = A^*\mathrm{d}A/\mathrm{d}t + A\mathrm{d}A^*\mathrm{d}t$, wobei AA^* proportional zur optischen Leistung P ist.

Der Term mit $\tilde{\chi}^{(1)}(N)$ führt zu einer starken Nichtlinearität im Halbleiter-Laserverstärker, da die Ladungsträgerdichte N über Gl. 16.25 vom optischen Feld $\boldsymbol{E}(t) = \boldsymbol{E}_1(t) + \boldsymbol{E}_2(t)$ abhängt. Eine Entwicklung von $\tilde{\chi}^{(1)}(N)$ nach Potenzen von $|\boldsymbol{E}|$ führt zu Termen mit $|\boldsymbol{E}|^2$ und höheren Potenzen von $|\boldsymbol{E}|$, die meist nicht vernachlässigbar sind. Auch die Suszeptibilität $\chi^{(3)}$ ist im allgemeinen von N abhängig. Deswegen ist auch $\chi^{(3)}$ keine von $|\boldsymbol{E}|$ unabhängige Größe wie das in Gl. 16.1 angenommen wurde, und wie es auch bei nichtresonanter Wechselwirkung meist zutrifft. Man kann die von $|E|$ abhängigen Terme von $\tilde{\chi}^{(1)}(N)$ mit $\chi^{(3)}$ zu einer effektiven Suszeptibilität $\chi^{(3)}_{\mathrm{eff}}$ zusammenfassen, und einen Ausdruck für die nichtlineare Polarisation $P^{\mathrm{NL}}(\omega)$ (s. Gl. 16.3) gewinnen.

$$P^{\mathrm{NL}}(\omega) = \varepsilon_0 \sum_{m,l,p} \chi^{(3)}_{\mathrm{eff}}(\omega = \omega_{\mathrm{m}} + \omega_{\mathrm{l}} - \omega_{\mathrm{p}}) \cdot A_{\mathrm{m}}(\omega_{\mathrm{m}}, z) A_{\mathrm{l}}(\omega_{\mathrm{l}}, z) A^*_{\mathrm{p}}(\omega_{\mathrm{p}}, z) \cdot \exp[-j(\beta_{\mathrm{m}} + \beta_{\mathrm{l}} - \beta_{\mathrm{p}})z] \quad (16.30)$$

Zur Vereinfachung wurden die Tensorindizes weggelassen. $\chi^{(3)}_{\mathrm{eff}}$ entspricht in der Beschreibung der nichtlinearen Effekte formal der Suszeptibilität $\chi^{(3)}$. Im allgemeinen ist $\chi^{(3)}_{\mathrm{eff}}$ über N auch noch von $|E|$ abhängig.

Wird nur eine optische Welle (z. B. $|E_1| \neq 0$, $|E_2| \equiv 0$) in den Halbleiter-Laserverstärker eingekoppelt, dann ist $\omega_{\mathrm{m}} = \omega_{\mathrm{l}} = \omega_{\mathrm{p}} = \omega = \omega_1$. Dies führt zu den Effekten Selbstphasenmodulation und Selbstgewinnmodulation oder Sättigung. Werden zwei optische Wellen eingekoppelt ($|E_1| \neq 0$, $|E_2| \neq 0$), dann beschreibt der Term mit $\omega = \omega_{\mathrm{m}} \neq \omega_{\mathrm{l}} = \omega_{\mathrm{p}}$ die Effekte der Kreuzgewinnmodulation und der Kreuzphasenmodulation (16.3.5), und der Term mit $\omega_{\mathrm{l}} \neq \omega_{\mathrm{p}}$ den Effekt der Vierwellenmischung (16.3.6).

Den nichtlinearen Effekten liegen verschiedene physikalische Mechanismen zugrunde. Die wichtigsten sind [24, 29–31]:

- Die Abhängigkeit $N(E)$ der Ladungsträgerdichte N vom eingekoppelten optischen Feld E: Durch stimulierte Emission werden Ladungsträger in Valenzband und Leitungsband zur Rekombination gebracht (Interbandeffekt). Die charakteristische Zeitkonstante für diesen Prozeß ist die effektive Lebensdauer τ_{eff} der Ladungsträger von etwa 100–500 ps. Ein typisches Beispiel ist die Ladungsträgerdichtemodulation (carrier-density pulsation (CDP)). Wegen $|E|^2 = |E_1|^2 + |E_2|^2 + 2\,\mathrm{Re}\,[E_1 E_2^* \, exp(j\Delta\omega t)]$ mit $\Delta\omega = \omega_1 - \omega_2$ kommt es auch zu einer Ladungsträgerdichtemodulation $N = \bar{N} + \Delta N \cos(\Delta\omega t)$.
- Spectral-hole burning (SHB): Durch stimulierte Emission entsteht bei der eingestrahlten Photonenenergie $W = \hbar\omega$ eine Verringerung (ein Loch) in der Ladungsträgerverteilung $N'(W)$, die in Gl. 16.21 definiert wurde. Dadurch entsteht eine Abweichung von der Fermi-Verteilung. Mit einer Zeitkonstante von etwa 50 fs wird dieses spektrale Loch durch Elektron-Elektron-Wechselwirkung ausgeglichen, und es stellt sich eine neue Fermi-Verteilung mit einer Temperatur, die von der Gittertemperatur abweicht, ein (Intrabandeffekt).
- Carrier-heating (CH): Durch stimulierte Emission von Ladungsträgern oder durch Absorption von freien Ladungsträgern wird eine Ladungsträgerverteilung $N'(W)$ erzeugt, die einer Fermi-Verteilung mit einer höheren Temperatur als der Gittertemperatur entspricht. Durch Wechselwirkung der Elektronen mit dem Gitter nimmt die Fermi-Verteilung nach etwa 500 fs wieder die Gittertemperatur an (Intrabandeffekt).

16.3.4 Nichtlineare Brechzahl- und Gewinnmodulation im Halbleiter-Laserverstärker

Im Halbleiter-Laserverstärker wird eine Brechzahländerung hauptsächlich durch Gewinnsättigung verursacht. Andere Effekte, wie z. B. der Kerr-Effekt, spielen nur eine untergeordnete Rolle.

Gleichung 16.8 für das Sättigungsverhalten des Gewinnkoeffizienten des Halbleiter-Laserverstärkers [26] kann in der Form $g = g_0 + \Delta g$ geschrieben werden, wobei

$$\Delta g = -g_0 \frac{P/P_{\mathrm{sat}}}{1 + P/P_{\mathrm{sat}}} \quad (16.31)$$

eine Näherung für die Änderung des Gewinnkoeffizienten bei Einstrahlung von optischer Leistung P in den Verstärker ist. In gleicher Weise kann auch die Änderung der Brechzahl angegeben werden. Schreibt man $n = n_0 + \Delta n$ für die effektive Brechzahl im Wellenleiter mit $n = n_0$ für $P = 0$, so erhält man näherungsweise [26, 32]

$$\Delta n = -g_0 \frac{(\mathrm{d}n/\mathrm{d}N)}{(\mathrm{d}g/\mathrm{d}N)} \cdot \frac{P/P_{\mathrm{sat}}}{1 + P/P_{\mathrm{sat}}} \quad (16.32)$$

Hier bezeichnen $\mathrm{d}n/\mathrm{d}N$ die differentielle Änderung der Brechzahl mit der Ladungsträgerdichte und $\mathrm{d}g/\mathrm{d}N$ die differentielle Änderung des Gewinns mit der Ladungsträgerdichte. Typische Werte für InGaAsP-Komponenten bei den Wellenlängen 1,55 µm und 1,3 µm sind $\mathrm{d}n/\mathrm{d}N = -2 \cdot 10^{-20}\,\mathrm{cm}^3$, $\mathrm{d}g/\mathrm{d}N = 2{,}5 \cdot 10^{-16}\,\mathrm{cm}^2$ und $g_0 = 300\,\mathrm{cm}^{-1}$. Daraus folgt $\Delta n = 2 \cdot 10^{-3}$ für $P = P_{\mathrm{sat}}/10$. Für einen Vergleich mit dem Kerr-Effekt wird in Gl. 16.32 $P < P_{\mathrm{sat}}$ angenommen und $\Delta n = n_{2,\mathrm{eff}} I$ mit $I = P\Gamma/A$ gesetzt. Dann folgt $n_{2,\mathrm{eff}} \approx 10^{-12}\,\mathrm{m}^2/\mathrm{W}$, d. h. etwa 10^8 mal größer als n_2 für Fasern aus Quarzglas.

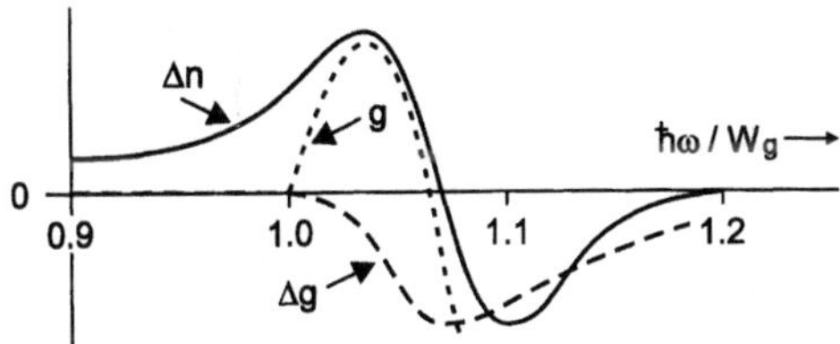

Abb. 16.9. Schematische Darstellung des Gewinnkoeffizienten g, der Änderung Δg des Gewinnkoeffizienten und der Änderung Δn der Brechzahl, die ein Datensignal der Photonenenergie $\hbar\omega$ sieht, wenn ein Steuerimpuls die Ladungsträgerdichte N reduziert. W_g ist die Bandlückenenergie

Die durch Gewinnsättigung induzierte Brechzahl- und Gewinnänderung in Gl. 16.31 und Gl. 16.32 sind Folgerungen aus der Ratengleichung für die Ladungsträgerdichte N und berücksichtigen insbesondere keine Energie- oder Wellenlängenabhängigkeit.

Abbildung 16.9 ist eine schematische Darstellung der resultierenden Δn- und Δg-Werte, die von einer optischen Welle mit der Photonenenergie $\hbar\omega$ erfahren werden, wenn die Ladungsträgerdichte N in $N - \Delta N$ mit $\Delta N > 0$ übergeht. Diese Änderung der Ladungsträgerdichte kann durch eine zweite Welle (Pumpwelle), die resonant (im Bereich $g > 0$) in den Halbleiter-Laserverstärker eingekoppelt wird, hervorgerufen werden. Abbildung 16.9 ist eine schematische Darstellung und keine Berechnung. Es ist eine lineare Darstellung von Δn, Δg und g, die qualitativ mit Rechnungen und Messungen, die in einigen Energiebereichen existieren, gut übereinstimmt [33–35]. Die Δn und Δg Werte hängen von N und ΔN ab. Zum Beispiel können folgende Werte angenommen werden: $g_{max} \approx 200\ \mathrm{cm}^{-1}$ für $N \approx 10^{18}\ \mathrm{cm}^{-3}$ und $\Delta n_{max} \approx 2 \cdot 10^{-3}$ und $\Delta g_{max} \approx 25\ \mathrm{cm}^{-1}$ für $\Delta N = 10^{-17}\ \mathrm{cm}^{-3}$ also für $\Delta N = N/10$. Abbildung 16.9 dient dazu, optische Signalverarbeitung auf der Basis von Kreuzgewinn- und Kreuzphasenmodulation im Halbleiter-Laserverstärker zu erklären.

16.3.5 Selbstphasenmodulation, Kreuzphasenmodulation, Gewinnmodulation im Halbleiter-Laserverstärker

Wegen ihrer großen spektralen Breite von etwa 5 THz können Halbleiter-Laserverstärker optische Impulse mit Impulsbreiten von wenigen Pikosekunden verstärken. Die Impulse durchlaufen ohne wesentliche Verzerrung der Impulsform den Verstärker, solange die Impulsleistung P klein gegenüber der Sättigungsleistung P_{sat} ist, d. h. solange die durch den Impuls entsprechend Gl. 16.31 und Gl. 16.32 induzierten Änderungen Δg und Δn des Gewinnkoeffizienten und der Brechzahl klein sind. Tritt hingegen Gewinnsättigung ein, z. B. weil $P \geq P_{sat}$ ist, dann führt das zu einer starken Impulsverzerrung im Zeitbereich und zu einer Änderung des Impulsspektrums [36–38]. Der physikalische Mechanismus für die Änderung des Impulsspektrums und der damit einhergehenden Impulsverzerrung ist die Selbstphasenmodulation (self-phase modulation). Die zeitlichen und spektralen Änderungen des Impulses während des Verstärkungsprozesses hängen nicht nur von der optischen Leistung P, sondern auch von der Impulsbreite und Lebensdauer der Ladungsträger τ_{eff} ab [36]. Wenn die Impulsbreite wesentlich kleiner ist als τ_{eff}, dann sind die Impulsform und das Impulsspektrum des verstärkten Impulses asymmetrisch. Das Spektrum wird zu längeren Wellenlängen hin verschoben (Rot-Verschiebung). Bei optischen Impulsen mit Impulsbreiten länger als τ_{eff} verbreitern sich die Impulsspektren zu kürzeren und längeren Wellenlängen hin etwa gleich. Der durch Selbstphasenmodulation induzierte Frequenz-Chirp kann dann verwendet werden, die verstärkten Impulse mit Hilfe einer nachgeschalteten, dispersiven Verzögerungsleitung zur Impulskompression zu führen.

Kreuzphasenmodulation und Kreuzgewinnmodulation werden durch die Interaktion von zwei optischen Signalen im Halbleiter-Laserverstärker verursacht. Es seien $\boldsymbol{E}_1(\omega_1)$ und $\boldsymbol{E}_2(\omega_2)$ zwei optische Signale. Die Photonenenergie $\hbar\omega_2$ von $\boldsymbol{E}_2(\omega_2)$ liege innerhalb des Gewinnspektrums ($g > 0$) mit $W_g < \hbar\omega_2 < (W_{fc} - W_{fv})$, und es wird $|\boldsymbol{E}_1|^2 \ll |\boldsymbol{E}_2|^2$ angenommen. $\boldsymbol{E}_2(\omega_2)$ induziert Änderungen Δg und Δn des Gewinnkoeffizienten und der Brechzahl. Die Änderung Δg des Gewinnkoeffizienten bewirkt eine Modulation der Amplitude (Kreuzgewinnmodulation) von $\boldsymbol{E}_1(\omega_1)$, und die Änderung Δn der Brechzahl führt zu einer Modulation der Phase (Kreuzphasenmodulation) von $\boldsymbol{E}_1(\omega_1)$. Es werden zwei Fälle unterschieden:

- *Fall 1:* Die Photonenenergie von $\boldsymbol{E}_1(\omega_1)$ ist unterhalb der Bandkante: $\hbar\omega_1 < W_g$ (s. Abb. 16.9). In diesem Fall erfährt $\boldsymbol{E}_1(\omega_1)$ nur die Brechzahländerung Δn, aber nicht die Änderung Δg des Gewinnkoeffizienten. Aufgrund der Transparenz des Mediums für $E_1(\omega_1)$ ist die Bedingung $|E_1|^2 \ll |E_2|^2$ nicht erforderlich. $\Delta n = \Delta n(|E_2|^2)$ ist allein von $|E_2|^2$ abhängig, unabhängig von der Leistung von $|E_1|^2$. $\Delta n = \Delta n(|E_2|^2)$ bewirkt für $E_1(\omega_1)$ eine Phasenänderung (Kreuzphasenmodulation) $\Delta\varphi = (\omega_1/c)L\Delta n$, wobei L die Länge des Halbleiter-Laserverstärkers ist. Für $L = 400$ µm und für ein Signal mit der Wellenlänge $\lambda = 1{,}5$ µm erhält man $\Delta\varphi = \pi$ für $\Delta n = 2 \cdot 10^{-3}$. Phasenänderungen um π sind unter entsprechenden Bedingungen erreicht worden [39].

- *Fall 2:* Die Photonenenergie $\hbar\omega_1$ von $E_1(\omega_1)$ liegt innerhalb des Gewinnspektrums ($g > 0$) mit $W_g < \hbar\omega_1 < (W_{fc} - W_{fv})$. Dann erfährt $E_1(\omega_1)$ eine Modulation sowohl durch Δn, als auch durch Δg. In den Anwendungen der Kreuzphasenmodulation und Kreuzgewinnmodulation wird meistens $|E_1|^2 \ll |E_2|^2$ angenommen, um die Selbstphasenmodulation und Selbstgewinnmodulation von $E_1(\omega_1)$ vernachlässigen zu können.

Anders als im Fall der durch den optischen Kerr-Effekt induzierten Kreuzphasenmodulation (16.2.11) spielt die relative Polarisation von $E_1(\omega_1)$ und $E_2(\omega_2)$ keine Rolle, solange der Halbleiter-Laserverstärker polarisationsunabhängig ist. Auch hinsichtlich der Zeitkonstanten besteht ein großer Unterschied zur Kreuzphasenmodulation mittels optischem Kerr-Effekt. Die Zeitkonstanten (100–500 ps) für Kreuzphasenmodulation und Kreuzgewinnmodulation im Halbleiter-Laserverstärker werden durch die Ladungsträgerdichtemodulation bestimmt.

16.3.6 Vierwellenmischung im Halbleiter-Laserverstärker

Die Grundlagen der Vierwellenmischung werden in Abschn. 16.2.9 beschrieben. Für die Anwendung im Halbleiter-Laserverstärker ist der Spezialfall der nahezu entarteten Vierwellenmischung wichtig, der in Abb. 16.4 erläutert wird [23, 27, 40–43]. Eine Pumpwelle $E_p(\omega_p)$ und eine Signalwelle $E_s(\omega_s)$ werden kopropagierend und mit dem gleichen Polarisationszustand in den Halbleiter-Laserverstärker eingekoppelt. Es wird die konjugierte Welle $E_c(\omega_c)$ mit $\omega_c = 2\omega_p - \omega_s$ generiert, wobei in Abb. 16.4 $\omega_p > \omega_s$ angenommen wird. Die optische Leistung $P_c(L)$ von $E_c(\omega_c)$ am Ausgang des Halbleiter-Laserverstärkers ist für nicht zu hohe Eingangsleistungen $P_p(0)$ und $P_s(0)$ von Pumpwelle und Signalwelle näherungsweise durch [44]

$$\frac{P_c(L)}{P_s(0)} = G^3 P_p^2(0) \cdot \left| \sum_x \frac{1}{P_{sat,x}} \frac{(1 + jb_x)}{(1 + j(\omega_p - \omega_s)\tau_x)} \right|^2 \tag{16.33}$$

gegeben. Das Verhältnis $P_c(L)/P_s(0)$ wird Konversionseffizienz genannt. Hier ist $G = P_p(L)/P_p(0)$ der Gewinn des Halbleiter-Laserverstärkers. Die Summe addiert drei in der Form gleiche Terme, die folgende Prozesse repräsentieren: die Ladungsträgerdichtemodulation (carrier-density pulsation, x = CDP), die Ladungsträgererwärmung (carrier heating, x = CH) und das spektrale Lochbrennen (spectral hole burning, x = SHB). Diese Prozesse werden in 16.3.3 beschrieben. Jeder dieser drei Prozesse wird durch eine charakteristische optische Leistung $P_{sat,x}$, durch eine charakteristische Zeitkonstante τ_x und durch einen charakteristischen Kopplungsfaktor von Amplitude und Phase b_x dargestellt. b_x ist das Verhältnis von Phasengitter (Brechzahlgitter) zu Amplitudengitter (Gewinngitter), das durch den Prozeß x induziert wird. Für $x = CDP$ ist b_x identisch mit dem Henry-Faktor α_H (Gl. 16.29).

Typische Werte für diese charakteristischen Konstanten sind in Tabelle 16.5 angegeben. In Gl. 16.33 ist optimale Phasenanpassung ($\Delta\beta L = 0$) angenommen, mit $\Delta\beta$ definiert in Gl. 16.13 und Gl. 16.28. Im Halbleiter-Laserverstärker ist $L \approx 500$ µm und folglich in den meisten Fällen $\Delta\beta L \ll 1$. Bei den Anwendungen werden deshalb im allgemeinen keine besonderen Maßnahmen für die Phasenanpassung getroffen.

Abbildung 16.10 zeigt Berechnungen der Konversionseffizienz $\eta = P_c(L)/P_s(0)$ über der Frequenzverstimmung $\Delta\omega = |\omega_p - \omega_s|$ nach

Tabelle 16.5. Charakteristische Konstanten für die Prozesse Ladungsträgerdichtemodulation (CDP), Ladungsträgererwärmung (CH) und spektrales Lochbrennen (SHB) im Halbleiter-Laserverstärker

x	τ_x	b_x	$P_{sat,x}$
CDP	200 ps	5,0	3 mW
CH	500 fs	1,7	200 mW
SHB	50 fs	– 1,5	600 mW

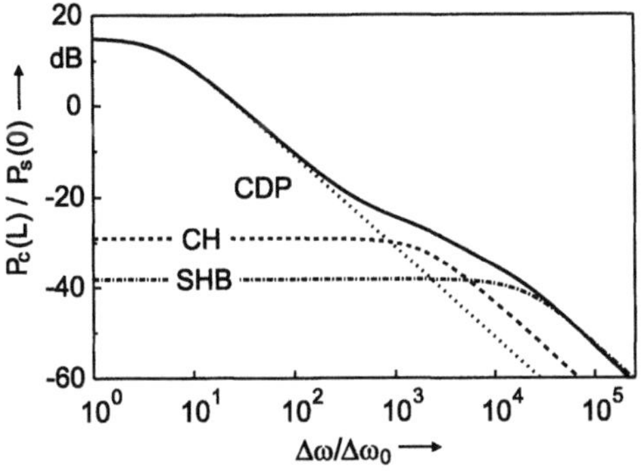

Abb. 16.10. Berechnung der Konversionseffizienz $\eta = P_c(L)/P_s(0)$ für Vierwellenmischung in einem Halbleiter-Laserverstärker nach Gl. 16.33 als Funktion der Frequenzverstimmung $\Delta\omega/\Delta\omega_0$ mit $\Delta\omega_0 = 2\pi 10^9\ s^{-1}$ (durchgezogene Kurve); die gepunkteten Kurven stellen die Einzelprozesse dar

Gl. 16.33. Der Beitrag der einzelnen Effekte zur Konversionseffizienz und die Summe für Frequenz-Aufwärtskonversion ($\omega_c > \omega_s$ für $\omega_p > \omega_s$) sind angegeben. Es besteht ein geringer Unterschied in η zwischen Aufwärts- und Abwärtskonversion, weil in der Summe die komplexen Terme sich konstruktiv (Aufwärtskonversion) oder destruktiv (Abwärtskonversion) überlagern.

16.4 Optische Wellenlängenumsetzer/Frequenzumsetzer

16.4.1 Funktion und Vergleich der Wellenlängenumsetzer/Frequenzumsetzer

Die wichtigste Anwendung der optischen Wellenlängenumsetzer (steht auch für Frequenzumsetzer im folgenden) ist der Einsatz in den Crossconnects (OXC) großer optischer WDM-Netze (Kap. 27). Ein optisches Datensignal der Wellenlänge λ_{ein} wird in ein optisches Datensignal (gleiche Datenrate) der Wellenlänge λ_{aus} umgesetzt. Ein möglicher Wellenlängenumsetzer ist der sogenannte opto-elektronische Umsetzer, der im wesentlichen aus einem opto-elektronischen Empfänger und einem nachgeschalteten opto-elektronischen Sender mit der gewünschten Ausgangswellenlänge besteht. Solche Wellenlängenumsetzer arbeiten heute mit Datenraten bis zu 10 Gbit/s. In diesem Abschnitt werden rein optische Wellenlängenumsetzer, die ohne opto-elektronische Umsetzung auskommen, behandelt.

Tabelle 16.6 stellt die wichtigsten heute bekannten rein optischen Wellenlängenumsetzer und einige ihrer Eigenschaften zusammen. Die Spalten in dieser Tabelle werden im folgenden erläutert:

1. Die Abkürzungen in der ersten Spalte haben folgende Bedeutung: XGM für Kreuzgewinmodulation (cross-gain modulation), XPM für Kreuzphasenmodulation (crossphase modulation), FWM für Vierwellenmischung (four-wave mixing), DFG für Differenzfrequenzerzeugung (difference frequency generation), SOA für Halbleiter-Laserverstärker (semiconductor optical amplifier).
2. Die zweite Spalte macht Angaben über den maximalen Wellenlängenumsetzungsbereich $\Delta\lambda = |\lambda_{ein} - \lambda_{aus}|$ entsprechend dem Stand der Technik im Jahre 1999. Im Prinzip sollte der Wellenlängenumsetzungsbereich mindestens das Fenster des Erbium-dotierten Faserverstärkers (heute 1530–1560 nm) umfassen. Durch die Entwicklung neuer optischer Verstärker wird der Umsetzungsbereich noch erheblich zunehmen müssen. Bei einigen Anwendungen ist auch die Einstellbarkeit von $\lambda_{aus} = \lambda_{ein}$ erforderlich. Nur die Verfahren XGM und XPM mittels SOA erfüllen diese Eigenschaft.

Tabelle 16.6. Vergleich von Verfahren der optischen Wellenlängenumsetzung

	Max $\Delta\lambda$ [nm]	Max B [Gbit/s]	Konv. Effizienz	Extinkt. Verhältnis	FSK/PSK	WDM
FWM in Fasern	10	> 100	- 20 dB	+	+	+
FWM in SOA	20	> 100	- 20 dB	+	+	+
XGM in SOA	30	40	+ 5 dB	-	-	-
XPM in SOA	30	40	+ 10 dB	+	-	-
DFG	90	> 100	- 20 dB	+	+	+

3. Die dritte Spalte gibt die maximale Bitrate an, die nach dem heutigen (1999) Stand der Technik erreicht wird.
4. Die Konversionseffizienz ist das Verhältnis von optischer Leistung des umgesetzten Signals am Ausgang des Wellenlängenumsetzers zur optischen Leistung des Signals am Eingang des Wellenlängenumsetzers. Eine Konversionseffizienz von mindestens 0 dB ist vorteilhaft, um eine Degradation des Signal-zu-Rauschverhältnisses bei der Kaskadierung von mehreren Wellenlängenumsetzern zu vermeiden.
5. Extinktionsverhältnis: Das Zeichen (+) bedeutet hier, daß keine Verschlechterung des Extinktionsverhältnisses des umgesetzten Signals im Vergleich zum Eingangssignal eintritt. Andererseits weist das Zeichen (–) darauf hin, daß eine Verschlechterung des Extinktionsverhältnisses typisch für das Verfahren ist.
6. FSK, PSK: Das Zeichen (+) bedeutet hier, daß alle Modulationsformate, also auch Frequenzmodulation (FSK) und Phasenmodulation (PSK), im Wellenlängenumsetzer verarbeitet werden können. Das Zeichen (–) bedeutet, daß nur Datensignale mit Intensitätsmodulation umgesetzt werden können.
7. WDM: Das Zeichen (+) bedeutet, daß mehrere Wellenlängenkanäle gleichzeitig, aber nicht unabhängig voneinander umgesetzt werden können. Das Zeichen (–) besagt, daß nur ein einziges Signal im Wellenlängenumsetzer verarbeitet werden kann.

Die Schaltzeit für die Wellenlängeneinstellung in Anwendungen der verbindungsorientierten Vermittlung sollte etwa 1 ms betragen. Diese Schaltzeit wird im Prinzip von allen Wellenlängenumsetzern erreicht. Für die Vermittlung von optischen Datenpaketen (z. B. optisches ATM) wird allerdings eine Schaltzeit von weniger als 1 ns erwartet. Diese Schaltzeit ist bisher nicht erreichbar.

16.4.2 Wellenlängenumsetzung durch Kreuzgewinnmodulation

Abbildung 16.11 zeigt das Prinzip der Wellenlängenumsetzung durch Kreuzgewinnmodulation (XGM) in einem Halbleiter-Laserverstärker (SOA). Ein optisches Datensignal (Intensitätsmodulation) mit der Wellenlänge λ_{ein} und eine optische Welle konstanter Intensität (CW-Welle) mit der Wellenlänge λ_{aus} werden in einen SOA eingekoppelt.

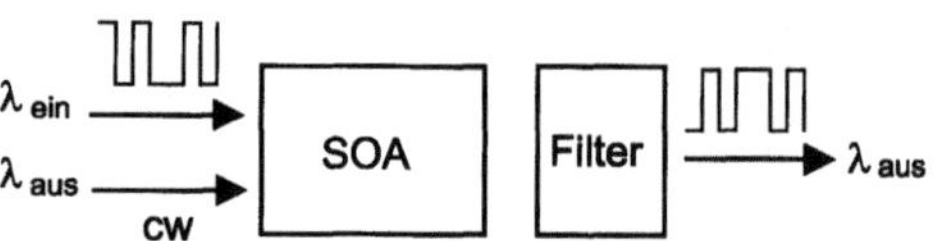

Abb. 16.11. Schema eines Wellenlängenumsetzers mittels Kreuzgewinnmodulation im Halbleiter-Laserverstärker (SOA)

Das intensitätsmodulierte optische Datensignal (λ_{ein}) sättigt wie in Abschn. 16.3.5 beschrieben durch stimulierte Emission den optischen Verstärker über sein ganzes Gewinnspektrum (Abb. 16.12). Damit wird die Intensität der transmittierten optischen CW-Welle (λ_{aus}) im Takt des optischen Datensignals moduliert. Es sind ein kodirektionaler Betrieb (wie in Abb. 16.11 gezeigt) und ein kontradirektionaler Betrieb (im Unterschied zu Abb. 16.11 wird die CW-Welle von der entgegengesetzten Seite in den SOA eingekoppelt) möglich. Im kodirektionalen Betrieb muß das umgesetzte Datensignal am Ausgang mit einem optischen Bandpaßfilter selektiert werden. Dies ist nicht notwendig im kontradirektionalen Betrieb. Allerdings ist es in jedem Fall vorteilhaft, Filter einzusetzen, um die verstärkte spontane Emission (ASE), die auch mitmoduliert wird, zu unterdrücken. Im kontradirektionalen Betrieb ist $\lambda_{ein} = \lambda_{aus}$ möglich.

Dieser Wellenlängenumsetzer hat folgende Vorteile. Er ist einfach zu realisieren und un-

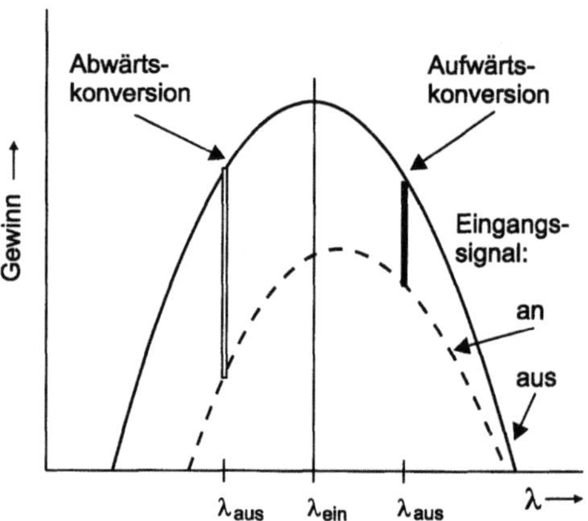

Abb. 16.12. Aufwärtskonversion und Abwärtskonversion bei der Kreuzgewinnmodulation im Halbleiter-Laserverstärker

abhängig vom Polarisationszustand des Eingangsdatensignals, wenn ein polarisationsunabhängiger SOA verwendet wird. Datensignale mit Bitraten bis 40 Gbit/s konnten umgesetzt werden, wobei optimale SOAs (Länge der Bauelemente 1200 µm, hoher Injektionsstrom) eingesetzt wurden [45].

Die Nachteile dieses Wellenlängenumsetzers sind folgende: Es können nur Signale mit Intensitätsmodulation umgesetzt werden. Das Ausgangssignal ist invertiert. Die Umsetzung von kürzeren zu längeren Wellenlängen ist immer mit einer Reduktion des Extinktionsverhältnisses im Vergleich zum Eingangssignal verbunden. Nur bei Umsetzung zu kürzeren Wellenlängen ist ein Gleichbleiben oder auch eine Verbesserung des Extinktionsverhältnisses möglich. Dieser Unterschied ist durch die Abhängigkeit des differentiellen Gewinns des SOA von der Wellenlänge (s. Abb. 16.9) bedingt. Das Extinktionsverhältnis steigt mit steigender Signaleingangsleistung. Theoretische Untersuchungen zeigen, daß der Verlust an Extinktionsverhältnis die Kaskadierbarkeit des Wellenlängenumsetzers stärker begrenzt als die Akkumulation von Rauschen durch spontane Emission [46]. Bis zu 5 Umsetzer können kaskadiert werden. Die Intensitätsmodulation ist mit einer starken Phasenmodulation (s. 16.4.3) und damit mit einem großen Chirp verknüpft. Dies schränkt die Übertragung der umgesetzten Datensignale über weite Faserstrecken erheblich ein.

16.4.3 Wellenlängenumsetzung durch Kreuzphasenmodulation

Abbildung 16.13 zeigt den Aufbau eines Wellenlängenumsetzers durch Kreuzphasenmodulation im Halbleiter-Laserverstärker (SOA). Zwei SOAs befinden sich in einem Mach-Zehnder-Interferometer mit symmetrischen Kopplern (Koppelverhältnis 1:1). Ein optisches Datensignal (Intensitätsmodulation) mit

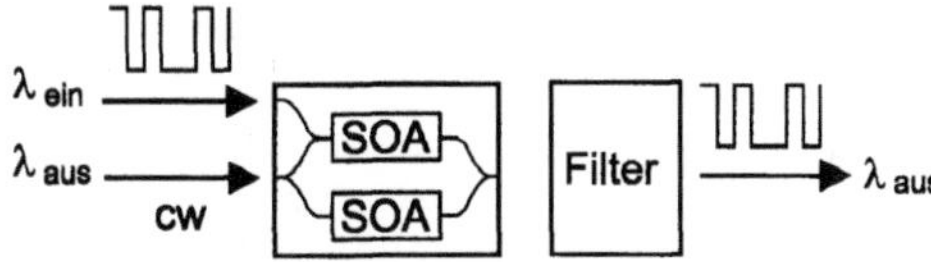

Abb. 16.13. Schema eines Wellenlängenumsetzers mittels Kreuzphasenmodulation im Halbleiter-Laserverstärker (SOA) unter Benutzung eines Mach-Zehnder-Interferometers

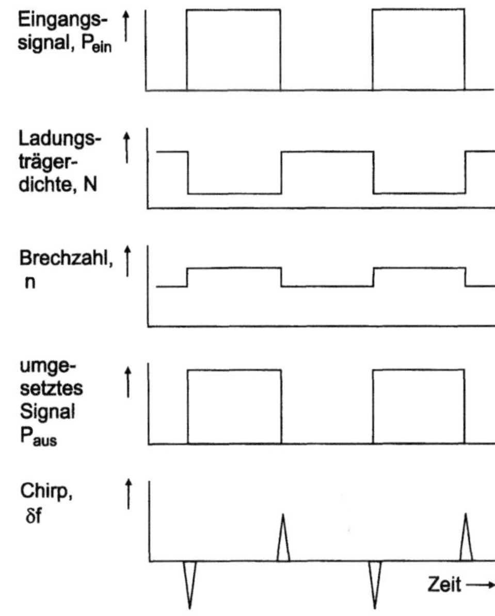

Abb. 16.14. Schematische Darstellung zur Funktion des Wellenlängenumsetzers mittels Kreuzphasenmodulation im Halbleiter-Laserverstärker

der Wellenlänge λ_{ein} wird über einen äußeren Koppler in einen der beiden SOA eingekoppelt, und eine optische Welle konstanter Intensität (CW-Welle) wird in den Eingang des Interferometers eingekoppelt.

Die Wirkung des Datensignals auf die CW-Welle im Interferometer wird durch Abb. 16.14 veranschaulicht. Das Datensignal reduziert die Ladungsträgerdichte N im oberen SOA und induziert deshalb im SOA eine Änderung des Gewinnkoeffizienten Δg und der Brechzahl Δn (s. auch Abb. 16.9 in Abschn. 16.3.4). Die Brechzahländerung Δn führt zu einer Phasenänderung $\Delta\varphi = 2\pi \Delta n L/\lambda_{aus}$ der CW-Welle im oberen Interferometerarm. Hier ist L die Länge des aktiven Mediums des SOA. Das Interferometer wandelt die Phasenmodulation in eine Amplitudenmodulation um. Für einen maximalen Modulationshub benötigt man $\Delta\varphi = \pi$. Die Brechzahländerung läßt sich mit Hilfe von Gln. 16.31 und 16.32 in eine Änderung des Gewinnkoeffizienten Δg umrechnen. Mit den in Abschn. 16.3.4 angegebenen Konstanten für $\lambda_{aus} = 1{,}5$ µm und für den Feldkonzentrationsfaktor $\Gamma = 0{,}5$ erhält man $\Delta\varphi = -6{,}7\, \Gamma \Delta g\, L$. Bei Vernachlässigung der z-Abhängigkeit von $g(z)$ in Gl. 16.23 gilt $\Gamma \Delta g\, L = \ln(G_1/G_2)$, wobei G_1 bzw. G_2 der Gewinn des SOA mit bzw. ohne Datensignal ist. Für $\Delta\varphi = \pi$

folgt $G_1/G_2 = 0{,}6$. Die Gewinnänderung ist kleiner als bei der Wellenlängenumsetzung mittels Kreuzgewinnmodulation. Dadurch ist auch die induzierte Wellenlängenmodulation (Chirp) kleiner als bei der Kreuzgewinnmodulation. Durch die Wahl des Arbeitspunktes (Phasenoffset) im Interferometer kann das Schaltverhalten so eingestellt werden, daß das umgesetzte Datensignal (λ_{aus}) invertiert oder nichtinvertiert gegenüber dem Eingangssignal (λ_{ein}) ist. Neben dem Mach-Zehnder-Interferometer [47, 48] wurde auch das Michelson-Interferometer [49] für die Wellenlängenumsetzung eingesetzt. Für einen stabilen Betrieb müssen beide interferometrischen Wellenlängenumsetzer als photonisch integrierte Komponenten aufgebaut werden. Der in Abb. 16.13 gezeigte Aufbau des Wellenlängenumsetzers kann durch Einbringen eines zusätzlichen Phasenschiebers in einem der beiden Interferometerarme hinsichtlich des erreichbaren Extinktionsverhältnisses verbessert werden.

Der Wellenlängenumsetzer mittels Kreuzphasenmodulation im SOA hat folgende Vorteile. Das Ausgangssignal kann ein besseres Extinktionsverhältnis als das Eingangssignal haben. Es wurden Extinktionsverhältnisse bis 20 dB erreicht. Aufwärts- ($\lambda_{aus} > \lambda_{ein}$) und Abwärtskonversion ($\lambda_{aus} < \lambda_{ein}$) sind über das ganze Gewinnspektrum des SOA möglich. Der Wellenlängenumsetzer verarbeitet Datenraten bis 40 Gbit/s. Mit geeigneten SOAs ist er polarisationsunabhängig, und das Kaskadieren von mindestens 10 Umsetzern konnte nachgewiesen werden. Ein Nachteil dieses Wellenlängenumsetzers ist die Einschränkung des Dynamikbereichs der Eingangsleistung um einen genau definierten Phasenhub von $\Delta\varphi = \pi$ zu erhalten.

16.4.4 Wellenlängenumsetzung durch Vierwellenmischung

Vierwellenmischung wird in 16.2.9 und 16.3.6 beschrieben. Die in Abb. 16.4 skizzierte Anordnung der Vierwellenmischung kann für die Wellenlängenumsetzung verwendet werden. Ein optisches Datensignal mit der Wellenlänge λ_{ein} (Kreisfrequenz $\omega_{ein} = \omega_s$) und eine Pumpwelle konstanter Intensität (CW-Welle) mit der Wellenlänge λ_p (Kreisfrequenz ω_p) werden in das nichtlineare Medium (Halbleiter-Laserverstärker oder Glasfaser) eingekoppelt. Durch den nichtlinearen optischen Prozeß der Vierwellenmischung werden neue Frequenzkomponenten im nichtlinearen Medium generiert. Abbildung 16.4 zeigt schematisch die drei stärksten spektralen Komponenten $\omega_s = \omega_{ein} = 2\pi c/\lambda_{ein}$, $\omega_p = 2\pi c/\lambda_p$ und $\omega_c = \omega_{aus} = 2\pi c/\lambda_{aus}$ mit $\omega_{aus} = 2\omega_p - \omega_{ein}$. Die spektrale Komponente mit der Wellenlänge λ_{aus} repräsentiert das umgesetzte Datensignal und muß mit einem optischen Filter, das die im allgemeinen mehr als 20 dB stärkere Pumpwelle sperrt, selektiert werden. Wie in 16.2.9 berichtet wird, ist die spektrale Komponente mit der Wellenlänge λ_{aus} (Kreisfrequenz ω_{aus}) ein an der Pumpwelle gespiegeltes phasenkonjugiertes Abbild des eingestrahlten Datensignals mit der Wellenlängen- bzw. Frequenzumsetzung $2\Delta\omega = 2|\omega_p - \omega_{ein}|$. Die Wellenlängenumsetzung ist transparent gegenüber Bitrate, Modulationsformat und Datenformat. Es können auch analoge Signale umgesetzt werden. Diese idealen Eigenschaften des Wellenlängenumsetzers werden allerdings durch die Effizienz der Generierung der neuen Frequenz- bzw. Wellenlängenkomponente eingeschränkt. Effiziente Vierwellenmischung in der Faser [50–52] setzt Phasenanpassung voraus (16.2.9). Aus diesem Grunde muß die Wellenlänge λ_p der Pumpwelle mit der Wellenlänge λ_0 (Kreisfrequenz ω_0) des Dispersionsnulldurchganges $D(\omega_0) = 0$ übereinstimmen. Es muß also für einen Wellenlängenumsetzer von Datensignalen im Wellenlängenbereich um $\lambda = 1{,}5$ µm eine dispersionsverschobene Faser verwendet werden. Für die Vierwellenmischung im Halbleiter-Laserverstärker [53, 54] ist aufgrund der geringen Wechselwirkungslänge eine Phasenanpassung meist vernachlässigbar. Die Effizienz der Vierwellenmischung wird in diesem Fall hauptsächlich durch die dynamischen Prozesse im Halbleiter-Laserverstärker bestimmt (16.3.6). Wie Abb. 16.10 zeigt, hängt die Konversionseffizienz stark von der Frequenzverstimmung $\Delta\omega = |\omega_p - \omega_{ein}|$ ab.

Abbildung 16.15 skizziert ein Verfahren, das eine Wellenlängenumsetzung mit einer weitgehend konstanten Konversionzeffizienz über einen großen Bereich des Gewinnspektrums des Halbleiter-Laserverstärkers ermöglicht [55–57]. Eine Signalwelle $E_{ein}(\omega_{ein})$ und eine Pumpwelle $E_{p1}(\omega_{p1})$ generieren über Vierwellenmischung eine Modulation der Ladungsträgerdichte und der Ladungsträgerdichteverteilung (16.3.3) über das ganze Gewinnspektrum des Halbleiter-Laserverstärkers. Eine zweite Pumpwelle $E_{p2}(\omega_{p2})$ erfährt diese Modulation und erhält Seitenbänder

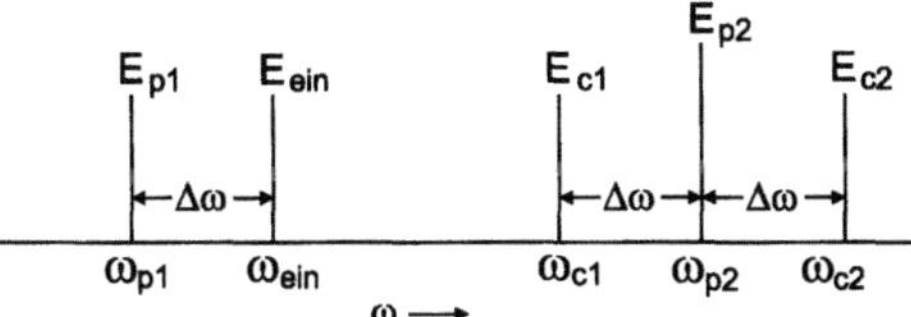

Abb. 16.15. Schematische Darstellung der Frequenzumsetzung mittels Vierwellenmischung im Halbleiter-Laserverstärker mit großem Umsetzungsbereich

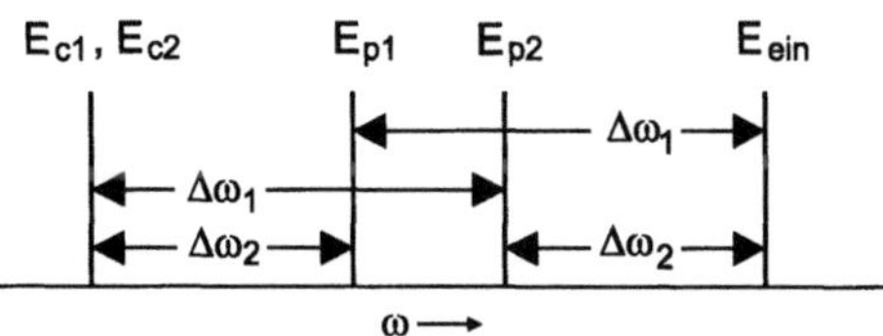

Abb. 16.17. Polarisationsunabhängige Vierwellenmischung im Halbleiter-Laserverstärker mittels zweier orthogonal zueinander polarisierter Pumpwellen

$E_{c1}(\omega_{c1})$ und $E_{c2}(\omega_{c2})$, die ein frequenzverschobenes und phasenkonjugiertes Abbild von E_{ein} sind. Die Wellenlängenumsetzung wird durch den Wellenlängenabstand $\lambda_{p1} - \lambda_{p2} = 2\pi c\,[1/\omega_{p1} - 1/\omega_{p2}]$ bestimmt und kann bis zu 30 nm betragen.

Die in den Abb. 16.4 und 16.15 skizzierten Anordnungen der Vierwellenmischung setzen voraus, daß die Pumpwelle und die Signalwelle denselben Polarisationszustand haben. Diese Einschränkung ist für viele Anwendungen nicht akzeptabel. Es wurden deshalb Vierwellenmischungsanordnungen entwickelt, die keine Einschränkung hinsichtlich des Polarisationszustandes der Signalwelle bei vorgegebenem festem Polarisationszustand der Pumpwelle (bzw. der Pumpwellen) machen. Die beiden wichtigsten Verfahren sind:

1. *Polarisationsdiversität (Abb. 16.16).* Das optische Signal E_{ein} wird durch einen Polarisationsteiler in zwei vorgegebene, zueinander orthogonale Polarisationszustände E_{ein1} und E_{ein2} zerlegt. Während der Polarisationszustand von E_{ein} beliebig ist, wird der Polarisationszustand der Pumpwelle E_p so gewählt, daß E_p mit gleichen Intensitäten auf die beiden durch den Polarisationsteiler vorgegebenen Polarisationszuständen aufgeteilt wird. Vierwellenmischung wird dann mit jeder der beiden Polarisationskomponenten durchgeführt, und es werden die konjugierten Signale E_{c1} und E_{c2} generiert. Durch einen zweiten Polarisationsteiler werden E_{c1} und E_{c2} zu $E_{c1} + E_{c2}$ zusammengesetzt. $E_{aus} = E_{c1} + E_{c2}$ ist unabhängig vom Polarisationszustand von E_{ein}. Dieses Verfahren eignet sich für Vierwellenmischung im Halbleiter-Laserverstärker und in der Glasfaser [58, 59].

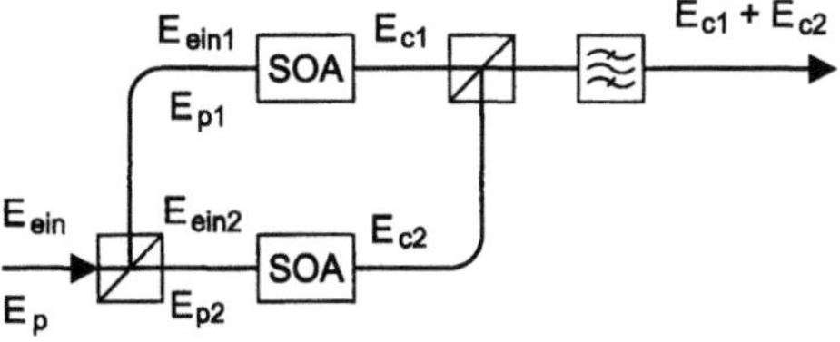

Abb. 16.16. Polarisationsunabhängige Vierwellenmischung im Halbleiter-Laserverstärker (SOA) mittels Polarisationsdiversität

2. *Vierwellenmischung mit zwei zueinander orthogonal polarisierten Pumpwellen (Abb. 16.17).* Zwei Pumpwellen E_{p1} und E_{p2} mit festen, zueinander orthogonalen Polarisationszuständen werden zusammen mit der Signalwelle E_{ein}, die in einem beliebigen Polarisationszustand ist, in einen Halbleiter-Laserverstärker eingekoppelt. E_{p1} und die dazu parallele Komponente von E_{ein} generieren mittels Vierwellenmischung eine Gewinn- und Phasenmodulation im SOA mit der Kreisfrequenz $\Delta\omega_1$. E_{p2} wird mit dieser Kreisfrequenz moduliert. Es entstehen zwei Seitenbänder, von denen hier nur das Seitenband E_{c1} von Interesse ist. Ebenso generiert E_{p2} mit der dazu parallel polarisierten Komponente von E_{ein} eine Gewinn- und Phasenmodulation im SOA mit der Kreisfrequenz $\Delta\omega_2$, die zu der Seitenbandkomponente E_{c2} von E_{p1} führt. $E_{aus} = E_{c1} + E_{c2}$ ist das in der Frequenz um $|\Delta\omega_1| + |\Delta\omega_2|$ verschobene, phasenkonjugierte Abbild von E_{ein} unabhängig vom Polarisationszustand von E_{ein} [60, 61]. Ein verwandtes Verfahren der Wellenlängenumsetzung wird in [62] beschrieben. Dort wird die polarisationsunabhängige simultane Wellenlängenumsetzung von 10 WDM-Datensignalen (Umsetzung eines Frequenzkamms) gezeigt. Das in [62] beschriebene Verfahren generiert aber kein phasenkonjugiertes Abbild des Eingangssignals.

16.4.5 Wellenlängenumsetzung durch Differenzfrequenzerzeugung

Die Differenzfrequenzerzeugung (DFG) wird in 16.2.8 beschrieben. In das nichtlineare Medium mit der Suszeptibilität $\chi^{(2)}$ werden die optische CW-Wellen $E_p(\omega_p)$ und das optische Datensignal $E_{ein}(\omega_{ein})$ mit $\omega_p > \omega_{ein}$ eingestrahlt und eine neue Welle, das umgesetzte Datensignal $E_{aus}(\omega_{aus})$ mit $\omega_{aus} = \omega_p - \omega_{ein}$ wird generiert. Nichtlineare Medien, die für die Wellenlängenumsetzung bzw. Frequenzumsetzung mittels DFG verwendet wurden sind $LiNbO_3$ und AlGaAs. Die Umsetzungseffizienz liegt bei etwa −20 dB. Es können alle Modulationsformate umgesetzt werden. Außerdem zeigt das umgesetzte Datensignal auch eine spektrale Inversion. Die gleichzeitige Umsetzung von mehrerne Eingangssignalen ist ebenfalls möglich. Ein Problem besteht darin, Wellenleiter mit geringen Verlusten herzustellen [63].

16.5 Routing-Elemente mit Selbststeuerung

16.5.1 Selbstschalten induziert durch optische Signalleistung

Die Funktion des Selbstschaltens ist in Abb. 16.18 dargestellt. In Abhängigkeit von der Signalleistung wird das Signal zwei Ausgängen zugeführt. Für dieses Selbstschalten werden zwei verschiedene Verfahren verwendet. Erstens wird in einem System von zwei gekoppelten Moden die Abhängigkeit der Modenkopplung von der optischen Leistung zum Selbstschalten verwendet. Der nichtlineare Richtkoppler, der in 16.5.2 beschrieben wird, ist ein typisches Beispiel für diesen Mechanismus. Ein anderes Beispiel liefert die doppelbrechende Faser, in der zwei zueinander orthogonale Polarisationszustände die Moden und auch die Ausgänge dieses Schalters repräsentieren. Das zweite Verfahren besteht darin, ein optisches Signal in zwei getrennte Teilsignale aufzuspalten, sie zwei getrennte optische Wege durchlaufen zu lassen, und sie dann in einem Koppler wieder zusammenzuführen. Die relative Phase der beiden Teilsignale, die von der optischen Leistung abhängig ist, bestimmt, an welchem Ausgang des Kopplers das optische Signal austritt. Die Basis solcher Selbstschalter sind Interferometeranordnungen. Das in 16.5.3 beschriebene Faserring-Interferometer (auch Sagnac-Interferometer genannt) ist ein Beispiel für das zweite Verfahren.

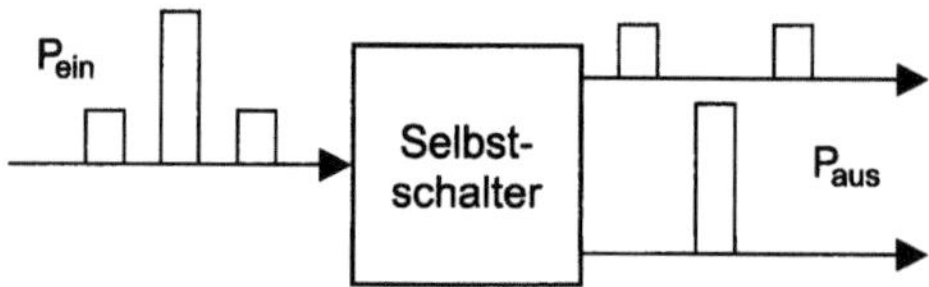

Abb. 16.18. Schematische Darstellung zum Selbstschalten

16.5.2 Nichtlinearer Richtkoppler

Abbildung 16.19 zeigt schematisch einen nichtlinearen Richtkoppler (nonlinear directional coupler). Er besteht aus zwei gleichen einmodigen Wellenleitern 1 und 2 mit den Ausbreitungskonstanten β_1 und β_2.

Bei geringen optischen Leistungen in den beiden Wellenleitern soll $\beta_1 = \beta_2 = \beta_0$ sein. Über die Länge L besteht eine räumliche Überlappung der Modenfelder in den beiden parallelen Wellenleitern. Wird nun optische Leistung P_0 dem Wellenleiter 1 über den Eingang zugeführt, so koppelt dieses Licht auch in den Wellenleiter 2. In Abhängigkeit von der Wechselwirkungslänge L oszillieren die optischen Leistungen P_1 und P_2 am Ausgang des Kopplers gegenphasig zwischen $P_1 = P_0, P_2 = 0$ und $P_1 = 0$, $P_2 = P_0$ mit der Periodenlänge L_b („Beat"-Länge). Für $L = L_b/2$ ist das Licht vom Wellenleiter 1 vollständig in den Wellenleiter 2 übergekoppelt mit $P_1 = 0$ und $P_2 = P_0$ (s. auch Kap. 15). Die Koppeleffizienz und damit auch L_b hängen von der Anpassung der Ausbreitungskonstanten, d.h. von $\Delta\beta = \beta_1 - \beta_2$ ab. L_b wächst mit $|\Delta\beta| > 0$.

Bei hohen optischen Leistungen werden β_1 und β_2 abhängig von der optischen Leistung. Zum Beispiel geht β_1 über in $\beta_1(P_0) = \beta_0 + \Delta\beta(P_0)$. Das führt zu einer Fehlanpassung $|\Delta\beta| > 0$ der Ausbreitungskonstanten. Bei vorgegebener Koppellänge $L = L_b/2$ und bei genügend großer Eingangsleistung P_0 wird keine optische Leistung in den Wellenleiter 2 übergekoppelt ($P_2 = 0$). Abbildung 16.19 zeigt die Ausgangsleistungen P_x mit $x = 1, 2$ als Funktion der Eingangsleistung P_0 für eine CW-Welle. Die kritische optische Leistung für das Schalten ist $P_c = 4\lambda A_{eff}/n_2 L_b$. Hier sind λ die Wellenlänge des Lichtes, A_{eff} die effektive

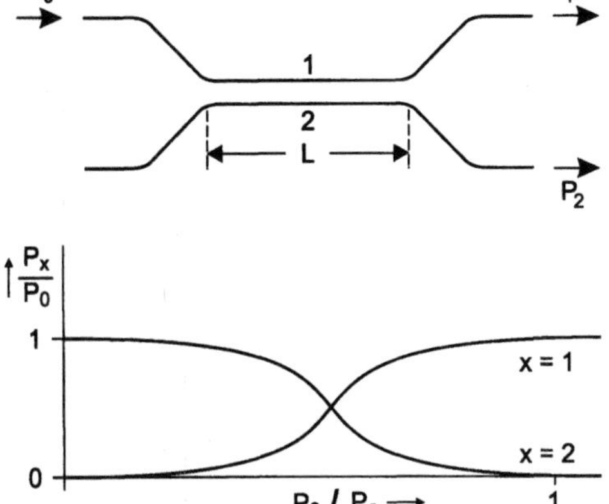

Abb. 16.19. Zum Prinzip des nichtlinearen Richtkopplers mit $L = L_b/2$

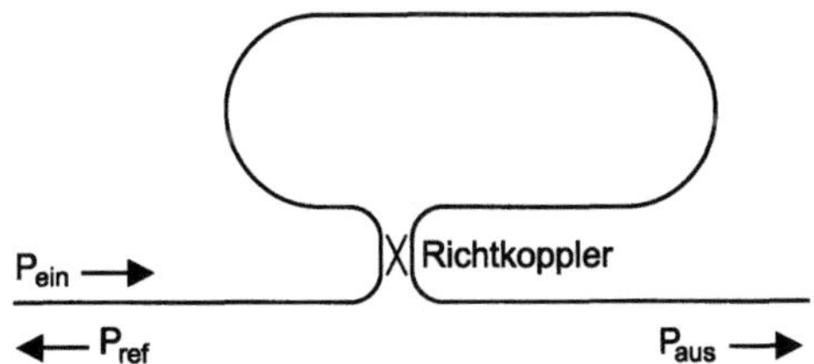

Abb. 16.20. Schematische Darstellung des nichtlinearen Faserring-Interferometers

Fläche des Wellenleiters und n_2 der nichtlineare Brechzahlkoeffizient.

In der Praxis sind die zu schaltenden Signale optische Impulse. Diese Impulse besitzen eine Verteilung der optischen Leistung zwischen Null und der Impulsspitzenleistung. Das führt dazu, daß nicht alle Teile eines Impulses die kritische Leistung P_c haben. Die einzelnen Teile eines Impulses schalten unterschiedlich. Das führt zu einem Auseinanderbrechen des Impulses (pulse breakup) am Ausgang. Das Auseinanderbrechen der Impulse kann vermieden werden, wenn die Eingangsimpulse Solitonen (16.6.5) sind, denn Solitonen erfahren die gleiche konstante nichtlineare Phasenverschiebung über die ganze Einhüllende des Impulses. Diese Eigenschaft zeichnet Solitonen für das optische Schalten aus.

Nichtlineare Richtkoppler wurden auf Halbleitermaterialien (GaAs, AlGaAs) und Glas (SiO_2) realisiert [64,65]. Die kritische Leistung P_c übersteigt 10 kW für Femtosekundenimpulse (FWHM ≈ 0,4 ps) und Komponentenlängen mit $L = 6$ mm.

16.5.3 Nichtlineares Faserring-Interferometer

Ein Faserring-Interferometer, auch Faserschleifenspiegel genannt, besteht aus einer Glasfaser, die mit einem transversalen Faserkoppler mit sich selbst verbunden wird (Abb. 16.20).

Ein Lichtimpuls an einem Eingang des Kopplers wird in Abhängigkeit des Koppelverhältnisses in zwei Teilimpulse an den beiden Ausgängen aufgeteilt. Beide Teilimpulse bewegen sich in entgegengesetzter Richtung durch den Faserring, bis sie wieder am Koppler zusammentreffen. Ein idealer symmetrischer Koppler teilt Lichtimpulse in zwei gleichartige Teilimpulse mit $\pi/2$-Phasendifferenz auf. Da das Licht beim Faserring zweimal durch den Koppler läuft, haben beide Teilimpulse am Ausgang also eine Phasendifferenz von π. Durch Interferenz der beiden Teilimpulse findet am Ausgang somit Auslöschung statt. Zum Eingang liegt eine Phasendifferenz von $\Delta\varphi = 0$ vor, woraus sich konstruktive Interferenz ergibt. Somit wird das gesamte Licht zum Eingang reflektiert. Ein Faserring wirkt also als Faser-Spiegel. Dies gilt auch noch bei hohen optischen Leistungen.

Die Brechzahlen für die links- und rechtsumlaufenden Impulse sind (s. Abschn. 16.2.10)

$$n_{\text{links}} = n_0 + n_2 P_L / A_{\text{eff}} \tag{16.34}$$

$$n_{\text{rechts}} = n_0 + n_2 P_R / A_{\text{eff}}$$

Dabei sind P_L und P_R die Leistungen der links- bzw. rechtsherum laufenden Impulse und P/A_{eff} ist eine effektive Intensität. Die Phasendifferenz zwischen beiden gegenläufigen Signalen ist $\Delta\varphi = (\omega/c)L(n_{\text{links}} - n_{\text{rechts}})$. Hier ist L die Länge der Faserschleife. Die Faserdämpfung wird vernachlässigt. Damit $\Delta\varphi$ von der optischen Leistung abhängig wird, muß $P_L \neq P_R$ sein. Das Koppelverhältnis darf also nicht 1:1 sein. Wird das Leistungs-Koppelverhältnis zu $k/(1-k)$ gewählt, d.h. $P_L = kP_{\text{ein}}$ und $P_R = (1-k)P_{\text{ein}}$, so ist die Ausgangsleistung [66,67]

$$\frac{P_{\text{aus}}}{P_{\text{ein}}} = k^2 + (1-k)^2 - 2k(1-k)\cos(\Delta\varphi)$$

$$\Delta\varphi = \left(\frac{\omega}{c}\right) L n_2 (1-2k) \frac{P_{\text{ein}}}{A_{\text{eff}}} \tag{16.35}$$

Die Phasenverschiebung $\Delta\varphi$ ist proportional zur Eingangsleistung P_{ein}. Damit oszilliert P_{aus} als Funktion von P_{ein} zwischen P_{ein} und $(1 - 2k)^2 P_{ein}$. Dies beschreibt ein Selbstschalten des Eingangssignals zum Ausgang als Funktion der Eingangsleistung. Wie in 16.5.2 schon erwähnt wurde, ist dieses ideale Selbstschalten nur mit optischen Solitonen zu erreichen.

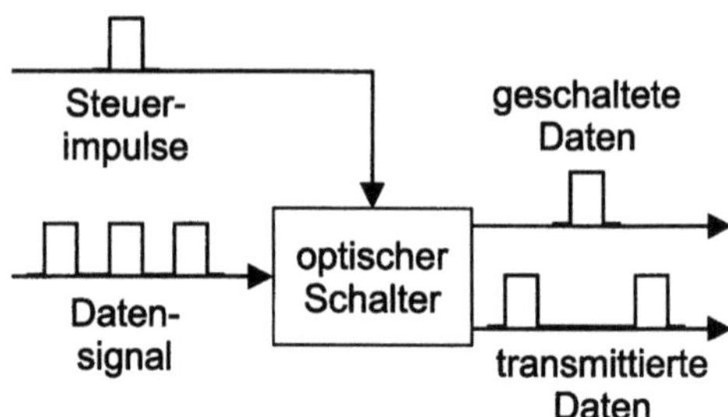

Abb. 16.21. Schematische Darstellung des optisch gesteuerten optischen Schalters

16.6 Routing-Elemente mit optisch induzierter Fremdsteuerung

16.6.1 Optisch gesteuerte optische Schalter

Die Funktion des optisch gesteuerten optischen Schalters ist in Abb. 16.21 dargestellt. In Abhängigkeit von einem optischen Steuerimpuls werden die Impulse eines digitalen optischen Datensignals einem der zwei Ausgängen zugeführt. Eine Anwendung dieses Schalters ist der optische Demultiplexer. Aus einem hochratigen (40 – 160 Gbit/s) optischen Datensignal, das aus einer bitweisen Verschachtelung von niederratigen optischen Datensignalen (z. B. 10 Gbit/s-Kanälen) besteht, wird ein Kanal selektiert. Der optische Steuerimpuls bewirkt ein periodisches Umschalten für einen Zeitraum von wenigen Pikosekunden, um die Bits dem gewünschten Ausgang (geschaltete Daten) zuzuführen.

Es können verschiedene Mechanismen für das optisch gesteuerte optische Schalten genutzt werden.

a) *Optisches Schalten durch Kreuzphasenmodulation:* Daten- und Steuerimpulse werden in ein nichtlineares optisches Medium eingekoppelt. Der Steuerimpuls verursacht eine Brechzahländerung im Medium, die über Kreuzphasenmodulation die Phase eines Datenimpulses beeinflußt. Die geeignetste Methode, die Phasenänderung in ein Schalten (Amplitudenänderung) umzusetzen, ist die Verwendung eines Interferometers. In 16.6.2 und 16.6.3 werden Interferometer-Schalter auf der Basis von Kreuzphasenmodulation dargestellt. Eine andere Technik ist der Soliton-Schalter (16.6.5).
b) *Optisches Schalten durch Frequenzerzeugung:* Daten- und Steuerimpulse, die simultan in ein nichtlineares optisches Medium eingekoppelt werden, generieren durch nichtlineare optische Prozesse wie Summenfrequenzerzeugung (16.2.7), Differenzfrequenzerzeugung (16.2.8) oder Vierwellenmischung (16.2.9) neue optische Frequenzkomponenten. Diese treten nur bei simultaner Einkopplung der Daten- und Steuerimpulse auf (optisches UND-Gatter). Die neue Frequenzkomponente wird durch ein optisches Filter selektiert und repräsentiert das geschaltete Datensignal (bei einer anderen Wellenlänge). In einem Schalter nach diesem Prinzip kann im allgemeinen nur der Ausgang „geschaltete Daten" in Abb. 16.21 verwendet werden. In 16.6.4 wird über einen Schalter dieser Art auf der Basis von Vierwellenmischung berichtet.
c) *Optisches Schalten durch Absorptionssättigung:* Das eingekoppelte Datensignal wird bei Abwesenheit eines Steuerimpulses in einem Medium vollständig absorbiert. Durch das Einkoppeln eines Steuerimpulses wird die Absorption dieses Mediums gesättigt („sättigbarer Absorber"), so daß das Medium im Zeitintervall der Einstrahlung des Steuerimpulses für das Datensignal transparent wird. Ein Schalter nach diesem Prinzip hat nur den Ausgang „geschaltete Daten" in Abb. 16.21.

16.6.2 Das nichtlineare Faserring-Interferometer als Schalter

Der optische Schalter auf der Basis des nichtlinearen Faserring-Interferometers, im folgenden NOLM (Nonlinear Optical Loop Mirror) genannt, ist eine erweiterte Form des in Abschn. 16.5.3 beschriebenen Faserringes. In der hier diskutierten Konfiguration wird ein zusätzlicher Koppler (i. a. kein symmetrischer Koppler) in den Faserring eingebracht, wie Abb. 16.22 zeigt.

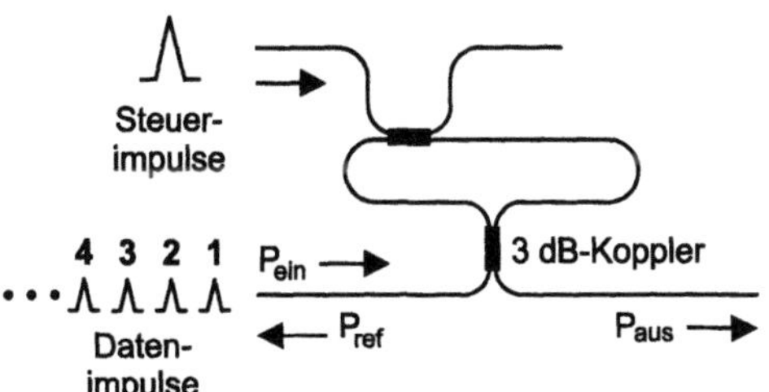

Abb. 16.22. Das Faserring-Interferometer als optisch gesteuerter optischer Schalter (NOLM)

Über diesen zusätzlichen Koppler werden Steuerimpulse (Wellenlänge λ_c) in den NOLM eingekoppelt. Diese Steuerimpulse durchlaufen den Faserring nur in einer Richtung, während die Datenimpulse (Wellenlänge λ_{ein}), die über den Faserring-Koppler des NOLM eingekoppelt werden, den Faserring rechts- und linksherum durchlaufen. Der Faserring-Koppler ist ein idealer symmetrischer Koppler (k = 0,5 in Abschn. 16.5.3), der die eingekoppelten Datenimpulse in zwei gleichartige Teilimpulse aufteilt. Für die transmittierte optische Leistung P_{aus} gilt bei Vernachlässigung der Faserdämpfung

$$P_{aus}(t) = P_{ein}(t)\,\frac{1}{2}\,(1 - \cos(\Delta\varphi)) \qquad (16.36)$$

Wird kein Steuerimpuls in den NOLM eingekoppelt, dann ist $\Delta\varphi = 0$ in Übereinstimmung mit 16.5.3, und es gilt $P_{aus} = 0$ und $P_{ref} = P_{ein}$. Alle Datenimpulse werden zum Eingang reflektiert und können dort mit Hilfe eines zusätzlichen Kopplers (in Abb. 16.22 nicht eingezeichnet) weiterverarbeitet werden.

Läuft ein Steuerimpuls mit dem linksum laufenden Datenimpuls mit, dann wird über Kreuzphasenmodulation (optischer Kerr-Effekt, s. 16.2.11) dem linksherum laufenden Datenimpuls eine Phasenänderung [68, 69]

$$\Delta\varphi = \frac{(4\pi\, n_2)}{(\lambda_{ein}\, A_{eff})} \int_0^L P_c(t - \tau z)\, \exp(-\alpha z)\, dz \qquad (16.37)$$

aufgeprägt. Hier wird angenommen, daß Daten- und Steuerimpuls sich im gleichen Polarisationszustand befinden. L ist die Faserlänge, die der Steuerimpuls im NOLM bis zum Faserring-Koppler des NOLM zurücklegt und α ist die Faserdämpfungskonstante. Der Kerr-Effekt in der Faser wirkt nahezu momentan mit einer Zeitkonstanten von wenigen fs. Kreuzphasenmodulationen ist also nur wirksam, wenn sich Datenimpuls und Steuerimpuls zeitlich und räumlich vollständig überlappen. Da beide Impulse aber verschiedene Gruppengeschwindigkeiten $v_g(\lambda_c)$ und $v_g(\lambda_{ein})$ haben, führt dies zu einem Auseinanderlaufen („walk-off") der Impulse, das durch die Verzögerungszeit τ pro Länge [68]

$$\tau = \frac{1}{v_g(\lambda_c)} - \frac{1}{v_g(\lambda_{ein})} \qquad (16.38)$$

$$= \left(\frac{dD}{d\lambda}\right)\frac{1}{2}\,(\lambda_c - \lambda_{ein})\,(\lambda_c + \lambda_{ein} - 2\lambda_0)$$

charakterisiert wird. Hier ist $D = d(1/v_g)/d\lambda$ der Dispersionsparameter und λ_0 die Wellenlänge mit $D(\lambda_0) = 0$. Man erhält $\tau = 0$, wenn λ_c und λ_{ein} symmetrisch zum Nulldurchgang $D(\lambda_0)$ liegen. Für $\tau = 0$ ergibt die Integration in Gl. 16.37 $\Delta\varphi = (4\pi n_2/\lambda_{ein} A_{eff})\, P_c(t)\, L_{eff}$ mit $L_{eff} = [1 - \exp(\alpha L)]/\alpha$ (s. auch 16.2.11). Für $\Delta\varphi = \pi$ ist $P_c(t)\, L_{eff} \approx 1$ Wkm, d.h. typisch $L_{eff} \approx L = 10$ km für $P_c = 100$ mW. Der Datenimpuls erhält eine konstante nichtlineare Phasenverschiebung $\Delta\varphi$, wenn der Steuerimpuls im Verlauf des „walk-off" den Datenimpuls vollständig durchläuft. Es müssen also keine Solitonen verwendet werden (16.5.2).

Die Polarisation der Datenimpulse ist in zweifacher Hinsicht ein Problem. Erstens ist nach 16.2.11 die Kreuzphasenmodulation über den Kerr-Effekt in der Faser abhängig vom relativen Polarisationszustand von Steuerimpuls und Datenimpuls. Zweitens muß aufgrund der Doppelbrechung der Faser auch bei Abwesenheit eines Steuerimpulses der Faserring durch einen Polarisationssteller im Ring so abgeglichen werden, daß $\Delta\varphi = 0$ ist. Beide Probleme werden beseitigt, wenn der Faserring vollständig mit polarisationserhaltenden Fasern aufgebaut wird [70]. Die Datenimpulse, die mit einem beliebigen Polarisationszustand eingekoppelt werden, werden in zwei Impulsanteile entsprechend der „schnellen" und der „langsamen" Achse zerlegt (Polarisationsdiversität). Aufgrund der unterschiedlichen Gruppengeschwindigkeiten in beiden Achsen durchlaufen beide Impulsanteile unabhängig voneinander den Faserring in beiden Richtungen. Damit diese Teilimpulse am Faserringausgang wieder richtig zusammengeführt werden, sind die „schnelle" und die „langsame" Faserachse in der Mitte des Faserringes über Kreuz gespleißt. Der Steuerimpuls wird so eingekoppelt, daß seine beiden Impulsanteile in den beiden Faserachsen gleich sind. Damit erfahren die beiden orthogonal zueinander polarisierten Anteile des Datenimpulses die gleiche Kreuzphasenmodulation.

Der NOLM ist ein sehr vielseitiger optischer Schalter. Er konnte als optischer Demultiplexer (Zeitmultiplextechnik) von optischen Datensignalen bis 100 Gbit/s [71–73], für das optische Sampling von Datensignalen und auch als RZ-zu-NRZ- und NRZ-zu-RZ-Umsetzer verwendet werden [68].

16.6.3 Interferometer-Schalter mit Halbleiter-Laserverstärker

Abbildung 16.23 zeigt schematisch ein Ring-Interferometer mit einem Halbleiter-Laserverstärker (SOA) im Ring. Diese Anordnung wird auch SLALOM (semiconductor laser amplifier in a loop mirror) oder TOAD (Terahertz optical asymmetric demultiplexer) genannt. Hier wird die Bezeichnung SLALOM verwendet. Der SLALOM entspricht im Aufbau dem NOLM (16.6.2) mit Ausnahme des zusätzlichen SOA im Ring. Während im NOLM das optische Schalten mittels der Nichtlinearität (Kreuzphasenmodulation) der Glasfaser erfolgt, wird im SLALOM das optische Schalten mittels der Nichtlinearität (Kreuzphasenmodulation) im SOA erreicht. Im Gegensatz zum NOLM kann der SLALOM sehr kompakt aufgebaut werden. Der SLALOM wurde mit kurzen Faserstücken (wenige m) oder als monolithisch integrierte Komponente (auf InP) mit einer Weglänge im Ring von wenigen mm aufgebaut [74–77]. Die Faserlänge im NOLM beträgt im allgemeinen einige km. Die Grundlagen der Kreuzphasenmodulation im SOA werden in 16.3.5 behandelt. Im allgemeinen induziert ein Steuerimpuls im SOA eine Phasenänderung $\Delta\varphi$ und eine Änderung Δg des

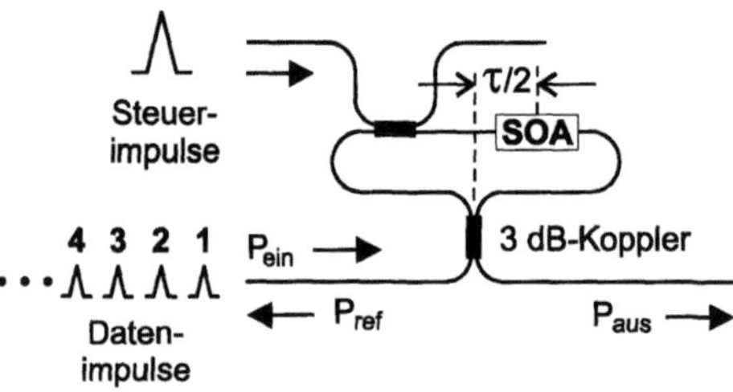

Abb. 16.23. Der SLALOM (semiconductor laser amplifier in a loop mirror) als optisch gesteuerter optischer Schalter

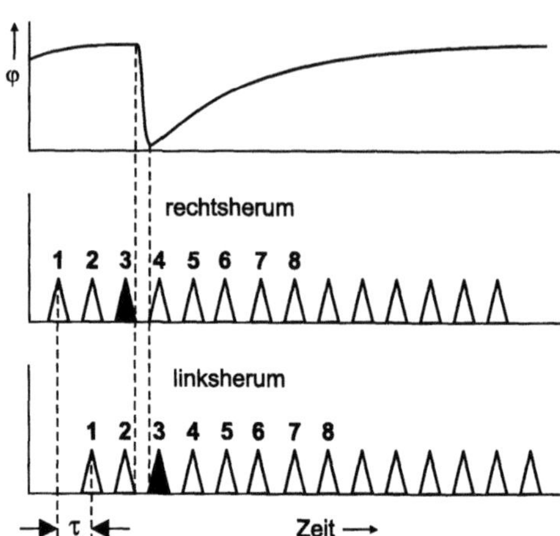

Abb. 16.24. Erklärung der Funktionsweise des SLALOM

Gewinnkoeffizienten für einen Datenimpuls. Nur wenn die Photonenenergie des Datenimpulses unterhalb der Bandkantenenergie (s. Abb. 16.9) liegt, ist $\Delta g = 0$.

Abbildung 16.24 erklärt die Funktionsweise des SLALOM. Der obere Teil zeigt schematisch die durch den Steuerimpuls induzierte Phasenänderung im SOA als Funktion der Zeit. Darunter sind die Lagen der im Ring rechts- und linksherum sich ausbreitenden Anteile der Datenimpulse 1 bis 8 bezogen auf die Phasenänderung im SOA skizziert. Da der SOA asymmetrisch im Ring angebracht ist, erreichen die rechtsherum laufenden Impulsanteile den SOA um das Zeitintervall τ früher als die linksherum laufenden Impulsanteile. Der Datenimpuls 3 erfährt die größte Phasendifferenz $\Delta\varphi$ zwischen rechts- und linksherum laufenden Impulsanteilen. Nur dieser Impuls wird zum Ausgang geschaltet. Alle anderen Impulse sehen eine deutlich geringere Phasendifferenz und werden zum Eingang reflektiert. Die zum Ausgang geschaltete optische Leistung ist [74]

$$P_{aus}(t) = P_{ein}(t)\,\frac{1}{4}\,[G_r + G_l - 2\sqrt{G_r G_l}\cos(\Delta\varphi)] \tag{16.39}$$

Hierbei sind G_r und G_l der Gewinn des SOA für den rechts- bzw. linksherum laufenden Teilimpuls, und $\Delta\varphi$ ist die Phasendifferenz dieser beiden Teilimpulse. Für $G_r = G_l = 1$ ist Gl. 16.39 identisch mit der Gl. 16.36 für den NOLM, und es läßt sich ein optimaler Schaltkontrast mit $P_{aus} = P_{ein}$ für $\Delta\varphi = \pi$ und $P_{aus} = 0$ für $\Delta\varphi = 0$ einstellen. Dieses ideale Schalt-

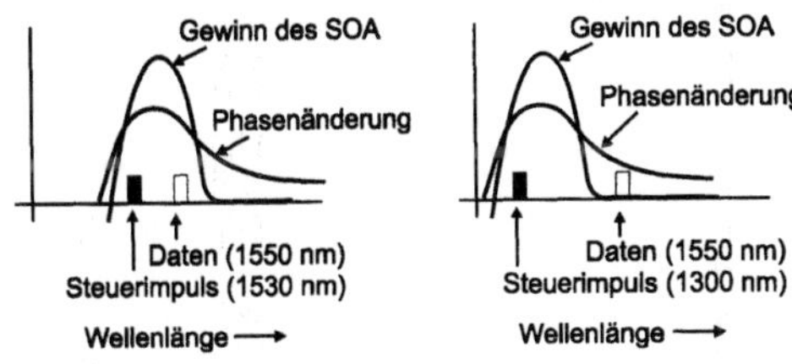

Abb. 16.25. Spektrale Lage der Daten- und Steuerimpulse im konventionellen Schalter (links) und im gewinn-transparenten Schalter (rechts)

verhalten ist beim SLALOM im allgemeinen nicht gegeben.

Man unterscheidet zwei Betriebsarten, den SLALOM als konventioneller Schalter und als gewinn-transparenter Schalter (Abb. 16.25). Im konventionellen Schalter befinden sich die Wellenlängen von Steuerimpuls und Datenimpuls innerhalb des Gewinnspektrums des SOA. In diesem Fall (die Photonenenergie von beiden Impulsen ist größer als die Bandkantenenergie W_g) sehen die Datenimpulse die Gewinnänderung. Es ist immer $G_r \neq G_l$ und es gilt $G_l/G_r \approx 0{,}6$ für $\Delta\varphi = \pi$ wie in Abschn. 16.4.3 gezeigt wurde. Unter diesen Bedingungen ist mit dem SLALOM ein Schaltkontrast von etwa 15 dB erreichbar. Im gewinn-transparenten Schalter ist die Photonenenergie der Datenimpulse kleiner als W_g. Der SOA ist für die Datenimpulse gewinn-transparent, aber die Phasenänderung wird noch erfaßt. In diesem Fall gilt in sehr guter Näherung $G_r = G_l$, und ein nahezu ideales Schaltverhalten wird erreicht. Der gewinn-transparente Schalter hat noch weitere Vorteile: Den Daten wird kein Rauschen durch spontane Emission (ASE) zugefügt, da im Wellenlängenbereich der Daten kein Gewinn und damit keine Rauschleistung des SOA vorliegt. Die Daten beeinflussen den Schaltvorgang nicht, da der SOA für sie transparent ist. Die Wellenlänge der Datenimpulse kann stark variiert werden, da die Phasenänderung im spektralen Bereich der Daten nahezu wellenlängenunabhängig ist. In Experimenten konnte die Funktionstüchtigkeit des gewinn-transparenten Schalters im Wellenlängenbereich von 1450–1520 nm gezeigt werden [78].

Neben dem Ringinterferometer (Sagnac-Interferometer) wurden auch andere Interferometer (Mach-Zehnder-Interferometer und Michelson-Interferometer) für das optische Schalten eingesetzt. Für einen störungsfreien Betrieb müssen das Mach-Zehnder-Interferometer und das Michelson-Interferometer als monolithisch integrierte Komponenten aufgebaut werden [79–81]. Beim Sagnac-Interferometer ist dies nicht erforderlich. Es ist selbststabilisierend, da die rechts- und linksherum laufenden Signale den gleichen optischen Weg durchlaufen.

Das Mach-Zehnder-Interferometer mit einem SOA in jedem Interferometerarm (s. Abb. 16.26) ist zum Schalten besonders gut geeignet. Der optische Steuerimpuls wird in zwei Teilimpulse aufgeteilt, die mit einer relativen Verzögerung τ über die beiden Zusatzkoppler in das Interferometer eingekoppelt werden. Es wird genau der Datenimpuls aus dem Datensignal herausgeschaltet (geschaltete Daten), der im Zeitintervall τ den SOA erreicht nach dem Einkoppeln des ersten (oberen) Steuerimpulses in den SOA und vor dem Einkoppeln des zweiten (unteren) Steuerimpulses in den SOA. Gleichung 16.39 beschreibt auch in diesem Fall die Ausgangsleistung der geschalteten Daten, wobei G_r und G_l den von dem Datenimpulsen gesehenen Gewinn der beiden SOAs bezeichnen und $\Delta\varphi$ die relative Phase der Datenimpulse in den beiden Interferometerarmen ist. Wird dieses Interferometer als „konventioneller" Schalter betrieben, dann läßt sich durch zusätzliches Einbringen eines Phasenschiebers in einem Interferometerarm oder durch nichtsymmetrische Koppler die Gewinndifferenz $|G_r - G_l|$ so weit reduzieren, daß ein Schaltkontrast von mehr als 20 dB erreicht wird. Die guten Eigenschaften des gewinntransparenten Schalters werden damit noch nicht erreicht. Insbesondere wird im ge-

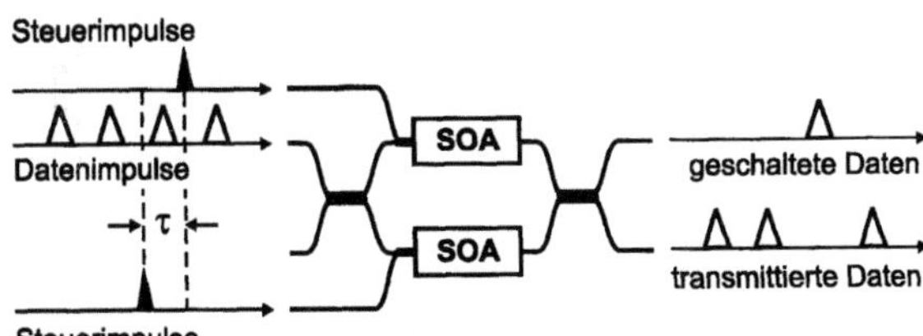

Abb. 16.26. Mach-Zehnder-Interferometer mit Halbleiter-Laserverstärker (SOA) als optisch gesteuerter optischer Schalter

winn-transparenten Schalter das „transmittierte" Datensignal nicht in der Amplitude beeinflußt, während im „konventionellen" Schalter die Gewinnrelaxation eine starke Amplitudenmodulation des „transmittierten" Datensignals verursacht. Der gewinn-transparente Schalter ist insbesondere für Anwendungen als Add/Drop-Multiplexer und für optisches Sampling gut geeignet [81].

16.6.4 Schalten durch Vierwellenmischung

Die Grundlagen der Vierwellenmischung (FWM) wurden in den Abschnitten 16.2.9 und 16.3.6 dargestellt. Das einfachste Schema der FWM in einem nichtlinearen optischen Wellenleiter (Glasfaser oder Halbleiter-Laserverstärker (SOA)) zeigt Abb. 16.4. Die Pumpwelle $E_p(\omega_p)$ und die Signalwelle $E_s(\omega_s)$ mit $\omega_p > \omega_s$ sind jetzt kopropagierende Impulse mit gleicher Polarisation. Durch den nichtlinearen optischen Prozeß Vierwellenmischung wird der konjugierte Impuls $E_c(\omega_c)$ mit der Kreismittenfrequenz $\omega_c = 2\omega_p - \omega_s$ generiert. Am Ausgang des Wellenleiters werden mit Hilfe eines optischen Filters die eingekoppelten Impulse $E_p(\omega_p)$ und $E_s(\omega_s)$ geblockt und nur der konjugierte Impuls $E_c(\omega_c)$ transmittiert. Diese Anordnung kann als UND-Gatter verwendet werden. $E_c(\omega_c)$ ist nur dann vorhanden, wenn $E_p(\omega_p)$ und $E_s(\omega_s)$ gleichzeitig (mit einer Genauigkeit bestimmt durch die Impulsbreite) in den nichtlinearen optischen Wellenleiter eingekoppelt werden. Dieses optische UND-Gatter basierend auf FWM in der Faser [82, 83] oder im SOA [84, 85] wurde zum Demultiplexen von optischen Datensignalen von mehr als 100 Gbit/s eingesetzt.

Abbildung 16.27 skizziert einen Aufbau dieses optischen UND-Gatters als polarisationsunabhängigen optischen Demultiplexer. Der optische Demultiplexer besteht aus einem

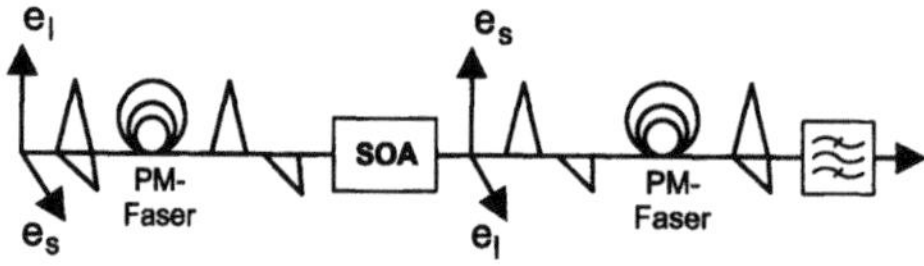

Abb. 16.27. Schematische Darstellung eines polarisationsunabhängigen optischen Demultiplexers mittels Vierwellenmischung im Halbleiter-Laserverstärker (SOA), PM-Faser bezeichnet polarisationserhaltene Faser mit der „schnellen" (e_s) und „langsamen" (e_l) Faserachse

polarisationsunabhängigen SOA und zwei Stück polarisationserhaltender Faser (Länge pro Stück 6 m). Die Steuerimpulse $E_p(\omega_p)$ werden mit gleichen Polarisationskomponenten bezüglich der „schnellen" und „langsamen" Achse der polarisationserhaltenden Faser eingekoppelt, während die Datenimpulse $E_s(\omega_s)$ mit einem beliebigen Polarisationszustand in die polarisationserhaltende Faser eingekoppelt werden. Die Polarisationskomponenten von $E_p(\omega_p)$ und $E_s(\omega_s)$ in der „langsamen" und „schnellen" Faserachse separieren sich räumlich aufgrund der unterschiedlichen Ausbreitungskonstanten in den beiden Achsen. Jede Polarisationskomponente von $E_p(\omega_p)$ und $E_s(\omega_s)$ generiert ein konjugiertes Signal $E_c(\omega_c)$ mittels FWM im SOA (Polarisationsdiversität). Auf der zweiten Faserstrecke sind die „schnelle" und die „langsame" Achse gegenüber den Achsen der ersten Faserstrecke vertauscht. Das führt dazu, daß die räumlich getrennten Polarisationskomponenten von $E_c(\omega_c)$ zusammengeführt werden. Die Summe von beiden Polarisationskomponenten $E_c(\omega_c)$ ist unabhängig vom Polarisationszustand der Datenimpulse. In einem 200-Gbit/s-auf-6,3-Gbit/s-Demultiplexer-Experiment hatten die Steuerimpulse und Datenimpulse Pulsbreiten (FWHM) von 1,7 ps und mittlere optische Leistungen von 7,3 dBm bzw. 2,3 dBm. Ein Extinktionsverhältnis von mehr als 30 dB wurde erreicht [85].

16.6.5 Soliton-Schalter

Optische Solitonen werden in Abschn. 16.4.12 behandelt. Die Phase des Solitons hängt nur von der Ortskoordinate z und nicht von der Zeit ab. Folglich hat das Soliton eine über die Einhüllende konstante Phase und verhält sich beim Schalten wie ein „Teilchen". Es gibt kein Auseinanderbrechen des Impulses (s. 16.5.2), weil alle Impulsanteile die gleiche nichtlineare Phasenverschiebung erfahren.

Der Soliton-Schalter beruht auf der speziellen Soliton-Soliton-Wechselwirkung. Für diese Wechselwirkung können die in 16.2.11 angegebenen Ausdrücke für die nichtlineare Phasenverschiebung durch Selbstphasenmodulation und Kreuzphasenmodulation (dort war Vernachlässigung der Dispersion vorausgesetzt) nicht verwendet werden. Die Wechselwirkung der Solitonen wird mit Hilfe gekoppelter nichtlinearer Schrödinger-Gleichungen beschrieben. Die für den Soliton-Schalter wichtigste Geometrie ist die Wechselwirkung von zwei orthogonal zueinander polarisierten Solitonen (Datenimpuls und Steuerimpuls), die sich längs der Hauptachsen einer doppelbrechenden Faser ausbreiten. Wenn nur ein Soliton vorhanden ist, dann ist seine Ausbreitungsgeschwindigkeit und damit Laufzeit längs der Faser durch die Brechzahl der „schnellen" bzw. „langsamen" Achse je nach Polarisation des Solitons bestimmt. Datenimpuls und Steuerimpuls benötigen unterschiedliche Zeiten zum Durchlaufen der Faser. Werden die beiden Impulse aber gleichzeitig in den Fasereingang eingekoppelt, so daß sie in Wechselwirkung sind, dann gleichen sich die Ausbreitungsgeschwindigkeiten der beiden Impulse an. Das Soliton mit der Polarisation längs der „schnellen" Achse erfährt eine Kreismittenfrequenzverschiebung $-\Delta\omega_0$ und eine Geschwindigkeitsreduktion, während das Soliton mit der Polarisation längs der „langsamen" Achse eine Kreismittenfrequenzverschiebung $+\Delta\omega_0$ und eine Geschwindigkeitserhöhung erfährt. Folglich führt die Anwesenheit eines Steuerimpulses dazu, daß der Datenimpuls bezüglich seiner Ankunftszeit am Faserende und bezüglich seiner Kreismittenfrequenz gesteuert wird. Beide Effekte können zum Schalten verwendet werden. Die Steuerung der Kreismittenfrequenz kann mit einem Frequenzdiskriminator (schmalbandiges optisches Filter) am Faserende in eine Steuerung der Amplitude umgesetzt werden (soliton trapping gate). Das Steuern der Ausbreitungsgeschwindigkeit kann dazu verwendet werden, den Datenimpuls zwischen zwei Zeitschlitzen umzuschalten (soliton dragging gate). Die logischen Operationen wie AND, XOR, NOR konnten demonstriert werden. Typische Impulsenergien und Impulsbreiten sind 1 pJ und 500 fs [86–88].

16.7 Optische Bistabilität

Das bekanteste optisch bistabile Element ist ein Fabry-Perot-Resonator mit einem optisch nichtlinearen Material im Resonator (Abb. 16.28). In Abhängigkeit von der eingestrahlten Lichtleistung ändert sich im optisch nichtlinearen Medium die Absorption (absorptive Bistabilität) und (oder) die Brechzahl (dispersive Bistabilität). Charakteristisch für ein bistabiles Element ist die in Abb. 16.28 gezeigte Abhängigkeit der transmittierten optischen Leistung als Funktion der Eingangsleistung [89–91]. Im

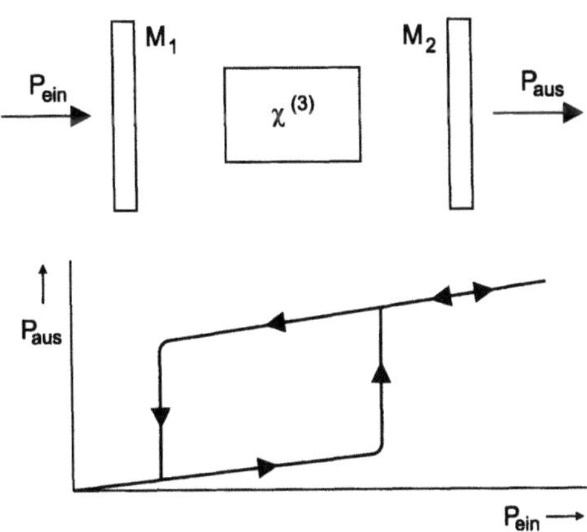

Abb. 16.28. Der Fabry-Perot-Resonator als optisch bistabiles Element; M_1 und M_2 sind zwei teildurchlässige Spiegel; das optisch nicht-lineare Material mit der Suszeptibilität $\chi^{(3)}$ führt zu einer von der optischen Leistung abhängigen Brechzahl; das Diagramm von Ausgangsleistung P_{aus} gegen Eingangsleistung P_{ein} zeigt eine Hysterese

folgenden wird dieses Verhalten für eine dispersive Bistabilität diskutiert.

Die Transmission des Fabry-Perot-Resonators hängt von der optischen Weglänge nd im Resonator ab. Für $2nd = m\lambda$ hat die Transmission Maxima und die optische Leistung im Resonator Minima. Hier sind n die Brechzahl, d der Abstand der beiden Spiegel, m eine ganze Zahl und λ die Wellenlänge des eingestrahlten Lichtes. Gleichzeitig verändert die optische Leistung über die Abhängigkeit der Brechzahl n von der optischen Leistung (16.2.10) die Resonanzbedingung. Diese Rückkopplung ist die Ursache für das hysteresische Verhalten, d.h. für den Unterschied der S-förmigen Transmissionkurven in Abb. 16.28 bei Zunahme und Abnahme der Eingangsleistung. Wie stark die Hysterese ausgeprägt ist, hängt vom Aufbau des Fabry-Perot-Resonators ab. Abbildung 16.29 veranschaulicht bei verschwindender Hysterese den Einsatz des Fabry-Perot-Resonators als optisches UND-Gatter.

Es gibt mehrere Realisierungen von optisch bistabilen Elementen auf der Basis von Halbleiterkomponenten, die ähnlich dem Fabry-Perot-Resonator arbeiten. Das Problem dieser Elemente ist, daß die ausgenutzten optischen Nichtlinearitäten den elektronischen Nichtlinaritäten, die z.B. in Transistoren genutzt werden, bislang noch deutlich unterlegen sind [92].

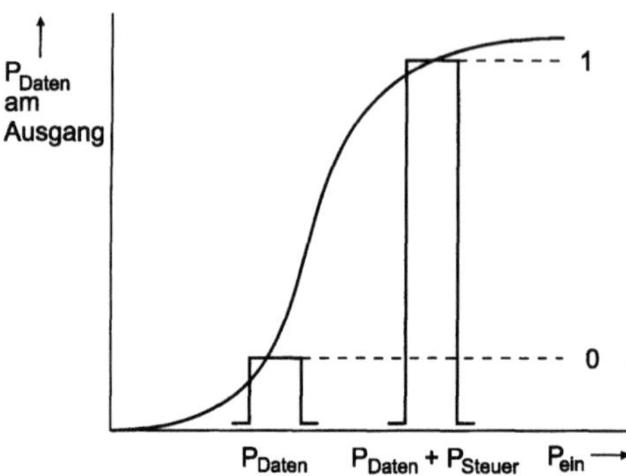

Abb. 16.29. Anwendung des Fabry-Perot-Resonators als optisches UND-Gatter bei vernachlässigbarer Hysterese

16.8 Optische Signalregeneration

Ein optischer Regenerator besteht aus den beiden Funktionsblöcken „Taktrückgewinnung" und „Entscheider", die wie in Abb. 16.30 gezeigt miteinander verbunden sind. In der Taktrückgewinnung wird eine optische Impulsfolge (Taktimpulse) erzeugt, die mit der Bitrate der Eingangsdaten synchronisiert ist. Im Entscheider steuern die verformten und jitterbehafteten Datenimpulse einen „Schalter", der pro Datenimpuls einen jitterfreien und unverformten Taktimpuls durchschaltet.

Die rein optische Taktrückgewinnung beruht auf der Synchronisation von selbstpulsierenden optischen Oszillatoren (modengekoppelter Faserringlaser [93], modengekoppelter Halbleiter-Laser [94, 95] oder DFB-Laser [96]. Durch Einstrahlen des Eingangsdatensignals wird die Selbstpulsation mit der Wiederholrate der Eingangsdaten synchronisiert. Taktrückgewinnung von optischen Datensignalen bis 40 Gbit/s wurde auf diese Weise realisiert. Es wurde auch Taktrückgewinnung mittels einer Phasenregelschleife (Phase-Locked Loop) realisiert, wobei rein optische Verfahren (Vierwellenmischung, Kreuzgewinnmodulation und Kreuzphasenmodulation) nur für die Phasendetektion eingesetzt wurden [97 – 100].

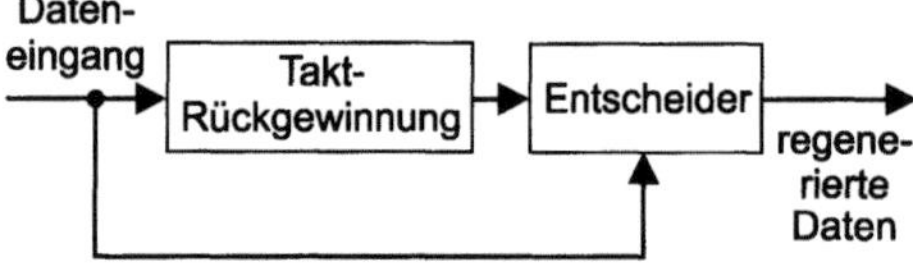

Abb. 16.30. Blockschaltbild eines optischen Regenerators

Für die Realisierung des Entscheiders werden hauptsächlich zwei Prinzipien untersucht. Zum einen werden die Eingangsdaten und die Taktpulse in einem Koppler leistungsmäßig überlagert und dann einem bistabilen Element (16.7) zugeführt (s. Abb. 16.29). Nachteil dieser Methode ist, daß kleine Variationen der Eingangsleistungen sich stark auf die Funktion des Entscheiders auswirken.

Eine andere Möglichkeit besteht darin, die Taktimpulse in einem optisch gesteuerten Schalter durchzuschalten, wobei die Eingangsdaten als Steuerimpulse für den Schalter dienen. Im Prinzip können hierfür alle optischen Schalter, die in 16.6 behandelt wurden, eingesetzt werden [101 – 105]. Bei dieser Anwendung kommen aber die Steuerpulse nicht periodisch und mit hoher Datenrate. Alle optischen Schalter, die auf der Basis von Kreuzphasenmodulatoren in einem Halbleiter-Laserverstärker (SOA) arbeiten, haben aufgrund der langen Zeitkonstanten für die Gewinnerholung bei diesen Betriebsbedingungen und Datenraten von mehr als 10 Gbit/s einen schlechten Schaltkontrast. Neben dem hier beschriebenen Verfahren der optischen Signalregeneratoren (Abb. 16.30) gibt es auch noch das Verfahren der „synchronen Regeneration" von optischen Datensignalen [106]. Bei diesem Verfahren wird das Datensignal mit der Taktfrequenz moduliert, was zu Korrekturen von Phasen- und Amplitudenfluktuationen führt.

16.9 Optische Phasenkonjugation (Optical-Phase Conjugation)

Optische Phasenkonjugation wurde zuerst dazu verwendet, die bei Propagation durch ein inhomogenes Medium entstehende räumliche Verformung der Phasenfront von optischen Wellen zu kompensieren. Das wesentliche Element ist ein phasenkonjugierter Spiegel (im folgenden Optischer Phasenkonjugator (OPC) genannt), der folgende Eigenschaft hat. Eine optische Welle, die ein Sender mit unverformter Wellenfront generiert, hat nach Durchlaufen eines inhomogenen Mediums M eine verformte Wellenfront. Diese Welle läßt sich vor dem Einfall auf den OPC in folgender Weise darstellen: $\boldsymbol{E}_{\text{ein}} = A(r) \exp[j(\omega t - kz)] + cc.$ Die am OPC reflektierte Welle hat dann die Form

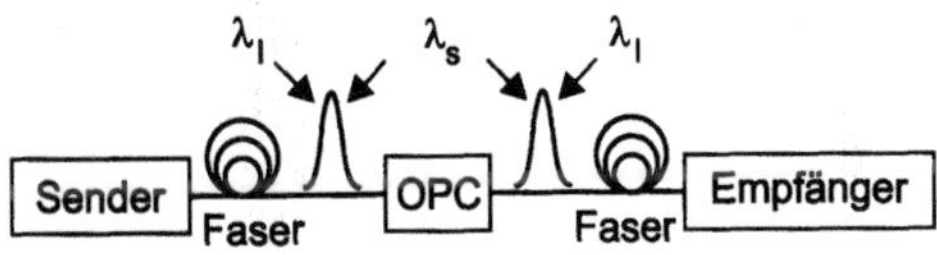

Abb. 16.31. Prinzip der Dispersionskompensation mittels optischer Phasenkonjugation (OPC); λ_s und λ_l bezeichnen „schnelle" und „langsame" Wellenlängen

$E_{ref} = A^*(r)\exp[-j(\omega t + kz)] + cc.$ Sie ist eine rückwärtspropagierende Welle, die an jedem Ort das Konjugiert-Komplexe der vorwärtslaufenden Welle ist. Insbesondere ist diese rückwärtspropagierende Welle nach Passieren des inhomogenen Mediums M das Konjugiert-Komplexe der unverformten Wellenfront der Senderwelle [107].

Dieses Konzept der Kompensation der räumlichen Verformung einer Wellenfront kann auch auf die Kompensation der zeitlichen Verformung eines Signalimpulses durch Dispersion und Selbstphasenmodulation übertragen werden. Eine für die optische Datenübertragung wichtige Tatsache ist jedoch, daß anstelle eines zweifachen Durchlaufs derselben Glasfaserstrecke das konjugierte Datensignal nicht zum Sender zurückgesandt wird, sondern vielmehr über ein zweites Fasersegment in Richtung Empfänger weiter übermittelt wird. Gleichen sich nun die Übertragungscharakteristika beider Glasfasern hinsichtlich der dispersiven und nichtlinearen optischen Eigenschaften, so macht es keinen Unterschied, ob in vor- oder rücklaufender Ausbreitungsrichtung die zeitliche Impulsverformung kompensiert wird.

Ein geeigneter OPC basiert auf dem nichtlinearen optischen Effekt der Viewellenmischung (FWM) in einer Glasfaser oder in einem Halbleiter-Laserverstärker (SOA). FWM wird in 16.2.9 und 16.3.6 behandelt. Werden eine cw-Pumpwelle $E_p(\omega_p)$ und eine Signalwelle $E_s(\omega_s)$ in die Glasfaser oder in den SOA eingekoppelt, so wird mittels FWM eine konjugierte Welle $E_c(\omega_c)$ mit $\omega_c = 2\omega_p - \omega_s$ für $\omega_s < \omega_p$ generiert und es gilt $E_c \propto E_p E_p E_s^*$. Die neu generierte Welle $E_c(\omega_c)$ ist proportional zur konjugiert-komplexen Amplitude der Signalwelle $E_s(\omega_s)$. Im Unterschied zum idealen OPC tritt aber eine Verschiebung des Frequenzspektrums um $2(\omega_p - \omega_s)$ symmetrisch um ω_p auf.

Das Frequenzspektrum wird auch an der Kreisfrequenz ω_p gespiegelt. Wegen der Spiegelung des Frequenzspektrums wird diese Technik auch „Mid-Span Spectral Inversion" genannt. Die Frequenzspiegelung erlaubt eine anschauliche Erklärung des OPC-Effektes im Fall der Dispersionskompensation.

Abbildung 16.31 zeigt schematisch den Aufbau eines Übertragungssystems mit OPC. Am Ende des ersten Faserabschnitts der Länge L_1 und damit am Eingang des OPC liegt der durch chromatische Dispersion verformte Signalimpuls $E_s(\omega_s)$ vor. Die „schnellen" Wellenlängenkomponenten sind am Impulsanfang und die „langsamen" Wellenlängenkomponenten am Impulsende. Am Ausgang des OPC befindet sich der konjugierte Impuls $E_c(\omega_c)$ als Datensignal für den zweiten Faserabschnitt der Länge L_2. Aufgrund der Inversion des Frequenzspektrums sind jetzt die „langsamen" Wellenlängenkomponenten am Impulsanfang und die „schnellen" Wellenlängenkomponenten am Impulsende. Die Impulsverformung verursacht durch den Dispersionskoeffizienten erster Ordnung $\beta_2 = d^2\beta/d\omega^2$ ist am Empfänger vollständig kompensiert für

$$\beta_2(\omega_s)\,L_1 = \beta_2(\omega_c)\,L_2 \tag{16.40}$$

Der durch den Dispersionskoeffizienten zweiter Ordnung β_3 beschriebene Dispersionseffekt wird mittels OPC nicht kompensiert.

Die Anwendung der optischen Phasenkonjugation für die Kompensation von Impulsverzerrungen durch chromatische Dispersion und durch Selbstphasenmodulation auf der Glasfaser wurde in mehreren Übertragungsexperimenten demonstriert [108–112].

Spezielle Literatur

[1] *Sutherland, R.L.:* Handbook of nonlinear optics, New York, Marcel Dekker, 1996, Kapitel 4

[2] s. [1], Kapitel 8

[3] s. [1], Kapitel 2

[4] *Yamada, M.; Nada, N.; Saitoh, M.; Watanabe, K.:* First-order quasiphase-matched $LiNbO_3$ waveguide periodically poled by applying an external field for efficient blue second harmonic generation, Appl. Phys. Lett. 62, p. 435, 1993

[5] s. [1], Kapitel 3

[6] *Byer, R.L.:* Parametric oscillation and nonlinear materials, in „Nonlinear Optics“, Editors. Harper, P.G., Wherrett, B.S., New York, Academic Press, 1977
[7] *Sohler, W.:* Second order nonlinear guided wave interaction, in „Nonlinear Surface Electromagnetic Phenomena“, Editors: Ponath, H.E., Stegeman, G., New York, Elsevier Science, 1990, Kapitel 1
[8] *Suche, H.; Sohler, W.:* Integrated optical parametric oscillators: J. Optoelectron. Dev. and Technology, vol 4, pp 1–20, 1989
[9] *Sohler, W.:* Nonlinear integrated optics, in „NATO Asi Series E, New Directions in Guided Wave and Coherent Optics“, Editors: Ostrowsky, D.B. ans Spitz, E., Vol II, pp 449–480, 1984
[10] s. [1] Kapitel 6
[11] *Inoue, K.:* Four-wave mixing in an optical fiber in the zero-dispersion wavelength region, IEEE J. of Lightwave Technol., vol 10, pp 1553–1561, 1992
[12] s. [1], Kapitel 6
[13] *Shen, V.R.:* Basic considerations of four-wave mixing and dynamic gratings, IEEE J. of Quantum Electron., QE-22 [8], pp 1196–1203, 1986
[14] *Asobe, M.; Suzuki, K.; Kanamori, T.; Kubodera, K.:* Nonlinear refractive index measurement in chalcogenide-glass fibers by self-phase modulation, Appl. Phys. Lett. 60, pp 1153–1154, 1992
[15] *Stegemann, G.I.:* Guided wave approaches to optical bistability, IEEE J. of Quantum Electron., QE-18, pp 1610–1619, 1982
[16] *Vassallo, C.:* Rigorous and approximate calculations of antireflection layer parameter for traveling-wave diode laser amplifiers, Electron. Lett., vol 21, pp 333–334, 1985
[17] *Tiemeijer, L.; Thijs, P.J.A.; v. Dongen, T.; Binsma, J.J.M.; Jansen, E.J.; Verboven, A.J.M.:* 27 dB gain unidirectional 1300 nm polarization-insensitive multiple quantum well laser amplifier module, IEEE Photon. Technol. Lett. 6, pp 1430–1432, 1994
[18] *Doussiere, P.; Garabedian, P.; Graver, C.; Bonnevie, D.; Fillion, T.; Derouin, E.; Monnot, M.; Provost, J.; Leclerc, D.; Klenk; M.:* 1.55 μm polarisation independent semiconductor optical amplifier with 25 dB fiber to fiber gain, IEEE Photon. Technol. Lett. 6, pp 170–172, 1994
[19] *Magari, K.; Okamoto, M.; Noguchi, Y.:* 1.55 μm polarisation-insensitive high-gain tensile-strained-barrier MQW optical amplifier, IEEE Photon. Technol. Lett. 3, pp 998–1000, 1991
[20] *Newkirk, M.; Miller, B.; Koren, U.; Chien, M.; Jopson, R.; Burrus, C.:* 1.5 μm multiquantum-well semiconductor optical amplifier with tensile compressively strained wells for polarisation-independent gain, IEEE Photon. Technol. Lett. 5, pp 406–408, 1993
[21] *Dutta, N.K.:* Calculated Absorption, emission and gain in InGaAsP, J. of Appl. Phys., vol 51, pp 6095–6100, 1980
[22] *Saleh, B.E.A.; Teich, M.C.:* Fundamentals of photonics, Kapitel 16.2, John Wiley, New York, 1991
[23] *Mukai, T.; Saitoh, T.:* Detuning characteristics of conversion efficiency of nearly degenerate four-wave mixing in a 1,5 μm traveling-wave semiconductor laser amplifier, IEEE J. of Quantum Electron., vol 16, pp 865–875, 1990
[24] *Obermann, K.; Mecozzi, A., Mørk, J.:* Theory of four-wave mixing, in „Photonic Devices for Telecommunications“, Editor: Guekos, G., Springer-Verlag, Berlin, 1999
[25] *Agrawal, G.P.:* Population pulsations and nondegenerate four-wave mixing in semiconductor lasers and amplifers, J. Opt. Soc. Am. B, vol 5, pp 147–159, 1988
[26] *Adams, M.J.; Davies, D.A.O.; Tatham, M.C.; Fisher, M.A.:* Nonlinearities in semiconductor laser amplifiers, Opt. and Quantum Electron., vol 27, pp 1–13, 1995
[27] *Uskov, A.; Mørk, J.; Mark, J.:* Wave mixing in semiconductor laser amplifiers due to carrier heating and spectralhole burning, IEEE J. of Quantum Electron., vol 30, pp 1769–1781, 1994
[28] *Osinski, M.; Buus, J.:* Linewidth broadening factor in semiconductor lasers – an overview, IEEE J. of Quantum Electron. QE-23, pp 9–29, 1987
[29] *Wiesenfeld, J.M.:* Gain dynamics and associated nonlinearities in semiconductor optical amplifiers. Intern. Journ. of High Speed Electronics and Systems, vol 7, pp 179–222, 1996
[30] *Hall, K.L.; Lenz, G.; Ippen, E.P.; Koren, U.; Raybon, G.:* Carrier heating and spectral hole burning in strained-layer quantum-well laser amplifiers at 1.5 μm, Appl.Phys. Lett. 61, pp 2512–2514, 1993
[31] *Hall, K.L.; Lenz, G.; Darwish, A.M.; Ippen, E.P.:* Subpicosecond gain and index nonlinearities in InGaAsP diode lasers, Optics Comm., vol 111, pp 589–612, 1994
[32] *Manning, R.J.; Ellis, A.D.; Poustie, A.J.; Blow, K.J.:* Semiconductor laser amplifier for ultrafast all-optical signal processing, J. Opt. Soc. Am. B, vol 14, pp 3204–3216, 1997
[33] *Bennett, B.R.; Soref, R.A.; DelAlamo, J.A.:* Carrier-induced change in refractive index of InP, GaAs and InGaAsP, IEEE J. of Quantum Electron., vol 26, pp 113–122, 1990
[34] *Großkopf, G.; Küller, L.; Ludwig, R.; Schnabel, R.; Weber, H.G.:* Semicondutor laser optical amplifier in switching and distribution networks, Opt. and Quantum Electron., vol 21, pp 59–74, 1989
[35] *Osinski, M.; Adams, M.J.:* Gain spectra of quaternary semiconductors, IEE Proc., vol 129, pp 229–236, 1982
[36] *Agrawal, G.P.; Olsson, N.A.:* Selfphase modulation and spectral broadening of optical pulses in semiconductor laser amplifiers, IEEE J. of Quantum Electron., vol 25, pp 2297–2306, 1989

[37] *Uskov, A.; Mørk, J.; Mark, J.:* Theory of short-pulse gain saturation in semiconductor laser amplifiers, IEEE Photon. Technol. Lett. 4, pp 442–446, 1992

[38] *Mecozzi, A.; Mørk, J.:* Saturation induced by pisosecond pulses in semiconductor optical amplifiers, J. Opt. Soc. Am. B, vol 14, pp 761–770, 1997

[39] *Diez, S.; Ludwig, R.; Weber, H.G.:* Gain-transparent SOA-switch for high bitrate Add/Drop multiplexing, IEEE Photon. Technol. Lett. 11, pp 60–62, 1999

[40] *Ludwig, R.; Pieper, W.; Schnabel, R.; Diez, S.; Weber, H.G.:* Four-wave mixing in semiconductor laser amplifiers: application for optical communication systems, Fiber and Integrated Optics, vol 16, pp 211–223, 1996

[41] *Diez, S.; Schmidt, C.; Ludwig, R.; Weber, H.G.; Obermann, K.; Kind, S.; Koltchanov, I.; Petermann, K.:* Four-wave mixing in semiconductor optical amplifiers for frequency conversion and fast optical switching, IEEE J. of Selected Topics in Quantum Electron., vol 3, pp 1131–1145, 1997

[42] *Mecozzi, A.; Scotti, S.; D'Ottavi, A.; Iannone, E.; Spano, P.:* Four-wave mixing in traveling-waves semiconductor, amplifiers, IEEE J. of Quantum Electron., vol 31, pp 689–699, 1995

[43] *Scotti, S.; Mecozzi, A.:* Frequency conversion based on FWM in traveling-wave optical amplifiers: theoretical aspects, Fiber and Integrated Optics, vol 15, pp 243–256, 1996

[44] *Zhou, J.; Park, N.; Dawson, J.W.; Vahala, K.J.; Newkirk, M.A.; Miller, B.I.:* Efficiency of braodband four-wave mixing wavelength conversion using semiconductor traveling-wave amplifiers, IEEE Photon. Technol. Lett. 6, pp 50–53, 1994

[45] *Danielsen, S.L.; Jørgensen, C.; Vaa, M.; Mikkelsen, B.; Stubkjaer, K.E.; Doussiere, P.; Pommerau, F.; Goldstein, L.; Ngo, R.; Goix, M.:* Bit error rate assestment of 40 Gbit/s all-optical polarisation independent wavelength converter, Electron. Lett., vol 32, pp 1688–1690, 1996

[46] *Bray, M.E.; O'Mahony, M.J.:* Cascading gain-saturation semiconductor laser-amplifier wavelength translators, IEE Proc.-Optoelectron, vol 143, pp 1–6, 1996

[47] *Jørgensen, C.; Danielsen, S.L.; Durhuus, T.; Mikkelsen, B.; Stubkjaer, K.E.; Vodjdani, N.; Ratovelomanana, F.; Enard, A.; Glastre, G.; Rondi, D.; Blondeau, R.:* Wavelength converson by optimized monolithic integrated Mach-Zehnder interferometer, IEEE Photon. Technol. Lett., vol 8, pp 521–523, 1996

[48] *Ratovelomanana, F.; Vodjdani, N.; Enard, A.; Glastre, G.; Rondi, D.; Blondeau, R.; Dupes, A.; Billès, L.; Simon, J.C.:* Regeneration improvement in all-optical wavelength converter, based on a Mach-Zehnder interferometer, by means of phase-shifter section, Electron. Lett., vol 33, pp 1629–1630, 1997

[49] *Mikkelsen, B.; Vaa, M.; Poulsen, H.N.; Danielsen, S.L.; Jørgensen, C.; Kloch, A.; Hansen, P.B.; Stubkjaer, E.E.; Wünstel, K.; Daub, K.; Lach, E.; Laube, G.; Idler, W.; Schilling, M.; Bouchoule, S.:* 40 Gbit/s all-optical wavelength converter and RZ-to-NRZ format adapter realised by monolithic integrated active Michelson interferometer, Electron. Lett., vol 33, pp 133–134, 1997

[50] *Inoue, K.; Toba, H.:* Wavelength conversion experiment using fiber four-wave mixing, IEEE Photon. Technol. Lett., vol 4, pp 69–71, 1992

[51] *Watanabe, S.; Chikama, T.:* Highly efficient conversion and parametric gain of nondegenerate forward four-wave mixing in a singlemode fiber, Electron. Lett., vol 30, pp 163–164, 1994

[52] *Watanabe, S.; Takeda, S.; Ishikawa, G.; Ooi, H.; Nielsen, I.G.; Sonne, C.:* Simultaneous wavelength conversion and optical phase conjugation of 200 Gbit/s (5 × 40 Gbit/s) WDM signal using a highly nonlinear fiber four-wave mixer, Proc. 23rd Europ. Conf. Opt. Commun. (ECOC), Edinburg, UK, vol 5, pp 1–4, 1997

[53] *Diez, S.; Schmidt, C.; Ludwig, R.; Weber, H.G.; Obermann, K.; Kindt, S.; Koltchanov, I.; Petermann, K.:* Four-wave mixing in semiconductor optical amplifiers for frequency conversion and fast optical switching, IEEE J. of Selected Topics in Quantum Electron., vol 3, pp 1131–1145, 1997

[54] *Lee, R.B.; Geraghty, D.F.; Verdiell, M.; Ziari, M.; Mathur, A.; Valhala, K.J.:* Cascaded wavelength conversion by four-wave mixing in a strained semiconductor optical amplifier at 10 Gbit/s, IEEE Photon. Technol. Lett., vol 9, pp 752–754, 1997

[55] *Schunk, N.; Großkopf, G.; Ludwig, R.; Schnabel, R.; Weber, H.G.:* Frequency conversion by nearly-degenerate four-wave mixing in traveling-wave semiconductor laser amplifier, Proc. Inst. Electr. Eng., vol 137, pp 209–214, 1990

[56] *Contertabile, G.; Martelli, F.; Mecozzi, A.; Graziani, L.; D'Ottavi, A.; Spano, P.; Guekos, G.; Dall'Ara, R.; Eckner, J.:* Efficiency flattering and equalization of frequency up- and down-conversion using four-wave mixing in semiconductor optical amplifiers, IEEE Photon. Technol. Lett., vol 10, pp 1398–1400, 1998

[57] *Morgan, T.J.; Lacey, J.P.R.; Tucker, R.S.:* Widely tunable four-wave mixing in semiconductor optical amplifiers with constant conversion efficiency, IEEE Photon. Technol. Lett., vol 10, pp 1401–1403, 1998

[58] *Lacey, J.P.R.; Madden, S.J.; Summerfield, M.A.:* Four-channel polarisation-insensitive optically transparent wavelength converter, IEEE Photon. Technol. Lett., vol 9, pp 1355–1357, 1997

[59] *Hasegawa, T.K.; Inoue, K.; Oda, K.:* Polarization independent frequency conversion by fiber four-wave mixing with a polarization diversity technique, IEEE Photon. Technol. Lett., vol 7, p 497, 1995

[60] *Jopson, R.M.; Tench, R.E.:* Polarisation-independent phase conjugation of lightwave signals, Electron. Lett., vol 29, pp 2216–2217, 1993

[61] *Cortes, P.; Chbat, M.; Artigaud, S.; Beylat, J.; Chesnoy, J.:* Below 0.3 dB polarisation penalty in 10 Gbit/s directly modulated DFB signal over 160 km using Mid-span spectral inversion in a semiconductor laser amplifier, Conference on Optical Communication, ECOC Brussels, Techn. Digest, vol 1, pp 271–274, 1995
[62] *Schnabel, R.; Hilbk, U.; Hermes, Th.; Meissner, P.; v. Helmolt, C.; Magari, K.; Raub, F.; Pieper, W.; Westphal, F.J.; Ludwig, R.; Küller, L.; Weber, H.G.:* Polarisation insensitive frequency conversion of a 10-channel OFDM signal using four-wave-mixing in a semiconductor laser amplifier, IEEE Photon. Technol. Lett., vol 6, pp 56–58, 1994
[63] *Yoo, S.J.B.; Caneau, C.; Bhat, R.; Koza, M.A.; Rajhel, A.; Antoniades, N.:* Wavelength conversion by difference frequency generation in AlGaAs waveguides with periodic domain inversion achieved by wafer-bonding, Appl. Phys. Lett., vol 68, pp 2609–2611, 1996
[64] *Bennion, I.; Goodwin, M.J.:* Third-order nonlinear guided-wave optical devices, in „Nonlinear Optics in Signal Processing", Editors: Eason, R.W., Miller, A.; Chapman and Hall, London, 1993
[65] *Frieberg, S.R.; Weiner, A.M.; Sieberberg, Y.; Sfez, B.G.; Smith, P.W.:* Femtosecond switching in a dual-core-fiber nonlinear coupler, Opt. Lett., vol 13, pp 904–906, 1988
[66] *Jinno, M.; Matsumoto, T.:* Nonlinear Sagnac interferometer switch and its applications, IEEE J. of Quantum Electron., vol 28, pp 875–882, 1992
[67] *Bigo, S.; Leclerc, O.; Desurvire, E.:* All-optical fiber signal processing and regeneration for solition communications, IEEE J. of Selected Topics in Quantum Electron., vol 3, pp 1208–1223, 1997
[68] *Bigo, S.; Leclerc, O.; Desurvire, E.:* All-optical fiber signal processing and regeneration for soliton communications, IEEE J. of Selected Topics in Quantum Electron., vol 3, pp 1208–1223, 1997
[69] *Jinno, M.:* Nonlinear Sagnac interferometer switch and its applications, IEEE J. of Quantum Electron., vol 28, pp 875–882, 1992
[70] *Uchiyama, K.; Takara, H.; Kawanishi, S.; Morioka, T.; Satuwatari, M.:* Ultrafast polarisation-independent all-optical switching using a polarization diversity scheme in the nonlinear optical loop mirror, Electron. Lett., vol 28, pp 1864–1865, 1992
[71] *Bülow, H.; Veith, G.:* Polarisation-independent switching in a nonlinear optical loop mirror by a dual wavelength switching pulse, Electron. Lett., vol 29, pp 588–589, 1993
[72] *Uchiyama, K.; Kawanishi, S.; Takara, H.; Morioka, T.; Saruwatari, M.:* 100 Gbit/s to 6.3 Gbit/s demultiplexing experiment using polarisation-independent nonlinear optical loop mirror, Electron. Lett., vol 30, pp 873–874, 1994
[73] *Uchiyama, K.; Takara, H.; Morioka, T.; Kawanishi, S.; Saruwatari, M.:* 100 Gbit/s multiplechannel output all-optical demultiplexer based on TDM-WDM conversion in a nonlinear optical loop mirror, Electron. Lett., vol 32, pp 1989–1991, 1996
[74] *Eiselt, M.; Pieper, W.; Weber, H.G.:* SLALOM: Semiconductor Laser Amplifier in a Loop Mirror, IEEE J. of Lightwave Technol., vol 13, pp 2099–2012, 1995
[75] *Ellis, A.D.; Spirit, D.M.:* Compact 40 Gbit/s optical demultiplexer using a GaInAsP optical amplifier, Electron. Lett., vol 29, pp 2115–2116, 1993
[76] *Suzuki, K.; Iwatsuki, K.; Nishi, S.; Saruwatari, M.:* Error-free demultiplexing of 160 Gbit/s pulse signal using optical loop mirror including semiconductor laser amplifier, Electron. Lett., vol 30, pp 1501–1503, 1994
[77] *Pieper, W.; Jahn, E.; Eiselt, M.; Ludwig, R.; Schnabel, R.; Ehrhardt, A.; Ehrke, H.J.; Weber, H.G.:* System Applications for All-Optical Semiconductor Switching Devices, in: „Photonics Networks", edited by G. Prati (Springer, London, 1997), pp 473–487
[78] *Diez, S.; Ludwig, R.; Weber, H.G.:* All-optical switch for TDM and WDM/TDM systems demonstrated in a 640 Gbit/s demultiplexing experiment, Electron. Lett., vol 34, pp 803–805, 1998
[79] *Jahn, E.; Agrawal, N.; Ehrke, H.J.; Ludwig, R.; Pieper, W.; Weber, H.G.:* Monolithically integrated asymmetric Mach-Zehnder interferometer as a 20 Gbit/s all-optical add/drop multiplexer for OTDM systems, Electron. Lett., vol 32, pp 216–217, 1996
[80] *Hess, R.; Duelk, W.; Vogt, W.; Gamper, E.; Gini, E.; Besse, P.A.; Melchior, H.; Jepsen, K.S.; Mikkelsen, B.; Vaa, M.; Poulsen, H.N.; Clausen, A.T.; Stubkjaer, K.E.; Bouchoule, S.; Devaux, F.:* Simultaneous all-optical add and drop multiplexing of 40 Gbit/s OTDM signals using monolithically integrated Mach-Zehnder interferometer, Electron. Lett., vol 34, pp 579–580, 1998
[81] *Diez, S.; Ludwig, R.; Weber, H.G.:* Gain-transparent SOA-switch for high-bitrate OTDM add/drop multiplexing, IEEE Photon, Technol. Lett., vol. 11, pp 60–62, 1999
[82] *Morioka, T.; Kawanishi, S.; Uchiyama, K.; Takara, H.; Saruwatari, M.:* Polarisation-independent 100 Gbit/s all-optical demultiplexer using four-wave mixing in a polarisation-maintaining fibre loop, Electron. Lett., vol 30, pp 591–592, 1994
[83] *Morioka, T.; Takara, H.; Kawanishi, S.; Kitoh, T.; Saruwatari, M.:* Error-free 500 Gbit/s all-optical demultiplexing using low-noise, low-jitter supercontiuum short pulses, Electron. Lett., vol 32, pp 833–834, 1996
[84] *Kawanishi, S.; Morioka, T.; Kamatani, O.; Takara, H.; Jacob, J.M.; Saruwatari, M.:* 100 Gbit/s all-optical demultiplexing using four-wave mixing in a travelling wave laser diode amplifier, Electron. Lett., vol 30, pp 981–982, 1994

[85] *Morioka, T.; Takara, H.; Kawanishi, S.; Uchiyama, K.; Saruwatari, M.:* Polarisation-independent all-optical demultiplexing up to 200 Gbit/s using four-wave mixing in a semiconductor laser amplifier, Electron. Lett., vol 32, pp 840–842, 1996
[86] *Islam, M.N.:* Ultrafast all-optical switching devices, in: „Photonic switching and interconnects", Editor: Marrakchi, A.; Marcel Dekker, New York, 1994
[87] *Ahn, K.H.; Vaziri, M.; Barnett, B.C.; Williams, G.R.; Cao, X.D.; Islam, M.N.; Malo, B.; Hill, K.O.; Chowdhury, D.Q.:* Experimental demonstration of a low-latency fiber soliton logic gate, IEEE J. of Lightwave Technol., vol 14, pp 1768–1775, 1996
[88] *Saxena, S.; Wai, P.K.A.; Menyuk, C.R.; Chbat, M.W.:* Analysis of a soliton-based logic module for a ring network, IEEE J. of Lightwave Technol., vol 14, pp 1776–1785, 1996
[89] *Gibbs, H.M.:* Optical Bistability: Controlling light by light, Academic Press, New York
[90] *Kawaguchi, H.:* Absorptive and dispersive bistability in semiconductor injection lasers, Opt. Quantum Electron., vol 19, pp S1–S36, 1987
[91] *Kawaguchi, H.:* Bistability and Nonlinearities in Laser diodes, Norwood, MA: Artech House (1994)
[92] *Kuhlow, B.:* Optische Computer, Mikro Elektronik, Bd 6, pp 8–15, 1992
[93] *Ellis, A.D.; Smith, K.; Patrick, D.M.:* All optical clock recovery at bit rates up to 40 Gbit/s, Electron. Lett., vol 29, pp 1323–1224, 1993
[94] *Ludwig, R.; Ehrhardt, A.; Pieper, W.; Jahn, E.; Agrawal, N.; Ehrke, H.J.; Küller, L.; Weber, H.G.:* 40 Gbit/s demultiplexing experiment with 10 GHz all-optical clock recovery using a modelocked semiconductor laser, Electron. Lett., vol 32, pp 327–339, 1996
[95] *Ludwig, R.; Diez, S.; Ehrhardt, A.; Küller, L.; Pieper, W.; Weber, H.G.:* A tunable femtosecond modelocked semiconductor laser for applications in OTDM systems, IEICE Trans. Electron., vol E81-C, pp 140–145, 1998
[96] *Sartorius, B.; Bornholdt, C.; Brox, O.; Ehrke, H.J.; Hoffmann, D.; Ludwig, R.; Möhrle, M.:* All-optical clock recovery module based on self-pulsating DFB laser, Electron. Lett., vol 34, p 1664, 1998
[97] *Kawanishi, S.; Saruwatari, M.:* 10 GHz timing extraction from randomly modulated optical pulses using phase-locked loop with traveling-wave laser-diode optical amplifier using optical gain modulator, Electron. Lett., vol 28, pp 510–511, 1992
[98] *Kamatani, O.; Kawanishi, S.; Saruwatari, M.:* Prescaled 6.3 GHz clock recovery from 50 Gbit/s TDM optical signal with 50 GHz phase lock loop using four-wave-mixing in a traveling-wave laser diode optical amplifier, Electron. Lett., vol 30, pp 807–809, 1994
[99] *Kamatani, O.; Kawanishi, S.:* Prescaled timing extraction from 400 Gbit/s optical signal using a phase lock loop based on four-wave mixing in a laser diode amplifier, IEEE Photon. Technol. Lett., vol 8, pp 1094–1096, 1996
[100] *Kawanishi, S.; Takara, H.; Morioka, T.; Kamatani, O.; Saruwatari, M.:* 200 Gbit/s, 100 km time-division-multiplexed optical transmission using supercontinuum pulses with prescaled PLL timing extraction and all-optical demultiplexing, Electron. Lett., vol 31, pp 816–817, 1995
[101] *Jinno, M.; Abe, M.:* All-optical regenerator based on nonlinear fiber Sagnac interferometer, Electron. Lett., vol 28, pp 1350–1352, 1992
[102] *Jinno, M.:* All-optical signal regularizing/regeneration using a non-linear fiber Sagnac interferometer switch with signal-clock walk-off, IEEE J. of Lightwave Technol., vol 12, pp 1648–1659, 1994
[103] *Lucek, J.K.; Smith, K.:* All-optical signal regenerator, Opt. Lett., vol 18, pp 1226–1228, 1993
[104] *Pender, W.A.; Widdowson, T.; Ellis, A.D.:* Error-free operation of a 40 Gbit/s all-optical regenerator, Electron. Lett., vol 32, pp 567–569, 1996
[105] *Pieper, W.; Weich, K.; Ludwig, R.; Patzak, E.; Weber, H.G.:* All-optical polarization and wavelength independent 3R signal regenerator, Electron. Lett., vol 32, pp 1316–1318, 1996
[106] *Bigo, S.; Leclerc, O.; Desurvire, E.:* All-optical fiber signal processing and regeneration for solition communications, IEEE J. of Selected Topics in Quantum Electron., vol 3, pp 1208–1223, 1997
[107] *Shen, Y.:* The Principles of Nonlinear Optics, John Wiley & Sons, Inc., New York, USA (1984)
[108] *Watanabe, S.; Chikama, T.; Ishikawa, G.; Terahara, T.; Kuwahara, H.:* Compensation of Pulse Shape Distortion Due to Chromatic Dispersion and Kerr Effect by Optical Phase Conjugation, IEEE Photon. Technol. Lett., vol 5, pp 1241–1243, 1993
[109] *Pieper, W.; Kurtzke, C.; Schnabel, R.; Breuer, D.; Ludwig, R.; Petermann, K.; Weber, H.G.:* Nonlinearity-insensitive standard-fibre transmission based on optical-phase conjugation in a semiconductor-laser amplifier, Electron. Lett., vol 30, pp 724–726, 1994
[110] *Zhang, X.; Ebskamp, F.; Jørgensen, B.:* Long-Distance Transmission Over Standard Fiber by Use of Mid-Way Phase Conjugation, IEEE Photon. Technol. Lett., vol 7, pp 819–821, 1995
[111] *Feiste, U.; Ludwig, R.; Dietrich, E.; Diez, S.; Ehrke, H.J.; Razic, Dz.; Weber, H.G.:* 40 Gbit/s transmission over 434 km standard fibre using polarization independent mid-span spectral inversion, Electron. Lett., vol 34, pp 2044–2045, 1998
[112] *Feiste, U.; Ludwig, R.; Schmidt, C.; Dietrich, E.; Diez, S.; Ehrke, H.J.; Patzak, E.; Weber, H.G.; Merker, T.:* 80 Gbit/s Transmission over 106-km Standard-Fiber Using Optical Phase Conjugation in a Sagnac-Interferometer, IEEE Photon. Technol. Lett., vol 11, pp 1063–1065, 1999

Optische Sender: Grundlagen 17

H. Burkhard

Allgemeine Literatur

W. Kleber, Einführung in die Kristallographie, Verlag Technik, Berlin (1990). – *J. E. Ziman*, Principles of the Theory of Solids, Cambridge University Press (1965). – *Ch. Kittel*, Introduction to Solid State Physics, John Wiley & Sons, Inc., New York 1963. – *L. Brillouin*, Wave Propagation in Periodic Structures, Dover Publications, Inc. (1953). – *O. Madelung*, Grundlagen der Halbleiterphysik, Springer-Verlag, Berlin (1970). – *J. S. Blakemore*, Semiconductor Statistics, Pergamon Press, Oxford (1962). – *S. Adachi*, Physical Properties of III-V Semiconductor Compounds, John Wiley & Sons, New York (1992). – *G. P. Agrawal* and *N.K. Dutta*, Semiconductor Lasers, 2d ed. Ch. 3, Van Nostrand Reinhold, New York (1993). – *S. W. Corzine*, *R.-H. Yan*, and *L.A. Coldren*, Optical gain in III-V bulk and quantum well semiconductors, in Quantum Well Lasers, ed. P.S. Zory, Jr., Ch. 1, Academic Press, San Diego (1993). – *A. Sommerfeld*, *H. Bethe*, Elektronentheorie der Metalle, Springer Verlag, Berlin (1967). – *K. J. Ebeling*, Integrated Opto-electronics, Springer-Verlag, Berlin (1993). – *L. A. Coldren*, *S.W. Corzine*, Diode Lasers and Photonic Integrated Cicuits, Wiley Series in Microwave and Optical Engineering, John Wiley & Sons, New York (1995). – *W. Heitmann*, *A. Mattheus*, *H. Burkhard*, *M. Rocks*, Bausteine für die optische Nachrichtentechnik in Optische Telekommunikationssysteme, Hrsg. Hagen Hultzsch, Damm- Verlag. Gelsenkirchen (1996). – *O'Reilly*, *A. Ghiti*, Valence Band Engineering in Quantum Well Lasers, in Quantum Well Lasers, ed. P.S. Zory, Jr., Ch. 7, Academic Press, San Diego (1993). – *J. J. Coleman*, Strained Layer Quantum Well Heterostructure Lasers, in Quantum Well Lasers, ed. P.S. Zory, Jr., Ch. 8, Academic Press, San Diego (1993). – *O. Madelung*, ed., Semiconductors, Landolt-Börnstein, Volume 17 und 22, Springer-Verlag Berlin 1982 und 1987. – *H.C. Casey, Jr.*, *M.B. Panish*, Heterostructure Lasers, Part A: Fundamental Principles, Academic Press New York 1978. – *J.S. Blakemore*, Recombination rate theory in semiconductors, in Problems in thermodynamics and statistical physics, ed. P. T. Landsberg, Pion Limited, London 1971. – *K. Petermann*, Laser Diode Modulation and Noise, Kluwer Academic Publishers, Dordrecht 1991

Einführung

Zum Verständnis von Halbleiterlasern ist die Kenntnis der Halbleiterphysik erforderlich. Deren Darstellung soll hier nur knapp zusammenfassend erfolgen. Detaillierte Ausführungen sind in der Liste der Bücher zu finden.

Obwohl Silizium der am häufigsten technisch verwandte und der im täglichen Leben am häufigsten anzutreffende Halbleiter ist, soll er hier nicht näher beschrieben werden, da er für die Erzeugung stimulierter Lichtemission in einem Laser ungeeignet ist. Silizium neben Germanium sind sogenannte indirekte Halbleiter. In ihnen können Elektron-Loch Paare nur indirekt unter Emission oder Absorption eines Photons rekombinieren; es muß stets auch ein Phonon mitbeteiligt sein, um die Impulsbilanz bei diesem Prozeß zu erfüllen. Dieser Prozeß hat damit eine im Vergleich zu direkten Halbleitern ohne Phononenbeteiligung wie GaAs, InP und vielen anderen III-V Verbindungen eine wesentlich geringere Übergangswahrscheinlichkeit der Elektronen vom Leitungs- in das Valenzband und damit stimulierte Photonenausbeute.

Ob nun ein Halbleiter direkt oder indirekt ist, hängt nicht zuletzt von seiner Kristallstruktur ab; die Kristallphysik wird hier nur soweit betrachtet, wie sie für Halbleiterlaser zum Verständnis der damit zusammenhängenden Energie-Bandstruktur von Bedeutung ist.

17.1 Kristallstruktur

In einem kristallinen Festkörper lassen sich drei primitive Basis-Vektoren $\vec{a}$, $\vec{b}$, $\vec{c}$, so definieren, daß die Kristallstruktur unter Translation mit irgend einem Vektor, der aus einer Summe ganzzahliger Vielfacher dieser Basisvektoren besteht, invariant bleibt: die Kristallgitterpunkte können durch einen Satz von Vektoren

$$\vec{l} = p\,\vec{a} + q\,\vec{b} + r\,\vec{c} \tag{17.1}$$

mit ganzzahligen Werten, p, q, r beschrieben werden. Das Kristallgitter besitzt Translationssymmetrie seines Punktgitters und ist invariant gegenüber einer unendlichen Zahl von primitiven Translationsoperationen. Alle diese Translationen besitzen Gruppeneigenschaften und bilden zusammen die (unendliche) Translationsgruppe. Es ist üblich, die Translationsgruppe durch Einführung von zyklischen Randbedingungen endlich zu machen. Das bedeutet, daß man die Idealisierung eines unendlich ausgedehnten Kristalls durch einen Kristall mit Oberflächen ersetzt, den man dann zyklisch von einem endlichen Grundgebiet ausgehend fortsetzt. Die Translationsgruppe wird dementsprechend endlich. Jedes Gitter besitzt zusätzlich zu den Translationen noch andere Symmetrieoperationen, wie Drehungen um *n*-zählige Achsen, Inversionen, Schraubungen und Gleitspiegelungen. Alle Operationen, die ein Kristallgitter invariant lassen, bezeichnet man als Raumgruppe des Kristalls.

Die einfachste Struktur bildet eine kubische Anordnung gleicher Atome an den Ecken eines Würfels. Bei zwei verschiedenen Elementen in einer Elementarzelle können sich im kubischen Fall schon zwei unterschiedliche Symmetrien ergeben: entweder können die Atome der einen Sorte auf den Flächenmitten sitzen und die der anderen Sorte in den Würfelecken (flächenzentriertes kubisches Gitter), oder die eine Sorte sitzt im Zentrum des Würfels und die andere wieder in den Eckplätzen (raumzentriertes kubisches Gitter): $p + {}^1/_2, q + {}^1/_2, r + {}^1/_2$. In der Zelle des Ursprungspunktes [0, 0, 0] ergeben sich die Koordinaten $[{}^1/_2, {}^1/_2, {}^1/_2]$ für den raumzentrierten Punkt und $[{}^1/_2, {}^1/_2, 0]$ für den basisflächenzentrierten. Die anderen Flächen werden durch die Punkte mit den Koordinaten $[0, {}^1/_2, {}^1/_2]$ bzw. $[{}^1/_2, 0, {}^1/_2]$ flächenzentriert.

17.1.1 Zinkblende-Struktur

Für die hier betrachteten Halbleiter ist die Diamantstruktur (Raumgruppe O_h^7 – Fd3m) wichtig, da mit ihr die Zinkblende-Struktur (Raumgruppe T_d^2 – F$\bar{4}$3 m), in der die meisten A_{III}-B_V Halbleiter kristallisieren, verwandt ist; daher wird sie etwas detaillierter erläutert.

Das Raumgitter des Diamant ist kubisch flächenzentriert mit einer Basis von 2 Atomen in den Koordinaten (0, 0, 0) und $({}^1/_4, {}^1/_4, {}^1/_4)$. Jedes Atom ist tetraedrisch von 4 anderen umgeben. Die Einheitszelle enthält 8 Atome. Die Struktur kann aufgefaßt werden als bestehend aus zwei flächenzentrierten Gittern, die um ${}^1/_4$ der Länge der Raumdiagonalen in Richtung der Raumdiagonalen gegeneinander verschoben sind. Alle Atome sind aber gleich. Der Diamant gehört zur Oktaedersymmetriegruppe, zu der noch ein Symmetriezentrum hinzugefügt ist (OxC_i). Die Struktur der meisten III-V Halbleiter wie InP, GaAs, InAs, AlAs, GaP etc.(Tetraedersymmetriegruppe T_d) ist mit dem Diamant insofern verwandt, als jeweils ein kubisch flächenzentriertes Untergitter mit einer Atomsorte und das zweite in Richtung der Raumdiagonalen verschobene Untergitter mit der zweiten Sorte von Atomen besetzt ist (Abb. 17.1).

Die Bandabstandsenergien in Abhängigkeit von der Gitterkonstanten für die für die optische Nachrichtenübertragungstechnik wichtigen binären A_{III}-B_V Verbindungshalbleiter und deren mögliche Mischungskristalle sind in Abb. 17.2 dargestellt. Die gepunkteten Linien weisen darauf hin, daß es sich um indirekte Halbleiter handelt.

Bei ternären oder quaternären Kristallen sind idealisiert die Elemente der III-er Gruppe statistisch auf ein Untergitter verteilt und die V-er Gruppenelemente auf das zweite. Eine Atomsorte sitzt in den Gitterpunkten der Einheitszelle auf den Plätzen (0,0,0), $(0, {}^1/_2, {}^1/_2)$, $({}^1/_2, 0, {}^1/_2)$, $({}^1/_2, {}^1/_2, 0)$ und die andere auf den Plätzen $({}^1/_4, {}^1/_4, {}^1/_4)$, $({}^1/_4, {}^1/_4, {}^1/_4)$, $({}^1/_4, {}^1/_4, {}^1/_4)$, $({}^1/_4, {}^1/_4, {}^1/_4)$. Die Einheitszelle enthält vier Moleküle A_{III}-B_V. Um jedes Atom der einen Sorte sind 4 der anderen Art gleichweit entfernt angeordnet in den Ecken eines regulären Tetraeders. Die Diamantstruktur besitzt ein Inversionszentrum in der Mitte jeder Verbindungslinie zwischen nächsten Nachbarn. Die Zinkblende-Struktur besitzt dieses Inversionszentrum nicht.

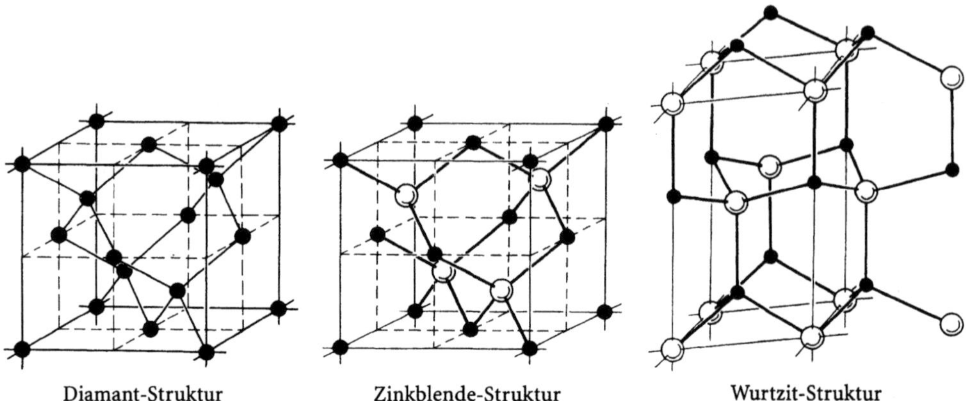

Abb. 17.1. Einheitszelle der Zinkblende Kristallstruktur der meisten A_{III}-B_V Verbindungshalbleiter im Vergleich zur Diamant- und Wurtzit-Struktur. Die Atome der III-er Gruppe (ausgefüllte Kreise) sind tetraedrisch von denen der V-er Gruppe (offene Kreise) umgeben (und umgekehrt). Die Kristallstruktur besteht aus zwei kubisch flächenzentrierten Gittern je einer Atomart. Die Gitter sind in Raumdiagonalenrichtung um $^1/_4$ der Länge der Raumdiagonalen der Elementarzelle gegeneinander verschoben. Wenn alle Atome gleich sind, liegt die Diamantstruktur vor. Die Wurtzit-Struktur stellt die hexagonale Modifikation dar. In allen drei Strukturen ist jedes Atom tetraedrisch von vier nächsten Nachbarn umgeben

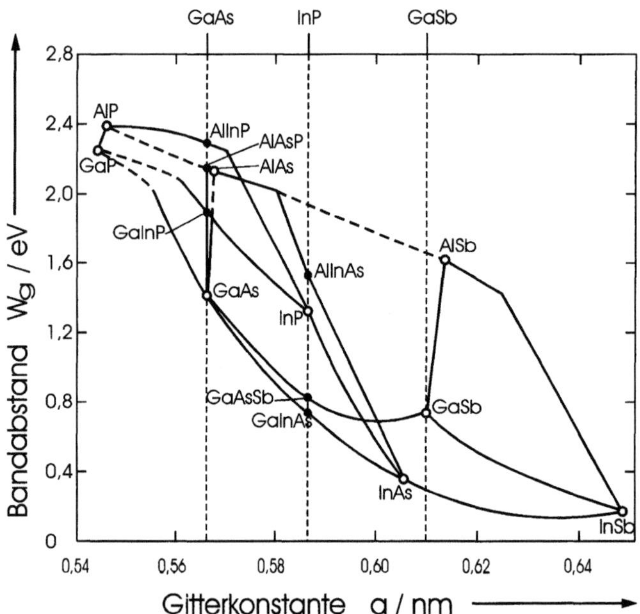

Abb. 17.2. Bandabstandsenergien und Gitterkonstanten von A_{III}-B_V Halbleitern. Von besonderem Interesse ist das Materialsystem InGaAsP, gitterangepaßt auf InP. Die vier binären Eckpunkte GaP, InP, InAs und GaAs, bilden die Bestandteile das quaternäre Systems. Bei Gitteranpassung auf InP lassen sich Bandabstandsenergien von 0,75 eV bis zu 1,35 eV erreichen. Auf GaAs sind Bandabstände von 1,42 eV bis 1,9 eV möglich

Verwandt mit dem Zinkblende-Gitter ist der Wurtzit-Typ (P6$_3$mc - C_{6v}^4). Es ist die hexagonale Modifikation, und in beiden sind die beiden Atomsorten in hexagonal dichtester Kugelpackung angeordnet. Auch in der Wurtzit-Struktur sind die nächsten Nachbarn ebenfalls tetraedrisch angeordnet. Diese Struktur kann betrachtet werden als zwei ineinander gestellte hexagonal dichtest gepackte Untergitter aus jeweils einer Atomart. Beide Strukturen sind gleich dicht gepackt. Das kann man verstehen, wenn man sich die Atome als starre Kugeln vorstellt und sie so dicht wie möglich packt. Die erste Schicht dicht gepackter Kugeln (jede berührt sechs andere) wird von einer zweiten gleichartigen überschichtet, so daß jede Kugel in Kontakt mit drei anderen der darunterliegenden Schicht kommt. Eine dritte Schicht kann auf zwei Arten hinzugefügt werden:

- in der kubischen Variante sind die Kugeln der dritten Schicht über den Hohlräumen in der ersten Schicht angeordnet, die nicht von der zweiten besetzt sind;
- in der hexagonalen Struktur sind die Kugeln der dritten Schicht direkt über den Kugeln in der ersten Schicht angeordnet.

Bei der Betrachtung der verschiedenen Strukturen als starre Kugeln beträgt der gefüllte Raumanteil $\pi(2)^{1/2}/6(74\%)$ beim kubisch flächenzentrierten wie auch beim hexagonal dicht gepackten Kristall, während die Diamantstruktur nur zu $\pi\,(3)^{1/2}/16(34\%)$ gefüllt ist.

Die Spaltbarkeit des Diamanten parallel zu einer den {1,1,1}-Flächen (Oktaederflächen) hängt damit zusammen, daß entlang diesen Flächen bei einer Spaltung relativ wenige Bindungen aufgebrochen werden müssen. Beim Zinkblende-Gitter ist eine leichte Spaltung in den {1,1,0}-Ebenen (Miller-Indizes, s. Abschn. 17.2) möglich.

17.2 Reziprokes Gitter

Zum besseren Verständnis der Halbleiterphysik wird der Begriff des Impuls- oder k-Raums, der in den folgenden Kapiteln häufig verwendet wird, hier kurz erläutert. Er ist ein Analogon zum reziproken Raume in der Kristallographie:

Konstruiert man aus den Basisvektoren des direkten Kristallgitters $\vec{a}$, $\vec{b}$, $\vec{c}$, neue Vektoren nach der Vorschrift

$$\vec{a}^* = 2\pi(\vec{b}\times\vec{c})/V_c,$$
$$\vec{b}^* = 2\pi(\vec{c}\times\vec{a})/V_c,$$
$$\vec{c}^* = 2\pi(\vec{a}\times\vec{b})/V_c, \tag{17.2}$$

wobei $V_c = \vec{a}(\vec{b}\times\vec{c})$ das Volumen der Einheitszelle des direkten Gitters ist, so erhält man die Basisvektoren des reziproken Gitters:

$$\vec{g} = h\,\vec{a}^* + k\,\vec{b}^* + l\,\vec{c}^* \quad (h,k,l \text{ ganzzahlig}) \tag{17.3}$$

Die Basis-Vektoren des direkten und reziproken Gitters haben dann folgende Eigenschaften:

$$\vec{a}\,\vec{a}^* = 2\pi; \quad \vec{a}\,\vec{b}^* = 0, \quad \text{usw.} \tag{17.4}$$

und es gilt:

$$\vec{g}\cdot\vec{l} = m\cdot 2\pi \tag{17.5}$$

m ist ganzzahlig, und jeder reziproke Gittervektor steht senkrecht auf einer Ebenenschar des direkten Gitters. Das Volumen der Einheitszelle des reziproken Gitters $V_c{}^*$ hängt mit der des direkten Gitters umgekehrt proportional zusammen: $V_c{}^* = (2\pi)^3/V_c$. Die Beschreibung von Gitterebenen in einem Kristall wird üblicherweise durch die Miller'schen Indizes vorgenommen. Sie entstehen daraus, daß man die Achsenabstände der Schnittpunkte der Ebene mit den drei Basis-Achsen des Gitters in Einheiten der Gitterkonstanten bestimmt. Aus den Reziprokwerten dieser Zellen bildet man dann das kleinste gemeinsame Vielfache. Den Satz dieser Zahlen in einer runden Klammer nennt man Miller Indizes für eine Gitterebene (oder einen Satz paralleler Ebenen): (h k l). Äquivalente Ebenen werden durch eine geschweifte Klammer beschrieben {h k l}, eine Richtung im Kristall durch eckige Klammern [h k l] und ein ganzer Satz von äquivalenten Richtungen durch spitze Klammern ⟨h k l⟩.

17.3 Bandstruktur

17.3.1 Schrödinger-Gleichung, Brillouin-Zone

Die Energie-Bandstruktur $W(\vec{k})$ eines Kristalls läßt sich näherungsweise durch Lösung der Schrödinger-Gleichung des Ein-Elektron

Problems gewinnen. Durch die Periodizität des Potentials $V(\vec{r})$ im Kristallgitter läßt sich die Schrödinger-Gleichung

$$(\hbar^2/2m^*\nabla + V(\vec{r}))\,\Phi_k(\vec{r}) = W_k\,\Phi_k(\vec{r}) \quad (17.6)$$

mit Hilfe von Blochfunktionen $\Phi_k(\vec{r})$ lösen.

$$\Phi_k(\vec{r}) = \exp(j\vec{k}(\vec{r})\ U_k(\vec{r}) \quad (17.7)$$

$U_k(\vec{r})$ ist hierbei periodisch in $\vec{r}$ mit der Periodizität des direkten Gitters.

Das einfachste Modell der Elektronenwellenausbreitung in einem periodischen Medium, das sich analytisch mit Hilfe der Schrödingergleichung lösen läßt, ist die eindimensionale Abstraktion durch periodisch angeordnete rechteckige Potentialbarrieren. Dieses Modell wurde zuerst von Kronig und Penney [1] berechnet. Nimmt man an, daß die periodischen Potentiale den Wert V_0 und eine Breite b und den Abstand a haben, so ergibt sich aus der Schrödinger-Gleichung unter der Annahme von Blochwellen der Form von Gl. (17.7) eine Dispersionsgleichung der Form:

$$\begin{aligned} &{}^1\!/_2(\beta\alpha - \alpha\beta)\sinh(\beta b)\sin(\alpha a) \\ &\quad + \cos(\beta b)\cos(\alpha a) \\ &= \cos[k(a+b)] \end{aligned} \quad (17.8)$$

wobei $\alpha = (2\,mW/\hbar^2)^{1/2}$ und $\beta = [2\,m(W-V_0)/\hbar^2]^{1/2}$ ist.

Besonders einfach wird diese Dispersionsrelation dadurch, daß man die Potentialbarrieren V_0 deltafunktionsartig gegen Unendlich und gleichzeitig die Breite gegen Null streben läßt, so daß $\beta^2 b$ endlich bleibt. Setzt man $\beta^2 ab/2 = P$, so vereinfacht sich die Beziehung zu:

$$P\sin(\alpha a)/(\alpha a) + \cos(\alpha a) = \cos(ka) \quad (17.9)$$

Aus dieser transzendenten Gleichung läßt sich die Lösung für die Energie-Eigenwerte der Elektronenwellen für vorgegebenen Wellenvektor k bestimmen. Für kleine Werte von P ergeben sich verbotene Energiebereiche, und für $P \to \infty$ reduziert sich die Lösung auf diskrete Werte $\alpha a \to n\pi$ und die Energie-Eigenwerte sind die für ein Elektron in einem Kasten: $W = \hbar^2\,[n\,1/(2a)]^2\,/2m = n^2\,\hbar^2/8ma^2$.

Obwohl das Modell sehr künstlich erscheint, beschreibt es doch qualitativ die in höherdimensionalen Strukturen beobachteten Effekte. Die Abhängigkeit der Elektronenenergie als Funktion des Wellenvektors ist qualitativ in Abb. 17.3a dargestellt. Für sehr kleine Wellenvektoren ergibt sich eine Parabel – wie im Fall des freien Elektrons – und für wachsende k-Werte ergeben sich Abweichungen von diesem Verlauf, die beim Annähern der k-Vektoren an Werte von reziproken Gittervektoren wegen der dann möglichen Bragg-Reflexion zu den Energieaufspaltungen bzw. verbotenen Zonen führen.

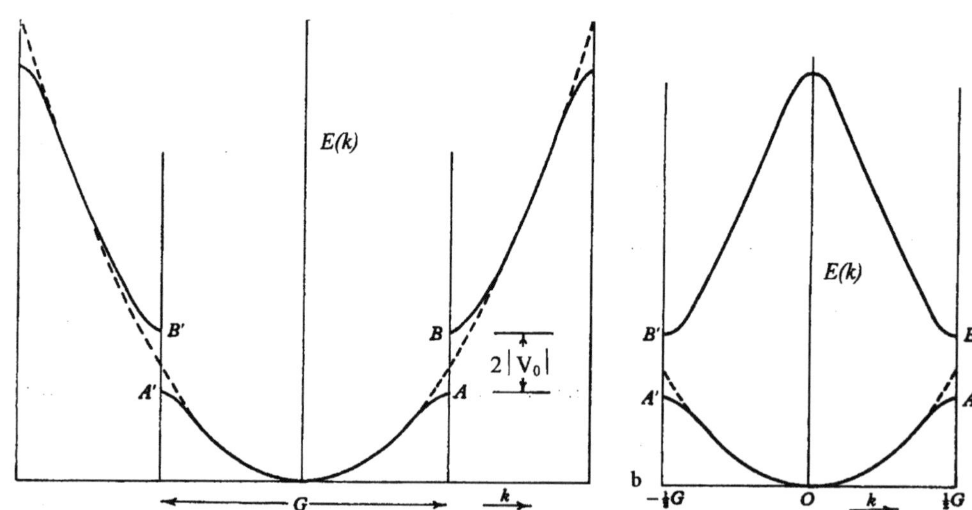

Abb. 17.3. **a** Ausgedehntes Zonenschema, und **b** reduzierte Zone (Brillouin-Zone). ${}^1\!/_2$G bedeutet hier die maximale Wellenzahl, die dem Rand der Brillouin-Zone entspricht, G ist der Betrag des Reduktionsvektors zur Rückführung der ausgedehnten Zone auf die Brillouin-Zone

Abbildung 17.3 a stellt den Zusammenhang in einem ausgedehnten Zonenschema dar. Dieser parabolische Verlauf der Energie als Funktion des Wellenvektors bedeutet, daß die Elektronen sich quasi-frei im Kristallgitter bewegen, daß aber ihre Masse von der der freien Elektronen abweicht. Der Betrag des Impulses p eines Elektrons ist $p = \hbar k$, und somit läßt sich jedem bewegten Elektron eine Wellenlänge $\lambda = h/p$ (de Broglie-Beziehung) zuordnen, die es zu einem interferenzfähigen Objekt macht. Seine Energie ist $W = p^2/2m$ und wegen $p = mv$ (v = Geschwindigkeit des Elektrons) erhält man $W = mv^2/2$, was genau der klassischen Energie eines freien Teilchens der Masse m entspricht.

Wegen der Form der Bloch-Funktionen ist die Energie W_k im reziproken Gitter periodisch, und zwar mit einem reziproken Gittervektor $\vec{g}$, so daß gilt: $W_k = W_{k+g}$ (Folge der zyklischen Randbedingungen, s. Abschn. 17.1). Es genügt demnach, nur einen Ausschnitt aus dem reziproken Gitter zu betrachten: Wigner-Seitz Zelle oder üblicher die Brillouin-Zone. Mit anderen Worten: man kann jeden Wellenvektor $\vec{k}$ im reziproken Gitter durch Reduktion mit einem reziproken Gittervektor auf die Brillouin-Zone zurückführen, und es genügt, die Lösung der Schrödinger-Gleichung in diesem Bereich zu betrachten. Abb. 17.3b zeigt die Reduktion des Bänderschemas auf die Brillouin Zone (der Betrag des reziproken Gittervektors zur Reduktion der ausgedehnten Zone ist hier mit G bezeichnet).

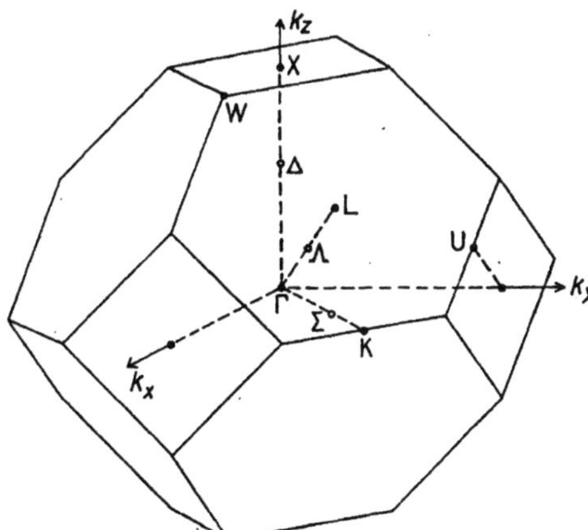

Abb. 17.4. Brillouin-Zone für die Zinkblende-Kristallstruktur. Die k-Vektoren mit ihren Durchstoßpunkten X, L, K und U entsprechen hochsymmetrischen Stellen im k-Raum. Die Punkte Δ, Λ, und Σ halbieren jeweils den Abstand Γ-X, Γ-L, Γ-K (s. auch Abb. 17.5)

Die numerische Berechnung der Energiebänder für einen Zinkblende-Kristall (z.B. GaAs, InP) ergibt folgendes: Im Zentrum der Brillouin-Zone (Γ-Punkt, $\vec{k} = 0$) existiert eine verbotene Energiezone, die die niedrigsten Leitungsbandzustände von den energetisch höchsten Valenzbandzuständen mit einem Bandabstand W_g trennt.

Die Valenz-Zustände bestehen aus vier Teilbändern, und eines davon ist durch Spin-Bahn Wechselwirkung zu höheren Energien abgespalten. Das stärker gekrümmte entartete Valenzband beschreibt Löcher (Defekt-Elektronen) mit geringerer effektiver Masse (leichte Löcher, lh), und das schwächer gekrümmte die Löcher mit größerer effektiver Masse (schwere Löcher, hh). Das Spin-Bahn abgespaltene Valenzband ist mit sb in Abb. 17.5 gekennzeichnet.

Beide Arten von Löchern lh und hh existieren nebeneinander. Die effektive Masse m_{eff} eines quasi-freien Teilchens oder Defekt-Teilchens ist im Fall eines isotropen Energiebandes definiert als ($m_{eff}/m_0 = m^*$):

$$m^* = \hbar^2/(d^2W/dk^2)\,, \qquad (17.10)$$

woraus die Abhängigkeit der effektiven Massen von der Krümmung der Energiebänder verständlich wird. Auch das Leitungsband besteht aus mehreren Subbändern. Der niedrigste Leitungsbandzustand kann aus Γ heraus in Richtung ⟨111⟩ ($\Lambda = (1/4,1/4,1/4)\,2\pi/a$ oder $L = (1/2,1/2,1/2)\,2\pi/a$) oder in Richtung der ⟨100⟩ Achsen ($\Delta = (0,0,1/2)\,2\pi/a$ oder $X = (0,0,1)\,2\pi/a$) verschoben sein (vgl. Abb. 17.4). Wenn für den gleichen k-Wert das Maximum des Valenzbandes und das Minimum des Leitungsbandes auftreten, spricht man von einem direkten Halbleiter. Dieser Punkt in der Brillouin-Zone muß aber nicht unbedingt der Γ-Punkt ($\vec{k} = 0$) sein. Wie aus Abb. 17.5 hervorgeht ist die Krümmung der Valenzbänder in den meisten III-V Halbleitern mit Zinkblendestruktur nicht für alle Richtungen in der Brillouinzone gleich (engl.: warping).

Der Zusammenhang zwischen den effektiven Massen in Leitungs- und Valenzbändern und den Zusammensetzungsparametern x und y in dem wichtigsten auf InP gitterangepaßten Mischkristall $In_{1-x}Ga_xAs_yP_{1-y}$ kann durch algebraische Ausdrücke gut beschrieben werden. Der Zusammenhang zwischen den Parametern x und y hat dann die Form:

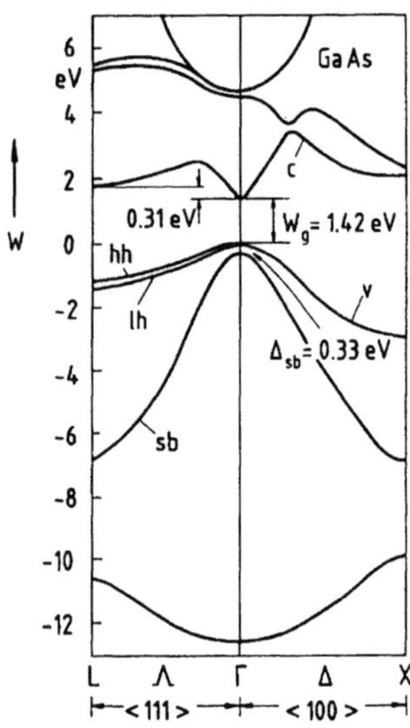

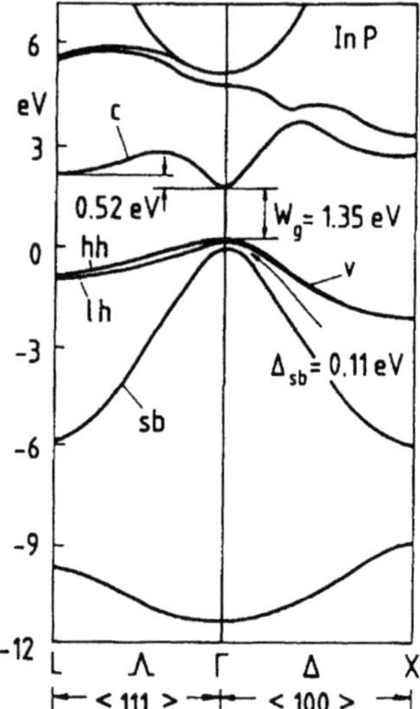

Abb. 17.5. Energie-Bandstruktur von GaAs und InP

y = 2.203x/(1+0.066x), bzw. x = 0.454y/(1 − 0.03y) [2]:

$In_{1-x}GA_xAs_yP_{1-y}$/InP (gitterangepaßt)

$$m_c^* = 0.080 - 0.039y$$

$$m_{lh}^* = 0.120 - 0.099y + 0.030y^2$$

$$m_{hh}^* = 0.46$$

$$m_{so}^* = 0.21 - 0.01y - 0.05y^2 \qquad (17.11)$$

Der niedrigste Bandabstand W_g im Γ-Punkt hat für den Mischkristall $In_{1-x}Ga_xAs_yP_{1-y}$/InP als Funktion der Zusammensetzung die Form [3]:

$$W_g/\mathrm{eV} = 1.35 - 0.72y + 0.12y^2. \qquad (17.12)$$

17.3.2 Elektronische Zustände in endlichen Strukturen

In einem Kristall mit den Abmessungen L_x, L_y, L_z in den drei orthogonalen Raumrichtungen können sich eine endliche Zahl stehenden Elektronenwellen ausbilden. Die zugehörigen Wellenvektoren haben die Form

$$\vec{k} = l_x\vec{k}_x + l_y\vec{k}_y + l_z\vec{k}_z \qquad (17.13)$$

wobei die Beträge $|\vec{k}| = \pi/L_i$ sind.

Die ganzen Zahlen l_i kann man als Quantisierungszahlen betrachten. Die Zahl der möglichen Elektronen-Zustände hängt von der Geometrie ab. Das Volumen V_m im k-Raum, in dem diese Zustände liegen, ist $(2\pi)^3/L_xL_yL_z$ oder vereinfacht (wegen $V_{Kristall} = L_xL_yL_z = L^3$) $V_m = (2\pi/L)^3$.

Wird eine der Dimensionen klein (Größenordnung der de-Broglie Wellenlänge im nm-Bereich), z.B. L_z, so führt das zu einem stark vergrößerten Wellenvektor k_z, und die nahezu gleichmäßige Verteilung der Zustände im k-Raum verändert sich in weit voneinander getrennte Flächen mit ihrerseits wieder gleichmäßig verteilten Zuständen. Diese Ebenen unterscheiden sich durch die Quantenzahl l_z und natürlich die Energie der Elektronen. Man spricht dann von einem (2-dimensionalen) Quantenfilm (engl.: Quantum Well, QW). Ähnlich kann man mit den anderen Raumrichtungen verfahren und erhält dann Quantendrähte (engl.: Quantum Wire) und Quantenpunkte (engl.: Quantum Dot).

Experimentell entstehen Quantenfilme durch epitaktisches Einbetten von dünnen (nm Skala) Halbleiterschichten mit kleinem Bandabstand in Barrierenmaterial mit großem Bandabstand. Die Bandränder von Leitungs- und Valenzband sind in Abb. 17.6 an der dick ausgezogenen Linie zu erkennen. Im Quantenfilm ist diese Energie, die ja dem 3D-Zustand entspricht, allerdings wegen der Quantisierung ohne Bedeutung. Die diskreten Quantisierungsenergien sind durch dünne Linien dargestellt. Im Valenzband sind die

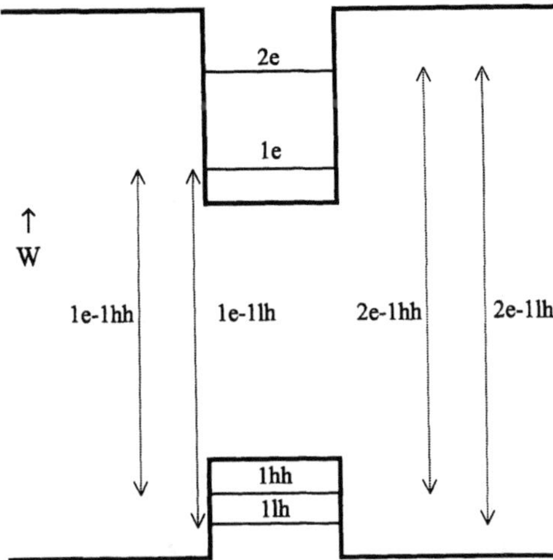

Abb. 17.6. Schema elektronischer Energiezustände (dünne horizontale Linien) und erlaubte Band-zu-Band Übergänge (Quantenzahlen l = 1, 2,) in einem 2-dimensionalen Quantenfilm aus III-V Material. Im Leitungsband sind zwei Subniveaus für l = 1 und l = 2 dargestellt (1e, 2e), während im Valenzband nur eins für l = 1 eingezeichnet ist. Dieses Niveau spaltet aber wegen unterschiedlicher Massenwerte der leichten und schweren Löcher auf (1hh, 1lh). Die Energie der Quantenfilmzustände ist relativ zu der des angrenzenden Materials dargestellt. Die stark durchgezogene Linie beschreibt das 3D-Material der Barriere mit dem größeren Bandabstand und das Material des Quantenfilms mit der geringeren Bandlücke

zur Quantenzahl l = 1 aufgespaltenen leichten und schweren Löcher-Energiezustände (light hole: lh, heavy hole: hh) gezeigt zusammen mit den erlaubten Übergängen zwischen den Niveaus in Leitungs- und Valenzband.

Die durch die Quantisierung der Energiezustände in Quantenfilmen auftretenden besonderen Eigenschaften gegenüber massivem Halbleitermaterial sind in den folgenden Kapiteln beschrieben. Sie können noch dadurch verstärkt werden, daß mehrere Quantenfilme, jeweils durch Barrierenmaterial getrennt, dicht zusammen gebracht werden. Solche Schichtpakete werden in Epitaxie-Kristallzuchtanlagen hergestellt und werden Mehrfachquantenfilme bzw. Multi-Quantum Wells (MQW) genannt. In Abb. 17.8 ist der Verlauf des Leitungsbandes gemeinsam mit den Wellenfunktionen der ersten drei Subniveaus mit den Quantenzahlen n = 1, 2, 3 für einen MQW mit drei Quantenfilmen schematisch dargestellt (vgl. auch Abschn. 17.4.2 hinsichtlich einer MQW Struktur unter starker Ladungsträgerinjektion (Abb. 17.13)).

Beim Entwurf solcher Schichtenfolgen muß man darauf achten, daß die Barrieren hinreichend dick sind (in der Praxis typisch >5 nm), da sonst eine Kopplung der Subniveaus benachbarter QWs stattfindet, die zu einer Verbreiterung der Energieniveaus zu Bändern führt und die Wellenfunktionen natürlich auch modifiziert. Solche gekoppelten MQWs werden Übergitter genannt und haben spezielle Eigenschaften, auf die hier aber nicht näher eingegangen wird. Sie sind

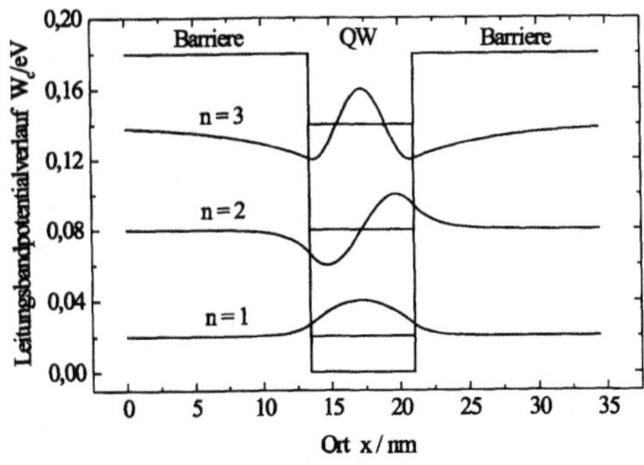

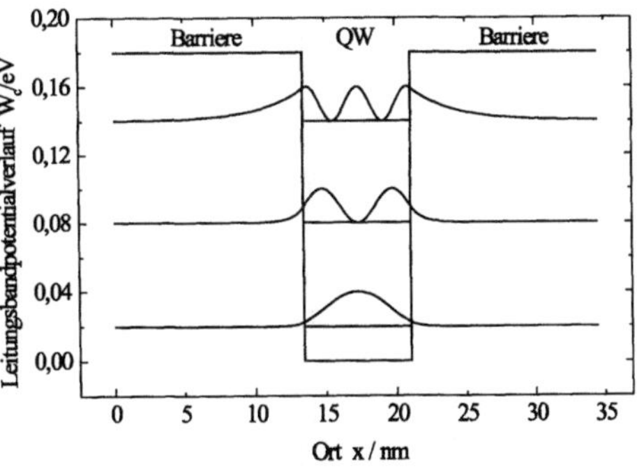

Abb. 17.7. Potentialverlauf des Leitungsbandes eines in Barrierenmaterial mit größerer Bandlücke eingebetteten Quantenfilms (schematisch). Die quantisierten Energiezustände im Quantenfilm sind für n = 1, 2, 3 zusammen mit dem normierten Verlauf der entsprechenden Wellenfunktionen dargestellt (links). Im rechten Bildteil ist der Verlauf der Aufenthaltswahrscheinlichkeiten der Elektronen für den gleichen Quantenfilm dargestellt (Betragsquadrat der Wellenfunktionen; die Kurven in beiden Bildteilen sind jeweils mit ihrem Ordinatennullpunkt auf die Höhe der Subniveaus verschoben)

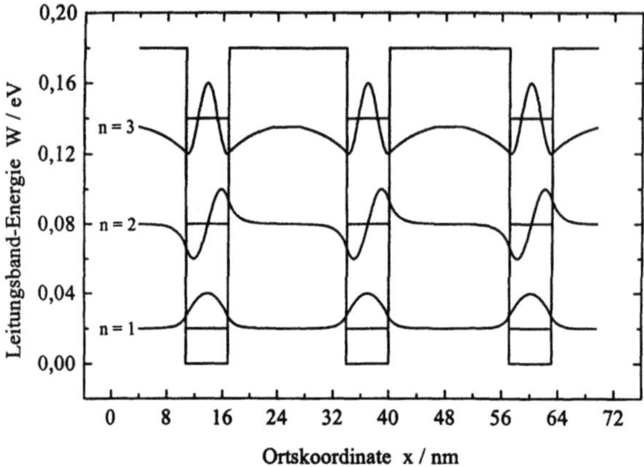

Abb. 17.8. Schematischer Verlauf des Leitungsbandpotentials und der Wellenfunktionen für die Energieniveaus mit Quantenzahlen n = 1, 2, 3. Damit keine nennenswerte Kopplung zwischen den Subbändern auftritt, müssen die Barrieren eine Dicke von wenigstens einigen nm besitzen. Die Quantenfilme sind typisch ca. 2 bis 10 nm dick

in der angegebenen weiterführenden Literatur behandelt.

17.3.3 Leitungs- und Valenzband-Diskontinuitäten

Ein solcher Quantenfilm zwischen Barrierenmaterial mit größerem Bandabstand stellt eine Doppelheterostruktur dar. Die Differenz der Bandabstandsenergien zwischen Barrierenmaterial und Quantenfilm teilt sich in Sprünge im Leitungs- und Valenzband auf. Wie sich diese Sprünge im speziellen Fall darstellen, ist theoretisch nur schwer vorherzusagen. Daher greift man meist auf Messungen zurück. Im Materialsystem $In_{1-x}Ga_xAs_yP_{1-y}/InP$ läßt sich aus experimentellen Befunden die Leitungsband- und Valenzband-Diskontinuität ΔW_c und ΔW_v durch folgende Ausdrücke näherungsweise darstellen [4]:

$$\Delta W_v/\text{eV} = 0.502y - 0.152y^2 \qquad (17.14)$$

$$\Delta W_c = \Delta W_g - \Delta W_v$$

Messungen von Forrest [5] zeigen für das gleiche Materialsystem Diskontinuitäten von $\Delta W_c = (0.39 \pm 0.01) \cdot \Delta W_g$ und $\Delta W_v = (0.61 \pm 0.01) \cdot \Delta W_g$ für verschiedene Zusammensetzungen einschließlich $y = 1$. Diese Werte haben sich mittlerweile als recht zuverlässig herausgestellt.

Leider liegt der geringere Sprung des Bandabstandes im Leitungsband vor, was wegen der geringeren Leitungsbandmasse zu Re-emission der Elektronen aus den Quantenfilmen führen kann, d.h. in einem Laser können hierdurch Verluste auftreten. Im Materialsystem InGaAs/AlInAs/InP, das etwa den gleichen Wellenlängenbereich abdecken kann, sind die Verhältnisse aber in dieser Hinsicht günstiger. Hierbei sind die Diskontinuitäten gerade umgekehrt: zwischen InGaAs und AlInAs (gitterangepaßt an InP) existiert ein ΔW_g von 0.72 eV. Messungen von $\Delta W_c = 0.51$ eV ergeben einen relativen Sprung $\Delta W_c/\Delta W_g = 0.71$. Im quaternären System AlInGaAs/InP wird für Zusammensetzungen, die den Wellenlängenbereich um 1550 nm abdecken, häufig $\Delta W_c/\Delta W_g = 0.6$ angenommen. Dieses System ist somit aus den o.g. Gründen äußerst attraktiv für optoelektronische Bauelemente, ist aber technologisch noch nicht so ausgereift wie das phosphorhaltige InGaAsP/InP.

17.3.4 Zustandsdichten

Unter der Zustandsdichte im Impulsraum (k-Raum) versteht man den Quotienten aus dem Zuwachs an der Zahl der Zustände im k-Raum pro Kristallvolumen mit Wellenvektoren mit Beträgen zwischen k und $k + \Delta k$ dividiert durch den (infinitesimalen) Zuwachs Δk. Die Integration der Zustandsdichte im k-Raum über das Volumen im k-Raum ergibt die Gesamtzahl der Zustände im Kristallvolumen, so daß man sinnvollerweise die Zustandsdichte pro Volumen betrachtet. Die Zustandsdichte ist $\rho(k) = dN_s/dk/V$, wobei N_s die gesamte Zahl der Zustände und V das Kristallvolumen ist. In unterschiedlich dimensionalen Strukturen sind diese Zustandsdichten sehr verschieden. Ganz allgemein ist die Zahl der k-Vektoren in einer m-dimensionalen Struktur, wobei zur Abkürzung gesetzt ist: $V = L^3 = L_x L_y L_z$:

$$N_s = V_k/(2\pi/L)^m \quad (m = 1, 2, 3) \qquad (17.15)$$

Die Volumina V_k im k-Raum sind für m = 1, 2, 3: $V_1 = 2k$, $V_2 = \pi k^2$ und $V_3 = (4\pi/3)\,k^3$. Somit ist die Zustandsdichte pro Kristallvolumen im m-dimensionalen k-Raum:

$$\rho_m(k) = (dN_s/dk)_m/V \tag{17.16}$$

oder:

$$\rho_m(k) = (L/2\pi)^m (dV_k/dk)/V\,. \tag{17.17}$$

Es ergibt sich damit für m = 1, 2, 3: $\rho_1(k) = (1/\pi)/L_xL_y$, $\rho_2(k) = k(1/L_x)/2\pi$, und $\rho_3(k) = k^2/2\pi^2$. Ein Null-dimensionales Gebilde (Punkt) hat die Dichte $\rho_0(k) = (1/\pi)/(1/L_xL_yL_z)$. Alle Betrachtungen gelten ohne Einbeziehung des Spins. Bei Berücksichtigung des Spins muß die Zustandsdichte noch mit dem Faktor 2 multipliziert werden

Die wellenzahlabhängige Dichte $\rho_m(k)$ läßt sich bei parabolischen Bändern auch als Funktion der Energie ausdrücken: wegen $\rho(W)\,dW = \rho(k)\,dk$ folgt für die Energieabhängigkeit der Zustandsdichte:

$$\rho(W) = \rho(k)/(dW/dk) \tag{17.18}$$

Man erhält für m = 1, 2, 3: $1/2\pi(1/L_xL_y)$-$(2m^*/\hbar^2)^{1/2}\ W^{-1/2}$, $m^*/(2\pi\hbar^2)(1/L_z)$ und $1/(2\pi)^2(2m^*/\hbar^2)^{3/2}\ W^{1/2}$. Für einen Quantenpunkt (engl.: Quantum Dot) ergibt sich $1/L_xL_yL_z\ \delta(W-W_x)$ (Abb. 17.9). $\rho(W)$ läßt sich auch angeben als Zahl der besetzbaren Plätze im Energieintervall zwischen W und W + dW.

Die Energiezustände für massives Material sind parabolisch, für Quantenfilme lassen sie sich nicht geschlossen darstellen, sie müssen numerisch berechnet werden. Für Quantendrähte erhält man $W = W_c + W_{lx} + W_{ly} + \hbar^2k^2/2m_c$, wobei $W_{lx,y} = \hbar^2(\pi l_{x,y}/L_{x,y})^2/2m_c$ und $l_{x,y} = 1,2,3,\ldots$. Im Fall von Quantenpunkten erhält man: $W = W_c + W_{lx} + W_{ly} + W_{lz}$.

Hierbei ist: $W_{lx} = \hbar^2(\pi l_x/L_x)^2/2m_c$ und analog für W_{ly} und W_{lz}, mit $l_x, l_y, l_z = 1, 2, 3, \ldots$

Quantenpunkte werden häufig künstliche Atome genannt. Obwohl sie aus mehreren zehn bis zu einigen tausend stark miteinander wechselwirkender wirklicher Atomen bestehen, können die diskreten Energieniveaus von Quantenpunkten u.a. durch ihre Form nahezu beliebig eingestellt werden.

Beim Vergleich der 3D- und 2D-Zustandsdichte in Abb. 17.9 zeigt sich, daß die Sprünge in ρ_{2D} bei den Energien $W_1, W_2, \ldots$ gerade so groß sind, daß die 2D-Zustandsdichte bei diesen Energien gleich der der 3D-Zustandsdichte ist. Die parabolische Kurve ρ_{3D} hüllt sozusagen ρ_{2D} ein, indem sie sie in den oberen „Ecken“ berührt.

Solche Strukturen lassen sich auf vielerlei Weise verwenden, um Ladungsträger räumlich einzugrenzen und zu speichern. Dazu bettet man solche quantisierte Strukturen in Barrierenmaterialien mit höherem energetischen Bandabstand ein. Auf diese Weise kann optische Verstärkung durch Konzentration der Band-zu-Band Übergänge aus dem Leitungsband in das Valenzband auf einen räumlich (und energetisch) sehr engen Bereich sehr effizient erzeugt werden. Dies ist eine unabdingbare Voraussetzung für das Funktionieren von Lasern aus diesen Strukturen mit sehr geringen Schwellenströmen.

Tabelle 17.1. Zusstandsdichten $\rho(W)$ für massives Halbleitermaterial, Quantenfilme Quantendrähte und Quantenpunkte

$$\rho_{3D} = \frac{1}{4\pi^2}\left(\frac{2m^{*\,3/2}}{\hbar^2}\right)(W - W_g)^{1/2}$$

$$\rho_{2D} = \frac{m^*}{2\pi\hbar^2}\frac{1}{L_z}\sum_l H(W - W_l) \qquad \text{mit } H(W - W_l) = \begin{cases} 0 & W < W_l \\ 1 & W \geq W_l \end{cases} \tag{17.19}$$

$$\rho_{1D} = \frac{1}{2\pi L_x L_y}\left(\frac{2m^*}{\hbar^2}\right)^{1/2}\sum_{l,m}(W - W_{l,m})^{-1/2}$$

$$\rho_{0D} = \frac{1}{L_x L_y L_z}\sum_{l,m,n}\delta(W - W_{l,m,n})$$

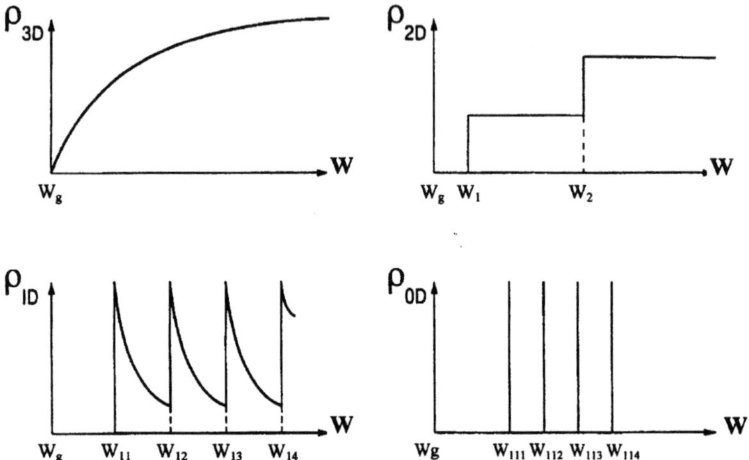

Abb. 17.9. Schematischer Verlauf der Zustandsdichten in Abhängigkeit von der Energie in 3D, 2D, 1D, und 0D Material

17.4 Rekombinationsmechanismen

17.4.1 Strahlende Übergänge

Es gibt drei Arten von strahlenden Übergängen zwischen Leitungs- und Valenzband. Diese für Halbleiterlaser wichtigen Band-zu-Band Übergänge sind in Abb. 17.10 schematisch dargestellt.

Einerseits kann ein Elektron aus dem Valenzband durch die Energie eines Photons zu einem Übergang in das Leitungsband angeregt werden. Dies nennt man stimulierte Absorption; der Prozeß bevölkert das Leitungsband mit Ladungsträgern (Abb. 17.10a).

Abbildung 17.10b zeigt, wie ein Photon ein Elektron stimulieren kann, seine Energie als identisches Photon d.h. gleicher Energie bzw. Frequenz und Phase abzugeben und dabei in einen Valenzbandzustand überzugehen.

In Abb. 17.10c ist die Energieabgabe in Form eines Photons für ein Elektron im Leitungsband dargestellt, das ins Valenzband übergeht. Die Energieabgabe, d.h. die Photonenerzeugung erfolgt scheinbar zufällig und kann weder zeitlich noch räumlich vorhergesagt werden. Sie wird spontane Emission genannt und kann durch die Anwesenheit eines Vakuum-(Quanten-)Feldes, das kein klassisches Feld ist, beschrieben werden (in Abb. 17.10c gestrichelt angedeutet). Für die Rate an solchen Übergängen ist die Existenz

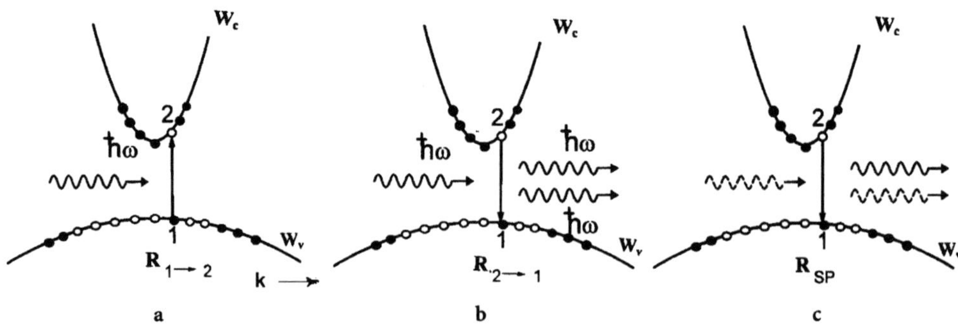

Abb. 17.10a–c. Schematische Darstellung der verschiedenen Band-zu-Band Übergänge im Bandstruktur-Diagramm. **a** stimulierte Absorption, **b** stimulierte Emission, **c** spontane Emission unter Mitwirkung des Vakuumfeldes (gestrichelt angedeutet)

von Elektronen in Leitungs- und Valenzband und die Zahl der korrespondierenden freien Plätze in den Bändern wichtig. Alle stimulierten Prozesse hängen zusätzlich vom Quadrat der lokalen elektrischen Feldstärke, d.h. von der Photonendichte ab.

Die Übergangsrate hängt jedoch nicht von der gesamten Dichte aller Zustände ab sondern nur von einem Bruchteil, der durch die kombinierte Zustandsdichte beschrieben wird und deren Besetzung.

Für die Besetzungswahrscheinlichkeiten der Zustände mit den Elektronenenergien W_e im Leitungs- und denen der Löcher W_h im Valenzband gilt die Fermi-Dirac Statistik.

$$f_{c,v} = 1/[1+\exp\{(W_{e,h} - W_{fc,fv})/k_B T\}] \qquad (17.20)$$

Die Funktionen f_c und f_v geben die Besetzungswahrscheinlichkeiten der jeweiligen Zustände an. Da die Zeit zwischen Streuprozessen der Ladungsträger innerhalb der jeweiligen Bänder sehr kurz im Vergleich zur mittleren Lebensdauer eines Elektron-Loch Paares ist, läßt sich das Konzept der Quasi-Fermi Niveaus anwenden. Wir können innerhalb des Valenzbandes und des Leitungsbandes unabhängige Quasigleichgewichtszustände (beschrieben durch W_{fv} und W_{fc}) betrachten. Hierdurch wird die Behandlung dieses Systems mit nahezu kontinuierlicher Energieniveau-Verteilung beträchtlich vereinfacht, da die Besetzungswahrscheinlichkeit von extrem vielen Niveaus durch eine einzige Größe beschreibbar wird: die Quasi-Fermi-Energie W_{fe} bzw. W_{fv}. Zwischen beiden Bändern in einem „invertierten" Halbleiter besteht aber kein thermisches Gleichgewicht. Dies ist besonders in Lasern von Bedeutung.

Für die spontane und die stimulierten Übergangsraten r_{sp} bzw. $r_{st}^{c\to v}$ und $r_{st}^{v\to c}$ zwischen Leitungs- und Valenzband bei den Energien W_2 und W_1 mit der Differenz $W_{21} = W_2 - W_1$ kann man ansetzen:

$$r_{sp}(W_{21}) = K_A f_c(W_2)\{1 - f_v(W_1)\} \qquad (a)$$

$$r_{st}^{c\to v}(W_{21}) = K_B S(W_{21}) f_c(W_2)[1 - f_v(W_1)\} \qquad (b)$$

$$r_{st}^{v\to c}(W_{21}) = K_B S(W_{21}) f_v(W_1)\{1 - f_c(W_2)\} \qquad (c)$$

$$(17.21)$$

wobei der Parameter K_A die spontanen Rekombinationsprozesse für ein vollständig besetztes Leitungs- und ein vollständig leeres Valenzband beschreibt. Er ist abhängig von den Zustandsdichten bei den Energien von Anfangs- und End-Zustand und den Möglichkeiten zur Elektron-Loch Rekombination, wenn das Elektron eine Energie $W_2 - W_c$ und das Loch eine Energie $W_v - W_1$ besitzt ($W_2 =$ Elektronenenergie im Leitungsband, $W_1 =$ Lochenergie im Valenzband). Die Wahrscheinlichkeit, daß in r_{sp} der Zustand mit der Energie W_2 im Leitungsband besetzt und der mit der Energie W_1 im Valenzband leer ist (d.h. ein Loch enthält), wird durch $f_c(1 - f_v)$ beschrieben. Es ist:

$$f_c = 1/[1 + \exp\{(W_2 - W_{fc})/k_B T\}], \quad \text{und}$$

$$1 - f_v = 1/[1 + \exp\{[W_1 - W_{fv})/k_B T\}]. \qquad (17.22)$$

Die stimulierte Rate $r_{st}^{c\to v}$ enthält einen Proportionalitätsfaktor K_B, der für aufwärts- und abwärts- gerichtete Übergänge gleich ist (Einstein-Beziehung) und die Zahl der Photonen S pro Mode bei der Photonenenergie $\hbar\omega = W_{21} = W_2 - W_1$. Das Auftreten der Photonenzahl pro Mode trägt dem Charakter der stimulierten Rekombination Rechnung. Im thermodynamischen Gleichgewicht ist die Besetzungsdichte eines Bosonen-Ensembles S_0 nach Bose-Einstein

$$S_0 = 1/[\exp\{\hbar\omega/k_B T\} - 1] \qquad (17.23)$$

Für die Rate an Übergängen vom Energiezustand W_1 im Valenzband in den Energiezustand W_2 im Leitungsband gilt eine analoge Gleichung mit den Proportionalitätskonstanten K_B und S Gl. (17.21 c). Aufgrund der Gültigkeit des Prinzips des detaillierten Gleichgewichts muß im Gleichgewichtsfall die Summe aller Rekombinationsprozesse gerade gleich der Summe aller Generationsprozesse sein. Das bedeutet:

$$r_{sp} + r_{st}^{c\to v} - r_{st}^{v\to c} = 0 \qquad (17.24)$$

und zwar nicht nur insgesamt über alle Prozesse, sondern zwischen jeder betrachteten Gruppe von Anfangs- und Endzuständen. Einsetzen von Gln. (17.20)–(17.23) führt schließlich zu dem Ergebnis (Einstein Beziehung):

$$K_A/K_B = 1 \qquad (17.25)$$

Das bedeutet, daß für das Verhältnis r_{st}^0/r_{sp} der Übergangsraten zwischen den Energiezuständen W_2 und $W_1 = W_2 - \hbar\omega$ gilt

$$r_{st}^0/r_{sp} = S_{\hbar\omega} \qquad (17.26)$$

Wenn kein thermodynamisches Gleichgewicht herrscht, ist die Netto-Rekombinationsrate

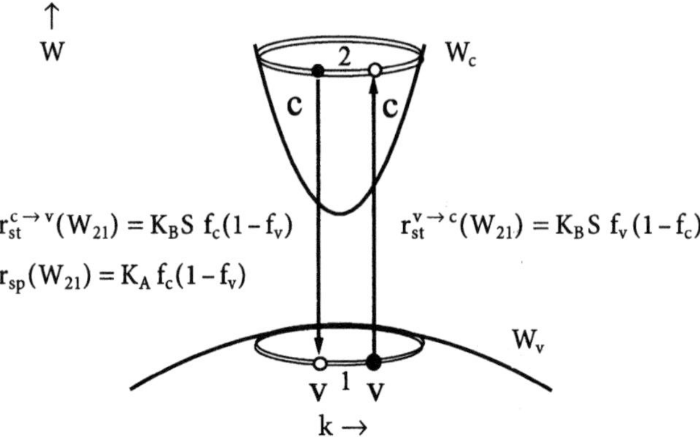

Abb. 17.11. Im Γ-Punkt der Brillouin Zone mögliche direkte („senkrechte") Übergänge. Die Schnittkurve der Ebenen gleicher Energie ist realistisch keine Linie sondern ein Torus aufgrund der Unschärfe-Relation $\Delta W \cdot \Delta t > \hbar$. Die Beziehung bedeutet, daß durch die kurze Verweildauer Δt eines Teilchens in einem Energiezustand dessen Wert um ΔW „verschmiert" wird

$$r_{net} = r_{sp} + r_{st}^{c\to v} - r_{st}^{v\to c} \tag{17.27}$$

Diese Beziehung läßt sich durch Einsetzen von Gln. (17.20)–(17.26) umrechnen in

$$r_{net} = r_{sp}[1 - S(f_v - f_c)/(f_c(1-f_v))] \tag{17.28}$$

Daraus folgt dann weiter:

$$r_{net} = r_{sp}[1 - S\{\exp[(\hbar\omega - (W_{fc} - W_{fv}))/k_BT] - 1\}] \tag{17.29}$$

Aus dieser Beziehung folgt, daß bei geringer Abweichung vom Gleichgewicht r_{net} kleiner als r_{sp} allein ist. Bei größerer Abweichung (Schwellenbedingung für einen Laser: $W_{Fc}-W_{Fv} = \hbar\omega$, $f_c = f_v$) kompensieren sich gerade die stimulierten aufwärts- und abwärtsgerichteten Übergangsraten und die Netto-Rate r_{net} besteht nur aus der spontanen Rate r_{sp}, so daß gilt $r_{net} = r_{sp}$. Für noch größere Abweichungen vom Gleichgewicht ist das Leitungsband stärker besetzt als das Valenzband ($f_c > f_v$). In diesem Fall ist $W_{Fc}-W_{Fv} > \hbar\omega$, und mehr und mehr Zustände oberhalb der Bandränder können beitragen und schließlich durch die Besetzungsumkehr den „lasenden" Zustand erreichen. Zum Erreichen der Laserschwellenbedingung muß die Verstärkung gerade so groß gemacht werden, daß sie interne Absorption und Abstrahlung aus dem Resonator kompensiert.

Häufig wird auch die Netto-stimulierte Rate definiert als $r_{net}^* = r_{st}^{c\to v} - r_{st}^{v\to c}$. Der Ausdruck enthält keinen Beitrag durch die spontane Emission. Da K_B für die aufwärts und abwärts gerichteten Übergänge gleich ist, folgt:

$$r_{st}^{21} = K_B\, S\,(f_c - f_v)$$
$$(= K_B\,(f_c - f_v)/[\exp\{W_{21}/k_BT] - 1) \tag{17.30}$$

Es ist üblich geworden [6], diese Beziehung wegen der Ähnlichkeit mit der Beziehung für die spontane Emission (Gl. 17.21a)) in der Form $A_{21}\,(f_c - f_v)$ zu schreiben:

$$r_{st}(W_{21}) = A_{21}\,(f_c - f_v) \tag{17.31}$$

wobei $A_{21} = (8\pi n^2 n_g W_{21}^2/h^3c^3)$ ist, und die Dimension Zahl der Photonen pro Volumen pro Sekunde und pro Energie hat. Der in der Klammer stehende Ausdruck stellt die Zahl der optischen Moden pro Energie und pro Volumen dar und wird im folgenden Abschn. 17.4.3 weiter erläutert.

Wegen der Einstein-Relationen besteht ein Zusammenhang zwischen der spontanen Emissionsrate und dem Absorptionskoeffizienten. Über diesen Zusammenhang folgt auch eine Beziehung zwischen der stimulierten und der spontanen Rate als Funktion der Lagen der Quasi-Ferminiveaus (s. auch Abschn. 17.4.3, Gln. (17.60–17.62)):

$$r_{st}(W_{21}) = r_{sp}(W_{21})\{1 - \exp[(W_{21} - (W_{Fc} - W_{Fv}))/k_BT]\} \tag{17.32}$$

Die gesamte Übergangsrate pro Volumen berechnet sich nach der Fermi'schen „Goldenen Regel":

Die Wahrscheinlichkeit für die Rekombination eines einzelnen Elektron-Loch Paares der Energie W_{eh} unter dem Einfluß des Störoperators H_{eh} ist ($\delta(x)$ bedeutet hier die Dirac-sche Deltafunktion des Argumentes $W_{eh} - \hbar\omega$):

$$r_{e \to h} = 2\pi/\hbar\,|H_{eh}|^2\,\delta(W_{eh} - \hbar\omega) \qquad (17.33)$$

Durch Aufsummation aller Einzelbeiträge und Einfügen der Zustandsdichte folgt dann für die Gesamtrekombinationsrate

$$R_{c \to v} = \int r_{e \to h} \cdot 1/V \cdot (dN/dk) \cdot dk$$

oder mit den Besetzungsfunktionen

$$R_{c \to v} = 2\pi/\hbar \int |H_{eh}|^2 \cdot \delta(W_{eh} - \hbar\omega)\,\varrho(k)\,f_c(1 - f_v)\,dk \qquad (17.34)$$

wobei $|H_{eh}|^2$ die Stärke der Wechselwirkung zwischen den Zuständen im Leitungs- und Valenzband und $W_{eh} = W_e - W_h$ die Übergangsenergie ist. Das Integral ergibt:

$$R_{c \to v} = (2\pi/\hbar) \int |H_{eh}|^2 \{\varrho(k) \cdot (dW_{eh}/dk)^{-1}\}_{Eeh = \hbar\omega} f_c(1 - f_v)\,dk \qquad (17.35)$$

Der Term in der geschweiften Klammer ist die reduzierte Zustandsdichte als Funktion von W_{eh}. Da nur senkrechte Übergänge betrachtet werden, kann man schreiben ($W_g = W_c - W_v$, kleinster Energieabstand zwischen besetzbaren Niveaus):

$$W_{eh} = W_e - W_h = W_g + \hbar^2 k^2/2m_c + \hbar^2 k^2/2m_v\,, \qquad (17.36)$$

so daß die reduzierte Zustandsdichte wird:

$$\varrho_r(k) = \varrho(k) \cdot m_r/\hbar^2 k\,, \qquad (17.37)$$

wobei

$$1/m_r = 1/m_c + 1/m_v \qquad (17.38)$$

Die reduzierte Zustandsdichte läßt sich leicht geometrisch veranschaulichen: es ist

$$\varrho_r(W_{eh}) = \varrho(k)/(dW_{eh}(k)/dk) \qquad (17.39)$$

und dW_{eh}/dk setzt sich aus zwei Termen zusammen: $dW_2(k)/dk - dW_1(k)/dk$. Man erkennt, daß an allen den Stellen im k-Raum, an denen die beiden beteiligten Bänder den gleichen Anstieg haben, d.h. parallel (oder nahezu) verlaufen, die reduzierte Zustandsdichte divergiert bzw. groß wird und somit die Übergänge in solche Zustände überwiegen.

Unter der Annahme parabolischer Bänder sind die Energien der Elektronen im Leitungsband W_e und der Löcher W_h im Valenzband mit der Übergangsenergie W_{eh} verknüpft durch:

$$W_e = W_c + m_r/m_c(W_{eh} - W_g) \quad \text{und}$$
$$W_h = W_v - m_r/m_v(W_{eh} - W_g);\; W_{eh} = \hbar\omega \qquad (17.40)$$

17.4.2 Stimulierte Emission, Verstärkung/Absorption

Die Verstärkung des Flusses ϕ von Photonen pro Länge und Zeit wird definiert als Photonenflußzunahme pro Fluß

$$d\phi/dz = (R_{c \to v} - R_{v \to c})/\phi \qquad (17.41)$$

$$\phi(z) = 1/2\,v_g\,n^2\,\varepsilon_0\,E_0^2(z)/\hbar\omega \qquad (17.42)$$

E_0 ist die Feldamplitude ($E_0^2 = \omega^2 A_0^2$, A_0 = Amplitude des Vektorpotentials, das durch den Photonenfluß erzeugt wird; $A_0^2\omega^2 = \hbar\omega/(^1/_2\,n^2\varepsilon_0\,/V)$).

Man ersetzt außerdem noch $2\pi/\hbar\omega\,|H_{eh}|^2$ durch $\pi e^2/(m_0^2 n^2 \varepsilon_0 \omega V)\,|M_T|^2$, wobei $|M_T|^2$ das Matrixelement für die Übergänge bedeutet. Das Matrixelement steht mit den Bandparametern im Zusammenhang (Δ ist die Energieverschiebung des Spin-Bahn abgespaltenen Valenzbandes):

$$|M_T|^2 = m_0^2\,W_g(W_g + \Delta)/[12\,m_n(W_g + 2\Delta/3)] \qquad (17.43)$$

Man erhält für die Verstärkung (vgl. auch stimulierte Rate in Gl. (17.30)):

$$g(\hbar\omega) = (1/\hbar\omega)(\pi e^2\hbar/\varepsilon_0\,v_g\,m_0^2\,n^2)\,|M_T|^2\,\varrho_r(W_{eh} - W_g) \cdot (f_c - f_v) \qquad (17.44)$$

Die Verstärkung ist positiv, falls $f_c - f_v > 0$ ist; dies führt dazu, daß eine einfallende Lichtwelle der Kreisfrequenz ω nur dann verstärkt wird, wenn:

$$W_g < h\omega < W_{fc} - W_{fv}\,, \qquad (17.45)$$

d.h. wenn die Quasi-Ferminiveaus durch den Pumpstrom, der zur Inversion führt, weiter voneinander getrennt sind als der Bandabstand W_g.

Für $W_{fc} - W_{fv} = W_g$ ist das Material transparent, falls keine anderen Verlustmechanismen vorliegen. Die obige Betrachtung für die Berechnung der Verstärkung geht von der Annahme scharfer Energieniveaus in den Bändern aus. Dies ist jedoch idealisiert. Tatsächlich ist durch die Intraband-Relaxationszeit in realen Halbleitern von ca. 50–150 fs

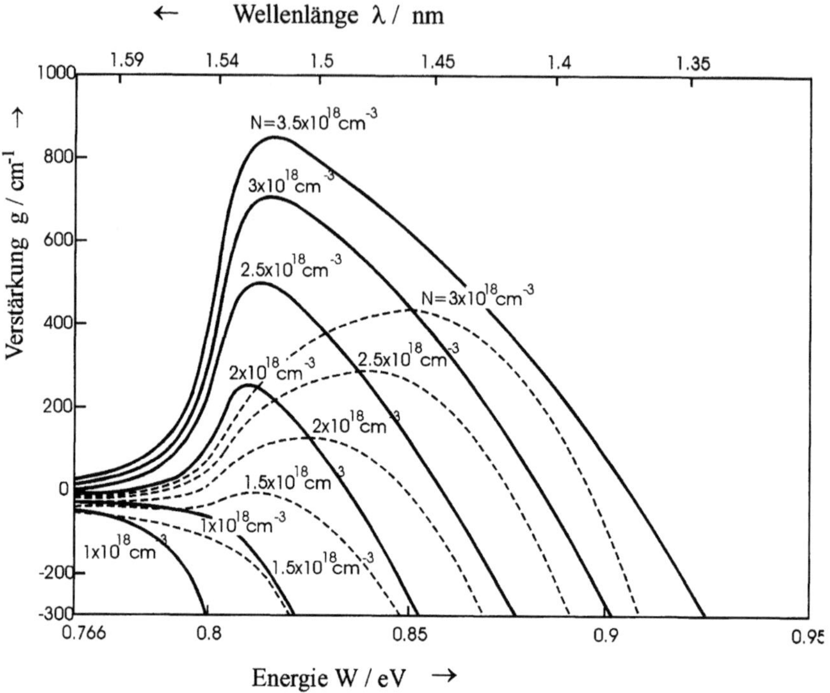

Abb. 17.12. Berechnete Verstärkung einer MQW-Struktur im Vergleich zu „bulk" Material (gestrichelt) bei Lorentz-förmiger Verbreiterung. Parameter: InGaAsP/InGaAs/InP, $L_z = 7$ nm, $W_g = 0.8$ eV

jedes Niveau wegen der Unschärferelation $\Delta W \cdot \Delta t > \hbar$ verbreitert und die in Abb. 17.11 dargestellte Schnittlinie der parabolischen Bänder ist realistisch ein Torus mit endlicher Ausdehnung (ca. 5 meV). Um diesen Verhältnissen (Abb. 17.12) Rechnung zu tragen, wird in der Praxis häufig eine Lorentz-förmige Verbreiterungsfunktion eingeführt, so daß sich die optische Verstärkung durch Integration über W′ ergibt (W′ ist die Photonenenergie):

$$L(W,W') = (\hbar/\pi\tau_{in})/[(W-W')^2 + (\hbar/\tau_{in})^2] \tag{17.46}$$

Da diese Lorentz-förmige Linienform aber den Verbreiterungseffekt zu stark betont, weil der Abfall der Funktion zu langsam erfolgt, ergibt sich eine endliche Absorption bei Photonenenergien unterhalb der Bandkante. Um das zu vermeiden, wird auch eine realistischere Sekans-Hyperbolicus-förmige Funktion (o.ä. s. [7]) verwendet:

$$L(W,W') = (\hbar/\pi\tau_{in})\,\mathrm{sech}[(W'-W)/(\hbar/\tau_{in})] \tag{17.47}$$

Die Stromdichteabhängigkeit der Verstärkung für unterschiedliche Zahlen von Quantenfilmen für 1550 nm Wellenlänge ist in Abb. 17.13a empirisch ermittelt dargestellt. Für wachsende Zahl von QWs nimmt die Transparenzdichte zwar zu, für hohe Stromdichten wächst die Verstärkung bei großer Zahl von QWs aber stärker als bei geringer Zahl von QWs. Bei sehr niedrigen Verlusten in einem Laser erreicht man daher mit wenigen QWs eine niedrigere Schwellenstromdichte als mit vielen QWs. Bei höheren Verlusten steigt die Verstärkung nur noch sehr langsam, so daß man mit einer größeren Zahl von QWs eine niedrigere Schwellenstromdichte erreichen kann. In Abb. 17.13b ist der Bandverlauf in einer Laserstruktur mit 5 Quantenfilmen mit einer in Vorwärtsrichtung angelegten Vorspannung von 1,65 Volt dargestellt. Die durch die Diode fließende Stromdichte beträgt 1000 A/cm². Zur Berechnung wurde das Drift-Diffusions Modell benutzt.

Für (verspannte) InGaAs QWs (s. auch Abschn. 17.8) auf GaAs läßt sich die Verstärkung als Funktion der injizierten Stromdich-

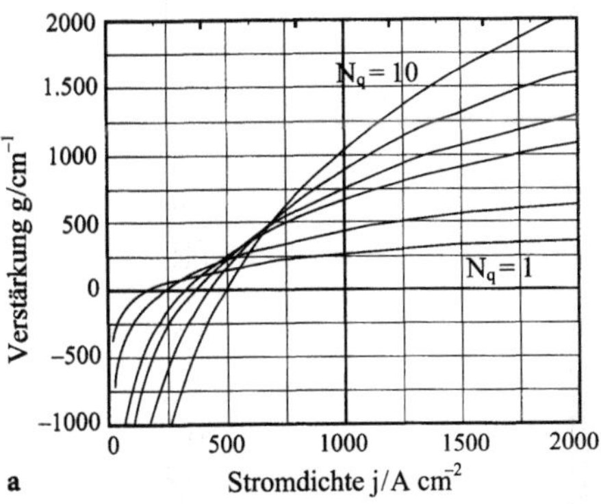

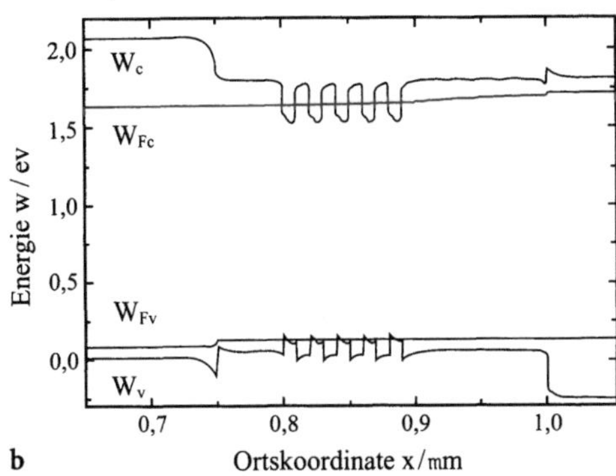

Abb. 17.13. **a** Empirisch bestimmter Verlauf der Verstärkung einer QW-Struktur für eine Emissionswellenlänge von 1550 nm in Abhängigkeit von der injizierten Stromdichte. Der Parameter N_q (= 1, 2, 4, 5, 7, 10) gibt die Zahl der QWs an. **b** ist der Verlauf des Leitungs- und Valenzbandes (W_c, W_v) einer Quantenfilmstruktur aus 5 GaAs Quantenfilmen von 8 nm Dicke und Barrieren aus $Al_{0.25}Ga_{0.75}As$ von je 10 nm Dicke, beidseitig eingebettet in $Al_{0.7}Ga_{0.3}As$ ($N = 5 \cdot 10^{17}$ cm^{-3}, $P = 8 \cdot 10^{17}$ cm^{-3}), dargestellt. Die Laserstruktur ist in Fluß-Richtung mit einer Spannung von 1,65 Volt vorgespannt. Die Quasi-Fermienergien W_{Fc} und W_{Fv} sind zusätzlich eingezeichnet. Die Stromdichte beträgt 1000 A/cm^2 und führt zu einer hohen Verstärkung

te durch eine Anpassung an Messergebnisse [8] durch den Ausdruck $g = 1100\, N_q$ cm^{-1} ln [(j/A/cm^2)/(45 N_q)] beschreiben.

Für den Entwurf von Laserdioden verwendet man häufig phänomenologische Funktionsverläufe, die die experimentellen Gegebenheiten gut beschreiben. Für „bulk“ Halbleiterschichten ist ein linearer Zusammenhang zwischen Verstärkung und Ladungsträgerdichte eine gute Beschreibung:

$$g(N) = (dg/dn) \cdot (N - N_T)/(1 + \varepsilon s), \quad (17.48)$$

wobei dg/dn die differentielle Verstärkung, ε der nichtlineare Verstärkungskoeffizient ist, der für das spektrale Lochbrennen oder das Aufheizen der Ladungsträger über die Gittertemperatur verantwortlich ist, s die Photonendichte im aktiven Material, und N_T die Ladungsträgerdichte bei Transparenz ist. Der Einfluß von ε besteht in der Sättigung der Verstärkung. Für Quantenfilme und Multi-Quantenfilme ergibt sich ein nahezu logarithmischer Verlauf mit der Ladungsträgerdichte:

$$g(N) = g_0 N_q \ln \{(N + N_0)/(N_T + N_0)\}/(1 + \varepsilon S), \quad (17.49)$$

wobei z.B. für gitterangepaßte Quantenfilme typischerweise $g_0 N_q = 1500$ cm^{-1}, N_q die Zahl der Quantenfilme, N_T die Transparenzdichte ($g = 0$) und N_0 ein Parameter ist, der die Absorption ohne Ladungsträgerinjektion beschreibt ($N_0 = 10^{15}$ cm^{-3} führt für $N = 0$ zu einer Absorption von 10^4 cm^{-1}, wie sie an der Bandkante zu erwarten ist).

17.4.3 Spontane Emission

Die gesamte spontane Emissionsrate pro Volumen- und Energie ergibt sich ähnlich wie die der Verstärkung. Dazu kann man die zu Gl. (17.43) analoge Beziehung für die spontane Emission noch mit der Dichte der optischen Moden pro Energie pro Volumen als Funktion der Energie multiplizieren und dann über die Energie integrieren:

$$R_{sp}(\hbar\omega) = (1/\hbar\omega)\,(\pi e^2 \hbar / n^2 \varepsilon_0 m_0^2)\,|M_T|^2 \cdot \varrho_r (W_{eh} - W_g)\, f_c (1 - f_v) \quad (17.50)$$

wobei $|M_T|^2$ das über alle Polarisationsrichtungen gemittelte Übergangsmatrixelement ist und ϱ_r die reduzierte Zustandsdichte der Elektronenzustände darstellt.

Die Dichte der optischen Moden erhält man analog zu der der Elektronenzustände im k-Raum durch Betrachtung des Modenraumes. Durch Abzählen der N_m Moden im Volumen L^3 ($L^3 = L_x L_y L_z$) unter Berücksichtigung der Photonendispersionsrelation $\omega = c$ k und $k = m\pi/L$ ($m^2 = m_x^2 + m_y^2 + m_z^2$) folgt für die Gesamtzahl an Moden

$$N_m = 2\,(4\pi/3)\,(L/hc)^3\,(\hbar\omega)^3 \quad (17.51)$$

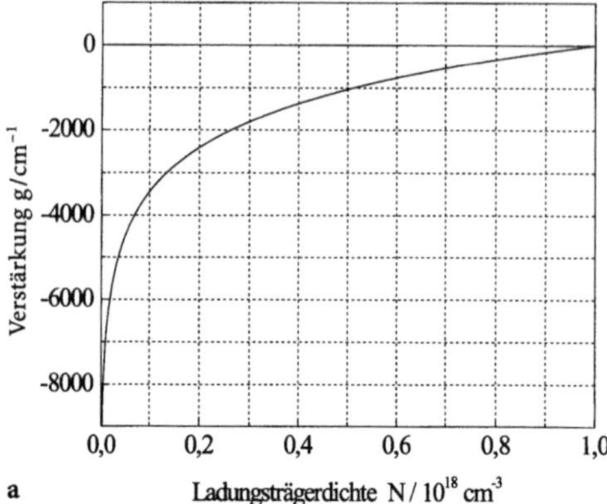

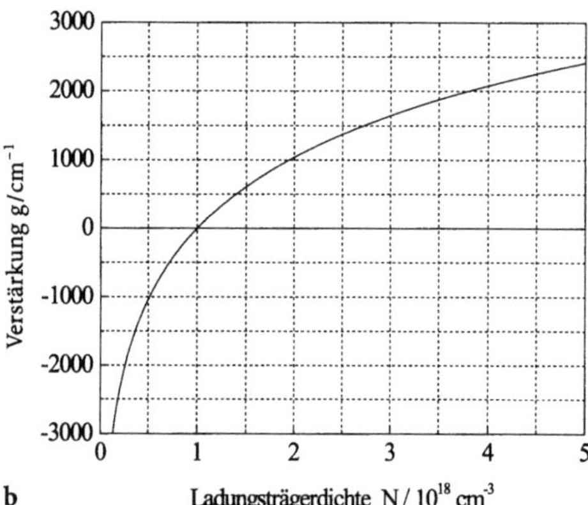

Abb. 17.14a, b. Empirischer, aus experimentellen Messungen bestimmter typischer Verlauf der optischen Verstärkung in einer MQW Struktur als Funktion der Ladungsträgerdichte. Der Bildteil **a** beschreibt die Absorption unterhalb des Transparenzwertes (g = 0). Aus dem Teil **b** des Bildes ergibt sich eine realistische differentielle Verstärkung $dg/dN = 7.5 \cdot 10^{-16}$ cm^2 für eine Ladungsträgerdichte von $2 \cdot 10^{18}$ cm^{-3} in einer MQW-Laserstruktur ($g_0N_q = 1500$ cm^{-1}, $N_T = 1 \cdot 10^{18}$ cm^{-3}, $N_0 = 1 \cdot 10^{15}$ cm^{-3})

Damit wird die Moden-Zustandsdichte wegen $\varrho_{opt}(W)\,dW = 1/V\,(dN_m/dW)\,dW$

$$\varrho_{opt}(W)\,dW = (1/\pi)\,n^2 n_g/(\hbar c)^3\,W^2\,dW \tag{17.52}$$

oder als Funktion der Frequenz:

$$\varrho_{opt}(f)\,df = (8\pi/c^3)\,n^2 n_g f^2 df \tag{17.53}$$

Hiermit folgt für die spontane Emission

$$R_{sp}(\hbar\omega) = (1/\hbar\omega)\,(\pi e^2\hbar/n^2\varepsilon_0 m_0^2)\,|M_T|^2\,\varrho_r(W_{eh}-W_g)\,\varrho_{opt}(\hbar\omega)\,f_c(1-f_v) \tag{17.54}$$

Damit folgt (ohne Aufsummation über alle Bänder):

$$R_{sp}(\hbar\omega) = \hbar\omega\,(\pi e^2/\pi\varepsilon_0\hbar^2 c^3 m_0^2)\,|M_T|^2\,\varrho_r(W_{eh}-W_g)\,f_c(1-f_v) \tag{17.55}$$

Auch hier kann die Linienverbreiterung analog zur Verstärkung durch eine Lorentz- oder Sekans-Hyperbolicus Funktion beschrieben werden.

Integriert man die spontane Emission über alle Photonenenergien, so ergibt sich gerade die gesamte strahlende Rekombination der Ladungsträger, die über einen Strom injiziert werden, um die Trennung der Quasi-Fermienergien zu erreichen. Die Lorentz-förmige oder ähnliche Verbreiterung ändert daran aber nichts. Man erhält:

$$j_{rad} = e\int_{W_g}^{\infty} R_{sp}(W)\,dW\,,$$

$$\text{oder:}\quad j_{rad} = \eta\cdot I/eV \tag{17.56}$$

wobei η der Wirkungsgrad für die Umwandlung des Stromes I in strahlende Rekombination ist. Diese Volumenstromdichte läßt sich durch Multiplikation mit der Dicke der aktiven Schicht- oder der Summe der Dicken von Quantenfilmen in eine Flächenstromdichte umrechnen nach $I/A = j_{rad}\,d = \eta\cdot I\,d/eV$ (I = Strom durch die Fläche A).

Die zur Inversion in den Bändern erforderlichen Ladungsträgerkonzentrationen sind:

$$N = 2\int_{W_c}^{\infty} \varrho_{mD}(W-W_c)\,f_c\,dW \quad \text{und}$$

$$P = 2\int_{-\infty}^{-W_v} \varrho_{mD}(W_v-W)\cdot(1-f_v)\,dW \tag{17.57}$$

Der Faktor 2 berücksichtigt die Spin-Entartung der Bänder.

Für 3D-Kristalle läßt sich keins der Integrale geschlossen darstellen und muß daher numerisch bestimmt werden.

Für Quantenfilme mit parabolischen Subbändern läßt sich z.B. die Konzentration an Elektronen in den Subbändern errechnen:

$$N = m_c k_B T/(\pi\hbar^2 L_z)\cdot\sum_n \ln\{1+\exp[-(W_{c,n}-W_{fc})/k_B T]\} \tag{17.58}$$

Die $W_{c,n}$ sind die Subbänder des Leitungsbands: n = 1, 2, …

Die Dichte der Löcher in den Valenzbändern muß jedoch wegen der starken Nichtparabolizität numerisch integriert werden:

$$P = 2 \sum_{n} \int_{0}^{k\max} \rho_{2D}(k_{x,y}) \{1 - f_v[W_{v,n}(k_{x,y})]\} dk_{x,y} \tag{17.59}$$

Mit Hilfe der Besetzungsfunktionen f_c und f_v läßt sich der Besetzungsinversionsfaktor n_{sp} berechnen. Diese Größe wird gelegentlich auch spontaner Emissionskoeffizient genannt. (Dies gibt aber Anlaß zu Verwechslung mit dem im folgenden beschriebenen spontanen Emissionsfaktor in eine optische Mode.) Er ist das Verhältnis von spontaner Rate zu stimulierter Rate:

$$n_{sp} = f_c(1 - f_v)/(f_c - f_v) \tag{17.60}$$

Nach Einsetzen der Fermi-Dirac Besetzungsfunktionen f_c und f_v erhält man:

$$n_{sp} = [1 - \exp\{(W_{cv} - \Delta W_F)/k_B T\}]^{-1},$$
$$\text{mit } W_{cv} = \hbar\omega \tag{17.61}$$

n_{sp} beschreibt ebenso die Dichten von Ladungsträgern in Leitungs- und Valenzband in der Form:

$$n_{sp} = n_{th}/(n_{th} - n_{tr}) \tag{17.62}$$

wobei n_{th} und n_{tr} die Ladungsträgerdichten an der Schwelle bzw. bei der Transparenzbedingung sind. n_{sp} ist positiv und >1, wenn die Bänder invertiert sind und Verstärkung vorliegt, sonst negativ.

Betrachtet man die spontane Emission, die in einer Mode eines Wellenleiters geführt wird, so läßt sich ein Faktor für das Verhältnis der spontanen Emission in dieser Mode zu der gesanmten spontanen Emission definieren.

Dieses Verhältnis kann man aus den oben berechneten Größen ableiten: Die Rate an spontanen Übergängen hängt unmittelbar von der Verstärkung ab. Die Rate ist

$$1/\tau_{sp} = n_{sp} v_g g . \tag{17.63}$$

Bezieht man diese Rate auf das Modenvolumen $V_m = V/\Gamma$, wobei Γ der Füllfaktor ist (engl.: confinement faktor), der den Überlapp der Photonendichte mit dem aktiven, Verstärkung erzeugenden Volumen beschreibt (s. Kap. 19), so ist die in der Mode geführte Emission $\Gamma v_g g\, n_{sp}/V$. Da andererseits die gesamte spontane Emission proportional zum injizierten Strom ist η I/eV, erhält man (η ist der Wirkungsgrad):

$$\beta_{sp} = \Gamma v_g g\, n_{sp}/(\eta\, I/e) \tag{17.64}$$

β_{sp} wird spontaner Emissionsfaktor genannt.

In direkten Halbleitern kann man die gesamte spontane Emissionsrate R_{sp} in alle Moden in der Form $R_{sp} = B \cdot N \cdot P$ schreiben. B ist hierbei der bimolekulare Rekombinationskoeffizient. Sein Wert liegt typischerweise bei $B = 1 - 2 \cdot 10^{-10}\,\text{cm s}^{-1}$. Falls das aktive Material dotiert ist, kann man die gesamte spontane Emissionsrate aus zwei Anteilen zusammensetzen:

$$R_{sp} = R_{sp}^{(0)} + R_{sp}^{(ex)} \tag{17.65}$$

wobei der erste Term rechts die Rate im thermischen (Quasi-) Gleichgewicht beschreibt und der zweite Term die Rate durch die injizierten Überschuß-Ladungsträger. Diese Überschuß-Ladungsträgerdichte ΔN definiert eine (strahlende) Ladungsträgerrekombinationszeit τ_r durch $R_{sp}^{(ex)} = \Delta N/\tau_r$ für $\Delta N = \Delta P$ wird die spontane Rekombinationsrate der Überschußladungsträger [9]:

$$R_{sp}^{(ex)} = B\Delta N(P_0 + N_0 + \Delta N) \tag{17.66}$$

wobei N_0 und P_0 die Dotierungskonzentrationen darstellen.

Die daraus resultierende Ladungsträgerlebensdauer läßt sich dann schreiben:

$$\tau_r^{-1} = B\,(P_0 + N_0 + \Delta N) \tag{17.67}$$

Für kleine injizierten Dichten ΔN erhält man $\tau_r^{-1} = B\,(P_0 + N_0)$, d.h. eine konstante Lebensdauer, und für starke Injektion ergibt sich $\tau_r^{-1} = B\,\Delta N$. Bei einer Ladungsträger-Injektion von $10^{18}/\text{cm}^3$ beträgt somit die Lebensdauer einige Nanosekunden.

Die Materialsysteme in Abb. 17.2 ermöglichen durch Änderung der Zusammensetzung und damit der Gitterkonstanten als Parameter prinzipiell Lichtemission in den in Tabelle 17.2 angegebenen Wellenlängenbereichen. In der Praxis sind aber nur ganz wenige Substratkristalle wie GaAs, InP und mit Einschränkungen GaSb verfügbar, die mit ihren Gitterkonstanten nur bestimmte Wellenlängenbereiche möglich machen.

Tabelle 17.2. III-V Materialsysteme und zugehörige Spektralbereiche, in denen spontane Emission beobachtbar sind

Materialsystem	Wellenlängenbereich für optische Emission/nm
GaAsP	620 - 880
GaInP	560 - 920
AlGaAs	640 - 880
AlGaInAs	620 - 3400
GaInAsP	620 - 3400
GaAsSb	880 - 1700
GaAlAsSb	1140 - 1700
AlGaSb	790 - 1700
GaInAs	880 - 3400
InAsP	920 - 3400
GaInSb	1700 - 7000
InAsSb	3400 - 7000
AlInP	530 - 920

17.5 Nichtstrahlende Rekombination

Elektronen und Löcher können nicht nur strahlend rekombinieren. Defekte, Oberflächen und Grenzflächen können ebenfalls als Rekombinationszentren wirken, ohne daß der Übergang strahlend ist.

17.5.1 Defekt-Rekombination (Störstellen-Rekombination)

Aus einer Störstelle, deren Energiezustand zwischen Leitungs- und Valenzband liegt, sind vier Übergangsraten in Leitungs- und Valenzband möglich. Setzt man im thermischen Gleichgewicht die Raten nach „oben" und „unten" gleich und nimmt Boltzmann Statistik für die (nichtentarteten) Ladungsträgerdichten an, so erhält man den von Shockley, Read und Hall (SRH) [10], [11] angegebenen Zusammenhang:

$$R_{sp}^{SRH} = [N \cdot P - N_i^2]/[(N^* + N)\tau_h + (P^* + P)\tau_e] \quad (17.68)$$

wobei N_i die intrinsische Ladungsträgerdichte, τ_e und τ_h sind die Einfangzeiten für Elektronen- und Löcher jeweils aus dem Leitungs- und Valenzband (vorausgesetzt, alle Störstellen sind gefüllt). N^* und P^* sind die Dichten, die dann existieren würden, wenn die Fermienergie mit den Energieniveaus der Störstellen übereinstimmen würde.

Für Halbleiterlaser-Anwendungen ist die injizierte Dichte sehr viel größer als N_i und N^*, P^*, so daß man erhält:

für hohe Injektion ($N = P$):

$$R_{sp}^{SRH} = N/[\tau_h + \tau_e]\,, \quad (17.69)$$

Im Fall geringer Injektion ergibt sich:

$$R_{sp}^{SRH} = \Delta N \cdot [N_0 + P_0]/[N_0\tau_h + P_0\tau_e]\,. \quad (17.70)$$

In diesem Fall ist die Rekombinationsrate von der Art der Dotierung (N_0, P_0) abhängig.

17.5.2 Oberflächen- und Grenzschicht-Rekombination

Analog zur SRH-Theorie wird für diese Art von Rekombination eine Einfangrate von Ladungsträgern innerhalb einer Distanz L_c zur Oberfläche definiert: L_c/τ (Dimension einer Geschwindigkeit; hier ist die thermische Geschwindigkeit Begrenzung):

$$R_{sp}^{GR} = (a_s/V) \cdot [N \cdot P - N_i^2]/[N/v_h + P/v_e] \quad (17.71)$$

hierbei sind a_s und V die Oberfläche und das aktive Volumen und v_h und v_e die Rekombinationsgeschwindigkeiten der Löcher und Elektronen. Für hohe Injektion ($N = P$), $N \cdot P \gg N_i^2$ ergibt sich:

$$R_{sp}^{GR} = (a_s/V) \cdot v_s N\,,$$
$$1/v_s = 1/v_e + 1/v_h \quad (17.72)$$

Zahlenwerte für die Rekombinationsgeschwindigkeiten v_s liegen für das Materialsystem GaAs im Bereich von $5 \cdot 10^5$ cm/s, für InGaAs/GaAs bei $1 - 2 \cdot 10^5$ cm/s und für InGaAsP/InP sind die Werte wesentlich geringer: $\leqslant 10^4$ cm/s.

Alle Prozesse, die bisher betrachtet wurden, sind linear von der injizierten Ladungsträgerdichte abhängig.

17.5.3 Auger-Rekombination

Bei diesem Rekombinationsprozeß wird die Energie eines Elektron-Loch-Paares auf einen dritten Ladungsträger übertragen. Dieser Ladungsträger wird dann hoch in eines der Bänder angeregt. Von dort relaxiert er durch Phononenemission. In Abb. 17.15 sind einige Arten von Auger-Prozessen schematisch dargestellt. Sie können in Form von Band-zu-

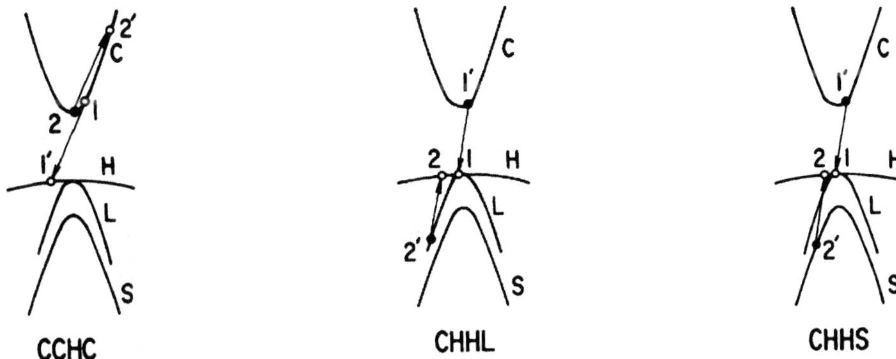

Abb. 17.15. Band-zu-Band Übergänge für drei in A_{III}-B_V Verbindungshalbleitern wichtige Prozesse. C, H, L und S symbolisieren Leitungsband, schweres Löcherband, leichtes Löcherband bzw. Spin-Bahn abgespaltenes Valenzband

Band Übergängen, als Phononen-assistierte oder auch unter Mitwirkung einer Störstelle erfolgen [12–15]. Üblicherweise beschreibt man die wichtigsten Prozesse zusammenfassend durch einen Ausdruck der Form:

$$R_{sp}^{A} = C \cdot N^3, \quad C = \text{Augerkoeffizient}. \qquad (17.73)$$

Typische Größenordnung von C für InGaAsP/InP ist $5 \cdot 10^{-29}$ cm^6/s, für GaAs ist C eine Größenordnung kleiner. In Abb. 17.15 sind die drei wichtigsten Auger-Prozesse anschaulich dargestellt.

Der CCHC-Prozeß beruht darauf, daß zwei Leitungsband-Elektronen mit einem schweren Loch wechselwirken und ein hochenergetisches Elektron im Leitungsband hinterlassen, das dann unter Phononenemission thermalisiert. Der CHHS Prozeß besteht darin, daß zwei Löcher mit einem Leitungsbandelektron wechselwirken und ein Loch im Spin-Bahn abgespaltenen Löcherband erzeugen. Beim CHHL-Prozeß wechselwirken zwei Löcher mit einem Leitungsbandelektron unter Erzeugung eines hochenergetischen leichten Lochs. Diese hochenergetischen Teilchen geben ihre Energie nicht in einem Schritt sondern sukzessiv durch Phononenemission ab und bevölkern schließlich den unteren Bandrand.

Zusammenfassend lassen sich die verschiedenen Rekombinationsraten in der Form darstellen:

$$R_{sp} = N/\tau_{nr} + B \cdot N^2 + C \cdot N^3, \qquad (17.74)$$

τ_{nr} faßt alle nichtstrahlenden Prozesse, die unter Abschn. 17.5.1 und 17.5.2 erwähnt sind und bei denen die Übergangsrate proportional zur Dichte der injizierten Ladungsträgerdichte ist, zusammen.

Hieraus kann man eine differentielle Lebensdauer τ_d ableiten (z.B. für die Ladungsträgerdichte an der Laserschwelle)

$$\tau_d^{-1} = \partial R/\partial N = 1/\tau_{nr} + 2B \cdot N + 3C \cdot N^2. \qquad (17.75)$$

In realen Lasern für eine Emissionswellenlänge von 1550 nm liegt die differentielle Lebensdauer τ_d im Bereich von 0,3 – 1 ns.

17.6 Brechungsindex

Der Brechungsindex ist eine komplexe Größe, die Brechung und Absorption beschreibt $\hat{n} = n - j\kappa$; das Minuszeichen gilt für einen Wellenansatz $\exp\{+j(\omega t - kz)\}$, damit die Welle in +z-Richtung gedämpft wird und nicht wächst.

Für optoelektronische Anwendungen kann man auf eine Vielzahl von Messungen zurückgreifen, sowohl für das System GaAs/AlAs als auch für InGaAsP/InP bzw. AlInGaAs/InP für den Wellenlängenbereich von 900–1650 nm (~1.35 – 0.75 eV). Die Wellenlängenabhängigkeit des Brechungsindex hängt stark von den Werten der kritischen Punkte in der Verbindungshalbleiter-Bandstruktur ab (Bereiche in der Brillouin-Zone, in denen die kombinierte Zustandsdichte für direkte Bandübergänge groß ist), wie man nach der Kramers-Kronig Relation erwarten

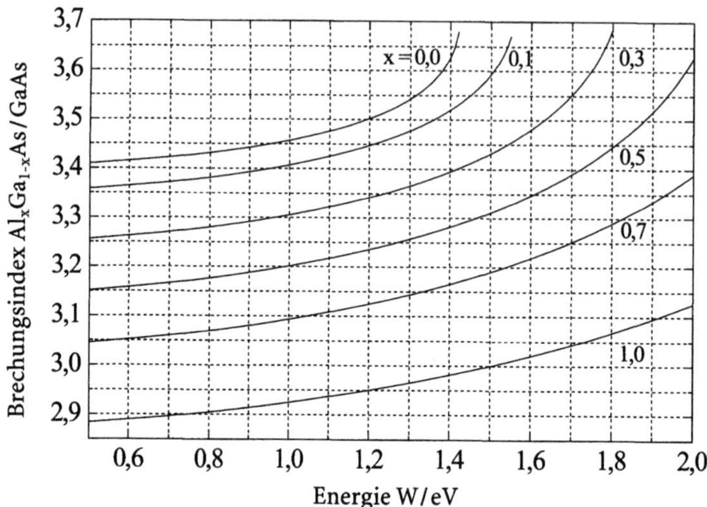

Abb. 17.16. Brechungsindex als Funktion der Photonenenergie für einige Zusammensetzungen von $Al_xGa_{1-x}As/GaAs$ gemäß Gln. (17.76)-(17.79)

kann. Daher ist es üblich, die Abhängigkeit des Brechungsindex durch solche Parameter analytisch zu beschreiben. Für AlGaAs/GaAs lassen sich Brechungsindizes als Funktion der Wellenlänge für verschiedene Aluminium-Gehalte sehr genau durch solche Parameter beschreiben [16]. Kleinster direkter Bandabstand ist W_0, und Δ_0 ist der energetische Abstand des Spin-Bahn abgespaltenen Valenzbandes:

$$W_0/\text{eV} = 1.424 + 1.45x - 0.25x^2 \quad \text{für } x < 0.45$$
$$W_0/\text{eV} = 1.422 + 1.544x - 0.826x^2 + 0.878x^3$$
$$\text{für } x > 0.45 \quad \textbf{(AlGaAs/GaAs)} \qquad (17.76)$$
$$W_s = W_0 + \Delta_0, \quad \Delta_0/\text{eV} = 0.34 - 0.02\,x,$$

Hieraus ergibt sich für den Brechungsindex:

$$n^2(W,x) = A(x)\{f(W/W_0) \qquad (17.77)$$
$$+ 0.5\,(W_0/W_s)^{1.5}\, f(W/W_s)\} + B(x),$$

wobei

$$f(y) = [2 - (1+y)^{0.5} - (1-y)^{0.5}\, H(1-y)]/y^2$$
$$\text{und } H(z) = 1 \text{ für } z >= 0,\, H(z) = 0$$
$$\text{für } z < 0. \qquad (17.78)$$

Durch Anpassung an eine Vielzahl von Messungen wurden die Funktionen A(x) und B(x), ermittelt [17]:

$$A(x) = 6.3 + 19.0x \quad \text{und}$$
$$B(x) = 9.4 - 10.2x \qquad (17.79)$$

In ähnlicher Weise lassen sich auch die Brechungsindizes von InGaAsP/InP beschreiben [18]: $A_1 = 13.351 - 5.4554\,W_p + 1.2332\,W_p^2$, $A_2 = 0.714 - 0.3606\,W_p$, $W_1 = 2.5048$ eV, $W_2 = 0.1638$ eV.

$$n^2 = 1 + A_1/\{1 - [W/(W_p + W_1)]^2\}$$
$$+ A_2/\{1 - [W/(W_p + W_2)]^2\}$$
$$\textbf{InGaAsP/InP)} \qquad (17.80)$$

Physikalisch beschreiben die beiden rechten Terme zwei Oszillatoren, einer nahe und einer weiter weg von W_p. Die Energieabstände werden durch E_1 und E_2 beschrieben. Die Größen A_1, A_2 werden durch einen einzigen Parameter W_p (in eV) beschrieben. W_p ist die Energie, bei der die Photolumineszenz ihr Maximum hat (Abb. 17.17). Für impulserhaltende direkte Band-zu-Band-Übergänge in undotierten Halbleitern läßt sich aus der Energie W_p des Maximums der Intensität der spontanen Emission, d.h. also der Photolumineszenz die Bandabstandsenergie E_g berechnen: $W_p = W_g + {}^1/_2\,kT$. Die Halbwertsbreite ergibt sich zu FWHM = 1.8 k_BT. Alternativ zu der Beschreibung entsprechend Gleichung (17.80) läßt sich auch eine Beschreibung über den Parameter y anstatt W_p vornehmen mit Gleichungen entsprechend (17.77) und (17.78), wobei die Funktionen A und B dann lauten: A = 8.40 - 3.40 y, und B = 6.60 + 3.40 y [19]. Zum Vergleich s. auch [20].

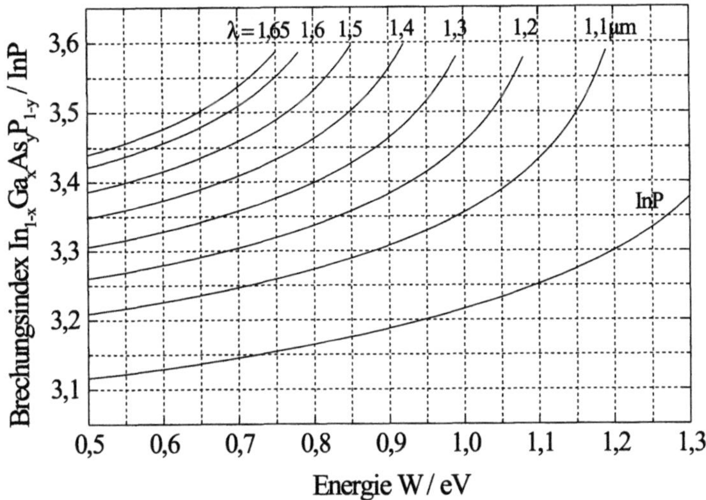

Abb. 17.17. Brechungsindizes von InGaAsP/InP nach [18]. Die als Parameter angegebenen Wellenlängen entsprechen den Intensitätsmaxima der Photolumineszenzmessungen für die jeweiligen Materialzusammensetzungen. Die zugehörigen Photonenenergien sind 0.75, 0.775, 0.827, 0.886, 0.954, 1.033, 1.127, und 1.32 eV

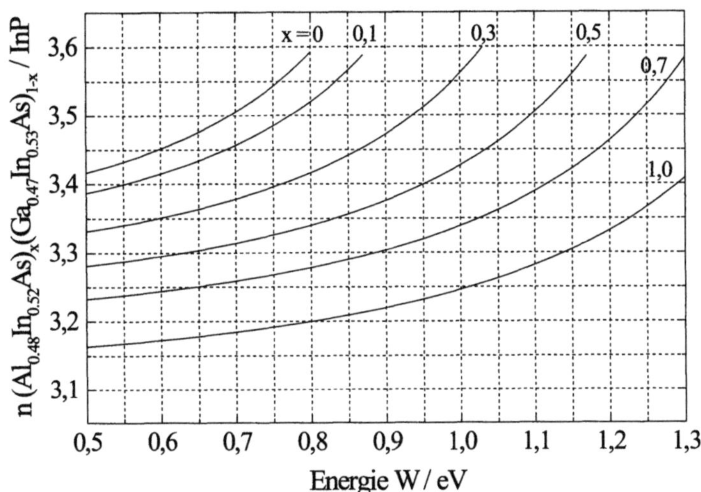

Abb. 17.18. Brechungsindizes von $(Al_{0.48}In_{0.52}As)_x(Ga_{0.47}In_{0.53}As)_{1-x}$/InP als Funktion der Photonenenergie gemäß Gleichung (17.81) für verschiedene Zusammensetzungen [21]

Für AlInGaAs/InP erhält man die Brechungsindizes aus der Formel [20]:

$$n^2(\lambda) = A + B\lambda^2/(\lambda^2 - C^2) \quad \textbf{(AlInGaAs/InP)} \tag{17.81}$$

wobei: $A(x) = 9.689 - 1.012x$, $B(x) = 1.59 - 0.376x$, und $C(x) = 1102.4 - 702.0x + 330.4x^2$ (λ in nm).

Der Parameter x ergibt sich aus der Zusammensetzung der zwei ternären auf InP gitterangepaßten Mischkristalle $Al_{0.48}In_{0.52}As)_x(Ga_{0.47}In_{0.53}As)_{1-x}$. Die Abweichungen dieses analytischen Verlaufs von den Meßergebnissen liegen unterhalb 0.005 (Abb. 17.18).

Schreibt man die Zusammensetzung des auf InP gitterangepaßten quaternären Aluminium-haltigen Materials in der Form $Al_zGa_{1-x-z}In_xAs$/InP, so lassen sich die Brechungsindizes für die drei häufig benutzten Wellenlängen λ = 1550 nm, 1300 nm und

Tabelle 17.3. Abhängigkeit des Brechungsindex vom Zusammensetzungsparameter z für drei Wellenlängen für das auf InP gitterangepaßte Material $Al_zGa_{1-x-z}In_xAs$.

Wellenlänge	Brechungsindex als Funktion von z
650 nm	$n = 3.9212 - 0.6342z$
1300 nm	$n = 3.6115 - 0.4464z - 0.5502z^2$
1550 nm	$n = 3.5957 - 1.1034z + 0.7456z^2$

650 nm als einfache, für praktische Anwendungen geeignete analytische Ausdrücke in Abhängigkeit vom Parameter z angeben. Die Ausdrücke wurden durch Anpassung an ellipsometrische Messungen gewonnen [22]:

$$Al_zGa_{1-x-z}In_xAs/InP$$

17.7 α_H-Parameter

Der Realteil n des Brechungsindex hängt von der Ladungsträgerdichte N im Halbleiter ab. Der Effekt beruht auf verschiedenen Mechanismen: mit zunehmender Ladungsträgerinjektion wird die Band-zu-Band Absorption durch die Auffüllung der Bandzustände behindert. Andererseits wächst die Absorption durch die aus der starken Besetzung resultierenden Verringerung des Bandabstandes (engl.: bandgap renormalization) durch Vielteilchenwechselwirkung. Der Zusammenhang zwischen der Änderung des Bandabstandes wird näherungsweise sowohl für das AlGaAs/GaAs als auch das InGaAsP/InP System durch folgenden Ausdruck beschrieben (s. Abschn. 15.2.3):

$$\Delta W_g = -a\,N^{1/3}, \quad a = 32\,\text{meV}/(10^{18}\text{cm}^{-3})^{1/3} \tag{17.82}$$

Die Absorption durch freie Ladungsträger nimmt durch die Injektion ebenfalls zu. Auf Grund der Kramers-Kronig Relation führen alle diese Absorptionsprozesse zu Änderungen des Brechungsindex. Jeder Prozeß trägt in anderer Weise zur Wellenlängenabhängigkeit des Brechungsindex bei. Im allgemeinen nimmt aber im Bereich des Verstärkungsmaximums in einem Halbleiterlaser der Brechungsindex mit zunehmender Injektion ab. Der (frequenzabhängige) Zusammenhang zwischen Realteil n und Imaginärteil k des komplexen Brechungsindex wird üblicherweise durch den α_H-Faktor beschrieben:

$$\alpha_H = (dn/dN)/(d\kappa/dN), \quad \text{oder:}$$

$$\alpha_H = [(dn/dN)/(dK/dN)] \cdot 4\pi/\lambda_0 \tag{17.83}$$

wobei $K = 4\pi\kappa/\lambda$ die Absorptionskonstante ist. Diese Definition gilt für unendlich ausgedehntes Material. In einem Wellenleiter, wie z.B. in einem Halbleiterlaser sind n und κ jedoch durch effektive Werte n_{eff} und κ_{eff} zu ersetzen. Damit wird auch der α_H-Faktor strukturabhängig:

$$\alpha_{eff} = (dn_{eff}/dN)/(d\kappa_{eff}/dN), \hat{n}_{eff}$$

$$\hat{n}_{eff} = n_{eff} - j\kappa_{eff} \tag{17.84}$$

Damit wird in einem Laser durch Injektion von Ladungsträgern:

$$\Delta n_{eff} = \Gamma_{act}\,(n_{act}/n_{eff})\,\Delta n_{act} \tag{17.85}$$

wobei Δn_{act} die Änderung des Brechungsindex der aktiven Schicht ist.

Der in Klammern stehende Ausdruck steht anschaulich für die Verlängerung des Weges der Lichtwellen im Wellenleiter des Lasers durch die „Zick-Zack"-Reflexionen bei der Wellenausbreitung. Γ_{act} gibt den im aktiven Bereich des Laser-Wellenleiters geführten Anteil der Lichtwelle an (confinement-factor). Der Ausdruck für Δn_{eff} läßt sich mit Hilfe des α_H-Faktors in Abhängigkeit von der Verstärkungsänderung durch die Injektion darstellen:

$$\Delta n_{eff} = -\,\Gamma_{act}\,(n_{act}/n_{eff}) \cdot (\lambda/4\pi)\,\alpha_{eff}\,\Delta g_{act} \tag{17.86}$$

Der α_H-Faktor ist eine frequenzabhängige Größe. Im Bereich des Maximums der Verstärkungskurve als Funktion der Frequenz ändert sich α_H so, daß er auf der höherfrequenten Seite des Verstärkungsmaximums kleinere und auf der niederfrequenten Seite größere Werte annimmt. Die Werte liegen im Bereich von 1–5 für MQW- und 5–10 für „Bulk"-Laser mit 3D-Schichten. Ein typischer Verlauf einer Berechnung des differentiellen Brechungsindex dn/dN, der differentiellen Verstärkung dg/dN und des α_H-Faktors als Funktion der Energie sind für einen MQW-Laser für λ = 1550 nm in Abb. 17.19a–c dargestellt. Der Laser besitzt 7 kompressiv verspannte (1%) aktive Quantenfilme von 6 nm Dicke und Barrieren von 10 nm Dicke.

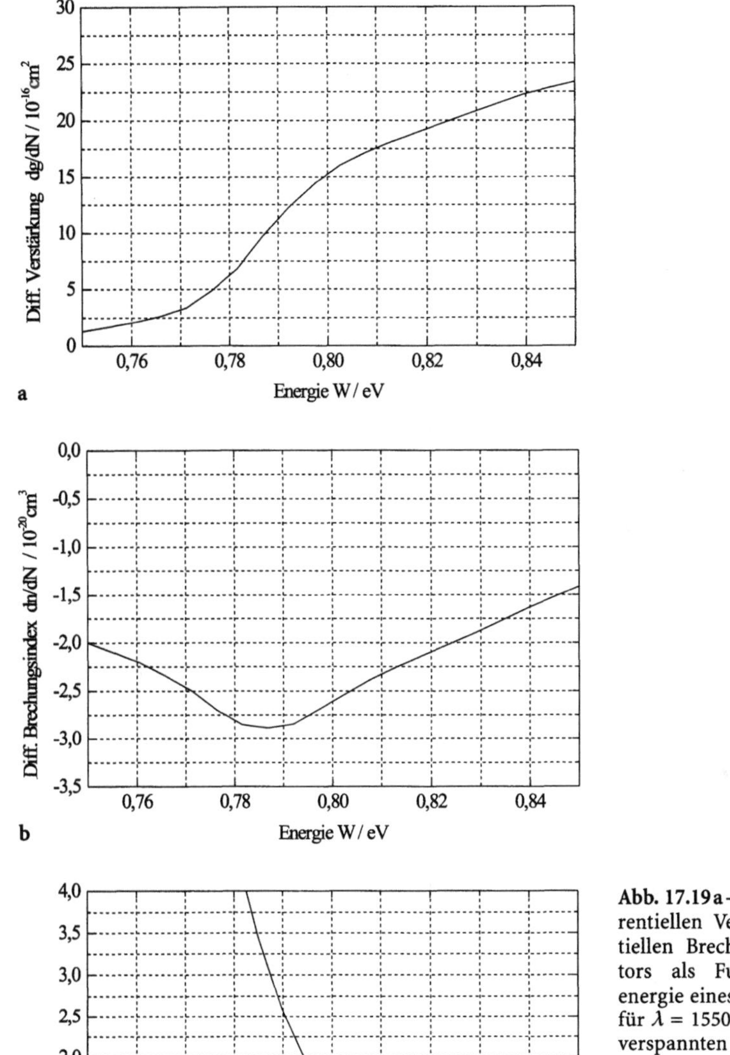

Abb. 17.19 a–c. Berechnung. **a** der differentiellen Verstärkung, **b** des differentiellen Brechungsindex, **c** des α_H-Faktors als Funktionen der Photonenenergie eines InGaAsP/InP MQW-Lasers für $\lambda = 1550$ nm mit 7 kompressiv (1%) verspannten QWs von 6 nm Dicke; die Barrieren haben eine Dicke von 10 nm. Das Maximum der Verstärkungskurve liegt bei einer Energie von 0.80 eV. Bei der Berechnung wurden die Linienverbreiterung berücksichtigt und eine Modenverstärkung von 50 cm^{-1} bei einem Confinement-Faktor von 0,14 zugrunde gelegt [23]

Das Maximum der Verstärkung liegt bei einer Energie von 0.80 eV [23]. Ähnlich günstige Werte wie bei diesen kompressiv verspannten Quantenfilmen lassen sich mit gitterangepaßten Strukturen nicht erzielen. Deshalb wird im folgenden der Einfluß der Verspannung erläutert.

17.8 Verspannte Quantenfilme

Die durch Mischung aus binären $A_{III}-B_V$-Bestandteilen, wie sie in Abb. 17.2 dargestellt sind, hergestellten ternären oder quaternären Verbindungshalbleiter sind üblicherweise mit gleicher Gitterkonstanten an den Substratkristall, auf den sie epitaktisch abgeschieden wurden, angepaßt. Diese Gitteranpassung liefert jedoch für optoelektronische Bauelemente nicht unbedingt die besten Voraussetzungen. Durch definierte Gitterfehlanpassung lassen sich wichtige Parameter wie effektive Massen und Zustandsdichten sowie davon abgeleitete Größen gezielt verändern. Es existiert für eine vorgegebene Gitterfehlanpassung eine kritische Schichtdicke, unterhalb der der Kristall nicht relaxiert und nicht durch Versetzungsbildung die mechanische Verspannung abbaut. Diese kritische Schichtdicke ist so groß, daß relativ problemlos verspannte Quantenfilme hergestellt werden können mit mehr als ±1% abweichender Gitterkonstante. Durch Einbetten einer solchen Schicht (z.B.: Quantenfilm $L_z < 10$ nm) mit im kräftefreien, unverspannten Zustand kleinerer Gitterkonstante als sie dem Substrat entspricht, wird sie biaxial zugverspannt (engl.: tensile strain). Im umgekehrten Fall wird sie druckverspannt (compressive strain). Aus kontinuumsphysikalischen Gründen wird eine solche zugverspannte Schicht senkrecht zur biaxialen Verspannung kürzer und eine druckverspannte länger. Eine biaxiale Druckverspannung läßt sich in einen hydrostatischen Druck und eine senkrecht zur biaxialen Verspannung gerichtete uniaxiale Zugspannung zerlegen; dies macht beispielsweise die Berechnung der Bandstruktur verspannter Systeme leichter. Man kann dann den Impuls-Wellenvektor in eine Komponente in Richtung der Zug- oder Druckspannung und in eine Komponente senkrecht dazu zerlegen. Der hydrostatische Druck verschiebt die Bandabstände (Druckverspannung: $\delta W_g > 0$, Zugverspannung: $\delta W_g < 0$), während die uniaxiale Komponente die Entartung der Valenz-Bänder aufhebt: leichte und schwere Löcher-Energiezustände trennen sich proportional zur Gitterfehlanpassung. Kompressive Verspannung vergrößert den Bandabstand des leichten Loch-Übergangs und verringert den der schweren Löcher. Parallel zur Ebene der biaxialen Druckverspannung „kreuzen" sich leichtes und schweres Loch-Band; d.h. das schwere Loch-Band wird zum „leichten", während das leichte „schwerer" wird. In Wirklichkeit bleiben im Kreuzungspunkt die Bänder aber getrennt. Senkrecht dazu kreuzen sich die Bänder nicht, sondern verschieben sich nur. Für Zugverspannung kehrt sich die Reihenfolge der Bänder um.

Diese obigen Überlegungen gelten unter der Annahme, daß nur die Verspannung zu den Änderungen der Bandstruktur führt. Die Verspannung wird aber auch durch eine Veränderung der chemischen Bindungen herbeigeführt, so daß sich dieser Effekt überlagert. In der Praxis wird die Verspannung hauptsächlich durch die Änderung der Bindungen erzeugt. Das bedeutet, daß sich nun zug- und druckverspannte Schichten gerade umgekehrt verhalten: druckverspannte Strukturen besitzen die kleinere und zugverspannte weisen die größere Bandlücke auf (Abb. 17.20).

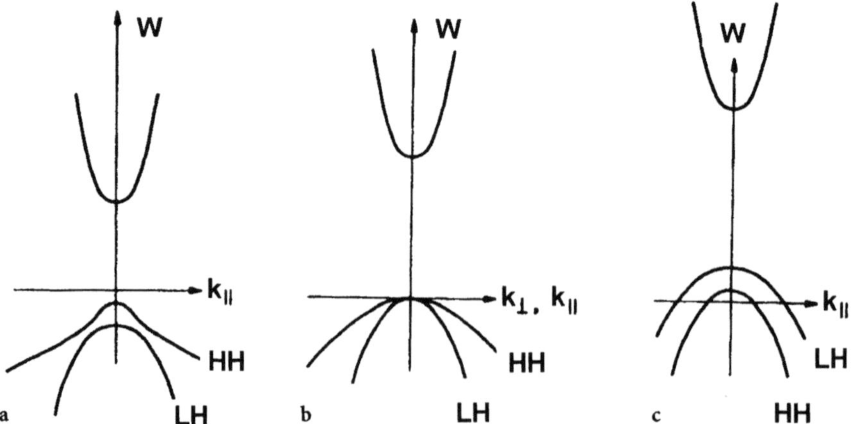

Abb. 17.20a–c. Schematischer Verlauf der Leitungs- und Valenzbänder für **a** druckverspannte, **b** gitterangepaßte, und **c** zugverspannte Quantenfilme für Wellenvektoren parallel zur Filmebene

Der Nutzen für einen Halbleiter mit druckverspannten Schichten wird daran erkennbar, daß das thermisch stärker besetzte Löcherband bei k = 0 eine kleinere effektive Masse besitzt (stärkere Krümmung) als im unverspannten Zustand. Da die Krümmung des Leitungsbandes sich durch die Verspannung aber kaum ändert, erreicht man eine Annäherung der Größe der Massen in Leitungs- und Valenzband. Das führt zu einer geringeren Ladungsträgerdichte bei Transparenz ($g = 0, f_c = f_v$) und damit auch zu einem geringeren Laser-Schwellenstrom. Für gleiche Massen in beiden Bändern erreicht man die größtmöglichste Trennung der Quasi-Ferminiveaus bei vorgegebener Ladungsträgerdichte und damit den geringsten Schwellenstrom [24–27].

Die Berechnung der optischen Verstärkung für unterschiedlich verspannte Quantenfilme [28] zeigt Abb. 17.21. Die Materialverstärkung ist gegen den Teil der injizierten Stromdichte aufgetragen, der zu Verstärkung führt. Die nichtstrahlenden Anteile sind weggelassen. In kompressiv verspannten Quantenfilmen existiert Verstärkung nur für in der Filmebene polarisiertes Licht (TE-polarisiert), in zugverspannten Quantenfilmen existiert Verstärkung für beide Polarisationsrichtungen TE und TM. Der TM-Gewinn ist allerdings deutlich größer. Dieses Verhalten läßt sich in optischen Verstärkern nutzen, um sie polarisationsunabhängig zu machen.

Der strahlende Anteil der Stromdichte ist $j_{rad} = eB_{2D}N_{2D}^2$ ($= eBN_qL_zN^2$), wobei B_{2D} die bimolekulare Rekombinationskonstante für 2-dimensionales Material ist und N_{2D} die Schichtladungsträgerdichte (pro Fläche). Man erkennt den Zuwachs der Verstärkung und damit auch den der differentiellen Verstärkung für vorgegebene Stromdichte mit dem Übergang von Zugverspannung über Gitteranpassung zu kompressiver Verspannung. Im Fall der kompressiv verspannten QWs wird die Transparenz des Materials ($g = 0$) für eine Schichtladungsträgerdichte von $1 \cdot 10^{12}$ cm^{-2} erreicht, das entspricht in diesem Fall einer 3D-Ladungsträgerdichte von $1 \cdot 10^{18}$ cm^{-3}.

Durch spannungskompensierte Quantenfilme, bei denen Film und Barriere gegensinnig verspannt sind, läßt sich eine differentielle Verstärkung dg/dN von mehr als $15 \cdot 10^{-16}$ cm^2 erreichen. Der in einem Laser tatsächlich erreichte Wert hängt allerdings von der Ladungsträgerdichte an der Laserschwelle ab. Dies zwingt dazu, die Verluste im Laser und damit die Ladungsträgerdichte so gering zu halten wie möglich (s. Kap. 19). Um Aussagen über die Verstärkung, die zum Erreichen der

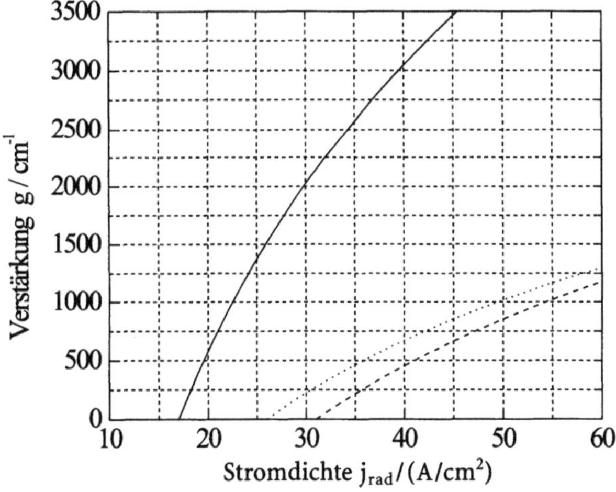

Abb. 17.21. Berechnete optische Verstärkung g für kompressiv-(durchgezogen), gitterangepaßte (punktiert) für TE-Polarisation und zug-verspannte (gestrichelt) QWs für TM-Polarisation als Funktion des Teils der injizierten Stromdichte j_{rad}, die zu strahlender Rekombination führt. Die Verspannung der QWs entspricht einer Gitter-Fehlanpassung $\Delta a/a$ von 1,2%, 0% bzw. –1,2%. Die kompressiv verspannten Strukturen bestehen aus vier InGaAs-QWs, die in quaternäres InGaAsP mit einer Bandabstandsenergie von 1,08 eV eingebettet sind. Die 4 kompressiv verspannten QWs haben eine Dicke von 2,5 nm, die 2 gitterangepaßten von 5 nm und die zugverspannten QWs eine Dicke von 11 nm [28]

Laserschwelle führt, machen zu können, reichen die oben gemachten Angaben aber nicht aus. Hierzu muß das optische confinement, d.h. der Überlapp der Photonendichte mit dem verstärkenden Material bekannt sein. Beispielsweise beträgt der Überlapp für die hier aufgeführten kompressiv verspannten QWs nur 0,37 %, während er für die zugverspannten QWs 2,1 % ausmacht. Trotz dieses Nachteils sind die kompressiv verspannten QWs noch deutlich überlegen und der strahlende Anteil des zur Schwelle führenden Stromes ist niedriger (s. auch Kap.19).

Spezielle Literatur

[1] *R. de L. Kronig* und *W. G. Penney:* Proc. Roy. Soc., A130 (1931) 499, vgl. auch A. Sommerfeld, H. Bethe, Elektronentheorie der Metalle, Springer Verlag, Berlin (1967) und Ch. Kittel, Introduction to Solid State Physics, John Wiley & Sons, Inc., New York (1963)

[2] *S. Adachi:* Physical Properties of III-V Semiconductor Compounds, John Wiley & Sons, New York (1992) Kap 2

[3] *R. E.Nahory:* Band gap versus composition and demonstration of Vegard's law for $In_{1-x}GaxAsyP_{1-y}$ lattice matched to InP. Appl. Phys. Lett. 33, (1978) 659–661

[4] *J. M. Langer:* Phys. Rev. B38, (1988) 7723

[5] *S. R. Forrest:* Vacuum Sci. Technol. B4, (1986) 37

[6] *F. Stern*, Solid State Physics, F. Seitz and D. Turnbull, eds., Vol.15, Seite 300, Academic Press New York, 1963

[7] *S. R. Chinn, P. Zory, A. R. Reisinger:* A model for GRIN-SCH diode lasers, IEEE J. Quantum. Electron., QE-24, (1988) 2191

[8] *S. Y. Hu:* High efficiency and low-threshold InGaAs/AlGaAs quantum well lasers, J. Appl. Phys., 76, (1994) 3932

[9] *J. S. Blakemore*, Semiconductor Statistics, Pergamon Press, Oxford (1962), Seite 205

[10] *W. Shockley, W. T. Read, Jr.*, Statistics of the Recombination of Holes and Electrons, Phys. Rev. 87, (1952) 835

[11] *R. N. Hall:* Electron-Hole Recombination in Germanium, Phys. Rev., 87, (1952) 387

[12] *A. Haug*, Auger Recombination in Quantum Well InGaAs. Electron. Lett. 26, No. 17 (1990) 1415–1416

[13] *A. Haug*, Auger recombination in quantum well semiconductors: calculation with realistic energy bands, Semicond. Sci. Technol., Vol. 7, (1992) 1337–1340. Vgl. auch A. Haug, Appl. Phys. Lett. 42, (1983) 512

[14] *R. I. Taylor, R. A. Abram:* The effects of non-parabolic band structure on Auger transition rates in bulk semiconductors, quantum wells and quantum well wires, Semicond. Sci. Technol. 3 (1988) 859–864

[15] *R. I. Taylor:* A detailed study of Auger recombination in 1.3 µm InGaAsP/InP quantum wells and quantum well wires, Semicond. Sci. Technol, 5, (1990) 90

[16] *S. Adachi*, GaAs, AlAs, and $Al_xGa_{1-x}As$: Material parameters for use in research and device applications, J. Appl. Phys. 58 (3), (1985), R1–R29

[17] *S. Adachi*, Optical dispersion relations for GaP, GaAs, GaSb, InP, InAs, InSb, $Al_xGa_{1-x}As$, and $In_{1-x}Ga_xAsyP_{1-y}$, J. Appl. Phys. 66 (12), (1989) 6030–6040

[18] *Ch. Henry:* Determination of the Refractive Index of InGaAsP Epitaxial Layers by Mode Line Luminescence Spectroscopy, IEEE Journal of Quantum Electronics, Vol. QE-21, No. 12, (1985) 1887–1892

[19] *S. Adachi*, Refractive Indices of III-V compounds: Key properties of InGaAsP relevant to device design, J. Appl. Phys. 53, (1982) 5863

[20] *P. Chandra, L. A. Coldren* und *K. E. Strege*, Refractive Index Data from $Ga_xIn_{1-x}AsyP_{1-y}$ Films, Electron. Lett. Vol. 17 (1981) 6–7

[21] *M. J. Mondry:* Refractive Indexes of (AlGaIn)As Epilayers on InP for Optoelectronic Applications, IEEE Photonics Technology Letters, Vol. 4, No. 6, (1992) 627–630

[22] *H. W. Dinges:* Spectroscopic ellipsometry: a useful tool to determine the refractive indices and interfaces of $In_{0.52}Al_{0.48}As$ and $In_{0.53}Al_xGa_{0.47-x}As$ on InP in the wavelength range from 280 to 1900 nm, Thin Solid Films, 233 (1993) 145

[23] *M. S. Hybertsen:* Modeling of the Linewidth Enhancement Factor In Multi-Quantum Well InGaAsP Based Lasers, SPIE Vol. 2994, (1997) 747

[24] *P. J. A. Thijs*, and *N. T. Van Dongen:* High quantum efficiency, high power, modulation doped GaInAs strained-layer quantum well laser diodes emitting at 1.5 µm, Electron. Lett. 25, (1989) 1735

[25] *W. T. Tsang:* Strained-layer 1.5 µm wavelength InGaAs/InP multiple quantum well lasers grown by chemical beam epitaxy, Electron. Lett. 26, (1990) 2035

[26] *H. Temkin, T, Tanbun-Ek,* and *R.A. Logan,* Strained InGaAs/InP quantum well lasers, Appl. Phys. Lett. 56, (1990) 1210

[27] *C.E. Zah:* Low threshold (92 A/cm^2) 1.6 μm strained-layer single quantum well laser diodes optically pumped by a 0.8 μm laser diode, AppL Phys. Lett. 57, (1990) 1608

[28] *M. Silver, E.P. O'Reilly:* Gain and Radiative Current Density in InGaAs/InGaAsP Lasers with Electrostatically Confined Electron States, IEEE Journal of Quantum Electronics, Vol. 30. No. 2 (1994) 547–553

Lumineszenzdioden 18

R. Oberschmid, G. Bogner

Allgemeine Literatur
G. Winstel, C. Weyrich, Optoelektronik I, Lumineszenz- und Laserdioden, Springer-Verlag Berlin Heidelberg New York 1980 - *R. Paul*, Optoelektronische Halbleiterbauelemente, B.G. Teubner, Stuttgart, 1985 - *W. Harth, H. Grothe*, Sende- und Empfangsdioden für die optische Nachrichtentechnik, B.G. Teubner, Stuttgart, 1998 - *H.G. Unger*, Optische Nachrichtentechnik, Teil II, Dr. Alfred Hüthig Verlag, Heidelberg, 1985 - *G. Grau, W. Freude*, Optische Nachrichtentechnik, Springer Verlag, Berlin, 1991

18.1 Einleitung

Direkte Halbleiter ermöglichen die effiziente Umwandlung von elektrischer Leistung in optische Strahlungsleistung. Innerhalb weniger Jahre hatten sich deshalb die Halbleiteremitter vom wissenschaftlichen Untersuchungsobjekt zum industriell gefertigten Produkt entwickelt. Zunächst wurden vorwiegend III/V - Emitter für den infraroten und sichtbaren Spektralbereich marktreif. Die Dioden des sichtbaren Spektrums waren wegen ihres relativ niederen Gesamtwirkungsgrades zwar nicht für Beleuchtungszwecke geeignet, hatten mit ihren kleinen Abmessungen aber eine relativ hohe Leuchtdichte und eigneten sich hervorragend als Ein-/Aus-Funktionsanzeige oder für Anzeigeelement-Anordnungen in ganzen Displays - und dienten damit bereits der Informationsübertragung von einigen Bits über mehrere Meter!

Nachdem ab etwa 1970 Glasfasern mit hervorragenden Informationsübertragungseigenschaften für Strahlung im Wellenlängenbereich 1300 nm und 1500 nm entwickelt wurden [1], lag es nahe, lichtemittierende Dioden (kurz LEDs) mit Emission in diesem Spektralbereich einzusetzen. Die hierfür entwickelten 1300 nm-InP-LEDs mit besonders kleinem Leuchtfleck [2] für Faseroptikanwendung (im Folgenden kurz mit FO-LEDs abgekürzt) sind trotz der inzwischen entwickelten Laserdioden bei mittlerer Anforderung an die Entfernung bis ca. 10 km und Übertragungsrate bis ca. 0,3 Gbit/s eine sichere, unkomplizierte und wirtschaftliche Alternative zu Laserdioden. Dabei kommen vor allem Vielmoden-Gradientenfasern mit typisch 50 µm Kerndurchmesser zum Einsatz.

Für kleinere Datenraten (bis 50 Mbit/s) und Entfernungen bis einigen hundert Metern kommen auch Infrarotdioden auf der Basis von GaAs im Emissions-Wellenlängenbereich von ca. 800 bis 960 nm zusammen mit Si-Empfangsdioden und Vielmodenglasfaserkabeln bis 200 µm Kerndurchmesser als Übertragungsmedium zum Einsatz [3]. Bei sehr geringen Anforderungen an die Entfernung bis zu einigen zehn Metern sind GaAlAs-LEDs dieses Wellenlängenbereiches auch für Plastiklichtleitfasern (ca. 1 mm Durchmesser) und auch für Freiluftübertragungen geeignet.

Für den sichtbaren Wellenlängenbereich wurden auf der Basis neuerer Materialsysteme wie GaN (blau bis grün) [4] oder InGaAlP-LEDs (grün bis rot) [5] mit höheren elektrooptischen Umsetzungswirkungsgraden entwickelt, welche diese LEDs auch für Beleuchtungszwecke geeignet erscheinen lassen.

Zur Informationsübertragung über längere Strecken sind diese LEDs nicht geeignet, da Lichtleitfasern im sichtbaren Wellenlängenbereich durchweg eine hohe Dämpfung aufweisen; für kurze Entfernungen von einigen Metern mit Plastikfasern kommen sie jedoch durchaus in Frage [21].

Im Folgenden wird das Wirkungsprinzip und der Aufbau von LEDs kurz dargestellt und dann auf die Besonderheiten der FO-LEDs eingegangen. Unter den möglichen Ausführungsformen stellen Flächenemitter den Hauptanteil, deshalb werden diese genauer beschrieben und anschließend kurz auf Unterschiede zu Kantenemitter-, Superlumineszenz-, Mikroresonator- und Laserdioden eingegangen.

18.2 Physikalische Grundlagen der Halbleiteremitter

Lichtemittierende Dioden (LEDs) sind optoelektrische Bauelemente, welche elektrische Leistung in elektromagnetische Strahlung im sichtbaren, ultravioletten oder infraroten Wellenlängenbereich wandeln. Erzeugt wird die Strahlung durch Übergängen von Ladungsträgern aus höherenergetischen Zuständen in niederenergetische Zustände in einem Halbleiter. In der Regel ist der Halbleiter ein Kristall (Ausnahme: organische Leuchtstoffe) aus der Gruppe der III-V-Halbleiter. Zwar sind auch andere Verbindungen, z.B. II-VI möglich, diese haben sich bisher aber wegen geringerer Strahlungsausbeute oder geringerer Alterungsbeständigkeit nicht durchgesetzt. Die Halbleiterkristalle müssen einen sogenannten direkten Leitungsband-Valenzband-Übergang aufweisen; das heißt zur Photonenerzeugung ist keine Beteiligung eines Phonons (Schwingungsquant des Kristalls) erforderlich wie bei sogenannten indirekten Übergängen. Ausnahme: Auch Halbleiter mit indirekten Leitungsband-Valenzband-Übergängen sind zur Lichterzeugung geeignet, wenn zumindest ein Teil der angeregten Ladungsträger über strahlende Übergänge von gezielt eingebauten Störzentren mit Übergängen innerhalb der Bandlücke des Halbleiters rekombiniert. Zum Beispiel gelbgrüne LEDs aus GaP mit isoelektronischen Stickstoff-Störzentren oder rote LEDs aus GaP mit Zink-Sauerstoff Donator-Akzeptor-Übergängen [6].

Die Schicht, in welcher die Strahlung entsteht, wird die aktive Schicht genannt. Sie muss selbst nicht dotiert sein, grenzt aber einerseits an ein p-dotiertes Gebiet und andererseits an ein n-dotiertes Gebiet des Halbleiters – stellt also eine Halbleiterdiode dar (Abb. 18.1). Wird über elektrische Kontakte an den dotierten Schichten eine ausreichende elektrische Spannung U in Flussrichtung der Diode angelegt, fließt ein elektrischer Strom I. Dieser Strom speist über das p-Gebiet Löcher und über das n-Gebiet Elektronen in die aktive Schicht ein.

An die p- und n-seitigen Metallkontakte der Halbleiterdiode sind besondere Anforderungen gestellt: Der Metall-Halbleiter-Übergang, der normalerweise selbst wiederum einen Diodenübergang (sog. Schottky-Diode) darstellt, soll eine ohmsche Charakteristik aufweisen und einen geringen zusätzlichen Serienwiderstandsbeitrag liefern. Dies ist erfüllt, wenn der Halbleiter unmittelbar am Metallkontakt so hoch dotiert ist, dass die sich ausbildende Schottky-Raumladungszone eine Breite unter ca. 5 nm aufweist. Dann können Ladungsträger durch die Energiebarriere tunneln und es entsteht kein zusätzlicher Spannungsabfall am Kontakt. Dabei sind in der Regel wirksame Dotierstoffkonzentrationen über 10^{19} cm^{-3} erforderlich [7].

18.2.1 Ideale Lumineszensdiode

Im idealen Fall rekombiniert jedes injizierte Elektron im aktiven Bereich strahlend und erzeugt ein Photon mit der gewünschten Energie W_{ph} (entsprechend der Wellenlänge $\lambda = hc/W_{\mathrm{ph}}$ wobei $hc = 1240$ nm · eV ist). Dies wird unterstützt durch Potentialbarrieren an den Grenzflächen der aktiven Schicht, welche

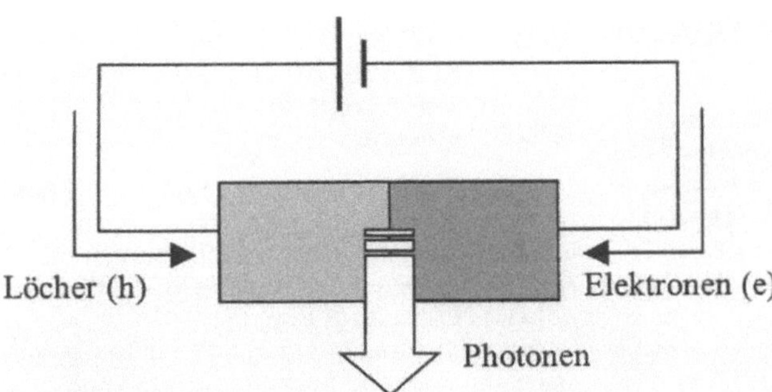

Abb. 18.1. Schematische Darstellung eines *pn*-Übergangs mit strahlender Rekombination der Ladungsträger und einer Photonenemission mit $\lambda = hc/W_g$ (W_g = Bandabstand)

das Wegdriften von Elektronen ins p-Gebiet und von Löchern ins n-Gebiet erschweren (Ladungsträger-„Confinement", z.B. in einer Heterostruktur, vgl. Kap. 15).

Der elektrische Strom I entspricht dann Teilchenströmen sowohl von eingespeisten Elektronen als auch von eingespeisten Löchern, welche dieselbe Photonenzahl S je Zeit dt erzeugen, es gilt also:

$$\frac{I}{e} = \frac{dS}{dt} \tag{18.1}$$

Das bedeutet, der innere Quantenwirkungsgrad ist eins:

$$\eta_{qi} = \frac{dS\, e}{dt\, I} = 1 \tag{18.2}$$

Die Strahlungsleistung der erzeugten Photonen ist dann

$$P = \frac{I\, W_{Ph}}{e} \tag{18.3}$$

und mit der elektrisch eingespeisten Leistung $P_e = IU$ errechnet sich der maximale innere Leistungswirkungsgrad zu

$$\eta_i = \frac{P}{P_e} = \frac{P}{IU} = \frac{W_{Ph}}{eU} \tag{18.4}$$

Dieser ist umso höher, je niedriger die Flußspannung der Diode ist, die sich bei verschwindenden zusätzlichen Serienwiderständen R_S im Grenzfall dem Wert W_{ph}/e nähern kann, womit auch $\eta_i = 1$ wäre. Durch den Beitrag thermisch angeregter Ladungsträger kann die Flußspannung U sogar etwas (bis einige %) niedriger als W_{ph}/e sein. Die LED wirkt in begrenztem Umfang als Wärmepumpe [8].

18.2.2 Reale Lumineszensdiode

Reale lichtemittierende Dioden können vom eben vorgestellten idealen Fall in folgenden Punkten abweichen:

1. Ein zusätzlicher Bahnwiderstand (Serienwiderstand) R_S in Serie mit der idealen Diode erhöht die Flußspannung U von W_{ph}/e ausgehend zusätzlich um den Betrag $R_S\, I$.
2. Eine zusätzliche Potentialbarriere U_b in Serie mit der idealen Diode erhöht die Flußspannung zusätzlich.
3. Ein Fehlstrom I_{fn} über einen Pfad, der nicht über das eigentlich aktive Gebiet führt, z.B. ein (nicht notwendig ohmscher) Nebenschlußwiderstand an der Halbleiteroberfläche oder über größere Kristallwachstumsstörungen im aktiven Gebiet (pn-Übergang).
4. Ein Fehlstrom I_{fa}, der zwar über eingespeiste Löcher oder Elektronen in das aktive Gebiet führt, welche das Gebiet jedoch ohne Rekombination als Minoritätsladungsträger wieder verlassen und außerhalb des (gewünschten) aktiven Bereiches rekombinieren. Dies ist vor allem bei fehlenden oder geringen Ladungsträgereingrenzungsbarrieren, bei höheren Temperaturen und bei hohen Stromdichten und geringer Dotierung der angrenzenden Einspeisungsbereiche wahrscheinlich. Damit verbleibt vom Flußstrom I ein Strom I_a, der die aktive Zone speist:

$$I_a = I - I_{fn} - I_{fa} = \eta_{inj}\, I \tag{18.5}$$

Dieser Strom I_a, der einem Teilchenstrom I_a/e entspricht, füllt die aktive Zone mit Ladungsträgern auf. Dabei ist $\eta_{inj} = I_a/I = (I - I_{fn} - I_{fa})/I$ die sogenannte Injektionseffizienz.

Wenn A_{pn} die Fläche des pn-Übergangs und d_a die Dicke der aktiven Schicht ist, so ist $V_a = A_{pn}\, d_a$ das Volumen der aktiven Zone. Die Generationsdichte g in dieser Zone ist

$$g = \frac{I_a}{eV_a} = \frac{J_a}{ed_a} \tag{18.6}$$

mit der Stromdichte $J_a = I_a/A_{pn}$.

Im Gleichgewicht ist die Generationsdichte g gleich der Rekombinationsdichte r, wobei beispielsweise für eine undotierte (intrinsische) aktive InGaAsP-Schicht näherungsweise

$$r = \mathrm{A}\, N + \mathrm{B}\, N^2 + \mathrm{C}\, N^3 \tag{18.7}$$

angesetzt werden kann, wobei N die injizierte Elektronendichte ist.

Bei InGaAsP für λ = 1,3 μm liegen die Koeffizienten nach [9] in der Größenordnung $\mathrm{A} = 10^8\ \mathrm{s}^{-1}$, $\mathrm{B} = 11^{-10}\ \mathrm{cm}^3\ \mathrm{s}^{-1}$ und $\mathrm{C} = 3 \cdot 10^{-29}\ \mathrm{cm}^6\ \mathrm{s}^{-1}$. Die Rekombinationsrate einer z.B. mit der Akzeptordichte N_A p-dotierten Schicht kann mit

$$r = \mathrm{A}\, N + \mathrm{B}\, N(N_A + p) + \mathrm{C}\, N^3 \tag{18.8}$$

genähert werden – wobei Dotierungen in der Regel auch den Koeffizienten A deutlich erhöhen [2] (vgl. auch Kap. 17).

Die Gleichungen (18.7) und (18.8) berücksichtigen folgende Rekombinationswege:

1. Nichtstrahlende Rekombinationen an nichtstrahlenden Zentren der Dichte N_{nr}. Sie ist proportional zur Ladungsträgerdichte N und zur Dichte der Zentren. A wächst also mit N_{nr}.
2. Nichtstrahlende Rekombination an Kristallzwischenschichten und Oberflächen erhöhen ebenfalls den Faktor A.
3. Strahlende Band-Band-Übergänge sind proportional zur Dichte $N\,p$ (das ist in der Regel der erwünschte Übergang) gemäß dem Koeffizienten B. Bei starker Injektion werden Raumladungen ausgeglichen und es gilt im intrinsischen Fall $N = p$; bei Dotierung mit Akzeptoren bzw. Donatoren der Dichte N_A bzw. N_D gilt $N + N_A = p + N_D$. Die Rekombinationsgebiete sind meist bewußt oder unwillkürlich schwach n- oder p-dotiert, so daß eine durch N_D bzw. N_A vorgegebene Gleichgewichts-Dichte von Elektronen oder Löchern vorliegt.
4. Nichtstrahlende Auger-Übergänge zwischen zwei Elektronen und einem Lochzustand sind proportional N^2p, zwischen einem Elektronen- und zwei Lochzuständen proportional p^2N und im intrinsischen Fall proportional zu N^3. Sie sind besonders ausgeprägt in Materialien mit kleiner Bandlücke für Infrarotstrahlung, z. B. in InGaAsP. In obiger Bilanzgleichung werden sie durch den Koeffizienten C repräsentiert.

Weitere Rekombinationsvorgänge sind:

5. Strahlende Rekombination über Lumineszenz-Zentren proportional zu deren Dichte N_S (Wenn der Band-Band-Übergang unwahrscheinlich ist, z.B. in indirektem Halbleitermaterial GaAlP, können Störstellen, z.B. Stickstoffzentren den Hauptbeitrag zur Strahlungserzeugung liefern!).
6. Der Einfang und die (thermische) Befreiung von freien Ladungsträgern (Elektronen im Leitungsband oder Löcher im Valenzband) in bzw. aus flachen Haftstellen beeinflussen nicht den Gleichgewichtszustand – wohl aber die Ladungsträgerdynamik und damit das Modulationsverhalten der LED.

18.2.3
Wirkungsgrade von Leuchtdioden

Der Gesamtwirkungsgrad $\eta = P_f/P_e$ einer LED, definiet als Verhältnis der nutzbaren optischen Leistung, in unserem Fall die in die Faser eingekoppelte Leistung P_f, zur in die LED eingespeisten elektrischen Leistung P_e, setzt sich aus folgenden Faktoren zusammen:

Injektionseffizienz $\eta_{inj} = I_a/I$ des Stromes zum „Auffüllen“ der aktiven Zone. Diese Größe hängt von der Ladungsträgereingrenzung ab und erreicht bei Doppelheterostrukturen und nicht zu hohen Temperaturen Werte nahe 1.

Der innere Quantenwirkungsgrad $\eta_{qi} = r_s/(r_s + r_n)$ ist das Verhältnis der strahlenden Rekombinationsrate r_s zur gesamten Rekombinationsrate $(r_s + r_n)$ in der aktiven Zone. Je nach Materialsystem und Dotierung sind hier Werte zwischen ca. 0,01 und 0,9 möglich [10]. Der optische Auskoppelwirkungsgrad η_{opt} ist das Verhältnis der aus dem Chip ausgekoppelten nutzbaren Strahlung zu der in der aktiven Zone tatsächlich erzeugten Strahlung. Diese Größe ist wegen der hohen optischen Brechzahl des Chips in der Regel unter 10%, wie im Abschn. 18.3 genauer erläutert wird.

18.2.4
Strom-Spannungs-Charakteristik von LEDs

Die Abhängigkeit des LED-Diodenstromes I von der angelegten elektrischen Spannung U kann in der Regel mit guter Näherung durch die modifizierte Shockley-Gleichung [11]

$$I(U) = I_{\text{Gen.}} \left\{ \exp\left(\frac{e(U - R_S I)}{n' k_B T} \right) - 1 \right., \quad n' = 1 \dots 2 \tag{18.9}$$

beschrieben werden. Dabei wurde die Shockley-Gleichung durch den Serienwiderstand R_S und den sogenannten Idealitätsfaktor n' im Exponentialterm ergänzt. Bei der idealen Diode gemäß (18.9) gilt $n' = 1$. Wenn die Rekombination vorwiegend über Störstellen im Raumladungsbereich erfolgt, wird $n' = 2$. Bei realen Dioden, bei denen beide Rekombinationsmechanismen vorliegen, kann man deshalb einen Wert von n zwischen 1 und 2 erwarten. In der Regel ist $R_S < 10$ Ohm, dann kann der Term $R_S I$ bei Strömen unter etwa 1 mA vernachlässigt werden; hier kann eine niederfrequente Kleinsignalimpedanz der Diodenkennlinie

$$R_d = \frac{\mathrm{d}U}{\mathrm{d}I} = \frac{n' k_B T}{eI} = \frac{(26 \dots 52)\,\mathrm{mV}}{I} \tag{18.10}$$

aus (18.9) abgeleitet werden. Bei höheren Strömen spielt der Serienwiderstand R_S die entscheidende Rolle. Die genaue Form der Strom-Spannungskennlinie bei niederen Strömen wird jedoch stark durch die Technologie des Chips bestimmt, wie in Abschn. 18.4.5 gezeigt wird.

18.2.5 Emissionsspektren von LED-Strukturen

Die Mitten-Wellenlänge λ einer LED ist zuerst durch die Bandlücke W_g des Materials der aktiven Zone nach $\lambda = hc/W_g$ vorgegeben. Die volle Halbwertsbreite $\Delta\lambda$ der Strahlung beträgt in erster Abschätzung energiemäßig etwa $2k_BT$ [12]. Das heißt bei vorgegebener Temperatur nimmt gemäß $\Delta\lambda/\lambda = 2k_B T/W_g$ $\Delta\lambda$ mit λ^2 zu und beträgt z.B. bei $\lambda = 1300$ nm etwa 70 nm. Hohe Dotierstoffkonzentrationen und Gradienten der Bandlücke in der aktiven Zone können jedoch zu deutlich höheren Halbwertsbreiten bis 160 nm führen.

18.3 Strahlungskopplung

18.3.1 Abstrahlcharakteristik, Strahldichte der Leuchtschicht

Sieht man von Einflüssen wie Reflexion, Absorption und Wiederemission in der näheren Umgebung eines strahlungsfähigen Zustandes ab, so strahlt ein angeregter elektronischer Zustand beim spontanen optischen Übergang in erster Näherung in alle Richtungen mit gleicher Wahrscheinlichkeit ab. Die Abstrahlcharakteristik der Strahlstärke P/Ω (Ω ist der Raumwinkel) ist also isotrop gleich $P/4\pi$ (vgl. Abb. 18.2a). Dies ist jedoch nur für Störstellenübergänge mit deutlich getrennten Absorptions- und Emissiionsenergien angenähert möglich.

Das Fernfeld einer aktiven Schicht mit direkten Band-Band-Übergängen ist wegen der möglichen Reabsorption für flach zur Oberfläche austretenden Strahlung eher ein sog. Lambertstrahler nach Abb. 18.2b mit einem maximalen Strahlstrom von $P/2\pi$ senkrecht zur Leuchtfläche. Die Strahldichte $P/(\Omega \cdot A_{sp})$, wobei A_{sp} die Projektion der strahlenden Fläche zur Strahlrichtung ist, ist in diesem Fall konstant und *nicht* richtungsabhängig!

Gelingt es, die gesamte Strahlungsenergie auf einer Seite der LED mittels eines Reflektors in die Leuchtschicht zurückzuwerfen und dann durch den pn-Übergang hindurch auf die andere Seite zu strahlen oder durch evtl. wiederholte Absorption und Reemission in der Leuchtschicht zu halten, ergibt sich nach Abb. 18.2c ein einseitiger Lambertstrahler mit einer maximalen Strahlstärke P/π.

Wird die aktive Zone in einen sog. Mikroresonator von wenigen Wellenlängen Länge eingefügt (s. Abschn. 18.4.9.1) sind gerichtete Fernfelder nach Abb. 18.2d möglich.

18.3.2 Strahlungsauskopplung aus einer LED-Oberfläche in den Halbraum

Vom dichten Medium ins dünnere Medium kann Strahlung nur innerhalb eines Kegels austreten, dessen halber Öffnungswinkel durch den Totalreflexionswinkel $\vartheta_c = \arcsin(n_v/n)$ gegeben ist. Für Halbleitermaterialien wie GaAs oder InGaAsP mit einer Brechzahl von typisch $n = 3{,}5$ ist der Totalreflexwinkel gegen Luft ($n_V = 1$) $\vartheta_c = 16{,}6°$. Ist der Chip mit einer Vergußmasse der Brechzahl $n_V = 1{,}5$ vergossen, so ist $\vartheta_C = 25{,}4°$.

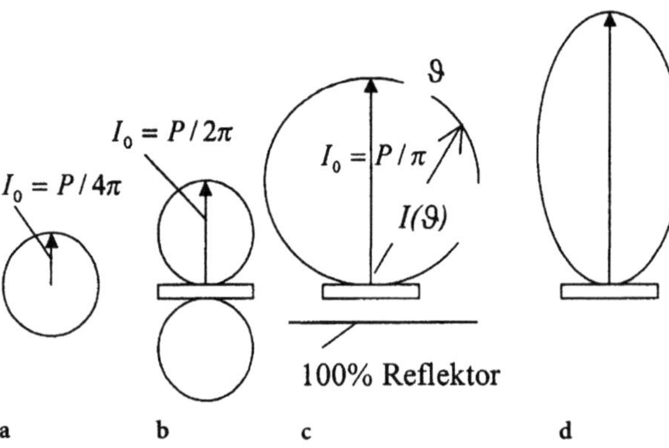

Abb. 18.2 a–d. Abstrahlcharakteristiken. Dargestellt ist die Richtungsabhängigkeit der Strahlstärke $I = dP/d\Omega$ bei der Gesamtleistung P. **a** isotrope Strahlung eines einzelnen Atoms oder von (isoelektrischen) Zentren ohne Wiederabsorption $\lambda_e \neq \lambda_a$, **b** Lambert-Strahlung eines Flächenemitters (mit Reabsorption), **c** Lambert-Strahler mit idealem Reflektor, **d** Richt-Strahler $I_0 > P/\pi$

Der Raumwinkel innerhalb des auskoppelbaren Winkelbereiches mit dem halben Kegelwinkel ϑ_C ist

$$\Omega_K = 2\pi(1 - \cos\vartheta_C) \tag{18.11}$$

und beträgt damit gegen Luft 0,26 sr bzw. gegen Verguß 0,61 sr, wobei 4π sr der volle Raumwinkel ist. Für den isotropen Abstrahlfall (Abb. 18.2a) ist der optische Auskoppelwirkungsgrad aus einer ebenen Oberfläche beim Übertritt vom Halbleiter ins dünne optische Medium

$$\eta_{opt} = \frac{P_S}{P_L} = \frac{1}{2}\cdot\left(1 - \cos\left(\arcsin\frac{n_V}{n}\right)\right) \approx \frac{1}{4}\left(\frac{n_V}{n}\right)^2 . \tag{18.12}$$

Die angegebene Näherung ist für Winkel $\vartheta_C < 30°$ entsprechend $n_V/n < 0{,}5$ mit $< 7\%$ Abweichung meist ausreichend genau.

Dabei ist P_L die gesamte optische Leistung, die von der Leuchtschicht innerhalb des Chips abgestrahlt wird. P_S ist die vor einer Chipoberfläche maximal in den darüberliegenden Halbraum ($\Omega = 2\pi$) abgestrahlte Leistung. Dabei wurde vorausgesetzt, daß die Fresnel-Reflexion von

$$R = \left(\frac{n - n_V}{n + n_V}\right)^2 \tag{18.13}$$

die auch bei senkrechtem Austritt auftritt und welche für Halbleiter mit $n = 3{,}5$ gegen Luft ($n_V = 1$) 31% beträgt, durch eine Vergütungsschicht weitgehend unterdrückt wurde.

Eine $\lambda/4n_{AR}$ dicke Antireflexschicht mit einer Brechzahl n_{AR} möglichst nahe dem geometrischen Mittel $\sqrt{n\cdot n_V}$ der Brechzahlen der angrenzenden Medien n und n_V erfüllt diese Aufgabe für einen ausreichend weiten Winkelbereich.

Mit (18.12) errechnet sich der optische Auskoppelwirkungsgrad für den isotropen Strahler (Abb. 18.2a) in einem Halbleiter mit $n = 3{,}5$ aus einer ebenen Oberfläche zu Luft von $\eta_{opt} = 2{,}1\%$, und in eine Vergussmasse mit $n_V = 1{,}5$ zu $\eta_{opt} = 4{,}8\%$. Für einen Lambertstrahler kann man wegen der relativ zum isotropen Strahler doppelt so hohen Strahldichte senkrecht zur Austrittsfläche (vgl. Abb. 18.2a und 2b) in erster Näherung maximal den jeweils doppelten Wert des isotropen Strahlers nach (18.12) für η_{opt} annehmen. Wenn der Übergang vom Verguß zu Luft parallel zur Halbleiteroberfläche verläuft ist übrigens insgesamt nichts gewonnen: genau diejenigen Strahlen, die infolge des Vergusses zusätzlich aus dem Halbleiter gelangen, werden nun an der Vergußoberfläche totalreflektiert und gelangen nicht aus dem Verguß – zumindest nicht auf direktem Weg. Wird der Verguß mit ausreichend großem Radius kugelförmig über dem Chip gewölbt, kann die Strahlung in alle Richtungen austreten, bei noch größeren Vergußradien und geeigneter Formgebung ist auch eine beliebige Strahlen-Bündelung möglich. Für eine normale LED ist also die Strahlauskopplung aus dem Verguss leicht lösbar. Die Strahlauskopplung aus dem Halbleitermaterial in den Verguß bleibt jedoch beschränkt.

Für die Einkopplung der Strahlung in eine Faser mit beschränkter Öffnung und beschränkter Richtungsakzeptanz gelten zusätzliche Nebenbedingungen, welche den wirksamen ausgekoppelten Strahlungsanteil weiter begrenzen.

18.3.3 Strahlungskopplung in Ein- und Vielmodenfasern

Der vorhergehende Abschnitt zeigte bereits die Grenzen der Strahlungsauskopplung aus dem Halbleiter in den angrenzenden optisch dünneren Halbraum. Dieser Abschnitt behandelt die Frage, welcher Anteil der Strahlungsleistung P_L im Halbleiter in eine Stufenindex-Vielmodenfaser mit dem Kerndurchmesser d_F und der numerischen Apertur A_F (in Luft) eingekoppelt werden kann (s. auch Kap. 5). Wir gehen hier aus von einer 1,3 µm InGaAsP-Halbleiterdiode mit der Brechzahl $n = 3{,}5$ und einer aktiven Schicht, welche als Lambertstrahler angenommen wird, und in welcher der Stromfluß auf eine Kreisfläche vom Durchmesser d_L eingegrenzt ist.

Die Strahldichte dieser aktiven Schicht innerhalb des Halbleiters ist dann $L_L = P_L/(2\pi\cdot(d_L^2\cdot\pi/4))$. Bei optimaler Ankopplung kann maximal die Leistung

$$P_{F\,max} \approx L_L\left(\frac{A_F\, d_F}{n}\right)^2 \frac{\pi^2}{4} \tag{18.14}$$

in die Faser eingekoppelt werden. Die einkoppelbare Faserleistung wächst also linear mit der Strahldichte der Quelle, sinkt quadratisch mit der Brechzahl des Halbleitermaterials und steigt quadratisch mit dem Faserdurchmesser und der Faserapertur.

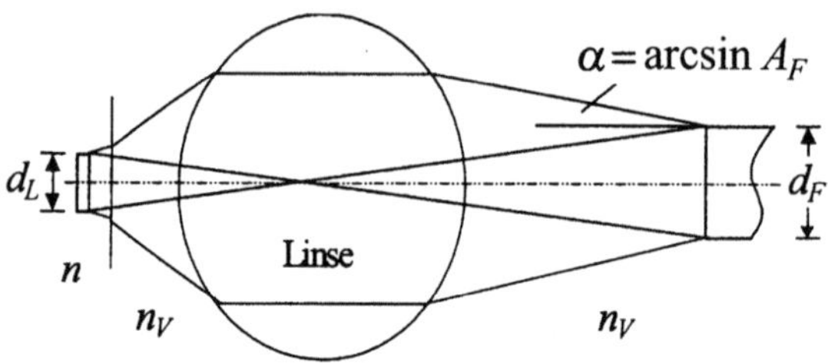

Abb. 18.3. Leuchtfleck vom Durchmesser d_L im Chipmaterial vom Brechungsindex n über eine Kugellinse auf eine Faser vom Kerndurchmesser d_F (Strahlführung nur grob schematisch gezeichnet)

Bei optimaler optischer Abbildung ist somit das maximal erreichbare Verhältnis zwischen Leistung P_F in der Faser und erzeugter Strahlungsleistung P_L in der Leuchtschicht, der maximale Koppelfaktor

$$K_{\max} = \left(\frac{P_F}{P_L}\right)_{\max} \approx \frac{1}{2} \cdot \left(\frac{A_F\, d_F}{n\, d_L}\right)^2 \qquad (18.15)$$

Für eine typische Stufenindexfaser mit z.B. $d_F = 50\ \mu m$ und einer Apertur von $A_F = 0{,}25$, die stumpf auf einen Leuchtfleck $d_L = 50\ \mu m$ von ebensolcher Größe in einem Halbleiter mit $n = 3{,}5$ aufgesetzt ist, errechnet sich ein maximaler Strahlungskoppelgrad $K_{\max}$ von ca. 0,25%.

Das entspräche einer sog. Burrus-Anordnung nach Abb. 18.4 (vgl. [12]).

Wenn der Leuchtfleck deutlich kleiner als die Faserfläche gemacht wird, kann mit einer optimalen optischen Abbildung ein deutlich höherer Strahlungsanteil eingekoppelt werden, da dann ein größerer Raumwinkelbereich des aus dem Chip abgestrahlten Lichtes in die Faser eingekoppelt werden kann.

In der Anordnung nach Abb. 18.5b kann z.B. der Leuchtfleck 20 µm im Durchmesser betragen. Bei sonst gleicher Faser wie oben ($d_F = 50\ \mu m$; Apertur $A_F = 0{,}25$) gilt dann ein Einkoppelgrad von maximal 1,6%.

Auch bei noch kleinerem Leuchtfleckdurchmesser kann in dieser Anordnung der Koppelwirkungsgrad aufgrund der Totalreflexion im Chip nicht über den Wert η_{opt} von 18.3.2 gesteigert werden. Eine weitere Erhöhung der Einkoppelleistung kann dann nur erreicht werden, wenn die Linse direkt auf den Halbleiterchip aufgebracht oder direkt in den Chip hineingeätzt wird (s. Abb. 18.5d).

Kleine Leuchtfleckflächen bedeuten andererseits höhere Stromdichten, zunehmende Wärmeabfuhrprobleme und damit eine abnehmende Zuverlässigkeit. Für InGaAsP-Dioden ist ein Leuchtfleck von 15–20 µm Durchmesser ein guter Kompromiss. Mit einem solchen Flächenemitter ist sogar die Einkopplung in eine Einmodenfaser mit ca. 8 µm Kerndurchmesser möglich. Der maximale Koppelwirkungsgrad errechnet sich hierfür ebenfalls mit (18.15) zu 0,07% ... 0,04% – und zwar sowohl für „Burrus-artige" direkte Strahlungskopplung als auch für abbildende optische Anpassung.

Die theoretisch möglichen Höchstkoppelwerte können nur mit optimierten asphärischen Linsen annähernd erreicht werden. Mit reinen Kugellinsen erreicht man wegen deren „sphärischen Aberration" im vorgestellten Beispiel etwa 70% des theoretisch möglichen Koppelwertes, wie aus vergleichenden Simulationsrechnungen ermittelt wurde.

Abb. 18.4. Burrus-Anordnung, Glasfaserkern setzt stumpf auf dem freigeätzten Leuchtbereich auf. Die Strahlungskopplung ist gut, wenn der Leuchtfleckdurchmesser gleich groß wie oder größer als der Faserkern-Durchmesser ist, andernfalls sind abbildende Koppelsysteme besser

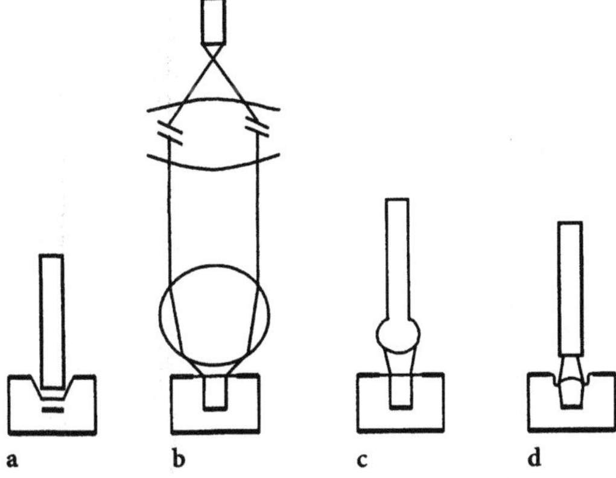

Abb. 18.5 a–d. Ausführungsformen der IRED-Chip-Faser-Kopplung. **a** Burrus-Typ, **b** 2 Linsen (z. B. ∅ 0,3 mm und ∅ 2 mm), **c** mit Faserlinse, **d** mit Chiplinse

Gradientenindexfasern mit ihrer abnehmenden Einkoppelapertur A_F zum äußeren Kernradius hin, koppeln – bei grundsätzlich gleicher optischer Anordnung wie bei Stufenindexfasern – maximal etwa nur die Hälfte der für Stufenindexfasern angegebenen Strahlungsleistung ein [13]. Aus technologischen Gründen, der einfacheren Justierbarkeit wegen und zur Begrenzung von Abbildungsfehlern wird die Abbildung in der Praxis oft auf mehrere Linsenflächen verteilt. Als Linsen kommen Kugellinsen aus Saphir oder Silizium oder ins Chipmaterial eingeätzte Oberflächenlinsen zum Einsatz.

Abbildung 18.5a–d zeigt mögliche Ausführungsformen der Strahlungseinkopplung.

18.4 Flächenemitter

In den bisherigen Ausführungsbeispielen, besonders in Abb. 18.4 und 18.5 sind wir von sogenannten Flächenemittern als Strahlungsquellen für die Fasern ausgegangen. Kennzeichnend für diese Strahlenquellen ist, dass die Strahlung senkrecht zur aktiven Schicht genutzt wird im Gegensatz zu den später in Abschn. 18.5 beschriebenen Kantenemittern, wo die Strahlung in der Ebene der aktiven Schicht ausgekoppelt wird.

18.4.1 Aufbau des Flächenemitters

Abbildung 18.6 zeigt die Prinzipskizze einer Flächenemitter-FO-LED [2].

Die Stromeingrenzung auf den Leuchtfleck wird hier wie folgt erreicht:

Auf der (schlechter leitenden) p-Seite wird bis auf einen Kontaktfleck des gewünschten Durchmessers die p-Schicht bis auf eine Restschichtdicke der p-leitenden Schicht abgeätzt. Ein völliges Abätzen der p-Schicht führt erfahrungsgemäß u. a. zu Alterungsrisiken.

18.4.2 Größe und Wirkung der Rest-Querleitfähigkeit bei einer Stromeingrenzung

Die pn-Schicht ist auch außerhalb des gewünschten Leuchtflecks noch mit einem Rest-Schichtwiderstand r_q (Schichtwiderstand r_q = spez. Volumenwiderstand ρ/Schichtdicke d) elektrisch angeschlossen. Da dies auch Auswirkungen auf die Kennlinien und das Modulationsverhalten hat, soll die Stromver-

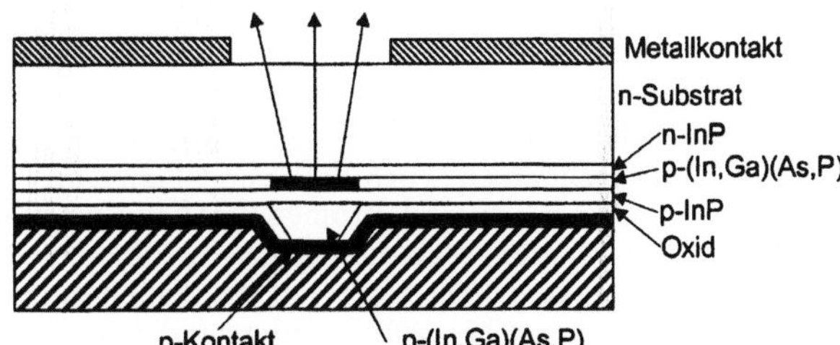

Abb. 18.6. Flächenemitter, Querschnitt durch einen Chip mit Stromeingrenzung durch eine Oxidschicht

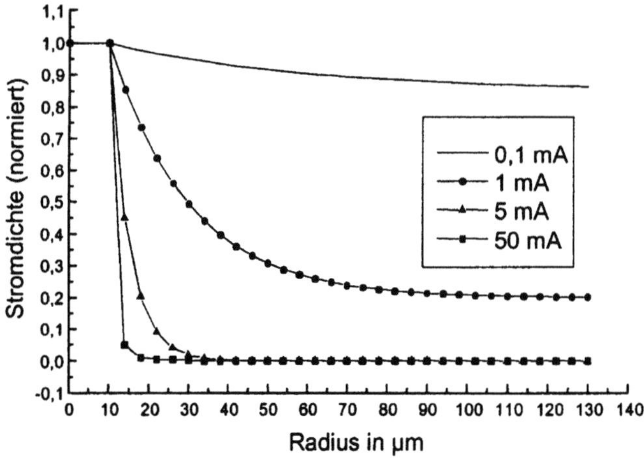

Abb. 18.7. Typsicher berechneter Verlauf der auf 1 normierten Stromprofile für verschiedene Diodenströme I von 0,1 mA bis 50 mA bei einer Querleitfähigkeit r_q im äußeren Bereich von 500 Ω

teilung hier kurz halbquantitativ betrachtet werden:

Wegen der stark nichtlinearen Diodenkennlinie des pn-Überganges ist die Stromdichteverteilung stark vom Flußstrom I der Diode abhängig. Für sehr kleine Ströme I ist die Stromaufweitung sehr groß und der Hauptteil des Stromes fließt außerhalb des Stromeingrenzungsbereiches. Für diesen Fall kann die Strecke x_1, bei der die Stromdichte außerhalb des Leuchtfleckbereiches vom Umfang u_L auf den halben Wert abfällt, grob zu

$$x_1 = \frac{U_t' u_L}{I r_q} \tag{18.16}$$

abgeschätzt werden, wobei $U_t' = n'kT/e$ die mit dem Idealitätsfaktor n' multiplizierte Temperaturspannung ist.

Beispiel: $n' = 2$; $U_t' = 2 \times 26$ mV = 52 mV; $u_L = \pi \cdot 20$ µm = 63 µm; $\rho = 250\ \Omega$ µm; $d =$ 0,5 µm und damit $r_q = \rho/d = 500\ \Omega$. Für $I =$ 0,1 mA folgt $x_1 \approx 66$ µm. Die leuchtende Fläche ist hier also ein Mehrfaches des gewünschten Eingrenzungsbereichs.

Für höhere Ströme, welche nach dieser Formel (18.16) deutlich kleinere Stromaufweitungen x_1 als die Leuchtfleckdimension d_L ergeben, ist folgende Näherung genauer:

$$x_1 = \sqrt{\frac{A_L U_t'}{I r_q}} \tag{18.17}$$

$$x_1 > d \tag{18.18}$$

Es gilt der größte x_1-Wert von (18.16), (18.17) und (18.18), wobei A_L die Fläche des Eingrenzungsbereiches ist. Die Beziehung (18.17) wird in [14] mit einem Näherungsverlauf der Stromdichte $j(x)$ zu

$$x_1 = \frac{2 j_0}{\left[\dfrac{x}{x_1} + 1{,}4\right]^2} \tag{18.19}$$

angegeben, wobei x der Abstand vom Kontaktrand ist, was qualitativ mit den in Abb. 18.7 simulierten Stromdichte-Verläufen übereinstimmt.

Beispiel: Daten wie oben mit $d_L = 20$ µm; $A_L = (\pi/4) \cdot d_L^2 = 314$ µm²; $I = 30$ mA; daraus folgt $x_1 = 1$ µm. Bei einem Strom über 30 mA ist die Stromeingrenzung hier also ausreichend wirksam.

18.4.3 Größenordnungen der Wärmeableitung, Stromdichten, Strahlungsdichten

Eine Standard Anzeige-LED hat ein Rastermaß von typisch $\ell \cdot b = 250$ µm · 250 µm mit fast gleichmäßiger Stromdichte von ca. 20 A/cm² bei einem Strom von 10 mA. Der Wärmeableitwiderstand R_{thc} des Chips von der aktiven Schicht zur (aufgelöteten oder aufgeklebten Wärmesenke) über die Chiphöhe $h =$ 200 µm errechnet sich grob zu $R_{th} = (1/\lambda_t)h/(\ell b)$. Das ist bei einem Wärmeleitwert λ_t von 0,54 W/Kcm z. B. für GaAs ein R_{th}-Wert von ca. 60 K/W.

Flächenemitter mit einer Stromeingrenzung auf einen Leuchtfleck von 20 µm Durchmesser, die mit Pulsströmen bis 60 mA betrieben werden, weisen dagegen Stromdichten bis zu ca. 20000 A/cm² auf. Sie haben einen typischen Chip-Wärmewiderstand von grob gerechnet $R_{thc} = 1/(\pi\ \lambda\ d_L)$, also größenordnungsmäßig 500 K/W – wenn die Wärmesenke auf der Substratseite ist, d.h. wenn der Chip „upside up" montiert ist, und einen Chip-Wärmewiderstand von unter 50 K/W, wenn die Wärmesenke auf der Epitaxieseite ist, d.h. wenn der Chip „upside down" montiert ist.

Die Selbstaufheizung des Chips bei Betrieb mit der mittleren elektrischen Leistung P_{el} errechnet sich zu $\Delta T = P_{el} \cdot (R_{thc} + R_{tha})$ wobei R_{thc} der Chip-Wärmewiderstand und R_{tha} der restliche Wärmeableitwiderstand von der Chip-Wärmesenke zur Umgebung ist. Dieser R_{tha}-Wert kann je nach verwendetem Chip und Bauform 20...1000 K/W betragen.

Für einen 1,3 µm-FO-LED-Flächenemitter mit Wärmeableitung über das Substrat errechnet sich bei einer Pulsmodulation mit 60 mA, 1,2 V und 50% Pulszeit-Verhältnis eine mittlere Verlustleistung von ca. 36 mW und bei einem typischen Gesamt-Wärmewiderstand von 500–600 K/W eine Aufheizung um ca. 20 K. Infrarot-LEDs auf InP-Substrat-Basis haben typische Temperaturkoeffizienten des optischen Wirkungsgrades von ca. – 0,6%/K; entsprechend bewirkt dieser Temperaturanstieg eine Strahlungsleistungsabnahme um etwa 12%.

Die typische Strahldichte des Leuchtflecks beträgt im vorangestellten Beispiel größenordnungsmäßig 100 W/(sr · cm^2) im Chip mit der Brechzahl $n = 3{,}5$ und außerhalb in Luft etwa 7 W/(sr · cm^2), die Strahldichte durch die Brechzahl zum Quadrat, L/n^2, ist eine Erhaltungsgröße [15] und kann mit passiven optischen Mitteln durch Absorption und Streuung verkleinert aber niemals vergrößert werden.

Diese Strahldichten wurden errechnet aus den typischen maximalen Einkoppelleistungen von 50 µW in eine 50 µm Stufenindexfaser.

18.4.4 Ersatzschaltbild

Die 1,3 µm Lichtwellenleiter-IRED wird in der Regel zwischen den beiden Zuständen $I = 0$ und $I = 60$ mA pulsmoduliert. Die Schaltvorgänge spielen sich im wesentlichen im Flußkennlinienbereich ab. Das elektrische Ersatzschaltbild, welches den Zusammenhang zwischen elektrischem Strom und elektrischer Spannung bei der Pulsmodulation in erster Näherung nachbilden soll, besteht nach Abb. 18.8 im wesentlichen aus der Diode der Hauptstromstrecke, nachgebildet durch eine Idealdiode D_0 mit Diffusionsspannung U_d, einer Diffusionskapazität C_0 und einem Serienwiderstand R_S. Zusätzlich parallelgeschaltet ist eine Kette von Querwiderständen R_{qi} mit jeweils gegen Masse geschalteten Kapazitäten C_1, C_2..., welche die über die restliche p-Schicht angeschlossene äußere, gegenüber C_0 über ca. 100 mal größere pn-Flächen-Diffusionskapazität darstellt.

Die RC-Zeitkonstante (dielektrische Relaxation) der direkt angeschlossenen Diode unter dem Stromeinspeisungskontakt ist mit $R_S \cdot C_0$ größenordnungsmäßig bei 10 ps.

Die meist ca. 100-fach größere Diodenfläche (in Abbildung 18.8 durch die Dioden D_1, D_2 ... repräsentiert) außerhalb dieses direkt angeschlossenen Kernes kann in aneinanderliegenden konzentrischen Kreisringen gleicher Radiusdifferenz unterteilt gedacht werden.

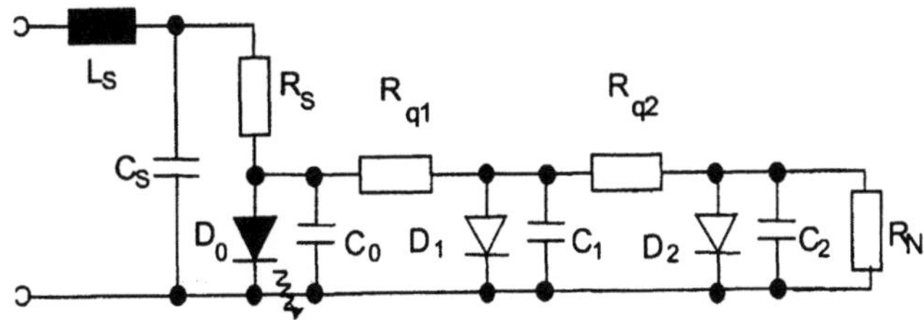

Abb. 18.8. Ersatzschaltbild der LED mit lateral begrenztem Leuchtbereich

L_S, C_S: Schaltungsinduktivität (3 nH), -kapazität (0,2 pF) parasitär
R_S: Serienwiderstand (z.B. 5 Ω)
C_0: Diffusionskapazität des Leuchtbereiches (≈ 1 pF)
R_{qi}: Querwiderstände zu benachbarten pn-Bereichen
C_1, C_2: Diffusionskapazitäten der benachbarten pn-Bereich (10 pF bzw. 100 pF)
R_N: Nebenwiderstand (> 1 MΩ)

Dem entspräche eine RC-Kette mit nach außen linear abnehmenden Querwiderständen R_{qi} und entsprechend zunehmenden Kapazitäten C_i.

Die Summe der Querwiderstände R_{qi} entspricht größenordnungsmäßig etwa dem spezifischen Schichtwiderstand r_q der äußeren Restschicht, in unserem Beispiel einige hundert Ohm.

Bei Umladungsvorgängen liefert diese RC-Kette entsprechend der Größe der Querwiderstände kleine Strombeiträge mit Zeitkonstanten von 0 bis ca. $(\Sigma R_{qi}) \cdot (\Sigma C_i)/2 \approx 500\ \Omega \cdot 100\ \text{pF}/2 = 25\ \text{ns}$.

Ergänzt wird diese Abbildung noch durch die Induktivitäten der Zuleitung und deren Schaltkapazitäten, welche aber im hier geforderten Modulations-Frequenzbereich (< 0,3 GHz) praktisch keine Rolle spielen.

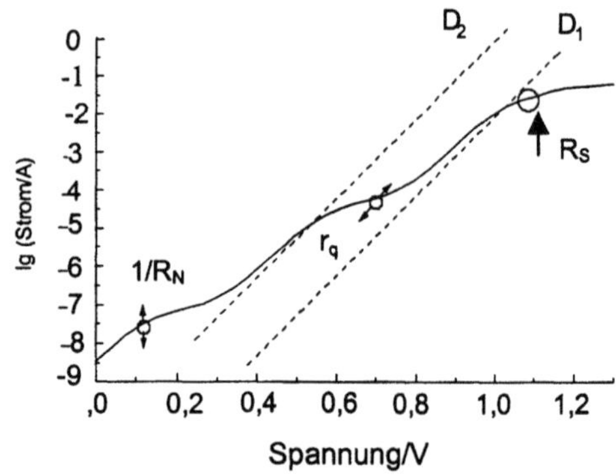

Abb. 18.9. Die Logarithmische $I(U_F)$-Kennlinie. Dargestellt ist eine typische InGaAsP-Flächenemitterdiode mit einer „D_1-Leuchtfleck-Fläche" von ca. 300 μm^2 und der ca. 100-mal größeren Gesamt-pn-Flächendiode D_2. Der Einfluß eines ohmschen Nebenschlusses R_N, der Querleitfähigkeit r_q und des Serienwiderstandes R_S ist angedeutet

18.4.5 Spannungs-Stromkennlinien

Die parasitäre pn-Diodenfläche, welche über die p-Schicht an die Hauptdiode angeschlossen ist, macht sich im logarithmischen $I(U_F)$-Diagramm derart bemerkbar, daß im unteren Strombereich – entsprechend der großen Stromaufweitung (vgl. Abb. 18.7) die gesamte pn-Diodenfläche angeschlossen scheint. Erst im höheren Strombereich erniedrigt sich der log $(I)/U$-Stromanstieg um etwa 2 Größenordnungen. In diesem Bereich verhält sich die Diode so, als ob nur der Hauptstrompfad mit dem Leuchtbereich angeschlossen wäre (vgl. Abb. 18.9).

Der Einfluß eines (hohen) Nebenschlußwiderstandes (z.B. durch eine punktuelle Epitaxiestörung im pn-Übergangsgebiet) linearisiert die $I(U_f)$-Kennlinie im unteren Strombereich und der Serienwiderstandsbeitrag R_S (Größenordnung 10 Ω) linearisiert die Kennlinie im oberen Strombereich von ca. 100 mA.

Nebenschlußströme unter ca. 1 mA beeinträchtigen zwar nicht die Funktion; um Zuverlässigkeitsrisiken einzugrenzen, werden in der Regel Werte unter 10 μA gefordert. Diese Nebenschlüsse werden am einfachsten in Sperrrichtung, z.B. bei – 1 V gemessen.

Da Treiberschaltungen oft mit begrenzten Versorgungsspannungen, z.B. 5 V auskommen sollen, ist auch der Serienwiderstand meist auf unter 10 Ω spezifiziert.

18.4.6 Strom-Leistungskennlinie

Der Einfluß der zwei Diodenbereiche spiegelt sich auch in der fasergekoppelten Strom-Leistungskennlinie wieder.

Im unteren Strombereich leuchtet die gesamte Diode und nur ein kleiner Strahlungsanteil aus dem eigentlichen Leuchtbereich wird in die Faser eingekoppelt. Erst bei einem „Schwellen-Strom" I_S, über etwa 0,5 bis 3 mA bleibt die Stromdichte im äußeren pn-Bereich etwa konstant und die Stromdichte im inneren (Leuchtfleck-) Bereich steigt linear an. Diese Strom-Schwelle I_S ist um so höher, je größer die Rest-Querleitfähigkeit der p-Schicht außerhalb des Leuchtflecks ist. Diese Strom-Schwelle für die in die Faser eingekoppelte Strahlung tritt auch bei völlig linearem Strom-Strahlungs-Verlauf der Diode auf und ist eine Folge der „nichtlinearen" Stromaufteilung zwischen dem Leuchtbereich, dessen Strahlung in die Faser eingekoppelt wird, und dem äußeren Bereich.

Mit zunehmendem Diodenstrom und damit zunehmender Ladungsträgerdichte N wächst besonders bei InGaAsP-IREDs die Auger-Rekombination, deshalb steigt die Strahlungsleistung deutlich unterlinear mit dem Strom an. Zugleich verkürzt sich die Ladungsträgerlebensdauer mit zunehmendem Flußstrom.

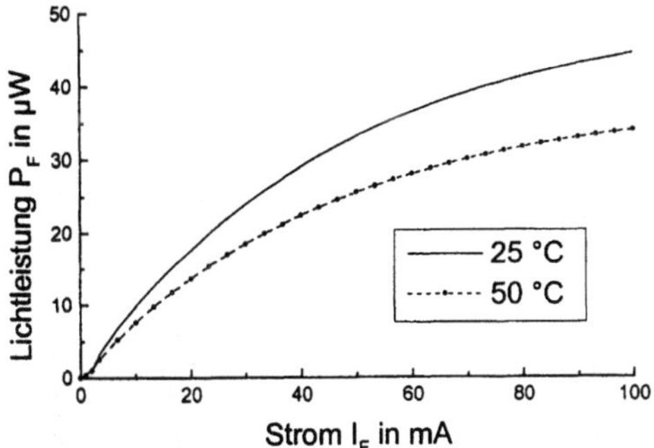

Abb. 18.10. Typische P_F/I-Kurve einer InGaAsp 1,3 µm-LWL-Diode mit 20 µm Leuchtfleck-Durchmesser für Modulationsfrequenzen bis 0,3 GHz. P_F ist die optische Leistung in einer Gradientenindexfaser mit 50 µm Kerndurchmesser. Scheinbarer „Schwellenstrom" I_S bei ca. 3 mA

18.4.7 Modulationsverhalten

Bei reiner Strom-Ansteuerung, z. B. annähernd verwirklicht über einen hohen Vorwiderstand $R_v \gg U_d/I$, bestimmt die Ladungsträgerlebensdauer τ, wie lange es dauert, bis die Diode auf eine Änderung des äußeren Stromes reagiert.

Bei sinusförmiger Kleinsignalmodulation des Injektionsstromes, $I(\omega) = I_0 + \mathrm{Re}\{i \cdot e^{j\omega t}\}$, zeigt die Strahlungsleistung dann folgenden Frequenzgang $P(\omega)$ der emittierten Wechsel-Lichtleistung [10]:

$$P(\omega) = \frac{P(0)}{1 + j\omega\tau} = |P(\omega)| \cdot e^{j\Delta\phi} \qquad (18.20)$$

Aus (18.20) läßt sich z. B. die sog. 3 dB-Grenzfrequenz der Diode zu $\omega_C = 1/\tau$ angeben. Die Berechnung aus der Trägerlebensdauer ist jedoch nur eine erste Abschätzung der möglichen Modulationsbandbreite.

Die Modulationsgrenzfrequenz ist also umso höher, je geringer die Ladungsträgerlebensdauer ist.

Die Ladungsträgerlebensdauer wird durch strahlende und nichtstrahlende Rekombinationsprozesse gleichermaßen verkürzt. Eine hohe Dotierung der aktiven Schicht verkürzt die Ladungsträgerlebensdauer. Dabei verringert sich allerdings auch die Strahlungsausbeute im gleichen Maß. Um einer hohen Modulationsgrenzfrequenz willen nimmt man evtl. Größenordnungen an verringerter Strahlungsausbeute hin. Die mit 2×10^{18} cm^{-3} hoch mit Zn dotierte aktive Zone der 1,3 µm InGaAsP-FO-LED, weist z. B. nur einen inneren Wirkungsgrad von etwa 5 % auf – dies ist ein Zugeständnis an die hohe Modulationsfrequenz bis 0,3 Gbit/s.

Außerdem nimmt die Ladungsträgerlebensdauer wegen der stark (nach $C\,N^3$ – vgl. Abschn. 18.2.2) mit der Ladungsträgerdichte N zunehmenden (nichtstrahlenden) Auger-Rekombination in InGaAsP-Materialien mit zunehmender Stromdichte ab. Hohe Modulationsströme ermöglichen hier höhere Modulationsfrequenzen.

In der Regel ist die elektrische Ansteuerung jedoch nicht stromgesteuert, sondern stellt eine Pulsspannungsquelle mit niedrigem Innenwiderstand dar (Abb. 18.11). Damit erfolgt der Auf- und Abbau der Ladungsträger in der aktiven Zone auch, oder sogar überwiegend im äußeren Stromkreis. Bei entsprechender Schaltungsauslegung sind so deutlich (bis Faktor 3) höhere Modulationsfrequenzen möglich, als durch die reine Ladungsträgerlebensdauer vorgegeben. Derartige „Treiber" weisen eine deutliche Stromüberhöhung und einen deutlichen Rückstrompuls auf. Die „Leerungszeit" t_{sp} der Ladungsträger durch den äußeren Stromkreis kann zu $t_{sp} = Q_{sp}/I_{sp}$ abgeschätzt werden, wobei $I_{sp} = U_d/(R_i + R_s)$ ist. Dabei ist Q_{sp} die Speicherladung der aktiven Zone, für typische F0-LEDs in der Größenordnung 0,2 nAs aus der Leuchtfläche und 10 nAs aus der *pn*-Gesamtfläche.

Der maximale Rückstrom I_{sp} berechnet sich grob aus der Diffusionsspannung, typisch etwa 1 V, und der Summe aus der Impedanz R_i der Spannungsquelle und dem Serienwiderstand der Diode R_S, meist unter 10 Ω. Erfahrungsgemäß müssen diese Schaltungen im

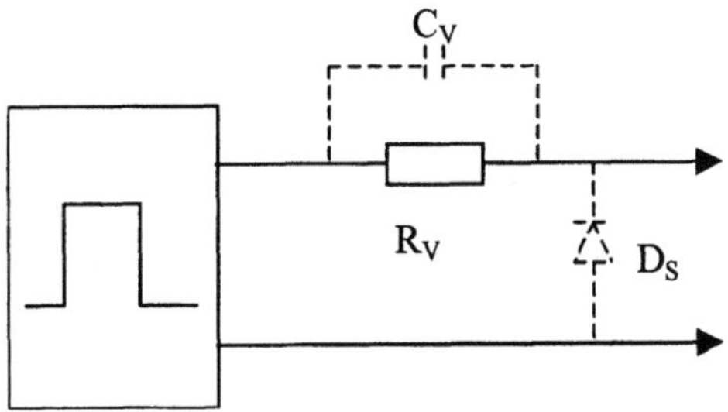

Abb. 18.11. Prinzipschaltung der elektrischen Ansteuerung mit Puls-Spannungsquelle. Vorwiderstand R_V zur Strombegrenzung, Serienkapazität C_V zur Ein-/Aus-Stromüberhöhung und Schutzdiode D_S gegen zu hohe negative Spannungsspitzen

Zusammenwirken mit einer LED jedoch sorgfältig getestet werden. Bisweilen sind Degradationserscheinungen an den LEDs durch extreme Ein- und Ausschaltstrompulse beobachtet worden.

Die Betrachtung der Modulationseigenschaften wäre unvollständig, wenn nicht folgende Randerscheinungen der Strahlungspulsantworten berücksichtigt würden:

1. Ladungsträger in sogenannten Haftstellen leeren sich mit ihrer eigenen (temperaturabhängigen) Leerungszeitkonstante, die sich weder durch Rekombination in der aktiven Zone noch durch äußere elektronische Absaugung beeinflussen lassen. Ähnliches gilt für (verzögerte) optische Übergänge innerhalb der Energielücke des Halbleiters, z.B. bei Störstellenstrahlung, Donator-Akzeptor-Übergängen: Hier ist die effektive Strahlungsabklingzeitkonstante immer größer als die charakteristische Zeitkonstante dieser Übergänge und kann auch durch schnelles Ausräumen der Leitungs-Elektronen und -Löcher *nicht* verkürzt werden.
2. Aus technologischen Gründen ist parallel zur Diode im Leuchtfleckbereich noch eine großflächige Nebendiode hochohmig angeschlossen. Im Ersatzschaltbild kann dies durch eine parallelgeschaltete *RC*-Kette dargestellt werden. Auch wenn der geringe Fehlstrom für die Strahlungspulsamplitude nicht bedeutsam ist, werden diese Nebenkapazitäten, welche mit Zeitkonstanten, die vom einem Bruchteil bis zum Mehrfachen der Pulsperiodenzeit betragen, abhängig von der Pulsfolge, also abhängig vom aktuell übertragenen Informationsinhalt mehr oder weniger stark umgeladen, was zu einem mehr oder weniger verzögerten Halbwertsdurchgang führt. Dies erscheint im „Augendiagramm" als Zeitunsicherheit des Null-Eins- und des Eins-Null-Überganges der Strahlung gegenüber dem synchronen Zeittakt, was auch als „Jitter" bezeichnet wird. Damit stimmt auch die Beobachtung [16] überein, dass der Jitter einer InP-FO-IRED umso größer ist, je höher die „Stromschwelle" I_S ist, bei welcher die Faserleistung ansteigt. Eine „tief mesageätzte" Form ohne restliche Querleitfähigkeit außerhalb des Kontaktbereiches würde diese Erscheinung unterdrücken. Ein Restbestand von querleitender Schicht über der aktiven Zone wird jedoch wegen des Vorteils einer erhöhten Bauteilzuverlässigkeit in Kauf genommen.

18.4.8 Zuverlässigkeit und ihre Verkettung mit Bauteileigenschaften

Die Zuverlässigkeit von LEDs hängen sehr vom verwendeten Materialsystem und vom Chipdesign ab. Als Richtwert kann für einen bei 1,3 μm emittierenden InGaAsP-Flächenemitterchip mit einem Leuchtfleck von 20 μm Durchmesser und 60 mA Betriebsstrom eine Lebensdauer weit über 10^5 h angegeben werden. Wie alle elektronischen Bauteile sind LEDs vor allem auf dem Weg zwischen der Herstellung und dem Einbau durch elektrostatische Entladungen ESD: electrostatic discharge) über die Bauteilanschlüsse gefährdet. Die ESD-Empfindlichkeit wird mit einer Testschaltung z.B. entsprechend dem sog. „human body model" (Eine Kapazität von 100 pF wird über einen Widerstand von 1500 Ω in beide Polrichtungen über das Bauteil entladen) geprüft. In der Regel halten LEDs Spannungen über 1500 V nach diesem Modell aus.

Hier sollen nochmals kurz die Abhängigkeiten der FO-LED-Eigenschaften von den Chip-Parametern zusammengestellt werden:

- Ein kleinerer Leuchtfleckdurchmesser erhöht die Stromdichte, verbessert die Strahldichte, erhöht den Fasereinkopplungsgrad, verschlechtert die Wärmeableitung etwas, erhöht leicht die Modulationsgrenzfrequenz, erhöht leicht die Flußspannung, verringert leicht die ESD-Festigkeit und kann ab einer bestimmten Stromdichte die Zuverlässigkeit verringern
- Eine hohe Dotierung der aktiven Schicht erhöht die Modulationsgrenzfrequenz und verringert den inneren Strahlungswirkungsgrad
- Eine dünnere aktive Zone verringert den inneren Wirkungsgrad und erhöht die Modulationsgrenzfrequenz etwas.

18.4.9 Weiterentwicklungen der Flächenemitter zur gezielten Strahlungsauskopplung über Fasern

Die vorangegangenen Betrachtungen wandten die Gesetze der klassischen Optik auf den einmaligen Strahlendurchgang von der Strahlenquelle in der aktiven Zone bis zur Lichtleitfaser an. Danach ist im wesentlichen wegen der hohen Brechzahl des emittierenden Materials von 3,5 und der begrenzten Akzeptanz (Eintrittsöffnung und Apertur) der Faser grundsätzlich ein Faser-Einkoppelgrad von nur einigen Prozent der in der aktiven Zone tatsächlich erzeugten Strahlung möglich.

18.4.9.1
Resonante Strukturen (Abstrahlcharakteristik, Wellenlängenspektrum)

Seit etwa 1992 wurden sog. Mikroresonatoren bei der Lichterzeugung und -auskopplung vor allem theoretisch untersucht. Hier ist die aktive Zone so zwischen zwei (Bragg-)Spiegel eingebettet, dass bestimmte Moden der *spontanen* Emission bevorzugt, andere unterdrückt werden. Das führt sowohl zu einem schmaleren Wellenlängenspektrum als auch zu einer für die Einkopplung in eine Faser erwünschten Verengung des Fernfeldes der ausgekoppelten Strahlung [17].

Obwohl die Anordnung einer Laseranordnung sehr ähnelt, spielt hier die stimulierte Lichtemission eine untergeordnete Rolle - und es tritt auch keine Laserschwelle auf. Laseraktivität ist erst möglich bei sehr hohen Reflexionsgraden von über 99% der beiden Bragg-Reflektoren wie das bei den sogenannten Vertical Cavity Surface Emitting Lasern (VCSEL) der Fall ist. Demgegenüber haben Resonant Cavity LEDs (RCLEDs), wie diese Strukturen auch genannt werden, weniger aufwendige Bragg-Reflektoren mit Reflexionszahlen unter 90%.

Bei hohem inneren Wirkungsgrad η_i und sorgfältig dimensionierten Braggspiegeln sind theoretisch bessere Strahlungseinkopplungsverhältnisse als beim reinen Flächenemitter zu erwarten. Allerdings ist mit ein wenig mehr technologischem Aufwand (für die Braggspiegel und die Stromeingrenzung) auch ein VCSEL Laser herstellbar, der bessere Eigenschaften hinsichtlich Einkoppelleistung und Modulationsbandbreite zeigt.

18.4.9.2
Dünnschicht-LED mit Mehrfach-Reflexionen

Nur ein Teil der Strahlung kann aus der LED mit hoher Brechzahl „im ersten Anlauf" austreten. Der Rest wird an der LED-Oberfläche totalreflektiert - und es kommt nun darauf an, dieses Licht weder im Halbleiter noch an einer Oberfläche absorbieren zu lassen, sondern es so umzulenken und zu streuen, daß es - zumindest nach etlichen Reflexionen - doch aus der LED-Oberfläche austritt [18, 19].

Dazu ist viererlei nötig:

1. Geringe Volumenabsorption, was durch eine sehr dünne und möglichst transparente Halbleiterschicht erreicht wird.
2. Geringe Oberflächenabsorption an Kontakten oder anderen (metallisierten) Flächen. Kontaktflächen oder Klebeflächen sollten möglichst gut spiegeln und nicht absorbieren.
3. Zumindest ein Teil der Oberfläche (oder einer Zwischenschicht) sollte nach innen „diffus streuend" wirken, um die in „geschlossenen Totalreflexionszyklen gefangenen" Strahlengänge aufzubrechen.
4. Der innere Wirkungsgrad sollte nahe 100% sein, da sonst diejenige Strahlung, welche in der aktiven Schicht wieder absorbiert wird, teilweise verloren ginge.

Dieses Konzept wurde zwar für normale raumabstrahlende LEDs entwickelt, läßt sich aber auch als „Lichtkonzentrator" einsetzen, wenn nur ein Teil der LED-Oberfläche spiegelfrei gehalten ist, aus welchem dann die Strahlung konzentriert (zur besseren Fasereinkopplung) austritt.

18.5
Eigenschaften von Kantenemittern im Vergleich zu Flächenemittern

18.5.1
Aufbau von Kantenemittern

Die bisherigen Betrachtungen ergaben, daß eine kleine strahlende Fläche für eine gute Strahleinkopplung günstig ist. Das legt die Anwendung von sogenannten Kantenemittern nach Abb. 18.12 nahe.

Der Kantenemitter grenzt die Strominjektion auf einen schmalen Streifen der Breite b von z.B. 10 μm ein. Außerdem ist der derart gebildete strahlende Kanal möglichst mit Material niederer Brechzahl zu umgeben, so daß sich ein wirksamer Wellenleiter ausbildet.

Derartige Emitter nützen im Gegensatz zu Flächenemittern die in Bezug zur strahlenden Fläche flachen Abstrahlungen, welche in einem Wellenleiter gesammtelt und zum seitlichen Austrittsfenster in der Nähe der Chipkante geführt werden. Wegen der hohen Absorptionswahrscheinlichkeit über die gesamte Kanallänge begrenzt hier der innere Wir-

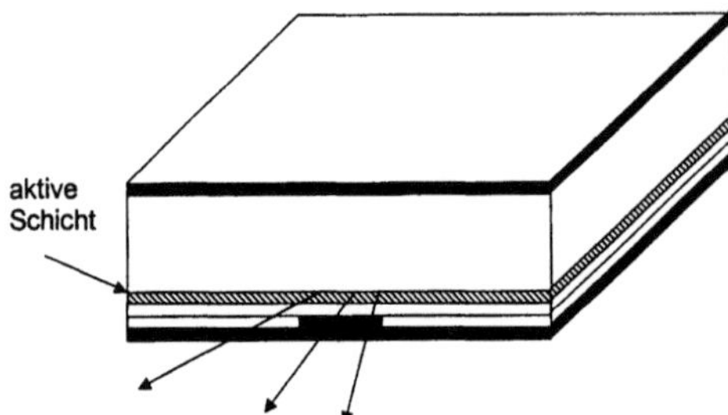

Abb. 18.12. Kantenemitter. Eine unterbrochene Oxidschicht (zweite Schicht von unten) grenzt den Stromfluß von der Elektrode (ganz unten) zum Substrat (dicke Schicht) auf einen schmalen Streifen ein. Günstige Wärmeableitung, wenn die untere Seite auf die Wärmesenke gelötet wird

kungsgrad auch den äußeren Wirkungsgrad zusätzlich!

Bei hoher Anregung kann der Wirkungsgrad durch Ladungsträgerinversion und damit stimulierter Emission verbessert werden [12] (vgl. Superlumineszenz Abschn. 18.5.4).

18.5.2 Mit Flächenemittern vergleichbare Eigenschaften

Trotz der andersartigen Strahlenauskopplung ähneln die rein elektrischen Eigenschaften der Kantenemitter weitgehend denjenigen der Flächenemitter. Auch der Kantenemitter hat aus technologischen Gründen beiderseits des Streifens mit direkter Stromeinspeisung noch über den Rest-Querwiderstand elektrisch angebunden große Diodenflächen, welche zu einem qualitativ vergleichbaren Ersatzschaltbild und zu vergleichbaren Strom-Spannungskennlinien führen wie beim Flächenemitter [20].

Diese parasitären Diodenflächen spielen für die Strom-Spannungskennlinie und die Strom-Strahlungsleistungskennlinie im Strombereich unter etwa 10 mA und für das Modulationsverhalten eine ähnliche Rolle wie beim Flächenemitter.

18.5.3 Von Flächenemittern abweichende Eigenschaften

Kantenemitter mit einer Stromeingrenzung auf einen $s = 10$ µm breiten Streifen von $1 = 300$ µm Länge haben mit 3000 µm^2 eine fast 10mal größere Kontaktfläche als ein Flächenemitter mit einem wirksamen Stromeingrenzungskontakt von 20 µm Durchmesser. Damit ist auch der Serienwiderstand deutlich geringer, beträgt also anstelle von 5 Ω beim Flächenemitter unter 1 Ω beim Kantenemitter. Die Stromdichte bei typischem Pulsbetrieb von 60 mA ist mit 2000 A/cm^2 ebenfalls eine Größenordnung geringer als bei unserem Flächenemitter-Beispiel. Auch der Wärmewiderstand berechnet sich bei Kantenemittern entsprechend der zylindersymmetrischen Wärmeabführung mit $R_{\text{thc}} \sim (\ln(b/s))/(\pi \cdot \lambda \cdot 1)$ anders als beim Flächenemitter mit eher kugelsymmetrischer Wärmeabführung, wenn b die Rasterbreite und etwa das Doppelte der Chiphöhe h ist. Mit den Längen und Breitenangaben des angeführten Beispiels und einem Wärmeleitwert λ_t von 0,7 W/(K cm) z.B. für InP errechnet sich für den Kantenemitter ein R_{th}-Wert von größenordnungsmäßig 60 K/W – wenn die Wärmesenke auf der Substratseite ist. Das ist fast eine Größenordnung weniger als beim Flächenemitter mit Wärmeabführung über die (typisch 100 µm dicke) Substratseite.

Allerdings ist der Temperaturkoeffizient der Strahlungsleistung für Kantenemitter z.B. für 1,3 µm-InGaAsP-Material mit typisch –1,4%/K deutlich höher gegenüber –0,6%/K für Oberflächenemitter aus demselben Material [12]. Die gleiche Verlustleistung von 36 mW wie in Abschn. 18.4.3 führt hier zu einer Erwärmung von nur etwa 2 K gegenüber 20 K; die Leistungserniedrigung durch Eigenerwärmung im Betrieb ist damit etwa –2,8% gegenüber –12% beim vergleichbaren Flächenemitter.

Trotzdem bleibt der Nachteil der Kantenemitter, daß die Strahlungsleistung mit der Umgebungstemperatur wesentlich stärker schwankt als bei Flächenemittern.

Das Wellenlängenspektrum von Kantenemittern weist in der Regel eine um den Faktor 1,6 schmälere Halbwertsbreite auf als das von Oberflächenemittern mit derselben Zusammensetzung der aktiven Schicht [12]. Das ist wiederum ein Vorteil des Kantenemitters, besonders wenn große Übertragungsbandbreiten über längere Strecken gefordert sind.

Das Nahfeld, das heißt der Strahlungsfleck aus welchem die Strahlung austritt, entspricht beim Kantenemitter etwa der Breite des Stromeinspeisungs-Streifens (5 µm bis 15 µm) mal der Dicke der aktiven Schicht (< 2 µm).

Für die optische Einkopplung der Strahlung in eine Faser ist die Diagonale des Nahfeldes maßgebend, welche auf den Kerndurchmesser der Faser abgebildet werden soll.

Die Fernfeldabstrahlcharakteristik des Kantenemitters wird mindestens in einer Dimension (Richtung Schichtaufbau) vom Wellenführungsverhalten der aktiven Schicht bestimmt und zeigt, soweit diese nicht zu dünn ist, in der Regel eine engere Abstrahlungskeule (vgl. Abb. 18.2 d), als der Lambert-Strahler. In der Ebene der aktiven Schicht hat das Fernfeld des Kantenemitters nahezu Lambert-Strahlcharakteristik wie der Flächenemitter.

18.5.4 Superlumineszenz-Kantenemitter

Superluminezenzdioden nutzen die zusätzliche Rekombinationsmöglichkeit angeregter Zustände in der aktiven Zone durch stimulierte Emission in einer wellenleitenden aktiven Zone höherer Brechzahl. Im Gegensatz zu Laserdioden ist mindestens eine Auskoppelseite weitgehend entspiegelt, so das keine Rückkopplung des Lichtes mit dem typischen Einsetzen kohärenter gerichteter Strahlung ab einer bestimmten Laserschwelle erfolgt.

Trotzdem nimmt die Ausgangsleistung ab einem bestimmten Strom fast exponentiell zu; die spektrale Breite des Spektrums kann sich dabei bis auf etwa ein Viertel des Wertes von Oberflächenemittern verringern und die Halbwertsbreite des Fernfeldes in der Ebene der aktiven Zone nimmt ab. Mit zunehmendem Anteil der stimulierten Rekombination nimmt aber auch der Temperaturkoeffizient der Ausgangsleistung ebenfalls stark zu [12]. Die Vorteile müssen so mit einem erheblichen Nachteil bei der Auslegung der Treiberschaltung (aufwendige Temperaturkompensation) erkauft werden, so dass der Einsatz einer Laserdiode in den meisten Fällen naheliegender scheint.

18.6 Sendedioden für Plastikfasern und für Freiraumübertragung

Für die Informationsübertragung mit Übertragungsraten unter 50 MHz und über Strecken von weniger als einige hundert Meter, z. B. in Wohngebäuden, kleineren Geschäftsgebäuden oder in Fahrzeugen genügen einfache Plastikfasern zusammen mit Sendeelementen, welche im Sichtbaren [21] bis zum nahen Infrarotbereich, bis 960 nm emittieren (s. Kap. 8). In diesem Wellenlängenbereich können dann auch vorteilhaft Si-Empfangsdioden eingesetzt werden. Gegenüber den oben beschriebenen Glasfasern für 1,3 µm bis 1,5 µm Wellenlängen weisen Plastikfasern einen typisch 20mal höheren Akezptanzdurchmesser d_F von 1 mm auf. Das bedeutet, daß für einen guten Einkoppelfaktor K_{max} nach Beziehung (18.15) die Leuchtfleckgröße auch typische Chipgröße von etwa 250 µm · 250 µm annehmen kann. Für diese Fasern können daher z. B. auch GaAlAs-Dioden mit Wellenlängen im Bereich 880 nm bis 960 nm und einer typischen Gesamtstrahlleistung von etwa 30 mW bei 100 mA Strom eingesetzt werden. Diese Chips haben keine Stromeingrenzung; die gut querleitende Deckschicht sorgt für eine fast gleichmäßige Stromdichte über die aktive Schicht. Sie strahlen sowohl über die Oberflächen als auch rundum aus der aktiven Schicht, stellen also eine Kombination von Oberflächenemitter und „Rundum-Kantenemitter" dar.

Die in die Plastikfaser einkoppelbare Leistung liegt in der Größenordnung bis 10 mW, vor allem wenn durch geeignete Optiken, z. B. Reflektoren auch die seitlich aus dem Chip austretende Strahlung in die dicke Plastikfaser geleitet wird. Die Berechnungen zur Strahlungseinkopplung aus Abschn. 18.3.3 sind hier nur bedingt anwendbar, da sie die Abstrahlung über die Chipseiten nicht berücksichtigen. Das scheint gegenüber Leistungen von ca. 25 µW in einer 50 µm Gradientenindexfaser beim 1,3 µm InGaAsP-Chip sehr viel – die Dämpfung der Plastikfasern ist aber viel höher und auch bei der Modulationsfrequenz müssen wegen der starken Modendispersion Abstriche gemacht werden. Diese Infrarot-LED-Chips sind auch hervorragend für die Freiraumübertragung (s. Kap. 32) geeignet.

18.7 Vergleich der Eigenschaften verschiedener Chip-Bauformen

Die folgende Tabelle faßt einige hier angesprochenen Eigenschaften verschiedener Chip-Ausführungen größenordnungsmäßig zusammen und enthält zusätzlich Richtwerte über Strahlungsdichten und typische Modulationsfrequenzen.

Tabelle 18.1. Eigenschaften typischer Faseroptik-LED-Sendebauformen (mit Ausnahme der Plastikfaser-LED ist alles auf $\lambda = 1{,}3\ \mu m$ InGaAsP-Chips bezogen)

	Strom-Fläche	Therm. Widerst.	Strom-dichte	Strahl-Dichte (Luft)	L_L-Temp.-Koeff.	Spektrale Breite	Grenz-Frequ.
Symbol	A_J	R_{thc}	J	L_L	TC	$\Delta\lambda$	f_{max}
Einheit	μm^2	K/W	A/cm^2	$W/sr/cm^2$	- %/K	nm	MHz
InGaAsP $\lambda = 1{,}3\ \mu m$:	(für Glasfasern)						
LED InGaAsP	250 µm · 250 µm	60	20	1	0,5	70	–
FO-LED-Flächenemitter	Durchm. 20 µm	500	20000	10	0,6	120	< 300
Mikroresonator-Flächenemitter	Durchm. 20 µm	500	20000	30	0,6	40	< 300
Kantenemitter	300 µm · 10 µm	50	2000	100	1,4	40	< 300
Superlumineszenz-Kantenemitter	300 µm · 10 µm	50	2000	300	> 1,4	< 40	< 300
GaAlAs, $\lambda = 880$ nm:	(für Plastikfaser)						
Plastikfaser-LED	250 µm · 250 µm	60	20	5	0,2	33	< 50
InGaAlP, $\lambda = 660$ nm:	(für Plastikfaser)						
RC-LED	Durchm. 80 µm	100	1000	10	(1,5)	3	(< 512)

Spezielle Literatur

[1] *Haist W. (Ed.)*: Optische Telekommunikationssysteme, Damm-Verlag KG Gelsenkirchen-Buer 1983

[2] *Albrecht, H.; Hoffmann, I.; Lauterbach, Ch. et al.*: 1,3 µm Surface-Emitting (In,Ga)(As,P)/InP LED for Transmission Rates up to 200 Mbit/s, Siemens Forschungs- und Entwicklungs-Berichte Bd. 14 (1985) Nr. 6, Springer-Verlag 1985

[3] *Barabas, U.*: Optische Signalübertragung, R. Oldenbourg Verlag München Wien 1993

[4] *Nakamura, S.; Fasol, G.*: The Blue Laser Diode, Springer Berlin Heidelberg New York 1997

[5] *Stringfellow, G.B.; Craford, M.G.*: High Brightness Light Emitting Diodes, Academic Press, San Diego London Boston 1997

[6] *Winstel, G.; Weyrich, C.*: Optoelektronik I, Lumineszenz- und Laserdioden, Springer-Verlag, Berlin Heidelberg New York 1980

[7] *Rideout, V.L.*: A Review of the theory and technology for ohmic contacts to group III–V compound semiconductors, Solid State Electronics, 1975, Vol. 18, pp. 541–550

[8] *Pankove, J.*: Optical Processes in Semiconductors, 1976, Dover Publ. ISBN 0-486-60275-3

[9] *Agrawal, G.P.; Dutta, N.K.*: Long-wavelength semiconductor lasers. Van Nostrand Reinhold, New York 1986

[10] *Pilkuhn, M.H.; Schairer, W.*: Light Emitting Diodes, in Moss, Handbook on Semiconductors, Vol. 4, 1993 Elsevier Science Publishers B.V.

[11] *Sze, S.M.*: Physics of Semiconductor Devices, John Wiley & Sons, New York... Singapore 1981

[12] *Saul, R.H.; Tien Pei Lee; Burrus, C.A.*: Light-Emitting-Diode Device Design in Semiconductors and Semimetals Vol. 22 Par C Cap. 5 p. 193 Copyright 1985 by Bell Telephone Laboratories Inc. (ISBN 0-12-752152-6)

[13] *Geckeler, S.*: Lichtwellenleiter für die optische Nachrichtenübertragung, Nachrichtentechnik Band 16, Springer 1990

[14] *Thompson*: Physik of Semiconductor Laser Devices, Wiley, New York 1980

[15] *Liebes, S.*: Brightness – On the ray Invariance of B/n^2, Am. J. Phys. Vol. 37, (1969) 932–934

[16] *Häusler, H.*: Untersuchung von Diodenparametern in Bezug auf das Übertragungsverhalten von IR-Sendedioden bei Datenraten > 125 MBd, Diplomarbeit der Hochschule für Technik und Wirtschaft (FH) Mittweida 1995

[17] *Ünlü, M.S.; Strite, S.*: Resonant cavity enhanced photonic devices, J. Appl. Phys. 76(2) (1995) 607, 639

[18] *Yablonovitch, E.*: Statistical ray optics, J. Opt. Soc. Am. Vol. 72 No. 7, (1982) 899, 907

[19] *Windisch, R.* u.a.: Systematic photoluminescence and electroluminescence study of high-efficiency surface-textured thin film light-emitting structures, SPIE Proc. 3279, 94–103 (1998)

[20] *Botez, D.; Ettenberg, M.*: Comparison of Surface- and Edge-Emitting LEDs for Use in Fiber-Optical Communications, IEEE Trans. On Electron. Devices, Vol ED 26, No. 8, (1979), 1230, 1238

[21] *Streubel, K.; Stevens, R.*: 250 Mbit/s plastic fibre transmission using 660 nm resonant cavity light emitting diode, Electronic Letters, Vol. 34, No. 19 (1998)

Laserdioden 19

S. Hansmann

Allgemeine Literatur
K. Petermann, Laser Diode Modulation and Noise, Kluwer Academic Publishers, Dordrecht, 1988 - *G. Grau, W. Freude*, Optische Nachrichtentechnik, Springer Verlag, Berlin, 1991 - *W. Harth, H. Grothe*, Sende- und Empfangsdioden für die optische Nachrichtentechnik, Teubner Verlag, Stuttgart, 1984 - *K.J. Ebeling*, Integrierte Optoelektronik, Springer Verlag, Berlin, 1992 - *G.P. Agrawal, N.K. Dutta*, Long-Wavelength Semiconductor Lasers, Van Nostrand Reinhold Verlag, New York, 1986 - *G. Morthier, P. Vankwikelberge*, Handbook of Distributed Feedback Laser Diodes, Artech House, Inc., Norwood 1997 - *L.A. Coldren, S.W. Corzine*, Diode Lasers and Photonic Integrated Circuits, J. Wiley, New York, 1995 - *H.C. Casey, M.B. Panish*, Heterostructure Lasers, Band A, Academic Press, New York, 1978 - *J. Carroll, J. Whiteaway, D. Plumb*, Distributed feedback semiconductor lasers, IEE, London, 1998

19.1 Doppelheterostruktur als optischer Wellenleiter

Ein Laser besteht im wesentlichen aus einem aktiven Medium, einem Pumpmechanismus und einem optischen Resonator für die frequenzbestimmende Rückkopplung. Im aktiven Medium wird elektromagnetische Strahlung durch stimulierte Emission kohärent verstärkt, d.h. die erzeugte Strahlung stimmt in Frequenz, Phase und Richtung mit der einfallenden Strahlung überein. Die Verstärkung durch stimulierte Emission überwiegt gegenüber der als Konkurrenzprozeß ebenfalls auftretenden Absorption, wenn im aktiven Medium durch externe Energiezufuhr über einen geeigneten Pumpmechanismus eine Besetzungsinversion zwischen den am Laserprozeß beteiligten Niveaus erzeugt werden kann. Das Lasermedium befindet sich zwischen zwei teildurchlässigen Spiegeln, die einen Teil der Strahlung reflektieren und somit einen Fabry-Perot (FP)-Resonator bilden. Die Photonen werden in diesem Resonator bzgl. Frequenz und Richtung selektiert und die Strahlungsenergie in wenigen Resonatormoden konzentriert. Infolge der Rückkopplung wird aus dem Verstärker ein Oszillator, der anschwingt, wenn die Verstärkung größer als die optischen Verluste des Resonators ist. Ein Teil der Strahlung verläßt den Resonator durch die Endspiegel und bildet oberhalb dieser Laserschwelle einen scharf gebündelten externen Laserstrahl, der im Vergleich zum Spektrum der spontanen Emission spektral sehr schmalbandig ist.

In einem Halbleiter sind die am Laserprozeß beteiligten Energieniveaus wegen der hohen Ladungsträgerdichte quasikontinuierlich verteilt und bilden das Leitungs- und Valenzband. Energetische Übergänge zwischen den Bändern können bei einem Halbleiter mit direkter Bandstruktur als strahlende Rekombination der Elektron-Loch Paare effizient zur Lichterzeugung ausgenutzt werden. Die Inversion zwischen dem Leitungs- und Valenzband, die zur kohärenten Verstärkung der elektromagnetischen Strahlung benötigt wird, kann durch Injektion von Ladungsträgern über einen in Durchlaßrichtung gepolten, hochdotierten pn-Übergang erreicht werden. Die in den n-Halbleiter injizierten Elektronen und die in den p-Halbleiter injizierten Löcher diffundieren zum pn-Übergang und können dort beim Zusammentreffen strahlend rekombinieren (Abb. 19.1). Wenn die externe Spannung einen kritischen Wert überschreitet, wird in einem engen räumlichen Bereich in der Nähe des pn-Übergangs eine Besetzungsinversion erreicht. Die Bedingung dafür ist, daß der energetische Abstand der Quasiferminiveaus W_{Fc} und W_{Fv} größer als die Bandlücke W_g ist (Bernard-Durafourg, Kap. 17):

$$W_{Fc} - W_{Fv} \geq \hbar\omega \geq W_g \tag{19.1}$$

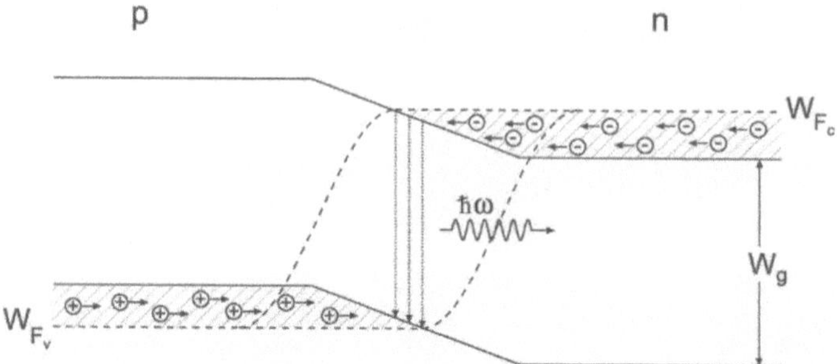

Abb. 19.1. Energiebandschema eines entarteten, in Durchlaßrichtung gepolten pn-Übergangs. Die strahlenden Übergänge im aktiven Bereich sind gestrichelt angedeutet. Die Differenz der Quasiferminiveaus entspricht der angelegten Spannung: $W_{Fc} - W_{Fu} = eU$

Das Halbleitermaterial ist dann für die erzeugte Strahlung, deren Wellenlänge durch die Bandlücke des Halbleiters gegeben ist, transparent. Lasertätigkeit tritt ein, wenn zusätzlich die Streuverluste und die Verluste des optischen Resonators gedeckt werden, der bei einer Laserdiode von den gespaltenen Kristallflächen des Halbleiters gebildet wird.

Die aktive Zone, in der Besetzungsinversion herrscht, ist allerdings bei einer Laserdiode mit einem einfachen pn-Übergang sehr dünn und die Schwellenströme sind sehr hoch, da nur ein kleiner Teil der injizierten Ladungsträger für den Laserprozeß genutzt wird. Ein kontinuierlicher Laserbetrieb (cw) bei Raumtemperatur und kleinen Schwellströmen ist nur mit sog. Doppelheterostrukturen möglich. In einer solchen Doppelheterostruktur-Laserdiode ist die aktive Schicht mit einem kleinen Bandabstand beidseitig von einem n- bzw. p-dotierten Halbleiter mit größerem Bandabstand umgeben (Abb. 19.2). Eine Bedingung für die Herstellbarkeit einer solchen Struktur ist, daß die Gitterkonstanten der beiden Halbleiter weitgehend übereinstimmen (Gitterfehlanpassung kleiner als 0,1 %). Unterhalb einer sog. kritischen Schichtdicke kann eine begrenzte Verspannung allerdings auch vom Kristallgitter aufgenommen werden, ohne daß eine solche strained-layer-Struktur [1] unter Bildung von Versetzungen relaxiert. Eine Doppelheterostruktur bietet drei entscheidende Vorteile für die Lasertätigkeit:

- Die Differenz in der Bandlücken-Energie wird zwischen Valenz- und Leitungsband aufgeteilt und erzeugt diffusionshemmende Potentialbarrieren für die Elektronen und Löcher, wenn die jeweiligen Potentialdifferenzen größer als die thermische Aktivierungsenergie $k_B T$ sind. Bei geeigneter Wahl von Spannung und Dotierung kann ein nahezu rechteckförmiger Potentialverlauf für die aktive Schicht erzielt werden, deren Dicke d_{akt} durch die Heterostruktur vorgegeben ist. Als aktive Zone werden massive aktive Schichten (typ. $d_{\text{akt}} =$ 100–300 nm) oder Quantentopfstrukturen (QW, MQW) eingesetzt, bei denen die de'Broglie-Wellenlänge der Ladungsträger vergleichbar mit der Schichtdicke ist (Kap. 17). Die Ladungsträger können sich bis zur aktiven Schicht frei bewegen, aber sie können diese nicht überqueren, sondern werden im Potentialtopf der aktiven Schicht eingefangen und dort solange gespeichert bis sie rekombinieren. Die Steuerung des Stromflusses hat also einen höheren Injektionswirkungsgrad zur Folge, der dazu führt, daß die zur Inversion erforderliche Ladungsträgerdichte in der aktiven Schicht schon bei kleineren Strömen erreicht wird.
- Es tritt keine Reabsorption der Strahlung aus der aktiven Schicht in den angrenzenden Schichten auf, da deren Bandlücke größer als der Bandabstand der aktiven Schicht ist.
- In den zur Herstellung von Doppelheterostrukturen verwendeten Halbleiter-Mischkristallsystemen hat ein Material mit der größeren Bandlücke einen höheren Brechungsindex als ein Material mit einer kleinen Bandlücke (Abb. 19.2). Die aktive Schicht kann also als dielektrischer planarer Filmwellenleiter das Licht durch Totalreflexion an den Brechzahlsprüngen der Doppelheterostruktur führen und somit den Lichtfluß steuern. Die Zahl der bei einer festen Wellenlänge ausbreitungsfähi-

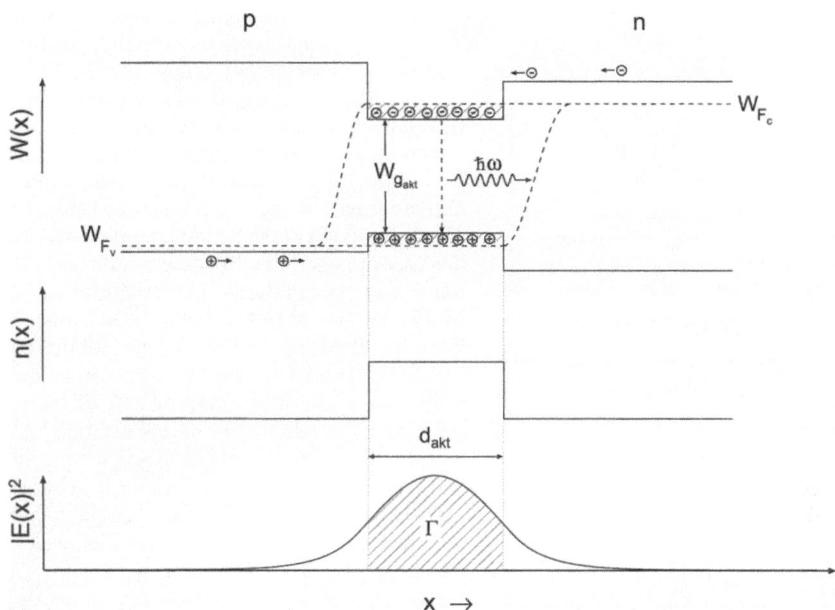

Abb. 19.2. Energiebandschema, Brechzahlverlauf und Intensitätsverteilung der Grundmode einer Doppelheterostruktur-Laserdiode

gen Eigenwellen (Moden) wird dabei von den Strukturabmessungen und den Brechungsindizes bestimmt. Durch geeignete Wahl dieser Parameter kann eine einzige transversale (senkrecht zur Schichtstruktur) Mode selektiert werden. Die Strahlung wird somit im Bereich der aktiven Schicht konzentriert und eine höhere Photonendichte für die stimulierte Emission erzielt.

19.1.1 Optischer Füllfaktor

Eine Doppelheterostruktur bietet die Möglichkeit, gleichzeitig die Ladungsträger und die durch Rekombination erzeugten Photonen auf bestimmte Gebiete der Laserdiode zu konzentrieren. Bei massiven aktiven Schichten kann man annehmen, daß sich alle zur Rekombination beitragenden Elektron-Loch-Paare in der aktiven Schicht befinden, da deren de'Broglie Wellenlänge klein im Vergleich zur Dicke der aktiven Schicht ist. Die Wellenlänge der erzeugten Photonen ist allerdings vergleichbar mit den Strukturabmessungen, so daß nicht von einem vollständigen Einschluß (confinement) des Lichtes in der aktiven Schicht ausgegangen werden kann. Die transversale Intensitätsverteilung des Lichts in der Doppelheterostruktur erhält man als Eigenlösung der Wellengleichung eines planaren Filmwellenleiters, der TE- und TM-Moden mit dem effektiven Brechungsindex n_{eff} als zugehörigem Eigenwert unterstützt. In Abb. 19.2 ist das Betragsquadrat der elektrischen Feldstärke $|E(x)|^2$ der TE-Grundmode eines planaren Filmwellenleiters als Funktion der transversalen Koordinate x dargestellt. Die Lichtwelle breitet sich nicht nur in der aktiven Schicht aus sondern dringt auch in den umgebenden Halbleiter ein. Der Bruchteil der Lichtintensität, der in der aktiven Schicht geführt wird (gestrichelte Fläche in Abb. 19.2) und somit durch Wechselwirkung mit den Ladungsträgern zur stimulierten Emission beitragen kann wird als optischer Füllfaktor Γ_{akt} bezeichnet:

$$\Gamma_{\text{akt}} = \frac{\int_0^{d_{\text{akt}}} |E(x)|^2 \, dx}{\int_{-\infty}^{+\infty} |E(x)|^2 \, dx} \tag{19.2}$$

Wird das Licht auch in lateraler Richtung geführt, muß die Definition entsprechend erweitert werden. Abbildung 19.3 zeigt die Abhängigkeit des optischen Füllfaktors der geführten Moden von der Schichtdicke für eine

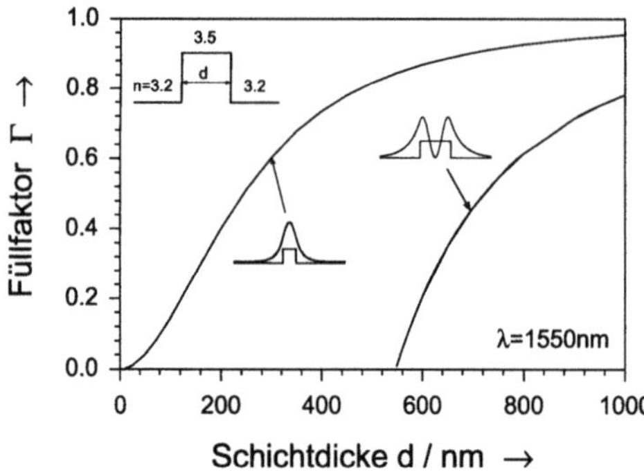

Abb. 19.3. Abhängigkeit des optischen Füllfaktors der geführten Moden einer Wellenleiterstruktur von der Schichtdicke

InP/InGaAsP/InP-Schichtstruktur. Erst für sehr große Schichtdicken, bei denen schon mehrere Moden ausbeitungsfähig sind, nähert sich der Füllfaktor dem Wert 1.

Die Verstärkung g_{eff}, die ein Modus mit dem effektiven Brechungsindex n_{eff} durch eine aktive Schicht mit der Verstärkung g_{akt} und dem Brechungsindex n_{akt} erfährt, wird entscheidend durch den optischen Füllfaktor Γ_{akt} der aktiven Schicht bestimmt, da nur der Bruchteil Γ_{akt} der Photonen verstärkt werden:

$$g_{\text{eff}} = \frac{\eta_{\text{akt}}}{n_{\text{eff}}} \Gamma_{\text{akt}} g_{\text{akt}} \tag{19.3}$$

Der Korrekturfaktor $n_{\text{akt}}/n_{\text{eff}}$ berücksichtigt, daß die effektive Verstärkung des Lichts durch den verlängerten Weg auf dem Zickzack-Kurs im Wellenleiter erhöht wird [2].

19.1.2 Laterale Wellenführung

Mit modernen Epitaxieverfahren lassen sich Mehrschichtstrukturen für kantenemittierende Halbleiterlaserdioden sehr präzise herstellen und ein stabiler, transversal einmodiger Betrieb erreichen. Für die meisten Anwendungen ist auch eine lateral (parallel zu den epitaktischen Schichten) einmodige Emission nötig, die allerdings schwieriger zu realisieren ist, aber für einen hohen optischen Füllfaktor, eine gute Einkoppeleffizienz in eine Glasfaser und eine hohe spektrale Reinheit eine wesentliche Voraussetzung darstellt. Dazu muß eine Streifenstruktur auf den Wafer aufgebracht werden, deren Breite w die Zahl der lateralen Moden beeinflußt. Je nachdem, ob die laterale Variation des Gewinns oder des Brechungsindex für die laterale Wellenführung maßgeblich ist, unterscheidet man zwischen gewinn- und indexgeführten Laserstrukturen.

In einer gewinngeführten Laserstruktur (Oxidstreifenlaser, Abb. 19.4 a) wird der Strom über einen streifenförmigen Kontakt ($w \approx 5\ \mu\text{m}$) in eine lateral nicht strukturierte aktive Schicht injiziert. Das optische Feld wird allein durch die entstehende laterale Variation des Gewinns geführt. Bei einem indexgeführten Laser (vergrabene Laserstruktur, Abb. 19.4b) ist die aktive Schicht ($w \approx 2\ \mu\text{m}$) in lateraler Richtung in Material mit kleinerem Brechungsindex ($n < n_{\text{akt}}$) eingebettet, so daß schon im stromlosen Zustand ein dielektrischer Streifenwellenleiter für eine stabile Wellenführung sorgt. Damit ein möglichst großer Teil des injizierten Stroms durch die schmale aktive Schicht fließt, sollte das Material neben der aktiven Schicht eine möglichst kleine elektrische Leitfähigkeit aufweisen.

Die laterale Feldverteilung der TE-Moden ($E_z = 0$) ergibt sich in beiden Fällen aus der Wellengleichung:

$$\frac{d^2 E_y}{dy^2} = k^2 \left[\tilde{n}_{\text{eff}}^2 - \tilde{n}^2(y)\right] E_y \tag{19.4}$$

wobei der komplexe effektive Index $\tilde{n}_{\text{eff}}$ der Eigenwert zur jeweiligen Eigenlösung $E_y(y)$ ist und $k = 2\pi/\lambda$ die Wellenzahl mit der Vakuum-Wellenlänge λ bezeichnet. Der komplexe Brechungsindex $\tilde{n}(y) = n(y) + jg(y)/2k$ besteht aus dem Brechungsindexverlauf $n(y)$ als Realteil auf einem Imaginärteil, der den Intensitätsverstärkungskoeffizient $g(y)$ enthält.

Im Falle eines gewinngeführten Lasers ist die Verstärkung $g(y)$ durch die lateral inhomogene Verteilung der injizierten Stromdichte $j_c(y)$ und durch laterale Ladungsträgerdiffusion bestimmt. Es muß deshalb eine Ratengleichung für die stationäre Ladungsträgerverteilung $N(y)$ zusammen mit der Wellengleichung selbstkonsistent gelöst werden:

$$D \frac{d^2 N(y)}{dy^2} + \frac{j_c(y)}{e d_{\text{akt}}} = R(N(y)) + v_g g(y) \hat{S}(y) \tag{19.5}$$

Hierbei ist d_{akt} die Dicke der aktiven Schicht, $\hat{S}(y)$ ist die Photonendichte, v_g die Gruppengeschwindigkeit des Wellenleiters und $R(N)$ bezeichnet die Rekombinationsrate ohne stimulierte Emission.

Da bei einem gewinngeführten Laser die laterale Wellenführung sehr schwach ist, sind

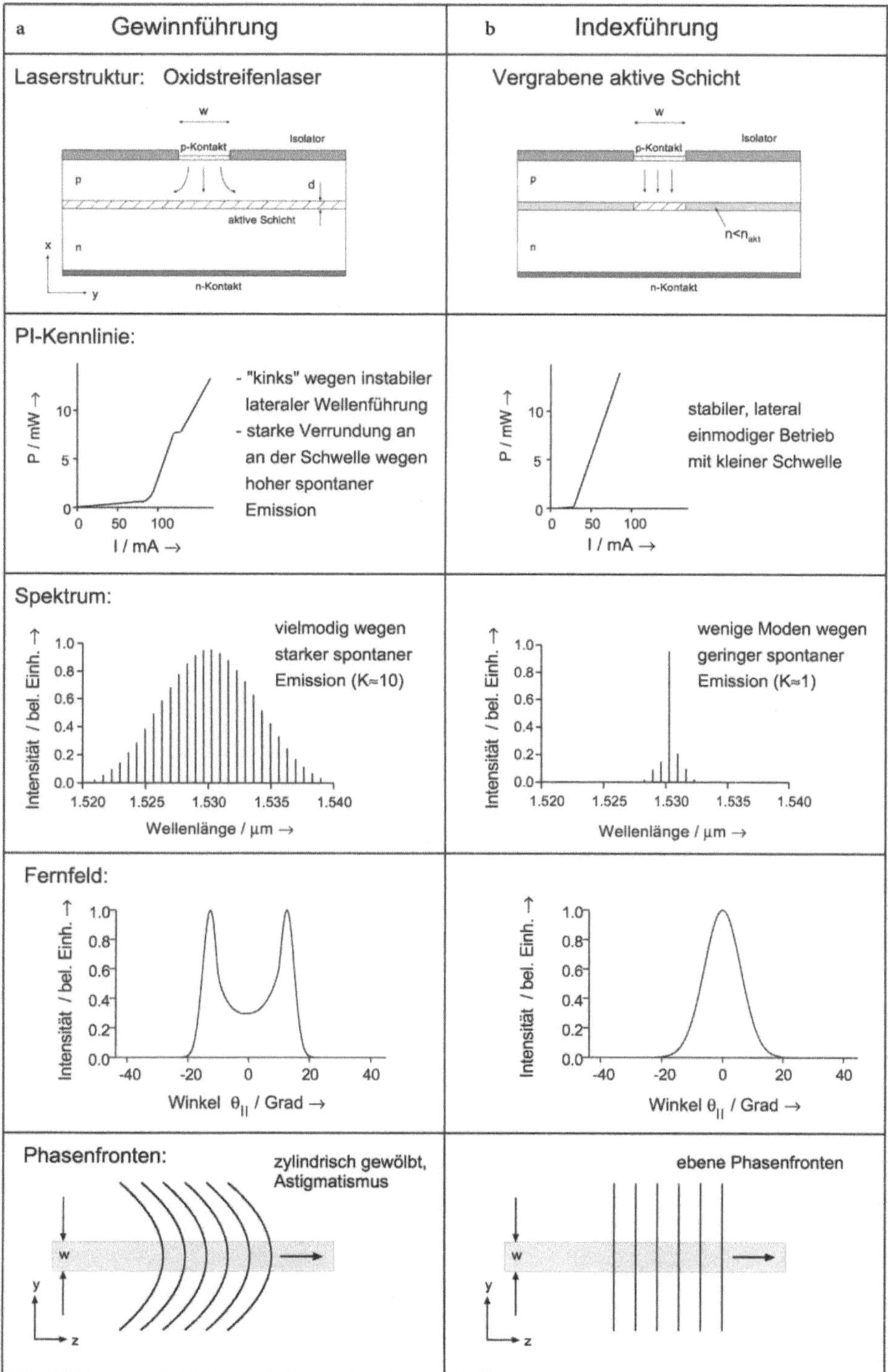

Abb. 19.4 a, b. Vergleich der Eigenschaften von, **a** gewinngeführten und **b** indexgeführten Laserstrukturen

auch kleine Änderungen am Realteil des Brechungsindex von Bedeutung, die z.B. durch die Erwärmung des Lasers oder durch die Ladungsträgerinjektion in der aktiven Schicht hervorgerufen werden (antiguiding Effekt, s. Kap. 17).

Die typischen Eigenschaften von index- und gewinngeführten Laserstrukturen sind in Abb. 19.4 zusammengefaßt. Gewinngeführte Laserstrukturen weisen im allgemeinen einen hohen Schwellenstrom auf. Da die spontane Emission in die Moden sehr stark ist (hoher Astigmatismusfaktor, $K \approx 10$, s. Gl. 19.24), ergibt sich an der Schwelle eine starke Verrundung der PI-Kennlinie und im Spektrum treten viele longitudinale Moden auf. Schon bei mittleren Betriebsströmen treten oft Modensprünge auf, da die laterale Modenkontrolle stark von der Injektion abhängt. Die laterale Diffusion der Ladungsträger führt zu zylindrisch gewölbten Phasenfronten im Resonator. Die resultierende Fernfeldverteilung des emittierten Strahls (parallel zum pn-Übergang) weist typische „Ohren" auf, die eine effiziente Einkopplung des Lichts in eine Glasfaser erschweren.

Indexgeführte Laserstrukturen weisen im allgemeinen eine stabile, lateral einmodige Emission auf, die sich in kleinen Schwellenströmen und ‚kink'-freien PI-Kennlinien äußert. Die spontane Emission in jede longitudinale Mode ($K \approx 1$) ist kleiner und hat ein Spektrum zur Folge, in dem nur wenige Moden dominieren. Die Phasenfronten der Welle im Resonator sind eben und das Fernfeld des emittierten Lichts hat einen glatten Verlauf, der eine hohe Einkoppeleffizienz in eine Einmodenglasfaser ermöglicht.

19.2 Ausführungsformen gewinn- und indexgeführter Laserdioden

Die Vielfalt bereits realisierter Halbleiterlaserstrukturen läßt sich hinsichtlich der Größe und Art des lateralen Indexsprungs in gewinngeführte, schwach indexgeführte und stark indexgeführte Strukturen unterteilen.

19.2.1 Gewinngeführte Laserstrukturen

In gewinngeführten Halbleiterlasern wird in der planaren, ununterbrochenen aktiven Schicht eine laterale Variation des Gewinns erzeugt, welche die Emissionseigenschaften bestimmt, da kein lateraler Brechungsindexsprung die optische Welle führt ($\Delta n \approx 0$). Die lateral inhomogene Verteilung der Ladungsträger kann auf verschiedene Weise realisiert werden:

Oxidstreifenlaser (Abb. 19.5a) Der Strom wird durch eine streifenförmige Öffnung in einer elektrisch isolierenden SiO_2- oder Si_3N_4-Schicht injiziert. Die dabei auftretende Stromverzweigung in der p-InGaAsP Schicht (zur Herstellung eines guten ohmschen Kontakts) sowie der darunterliegenden p-InP Wellenleiterschicht (ca. 2 μm dick) und die laterale Diffusion der Ladungsträger in der aktiven Schicht bestimmen die laterale Gewinnvariation.

‚diffused-stripe' Laser Der Strom wird durch eine eindiffundierte p-Dotierung mit Zn zur aktiven Schicht geführt (Abb. 19.5b).

‚Proton-implanted' Laser (Abb. 19.5c) Eine lateral inhomogene Strominjektion wird durch Bestrahlung einer streifenförmigen Maske (z.B. Wolframdraht) mit hochenergetischen Protonen (ca. 300 keV) erreicht. Außerhalb der Maske dringen die Protonen ca. 3 μm tief in den Halbleiter ein und erzeugen soviele Defekte, daß diese dort elektrisch isolierend werden. Der injizierte Strom fließt also nur in den von der Maske geschützten Bereichen.

Die typischen Abmessungen dieser Bauelemente sind: Länge $L \approx 200-400$ μm, Streifenbreite $w \approx 5-10$ μm, Breite des Laserchips $\approx 250-500$ μm. Die Schwellenströme liegen bei ca. 100 mA. Bei kleinen Streifenbreiten ist eine relativ stabile, lateral einmodige Emission und damit auch eine Einkopplung in eine Glasfaser möglich. Der Hauptvorteil dieser historisch zuerst realisierten Halbleiterlaser ist ihre einfache Herstellung.

Im Grenzfall sehr großer Streifenbreiten (50-100 μm) gelangt man zum sogenannten ‚broad-area' Laser, bei dem der Strom lateral homogen über einen großflächigen Kontakt zugeführt wird. Da keine laterale Wellenführung erfolgt, ist der Schwellenstrom sehr hoch (typisch 1 A) und die vielmodige Emission kann nicht effizient in eine Glasfaser eingekoppelt werden. Wegen der hohen erreichbaren Ausgangsleistungen werden ‚broad-area' Laser z.B. zum großflächigen optischen Pumpen anderer Festkörperlaser eingesetzt.

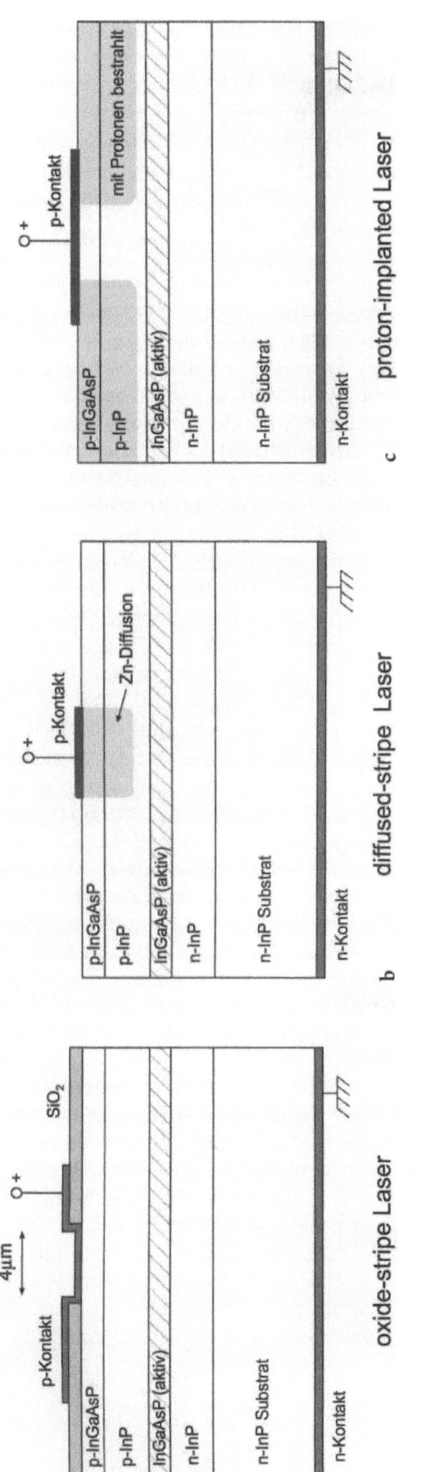

Abb. 19.5 a – c. Gewinngeführte Laserstrukturen

19.2.2 Schwach indexgeführte Laserstrukturen

Bei schwach indexgeführten Laserstrukturen wird die Dicke einer an die aktive Schicht angrenzenden Wellenleiterschicht lateral so variiert, daß eine laterale Wellenleitungsstruktur entsteht. Die Breite und Tiefe der Variation wird so gewählt, daß eine einmodige Emission erreicht wird. Der laterale Brechungsindexsprung Δn muß dabei größer als die Reduktion des Brechungsindex durch die Ladungsträgerinjektion ($\approx 5 \cdot 10^{-3}$) sein, damit die Indexführung dominiert. Schwach indexgeführte Laserstrukturen können in zwei Kategorien eingeteilt werden:

‚ridge-waveguide' Lasern Es wird ein Rippenwellenleiter erzeugt, indem die epitaktische Schichtstruktur seitlich eines schmalen Streifens (ca. 3 – 5 μm) fast bis zur aktiven Schicht weggeätzt wird (Abstand typisch 200 nm). Im Falle eines MCRW-Lasers im Materialsystem GaAlAs (Abb. 19.6 a) wird dann eine CrAu-Elektrode aufgebracht, die einen gut leitenden Kontakt auf der p^+-Deckschicht des Stegs und einen sperrenden Kontakt auf der niedriger dotierten p-GaAlAs Schicht neben dem Steg erzeugt. Dadurch wird die Strominjektion auf den Teil der aktiven Schicht unterhalb des Stegs begrenzt. Dieses ‚Stromconfinement' kann auch durch zusätzlich aufgebrachte isolierende Schichten (z. B. SiO_2) erfolgen (Abb. 19.1 b). Die laterale Wellenführung kommt dadurch zustande, daß der Brechungsindex des Halbleitermaterials wesentlich größer als der Brechungsindex des SiO_2 bzw. der umgebenden Luft ist. Die optische Welle wird also geführt, weil der effektive (in transversaler Richtung berechnete) Brechungsindex unter dem Steg größer ist als daneben. Die Ätztiefe muß (z. B. mittels Ätzstopschichten beim naßchemischen Ätzen) so eingestellt werden, daß nur eine laterale Mode unterstützt wird. Wird zu tief geätzt, treten mehrere laterale Moden auf, während bei zu geringer Ätztiefe die laterale Stromverzweigung zu einer geringen Effizienz der Ladungsträgerinjektion führt.

‚channeled-substrate' Laser (CSP) Hier wird zuerst ein 2 – 3 μm breiter und ca. 1 μm tiefer Graben in das Substrat geätzt (Abb. 19.6 c). Beim darauffolgenden Schichtwachstum mittels Flüssigphasenepitaxie wird dieser Kanal dann weitgehend eingeebnet. Da im Kanal unterhalb der weitgehend planaren aktiven

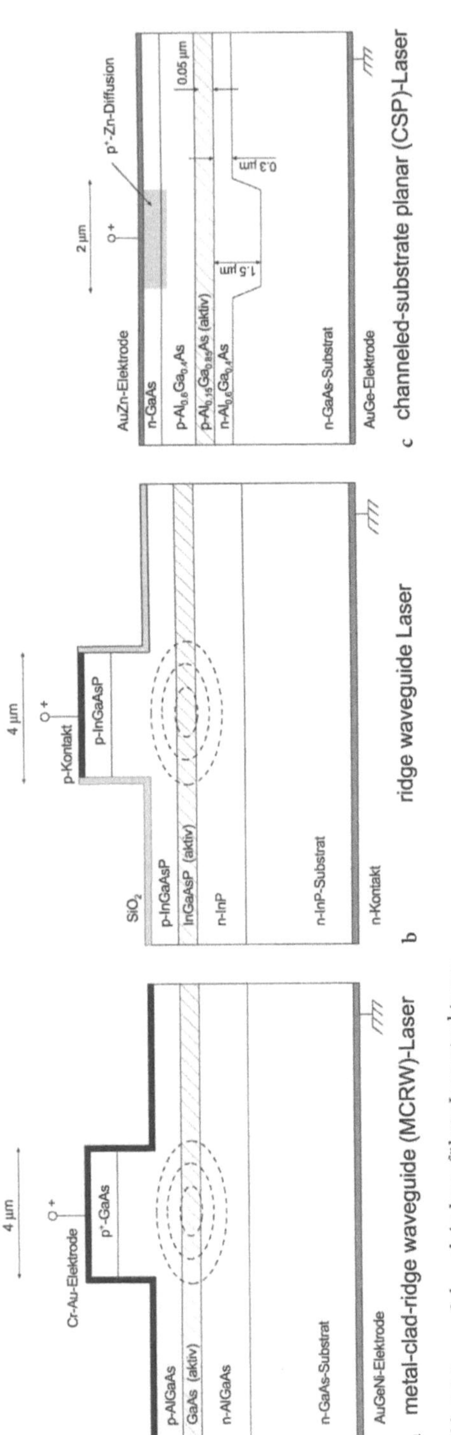

Abb. 19.6 a–c. Schwach indexgeführte Laserstrukturen

Schicht mehr Halbleitermaterial mit hohem Brechungsindex vorhanden ist, wird die optische Welle durch diese Wellenleiterstruktur geführt. Im Gegensatz zu den ‚ridge-waveguide' Lasern tritt bei diesem Strukturtyp eine starke Stromverzweigung oberhalb der aktiven Schicht auf. Eine Verbesserung der Stromführung kann z. B. durch eine lokale Zn-Diffusion erzielt werden, die den Strom bis zur aktiven Schicht führt.

Mit schwach-indexgeführten Strukturen können kleine Schwellenströme von 20–40 mA und hohe Ausgangsleistungen mit lateral einmodiger Emission realisiert werden. Die schwache Wellenführung erlaubt wesentlich breitere aktive Schichten als bei vergrabenen (stark indexgeführten) Laserstrukturen. Dies wirkt sich positiv z. B. auf den Serienwiderstand aus. Die geringen Leckströme von ‚ridge-waveguide' Lasern führen zu einer guten Linearität der PI-Kennlinie. Wie bei den gewinngeführten Laserstrukturen bleibt auch bei den schwach indexgeführten Lasern die aktive Schicht unangetastet. Es kommt also auch hier zu einer unerwünschten lateralen Ladungsträgerdiffusion d. h. ein Teil der Ladungsträger rekombiniert ohne zum Gewinn beizutragen. Außerdem bleibt mit der aktiven Schicht auch der pn-Übergang komplett erhalten, dessen Kapazität das hochfrequente Modulationsverhalten beeinträchtigt. Andererseits werden durch die fehlende Strukturierung der aktiven Schicht auch die zusätzliche Grenzflächenrekombination sowie mögliche negative Auswirkungen auf das Alterungsverhalten vermieden. Ein wichtiger Vorteil gegenüber vergrabenen Laserstrukturen ist die relativ einfache Herstellbarkeit mit nur einer Epitaxie.

Je nach Stärke der lateralen Indexführung zeigen diese Bauelemente mehr Eigenschaften der gewinn- bzw. indexgeführten Laser. Die Emissionseigenschaften (Spektren, Kennlinien, TE-, TM-Polarisation etc.) sind komplexer als bei stark-indexgeführten Lasern, da neben der Indexführung auch die Gewinnführung sowie kleine Brechungsindexvariationen durch Ladungsträgerinjektion und Temperaturverteilung eine Rolle spielen können.

19.2.3 Stark indexgeführte Laserstrukturen

Starke Indexführung läßt sich mit vergrabenen Laserstrukturen realisieren, bei denen ein schmaler Streifen aktiven Halbleitermaterials von Material mit einem kleinerem Brechungsindex umgeben ist. Die aktive Schicht muß dazu strukturiert und anschließend in einem zusätzlichen Schritt epitaktisch wieder bewachsen werden. Für einen lateral einmodigen Betrieb ist die maximal mögliche Streifenbreite w der aktiven Schicht limitiert [3],

$$w \leq \frac{\lambda}{2\sqrt{2 n_{\text{akt}} \Delta n_{\text{eff}}}} \tag{19.6}$$

wobei Δn_{eff} der laterale effektive Indexsprung ist.

In Abb. 19.7 sind einige stark indexgeführte Laserstrukturen dargestellt. Bei der ‚buried-heterostructure' (BH) Laserstruktur im Materialsystem GaAs/AlGaAs (Abb. 19.7a) ist die aktive Schicht aus GaAs vollständig in AlGaAs eingebettet, das einen größeren Bandabstand und einen kleineren Brechungsindex hat. Die im ersten Epitaxieschritt gewachsene aktive Schicht wird dazu streifenförmig strukturiert. Mit der einebnend wirkenden Flüssigphasenepitaxie (LPE) werden dann die Bereiche neben dem Streifen mit abwechselnd n- und p-dotierten AlGaAs-Schichten aufgefüllt. Die so entstehende rückwärts vorgespannte Diodenstruktur verhindert einen Stromfluß außerhalb der aktiven Schicht. In ähnlicher Weise läßt sich eine vergrabene Laserstruktur auch im Materialsystem InGaAsP/InP realisieren (EMBH-Laser, Abb. 19.7b). Die Reduktion

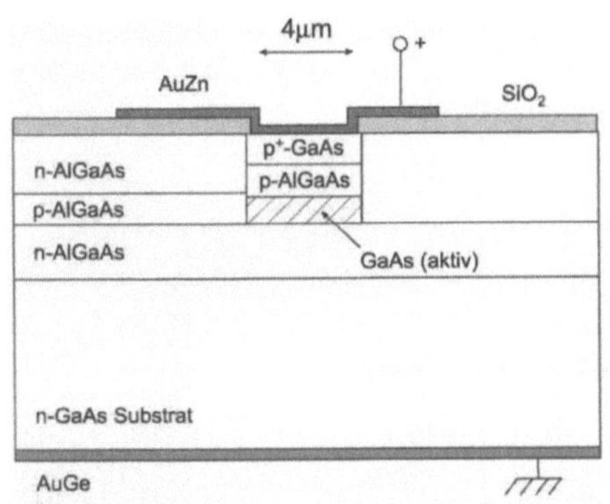

a Buried heterostructure (BH) Laser

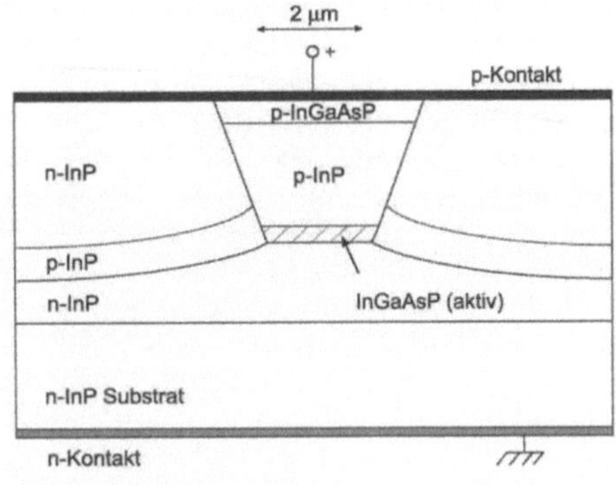

b Etched-mesa buried heterostructure (EMBH)

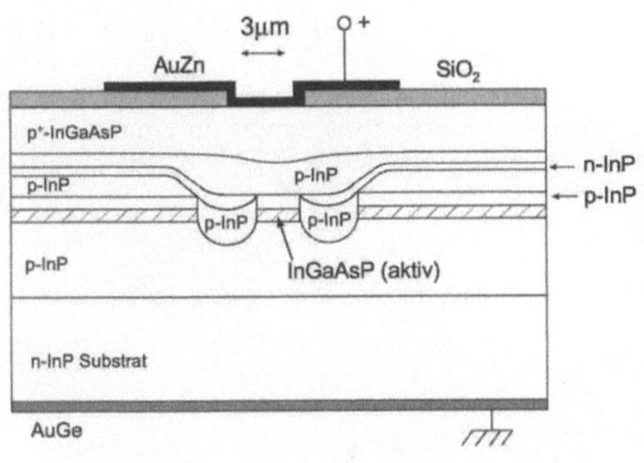

c Double-channel planar buried heterostructure (DCPBH) Laser

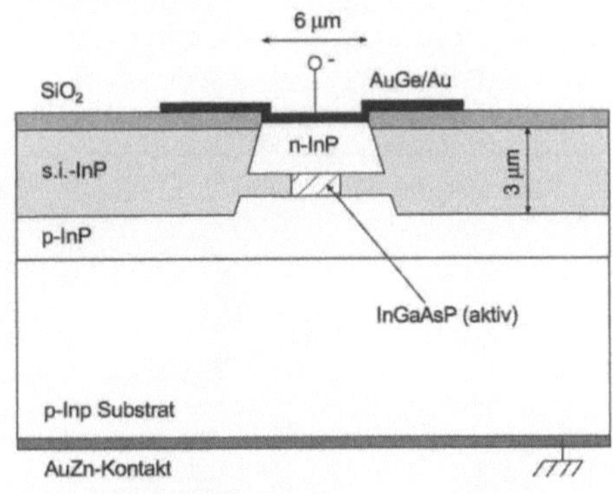

d Pilzstruktur Laser

Abb. 19.7 a–d. Stark indexgeführte Laserstrukturen

von Leckströmen durch abwechselnd n- und p-dotierte Schichten erhöht allerdings die parasitäre Kapazität des Lasers erheblich. Alternativ können elektrisch isolierende Bereiche auch durch Wiederbewachsen mit semiisolierendem Material (Fe-dotiertes InP) oder durch Protonenbestrahlung erzeugt werden.

Beim DCPBH-Laser (Abb. 19.7c) werden in einem ersten Epitaxieschritt die aktive InGaAsP-Schicht und eine p-InP Deckschicht auf das n-InP-Substrat aufgewachsen. Dann wird eine Doppelstreifenstruktur, welche die lasende aktive Schicht einschließt, bis in das Substrat geätzt. Mit der darauffolgenden LPE werden zuerst diese Kanäle mit p-InP und n-InP aufgefüllt und dann die Laserstruktur bis zur InGaAsP-Deckschicht fertiggestellt. Beim Pilzstruktur-Laser (Abb. 19.7d) wird ein ca. 6 μm breiter Mesa 3 – 4 μm tief in die epitaktische Schichtenfolge geätzt (naßchemisch oder Trockenätzen), wobei die aktive Schicht durchtrennt wird [4]. Mit einer selektiven naßchemischen Ätzung wird dann die Breite der aktiven Schicht unter dem Mesa bis auf ca. 2 μm reduziert und anschließend der unterätzte Bereich z.B. mittels Gasphasenepitaxie (VPE) mit semiisolierendem InP aufgefüllt [5].

Neben diesen stark indexgeführten Laserstrukturen mit planarer aktiver Schicht, die sich gut zur Integration eines DFB-Gitters eignen, gibt es auch vergrabene Laserstrukturen mit nicht-planarer aktiver Schicht, die auf dem geschickten Wiederbewachsen von V-Gruben, Mesas etc. basieren.

Mit stark indexgeführten Strukturen läßt sich eine sehr stabile, lateral einmodige Emission mit sehr kleinen Schwellströmen (< 10 mA) und hervorragendem Modulationsverhalten erreichen, da geichzeitig Wellenführung, Ladungsträgereinschluß und Stromführung gewährleistet sind. Ein wesentlicher Nachteil ist die komplizierte Herstellung mit mindestens 2 Epitaxieschritten.

19.3 Fabry-Perot Laserdioden

In Fabry-Perot (FP) Laserdioden bilden die beiden planparallelen Spaltflächen des Halbleiterkristalls den optischen Resonator, der durch Rückkopplung der stimuliert verstärkten Strahlung den Laserbetrieb ermöglicht (Abb. 19.8). Die Resonatorlänge L beträgt typischerweise einige hundert Mikrometer. Den Intensitätsreflektions- und Transmissionskoeffizienten der als Endspiegel fungierenden gespaltenen Kristallfläche kann man mit den Fresnel-Gleichungen abschätzen, wenn man die transversale und laterale Substruktur des Wellenleiters im Rahmen eines eindimensionalen Modells mit dem effektiven Brechungsindex n_{eff} des betrachteten Wellenleitermodus beschreibt und Luft als Medium im Außenraum annimmt:

$$R = \frac{(n_{\text{eff}} - 1)^2}{(n_{\text{eff}} + 1)^2} \quad T = \frac{4\,n_{\text{eff}}}{(n_{\text{eff}} + 1)^2} \tag{19.7}$$

19.3.1 Anschwingbedingung

Die ebenen Wellen mit der elektrischen Feldamplitude $E(z)$ laufen im Resonator in longitudinaler Richtung (z) hin und her und werden dabei durch stimulierte Emission mit dem Intensitäts-Modengewinn g verstärkt:

$$E^{\pm}(z) = E_0 \exp\left[\mp jk(n_{\text{eff}} + jg/2k)z\right] \tag{19.8}$$

Die Schwellenbedingungen für den Einsatz von Laseroszillationen folgt aus einer Umlaufbedingung, die fordert, daß eine stationäre

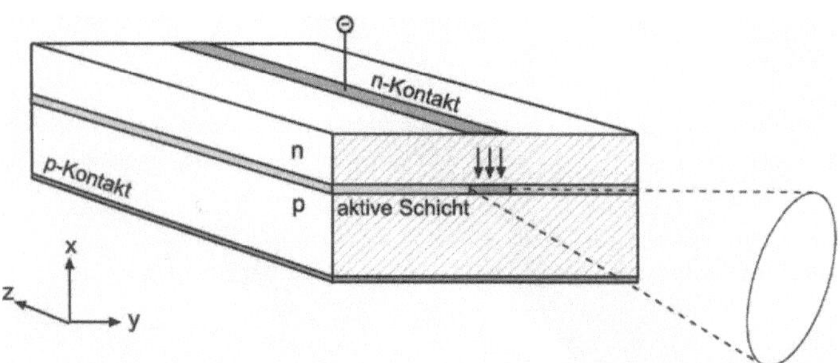

Abb. 19.8. Schematische Darstellung eines FP-Halbleiterlasers

optische Welle nach einem vollständigem Umlauf im Resonator unverändert bleiben muß:

$$\sqrt{R_1 R_2} \exp[-2jk(n_{\text{eff}} + jg/2k)L] = 1 \quad (19.9)$$

Hierbei bezeichnen R_1, R_2 die Intensitäts-Reflektionskoeffizienten der beiden Endspiegel (Abb. 19.8). Der Realteil der Gl. (19.9) liefert die Spiegelverluste des FP-Resonators:

$$g = \alpha_{\text{m}} = \frac{1}{2L} \ln(R_1 R_2) \quad (19.10)$$

Da sich die Nettoverstärkung g im Resonator aus der Materialverstärkung des Halbleiters g_{eff} abzüglich der Wellenleiterverluste α_{s} zusammensetzt, ergibt sich die Laserbedingung als Gleichheit von Verstärkung und Verlusten, wobei der Beitrag der spontanen Emission vernachlässigt wurde:

$$g_{\text{th}} = \frac{n_{\text{akt}}}{n_{\text{eff}}} \Gamma_{\text{akt}} g_{\text{akt}}(n_{\text{th}}) = \alpha_{\text{s}} + \alpha_{\text{m}} \quad (19.11)$$

Die Wellenleiterverluste α_{s} können mehrere physikalische Ursachen haben: Streuung an Volumendefekten (z.B. Verunreinigungen) und Grenzflächenrauhigkeiten sowie Abstrahlung von Energien in die Wellenleiterumgebung (z.B. an Krümmungen).

Der Imaginärteil der Umlaufbedingung (Gl. 19.9) liefert die optischen Frequenzen ν_{m} der longitudinalen Moden des FP-Resonators

$$\nu_{\text{m}} = \frac{mc}{2Ln_{\text{eff}}}, \quad m = 1, 2, 3 \ldots \quad (19.12)$$

was gleichbedeutend mit der Forderung ist, daß eine ganze Anzahl m halber Wellenlängen der stehenden Welle in den Resonator passen muß. Bei der Berechnung des Frequenzabstandes $\Delta\nu$ benachbarter longitudinaler Moden des FP-Resonators muß die Dispersion des Wellenleiters durch die Einführung des Gruppenindex n_{g} berücksichtigt werden:

$$\Delta\nu = \frac{c}{2Ln_{\text{g}}} \quad (19.13)$$

mit

$$n_{\text{g}} = n_{\text{eff}} + \nu \frac{\mathrm{d}n_{\text{eff}}}{\mathrm{d}\nu} \quad (19.14)$$

Für typische FP-Laserdioden ist der Gruppenindex mit $n_{\text{g}} \approx 3{,}5 \ldots 5$ größer als der effektive Index $n_{\text{eff}} \approx 3 \ldots 3{,}5$ und der typische Abstand der äquidistanten Emissionsfrequenzen beträgt ca. 150 GHz (L = 300 µm), was klein im Vergleich zur Breite der Gewinnkurve ($\approx$ 5 THz) des Halbleiters ist. Da außerdem die Spiegelverluste einer FP-Laserdiode frequenzunabhängig sind, ist ein longitudinal mehrmodiger Betrieb oberhalb der Laserschwelle zu erwarten.

Die Verteilung der Lichtintensität bzw. der Photonendichte $\hat{S}(z)$ im aktiven FP-Resonator ist durch die Summe der hin- und herlaufenden Photonenflüsse $\hat{S}^+(z) + \hat{S}^-(z)$ gegeben, die jeweils exponentiell mit dem Gewinn g anwachsen. Im Falle eines symmetrischen FP-Resonators ($R = R_1 = R_2$) ergibt sich für die gesamte Photonendichte $\hat{S}(z)$ eine cosh-Funktion (Abb. 19.9) mit einem Minimum in der Resonatormitte ($z = L/2$):

$$\frac{\hat{S}(L/2)}{\hat{S}(0)} = \frac{2\sqrt{R}}{1+R} \quad (19.15)$$

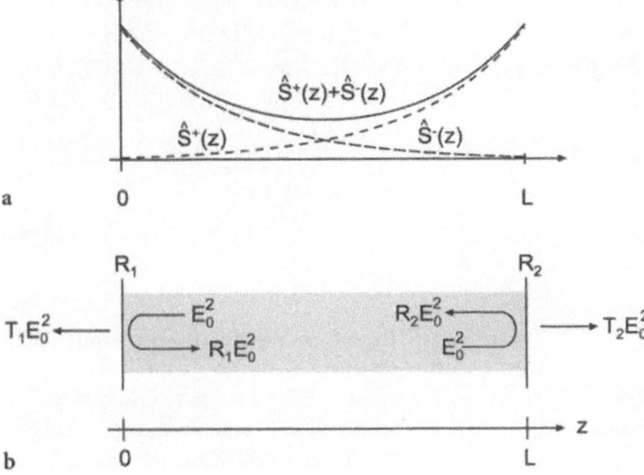

Abb. 19.9. **a** Axiale Verteilung der Photonendichte $\hat{S}$ als Funktion der axialen Koordinate z in einem FP-Laser. Die entsprechenden Verteilungen der nach rechts- bzw. nach links laufenden Photonen sind gestrichelt dargestellt, **b** Umlaufbedingung für einen FP-Laser

Für eine typische FP-Laserdiode mit einer Reflektivität von $R = 0{,}28$ ergibt sich eine ca. 18% niedrigere Intensität in der Resonatormitte. Sind die Endspiegel allerdings mit einer Antireflexbeschichtung (z.B. $R = 0{,}01$) versehen, so entsteht eine axial sehr inhomogene Photonenverteilung im Resonator ($\hat{S}(0)/\hat{S}(L/2) \approx 5$).

Die Spiegelverluste α_m sind über eine Umlaufbedingung mit den hin- und herlaufenden Photonendichten $\hat{S}^+(z), \hat{S}^-(z)$ verknüpft:

$$\alpha_m = \frac{T_1 \hat{S}^-(z=0) + T_2 \hat{S}^+(z=L)}{\int_0^L \hat{S}^-(z) + \hat{S}^+(z)\,dz} \tag{19.16}$$

19.3.2 Beschreibung mit Ratengleichungen

Die grundlegenden statischen und dynamischen Eigenschaften von Halbleiterlaserdioden können mit einem Satz von Ratengleichungen beschrieben werden, welche die Wechselwirkung der Photonen mit den Elektron-Loch Paaren in der aktiven Schicht beschreiben. Dazu wird eine stark-indexgeführte Doppelheterostruktur-Laserdiode betrachtet, die eine einzige Mode unterstützt, welche sich als ebene Welle in axialer Richtung des Resonators ausbreitet. Der Strom I wird räumlich homogen in die aktive Schicht mit dem Volumen V injiziert und rekombiniert dort vollständig, d.h. Leckströme werden vernachlässigt. Die Ladungsträgerdichte in der aktiven Schicht sollte in der lateralen und transversalen Richtung gleichmäßig verteilt sein, weil die Diffusion der Ladungsträger räumliche Inhomogenitäten im µm-Bereich weitgehend ausgleicht. In FP-Laserdioden mit genügend hoher Spiegelreflektivität können außerdem axiale Variationen der Photonendichte $\hat{S}$ und der Ladungsträgerdichte N vernachlässigt werden. Die Ratengleichungen können dann folgendermaßen formuliert werden:

$$\frac{dN}{dt} = \frac{I}{eV} - \frac{N}{\tau_{nr}} - BN^2 - CN^3 - v_g \frac{n_{akt}}{n_{eff}} g_{akt}(N,\hat{S})\,\hat{S} + \frac{F_N(t)}{V} \tag{19.17}$$

$$\frac{d\hat{S}}{dt} = v_g \left\{ \Gamma_{akt} \frac{n_{akt}}{n_{eff}} g_{akt}(N,\hat{S}) - g_{th} \right\} \cdot \hat{S} + \frac{\Gamma_{akt}(R_{sp} + F_S(t))}{V} \tag{19.18}$$

$$\frac{d\Phi}{dt} = \frac{1}{2} \alpha_H v_g \Gamma_{akt} \frac{n_{akt}}{n_{eff}} g_{akt}(N,\hat{S}) + F_\Phi(t) \tag{19.19}$$

wobei $v_g = c/n_g$ die Gruppengeschwindigkeit des Wellenleiters ist. e ist die Elektronenladung und die Parameter $1/\tau_{nr}$, B, C beschreiben nichtstrahlende, bimolekulare und Auger-Rekombination (s. Kap. 17). Der Schwellengewinn g_{th} setzt sich aus den Spiegelverlusten α_m und den Wellenleiterverlusten α_s zusammen, die als räumlich homogen über den Resonator verteilt angenommen werden. Φ ist die Phase des komplexen elektrischen Feldes E, das mit der Photonenzahl $S = \hat{S}\,V/\Gamma_{akt}$ über die Beziehung

$$E(t) = \sqrt{S(t)}\,\exp(j\Phi(t)) \tag{19.20}$$

verknüpft ist. R_{sp} ist die über die Zeit gemittelte Rate der spontanen Emission in die Laser-Mode, welche mit dem spontanen Emissionsfaktor n_{sp} über die Beziehung

$$R_{sp} = v_g g_{th} n_{sp} K_{sp} \tag{19.21}$$

berechnet werden kann. $F_S(t)$, $F_n(t)$ und $F_\Phi(t)$ stellen Langevin-Rauschterme dar, welche die statistische Natur der spontanen Emission und das Schrotrauschen infolge der Rekombination und Generation der Ladungsträger berücksichtigen. Die Langevin-Rauschterme, die zu Fluktuationen der Ladungsträger- und Photonendichte führen, sind korreliert und haben einen verschwindenden Zeitmittelwert.

Der Linienverbreiterungs- oder Henry-Faktor α_H beschreibt die Amplituden-Phasen-Kopplung, d.h. die Abhängigkeit des Brechungsindex der aktiven Schicht n_{akt} von der injizierten Ladungsträgerdichte N. Diese Verknüpfung folgt gemäß der Kramers-Kronig Relation aus dem Zusammenhang zwischen Gewinn und Ladungsträgerdichte.

Der Faktor K_z berücksichtigt die Erhöhung der spontanen Emission infolge der Ortsabhängigkeit der komplexen Wellenamplitude $E(z,t)$:

$$K_z(t) = \frac{\left| \int_0^L |E(z,t)|^2\,dz \right|^2}{\left| \int_0^L E^2(z,t)\,dz \right|^2} \tag{19.22}$$

und kann für einen FP-Resonator analytisch berechnet werden [6]:

$$K_z^{FP} = \left[\frac{(\sqrt{R_1} + \sqrt{R_2})(1 - \sqrt{R_1 R_2})^2}{\sqrt{R_1 R_2}\,\ln(1/R_1 R_2)} \right] \tag{19.23}$$

Sind die longitudinale Feldverteilung und damit auch K_z zeitabhängig, so muß die Ratengleichung für die Photonendichte entsprechend modifiziert werden [7].

Für gewinngeführte Laser muß zur Berechnung der spontanen Emissionsrate zusätzlich über die transversale und laterale Koordinate integriert werden,

$$K_{sp} = K_z K = \frac{|\iiint |E(x,y,z)|^2 \, dx \, dy \, dz|^2}{|\iiint E^2(x,y,z) \, dx \, dy \, dz|^2} \tag{19.24}$$

wobei sich wegen der Krümmung der Wellenfronten ein als Petermann-Faktor K bezeichneter signifikanter Beitrag [8] ergibt ($K \approx 10$), der den stärkeren Einfluß der spontanen Emission in gewinngeführten Lasern erklärt. In indexgeführten Laserstrukturen gilt $K \cong 1$.

Die Abhängigkeit des Gewinns von der Ladungsträgerdichte $g_{akt}(N)$ kann für Laserstrukturen mit massiver aktiver Schicht [9] durch eine lineare Beziehung gemäß

$$g_{akt}(N) = \frac{dg}{dN}(N - N_{tr}) \tag{19.25}$$

beschrieben werden, wobei dg/dN der differentielle Gewinn und N_{tr} die Transparenz-Ladungsträgerdichte ist. In Quantentopf (quantum well)-Strukturen [10, 11] ergibt sich wegen der geänderten Zustandsdichte ein logarithmischer Zusammenhang:

$$g_{akt}(N) = \frac{dg}{dN} N \ln \frac{N}{N_{tr}} \quad \text{für } g_{akt} \geq 0 \tag{19.26}$$

Der Einfluß der Photonendichte in der aktiven Schicht auf die Verstärkung kann mit dem nichtlinearen Verstärkungsfaktor ε gemäß

$$g_{akt}(N, s) = \frac{g_{akt}(N)}{1 + \varepsilon \hat{S}} \tag{19.27}$$

erfaßt werden. Diese als spektrales Lochbrennen bzw. ‚carrier heating' bezeichnete nichtlineare Gewinnsättigung kommt dadurch zustande, daß die zur Verstärkung beitragenden Zustände bei einer hohen Photonendichte in der Lasermode entleert werden, wenn die stimulierte Rekombinationszeit vergleichbar mit der für das Wiederauffüllen der Bandzustände verantwortlichen Intrabandrelaxationszeit wird.

19.3.3 Schwellenstrom und Ausgangsleistung

Die Ratengleichungen (19.17–19.19) können zur Beschreibung der statischen und dynamischen Eigenschaften von FP-Laserdioden verwendet werden. Im kontinuierlichen (cw) Betrieb ($d/dt = 0$) erhält man aus Gl. (19.18) eine Beziehung für die Photonenzahl

$$S = \frac{R_{sp}}{v_g [g_{th} - \tilde{g}_{akt}(N, \hat{S})]} \tag{19.28}$$

wobei die Abkürzung $\tilde{g}_{akt} = \Gamma_{akt} \frac{n_{akt}}{n_{eff}} g_{akt}$ verwendet wurde. Die Photonenzahl nimmt stetig zu, wenn sich der Gewinn asymptotisch dem Schwellengewinn g_{th} nähert. Der Gewinn ist also im kontinuierlichen Laserbetrieb stets etwas kleiner als die Verluste und die spontane Emission liefert den Differenzbetrag. An der Schwelle ist die Photonendichte klein und Gl. (19.17) liefert mit $d\hat{S}/dt = 0$, $\hat{S} \approx 0$ den Schwellenstrom:

$$I_{th} = eV\left(\frac{N_{th}}{\tau_{nr}} + B\,N_{th}^2 + C\,N_{th}^3\right) \tag{19.29}$$

Die zugehörige Schwellendichte N_{th} erhält man unter Vernachlässigung der spontanen Emission aus der Beziehung

$$g_{th} = \tilde{g}_{akt}(N_{th}, \hat{S} = 0) = \alpha_m + \alpha_s \tag{19.30}$$

Mit Gl. (19.17) erhält man dann die Zahl der Photonen oberhalb der Laserschwelle als Funktion des Injektionsstroms:

$$S = \frac{I - I_{th}}{e\, v_g\, g_{th}} \tag{19.31}$$

Weil die Ladungsträgerdichte oberhalb der Schwelle nahezu konstant bleibt, tragen alle zusätzlich injizierten Ladungsträger zur stimulierten Emission bei und die Photonenzahl nimmt proportional zu $I - I_{th}$ zu.

Die gesamte optische Ausgangsleistung von beiden Spiegelendflächen der Laserdiode

$$P = v_g \hbar\omega \alpha_m S \tag{19.32}$$

läßt sich dann schreiben als

$$P = \frac{\hbar\omega}{e} \eta_i \frac{\alpha_m}{g_{th}} (I - I_{th}) \tag{19.33}$$

wobei hier zusätzlich angenommen wurde, daß nur ein Bruchteil η_i des injizierten Stroms die aktive Schicht erreicht und der restliche

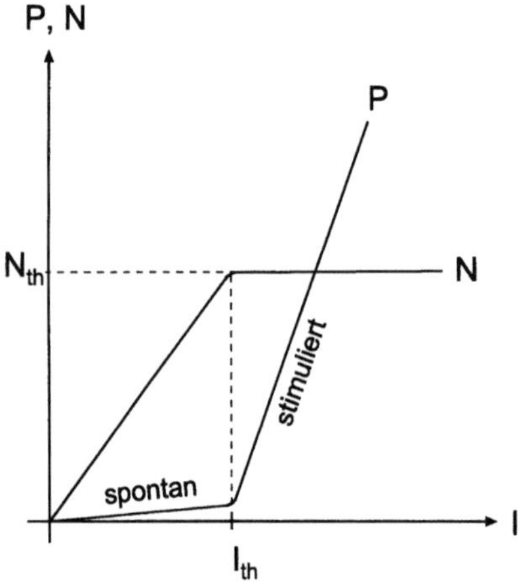

Abb. 19.10. Abhängigkeit der Ausgangsleistung P und der Ladungsträgerdichte N vom injizierten Strom I

Anteil als Leckstrom oder nichtstrahlende Rekombination für den Laserprozeß verloren gehen. Die Leistungs-Strom (PI)-Kennlinie einer Laserdiode (Abb. 19.10) oberhalb der Schwelle ist im Idealfall also eine Gerade mit der Steigung:

$$\eta_{\text{ext}} = \frac{\mathrm{d}P}{\mathrm{d}I}\frac{e}{\hbar\omega} = \eta_{\text{i}}\frac{\alpha_{\text{m}}}{g_{\text{th}}} \tag{19.34}$$

Die externe Quantenausbeute η_{ext} kann als Verhältnis der Zahl der emittierten Photonen zur Zahl der injizierten Ladungsträger pro Zeit interpretiert werden.

Die Verrundung der PI-Knick-Kennlinie an der Schwelle ist umso ausgeprägter, je größer die spontane Emission in die Lasermode ist. Abweichungen vom linearen Verlauf der PI-Kennlinie oberhalb der Schwelle können mehrere Ursachen haben:

- Das spektrale Lochbrennen führt dazu, daß die Ladungsträgerdichte oberhalb der Schwelle nicht konstant ist, sondern mit wachsendem Strom leicht ansteigt. Dies führt zu einer nichtlinearen Abflachung der PI-Kennlinie.
- Leckströme hängen nichtlinear von der angelegten Spannungsdifferenz ab und äußern sich in einer Verrundung der PI-Kennlinie.
- Die Erwärmung des Lasers erhöht die Schwelle und führt zu einer Sättigung der Ausgangsleistung im cw-Betrieb. Durch eine gepulste Messung der PI-Kennlinie kann eine Erwärmung weitgehend ausgeschlossen werden.
- Knicke in der Kennlinie werden durch Modenspünge verursacht.

Die Abhängigkeit des Schwellenstroms eines Halbleiterlasers von der Temperatur T kann in vielen Fällen phänomenologisch durch eine Exponentialfunktion beschrieben werden,

$$I_{\text{th}}(T) = I_0 \exp\frac{T}{T_0} \tag{19.35}$$

wobei T_0 die charakteristische Temperatur ist. Für GaAlAs-Laser liegt T_0 zwischen 150 K und 250 K, während die stärkere Auger-Rekombination in InGaAsP-Lasern zu einem kleineren T_0 von 40 ... 80 K führt.

19.3.4 Optisches Spektrum

Das Spektrum einer FP-Laserdiode besteht im allgemeinen aus einer Vielzahl von Moden, da die Gewinnkurve breit im Vergleich zum spektralen Abstand der Resonatormoden ist und die spontane Emission mehrere Moden gleichzeitig anschwingen läßt. Die mathematische Beschreibung dieses Mehrmodenbetriebs erfolgt mit einem Satz von Ratengleichungen, wobei für jede Mode eine zu Gl. (19.18) analoge Beziehung aufgestellt wird. Für die stationäre Photonenzahl einer Lasermode i mit dem Schwellengewinn $g_{\text{th,i}}$ folgt

$$S_{\text{i}} = \frac{R_{\text{sp}}}{g_{\text{th,i}} - \tilde{g}_{\text{akt,i}}} \tag{19.36}$$

Die spektrale Verteilung des Gewinns kann man in der Nähe des Maximums bei der Wellenlänge λ_{m} durch einen parabolisch von der Wellenlänge abhängigen Verlauf annähern:

$$g(\lambda) = \tilde{g}_{\text{akt}} - \delta g(\lambda - \lambda_{\text{m}})^2 \tag{19.37}$$

wobei δg ein Maß für die spektrale Breite der Gewinnkurve ist. Die Photonenzahl einer Mode i mit der Wellenlänge λ_{i} ist demnach durch

$$S_{\text{i}} = \frac{R_{\text{sp,i}}/\Delta g_{\text{i}}}{1 + \delta g(\lambda_{\text{i}} - \lambda_{\text{m}})^2/\Delta g_{\text{i}}} \tag{19.38}$$

gegeben, wobei die Abkürzung $\Delta g_{\text{i}} = g_{\text{th,i}} - \tilde{g}_{\text{akt,i}}$ verwendet wurde. Die Modenintensitäten verteilen sich im Spektrum also gemäß einer Lorentz-Verteilung, deren Breite mit abnehmender Gewinndifferenz Δg_{i} kleiner wird.

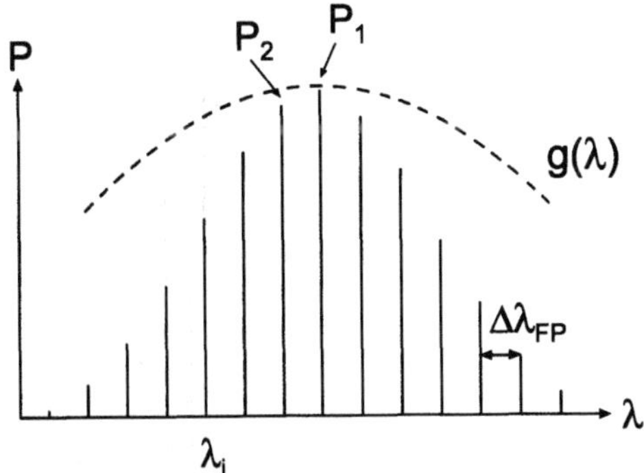

Abb. 19.11. Schematisches Emissionsspektrum $S(\lambda)$ und Gewinnkurve $g(\lambda)$ für einen FP-Laser

Entsprechend Gl. (19.36) nimmt dann die Breite der Einhüllenden des Emissionsspektrums $S_i(\lambda_i)$ bzw. $P_i(\lambda_i)$ umgekehrt proportional zur Ausgangsleistung ab. Außerdem ist die Breite des Emissionsspektrums proportional zum Korrekturfaktor K_{sp}, der stark von der longitudinalen Struktur des Resonators (K_z) sowie der Art der Wellenführung (K) abhängt. Das Emissionsspektrum von gewinngeführten Lasern ($K \approx 10\ldots20$) hat deshalb eine wesentlich größere Breite als im Falle einer indexgeführten Laserstruktur ($K \cong 1$) (Abb. 19.4).

Oberhalb der Schwelle eines FP-Lasers wird also die longitudinale Mode nahe dem Gewinn-Maximum dominieren (Abb. 19.11). Obwohl das Gewinn-Profil weitgehend homogen verbreitert ist, schwingen aber wegen der spontanen Emission gleichzeitig viele Nebenmoden an. Mit wachsendem Injektionsstrom sättigen allerdings die Ausgangsleistungen der Nebenmoden und die Hauptmode dominiert. Die Modenverteilung in FP-Lasern wird außerdem durch das spektrale Lochbrennen geprägt [12]. Wegen der höheren Spiegelverluste der TM-Moden ist die Emission in den meisten Fällen TE-polarisiert [13].

Da für viele Anwendungen die spektrale Reinheit der Emission von Bedeutung ist, wird als Maß der Einmodigkeit die Seitenmodenunterdrückung $SMSR$ definiert

$$SMSR = 10 \log_{10}(P_1/P_2) \qquad (19.39)$$

wobei P_1 und $P_2 \leq P_1$ die Ausgangsleistungen der beiden stärksten Moden im Spektrum bezeichnen (Abb. 19.11). FP-Laser erreichen im cw-Betrieb eine maximale Seitenmodenunterdrückung von ca. 20 dB.

19.4 Spektral einmodige Laserdioden

In optischen Kommunikationssystemen werden Sendeelemente benötigt, die auch im dynamischen Betrieb einmodig emittieren, um die Pulsverbreiterung aufgrund der chromatischen Dispersion der Glasfaser zu minimieren und die damit verbundene Limitierung der Übertragungskapazität zu vermeiden. FP-Laser emittieren bei schneller Modulation des Injektionsstroms jedoch vielmodig und reagieren auch auf Temperaturänderungen mit Modensprüngen. Ein stabiler, longitudinal einmodiger Betrieb läßt sich im wesentlichen mit zwei verschiedenen Ansätzen erreichen:

Kurze Laser
Die Unterdrückung der Seitenmoden in FP-Resonatoren kann durch Verkleinerung der Länge L verstärkt werden. Wenn der spektrale Modenabstand $\delta\nu \propto L^{-1}$ vergleichbar mit der spektralen Breite der Gewinnkurve wird, kann nur noch eine longitudinale Mode oszillieren. Dazu sind allerdings sehr kurze Laser erforderlich, deren Facetten extrem hochreflektierend sein müssen, um die sehr hohen Spiegelverluste $\alpha_m \propto L^{-1}$ und die damit verbundenen hohen Schwellenströme zu reduzieren. Realisiert wird dieses Konzept in den sog. *v*ertical *c*avity *s*urface *e*mitting *l*aser (VCSEL) Laserstrukturen (Kap. 20).

Wellenlängen-selektive Rückkopplung
Ein einmodiger Betrieb kann auch durch Einfügen eines wellenlängen-selektiven Elements in den Resonator erreicht werden:

- Gekoppelte Resonatoren
  Wenn ein oder mehrere zusätzliche Spiegel im FP-Resonator plaziert werden, wird durch die zusätzlichen Randbedingungen aufgrund der Reflektionen an jedem Brechungsindexsprung die Zahl der longitudinalen Moden drastisch reduziert. Um einen einmodigen Betrieb zu erreichen, ist es allerdings oft notwendig den Strom oder die Temperatur zu verändern. In solchen Strukturen ist also der Bereich einmodiger Emission und somit auch die maximal mögliche Modulationsamplitude begrenzt. Außerdem ist die reproduzierbare Herstellung der Bauelemente problematisch, weil die spektralen Eigenschaften stark von den exakten Längen der gekoppelten Resonatoren abhängen.

- Externes Gitter
  Die Wellenlängenselektion kann auch über ein Gitter außerhalb des FP-Resonators realisiert werden. Die mechanische Stabilität und die großen Abmessungen solcher Laser sind allerdings für viele Anwendungen problematisch.
- Integration eines Bragg-Gitters
  Die am häufigsten verwendete Methode zur Erzielung einer einmodigen Emission beruht auf der Integration eines Bragg-Gitters im Resonator. Durch das Bragg-Gitter wird eine periodische Variation des komplexen Brechungsindex in axialer Richtung erzeugt, die zur Wellenlängenselektion verwendet werden kann. Ein dynamisch stabiler einmodiger Betrieb des Lasers wird erreicht, wenn der Schwellengewinn einer longitudinalen Mode wesentlich kleiner als der Schwellengewinn aller anderen Moden ist. Da die Gitterperiode typischerweise im sub-μm Bereich liegt, werden Bragg-Gitter mittels holographischer Verfahren bzw. Elektronenstrahllithographie im Lack definiert und dann trocken bzw. naßchemisch in den Halbleiter geätzt. Für das anschließende Wiederbewachsen der Gitterstruktur ist allerdings eine zusätzliche Epitaxie nötig. Die Bauelemente mit integriertem Bragg-Gitter können in distributed feedback (DFB)- und distributed Bragg reflector (DBR)-Laser unterteilt werden.

19.4.1 DFB Laser

In einem DFB-Laser wird in der Nähe der aktiven Schicht eine axiale Gitterstruktur integriert, die sich über die gesamte Resonatorlänge erstreckt (Abb. 19.12). Da die Wechselwirkung des Lichts mit diesem Gitter stark von der Wellenlänge abhängt, werden auch die Verluste des Resonators eine Funktion der Wellenlänge. Die longitudinale Mode mit der Wellenlänge, die zur Korrugationsperiode des Gitters paßt, weist die kleinsten Verluste auf und wird bevorzugt, so daß eine dynamisch stabile einmodige Emission entsteht.

Theorie der gekoppelten Moden

Die spektralen Eigenschaften von DFB Lasern werden entscheidend vom integrierten Bragg-Gitter geprägt. Die Wellenausbreitung in einem Bragg-Gitter mit einer axial periodischen Variation des komplexen Brechungsindex kann mit der Theorie der gekoppelten Moden [14] beschrieben werden. In diesem eindimensionalen Modell wird die laterale und transversale Substruktur des Wellenleiters durch einen effektiven Index n_{eff} erfaßt. Die Ausbreitung von ebenen TE-Wellen, die sich in axialer Richtung entlang der z-Achse bewegen, wird dann durch die zeitabhängige Wellengleichung beschrieben:

$$\frac{d^2 E_y(z)}{dz^2} + k^2 \tilde{n}^2(z)\, E_y(z) = 0 \qquad (19.40)$$

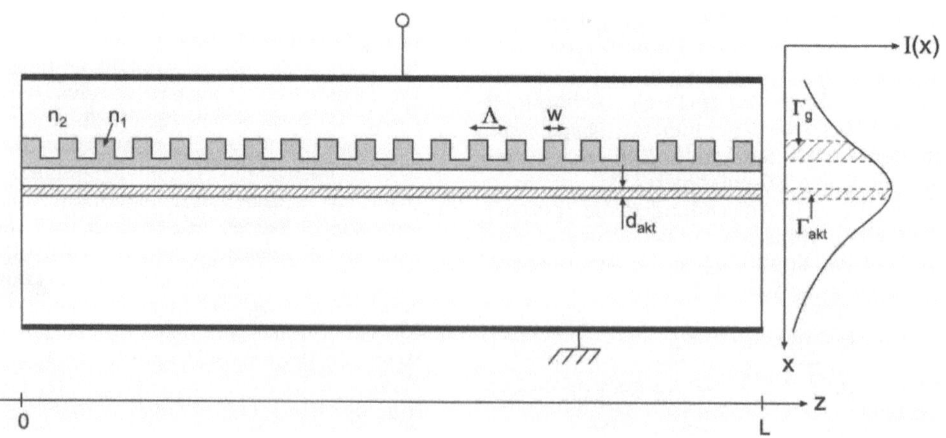

Abb. 19.12. Schematische Darstellung einer DFB-Laserstruktur und der transversalen Intensitätsverteilung der TE-Grundmode. Die Füllfaktoren für die aktive Schicht bzw. das Gitter sind mit Γ_{akt} bzw. Γ_g bezeichnet

wobei der komplexe Brechungsindex $\tilde{n} = n + jg/2k$ des Wellenleiters periodisch moduliert ist gemäß $\tilde{n}(z) = \tilde{n}_{\text{eff}} + \Delta\tilde{n}\cos(2\beta_0 z)$ mit $\Delta\tilde{n} = \Delta n + j\Delta g/2k$. Beschränkt man sich auf kleine Brechungsindexvariationen, so gilt

$$k^2\tilde{n}^2(z) \approx \beta^2 + j\,g_{\text{eff}}\,\beta + 4\beta\kappa\cos(2\beta_0 z) \quad (19.41)$$

wobei $\beta = 2\pi n_{\text{eff}}/\lambda$ die Phasenkonstante der Welle und g_{eff} der effektive Modenintensitätsgewinn sind. Die Phasenkonstante des Gitters ist durch $\beta_0 = m\pi/\Lambda$ gegeben, wobei Λ die Korrugationsperiode und $m = 1, 2\ldots$ die Gitterordnung ist. Die Stärke der Rückkopplung in der Gitterstruktur wird durch den komplexen Kopplungskoeffizienten

$$\kappa = \pi\,\Delta n/\lambda + j\Delta g/4 \quad (19.42)$$

beschrieben, der proportional zur Brechungsindexdifferenz Δn, der Gewinndifferenz Δg und der Zahl der Korrugationen pro Längeneinheit ist. Als Lösungsansatz für die hier betrachtete kontradirektionale Kopplung werden hin- und rücklaufende ebene Wellen mit langsam variierender Amplitude $\mathscr{E}_+(z)$ und $\mathscr{E}_-(z)$ gewählt, die durch die Streuung an der periodischen Struktur gekoppelt werden:

$$E_y(z) = \mathscr{E}_+\,e^{j\beta_0 z} + \mathscr{E}_-\,e^{-j\beta_0 z} \quad (19.43)$$

Bei Beschränkung auf die Umgebung der Bragg-Wellenlänge, die durch $\beta = \beta_0$ definiert ist, bleiben die Abweichungen $\delta = \beta - \beta_0$ für die interferierenden Partialwellen klein. Nimmt man ferner eine schwache z-Abhängigkeit der Amplituden $\mathscr{E}_+(z), \mathscr{E}_-(z)$ an, so kann man deren 2. Ableitungen vernachlässigen und man erhält nach Einsetzen in die Wellengleichung durch einen Koeffizientenvergleich:

$$\frac{d\mathscr{E}_-}{dz} - \left(\frac{g_{\text{eff}}}{2} - j\delta\right)\mathscr{E}_- = -j\,\kappa\,\mathscr{E}_+ \quad (19.44)$$

$$\frac{d\mathscr{E}_+}{dz} + \left(\frac{g_{\text{eff}}}{2} - j\delta\right)\mathscr{E}_+ = j\,\kappa\,\mathscr{E}_- \quad (19.45)$$

Diese sogenannten ‚coupled mode'-Gleichungen beschreiben die Wellenausbreitung im Index- und Verstärkungsgitter durch zwei gegenläufige Moden, die durch Bragg-Streuung Energie austauschen, wobei die Stärke dieser Wechselwirkung durch den Kopplungsfaktor gegeben ist. Wählt man für die Amplituden $\mathscr{E}_+$ und $\mathscr{E}_-$ einen exponentiellen Ansatz und beachtet die Randbedingungen an den Endflächen des Resonators, so gelangt man zu einer Dispersionsbeziehung, welche die Wellenlänge und die Verstärkung der Moden festlegt. Für ein axial homogenes Gitter 1. Ordnung ($m = 1$) mit der Länge L und perfekt entspiegelten Endflächen gilt bei Vernachlässigung der Dispersion:

Im Falle reiner Indexkopplung ($\Delta\tilde{n} \neq 0$, $\Delta g = 0$) ergibt sich ein zur Bragg-Wellenlänge $\lambda_B = 2\tilde{n}_{\text{eff}}\,\Lambda$ symmetrisches Modenspektrum, wobei keine Eigenschwingung bei der Bragg-Frequenz selbst auftreten kann, weil die Phasenumlaufbedingung dort nicht erfüllt ist. Ist die Indexkopplung schwach im Vergleich zur Verstärkung ($\kappa \ll g$) so liegen alle Moden näherungsweise äquidistant mit dem gleichen Wellenlängenabstand $\Delta\lambda = \lambda^2/2\tilde{n}_{\text{eff}}L$ wie bei einem Fabry-Perot Resonator ($\kappa = 0$) gleicher Länge. Im Gegensatz zu diesem sind die Schwellen der verschiedenen Moden allerdings von der Wellenlänge abhängig. In der Umgebung der Bragg-Wellenlänge sind die Spiegelverluste minimal und steigen mit zunehmendem spektralen Abstand von der Bragg-Wellenlänge an. Für starke Indexkopplung ($\kappa \gg g$) entsteht um die Bragg-Wellenlänge herum ein sogenanntes Stopband der Breite $\Delta\lambda \cong \kappa\lambda^2{}_B/(\pi\tilde{n}_{\text{eff}})$, in dem in Analogie zum Verhalten von Elektronen im Festkörpergitter die Wellenausbreitung verboten bzw. stark gedämpft ist. Die beiden Moden mit der geringsten Schwellenverstärkung $g \cong 2\pi^2/(\kappa^2 L^3)$ liegen symmetrisch zur Bragg-Wellenlänge an den Rändern des Stopbandes.

Für den Fall reiner Gewinnkopplung ($\Delta g \neq 0, \Delta\tilde{n} = 0$) ist im Gegensatz zur Indexkopplung die Modenentartung aufgehoben, d.h. die Mode mit der geringsten Schwellenverstärkung schwingt mit der Bragg-Frequenz und ist im Spektrum symmetrisch umgeben von Moden mit höheren Schwellen, welche unabhängig von der Höhe der Kopplung des Verstärkungsgitters einen Wellenlängenabstand von $\Delta\lambda = \lambda^2/2\tilde{n}_{\text{eff}}L$ aufweisen. Da kaum Reflektion an den Brechungsindexsprüngen wie beim Indexgitter auftritt, entsteht auch kein Stopband. Die Modenselektion kommt vielmehr durch den unterschiedlichen Überlapp der verschiedenen stehenden Wellen des Fabry-Perot Resonators mit dem Verstärkungsgitter zustande.

Bei Gittern 2. Ordnung ($m = 2$) kommt es neben der Streuung in longitudinaler Richtung auch zu einer Abstrahlung in transversaler Richtung, was zu zusätzlichen Streuverlusten führt. Außerdem hängt der Kopplungsfaktor sehr empfindlich von der Form der Gitterfurchen ab, so daß die reproduzierbar genaue Einstellung der Kopplung schwierig ist. Trotz der kleineren Korrugationsperioden und den damit verbundenen höheren technologischen Anforderungen werden deshalb Gitter 1. Ordnung bei DFB Lasern bevorzugt. Eine Ausnahme bilden die sogenannten Oberflächen-emittierenden DFB Laser, bei denen die senkrechte Abstrahlung der Gitter 2. Ordnung zur vertikalen Auskopplung der emittierten Laserstrahlung eingesetzt wird [15, 16].

Die Definition des Kopplungsfaktors für ein Gitter m-ter Ordnung ist durch Multiplikation mit dem m-ten Fourierkoeffizienten $\mathcal{F}_m$ auf beliebige periodische Gitterformen erweiterbar. Für ein Indexgitter m-ter Ordnung mit rechteckigem Profil und dem Tastverhältnis w/Λ (s. Abb. 19.12) lautet das Ergebnis:

$$\kappa = \frac{4\Delta\tilde{n}}{\lambda_B} \sin\left(m\frac{w}{\Lambda}\pi\right) \tag{19.46}$$

Der Sprung des effektiven Brechungsindex $\Delta\tilde{n}$ in longitudinaler Richtung kann dabei aus der Lösung der Wellengleichung in transversaler und lateraler Richtung berechnet werden. Mit der in Abb. 19.12 verwendeten Nomenklatur ergibt sich mit der Näherung $\Delta\tilde{n} \cong \Delta\varepsilon/(2\tilde{n})$:

$$\kappa = \frac{\Gamma_g\,(\tilde{n}_1^2 - \tilde{n}_2^2)}{\lambda_B\,\tilde{n}_{\text{eff}}} \sin\left(m\frac{w}{\Lambda}\pi\right) \tag{19.47}$$

Der optische Füllfaktor des Gitters Γ_g wird dabei unter Beachtung der lateralen und transversalen Struktur des Wellenleiters berechnet, wobei der benötigte Brechungsindex n_3 im Gitterbereich aus dem Mittelwert über die Volumenanteile der Suszeptibilitäten folgt:

$$n_3 = \sqrt{n_2^2 + \frac{w}{\Lambda}(n_1^2 - n_2^2)} \tag{19.48}$$

Der Schwellengewinn g_{th} eines DFB-Lasers setzt sich genau wie beim FP-Laser aus der Summe der Spiegelverluste α_m und der Streuverluste α_s zusammen. Im Unterschied zum FP-Laser müssen die wellenlängenabhängigen Spiegelverluste allerdings numerisch berechnet werden und die optischen Streuverluste sind durch zusätzliche Streuprozesse im Gitter erhöht. Die Seitenmodenunterdrückung als Maß der Einmodigkeit wird durch den Gewinnunterschied der beiden leistungsstärksten axialen Moden bestimmt und erreicht für DFB-Laser typischerweise Werte von 30–50 dB. Diese hohe spektrale Reinheit bleibt auch bei Modulation des Injektionsstromes stabil. Bei Temperaturänderungen ändert sich die Modenwellenlänge lediglich als Folge der Temperaturabhängigkeit der Brechungsindizes. Da die bei FP-Lasern auftretenden Modensprünge bei Temperaturänderungen unterbleiben, ist die Abhängigkeit der Emissionswellenlänge von der Temperatur bei DFB-Lasern kleiner als bei FP-Lasern.

19.4.2 Eigenschaften indexgekoppelter DFB Laser

Die spektralen Eigenschaften von zwei typischen DFB Laserstrukturen mit reflektierenden Endspiegeln ($L = 250\,\mu\text{m}$, $\Lambda = 240$ nm, $n_{\text{eff}} = 3{,}24$, $R_{r,l} = 0{,}28$, $\Phi_{l,r} = 180°$) sind in Abb. 19.13 zusammengefaßt. Das unter bzw. an der Schwelle berechnete Spektrum zeigt das Stopband als Ausdruck der Rückkopplung im Gitter, die beim DFB Laser über den gesamten Resonator verteilt ist. Die beiden Moden an den Rändern des Stopbandes sind im Rahmen eines eindimensionalen Modells entartet d.h. sie weisen die gleichen Spiegelverluste auf. Mit wachsendem spektralem Abstand vom Stopband wachsen die Spiegelverluste der anderen Moden und nähern sich schließlich dem Wert eines FP-Resonators an (gestrichelte Linie in Abb. 19.13).

Die Modenentartung in indexgekoppelten DFB-Lasern wird aufgehoben, wenn eine $\lambda/4$-Phasenverschiebung in der Mitte des Gitters eingefügt wird. Dies kann durch eine lokale Verbreiterung des Wellenleiters oder durch Einfügen einer zusätzlichen Gittersektion der Länge $\lambda/(4n_{\text{eff}}) = \Lambda/2$ geschehen. Die Transmissionsspektren und die zugehörigen Spiegelverluste einer solchen Struktur sind in Abb. 19.13b dargestellt. Durch das Einfügen der $\lambda/4$-Phasenverschiebung wird die Bragg-Mode in der Mitte des Stopbandes mit den geringsten Spiegelverlusten selektiert.

Die axiale Verteilung der Lichtintensität im Resonator ist mit den Spiegelverlusten α_m über die Umlaufbedingung Gl. (19.16) verknüpft. Eine Verkleinerung der Spiegelverluste ist also gleichbedeutend mit einer stärkeren Konzentration der Photonen in der Resonatormitte. Die Bragg-Mode eines DFB Gitters zeigt eine longitudinale Photonenverteilung mit einem relativ flachen Maximum in der Resonatormitte (Abb. 19.14a). Die axiale Intensitätsverteilung der Bragg-Mode eines $\lambda/4$-phasenverschobenen DFB-Lasers (Abb.

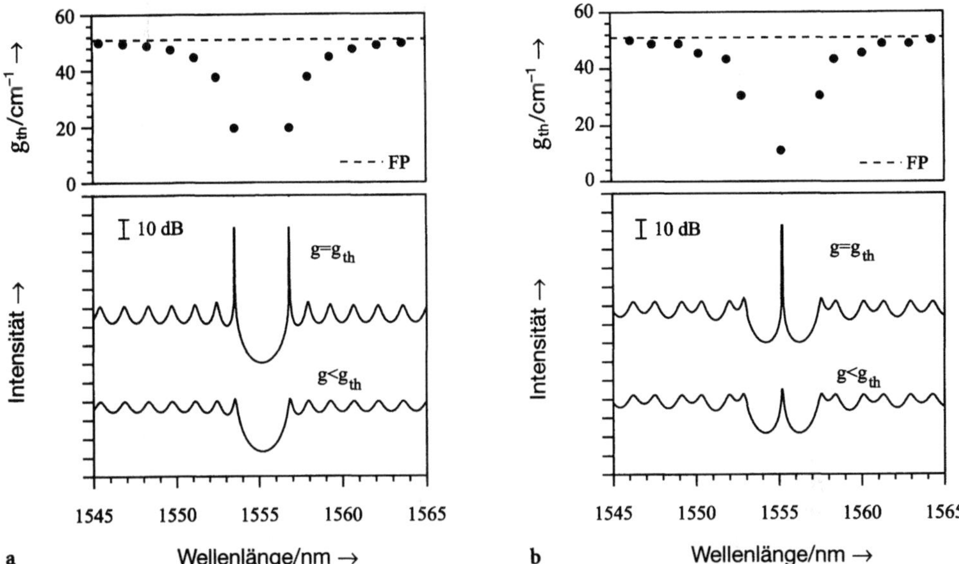

Abb. 19.13. a Transmissionsspektrum (unten) für einen DFB-Laser ($\kappa = 100\ \text{cm}^{-1}$, $L = 250\ \mu\text{m}$, $\Lambda = 240$ nm, $\Phi_{l,r} = 180°$) unter der Schwelle ($g < g_{th}$) bzw. an der Schwelle ($g = g_{th}$). b Zugehörige Spiegelverluste der axialen Moden. Die Spiegelverlustes eines gleichlangen FP Resonators sind gestrichelt dargestellt. Rechte Seite: Transmissionsspektren (unten) und Spiegelverluste (oben) für einen $\lambda/4$ phasenverschobenen DFB Laser

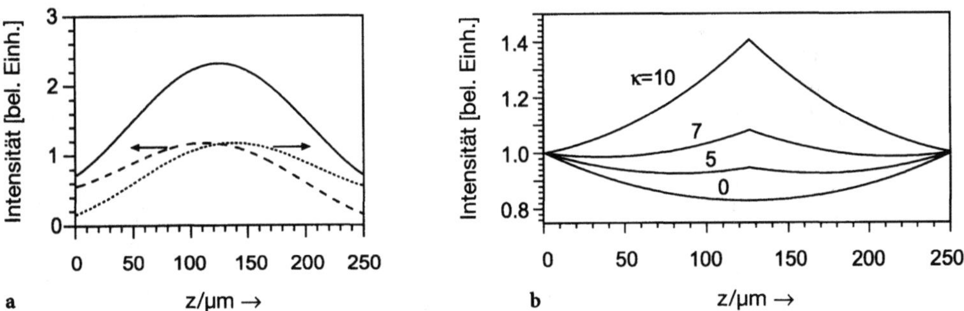

Abb. 19.14. a Axiale Verteilung der Photonendichte für einen DFB-Laser. Die Verteilungen der nach rechtsbzw. nach links laufenden Photonen sind gestrichelt dargestellt. b Axiale Verteilung der Photonendichte eines $\lambda/4$ phasenverschobenen DFB Laser für verschiedene Kopplungsfaktoren κ

19.14b) hingegen zeigt ein spitzes Maximum am Ort der Phasenverschiebung, das mit zunehmendem Kopplungsfaktor immer dominanter wird. Im Grenzfall $\kappa = 0$ ergibt sich die gleiche Verteilung wie bei einem FP Resonator.

Die starke Inhomogenität der Photonendichte in indexgekoppelten DFB Lasern führt oberhalb der Laserschwelle zu einer axial inhomogenen Verteilung der Ladungsträgerdichte, da die Ladungsträger hauptsächlich an Stellen mit hoher Photonendichte durch stimulierte Emission abgebaut werden. Das longitudinale Gewinnprofil wird dadurch so verformt, daß die Seitenmoden mit ihrer flacheren Photonenverteilung (Abb. 19.15) im Vergleich zur Bragg-Mode begünstigt werden. Diese als longitudinales räumliches Lochbrennen [17] bezeichnete Phänomen kann bei indexgekoppelten DFB Lasern zu Modensprüngen und mehrmodigem Betrieb führen. Zur Vermeidung dieser Problematik wurde eine Vielzahl von komplizierteren DFB-Laserstrukturen z. B. mit verteilten Phasenverschie-

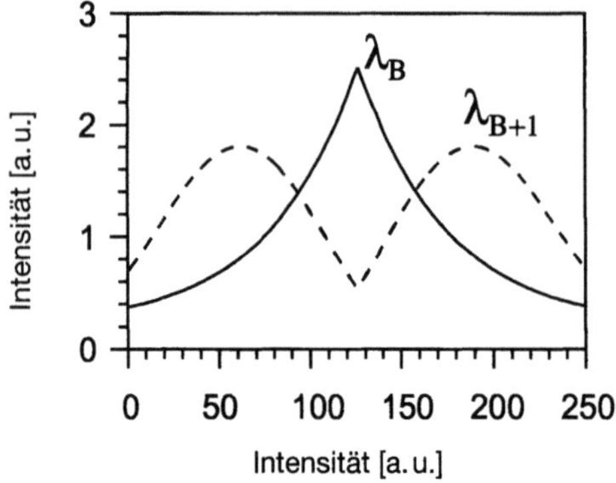

Abb. 19.15. Axiale Verteilung der Photonendichte für die Bragg-Mode (λ_B) und die Mode am langwelligen Stopbandrand ($\lambda_{(B+1)}$) eines $\lambda/4$-phasenverschobenen DFB-Lasers

bungen [18], axial variierter Korrugationsperiode [19], axial variiertem Kopplungsfaktor [20–22], gebogenem Wellenleiter [23] oder inhomogener Strominjektion [24] vorgeschlagen. Allerdings kann die axiale Inhomogenität der Photonendichte auch zur elektronischen Wellenlängendurchstimmung in DFB Lasern mittels segmentierter Kontakte genutzt werden (Kap. 21).

Eine weitere Besonderheit indexgekoppelter DFB-Laser ist deren Sensitivität auf die Phasenlagen des Gitters an den Endspiegeln. Diese Endfacettenphasen $\Phi_{l,r}$ werden durch die Länge $d_{l,r}$ des letzten Gitterstücks an den Endspiegeln definiert gemäß:

$$\Phi_{l,r} = d_{l,r} \frac{360°}{\Lambda} . \qquad (19.49)$$

Da die Korrugationsperiode für 1,55 µm-DFB-Laser typischerweise $\Lambda \cong 240$ nm beträgt, ist eine ausreichend präzise Kontrolle der Endfacettenphasenlagen beim Spalten des Wafers bisher technologisch nicht möglich. Die Phasenlage des Gitters an den beiden Endspiegeln wird also aufgrund des nur unzureichend kontrollierten Spaltprozesses bei verschiedenen DFB-Lasern vom gleichen Wafer statistisch streuen. Erstaunlicherweise beeinflußt dieser im Vergleich zur Gesamtlänge des Bragg-Gitters sehr kleine Gitterabschnitt die spektralen Eigenschaften einer DFB-Laserstruktur mit reflektierenden Endspiegeln ganz erheblich [25], so daß verschiedene DFB Laser vom gleichen Wafer in ihren Eigenschaften stark differieren. Um Bauelemente mit reproduzierbaren Eigenschaften zu erhalten, muß die Reflektivität der Endfacetten z. B. mit einer Antireflex-Beschichtung reduziert werden.

19.4.3 Gewinngekoppelte Laser

In gewinngekoppelten Laserstrukturen wird durch ein axiales Gewinn- bzw. Verlustgitter eine longitudinale Mode des FP-Resonators selektiert. Da im Idealfall verschwindender Indexkopplung kaum Bragg-Reflektion im Gewinngitter stattfindet, sind die Spiegelverluste und auch die longitudinale Photonenverteilung gegenüber einem FP-Resonator unverändert. Die Modendiskriminierung kommt allein durch den unterschiedlichen Überlapp der verschiedenen FP-Moden mit dem Gewinn- bzw. Verlustgitter zustande. Es wird diejenige FP-Mode selektiert, die den größten Überlapp mit dem Gewinngitter bzw. den kleinsten Überlapp mit einem Verlustgitter aufweist.

Gewinn- bzw. Verlustgitter können auf verschiedene Arten realisiert werden:

Gewinnkopplung:

- Wird das Gitter in die aktive Schicht geätzt und die Gitterstruktur anschließend mit einem für die Laserstrahlung transparenten Material wiederbewachsen (Abb. 19.16b), so erhält man ein Gewinngitter [26]. Wegen der hohen Brechzahldifferenz zwischen dem aktiven Material und dem üblicherweise zum Wiederbewachsen verwendeten Halbleiter entsteht gleichzeitig eine hohe Indexkopplung, so daß von einer gemischten Kopplung ausgegangen werden muß.
- Wird eine stromsperrende npn-Struktur direkt oberhalb der aktiven Schicht durchgeätzt und anschließend wiederbewachsen, so erhält man bei Strominjektion eine axiale Variation der injizierten Stromdichte in der aktiven Schicht [27]. Die parasitäre Indexkopplung in diesem Gewinngitter ist sehr klein.

Verlustkopplung:

Wird das Gitter in eine zusätzliche Schicht geätzt, die von der aktiven Schicht getrennt ist und für die Wellenlänge der aktiven Schicht absorbierend wirkt, erhält man ein Verlustgitter (Abb. 19.16c). Das Gitter wirkt dann als sättigbarer Absorber für die Laserstrahlung aus der aktiven Schicht [28]. Im Gegensatz zur

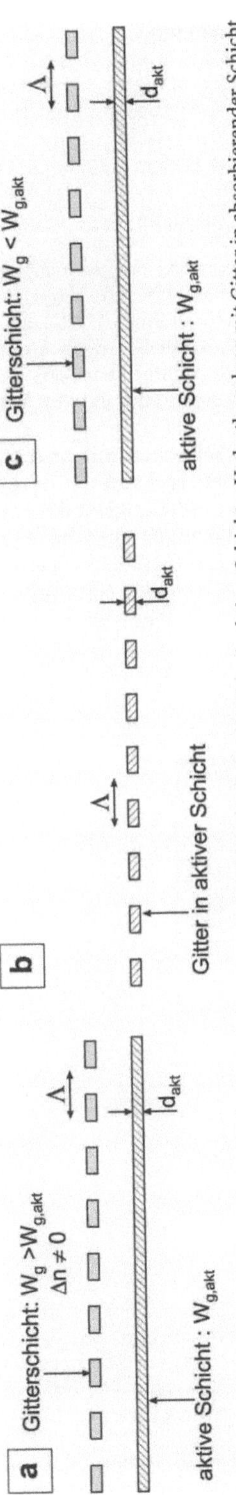

Abb. 19.16 a–c. Verschiedene Gitterstrukturen: a Indexkopplung, b Gewinnkopplung mit Gitter inaktiver Schicht, c Verlustkopplung mit Gitter in absorbierender Schicht

Indexkopplung (Abb. 19.16a) ist im Falle der Verlustkopplung der Bandabstand W_g der Gitterschicht kleiner als der Bandabstand der aktiven Schicht $W_{g,akt}$. Im allgemeinen hat die absorbierende Gitterschicht einen anderen Brechungsindex als das Halbleitermaterial mit dem das Gitter wiederbewachsen wird, so daß auch eine nicht vernachlässigbare Indexkopplung auftritt. Ein typisches optisches Spektrum eines solchen Lasers ist in Abb. 19.17 dargestellt. Alternativ kann das Verlustgitter auch an der Oberfläche der Laserstruktur in eine Metallschicht integriert werden, wodurch das zusätzliche epitaktische Wiederbewachsen des Gitters entfällt [29].

Gewinn- bzw. verlustgekoppelte Laser unterscheiden sich in ihren Eigenschaften von indexgekoppelten DFB Lasern:

- Da im idealen Gewinn- bzw. Verlustgitter fast keine Reflektion der Photonen stattfindet, reagiert ein gewinn- bzw. verlustgekoppelter Laser weniger empfindlich auf die Endfacetten-Phasenlagen wie ein indexgekoppelter DFB-Laser, bei dem die Interferenz zwischen den Reflektionen im Gitter und an den Endfacetten eine starke Sensitivität auf die Endfacetten-Phasen zur Folge hat. Demzufolge erhält man bei verlust- bzw. gewinn-gekoppelten Lasern auch ohne eine Antireflexbeschichtung der Endfacetten eine hohe Ausbeute an einmodigen Exemplaren.
- Da im Falle verschwindender Indexkopplung die longitudinale Photonenverteilung ähnlich wie bei einem FP-Resonator mit unbeschichteten Endfacetten relativ homo-

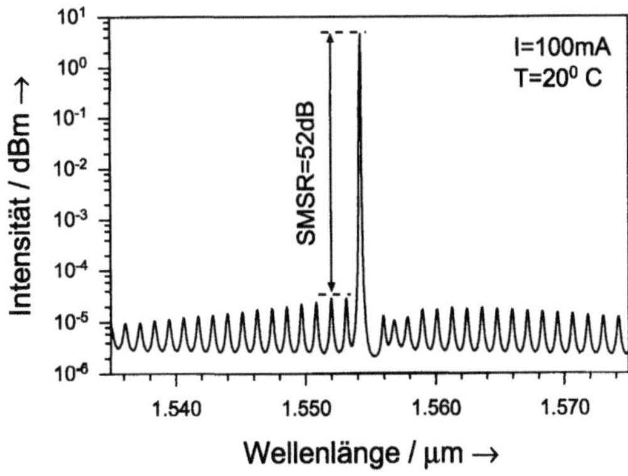

Abb. 19.17. Gemessenes Emissionsspektrum eines verlustgekoppelten InGaAsP/InP DFB-Lasers bei einem Strom von $I = 100$ mA

gen ist, spielt das axiale räumliche Lochbrennen keine so große Rolle wie bei indexgekoppelten DFB-Lasern.

Da der Real- und Imaginärteil des Kopplungskoeffizienten wegen der Kramers-Kronig Relation nicht unabhängig voneinander sind, ist eine Gewinnkopplung prinzipiell immer mit einer Indexkopplung verknüpft und umgekehrt. In Realität gibt es also nur den Fall einer gemischten Kopplung. Je nach relativer Phasenlage zwischen Index- und Gewinngitter unterscheidet man dabei zwischen ‚inphase'- und ‚antiphase'-Gitterstrukturen.

19.4.4 DBR Laser

In DBR-Laserdioden (Abb. 19.18) befindet sich das Bragg-Gitter in passiven Sektionen an den Enden des Resonators. Die beiden integrierten Bragg-Reflektoren schließen also die aktive Schicht in der mittleren Sektion ein und wirken als wellenlängen-selektive Spiegel. Für die Mode in der Nähe der Bragg-Wellenlänge, wo das Reflektionsmaximum des Gitters liegt, sind die Spiegelverluste minimal. Diese Mode wird somit deutlich bevorzugt, so daß auch unter Hochfrequenzmodulation und bei Temperaturvariationen eine stabile einmodige Emission auftritt. Eine einfache theoretische Beschreibung des DBR-Lasers ist mit einem effektiven Spiegelmodell möglich, bei dem der DBR-Laser wie ein FP-Laser behandelt wird, dessen Endspiegel einen wellenlängenabhängigen Reflektionskoeffizienten aufweisen. Die technologische Herstellung eines DBR-Lasers wird durch die hohen Anforderungen an die Qualität der axialen Kopplung zwischen den passiven Gittersektionen und der aktiven Sektion erschwert.

Werden die Gitter-Sektionen mit getrennten Elektroden versehen, so kann die Bragg-Frequenz aufgrund der Abhängigkeit des Brechungsindex von der Ladungsträgerdichte variiert werden. DBR-Laserstrukturen werden deswegen oft als Sendeelemente mit elektronisch durchstimmbarer Wellenlänge verwendet (Kap. 21).

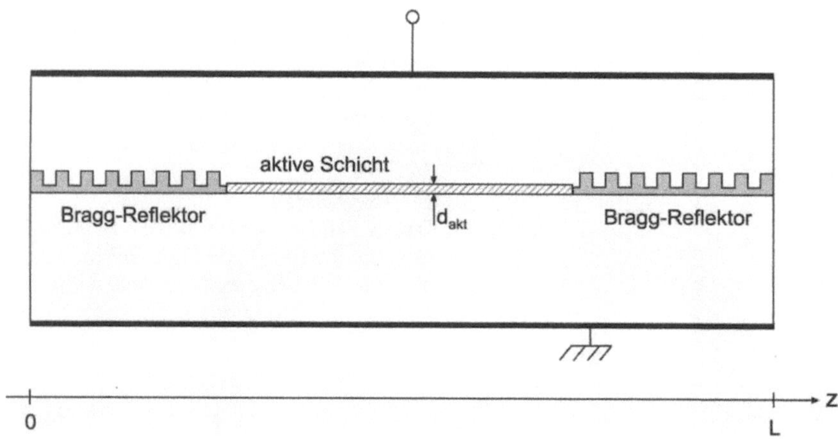

Abb. 19.18. Schematische Darstellung eines DBR-Lasers

Spezielle Literatur

[1] *Tiemeijer, L.F. et al.*: Dependence of polarization, gain, linewidth enhancement factor, and K factor on the sign of the strain of InGaAs/InP strained-layer multiquantum well lasers, Appl. Phys. Lett., Vol. 58, S. 2738–2740, Juni 1991

[2] *Asada, S.*: Waveguiding effect on modal gain in optical waveguide devices, IEEE J. Quantum Electron., Vol. 27, S. 884–885, April 1991

[3] *Tamir, T.*: Guided-wave optoelectronics, Springer Verlag, 1988

[4] *Burkhard, H.; Kuphal, E.*: InGaAsP/InP Mushroom Stripe Lasers with Low CW Threshold and High Output Power, Jpn. J. Appl. Phys., S. 721–723, November 1983

[5] *Goebel, R.; Janning, H.; Burkhard, H.*: SI InP:Fe hydride-VPE for mushroom type lasers, Proc. 7th Conf. on Semi-insulating Materials, Ixtapa, Mexico, S. 125–130, 1992

[6] *Henry, C.H.*: Theory of Spontaneous Emission Noise in Open Resonators and its Application to Lasers and Optical Amplifiers, J. Lightwave Technol., Vol. 4, S. 288–297, März 1986

[7] *Bandelow, U.; Schatz, R.; Wünsche, H.-J.*: A Correct Single-Mode Photon Rate Equation for Multi-Section Lasers, IEEE Photon. Technol. Letters, Vol. 8, S. 614–616, Mai 1996

[8] *Petermann, K.*: Calculated Spontaneous Emission Factor for Double-Heterostructure Injection Lasers with Gain-Induced Waveguiding, IEEE J. Quantum Electron., Vol. 15, S. 566–570, Juli 1979

[9] *Westbrook, L.D.; Eng, B.*: Measurements of dg/dN and dn/dN and their dependence on photon energy in $\lambda = 1{,}5$ µm InGaAsP laser diodes, IEE Proc. J., Vol. 133, S. 135–142, April 1986

[10] *Arakawa, Y.; Yariv, A.*: Quantum Well Lasers – Gain, Spectra, Dynamics, IEEE J. Quantum Electron., Vol. 22, S. 1887–1897, September 1986

[11] *McIlroy, P.W.A.; Kurobe, A.; Uematsu, Y.*: Analysis and Application of Theoretical Gain Curves to the Design of Multi-Quantum-Well Lasers, IEEE J. Quantum Electron., Vol. 21, S. 1958–1963, Dezember 1985

[12] *Manning, J. et al.*: Strong influence of nonlinear gain on spectral and dynamic characteristics of InGaAsP lasers‘, Electron. Lett., Vol. 21, S. 496–497, Mai 1985

[13] *Handelmann, D.; Hardy, A.; Katzir, A.*: Reflectivity of TE Modes at the Facets of Buried Heterostructure Injection Lasers, IEEE J. Quantum Electron., Vol. 22, S. 498–500, April 1986

[14] *Kogelnik, H.; Shank, C.V.*: Coupled-Wave Theory of Distributed Feedback Lasers, J. Appl. Phys., Vol. 43, S. 2327–2335, Mai 1972

[15] *Hardy, A. et al.*: Analysis of Three-Grating Coupled Surface Emitters, IEEE J. Quantum Electron., Vol. 26, S. 843–849, Mai 1990

[16] *Kinoshita, J.I.*: Axial Profile of Grating Coupled Radiation from Second-Order DFB Lasers with Phase Shifts, IEEE J. Quantum Electron., Vol. 26, S. 407–412, März 1990

[17] *Soda, H. et al.*: Stability in Single Longitudinal Mode Operation in GaInAsP/InP Phase-Adjusted DFB Lasers, IEEE. J. Quantum Electron., Vol. 23, S. 804–814, Juni 1987

[18] *Whiteaway, J.E.A.; Garrett, B.; Thompson, G.H.B.*: The Static and Dynamic Characteristics of Single and Multiple Phase-Shifted DFB Laser Structures, IEEE J. Quantum Electron., Vol. 28, S. 1277–1293, Mai 1992

[19] *Livanos, A.C.; Katzir, A.; Yariv, A.*: Fabrication of grating structures with variable period, Opt. Commun., Vol. 20, S. 179, 1977

[20] *Hansmann, S. et al.*: Variation of Coupling Coefficients by Sampled Gratings in Complex Coupled Distributed Feedback Lasers, IEEE Journal of Selected Topics in Quantum Electronics, Vol. 1, S. 341–345, Juni 1995

[21] *Talneau, A. et al.*: High power operation of phase-shifted DFB lasers with amplitude modulated coupling coefficient, Electron. Lett., Vol. 28, S. 1395–1396, Juli 1992

[22] *Kotaki, Y. et al.*: MQW-DFB lasers with nonuniform-depth $\lambda/4$ shifted grating, 17th European Conference on Optical Communications ECOC '91, Paris, S. 137–140

[23] *Hillmer, H.; Magari, K.; Suzuki, Y.*: Chirped Gratings for dFB Laser Diodes Using Bent Waveguides, IEEE J. Photon. Technol. Lett., Vol. 5, S. 10–12, Januar 1993

[24] *Usami, M.; Akiba, S.*: Suppression of Longitudinal Spatial Hole-Burning Effect in $\lambda/4$-Shifted DFB Lasers by Nonuniform Current Distribution, IEEE J. Quantum Electron., Vol. 25, S. 1245–1253, Juni 1989

[25] *Matsuoka, T. et al.*: Effect of Grating Phase at the Cleaved Facet on DFB Laser Properties, Jap. J. Appl. Phys., Vol. 23, S. 138–140, März 1984

[26] *Nakano, Y.; Luo, Y.; Tada, K.*: Facet reflection independent, single longitudinal mode oscillation in a GaAlAs/GaAs distributed feedback laser equipped with a gain-coupling mechanism, Appl. Phys. Lett., Vol. 55, S. 1606–1608, Oktober 1989

[27] *Kazmierski, C. et al.*: 1,5-µm DFB Laser with New Current-Induced Gain Gratings, IEEE Journal of Selected Topics in Quantum Electronics, Vol. 1, S. 371–374, Juni 1995

[28] *Borchert, B.; Stegmüller, B.; Gessner, R.*: Fabrication and Characteristics of Improved Strained Quantum-Well GaInAlAs Gain-Coupled DFB Lasers, Electron. Lett., Vol. 29, S. 210–211, Januar 1993

[29] *Johannes, T.W. et al.*: Gain-coupled DFB lasers with a titanium surface Bragg grating, Electron. Lett., Vol. 31, S. 370–371, März 1995

Laserdioden mit Vertikalresonator (VCSELs) für optische Verbindungssysteme 20

K. J. Ebeling

Allgemeine Literatur
Casey, J., M.B. Panish, Heterostructure Lasers. Part A: Fundamental Principles. Orlando: *Academic Press,* 1978. - *Coldren, L.A., S.W. Corzine,* Diode Lasers and Photonic Integrated Circuits. Wiley, New York 1995. - *Ebeling, K.J.,* Integrated Optoelectronics. Springer-Verlag, Berlin 1993. - *Iga, K.,* Fundamentals of Laser Optics. Plenum, New York 1994. - *Petermann, K.,* Laser Diode Modulation and Noise. Kluwer Academic Publishers, Tokyo 1991. - *Yariv, A.,* Quantum Electronics, Third Edition. Wiley, New York 1982.

Einführung

Laserdioden [1, 2] sind ideale Sendeelemente für die faseroptische Kommunikationstechnik. Kantenemittierende Laserdioden werden routinemäßig in der hochbitratigen Langstreckenübertragung bei 1,3 oder 1,55 µm Wellenlänge eingesetzt. Laserdioden mit Vertikalresonator (vertical-cavity surface-emitting lasers, VCSELs) haben sich zu erfolgversprechenden Alternativen für die Übertragung über kurze Strecken entwickelt [3], wo wegen der geringeren Anforderungen an die Faserdämpfung und Faserdispersion Wellenlängen um 850 oder 980 nm bevorzugt werden. VCSELs bieten eine Reihe von Vorteilen im Vergleich zu kantenemittierenden Laserdioden. Aus Bauelementesicht sind die extrem niedrigen Laserströme [4, 5], die dynamische Einmodigkeit unter höchstfrequenter Strommodulation [6], die Emission mit nur schwach divergentem, zirkularem, astigmatismusfreiem Strahl und der hohe elektrisch optische Konversionswirkungsgrad bei Ausgangsleistungen im Milliwattbereich [7, 8] hervorzuheben. Aus Systemsicht bringen die effiziente direkte Einkopplung sogar in Einmodenfasern, das ohne Zusatzaufwand mögliche rückwirkungsunempfindliche Design, die hervorragende Zuverlässigkeit, die Kompatibilität mit CMOS-Silizium Elektronik und die einfache Anordnung zu dichtgepackten zweidimensionalen Matrizen erhebliche Vorzüge gegenüber kantenemittierenden Laserdioden mit horizontalem Resonator. Für die Akzeptanz in Übertragungssystemen möglicherweise noch bedeutender sind die Massenfertigbarkeit der Laserchips in einem Prozeß auf dem Wafer ohne Spalten zur Erzeugung der Laserfacetten, das Testen und Selektieren ebenfalls auf Waferebene, sowie die vereinfachte Aufbau- und Gehäusetechnik bei der vorliegenden Lichtabstrahlung senkrecht zur Waferoberfläche. Die Anwendungen von VCSELs sind vielfältig [9-15]. Sie reichen von sogenannten Optobus-Verbindungen zwischen PCs oder Workstations über optische Datennetze in Flugzeugen oder Autos, Rückwandverdrahtungen zwischen Leiterplatten in elektronischen Systemen, hochbitratigen Datentransfers zwischen Prozessorchips bis zu Freiraum-Kommunikation über eine Vielzahl paralleler, dicht gepackter Kanäle.

Effiziente VCSELs wurden in Mesaform, durch Protonenimplantation und durch selektive Oxidation realisiert [3]. Besonders attraktiv sind selektiv oxidierte VCSELs, mit denen die höchsten elektrisch-optischen Konversionswirkungsgrade von etwa 50% und mit 12,5 Gb/s auch die höchsten Übertragungsraten [16] demonstriert wurden. Einmodig emittierende VCSELs mit etwa 3 mW Ausgangsleistung besitzen Schwellströme von etwa 500 µA und zeigen eine Seitenmodenunterdrückung von über 40 dB. Das relative Intensitätsrauschen (relative intensity noise, RIN) liegt bei dreifachem Schwellstrom nahe an der Schrotrauschgrenze, auch bei hochbitratiger Großsignal-Strommodulation. Die Modulationsbandbreite von über 13 GHz gestattet fehlerfreie Datenübertragung mit Raten bis zu 12,5 Gb/s über ein- und mehrmodige Fasern. Vorstromfreie Datenübertragung gelingt bis zu Datenraten von 2,5 Gb/s bei Ansteuerungssignalen mit Spannungen von 2 U_{ss}.

Im folgenden werden zunächst grundlegende Eigenschaften von VCSELs erläutert. Es folgt eine eingehende Beschreibung der temperaturabhängigen modalen Emissionscharakteristik. Ausführlich analysiert wird dann das Modulations- und Rauschverhalten. Der letzte Abschnitt befaßt sich mit Anwendungen von VCSELs in optischen Verbindungssystemen.

20.1 Grundlegende Eigenschaften von VCSELs

Abbildung 20.1 zeigt die typische Struktur eines VCSELs [1, 2] und die Anordnung zu einer zweidimensionalen Matrix. Im Gegensatz zu konventionellen kantenemittierenden Laserdioden strahlen VCSELs senkrecht zur Halbleiteroberfläche ab, und es sind keine Spaltflächen zur Erzeugung der Laserspiegel erforderlich. Die Gesamtlänge des Laserresonators beträgt etwa 7 μm. Die optische Verstärkung erfolgt vertikal durch ein oder mehrere Quantenfilme über eine aktive Gesamtlänge d von einigen zehn Nanometern. Die Laserschwellbedingung in ihrer einfachsten Form

$$g_{th}\, d = -\ln R \qquad (20.1)$$

besagt, daß der Gewinnkoeffizient g_{th} an der Laserschwelle gerade die Spiegelverluste kompensieren muß. Da die aktive Länge d extrem kurz ist, sind Spiegelreflektivitäten R von größer 99% notwendig, um den Schwellgewinn nicht über einige 1000 cm^{-1} ansteigen zu lassen. In VCSELs werden Spiegel mit derart hoher Reflektivität üblicherweise aus halbleitenden AlAs-GaAs Bragg-Schichtsystemen aufgebaut, die jeweils mehr als 20 Schichtpaare enthalten. Die Dicken der Einzelschichten betragen jeweils ein Viertel der Lichtwellenlänge im Material. Der obere Spiegel ist

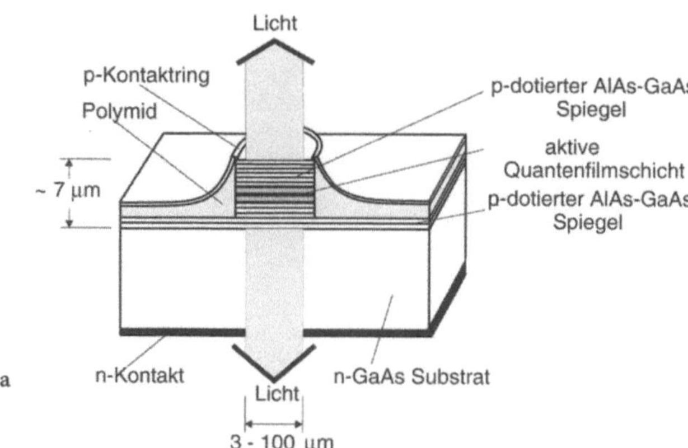

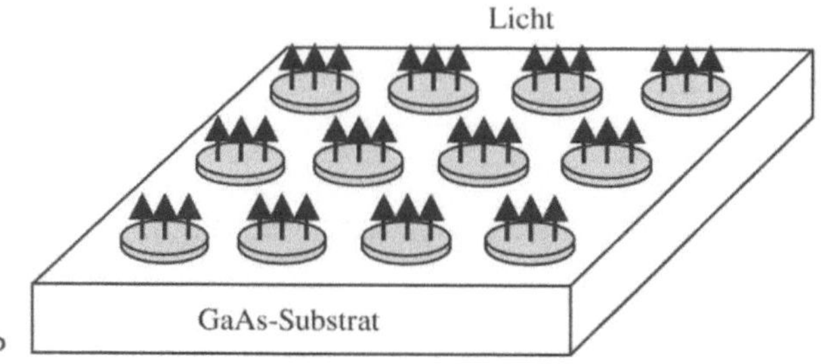

Abb. 20.1 a, b. Schema einer Vertikallaserdiode (VCSEL) in **a** Mesastruktur und **b** zweidimensionales VCSEL-Array

p-dotiert, der untere n-dotiert. Die Injektion der Ladungsträger, also Elektronen und Löcher, erfolgt über undotierte AlGaAs-Barrieren- und Mantelschichten in die ebenfalls undotierten Quantenfilme. Zur Emission im Wellenlängenbereich von etwa 750 bis 850 nm verwendet man häufig GaAs-Quantenfilme, während für Emission im Bereich von 900 bis 1050 nm gitterverspannte InGaAs-Quantenfilme vorzuziehen sind. Für den letztgenannten Spektralbereich ist das Substrat durchsichtig, und die Abstrahlung kann sowohl nach oben durch die Öffnung des Ringkontakts wie auch nach unten durch das Substrat erfolgen. Die Länge L des inneren Resonators zwischen den Bragg-Reflektoren ist so abzustimmen, daß für die Emissionswellenlänge λ die Resonanzbedingung

$$nL = m\lambda/2 \qquad (20.2)$$

erfüllt ist, wobei m eine positive ganze Zahl und n den räumlich gemittelten Brechungsindex der inneren Zone bezeichnen. Da die Reflektivität der Bragg-Spiegel bei der Bragg-Wellenlänge λ_B maximal wird, ist $\lambda \approx \lambda_B$ zu fordern. Bei einer gesamten Verstärkungslänge von $d = 25$ nm und einer Reflektivität von $R = 99{,}5\,\%$ ergibt sich ein Schwellgewinn von $g_{th} = 2000\ \mathrm{cm}^{-1}$.

20.1.1 Laserresonator

Ein VCSEL besteht aus oberen und unteren Bragg-Reflektoren und der inneren Resonatorzone der Länge L mit Mantel-, Barrieren- und Quantenfilmschichten. Abbildung 20.2 zeigt ein Schema des Aufbaus. Die Bragg-Spiegel besitzen eine maximale Reflektivität bei der Bragg-Wellenlänge λ_B. Um die optischen Verluste durch Streuung oder Absorption in der inneren Zone klein zu halten, wird eine kurze Resonatorlänge L bevorzugt. Oft wählt man $m = 2$ in Gl. 1.2 und erhält

$$L = \lambda_B/n\,. \qquad (20.3)$$

Die Dicken der Einzelschichten in den Bragg-Reflektoren betragen $d_l = \lambda_B/4n_l$ für die niedrigbrechenden AlAs-Schichten und $d_h = \lambda_B/4n_h$ für die hochbrechenden GaAs-Schichten. Man hat $n_l \approx 3.0$ für AlAs und $n_h \approx 3{,}56$ für GaAs.

Nicht maßstabsgemäß in Abb. 20.2 eingetragen ist das Stehwellenmuster der elektrischen Feldamplitude, das sich im inneren Resonator und in den Bragg-Spiegeln ausbildet. Die Quantenfilme sind in einen Bauch des Stehwellenfeldes plaziert, um eine gute Kopplung zwischen Elektronen und Photonen zu gewährleisten. Die Photonen dringen in die Bragg-Reflektoren ein, so daß sich eine effektive Photonenumlauflänge $2L_{eff}$ ergibt, die

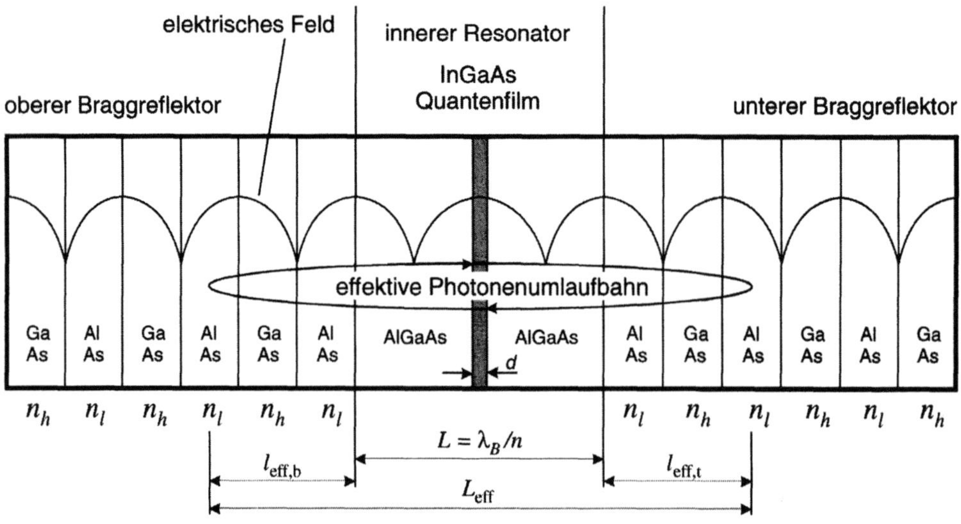

Abb. 20.2. VCSEL-Resonator mit Stehwellenfeld und Photonenumlauf

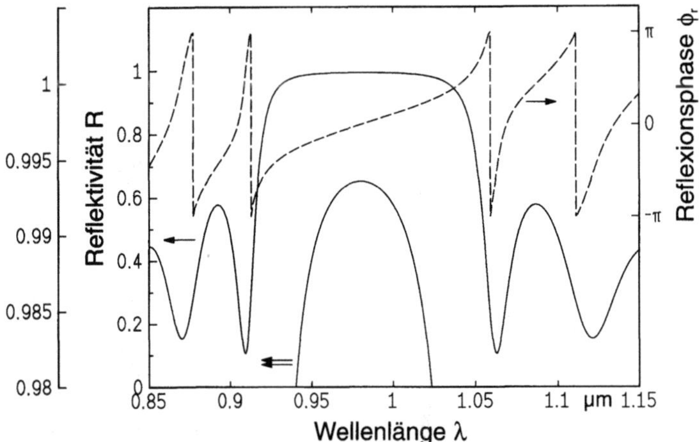

Abb. 20.3. Spektrale Abhängigkeit des Intensitätsreflexionsfaktors R und der Phase φ_r des Amplitudenreflexionsfaktors für einen Bragg-Reflektor aus 16 AlAs-GaAs Paaren mit einem intrinsischen Absorptionskoeffizienten von 20 cm^{-1}. Der Lichteinfall erfolgt aus einer $Al_{0,3}Ga_{0,7}$As-Schicht, die hintere Begrenzung ist Luft. Die äußere linke Skala zeigt Details von $R(\lambda)$ im Zentrum des Stopp-Bandes

größer ist als $2L$. Mit Eindringtiefen $l_{eff,t}$ und $l_{eff,b}$ für den oberen und unteren Spiegel läßt sich die effektive Resonatorlänge definieren als

$$L_{eff} = L + l_{eff,t} + l_{eff,b}\,. \tag{20.4}$$

Ein Bragg-Spiegel enthält typisch $M_B = 15$–25 Perioden. Die Gesamtdicke eines Bragg-Reflektors

$$L_B = M_B(d_l + d_h) = M_B\frac{\lambda_B}{4}\left(\frac{1}{n_l}+\frac{1}{n_h}\right). \tag{20.5}$$

liegt damit zwischen 2,5 und 4 μm. Abbildung 20.3 zeigt die spektrale Reflektivität R und den Phasengang φ_r eines Reflektors mit 16 AlAs-GaAs Spiegelpaaren, berechnet nach der Transfer-Matrix-Methode (s. auch Abschn. 20.1.2). Die Reflektivität ist maximal bei der Bragg-Wellenlänge λ_B bzw. der Bragg-Ausbreitungskonstanten

$$\beta_B = \frac{2\pi n}{\lambda_B} = \frac{\pi}{d_l + d_h}, \tag{20.6}$$

wobei

$$n = (n_l d_l + n_h d_h)/(d_l + d_h)$$
$$= \lambda_B/2(d_l + d_h) \tag{20.7}$$

den mittleren Brechungsindex bezeichnet. Die Phase des komplexen Reflexionsfaktors $r = \sqrt{R}e^{j\varphi_r}$ ist gerade null bei der Bragg-Wellenlänge. Einfache analytische Näherungen für die maximale Reflektivität und den Phasengang ergeben sich aus der Theorie gekoppelter Moden [1]. Der Koppelkoeffizient für die Kopplung einfallender und reflektierter Wellen ist demnach gegeben durch

$$\kappa = 2\Delta n/\lambda_B\,, \tag{20.8}$$

und der Intensitätsreflexionsfaktor im Maximum ist

$$R = \tanh^2(\kappa L_B)$$
$$= \tanh^2\left(\frac{M_B}{2}\left[\frac{n_h}{n_l}-\frac{n_l}{n_h}\right]\right). \tag{20.9}$$

Für $n_h = 3{,}56$, $n_l = 3{,}0$ und $M_B = 16$ erhält man $R = 99{,}2\,\%$ in guter Übereinstimmung mit der numerischen Rechnung nach der Transfer-Matrix-Methode. Die Phase φ_r ändert sich linear mit der Ausbreitungskonstanten oder der inversen Wellenlänge gemäß

$$\varphi_r = 2l_{eff}(\beta_B - \beta)$$
$$= \pi\, l_{eff}\left(\frac{n(\lambda_B)}{\lambda_B} - \frac{n(\lambda)}{\lambda}\right). \tag{20.10}$$

Die effektive Länge l_{eff} ist als Eindringtiefe der einfallenden Welle in den Bragg-Reflektor zu interpretieren, wie bereits in Abb. 20.2 angedeutet. Aus dem Phasengang läßt sich die Eindringtiefe durch

$$l_{\text{eff}} = -\frac{1}{2}\frac{d\varphi_{\text{r}}}{d\beta}$$
$$= \frac{\lambda^2}{4\pi\langle\bar{n}_{\text{gr}}\rangle}\frac{d\varphi_{\text{r}}}{d\lambda} = \frac{\tanh(\kappa L_{\text{B}})}{2\kappa}$$
$$= \frac{\sqrt{R}}{2\kappa} = \frac{\sqrt{R}\lambda_{\text{B}}}{4\Delta n} \approx \frac{\lambda_{\text{B}}}{4\Delta n} \qquad (20.11)$$

berechnen, wobei $\langle n_{\text{gr}}\rangle$ den räumlich gemittelten Gruppenindex

$$n_{\text{gr}} = n - \lambda dn/d\lambda \qquad (20.12)$$

bezeichnet und die Näherung auf der rechten Seite von Gl. (20.11) für $\sqrt{R} \approx 1$ gültig ist. Für $\lambda_{\text{B}} = 980$ nm und $\Delta n = 0{,}56$ erhält man $l_{\text{eff}} \approx 438$ nm.

Bragg-Reflektoren mit großem κL_{B}-Produkt zeigen ein breites Plateau mit hohem Reflexionsfaktor um die Bragg-Wellenlänge herum. Die spektrale Breite dieses Stopp-Bandes ist näherungsweise gegeben durch

$$\Delta\lambda_{\text{stop}} = \frac{2\lambda_{\text{B}}\Delta n}{\pi\langle n_{\text{gr}}\rangle}. \qquad (20.13)$$

Für den betrachteten AlAs-GaAs Bragg-Reflektor gilt $\Delta\lambda_{\text{stop}} \approx 100$ nm.

20.1.2 Stehwellenfeld im VCSEL

Die Eigenschaften eines VCSELs hängen entscheidend von der elektrischen Feldverteilung im Laserresonator ab. Zur Berechnung des Feldverlaufs hat man unter der vereinfachenden Annahme der Ausbreitung linear polarisierter Wellen in einem eindimensionalen System die Helmholtz-Gleichung

$$\frac{d^2 E(z)}{dz^2} + \gamma^2 E(z) = 0 \qquad (20.14)$$

für die in Abb. 20.4 skizzierte Mehrschichtstruktur zu lösen. Die komplexe Ausbreitungskonstante

$$\gamma_{\text{m}} = \beta_{\text{m}} - j\alpha_{\text{m}}/2 \qquad (20.15)$$

ist konstant in jeder homogenen Schicht mit Index m. Für den Absorptionskoeffizienten gilt $\alpha_{\text{m}} \geq 0$, nur in den Quantenfilmen führt der Gewinn auf $\alpha_{\text{m}} < 0$. Der Realteil β_{m} der Ausbreitungskonstanten hängt über

$$\beta_{\text{m}} = 2\pi n_{\text{m}}/\lambda \qquad (20.16)$$

mit dem Realteil n des Brechungsindex zusammen. In jeder homogenen Schicht m ergibt sich der Phasor des elektrischen Feldes aus der Überlagerung zweier monochromatischer ebener Wellen mit harmonischer Zeitabhängigkeit, die entgegengesetzte Ausbreitungsrichtung besitzen. Man kann schreiben

$$E_{\text{m}}(z) = E_{\text{m}}^{+}\exp[-j\gamma_{\text{m}}(z - z_{\text{m}})] + E_{\text{m}}^{-}\exp[+j\gamma_{\text{m}}(z - z_{\text{m}})], \qquad (20.17)$$

wobei, entsprechend Abb. 20.4, E_{m}^{+} und E_{m}^{-} die komplexen Feldamplituden der Teilwellen im Abschnitt m an den Grenzflächen $z = z_{\text{m}}$ mit $m = 1,\ldots, M+1$ bezeichnen. An den Grenzflächen sind die Stetigkeitsbedingungen zu erfüllen. In nichtmagnetischen Materialien sind damit die Stetigkeit des elektrischen Feldes $E(z)$ und der Ableitung dE/dz zu fordern. Diese Bedingungen führen zu Relationen zwischen den Amplituden in aufeinanderfolgenden Schichten

$$E_{\text{m}}^{+} = \exp[j\gamma(z_{\text{m}+1} - z_{\text{m}})] \cdot (\gamma_{\text{m}}^{+}E_{\text{m}+1}^{+} + \gamma_{\text{m}}^{-}E_{\text{m}+1}^{-}),$$
$$E_{\text{m}}^{-} = \exp[j\gamma(z_{\text{m}+1} - z_{\text{m}}) \cdot (\gamma_{\text{m}}^{-}E_{\text{m}+1}^{+} + \gamma_{\text{m}}^{+}E_{\text{m}+1}^{-}), \qquad (20.18)$$

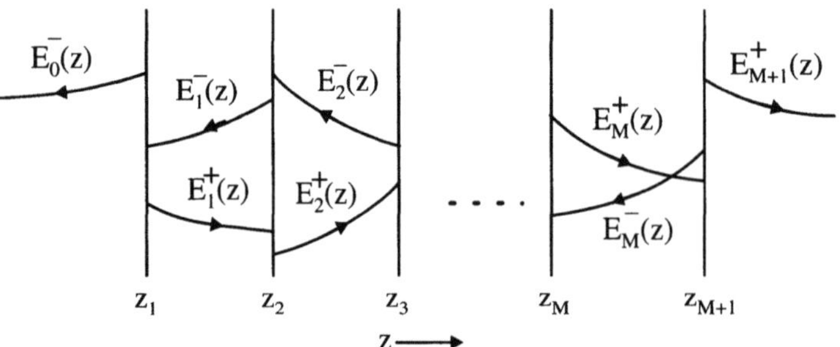

Abb. 20.4. Eindimensionales Mehrschichtsystem zur Illustration der Transfer-Matrix-Methode

wobei zur Abkürzung

$$\gamma_m^+ = \frac{\gamma_m + \gamma_{m+1}}{2\gamma_m} \quad \text{und}$$

$$\gamma_m^- = \frac{\gamma_m - \gamma_{m+1}}{2\gamma_m} \tag{20.19}$$

eingeführt wurden. Die Gleichungen (20.18) werden oft in Matrixform geschrieben. Die Berechnung der Feldverteilung in Mehrschichtstrukturen durch Lösung von Gl. (20.18) wird deshalb als Transfer-Matrix-Methode bezeichnet [17]. Zusätzlich zu den Randbedingungen an den Grenzflächen ist für Lasertätigkeit zu fordern, daß in den abschließenden Schichten $m = 0$ und $m = M + 1$ nur auslaufende Wellen vorkommen, also

$$E_0^+ = 0 \quad \text{und} \quad E_{M+1}^- = 0 \tag{20.20}$$

gilt [18]. Lösungen dieser Art sind nur möglich, wenn in den Quantenfilmen ein ausreichend hoher Gewinn vorhanden ist. In diesem Fall legen die Bedingungen der Gln. (20.18) und (20.20) die Laserwellenlänge und auch den Schwellgewinn fest.

Abbildung 20.5 zeigt die numerisch berechnete Feldverteilung eines VCSELs mit drei aktiven InGaAs-Quantenfilmen im Resonator sowie einem oberen AlAs-GaAs Bragg-Reflektor mit 16 Schichtpaaren und einem unteren Bragg-Reflektor mit 22,5 Schichtpaaren [19]. Der untere Teil des Bildes illustriert den Leitungsbandverlauf im Zentrum des Resonators. Aufgrund der hohen Spiegelreflektivität findet man eine starke Resonanzüberhöhung der Feldamplitude. Die Halbwertsbreite der Einhüllenden ist 1,5 μm, und die Feldamplitude an der Oberfläche beträgt weniger als 10% des maximalen Wertes nahe der Resonatormitte. Aus der vergrößerten Darstellung im unteren Teilbild wird klar, daß die verstärkenden Quantenfilme im Bauch des Stehwellenfeldes angeordnet sein müssen, um eine starke Kopplung zwischen injizierten Ladungsträgern und Photonen zu gewährleisten. Wichtig ist außerdem, daß diejenigen AlAs-GaAs Heteroübergänge, die elektrisch in Rückwärtsrichtung betrieben werden, gerade in den Knoten des Stehwellenfeldes liegen.

In die Berechnung der Feldverteilung kann die Absorption durch freie Ladungsträger auf einfache Weise einbezogen werden. Für den ladungsträgerinduzierten Absorptionkoeffizienten gilt die empirische Beziehung [20]

$$\alpha_{fc} = (3 \cdot 10^{-18} N + 7 \cdot 10^{-18} P)\,\text{cm}^2 \tag{20.21}$$

mit der Elektronendichte N und der Löcherdichte P. Offenbar führen hohe Dotierkonzentrationen aufgrund zunehmender Absorption zu ansteigenden Laserschwellen. Wenn jedoch hohe Dotierkonzentrationen ausschließlich in der Nähe der Knoten des Stehwellenfeldes eingebracht werden, so hat dies zwar kaum negative Auswirkungen auf die optische Absorption in den Bragg-Reflektoren, führt aber zu deutlich reduzierten elektrischen Widerständen in den in Rückwärtsrichtung betriebenen Heteroübergängen. Auf diese Weise kann Modulationsdotierung die Betriebseigenschaften von VCSELs beträchtlich verbessern.

20.1.3 Schwellgewinn und Photonenlebensdauer

Wie aus Abb. 20.2 oder 20.5 hervorgeht, dehnt sich die aktive Verstärkungszone nicht über den gesamten inneren Resonatorbereich aus. Deshalb muß bei der Bestimmung des Gewinns einer Mode die Überlagerung von Stehwellenmuster und relativer Lage und Dicke d der aktiven Zone entsprechend Berücksichtigung finden. Man definiert den relativen Füllfaktor, auch Gewinnverstärkungsfaktor genannt, durch

$$\Gamma_r = \frac{\frac{1}{d}\int_{-d/2}^{d/2} |E(z)|^2 dz}{\frac{1}{L}\int_{-L/2}^{L/2} |E(z)|^2 dz} \,. \tag{20.22}$$

Wenn g den Gewinn im aktiven Bereich bezeichnet, ist damit der mittlere Gewinn der Welle im Resonator durch $\Gamma_r g$ gegeben. Der im unteren Teil von Abb. 20.5 dargestellte Feldverlauf läßt sich gut durch $E(z) = E_0 \cdot \cos(2\pi nz/\lambda)$ annähern, womit der relative Füllfaktor einfach auszuwerten ist. Für einen sehr dünnen Quantenfilm in einem Bauch des Stehwellenfeldes gilt $\Gamma_r \approx 2$, für $d = \lambda/2n$ erhält man $\Gamma_r = 1$. Legt man einen dünnen Quantenfilm in einen Knoten des Stehwellenfeldes, folgt $\Gamma_r \approx 0$ und damit verschwindender modaler Gewinn. Für den in der Praxis wichtigen Fall eines VCSELs mit drei 8 nm dicken Quantenfilmen, getrennt durch 10 nm dicke Barrieren und symmetrisch angeordnet in der Mitte des Resonators, bekommt man $\Gamma_r \approx 1{,}8$.

Für Lasertätigkeit muß der optische Gewinn im Resonator die Verluste kompensieren. Die intrinsischen Verluste im passiven und aktiven Bereich seien mit α_i und α_a bezeich-

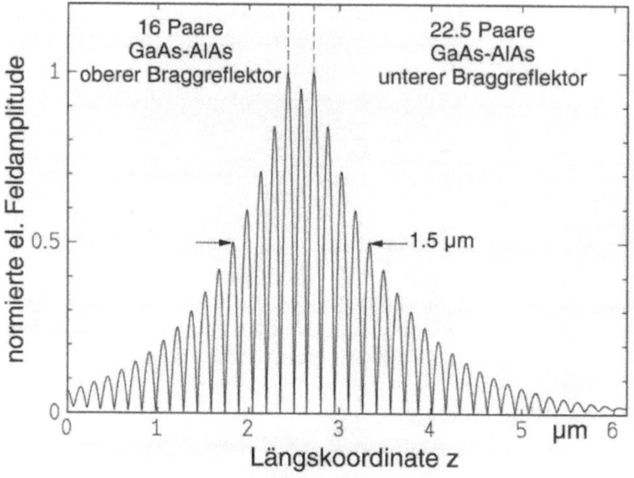

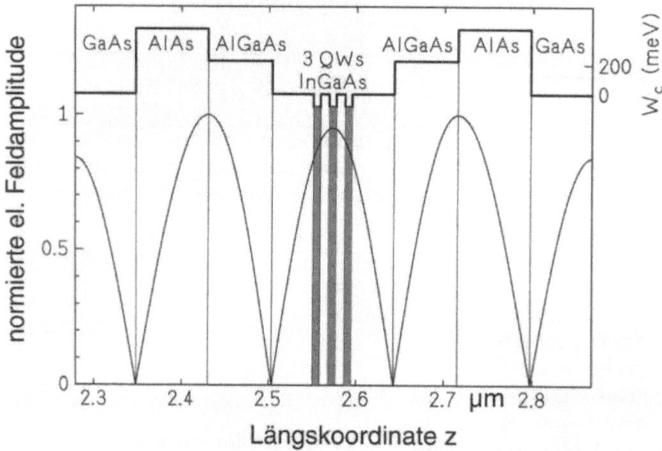

Abb. 20.5. Räumliche Verteilung der normierten Amplitude des elektrischen Feldes in einem VCSEL. Die vergrößerte Darstellung des zentralen Teils zeigt auch den Verlauf der Leitungsbandkante $W_c(z)$, wobei Bandverbiegungen vernachlässigt wurden

net. Berücksichtigung der Gewinnverstärkung durch den relativen Füllfaktor und des Eindringens der Welle in den Bragg-Reflektor führt auf die Laserschwellbedingung

$$g_{\text{th}} = \alpha_a + \frac{1}{\Gamma_r d}\left[\alpha_i(L_{\text{eff}} - d) + \ln\frac{1}{\sqrt{R_t R_b}}\right], \tag{20.23}$$

wobei L_{eff} aus Gleichung (20.4) zu entnehmen ist und d die Gesamtdicke der aktiven Schicht repräsentiert. Die intrinsischen Absorptionskoeffizienten sind als räumliche Mittelwerte zu verstehen, wobei noch dazu die Gewichtung mit dem Stehwellenfeld in geeigneter Weise vorzunehmen ist. Für die Reflexionsfaktoren nach Gl. (20.9) sind verlustfreie Materialien anzunehmen. Alternativ kann die Schwellbedingung auch für Bragg-Reflektoren mit homogen verteilten Verlusten formuliert werden. Dazu wird angenommen, daß die Welle über die Strecke l_{eff} in den Reflektor eindringt und dort Verluste α_i erfährt. Das Ergebnis ist

$$R_\alpha = R \exp\{-2\alpha_i l_{\text{eff}}\} \approx R(1 - 2\alpha_i l_{\text{eff}}), \tag{20.24}$$

wobei die Näherung auf der rechten Seite für kleine Verluste $2\alpha_i l_{eff} \ll 1$ gültig ist. Unter Berücksichtigung von (20.4) läßt sich die Schwellbedingung damit umschreiben in

$$g_{th} = \alpha_a + \frac{1}{\Gamma_r d}\left[\alpha_i(L-d) + \ln\frac{1}{\sqrt{R_{ta}R_{ba}}}\right], \tag{20.25}$$

wobei die effektive Länge L_{eff} durch die Länge L des inneren Resonators ersetzt wurde. Aufgrund von Verlusten in den Spiegeln bleibt die Reflektivität auch bei einer unendlichen Anzahl M_B von Bragg-Paaren immer unter dem Wert Eins.

Für dünne aktive Zonen mit vernachlässigbaren Verlusten α_a ist die Photonenlebensdauer τ_p im Resonator durch

$$\frac{1}{\tau_p} = \frac{c}{\langle n_{gr}\rangle}\left(\alpha_i - \frac{1}{L_{eff}}\ln\sqrt{R_t R_b}\right) \tag{20.26}$$

gegeben, wobei c die Lichtgeschwindigkeit im Vakuum bezeichnet und der Gruppenindex n_{gr} über die Länge L_{eff} zu mitteln ist. Mit $\langle n_{gr}\rangle = 3{,}6$, $L_{eff} = 1{,}2\ \mu m$, $R_f = 99{,}2\%$ und $\alpha_i = 20\ cm^{-1}$ erhält man $\tau_p = 1{,}4$ ps.

Der longitudinale Modenabstand wird üblicherweise durch

$$\Delta\lambda_m = \frac{\lambda^2}{2L_{eff}\langle n_{gr}\rangle}. \tag{20.27}$$

abgeschätzt. Für $\lambda = \lambda_B = 980$ nm erhält man $\Delta\lambda_m = 110$ nm, was größer ist als die spektrale Verstärkungsbandbreite des Quantenfilm-Halbleitermaterials. Deshalb kann nur eine einzige longitudinale Mode in einem VCSEL mit kurzer Resonatorlänge $L = \lambda/n$ anschwingen. Jedoch können, abhängig von den seitlichen Abmessungen, durchaus mehrere Transversalmoden gleichzeitig oszillieren.

20.1.4 Wirkungsgrad und Strom-Spannungs-Charakteristik

Oberhalb des Schwellstroms i_{th} nehmen die nach oben und unten abgestrahlten Lichtausgangsleistungen P_t und P_b linear mit dem Laserstrom zu [1, 2, 21]. Man kann schreiben

$$P_{t,b} = \eta^*_{dt,b}\frac{\hbar\omega}{e}(i - i_{th}), \tag{20.28}$$

wobei $\hbar\omega/e$ die Bandlückenspannung bezeichnet und der reduzierte differentielle Quantenwirkungsgrad $\eta^*_{dt,b}$ eingeführt wurde, der den Bruchteil der injizierten Elektronen bezeichnet, der zu kohärenter Emission im oberen bzw. unteren Ausgangsstrahl führt. Um nichtstrahlende Rekombination, Leckstrom, spontane Emission und andere Effekte, die nicht zu kohärenter Emission beitragen, getrennt erfassen zu können, wird der interne Quantenwirkungsgrad η_i eingeführt, und man setzt

$$\eta^*_{dt,b} = \eta_{dt,b}\eta_i. \tag{20.29}$$

Hierbei bezeichnet $\eta_{dt,b}$ den differentiellen Quantenwirkungsgrad, der den Prozentsatz der in den Quantenfilmen erzeugten kohärenten Emission beschreibt, der nach oben bzw. nach unten aus dem VCSEL abgestrahlt wird. In gut designten VCSELs mit epitaktisch hochwertigen aktiven Quantenfilmen kann man $\eta_i > 90\%$ erreichen. Die Größen η_{dt} und η_{db} sind durch die Absorption in den Bragg-Reflektoren bestimmt. Es gilt immer $\eta_{dt} + \eta_{db} < 100\%$. Der elektrisch-optische Konversionswirkungsgrad für Emission durch den oberen oder unteren Spiegel ist definiert durch das Verhältnis von abgestrahlter Lichtleistung und elektrischer Eingangsleistung, also

$$\eta_{t,b} = \frac{P_{t,b}}{iU_a}, \tag{20.30}$$

wobei U_a die an dem Bauelement anliegende Spannung bezeichnet. Im Idealfall erwartet man eine Strom-Spannungs-Charakteristik, die durch

$$U_a \simeq \frac{\hbar\omega}{e} + R_s(i - i_{th}) \tag{20.31}$$

anzunähern ist, wobei $\hbar\omega/e$ die Bandlückenspannung und $R_s = dU_a/di$ den differentiellen Serienwiderstand bezeichnen. Anwendung der Gln. (20.28), (20.29), (20.30) und (20.31) führt auf die interessante Beziehung

$$\eta_{t,b} = \frac{\eta_{dt,b}\eta_i\hbar\omega(i - i_{th})/e}{\hbar\omega i/e + R_s i(i - i_{th})}, \tag{20.32}$$

woraus hervorgeht, daß für $i \gg i_{th}$ der Serienwiderstand für die Abnahme von $\eta_{t,b}$ mit zunehmendem Strom verantwortlich ist. Im Grenzfall $R_s \to 0$ und $i \gg i_{th}$ gilt $\eta_{t,b} \to \eta_{dt,b}\eta_i$.

Abweichend von Gl. (20.31) findet man in realen Bauelementen eine signifikante Zusatzspannung ΔU in der Strom-Spannungs-Kennlinie. Die Größe von ΔU hängt entscheidend von der Struktur und der Dotierung an den Heteroübergängen insbesondere im p-dotierten Bragg-Reflektor ab. Abbildung 20.6 zeigt

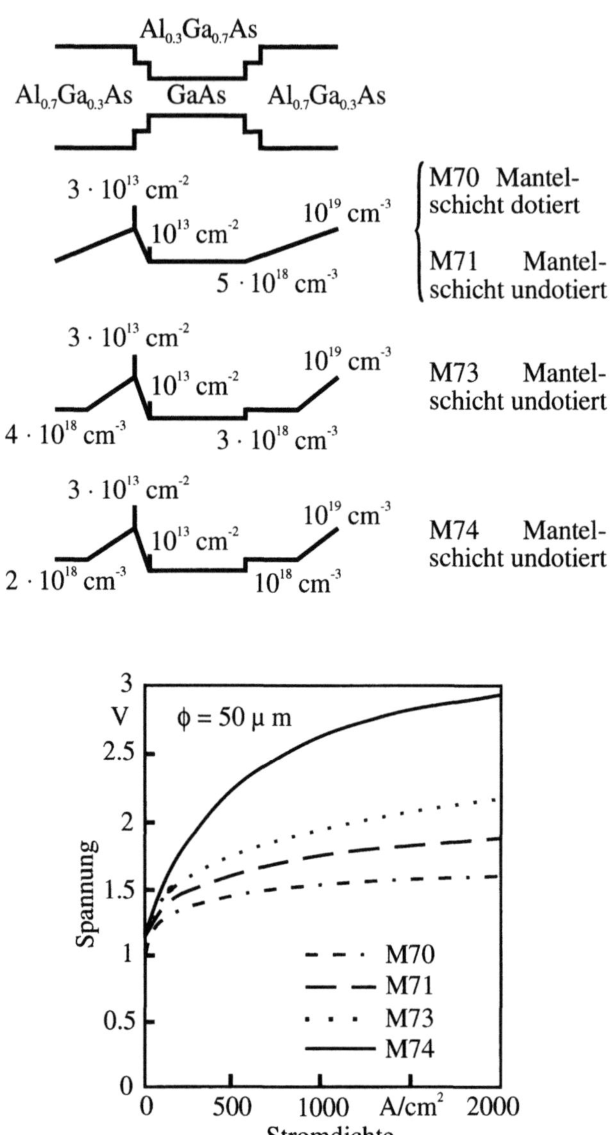

Abb. 20.6. Strom-Spannungscharakteristiken eines VCSELs (Durchmesser 50 μm) mit unterschiedlichen Dotierprofilen im p-dotierten AlGaAs-Bragg-Reflektor mit gestuften, 5 nm weiten Heteroübergängen

exemplarisch Strom-Spannung-Kennlinien von VCSELs mit stufenförmig graduierten Heteroübergängen in den Bragg-Reflektoren und unterschiedlichen Dotierungsprofilen im p-dotierten Spiegel [22]. Man erkennt, daß durch geeignete Modulationsdotierung, unter Einbeziehung δ-förmiger Dotierung, der Spannungsabfall über dem p-dotierten Bragg-Reflektor deutlich reduziert werden kann. Detailliertere Studien zeigen, daß sich bei dem verwendeten Graduierungs- und Dotierprofil die Reflektivität des Spiegels praktisch nicht verringert und damit die optischen Lasereigenschaften nicht beeinträchtigt werden.

20.2 Emissionseigenschaften von VCSELs

20.2.1 Bauelementestruktur von protonenimplantierten und selektiv oxidierten VCSELs

Abbildung 20.7 zeigt die allgemeine Struktur protonenimplantierter und selektiv oxidierter VCSELs. Das Mehrschicht-Halbleitersystem wird mit Molekularstrahlepitaxie oder metallorganischer Gasphasenepitaxie auf n-dotiertem GaAs-Substrat abgeschieden. Die aktive Schicht aus GaAs im Zentrum ist $\lambda/(2n)$ = 140 nm dick. Sie enthält drei $In_{0,2}Ga_{0,8}As$-Quantenfilme, die durch 10 nm dicke Barrieren voneinander getrennt sind. $Al_{0,4}Ga_{0,6}As$-Mantelschichten von je einem viertel Wellenlänge Dicke schließen sich auf beiden Seiten an, um einen besseren Ladungsträgereinfang zu gewährleisten und die Länge L des inneren Resonators auf eine volle Wellenlänge auszudehnen. Alternativ lassen sich auch GaAs-Quantenfilme mit $Al_{0,2}Ga_{0,8}As$-Barrieren verwenden. Die oberen und unteren Bragg-Reflektoren sind aus AlGaAs-Schichtsystemen aufgebaut. Die Heteroübergänge sind graduiert, und Modulations- und δ-Dotierung dienen zur Verminderung des elektrischen Serienwiderstandes [22]. Bevorzugte Dotierstoffe sind Kohlenstoff im p-dotierten oberen Spiegel und Silizium im n-dotierten unteren Spiegel. Tiefe Protonenimplantation mit Ionenenergien zwischen 40 und 300 keV führt zu elektrischer Passivierung und wird gern zur lateralen Stromführung herangezogen. Alternativ bietet sich die selektive laterale Oxidation einer 10 bis 30 nm dicken AlAs-Schicht direkt oberhalb der Mantelschicht zur Stromeinschnürung an [23]. Die Oxidation erfordert eine vorherige Mesaätzung, die in der oberen Mantelschicht endet. Bewährte Kontaktmaterialien sind TiPtAu auf der p-dotierten Oberseite und GeNiAu auf der Substratseite. Laseremission bei 980 nm Wellenlänge mit InGaAs-Quantenfilmen erfolgt in beide Richtungen nach oben und unten. Abstrahlung bei 850 nm Wellenlänge mit GaAs-Quantenfilmen ist dagegen nur nach oben möglich, da das Substrat bei dieser Wellenlänge absorbiert. Die Fleckgröße des Strahls kann durch geeignete Wahl der Stromapertur willkürlich zwischen 1 µm und mehreren 100 µm eingestellt werden.

Für protonenimplantierte wie für selektiv oxidierte VCSEL wurden extrapolierte Lebensdauern von über 10 Mio. Stunden berichtet. Neben anderen Details der Prozeßführung

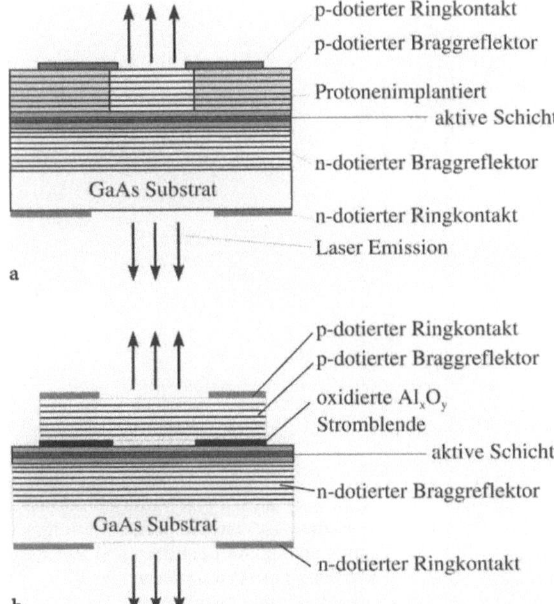

Abb. 20.7. **a** Aufbau von protonenimplantiertem VCSEL und **b** selektiv oxidiertem VCSEL

hängt die Zuverlässigkeit entscheidend von der Tiefe der Ionenimplantation bzw. der Dicke der oxidierten Schicht ab.

20.2.2 Ausgangscharakteristiken

Abbildung 20.8 zeigt Spannung, Ausgangsleistung und Konversionseffizienz als Funktion des Stromes für einen protonenimplantierten VCSEL nach Abb. 20.7. Der Laser mit 25 μm Durchmesser liefert eine maximale Ausgangsleistung von 12,5 mW, der maximale Konversionswirkungsgrad beträgt 17 %, und die Betriebsspannung bleibt unter 4 V im gesamten Arbeitsbereich [24]. Kleinere Laser mit etwa 10 μm Durchmesser emittieren transversal einmodig. Die geringe Kapazität protonenimplantierter Elemente begünstigt die Kleinsignalstrommodulation bei Frequenzen bis über 10 GHz [25].

Abbildung 20.9 zeigt typische Ausgangskennlinien eines hocheffizienten, selektiv oxidierten VCSELs mit etwa 4 μm Durchmesser [26, 27]. Das Element mit drei aktiven GaAs-Quantenfilmen emittiert bei 850 nm Wellenlänge. Der untere $Al_{0,2}Ga_{0,8}As$-AlAs Spiegel mit etwa 30 Bragg-Schichtpaaren ist n-dotiert

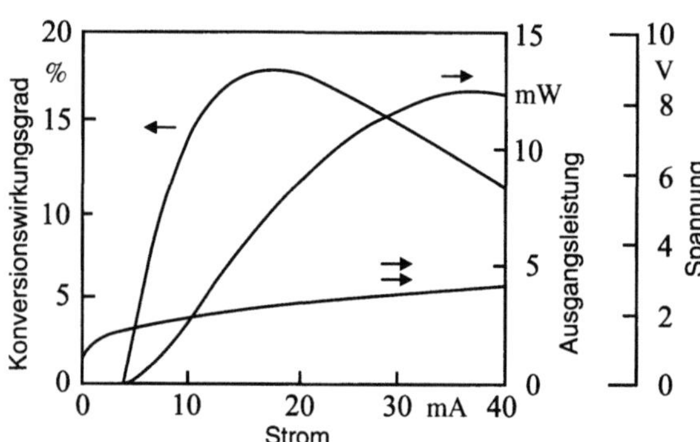

Abb. 20.8. Ausgangsleistung, Konversionswirkungsgrad und Strom-Spannungs-Kennlinie eines protonenimplantierten VCSELs mit 25 μm Durchmesser

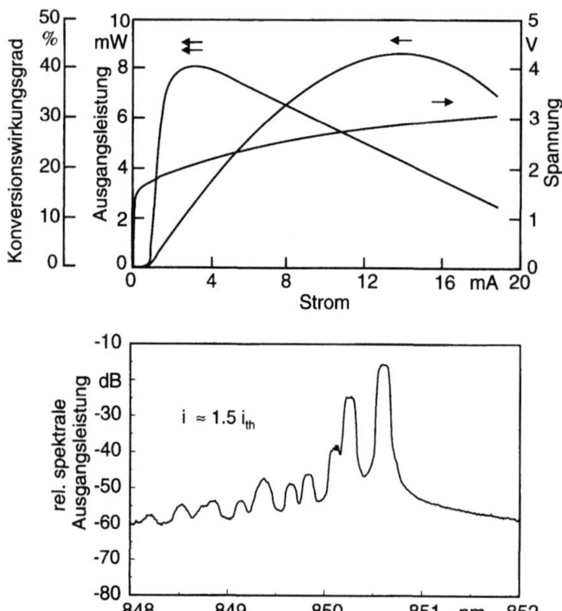

Abb. 20.9. Ausgangskennlinien und typisches Emissionsspektrum eines hoch effizienten selektiv oxidierten VCSELs mit etwa 4 μm Durchmesser

mit Silizium, und der obere $Al_{0,9}Ga_{0,2}As$-$Al_{0,2}Ga_{0,8}As$ Spiegel mt etwa 25,5 Schichtpaaren ist p-dotiert mit Kohlenstoff. Zur selektiven Oxidation ist eine 30 nm dicke AlAs-Schicht in einem Bauch des Stehwellenfeldes direkt über der oberen AlGaAs-Mantelschicht eingebracht. Vor der Oxidation wird eine Mesa von etwa 30 μm Durchmesser geätzt. Schwellstrom und Schwellspannung betragen 390 μA und 1,6 V. Die maximale Ausgangsleistung vor dem Überrollen der Kennlinie liegt bei 6,8 mW, der maximale Konversionswirkungsgrad bei 43 %. Das bei einem Strom von 0,9 mA aufgenommene Spektrum zeigt eine dominierende Grundmode und zahlreiche höhere Transversalmoden. Der Modenabstand zwischen der Grundmode und der nächsthöheren Mode beträgt etwa 0,4 nm. Oszillation höherer Moden in orthogonaler Polarisationsrichtung führt zu kleineren Abständen bei höheren Moden.

Selektiv oxidierte VCSELs mit 25 μm Durchmesser liefern maximale Ausgangsleistungen von über 50 mW bei geringfügig reduziertem Konversionswirkungsgrad aufgrund von Stromdichteüberhöhungen am Rand der Oxidblende [28]. Im allgemeinen sind selektiv oxidierte VCSELs etwa um einen Faktor 3 effizienter als protonenimplantierte Elemente [29].

Durch Verringung des Oxidaperturdurchmessers, vor allem aber durch Verminderung des effektiven Brechungsindexsprungs zwischen Kern- und Mantelbereich gelingt die Realisierung einmodig emittierender VCSELs. Abbildung 20.10 zeigt Ausgangskennlinien und Spektren eines VCSELs mit 3,5 μm Oxidblendendurchmesser [6]. Zur Abschwächung der lateralen Wellenführung wurde die Oxidschicht in die Nähe eines Knotens im Stehwellenfeld verschoben. Die Emission bleibt bis zu einer Ausgangsleistung von 4,8 mW einmodig mit einer Seitenmodenunterdrückung von mehr als 30 dB. Die gemessene Linienbreite von 0,1 nm liegt an der Auflösungsgrenze des verwendeten Gitterspektrometers. Die thermisch induzierte Verschiebung der Emissionswellenlänge von etwa 0,07 nm/K führt auf eine interne Temperaturerhöhung von etwa 45 K bei einem Betriebsstrom von 4 mA. Elliptische Stromapertur begünstigt die Unterdrückung orthogonal polarisierter Moden [30].

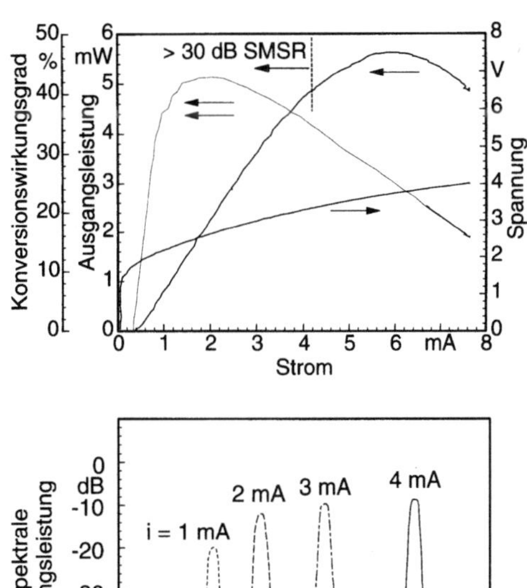

Abb. 20.10. Ausgangscharakteristiken und Emissionsspektren eines einmodigen selektiv oxidierten VCSELs bei verschiedenen Strömen. SMSR bezeichnet das Nebenmodenunterdrückungsverhältnis

20.2.3 Intensitätsverteilungen der transversalen Moden

In protonenimplantierten VCSELs ist der optischen Gewinnführung noch eine meistens dominierende thermisch induzierte Indexführung überlagert. Das Emissionsverhalten selektiv oxidierter VCSEL ist dagegen eindeutig von der Indexführung beherrscht, die vom großen Brechungsindexsprung in der teilweise lateral oxidierten AlAs-Schicht ausgeht. Um das laterale Brechungsindexprofil $n(r)$ zu berücksichtigen, erweitern wir das in Abb. 20.2 eingeführte eindimensionale Resonatormodell. Wie in Abb. 20.11 dargestellt, führen wir Brechungsindizes n_c für den Kernbereich und n_s für den Mantelbereich ein. Der Kerndurchmesser 2a wird durch die Apertur des Implantationsprofils oder die Weite der Oxidblende bestimmt. Die radiale Brechungsindexverteilung ähnelt derjenigen einer optischen Glasfaser. Unter Vernachlässigung von Gewinn und Verlusten schreibt sich die Helmholtz-Gleichung als [31]

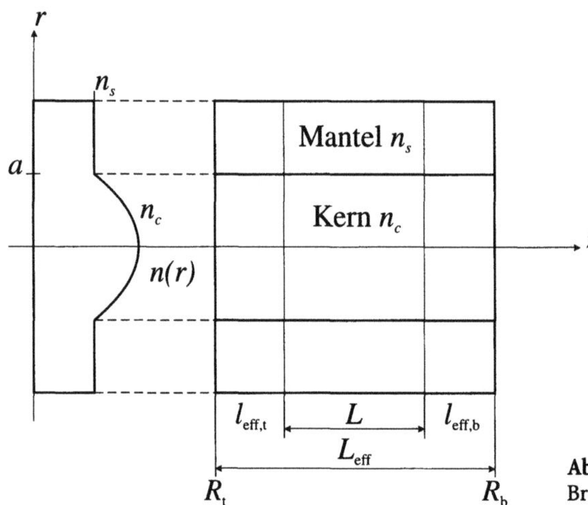

Abb. 20.11. Resonatormodell mit radialem Brechungsindexprofil $n(r)$

$$\Delta E(r,\varphi,z) + n^2(r)\left(\frac{2\pi}{\lambda}\right)^2 E(r,\varphi,z) = 0\,, \tag{20.33}$$

wobei Zylinderkoordinaten (r, φ, z) und der Laplace-Operator Δ benutzt wurden. Lösungen von Gl. (20.33) haben die Form

$$E(r,\varphi,z) = \Psi(r)\begin{Bmatrix}\cos l\varphi\\ \sin l\varphi\end{Bmatrix}\exp\left\{-j\beta z\right\} \tag{20.34}$$

mit nicht negativem ganzzahligen Index l. Einsetzen von Gl. (20.34) in Gl. (20.33) ergibt für das radiale Profil $\Psi(r)$ die Differentialgleichung

$$\frac{\mathrm{d}^2\Psi}{\mathrm{d}r^2} + \frac{1}{r}\frac{\mathrm{d}\Psi}{\mathrm{d}r} + k_\mathrm{r}^2\Psi = 0\,, \tag{20.35}$$

wobei die radiale Ausbreitungskonstante k_r durch

$$k_\mathrm{r}^2 = n^2(r)4\pi^2/\lambda^2 - \beta^2 - l^2/r^2 \tag{20.36}$$

gegeben ist. Die radiale Brechungsindexverteilung im Kern, die durch thermische Erwärmung oder durch den Einfluß der Oxidblende erzeugt wird, läßt sich durch das abgeschnittene parabolische Profil

$$n^2(r) = \begin{cases} n_\mathrm{c}^2(1 - 2\Delta r^2/a^2) & \text{für } r \le a\\ n_\mathrm{s}^2 = \text{const} & \text{für } r > a\end{cases} \tag{20.37}$$

näherungsweise beschreiben. Hierbei wurde die relative Brechungsindexdifferenz zwischen Kern und Mantel

$$\Delta = \frac{n_\mathrm{c}^2 - n_\mathrm{s}^2}{2n_\mathrm{c}^2} \approx \frac{n_\mathrm{c} - n_\mathrm{s}}{n_\mathrm{c}} \tag{20.38}$$

eingeführt. Die Approximation auf der rechten Seite gilt für $n_\mathrm{c} - n_\mathrm{s} \ll n_\mathrm{c}$, was immer gewährleistet ist. Lösungen der Differentialgleichung (20.35) für ein vollständig parabolisches Brechungsindexprofil sind durch die Laguerre-Gaußschen Funktionen

$$\Psi(r) = \sqrt{\frac{2}{\pi}\frac{(p-1)!}{(p-1+l)!}}\frac{1}{w_0} \cdot \left(\frac{\sqrt{2}r}{w_0}\right)^l L_{\mathrm{p}-1}^{(\mathrm{l})}\left(\frac{2r^2}{w_0^2}\right) \cdot \exp\left\{-\frac{r^2}{w_0^2}\right\}, \tag{20.39}$$

gegeben, wobei $L_{\mathrm{p}-1}^{(\mathrm{l})}$ verallgemeinerte Laguerre-Polynome der Art l und ganzzahliger Ordnung $q = p - 1 \ge 0$ bezeichnen, die durch

$$L_\mathrm{q}^{(\mathrm{l})}(u) = \sum_{\nu=0}^{q}\binom{q+l}{q-\nu}\frac{(-1)^\nu}{\nu!}u^\nu \tag{20.40}$$

definiert sind. Verallgemeinerte Laguerre-Polynome niedriger Ordnung sind

$$L_0^{(\mathrm{l})}(u) = 1,\quad L_1^{(\mathrm{l})}(u) = 1 + l - u\,,$$
$$L_2^{(\mathrm{l})}(u) = (1/2)(l+1)(l+2) - (l+2)u + u^2/2\,. \tag{20.41}$$

Der Parameter w_0 ist der Fleckradius, der durch

$$w_0^2 = \frac{a\lambda}{\pi n_c \sqrt{2\Delta}} \qquad (20.42)$$

gegeben ist.

Die Lösungen von (20.39) für das volle parabolische Profil werden als ausreichend genaue Näherungslösungen für das abgeschnittene parabolische Profil Gl. (20.37) angesehen, solange die Feldverteilung am Rand des Kerns bei $r = a$ genügend stark abgeklungen ist. Einsetzen von Gl. (20.39) in Gl. (20.34) ergibt dann die Nahfeldintensitätsverteilungen der transversalen Moden E_{lp}, die sich schreiben lassen als

$$\begin{aligned} I_{lp}(r,\varphi) &\propto |E_{lp}(r,\varphi)|^2 \\ &\propto \left(\frac{2r^2}{w_0^2}\right)^l \left[L_{p-1}^{(l)}\left(\frac{2r^2}{w_0^2}\right)\right]^2 \\ &\quad \cdot \begin{Bmatrix} \cos^2(l\varphi) \\ \sin^2(l\varphi) \end{Bmatrix} \exp\left\{-\frac{2r^2}{w_0^2}\right\}. \end{aligned} \qquad (20.43)$$

In VCSELs mit größerem Querschnitt können mehrere Moden gleichzeitig oszillieren. Wenn dagegen der Durchmesser in protonenimplantierten VCSELs unter 8 bis 10 µm und in selektiv oxidierten VCSELs unter etwa 3 µm bleibt, erfolgt die Emission auf der transversalen Grundmode. In diesem Fall ist die Nahfeldintensitätsverteilung

$$I_{01}(r,\varphi) \propto \exp\left\{-\frac{2r^2}{w_0^2}\right\} \qquad (20.44)$$

gaußförmig, wobei $l = 0$ und $q = p - 1 = 0$ anzusetzen ist. Die Grundmode kann in zwei orthogonalen Polarisationen vorkommen.

Abbildung 20.12 zeigt gemessene Emissionsspektren und Fernfeldintensitätsverteilungen eines VCSELs bei verschiedenen Anregungsströmen. Zur Berechnung der Fernfeldverteilung werden Lagurre-Gaußsche Moden gemäß ihrer Stärke im Spektrum gewichtet überlagert. I_{11}^* und I_{12}^* bezeichnen entartete Moden, bei denen die $\cos^2\varphi$- und $\sin^2\varphi$-Komponenten mit gleicher Amplitude schwingen.

Der Frequenzparameter

$$V = \frac{2\pi a}{\lambda}\sqrt{n_c^2 - n_s^2} = \sqrt{2\Delta}\, 2\pi n_c a/\lambda \qquad (20.45)$$

dient zur Abschätzung der Zahl M der möglichen Lasermoden. Für $V \gg 1$ ergibt sich [31]

$$M = V^2/4\,. \qquad (20.46)$$

Transversal einmodige Oszillation erfordert

$$V < 2{,}405 \cdot \sqrt{2}\,, \qquad (20.47)$$

was für schwache laterale Führung $n_c \approx n_s$ in die Bedingung

$$\frac{\sqrt{n_c}\, 2\pi a}{\lambda}\sqrt{n_c - n_s} < 2{,}405 \qquad (20.48)$$

übergeht.

20.2.4 Emissionswellenlängen transversaler Moden

Die Ausbreitungskonstante β der E_{lp}-Mode erhält man aus dem durch (20.36) definierten Eigenwert k_r durch Einsetzen von Gl. (20.39) in Gl. (20.35). Das Ergebnis ist

$$\begin{aligned} \beta &= \sqrt{4\pi^2 n_c^2/\lambda^2 - 4\pi(2p+l-1)n_c\sqrt{2\Delta}/(a\lambda)} \\ &\approx \frac{2\pi n_c}{\lambda}\left[1 - (2p+l-1)\frac{\sqrt{n_c - n_s}}{\sqrt{2}\pi n_c^{3/2}}\frac{\lambda}{a}\right]. \end{aligned} \qquad (20.49)$$

Für den genau eine Wellenlänge langen inneren Resonator ist nach Abb. 20.2 noch die Resonanzbedingung

$$\beta = \frac{2\pi}{L} \qquad (20.50)$$

zu erfüllen, die die Emissionswellenlänge λ festlegt. Für einen lateral homogenen Resonator $n_c = n_s$ erhält man das frühere Resultat $\lambda = nL = \lambda_B$. Für $n_c \neq n_s$ ist die Emissionswellenlänge der Mode E_{lp} durch

$$\lambda_{lp} = \lambda_B\left[1 - (2p+l-1)\frac{\sqrt{n_c - n_s}}{\sqrt{2}\pi\sqrt{n_c}}\frac{\lambda_B}{n_c a}\right] \qquad (20.51)$$

gegeben. Mit zunehmendem Index $m = 2p + l - 1$ nimmt die Emmissionswellenlänge ab. Die Grundmode $l = 0, p = 1$ hat die größte Emissionswellenlänge. Moden mit demselben Modenindex m haben dieselbe Emissionswellenlänge. Unter Einbeziehung der Polarisation ist die Entartung der Moden zweifach für $l = 0$ und vierfach für $l \geq 1$, da jede Mode nach (20.34) für $l \geq 1$ in zwei azimuthalen Abhängigkeiten vorkommt. Der Modenabstand zwischen den Moden E_{lp} und $E_{l^*p^*}$ ist

$$\begin{aligned} &|\lambda_{lp} - \lambda_{l^*p^*}| \\ &\quad = |2(p-p^*) + l - l^*|\frac{\sqrt{n_c - n_s}}{\sqrt{2}n_c\pi}\frac{\lambda_B}{n_c a}. \end{aligned} \qquad (20.52)$$

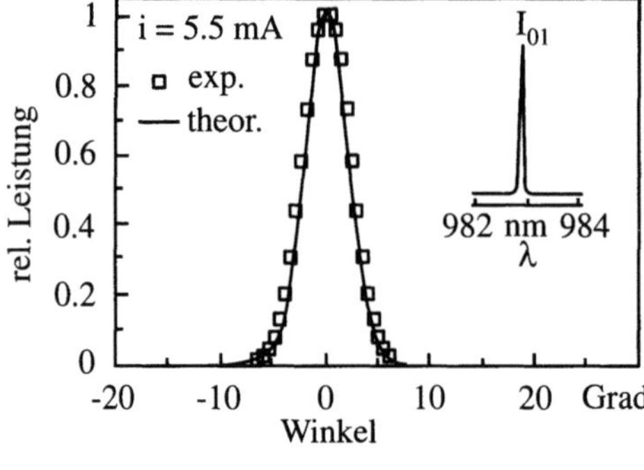

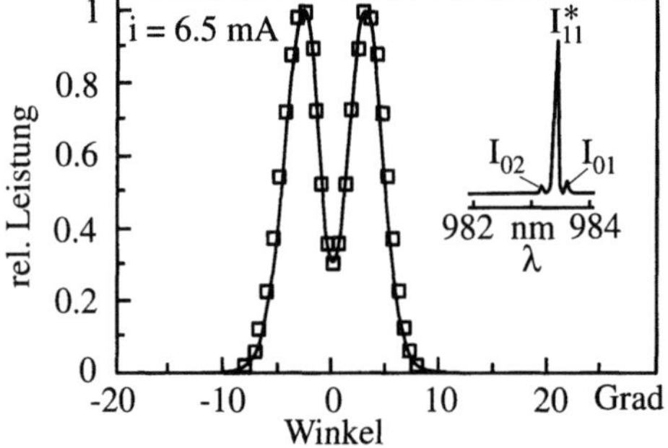

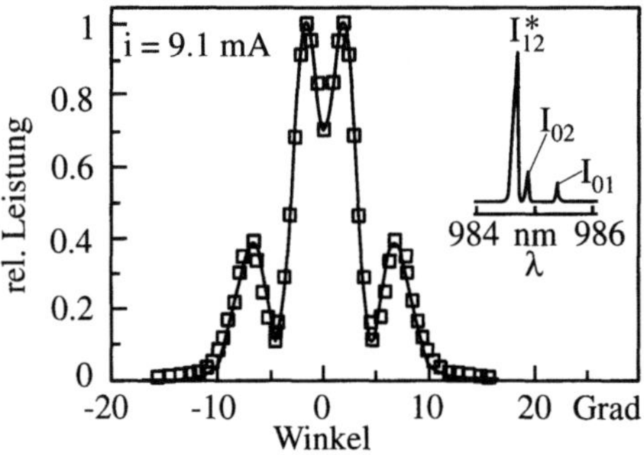

Abb. 20.12. Berechnete und gemessene Fernfeldverteilungen eines VCSELs und zugehörige Emissionsspektren bei verschiedenen Laserströmen

Insbesondere ist der Modenabstand zwischen der Grundmode E_{01} und der nächsthöheren Mode E_{11}

$$\Delta\lambda = |\lambda_{01} - \lambda_{11}| = \frac{\sqrt{n_c - n_s}}{\sqrt{2 n_c}\pi} \frac{\lambda_B^3}{n_c a}$$

$$= \frac{\lambda_B^3}{2\pi^2 w_0^2 n_c^2}, \qquad (20.53)$$

und der Abstand zweier beliebiger Moden ist ein ganzzahliges Vielfaches dieses Wertes. Eine grobe Abschätzung der Emissionsbandbreite ist durch $M\Delta\lambda/4$ gegeben, wenn alle Moden angeregt sind. Typische Emissionswellenlängen liegen in der Größenordnung von $\lambda \approx 1$ µm, aber der transversale Modenabstand beträgt nur etwa $\Delta\lambda \approx 1$ nm.

Gleichung (20.53) kann genutzt werden, um mit den bekannten Daten für n_c, λ_B und a die effektive Brechungsindexdifferenz $n_c - n_s$ abzuschätzen. Für einen protonenimplantierten VCSEL mit $2a = 6$ µm Durchmesser ergibt sich aus dem Temperaturgang des Brechungsindex von $\partial n/\partial T \approx 3 \cdot 10^{-4}\,\mathrm{K}^{-1}$ und einer Temperaturerhöhung von 20 K auf der Achse eine effektive Brechungsindexdifferenz von $n_c - n_s = 6 \cdot 10^{-3}$. Mit $n_c = 3{,}3$ und $\lambda = 1$ µm ist der Frequenzparameter $V = 3{,}5$ gerade etwa an der Grenze für einmodige Oszillation.

Für selektiv oxidierte VCSEL mit dünner Oxidapertur benutzen wir einen Störungsansatz, um die effektive Brechungsindexdifferenz abzuschätzen. Da der Kern ausschließlich aus Halbleitermaterial mit ($n_c = n_{sem}$) besteht, der umgebende Mantel jedoch die $d_{ox} \approx 30$ nm dicke Oxidschicht mit Brechungsindex $n_{ox} \approx 1{,}6$ enthält, bestimmen wir den mittleren Brechungsindex des Mantels aus

$$n_s L_{eff} = n_c(L_{eff} - d_{ox}) + n_{ox} d_{ox}, \qquad (20.54)$$

wobei $d_{ox} \ll L_{eff}$ vorausgesetzt wird. Die Brechungsindexdifferenz ist dann

$$n_c - n_s = \frac{d_{ox}}{L_{eff}}(n_c - n_{ox}). \qquad (20.55)$$

Bei unserer einfachen Überlegung haben wir den Überlapp der dünnen Oxidschicht mit dem Stehwellenfeld vernachlässigt. Einführung eines relativen Füllfaktors Γ_{rox} ähnlich wie in Gl. (20.22) führt auf

$$n_c - n_s = \Gamma_{rox}\frac{d_{ox}}{L_{eff}}(n_c - n_{ox}). \qquad (20.56)$$

Die Technologie und das elektrische Durchbruchverhalten limitiert die minimale Oxidschichtdicke auf $d_{ox} = 20$–30 nm. Zum Erreichen kleiner effektiver Brechungsindexunterschiede ($n_c - n_s$) ist es deshalb wichtig, Γ_{rox} durch Verschieben der Oxidschicht in die Nähe eines Stehwellenknotens zu minimieren. Für $\Gamma_{rox} = 0{,}25$, $n_c = 3{,}3$; $n_{ox} = 1{,}6$; $L_{eff} = 1{,}2$ µm; $d_{ox} = 30$ nm, und $\lambda = 1$ µm erhalten wir $n_c - n_s = 2{,}1 \cdot 10^{-2}$. Der sich für Oxidblendendurchmesser von $2a = 3$ µm ergebende Frequenzparameter von $V = 2{,}8$ liegt im Bereich einmodiger Emission. Für größere VCSELs mit $2a = 6$ µm folgt $V = 5{,}6$, was auf $M = V^2/4 \approx 8$ mögliche

Transversalmoden mit einem Modenabstand von $\Delta\lambda = 0{,}3$ nm führt. Eine grobe Abschätzung der spektralen Emissionsbandbreite liefert $M\Delta\lambda/4 = 0{,}6$ nm.

20.2.5 Temperaturverhalten

Abbildung 20.13 zeigt berechnete Gewinnspektren eines 8 nm dicken InGaAs-GaAs Quantenfilms für verschiedene Temperaturen [1, 2, 32]. Mit steigender Temperatur nimmt die Verstärkung ab, und das Gewinnmaximum wandert zu längeren Wellenlängen. Die aus Abb. 20.13 zu entnehmende Gewinnverschiebung von $\partial\lambda_{peak}/\partial T = 0{,}32$ nm/K ist im wesentlichen eine Folge der mit zunehmender Temperatur abnehmenden Bandlückenenergie im Halbleitermaterial.

Wegen der kurzen Laserlänge ist die Emissionswellenlänge eines VCSELs durch die Resonanz der Mode und nicht wie in kantenemittierenden Fabry-Perot Laserdioden durch das Gewinnmaximum festgelegt. Die thermisch bedingte Wellenlängenverschiebung der Emission ist damit im wesentlichen bestimmt durch den Temperaturgang des mittleren Brechungsindex und nur zu einem kleineren Teil von etwa 10% durch die thermische Ausdehnung des Materials. Im Detail hängt der Temperaturgang der Modenwellenlänge von der Materialzusammensetzung der Bragg-Reflektoren und derjenigen des inneren Resonators ab. Bei VCSELs auf der Basis von GaAs kann man mit einer typischen Verschiebung von $\partial\lambda_{lp}/\partial T \approx 0{,}07$ nm/K rechnen.

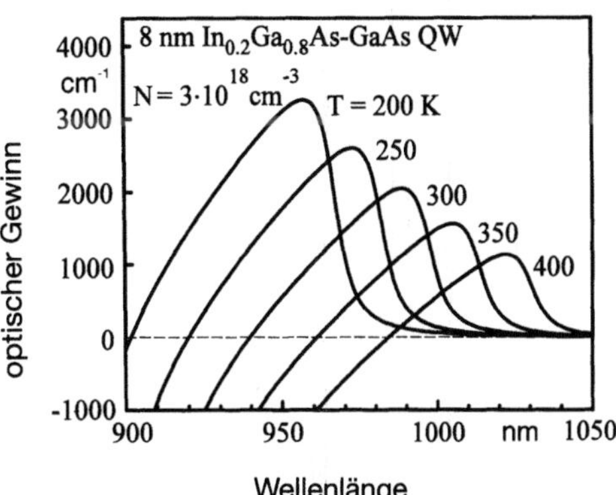

Abb. 20.13. Berechnete spektrale Abhängigkeit des Gewinnkoeffizienten für einen 8 nm dicken $In_{0,2}$-$Ga_{0,8}$As-GaAs Quantenfilm für verschiedene Temperaturen bei konstanter Trägerdichte von $N = 3 \cdot 10^{18}$ cm^{-3}

Wegen des abweichenden Temperaturgangs der maximalen Verstärkung und der modalen Emissionswellenlänge erfährt eine Mode unterschiedliche Gewinnbedingungen, wie dies in Abb. 20.14 dargestellt ist. Für vorgegebene feste Trägerdichte nimmt die maximale Ver-

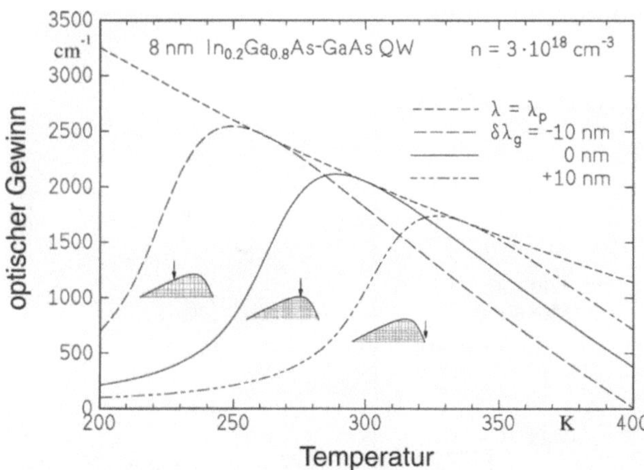

Abb. 20.14. Gewinnkoeffizient als Funktion der Temperatur. Die obere gestrichelte Kurve für $\lambda = \lambda_{peak}$ zeigt den Verlauf des Gewinnmaximums. Die unteren gestrichelten, durchgezogenen und strichpunktierten Linien zeigen den Gewinn, wie er von einer Mode gesehen wird, die bei Raumtemperatur $T = 300$ K eine Verstimmung $\partial\lambda_g$ zum spektralen Gewinnmaximum aufweisen. Die relativen Lagen der Modenwellenlängen sind jeweils in den eingefügten Gewinnspektren angedeutet

stärkung mit zunehmender Temperatur kontinuierlich ab. Dagegen kann der Gewinn einer Mode, abhängig von der Verstimmung zwischen Modenwellenlänge und Wellenlänge des Gewinnmaximums, mit steigender Temperatur zu- oder abnehmen. In Abb. 20.14 sind Verstimmungen

$$\partial\lambda_g = \lambda_{lp}(T = 300\text{ K}) - \lambda_{peak}(T = 300\text{ K}). \tag{20.57}$$

bei Raumtemperatur und die zugehörigen modalen Gewinnverläufe für $\partial\lambda_g = -10, 0, +10$ nm in Abhängigkeit von der Temperatur dargestellt. Eingetragen als obere Begrenzung ist auch der bei der jeweiligen Temperatur vorhandene maximale Gewinn.

Die Verstimmung $\partial\lambda_g$ kann durch das epitaktische Wachstum festgelegt werden. Von großem praktischen Interesse ist $\partial\lambda_g > 0$. In diesem Fall nimmt, ausgehend von Betrieb bei Raumtemperatur, der für die Mode verfügbare Gewinn mit steigendem Laserstrom und damit steigender Temperatur zu, wodurch der Abfall des maximalen Gewinns und die mit zunehmender Temperatur wachsenden Verluste etwa durch Leckströme kompensiert werden können. Auf diese Weise kann ein temperaturstabiles Verhalten der Ausgangskennlinien eines VCSELs sichergestellt werden, welches die Eigenschaften konventioneller Fabry-Perot Laserdioden deutlich übertrifft.

Die Aufheizung eines VCSELs wird üblicherweise durch den thermischen Widerstand R_{th} beschrieben, der durch das Verhältnis von Temperaturerhöhung ΔT im Bauelement und die dissipierte elektrische Leistung P_{diss} definiert ist. Man setzt

$$R_{th} = \frac{\Delta T}{P_{diss}}. \tag{20.58}$$

Für VCSELs mit hoher Konversionseffizienz ist es wichtig, die dissipierte elektrische Leistung durch

$$P_{diss} = i\,U_a - P_t - P_b = i\,U_a - P_{out} \tag{20.59}$$

zu erfassen, weil die Berücksichtigung der elektrischen Eingangsleistung $i\,V_a$ allein die Effekte der sogenannten Photonenkühlung durch die abgestrahlte optische Leistung $P_{out} = P_t + P_b$ vernachlässigen würde. Der thermische Widerstand der geometrisch vergleichsweise kleinen VCSEL-Wärmequellen folgt dem einfachen Gesetz [33]

$$R_{th} = (4\lambda_c a)^{-1}, \tag{20.60}$$

welches unter der Annahme eines radialen Wärmeflusses von einer kreisförmigen Quelle mit 2a Durchmesser in einen Halbraum mit Wärmeleitfähigkeit λ_c näherungsweise abzuleiten ist. Die in Abb. 20.15 eingetragenen Wärmewiderstände wurden an substratseitig auf Wärmesenken angebrachten VCSELs verschiedener Größe gemessen. Die durchgezogene Anpaßkurve wurde für eine effektive Wärmeleitfähigkeit von $\lambda_c = 40$ W/(K · m) berechnet. Dieser Wert liegt nur etwa 10% unter der Wärmeleitfähigkeit des GaAs-Substrats.

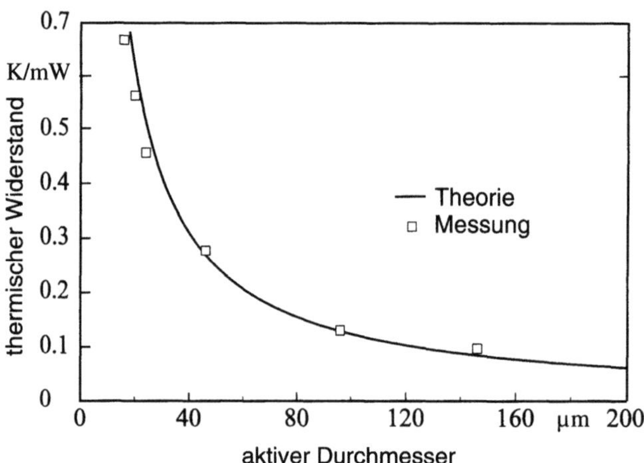

Abb. 20.15. Thermischer Widerstand als Funktion des aktiven VCSEL-Durchmessers. Die durchgezogene Kurve wurde mit $\lambda_c = 40$ W/(K · m) nach Gl. (20.60) berechnet

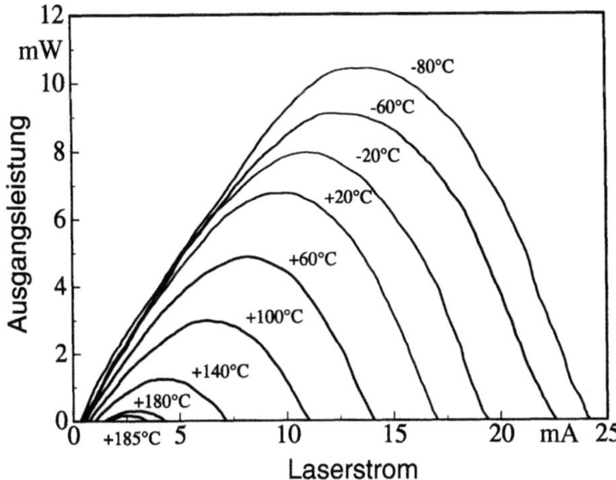

Abb. 20.16. Ausgangsleistung im kontinuierlichen Betrieb eines selektiv oxidierten VCSELs von 4 μm Durchmesser bei verschiedenen Temperaturen von - 80 °C bis + 185 °C

Für homogene Strominjektion in die laseraktive Schicht läßt sich die Temperaturerhöhung an der Laserschwelle durch

$$\Delta T = R_{\text{th}}\, P_{\text{diss}} = R_{\text{th}}\, U_{\text{th}}\, i_{\text{th}}$$

$$= \frac{\pi}{4} \frac{a}{\lambda_{\text{c}}}\, U_{\text{th}}\, j_{\text{th}} \qquad (20.61)$$

ausdrücken, wobei U_{th} und $i_{\text{th}} = j_{\text{th}} \pi a^2$ die Schwellspannung und den Schwellstrom bezeichnen. Für Schwellstromdichten von j_{th} = 1 kA/cm², U_{th} = 1,6 U; λ_{c} = 40 W/(K · m) ergibt sich eine Temperaturerhöhung an der Laserschwelle von ΔT = 3 K für einen VCSEL von $2a$ = 20 μm aktivem Durchmesser.

Mit zunehmendem Strom und damit zunehmender Temperatur im Bauelement beobachtet man üblicherweise ein Überrollen der Lichtausgangskennlinie. Leckströme werden häufig für dieses Abweichen vom linearen Anwachsen der Ausgangsleistung mit dem Strom verantwortlich gemacht. Um das experimentell beobachtete Verhalten zu beschreiben, wird in Gl. (20.28) empirisch eine temperaturabhängige Injektionseffizienz η_{inj} hinzugefügt. Man schreibt

$$P_{\text{t,b}} = \eta_{\text{inj}}\, \eta^*_{\text{dt,b}} \frac{\hbar\omega}{q} (i - i_{\text{th}}) \qquad (20.62)$$

und setzt

$$\eta_{\text{inj}} = 1 - \frac{T - T_{\text{hs}}}{T_{\text{off}} - T_{\text{hs}}}, \qquad (20.63)$$

wobei T_{hs} die Wärmensenkentemperatur, $\Delta T = T - T_{\text{hs}}$ die Temperaturerhöhung und T_{off} die Abschalttemperatur bezeichnen.

Abbildung 20.16 zeigt Lichtausgangsleistungs-Kennlinien eines VCSELs mit 4 μm Durchmesser für Wärmesenkentemperaturen von - 80 °C bis + 185 °C [27]. Die Kurven werden gut durch die funktionale Form (1.62) beschrieben, wobei für die Abschalttemperatur $T_{\text{off}} \approx$ 200 °C anzusetzen ist. Eine genauere Analyse zeigt, daß der Schwellstrom im gesamten Temperaturbereich von - 40 °C bis + 80 °C unter 500 μA bleibt und daß über denselben Temperaturbereich weniger als 2 mA Strom erforderlich sind, um 1 mW Ausgangsleistung zu erzeugen [27].

20.2.6 Ein- und zweidimensionale VCSEL-Arrays

Wie bereits in Abb. 20.1 dargestellt, lassen sich VCSELs auf einfache Weise zu ein- und zweidimensionalen Matrizen integrieren. Eindimensionale Arrays mit typischen Größen von 1 × 12 Elementen sind gut zur Ankopplung an Faserbändchen geeignet. Zweidimensionale Arrays bieten sich für Freiraumübertragung oder für die Übertragung über Faserbündel an. Die elektrische Ansteuerung der einzelnen Laser kann über Mikrowellenstreifenleitungen oder das direkte Flip-Chip Löten auf CMOS Treiberschaltungen erfolgen [34, 35]. Abbildung 20.17 zeigt Layout, Ausgangscharakteristiken und Emissionsspektrum eines 4 × 8 Arrays, dessen Kontakte für die Flip-Chip Montage auf der Oberseite angebracht sind [34]. Der Abstand der VCSEL beträgt 250 μm, jeder Einzellaser besitzt einen eigenen Plus- und Minuskontakt zur unabhängigen elektrischen Ansteuerung. Die Ausgangscharakteristiken

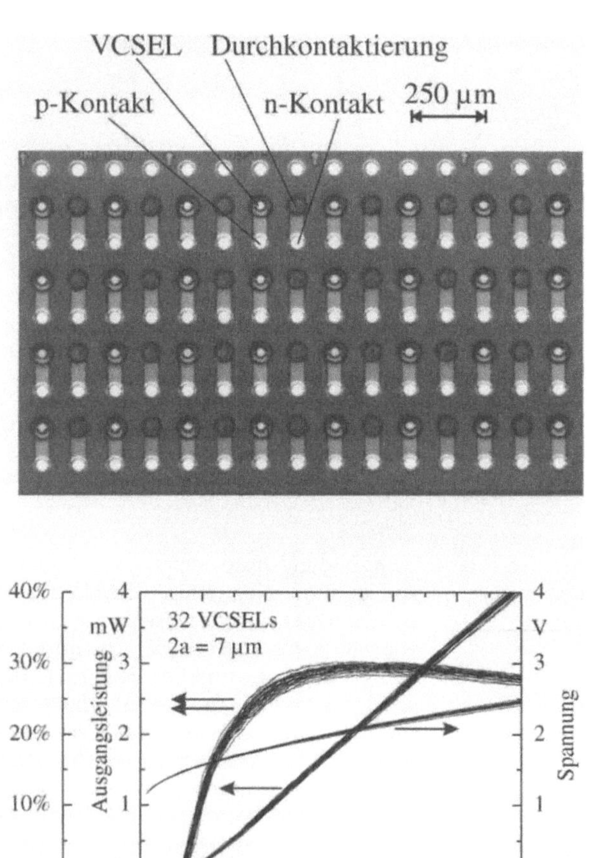

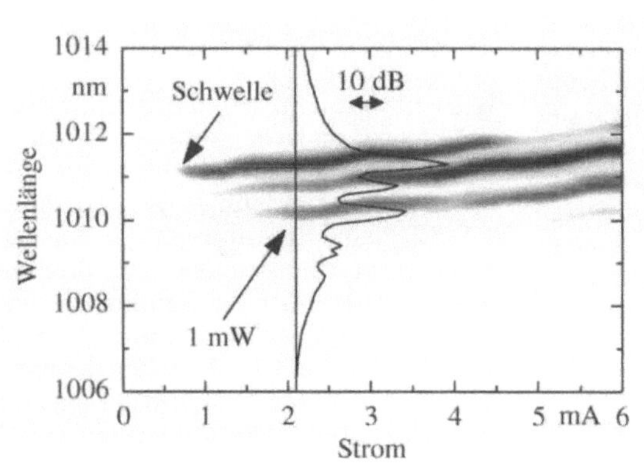

Abb. 20.17. **a** Layout und **b** Ausgangscharakteristiken eines 4 × 8 VCSEL-Arrays für die Flip-Chip Montagetechnik. Die Durchmesser der selektiv oxidierten VCSELs betragen 7 µm. **c** Zeigt exemplarisch das stromabhängige Emissionsspektrum eines VCSELs in Grautondarstellung

sind äußerst homogen über den gesamten Chip. Die maximalen Ausgangsleistungen und Konversionswirkungsgrade der 7 µm großen VCSELs liegen bei 7 mW und 30 %. Die Emissionsspektren sind transversal mehrmodig, die Linien verschieben sich mit zunehmendem Strom und damit zunehmender Erwärmung zu längeren Wellenlängen. Durch aktive Kühlung des Arrays läßt sich der Temperaturgang noch deutlich verbessern.

20.2.7 Kurz- und langwellige VCSELs

VCSELs in der beschriebenen Bauform mit aktiven $In_xGa_{1-x}As$-Quantenfilmen und AlGaAs-Bragg-Reflektoren auf GaAs-Substrat sind für Emission im Wellenlängenbereich von ca. 750 bis 1100 nm hervorragend geeignet. In kürzerwellig bei 650 nm emittierenden VCSELs sind InGaP-Quantenfilme mit InAlGaP-Barrieren und hoch aluminiumhaltige AlGaAs-Bragg-Spiegel auf GaAs-Substrat zu verwenden. Die bislang in diesem Materialsystem demonstrierten VCSELs müssen hinsichtlich Ausgangsleistung und Temperaturverhalten für Systemanwendungen noch verbessert werden. Laserdioden mit Emission bei 1,3 oder 1,55 µm Wellenlänge werden üblicherweise im InGaAsP- oder InAlGaAs-Materialsystem auf InP-Substrat realisiert [36]. Hoch reflektierende Bragg-Spiegel lassen sich in diesem Materialsystem nur mit großen Schwierigkeiten defektfrei herstellen, so daß erste monolithische VCSELs bei 1,55 µm Wellenlänge noch nicht befriedigende Leistungsdaten aufweisen. Alternative hybride Lösungen, z.B. durch Wafer-Fusion oder optisches Pumpen, liefern zwar mit Einschränkung akzeptable Charakteristiken, sind aber extrem aufwendig in der Herstellung und damit nicht geeignet für die Massenfertigung. Für Emission im Wellenlängenbereich um 1,3 µm sind darüber hinaus Bauelemente mit aktiven Zonen aus GaInNAs oder GaAsSb auf GaAs-Substrat hoch interessant. Mit diesen neuartigen Materialien wurden erste monolithische VCSELs mit etwa 1,2 µm Emissionswellenlänge bereits demonstriert und rasche Fortschritte sind zu erwarten.

20.3 Modulations- und Rauschverhalten

Im Hinblick auf Anwendungen von VCSELs in Datenübertragungssystemen sind die Rauscheigenschaften und das dynamische Verhalten der Laser von Interesse. Die Charakteristiken gehen aus den Ratengleichungen [1, 2] hervor, die die Wechselwirkungen von Elektronen und Photonen im Laserresonator beschreiben. Das dynamische Verhalten läßt sich am einfachsten aus der Kleinsignal-Modulationsübertragungsfunktion ablesen. Das Rauschen hat seine Ursache in der spontanen Emission, deren statistische Natur in den Ratengleichungen durch Langevin-Kräfte für Elektronen und Photonen ausgedrückt wird. Der Einfachheit halber wird nur einmodige Lasertätigkeit betrachtet.

20.3.1 Ratengleichungen

In einer idealisierten Vertikallaserdiode mit aktiven Quantenfilmen, die schematisch in Abb. 20.18 dargestellt ist, wird der Strom i über die gesamte Fläche A_{act} in die Barrierenschichten mit dem Volumen $V_b = A_{act}\,(b - d)$ injiziert. Die Elektronendichte N_b in den Barrieren ändert sich durch Diffusion der Träger in den Quantenfilm und durch Re-Emission vom Quantenfilm in die Barriere. Diese Prozesse werden durch die Transport- und Emissionszeitkonstanten τ_s und τ_e charakterisiert. Die Änderungsrate der Elektronendichte in den Barrieren läßt sich ausdrücken durch

$$\frac{dN_b}{dt} = -\frac{N_b}{\tau_s} + \frac{N_w(V_w/V_b)}{\tau_e} + \frac{i}{eV_b}, \qquad (20.64)$$

wobei N_w die Elektronendichte im Quantenfilm bezeichnet und das Verhältnis V_w/V_b die unterschiedlichen Größen des Barrierenvolumen V_b und des Quantenfilmvolumens $V_w = A_{act} \cdot d$ berücksichtigt.

Ladungsträger, die in dem Quantenfilm eingefangen sind, können an Emissions- und Absorptionsprozessen teilnehmen. Spontane Emission wird durch eine Trägerlebensdauer τ_{sp} charakterisiert. Das statistische Auftreten der spontanen Emissionsereignisse wird durch die Langevin-Kraft $F_{N_w}(t)$ erfaßt. Die stimulierten Emissionsprozesse sind bestimmt durch den trägerdichteabhängigen Gewinnkoeffizienten $g = g(N_w)$ und die Photonendichte s in der betrachteten Mode. Der relative Füllfaktor kommt ins Spiel, weil die Wechselwirkung zwischen Elektronen und Photonen von der relativen Position des Quantenfilms im Stehwellenfeld abhängt. Folglich lautet die

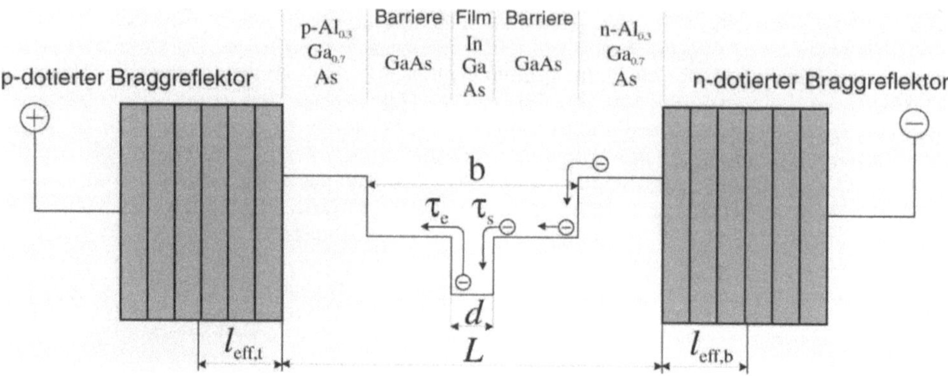

Abb. 20.18. Veranschaulichung der Elektroneninjektion in das Barrierengebiet, der Diffusion in den Quantenfilm und der möglichen Re-Emission

Ratengleichung für die Elektronendichte im Quantenfilm

$$\frac{dN_w}{dt} = \frac{N_b(V_b/V_w)}{\tau_s} - \frac{N_w}{\tau_{sp}} - \frac{N_w}{\tau_e} - \frac{c_{gr}\Gamma_r g(N_w)s}{1+\varepsilon s} + F_{N_w}. \qquad (20.65)$$

Dabei bedeutet c_{gr} die mittlere Gruppengeschwindigkeit im Resonator. Um die Gewinnsättigung bei hohen Photonendichten zu erfassen, wurde der Faktor $1 + \varepsilon\, s$ im Nenner des Terms für die stimulierte Emission eingeführt. Der Gewinnkompressionsfaktor ε läßt sich näherungsweise berechnen gemäß [37]

$$\varepsilon = \frac{\lambda^2 c r_{intra}^2}{2\pi n^3 \tau_{sp}}, \qquad (20.66)$$

wobei c die Vakumlichtgeschwindigkeit und $\tau_{intra} \approx 100$ fs die Intraband-Relaxationszeit bedeuten.

In der Photonenratengleichung sind spontane und stimulierte Emissionsprozesse sowie Resonatorverluste, beschrieben durch die Photonenlebensdauer τ_p, die bestimmenden Elemente. Die statistische Natur der spontanen Emission wird durch Einführung der Langevin-Kraft $F_s(t)$ für die Photonen berücksichtigt. Von der Gesamtzahl der spontanen Emissionsprozesse wird nur der durch den spontanen Emissionskoeffizienten $\bar{\beta}_{sp}$ charakterisierte Bruchteil in die betrachtete Mode fallen. Außerdem muß man bei dichtebezogenen Gleichungen noch die unterschiedlich großen Quantenfilmvolumen V_w und Resonatorvolumen V_p für die wechselwirkenden Elektronen und Photonen in geeigneter Weise in Rechnung stellen. Damit kommt man auf die Photonenratengleichung

$$\frac{ds}{dt} = \bar{\beta}_{sp}\frac{V_w}{V_p}\frac{N}{\tau_{sp}} - \frac{s}{\tau_p} + \frac{V_w}{V_p}\frac{c_{gr}\Gamma_r g(N_w)s}{1+\varepsilon s} + F_s. \qquad (20.67)$$

Bei Lasertätigkeit genügend weit oberhalb der Schwelle kann man die spontane Emission gegenüber der stimulierten Emission vernachlässigen, da $\bar{\beta}_{sp} \lesssim 10^{-2}$ sogar noch für kleine VCSELs mit 3 µm Durchmesser sichergestellt ist. Für den dichteabhängigen Gewinnkoeffizienten stellt die lineare Beziehung

$$g(N_w) = a(N_w - N_{wt}) \qquad (20.68)$$

mit dem konstanten differentiellen Gewinn $\partial g/\partial N = a$ und der Transparenzdichte $N_{wt} \approx 2 \cdot 10^{18}\ \text{cm}^{-3}$ eine erste Näherung dar. Die experimentell beobachtete Gewinnsättigung bei hoher Trägerdichte in den Quantenfilmen wird jedoch besser durch das logarithmische Gewinnprofil

$$g(N_w) = g_0 \ln\frac{N_w}{N_{wt}} \qquad (20.69)$$

beschrieben, wobei $g_0 = aN_{wt} \approx 2000\ \text{cm}^{-1}$ als konstant angenommen wird. In einem Einmodenlaser mit hoher Verstärkung bestimmen die Fluktuationen der Photonendichte in der Lasermode die Fluktuationen in der Ladungsträgerdichte. Dagegen sind die Fluktuationen in der Trägerdichte aufgrund spontaner Emission in nichtlasernde Moden zu vernachlässigen. Folglich kann man näherungsweise annehmen, daß Photonenerzeugung und Elektronenvernichtung streng korreliert sind. Damit ist für die Langevin-Kräfte der Photonen und Elektronen zu fordern

$$V_w F_{N_w}(t) = -V_p\, F_s(t)\,. \tag{20.70}$$

Ganz allgemein verschwinden die Ensemblemittelwerte der Langevin-Kräfte

$$\langle F_{N_w}(t)\rangle = \langle F_s(t)\rangle = 0\,, \tag{20.71}$$

und die zeitliche Korrelationsfunktion ist mit der δ-Funktion identisch

$$\langle F_s(t) F_s(t+\tau)\rangle = \langle \hat{F}_s^2(t)\rangle\, \delta(\tau)\,. \tag{20.72}$$

Der Vorfaktor $\langle \hat{F}_s^2(t)\rangle$ ist durch die spontane (volumenbezogene) Emissionsrate R_{sp} und die mittlere Photonendichte bestimmt [1]

$$\langle \hat{F}_s^2(t)\rangle = 2\,\langle s\rangle\, \bar{\beta}_{sp} \frac{V_w}{V_p} \frac{N_w}{\tau_{sp}} = 2 R_{sp} \langle s\rangle\,. \tag{20.73}$$

Entscheided ist, daß das dynamische Verhalten und die Rauscheigenschaften einmodiger Quantenfilm-VCSELs durch die Elektronenratengleichungen (20.64) und (20.65) sowie die Photonenratengleichung (20.67) vollständig beschrieben werden.

20.3.2 Kleinsignalnäherungen der Ratengleichungen

Die Ratengleichungen sind nichtlineare gekoppelte Differentialgleichungen, die numerisch gelöst werden müssen. Die Linearisierung der Gleichungen um einen Arbeitspunkt s_0, N_{w_0}, N_{b_0} und i_0 führt auf analytische Lösungen, die erste Einsichten in das allgemeine dynamische Verhalten des Lasers geben. Lineare Approximationen sind ausreichend zur Beschreibung des Laserrauschens, denn hierbei handelt es sich typischerweise im Vergleich zum Signal um kleine Größen. Für unsere Diskussion [38] werden wir den Term mit $\bar{\beta}_{sp}$ in der Photonenratengleichung (20.67) vernachlässigen, da weit oberhalb der Laserschwelle die spontane Emission nur vergleichsweise kleine Beiträge liefert. Wir setzen an

$$N_b(t) = N_{b_0} + \Delta N_b(t)\,, \tag{20.74}$$

$$N_w(t) = N_{w_0} + \Delta N_w(t)\,, \tag{20.75}$$

$$s(t) = s_0 + \Delta s(t)\,, \tag{20.76}$$

$$i(t) = i_0 + \Delta i(t)\,, \tag{20.77}$$

wobei für die fluktuierenden Größen gilt $|\Delta N_w(t)| \ll N_{w_0}, |\Delta N_b(t)| \ll N_{b0}, |\Delta s(t)| \ll s_0$ und $|\Delta i(t)| \ll i_0$. Taylorreihenentwicklung der Ratengleichungen (20.64), (20.65), und (20.67) liefert unter Annahme des linearen Gewinnmodells Gl (20.68) und der Vernachlässigung von Termen höherer Ordnung die Kleinsignalnäherungen der Ratengleichungen

$$\frac{\mathrm{d}\Delta N_b}{\mathrm{d}t} = -\frac{\Delta N_b}{\tau_s} + \frac{V_w/V_b}{\tau_e}\Delta N_w + \frac{\Delta i(t)}{e V_b}\,, \tag{20.78}$$

$$\frac{\mathrm{d}\Delta N_w}{\mathrm{d}t} = \frac{V_b/V_w}{\tau_s}\Delta N_b - \left(\frac{1}{\tau_{sp}} + \frac{1}{\tau_e} + \frac{c_{gr}\Gamma_r a\, s_0}{1+\varepsilon s_0}\right)\Delta N_w - \frac{c_{gr}\Gamma_r\, a(N_{w_0} - N_{wt})}{(1+\varepsilon s_0)^2}\Delta s + F_{N_w}(t)\,, \tag{20.79}$$

$$\frac{\mathrm{d}\Delta s}{\mathrm{d}t} = \frac{c_{gr}(V_w/V_p)\,\Gamma_r a\, s_0}{(1+\varepsilon s_0)}\Delta N_w - \frac{\varepsilon s_0}{\tau_p(1+\varepsilon s_0)}\Delta s + F_s(t)\,, \tag{20.80}$$

wobei die Beziehung

$$\frac{1}{\tau_p} = \frac{(V_w/V_p)\,\Gamma_r c_{gr}\, a(N_{w_0} - N_{wt})}{1+\varepsilon s_0} \tag{20.81}$$

benutzt wurde, die sich aus Gl. (20.67) für stationäre Bedingungen und vernachlässigte spontane Emission $\bar{\beta}_{sp} = 0$ ergibt.

Tatsächlich sind wir interessiert an den Spektren der Fluktuationen $\Delta N_b(t)$, $\Delta N_w(t)$, und $\Delta s(t)$. Diese ergeben sich durch Fouriertransformation wie beispielsweise

$$\Delta\tilde{s}(f) = \int_{-\infty}^{\infty} \Delta s(t)\, e^{-2\pi j f t}\, \mathrm{d}t\,, \tag{20.82}$$

wobei die Fouriertransformierte einer Funktion durch die Tilde gekennzeichnet ist und die Frequenz f statt der Freisfrequenz ω benutzt wird, um klarzumachen, daß die Fluktuationen im Mikrowellenbereich, nicht dagegen bei Lichtfrequenzen von Interesse sind. Fouriertransformation der Gln. (20.78) bis (20.80) ergibt

$$\left(\frac{1}{\tau_s} + 2\pi j f\right)\Delta\tilde{N}_b(f) - \frac{V_w/V_b}{\tau_e}\Delta\tilde{N}_w(f) = \frac{\Delta\tilde{i}(f)}{e V_b}\,, \tag{20.83}$$

$$-\frac{V_b/V_w}{\tau_s}\Delta\tilde{N}_b(f)$$
$$+\left(\frac{1}{\tau_{sp}}+\frac{1}{\tau_e}+\frac{c_{gr}\Gamma_r a s_0}{1+\varepsilon s_0}+2\pi jf\right)\Delta\tilde{N}_w(f)$$
$$+\frac{V_p}{V_w\tau_p(1+\varepsilon N_0)}\Delta\tilde{s}(f)=\tilde{F}_{Nw}(f), \qquad (20.84)$$

$$-\frac{c_{gr}(V_w/V_p)\Gamma_r a s_0}{1+\varepsilon s_0}\Delta\tilde{N}_w(f)$$
$$+\left(\frac{\varepsilon s_0}{\tau_p(1+\varepsilon s_0)}+2\pi jf\right)\Delta\tilde{s}(f)=\tilde{F}_s(f). \qquad (20.85)$$

Durch Eliminieren von $\Delta\tilde{N}_b$ und $\Delta\tilde{N}_w$ erhält man aus den letzten drei Gleichungen eine Beziehung für die Photonendichtefluktuationen $\Delta\tilde{s}(f)$. Das allgemeine Ergebnis ist ein recht unübersichtlicher Ausdruck, der sich für kurze Transportzeiten, genauer für $2\pi f\tau_s \ll 1$, zu

$$\Delta\tilde{s}(f)=\frac{(2\pi jf+\gamma^*)\tilde{F}_s(f)+\dfrac{A}{1+2\pi jf\tau_s}\dfrac{\Delta\tilde{j}(f)}{e}+AV_w\tilde{F}_{Nw}(f)}{4\pi^2f_r^2-4\pi^2f^2+2\pi j\gamma f} \qquad (20.86)$$

vereinfacht. Diese Formel zeigt, daß $\Delta\tilde{s}(f)$ über eine Tiefpaßfunktion zweiter Ordnung mit den Anregungsgrößen $\tilde{F}_N(f)$, $\Delta\tilde{i}(f)$ und $\tilde{F}_{sw}(f)$ zusammenhängt. Als Abkürzungen wurden dabei der Amplitudenfaktor

$$A=\frac{c_{gr}\Gamma_r a s_0}{V_p\chi(1+\varepsilon s_0)}, \qquad (20.87)$$

der Dämpfungskoeffizient

$$\gamma=\frac{1}{\chi\tau_{sp}}+\frac{c_{gr}\Gamma_r a s_0}{\chi(1+\varepsilon s_0)}+\frac{\varepsilon s_0}{\tau_p(1+\varepsilon s_0)}, \qquad (20.88)$$

der modifizierte Dämpfungskoeffizient

$$\gamma^*=\gamma-\frac{\varepsilon s_0}{\tau_p(1+\varepsilon s_0)} \qquad (20.89)$$

und die Resonanzfrequenz

$$4\pi^2f_r^2=\frac{c_{gr}\Gamma_r a s_0}{\chi\tau_p(1+\varepsilon s_0)}\left(1+\frac{\varepsilon}{\tau_{sp}c_{gr}\Gamma_r a}\right)$$
$$\approx\frac{c_{gr}\Gamma_r a s_0}{\chi\tau_p(1+\varepsilon s_0)} \qquad (20.90)$$

sowie der Transportfaktor

$$\chi=1+\tau_s/\tau_e \qquad (20.91)$$

eingeführt.

20.3.3 Strommodulation

Die Kleinsignal-Modulationsübertragungsfunktion wird gemessen, indem der Laser oberhalb der Schwelle vorgespannt und der Strom sinusförmig bei verschiedenen Frequenzen moduliert wird. Das Rauschen wird vernachlässigt, so daß in Gleichung (20.86) $\tilde{F}_s(f)=\tilde{F}_{Nw}(f)=0$ gesetzt werden kann. Die Photonendichtemodulation wird dann charakterisiert durch die Transferfunktion

$$M(f)=\frac{\Delta\tilde{s}(f)}{\Delta\tilde{i}(f)/e}=\frac{1}{1+2\pi jf\tau_s}\cdot\frac{A}{4\pi^2(f_r^2-f^2)+2\pi j\gamma f}. \qquad (20.92)$$

Bei praktischen Messungen muß häufig das durch Serienwiderstände und durch Diodenkapazitäten bedingte parasitäre Tiefpaßverhalten berücksichtigt werden. Mit der Tiefpaß-Zeitkonstanten τ_{RC} ist die gemessene Transferfunktion durch

$$M_{meas}(f)=\frac{1}{1+2\pi jf\tau_{RC}}\frac{1}{1+2\pi jf\tau_s}\cdot\frac{A}{4\pi^2(f_r^2-f^2)+2\pi j\gamma f}$$
$$=M_{par}(f)M(f) \qquad (20.93)$$

zu beschreiben.

Abbildung 21.19 zeigt die an einem einmodigen selektiv oxidierten VCSEL gemessenen Transferfunktionen. Der Laserschwellstrom beträgt $i_{th}=1{,}1$ mA. Der steile Abfall der Übertragungsfunktion oberhalb von 10 GHz ist auf thermisches Überrollen und das Anschwingen einer höheren Transversalmode zurückzuführen. Die durchgezogenen Kurven sind nach

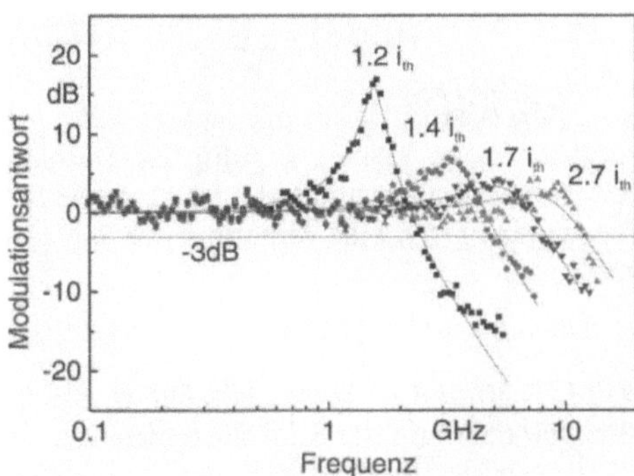

Abb. 20.19. Gemessene Modulationsübertragungsfunktion eines einmodigen selektiv oxidierten VCSELs bei verschiedenen Vorströmen bzw. mittleren Ausgangsleistungen (Meßpunkte) und theoretische Kurven (durchgezogen) nach Gl. (20.94)

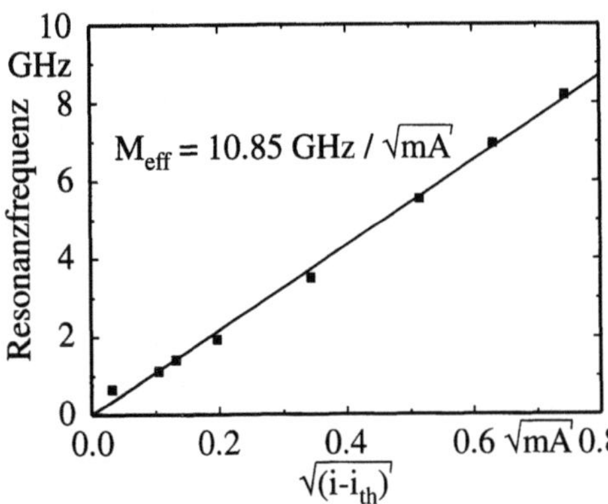

Abb. 20.20. Resonanzfrequenz als Funktion des Vorstroms für einen selektiv oxidierten einmodigen VCSEL

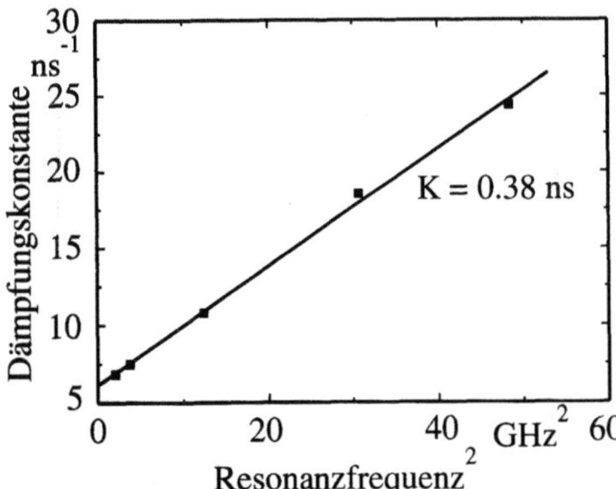

Abb. 20.21. Dämpfungskonstante γ als Funktion der quadrierten Resonanzfrequenz f_r^2 für den selektiv oxidierten VCSEL aus Abb. 20.20

$$|M_{\text{meas}}(f)|^2 \approx \frac{A^2}{16\pi^4(f_r^2 - f^2) + 4\pi^2\gamma^2 f^2} \qquad (20.94)$$

berechnet, wobei $2\pi f \tau_{\text{RC}} \ll 1$ und $2\pi f \tau_s \ll 1$ angenommen wurde. Von den Anpaßkurven erhält man die Resonanzfrequenzen f_r und Dämpfungskoeffizienten γ für die verschiedenen mittleren Ausgangsleistungen, also auch Photonendichten und Vorströme.

Abbildung 20.20 zeigt die gemessene Resonanzfrequenz als Funktion des Vorstroms für einen einmodigen selektiv oxidierten VCSEL. Die Resonanzfrequenz steigt mit der Quadratwurzel des Stromes an. Die Steigung definiert den Modulationseffizienzfaktor, der sich für den untersuchten Laser zu $M_{\text{eff}} \approx 10\ \text{GHz}/\sqrt{\text{mA}}$ ergibt. Abbildung 20.21 zeigt die gemessenen Abhängigkeiten des Dämpfungskoeffizienten γ von der Resonanzfrequenz f_r für den selektiv oxidierten Laser aus Abb. 20.20. Theoretisch erhält man die Beziehungen zwischen γ und f_r unmittelbar aus den Gln. (20.88) und (20.90) zu

$$\gamma = K f_r^2 + \frac{1}{\chi \tau_{\text{sp}}}, \qquad (20.95)$$

wobei der sogenannte K-Faktor

$$K = 4\pi^2 \left(\tau_p + \frac{\varepsilon}{c_{\text{gr}} \Gamma_r a / \chi} \right) \qquad (20.96)$$

durch die Steigung der Kurven in Abb. 20.21 bestimmt ist. Der K-Faktor legt die maximale 3 dB Modulationsgrenzfrequenz

$$f_{\max} = \sqrt{2}\,\frac{2\pi}{K} \qquad (20.97)$$

fest [39], die einzig von den intrinsischen Eigenschaften des Lasers, nicht dagegen von parasitären Effekten abhängt. Experimentell erhalten wir für den untersuchten Laser $K = 0{,}38$ ns, was auf $f_{\max} = 23{,}4$ GHz führt. Eine grobe Abschätzung zeigt, daß der zweite Term in Gl. (20.96) dominiert. Die beobachteten K-Faktoren sind damit wesentlich durch den differentiellen Gewinnkoeffizienten $a = \partial g / \partial N$ und den Gewinnkompressionsfaktor ε bestimmt. Extrapolation der Geraden nach $f_r = 0$ liefert gemäß (20.95) bei Vernachlässigung der Transporteffekte die spontane Rekombinationslebensdauer $\tau_{\text{sp}} \approx 200$ ps.

20.3.4 Relatives Intensitätsrauschen

Zur Berechnung des Intensitätsrauschspektrums nimmt man an, daß die Photonendichte durch die spontanen Emissionsprozesse statistisch moduliert wird, die Stromschwankungen jedoch zu vernachlässigen sind. Man setzt $\Delta \tilde{i} = 0$ in Gl. (20.86) und erhält unter Berücksichtigung von Gl. (20.70) die Beziehung

$$\Delta \tilde{s}(f) = \frac{(2\pi j f + \gamma^* - 4\pi^2 \tau_p f_r^2)\, \tilde{F}_s(f)}{4\pi^2 (f_r^2 - f^2) + 2\pi j \gamma f} \approx \frac{2\pi j f + \gamma^*}{4\pi^2 (f_r^2 - f^2) + 2\pi j \gamma f} \tilde{F}_s(f), \tag{20.98}$$

wobei die Näherung auf der rechten Seite gerechtfertigt ist, da $\gamma^* \gg 4\pi^2 \tau_p f_r^2$ gilt. Die spektrale Leistungsdichte der Photonendichtefluktuationen ist $2\,|\Delta \tilde{s}(f)|^2$. Der Faktor 2 tritt auf, weil bei Leistungsspektren nur mit positiven Frequenzen gerechnet wird. Wir definieren das spektrale relative Intensitätsrauschen als [40]

$$\mathrm{RIN}(f) = 2\frac{\langle |\Delta \tilde{s}(f)|^2\rangle}{\langle s\rangle^2} = 2\frac{\langle |\Delta \tilde{P}(f)|^2\rangle}{\langle P\rangle^2} = 2\frac{\langle |\Delta \tilde{i}_{\mathrm{phot}}(f)|^2\rangle}{\langle i_{\mathrm{phot}}\rangle^2}, \tag{20.99}$$

wobei die Proportionalität zwischen den spektralen Komponenten der Photonendichte $\Delta\tilde{s}(f)$, der Ausgangsleistung $\Delta\tilde{P}(f)$ und des Detektor-Photostroms $\Delta\tilde{i}_{\mathrm{phot}}(f)$ ausgenutzt wurde und entsprechendes für die Ensemblemittelwerte $\langle s\rangle$, $\langle P\rangle$ und $\langle i_{\mathrm{phot}}\rangle$ gilt. Die Fouriertransformierte der Autokorrelationsfunktion der Langevin-Kraft (20.72) liefert das Leistungsspektrum

$$\langle |\tilde{F}_s(f)|^2\rangle = 2R_{\mathrm{sp}}\langle s\rangle, \tag{20.100}$$

wobei Gl. (20.73) benutzt wurde. Damit ergibt sich für das relative Intensitätsrauschen die einfache Beziehung

$$\mathrm{RIN}(f) = A^* \frac{4\pi^2 f^2 + \gamma^{*2}}{16\pi^4 (f_r^2 - f^2)^2 + 4\pi^2 \gamma^2 f^2} \tag{20.101}$$

mit der frequenzunabhängigen Konstanten

$$A^* = \frac{2\,|\tilde{F}_s(f)|^2}{\langle s\rangle^2} = \frac{4R_{\mathrm{sp}}}{\langle s\rangle}. \tag{20.102}$$

Im Gegensatz zur Modulationstransferfunktion Gl. (20.92) tritt in Gl. (20.101) keine explizite Abhängigkeit von der Transportzeit auf, d. h. der Vorfaktor $(1 + 2\pi j f \tau_s)^{-1}$ fehlt. Damit ist das RIN-Signal frei vom Tiefpaßverhalten, verursacht durch den Ladungsträgertransport in den Barrieren. Aus den Gln. (20.89) und (20.90) erhält man

$$\gamma^* = \frac{1}{\chi \tau_{\mathrm{sp}}} + 4\pi^2 \tau_p f_r^2 \approx \frac{1}{\chi \tau_{\mathrm{sp}}}, \tag{20.103}$$

wobei die Näherung auf der rechten Seite für vergleichsweise kleines f_r gültig ist. Deshalb erwartet man dicht oberhalb der Schwelle für Frequenzen $f \ll f_r$ eine Abnahme des RIN gemäß

$$\mathrm{RIN}(\nu) \propto \langle s\rangle^{-3} \propto \langle P\rangle^{-3}, \tag{20.104}$$

weil $f_r^2 \propto \langle s\rangle$ und $A^* \propto \langle s\rangle^{-1}$ gilt. Für großes f_r, also weit oberhalb der Schwelle haben wir

$$\gamma^* = \frac{1}{\chi \tau_{\mathrm{sp}}} + 4\pi^2 \tau_p f_r^2 \approx 4\pi^2 \tau_p f_r^2, \tag{20.105}$$

und der Abfall des RIN folgt der Proportionalität

$$\mathrm{RIN}(f) \propto \langle s\rangle^{-1} \propto \langle P\rangle^{-1}, \tag{20.106}$$

Nach der vorgestellten Theorie kann das RIN beliebig kleine Werte annehmen, wenn die Photonendichte im Resonator entsprechend erhöht wird und dadurch spontane Emissionsprozesse eine immer geringere Rolle spielen. Dabei wurde nicht berücksichtigt, daß die emittierte Welle aus einzelnen Quanten mit der Energie $\hbar\omega$ besteht, deren Verteilung bei thermischem Licht oder ideal einmodiger kohärenter Strahlung einer Poissonstatistik gehorcht. Detektiert man solches Licht, gilt für die spektrale Leistungsdichte des Photostroms [41]

$$\langle |\Delta \tilde{i}_{\mathrm{phot}}|^2\rangle = e\,\langle i_{\mathrm{phot}}\rangle = \frac{e^2}{\hbar\omega}\eta_{\mathrm{det}}\langle P\rangle, \tag{20.107}$$

wobei $\eta_{\mathrm{det}}\langle P\rangle$ die mittlere vom Photodetektor empfangene Leistung bezeichnet. Der Schrotrauschstrom aufgrund der Quantennatur führt auf das relative Intensitätsrauschen

$$\mathrm{RIN_Q}(f) = \frac{2e}{\langle i_{\mathrm{phot}}\rangle} = \frac{2\hbar\omega}{\eta_{\mathrm{det}} P}, \tag{20.108}$$

das sich dem klassischen RIN Gl. (20.101) additiv überlagert und auf die modifizierte Form

$$\mathrm{RIN}(f) = A^* \frac{4\pi^2 f^2 + \gamma^{*2}}{16\pi^2 (f_r^2 - f^2)^2 + 4\pi^2 \gamma^2 f^2} + \frac{2e}{\langle i_{\mathrm{phot}}\rangle} \tag{20.109}$$

führt. $\mathrm{RIN_Q} = 2e/\langle i_{\mathrm{phot}}\rangle$ ist damit für poissonverteiltes Licht die unterste Grenze des RIN und wird deshalb als Schrot- oder Quantenrauschgrenze bezeichnet. Bei einem mittleren

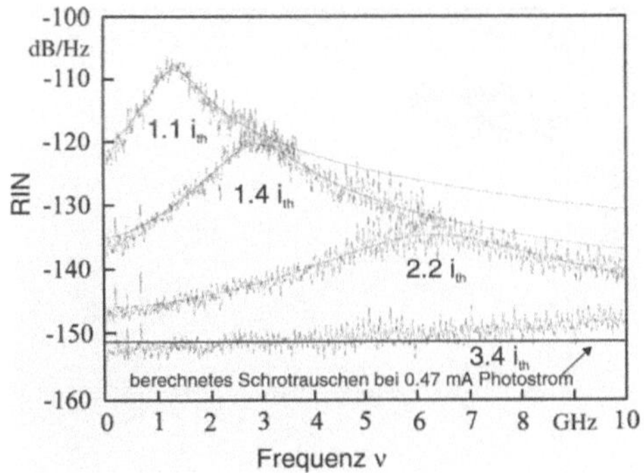

Abb. 20.22. RIN-Spektren für verschiedene Pumpströme oberhalb des Schwellstromes i_{th}. Das Rauschen des Meßsystems ist 2,5 dB unterhalb des Schrotrauschens bei 0,47 mA Photostrom. Die theoretischen Kurven sind als durchgezogene Linien dargestellt

Photostrom von $\langle i_{phot}\rangle = 1$ mA liegt die Quantenrauschgrenze bei $\mathrm{RIN_Q} = -155$ dB/Hz. Es sei angemerkt, daß nichtpoissonverteiltes Licht (squeezed light) die Quantenrauschgrenze unterschreiten kann.

Das nach Gl. (20.109) vorhergesagte Verhalten des RIN-Spektrums wird tatsächlich für einen einmodigen VCSEL mit hoher Seitenmodenunterdrückung beobachtet, wie aus Abb. 20.22 hervorgeht. Mit steigendem Strom nimmt das RIN-Signal rasch ab und die Resonanz verschiebt sich zu Frequenzen oberhalb 10 GHz. Schon bei 3,4-fachem Schwellstrom wird praktisch im gesamten Frequenzbereich von 0 bis 10 GHz das Schrotrauschniveau erreicht. Damit besitzt der untersuchte einmodige VCSEL bei diesen Betriebsbedingungen optimale, nicht mehr zu verbessernde Rauscheigenschaften. Erst bei höheren Strömen treten höhere transversale Moden auf, die zu erhöhtem Rauschen führen.

Im Zusammenhang mit der digitalen optischen Datenübertragung interessieren oft die momentanen zeitlichen Schwankungen der Signale. Schreibt man

$$P(t) = \langle P\rangle + \delta P(t) \tag{20.110}$$

für die Lichtleistung und

$$i_{phot}(t) = \langle i_{phot}\rangle + \delta i_{phot}(t) \tag{20.111}$$

für den Photostrom, dann lassen sich die relativen zeitlichen Schwankungen durch das über die Meßbandbreite f_c integrierte relative Intensitätsrauschen

$$\mathrm{IRIN} = \int_0^{f_c} \mathrm{RIN}(f)\,df = \frac{\langle \delta P^2(t)\rangle}{\langle P\rangle^2} = \frac{\langle \delta i^2_{phot}(t)\rangle}{\langle i_{phot}\rangle^2} \tag{20.112}$$

ausdrücken. IRIN beschreibt also die normierten Varianzen der Signale.

20.3.5 Großsignalmodulationseffekte

Für die digitale Nachrichtenübertragung ist das Ein- und Ausschaltverhalten des VCSELs von Interesse [42].

Abbildung 20.23 zeigt die Ausgangssignalform bei rechteckförmiger Strommodulation mit einer Rate von 3 Gbit/s für Schaltvorgänge mit 2 V_{pp} ohne Vorstrom vom ausgeschalteten ($i = 0$) in den eingeschalteten ($i = 6i_{th}$) Zustand und mit 1,3 V_{pp} bei Vorstrom von einem Zustand geringer ($i \approx 1{,}5i_{th}$) in einen mit hoher ($i = 6i_{th}$) wird nach einer Einschaltverzögerung ein starker Relaxationsschwingungspeak emittiert. Bei Modulation oberhalb der Laserschwelle mit einem Auf-Zu-verhältnis von 10:1 treten Resonanz und Einschaltverzögerung nicht auf. Abbildung 20.24 zeigt einen Ausschnitt des Intensitätsrauschspektrums in der Umgebung von 200 MHz bei 3 Gbit/s Strommodulation mit einer Pseudozufallsfolge der Länge $2^7 - 1$. Im Rauschspektrum treten Spektrallinien im Abstand von etwa 12 MHz auf, die der Periode der Pseudozufallsfolge zuzuordnen sind. Zwischen den

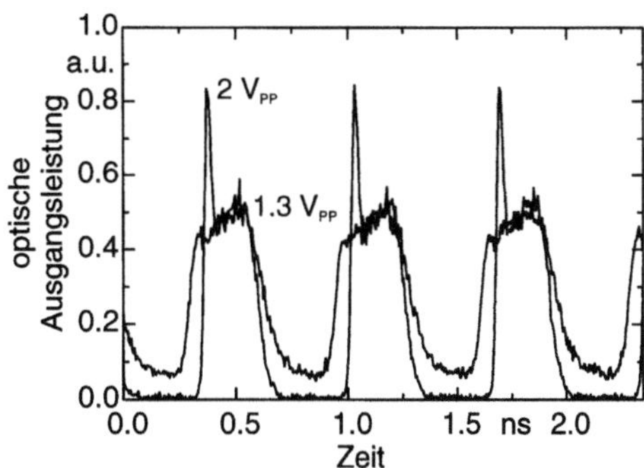

Abb. 20.23. Ausgangssignalformen bei der rechteckförmigen Strommodulation eines einmodigen VCSELs bei 3 Gb/s mit 2 V_{pp} vom ausgeschalteten ($i = 0$) in den eingeschalteten ($i = 6\,i_{th}$) Zustand und mit 1,3 V_{pp} von einem Zustand geringer ($i \approx 1{,}5\,i_{th}$) in einen mit hoher ($i = 6\,i_{th}$) Ausgangsleistung

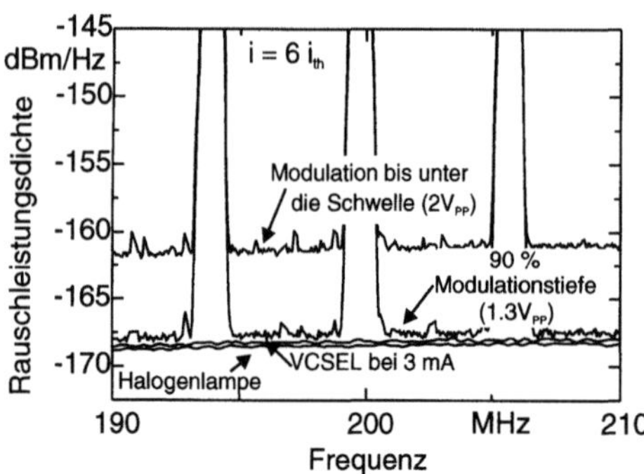

Abb. 20.24. Ausschnitt des Rauschspektrums eines einmodigen VCSELs bei Modulation mit einer 3 Gb/s Pseudozufallsfolge mit einer Wiederholfrequenz von etwa 12 MHz. Zum Vergleich ist der Rauschpegel ohne Modulation und die mit einer Halogenlampe ermittelte Schrotrauschgrenze eingetragen

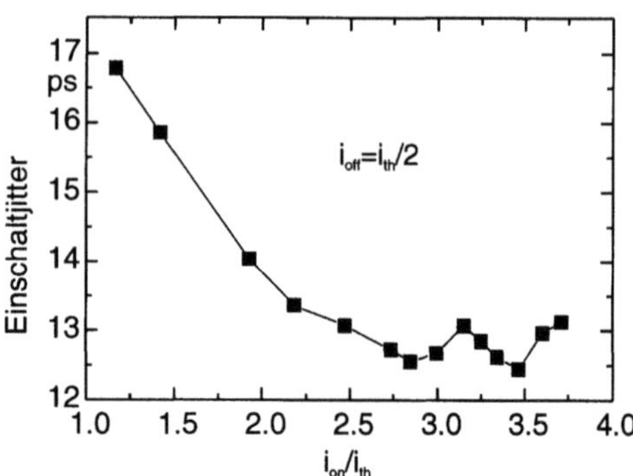

Abb. 20.26. Gemessener Einschaltjitter eines einmodigen VCSELs als Funktion des normierten Einschaltstromes $i_{\text{on}}/i_{\text{th}}$ für konstanten Anfangswert $i_{\text{off}} = i_{\text{th}}/2$

Spektrallinien ist das Laserintensitätsrauschen zu identifizieren. Ohne Modulation ist das Rauschen nahe an der Schrotrauschgrenze. Bei Modulation mit einem Auf-Zu-Verhältnis von 10 : 1 nimmt das Rauschen etwa um 1 dB zu. Durchmodulation in den ausgeschalteten Zustand resultiert in einem Anstieg des Rauschpegels um etwa 6 dB.

Beim Einschalten des Lasers von unterhalb der Laserschwelle tritt eine Einschaltverzögerungszeit auf, die sich aus den Ratengleichungen zu

$$t_s = \tau_{\text{sp}} \ln \frac{i_{\text{on}} - i_{\text{off}}}{i_{\text{on}} - i_{\text{th}}} \tag{20.113}$$

ergibt. Für die Ströme im an- und abgeschalteten Zustand ist $i_{\text{on}} > i_{\text{th}}$ und $i_{\text{off}} < i_{\text{th}}$ anzunehmen. Abbildung 20.25 zeigt gemessene Einschaltverzögerungszeiten. Die Anpassung der durchgezogenen theoretischen Kurve nach (20.113) liefert eine Trägerlebensdauer von τ_{sp} = 0,84 ns. Die Einschaltverzögerungszeit limitiert offenbar die Bitrate bei vorstromfreier digitaler Datenübertragung. Bei Einschaltvorgängen oberhalb der Laserschwelle verschwindet die Einschaltverzögerung.

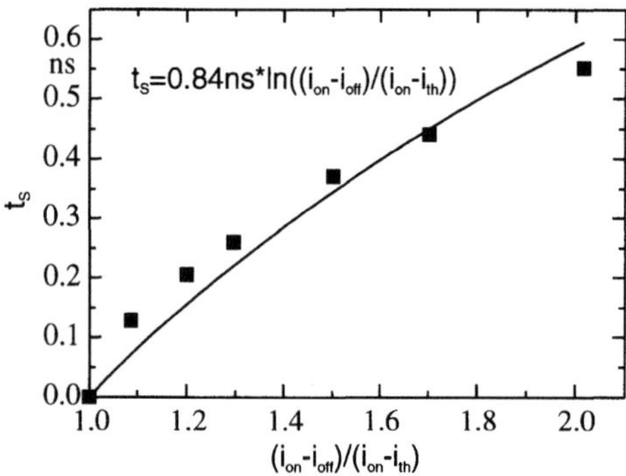

Abb. 20.25. Gemessene Einschaltverzögerungen und theoretische Kurve nach Gl. (20.107)

Da unterhalb der Laserschwelle die Zahl der Photonen in einer Mode durch die spontane Emission bestimmt und daher starken Fluktuationen unterworfen ist, kommt es nach dem Einwirken eines Einschaltimpulses zu Schwankungen in der Einschaltzeit des Lasers. Dieser Einschaltjitter ist als Standardabweichung der Einschaltverzögerung definiert. Der Einschaltjitter ist nahezu unabhängig von dem Abschaltzustand i_{off}, nimmt aber wie die Messungen in Abb. 20.26 zeigen, mit zunehmendem Verhältnis $i_{\text{on}}/i_{\text{th}}$ ab. Die minimalen gemessenen Jitterwerte von etwa 12 ps liegen noch mehr als einen Faktor 2 über der Grenze des verwendeten Meßsystems.

Bei der Bestimmung der Einschaltverzögerung und des Einschaltjitters geht man von einer stationären Vorgeschichte unterhalb der Laserschwelle aus. Generell hängen die Einschaltzeiten auch bei Modulation oberhalb der Schwelle immer von der jeweiligen momentanen Trägerdichte zum Zeitpunkt des Einschaltens ab. Insofern ist insbesondere bei hochbitratiger Strommodulation immer mit Bitmustereffekten zu rechnen, die zu relativen Verzögerungen der Einschaltflanken führen.

Bei Modulation oberhalb der Laserschwelle wurden bitmusterbedingte relative Verzögerungen von wenigen zehn Pikosekunden gemessen.

20.3.6 Emissionslinienbreite

Es ist bekannt [1, 2, 43], daß durch spontane Emission hervorgerufene stochastische Phasenfluktuationen des elektrischen Feldes für die endliche Emissionslinienbreite einer kontinuierlich betriebenen Laserdiode verantwortlich sind. Die spektrale Leistungsdichte eines einmodig emittierenden VCSELs hat das lorentzförmige Profil

$$|\tilde{E}(\nu)|^2 = |\tilde{E}(\nu_m)|^2 \frac{(\Delta\nu_L/2)^2}{(\Delta\nu_L/2)^2 + (\nu - \nu_m)^2}, \tag{20.114}$$

wobei $\nu_m = \omega_m/2\pi$ die Mittenfrequenz der Mode und $\Delta\nu_L = \Delta\omega_c/2\pi$ die Halbwertsbreite bezeichnen. Die Linienbreite ist durch

$$\Delta\nu_L = \frac{R_{sp}}{4\pi\langle s\rangle}(1 + \alpha_H^2) = \frac{A^*}{16\pi}(1 + \alpha_H^2) \tag{20.115}$$

gegeben, wobei der Linienverbreiterungsfaktor α_H auftritt. Abhängig von der relativen spektralen Lage der Emissionslinie relativ zum Gewinnmaximum wurden für α_H Werte zwischen 2 und 7 gemessen.

Abbildung 20.27 zeigt gemessene Linienbreiten eines einmodig emittierenden VCSELs als Funktion der inversen Ausgangsleistung. Wie nach Gl. (20.112) zu erwarten, findet man eine lineare Abhängigkeit, deren Steigung durch R_{sp} und bzw. A^* und α_H bestimmt ist. Abweichend von der Theorie beobachtet man eine endliche Restlinienbreite von $\Delta\nu_0 = 11$ MHz bei der Extrapolation zu unendlich hohen Ausgangsleistungen, für deren Ursache oft Modenverteilungsrauschen mit nicht vollständig unterdrückten höheren Transversalmoden angenommen wird. Unter Berücksichtigung der Restlinienbreite $\Delta\nu_0$ ist für die Linienbreite anzusetzen

$$\Delta\nu_L = \frac{R_{sp}}{4\pi\langle s\rangle}(1 + \alpha_H^2) + \Delta\nu_0. \tag{20.116}$$

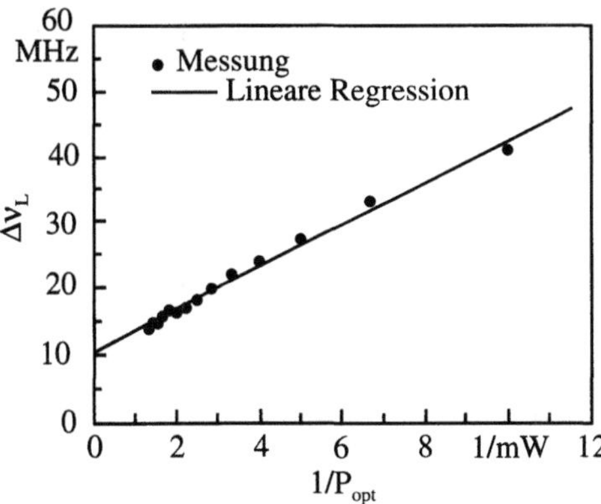

Abb. 20.27. Emissionslinienbreite eines einmodigen selektiv oxidierten VCSELs als Funktion der inversen Ausgangsleistung

20.4 Optische Datenverbindungen mit VCSELs

Hochfrequenzmodulation zur Erzeugung digitaler Signale mit Raten von mehreren Gb/s, einfache Aufbautechnik wie bei Leuchtdioden und die unmittelbare Realisierung dichtgepackter ein- oder zweidimensionaler Matrizen von Sendeelementen sind hochattraktive Eigenschaften von VCSELs für den Einsatz in optischen Faserübertragungssystemen [44, 45]. Effiziente Lichteinkopplung vom VCSEL sogar in eine Einmodenfaser wird durch direktes Aufsetzen der flach geschnittenen Faser auf den Laser erreicht. Die Leistungfähigkeit von Datenübertragungssystemen wird üblicherweise durch die zu erzielende Bitfehlerrate (BER) charakterisiert [1]. In Computerverbindungen werden Bitfehlerraten von 10^{-12} oder sogar 10^{-15}, Übertragung über 32 parallele Kanäle und Datenraten von mehreren Gb/s pro Kanal gefordert. Da unerwünschte Rückreflexionen die Bitfehlercharakteristik drastisch verschlechtern können, wird das Design rückwirkungsfreier VCSEL zunehmend wichtiger.

20.4.1 Lichteinkopplung in Einmodenfasern

Abbildung 20.28 veranschaulicht die direkte Lichteinkopplung von einem einmodig emittierenden VCSEL in eine Einmodenfaser. Unter der Annahme gaußscher Strahlen im VCSEL und in der Faser und der Vernachlässigung von Fresnel-Reflexionen an der Faser-

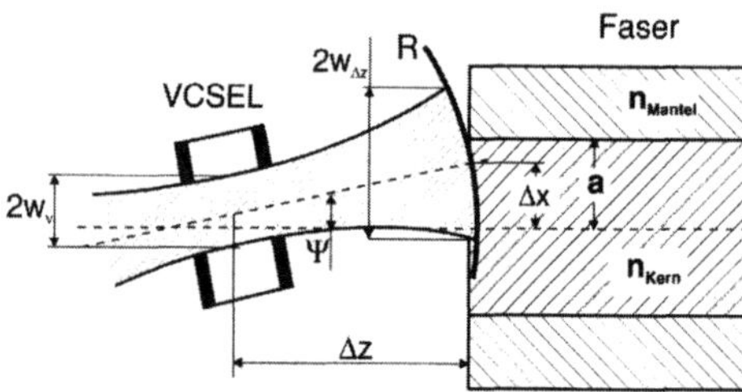

Abb. 20.28. Direktes Einkoppeln eines einmodigen VCSELs in eine Einmodenfaser

stirnfläche, berechnet sich der Einkopplungswirkungsgrad zu [31]

$$\eta_c = 4\left[\left(\frac{w_f}{w_{\Delta z}} + \frac{w_{\Delta z}}{w_f}\right)^2 + \left(\frac{\lambda w_{\Delta z} w_f \Delta z}{\pi w_v^4}\right)^2\right]^{-1} \cdot$$

$$\cdot \exp\left[-\frac{8(w_f w_v \Delta x)^2}{(w_f^2 + w_v^2)^3}\right] \cdot$$

$$\cdot \exp\left[-\frac{2\pi^2 \Delta\psi^2 (w_{\Delta z}^2 + w_f^2)}{\lambda^2}\right], \qquad (20.117)$$

wobei w_f der Fleckradius der Fasermode ist, w_v der Fleckradius der VCSEL-Mode und

$$w_{\Delta z} = w_v\left(1 + \frac{\lambda^2 \Delta z^2}{2\pi^2 w_v^4}\right) \qquad (20.118)$$

der Fleckradius der VCSEL-Mode im Abstand Δz von der Strahltaille. Im Idealfall hat man

$$\eta_c = \frac{4 w_v^2 w_f^2}{(w_f^2 + w_v^2)^2} \, . \qquad (20.119)$$

Vollständige Einkopplung mit $\eta_c = 1$ erhält man nur bei angepaßten Fleckgrößen $w_f = w_v$ und Unterdrückung der Fresnel-Reflexionen durch Antireflexbeschichtung. Für angepaßte Fleckradien $w = w_f = w_v$ gilt die Näherung

$$\eta_c \approx 1 - \left(\frac{\Delta x}{w}\right)^2 - \left(\frac{\lambda \Delta z}{2\pi w^2}\right)^2 - \left(\frac{2\pi w \Delta\psi}{\lambda}\right)^2 \qquad (20.120)$$

für kleinen lateralen Versatz $\Delta x \ll w$, nicht zu große longitudinale Verschiebung $\Delta z \ll w^2/\lambda$ und genügend kleinen Kippwinkel $\Delta\psi \ll 1$.

Experimentell wurde die direkte Einkopplung von protonenimplantierten VCSELs mit 4 μm Fleckradius in Einmodenfasern mit 4,5 μm Kernradius untersucht. Dabei wurden Einkoppelwirkungsgrade von größer 80 % beobachtet. Teil **a** von Abb. 20.29 zeigt die in die Faser eingekoppelte Leistung als Funktion des lateralen Versatzes Δx für verschiedene Abstände $z = 0$, 10, und 20 μm zwischen dem VCSEL und der Faserendfläche, **b** von Abb. 20.29 zeigt die eingekoppelte Leistung in Abhängigkeit von der longitudinalen Verschiebung Δz.

Die Fabry-Perot-Resonanzen, hervorgerufen durch Mehrfachreflexionen zwischen VCSEL und Faserendfläche, verschwinden, wenn Brechungsindexanpassung oder Stirnflächenentspiegelung verwendet wird. Die experimentellen Ergebnisse sind in guter Übereinstimmung mit Formel (20.120). Die lateralen und longitudinalen Justiertoleranzen sind

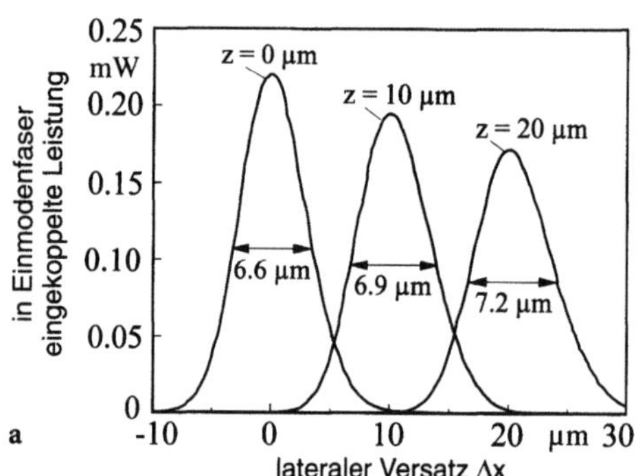

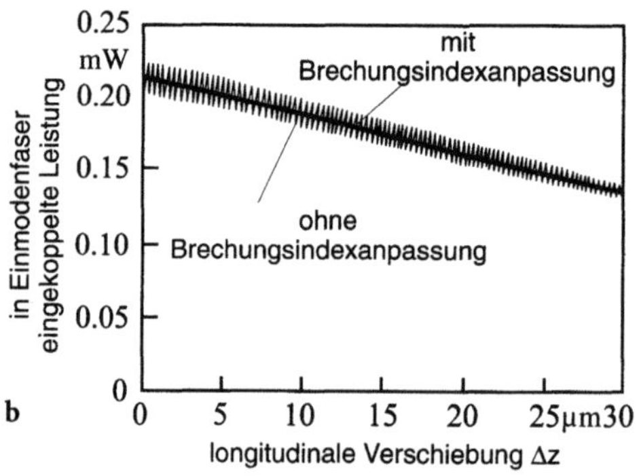

Abb. 20.29 a, b. Justiertoleranzen bei der Einkopplung von einem einmodigen VCSEL in eine Einmodenfaser mit 4,5 μm Kerndurchmesser. **a** Eingekoppelte Leistung als Funktion des lateralen Versatzes für Abstände $z = 0,10$, 20 μm zwischen VCSEL und Faserendfläche, **b** Abhängigkeit der eingekoppelten Leistung von der longitudinalen Verschiebung Δz. Fabry-Perot-Resonanzen werden bei Brechungsindexanpassung oder Faserendflächen-Entspiegelung unterdrückt

größer als bei direkter Einkopplung mit kantenemittierenden Laserdioden. Dabei ist besonders zu beachten, daß die Ergebnisse in Abb. 20.29 mit Kerndurchmessern von 4,5 µm statt der üblichen 9 µm in Standard-Einmodenfasern erzielt wurden.

20.4.2 Hochbitratige Datenübertragung

Bei der digitalen optischen Übertragung hängen Bitfehlerrate (BER) und Störabstand Q über die Beziehung [1])

$$\mathrm{BER} = \frac{1}{\sqrt{2\pi}\,Q}\exp\left(-\frac{Q^2}{2}\right)\left(1-\frac{1}{Q^2}\right) \qquad (20.121)$$

zusammen, wobei gaußförmig fluktuierende Logikpegel angenommen werden. Der Störabstand Q ist durch die mittlere am Photodetektor empfangene Leistung $\eta_{\mathrm{det}}\langle P\rangle$ und die Varianz der Photostromschwankungen $\langle \delta i^2_{\mathrm{phot}}\rangle$ oder auch das integrierte relative Intensitätsrauschen gegeben. Es gilt

$$Q = \frac{\eta_{\mathrm{det}}\langle P\rangle/(\hbar\omega)}{\sqrt{\langle \delta i^2_{\mathrm{phot}}\rangle/e}} = \frac{\langle i_{\mathrm{phot}}\rangle}{\sqrt{\langle \delta i^2_{\mathrm{phot}}\rangle}} = \frac{1}{\sqrt{\mathrm{IRIN}}}, \qquad (20.122)$$

wenn vorausgesetzt wird, daß logische Nullen mit verschwindender Lichtleistung übertragen werden. Kombination der Formeln (20.121) und (20.122) ergibt eine wichtige Beziehung zwischen der Bitfehlerrate BER und der mittleren empfangenen Leistung $\eta_{\mathrm{det}}\langle P\rangle$, die meist in doppelt logarithmischer Form

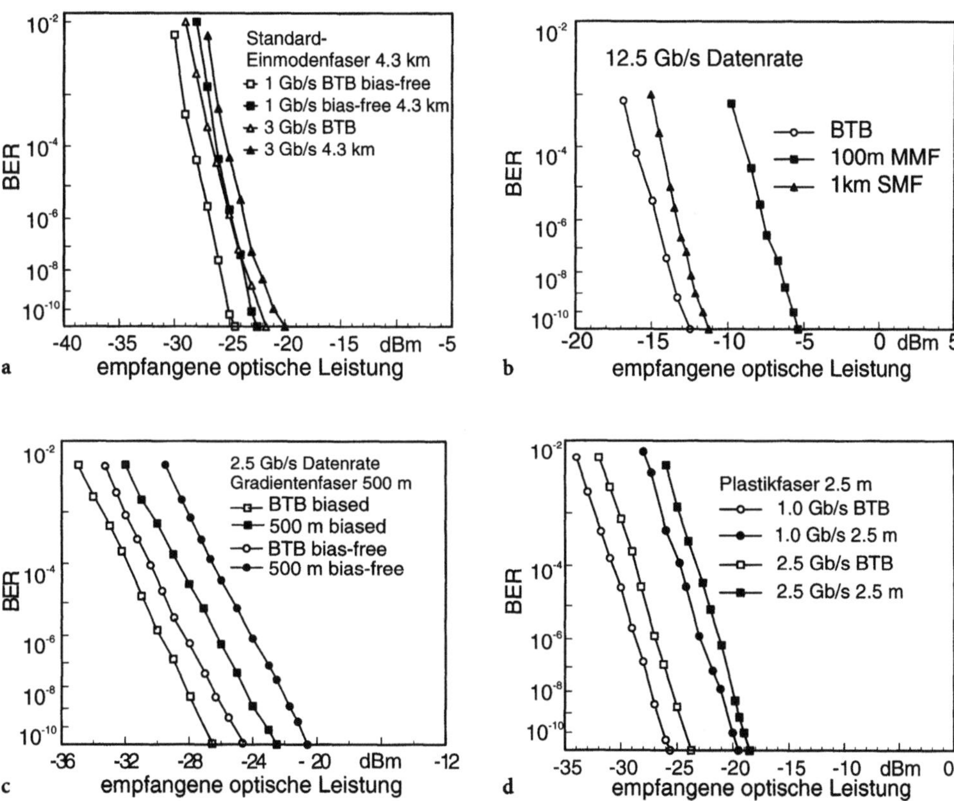

Abb. 20.30 a–d. Bitfehlerrate (BER) als Funktion der mittleren empfangenen optischen Leistung $\eta_{\mathrm{det}}\langle P\rangle$ (BTB, back-to-back) bei der Datenübertragung mit VCSELs. **a** Übertragung von 3 Gb/s mit Vorstrom und 1 Gb/s ohne Vorstrom (bias-free) über 4,3 km Standard-Einmodenfaser, **b** Übertragung von 12,5 Gb/s über 100 m Gradientenfaser (MMF) und 1 km Einmodenfaser (SMF), **c** Übertragung von 2,5 Gb/s über 500 m Gradientenfaser mit (biased) und ohne (bias-free) Vorstrom, **d** Übertragung von 1 Gb/s und 2 Gb/s über 2,5 m Stufenindex-Plastikfaser

dargestellt wird. Auch ergibt sich unter den gemachten Voraussetzungen eine einfache Beziehung zwischen Intensitätsrauschen und Bitfehlerrate ($Q \gg 1$)

$$\mathrm{BER} = \sqrt{\frac{\mathrm{IRIN}}{2\pi}} \exp\left\{-\frac{1}{2\,\mathrm{IRIN}}\right\}, \qquad (20.123)$$

aus der sich der für eine geforderte Bitrate zulässige Rauschpegel unmittelbar angeben läßt.

20.4.3 Rückwirkungsempfindlichkeit

Wie schematisch in Abb. 20.31 dargestellt, führt Streuung in der einmodig angenommenen Faser zurück in den VCSEL zum Aufbau eines externen Resonators. Das Verhalten des Lasersystems mit externem Resonator ist empfindlich abhängig von dem Verhältnis

$$f_{\mathrm{ext}} = \frac{\text{in den VCSEL zurückreflektierte Leistung}}{\text{emittierte Leistung}} = \eta_c^2 R_{\mathrm{ext}}, \qquad (20.124)$$

Solange das Modenrauschen in Faserverbindungen, zum Beispiel durch modenabhängige Verluste in Fasersteckern, zu vernachlässigen ist, ist das Rauschverhalten von Übertragungssystemen mit einmodigen VCSEL-Quellen besser als mit mehrmodigen, weil kein Modenverteilungsrauschen in der Quelle auftritt. Abbildung 20.30 faßt das Bitfehlerverhalten verschiedener Faserübertragungsexperimente zusammen [16, 42, 46]. In jedem Teilbild wird die Bitfehlerrate, gemessen am Ende der Übertragungsstrecke, als Funktion der mittleren Leistung dargestellt. Zum Vergleich sind jeweils als Referenz auch Bitfehlerraten über sehr kurze Strecken ("back-to-back") angegeben. Emissionswellenlängen der VCSEL sind ca. 850 nm oder 980 nm. Das Teilbild **a** in Abb. 20.30 zeigt Bitfehlerraten für die Übertragung von 3 Gb/s mit Vorstrom und 1 Gb/s ohne Vorstrom (bias-free) über 4,3 km Standard-Einmodenfaser. In **b** sind die Ergebnisse der Datenübertragung bei 12,5 Gb/s über 1 km Einmodenfaser (SMF) und 100 m Gradientenfaser (MMF) dargestellt. Die geringe Empfindlichkeit des benutzten Empfängers ist dabei für die vergleichsweise hohen Empfangsleistungen verantwortlich. Teilbild **c** illustriert das Bitfehlerverhalten bei der Übertragung von 2,5 Gb/s mit und ohne Vorstrom über eine 500 m lange Gradientenfaser mit 50 µm Kerndurchmesser. Die fehlerfreie hochbitratige Übertragung bei 1 und 2,5 Gb/s über eine 2,5 m lange Stufenindex-Plastikfaser mit 120 µm Kerndurchmesser, dargestellt in **d**, ist durch die Modendispersion begrenzt.

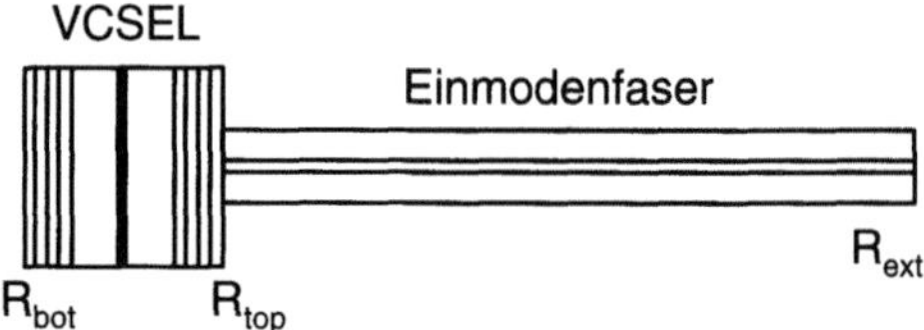

Abb. 20.31. VCSEL mit externem Faserresonator

wobei R_{ext} die Reflektivität des externen Spiegels und η_c den Einkopplungswirkungsgrad bezeichnen. Oberhalb eines kritischen Rückwirkungspegels kommt es in dem gekoppelten Resonatorsystem zu chaotischer Oszillation, und fehlerfreie Datenübertragung ist nicht mehr möglich. Bei langem externen Resonator setzt dieser Kohärenzkollaps bei dem kritischen Verhältnis [47]

$$f_{\mathrm{ext,crit}} = \frac{\tau_{\mathrm{eff}}^2 R_{\mathrm{top}}}{4(1-R_{\mathrm{top}})^2} \gamma^2 \frac{1+\alpha_{\mathrm{H}}^2}{\alpha_{\mathrm{H}}^4}, \qquad (20.125)$$

ein, wobei α_{H} der Linienverbreiterungsfaktor, γ der Dämpfungskoeffizient der Relaxationsschwingungen, $\tau_{\mathrm{eff}} = 2L_{\mathrm{eff}}\langle n_{\mathrm{gr}}\rangle/c$ die Photonenumlaufzeit im VCSEL und R_{top} die Reflektivität des oberen VCSEL-Spiegels bezeichnen. Offenbar kann der kritische Rückwirkungspegel durch Vergrößerung von R_{top} drastisch erhöht werden.

Untersucht wurde das Rückwirkungsverhalten bei Übertragungsraten von 1 Gb/s und Verwendung zweier VCSELs mit nahezu gleichen Reflektivitäten der unteren Spiegel $R_{\mathrm{bot}} \approx$ 99,8%, aber deutlich unterschiedlichen Reflektivitäten der oberen Spiegel von R_{top} = 99,0% und R_{top} = 99,8% [48]. Abbildung 20.32 zeigt im Einklang mit den theoretischen Über-

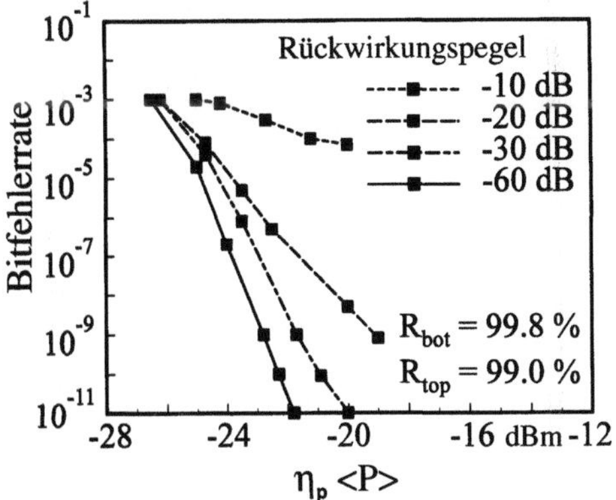

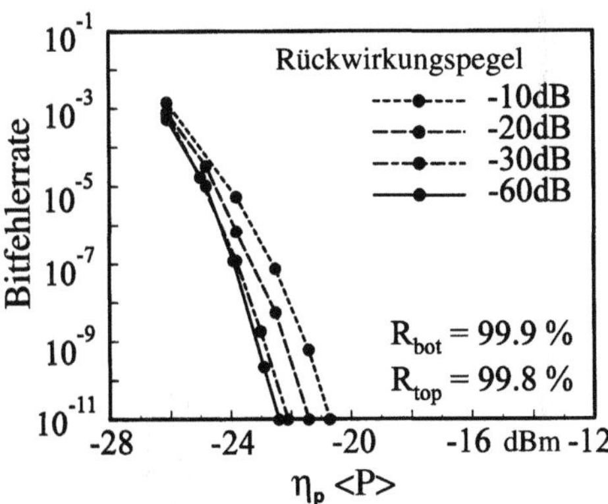

Abb. 20.32. Rückwirkungsverhalten bei 1 Gb/s Faserübertragung mit zwei einmodigen VCSELs mit unterschiedlichen Reflektivitäten R_{top} = 99,0% und R_{top} = 99,8%

legungen, daß das System mit großem R_{top} bis zu einem Pegel von - 10 dB für Rückwirkungen unempfindlich ist, während in dem System mit kleinem R_{top} schon bei Rückwirkungspegeln von - 30 dB erhöhte Bitfehlerraten auftreten. Offenbar benötigen rückwirkungsunempfindliche VCSELs Auskoppelspiegel mit hoher Reflektivität. Der rückseitige Bragg-Reflektor muß sogar noch eine höhere Reflektivität aufweisen, und die internen Verluste müssen kleingehalten werden, um akzeptable Ausgangsleistungen zu erzielen. Aber es bleibt festzustellen, daß die Realisierung hoch reflektierender Spiegel beim VCSEL keine neuen technologischen Prozesse erfordert, wie dies bei einer kantenemittierenden Laserdiode der Fall wäre.

20.5 Ausblick

Die vorangehende Darstellung zeigt, daß VCSELs insbesondere im Hinblick auf Schwellstrom, Emissionsspektrum, Temperaturgang sowie Modulations- und Rauschverhalten hervorragende Eigenschaften aufweisen. Einmodige VCSELs liefern über 4 mW Ausgangsleistung bei einer Seitenmodenunterdrückung von über 30 dB, das relative Intensitätsrauschen bei Betrieb mit dreifachem Schwellstrom liegt im gesamten Frequenzbereich von 0 bis 10 GHz an der Schrotrauschgrenze. Bei Stromerhöhung nehmen die Relaxationsschwingungs-Resonanzfrequenzen rasch mit etwa 10 GHz/$\sqrt{\text{mA}}$ zu, so daß die Erzeugung und Übertragung von Pseudozufallsfolgen mit Datenraten von 10 Gb/s keine Probleme darstellen. Der Jitter der Signale bleibt unter 15 ps. Bitfehlerraten von unter 10^{-11} werden bei der Datenübertragung mit Datenraten von 12,5 Gb/s über 1 km Einmodenfasern oder 100 m Gradientenindex-Mehrmodenfasern demonstriert, wobei der Laser oberhalb der Schwelle moduliert wird. Mit einfacherer Beschaltung ohne Vorstrom ist aufgrund der geringen Einschaltverzögerungen die fehlerfreie Übertragung bis 2,5 Gb/s mit Ansteuersignalen von 2 V_{ss} möglich. Bei rückwirkungsunempfindlichem Design des VCSELs haben Rückwirkungspegel bis - 10 dB praktisch keine Auswirkungen auf das Bitfehlerverhalten. Hohe Einkopplungswirkungsgrade von über 80% sogar in direkt aufgesetzte Einmodenfasern sowie die Verfügbarkeit von ein- und zweidimensionalen Arrays machen VCSELs zu idealen Sendeelementen für schnelle optische Datenbussysteme im Wellenlängenbereich von 750 bis 1050 nm. Zukünftig ist der Einsatz von VCSELs in der Wellenlängenmultiplextechnik und die rasche Verbesserung der Eigenschaften kurz- und langwellig emittierender VCSELs zu erwarten.

Spezielle Literatur

[1] *Ebeling, K.J.*: Integrated Optoelectronics Springer-Verlag, Berlin 1993

[2] *Coldren, L.A.; Corzine, S.W.*: Diode Lasers and Photonic Integrated Circuits. Wiley, New York 1995

[3] *Choquette, K.D.; Hou, H.Q.*: Vertical-cavity surface emitting lasers: Moving from research to manufacturing, Proc. IEEE 85, pp. 1730–1739, 1997

[4] *Hayashi, Y.* et al.: Record low-threshold InGaAs/GaAlAs vertical-cavity surface-emitting laser with a native oxide confinement structure, Electron. Lett. 31, pp. 560–561, 1995

[5] *Huffaker, D.L.* et al.: Sub-40 μA continuous-wave lasing in an oxidized vertical-cavity surface emitting laser with dielectric mirrors, IEEE Photon. Technol. Lett. 8, pp. 974–976, 1996

[6] *Jung, C.* et al.: 4,8 mW single-mode oxide confined top-surface emitting vertical-cavity laser diodes, Electron. Lett. 33, pp. 1790–1791, 1997

[7] *Lear, K.L.* et al.: Selectively oxidised vertical cavity surface emitting lasers with 50% power conversion efficiency, Electron. Lett. 31, pp. 208–209, 1995

[8] *Weigl, B.* et al.: High efficiency selectively oxidised MBE grown vertical-cavity surface-emitting lasers, Electron. Lett. 32, pp. 557–558, 1996

[9] *Sugimoto, Y.* et al.: High-performance 980-nm vertical-cavity surface-emitting lasers and their application to two-dimensional array interconnects, TOPS Vol. 15, OSA, pp. 139–149, 1997

[10] *Liu, Y.* et al.: Integrated VCSELs, MSM Photodetectors, and GaAs MESFETs for low cost optical interconnects, TOPS Vol. 15, OSA, pp. 196–198, 1997

[11] *Cheng, J.* et al.: Surface-emitting laser-based smart pixels for two-dimensional optical logic and reconfigurable optical interconnects, IEEE J. Quantum Electron. 29, pp. 741–756, 1993

[12] *Matsuo, S.* et al.: A monolithically integrated smart pixel using an MSM-PD, MESFET's, and a VCSEL, IEEE J. Sel. Top. Quantum Electron. 2, pp. 121–127, 1996

[13] *Pu, R.* et al.: VCSEL's bonded directly to foundry fabricated GaAs smart pixel arrays, IEEE Photon. Technol. Lett.9, pp. 1622–1624, 1997

[14] *Kosaka, H.* et al.: Plastic-based receptacle-type VCSEL-array modules with one and two dimensions fabricated using the self-alignment mounting technique, Proc. IEEE Electronic Components and Technology Conference, pp. 382–390, 1997

[15] *Hu, S.Y.* et al.: High-performance multiple-wavelength vertical-cavity photonic-integrated emitter arrays for direct-coupled multimode optical links, Proc. CLEO '98, pp. 366–367, 1998

[16] *Michalzik, R.* et al.: High-bit-rate data transmission with short-wavelength oxidazed VCSELs: Towards bias-free operation, IEEE J. Se. Top. QE 3, pp. 396–403, 1997

[17] *Born, M.; Wolf, E.*: Principles of Optics, 6th ed. Oxford: Pergamon Press, 1989

[18] *Ebeling, K.J.; Coldren, L.A.*: Analysis of multielement semiconductor lasers. J. Appl. Phys. 54, pp. 2962–2969, 1983

[19] *Michalzik, R.; Ebeling, K.J.*: Modeling and design of proton-implanted ultralow-threshold vertical-cavity laser diodes, IEEE J. Quantum Electron. 29, pp. 1963–1974, 1993

[20] *Casey, J.; Panish, M.B.*: Heterostructure Lasers. Part A: Fundamental Principles. Orlando: Academic Press, 1978

[21] *Iga, K.*: Fundamentals of Laser Optics. Plenum, New York, 1994

[22] *Reiner, G.* et al.: Optimization of planar Be-doped InGaAs VCSELs with two-sided output, IEEE Photon. Technol. Lett. 7, pp. 730–732, 1995

[23] *Huffaker, D.L.* et al.: Native-oxide defined ring contact for low threshold vertical-cavity lasers. Appl. Phys. Lett. 65, pp. 97–99, 1994

[24] *Zeeb, E.; Reiner, G.; Ebeling, K.J.*: Planar Be-doped VCSELs with high wallplug efficiencies, Electron. Lett. 31, pp. 1160–1161, 1995

[25] *Fiedler, U.* et al.: Top-surface emitting vertical-cavity laser diodes for 10 Gbit/s data transmission. IEEE Photon. Technol. Lett. 8, pp. 746–748, 1996

[26] *Weigl, B.* et al.: High power single-mode oxidized vertical cavity surface emitting lasers, IEEE Photon. Technol. Lett. 8, pp. 971–973, 1996

[27] *Weigl, B.* et al.: High-performance oxide-confined GaAs VCSELs, IEEE J. Sel. Top. QE. 3, pp. 409–415, 1997

[28] *Grabherr, M.* et al.: Efficient bottom-emitting VCSEL arrays for high cw optical output power, Electron. Lett. 34, pp. 1227–1228, 1998

[29] *Grabherr, M.* et al.: Comparision of proton implanted and selectively oxidized vertical-cavity surface-emitting lasers. Proc. CLEO/Europe, Hamburg, Germany, 1996, paper

[30] *Fiedler, U.* et al.: Stable linearly polarized light emission from VCSELs with oxidized elliptical current aperture. Proc. 15th Int. Sem. Laser Conf. Haifa, Israel, paper M. 3.3, 1996

[31] *Unger, H.-G.*: Optische Nachrichtentechnik. Hüthig, Heidelberg, Germany, 1985

[32] *Michalzik, R.*: Modellierung und Design von Laserdioden mit Vertikalresonator. Ph. D. Thesis, University of Ulm, Germany, 1996

[33] *Nakwaski, W.; Osinski, M.*: Thermal resistance of top-surface-emitting vertical-cavity semiconductor lasers and monolithic two-dimensional arrays, Electron. Lett. 28, p. 1283, 1992

[34] *King, R.* et al.: Oxide confined 2D VCSEL arrays for high-density inter/intra-chip interconnects, SPIE Vol. 3286, pp. 64–67, 1998

[35] *Yoshikawa, T.* et al.: Complete polarization-control of 8 × 8 vertical-cavity surface-emitting laser matrix arrays, Appl. Phys. Lett. 66, pp. 908–910, 1995

[36] *Zhang, S.Z.* et al.: 1,54 μm vertical-cavity surface-emitting laser transmission at 2,5 Gbit/s, TOPS Vol. 15, OSA, pp. 90–93, 1997

[37] *Yariv, A.*: Quantum Electronics, Third Edition, Wiley, New York 1982

[38] *Fiedler, U.*: Hochbitratige optische Nachrichtenübertragung mit Vertikallaserdioden. Ph. D. Thesis, University of Ulm, Germany, 1997

[39] *Olshansky, R.* et al.: Frequency response of 1,3 μm InGaAsP high speed quantum-well semiconductor lasers, IEEE J. Quant. Electron. 23, pp. 1410–1418, 1987

[40] *Petermann, K.*: Laser Diode Modulation and Noise, Kluwer Academic Publishers, Tokyo 1998

[41] *Glauber, R.J.*: Quantum Optics. Academic-Press, New York 1969

[42] *Wiedenmann, D.* et al.: Design and analysis of single-mode oxidized VCSELs for high speed optical interconnects, IEEE J. Sel. Top. Quant. Electron., Vol. 5, pp. 503–511, 1999

[43] *Henry, C.H.*: Phase noise in semiconductor lasers. IEEE J. Lichtwave Techn. 4, pp. 298–311, 1986

[44] *Ebeling, K.J.*: Optical interconnects and data links with vertical cavity surface emitting laser diodes (VCSEL). Proc. 21st Europ. Conf. on Opt. Comm. ECOC, Brussels, Belgium, Tutorials, pp. 113–147, 1995

[45] *Fiedler, U.* et al.: Proton implanted VCSELs for 3 Gbit/s data links. IEEE Photon. Technol. Lett. 7, pp. 1116–1118, 1995

[46] *Schnitzer, P.* et al.: Bias-free 2,5 Gbit/s data transmission using polyimide passivated GaAs VCSELs, Electron. Lett. 34, pp. 573–575, 1998

[47] *Petermann, K.*: External optical feedback phenomena in semiconductor lasers, IEEE J. Sel. Top. Quantum Electron. 1, pp. 480–489, 1995

[48] *Fiedler, U.; Ebeling, K.J.*: Design of VCSELs for feedback insensitive data transmission and external cavity mode-locking, IEEE J. Sel. Top. Quant. Electron. 1, pp. 442–450, 1995

Modulations- und Rauschverhalten, Wellenlängenabstimmung und Faserkopplung 21

M.-C. Amann

Allgemeine Literatur

Petermann, K. (1988) Laser Diode Modulation und Noise, Kluwer Academic Publishers, Dordrecht. - *Harth, W.; Grothe, H.* (1998) Sende- und Empfangsdioden für die optische Nachrichtentechnik, B.G. Teubner, Stuttgart. - *Unger, H.-G.* (1985) Optische Nachrichtentechnik, Teil II: Komponenten, Systeme, Meßtechnik, Dr. Alfred Hüthig Verlag, Heidelberg. - *Ohtsu, M.* (1992) Highly Coherent Semiconductor Lasers, Artech House, Norwood. - *Ikegami, T.; Suda, S.; Sakai, Y.* (1995) Frequency Stabilization of Semiconductor Laser Diodes, Artech House, Norwood. - *Ohtsu, M.* (1996) Frequency Control of Semiconductor Lasers, John Wiley and Sons, New York - *Amann, M.-C.; Buus, J.* (1998) Tunable Laser Diodes, Artech House, Norwood. - *Morthier, G.; Vankwikelberge, P.* (1997) Handbook of Distributed Feedback Laser Diodes, Artech House, Norwood. - *Opielka, D.* (1995) Optische Nachrichtentechnik, Vieweg Verlag, Braunschweig.

21.1 Modulationsverhalten

Laserdioden zeichnen sich dadurch aus, daß sie Strom unmittelbar und mit hohem Wirkungsgrad in Licht umwandeln können. Dabei kann die Laseremission in ihrer Intensität und Frequenz direkt und bei entsprechender Aufbauweise bis in den GHz-Bereich über den Strom moduliert werden. Eine typische Ansteuerschaltung für die Direktmodulation von Laserdioden ist schematisch in Abb. 21.1 gezeigt. Mittels der Gleichstromquelle wird ein Vorstrom I_0 eingeprägt, während die Wechselstrommodulation über eine 50 Ω-Leitung zugeführt wird. Die Kapazität C und die Induktivität L dienen dabei zur Trennung von Vorstrom und Modulationsstrom. Zur Wellenwiderstandsanpassung wird zur Laserdiode zumeist ein Vorwiderstand R_v in Serie geschaltet, da der Wechselstrominnenwiderstand einer Laserdiode typischerweise nur 3 - 10 Ω beträgt.

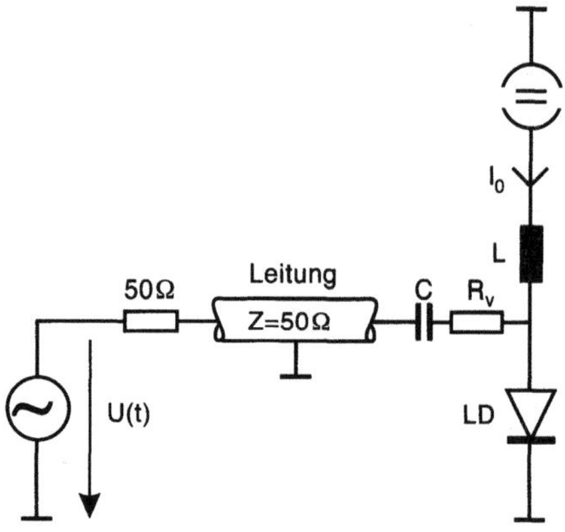

Abb. 21.1. Einfache Ansteuerschaltung zur Direktmodulation von Laserdioden (schematisch)

Zur mathematischen Beschreibung und Optimierung des Modulationsverhaltens müssen parasitäre Elemente innerhalb der Laserdiode sowie im Bereich des Laseraufbaus (Gehäuse) mit berücksichtigt werden. Ein relativ einfaches Ersatzschaltbild, mit dem viele Laserdiodentypen gut beschrieben werden können, ist in Abb. 21.2 dargestellt [1, 2]. Hier stellt R_s den in Serie mit der intrinsischen Laserdiode LD liegenden Chipserienwider-

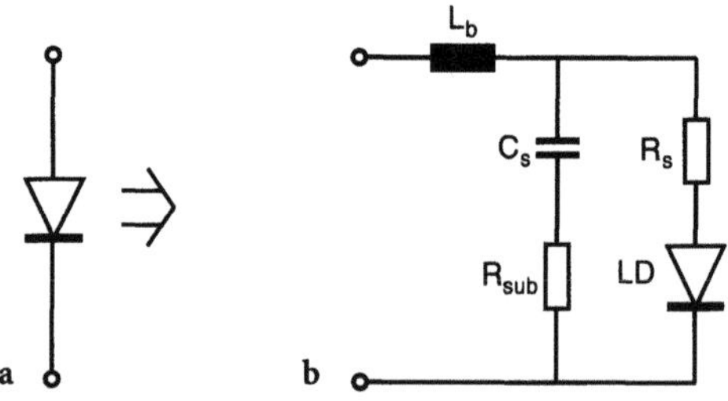

Abb. 21.2. a Viele reale Laserdioden können mit **b** dem elektrischen Ersatzschaltbild gut beschrieben werden, wobei LD die ideale intrinsische Laserdiode darstellt (nach [1, 2])

stand dar, der vor allem durch Bahnwiderstände und Kontaktwiderstand bestimmt wird (typ. $R_s = 3-10\ \Omega$). Aufgrund der oberhalb der Laserschwelle praktisch konstanten Ladungsträgerdichte (vgl. Kap. 19) ist der differentielle Widerstand, bzw. der Wechselstromwiderstand, der intrinsischen Laserdiode selbst vernachlässigbar. Mit C_s wird die parasitäre Kapazität des oberen (p-) Metallkontakts gegen die darunterliegenden Halbleiterschichten mit der dazwischenliegenden Isolationsschicht bezeichnet. Der in Serie geschaltete Widerstand R_{sub} berücksichtigt den Widerstand der darunterliegenden Halbleiterschichten, insbesondere des Substrates. Bei üblichen Laserdioden auf leitenden Substraten ist R_{sub} maximal ca. $1\ \Omega$. Mit L_b wird die Induktivität des für die Kontaktierung des Lasers benutzten Bonddrahts berücksichtigt.

In welchem Maße das Modulationsverhalten von Laserdioden durch die parasitären Elemente beeinflußt wird, hängt von deren Größe ab. Bei gut dimensionierten Laserdiodenstrukturen machen sich die Parasitäten erst ab Modulationsfrequenzen oberhalb 10 GHz bemerkbar. Ob das Modulationsverhalten der Laserdiode von intrinsischen oder extrinsischen Faktoren bestimmt wird, hängt daher entscheidend von der verwendeten Laserdiode und den Betriebsparametern ab. Im folgenden soll nun das Modulationsverhalten der intrinsischen Laserdiode untersucht werden. Dabei lassen sich sowohl das Intensitäts- als auch das Frequenzmodulationsverhalten jeweils aus den Ratengleichungen ableiten.

21.1.1 Kleinsignalmodulationsverhalten

Die Berechnung geht von den Raten- oder Bilanzgleichungen für die Ladungsträgerdichte N und die Photonenzahl im Lasermode S aus [2] (s. auch Kap. 19):

$$\frac{\mathrm{d}N}{\mathrm{d}t} = \frac{I}{eV} - R(N) - \frac{G}{V\tau_s} S \tag{21.1}$$

$$\frac{\mathrm{d}S}{\mathrm{d}t} = (G-1)\frac{S}{\tau_s} + R_{sp} . \tag{21.2}$$

Dabei sind I der Laserstrom, V das Volumen der aktiven (verstärkenden) Zone, $R(N)$ die Rekombinationsrate ohne stimulierte Emission, τ_s die Photonenlebensdauer im Resonator, G die normierte Verstärkung und R_{sp} die spontane Emissionsrate in die Lasermode. Die Photonenlebensdauer ergibt sich aus der Gruppengeschwindigkeit v_g und den gesamten optischen Verlusten α_{tot} zu

$$1/\tau_s = v_g \alpha_{tot} , \tag{21.3}$$

die normierte optische Verstärkung beträgt

$$G = \Gamma v_g \tau_s g , \tag{21.4}$$

wobei Γ und g den optischen Füllfaktor (engl.: confinemement factor) und die Materialverstärkung der aktiven Zone bedeuten. Näherungsweise kann man die Verstärkung bei Volumenmaterial in der aktiven Schicht (d.h. keine Quantentopf-Strukturen) als lineare Funktion der Ladungsträgerdichte ansetzen

$$g \approx (N - N_{tr}) \frac{\partial g}{\partial N} \tag{21.5}$$

wobei N_{tr} die Transparenzladungsträgerdichte ist. Die spontane Emissionsrate kann über die Einsteinbeziehung auf die Verstärkung bezogen werden

$$R_{sp} = \frac{n_{sp} G}{\tau_s} , \tag{21.6}$$

wobei n_{sp} (typ. 2–3) die unvollständige Inversion in Laserdioden berücksichtigt. Die gesamten optischen Verluste setzen sich aus den internen Verlusten α_i und den Spiegelverlusten α_m zusammen

$$\alpha_{tot} = \alpha_i + \alpha_m \tag{21.7}$$

$$\alpha_m = \frac{1}{2L} \ln \frac{1}{R_1 R_2} . \tag{21.8}$$

Dabei bezeichnen R_1 und R_2 die Spiegelreflektivitäten und L ist die Laserlänge. In symmetrischen Fabry-Perot Lasern mit gleichen Spiegelreflexionsfaktoren $R_1 = R_2 = R$ beträgt die Ausgangsleistung pro Spiegel

$$P = \frac{1}{2} h\nu \alpha_m v_g S , \tag{21.9}$$

wobei h die Planck'sche Konstante und ν die optische Frequenz ist.

Im stationären Fall $\mathrm{d}S/\mathrm{d}t = \mathrm{d}N/\mathrm{d}t = 0$ ergibt sich aus der Photonenratengleichung (21.2) für den Betrieb oberhalb der Schwelle eine nahezu konstante Verstärkung

$$G = G_{th} = \Gamma v_g \tau_s g_{th} = \left(1 + \frac{n_{sp}}{S}\right)^{-1} \simeq 1 , \tag{21.10}$$

da $VS \gg n_{sp}$. Den Schwellenstrom erhält man aus Gl. (21.10), indem man die für die Materialverstärkung g_{th} erforderliche Ladungsträgerdichte N_{th} gemäß Gl. (21.5) bestimmt und über die Rekombinationsrate

$$R(N) = AN + BN^2 + CN^3 \tag{21.11}$$

für $N = N_{th}$ den Schwellenstrom berechnet

$$I_{th} = eV\,R(N_{th})\,. \tag{21.12}$$

Für die Photonenzahl S und die Lichtleistung pro Spiegel oberhalb der Schwelle erhält man somit

$$S = \frac{\tau_s}{e}(I - I_{th}) \tag{21.13}$$

$$P = \frac{h\nu}{2e}\frac{\alpha_m}{\alpha_{tot}}(I - I_{th})\,. \tag{21.14}$$

Das Modulationsverhalten kann mittels der sogenannten Kleinsignalnäherung der Ratengleichungen berechnet werden. Man geht dabei von der in Abb. 21.3a gezeigten Ansteuerschaltung aus, bei der die Laserdiode um ihren Arbeitspunkt I_0, P_0 mit den im Vergleich zu I_0 und P_0 kleinen Größen $i(t)$ und $p(t)$ betrieben wird. Die Umsetzung der Strommodulation $i(t)$ in die Leistungsmodulation $p(t)$ ist in Abb. 21.3b veranschaulicht. Bei hinreichend kleinem $i(t)$ können die Ratengleichungen um den Arbeitspunkt linearisiert werden, wodurch sich eine analytische Lösung ergibt. Hierzu setzt man

$$I(t) = I_0 + i(t) \tag{21.15}$$

$$S(t) = S_0 + s(t) \tag{21.16}$$

$$N(t) = N_0 + n(t)\,, \tag{21.17}$$

wobei eine sinusförmige Modulation angesetzt wird

$$i(t) = \mathrm{Re}\,[i(\omega)\mathrm{e}^{\mathrm{j}\omega t}] \tag{21.18}$$

$$s(t) = \mathrm{Re}\,[s(\omega)\mathrm{e}^{\mathrm{j}\omega t}] \tag{21.19}$$

$$n(t) = \mathrm{Re}\,[n(\omega)\mathrm{e}^{\mathrm{j}\omega t}]\,. \tag{21.20}$$

Für kleine Änderungen läßt sich die Verstärkung um den Schwellenwert linearisieren

$$G(n,s) = G_0 + n\frac{\partial G}{\partial N} + s\frac{\partial G}{\partial S}\,, \tag{21.21}$$

wobei G_0 aus Gl. (21.10) abgeleitet wird

$$G_0 = G_{th} \simeq 1 - \frac{n_{sp}}{S_0}\,. \tag{21.22}$$

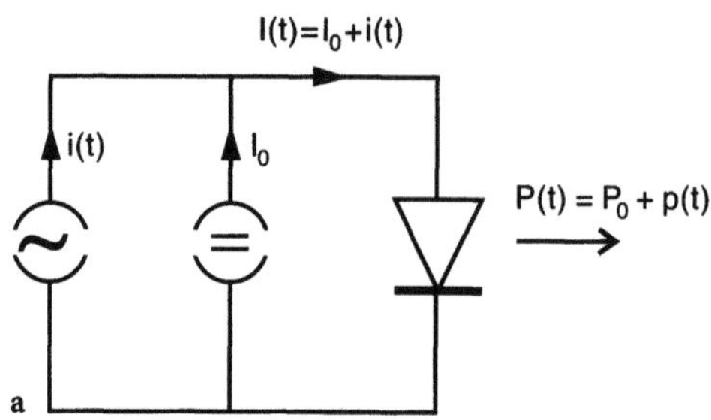

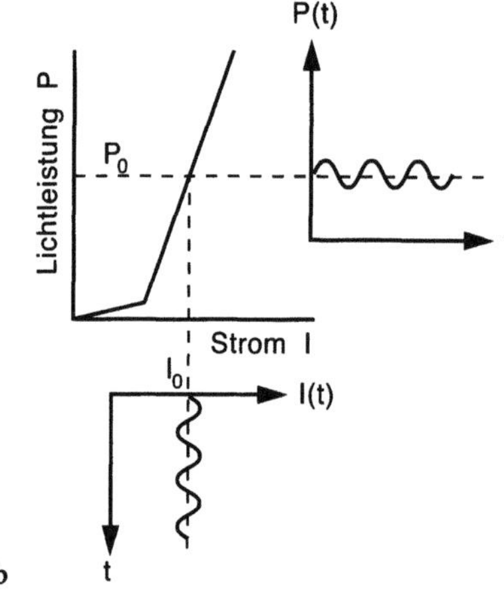

Abb. 21.3 a, b. Kleinsignalmodulationsverhalten von Laserdioden. **a** Mit der Ansteuerschaltung wird der Laser um den Arbeitspunkt I_0, P_0 mit einer kleinen Strommodulation $i(t)$ ausgesteuert, wodurch sich **b** eine kleine Leistungsmodulation $p(t)$ ergibt

Die linearisierten Ratengleichungen für $n(t)$ und $s(t)$ lauten damit

$$\frac{dn(t)}{dt} = \frac{i(t)}{eV} - \frac{n(t)}{\tau_d} - \frac{G_0}{V\tau_s}s(t) - \frac{S_0}{V\tau_s}\left(n(t)\frac{\partial G}{\partial N} + s(t)\frac{\partial G}{\partial S}\right) \tag{21.23}$$

$$\frac{ds(t)}{dt} = (G_0 - 1)\frac{s(t)}{\tau_s} + \frac{S_0 + n_{sp}}{\tau_s}\left(n(t)\frac{\partial G}{\partial N} + s(t)\frac{\partial G}{\partial S}\right) \tag{21.24}$$

mit der differentiellen Ladungsträgerlebensdauer für spontane Emission

$$\tau_d^{-1} = \left.\frac{dR(N)}{dN}\right|_{N=N_{th}} \tag{21.25}$$

Intensitätsmodulation (IM). Für die Übertragungsfunktion erhält man

$$H(\omega) = \frac{e}{\tau_s}\frac{s(\omega)}{i(\omega)} = \frac{1}{1-(\omega/\omega_r)^2 + j\omega/\omega_d} \, . \tag{21.26}$$

Die Auflösung nach Betrag und Phase ergibt

$$|H(\omega)| = \frac{1}{\sqrt{(1-(\omega/\omega_r)^2)^2 + (\omega/\omega_d)^2}} \tag{21.27}$$

und

$$\arg H(\omega) = - \arccos\left(\frac{1-(\omega/\omega_r)^2}{\sqrt{(1-(\omega/\omega_r)^2)^2 + (\omega/\omega_d)^2}}\right) \tag{21.28}$$

wobei Relaxations-Kreisfrequenz und Dämpfung definiert sind als

$$\omega_r = \frac{1}{\tau_s}\sqrt{\frac{S_0}{V}\frac{\partial G}{\partial N}} \tag{21.29}$$

und

$$\omega_d = \frac{\tau_s}{\gamma}\omega_r^2 \tag{21.30}$$

mit

$$\gamma = S_0\left(\frac{1}{V}\frac{\partial G}{\partial N} - \frac{\partial G}{\partial S}\right) + \frac{\tau_s}{\tau_d} + \frac{n_{sp}}{S_0} \, . \tag{21.31}$$

Das Kleinsignalmodulationsverhalten ist damit durch Angabe der Relaxationswinkelfrequenz ω_r und der Dämpfung ω_d vollständig bestimmt. Berechnete Frequenzgänge gemäß Gl. (21.27) und (21.28) sind in Abb. 21.4 für verschiedene ω_r/ω_d-Verhältnisse dargestellt. Anhand der Gln. (21.9) und (21.14) erkennt man, daß die Relaxationsfrequenz $f_r = \omega_r/2\pi$ mit der Quadratwurzel der Ausgangsleistung P_0 bzw. der Stromdifferenz $I_0 - I_{th}$ zunimmt

$$f_r = \frac{1}{2\pi\tau_s}\sqrt{\frac{\partial G}{\partial N}\frac{2P_0}{h\nu\alpha_m v_g V}} = \frac{1}{2\pi\tau_s}\sqrt{\frac{\partial G}{\partial N}\frac{I_0 - I_{th}}{e\alpha_{tot} v_g V}} \tag{21.32}$$

Eine Relaxationsüberhöhung tritt nur dann auf, wenn das ω_r/ω_d-Verhältnis kleiner als $\sqrt{2}$ ist. Die Frequenz f_{max}, bei der die Übertragungsfunktion in diesem Fall ihr Maximum aufweist, liegt geringfügig unterhalb von f_r und beträgt:

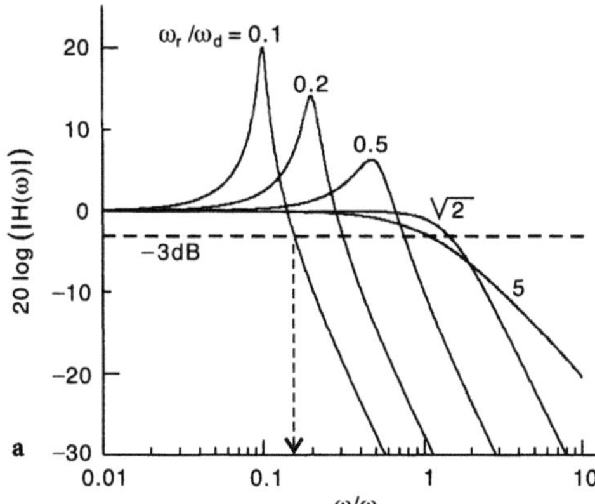

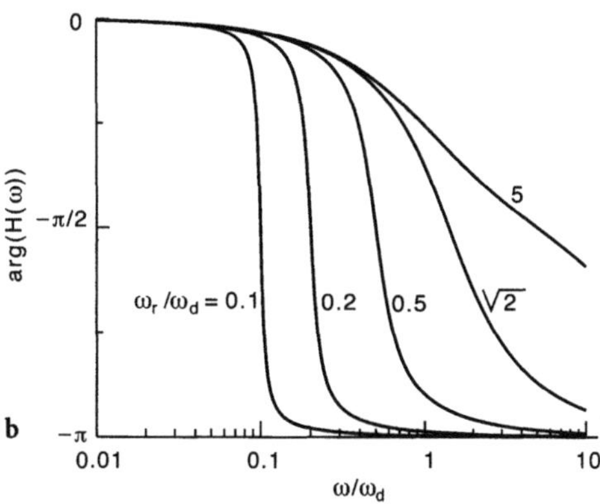

Abb. 21.4. **a** Betrag und **b** Phase des Frequenzgangs $H(\omega)$ der Kleinsignalmodulation von Laserdioden für verschiedene ω_r/ω_d-Verhältnisse

$$f_{max} = f_r\sqrt{1 - \frac{1}{2}\left(\frac{\omega_r}{\omega_d}\right)^2} \tag{21.33}$$

mit der Resonanzüberhöhung

$$|H(2\pi f_{max})| = \frac{1}{(\omega_r/\omega_d)\sqrt{1-\frac{1}{4}(\omega_r/\omega_d)^2}} \tag{21.34}$$

Die Relaxationsüberhöhung bei kleinen ω_r/ω_d-Verhältnissen ist meist unerwünscht, weshalb hohe ω_r/ω_d-Verhältnisse zu bevorzugen sind. In der Nähe der Schwelle, d.h. bei kleinen Photonenzahlen S_0 kann der γ-Parameter durch

$$\gamma \to \frac{n_{sp}}{S_0} \tag{21.35}$$

angenähert werden. Physikalisch läßt sich dies so interpretieren, daß in diesem Bereich die spontane Emission die Dämpfung dominiert und der Einfluß der nichtlinearen Verstärkung vernachlässigt werden kann. Für das ω_r/ω_d-Verhältnis ergibt sich in diesem Grenzfall

$$\frac{\omega_r}{\omega_d} = \frac{n_{sp}}{\sqrt{(\partial G/\partial N)S_0^3/V}}, \tag{21.36}$$

was bedeutet, daß bei niedrigen S_0-Werten bzw. kleinen Leistungen das ω_r/ω_d-Verhältnis groß wird und Relaxationen gedämpft werden. Mit zunehmender Leistung und Photonenzahl S_0 nimmt ω_r/ω_d ab und die Relaxationsüberhöhung nimmt zu.

Bei sehr hohen Leistungen bzw. großen S_0-Werten hingegen gilt diese Näherung für γ nicht mehr. Im Grenzfall hoher Leistung setzen wir statt dessen

$$\gamma \to S_0\left(\frac{1}{V}\frac{\partial G}{\partial N} - \frac{\partial G}{\partial S}\right). \tag{21.37}$$

Damit wird die Dämpfung unabhängig von S_0

$$\omega_d = \frac{4\pi^2}{K}, \tag{21.38}$$

wobei der Modulations-K-Faktor definiert ist als [3]

$$K = 4\pi^2\tau_s\left(1 - V\frac{\partial G/\partial S}{\partial G/\partial N}\right). \tag{21.39}$$

Das ω_r/ω_d-Verhältnis wird in diesem Grenzfall proportional zur Quadratwurzel der Photonenzahl bzw. Lichtleistung:

$$\frac{\omega_r}{\omega_d} = -\sqrt{\frac{V S_0}{\partial G/\partial N}\frac{\partial G}{\partial S}} \tag{21.40}$$

Somit durchläuft ω_r/ω_d bei mittleren Leistungen ein Minimum und nimmt zu hohen Leistungen erneut zu. Dies bedeutet andererseits, daß die Relaxationsüberhöhung bei kleinen und hohen Leistungen abnimmt und bei mittleren Leistungen ein Maximum auftritt. Dieses Kleinsignal-Modulationsverhalten weisen die meisten Laserdioden auf, wie der Frequenzgang für eine typische InGaAsP-Laserdiode für 1,55 μm in Abb. 21.5 für verschiedene Vorströme zeigt. Die Modulationsbandbreite der Kleinsignalmodulation bei hohen Leistungen wird durch die Dämpfung ω_d bestimmt:

$$B \simeq \frac{1}{2\pi}\omega_d = \frac{2\pi}{K} \tag{21.41}$$

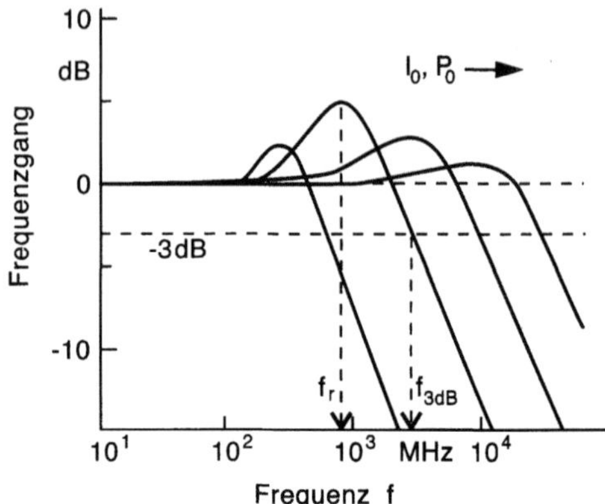

Abb. 21.5. Frequenzgang der Kleinsignal-Modulation einer typischen InGaAsP-Laserdiode bei 1,5 μm Wellenlänge

Diese Beziehung läßt sich umformen in

$$B \simeq \frac{1}{2\pi}\frac{v_g\,\partial g/\partial N}{\tau_s v_g\,\partial g/\partial N + \varepsilon}, \tag{21.42}$$

wobei ε der Sättigungsparameter der optischen Verstärkung bezüglich der Photonendichte S' in der aktiven Schicht ist ($S' = \Gamma S/V$)

$$\varepsilon = -\frac{\partial G}{\partial S'} = -\frac{1}{g}\frac{\partial g}{\partial S'}. \tag{21.43}$$

In InGaAsP-Laserdioden kann $\tau_s\, v_g\, \partial g/\partial N$ in (21.42) gewöhnlich gegenüber ε vernachlässigt werden, womit die Modulationsbandbreite durch reine Materialparameter bestimmt wird

$$B \to \frac{1}{2\pi}\frac{v_g}{\varepsilon}\frac{\partial g}{\partial N}. \tag{21.44}$$

Frequenzmodulation. Bei der Modulation von Laserdioden über den Strom wird neben der Ausgangsleistung auch die Momentanfrequenz der Laserstrahlung moduliert [4]. Die Ursache hierfür ist die durch die (geringe) Ladungsträgermodulation induzierte Variation der Brechzahl des Resonators aufgrund des α_H-Faktors (vgl. Kap. 17). Der Zusammenhang zwischen der Momentanfrequenz ν und der Ladungsträgerdichte lautet

$$2\pi(\nu - \nu_0) = \frac{\alpha_H}{2\tau_s}(N - N_0)\frac{\partial G}{\partial N} \tag{21.45}$$

wobei ν_0 die mittlere Momentanfrequenz bezeichnet, die bei der mittleren Ladungsträgerdichte N_0 auftritt. Einen Einfluß der Photonenzahl auf die Brechzahl – analog zur nichtlinearen Verstärkung – ist praktisch vernachlässigbar, während der Einfluß der durch die Strommodulation verursachten Temperaturschwankungen bis zu Frequenzen von einigen MHz bemerkbar ist und hier zu einer Reduktion der Modulationstiefe führen kann. Im Frequenzbereich oberhalb von ca. 10 MHz kann daher angenommen werden, daß die Momentanfrequenzmodulation ausschließlich von der Ladungsträgermodulation abhängt. Wie für die anderen zeitabhängigen Größen setzt man für die Momentanfrequenz

$$\nu = \nu_0 + \mathrm{Re}\,[\Delta\nu(\omega)\,e^{j\omega t}] \qquad (21.46)$$

womit die Abweichung der Momentanfrequenz proportional zur Änderung der Ladungsträgerdichte angesetzt werden kann

$$\Delta\nu = \frac{\alpha_H}{4\pi\,\tau_s}\, n(\omega)\, \frac{\partial G}{\partial N} \qquad (21.47)$$

Die Auflösung der Kleinsignalratengleichungen (21.23) und (21.24) nach $n(\omega)$ ergibt schließlich für die FM-Übertragungsfunktion

$$H_{FM}(\omega) = \frac{\Delta\nu}{i} = H_{FM}(0)\,\frac{j\omega/\omega_g + 1}{(j\omega/\omega_r)^2 + j\omega/\omega_d + 1} \qquad (21.48)$$

mit

$$\omega_g = -\frac{S_0}{\tau_s}\frac{\partial G}{\partial S} \qquad (21.49)$$

und der Übertragungsfunktion für $\omega = 0$ (ohne thermischen Anteil)

$$H_{FM}(0) = -\frac{\alpha_H}{4\pi e}\frac{\partial G}{\partial S} \qquad (21.50)$$

Die Relaxationskreisfrequenz ω_r und die Dämpfung ω_d sind identisch mit denen der Intensitätsmodulation Gln. (21.29) und (21.30).

Im üblichen Betrieb weit oberhalb der Schwelle, wenn Gl. (21.37) gilt, ergibt sich mit Gln. (21.29) und (21.30) für das ω_g/ω_d-Verhältnis

$$\frac{\omega_g}{\omega_d} = \left(\frac{\omega_r}{\omega_d}\right)^2 \qquad (21.51)$$

Normierte FM-Frequenzgänge $|H_{FM}(\omega)/H_{FM}(0)|$ für verschiedene ω_r/ω_d-Verhältnisse sind für diesen Fall in Abb. 21.6 dargestellt. Da

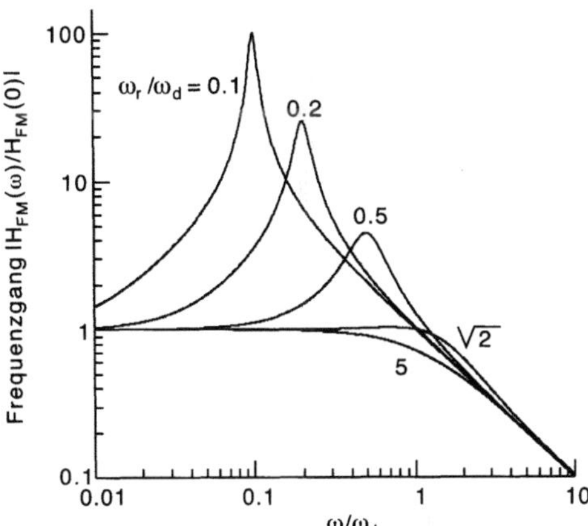

Abb. 21.6. Normierter Frequenzgang der FM-Modulation von Laserdioden mit dem ω_r/ω_d-Verhältnis als Parameter

im Unterschied zur Intensitätsmodulation im Zähler der FM-Übertragungsfunktion (21.48) zusätzlich die Modulationskreisfrequenz ω auftritt, klingt die FM-Übertragungsfunktion oberhalb der Relaxationsfrequenz nur mit 10 dB pro Dekade ab.

Typische Material- und Strukturparameter für Laserdioden bei 1,3 μm und 1,55 μm Wellenlänge sind in Tabelle 21.1 angegeben.

Betriebsparameter einer typischen 1,55 μm Laserdiode mit den Material- und Strukturparametern aus Tabelle 21.1 sind in Tabelle 21.2 aufgelistet.

Tabelle 21.1. Typische Material- und Strukturparameter von 1,3 μm und 1,55 μm Laserdioden

Parameter	Zahlenwert	Dimension	Bemerkung
v_g	$7{,}5 \cdot 10^9$	$\mathrm{cm\,s^{-1}}$	
L	250	μm	
w	2	μm	
d	0,1	μm	
α_i	20	$\mathrm{cm^{-1}}$	
n_{sp}	2		
R_1, R_2	0,35		
$h\nu$	0,95	eV	$\lambda = 1{,}3$ μm
	0,8	eV	$\lambda = 1{,}55$ μm
N_{tr}	$1{,}2 \cdot 10^{18}$	$\mathrm{cm^{-3}}$	
$\partial g/\partial N$	$3 \cdot 10^{-16}$	$\mathrm{cm^2}$	
A	$5 \cdot 10^7$	$\mathrm{s^{-1}}$	
B	10^{-10}	$\mathrm{cm^3\,s^{-1}}$	$\lambda = 1{,}3$ μm
	$7 \cdot 10^{-11}$	$\mathrm{cm^3\,s^{-1}}$	$\lambda = 1{,}55$ μm
C	$3 \cdot 10^{-29}$	$\mathrm{cm^6\,s^{-1}}$	$\lambda = 1{,}3$ μm
	$6 \cdot 10^{-29}$	$\mathrm{cm^6\,s^{-1}}$	$\lambda = 1{,}55$ μm
α_H	5		$\lambda = 1{,}55$ μm
ε	$5 \cdot 10^{-17}$	$\mathrm{cm^3}$	$\lambda = 1{,}55$ μm

Tabelle 21.2. Betriebsparameter einer 1,55 µm Laserdiode mit den Material- und Strukturdaten aus Tabelle 21.1 bei 50 mA Betriebsstrom

Parameter	Zahlenwert	Dimension
V	50	μm^3
Γ	0,2	
α_m	42	cm^{-1}
α_{tot}	62	cm^{-1}
τ_s	2,15	ps
g_{th}	310	cm^{-1}
N_{th}	$2{,}23 \cdot 10^{18}$	cm^{-3}
I_{th}	9,03	mA
τ_d	0,793	ns
S_0	$5{,}5 \cdot 10^5$	
P	11,1	mW
$\partial G/\partial N$	$9{,}68 \cdot 10^{-19}$	cm^3
$\partial G/\partial S$	$-2 \cdot 10^{-7}$	
f_r	7,64	GHz
γ	0,123	
ω_d	$4 \cdot 10^{10}$	s^{-1}
$\lvert H(2\pi f_{max})\rvert$	0,32	dB
$H_{FM}(0)$	497	MHz/mA
K	0,96	ns

Großsignalmodulation. Die Großsignalmodulation von Laserdioden wird meistens bei der digitalen Datenübertragung in Form der Pulsmodulation durchgeführt. Die charakteristische Größe für das Modulationsverhalten ist dabei die Pulsantwort im Zeitbereich, bei welcher das optische Ausgangssignal als Funktion der pulsförmigen Strommodulation untersucht wird. Die Pulsantwort hängt stark davon ab, ob die Diode vor dem Puls unter- oder oberhalb der Schwelle betrieben wird. In beiden Betriebsarten treten Relaxationsschwingungen auf [2], wie in Abb. 21.7 für einen Vorstrom oberhalb der Laserschwelle gezeigt. Die Höhe der Relaxationsschwingungen nimmt mit der Höhe des Vorstroms ab. Ferner tritt eine zeitliche Verzögerung τ_{on} zwischen Strom- und Lichtpuls auf, die ebenfalls mit zunehmendem Vorstrom abnimmt und durch die die maximale Pulsfrequenz bestimmt wird. Die Verzögerungszeit läßt sich aus den Ratengleichungen ermitteln und näherungsweise analytisch beschreiben

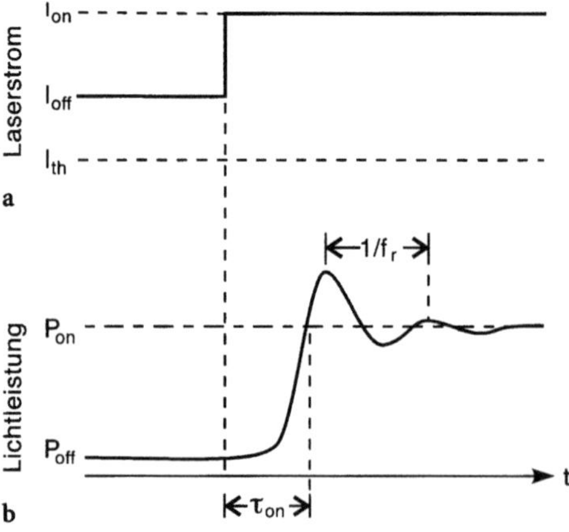

Abb. 21.7 a, b. Pulsantwort einer Laserdiode bei einem Vorstrom oberhalb der Laserschwelle

$$\tau_{on} = \tau_d \ln \frac{I_{on} - I_{off}}{I_{on} - I_{th}} \quad \text{im Bereich} \quad I_{off} < I_{th} < I_{on} \tag{21.52}$$

und

$$\tau_{on} = \frac{\sqrt{2}}{\omega_r} \sqrt{\ln \frac{P_{on}}{P_{off}}} \quad \text{im Bereich } I_{th} < I_{off} < I_{on} \tag{21.53}$$

Da die Relaxationsfrequenzen von InGaAsP-Laserdioden typischerweise im GHz-Bereich liegen, können mit P_{on}/P_{off}-Verhältnissen um 10 und Vorströmen oberhalb der Laserschwelle Verzögerungszeiten unter 100 ps erzielt werden.

Auch bei der Pulsmodulation tritt zusätzlich zur Leistungsmodulation eine Frequenzmodulation auf, die auf der Amplituden-Phasen-Kopplung (d.h. $\alpha_H \neq 0$) in Laserdioden beruht. Dadurch verbreitert sich die Lasermode spektral (Chirpen), was bei der Modulation mit Gauß'schen Pulsen näherungsweise zu einem Pulsdauer-Bandbreiten-Produkt von

$$\Delta t \, \Delta \nu = 0{,}44 \sqrt{1 + \alpha_H^2} \tag{21.54}$$

führt.

21.1.2 Longitudinales Modenspektrum

Die Modulation von Laserdioden beeinflußt auch das longitudinale Modenspektrum, wobei zwischen Ein- und Vielmodenlasern unterschieden werden muß. In Vielmodenlasern müssen für jede longitudinale Mode Photonenratengleichungen gemäß Gl. (21.2) aufgestellt werden und in der Ladungsträgerratengleichung Gl. (21.1) wird über die stimulierte Rekombinationsrate aller Moden summiert. Das longitudinale Modenspektrum berechnet man aus den Photonenratengleichungen der longitudinalen Moden, wobei sich die in

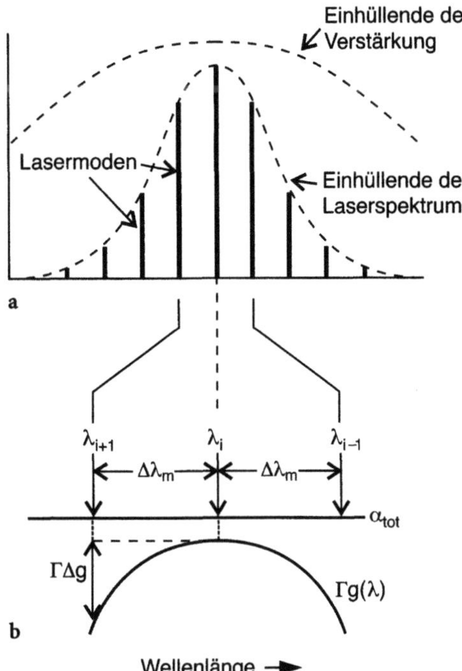

Abb. 21.8. **a** Longitudinales Modenspektrum und **b** vergrößerter Ausschnitt der spektralen Modenverstärkung und gesamten optischen Verluste um die dominante Lasermode im stationären Betrieb

Abb. 21.8a gezeigte Einengung des Laserspektrums bezüglich der optischen Verstärkung der aktiven Zone ergibt. Dominanter Einmodenbetrieb liegt dann vor, wenn die Seitenmodenunterdrückung SSR einen ausreichend großen Wert (typ. über 30 dB) aufweist. Die SSR hängt insbesondere von der Differenz der Modenverstärkung $\Gamma\Delta g$ zwischen der Hauptmode bei λ_i und der zweitstärksten Mode (im gezeigten Fall bei $\lambda_{i\pm1}$) ab:

$$\mathrm{SSR} = \frac{2P\Delta g\Gamma}{h\nu v_g n_{sp}\alpha_{tot}\alpha_m} \qquad (21.55)$$

In typischen InGaAsP/InP Fabry-Perot Laserdioden mit $L \approx 500\ \mu m$ beträgt die Verstärkungsdifferenz Δg ca. $10^{-2}\ cm^{-1}$ womit sich SSR-Werte um 20 dB erzielen lassen. In DFB-Laserdioden dagegen steigt Δg aufgrund der Filterwirkung des Bragg-Gitters auf Werte um 5–10 cm^{-1}, was SSR-Werte von über 40 dB ergibt.

Die Strommodulation führt neben der Lichtleistungsmodulation auch zu kleinen Schwankungen der Ladungsträgerdichte um den Schwellenwert. Dadurch können auch die Modenverstärkungen zeitweise die zeitunabhängigen Verluste übertreffen, was mit zunehmender Modulationsfrequenz und zunehmendem Modulationsgrad dazu führt, daß die mittleren Leistungen in den verschiedenen Moden sich annähern und dadurch neben der Verringerung der Seitenmodenunterdrückung SSR das Emissionsspektrum verbreitert wird.

21.2 Rauschverhalten

Aufgrund der hohen optischen Frequenzen ist das Quantenrauschen durch die spontane Emission bei Laserdioden um Größenordnungen stärker als beispielsweise bei Mikrowellenoszillatoren und dominiert damit sowohl das Intensitäts- als auch das Frequenzrauschen. Ein spontaner Emissionsprozeß in die Lasermode, bei dem im Mittel ein Photon emittiert wird, ist in Abb. 21.9 schematisch dargestellt [5]. Zur Vereinfachung kann die gesamte Photonenzahl im Resonatormode mit dem Betragsquadrat der Feldstärke gleichgesetzt werden, d.h. $S = |E|^2$, so daß die Amplitude eines spontan emittierten Photon eins beträgt, während die relative Phase ϕ_{sp} zum Strahlungsfeld zufällig ist und jeden Wert von $-\pi$ bis $+\pi$ annehmen kann. Jeder spontane Emissionsvorgang führt damit zu einer Änderung der Photonenzahl, die das Intensitätsrauschen verursacht, und einer Phasenänderung des Gesamtfeldes um $\Delta\phi$, die einen Teil des Phasen- bzw. Frequenzrauschens verur-

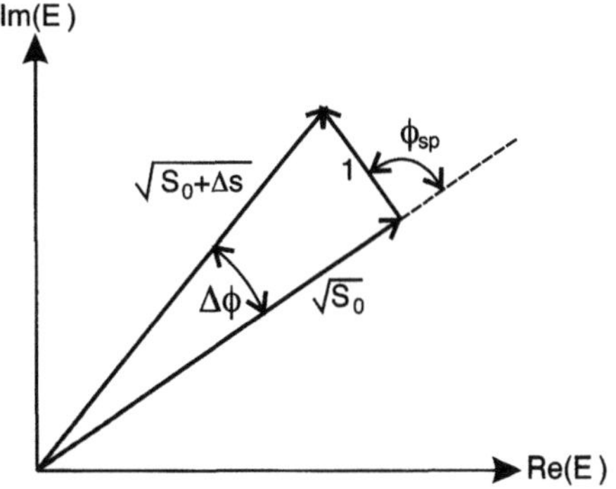

Abb. 21.9. Schematische Darstellung eines spontanen Emissionsprozesses in der komplexen E-Ebene. Vereinfachend wird hier die Photonenzahl $S_0 = |E|^2$ gesetzt, so daß die Amplitude des spontan emittierten Photons eins beträgt

sacht. Ein weiterer, in Laserdioden zumeist dominierender Beitrag zum Phasenrauschen rührt von den durch die Intensitätsschwankungen hervorgerufenen Relaxationsschwingungen her, wobei die entsprechenden Schwankungen der Ladungsträgerdichte zu Brechzahl- und somit schließlich zu Frequenzschwankungen führen.

Das Intensitätsrauschen wird gewöhnlich mit dem *relativen Intensitätsrauschen* RIN charakterisiert, welches definiert ist als Quotient aus dem quadratischen Mittelwert der Intensitätsschwankungen ΔP und dem Quadrat der emittierten Leistung P

$$\mathrm{RIN} = \frac{\langle \Delta P^2 \rangle}{\langle P \rangle^2} \qquad (21.56)$$

wobei $\langle \ldots \rangle$ Ensemble-Mittelung bedeutet. Das Frequenzrauschen wird durch das Leistungsspektrum der Momentanfrequenzschwankungen und die daraus resultierende spektrale Linienbreite $\Delta\nu$ charakterisiert.

21.2.1 Langevin-Kräfte

Die Schwankungen der Ladungsträgerdichte $\Delta n(t)$ und der Photonenzahl $\Delta s(t)$, die durch das Schrotrauschen der Ladungsträgerinjektion und Rekombination sowie das Quantenrauschen durch die spontane Emission hervorgerufen werden, lassen sich elegant anhand der mit Langevin-Kräften $F_n(t)$ und $F_s(t)$ ergänzten Kleinsignalratengleichungen (21.23) und (21.24) berechnen [6]. Man setzt dazu

$$\frac{\mathrm{d}\Delta n(t)}{\mathrm{d}t} = -\,\Delta n(t)\left(\frac{1}{\tau_\mathrm{d}} + \frac{S_0}{\tau_\mathrm{s}}\frac{\partial G}{\partial N}\right) - \frac{\Delta s(t)}{V}\left(\frac{G_0}{\tau_\mathrm{s}} + \frac{S_0}{\tau_\mathrm{s}}\frac{\partial G}{\partial S}\right) + F_\mathrm{n}(t) \qquad (21.57)$$

$$\frac{\mathrm{d}\Delta s(t)}{\mathrm{d}t} = \Delta n(t)\left(\frac{S_0}{\tau_\mathrm{s}} + \frac{n_\mathrm{sp}}{\tau_\mathrm{s}}\right)\frac{\partial G}{\partial N} + \Delta s(t)\left(\frac{G_0 - 1}{\tau_\mathrm{s}} + \left[\frac{S_0}{\tau_\mathrm{s}} + \frac{n_\mathrm{sp}}{\tau_\mathrm{s}}\right]\frac{\partial G}{\partial S}\right) + F_\mathrm{s}(t) \qquad (21.58)$$

Außerdem kann ausgehend von Gl. (21.47) eine "Ratengleichung" für die Phasenschwankungen $\phi(t)$ der komplexen elektrischen Feldstärke

$$E(t) = |E(t)|\exp(\mathrm{j}\omega_0 t + \mathrm{j}\phi(t)) \qquad (21.59)$$

mit der Langevin-Kraft F_ϕ angesetzt werden

$$\frac{\mathrm{d}\phi(t)}{\mathrm{d}t} = 2\,\pi\,\Delta\nu(t) = \frac{\alpha_\mathrm{H}}{2\tau_\mathrm{s}}\frac{\partial G}{\partial N}\Delta n(t) + F_\phi(t) \qquad (21.60)$$

Da sowohl beim Intensitätsrauschen als auch beim FM-Rauschen der Einfluß des Ladungsträgerrauschens $F_\mathrm{n}(t)$ vernachlässigt werden kann, müssen nur die beiden anderen Langevin-Kräfte untersucht werden. Diese sind durch ihre Mittelwerte und Korrelationsfunktionen bestimmt

$$\langle F_\mathrm{s}(t)\rangle = \langle F_\phi(t)\rangle = 0 \qquad (21.61)$$

$$\langle F_\mathrm{s}(t)\,F_\mathrm{s}(t-\tau)\rangle = 2D_\mathrm{ss}\delta(\tau) \qquad (21.62)$$

$$\langle F_\phi(t)\,F_\phi(t-\tau)\rangle = 2D_{\phi\phi}\delta(\tau) \qquad (21.63)$$

$$\langle F_\mathrm{s}(t)\,F_\phi(t-\tau)\rangle = 0 \qquad (21.64)$$

wobei $\delta(\tau)$ die Dirac'sche Deltafunktion ist und die Diffusionskoeffizienten lauten

$$2\,D_\mathrm{ss} = 2\,\frac{n_\mathrm{sp}\,S_0}{\tau_\mathrm{s}} \qquad (21.65)$$

$$2\,D_{\phi\phi} = \frac{n_\mathrm{sp}}{2\,\tau_\mathrm{s}\,S_0} \qquad (21.66)$$

21.2.2 Intensitätsrauschen

Die Gleichungen (21.57) und (21.58) löst man mittels Fourier Transformation

$$\tilde{U}(\omega) = \frac{1}{2\pi}\int_{-\infty}^{+\infty} U(t)\,\mathrm{e}^{-\mathrm{j}\omega t}\,\mathrm{d}t \qquad (21.67)$$

$$U(t) = \int_{-\infty}^{+\infty} \tilde{U}(\omega)\,\mathrm{e}^{\mathrm{j}\omega t}\,\mathrm{d}\omega \qquad (21.68)$$

wobei $U(t)$ für die Zeitfunktionen Δn, Δs sowie die Langevin-Kräfte F_s und F_ϕ steht und $\tilde{U}(\omega)$ die Fouriertransformierte von $U(t)$ bezeichnet. Man erhält damit die Übertragungsfunktion

$$\frac{\Delta\tilde{s}(\omega)}{\tilde{F}_\mathrm{s}(\omega)} = H(\omega)\,\frac{\mathrm{j}\omega + 1/\tau_\mathrm{d} + \omega_\mathrm{r}^2\tau_\mathrm{s}}{\omega_\mathrm{r}^2\tau_\mathrm{s}} \qquad (21.69)$$

in der $H(\omega)$ die Übertragungsfunktion der Intensitätsmodulation darstellt (vgl. Gl. (21.26)

$$H(\omega) = \frac{e}{\tau_\mathrm{s}}\frac{s(\omega)}{i(\omega)} = \frac{1}{1 - (\omega/\omega_\mathrm{r})^2 + \mathrm{j}\omega/\omega_\mathrm{d}} \qquad (21.70)$$

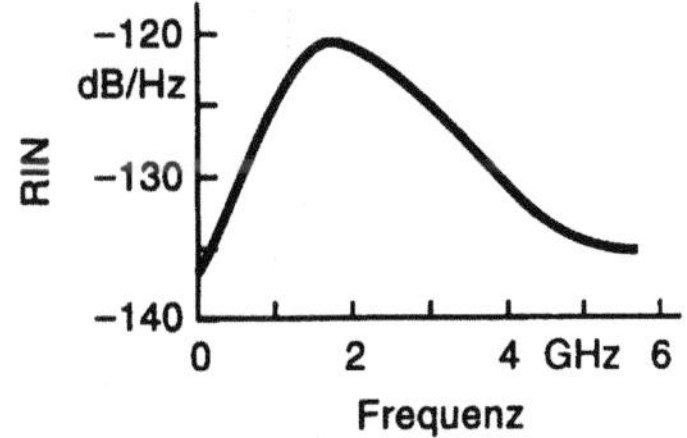

Abb. 21.10. Spektrale Abhängigkeit des RIN eines 1,55 μm InGaAsP DFB-Lasers (nach [7])

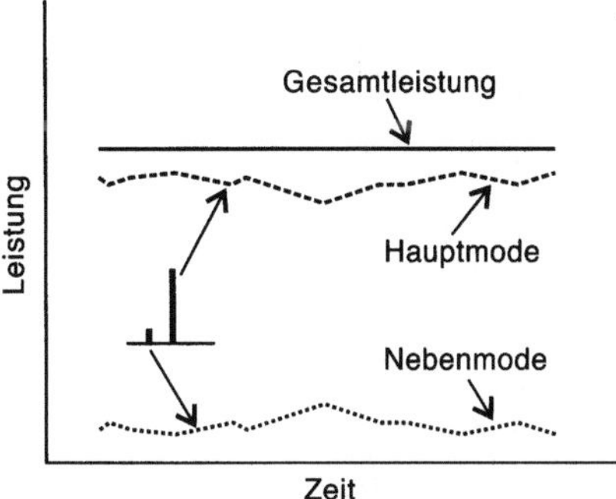

Abb. 21.11. Leistungsfluktuationen in einem Zweimodenlaser. Die Leistungsfluktuationen der beiden Moden kompensieren sich, so daß die Gesamtleistung (nahezu) nicht fluktuiert

Das relative Intensitätsrauschen RIN im Frequenzintervall Δf ergibt sich aufgrund der Proportionalität von Photonenzahl und Leistung damit zu

$$\mathrm{RIN} = \frac{2\Delta f\langle|\Delta\tilde{s}(\omega)|^2\rangle}{S_0^2} = \frac{4n_{\mathrm{sp}}\Delta f}{\tau_\mathrm{s} S_0}\,|H(\omega)|^2\,\frac{(1/\tau_\mathrm{d}+\omega_\mathrm{r}^2\tau_\mathrm{s})^2+\omega^2}{\omega_\mathrm{r}^4} \qquad (21.71)$$

Die spektrale Abhängigkeit des RIN eines 1,55 μm InGaAsP DFB-Lasers ist in Abb. 21.10 gezeigt [7]. Da RIN $\propto |H(\omega)|^2$ ergibt sich eine ausgeprägtere Frequenzabhängigkeit als bei der Intensitätsmodulation. Insbesondere ist die Resonanzüberhöhung stärker ausgeprägt. Da $\omega_\mathrm{r} \propto \sqrt{S_0}$ und die Leistung proportional zur Photonenzahl ist, nimmt das RIN oberhalb der Schwelle mit der dritten Potenz der Laserleistung ab. Bei einer Bandbreite Δf von 1 Hz erhält man typische RIN-Werte um 10^{-15}–10^{-14}. Weit oberhalb der Schwelle beträgt das RIN bei der Relaxationsfrequenz

$$\mathrm{RIN}(\omega_\mathrm{r}) = \frac{2n_{\mathrm{sp}}h\nu}{(\partial G/\partial P)^2 P^3}\,\Delta f. \qquad (21.72)$$

Zumeist wird das auf die Bandbreite Δf bezogene relative Intensitätsrauschen in Dezibel pro Hertz angegeben

$$\mathrm{RIN_{dB}} = \frac{1}{\Delta f}\,10\log(\mathrm{RIN}). \qquad (21.73)$$

21.2.3 Modenverteilungsrauschen

Das im vorangehenden Kapitel angegebene RIN beschreibt das Rauschen eines Einmodenlasers bzw. das gesamte Rauschen *aller* Moden eines Vielmodenlasers. Im Falle des Vielmodenlasers können die einzelnen Moden wesentlich stärker fluktuieren [8]; aufgrund der Gewinnsättigung jedoch, für die die gesamte Leistung aller Moden maßgeblich ist, kompensieren sich die Fluktuationen und ergeben ein relativ geringes Gesamtrauschen. Dies ist in Abb. 21.11 für den Fall eines Zweimodenlasers mit einer dominanten Mode illustriert. Obwohl beide Moden einzeln Leistungsfluktuationen aufweisen, ist die gesamte Laserleistung nahezu konstant.

Tritt bei der Übertragung Dispersion auf, wodurch sich eine Phasenverschiebung der Rauschbeiträge der einzelnen Moden ergäbe, oder werden die Leistungsbeiträge der einzelnen Moden unterschiedlich gewichtet (z.B. durch Ausfiltern) kann eine drastische Erhöhung des Rauschens der Gesamtleistung eintreten.

Auch bei nominell einmodigen DFB-Lasern kann dieses Modenverteilungsrauschen (*engl.*: mode partition noise) auftreten [9], wenn die Seitenmoden nicht ausreichend, d.h. mindestens um ca. 30 dB, unterdrückt sind. Beispielsweise kann bereits bei wenigen Prozent Leistung in einem Seitenmode, entsprechend einem SSR von 15–20 dB, das RIN bei niedrigen Frequenzen um mehrere Größenordnungen ansteigen.

21.2.4 Frequenzrauschen und Linienbreite

Die spektrale Breite der Laseremission ist beim Vielmodenlaser durch die Einhüllende des Fabry-Perot Modenspektrums und beim Einmodenlaser durch die Breite der Laserlinie selbst gegeben. Die spektrale Linienbreite eines Einmodenlasers, der gewöhnlich ein DFB-Laser mit verteilter Rückkopplung ist, kann näherungsweise berechnet werden, wenn der Laser sich nicht stark von einem Fabry-Perot Laser unterscheidet [10]. Dies ist insbesondere dann der Fall, wenn die Facetten nicht entspiegelt sind und das κL-Produkt klein ist ($\kappa L \leq 1$). Man kann einen DFB-Laser dann so behandeln, als wäre er ein einmodiger Fabry-Perot Laser.

Auch die Linienbreitenberechnung geht von den mit Langevinkräften für die Photonenzahl und Phase ergänzten, linearisierten Ratengleichungen aus. Da die Korrelationsfunktionen der Langevinkräfte für die Photonenzahl- und Phasenfluktuationen Dirac'sche Deltafunktionen sind, ergibt sich ein weißes Phasenrauschspektrum. In diesem Fall ergibt sich ein Lorentz-förmiges Leistungsspektrum des optischen Feldes und die spektrale Linienbreite kann aus dem mittleren Quadrat der Phasenfluktuationen berechnet werden

$$\Delta\nu = \lim_{t\to\infty} \frac{\langle \Delta\phi^2(t)\rangle}{2\pi t} \tag{21.74}$$

wobei $\Delta\phi(t)$ die Abweichung der Phase ϕ (vgl. Gl. (21.59)) zum Zeitpunkt t bezüglich $t = 0$ bezeichnet

$$\Delta\phi(t) = \phi(t) - \phi(0) \tag{21.75}$$

$\Delta\phi(t)$ wird aus der Fourier-transformierten $\Delta\tilde{\phi}(\omega)$ gewonnen, die wiederum aus den Fourier-transformierten Bilanzgleichungen berechnet wird. Dies ergibt für das mittlere Fehlerquadrat von $\Delta\phi(t)$

$$\langle \Delta\phi^2(t)\rangle = \int_{-\infty}^{\infty}\int_{-\infty}^{\infty} \langle \tilde{\phi}(\omega)\tilde{\phi}^*(\omega')\rangle \cdot (\mathrm{e}^{\mathrm{j}\omega t}-1)(\mathrm{e}^{-\mathrm{j}\omega' t}-1)\,\mathrm{d}\omega\,\mathrm{d}\omega' \tag{21.76}$$

Oberhalb der Schwelle vernachlässigt man n_{sp} gegenüber S_0, und $1/\tau_d$ gegenüber $(S_0/\tau_s V)$ $(\partial G/\partial N)$. Damit erhält man bei geringer Sättigung $S_0 \partial G/\partial S \ll 1$ und bei niedrigen Frequenzen

$$\mathrm{j}\omega\tilde{\phi}(\omega) = \frac{\alpha_H}{2S_0}\tilde{F}_s(\omega) + \tilde{F}_\phi(\omega) \tag{21.77}$$

Die Autokorrelationsfunktionen der Fourier-transformierten Langevinkräfte lauten

$$\langle \tilde{F}_s(\omega)\tilde{F}_s^*(\omega')\rangle = \frac{1}{2\pi}2D_{ss}\delta(\omega-\omega') \tag{21.78}$$

$$\langle \tilde{F}_\phi(\omega)\tilde{F}_\phi^*(\omega')\rangle = \frac{1}{2\pi}2D_{\phi\phi}\delta(\omega-\omega') \tag{21.79}$$

und die Autokorrelationsfunktion der Fourier-transformierten Phasenfluktuationen lautet

$$\langle \tilde{\phi}(\omega)\tilde{\phi}^*(\omega')\rangle = \frac{1}{\omega\omega'}\frac{n_{sp}}{4\pi\tau_s S_0}(1+\alpha_H^2)\delta(\omega-\omega') \tag{21.80}$$

Eingesetzt in die Gln. (21.74) und (21.76) ergibt sich somit für die spektrale Linienbreite

$$\Delta\nu = \frac{n_{sp}}{4\pi\tau_s S_0}(1+a_H^2) \tag{21.81}$$

Mittels der Gln. (21.3) und (21.9) kann die Linienbreite auch durch die Verluste im Laser und die optische Ausgangsleistung pro Spiegel ausgedrückt werden

$$\Delta\nu = \frac{n_{sp}h\nu v_g^2\alpha_{tot}\alpha_m}{8\pi P}(1+\alpha_H^2) \tag{21.82}$$

Dies ist die sogenannte *Schawlow-Townes-Henry*-Linienbreitenformel für Laserdioden. Damit steigt die Linienbreite bei hohen Verlusten und großen α_H-Faktoren stark an, kann andererseits aber durch Erhöhung der optischen Leistung reduziert werden. Die Abhängigkeit der Linienbreite von der reziproken Laserleistung $1/P$ ist in Abb. 21.12 für Bulk- (großer α_H-Faktor) und Quantentopf (QW: quantum well)-Laserdioden (kleiner α_H-Faktor) gezeigt. Typische InGaAsP/InP DFB-Laserdioden erreichen bei einigen mW Leistung Linienbreiten von einigen MHz, die im Falle von (verspannten) Quantumwell-Strukturen aufgrund des reduzierten α_H-Faktors bis in den sub-MHz-Bereich reduziert werden können. Der Wiederanstieg der Linienbreite setzt bei Leistungen oberhalb von einigen 10 mW ein. Die Ursache für die Abweichung von der $1/P$-Abhängigkeit stellt insbesondere eine Verringerung der Seiten-

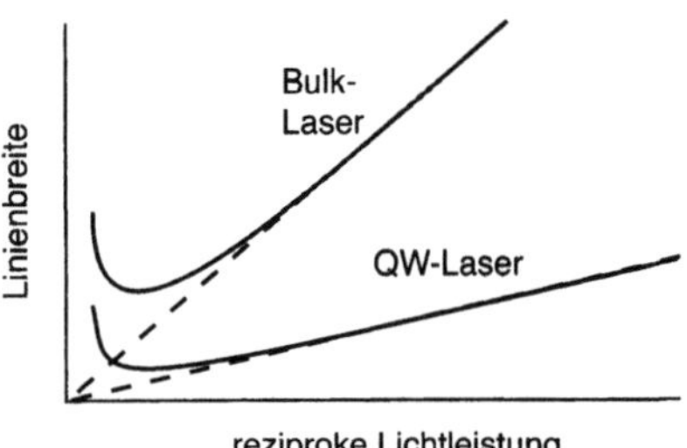

Abb. 21.12. Abhängigkeit der Linienbreite von der reziproken Laserleistung $1/P$ für Bulk- und QW-Laserdioden (schematisch)

modenunterdrückung aufgrund des räumlichen Lochbrennens dar, wodurch u. a. Modenverteilungsrauschen auftreten kann.

21.3 Rückwirkungsempfindlichkeit

Beim praktischen Einsatz von Laserdioden in optischen Kommunikationssystemen treten an den Koppelstellen zwischen Laserdiode und Faser neben den Einkopplungsverlusten auch Reflexionen der Laserstrahlung auf. Daneben können auch an anderen Stellen der Faserstrecke durch Inhomogenitäten oder weitere Koppelglieder Reflexionen entstehen, die schließlich wieder in die Laserdioden zurück gelangen. Da Laserdioden auf Reflexionen sehr empfindlich reagieren und eine Verschlechterung ihrer stationären und dynamischen Eigenschaften auftreten kann [11], werden in kritischen Anwendungen zumeist optische Isolatoren eingesetzt, mit denen sich die Reflexionen um typisch ca. 30 dB (für einen einstufigen Isolator) reduzieren lassen.

Zur Untersuchung des Einflusses von Reflexionen auf eine Laserdiode geht man von der vereinfachten Darstellung in Abb. 21.13 aus, in der die durch die externe Reflexion verursachte Rückkopplung in die Laserdiode einen zusätzlichen externen, an die Laserdiode gekoppelten Resonator definiert. Dabei wird die externe Reflexion r_3 bei $z = L + L_{ext}$ durch die Wegstrecke L_{ext} und den reellen Amplitudenreflexionsfaktor r_{ext} beschrieben, wobei der Laser-Wellenleiter-Koppelwirkungsgrad η_c und die Absorption (Absorptionskoeffizient α) beim Durchlaufen von L_{ext} mit in r_{ext} enthalten sind:

$$r_{ext} = \eta_c^2 r_3 \exp(-\alpha L_{ext}) \qquad (21.83)$$

Der Einfluß der externen Rückkopplung läßt sich sehr genau mit erweiterten Ratengleichungen erfassen. Die Analyse zeigt, daß eine quantitative Beschreibung der externen Rückkopplung mit Hilfe des C-Parameters

$$C = \frac{\tau_{ext}}{\tau_L} \frac{r_{ext}}{r_2} (1 - |r_2|^2) \sqrt{1 + \alpha_H^2} \qquad (21.84)$$

möglich ist, wobei die Laufzeiten in der Laserdiode und im externen Resonator mit $\tau_L = 2 n_{eff} L/c$ bzw. τ_{ext} bezeichnet werden.

Je nach Größe des C-Faktors und der Leistungsreflexion $R_{ext} = |r_{ext}|^2$ durch die externe Rückkopplung lassen sich fünf Bereiche unterscheiden, wobei wir annehmen, daß die Laserdiode ohne Rückkopplung einmodig ist (z. B. ein DFB-Laser):

- Bereich I: Für $C < 1$ emittiert die Laserdiode in einer Mode. Je nach Größe und Phasenlage der externen Reflexion kann sich eine Verbreiterung oder Verschmälerung der Linienbreite ergeben.
- Bereich II: Im Bereich $1 < C \leq 2$ und $R_{ext} < 3 \cdot 10^{-5}$ können Modensprünge zu benachbarten Moden des Gesamtresonators und Hysterese-Effekte auftreten.
- Bereich III: Bei noch stärkerer Rückkopplung bis ca. $R_{ext} = 10^{-4}$ erhält man einen relativ stabilen Betrieb mit einer reduzierten Linienbreite.
- Bereich IV: Für $R_{ext} > 10^{-4}$ treten – unabhängig vom Abstand – starke Instabilitäten (Kohärenz-Kollaps) auf, die sich in Satellitenmoden und extremer Linienverbreiterung (bis über 10 GHz) äußern.
- Bereich V: Übertrifft die externe Reflexion betragsmäßig die Reflexion am Laserspiegel, d. h. $|r_{ext}| > |r_2|$, verschwinden die Instabilitäten wieder. Dieser Fall, insbesondere wenn r_2 durch Antireflexbeschichtung sehr klein wird, entspricht einer Resonatorstruktur der Länge $L_{ext} + L$ mit einer inneren Reflexionsstelle, die dann als kleine Störung betrachtet werden kann.

Die Licht-Strom-Charakteristiken von Laserdioden mit verschieden starker externer Rückkopplung sind in Abb. 21.14 gezeigt. Die Laserdiode ohne (bzw. mit schwacher) Rückkopplung (Bereich I) weist eine lineare Kennlinie und den höchsten Schwellenstrom auf.

a

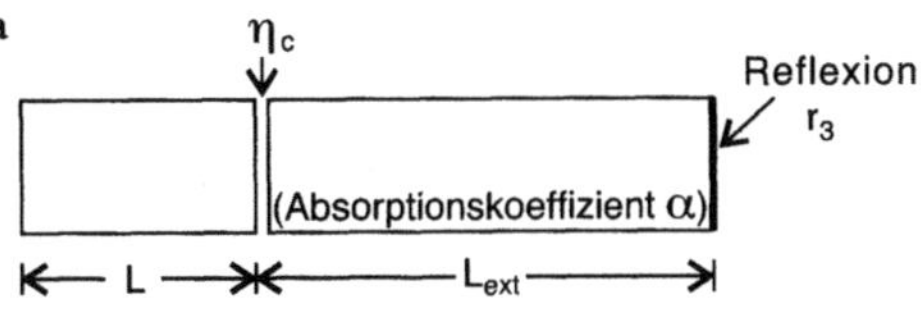

b

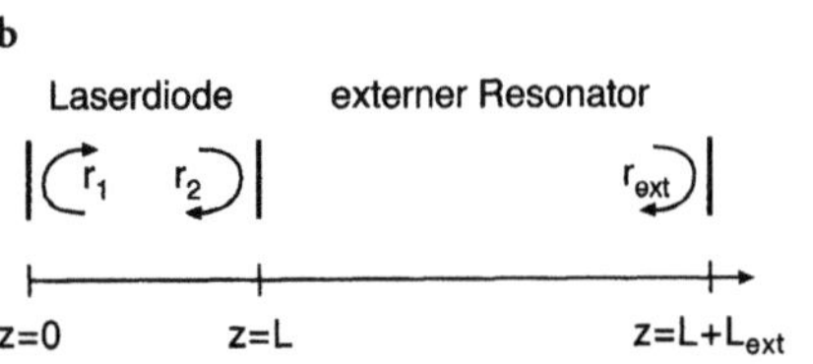

Abb. 21.13 a, b. Schematische Darstellung einer Laserdiode mit **a** externer Rückkopplung und **b** vereinfachte Darstellung

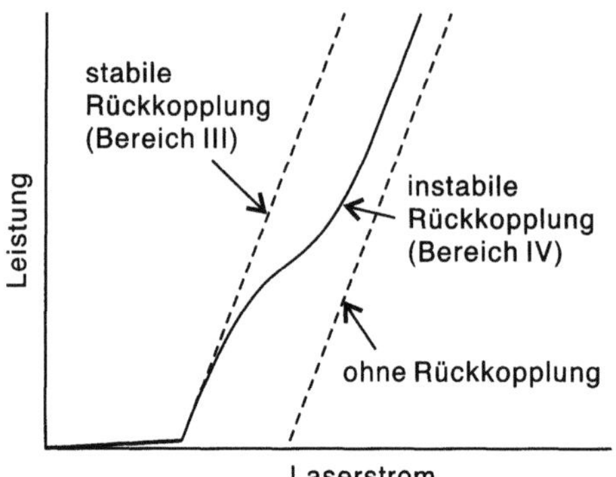

Abb. 21.14. Licht-Strom-Charakteristiken von Laserdioden mit verschieden starker externer Rückkopplung

In Bereich III wird aufgrund der Rückkopplung ein reduzierter Schwellenstrom und ebenfalls eine lineare P(I)-Kennlinie beobachtet. Bei Erhöhung der Rückkopplung ($R_{ext} > 10^{-4}$ geht der Laser in Bereich IV (instabile Rückkopplung, Kohärenz-Kollaps) über, was einerseits zu einem reduzierten Schwellenstrom, andererseits aber auch zu einem Sprung (*engl.:* Kink) in der Licht-Strom-Kennlinie führt.

Während phasensensitive Modulationsverfahren, wie z.B. die optische Heterodyntechnik, bereits bei kleiner Reflexion in Bereich I erheblich gestört werden und den Einsatz von optischen Isolatoren mit einer Isolation > 50 ... 60 dB erfordern, wird die Intensitätsmodulation wesentlich weniger beeinträchtigt, da das Intensitätsrauschen (RIN) erst bei relativ starker Rückkopplung im Bereich IV merklich ansteigt.

21.4 Modenkopplung von Laserdioden

Mit Modenkopplung (*engl.* modelocking) lassen sich auch bei Laserdioden schmale Pulse mit hoher Pulsleistung erzielen. Dabei werden die bezüglich Frequenz und Phase unabhängig voneinander oszillierenden longitudinalen Moden durch externe Synchronisation miteinander phasenstarr gekoppelt. Mathematisch entspricht das Emissionsspektrum dann der Fourierreihenentwicklung einer periodischen Pulsfolge mit der Periode τ_{mk}, die reziprok zum longitudinalen Modenabstand $\Delta\nu_m = c/2Ln$ ist

$$\tau_{mk} = \frac{1}{\Delta\nu_m} = 2\frac{Ln}{c} \qquad (21.85)$$

Die Modenkopplung erzielt man üblicherweise durch Synchronisation mit einer externen Mikrowellenmodulation, die einen in die Laserdiode integrierten sättigbaren Absorber mit der Frequenz $\Delta\nu_m$ moduliert. Für die sättigbaren Absorber verwendet man meistens Multiquantumwell-Strukturen. Der schematische Aufbau einer modengekoppelten Laserdiode und das optische Ausgangssignal sind in Abb. 21.15 gezeigt. Über den Strom I_l in den verstärkenden Bereich wird die Laserleistung eingestellt, während das Signal zur Modenkopplung zusammen mit einem Vorstrom über I_a den sättigbaren Absorber moduliert. Die Pulsbreite bei Modenkopplung hängt von der Anzahl der gekoppelten longitudinalen Moden ab. Dabei kann die Pulsbreite $\Delta\tau_{mk}$ im günstigsten Fall (Transformationsbegrenzung) bis zur reziproken Bandbreite $\Delta\nu_{mk} = N\,\Delta\nu_m$ des gekoppelten Modenspektrums aus N longitudinalen Moden reduziert werden

$$\Delta\tau_{mk} = \frac{1}{\Delta\nu_{mk}} \qquad (21.86)$$

Bei Modenkopplung ändert sich die gesamte zeitlich gemittelte Leistung $\bar{P}$ der Laseremission kaum, so daß die Pulsleistung P_P dem Produkt aus mittlerer Leistung und Anzahl gekoppelter Moden entspricht

$$P_P = N\bar{P} \qquad (21.87)$$

Bei 1,55 µm Wellenlänge lassen sich bei einigen zehn gekoppelten Moden transformationsbegrenzte Pulse von unter 1 ps mit Repetitionsfrequenzen von mehreren 10 GHz erzielen.

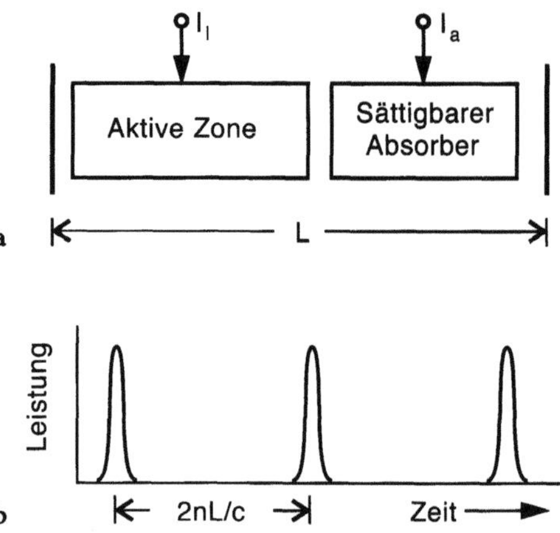

Abb. 21.15 a, b. Schematischer Aufbau einer modengekoppelter **a** Laserdiode und **b** Ausgangssignal

21.5 Wellenlängenabstimmung

Wellenlängenabstimmbare, einmodige Laserdioden können an vielen Stellen in der optischen Kommunikationstechnik eingesetzt werden. Beispielsweise lassen sich mit ihnen in Wellenlängenmultiplexsystemen die Wellenlängen der einzelnen Kanäle exakt einstellen oder sie übernehmen die Funktion des Lokaloszillators beim optischen Heterodynempfänger. Auch für Wellenlängenstandards und verschiedene Meßverfahren werden sie eingesetzt. Die prinzipielle Funktion eines idealisierten abstimmbaren Einmodenlasers ist in Abb. 21.16 dargestellt. Für die Wellenlängenkontrolle wird (mindestens) ein zusätzlicher Steuerstrom I_t benötigt. Zusammen mit dem Laserstrom I_L läßt sich damit sowohl die Lichtleistung P als auch die Emissionswellenlänge λ einstellen. Dabei wird eine Entkoppelung der beiden Laserparameter angestrebt wie in Abb. 21.16b gezeigt; d.h. Laserleistung und -wellenlänge sollen möglichst unabhängig voneinander jeweils mit den Strömen I_L und I_t eingestellt werden können. Da bei den bekannten physikalischen Effekten zur Wellenlängenabstimmung jedoch stets auch zusätzliche Verluste auftreten, treten bei der Abstimmung teilweise beträchtliche Leistungsschwankungen auf, die durch gleichzeitige Variation des Laserstroms jedoch weitgehend ausgeglichen werden können. Andererseits

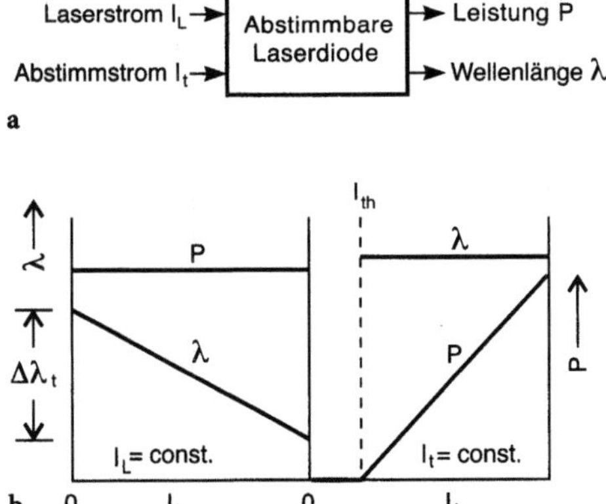

Abb. 21.16. a Schematische Darstellung einer idealisierten abstimmbaren Laserdiode, **b** mit zwei Steuerströmen lassen sich Lichtleistung und Wellenlänge einstellen, wobei beide Laserparameter unabhängig voneinander sind

beeinflußt auch die Leistungssteuerung die Brechzahl der Laserdiode und damit indirekt die Laserwellenlänge. Daher ist eine getrennte Kontrolle von Wellenlänge und Leistung in der Praxis nur mit Einschränkungen möglich.

Für den praktischen Einsatz ist meistens eine kontinuierliche, stetige und eindeutige Abstimmcharakteristik erforderlich [14]. Dies erweist sich in Laseroszillatoren – im Gegensatz zu Hochfrequenzoszillatoren – aufgrund der im Vergleich zur Wellenlänge großen Resonatorlänge als besonders schwierig. Selbst bei den – im Vergleich zu anderen Lasertypen – kurzen Laserdioden mit Resonatorlängen von einigen 100 µm beträgt die longitudinale Modenzahl, d.h. die Anzahl von Knoten und Bäuchen des longitudinalen Feldes, ca. 1000–10000. Je nach Funktionsweise der abstimmbaren Laserdioden lassen sich drei verschiedene Arten der Wellenlängenabstimmung unterscheiden, die in Abb. 21.17 dargestellt sind. Neben der idealen kontinuierlichen Abstimmung (Abb. 21.17a) treten häufig auch die diskontinuierliche Abstimmung (Abb. 21.17b) und die quasikontinuierliche Abstimmung (Abb. 21.17c) auf. Charakteristisch für die diskontinuierliche Abstimmung sind die Wellenlängensprünge von einer longitudinalen Mode zur nächsten, wobei je nach Lasertyp durchaus auch größere oder ungleich große Sprünge auftreten können. Es lassen sich auf diese Weise nicht alle Wellenlängen innerhalb des Abstimmbereichs ansteuern, weshalb dieses Abstimmverhalten keine praktische Bedeutung in der optischen Kommunikationstechnik erlangt hat. Die in Abb. 21.17c gezeigte quasikontinuierliche Abstimmung kann als Kompromißlösung zwischen den beiden anderen Abstimmtechniken betrachtet werden. Zwar treten auch hier Wellenlängensprünge auf, jedoch kann die Wellenlänge jeweils um mindestens einen longitudinalen Modenabstand kontinuierlich abgestimmt werden, wodurch im Prinzip alle Wellenlängen innerhalb des Abstimmbereichs erzeugt werden können. Andererseits erfordert diese Betriebsart einen besonders hohen Aufwand für die reproduzierbare und eindeutige Steuerung der Laserdiode. Man verwendet daher hierfür gewöhnlich eine Mikroprozessorsteuerung, die anhand der jeweiligen Lasercharakteristiken die Steuerströme bestimmt.

Die Wellenlängenabstimmung erfordert die Integration von zusätzlichen Steuerelementen in die Laserresonatoren, mit denen die Resonanzwellenlänge der Resonatoren oder die

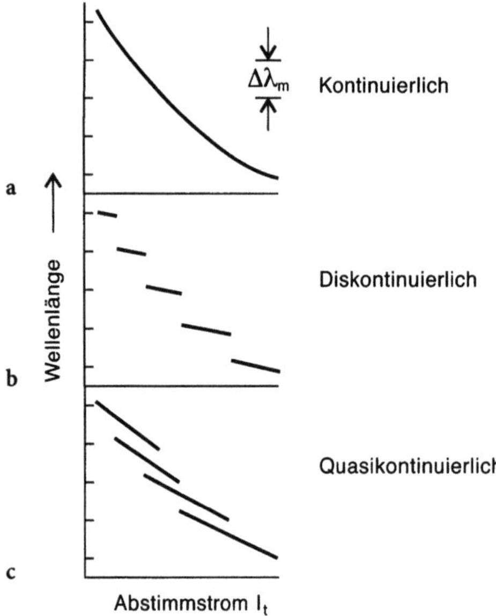

Abb. 21.17 a–c. Die drei verschiedenen Abstimmcharakteristiken für kontinuierliche, diskontinuierliche und quasikontinuierliche Abstimmung

Mittenwellenlänge der Gesamtverstärkung variiert werden kann. Wie schematisch in Abb. 21.18 gezeigt, wird dabei mindestens ein Laserspiegel durch eine wellenlängenselektive Komponente (hier ein Bragg-Gitter) mit abstimmbarer Reflexionscharakteristik ersetzt. Mit dem abstimmbaren Reflektor läßt sich die gesamte Verstärkung ("cavity gain") des Laserresonators spektral verschieben, jedoch bleibt die optische Resonatorlänge, d.h. das Produkt aus effektiver Brechzahl und Laserlänge $n_{\text{eff}} L$, dabei konstant. Die Abstimmcharakteristik, die sich bei der Abstimmung des Reflektors alleine ergibt, ist daher diskontinuierlich. Erst bei der gleichzeitigen, synchronisierten Änderung der optischen Resonatorlänge läßt sich eine kontinuierliche Abstimmung erzielen. Dabei muß die optische Resonatorlänge proportional zur Bragg-Wellenlänge λ_B verändert werden, um eine gleichbleibende longitudinale Modenordnung N der Lasermode zu gewährleisten

$$n_{\text{eff}} L = N\lambda_B \tag{21.88}$$

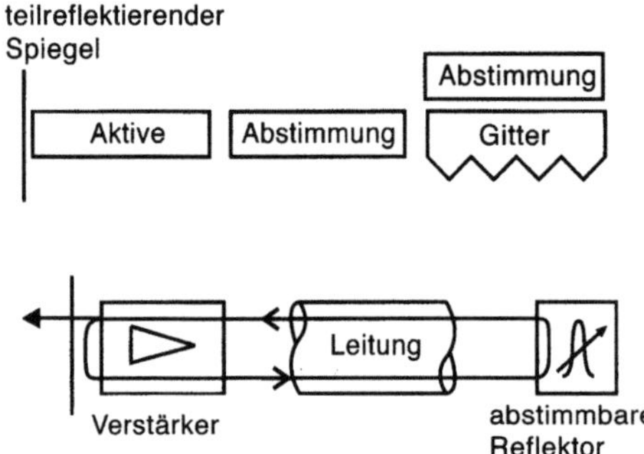

Abb. 21.18. Prinzipieller Aufbau einer abstimmbaren Laserdiode und elektrotechnisches Äquivalent

Diese Integration wurde sowohl monolithisch in Form integrierter Laserdioden auf III/V-Halbleitersubstraten [15] oder durch Einsatz externer Resonatoren, in welchen die Laserdioden mit entspiegelten Endflächen als breitbandige optische Verstärker eingebracht werden, durchgeführt.

21.5.1 Monolithisch integrierte Laserdioden

Die elektronische Wellenlängenabstimmung in Laserdioden erfolgt durch die elektronische Steuerung der effektiven Brechzahl n_{eff} der Laserstruktur. Bei einmodigen DFB- oder DBR-Lasern wird die Wellenlänge durch die Bragg-Bedingung festgelegt

$$\lambda_0 = 2 n_{\text{eff}} \Lambda\,, \tag{21.89}$$

wobei Λ die Gitterperiode ist. Durch Verändern der effektiven Brechzahl um Δn_{eff} läßt sich somit die Laserwellenlänge um

$$\Delta\lambda = \frac{\Delta n_{\text{eff}}}{n_{\text{eff,g}}} \lambda_0 \tag{21.90}$$

verschieben, wobei $n_{\text{eff,g}}$ den effektiven Gruppenindex des Lasers bezeichnet.

Die wichtigsten physikalischen Effekte für die elektronische Wellenlängenabstimmung über die Brechzahlsteuerung sind:

- *Plasma-Effekt:* Durch Injektion von Elektron-Loch-Paaren (Plasma) in eine Heterostruktur wird die Brechzahl reduziert (Plasma-Effekt der freien Ladungsträger). Dieser Effekt ist stark, erfordert aber eine andauernde Stromzufuhr und führt damit zur Erwärmung.
- *Quantum-Confined Stark-Effekt (QCSE):* Durch Anlegen eines elektrischen Feldes in Sperrichtung eines pn-Übergangs, der eine Multiquantumwell-Struktur enthält, wird das optische Matrixelement der Elektron-Loch-Wellenfunktionen geändert, was zu – relativ kleinen – Brechzahländerun-

gen führt. Da kein Stromfluß erforderlich ist, entsteht keine Erwärmung der Laserdiode.

- *Temperatur:* Durch Variation der Temperatur wird der Bandabstand eines Halbleiters verändert, was indirekt über die Dispersionsrelationen zu einer Brechzahländerung führt. Dieser Effekt ist relativ langsam und hat starken Einfluß auf andere Lasereigenschaften, insbesondere Schwellenstrom und Leistung.

Die wichtigsten Parameter der genannten Effekte und die erzielbaren Laserparameter sind in Tabelle 21.3 vergleichend aufgeführt.

Tabelle 21.3. Vergleich der wichtigsten physikalischen Effekte für die elektronische Wellenlängenabstimmung

Parameter	Plasma-Effekt	QCSE	Temperatur
Δn	-0,04	-0,01	0,01
Γ	0,5	0,2	1
Abstimm-bereich	-8 nm	-1 nm	+5 nm
FM-Band-breite	100 MHz	>10 GHz	<1 MHz
α_H-Faktor	-20	-10	sehr groß
Erwärmung	stark	gering	sehr stark
Technologie	mäßig	aufwendig	einfach

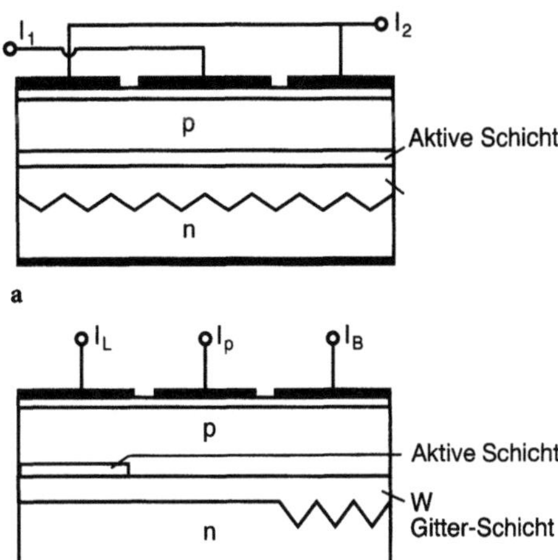

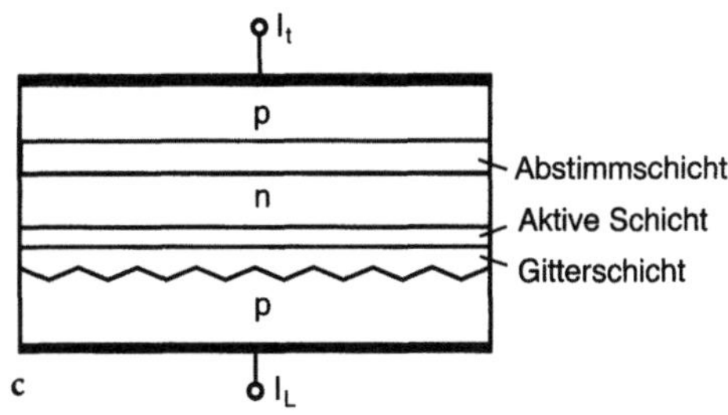

Abb. 21.19 a–c. Schematische Längsschnitte durch monolithisch integrierte abstimmbare Laserdioden. **a** Mehrsektions DFB-Laser, **b** Drei-Sektions DBR-Laser und **c** TTG Laser

Die meistverwendeten monolithisch integrierten Laserstrukturen sind in schematischen Längsschnitten in Abb. 21.19 dargestellt. Während bei den Mehrsektions DFB-Lasern und den Drei-Sektions DBR-Lasern eine kontinuierliche Abstimmung nur durch eine angepaßte, synchrone Variation aller zwei (drei) Steuerströme möglich ist, bietet der in Abb. 21.19c gezeigte Tunable Twin-Guide (TTG) Laser [16] den Vorteil der inhärenten kontinuierlichen Abstimmbarkeit über den Abstimmstrom I_t. Alle drei Strukturvarianten wurden in InGaAsP/InP für Wellenlängen um 1,55 µm realisiert mit maximalen kontinuierlichen Abstimmbereichen von bis zu 13 nm und diskontinuierlicher Abstimmung bis zu ca. 22 nm. Aufgrund des Schrotrauschens der Ladungsträgerinjektion und Rekombination in den Abstimmzonen entstehen Brechzahl- und Frequenzschwankungen, die zu einer Verbreiterung $\Delta\nu_t$ der Laserlinie führen. Dieser Verbreiterungsmechanismus ist proportional zum Quadrat des Abstimmbereichs $\Delta\lambda_{kont}$ bzw. der Abstimmeffizienz $d\lambda/dI_t$

$$\Delta\nu = \pi e \frac{c^2}{\lambda^4} \frac{\Delta\lambda_{kont}^2}{I_t} \qquad (21.91)$$

Eine typische Abstimmcharakteristik eines TTG Lasers ist in Abb. 21.20 gezeigt. Mit einem Abstimmbereich von 11 nm überstreicht dieser Laser ein Frequenzintervall von 1,4 THz wobei die spektrale Linienbreite über den gesamten Abstimmbereich weniger als 50 MHz beträgt.

Die obere Grenze $\Delta\lambda_{kont,max}$ für die kontinuierliche Wellenlängenabstimmung ist durch die maximale Änderung $\Delta n_{eff,max}$ der effektiven Brechzahl über die elektronische Steuerung bestimmt

$$\frac{\Delta\lambda_{kont,max}}{\lambda_0} = \frac{\Delta n_{eff,max}}{n_{eff,g}} \qquad (21.92)$$

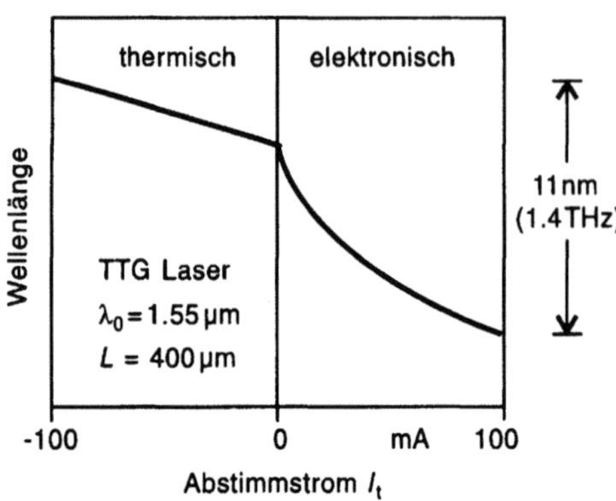

Abb. 21.20. Abstimmcharakteristik eines kontinuierlich abstimmbaren InGaAsP TTG Lasers bei 1,55 μm Wellenlänge

Bei der diskontinuierlichen und der quasikontinuierlichen Abstimmung andererseits legt letztlich die Breite der Verstärkungscharakteristik der Laserdiode den Abstimmbereich fest. Im Wellenlängenbereich um 1,55 μm sind dies ca. 100 nm. Praktisch läßt sich dies z. B. dadurch erreichen, daß Resonatorstrukturen gewählt werden, bei denen kleine Änderungen der wellenlängenabhängigen Spiegelreflexion große Sprünge in der Resonanzwellenlänge bewirken. Entsprechend dem mechanischen Analogon (Schiebelehre) nutzt man in diesen Laserdioden den Nonius-Effekt (*engl.*: Vernier effect) aus [17]. Eine schematische Darstellung derartiger Laserstrukturen ist in Abb. 21.21 gegeben. Die in Abb. 21.21 a gezeigte Laserdiode nutzt die Tatsache aus, daß Laseroszillationen nur bei der Wellenlänge auftreten können, bei der beide Laserspiegel eine ausreichende Reflektivität aufweisen. Dies ist für das obere in Abb. 21.21 b gezeigte Spektrum des Spiegels 1 bei der Wellenlänge λ_1 der Fall. Eine geringfügige Verschiebung des Reflexionsspektrums des Spiegels 1 um jeweils $\delta\lambda$ führt dann bei konstantem Reflexionsspektrum des Spiegels 2 zu einem großen Sprung der Laserwellenlänge um $\Delta\lambda$ ($\gg \delta\lambda$) zu λ_2. Während die Verschiebung $\delta\lambda$ gemäß Gl. (21.92)

$$\delta\lambda = \frac{\Delta n_{\text{eff}}}{n_{\text{eff,g}}} \lambda_0 \qquad (21.93)$$

maximal auf ca. 1 % der Wellenlänge begrenzt ist, kann das Verhältnis $\Delta\lambda/\delta\lambda$ durch das Design der Endspiegel sehr groß gewählt werden, so daß eine diskontinuierliche Abstimmung bis zur Verstärkungsbandbreite des verstärkenden Mediums möglich ist.

a

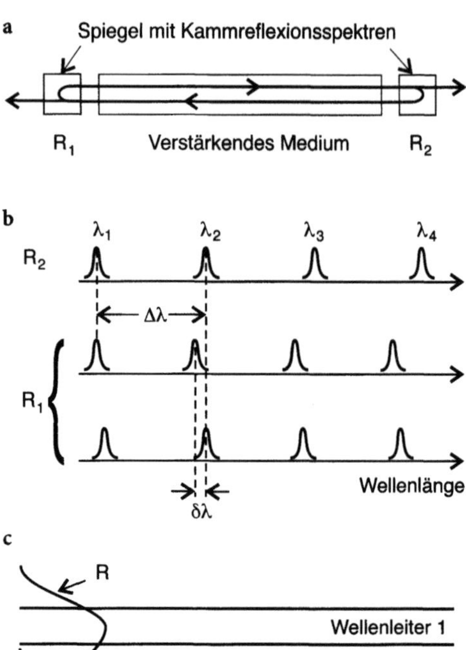

c

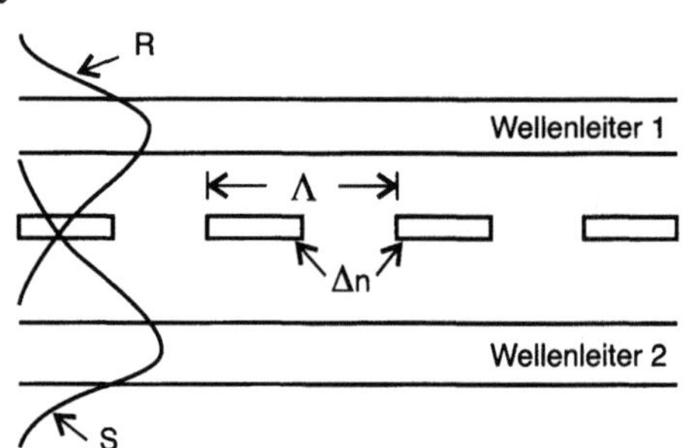

d

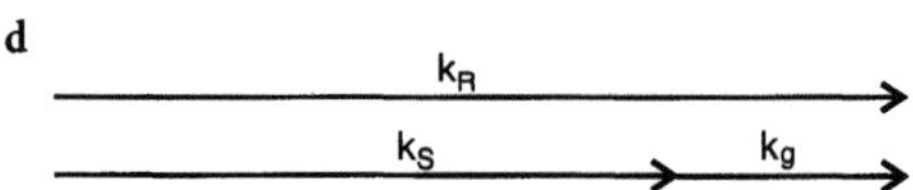

Abb. 21.21 a–d. Funktionsweise weit abstimmbarer Laserdioden. **a** Schematischer Längsschnitt durch eine Laserdiode, die den Nonius-Effekt zur weiten Wellenlängenabstimmung ausnutzt, **b** durch geringfügige Verschiebung ($\delta\lambda$) eines der Kammreflexionsspektren springt die Laserwellenlänge um einen weit größeren Betrag ($\Delta\lambda$), **c** schematischer Querschnitt durch einen Doppelwellenleiter mit zwei geführten Moden R und S und periodischer Brechzahlmodulation Δn mit der Periode Λ, **d** Wellenvektordiagramm für die kodirektionale Kopplung der Moden R (Wellenvektor k_R) und S (Wellenvektor k_S) mit dem Gittervektor $k_g = 2\pi/\Lambda$

Eine andere Strukturvariante, die den Nonius-Effekt zur Erzielung großer diskontinuierlicher Abstimmbereiche ausnutzt, ist in Abb. 21.21 c gezeigt. Die Doppelwellenleiterstruktur mit der periodischen Indexvariation koppelt die beiden kodirektional laufenden Wellen R und S miteinander und kann damit als wellenlängenabhängiger Koppler in einer integrierten Laserstruktur die Laserwellenlänge festlegen. Die kodirektionale Kopplung ist durch die Phasenanpassung der Wellenvektoren, wie in Abb. 21.21 d gezeigt, bestimmt

$$k_R = k_S + k_g \qquad (21.94)$$

Mit $k_R = 2\pi\, n_{eff,R}/\lambda$, $k_S = 2\pi\, n_{eff,S}/\lambda$ und $k_g = 2\pi/\Lambda$ ergibt sich für die Koppelwellenlänge

$$\lambda = \Lambda(n_{eff,R} - n_{eff,S}) \qquad (21.95)$$

wobei $n_{eff,R}$ und $n_{eff,S}$ die effektiven Brechzahlen der beiden Moden bezeichnen. Eine Abstimmung der Koppelwellenlänge ist möglich durch Änderung der effektiven Brechzahlen

$$\Delta\lambda = \frac{\Delta(n_{eff,R} - n_{eff,S})}{n_{eff,R} - n_{eff,S}}\lambda_0 \qquad (21.96)$$

Im Gegensatz zu Gl. (21.92) ist die Wellenlängenänderung nicht mehr proportional der relativen Änderung der effektiven Brechzahl, sondern der Änderung der effektiven Brechzahl relativ zur Differenz der effektiven Brechzahlen der beiden Moden. Da diese Differenz wesentlich kleiner als die Absolutwerte der effektiven Brechzahlen ist (typ. 0,05–0,1 gegenüber 3,3) ergibt sich auch bei dieser Strukturvariante eine Vergrößerung des Abstimmbereichs um mehr als einer Größenordnung.

21.5.2
Laserdioden mit externem Resonator

Große Abstimmbereiche und kleine Linienbreiten lassen sich mit externen Resonatoren erzielen [18]. Eine schematische Darstellung des Aufbaus einer abstimmbaren Laserdiode mit externem Resonator ist in Abb. 21.22 gezeigt. Damit das externe Reflexionsgitter den rechten Laserspiegel ersetzen kann und der Laser stabil arbeitet, ist eine Entspiegelung der rechten Laserfacette notwendig. Das Reflexionsgitter wird hier verwendet, damit sich eine wellenlängenabhängige Reflexion ergibt. Durch Drehen des Reflexionsgitters um den Winkel ϕ wird die Laserwellenlänge definiert

$$\lambda = 2\Lambda \sin(\phi) \qquad (21.97)$$

denn nur bei dieser Wellenlänge wird der am Gitter reflektierte Strahl in der Laserdiode zurückgeführt. Diese Art der Abstimmung

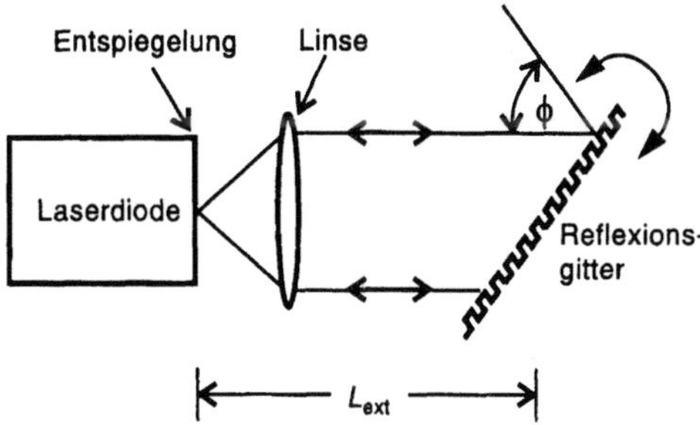

Abb. 21.22. Schematischer Aufbau einer abstimmbaren Laserdiode mit externem Resonator

mittels durchstimmbarem Reflektor und konstanter optischer Resonatorlänge ermöglicht die diskontinuierliche Abstimmung über große Wellenlängenbereiche. Eine kontinuierliche Abstimmung kann z.B. auf mechanischem Wege dadurch erzielt werden, daß durch geschickte Wahl des Referenzpunktes für die Gitterdrehung sich die Resonatorlänge synchron mit der Wellenlänge verändert.

21.6
Wellenlängenstabilisierung

Die großen Bandbreiten, die mit optischen Nachrichtensystemen aufgrund der hohen optischen Frequenzen (z.B. entspricht eine Wellenlänge von 1,5 µm einer Frequenz von 200 THz) prinzipiell zu erzielen sind, können mit den einfachen Systemen, basierend auf Leistungsmodulation und Direktempfang, nicht annähernd genutzt werden. Zur Erhöhung der Bandbreite werden daher kompliziertere Systemkonzepte, wie z.B. optische Heterodynübertragung, eingesetzt. Damit sind gleichzeitig erhöhte Anforderungen an die verwendeten Sendekomponenten zu stellen. In Analogie zu bestehenden elektrischen Nachrichtensystemen betrifft dies insbesondere die Notwendigkeit einer absoluten Wellenlängen- bzw. Frequenzkontrolle, da mit der zunehmenden Nutzung der systemtheoretisch verfügbaren Bandbreite eine Kanalrasterung bezüglich der Wellenlänge erforderlich ist. Dies kann beispielsweise durch ein Kanalraster von 10 GHz realisiert werden, was bei einer Wellenlänge von 1,55 µm einem relativen Kanalabstand von ca. $5 \cdot 10^{-5}$ entspricht. An diese Kanaleinteilung müssen die Emissionswellenlängen der Laserdioden *stabil*, *reproduzierbar* und *genau* angepaßt werden. Unter Stabilität

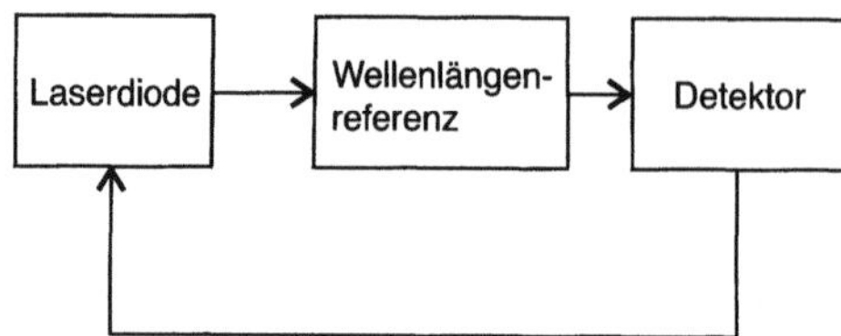

Abb. 21.23. Prinzipieller Aufbau der Wellenlängenstabilisierung einer Laserdiode

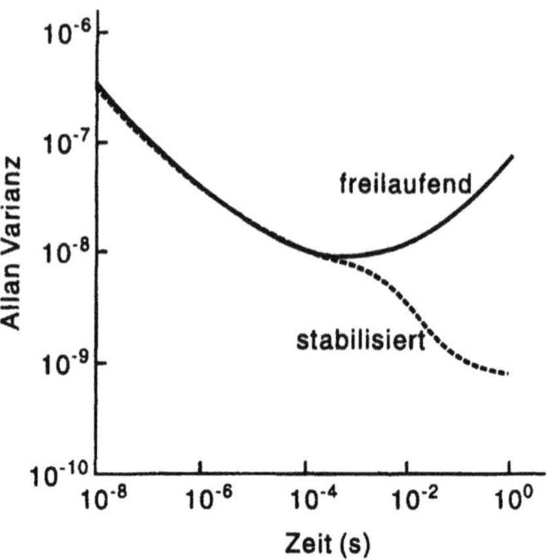

Abb. 21.24. Allan-Varianz als Funktion der Integrationszeit für eine freilaufende und eine stabilisierte Laserdiode

versteht man dabei die Standardabweichung der Momentanfrequenz einer einjustierten Laserdiode von einer zeitlich konstanten Referenz bei wiederholten Messungen. Die Reproduzierbarkeit wird mit der Standardabweichung der Momentanfrequenz von einer zeitlich konstanten Referenz bei wiederholter, unabhängiger Justierung der Laserdiode gemessen. Mit Genauigkeit wird schließlich die relative Genauigkeit bei der Bestimmung der Referenzfrequenz (z.B. eines atomaren Übergangs) bezeichnet. Die hohen Anforderungen, die dabei an die Wellenlängenstabilität der Laserdioden gestellt werden, können nur mit einer Regelung bezüglich einer Wellenlängenreferenz erzielt werden. Der prinzipielle Aufbau einer entsprechenden Wellenlängenstabilisierung ist in Abb. 21.23 gezeigt.

Als Maß für die Wellenlängen- bzw. Frequenzstabilität können die spektrale Leistungsdichte des FM-Rauschens $S_{\mathrm{FM}}(f)$ oder die Allan-Varianz $\sigma_y(\tau)$ herangezogen werden. Die Allan-Varianz ist definiert durch

$$\sigma_y^2(\tau) = \frac{\overline{(\bar{y}_{k+1} - \bar{y}_k)^2}}{2} \tag{21.98}$$

wobei $\overline{\cdots}$ die zeitliche Mittelung über unendlich lange Zeit bedeutet, $\bar{y}_{k+1}$ und $\bar{y}_k$ sind die $(k+1)$-te und k-te über die Zeitdauer (Integrationszeit) τ gemittelten relativen Abweichungen der Momentanfrequenz vom Nominalwert. Allan-Varianz und Leistungsdichte des FM-Rauschens hängen zusammen gemäß

$$\sigma_y^2(\tau) = 2\int_0^\infty S_{\mathrm{FM}}(f)\,\frac{\sin^4(\pi f \tau)}{(\pi f \tau)^2}\,\mathrm{d}f \tag{21.99}$$

Die Abhängigkeit der Allan-Varianz von der Integrationszeit ist schematisch in Abb. 21.24 für eine freilaufende und eine stabilisierte Laserdiode gezeigt. Die Allan-Varianz weist bei freilaufenden InGaAsP/InP-Laserdioden typischerweise ein Minimum um 10^{-8} bei mittleren Integrationszeiten von ca. 10^{-3} s auf. Der Anstieg zu kürzeren Zeiten ist auf das weiße Rauschen der spontanen Emission zurückzuführen, während der Anstieg zu langen Zeiten von der Frequenzdrift der Laserdiode herrührt. Wie die Charakteristik der stabilisierten Laserdiode zeigt, kann gerade die Drift durch die Stabilisierung stark reduziert werden.

Für die Genauigkeit der Wellenlängenstabilisierung ist letztlich die Wellenlängenreferenz entscheidend. Für die Wellenlängenreferenz verwendet man:

- atomare oder molekulare Übergänge
- die Mode eines Resonators
- einen anderen Laser.

Eine Aufstellung geeigneter und praktisch häufig verwendeter Atom- und Molekülresonanzen ist in Tabelle 21.4 gegeben.

Tabelle 21.4. Atome und Moleküle für Frequenzstandards bei 1,3 μm und 1,55 μm (nach [19,20])

Atom/Molekül	Wellenlänge (μm)
HF	1,331
Ar	1,350
H_2O	1,365
Kr	1,534
C_2H_2	1,5316, 1,5495
NH_3	1,544
HCN	1,558
CO	1,580

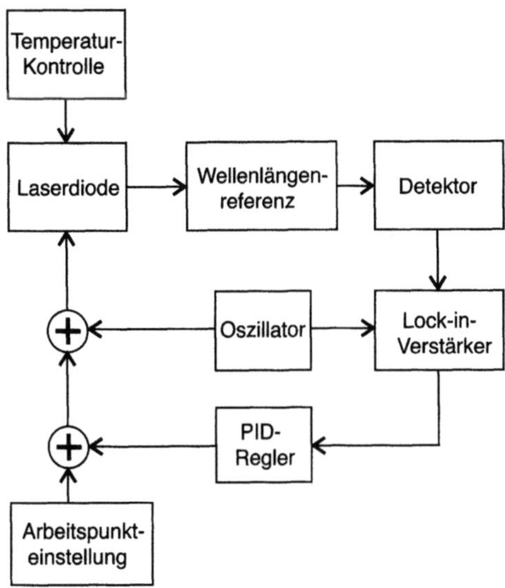

Abb. 21.25. Blockschaltbild einer wellenlängenstabilisierten Laserdiode mit Wobbeltechnik

Die Wellenlängenregelung auf die entsprechende Referenzwellenlänge geschieht elektronisch mit etablierten regelungstechnischen Verfahren. Dabei wird beispielsweise die Wellenlänge des Lasers schwach sinusförmig um die Sollfrequenz moduliert (gewobbelt). Das Blockschaltbild einer wellenlängenstabilisierten Laserdiode mit dieser Wobbeltechnik ist in Abb. 21.25 angegeben. Aus der starken Phasenverschiebung beim Passieren der Übergangswellenlänge läßt sich die Regelgröße für die Laserdiodenregelung gewinnen. Indem die Grobjustierung der Wellenlänge beispielsweise über die Temperatur erfolgt, können die Regelabweichungen durch die Wobbeltechnik klein gehalten werden und die Wellenlängenregelung sowie die Wobbelung können über geringfügige Variation des Laserstroms erfolgen.

In Anwendungen, die keine Wobbelung der Laserwellenlänge erlauben, wird die Frequenzwobbelung außerhalb der Laserdiode z. B. mit einem Lithiumniobat-Phasenmodulator durchgeführt. Dieser Modulator wird dann zwischen Laserdiode und Wellenlängenreferenz in Abb. 21.25 eingefügt und der Ausgang des Oszillators wird in den Modulator eingespeist, wobei der übrige Aufbau prinzipiell unverändert bleiben kann. Mit beiden Methoden wurde eine hohe Wellenlängenstabilität von Laserdioden erzielt. Beispielsweise konnte mit C_2H_2-stabilisierten Laserdioden bei 1,53159 µm eine Stabilisierung auf unter 0,5 MHz mit einer Allan-Varianz $\sigma_y(\tau)$ von $2 \cdot 10^{-10}$ für $1\text{ s} < \tau < 100\text{ s}$ erreicht werden [20].

21.7 Faserkopplung

Bei der direkten Modulation von Laserdioden werden die Laser zumeist direkt oder über optische Isolatoren an die Monomodefaser gekoppelt. Aufgrund der teilweise sehr unterschiedlichen Feldprofile von Laserdiode und Faser können dabei hohe Koppelverluste entstehen. Zur Optimierung des Koppelwirkungsgrads η_c werden daher verschiedene Techniken eingesetzt, von denen die wichtigsten in Abb. 21.26 schematisch dargestellt sind. Die direkte Stoßkopplung (Abb. 21.26a) erfordert zwar den geringsten technischen Aufwand, ergibt aber die mit Abstand niedrigsten Koppelwirkungsgrade. Näherungsweise erhält man für den Koppelwirkungsgrad

$$\eta_c = \frac{4n_L n_F}{(n_L + n_F)^2} \frac{4(w_L w_F)^2}{(w_L^2 + w_F^2)^2} \tag{21.100}$$

wobei n_L und n_F die Brechzahlen und w_L und w_F die Modendurchmesser in Laserdiode und Faser bedeuten. Beispielsweise ergibt sich für $n_L = 3$, $n_F = 1{,}5$, $w_L = 2$ µm und $w_F = 10$ µm ein Koppelwirkungsgrad von unter 7%.

Wesentlich höhere Koppelwirkungsgrade erhält man mit Mikrolinsen, die an der Spitze einer getaperten Faser angebracht sind (Abb. 21.26b). Die optimale Brennweite f der Mikrolinse sollte

$$f = \frac{\pi w_L w_F}{4\lambda} \tag{21.101}$$

betragen, was in obigem Beispiel bei 1,55 µm Wellenlänge eine Brennweite von lediglich ca. 10 µm ergibt. Im Falle einer Kugellinse mit der Brechzahl n betragen Radius r und numerische Apertur A_N

$$r = f\frac{2}{n}(n-1) \tag{21.102}$$

$$A_N = \frac{2}{n}(n-1) \tag{21.103}$$

was mit $n = n_F$ im vorliegenden Beispiel $r = 6{,}7$ µm und $A_N = 0{,}67$ ergibt.

Da auch die meist verwendeten indexgeführten Laserdioden gelegentlich elliptische Strahlquerschnitte aufweisen, sind ggf. Optiken einzusetzen, die – wie in Abb. 21.26c ge-

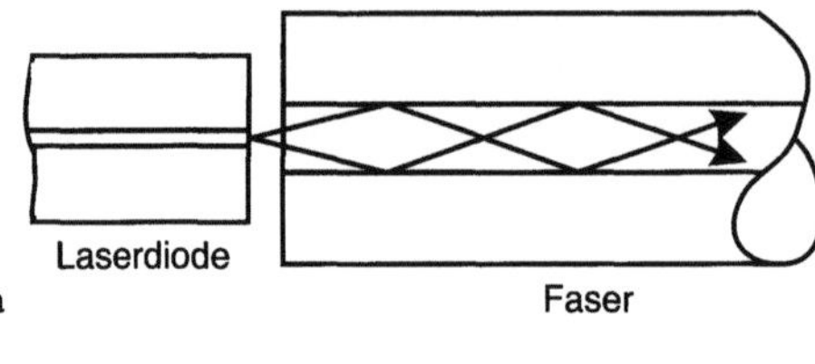

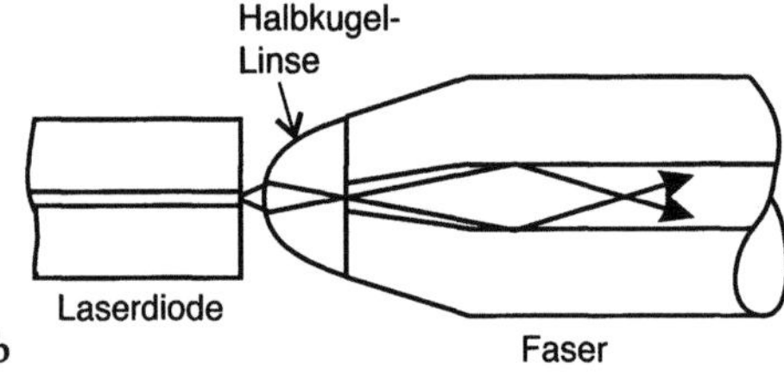

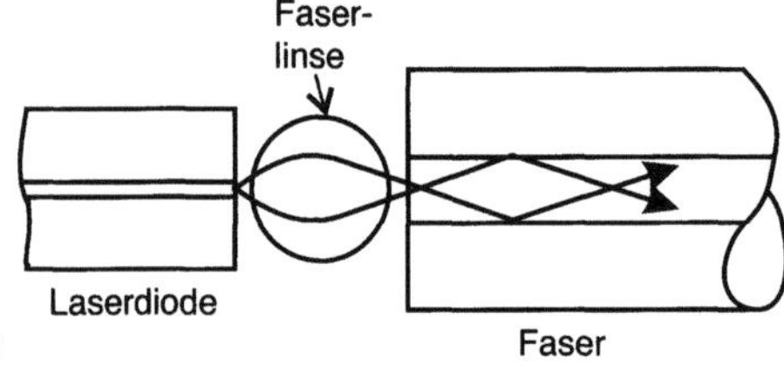

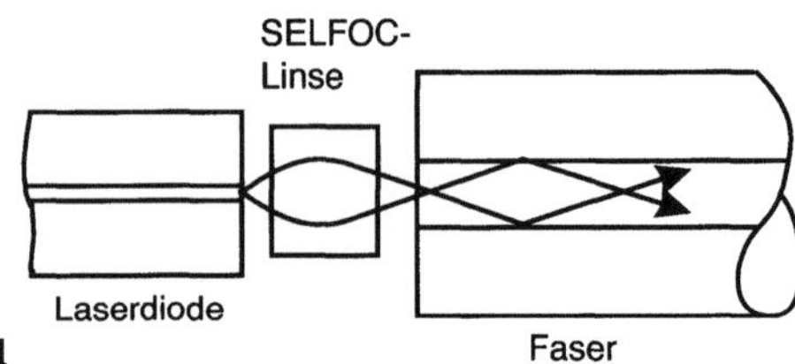

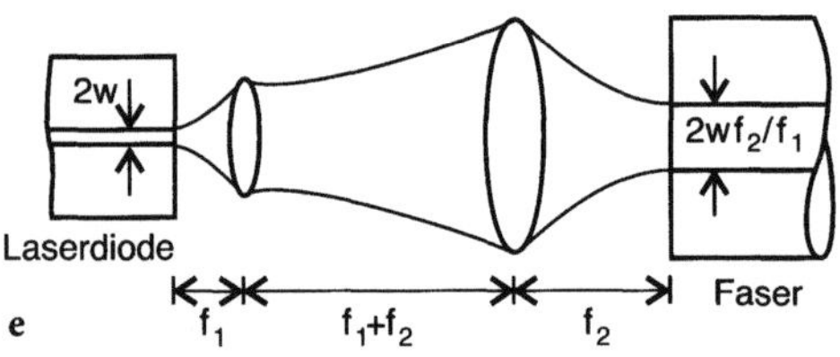

Abb. 21.26 a–e. Schematische Darstellung der Koppelmethoden für Laserdioden an Glasfasern. **a** Stoßkopplung, **b** Kopplung über Mikrolinse, **c** Kopplung über Faserlinse, **d** Kopplung über eine SELFOC-Linse mit parabolischem Indexprofil und **e** Kopplung mit zwei konfokalen Linsen

zeigt – mittels Zylinderlinsen einen runden Strahlquerschnitt erzeugen, der besser an die Faser angepaßt ist.

Hohe Koppelwirkungsgrade werden ferner mit den sogenannten SELFOC-Linsen (Abb. 21.26d) erzielt, die ein radial parabolisches Indexprofil aufweisen und deren Länge so gewählt wird, daß der Laserstrahl optimal auf die Faser abgebildet wird.

Hohe Koppelwirkungsgrade und relativ große Justiertoleranzen erhält man bei der Verwendung von zwei konfokalen Linsen (Abb. 21.26e) mit den Brennweiten f_1 und f_2. Dabei wird der Strahldurchmesser der Laserdiode mit dem Verhältnis f_2/f_1 auf die Faser abgebildet. Durch Verwendung zweier Linsen mit dem Brennweitenverhältnis

$$\frac{f_2}{f_1} = \frac{w_F}{w_L} \tag{21.104}$$

erreicht man damit eine optimale Einkopplung.

Eine hohe Einkoppeleffizienz mit großen Justiertoleranzen kann insbesondere auch durch die Integration eines Modentransformers in die Laserdiode erzielt werden [21]. Dabei wird der Laserwellenleiter im Bereich des Auskoppelspiegels allmählich so in seiner Geometrie verändert, daß das Intensitätsprofil sich verbreitert und sich dem Profil der Faser anpaßt. Mit derartigen Tapertechniken lassen sich die Einkoppelverluste in Monomodefasern auf wenige Dezibel verringern.

21.8 Augensicherheit

Beim Einsatz von Lasern sind die Sicherheitsbestimmungen für den Betrieb von Laser-Einrichtungen zu beachten. Diese sind in der DIN-Norm EN 60825-1 bzw. in der internationalen Norm IEC 825-1 zusammengefaßt. Die Laser(dioden) werden dabei abhängig von Wellenlänge, Betriebsart (Puls oder CW) und Leistung in verschiedene Klassen eingeteilt. Entscheidend ist die aus der Lasereinrichtung, d.h. aus dem Lasermodul, austretende Laserstrahlung. Lasereinrichtungen werden der Klasse 1 zugeordnet, wenn die zugängliche Laserstrahlung ungefährlich ist. Diese Lasereinrichtungen können somit als augensicher bezeichnet werden. Laserdiodenmodule bei 1,3 μm und 1,55 μm sind dieser Klasse zuzuordnen sofern die austretende (die in die Faser eingekoppelte) Lichtleistung maximal 5 mW bei 1,3 μm bzw. 10 mW bei 1,55 μm beträgt. Die unterschiedlichen Grenzwerte rühren von der unterschiedlichen Art der Gefährdung her. Während bei 1,3 μm die Verletzung der Netzhaut aufgrund der Durchlässigkeit von Hornhaut, Kammerwasser, Linse und Glaskörper die größte Gefährdung darstellt, tritt bei 1,55 μm zuerst eine Verletzung von Linse oder Hornhaut ein.

Daneben können auch noch Lasereinrichtungen mit Leistungen von maximal 25 und 50 mW bei 1,3 μm bzw. 1,55 μm, die der Klasse 3A angehören, als ungefährlich angesehen werden, sofern nicht durch Verwendung optischer Instrumente (z. B. Mikroskope oder Lupen) der Strahlquerschnitt verkleinert wird. Die für die optische Kommunikationstechnik relevanten Wellenlängen und Klasseneinteilungen sind in Tabelle 21.5 zusammengefaßt.

Die in der optischen Kommunikationstechnik eingesetzten Lasermodule bei 1,3 μm und insbesondere bei 1,55 μm gehören zumeist einer dieser beiden Laserklassen an und weisen damit keine (Klasse 1) bzw. nur dann eine Gefährdung auf, wenn mit optischen Instrumenten der Strahlengang verändert wird (Klasse 3 A). Bei nicht sachgemäßem Betrieb, wie z. B. zu hohen Laserströmen, oder bei Öffnen der Module können jedoch Strahlungsleistungen auftreten die über den in der Tabelle aufgeführten Werten liegen und es müssen dann die erforderlichen Sicherheitsvorkehrungen getroffen werden.

Tabelle 21.5. Die maximalen Leistungen von Lasereinrichtungen bei den für die optische Kommunikationstechnik relevanten Wellenlängen und Laserklassen

Wellenlänge	Klasse 1	Klasse 3A
0,85 μm	0,2 mW	1 mW
1,3 μm	5 mW	25 mW
1,55 μm	10 mW	50 mW

Tabelle 21.6. Verwendete Symbole (römisch)

Symbol	Bedeutung
A	lineare Rekombinationskonstante
A_N	numerische Apertur
B	bimolekulare Rekombinationskonstante, Bandbreite
C	Rekombinationskonstante der Auger-Rekombination, Parameter für Rückwirkungsempfindlichkeit
c	Lichtgeschwindigkeit im Vakuum
D	Diffusionskoeffizient, verschiedene Subskripte
d	Dicke der aktiven Schicht
E	elektrische Feldstärke
e	Elementarladung
F_n, F_s, F_ϕ	Langevin-Kräfte
f	Frequenz, Brennweite
G	normierte Verstärkung, verschiedene Subskripte
g	Verstärkung, verschiedene Subskripte
H	Übertragungsfunktion
h	Planck'sches Wirkungsquantum
I, i	Strom, verschiedene Subskripte
K	Modulations-K-Faktor
L	Laserlänge
N, n	Ladungsträgerdichte, verschiedene Subskripte
N_{tr}	Transparenzladungsträgerdichte
n	Brechungsindex
n_{sp}	spontaner Emissionskoeffizient
P	Laserleistung pro Spiegel
R	Rekombinationsrate, Reflexionsfaktor
R_1, R_2	Reflexionsfaktor von Spiegel 1 bzw. 2
R_{sp}	spontane Emissionsrate in eine Mode
RIN	relatives Intensitätsrauschen
r	Amplitudenreflexionsfaktor, Radius
S, s	Photonenzahl in Lasermode, verschiedene Subskripte
$\acute{S}$	Photonendichte in aktiver Zone
S_{FM}	Leistungsdichte des FM-Rauschens
SSR	Seitenmodenunterdrückung
t	Zeit
V	Volumen der aktiven Schicht
v_g	Gruppengeschwindigkeit
w	Breite der aktiven Zone, Modendurchmesser
y_k	k-te zeitlich gemittelte relative Abweichung der Momentanfrequenz

Tabelle 21.7. Verwendete Symbole (griechisch)

Symbol	Bedeutung	Symbol	Bedeutung
α	(optische) Verluste	η_c	Koppelwirkungsgrad
α_i	interne Verluste	Γ	Confinementfaktor
α_m	Spiegelverluste	γ	Dämpfungskonstante
α_{tot}	Gesamtverluste	Λ	Gitterperiode
α_H	Henry-Faktor, Linienverbreiterungsfaktor	λ	Wellenlänge
Δf	Frequenzintervall	λ_B	Bragg-Wellenlänge
Δg	Verstärkungsdifferenz zwischen den zwei stärksten Lasermoden	ν	(optische) Frequenz
$\Delta\lambda$	Wellenlängenabstimmung	ω	Kreisfrequenz, verschiedene Subskripte
$\Delta\lambda_m$	longitudinaler Modenabstand	ϕ	Phasenabweichung des optischen Feldes
$\Delta\nu$	Linienbreite, Abweichung der Momentanfrequenz	σ_y	Allan-Varianz
$\delta(x)$	Dirac'sche Deltafunktion	τ_s	Photonenlebensdauer
ε	Koeffizient der Verstärkungssättigung bezüglich Photonendichte	τ_d	differentielle Ladungsträgerlebensdauer
		τ_{on}	Verzögerungszeit bei Pulsmodulation

Spezielle Literatur

[1] *Tucker, R.S.:* High-speed modulation of semiconductor lasers. J. Lightwave Technol. 3 (1985) 1180–1192

[2] *Tucker, R.S.; Kaminow, I.P.:* High-frequency characteristics of directly modulated InGaAsP ridge waveguide and buried heterostructure lasers. J. Lightwave Technol. 2 (1984) 385–393

[3] *Olshansky, R. et al.:* Frequency response of 1,3 μm InGaAsP high speed semiconductor lasers. IEEE J. Quantum Electron. 23 (1987) 1410–1418

[4] *Kobayashi, S. et al.:* Direct frequency modulation in AlGaAs semiconductor lasers. IEEE J. Quantum Electron. 18 (1982) 582–595

[5] *Yamamoto, Y.:* AM and FM quantum noise in semiconductor lasers – Part I: theoretical analysis. IEEE J. Quantum Electron. 19 (1983) 34–46

[6] *Henry, C.H.:* Theory of phase noise and power spectrum of a single mode injection laser. IEEE J. Quantum Electron. 19 (1983) 1391–1397

[7] *Tischer, H.; Borchert, B.:* Intensity noise measurements for 1,55 μm multi-quantum-well DFB laser diodes with external optical feedback. Proc. ECOC '92, Berlin (1992) 253–256

[8] *Iwashita, K.; Nakagawa, K.:* Mode partition noise characteristics in high-speed modulated laser diodes. IEEE J. Quantum Electron. 18 (1982) 2000–2005

[9] *Henry, G.H.; Henry, P.S.; Lax, M.:* Partition fluctuations in nearly single-longitudinal-mode lasers. J. Lightwave Technol. 2 (1984) 209–216

[10] *Henry, C.H.:* Theory of the linewidth of semiconductor lasers. IEEE J. Quantum Electron. 18 (1982) 259–264

[11] *Peterman, K.:* External optical feedback phenomena in semiconductor lasers. IEEE J. Sel. Top. Quantum Electron. 1 (1995) 480–489

[12] *Haus, H.A.:* Theory of mode locking with a slow saturable absorber. IEEE J. Quantum Electron. 11 (1975) 736–746

[13] *Silberberg, Y. et al.:* Passive mode locking of a semiconductor diode laser. Opt. Lett. 9 (1984) 507–509

[14] *Koch, T.L.; Koren, U.:* Semiconductor lasers for coherent optical fiber communications. J. Lightwave Technol. 8 (1990) 274–293

[15] *Amann, M.-C.; Thulke, W.:* Continuously tunable laser diodes: longitudinal versus transverse tuning scheme. IEEE J. Sel. Areas Commun. 8 (1990) 1169–1177

[16] *Amann, M.-C.:* Broad-band wavelength-tunable twin-guide lasers. Optoelectronics – Devices and Technologies – 10 (1995) 27–38

[17] Kapitel 7 in *Amann, M.-C.; Buus, J.* (1998) Tunable Laser Diodes, Artech House, Norwood

[18] *Trutna, W.R., Jr.; Stokes, L.F.:* Continuously tuned external cavity semiconductor laser. J. Lightwave Technol. 11 (1993) 1279–1286

[19] *Werle, P.:* A review of recent advances in semiconductor laser based gas monitors. Spectrochimica Acta, Pt. A 54 (1998) 197–236

[20] *Ikegami, T.; Suda, S.; Sakai, Y.* (1995) Frequency Stabilization of Semiconductor Laser Diodes, Artech House, Norwood

[21] *Itaya, Y.; Tohmori, Y.; Toba, H.:* Spot-size converter integrated laser diodes (SS-LD's). IEEE J. Sel. Topics Quantum Electron. 3 (1997) 968–974

Faserverstärker und Faserlaser 22

N. Schunk (Abschn. 22.1–22.8), A. Bahl, U. Unrau (Abschn. 22.9)

Allgemeine Literatur
Desurvire, E. (1994) Erbium Doped Fiber Amplifier, John Wiley, New York. – *Sudo, S.* (1997) Optical Fiber Amplifiers, Artech House, Boston. – *Bjarklev, A.* (1993) Optical Fiber Amplifiers, Artech House, London. – *Marcerou et al.:* General theoretical approach describing the complete behavior of the erbium-doped fiber amplifier. Proc. SPIE Conf. On Fiber laser Sources and Amplifiers 1373 (1990) 168. – *Agraval, G.P.* (1989) Nonlinear Fiber Optics, Academic Press, Boston. – *France, P.W.* (1991) Optical Fibre Lasers and Amplifiers, Blackie, Glasgow. – IEEE Journal of Selected Topics in QE (1997), Fiber Amplifiers and Lasers, New York. – *Nakamura, S.; Fasol, G.:* (1997) The blue laser diode, GaN based light emitters and lasers, Springer, Berlin. – *Kokorina, V.F.* Glasses for Infrared Optics. Boca Raton: CRC Press 1996. – *Aggarwal, I.D.; Lu, G.* Fluoride Glass Fiber Optics. San Diego: Academic Press 1991. – *France, P.W.* Fluoride Glass Optical Fibres. Boca Raton: Blackie 1990

22.1 Grundlagen

Vom ersten Versuch in den sechziger Jahren [1] Faserlaser bzw. Faserverstärker zu realisieren, vergingen ungefähr 30 Jahre bis zur Praxistauglichkeit. Mit der Entwicklung von Hochleistungshalbleiterlaserdioden als Pumpquellen und der Dotierung der Einmodenfaser mit dem Seltene-Erd-Element Erbium wurde der Grundstein gelegt und zugleich der Durchbruch für den Erbium-dotierten Faserverstärker erzielt, der die heutigen WDM-Weitverkehrsstrecken im 1,55 µm Wellenlängenbereich erst ermöglicht hat.

Dabei ist das Grundprinzip des Faserverstärkers sehr einfach. Es beruht auf der Verstärkung eines in der Einmodenfaser geführten optischen Signals infolge von stimulierter Emission durch optisch angeregte Seltene-Erd-Ionen im Faserkern. Das Prinzip des Faserverstärkers ist in Abb. 22.1 dargestellt.

Die Pumpleistung aus einer Halbleiterlaserdiode wird über einen Faserkoppler in den Signalpfad eingekoppelt und in der angespleißten Erbium-dotierten Faser durch stimulierte Absorption in höhere Anregungsenergiezustände der Erbium^{3+}-Ionen umgesetzt. Das Signallicht, das die Erbium-dotierte Faser durchläuft, wird durch stimulierte Emission mit den angeregten Erbium-Ionen verstärkt und über einen optischen Isolator zum Signalausgang geführt. Der optische Iso-

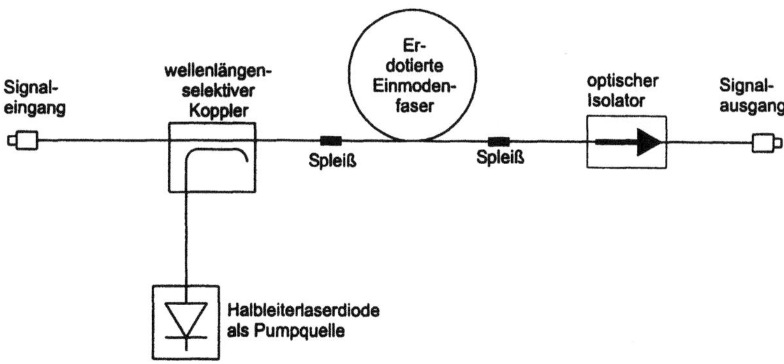

Abb. 22.1. Prinzipskizze Erbium-dotierter Faserverstärker

lator verhindert eine optische Rückwirkung und damit den Faserlaserbetrieb.

22.1.1 Elektronen-Zustandsniveaus bei Seltene-Erd-Ionen

3-fach positiv geladene Seltene-Erd-Ionen zeichnen sich dadurch aus, daß sie neben den beiden 6s-Elektronen noch ein 4f-Elektron abgeben. Die verbleibenden 4f-Elektronen bilden durch die Coulomb-Wechselwirkungen untereinander Zustandsniveaus aus, die infolge von Spin-Bahn-Wechselwirkungsprozessen weiter in einzelne Energieniveaus aufspalten, wie in Abb. 22.2 gezeigt ist. Dabei ergeben sich zwischen diesen Energieniveaus Übergangsenergien, die unter anderem im Bereich der Wellenlängen liegen, die in optischen Übertragungssystemen Anwendung finden. Durch die Einbettung des Seltene-Erd-Ions in ein Glas als Wirtsmaterial kommt es zu einer weiteren Aufsplittung infolge des Stark-Effektes. Bedingt durch die amorphe Struktur des Glasses bilden sich nicht diskrete Linien aus, sondern ein kontinuierlicher spektraler Verlauf. Diese spektrale Verbreiterung wird durch die Abschirmung der 4f-Elektronen aufgrund der voll besetzten 5-er Schalen auf einen Bereich von 10 bis 100 nm begrenzt. Es kommt durch Absorption bzw. Emission von Photonen zu Energieübergängen zwischen diesen Bändern.

22.1.1.1 *Strahlende und nichtstrahlende Übergangsprozesse*

Die 15 Elemente, die zu den seltene Erden zählen, bilden als 3-fach positiv geladene Ionen aufgrund ihrer unterschiedlichen 4f-Elektronenanzahl unterschiedliche Elektronenzustandsniveaus aus. Der Zustand eines jeden Elektrons wird dabei durch den Bahndrehimpuls, den Spin und den Gesamtdrehimpuls berücksichtigt. Zur Erläuterung und weiteren Erklärung der Bezeichnung dieses Zustandsniveaus wird auf die Literatur [2] verwiesen. Mit Blick auf die technische Anwendung sollen die möglichen Übergangsprozesse an Erbium-dotiertem Glas erläutert werden. Abbildung 22.3 zeigt das Energieniveauschema von Erbium^{3+}-Ionen, wobei in Abb. 22.3a die Absorptions- aus dem bzw., in Abb. 22.3b die für die Anwendung wichtigsten Emissionsübergänge in das Grundniveau dargestellt sind. Die Energieniveaus sind ohne die jeweilige Verbreiterung durch den Stark-Effekt wiedergegeben. Durch Absorption von Pumplicht bei den eingetragenen Wellenlängen können vom Grundniveau ($^4I_{15/2}$) höhere Energiezustände eingenommen werden. Bei der Pumpwellenlänge 1480 nm wird die Aufsplittung des

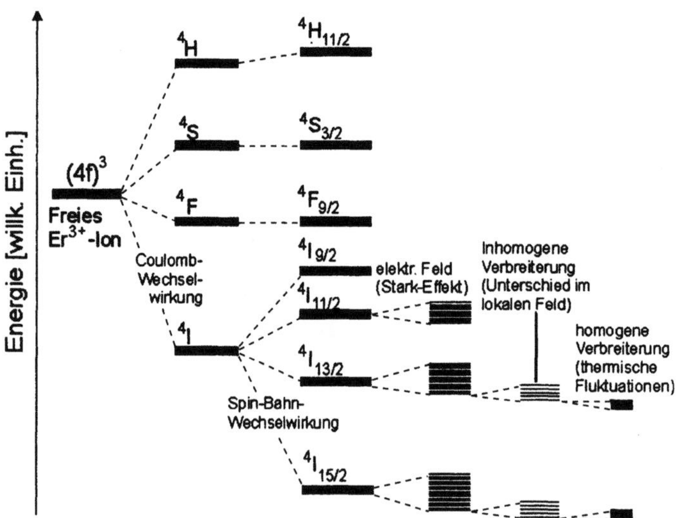

Abb. 22.2. Aufspalten der Elektronenzustandsniveaus eines Er^{3+}-Ion durch die Coulomb-, Spin-Bahn-Wechselwirkung und das elektrische Feld des Wirtsglases sowie inhomogene Verbreiterung durch die amorphe Glasstruktur und homogene Verbreiterung durch thermische Fluktuationen

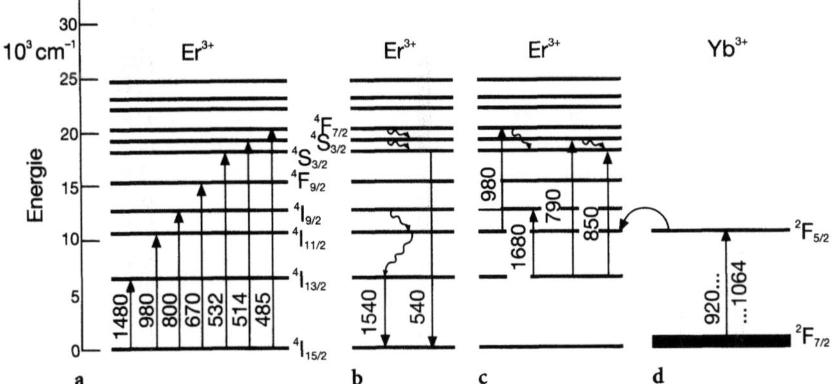

Abb. 22.3 a – d. Energieübergangsschema für Er^{3+}-Ionen (Yb^{3+}-Ionen), Energie in $1/\lambda$, Übergangswellenlängenangaben in nm. **a** Absorption, **b** Emission, **c** Eycited State Absorption aus dem metastabilen Niveau, **d** Energietransfer vom Yb^{3+}- auf Er^{3+}-Ion

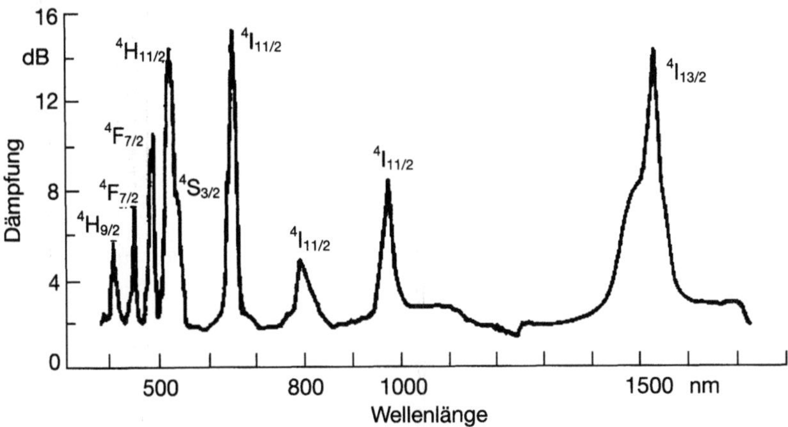

Abb. 22.4. Absorptionsspektrum einer Er-dotierten Faser mit Al-Kodotierung [4]

Grundzustandes $^4I_{15/2}$ und des nächst höheren Energiezustandes $^4I_{13/2}$ schon berücksichtigt. Über die Höhe und jeweilige Breite der einzelnen Absorptionswellenlängen gibt Abb. 22.4 Aufschluß. Halbleiterlaserdioden, als Pumplaser, müssen gemäß den Absorptionspektren bei 800, 980 und im Bereich um 1480 nm emittieren, damit das Pumplicht vollständig umgesetzt werden kann. Weiterhin ist ersichtlich, daß ohne Pumplicht die Erbium-dotierte Faser im 1,55 μm Wellenlängenbereich sehr stark absorbiert (3-Niveau-Lasersystem).

Die Rekombination von einem höheren Energiezustandsniveau kann sowohl strahlend als auch nichtstrahlend erfolgen. Die gesamte Übergangsrate w_i und damit die Lebensdauer τ_i eines angeregten Energiezustandes i ergibt sich gemäß

$$w_i = \frac{1}{\tau_i} = \sum_j A_{ij}^{R} + A_{ij}^{NR} \tag{22.1}$$

aus der Summierung aller strahlenden Übergangsraten A_{ij}^R und aller nichtstrahlenden Übergangsraten A_{ij}^{NR}, ausgehend vom Niveau i zu allen Zielniveaus j. Die Effizienz der von einem Energieniveau ausgehenden strahlenden Übergänge wird durch den Strahlungsquantenwirkungsgrad

$$\eta_i = \frac{\sum_j A_{ij}^{R}}{\sum_j A_{ij}^{R} + \sum_j A_{ij}^{NR}} \tag{22.2}$$

erfaßt, der das Verhältnis der strahlenden Übergänge zu der Gesamtzahl der durch Pumpphotonen ins Energieniveau i angeregten Ionen angibt. Der Strahlungsquantenwirkungsgrad η_{ij} für einen bestimmten Übergang folgt mit festem j im Zähler aus Gl. (22.2).

Strahlende Übergänge zwischen den Energieniveaus von Seltene-Erd-Ionen sind elektrische oder magnetische Dipolübergänge, für die bestimmte Auswahlregeln gültig sind. Die Bestimmung der Raten strahlender Übergänge kann bei Kenntnis oder Vernachlässigung der nichtstrahlenden Übergänge aus den gemessenen Fluoreszenzverläufen erfolgen. Theoretisch kann sie mit den Methoden der Quantenmechanik und unter Zuhilfenahme der Judd-Ofelt Theorie erfolgen [3].

Neben dem Aufteilungsverhältnis der strahlenden Rekombination entscheidet der nichtstrahlende Rekombinationsanteil darüber, ob und mit welcher Effizienz die strahlende Rekombination für eine Verstärkung des in der Faser geführten Lichtes nutzbar ist. Nichtstrahlende interionische Energietransferübergänge zwischen Seltene-Erd-Ionen lassen sich durch eine angepaßte (geringere) Dotierungskonzentration unterbinden. Dagegen sind nichtstrahlende intraionische Übergänge unabhängig von der Dotierungsdichte. Sie beruhen auf der Wechselwirkung des angeregten Ions mit den Gitter- und Molekülschwingungen des Wirtsglases. Dieser komplizierte Multiphononenprozeß läßt sich qualitativ auf einfache Weise erfassen. Die Anzahl der Phononen, die für die Energieerhaltung beim Multiphononenprozeß nötig sind, ergibt sich zu

$$p_{ij} = \frac{\Delta W_{ij}}{h\nu_{\text{phonon}}} \tag{22.3}$$

mit ΔW_{ij}: Energiedifferenz zwischen zwei angeregten Energieniveaus und $h\nu_{\text{phonon}}$ der Phononenenergie des Wirtsmaterials, wobei h das Plank'sche Strahlungsquantum und ν_{phonon} die Frequenz bei maximaler Phonenenergie ist. Damit läßt sich die nichtstrahlende Multiphononenrekombinationsrate wie folgt angeben [4]

$$A_{ij}^{\text{NR}} = C_1 \exp\{-C_2 \Delta W_{ij}\} \cdot \left[1/(\exp\left\{\frac{h\nu_{\text{phonon}}}{k_B T}\right\} - 1) + 1\right]^{p_{ij}} \tag{22.4}$$

C_1 und C_2 sind Konstanten, die vom Wirtsglas abhängen.

Beispiel: Für Er-dotiertes Quarzglas ergeben sich [4]: $C_1 = 1{,}4 \cdot 10^{12}\ \text{s}^{-1}$, $C_2 = 4{,}7 \cdot 10^{-3}$ cm und die maximale Phononenenergie bei $h\nu_{\text{phonon}} = 1100\ \text{cm}^{-1}$. Für ZBLAN-Glas (Abschn. 22.9) erhält man $C_1 = 1{,}99 \cdot 10^5\ \text{s}^{-1}$, $C_2 = 2{,}11 \cdot 10^{-3}$ cm [5]. Für den Übergang von $^4I_{13/2}$ - $^4I_{15/2}$ bei $\lambda = 1{,}53$ µm ergibt die Analyse für SiO_2-Glas (s. Tabelle 22.1) eine strahlende Quanteneffizienz von $\eta = 99{,}93\%$; d.h. der Übergang ist fast ausschließlich strahlend.

Betrachtet man den Übergang von $^4I_{11/2}$ - $^4I_{13/2}$ mit einer Wellenlänge $\lambda = 2{,}75$ µm und Quarzglas, folgt für die strahlende Quanteneffizienz $\eta = 0{,}22\%$. Der Übergang vom Energieniveau $^4I_{11/2}$ erfolgt in SiO_2-Glas also durch Multiphononenrekombination in das Energieniveau $^4I_{13/2}$.

Für ZBLAN-Glas (Abschn. 22.9) erreicht der Übergang von $^4I_{11/2}$ - $^4I_{13/2}$ eine strahlende Quanteneffizienz $\eta \approx 38\%$. Faserlaser mit einer Emissionswellenlänge von $\lambda \approx 2{,}75$ µm (Abschn. 22.8.3) können mit einer Erbium-dotierten ZBLAN-Faser realisiert werden.

Der gewellte Pfeil in Abb. 22.3 kennzeichnet die nichtstrahlende Rekombination. In einem Glas mit geringerer Phononenenergie (s. Abschn. 22.9 LPE-Gläser) können bei Energieübergängen, die in Quarzglas nichtstrahlend sind, Fluoreszenz, also strahlende Rekombination gemessen werden, wie in Tabelle 22.1 ausgeführt ist. Generell gilt für die Multiphononenrekombination folgende vereinfachte Aussage: Werden mehr als 10 Phononen für einen Energieübergang benötigt, findet keine Multiphononenemission statt. Bei weniger als 4 Phononen erfolgt der Übergang zum größten Teil durch Multiphononenrekombination. Daraus darf geschlossen werden, daß bei dicht benachbarten Energiezustandsniveaus mit $\Delta W_{ij} < 4\, h\nu_{\text{phonon}}$ der Übergang nichtstrahlend erfolgt.

Durch Absorption von Photonen kann auch von einem angeregten Zustandsniveau ein noch höheres Energieniveau angeregt werden. Bei Absorption eines Signalphotons (aus dem Wellenlängenbereich des Signallichtes) spricht man von Signal-ESA (Excited-State-Absorption), entsprechend von Pump-ESA bei Absorption eines Pumpphotons. Signal-ESA tritt bei Erbium-Ionen oberhalb 1620 nm auf; Pump-ESA bei 980 nm und bei 800 nm (s. Abb. 22.3c). Speziell bei 800 nm erfolgt die Pump-ESA aus dem $^4I_{13/2}$-Niveau, bei dem die Lebensdauer der angeregten Zustände mit $\tau =$ 10 ms sehr lang ist. Die Effizienz bei 800 nm Pumpwellenlänge ist durch die Pump-ESA so schlecht, daß diese Pumpwellenlänge in Praxis keine Anwendung findet. Vernachlässigbar

Tabelle 22.1. Analye des Übergangs zwischen 2 Energieniveaus (strahlend oder nichtstrahlend) in Abhängigkeit des Wirtsglasses (ZBLAN-Glas, s. Kap. 22.9, Tab. 22.9)

Übergang (Abb. 22.5)		λ	ΔE $(1/\lambda)$	$h\nu_{phonon}$ $/k_BT$	p_{ij} (Gl. 22.3)	A_{ij}^{NR} (Gl. 22.4)	A_{ij}^{R}	τ_{ij} (Gl. 22.2)	η	Übergang
SiO_2-Glas ($C_1 = 1{,}4 \cdot 10^{12}\ s^{-1}$, $C_2 = 4{,}7 \cdot 10^{-3}$ cm, $1/\lambda_{phonon} = 1100\ cm^{-1}$)										
$i = 2$ $^4I_{13/2}$	$j = 1$ $^4I_{15/2}$	1,53 µm	6536 cm^{-1}	$\approx 5{,}3$	6	0,067 s^{-1}	100 s^{-1}	10 ms	99,93%	strahlend
$i = 3$ $^4I_{11/2}$	$j = 2$ $^4I_{13/2}$	2,75 µm	3636 cm^{-1}	$\approx 5{,}3$	3	$5{,}53 \cdot 10^4$ s^{-1}	125 s^{-1}	8 ms	0,22%	nicht-strahlend
ZBLAN-Glas ($C_1 = 1{,}99 \cdot 10^5\ s^{-1}$, $C_2 = 2{,}11 \cdot 10^{-3}$ cm, $1/\lambda_{phonon} = 580\ cm^{-1}$)										
$i = 3$ $^4I_{11/2}$	$j = 2$ $^4I_{13/2}$	2,75 µm	3636 cm^{-1}	$\approx 2{,}24$	7	204 s^{-1}	125 s^{-1}	8 ms	38%	strahlend

klein ist die 980 nm-Pump-ESA, da durch die Multiphononenrekombination das $^4I_{11/2}$-Niveau sehr schnell ($\approx$1 µs) entleert wird. Von dem durch den ESA-Prozeß angeregten Zustand erfolgt der Übergang Multiphonon-unterstützt auf das $^4S_{3/2}$-Niveau. Der Anteil, der von diesen Niveau direkt ins Grundniveau rekombiniert (Abb. 22.3b) läßt die Erbium-dotierte Faser grün leuchten. Für die Verstärkungsanwendung ist der ESA-Prozeß ein Verlustmechanismus, für die Realisierung eines Faserlaser mit kürzerer Signal- als Pumpwellenlänge ein nutzbarer Prozeß (s. Abschn. 22.8.3 und 22.8.4).

Neben diesen intraionischen Energietransfermechanismen gibt es noch Wechselwirkungen zwischen Seltene-Erd-Ionen. Der interionische Wechselwirkungsmechanismus zwischen Ionen desselben Seltene-Erd-Elementes kann durch eine angepaßte Dotierungskonzentration verhindert werden. Nutzbar ist der interionische Energietransfermechanismus bei einer Kodotierung mit dem Seltene-Erd-Element Ytterbium (Yb^{3+}), dessen Energieübergangsschema in Abb. 22.3d eingezeichnet ist. Aufgrund seiner 13-(4f)-Elektronen besitzt es nur 2 Energieniveauzustände, die durch den Stark-Effekt in Unterniveaus nochmals zerfallen. Weder Fluoreszenz-Quenching (Reduktion der Fluoreszenzlebensdauer), noch ESA-Prozesse sind bei Yb-Dotierung möglich. Zudem können Yb^{3+}-Ionen in einem weiten Wellenlängenbereich (900 nm bis 1064 nm) gepumpt werden. Diodengepumpte Neodym-YLF (Yttrium-Lithium-Fluorid) bzw. Nd-YAG-(Yttrium-Aluminium-Garnat)-Laser sind als Hochleistungspumpquellen geeignet. Damit der Energietransfer vom $^2F_{5/2}$-Ytterbium-Niveau zum $^4I_{11/2}$-Energiezustand des Erbium-Ions mit hoher Effizienz stattfindet, kann die Yb-Konzentration weit über die der Erbium-Ionen (Verhältnis 30:1) ausgeführt werden, ohne Nachteile in Kauf nehmen zu müssen. Die verfügbare Pumpleistung wird dadurch auf einer kürzeren Faser absorbiert und auf die Er^{3+}-Ionen umgesetzt. Darüber hinaus lassen sich Faserlaser mit Yb-dotierten Fasern (Abschn. 22.7) und UV-induzierten Bragg-Gittern als Laserresonatorspiegel realisieren.

22.2 Modellierung von Faserverstärkern

Die Modellierung erfolgt am Beispiel des Erbium-dotierten Faserverstärker (EDFA-*E*rbium-*D*oped *F*iber *A*mplifier). Gemäß den in Abb. 22.3 ausgeführten Übergangsprozessen läßt sich das Er^{3+} Ion in einem 3 Niveau Lasersystem darstellen. Abbildung 22.5 zeigt das Energieniveauschema mit den durch den Stark-Effekt aufgesplitteten Energieniveaus und den Übergangsraten zwischen den Niveaus. Das Niveau 1 bezeichnet das Grundniveau ($^4I_{15/2}$), 2 das metastabile obere Laserniveau $^4I_{13/2}$, das durch die lange Lebensdauer $\tau = 1/A_{21}^R = 10$ ms charakterisiert ist. Das Niveau 3 ($^4I_{11/2}$) ist das Pumpniveau bei 980 nm Pumpwellenlänge. Pumpniveau 3 wird bei 1480 nm Pumpwellenlänge das obere Starkniveau des metastabilen Niveaus.

Die Pumprate vom Niveau 1 nach 3 ist mit R_{13} und die stimulierte Pumpemission von 3 nach 1 mit R_{31} bezeichnet. Übergangsraten, die ohne Signal- oder Pumpfeld stattfinden, sind mit A_{ij} (*R*: für strahlend; *NR*: nichtstrahlend) bezeichnet. Vom Pumpniveau 3 erfolgt

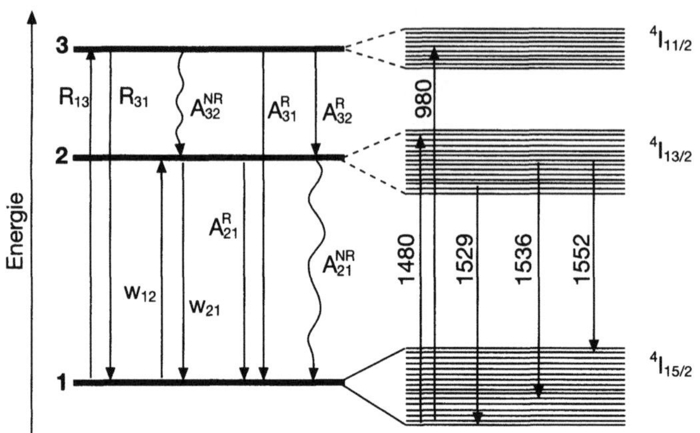

Abb. 22.5. Energieniveauschema von Er^{3+}-Ionen (3 Niveau Lasersystem); einige Übergangswellenlängen sind beispielhaft angegeben

der Übergang ($A_3^R = A_{32}^R + A_{31}^R$), wie im vorangegangenen Abschn. ausgeführt, bei Erbium-Ionen in Quarzglas nichtstrahlend mit $A_{32}^{NR} = A_{32} \gg A_{32}^R + A_{31}^R$. Die stimulierte Absorptions- und Emissionsrate zwischen den Energiezustandsniveaus 1 und 2 sind mit w_{12} und w_{21} bezeichnet. Die spontane Rekombination von 2 nach 1 erfolgt überwiegend strahlend (Abschn. 22.1.1.1) mit $A_{21}^R = A_{21} = 1/\tau$, wobei τ die Fluoreszenzlebensdauer ist.

Ratengleichungssystem der Energiezustandsdichten

Bezeichnet ρ_{Er} die Dotierungskonzentration mit Erbium-Ionen und N_i die Energiezustandsdichte im Niveau i, so gilt

$$N_1 + N_2 + N_3 = \rho_{Er} \tag{22.5}$$

Gemäß Abb. 22.5 läßt sich das Ratengleichungssystem am Ort z für die Energiezustandsdichten wie folgt angeben:

$$\frac{dN_1}{dt} = -(R_{13} + w_{12})N_1 + (w_{21} + A_{21})N_2 + R_{31}N_3 \tag{22.6}$$

$$\frac{dN_2}{dt} = w_{12}N_1 - (w_{21} + A_{21})N_2 + A_{32}N_3 \tag{22.7}$$

$$\frac{dN_3}{dt} = R_{13}N_1 - (R_{31} + A_{32})N_3 \tag{22.8}$$

Mit der Annahme, daß die Übergangsrate A_{32} sehr viel größer als die Pumprate R_{13} bzw. die Rekombinationsrate R_{31} ist, erhält man die stationären Lösungen für die Energiezustandsdichten in den Niveaus 1 und 2 am Ort z in der Faser zu

$$N_1(z) = \rho_{Er} \frac{1 + w_{21}\tau}{1 + R\tau + w_{12}\tau + w_{21}\tau} \tag{22.9}$$

$$N_2(z) = \rho_{Er} \frac{R\tau + w_{12}\tau}{1 + R\tau + w_{12}\tau + w_{21}\tau} \tag{22.10}$$

mit $R = R_{13}$ und $\tau = 1/A_{21}^R$. Mit oben gemachter Annahme findet man $N_3 = \rho_{Er} - N_1 - N_2 = 0$. Die Energiezustandsdichte im Pumpniveau 3 ist vernachlässigbar, da durch den dominierenden nichtstrahlenden Übergang zum metastabilen Niveau 2 der Energieübergang unmittelbar erfolgt. Gl. (22.9) und (22.10) sind gültig für eine Pumpwellenlänge $\lambda_p = 980$ nm.

Für die Energiezustandsdichte eines 2-Niveau-Systems ($\lambda_p = 1480$ nm) erhält man im stationären Fall:

$$N_1(z) = \rho_{Er} \frac{1 + (w_{21} + R_{21})\tau}{1 + (w_{21} + R_{21})\tau + (w_{12} + R_{12})\tau} \tag{22.11}$$

$$N_2(z) = \rho_{Er} \frac{(w_{12} + R_{12})\tau}{1 + (w_{21} + R_{21})\tau + (w_{12} + R_{12})\tau} = \rho_{Er} - N_1 \tag{22.12}$$

Übergangsraten zwischen den Energiezustandsdichten

Die im Ratengleichungssystem für die Energiezustandsdichten (22.6–8) enthaltenen Übergangsraten für die stimulierte Absorption R_{13} und w_{12} sowie die stimulierte Emission w_{21} sind folgendermaßen gegeben [4, 6]

$$R_{13} = R(r, \varphi, z) = (\sigma_a(\lambda_p) / \left(h\frac{c}{\lambda_p}\right) P_p(z)\, \bar{\Psi}(\lambda_p, r, \varphi) \tag{22.13}$$

$$w_{12} = w_{12}(r, \varphi, z)$$
$$= (\sigma_a(\lambda_s)/(hc/\lambda_s)\, P_s(z)\, \bar{\Psi}(\lambda_s, r, \varphi)$$
$$+ \int_\lambda d\lambda (\sigma_a(\lambda)/hc/\lambda)\, (S^+(\lambda, r, z)$$
$$+ S^-(\lambda, r, z))\, \bar{\Psi}(\lambda, r, \varphi) \qquad (22.14)$$

$$w_{21} = w_{21}(r, \varphi, z)$$
$$= (\sigma_e(\lambda_s)/(hc/\lambda_s)\, P_s(z)\, \bar{\Psi}(\lambda_s, r, \varphi)$$
$$+ \int_\lambda d\lambda (\sigma_e(\lambda)/hc/\lambda)\, (S^+(\lambda, r, z)$$
$$+ S^-(\lambda, r, z))\, \bar{\Psi}(\lambda, r, \varphi) \qquad (22.15)$$

$P_p(z)$ und $P_s(z)$ bezeichnen dabei die sich in der Faser ausbreitende Pump- bzw. Signalleistung am Ort z. Das Absorptions- bzw. Emissionsvermögen des seltenen Erd-Elementes in dem Trägermaterial, z. B. Quarzglas mit Aluminium- und/oder Germanium-Kodotierung, wird durch die Spektren des Absorptionsquerschnittes $\sigma_a(\lambda)$ und des Emissionsquerschnittes $\sigma_e(\lambda)$ beschrieben, auf die im folgenden Abschn. (22.2.1.1) näher eingegangen wird. λ_p und λ_s bezeichnen die Pump- und Signalwellenlänge, deren Photonenenergie durch $h\nu_p$ bzw. $h\nu_s$ (ν: optische Frequenz; h: Planck'sches Wirkungsquantum) gegeben sind. $\bar{\Psi}(\lambda, r, \varphi)$ gibt die normierte Intensitätsverteilung

$$\bar{\Psi}(\lambda, r, \varphi) = \frac{\Psi(\lambda, r, \varphi)}{\int_A \Psi(\lambda, r, \varphi)\, r\, dr\, d\varphi} \qquad (22.16)$$

an, die unabhängig in Ausbreitungsrichtung z angenommen wird. Die Integration erstreckt sich über die Faserquerschnittsfläche A. Die in der Faser erzeugte und verstärkte spontane Emission (ASE-*A*mplified *S*pontaneous *E*mission) wird durch die spektralen Leistungsdichten $S^{\pm}(\nu, z)$ beschrieben, wobei das (+)-Zeichen die in Signalrichtung und das (−)-Zeichen die gegen die Signalrichtung laufende ASE bezeichnet.

Änderung der geführten Leistungen in der dotierten Faser

Die transversale Intensitätsverteilung für in der Faser geführtes Licht läßt sich wie folgt angeben

$$I(\lambda, r, \varphi) = P(z)\, \bar{\Psi}(\lambda, r, \varphi) \qquad (22.17)$$

wobei $\bar{\Psi}(\lambda, r, \varphi)$ die normierte Intensitätsverteilung nach Gl. (22.16) und P die in den Fasermode gekoppelte und geführte Leistung darstellt. Durchläuft ein Signal mit der Intensität I ein Element dz der dotierten Faser und den Energiezustandsdichten $N_2(z)$ und $N_1(z)$ im Element dz, so ist die Intensitätsänderung wie folgt gegeben:

$$dI = (\sigma_e(\lambda)\, N_2(z) - \sigma_a(\lambda)\, N_1(z))\, I\, dz \qquad (22.18)$$

Die Entartung der Energieniveaus durch den Stark-Effekt wird für ein bestimmtes Lasersystem durch den Emissionsquerschnitt $\sigma_e(\lambda)$ und den Absorptionsquerschnitt $\sigma_a(\lambda)$ erfaßt. Mit Gl. (22.16–17) und $P = \int I(r, \varphi)\, r\, dr\, d\varphi$ erhält man aus Gl. (22.18) das Differentialgleichungssystem für die Änderung der Signalleistung $P_s(z)$, der Pumpleistung $P_p(z)$ und der Leistung der verstärkten spontanen Emission $S^{\pm}(z)$ längs der Faser (in Ausbreitungsrichtung z).

$$\frac{dP_p(z)}{dz} = \int_A [\sigma_e(\lambda_p)\, N_2(z) - \sigma_a(\lambda_p)\, N_1(z)] \cdot \bar{\Psi}_p(r, \varphi)\, P_p(z)\, r\, dr\, d\varphi \qquad (22.19)$$

$$\frac{dP_s(z)}{dz} = \int_A [\sigma_e(\lambda_s)\, N_2(z) - \sigma_a(\lambda_s)\, N_1(z)] \cdot \bar{\Psi}_s(r, \varphi)\, P_s(z)\, r\, dr\, d\varphi \qquad (22.20)$$

$$\frac{dS_k^{\pm}(z)}{dz} = \pm \left(2h \frac{c}{\lambda_k} \int_A \sigma_e(\lambda_k) N_2(z) \right) \cdot \bar{\Psi}_k(r, \varphi)\, r\, dr\, d\varphi + \int_A [\sigma_e(\lambda_k)\, N_2(z) - \sigma_a(\lambda_k)\, N_1(z)] \cdot \bar{\Psi}_k(r, \varphi)\, S_k^{\pm}(z)\, r\, dr\, d\varphi \qquad (22.21)$$

Die Gl. (22.19) ist für eine Pumpwellenlänge λ_p = 1480 nm angegeben, für λ_p = 980 nm ist, aufgrund der vernachlässigbar kleinen Lebensdauer im Pumpniveau $\sigma_e(\lambda_p = 980\ \text{nm}) \approx 0$. Die angegebene Integration wird jeweils über den Faserquerschnitt durchgeführt. In Gl. (22.21) gibt der erste Term die lokale Erzeugung der spontanen Emission aufgrund der Energiezustandsdichte N_2 im metastabilen Niveau an. Der zweite Term beschreibt die Verstärkung bzw. Absorption der spontanen Emission. Beim Erbium-dotierten Faserverstärker wird zur Berechnung der verstärkten spontanen Emission z. B. der Wellenlängenbereich 1,49 µm bis 1,61 µm in Intervalle der Breite 1 nm zerlegt. Der Laufindex k kennzeichnet das jeweilige Wellenlängenintervall.

Unter Vorgabe der in die dotierte Faser eingekoppelten Signal- und Pumpleistung, sowie der Pumprichtung, wird das Differentialgleichungssystem gelöst. Die verstärkte spontane Emission wird so bestimmt, daß der vorwärtslaufende Anteil S_k^+ am Faseranfang, und der rückwärts laufende Anteil S_k^- am Faserende verschwindet. Durch geschickt gewählte Annahmen [4, Kap. 1.6], insbesondere der rückwärts laufenden ASE am Faseranfang, wird das Randwertproblem solange iterativ gelöst bis hintereinander folgende Lösungen sich z.B. um weniger als 10^{-3} unterscheiden.

22.2.1 Eingangsparameter für die Modellierung optischer Faserverstärker

Die Änderung der optischen Signale beim Durchgang durch die dotierte Faser wird durch Differentialgleichungen beschrieben, in denen die örtliche Leistungsverteilung (22.19–21) und die lokale Besetzung der Energiezustandsniveaus (22.6–10) enthalten sind. Die Eingangsparameter für die Simulation sind die Faserkenngrößen, die Dotierungskennwerte und das Emissions- und Absorptionsverhalten des Seltene Erd-Elementes in dem Glasmaterial.

Die Faserkenngrößen sind mit dem Kernradius a_{co}, dem Brechzahlprofil $n(r)$ und der Numerischen Apertur NA vollständig erfaßt. Der Radius a_{dot}, das Dotierungsprofil $\rho_{Er}(r)$ und die maximale Dotierungskonzentration ρ_0 beschreiben die Dotierung der Faser. Diese Größen werden meist vom Faserhersteller gemessen und vorgegeben. Die Absorptionsspektren für die Pumpleistung und die Signalleistung lassen sich mit einer Weißlichtquelle und der Rückschneidemethode an der Faser qualitativ bestimmen. Der absolute spektrale Absorptionskoeffizient erhält man durch Absorptionsmessung mit einer monochromatischen und intensitätsstabilisierten Signalquelle. Bei sehr gering dotierten Fasern sind diese Werte durch Bestimmung der Fasergrunddämpfung (außerhalb des Absorptionsspektrums) zu korrigieren. Aus dem gemessenen spektralen Verlauf des Absorptionskoeffizienten $\alpha(\lambda)$ läßt sich der Absorptionsquerschnitt $\sigma_a(\lambda)$ bestimmen:

$$\sigma_a(\lambda_{p/s}) = \frac{\alpha(\lambda_{p/s})}{2\pi \int_A \rho(r)\, \bar{\Psi}_{p/s}(r)\, r\, dr} \tag{22.22}$$

Aus dem nach Gl. (22.22) bestimmten Absorptionsquerschnitt und dem gemessenen Verlauf des Fluoreszenzspektrums ergibt sich der Emissionsquerschnitt $\sigma_e(\lambda)$ [4, Kap. 4.5] zu:

$$\sigma_e(\lambda) = \sigma_a(\lambda)\, \eta^{peak} \exp\left\{-\frac{hc}{k_B T}\left(\frac{1}{\lambda} - \frac{1}{\lambda_{peak}}\right)\right\} \tag{22.23}$$

λ_{peak} ist die Wellenlänge maximaler Fluoreszenz. η^{peak} bezeichnet das Verhältnis $(\sigma_e^{peak}/\sigma_a^{peak})$. Dieser phänomenologische Wert wird so gewählt, daß der experimentell bestimmte Verlauf des Fluoreszenzspektrums richtig wiedergegeben wird. In Abb. 22.6 sind jeweils die Spektren des Absorptions- und Emissionsquerschnittes für eine Germanium-dotierte und eine Al/Ge-kodotierte Er-dotierte Faser dargestellt. Zudem ist das Verhältnis von Emissions- zu Absorptionsquerschnitt $\eta(\lambda)$ spektral aufgetragen. Durch die Al-Kodotierung kommt es zu einer Verbreiterung und Verflachung der Querschnittsspektren. Bei

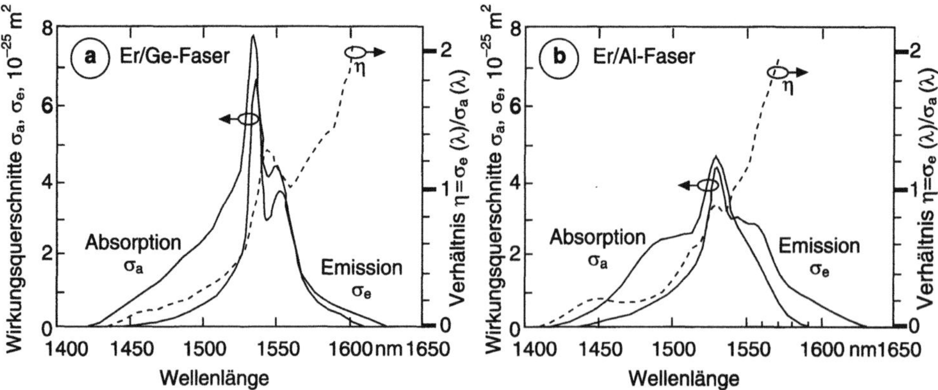

Abb. 22.6a, b. Absorptions- und Emissionsquerschnitte einer Erbium-dotierten Faser. a Ge-Kodotierung, b Al: Kodotierung

reiner Ge-Dotierung bildet sich eine scharfe Spitze bei 1,535 μm verbunden mit einem weiteren Nebenmaximum bei 1,55 μm aus.

An einem kurzen Stück dotierter Faser läßt sich durch Pulsanregung (mittels schräg eingebauten Chopper-Rad im Fokus des Pumpstrahls) die Fluoreszenzlebensdauer τ messen. Zur Unterdrückung von Laserbetrieb wird die Reflexion am Faserende durch Anschrägen beseitigt. Günstig erfolgt die Messung der Fluoreszenz transversal zur Faserachse. Das transversal ausgekoppelte Pumplicht (980 nm) muß mit einem Filter unterdrückt werden, da es sonst die Fluoreszenzmessung auch bei Verwendung eines InP-Detektors verfälscht. Dies trifft insbesondere für Dotierungen mit einer geringen Fluoreszenzeffizienz, z.B. Praseodym für 1,3 μm Faserverstärker, zu. Ein schneller Anteil zu Beginn im Fluoreszenzabfall deutet auf eine Clusterbildung von Seltene-Erd-Ionen hin. Durch interionische Übergänge nimmt die Fluoreszenzlebensdauer sehr stark ab. Bei Erbium-dotierten Fasern liegt die Fluoreszenzlebensdauer bei etwa 10 ms. Bei geringeren Lebensdauern im Bereich von einigen 10 μs muß die abfallende Flanke im Pumplaserstrahl sehr viel kleiner (1/10) als die zu messende Lebensdauer sein.

22.2.2 Gewinn-Charakteristik eines Faserverstärkers

Der Gewinn eines Faserverstärkers ist definiert als das Verhältnis von Signalausgangs- zu Signaleingangsleistung

$$G = G_s^{out}/P_s^{in} \qquad (22.24)$$

Die Gewinncharakteristik eines Erbium-dotierten Faserverstärkers ist abhängig von den zuvor beschriebenen Eingangsgrößen, der Pump- und Signaleingangsleistung und des Pumpschemas des Verstärkers. Unter Pumpschema versteht man die Zuordnung der Pumprichtung zur Richtung, in der das Signal die dotierte Faser durchläuft. Kodirektional bedeutet, Pump- und Signalleistung durchlaufen die Faser in gleicher Richtung; kontradirektional entsprechend gegen die Signalrichtung und bidirektional, daß die Faser in beiden Richtungen gepumpt wird.

Durch Absorption der Pumpleistung längs der dotierten Faser nimmt die Inversion ständig ab. Ohne Pumpleistung ist eine Erbium-dotierte Faser aufgrund des 3-Niveausystems stark absorbierend. Bei vorgegebener Signal- und Pumpeingangsleistung erfährt das Signal zunächst einen maximalen Gewinn bis zur optimalen Faserlänge und nimmt dann wieder ab.

Abbildung 22.7a, b [7] zeigen bei kodirektionaler Pumprichtung den Verlauf der Pumpleistung, der Signalleistung, der verstärkten spontanen Emission ASE (amplified spontaneouns emission); ASE^--Leistung in Rückwärtsrichtung, ASE^+-Leistung in Vorwärtsrichtung über der Längskoordinaten der Erbium-dotierten Faser.

Im Kleinsignalfall (Abb. 22.7a) steigt die Signalleistung bis zu einer optimalen Länge von $L_{opt} \approx 28$ m um den maximalen Gewinn von $G_{max} = 37$ dB an und fällt dann wieder bis auf etwa 30 dB bei 40 m Faserlänge ab. Der Gewinnkoeffizient $g_s(z)$ ist nach Gl. (22.20)

$$g_s(z) = \int_A [\sigma_e(\lambda_s) N_2(z) - \sigma_a(\lambda_s) N_1(z)] \cdot \bar{\Psi}_s(\lambda_s, r, \varphi)\, r\, dr\, d\varphi \qquad (22.25)$$

bei der optimalen Länge $z = L_{opt}$ gerade $g_s(L_{opt}) = 0$. Die Erbium-dotierte Faser ist gerade transparent bei der optimalen Länge. Die Pumpleistung ist bei der optimalen Länge auf den Wert abgefallen, der nötig ist um die Verluste zu kompensieren. Dieser für ein 3-Niveau Lasersystem charakteristische Schwellenwert der Pumpleistung läßt sich aus den stationären Werten N_2, N_1 und den Übergangsraten mit Gl. (22.25) berechnen

$$P_p^{th} = P_{sat}(\lambda_p)/U(\lambda_p, \lambda_s) \qquad (22.26)$$

P_{sat} ist die allgemein definierte Sättigungsleistung für Lasersysteme [6], [4 Kap. 1.3]. Die Signal- (Index s) bzw. Pumpsättigungsleistung (Index p) ist folgendermaßen gegeben

$$P_{sat}(\lambda_{s,p}) = \frac{h \frac{c}{\lambda_{s,p}} \pi w_{I s,p}}{\sigma_a(\lambda_{s,p})[1 + \eta(\lambda_{s,p})]\tau} \qquad (22.27)$$

mit

$$\eta(\lambda_{s,p}) = \eta_{s,p} = \sigma_e(\lambda_{s,p})/\sigma_a(\lambda_{s,p}) \qquad (22.28)$$

und

$$U(\lambda_p, \lambda_s) = \frac{\eta_s(\lambda_s) - \eta_p(\lambda_p)}{1 + \eta_p(\lambda_p)} \qquad (22.29)$$

Dabei wird gemäß Gl. (22.16) die transversale Intensitätsverteilung mit $\Psi_s(r) = \pi w_{Is}^2 \bar{\Psi}_s(r)$ angenommen. w_{Is} entspricht dem Leistungsradius ($w_{Is}^2 = 1/\pi \int \bar{\Psi}_s(r, \varphi)\, r\, dr\, d\varphi$) der Signalwelle (Index p für Pumpwelle) in der Einmodenfaser. Gleichung (22.26) gilt für den Klein-

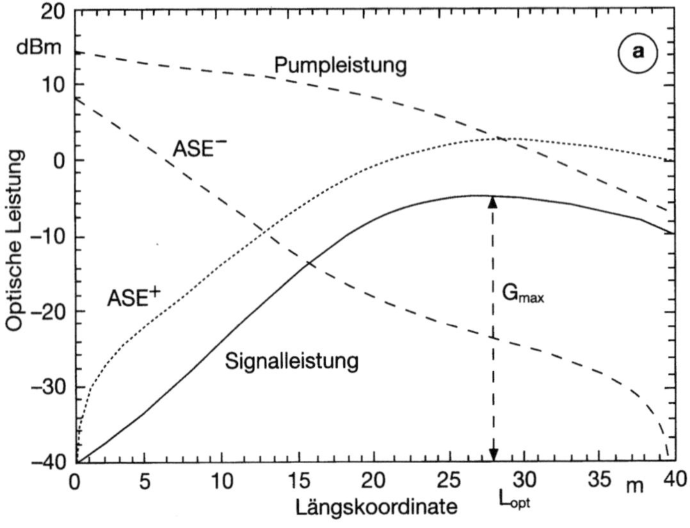

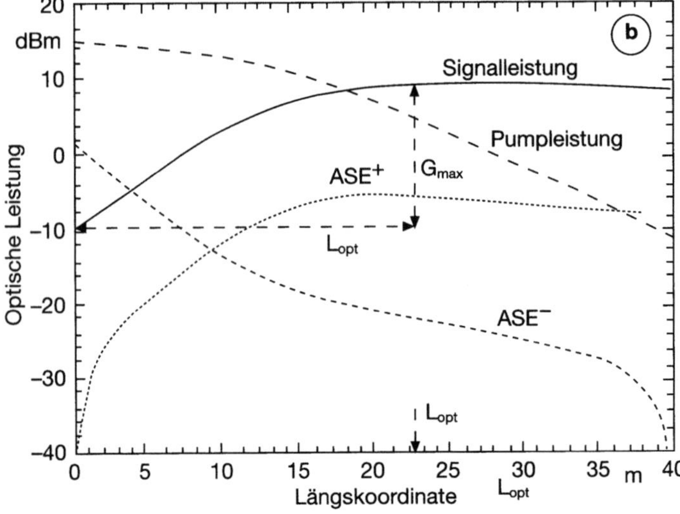

Abb. 22.7 a, b. Signal- und Pumpleistung sowie der Verlauf der verstärkten spontanen Emission (ASE) über der Faserlänge [7]. **a** Kleinsignalfall $P^{in}{}_s =$ − 40 dBm, **b** Großsignalfall $P_s^{in} = -10$ dBm

signalfall, bei dem keine Gewinnsättigung durch das Signal auftritt, wie es in Abb. 22.7 a beispielhaft der Fall ist.

Bei einem Faserverstärker mit optimaler Länge entspricht die nicht absorbierte Pumpausgangsleistung gerade der Pumpschwellenleistung. Nach [4. Abschn. 22.5.6] läßt sich für die optimale Länge folgende Näherungsformel angeben:

$$L_{opt} \approx \frac{1}{\alpha_p} \left\{ \frac{P_p^{in}}{P_{sat}(\lambda_p)} - \frac{1 + \eta_p}{\eta_s - \eta_p} \right\} \tag{22.30}$$

Der Pumpabsorptionskoeffizient α_p läßt sich an einer kurzen Faser bei kleiner Pumpleistung bestimmen. Die Pumpsättigungsleistung $P_{sat}(\lambda_p)$ kann aus der Messung der Pumpausgangsleistung und dem Zusammenhang $\{dP_p(z) = -\alpha_p P_p(z)/(1 + P_p(z)/P_{sat}(\lambda_p)\}$

$$P_p^{out} = P_p^{in} - P_{sat}(\lambda_p)\,[\alpha_p L - \ln (P_p^{in}/P_p^{out})] \tag{22.31}$$

so bestimmt werden, daß eine gute Übereinstimmung mit der Meßkurve erreicht wird.

Die Abhängigkeit von der Signalwellenlänge ist in Gl. (22.30) über $\eta_s = \sigma_e(\lambda_s)/\sigma_a(\lambda_s)$ gegeben. Aus Abb. 22.6 geht hervor, daß η_s mit der Wellenlänge ansteigt. Die optimale Länge nimmt mit der Signalwellenlänge zu. Bestimmt man die Länge nach Gl. (22.30), so wird im Vergleich zur numerischen Lösung die Länge etwas unterbestimmt, da die nichtlinearen Terme in Gl. (22.31) vernachlässigt wurden. Besser ist es, die optimale Länge aus der Länge, bei der die Pumpleistung auf die Hälfte der Eingangsleistung abgefallen ist, zu ermitteln. Verdoppelt man diesen Wert für die Faserlänge, erhält man eine bessere Abschätzung der optimalen Faserlänge. Dabei geht allerdings die Abhängigkeit zur Signalwellenlänge verloren.

$$L_{\text{opt}} \cong \frac{1}{\alpha_{\text{p}}} \frac{P_{\text{p}}^{\text{in}}}{P_{\text{sat}}(\lambda_{\text{p}})} \tag{22.32}$$

Bei vorgegebener Pumpleistung am Fasereingang P_{p}^{in} erhält man den größten möglichen Gewinn bei der optimaler Länge L_{opt}. Der Gewinn G über der Pumpleistung P_{p}^{in} am Faseranfang und der Leitungslänge L liefert weitere Information für die Optimierung der Erbium-dotierten Faser. Abbildung 22.8 [4] zeigt den Gewinn $G = P_{\text{s}}(L)/P_{\text{s}}(0)$ bei $\lambda_{\text{s}} = 1{,}53$ µm über der Faserlänge im linken Teil und über der Pumpleistung im rechten Teil mit der Faserlänge als Parameter. Aus dem Verlauf $G = f(P_{\text{p}}^{\text{in}})$ erkennt man, daß bis zur Pumptransparenzleistung $P_{\text{p}}^{\text{trans}}$ ($G = 0$ dB) die Faser absorbiert. Für $P_{\text{p}}^{\text{in}} > P_{\text{p}}^{\text{trans}}$ übersteigt der Gewinn die Absorptionsverluste aufgrund des 3-Niveau Übergangsenergieschemas von Er^{3+}-Ionen. Es ist ersichtlich, daß die Pumpleistung für Transparenz $P_{\text{p}}^{\text{trans}}$ mit der Faserlänge ansteigt.

Nach [4, Abschn. 22.5.2] erhält man für den Zusammenhang zwischen Pumpeingangsleistung P_{p}^{in} und dem Gewinn bei Vorgabe der Faserlänge, der Signalwellenlänge λ_{s}, der Pump- und Signalabsorption α_{p} und α_{s} unter Vernachlässigung der Fasergrunddämpfung ($\alpha \approx 0{,}2$ dB/km) folgenden Zusammenhang

$$P_{\text{p}}^{\text{in}} = \alpha_{\text{p}} L \frac{q_{\text{s}}}{1 - \exp\{(q_{\text{s}} - 1)\,\alpha_{\text{p}} L\}} P_{\text{sat}}(\lambda_{\text{p}}) \tag{22.33}$$

mit

$$q_{\text{s}} = \frac{1+\eta_{\text{p}}}{1+\eta_{\text{s}}}\left[1 + \frac{\ln(G)}{\alpha_{\text{s}} L}\right] \tag{22.34}$$

Für den Fall der ungepumpten Faser $P_{\text{p}}^{\text{in}} = 0$ folgt $q_{\text{s}} = 0$ und aus Gl. (22.34) $G = \exp\{-\alpha_{\text{s}} L\}$, die verlustbehaftete Transmission durch eine nichtgepumpte Erbium-dotierte Faser. Die Pumpleistung für Transparenz $= P_{\text{p}}^{\text{in}}$ ($G = 1$) ergibt sich zu:

$$P_{\text{p}}^{\text{trans}} = \alpha_{\text{p}} L \frac{\dfrac{1+\eta_{\text{p}}}{1+\eta_{\text{s}}}}{1 - \exp\left\{-\dfrac{\eta_{\text{s}} - \eta_{\text{p}}}{1+\eta_{\text{s}}}\alpha_{\text{p}} L\right\}} P_{\text{sat}}(\lambda_{\text{p}}) \tag{22.35}$$

$P_{\text{p}}^{\text{trans}}$ ist proportional zu $P_{\text{sat}}(\lambda_{\text{p}})$ und steigt mit der Faserlänge L an. Für $L \geq (1 + \eta_{\text{s}})/(\eta_{\text{s}} - \eta_{\text{p}})/\alpha_{\text{p}}$ ist der Anstieg nahezu linear.

In Abb. 22.8 ist im $G = f(P_{\text{p}}^{\text{in}})$-Diagramm eine Gerade aus dem Ursprung so eingezeichnet, daß sie als Tangente an die Kurve mit $L = 30$ m gerade die höchste Steilheit hat. Die Steilheit, auch als Gewinnkoeffizient g (in dB/mW) bezeichnet, wurde als „figure of me-

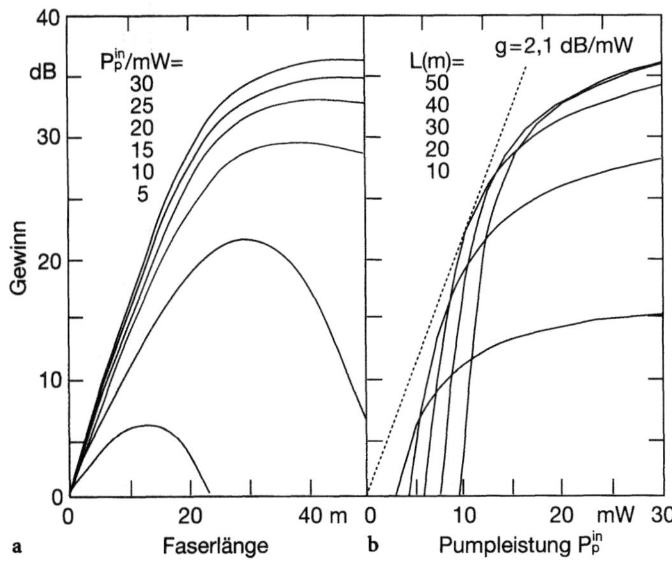

Abb. 22.8. **a** Signalgewinn als Funktion der Faserlänge für $P_{\text{p}}^{\text{in}} = 5-30$ mW und **b** als Funktion der Pumpleistung für Faserlängen $L = 10-50$ m [4]

rit" eingeführt, um eine einfache Kennzahl für das komplexe Gewinnverhalten des Faserverstärkers abzuleiten. Sie liefert keine Aussage über den erreichbaren Gewinn bei gegebener Pumpleistung, da aufgrund der erforderlichen Pumptransparenzleistung und der Gewinnsättigung kein linearer Zusammenhang gegeben ist. Das Abflachen der Gewinnkurve in Abb. 22.8 deutet auf die Gewinnsättigung hin.

Der Gewinnkoeffizient ist aber ein einfaches Maß für die Optimierung der Verstärkerbzw. Faserdaten. Zur effizienten Ausnutzung der Pumpleistung ist die dotierte Faser so anzulegen, daß die Pumpleistung für Transparenz möglich gering wird. Die transversale Intensitätsverteilung der Pump- und Signalleistung ist für 2 Faserausführungen beispielhaft in Abb. 22.9 gezeigt. Angenommen ist ein ideales Stufendotierungsprofil über den gesamten Faserkernquerschnitt und die Pump- und Signalleistungsverteilung im Grundmode. In Abb. 22.9a klingt die Pumpintensität zum Kern-Mantelübergangsbereich bereits sehr stark ab. Mit zunehmender Pumpabsorption längs der Faser wird die Inversion in diesem Bereich schlechter. Signalabsorption kann in diesem Teilbereich des Faserkerns nicht mehr ausgeschlossen werden. In dem Differentialgleichungssystem (22.19–20) führt dies bei Integration über den Faserquerschnitt zu einem kleineren effektiven Signal und damit Gewinnzuwachs. Bei einer Faser mit höherer numerischer Apertur A_N und damit kleinerem Kernradius a_{co} (Abb. 22.9b) ist die Inversion im Kern-Mantelübergangsbereich wesentlich höher, was zu einer Verbesserung des Gewinnverhaltens führt. Da die Dotierungskonzentration ρ_{Er} nicht über 10^{19} cm^{-3} gesteigert werden darf, um eine Reduktion der Lebensdauer infolge interionischer nichtstrahlender Übergänge (Lebensdauer-Quenching) zu vermeiden, nimmt die optimale Länge für eine optimierte Faser (hohe *NA* und kleiner Kerndurchmesser) zu. Eine weitere Verringerung der Pumpeingangsleistung für Transparenz und damit eine Steigerung des Gewinnkoeffizienten ist möglich, wenn der Faserkern nur im Bereich hoher Pumpintensität, also um die Faserachse mit z.B. $a_{dot}/a_{co} = 0{,}2$, dotiert ist. Dies kann auch bei vollständiger Kerndotierung durch eine geringe Dotierungskonzentration erreicht werden. Beide Maßnahmen führen aber zu einer weiteren Zunahme der optimalen Faserlänge.

Für den Einsatz des Faserverstärkers im Kleinsignalbereich (Zwischenverstärker bzw. Vorverstärker vor dem Empfänger) lassen sich bzgl. der Faserdaten folgende Ergebnisse der Optimierung festhalten: Eine optimierte Er-dotierte Faser für 980 nm Pumpwellenlänge ist unabhängig von der *NA* und der Zusammensetzung (Ge/Al-Kototierung) des Wirtsmaterials so auszulegen, daß die Grenzwellenlänge des LP_{11}-Modes $\lambda_c \approx 800$ nm beträgt. Bei einer Dotierung des gesamten Faserkerns ($a_{dot}/a_{co} = 1$) sollte die numerische Apertur $A_N > 0{,}2$ sein. Bei einer Teilbereichsdotierung $a_{dot}/a_{co} = 0{,}2$ sollte die $A_N = 0{,}25$ sein.

Für gleichen Anwendungsfall des Faserverstärkers und 1480 nm Pumpwellenlänge betragen die optimierten Faserdaten:

$$\lambda_c = 800\text{ nm} \quad \text{für} \quad a_{dot}/a_{co} = 0{,}2; \quad A_N > 0{,}18$$

$$\lambda_c = 900\text{ nm} \quad \text{für} \quad a_{dot}/a_{co} = 1; \quad A_N > 0{,}2$$

Dabei ist die Grenzwellenlänge λ_c ebenfalls unabhängig von der A_N und dem Wirtsglas.

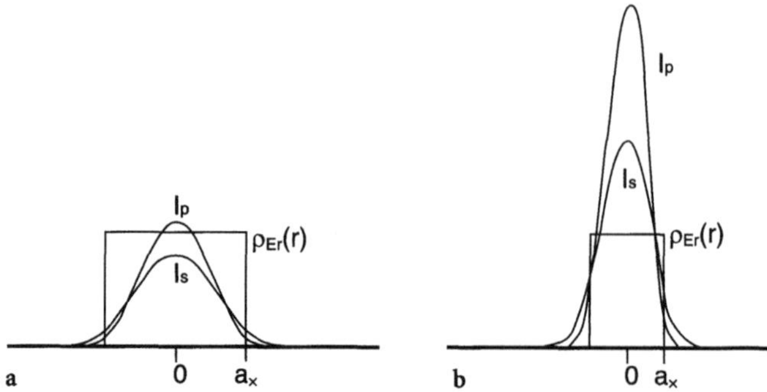

Abb. 22.9 a, b. Radiale Dotierungs- und Intensitätsverläufe der Signal- (I_s) und der Pumpwelle (I_p). **a** für eine Faser mit Kernradius $a_{co} = 3{,}3$ µm und einer $A_N = 0{,}19$ und **b** einer Faser mit $a_{co} = 1{,}75$ µm und $A_N = 0{,}25$, Pumpleistung nur im LP_{01}-Modus

Bzgl. der *NA* sind die unteren Grenzwerte angegeben. Mit steigendem A_N steigt auch der Gewinnkoeffizient g (dB/mW). Die Bedingung einer konstanten Grenzwellenlänge λ_c ist aber mit steigendem A_N nur mit immer kleinerem Kerndurchmesser aufrecht zu halten. Für höhere A_N ist entweder ein depressed-cladding Brechzahlprofil zu realisieren oder eine höhere Ge-Kodotierung erforderlich. Letzteres führt aber zu höheren Streuverlusten in der dotierten Faser und bei Al-Kodotierung zu Änderungen im spektralen Emissions- und Absorptionsverhalten (s. Abb. 22.6a, b). Eine geringe Elliptizität des Faserkerns bei der Faserherstellung hat zudem einen Einfluß auf die Polarisationsunabhängigkeit des Gewinns. Der Faserherstellungsprozeß gibt also die oberen Grenzen der Optimierung vor. Außerdem erhöhen sich die Ankoppelverluste, da der Felddurchmesser in der optimierten Faser sehr viel kleiner als in der Faser des Wellenlängen-selektiven Kopplers ist. Als vorteilhaft hat es sich erwiesen, die optimierte Erbium-dotierte Faser zur Erhöhung von A_N mit einem „depressed-cladding" (Brechzahlabsenkung im Fasermantel im Übergangsbereich Mantel-Kern) auszuführen. Neben den bereits erwähnten geringeren Streuverlusten, lassen sich durch „Tapern" der Spleiße (adiabatische Aufweitung des Feldes) die Ankoppelverluste sehr effizient reduzieren. Das Tapern geschieht durch Diffusion der Fluor-Kodotierung aus dem depressed-cladding in den Faserkernbereich. Dadurch wird dort die A_N abgesenkt und der Felddurchmesser adiabatisch zum Faserende infolge Temperaturgradient im Lichtbogen aufgeweitet.

22.2.3 Gewinnsättigung

Der Verlauf der Signal-, Pump- und ASE-Leistung über der Längskoordinate einer 40 m langen Erbium-dotierten Faser ist in Abb. 22.7b für eine Eingangssignalleistung von $P_s^{in} = -10$ dBm dargestellt. Ein Vergleich mit dem in Abb. 22.7a wiedergegebenen Kleinsignalverhalten zeigt, daß der maximale Gewinn von 37 dB sich bis auf 19 dB im Großsignalfall reduziert hat. Damit einher geht auch eine Verkürzung der optimalen Länge von 28 m (Abb. 22.7a) auf $L_{opt} \approx 23$ m. Infolge der stimulierten Emission und der hohen Signaleingangsleistung wird die Pumpleistung insbesondere am Faseranfang auf die Signalleistung und nicht auf die ASE$^-$-Leistung umgesetzt. Am Faseranfang reduziert sich daher die ASE$^-$-Leistung von 8 dBm im Kleinsignalfall auf 1 dBm.

Der Faserverstärker wird durch die hohe Signaleingangsleistung gesättigt. Für Faserlängen ab $L \geq 25$ m in Abb. 22.7b ist die Pumpleistung bereits unter den Wert für die örtliche Transparenz (Gl. 22.26) gefallen, so daß der Gewinnkoeffizient $g_s(z) < 0$ wird. Das Faserstück von 25 m bis 40 m Länge kann damit näherungsweise als ungepumpt angenommen werden. Bei der hohen Signaleingangsleistung von 9,5 dBm in den „ungepumpten" Faserteil wird durch Absorption von Signalleistung die Faser transparent ($g_s(z) = 0$). Am Faserausgang steht somit noch eine Signalausgangsleistung von $P_s^{out} = 8{,}5$ dBm zur Verfügung. Das Absorptionsverhalten wird durch die hohe Signalleistung reduziert, was auch als „ausbleichen" bezeichnet wird.

Die Auswirkung eines Anstiegs der Signaleingangsleistung P_s^{in} auf das Gewinnverhalten eines Erbium-dotierten Faserverstärkers wird durch die Darstellung $P_s^{out} = f(P_s^{in})$, Gewinn $G = f(P_s^{in})$ oder $G = f(P_s^{out})$ charakterisiert. Abbildung 22.10 zeigt das experimentell bestimmte Gewinnverhalten $G = f(P_s^{out})$ [8]. Das Sättigungsverhalten eines Erbium-dotierten Faserverstärkers wurde bei 4 verschiedenen Pumpeingangsleistungen und jeweils optimierter Faserlänge gemessen. Bis zu einer Signaleingangsleistung von ungefähr −30 dBm (1 μW) ist der Gewinn maximal und nicht von der Eingangsleistung abhängig. Dies ist der Kleinsignalverstärkungsbereich. Erhöht man die Eingangsleistung darüber hinaus, nimmt der Gewinn immer mehr ab. Die Ausgangsleistung, bei der der Kleinsignalgewinn um 3 dB abnimmt, wird als Sättigungsausgangsleistung P_{sat}^{out} bezeichnet. Die Eingangssättigungsleistung ist dann $P_{sat}^{in} = P_{sat}^{out}/(G_{max}/2)$ (in dBm: $P_{sat}^{in}(\mathrm{dBm}) = P_{sat}^{out}(\mathrm{dBm})\text{-}G(\mathrm{dB})\text{-}3\ \mathrm{dB}$) gegeben.

Wie aus Abb. 22.10 zu erkennen ist, erhöht sich die Sättigungsausgangsleistung von +2,5 dBm bis auf +11,3 dBm mit Erhöhung der Pumpeingangsleistung. Der Schnittpunkt mit der horizontalen Achse ($G = 1$) liefert die maximale Ausgangsleistung, die durch Konversion der eingekoppelten Pumpleistung auf die Signalleistung übertragen werden kann. Aus Gründen der Energieerhaltung muß der Photonenfluß ($P_i/h\nu_i$) aus dem Verstärker heraus kleiner/gleich dem Photonenfluß in den Verstärker hinein sein. Für die Signalausgangsleistung läßt sich damit folgender Zusammen-

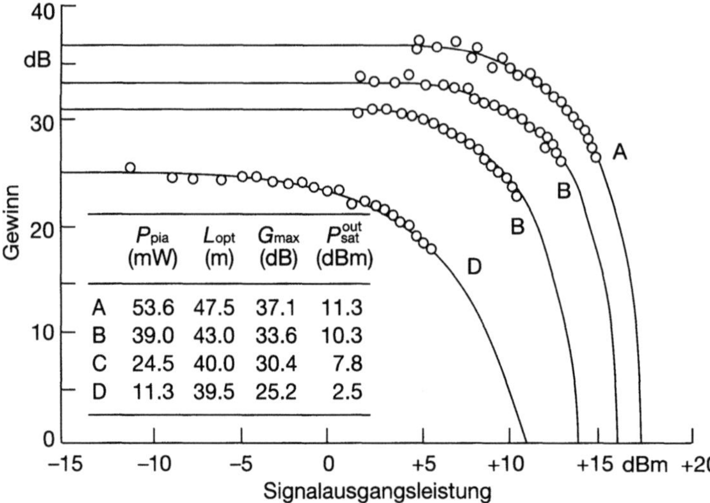

Abb. 22.10. Experimentell bestimmter Gewinn über der Signalausgangsleistung für verschiedene Pumpeingangsleistungen und auf die Pumpleistung optimierte Faserlängen [8]

hang angeben:

$$P_s^{out} \leq P_s^{in} + \frac{\lambda_p}{\lambda_s} P_p^{in} \tag{22.36}$$

Das Ungleichheitszeichen steht für die Verluste durch spontane Emission, Dämpfung in der Faser und unvollständige Absorption der Pumpleistung. Die Signalausgangsleistung ist also proportional zu dem Verhältnis λ_p/λ_s. Unabhängig vom Energieniveauschema gilt stets $\lambda_p < \lambda_s$, so daß ein 1480 nm gepumpter Faserverstärker gegenüber einem 980 nm gepumpten eine höhere Signalausgangsleistung bezogen auf gleiche Pumpeingangsleistung hat. Die Leistungskonversionseffizienz PCE (power conversion efficiency) ist definiert als Signalleistungszunahme zur eingekoppelten Pumpleistung

$$\text{PCE} = \frac{P_s^{out} - P_s^{in}}{P_p^{in}} \leq \frac{\lambda_p}{\lambda_s} \tag{22.37}$$

Der PCE-Maximalwert hängt vom Verhältnis der Pump- zur Signalwellenlänge ab. Definiert man die Zunahme der Signalphotonen zur eingekoppelten Pumpphotonenanzahl als Quantenkonversionseffizienz (QCE), fällt die Wellenlängenabhängigkeit weg. Diese Kennzahl (figure of merit) für Leistungsverstärker ist wie folgt gegeben [9]:

$$\text{QCE} = \frac{\lambda_s}{\lambda_p} \frac{P_s^{out} - P_s^{in}}{P_p^{in}} \tag{22.38}$$

QCE-Werte steigen mit steigender Signaleingangsleistung, da die Pumpphotonen zunehmend in Signalphotonen und nicht in nutzlose ASE-Photonen konvertiert werden. Leistungsverstärker werden auf maximale QCE-Werte optimiert. Generell ist es nicht möglich, einen Faserverstärker auf maximalen Gewinnkoeffizienten (dB/mW) und maximalen QCE-Wert zu optimieren, aber die Unterschiede sind nicht wesentlich. 980 nm gepumpte Fasern sollten eine Grenzwellenlänge von $\lambda_c \approx$ 800 nm und ein $A_N = 0{,}25$ aufweisen. Für eine Pumpwellenlänge von 1480 nm ist $\lambda_c \approx 900$ nm und ein $A_N = 0{,}25$ optimal. Für beide Wellenlängen ist die Einhaltung, insbesondere von λ_c, aber unkritisch. QCE-Werte von 80–90% sind für beide Pumpwellenlängen erreicht worden, so daß sich nach Gl. (22.37) für 1480 nm gepumpte EDFA höhere PCE-Werte ergeben.

In Rückwärtsrichtung gepumpte Faserverstärker führen zu höheren Signalausgangsleistungen, da Signal und Pumpe den gleichen Leistungsverlauf über der Faser aufweisen.

Für einen Faserverstärker, der hypothetisch frei von spontaner Emission ist, läßt sich der Gewinn $G = P_s^{out}/P_s^{in}$ mit Gl. (22.36) wie folgt angeben:

$$G \leq 1 + \frac{\lambda_p}{\lambda_s} \frac{P_p^{in}}{P_s^{in}} \tag{22.39}$$

Der maximal mögliche Gewinn wird dann erzielt, wenn alle Pumpphotonen in Signalphotonen gewandelt werden. Für große Signaleingangsleistungen $P_s^{in} \gg (\lambda_p/\lambda_s)\, P_p^{in}$ geht der Gewinn im Grenzwert gegen $G = 1$, d. h. Transparenz der Faser.

Für konstante Pumpeingangsleistung müßte der Gewinn mit abnehmender Signaleingangsleistung P_s^{in} kontinuierlich ansteigen. Abbildung 22.10 zeigt aber, daß der Gewinn im Kleinsignalfall unabhängig von der Signaleingangsleistung konstant ist. Im Kleinsignalfall sättigt der Verstärker durch die verstärkte spontane Emission, die gegen die Pumprichtung läuft. Aus Abb. 22.7a entnimmt man, daß die Pumpleistung überwiegend in die ASE^--Leistung konvertiert. Bei einem in Vorwärtsrichtung gepumpten Faserverstärker erreicht die in Rückwärtsrichtung laufende ASE^- am Faseranfang höhere Leistungspegel als die in Vorwärtsrichtung laufende ASE^+ am Faserende. Durch verstärkte spontane Emission (ASE^-) wird insbesondere am Anfang der dotierten Faser die Zustandsdichte N_2 im angeregten Energieniveau reduziert, was nicht nur den Gewinn im Kleinsignalfall begrenzt, sondern sich auch auf das Rauschverhalten des Faserverstärkers im Kleinsignalbetrieb auswirkt.

22.3 Rauschen des Faserverstärkers

Neben dem Gewinn kommt den Rauscheigenschaften des optischen Faserverstärkers eine entscheidende Bedeutung zu. Insbesondere in optischen Weitverkehrsübertragungssystemen sind sie mitbestimmend über die maximale Übertragungsdistanz und die Bitfehlerwahrscheinlichkeit.

Infolge stimulierter Emission kommt es nicht nur zu einer Signalverstärkung in der dotierten Faser, sondern mit stimulierter Emission geht auch stets spontane Emission einher, die ein Rauschen der Photonenanzahl generiert. Dieses durch spontane Emission erzeugte Rauschen erfährt wiederum durch stimulierte Emission eine Verstärkung ASE (Amplified Spontaneous Emission). Am Verstärkerausgang überlagert sich dieses ASE-Rauschen dem verstärkten Signal. Folglich verringert sich der Signal-Rauschabstand mit jedem Durchgang durch einen Faserverstärker.

22.3.1 Rauschzahl des Faserverstärkers

Die Rauscheigenschaften des optischen Faserverstärkers lassen sich durch die Verschlechterung des Signal-Rauschabstandes erfassen.

Definiert man das Signal-Rauschleistungsverhältnis SNR_e auf der elektrischen Ebene (nach der Detektion), so ergibt sich unter Annahme eines rauschfreien Detektors mit dem Quantenwirkungsgrad $\eta = 1$ und der Proportionalität des Photostromes mit der optischen Signalleistung für das optische Signal-Rauschleistungsverhältnis SNR_o (Index o für optisch) ein quadratisches Verhältnis. Betrachtet man ein binäres digitales Übertragungssystem mit der Bitrate B, so sind die Leistungen jeweils proportional der Photonenanzahl, ermittelt über die Bitdauer $T_{bit} = 1/B$. Das optische Signal-Rauschverhältnis $SNR_o(z)$ am Ort z der dotierten Faser kann in folgender Form [4, Abschn. 22.4], [10] angegeben werden:

$$\begin{aligned} SNR_o(z) &= \frac{\langle n(z) - \langle n(z)\rangle_{ASE}\rangle^2_{Tbit}}{\sigma^2(z)} \\ &= \frac{G^2(z)\,\langle n(0)\rangle^2}{\sigma^2(z)} \end{aligned} \tag{22.40}$$

Die mittlere Photonenanzahl, die die Signalinformation erhält, ist am Verstärkerausgang durch $\langle n(z) - \langle n(z)\rangle_{ASE}\rangle_{Tbit}$ gegeben, wobei $\langle\ldots\rangle_{Tbit}$ die Mittelung über die Bitdauer T_{bit} wiedergibt. $\langle n(z)\rangle_{ASE}$ ist der Rauschmittelwert der ASE-Photonenanzahl. Die Signalphotonenanzahl am Faserausgang ist auch das Produkt aus Photonenanzahl am Verstärkereingang $\langle n(0)\rangle$ multipliziert mit dem Gewinn des Faserverstärkers. Die Varianz σ^2 entspricht der Rauschleistung bzw. die Rauschphotonenanzahl über der Bitperiode.

Am Fasereingang $z = 0$ wird ideales Quantenrauschen mit einer Poisson-Statistik mit [4, Abschn. 2.4] $\sigma^2(0) = \langle n(0)\rangle$ und mit $G(z = 0) = 1$ zugrunde gelegt.

$$SNR_o(0) = \langle n(0)\rangle \tag{22.41}$$

Die Rauschzahl F_o eines Faserverstärkers ist definiert als das Verhältnis des Signal-Rauschleistungsverhältnisses am Ausgang eines idealen rauschfreien Photodetektors mit dem Quantenwirkungsgrad $\eta = 1$ ohne vorgeschaltenen Faserverstärker und mit vorgeschaltenem Faserverstärker.

$$F_o(z) = \frac{SNR_o(0)}{SNR_o(z)} \tag{22.42}$$

Für Eingangssignale mit Poisson-Statistik erhält man mit Gl. (22.40–41) und der Rauschleistungsdichte [4, Abschn. 2.3] $\sigma^2 =$

$G(z)\langle n(0)\rangle + 2G(z)\langle n(0)\rangle + 2N^2(z) + 2N(z)$:

$$F_0(z) = \frac{1}{G(z)} + \frac{2N(z)}{G(z)} + \frac{2N^2(z)}{G^2(z)\langle n(0)\rangle} + \frac{2N(z)}{G^2(z)\langle n(0)\rangle} \qquad (22.43)$$

Der erste Term in Gl. (22.43) ist der Beitrag des Signalschrotrauschens, der zweite Term das Signal-ASE-Überlagerungsrauschen, der 3. Term das ASE-ASE-Überlagerungsrauschen und der 4. Term das ASE-Schrotrauschen. In dieser rein klassischen Betrachtungsweise erscheinen die Terme 2–4 durch Mischeffekte in dem Detektor mit quadratischer Charakteristik. Tatsächlich treten diese Terme schon quantenmechanisch im EDFA durch die Beeinflussung der stimulierten Emission durch die spontane Emission auf [4].

Für kleine Signaleingangsleistungen (kleine Signalphotonenanzahl $\langle n(0)\rangle$ ist die Rauschzahl abhängig von der Signaleingangsleistung P_s^{in} in den Faserverstärker. $N(z)$ ist die durch verstärkte spontane Emission erzeugte Rauschphotonenanzahl am Ort z, die sich in Signalrichtung ausbreitet.

$N(z)$ gibt die Rauschphotonenanzahl in einem Modus durch verstärkte spontane Emission am Ort z wieder, die wie oben ausgeführt [4, Abschn. 2.2], folgendermaßen angeben läßt:

$$N(z) = G(z)\int_0^z \frac{\sigma_e(\lambda_s)N_2(z')}{G(z')}dz' = n_{sp}(z)(G(z)-1) \qquad (22.44)$$

Die ASE-Rauschleistung $P_{ASE^+}(L)$ am Verstärkerausgang ergibt sich [11] als Produkt aus der Rauschphotonenanzahl $N(z)$, der Energie $h\nu$ des Photons, der optischen Bandbreite B_0 und dem Faktor 2 für die beiden orthogonalen Moden zu:

$$P_{ASE^+}(L) = 2n_{sp}h\nu(G-1)B_0 \qquad (22.45)$$

Der Term n_{sp} aus Gl. (22.44) bezeichnet den spontanen Emissionsfaktor (bzw. Inversionsfaktor), auf den weiter unten ausführlicher eingegangen wird.

Für Signaleingangsleistungen P_s^{in} mit $G\langle n(0)\rangle \gg N(z)$ sind der 3. und 4. Term in Gl. (22.43) vernachlässigbar klein und die Rauschzahl reduziert sich auf

Herleitung der Rauschphotonenanzahl $N(z)$ am Verstärkerausgang bzw. Ort z

Gleichung (22.21) beschreibt die Änderung der verstärkten Emission in +/- z-Richtung, wobei der erste Term die Erzeugung (spontane Emissionsleistung in der Bandbreite $\delta\nu$ mit $2hc/\lambda_s \cdot \delta\nu$) und der zweite Term die Verstärkung beim Durchgang durch die dotierte Faser angibt. Betrachtet man anstelle der verstärkten Emission ein Signal bei der Wellenlänge λ_s, so läßt sich Gl. (22.21) formal wie folgt angeben:

$$\frac{dP_s(\lambda_s)}{dz} = 2h\frac{c}{\lambda_s}\delta\nu\int_A \sigma_e(\lambda_s)N_2(z) \cdot \bar{\Psi}(\lambda_s,r,\varphi)\,r\,dr\,d\varphi + \int_A[\sigma_e(\lambda_s)N_2(z) - \sigma_a(\lambda_s)N_1(z)] \cdot \bar{\Psi}(\lambda_s,r,\varphi)P_s(\lambda_s)\,r\,dr\,d\varphi$$

Teilt man die diese Gleichung durch $2hc/\lambda_s \cdot \delta\nu$ und nimmt $\sigma_e, \sigma_a, N_1, N_2 \neq f(r,\varphi)$ an, so erhält man mit $\int_A \Psi r dr d\varphi = 1$ eine inhomogene Differentialgleichung, $\{d\langle n(z)\rangle/dz = \sigma_e(\lambda)\, N_2(z)\, [\langle n\rangle + 1] - \sigma_a(\lambda)\, N_1(z)\}$ die die Änderung der Photonenanzahl über der Koordinate z beschreibt. Deren Lösung ist wie folgt gegeben [4, Abschn. 2.2]:

$$\langle n(z)\rangle = G(z)\langle n(0)\rangle + N(z)$$

$$G(z) = \exp\left\{\int_0^z [\sigma_e(\lambda_s)N_2(z') - \sigma_a(\lambda_s)N_1(z')]\,dz'\right\}$$

$$N(z) = G(z)\int_0^z \frac{\sigma_e(\lambda_s)N_2(z')}{G(z')}dz'$$

Die Ausgangsphotonenanzahl $\langle n(z)\rangle$ setzt sich aus der verstärkten Eingangsphotonenanzahl $G(z)\langle n(0)\rangle$ und einem Zusatzanteil $N(z)$ zusammen, der unabhängig von der Eingangsphotonenanzahl ist. $N(z)$ ist die Ausgangsphotonenanzahl, die von dem verstärkten spontanen Emissionsrauschen herrührt. Für ein gleichmäßig (N_2 und $N_1 \neq f(z)$) gepumptes Medium vereinfacht sich $N(z)$ zu:

$$N(z) = \frac{\sigma_e(\lambda_s)N_2}{\sigma_e(\lambda_s)N_2 - \sigma_a(\lambda_s)N_1}(G(z)-1)$$

$$F_o(z) = \frac{1 + 2n_{sp}(z)(G(z) - 1)}{G(z)} \qquad (22.46)$$

und schließlich für $G(z) \gg 1$ erhält man

$$F_o(z, G \gg 1) = 2n_{sp}(z) \qquad (22.47)$$

Das optische Signal-Rauschverhältnis wurde gemäß Gl. (22.40) aus dem quadratischen Verhältnis der Signalphotonenanzahl zu Rauschphotonenanzahl über die Definition des elektrischen Signal-Rauschverhältnisses SNR_e hergeleitet. Mit den Proportionalitäten $P_s^{in} \sim \langle n(0)\rangle$, $P_{ASE}^{out} \sim N(L)$ läßt sich mit den Gln. (22.41, 22.42) unter Vernachlässigung der Signal- und ASE-Schrotrauschens zeigen, daß das optische Signal-Rauschverhältnis $SNR_o(L)$ bestimmt werden kann aus dem Verhältnis der Signalausgangsleistung zur gesamten ASE-Ausgangsrauschleistung ($SNR_o(z) = P_s^{out}/P_{ASE}^{out}$). Dabei wird wie in Gl. (22.46) von der Annahme $G\,P_s^{in} \gg 1/2P_{ASE}^{out}$ ($G\langle n(0)\rangle \gg N(L)$ ebenfalls Gebrauch gemacht.

Der spontane Emissionsfaktor n_{sp} ist, wie in Gl. (22.44) ausgeführt, gegeben durch [4]

$$n_{sp}(z) = \frac{G(z)}{G(z) - 1} \int_0^z \frac{\sigma_e(\lambda_s) N_2(z')}{G(z')} dz',$$

der sich für ein gleichmäßig (N_2 und $N_1 \neq f(z)$) gepumptes Lasermedium zu

$$n_{sp} = \frac{\eta N_2}{\eta N_2 - N_1} \qquad (22.48)$$

reduziert. η ist gemäß Gl. (22.28) das Verhältnis aus Emissions- zu Absorptionsquerschnitt und N_i die Energiezustandsdichte in dem jeweiligen Niveau i. Nach Gl. (22.48) gibt n_{sp} das Verhältnis von spontaner Emissionsrate zur Nettorate der stimulierten Emission wieder und wird daher auch als Inversionsfaktor bezeichnet.

Für hohe Pumpleistungen läßt sich n_{sp} durch die Emissions- und Absorptionsquerschnitte bei der Signal- und Pumpwellenlänge [12] ausdrücken zu

$$n_{sp}(\lambda_p, \lambda_s) = \frac{1}{1 - \dfrac{\sigma_e(\lambda_p)\,\sigma_a(\lambda_s)}{\sigma_a(\lambda_p)\,\sigma_e(\lambda_s)}} . \qquad (22.49)$$

Mit Gl. (22.47) führt dies zu einer minimalen Rauschzahl

$$F_0^{min}(\lambda_p, \lambda_s) = \frac{2}{1 - \dfrac{\sigma_e(\lambda_p)\,\sigma_a(\lambda_s)}{\sigma_a(\lambda_p)\,\sigma_e(\lambda_s)}} . \qquad (22.50)$$

Wird ein Faserverstärker bei 980 nm (3-Niveau-System) gepumpt, wird $\sigma_e(\lambda_p) = 0$. Die minimal erreichbare Rauschzahl eines optischen Faserverstärkers beträgt $F_o^{min} = 2$ (oder 3 dB), die auch als Grenzwert des Quantenrauschens bezeichnet wird. 1480 nm gepumpte Faserverstärker haben aufgrund $\sigma_e(\lambda_p) \neq 0$ eine höhere Rauschzahl als 980 nm gepumpte EDFA's. Gemäß Abb. 22.6 nimmt η mit der Wellenlänge zu, so daß die minimale Rauschzahl mit steigender Signalwellenlänge λ_s bzw. mit abnehmender Pumpwellenlänge λ_p, bezogen auf den Bereich von 1,46 bis 1,51 µm, abnimmt.

Die 3 dB Grenze gilt für den Fall eines hohen Verstärkergewinns. Für eine z.B. nur 1 m lange Erbium-dotierte Faser mit $G = 2$ und $n_{sp} = 1$, erhält man mit Gl. (22.46) nur $F_o = 1{,}5$ oder 1,76 dB. Allerdings geht dies auf Kosten eines sehr kleinen Gewinns, der in Praxis uninteressant ist. Desgleichen nähert sich die Rauschzahl F dem Grenzwert 3 dB von unten für $n_{sp} = 1$ und einem sehr hohen Gewinn ($F_o = 2 - 1/G$). Praktisch ist es aber sehr schwierig über die gesamte Faserlänge eine vollständige Inversion ($N_1 = 0$) zu erzielen, so daß stets $n_{sp} > 1$ für reale Verstärker gilt. Damit sind nur Rauschzahlen $F_o \geq 3$ dB auch bei Erbium-dotierten Faserverstärkern mit hohem Signalgewinn erreichbar.

Der spontane Emissionsfaktor n_{sp} wird für einen verteilten Verstärker, bei dem der Gewinn $G = 1$ also gerade die Verluste ausgleicht, nach Gl. (22.48) irrelevant. n_{sp} geht gegen unendlich, da $\eta N_2 = N_1$ wird. Es ist daher besser, einen äquivalenten Eingangsrauschfaktor $n_{eq}(z)$ [4, Abschn. 2.4] zu definieren mit

$$n_{eq}(z) = n_{sp}(z)\,\frac{G(z) - 1}{G(z)} = \int_0^z \frac{\sigma_e(\lambda_s) N_2(z')}{G(z')} dz' . \qquad (22.51)$$

Damit ergibt sich für die Rauschzahl

$$F_o(z) = 2n_{eq}(z) + 1/G(z) . \qquad (22.52)$$

Durch Bestimmung des Gewinns $G(z)$ aus der Messung der Signaleingangs- und Ausgangsleistung und der Messung der ASE^+-Leistung am Faserausgang mit der optischen Bandbreite B_o, läßt sich nach Gl. (22.45) n_{sp} und schließlich mit Gl. (22.46) die optische Rauschzahl ermitteln.

Die optische Rauschzahl kann auch durch Messung des elektrischen Rauschens mit einem elektrischen Spektrumanalysator bestimmt werden. Die verschiedenen Rauschbeiträge wie Signal- und ASE-Schrotrauschen und ASE-ASE-Überlagerungsrauschen müssen jeweils ermittelt werden. Diese werden vom Gesamtrauschen abgezogen, so daß der Signal-ASE-Überlagerungsrauschbeitrag ermittelt wird. Mit [13, 14] erhält man die optische Rauschzahl zu:

$$F_o = \frac{\sigma^2_{\text{S-ASE}}}{2\,\eta_D\, e I_S (G-1)} \tag{22.53}$$

wobei $\sigma^2_{\text{S-ASE}}$ die spektrale Rauschleistungsdichte des Signal-ASE Photorauschstrombeitrages in A^2/Hz ist, e die Elementarladung, η_D der Quantenwirkungsgrad des Detektors und I_S der Signalphotostrom ist.

In Übereinstimmung mit der Theorie liefern 980 nm gepumpte Faserverstärker auch nach experimentellen Meßergebnissen geringere Rauschzahlen als 1480 nm gepumpte EDFAs. Bedingt durch die zusätzlichen Einfügeverluste (Spleiße, Koppler) vom Eingang des Verstärkermoduls bis zum Beginn der dotierten Faser steigen die Rauschzahlen für 980 nm gepumpte EDFAs auf F_o = 4...4,5 dB an. Für 1480 nm Pumpwellenlänge ergeben sich Werte von F_o = 5...5,5 dB. Hybrid gepumpte Faserverstärkermodule, 980 nm in Signalrichtung (kodirektional) und 1480 nm gegen die Signalrichtung (kontradirektional) gepumpte Verstärkermodule, weisen Rauschzahlen im Bereich von F_o = 4...5,5 dB auf. Sie verbinden eine hohe Signalausgangsleistung infolge der in Rückwärtsrichtung mit 1480 nm gepumpten Erbium-dotierten Faser und eine geringe Rauschzahl bedingt durch die 980 nm Pumpleistung in Signalrichtung.

Kodirektional gepumpte EDFAs weisen trotz der höheren Einfügeverluste wegen des wellenlängenselektiven Kopplers vor der dotierten Faser niedrigere Rauschzahlen im Vergleich zu kontradirektional gepumpten Faserverstärkern auf. Einer örtlich hohen Pumpleistung entspricht ein hoher Gewinnkoeffizient $g_s(z)$ (Gl. 22.25) und damit nach Gl. (22.48) ein niedriger spontaner Emissionsfaktor n_{sp}. Unterteilt man formal die dotierte Faser in zwei Abschnitte, so erhält man im ersten Abschnitt bei kodirektional gepumpter Faser eine hohe Verstärkung G_1 verbunden mit einer geringen Rauschzahl F_1. Im zweiten Abschnitt ergibt sich aufgrund der geringeren Pumpleistung eine niedrigere Verstärkung und eine höhere Rauschzahl F_2. Bei kontradirektionaler Pumprichtung sind die Verhältnisse gerade umgekehrt. Bei Kaskadierung von Faserverstärkern (s. nächster Abschn.) bestimmt in erster Linie die Rauschzahl des ersten Faserabschnittes die Gesamtrauschzahl. Kodirektional gepumpte Faserverstärker führen zu inhärent niedrigen Rauschzahlen, so daß die höheren Einfügeverluste bedingt durch den Einbau des Wellenlängen-selektiven Pumpkopplers und damit die Einfügeverluste im Verstärkereingang mehr als kompensiert werden.

Die Rauschzahl eines 1480 nm gepumpten Faserverstärkers ist in Abb. 22.11 [15] über der Signaleingangsleistung aufgetragen. Die Signalwellenlänge beträgt λ_s = 1550 nm. Der Kleinsignalgewinn beträgt G = 39 dB für P_p^{in} = 35 mW. Für Eingangssignalleistungen im bereich P_s^{in} = – 10 dBm ergibt sich eine minimale Rauschzahl von ungefähr 5 dB. Zu kleineren Signaleingangsleistungen steigt die Rauschzahl um 1 dB an. Dieser Anstieg wird auf die Selbstsättigung des Faserverstärkers durch die in Rückwärtsrichtung laufende ASE^--Leistung zurückgeführt. Im Kleinsignalfall (s. Abb. 22.7a) erreicht die ASE^--Leistung sehr hohe Werte am Faseranfang. Sie reduziert die Inversion und damit n_{sp} am Faseranfang, was den Anstieg der Rauschzahl für kleine Signaleingangsleistungen erklärt. Der Effekt der Selbstsättigung durch die ASE^--Leistung läßt sich an 980 nm gepumpten Erbium-dotierten Fasern nachweisen. Bei hoher Pumpleistung P_p^{in} und kurzer Faserlänge, somit moderaten Gewinnwerten ($G \approx 20$ dB) und Rauschzahlen in der Nähe des Quantenlimits F_o = 3 dB, ist der Sättigungseffekt vernachlässigbar. Steigert man die Faserlänge und damit den Gewinn, kommt es für Gewinnwerte $G > 25$ dB zu einem Anstieg der Rauschzahl F_o um etwa 2 dB für G = 35 dB. Dieser Rauschanstieg kann auf die Selbstsättigung des EDFA durch die ASE^--Leistung zurückgeführt werden.

Im Bereich minimaler Rauschzahl (Abb. 22.11) bei Signaleingangsleistungen $P_s^{in} \approx$ – 10 dBm ist die ASE^--Leistung (Abb. 22.7b)

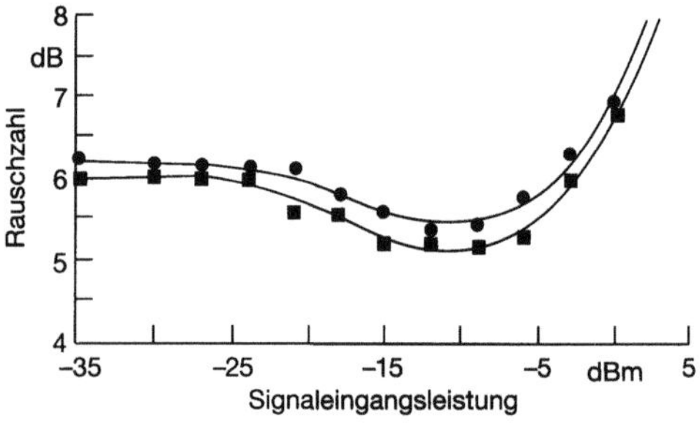

Abb. 22.11. EDFA Rauschzahl über der Signaleingangsleistung [15]

deutlich reduziert und damit die Inversion maximal. Dies führt zur Reduktion der Rauschzahl im Bereich von Signaleingangsleistungen $P_s^{in} \approx -10$ dBm.

Der Anstieg der Rauschzahl durch signalinduzierte Sättigung für $P_s^{in} > -10$ dBm hängt von der Höhe des Kleinsignalgewinns ab [4, Abschn. 22.5.4]. Für EDFA mit Kleinsignalgewinn in der Nähe von $G \approx 20$ dB führt eine Gewinnsättigung um $\Delta G \approx 5$ dB zu einem Anstieg der Rauschzahl um typisch 3 dB. Für Kleinsignalgewinnwerte $G \geq 30$ dB ändert sich die Rauschzahl lediglich um $\Delta F < 1$ dB, selbst bei einer Gewinnabnahme um $\Delta G = 23$ dB.

22.4 Kaskadierung von Faserverstärkern

In optischen Weitverkehrssystemen wird es erforderlich, Verstärker hintereinander zu schalten, um die Verluste der Übertragungsstrecke zu kompensieren. In der einfachsten Ausführung setzt sich die Übertragungsstrecke aus einem Verstärker-Faserstrecke-Segment zusammen.

22.4.1 Rauschzahl einer Übertragungsstrecke mit einem Verstärker

Zum Ausgleich der Verluste T_α der Übertragungsstrecke ($T_\alpha = \exp(-\alpha L)$, α Faserdämpfungskoeffizient) bestehen 3 Möglichkeiten (s. Abb. 22.12). Die erste (Version A) besteht aus dem Faserverstärker gefolgt von dem passiven Fasersegment; die zweite Ausführung (Version B) betrachtet den Fall, daß Verstärkung und Faserverlust sich gerade ständig kompensieren, also den Fall eines über die gesamte Übertragungsstrecke verteilten Verstärkers. In der dritten Ausführung (Version C) wird der Faserverstärker der Übertragungsstrecke nachgeschaltet. Betrachtet man zunächst die Ausführungen nach Version A und C, so läßt sich die Rauschzahl am Ende der Übertragungsstrecke mit Gl. (22.52) bzw. (22.43) mit (Version A: $N(L) = N\,T_\alpha$ und $G(L) = G\,T_\alpha$; Version C: $N(L) = N$ und $G(L) = T_\alpha G$) berechnen. N ist gemäß Gl. (22.44) $N = n_{sp}(G-1)$ die Rauschphotonenanzahl am Verstärkerausgang.

$$\textit{Version A:}\quad F_o(A) = \frac{1 + 2\,N T_\alpha}{G\,T_\alpha} \tag{22.54}$$

$$\textit{Version C:}\quad F_o(C) = \frac{1 + 2N}{G\,T_\alpha} \tag{22.55}$$

Legt man den Gewinn des Faserverstärkers so aus, daß gerade die Übertragungsverluste kompensiert werden, $G\,T_\alpha = 1$, $G = 1/T_\alpha = \exp(\alpha L)$ und nimmt vollständige Inversion an, so erhält man im Idealfall ($n_{sp} = 1$):

$$\begin{aligned} F_o(A) &= 1 + 2\,n_{sp}(1 - 1/G) \\ &= 1 + 2\,[1 - \exp(-\alpha L)] \end{aligned} \tag{22.56}$$

$$F_o(B) = 1 + 2\,n_{sp} \ln G = 1 + 2\,\alpha L \tag{22.57}$$

$$\begin{aligned} F_o(C) &= 1 + 2\,n_{sp}(G - 1) \\ &= 1 + 2\,[\exp(\alpha L) - 1] \end{aligned} \tag{22.58}$$

Abbildung 22.12 [4, Abschn. 22.2.6] zeigt den Verlauf der jeweiligen Rauschzahl über der Faserlänge L, wobei für die Faserdämpfung der Wert $\alpha = 0{,}2$ dB/km und $n_{sp} = 1$ angenommen ist. Die Rauschzahl von Version A ist stets kleiner als die Rauschzahl von Version C. In Version A ist die verlustbehaftete Faser dem Verstärker nachgeschaltet, so daß die ASE über der Faserstrecke gedämpft wird, während sie in Version C keine Dämpfung erfährt. Bei der Version B wird die örtlich erzeugte ASE jeweils durch die Faserdämpfung vom Erzeugungsort bis zum Faserende abgeschwächt. Die Rauschzahl von Version B liegt also zwischen der nach Version A und C. In einer Übertragungsstrecke mit nur einem benötigten Faserverstärker wird dieser für die geringste erreichbare Rauschzahl am Anfang der Strecke angeordnet, solange nichtlineare Effekte auf der Übertragungsstrecke und die Sättigung des Verstärkers nicht beachtet werden müssen.

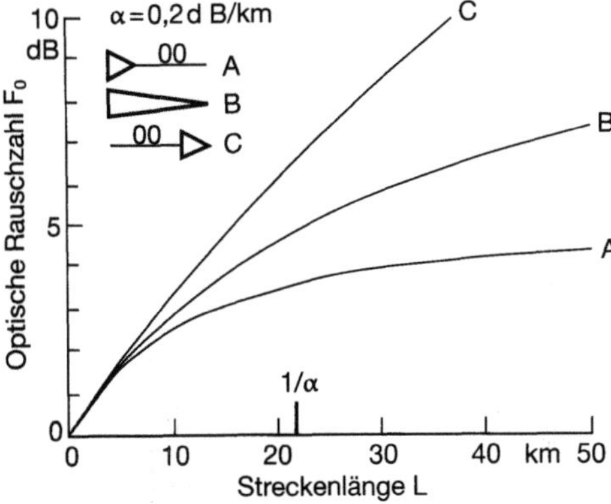

Abb. 22.12. Optische Rauschzahl F_o für ein Verstärker-Übertragungsstrecke-Segment über der Faserlänge L (Faserdämpfung $\alpha = 0{,}2$ dB/km) bei idealer Inversion $n_{sp} = 1$, realisiert nach den Versionen A, B, C

22.4.2 Rauschverhalten einer Übertragungsstrecke mit kaskadierten Faserverstärkern

Die Rauschzahl eines Faserverstärkers ist nach Gl. (22.43) zu $F_o = 1/G + 2N(z)/G$ gegeben. Für eine passive Übertragungsstrecke der Länge L und dem Verlust $1/T_\alpha = \exp(\alpha L)$ erhält man die Rauschzahl mit $N(z) = 0$ zu $F_o = 1/T_\alpha$. In der Version A bildet der Verstärker den ersten Abschnitt und die Übertragungsstrecke den zweiten Abschnitt. Die Rauschzahl dieses Segmentes ist nach Gl. (22.54) gegeben. Rein formal läßt sie sich mit obigen Ausführungen zu der bekannten Formel für kaskadierte Verstärker umformen:

$$F_{seg} = \left(\frac{1}{G} + \frac{2N}{G}\right) + \frac{1}{G}\left(\frac{1}{T_\alpha} - 1\right) = F_1 + \frac{F_2 - 1}{G_1} \tag{22.59}$$

Dabei ist F_1 die Rauschzahl des ersten Abschnitts (Verstärker in Version A) und die Rauschzahl F_2 die Rauschzahl des zweiten Abschnitts. Rein formal gelangt man zu dem gleichen Ergebnis für die Version C. Die Rauschzahl zweier Abschnitte einer Übertragungsstrecke mit unterschiedlichen, aber eindeutig abgrenzbarem, Verhalten, hängt in erster Linie von der Rauschzahl des ersten Abschnitts ab, da der Beitrag des zweiten Abschnitts zur Gesamtrauschzahl bewertet mit $1/G_1$ eingeht. Dies erklärt, warum eine Übertragungsstrecke nach Version A zu einer kleineren Gesamtrauschzahl als Version C führt.

Verallgemeinert man dieses Ergebnis auf k-Abschnitte so erhält man, analog zu elektrischen Netzwerken, die Rauschzahl der gesamten Übertragungsstrecke zu

$$F_{ges} = F_1 + \frac{F_2 - 1}{G_1} + \frac{F_3 - 1}{G_1 G_2} + \ldots + \frac{F_k - 1}{G_1 \ldots G_{k-1}} \tag{22.60}$$

Faßt man wiederum 2 Abschnitte, ein Verstärker und eine Übertragungsstrecke, zu einem Segment mit $G\,T_\alpha = 1$ und der Rauschzahl $F_{seg,i}$ zusammen, so erhält man für die gesamte Rauschzahl k hintereinander geschalteter transparenter Segmente

$$F_{ges} = 1 + k(F_{seg} - 1)\,, \quad \begin{cases} 1 + 2kn_{sp}(1 - 1/G) \text{ Version A} \\ 1 + 2kn_{sp}(G - 1) \text{ Version C} \end{cases} \tag{22.61}$$

mit F_{seg} nach Gl. (22.56) oder (22.58) je nach Ausführung der Übertragungsstrecke.

Beispiel: [16] Weitverkehrsstrecke von L_{ges} = 10000 km nach der Version A. Folgende Parameter werden angenommen: Fasergrunddämpfung α = 0,2 dB/km, vollständige Inversion $n_{sp} = 1$, Verstärkerabstand L_{seg} = 50 km, so daß k = 200 (= L_{ges}/L_{seg}) Faserverstärker auf der Strecke benötigt werden. Nach Gl. (22.61) Version C mit $1/T_\alpha = \exp(\alpha L) = G$ bestimmt sich die Gesamtrauschzahl zu F_{ges} = 25,6 dB. Für eine Bitfehlerrate von 10^{-9} wird ein minimaler Signal-Rauschabstand von $\mathrm{SNR_{min}}$ = 16,4 dB [16] benötigt. Ein Eingangssignalrauschverhältnis von mindestens $\mathrm{SNR_{ein}} = \mathrm{SNR_{min}} + F_{ges}(200)$ = 42 dB muß dabei eingehalten werden, was mit einer Signalphotonenanzahl von $\langle n(0)\rangle = 10^{+4,2}$ = 15850 Photonen korrespondiert. Für eine 1,55 µm Weitverkehrsübertragungsstrecke mit einer Signalbandbreite von 10 GHz erhält man die erforderliche Signaleingangsleistung zu $P_s^{in} = \langle n(0)\rangle\, h\nu B$ = 20 µW = −17 dBm.

Die Streckensegmentdämpfung $T_\alpha = \exp(\alpha L)$ = −10 dB wird durch den Verstärkergewinn G = 10 dB gerade kompensiert, so daß die Signalausgangsleistung $P_s^{out} = G\, P_s^{in}$ = 10 dB − 17 dBm = −7 dBm beträgt. In diesem Beispiel schwankt der optische Signalleistungspegel gerade zwischen −7 dBm und −17 dBm, um im Faserverstärker wiederum um den Gewinn G = 10 dB angehoben zu werden.

Der Einfluß des Gewinns G des Faserverstärkers in optischen Verstärkerketten, bei denen Verstärker und Übertragungsstrecke in Segmenten kaskadiert sind, hat nicht nur einen unmittelbaren Einfluß auf den Verstärkerabstand, sondern auch auf die Entwicklung der ASE-Leistung in Übertragungsrichtung. In transparenten Verstärkerketten ($k = L_{ges}/L_{seg}$ Verstärker) mit $G = 1/T_\alpha = \exp(\alpha L_{seg})$ addiert sich das ASE-Rauschen zu der spektralen Ausgangsrauschleistungsdichte gemäß Gl. (22.45) zu $P_k^{ASE} = k\, n_{sp}\, h\nu\, (G-1)$ bezogen auf 1 Hz Bandbreite. Die über die Segmentlänge gemittelte Leistung ist $\langle P\rangle_{seg} = 1/L_{seg} \int_0^{L_{seg}} P(z)\, dz$. Der Leistungsverlauf für $P(z)$ ist $P(z) = G\,P(0)\,T_\alpha(z)$ in Version A Verstärkerketten und $P(z) = P(0)\,T_\alpha(z)$ in Version C. $P(0)$ ist die Signaleingangsleistung in die Übertragungsstrecke. Die mittlere Segmentleistung ergibt sich zu $\langle P\rangle_{seg} = P(0)(G-1)/\ln G$ für Version A und $\langle P\rangle_{seg} = P(0)(G-1)/(G \ln G)$ für Verstärkerketten in Version C. Normiert man die Ausgangsrauschleistungsdichte auf die Signalleistung am Verstärkerausgang und multipliziert diese mit der mittleren Segmentleistung $\langle P\rangle_{seg}$, so erhält man folgenden Zusammenhang [17]:

$$\frac{P_k^{ASE}}{P_s^{out}} \langle P\rangle_{seg} = \alpha\, L_{ges}\, n_{sp}\, F_v(G) \tag{22.62}$$

wobei $F_v(G)$ als Verschlechterungsfaktor infolge des Verstärkergewinns G definiert ist:

$$F_v(G) = \frac{1}{G}\left(\frac{G-1}{\ln G}\right)^2 \tag{22.63}$$

$F_v(G)$ ist für die Fasersegmentausführung nach Version A oder C stets gleich. Für die Version B mit $G = 1$ wird $F_v(G = 1) = 1$ und damit minimal. Der Verschlechterungsfaktor $F_v(G)$ gibt den Wert an, um den die durchschnittliche Signalleistung $\langle P\rangle_{seg}$ erhöht werden muß, um bei ansteigendem Gewinn ein konstantes Signal-Rauschleistungsverhältnis am Streckenende beizubehalten. Bei konstanter mittlerer Segmentleistung $\langle P\rangle_{seg}$ gibt $F_v(G)$ den Wert an, um den das Signalrauschleistungsverhältnis sich verschlechtert. Der Verlauf von $F_v(G)$ über dem Gewinn des einzelnen Faserverstärkers G, korrespondierend mit dem Verstärkerabstand über die Faserdämpfung α = 0,2 dB/km und GT_α = 1, ist in Abb. 22.13 dargestellt. Mit zunehmendem Gewinn G steigt der Parameter $F_v(G)$, unabhängig von Version A oder C, kontinuierlich an. So bringt ein Verstärkerabstand von 150 km (G = 30 dB) eine Verschlechterung mit $F_v(G)$ = 13 dB. Eine Reduzierung auf 100 km (G = 20 dB) bzw. 50 km (G = 10 dB) führt zu einer Reduzierung von $F_v(G)$ auf 6,5 dB bzw. 2 dB.

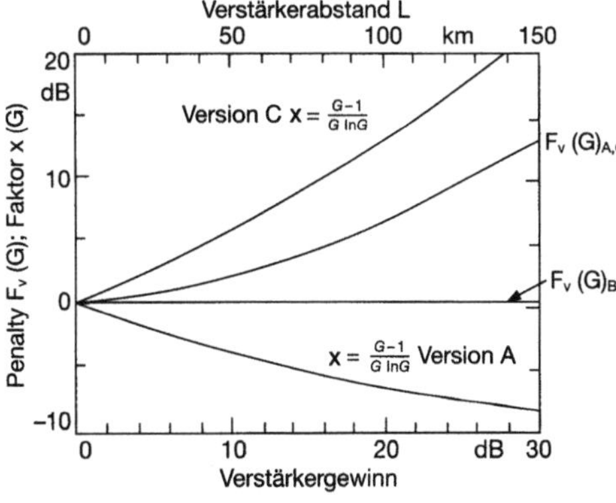

Abb. 22.13. Penalty Faktor $F_v(G)$ und der Faktor $x(G)$ für Version A und C des Faserverstärkers über dem Gewinn G bzw. dem Verstärkerabstand L (α = 0,2 dB/km)

Die ASE-Leistung sollte möglichst klein sein, so daß der Verstärkerabstand immer geringer gemacht werden müßte, was auf immer kleinere Verstärkerabstände bis hin zum verteilten Faserverstärker führt. Beides ist aber aus verschiedenen Gründen in der Praxis nicht realisierbar.

Zudem ist in Abb. 22.13 die Größe $x(G)$ wiedergegeben, die den Einfluß des einzelnen Faserverstärkergewinns auf die Gesamtrauschzahl der Übertragungsstrecke für eine Streckenausführung nach Version A und C angibt. Mit Gl. (22.59) ist die Gesamtrauschzahl für eine transparente Strecke wie folgt bestimmbar:

$$F_{ges} = 1 + \alpha\, L_{ges} \cdot n_{sp}\, x(G) \begin{cases} x(G) = \dfrac{G-1}{G \ln G} & \text{Version: A} \\[2ex] x(G) = \dfrac{G-1}{\ln G} & \text{Version: C} \end{cases}$$

Die Größe $x(G)$ für die Realisierung nach Version A und Version C unterscheidet sich um den Faktor $1/G$. Der Verlauf von $x(G)$ für die Version A (Abnahme von $x(G)$ mit steigendem Gewinn) erklärt sich nach Gl. (22.59) damit, daß der Gewinn des ersten Elementes die Rauschzahl der nachgeschalteten Übertragungssegmentes mit $1/G$ maskiert und damit immer geringer macht, je höher G wird. Übertragungsstrecken mit kaskadierten Faserverstärkern nach Version A führen unabhängig vom Verstärkerabstand zu der geringsten Rauschzahl der Gesamtstrecke. Bei gleicher Signaleingangsleistung wird mit Verstärkerketten nach Version A; bei gleicher mittlerer Signalsegmentleistung nach Version B; der beste Signal-Rauschabstand am Ende der Übertragungsstrecke erzielt.

Allerdings unterscheidet sich die Version A von C nur dadurch, daß ein Faserverstärker, ausgeführt als Leistungsverstärker nach der Sendequelle, vor die Übertragungsstrecke geschaltet wird. Damit korrespondiert auch ein Anstieg der über die Strecke bzw. über das Segment gemittelten Signalleistung. Im Vergleich zur Ausführung nach Version C steigt die gemittelte Signalleistung um den Faktor G des Verstärkers am Beginn der Übertragungsstrecke und damit über die gesamte Strecke. In Weitverkehrssystemen kann dies unerwünscht sein, da es infolge von Fasernichtlinearitäten und von Verstärkergewinnsättigung zu Signalverzerrungen kommen kann. Welche Konfiguration (Version A oder C) vorteilhaft ist, bleibt eine Aufgabe der Dimensionierung solcher Übertragungsstrecken (s. Kap. 25 bzw. 26).

22.5 Eigenschaften Erbium-dotierter Faserverstärker

Optische Wellenlängen-Multiplex-Übertragungssysteme machen es erforderlich, daß die spektralen Eigenschaften von optischen Verstärkern für jede Wellenlänge gleich sind. Eine hohe Kanalzahl, verbunden mit einem normierten Frequenzabstand, z. B. 100 GHz oder 50 GHz Raster, bedingt eine große Bandbreite des optischen Verstärkers.

Optisches Übersprechen infolge Signalmodulation als auch eine Änderung der Bitfehlerrate bei Aus- oder Zuschalten von Wellenlängenkanälen muß unterbunden werden.

In analog modulierten Fernsehverteilsystemen ist ein konstanter Gewinn um die Übertragungswellenlänge herum einzuhalten, damit nicht in Verbindung mit dem Laserchirp (s. Kap. 21) die Verzerrungen 2. Ordnung (CSO, composite second order) [18] über die zulässigen Werte ansteigen.

22.5.1 Spektrale Eigenschaften

Vernachlässigt man die transversale Abhängigkeit der Energiezustandsdichten N_1 und N_2 in Gl. (22.25) und nimmt eine konstante Energiezustandsdichte über der Länge der dotierten Faser an, so läßt sich der Gewinn G in dB/m unter Vernachlässigung der Fasergrunddämpfung ($\alpha \approx 0{,}2$ dB/km) wie folgt angeben:

$$G = \alpha_{\text{Er}}(\lambda)\left\{[\eta(\lambda)+1]\frac{N_2}{\rho_{\text{Er}}} - 1\right\} \text{ in dB/m} \tag{22.64}$$

$\alpha_{\text{Er}}(\lambda) = \rho_{\text{Er}}\ \sigma_a(\lambda)$ in dB/m ist die spektrale Absorption der Erbium-dotierten Faser; $\eta(\lambda)$ ist nach Gl. (22.28) das Verhältnis der Spektren des Emissions- zum Absorptionsquerschnitt. N_2 ist die Energiezustandsdichte im metastabilen Niveau 2 und ρ_{Er} die Erbiumkonzentration, wobei der Zusammenhang $N_1 + N_2 = \rho_{\text{Er}}$ unter Vernachlässigung von N_3 ($N_3 = 0$ in Gl. (22.5) ausgenutzt wird.

Die Bandbreite und der spektrale Verlauf der Gewinnkurve ist eine Funktion

- des Glas- bzw. Wirtsmaterials ($\alpha_{\text{Er}}(\lambda)$, $\eta(\lambda)$),
- des Emissions- und Absorptionsquerschnitts ($\sigma_e(\lambda)$, $\sigma_a(\lambda)$), die durch Zusatzdotierung (Kodotierung) beeinflußt werden können,
- der Inversion N_2, die durch die Pumpleistung als auch durch Signal-induzierte Sättigung bestimmt wird.

Abbildung 22.14 [16] zeigt den normierten Verlauf der Fluoreszenzspektren ($\sim(\sigma_e(\lambda))$ für Er^{3+}-dotiertes ZBLAN-, Tellurat- und Quarzglas. Für den Aufbau und die Bedeutung des ZBLAN- bzw. Tellurat-Glases wird auf Abschn. 22.9, Abb. 22.9.8 bzw. Tabelle 22.9 verwiesen. Vom ZBLAN-Glas über das Tellurat-Glas hin zum Quarzglas wird der spektrale Verlauf zunehmend enger und unterliegt stärkeren Schwankungen. Bei Quarzglas bilden sich Maxima bei $\lambda \approx 1{,}53$ µm und ein geringer ausgeprägtes bei $\lambda \approx 1{,}55$ µm aus.

ZBLAN- als auch Tellurat-Gläser sind technologisch sehr schwierig herstellbar. Praktisch erreichen sie nicht die Dämpfungswerte wie Quarzglas. Um eine effiziente Nutzung der

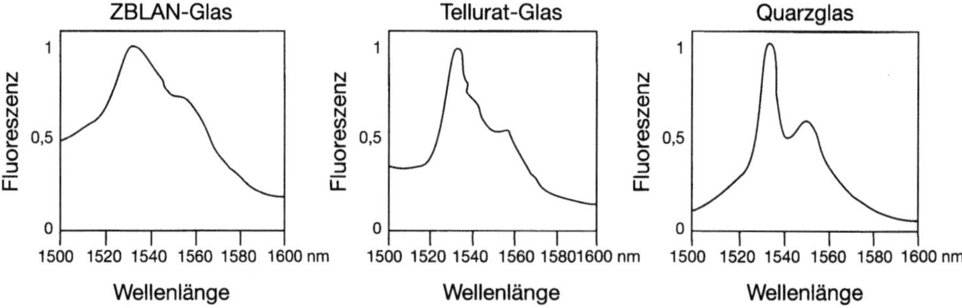

Abb. 22.14. Fluoreszenzspektrum für Erbium-dotiertes ZBLAN-, Tellurat- und Quarzglas [16]

Pumpleistung zu erzielen, liegen die optimierten Faserkennwerte für den Kerndurchmesser zwischen 1,7 μm ≤ ϕ_{co} ≤ 2,5 μm und $A_N \leq 0{,}45$. Hohe Ankoppelverluste an die dotierte ZBLAN- oder Tellurat-Faser im Verstärkeraufbau (s. Abb. 22.1) lassen sich durch Quarzglasfasern mit kleinem Kernradius und hoher numerischer Apertur (NA) reduzieren. Die „Hohe-NA"-Faserenden werden mittels Klebespleiße mit der ZBLAN- bzw. Tellurat-Faser verbunden, wobei die Endflächen zur Reflexionsunterdrückung schräg ausgeführt sind. Durch Taperspleiße an die Faser des WDM-Kopplers bzw. des optischen Isolators werden die Ankoppelverluste zur „Hohen-NA"-Faser minimiert.

Erbium-dotierte ZBLAN-Faserverstärker (EDEFA, Erbium-doped fluoride fiber amplifier) zeigen über der Wellenlänge einen nahezu ideal flachen Verlauf (s. Abb. 22.15). Die nutzbare Bandbreite beträgt etwa 30 nm (1530 - 1560 nm). Beim Al-kodotierten EDFA ist der Gewinn im Bereich 1540 nm - 1560 nm ebenfalls konstant. Um 1530 nm zeigt die ASE ein ausgeprägtes Maximum. Auf die Glättung dieser Gewinnerhöhung in Quarzglasfasern wird in Abschn. 22.5.2 weiter unten eingegangen.

Aufgrund der höheren Faserkosten bei LPE-Gläsern (*L*ow *P*honon *E*nergy-Glass), der sehr aufwendigen Klebespleißtechnik und der extrem geringen Koppeltoleranzen, die einzuhalten sind, ist der Preis für ein solches Verstärkermodul viel höher im Vergleich zum EDFA mit Quarzglasfasern. Deshalb haben sich bisher weder 1,5 μm EDFFA noch 1,3 μm Praseodym-dotierte ZBLAN-Faserverstärker durchsetzen können. Aufgrund der Multiphononenrekombination bei Praseodym-Dotierung (s. Abschn. 22.8.1) können 1,3 μm Faserverstärker nur in ZBLAN-Glas oder in einem Glas mit noch geringerer Phononenenergie (Abschn. 22.9.5.3) realisiert werden.

22.5.1.1
EDFAs auf der Basis von Quarzglas

Quarzglas ist das weitaus wichtigste Wirtsmaterial für optische Faserverstärker, da es aufgrund seiner hervorragenden Herstellungstechnologie und in Verbindung mit einer praxistauglichen und bewährten Spleißverbindungstechnik die notwendigen Eigenschaften für den Einsatz hat.

Bei Quarzglasfasern wird eine Dotierung des Faserkerns mit Ge oder P zur Brechzahlerhöhung eingesetzt. Eine Al-Kodotierung des

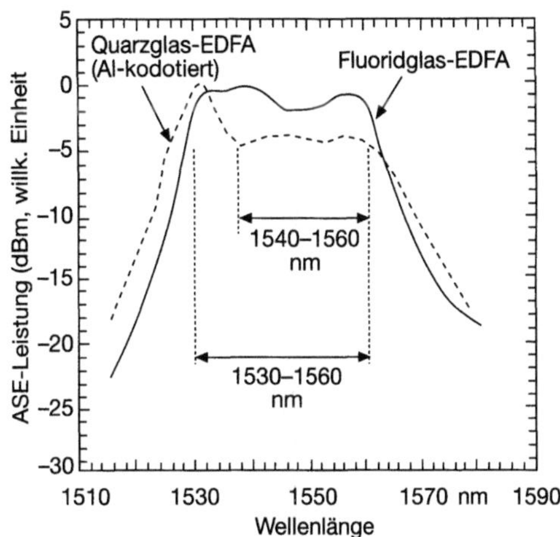

Abb. 22.15. ASE-Spektren für Er^{3+}-Ionen in Al-kodotiertem Quarzglas und Fluoridglas (ZBLAN) [63]

Faserkerns führt zu einer höheren Löslichkeit/Einbau von Erbium-Ionen. Damit reduziert sich die Ausbildung von Erbium-Ionen Clustern, die durch LebensdauerQuenching die Effizienz des Faserverstärkers verschlechtert.

Die Auswirkung verschiedener Kombinationen aus den Kodotierungen mit Ge, P und Al sind anhand der Fluoreszenzspektren in Abb. 22.16 dargestellt. Eine reine Al-Kodotierung führt zur größten Bandbreite; die Brechzahlerhöhung im Faserkern könnte in diesem Fall mittels Kodotierung mit dem neutralen Erd-Element Lanthan (La) durchgeführt werden. Allerdings bleibt die Fluoreszenzerhöhung um 1,53 μm stark ausgeprägt. P/Al-kodotierte Fasern zeigen ein flacheres Abfallen in der Fluoreszenzkurve oberhalb des Maximums bei etwa 1,535 μm. Ein Nebenmaximum bei 1,542 μm läßt bei angepaßter Pumpleistung (Inversion) ein breites Plateau für Wellenlängen oberhalb 1,54 μm erwarten. Bei Hintereinanderschaltung von Faserverstärkern verbleibt trotz der Bandbreitereduzierung infolge der Abweichung von ideal rechteckförmigen Verlauf ein möglichst großer Wellenlängenbereich in WDM-Übertragungssystemen.

Die Auswahl der Erbium-dotierten Faser, der Faserkodotierung als auch der Pumpwellenlänge und Pumpleistung für eine bestimmte Inversion muß an Hand der Streckenanforderung gelöst werden, auf die in Kap. 25 eingegangen wird.

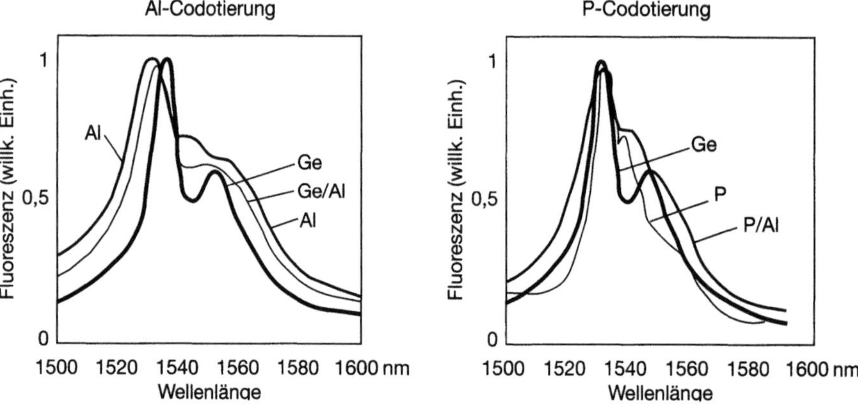

Abb. 22.16. Einfluß von Kodotanden auf die Fluoreszenz in Quarzglas [16]

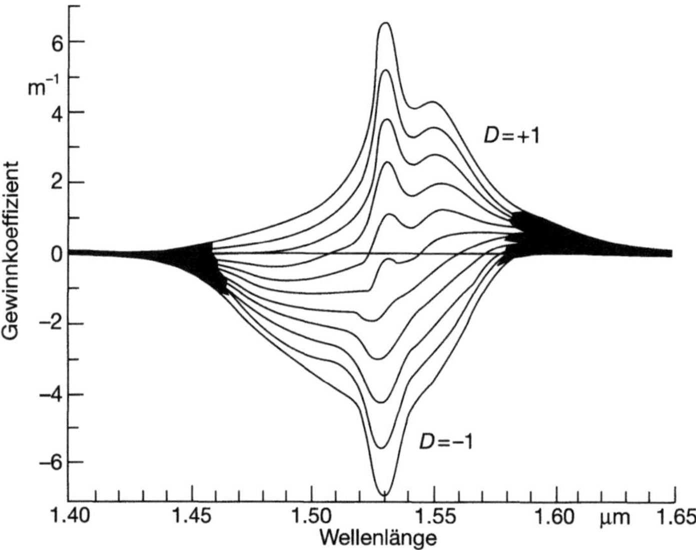

Abb. 22.17. Signalgewinnkoeffizient über der Wellenlänge für verschiedene Inversionszustände $D = N_2 - N_1/\rho_{Er}$ in Schritten von $\Delta D = 0{,}2$ [4]

Die Entwicklung des Gewinnspektrums mit Erhöhung der Pumpleistung ist in Abb. 22.17 an Hand des Gewinnkoeffizienten für verschiedene Inversionswerte $D = (N_2 - N_1)/\rho_{Er}$ dargestellt. Dabei entspricht $D = -1$ der ungepumpten Faser, d. h. alle Energiezustände des Grundniveaus sind besetzt und $D = +1$, wenn alle Ionen im Energiezustand des metastabilen Niveaus sind. Für $D = -1$ ist der Gewinnkoeffizient negativ; die Erbium-dotierte Faser absorbiert über den gesamten 1,5 µm Wellenlängenbereich.

Mit Erhöhung der Inversion wird die Faser zuerst auf der „langen“-Wellenlängen-Seite verstärkend, bei einer bestimmten Wellenlänge transparent und für kürzere Wellenlängen absorbierend. Nähert sich D dem Wert + 1 für vollständige Inversion, wird der Gewinnkoeffizient für alle Wellenlängen positiv, aber auch stark wellenlängenabhängig. Aus diesem spektralen Verhalten des EDFA lassen sich, wie in Abb. 22.18 gezeigt, folgende grob unterteilte Systemanwendungen angeben: Das volle Verstärkungsband kann bei relativ hoher Inversion für terrestrische Vielkanal-WDM-Systeme genutzt werden. Auf die Methoden zur Glättung des Spektrums wird in Abschn. 22.5.2 eingegangen. Eine Reduzierung des

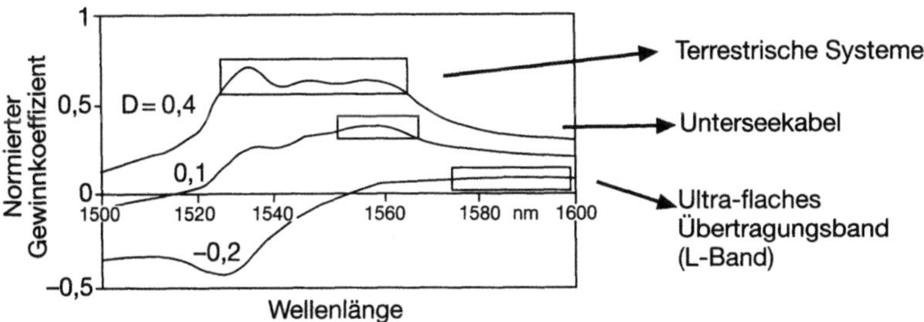

Abb. 22.18. EDFA für verschiedene Systemanwendungen [16]

Inversionsparameters D auf Werte um 0,1 liefert im Bereich um λ = 1560 nm genügend Gewinn, um die Segmentverluste zwischen einer Unterwasser-Weitverkehrsverbindung zu kompensieren und nach Gl. (22.47) und (22.48) mit $\eta > 1$ (s. Abb. 22.6b) auch eine geringe Rauschzahl des Verstärkers sicherzustellen. Bei höherer Inversion (z. B. $D = 0{,}4$) kommt es infolge der ASE-Leistungsüberhöhung im Bereich 1,535 µm in einer Verstärkerkette zu einer Reduktion der Verstärkungsbandbreite. In Al/P-kodotierten EDFAs bildet sich z. B. für $D = 0{,}3$ ein breiter Wellenlängenbereich um 1550 nm mit konstantem Gewinn aus, so daß die „Selbstfilterung" durch ASE in der gesamten Verstärkerkette eine WDM-Übertragung weitaus geringer beeinträchtigt. Bei gegebener Erbium-dotierter Faser läßt sich durch die Wahl des optimalen Grades der Inversion das Gewinn-Bandbreite Produkt in WDM-Weitverkehrsstrecken [19] verbessern. Mittels Filter kann die ASE im Bereich $\lambda < 1540$ nm unterdrückt werden.

Bei kleinen Inversionswerten (hier $D = -0{,}2$), also $N_2 < N_1$, wird aber bei Wellenlängen 1560 nm $\leq \lambda \leq$ 1600 nm aufgrund $\sigma_e \gg \sigma_a$ ($\eta \gg 1$) ein positiver Gewinnkoeffizient mit sehr flachem Verlauf erzielt. Aufgrund $\eta \gg 1$ ist dies mit einer geringen Rauschzahl verbunden. Für diesen Wellenlängenbereich hat sich die Bezeichnung L-Band (long-wavelength-band) herausgebildet, auf das in Abschn. 22.5.3 eingegangen wird.

22.5.2 Glättung des Verstärkungsspektrums

Mit Zunahme der Kanalzahl in WDM-Übertragungssystemen wird eine breitbandige spektral flache Verstärkung erforderlich. Ohne Maßnahmen zur Glättung des Verstärkungsspektrums stehen in Al-kodotierten EDFA bei einem Gewinn von $G \approx 20$ dB etwa 20 nm Bandbreite (s. Abb. 22.15) innerhalb einer 1 dB Gewinnänderung zur Verfügung. Um einen Bereich von etwa 30 nm nutzen zu können, muß mittels eines optischen Filters die Gewinnüberhöhung so reduziert werden, daß ein flacher (idealerweise konstanter) Gewinnverlauf bei den im Betrieb vorgesehenen Signaleingangsleistungspegelwerten erzielt wird. Die Glättung des Gewinnspektrums mit zunehmender Sättigung muß dabei berücksichtigt werden.

Die ideale Filtertechnologie für diese Anwendung muß die Anforderungen erfüllen: geringe Kosten, kompakte Faserausführung, präzise Einstellung der geforderten Wellenlängencharakteristik, geringe (keine) Rückreflexion und Temperaturunempfindlichkeit. Von den untersuchten Ausführungen; Mach-Zehnder-Filter [20], twin-core Faser [21], split beam fourier-Filter [22], D-fiber grating [23] und langperiodische Faser-Bragg-Gitter [24, Kap. 10] (s. Abschn. 12.9), erfüllt letztere Ausführung die Anforderungen hinsichtlich der Wellenlängencharakteristik mit Abstand am besten. Zudem zeigt diese Filterausführung keinen polarisationsabhängigen Verlust (PDL < 0,02 dB) und die Polarisations-Moden-Dispersion (PMD < 0,01 ps) bleibt vernachlässigbar klein. Die Herstellung von UV-induzierten Faser-Bragg-Gittern ist in Kap. 10 ausgeführt. Der Entwurf als auch optische Eigenschaften und Anwendungsbeispiele sind in [24, 25] enthalten.

Beim Einbau des Filters vor dem EDFA würde sich die Rauschzahl um die Einfügeverluste des Filters drastisch verschlechtern; der Einbau am Verstärkerausgang führt zu einer Reduktion der Gewinnausgangsleistung in Höhe der Filterverluste [26]. Für den optimalen Einbau unterteilt man die Erbium-dotierte Faser in eine „Vorverstärker-, Filter-, Nachverstärkersektion".

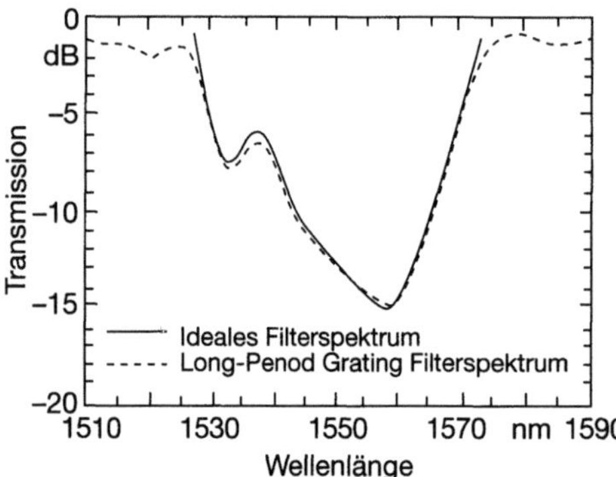

Abb. 22.19. Spektrum eines langperiodischen Faser-Bragg-Gitter-Filters zur Verstärkungsglättung in einem EDFA [26]

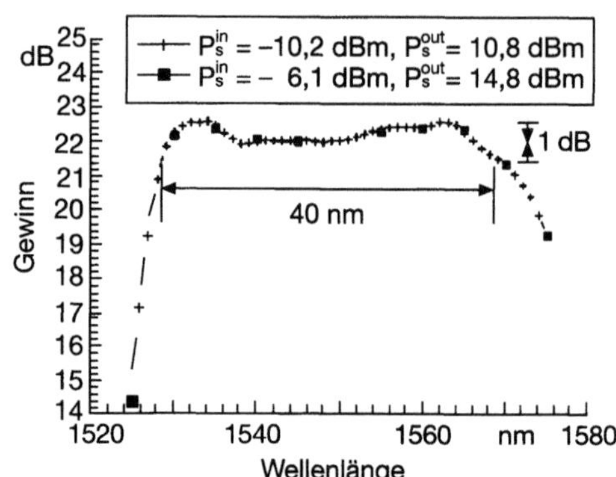

Abb. 22.20. Gewinnspektrum des EDFA mit Gewinnglättungfilter aus (Abb. 22.19) für 2 Eingangssignalpegel

In einer 2-stufigen Faserverstärkerausführung [27] kann der erste 980 nm gepumpte EDFA auf minimale Rauschzahl und der zweite 1480 nm gepumpte EDFA auf max. Ausgangsleistung ausgelegt werden. Beide Stufen sind durch einen optischen Isolator rückwirkungsfrei getrennt. Das Gewinnglättungsfilter ist nach dem optischen Isolator eingespleißt.

Mit der in Abb. 22.19 dargestellten Filtercharakteristik des langperiodischen Faser-Bragg-Gitters wurde ein Gewinn G (Abb. 22.20) von 22 dB mit einer 1 dB Variation über 40 nm (1527 - 1568,7 nm) Bandbreite realisiert.

Die gemessene Rauschzahl (Abb. 22.21) bleibt über dem gesamten Bandbreitebereich $F \leq 4$ dB. Das Filter hat ein 14 dB-Dämpfungsmaximum bei 1558 nm. Damit diese hohe Filterdämpfung nur eine geringe Auswirkung auf die Rauschzahl hat, wurden die Faserlängen (14 m bzw. 15 m) für die beiden Verstärker etwas länger als beim ungefilterten EDFA gemacht. Des weiteren wurde die Tatsache ausgenützt, daß die Rauschzahl des EDFA zu höheren Wellenlängen Gl. (22.48, 22.50) hin abnimmt. Das Maximum der Filtertransmission führt in der Rauschzahl (Abb. 22.21) gerade zu einem minimalen Anstieg bei 1554 nm. Daß die Rauschzahl $F \leq 4$ dB bleibt, wird durch die hohe 980 nm Pumpleistung in der 1. Verstärkerstufe ($P_{p,1}^{in}$ = 76 mW) erzielt, die zu einer geringen Rauschzahl $F_1 \approx 3{,}5$ dB führt und mittels hohem Gewinn G_1 den Beitrag der Verluste des Gewinnglättungsfilters zur Gesamtrauschzahl Gl. (22.59) klein hält. Dabei ist der Rauschanstieg so gering, daß die Zunahme für $\lambda < 1530$ nm auf die 1480 nm

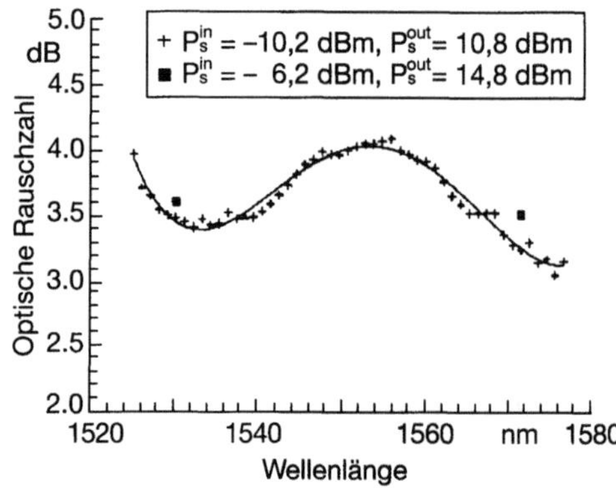

Abb. 22.21. Gemessene Rauschzahl für den „Gewinn-geglätteten" EDFA nach Abb. 22.20

Pumpwellenlänge der 2. Verstärkerstufe Gl. (22.50) zurückzuführen ist.

Nahezu identische Gewinnkurven werden für Signaleingangspegel von - 10,2 dBm und - 6,1 dBm erzielt, wobei allerdings die Pumpleistung der 2. Stufe von 34,5 mW auf 74,5 mW erhöht werden muß.

Für eine Gewinnglättung über einen kleineren Wellenlängenbereich $\Delta\lambda \leq 33$ nm ist es hingegen ausreichend, die Gewinnerhöhung um $\lambda \approx 1{,}53$ µm mittels Filter zu reduzieren, um einen flachen Verlauf des Gewinns zu erzielen.

22.5.3 EDFA für den 1560–1600 nm Bereich (L-Band)

Bei geringer Inversion der Energiezustandsdichten wird der Gewinnkoeffizient im Wellenlängenbereich oberhalb $\lambda > 1{,}55$ µm, wie in Abb. 22.18 dargestellt, positiv. Bereits 1990 [28] wurde mit einer Pumpwellenlänge $\lambda_p = 1{,}55$ µm und einer Pumpleistung von 140 mW ein Kleinsignalgewinn von $G > 25$ dB im Bereich 1,57 – 1,61 µm mit einem Maximum von $G = 31$ dB erzielt. Die Reduktion des Gewinns für Wellenlängen $\lambda \geq 1{,}602$ µm wird durch die „Excited State Absorption" (s. Abb. 22.3c) zwischen dem metastabilen Niveau $^4I_{13/2}$ und dem höheren $^4I_{9/2}$-Niveau erzwungen.

Nach Gl. (22.50) ist aber bei der Pumpwellenlänge $\lambda_p = 1{,}55$ µm die Rauschzahl sehr hoch. Besser ist es die Faser bei 1480 nm bzw. 980 nm zu pumpen, so daß die 3 dB-Quantenrauschgrenze erreicht wird. Die ASE im Wellenlängenbereich 1,53 µm $\leq \lambda \leq$ 1,55 µm muß dann mit einem optischen Filter reduziert werden, so daß die Verstärkung nicht sättigt, bevor ein hoher Gewinn $G \geq 15$ dB im Bereich 1,56 µm $\leq \lambda \leq$ 1,61 µm erreicht wird.

Abbildung 22.22 zeigt den gemessenen Gewinn und die Rauschzahl über dem Wellenlängenbereich 1,56 µm $\leq \lambda \leq$ 1,61 µm. Der zweistufige Verstärkeraufbau [29] ist schematisch in Abb. 22.22 mit eingezeichnet. In der 1. Stufe beträgt die Länge der Er-dotierten Faser $L = 12$ m, aufgeteilt in 4 m und 8 m Faserabschnitte mit dem optischen Filter dazwischen. Das Filter reduziert die ASE im Bereich 1,53 µm $\leq \lambda \leq$ 1,55 µm in beiden Richtungen. Die Rauschzahl der 1. Verstärkerstufe beträgt $F = 3{,}3$ dB (3 dB Quantenrauschgrenze + 0,3 dB Einfügeverluste des Pumpkopplers). In der zweiten Stufe wird eine Erbium-dotierte Faser mit hoher Dotierungskonzentration eingesetzt, so daß die Faserlänge mit $L_2 = 37{,}5$ m sehr kurz gegenüber $L \geq 150$ m, wie sonst üblich, gewählt werden kann. Der 2. Verstärker arbeitet als Leistungsverstärker und wird daher bei $\lambda_p = 1480$ nm gepumpt. Insgesamt wird ein Gewinn von $G = 16$ dB und eine 3 dB-Bandbreite von 36 nm (1564 nm bis 1600 nm) bei einer Gewinnänderung $< \pm 0{,}5$ dB erreicht. Die Gesamtrauschzahl hat ein Minimum von $F_{ges} = 3{,}6$ dB bei $\lambda_s = 1565$ nm, die bis auf ein Maximum von $F_{ges} = 4{,}6$ dB bei $\lambda_s = 1600$ nm ansteigt.

22.5.3.1
EDFA mit Gewinnbandbreiten größer 40 nm

Gewinnglättungsfilter haben es möglich gemacht, einen größeren Teil des Verstärkungsspektrums zu nutzen. So konnten mit einem Erbium-dotierten Tellurat-Faserverstärker bei einem Gewinn von $G = 16$ dB eine 3 dB-Bandbreite von 68 nm im Wellenlängenbereich 1536 – 1604 nm erzielt werden [30]. Aufbau, Mach-Zehnder-Filtercharakteristik und die erzielten Gewinn- und Rauschzahlverläufe sind in Abb. 22.23 angegeben. Nachteilig ist die aufwendige Klebespleißtechnik, die auch

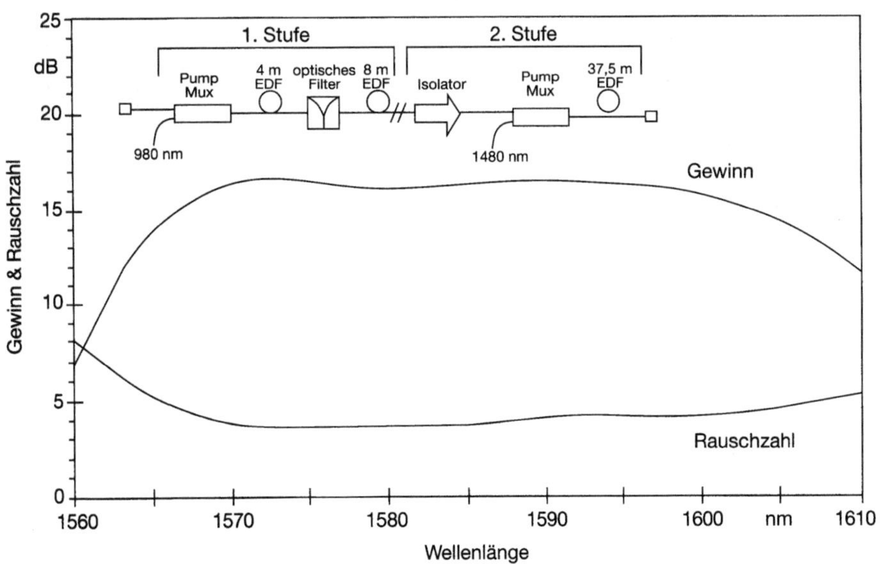

Abb. 22.22. Gewinn und Rauschzahl eines zweistufigen L-Band EDFA [29]

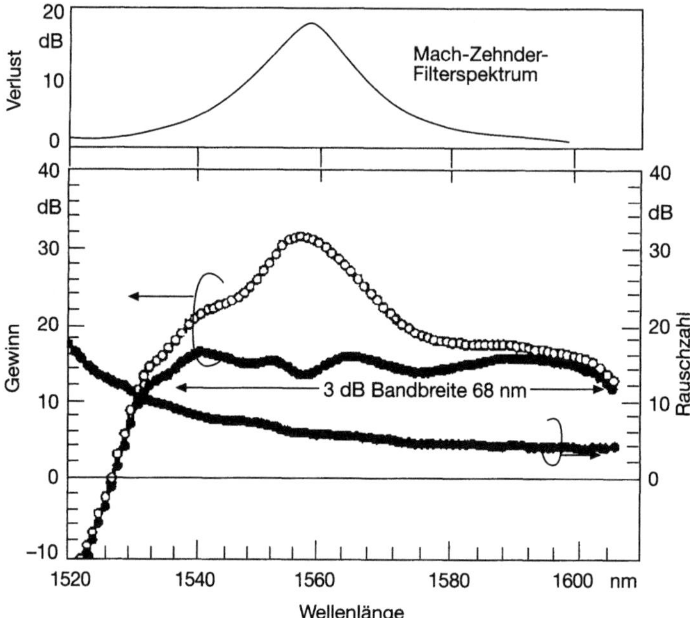

Abb. 22.23. Breitbandiger und Gewinngeglätteter Er-Tellurat Faserverstärker mit MZ-Filter [30]

den Einbau des Filters in die Erbium-dotierte Telluratfaser nicht zuläßt.

Kombinationen von verschiedenen Verstärkertechnologien; Er-dotierter Faserverstärker mit Quarz- oder ZBLAN-Glas kombiniert mit Raman-Faserverstärker (s. Abschn. 22.6) und Thullium-dotierten Faserverstärker, haben ebenfalls zu einer weiteren kontinuierlichen Ausdehnung des Verstärkungsspektrums geführt. So wurde in [31] mit einer Raman-, EDFFA, Raman-, EDFA-Verstärkerkonfiguration eine 3 dB-Bandbreite von 82,8 nm (1528,8 nm bis 1611,6 nm) bei $G = 22$ dB mit einem Gewinnglättungsfilter erreicht. Die Raman-Faserverstärker (Abschn. 22.6) werden so dimensioniert, daß das Gewinnspektrum im L-Band den geringeren Gewinn des EDFA (im Vergleich zum C-Band, conventional-band) kompensiert. In einer solchen Verstärkerkombination kann die Raman-Faser (Länge $L_{\mathrm{Raman}} \approx 8 \ldots 50$ km) so dimensioniert werden, daß sie auch zur Dispersionskompensation eingesetzt werden kann [32].

Split-Band Verstärkerarchitekturen, die in einem Parallelaufbau C-Band (1525 μm $\leq \lambda_s \leq$ 1565 μm) und L-Band (1560 μm $\leq \lambda_s \leq$ 1600 μm) kombinieren, führen zwar nicht zu einem kontinuierlichen Verstärkungsspektrum, lassen aber die Nutzung des verfügbaren Verstärkungsspektrum entweder in einer Richtung oder auch bidirektional zu. Zudem sind sie in praxistauglicher und -erprobter Quarzglasspleißtechnik zusammenbaubar.

Abbildung 22.24 zeigt den Aufbau einer ultra-breitband Faserverstärker-Architektur, den Verlauf der Gewinnglättungsfilter für das C- und L-Band, sowie das Gewinnspektrum und den Verlauf der Rauschzahl [33].

Ein kontradirektional 980 nm gepumpter EDFA gewährleistet die geringe Rauschzahl; 2 optische Zirkulatoren in Verbindung mit hoch reflektiven UV-induzierten Bragg-Gittern (für das C-Band) ermöglichen die Separation und das Zusammenfügen der beiden Bänder nach der getrennten Verstärkung. Breitbandige langperiodische Faser-Bragg-Gitter (G.E.F.) führen zu dem flachen Verlauf der Gewinnkurve in den beiden Bändern. Jeweils eine 980 nm und 2 1480 nm Pumpquellen werden eingesetzt, um die hohe Signalausgangsleistung $P_s^{\mathrm{out}} = 25$ dBm zu erzielen. Im C-Band (Abb. 22.24a, oberer Zweig, Faser gepumpt mit $P_{C3} - P_{C5}$) genügt eine Erbium-dotierte Faser, während im L-Band 3-Faserverstärker (s. unterer Zweig in Abb. 22.24a mit $P_{L3} - P_{L5}$), getrennt durch optische Isolatoren, hintereinandergeschaltet werden müssen, um die Ausgangsleistungspegel sicherzustellen. Die Dispersion der Übertragungsstrecke läßt sich für beide Bänder in den jeweiligen Zweigen getrennt mit DCF-Fasern kompensieren.

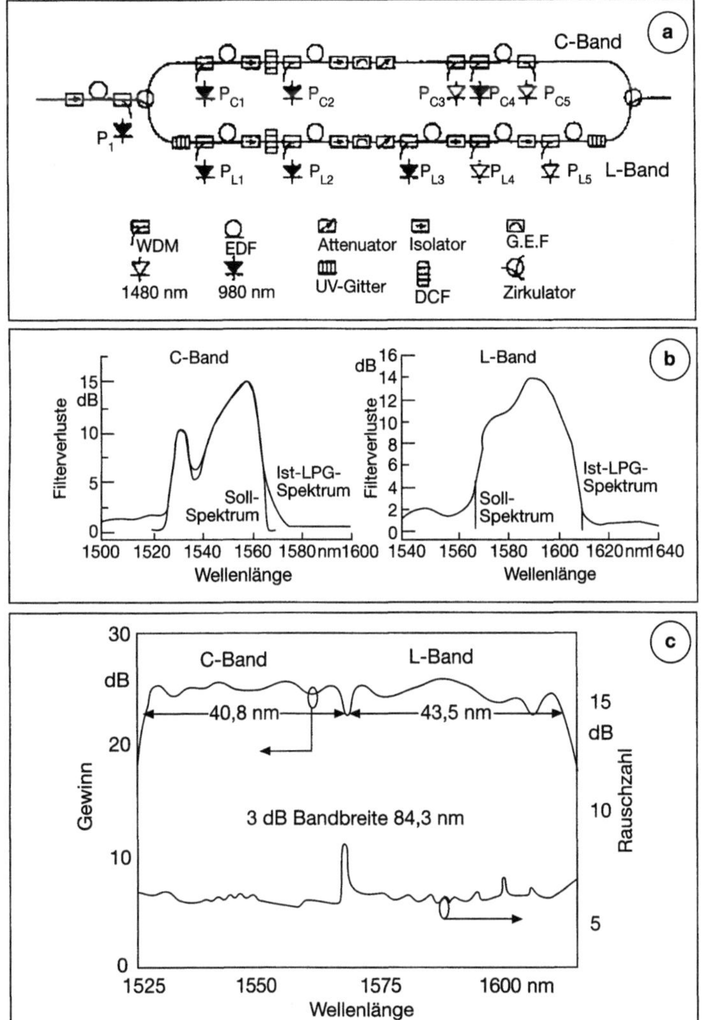

Abb. 22.24. **a** Ultra-weitbreitband Verstärker-Architektur, **b** Gewinnglättungsfilter, **c** Gewinn- und Rauschzahlspektrum des UWBA [33]

22.5.4 EDFA mit hoher Signalausgangsleistung, Doppelmantel EDFA

Halbleiterlaserdioden, die als Pumpquellen eingesetzt werden, erreichen bei entsprechender Dimensionierung der Lichtführung in der aktiven Zone und geringen intrinsischen Verlusten mit zunehmender Resonatorlänge Ausgangsleistungen am Spiegel von $P_p^{out} \geq$ 500 mW. Allerdings liegen bisher keine verläßlichen Werte über die Lebensdauer dieser Pumpquellen vor.

Durch Kombination mehrerer Halbleiterlaserpumpquellen lassen sich ebenfalls höhere Pumpleistungen erzielen. Unter Ausnutzung der Polarisation kann die Pumpleistung von 2 Laserdioden mit einem polarisationsabhängigen Koppler nahezu verlustfrei zusammengefügt werden. Wellenlängenstabilisierte Halbleiterpumpquellen mit externem Faser-Bragg-Gitter lassen sich über hochselektive WDM-Koppler zusammenschalten. Selbst im schmalen 980 nm Absorptionsband können durch geschickte Anordnung (970 nm - 980 nm/975 nm - 985 nm) über zwei 10 nm WDM-Koppler und ein 5 nm WDM-Koppler 4 Pumplaserdioden zu einem Hochleistungspumpmodul zusammengefügt werden [34].

Hohe Pumpleistungen mit geringer Spiegelleistungsdichte sind ebenso mit Breitstrei-

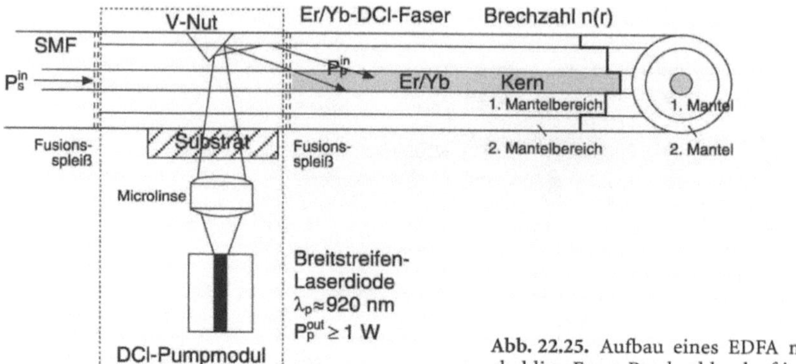

Abb. 22.25. Aufbau eines EDFA mit einer Double-cladding Faser, Brechzahlverlauf in der DCL-Faser

fenlaserdioden im 1–2 W Bereich mit 50 μm bis 100 μm Streifenbreite einfach realisierbar. In Verbindung mit einer Erbium/Ytterbium-dotierten Doppelmantelfaser (double-cladding fiber, DCl-Faser) kann die Pumpleistung mit Koppeltoleranzen im Bereich ≥ 10 μm sehr einfach eingekoppelt werden. Abbildung 22.25 zeigt den schematischen Aufbau. Über eine Mikrolinse wird die Pumpleistung aus der Breitstreifenlaserdiode durch ein transparentes Substrat in eine DCl-Faser ohne Dotierung eingekoppelt. Über eine 45° V-Nut wird das Pumplicht in die innere Mantelschicht reflektiert. Die hohe NA zwischen 1. und 2.-Mantelbereich gewährleistet eine gute Führung des Pumplichtes. Sowohl die Einmoden-Eingangsfaser als auch die Er/Yb-dotierte DCl-Faser werden mit Lichtbogenspeiße mit dem Pumpmodul verbunden. Pumpstrahlen, die den Faserkern durchdringen, werden vom Ytterbium absorbiert. Da Ytterbium, wie in Abb. 22.3 angegeben, nur 2 Energiezustandsniveaus besitzt, ist es frei von Quenching-Effekten, d.h. es gibt keine Reduktion der Fluoreszenzlebensdauer infolge interionischer Wechselwirkungsprozesse. Die Faser kann also hoch mit Yb^{3+} dotiert werden. Das Verhältnis Er/Yb kann z.B. wie 1:30 gewählt werden.

Vom angeregten ${}^2F_{5/2}$-Yb-Niveau findet ein Energietransfer zum ${}^4I_{11/2}$-Erbium-Niveau statt (s. Abb. 22.3 d). Aufgrund der sehr geringen Lebensdauer im ${}^4I_{11/2}$-Niveau (s. Beispielrechnung in Abschn. 22.1.1.1) ist der Rücktransfer zum Yb^{3+}-Ion vernachlässigbar klein. Die Pumpenergie geht also auf das metastabile ${}^4I_{13/2}$-Niveau über.

Pumplicht, das auf Helixstrahlen (Kreisbahnen) im 1. Mantelbereich (s. Kap. 5) geführt wird, kann im Faserkern nicht absorbiert werden. Durch Änderung der radialen Symmetrie [35] lassen sich diese Strahlen unterdrücken bzw. in Strahlen überführen, die den dotierten Kern durchqueren. Eine Quantenkonversionseffizienz von 70% wird zwischen der Ausgangsleistung der Breitstreifenlaserdiode und der Ausgangsleistung der Einmodenfaser erreicht. Yb^{3+} verfügt dabei über ein breites Absorptionsspektrum (Abb. 22.26) von etwa 700 nm bis 1140 nm. Das Maximum der Absorption ist bei etwa 920 nm.

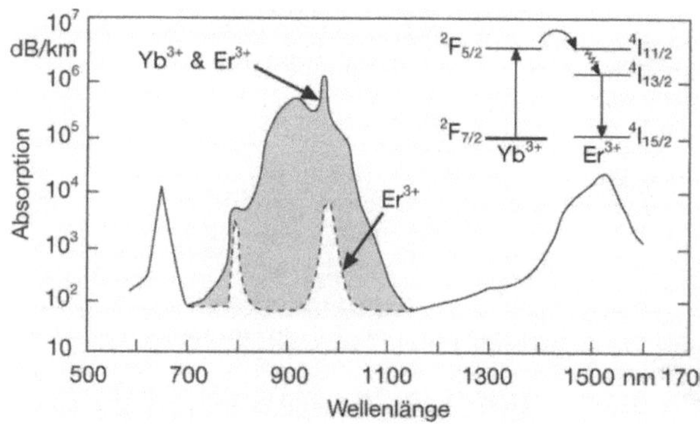

Abb. 22.26. Absorption über der Wellenlänge bei Er^{3+}- bzw. Yb^{3+}/Er^{3+}-Dotierung mit Energieniveauschemata für Yb^{3+}-, Er^{3+}-Ion [63]

An die Emissionswellenlänge der preiswerten Breitstreifenlaserdiode mit hoher Pumpleistung werden keine hohen Anforderungen gestellt. In einem L-Band EDFA mit einem flachen Gewinnverlauf im Bereich 1575 - 1605 nm wurde ein bidirektional gepumpter Er/Yb-DCl-Faserverstärker als Leistungsverstärker (2. Verstärkerstufe) eingesetzt. Die erreichte Ausgangsleistung beträgt P_s^{out} = 23 dBm im L-Band [36].

22.5.5 Dynamische Eigenschaften des EDFA

22.5.5.1 *Transiente Gewinndynamik*

Erbium-dotierte Faserverstärker haben eine sehr langsame Gewinndynamik. Die charakteristischen Sättigungs- bzw. Erholzeitkonstanten liegen im Bereich von 100 µs bis 1 ms. Mit Hilfe der finiten Differenzenmethode [4, Appendix S] läßt sich die transiente Gewinndynamik berechnen. Abbildung 22.27 [4, Abschn. 5.9] gibt die Ergebnisse der Simulation wieder, die mit experimentellen Messungen gut übereinstimmen. Bei konstanter Signaleingangsleistung P_s^{in} = 20 µW und einer ideal rechteckförmigen Pumpleistungsänderung ist der zeitliche Verlauf der Signalausgangsleistung in Abb. 22.27 a dargestellt.

In Abb. 22.27 b sind die Verhältnisse für eine konstante Pumpleistung (P_p^{in} = 210 mW) und veränderlichem Eingangsrechteckimpuls der Signalleistung wiedergegeben. Mit zunehmendem Eingangssignal bildet sich wieder die scharfe Signalspitze aus, gefolgt von dem Abklingverhalten auf den stationären Wert. Der stationäre Wert des Gewinns am Ende des Signalpulses ist angegeben. Er sättigt mit zunehmender Signaleingangsimpulsleistung. Für Pulsbreiten im nano- bis femto-Sekundenbereich tritt keine Sättigung ein, so daß Pulsspitzenleistungen im Watt- bis kW-Bereich erzielt werden [4, Abschn. 5.10]. Die transiente Gewinndynamik ist eine Funktion von Pump- und Signalleistung, wie aus den Verläufen in Abb. 22.27 a, b deutlich hervorgeht.

Die Auswirkung eines starken Signaleingangsimpulses auf ein schwaches stationäres Probesignal ist in Abb. 22.27 c wiedergegeben. Aufgrund der ausgeprägten Signalspitze am Anfang des Signalimpulses, bildet sich eine schnelle transiente Sättigung ($\tau_{sat} \approx$ 110 µs) im Probesignal aus, während die Erholzeit ($\tau_{rec} \approx$ 340 µs) nach dem Abschalten des Eingangsimpulses sehr viel länger dauert.

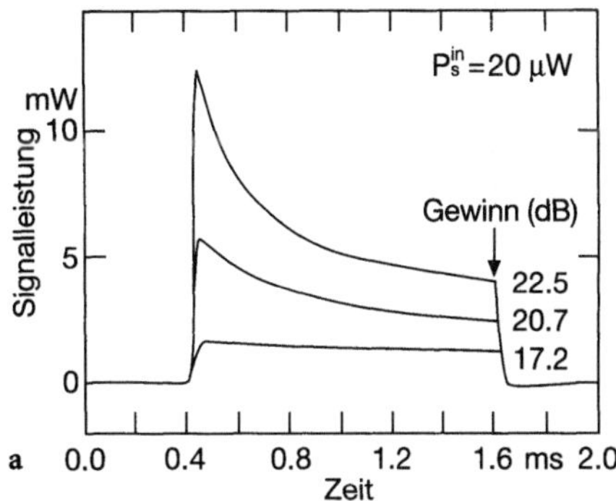

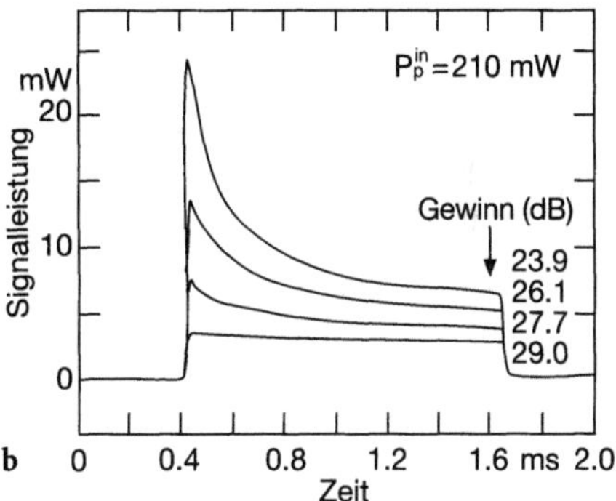

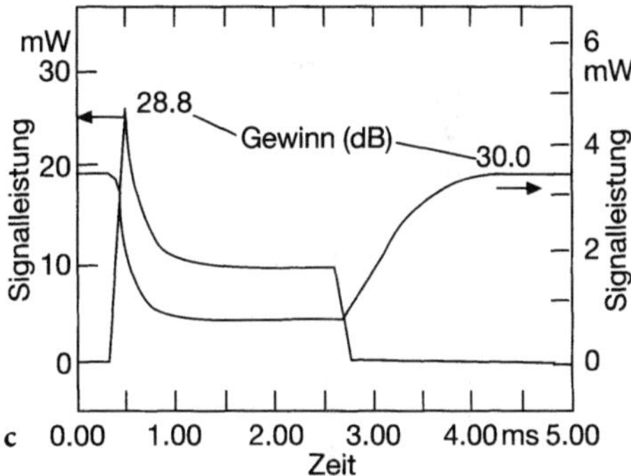

Abb. 22.27 a – c. Simulationsergebnisse der Gewinndynamik bei rechteckförmigem Signaleingangsimpuls. **a** Signalausgangsverlauf für konstante Signaleingangsleistung und veränderliche Pumpleistung, **b** Signalausgangsverlauf für veränderliche Signaleingangsleistung und konstante Pumpleistung, **c** Sättigungsausgangsimpuls und dessen Auswirkung auf ein schwaches CW-Signal [4]

Aufgrund dieser sehr langen Zeitkonstanten (im Vergleich zur Bitdauer T_{bit}) sind Erbium dotierte Faserverstärker im Sättigungsbereich daher weitgehend frei von Intersymbolinterferenzen, Bitmustereffekten (Patter-

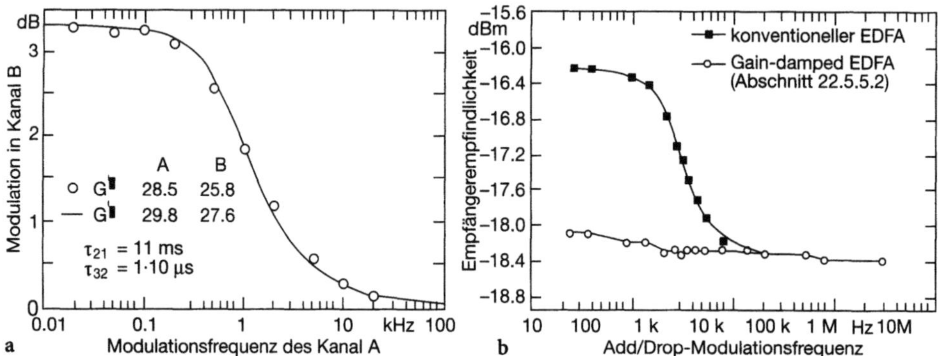

Abb. 22.28. Übersprechen von Kanal A nach Kanal B über der Modulationsfrequenz **a** Empfängerempfindlichkeit für 10 Gbit/s über der Wellenlängenkanal-Add/Drop-Frequenz [40], **b**

ning) und Übersprecheffekten. Nicht die hohe Fluoreszenzzeitkonstante $\tau \approx 10$ ms von Erbium-Ionen in Quarzglas, sondern charakteristische Zeitkonstanten im Bereich 100–300 μs, also 30 bis 100mal schneller im Vergleich mit der Fluoreszenzkonstanten, wie in Abb. 22.27 gezeigt, bestimmen das zeitlich dynamische Verhalten. Wie in Abb. 22.28a [4] gezeigt, findet für Modulationsfrequenzen $f_{\text{mod}} \geq$ 1...10 kHz kein Übersprechen von Kanal A auf Kanal B infolge transienter Gewinnmodulation statt. In WDM-Netzen mit Wellenlägenauf- und -abschaltung (Add/Drop) ändert sich der Gesamtleistungspegel in Zeitabständen, die einer kleinen „Schaltfrequenz" entspricht. Wie in Abb. 22.28b gezeigt, führen Leistungsänderungen und die damit verbundenen transienten Gewinnänderungen zu einer Reduktion der Empfängerempfindlichkeit von 2 dB für den konventionellen EDFA.

22.5.5.2
Gain-clamped EDFA, Gewinn- und Leistungskontrolle

Die Sättigung einer jeden EDFA-Stufe wirkt sich im Fall von Verstärkerketten, die gerade auf Transparenz dimensioniert sind, auf das Übertragungsverhalten sehr negativ aus. In WDM-Systemen mit Ein- und Ausschaltung (Add-/Drop) von Wellenlängenkanälen werden diese zufällig auf- und ausgeschaltet. Dies entspricht aber sehr langsamen Fluktuationen der Leistungspegel, was in Folge von Gewinnsättigungsfluktuationen zu einem Übersprechen führt.

Mittels elektronischer oder ausschließlich optischer Regelschleifen läßt sich der Gewinn (Automatic Gain Control, AGC) oder die Ausgangsleistung (Automatic Power Control, APC) konstant regeln [4, Abschn. 6.3]. Bei den AGC-Regelschleifen unterscheidet man pump- oder signalleistungskontrollierte Ausführungen. In vorwärtsgeregelter Ausführung wird über ein Meßkoppler eine Eingangssignaländerung als Meßgröße zur Änderung der Pumpleistung der Pumplaserdiode oder der Signalleistung einer Hilfssignalquelle genutzt. Entsprechend kann auch verfahren werden,wenn am Verstärkerausgang über einen Meßkoppler und ein optisches Filter die Meßgröße bzw. Regelgröße hergeleitet wird.

Signalkontrollierte AGC durch Gewinnkonstanthaltung (gain-clamping), wie z.B. in Abb. 22.28b [40], kann auch rein optisch durch Rückkopplung bzw. Mitkopplung bei der Hilfssignalquelle erfolgen. Über einen Koppler wird am Verstärkerausgang Leistung ausgekoppelt, über ein optisches Transmissionsfilter und ein Dämpfungsglied wird die optische Leistung mittels Koppler in den Verstärkereingang wieder eingeschleift. Es entsteht ein Ringlaser bei der Hilfssignalwellenlänge, die über die Transmissionswellenlänge des optischen Filters eingestellt bzw. fixiert wird. Der Gewinn in der Faser entspricht gerade den Schleifenverlusten bei der Hilfssignalwellenlänge. Solange der Gewinn durch Sättigung infolge Anstiegs des Eingangssignalpegels nicht unter die Schleifenverluste sinkt, kann der Laserbetrieb aufrecht erhalten werden und damit der Gewinn ideal konstant gehalten werden [37, 38].

Der Ringlaser kann mittels UV-induzierten Bragg-Gittern in einen linearen Faserlaser überführt werden, wobei die Laserwellenlänge bevorzugt in der ansteigenden Flanke des Gewinnspektrums im Bereich $\lambda \approx 1{,}51$ µm gewählt wird [39]. Die Aufteilung des Faserverstärkers in einen AGC-Vorverstärker und nachgeschalteten Leistungsverstärker führt zum einen zu einem konstanten Gewinn (unabhängig von der WDM-Kanalanzahl) und zum anderen zu einer gleichmäßigen Verstärkung über der Wellenlänge. Die 2. Verstärkerstufe wird als Leistungsverstärker betrieben, so daß die Gewinnglättung durch Sättigung ausgenutzt wird.

In WDM-Systemen, die eine Dispersionskompensation benötigen, kann die Dispersionskompensierende Faser über den Brillouin-Effekt (Abschn. 22.6.2) genutzt werden, um den Gewinn konstant zu halten. Der „gain-clamped" EDFA [40] wird aus einem Vorverstärker und einem Leistungsverstärker realisiert. Zwischen beide Verstärker wird die DC-Faser und ein 4-Tor Zirkulator mit optischem Bandpaßfilter im Rückwärtszweig eingebaut. In kontradirektionaler Richtung wird in der 2. Verstärkerstufe über ein 10 dB-Koppler ein Hilfssignal so verstärkt, daß es nach Ausfilterung der ASE im Rückwärtszweig des Zirkulators in der DC-Faser infolge Brillouin-Streuung in der 2. Verstärkerstufe reflektiert wird. Abhängig von der Signalsummeneingangsleistung ändert sich der Gewinn der 2. Stufe, der zu einer Gegenkopplung bzgl. Brillouin-Streuung führt. Wenn die Anzahl der einkommenden Kanäle infolge Drop-Vorgängen abnimmt, steigt der Gewinn für das Hilfssignal in der 2. Stufe. Dadurch erhöht sich die Brillouin-Streuung in der DC-Faser, was infolge Rückstreuung zu einer Gegenkopplung des Gewinns in der Verstärkerstufe führt und umgekehrt. Die Auswirkung auf die Änderung der Empfangsleistung für konstante Bitfehlerrate ist in Abb. 22.28b dargestellt. Eine höhere Empfangsleistung ist damit nicht mehr notwendig, um eine durch Add-/Drop-Schaltvorgänge in WDM-Netzen ausgelöste Verschlechterung der Bitfehlerrate zu verhindern.

22.6 Raman- und Brillouin-Verstärker

In Seltene-Erden dotierten Faserverstärkern geschieht die Wechselwirkung des Pump- und Signalfeldes ausschließlich über die Seltene-Erd-Ionen. Die Verstärkung erfolgt durch stimulierte Emission, also durch Übergang vom angeregten metastabilen Energiezustandsniveau auf das Grundniveau oder ein Zwischenniveau. Das Glas- bzw. Wirtsmaterial ist rein passiv. Durch entsprechend hohe Dotierung mit Seltene-Erd Elementen (bis zur Konzentration bei der Quenching-Effekte einsetzen bzw. bis zur Löslichkeit in dem Wirtsglas) kann die Faserlänge ($L \leq 250$ m, selbst im L-Band) relativ kurz gehalten werden. Pump- und Signalwellenlänge bzw. der Verstärkungsbereich sind allerdings an die Übergangsenergien bzw. -wellenlängen zwischen den Energieniveaus des Dotierungsions gebunden.

Bei Raman- und Brillouin-Faserverstärkern erfolgt eine Wechselwirkung durch Streuprozesse direkt mit dem Glasmaterial. Bei der Raman-Streuung (SRS: Stimulated Raman Scattering) treten die Photonen in Wechselwirkung mit den optischen Phononen des Wirtsmaterials, während bei Brillouin-Streuung (SBS: Stimulated Brillouin Scattering) die Wechselwirkung mit einer akustischen Welle (akustische Phononen) geschieht (s. Abschn. 4.12).

Abbildung 22.29 zeigt ein Schema [41] von 2 Schwingungsenergiezuständen eines Moleküls in einer Faser. Neben einer Reihe von anderen Prozessen ist die Materialabsorption der Photonenenergie am bekanntesten. Wenn

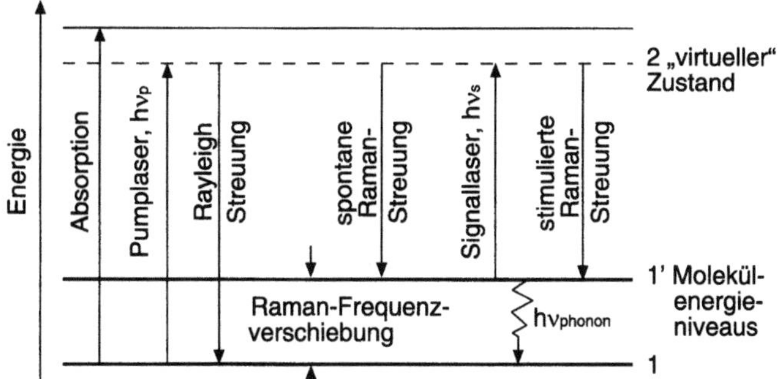

Abb. 22.29. Energieniveauschema von 2 Molekülschwingungszuständen, an dem der Raman-Streumechanismus illustriert wird [41]

die Energie der Pumpphotonen nicht mit der Übergangsenergie zwischen 2 Molekülschwingungszuständen (1–1′) übereinstimmt, dann entsteht ein virtueller angeregter Zustand 2 (gestrichelte Linie), von dem die Rückstrahlung zum Grundzustand 1 mit Zeitkonstanten weit unter 1 ps erfolgt. Dieser Vorgang ist als Rayleigh-Streuung bekannt. Jedoch gibt es eine geringe Wahrscheinlichkeit, daß ein Photon mit geringerer Energie (längere Wellenlänge) ausgesandt wird und das Molekül in einem anderen Energiezustand 1′ verläßt. Dieser Prozeß wird als spontane Raman-Streuung bezeichnet. Die Frequenzdifferenz zwischen dem anregenden Photon und dem spontan emittierten Photon ist unabhängig von der Wellenlänge, sondern durch das Molekül und dessen Schwingungszuständen vorgegeben. Bei der Behandlung von nichtlinearen Prozessen wird die Frequenzdifferenz allgemein als Stokes-Verschiebung bezeichnet, oder bei Betrachtung des Raman-Effekts als Raman-Frequenzversatz gekennzeichnet.

Wenn genügend Leistung in die Faser eingekoppelt wird, kann das Ausmaß der Besetzungsinversion zwischen dem virtuellen Zustand 2 und dem Übergangszustand 1′ einen genügend hohen Wert erreichen, so daß durch stimulierte Raman-Streuung (SRS) ein Signal bzw. die spontane Raman-Streuung verstärkt wird. Der Leistungsschwellenwert für SRS liegt in der Größenordnung von Watt für Einmodenfasern mit Längen im Kilometerbereich. Oberhalb dieses Schwellenwertes kann ein beträchtlicher Leistungsanteil auf das zu verstärkende Signal transferiert werden. Der Übergang von dem Molekülschwingungsenergiezustand 1′ auf den Grundzustand erfolgt beim Raman-Verstärker über den Energietransfer mittels optischer Phononen. Beim Brillouin-Verstärker wird die Differenzenergie an akustische Phononen abgegeben.

Aufgrund der Superposition von vielen Molekülübergängen im Faserkern bildet sich ein kontinuierliches Spektrum der Raman-Streuung aus. Eine Dotierung des Quarzglasfaserkerns hat dabei einen großen Einfluß auf das Raman-Gewinnspektrum.

Der Verlauf des optischen Phononenspektrums von reinem Quarzglas (SiO_2) als auch anderer Oxidgläser (Germanium- (GeO_2); Phosphor- (P_2O_5) oder Boroxidglas (B_2O_3)) ist in Abb. 22.30 dargestellt. Eine Dotierung des Einmodenfaserkerns mit z.B. Germaniumoxid hat einen Einfluß auf den Verlauf des Raman-Querschnittsspektrums, als auch bei Phosphor-Kodotierung auf den Frequenzversatz bzw. die Wellenlängenverschiebung zwischen anregendem Pumpfeld und dem gestreuten Feld.

22.6.1 Gewinn und Rauschverhalten des Raman-Faserverstärkers

Abbildung 22.31 zeigt die Prinzipskizze (a) eines Raman- (Brillouin)-Faserverstärkers, (b) mit dem Raman-Frequenzversatz ν_P (bzw. dem Wellenlängenversatz $1/\lambda_R = c/\nu_R$) und einer ideal rechteckförmigen Verstärkungsbandbreite B_R ($\Delta\lambda_G$). Die Einmodenfaser der Länge L wird entweder in Vorwärtsrichtung (in Signalrichtung) oder in Rückwärtsrichtung (gegen die Signalrichtung) gepumpt.

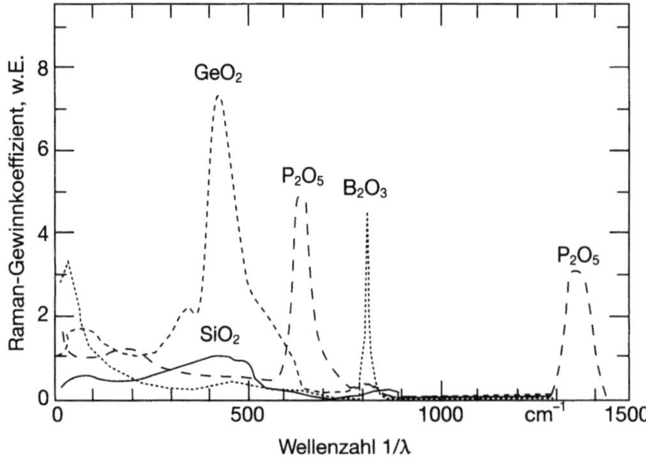

Abb. 22.30. Raman-Querschnittsspektren für vier Oxidgläser [63]

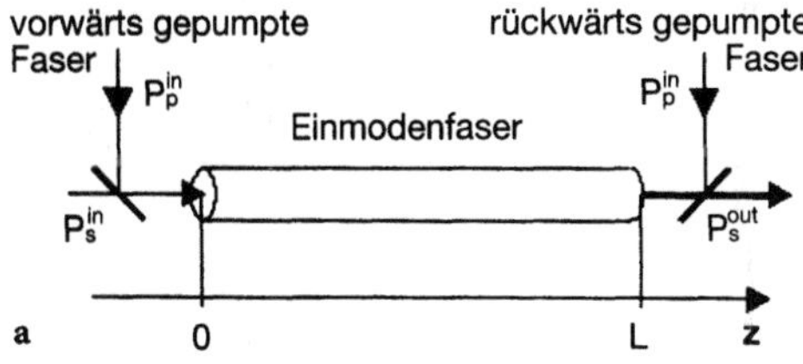

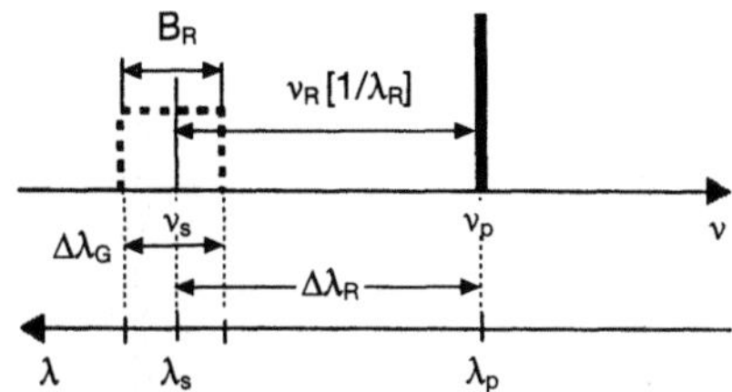

Abb. 22.31. **a** Prinzipskizze des Raman- (Brillouin)-Faserverstärkers, **b** mit Raman-Frequenzversatz ν_R ($\Delta\lambda_R$) und Verstärkungsbandbreite B_R ($\Delta\lambda_G$)

Vernachlässigt man den Großsignalfall, bzw. die weitere Erzeugung von Raman-Linien im Abstand $j \cdot \nu_R$, für $j > 1$, schließt also einen Einfluß des Signalpegels auf den Verlauf der Pumpleistung aus, so ist deren Verlauf durch die Dämpfung α_p der Faser bei der Pumpwellenlänge gegeben. Es ergibt sich ein exponentieller Zusammenhang.

$$P_p^+(z) = P_p(0)\exp(-\alpha_p z)$$
$$P_p^-(z) = P_p(L)\exp(-\alpha_p(L-z)) \quad (22.65)$$

Die Änderung eines Signals [42] unter Berücksichtigung der Rayleigh-Rückstreuung [43] berechnet sich aus Gl. (22.66)

$$\frac{dP_s^\pm(z)}{dz} = \pm\frac{g_R}{A_{eff}}P_p^\pm(z)\,(P_s^\pm(z) + h\nu_{ASE}B_R) \pm R_S P_s^\mp(z) \mp \alpha_s P_s^\pm(z) \quad (22.66)$$

wobei (±) die in ± z-Richtung laufende Signalleistung P_s (oder Pumpleistung P_p in 22.65) angibt. Die gegen die Ausbreitungsrichtung laufende Signalleistung wird durch Rayleigh-Streuung verursacht. Entsprechend der Pumprichtung ist das + (-)-Zeichen für in (gegen) die Signalrichtung zu verstehen. Die spontane Raman-Emissionsrate in einen Fasermode innerhalb der Raman-Verstärkungsbandbreite B_R ist durch ($g_R P_p(z) B_R/A_{eff}$) gegeben. R_S bezeichnet den Rayleigh-Rückstreukoeffizienten und α_s die Dämpfung pro Länge der Einmodenfaser.

Vernachlässigt man in Gl. (22.66) die spontane Emission und das Rayleigh-Rückstreuverhalten zur Bestimmung des Gewinns, so erhält man mit Gl. (22.65) den Gewinn des Raman-Faserverstärkers zu:

$$G = \frac{P_s(L)}{P_s(0)} = \exp\left\{g_R\frac{P_p(0)}{A_{eff}}L_{eff} - \alpha_s L\right\} \quad (22.67)$$

mit

$$L_{eff} = \frac{1}{\alpha_p}\,1 - \exp\{-\alpha_p L\}, \quad (22.68)$$

wobei L_{eff} eine effektive Faserlänge angibt, die die Dämpfung α_P bei der Pumpwellenlänge λ_p erfaßt. L ist die Länge der Faser, auf der der Raman-Streuprozeß stattfindet. Der Raman-Gewinnkoeffizient ist in der Größe g_R berücksichtigt. $P_p(0)$ bezeichnet die Pumpeingangsleistung und A_{eff} die effektive Faserquerschnittsfläche (s. Abschn. 4.12).

Abbildung 22.32 [44] zeigt den gemessenen Raman-Gewinnkoeffizienten g_R über dem Frequenzversatz ν_R in GHz bzw. $1/\lambda_R$ in cm^{-1} bei einer Pumpwellenlänge λ_p = 1,064 µm. Signal- und Pumpwellenlänge sind in gleicher Polarisationsebene. In orthogonaler Polarisationsrichtung ist keine Streuung vorhanden. Wird eine Signalleistung mit einem Frequenz- bzw. Wellenlängenversatz zur Pumpwellenlänge ($\Delta\lambda_R = f(\lambda_p) = \lambda_p^2\,\nu_R/c$) in die Glasfaser eingespeist, erfährt diese innerhalb des Raman-Gewinnspektrums $\Delta\lambda_G$ (B_R) (Abb. 22.31) eine

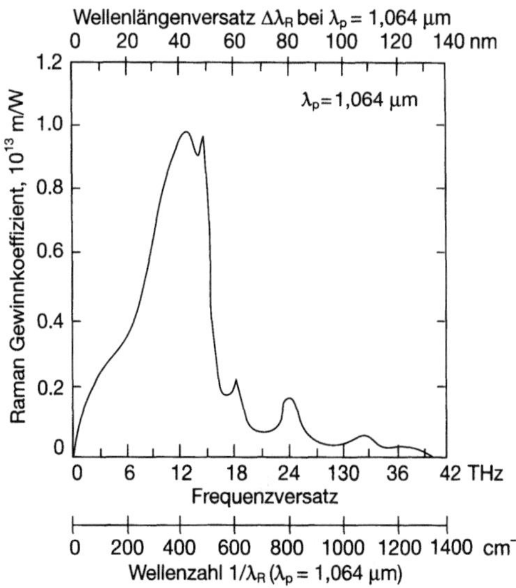

Abb. 22.32. Raman-Gewinnkoeffizienten g_R über dem Frequenz- bzw. Wellenlängenversatz bei λ_p = 1,064 µm

Verstärkung. Ohne Signal wird die Pumpleistung in den Raman-Verstärkungsbereich gestreut. Der Gewinn steigt nach Gl. (22.65) exponentiell an, so daß sich über die Verstärkerfaser die Leistung mehr und mehr in einer schmalen Linie um den Maximalwert von g_R konzentriert. Bei entsprechender Leistung führt dies zu einer weiteren Ramanstreuung, die bei Raman-Faserlasern (s. Abschn. 22.7.3) zur Wellenlängenverschiebung ausgenutzt wird.

Der Maximalwert für den Raman-Gewinnkoeffizienten für Quarzglas ist nach Abb. 22.32 $g_R \approx 9{,}4 \cdot 10^{-14}$ m/W, wobei der Wert für eine feste Polarisationsrichtung gültig ist. Bei einer Raman-Faser von mehreren km Länge schwankt die Polarisation sehr stark, so daß keine Vorzugsrichtung gegeben ist. Für eine nichtpolarisationserhaltende Faser ist der Raman-Gewinnkoeffizient aufgrund der Polarisationsänderung im Mittel durch 2 zu teilen, um die Verstärkung in einer nichtpolarisationserhaltenden Faser zu beschreiben. Nach [4, Abschn. 5.12] ist der Raman-Gewinnkoeffizient für eine nichtpolarisationserhaltende Faser wie folgt gegeben:

$$g_R \approx \frac{4{,}7}{\lambda/\mu\text{m}} 10^{-14} \text{ m/W} \tag{22.69}$$

Der Raman-Gewinnkoeffizient g_R variiert mit $1/\lambda$ und nimmt bei GeO_2-dotierten Fasern mit dem Faktor $(1 + 0{,}8\,\Delta)$ zu, wobei Δ die relative Brechzahldifferenz in % angibt [4, Abschn. 5.12].

Das Rauschverhalten aufgrund Signal-spontane Emission-Überlagerungsrauschens soll nur, beschränkt auf 2 Sonderfälle, aufgezeigt werden, da, wie später ausgeführt, andere Rauschquellen die Ausführung des RFA entscheidend mitbestimmen.

Für den Bereich der Faserdämpfung $\alpha_{s,p} \approx 0{,}2$ dB/km und Faserlängen $L < 5$ km kann der Inversionsfaktor n_{sp} nach Gl. (22.48) und mit $\sigma_e = g_R P_p(0)/A_{eff}$, $\sigma_a = \alpha_s$ und $N_2 = N_1$ berechnet werden zu [4, S. 448]:

$$n_{sp}(\text{Raman}) = \frac{1}{1 - \dfrac{\alpha_s A_{eff}}{g_R P_p(0)}} \tag{22.70}$$

Die minimal erreichbare Rauschzahl ist nach Gl. (22.47) mit $F = 2n_{sp}$ gegeben. Im Bereich hoher Pumpleistungen ($P_p(0) \gg \alpha_s A_{eff}/g_R$) erreicht der Raman-Faserverstärker mit $n_{sp} = 1$ die minimale Quantenrauschzahl F_{Raman} = 3 dB, wenn nur Signal-spontane Emission-Überlagerungsrauschen dominiert.

Bei Transparenz einer Übertragungsstrecke mit Raman-Faserverstärker beträgt die Pumpeingangsleistung nach Gl. (22.67) mit $G = 1$:

$$P_p^{tr}(0) = \frac{\alpha_s A_{eff}}{g_R} \frac{L}{L_{eff}} \tag{22.71}$$

Das Verhalten der optischen Rauschzahl F_o bei Transparenz in Abhängigkeit der Streckenlänge ist in Abb. 22.33 [4] im Vergleich zu einer diskreten (Version A, C) und einer verteilten (Version B) EDFA-Verstärkerausführung dargestellt. Analog zu den EDFA-Ausführungen zeigt der in Vorwärtsrichtung gepumpte RFA das geringere Rauschverhalten. Am Verstärkereingang ist die Pumpleistung am größten, und nimmt über der Faserlänge ab. Damit korrespondiert der Raman-Gewinnkoeffizient. Über der Strecke dominiert zuerst die Verstärkung ($G > 1$), die dann wegen der Pumpleistungsabsorption bzw.- streuung in eine Dämpfung ($G < 1$) übergeht. Das Rauschverhalten bei transparenter Strecke liegt daher über dem Rauschverhalten nach Version A und unterhalb dem eines ideal verteilten EDFA. Umgekehrt läßt sich das Rauschverhalten bei rückwärts-gepumptem RFA erklären. Aufgrund des geringeren Rauschens (RFA-2) liefert der rückwärts gepumpte Raman-Faserverstärker eine bessere Empfängerempfindlichkeit als bei einem diskreten EDFA (Version C). Dies wird durch eine negative effektive Rauschzahl in der Literatur [43] charakterisiert, die nur besagt, daß mit einem diskreten

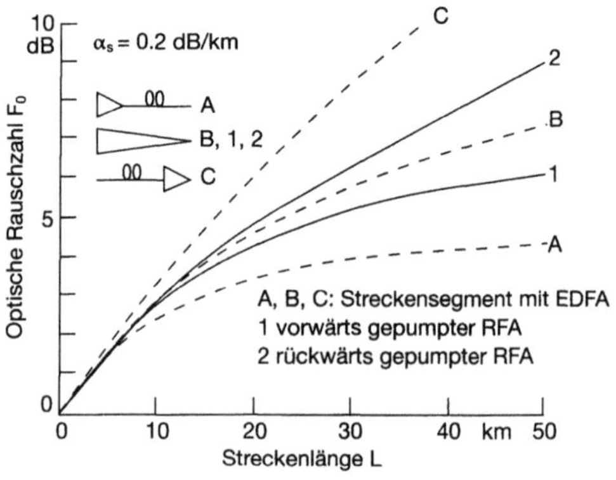

Abb. 22.33. Optische Rauschzahl eines vorwärts (rückwärts) gepumpten Raman-Faserverstärkers bei Transparenz; Vergleich mit Versionen A–C (Abb. 22.12)

Vorverstärker es physikalisch nicht möglich ist, diese niedrige Gesamtrauschzahl einer Übertragungsstrecke mit einem RFA zu erreichen.

22.6.2 Gewinn und Rauschverhalten des Brillouin-Faserverstärker

Wie beim SRS-Prozeß in Abb. 22.29 dargestellt, wird bei der stimulierten Brillouin-Streuung (SBS) durch Absorption von Pumpphotonen ein virtueller Zustand 2 angeregt, von dem aus der Übergang zum Zustand 1′ durch spontane bzw. stimulierte Brillouin-Streuung erfolgt. Die Energiedifferenz 1′−1 wird an akustische Phononen abgegeben, die sich mit Schallgeschwindigkeit in Pumprichtung ausbreiten. An dem Brechzahlgitter, das durch das Dehnungsfeld der Schallwelle induziert wird, wird die durch Brillouin-Streuung erzeugte Welle gegen die Pumprichtung zurückgestreut (s. Abschn. 4.12). Die Richtung von Pump- und Signalwelle sind beim Brillouin-Faserverstärker stets gegenläufig und unterscheiden sich nur um den Frequenzversatz der akustischen Welle.

Abbildung 22.34 zeigt die durch SBS generierten ASE-Spektren [44] für verschiedene Fasertypen (a: Quarzglas, b: Faser mit depressed cladding; c: Dispersionsverschobene Faser). Der Brillouin-Frequenzversatz durch die akustische Welle beträgt bei einer Pumpwellenlänge von $\lambda_p = 1{,}525\ \mu m$ nur $\Delta\nu_B \approx 11$ GHz mit einer Verstärkungsbandbreite von lediglich $B_B \approx 15-50$ MHz.

Der Gewinn des Brillouin-Faserverstärkers läßt sich mit Gl. (22.67) durch Ersetzen von g_R durch den Brillouin-Gewinnkoeffizienten g_B ermitteln. Nach [4] beträgt der Gewinnkoeffizient:

$$g_B \approx 2{,}2 \cdot 10^{-11}\ \text{mW}$$

Für den Bereich der Faserdämpfung $\alpha_{s,p} \approx 0{,}2$ dB/km bei λ_s bzw. λ_p und Faserlängen $L < 5$ km bestimmt sich der Inversionsfaktor n_{sp} zu [4, S. 448]:

$$n_{sp}(\text{Brillouin}) = \frac{\langle N_v + 1\rangle}{1 - \dfrac{\alpha_s A_{eff}}{g_B P_p(0)}} \tag{22.72}$$

wobei $\langle N_v\rangle$ die mittlere Besetzungszahl der akustischen Phononen angibt, die einer Boltzmannverteilung um den Grundzustand folgt. Bei einem Brillouin-Frequenzversatz $f_B \approx 11$ GHz (Abb. 22.34) ergibt sich mit $\langle N_v\rangle \approx k_B T/h\nu_B$ bei einer Umgebungstemperatur $T = 300$ K die mittlere Besetzungszahl zu $\langle N_v\rangle \approx 570$.

Der Brillouin-Faserverstärker hat damit Werte n_{sp} bis über 500. Genauere Berechnungen zeigen, daß bei SBS der Inversionsfaktor im Bereich $n_{sp} = 50 \ldots 500$ bleibt. Die Rauschzahl eines Brillouin-Faserverstärkers ist demnach immer sehr hoch.

Brillouin-Faserverstärker haben praktisch aus Gründen der Verstärkungsbandbreite und des schlechten Rauschverhaltens keine Bedeutung erlangt. Der SBS-Effekt kann zum „gain-clamping“ z. B. eingesetzt werden. In einem 2-stufigen EDFA-Aufbau spleißt man ein Hilfssignal in der 2. Stufe kontradirektional ein und führt das verstärkte Hilfssignal über einen 4-Tor-Zirkulator mit einem optischen Bandfilter einer Zwischenfaser zu, die z. B. zur Dispersionskompensation der Übertragungsstrecke dienen kann. Durch SBS in der Zwischenfaser wird das Hilfssignal wieder in die 2. Verstärkerstufe zurückgestreut. Die Leistung des Hilfssignals führt zu einer Gegenkopplung des Verstärkergewinns bei veränderlichen Signalpegeln [40].

Der Brillouin-Gewinnkoeffizient ist um 3 Größenordnungen höher als der Raman-Gewinnkoeffizient. Brillouin-Streuung setzt

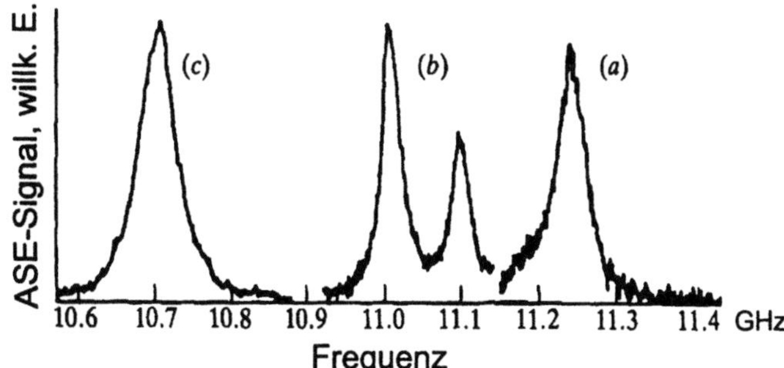

Abb. 22.34. ASE-Spektren, generiert durch SBS in einer Quarzglasfaser **a**, depressed cladding Faser **b**, Dispersionsverschobenen Faser c [44]

schon bei optischen Leistungen im mW-Bereich ein. Wird die optische Leistung in einem optischen Übertragungskanal über den SBS-Grenzwert gesteigert, steigt die transmittierte Leistung nicht mehr an, sondern die Leistungssteigerung wird durch SBS in Rückwärtsrichtung gestreut. Der SBS-Schwellenwert ist umgekehrt proportional zum Quadrat der spektralen Breite des optischen Sendesignals. Laserchirp und Modulation bzw. zusätzliche Phasenmoulation bei Verwendung eines externen Modulators werden zur Unterdrückung von SBS eingesetzt.

22.6.3 Aufbau von Raman-Faserverstärkern

Raman-Faserverstärker werden bei Pumpleistungen im Watt-Bereich betrieben, da das Verhältnis $g_R/g_B \approx 10^3$ ist. Die Pumpleistungsverteilung muß spektral sehr viel breiter (typischerweise um den Faktor >1000) als die Brillouin-Verstärkungsbandbreite B_B gemacht werden, so daß die Leistungsdichte unterhalb der SBS-Gewinnkurve nicht für die Einsetzung der Brillouin-Rückstreuung ausreicht.

Aus dem Gewinnverhalten, den Abhängigkeiten des Gewinnkoeffizienten und dem Rauschverhalten lassen sich für die Ausführung eines Raman-Faserverstärkers (RFA) folgende Aussagen ableiten:

1. Eine GeO_2-Kodotierung führt zu einer höheren Brechzahldifferenz Δ und zu einem höheren Gewinnkoeffizienten g_R.
2. Eine Faser mit einer geringen effektiven Querschnittsfläche A_{eff} (hohe NA, kleiner Faserkern) führt zu einer höheren Pumpintensität Gl. (22.67) und damit bei vorgegebenem Gewinn G zu einer kleineren notwendigen Pumpleistung.
3. Die Fasergrunddämpfung sollte aus Gewinn- und Rauschzahlgründen möglichst gering sein, damit die effektive Länge möglichst groß wird und damit die Faserlänge möglichst kurz gewählt werden kann, wobei allerdings längere Fasern zu einem „glatteren“ Gewinnverlauf führen.

Unter diesen Anforderungen sind dispersionskompensierende Fasern (DCF) für diskrete Raman-Faserverstärker [45] gut geeignet. Dabei kann die Dispersionskompensation durchgeführt werden und mittels Ausführung als RFA die Faserverluste in einem breiten Wellenlängenbereich durch Wahl der Pumppegelverteilung kompensiert werden. Bei weiterer Steigerung der Pumpleistung wird ein Nettogewinn erzielt. Infolge Rayleigh-Streuung steigt die Rauschzahl allerdings zu kürzeren Wellenlängen hin an [46].

Im Unterschied zu seltene Erden dotierten Faserverstärkern besitzt das entsprechend Abb. 22.29 fiktiv angegebene obere Streuenergieniveau 2 keine Lebensdauer bzw. Verweildauer. Fluktuationen der Pumpleistung übertragen sich aufgrund des sehr schnellen Raman-Streuprozesses unmittelbar auf den Gewinn und damit auf die Signalausgangsleistung und das Rauschverhalten des RFA.

Bei kodirektionaler Propagation von Pump- und Signalleistung überträgt sich das Pumpleistungsrauschen unmittelbar auf das Signal. Anders verhält es sich bei kontradirektionaler Pumprichtung. Aufgrund der sehr langen Interaktionslänge und der gegenläufigen Leistungen in der verstärkenden Faser ergibt sich ein Mittelungseffekt, der den Rauschübertrag verhindert [47]. In Rückwärtsrichtung gepumpte Raman-Faserverstärker weisen ein Pump-Signal-Übersprechrauschverhalten über der Frequenz wie EDFA-Verstärker (Abb. 22.28a) auf. Die 3 dB-Grenzfrequenz des Übersprechens liegt im kHz-Bereich; bei vorwärtsgepumpten verschiebt sich die Grenzfrequenz in den Bereich von mehr als 100 MHz. Folglich müssen rauscharme Raman-Faserverstärker stets in kontradirektionaler Pumprichtung betrieben werden.

Die Rayleigh-Streuung in der Faser ist eine zusätzliche Rauschquelle [43] zu dem Signal-spontane Emissions-Überlagerungsrauschen. Mit steigender Pumpleistung kommt es infolge Rayleigh-Streuung zu einer Reduzierung des Signal-Rauschleistungs-Verhältnisses. Insbesondere müssen Mehrfachpfad-Interferenzen durch doppelte Rayleigh-Streuung möglichst klein gehalten werden. Bedingt durch die Streueffekte sind Messungen auf der elektrischen Seite nach der Detektion notwendig, um das Rauschverhalten bzw. alle Rauschquellen des RFA zu erfassen.

Unter diesen zu beachtenden Vorgaben, haben sich Ausführungen für einen Raman-Faserverstärker herausgebildet, die in Abb. 22.35 dargestellt sind. Durch die Ausführung eines 2-stufigen RFA (Abb. 22.35a) und kontradirektionalem Pumpen wird ein geringeres Rauschen und geringere durch Rayleigh-Streuung bedingte Interferenzen erzielt. Allerdings wird die Pumpleistung nicht effektiv ausgenutzt, da ein Großteil der Pumpleistung am Verstärker-

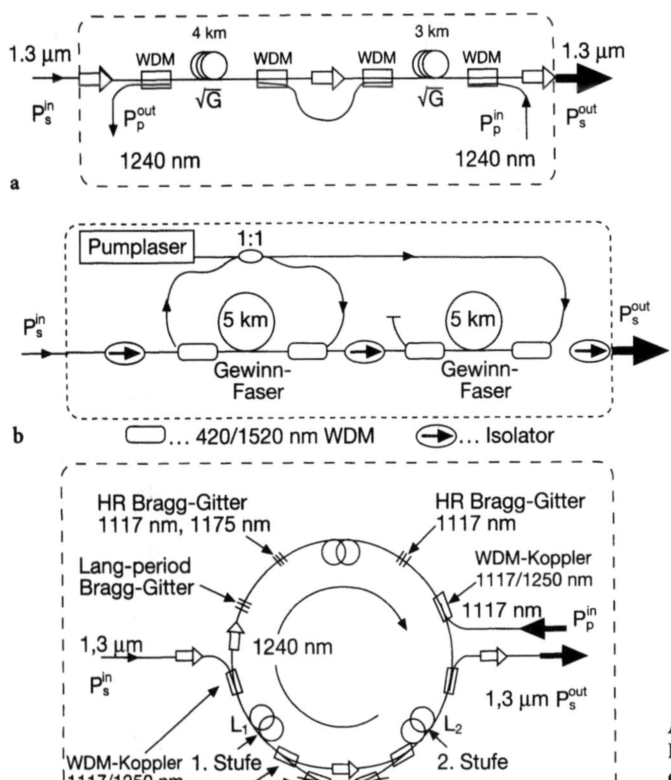

Abb. 22.35. **a** Aufbau von Raman-Faserverstärkern, **b** 2-stufig, **c** Ring-Struktur zur effektiven Pumpkonversion

signaleingang wieder ausgekoppelt wird. Durch optische Ringstrukturen für die Pumpleistung, wie in Abb. 22.35b, c gezeigt, läßt sich die Pumpleistung effektiver nutzen. Eine Rückreflexion in die Pumpquelle wird dabei vermieden.

Ein RFA für den Wellenlängenbereich 1500–1520 nm wurde entsprechend Abb. 22.35b realisiert [48]. Der erzielte Gewinn und die Rauschzahl für eine Signaleingangsleistung $P_s^{in} = -30$ dBm und eine Pumpleistung $P_n(0) = 750$ mW, $\lambda_p = 1420$ nm, sind in Abb. 22.36 wiedergegeben. Bei einem Gewinn von $G = 20$ dB wurde eine Bandbreite von $B = 17{,}5$ nm (1504,5–1522 nm) erzielt. Dies macht eine Erweiterung des EDFA-Gewinnspektrums zu kleineren Wellenlängen hin möglich.

Durch split-Band Aufbauausführungen, analog zu dem in Abb. 22.24a gezeigten Aufbau, lassen sich ultrabreitbandige Raman-Faserverstärker realisieren, die in 2 separaten Bändern bis zu 132 nm Bandbreite um 1,5 µm herum aufweisen. Raman-Faserverstärker können mit Erbium-dotierten Faserverstärkern kombiniert werden, und so die Übertragungsstrecke über das Erbium-Verstärkungsband hinaus transparent machen [31]. Durch Verwendung mehrerer Pumpwellenlängen läßt sich ebenfalls eine breitbandige Verstärkung erzielen. Abbildung 22.37 zeigt das Gewinnspektrum eines RFA, der bei 1420 und 1450 nm gleichzeitig gepumpt wird. Die 3 dB-Bandbreite bei einem Signalgewinn von $G = 30$ dB beträgt $\Delta\lambda_G = 60$ nm. Die Rauschzahl im Bereich der Verstärkungsbandbreite bleibt innerhalb $F = 5$–6 dB [49]. Mittels Wellenlängenabstand der Pumpquellen lassen sich die

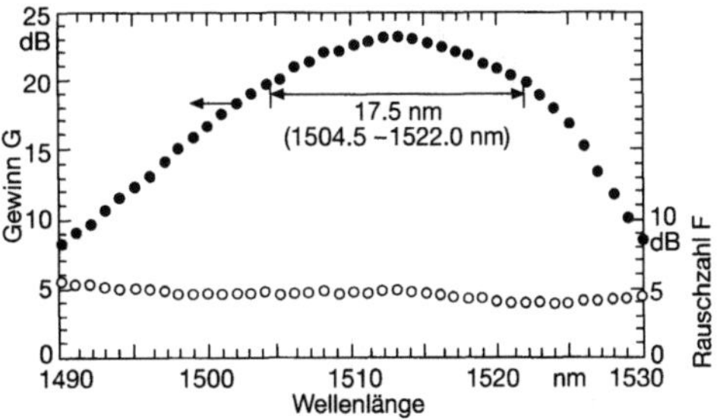

Abb. 22.36. Gewinn- und Rauschzahlspektrum eines RFA mit $P_s^{in} = -30$ dBm und $P_p(0) = 750$ mW; Verstärkeraufbau nach Abb. 22.35b [48]

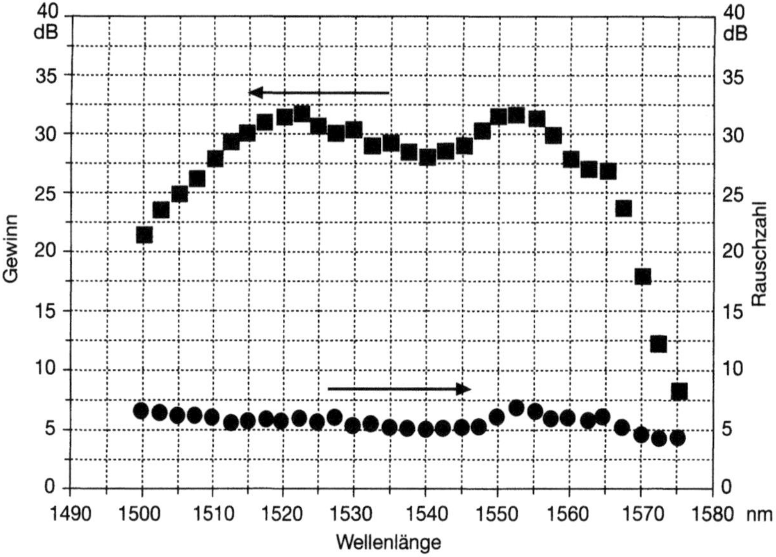

Abb. 22.37. Verstärkungs- und Rauschzahlverlauf eines Raman-Verstärkers mit 2 Pumpwellenlängen [49]

Bandbreite und die Gewinnschwankung verändern. Bei einer Ausführung mit 3 Pumpquellen (1420, 1460, und 1490 nm) kann die Bandbreite auf $\Delta\lambda_G = 120$ nm gesteigert werden. Dies entspricht dem maximal erreichbaren Bereich, ohne daß ein Raman-Leistungstransfer zwischen den Pumpquellen stattfindet.

Große Anstrengungen wurden unternommen, um für den 1,3 µm Wellenlängenbereich einen Faserverstärker zu entwickeln (s. Abschn. 22.8.1). 1,3 µm Raman-Faserverstärker, aufgebaut nach der in Abb. 22.35c dargestellten Ringstruktur, erreichen z. B. 23 dBm Signalausgangsleistung, Rauscheigenschaften und lineare Eigenschaften, die ihren Einsatz in analog modulierten Fernsehverteilsystemen erlauben. Der Trägerrauschabstand CNR, die Verzerrungen 2. Ordnung (CSO) und 3. Ordnung (CTB) erreichen Werte von CNR > 49 dB, CSO < - 60 dBc und CTB < -68 dBc. Dieses rauscharme Verstärkungsverhalten wird durch die umlaufende Pumpleistung bei 1240 nm gegen die Signalrichtung und in einem 2-stufigen Verstärkeraufbau zur Reduzierung durch Rayleigh-Streuung induzierten Interferenzen erzielt. 1240/1310 nm wellenlängenselektive Koppler sind in den Signalpfad eingebaut und sorgen für die Überbrückung des optischen Isolators bzgl. der Pumpleistung. Diese wird durch einen weiteren optischen Isolator im Pumpring in die zum Signal gegenläufige Richtung gezwungen. Abbildung 22.38 zeigt ein gemessenes Gewinnspektrum [50], das an einer dispersionsverschobenen Faser erzielt wurde, über dem Frequenzversatz in THz. Die obere Skalierung gibt den Wellenlängenbereich an, in dem mit einer 1240 nm umlaufenden Pumpleistung Gewinn erzielt wird. Die 1240 nm Pumpwellenlänge wird durch Raman-Frequenzverschiebung in einem Raman-Faserlaser aus den Wellenlängen 1117 und 1175 nm erzeugt. Dies geschieht durch Raman-Oberwellenanregung und UV-induzierte Gitter, welche die Laserresonatoren bilden (Abschn. 22.7.3).

Sowohl Leistungsverstärker als auch rauscharme Vorverstärker sind nach dem in

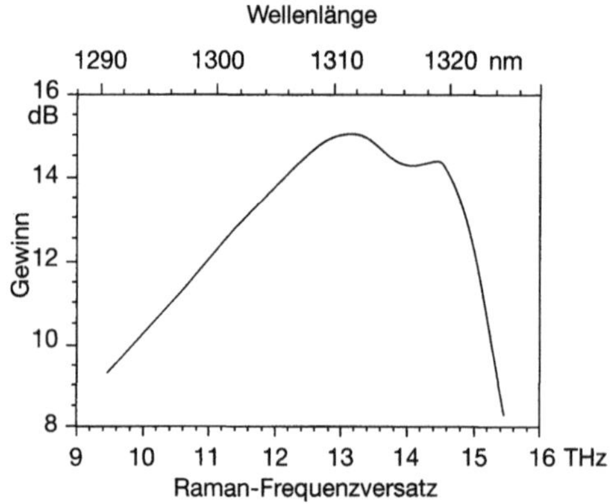

Abb. 22.38. 1,3 µm Raman-Gewinnspektrum [50]

Tabelle 22.2. Charakteristische Parameter für Raman-Faserverstärker nach Abb. 22.35c [51]

	Raman-Nach-Verstärker	Raman-Vor-Verstärker
Faserlänge der 1. Stufe L_1	1,8 km	2,7 km
Faserlänge der 2. Stufe L_2	1,2 km	1,8 km
Pumpleistung (1117 nm)	2,7 W	2,6 W
Gewinn G	26,7 dB (P_s^{in} = -8,9 dBm)	40,6 dB (P_s^{in} = - 36,8 dBm)
Rauschzahl F_0	-	4,2 dB
Ausgangsleistung P_s^{out}	17,8 dBm	3,8 dBm

Abb. 22.35c dargestellten Aufbau realisiert worden. Die Tabelle 22.2 gibt einen Überblick über die charakteristischen Parameter für einen Raman-Nach- als auch Vorverstärker [51].

Mit der Verfügbarkeit leistungsstarker und kostengünstiger Faserlaserpumpquellen im Watt-Leistungsbereich bei nahezu beliebiger Wellenlänge im Bereich 1000 bis 1650 nm lassen sich Raman-Faserverstärker für jeden gewünschten Wellenlängenbereich mit geringer Fasergrunddämpfung realisieren. Den Nachteil, daß ein RFA nur rauscharm in kontradirektionaler Richtung gepumpt werden kann, kann durch kodirektionales Pumpen mit einer Raman-Pumpquelle, die um eine Stokes-Verschiebung in der Frequenz höher liegt, verbessert werden. Dabei wird ein Pumprauschübertrag von der kodirektionalen Pumpleistung auf die kontradirektionale Pumpleistung durch gegenläufige Ausbreitungsrichtung vermieden. Die kontradirektionale Pumpleistung wird durch Raman-Verstärkung zum Faseranfang hinangehoben. Längere Übertragungsstrecken lassen sich damit transparent pumpen bzw. die Rauschzahl der Übertragungsstrecke einschließlich Raman-Vorverstärker um 3 dB absenken [52].

Raman-Faserverstärker haben das Potential zur weiteren WDM-Ausnutzung der Übertragungsfasern über das Verstärkungsband des Erbium-dotierten Faserverstärkers hinaus. Dessen maximal möglicher Verstärkungsbereich (C-Band und L-Band, 1520-1600 nm) ist voll erschlossen und ausgereizt.

22.7 Faserlaser

Spektral schmale und Wellenlängen-einrichtbare optische Quellen sind für WDM-Übertragungssysteme erforderlich. Erbium-dotierte Faserlaser sind insbesondere in hochratigen Systemen sehr attraktiv, da aus Gründen der Dispersion externe Modulatoren eingesetzt werden müssen. Neben dieser Signalerzeugung bei bestimmten Wellenlängen bzw. als durchstimmbare Quelle in Faserringausführung, haben Faserlaser als Pumpquellen für Leistungen im Watt-Bereich ein weiteres Anwendungsgebiet.

22.7.1 Faserlaser als Signalquelle

22.7.1.1 *Linearer Faserlaser*

Lineare Faserlaser lassen sich durch Einschreiben von UV-induzierten Bragg-Gittern in Seltene-Erden dotierte Fasern herstellen [53]. Bei Gitterbandbreiten $\geq$ 0,2 nm und einem geforderten dynamisch stabilen Einmodenbetrieb darf die Resonatorlänge nur im cm-Bereich liegen, damit der Modenabstand in der Größenordnung von 10 GHz bleibt. Um möglichst viel Pumpleistung auf der sehr kurzen Resonatorstrecke umzusetzen, muß die Erbium-Ionen Konzentration sehr hoch gewählt werden. Bei hoher Erbium-Konzentration kommt es aber zu instabilem Laserbetrieb, der durch Ionen-Paar induzierte Selbstpulsationen bei Frequenzen im Bereich der Relaxationsresonanzfrequenz ($\approx$1 MHz) verursacht wird. Die Ionen-Paare verhalten sich wie sättigbare Absorber [54].

Durch eine geringe Erbium-Dotierung in Verbindung mit einer hohen Yb-Kodotierung (Yb:Er-Konzentration ≈ 12,5:1) lassen sich die Selbstpulsationen vermeiden [54] und zugleich die Pumpleistungsabsorption erheblich steigern [55]. Durch den sehr effizienten Energietransfer vom Yb^{3+}- zum Er^{3+}-Ion lassen sich Ausgangsleistungen im mW-Bereich bei dynamisch stabilen Verhalten erzielen.

Mittels Phasenmaskentechnik können DFB-Laserarrays im 100, 50 und sogar 25 GHz Raster für WDM-Anwendungen reproduzierbar hergestellt werden [56]. Über ein redundantes Koppelnetzwerk wird die Pumpleistung aus mehreren Pumplaserdioden so auf das Laserarray verteilt, daß der Ausfall einer Pumplaserdiode den Sendebetrieb nicht beeinträchtigt.

22.7.1.2 *Faserlaser in Ringausführung*

Der prinzipielle Aufbau eines durchstimmbaren Faserringlasers zeigt Abb. 22.39. Über einen wellenlängenselektiven Koppler wird die Pumpleistung dem Faserring zugeführt. Dieser besteht aus der eingespleißten Erbium-dotierten Faser, als verstärkendem Element, dem Leistungsausgangskoppler, einem polarisationsunabhängigen Isolator, einem Polarisationsregler bzw. -steller und einem durchstimmbaren optischen Filter zur Wahl der Emissionswellenlänge. Zwecks elektronischer Durchstimmbarkeit wird ein Fabry-Perot-Filter oder ein Transmissionsfilter in Faser-Bragg-Gitter Ausführung (z.B. 3-Tor Zirkulator mit UV-induziertem Faser-Bragg-Gitter) eingesetzt. Infolge der sehr großen Resonatorlänge ($L \approx 1 \ldots 50$ m) und dem damit verbundenen Modenabstand im kHz- bis MHz-Bereich kann der Ringlaser kontinuierlich über den gesamten Gewinnbereich durchgestimmt werden. Mit Blick auf die Ausgangsleistung und die spektralen Eigenschaften, wie konstante Ausgangsleistung über dem Durchstimmbereich, schmale Linienbreite und hohes Signal-Rauschleistungsverhältnis, darf das Auskoppelverhältnis des Leistungsausgangskopplers nicht mehr als 50% betragen [57].

22.7.2 Faserlaser als Pumpquelle für Faserverstärker

Pumpleistungen oberhalb etwa 250 mW sind mit Halbleiterlaserdioden schwierig realisierbar. Wie in Abschn. 22.5.4 bereits ausgeführt, lassen sich Breitstreifenlaser sehr einfach an Doppelmantelfasern ankoppeln, wobei die Pumpleistung in den ersten Mantelbereich eingekoppelt wird. In der Ausführung als Hochleistungspumpquelle wird der Faserkern mit dem Seltene Erden Element Neodym (Nd) oder mit Ytterbium (Yb) dotiert.

Mit Neodym-Dotierung kann die Faser bei 800 nm mit GaAs Breitstreifenlaser gepumpt werden. Die Emission erfolgt im Bereich um 1060 nm, dem stärksten Übergangswellenlängenbereich, wie er von Nd-YAG Lasern her bekannt ist.

Eine Yb-dotierte Doppelmantelfaser, kann entsprechend Abb. 22.26 im Wellenlängenbereich 820 bis 1060 nm gepumpt werden. In Relation zur Pumpwellenlänge erfolgt die Emission bei einer größeren Wellenlänge im Bereich 975 ... 1150 nm. Eine bestimmte Emissionswellenlänge wird durch das Einschreiben von UV-induzierten Bragg-Gittern, die die Laserspiegel bilden, erzwungen. Mit einem rückwärtigen Reflexionsfaktor $R \approx 1$ wird erreicht, daß die gesamte Emissionsleistung nur in eine Richtung abgegeben wird. Mit einer Yb-dotierten Doppelmantelfaser lassen sich 980 nm Pumpquellen für 1,5 μm Erbium-dotierte Faserverstärker als auch 1020 nm Pumpquellen für Praseodym-dotierte Fluorzirkonatfaserverstärker für den 1,3 μm Wellenlängenbereich realisieren. Die Ausgangspumpleistung

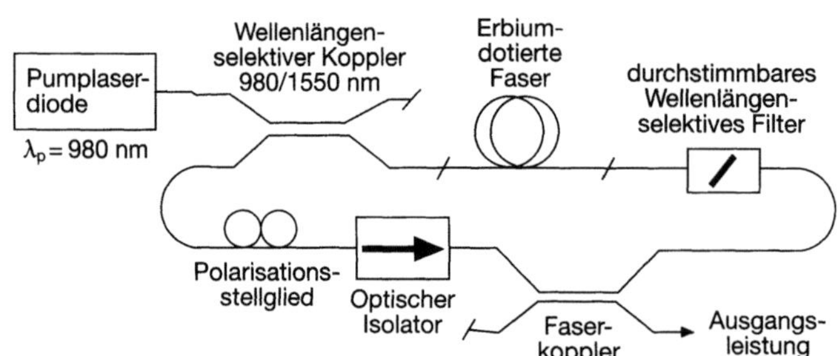

Abb. 22.39. Prinzipieller Aufbau eines Faserringlasers

ist entsprechend der eingekoppelten Pumpleistung der Breitstreifenlaser skaliert. Konversionseffizienzen von 70% werden erreicht. Die Geometrie des 1. Mantelbereiches wird so ausgelegt, daß idealerweise alle Pumpstrahlen den dotierten Faserkern durchqueren. Rechteckige oder D-förmige Querschnittsflächen des Pumpmantelbereichs verhindern die Ausbildung von Helixstrahlen, die sich entlang Schraubenlinien ausbreiten und nicht den Faserkern treffen. Derartig optimierte Faserlaser ermöglichen eine Leistungsskalierung beugungsbegrenzter Strahlqualität bis zu Ausgangsleistungen von nahezu 10 W im nahinfraroten Spektralbereich [58].

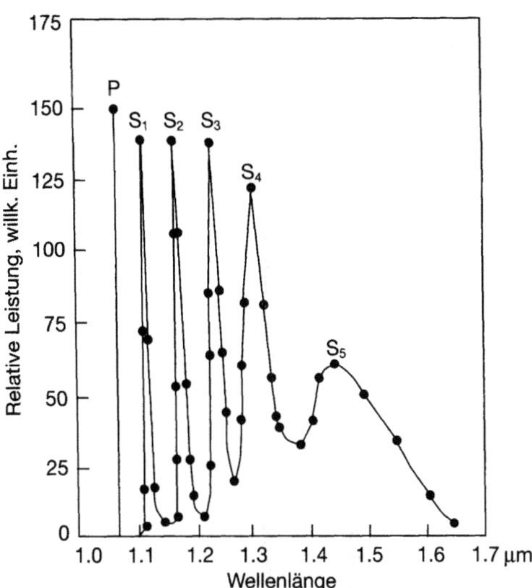

Abb. 22.40. Spektrum der stimulierten Raman-Streuung in einer GeO_2-dotierten Quarzglasfaser mit den Stokes Linien S_1 bis S_5

22.7.3 Raman-Faserlaser

Bei Seltene-Erden dotierten Fasern kann Laserbetrieb nur bei Wellenlängen innerhalb des Emissionsspektrums realisiert werden. Bei hohen Ausgangsleistungen des Faserlasers wird der Raman-Effekt und damit der Raman-Frequenzversatz ausgenützt, um die Pumpleistung auf die gewünschte Pumpwellenlänge zu verschieben.

Abbildung 22.40 [44] zeigt das optische Spektrum einer bei 1064 nm mit 840 W Leistung gepumpten Faser, bei der sich durch den Raman-Frequenzversatz 5 Emissionslinien (5 Stokes Linien S_1 bis S_5) ausbilden. Jede sukzessive Stokes-Linie wird durch die vorangegangene generiert und ist breiter als diese. Diese Linienverbreiterung wird durch nichtlineare Prozesse verursacht und verhindert die weitere Ausbildung von Stokes-Linien höherer Ordnung. Durch das Einschreiben von UV-induzierten Bragg-Gittern als Laserresonatorspiegel im Bereich der Maxima der Stokes-Linien läßt sich der Leistungstransfer sehr effektiv durchführen.

Abbildung 22.41 zeigt das Prinzip eines 1480 nm Raman-Faserlasers [59]. Die 1117 nm Eingangspumpleistung, die in die Germanium-kodotierte Quarzglasfaser eingekoppelt wird und die Bragg-Gitter ohne Verlust passiert, wird aus einer Yb-dotierten Doppelmantelfaser gewonnen. Das Bragg-Gitter bei 1117 nm dient als Reflektor der Eingangspumpleistung. Entsprechend dem Raman-Frequenzversatz (13,2 THz in GeO_2-kodotierten Fasern, Abb. 22.30) bzw. dem Wellenlängenversatz ($\Delta\lambda = \lambda^2 f_r/c$) sind die durch UV-induzierte Bragg-Gitter gebildete Laserspiegel bei den Stokes-Linien 1175 nm (S_1), 1240 nm (S_2), 1315 nm (S_3), 1395 nm (S_4) und 1480 nm (S_5) angeordnet. Zunächst wird Laserbetrieb in dem zentralen 1175 nm Resonator erzielt, deren Leistung dann den 1240 nm Resonator pumpt und so weiter. Dieser kaskadierte Prozeß, bei dem 1117 nm Pumpleistung in 1480 nm Pumpleistung konvertiert wird, läuft sehr effizient ab.

Aufgrund der geringen Dämpfung der Quarzglasfaser bei 1480 nm ($\alpha \approx 0{,}25$ dB/km)

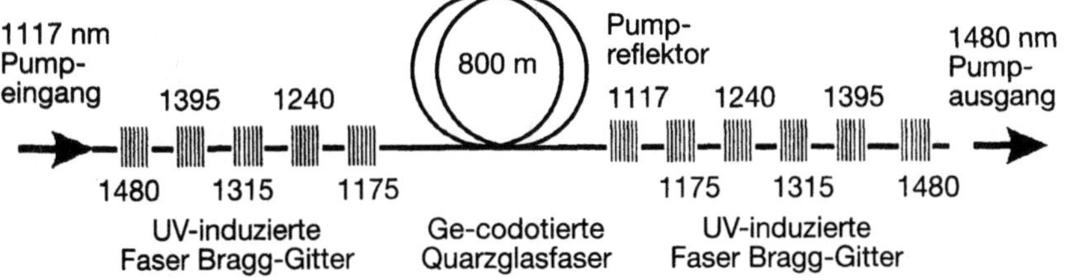

Abb. 22.41. Schematische Anordnung eines kaskadierten 1480 nm Raman-Faserlasers

kann die Pumpleistung über Entfernungen im Bereich von 100 km geführt werden, um eine Erbium-dotierte Faser zu pumpen, die in einer rein passiven Übertragungsstrecke eingespleißt ist [60]. Zum Leistungstransport wird eine reine Quarzglasfaser ohne Kern-Kodotierung mit kleinstem Raman-Gewinnkoeffizienten (Abb. 22.30) eingesetzt. Die maximale 1480 nm Pumpleistung, die so zu entfernt eingespleißten Erbium-dotierten Fasern geführt werden kann, beträgt etwa 1,3 W. Sie wird durch Raman-Gewinn und -Rauschen in Verbindung mit Rayleigh-Rückstreuung begrenzt. Durch Einspleißen von Filterkopplern in die Pumpfaser, welche die spontan gestreute Leistung im Bereich des Raman-Gewinns immer wieder auskoppeln, kann verhindert werden, daß durch Raman-ASE die 1480 nm Pumpleistung umgesetzt wird. 4 W 1480 nm Pumpleistung konnten so einer 143 km entfernten Erbium-Faser zugeführt werden [61].

Infolge des spektral sehr breiten Emissionsspektrums bei Yb-dotierten Fasern wird es möglich, durch die richtige Wahl der Emissionswellenlänge des Faserlasers und durch den Raman-Frequenzversatz die gewünschte Pumpwellenlänge für Raman-Faserverstärker zur Verfügung zu stellen. Raman-Faserverstärkern, gepumpt mit einem Raman-Faserlaser, können im Wellenlängenbereich 1,3 μm bis 1,65 μm lückenlos eingesetzt werden.

Raman-Faserverstärker für den Bereich um 1,31 μm lassen sich mittels Yb-dotiertem Faserlaser mit 1117 nm Emissionswellenlänge und der 2. Stokes-Wellenlänge (S_2) bei $\lambda \approx$ 1240 nm realisieren (Abb. 22.35c). Nutzt man den Raman-Frequenzversatz einer P_2O_5-dotierten Einmodenfaser aus, kann mittels der zweiten Linie im Raman-Querschnittsspektrum (Abb. 22.30) bei $1/\lambda \approx 1330\ \text{cm}^{-1}$ die 1064 nm Leistungsemission einer Nd-dotierten Doppelmantelfaser direkt in die 1234 nm Stokes-Linie umgesetzt werden.

Abbildung 22.42 zeigt den Aufbau des Faserlasers [62], bestehend aus 25 m Nd-dotierter Doppelmantelfaser und *P*-dotierter Raman-Faser mit 200 m Länge. Nach einer Wasserstoffhydrierung können die UV-induzierten Bragg-Gitter in die *P*-dotierte Faser direkt eingeschrieben werden. Spleißverluste zu extern in GeO_2 dotierte Faserstücke eingeschriebene Fasergitter werden so vermieden. Dies spiegelt sich in der geringen Pumpschwellenleistung von 300 mW für die 805 nm Pumpquellen. Bei 1240 nm wurden maximal 2,4 W Pumpausgangsleistung bei 10 W 805 nm Pumpeingangsleistung erzielt. Voraussetzung dazu ist aber, daß die hoch Phosphor-dotierte Faser geringe Rayleigh-Streuverluste ausweist, z. B. 2,4 dB/km und 1,6 dB/km bei den Wellenlängen 1064 nm und 1240 nm [62].

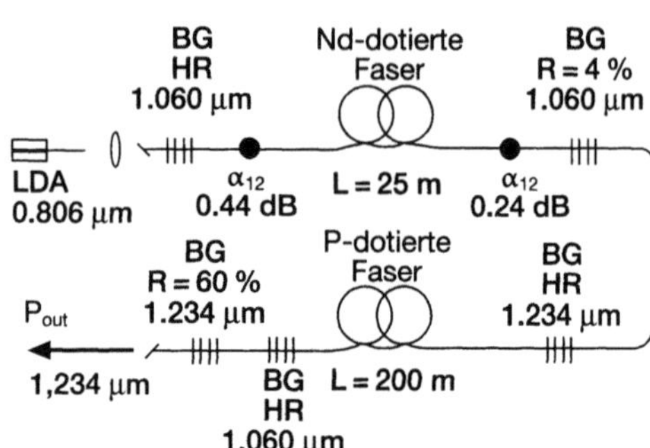

Abb. 22.42. Schematischer Aufbau eines 1234 nm Raman-Faserlasers [62] bestehend aus Nd-Faserlaser und *P*-dotierter Raman-Faser, BG: Bragg-Gitter, HR: hoher Reflexionsfaktor, α: Spleißverlust

22.8 Faserverstärker und Faserlaser mit LPE-Gläsern

Seltene-Erden dotierte Faserverstärker lassen sich in Quarzglas mit allen damit verbundenen Vorteilen realisieren, solange die Rekombination zwischen den beiden Laserniveaus durch stimulierte Emission erfolgt. Wird das obere Laserniveau aber durch Multiphononenrekombination nichtstrahlend entleert, läßt sich dieser Prozeß nur mit einem Wirtsglas mit geringer Phononenenergie (Low-phonon-energy-glass; LPE-Glas, s. Abschn. 22.9) reduzieren bzw. unterdrücken. Anwendung finden daher LPE-Gläser in 1,3 μm Pr-dotierten Fluorzirkonatfaserverstärkern, in Faserlaser oberhalb 2 μm Wellenlänge und in Faserlasern im sichtbaren Bereich, die über Aufwärtskonversions-Prozesse mit Laserquellen längerer Wellenlänge gepumpt werden.

22.8.1 Faserverstärker mit LPE-Gläsern im Bereich 1,3 μm

Sehr viele optische Übertragungssysteme sind im 1,3 μm Wellenlängenbereich realisiert worden, da die Standardfaser dort das Minimum der Dispersion aufweist. Mit einem Faserverstärker kann deren Übertragungskapazität erweitert werden. Seltene-Erden Elemente, die

Übergangsenergien im Bereich 1,3 µm bis 1,33 µm aufweisen, sind Neodym (Nd) und Praseodym (Pr). Aufgrund der Verschiebung der Emissionswellenlänge zu kleineren Werten beim Nd^{3+}-Ion bzw. aufgrund der energetisch dicht benachbarten Energieniveaus beim Pr^{3+}-Ion, muß ein LPE-Glas als Wirtsmaterial eingesetzt werden, um eine ausnutzbare strahlende Rekombination zu erhalten.

Da geeignete Pumpquellen im Bereich 800 nm verfügbar waren, wurden zuerst Nd-dotierte Zirkonfluoridfasern (ZBLAN, Abschn. 22.9.5.2) verwandt, um 1,3 µm Faserverstärker zu realisieren. Zwei Nachteile des Nd^{3+}-Ions verhindern aber bisher eine erfolgreiche Umsetzung. Zum einen ist der Übergang bei 1050 nm, der in Nd-YAG oder Nd-YLF-Lasern ausgenützt wird, wesentlich dominanter. Durch 1050 nm ASE wird der Gewinn im 1300 nm Bereich begrenzt. Zum anderen ist im Bereich um 1300 nm Signal-ESA (Excited State Absorption) so stark ausgeprägt, daß die Signalabsorption umso größer wird, je höher die Faser gepumpt wird. Durch Signal-ESA werden vom metastabilen Niveau aus höhere Energiezustände angeregt, indem Signalphotonen absorbiert werden. Abhängig vom Wirtsmaterial kann erst ab 1310 nm ein Gewinn durch stimulierte Emission erzielt werden, der bei $\lambda_s \approx$ 1340 nm (s. Abb. 22.43) maximal wird.

Wesentlich besser ist die Überlappung im Wellenlängenbereich bestehender 1,3 µm Übertragungssysteme mit dem Gewinnspektrum von Pr-dotierten ZBLAN-Faserverstärkern (Abb. 22.43, [63]) gegeben. Das Verstärkungsmaximum liegt im Bereich 1302...1310 nm; der Wellenlängenbereich mit $G > 20$ dB erstreckt sich von ≈ 1280 nm bis ≈ 1325 nm in dem gezeigten Beispiel.

Das Übergangsenergieniveauschema für Pr^{3+}-Ionen ist in Abb. 22.44 [63] dargestellt, wobei Energieniveaus, die an den Energietransfers nicht beteiligt sind, aus Vereinfachungsgründen weggelassen sind. Vom Grundzustand N_1 ($^3H_4$) wird durch Pumpabsorption (Pump-GSA, ground state absorption) das obere Lasernveau N_4 ($^1G_4$) angeregt. Das Niveau N_4 ist auch zugleich das metastabi-

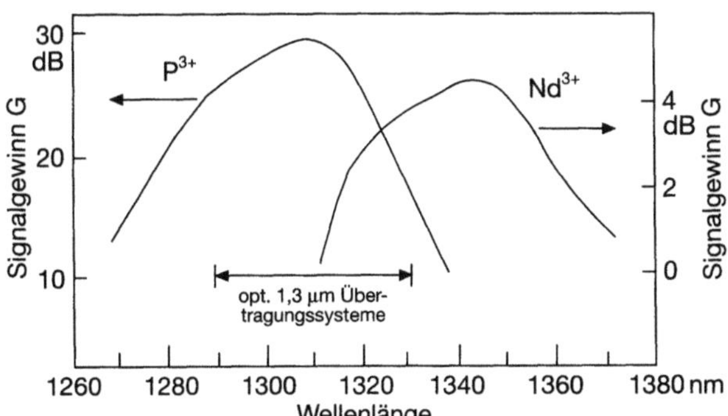

Abb. 22.43. Gewinnspektren von Pr^{3+}- und Nd^{3+}-ZBLAN-Faserverstärkern [63]

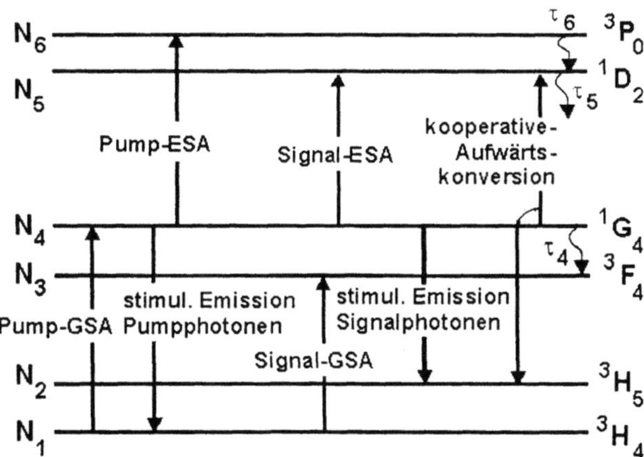

Abb. 22.44. Vereinfachtes Energieübergangsschema für Pr^{3+}-Ionen [63]

le Niveau. Stimulierte Emission erfolgt zum Niveau N_2 ($^3H_5$), von dem der Übergang zum Grundniveau nichtstrahlend erfolgt. Pr^{3+}-Ionen weisen ein quasi 4-Niveaulasersystem auf, wobei das obere Pumpniveau mit dem metastabilen Niveau zusammenfällt. Im Gegensatz zum 1,5 μm EDFA (3 Niveau-System) ist der 1,3 μm PDFA (Praseodym-doped fiber amplifier) ohne Pumpleistung idealerweise transparent. Durch Signal-GSA (N_1 ($^3H_4$) nach N_3 ($^3F_4$)) kommt es aber zu einer von der Signalwellenlänge abhängigen Absorption. Weitere Verluste entstehen durch Pump-ESA, Signal-ESA und kooperative Aufwärtskonversion, die vom metastabilen Niveau aus zu höheren Energieniveaus erfolgen. Bei letzterem treten zwei angeregte Pr^{3+}-Ionen in Wechselwirkung. Die Anregungsenergie geht von einem Ion auf das zweite über. Dieses wird in das Niveau N_5 ($^1D_2$) angehoben. Kooperative Aufwärtskonversion ist von der Höhe der Dotierung abhängig.

Nichtstrahlende Multiphononenrekombination erfolgt zwischen dem N_4- ($^1G_4$) und dem N_3- ($^3F_4$) Niveau, deren Energiedifferenz etwa ≈ 2700 ... 3000 cm^{-1} beträgt. In Quarzglas (Phononenergie ≈ 1100 cm^{-1}) wird der Übergang nichtstrahlend durch 3 Phononen überbrückt, während in ZBLAN-Glas (maximale Phononenenergie ≈ 580 cm^{-1}) 5–6 Phononen benötigt werden. Die Effizienz der strahlenden Rekombination in ZBLAN-Glas ist allerdings sehr gering, was sich in der geringen Fluoreszenzlebensdauer $\tau_4 \leq 110$ μs im metastabilen Niveau niederschlägt. Dotierungskonzentrationen > 1000 ppm führen zu einer weiteren Reduzierung der Fluoreszenzlebensdauer. Im Vergleich dazu beträgt diese beim 1,5 μm EDFA $\tau \approx 10$ ms.

Der Verlauf der Wirkungsquerschnitte zwischen den einzelnen Übergängen ist in Abb. 22.45 über der Wellenlänge dargestellt. Die Pump-GSA und die stimulierte Emission der Pumpphotonen ist mit dem Faktor 10× vergrößert wiedergegeben. Bei der insgesamt geringen Pumpabsorption beträgt die optimale Pumpwellenlänge $\lambda_p \approx 1017$ nm. Durch eine Yb^{3+}-Kodotierung läßt sich die geringe Pr-Pumpabsorption nicht umgehen, da durch Leistungsrücktransfer vom metastabilen Niveau ($^1G_4$) des Pr^{3+}-Ion auf das ($^2F_{5/2}$) Yb^{3+}-Ion (Abb. 22.3) der Pumpwirkungsgrad insgesamt weiter abnimmt [64].

Leistungsstarke Halbleiterlaserdioden (MOPA-LD, master oscillator power amplifier laserdiode) mit mehr als 500 mW eingekoppelter Pumpleistung sind bei der optimalen Wellenlänge entwickelt worden. Yb-Faserlaser (Abschn. 22.7.2) können ebenfalls für diese Wellenlänge ausgelegt werden. Mit geringerer Pumpeffizienz (Gewinn pro Pumpleistung) lassen sich auch Yb:YAG (1030 nm), Nd:YLF (1047 nm) [65] oder auch 980 nm Laserdioden einsetzen [66].

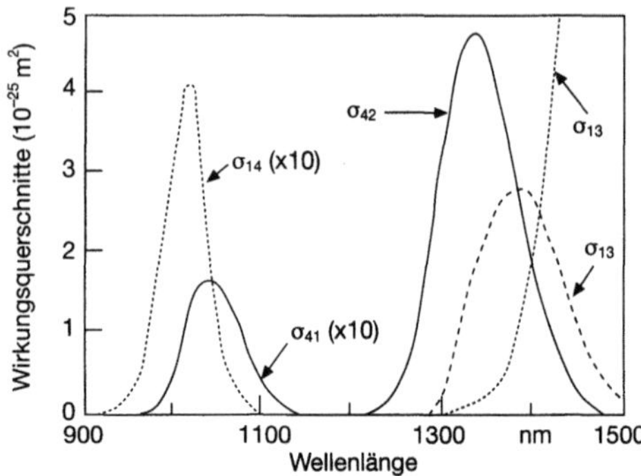

Abb. 22.45. Querschnittsspektren für Pump-GSA (σ_{14}), stim. Emission von Pumpphotonen (σ_{41}), stimulierte Emission von Signalphotonen (σ_{42}), Signal-ESA (σ_{45}), Signal-GSA (σ_{13}) [63]

In Abb. 22.46 [67] ist der maximale Signalgewinn über der Länge einer Pr-dotierten ZBLAN-Faser für eine MOPA-Pumpquelle (1017 nm) und eine Nd-YLF-Pumpquelle aufgetragen. Der Faserverstärker wird in Rückwärtsrichtung mit einer Pumpeingangsleistung $P_p^{in} = 500$ mW gepumpt. Kurvenparameter ist die Signaleingangsleistung. Bei der optimalen Pumpwellenlänge wird der Gewinn bereits nach 10 m Faserlänge maximal, um darüber hinaus bedingt durch Signal-GSA

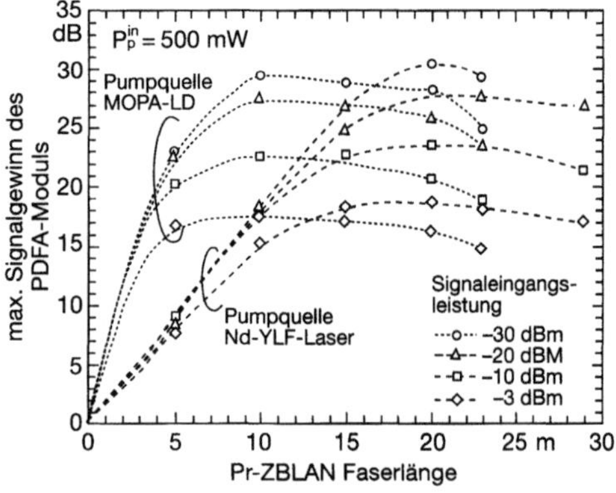

Abb. 22.46. Maximaler Signalgewinn eines PDFA-Moduls über der PDF-Länge für verschiedene Signaleingangspegel [67]

wieder abzunehmen. Dabei ist die Signal-GSA bei 1300 nm (Abb. 22.45, Verlauf σ_{13}) noch sehr gering. Sie steigt für höhere Wellenlängen stark an.

Aufgrund der geringeren Pumpabsorption bei der Nd-YLF-Pumpquelle (1047 nm) wird eine etwa doppelt so lange Pr-ZBLAN-Faser ($L_{opt} \approx 20$ m) benötigt, um den maximalen Gewinn zu erzielen.

Der spektrale Verlauf des Gewinns und der Rauschzahl in Abhängigkeit des Signaleingangspegels ist in Abb. 22.47 für den 1,3 µm PDFA mit 1017 nm MOPA-Pumpquelle dargestellt. Im Kleinsignalfall $P_s^{in} = -30$ dBm) werden bei $P_p^{in} = 500$ mW maximal $G = 30$ dB erreicht. Im Großsignalbetrieb reduziert sich der Gewinn G auf $G = 21$ dB, so daß bei $\lambda = 1302$ nm und -3 dBm Signaleingangsleistung eine Ausgangsleistung von $P_s^{out} = 18$ dBm erreicht wird.

Die Rauschzahl ist unabhängig vom Signaleingangspegel. Spektral steigt die Rauschzahl mit zunehmender Wellenlänge an. Die minimale Rauschzahl beträgt etwa 5 dB und ist damit vergleichbar mit der eines rückwärtsgepumpten EDFA. Der Anstieg bis auf $F = 10$ dB bei $\lambda_s = 1330$ nm wird durch den Anstieg der Signal-GSA (s. σ_{13}, Abb. 22.45) verursacht. In einer in Vorwärtsrichtung gepumpten Pr-ZBLAN-Faser wird die 3 dB Grenze aufgrund vollständiger Inversion (4-Niveau-System) erreicht. Für ein Verstärker-Modul erhöht sie sich um die Einfügeverluste bis zum Verstärkereingang.

Die Simulation des Verstärkungsverhaltens von Pr-dotierten Faserverstärkern erfolgt in Analogie zu dem Verfahren beim EDFA, lediglich die ESA- und Aufwärtskonversionsverluste müssen berücksichtigt werden [63, 68]. Praktisch können die gezeigten Werte nur erreicht werden, wenn die Pr-dotierte ZBLAN-Faser sehr dämpfungsarm (< 0,05 dB/m bei $\lambda \approx 1200$ nm) hergestellt wird, die Brechzahldifferenz zwischen Faserkern und -mantel im Bereich 2,5% < Δn < 4% und die Grenzwellenlänge bei $\lambda_c \approx 1$ µm. Der Kernradius beträgt also $a_{co} \approx 0{,}8 \ldots 0{,}9$ µm. Bedingt durch die sehr viel niedrigere Schmelztemperatur (Bereich 500 °C) der ZBLAN-Faser kann diese nur mittels Klebespleiße mit einer hohen NA-Quarzglasfaser verbunden werden. Durch die hohe NA-Faser können die Ankoppelverluste durch Feldanpassung klein gehalten werden. Die Faserstirnflächen sind dabei schräg (≈ 25° zur Faserachse) auszuführen, um Reflexionen, und damit Laserbetrieb auch bei hohen Verstärkungswerten, um mehr als −60 dB, zu unterdrücken. Dabei ist die ZBLAN-Faser mit einer Brechzahl von $n \approx 1{,}52$ noch relativ gut an die Brechzahl der Quarzglasfaser ($n \approx 1{,}48$) angepaßt. Die hohe NA-Faser kann mit Taperspleißen (adiabatische Feldanpassung) mit geringen Verlusten (≈ 0,2 ... 0,4 dB) an die Faser des Wellenlängen-selektiven Kopplers angespleißt werden. Mit Pr-dotierten ZBLAN-Fasern erreicht man einen Gewinnkoeffizienten von $g \approx 0{,}21$ dB/mW, der bei bidirektionalem Pumpen auf $g \approx 0{,}24$ dB/mW ansteigt.

Höhere Gewinnkoeffizienten sind mit noch phononenärmeren Gläsern (Abschn. 22.9), die eine höhere Lebensdauer zur Folge haben, erzielbar. So wurde mit einer Ga-Na-S (GNS) Chalkogenidglasfaser ein Gewinnkoeffizient von $g \approx 0{,}81$ dB/mW bei einer Lebens-

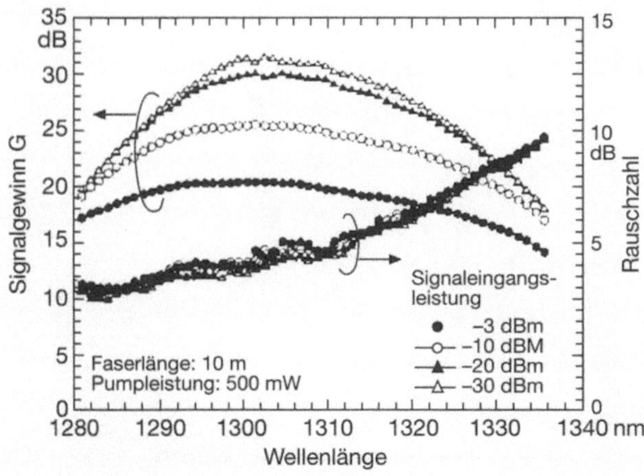

Abb. 22.47. Gewinn- und Rauschzahlspektrum eines PDFA-Moduls für verschiedene Signaleingangsleistungen [67]

dauer $\tau = 370$ µs erreicht [69]. Allerdings ist in Chalkogenidfasern die Emission zu längeren Wellenlängen hin verschoben. Maximaler Gewinn wird bei $\lambda \approx 1340$ nm erreicht. Darüber hinaus bereitet die hohe Brechzahl $n \approx 2{,}12$ große Probleme bei der reflexionsarmen Verbindung zur hohen NA-Quarzglasfaser.

22.8.2 Faserverstärker im Bereich der Telekommunikation

Optische Faserverstärker werden eingesetzt, um in Weitverkehrsnetzen der Telekommunikation die Dämpfungsgrenze zu erweitern. Der Bereich niedriger Dämpfung ist mit dem Wellenlängenbereich von ungefähr 1,2 µm bis etwa 1,7 µm eingrenzbar. Um die gesamte Übertragungskapazität der Einmodenfaser in WDM-Netzen zu erschließen, wäre eine lückenlose Abdeckung des nutzbaren Wellenlängenbereich mit Faserverstärker-Ausführungen die erforderliche Voraussetzung.

Einen Überblick über bisher realisierte seltene Erden dotierte Faserverstärker ist in Abb. 22.48 dargestellt. Das Dämpfungsverhalten einer Quarzglasfaser ohne OH^--Absorption ist ebenfalls aufgetragen. Der EDFA für das C-Band (1520 - 1560 nm) und das L-Band (1570 - 1600 nm) ist der einzige Quarglas-basierte Faserverstärker mit Seltene-Erden Dotierung. Mit einer Erbium-Tellurat-Glasfaser kann der gesamte Verstärkungsbereich des Er^{3+}-Ions kontinuierlich abgedeckt werden. Nichtlinearitäten des Tellurat-Glases, die zu höherem Übersprechen beitragen, lassen aber die Eignung für WDM-Netze fraglich erscheinen [70].

Fluorzirkonatfaserverstärker sind mit Pr-Dotierung (PDFA) für den 1,3 µm-Bereich, mit Thullium-Dotierung (TDFA) für den 1,48 µm und bei 1,65 µm (mit Terbium-Mantelkodotierung [71]) realisiert worden.

Wie in Abschn. 22.6 ausgeführt, lassen sich Raman-Faserverstärker für jeden Wellenlängenbereich realisieren. Durch die Kombination von Seltene-Erden dotierten Faserverstärkern, insbesondere des EDFA, und Raman-Faserverstärkern läßt sich die Übertragungskapazität von WDM-Übertragungssystemen in Zukunft noch erheblich steigern.

Dabei sind die Anforderungen an die Höhe der Pumpleistung bei seltene Erden dotierten und Raman-Faserverstärkern höchst unterschiedlich. Ein Vergleich der erforderlichen Pumpleistung zur Erzielung eines bestimmten Gewinns ist in Abb. 22.49 [4] wiedergegeben. EDFA mit 980 nm oder 1480 nm Pumpwellenlänge setzen die Pumpleistung am effizientesten um. Die benötigten Pumpleistungen zur Realisierung des Gewinns mit einem Raman-Faserverstärker in Abb. 22.49 spiegeln den Stand von vor 1994 wieder. Hier ist das Optimierungspotential aber noch nicht ganz ausgeschöpft. Zudem sind durch Doppelmantelfaserlaser diese Leistungen ohne großen Aufwand und mit Breitstreifenlasern, als Pumpquellen, heute realisierbar.

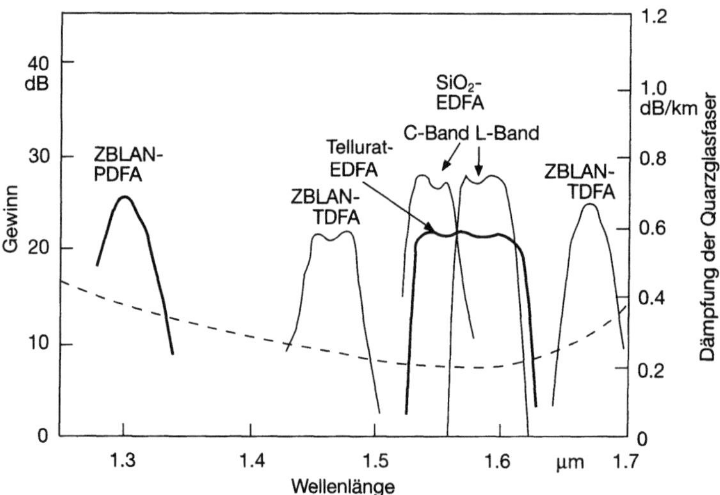

Abb. 22.48. Gewinn über der Wellenlänge für realisierte Faserverstärker Verstärkungsbänder; Dämpfungsverlauf SiO_2-Faser

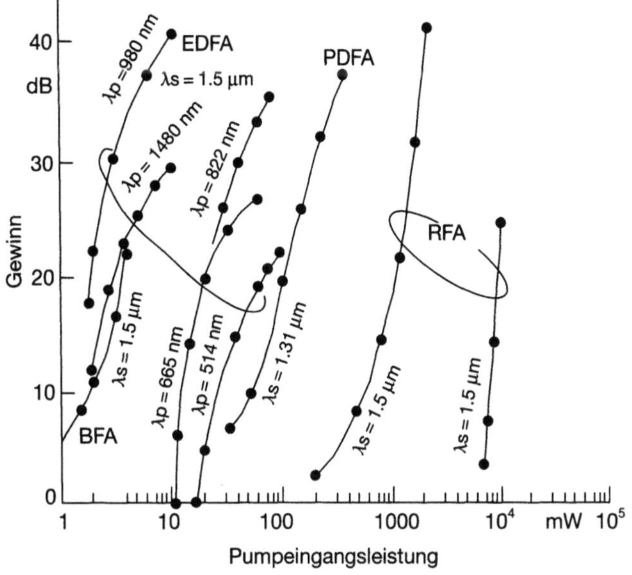

Abb. 22.49. Repräsentative Daten für Gewinn über Pumpeingangsleistung für Brillouin- (BFA), Erbium- (EDFA), Praseodym- (PDFA) und Raman- (RFA) Faserverstärker [4]

22.8.3 Faserlaser im Wellenlängenbereich $\lambda > 2$ µm

Bei der geringeren Phononenenergie in LPE-Gläsern geschieht die Rekombination zwischen zwei dicht benachbarten Energieniveauzuständen (Energiedifferenz > 4-fache Phononenenergie) mit höherem oder idealerweise ausschließlich strahlendem Anteil. Aufgrund ihrer Transparenz (Abb. 22.62, Dämpfung $\alpha \geq 10^3$ dB/km) können Seltene Erden-dotierte ZBLAN-Fasern für Faserlaser bis etwa 4 µm Anwendung finden.

Laserbetrieb wurde im Wellenlängenbereich von 2 bis 3,9 µm mit Erbium-, Holmium- und Thullium dotierten ZBLAN-Fasern realisiert.

Wie in Abschn. 22.1.1.1 ausgeführt, erfolgt die Rekombination vom $^4I_{11/2}$ zum $^4I_{13/2}$ Energiezustandsniveau in Quarzglas nichtstrahlend. In Er-dotierten ZBLAN-Glas wird bei einer Übergangswellenlänge von 2,75 µm eine Fluoreszenzlebensdauer im Bereich $\tau = 6 \ldots 7{,}8$ ms gemessen. Da das untere Laserniveau $^4I_{13/2}$ eine größere Lebensdauer ($\tau = 10$ ms) aufweist, ist der Laserbetrieb „selbsterlöschend", da die Inversion nicht aufrecht erhalten werden kann. Durch eine Seltene-Erden-Kodotierung, die durch Energietransfer aus dem unteren Laserniveau auf ein Energieniveau des Kodotanden die Lebensdauer reduziert, läßt sich der Laserbetrieb aufrecht halten. Eine andere Möglichkeit die Lebensdauer im $^4I_{13/2}$-Niveau zu senken ist simultaner Laserbetrieb bei 1,55 µm zu erzeugen. Ausführungsbeispiele für Faserlaserbetrieb bei $\lambda > 2$ µm sind in [72–75] ausgeführt.

Als Anwendungsgebiete seien Laser-Chirurgie und Sensorik angeführt. Im Bereich der Sensorik eignen sie sich zum Aufspüren von Gasen und deren Konzentration [76].

22.8.4 Faserlaser für den sichtbaren Wellenlängenbereich

Pumpt man eine Erbium-dotiert Faser im Bereich 800 nm, so wird über Pump-ESA das $^4S_{3/2}$-Niveau angeregt (Abb. 22.3c), von dem ein Teil unter Aussendung von grünem Licht (540 nm) direkt ins Grundniveau $^4I_{15/2}$ rekombiniert.

In Gläsern mit geringer maximaler Phononenenergie und Transparenz für Licht, wie sie im folgenden Abschn. 22.9 beschrieben werden, reduzieren sich die nichtstrahlenden Übergänge und infolge dessen das Aufteilungsverhältnis der Rekombinationen zu anderen Energieniveaus. Des weiteren erhöht sich auch die Lebensdauer im angeregten Niveau. Verbunden damit ist ein Anstieg der Effizienz der ausnutzbaren sichtbaren Strahlung.

Im Infraroten (≥ 750 nm) stehen leistungsstarke Halbleiterlaserdioden als Pumpquellen zur Verfügung. Bei energetisch niedrigerer

Pumpwellenlänge wird durch Pumpen eines Zwischenniveaus und Aufwärtskonversion von diesem oder einem anderen niedrigerem Energieniveau das obere Energieniveau für den Laserbetrieb im Sichtbaren angeregt. Dabei wird das niedrigere Energieniveau durch Rekombination vom Zwischenniveau besetzt. Zweifach oder mehrfach-Aufwärtskombinationsprozesse bzw. mehrfach Pumpwellenlängen werden ausgenutzt, um das obere Laserniveau anzuregen [58, 77–79].

Diese sichtbaren Quellen könnten Anwendung finden in der optischen Datenspeicherung, Unterseekommunikation und Projektionstelevision.

Durch die erfolgreichen Arbeiten an InGaN/AlGaN-Halbleitersystemen [80] ist nunmehr eine direkte Strahlungserzeugung aus Halbleiterlaserdioden bis in den blauen (420 nm) Bereich als effizientere Alternative gegeben.

22.9 Gläser mit niedriger Phononenenergie (LPE-Gläser)

André Bahl, Udo Unrau

Laseraktiv dotierte Gläser und Fasern mit niedriger maximaler Phononenenergie (engl. **L**ow **P**onon **E**nergy glasses) werden für besonders effektive Anwendungen benötigt, z. B. Faserverstärker und -laser für Wellenlängen, die sich auf Silikatglasbasis nur schlecht oder gar nicht realisieren lassen. Beispiele sind Verstärker bei 1,3 µm, Laser mit Emissionen oberhalb von 2 µm oder unter Ausnutzung von Mehrphotonen-Prozessen wie der Aufwärtskonversion von 0,8 µm ins Sichtbare. Passive Anwendungen profitieren von den erweiterten IR-Transmissionsbereichen [81].

22.9.1 Einleitung

Eine der wesentlichsten Eigenschaften von Gläsern ist ihr Transparenzbereich. Im täglichen Leben trifft man wegen ihrer guten Transparenz für Licht gewöhnlich auf Silikatgläser, in der optischen Kommunikationstechnik besonders auf Fasern aus reinem Kieselglas (SiO_2, umgangssprachlich: Quarzglas). Sie gehören zur Gruppe der Oxidgläser. Eine verbesserte Transparenz im langwelligen Bereich und technische Bedeutung haben insbesondere Fluorid- und Chalkogenidgläser [82]. Abbildung 22.50 zeigt die typischen Transparenzbereiche dieser Glasgruppen vom Ultravioletten (UV) über das Sichtbare (Licht), das nahe und mittlere Infrarot (n-IR, m-IR) bis zum fernen Infrarot (f-IR). Die spektralen Grenzen im Infraroten werden oft verschieden angegeben. Hier wird der Beginn des mittleren Infrarot am Ende des Transparenzbereichs von Quarzglas angesetzt.

22.9.1.1 *Begriffsdefinition*

Als LPE-Gläser werden solche Gläser bezeichnet, die deutlich geringere maximale Phononenenergien als Quarzglas haben. Werden sie laseraktiv dotiert, so wird die Energie angeregter Dotierionen in erheblich geringerem Maße über Phononenanregung an die LPE-Glasmatrix abgegeben, als das bei Quarzglas der Fall ist. LPE-Gläser haben deshalb eine bessere Infrarottransparenz als Quarzglas.

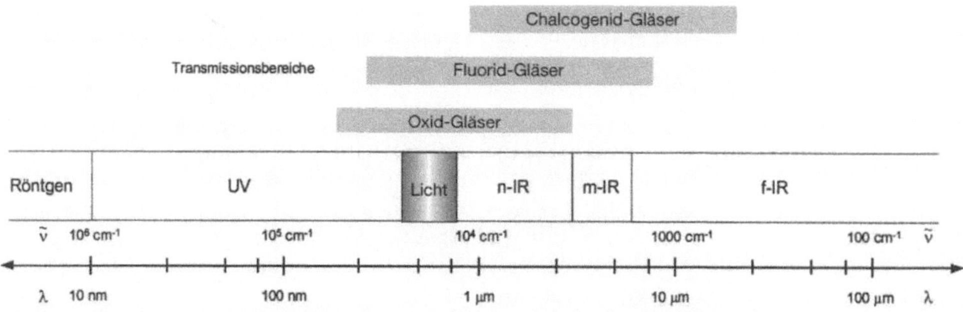

Abb. 22.50. Ausschnitt des elektromagnetischen Spektrums mit den Transmissionsbereichen dünner Glasscheiben

22.9.1.2
Anwendungen in der Photonik

LPE-Gläser werden in der Photonik vor allem in folgenden Bereichen eingesetzt:

- Übertragung infraroter Strahlung über LPE-Lichtwellenleiter, z. B. Energieübertragung für medizinische Laser bei 3 µm, Signalübertragung in den atmosphärischen Fenstern 3–5 µm und um 10 µm; IR-Spektroskopie;
- Fenster für Infrarotstrahlung in Meßgeräten.

Laseraktiv dotierte LPE-Lichtwellenleiter haben vor allem photonische Anwendungen als Laserwirtsmaterial für die Realisierung schwieriger Laserübergänge:

- Nichtstrahlende, phononenunterstützte Übergänge zwischen benachbarten Energieniveaus werden vermindert, da in LPE-Gläsern mehr Phononen für den Übergang benötigt werden als in Quarzglas und der Übergang dadurch unwahrscheinlicher wird.
  - (Beispiel: Praseodym-dotierte Faserverstärker für 1,3 µm sind nur mit LPE-Gläsern möglich, da dort das Niveau $^3F_4$ dicht unter dem oberen Laserniveau $^1G_4$ liegt.)
  - (Beispiel: Faserlaser für 2,9 µm, 3,3 µm, 3,5 µm und 3,9 µm sind nur mit LPE-Gläsern möglich.)
- Die Lebensdauern elektronisch angeregter Niveaus sind in LPE-Gläsern größer als in Quarzglas, es gibt mehr metastabile Zustände, höheren Quantenwirkungsgrad und größere Fluoreszenzbreiten als in Quarzglas.
  - (Beispiel: Erbium-dotierte LPE-Glas-Faserverstärker für 1,55 µm sind effektiver und haben ein flacheres Verstärkungsprofil als Quarzglasfaser-Verstärker.)
- Aus angeregten Zuständen langer Lebensdauer sind Absorptionen in höhere Zustände möglich und können geschickt genutzt werden, z.B. zur schnellen Entleerung des unteren Laserniveaus oder für die Aufwärtskonverson.
  - (Beispiel: Infrarotlaser sind oft selbstterminierend, da die Lebensdauer der Elektronen im unteren Laserniveau größer ist als die der im oberen. Durch Pump-Absorption in höhere Zustände [Excited State Absorption] aus dem unteren Laserniveau kann dessen Lebensdauer hinreichend herabgesetzt werden.)
  - (Beispiel: Strahlung aus billigen Halbleiterlasern bei 0,8 µm kann durch Aufwärtskonversion in seltenerd-dotierten LPE-Faserlasern in blaues, grünes und rotes Laserlicht für Projektionszwecke umgesetzt werden.)

Nachteile der LPE-Gläser gegenüber Quarzglas sind vor allem ihre geringere mechanische Festigkeit, chemische Beständigkeit und Temperaturbelastbarkeit. Im Transparenzbereich von Quarzglasfasern erreichen LPE-Fasern nicht vergleichbar niedrige Dämpfungen. Bei vielen Anwendungen können LPE-Faserlaser oder -verstärker trotz besserer Eigenschaften Komponenten aus Quarzglas nicht verdrängen, da Materialübergänge von Quarzglas-Übertragungsfasern zu LPE-Verstärkerfasern unerwünscht sind. Wegen einer gewissen Toxizität vieler LPE-Gläser scheut man deren Einsatz im medizinischen Bereich.

22.9.2
Verlustmechanismen in Gläsern

Durchdringt Strahlung ein transparentes Material wie Glas, so wird sie gedämpft. Gerade für die optische Kommunikationstechnik sind extrem niedrige Dämpfungen ein entscheidendes Kriterium. Quarzglasfasern haben heute mit Dämpfungskoeffizienten von $\alpha \sim$ 0,17 dB/km bei 1,55 µm Wellenlänge bereits nahezu ihr theoretisches Minimum erreicht. (Zum Vergleich: Fensterglas hat $\alpha > 1000$ dB/km.) Dies gilt nicht für andere Gläser. Für die Entwicklung geeigneter Materialsysteme ist daher das Verständnis der zugrundeliegenden Dämpfungsmechanismen wichtig.

Wie in Abb. 22.51 dargestellt, hat die optische Dämpfung verschiedene Ursachen. Zunächst lassen sich Absorption und Streuung unterscheiden. In beiden Fällen gibt es neben den extrinsischen Faktoren, die auf Verunreinigungen (z. B. Nebengruppenelemente wie Fe, Co, Ni ...) oder Materialfehler (Mikrokristalle und Blasen) zurückzuführen sind, auch intrinsische Verlustmechanismen, die durch das Materialsystem selbst bestimmt werden.

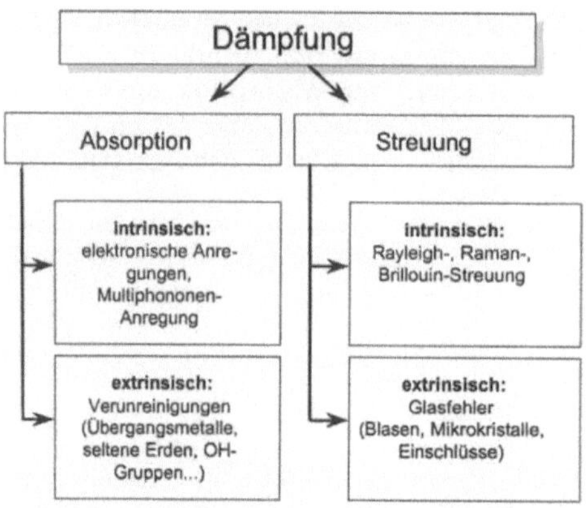

Abb. 22.51. Verlustmechanismen in Glas

Da die intrinsischen Verluste das theoretische Dämpfungsminimum vorgeben, welches nicht durch Prozeßparameter bei der Herstellung zu beeinflussen ist, sind sie für die Materialauswahl entscheidend.

22.9.2.1
Die V-Kurve

Trägt man den Dämpfungskoeffizienten über der Wellenlänge in einer doppelt logarithmischen Skala auf, ergibt sich eine V-ähnliche Kurve, wie sie in Abb. 22.52 dargestellt ist. Sie läßt sich durch die empirische Gleichung

$$\alpha_t = A_{el} \cdot \exp\left(\frac{B_{el}}{\lambda}\right) + \frac{C_R}{\lambda^4} + D_m \cdot \exp\left(-\frac{E_m}{\lambda}\right) \tag{22.73}$$

beschreiben. Dabei sind A_{el}, B_{el}, C_R, D_m und E_m Materialkonstanten.

Der Transmissionsbereich (auch: Transparenzbereich, optisches Fenster) ergibt sich aus der Superposition von drei intrinsischen Faktoren. Auf der kurzwelligen Seite begrenzt ihn die einsetzende elektronische Absorption des Materials (Urbach-Kante), was mathematisch durch den ersten Term in Gl. (22.73) beschrieben wird. Fernab der elektronischen Absorption wird die Grunddämpfung im wesentlichen durch die Rayleigh-Streuung bestimmt, die die typische λ^{-4}-Abhängigkeit (2. Term in Gl. (22.73)) aufweist. (Auch nichtlineare Prozesse, wie die Raman- und die Brillouin-Streuung, tragen zur Grunddämpfung bei; ihre Intensitäten sind aber noch um etwa drei Zehnerpotenzen geringer als die der Rayleigh-Streuung und werden hier vernachlässigt.) Schließlich begrenzt die Infrarot-Absorptionskante das optische Fenster im langwelligen Teil des Spektrums (3. Term in Gl. (22.73)).

Das theoretische Dämpfungsminimum ergibt sich demnach aus der Überlagerung von Rayleigh-Streuung und IR-Absorptionskante. Da die Rayleight-Streuung mit zunehmender Wellenlänge stark abnimmt (λ^{-4}), ist eine Verschiebung der IR-Absorptionskante zu größeren Wellenlängen hin mit einer Verringerung des theoretischen Dämpfungsminimums verbunden. Aus diesem Grund ist die Suche nach Gläsern mit niedriger Dämpfung eng verknüpft mit dem Ziel eines erweiterten IR-Transmissionsbereichs.

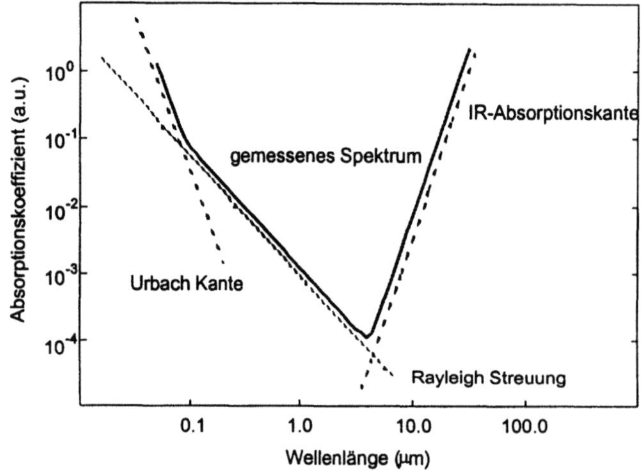

Abb. 22.52. Schematische Darstellung der intrinsischen Verluste in Gläsern („*V*-Kurve")

22.9.2.2
Die IR-Absorptionskante aufgrund von Multiphononenabsorption

Bei der Absorption elektromagnetischer Strahlung im fernen Infrarot werden Schwingungen des Materials angeregt, die in Phononen quantisiert werden können. Bei Quarzglas liegen die fundamentalen Vibrationsfrequenzen bereits im Bereich von 8 – 15 μm. Entscheidend für die IR-Absorptionskante sind jedoch Multiphononen-Anregungen, bei denen die Energie zur Bildung von zwei oder mehr Phononen führt. Die Überlagerung dieser Multiphononen-Absorptionen führt zu dem annähernd exponentiellen Abfall der IR-Absorptionskante in den Bereich höherer Energien, wie er in Abb. 22.52 dargestellt ist. Aus diesem Grund ist Quarzglas nur bis ca. 2,5 μm transparent.

Die Fundamentalresonanz (und damit indirekt die IR-Absorptionskante) hängt von der Art der chemischen Bindung und den beteiligten Elementen ab. Gl. (22.74) beschreibt die zu erwartende Vibrationsfrequenz ν einer Streckschwingung in einem vereinfachten zweiatomigen Modell

$$\nu = \frac{1}{2\pi}\sqrt{\frac{k(m_1+m_2)}{m_1 m_2}}, \tag{22.74}$$

wobei k für die Kraftkonstante der Bindung und m_i für die Atommassen der beteiligten Elemente steht. Die starken Si-O Atombindungen in Quarzglas führen demzufolge zu deutlich höheren Vibrationsfrequenzen und damit kürzerwelligen IR-Absorptionskanten, verglichen mit den schwachen ionischen Bindungen in Halogenid-Gläsern.

Eine Abschätzung der zu erwartenden Vibrationsfrequenzen ν bei ionischen Gläsern ermöglicht Gl. (22.75) unter der Annahme reiner Coulomb-Wechselwirkungen:

$$\nu \propto \sqrt{\frac{q_1 q_2 (m_1+m_2)}{r^2 m_1 m_2}}. \tag{22.75}$$

Dabei stehen mit $i = 1, 2$ q_i für die Ionenladungen, m_i für die Ionenmassen und r_i für die Ionenradien von Kation und Anion. Die angestrebte Erhöhung der IR-Transparenz läßt sich demzufolge durch die Wahl von Glasbestandteilen mit niedrig geladenen Kationen (bzw. Anionen) hoher Masse und großer Ionenradien erreichen. Für Fluoridgläser ist diese Klassifizierung in Abb. 22.53 dargestellt.

Es zeigt sich, daß innerhalb einer Hauptgruppe (z.B. Li, Na, K, Rb) die Vibrationsfrequenz mit zunehmender Ordnungszahl abnimmt; denn Ionenradien und Masse nehmen zu. Innerhalb einer Periode (z.B. Rb, Sr, Y, Zr ... Sb) dominieren die Ionenwertigkeiten die Vibrationsenergie der Metall-Fluor-Bindung. So steigt ν vom einwertigen Rubidium zum vierwertigen Zirkonium. Das zweiwertige Cadmium führt dagegen wieder zu einer deutlich geringeren Vibrationsenergie.

22.9.3
Messung der Phononenenergie

Werden transparente Stoffe wie Glas durchstrahlt, so treten neben eventuellen Reflexionsverlusten und Absorptionen durch das

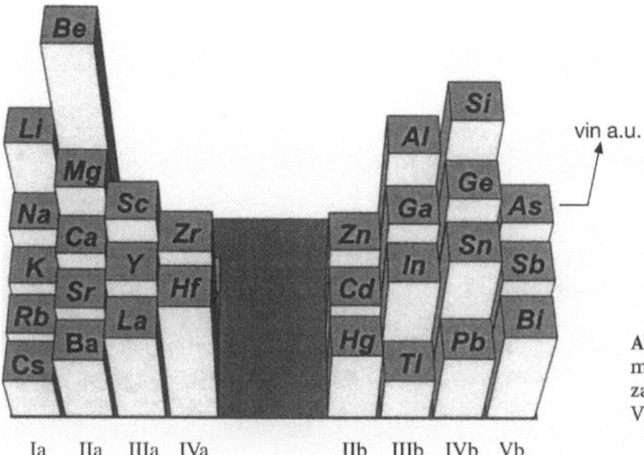

Abb. 22.53. Klassifizierung der Element-Fluoride (stabilste Oxidationszahl) nach der zu erwartenden Vibrationsfrequenz ν Gl. (22.75)

Medium auch Verluste durch Streuung auf. Dabei wird ein Teil der Strahlungsenergie in verschiedene Raumrichtungen abgestrahlt. In Tabelle 22.3 sind die physikalischen Vorgänge zusammengestellt [83–85].

Streustrahlung von Gläsern besitzt überwiegend die Frequenz der Anregungsstrahlung (Rayleigh-Streuung), was sich durch elastische Stöße der Strahlungsquanten mit den Molekülen des Materials erklären läßt. Es treten aber auch Anteile mit charakteristischen Frequenzverschiebungen auf. Diese als Raman- bzw. Brillouin-Streuung bezeichnete Strahlung läßt sich durch inelastische Stöße der Quanten mit den Atomen bzw. Molekülen des Materials erklären. Während bei der Brillouin-Streuung die Bildung der niederenergetischer, sog. akustischer Phononen ($\nu \sim 0{,}1 - 1\ \mathrm{cm}^{-1}$) angeregt wird, werden bei der Raman-Streuung energiereichere Moleküle- bzw. Gitterschwingungen erzeugt ($\nu \sim 10\,000 - 15\,000\ \mathrm{cm}^{-1}$). Für Näheres sei auf das Kap. 16 verwiesen.

Tabelle 22.3. Physikalische Vorgänge bei der Wechselwirkung elektromagnetischer Strahlung mit einem transparenten Material

Effekt	Ursache
Fresnel-Reflexion	Teilreflexion nach den Gesetzen der geometrischen Optik
Absorption	Die Energie wird durch elektronische Übergänge oder Schwingungsanregungen im Material absorbiert
Rayleigh-Streuung	Elastische Streuung der Photonen; d. h. Streustrahlung mit derselben Frequenz
Raman-Streuung	Inelastische Streuung durch Wechselwirkung mit optischen (hochfrequenten) Phononen; die Streustrahlung besitzt eine Energiedifferenz zur Anregungsstrahlung
Brillouin-Streuung	Inelastische Streuung durch Wechselwirkung mit akustischen (niederfrequenten) Phononen; die Streustrahlung besitzt eine Energiedifferenz zur Anregungsstrahlung

Damit eignet sich die Raman-Spektroskopie – ähnlich wie die IR-Spektroskopie, bei der die Absorption von elektromagnetischer Strahlung im Bereich 0,78 bis 10 000 μm analysiert wird – zur Untersuchung von Molekül- oder Gitterschwingungen.

Zur Bestimmung der Phononenenergie eines Glases wird in der Regel der Strokes-Bereich des Raman-Spektrums herangezogen, in dem die Frequenzen der Streustrahlung unter der Frequenz der Pumpstrahlung liegen. Angegeben wird häufig die Differenz zur Anregungsstrahlung *Dn* (in cm^{-1}). Aus den Intensitätsmaxima lassen sich die häufigsten Phononenenergien ableiten, wobei besonders die maximalen Phononenenergien für die schnelle Depopulation angeregter Zustände ausschlaggebend sind.

Ein typisches Raman-Spektrum zweier LPE-Gläser, die später noch behandelt werden, ist in Abb. 22.54 wiedergegeben. Detaillierte Vergleiche verschiedener Glassysteme finden sich in Abschn. 22.9.5 und [86].

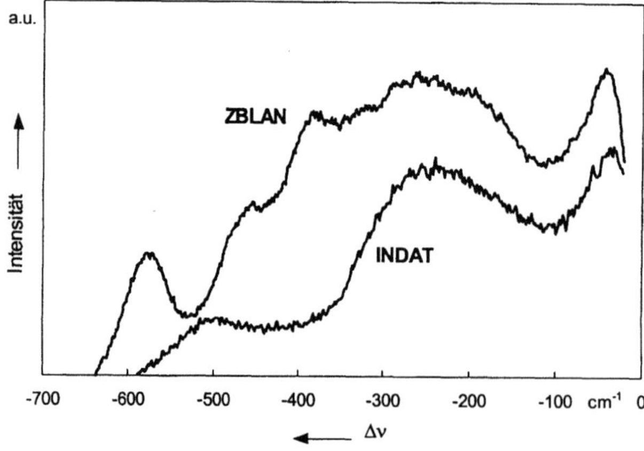

Abb. 22.54. Raman-Spektren von undotierten ZBLAN- und INDAT-Glasproben ($\lambda = 514$ nm; $T = 25\,°\mathrm{C}$)

22.9.4 Generelle Eigenschaften von LPE-Gläsern

Durch die Abhängigkeit der Phononenenergie von der Bindungsstärke Gl. (22.74) ergeben sich wesentliche Konsequenzen für die mechanischen und thermischen Eigenschaften des Materials. So wie die Phononenenergie mit abnehmender Bindungsstärke sinkt, nimmt auch die mechanische Widerstandsfähigkeit ab. LPE-Gläser sind daher generell mechanisch, aber auch chemisch weniger stabil als z. B. Quarzglas. Als Beispiele seien hier Bromid- oder Iodid-Gläser genannt, die zwar eine sehr gute Transparenz bis weit ins ferne Infrarot besitzen, aber bereits unter ihrem Eigengewicht deformiert werden und so hygroskopisch sind, daß sie an Luft zerfließen. Es ist daher notwendig, einen für die jeweilige Anwendung optimalen Kompromiß zwischen Phononenenergie und Stabilität zu finden.

Ein weiteres Kriterium für Eignung eines Glassystems zur Herstellung von Glasfasern sind die thermischen Eigenschaften. Hier sind insbesondere die Glastemperatur T_g und die Differenz ΔT zur Kristallisationstemperatur T_x zu nennen, die mittels DSC (Differential Scanning Calorimetry) oder DTA (Differential Thermal Analysis) bestimmt werden können. Als Richtwert gilt, daß $\Delta T > 90$ K sein sollte, um Fasern erfolgversprechend ausziehen zu können. Letztlich bestimmt aber der Verlauf der Viskosität beim Abkühlen zwischen Kristallisations- und Glasübergangstemperatur den Ziehbereich eines Glases.

22.9.5 LPE-Glassysteme

In der Literatur findet sich eine Vielzahl von Glassystemen für optische Anwendungen, die sich nach ihrer grundlegenden Zusammensetzung unterteilen lassen. Zweckmäßig ist dabei eine Gliederung nach den Anionen bzw. den nichtmetallischen Komponenten, womit sich im wesentlichen drei Klassen von Gläsern ergeben:

Oxid-, Halogenid- und Chalkogenid-Gläser. Diese Klassifizierung ist in Abb. 22.55 verdeutlicht. Als eher elektropositive Komponenten finden sich je nach Glassystem eine Vielzahl der überwiegend zu den Metallen zählenden Elemente. Typische Vertreter sind ebenfalls in Abb. 22.55 gekennzeichnet. Selbstverständlich existieren aber auch viele gemischte Beispiele wie z. B. Fluorophosphat- oder Chalkohalid-Gläser.

22.9.5.1 *Schwermetalloxid-Gläser*

Auch innerhalb der Oxid-Gläser läßt sich eine deutliche Verringerung der Phononenenergien durch zunehmende Atommassen erreichen. Dieses ist in Hinblick auf die Prozeßkompatibilität mit Quarzglasfasern und die sehr guten mechanischen, thermischen und chemischen Eigenschaften vieler Oxid-Gläser besonders interessant. (Von den thermischen Eigenschaften her ist besonders die Differenz der Glastemperatur T_g und der Kristallisationstemperatur T_x für die Herstellung von Fasern oder optischer Bauteile ausschlaggebend.) Die Vibrationsfrequenzen der reinen glasförmigen Oxide fallen in der Reihe

$$\text{B-O } (1340\ \text{cm}^{-1}) > \text{P-O } (1290\ \text{cm}^{-1}) > \text{Si-O } (1080\ \text{cm}^{-1}) > \text{Ge-O } (810\ \text{cm}^{-1}) > \text{Te-O } (730\ \text{cm}^{-1}).$$

In Gläsern mit reduzierter Phononenenergie findet man daher überwiegend Metalloxide der höheren Perioden. Abbildung 22.56 zeigt anschaulich die Zusammensetzung eines typischen Germanat-Glases und Tabelle 22.4 gibt einen Überblick über typische Zusam-

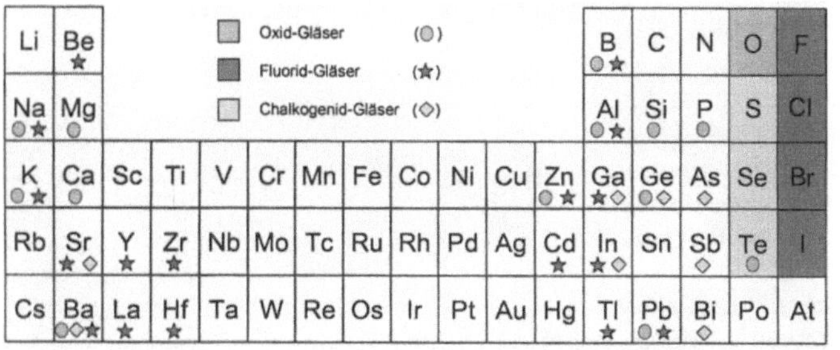

Oxid-Gläser (○)
Fluorid-Gläser (★)
Chalkogenid-Gläser (◇)

Li	Be ★											B ○★	C	N	O	F
Na ○★	Mg ○											Al ○★	Si ○	P ○	S	Cl
K ○★	Ca ○	Sc	Ti	V	Cr	Mn	Fe	Co	Ni	Cu	Zn ○★	Ga ★◇	Ge ○◇	As ◇	Se	Br
Rb	Sr ★◇	Y ★	Zr ★	Nb	Mo	Tc	Ru	Rh	Pd	Ag	Cd ★	In ★◇	Sn	Sb ◇	Te ○	I
Cs	Ba ○◇★	La ★	Hf ★	Ta	W	Re	Os	Ir	Pt	Au	Hg	Tl ★	Pb ○★	Bi ◇	Po	At

Abb. 22.55. Unterteilung der Glassysteme nach ihren nichtmetallischen Komponenten und typische Bestandteile der jeweiligen Gläser

Tabelle 22.4. Eigenschaften ausgewählter Schwermetalloxid-Gläser (Brechzahl n_d bei 587,6 nm, Glastemperatur T_g in °C, maximale Phononenenergie *MPE* in cm^{-1} und IR- Absorptionskante $\lambda_{cut\text{-}off}$ in μm für Glasstücke)

Kürzel	Zusammensetzung in mol%	n_d	T_g	*MPE*	$\lambda_{cut\text{-}off}$	Literatur
GN	$90GeO_2$-$10Na_2O$	1,6781	-	850	-	[87]
TB	$80TeO_2$-$20BaO$	2,1005	-	610	-	[87]
GKT	$40Ga_2O_3$-$30K_2O$-$30Ta_2O_5$	1,8374	-	730	-	[87]
GPBZK	$55GeO_2$-$20PbO$-$10BaO$-$10ZnO$-$5K_2O$	1,812	465	820	5,3	[88]
TPGC	$40TeO_2$-$27PbO$-$23GeO_2$-$10CaO$	1,95	365	750	-	[89]
PBG	$40PbO$-$35Bi_2O_3$-$25Ga_2O$	2,40	-	-	8	[90]

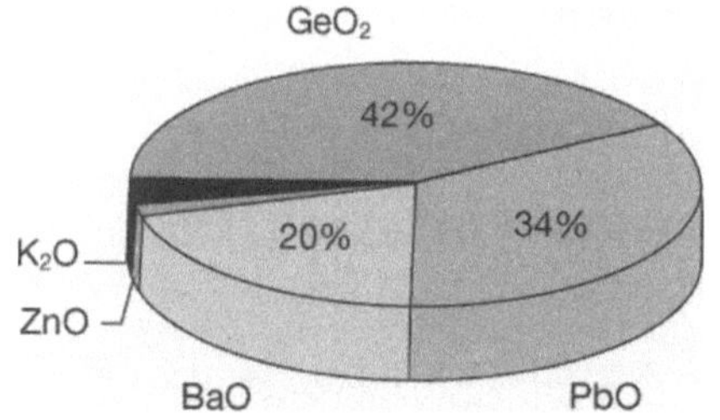

Abb. 22.56. Zusammensetzung eines typischen Schwermetalloxid-Glases in Gew-% (GPBZK Tabelle 22.4)

mensetzungen und wichtige Eigenschaften einiger Oxid-Gläser.

Ihre vergleichsweise kurzwellige UV Absorptionskante macht die Oxid-Gläser für die Aufwärtskonversion in den sichtbaren Spektralbereich interessant. So zeigt beispielsweise ein Er^{3+}-dotiertes Glas $(63-x)GeO_2$-$xTeO_2$-$27PbO$-$10CaO$ (in mol%) für $x = 40$ eine um den Faktor 2,6 gesteigerte Effizienz der Aufwärtskonversion 800 nm $\rightarrow$ 547 nm, verglichen mit dem Tellur-freien Glas ($x = 0$) [90]. Gläser mit einem erheblichen TeO_2-Anteil werden Tellurit-Gläser genannt und auch für Verstärkeranwendungen untersucht.

22.9.5.2 *Zirkoniumfluorid-Gläser*

Schwermetallfluorid-Gläser wurden erst 1974 entdeckt [91] und haben als einzige LPE-Gläser breitere technische Anwendung gefunden. Einer der wesentlichen Gründe hierfür ist die höhere IR-Transparenz gegenüber Quarzglas, die theoretisch zu einem deutlich tieferen Dämpfungsminimum führt, was aber durch extrinsische Verluste bisher nicht erreicht wurde.

Fluorid-Gläser besitzen generell eine hohe Tendenz zur Kristallisation. Nur wenige Mehrkomponenten-Gemische sind hinreichend stabil, um die Herstellung größerer Glasstücke oder das Ziehen von Fasern zu ermöglichen. Gläser auf der Basis von Zirkoniumfluorid (ZrF_4) bilden die mit Abstand am häufigsten untersuchte Gruppe der Fluorid-Gläser und sind zugleich eine der wenigen Glassysteme, von denen kommerzielle Glasfasern erhältlich sind. Ein häufig verwendetes Gemisch ist dabei ZBLAN (ZrF_4-BaF_2-LaF_3-AlF_3-NaF). Abbildung 22.57 und Tabelle 22.5 zeigen Zusammensetzung und Eigenschaften.

22.9.5.3 *Andere Halogenid-Gläser*

Neben ZBLAN haben in jüngster Zeit einige andere Mehrkomponenten-Gemische an Bedeutung gewonnen, die zum Teil deutlich geringere maximale Phononenenergien besitzen. Zugleich lassen sich technologische Prozesse, die für die ZrF_4-basierten Gläser gut beherrscht werden, weitgehend auf andere Halogenid-Gläser übertragen.

Als elektropositive Komponente werden (Halb-)Metalle mit geringerer Wertigkeit (Ladung des Kations) bevorzugt. Mit dem Übergang von vierwertigen (Zr^{4+}) über drei- zu zweiwertigen Elementhalogeniden ist in Übereinstimmung mit (22.75) eine Verringerung der maximalen Phononenenergie verbunden. Diesem Trend folgen auch die auf InF_3 (INDAT) und die auf CdX_2 (X = Halogen)

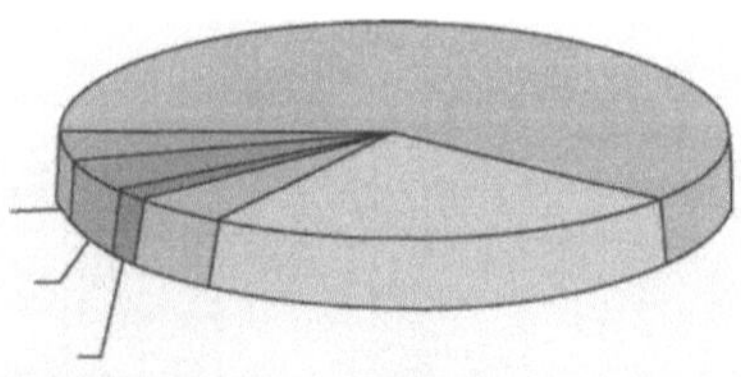

Abb. 22.57. ZBLAN Zusammensetzung in Gew.-%

Tabelle 22.5. Eigenschaften ausgewählter ZrF_4-basierter Gläser (Brechzahl n_d bei 587,6 nm, Glastemperatur T_g und $\Delta T = T_x$-T_g in °C, maximale Phononenenergie *MPE* in cm^{-1} und IR-Absorptionskante $\lambda_{cut\text{-}off}$ in µm für Glasstücke

Kürzel	Zusammensetzung in mol%	n_d	T_g	ΔT	*MPE*	$\lambda_{cut\text{-}off}$	Literatur
ZBLA	$61ZrF_4$-$29BaF_2$-$7LaF_3$-$3AlF_3$	-	302	57	-	-	[92]
ZBLAN	$52ZrF_4$-$20BaF_2$-$4LaF_3$-$4AlF_3$-$20NaF$	1,500			580	7	[93]
			265	93			[92]
ZZBAYS	$25ZnF_2$-$23ZrF_4$-$20BaF_2$-$15AlF_3$-$10YF_3$-$7SrF_2$	1,488	324	154	-	-	[94]

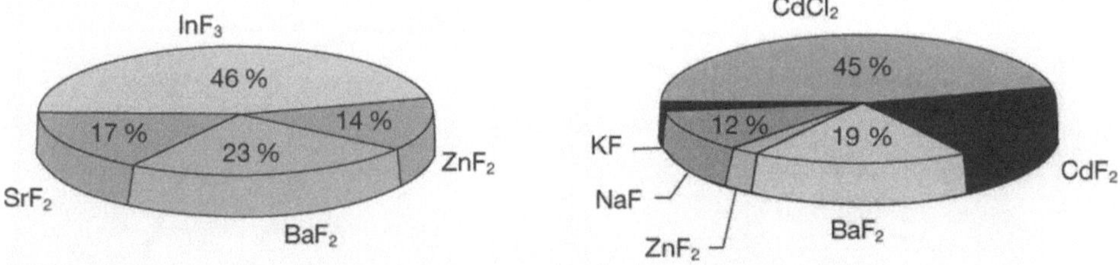

Abb. 22.58. Zusammensetzung typischer INDAT (links) und CdX_2-Gläser (rechts) in Gew.-%

basierenden Gläser, wie sie in Abb. 22.58, Tabelle 22.6 und Tabelle 22.7 näher gekennzeichnet werden.

Da unter den LPE-Gläsern die Fluoridgläser technisch am weitesten entwickelt sind, werden nachstehend auch noch die Transmissionskurven von zwei Gläsern aus dem eigenen Labor wiedergegeben.

Man erkennt in Abb. 22.59a, daß INDAT-Gläser eine gute Transparenz im UV und für Licht haben, was sie, zusammen mit den erwähnten kleineren Phononenenergien, für Aufwärtskonversionsprozesse noch besser geeignet erscheinen läßt als ZBLAN. CdX-Gläser zeigen hier schlechtere Transmissionseigenschaften. Es muß im Einzelfall geprüft werden, inwieweit die deutlich geringere Phononenenergie und damit höhere Quanteneffizienz die geringere Transmission ausgleicht.

Abbildung 22.59b zeigt, daß oberhalb von 6 µm Wellenlänge die CdX-Gläser die Transparenz von INDAT und ZBLAN übertreffen, wobei INDAT wiederum bessere IR-Eigenschaften hat als ZBLAN. Da CdX nicht nur aus Fluoriden besteht, sondern einen hohen Chlorid-Anteil hat, ist es mechanisch und chemisch weniger beständig als ZBLAN und INDAT.

Während die INDAT-Gläser bezüglich ihrer thermischen und chemischen Eigenschaf-

Tabelle 22.6. Eigenschaften einiger InF_3-basierter Gläser (Brechzahl n_d bei 587,6 nm, Glastemperatur T_g und $\Delta T = T_x$-T_g in °C, max. Phononenenergie *MPE* in cm^{-1}, und IR-Absorptionskante $\lambda_{cut\text{-}off}$ in µm für Glasstücke

Kürzel	Zusammensetzung in mol%	n_d	T_g	ΔT	*MPE*	$\lambda_{cut\text{-}off}$	Literatur
INDAT-1	$45InF_3$-$35BaF_2$-$20MgF_2$	1,487	358	94	-	-	[95]
INDAT-2	$48InF_3$-$24BaF_2$-$7AlF_3$-$20LiF$-$1NdF_3$	1,53	-	-	-	-	[96]
INDAT-3	$40InF_3$-$20BaF_2$-$20SrF_2$-$20ZnF_2$	1,501	301	87	~ 500	7	[97]
INDAT-4	$40InF_3/GaF_2$-$20BaF_2$-$15SrF_2$-$5PbF_2$	1,509	284	116	510	7	[98]
PGZ	$38PbF_2$-$25GaF_3$-$16ZnF_2$-$13InF_3$-$4YF_3$-$4LaF_3$	1,597	252	98	-	~ 8	[99]
BIG	$30BaF_2$-$18InF_3$-$12GaF_3$-$20ZnF_2$-$10YbF_3$-$6ThF_4$-$4ZrF_4$	1,505	332	128	~ 450	7,5	[100]

Tabelle 22.7. Eigenschaften einiger Cadmiumhalogenid-Gläser (Brechzahl n_d bei 587,6 nm, T_g und $\Delta T = T_x - T_g$ in °C, max. Phononenenergie *MPE* in cm^{-1}, und IR-Absorptionskante $\lambda_{cut-off}$ in µm für Glasstücke

Kürzel	Zusammensetzung in mol%	n_d	T_g	ΔT	*MPE*	$\lambda_{cut-off}$	Literatur
CNBK	$33CdCl_2$-$17CdF_2$-34NaF-$13BaF_2$-3KF	1,650	137	112	370	~ 10	[101]
CdX-1	CdX_2-BaX_2-NaX (F-reich)	-	186	59	378	9	[102]
CdX-2	CdX_2-BaX_2-NaX (Cl-reich)	-	132	85	236	10	[102]

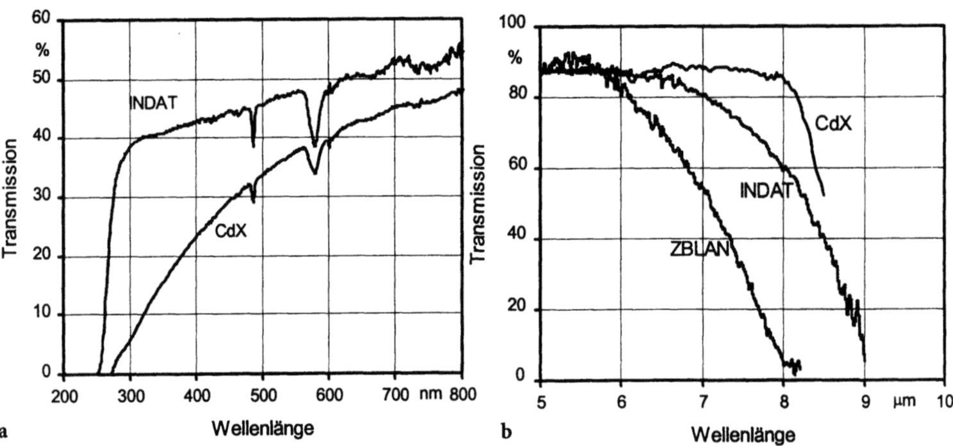

Abb. 22.59. **a** Kurzwelliges Transmissionsspektrum eines INDAT- und eines CdX-Glases, **b** IR-Transmissionsspektrum von INDAT-, ZBLAN- und CdX-Gläsern

ten dem ZBLAN sehr ähnlich sind, sind die charakteristischen Temperaturen der CdX-Gläser deutlich geringer. Mit steigendem Chlorid-Anteil werden sie zudem zunehmend feuchtigkeitsempfindlich, so daß sie, ungeschützt an normaler Raumluft, nach einiger Zeit trübe werden. Diesen Nachteilen stehen jedoch eine drastisch reduzierte Phononenenergie und die sich daraus ergebende höhere IR-Transparenz gegenüber.

22.9.5.4 *Chalkogenid-Gläser*

Chalkogenid-Gläser sind anorganische Materialien, die neben elektropositiven Elementen (z.B. Arsen, Gallium, Germanium) ein oder mehrere der Chalkogene (Schwefer, Selen, Tellur) mit Ausnahme von Sauerstoff enthalten. In der Regel absorbieren diese Gläser aufgrund einer Bandlücke im sichtbaren Spektralbereich und erscheinen damit farbig oder schwarz. Verglichen mit Oxidgläsern, sind sie durch die deutlich geringere Bindungsstärke mechanisch wie thermisch weniger widerstandsfähig. Diesem Nachteil stehen aber wesentlich erweiterte IR-Transparenz-Bereiche und deutlich geringere Phononenenergien mit allen sich daraus ergebenden Vorteilen gegenüber. (Für wenige Millimeter Dicke lassen sich maximale Transmissionswellenlängen bis 12 µm für Sulfide, 15 µm für Selenide und bis zu 20 µm für Telluride erreichen [1].) Abbildung 22.60 zeigt die Zusammensetzung eines Ge-As-Se-Glases, und Tabelle 22.8 zeigt Eigenschaften ausgewählter Chalkogenidgläser. Wenn den Glaskompositionen Halogenide zugefügt werden, zeigen sie eine Tendenz zu deren Eigenschaften; man spricht dann von Chalkohalogenid-Gläsern.

Für GLS beträgt die *theoretische* Minimaldämpfung 0,5 dB/km bei 3,5 µm, für GLSO 0,1 dB/km bei 2,6 µm [107], im Sichtbaren ist die Transparenz zu schlecht für effektive Aufwärtskonversion [108]. Trotz ΔT = 120 °C läßt es sich nur schwierig zu Fasern ausziehen. Als bessere Indikation für die Zieheigenschaften wurde hier $T_p - T_\eta$ (max. Kristallisationstem-

Tabelle 22.8. Eigenschaften gewählter Chalkogenid-Gläser (Brechzahl n_d bei 587,6 nm, T_g und $\Delta T = T_x - T_g$ in °C, max. Phononenenergie *MPE* in cm^{-1}, und IR-Absorptionskante $\lambda_{cut\text{-}off}$ in µm für Glasstücke

Kürzel	Zusammensetzung in mol%	n_d	T_g (ΔT)	*MPE*	$\lambda_{cut\text{-}off}$	Literatur
GAS	$Ge_{30}As_{20}Se_{50}$	-	361	-	-	
GLS	$70Ga_2S_3$-$30La_2S_3$	2,4	~ 560 (120)	425	~ 10	[104, 107]
GLSO	$72{,}5Ga_2S_3$-$27{,}5La_2O_3$	~ 2,2	~ 560	~ 750	-	[104,107]
GNS	$66\ Ga_2S_3$-$34Na_2S$	2,12[a])	-	-	-	
IG 5	$Ge_{28}Sb_{12}Se_{60}$	2,4 – 2,8	~ 200	-	< 14	
AsS	$As_{40}S_{60}$	-	~ 153	-	-	

[a]) Meßwellenlänge unbekannt, vermutlich 1,31 µm.

peratur – Temperatur für maximale Viskosität zum Faserziehen) definiert, wobei $T_p - T_\eta$ = 46 °C für GLS und 130 °C für GLSO ist. Die besseren Zieheigenschaften werden allerdings mit einer deutlich höheren Phononenenergie erkauft. Beide Gläser scheinen derzeit Anwendung in der Kommunikationstechnik zu finden. Ein anderes, vielversprechendes Chalkogenid-Glas ist Gallium-Natrium-Sulfid (GNS), das thermisch stabiler ist als GLS, ebenfalls mit Seltenerdionen hoch dotiert und zu dämpfungsarmen Fasern ausgezogen werden kann [109]. Leider ist nicht viel über dieses vielversprechende Glas bekannt, und es kann nur das Transmissionsspektrum einer 4,53 µm dicken, mit 4000 ppm Pr^{3+} dotierten Glasprobe in Abb. 22.61 wiedergegeben werden, das den Autoren direkt zugesandt wurde [100]. Die Praseodymdotierung verursacht die starken Einbrüche in der Kurve.

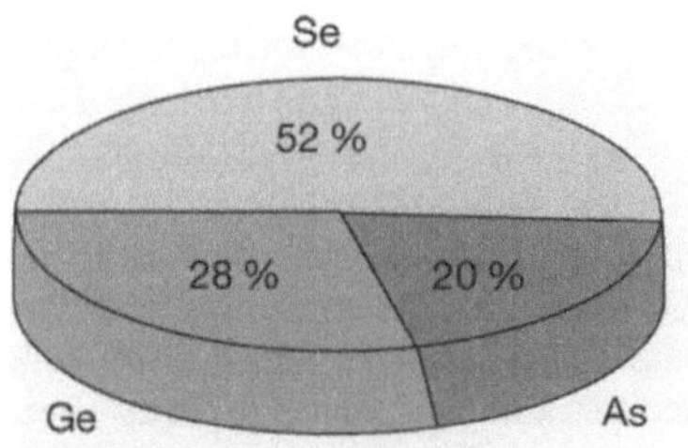

Abb. 22.60. Zusammensetzung eines Chalkogenid-Glases in mol%

22.9.6 Vergleich der verschiedenen Glassysteme

Wenn auch die Eigenschaften innerhalb eines Glassystems eine gewisse Streubreite aufweisen, ist es doch sehr informativ, Eigenschaften einzelner, bekannter Gläser aus verschiedenen Glassystemen miteinander zu vergleichen, wie

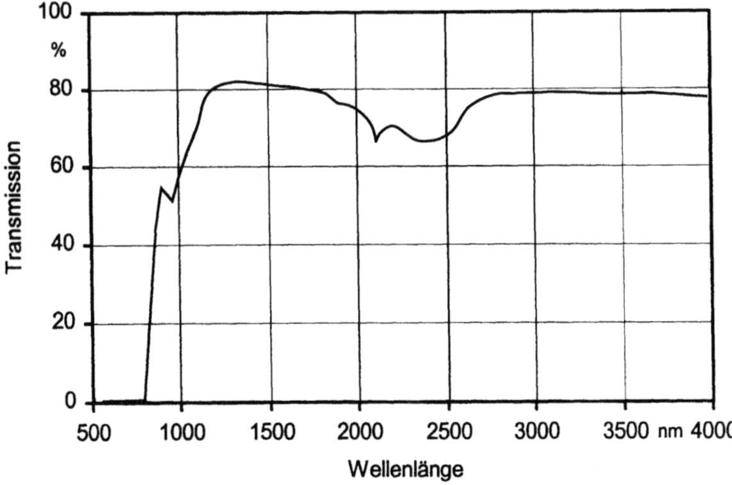

Abb. 22.61. Zusammensetzung eines Chalkogenid-Glases in mol%

Tabelle 22.9. Vergleich thermischer, mechanischer und optischer Eigenschaften von IR-Materialien, nach [111]

Material → Eigenschaft ↓	Silikat-Glas	Fluorid-Glas	Chalkogenid-Glas	Polykristalline Halide
Kürzel des speziellen Materials	SiO_2	ZBLAN	GLS	KRS-5
Glastemperatur T_g in °C	1175	265	~ 560	–
Schmelztemperatur T_m in °C	1723	625	842	414
Dichte δ in g/cm³	2,20	4,33	4,03	7,37
Knoop-Härte in kg/mm²	600	225	206	40
Brechungsindex n bei [8]	1,458 (589 nm)	1,499 (589 nm)	2,493 (588 nm)	2,387 (3 µm)
Transmissionsbereich[a]) in µm	0,16–4,0	0,22–8	~ 0,53–9,5	0,6–40
$D_M = 0$ bei µm	1,28	1,6	4,8	–

[a]) Bei 1 nm Probendicke > 10% Transmission.

es Tabelle 22.9 zeigt. Zusätzlich zu den Gläsern wird dort auch das polykristalline Material KRS-5 aufgeführt, weil es zu Fasern ausgezogen werden kann und eine gewisse kommerzielle Bedeutung hat. Es besteht aus Thalliumbromjodid und hat einen weiten Transparenzbereich. Durch die kristalline Struktur gibt es aber keine Rayleighstreuung mit λ^{-4}-Abhängigkeit, sondern eine stärkere mit λ^{-2}-Abhängigkeit, die zu vergleichsweise höheren Dämpfungen führt. Tabelle 22.9 zeigt, wie die Materialdichte mit der Infrarottransparenz ansteigt, während die Härte abfällt. Während Quarz- und Fluoridglas fast gleiche Brechzahlen haben und damit reflexionsarme Verbindungen möglich sind, liegen die Brechzahlen der Chalkogenidgläser deutlich höher. Weiterhin ist zu beachten, daß der Materialdispersionskoeffizient D_M von Quarz- und Fluoridglas bei wichtigen Wellenlängen der Telekommunikationstechnik null wird.

Hinweis: Der in Tabelle 22.9 angegebene Transparenzbereich gilt nicht für Fasern.

22.9.7 Entwicklungsstand von LPE-Glasfasern

Nur bei einem Teil der LPE-Gläser ist es bisher gelungen, aus ihnen Lichtwellenleiter herzustellen, zudem muß noch unterschieden werden, ob nur homogene Glasfasern, Mehrmodenfasern mit Kern und Mantel oder gar Einmodenfasern für einen bestimmten Wellenlängenbereich gezogen wurden. Die Schwierigkeiten liegen in einer erhöhten Kristallisationsneigung beim Erhitzen und erneuten Abkühlen der Glasvorform während des Ziehprozesses. Weiterhin müssen die thermischen und mechanischen Eigenschaften von Kern- und Mantelglas trotz teilweiser hoher Brechzahlunterschiede hinreichend aneinander angeglichen sein, um Grenzflächendefekte und Spannungen zu vermeiden.

Von Ausnahmen abgesehen, finden sich in LPE-Fasern so viele Streuzentren, daß zu einer Dämpfungsangabe auch immer die Faserlänge gehören sollte, an der gemessen wurde. Dies geschieht jedoch selten.

Abbildung 22.62 zeigt die spektrale Dämpfung der wichtigsten LPE-Fasern für die Photonik im Vergleich zu Quarzglasfasern. Es handelt sich um eine grobe Übersicht, wobei die Kurven abschnittsweise aus den verschiedensten Quellen zusammengefügt wurden, die nicht auf dem neuesten Stand sind. Teilweise stehen genaue Faserdaten nicht zur Verfügung.

Während bei Quarzglas-Einmodenfasern im Dämpfungsminimum bei 1,55 µm unter 0,19 dB/km serienmäßig erreicht werden können, gelang es bei ZBLAN-Einmodenfasern trotz intensiver Forschungen nur einmal, an einem Faserstück eine Dämpfung von 0,45 ± 0,15 dB/km bei 2,35 µm bzw. ca. 7 dB/km bei 1,3 µm zu erreichen [114]. Der Grund ist eine geringe, wellenlängenunabhängige Streuung im Dämpfungsminimum ungeklärter Ursache. Die kommerziell erhältlichen ZBLAN-Fasern haben z.T. erheblich höhere Dämpfungen.

Bei GLS- und GLSO-Fasern ist die Entwicklung noch zu sehr im Fluß, als daß einigermaßen verläßliche Dämpfungswerte genannt werden könnten.

Für den Einsatz als Faserverstärker bei 1,3 µm werden Pr^{3+}-dotierte Einmodenfasern mit hoher numerischer Apertur benötigt, die dann notwendigerweise einen kleinen Kerndurchmesser haben. Bei Zirkonfluorid-Fasern wird der Kern mit Blei dotiert, um die Brech-

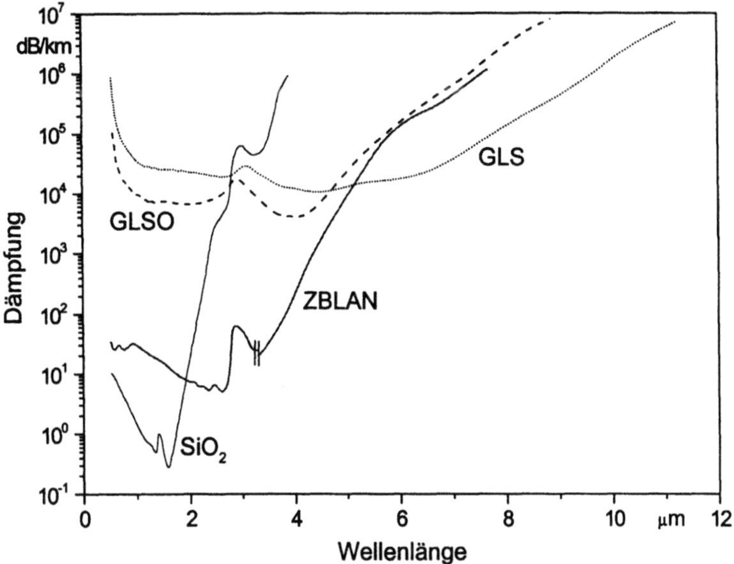

Abb. 22.62. Spektrale Dämpfungscharakteristik verschiedener Fasern (SiO_2 aus Abb. 1.4 in [112]; ZBLAN bis 3,5 µm aus Abb. 8.6 in [112], darüber aus Abb. 1.4 in [112]; GLS, GLSO: aus [113] für Fasern ohne Mantel und Beschichtung)

zahl anzuheben, und der Mantel mit Hafnium, um dort die Brechzahl abzusenken. Besonders die Bleidotierung erhöht die Kristallisationsneigung im Kernglas und damit die Faserdämpfung. Bei 500 ppm Pr^{3+}-Dotierung, einem Kerndurchmesser von 1,6 µm und einer numerischen Apertur von 0,33 erhielt man 44 dB/km in einem Minimum bei 1,2 µm, während dieundotierte Faser nur mit 11 dB/km dämpfte [115].

Im Vergleich dazu sind Pr^{3+}-dotierte GNS-Fasern dämpfungsarm. Sowohl Kern als auch Mantel sind aus dem gleichen Glassystem. Bei 750 ppm Pr^{3+}-Dotierung, einem Kerndurchmesser von 2,5 µm und einer numerischen Apertur von 0,31 erreichte man bei 1,31 µm eine Dämpfung von 1,2 dB. Leider gibt es über diese Fasern kaum Informationen.

22.9.8 Ausblick

Die Entwicklung von LPE-Fasern wurde insbesondere vorangetrieben, um effiziente Praseodym-dotierte Faserverstärker für 1,3 µm aufbauen zu können, die mit Quarzglasfasern nicht arbeiten. Bereits für die Domäne der Quarzglas-Faserverstärker, das Dämpfungsminimum bei 1,55 µm, hätte der Einsatz von LPE-Fasern erhebliche Vorteile. Sie werden aus wirtschaftlichen Erwägungen nicht eingesetzt, um Übergänge im Materialsystem zwischen Übertragungsfaser und Verstärkungsfaser zu vermeiden. Es zeichnet sich ab, daß in naher Zukunft der gesamte Bereich von ca. 1,1 µm bis 1,7 µm für Wellenlängenmultiplex-Systeme gebraucht werden wird. Dabei werden mehrere Wellenlängenbereiche nur mit LPE-Fasern zu verstärken sein.

Weitere Anwendungsbereiche für LPE-Fasern in der Photonik liegen in der Ausnutzung von Mehrphotonen-Prozessen wie der Aufwärtskonversion von 0,8 µm ins Sichtbare und UV, z.B. für die Displaytechnik oder Schreibprozesse in der Drucktechnik. Passive Anwendungen profitieren von den erweiterten IR-Transmissionsbereichen, z.B. als LWL in der Medizintechnik.

Danksagung

Die Autoren danken D.W. Hewak, Th. Schweitzer und H. Tawarayama für die direkte Zusendung von Publikationen und Daten über die bei ihnen entwickelten Gläser.

Spezielle Literatur

[1] *Koester, C.J.; Snitzer, E.A.:* Amplification in a fiber laser. Applied Optics (1964) 1182–1186
[2] *Miniscalco, W.J.:* Optical and electronic properties of Rare Earthin Glases in Rare Earth doped fiber lasers and amplifiers. Digonnet (ed) (1993), Marcel Dekker, New York
[3] *Reisfeld, R.; Jorgensen, C.K.:* Lasers in Excited States of Rare Earth (1977), Springer, Berlin
[4] *Desurvire, E.:* Erbium doped fiber amplifiers (1994), John Wiley, New York
[5] *Wetenkamp, L.:* Charakterisierung von laseraktiv dotierten Schwermetallfluorid-Gläsern und Faserlasern (1991), Dissertation TU Braunschweig
[6] *Yariv, A.:* Quantum Electronics (1975) second ed., John Wiley, New York
[7] *Marheine, C.:* private Mitteilung (1999)
[8] *Desurvire et al.:* Efficient erbium-doped fiber amplifier at a 1,53 μm wavelength with a high output saturation power. Optics Lett (1989) 1255
[9] *Pedersen et al.:* Conversion efficiency and noise in erbium-doped fiber power amplifiers. Proc. OAA '91 (1991) ThE3, S 170
[10] *Wannemacher, S.:* Untersuchung und Aufbau praseodymdotierter optischer Faserverstärker. Fortschritt Berichte VDI (1997) Reihe 10, Nr. 466
[11] *Heffner, H.:* The fundamental noise limit of linear amplifiers. Proc. IRE (1962) 1604
[12] *Giles, C.R.; Desurvire, E.:* Modeling erbium-doped fiber amplifieres. IEEE J. LT. 9 (1991) 271
[13] *Mukai, T.; Yamamoto, Y.:* Noise in AlGaAs semiconductor laser amplifier. IEEE J. QE 18 (1982) 564
[14] *Giles et al.:* Noise performance of erbium-doped fiber amplifier pumped at 1.49 μm and application to signal preamplification at 1.8 Gbit/s. IEEE PTL 1 (1989) 367
[15] *Marcerou et al.:* General theoretical approach describing the complete behavior of the erbium-doped fiber amplifier. Proc. SPIE Conf. on Fiber laser Sources and Amplifiers 1373 (1990) 168
[16] *Desurvire, E.; Desthieux, B.:* Fundamental limitations of EDFA in amplified transmission systems, Tutorial OFC '99. ThL (1999) 121–140
[17] *Gordon, J.P.; Mollenauer, L.F.:* Effects of fiber nonlinearities and amplifier spacing on ultra-long distance transmission. IEEE J. LT. 9 (1991) 170–173
[18] *Kuo, C.Y.; Bergmann, E.E.:* Erbium-doped fiberamplifier second-order distortion in analog links and electronic compensation. IEEE PTL 3 (1991) 829–831
[19] *Desthieux et al.:* Spectral bandwidth broadening for longhaul submarine WDM applications using phosphorus-aluminium-codoped EDFAs. Electron. Lett. 32 (1996) 2214–2216
[20] *Inoue et al.:* Tunable gain equalization using a Mach-Zehnder optical filter amplifier. IEEE PTL 3 (1991) 718–720
[21] *Zervas, M.N.; Laming, R.I.:* Twin-core fiber Erbium-doped channel equalizer. IEEE J. LT. 13 (1995) 721–731
[22] *Betts et al.:* Split beam Fourier filter and is application in a gain flattened EDFA. Proc. OFC '95, TuP4, 80–81
[23] *Wilkinson et al.:* D-fiber for Erbium gain spectrum flattening. Electron. Lett. 28 (1992) 131–132
[24] *Vengsarkar et al.:* Long-period fiber gratings as band rejection filters. IEEE J. LT. 14 (1996) 58–65
[25] *Erdogan, T.:* Fiber grating spectra. IEEE J. LT. 15 (1997) 1277–1294
[26] *M. Tachibana et al.:* Erbium-doped – fiber amplifier with flattened gain spectrum. IEEE PTL 3 (1991) 118–120
[27] *Wysocki et al.:* Broad-band erbium doped fiber amplifier flattened beyond 40 nm using long-period grating fiber. IEEE PTL 9 (1997) 1343–1345
[28] *Massicott et al.:* High gain, broadband 1,6 μm Er^{3+} silica doped fiberamplifier. Elect. Lett., 26 (1990) 1645–1646
[29] *Cordina et al.:* Ultra low noise long wavelength EDFA with 3,6 dB external noise figure. Proc. OFC '99 WA5 (1999) 13–15
[30] *Yamada et al.:* Broadband and gain-flattened Er^{3+}-doped tellurite fibre amplifier constructed using a gain equaliser. Electron. Lett. 34 (1998) 370–371
[31] *Masada et al.:* Wide-band a low noise optical amplification using distributed Raman amplifiers and Erbium-doped fiber amplifiers. Proc. ECOC '98, 51–52
[32] *Kawai et al.:* Ultra-wide 75 nm 3 dB-gain-band optical amplifier utilising gain-flattened erbium doped fluoride fibre amplifier and diskrete raman amplification. Electron. Lett. 34 (1998) 897–898
[33] *Sun et al.:* A gain-flattened ultra wide band EDFA for high capacity WDM optical communication systems. Proc. ECOC '98, 53–54
[34] *Freeman et al.:* High capacity EDFA with output power to support densely loaded channels. Proc. OFC '99, WA6, 16–18
[35] *Snitzer et al.:* Double-clad, offest core Nd fiber laser. Proc. OFC '88 Paper PD5
[36] *Pasquale et al.:* 23 dBm output power Er/Yb co-doped fiber amplifier for WDM signals in the 1575–1605 nm wavelength region. Proc. OFC '99, WA2, 4–6

[37] *Zirngibl, M.:* Gain control in Erbium-doped fibre amplifiers by an all-optical feedback loop. Electron. Lett. 27 (1991) 560–561
[38] *Luo et al.:* Performance degradation of all-optical gain-clamped EDFA's due to relaxation-oscillations and spectral-hole burning in amplified WDM networks. IEEE PTL 9 (1997) 1346–1348
[39] *Zhao et al.:* Gain clamped Erbium-doped fiber amplifiers – modeling and experiment. IEEE Select. Top. in QE. 3 (1997) 1008–1012
[40] *Lee, S. H.; Kim, S. H.:* Performance of all optical gain-clamped EDFA in 8 channel × 10 Gbps WDM using stimulated Brillouin scattering. Proc. ECOC '98, 47–48
[41] *France, P. W.:* Optical fibre lasers and amplifiers (1991), Blackie, Glasgow
[42] *Aoki, Y.:* Properties of fiber Raman amplifiers and their applicability to digital optical communication systems. J. of Lightw. Techno. 6 (1988) 1225–1239
[43] *Hansen, P.B.:* Rayleigh scattering limitations in distributed Raman pre-amplifiers. IEEE PTL 10 (1998) 159–161
[44] *Agraval, G.P.:* Nonlinear Fiber Optics (1989) Academic Press, Boston
[45] *Askasaka et al.:* Characteristics of optical fibers for discrete Raman amplifiers. Proc. ECOC '99, I-288
[46] *Emori et al.:* Broadband lossless DCF using Raman amplification pumped by multichannel WDM laser diodes. Electron. Lett. 34 (1998) 2145–2146
[47] *Stentz, A. J.:* Raman and cladding-pumped fiber amplifiers and lasers. Tutorial ThR OFC '99, 143–167
[48] *Kani et al.:* Fibre Raman amplifier for 1520 nm band WDM transmission. Electron. Lett. 34 (1998) 1745–1747
[49] *Chernikov et al.:* Broadband Raman amplifiers in the spectral range of 1480–1620. Proc. OFC '99, WG6, 117–119
[50] *Hansen et al.:* Applications of Raman amplificationin 1.3 μm WDM systems. Proc. ECOC '98, 5–7
[51] *Nielsen et al.:* 8 · 10 Gb/s 1,3 μm unrepeated transmission overa distance of 141 km with Raman post- and pre-amplification. IEEE PTL 10 (1998) 1492–1494
[52] *Rottwitt et al.:* Transparent 80 bidirectional pumped distributed Raman amplifier with second order-pumping. Proc. ECOC '00, II-144
[53] *Zyskind et al.:* Single frequency Erbium-doped fibre lasers. Electron. Lett. 28 (1992) 1385–1386
[54] *Ding, M.; Cheo, P.K.:* Effects of Yb:Er-Codoping on suppressing self-pulsing in Er-doped fiber lasers. IEEE PTL 9 (1997) 324–326
[55] *Kringlebotn et al.:* Efficient low-noise grating feedback fiber laser doped with Er^{3+}:Yb^{3+}". Proc. OFC '94, TuG5, 26–27
[56] *Ibsen M. et al.:* All-fibre DFB laser WDM transmitters with integrated pump redundancy. Proc. ECOC '99, I-74
[57] *Schmuck, H.; Pfeiffer, Th.; Bülow, H.:* Design optimisation of Erbium ring laser regarding output power and spectral properties. Electron. Lett. 28 (1992) 1637–1639
[58] *Tünnermann et al.:* „Faserlaser, Neuartige Laserstrahlquellen mit Emission im sichtbaren Bereich. Phys. Bl. 52 (1996) 1123–1127
[59] *Grubb, S. G.:* High-power fiber amplifiers and Lasers. Tutorial ThO OFC '96, 243–260
[60] *Hansen et al.:* 529 km unrepeatered transmission at 2.488 Gbit/s using dispersion compensation, forward error correction, and remote post- and pre-amplifiers pumped by diode pumped Raman lasers. Electron. Lett. 31 (1995) 1460–1461
[61] *Blondel et al.:* Error-free 32 · 10 Gbit/s unrepeatered transmission over 450 km. Proc. ECOC '99, PD2-6, PD2-6, 34–35
[62] *Dianov et al.:* Investigation of CW highly efficient 1.24 μm Raman laser based on low-loss phosphosilicate fiber. Proc. ECOC '99, I-72
[63] *Sudo, S.:* Optical fiber amplifier. ISBN 0-89006-809-7 (1997) Artech House, New York
[64] *Allain et al.:* Energy transfer in Pr^{3+}/Yb^{3+}-doped fluoroziconate fibres. Electron. Lett. 27 (1991) 1012–1014
[65] *Whitley, T.J.:* A review of recent system demonstration incorporating 1.3 μm Praseodymium-doped fluoride fiber amplifier. IEEE J. LT. 13 (1995) 744–760
[66] *Krummrich, P.M.:* Aspects of pump wavelength selection for Pr^{3+}-doped fiber amplifiers. Proc. OAA '94, WC2, 22–24
[67] *Yamada et al.:* Pr^{3+}-doped fluoride fiber amplifier module pumped by a fiber coupled master oscillator/power amplifier laser diode. IEEE PTL 9 (1997) 312–323
[68] *Krummrich, P.M.:* 1,3 μm Faserverstärker. Fortschritt Berichte VDI (1997) Reihe 10, Nr. 379
[69] *Tawarayama et al.:* Efficient amplification at 1.3 μm in a Pr^{3+}-doped Ga-Na-S fiber. Proc. OAA '97 PD1 1997
[70] *Marhic et al.:* Cross phase modulation and four wave mixing in Tellurite EDFA's. Proc. ECOC '99 I-376
[71] *Sakamoto et al.:* 35-dB gain Tm-doped ZBLYAN fiber amplifier operating at 1,65 μm. IEEE PTL 8 (1996) 349–351
[72] *Wetenkamp et al.:* Efficient CW operation of tunable fluorzirconate fiber lasers at wavelengths pumpable with semiconductor laser diodes. J. Non.-Cryst. Solids 140 (1992) 19–24

[73] *Allain et al.:* Energy transfer in Er^{3+}/Pr^{3+}-doped fluoride glass fibres and application to lasing at 2.7 μm. Electron. Lett. 27 (1991) 445–447

[74] *Percival et al.:* Thulium sensitised Holmium-doped cw fluoride fibre laser of high efficiency. Electron. Lett. 28 (1992) 2231–2232

[75] *Schneider. J.:* Mid-infrared fluoride fiber lasers in multiple cascade operation. IEEE PTL 7 (1995) 354–356

[76] *McAleavey et al.:* Narrow linewidth, tunable Tm^{3+}-doped fluoride fiber laser for optical-based hydrocarbon gas sensing. IEEE Select. Top. in QE. 3 (1997) 1103–1111

[77] *Smart et al.:* CW-room temperature upconversion lasing at blue, green and red wavelengths in infrared-pumped Pr^{3+}-doped fluoride fibre. Electron. Lett. 27 (1991) 1307–1308

[78] *Whitley et al.:* Upconversion pumped green lasing in erbium doped fluorozirconate fibre. Electron. Lett. 27 (1991) 1785–1786

[79] *Paschotta et al.:* 230 m Watt blue light from Thulium-doped upconversion fiber laser. IEEE Select. Top. in QE. 2 (1997) 1100–1102

[80] *Nakamura, S.; Fasol, G.:* The blue laser diode, GaN based light emitters and lasers. ISBN 3-54061590-3, 1997, Springer, Berlin

[81] *Lucas, J.:* Fluoride glasses for modern optics. Journal of Fluorine Chemistry 72 (1995) 177–181

[82] *Bunde, A.; Funke, K.; Ingram, M.D.:* Ionic glasses: History and challenges. Solid State Ionics 105 (1988) 1–13

[83] *Weidlein, J.; Müller, U.; Dehnicke, K.:* Schwingungsspektroskopie: eine Einführung. Georg Thieme Verlag, Stuttgart, 1982

[84] *Günzler, H.; Heise, H. M.:* IR-Spektroskopie: eine Einführung. VCH, Weinheim, 1996

[85] *Skoog, D.A.; Leary, J.J.:* Instrumentelle Analytik. Springer, Berlin, 1996

[86] *Fuxi, G.:* Optical and Spectroscopic Properties of Glass. Springer, Berlin 1992

[87] *Murata, T.; Takebe, H.; Morinaga, K.:* Compositional dependence of infrared-to-visible upconversion in Yb^{3+}- and Er^{3+}-codoped germanate, gallate, and tellurite glasses. J. Am. Ceram. Soc. 81 (1998) 249–251

[88] *Wang, J.; Lincoln, J. R.; Brocklesby, W.S.; Deol, R.S.; Mackechnie, C.J.; Pearson, A.; Tropper, A.C.; Hanna, D.C.; Payne, D.N.:* Fabrication and optical properties of lead-germanate glasses and a new class of optical fibers doped with Tm^{3+}. J. Appl. Phys. 73 (1993) 8066–8075

[89] *Pan, Z.; Morgan, S.H.:* Optical transitions of Er^{3+} in lead-tellurium-germanate glasses. J. Luminescence 75 (1997) 302–308

[90] *Wasylak, J.:* New glasses of shifted absorption edge in infrared as materials for optics and light fiber technique. Opt. Eng. 36 (1997) 1652–1656

[91] *Poulain, M.; Poulain, M.; Lucas, J.; Brun, P.:* Mater. Res. Bull. 10 (1975) 243

[92] *France, P. W.:* Fluoride Glass Optical Fibres. Boca Raton, Blackie 1990

[93] *Jordan, W.G.; Animesh Jha; Lunt, M.; Davey, S.T.; Wyatt, R.; Rothwell, W.J.:* The optical properties of ZrF_4-based glasses with extended Pr^{3+}: $^1G_4 \rightarrow {}^3H_5$ fluorescence lifetimes. Journal of Non-Crystalline Solids 184 (1995) 5–8

[94] *Qiu, J.; Maeda, K.; Konishi, A.; Terai, R.; Kadono, K.:* Influence of various divalent metal fluorides on the properties of glasses in the ZrF_4-AlF_3 system. Journal of Non-Crystalline Solids 184 (1995) 109–113

[95] *Soufiane, A.; Messaddeq, Y.; Poulain, M.; Costa, B.J.:* Stabilization of fluoroindate glasses by magnesium fluoride. Journal of Non-Crystalline Solids 213–214 (1997) 85–89

[96] *Annapurna, K.; Hanumanthu, M.; Buddhudu, S.:* Fluorescence properties of Nd^{3+}-doped InF3 based optical glasses. Spectrochimica Acta 48A (1992) 791–797

[97] *de Araújo, C. B.; Gomes, A.S.L.; Acioli, L.H.; Maciel, G.S.; Menezes, L. de S.; de Araújo, L.E.E.; Messaddeq, Y.; Aegerter, M.A.:* Rare-earth doped fluoroindate glasses: glass formation, energy transfer properties and frequency upconversion. Trends in Chemical Physics 4 (1996) 59–74

[98] *Bahl, A.; Unrau, U.:* unveröffentlichte Arbeiten, 1998

[99] *Nishida, Y.; Kanamori, T.; Sakamoto, T.; Ohishi, Y.; Sudo, S.:* Development of PbF_2-GaF_3-InF_3-ZnF_2-YF_3-LaF_3 glass for use as a 1.3 μm Pr^{3+}-doped fiber amplifier host. Journal of Non-Crystalline Solids 221 (1997) 238–244

[100] *Rigout, N.; Adam, J. L.; Lucas, J.:* BIG fluoride glass optical fibers with improved NA. Journal of Non-Crystalline Solids 161 (1993) 161–164

[101] *Adam, J. L.; Ricordel, C.; Lucas, J.:* New compositions of low phonon energy fluoride and chloro-fluoride glasses. Journal of Non-Crystalline Solids 213 & 214 (1997) 30–35

[102] *Deol, R. S.; Hewak, D.W.; Jordery, S.; Jha, A.; Poulain, M.; Baró, M.D.; Payne, D.N.:* Improved fluoride glasses for 1.3 μm optical amplifiers. Journal of Non-Crystalline Solids 161 (1993) 257–261

[103] *Seddon, A. B.:* Chalcogenide glasses: a review of their preparation, properties and applications. Journal of Non-Crystalline Solids 184 (1995) 44–50

[104] *Schweizer, T.; Brady, D.J.; Hewak, D.W.:* Fabrication and spectroscopy of erbium doped lanthanum sulphide glass fibres for mid-infrared laser applications. Optics Express 1 (1997) 102

[105] *Mosadegh, R.; Sanghera, J. S.; Schaafsma, D.; Cole, B.J.; Nguyen, V.Q.; Miklos, R.E.; Aggarwal, I.D.:* Fabrication of single-mode chalcogenide optical fiber. Journal of Lightwave Technology 16 (1998) 214–217

[106] *Voigt, B.:* Produktinformation von Vitron Spezialwerkstoffe GmbH, 1999

[107] *Brady, D.J.; Schweizer, T.; Wang, J.; Hewak, D.W.:* Minimum loss predictions and measurements in gallium lanthanum sulphide based glasses and fibre. Journal of Non-Crystalline Solids 242 (1998) 92–98

[108] *Hector, J.R.; Wang, J.; Brady, D.; Kluth, M.; Hewak, D.W.; Brocklesby, W.S.; Payne, D.N.:* Spectroscopy and quantum efficiency of halide-modified gallium-Lanthanum sulfide glasses doped with praseodymium. Journal of Non-Crystalline Solids 239 (1998) 176–180

[109] *Tawarayama, H.; Ishikawa, E.; Itoh, K.; Aoki, H.; Yanagita, H.; Okada, K.; Yamanaka, K.; Matsuoka, Y.; Toratani, H.:* Efficient amplification at 1.3 µm in a Pr^{3+}-doped Ga-Na-S fiber. Conference on Optical Amplifiers and Their Applications, 21–23 July 1997, Victoria B.C., Canada, Postdeadline paper PD1-1

[110] *Tawarayama, H.:* unveröffentlichte Ergebnisse, 21. April 1999

[111] *France, P.W.:* Fluoride Glass Optical Fibres. Boca Raton, Blackie 1990

[112] *France, P.W.:* Fluoride Glass Optical Fibres. Boca Raton, Blackie 1990

[113] *Brady, D.J.; Schweizer, T.; Wang, J.; Hewak, D.W.:* Minimum loss predictions and measurements in gallium lanthanum sulphide based glasses and fibre. Journal of Non-Crystalline Solids 242 (1998) 92–98

[114] *Szebesta, D.; Davey, S.T.; Williams, J.R.; Moore, M.W.:* OH Absorption in the low loss window of ZBLAN(P) glass fibre. Journal of Non-Crystalline Solids 161 (1993) 18–22

[115] *Fujiura, K.; Kanamori, T.; Ohishi, Y.; Terunuma, Y.; Nakagawa, K.; Sudo, S.; Sugii, K.:* Fabrication of low-loss and high-Δn single-mode fluoride fiber for 1.3 µm praseodymium-doped amplifiers. Applied Physics Letters 67 (1995) 3063–3065

Optische Empfänger 23

H.-G. Bach

Allgemeine Literatur
I. V. Kaminow, Th. L. Koch, (Editors).: Optical Fiber Telecommunications IIIB, Academic Press, San Diego London (1997). – *G. P. Agrawal:* Fiber-Optic Communication Systems, 2. Auflage, John Wiley & Sons, Inc. New York...Toronto (1997). – *K. J. Ebeling:* Integrierte Optoelektronik, Springer-Verlag Berlin Heidelberg, New York London, Paris Tokyo Hong Kong Barcelona Budapest (1993). – *J. Gowar:* Optical Communication Systems, Prentice Hall, New York, zweite Auflage (1993), ISBN 0-13-638727-6. – *S. D. Personick*: Receiver Design for Digital Fiber Optic Communication Systems, I, The Bell System Technical J., Vol. 52, No. 6 (1973) 843–874. – *S. D. Personick*: Receiver Design for Digital Fiber Optic Communication Systems, II, The Bell System Technical J., Vol. 52, No. 6 (1973) 875–886. – *R. G. Smith and S. D. Personick*: Receiver Design for Optical Fiber Communication Systems, in Topics in Appl. Phys. Bd. 39, Vol. 33 (1980) 89–160. – *Tran van Muoi*: Receiver Design for High-Speed Optical-Fiber Systems, J. of Lightwave Technology, LT-2, No. 3, Juni (1984) 243–265. – *J. Franz*: Optische Übertragungssysteme mit Überlagerungsempfang, Springer-Verlag Berlin Heidelberg New York London Paris Tokyo (1988). – *Th. T. Y. Wong*: Fundamentals of Distributed Amplification, Artech House Boston London (1993) 239–241. – *R. Müller*: Rauschen, Springer-Verlag Berlin Heidelberg New York (1990) ISBN 3-540-51145-8, 2. Auflage. – *G. Gronau*: Rauschparameter- und Streuparameter-Meßtechnik, Eine Einführung, Verlagsbuchhandlung Nellissen-Wolff, Aachen, 1992. – *D. P. Seraphim, R. C. Lasky, and Che-Yu Li* (Eds): Principles of Electronic Packaging, McGraw-Hill Book Company, New York Toronto (1990)

Einführung

Optische Empfänger (Photoempfänger) sind Schlüsselelemente in optischen Übertragungssystemen [1, 2, 3]. Sie wandeln optische Signale, z.B. im Wellenlängenbereich des ersten, zweiten oder dritten optischen Fensters der Einmodenquarzglasfaser (0,85, 1,3 µm und 1,55 µm) in elektrische Signale um. Photoempfänger sind für einen weiten Bitratenbereich vorzugsweise in Hybridbauform, für moderate Bitraten bis 2,5 Gbit/s kommerziell auch als optoelektronisch integrierte Schaltkreise (OEICs) erhältlich, wobei für Laborprototypen-OEICs die Bitrate von 40 Gbit/s im Jahre 1999 den Stand der Technik darstellt.

Photoempfänger enthalten in Abgrenzung zur reinen Photodiode noch einen möglichst rauscharmen elektrischen Vorverstärker. Unter Systemaspekten kann in den Empfänger am Ende der Übertragungsstrecke auch eine zusätzliche optische Vorverstärkung einbezogen werden. Fortgeschrittene Formen von Photoempfängern für digitale Signale können eine Signalregeneration mit enthalten, so daß auch in Gegenwart verrauschter und verzerrter optischer Eingangssignalformen die abgegebenen elektrischen Signale Standardqualität in bezug auf die Amplitude, die Impulsflankenform und den Jitter aufweisen (s. auch 3R-Regeneration).

Dieses Kapitel behandelt unter 23.1 (optische Empfangsstufen) die Grundlagen zur optoelektronischen Wandlung sowie die maßgeblichen Rauscheinflüsse, um daraus die Empfangsempfindlichkeitsgrenzen von Photodetektoren abzuschätzen. Verschiedene Photodiodenformen werden verglichen und im Hinblick auf Bandbreite, Photostromabgabe und Integrationsfreundlichkeit diskutiert. Im Abschn. 23.2 werden verschiedene Grundschaltungen optischer Empfänger mit elektrischer Vorverstärkung behandelt. Im Abschn. 23.3 wird auf die Eigenschaften von FETs und Bipolartransistoren im Vorverstärker mit Bezug auf die resultierenden Rauschquellen und Empfindlichkeiten eingegangen. Im Abschn. 23.4 werden exemplarisch hybrid und monolithisch integrierte Photoempfänger vorgestellt. Der Abschn. 23.5 geht auf die Photoempfänger-Modultechnik ein. Im Abschn. 23.6

werden optische Vorverstärker in das Empfängerkonzept zur Steigerung der Empfangsempfindlichkeit einbezogen. Im Abschn. 23.7 werden speziell Empfänger für digitale optische Signale bezüglich ihrer Empfangsempfindlichkeit (Personick-Theorie) behandelt. Der Abschn. 23.8 stellt die Eigenschaften von optischen Heterodynempfängern vor, die im Vergleich zu den bis dahin behandelten Geradeausempfängern ermöglichen, theoretisch der Quantenrauschgrenze nahe zu kommen.

23.1 Optische Empfangsstufen

23.1.1 Grundlagen zur optisch/elektrischen Signalwandlung

Die Wandlung optischer in elektrische Signale erfolgt mittels Photodioden (seltener auch mittels Photoleitern). Allen Photodiodenformen (pin- oder MSM-Typen) ist gemeinsam, daß das ins Bauelement einfallende Licht Ladungsträgerpaare aus Elektronen und Löchern erzeugt. Diese werden in einem elektrischen Feld getrennt und driften zu den ladungsmäßig komplementären Kontakten. Dabei rufen sie idealerweise im Mittel pro einfallendes Photon (Lichtteilchen) in einem außen geschlossenen Stromkreis einen Stromstoß $i(t)$ hervor, dessen Ladungsgehalt einer Elementarladung e entspricht. Der ideale Wandlungswirkungsgrad (Quantenwirkungsgrad η, dimensionslos)) beträgt dabei gleich eins, wenn pro Photon eine Elementarladung e auftritt, die über die äußeren Elektroden (z.B. p-, n-Kontakte) abgeführt werden kann.

$$e = \int_0^\infty i(t) \cdot \mathrm{d}t \qquad (23.1)$$

Die optoelektrische Wandlung ist demgemäß eine Wandlung von optischer Leistung P_{opt} in einen elektrischen Strom I_{photo}.

$$I_{photo} = R \cdot P_{opt} \qquad (23.2)$$

Dabei sind I_{photo} der Photostrom (Einheit A) und P_{opt} die einfallende optische Signalleistung (Einheit W) bei einer Wellenlänge λ. Zur Berechnung des wellenlängenabhängigen Konversionsfaktors (Responsivität R, Einheit A/W) wird die optische Leistung pro Photon der Energie W_{ph}, die im Verlauf des Stromstoßes $i(t)$ umgesetzt wird, gemäß der Planck'schen Beziehung als Funktion der Lichtfrequenz, resp. der Wellenlänge ausgedrückt.

$$R = \frac{I_{photo}}{P_{opt}} = \frac{I_{photo}}{W_{ph}/t} = \frac{I_{photo} \cdot t}{h \cdot \nu} = \frac{\eta \cdot e}{h \cdot \nu}$$

$$= \eta \cdot \frac{e \cdot \lambda}{h \cdot c} = \eta \cdot R_{ideal} \qquad (23.3)$$

mit $R_{ideal} = \frac{e \cdot \lambda}{h \cdot c}$, der maximal möglichen Responsivität für den idealen Quantenwirkungsgrad $\eta = 1$. Dabei wurde mit t die gesamte Zeit verstanden, bis der Stromstoß vollständig abgelaufen ist, so daß für $\eta = 1$ die Elementarladung e zur Verfügung steht. Die Responsivität R ist gemäß (23.3) von der Lichtwellenlänge λ abhängig. Man erhält für einige ausgesuchte Wellenlängen, entsprechend den optischen Fenstern der Einmodenglasfaser; die in der Tabelle 23.1 angegebenen maximalen Responsivitätswerte.

Bei realen Photodioden werden obige Responsivitätswerte aufgrund verschiedener Verluste (z.B. keine hundertprozentige Absorption in der aktiven Zone endlicher Dicke) nicht erreicht, so daß von einem externen Quantenwirkungsgrad $\eta_{ext} < 1$ ausgegangen werden muß, mit dem die idealen Responsivitätswerte zu multiplizieren sind. Dies reduziert den nutzbaren Photostrom um den externen Quantenwirkungsgrad η_{ext}, der jetzt sowohl innere als auch äußere Verluste (z.B. teilweise Rekombination und Verluste der Lichtzuführung, Faserkoppelverlust) enthalten soll.

$$I_{photo} = \eta_{ext} \cdot R_{ideal} \cdot P_{opt} = R \cdot P_{opt} \qquad (23.4)$$

Der so reduziert nutzbare Photostrom (stationärer Fall) ist bei höheren Frequenzen noch einer Reihe bandbreitenbeschränkender Effekte unterworfen (s. weiter unten: *Detektionsbandbreite, Bauformen und Eigenschaften von Photodioden*).

Tabelle 23.1. Responsivitätswerte idealer Photodioden bei verschiedenen Wellenlängen; die als aktive Schichten gewählten Materialien sorgen mit ihrem Bandabstand hinreichend unter der Photonenenergie für möglichst vollständige Absorption

Wellenlänge (μm)	Photonenenergie (eV)	Responsivität R_{ideal} (A/W)	geeignete aktive Photodiodenschicht
0,85	1,459	0,686	GaAs
1,3	0,9537	1,048	GaInAsP
1,55	0,8	1,250	GaInAs

23.1.2 Detektionsempfindlichkeit beim Geradeausempfang

Im folgenden wird die minimale Empfangsleistung (Empfindlichkeitsgrenze) eines Photodetektors untersucht, wie sie ohne frequenzumsetzende Maßnahmen (Geradeausempfang) aus dem Rauschen heraus erkannt werden kann. Die Detektionsempfindlichkeit hängt dabei im Gegensatz zur Responsivität von zusätzlichen Rauscheinflüssen ab, die bei der optoelektronischen Wandlung auf die insgesamt erzeugte Ladungsträgerbilanz einwirken. Dabei ist am Summationspunkt von optisch-elektrisch gewandelter Signalleistung und der Einwirkung von Rauschleistungen (z. B. thermisches- und Schrotrauschen) mindestens ein Signal-zu-Rausch-Verhältnis von eins zu fordern, um ein Nachrichtensignal aus dem Rauschen heraus zu erkennen. Zuvor werden die in Photodetektoren relevanten Rauschursachen benannt.

23.1.2.1 *Dunkelstrom, Schrotrauschen*

Das Schrotrauschen (Engl. shot noise) spiegelt zufällige Schwankungen der Ladungsträger beim Austritt aus einer Elektrode wider, z. B. aus einer Glühkathode oder auch aus einer festkörperelektronischen Grenzfläche. Allgemein ist die Ursache der Stromtransport (des Dunkelstroms wie auch des Signalstroms), bestehend aus quantisierten Trägern, die in einem Nichtgleichgewichtsfall eines Bauelements fließen, dabei einen konstanten Mittelwert des Stromflusses repräsentieren, aber in ihrem Durchtritt durch die Grenzfläche statistischen Schwankungen unterworfen sind. Die Leistungsdichte des Schrotrauschens eines (mittleren) Stromes I beträgt:

$$\langle i_{\text{shot}}^2 \rangle = 2 \cdot e \cdot I \cdot \Delta \text{f} . \tag{23.5}$$

Dabei wird häufig auf die Einheitsbandbreite $\Delta f = 1$ Hz Bezug genommen, innerhalb derer das Rauschen bewertet wird. Die Einheit für das Rauschstromquadrat des Schrotrauschens ist demgemäß A^2. Eine eigentlich physikalisch anzusetzende Frequenzabhängigkeit braucht bei gängigen Frequenzen bis in den hohen GHz-Bereich noch nicht berücksichtigt zu werden, da die am Stromtransport beteiligten mittleren Ladungsträgerzahlen relevanter Photoströme (>1 nA) so hoch sind, daß ihre Laufwinkel $\omega \cdot t_0$ innerhalb der Durchtrittszeit t_0 durch die Grenzfläche nicht auffallen [4, 5].

23.1.2.2 *Thermisches Rauschen*

Das thermische Rauschen ist ein Rauscheffekt, der aus der Gleichverteilung der Energie auf alle Freiheitsgrade eines sich selbst überlassenen physikalischen Systems folgt. Die Ladungsträger nehmen an den Gitterschwingungen des sie umgebenen Kristallgitters teil und befinden sich mit dem Gitter im thermodynamischen Gleichgewicht. Damit transportieren sie mechanische Schwingungsenergie in den elektrischen Bereich, womit ein meßbarer thermischer Rauschstrom entsteht. Das mittlere thermische Kurzschlußstrom-Rauschstromquadrat eines Leitwerts G beträgt (Nyquist-Formel):

$$\langle i_{\text{therm}}^2 \rangle = 4 \cdot k_B \cdot T \cdot G \cdot \Delta f . \tag{23.6}$$

Dabei ist wie zuvor die Rauschbandbreite Δf und k_B die Boltzmann'sche Konstante und T die Bauelementetemperatur in Kelvin.

Die auf einen anderen Leitwert übertragbare thermische Rauschleistung ist durch die nur mögliche maximale Leistungsanpassung begrenzt. Da bei Leistungsanpassung beide Werte (Quelle und Last) gleich groß sein müssen, ist die verfügbare spektrale Rauschleistung ($i^2/4\,G$) eines Leitwerts G oder auch eines Widerstandes die „universelle Konstante" $W = k_B T$ (bezogen auf 1 Hz Bandbreite), die damit unabhängig vom Widerstandswert ist.

Auch das thermische Rauschen $k_B T$ hätte im Höchstfrequenzbereich eine Abnahme der Leistungsdichte zu verzeichnen (da sein gesamter Energiegehalt endlich sein muß); die Frequenzgrenze liegt in der Regel aber über den praktisch betrachteten Meßgrenzen. Das Maß hierfür ist die Planck'sche Energie $h \cdot f$ eines Oszillators, der diskontinuierlich Energie bei einer betrachteten Frequenz f aufnimmt:

$$W = \frac{h \cdot f}{e^{\frac{h \cdot f}{k_B T}} - 1} \qquad (23.7)$$

Der Term für W in Gl. 23.7 ist für Frequenzen f kleiner 6000 GHz so nahe bei der thermischen Energie $k_B T_0$ ($T = T_0 = 300$ K), daß stets mit der Näherung $k_B T$ aus Gl. 23.7 gerechnet werden kann.

Eine analoge Betrachtung liefert für das Leerlauf-Rauschspannungsquadrat eines Widerstandes R:

$$\langle u^2_{\text{therm}} \rangle = 4 \cdot k_B \cdot T \cdot R \cdot \Delta f. \qquad (23.8)$$

Die Einheit des Rauschspannungsquadrats ist V^2, betrachtet über die Rauschbandbreite Δf.

Beim Photoempfänger tritt thermisches Rauschen in Serienwiderständen der Photodiode, im Arbeits- oder Gegenkopplungswiderstand und im nachgeschalteten Vorverstärker auf.

Wenn in optoelektronischen Empfängern mehrere Rauschursachen in ihrer „Summation" berücksichtigt werden müssen, spielt die Statistik ihrer Überlagerung eine Rolle. Sind die Ereignisse nicht miteinander korrelliert, was in der Regel der Fall ist, so addieren sich die Schwankungsquadrate aller Rauschströme (z.B. bei der Summation von thermischen und Schrotrauschen). Korrellierte Rauschströme wären hingegen phasenrichtig linear zu addieren; anschließend ist von der Summe das Schwankungsquadrat zu bilden (z.B. bei der Bildung des gesamten Schrotrauschens einer Photodiode in seiner Zusammensetzung aus dem optisch entstandenen Signalstrom I_{signal} und dem Dunkelleckstrom I_{leck} der Diode: $2 \cdot e \cdot (I_{\text{signal}} + I_{\text{leck}})$).

23.1.2.3
Definition: Rauschzahl und Signal-Rausch-Verhältnis

Das Signal-zu-Rauschleistungsverhältnis SNR am Ein- und am Ausgang eines 2-Tores definiert dessen Rauschzahl F:

$$F = SNR_{\text{Eingang}} / SNR_{\text{Ausgang}} \qquad (23.9)$$

Die Rauschzahl gibt also an, um welchen Faktor das Signal-Rausch-Verhältnis am Eingang (eines Verstärkers) mit dem Generatorinnenwiderstand auf $T = T_0$ im Vergleich zu seinem Ausgang noch günstiger ist. In der Regel wird dieses Leistungsmaß in dB dargestellt:

$$F_{\text{dB}} = 10 \cdot \log_{10}(F) \qquad (23.10)$$

Die Rauschzahl erlaubt insbesondere dann einfache Vergleiche der Rauscheigenschaften von z.B. Verstärkern, wenn die Ein- und Ausgangsimpedanzen auf 50 Ω bezogen sind. Im allgemeinen hängt die Rauschzahl des 2-Tores von der komplexen Generatorimpedanz ab, mit der der Eingang abgeschlossen ist; d.h. die Rauschzahl nimmt für eine bestimmte Eingangsimpedanz in der komplexen Ebene ein absolutes Minimum an (Rauschparaboloid) [6]. Dies kennzeichnet die minimale Rauschzahl $F_{\min}$ eines 2-Tores beim dann sogenannten optimalen Generator„widerstand" R_{opt} (der komplex ist). Die (minimale) Rauschzahl wie auch R_{opt} sind spektrale Größen, die in Abhängigkeit der Frequenz gemessen werden. Die optimale Eingangsimpedanz für die minimale Rauschzahl ist im allgemeinen verschieden von demjenigen Eingangsimpedanzwert, bei dem die frequenzabhängige, eingangsseitige Leistungsanpassung beobachtet wird (konjugiert komplexe Eingangsimpedanz).

23.1.2.4
Quantengrenze der Photonendetektion

Aufgrund der Unschärferelation kann eine untere Grenze P_{grenz} für die Meßgenauigkeit optischer Signale der optischen Frequenz ν und optischen Bandbreite $\Delta\nu$ angegeben werden [7].

$$P_{\text{grenz}} = h \cdot \nu \cdot \Delta\nu \qquad (23.11)$$

Die Bandbreite $\Delta\nu$ im optischen Bereich ist gleich $2 \cdot \Delta f$ mit Δf gleich der elektrischen

(Rausch)bandbreite. Damit ist die Quantengrenze

$$P_{\text{grenz}} = h \cdot \nu \cdot 2 \cdot \Delta f \qquad (23.12)$$

die theoretisch niedrigste erreichbare Grenze der Signaldetektion, die im folgenden zum Vergleich verschiedener Empfänger benutzt wird. Diese Quantengrenze ist durch die Partikelnatur der elektromagnetischen Strahlung gegeben.

23.1.2.5 *Minimal detektierbare Leistung analoger Systeme*

Die in einem Photodetektor minimal detektierbare Leistung wird unter der Annahme, daß allein Schrotrauschvorgänge und nicht weiteres Verstärkerrauschen limitierend wirken, abgeschätzt. Der Einfluß von zusätzlichem Vorverstärkerrauschen wird am Ende dieses Abschnitts im Anschluß an die Darstellung der verschiedenen Photodetektorformen behandelt.

Das Schrotrauschen im Photodetektor setzt sich aus dem unvermeidlich induzierten Schrotrauschen des optisch-elektrisch konvertierten Signalstroms und der Summe aus Dunkelstrom- und eventuellem optischen Hintergrundsignalstrom-Rauschen zusammen. Ein idealer Detektor wird unter der Ausschaltung von Hintergrundbeleuchtung und unter der Annahme vernachlässigbarem Dunkelstroms betrachtet, so daß allein das Schrotrauschen des Signalstroms die Empfindlichkeitsgrenze des optischen Detektors beim Direktempfang darstellt. Die Rauschleistung *N*, erzeugt durch das Schrotrauschen des mittleren Signalstroms I_0 an einem idealen Lastwiderstand R innerhalb der Videobandbreite Δf, ist gemäß Gl. 23.5

$$N = 2 \cdot e \cdot I_0 \cdot R \cdot \Delta f \qquad (23.13)$$

Die dabei an den Lastwiderstand *R* abgegebene Wechselsignalleistung *S* ist bei Annahme vollständiger Durchmodulation $m = 1$ des sinusförmigen Signals (mit dem Mittelwert I_0)

$$S = \frac{I_0^2 \cdot R}{2} \qquad (23.14)$$

Das damit am Lastwiderstand betrachtbare Signal-zu-Rauschleistungsverhältnis *SNR* ist

$$SNR = \frac{I_0}{4 \cdot e \cdot \Delta f} \qquad (23.15)$$

Der mittlere Signalstrom I_0 ist mit der Detektorresponsivität unter der Annahme eines externen Quantenwirkungsgrads von 1 mit Gl. (23.3) und Gl. (23.4) auszudrücken

$$SNR = \frac{e}{h \cdot \nu} \cdot P_{\text{opt}} \cdot \frac{1}{4 \cdot e \cdot \Delta f} \qquad (23.16)$$

$$SNR = \frac{P_{\text{opt}}}{4 \cdot h \cdot \nu \cdot \Delta f} \qquad (23.17)$$

Für ein für die Detektion zu forderndes Verhältnis $SNR = 1$ ergibt sich die mindestens erforderliche Lichtleistung $P_{\min}$

$$P_{\min} = 4 \cdot h \cdot \nu \cdot \Delta f \qquad (23.18\text{a})$$

die sich bei unvollständiger Durchmodulation $m < 1$ weiter vergrößert:

$$P_{\min}(m) = 2 \cdot \left(\frac{2}{m^2}\right) \cdot h \cdot \nu \cdot \Delta f \qquad (23.18\text{b})$$

Gleichung (23.18a) stellt die durch Schrotrauschen des Detektors beim Direktempfang bedingte Empfindlichkeitsgrenze dar, die damit um den Faktor $2/m^2$ über der Quantengrenze nach Gl. 23.12 liegt. Damit steigt die minimale optische Empfangsleistung einerseits mit der Bandbreite Δf linear an und fällt andererseits umgekehrt proportional zur Empfangswellenlänge λ (= c/ν) ab, da im langwelligen Bereich bei gleicher optischer Leistung größere Signalströme konvertiert werden. Die minimale optische Empfangsleistung an der Quantengrenze analoger Systeme entspricht der später im Abschn. 23.7 diskutierten Quantengrenze von 20 Photoelektronen digitaler Systeme [8, 9] für den dort üblichen Störabstand von $Q = 6$, entsprechend einer Bitfehlerwahrscheinlichkeit BER $= 10^{-9}$. Abbildung 23.1 zeigt den grundsätzlichen Verlauf der logarithmisch dargestellten optischen Mindestleistung über der Bandbreite Δf. Für Bandbreiten

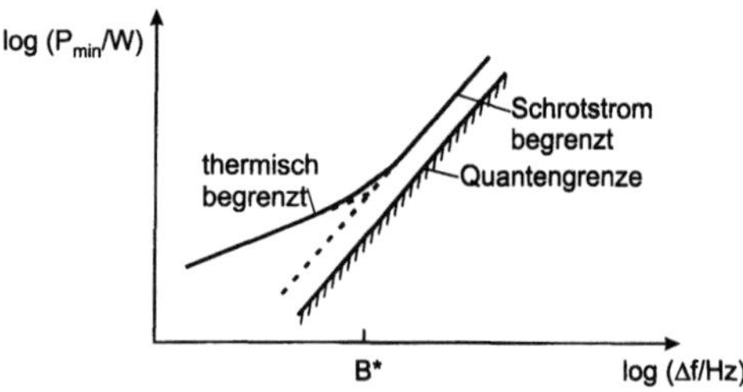

Abb. 23.1. Abhängigkeit der minimalen optischen Empfangsleistung von der Signalbandbreite Δf

unterhalb gewisser Mindestwerte B^* dominiert allerdings das (in der Herleitung vernachlässigte) thermische Rauschen in realen Empfängern, so daß die minimale optische Empfangsleistung nach Gl. 23.18a nicht mehr erreicht werden kann.

23.1.3 Detektionsbandbreite

Die bisherigen Überlegungen zur Grenzempfindlichkeit eines idealen Photoempfängers wurden unabhängig von Bandbegrenzungen durchgeführt, die in realen Empfängern durch z. B. RC-Zeitkonstanten direkt parallel zur Photodiode auftreten. So führen z. B. eine Photodiodenkapazität im Bereich 0,3 pF zusammen mit Streukapazitäten um 0,2 pF parallel zu einem Lastwiderstand von 50 Ω auf eine RC-Grenzfrequenz von $1/(2\pi \cdot RC) = 6{,}37$ GHz. Eine Steigerung dieser Bandbreite kann vorteilhaft durch Verkleinern der Kapazitäten aber auch durch Verringern des Lastwiderstands R_L geschehen. Im letzteren Fall nimmt aber auch die Konversionsverstärkung C_{kon} ab:

$$C_{kon} = R \cdot R_L \tag{23.19}$$

Mit der Einheit der Responsivität R ergibt sich die Einheit der Konversionsverstärkung C_{kon} zu V/W. Gelegentlich wird diese Größe auch als optische Transimpedanz bezeichnet. Die Forderungen nach hoher Bandbreite verbunden mit gleichzeitiger hoher Empfangsempfindlichkeit sind demnach grundsätzlich widersprüchlich und müssen im Kompromiß z. B. im Hinblick auf die verlangte Empfangsbitrate des optischen Empfängers gelöst werden.

Die Empfangsempfindlichkeit optischer Empfänger für digitale Eingangssignale (Personick-Theorie) [12] wird im Abschn. 23.7 behandelt.

23.1.4 Alternative Konzepte zum einfachen Geradeausempfang

Beim zuvor beschriebenen einfachen Geradeausempfang (ohne Mischung und Frequenzumsetzung) dominiert für die erzielbare Empfangsempfindlichkeit in praktischen Empfängern, die in der Regel hinter der Photodiode einen elektrischen Vorverstärker beinhalten, hauptsächlich das verstärkereingangsbezogene (meist thermische) Rauschen. Bei Empfängern, die bei Raumtemperatur ($T_0 = 300$ K) betrieben werden und in der Eingangsstufe entsprechend thermisch rauschen, ist die notwendige Photonenzahl pro bit (je nach Bitrate) entsprechend weit (z. B. 1000-fach) über der Quantenrauschgrenze gelegen. Abhilfe bietet hier ein optischer Vorverstärker (OA), der bei relativ kleinen Rauschzahlen (3–5 dB) eine beträchtliche Leistungsverstärkung (typ. 20–30 dB) des empfangenen optischen Signals aufbietet (s. Kap. 26). Ziel hierbei ist es, das so verstärkte Signal deutlich über das äquivalente elektrische Eingangsrauschen der Empfangsstufe anzuheben, so daß letzteres nicht mehr störend in Erscheinung tritt. Die Empfangsempfindlichkeit ist damit vorzugsweise durch die Rauschzahl des OA bestimmt. Mit der Etablierung optischer Vorverstärker wird systemtechnisch der OA noch mit zum Empfänger gezählt, so daß exzellente Empfangsempfindlichkeiten erzielt werden, z. B. −32 dBm bei einer Signaldatenrate von 20 Gbit/s [13].

Abbildung 23.2 zeigt das Schema eines Direkt- oder Basisbandempfängers mit optischer Vorverstärkung. Auf den optischen Verstärker (EDFA) folgt ein Filter, welcher diejenigen Spektralanteile des Durchlaßbereichs des Verstärkers (typisch >20 nm) unterdrückt, in denen nur EDFA-Rauschen aber keine Signalspektralanteile mehr vorhanden sind (Filterbandbreite < 1 nm, je nach Bitrate). Nach der elektrischen Signalnachverstärkung hinter der Photodiode folgt eine weitere Signalfilterung mit Hilfe eines Integrate and Dump-Filters, um wiederum eine Optimierung des Signal/Rauschverhältnisses in bezug auf die geplante Bitrate zu erreichen. Das Integrate and Dump-Filter integriert das Signal jeweils über eine Bitdauer und wird anschließend zurückgesetzt. Dieses ideale Filter wird in der Praxis durch ein Tiefpaßfilter (z. B: Besselfilter vierter Ordnung mit einer Bandbreite von ca. 70–75% der Bitrate bei NRZ-Kodierung) angenähert. Letztlich wird das rauschoptimierte Signal dem Entscheider zugeführt, der die Amplitudenregeneration vornimmt (0/1-Pegel-Restaurierung). Eine detailliertere Darstellung zur Signalregeneration findet sich im Abschn. 23.7. Verschiedene Formen optischer Vorverstärker (auf Glasfasern bzw. auf SiO_2-Wellenleitern basierend, oder auch auf Halbleiterlaserstrukturen basierend) werden im Abschn. 23.6 vorgestellt.

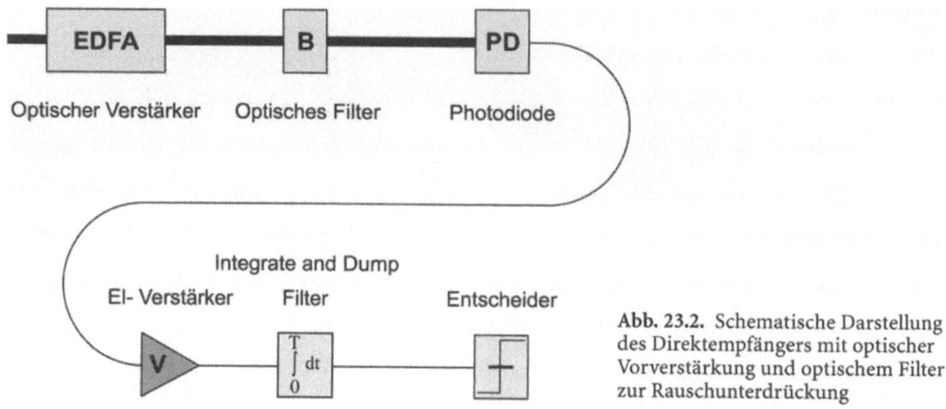

Abb. 23.2. Schematische Darstellung des Direktempfängers mit optischer Vorverstärkung und optischem Filter zur Rauschunterdrückung

23.1.5 Heterodynempfang

Heterodynempfänger weisen eine deutlich höhere Empfangsempfindlichkeit als klassische pin-Dioden-Geradeausempfänger auf. Dies wird durch die kohärente Signalverstärkung mittels optischer Mischung mit dem Signal eines starken Lokaloszillatorlasers erreicht. Abbildung 23.2b zeigt das Prinzip eines Überlagerungsempfängers. Das elektrische Feld des optisches Empfangssignals wird mit dem Feld eines Lokallasers in einem optischen Koppler überlagert. Das Überlagerungssignal wird von einer Photodiode empfangen, wobei vorrangig die optische Differenzfrequenz (MHz ... GHz-Bereich) aus dem Empfangssignal und dem Lokallaser die Modulationskomponente des elektrischen Ausgangssignals bildet. Der Lokallaser (oberer mW-Pegel) muß dazu ein geringes Phasenrauschen aufweisen. Gleichzeitig hat der Heterodynempfänger im Vergleich zum Geradeausempfänger eine hohe Wellenlängentrennschärfe, die sich aus der schmalbandigen ZF-Verstärkung nach der Photodiode im elektrischen Bereich ergibt. Für eine detailliertere Behandlung des Heterodynempfängers s. Abschn. 23.8 (Kohärente optische Empfänger).

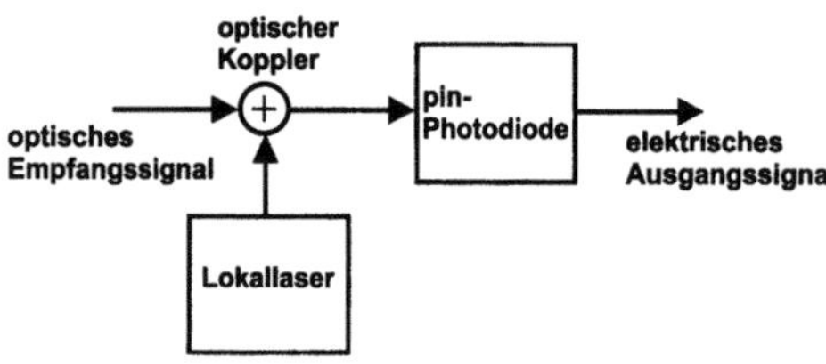

Abb. 23.2b. Schema: optischer Überlagerungsempfang bzw. Heterodynempfang

23.1.6 Prinzipieller Empfängeraufbau: Photodetektor und elektrischer Vorverstärker

Ein Photoempfänger ist die Kombination aus einer Photodiode (Photodetektor) und einem eng benachbarten (u. U. monolithisch integriertem) elektrischen Vorverstärker. Zuerst werden eine Reihe von Photodioden mit ihren wichtigsten Eigenschaften vorgestellt. Am Ende dieses Abschnitts wird ein allgemeiner elektrischer Vorverstärker hinzugefügt und sein prinzipieller Einfluß auf das Rauschen und die Empfangsempfindlichkeit diskutiert. Die Eigenschaften unterschiedlicher Schaltungstechniken des Vorverstärkers werden unter dem Aspekt der Bandbreite und der Verstärkung in 23.2 detailliert behandelt.

23.1.7 Bauformen und Eigenschaften von Photodioden

Schnelle Photodetektoren werden für den Wellenlängenbereich 1,2 – 1,6 μm für Anwendungen in den bevorzugten Übertragungsfenstern um 1,3 μm und 1,55 μm auf Basis der Halbleiter Ge und GaInAs hergestellt [9, 14]. Es werden unabhängig von ihrer sonstigen Struktur (pin, MSM) Detektoren mit senkrechtem und lateralem Lichteinfall unterschieden. Bei senkrechtem Lichteinfall werden die generierten Ladungsträger in Lichteinfallsrichtung getrennt und an den Elektroden gesammelt, s. Abb. 23.3a. Damit besteht eine enge gegenläufige Verkopplung zwischen dem

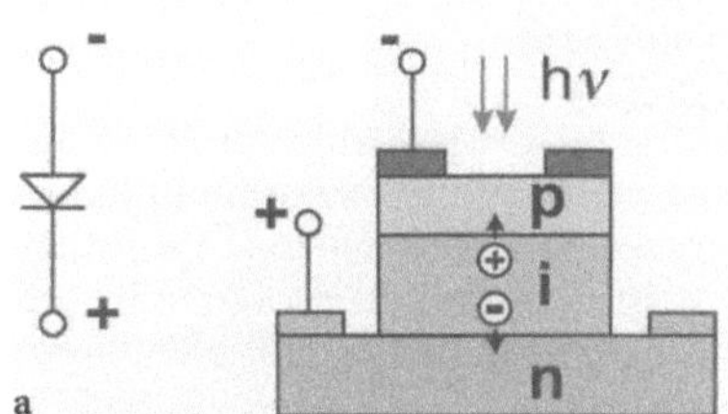

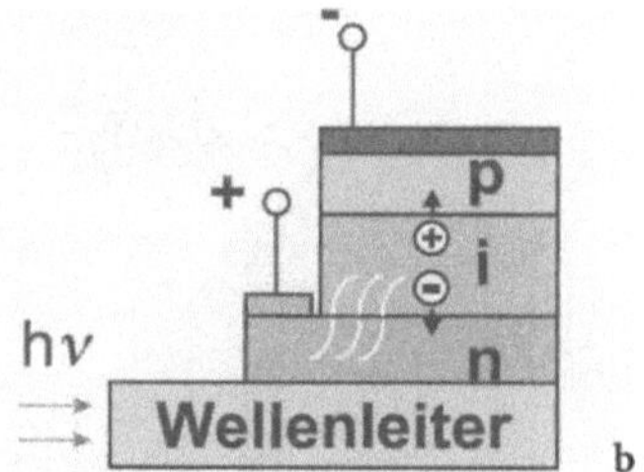

Abb. 23.3. **a** Detektor mit senkrechtem Lichteinfall und optische Absorption parallel zum elektrischen Feld. **b** Detektor mit lateralem Lichteinfall und optischem Absorptionsverlauf senkrecht zum elektrischen Feld

erzielbaren Quantenwirkungsgrad und der Ladungsträgertransitzeit, die durch die Geschwindigkeit der Ladungsträger in der Raumladungszone (intrinsisches Gebiet) gegeben ist.

Typische Relationen dafür werden durch das Quantenwirkungsgrad-Bandbreite-Produkt gekennzeichnet, welches für GaInAs-Absorptionsschichten in senkrecht beleuchteten Detektoren Werte um 15 GHz erreicht [15]. Dabei ist vorausgesetzt, daß die Detektoren hinreichend kleine aktive Flächen ($\approx 10\ \mu m)^2$ aufweisen, so daß die RC-Bandbegrenzung gegenüber der Transitzeit-Begrenzung in den Hintergrund tritt.

Bei Detektoren mit lateralem Lichteinfall sind die Pfade der Lichtabsorption und der Ladungsträgertrennung senkrecht zueinander angeordnet, s. Abb. 23.3b. Hier erfolgt die Lichtüberkopplung von einem optischen Wellenleiter in die Absorptionsschicht (i) durch die sog. Stoßkopplung oder durch die evaneszente Kopplung, s. Abb. 23.3b. Das Quantenwirkungsgrad-Bandbreite-Produkt kann dadurch gesteigert werden, daß laterale Absorptionslängen in der Größenordnung von mehreren Mikrometern (Baulänge dieser Photodiode typisch 10–30 μm) in Gegenwart kurzer vertikaler Transitwege von nur 0,2–0,4 μm genutzt werden können. Dadurch werden sowohl hohe interne Quantenwirkungsgrade von über 80% [16] wie auch extrem hohe Grenzfrequenzen von über 100 GHz bei $\lambda = 1{,}55\ \mu m$ möglich [17].

23.1.7.1 *pin-Photodioden*

Schnelle Photodioden für den Empfangswellenlängenbereich von 1,2–1,6 μm werden vorzugsweise auf GaInAs-Basis hergestellt. Diese Photodioden mit FC-Steckeraufnahme bzw. Faserpigtail besitzen für typische Grenzfrequenzen 1–2 GHz bzw. 10–20 GHz Responsivitäten von 0,9 A/W bzw. 0,6–0,7 A/W [18]. pin-Photodioden lassen sich leicht polarisationsunabhängig herstellen (Polarisationsempfindlichkeit <0,2 dB). Ihre RC-Grenzfrequenz ergibt sich aus der Plattenkondensatorgeometrie der eigentlichen Photodiode, den Streukapazitäten von Pads und dem umgebenden Aufbau sowie der Impedanz des üblicherweise gegebenen 50 Ω-Systems von Leitungen und Vorverstärkern. pin-Photodioden weisen sehr flache Frequenzgänge bis in den quasi-DC Bereich auf. Die bereits gute Hochleistungslinearität (typisch +5 dBm) ist dadurch begrenzt, daß die gesamte einfallende optische Leistung konzentriert in einem kleinen Raumvolumen ins elektrische gewandelt werden muß, womit ab Photoströmen einiger mA Raumladungseffekte die Trägerabtransportgeschwindigkeit und damit das Rekombinationsverhalten nachteilig beeinflussen [19].

23.1.7.2 *MSM-Photodioden*

Bei metal-semiconductor-metal- (MSM) Photodioden bestehen die Elektroden zur Ladungsträgerkollektion aus zwei fingerförmigen, ineinander verzahnten Elementen. Sie sind, als Schottky-Kontakt ausgeführt, auf der Oberfläche einer Lichtabsorptionsschicht (z.B. GaInAs für $\lambda = 1{,}55\ \mu m$) angeordnet. Abbildung 23.4 zeigt eine Draufsicht einer prinzipiellen Elektrodenanordnung. Die Fingerabstände und -weiten können dabei bis in den sub-Mikrometerbereich verkleinert werden, um höchste Geschwindigkeiten (30 GHz) zu realisieren. MSM-Detektoren können zugunsten eines einfachen Aufbaus von der Oberseite beleuchtet werden und zeigen aber dann durch Lichtabschattungseffekte der gitter-

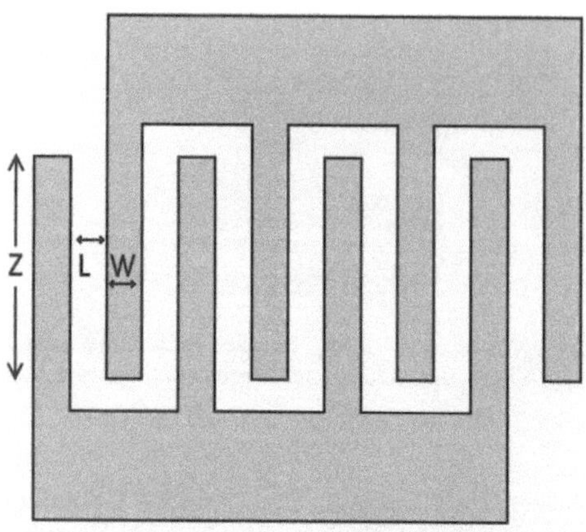

Abb. 23.4. Prinzipielle Elektrodenstruktur einer MSM-Photodiode

förmigen Elektroden Quantenwirkungsgrade kleiner 50%. Rückseitig beleutete MSM-Detektoren vermeiden diesen Nachteil, erfordern aber bei der Waferbearbeitung rückseitig polierte und gegebenenfalls abgedünnte Substrate. Generell weisen MSM-Detektoren wegen ihrer lichten Elektrodenstruktur kleinere Kapazitäten als pin-Detektoren auf und haben somit bei der Minimierung der RC-Grenzfrequenz gegenüber den pin-Photodioden Vorteile. Bei der Transitzeitverkürzung müssen allerdings, bedingt durch die grundsätzlich bogenförmigen Trajektorien der gesammelten Ladungsträger, die Fingerabstände durch Elektronenstrahllithographie deutlich unter 1 µm gesenkt werden, um 3 dB-Grenzfrequenzen von 25 GHz angesichts der Transitzeitlimitation zu überschreiten. MSM-Dioden zeigen im Vergleich zu pin-Photodioden zusätzliche Effekte wie niederfrequente Verstärkungsanhebungen, die ihren breiten Einsatz für Meßzwecke und bei hohen Linearitätsanforderungen in Übertragungssystemen behindern [20]. Bei den üblicherweise gegebenen Anordnungen der vertikalen Lichteinstrahlung (front- oder rückseitige Beleuchtung) ergeben sich durch die Gitterwirkung der Elektroden mehr oder weniger starke Polarisationsabhängigkeiten (einige dB). Neuere MSM-Photodiodenformen verwenden kreis- bzw. spiralförmige Elektroden, um die Polarisationsabhängigkeit zu unterdrücken [21].

23.1.7.3
Lawinen-Photodioden

Photodetektoren der pin-Struktur wurden zur Ausnutzung der Ladungsträgermultiplikation in Gegenwart hoher elektrischer Feldstärken zur avalanche photodiode (APD) weiterentwickelt [22]. Der Lawinenmultiplikationseffekt ist ein je nach Halbleitermaterial sehr schneller Effekt mit avalanche (avalanche (engl.) = Lawine) build-up Zeiten im ps-Bereich, so daß bzgl. der erreichbaren Bandbreiten näherungsweise die Grenzen der senkrecht beleuchteten pin-Struktur Gültigkeit haben. Als großer Vorteil der Lawinenphotodiode ist ihre intrinsische Verstärkung zu sehen, so daß ihr Verstärkungs-Bandbreiteprodukt deutlich über dem der pin-Diode liegt. Die Lawinenverstärkung kann, je nach nutzbarem Ladungsträgerstrom-Multiplikationsfaktor M (M typisch um 10, Werte bis zu 400 möglich), helfen, die Empfangsempfindlichkeit gegenüber reinen pin-Photoempfängern zu steigern. Dies ist dadurch begründet, daß die intrinsische Trägermultiplikation noch vor dem thermischen Rauschen der Vorverstärkerstufe wirksam wird, so daß eher das Quantenrauschen und Signalschrotrauschstromphänomene empfindlichkeitsbestimmend im Vergleich zum thermischen Rauschen des elektrischen Eingangskreises wirken. Fortgeschrittene Bauarten sind durch Trennung der Absorptions- und der Lawinenmultiplikationsbereiche gekennzeichnet: separated absorption and multiplication (SAM) Struktur, s. Abb. 23.5 [23]. Hierfür ist generell eine Heterostrukturepitaxie nötig, die auch verspannte Schichten kontrolliert herstellen kann. Die Photoabsorption erfolgt aufgrund der geforderten langen Wellenlänge im GaInAs, die Ladungsträgermultiplikation erfolgt in einem Material größeren Bandabstandes (Übergitter aus z.B. GaInAlAs/AlInAs) und damit kleinerer Dunkelleckströme bei hohen elektrischen Feldstärken. Gleichzeitig ist durch das zwar hoch n^+-dotierte (niederohmige Kontakte) aber praktisch nicht absorbierende InP-Fenster ein besserer Quantenwirkungsgrad der Struktur möglich.

Hinsichtlich des Rauschens optimierte (Si)Lawinenphotodioden zielen auf ein kleines Verhältnis $k = \beta_i/\alpha_i$ der Ionisationsraten (1/cm) durch Löcher β_i und Elektronen α_i. Werte des Ionisationsverhältnisses $k = \beta_i/\alpha_i$ um 0,04 sind in Silizium APDs erreichbar [24]. Es ist vorteilhaft, diejenige Ladungsträgersor-

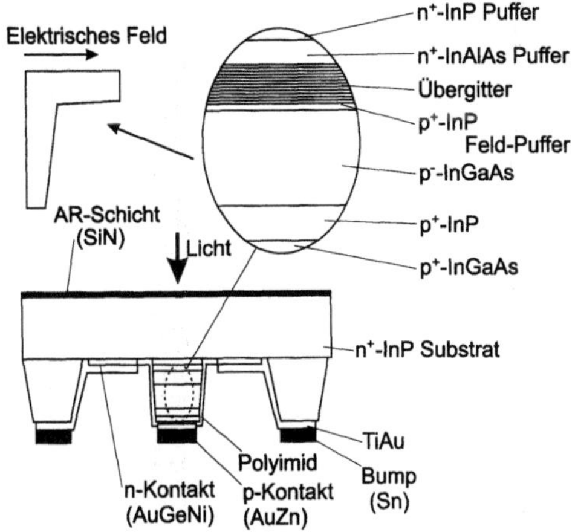

Abb. 23.5. Struktur einer SAM-APD mit Übergitter-Multiplikationsschicht nach [47]

te mit der größeren Ionisierungsrate den Lawinenprozeß auslösen zu lassen (in Si sind dies die Elektronen). Unter dieser Voraussetzung erzielt man eine stabilere Lawinenverstärkung, eine breitbandigere Frequenzantwort und den niedrigeren Zusatz-Rauschfaktor $F_{\text{noise}}(M)$, der mit dem Multiplikationsprozeß (M) verbunden ist [25]. Materialien mit vergleichbar großen Werten für die Ionisierungsraten durch Elektronen und Löcher sind für die Multiplikationsschicht zu vermeiden. So ist z. B. InP als leckstromarmes Multiplikationsmaterial günstig, zeigt aber vergleichbar große Ionisierungsraten ($k = \beta_i/\alpha_i \approx 2$). Aus diesem Grund ist im Beispiel nach Abb. 23.5 die Multiplikationsschicht als Übergitter aus GaInAlAs/AlInAs ausgelegt, um so das Ionisationsverhältnis $k = \beta_i/\alpha_i$ im Vergleich zu homogenen Materialien (s.u.) deutlich zu senken, so daß wieder (vergleichbar zu Si) Elektronen mit ihrer höheren Ionisierungsrate den Multiplikationsprozeß anführen.

Der Rauschfaktor $F(M_e)$ für APDs beträgt in Abhängigkeit eines durch Elektronen initiierten Lawinenprozesses [25]:

$$F(M_e) = M_e \cdot \left[1 - (1-k) \cdot \frac{(M_e - 1)^2}{M_e^2}\right],$$

wobei k möglichst klein werden soll.

Für einen durch Löcher ausgelösten Prozeß gilt für den Rauschfaktor:

$$F(M_h) = M_h \cdot \left[1 + \frac{(1-k)}{k} \cdot \frac{(M_h - 1)^2}{M_h^2}\right],$$

wobei k deutlich größer 1 sein sollte.

Für Volumenmaterialien betragen Werte für $k(=\beta_i/\alpha_i)$ für InP: 2; für AlInas: 3,3 und für GaAs: 1,67; für Übergitterstrukturen kann $k < 0{,}2$ werden [47].

Das Verstärkungs-Bandbreite-Produkt erreicht bei InP-basierten APDs mit weiterentwickelter Übergitter-Struktur im Multiplikationsbereich zur weiteren Steigerung des Elektronen-Loch-Ionisierungsverhältnisses (α_i/β_i) Werte größer 120 GHz [47].

23.1.7.4 *Wellenleiter- und wellenleiter-integrierte Photodioden*

Bei den Photodioden mit lateraler Lichteinkopplung (und kurzen vertikalen Pfaden der Ladungsträgertrennung) können Strukturen mit monomodalem optischen Zuführungswellenleiter und vielmodiger Absorption in der Photodiode (wellenleiter-integrierte Photodiode, z.B. nach [16], s. Abb. 23.6) unterschieden werden von Strukturen, bei denen die Absorptionsschicht selbst als vielmodiger Wellenleiter ausgeprägt ist (Wellenleiter-Photodiode, z.B. nach [17]). Bei letzterem Typ ist durch die Vielmoden-Ausbreitung in der Absorptionsschicht im Halbleiter ein für die Lichtfleckgröße der Einmoden-Glasfaser passender optischer Fleckdurchmesser gegeben. Dadurch zeichnet sich diese Diode durch einen hohen externen Quantenwirkungsgrad von bis zu ca. 70 % aus. Bei entsprechender Miniaturisierung des Absorptionsgebietes auf wenige μm^2 (Diodenlänge × Breite) ist die Bandbreite dieser Photodiode nicht mehr RC-, sondern transitzeit-begrenzt; Werte von 110 GHz wurden demonstriert [17]. Im Sinne einer optoelektronischen Integration dieser Photodiode mit weiteren optischen Komponenten macht sich die vielmodigeWellenausbreitung allerdings nachteilhaft bemerkbar, so daß dieser Photodiodentyp vorzugsweise als Einzelbauelement mit einem sehr hohen Quantenwirkungsgrad-Bandbreite-Produkt von 55 GHz brilliert. Für die optische Integration ist die ebenfalls sehr breitbandige wellenleiter-integrierte Photodiode [16] vorteilhaft. Abbildung 23.6 zeigt eine entsprechende Struktur mit vertikaler evaneszenter Kopplung des Lichtes des optischen Zuführungswellenleiters ins Absorptionsgebiet aus GaInAs (interner Quantenwirkungsgrad >80%) und mit doppelt ausgeführtem n-Kontakt zur Serienwiderstandsminimierung.

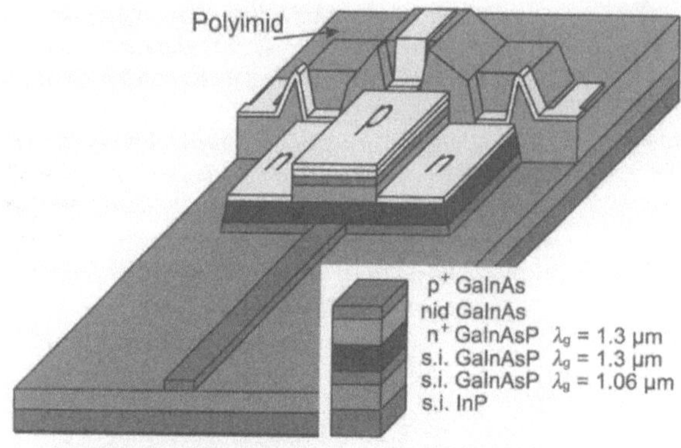

Abb. 23.6. Wellenleiter-integrierte Photodiode nach [16], s.i.: semi-isolierend, nid: undotiertes Material

Ihr optischer Zuführungswellenleiter aus GaInAsP, auf dem die Photodiode angeordnet ist, ist allerdings separat optimierbar und kann als Chip-Wellenleiter über die gesamte Waferfläche mit anderen optischen Komponenten (Laser, Modulatoren, Schalter) verbunden werden.

Mit diesem Photodiodentyp wurden bei Abmessungen der aktiven Absorptionsfläche von $3 \cdot 10\ \mu m^2$ bereits Grenzfrequenzen von 70 GHz erreicht [44]. Die Polarisationsabhängigkeit ist < 0,5 dB. Der maximale Ausgangsstrom liegt bei nur geringer Impulsverbreiterung bei 40 Gbit/s RZ-Datenraten im 20 mA-Bereich. Die Kapazität der Diode beträgt < 25 fF, so daß wegen der RC-Begrenzung >90 GHz im 50 Ω-System die effektive Grenzfrequenz durch die Transitzeit der Ladungsträger über die Absorptionszone gegeben ist [45]. Ihre Ausdehnung kann über die Epitaxie (MOVPE: Metall-organische Gasphasen-Epitaxie) und die Eindringtiefe der p-Kontakt-Zn-Diffusion reproduzierbar eingestellt werden. Beiden Photodiodentypen [17, 45] mit lateraler Lichteinstrahlung ist gemeinsam, daß das Licht der Glasfaser trotz voroptimierten Wellenleiternahfeldes mittels eines Fasertapers oder einer vergleichbaren Abbildungsoptik eingekoppelt werden muß. Im Fall der wellenleiterintegrierten Photodiode kann ein Fleckgrößen-Transformer separat optimiert zur Minderung der Faser-Chip-Koppelverluste mit dem Wellenleiter integriert werden, so daß eine präzise Positionierung der Photodiode nahe der Chipkante wie bei [17] nicht erforderlich ist. Damit sind in monolithischer Wellenleiter-Integration mit diesem Photodiodentyp auch sehr breitbandige Zweidioden-Empfänger (balanced-detector) Formen möglich.

23.1.7.5 Weiterentwicklung von Photodioden für hohe Pulsleistungen und kurze Schaltzeiten: Uni-travelling-carrier (UTC) Photodiode

Die bisherigen Photodiodentypen beruhten auf dem möglichst schnellen Drift-Transport generierter und separierter Elektron-Lochpaare über die hochverarmte, mittlere Absorptionszonenlänge. Damit spielen für die effektive Transitzeit beide Ladungsträgerdriftzeiten eine Rolle, womit die langsamere Driftzeit, i.d.R. diejenige für die Löcher, dann die effektive Transitzeit dominiert. Eine neuere Bauform der Photodiode beruht auf dem Ansatz, für die unvermeidliche Transitzeitlimitierung allein die Driftzeit der (schnelleren) Elektronen auftreten zu lassen (uni-carrier-traveling). Da beim Band-Band-Generationsmechanismus stets Löcher zusammen mit Elektronen erzeugt werden, wird versucht, die Löcher nicht erst als Driftstrom über die Raumladungszone laufen zu lassen, sondern den Löcherstrom sofort als schnellen Verschiebungstrom (mit der dielektrischen Relaxationszeitkonstanten für Majoritätsträger im ps-Bereich) über ein nun quasineutral ausgelegtes p-GaInAs-Lichtabsorptionsgebiet in den p-Kontakt gelangen zu lassen. Diese Überlegung führt zur p-Hochdotierung (um $10^{18}\ cm^{-3}$) der sonst konventionell undotierten Absorptionszone, mit der Folge, daß die nun neutrale (nicht mehr verarmte) p^+-Absorptionszone direkt an eine hochverarmte (wide-gap) n^--Kollektorzone zum Driftabtransport für die Elektronen angrenzen muß. Abbildung 23.7 zeigt eine entsprechende Bänderstruktur [46], die von links beleuchtet wird. Das Licht gelangt aufgrund des größeren Bandabstands der linken p-Kontaktzone

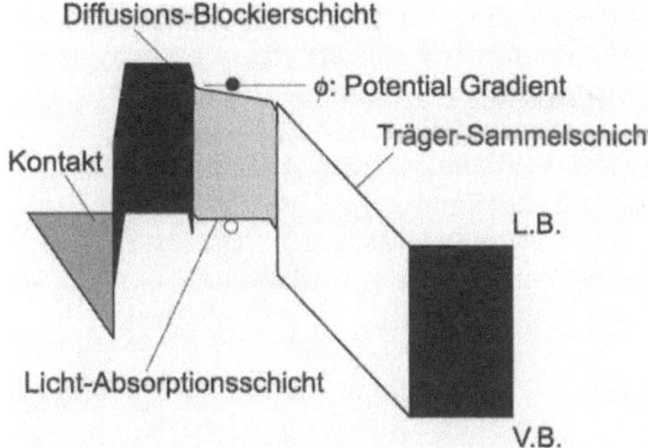

Abb. 23.7. Bändermodell einer Uni-Travelling-Carrier Photodiode nach [46] mit einer Lichtabsorptionsschicht aus p^+-GaInAs und einer n-InP Träger-Sammelschicht

praktisch ungedämpft in die p^+-Absorptionsschicht. Die dort erzeugten Löcher rufen im Rahmen der sehr kurzen Majoritätsträgerrelaxationszeit einen Strompuls im p-Kontakt hervor (diese Zeitkonstante ist praktisch vernachlässigbar). Die Elektronen hingegen diffundieren schnell, über ein elektrisches Zusatzfeld in der Absorptionszone unterstützt, in den Driftzonenbereich der Träger-Sammelschicht (carrier collecting layer); von dort gelangen sie unter Ausnutzung von velocity overshoot Effekten (Spitzengeschwindigkeiten von $4 \cdot 10^7$ cm/s) in der Driftzone nach rechts in den n-Kontakt. UTC-Photodioden mit weiterentwickelter Struktur (lateraler bzw. evaneszenter Lichteinfall) zeigen Bandbreiten von über 150 GHz [48]. Ebenfalls sind sie in der Lage, hohe Photoströme mit Spitzenwerten über 40 mA bei dieser hohen Bandbreite abzugeben, womit in dieser Struktur Raumladungseffekte wirksam unterdrückt werden, bzw. im Vergleich zur konventionellen pin-Struktur erst bei noch höheren Eingangsleistungen in der Pulsbreite spürbar werden. Die Responsivitäten senkrecht beleuchteter UTC-Photodioden (0,5 A/W) liegen derzeit noch etwas unter den Werten optimierter konventionellerer Hochbitraten-pin-Photodioden (0,8 A/W bei Bandbreiten >40 GHz); neuerliche Fortschritte unter Einsatz strukturierungsmäßig aufwendigerer evaneszenter Beleuchtungsschemata weisen in Richtung 1 A/W [49].

23.1.7.6
Weiterentwicklung von Photodioden mit lateraler Lichteinkopplung für Höchstfrequenzanwendungen

Bei den zuvor vorgestellten Photodiodentypen ist gemeinsam, daß ihr Absorptionsgebiet im Sinne einer elektrischen Ersatzschaltung praktisch punktförmig klein gehalten wird. Bei Höchstfrequenzen gegen und über 100 GHz ist diese Optimierung zunehmend schwieriger, da sich dann elektrische Wellenausbreitungseffekte immer deutlicher bemerkbar machen. Diese müssen nicht nur auf den Zuleitungen sondern nun auch entlang der Absorptionszone berücksichtigt werden. Die bei den vorigen Photodioden damit bedingten Störungen lassen sich für Frequenzen bis 50 GHz noch durch diskrete Kapazitäten (typisch 30 fF) im Ersatzschaltbild modellieren. Bei höheren Frequenzen 50... >200 GHz ist ein anderer Ansatz erfolgversprechend. Hier wird das Absorptionsgebiet bewußt als elektrischer Wellenleiter ausgebildet, in dem sich in kopropagierender Weise eine optische Welle und eine elektrische Signalwelle ausbreiten. Die Kapazität der Absorptionszone wird in verteilter Form als Kapazitätsbelag der Transmissionsleitung, die die Absorptionszone auch darstellt, derart einbezogen, so daß sich eine (Norm)Impedanz von z. B. 50 Ω einstellt, die an externe Beschaltungen reflexionsfrei angepaßt ist. Wird nun noch dafür gesorgt, daß auch die elektrische Wellenausbreitungsgeschwindigkeit mit der optischen Wellenausbreitungsgeschwindigkeit entlang der Absorptionszone übereinstimmen, entfällt die RC-Bandbegrenzung dieses neuen Wanderwellen-Photodiodentyps gänzlich. Es verbleibt bandbeschränkend die Transitzeit der Ladungsträger. Die Transitzeit kann (selbst unter Mitberücksichtigung der stets langsameren Löcher) bei diesem Photodiodentyp leicht gering gehalten werden, da aufgrund der angestrebten Geschwindigkeitsanpassung beider Wellentypen keine prinzipielle Längenbeschränkung der Photodiode mehr gilt, so daß die transitzeit-bestimmende Dicke der Absorptionszone deutlich im Vergleich zur senkrecht beleuchteten pin-Photodiode reduziert werden kann. Die optimale Länge muß im Rahmen gegebener optischer Absorption und elektrischer Wellenleitungsverluste gefunden werden. Durch die nun langgestreckte Absorptionszone versprechen diese Wanderwellendetektoren ein sehr gutes Hochleistungs-Absorptionsverhalten der optischen

Eingangsleistung bis über 50 mA Photostrom bei guter Linearität zur eingestrahlten Leistung. Realisierungen von Wanderwellendetektoren können sowohl mit Elektrodenkonfiguration gemäß dem pin-Typ wie dem MSM-Typ [50] erfolgen. Auch eine Verteilung entlang eines optischen Wellenleiters von ultraminiaturisierten pin-Elementen, die ihre Signale auf einer elektrischen Transmissionsleitung phasenrichtig summieren, wurden für höchste Frequenzen und Hochleistungsanwendungen vorgestellt [51].

23.1.8 Photoleiter als Photodetektoren

Photoleiter nutzen die Anhebung freier Ladungsträgerdichten in Halbleiterwiderstandsstrukturen durch optische Einstrahlung. Sie spielen in der zunehmend höherratigen optischen Nachrichtentechnik eine geringere Rolle, da ihr interner Gewinn, der aus Laufzeitunterschieden, respektive Rekombinations-Zeitunterschieden von Elektronen und Löchern resultiert, zu einer frühzeitig frequenzabhängigen internen Verstärkung führt. Auch zeigen Photoleiter im Vergleich zur Photodiode einen um den Faktor 2 schlechteren Grenzwert für die äquivalente Rauschleistung [7], bedingt durch Generation *und Rekombination* von Ladungsträgern während einer Pulsdauer. Photoleiter werden vorzugsweise im fernen Infrarotbereich $\lambda > 2$ µm eingesetzt, wo Si- und Ge-Photodioden unempfindlich sind, z.B. InSb (T: 77 K) um $\lambda = 5$ µm, PbSe (T: 77 K) um $\lambda = 6$ µm und Ge/Hg (T: 30 K) um $\lambda = 10$ µm; CdS ist für den sichtbaren Bereich um $\lambda = 0{,}4-0{,}5$ µm z.B. für Lichtschrankenanwendungen geeignet.

23.1.9 Einfluß des elektrischen Vorverstärkerrauschens auf die minimal detektierbare Empfangsleistung

Nach dieser Darstellung heutiger Photodetektoren wird im Hinblick auf den folgenden Abschn. 23.2, in dem die Empfängergrundschaltungen detaillierter behandelt werden, der generelle Einfluß der sich summierenden Rauschbeiträge aus dem Photodetektor und dem Rauschen des folgenden Vorverstärkers auf die Empfangsempfindlichkeit behandelt.

Ein allgemeiner Ansatz zur Ermittlung der minimalen Empfangsempfindlichkeit eines optischen Empfängers besteht darin, das effektive Signal-zu-Rauschverhältnis am Empfängereingang zu bestimmen. Der Empfängereingang wird hier als *elektrischer* Summationspunkt verstanden, an dem die Überlagerung aus optoelektrisch gewandeltem Signalstrom und allen Rauschströmen auftritt. Alle Rauschbeiträge werden leistungsmäßig summiert. Die Rauschbeiträge, die im Folgeverstärker intern aus verschiedenen Einzelursachen begründet sind (z.B. thermisches Rauschen von Widerständen, $1/f$-Rauschen an Halbleiteroberflächen und Grenzflächen, Schrotrauschen durch Betriebsströme der verstärkenden Elemente, usw.), werden i.d.R mit Hilfe eines Schaltungssimulators auf diesen Verstärkereingang frequenzabhängig zurückgerechnet und dort spektral (z.B. bezogen auf 1 Hz Bandbreite) summiert. Die Summierung in $\langle i_{\mathrm{na}}^2 \rangle$ erfolgt i.d.R. für die jeweils eingangsbezogenen Rauschströme quadratisch, wenn die Rauschquellen unkorrelliert sind; korrellierte Beiträge werden linear (aber komplex) addiert. Damit kann das eingangsbezogene Signal-zu-Rauschstromverhältnis, der sog. Störabstand Q, gebildet werden:

$$Q = \frac{P_{\mathrm{opt}} \cdot R}{\sqrt{\langle i_{\mathrm{na}}^2 \rangle}} \tag{23.20}$$

Dabei ist $\langle i_{\mathrm{na}}^2 \rangle$ das bzgl. aller Rauschquellen summierte eingangsbezogene Rauschstromquadrat und R die Responsivität der Photodiode. Im Breitbandfall wird die Rauschstromdichte über die Bandbreite des optoelektrischen Nutzsignals betrachtet. Im Schmalbandfall werden Nutzsignal und Rauschstromdichtenquadrat spektral je 1 Hz Bandbreite ins Verhältnis gesetzt und in Abhängigkeit der Frequenz innerhalb der Übertragungsbandbreite untersucht.

Die Empfängergrenzempfindlichkeit ist durch den Störabstand $Q = 1$ gegeben. Die minimale Empfindlichkeit $P_{\min}$ praktischer Empfänger wird i.d.R. für ein deutlich besseres Signal-zu-Rauschstromverhältnis $Q \gg 1$ definiert, um eine sichere Detektion zu gewährleisten.

$$P_{\mathrm{opt}} = \frac{Q_{\min}}{R} \cdot \sqrt{(\langle i_{\mathrm{na}}^2 \rangle)} \tag{23.21}$$

Dabei ist $Q_{\min}$ der Faktor des Störabstands vom Signal- zum Rauschstrom (sollte besser als 6 sein, wenn die Bitfehlerwahrscheinlichkeit (s. Abschn. 23.7) BER $< 10^{-9}$ betragen soll). Das Signal-zu-Rausch*leistungs*verhältnis ist demgemäß gleich Q^2.

Die maßgebenden Rauschbeiträge, die eingangsbezogen spektral in $<i_{na}^2>$ summiert werden sollen, hängen von den Details der Vorverstärkerschaltung ab und werden in den nächsten beiden Abschnitten betrachtet. Hier kann gemäß Gl. 23.21 vorerst festgestellt werden, daß eine Erhöhung der Empfindlichkeit des Photoempfängers P_{min} eine Senkung aller dominierenden Rauschbeiträge aus dem Folgeverstärker erfordert. Bei Empfängern für Bitraten im Gbit/s-Bereich läuft dies vorrangig auf eine Reduktion der thermischen Rauschanteile des Folgeverstärkers hinaus, da für hohe Frequenzen Gateleckströme, Photodiodendunkelströme und $1/f$-Rauschbeiträge von Grenzflächen zunehmend an Bedeutung verlieren.

23.2 Grundschaltungen optischer Empfänger für Breitband- und Schmalbandanwendungen

Im folgenden werden die gängigen Vorverstärkerkonzepte: die Hochimpedanzschaltung, die Transimpedanzschaltung, die Wanderwellenverstärkerschaltung sowie reaktiv angepaßte Verstärker bzgl. ihrer Bandbreite, Dynamik, Rauscheigenschaften und Empfindlichkeit vorgestellt und miteinander verglichen.

Vorverstärker in optoelektronischen Empfängern werden für niedrige Bitraten (10 Mbit/s) üblicherweise als Hoch-Impedanz-Verstärkerschaltung (HIA) (Abb. 23.8), für mittlere Bitraten (2,5 - 10 Gbit/s) als Transimpedanz-Verstärkerschaltung (TIA) [52] ausgelegt (Abb. 23.9), während für Hochbitratenempfänger (40 Gbit/s) der verteilte Verstärker bzw. der Wanderwellenverstärker (TWA, Abb. 23.10) dominiert.

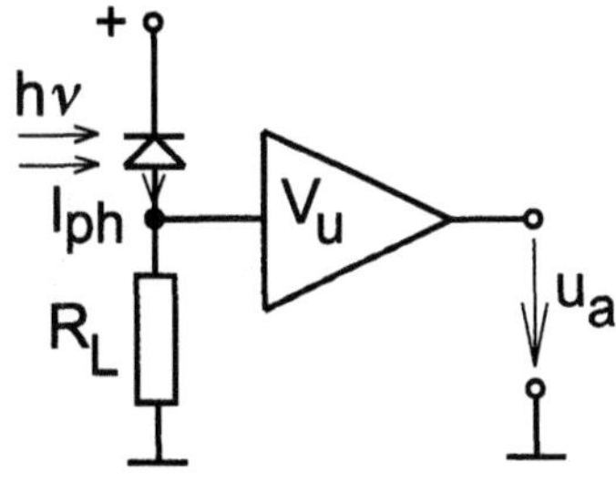

Abb. 23.8. Grundschaltungen optoelektronischer Empfänger-OEICs: Hochimpedanzschaltung

Das Hochimpedanz-Empfänger-Konzept zielt darauf ab, ein infolge des Photostomes I_{ph} am Lastwiderstand R_L entstehendes möglichst großes Spannungssignal für den nachfolgenden Spannungsverstärker (V_u) zur Verfügung zu stellen. Dafür wird im Vergleich zum gängigen 50 Ω-System ein relativ hochohmiger Lastwiderstand R_L im Bereich einiger 10 kΩ angestrebt. Das hier anstehende Nutzsignal soll das eingangsbezogene Spannungsrauschen des Folgeverstärkers deutlich übersteigen, womit eine gute Empfangsempfindlichkeit erzielt wird. Dieses Konzept ist vorzugsweise für kleine Bitraten interessant, wo die RC-Grenzfrequenz des Eingangskreises hinreichend hoch dimensioniert werden kann. Schätzt man die Summe aus Eingangskapazität und Photodiodenkapazität mit ca. 1 pF ab, ergibt sich zusammen mit einem Lastwiderstand von 10 kΩ eine RC-Grenzfrequenz von 15,92 MHz. Damit sind bestenfalls Datenraten um 20 Mbit/s (NRZ) übertragbar. Die effektive Grenzfrequenz des Hochimpedanzverstärkers wird häufig dadurch gesteigert, daß dem ersten Vorverstärker mit konstantem Frequenzgang ein Hochpaß mit Entzerrerfilter (engl. Equalizer) nachgeschaltet wird, der ab der RC-Grenzfrequenz der Eingangsstufe mit einem anhebenden Frequenzgang dimensioniert wird. Damit ergibt sich eine höhere Grenzfrequenz beider multiplizierten Frequenzgänge bis zum dem Punkt, wo der Frequenzgang der Eingangsstufe aufgrund verstärkerinterner RC-Glieder höherer Ordnung zusätzlich abfällt, bzw. wo das Entzerrerfilter keine Verstärkungsanhebung mehr bietet. Die nutzbare Frequenzanhebung kann typisch eine Dekade umfassen. Will man das Hochimpedanzkonzept zu höheren Bitraten nutzen, muß R_L niederohmiger dimensioniert werden. Eine praktische Grenze ist bei Annäherung an das 50 Ω-System gegeben, wo dann das Nutzsignal $I_{ph} \cdot R_L$ an R_L im eingangsbezogenen Spannungsrauschen des Vorverstärkers untergeht.

Der Transimpedanzverstärker (TIA) (Abb. 23.9) zeigt einen effektiven Eingangswiderstand in Höhe des Gegenkopplungswiderstands R_{GK}, geteilt durch die Leerlaufspannungsverstärkung $v_u + 1$ des Vorverstärkers. Damit beträgt der effektive Eingangswiderstand selbst für Gegenkopplungswiderstände im kΩ-Bereich nur um einige 10 Ohm. Damit ist die RC-Grenzfrequenz des Eingangskreises deutlich höher als beim Hochimpedanzverstärker, was den Transimpedanzverstärker für höhere Bitraten (z. B. 10 Gbit/s) prädestiniert.

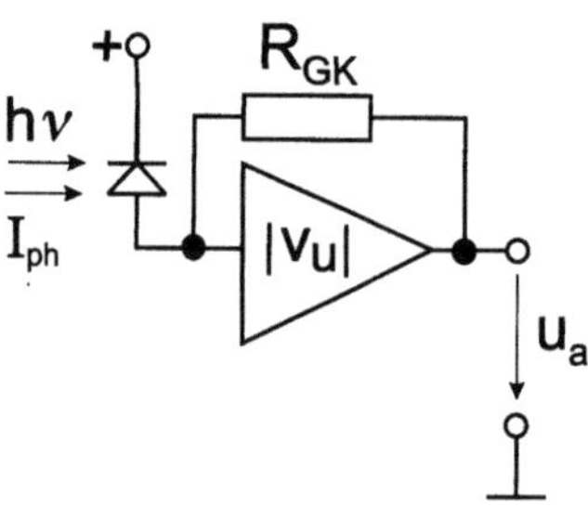

Abb. 23.9. Grundschaltungen optoelektronischer Empfänger-OEICs: Transimpedanzschaltung

Die Transimpedanz Z_T ist das Verhältnis von Ausgangsspannung u_a zum Photostrom I_{ph} am Eingang des Verstärkers und ist für hohe Leerlaufspannungsverstärkungen $|v_u|$ gleich dem Gegenkopplungswiderstand R_{GK}. Für endliche Verstärkung $|v_u|$ ist $Z_T = R_{GK}/(1+1/|v_u|)$. Die Grenzfrequenz des TIA beträgt $f_g = (1+|v_u|)/(2 \cdot \pi \cdot R_{GK} \cdot C_{ges})$, wobei C_{ges} die Summe aller am Eingang des TIA wirksamen Kapazitäten repräsentiert: $C_{ges} = C_{pin} + C_{amp} + C_{streu}$ (C_{pin}: Photodiodenkapazität, C_{amp}: Verstärkereingangskapazität, C_{streu}: Streukapazität der Verdrahtung im Eingangskreis). Bei vergleichbarer Grenzfrequenz kann also der Gegenkopplungswiderstand R_{GK} im TIA erheblich hochohmiger als der Lastwiderstand R_L im HIA ausgelegt werden. Dies hat sehr vorteilhafte Folgen auf die bessere Empfängerempfindlichkeit des TIA bei höheren Bitraten, da der vergleichsweise hochohmige Gegenkopplungswiderstand eine entsprechend geringere Rauscheinströmung in den Eingangssummationspunkt bewirkt. Durch das Miller-Theorem wird also der vergleichsweise hochohmige Wert des Gegenkopplungswiderstands R_{GK} auf einen effektiven, deutlich niederohmigeren, Eingangswiderstand heruntertransformiert, so daß eine kleine Eingangs-RC-Konstante erreicht wird.

Der Transimpedanzverstärker weist wegen der Gegenkopplung eine hohe Dynamik und gutes Großsignalverhalten auf, was bei Empfängern in Systemen mit optischer Vorverstärkung bedeutsam sein kann. Der Hochimpedanzverstärker ist wegen der fehlenden Gegenkopplung leichter stabil zu entwerfen. Beide Schaltungen stoßen derzeit (2000) für geplante Bitraten um 40 Gbit/s an ihre Grenzen. Beim Transimpedanzverstärker macht sich die Laufzeit in der Gegenkopplung als Stabilitätsproblem für den Entwurf einer sicheren Phasenreserve bemerkbar. Dieser Laufzeiteffekt verursacht Resonanzanhebungseffekte am hochfrequenten Ende des Übertragungsfrequenzgangs des TIA und natürlich damit einhergehende Phasenverzerrungen (mit der Folge einer starken Gruppenlaufzeitstreuung). Diese Probleme können nur im Rahmen einer monolithischen Integration in deutlich kompakter Form (kleinflächige Transistoren, vorzugsweise HBTs (mit hoher Steilheit und kleiner Emitterfläche)) gelöst werden. Der Hochimpedanzverstärker verliert seinen Vorteil des grundsätzlich möglichen geringen thermischen Eingangsrauschens vollständig, wenn der eingangsseitige Arbeitswiderstand R_L wegen der parallel liegenden Summenkapazität aus Photodiode, Transistoreingang und Streukapazitäten nicht mehr hinreichend hochohmig bei der geforderten Bandbreite gewählt werden kann.

Eine wiederentdeckte Alternative stellt der Wanderwellenverstärker (TWA, engl.: traveling wave amplifier oder distributed amplifier) dar [53, 54], s. Abb. 23.10. Während die vorangehend besprochenen Schaltungen vorzugsweise als Spannungsverstärker oder stromgesteuert arbeiten, ist hier die Photodiode als Quelle am Eingang eines Wanderwellenverstärkers möglichst leistungsmäßig anzupassen. Die elektrische Signalwelle läuft entlang der Gateleitung in Richtung des Gateleitungs-Abschlußwiderstandes und wird dort absorbiert. Die entlang der Gate-Leitung angeordneten Transistoren (hier z.B. HEMT, engl.: high-electron mobility transistor) verstärken das Eingangssignal phasenverschoben, entsprechend der Laufzeitdifferenz ihrer Anordnung entlang der Gate-Leitung. Ihre verstärkten Signale werden phasenrichtig in der Drain-Leitung summiert, die am linken Ende reflexionsarm abgeschlossen ist, so daß am rechten Ende der Drainleitung das Ausgangssignal zur Verfügung steht. Der Wanderwellenverstärker nutzt Transistoren gegebener Grenzfrequenzdaten f_T und f_{max} optimal im Hinblick auf die erzielbare Verstärkerbandbreite aus. So kann hier das Verhältnis aus Verstärkerbandbreite und Transitfrequenz $f_T > 50\%$ betragen [55], während z.B. ein Transimpedanzverstärker für die gleiche betrachtete Bandbreite Transistoren mit mindestens der 4-fachen Transitfrequenz erfordert. Dies ist dadurch möglich, daß beim TWA ein großer Teil der ein- und ausgangsseitigen Transistorkapazitäten C_{gs} und C_{ds} in verteilter Form in das Impedanzdesign der Leitungen mit einbezogen werden, die dann entspre-

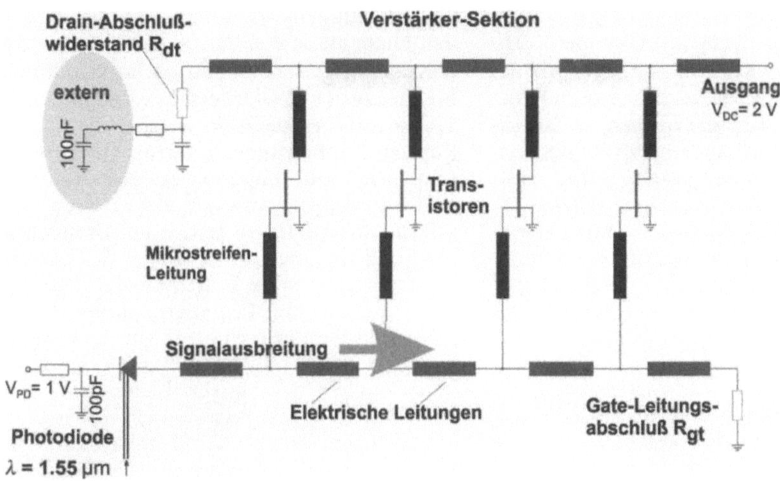

Abb. 23.10. Prinzipschaltung eines Empfänger-OEICs mit einem Wanderwellen-Verstärker und einer wellenleiter-integrierten Photodiode (pinTWA); der TWA kann mit ca. 3–7 Transistoren ausgeführt werden. Ausgefüllt: Mikrostreifen- oder Koplanarleitungen, nicht ausgefüllt: Widerstände

chend hochohmiger (damit kapazitätsärmer) entworfen werden; die Steilheiten der Transistoren addieren sich aber linear zueinander. Damit wird beim TWA eine empfindlichkeitsbestimmende Kennziffer von breitbandigen und rauscharmen Verstärkern, C^2_{ges}/g_m, wirksam verkleinert (C_{ges}: Summe aller am Empfängereingang wirksamen Kapazitäten und g_m Summe der Steilheiten).

Der TWA hat ein sehr gutes Großsignalverhalten und kann, insbesondere in monolithisch integrierter Form, für eine sehr kleine Gruppenlaufzeitschwankung ($< |\pm 5$ ps$|$) ausgelegt werden [56]. Beide Eigenschaften sind in optischen Hochbitratensystemen (≥ 40 Gbit/s) wichtig. Obwohl der Gateleitungs-Abschlußwiderstand R_{gt} im hier betrachteten Hochbitratenfall relativ niederohmig im Bereich um typisch 50 Ω liegen muß, um die Eingangsbandbreite hoch zu halten, ist sein vom rechten Ende in die Gate-Leitung einströmendes Rauschen nur gemildert im äquivalenten spektralen Eingangsrauschstrom des gesamten TWA wirksam, da von einer teilweise spektralen Auslöschung seiner Rauschanteile im Hinblick auf den rechts befindlichen Verstärkerausgang profitiert werden kann. Dies ist u. a. dadurch erklärbar, daß der TWA bzgl. seiner phasenrichtigen Signalsummation auf der Drain-Ausgangsleitung für eine Welle vom (linken) Eingang in Richtung des Gateabschluß-Widerstands optimiert wird, was für die gegenläufige Signalwelle (u. a. den Rauschstrom aus dem Gate-Leitungsabschlußwiderstand) nicht gleichzeitig gelten kann.

Wanderwellenverstärker für höhere Verstärkungs-Bandbreiteprodukte setzen Kaskodenschaltungen der Transistoren in den einzelnen Stufen ein, womit die Rückwirkung der Ausgangs- auf die Eingangsleitung verringert wird und dadurch die Bandbreite ansteigt. Die Kaskodenschaltung selbst erhöht die nutzbare Verstärkung des TWA durch Kombination aus Strom- und Spannungsverstärkung der HEMTs in jeder Kaskode.

Reaktiv angepaßte Verstärker

Reaktiv angepaßte Verstärker sind im Gegensatz zu den zuvor besprochenen Ultrabreitbandverstärkern nur für vergleichsweise kleine Bandbreiten deutlich unter einer Oktave einsetzbar. Sie erzielen eine hohe Verstärkung in der einzelnen Transistorstufe dadurch, daß sowohl am Eingang wie am Ausgang der Transistorstufe ein Resonanzkreis unter Einbezug der Transistorimpedanzen auf die Arbeitsfrequenz abgestimmt wird. Die Verstärkerdurchlaßcharakteristik wird aus den einzelnen Filterkurven, wie dem Design ihrer frequenzmäßigen Überlappung, bzw. Kopplung bei mehreren hintereinander geschalteten Stufen gestaltet. Die Resonanzkreise im Ein- und Ausgangskreis der einzelnen Verstärkerstufe bestehen bei niederen Frequenzen aus $LC(R)$-

Schwingkreisen und im Höchstfrequenz-mm-Wellenbereich aus Leitungselementen (Mikrostrip- und/oder Koplanarleitungen). In das Resonanzkonzept kann auch vorteilhaft der Photodetektor einbezogen werden, so daß seine wirksame Schmalbandresponsivität um einige dB über die sonst gegebene DC- resp. Breitbandresponsivität gesteigert nutzbar ist. Die Empfangsempfindlichkeit eines Photoempfängers mit reaktiv angepaßtem Verstärker ist grundsätzlich besser als bei Breitbandverstärkern, da zum einen das Rauschen nur innerhalb der Empfangsbandbreite zu betrachten ist und zum anderen in den möglichst rein reaktiven Zusatzbeschaltungen der aktiv verstärkenden Transistoren keine nennenswerten Zusatzrauschbeiträge erzeugt werden. Optoelektronisch integrierte Empfängerschaltungen auf z. B. InP-Basis sind heutzutage als Prototypen bis in den 60 GHz-Bereich entwickelt worden [57]. Das Anwendungsgebiet wird u. a. im Bereich der Mikrowellenphotonik (vergl. Kap. 30) gesehen. Hier dienen derartige Photoempfänger zur Glasfaser-basierten mm-Wellenverteilung in zukünftigen Zellularfunksystemen im 38 GHz-Bereich für outdoor- und im 60 GHz-Bereich für indoor-Mobilfunksysteme für Anwenderdatenraten von z. B. 155 Mbit/s, was eine weitere Kapazitätssteigerung im Vergleich zum demnächst eingeführten UMTS-System (universal mobile telecommunication standard) bedeutet.

23.3 Vorverstärkerschaltungseigenschaften mit verschiedenen aktiven Elementen

Alle zuvor vorgestellten Vorverstärkerschaltungen können sowohl mit Bipolartransistoren als auch mit Feldeffekttransistoren (FETs) ausgeführt werden. Bipolartransistoren weisen generell niederohmige Eingangswiderstände auf und sind in ihrem Rauschen durch den Basisbahnwiderstand dominiert, während FETs hochohmige Eingangsimpedanzen zeigen und im Rauschen durch den Kanalwiderstand bestimmt sind. Bipolartransistoren zeigen Vorteile im unteren Frequenzbereich, da ihre $1/f$-Rauscheinsatzkante in den kHz-Bereich geschoben werden kann, während FETs und HEMTs höhere Einsatzfrequenzen für das $1/f$-Rauschen zeigen. Bei hohen Frequenzen gleichen sich die ohmschen Impedanzunterschiede der Transistoren aus, da dann die Eingangskapazitäten der verstärkenden Elemente in den Vordergrund treten. Daher sind integrierte Empfänger bei sehr hohen Frequenzen (> 10 GHz) erfolgreich mit beiden Transistortypen realisiert worden, die sich ein Kopf-an-Kopf-Rennen in bezug auf Arbeitsfrequenzen und Rauscheigenschaften liefern. In der Integration von optoelektronisch integrierten Schaltkreisen (engl.: OEIC) spielt in der Regel ein möglichst einfacher Gesamtprozeß eine große Rolle, so daß bei der Wahl des Transistortyps die Prozeßkompatibilität zur gewählten Photodiodenform mit zu berücksichtigen ist. Im folgenden wird auf generelle Eigenschaften der aktiven Elemente in den einzelnen Verstärkerschaltungen anhand ihrer typischen Kleinsignal-Ersatzschaltbildparameter vertieft eingegangen.

23.3.1 Photoempfänger mit FET (Hochimpedanzschaltung, Transimpedanzschaltung)

Es soll ein Vorverstärker, basierend auf Feldeffekttransistoren betrachtet werden, der in der heutzutage für einen breiten Bitratenbereich bevorzugten Transimpedanzschaltung (TIA, s. Abb. 23.9) betrieben wird. Die Rauschquellenberechnung wird zuerst anhand der Hochimpedanz-Empfängerschaltung (HIA) nach Abb. 23.8 abgeleitet und dann auf die Transimpedanzschaltung verallgemeinert, indem der Lastwiderstand R_L beim HIA für eine äquivalente Rauschbetrachtung dann durch den TIA-Gegenkopplungswiderstand R_{GK} ersetzt wird [25]. Dem zu entwickelnden Rechenergebnis liegt der schaltungstechnische Ansatz zugrunde, daß gemäß der HIA-Prinzipschaltung in Abb. 23.8 der Photodiodenstrom am Lastwiderstand R_L in eine Signalspannung konvertiert wird, die dem Gate eines FET in Source-Grundschaltung zugeführt wird. Die Gatespannungsänderung wird mittels der FET-Steilheit am Drain-Lastwiderstand spannungsverstärkt und dort einem hochohmigen Folgeverstärker (Puffer- (buffer) Verstärker) zur Weiterverarbeitung zur Verfügung gestellt. Für die Berechnung des gesamten äquivalenten spektralen Rauschstromquadrats (aus dem dann später durch Integration über die Frequenz die minimale Empfangsempfindlichkeit abgeleitet wird) am Signal-Summationspunkt, hier am Gate (Eingang) des FET werden alle in Betracht kommenden Rauschquellen für ihren jeweiligen

Auftrittsort formuliert und anschließend in ein äquivalentes spektrales Rauschstromquadrat, bezogen auf die Gate-Eingangs-Admittanz am Summationspunkt, umgerechnet. Hier werden die folgenden Rauschquellen berücksichtigt:

a) das spektrale thermische Kurzschluß-Rauschstromquadrat des Photodioden-Lastwiderstandes R_L (Signal-Konversionswiderstand, der auch den DC-Rückpfad bereitstellt):

$$\frac{4 \cdot k_B \cdot T}{R_L}$$

b) das spektrale Schrot-Rauschstromquadrat, welches als Summe I_L aus dem Photodiodendunkelleckstrom und dem Gateleckstrom herrührt und direkt in den Lastwiderstand R_L hineinfließt:

$$2 \cdot e \cdot I_L$$

c) Das Transistorrauschen des FET, welches hier hauptsächlich aus dem Kanalrauschen und einem ausgangsseitigem $1/f$-Rauschen (Stromquelle parallel zum Kanal) gebildet wird, also unterteilt in:

c_1) spektrales Kanalrauschstromquadrat $4 \cdot k_B \cdot T \cdot \Gamma \cdot g_m$ mit Γ als dem Kanalrauschfaktor des FET [26].

c_2) $1/f$-Rauschstromquadratbeitrag (parallel-wirkend zum Kanal) der sich ab der $1/f$-Rausch-Einsatzkante f_c zu tiefen Frequenzen hin aus dem Kanalrauschen hervorhebt:

$$4 \cdot k_B \cdot T \cdot \Gamma \cdot g_m \cdot \frac{f_c}{f}$$

Diese beiden Rauschbeiträge können am Ort des Kanals zusammengefaßt werden:

$$4 \cdot k_B \cdot T \cdot \Gamma \cdot g_m \cdot \left(1 + \frac{f_c}{f}\right)$$

Im Gegensatz zu den obigen Rauschquellen unter a), b), die bereits am Signalsummationspunkt einfließen, muß dieses kanal-, also ausgangsseitige Stromrauschen des FET zuerst auf den FET-Gate-Eingang (als serielle Rauschspannungsquelle) und dann weiter auf den Schaltungseingang, d.h. auf den Ort der Signalsummation (als äquivalente Rauschstromquellen-Einspeisung in R_L!), umgerechnet werden. Dazu wird die vom Gate zum Drain wirksame FET-Steilheit g_m herangezogen, die mittels $du_g^2 = di_d^2/g_m^2$ die benötigte Umsetzung in eine FET-Eingangs-serielle spektrale Rauschspannungsquelle ermöglicht.

$$\frac{d}{df}\langle e_a^2 \rangle = \frac{4 \cdot k_B \cdot T \cdot \Gamma}{g_m} \cdot \left(1 + \frac{f_c}{f}\right)$$

Diese Rauschspannungsquelle wird zur äquivalenten Eingangsstromquelle am Signal- und Rausch-Summationspunkt, wenn sie mittels der effektiven Eingangsadmittanz $|Y_{in}|$ umgerechnet wird. $|Y_{in}|$ setzt sich im Realteil aus dem Leitwert des Photodiodenlastwiderstandes R_L zusammen, dem als Imaginärteil die gesamte Eingangskapazität C_{gs} der Empfangsschaltung ($C_{gs} = \sum(C_{pin}, C_{gs}$, (mit Beteiligung von C_{gd}), C_{streu})) parallel liegt. Der Betrag der effektiven Eingangsadmittanz ist demgemäß:

$$\left| \frac{1}{R_L} + j\omega \cdot C_{gs} \right|$$

Damit kann das äquivalente spektrale schaltungs-eingangsbezogene Rauschstromquadrat $d/df(\langle i_{shunt, FET}{}^2 \rangle)$ des FET-Kanal- und $1/f$-Rauschens formuliert werden:

$$\frac{d}{df}\langle i^2_{shunt, FET} \rangle = \left(\frac{1}{R_L^2} + (\omega \cdot C_{gs})^2\right) \cdot \frac{4 \cdot k_B \cdot T \cdot \Gamma}{g_m} \cdot \left(1 + \frac{f_c}{f}\right)$$

Nun kann die Summierung aller unkorrellierten eingangsbezogenen äquivalenten Rauschstromquadrate aus a), b) und c) in ein spektrales Gesamteingangsrauschstromquadrat $d/df(\langle i^2_{shunt} \rangle)$ erfolgen, und man erhält:

$$\frac{d}{df}\langle i^2_{shunt} \rangle = \underbrace{\frac{4 \cdot k_B \cdot T}{R_L}}_{\text{1. Term}} + \underbrace{2 \cdot e \cdot I_L}_{\text{2. Term}} + \underbrace{\left(\frac{1}{R_L^2} + (\omega \cdot C_{gs})^2\right)}_{\text{3. Term}} \cdot \underbrace{\frac{4 \cdot k_B \cdot T \cdot \Gamma}{g_m} \cdot \left(1 + \frac{f_c}{f}\right)}_{\text{4. Term}}$$

Die Terme 1–4 bedeuten in der Zusammenfassung:

1. Term: thermisches Rauschen im Photodiodenlastwiderstand R_L

2. Term: Schrotrauschen in den Eingang (I_L: FET- und Photodioden-Leckströme)

3. Term: Betragsquadrat der effektiven Eingangsadmittanz (am *S/N*-Summationspunkt)
4. Term: bereits Gate-eingangsbezogenes thermisches Kanalrauschen und $1/f$-Rauschen im Kanal des FET
3.+4. Term: gesamtes FET-Rauschen, bezogen auf den Schaltungseingang an R_L

Eine graphische Veranschaulichung der Frequenzverläufe einzelner Rauschanteile (die nun schaltungsbezogen am Eingangssummationspunkt (d.h. hier am Photodiodenlastwiderstand) des Hochimpedanzverstärkers ersatzschaltbildmäßig wirken) wie auch ihres Summenverlaufs ist im Abschn. 23.7.6, Abb. 23.21a, anhand eines dort gewählten konkreten Zahlenbeispiels für einen 10 Gbit/s-Empfänger zu finden.

Gemäß der Theorie nach Personick (s. Abschn. 23.7.6) wird für die Empfangsempfindlichkeit des Photoempfängers die Integration der am Eingang wirksamen, gesamten spektralen Rauscheinströmung von den tiefsten zu übertragenden Frequenzen (kHz-Bereich) hoch zu Frequenzen, entsprechend mindestens 50% der Bitrate, besser zu 70% der Bitrate (beim NRZ-Modulationsformat) benötigt [11, 12]. Die analytische Integration des vorangehenden spektralen Ausdrucks, beginnend bei Frequenzen hinreichend tief unter dem $1/f$-Einsatz $(10^{-6} \cdot f_c)$, bis hoch zur Bitrate B führt auf das integrale gesamte Eingangsrauschstromquadrat $i^2_{na}(B)$ (Gl. 23.22c), hier gegliedert in die zwei Summanden $i^2_{shunt\,1}(B)$ (Gl. 23.22a) und $i^2_{shunt\,2}(B)$:

$$i^2_{shunt\,1}(B) = \frac{4 \cdot k_B \cdot T}{R_L} I_2 \cdot B + 2 \cdot e \cdot I_L \cdot I_2 \cdot B \tag{23.22a}$$

$$i^2_{shunt\,2}(B) = \frac{4 \cdot k_B \cdot T \cdot \Gamma}{g_m} \cdot \left[B \cdot \left(\frac{1}{R_L^2} + \frac{f_c}{2} (2 \cdot \pi \cdot C_{ges})^2 \cdot B \cdot I_f + \frac{1}{3} \cdot (2 \cdot \pi \cdot C_{ges})^2 \cdot B^2 \cdot I_3 \right) + \frac{f_c}{R_L^2} \cdot \ln \left(\frac{B}{10^{-6} \cdot f_c} \right) \right] \tag{23.22b}$$

$$i^2_{na}(B) = i^2_{shunt\,1}(B) + i^2_{shunt\,2}(B) \tag{23.22c}$$

Die Gleichung 23.22a stellt das thermische (R_L) und summarische Leckstrom-Rauschen dar, bezogen auf die ersatzschaltbildmäßige Einspeisung am Eingangssummationspunkt, parallel zum Photodiodenlastwiderstand R_L. Die Gl. 23.22b enthält alle wesentlichen Rauschterme, die aus den Transistor (FET)-Rauschquellen herrühren. Auch diese Rauschquellen sind ausnahmslos auf den Eingangssummationspunkt bezogen, umgerechnet worden; dadurch tritt auch der Photodiodenlastwiderstand erneut in Erscheinung, der in einigen Literaturquellen vernachlässigt wird. Seine Mitberücksichtigung ist allerdings unverzichtbar, wenn die Umrechnung insbesondere die $1/f$-Rauschquelle des FET im integralen Eingangsrauschstrom enthalten soll. Für das oben erwähnte Musterbeispiel eines 10 Gbit/s-Empfängers zeigt Abb. 23.21b im Abschn. 23.7.6 die aus dem Eingangsrauschstromquadrat (Gl. 23.22c) gemäß Gl. 23.21 gebildete bitratenabhängige minimale Empfangsleistung P_{min}.

Weitere Terme in Gl. 23.22 sind B: Bitrate (entspricht maximal der doppelten Bandbreite: $2 \cdot f_{3dB}$), g_m: Steilheit des FET, C_{ges}: Summe aller am Eingang wirksamen Kapazitäten (C_{gs}, C_{pin}, C_{streu}, Millerkapazität $(1 + |v_u|) \cdot C_{gd}$), f_c: Eckfrequenz des $1/f$-Rauschens des FET und Γ: Kanalrauschfaktor des FET [26]. Die Parameter I_2, I_3 und I_f sind nach Personick [11, 12] Koeffizienten (s. Abschn. 23.7.6), die in Abhängigkeit der Signalmodulation (RZ oder NRZ-Kodierung) die einzelnen Rauschanteile unterschiedlich zueinander gewichten sowie von der Signalform abhängen (Rechteckform ... $\cos^2$-Form des Signalfrequenzgangs). Bei hohen Frequenzen (GHz-Bereich) dominiert der 3. Term in Gl. 23.22b, der das thermische Kanalrauschen und das Gate-induzierte Rauschen mit kubischem Anstieg über der Frequenz (Bandbreite) beschreibt. Kleine Transistor-Eingangskapazitäten, verbunden mit hoher Steilheit senken diesen Beitrag zu $\langle i^2_{na} \rangle$ entsprechend ab.

Für eine optimale Empfangsempfindlichkeit (s. auch Abschn. 23.7.6) soll das effektive Eingangsrauschstromquadrat $\langle i^2_{na} \rangle$ minimiert werden. Die Betriebstemperatur hat hierauf großen Einfluß, allerdings kommt ein Betrieb bei 77 K und tiefer nur in Sonderfällen in Betracht. Der Photodiodenlastwiderstand soll möglichst groß werden; dann reduziert sich allerdings die Bandbreite des Hochimpedanzverstärkers entsprechend. Die HEMT-Gate- und Photodiodendunkelleckströme sollen klein werden; dies spielt bei niedrigen Bitraten eine große Rolle: z.B. bei 155 Mbit/s sollte eine Größenordnung 10 nA unterschritten werden (FSAN-Spezifikationen). Bei höheren Bitraten (10 Gbit/s und mehr) tritt diese Rauschquelle in den Hintergrund. Eine Übersicht zu den $1/f$-Rausch-Eigenschaften von HEMTs, Bipolartransistoren und Sperrschicht-FETs ist z.B. in [27] zu finden, wo die Rolle von HEMTs für Empfänger für höhere Frequenzen betont wird.

Die bisherige Ableitung des gesamten Eingangsrauschstromquadrats hat sich an der Hochimpedanzempfängerschaltung orientiert. Technologisch bedeutsamer wird für Bitraten im 10 Gbit/s-Bereich der Transimpedanzverstärker (TIA). Hierzu wird in [25] gezeigt, daß bezüglich der Eingangsrauschstrombetrachtung ein Übergang von der Hochimpedanzschaltung zur Transimpedanzschaltung dadurch gemacht werden kann, indem der Photodiodenlastwiderstand R_L durch den TIA-Gegenkopplungswiderstand R_{GK} ersetzt wird (bzw. durch die Parallelschaltung beider, falls der Photodiodenlastwiderstand noch beibehalten würde). Hier wird der Vorteil der Transimpedanzschaltung in bezug auf die guten Rauscheigenschaften sichtbar: der Gegenkopplungswiderstand kann (in gewissen Grenzen) deutlich erhöht werden, so daß mehrere Rauschbeiträge in Gl. 23.22 a, b abgesenkt werden, ohne daß im Nachhinein eine Entzerrerschaltung (Equalizer) mit hochfrequenter Verstärkungsanhebung benötigt würde, die beim HIA die relativ geringe maximale Signaldynamik begründet.

23.3.2 Photoempfänger mit Bipolartransistor

Eine Eingangsstufe eines Verstärkers, basierend auf Bipolartransistoren, wird i.d.R. in Emittergrundschaltung ausgeführt. Das maßgebliche Rauschen setzt sich aus dem Schrotrauschen der Basis- und Kollektorströme und dem thermischen Rauschen des Basisbahnwiderstands $r_{b,b}$ zusammen. Hier existiert bzgl. des Rauschens stets ein optimaler Kollektorstrom, der die Einflüsse von Kollektor- und Basis-Schrotrauschen in bezug auf den Eingang minimiert [8]. Dieser optimale Kollektorstrom steigt mit der Bitrate linear an. Für den Fall, daß der Photodiodenarbeitswiderstand R_L, an dem das Photodiodensignal parallel zum Transistoreingang (Basis-Emitter) auftritt, hochohmig gegenüber dem effektiven Transistoreingangswiderstand in Emitterschaltung ist, kann die folgende Gleichung für das minimale Eingangsrauschstromquadrat bei optimalem Kollektorstrom für den Empfänger mit Bipolartransistoren angegeben werden [8].

$$\langle i^2_{\text{na,min}} \rangle = \underbrace{(8\pi\, k_B T) \left(\frac{C_{\text{ges}}}{\beta_0^{1/2}} \right) (I_2 I_3)^{1/2} B^2}_{\text{1. Term}} + \underbrace{4 k_B T \cdot r_{b,b}\, (2\pi)^2\, (C_d + C_s')^2 \cdot I_3 B^3}_{\text{2. Term}} \qquad (23.23)$$

Dabei bedeuten, s. auch die Erläuterungen zu Gl. 23.22, β_0: Kleinsignalstromverstärkung des Bipolartransistors in Emitterschaltung, C_{ges}: Summe aller Eingangskapazitäten (C_d: Detektor, C_s': Streukapazität, effektive Basiseingangskapazität), $r_{b,b}$: Basisbahnwiderstand, $C_d + C_s'$: Summe aus Detektor- und Streukapazität am Detektor-Basis-Summationspunkt. Interessant im Vergleich zum FET ist die Möglichkeit, für sehr geringe Basisbahnwiderstände im zweiten Term einen effektiven Eingangsrauschstromquadrat-Anstieg nur mit dem Quadrat der Bandbreite gemäß dem 1. Term zu erhalten.

23.3.3 Empfänger mit FETs im Vergleich zu bipolaren Transistoren

Das eingangsbezogene Rauschen im Fall von FETs steigt mit der Bandbreite B^3 an, während für das bipolare Frontend ein Anstieg von B^2 zutrifft, falls der Einfluß des Basisbahnwiderstands vernachlässigt werden könnte. Unter dieser Voraussetzung kann für niedrigere Bitraten ein Vorteil für FETs und für hohe Bitraten ein Vorteil bipolarer Frontends abgeleitet werden. Die Angabe einer Schnittfrequenz bzw. Datenrate, ab der der Empfänger (Frontend) mit Bipolartransistoren rauschmäßig günstiger ist, hat sich seit den 80er Jahren von 100 Mbit/s durch Fortschritte bei beiden aktiven Elementen kontinuierlich in den hohen GHz-Bereich verschoben.

Die beiden folgenden Graphiken zeigen jeweils die minimale optische Empfangsleistung für zwei optische Fenster der Einmodenglasfaser um 0,85 µm und 1,55 µm. Dabei werden bipolare mit FET-Frontends miteinander verglichen und erzielte Empfindlichkeitsergebnisse mit APD-Empfängern gegenübergestellt. In allen Fällen liegt die Quantengrenze, die kein thermisches Rauschen mehr enthält, deutlich unter den experimentellen Ergebnissen.

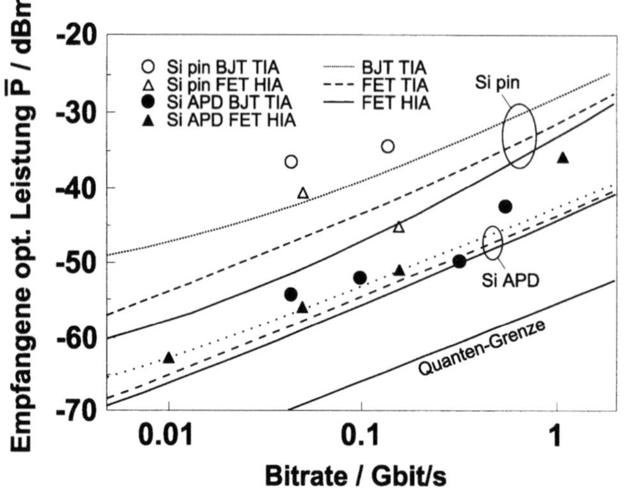

Abb. 23.11. Empfängerempfindlichkeiten bei 0,85 µm Wellenlänge, nach [28] für eine Bitfehlerwahrscheinlichkeit BER = 10^{-9}; BJT: Bipolartransistor, TIA: Transimpedanz-Empfänger, HIA: Hochimpedanz-Empfänger

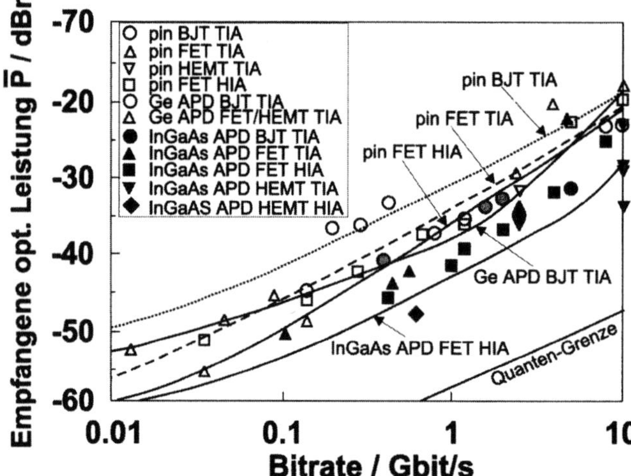

Abb. 23.12. Empfängerempfindlichkeiten bei 1,55 µm Wellenlänge nach [28], HIA: Hochimpedanz-Empfänger, TIA: Transimpedanz-Empfänger, BJT: Bipolartransistor, InGaAs: Indium Gallium Arsenid, Ge: Germanium, HEMT: high-electron mobility FET

Abbildung 23.11 zeigt minimale Empfangsempfindlichkeiten für den optischen Kurzwellenbereich um 0,85 µm. Im Vergleich zu pin-Dioden-Empfängern schneiden APD-Empfänger günstiger ab, da noch in der Photodiode eine Vorverstärkung des Signals direkt nach der Signalwandlung nutzbar ist, so daß das thermische Vorverstärkerrauschen an Einfluß verliert. Bei diesen moderaten Bitraten zeigt das Hochimpedanz-Empfängerkonzept mit Entzererfilter Vorteile in bezug auf die Empfangsempfindlichkeit; insbesondere bei Einsatz von pin-Photodioden, die keine interne Verstärkung aufweisen.

Es ergeben sich für den optischen Langwellenbereich ($\lambda = 1{,}55$ µm), s. Abb. 23.12, grundsätzlich ähnliche Verläufe der minimalen Empfangsempfindlichkeit wie für die kürzeren Wellenlängen [28]. Aufgrund der bei der langen Wellenlänge möglichen dispersions- und dämpfungsärmeren Übertragungsmöglichkeit auf der Glasfaser verlagert sich, im Vergleich zu 0,85 µm, das Übertragungsinteresse zu den höheren Bitraten. Bipolare und FET-basierte Empfänger liegen bei 10 Gbit/s in der minimalen Empfangsempfindlichkeit gleichauf. Trotzdem dominieren im Vergleich zu pin-Frontends hier bis 10 Gbit/s APD-Empfängerkonzepte in der minimalen Empfangsleistung, wo InP/GaInAs-APDs Verstärkungsbandbreiteprodukte von 290 GHz aufweisen [29]. Dieser Trend wird im Hochbitratenbereich um 40 Gbit/s und höher allerdings gebrochen, da es hier zunehmend schwieriger wird, mit APDs die geforderte Photodiodenbandbreite von 40 GHz überhaupt zu erreichen; somit gewinnen hier seitlich beleuchtete Photodetektoren mit nachgeschalteten rauscharmen Vorverstärkern an Bedeutung.

23.4 Hybride und monolithisch integrierte Empfangsstufen (OEICs)

23.4.1 Hybride Photoempfänger für 0,85 μm bis 1,55 μm Wellenlänge

Für den breiten industriellen Einsatz bei moderaten Bitraten bis 2,5 Gbit/s dominieren zur Zeit hybrid aufgebaute Photoempfänger. In diesen Empfängern werden einzelne Photodioden und elektrische Vorverstärker-Chips hybrid, auf der Basis verschiedener Halbleitermaterialsysteme, kombiniert. Die Photodiode wird entsprechend der Empfangswellenlänge gewählt. Für Wellenlängen um 0,85 μm ist Si geeignet. Hier sind auch gute APDs mit kleinen Dunkelströmen verfügbar, die durch ihr Verstärkungs-Bandbreiteprodukt von ca. über 100 GHz auch zur Empfindlichkeitssteigerung des Gesamtempfängers beitragen. Für Wellenlängen von 1,3 bis 1,55 μm sind GaInAs-Photodioden aufgrund ihres kleineren Bandabstands von 0,75 eV (entspricht einer Absorptionskante bei 1,66 μm) geeignet. Dioden aus III/V-Material zeigen wegen des direkten Bandabstandes größere Absorptionskoeffizienten als Silizium oder Germanium und können daher für den gleichen Absorptionskoeffizienten mit dünneren Absorptionszonen dimensioniert werden, so daß die Transitzeit der photo-induzierten Ladungsträger entsprechend kleiner ausfällt. Bei den kleinflächigen Photodioden bestimmt die Transitzeit die 3 dB-Grenzfrequenz der optoelektrischen Wandlung.

Für den Verstärker werden Chip-Technologien entsprechend der gewünschten Grenzfrequenz gewählt. Für Bandbreiten bis ca. 3 GHz ist Silizium dominierend, da hier die höchste Integrationsdichte verfügbar ist, so daß der Verstärker auf demselben Chip direkt mit einer Taktrückgewinnung und Entscheiderstufe integriert werden kann. Somit weisen diese Chips die höchste Funktionalität im Sinne einer kompletten Signal-3R-Regeneration auf. Für höhere Frequenzen kommen GaAs und SiGe als aktives Material in Betracht. Für höchste Frequenzen von 40 GHz und höher ist InP zunehmend von Bedeutung, da in diesem Materialsystem die derzeit schnellsten Transistoren realisiert worden sind [30]. Allerdings sind der Integrationsgrad und Waferausbeute infolge der noch nicht mit GaAs vergleichbaren Wafergröße (2–3 Zoll statt 6 Zoll) i.d.R. noch nicht gleichwertig, so daß Si bzw. SiGe im 10 Gbit/s-Bereich und GaAs bzw. SiGe im 40 Gbit/s-Bereich Kostenvorteile zeigen.

Die *hybride* Zusammenstellung von Photoempfängern bietet den Kostenvorteil, daß sowohl Photodioden- als auch Verstärkerchips mit hoher Einzelausbeute preisgünstig kombiniert werden können. Allerdings sind mit steigender Frequenz auch die internen elektrischen Schnittstellen im Empfänger (Interfaces mittels Bonddrähten oder Flip-Chip-Technik) immer aufwendiger induktivitätsarm und breitbandig zu gewährleisten. Dies fällt bei Bitraten ≥ 10 Gbit/s insbesondere ins Gewicht, wo Vorverstärker, Begrenzerverstärker, Taktrückgewinnung und Entscheiderstufen überwiegend als Einzelchips vorliegen und über entsprechend viele Bond-Interfaces breitbandig miteinander verbunden werden müssen (teils auch noch in differentieller Signalleitungsausführung). Details der Modultechnik werden im Abschn. 23.5 behandelt. Die folgende Tabelle zeigt eine Übersicht zu Vorverstärker-ICs für Photoempfänger im Bitratenbereich 2,5 bis 40 Gbit/s.

23.4.2 Hybrid-Empfänger für den 40 Gbit/s-Bitratenbereich

Zur Zeit (2000) wird diese Bitrate bei den großen Netzbetreibern im Übergang vom FuE-Bereich zu ersten Feldversuchen bearbeitet; in der Fernebene der glasfasergeführten Datenübertragung ist mit der breiteren Einführung von 40 Gbit/s-Datenraten, kombiniert mit der WDM-Technik, im Erscheinungsjahr dieses Handbuches zu rechnen (s. auch Kap. 24). Hybride Photoempfänger bestehen z. B. aus seitlich beleuchteten Wellenleiterphotodioden im GaInAs/InP-Materialsystem [17, 44] und Vorverstärkern aus pseudomorphen GaInAs/AlGaAs/GaAs-Schaltkreisen [96]. Alternativ sind auch SiGe- [58] und InP-basierte Schaltkreise [59] berichtet worden. In allen drei Materialsystemen geht auch bei dieser hohen Bitrate der Trend zur monolithischen Integration einer komplett signalregenerierenden Empfängerfunktion (Begren-

Tabelle 23.2. Übersicht zu Vorverstärker ICs, einsetzbar für Photoempfänger im Bitratenbereich 2,5 bis 40 Gbit/s [28]

Technologie	Bit-Rate (Gbit/s)	f_T (GHz)	Band-breite (GHz)	TIA Verst. (ohm)	Rx Empf. (dBm)	Detektor (InGaAs)	Labor	Literatur
Si Bipolar	2,5	20	6		−35,5	APD	NEC	[31]
	5	20	6		−31,8	APD	NEC	[31]
	10	28	10		−23,0	APD	FUJITSU	[32]
	10	40	11,4	200	−29,2	EDFA+pin	NEC	[33]
	13	25	9,8	615			RUB/ANT/SM	[34]
		45	15,5	400			NEC	[35]
Si-Ge HBT	20	60	19	125	−23,5	EDFA+pin	NEC	[36]
GaAs MESFET	10		7,2	1120	−21,2	pin	NTT	[37]
GaAs HEMT	10	50	8	125	−30,0	EDFA+pin	NEC	[38]
			22	6310			IAF	[39]
GaAs PM-HEMT	10	65	15	500	−18,0	pin	OKI	[40]
InGaP/GaAs HBT	10	50	12,5	2000	−28,1	APD	FUJITSU	[41]
GaAs HBT	40		31	140	−28,2	EDFA+pin	NEC	[42]
		110	49	150			NEC	[43]
InGaAs HBT		147	40	125			Hitachi	[43]

Rx: Empfänger, f_T: Transistor Transitfrequenz oder Cut-off Frequenz des IC-Prozesses, PM-HEMT: Pseudomorphic High-Electron Mobility Transistor, HBT: Heterojunction Bipolar Transistor, RUB: Ruhr-Universität Bochum, IAF: Fraunhofer Inst. für Angewandte Festkörperphysik, SM: Siemens, ANT: Bosch Telekom

zerstufe, Taktrückgewinnung und Entscheiderstufe), s. auch Abschn. 23.7 [60].

Abbildung 23.13 zeigt einen Spezifikationsvergleich für verschiedene Empfängeranwendungen in GIGABIT/ETHERNET, FIBER CHANNEL und SDH/SONET-Übertragungsanwendungen für Bitraten bis 10 Gbit/s. Für den Hochbitratenbereich ≥ 10 Gbit/s zeigt die ökonomisch dort sinnvoll einsetzbare optische Vorverstärkung unter Verwendung eines Faserverstärkers (EDFA) einen deutlichen Zugewinn in der minimalen Empfangsleistung, da hier der Einfluß des thermischen Rauschens des elektrischen Nachverstärkers nach dem Detektor in der effektiven Rauschbilanz weitgehend unterdrückt wird. Für etwas niedrigere Bitraten um 2,5 Gbit/s leisten APDs vergleichbar wertvolle Dienste, während im unteren Bitratenbereich pinFET oder pinHBT-Empfänger die kostengünstigste Lösung zur Gewährleistung der spezifizierten Empfangsleistung bieten.

23.4.3
Optoelektronische Integration von Empfängerschaltkreisen für 1,3 μm bis 1,55 μm Wellenlänge

Die monolithische Integration bietet generell Vorteile in bezug auf die kleinere Chip-Fläche und reduzierte parasitäre Elemente, so daß höhere Bandbreiten und bei hinreichender Stückzahl gleichzeitig gesenkte Kosten möglich sind. Auch sinkt der Aufwand bei der Aufbau- und Verbindungstechnik, wenn zwischen Chips einige (u. U. höchstfrequente) Bonddraht-Schnittstellen wegfallen, die insbesondere im Höchstfrequenzbereich erhöhten Aufwand in der Fertigung bedeuten.

Für monolithische Integrationszwecke wird im weiteren vorrangig das InP-Materialsystem betrachtet, da in diesem Materialsystem (AlInAs/GaInAs/InP) gleichzeitig die schnellsten und rauschärmsten Transistoren in Form von HEMTs (High-Electron Mobility Field-Effect Transistor) und HBTs (hetero bipolar transistor) hergestellt werden können. In Fällen, in denen die Grenzen und Integrationsflexibilitäten des InP-basierten Materialsystems nicht ausgenutzt werden müssen, kommt auch ein Wachstum von InP-gitterangepaßtem GaInAs über Pufferzwischen-

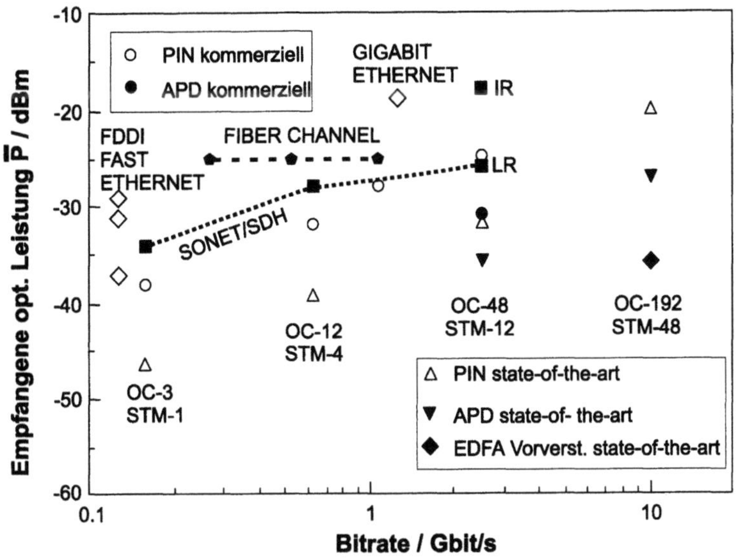

Abb. 23.13. Spezifikationen für Empfängerempfindlichkeiten für verschiedene Übertragungsanwendungen für eine Bitfehlerwahrscheinlichkeit BER = 10^{-9}; sowie Vergleich des erreichten Standes nach [28] für verschiedene Empfängerkonzepte mit und ohne optische Vorverstärkung (EDFA); EDFA: Erbium-doped fiber amplifier, FDDI: fiber distributed data interface (hochratiges Faserringsystem (Bus)), fiber channel: hochratige Einzelverbindung, SDH: synchrone digitale Hierarchie, SONET (synchronous optical network): amerikanische Version zu SDH, STM: synchronous transfer mode (STM1 = 155,52 Mbit/s), OC (optical carrier): innerhalb von SONET Entsprechung zu STM, IR: mittlere Entfernung: 15 km oder mehr, LR: weite Entfernung: 40 km oder mehr

schichten aus AlGaInAs auf GaAs in Betracht. Hierbei kann von der kostengünstigeren GaAs-Substrattechnik profitiert werden; allerdings sind Aspekte der Langzeitstabilität und der optischen Qualität der Schichten für Sender(Emissions)anwendungen noch im Untersuchungsstadium. Während im low-cost Bereich beim Teilnehmer Integrationen auf möglichst einer einzigen Epitaxie für den kompletten Empfänger basieren müssen, werden im High-End-Bereich für höchste Übertragungsraten auch Mehrfachepitaxien angewandt, die eine separate Optimierung von Photodioden- und Transistorstrukturen erlauben. Es werden im folgenden einige ausgesuchte Beispiele für OEIC-Photoempfänger gegeben.

23.4.3.1
MSM-HEMT-Photoempfänger-OEIC für 10 Gbit/s bei 1,55 μm

In einem vertikalen Integrationsschema, welches das Wachstum von HEMT- und MSM-Photodioden-Schichten in einem einzigen, ununterbrochenen Epitaxieablauf vorsieht, wird auf einem planaren InP:Fe-Substrat das Photodiodenpaket auf dem HEMT-Paket gewachsen. Abbildung 23.14 zeigt den Querschnitt der MSM-HEMT-Integration. Die anschließende Strukturierung erzeugt HEMTs mit Gatelängen um 0,2 μm mittels Elektronenstrahllithographie (3-Layer-Resist) und MSM-Elektroden mit 0,5 μm Fingerdesign, wobei die Bauelemente durch Ätzgräben bis auf das Substrat lateral isoliert werden. Für den Vorverstärker werden Cr-Dünnfilm-Widerstände und SiN_x-MIM Kondensatoren mittels Aufdampf- und Gasphasenabscheidung hinzugefügt. Das Schaltungskonzept beinhaltet einen drei-stufigen Transimpedanzverstärker aus 6 HEMTs und einer Reihe von Potentialverschiebungs-Dioden. Die Eingangsstufe in Source-Grundschaltung wird über einen Rückkopplungswiderstand vom Drainanschluß (potentialverschoben) zum Gate gegengekoppelt. Die Sourcefolger-Ausgangsstufe stellt einen niederohmigen Ausgangswiderstand für die 50 Ω-Umgebung her und wird über eine vorgeschaltete Pufferstufe (ebenfalls in Sourcefolgerschaltung) belastungsarm an das Drainpotential der Eingangsstufe ange-

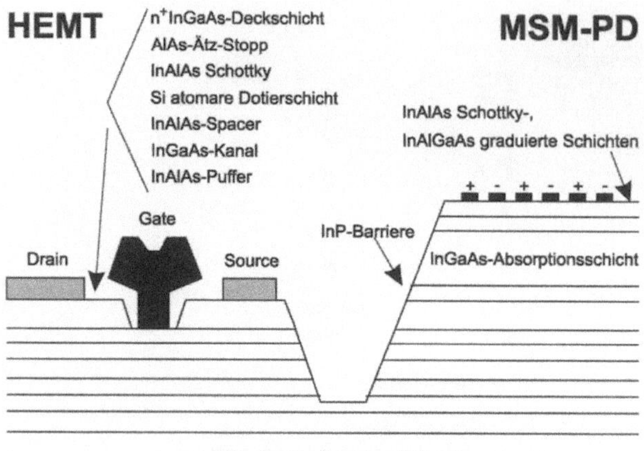

Abb. 23.14. MSM-HEMT Integration auf InP-Basis nach [61] für 10 Gbit/s Datenraten

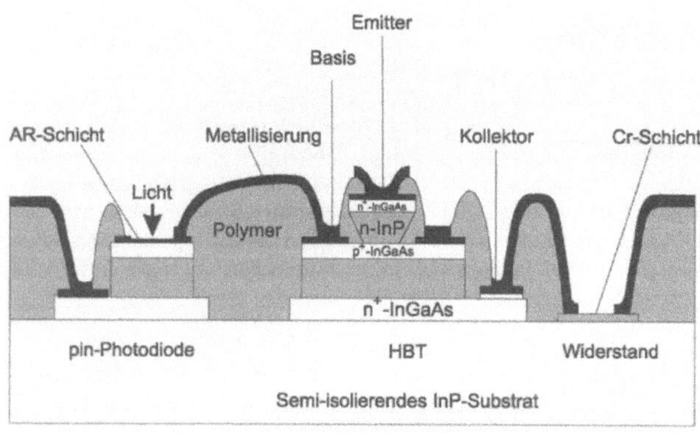

Abb. 23.15. pin/HBT Integration eines Photoempfänger-OEIC auf InP-Basis nach [62] für 40 Gbit/s Datenraten bei 1,55 μm Wellenlänge

koppelt. Die Arbeitspunkte der HEMTs können im Kompromiß zwischen hoher Bandbreite und besonderer Rauscharmut gewählt werden. Die Transimpedanz wurde im Bereich 580–865 Ω entworfen. Entsprechend waren Bandbreiten von 12,4 und 7,2 GHz bei flachem Frequenzgang ab 100 MHz nutzbar. Die Empfängerempfindlichkeit betrug −10,7 dBm bei 10 Gbit/s (NRZ, 2^7-1, BER: 10^{-9}). Der eingangsbezogene Rauschstrom wurde mit 8 pA/$Hz^{1/2}$ gemessen [61].

23.4.3.2 *pinHBT-Empfänger-OEIC auf InP-Basis für 40 Gbit/s-Anwendungen*

Heterostrukturbipolartransistoren (HBTs) erlauben durch inzwischen, der Si-Technologie vergleichbare, sehr kleine Emitterflächen im Bereich weniger μm^2 einen sehr kompakten Aufbau des Verstärkers, womit inzwischen auch bei Transimpedanzverstärkern Bandbreiten oberhalb von 35 GHz möglich sind. Eine einfache Form ist die Darlington-Rückkopplungs-Schaltung, die in [62] in einer InP/InGaAs pin/HBT-Integration realisiert wurde. Der Empfängerschaltkreis beinhaltet drei Transisoren: die Eingangsstufe und einen damit verbundenen Emitterfolger in Darlingtonschaltung, die mit negativer Spannung versorgt wird und einen HBT, der als Diode zur Potentialverschiebung im Kollektor des Darlington-Ausgangstransistors verschaltet ist. Der Betriebs-Kollektorstrom fließt über die Ausgangslast von 50 Ω, die als Kollektorarbeitswiderstand wirkt. Abbildung 23.15 zeigt die Integration, die mit einem MOVPE-Wachstum auf InP:Fe beginnt. Die pin-Diode und der HBT benutzen die gleiche Schichtenfolge. Der HBT wird durch naßchemisches Ätzen mesa-strukturiert. Cr-Widerstände werden als Dünnfilmelemente aufgedampft

($50\ \Omega_{sq}$) und strukturiert. Die senkrecht beleuchtete Photodiode wird mit SiO/Al_2O_3 antireflexions-beschichtet.

Die HBTs weisen Grenzfrequenzen f_T, f_{max} von 70 bzw. 160 GHz auf. Die Schaltung (Darlington-Feedback) verwendet drei HBTs und drei Widerstände im Bereich 150–550 Ω. Der Betriebsstrom, der bei diesem Schaltungskonzept auch die Ausgangslast durchfließt, liegt bei ca. 13 mA. Die Chip-Abmessungen betragen 700 μm × 900 μm. Die Leistungsaufnahme liegt bei nur 23 mW. Der Chip wurde in einem kompakten Modul mit Faserpigtail aufgebaut und bei 1,55 μm Betriebswellenlänge charakterisiert. Dabei wurden die folgenden Daten erzielt:

3 dB-Bandbreite: 30 GHz, Konversion: 48 V/W, offenes 40 Gbit/s RZ-Augendiagramm bei 60 mV_s Pegel und eine Empfängerempfindlichkeit bei 40 Gbit/s: –4,6 dBm ($2^{31}-1$ PRBS, RZ, BER: 10^{-9}).

23.4.3.3 *40 Gbit/s InP-Empfänger-OEIC mit Wellenleiter-integrierter Photodiode und Wanderwellenverstärker*

Die zuvor besprochenen Integrationen verwendeten senkrecht beleuchtete Photodioden, die in ihrer Bandbreite konzeptionell auf etwa 35 GHz begrenzt sind, wenn gleichzeitig hohe Responsivitäten >0,45 A/W verlangt werden. Die im Abschn. 23.1 vorgestellte seitlich-beleuchtete wellenleiter-integrierte Photodiode schiebt den Kompromiß aus Transitzeitbegrenzung und Responsivität zu deutlich höheren Frequenzen (70 GHz). Abbildung 23.16 zeigt die Integration dieses Photodiodentyps mit AlInAs/InGaAs/InP-HEMTs auf InP-Substratbasis [56, 63].

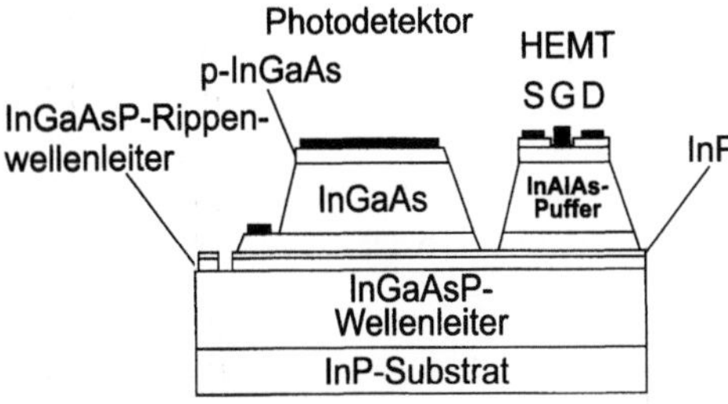

Abb. 23.16. Integrationsschema eines pinTWA-Photoempfängers im InP-Materialsystem mit seitlich beleuchtetem evaneszent gekoppelten Photodetektor und HEMTs (HFET), gemeinsam integriert auf semiisolierenden Wellenleiterschichten (InGaAsP) auf InP:Fe nach [56, 63]

Die Integration des pinTWA-Photoempfängers beginnt mit dem metallorganischen Gasphasen (MOVPE) -Wachstum der semiisolierenden Wellenleiterschichten und dem Photodiodenstapel (1. Epitaxie). Nach dem Strukturieren der Photodiode erfolgt nach Waferreinigungsvorbehandlung ein ganzflächiges Wachstum des HEMT-Schichtenpakets mittels Molekularstrahlepitaxie (MBE) als 2. Epitaxie. Die MBE-Schichten oberhalb der Photodiode werden selektiv geätzt und entfernt. Beide Bauelemente sind in ihren Schichtenfolgen separat optimierbar. Die mit der MBE nach der MOVPE überwachsene HEMT-Schichtenfolge wird bei geringerer Temperatur gewachsen, so daß Ausdiffusionsprobleme im Photodiodenbereich unterdrückt werden. Der p-Kontakt der Photodiode wird anschließend mittels Zink-Diffusion gebildet. Die HEMT-Gates im Längenbereich um 0,25 μm werden mittels Elektronenstrahl-Direktschreiben erzeugt (3-Layer-Resist). Gegen Prozeßende werden NiCr-Schichten und SiN_x-Schichten für Widerstände und Kondensatoren aufgebracht und die Leiterbahnen der Koplanarleitungsschaltung mittels Gold-Galvanik verstärkt.

Die Schaltungstechnik des Verstärkers ist der Wanderwellenverstärker mit vier HEMTs in Source-Grundschaltung, s. auch Abb. 23.10 (bzw. auch in Kaskodenschaltung). Die Bandbreite des TWAs beträgt um 42 GHz; dabei wurde auch eine sehr geringe Welligkeit der Übertragungsfunktion <|±1 dB| über die Bandbreite erreicht [56]. Diese geringe Welligkeit hat sich in der optoelektrischen Übertragungsfunktion des OEIC erhalten lassen, da eine sehr breitbandige Photodiode (50 GHz) integriert ist. Die Transimpedanz des OEIC betrug 107 Ω. Die O/E-3 dB-Bandbreite (elektrisch) erreichte 40 GHz. Der OEIC wurde in Modulen mit Faserpigtail und V-Stecker aufgebaut und getestet. Die Übertragungsfunktion im Modul war durch ein Besselfilter 5. Ordnung mit 35 GHz Bandbreite mit Abweichungen von <|±1 dB| beschreibbar, so daß RZ- und NRZ-Signale bei 40 GHz übertragen werden können. Die Gruppenlaufzeitstreuung im Modul erreichte Werte <|±6 ps|. Das Integrationskonzept ist auch für Bitraten im 80 GHz-Bereich und höher geeignet, da die Photodiode und der Wanderwellenverstärker ein Grenzfrequenzpotential im 100 GHz-Bereich haben.

Die Daten der vorgestellten OEICs lassen zukünftig damit einen Ersatz der hybrid aufgebauten Empfänger durch monolithische Konzepte auch im Höchstbitratenbereich erwarten.

23.4.3.4
Ausführungsmerkmale für Empfänger-OEICs für verschiedene Bitraten

Die folgende Tabelle nach [28] zeigt eine Übersicht zur Entwicklung monolithisch integrierter Photoempfänger (OEICs) für den Bitratenbereich 620 Mbit/s bis 40 Gbit/s und gibt Hinweise zu den verwendeten Ausführungsformen: pin- oder MSM-Photodiode bzw. FET- oder HBT-basierter Verstärker sowie zur eingesetzten Integrationstechnologie (Materialsystem und Schaltungstechnik).

Tabelle 23.3. Übersicht zu Photoempfänger-OEICs im Bitratenbereich 620 Mbit/s bis 40 Gbit/s [28]

Technologie	Photodiode	Transistor, passive Komp.	B (Gbit/s)	P_{av} (dBm)	BW (GHz)	λ (µm)	Verstärker	Labor	veröffentlicht in
Si NMOS	1 PIN	7F	0,62	−22,8	0,5	0,85	TIA	Uni Texas	[64]
AlGaAs/GaAs HEMT	1 MSM	4F,3R	10		8,2	0,85	TIA	IAF	[65]
GaAs/InP MESFET	1 PIN	12F, 13D, 1R	0,6	−32,5	0,48	1,3	TIA	NEC	[66]
InGaAs/InP JFET	1 PIN	7F, 17D, 1R, 2C	0,622	−34,7	0,32	1,3	TIA	NTT	[67]
	1 PIN		2,4	−29,5	1,9	1,55	TIA	ETH	[68]
	4 PIN	4*(6F, 7D, 1R)	0,7	−32,0	0,7	1,3	TIA	Siemens	[69]
InAlAs/InGaAs HEMT	1 PIN	4F ,8D, 3R, 2C	10	−19,2	6	1,55	TIA	Alcatel SEL	[70]
	1 PIN-WL	4F, 4R, 2C	20		27	1,55	TWA	HHI	[71]
	1 PIN-WL	4F, 4R, 2C	40		40	1,55	TWA	HHI	[56]
	2 PIN	6F, 10D, 1R, 1C	10	−16,1	8	1,55	TIA	NTT	[72]
	8 PIN	8*(5F, 4R)	1	−23,7	1,2	1,3	HIA	Sumitomo	[73]
InAlAs/InGaAs PM-HEMT	1 PIN	1F, 1R	1	−29,6		1,55	HIA	AT&T	[74]
InGaAs/InP HBT	1 PIN	6B, 2D, 10R	10	−20,4	10,4	1,55	TIA	AT&T	[75]
	1 PIN	6B, 2D, 10R	15	−18,3	10,4	1,55	TIA	AT&T	[75]
	1 PIN	3B, 3R	40	−4,6	30	1,55	TIA	ETH	[62]
	8 PIN	6B, 2D, 10R	2,5	−27,4	2	1,55	TIA	AT&T	[76]
InAlAs/InGaAs HBT	1 PIN	3B, 4R, 1L			19,5		TIA	U. Michigan	[77]
	16 PIN				11	1,55	TIA	U. Michigan	[78]

PIN-WL: Wellenleiter-integrierte pin-Photodiode, PM-HEMT: Pseudomorpher High-Electron Mobility Transistor, HBT: Heterojunction-Bipolartransistor, F: FET; B: Bipolartransistor; D: Diode; R: Widerstand; L: Induktivität; C: Kapazität, TIA: Transimpedanz-; HIA: Hochimpedanz-, TWA: Wanderwellen-Verstärker, HHI: Heinrich-Hertz-Institut für Nachrichtentechnik Berlin GmbH, IAF: Fraunhofer Inst. für Angewandte Festkörperphysik, ETH: ETH Zürich.

23.4.3.5
Entwicklungstendenzen bei monolithisch integrierten Empfänger-OEICs für den Wellenlängenbereich $\lambda = 1{,}3$ bis $1{,}55\ \mu m$

Für Nachrichtenübertragungssysteme ohne optische Vorverstärker wird die Bedeutung von Empfänger-OEICs für Bitraten um 10 Gbit/s stark zunehmen. Ihre eingebaute elektronische Verstärkung (Transimpedanzen bis 2000 Ω) und mögliche Ausgangspegel um 1 V erleichtern den Aufbau eines gesamten Empfängers inklusive der Taktrückgewinnung merklich. OEIC-Empfänger stoßen derzeit in Höchstbitratensysteme für 40 Gbit/s vor. Erste monolithische Integrationen der reinen Empfänger mit zusätzlichen optischen Filterelementen (Wellenlängen-Multiplexern) liegen vor und erleichtern damit WDM-Anwendungen. Integrationen mit einem vorgeschalteten Halbleiterverstärker (SOA) on-chip sind derzeit noch im Forschungsbereich, stellen aber absehbar sinnvoll nutzbare Erweiterungen zur Steigerung der Empfangsempfindlichkeit dar. Zwischen einem optischen Vorverstärker (OA) und dem Detektor muß i. d. R. ein optisches Filter (Bandbreite typ. 0,2 ... 1 nm) mitintegriert werden, um Rauschen außerhalb der Empfangsbandbreite auszufiltern. In diesem Fall eines sehr rauscharmen Frontends mit hohem Pegel (0,5 V_{ss}) bereits am Detektorausgang würde sich die Schaltungstechnik von der elektronischen Nachverstärkung mehr auf die hochbitratige digitale Signalverarbeitung on-chip (Taktrückgewinnung, integrierte Entscheider und Demultiplexer) verlagern (s. Abschn. 23.7).

Empfänger-OEIC-Konzepte für 160 Gbit/s müssen sowohl für die Photodiode als auch für den Verstärker Elemente integrieren, die ihrerseits ein Bandbreitenpotential im ≥150 GHz-Bereich aufweisen. Hier kommen aus heutiger Sicht (2000) nur seitlich beleuchtete Photodioden (Wellenleiterphotodioden, wellenleiter-integrierte Photodioden) sowie Wanderwellenverstärker in Betracht. Auch wenn damit der Empfänger (OEIC) für 160 Gbit/s konzeptionell absehbar realisierbar erscheint, ist die Verbindungstechnik zur folgenden Digitalelektronik bei dieser Datenrate extrem aufwendig und nicht mehr mit kommerziell verfügbaren Steckverbindern breitbandig gestaltbar. Auch eine direkte Board-Board-Verbindung oder inter-Chip-Verbindung ist allein wegen der bei diesen Frequenzen zunehmend höheren Leitungsverluste unvorteilhaft. Daher erscheint es bei dieser Bitrate sinnvoll bis notwendig, Demultiplexerstufen gleich mitzuintegrieren, so daß vom Chip/OEIC herunter nur Datenraten bzw. Frequenzen im verbindungstechnisch gut beherrschbaren 40 GHz-Bereich zu handhaben sind.

23.5 Modultechnik optischer Empfänger

Die Modultechnik optischer Empfänger wurde entwickelt, um dem Anwender eine robustes Bauelement mit Faserpigtail bzw. Faserstecker und elektrischen Standardanschlüssen in die Hand zu geben. Die Gehäuse- bzw. Modultechnik ist sowohl durch Aspekte der Qualitätseigenschaften wie der Kosten bestimmt. Miteinander schwer zu vereinende Aspekte sind einerseits die hermetische Abdichtung des Gehäuses, ein großer Betriebstemperaturbereich (ohne Kühlung bzw. Temperaturregelung), eine Höchstfrequenzverbindung zur Außenwelt (z.B. heute bis 75 GHz), eine robuste (erschütterungsfeste, langzeitstabile und temperaturunempfindliche) Faser-Chip-Koppeltechnik und andererseits eine extrem kostengünstige Fertigung, eine selbstjustierende Justagetechnik mit nur wenigen Teilen und ein geringer Justage- und Prüfaufwand im Zuge der Fertigung.

Beim Teilnehmer, wo hohe Stückzahlen anfallen, bestimmen die Kosten stark das Gehäusekonzept, wobei bei den Eigenschaften Kompromisse gemacht werden können, während bei Komponenten in der Fernebene in der Regel auf höchstmögliche Qualität (Koppelwirkungsgrad) und Alterungsstabilität Wert gelegt wird, so daß höhere Kosten, auch wegen der kleineren Stückzahlen, akzeptiert werden. So wurden eine Vielzahl von Modulvarianten für die verschiedenen Einsatzarten optoelektronischer Empfänger entwickelt. Eine reine Hybridtechnologie wird dabei zunehmend durch SMT-Aufbauten (surface mounted technology) oder Optical Board-Konzepte, z.B. auf Silizium oder Quarzglas-Basis abgelöst.

Die Grundaufgaben der Modultechnik, die unter verschiedenen Anforderungen an die Temperaturstabilität, mechanische Robustheit und Umweltbedingungen (z.B. Feuchte) zu bewältigen sind, sind immer die folgenden [79,80]:

a) mechanischer Aufbau der Chips (Detektor, Verstärker, etc.)
b) Gestaltung der optischen Kopplung zur Photodiode (Faser-Chip-Kopplung)
c) Gestaltung der elektrischen Anschlüsse (HF-Ausgänge, DC-Versorgungen)

Im folgenden werden zu den drei Grundaufgaben einerseits übliche Spezifikationen angesprochen, wie auch Lösungsansätze aufgezeigt [81] (vgl. auch Kap. 13).

23.5.1 Mechanischer Aufbau der Chips (Detektor, Verstärker, etc.)

Der mechanische Aufbau soll Robustheit (in bezug auf den Betriebstemperaturbereich (z.B. −40 … +70 °C), Feuchteeinfluß (95%), Vibration (10 g) und Schock (20 g @ 6 ms)) und Abfuhr von Verlustwärme gewährleisten.

Unterschiede in den thermischen Ausdehnungskoeffizienten von Gehäuse, Wärmesenken, Submounts und Chips sollten entweder vermieden, oder durch Lot- und Klebeschichten abgefangen werden, bzw. in ihrem Streßeinfluß durch Begrenzung von Abmessungen minimiert werden. Im Gegensatz zu Sendemodulen, die Laser enthalten, kann bei Empfängermodulen i.d.R. auf thermoelektrische

Kühler (Peltier-Elemente) verzichtet werden, mit Ausnahme von Chipsätzen (DEMUX, Taktrückgewinnung) für Hochbitratenempfänger, die Verlustleistungen von mehreren Watt umsetzen. Gehäuse für hohe Anforderungen bestehen aus Metall/Keramik-Materialien, während im low-cost Bereich Plastikgehäuse verwendet werden. Im Gehäuse können Chips, je nach Eigenpassivierung, zusätzlich mit z.B. Silikonen oder Polymeren umkapselt werden; damit werden wirksam Einflüsse von Feuchte, Strahlung, Mikroorganismen und Vibrationen reduziert.

Silizium gewinnt als Packaging-Material an Bedeutung, da es als multi-chip-Modul-Substrat bereits bekannt ist, eine gute Wärmeleitfähigkeit (160 W/mK) besitzt, in großen Wafern vorliegt, gut mechanisch bearbeitbar ist, und mit Ätzmethoden im µm-Bereich strukturierbar ist (z.B. *V*-Gruben für die Glasfaserführung).

23.5.2 Gestaltung der optischen Kopplung zur Photodiode (Faser-Chip-Kopplung)

Bei der Faser-Chip-Kopplung spielen Aspekte des Koppelwirkungsgrades (>75%), der restlichen Polarisationsabhängigkeit (< 0,2 dB) und der optischen Rückflußdämpfung (> 27 dB) neben den Stabilitäts- und Alterungsaspekten eine wichtige Rolle. Die Wahl der Glasfaser (Vielmodenfaser mit z.B. 50 µm oder Einmodenfaser mit 9 µm Kerndurchmesser) bestimmt das weitere Vorgehen und den Aufwand. Bei Empfängern für Kurzstreckenverbindungen (m bis einige km) spielen Vielmodenfasern die Hauptrolle, während bei Fernverbindungen (> 100 km) wegen des benötigten Bandbreite-Längenprodukts nur Einmodenfasern in Betracht kommen. Bei optischen Standardfasern (SMF) gelten etwa folgende mechanische Aspekte: Mantel-Durchmesser 125 µm: Abweichung <1 µm, Konzentrizität des Faserkernes: Abweichung <0,6 µm. Metallisierte Fasern erleichtern eine hermetisch dichte Gehäusetechnik (Leckrate für Helium $<5 \cdot 10^{-8}$ std cm^3/sec). Linsen können sowohl zur Abbildung des Faser-Flecks auf den Chip wie auch zur Abdichtung eingesetzt werden. Beim Einbau der Faser sollten aus Langzeitstabilitätsgründen mögliche Zugspannungen unter $5 \cdot 10^{-3}$ gehalten werden, die durch verschiedene Temperaturkoeffizienten des Gehäusematerials und der Glasfaser auftreten können.

Die optische Gestaltung der Faserendfläche hängt vorwiegend von der Photodiodenform ab. Bei konventionellen, senkrecht beleuchteten Photodioden kann die Stoß- oder Stirnflächenkopplung eingesetzt werden (senkrecht gebrochene Glasfaser, gelegentlich zusätzlich entspiegelt). Alternativ ist ein 45°-Abschrägen der Faser (slant-ended fiber) möglich, um die Beleuchtung des Chips aus einer axialen Fasereinführung ins Gehäuse durch Totalreflexion am schrägen Faserende zu erreichen. Die Koppeltoleranzen sind im wesentlichen durch das optische Feld des Faserkerns gegeben (∅ ca. 10 µm) und betragen typisch um ± 2 µm. Eine Größenordnung kritischer bzgl. der mechanischen Justagetoleranzen ist die Einkopplung von Einmodenglasfaserlicht in Wellenleiterphotodioden. Je nach Ausführung des Wellenleiters bzw. des als Wellenleiter ausgebildeten Absorptionsgebiets der Photodiode betragen die Justagetoleranzen hier um ± 0,2 µm. Die Glasfaser wird i.d.R. an ihrem Ende als gelinste Faser oder als Fasertaper ausgebildet (geschliffen oder im Lichtbogen gezogen). Die mechanische Fixierung mit Feinstjustage geschieht durch Laserschweißen in Flanschtechnik oder, begünstigt durch Fortschritte in der Kleberentwicklung, auch durch z.B. UV-härtbare Kleber. Bei Verwendung von Fasertapern ist die optische Rückflußdämpfung bereits von sich aus hoch (>30 dB), was im Fall der Endflächenfaserkopplung zusätzlich durch geneigte Strahlengänge, Entspiegelungen oder im Extremfall, durch den Einsatz optischer Isolatoren, zu erreichen ist. Alternativ zu Fasertapern kann auch kostengünstig mit (entspiegelten) Kugelmikrolinsen gekoppelt werden. Durch die Entwicklung von monolithisch integrierten on-chip Tapern [82] an wellenleiter-integrierten Photodioden können die an sich justagekritischen Wellenleiterkopplungen prinzipiell vergleichbar kostengünstig zu Endflächenfaserkopplungen gestaltet werden. Dabei geht, angetrieben durch die Montagekosten, gleichzeitig der Trend von aktiven zu passiven Justagetechniken (Si-V-Gruben, Podeste, Anschläge, etc. in Silizium-Mikrostrukturtechnik).

Abbildung 23.17 zeigt ein typisches optoelektronisches Modulgehäuse. Über die kostengünstigen dual in-line pin-Anschlüsse (eingeglast) können Datenraten bis in den unteren GHz-Bereich geleitet werden. Die optische Fokussierung des Faserspots auf den Empfänger erfolgt mittels eines Linsensy-

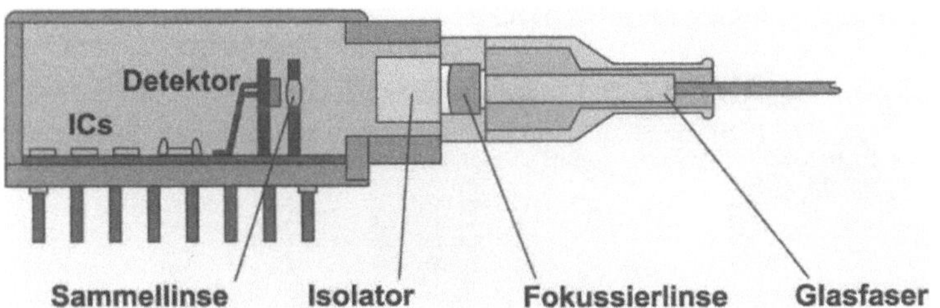

Abb. 23.17. Standard-Gehäuse für optoelektronische Faserpigtail-Aufbauten [83]

stems, welches auch die eventuell verlangte hermetische Abdichtung des Moduls unterstützt. In Hybridintegration können flexibel auf den Photodetektor ICs für den Vor- und Begrenzerverstärker und auch weitere digitale ICs für die Signalregeneration (Takt und Daten) folgen. Die elektrischen Verbindungen erfolgen in Gold- oder Al-Draht-Bondtechnik. Der Gehäusedeckel wird i. d. R. aufgeschweißt, bei geringeren Anforderungen an die Dichtheit auch geklebt [83].

23.5.3 Gestaltung der elektrischen Anschlüsse (HF-Ausgänge, DC-Versorgungen)

Bei der Gestaltung der elektrischen Anschlüsse sind die Schnittstellen zu den weiteren Systemkomponenten zu benennen, die u. a. folgendes betreffen können:

Bandbreite des HF-Ausgangs des Empfängers, Anzahl und Stecker/Pin-Formen der DC-Versorgungsanschlüsse, Sicherheit gegen elektrostatische Entladungen sowie (kurzzeitige) Überschreitungen der Betriebsspannungen. Je nach Bandbreitenbedarf der HF-Ausgänge werden dual in-line Anschlüsse (DC bis einige Gbit/s), SMA-Stecker (18 GHz), K-Stecker (40 GHz) oder V-Stecker (75 GHz) für die hochratigen Daten- und Taktausgänge eingesetzt. Die Anschlußtechnik der Chips (ihre Verbindung untereinander, wie zu Mikrostrip- oder Koplanarleitungen auf Keramiksubstraten) geschieht standardmäßig mittels Au-Drahtbonden, welches etwa bis zu Datenraten von 40 Gbit/s hinreichend induktivitätsarm beherrscht wird. Für die höheren Datenraten führt sich, auch unter Produktionsaspekten, zunehmend die Flip-Chip-Bondtechnik ein.

23.5.4 Hochfrequenzaspekte in der Modultechnik

Für höhere Datenraten und Übertragungsfrequenzen stören die parasitären Kapazitäten von Durchführungen und Induktivitäen von Bonddrähten die einwandfreie Signalübertragung (Signalintegrität). Alle Verbindungen müssen gemäß der Leitungstheorie behandelt werden, z. B. sind Leitungen am Ende mit ihrem Wellenwiderstand abzuschließen. Die Gehäuseabmessungen sind so klein wie möglich zu halten (chip-size package). Der Skin-Effekt muß bei Impedanzberechnungen mit berücksichtigt werden. Verbindungsleitungen sind im Hinblick auf die zu übertragende elektrische Wellenlänge zu quantifizieren und nicht mehr als konzentrierte Elemente sondern als Leitungselemente im Ersatzschaltbild zu beschreiben. Leitungslängen sind bei koinzident zu übertragenden Pulsen längenmäßig aufeinander abzustimmen. Abbildung 23.18 zeigt Unterschiede im Entwurf einer konventionellen Chip-Anbindung mittels impedanzmäßig nicht kontrollierter Bonddrähte (0,8 nH/mm) zu einer impedanzkontrollierten Verbindungstechnik, die vom Chip, über ein Verbindungsboard, welches z. B. eine Koplanarleitung mit kontrolliertem Wellenwiderstand enthält, bis zum Steckeranschluß am Modul für Datenraten im 2,5 Gbit/s-Bereich und höher, lückenlos, z. B. in 50 Ω-Technik, konzipiert werden muß.

23.5.5 Trends in der Modultechnik

Bei höheren Frequenzen (> 40 GHz) erfolgt die Ablösung der Drahtbondtechnik durch Flip-Chip-Aufbauten, bei denen die OEICs über kompakte Lothöcker mit der Bauelementseite nach unten auf ein Trägersubstrat aufgelötet oder geklebt werden. Umfangrei-

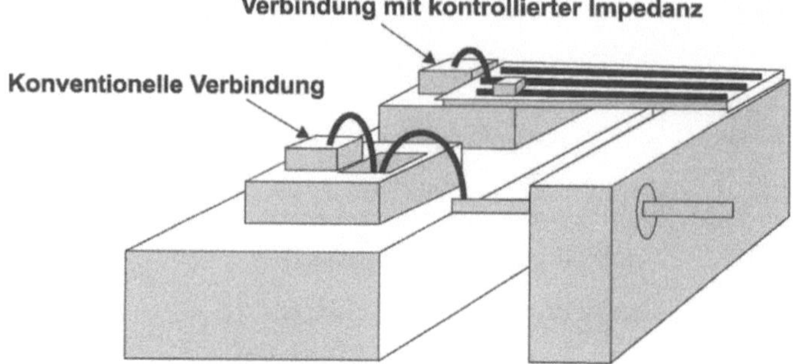

Abb. 23.18. Vergleich von elektrischen Verbindungskonzepten unter HF-Gesichtspunkten: konventionell (im Vordergrund): nicht optimierte lange Bonddrähte über einen Zwischenträger vs. Chip-Anbindung mit definiertem Wellenwiderstand mittels Koplanarleitungen und mit einem Widerstand als Leitungsabschluß (im Hintergrund) sowie einem kürzest möglichen Bonddraht [83]

chere optoelektronische Aufbauten geschehen fertigungstechnisch günstig auf Basis sog. planarer Lichtwellenleiter-Schaltkreise (PLC, engl.: planar lightwave circuit), auch als optische Motherboard-Technologie bezeichnet [84] (vgl. auch Kap. 13). Ähnlich wie bei der Oberflächenbauelementmontage (SMT-Fabrikation), im elektrischen Bereich werden bei der PLC-Technik vom Board zusätzlich auch optische Standard-Wellenleiterpfade bereitgestellt, in die die montierten optoelektronischen Chips ihr Licht ein/auskoppeln. Eine derzeit in Entwicklung und Normung begriffene flexible optische Motherboardtechnik stellt sowohl für die elektrische wie für die optische Verbindungstechnik der OEICs untereinander wie zu den Schnittstellen anderer Boards eine hochfrequenztaugliche Mehrebenenverdrahtung und optische Wellenführung in einer kreuzungsfähigen Mehrlagentechnik bereit. Auch hier spielt Silizium (z.B. auf silicon-on saphire: SOS-Basis) eine Schlüsselrolle.

23.6 Empfänger mit optischen Vorverstärkern

Optische Vorverstärker in Form der EDFAs (Erbium-doped Fiber Amplifier) haben einen Schub der optischen Kommunikationstechnik mittels Glasfasern bewirkt (s. Kap. 22). Diese Verstärker können einerseits fast beliebige Dämpfungsverluste auf hunderten km Glasfaser recht rauscharm ($F = 3 - 5$ dB) wieder ausgleichen und andererseits in Form einer optischen Vorverstärkung (20 ... 30 dB) zu einer deutlich gesteigerten Empfangsempfindlichkeit des klassischen pin-Dioden-Photoempfängers beitragen, da sie das thermische Empfängereingangsrauschen durch drastische optische Pegelanhebung in der Hintergrund treten lassen. Durch diese SNR-Verbesserung, die bereits im optischen ansetzt, vergrößert sich die Verstärkerfeldlänge bei gleicher Bitfehlerwahrscheinlichkeit deutlich [1]. Optische Vorverstärker (EDFAs) sind vorwiegend für die Wellenlängen um 1,55 μm seit 1994 in größerem Umfang kommerziell verfügbar und eingesetzt. Bei 1,3 μm besteht noch deutlicher Entwicklungsbedarf.

Abbildung 23.19 zeigt den prinzipiellen Aufbau eines Faserverstärkers, z.B. in der Form einer Er^{3+}-dotierten Glasfaser, die bei 1480 nm oder 980 nm optisch gepumpt wird. Ein Richtkoppler fügt neben dem Pumplicht auch das Signal hinzu; dabei wird das Signallicht um die 1,55 μm-Betriebswellenlänge im Bereich 15-30 dB verstärkt. Die minimale Rauschzahl liegt dabei um 3 dB [85]. Die Signalausgangsleistung des EDFA kann um +20 dBm betragen.

Optische Verstärker werden direkt vor einem Photoempfänger stets mit einem zwischengeschalteten optischen Filter (Bandbreite 0,2 ... 1 nm) zur Unterdrückung der ASE (amplified spontaneous emission) außer-

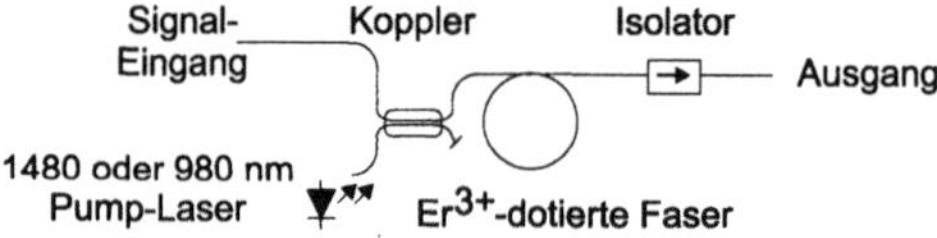

Abb. 23.19. Prinzipaufbau eines Faserverstärkers, z.B. in EDFA-Technik

halb des Signalnutzbandes eingesetzt, s. auch Abschn. 23.1. Die erzielbare Empfindlichkeit optisch vorverstärkter Empfänger ist u.a. in [86, 87] beschrieben.

Bei 10 Gbit/s können bei optischer Vorverstärkung typisch Empfindlichkeiten von -37 dBm erzielt werden, womit die besten nicht-optisch vorverstärkten Empfänger um etwa 10 dB übertroffen werden [1].

Optische Verstärker gibt es, außer als Faserverstärker, auch als Halbleiterlaserverstärker (SOA), die sich durch besondere Kompaktheit, dafür durch etwas mehr Rauschen auszeichnen. Die Verstärkungswerte können um 27 dB liegen (Faser-zu-Faser). Die Rauschzahlen sind im Bereich um 7 dB einzuschätzen. Sie liegen damit etwas höher als bei EDFAs, bedingt durch höhere Verluste bei der Faser-Chip-Kopplung. Mit Halbleiterlaserverstärkern, die aus einer entspiegelten Laserstruktur abgeleitet werden, können im Gegensatz zu den EDFAs leicht auch die Wellenlängenbereiche um 1,3 μm abgedeckt werden. SOAs können unkompliziert mit einem einzigen Versorgungsstrom um typisch 200 mA betrieben werden. Im Vergleich zu EDFAs zeigen SOAs merkliche Kreuzmodulationseffekte (cross gain, cross-phase modulation) mehrerer Signale (WDM), so daß hier EDFAs aus systemtechnischer Sicht Vorteile besitzen. SOAs können leichter mit anderen Komponenten auf InP-Basis integriert werden.

Eine dritte Variante sehr kompakter optischer Verstärker kündigt sich in Form der planaren Wellenleiterverstärker an. Hier wird ein SiO_2-Wellenleiter auf Silizium mit Erbium dotiert. Derartige Verstärker erreichten erstmals um 1999 Werte der klassischen Faserverstärker (EDFA), so daß Verstärkungen von 15/22 dB bei den Wellenlängen um 1550/1532 nm sowie eine Rauschzahl kleiner 4 dB [88] im Systemversuch nutzbar waren. Der Vorteil gegenüber den EDFAs liegt in der Möglichkeit zur Aufteilung der Verstärkerstufen in einer PLC-Umgebung. Dies erleichtert bzw. verbilligt den Einsatz optischer Vorverstärkung sowohl in Broadcast-Systemen wie auch in zahlreichen Anwendungen in MANs (metropolitan area network) und LANs (local area network).

Besondere Aspekte aktueller Entwicklungen (Einsatz in Vielkanal-WDM-Systemen) richten sich z. B. auf die Verringerung der Welligkeit der Verstärkungskurve über der Wellenlänge; dabei werden bei Gainwerten um 30 dB Werte von ± 1 dB über z. B. 30 nm angestrebt.

23.7 Empfänger für digitale Signale

23.7.1 Aufbau eines digitalen optischen Empfängers

Ein digitaler optischer Empfänger besteht aus einem analogen Eingangsteil, in dem das optische Signal in ein analoges elektrisches Signal gewandelt wird und einem digitalen Signalverarbeitungsteil, in dem das analoge Signal in ein digitales Datensignal mit normierter Amplitude und Takt- (engl. timing) Information regeneriert wird. Eine hinreichend vollständige Datenregeneration, die eine praktisch beliebig oft und ebenfalls praktisch fehlerfrei wiederholbare Signalwiederherstellung in verschiedenen Stufen eines digitalen Übertragungssystems ermöglicht, erfordert eine 3R-Funktion: Re-amplification, Re-shaping und Re-timing. Dabei bedeutet Re-amplification die Wiederherstellung eines normierten Signalpegels, Re-shaping die Wiederherstellung der digitalen Signalform (Mindestanforderungen an die Anstiegsflanken und das Überschwingverhalten der Pulse) und Retiming eine strenge zeitliche Justierung der Pulse zu einem Datentakt, der aus dem Datenstrom im digitalen Empfangsteil zusätzlich erzeugt werden muß (Mindestanforderungen an den Jitter der Pulse). Abbildung 23.20 zeigt den prinzipiellen Aufbau eines digitalen Photoempfängers, in dem die beschriebenen Eigenschaften in den einzelnen Stufen realisiert sind.

Im Analogteil (Linearer Kanal) wird das aus der Glasfaser eintreffende optische Signal mit einer pin-Diode oder Lawinenphotodiode (APD) in einen Photostrom gewandelt und in einem bandbegrenzten rauscharmen Vorverstärker verstärkt. Die sinnvolle Bandbegrenzung (Filter) ist an die Signalkodierung (NRZ, RZ) angepaßt und kann als Faustregel beim NRZ-Signal mit 70% der Bitrate angesetzt werden. Zur Filterung dienen häufig Bessel-Filter 4. Ordnung.

Nach diesem streng linearen Teil normiert ein Begrenzerverstärker im Übergang zum Digitalteil den Signalpegel für eine einwandfreie Funktion des Entscheiders (z. B. getaktetes D-Flipflop (D-FF). Das D-FF (Entscheider-Schaltkreis) wird mit dem regenerierten Takt (aus der Takt-Rückgewinnung) des Datensignals geschaltet. Damit ist das exakte Timing des Originalsignals wiederhergestellt. Die zeitlich äquidistante Taktinformation wird in

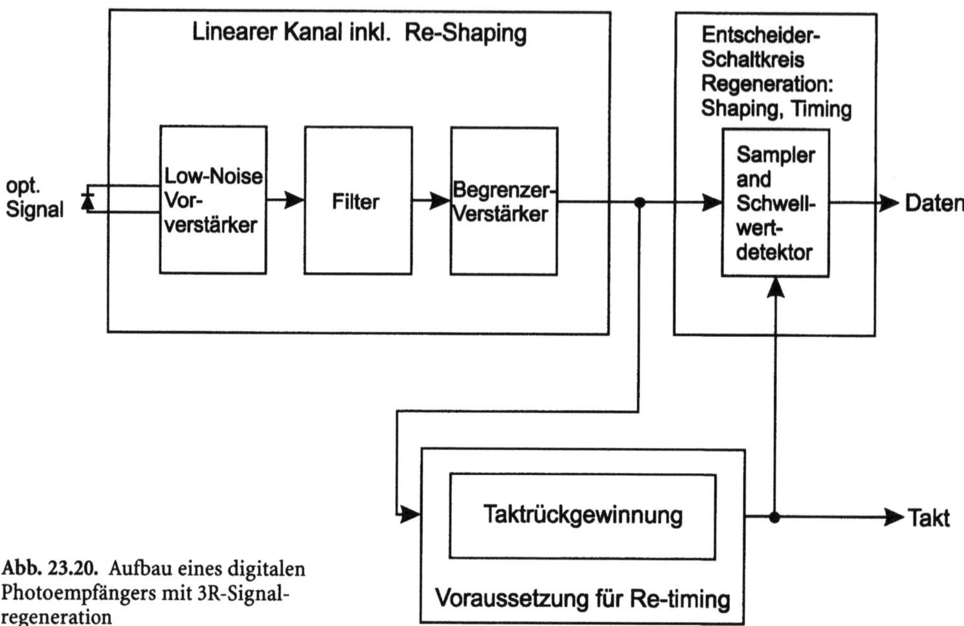

Abb. 23.20. Aufbau eines digitalen Photoempfängers mit 3R-Signalregeneration

der Takt-Rückgewinnung gebildet, welche aus dem statistischen Signalstrom den Datentakt zurückgewinnt. Für die Takt-Rückgewinnung werden PLL-Schaltungen wie auch Schmalband/Resonanzfilterschaltungen eingesetzt.

Bei niederen Bitraten wird in einfachen Empfängern u.U. auf die Re-timing-Funktion verzichtet, so daß man vom 2R-Empfänger bzgl. des Digitalteils spricht. Ein 1R-Empfänger verfügt nur über eine Signal-Verstärkungsfunktion. Die Wahl der Signalregeneration hängt vom System ab. Ist nach Durchlaufen einer Faserstrecke der Länge L vorwiegend aus Dämpfungsgründen eine Signalregeneration nötig, kann mit zyklischer 2R-Regeneration eine Distanz von etwa $8 \cdot L$ (dispersionsabhängig) überbrückt werden, bis der akkumulierte Jitter aufgrund von parallel auftretenden Dispersionseffekten ohne Re-timing eine fehlerfreie 0/1-Detektion verhindert. Mit echter (wiederholter) 3R-Regeneration ist die überbrückbare Gesamtstrecke praktisch unbegrenzt; so können in der Praxis mehrere hundert L mit Bitfehlerwahrscheinlichkeiten unter 10^{-9} überbrückt werden. Die 3R-Regeneration war lange Zeit eine Domaine der Elektronik. In neuerer Zeit sind Ansätze zur rein optischen 3R-Regeneration berichtet worden. Hier dienen mit dem optischen Datenstrom synchronisierte selbstpulsierende Laser zur Takterzeugung [89]. Dieses optische Taktsignal schaltet ein optisches Transmissionsgate als Entscheider, welches die Taktpulse getastet mit dem Pegel des zu regenerierenden Datenstromes durchschaltet. Da die Ausgangspulse mit kleinem Jitter der synchronisierten optischen Clock entnommen werden, wird damit gleichzeitig ein Re-timing der Daten erreicht (3R).

23.7.2 Modulationsformate: RZ und NRZ

Bei der binären Datenkodierung sind zwei Modulationsformen gebräuchlich, die am Bit-Takt orientiert sind. Man spricht von RZ-Modulation, wenn innerhalb jeder Bitperiode T (= 1/Bitrate) das Signal zum Null-Niveau zurückkehrt. Bei der NRZ-Modulation wird auf diesen Nullrückgang verzichtet, so daß bei aufeinanderfolgenden Einsen der Signalpegel konstant oben bleibt. Die NRZ-Modulation ist spektral betrachtet, ökonomischer als die RZ-Modulation; sie benötigt aber eine aufwendigere nichtlineare Signalvorverarbeitung bei der Takt-Rückgewinnung, da im NRZ-Spektrum keine Spektrallinie (Taktlinie) bei der Bitrate vorhanden ist.

Bei der Übertragung der 0, 1-Folgen digitaler Signale ist die benötigte Bandbreite möglichst zu minimieren, um eine hohe spektrale Packungsdichte der Kanäle zu erreichen.

Auch würde eine zu hohe zugelassene Übertragungsbandbreite unnötig weißes Rauschen im hohen Frequenzbereich dem Signal hinzufügen, so daß eine Entscheiderstufe bei kleinen Signalen bereits Detektionsprobleme bei der 0, 1-Unterscheidung bekommt. Die elektrische Vorverstärkerbandbreite, die durch die Auslegung des Vorverstärkers selbst oder durch ein nachgeschaltetes Filter definiert wird, beträgt als guter Kompromiß zwischen Signalintegrität und Rauschen etwa 70% der Bitrate bei NRZ-Modulation; bei RZ-Modulation muß die Bandbreite etwas höher sein, um dem höherfrequenteren Spektrum Rechnung zu tragen.

Die sonstige Entscheidung, ob ein System mit NRZ- oder RZ-Modulation (oder weiteren Formen, z.B. multi-level Formaten) betrieben wird, hängt von sehr vielen Faktoren ab. Bzgl. der Maximierung des Längen-Bandbreiten-Produkts der Standard-Einmoden-Faser zeigt die RZ-Modulation Vorteile, so daß diese bei Hochbitratenexperimenten (≥40 Gbit/s) dominiert. Die NRZ-Modulation in einem ETDM (elektrischen TDM)-System bringt allerdings Vorteile durch die mögliche Nutzung bereits eingeführter Schaltkreisfamilien für die Signalregeneration, so daß ETDM-Systeme im 10 Gbit/s-Bereich im Hinblick auf Kompatibilität zu SDH- und SONET-Standards leichter mit NRZ-Modulation zu betreiben sind.

23.7.3 Detektionsempfindlichkeit digitaler Signale

Das Hauptziel beim Entwurf optischer Empfänger ist es, die optische Leistung zu minimieren, die am Empfängereingang nötig ist, um Signale einer gegebenen Datenrate bei einer bestimmten Bitfehlerwahrscheinlichkeit (z.B. BER = 10^{-9}) zu detektieren. Die Quantengrenze der Detektionsempfindlichkeit wird durch das Quantenrauschen des optischen Eingangssignals definiert (s. Abschn. 24.1.2.4). Dazu müssen andere Rauscheinflüsse idealisiert gering sein, also vernachlässigt werden können. Damit allein das Quantenrauschen bestimmend ist, wird der Detektor-Quantenwirkungsgrad zu 100% angenommen (jedes Photon erzeugt ein Elektron-Loch-Paar), der Detektor-Dunkelstrom sei gleich Null; das Vorverstärker-Eingangsstromrauschen sei vernachlässigbar (insbesondere im ungekühlten Betrieb des Empfängers bei Raumtemperatur nicht realistisch umsetzbar). Dann ist das Signal-Quantenrauschen (shot noise) allein durch die empfangene optische Leistung gegeben: bei einer Gleichverteilung der Signalpegel auf 0 und 1 werden ca. 20 Photonen pro Puls (Statistik: Poisson-Verteilung) für eine Bitfehlerwahrscheinlichkeit (BER) von 10^{-9} benötigt [8]. Die mindestens benötigte mittlere optische Leistung $\bar{P}$ steigt mit der Bitrate B: $\bar{P} = 20/2 \cdot (h \cdot c/\lambda) \cdot B$.

23.7.4 Bitfehlerwahrscheinlichkeit

Die Bitfehlerwahrscheinlichkeit (BER) ist das Verhältnis falsch übertragener (empfangener) bits im Vergleich zur Anzahl der gesendeten bits.

BER = Anzahl der fehlerhaften bits / Anzahl der übertragenen bits

Sie ist eine systemtypische Kennzahl der Fehlerwahrscheinlichkeit. Eine Standardforderung ist eine Bitfehlerwahrscheinlichkeit von $< 10^{-9}$, die häufig zum Systemvergleich herangezogen wird. Moderne SDH-Übertragungssysteme (synchrone digitale Hierarchie, vergl. Kap. 24) werden für BER-Werte um 10^{-12} entworfen, d.h., daß nur ein fehlerhaftes bit bei 10^{12} übertragenen bits auftritt. Mittels zusätzlicher Fehlerkorrekturverfahren (FEC: forward error correction) wird die Bitfehlerwahrscheinlichkeit des Nutzdatenstroms weiter verringert.

23.7.5 Zusammenhang: Signal-Rausch-Verhältnis und Bitfehlerwahrscheinlichkeit

Die vom Empfänger zu unterscheidenden Signalwerte „0“ und „1“ des Senders sind durch Einwirkung mehrerer Rauschquellen (Signalschrotrauschen, optisches Verstärkerrauschen, elektronisches Empfängerrauschen) statistischen Amplitudenverteilungen unterworfen. Wenn nicht mehr, wie im idealen Grenzfall, das Signalschrotrauschen die Hauptrauschquelle (für den Signalwert „1“) darstellt, ist das elektronische Empfängerverstärkerrauschen, verursacht z.B. durch thermisches Rauschen, für beide Signalwerte mit zu betrachten. Verallgemeinert werden, um auch das Rauschen optischer Vorverstärker mit einzubeziehen, für die Signalwerte „0“ und „1“ näherungsweise Amplitudenverteilungen gemäß einer Gaußverteilung um die jeweiligen Signalmittelwerte angenommen, womit den beiden Pegeln jeweils ein normalverteiltes Rauschen zugeordnet wird (Der „1"-Pegel rauscht durch Signalschrotrauschen (engl.: shot noise) im Sender in der Regel stärker als der „0"-Pegel, der dem Zustand: *kein Signal* entspricht). Für die Detektion ist entscheidend, daß zwischen beide Pegel eine Entscheiderschwelle gelegt werden kann, die mit hinreichender Sicherheit von den beiden Signalmittelwerten entfernt liegt, so daß die Ausläufer der Verteilungsfunktionen nicht zur Fehlerhäufung führen. Die Bitfehlerwahrscheinlichkeit BER kann dann als Funktion des Störabstandsfaktors Q beschrieben werden [8], der ein Signal-zu-Rausch -Strom- oder -Spannungsverhältnis bedeutet:

$$\mathrm{BER} = \frac{1}{\sqrt{2 \cdot \pi}} \cdot \int_{Q}^{\infty} \mathrm{e}^{-(x^2/2)} \cdot \mathrm{d}x \qquad (23.24)$$

Dabei wird Q mit Hilfe der Signalpegel i_0 und i_1 und deren Rauschstatistik $\sqrt{\langle\sigma_0^2\rangle}, \sqrt{\langle\sigma_1^2\rangle}$ ausgedrückt:

$$Q = \frac{i_1 - i_0}{\sqrt{\langle\sigma_1^2\rangle} - \sqrt{\langle\sigma_0^2\rangle}} \qquad (23.25)$$

Eine gute Näherung dieses Integrals der komplementären Fehlerfunktion ist die folgende Gleichung 23.26, die für $Q > 2$ kleiner 1% Fehler aufweist [9]:

$$\mathrm{BER} = \frac{1}{\sqrt{2 \cdot \pi}} \cdot \frac{\mathrm{e}^{-(Q^2/2)}}{Q} \cdot \left(1 - \frac{1}{Q^2}\right) \qquad (23.26)$$

Beispielsweise entsprechen Bitfehlerwahrscheinlichkeiten BER von 10^{-9} bzw. 10^{-12} Störabstands-Q-Werten von 6 bzw. 7. Messungen der Bitfehlerwahrscheinlichkeit in Abhängigkeit der Lage der Entscheiderschwelle können zur Abschätzung von Q-Werten herangezogen werden [10].

23.7.6 Empfindlichkeit von Photoempfängern für digitale optische Signale, Personick-Theorie

Die Theorie zur minimalen Empfangsempfindlichkeit digitaler optischer Empfänger führt die für den hinreichend sicheren Empfang notwendig erachtete Bitfehlerwahrscheinlichkeit BER gemäß Gl. 23.24 auf den zu fordernden Störabstandsfaktor Q am Empfängereingang zurück und betrachtet daher im Kern das am Empfängereingang vorliegende, aus der gesamten Empfängerschaltung auf den Eingang zurückgerechnete, integrale Rauschstromquadrat $\langle i_{\mathrm{na}}^2\rangle$.

$$P_{\min} = \frac{1}{R} \cdot Q \cdot \sqrt{\langle i_{\mathrm{na}}^2\rangle} \qquad (23.27)$$

Damit vergleicht Gl. 23.27 anschaulich direkt den um den Störabstand Q aufgewerteten integralen Rauschpegel $\sqrt{\langle i_{\mathrm{na}}^2\rangle}$ mit dem Signalstrom, der als Produkt der minimalen Empfangsleistung $P_{\min}$ und der Detektorresponsivität R gebildet wird. Q wird dabei gemäß der benötigten Bitfehlerwahrscheinlichkeit BER gemäß Gl. 23.24 eingesetzt. Da (Eingangs)-rauschstromquadrate spektrale Größen sind, müssen sie in Relation zur Bitrate frequenzmäßig zum integralen Rauschpegel $\langle i_{\mathrm{na}}^2\rangle$ aufintegriert werden. Betrachtet werden Eingangsrauschstromquadrate mindestens innerhalb der Bandbreite $f_{-3\,\mathrm{dB}} = 0{,}5 \cdot$ Bitrate.

Eine verfeinerte Betrachtung zeigt, daß der für eine benötigte Bitfehlerwahrscheinlichkeit geforderte Störabstand Q zusätzlich von der Signalkodierung abhängt. Schließlich erzeugen z.B. verschiedene Modulationsformate, wie RZ- und NRZ-Modulation auch unterschiedliche mittlere Signalleistungen, da beim RZ-Kode die optische Pulsdauer für die „1", in Relation zur Bitperiode, als zusätzlicher Parameter eingeht. Weiterhin führen unterschiedliche Signalmodulationsformate auch zu einer Gewichtungsumverteilung der anteiligen spektralen Rauschquellen, die alle summarisch am Empfängereingang zum integralen Rauschstromquadrat $\langle i_{\mathrm{na}}^2\rangle$ beitragen, da z.B. das Signalschrotrauschen anders durch die Modulation gewichtet wird, als z.B das weiße thermische Rauschen im Empfänger. Die von Personick eingeführten Integrale I_2, I_3 und I_{f} [11, 12] gewichten in Abhängigkeit der optischen Impulsformen die Beiträge zum thermischen und Schrotrauschen (Integral I_2) sowie die Rauschbeiträge im Vorverstärker ($1/f$-Rauschen, Kanalrauschen im FET: Integrale I_{f} und I_3), s. Abschn. 23.3 (Gln. 23.22 und 23.23), abhängig vom gewählten Modulationsformat (NRZ oder RZ, unter 0, 1-Gleichverteilung). Man erhält unter Ansatz einer Kosinusquadrat-Übertragungsfunktion des Gesamtsystems für die gebräuchlichsten Modulationsformate NRZ und RZ die folgende Personick-Integralwerte [8, 11, 12, 90].

für NRZ: $I_2 = 0{,}562 \quad I_3 = 0{,}0868 \quad I_{\mathrm{f}} = 0{,}184$

und

für RZ: $I_2 = 0{,}403 \quad I_3 = 0{,}0361 \quad I_{\mathrm{f}} = 0{,}0984.$

Im folgenden wird die Bestimmung der minimalen Empfangsleistung anhand eines hypothetischen 10 Gbit/s-Photoempfängers veranschaulicht. Für den Photoempfänger wurden die folgenden schaltungstechnischen Annahmen gemacht. Die Photodiode arbeitet bei der Wellenlänge 1,55 μm mit einer Responsivität von 1 A/W (80% externer Quantenwirkungsgrad). Sie hat eine Kapazität von 70 fF (entspricht 20 μm Durchmesser bei 0,5 μm aktiver Schicht) und sei RC-begrenzt aufgebaut. Der FET in der Eingangsstufe sei in Source-Grundschaltung betrieben und habe eine Gatekapazität von 120 fF. Seine Gate-Drain (Miller)-Kapazität betrage 12 fF. Seine Steilheit betrage 56 mS und seine $1/f$-Rauscheinsatzfrequenz liege um 200 MHz. Der Korrelationsfaktor für das Kanalrauschen ist mit $\Gamma = 1{,}5$ angesetzt. Der FET sei vom Drain-Ausgang (ggfs. über eine Pufferstufe) mit einem Gegenkopplungswiderstand R_{GK} von 600 Ω im Sinne einer Transimpedanz-Eingangsstufe gegengekoppelt (für die Rauschbetrachtung kommt man für ein Hochimpedanz-Eingangsstufenkonzept mit einem Lastwiderstand desselben Werts zur gleichen thermischen Rauscheinströmung). Der Wert für R_{GK} wurde hier im Beispiel so gewählt, daß die RC-Bandbreite der Eingangsstufe inkl. aller Streukapazitäten (80 fF) hier ca. 8 GHz (≥ 70% der Zielbitrate) beträgt. Die Summe aller eingangsbezogenen Leckströme (Photodioden-Dunkelstrom und FET-Gate-Leckstrom) ist mit 1 μA angenommen. Damit bilden das thermische Rauschen des Gegenkopplungswiderstands (bzw. Lastwiderstands beim HIA), das Schrotrauschen der Eingangsleckströme und das FET-Rauschen für die Summierung der eingangsbezogenen Rauschenquellen die wichtigsten Beiträge (s. auch die detaillierte Berechnung von Rauschkomponenten im Abschn. 23.3). Sie alle sind in Abb. 23.21a entsprechend dem angegebenen Zahlenbeispiel als äquivalente Eingangsrauschströme spektral dargestellt. Mit der spektralen Formulierung der Einzelbeiträge ist auch die Summierung zum gesamten spektralen Eingangsrauschstrom-(quadrat) möglich, welches ebenfalls im Abb. 23.21a gezeigt ist. Das Schrotrauschen ist am ehesten hier vernachlässigbar; das thermische Rauschen des Gegenkopplungswiderstandes dominiert im mittleren Frequenzbereich. Am oberen Ende des Frequenzbereichs dominiert immer das auf den Eingang rückbezogene FET-Kanalrauschen. Wenn $1/f$-Rauschen nicht vernachlässigbar ist, hebt es sich bei tiefen Frequenzen aus der Summe von thermischen und dem Kanalrauschstromquadrat hervor.

Wird das gesamte äquivalente spektrale Eingangsrauschstromquadrat über eine Bandbreite von 70% der Bitrate integriert und, mit dem Störabstand Q ($Q = 6$ für BER $= 10^{-9}$) multipliziert, zu einem zu fordernden Mindestsignalstrom angehoben, kann aus diesem mindestens benötigten Signalstrom die minimale Empfangsempfindlichkeit gebildet werden (Gl. 23.27).

Abbildung 23.21b zeigt den Einfluß der obigen summierten Rauschquellen auf die minimale Empfangsleistung anhand einer hypothetischen FET-Vorverstärkerstufe, wie sie im Abschn. 23.3 beschrieben wurde. Die Quantenrauschgrenze liegt im Vergleich zu realen Empfängern (bei $T = 300$ K betrieben) noch deutlich tiefer und kann nur durch optische Vorverstärkung vor dem Detektor, durch

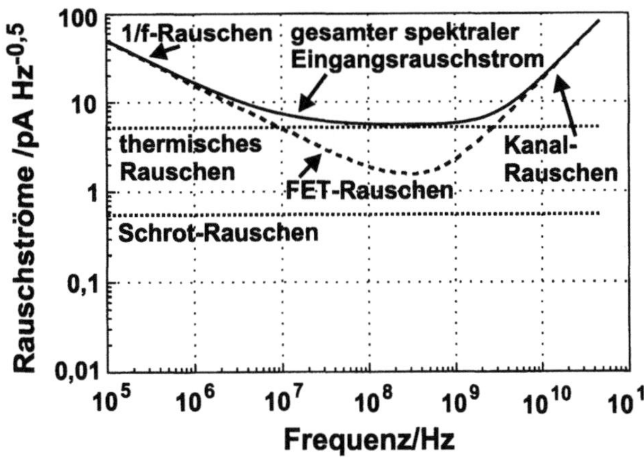

Abb. 23.21 a. Äquivalente Eingangsrauschströme aller wichtigen Rauschbeiträge in einem pinFET-Photoempfänger in Transimpedanzschaltung bzw. Hochimpedanzschaltung, siehe Text

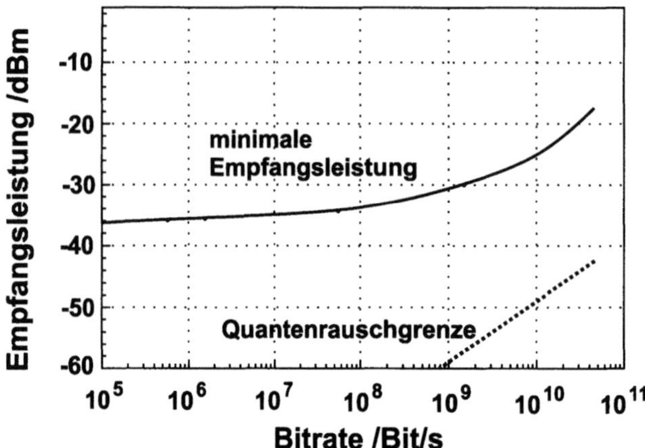

Abb. 23.21 b. Bitratenabhängige minimale Empfangsleistung gemäß der Theorie nach Personick für einen 10 Gbit/s Photoempfänger mit FET in der Eingangsstufe

im Detektor angeordnete Quantenverstärkung bei Einsatz einer Lawinenphotodiode oder durch Hetero- bzw. Homodyn-Empfangskonzepte angenähert werden. Für das gewählte Beispiel ist die minimale Empfangsempfindlichkeit ohne optische Vorverstärkung bei der Zielbitrate von 10 Gbit/s mit ca. -25 dBm abzulesen.

Es sei darauf hingewiesen, daß die Graphik natürlich auch für kleinere Bitraten ausgewertet werden kann; nur hat man dann, im Sinne optimaler Empfangsempfindlichkeit, keine optimale Schaltungsdimensionierung gewählt, da die verfügbare Bandbreite dann deutlich oberhalb der minimalen Bandbreite (70% · Bitrate für NRZ-Modulation) liegt. Es wäre dann an Verstärkung verschenkt worden, denn für eine kleinere Bandbreite könnte ein hochohmigerer Gegenkopplungs (oder Last-) Widerstand gewählt werden, der dann neben der höheren Verstärkung auch ein geringeres thermisches Rauschen zur Folge hätte. Daraus folgt, daß ein optimaler Empfänger mit seiner Bandbreite stets an die Zielbitrate, ggfs. auch an das Modulationsformat, angepaßt, dimensioniert werden muß.

23.7.7 Taktrückgewinnung (Schmalbandfilter oder PLL)

Die Rückgewinnung des Takts aus einer stochastischen Eingangsbitfolge (z.B. pseudo random binary sequence: PRBS) setzt voraus, daß im Empfangsdatensignal ein spektraler Anteil des Takts auftritt. Bei der RZ-Modulation ist dies gegeben. Bei der NRZ-Modulation, deren Spektrum gerade bei der Taktfrequenz an die Null heranreicht, muß durch eine nichtlineare Signalvorverarbeitung (z.B. mit Hilfe einer Quadrierung) erreicht werden, daß ein spektraler Anteil beim Datentakt (Taktlinie) verfügbar wird. Mit dem spektralen Anteil bei der Taktfrequenz kann nun ein „Oszillator" hoher Eigengüte (z.B. $Q > 500$) synchronisiert werden, der im Mittel über viele Bitperioden nur sehr langsam (integrierend) mit seiner Frequenz bzw. Phase auf das Eingangssignal reagiert, also insbesondere den Jitter einzelner Bits ignoriert. Damit ist die regenerierte Taktfrequenz (Clock) vom Jitter des Eingangssignals befreit und kann zur Ansteuerung eines Datenentscheiders verwendet werden, der dann erneut praktisch jitterfreie Null- und Eins-Signale abgeben kann [91].

Für den erwähnten Oszillator haben sich zwei Lösungen in der Praxis bewährt: ein Schmalbandverstärker hoher Resonanzgüte oder die phase-locked loop (PLL) Schaltung. Generell bessere Daten zur Qualität einer Clock (Jitter und Robustheit in bezug auf lange Null- oder Einsfolgen) werden mit der PLL erreicht, die damit als Referenz für zum Beispiel neuere optische Regenerationsansätze dient. Der Schmalband-Resonanzverstärker ist insbesondere für sehr hohe Taktraten (>40 Gbit/s) einfacher als eine PLL zu realisieren [91]. PLLs in Silizium-Bipolartechnik integriert, sind etwa bis 10 Gbit/s Datenraten verfügbar. Darüber hinaus gibt es einzelne Lösungen im FuE-Bereich bis 40 Gbit/s auf der Basis von SiGe-Schaltkreisen oder in GaAs- bzw. InP-HEMT-Technologie [58, 92].

23.7.8 Entscheider- und Retimingstufe

Die Entscheiderstufe ist i.d.R. ein Flip-Flop, welches mit dem rückgewonnenen jitterarmen Datentakt getaktet wird. Sein Dateneingang wird vom Signalstrom aus dem Begrenzerverstärker gespeist. Damit wird am Ausgang des Flip-Flops ein Re-timing des zeitlich noch jitternden Signaldatenstroms erreicht; gleichzeitig ist aus dem Signalpegel, der aus dem Begrenzerverstärker bereits pegelmäßig vornormiert war, nun ein rein digitales Signal geworden, welches vom ursprünglich gesendeten Signal bis auf eventuelle Bitfehler im Rahmen der zugelassenen Bitfehlerwahrscheinlichkeit nicht mehr unterscheidbar ist. Damit ist die Voraussetzung für eine praktisch unbegrenzt häufige Signalregeneration (3R) nach aneinandergereihten, jeweils endlich langen, Übertragungsstreckenabschnitten gegeben (wobei mit steigender Kaskadierungszahl von Streckenabschnitten i.d.R. eine reduzierte Bitfehlerwahrscheinlichkeit pro Abschn. ($10^{-9} \rightarrow 10^{-12}$ ...) aus Signalintegritätsgründen geplant werden muß).

23.7.9 Mehrstufige (multi-level) Modulationsformate

Die bislang erwähnten einfachen und grundlegenden Modulationsformate RZ und NRZ sind in der Nachrichtentechnik durch eine Vielzahl weiter Kodiermöglichkeiten bereichert worden. Dabei besteht das Ziel, durch erweiterte Modulationsformate eine bessere Ausnutzung des bandbegrenzten Übertragungskanals zu erreichen, der in der Praxis weitere Schwächen, wie Gruppenlaufzeitverzerrungen und Dispersionseffekte aufweist. Stets soll dabei die Kanalkapazität, d.h. hier die *aggregierte* Bitrate, bei gegebenen, bandbegrenzten Übertragungseigenschaften, ein Maximum erreichen.

Multi-level Modulationsformate verwenden mehrere Signalpegel (anstatt nur 0, 1). Damit wird teilweise auch ein Übergang zu einem analogen Übertragungssystem gemacht. Wenn z.B. eine 4-Level-Kodierung eingesetzt wird, kann die Bitrate in den zwei überlagerten Einzelkanälen für die gleiche übertragene Summenbitrate halbiert werden. Damit reduzieren sich in Hochbitratensystemen die Bandbreiteanforderungen an Modulatoren oder direkt modulierbare Laser erheblich. Allerdings werden dann deutlich höhere Anforderungen an die Linearität des Kanals, die Reduzierung des Rauschens auf der Strecke (bessere EDFA) und damit auch an die optischen Empfänger gestellt.

23.8 Kohärente optische Empfänger

Eine Möglichkeit zur Steigerung der Empfangsempfindlichkeit des einfachen Geradeausempfängers besteht im Heterodynempfang. Hier wird in Analogie zum elektrischen AM-Überlagerungsempfänger das ankommende optische Signal unter Beachtung der Polarisation kohärent mit dem Ausgang eines Lokallasers (LO) überlagert, vergl. Abbildung 23.2b. Der Lokallaser soll eine kleine Linienbreite (<100 kHz) und ein hohes Ausgangssignal aufweisen. Entsprechend der folgenden Gleichung führt dies zu einer Anhebung (Heterodynverstärkung) des Empfangssignals, so daß wie im Abschn. 23.1 beim Empfängerkonzept mit optischer Vorverstärkung beschrieben, das elektrische Rauschen der Empfängervorstufe in den Hintergrund tritt [93].

$$P = P_{rx} + P_l + 2 \cdot \sqrt{P_{rx} \cdot P_l} \cdot \cos(\omega_{rx} - \omega_l)t \tag{23.28}$$

Dabei bedeuten: P_{rx} die optische Empfangssignalleistung, P_l die Lokallaserleistung und ω_{rx} bzw. ω_l die entsprechenden (optischen) Frequenzen. Der Wechselsignalanteil in P (rechter Anteil in Gl. 23.28) wird durch die Steigerung der LO-Leistung entsprechend angehoben (Heterodynverstärkung), womit eine Annäherung der minimalen Empfangsleistung an die Quantenrauschgrenze möglich ist.

Mittels der Frequenzänderung eines abstimmbaren Lokaloszillatorlasers kann in Analogie zum Rundfunkempfang über eine Vielzahl optischer Kanäle im Empfänger eine hochselektive Auswahl getroffen werden. Nach der Mischung von Empfangssignal und Lokaloszillatorsignal in der Photodiode braucht nur das aus der optischen Differenzfrequenz ($\omega_{rx} - \omega_l$) gebildete elektrische Signal schmalbandig verstärkt werden (entspricht dem herkömmlichen ZF-Filter beim Überlagerungsempfänger). Nach dem Schmalbandverstärker, der die Gleichleistungen P_{rx} und P_l nicht mitverstärkt, wird durch eine Diskriminatorschaltung das digitale Empfangssignal der Empfangsbitfolge gewonnen. Fortgeschrittene Formen des Heterodynempfängers sehen zur Unterdrückung des Lokallaseramplitudenrauschens eine balancierte (balanced) Zweidioden-Detektorempfangsschaltung vor, die das Empfangssignal zweifach sieht, das Lokallasersignal (und sein Amplitudenrauschen) durch Differenzbildung aber herausfallen läßt. Weiterhin werden über aufgeteilte optische Pfade (TE/TM-Splitter) die TE- und TM-Modenanteile des Empfangssignals anfangs separat mit dem LO überlagert (s. auch Abb. 23.22) und nach Heterodynüberlagerung im Detektor im nachfolgenden elektrischen Zwischenfrequenz(ZF)-Teil quadratisch zusammengefügt, womit der optische Heterodynempfänger polarisationsunabhängig wird.

23.8.1 Vergleich: Heterodyn/Homodyn-Empfang vs. Geradeausempfang

Geradeausempfänger (Basisbandempfänger, ohne Mischung bzw. ohne Frequenzkonversion) zeigen ein signalabhängiges Rauschen, da die Rauschleistung hier eine Funktion der optischen Empfangsleistung ist. Überlagerungs- (Heterodyn-) bzw. kohärente Empfänger überlagern das Empfangslicht mit dem Licht des Lokaloszillators (Laser), wobei die Lokallaserleistung sehr viel größer als die Empfangslichtleistung gewählt wird; damit ist die Rauschleistung vorrangig von der Lokaloszillatorleistung abhängig und damit unabhängig vom Signallicht. Dies ist ein Vorteil der Überlagerungsempfänger, die je nach gewählter Zwischenfrequenz (ZF) noch als Homodynempfänger (ZF = 0) und als Heterodynempfänger (ZF: MHz... GHz) ausgeführt werden können [93]. Ihr Signalrauschverhältnis geht für hohe Lokallaserleistungen in Sättigung, nur noch begrenzt durch die Schrotrauschgrenze der Photodiode; der Signalstörabstandsgewinn i.Vgl. zum Geradeausempfänger ist dann besonders hoch. Diese Idealisierungen setzen allerdings einen rauscharmen Lokallaser voraus, der geringes Amplitudenrauschen aufweist und eine hinreichend kleine Linienbreite besitzt. Die Anforderungen an die Linienbreite reichen je nach Modulationsart bis zu 10 kHz herab. Mögliche Gewinne an Störabstand i.Vgl. zum Geradeausempfang können mit 20 dB eingeschätzt werden. Mit Erreichen der Schrotrauschgrenze ist dann auch der Empfindlichkeitsgewinn maximal, der bei pegellimitierten Übertragungsstrecken eine entsprechende Steigerung des Regeneratorabstands erlaubt. Dabei erlauben Homodynsysteme theoretisch (kein Lokallaserphasenrauschen) eine 3 dB höhere Empfindlichkeit als Heterodynsysteme. Ergebnisse zu erreichbaren Empfängerempfindlichkeiten hängen auch stark von der gewählten Modulationsart ab. Genauere Systemvergleiche zu den verschiedenen Modulationsarten (ASK (amplitude shift keying), FSK (frequency shift keying), PSK (phase shift keying), DPSK (differential phase shift keying)) sind z. B. in [93] zu finden.

Eine Alternative zum Heterodynempfang mit der inhärenten hohen Trennschärfe der Kanäle und der guten Empfangsempfindlichkeit besteht heute durch die Verfügbarkeit schmalbandiger optischer Filter im dichten WDM-Empfang (DWDM: dense wavelength division multiplex). Durch den Einsatz von rauscharmen EDFAs mit optischen Schmalbandfiltern wird ebenfalls eine gute Empfangsempfindlichkeit bei hoher Kanaldichte (z. B. 128 Kanäle) erreicht.

23.8.2 OEIC-Technologie eines optischen Heterodynempfängers

Die Vielzahl der Einzelkomponenten eines optischen kohärenten Empfängers läßt Kostenvorteile in der Massenfabrikation im Vergleich zu hybriden Aufbauten erwarten, da bei diesen Aufbauten eine große Anzahl elektrischer und optischer Schnittstellen zwischen den Komponenten reproduzierbar beherrscht werden muß. Daher stellt die monolithische Integration eine Herausforderung für die OEIC-Technologie dar, die aufgrund der Betriebswellenlänge um 1,55 μm vorrangig im InP-basierten Materialsystem zu beantworten ist. Ein besonderes Problem stellt in der Integration die Beherrschung der optischen Rückwirkung auf den Lokallaser dar, da mangels integrierbarer optischer Isolatoren einerseits der Laser selbst hinreichend robust bzgl. seiner Modenstabilität entworfen werden muß, andererseits die optischen Rückwirkungen auf dem OEIC so gering wie möglich gehalten werden müssen. Abbildung 23.22 zeigt eine schematische Darstellung eines optischen Überlagerungsempfänger-OEICs, wie er in [94] realisiert und charakterisiert wurde. Die OEIC-Entwicklung beinhaltet einen Polarisations-Diversity Heterodynempfängerschaltkreis und besteht aus einem 4-Sektions-DBR-

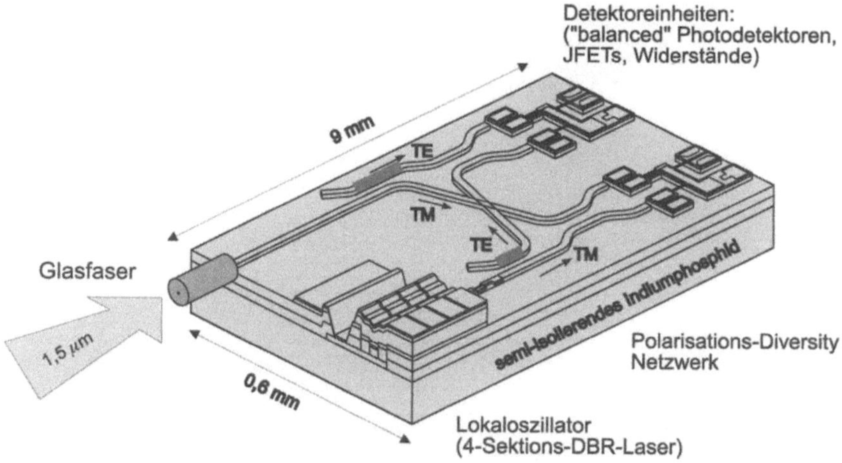

Abb. 23.22. Schematische Darstellung eines optischen Überlagerungsempfänger-OEICs mit Polarisations-Diversity und Balanced Detektor-Stufen [94]

Laser als Lokaloszillator, einem Polarisationsrotator, der die vorwiegende TE-Polarisation des integrierten Lasers in zwei 45°-Komponenten für die später folgende Überlagerung mit dem Empfangssignal dreht, TE/TM-Splittern, Polarisationsfiltern, 3 dB-Kopplern, „balanced"-Photodetektoren und einer Vorverstärkerstufe, bestehend aus JFETs. In dieser Integration sind alle wesentlichen Elemente integrierter Optik wiederzufinden, wie Laser, Wellenleiternetzwerke, Photodetektoren und Elektronik. Das Integrationskonzept sieht dabei vor, alle wesensverschiedenen Elemente ohne entscheidende Qualitätseinbußen zu realisieren. Dies wird u. a. durch die Kombination von MOVPE- und MBE-Epitaxieverfahren der aktiven Schichtenpakete, die unabhängig voneinander optimierbar sind, erreicht. Durch die Ausführung der Detektoren in „balanced"-Form, jeweils noch einmal getrennt für die TE- und die TM-Polarisation des Empfangssignals, wird das Rauschen des Lokaloszillatorlasers wirksam unterdrückt. Die Integration auf semiisolierendem Substrat (InP : Fe) isoliert alle Komponenten voneinander, so daß das elektrische Nebensprechen minimiert wird. Dies wird auch durch die Ausführung der optischen Wellenleiter in Fe-dotierter Semiisolation konsequent fortgesetzt. Die TE/TM-Polarisations-Diversity-Schaltung macht den Empfänger-OEIC unabhängig von der grundsätzlich unbekannten und zeitlich-veränderlich anzunehmenden Polarisation des empfangenen Signallichts. Die JFET-Vorverstärkerstufe verstärkt das bereits im Detektor optisch gebildete Zwischenfrequenzsignal (Differenz aus Signalwellenlänge und Lokallaserwellenlänge) auf der Zwischenfrequenz im GHz-Bereich vor.

Diese Ausführungsform eines optischen Heterodynempfängers mit Polarisations-Diversity-Empfang stellt zum Erscheinungszeitpunkt dieses Handbuches einen der optischen Schaltkreise mit der höchsten Komplexität bzgl. der Anzahl integrierter unterschiedlicher Bauelementfunktionen und des Prozeßumfangs dar. Weitere Ergebnisse sind den Literaturstellen [94] und [95] zu entnehmen.

Spezielle Literatur

[1] *I.V. Kaminow, Th.L. Koch,* (Editors).: Optical Fiber Telecommunications IIIB, Academic Press, San Diego–London (1997)
[2] *G.P. Agrawal:* Fiber-Optic Communication Systems, 2. Auflage, John Wiley & Sons, Inc. New York ... Toronto (1997)
[3] *D.J.H. Maclean:* Optical Line Systems, Transmission Aspects, John Wiley, Chichester (1996)
[4] *H. Beneking:* Praxis des elektronischen Rauschens, B.I. Hochschultaschenbücher-Verlag, 734/734 a – d, Mannheim (1971)

[5] *A. van der Ziel:* Noise in Solid State Devices and Circuits, Wiley-Interscience, New York (1986)
[6] *G. Gronau:* Rauschparameter- und Streuparameter-Meßtechnik, Eine Einführung, Verlagsbuchhandlung Nellissen-Wolff, Aachen, 1992
[7] *R. Müller:* Rauschen, Springer-Verlag Berlin Heidelberg New York (1990) ISBN 3-540-51145-8, 2. Auflage
[8] *R. G. Smith and S. D. Personick:* Receiver Design for Optical Fiber Communication Systems, in Topics in Appl. Phys. Bd. 39, Vol. 33 (1980) 89–160
[9] *K. J. Ebeling:* Integrierte Optoelektronik, Springer-Verlag Berlin Heidelberg New York London Paris Tokyo Hong Kong Barcelona Budapest (1993)
[10] *C. M. Weinert:* Histogram Method for Performance Monitoring of the Optical Channel, Proc. of 26th European Conf. On Optical Communication, ECOC 2000, September 3–7, Munich, Germany, Vol. 4, 121–122
[11] *Tran van Muoi:* Receiver Design for High-Speed Optical-Fiber Systems, J. of Lightwave Technology, LT–2, No. 3, Juni (1984) 243–265
[12] *S. D. Personick:* Receiver Design for Digital Fiber Optic Communication Systems, I, The Bell System Technical J., Vol. 52, No. 6 (1973) 843–874; *S. D. Personick:* Receiver Design for Digital Fiber Optic Communication Systems, II, The Bell System Technical J., Vol. 52, No. 6 (1973) 875–886
[13] *W. Bogner, U. Fischer, E. Gottwald, E. Müllner:* 20 Gbit/s TDM Nonrepeatered Transmission over 198 km DSF using Si-bipolar IC for Demultiplexing and Clock Recovery, 22nd European Conf. on Opt. Com., ECOC '96, Oslo, Proceedings, paper TuD. 3.4, pp. 2203–2206
[14] *M. Makiuchi* and *M. Yano:* Flip-Chip Planar GaInAs/InP p-i-n Photodiodes Analysis of Frequency Response, J. of Lightwave Technology, Vol. 14, No. 1 (1996) 97–103
[15] *Kato, K., Hata, S., Kawano, K., Kozen, A.:* Design of Ultrawide-Band, High-Sensitivity p-i-n Photodetectors, IEICE Trans. Electron., Vol. E76-C No. 2 (1993) 214–221
[16] *Umbach, A., Trommer, D., Siefke, A.* and *Unterbörsch, G.:* 50 GHz Operation of Waveguide Integrated Photodiode at 1.55 μm, Proc. 21nd ECOC (1995), Brussels, post-deadline paper Th. L. 3.8
[17] *Kato, K., Kozen, A., Muramoto, Y., Itaya, Y., Nagatsuma, T.* and *Yaita, M.:* 110-GHz, 50% Efficiency Mushroom-Mesa Waveguide p-i-n Photodiode for a 1.55 μm Wavelength, IEEE Photon. Technol. Letters, Vol. 6, No. 6 (1994) 719–721
[18] photodiodes from Hewlett-Packard, commercially available from BFI IBEXSA / FRG (March 1996)
[19] *K. J. Williams, R. D. Esman* and *M. Dagenais:* Effect of High Space-Charge Fields on the Response of Microwave Photodetectors, IEEE Photon. Technol. Lett., Vol. 6 (1994), p. 639 ff
[20] *Ralph, St. E., Hargis, M. C.* and *Pettit, G. D.:* Large area, low voltage, transit time limited InGaAs metal semiconductor metal photodetectors, Appl. Phys. Lett. 61, 18 (1992) 2222–2224
[21] *E. H. Böttcher, E. Dröge, D. Bimberg, A. Umbach, H. Engel* and *M. Collischon:* Polarization dependence of the response of micrometer and submicrometer InGaAs metal-semiconductor-metal photodetectors, IEEE Photon. Techn. Lett., Vol. 9 (1997) 809–811
[22] *T. P. Pearsall:* Impact Ionization Rates for Electrons and Holes in $Ga_{0,47}In_{0,53}As$, Appl. Phys. Lett., 36 (1980), p. 218 ff
[23] *Campbell, J. C., Dentai, A. G., Holden, W. S., Kasper, B. L.:* High-Performance Avalanche Photodiode with Separate Absorption 'Grading' and Multiplication Regions, Electronics Lett. Vol.19, No.20 (1983) 818–820
[24] *H. K. T. Kimura, Y. Mizushima, K. Kajiyama:* Silicon avalanche photodiodes with low multiplication noise and high speed response, IEEE Trans. Electron Devices, 23 (1976) 1337–1343
[25] *J. Gowar:* Optical Communication Systems, Prentice Hall, New York, zweite Auflage (1993), ISBN 0-13-538727-5
[26] *K. Ogawa:* Noise Caused in GaAs MeSFETs in Optical Receivers, Bell Syst. Techn. J., Vol. 60 (1981) 923–928
[27] *G. Bertuccio, G. De Geronimo, E. Gatti, A. Longoni, J. Ludwig, K. Runge, M. Webel* and *S. Lauxtermann:* About the use of HEMT in front end electronics for radiation detection, Inst. Phys. Conf. Ser. No. 136, Ch. 2 (1994) 111–116
[28] *Tran van Muoi:* Fiber-Optic Transmitter and Receiver Design, Short course 104, Opt. Fiber Conf. OFC '99, Feb 21–26 (1999), San Diego
[29] *J. C. Campbell, H. Nie, C. Lenox, G. Kinsey, P. Yuan, A. L. Holmes, Jr.* and *B.G. Streetman:* High-speed, Low-noise Avalanche Photodiodes, Technical Digest, OFC'2000, Mar 7–10, 2000, Baltimore, Maryland, paper FG1, 114–116
[30] *M. Matloubian, C. Pobanz, D. Docter, M. Case, M. Micovic, C. Nguyen, M. Yu* and *M. Lui:* Submillimeter Wave InP-Based HEMTs with f_{max} over 600 GHz, Ultrafast Electronics and Optoelectronics, Technical Digest, OSA (1999) 2–4
[31] *S. Fujita, T. Suzaki, A. Matsuoka, S. Miyazaki, T. Torikai, T. Nakata, M. Shikada:* High Sensitivity 5 Gbit/s Optical Receiver Module using Si IC and GaInAs APD, Electronics Letters, Vol. 26, No. 3 (1990) 175–176
[32] *H. Hamano, T. Yamamoto, Y. Nishizawa, Y. Oikawa, H. Kuwatsuka, A. Tahara, K. Suzuki, A. Nishimura:* 10 Gbit/s Optical Front End using Si-Bipolar Preamplifier IC, Flipchip APD, and Slant-end Fibre, Electronics Letters, Vol. 27, No. 18 (1991) 1602–1605

[33] *T. Suzaki, M. Soda, H. Tezuka, T. Morikawa, C. Ogawa, H. Takemura, T. Tashiro, S. Fujita* and *K. Emura:* Ten-Gbit/s Optical Receiver with Si Bipolar IC, Proc. 18th ECOC, Vol.1, Sept. 27-Oct. 1 (1992) 597-500
[34] *M. Neuhäuser, H.M. Rein, H. Wernz* and *A. Felder:* 13 Gbit/s Si Bipolar Preamplifier for Optical Front Ends, Electronics Letters, Vol. 29, No. 5 (1993) 492-493
[35] *H. Kitahata, H. Takemura, T. Suzaki, M. Soda, T. Morikawa, H. Tezuka, C. Ogawa, S. Fujita* and *T. Tashiro:* A 15.5 GHz Bandwidth Si-bipolar Preamplifier, IEEE 1992 Bipolar Circuits and Technology Meeting 7.5, BCTM '92, 155-158
[36] *Soda:*, in LEOS-IC '95, IEEE Lasers and Electro-Optics Society, Annual Meeting (1995)
[37] *Y. Miyamoto, K. Hagimoto, M. Ohhata, T. Kagawa, N. Tsuzuki, H. Tsunetsugu* and *I. Nishi:* 10-Gb/s Strained MQW DFB-LD Transmitter Module and Superlattice APD Receiver Module Using GaAs MeSFET IC's, J. Lightwave Technol., Vol. 12, No. 2 (1994) 332-342
[38] *Ikeuchi:*, in LEOS-IC '95, IEEE Lasers and Electro-Optics Society, Annual Meeting (1995)
[39] *Z. Lao, M. Berroth, V. Hurm, A. Thiede, R. Bosch, P. Hofmann, A. Hülsmann, C. Moglestue* and *A. Köhler:* 25 Gb/s AGC Amplifier, 22 GHz Transimpedance Amplifier and 27.7 GHz Limiting Amplifier IC's Using AlGaAs/GaAs-HEMT's, in Dig. Tech. IEEE Int. Solid-State Circuit Conf., (1997) 356–357
[40] *Kobayashi et al., in:* Vol. 129, Gallium Arsenide and Related Compounds 1992: Proceedings of the 19th International Symposium, September 28-October 2 (1992) Karuizawa, Japan Ed.: T. Ikegami; F. Hasegawa;Y. Takeda.
[41] *K. Yamashita, Y. Oikawa, T. Yamamoto, H. Ohnishi, T. Mikawa, H. Hamano:* High-performance 10-Gb/s Optical Receiver using Avalanche Photodiode and Heterojunction Bipolar Transistor IC, paper TuD6, Optical Fiber Conference OFC (1997) 16-17
[42] *R. Ohhira, Y, Amamiya, T. Niwa, N. Nagano, T. Takeuchi, Ch. Kurioka, T. Chuzenji, K. Fukuchi:* A High-sensitivity 40 Gbit/s Optical Receiver using Packaged GaAs HBT-ICs, Optical Fiber Conference OFC '98, Feb. 22–27, San Jose, CA (1998) 155-156
[43] *Suzuki,* Vol. 156, Compound Semiconductors 1997: Proceedings of the IEEE Twenty-Fourth International Symposium on Compound Semiconductors held in San Diego, California, 8-11 September (1997) New Haven, USA, Ed.: M. Melloch, Purdue University, West Lafayette; M.A. Reed, Yale University.
[44] *G. Unterbörsch, A. Umbach, D. Trommer, G.G. Mekonnen:* 70 GHz long-wavelength photodetector, Proc. 23rd Europ. Conf. on Optical Communications (ECOC '97), (Edinburgh, UK), Sept. 22-25, 1997, Conf. publication no. 448 IEE, vol.2, pp. 25-28
[45] *Unterbörsch, G., Trommer, D., Umbach, A.* and *Mekonnen, G. G.:* High-Bandwidth 1.55 µm Waveguide Integrated Photodetector, Proc. 8th Intern Conf. on InP and Rel. Mat., Schwäbisch-Gmünd, Germany, April 21–25 (1996), paper TuP-C15
[46] *T. Ishibashi, S. Kodama, N. Shimizu* and *T. Furuta:* High-Speed Response of Uni-Traveling-Carrier Photodiodes, Jpn. J. Appl. Phys. Vol. 36, Part 1, No. 10, Oct. (1997) 6263–6268
[47] *Taguchi, K.:* InAlGaAs/InAlAs Quaternary Well Superlattice Avalanche Photodiodes (APDs), Proc. 22nd ECOC (1996), Vol. 1, Oslo, Norway, paper MoC.4.3
[48] *N. Shimizu, N. Watanabe, T. Furuta* and *T. Ishibashi:* InP-InGaAs Uni-Traveling-Carrier Photodiode with Improved 3-dB Bandwidth of over 150 GHz, IEEE Photonics Technol. Lett., Vol. 10, No. 3, March (1998) 412–414
[49] *Y. Muramoto, H. Fukano, T. Furuta, Y. Matsuoka:* A Polarization-Independent High-Efficiency Refracting-Facet Uni-Traveling-Carrier Photodiode with a Bandwidth over 50 GHz, Proc. of 26th European Conf. On Optical Communication, ECOC2000, September 3–7, Munich, Germany, Vol. 2, 109-110
[50] *Böttcher, E.H., Bimberg, D.:* Millimeter Wave Distributed Metal-Semiconductor-Metal Photodetectors Appl. Phys. Lett. 66, No.26 (1995) 3648-3650
[51] *Mysoor, N.R., Vang, T.A., Forouhar, S., Lin, L.Y.* and *Wu, M.C.:* High Power Photodetectors for Space Communications Applications, IEEE/LEOS Summer Topical Meeting (Digest, (1995), Keystone Resort, Colorado, USA, session RF optoelectronics, pp. 23–24
[52] *S. Chandrasekhar, L.M. Lunardi, R.A. Hamm* and *G.J. Qua:* Eight-Channel p-i-n/HBT Monolithic Receiver Array at 2.5 Gb/s per Channel for WDM Applications, Proc. of 6th Int. Conf. on InP and Rel. Materials, March 27-31 (1994) paper TuB2, pp. 243-246
[53] *Th. T. Y. Wong:* Fundamentals of Distributed Amplification, Artech House Boston London (1993) 239-241
[54] *K.B. Niclas* and *B.A. Tucker:* On Noise in Distributed Amplifiers at Microwave Frequencies, IEEE Transactions on Microwave Theory and Techniques, Vol. MTT–31, No. 8, August (1983) 661–668
[55] *Bach, H.-G., Umbach, A., Unterbörsch, G., Passenberg, W., Mekonnen, G.G., Schlaak, W., Schramm, C., Ebert, W., Wolfram, P., van Waasen, S., Bertenburg, R.M., Janssen, G., Reuter, R., Auer, U., Tegude, F.J.:* Ultrafast GaInAs/AlInAs/InP Photoreceiver Based on Waveguide Architecture, Proc. 22nd ECOC, Sept. 15–19 Oslo, Norway (1996), paper MoC.4.2
[56] *H.-G. Bach, W. Schlaak, G.G. Mekonnen, A. Seeger, R. Steingrüber, C. Schramm, G. Jacumeit, R. Ziegler, A. Umbach, G. Unterbörsch, W. Passenberg, W. Ebert, Th. Eckhardt:* InP-based pinTWA photoreceivers with low group delay scatter over 40 GHz bandwidth, Technical Digest, OFC '2000, Mar 7–10, 2000, Baltimore, Maryland, paper FG4, pp. 123–125

[57] *G. Unterbörsch, Th. Engel, D. Rohde, M. Rohde, D. Bimberg, G. Großkopf:* Hybrid and monolithic integrated optic/millimeter-wave converters for 60 GHz radio-over-fiber systems, Technical Digest, OFC '99/IOOC, Feb 21–26, 1999, San Diego, paper TuI8, pp. 117–119

[58] *H.-M. Rein:* Si and SiGe Bipolar ICs for 10 to 40 Gb/s Optical-Fiber TDM Links, Int. J. of High Speed Electronics and Systems, Vol. 9, No. 2 (1998) 1–37

[59] *T. Otsuji, E. Sano* and *Y. Ishii:* InP Microelectronics for High Bit Rate Transmissions, Proceedings, 25th ECOC, Nice, Sept. 26–30 (1999), pp. II.154–156

[60] *Y. Umeda, T. Enoki, K. Osafune, H. Ito* and *Y. Ishii:* InAlAs/InGaAs/InP-HEMT Technologies for High-Yield Analog/Digital ICs, IEEE Microwave and Millimeter-Wave Monolithic Circuits Symposium (1996), paper VI-5, pp. 115–118

[61] *P. Fay, W. Wohlmuth, C. Caneau, S. Chandrasekhar* and *I. Adesida:* Digital Performance of High-Speed MSM-HEMT Monolithically Integrated Photoreceivers, Int. Conf. on InP and Related Materials, Massachusetts, USA (1997), paper TuF2, pp. 475–478

[62] *M. Bitter, R. Bauknecht, W. Hunziker* and *H. Melchior:* Monolithically Integrated 40-Gb/s InP/InGaAs PIN/HBT Optical Receiver Module, 11th Int. Conf. on InP and Rel. Materials, 16–20 May 1999, Davos, Switzerland, Proceedings: paper WeA1, pp. 381–384

[63] *A. Umbach, Th. Engel, H.-G. Bach, S.v. Waasen, E. Dröge, A. Strittmatter, W. Ebert, W. Passenberg, R. Steingrüber, W. Schlaak, G.G. Mekonnen, G. Unterbörsch, D. Bimberg:* Technology of InP-Based 1.55 μm Ultrafast OEMMICs: 40 Gbit/s Broadband and 38/60 GHz Narrow-Band Photoreceivers, IEEE J. of Quantum Electronics, Vol. 35, No. 7 (1999) 1024–1031

[64] *C.L. Schow, J.D. Schaub, R. Li* and *J.C: Campbell:* A Monolithically Integrated 1-Gb/s Silicon Photoreceiver, IEEE Photonics Technol. Letters, Vol. 11, No. 1 (1999) 120–121

[65] *V. Hurm, J. Rosenzweig, M. Ludwig, W. Benz, M. Berroth, A. Huelsmann, G. Kaufel, K. Koehler, B. Raynor, J. Schneider:* 8.2 GHz Bandwidth Monolithic Integrated Optoelectronic Receiver using MSM Photodiode and 0.5 μm Recessed-gate AlGaAs/GaAs HEMTs, Electronics Letters, Vol. 27, No. 9 (1991) 734–735

[66] *J. Shimizu, T. Suzaki, T. Terakado, S. Fujita, K. Kasahara, T. Itoh, A. Suzuki:* High Sensitivity, High Gain, Long Wavelength OEIC Receiver with Monolithically Integrated Three-stage Preamplifier, Electronics Letters, Vol. 26, No. 12 (1990) 824–825

[67] *N. Uchida, Y. Akahori, M. Ikeda, A. Kohzen, J. Yoshida, T. Kokubun* and *K. Sato:* A 622 Mb/s High-Sensitivity Monolithic InGaAs-InP pin-FET Receiver OEIC Employing a Cascode Preamplifier, IEEE Photonics Technol. Letters, Vol. 3, No. 6 (1991) 540–542

[68] *M. Blaser, H. Melchior:* High-performance Monolithically Integrated $In_{0.53}Ga_{0.47}As/InP$ p-i-n/JFET Optical Receiver Front-end with Adaptive Feedback Control, Photonics Technol. Letters, Vol. 4, No. 11 (1992) 1244–1247

[69] *D. Römer, Ch. Lauterbach, L. Hoffmann, J. W. Walter, H. Huber* and *G. Ebbinghaus:* 700 Mb/s Monolithically Integrated Four-Channel Receiver Array OEIC Using Ion-Implanted InGaAs JFET Technology, IEEE Photonics Technol. Letters, Vol. 7, No. 5 (1995) 543–545

[70] *W. Kuebart, J.-H. Reemtsma, D. Kaiser, H. Grosskopf, F. Besca, G. Luz, W. Körber* and *I. Gyuro:* High Sensitivity InP-based Monolithically Integrated pin-HEMT Receiver-OEIC's for 10 Gb/s, IEEE Trans. ED, Vol. 43, No. 9 (1995) 2334–2341

[71] *H.-G. Bach, A. Umbach, S. van Waasen, R.M. Bertenburg, G. Unterbörsch:* Ultrafast monolithically integrated InP-based photoreceiver: OEIC-design, fabrication, and system application, Special Issue of IEEE Journal of Selected Topics in Quantum Electronics on Integrated Optics (JSTQE), Vol. 2, No. 2, (1996) 418–423.

[72] *K. Takahata, Y. Muramoto, Y. Akatsu, Y. Akahori, A. Kozen* and *Y. Itaya:* 10-Gb/s Two-Channel Monolithic Photoreceiver Array Using Waveguide p-i-n PD's and HEMT's, IEEE Photonics Technol. Letters, Vol. 8, No. 4 (1996) 563–565

[73] *H. Yano, M. Murata, G. Sasaki, H. Hayashi:* A High-speed Eight-channel Optoelectronic Integrated Receiver Array Comprising GaInAs p-i-n PD's and AlInAs/GaInAs HEMT's, J. Lightwave Tecnol., Vol. 10, No. 7 (1992) 933–937

[74] *P.R. Berger, N.K. Dutta, D.A. Humphrey, P.R. Smith, S.-J. Wang, R.K. Montgomery, D. Sivco* and *A.Y. Cho:* 1.0 GHz Monolithic p-i-n MODFET Photoreceiver Using Molecular Beam Epitaxial Regrowth, IEEE Photonics Technol. Letters, Vol. 4, No. 8 (1992) 891–894

[75] *L.M. Lunardi, S. Chandrasekhar, A.H. Gnauck, C.A. Burrus* and *R.A. Hamm:* 20-Gb/s Monolithic p-i-n/HBT Photoreceiver Module for 1.55 μm Applications, IEEE Photonics Technol. Letters, Vol. 7, No. 10 (1995) 1201–1203

[76] *L.D. Garrett, S. Chandrasekhar, J.L. Zyskind, J.W. Sulhoff, A.G. Dentai, C.A. Burrus, L.M. Lunardi* and *R.M. Derosier:* Performance of Eight-channel OEIC p-i-n/HBT Receiver Array in 8×2.5 Gb/s WDM Transmission Systems, J. Lightwave Technol., Vol. 15, No. 5 (1997) 827–832

[77] *K. Yang, A.L. Gutierrez-Aitken, X. Zhang, G.I. Haddad* and *P. Bhattacharya:* Design, Modeling, and Characterization of Monolithically Integrated InP-based (1.55 μm) High-speed (24 Gb/s) p-i-n/HBT Front-end Photoreceivers, J. Lightwave Technol., Vol. 14, No. 8 (1996) 1831–1839

[78] *K.C. Syao, K. Yang, A.L. Gutierrez-Aitken, X. Zhang, G.I. Haddad, P. Bhattacharya:* 16-channel Monolithically Integrated InP-based p-i-n/HBT Photoreceiver Array with 11-GHz Channel Bandwidth and Low Crosstalk, Technical Digest, Optical Fiber Conference (OFC '97), paper TuD5 (1997) 15–16

[79] *D.P. Seraphim, R.C. Lasky* and *Che-Yu Li* (Eds): Principles of Electronic Packaging, McGraw-Hill Book Company, New York...Toronto (1990)

[80] *J.E. Morris*, Editor: Electronics Packaging Forum, Volume one, Volume two, Van Nostrand Reinhold, New York (1990)

[81] *Tummala* and *Rymaszewski*, Ed. „Microelectronics Packaging Handbook", Van Nostrand (1989)

[82] *A. Umbach, D. Trommer, R. Steingrüber, A. Seeger, W. Ebert, G. Unterbörsch:* Ultrafast, High-power 1.55 μm Side-illuminated Photodetector with Integrated Spot Size Converter, Technical Digest, OFC '2000, Mar 7–10, 2000, Baltimore, Maryland, paper FG2, 117–119

[83] *P.O. Haugsjaa:* Packaging of Optoelectronic Components, (Foster-Miller, Inc.), Short Course 133, 25th OFC, Optical Fiber Conference, March 5–10 (2000), Baltimore, USA

[84] *S. Mino, K. Yoshino, Y. Yamada, T. Terui, M. Yasu* and *K. Moriwaki:* Planar Lightwave Circuit Platform with Coplanar Waveguide for Opto-electronic Hybrid Integration, J. Lightwave Technol., Vol. 13, No. 12 (1995) 2320–2326

[85] *Ch. Hentschel, E. Müller, E. Leckel:* EDFA Noise Figure Measurements-Comparison between Optical and Electrical Techniques, in: The 1994 High-Speed & Fibre-Optic Component Design and Test Symposium, Hewlett-Packard Company (1994)

[86] *F.F. Rühl, R.W. Ayre:* Explicit Expressions for the Receiver Sensitivity and System Penalties of Optically Preamplified Direct-detection Systems, IEEE Photonics Technol. Letters, Vol. 5, No. 3 (1993) 328–331

[87] *Y.K. Park* and *S.W. Granlund:* J. Opt. Fiber Technology: Materials, Devices, and Systems, Vol. 1, No. 1 (1994) 59–71

[88] *J. Shmulovich, A.J. Bruce, G. Lenz, P.B. Hansen, T.N. Nielsen, D.J. Muehlner, G.A. Bogert, I. Brener, E.J. Laskowski, A. Paunescu, I. Ryazansky, D.C. Jacobson* and *A.E. White:* Integrated planar waveguide amplifier with 15 dB net gain at 1550 nm, Technical Digest, OFC '99 / IOOC, San Diego, Feb 21–26 (1999), paper PD42, pp. PD42-1–PD42-3

[89] *B. Sartorius, C. Bornholdt, O. Brox, U. Feiste* and *M. Möhrle:* Towards the all-optical 3R regenerator: performance of the optical clock, Proc. of ECOC '99, II 264–265, paper ThA2-4, 26–30 September 1999, Nice, France

[90] *A.A. Ketterson, M. Tong, J.-W. Seo, K. Nummila, J.J. Morikuni, S.-M. Kang, I. Adesida:* A High-performance AlGaAs/InGaAs/GaAs Pseudomorphic MODFET-based Monolithic Optoelectronic Receiver, IEEE Photonics Technol. Letters, Vol. 4, No. 1 (1992) 73–76

[91] *Zhigong Wang:* Monolithisch-Integrierte Silizium-Bipolar-Schaltungen zur Taktrückgewinnung bei Datenraten von mehreren Gbit/s, Dissertation, Ruhr Universität Bochum, Schriftenreihe des Instituts für Elektronik der RUB, Heft Nr. 902/1, Bochum 1990

[92] *M. Yoneyama, A. Sano, T. Kataoka, A. Hirano, T. Otsuji, K. Sato, H. Miyazawa* and *K. Hagimoto:* 40 Gbit/s Optical Repeater Circuit Using InAlAs/InGaAs HEMT Digital IC Modules, Electronics Letters, Vol. 33, No. 23 (1997) 1977–1978

[93] *J. Franz:* Optische Übertragungssysteme mit Überlagerungsempfang, Springer-Verlag Berlin Heidelberg New York London Paris Tokyo (1988)

[94] *R. Kaiser, D. Trommer, H. Heidrich, F. Fidorra, M. Hamacher:* Heterodyne Receiver PICs as the First Monolithically Integrated Tunable Receivers for OFDM System Applications, Optical and Quantum Electronics, Vol. 28 (1996) 565–573

[95] *H. Heidrich:* Photonic Integrated Receivers/Transceivers for OFDM Systems, in Proc. 10th Internat. Conf. on Integrated Optics and Optical Fibre Communications (IOOC'95), 26.–30. 6 (1995), Hongkong, Vol. 2, pp. 58–59

[96] *J. Braunstein, P.J. Tasker, A. Hülsmann, M. Schlechtweg, K. Köhler, W. Bronner* and *W. Haydl:* Very Broadband Distributed Amplifier to 75 GHz, Electronics Letters, Vol. 29, No. 10 (1993) 851–852

Photonische Kommunikationsnetze 24

H. R. van As, N. Hanik

Allgemeine Literatur
H. W. Barz, Kommunikation und Computernetze, Hanser Verlag, 1995. – *M. Burke, W. P. Kowalk.*, *Rechnernetze, Konzepte u. Techniken der Datenübertragung*, Teubner Verlag, 1994. – *G. Grau, W. Freude*, Optische Nachrichtentechnik. Springer Verlag, Berlin, 1991. – *E. Herter, M. Graf*, Optische Nachrichtentechnik, Hanser Verlag, 1994. – *V. Jung, H.-J. Warnecke*, Handbuch für die Telekommunikation, Springer Verlag, 1998. – *H. Orlamünder*, High-Speed-Netze – Kommunikationsinfrastruktur der Zukunft: Internet, ATM, Multimedia, Hüthig-Verlag, 2000. – *A. S. Tanenbaum*, Computernetzwerke, Prentice Hall, 1997.

24.1 Entwicklung der optischen Übertragungstechnik

Bis vor ca. 30 Jahren war die optische Nachrichtenübertragung ein unbedeutendes Randgebiet der Telekommunikation. Kommerzielle Systeme zur Nachrichtenübertragung nutzten ausschließlich elektrische Signale bzw. elektromagnetische Wellen im kHz- bis in den GHz-Bereich. Ursache dafür war die in mehr als 100-jähriger Entwicklung ausgereifte Technik der elektrischen Sende- und Empfangseinrichtungen, die Verfügbarkeit geeigneter Übertragungsmedien (Zweidrahtleitungen, Koaxialkabel, drahtlose Übertragungssysteme) und die dafür geeigneten Modulationsverfahren. Demgegenüber sind optische Sende- und Empfangseinrichtungen bzw. dämpfungsarme Glasfasern erst seit den Siebziger Jahren verfügbar. Die optische Übertragungstechnik konnte daher auf ein breites Wissen über verschiedenste Modulations- und Multiplexverfahren zurückgreifen, die im folgenden kurz beschrieben werden.

Allgemein bedeutet eine Modulation stets eine Signalumwandlung. Dieser Signalumwandlung können verschiedene Ziele zugrunde liegen.

- Eine Anpassung des Signalspektrums an den zur Verfügung stehenden Übertragungskanal. Zum Beispiel hängt die Größe einer Antenne direkt von der abzustrahlenden bzw. zu empfangenden Trägerfrequenz ab. Bei optischen Übertragungssystemen über Single-Mode-Fasern liegen die Bereiche minimaler Faserdämpfung bei 1,3 µm bzw. 1,55 µm. Sollen diese Übertragungsmedien sinnvoll genutzt werden, ist eine Transformation des Nutzsignalspektrums in eine günstige Frequenzlage unbedingt erforderlich.
- Mehrfachnutzung des Übertragungskanals durch geeignete Multiplexbildung. Im allgemeinen ist die Bandbreite eines zu transportierenden Nutzsignals sehr viel geringer als die nutzbare Bandbreite des Übertragungskanals. Durch geeignete Multiplex- und Demultiplexbildung können Übertragungswege mehrfach genutzt und so teure Installationskosten vermieden werden. Bezüglich der Multiplexbildung werden drei Arten unterschieden.

1. *Frequenzmultiplex*. Hier wird jedem Kanal ein Frequenzband zugewiesen, auf den das Nutzsignal durch Modulation einer geeigneten Trägerfrequenz transformiert wird. Die Information verschiedener Kanäle wird gleichzeitig, aber in verschiedenen, getrennten Frequenzbändern übertragen. Beispielhaft konnten in der analogen Trägerfrequenztechnik 10 800 Fernsprechkanäle innerhalb einer Bandbreite von 60 MHz übertragen werden. Als Modulationsverfahren diente hier Einseitenband-Amplitudenmodulation, um die verfügbare Übertragungsbandbreite optimal zu nutzen. In modernen Telekommunikationssystemen werden jedoch wegen der Regenerierbarkeit dieser Signalklasse trotz des höheren Bandbreitebedarfs über-

wiegend digitale Signalformate verwendet. In Monomode-Glasfasern steht eine nutzbare Bandbreite von mehreren Tera-Hertz (1 THz = 10^{12} Hz) zur Verfügung, die im Frequenzmultiplex genutzt werden kann.

2. *Zeitmultiplex.* Hier wird jedem Nutzkanal periodisch ein Zeitintervall zugeordnet. Verschiedene Nutzsignale werden im selben Frequenzspektrum, jedoch zu unterschiedlichen Zeiten übertragen. Als Datenquellen werden in der Telekommunikation ausschließlich digitale Signale verwendet. Als Modulationsverfahren dient dabei die Pulscodemodulation. Hier wird das Nutzsignal in äquidistanten Zeitabständen abgetastet. Die so erhaltenen Amplitudenwerte werden quantisiert, d. h. einem vorgegebenen Raster von Werten im Sinne des kleinsten absoluten Fehlers zugeordnet. Abschließend werden diese quantisierten Werte binär codiert. Durch die binäre Darstellung der Information und mit Hilfe der Zeitmultiplextechnik können sehr hochratige Bitströme erzeugt werden. Z. B. werden in der sog. Plesiochronen Digitalen Hierarchie (PDH) 7680 Sprachkanäle in einem Bitstrom von 565 Mbit/s im Zeitmultiplex zusammengefasst. In der heute überwiegend verwendeten Synchronen Digitalen Hierarchie (SDH) werden Datenströme bis zu 10 Gbit/s erzeugt. Diese extrem breitbandigen Signale können ausschließlich optisch übertragen werden, da kein anderes Medium eine genügend hohe Bandbreite aufweist.
3. *Funktionenmultiplex.* Bei diesem Multiplexverfahren wird jedem Kanal eine zu den anderen Kanälen orthogonale Trägerfunktion zugeordnet. Hier geschieht die Signalübertragung sämtlicher Kanäle zur selben Zeit und in demselben Frequenzbereich. Zur Kanaltrennung wird die Orthogonalität der Träger genutzt, nämlich die Eigenschaft, dass das Produkt zweier orthogonaler Träger, über eine Periode integriert, null ergibt. In der optischen Nachrichtentechnik werden digitale orthogonale Codes verwendet, denen die einzelnen Nutzsignale zunächst aufmoduliert werden. Anschließend werden sämtliche derart vormodulierte Nutzsignale auf demselben optischen Träger übertragen. In der optischen Nachrichtentechnik bezeichnet man dieses Verfahren als optisches CDMA (Code Division Multiple Access).

Heute wird die leitungsgebundene Kommunikationstechnik aufgrund der überragenden Eigenschaften des Übertragungsmediums Glasfaser durchgehend optisch realisiert. Wegen der späten Entwicklung der optischen Übertragungstechnik profitiert die Optik von den vielfältigen Ergebnissen der elektrischen Nachrichtentechnik. In der optischen Telekommunikation wird zur Zeit fast ausschließlich die Lichtleistungs- oder Intensitätsmodulation optischer Träger eingesetzt. Der Empfang erfolgt hier auf einfache Weise durch optische Kanaltrennung und Detektion der Lichtleistung in einer Photodiode (Intensity Modulation and Direct Detection, IM/DD). In den 80er Jahren wurde, als Analogon zum elektrischen Überlagerungsempfänger, der optische Überlagerungsempfang intensiv untersucht [1]. Obwohl diese kohärenten Systeme bezüglich der erzielbaren Empfindlichkeit und der Übertragungskapazität intensitätsmodulierten Systemen mit Direktempfang überlegen sind, haben sie sich bisher wegen ihrer komplexen Struktur sowie aufgrund der hohen Anforderungen an die verwendeten Komponenten nicht durchgesetzt.

24.2 Modulationsverfahren der optischen Übertragungstechnik

Wie bei elektrischen Trägerfrequenzen, die im Bereich von einigen kHz bis zu einigen GHz liegen, kann auch bei Verwendung von Licht als Träger eine Vielzahl von Modulationsverfahren eingesetzt werden. Als Übertragungsmedium haben sich Monomode-Glasfasern weltweit bewährt. Im dritten optischen Fenster um 1,5 µm steht zwischen 1,45 µm und 1,65 µm eine Bandbreite von 25 THz ($25 \cdot 10^{12}$ Hz) für die Nachrichtenübertragung zur Verfügung. Zur Erzeugung einer optischen Trägerwelle werden Halbleiterlaser eingesetzt, die Umwandlung des empfangenen modulierten Lichts in elektrische Signale erfolgt in Photodioden. Zur optischen Verstärkung der Lichtwellen wird der Effekt der stimulierten Emission in Halbleiterlaserverstärkern, Erbium-Faserverstärkern sowie Thulium-Faserverstärkern verwendet. In diesem Kapitel werden die in der optischen Nachrichtentechnik eingesetzten Modulationsverfahren mathematisch beschrieben und ihre Leistungsfähigkeit verglichen.

Das elektrische Feld $\underline{E}(t)$ einer Lichtwelle kann allgemein durch

$$\underline{E}(t) = A(t) \cdot e^{j(\omega_T t + \varphi(t))} \qquad (24.1)$$

beschrieben werden. $\underline{E}(t)$ ist hier eine skalare Größe, d.h. es wird vereinfachend linear polarisiertes Licht angenommen. Als Variablen, die im Sinne der zu übertragenden Information moduliert werden können, stehen die Amplitude (oder die Lichtleistung) sowie die Phase bzw. die Frequenz des Lichtträgers zur Verfügung. Sämtliche Modulationsverfahren wurden seit ca. 1980 intensiv theoretisch und experimentell untersucht. Das am einfachsten realisierbare Modulationsverfahren ist die Intensitäts- oder Lichtleistungsmodulation. Hier wird die Nutzinformation der Leistung des Lichtträgers eingeprägt. Die Demodulation erfolgt durch eine Detektion der empfangenen Lichtleistung in einer Photodiode. Für den Empfang phasen- bzw. frequenzmodulierter Signale werden bevorzugt kohärente Verfahren verwendet. Hier wird der modulierte Lichtträger in Überlagerungsempfängern entweder direkt ins Basisband (sog. Homodynempfang) oder auf eine Zwischenfrequenz im GHz-Bereich (Heterodynempfang) transformiert, wo die Demodulation mit aus der Mikrowellentechnik bekannten Verfahren erfolgt. Die Nutzsignalinformation liegt in der optischen Nachrichtentechnik bisher durchgehend binär codiert vor. In den folgenden Auswertungen wird daher ein binäres Datensignal zugrundegelegt. In einer Vielzahl wissenschaftlicher Veröffentlichungen wird jedoch auch die Übertragung mehrstufiger digitaler Signale sowie analoger Signale diskutiert [10], die eine effektivere Nutzung der optischen Bandbreite ermöglichen.

24.2.1 Mathematische Beschreibung modulierter optischer Signale

Das binäre Nutzsignal $q(t)$ wird folgendermaßen dargestellt:

$$q(t) = \sum_{i=-\infty}^{\infty} q_i \cdot g(t - iT). \qquad (24.2)$$

Die Amplitudenkoeffizienten $q_i \in [0, 1]$ repräsentieren die binären Daten. Das Datensignal setzt sich aus einer Folge von Grundimpulsen $g(t)$ im Abstand der Bitdauer T zusammen. $q(t)$ moduliert nun die komplexe Amplitude $\underline{a}(t)$ eines optischen Trägers gemäß

$$\underline{E}(t) = A_0(t) \cdot \underline{a}(t) \cdot e^{j(\omega_T t + \varphi_0)} \qquad (24.3)$$

In der komplexen, normierten Amplitude $\underline{a}(t)$ ist die gesamte Modulation des Trägers berücksichtigt. Im Falle der Intensitätsmodulation erhält man für $\underline{a}(t)$:

$$\text{IM:}\ \underline{a}(t) = \sqrt{\sum_{i=-\infty}^{\infty} q_i \cdot g(t - iT)} \cdot e^{j\varphi_{\mathrm{Chirp}}(t)}. \qquad (24.4)$$

Intensitätsmodulation wirkt nichtlinear (über eine Quadratwurzelfunktion) auf die Trägeramplitude. Modulation der Lichtamplitude (Amplitude Shift Keying, ASK) führt dagegen zu

$$\text{ASK:}\ \underline{a}(t) = \sum_{i=-\infty}^{\infty} q_i \cdot g(t - iT). \qquad (24.5)$$

Intensitätsmodulation kann direkt durch Modulation der Ausgangsleistung des Sendelasers erfolgen. Hierbei wird der Injektionsstrom des Lasers im Sinne der binären Daten um einen Arbeitspunkt variiert. Im linearen Bereich des Lasers ist dessen Ausgangsleistung dem Injektionsstrom proportional. Direktmodulation des Lasers erzeugt jedoch neben der gewünschten Intensitätsmodulation auch eine im allgemeinen unerwünschte Phasenmodulation $\varphi_{\mathrm{Chirp}}(t)$ des optischen Trägers, da der Brechungsindex der wellenführenden Schicht des Lasers ebenfalls vom anliegenden Injektionsstrom moduliert wird. Der daraus resultierende Frequenz-Chirp wirkt sich bei hohen Datenraten im Gbit/s-Bereich negativ auf die Übertragungseigenschaften aus. In diesem Bereich werden daher externe Modulatoren (Mach-Zehnder- bzw. Elektroabsorptionsmodulatoren) bevorzugt, mit denen eine parasitäre Frequenzmodulation vermieden werden kann. Im Falle der kohärent detektierten ASK kommen wegen der hier geforderten Phasenstabilität ausschließlich externe Modulatoren in Frage.

Für binäre Phasenmodulation (Phase Shift Keying, PSK) gilt:

$$\text{PSK:}\ \underline{a}(t) = e^{j\varphi(t)} = e^{j\sum_{i=-\infty}^{\infty} \pi \cdot [1 - q_i] \cdot g(t - iT)}. \qquad (24.6)$$

Binäre Phasenmodulation wird ebenfalls durch externe Modulatoren erzeugt. Hier wird die Eigenschaft bestimmter Materialien (z.B. $LiNbO_3$) genutzt, ihren Brechungsindex (und damit die optische Weglänge) bei Anlegen einer elektrischen Spannung zu verändern. Die Amplitude des Signals bleibt dabei konstant.

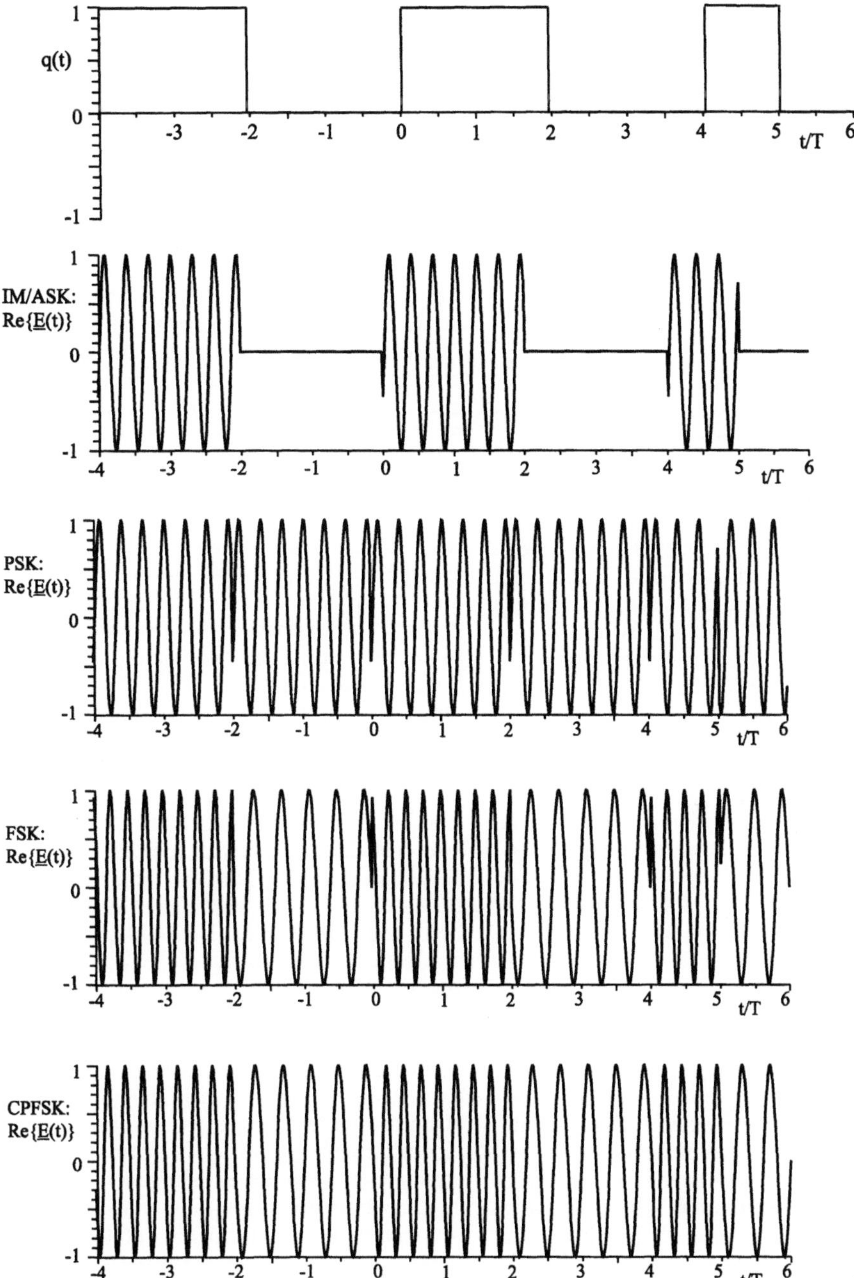

Abb. 24.1. Optische Sendesignale E(t) der betrachteten Modulationsverfahren.

Bei binärer Frequenzmodulation sind zwei Fälle zu unterscheiden: Die durch Umschalten zwischen zwei, auf leicht unterschiedlichen Frequenzen betriebenen, Sendelasern erzeugte ‚harte' Frequenzmodulation (Frequency Shift Keying, FSK), bei der im allgemeinen Phasensprünge zwischen benachbarten Datenbits entstehen, sowie eine Frequenzmodulation mit kontinuierlicher Phase (Continuous Phase Frequency Shift Keying, CPFSK), die durch Modulation der Sendefrequenz eines Lasers erzeugt werden kann. Für die komplexe Amplitude ergibt sich hier:

$$\text{FSK: } \underline{a}(t) = \sum_{i=-\infty}^{\infty} q_i \cdot g(t-iT) \cdot e^{-j(2\pi \cdot \Delta f \cdot t - \varphi_1)} + \sum_{i=-\infty}^{\infty} [1-q_i] \cdot g(t-iT) \cdot e^{j(2\pi \cdot \Delta f \cdot t + \varphi_2)}, \tag{24.7}$$

$$\text{CPFSK: } \underline{a}(t) = e^{j\varphi(t)} = e^{j \cdot 2\pi \cdot \Delta f \cdot \sum_{i=-\infty}^{\infty} \int_{-\infty}^{t} [2q_i - 1] \cdot g(\tau - iT) d\tau}. \tag{24.8}$$

Die Abweichung der Augenblicksfrequenz des modulierten Signals von der Trägerfrequenz wird durch den Frequenzhub Δf der Frequenzmodulation festgelegt.

Die hier beschriebenen Modulationsverfahren sind in der Abbildung 24.1 dargestellt. Zur besseren Anschaulichkeit wurde ein rechteckförmiger Modulations-Grundimpuls $g(t)$ angenommen. Dargestellt ist das binäre Datensignal $q(t)$ sowie der Realteil der modulierten Trägersignale der betrachteten Modulationsverfahren. Zur besseren Darstellung der jeweiligen Modulation wurde eine fiktive Trägerfrequenz von $f_T = 3{,}25/T$ verwendet. Bei einer Trägerwellenlänge von 1,55 µm würden real in einem Bit eines 10 Gbit/s Datensignals ca. $2 \cdot 10^4$ Trägerschwingungen liegen.

24.2.2 Leistungsfähigkeit der optischen Modulationsverfahren

Bei einer Bewertung verschiedener Modulationsverfahren hinsichtlich der, unter vorgegebenen Betriebsbedingungen, erzielten Übertragungsqualität sind stets die Art des Empfängers sowie das verwendete Demodulationsverfahren mit einzubeziehen. Ein gebräuchliches Maß zur Bewertung der Übertragungsqualität bei digitaler Übertragung ist die mittlere Bitfehlerhäufigkeit (Bit Error Ratio, BER). Bei optischen Systemen unterscheidet man zwischen Direkt- und Überlagerungsempfang.

24.2.3 Direktempfang

Im Direktempfänger wird die empfangene Leistung der modulierten Lichtwelle über eine Photodiode direkt in einen elektrischen Strom umgesetzt, der das digitale Datensignal im Basisband repräsentiert. Da sämtliche Phasen- und Frequenzinformation bei der Detektion der Lichtleistung verloren geht, ist dieser Empfänger nur bei Modulation der Lichtleistung verwendbar (Frequenz- bzw. Phasenmodulation optischer Signale kann durch geeignete optische Vorverarbeitung ebenfalls in eine Lichtleistungsmodulation umgewandelt werden). Die prinzipielle Struktur eines Direktempfängers zeigt Abb. 24.2.

Zum Vergleich verschiedener Modulationsverfahren wird eine ideale Modulation sowie störungsfreie Datenübertragung zwischen Sender und Empfänger angenommen. Störungen des Datensignals erfolgen somit lediglich durch Rauschen im Empfänger (oder in einem optischen Vorverstärker) sowie durch Rauscheffekte der Photodiode, wobei hier das Schrotrauschen den maßgeblichen Effekt liefert. Vergleichskriterium ist die Systemempfindlichkeit, bestimmt durch die minimale Empfangslichtleistung, die zum Erreichen einer vorgegebenen Bitfehlerhäufigkeit erforderlich ist. Meist wird hier eine BER von 10^{-9} zugrundegelegt, d.h. bei einer Milliarde Datenbits wird im zeitlichen Mittel eines falsch detektiert. Der Detektionsmechanismus im Empfänger vollzieht sich hierbei folgendermaßen: Zunächst wird aus dem empfangenen Bitstrom der Bittakt extrahiert. Diese Taktextraktion wird bei den folgenden Betrachtungen stets ideal angenommen. Ein Entscheider vergleicht anschließend jeweils in Bitmitte den empfangenen Amplitudenwert $I(t)$ mit einer vorgegebenen Schwelle I_D und entscheidet so, ob der empfangenen Amplitude eine gesendete Eins oder eine gesendete Null zugrunde liegt. Aufgrund des dem Datensignal überlagerten Rauschens besteht hier jedoch die Möglichkeit einer falschen Entscheidung. Ein Bitfehler im Falle einer gesendeten

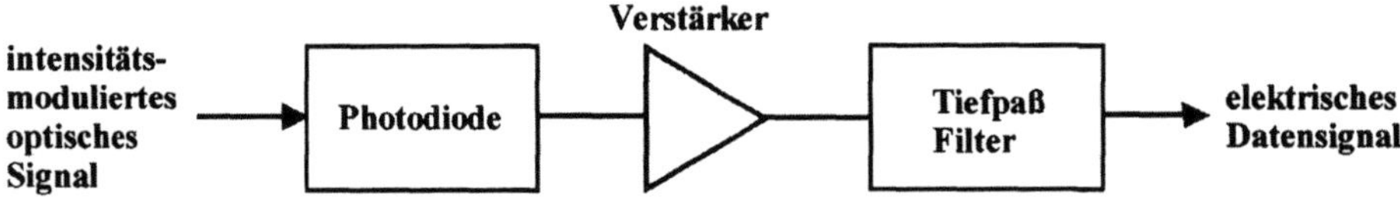

Abb. 24.2. Direktempfänger

Eins tritt auf, wenn das Datensignal I_1 im Abtastzeitpunkt wegen des überlagerten Rauschens die vorgegebene Schwelle unterschreitet, obwohl im ungestörten Fall die maximale Amplitude empfangen werden würde. Im umgekehrten Fall entsteht ein Bitfehler, wenn bei einer gesendeten Null im Abtastzeitpunkt gilt: $I_0 > I_D$. Die BER wird daher definiert zu:

$$\mathrm{BER} = \mathrm{P}(1) \cdot \mathrm{P}(0|1) + \mathrm{P}(0) \cdot \mathrm{P}(1|0). \tag{24.9}$$

Hier bezeichnet P(1) bzw. P(0) die Wahrscheinlichkeit, dass eine binäre Eins bzw. Null gesendet wurde. P(0|1) und P(1|0) geben die Wahrscheinlichkeit einer Fehlentscheidung an, d.h. dass bei einer gesendeten Eins eine Null detektiert wurde und umgekehrt. Sind gesendete Nullen und Einsen gleichwahrscheinlich, so gilt vereinfachend:

$$\mathrm{BER} = 1/2 \cdot [\mathrm{P}(0|1) + \mathrm{P}(1|0)]. \tag{24.10}$$

Ursache der Bitfehler sind die obengenannten Rauschstörungen. Zur Berechnung der BER muss nun die statistische Verteilung der Amplitude dieses Rauschens bekannt sein. Thermisches Rauschen im Empfänger kann durch eine Gaußverteilung beschrieben werden. Für nicht zu kleine Anzahl je Datenbit erzeugter Elektronen kann für das Schrotrauschen der Photodiode ebenfalls in guter Näherung eine Gaußverteilung der Amplitude angenommen werden. Bei einer optischen Vorverstärkung mit einem Erbium-Verstärker (Erbium Doped Fibre Amplifier, EDFA) vor dem Direktempfänger ist die (elektrische) Amplitude des durch spontane Emission im EDFA erzeugten Rauschens nicht exakt gaußverteilt. Die Annahme einer Gaußverteilung führt hier zu einer konservativen Schätzung der BER und wird daher der Einfachheit halber häufig verwendet.

Bei Ansatz einer gaußverteilten Störamplitude erhält man folgende Gleichung für die mittlere Bitfehlerhäufigkeit:

$$\mathrm{BER} = \frac{1}{2}\left[erfc\left(\frac{I_1 - I_D}{\sigma_1 \cdot \sqrt{2}}\right) + erfc\left(\frac{I_D - I_0}{\sigma_0 \cdot \sqrt{2}}\right)\right]. \tag{24.11}$$

σ_1 bzw. σ_0 bezeichnet die Standardabweichung des statistischen Rauschsignals bei einer empfangenen Eins bzw. Null. Wie aus obiger Gleichung ersichtlich, ist die BER von der gewählten Entscheiderschwelle abhängig. Bei optimaler Wahl der Schwelle vereinfacht sich die Berechnung der Bitfehlerhäufigkeit zu

$$\mathrm{BER} = \frac{1}{2} erfc\left(\frac{Q}{\sqrt{2}}\right),$$

$$\text{mit:}\quad Q = \frac{I_1 - I_0}{\sigma_1 + \sigma_0}. \tag{24.12}$$

Mit Hilfe des Q-Faktors können unterschiedliche Modulationsverfahren auf einfache Weise ausgewertet werden. Einer Bitfehlerrate von 10^{-9} entspricht ein Q-Faktor von 5.9. Bei $Q = 7$ liegt die BER bei 10^{-12}. Unterschiedliche Modulations- und Demodulationsverfahren führen unter konstanten Randbedingungen (Empfangslichtleistung, Wirkungsgrad der Photodiode, Rauschzahl des Empfängers) zu unterschiedlichen Werten für σ_1 und σ_0 und somit zu unterschiedlichen Bitfehlerraten. Setzt man umgekehrt einen konstanten BER-Wert (z.B. 10^{-9}) fest, so erhält man für die betrachteten Verfahren charakteristische Empfängerempfindlichkeiten. Darunter versteht man die minimale Empfangslichtleistung, bei der die vorgegebene Bitfehlerrate gerade erreicht wird. Diese Empfängerempfindlichkeit wird zum Vergleich der Leistungsfähigkeit verschiedener Übertragungsverfahren allgemein verwendet. Die Empfindlichkeit wird meist in Form einer minimalen Anzahl erforderlicher Photonen N_P zur Übertragung eines Eins-Bits (oder durch Angabe der mittleren Anzahl Photonen pro Bit $\bar{N}_P$) angegeben. In Tabelle 24.1 ist die berechnete Empfindlichkeit von Systemen mit Intensitätsmodulation und Direktempfang angegeben. Der Quantenwirkungsgrad η der Photodiode wurde hier zu 1 gesetzt, die effektive Rauschbandbreite des Tiefpaßfilters im Empfänger ist gleich der halben Bitfrequenz.

Mit einer pin-Diode als Empfänger und elektrischer Nachverstärkung liefert das thermische Empfängerrauschen die dominante Störung. Die Empfindlichkeit liegt hier im Bereich von 1000 Photonen/Bit. Wird ein Erbium-Verstärker zur Vorverstärkung des optischen Empfangssignals genutzt, erhöht sich die theoretische Systemempfindlichkeit auf 89 Photonen/Bit, wobei hier stets die Photonenanzahl einer empfangenen Eins angegeben ist. Beträgt die Lichtleistung bei einer übertragenen Null exakt 0, so halbiert sich die mittlere Anzahl der Photonen/Bit auf den in der Tabelle angegebenen Wert von $\bar{N}_P = 44{,}5$.

Tabelle 24.1. Berechnete Empfindlichkeit optischer Systeme mit Intensitätsmodulation und Direktempfang [3].

Modulationsverfahren	Berechnung der BER	N_p	$\bar{N}_p$
IM mit pin-Diode und el. Verstärkung	$\mathrm{BER} = \frac{1}{2} \cdot erfc\left[\frac{Q}{\sqrt{2}}\right]$	≈ 1000	≈ 500
IM mit EDFA-Vorverstärker ($F = 3\,\mathrm{dB}$)	$\mathrm{BER} = \frac{1}{2} \cdot erfc\left[\frac{Q}{\sqrt{2}}\right]$	89	44,5
Schrotrauschgrenze: Idealer Quantenzähler	$\mathrm{BER} = \frac{1}{2} \cdot e^{-N_P}$	20	10

Ein idealer Quantenzähler liefert die ultimative Grenze der Empfindlichkeit intensitätsmodulierter Systeme. Im Falle vernachlässigbaren thermischen Empfängerrauschens (z. B. bei extremer Kühlung des Empfängers) wirkt lediglich das Schrotrauschen als Fehlerquelle auf den Entscheidungsprozess. Man erhält so eine mittlere Anzahl von 10 Photonen/Bit. Dieser Wert kann aufgrund der Quanteneigenschaft des Lichts mit Direktempfängern prinzipiell nicht unterschritten werden. Mit Überlagerungsempfängern ist jedoch eine weitere Reduzierung möglich, wie das folgende Kapitel zeigt.

24.2.4 Überlagerungsempfang

In Überlagerungsempfängern wird dem empfangenen modulierten Licht das Signal einer lokalen kohärenten Quelle überlagert. Die Polarisation der Lokallaserwelle muss dabei stets nachgeregelt werden, damit sie mit derjenigen des empfangenen Signals übereinstimmt. Auf die Photodiode trifft ein Summensignal aus empfangenem elektrischen Feld $\underline{E}_E(t)$ und demjenigen des Lokallasers $\underline{E}_{LO}(t)$:

$$\begin{aligned}\underline{E}(t) &= \underline{E}_E(t) = \underline{E}_{LO}(t) = \\ &= A_E(t) \cdot e^{j(\omega_T t + \varphi_E(t))} \\ &\quad + A_{LO}(t) \cdot e^{j(\omega_{LO} t + \varphi_{LO}(t))} .\end{aligned} \tag{24.13}$$

Die Photodiode wandelt die gesamte Lichtleistung, die dem Betragsquadrat des gesamten elektrischen Feldes $\underline{E}(t)$ proportional ist, in einen Photodiodenstrom $I(t)$ um:

$$\begin{aligned}I(t) &= R(P_E + P_{LO}) \\ &\quad + 2R\sqrt{P_E \cdot P_{LO}} \cdot \cos(\omega_{ZF} t + \varphi_E - \varphi_{LO}) .\end{aligned} \tag{24.14}$$

Durch diese nichtlineare Operation entsteht eine Schwebung bei der Zwischenfrequenz $f_{ZF} = f_T - f_{LO}$. Dieses Signal enthält die übertragenen Daten und wird im folgenden elektrischen Demodulator ausgewertet. Entspricht die Frequenz des Lokallasers exakt der Trägerfrequenz des empfangenen Signals, so ergibt sich eine Zwischenfrequenz von 0, d. h. das elektrische Datensignal liegt bereits demoduliert im Basisband vor. Ein derartiger Empfänger wird als Homodynempfänger bezeichnet. Den prinzipiellen Aufbau zeigt folgende Abbildung.

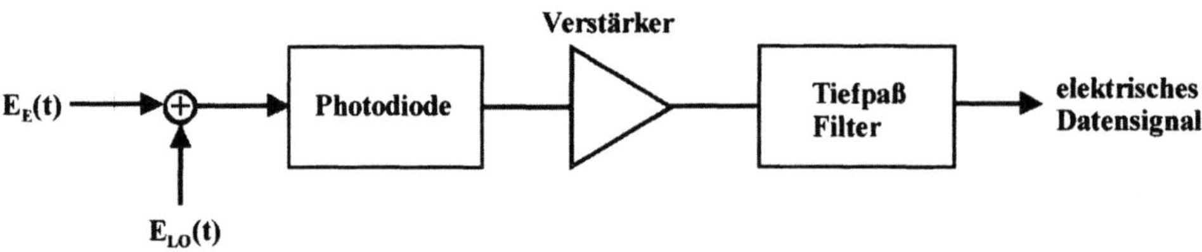

Abb. 24.3. Optischer Homodynempfänger

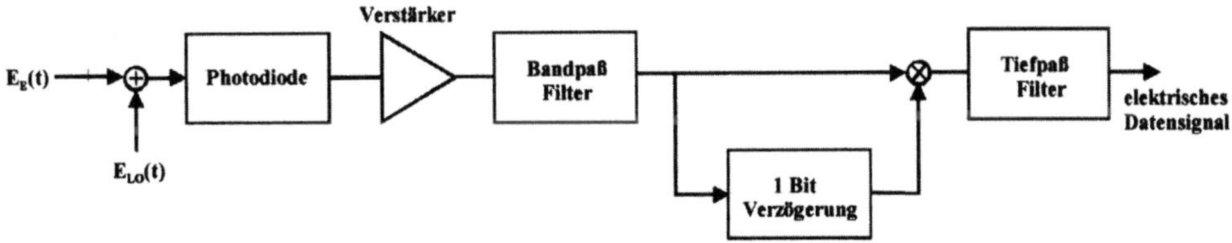

Abb. 24.4. Heterodynempfänger mit Verzögerungsdemodulator für DPSK

Homodynempfänger erreichen die höchste Empfindlichkeit aller optischen Übertragungsverfahren. Sie erfordern jedoch Laser mit sehr schmaler Linienbreite sowie eine exakte Nachregelung der Phase und Frequenz des Lokaloszillators. Als Modulationsverfahren kommen hier binäre Phasen- bzw. Amplitudenmodulation in Frage.

In Heterodynempfängern wird eine Zwischenfrequenz im GHz-Bereich gewählt. Das Nachrichtensignal bei der Zwischenfrequenz kann nun mit aus der Trägerfrequeztechnik bekannten Verfahren demoduliert werden. Man unterscheidet hier zwischen synchroner Demodulation durch erneute Multiplikation des ZF-Signals mit phasen- und frequenzrichtigem Träger und asynchronen Demodulationsverfahren, z. B. Hüllkurvendemodulation bei ASK oder Verwendung eines Frequenzdiskriminators bei FSK. Auch binäre Phasenmodulation kann mit Hilfe eines Verzögerungsdemodulators asynchron demoduliert werden. Beispielhaft ist ein Überlagerungsempfänger mit Verzögerungsdemodulator für sog.

Tabelle 24.2. Ideale Empfindlichkeit der kohärenten optischen Übertragungsverfahren (Schrotrauschgrenze) [3]

Modulationsverfahren	Berechnung der BER	N_P für $\eta = 1$	$\bar{N}_P$
PSK Homodyn	$\text{BER} = \frac{1}{2} \cdot erfc\,[\sqrt{2\eta \cdot N_P}]$	9	9
PSK Heterodyn mit Synchrondemod.	$\text{BER} = \frac{1}{2} \cdot erfc\,[\sqrt{\eta \cdot N_P}]$	18	18
DPSK Heterodyn mit Verzögerungsdemod.	$\text{BER} = \frac{1}{2} \cdot e^{-\eta \cdot N_P}$	20	20
FSK Heterodyn mit ‚Dual Filter' und Synchrondemod.	$\text{BER} = \frac{1}{2} \cdot erfc\left[\sqrt{\frac{\eta \cdot N_P}{2}}\right]$	36	36
FSK Heterodyn mit ‚Dual Filter' und Hüllkurvendemod.	$\text{BER} = \frac{1}{2} \cdot e^{-\eta \cdot N_P/2}$	40	40
ASK Homodyn	$\text{BER} = \frac{1}{2} \cdot erfc\left[\sqrt{\frac{\eta \cdot N_P}{2}}\right]$	36	18
ASK Heterodyn mit Synchrondemod.	$\text{BER} = \frac{1}{2} \cdot erfc\left[\sqrt{\frac{\eta \cdot N_P}{4}}\right]$	72	36
ASK Heterodyn mit Hüllkurvendemod.	$\text{BER} = \frac{1}{2} \cdot e^{-\eta \cdot N_P/4}$	80	40

Differentielle Phasenmodulation (Differental Phase Shift Keying, DPSK) in Abb. 24.4 skizziert.

Zur Berechnung der Empfindlichkeit von Überlagerungsempfängern können dieselben Verfahren wie bei der Untersuchung von Direktsystemen angewandt werden. Im Unterschied zum Direktempfänger wird durch den leistungsstarken Lokallaser bereits implizit eine Verstärkung des optischen Empfangssignals erreicht. Bei genügend hohen Leistungen des Lokallasers kann das thermische Rauschen des Empfängers deshalb vernachlässigt werden. Die Empfängerempfindlichkeit wird hier maßgeblich durch das Schrotrauschen der Photodiode bestimmt. Diesen Betriebsbereich bezeichnet man als Schrotrauschgrenze (shot noise limit) des Überlagerungsempfängers. In Tabelle 24.2 ist die Empfängerempfindlichkeit verschiedener Systeme mit Überlagerungsempfang angegeben (η bezeichnet dabei den Quantenwirkungsgrad der Empfänger-Photodiode). Dabei wurde stets optimale Polarisations- und Phasenregelung vorausgesetzt. Die höchste Empfindlichkeit erreicht ein PSK-Homodynsystem mit einem theoretischen Grenzwert von 9 Photonen/Bit.

In der Praxis werden diese theoretischen Grenzwerte nur annähernd erreicht. Eine Systemverschlechterung ist zum einen durch nichtideale Eigenschaften des Übertragungskanals (hier der Glasfaser) bedingt. Dispersion und nichtlineare Effekte des Fasermaterials bewirken lineare und nichtlineare Verzerrungen und damit eine Abweichung des Datensignals von seiner optimalen Form. Zweitens treten in realen Übertragungssystemen weitere statistische Störkomponenten auf, die nicht vollständig unterdrückt werden können. Dazu gehören Intensitäts- und Phasenrauschen der eingesetzten Laser, eine nichtideale Phasen- und Polarisationsregelung im optischen Überlagerungsempfänger sowie durch Mehrfachreflexionen in Spleißen und Steckern entlang der Strecke auftretendes Nebensprechen (Crosstalk). Nichtsdestoweniger wurde bei PSK-Homodynsystemen im Labor bereits eine Empfindlichkeit von 18 Photonen/Bit erreicht [11]. Intensitätsmodulierte Systeme werden in terrestrischen Systemen sowie in Transatlantik- und Transpazifik-Übertragungsstrecken erfolgreich eingesetzt. Hier können mehrere tausend Kilometer durch den Einsatz von kaskadierten Erbium-Faserverstärkern regeneratorfrei überbrückt werden.

24.3 Elektronische Systeme der Übertragungstechnik

24.3.1 Die Plesiochrone Digitale Hierarchie (PDH)

Hauptaufgabe der optischen Übertragungstechnik ist es, optische Impulse gemäß eines elektrischen Signals zu erzeugen und sie möglichst weit zu transportieren, damit diese Impulse nach der optisch-elektrischen Umwandlung am anderen Ende der Glasfaser im elektronischen Endsystem gut wiedererkennbar empfangen werden können. Alle elektronischen Endsysteme zur Daten- und Sprachübertragung benötigen eine Rahmenstruktur, um die Leitungsimpulse und die digitalen Impulse in den Endsystemen zuordnen zu können. Die Übertragungssysteme der Telekommunikationsnetze basieren auf der Grundbitrate von 64 kbit/s, wobei in der europäischen Multiplexhierarchie dreißig Sprachkanäle und zwei zusätzliche Hilfskanäle für Synchronisierungs- und Signalisierungsinformation (Zeitkanal 0 bzw. 16) zu einem Übertragungsrahmen von 2 Mbit/s zusammengefasst werden. Entsprechend der Kanalabtastrate von 8 kHz wiederholt sich dieser Rahmen im Rhythmus von 125 µs. Jeder Zeitkanal besteht aus acht Bit. Zeitkanal 0 enthält abwechselnd das Rahmenkennungswort zur Kennzeichnung des Rahmenanfangs und das Meldewort für Fehlerüberwachung und Alarme. Ferner wird dieser Zeitkanal durch eine über sechzehn Übertragungsrahmen verteilte Prüfsumme zur Qualitätsüberwachung der 2-Mbit/s-Leitung herangezogen. Aus diesem PCM-30-Grundsystem hat sich die plesiochrone digitale Hierarchie (PDH) entwickelt. Durch Vereinigung von je vier Untersystemen zu einem Obersystem entstehen Multiplexstufen von 8, 34 und 140 Mbit/s, wobei heute sechzehn 2-Mbit/s-Systeme direkt zu einem 34-Mbit/s-System zusammengeführt werden. Neben der europäischen Hierarchieebene ist weltweit auch die nordamerikanische Hierarchie von Bedeutung. Hier werden vierundzwanzig Grundbitraten zusammengefasst und als Bitstrom von 1,5 Mbit/s übertragen. Die Hierarchieebenen 6,3 und 45 Mbit/s entstehen jeweils durch entsprechende Vervielfachung. Die Buchstaben E bzw. T mit Bezeichnung der Hierarchieebene kennzeichnen die europäischen bzw. nordamerikanischen Multiplexsysteme. So wird das 2-Mbit/s-System als E1 und

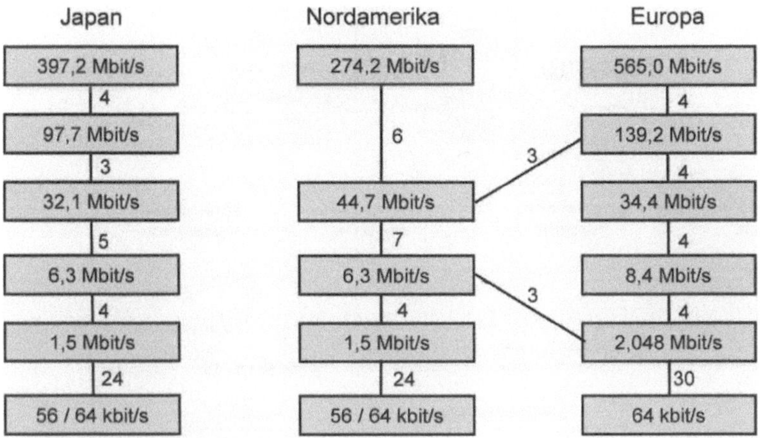

Abb. 24.5. Plesiochrone Digitale Hierarchie (PDH)

das 140-Mbit/s-System als E4 bezeichnet. Während im PCM-30-System jeweils acht Sprachbits byteweise verschachtelt werden, fassen Multiplexer der höheren Hierarchie die Zubringerdaten bitweise zusammen. Jedes der Zubringersignale darf innerhalb spezifizierter Grenzen um die Nennwerte schwanken. Die Frequenzunterschiede der einzelnen Multiplexzubringer werden durch sogenannte Stopftechniken ausgeglichen. Die Taktversorgungen in allen Übertragungsendsystemen und Multiplexern höherer Ordnung sind unabhängig und das Netz ist somit plesiochron. In modernen Telekommunikationsnetzen findet man nur noch die unteren drei PDH-Systeme, und sie werden nur noch als Netzzugangsleitungen eingesetzt. Abbildung 24.5 fasst die drei plesiochronen digitalen Hierarchien zusammen.

24.3.2 Die Synchrone Digitale Hierarchie (SDH)

In der synchronen digitalen Hierarchie [13] sind alle Netzkomponenten durch ein getrenntes hierarchisches Taktverteilungsnetz eng synchronisiert und es entsehen nur noch kleine Taktschwankungen zwischen der Sender- und Empfangsseite einer Übertragungsstrecke. Eine typische SDH-Übertragungsstrecke (Abb. 24.6) umfasst mehrere Übertragungsabschnitte bestehend aus Regeneratorabschnitten (Regenerator Section) und Multiplexerabschnitten (Multiplexer Section). Ein Regeneratorabschnitt liegt zwischen einer Netzkomponente und einem Regenerator oder zwischen zwei Regeneratoren. Der Multiplexerabschnitt befindet sich zwischen sogenannten Terminal-Multiplexern, Add/Drop-Multiplexern und Cross-Connects. Diese Netzkomponenten sind die Bausteine zur Realisierung unterschiedlicher Netzstrukturen (Abb. 24.7). Die Add/Drop-Multiplexer verwendet man mehrheitlich in Netzstrukturen in Form von synchronen Ringen in Zugangs- und Regionalnetzen. Sie sind selbstheilend, d.h. bei einem Kabelbruch oder Knotenausfall ist dieser Ring in der Lage, die Übertragung innerhalb von 50 ms automatisch wieder herzustellen. Cross-Connects werden in einer vermaschten Topologie miteinander verbunden.

Als Übertragungsstruktur verwendet SDH den als STM-1 bezeichneten synchronen Transportmodul der Grundbitrate 155 Mbit/s. In der schematischen Darstellung besteht er aus neun Zeilen zu je 270 Byte. Die Übertragung der einzelnen Bitzustände erfolgt jeweils zeilenweise von links nach rechts, wobei die zeitliche Dauer eines STM-1 Rahmens wieder 125 µs beträgt. Jede Zeile fängt mit neun Byte Zusatzinformation an und danach folgen 261 Byte Nutzdaten. Vor der Übertragung wird das STM-l-Signal verwürfelt (Scrambling), um die Dichte der Zustandsübergänge und damit die Qualität der Taktrückgewinnung im Empfänger zu verbessern. Die ersten neun Bytes eines STM-l-Rahmens sind von diesem Prozess ausgenommen, denn sie enthalten die Synchronisationsinformation des Rahmens.

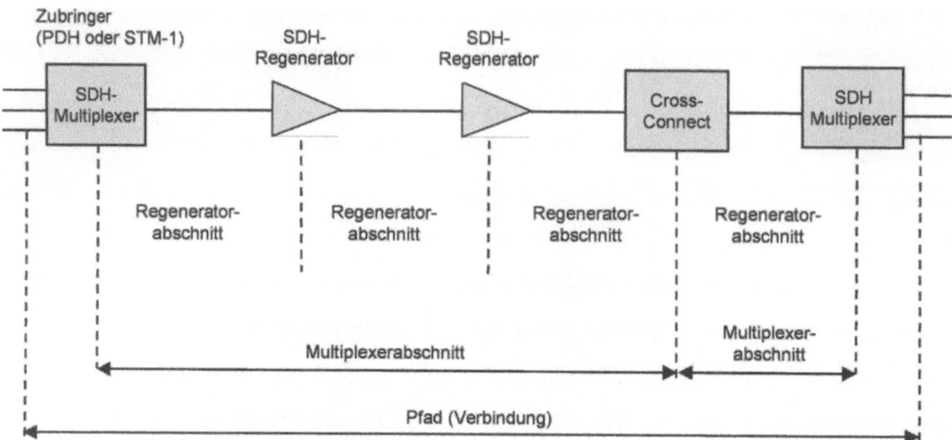

Abb. 24.6. SDH-Übertragungsstrecke

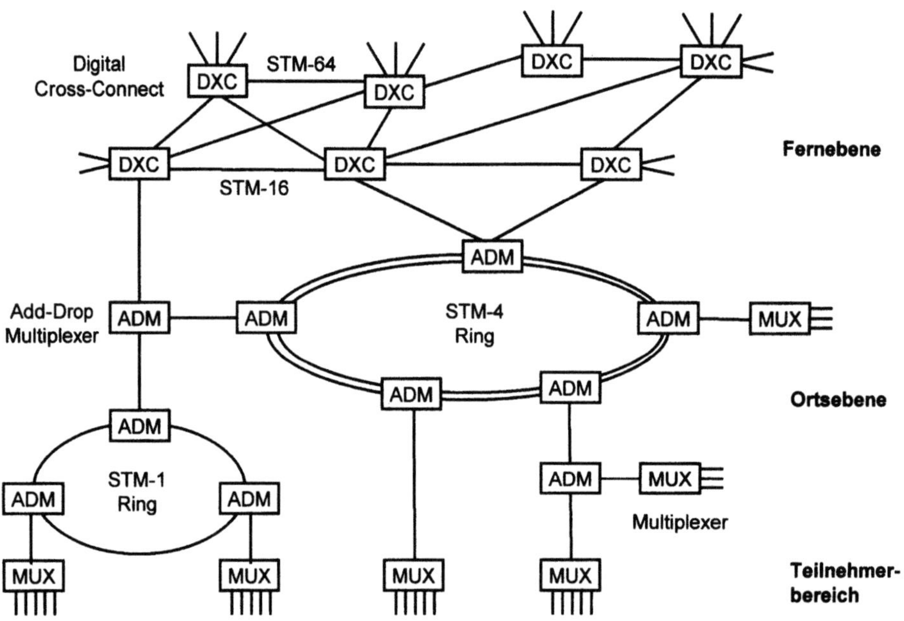

Abb. 24.7. SDH-Netztopologie

Wie in Abb. 24.8 dargestellt, unterscheidet man folgende Byte-Felder: Regenerator Section Overhead (RSOH), Multiplex Section Overhead (MSOH), Nutzlast sowie einen Zeiger (Pointer), der anzeigt, wo der sogenannte virtuelle Container VC-4 im Nutzlastfeld beginnt. Bei minimalem Pointerstand fängt der virtuelle Container beim ersten Byte des Nutzlastfeldes in der Pointerzeile an. Ein virtueller Container beginnt somit irgendwo im Nutzlastfeld und wird dann im nächsten STM-1 Rahmen fortgesetzt. Der RSOH kann von allen Netzkomponenten ausgelesen und verändert werden. Der MSOH wird über die gesamte Multiplexstrecke unverändert übertragen und kann nur von Cross-Connects und Multiplexsystemen modifiziert werden.

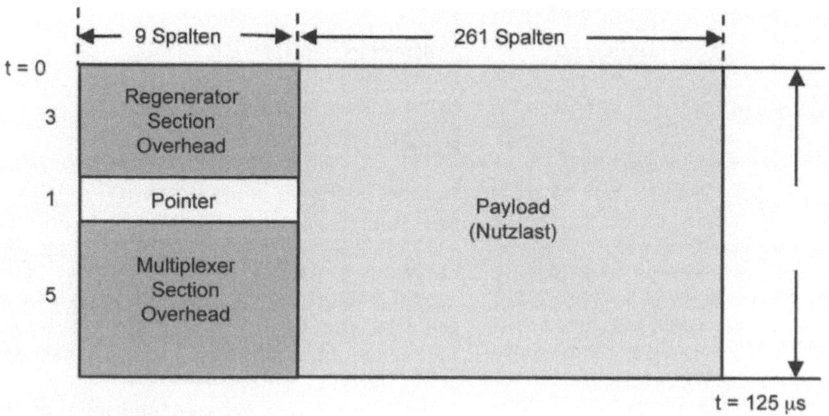

Abb. 24.8. STM-1 Rahmen

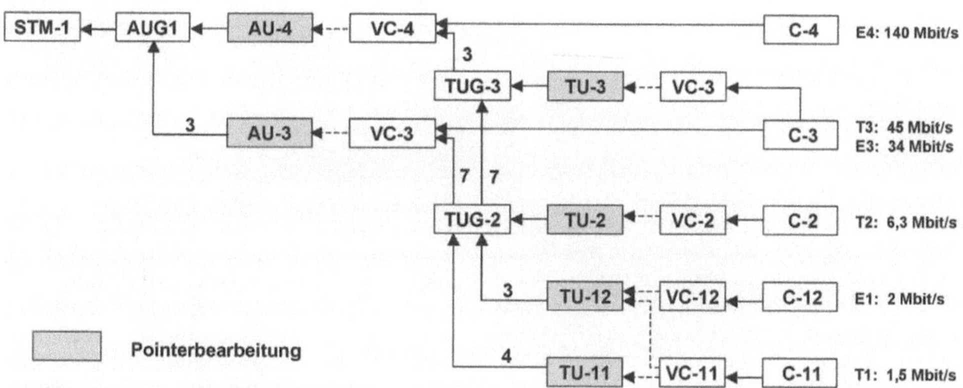

Abb. 24.9. Abbildungsvorschrift für STM-1

Der virtuelle Container VC-4 eines synchronen Transportmoduls STM-1 entsteht nach dem Schema in Abb. 24.9 von rechts nach links. Die plesiochronen Bitströme werden durch eine Abbildungsvorschrift (Mapping) in Container fester Größe eingeschrieben. Container werden in Abhängigkeit von der PDH-Hierarchiestufe durchnumeriert. Zu jedem Container wird Zusatzinformation hinzugefügt, die den Container bis zum Zerlegen (Demappen) begleitet (Path Overhead, POH). Die Einheit aus Container und POH bildet den virtuellen Container (VC). Mehrere kleinere virtuelle Container werden zu größeren standardisierten Verpackungseinheiten zusammengefasst. Innerhalb des übergeordneten Containers kann ein kleinerer Container frei gleiten. Zeiger (Pointer), die an definierten Stellen innerhalb des Rahmens liegen, kennzeichnen den Anfang eines virtuellen Containers. Die Einheit aus virtuellem Container und Pointer heißt Tributary Unit (TU), wobei mehrere TU eine Tributary Unit Group (TUG) bilden. Die größte TUG unmittelbar vor Beendigung des Rahmens wird als Verwaltungseinheit, Administrative Unit (AU), bezeichnet. Durch Auswertung von maximal zwei Pointern ist der direkte Zugriff auf das Nutzsignal möglich.

Die Zusatzinformationen im RSOH, MSOH und POH enthalten u.a. Bytes für Rahmensynchronisation, Übertragungsqualitätsüberwachung, Wartung, Daten- und Sprachkanäle für den Wartungsbetrieb sowie die Steuerung der automatischen Ersatzschaltung.

Höhere SDH-Bitraten erhält man durch byteweise Verschachtelung von jeweils vier Untersystemen, wobei die Bezeichnung STM-4, STM-16, STM-64, usw. verwendet wird. Es existieren heute SDH-Systeme mit Bitraten von 622 Mbit/s, 2,5 Gbit/s, 10 Gbit/s und 40 Gbit/s. In den USA verwendet man Übertragungssysteme mit der Bezeichnung SONET (Synchronous Optical Network). Dieser Standard wurde Mitte der achtziger Jahre entwickelt und diente als Grundlage für die Standardisierung von SDH. Das Grundmodul mit der elektronischen Bezeichnung STS-1 (Synchronous Transport Signal) bzw. mit der optischen Bezeichnung OC-1 (Optical Carrier) basiert auf einer Bitrate von 51 Mbit/s. Höhere Hierarchien werden durch byteweises Multiplexen gebildet. Die Verschachtelung von drei STS-1 Signalen bildet ein STS-3 bzw. ein OC-3 Signal, das einem STM-1 Übertragungssignal entspricht. Bitströme mit SDH-Bitraten werden optisch als OC-12, OC-48, OC-192, usw. bezeichnet. Für den Betrieb sowie das Netzmanagement ist SDH geschichtet aufgebaut (Abb. 24.10). Die Schichtung entspricht der Einteilung einer SDH-Strecke gemäß Abb. 24.6. Als sogenannte Klienten für die SDH-Übertragung sind neben den Verkehrsflüssen des Telefonnetzes sowie den PDH-Systemen vor allem die Vermittlungstechniken ATM (Asynchronous Transfer Mode) und IP (Internet Protocol) zu nennen.

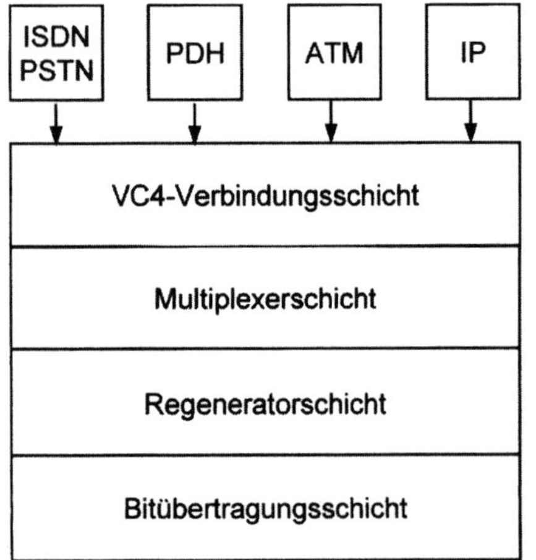

Abb. 24.10. SDH-Schichtenmodell

24.4 Techniken und Komponenten photonischer Netze

24.4.1 Multiplextechniken

Das Übertragungspotential einer einzigen, haardünnen Glasfaser liegt bei über dreißig THz (Terahertz), tausend mal größer als die nutzbare Kapazität des Funkraumes. Die enorme Übertragungskapazität einer einzigen Glasfaser kann mit Hilfe der optischen Frequenz- oder Zeit-Multiplextechniken erreicht werden.

Beim optischen Frequenzmultiplex überträgt man, ähnlich wie bei Radio- und Fernsehkanälen im Funkraum oder über Koaxialkabel, gleichzeitig viele Lichtsignale mit unterschiedlichen Frequenzen über eine Glasfaser. Man spricht oft auch von einer Wellenlängen-Multiplextechnik, insbesondere bei größeren Frequenz- bzw. Kanalabständen; zum Beispiel Abstände von 1 nm entsprechend einer Bandbreite von 130 GHz im Wellenlängenbereich um 1,55 µm. Beim optischen Zeitmultiplex wird ein kontinuierlicher Strom von kurzen Lichtimpulsen eines Lasers mittels eines passiven Verteilers gleichzeitig mehreren optischen Modulatoren zugeführt. Diese Modulatoren ändern die Lichtimpulse gemäß einem elektrischen Informationssignal. Die verschiedenen Modulatorzweige haben eine kleine, konstante Laufzeitdifferenz, sodass beim Wiederzusammenfügen aller Lichtimpulse durch einen passiven Koppler ein zyklisch verschachtelter Impulsstrom mit einer entsprechend höheren Bitrate entsteht; zum Beispiel 160 Gbit/s bei sechzehn elektrischen Informationssignalen von 10 Gbit/s. Ferner bietet sich die Raum-Multiplextechnik an. Die Verlegung von Kabelbündeln mit 40 bis 100 Glasfasern ist heute üblich und der japanische Telekommunikationsbetreiber NTT verwendet im regionalen Bereich bereits ein Kabel mit 5120 Glasfasern, und das bei einem Kabeldurchmesser von nur 3,5 cm.

24.4.2 Komponenten photonischer Netze

Eine Auswahl der in WDM-Netzen zum Einsatz kommenden Komponenten ist in Abb. 24.11 angegeben.

Aufgrund der zunehmenden Bedeutung von wellenlängen-verstellbaren Komponen-

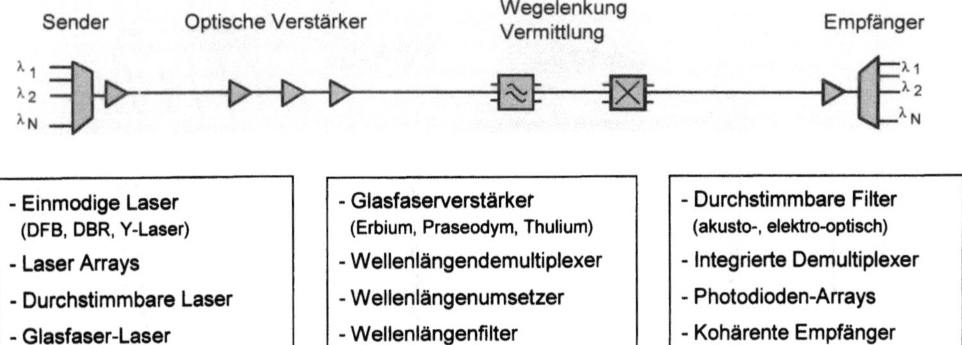

Abb. 24.11. Komponenten in WDM-Netzen

ten im Zusammenhang mit dynamischen und flexiblen WDM-Netzen sollen hier kurz die WDM-Sender und -Empfänger behandelt werden.

Bei den Sendern werden bevorzugt DFB (Distributed Feedback) und DBR (Distributed Bragg Reflector) Laser verwendet, die durch schmale Linienbreiten und ihre Single-Mode Eigenschaft gekennzeichnet sind. Wellenlängenabstimmbare Laser, wie sie in Abschnitt 21.5 genauer beschrieben sind, basieren in der Regel auf mechanischen, elektro-optischen und akusto-optischen Effekten. Die für das Design neuer WDM-Netzarchitekturen und -protokolle maßgeblichen Sender/Empfänger-Parameter sind der Wellenlängen-Einstellbereich und die Verstellzeit.

Die entsprechenden einstellbaren optischen WDM-Filter lassen sich auch in mechanische, akusto-optische und elektro-optische Komponenten einteilen. Hier ist aber gegenwärtig bei den akusto-optischen Filtern mit einem Verstellbereich von 250 nm und bezüglich der elektro-optischen Komponenten mit einem Verstellspektrum von 20 nm zu rechnen.

Die Basis-Komponenten für OTDM-Netze sind in Abb. 24.12 aufgeführt.

Der OTDM-Sender und Empfänger steht auch hier im Vordergrund. Abbildung 24.13 illustriert einen typischen OTDM-Sender.

Der optische Generator von immens kurzen Pulsen, welcher auf einer niedrigen Wiederholungsrate (500 MHz in diesem Besipiel) betrieben wird, stellt die Schlüsselkomponente der Sendereinheit dar. Die erzeugte Pulskette wird in diesem Fall über einen 1×4 passiven optischen Koppler auf vier Pfade verteilt. Die vier parallel laufenden Signale werden danach durch einen Elektroabsorptions- oder Mach-Zehnder Modulator mit einem niedrigratigen (entsprechend der Wiederholungsrate des optischen Pulsgenerators) elektrischen Signal moduliert. Weiterhin werden die vier

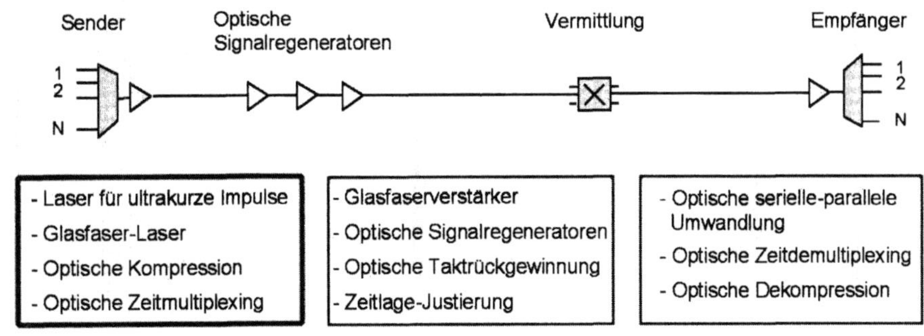

Abb. 24.12. Komponenten in OTDM-Netzen

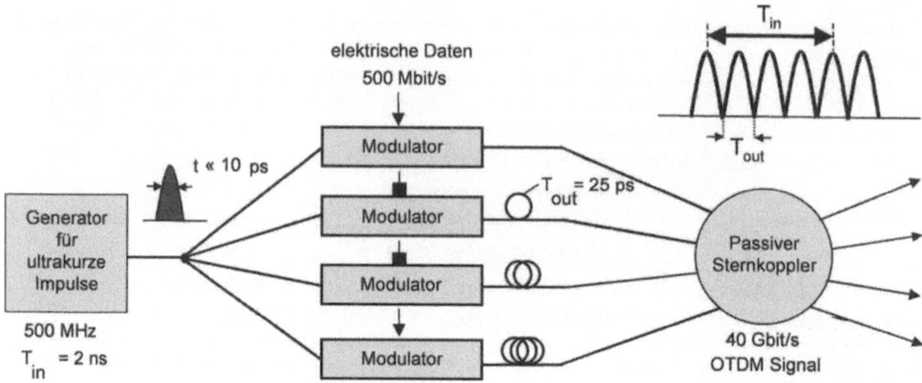

Abb. 24.13. OTDM-Sendeeinheit

Kanäle über fixe optische Verzögerungsstrecken bitweise verschoben, um letztendlich am Ausgang ein ultra-schnelles optisches RZ-Signal zu erhalten. Es handelt sich dabei um ein bitweise verschachteltes OTDM-Signal.

Beim Sendeprozeß muß man nun zwischen folgenden Zeitperioden unterscheiden:

- die optische Pulsbreite t, welche vom Generator festgelegt wird,
- die Bitperiode des ursprünglichen elektrischen Datensignals T_{in}, welche der Wiederholungsrate des optischen Pulsgenerators entspricht;
- und letztlich die Bitperiode des resultierenden OTDM-Signals T_{out}, die von den einzelnen Verzögerungsstrecken (mit Verzögerungen von ganzzahligen Vielfachen bezüglich T_{out}) bestimmt wird; natürlich muß T_{out} groß genug sein um Nebensprechen zwischen den Bits zu vermeiden.

Ein typischer OTDM-Empfänger ist in Abb. 24.14 dargestellt. Wie in Abschn. 16.6.3 beschrieben, befindet sich dort ein Halbleiterlaserverstärker innerhalb eines Sagnac-Interferometers. Dieser OTDM-Empfänger wird als TOAD (Terahertz optical assymetric demultiplexer) oder als SLALOM (semiconductor laser amplifier in a loop mirror) bezeichnet. Er kann üblicherweise zum Extrahieren (Demultiplexen) der einzelnen Bitkanäle herangezogen werden. Das eintreffende OTDM-Signal wird in zwei sich entgegengesetzt ausbreiten-

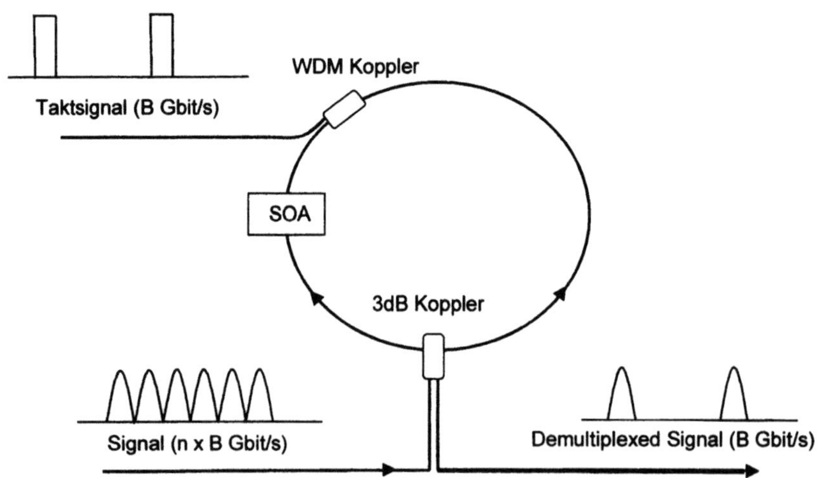

Abb. 24.14. OTDM-Empfangseinheit

de Pulse aufgespalten, um diese einer Phasenverschiebung mittels Kreuzphasen-Modulation (XPM), vgl. Kap. 16, zu unterziehen.

Diese Kreuzphasen-Modulation wird wiederum durch die Wechselwirkung zwischen der Nichtlinearität des optischen Halbleiterverstärkers (SOA) und des zurückgewonnenen optischen Taktsignals hoher Leistung hervorgerufen. Der Taktpuls wird auf einer anderen Wellenlänge in den Ring eingespeist und am Ende mittels eines WDM-Splitters wieder ausgekoppelt. Aufgrund der Phasenverschiebung zwischen den beiden Eingangspulsen kann dann der gewünschte Kanal am Ausgang ausgekoppelt (OTDM-Demultiplex) werden.

24.4.3 Optisches Schichtenmodell

Wie in Abb. 24.15 illustriert, ist auch die optische Übertragungsebene ähnlich wie bei SDH für den Betrieb und das Netzmanagement geschichtet aufgebaut. Als wesentliche Übertragungsklienten findet man hier SDH, Gigabit-Ethernet (GbE), ATM und IP.

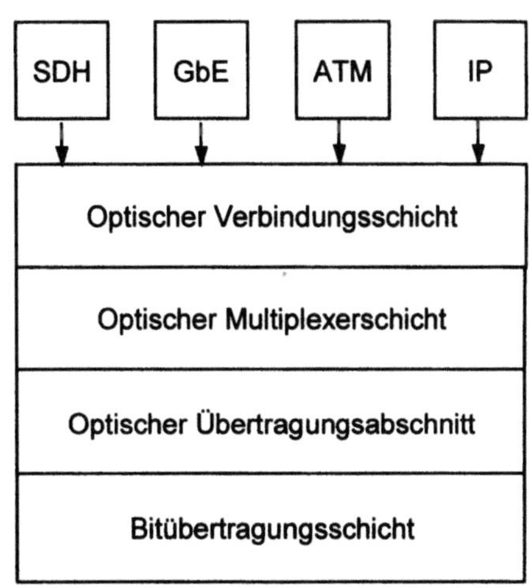

Abb. 24.15. Optisches Schichtenmodell

24.4.4 Struktur photonischer Netze

In Abb. 24.16 ist die Struktur eines photonischen Netzes dargestellt. Diese kann in drei Ebenen gegliedert werden:

Die Fernebene wird durch eine vermaschte Topologie mit Optischen Cross-Connects (OXC) gebildet. Die Regionalebene wird als (Metro-)Ring mit Optischen Add/Drop-Multiplexern (OADM) realisiert.

Die Zugangsnetze der Teilnehmerebene werden in Stern- oder Baumstruktur durch Passive Optische Netze (PON) gebildet, die durch die Anforderungen einer hochbitratigen Anbindung der Teilnehmer zunehmend an Bedeutung gewinnen.

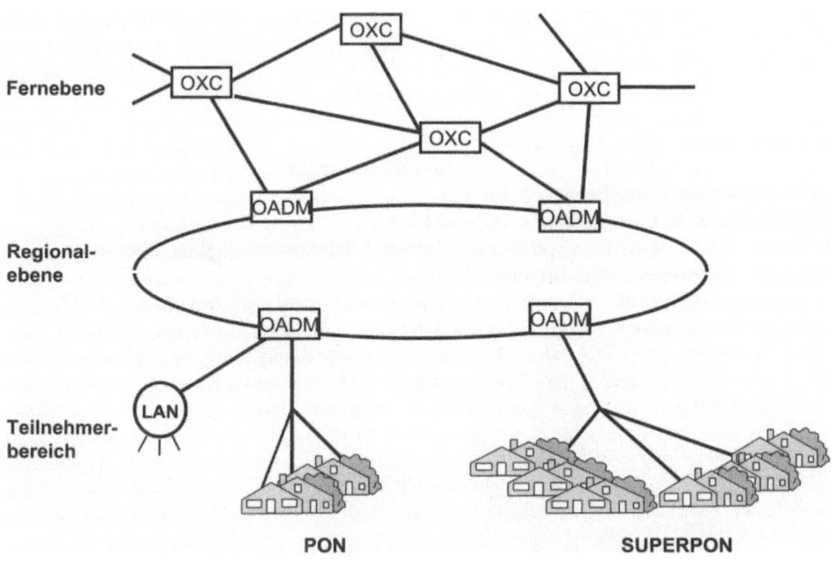

Abb. 24.16. Struktur eines photonischen Netzes

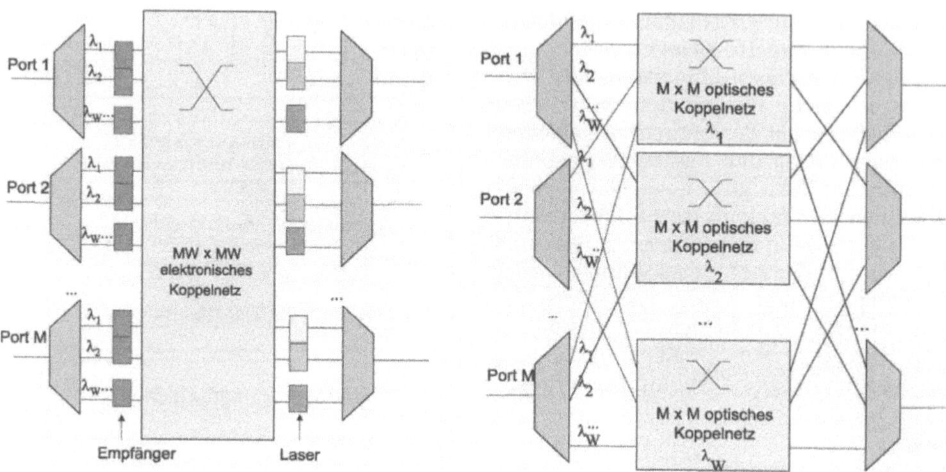

Abb. 24.17. Grundstrukturen von optischen Cross-Connects

Abbildung 24.17 zeigt zwei mögliche Grundstrukturen von optischen Cross-Connects. In einem elektro-optischen Knoten werden die optischen Signale in elektrische Form umgewandelt und in einem elektronischen Koppelnetz vermittelt. Am Ausgang werden die vermittelten Signale wieder in optische Form umgewandelt. In volloptischen Cross-Connects werden direkt Wellenlängen vermittelt. Dadurch erspart man sich die E/O/E Konversion der Signale, und kleinere optische Koppelnetze können eingesetzt werden. Diese sind technisch einfacher zu realisieren und kosteneffektiver [25].

24.4.5 Universelle Glasfasernetze

Neben den traditionellen Betreibern von nationalen und privaten Kommunikations- und Fernsehverteilnetzen gibt es heute viele neue Anbieter von Glasfasernetzen, wie die Energieversorgungsunternehmen, die Eisenbahngesellschaften und ganz allgemein auch die öffentliche Hand. Auf Grund der optischen Eigenschaften bieten die Glasfaserkabel auch neue Möglichkeiten für die Verlegung. Jede Verlegungsart braucht aber einen geeigneten Kabelmantel. Stichworte dazu sind: Wasserwege, Seen und Meeresküsten; Hochspannungsmasten; Elektrizitätskabel mit Glasfasern; Eisenbahnstrecken; Öl- und Gaspipelines; Kanalisation; Versorgungssysteme von Trinkwasser. Somit ist es möglich, Fasernetze als eine leistungsfähige, universelle Kommunikationsinfrastruktur zu betreiben. Darin sind bestehende Netze auf einfache Art integrierbar und alle Kommunikationsdienste auf natürliche Weise vom Netz trennbar. Zusätzlich ist die gleiche optische Infrastruktur zum Beispiel mitverwendbar für terrestrische Basisnetze der Mobilkommunikation, für Überwachungs- und Steuerungsnetze der Verkehrsleitsysteme und Flugüberwachungssysteme sowie für analoge beziehungsweise digitale Fernsehverteilnetze. Abbildung 24.18 fasst die Verwendungsformen einer universellen Glasfaserinfrastruktur bildlich zusammen.

24.5 Breitbandnetze

24.5.1 Trends in Telekommunikationsnetzen

Die Telekommunikation ändert sich heute schneller als alle anderen Infrastrukturen oder Geschäftsbereiche. Der Markt rund um die Kommunikationsnetze ist stark im Wandel. Ausgelöst durch rasante technologische Entwicklungen einerseits sowie die Privatisierung und die Liberalisierung des Telekommunikationssektors andererseits entsteht eine beträchtliche Vielfalt von Netztechniken und Netzen, welche zu einer globalen Vernetzung zusammenwachsen müssen. Der technologische Fortschritt im Telekommunikationssek-

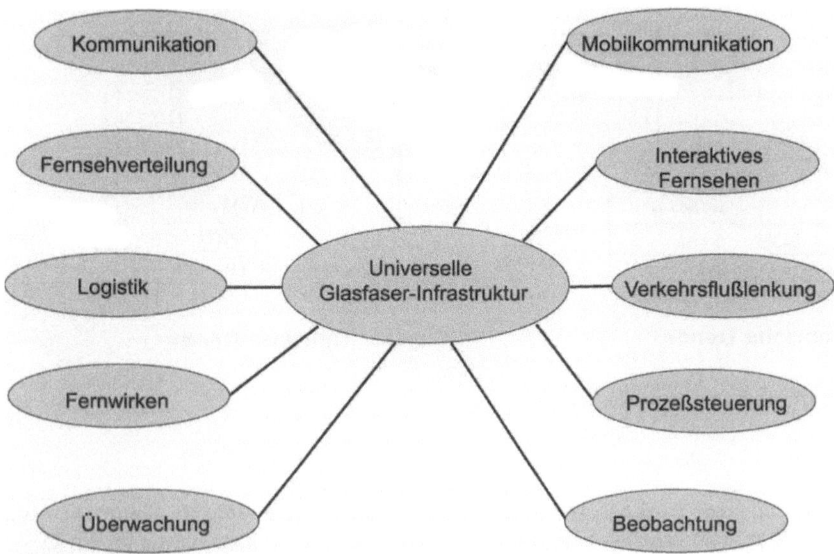

Abb. 24.18. Universelles Glasfasernetz

tor wird im wesentlichen durch drei Basistechnologien vorangetrieben: die Halbleitertechnologie, die Glasfasertechnik und Photonik sowie die Softwaretechnologie. Durch die Halbleitertechnologie erhöht sich die Verarbeitungsleistung pro Siliziumfläche alle drei bis vier Jahre um den Faktor zehn. Die maximale Übertragungsgeschwindigkeit einer Glasfaser nimmt alle vier bis fünf Jahre um ebenfalls den Faktor zehn zu. Dies eröffnet völlig neue Perspektiven bei der Architektur von Telekommunikationsnetzen. Die steigende verfügbare Rechenleistung führt dazu, dass die verschiedenen Formen von Intelligenz über das Netz verteilt und mehr und mehr in die Endgeräte der Teilnehmer verlagert werden. Zur Weiterentwicklung der verteilten Intelligenz tragen die sinkenden Übertragungskosten im Netz wesentlich bei. In verteilten Umgebungen sind objektorientierte Softwaremethoden unumgänglich. Netzmanagement heterogener Netze und verteilte Netzintelligenz basierend auf objektorientierten Methoden sind somit Hauptthemen der modernen Telekommunikation. Im nationalen Bereich ist die Telekommunikation der Schlüssel zur Steigerung wirtschaftlicher Effektivität und Effizienz. Als weltumspannende Infrastruktur wird sie zum zentralen Nervensystem einer globalisierten Wirtschaft. Somit sind höchste Maßstäbe für die Ausfallsicherheit der Netze und die Sicherheit der Informationsbehandlung gesetzt.

Mit der Verschmelzung der Telekommunikation, der Unterhaltung und der Informationstechnik hat die multimediale Zukunft begonnen. Die Multimedia-Kommunikation bringt eine Fülle von Möglichkeiten, um Arbeitsabläufe in allen Branchen der Wirtschaft effektiver zu gestalten und um dem Informationsaustausch im gesellschaftlichen Bereich zu neuen Dimensionen zu verhelfen. Der weitverbreitete Einsatz des Personal-Computers sowie mobiler multimedialer Endgeräte ist der bedeutendste Faktor für die Entwicklung von Multimedia-Diensten. Dabei spielen heute die On-Line Dienste und Informations-Surfen im Internet eine dominante Rolle. Die Information-Highways bringen auch eine Liberalisierung der Informationsmärkte mit sich, indem man entscheiden kann, wie man sich die Information wünscht. Man ist somit nicht mehr auf die herkömmlichen Informationsquellen, wie zum Beispiel die örtliche Bibliothek oder Tageszeitung, beschränkt. Die Errichtung von elektronischen Märkten unter Berücksichtigung höchster Sicherheitsvorkehrungen ist ebenfalls ein wesentlicher Schritt. Die Integration von Sprach-, Daten- und Videoanwendungen erfordert hohe Übertragungsraten, eine flexible Zuteilung der Übertragungskapazitäten sowie Mechanis-

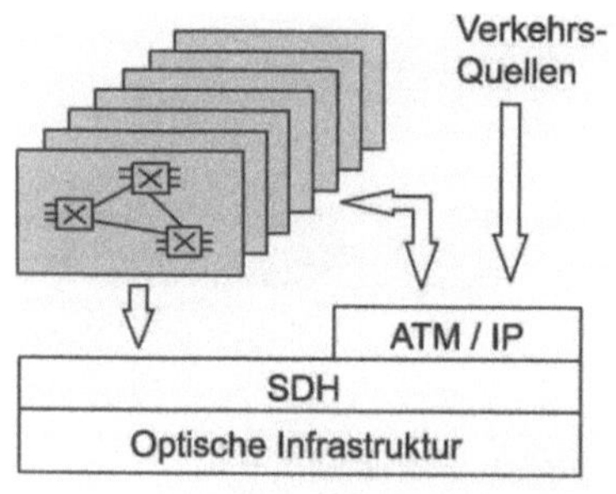

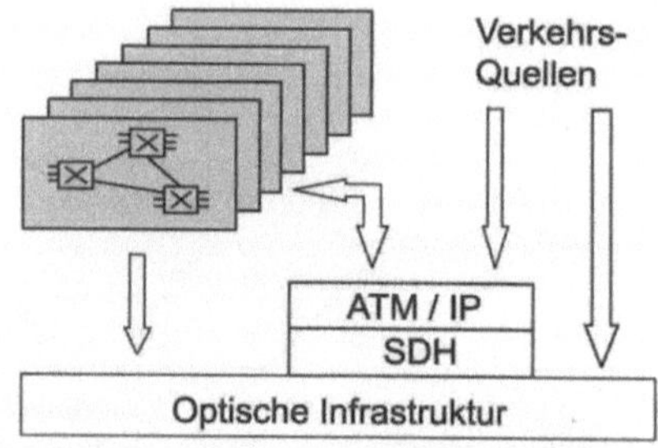

Abb. 24.19. Elektronische und optische Trends

men zur Einhaltung einer gewünschten Kommunikationsqualität. Die rasante Weiterentwicklung der Mobil- und Satellitenkommunikation erweitert den Anschlussbereich der Festnetze hin zu kompletter Flächendeckung. Somit wird eine globale, universelle und persönliche Mobilität ermöglicht: jeder persönlich zugeschnittene Dienst kann orts- und geräteunabhängig in Anspruch genommen werden. Qualität und Darstellung des gewählten Dienstes werden dabei automatisch an die Eigenschaften des benutzten Endgerätes angepasst. Jeder Teilnehmer hat damit einen universellen Kommunikationsdienst, der gleichermaßen zu Hause, im Büro, auf der Straße und auf Reisen benutzt werden kann.

Der Trend in Kommunikationsnetzen mit speziellem Fokus auf die photonischen Infrastruktur lässt sich wie folgt charakterisieren. Bedeutende technologische Fortschritte, eine zunehmende Vielfalt an Kommunikationsdiensten, steigende Anforderungen an Flexibilität und Verfügbarkeit sowie ein schnell anwachsendes Verkehrsvolumen haben die Kommunikationsnetze durch verschiedene Entwicklungsstadien geführt. Mit den optischen Netzen zeichnet sich ein neues Kommunikationszeitalter am Horizont ab, in welchem der stetig wachsende Wunsch nach einer uneingeschränkten, komfortablen und vor allem preisgünstigen Telekommunikation in Erfüllung gehen könnte. Erste entscheidende Durchbrüche in den Schlüsseltechnologien optischer Netze kommen gerade rechtzeitig, um den Wandel der heutigen Industrienationen in Richtung einer globalen Informationsgesellschaft zu unterstützen. Mobilkommunikation, Multimedia, elektronische Bibliotheken, elektronische Märkte, Film-auf-Abruf und elektronische Exkursionen im World-Wide-Web gehören zu den allerersten Vorboten. Wie in Abb. 24.19 dargestellt, ist die Realisierung einer globalen optischen Infrastruktur durch elektronische und optische Trends gekennzeichnet. Die elektronische Realisierung basiert im wesentlichen darauf, dass alle Netztechniken und Verkehrsquellen über SDH-Systeme in die photonische Infrastruktur, bestehend aus optischen Cross-Connects und Add-Drop-Multiplexern, Zugang haben. Bei den photonischen Trends werden die traditionellen Netztechniken und die Verkehrsquellen vorwiegend direkt in die photonische Infrastruktur geführt.

24.5.2 Netzarchitektur und Netzbereiche

Die Architektur der Kommunikationsnetze lässt sich grob nach zwei Gesichtspunkten einteilen: geographisch in Anschlussnetze, Regionalnetze und Weitverkehrsnetze sowie funktionell als geschichtetes Modell in die zwei Hauptbereiche Transport und Netzintelligenz. Abb. 24.20 zeigt diese Aufteilung mit weiteren Details: der Mobil- und Satellitenkommunikation kommt in allen geographischen Netzteilen eine bedeutende Rolle zu, und die geschichtete Netzstruktur im Transportnetz ist weiter unterteilt. Auf der Vermittlungsebene befinden sich die Anschlussnetze, die Regionalnetze und die Weitverkehrsnetze. Hier sind die Netztechniken ISDN, X.25, Frame-Relay, ATM und IP angesiedelt. Der Übertragung zwischen den Netzknoten dienen die elektrischen und photonischen Übertragungsebe-

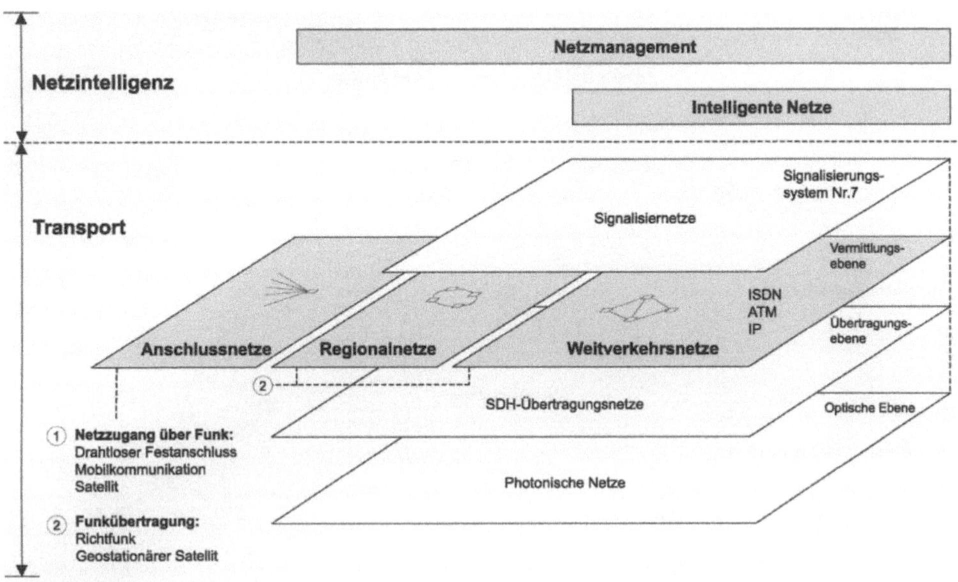

Abb. 24.20. In Ebenen geschichtete Netzarchitektur

nen. Das paketvermittelte Signalisierungsnetz Nr. 7 ist das Bindeglied zwischen den Netzknoten in der Vermittlungsebene und den Servicerechnern und Datenbanken der intelligenten Netze [15]. Darüber liegt das Netzmanagement.

24.5.2.1 *Teilnehmeranschlussnetze*

Derzeitige Zugangsnetze zu den privaten Haushalten mit deren heute noch stark begrenzten Übertragungskapazitäten sind ungeeignet, eine massive Anwendung von Multimedia-Kommunikation aufnehmen zu können. Abhilfe schaffen hier verbesserte Codierverfahren auf den Kupfer-Doppeladern, Fernsehverteilnetze sowie Glasfaser-Zugangsnetze, zum Beispiel als passive Baumstruktur (PON, Passive Optical Network). Im Geschäftsbereich bieten die lokalen Netze firmenintern hohe Bitraten an, jedoch die Kapazität zwischen den einzelnen Geschäftsstellen sowie zu den öffentlichen Netzen ist noch stark eingeschränkt. Eine wesentliche Verbesserung bringen heute schon die Glasfaseranbindungen der Firmen sowie die Einrichtung von virtuellen privaten Netzen (VPN) auf der Basis von ATM und IP.

Lokale Netze: Traditionelle lokale Netze verwenden ein gemeinsames Übertragungsmedium. Sie entstanden, um den Datenaustausch mit stark schwankenden Datenmengen flexibel und wirtschaftlich zu ermöglichen. Standardisierungsaktivitäten haben dem kommerziellen Einsatz dieser lokalen Netze zu einer großen Verbreitung verholfen, insbesondere Ethernet. Die neuen Netzarchitekturen enthalten Paketvermittlungsknoten (Switches). Diese Vermittlungstechniken haben im Vergleich zu traditionellen lokalen Netzen, in denen sich die Benutzer die gemeinsame Übertragungskapazität teilen müssen, erhebliche Vorteile. Speziell kann die Bandbreite individuell zugeteilt werden, und es sind unterschiedliche Übertragungsraten im selben Netz möglich, sodass äußerst flexibel und individuell auf Benutzerbedürfnisse reagiert werden kann. Arbeitsplätze sind vorwiegend mit 100 Mbit/s an den Switches angeschlossen, wobei die Verbindungen zwischen Switches mit einer Bitrate von 1 Gbit/s operieren. Daneben ergänzen drahtlose Netze und Hochgeschwindigkeitsverbindungsnetze zwischen Rechnern die Vielfalt standardisierter Netze für den lokalen Bereich. Für die nahe Zukunft sind auch photonische lokale Netze zu erwarten (vgl. Kap. 28).

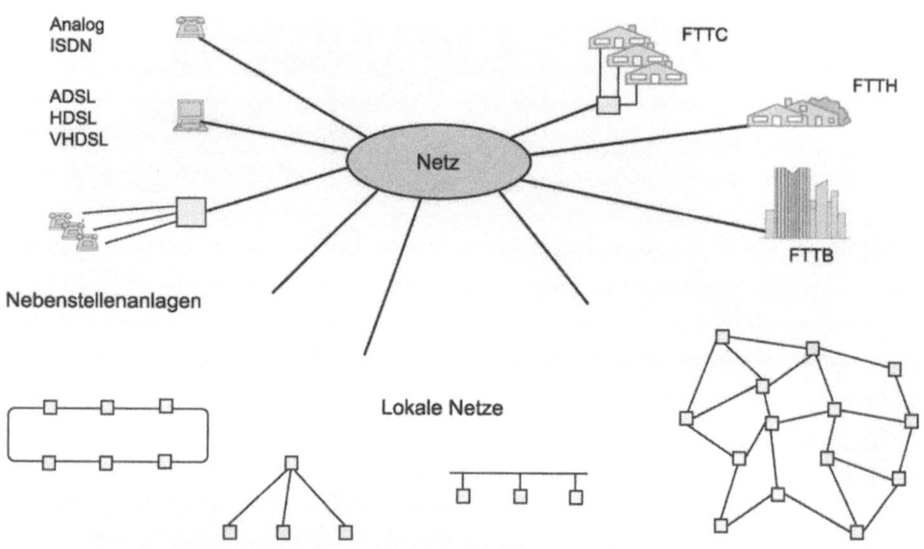

Abb. 24.21. Technologien im Zugangsnetz

Zugangsnetze: Die Zugangsnetze als Verbindung zwischen Teilnehmern und den Weitverkehrsnetzen werden heute neu überdacht. Die heutigen Netzzugänge konzentrieren den Telefon- und Datenverkehr, um die Anzahl der nötigen Leitungen zu den Vermittlungsknoten zu reduzieren. Teilnehmern während längerer Zeit größere Übertragungskapazitäten zur Verfügung zu stellen, ist zweifellos eine Herausforderung für die Neu- und Umgestaltung der Zugangsnetze. Dabei geht es vor allem um die Reduzierung der Kosten für Betrieb und Unterhalt, die Vereinfachung des Netzmanagements sowie die Erschließung zusätzlicher Einnahmequellen durch neue Dienste. Das vordringlichste Ziel dabei ist die Anbindung an das Internet und On-Line Dienste unter Verwendung von Kupferadern, Koaxialkabel, Glasfasern oder Funk. Durch den Einsatz der Signalverarbeitung sind die Übertragungsraten auf den Kupferadern in den Bereich von einigen Mbit/s gesteigert worden. Hierzu gibt es eine Reihe von Systemen, wobei ADSL (Asynchronous Digital Subscriber Line) sowie HDSL (High Bit Rate DSL) und VHDSL (Very High Bit Rate DSL) die bekanntesten sind [16]. Mit diesen Techniken können Multimedia-Dienste ohne den sofortigen Netzausbau mit Glasfasern bis zu den privaten Haushalten angeboten werden. Die mehrheitlich verwendete oder geplante hybride Netzarchitektur besteht aus einem optischen hochratigen Übertragungssystem und symmetrischen Kupferdoppeladern bis zu den Teilnehmern (FTTC, Fiber-to-the-Curb; FTTB, Fiber-to-the-Building). Die Glasfaserverlegung direkt zu den privaten Haushalten (FTTH, Fiber-to-the-Home) findet noch sehr zögernd statt. Die reinen oder hybriden Teilnehmerglasfasernetze werden als PONs (Passive Optical Networks) betrieben. Sie sind baumförmig und haben eine zentrale Kopfstation. In Richtung der Teilnehmer werden die Informationen an alle verteilt. In der Gegenrichtung des Baumes muss der Netzzugriff der Teilnehmer von einem Zugriffsprotokoll koordiniert werden (vgl. Kap. 27).

Fernsehverteilnetze: Die auf Koaxialkabel basierenden Kabelfernsehnetze eignen sich aufgrund ihrer Baumstruktur sehr gut für eine kostengünstige Verteilung von Fernseh- und Radioprogrammen an die angeschlossenen Teilnehmer. Diese Netze sind heute in vielen Ländern bereits gut ausgebaut und werden nun mit Glasfasersystemen ergänzt. Durch die Liberalisierung der nationalen Fernmeldegesetze haben sich Möglichkeiten eröffnet, diese Netze auch für die Telekommunikation sowie Video-Abrufdienste zu erschließen.

Stadtnetze: In allen mittleren und größeren Städten findet man heute eine ähnliche Bedarfsstruktur im Kommunikationsbereich vor. Stadtverwaltungen und städtische Unternehmen wie kommunale Energieversorger und Verkehrsbetriebe sind über den gesamten Stadtbereich verteilt und haben einen vielfältigen Bedarf zur Kommunikation innerhalb ihrer Strukturen. Krankenhäuser, Schulen und Bibliotheken werden zunehmend vernetzt. Alle diese Benutzer benötigen ein großes Spektrum an verschiedenen Diensten. Hier bietet es sich an, ein diensteintegrierendes und unternehmensübergreifendes Übertragungsnetz zu betreiben. Grundgedanke ist dabei, alle Ressourcen von den Anwendern gemeinsam zu nutzen. Hier sind vor allem Ringstrukturen gefragt, um höchste Flexibilität bei den Verkehrsströmen zu erzielen.

24.5.2.2 *Netze in der Vermittlungsebene*

Die Vernetzung zwischen den Anschlussregionen wird von den Weitverkehrsnetzen bewerkstelligt. Sie ermöglichen eine weltumspannende Kommunikation mit höchster Verfügbarkeit der Übertragungswege. Die geschichtete Netzstrukturierung besteht aus dem Vermittlungsteil (ISDN, Paketvermittlung, ATM, IP) und dem flexiblen Übertragungsteil (SDH, optische Netze) [17].

ISDN und Paketvermittlungsnetze: Das diensteintegrierende Digitalnetz ISDN (Integrated Services Digital Network) vermag, auf Grund seiner guten Verbreitung Schmalband-Videokonferenzen zu schalten und Multimedia-Anwendungen mit bescheidenen Bitraten zu betreiben. Das Nutzungspotential von ISDN ist keineswegs schon am Ende. ISDN bleibt auch in Zukunft eine wichtige Vermittlungstechnik. Die firmeneigenen und öffentlichen Paketvermittlungsnetze sind heute X.25- oder Frame-Relay Netze. Heute werden die Breitbandtechnik ATM und die Internet-Technik IP (Internet-Protocol) aber vermehrt eingesetzt.

ATM-Breitbandnetze: Der Asynchrone Transfer-Modus (ATM) entwickelte sich innerhalb weniger Jahre zu einem zentralen Thema in der Kommunikation. ATM wurde auch von der Computerindustrie angenommen und beginnt, in den Markt der audio-visuellen Dienste einzudringen. Dank der inhärenten Flexibilität erlaubt die ATM-basierte Vermittlungstechnik eine sehr schnelle, dynamische und flexible Vergabe der Übertragungskapazität mit hervorragender Ausnutzung der Netzressourcen. Diese Flexibilität bedeutet, dass durch die Integration von Sprache, Daten und Bildern neue und wirtschaftlich interessante Multimedia-Dienste angeboten werden können. Die ATM-Technik kombiniert die Eigenschaften der herkömmlichen Vermittlungstechnik heutiger Telefonnetze mit denen der Paketvermittlung. ATM erlaubt es, eine teilnehmerindividuelle Dienstqualität bezüglich Durchsatz, Verzögerung, Verzögerungsschwankung, Paketverlust und Dienstverfügbarkeit zu gewährleisten.

Internet und Intra-Netze: Das Internet ist heute das populärste Kommunikationsnetz und bietet eine Fülle von informativen Webseiten. Auch als Infrastruktur für den weltweiten Austausch von E-Mail ist es nicht mehr wegzudenken. Das Internet und damit seine Computer- und Teilnehmeranzahl wächst mit unvorstellbarer Geschwindigkeit. Es ist ein paketorientiertes Netz mit Router-Knoten. Dadurch sind die Verzögerungszeiten im Netz starken Schwankungen unterworfen. In dieser Form eignet sich Internet nicht für einen Telefondienst mit der üblichen Qualität. In Kombination mit der ATM-Technik und unter Anwendung von diversen Protokollen und Mechanismen zur Einhaltung einer von einem Benutzer geforderten Dienstqualität (QoS, Quality-of-Service) werden Telefon- und Multimediadienste künftig auch möglich sein. Ein firmeneigenes Netz in Internet-Technik wird Intra-Netz genannt. Diese Netze, bekannt als virtuelle private Netze (VPN), erfreuen sich steigender Beliebtheit.

24.5.2.3 *Elektronische Übertragungsnetzebene*

Die Umstellung der Übertragungsnetze von der plesiochronen zur synchronen digitalen Hierarchie (SDH) hat in den meisten Ländern stattgefunden. Neben wesentlichen technischen und wirtschaftlichen Vorteilen wurden dadurch die Flexibilität in der Betriebsführung, die integrierte Netzmanagementfunktion und die schnellen Schutzmechanismen zur Erhöhung der Netzverfügbarkeit verbessert. Die plesiochronen Übertragungssysteme sind nun als Zubringerleitungen im Einsatz. Die modernen, hochausgelasteten Digitalnetze erfordern aufgrund von möglichen Leitungsunterbrechungen sowie Knotenausfällen Maßnahmen in deren Planung als auch Steuerungsverfahren im Betrieb. Die Netzausfallsicherheit ist die Fähigkeit des Netzes, beim Ausfall einer Netzkomponente den Verkehr wiederherzustellen. Zur Gewährleistung einer hohen Dienstqualität müssen in diesen Netzen für wichtige Dienste redundante Übertragungskapazitäten bereitgestellt werden, um betroffene Kommunikationsverbindungen über alternative Wege führen zu können. Diese Ersatzkapazitäten werden bereits in der Dimensionierungsphase vorgesehen. Das Umlenken der betroffenen Kommunikationsverbindungen auf Ersatzwege erfolgt mittels Ersatzschalteverfahren, die sowohl die Auswahl des alternativen Weges als auch die Steuerung des Ersatzschaltevorganges beinhalten.

24.5.2.4
Optische Übertragungsnetzebene

Leistungsstarke optische Übertragungsnetze werden die heutigen Netztechniken unterstützen, um den Verkehrsansturm der Multimedia-Zukunft bewältigen zu können. Sie werden das zentrale Nervensystem der Kommunikationsinfrastruktur bilden. Gleichzeitig werden sie auch die hohen Anforderungen an Flexibilität und Verfügbarkeit der Netze gewährleisten können. In künftigen photonischen Netzen werden die Informationssignale volloptisch übertragen, vermittelt und verarbeitet (Abb. 24.22).

Die enorme Übertragungskapazität der Glasfaser kann nur mit Hilfe optischer Frequenz- oder Zeit-Multiplextechniken genutzt werden. Optische Glasfaserverstärker (vgl. Kap. 22) ermöglichen heute eine rein optische Verstärkung. Langfristig ist es ein Ziel der optischen Netze, möglichst viele Kommunikationsmetropolen direkt und rein optisch miteinander zu verbinden. Mit den optischen Tiefseekabelsystemen im atlantischen und pazifischen Ozean hat die globale Vernetzung bereits eingesetzt.

Optische Netze bedeuten also mehr als nur Fernübertragen. Es wird optisch vermittelt, und Signale werden optisch verarbeitet. Vermittelt wird in Raum-, Wellenlängen- und Zeitstufen. In einer Raumstufe kann jede Eingangsfaser zu einer beliebigen Ausgangsfaser durchgeschaltet werden. Dazu verwendet man zum Beispiel eine auf Siliziumsubstrat integrierte Koppelmatrix bestehend aus mikro-

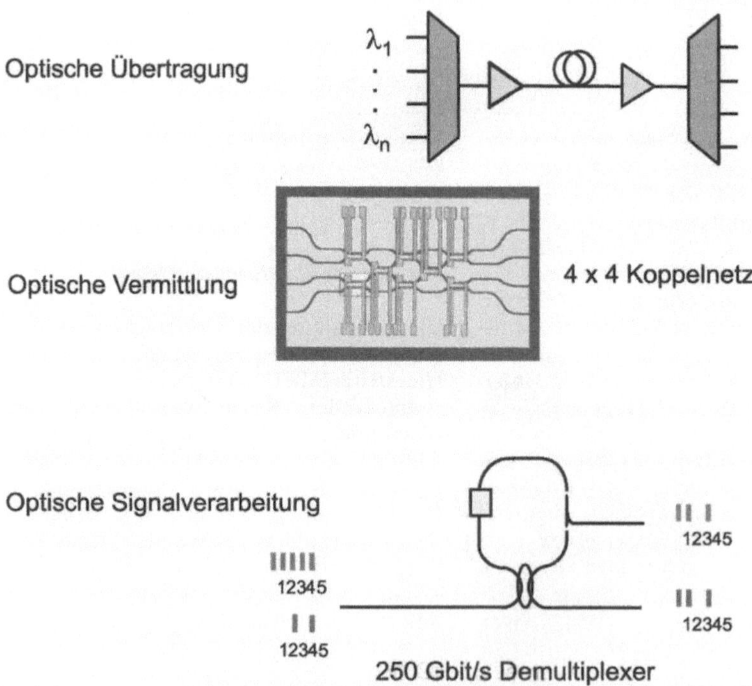

Abb. 24.22. Optische Übertragung, Vermittlung und Verarbeitung

mechanischen Spiegeln oder optischen Koppelpunkten mit elektronisch verschiebbaren Flüssigkeitsblasen. In Zukunft lassen sich größere Koppelnetze auch elegant durch Stapeln von einstufigen Koppelmatrizen in dreidimensionale Anordnungen anbringen, die dann durch Freiraum-Lichtstrahlen miteinander verbunden werden. Für die Verbindungsanordnung kann man Hologramme einsetzen, die in großer Stückzahl kostengünstig zu fertigen sind. In einer Wellenlängenstufe wird mit Wellenlängenumsetzern der Signalträger gewechselt. Mit einem Laserverstärkerelement geht dies heute bis zu Bitraten von >100 Gbit/s. Alternativ werden auch rein optische Verfahren, die auf Nichtlinearitäten in einer Glasfaserschleife beruhen (NOLM – nonlinear loop mirror), verwendet (vgl. Kap. 16).

Bei den Zeitstufen müssen die einzelnen Zeitlagen eines optischen Zeitmultiplexsignals vertauscht werden können. Dazu braucht man optische Puffer, die heute noch aus Verzögerungsleitungen oder Verzögerungsschleifen als optische Leiterbahnen auf Siliziumsubstrat aufgebaut werden. Die optische Signalverarbeitung umfasst bereits die optische Taktrückgewinnung und Regeneration von Digitalsignalen, Korrektur der Signalverzerrung durch die Dispersion, die Realisierung von optischen Digitalfiltern sowie die optische Wegelenkung bei der Paketvermittlung.

Neben allgemeinen Merkmalen wie hohem Durchsatz von Nutzdaten, extrem niedriger Fehlerrate, hoher Zuverlässigkeit und Netzverfügbarkeit sollen die drei folgenden Merkmale optischer Netze speziell hervorgehoben werden: optische Transparenz, dynamische Netzkonfiguration und optische Transitverbindungen. Optische Transparenz bedeutet, dass die optische Verbindung zwischen Endsystemen oder zwischen Netzknoten unabhängig von der Signalform, Bitrate sowie Übermittlungsformat und -Protokoll ist. Die elektronischen Endgeräte bestimmen somit die Verbindungseigenschaften und nicht mehr die Übertragungseinrichtungen im Netz selbst, wie das heute der Fall ist. Dabei können in den einzelnen Wellenlängenkanälen einer Glasfaser gleichzeitig Signale mit unterschiedlichen Eigenschaften übertragen werden.

Entsprechend der dynamischen Netzkonfiguration können auf den fest installierten Glasfasernetzen, je nach der momentanen Verkehrssituation, Wellenlängen- und/oder Zeitkanäle in wenigen Millisekunden geschaltet werden. An einem Beispiel ist dies in der Abb. 24.23 illustriert. Hier ermöglichen zwei

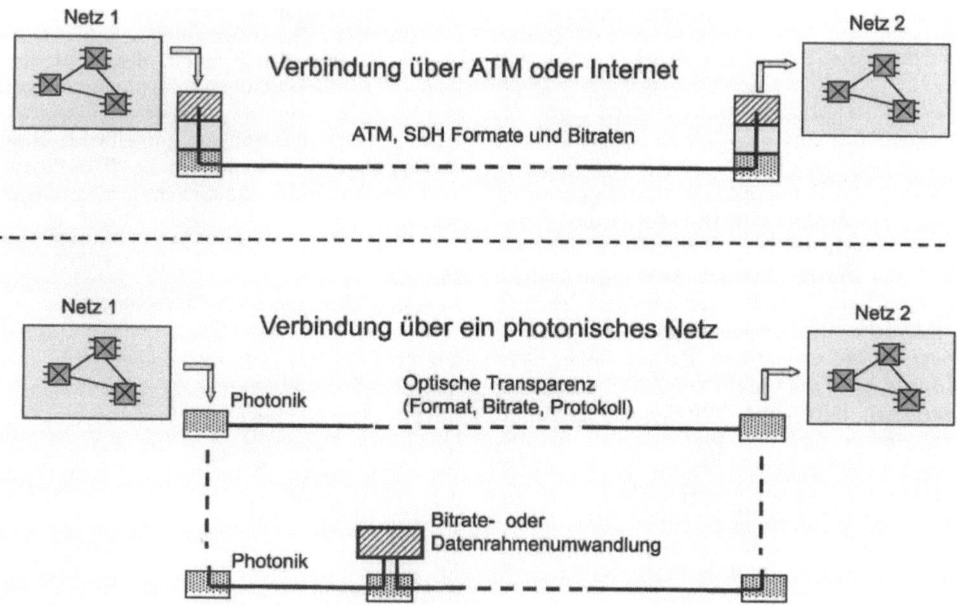

Abb. 24.23. Elektronische und photonische Verbundsysteme

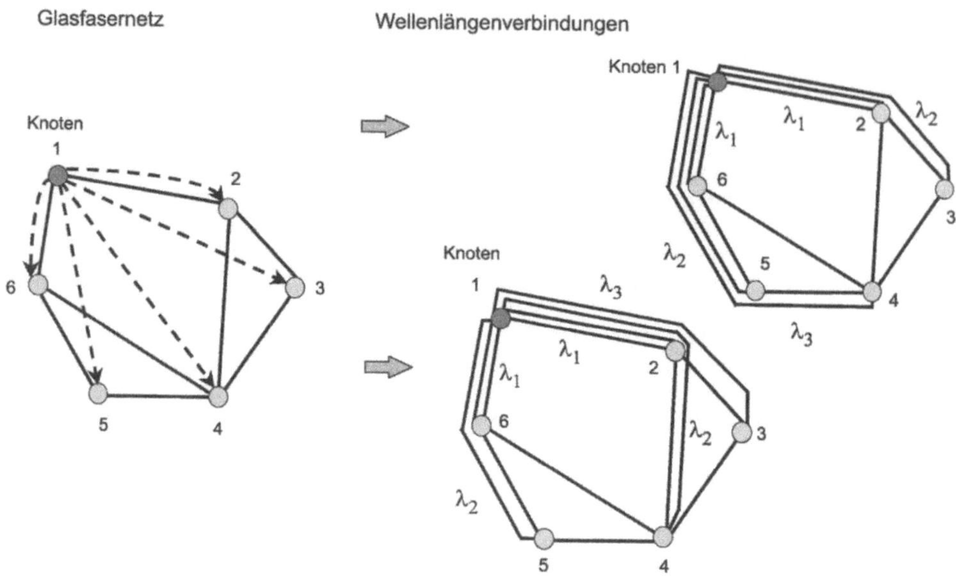

Abb. 24.24. Flexibilität in den Wellenlängenverbindungen

Wellenlängenzuweisungen im selben Glasfasernetz, den Knoten 1 mit allen anderen Knoten optisch direkt zu verbinden.

Optische Transit- oder Bypassverbindungen schließlich bedeuten, dass jeder Kommunikationsverkehrsstrom möglichst direkt vom Ursprungs- zum Zielknoten volloptisch durchgeschaltet wird. In Abb. 24.24 ist der Vergleich zwischen einem elektronischen Netzknoten (ATM-Vermittlungsknoten oder IP-Router) und einem optischen Bypass-Knoten dargestellt. Bei ATM und IP wird der optische Verkehrsstrom in einen elektronischen Strom von ATM-Zellen oder IP-Paketen umgewandelt. Danach werden sie einzeln zu den Puffern der entsprechenden Ausgangsleitungen geleitet. Bei großen Knoten erfordert dies eine erhebliche Rechnerleistung, große Koppelnetze sowie ordentliche Puffergrößen. Dazu kommt noch die Gefahr von Zell- oder Paketverlusten, falls keine Pufferkapazitäten mehr vorhanden sind. Bei photonischen Bypass-Knoten werden bereits die hineinkommenden Wellenlängenkanäle derart gewählt, dass nur die in diesem Knoten terminierenden Zellen oder Pakete optisch-elektronisch umgewandelt werden. Alle andere Kanäle werden am Knoten optisch vorbeigeführt.

Eine andere Darstellung ist in Abb. 24.25 gegeben. Gezeigt ist eine Verbindung zwischen einem Quell- und Zielknoten in einem ATM oder IP-Netz, wobei in allen Zwischenknoten Stausituationen durch Querverkehre entstehen können. Dies ist in der Schichtenstruktur dadurch angegeben, dass die ATM-Zelle oder IP-Pakete in jedem Zwischenknoten wieder vermittelt werden. Dies lässt sich nun durch einen elektronischen oder photonischen Bypass vermeiden. Beim elektronischen Bypass mit SDH wird zwar jeweils optisch-elektronisch umgeformt, aber die Verkehrströme bleiben in der SDH-Ebene und werden dort kanalorientiert durchgeschaltet.

24.5.2.5
Steuerung, Management und Sicherheit

Die größten Herausforderungen und höchsten Kosten der modernen Kommunikationsinfrastrukturen liegen aber in den Bereichen Steuerung, Management sowie Ausfall- und Informationssicherheit. Es ist daher notwendig, diesen Bereichen besondere Aufmerksamkeit zu widmen.

Signalisierungssystem Nr. 7: Für den Informationsaustausch zwischen den Netzknoten und als Infrastruktur für die verteilte Netzintelligenz bildet das Signalisierungssystem Nr. 7

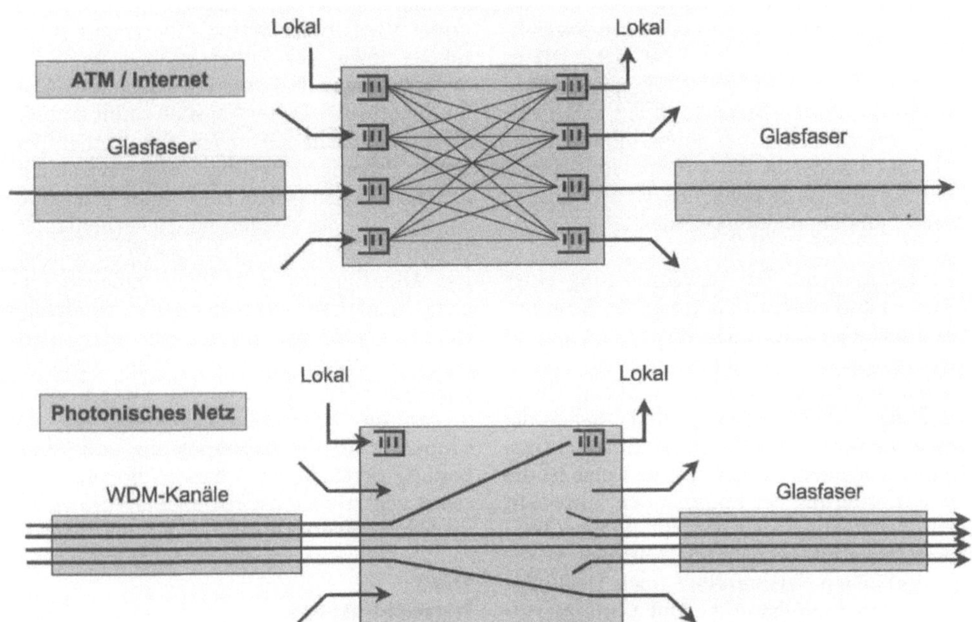

Abb. 24.25. Elektronische Knoten und photonische Bypass-Knoten

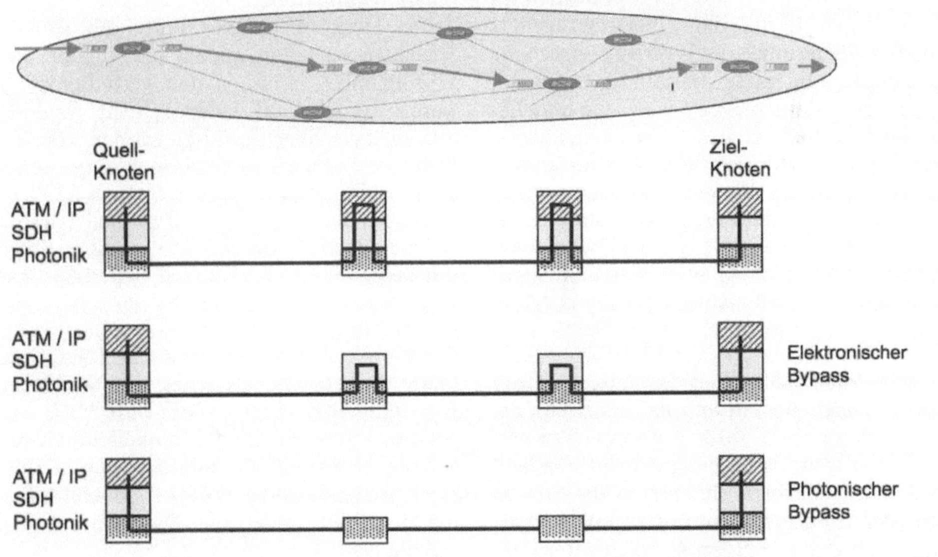

Abb. 24.26. Elektronischer und optischer Bypass

ein eigenständiges Paketvermittlungsnetz. Diese Signalisierungsnetze haben somit eine zentrale Bedeutung für die Signalisierungsabläufe in vielen der oben erwähnten Netzbereiche. Deshalb werden sehr viele Vorkehrungen getroffen, um eine extrem hohe Netzverfügbarkeit gewährleisten zu können [15].

Intelligente Netze: Die Vernetzung von informationsverarbeitenden Einheiten zur Unterstützung von Mehrwertdiensten oder zur Abwicklung der Mobilkommunikation bezeichnet man als intelligentes Netz (IN). Dieses Konzept bietet die Möglichkeit, neue sowie kundenspezifische Dienste schnell und flexibel einzuführen. Darüber hinaus bilden die intelligenten Netze die Basis für personenbezogene Kommunikationsformen, welche für Benutzermobilität benötigt werden [18].

Netzmanagement: Zur Gewährleistung eines sicheren und effektiven Betriebs der Kommunikationsnetze oder LAN-Vernetzungen sind Netzmanagementsysteme erforderlich. Zu den Aufgaben gehören die Konfigurierung, Überwachung, Fehlererkennung und -behebung sowie die Verwaltung der Netze. Ein effektives Netzmanagement für heterogene Netze ist die Herausforderung der kommenden Jahre. Mit dem Netzmanagementkonzept TINA (Telecommunication Information Network Architecture) haben Netzbetreiber sowie Hersteller der Telekommunikations- und Computerindustrie eine neue Software-Architektur entworfen, welche Diensteanbieter bei der Implementierung und Nutzung von Multimedia-Diensten unterstützt. Das Konzept besteht im Wesentlichen darin, das Übertragungsnetz von der Steuerungs- und Verwaltungsebene zu trennen und diese vollständig Software-orientiert und unabhängig vom zugrundeliegenden Übertragungsnetz zu machen. Es handelt sich um einen verteilten, objektorientierten Ansatz, der die Stärken der Telekommunikationsindustrie mit denen der Computerindustrie verbindet. Ziel ist es, einer Vielzahl von Diensteanbietern unabhängig voneinander eine schnelle und effiziente Einführung neuer Kommunikationsdienste zu erleichtern.

Netzsicherheit: Sicherheit hat aufgrund der zunehmenden Bedeutung der Informationsverarbeitung sowie ihrer weltweiten Vernetzung eine zentrale Stellung erlangt. Deshalb wird in erheblichem Umfang in die Sicherheit der Informationsverarbeitungssysteme investiert und es werden Möglichkeiten entwickelt, Kommunikationsdienste und deren Netzverbindungen individuell und von Ende-zu-Ende zu sichern. Die wichtigsten Funktionen der Netzsicherheit sind hierbei: Partner-Authentikation, Nachrichtenauthentizität und Integrität durch elektronische Unterschriften, Nachrichtenvertraulichkeit, Zugangssicherung sowie Sicherheitsmanagement. Eine Herausforderung bei der Implementierung von Sicherheitsfunktionen ist die große Vielfalt der Netze, Übertragungsprotokolle sowie der Endgeräte mit ihren Betriebssystemen und unterschiedlicher Anwendungssoftware. Daher kann es kaum einheitliche technische Lösungen für Authentikations-, Zugangssicherungs- und Vertraulichkeitsfunktionen geben. Dies ergibt sich insbesondere aus der Forderung, Sicherheitsfunktionen möglichst anwendungsnah zu realisieren. Allerdings ist es durchaus möglich, einzelne Sicherheitskomponenten zu modularisieren und für den Einsatz bei unterschiedlichen Anwendungen entsprechend zu konfigurieren. Hierzu gehören vor allem Komponenten des Schlüsselmanagements wie die Chipkarte für die Aufbewahrung und Verarbeitung persönlicher Schlüsselinformationen sowie zentrale Dienstleistungsfunktionen für die Schlüsselverwaltung.

24.5.3 Protokollstrukturen

Zur Abwicklung der Kommunikation zwischen Endsystemen sind allgemein Kommunikationsprotokolle notwendig. Die verschiedenen Funktionen eines Protokolls sind in Schichten eingeteilt, sodass die Abläufe und Schnittstellen zwischen den verteilten Software-Instanzen auf jeder Schicht modular und austauschbar definiert werden können. Fast jede Netztechnik (Kommunikationsendsysteme, Ethernet in lokalen Netzen, ATM, IP, SDH) hat ihre spezifische Protokollstruktur, sie hat jedoch immer große Ähnlichkeit mit dem OSI-Referenzmodell (Open Systems Interconnection). Es besteht aus einer siebenschichtigen Struktur, wobei horizontal die Protokolleinheiten (Protocol Data Unit, PDU) und vertikal, zwischen den Schichten, Diensteinheiten (Service Data Unit, SDU) ausgetauscht werden. Eine Protokolleinheit auf Schicht N zusammen mit der Zusatzinformation (Header, oder Protocol Control Information, PCI) bildet die Diensteinheit auf Schicht N – 1.

Jede Protokollschicht fügt auf der Sendeseite ihre eigene Zusatzinformation hinzu, währenddem diese auf der Empfangsseite wieder entfernt wird. Dies ist in Abb. 24.27 dargestellt. Die Darstellung der Felder der Protokolleinheiten erfolgt in zeitlicher Reihenfolge auf der physikalischen Leitung. Die Aufgaben der sieben Schichten sind nachfolgend zusammengefasst (Abb. 24.28). Schicht 1,

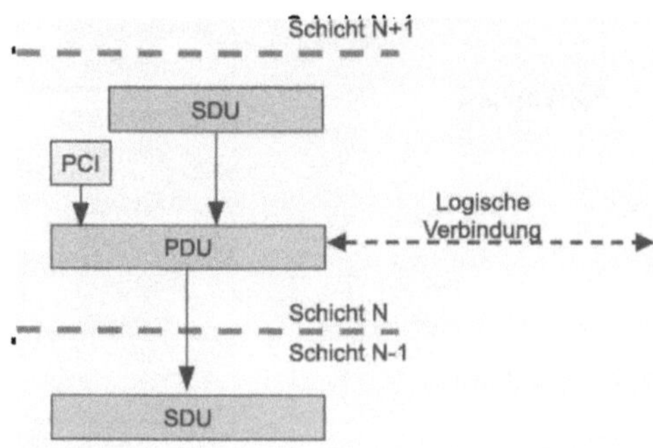

Abb. 24.27. Horizontaler und vertikaler Austausch von Dateneinheiten
von Dateneinheiten

die Bitübertragungsschicht, ist verantwortlich für die Übertragung der Bitimpulse über die elektrischen oder optischen physikalischen Kanäle. Schicht 2, die Sicherungsschicht, ermöglicht eine fehlerfreie Übertragung der Datenblöcke durch Fehlerbehebungsmechanismen im Falle von Bitübertragungsfehlern auf der physikalischen Verbindung. Die Protokolleinheiten dieser Schicht haben eine Zusatzinformation am Beginn (Header) sowie eine am Ende (Trailer). Schicht 3, die Vermittlungsschicht, bewirkt die Wegelenkung (Routing) der Pakete durch das Netz. Schicht 4, die Transportschicht, besorgt die Ende-zu-Ende Flusssteuerung zwischen den Endsystemen über das gesamte Netz hinweg. Schicht 5, die Sitzungsschicht, führt die Synchronisation des Informationsaustausches durch. Schicht 6, die Darstellungsschicht, passt die entsprechenden Darstellungsformen auf beiden Seiten an. Schicht 7, die Anwendungsschicht, wickelt die Kommunikation zwischen den eigentlichen Anwendungen wie E-Mail, Websurfen oder Multimediadienste ab.

Wie viele und welche Schichten in den Endsystemen und Netzknoten wirklich vorhanden sind, hängt von den Protokollfunktionen sowie den verwendeten Netzkomponenten und Netztechniken ab. In Abb. 24.29 sind die Protokollschichten zwischen zwei siebenschichtigen Endsystemen über eine Brücke (Bridge), einen Router und ein Gateway dargestellt. In den Zwischensystemen sind jeweils zwei, drei und vier Protokollschichten vorhanden. In modernen IP-Netzen findet man ent-

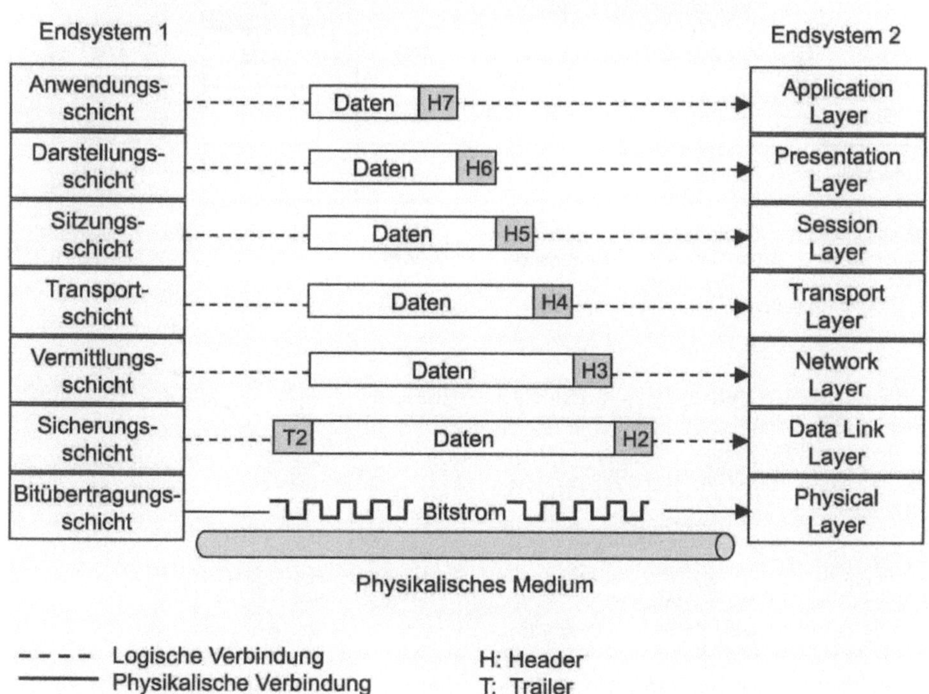

Abb. 24.28. OSI-Referenzmodell

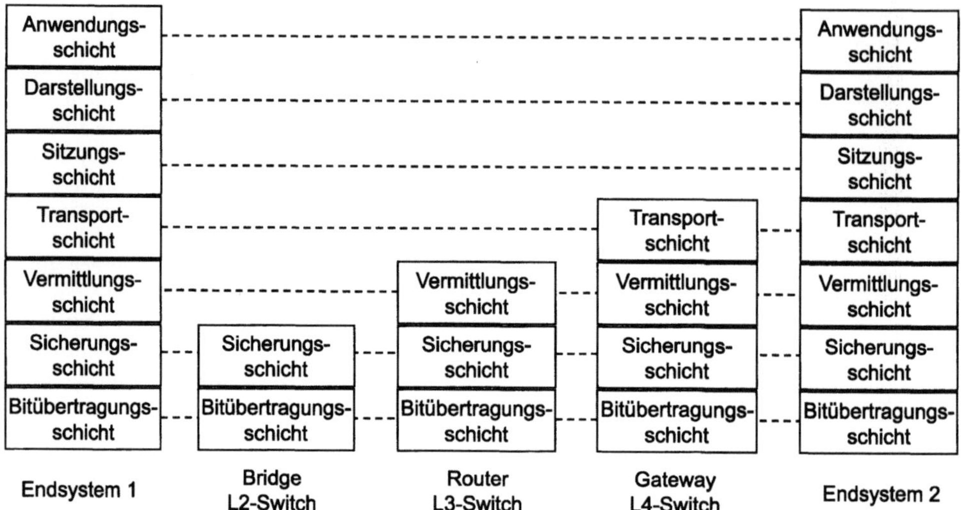

Abb. 24.29. Protokollschichtung in verschiedenen Netzkomponenten

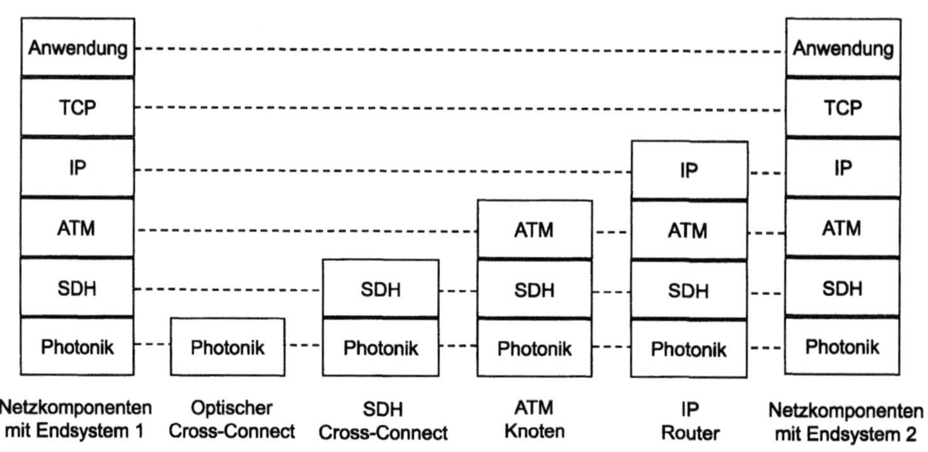

Abb. 24-30. Protokollschichtung bei Verwendung von verschiedenen Netztechniken

sprechend Layer 2, 3 und 4 Switches. Schicht 4 ist deshalb interessant, weil man so die IP-Pakete nach Anwendungen weitervermitteln kann, um so eine teilnehmerinviduelle Dienstqualität bieten zu können.

In Abb. 24.30 sind die Protokollschichtungen nach benutzter Netztechnik dargestellt. Die Anzahl Schichten pro Netztechnik ist dabei unterschiedlich. Betrachtet wird eine Verbindung zwischen zwei Internet-Anwendungen wie Websurfen über die Internet-Protokolle, die Vermittlungstechnik ATM und die elektronischen und optischen Übertragungssysteme. Die Verbindung von Endsystem 1 zu Endsystem 2 mit ihren eigenen Netzkomponenten führt über einen optischen Cross-Connect, einen SDH-Cross-Connect, einen ATM-Vermittlungsknoten sowie einen IP-Router.

24.5.4 Asynchroner Transfer Modus (ATM)

Ein wichtiger Verkehrsstrom, der über photonische Netze transportiert wird, ist der Asynchrone Transfer Modus (ATM). Diese Abkürzung steht für ein Übermittlungsverfahren, das auf einer verbindungsorientierten Paketvermittlung basiert. Die Nutzdaten werden in Form von Zellen mit konstanter Länge übertragen. Jede Zelle ist 53 Byte lang und besteht aus einem Kopffeld (5 Byte) und einem Informationsfeld (48 Byte). Es werden sowohl die Nutzdaten als auch die Signalisierungsdaten und Daten zum Betrieb, zur Administration und zur Wartung des Netzes in Zellenform übermittelt. Der Transport der ATM Zellen zwischen den Datenendeinrichtungen erfolgt über virtuelle Verbindungen. Sie werden durch das Konzept der virtuellen Pfade und virtuellen Kanäle definiert. Zur Unterscheidung dienen Einträge im Zellenkopf. Die ATM Vermittlungsstellen werten diese Informationen zur Lenkung des Zellenflusses aus. Durch die Verwendung der virtuellen Verbindungen bleibt die Zellenreihenfolge erhalten, da alle Zellen dadurch auf demselben Weg durch das Netz gelenkt werden. Nach dem Verbindungsaufbau und der Anforderung von Betriebsmitteln und Übermittlungseigenschaften folgt die Bereitstellung der Übertragungskapazitäten durch das Netz. Nach dem Abbau der Verbindung werden die verwendeten Ressourcen freigegeben. Abb. 24.31 zeigt das Format einer ATM-Zelle. Für das Kopffeld wurden zwei Formate definiert: eines für die Schnittstelle UNI zwischen Teilnehmer und Netz (User-to-Network Interface) und die NNI als Schnittstelle im Netz selbst (Network-to-Network Interface).

Der Unterschied zwischen den beiden Kopffeldtypen besteht darin, dass in der UNI Struktur ein Feld für die Generische Flusskontrolle (Generic Flow Control, GFC) vorhanden ist. Das GFC Feld wird zur Implementierung einer Teilnehmer-Flusssteuerung verwendet. Das VPI (Virtual Path Identifier) Feld wird zur Kennzeichnung der virtuellen Pfade verwendet. Zellen, die dem gleichen Pfad zugeordnet sind, können durch spezielle Vermittlungsknoten sehr schnell vermittelt werden, da nur das VPI Adressierungsfeld verarbeitet wird. Das VCI (Virtual Channel Identifier) Feld dient zur Kennzeichnung der virtuellen Kanäle. Zellen, die zur selben virtuellen Verbindung gehören, werden durch die gleichen Werte sowohl im VPI Feld als auch im VCI Feld gekennzeichnet. Das PTI (Payload Type Identifier) Feld wird zur Unterscheidung verschiedener Zellentypen, wie Zellen mit Nutzdaten, Leerzellen, Signalisierungszellen oder Ressource-Managementzellen zur Verkehrssteuerung verwendet. Das CLP (Cell Loss Priority) Bit setzt die Priorität der Zellen fest. Falls dieses Bit von Netzzugangs- oder Netzknoten gesetzt wird, darf die Zelle bei Überlastsituationen verworfen werden. Das HEC (Header Error Control) Feld ermöglicht unter Verwendung eines festgelegten Generatorpolynoms die Identifizierung von Zellen mit fehlerhaftem Zellenkopffeld, wobei ein einzelner Bitfehler korrigiert werden kann. Zusätzlich wird

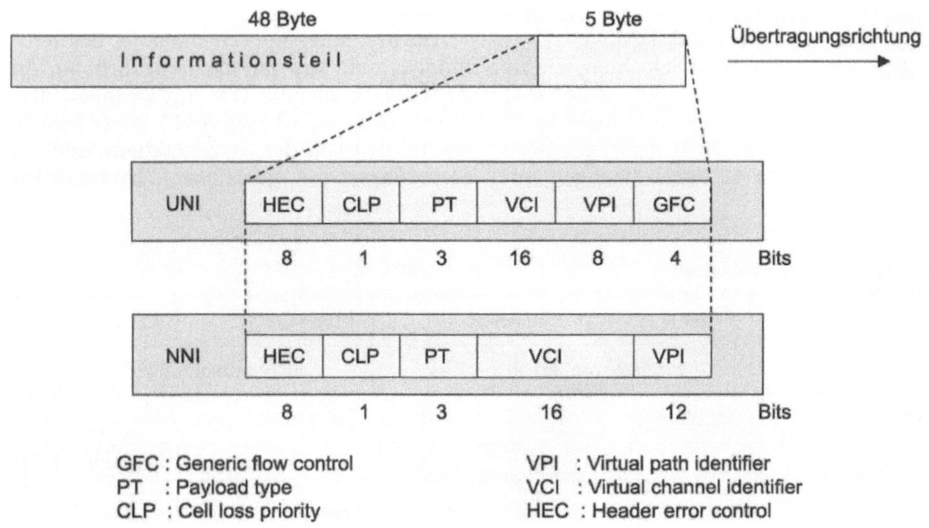

Abb. 24.31. Format der ATM-Zelle

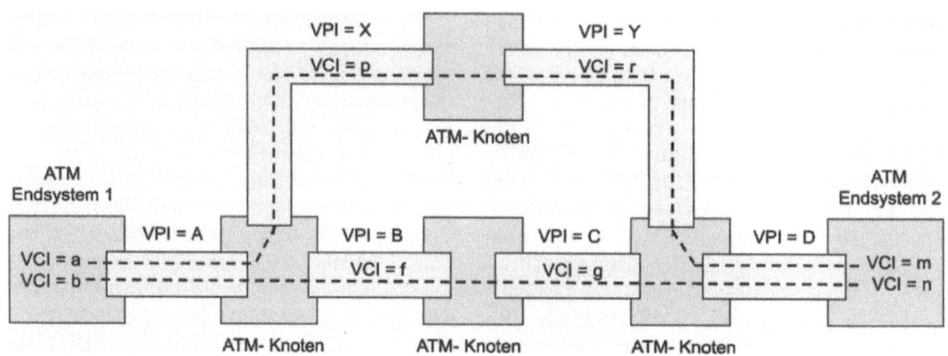

Abb. 24.32. ATM-Vermittlung mit virtuellen Pfaden und Kanälen

das HEC Feld zur Synchronisierung auf Zellgrenzen verwendet.

Als Beispiel für die Zellenvermittlung zeigt Abb. 24.32 zwei virtuelle Verbindungen zwischen den ATM-Endsystemen 1 und 2. Die erste Verbindung geht über die virtuellen Pfade A, X, Y und D und wechselt dabei den virtuellen Kanal von a über p und r in Kanal m. Der Wechsel des VPI und VCI geschieht in jedem Knoten gemäß einem Tabelleneintrag, der beim Aufbau der virtuellen Verbindung gesetzt wird.

ATM bietet unterschiedliche Dienste an, wobei vier Dienstklassen durch die folgenden Kriterien definiert sind: die Bitrate (konstant oder variabel), der Zeitbezug zwischen Sender und Empfänger (Echtzeit oder variable Verzögerung) und die Verbindungsart (verbindungsorientiert oder verbindungslos).

Neben den horizontalen Schichten, wie sie auch im OSI (Open System Interconnection) Referenzmodell zu finden sind, enthält das in Abb. 24.33 dargestellte ATM-Referenzmodell [19] eine zusätzliche vertikale Managementebene, die über alle horizontalen Schichten reicht. Ein Hauptmerkmal des Protokollmodells ist die Unterteilung der Schichten in eine Steuerungsebene (Control Plane) und eine Benutzerebene (User Plane). Diese Unterteilung kommt durch die Trennung der Signalisierung von der Nutzdatenübertragung zustande. Die Benutzerebenen steuern die Übermittlung der Nutzdaten. Die Steuerungsebenen regeln den Aufbau und den Abbau der virtuellen Verbindungen und den Betrieb und die Wartung des Netzes. Die Managementebene besteht aus einem Ebenenmanagement und einem Schichtenmanagement. Die Funktionen des Schichtenmanagements verwalten die schichtenspezifischen Ressourcen wie Puffer und verarbeiten Nachrichten zur Erfüllung der Betriebs- und Wartungsaufgaben.

Die drei untersten Schichten des Referenzmodells sind die physikalische Schicht, die ATM Schicht und die ATM Anpassungsschicht (ATM Adaptation Layer, AAL). Diese Schichten werden von der Benutzerebene und der Steuerungsebene gemeinsam benutzt. Die

Tabelle 24.3. ATM-Dienstklassen

	Klasse A	Klasse B	Klasse C	Klasse D
Zeitbezug:	zeitkontinuierlich		nicht zeitkontinuierlich	
Bitrate:	konstant	variabel		
Verbindungsart:	verbindungsorientiert			verbindungslos
Diensttyp:	Typ 1	Typ2	Typ 3/4	Typ 5
Beispiele	Sprache	Video	Daten	Daten

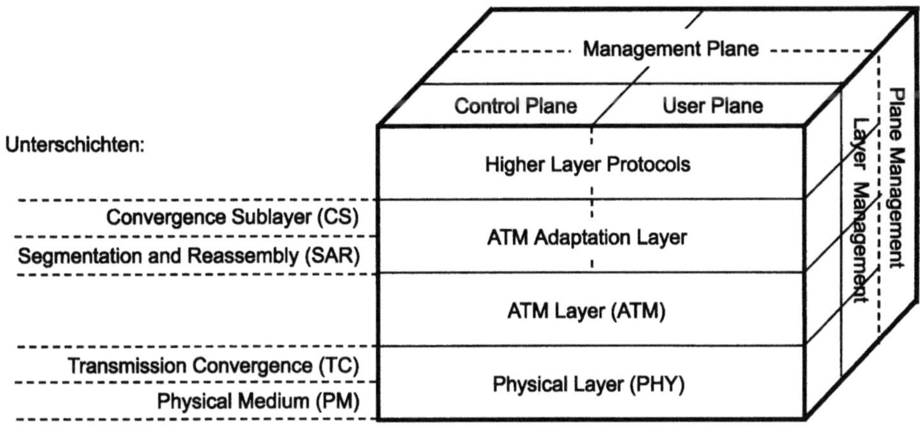

Abb. 24.33. ATM-Schichtenmodell

physikalische Schicht enthält die Funktionen zur Übertragung und Synchronisierung der Bitfolgen auf dem physikalischen Medium. Ferner regelt sie die Entkopplung der Zellenströme, die Begrenzung der Zellen, die Erzeugung und die Wiederherstellung des Übertragungsrahmens sowie die Erzeugung und die Überprüfung der Prüfsumme. Die Eigenschaften der ATM Schicht sind unabhängig von denen der physikalischen Schicht. Die ATM Schicht regelt die Vermittlung der ATM Zellen mittels virtueller Pfade und Kanäle durch die Verarbeitung der entsprechenden Indikatorfelder. Den jeweiligen virtuellen Verbindungen werden gemäß der Dienstklassen feste oder variable Zellenraten zugeordnet. Die dynamische Zuordnung der Zellenrate erfolgt entsprechend dem momentanen Bedarf und der verfügbaren Übertragungskapazität des Netzes. Die von einer Verbindung nicht benötigte Übertragungskapazität steht anderen Verbindungen zur Verfügung. Die über der ATM Schicht liegende ATM Anpassungsschicht (ATM Adaptation Layer, AAL) dient zur Anpassung der von höheren Protokollebenen angebotenen Pakete auf die Zellenstruktur der ATM Ebene. Die Funktionen der AAL regeln die Segmentierung und die Reassemblierung der Pakete in die Zellen. Die physikalische Übertragung der ATM Zellen erfolgt in der synchronen Rahmenstruktur der Synchronen Digitalen Hierarchie (SDH). Dadurch werden ATM Zellen, die zu verschiedenen virtuellen Verbindungen gehören, gemultiplext und übermittelt. Um bei der Übertragung einen kontinuierlichen Datenstrom zu gewährleisten, werden Leerzellen übertragen. Der ATM Anschluss unterstützt Datenraten von 155 Mbit/s, 622 Mbit/s oder 2,5 Gbit/s.

Um auch die verbindungslose Paketvermittlung zu unterstützen, werden spezielle Vermittlungsstellen (Connectionless Server) verwendet. Der Asynchrone Transfer Modus ist ferner durch das Fehlen abschnittsweiser Fehlersicherungen und Flusssteuerungen zwischen den Netzelementen gekennzeichnet. Die Fehlersicherung und die Flusssteuerung erfolgt nur zwischen den Datenendeinrichtungen [21, 22].

24.5.5 Die Internet-Technik

24.5.5.1 *IP-Netze*

Die Internet-Technik oder die IP-Netze (Internet Protocol) entwickeln sich rasch zu einer universalen Vermittlungstechnik für Daten, Sprache und Multimedia, deren Verkehrsflüsse wirtschaftlich nur noch mit photonischen Netzen zu bewältigen sind. IP basiert auf der verbindungslosen Paketvermittlung mit Paketen einer variablen Länge. Die minimale Zusatzinformation, der Paketkopf, besteht in der heute generell angewandten Version 4 (IPv4) aus 20 Byte sowie einem variablen Teil für diverse Optionen wie spezielle Routen durch das Netz, Sicherheitsangaben und Zeitmessung. Die Wegelenkung geschieht auf Basis der kompletten Adresse des Zieles. Für Quell- und Zieladresse stehen je vier Byte zur Verfügung. In der erweiterten Version 6 (IPv6) sind hierfür je sechzehn Byte vorgesehen. Der kon-

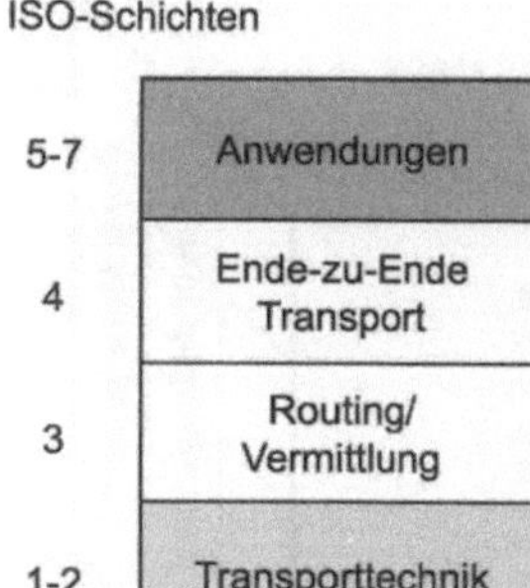

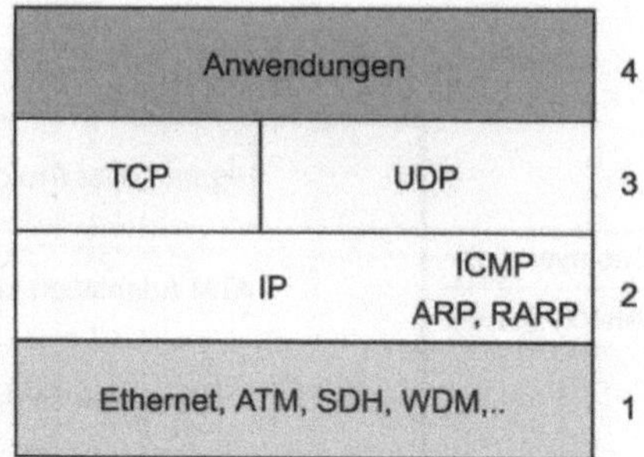

Abb. 24.34. TCP/IP Protokollschichten-Modell

stante Paketkopf besteht hier aus 40 Byte. Dazu kommen noch die Optionen bezüglich Routing und Authentikation [18].

Um eine Ende-zu-Ende Beziehung umzusetzen, wird für eine verbindungsorientierte Kommunikation TCP (Transmission Control Protocol), für eine verbindungslose UDP (User Datagram Protocol) eingesetzt. Dabei wird durch die Festlegung einer weiteren Adressierung, des Ports, die Zuordnung einzelner Datenströme auf bestimmte Anwendungen ermöglicht.

Zur Steuerung und Kontrolle der Datenströme kommen die Nachrichten des ICMP (Internet Control Message Protocol) zum Einsatz. Diese liefern Informationen über Fehlerfälle, wie Unerreichbarkeit des Empfängers oder Zeitüberschreitungen bei der Datenübertragung, und stellen einen speziellen Fall von IP Paketen dar.

Damit eine definierte Kommunikationsbeziehung zwischen den End-Einrichtungen hergestellt werden kann, müssen die mit den Netzzugangselementen (Netzwerkkarten) eindeutig verbundenen physikalischen MAC-Adressen (Medium Access Control) über die Protokolle ARP (Adress Resolution Protocol) oder RARP (Reverse Adress Resolution Protocol) mit den frei vergebenen IP-Adressen verknüpft werden. Diese Zuordnung der physikalischen MAC- zu den logischen IP-Adressen verlangt eine im Endgerät gespeicherte IP-Adresse bei ARP oder eine vom Netz zu vergebende IP-Adresse bei RARP.

Durch den Einsatz eines logischen Adressierungsschemas mittels IP und TCP gekoppelt mit einer physikalischen Adressierung der Netzzugangselemente wird in IP Netzen eine für eine Vielfalt unterschiedlicher Kommunikationsszenarien geeignete Protokollumgebung bereitgestellt, die trotz aktueller Weiterentwicklung durch ihre Stabilität und Einfachheit überzeugen konnte.

24.5.5.2 *MPLS-Netze*

Multiprotocol Label Switching (MPLS) ist ein Mechanismus für Internet-Netze, um einen hohen Durchsatz, gute Skalierbarkeit und eine Vielfalt von Transportdiensten zu ermöglichen. MPLS verwendet eine Kennung (Label), um IP-Pakete ähnlich wie bei ATM über vorbestimmte Pfade von Knoten zu Knoten durch eine sogenannte MPLS-Domäne zu vermitteln. Ein Pfad (Label Switched Path, LSP) beginnt in einem Ingress-Knoten und endet in einem Egress-Knoten. Sie sind die Knoten an den Netzrändern (Edge-Router). Hier wird jedem IP-Paket die Pfad-Kennung für den ersten Vermittlungsabschnitt hinzugefügt und am Ende wird dieses 4-Byte-Feld wieder entfernt. In jedem Zwischenknoten (Core-Router) wird die Kennung ausgetauscht. Diese Ressourcen eines Pfades (Übertragungskapazität und Puffergrößen) werden durch das Protokoll RSVP (Resource Reservation Protocol) in allen Knotenabschnitten bereitgestellt. Die Kennungen für die Abschnitte werden durch das Protokoll LDP (Label Distribution Protocol) eindeutig zugewiesen. Ein Pfad wird von vielen Benutzern verwendet, und deshalb werden die einzelnen IP-Pakete in Dienstklassen eingeteilt. Verschiedene Prioritätsmechanismen für die Weiterleitung der Pakete und Mechanismen für eine eventuelle Verwerfung von Paketen gewährleisten eine klassengerechte Abwicklung der Verkehrsflüsse. Pfadkennung und die Zuweisung der Dienstklassen geschieht auf Grund eines benutzerindividuellen Dienstvertrags (Service Level Agreement, SLA).

24.5.5.3 *Differentiated Services*

Differentiated Services (DiffServ) ermöglichen die Unterscheidung von Paketen. Dazu wird das DiffServ-Byte (DS-Byte) im IP Header verwendet. Der Inhalt des DS-Bytes klassifiziert die einzelnen Pakete aufgrund definierter QoS Anforderungen, die in den benutzerindividuellen Dienstverträgen (Service Level Agreements, SLA) festgelegt sind. Die einzelnen Pakete gehören unterschiedlichen Verkehrsflüssen an. Innerhalb des Netzes wird damit eine Gleichbehandlung der Pakete unterschiedlicher Verkehrsflüsse aufgrund ihres identischen DS-Bytes ermöglicht (Traffic Aggregation). Die Einteilung der Pakete wird durch Klassifizierer (Classifier) an den Grenzen der DiffServ-Domäne vorgenommen. Die Klasse bestimmt in den Routern, wie das Paket behandelt und weitergeleitet wird (Per Hop Behaviour, PHB). Zur Zeit sind mehrere Klassen definiert, wie z.B. Expedited Forwarding und Assured Forwarding. Expedited Forwarding ist gleichzusetzen einer virtuellen Verbindung mit höchster Priorität, die versucht kleinste Verzögerungszeiten bei geringsten Verzögerungsschwankungen (Jitter) zu erreichen. Assured Forwarding unterteilt sich wiederum in 4 Klassen, wobei jede dieser Klassen eine drei-stufige Priorisierung (klein, mittel, hoch) für den Verwurf der Zellen (Dropping Precedence) im Überlastfall vornimmt. Wird das Paket über eine MPLS Domäne geroutet, so kann das Label abhängig von der bestehenden DiffServ Klasse vergeben werden (Mapping). Bedingung für DiffServ, um eine klassengerechte Abwicklung der Verkehrsflüsse zu ermöglichen, ist ein gut dimensioniertes Netz.

24.5.6 IP über WDM

Die optische Glasfaser bietet bekanntlich eine potentielle Übertragungsbandbreite im THz-Bereich. Die WDM Technologie stellt hierzu eine bewährte Möglichkeit dar, diese immense optische Bandbreite auszuschöpfen.

Hierbei werden mehrere elektrische Signale auf „elektrisch" unterstützten Bitraten (derzeit bis zu 10 Gbit/s) zu einem optischen Signal auf einer entsprechend hohen Datenrate zusammengeführt (WDM-Multiplex), welches dann über eine Glasfaser übertragen und am Ende der Übertragungsstrecke wieder entschachtelt wird (WDM-Demultiplex). Folgende Vorteile dieser Technologie lassen deren Einsatz im Backbone-Netz vielversprechend erscheinen:

- Kapazitätserhöhung auf den vorhandenen Glasfaser-Übertragungsstrecken
- effiziente Einsparung von zusätzlichen Glasfaserleitungen
- Unterstützung konventioneller Protokollarchitekturen (wie z.B. IP/ATM/SDH oder IP/PPP/HDLC/SDH) auf nur einer Glasfaser

Als nächste Entwicklungsstufe des Internet versucht man nun das IP (Internet Protocol) direkt auf der optischen Schicht aufzusetzen (IP-über-WDM) um die Bitrateneinbußen und den Signalisierungs-Overhead (bis zu 30%) bei IP-über-ATM bzw. IP-über-SDH zu vermeiden.

Sowohl im Zusammenhang mit WDM-Transportnetzen als auch mit WDM-LANs

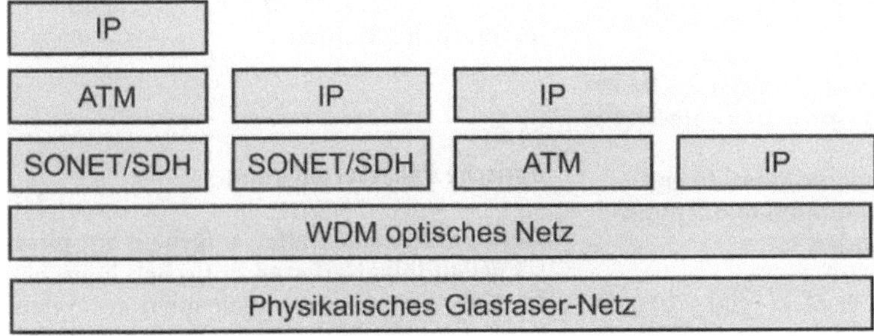

Abb. 24.35. IP über diverse Technologien

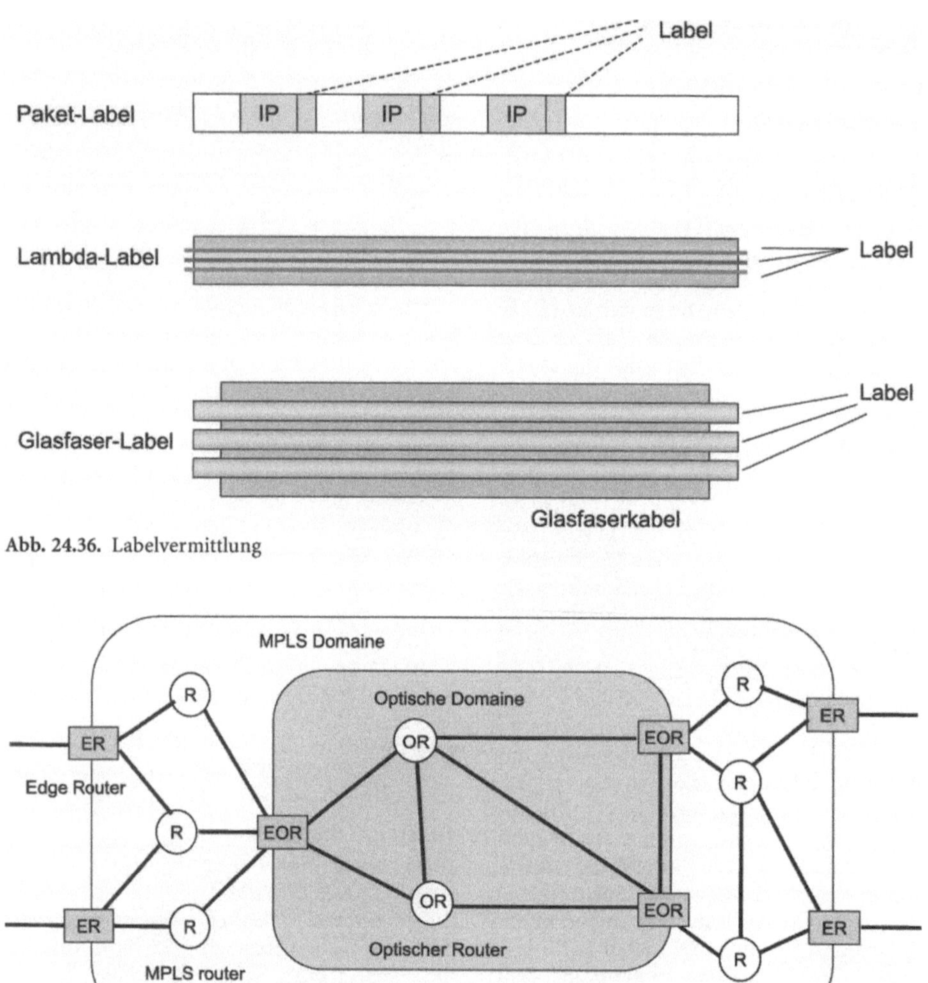

Abb. 24.36. Labelvermittlung

Abb. 24.37. Elektronische und optische Labelvermittlung

bieten WDM-Ringe besonders attraktive Eigenschaften wie:

- Robustheit gegenüber Fehlern (z.B. bewährte Protection Switching Mechanismen)
- reduzierter Synchronisationsaufwand
- zahlreiche Ring-Kommunikationsprotokolle bereits vorhanden

Die Abbildungen 24.36, 24.37 und 24.38 demonstrieren das Prinzip der Erweiterung der Label-Funktionalität auf WDM-Netze. Hierbei können implizit Labels mit einzelnen Wellenlängen gleichgesetzt und entsprechend weiterverarbeitet werden.

24.6 Optische Paketvermittlung

Statische optische Puffer, aufgebaut aus ultraschnellen integrierbaren optischen logischen Gattern, stehen heute noch nicht zur Verfügung. Deshalb muss die Pufferung optischer Pakete dynamisch erfolgen. Dies erfolgt entweder durch Verzögerungsleitungen oder

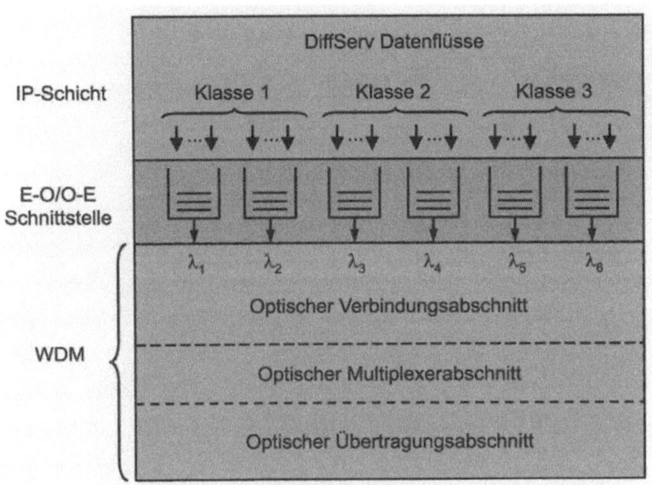

Abb. 24.38. Dienstqualität in labelvermittelten Pfaden

durch optische Ringpuffer. Beide Formen können bereits gut auf Siliziumchips integriert werden und ermöglichen eine dynamische Auswahl der Verzögerungsdauer. Optische Puffer braucht man entweder, um Pakete für eine konstante Dauer zu verzögern oder falls Pakete von verschiedenen Eingängen zum gleichen Ausgang eines Vermittlungsknotens gelenkt werden. Bei der Paketvermittlung kann die Auswertung der Zusatzinformation der Pakete rein optisch oder elektronisch erfolgen. In beiden Fällen wird die Zusatzinformation beim Eingang eines Vermittlungsknotens decodiert und verarbeitet, um einerseits den Weg durch das optische Koppelnetz zu setzen und andererseits die neue Zusatzinformation am Ausgang einzufügen. Die Zusatzinformation erhält man durch Auskopplung eines geringen Energieanteils am Eingang. Das optische Paket selbst wird zuerst um die Verarbeitungszeit der Zusatzinformation verzögert und danach durch das optische Koppelnetz gelenkt. Zuletzt wird die Zusatzinformation durch Löschung der optischen Energie und anschließende Einfügung der neuen Information modifiziert.

Abbildung 24.40 zeigt eine mögliche Struktur eines optischen Paketvermittlungsknotens, wobei die Paketvermittlung selbst elektronisch durchgeführt wird. Bei volloptischer Paketvermittlung kann man das oben beschriebene Verfahren anwenden. Der optische Knoten besteht ferner aus einer Ebene für Glasfaservermittlung und einer Ebene für die Wellenlängenselektion mit Wellenlängenvermittlung.

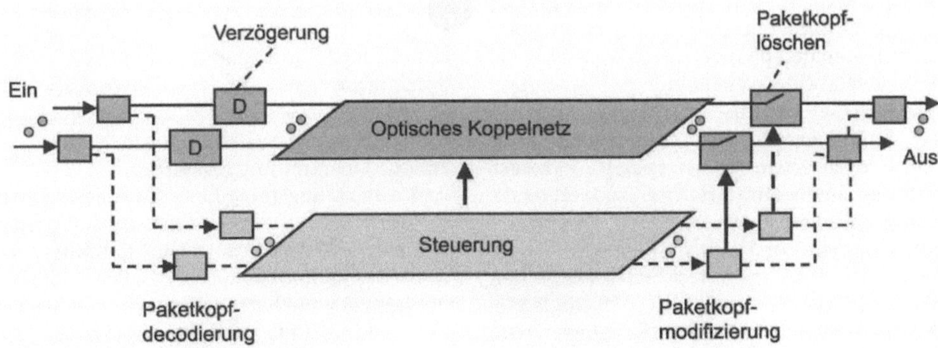

Abb. 24.39. Optische Paketvermittlung

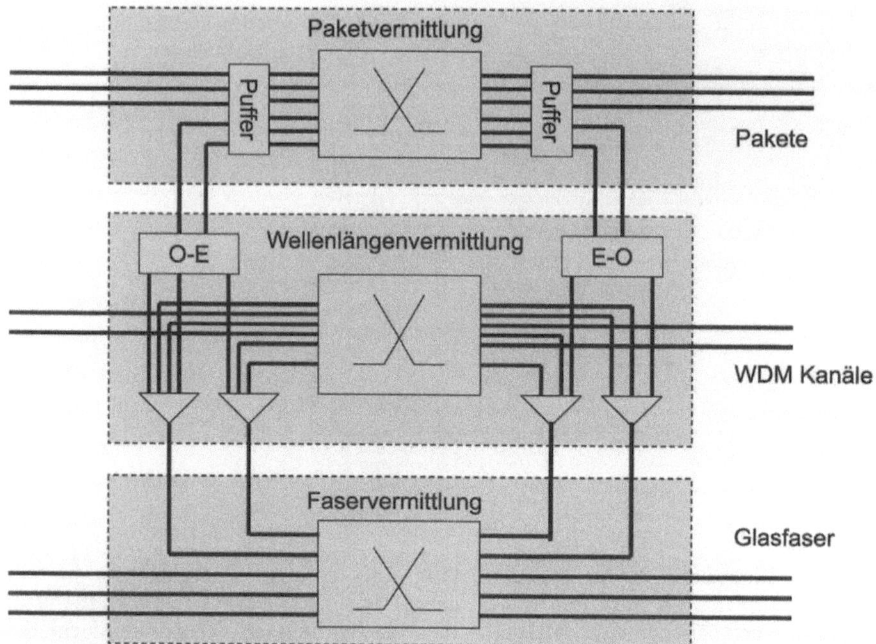

Abb. 24.40. Optischer Paketvermittlungsknoten

24.7 Photonische lokale Netze

24.7.1 Photonisches LAN mit einer Sterntopologie

In Abb. 24.41 ist ein lokales WDM Netz basierend auf einem passiven Sternkoppler dargestellt. Die N Knoten sind links in eine Sendeseite (Transmit, TX) und rechts in Empfangseite (Receive, RX) aufgeteilt. Betrachtet wird der Fall mit N Wellenlängen, sodass gleichzeitig jeder Sendeknoten auf einer Wellenlänge mit einem Empfängerknoten kommunizieren kann. Durch den passiven Sternkoppler findet man jeweils eine Wellenlänge auf der Sendeseite und die Gesamtheit der Wellenlängen auf der Empfangsseite. Für photonische LANs (Local Area Network) ist speziell Paketvermittlung interessant. Hierbei sind folgende Konfigurationen der Sende- und Empfangseinrichtungen zu betrachten. Erstens: jeder Sender hat eine eigene feste Wellenlänge und die Empfänger sind auf allen Wellenlängen durchstimmbar. Zweitens: die Sender sind durchstimmbar und die Empfänger besitzen eine feste Wellenlänge. Und drittens: beide Seiten sind durchstimmbar. In allen drei Fällen muss ein Zugriffsprotokoll für einen geordneten und fairen Ablauf der Kommunikation sorgen. Oft wird für diesen Kontrollkanal eine eigene Wellenlänge λ_0 vorgesehen. Benötigt wird diese Koordination, um Sender und Empfänger für eine Paketübertragung zeitlich abzustimmen. Denn wenn zwei Sender mit jeweils einer festen Wellenlänge ein Paket zum gleichen Empfänger schicken wollen, kann der Empfänger nur gleichzeitig auf einem Kanal empfangen. So auch für die Konfiguration mit eigenen Wellenlängen am Empfänger. Hier müssen sich die Sender zeitlich koordinieren, um zu vermeiden, dass diese Sender ihre Pakete auf der gleichen Wellenlänge zum gemeinsamen Empfänger schicken, und sich die Informationssignale durch die zeitliche Überlappung zerstören.

Eine leistungsfähige Erweiterung ist durch die Verwendung eines passiven Multiplexerkopplers (Arrayed WaveGuide Multiplexer, AWGM) möglich (vgl. Kap. 14). Diese Komponente ist ein blockierungsfreies $N \times N$ Koppelnetz, und falls alle N Knoten mit Laser- und Photodioden-Arrays ausgerüstet sind und auch die entsprechende Elektronik voll-paral-

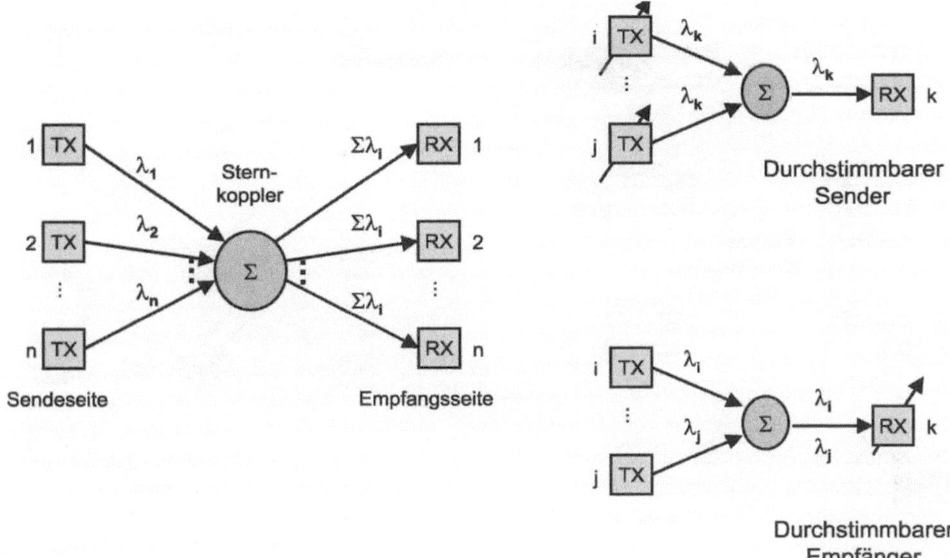

Abb. 24.41. Photonisches LAN mit einem passiven Sternkoppler

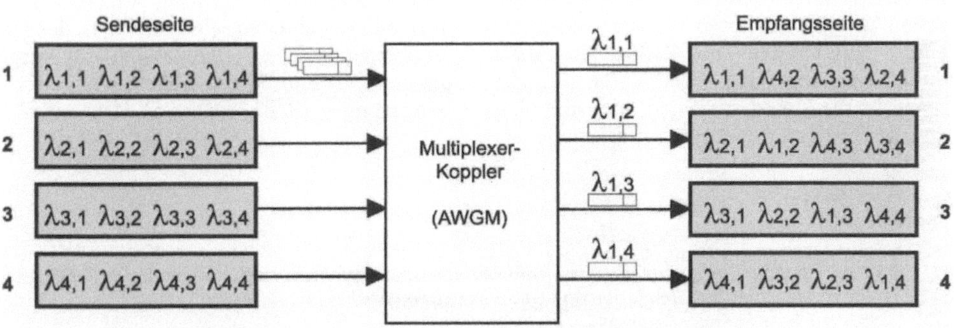

Abb. 24.42. Photonisches LAN mit einem passiven Multiplexerkoppler

lel ausgelegt ist, kann jeder Knoten mit jedem anderen Knoten über eine Sendeglasfaser und einen Empfangslaser gleichzeitig kommunizieren. In der Praxis wird man nur wenige parallele Datenkanäle vorfinden, so dass auch hier Zugriffsprotokolle notwendig sind. Im Vergleich mit einem passiven Stern ist jedoch eine massive Leistungssteigerung möglich. Ein Multiplexerkoppler ist eine passive optische Komponente mit der Eigenschaft, dass alle Wellenlängen $\lambda_{1,i}$, $i = 1, \dots, N$ auf Eingang 1 zyklisch auf den entsprechenden Ausgänge i erscheinen. Für alle Wellenlängen auf Eingang 2 gilt das Gleiche, wobei die zyklische Durchnummerierung bei Ausgang 2 anfängt. Somit sind alle Wellenlängen auf jedem Ein- und Ausgang vorhanden.

24.7.2 Photonisches Multihop-LAN

Um durchstimmbare Komponenten zu vermeiden, kann man Multihop-Netze verwenden. Hier wird das Ziel optisch nicht direkt erreicht, sondern der Weg führt über Zwischenknoten. Die Besuchsregeln der

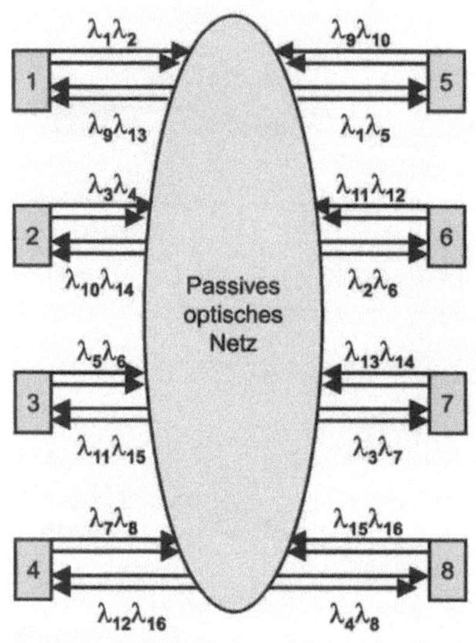

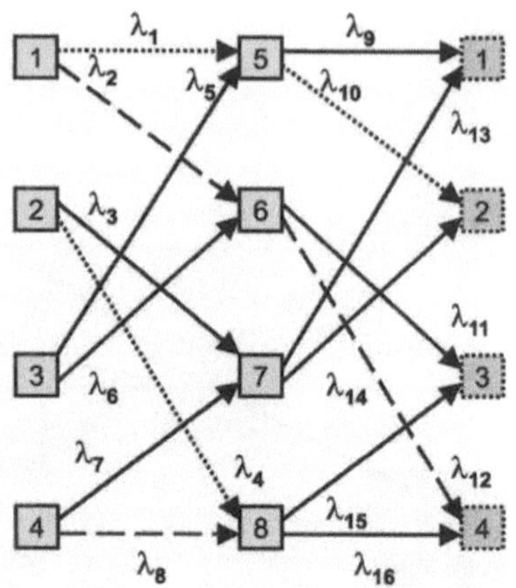

8-Knoten, p = 2 ports, k = 2 Kolonnen
Längster Weg 2k – 1 Hops

Knoten 1 zu 8: – – 1 – 6 – 4 - 8
········· 1 – 5 – 2 - 8

Abb. 24.43. Photonisches Multihop-LAN

Zwischenknoten sind im allgemeinen vorgegeben und es existieren mehrere Wege von einem Quellknoten zum Zielknoten. Abbildung 24.43 zeigt eine regelmäßige Besuchsregel für die Zwischenknoten mit Hilfe eines Shuffle-Graphen mit Knoten mit jeweils zwei Sende- und Empfangswellenlängen, die jedoch alle verschieden sein müssen. In der Praxis werden solche Netze, jedoch mit vorgeplanten unregelmäßigen Wegeführungen, von Bedeutung werden.

Spezielle Literatur

[1] J. Franz: *Optische Übertragungssysteme mit Überlagerungsempfang.* Springer Verlag, Berlin, 1988.
[2] G. Söder: *Modellierung, Simulation und Optimierung von Nachrichtensystemen.* Springer Verlag, Berlin, 1993.
[3] G. P. Agrawal: *Fiber-Optic Communication Systems.* Wiley, New York, 1992.
[4] E. Desurvire: *Erbium-Doped Fiber Amplifiers.* Wiley, New York, 1994.
[5] H.-G. Unger: *Optische Nachrichtentechnik, Teil 1: optische Wellenleiter.* Hüthig Verlag, Heidelberg, 1990.
[6] H.-G. Unger: *Optische Nachrichtentechnik, Teil 2: Komponenten, Systeme, Meßtechnik.* Hüthig Verlag, Heidelberg, 1992.
[7] G. Grau, W. Freude: *Optische Nachrichtentechnik.* Springer Verlag, Berlin, 1991.
[8] S. Geckeler: *Lichtwellenleiter für die optische Nachrichtentechnik.* Springer Verlag, Berlin, 1987
[9] E. Stadler: *Modulationsverfahren.* Vogel Buchverlag, Würzburg, 1990.
[10] T. E. Darcie: *Subcarrier Multiplexing for Lightwave Networks and Video Distribution Systems.* IEEE J. on Selected Areas in Commun. 8 (1990) 7, 1240–1248.
[11] G. Fischer: *A 700 Mbit/s PSK Optical Homodyne System with Balanced Phase Locked Loop.* J. Opt. Commun. 9 (1988) 1, 27–28.
[12] R. Kiefer, *Meßtechnik in digitalen Netzen*, Hüthig Verlag, 1997.
[13] A. Wilde, *SDH in der Praxis*, VDE-Verlag, 1999.
[14] V. Jung, H.-J. Warnecke, *Handbuch für die Telekommunikation*, Springer Verlag, 1998.
[15] T. Russell, *Signaling System Nr. 7*, McGraw Hill, 1995.
[16] A. Mertz, M. Pollakowski, *xDSL & Access Networks*, Prentice Hall, 2000.
[17] S. Ken-Ichi, *Advances in Transport Network Technologies- Photonic Networks, ATM, and SDH*, Artech House, 1996.
[18] G. Siegmund, *Intelligente Netze – Technik, Dienste, Vermarktung*, Hüthig Verlag, 4. Auflage, 1999.
[19] E. Rathgeb, *ATM-Infrastruktur für die Hochleistungskommunikation*, Springer Verlag, 1997.

[20] G. Siegmund, *ATM - Die Technik des Breitband-ISDN*, R.v. Dekker's Verlag, 1994.
[21] K. Washburn, J. Kevin, *TCP/IP – Aufbau und Betrieb eines TCP/IP-Netzes*, 2. Auflage, Addison-Wesley, 1997.
[22] W. Stallings, *High-speed networks – TCP/IP and ATM design principles*, Prentice Hall, 1998.
[23] A.S. Tanenbaum, *Computernetzwerke*, Prentice Hall, 1997.
[24] H. Orlamünder, *High-Speed-Netze – Kommunikationsinfrastruktur der Zukunft: Internet, ATM, Multimedia*, Hüthig-Verlag, 2000.
[25] A. Jukan, *QoS-based Wavelength Routing in Multi-Service WDM Networks*, Springer Verlag, 2001.
[26] B. Mukherjee, *WDM-based Local Lightwave Networks. Part I: Single-Hop Systems*, IEEE Network Magazine, 6 (1992) 3, 12-27.
[27] B. Mukherjee, *WDM-based Local Lightwave Networks. Part II: Multihop Systems*, IEEE Network Magazine, 6 (1992) 4, pp. 20 – 32.
[28] K. Bengi, *Optical Packet-Switched Metro Networks and their Access Protocols*, Springer Verlag, 2001.

Übertragungsstrecken mit Zeitmultiplex 25

G. Veith, B. Wedding, H. Bülow

Allgemeine Literatur
„Optische Telekommunikationssysteme", Herausg. Hultzsch D., Damm Verlag, 1996 – „Fiber-Optic Communication Systems", Agrawal, G.P., John Wiley & Sons, 2. Aufl., 1997 – „Optical Fiber Communications IIIA and IIIB", Herausg. Kaminow, I.P., Koch, T.L., Academic Press, San Diego, 1997

25.1 Technologien und Begrenzungen hochbitratiger optischer Übertragungssysteme

25.1.1 Zeitmultiplextechniken

Die in der digitalen optischen Übertragungstechnik gebräuchlichste Multiplextechnik basiert auf dem Zeitmultiplex (engl. time division multiplexing, TDM). Hierbei werden mehrere Nutzkanäle mit niedriger Datenrate zeitlich ineinander verschachtelt über einen optischen Übertragungskanal mit hoher Datenrate gemeinsam übertragen und empfangsseitig durch einen Demultiplexer wieder in die ursprünglichen Nutzkanäle zerlegt [1].

In der Plesiochronen Digitalen Hierarchie (PDH), welche über viele Jahre vorzugsweise in der optischen Übertragungstechnik eingesetzt wurde, werden beispielsweise 30 × 64 kbit/s Sprachkanäle auf eine Datenrate von 2,048 Mbit/s umgesetzt. Durch weitere Zeitmultiplex-Bildung ergaben sich stufenweise durch Vervierfachung der Nutzdatenraten höhere PDH Hierarchiestufen von ca. 8,5 Mbit/s, 34 Mbit/s, 139 Mbit/s, 565 Mbit/s und 2,4 Gbit/s. Da beim plesiochronen Demultiplexen beim Zugriff auf einen einzelnen Nutzkanal jeweils das gesamte Multiplexsignal in seine Einzelkanäle zerlegt werden muß, erwies sich dieses Verfahren mit dem Fortschreiten der optischen Übertragungstechnik in Richtung immer höherer Übertragungsraten als zunehmend ineffektiv. Darum wurde schließlich die Synchrone Digitale Hierarchie (SDH) mit einer Basisübertragungsrate von 155,5 Mbit/s (Synchronous Transport Module STM-1) eingeführt, in welcher der Zugriff auf einzelne Nutzkanäle wesentlich vereinfacht ist. Hierbei werden die Daten in Containern blockweise (9 × 270 Byte) übertragen, wobei jeder Block aus einem Overhead (Zusatzinformation) und der Nutzinformation besteht. Durch schrittweise Vervierfachung der Datenrate über Zeitmultiplex erhält man aus dem STM-1 Basiskanal (155 Mbit/s) die höheren Kanalraten der Synchronen Digitalen Hierarchie (STM-4: 620 Mbit/s. STM-16: 2,5 Gbit/s, STM-64: 10 Gbit/s). Im Weitverkehr wurden in den achtziger Jahren vornehmlich optische Übertragungssysteme mit Datenraten bis zu 620 Mbit/s installiert, während in den neunziger Jahren aufgrund der technischen Weiterentwicklung bereits 2,5 Gbit/s bis 10 Gbit/s eingesetzt werden konnten (Abb. 25.1). Kürzlich wurden erste Feldversuche bei einer Einkanalbitrate von 40 Gbit/s durchgeführt [2].

Je nach Verarbeitungsebene der Multiplexer bzw. Demultiplexer unterscheidet man in der optischen Übertragung zwischen elektrischen (ETDM) und optischen Zeitmultiplex-Systemen (OTDM) (Abb. 25.2). Bei elektrischen Zeitmultiplex-Systemen geschieht die Zeitmultiplexbildung in elektronischen Umsetzern (EMX) vor dem optischen Sender/Modulator. Hierbei entsteht durch das Multiplexen mehrerer Nutzkanäle ein elektrisches Signal mit hoher Datenrate, welches zur direkten Modulation des optischen Senders verwendet wird (Abb. 25.2a). Praktisch alle bisher installierten digitalen optischen Übertragungssysteme nutzen elektrisches Zeitmultiplexen und Demultiplexen. Die maximale

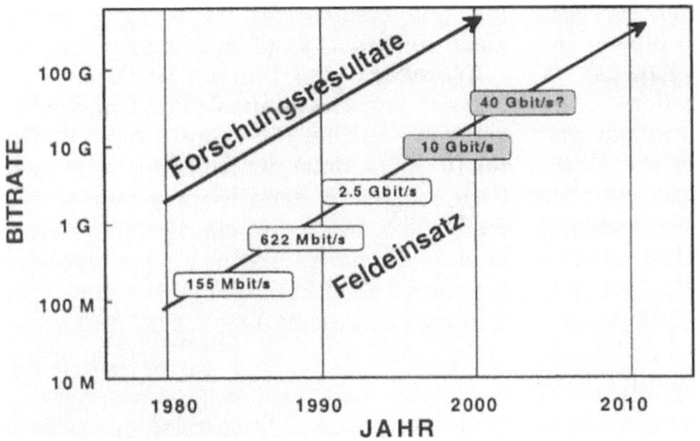

Abb. 25.1. Fortschritte in der optischen Zeitmultiplex-Technik (Einkanal-Bitraten): Resultate erster Forschungsexperimente (Pfeil oben) und ungefährer Zeitraum von der Felderprobung bis zum Regeleinsatz hoher Einkanalbitraten (unten). (Schätzungen für 40 Gbit/s)

Datenrate elektrischer Zeitmultiplex-Systeme ist durch die Modulationsbandbreite der elektronischen Multiplexer und der optischen Sender i. A. begrenzt. Derzeit liegen die maximal erreichbaren Datenraten derartiger Systeme bei 40 Gbit/s. Derartige Systeme befinden sich zur Zeit in der Entwicklung und Felderprobungsphase und werden voraussichtlich in den nächsten Jahren von Netzbetreibern eingeführt werden [2].

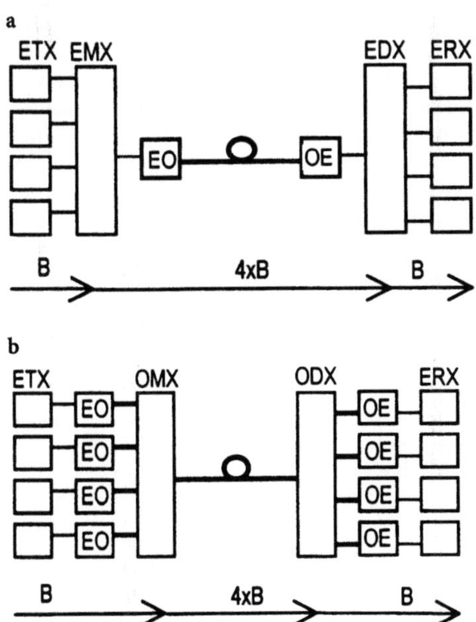

Abb. 25.2. **a** ETDM System, **b** OTDM System (Erklärung im Textteil)

Wesentlich höhere Datenraten erreicht man durch optisches Zeitmultiplexen (OTDM) (Abb. 25.2b): Hierbei werden synchrone optische Kanäle mit niedriger Datenrate (B) und kurzen Signalimpulsen (return-to-zero, RZ Kodierung) durch optische Verzögerungsleitungen (OMX) zeitlich ineinander verschachtelt, sodaß ein optischer Datenstrom mit sehr hoher Datenrate (z. B. 4 × B) entsteht. Durch den Einsatz von ultrakurzen Signalimpulsen (Pulsdauer ca. 1 ps) hat man durch optisches Zeitmultiplexen bereits Kanalbitraten von 640 Gbit/s demonstriert [3], welche mit elektronischen Multiplexern in voraussehbarer Zukunft nicht erreichbar sind. Empfangsseitig können derartig hochbitratige optische Signale nur durch synchronisierte ultraschnelle optische Schalter verarbeitet werden. Durch das optische Demultiplexen (ODX) erreicht man am Photoempfänger (OE) niedrigere Einzelkanalraten, welche durch elektronische Verfahren weiterverarbeitet werden können. Optische Zeitmultiplexsysteme werden vorzugsweise in der Forschung eingesetzt, um optische Übertragungsverfahren bei ultrahohen Datenraten zu untersuchen, welche elektronisch noch nicht zugänglich sind.

25.1.2 Übertragungsbedingte Systembegrenzungen

Für die Informationsübertragung im Weitverkehr werden heute nahezu ausschließlich hochbitratige digitale optische Übertragungssysteme über Standard-Einmoden-Fasernetze eingesetzt. Hierbei verwendet man vorzugsweise Zeitmultiplextechniken mit binärer Intensitäts-Modulation (IM, ASK, s. Kap. 24). Da in den letzten Jahren der Informationsbedarf insbesondere durch Internet-Anwendungen dramatisch gestiegen ist, mußte die Übertragungskapazität bestehender faseroptischer Systeme entsprechend der Weiterentwicklung elektrooptischer und elektronischer Komponenten ständig erhöht werden. Dies erreichte man einerseits durch die schrittweise Erhöhung der Kanal-Datenrate (s. o.) und durch die Einführung von Wellenlängen-Multiplextechniken (WDM, s. Kap. 26). Ende der neunziger Jahre wurden u. a. bereits eine Reihe Laborexperimenten mit dichtem Wellenlängen-Multiplex (DWDM) und mit Gesamtkapazitäten von mehr als 1 Tbit/s über Standard-Einmodenfasern in Labordemonstrationen gezeigt [4].

Um eine maximale Übertragungskapazität über die bestehende Faserinfrastruktur zu erzielen, ist es erforderlich, die Einzel-Kanalbitraten soweit technologisch möglich zu erhöhen. Diesem Ziel stehen jedoch eine Reihe von Systembegrenzungen gegenüber, welche i. A. mit der Bitrate erheblich zunehmen. Die wichtigsten bitratenabhängigen Begrenzungen der Reichweite faseroptischer Systeme entstehen durch die begrenzte Nachweisempfindlichkeit des Empfängers (erforderliche Photonen pro Bit) und durch laufzeitbedingte Signalverzerrungen (z. B. durch chromatische Dispersion, Polarisationsmodendispersion und Nichtlinearitäten).

Quantenrauschbegrenzte Empfänger von intensitätsmodulierten Systemen benötigen im Idealfall mindestens 10 Photonen/Bit (s. Kap. 23). In realen rauschbehafteten intensitätsmodulierten Systemen mit optischen Vorverstärkern benötigt man jedoch z. Zt. typischerweise 100 Photonen/Bit: Dies entspricht bei einer Signalwellenlänge von 1,55 µm (Photonenenergie $h\nu = 1{,}279 \cdot 10^{-19}$ J) einer mittleren Empfangsleistung von 1,28 $\cdot\, 10^{-14}$ mW $\cong -140$ dBm pro Bit. Daraus ergeben sich typische minimale Empfangsleistungen von -50 dBm für 1 Gbit/s und -40 dBm für 10 Gbit/s. Unter der Annahme einer praktisch möglichen Sendeleistung von 10 dBm ergibt sich somit für ein 10 Gbit/s System ohne Zwischenverstärkung ein Leistungsbudget von 50 dB, d. h. unter der Annahme einer mittleren Faserdämpfung von 0,2 dB/km eine Systemreichweite von 250 Faserkilometern. Abbildung 25.3 zeigt die mit obigen Annahmen theoretisch und praktisch möglichen Systemreichweiten faseroptischer Systeme (mit herkömmlichem Empfänger, Empfänger mit optischem Vorverstärker, quantenrauschbegrenztem Empfänger) ohne Zwischenverstärkung und ohne Berücksichtigung weiterer übertragungsbedingter Systembegrenzungen (s. u.). Tabelle 25.1 zeigt die bei den Normbitraten (STM-1 bis 4 × STM-64) praktisch erreichbaren Systemreichweiten (ohne Zwischenverstärkung), wenn man sendeseitig einen Leistungsverstärker und empfangsseitig einen optischen Vorverstärker benützt.

Die Entwicklung faseroptischer Verstärker (engl: Erbium doped fiber amplifier, EDFA) [5] hat seit Anfang der neunziger Jahre zu einer erheblichen Steigerung der Systemreichweiten geführt, da hiermit die Leistungsverluste durch die Übertragungsstrecke (Faserdämpfung) vollständig kompensiert werden können. Zusätzlich erlaubt der Einsatz von sendeseitigen optischen Leistungsverstärkern (engl.: Booster) höhere Signalleistungen, und optische Vorverstärker (engl. Preamplifier) höhere Empfängerempfindlichkeiten als in herkömmlichen Systemen (s. Abschn. 25.2). Zur Vermeidung von nichtlinearen Signalverzerrungen sollte die Lichtleistung in der Glasfaser gewisse Grenzwerte allerdings nicht überschreiten (z. B. zur Unter-

Tabelle 25.1. Systemreichweiten aufgrund Empfängerempfindlichkeit (ohne optische Zwischenverstärkung)

STM Hierarchie	Bitrate	Leistungs-Budget[a]	Systemreichweite[a]
STM-1	155 Mbit/s	68 dB	340 km
STM-4	622 Mbit/s	62 dB	310 km
STM-16	2,5 Gbit/s	56 dB	280 km
STM-64	10 Gbit/s	50 dB	250 km
STM-256	40 Gbit/s	44 dB	220 km

[a] Annahmen: Senderleistung: +10 dBm, Empfänger-Empfindlichkeit: 100 Photon bit.

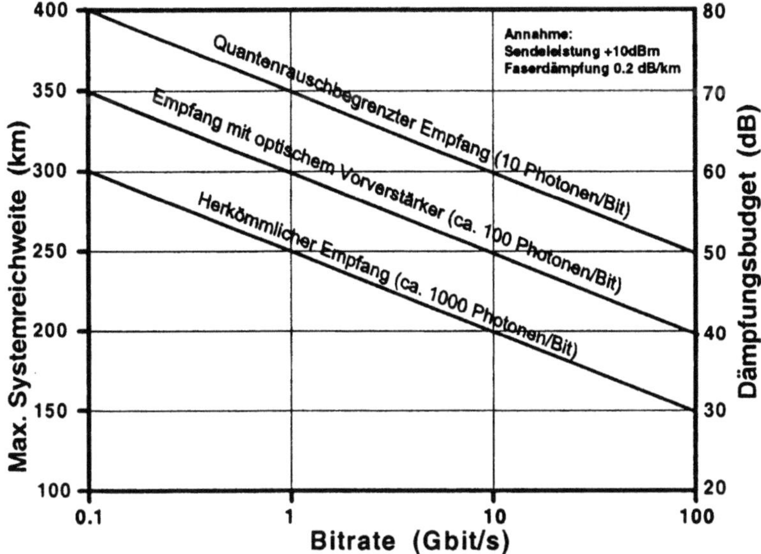

Abb. 25.3. Begrenzung der Systemreichweite optischer Übertragungssysteme durch die Empfängerempfindlichkeit (herkömmlicher Empfänger, Empfänger mit optischen Vorverstärker, quantenrauschenbegrenzter Empfänger)

drückung von Brillouin-Streuung, s. Kap. 4). Durch den Wellenlängenmultiplexbetrieb (WDM) von vielen hochbitratigen Kanälen gleichzeitig über eine Einmodenfaser entstehen eine Reihe von zusätzlichen Problemen für die optische Übertragung, z. B. durch Kanalübersprechen und durch die Leistungsbegrenzung optischer Leistungsverstärker (s. Kap. 26).

Die chromatische Dispersion der Glasfasern führt mit wachsenden Datenraten zu einer starken Reduzierung der Systemreichweiten, falls keine Maßnahmen zur Dispersionskompensation getroffen werden (Abschn. 25.3).

Die in der Praxis am meisten verwendete Methode zur Dispersionskompensation von Standard-Einmodenfasern ist der Einsatz passiver optischer Dispersionskompensations-Elemente (z. B. dispersionskompensierende Faser, DCF, s. Abschn. 25.3.2). Signalverzerrungen durch chromatische Dispersion können auch durch elektrische Kompensationsmaßnahmen (z. B. Prechirping) oder durch spezielle Modulationsverfahren (z. B. dispersionsunterstützte Übertragung, DST) z. T. reduziert werden. Diese Verfahren werden in Abschn. 25.3.3 erläutert. Außerdem kann der Einfluß der chromatischen Dispersion prinzipiell durch nichtlineare optische Verfahren (z. B. Solitonenübertragung, optische Phasenkonjugation) kompensiert bzw. reduziert werden (s. Abschn. 25.3.4).

Die durch Polarisationsmodendispersion (PMD) induzierten Signalverzerrungen treten erst bei höheren Datenraten signifikant in Erscheinung und wurden deshalb bei den früher installierten Systemen praktisch nicht beobachtet. Im Gegensatz zur Faserdispersion stellt die PMD eine statistisch variierende Störung der faseroptischen Übertragung dar (s. Kap. 4). Die durch PMD induzierten Signalverzerrungen können nur durch adaptive Elemente z. T. kompensiert werden. Eine ausführliche Darstellung des Einflusses der PMD auf die Systemeigenschaften und Maßnahmen zur Entzerrung PMD induzierter Systemstörungen erfolgt in Abschn. 25.4.

Aufgrund der großen Fortschritte, welche im Bereich der optischen Übertragungstechnik durch die Einführung optischer Verstärker [6] erzielt wurden, ist es möglich geworden, optische Übertragungssysteme über globale Distanzen zu betreiben. Abschnitt 25.5 ergibt einen Überblick über bisher installierte optische Transkontinentalsysteme mit Reichweiten von mehreren tausend Kilometern.

25.2 Übertragungssysteme mit optischen Verstärkern

In optischen Netzen lassen sich Verluste, die durch die Dämpfung der Glasfaser oder auch durch das Einfügen optischer Komponenten verursacht werden, durch optische Verstärker, zumeist erbiumdotierte Faserverstärker (EDFA), ausgleichen (s. auch Kap. 22). Der große Vorteil des optischen Verstärkers, welcher das Signallicht direkt, ohne optisch-elektrische Wandlung verstärkt, liegt in seiner Transparenz bezüglich Wellenlänge, Bitrate, Bitformat und Protokoll. Ferner bedingt seine geringe Anzahl an Komponenten eine hohe Zuverlässigkeit [5]. Mit ihm wird in einer optischen Übertragungsstrecke eine vollständige Signalregeneration (3R-Regeneration = re-amplification, re-shaping, re-timing) und die damit verbundene optisch-elektronische Wandlung erst dann erforderlich, wenn die Signalform z.B. durch chromatische Dispersion, Polarisationsmodendispersion, Fasernichtlinearitäten usw. stark verzerrt ist.

Abbildung 25.4 zeigt eine zwischen zwei 3R-Regeneratoren aufgebaute Übertragungsstrecke, bestehend aus einer Kaskade von Übertragungsfasern der Dämpfung $1/L_i$ und optischen Verstärkern (EDFA) der Verstärkung G_i. Das optische Signal erscheint mit der Leistung P_{in} am Eingang des EDFA und wird in ihm auf die Leistung P_{out} verstärkt. Nach dem optischen Bandpaßfilter mit der Bandbreite $\Delta\nu$ liegt an der Empfängerdiode des Regenerators die Signalleistung P_{rx} vor.

Abbildung 25.5 zeigt das sich aus dem verstärkten Datensignal bei 1532 nm und der verstärkten spontanen Emission (ASE, amplified spontaneous emission) der gepumpten Erbiumfaser zusammensetzende Spektrum am Ausgang eines EDFA. Die ASE ist die optische spektrale Rauschleistungsdichte Φ_{ASE} (in Leistung pro optischer Bandbreite). Das ebenfalls in Abb. 25.5 eingezeichnete optische Signal-Rausch-Verhältnis (OSNR, optical signal-to-noise-ratio) bezieht die mittlere Signalleistung P_{out} auf die spektrale Leistungsdichte, welche bei der Signalwellenlänge vorgefunden wird: OSNR = P_{out}/Φ_{ASE}. Dieser Quotient wird oft in dB bei einer Meßbandbreite von 0,1 nm (ca. 12,5 GHz) angegeben.

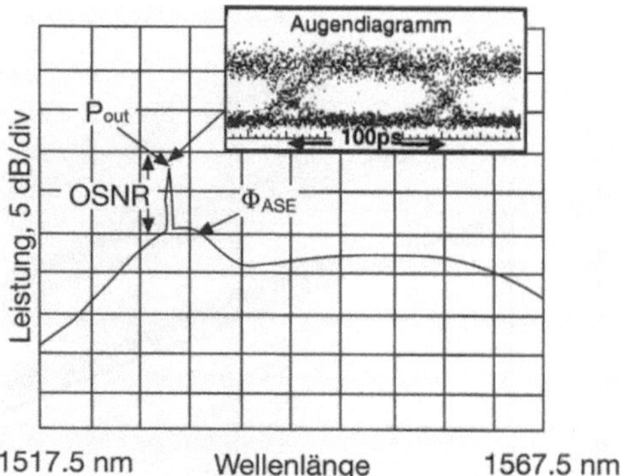

Abb. 25.5. Ausgangsspektrum eines EDFA. Das Teilbild zeigt ein 10 Gbit/s-Augendiagramm am Ausgang des Verstärkers

Da sowohl die Verstärkung $G = P_{out}/P_{in}$ als auch die Gesamtleistung der ASE und deren spektrale Verteilung vom zeitlichen Mittelwert der Eingangsleistung P_{in} und von der Signalwellenlänge abhängen, kann das Verhalten eines EDFA nicht in einfacher Form beschrieben werden. Für einen typischen EDFA, welcher von einem 980 nm-Pumplaser mit etwa 80 mW Leistung gespeist wird und eine Sättigungs-Ausgangsleistung von etwa 13 dBm besitzt, ist in Abb. 25.6 die gemessene Ausgangsleistung P_{out} über der Eingangsleistung P_{in} aufgetragen. Mit einer etwa kon-

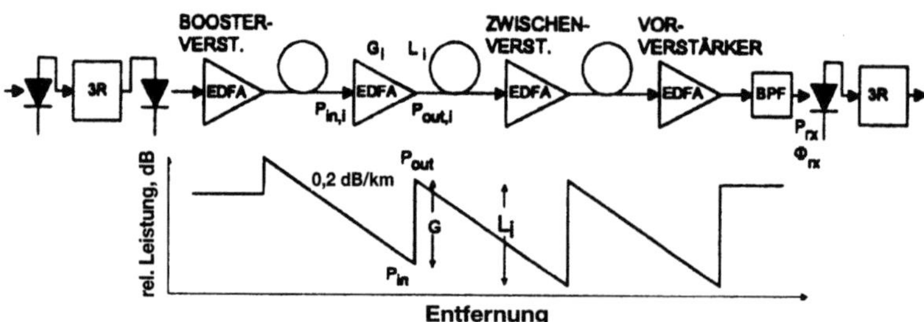

Abb. 25.4. Übertragungsstrecke mit optischen Verstärkern (EDFA). Das untere Teilbild zeigt den Verlauf der Signalleistung entlang der Strecke

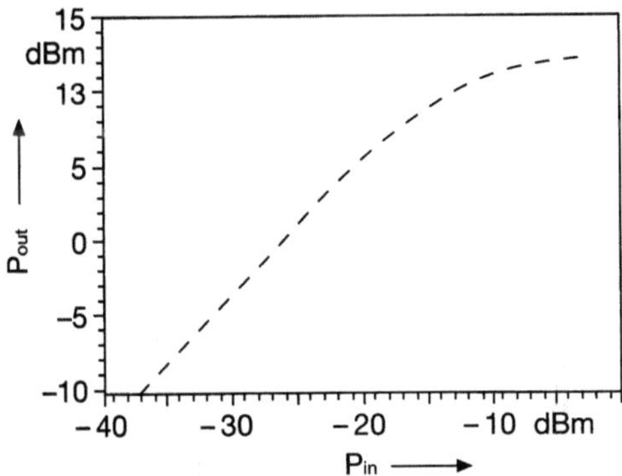

Abb. 25.6. Abhängigkeit der Ausgangsleistung eines EDFA von der Eingangsleistung bei einer Signalwellenlänge von 1550 nm

stanten Verstärkung G für kleine Eingangspegel (< −15 dBm) und einer konstanten Sättigungs-Ausgangsleistung P_{out} für große Signalleistungen $P_{in} > -10$ dBm bestätigt die Messung deutlich das charakteristische Verhalten eines EDFA. Für kleine, sich im Bereich von −30 dBm bewegende Eingangspegel beträgt die Verstärkung über 25 dB. Größere Verstärkungsfaktoren lassen sich durch die Kaskadierung zweier Einzelverstärker erreichen.

25.2.1 Signal-Rausch-Verhältnis eines optisch verstärkten Signals

Die Auslegung hochbitratiger optischer, mit EDFAs ausgestatteter Übertragungsstrecken, insbesondere die Bestimmung des Abstandes der Verstärker sowie die Anzahl der kaskadierbaren EDFAs, wird primär durch die maximal zulässige Rauschleistung N im Empfänger bestimmt. Liegt im Empfänger für eine gesendete Eins oder Null eine entsprechende elektrische Signalleistung p_s in der Entscheiderschaltung vor und wird ferner ein signalunabhängiges Rauschen angenommen, so bedarf es eines Signal-Rausch-Verhältnisses SNR = p_s/N (SNR, signal-to-noise ratio) von z.B. mehr als 20 dB, um ein gefordertes Bitfehlerverhältnis (BER, bit error ratio) von z.B. 10^{-12} nicht zu überschreiten. Im allgemeinen ist die Rauschleistung N jedoch nicht stationär, sondern ändert sich mit dem sich zeitlich ändernden Signal und unterscheidet sich mithin zwischen dem Wert während der Detektion einer Eins oder einer Null. Die

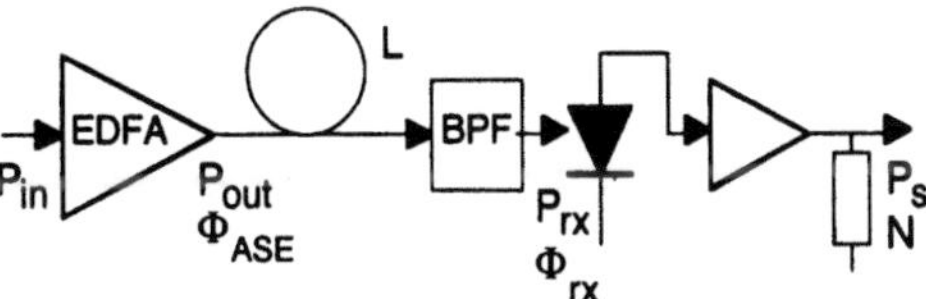

Abb. 25.7. Optischer Empfänger mit optischem Verstärker (EDFA)

Rauschleistung setzt sich aus den Rauschbeiträgen der einzelnen optischen Verstärker entlang der Strecke sowie aus Beiträgen des Empfängers und des Sendelasers zusammen.

Für die in Abb. 25.7 dargestellte Anordnung eines mit einem EDFA ausgestatteten optischen Empfängers soll folgend das Signal-Rausch-Verhältnis ermittelt werden. Ein optisches Signal, welches mit der augenblicklichen Leistung p_{in} (mittlere Leistung P_{in}) am Eingang des EDFA anliegt, dann mit G verstärkt wird und nach einer weiteren Bedämpfung, z.B. durch eine zweite Faserstrecke der Dämpfung $1/L$, mit der Leistung p_{rx} (mittlere Leistung P_{rx}) am Eingangsstecker der Empfängerdiode erscheint, erzeugt nach der Detektion (s. Abb. 25.4) eine elektrische Signalleistung (in A^2)

$$p_s = (R\,p_{rx})^2 \quad \text{mit} \quad R = \frac{\eta\,\mathrm{e}}{h\nu}. \tag{25.1}$$

Hier bezeichnet R die optische Empfindlichkeit der Photodiode, η den Quantenwirkungsgrad der Photodiode, $h\nu$ die Energie eines Signalphotons und e die Elementarladung. Zu diesem Signal addieren sich fünf Rauschleistungen unterschiedlichen Ursprungs [6–8]:

1. Das relative Intensitätsrauschen der Laserdiode (RIN) führt innerhalb der Rauschbandbreite B des Empfängers zur Leistung

$$N_{RIN} = (R\,p_{rx})^2\,\mathrm{RIN}\,B\,. \tag{25.2}$$

2. Das Schrotrauschen von Signal und ASE beträgt

$$N_{sh} = 2\,\mathrm{e}\,R\,(p_{rx} + \Phi_{rx}\,\Delta\nu_{ASE})\,B\,. \tag{25.3}$$

Hierbei bezeichnet Φ_{rx} die spektrale Rauschleistungsdichte an der Empfängerdiode. Gemäß Abb. 25.7 ist sie die am Ausgang des EDFA erscheinende Leistungsdichte

$$\Phi_{ASE} = 2\,n_{sp}\;h\nu\,(G-1)\,, \tag{25.4}$$

die eventuell durch eine weitere Faserstrecke um den Faktor $1/L$ gedämpft ist: $\Phi_{rx} = \Phi_{ASE} \cdot L$.

Gemäß Gl. (25.3) bestimmen der Populations-Inversionsfaktor n_{sp} des EDFA sowie die effektive ASE-Bandbreite $\Delta\nu_{ASE}$ die Leistung der spontanen Emission. Wie das ASE-Spektrum in Abb. 25.5 aufzeigt, kann zumeist die Leistungsdichte der ASE in einer Umgebung von wenigen Nanometern als konstant angesehen werden, so daß mit einem vor der Photodiode eingesetzten schmalbandigen optischen Filter mit einer Bandbreite von z.B. $\Delta\nu < 250$ GHz (ca. $\Delta\lambda < 2$ nm für $\lambda \approx 1{,}55$ µm) dieser Wert dann näherungsweise auch für die ASE-Bandbreite $\Delta\nu_{ASE}$ angenommen werden kann. Für ein ungefiltertes Signal muß allerdings der Verlauf des gesamten ASE-Spektrums bekannt sein, um $\Delta\nu_{ASE}$ und damit die ASE-Leistung zu bestimmen [8]. Der Populations-Inversionsfaktor n_{sp} hängt ebenfalls von der optischen Eingangsleistung sowie der Signalwellenlänge ab, erreicht aber für 980 nm-gepumpte Verstärker und eine geringe Eingangsleistung Werte von nahezu 1 (0 dB). 1480 nm-gepumpte EDFAs weisen einen um etwa 40% höheren (1,5 dB) Populations-Inversionsfaktor auf.

3. Das Rauschen des optischen Empfängers kann näherungsweise durch einen thermischen Rauschstrom i_{th} (A/√Hz) erfaßt werden.

$$N_{th} = i_{th}^2\, B\,. \tag{25.5}$$

4. An der Photodiode entstehen durch den Mischprozeß der ASE mit sich selbst sowie mit dem Signal weitere Rauschanteile; das Signal-Spontan-Rauschen

$$N_{s-sp} = 2\,R^2\,(p_{rx}\,\Phi_{rx})\,B \tag{25.6}$$

und

5. das Spontan-Spontan-Rauschen.

$$N_{sp-sp} = R^2\,\Phi_{rx}^2\,\Delta\nu_{sp-sp}\,B\,. \tag{25.7}$$

Dieser letzte Anteil nimmt ebenfalls mit der Spontan-Spontan-Bandbreite $\Delta\nu_{sp-sp}$ zu. Wie bereits unter Punkt 2 erwähnt, hängt diese Bandbreite von der Empfängeranordnung ab und kann oft mit der Bandbreite $\Delta\nu$ eines schmalbandigen optischen Filters vor dem Empfänger gleichgesetzt werden [8].

In Abb. 25.8 sind unterschiedliche Signal-Rausch-Verhältnisse für einen 10 Gbit/s-Empfänger (n_{sp} = 1 dB, B = 7,5 GHz, $\Delta\nu$ = 250 GHz, i_{th} = 10 pA/√Hz, RIN = −150 dB/Hz, η = 0,8) berechnet und über der EDFA-Eingangsleistung p_{in} aufgetragen worden. Teilbilder a, b gehen von einer Signalleistung p_{rx} an der Photodiode von 0 dBm bzw. −17 dBm aus. Die unteren Kurven SNR1 und SNR0 beider Bilder beschreiben den Verlauf des Signal-Rausch-Verhältnisses für eine binäre Eins bzw. eine Null. Zur Berechnung wurden alle Rauschleistungen für eine gesendete Eins berücksichtigt ($N = N_{RIN} + N_{sh} + N_{th} + N_{s-sp} + N_{sp-sp}$) bzw. signalabhängige Beiträge wie N_{s-sp}, N_{RIN} und der dominierende Anteil von N_{sh} für eine Null ($p_s = 0$) vernachlässigt. Die verbleibenden Kurven SNR_X zeigen die entsprechenden Signal-Rausch-Verhältnisse unter Berücksichtigung lediglich des jeweiligen Rauschbeitrages N_X. Sie bestätigen, daß für eine hinreichend große Signalleistung an der Photodiode (p_{rx} = 0 dBm, Teilbild b) und bei

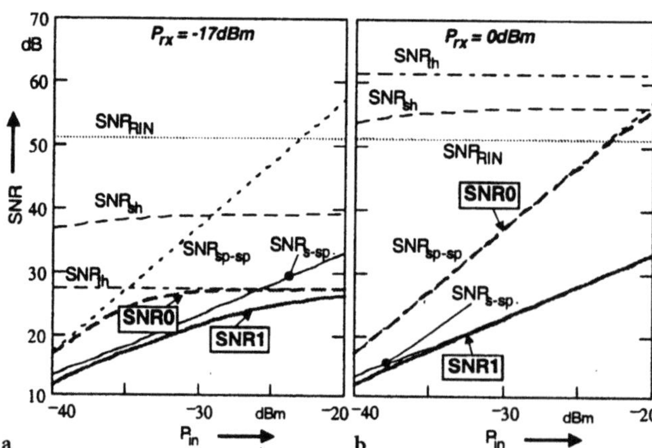

Abb. 25.8 a, b. Signal-Rausch-Verhältnisse über der EDFA-Eingangsleistung der in Abb. 25.7 gezeigten Übertragungsanordnung.
a p_{rx} = − 17 dBm,
b p_{rx} = 0 dBm

einer für ein SNR von 20 dB erforderlichen Eingangsleistung von etwa $p_{\text{in}} = -30$ dBm lediglich Signal-Spontan- sowie Spontan-Spontan-Rauschbeiträge dominieren. Für eine gesendete Null entfallen die Signal-Spontan-Anteile und es liegt bei ihrer Detektion mithin gegenüber der Eins auch eine kleinere Rauschleistung an der Entscheiderstufe an. Dies drückt sich in einem im Vergleich zu SNR1 größeren Verhältnis SNR0 aus und wird ebenfalls von dem in Abb. 25.5 eingefügten 10 Gbit/s-Augendiagramm mit einer für die empfangene Eins (obere Linie) im Vergleich zur Null (untere Linie) deutlich verbreiterten Oszilloskopspur bestätigt.

Teilbild a von Abb. 25.8 verdeutlicht, daß im Falle einer geringen optischen Leistung an der Photodiode ($p_{\text{rx}} = -17$ dBm) die Rauschbeiträge des Empfängers (N_{th}) in den Vordergrund treten, wohingegen bei einer hinreichend großen optischen Leistung ($p_{\text{rx}} = 0$ dBm, Teilbild b) die Rauschanteile des EDFA dominieren. Dies ist zumeist der Fall bei Empfängern, in welchen optische Vorverstärker zum Einsatz kommen.

25.2.2
Empfänger-Q-Faktor mit EDFAs

Im Gegensatz zum Signal-Rausch-Verhältnis ist der Q-Faktor für die Beurteilung eines übertragenen digitalen Signals besser geeignet, da mit ihm die Bitfehlerrate direkt verknüpft ist und er signalabhängige Rauschleistungen berücksichtigt. Er bestimmt sich aus dem Erwartungswert der Augenöffnung $\sqrt{p_{\text{s1}}} - \sqrt{p_{\text{s0}}}$ zum Abtastzeitpunkt am Entscheider und der Summe der Rauschamplituden $\sqrt{N_1} + \sqrt{N_0}$ für eine übertragene Eins bzw. eine Null.

$$Q = \frac{\sqrt{p_{\text{s1}}} - \sqrt{p_{\text{s0}}}}{\sqrt{N_1} + \sqrt{N_0}}. \tag{25.8}$$

Unter der Annahme einer gaußförmigen Wahrscheinlichkeitsdichteverteilung, einer optimal gewählten Entscheiderschwelle und eines optimalen Abtastzeitpunktes im Empfänger korrespondiert z.B. ein Wert von $Q = 7$ oder 6 direkt mit einer Bitfehlerwahrscheinlichkeit von 10^{-12} bzw. 10^{-9}.

25.2.2.1
Übertragung mit Booster-Verstärker

Nehmen wir einen sendeseitigen Booster-Verstärker an, der z.B. nicht mehr als +7 dBm optische Signalleistung abgibt und setzen wir voraus, daß sein Eingangspegel hinreichend groß ist (z.B. −10 dBm und größer), so daß die Rauscheinströmung des EDFA vernachlässigt werden kann, dann wird die Empfängerempfindlichkeit in erster Linie durch die optische Signalleistung P_{rx} bestimmt. Gemäß Teilbild 25.8a tritt bei Leistungspegeln über −25 dBm das durch den thermischen Rauschstrom i_{th} quantifizierte Rauschen in den Vordergrund. So ergibt sich mit $i_{\text{th}} = 10\ \text{pA}/\sqrt{\text{Hz}}$ eine Empfindlichkeit des Empfängers von −22,9 dBm für $Q = 6$. Folglich lassen sich mit 7 dBm Sendeleistung bei 10 Gbit/s ca. $1/L = 30$ dB Dämpfung überbrücken; z.B. deutlich mehr als 100 km Standard-Einmodenfaser ($\alpha = 0{,}22$ dB/km).

25.2.2.2
Übertragung mit Vorverstärker

Beachtet man, daß für hochratige Übertragungssysteme optische Vorverstärker eingesetzt werden und damit die auf die Photodiode fallende optische Leistung hinreichend groß ist, und vernachlässigt man weiterhin den Spontan-Spontan-Rauschanteil $N_{\text{sp-sp}}$, dann dominiert die Signal-Spontan-Rauschleistung $N_{\text{s-sp}}$ und der Q-Faktor wird primär durch das optische Signal-Rausch-Verhältnis OSNR (s. Abb. 25.5) des auf die Photodioden fallenden Signals bestimmt.

Stellt man die optische Leistung für eine Null oder eine Eins durch die mittlere Leistung P_{in} in der Form $p_{\text{in}0} = h_0 P_{\text{in}}$ bzw. $p_{\text{in}1} = h_1 P_{\text{in}}$ dar ($h_0 \approx 0$, $h_1 \approx 2$), so läßt sich der Q-Faktor in der Form

$$Q = \sqrt{\frac{1}{2B}}\, \frac{h_1 - h_0}{\sqrt{h_1} + \sqrt{h_0}}\, \sqrt{\text{OSNR}} \tag{25.9}$$

mit

$$\text{OSNR} = P_{\text{out}} / \Phi_{\text{ASE}} \tag{25.10}$$

schreiben. Die äquivalente Rauschleistungsdichte-Einströmung in das eingangsseitige Ende der Erbiumfaser eines EDFA, welche am Ausgang als verstärkte spontane Emission Φ_{ASE} erscheint, läßt sich unter der Annahme $G \gg 1$ als Produkt aus Rauschzahl und Photonenenergie schreiben: $F \cdot h\nu$. Hier bezeichnet $F = 2n_{\text{sp}}/C_1$ die in Kap. 22 behandelte Rauschzahl eines optischen Verstärkers, wobei C_1 die Leistungs-Transmission zwischen dem Eingangsstecker des EDFA und der Erbiumfaser beziffert.

Für ein 10 Gbit/s-System (B = 7,5 GHz) errechnet man mit Q = 6 aus Gl. (25.9) ein minimales OSNR von 13,3 dB (bei 0,1 nm optischer Filterbandbreite). Für eine Rauschzahl von F = 5 dB ergibt sich damit eine Empfindlichkeit am Eingang des Vorverstärkers von −39,7 dBm (Q = 6). Reale Systems mit ihrem endlichen Extinktionsverhältnis h_1/h_0 und den weiteren, hier vernachlässigten Rauschquellen erreichen etwa −36 dBm Empfindlichkeit. Mit einem EDFA-Vorverstärker lassen sich folglich 43 dB Faserdämpfung bzw. deutlich mehr als 150 km Faserstrecke überbrücken (vgl. Abschn. 25.1.2).

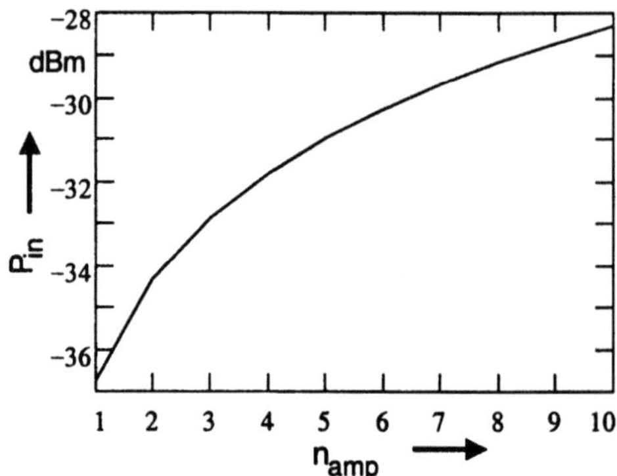

Abb. 25.9. Minimale erforderliche EDFA-Eingangsleistung einer Kakade aus n_{amp} Verstärkern für eine 10 Gbit/s-Übertragung mit BER < 10^{-12})

25.2.2.3 *Übertragung mit Zwischenverstärkern*

Im Falle kaskadierter Verstärker (s. Abb. 25.4) summieren sich diese optischen Rauscheinströmungen der n_{amp} EDFAs entlang der Strecke auf, erhöhen Φ_{ASE} und degradieren folglich das optische Signal-Rausch-Verhältnis. Für $G_i \gg 1$ erhält man letztendlich mit den Rauschzahlen F_i der Verstärker und das den Q-Faktor bestimmende OSNR am Ausgang des Vorverstärkers ($i = 1 \ldots n_{amp}$)

$$1/\mathrm{OSNR} = \sum_i \frac{2h\nu\, n_{sp,i}/C_{1,i}}{P_{in,i}} = \sum_i \frac{h\nu F_i}{P_{in,i}} \qquad (25.11)$$

Mit dieser Gleichung kann Einblick in die Optimierung einer Übertragungsstrecke gewonnen werden. Im allgemeinen soll der Abstand zwischen den einzelnen Verstärkern maximiert werden. Dieses Optimierungsziel korrespondiert mit der Minimierung der Eingangsleistungen $P_{in,i}$. Werden jedoch n_{amp} Verstärker kaskadiert, so erhöht sich die minimale Eingangsleistung, die erforderlich ist, um das für eine geringe Bitfehlerrate hinreichend große OSNR wieder zu erreichen, um den Faktor n_{amp}.

Unter der Annahme gleicher Eingangsleistung und gleicher Rauschzahl der Verstärker ist in Abb. 25.9 mit Gl. (25.8) die Eingangsleistung zum Erreichen eines Bitfehlerverhältnisses von 10^{-12} (Q = 7) für unterschiedliche Verstärkeranzahl n_{amp} berechnet worden. Hierbei wurden die ASE-bedingten Rauschbeiträge N_{s-sp} und N_{sp-sp} berücksichtigt (n_{sp} = 1 dB, B = 7,5 GHz, $\Delta\nu$ = 250 GHz). Die für eine Datenrate von 10 Gbit/s ausgeführten Simulationen bestätigen, daß mit einer zunehmenden Anzahl die minimale EDFA-Eingangsleistung ebenfalls ansteigt. So benötigt eine Strecke aus vier Verstärkerabschnitten eine um etwa 5 dB höhere Eingangsleistung, als es bei einem einzigen Vorverstärker der Fall wäre. Entsprechend reduzieren sich dann die maximal überbrückbaren Längen der Teilstrecken. Nichtsdestoweniger gestatten die Verstärkungsfaktoren von über 25 dB (s. Abb. 25.6) die Übertragung über Faser-Teilstrecken von nahezu 100 km (Faserdämpfung α < 0,25 dB/km) mit 10 Gbit/s-Signalen.

Wird die Bitrate z.B. auf 40 Gbit/s erhöht, so sind in den Gln. (25.1–25.8) sinngemäß um den Faktor 4 erhöhte Empfängerbandbreiten B einzusetzen, was wiederum ein um mindestens 6 dB höheres OSNR erforderlich macht. Dies bedeutet dann, daß die Eingangsleistung P_{in} in Abb. 25.9 um etwa 6 dB angehoben werden muß.

25.3 Dispersionskompensationsverfahren

25.3.1 Dispersionsbegrenzung der Systemreichweiten

Die früher installierten optischen Übertragungssysteme arbeiteten nahezu ausschließlich im Wellenlängen-Bereich um 1310 nm (2. Übertragungsfenster) über Standard-Einmodenfasern (SMF), welche dort ihre Dispersionsnullstelle aufweisen [1]. Durch die Einführung von Erbium-dotierten Faser-Verstärkern (EDFAs) [5] wurde in den neunziger Jahren das dritte Übertragungsfenster (1530–1560 nm) zum bevorzugten Wellenlängenbereich der optischen Übertragungstechnik. Bis heute sind in optischen Faser-Netzen überwiegend Standard-Einmodenfasern (gemäß ITU Standardisierung: Typ G.652) installiert, welche jedoch im Spektralbereich um 1550 nm relativ hohe Dispersionswerte aufweisen. Alternativ wurden für diesen Spektralbereich dispersionsverschobene Fasern (engl.: Dispersion shifted fibers, DSF) gemäß ITU Standardisierungstyp G.653 entwickelt, welche bei 1550 nm ihre Dispersionsnullstelle und ihr Dämpfungsminimum besitzen und somit für hochbitratige Einkanalsysteme grundsätzlich gute Übertragungseigenschaften aufweisen. Es erwies sich jedoch, besonders im Zusammenhang mit dem verstärkten Einsatz von Wellenlängen-Multiplex-Systemen (WDM), daß dieser Glasfasertyp aufgrund seiner niedrigen lokalen Dispersion bereits bei moderaten Kanalleistungen erhebliche Signalverzerrungen durch Fasernichtlinearitäten aufweist (z.B. SPM, FWM) und somit für hohe Kanalzahlen (DWDM) nicht geeignet ist. Um die Probleme mit Fasernichtlinearitäten in DWDM Systemen zu vermeiden, wurden deshalb seit einigen Jahren spezielle Fasertypen mit größerem Kerndurchmesser (engl.: Large effective area fibers, LEAF) entwickelt, welche im gesamten 1550 nm Bereich niedrige, aber nicht verschwindende Dispersion aufweisen (engl: non zero dispersion shifted fibers, NZDSF).

Tabelle 25.2 zeigt die wichtigsten Faserparameter heute üblicher Glasfasern im 1550 nm-Fenster.

Die relativ hohe chromatische Dispersion der weithin installierten Standard-Einmodenfaser (G.652) im 1550 nm-Bereich (typ: 16–18 ps/nm/km) führt mit wachsenden Datenraten zu einer starken Reduzierung der Systemreichweiten, falls keine Maßnahmen zur Dispersionskompensation getroffen werden.

Die aufgrund der chromatischen Dispersion auftretende maximale Reichweite $L_{\max}$ optischer Übertragungssystem ergibt sich gemäß [9] zu

$$L_{\max} = \gamma \pi c \lambda^{-2} B_R^{-2} D^{-1} \qquad (25.12)$$

wobei

γ = Dispersionsindex, abhängig von Systemreserve ($\gamma_{1dB} = 0{,}252$, $\gamma_{2dB} = 0{,}321$)

c = $3 \cdot 10^8$ ms^{-1} (Lichtgeschwindigkeit)

λ = Lichtwellenlänge

B_R = Bitrate, Gbit/s

D = Dispersion, ps/(nm km).

Aus obiger Formel ergeben sich für einfache Abschätzungen der dispersionsabhängigen Systemreichweite folgende Beziehungen:

$$L_{\max,1\,dB} = 0{,}99 \cdot 10^5/(D B_R^2)\ \text{km} \qquad (25.13a)$$

$$L_{\max,2\,db} = 1{,}26 \cdot 10^5/(D B_R^2)\ \text{km} \qquad (25.13b)$$

wobei

B_R = Bitrate, Gbit/s

D = Dispersion, ps/(nm km).

Tabelle 25.3 und Abb. 25.10 zeigen die hiermit ermittelten Systemreichweiten in Abhängigkeit von der Bitrate für eine Übertragung im 1,3 µm Fenster ($D < 3{,}5$ ps) und im 1,55 µm Fenster ($D \cong 17$ ps(nm km)). Bei einer Datenrate von 10 Gbit/s erreicht man über Standardfasern ohne Dispersionskompensation im 1,55 µm Übertragungsfenster ca. 60 km, bei 40 Gbit/s nur noch ca. 3,6 km Über-

Tabelle 25.2. Eigenschaften heute verfügbarer Glasfasertypen

Fasertyp	Dämpfung dB/km	Dispersion ps/(nm km)	Dispersions-Steigung ps/(nm^2 km)	Referenz-Wellenlänge (nm)	Eff. Moden-Fläche (µm^2)
SMF: G.652	0,21–0,25	Typ: 17,0 Spec.: < 18,0	Typ.: 0,075 Spec.: <0,092	1550	80
DSF: G.653	0,21–0,25	0,0 Spec.: <3,5	0,071 Spec.: <0,092	1550 1525–1575	50
NZDSF G.655	0,21–0,25	Typ.: 1,3–2,6	Typ.: 0,066–0,106	1530	55–73

Tabelle 25.3. Dispersionsbedingte Reichweiten optischer Übertragungssysteme (1 dB Systembegrenzung) bei der Übertragung im 1,3 μm und 1,55 μm Fenster von Standard-Einmodenfasern (SMF)

STM Hierarchie	Bitrate	Systemreichweite[a] (1,3 μm)	Systemreichweite[a] (1,55 μm)
STM-1	155 Mbit/s	$1{,}177 \cdot 10^6$ km	242395 km
STM-4	622 Mbit/s	73111 km	15052 km
STM-16	2,5 Gbit/s	4526 km	932 km
STM-64	10 Gbit/s	283 km	58 km
STM-256	40 Gbit/s	17,7 km	3,6 km

[a] Annahmen: D(1,3 μm) = 3,5 ps(nm km), D(1,55 μm) = 17 ps(nm km).

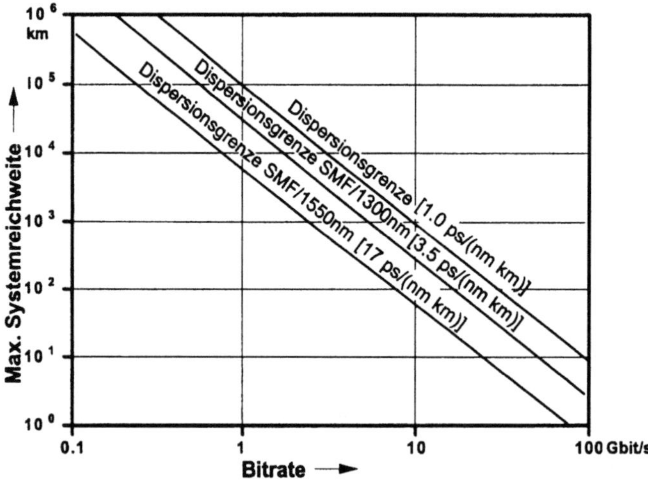

Abb. 25.10. Dispersionsbegrenzung der Systemreichweiten über Standard-Einmodenfasern (SMF) im 1550 nm und 1300 nm Bereich (1 dB Begrenzung)

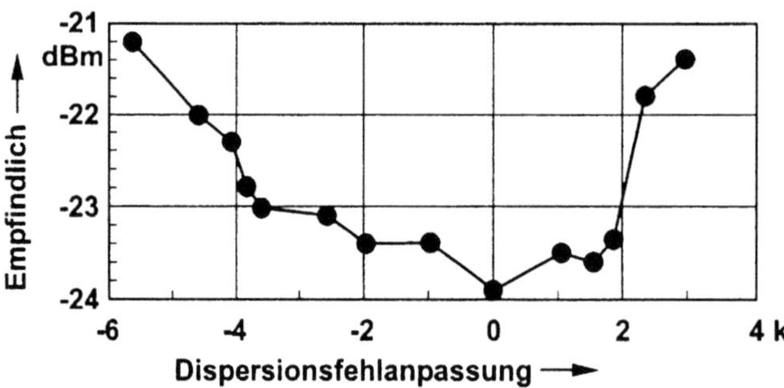

Abb. 25.11. Gemessene Dispersionstoleranz bei der 40 Gbit/s Übertragung über eine verlegte Standard-Einmodenfaser [10]

tragungsreichweite. Erste Feldversuche von 40 Gbit/s Einkanalsystemen ergab über eine installierte G.652 Glasfaserstrecke eine Dispersionstoleranz von 94 ps/nm [10] entsprechend einer Streckentoleranz von 5,5 km (Abb. 25.11).

Für den Einsatz der modernen Systemgeneration über installierte terrestrische Fasernetze ist deshalb die Anwendung von dispersionskompensierenden Maßnahmen unabkömmlich.

Man unterscheidet hierbei zwischen passiven optischen Dispersionskompensationsverfahren (Abschn. 25.3.2), elektronischen Entzerrungsverfahren (Abschn. 25.3.3) und nichtlinearen optischen Verfahren (Abschn. 25.3.4).

25.3.2 Passive optische Dispersionskompensationsverfahren

Bei passiven optischen Dispersionskompensationsverfahren werden durch Einfügen eines optisch dispersiven Elementes in den Übertragungspfad die dispersionsbedingten Verzerrungen der Streckenfaser ausgeglichen. Man erreicht dies dadurch, daß die aus der Gesamt-Dispersion der Übertragungsfaser $D_{\text{Tot},f}(\lambda)$ und derjenigen des Kompensationsgliedes $D_{\text{Tot},c}(\lambda)$ resultierende Gesamtdispersion $D_{\text{Tot}}(\lambda)$ bei der Wellenlänge des Signalkanals (λ) verschwindet.

$$D_{\text{Tot}}(\lambda) = D_{\text{Tot},f}(\lambda) + D_{\text{Tot},c}(\lambda) = 0 \quad (25.14)$$

Daraus folgt, daß die Dispersion des Kompensationsgliedes dem negativen Wert der Dispersion der Streckenfaser entsprechen muß.

$$D_{\text{Tot},f}(\lambda) = -D_{\text{Tot},c}(\lambda) \quad (25.15)$$

Zur passiven optischen Dispersionskompensation werden in der Praxis vorzugsweise dispersionskompensierende Fasern (Abschn. 25.3.2.1) eingesetzt. Eine weitere Möglichkeit besteht im Einsatz von speziellen dispersiven optischen Filtern, z.B. Faser-Bragg-Gittern (Abschn. 25.3.2.2).

25.3.2.1 *Dispersionskompensierende Faser (DCF)*

Wie bereits in Abschn. 25.3.1 erwähnt, wurden in der Vergangenheit bereits dispersionsverschobene Fasern (DSF, ITU Standardisierung Typ G.653) hergestellt, und in geringem Ausmaß (z.B. in Japan) auch installiert, welche bei 1550 nm ihre Dispersionsnullstelle haben und im gesamten 3. Übertragungsfenster (1530–1560 nm) eine geringe lokale chromatische Dispersion aufweisen (typ. <3,5 ps (nm km)). Mit derartigen Fasertypen ließen sich auch bei hohen Datenraten von 10–40 Gbit/s im Bereich um die Dispersionsnullstelle Systemreichweiten von mehreren hundert km erreichen (vgl. Abb. 25.10). Im Bereich niedriger lokaler Dispersion treten jedoch verstärkt nichtlineare optische Signalverzerrungen durch Selbstphasenmodulation (SPM) oder, – bei Wellenlängen-Multiplex-Systemen (WDM) –, Vierwellenmischung (FWM) auf. Um die wenigen bereits verlegten dispersionsverschobenen Fasern trotzdem im WDM-Betrieb nutzen zu können, wurde für die Übertragung im 3. Fenster 1530–1560 nm) vorgeschlagen, den Bereich der Dispersionsnullstelle (z.B. 1550 ± 5 nm) nicht mit Übertragungskanälen zu belegen oder ungleiche Kanalabstände zu verwenden.

Für die Dispersionskompensation der bestehenden Glasfasernetze auf der Basis von Standard-Einmodenfasern (SMF, ITU Standardisierung Typ G.652) werden z.Zt. im 3. Übertragungsfenster (1530–1560 nm) vorzugsweise dispersionskompensierende Fasern (DCF) eingesetzt [11].

Für den Einsatz in hochbitratigen Wellenlängen-Multiplex-Systemen (WDM) muß die Gesamt-Dispersion aller übertragenen n Datenkanäle λ_i, ($i = 1 \dots n$) gleichzeitig kompensiert werden, d.h.

$$\begin{aligned} D_{\text{Tot}}(\lambda_i) &= D_{\text{SMF}}(\lambda_i)L_{\text{SMF}} + D_{\text{DCF}}(\lambda_i)L_{\text{DCF}} \\ &= 0 \; (i = 1 \dots n) \quad (25.16) \end{aligned}$$

Daraus folgt, daß die resultierende Änderung der Gesamtdispersion für alle Kanäle verschwinden muss:

$$\begin{aligned} \Delta D_{\text{Tot}}(\lambda_i) &= \Delta D_{\text{SMF}}(\lambda_i)L_{\text{SMF}} + \Delta D_{\text{DCF}}(\lambda_i)L_{\text{DCF}} \\ &= 0 \; (i = 1 \dots n) \quad (25.17) \end{aligned}$$

Für eine Dispersionskompensation einer Standard-Einmodenfaser (SMF) mit gleichzeitiger Kompensation der Dispersions-Steigung (engl.: dispersion slope compensation) müssen somit folgende Bedingungen erfüllt sein:

1. Länge der dispersionskompensierenden Faser DCF):

$$L_{\text{DCF}} = (D_{\text{SMF}}/D_{\text{DCF}})\, L_{\text{SMF}} \quad (25.18\text{a})$$

2. Kompensation der Steigung der Dispersionskurve:

$$\begin{aligned} \Delta D_{\text{DCF}}(\lambda_i) &= -(L_{\text{SMF}}/L_{\text{DCF}})\, \Delta D_{\text{SMF}} \\ &= (D_{\text{DCF}}/D_{\text{SMF}})\, \Delta D_{\text{SMF}} \quad (25.18\text{b}) \end{aligned}$$

Für eine ideale Dispersionskompensation über einen größeren Wellenlängenbereich (WDM) muß somit eine dispersionskompensierende Faser die relative Dispersionssteigung (engl.: relative dispersion slope) von Standard-Einmodenfasern (SMF) aufweisen:

$$\Delta D_{\text{DCF}}/D_{\text{DCF}} = \Delta D_{\text{SMF}}/D_{\text{SMF}} \quad (25.19)$$

Standard-Einmodenfasern weisen bei einer Wellenlänge von 1550 nm typische Dispersi-

Tabelle 25.4. Eigenschaften von dispersionskompensierenden Fasern (DCF)

Parameter	Wellenlänge	Bezeichnung	Typ. Werte	Einheit
Dispersion	1550 nm	D	– 93 … –100	ps/(nm km)
Dispersionssteigung	1550 nm	ΔD	0,30	ps/(nm^2 km)
Rel. Dispersionssteigung	1550 nm	$\Delta D/D$	0,0034	nm^{-1}
Dämpfung	1550 nm	α	0,5	dB/km
Gütefaktor	1550 nm	FOM	190–200	ps/(nm dB)
Polarisationsmodendispersion	1550 nm	PDM	0,08	ps/km^{0,5}
Lin. Dispersionsabweichung	1530–60 nm	ε	0,01	ps/(nm km)

onswerte von D_{SMF} = 17 ps/nm/km und Steigungen von ΔD_{SMF} = 0.058 ps (nm^2 km) auf. Daraus ergibt sich näherungsweise eine erforderliche relative Dispersionssteigung von

$$\Delta D_{SMF}/D_{SMF} = 3{,}41 \cdot 10^{-3}\ \text{nm}^{-1} \qquad (25.20)$$

Moderne dispersionskompensierende Fasern (DCF) weisen aufgrund eines speziellen Brechzahlprofils sehr hohe negative Dispersionswerte (typ: – 100 ps/(nm km)) auf, so daß mit einer 17 km langen DCF typischerweise die Dispersion von 100 km SMF kompensiert werden kann. Nach Gleichung (25.3.7b) muss die DCF gleichzeitig zur Kompensation der Dispersionssteigung eine ca. sechsmal höhere Steigung aufweisen als die SMF, d.h. eine Steigung von ca. 0,30 ps/(nm^2 km). Dispersionskompensierende Fasern besitzen aufgrund ihres exotischen Brechzahlprofils eine relativ hohe Dämpfung (typ. 0,5 dB/km), welche in der Leistungsbilanz eines Übertragungssystems berücksichtigt werden muss. Als Gütefaktor (engl.: figure of merit, FOM) für dispersionskompensierende Fasern gilt das Verhältnis zwischen erreichbarer negativer Dispersion (ps/nm) und der dazu erforderlichen Zusatzdämpfung (dB). Moderne dispersionskompensierende Fasern erreichen Gütefaktoren von 190 – 200 ps/(nm dB). Tabelle 25.4 zeigt typische Parameter heute verfügbarer dispersionskompensierender Fasern [11].

In realen WDM Systemen läßt sich i.A. nur eine teilweise Kompensation der Dispersion und Dispersionssteigung erreichen, d.h. die relative Dispersionssteigung von SMF und DCF stimmen nur bei einer Referenzwellenlänge (λ_{ref}) exakt überein und weichen bei anderen Wellenlängen geringfügig voneinander ab. Abbildung 25.12 zeigt beispielsweise den Dispersionsverlauf einer bei 1550 nm durch eine DCF perfekt kompensierten Standard-Einmodenfaserstrecke.

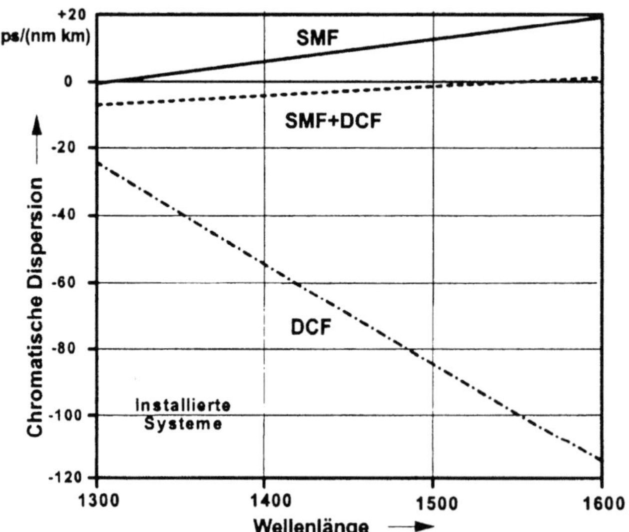

Abb. 25.12. Dispersionsverlauf einer Standard-Einmodenfaser (SMF), einer dispersionskompensierenden Faser (DCF) und der dispersionskompensierten Strecke (SMF + DCF)

Zur Charakterisierung der Dispersionsfehlanpassung hat man ein Dispersionssteigungs-Kompensations-Verhältnis (engl.: dispersion slope compensation ratio, r_{DSC}) definiert:

$$r_{\mathrm{DSC}} = \mathrm{RDS}_{\mathrm{DCF}}/\mathrm{RDS}_{\mathrm{SMF}} = (\Delta D_{\mathrm{DCF}}/D_{\mathrm{DCF}})/(\Delta D_{\mathrm{SMF}}/D_{\mathrm{SMF}}) \quad (25.21)$$

Die Reststeigung derartiger teilweise kompensierter Strecken ist gegeben durch

$$\Delta D_{\mathrm{R}}(\lambda_i) = L_{\mathrm{SMF}}\,\Delta D_{\mathrm{SMF}}\,(1 - r_{\mathrm{DSC}}) \quad (25.22)$$

Die bei einer von der Referenzwellenlänge (λ_{ref}) abweichenden Wellenlänge (λ) auftretende Restdispersion $D_{\mathrm{R}}(\lambda)$ ergibt sich dann zu:

$$D_{\mathrm{R}}(\lambda) = \Delta D_{\mathrm{R}}\,(\lambda - \lambda_{\mathrm{ref}}) + \varepsilon\, L_{\mathrm{SMF}} = L_{\mathrm{SMF}}\,[\Delta D_{\mathrm{SMF}}\,(1 - r_{\mathrm{DSC}})(\lambda - \lambda_{\mathrm{ref}}) + \varepsilon] \quad (25.23)$$

Hierbei bezeichnet die Größe ε die lineare Abweichung der Dispersionsanpassung zwischen λ und λ_{ref}. Diese beträgt bei kommerziell erhältlichen DCF im 3. Übertragungsfenster (1530–1560 nm) typischerweise < 0,1 ps/(nm km).

Es gibt Dispersions-Kompensations-Module (DCU) für den Systemeinsatz über installierte Faserstrecken (z.B. 80 km SMF/G.652) [11]. In der Praxis werden dispersionskompensierende Fasern meist hinter der Übertragungsfaser eingefügt (post compensation mode), um die aufgrund des kleinen Modenfelddurchmessers verstärkt auftretenden Probleme durch Fasernichtlinearitäten in der DCF zu vermeiden. DCUs werden meist lokal in Verbindung mit optischen Zwischenverstärkern auf installierten Faserstrecken eingesetzt. Einige kommerziell erhältliche Versionen von optischen Zwischenverstärkern sind zweistufig ausgeführt, wobei das Dispersionskompensationsmodul zwischen die zwei Verstärkerstufen eingefügt werden kann. Die Ausgangsverstärkerstufe dient u.a. dazu, die Zusatzverluste durch die DCF zu kompensieren (Abb. 25.13).

Eine alternative Möglichkeit zur Dispersionskompensation besteht darin, Übertragungsfasern mit periodisch wechselnder Dispersion und Steigung einzusetzen (Abb. 25.14). Hierbei folgt jeweils im periodischen Wechsel einer Strecke mit Standard-Einmodenfaser (SMF) eine annähernd gleich lange Strecke mit umgekehrten Vorzeichen in der Dispersion (engl.: reverse dispersion fiber, RDF).

$$D_{\mathrm{SMF}}(\lambda) = -\,D_{\mathrm{RDF}}(\lambda) \quad \text{und} \quad L_{\mathrm{SMF}} = L_{\mathrm{RDF}} \quad (25.24)$$

Das gesamte Ensemble SMF + RDF besitzt somit eine verschwindende Gesamtdispersion und wird als Null-Dispersionsfaser (engl.: zero dispersion flattened fiber, ZDF) bezeichnet [12]:

$$D_{\mathrm{Tot,ZDF}}(\lambda) = D_{\mathrm{SMF}}(\lambda)L_{\mathrm{SMF}} + D_{\mathrm{RDF}}(\lambda)\,L_{\mathrm{RDF}} = 0 \quad (25.25)$$

Der Vorteil dieses Dispersionskompensationsverfahrens besteht darin, dass die Kompensation in der Übertragungsfaser stattfindet und keine Zusatzverluste durch Kompensationselemente entstehen. In der Praxis ist dieses Verfahren jedoch nur für neue, noch zu verlegende Faserstrecken anwendbar.

Sowohl bei dispersionskompensierenden Fasern (DCF) als auch bei der Null-Dispersions-Faser (ZDF) muß insbesondere bei der hochbitratigen Weitverkehrübertragung darauf geachtet werden, daß die Polarisationsmodendispersion (PMD) der Kompensati-

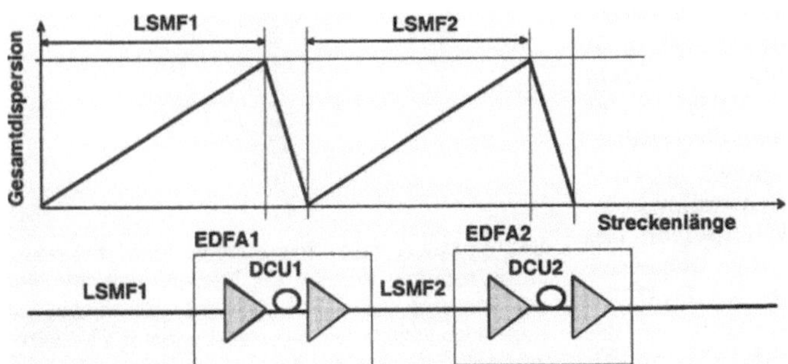

Abb. 25.13. Anordnung von optischen Zwischenverstärkern (EDFA) mit Dispersionskompensationsmodul (DCU)

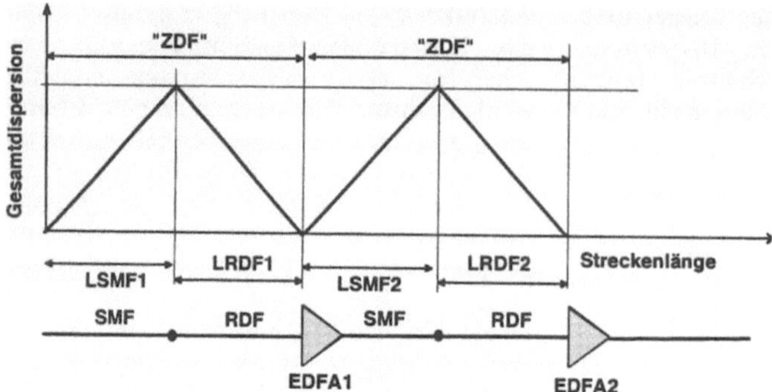

Abb. 25.14. Faserstrecken mit periodisch wechselnder Dispersion und Steigung (engl.: Zero dispersion fiber, ZDF)

onselemente in einem erlaubten Bereich liegt. Wie in Tab. 25.3.3 ersichtlich erreicht man bei kommerziell verfügbaren DCF relativ niedrige PMD Werte (0,08 ps/km^{0,5}).

25.3.2.2
Gechirpte Faser-Bragg-Gitter

Dispersionskompensationsverfahren auf der Basis der oben beschriebenen faseroptischen Kompensationselemente besitzen den Nachteil relativ hoher Zusatzverluste oder zusätzlicher Systemstörungen durch Nichtlinearitäten in der Faser. Deshalb wäre es für Systemanwendungen wünschenswert, wenn die Dispersionskompensation einer Strecke durch ein diskretes Kompensationselement mit hoher negativer Dispersion und ohne nichtlineare optische Effekte durchgeführt werden könnte. Dies erreicht man beispielsweise durch ein hochdispersives optisches Filter, wie z.B. Fabry-Perot-Filter (FP), [13] oder Faser-Bragg-Gitter (FBG) [14] (s. Kap. 12).

Faser-Bragg-Gitter mit Frequenzchirp (CFBG) sind die bisher am häufigsten untersuchte Variante von diskreten Dispersionskompensationselementen. Ein CFBG wird durch Interferenz-UV-Belichtung des photosensitiven Kerns einer Einmodenfaser hergestellt, und stellt funktional ein wellenlängenselektives Reflexionsgitter mit definiertem Dispersionsverlauf dar. Durch Variation des Strichgittergradienten kann man die resultierende Dispersion des CFBG nahezu beliebig variieren und somit für die Dispersionskompensation langer Faserstrecken einsetzen. Um hohe Zusatzverluste durch das dispersive Reflexionsgitter zu vermeiden wird das CFBG durch einen optischen Zirkulator in die Übertragungsstrecke eingefügt (Abb. 25.15). Damit erreicht man Einfügedämpfungen unter 1 dB. Durch die freie Wahl des Vorzeichens der Gradienten der Gitterperiode können sowohl positive als auch negative Frequenzchirps des übertragenen Signals kompensiert werden bzw. Signalverzerrungen durch negative oder positive Dispersion ausgeglichen werden.

Die Wirkungsweise eines CFBG wird in Abb. 25.15a) schematisch gezeigt: Das Bragg-Gitter weist entlang der Lichtausbreitungsrichtung (z) eine Variation der Gitterperiode $\Lambda(z)$ auf. Dadurch ist die Bragg-Reflexionsbedingung ortsabhängig:

$$\lambda_B(z) = 2n\,\Lambda(z) \quad (n \ldots \text{Brechungsindex}) \tag{25.26}$$

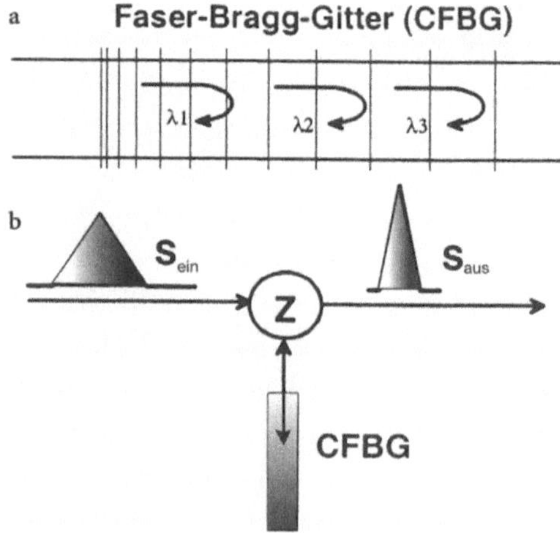

Abb. 25.15 a, b. Faser-Bragg-Gitter mit Frequenzchirp für den Einsatz als Dispersionskompensationselement. **a** Funktionsweise als dispersiver Reflexionsfilter, **b** Lichtein/-auskopplung über einen optischen Zirkulator (Z)

Die reflektierten Bragg-Wellenlängen am Anfang ($z = 0$) und Ende ($z = L_G$) des Fasergitters bestimmen den Wellenlängenbereich und die Bandbreite des Dispersionskompensationselementes:

$$\Delta\lambda = \lambda_B(0) - \lambda_B(L_G) \quad (25.27)$$

Die beiden Grenzwellenlängen $\lambda_B(0)$ und λ_B (L_{CFBG}) erfahren beim Durchlaufen des Gitters einen Zeitversatz von

$$\Delta T = D_G\, L_G\, \Delta\lambda = 2n\, L_G/c \quad (25.28)$$

wobei $D_G = 2n/(\Delta\lambda c)$ den Dispersionsparameter (ps/(km nm)) des Fasergitters darstellt. Daraus ergibt sich beispielsweise für ein Fasergitter mit einer Bandbreite von $\Delta\lambda =$ 1 nm ein Dispersionsparameter von $D_G =$ 10^7 ps/(nm km). Ein CFBG mit einer Länge von 1 m wäre somit theoretisch geeignet, Gruppenlaufzeitverzerrungen einer ca. 600 km langen Standard-Einmodenfaser zu kompensieren. Experimentell konnte u.a. eine 10 Gbit/s Übertragung über 400 km Standard-Einmodenfaser mittels eines 10 cm langen CFBG gezeigt werden [15].

25.3.3 Elektronische Entzerrung dispersionsbedingter Störungen

Das Zusammenwirken von Dispersionseffekten (chromatische Dispersion, Polarisationsmodendispersion), Fasernichtlinearitäten (Selbstphasenmodulation) und den Modulationseigenschaften des optischen Sendesignals (Amplituden-, Phasenmodulation, Chirping) führt im allgemeinen zu Signalverzerrungen bei der optischen Übertragung. Im Rahmen einer Kleinsignalanalyse kann dieses Verhalten näherungsweise durch Faserübertragungsfunktionen beschrieben und veranschaulicht werden [16, 17]. Um breitbandige Signale verzerrungsfrei zu übertragen, kann man versuchen die Faserübertragungsfunktion durch geeignete Wahl der Systemparameter (Dispersion, Chirp, Signalleistung) günstig zu beeinflussen. Zusätzlich besteht die Möglichkeit, durch elektronische Filter den gesamten Frequenzgang im genutzten Frequenzbereich zu entzerren [18–20]. Neben linearen elektronischen Filtern können auch nichtlineare elektronische Entzerrerschaltungen zur Beseitigung oder Milderung der durch die optische Übertragung bedingten Störungen eingesetzt werden [21, 22]. Darüberhinaus kann der störende Einfluß der Dispersionseffekte reduziert werden, indem Modulationsformate mit verminderter Bandbreite, z.B. mehrstufige Modulation, verwendet werden [23, 24].

Einige dieser Verfahren sind für Anwendung in terrestrischen 10 Gbit/s (STM-64) Übertragungssystemen besonders interessant und wurden daher auch in die internationale Standardisierung einbezogen. Gegenwärtig sind in der entsprechenden ITU-T Empfehlung G.691 [25] für die Übertragung über mehr als 40 km Standard Einmodenfaser neben der passiven Dispersionskompensation (Passive Dispersion Compensation, PDC; vgl. Abschn. 25.3.2) die folgenden Dispersionskompensationsverfahren vorgesehen: Prechirp (PCH), Selbstphasenmodulation (SPM) und Dispersionsunterstützte Übertragung (engl.: dispersion supported transmission, DST). Es wird dabei von einer NRZ (non-return-to-zero) Modulation ausgegangen.

25.3.3.1 *Prechirping*

Optische Pulse, die neben der Intensitätsmodulation eine spezielle Phasenmodulation (transienter Chirp) aufweisen, können sich unter Einfluß der chromatischen Dispersion besonders stark verbreitern, aber auch bei geeigneten Vorzeichen von Dispersionsparameter und Chirp-Parameter zunächst verschmälern [26: Kap. 3]. Diese Pulskompression kann zur Vergrößerung der Übertragungslänge ausgenutzt werden.

Der Chirp-Parameter α_H eines optischen Senders kann definiert werden durch [25]:

$$\alpha_H = \frac{\dfrac{d\varphi}{dt}}{\dfrac{1}{2P}\cdot\dfrac{dP}{dt}} \quad (25.29)$$

wobei φ die Phase und P die Leistung des optischen Signals ist.

Abbildung 25.16 zeigt den Dispersionsindex γ_{1dB} (s. auch Gl. (25.12)) für 1 dB Leistungseinbuße und NRZ Modulation als Funktion von α_H gemäß einer theoretischen Abschätzung nach [27].

Benutzt man direkt modulierte Halbleiterlaser als optischen Sender zur Übertragung über Standard Einmodenfaser im 1550 nm Übertragungsfenster so wird die Begrenzung der Übertragungslänge durch den transien-

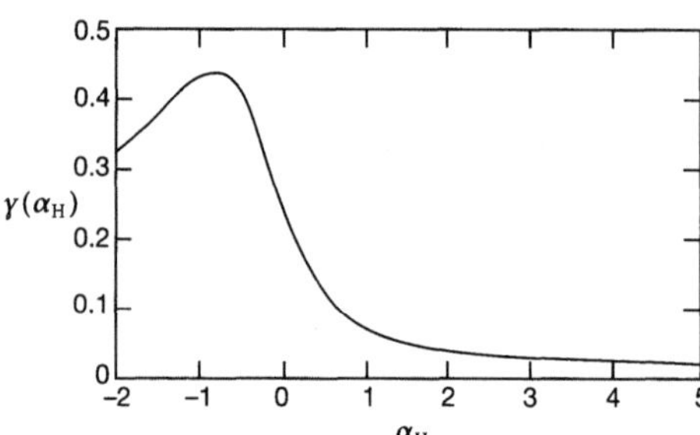

Abb. 25.16. Dispersionsindex $\gamma_{1\,\mathrm{dB}}$ als Funktion von α_H, nach [27]

ten Chirp besonders deutlich. Typische Werte für den Chirp-Parameter α_H von für diese Anwendung üblichen Halbleiterlasern liegen im Bereich $3 \leq \alpha_H \leq 5$. Der Dispersionsindex γ für 1 dB bzw. 2 dB Leistungseinbuße ergibt sich für $\alpha_H^2 \gg 1$ und NRZ Modulation näherungsweise zu [27]:

$$\gamma_{1\,\mathrm{dB}} = 0{,}076/\alpha_H \qquad (25.28\,\mathrm{a})$$

$$\gamma_{2\,\mathrm{dB}} = 0{,}146/\alpha_H \qquad (25.28\,\mathrm{b})$$

Durch Vergleich mit dem Dispersionsindex für reine Intensitätsmodulation ($\gamma_{1\,\mathrm{dB}} = 0{,}25$, vgl. Abschn. 25.3.1) erkennt man, daß schon für $\alpha_H \approx 3$ die durch den transienten Chirp bedingten Systemreichweiten um den Faktor 10 geringer sind. Die Reichweiten sind also in diesem Fall also nur ein Zehntel der in Tabelle 25.3 angegebenen Werte.

Durch spezielle Strompulsformung des Lasermodulationssignals kann man durch Vermeidung von Relaxationsoszillationen im optischen Signal den Einfluß des transienten Chirps vermindern und so die Systemreichweite erhöhen [28].

Durch den Einsatz externer optischer Modulation im optischen Sender lassen sich auch Chirp-Parameter im Bereich um $-1 \leq \alpha_H \leq 1$ realisieren. Abbildung 25.16 zeigt, daß für negative Werte des Chirp-Parameters α_H der Dispersionsindex γ und damit die Systemreichweite maximiert werden kann. Als Maximalwerte erhält man

$$\gamma_{1\,\mathrm{dB}} = 0{,}44 \quad \text{bei } \alpha_H = -\,0{,}83 \text{ und} \qquad (25.29\,\mathrm{a})$$

$$\gamma_{2\,\mathrm{dB}} = 0{,}51 \quad \text{bei } \alpha_H = -\,0{,}71\,. \qquad (25.29\,\mathrm{b})$$

Die in Tabelle 25.3 angegebenen Reichweiten für reine Intensitätsmodulation ($\alpha_H = 0$) können also durch Prechirp des Sendesignals mit $\alpha_H = -0{,}83$ etwa um den Faktor 1,7 erhöht werden. Bei 10 Gbit/s ergibt sich beispielsweise durch Anwendung des Prechirp-Verfahrens eine Reichweite von etwa 100 km über Standard Einmodenfaser im 1550 nm Übertragungsfenster. In der ITU-T Empfehlung G.691 [18] wird das Prechirp-Verfahren für die 10 Gbit/s Übertragung im Bereich 40 km bis 80 km Standard Einmodenfaser vorgeschlagen (Anwendungskode L-64.2 c).

Die hier dargestellten Zusammenhänge gehen von einer linearen Wellenausbreitung aus. Insbesondere bei großen optischen Signalleistungen muß jedoch die durch die Fasernichtlinearität (Kerr-Effekt) bedingte Selbstphasenmodulation (SPM) berücksichtigt werden. Die zur maximalen Reichweite führenden Werte von α_H können dann auch positiv sein. Eine weitere Verbesserung der Übertragungseigenschaften ist durch elektronische Entzerrung im Empfänger möglich. Vorteilhaft können dazu transversale Filter, beispielsweise realisiert als integrierte Schaltung in Silizium-Germanium (SiGe) Technologie [20], zur Verminderung der Leistungseinbuße angewandt werden.

25.3.3.2
Dispersionsunterstützte Übertragung (DST)

Verwendet man einen direkt modulierten Halbleiterlaser als optischen Sender, so erhält man neben der Intensitätsmodulation auch eine Phasenmodulation des optischen Signals am Fasereingang. Die Kleinsignalübertragungsfunktion zwischen Amplitudenmodulation (AM) und Phasenmodulation (PM) des optischen Senders definiert durch $H_{PM}(\omega_m) = 2\,P(0)\,\Delta\phi(0,\omega_m)/\Delta P(0,\omega_m)$ mit der mittleren Leistung $P(0)$ und den Modulationsanteilen $\Delta P(0,\omega_m)$ der Leistung und $\Delta\phi(0,\omega_m)$ der Phase des optischen Feldes am Fasereingang ($z = 0$), kann man dann beschreiben durch [16]:

$$H_{PM}(\omega_m) = \alpha_H - \mathrm{j}\ \omega_{ac}/\omega_m \qquad (25.30)$$

Dabei beschreibt der erste Term den bereits in Abschn. 25.3.3.1 eingeführten transienten Chirp und der zweite Term den adiabatischen Chirp. Der adiabatische Chirp ist charakterisiert durch den Parameter ω_{ac}, der für einen Halbleiterlaser näherungsweise gegeben ist durch $\omega_{ac} = 4\pi\,E_{FM}(I - I_{th})$, mit der FM-Modulationseffizienz E_{FM}, dem mittleren Strom I und dem Schwellstrom I_{th} des Lasers. Der adiabatische Chirp ist also für einen gegebenen Laser über den Strom I einstellbar. So erhält man z. B. mit einer FM-Modulationseffizienz $E_{FM} = 250$ MHz/mA und $(I - I_{th}) = 40$ mA den Wert $\omega_{ac}/(2\pi) = 20$ GHz.

Die Faserübertragungsfunktion H_F für Intensitätsmodulation (IM) kann definiert werden durch $H_F(\omega) = \Delta P(L, \omega_m) \exp(\alpha L) / \Delta P(0, \omega_m)$ [17]. Zur Veranschaulichung der Übertragungseigenschaften ist der Betrag der Faserübertragungsfunktion $|H_F|$ als Funktion der Modulationsfrequenz $f_m = \omega_m/(2\pi)$ in Abb. 25.17 dargestellt für ein Sendesignal mit Intensitätsmodulation und nur adiabatischem Chirp, d.h. $H_{PM}(\omega_m) = -j\, \omega_{ac}/\omega_m$ [16–18]. Im dargestellten Frequenzbereich treten keine Nullstellen auf. Bei tiefen Frequenzen ist ein ausgeprägtes Hochpaß-Verhalten zu erkennen. Für $\omega_m \to 0$ gilt die Näherung

$$H_F = 1 - j\, \omega_m\, \beta_2\, \omega_{ac}\, L/2 \qquad (25.31)$$

Hier ist β_2 die Gruppenlaufzeitdispersion, gegeben durch $\beta_2 = -\lambda^2 D/(2\pi c)$ mit der Vakuumwellenlänge λ des Signalträgers, dem Dispersionsparameter D und der Vakuumlichtgeschwindigkeit c. Der adiabatische Chirp des Senders führt also in Verbindung mit der Faserdispersion zu einer Faserübertragungsfunktion mit Hochpaß-Charakter bei tiefen Frequenzen. Dieser Effekt wird bei der dispersionsunterstützten Übertragung (Dispersion supported transmission; DST) zur Erhöhung der nutzbaren Übertragungsbandbreite, bzw. der dispersionsbegrenzten Streckenlänge ausgenutzt [18, 29]:

Um breitbandige Signale verzerrungsfrei zu übertragen, kann man versuchen, die Faserübertragungsfunktion H_F für Intensitätsmodulation (IM) durch ein elektronisches Filter mit der Übertragungsfunktion H_{EQ} zu entzerren, so daß im genutzten Frequenzbereich gilt $H_F \cdot H_{EQ} = 1$. Es ist dabei zu beachten, daß sowohl der Betrag, als auch die Gruppenlaufzeit entzerrt werden muß.

Im folgenden Beispiel wird gezeigt, daß eine solche elektronische Entzerrung bei einem Sendesignal mit Intensitätsmodulation und adiabatischem Chirp sowie anomaler Dispersion ($D > 0$) für tiefe Frequenzen auf einfache Weise realisiert werden kann. Nach Gl. (25.31) ist für $\omega_m \to 0$ die Faserübertragungsfunktion gegeben durch $H_F = 1 - j\, \omega_m \beta_2 \omega_{ac} L/2$. Eine Entzerrung ist möglich mit einem elektronischen Tiefpaßfilter erster Ordnung mit der Übertragungsfunktion

$$H_{DST} = 1/(1 + j\, \omega_m/\omega_{DST}) \,, \qquad (25.32)$$

wobei die Grenzfrequenz $\omega_{DST}/(2\pi)$ definiert ist durch

$$\omega_{DST} = 2/(\omega_{ac}\, |\beta_2|\, L)$$
$$= c/(E_{FM}(I - I_{th})\, \lambda^2\, |D|L) \,. \qquad (25.33)$$

Die benötigte Tiefpaßfilter-Grenzfrequenz hängt nach Gl. (25.33) also ab von der Gesamtdispersion $|D|L$, sowie vom adiabatischen Chirp des Lasers, der über den Laserstrom einstellbar ist. Abbildung 25.17 zeigt den auf diese Weise entzerrten Frequenzgang.

Das soeben beschriebene Verfahren stellt eine Realisierungsmöglichkeit der dispersionsunterstützten Übertragung (Dispersion supported transmission; DST) dar [18]. Die Übertragung von binären Datensignalen mit Bitraten von 10 Gbit/s [29 – 32] und 20 Gbit/s [33] wurde experimentell nachgewiesen. Als elektronisch abstimmbare Tiefpaß-Filter können dabei auch integrierte Schaltungen eingesetzt werden [20, 34]. Als Alternative zur Tiefpaß-Filterung können bei der DST-Übertragung auch digitale Dekodierverfahren im Empfänger benutzt werden [21].

Zur Abschätzung der mit dem DST-Verfahren erreichbaren Systemreichweiten entsprechend Gl. (25.12) kann der experimentell ermittelte Dispersionsindex $\gamma_{DST} \approx 0{,}83$ herangezogen werden [30]. Bei 10 Gbit/s ergibt sich beispielsweise eine Reichweite im Bereich von etwa 200 km über Standard Einmodenfaser im 1550 nm Übertragungsfenster, deutlich mehr als mit reiner Intensitätsmodulation oder mit dem Prechirp-Verfahren möglich ist. In der ITU-T Empfehlung

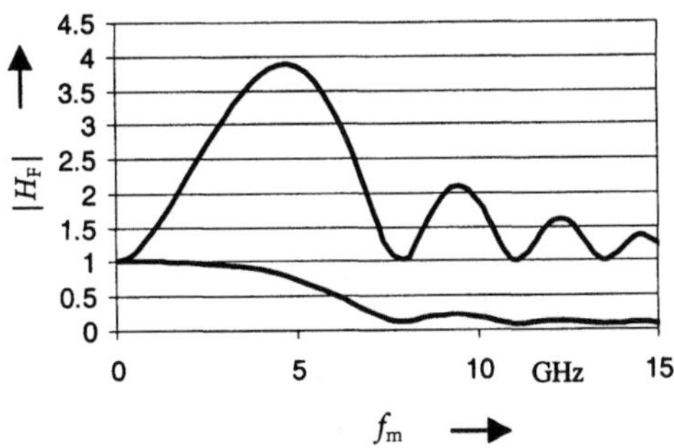

Abb. 25.17. Betrag der Übertragungsfunktion $|H_F|$ über der Modulationsfrequenz f_m für Intensitätsmodulation mit adiabatischem Chirp $\omega_{ac}/(2\pi) = 20$ GHz; $L = 120$ km; $D = 17$ ps/(nm · km); Kurve oben: nicht entzerrt; Kurve unten: entzerrt mit Tiefpaß Filter $\omega_{DST}/(2\pi) = 974$ MHz

G.691 [25] wird das DST Verfahren für die 10 Gbit/s Übertragung im Bereich 40 km bis 120 km Standard Einmodenfaser vorgeschlagen (Anwendungs-Codes DST L-64.2 und DST V-64.2).

Wie in Abb. 25.17 zu erkennen ist, wird durch Tiefpaß-Filterung nur das Hochpaß-Verhalten der Faserübertragungsfunktion entzerrt. Ein erhebliches Potential zur weiteren Erhöhung der Übertragungsbandbreite oder Streckenlänge bleibt dabei noch ungenutzt. Ein Ansatz zur weitergehenden Entzerrung durch eine digitale Dekodierschaltung wurde in [22] vorgestellt („Multi-Bit-Shift DST").

25.3.3.3
Einfluß der Modulationsformate

Die oben beschriebenen Übertragungssysteme benutzen das NRZ (non-return-to-zero) Modulationsformat. In Systemen mit kaskadierten optischen Verstärkern und Dispersionsmanagement kann jedoch unter Umständen das RZ (return-to-zero) Modulationsformat wegen größerer Robustheit gegenüber nichtlinearen Effekten und wegen erhöhter Empfängerempfindlichkeit vorteilhaft sein [35]. Dem steht aber ein erhöhter Aufwand bei der optischen Signalerzeugung gegenüber, der oft nur bei Systemen mit großer Reichweite, z.B. in Unterseesystemen gerechtfertigt ist. Nachteile des RZ Modulationsformats sind zudem die geringere Dispersionstoleranz und die erhöhte Bandbreite des optischen Signals [36]. Selbst bei Anwendung passiver optischer Dispersionskompensation ist aber ein Modulationsverfahren mit großer Dispersionstoleranz bei steigenden Kanalbitraten für die praktische Anwendung von Nutzen, da dadurch ein genauer Abgleich der Dispersionskompensation entfallen kann. Eine geringe Bandbreite des optischen Signals wird zudem in WDM Systemen mit wachsender Kanalzahl und zunehmender Bitrate pro Kanal immer wichtiger. Dispersionstolerante und bandbreitenreduzierte Modulationsformate werden daher intensiv untersucht. Ein Ansatz ist als duobinäre Modulation bekannt und wurde bereits bei 10 Gbit/s und bei 40 Gbit/s [36] experimentell untersucht. Dabei handelt es sich um eine binäre Intensitätsmodulation mit zusätzlicher Phasenmodulation des optischen Signales. Die Übertragungsqualität bei erhöhter Dispersion ist abhängig von der elektrischen Signalerzeugung (Filterung). Der zugrunde liegende Mechanismus wird noch diskutiert [37]. Ein weiterer Ansatz ist die optische Einseitenbandmodulation [38]. Die benötigte optische Bandbreite halbiert sich gegenüber der (Zweiseitenband-) Amplitudenmodulation. Die Dispersionseffekte können hier durch elektronische frequenzabhängige Laufzeitentzerrung im Empfänger kompensiert werden. Durch mehrstufige Modulation [24] kann die Dispersionstoleranz erhöht werden. Zudem verringern sich bei diesem Modulationsverfahren die Anforderungen an die Bandbreite der elektronischen Schaltungen. Die Empfängerempfindlichkeit nimmt jedoch gegenüber der binären Modulation ab. Wie in 25.3.3.2 bereits gezeigt, weist auch das DST-Verfahren eine erhöhte Dispersionstoleranz auf. Zudem ist die Übertragung mit geringer optischer Bandbreite möglich: Das frequenzmodulierte optische Signal ist einem MSK (minimum-shift-keying) Signal ähnlich. Eine Kombination von DST-Verfahren und quaternärer (d.h. vierstufiger) Modulation (QDST) wurde bereits bei 40 Gbit/s im Feldversuch demonstriert [23]. Strecken mit sehr großer Dispersion können durch das QDST-Verfahren bei geringer optischer Signalbandbreite überbrückt werden.

25.3.4
Nichtlineare optische Dispersionskompensationsverfahren

Die in den vorigen Abschnitten beschriebenen Verfahren zur Dispersionskompensation sind im linearen optischen Übertragungsmodus anwendbar. Es wurde jedoch schon früh darauf hingewiesen, daß nichtlineare optische Effekte in Glasfasern dazu benützt werden können, dispersionsbedingte Laufzeitverzerrungen in der Übertragungsfaser zu reduzieren oder ganz zu vermeiden [39] (vgl. Abschn. 4.12).

Das bekannteste diesbezügliche Konzept ist die Solitonenübertragung [40], welche an den nichtlinearen optischen Übertragungsmodus gebunden ist. Hierbei wird im Idealfall durch den nichtlinearen Brechungsindex der Faser ein Frequenzchirp induziert, welcher in Kombination mit Faserdispersion eine verzerrungsfreie Ausbreitung des Signals ermöglicht (Abschn. 25.3.4.1).

Eine weitere Möglichkeit zur Dispersionskompensation ergibt sich durch eine (nichtlineare) optische Phasenkonjugation des Signals. Die auf der ersten Streckenhälfte aufgetretenden Signalverzerrungen werden hierbei durch eine Spiegelung des Signalspektrums in der Faser-Streckenmitte (engl.: mid-span-spectral-inversion; MSSI) beim Durchlaufen der zweiten Streckenhälfte im Idealfall vollständig rückgängig gemacht (Abschn. 25.3.4.2).

25.3.4.1
Solitonenübertragung

Unter optischen Solitonen versteht man Lichtimpulse, welche während der Ausbreitung über ein optisches Medium, z. B. über eine Glasfaser, ihre Form nicht verändern. Hierbei herrscht eine Balance zwischen Gruppenlaufzeitstreuung (chromatische Dispersion) und Selbstphasenmodulation (SPM) während der Ausbreitung des Signals. Durch Nutzung eines nichtlinearen Effektes der Glasfaser, kann man also die Signalverzerrungen durch lineare Gruppenlaufzeitverzerrungen kompensieren und somit die Begrenzungen der Systemreichweiten überwinden.

Die Ausbreitung einer optischen Welle mit der Impulseinhüllenden $A(z,t)$ und der Impulsspitzenleistung P_0 wird in einem dispersiven, dämpfungsfreien Medium durch die renormalisierte nichtlineare Schrödingergleichung (NSG) beschrieben [40]:

$$\mathrm{j}\ \partial u/\partial \xi + {}^1\!/_2\ \partial^2 u/\partial \tau^2 + |u|^2\, u = 0 \quad (25.34)$$

Die Lösungen $u(\xi, \tau)$ der obigen NSG bezeichnet man als Solitonen. Hierbei sind

$u(\xi, \tau) = N\,A(z, t)/\sqrt{P_0}$
die normierte Impulseinhüllende
$(N = 1, 2, \ldots..)$

und

ξ, τ … die normierten Ort- und Zeitkoordinaten, N ist die Solitonen-Ordnung.

Im Bereich der anomalen Dispersion ($D > 0$) ergibt sich für eine normierte Eingangsamplitude

$$u(0, \tau) = N \operatorname{sech}(\tau) \quad (25.35)$$

ein Lichtimpuls, welcher sich während der Übertragung über eine Glasfaser in der Form nicht verändert ($N = 1$: fundamentales Soliton) oder welcher periodisch seine ursprüngliche Impulsform nach einer definierten Faserstrecke (z_0 = Solitonenperiode) wieder zurückgewinnt ($N > 1$: Solitonen höherer Ordnung).

Die Solitonenperiode errechnet sich gemäß [40] zu:

$$z_0/\mathrm{km} = 0{,}95\ T_s^2/(D\,\lambda^2) \quad (25.36)$$

mit

T_S … Halbwertsdauer des Solitons ps

D … chromat. Dispersion ps (nm km)

λ … Wellenlänge µm

Daraus ergibt sich beispielsweise für die Übertragung eines Solitons mit 10 ps Impulsdauer nahe der Nulldispersionstelle (D = 0,5 ps/nm/km) eine Solitonen-Periode von 120 km (1,3 µm, SMF) bzw. von 70 km (1,55 µm, DSF). Für die Übertragung eines Solitons bei hoher chromatischer Dispersion (z. B. bei 1,55 µm über eine SMF) ergibt sich demgegenüber eine deutlich reduzierte Solitonenperiode von ca. 4 km. Da bei der Solitonenübertragung aus Stabilitätsgründen der optische Verstärkerabstand wesentlich kleiner als die Solitonenperiode sein sollte, ist der letztere Fall für die Praxis nicht vorteilhaft.

Die bei der Übertragung über Glasfaserstrecken erforderliche Impulsspitzenleistung eines Solitons errechnet sich näherungsweise zu [40]:

$$P_S/\mathrm{mW} \approx 10\ N^2 \lambda^3\ A_{\mathrm{eff}}\ D/T_S^2 \quad (25.37)$$

wobei

N … Ordnung des Solitons $N = 1, 2, 3 \ldots$

λ … Wellenlänge, µm

A_{eff} … Effektive Querschnittfläche des Faserkerns, µm^2

D … chromat. Dispersion, ps/(nm km)

T_S … Halbwertsdauer des Solitons, ps

Daraus ergibt sich für die Übertragung eines Fundamental-Solitons ($N = 1$) mit 10 ps Impulsdauer nahe der Nulldispersionstelle (D = 0,5 ps/nm/km) einer DSF (λ = 1,55 µm, A_{eff} = 50 µm^2) eine erforderliche Solitonen-Spitzenleistung von 9 mW. Bei einer Solitonen-Übertragung über eine SMF (A_{eff} = 80 µm^2) im 1,55 µm Fenster (D = 17 ps/(nm km)) ergibt sich demgegenüber eine wesentlich höhere erforderliche Solitonen-Spitzenleistung von ca. 0,5 W. Aufgrund der definierten Vorgaben der für die Solitonenausbreitung (Signalform und -leistung) werden bei der Solitonenübertragung RZ-Signalimpulse (return-to-zero) verwendet.

Diese Bedingungen für die Solitonausbreitung gelten nur für ein verlustfreies Ausbreitungsmedium, d.h. nur unter der Annahme, daß die Solitonenleistung konstant bleibt, was auf realen Faserstrecken aufgrund der Faserdämpfung nicht möglich ist. Es konnte jedoch gezeigt werden, daß die Solitonen-Übertragung relativ tolerant gegenüber Leistungsschwankungen (± 50% von P_S) ist, solange die Solitonenperiode groß gegenüber dem optischen Verstärkerabstand ist und eine mittlere Impulsleistung im Bereich der Solitonenleistung vorliegt. Die auf dem ersten Streckenteil vorliegende höhere Signalleistung führt in Kombination zwischen Selbst-Phasen-Modulation (SPM) und Faserdispersion zu einer Impulskompression, welche die im zweiten Streckenteil aufgrund der zu geringen Signalleistung auftretende Impulsverbreitung gerade kompensieren kann [40].

Solitonen unterliegen bei ihrer Ausbreitung über lange Faserstrecken einer Reihe von weiteren Einschränkungen. Zum Beispiel erfahren zwei nahe benachbarte Solitonen-Impulse, welche sich über ein nichtlineares Medium ausbreiten, untereinander eine Anziehung oder Abstoßung, je nachdem, ob sie phasengleich ($\Delta\phi = 0$) oder gegenphasig ($\Delta\phi = \pi$) sind. Um diese nichtlineare Wechselwirkung der Solitonen untereinander zu vermeiden, sollten Solitonen zu ihren Nachbarn mindestens einen zeitlichen Abstand (Bitperiode T_{Bit}) von dem Fünffachen der Impulsbreite (T_S) aufweisen.

$$T_S < T_{Bit}/5 \qquad (25.38)$$

Daraus folgt z.B., daß für die Solitonenübertragung bei 10(40) Gbit/s Signalimpulse mit einer Halbwertsbreite von < 20(5) ps eingesetzt werden müssen.

Eine weitere Begrenzung von Solitonensystemen entsteht aufgrund der verstärkten spontanen Emission (ASE) von optischen Verstärkern. Bei sehr vielen aufeinanderfolgenden kaskadierten Verstärkerstrecken entstehen durch die kumulierte ASE der Verstärker Leistungsschwankungen der Solitonen, welche aufgrund der nichtlinearen Wechselwirkung mit dem Ausbreitungsmedium in einen zeitlichen Jitter der Solitonenimpulse umgesetzt wird. (Gordon-Haus-Jitter) [41]. Dadurch ergeben sich beispielsweise bei einer Datenrate 10 Gbit/s Begrenzungen der Übertragungslängen bei < 10000 km. Durch verschiedene Maßnahmen wie z.B. dem Einsatz von synchronisierten optischen Modulatoren zur periodischen Pulsformung [42] oder durch entlang der Strecke periodisch eingefügte Signalfilter mit gleitendem Frequenzverlauf (engl.: sliding filters) kann der Zeitjitter von Solitonen begrenzt werden [43]. Mittels dieser Verfahren konnte u.a. eine Solitonenübertragung über praktisch unbegrenzte Entfernung gezeigt werden [42].

Es konnte später nachgewiesen werden, daß Solitonen auf periodisch dispersionskompensierten Strecken (Standard-Einmodenfaser, G.652) mit höherer mittlerer Dispersion besonders stabile Betriebsbedingungen vorfinden (engl.: dispersion managed solitons). Hierbei verändern die Solitonen periodisch ihre Pulsdauer und -form, d.h. die Solitonen „atmen". Vorteil der Solitonübertragung mit Dispersionsmanagement besteht darin, daß dieses Übertragungsverfahren auch über installierte SMF-Strecken angewendet werden kann. Es konnte u.a. in einem Laborexperiment 20 Gbit/s Solitonen über 5520 km SMF übertragen werden [44].

25.3.4.2
Optische Phasenkonjugation (Mid-Span-Spectral-Inversion)

Eine weitere Möglichkeit des Einsatzes nichtlinearer optischer Effekte zur Dispersionskompensation bietet die optische Phasenkonjugation: Durch nichtlineare optische Vierwellenmischung in der Streckenmitte (engl.: Four-Wave-Mixing, FWM) erhält man neben dem Signalspektrum S der Frequenz f_S und der Pumpfrequenz f_P ein gespiegeltes Signalspektrum S' mit der Differenzfrequenz $f_{S'}$.

$$f_{S'} = 2\,f_P - f_S \qquad (25.39)$$

Durch die Spiegelung des Signalspektrums lassen sich die auf der ersten Streckenhälfte akkumulierten Laufzeitverzerrungen auf der zweiten Streckenhälfte wieder rückgängig machen, sofern diese identische Dispersionseigenschaften aufweist. Als nichtlineares optisches Element für die Vierwellenmischung wird z.B. ein Halbleiterlaserverstärker (semiconductor optical amplifier, SOA) eingesetzt. Durch Mischung des Signals der Wellenlänge λ_S mit einem (intensiven) Pumpsignal (λ_P nahe der Dispersionsnullstelle) entsteht in

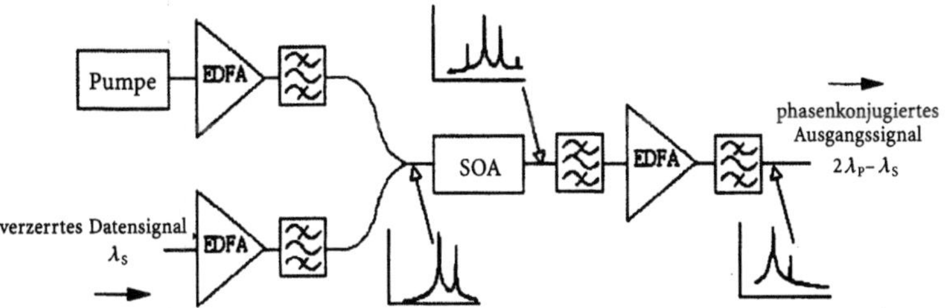

Abb. 25.18. Prinzip der spektralen Inversion zur Dispersionskompensation nach [46]

dem SOA neben dem ursprünglichen Signal- und Pumpspektrum das (i. A. sehr schwache) gespiegelte Signalspektrum bei der Wellenlänge $\lambda_{S'}$, wie in Abb. 25.18 schematisch gezeigt [45] (s. Kap. 16). Dieses wird nach einer Bandpaßfilterung (Unterdrückung von f_P und f_S) verstärkt und über die zweite Streckenhälfte übertragen. Aufgrund der inversen Laufzeitentzerrung wird im Idealfall durch die spektrale Inversion das ursprüngliche Signal S (λ_S) am Ende der Übertragungsstrecke in seiner Form wiederhergestellt, allerdings bei der anderen Wellenlänge S' ($\lambda_{S'}$). Dieses Verfahren wurde u.a. erfolgreich zur 40 Gbit/s Übertragung über eine verlegte 186 km lange G.652 Feldfaserstrecke eingesetzt [46].

25.4 Einfluß der Polarisationsmodendispersion

Mit der in der hochratigen optischen Datenübertragung in den letzten Jahren verfolgten Zielsetzung, zum einen die Regeneratorfeldlänge, d.h. den Abstand zwischen der vollständigen Regeneration (3R) und der damit einhergehenden optisch-elektronischen Wandlung auszudehnen, und zum anderen die Kapazität der Faser durch Erhöhung der Bitrate zu vergrößern, kann die Polarisationsmodendispersion (PMD) der Übertragungsfaser als begrenzende Eigenschaft in den Vordergrund treten [47].

In der terrestrischen Übertragung bei sowohl 2,5 Gbit/s als auch 10 Gbit/s Datenrate werden Regeneratorfeldlängen von teilweise über 1000 km angestrebt.

25.4.1 Durch PMD hervorgerufene Signalverzerrung

Wie bereits in Kap. 4 erläutert wurde, kann eine PMD-behaftete Glasfaser als optisch doppelbrechendes Element aufgefaßt werden, welches ein Paar Hauptachsen mit orthogonalen Polarisationszuständen unterschiedlicher Ausbreitungsgeschwindigkeit besitzt. Die Einkopplung eines optischen Signals in die Faser kann daher zu einer Zweiwegeausbreitung und mithin zu einer Echoverzerrung des Empfängersignals führen. Dieser Vorgang ist in Abb. 25.19 skizziert und wird von der in der Abb. 25.20 dargestellten Messung bei 10 Gbit/s belegt. Gemäß des Polarisationszustandes des Sendesignals, welcher mit dem Jones-Vektor $\vec{e}_s$ beschrieben werden kann, teilt es sich mit der relativen Leistung γ (nicht zu verwechseln mit dem in Abschn. 25.3.1 eingeführten Dispersionsindex) bzw. $1-\gamma$ auf die schnelle und langsame Hauptachse mit ihren orthogonalen Hauptzuständen der Polarisation (PSP, principal state of polarization) auf. Dabei besitzt das ein- und ausgangsseitige Ende der Faser i.allg. unterschiedliche Polarisationshauptzustände $\vec{e}_{\text{in}\pm}$ bzw. $\vec{e}_{\pm}$. Im Gegensatz zur Signalübertragung über einer doppelbrechenden Faser variieren jedoch sowohl die Gruppenlaufzeitdifferenz (DGD, differential group delay) $\Delta\tau$ der zwei Ausbreitungspfade als auch deren Polarisationszustände mit der Kreisfrequenz ω des optischen Signals.

Das detektierte Signal $s(t)$ kann als Echoverzerrung des unverzerrten Signals $d(t)$ beschrieben werden. Bezeichnet t_0 die Laufzeit des vorlaufenden Teilsignals, so ergibt sich für das empfangene Signal

$$s(t) = \gamma\, d(t - t_0) + (1 - \gamma)\, d(t - \Delta\tau - t_0)$$

$$\text{mit } \gamma = |\, \vec{e}_s\, \vec{e}^{\,*}_{\text{in}-} |^2 . \tag{25.40}$$

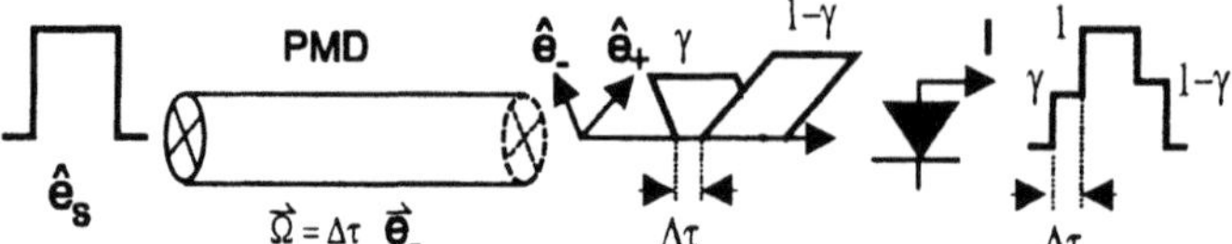

Abb. 25.19. Signalverzerrung durch Polarisatinsmodendispersion

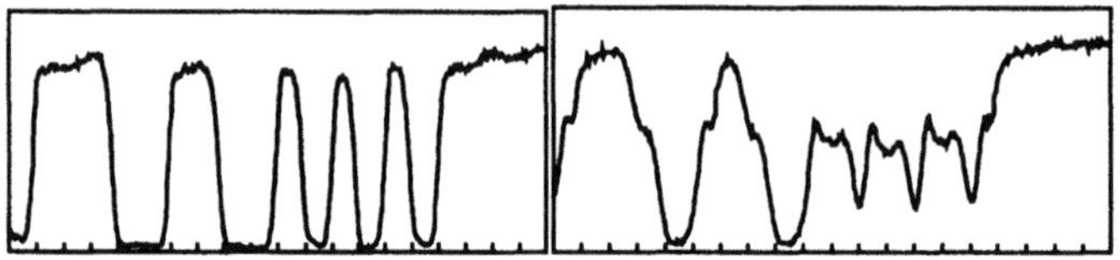

Abb. 25.20. 10 Gbit/s-Signal, links: unverzerrt, rechts: durch PMD verzerrt ($\Delta\tau = 90$ ps, $\gamma = 0{,}5$)

Die an einer 246 km langen installierten Faserstrecke gemessene Variation der DGD über der Wellenlängen ist in Teilbild Abb. 25.21a dargestellt. Der Mittelwert der Messungen beträgt 8 ps und beziffert die PMD $\langle\Delta\tau\rangle$ der Faserstrecke (oft auch mittlere PMD, „mean PMD" oder „mean DGD"). Teilbild 25.21b stellt die Häufigkeit der gemessenen DGD-Werte als Säulen dar. Die mit ρ gekennzeichnete Linie ist die aus der Theorie herleitbare Wahrscheinlichkeitsdichte [47], welche als Maxwellverteilung darstellbar ist.

$$\rho = \frac{1}{\langle\Delta\tau\rangle}\sqrt{\frac{54}{\pi}}\,\frac{\Delta\tau^2}{\langle\Delta\tau\rangle^2}\exp\left(-\frac{3}{2}\,\frac{\Delta\tau^2}{\langle\Delta\tau\rangle^2}\right) \qquad (25.41)$$

Der längenbezogene PMD-Wert, der PMD-Koeffizient $\tau' = \Delta\tau/\sqrt{L}$, kann folglich im obigen Beispiel mit 0,5 ps/$\sqrt{\text{km}}$ angegeben werden. Hier bezeichnet L die Faserlänge (in km). Für jede Wellenlänge besitzt die Faser eine aktuelle PMD, die durch die Gruppenlaufzeitdifferenz $\Delta\tau$ und durch die zugehörige, ebenfalls variierende Hauptachsenpolarisation $\vec{e}_-$ beschrieben wird.

25.4.2
Zeitliche Fluktuation der PMD

Die mit einer Wellenlängenänderung einhergehende starke Variation der Gruppenlaufzeitdifferenz und der Hauptachsenpolarisation einer installierten Glasfaser impliziert i.allg. auch eine mehr oder minder starke Variation dieser Größen mit der Zeit. Insbesondere für die Datenübertragung ist die Kenntnis dieser zeitlichen Schwankung von Interesse, da sie ebenfalls zu Variationen der Signalverzerrungen im selben Zeitrahmen führen können. Die Ursache der Schwankung der aktuellen PMD ist darin zu suchen, daß bei installierten Faserstrecken die gesamte Glasfaser oder Teile von ihr mehr oder minder stark der täglichen und der jahreszeitlichen Schwankung der Umgebungstemperatur ausgesetzt sind. Die damit verbundene Variation lokaler mechanischer Spannungen im Kernbereich der Faser kann, vermittelt durch den elastooptischen Effekt, zur zeitlichen Variation der lokalen Doppelbrechung füh-

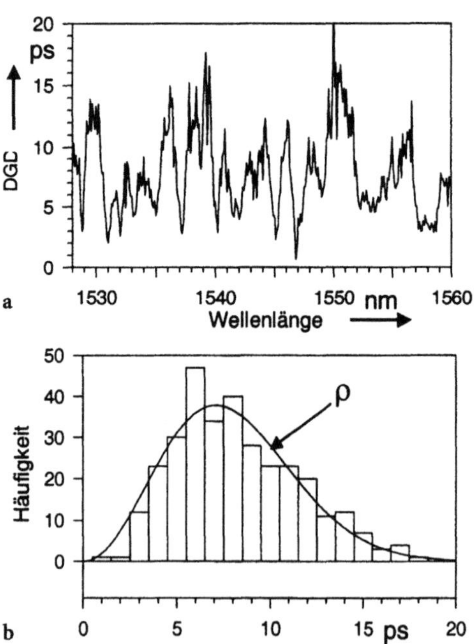

Abb. 25.21. a Über der Wellenlänge gemessene Gruppenlaufzeit-Differenz einer 246 km langen Faserstrecke mit $\langle\Delta\tau\rangle = 8$ ps und **b** Histogramm dieser Messung. ρ stellt die berechnete Maxwellverteilung dar

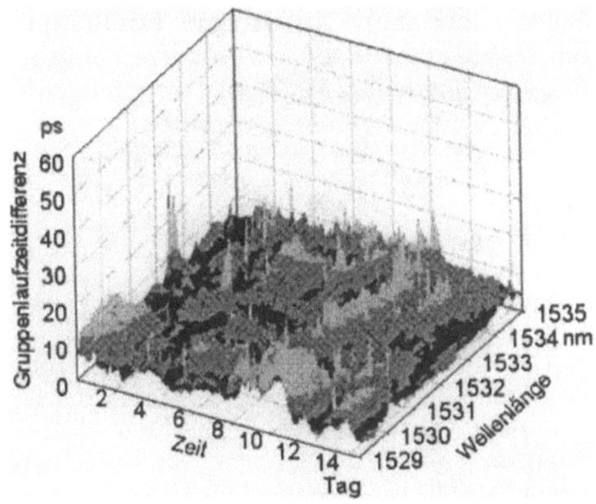

Abb. 25.22. Gruppenlaufzeitdifferenz $\Delta\tau$ der 246 km-Faserstrecke mit 8 ps PMD über Zeit und Wellenlänge gemessen

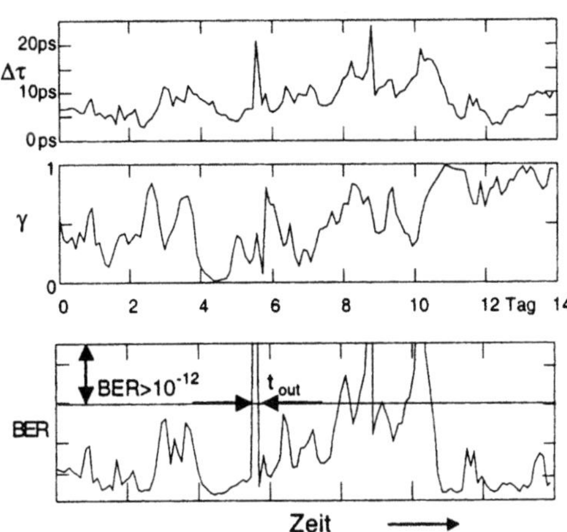

Abb. 25.23. **a** Bei 1529 nm über einen Zeitraum von 14 Tagen gemessene DGD, **b** aus PSP-Messungen berechnete Hauptachsenleistung γ und **c** berechnete 40 Gbit/s-Bitfehlerrate

ren, die sich dann in einer Änderung der aktuellen PMD bemerkbar macht. In der Literatur wird von kaum merklichen Fluktuationen im Zeitrahmen von Wochen für im Erdreich verlegte Kabel bis hin zu schnellen Schwankungen innerhalb von wenigen Minuten für oberirdisch aufgespannte Faserstrecken berichtet [48, 49].

In Abb. 25.22 ist die an einer verlegten Faserstrecke (8 ps PMD) gemessene Gruppenlaufzeitdifferenz über dem Beobachtungszeitraum von $14^1/_2$ Tagen und über einem Wellenlängenbereich von 6 nm aufgetragen [48]. Helle Bereiche z. B. stellen Zeiten und Wellenlängen dar, bei denen die DGD teilweise die 20 ps überschreitet. In Abb. 25.23 ist die zeitliche Entwicklung sowohl der DGD als auch der relativen Leistung γ über einer Zeitspanne von 14 Tagen dargestellt. Im Teilbild 25.23c ist das durch numerische Simulation ermittelte Bitfehlerverhältnis für eine 40 Gbit/s-Datenübertragung aufgetragen. Deutlich sind die mit der Fluktuation der PMD verbundenen zeitlichen Schwankungen der Bitfehlerraten zu erkennen.

25.4.3 PMD-Grenzwert

Zum Quantifizieren der Empfindlichkeit eines Übertragungssystems gegenüber PMD bzw. zum Beziffern der Degradation der Übertragung durch PMD sind unterschiedliche Größen vorgeschlagen worden. Aufgrund des statistischen Charakters der PMD wird zumeist in Analogie zum Fading eines Funkkanals die Wahrscheinlichkeit für die Degradation eines systemrelevanten Parameters (Penalty, Eye Margin, Bitfehlerwahrscheinlichkeit) jenseits eines Grenzwertes angegeben. Definiert man z. B. eine Bitfehlerwahrscheinlichkeit von mehr als 10^{-12} als Ausfall der Übertragung, so beziffert die Wahrscheinlichkeit für das Überschreiten dieses Grenzwertes dann die Ausfallwahrscheinlichkeit (outage probability) der Übertragung aufgrund PMD. Ist die PMD $\langle\Delta\tau\rangle$ der Faser bekannt, so läßt sich die Ausfallwahrscheinlichkeit CP für ein Übertragungssystem numerisch durch die Integration der Wahrscheinlichkeitsdichte für das Auftreten einer PMD-bedingten Signalverzerrung berechnen. Dabei muß über dem Bereich integriert werden, in welchem diese Verzerrung eine Bitfehlerrate von z. B. über 10^{-12} hervorruft.

$$\mathrm{CP} = \iint_{\mathrm{BER} > 10^{-12}} \rho \, \mathrm{d}\Delta\tau \, \mathrm{d}\gamma \tag{25.42}$$

Die Wahrscheinlichkeit für das Auftreten einer durch $\Delta\tau$ und γ quantifizierten Verzerrung wird von dem Produkt der Wahrscheinlichkeitsdichten für das Auftreten eines bestimmten Wertes $\Delta\tau$, die bei gegebener PMD $\langle\Delta\tau\rangle$ mit Hilfe der Maxwellverteilung ρ darstellbar ist (s. Gl. (25.41)), und der für γ angenommenen konstanten Wahrscheinlichkeitsdichte gebildet.

In Abb. 25.24 ist die maximal zulässige PMD $\langle\Delta\tau\rangle$, welche eine Ausfallwahrscheinlichkeit CP von 10^{-6} noch sicherstellt, abgeschätzt

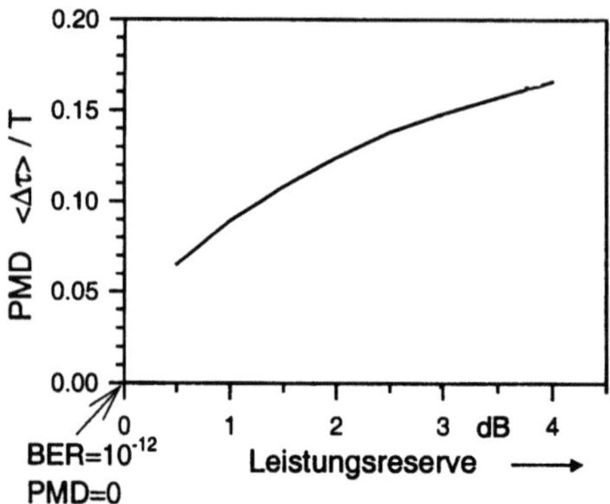

Abb. 25.24. Maximale PMD für eine Ausfallwahrscheinlichkeit von 10^{-6} in Abhängigkeit von der Leistungsreserve am Empfänger (für ein Chirp-freies NRZ-Signal)

worden. Eine gegenüber der Eingangsleistung für BER = 10^{-12} (ohne PMD) vorhandene Leistungsreserve (Margin) am Empfänger bzw. OSNR-Reserve (s. Abschn. 25.2) vergrößert die Toleranz gegenüber PMD in gewissen Grenzen. Werden im Übertragungssystem ca. 2 bis 3 dB Reserve für etwaige PMD-Verzerrungen bereitgestellt, so ist eine Faser-PMD von 10 bis 15% der Bitperiode T noch zulässig.

Die Ausfallwahrscheinlichkeit aufgrund der PMD gibt jedoch noch keine Auskunft über das zeitliche Verhalten der Störung wie z.B. der Dauer eines einzelnen Ausfallereignisses, das in Abb. 25.23c mit t_{out} bezeichnet ist.

Die numerische Simulation einer 40 Gbit/s-Übertragung über der in Abb. 25.22 vermessenen, 246 km langen Faserschleife ergibt eine typische Ausfallzeit von 4,3 Stunden [50]. Dieser Wert kann allerdings nur als exemplarische Größe angesehen werden, da er sowohl von der PMD abhängt als auch die Umgebungstemperaturschwankungen als Ursache der PMD-Fluktuation sich für jede Faser individuell unterschiedlich auswirken können.

Diese Analysen zeigen, daß der Grenzwert für die PMD von etwa 10 bis 15% der Bitperiode keine scharfe Begrenzung darstellt, deren Überschreitung zu einen abrupten Ausfall führt. Vielmehr wird auch ein oberhalb des Grenzwertes betriebenes System die meiste Zeit ohne Beanstandung der Übertragungsqualität arbeiten. Jedoch werden mit zunehmender PMD dann immer häufiger für Zeiträume von Minuten, Stunden oder gar Tagen nicht mehr tolerierbare Erhöhungen der Bitfehlerrate bis hin zur verzerrungsbedingten Unkenntlichkeit des empfangenen Signals beobachtet werden können.

25.4.4 Die PMD installierter Faserstrecken

Um die Relevanz der PMD für hochbitratige Übertragung über vorhandene und zukünftige Glasfasernetze beurteilen zu können, muß zu typischen Werten des PMD-Koeffizienten τ' verlegter Fasern der Grenzwert der PMD in Relation gesetzt werden. Für eine mit dem PMD-Koeffizienten τ' behafteten Faserstrecke läßt sich mit der Bitperiode T die maximale Faserlänge wie folgt abschätzen:

$$L < (a\ T/\tau')^2 \quad \text{mit} \quad a = 0{,}1\ldots0{,}15\,. \qquad (25.43)$$

Obwohl keine repräsentativen Erhebungen über die PMD installierter Strecken öffentlich zugänglich sind, scheinen Werte von etwa 0,2 bis 0,4 ps/√km derzeit typisch zu sein [51, 52]. Diese Werte hängen unter Umständen stark vom Herstellungsjahr des Kabels – ältere Fasern besitzen tendenziell höhere PMD-Koeffizienten –, vom Fasertypus (SMF, DSF) und auch vom Hersteller ab. So lassen statistische Auswertungen vermuten, daß über 10% der verlegten Faserkilometer einen Wert von 1 ps/√km überschreiten [52]. Mit dieser PMD wird bei 2,5 Gbit/s Datenrate gemäß Gleichung (25.42) erst bei Strecken deutlich über 1000 km der PMD-Grenzwert überschritten, wohingegen für 10 Gbit/s-Systeme jenseits der 100 km die Ausfallwahrscheinlichkeit zu groß werden könnte. Eine Einzelkanaldatenrate von 40 Gbit/s, deren Einführung in den nächsten Jahren angestrebt wird, könnte bei einem Großteil der installierten 100 km-Strecken älteren Datums zu einer inakzeptabel hohen Ausfallwahrscheinlichkeit führen. In den letzten Jahren wird allerdings beim Herstellungsprozeß zunehmend auf das Einhalten geringer PMD-Werte geachtet, so daß die Fasern neu installierter Kabel selbst 0,1 ps/√km unterschreiten können.

25.4.5 PMD höherer Ordnung

Die Annäherung der PMD-Verzerrung durch eine Zweiwegeausbreitung setzt eine konstante aktuelle PMD innerhalb des Signal-

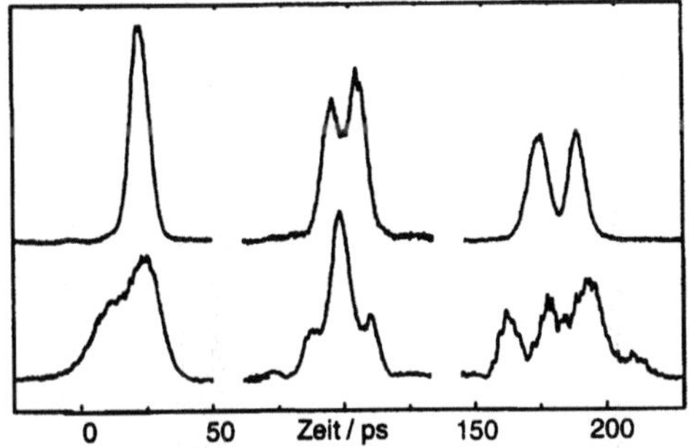

Abb. 25.25. Durch eine PMD von 7,8 ps verzerrte Impulse mit 7 ps Halbwertsbreite (40 Gbit/s-Bitimpuls) [53]. Oben: durch PMD 1. Ordnung verzerrt (mitte und rechts) Unten: durch PMD erster und höherer Ordnung verzerrt

spektrums voraus. Sobald jedoch die Kohärenzzeit der Quelle vergleichbar mit der Gruppenlaufzeitdifferenz wird, können sowohl die Gruppenlaufzeitdifferenz $\Delta\tau$ als auch die Hauptachsenpolarisationen $\vec{e}_{\pm}$ nicht mehr als frequenzunabhängig angesehen werden [53, 54]. Dann wird die Wahrscheinlichkeit für das Auftreten zusätzlicher Signalverzerrungen aufgrund dieser sogenannten PMD höherer Ordnung merklich zunehmen. Typische, für optische Impulse gemessene Verzerrungen gibt Abb. 25.25 wieder.

Beim Einsatz externer Modulatoren zur Aufprägung des Datensignals auf den optischen Träger wird aufgrund der schmalen optischen Spektren der PMD-Grenzwert von etwas über 10 % der Bitperiode durch Effekte höherer Ordnung nicht reduziert. Jedoch kann z.B. mit einem direkt modulierter Laser aufgebautes 2,5 Gbit/s-System mit seiner größeren Linienbreite schon unterhalb des PMD-Grenzwertes von 40 ps (0,1 T) eine Ausfallwahrscheinlichkeit von über 10^{-5} aufweisen.

25.4.6 Reduzierung der PMD-Verzerrung

Es sind bereits eine Vielzahl von Strategien und Vorrichtungen zur Vermeidung oder Minderung der PMD-bedingten Signalverzerrungen vorgeschlagen worden [55]. Neben der gezielten Herstellung von Glasfaserkabeln geringster PMD für den Einsatz in neu zu verlegende Faserstrecken, insbesondere für Unterseekabel, oder dem Ausnutzen nichtlinearer Übertragungsformate, wie der Solitonenübertragung, mit ihrer innewohnenden erhöhten Resistenz gegenüber Impulsverbreiterungen oder aber der Wahl eines hinreichend kleinen Regeneratorabstandes, sind hauptsächlich empfängerseitige optische oder elektronische Kompensatoranordnungen vorgeschlagen worden. Aufgrund der zeitlichen Fluktuation der PMD gehen diese in den optischen Pfad eingefügten oder in der Empfängerelektronik integrierten Einheiten von einer der augenblicklichen Verzerrung adaptiv nachgeführten Filtereinstellung aus.

25.4.6.1 *Optische PMD-Kompensation*

Exemplarisch ist eine Ausführungsform eines optischen PMD-Kompensators in Abb. 25.26 dargestellt [56]. Mit Hilfe eines nachgeführten Polarisationsstellers werden die beiden

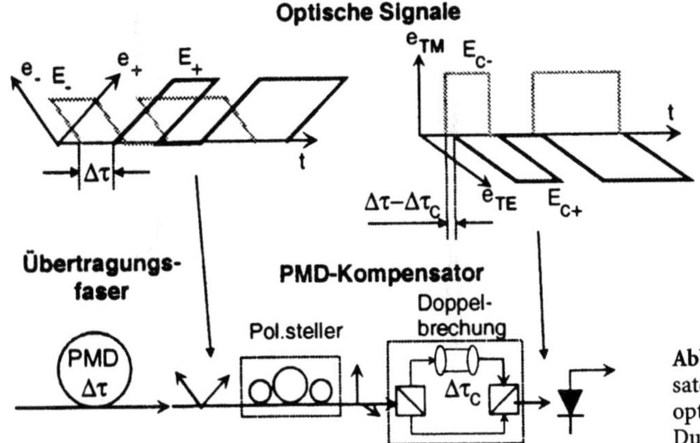

Abb. 25.26. Optischer PMD-Kompensator. Die oberen Teilbilder zeigen die optischen Signale vor und nach dem Durchlaufen der Anordnung

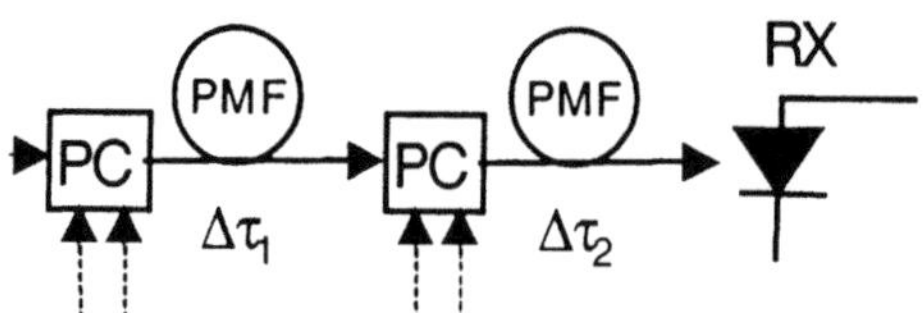

Abb. 25.27. Optischer PMD-Kompensator bestehend aus der Hintereinanderschaltung von Polarisationsstellern (PC) und doppelbrechenden Faserstücken ($\Delta\tau$)

Hauptachsen der PMD auf die beiden Hauptachsen einer optischen Doppelbrechung mit einem variablen Laufzeitunterschied abgebildet. Diese Doppelbrechung kann z.B. aus zwei Polarisationsteilern aufgebaut sein, welche das langsame und schnelle Hauptachsensignal der Faser auf zwei unterschiedliche Wege einstellbarer Längendifferenz aufteilen und anschließend wieder auf einer Faser zusammenfügen. Die optische Weglänge einer der Strecken kann dann z.B. mit einem fahrbaren Umlenkspiegel der Faser-DGD $\Delta\tau$ angepaßt werden, so daß das Teilsignals der schnellen Hauptachse dann entsprechend verzögert und sein Laufzeitvorsprung damit wieder kompensiert wird.

Mit einer derartigen Anordnung läßt sich die PMD erster Ordnung vollständig kompensieren. Numerische Analysen weisen darauf hin, daß sich der PMD-Grenzwert auf ca. 35% der Bitperiode erhöht. Erst jenseits dieses Wertes wird die Wahrscheinlichkeit für durch PMD zweiter (und höherer) Ordnung hervorgerufene Ausfälle (BER > 10^{-12}) größer als z.B. 10^{-5}.

Aufgrund der aufwendigen Realisierung der variablen optischen Verzögerungsleitung wird diese auch durch eine feste Doppelbrechung (PMD), wie in Abb. 25.27 skizziert, ersetzt. Eine Kaskadierung von Polarisationsstellern (PC) und konstanten Doppelbrechungen ($\Delta\tau_i$) gestatteten es dann weiter, prinzipiell größere DGD-Werte hinreichend fein gestuft zu kompensieren bzw. auch PMD höherer Ordnung auszugleichen [57].

25.4.6.2
Elektronische PMD-Entzerrung

Die zur elektronischen Entzerrung des detektierten, PMD-gestörten Signals eingesetzten Anordnungen sind bereits aus der Signalverarbeitung bei niedrigeren Datenraten bekannt. So werden bei der Übertragung über ein Telephonmodem oder im Mobilfunkempfänger Transversalfilter oder rückgekoppelte Entscheider zur Echokompensation eingesetzt [58]. In Abb. 25.28 ist ein Transversalfilter (TF) mit acht Abzweigungen skizziert, welche eine differentielle Verzögerung T_C von etwa einer halben bis einer Bitperiode aufweisen sollten. Zur Anpassung an die augenblickliche Verzerrung müssen die Wichtungsfaktoren c_0 bis c_7 eingestellt werden. Das Transversalfilter kompensiert bis zu einem gewissen Grad die Veränderung der durch die PMD der Faser modifizierten Übertragungsfunktion des Übertragungskanals.

Für starke Verzerrungen, welche durch große Gruppenlaufzeitdifferenz in Kombination mit gleicher Aufteilung des Sendesignals auf die Hauptachsen ($\gamma = 0{,}5$) hervorgerufen werden, ist es vorteilhaft dem Transversalfilter einen rückgekoppelten Entscheider nachzuschalten. Er subtrahiert einen gewichteten (B_1) und verzögerten ($T_B = T$) Teil des bereits entschiedenen Datensignals vom Eingangssignal und kann dieses somit von Echoanteilen befreien.

Transversalfilter sowie rückgekoppelte Entscheider sind bereits als integrierte Schaltungen für eine Datenrate von 10 Gbit/s hergestellt worden [59]. Optische, elektronische PMD-Kompensatoren sowie opto-elektronische Konzepte werden z.Zt. auf ihre Einsatzmöglichkeit in Übertragungssystemen untersucht.

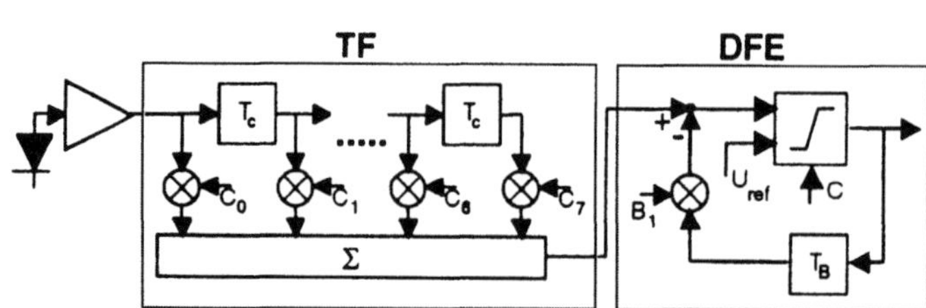

Abb. 25.28. Transversalfilter (TF) und rückgekoppelter Entscheider (DFE) für die elektronische PMD-Kompensation

25.5 Hochbitratige Übertragung über globale Distanzen

Der Fortschritt in der optischen Übertragungstechnik spiegelt sich deutlich in den während des letzten Jahrzehnts installierten Interkontinentalsystemen wider, welche extrem große Systemreichweiten (>6000 km) und höchste Zuverlässigkeit (25 Jahre Betriebsdauer) erfordern [60].

Erste Transatlantiksysteme mit optischer Übertragung wurden seit 1988 verlegt (TAT-8, 2 × 280 Gbit/s). Optische Verstärker wurden erstmals 1995 anstelle von optoelektronischen Regeneratoren in Transatlantiksystemen (TAT-12, 2 × 5 Gbit/s, USA-Großbritannien, ca. 6000 km) eingesetzt. Eine sehr große Systemreichweite von 27300 km (Großbritannien-Japan) wurde z.B. in dem FLAG-System (Fiber optical Link Around the Globe) erzielt. Hierbei wurden u.a. 667 optische Verstärker (EDFAs) mit Verstärkerabständen von ca. 40 km eingesetzt. Um große Reichweiten zu erzielen, werden bei Seewassersystemen dispersionsverschobene Fasern (DSF, vgl. Kap. 4) verwendet, um die chromatische Dispersion möglichst niedrig zu halten. Tabelle 25.5 gibt einen Überblick über einige installierte optische Transkontinentalsysteme [61].

Tabelle 25.5. Optische Transkontinentalsysteme

System	Strecke	Bitrate	Fasern	Gesamtlänge	Reg.-Typ	Jahr
TAT 8	USA-UK/F	280 Mbit/s	2	6400 km	elektrisch	1988
TAT 9	USA/Can-UK/F/E	560 Mbit/s	2	9300 km	elektrisch	1991
TAT 10	USA-D	560 Mbit/s	2	7200 km	elektrisch	1992
TAT 11	USA-UK/F	560 Mbit/s	3	6400 km	elektrisch	1993
CANTAT	Can-D	2,5 Gbit/s	2	7500 km	elektrisch	1994
TAT 12	USA-UK	5 Gbit/s	2	5980 km	optisch	1995
TAT 13	USA-F	5 Gbit/s	2	6320 km	optisch	1996
FLAG	UK-Japan	5 Gbit/s	2	27300 km	optisch	1997

Spezielle Literatur

[1] Kap. 6 in „Optische Telekommunikationssysteme“, Herausg. Hultzsch, H., Damm Verlag, 1996

[2] *Veith, G.:* “European 40 Gbit/s field trials”. Invited Paper, ECOC ’99, Nice, Techn.Digest, Vol. II, pp. 82–83

[3] *Nakazawa, M. et al.:* “TDM single channel 640 Gbit/s transmission experiment over 60 km using a 400 fs pulse train and a walk-off free, dispersion-flattened nonlinear optical loop mirror”. Post Deadline Paper PD-14, OFC ’98

[4] Vgl. z.B. Post-Deadline Papers PD2-1, PD2-2, PD2-4, PD2-5, PD2-8, PD2-5, PD2-10, Technical Digest ECOC ’99, Nice, France, Sept. 1999

[5] *Desurvire, E.:* Erbium-doped fiber amplifiers: principles and applications. John Wiley & Sons, Inc., New York (1994)

[6] *Olsson, N.A.:* “Lightwave Systems With Optical Amplifiers.” Journal of Lightwave Technology, vol. 7, no. 7 (1989) 1071–1082

[7] *Habbab, I.M.I.; Cimini, Jr., L.J.:* “Optimized Performance of Erbium-Doped Fiber Amplifiers in Subcarrier Multiplexed Lightwave AM-VSB CATV Systems.” Journal of Lightwave Technology, Vol. 9, No. 10 (1991) 1321–1329

[8] *Laming, R.I.; Payne, D.N.:* “Noise Characteristics of Erbium-Doped Fiber Amplifier Pumped at 980 nm”. IEEE Photonics Technology Letters vol. 2 no. 6 (1990) 418–421

[9] *Elrefraie, A.F. et al.:* “Chromatic dispersion limitations in coherent lightwave transmission systems”. Journal of Lightwwave Technology, vol. 9 no. 5 (1988) 704–709

[10] *Lach, E.; Kaiser, M.; Pöhlmann, W.; Veith, G.:* “40 Gbit/s ETDM binary NRZ transmission over installed G.652 field fiber with enhanced dispersion tolerance”. Techn. Digest ECOC ’99, Vol. II, pp. 88–89, ECOC ’99, Nice, 1999

[11] *Grüner-Nielsen, L.; Edvold, B.; Magnussen, D. et al.:* “Large volume manufacturing of dispersion compensation fiber”. Proc. OFC ’98, Paper TuD5, San José, Ca., 1998

[12] *Yonegawa, K.; Matsuura, A.; Kuwahara, S. et al.:* "Dispersion-compensation-free 40 Gbit/s × 4-channel WDM transmission experiment using zero-dispersion-flattened transmission line". Proc. OFC '98, Paper PD20, San José, Ca., 1998
[13] *Gnauck, A.H.; Giles, C.R.; Cimini, L.J. et al.:* IEEE Photon. Technol. Lett. 3 (1991) 1147
[14] *Kashyap, R.:* "Photosensitive optical fibers: Devices and applications". Opt. Fiber Technol. 1 (1994) 17
[15] *Loh, W.H.; Laming, R.I.; Gu, M. et al.:* Electron. Lett. 31 (1995) 2203
[16] *Wang, J.; Petermann, K.:* "Small Signal Analysis for Dispersive Optical Fiber Communication Systems". Journal of Lightwave Technology, Vol. 10, No. 1, January 1992, pp. 96–100
[17] *Cartaxo, A.; Wedding, B.; Idler, W.:* "Influence of fiber nonlinearity on the fiber transfer function: theoretical and experimental analysis". Journal of Lightwave technology, Vol. 17, No. 10, October 1999, pp. 1806–1813
[18] *Wedding, B.:* "Analysis of fibre transfer function and determination of receiver frequency response for dispersion supported transmission". Electron. Lett. 30, 1994, pp. 58–59
[19] *Schlump, D.; Wedding, B.; Bülow, H.:* "Electronic Equalisation of PMD and Chromatic Dispersion induced Distortion after 100 km Standard Fibre at 10 Gbit/s". ECOC '98, Madrid, 1998, paper WdC14, pp. 535–536
[20] *Wedding, B.; Pöhlmann, W.; Schlump, D.; Schlag, E.; Ballentin, R.:* "SiGe Circuits for High Bitrate Optical Transmission Systems". IEEE International Symposium on Circuits and Systems, ISCAS '99, Orlando, May 30–June 2, 1999, invited paper 82.3, pp. II-492–II-495
[21] *Wedding, B.; Schlag, E.:* "Novel 10 Gbit/s integrated silicon bipolar decision circuit for dispersion supported transmission". Electron. Lett. 30, 1994, 5, pp. 399–400
[22] *Wedding, B.; Köffers, K.; Schlump, D.:* "Multi-bit-shift Dispersion Supported Transmission: A new approach to multiply the dispersion-limited transmission span". ECOC '99, Nice, September 26–30, 1999, paper MoC1
[23] *Idler, W.; Franz, B.; Schlump, D.; Wedding, B.; Ramos, A.J.:* "Field trial at 40 Gbit/s over 28.6 km and 86 km of Standard Singlemode Fibre using Quaternary Dispersion Supported Transmission". Electron. Lett. 25, 1998, vol. 34, pp. 2425–2426
[24] *Walklin, S.; Conradi, J.:* "Multilevel Signaling for Increasing the Reach of 10 Gb/s Lightwave Systems". Journal of Lightwave Technology, Vol. 17, No. 11, November 1999, pp. 2235–2248
[25] ITU-T Recommendation G.691 (2000) "Optical Interfaces for Single Channel SDH Systems with Optical Amplifiers, and STM-64 systems"
[26] *Agrawal, G.:* "Nonlinear Fiber Optics". Second Edition, Academic Press, San Diego, 1995
[27] *Song, J.; Fan, C.; Yao, Y.; Feng, C.:* "Improved dispersion-limit formula for IM/DD fiber transmission systems". Technical Digest, OFC '94, San Jose, 1994, WM5, pp. 157–158
[28] *Wedding, B.:* "Reduction of bit error rate in high speed optical transmission systems due to optimized electrical drive pulse shaping". Technical Digest, ECOC '88, Brighton, 1988, pp. 187–190
[29] *Wedding, B.:* "New method for optical transmission beyond dispersion limit". Electron. Lett. 28, 1992, 14, pp. 1298–1300
[30] *Wedding, B.; Franz, B.; Junginger, B.:* "10 Gbit/s optical transmission up to 253 km via standard singlemode fibre using the method of dispersion supported transmission". Journal of Lightwave Technology, vol. 12 no. 10, October 1994, invited paper, pp. 1720–1727
[31] *Schlump, D.; Köffers, K.; Pöhlmann, W.; Reichelt, H.J.; Wedding, B.:* "10 Gbit/s Dispersion Supported Transmission Field Trial over 123 km Standard Single Mode Fibre for HDTV Studio Interconnection". Electron. Lett. 31, 1995, 21, pp. 1854–1855
[32] *Franz, B.; Pöhlmann, W.; Wedding, B.; Ramos, A.J.:* "Field Experiments at 10 Gbit/s over 80 km, 160 km and 240 km standard singlemode fibre installed between Sesimbra and Lisbon using Dispersion Supported Transmission Technique". Electron. Lett. 31, 1995, 21, pp. 1860–1861
[33] *Wedding, B.; Köffers, K.; Franz, B.; Mathoorasing, D.; Kazmierski, Ch.; Monteiro, P.; Matos, J.:* "Dispersion-Supported Transmission of 20 Gbit/s over 53 km Standard Singlemode Fibre". Electron. Lett. 31, 1995, 7, pp. 566–568
[34] *Monteiro, P.; Lima, M.; da Rocha, J.F.; Teixeira, A.; Franz, B.; Wedding, B.:* "An Electrically Adjustable Equalizer for Very High Bit Rate Transmission Systems based on Dispersion Supported Transmission". 5th IEEE International Conference on Electronics, Circuits and Systems, ICEC '98, Lisbon, Sept. 7.–10., 1998
[35] *Breuer, D.; Ennser, K.; Petermann, K.:* "Comparison of NRZ- and RZ-modulation format for 40 Gbit/s TDM standard-fibre systems". Proc. ECOC, Oslo, 1996, Vol. 2, pp. 199–202
[36] *Yonenaga, K.:* "Dispersion-Tolerant Optical Modulation Techniques for High-Speed Transmission Systems". Third Optoelectronics and Communications Conference, OECC '98, Technical Digest, 1998, pp. 88–89
[37] *Penninckx, D.:* "Effect of electrical filtering of duobinary signals on the chromatic dispersion transmission limitations". ECOC '98, Madrid, 1998, pp. 537–538
[38] *Sieben, M.; Conradi, J.; Dodds, D.E.:* "Optical Single Sideband Transmission at 10 Gbit/s Using Only Electrical Dispersion Compensation". Journal of Lightwave Technology, Vol. 17, No. 10, October 1999, pp. 1806–1813

[39] *Hasegawa, A., Tappert, F.:* "Transmission of stationary nonlinear optical pulses in dispersive dielectric fibers". Appl. Phys. Lett. 23 (1973) 142–143
[40] *Hasegawa, A.; Kodama, Y.:* "Signal transmission by optical solitons in monomode fibers". Proc. IEEE 69 (1981) 1145–1150
[41] *Gordon, J.P.; Haus, H.A.:* "Random walk of coherently amplified solitons in optical fiber transmission". Opt. Lett. 11 (1986) 665–667
[42] *Nakazawa, M.; Suzuki, K.:* "Experimental demonstration of soliton data transmission over unlimited distances with soliton control in time andfrequency domains". Electron. Lett. 29 (1993) 729–730
[43] *Mollenauer, L.F.; Lichtman, E. et al.:* "Demonstration, using sliding-frequency guiding filters, of error-free soliton transmission over more than 20 Mm at 20 Gbit/s in two channel WDM". Electron. Lett. 29 (1993) pp. 910–911
[44] *Naka, A. et al.:* Electron. Lett. 32 (1996) 1694–1695
[45] *Bouchoule, S. et al.:* "Photonic technologies for ultrahigh speed information highways". Opt. Fiber Technology, OFT-5 (1999) 275–301
[46] *Nesset, D. et al.:* "40 Gbit/s transmission over 186.6 km of installed fiber using mid-span spectral inversion for dispersion compensation". Paper ThI3, OFC '99, San Diego, Ca
[47] *Poole, C.D.; Nagel, J.:* (Kap. 6) Polarization Effects in Lightwave Systems. In Herausg.: *Kaminow, I.P.; Koch, T.L.:* Optical Fiber Communications IIIA. Academic Press, San Diego (1997)
[48] *Bülow, H.:* Temporal variation of installed fiber PMD and the impact on high-bitrate optical transmission. Proc. NOC '98 II, Manchester, in Herausg.: *Faulkner, D.W.; Harmer, A.L.:* Long-Haul, ATM and Multi-Media Networks NOC '98. IOS Press Amsterdam (1998) 253–258
[49] *Gleeson, L.M.; Sikora, E.S.R.; Mahoney, M.J.O.:* Experimental and numerical investigation into the penalties induced by second order polarisation mode dispersion at 10 Gb/s. Proc. ECOC 97, 1 Edinburgh (1997) 15–18
[50] *Bülow, H.; Veith, G.:* Temporal Dynamics of Error-rate Degradation induced by Polarisaiton Mode Dispersion Fluctuation of a Field Fiber Link. Proc. ECOC '97 1 Edinburg (1997) 115–118
[51] *Gruhl, H.; Herchendröder, G.; Mattheus, A.; Vobian, J.:* Characterization of 1100 km of installed standard monomode fibre and statisticalanalysis in view of network design. Proc. NOC '97 II, Anwerp in Herausg.: *Faulkner, D.W.; Harmer, A.L.:* Core and ATM Networks NOC '97. IOS Press Amsterdam (1997) 59–64
[52] *Peters, J.; Dori, A.; Kapron, F.:* Bellcore's fiber measurement audit of existing cable plant foruse with high bandwidth systems. Proc. NFOEC 97 1 (1997) 19–30
[53] *Weiershausen, W.; Schöll, H.; Küppers, F.; Leppla, R.; Hein, B.; Burkhard, H.; Lach, E.; Veith, G.:* "40-Gbit/s field test on an installed fiber link with high PMD and investigation of differential group delay impact on the transmission performance". Techn. Dig. OFC '99 ThI5 San Diego (1999)
[54] *Bülow, H.:* System Outage Probability Due to First- and Second-Order PMD. Photon. Technol. Lett., vol. 10, no. 5, (1998) 696–698
[55] *Bülow, H.:* Equalisation of Bit Distortion Induced by Polarisation Mode Dispersion. Proc. NOC '97 II Anwerp in Herausg.: *Faulkner, D.W.; Harmer, A.L.:* Core and ATM Networks NOC '97. IOS Press Amsterdam (1997) 65–72
[56] *Heismann, F.; Fishman, D.A.; Wilson, D.L.:* "Automatic compensation of first-order polarization mode dispersion in a 10 Gb/s transmission system". Proc. ECOC '98 Madrid 1 WdC11 (1998) 529–530
[57] *Sandel, D.; Hinz, S.; Yoshida-Dierolf, M.; Noé, R.;Wessel, R.; Suche, H.:* Optical polarisation-made dispersion compensation of 2.4 bit duration of differential group delay at 40 Gbit/s. Electron. Lett., vol. 35, no. 16 (1999) 1365–1367
[58] *Winters, J.H.; Gitlin, R.D.:* Electrical Signal Processing Techniques in Long-Haul Fiber-Optic Systems. Trans. on Commun., vol. 38, no. 9, (1990) 1439–1453
[59] *Bülow, H.; Buchali, F.; Baumert, W.; Ballentin, R.; Wehren, T.:* PMD Mitigation at 10 Gbit/s Using Linear and Nonlinear Integrated Electronic Equaliser Circuits. Electron. Lett., vol. 36, no. 2 (2000) 163–164
[60] *Chesnoy, J.:* "Global undersee networks". Techn. Digest OFC '99, paper TuD1, San Diego, Ca. 1999
[61] *Akiba, S.; Yamamoto, S.:* "WDM undersea cable network technology for 100 Gbit/s and beyond". Opt. Fiber Technology, 4 (1998) 19–34

Übertragungsstrecken mit Wellenlängenmultiplexbetrieb 26

P. Krummrich, E. Gottwald, K. Kotten, H. Geiger, C. Glingener, C. Scheerer, G. Fischer

Allgemeine Literatur
G. Lachs: „Fiber Optic Communications: Systems, Analysis, and Enhancements", McGraw Hill (1998) - *R. Ramaswami:* „Optical networks: a practical perspective", Morgan Kaufmann Publishers (1998) - *G. P. Agrawal:* „Fiber-Optic Communication Systems", Wiley, 2. Auflage (1997) - *L. Kazovsky, S. Benedetto, A. Willner:* "Optical Fiber Communication Systems", Artech House (1996)

26.1 Grundlegender Systemaufbau

Durch das stark wachsende Verkehrsaufkommen in der Sprach- und Datenkommunikation müssen in Punkt-zu-Punkt-Verbindungen immer größere Übertragungsbandbreiten zur Verfügung gestellt werden. In Kap. 24 wurden verschiedene Multiplexverfahren vorgestellt, die es ermöglichen, die enorme Bandbreite der Monomodenfaser besser auszunutzen. Die höchsten Gesamtdatenraten werden derzeit sowohl in Labor- als auch in kommerziellen Systemen durch Wellenlängenmultiplex (engl. wavelength division multiplex, WDM) erreicht.

Abbildung 26.1 zeigt den prinzipiellen Aufbau eines WDM-Systems. Die modulierten optischen Signale mit den Mittenwellenlängen $\lambda_1 \ldots \lambda_N$ werden durch einen Wellenlängen-Multiplexer (MUX) zu einem breitbandigen optischen Signal zusammengefaßt. Das Summensignal wird durch optische Leistungsverstärker (engl. booster amplifier, B), Zwischenverstärker (engl. inline amplifier, I) und Vorverstärker (engl. preamplifier, P) verstärkt und über Monomodenfasern (engl. single-mode fiber, SMF) übertragen. Bei geringeren Anforderungen an die Reichweite, kann auch auf optische Verstärker verzichtet werden. Sowohl die Übertragungsfaser, als auch die optischen Verstärker werden von allen N Kanälen gemeinsam genutzt, wodurch WDM eine im Hinblick auf Kosten pro Bit sehr wirtschaftliche Lösung darstellt. Empfangsseitig werden die einzelnen Kanäle durch einen optischen Wellenlängen-Demultiplexer (DEMUX) wieder getrennt und anschließend einzeln empfangen. Sofern die optische Signalbandbreite die vor allem durch den Kanalabstand gegebene Grenze nicht überschreitet, können beliebige (auch von Kanal zu Kanal unterschiedliche) Datenformate eingesetzt werden. Diese Flexibilität ist ein weiterer Vorteil der WDM-Technik.

In kommerziellen WDM-Systemen sind heute Kanalabstände von 200 GHz, 100 GHz und 50 GHz üblich. Die Kanäle werden bei Datenraten von 2,5 GBit/s oder 10 GBit/s mit einem NRZ-Signal (engl. Non Return to Zero) intensitätsmoduliert. Je nach Kanalzahl werden damit Gesamtdatenraten von mehreren 100 GBit/s auf einer Monomodenfaser erreicht. Ein typisches System erreicht derzeit

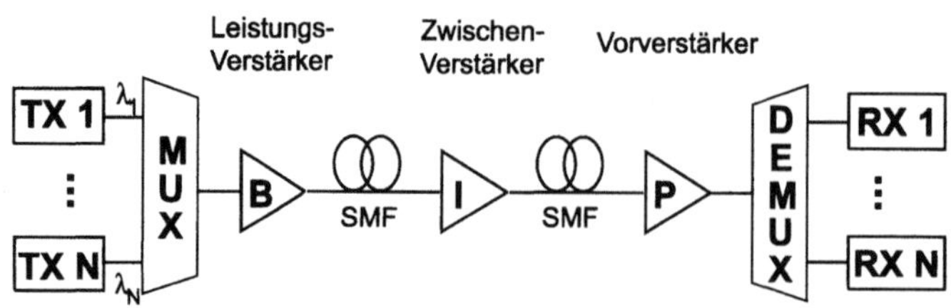

Abb. 26.1. Prinzipieller Aufbau eines WDM-Systems

(1999) beispielsweise 320 GBit/s (32 Kanäle à 10 GBit/s) [1].

Um die Gesamtdatenrate auf über ein TBit/s zu steigern, werden verschiedene Wege beschritten. Zum einen kann in der vorhandenen optischen Verstärkerbandbreite (ca. 4 THz bei konventionellen EDFAs) durch Erhöhung der Kanaldatenrate (20 GBit/s oder 40 GBit/s) und/oder Verringerung der Kanalabstände (< 50 GHz) die Bandbreiteneffizienz noch deutlich erhöht werden. Unter Einsatz eines speziellen, duobinären Modulationsformates wurden z. B. 20 GBit/s bei einem Kanalabstand von 33 GHz übertragen [2]. Der andere Weg besteht in der Erschließung neuer Bänder oberhalb und unterhalb des konventionellen EDFA-Bandes durch geeignete Faserverstärker (s. Abschn. 26.2.4). Mit beiden Verfahren wurden in Laborexperimenten Gesamtdatenraten größer 1 TBit/s realisiert [1]. Durch die Entwicklung spezieller optischer Verstärker und spezieller Modulationsformate sind künftig durchaus 10 TBit/s Gesamtkapazität und mehr in einer Faser denkbar.

Dieses Kapitel stellt in Abschn. 26.2 die für WDM-Systeme relevanten Komponenten mit ihren Eigenschaften vor. Abschnitt 26.3 beschreibt Aspekte der Systemauslegung und Abschn. 26.4 verschiedene Systemvarianten für unterschiedliche Einsatzgebiete. Abschließend werden in Abschn. 26.5 kurz die für WDM-Systeme relevanten ITU-Empfehlungen aufgeführt.

26.2 Komponenten

26.2.1 Sender

Bei Systemen, die sehr große Übertragungsstrecken zum Ziel haben, wird zur Intensitätsmodulation des DFB-Lasers (distributed feedback, DFB; s. Kap. 19) ein externer Modulator eingesetzt, um eine gute Impulsform und ein gutes Chirpverhalten zu erreichen (z. B. Mach-Zehnder-Modulator oder ein mit dem DFB-Laser monolithisch integrierter Elektroabsorptionsmodulator). Da WDM-Systeme aber zunehmend auch für den Kurzstreckenbereich interessant werden, gewinnen inzwischen direktmodulierte DFB-Laser auch für WDM-Anwendungen an Bedeutung.

Bezüglich der Ausgangsleistung der Sender bestehen bei WDM-Systemen besondere Anforderungen an die Stabilität und die Einstellbarkeit (s. Abschn. 26.3.1). Da einige wichtige Eigenschaften des Lasers (z. B. das Intensitätsrauschen, engl. relative intensity noise, RIN) von dessen Ausgangsleistung abhängig sind, sollte die Einstellung der Sender-Ausgangsleistung über den oft erforderlichen großen Bereich von ca. 10 dB nicht mit dem Laserstrom, sondern mit einem nachgeschalteten steuerbaren optischen Dämpfungsglied erfolgen.

In WDM-Systemen mit hohen optischen Leistungen pro Kanal (möglich bei Systemen mit optischen Verstärkern) kann eine Unterdrückung der stimulierten Brillouin-Streuung (SBS) notwendig sein (s. Abschn. 26.3.2). Die hierfür erforderliche Verbreiterung des Spektrums des optischen Trägers kann mit Hilfe einer geringfügigen, niederfrequenten Modulation des Laserstroms [3] oder durch die Verwendung eines Phasenmodulators erreicht werden.

26.2.1.1 *DFB-Laser für WDM-Systeme*

Während die ITU-Empfehlungen bei Einkanal-Systemen für die Wellenlänge einen weiten Bereich zulassen, sind für WDM-Systeme schärfere Anforderungen formuliert (s. Abschn. 26.5). Sowohl die absolute Lage der Wellenlängen als auch die Wellenlängenraster (Kanalabstände) sind dort beschrieben. DFB-Laser für WDM-Anwendungen müssen somit möglichst definiert für diese Wellenlängen hergestellt werden können. Dies ist grob möglich, indem die effektiv wirksame Gitterperiode des DFB-Lasers über die geometrischen Daten des Gitters festgelegt wird.

Aufgrund von Inhomogenitäten auf den Wafern streut die Wellenlänge der darauf hergestellten Laser üblicherweise über einen Bereich, der mehrere ITU-Wellenlängen umfaßt. Folglich ist noch eine Selektion der Laser notwendig, d. h., daß der Laserhersteller die Wellenlänge jedes einzelnen Lasers feststellt und ihn der nächstliegenden ITU-Wellenlänge zuordnet.

Die exakte Einstellung der Wellenlänge erfolgt schließlich erst beim Einsatz des Lasermoduls auf der Sendebaugruppe. Die Lasermodule, die in WDM-Systemen eingesetzt werden, enthalten einen Temperatursensor und einen Peltier-Kühler, damit die Temperatur des Laserchips bei allen Umgebungstemperaturen über einen Regelkreis konstant

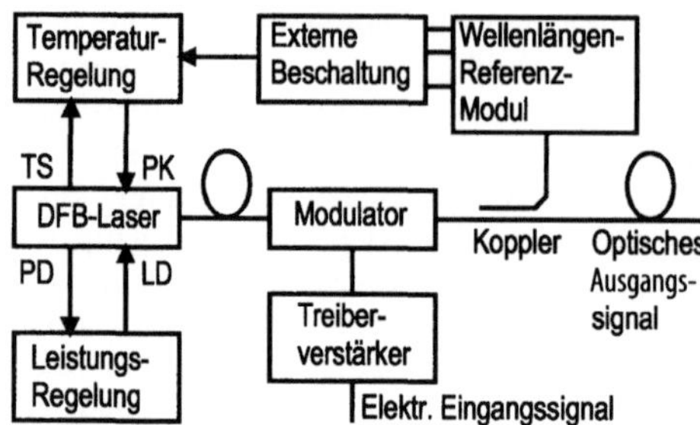

Abb. 26.2. Sender mit externem Modulator und Wellenlängen-Referenz-Modul (TS: Temperatursensor, PK: Peltier-Kühler, PD: Monitor-Photodiode, LD: Laserdiode)

gehalten werden kann (s. Abb. 26.2). Die Temperatur des Laserchips bestimmt in starkem Maße die Wellenlänge (Temperaturkoeffizient typ. 0,09 ... 0,1 nm/K). Somit kann die Wellenlänge des Lasers durch Einstellen der Temperatur abgeglichen werden.

26.2.1.2 *Wellenlängenstabilität von DFB-Lasern*

Neben dem Erreichen einer definierten Wellenlänge ist für WDM-Sender auch die Stabilität der Sendewellenlänge wichtig. Die hohen Anforderungen haben Konsequenzen für den Aufbau des Senders. So muß bei der Regelung der Laserchiptemperatur auf möglichst geringe Regelabweichungen geachtet werden. Andere Einflüsse ergeben sich durch den Aufbau der Lasermodule selbst. Beispielsweise ist die Wellenlänge in gewissem Maße von der Gehäusetemperatur abhängig, obwohl die Laserchiptemperatur geregelt wird. Ein Grund hierfür können die Bonddrähte sein, welche die elektrischen Verbindungen von den Gehäuseanschlüssen zum (per Peltier-Kühler) gekühlten Träger mit Laserchip und Temperatursensor herstellen. Diese Wärmebrücken ändern je nach Gehäusetemperatur die Temperaturverteilung auf dem Träger und haben so Einfluß auf die Stabilität der Wellenlänge. Ein Maximalwert von 1 pm/K wird heute üblicherweise für die Abhängigkeit der Wellenlänge von der Gehäusetemperatur garantiert.

Einen wesentlichen Einfluß auf die Wellenlängenstabilität hat die Alterung des Lasermoduls. Bei heutigen DFB-Lasern kann laut Herstellerangaben von einer Wellenlängenstabilität von besser als 0,2 nm über die Lebensdauer (ca. 15 ... 25 Jahre) ausgegangen werden. Teilweise sind bereits Werte besser als 0,1 nm möglich. Diese Werte gelten für den Fall, daß die Chiptemperatur mit Hilfe des Temperatursensors und des Peltier-Kühlers konstant gehalten wird. Außerdem muß der Laserstrom oder die Laserausgangsleistung (gemessen mit der im Lasermodul enthaltenen Monitor-Photodiode) konstant gehalten werden. Die Alterung hat Einfluß auf die effektiv wirksame Brechzahl in der aktiven Zone des Lasers und damit auf die Wellenlänge. Auch Alterungseffekte des Temperatursensors führen über die dann nicht mehr korrekte Chiptemperatur zu Wellenlängenabweichungen. Außerdem spielt es eine Rolle, ob der Laserstrom oder aber die Laserleistung konstant gehalten wird. Bei konstanter Ausgangsleistung ist es erforderlich, im Laufe der Zeit den Laserstrom zu erhöhen, da der Schwellstrom mit der Alterung ansteigt. Das Erhöhen des Laserstroms führt wiederum zu einer geringfügigen Vergrößerung der Wellenlänge (ca. 5 pm/mA bzw. 0,6 GHz/mA).

26.2.1.3 *Wellenlängen-Referenz-Modul*

Die Wellenlängenstabilität des Lasermoduls ist im allgemeinen ausreichend für ein Frequenzraster von 200 GHz (ca. 1,6 nm) und evtl. sogar für 100 GHz. Die tatsächlich benötigte Stabilität hängt neben dem Frequenzraster auch von weiteren systemspezifischen Parametern ab (z. B. Wellenlängenstabilität des Demultiplexers, spektrale Eigenschaften des Demultiplexers, Kanaldatenrate, Chirpverhalten der Sender, ...) und ist somit von Fall zu Fall verschieden. Bei einem Raster von 100 GHz und insbesondere darunter ist in vielen Fällen der Einsatz von Wellenlängen-Referenz-Modulen notwendig (s. Abb. 26.2). Es wird ein Teil der optischen Leistung ausgekoppelt (üblicherweise 1 ... 5%) und in das Wellenlängen-Referenz-Modul geführt. Das Modul enthält beispielsweise zwei optische Filter, die in der Mittenwellenlänge geringfügig gegeneinander verstimmt sind und jeweils mit der Hälfte der eingekoppelten optischen Leistung bestrahlt werden. Hinter jedem der beiden Filter befindet sich eine Photodiode. Der Punkt, an dem beide Photodioden den gleichen Photostrom aufweisen, entspricht im Idealfall exakt der nominellen ITU-Wellenlänge (s. Abb. 26.3).

Die mit einem Wellenlängen-Referenz-Modul erreichbare Stabilität hängt von verschiedenen Faktoren ab. Hierzu gehören die

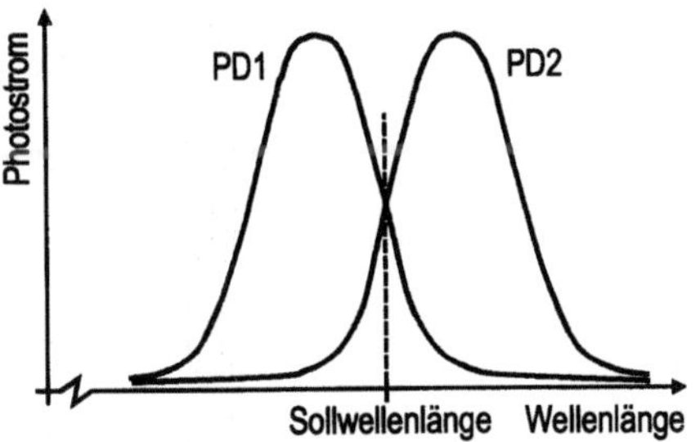

Abb. 26.3. Beispiel für das spektrale Verhalten der beiden Photodioden-Ausgänge (PD1 u. PD2) eines Wellenlängen-Referenz-Moduls

Art und der Aufbau des optischen Filters (z. B. Interferenzfilter aus dielektrischen Schichten, Fasergitter, Fabry-Perot-Filter). Die Temperaturabhängigkeit guter optischer Filter liegt oft im Bereich von nur 1 ... 2 pm/K, führt somit aber dennoch über die in der Praxis möglichen Temperaturänderungen von ca. 70 K zu einer deutlichen Wellenlängendrift. Daher wird in der Regel eine Maßnahme zur Kompensation der Temperaturabhängigkeit eingesetzt. Wenn die Temperaturabhängigkeit reduziert wurde, tritt ein weiterer Faktor in Erscheinung, nämlich die Polarisationsabhängigkeit der Elemente, aus denen das Wellenlängen-Referenz-Modul aufgebaut ist. Je nach Polarisationszustand kann es zu einer Verschiebung der Wellenlängenvorgabe von bis zu ca. 20 pm kommen. Unter Berücksichtigung aller Einflußgrößen ist nach heutigem Stand der Technik eine Gesamtstabilität von ±40 pm und damit ein Frequenzraster von 50 GHz (ca. 0,4 nm) möglich.

Das oben angeführte Beispiel mit zwei gegeneinander verstimmten Filtern beschreibt eine denkbare Aufbauform eines Wellenlängen-Referenz-Moduls. Es gibt auch die Möglichkeit, nur ein einziges optisches Filter einzubauen, und die zweite Photodiode lediglich als Monitordiode für die optische Leistung und damit als Referenz zu verwenden. Eine andere Alternative ist, die transmittierte und die reflektierte Strahlung eines einzelnen Filters auf zwei verschiedene Photodioden zu führen. Im Falle eines verlustfreien Filters erhält man so im Bereich der Filterflanke das gewünschte komplementäre Verhalten über der Wellenlänge.

Außerdem gibt es die Möglichkeit, Filter zu verwenden, deren Charakteristik sich über der Wellenlänge periodisch mit dem ITU-Frequenzraster (z. B. 100 GHz) wiederholt. In diesem Fall wäre es nicht notwendig, für jede Wellenlänge ein entsprechend abgestimmtes Wellenlängen-Referenz-Modul zu verwenden. Vielmehr gibt es so nur einen einzigen Typ, der für die Stabilisierung einer großen Zahl von ITU-Wellenlängen geeignet ist. Aus logistischen Gründen ist dies bei den steigenden Kanalzahlen heutiger WDM-Systeme von großem Vorteil.

Ein weiterer Trend ist die Integration von Lasermodul und Wellenlängen-Referenz-Modul. Die Lasermodule besitzen auf der der Faserankopplung entgegengesetzten Seite eine Monitor-Photodiode, um die optische Ausgangsleistung überwachen und regeln zu können. Anstelle dieser Monitor-Photodiode kann auch ein Aufbau mit optischen Filtern und zwei Photodioden realisiert werden, um die Funktion eines Wellenlängen-Referenz-Moduls zu erreichen [4]. Dies hat im wesentlichen Platzvorteile, da nur eines statt zweier Module benötigt wird, und auch der Koppler sowie die damit verbundenen Fasern für die Auskopplung der optischen Leistung für ein Wellenlängen-Referenz-Modul entfallen. Ein weiterer zu erwartender Entwicklungsschritt ist die Verwendung eines in der Wellenlänge einstellbaren Lasers (s. Kap. 21) in Verbindung mit einer ins Modul integrierten Wellenlängenreferenz mit periodischem Filter, so daß mit ein und demselben Lasermodul eine große Zahl von ITU-Wellenlängen eingestellt werden kann.

26.2.2
Empfänger

Bei Empfängern für WDM-Systeme sind die Unterschiede zum Einkanal-System eher gering, da vom Empfänger keine wellenlängenselektiven Eigenschaften gefordert werden und die Photodioden im Bereich von 1530 nm bis 1565 nm üblicherweise auch keine unerwünscht hohe Wellenlängenabhängigkeit ihrer Eigenschaften aufweisen. Eine in diesem Abschnitt erwähnenswerte Eigenschaft des Empfängers ist jedoch sein Dynamikbereich. Hierunter versteht man den Bereich von optischen Eingangsleistungen, bei denen ein weitgehend fehlerfreier Betrieb möglich ist (bei 10 GBit/s-Empfängern mit PIN-Photodiode bis ca. 14 dB; mit APD ca. 3 dB größer). Zu niedrigen Eingangsleistungen hin ergibt sich die Grenze durch die Empfindlichkeit des Empfängers, welche unter anderem durch das thermische Rauschen des Vorverstärkers, und bei APDs auch durch das Rauschen der Photodiode bestimmt wird. Zu hohen Eingangsleistungen hin wird die Grenze gesetzt durch Verzerrungen aufgrund der Übersteuerung der elektrischen Verstärkerstufen (z.B. am Ausgang des Vorverstärkers). Die Empfängerdynamik ist bei WDM-Systemen deshalb eine wichtige Größe, weil aufgrund des nicht ideal ebenen Gewinnspektrums der optischen Verstärker Leistungsunterschiede zwischen den einzelnen WDM-Kanälen auftreten und somit die den einzelnen Kanälen zugeordneten Empfänger bei sehr unterschiedlichen Eingangsleistungen betrieben werden müssen (s. Abschn. 26.3.1).

26.2.3 Filter

Passive optische Filter [5] dienen in WDM-Systemen in erster Linie dem Multiplexen und Demultiplexen der Kanäle (vgl. Abb. 26.1). Weitere Anwendungen sind das Auskoppeln bzw. Einfügen einzelner Kanäle oder Kanalgruppen (engl. add/drop), die Rauschunterdrückung, die Aufteilung in Subbänder und der Ausgleich von Leistungsvariationen. WDM-Multiplexer werden eingesetzt, um die Kanäle eines WDM-Systems gemeinsam auf den Multiplexerausgang zu koppeln.

Ein WDM-Demultiplexer verteilt die Eingangskanäle, die am Eingang anliegen, auf wellenlängenspezifische Ausgänge, um jeden Einzelkanal von den anderen Kanälen mit größtmöglicher Unterdrückung zu trennen. Demultiplexer sind immer wellenlängenspezifische Komponenten, wobei die Filterfunktion die wellenlängenabhängige Transmission des Ausgangssignals normiert auf das Eingangssignal beschreibt. Dies sind glockenähnliche Kurven, die um die nominelle Kanalwellenlänge eine geringe und bei den Nachbarkanälen eine hohe Einfügedämpfung aufweisen.

Die grundlegenden Auswahlkriterien für Demultiplexer sind in Abb. 26.4 dargestellt. Dies sind Einfügedämpfung $a_{\eta I}$, Variation der Einfügedämpfung von Kanal zu Kanal, polarisationsabhängige Verluste und Rückflußdämpfung. Im Hinblick auf die Filterfunktionen kommen die gewünschte Zentralfrequenz der Filterfunktion nach ITU (f_{ITU}), die optische Bandbreite B_{opt} und die Nachbarkanalunterdrückung hinzu. Die Bandbreite muß einerseits so groß gewählt werden, daß umgebungs- oder alterungsbedingte Wellenlängenänderung sowohl des Senders als auch der Komponente selbst aufgefangen werden können. Andererseits sollte sie im Demultiplexer so klein wie möglich gewählt werden, damit erstens die Nachbarkanalunterdrückung und zweitens das Rauschverhalten des Systems verbessert wird. Bei der Nachbarkanalunterdrückung wird zwischen der Unterdrückung der direkten Nachbarkanäle (engl. adjacent channel isolation, a_{adj}) und der Unterdrückung aller weiteren Kanäle (engl. nonadjacent channel isolation, a_{nadj}) oder weiterer Bänder (z.B. das Pumplaserband für die optischen Verstärker a_{pump}) unterschieden. Beim Systemdesign muß a_{nadj} so groß gewählt werden, daß die Summenleistung aller weiteren Kanäle mit den Systemanforderungen an das Übersprechen verträglich ist. Auch die Polarisationsabhängigkeit der für die Filterfunktion

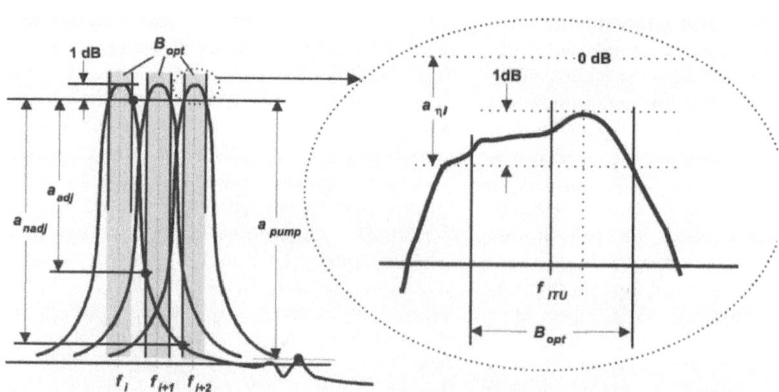

Abb. 26.4. Wichtige Auswahlkriterien für optische (De)Multiplexer

relevanten Parameter sollte minimal sein. Für den Feldeinsatz ist die Abhängigkeit der Komponente von äußeren Einflüssen zu beachten, insbesondere die Verschiebung der Filterfunktion mit der Temperatur. Wenn chemische Einflüsse die Funktion beeinflussen können, dann empfiehlt sich eine hermetische Kapselung.

Ein Multiplexer kann ein einfacher Leistungsmultiplexer ohne wellenlängenspezifische Funktionalität sein oder als eine optische Filterkomponente aufgebaut sein. Für Multiplexer mit Filterfunktion gelten mit den zuvor beschriebenen Demultiplexern vergleichbare Kriterien, wobei die Nachbarkanalunterdrückung eine untergeordnete Rolle spielt. Die kostengünstigen Leistungsmultiplexer weisen bei hoher Kanalzahl (≥8) deutlich höhere Einfügeverluste als die Filterkomponenten auf. Die Einfügedämpfung sollte möglichst gering sein, damit der Eingangspegel in den ersten optischen Verstärker wegen des dann besseren Rauschverhaltens des Systems so hoch wie möglich ist. Sendeseitig ist durch die Verstärker- und Senderspezifikation ein Dynamikbereich des Eingangspegels am Verstärker vorgegeben, der die Variation der Einfügedämpfung begrenzt. Auch die polarisationsabhängigen Verluste sollten minimal sein, um die Leistungsschwankungen im System zu minimieren. Die Rückflußdämpfung der Komponente sollte deutlich besser sein als die Rückflußdämpfung der verwendeten optischen Verbindungsstecker, um Reflexionen und damit einhergehende störende Interferenzphänomene (engl. multiple path interference, MPI) auszuschließen.

Add/Drop-Filter werden benutzt, um einen Kanal verlustarm zu einem Band hinzuzufügen (Add-Applikation) oder einen Kanal mit der notwendigen Restbandunterdrückung verlustarm aus einem Band herauszufiltern (Drop-Applikation). Das Restband sollte hierbei kaum beeinflußt werden. Bandweichen kommen zum Einsatz, um Kanalgruppen (z.B. Signalband und Überwachungsband) voneinander zu trennen. Es gelten die selben Anforderungskriterien wie für Demultiplexer, die jedoch an die Applikation angepaßt werden müssen.

Um die Filterung zu erreichen, gibt es mehrere grundlegende Technologien, jede mit ihren spezifischen Vor- und Nachteilen: dielektrische Interferenzfilter (Kap. 11), Bragg-Gitter Komponenten (Kap. 12), planare Wellenleiterstrukturen (engl. arrayed waveguide grating, AWG, Kap. 14) oder Technologien mit optischen Beugungsgittern (Kap. 11). Dielektrische Interferenzfilter sind eine etablierte Technologie und zeichnen sich bei Kanalabständen ≥200 GHz durch einen hohen Reifegrad und sehr gute Isolationswerte aus. Die Isolation wird mit zunehmendem Wellenlängenabstand zur Kanalmitte sogar immer besser. Die Einfügedämpfung und die Abmessungen nehmen mit der Anzahl der einzelnen Filterelemente stark zu, so daß diese Technologie bei hohen Kanalzahlen (≥8) gegenüber anderen Technologien benachteiligt ist. Andererseits erlaubt die sehr geringe Temperaturempfindlichkeit den Verzicht auf eine aktive Temperaturkontrolle.

(De)Multiplexer basierend auf herkömmlichen, konkaven Beugungsgittern bieten eine hohe Isolation bei geringem Kanalabstand und geringer Einfügedämpfung. Sie sind kommerziell erhältlich und aufgrund passiver Temperaturstabilisierung und der geringen Polarisationsabhängigkeiten durchaus für den Feldeinsatz geeignet.

In Reflexion betriebene Fasergitter werden üblicherweise mit optischen Zirkulatoren kombiniert, um das herausgefilterte Signal selektieren zu können. Die anderen Kanäle stehen in Transmission zur Verfügung (Abb. 26.5). Da der Reflexionsgrad des Gitters sehr hoch ist, werden die Einfügeverluste im wesentlichen durch den Zirkulator (~1.5 dB) bestimmt. Bei WDM-Systemen muß für jeden Kanal mit einem Zirkulator gerechnet werden. Daher kommt diese Variante primär für Add/Drop-, aber kaum für Multiplex/Demultiplex-Anwendungen in Frage. AWGs bieten bei hohen Kanalzahlen (≥8) Vorteile aufgrund ihrer Kompaktheit und weil die Einfügedämpfung nahezu kanalzahlunabhängig ist. Zu bedenken ist jedoch, daß die Isolation im Restband nicht wie bei dielektrischen Filtern stetig abnimmt, sondern um einen Mittelwert

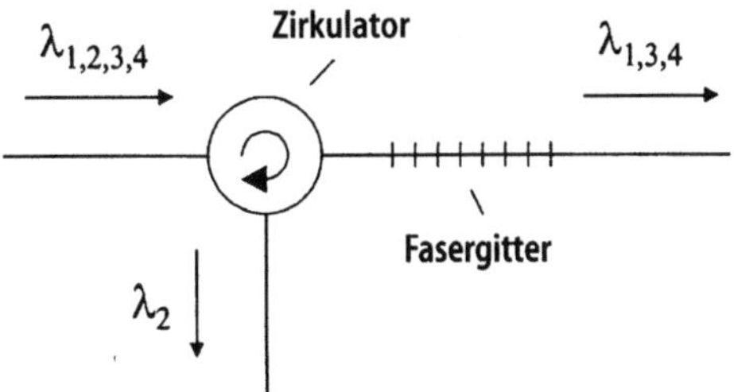

Abb. 26.5. Auskopplung eines WDM-Kanals mit Hilfe eines Fasergitters und eines Zirkulators

herum schwankt. Des weiteren sind Polarisationsabhängigkeit und Temperaturempfindlichkeit höher als bei dielektrischen Filtern.

26.2.4
Optische Verstärker

Die in WDM-Übertragungsstrecken eingesetzten optischen Verstärker (s. auch Kap. 22) lassen sich in drei Kategorien einteilen: Leistungsverstärker, Zwischenverstärker und Vorverstärker. Der am Anfang der Strecke eingesetzte Leistungsverstärker (s. Abb. 26.1) hebt die Pegel der vom Multiplexer zusammengefaßten Kanäle auf das für den Eingang der Übertragungsfaser erforderliche Niveau an. Da seine Eingangspegel vergleichsweise hoch liegen, spielt das Rauschverhalten des Leistungsverstärkers eine untergeordnete Rolle. Die Auslegung kann daher auf maximale Pumpeffizienz erfolgen, d.h. maximale Signal-Ausgangsleistung für eine gegebene Pumpleistung. Die Randbedingung hoher Eingangspegel läßt sich andererseits nur für kleine bis mittlere Kanalzahlen und damit niedrige Einfügedämpfungen der Multiplexer erfüllen.

Der am Ausgang des letzten Übertragungsfaserabschnittes eingesetzte Vorverstärker erhält dagegen vergleichsweise niedrige Eingangspegel. Diese muß er möglichst rauscharm so weit anheben, daß sie nach dem Durchlaufen des Demultiplexers in den Dynamikbereich des Empfängers fallen. Seine Summenausgangsleistung liegt dabei typischerweise deutlich unter der des Leistungsverstärkers. Bei der Auslegung des Vorverstärkers hat somit ein gutes Rauschverhalten einen höheren Stellenwert als eine hohe Pumpeffizienz.

Entlang der Strecke kommen Zwischenverstärker zum Einsatz. Diese erhalten als Eingangssignal die Pegel am Ausgang eines Übertragungsfaserabschnitts und müssen diese auf das für den Eingang der folgenden Übertragungsfaser notwendige Niveau anheben. Folglich arbeitet der Zwischenverstärker mit ähnlichen Eingangspegeln wie der auf der Empfangsseite angeordnete Vorverstärker und ähnlichen Ausgangspegeln wie der Leistungsverstärker hinter dem Sender. Bei der Auslegung muß in der Regel ein Kompromiß zwischen gutem Rauschverhalten und hoher Pumpeffizienz gefunden werden. Zur Erhöhung der Funktionalität besteht der Zwischenverstärker zumeist aus zwei Stufen. Der zwischen diesen Stufen angeordnete Zugriffspunkt läßt sich sowohl für das Einfügen von Elementen zur Dispersionskompensation als auch von Filtern zum Einfügen und Heraustrennen einzelner Kanäle nutzen.

26.2.4.1
Übersprechen zwischen den Kanälen

Der Mehrkanalbetrieb stellt besondere Anforderungen an die Eigenschaften der für WDM-Strecken einsetzbaren Verstärker. Einerseits müssen diese die einzelnen Kanäle möglichst gleichartig behandeln, andererseits dürfen die Kanäle sich möglichst wenig gegenseitig beeinflussen. Wegen der hohen erforderlichen Summenausgangspegel, die in einigen Anwendungsfällen 20 dBm überschreiten, arbeiten die Verstärker üblicherweise im Sättigungsbetrieb, d.h. der Gewinn bei einer Kanalwellenlänge hängt von den Eingangsleistungen der Kanäle ab.

Bei Halbleiterlaserverstärkern vermag der Gewinn Schwankungen der Signalpegel bis in den GHz-Bereich zu folgen. Ohne Gegenmaßnahmen verkoppeln damit die Kanäle spürbar im Signalfrequenzbereich eines Kanals, was einen Mehrkanalbetrieb unmöglich macht. Beispielsweise durch Klemmung des Gewinns mit Hilfe von Laseroszillationen läßt sich dieses Überkoppeln zwar vermindern [6], insgesamt erscheinen Halbleiterverstärker jedoch besser für die optische Signalverarbeitung und Schaltanwendungen (vgl. Kap. 16) geeignet denn als Verstärker für Mehrkanalbetrieb.

Die Grenzfrequenzen der Kanalverkopplung von optischen Verstärken, die mit Ionen der Elemente aus der Gruppe der seltenen Erden dotiert sind, liegen hingegen deutlich niedriger. Ursache hierfür ist die höhere Lebensdauer des oberen Laserniveaus. Speziell Erbium-dotierte Verstärker weisen eine große spontane Lebensdauer von ca. 11 ms auf. Die effektive Lebensdauer reduziert sich bei starker Sättigung zwar noch durch stimulierte Übergänge, aber die Grenzfrequenz, bis zu welcher der Gewinn Schwankungen der Signalpegel folgen kann, liegt bei diesen Verstärkern im Bereich einiger kHz und damit in der Regel unterhalb des für die Modulation des Datensignals genutzten Signalfrequenzbereichs.

26.2.4.2
Wellenlängenbänder

Das konventionelle Wellenlängenband des nutzbaren Gewinns Erbium-dotierter Faserverstärker (vgl. Kap. 22) erstreckt sich von ca.

1530 nm bis 1560 nm. Damit liegt es genau im dritten Fenster der optischen Übertragungstechnik bzw. im Dämpfungsminimum von Standard-Monomodenfasern aus Silikatglas. Aufgrund der Breite des Verstärkungsbandes von rund 30 nm können Erbium-dotierte Verstärker eine große Anzahl von Kanälen verarbeiten.

Eine Optimierung der Verstärkerauslegung bzw. die Verwendung anderer Wirtsmaterialien wie z. B. Telluritglas [7] erlaubt eine Ausdehnung des Verstärkungsbandes zu längeren Wellenlängen bis ca. 1610 nm. Dabei kann entweder ein einzelner Verstärker das gesamte Band verarbeiten oder mehrere, parallelgeschaltete Verstärker die jeweiligen Teilbänder [8, 9]. Auf diesem Wege läßt sich die Anzahl der mit Hilfe von Erbium-dotierten Verstärkern verarbeitbaren Kanäle weiter erhöhen.

Für eine Verstärkung im Wellenlängenbereich um 1300 nm erscheinen Praseodym-dotierte Faserverstärker (PDFA) geeignet [10, 11]. Diese weisen eine geringere Pumpeffizienz auf als Erbium-dotierte Verstärker und erfordern die Verwendung von anderen Glassystemen als Silikatglas für die aktive Faser. Die Entwicklung von PDFAs ist jedoch so weit fortgeschritten, daß sie für den praktischen Einsatz in Systemen bereitstehen [12].

In einem früheren Entwicklungsstadium befinden sich Thulium-dotierte Faser-Verstärker (TDFA) für den Wellenlängenbereich von ca. 1450 bis 1480 nm [13]. Auch diese benötigen für ihre aktiven Fasern andere Glassysteme als das bewährte, bei Erbium-dotierten Verstärkern eingesetzte und mit der Übertragungsfaser kompatible Silikatglas. Wie in Abb. 26.6 dargestellt, lassen sich für den gesamten Übertragungsbereich der Standard-Monomodenfaser von ca. 1200 bis 1700 nm für Mehrkanalbetrieb geeignete optische Faserverstärker finden, wenn die Lücken zwischen den Verstärkungsbändern der mit Ionen aus der Gruppe der seltenen Erden dotierten Verstärker durch Raman-Faserverstärker aufgefüllt werden.

26.2.4.3
Regelungsverfahren

Die üblicherweise geforderten hohen Lebensdauern optischer Übertragungssysteme von 15–25 Jahren stellen erhebliche Anforderungen an die Langzeitstabilität der Betriebsparameter optischer Verstärker. Da die zum Pumpen eingesetzten Laserdioden in diesem Zeitraum spürbar altern können, läßt sich beispielsweise eine Abnahme der Summenausgangsleistung nur durch geeignete Regelungsverfahren verhindern. Abbildung 26.7 zeigt ein Ausführungsbeispiel für einen Regelkreis, der die Ausgangsleistung des Verstärkers durch Anpassung der Pumpleistung konstant hält.

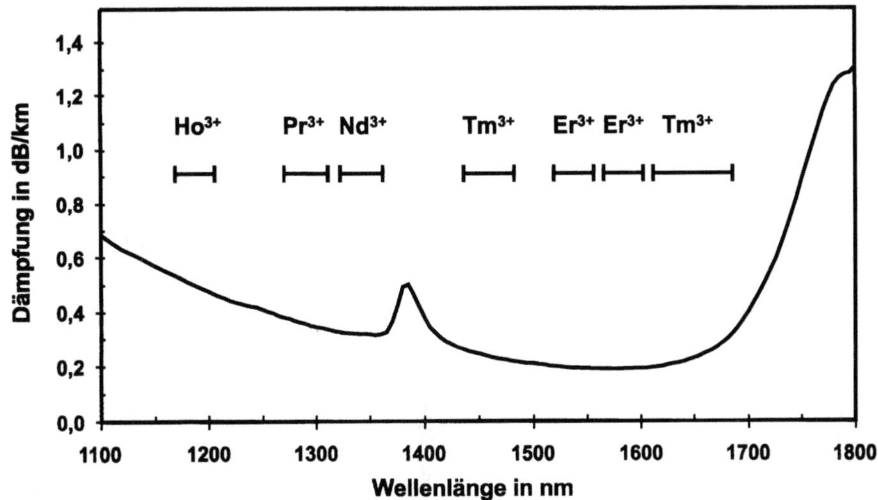

Abb. 26.6. Dämpfungsspektrum einer Standard-Monomodenfaser mit möglichen Verstärkungsbändern von Faserverstärkern, die mit Ionen der Elemente aus der Gruppe der seltenen Erden dotiert sind: Holmium (Ho^{3+}), Praseodym (Pr^{3+}), Neodym (Nd^{3+}), Thulium (Tm^{3+}) und Erbium (Er^{3+})

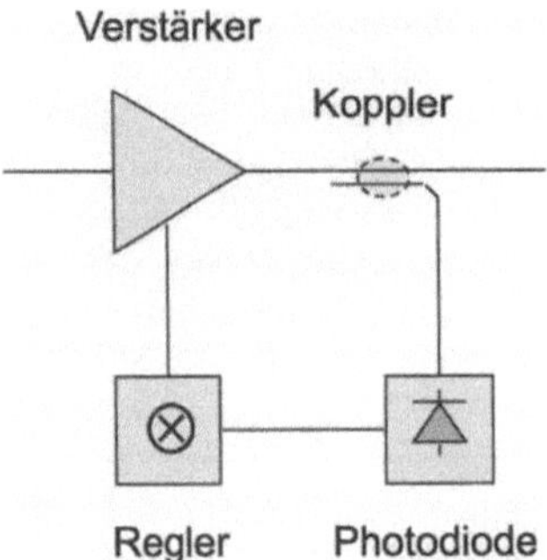

Abb. 26.7. Anordnung zur Regelung eines optischen Verstärkers auf konstante Summenausgangsleistung durch Anpassung der Pumpleistung

Ein Koppler mit einem stark asymmetrischen Koppelverhältnis von beispielsweise 5% zu 95% zweigt einen geringen Teil der Ausgangsleistung des Faserverstärkers ab und führt ihn einer Photodiode zu. Diese wandelt das optische Signal in ein elektrisches. Ein Regler vergleicht den Sollwert der Summenausgangsleistung mit dem von der Photodiode gemeldeten Istwert und paßt die Pumpleistung in den Verstärker bei Abweichungen entsprechend an.

Ein anderes, in der Praxis eingesetztes Regelungskonzept hält den Gewinn des Verstärkers konstant. Auch dieses läßt sich durch eine Anpassung der Pumpleistung realisieren. Im Unterschied zur Anordnung für konstante Summenausgangsleistung befindet sich vor dem Verstärker ein weiterer Koppler mit stark asymmetrischem Koppelverhältnis. Dieser leitet einen kleinen Teil der Eingangsleistung an eine zweite Photodiode. Der Regler bildet in diesem Fall das Verhältnis zwischen der Summenausgangs- und -Eingangsleistung und hält es durch Anpassung der Pumpleistung konstant. Wenn die im Verstärker eingesetzten Pumplaser eine ausreichend hohe Modulations-Grenzfrequenz aufweisen, kann die Regelanordnung mit Zeitkonstanten im Mikrosekundenbereich arbeiten. Dies ermöglicht ihr, die beispielsweise durch den Ausfall eines Kanals verursachte Abnahme der Sättigung des Verstärkers und den ansonsten damit verbundenen Anstieg des Gewinns zu kompensieren.

Ein alternatives Verfahren hält den Gewinn durch den Einsatz eines Füllasers konstant. Dessen Ausgangssignal wird in den Signalpfad eingekoppelt und zusammen mit den Kanälen dem Verstärkereingang zugeführt. Beim Ausfall von Kanälen übernimmt der Füllaser deren Anteil an der gesamten Eingangsleistung. Wenn die Gewinne des Verstärkers bei der Wellenlänge des Füllasers und denen der ausgefallenen Kanäle nicht voneinander abweichen und inhomogene Sättigung (vgl. Kap. 22) keine Rolle spielt, bleiben der Betriebszustand des Verstärkers und somit auch die Gewinne der verbleibenden Kanäle konstant.

Das beschriebene Ausführungsbeispiel einer Gewinnregelung durch Anpassung der Pumpleistung basiert auf einer klassischen Lösung mit elektrischem Regelkreis. In der Literatur wurden weiterhin rein optische Verfahren zur Regelung des Verstärkergewinns vorgestellt. Diese arbeiten mit einer vom Verstärker selbst unterhaltenen Laseroszillation, welche die Inversion klemmt. Die dafür erforderliche Rückkopplung läßt sich entweder in Form eines longitudinalen Resonators oder eines ringförmigen Resonators realisieren [14, 15].

26.2.5 Übertragungsfasern

Der für WDM-Systeme relevante Fasertyp ist die Monomodenfaser. In der optischen Weitverkehrstechnik werden zur Zeit (Stand 1999) im wesentlichen die Wellenlängenfenster um 1310 nm und 1550 nm genutzt. Seit kurzem werden Fasern angeboten, die auch die Wellenlängenbereiche zwischen 1570 und 1620 nm und, durch Unterdrückung der OH-Absorptionsspitze um 1380 nm, um 1400 nm abdecken. Für die Weitverkehrstechnik ist so prinzipiell der Wellenlängenbereich von ca. 1280 nm bis oberhalb 1620 nm, entsprechend einer Bandbreite von 50 THz, verfügbar.

Die derzeit eingesetzten Fasern lassen sich grob wie folgt klassifizieren:

Standard-Monomodenfasern (SSMF) mit einer typischen minimalen Dämpfung von ca. ≤0,2 dB/km. Die Dispersionsnullstelle λ_0 liegt bei etwa 1311 nm, die Dispersion um 1550 nm zwischen 15 und 19 ps/nm/km.

Zu den Standard-Monomodenfasern gehören:

- die „klassische" Monomodenfaser nach ITU-T G.652
- spezielle dämpfungsarme Fasern mit reinem Quarzglaskern (engl. pure silica core fiber), die im verkabelten Zustand mini-

male Dämpfungen bis unter 0,18 dB/km aufweisen und wegen ihres relativ hohen Preises nur für spezielle Anwendungen wie Unterseekabel eingesetzt werden,

- Fasern mit sehr geringer Verunreinigung durch Hydroxyl-Ionen, die sich durch eine sehr kleine OH-Dämpfungsspitze mit einem Maximum < 0,4 dB/km auszeichnen und somit auch eine Übertragung im Band um 1400 nm erlauben.

Dispersionsverschobene Fasern (DSF) mit einer typischen minimalen Dämpfung von ca. 0,22 dB/km. Die Dispersinonsnullstelle λ_0 liegt bei etwa 1550 nm, für die maximale Dispersion im Wellenlängenintervall zwischen 1520 und 1570 nm werden < 2,7 ps/nm/km garantiert.

Dispersionsverschobene Fasern mit einer Dispersionsnullstelle unter- oder oberhalb des Übertragungsfensters von 1520 bis 1560 nm (engl. non-zero dispersion-shifted fiber, NZDSF) weisen minimale Dämpfungen um ca. 0,22 dB/km auf. Für die maximale Dispersion im Band zwischen 1520 und 1570 nm werden Werte < 5 ps/nm/km erzielt. Durch die Lage der Dispersionsnullstelle außerhalb des Übertragungsbandes werden in WDM-Systemen Störungen durch die Vierwellenmischung deutlich reduziert (vergl. Kap. 4).

Die dispersionsverschobenen Fasern wurden speziell für hohe Datenraten entwickelt, um im Dämpfungsminimum um 1550 nm ohne Dispersionsentzerrung hohe Datenraten übertragen zu können (Abb. 26.8).

Zu den dispersionsverschobenen Fasern mit einer Dispersionsnullstelle deutlich ober- oder unterhalb von 1550 nm, die im langwelligen Bereich eine deutlich geringere Dispersion aufweisen als eine Standard-Monomodenfaser, gehören:

- die LEAF™ Faser, die zur Verringerung von Fasernichtlinearitäten einen relativ großen Modenfeldquerschnitt besitzt und bei Dämpfungen < 0,25 dB/km für den Einsatz oberhalb 1500 nm geeignet ist
- die TrueWave®RS Faser, die zusätzlich noch das Fenster um 1310 nm abdeckt

Ganz allgemein gilt, daß man die Vorteile der dispersionsverschobenen Fasern in bezug auf geringere Signalverzerrungen nur bei relativ niedrigen Kanalpegeln ausnutzen kann. Ansonsten treten in Wellenlängenmultiplex-Übertragungssystemen, insbesondere bei geringem Kanalabstand, störende Signalverzerrungen durch nichtlineare Wechselwirkungen zwischen den Kanälen wie beispielsweise Vierwellenmischung und Kreuzphasenmodulation auf. Beim Einsatz von Dispersionskompensation zeigt die Standard-Monomodenfasern bezüglich Kapazität und regeneratorfreier Reichweite deutliche Vorteile.

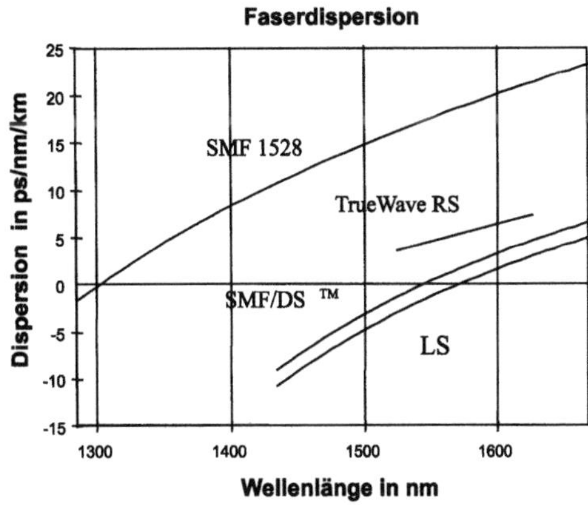

Abb. 26.8. Typische Dispersionsverläufe für verschiedene Fasertypen

26.2.6 Dispersionskompensatoren

Bei Kanaldatenraten oberhalb von 2,5 GBit/s ist eine Kompensation der Dispersion der Übertragungsfaser unerläßlich, um lange Strecken ohne optoelektronische Regeneration überbrücken zu können. Für eine separate Kompensation aller WDM-Kanäle gelten die gleichen Überlegungen wie bei einem Einkanalsystem (Kap. 25). Aus wirtschaftlichen Gründen sollten jedoch möglichst wenige Dispersionskompensatoren verwendet werden, d. h. die einzelnen Kompensatoren sollten alle Kanäle gleichzeitig verarbeiten können.

Die Abhängigkeit der Dispersion von der Wellenlänge (Dispersionssteigung im weiteren Sinne) führt zu einer sich von Kanal zu Kanal ändernden Dispersion. Dadurch wird normalerweise nur ein Kanal optimal kompensiert. Innerhalb des Modulationsfrequenzbandes eines Kanals spielt die Dispersionssteigung bei Datenraten bis zu 40 GBit/s in der Regel keine Rolle und führt nicht zu zusätzlichen Verzerrungen.

Derzeit werden zur Dispersionskompensation in kommerziellen Systemen fast ausschließlich dispersionskompensierende Fasern (engl. dispersion compensating fiber,

DCF) verwendet. Neuerdings kommen auch Fasergitter (engl. dispersion compensating fiber Bragg grating, DCFBG) zum Einsatz. Beide Elemente weisen eine zur Standardfaser umgekehrte Dispersion auf.

Eine DCF kann grundsätzlich viele Kanäle in einem breiten Wellenlängenband kompensieren. Üblicherweise weicht die Dispersionssteigung der DCF jedoch leicht von der Steigung der Übertragungsfaser ab. Eine exakte Dispersionskompensation läßt sich daher mit einer gegebenen Länge der DCF nur bei einer einzigen Wellenlänge bzw. für einen einzelnen Kanal erzielen. Die anderen Kanäle erfahren, je nach ihrer Wellenlängendifferenz zu diesem Kanal, eine leichte Über- bzw. Unterkompensation. Eine sehr breitbandige Kompensation läßt sich somit nur mit einer DCF realisieren, die eine exakt auf die jeweilige Übertragungsfaser abgeglichene Dispersionssteigung aufweist. In der Praxis ist dies schwierig zu erzielen, jedoch können die Abweichungen beider Steigungen oft ausreichend reduziert werden. Problematisch sind bei DCFs die hohe Nichtlinearität aufgrund des geringen Modenfelddurchmessers und die starke Dämpfung, die bei rauschbegrenzten Systemen mit Verstärkern ausgeglichen werden muß.

Die Einfügedämpfung und Nichtlinearität von gechirpten Fasergittern sind gering. Grundsätzlich können diese durch Wahl des Chirpverlaufes passend zur jeweiligen Übertragungsfaser entworfen werden. Dabei ist es vergleichsweise einfach, die erforderliche Dispersionssteigung zu erreichen. Problematisch ist hier allerdings die notwendige Länge des Fasergitters L_{DCFBG} für eine breitbandige Kompensation:

$$L_{\mathrm{DCFBG}} = \frac{c}{2n_{\mathrm{eff}}} \cdot D \cdot \Delta\lambda \cdot L_{\mathrm{SMF}} \, .$$

Beispielsweise ist für die Kompensation einer Standard-Monomodenfaser mit einer Länge $L_{\mathrm{SMF}} = 100$ km und einem Dispersionskoeffizienten $D = 17$ ps/nm/km über eine Bandbreite $\Delta\lambda = 30$ nm ein Fasergitter von mehr als 5 m Länge erforderlich (c bezeichnet die Lichtgeschwindigkeit im Vakuum und n_{eff} die effektive Brechzahl). Lange Fasergitter sind schwierig herzustellen. Stattdessen können z. B. mehrere kürzere Fasergitter zusammengeschaltet werden (Abb. 26.9):

- Reihenschaltung: Mehrere Kompensatoren, die jeweils das gesamte Wellenlängenband verarbeiten aber nur einen Teil der erforderlichen Gesamtdispersion beitragen, werden mit Hilfe mehrerer Zirkulatoren nacheinander durchlaufen
- Parallelschaltung: Mehrere Kompensatoren, welche die geforderte Gesamtdispersion aufweisen aber nur ein von Gitter zu Gitter unterschiedliches Teilband verarbeiten, werden hintereinandergeschaltet.

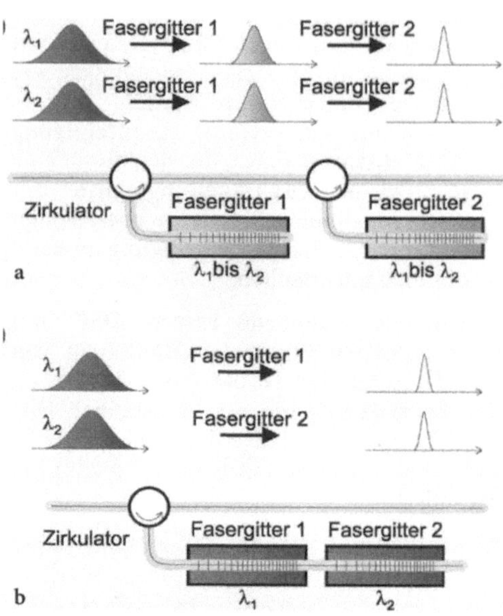

Abb. 26.9 a, b. Dispersionskompensation mit mehreren Fasergittern. **a** in Reihenschaltung oder **b** Parallelschaltung

Fasergitter ermöglichen zwar eine verlustarme und kompakte Dispersionskompensation, sie leiden aber zum jetzigen Zeitpunkt (1999) noch unter Qualitätsproblemen. Insbesondere weisen sie Schwankungen der Gruppenlaufzeit über der Wellenlänge (engl. group delay ripple) [16] und der Polarisation auf. Im System liefert eine Kompensation mit DCF die besseren Resultate und wird daher bevorzugt.

26.3 Systemauslegung

Abbildung 26.10 zeigt eine mögliche Vorgehensweise bei der Auslegung von WDM-Strecken. Zunächst wird nur ein einzelner Kanal betrachtet. Dessen Pegel am Eingang der Übertragungsfaserabschnitte ergibt sich beispielsweise aus der verfügbaren Summenausgangsleistung der optischen Verstärker

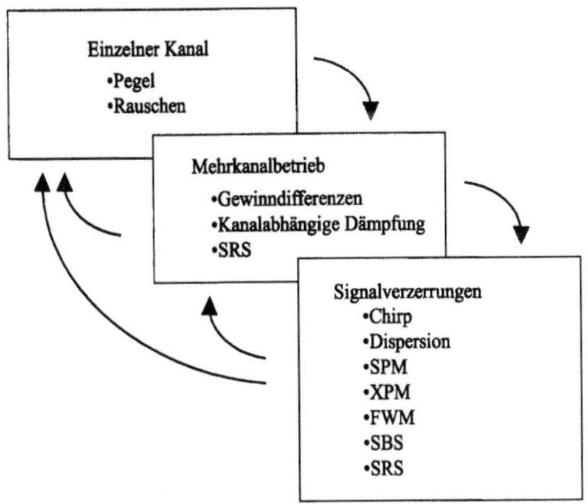

Abb. 26.10. Mögliche Vorgehensweise bei der Auslegung von WDM-Strecken

geteilt durch die Kanalzahl. Nach der Dimensionierung des Systems für den einzelnen Kanal im Hinblick auf Pegel und das Rauschverhalten berücksichtigt der nächste Schritt zusätzliche Effekte durch den Mehrkanalbetrieb. Bei niedrigen Datenraten kleiner ca. 2,5 GBit/s ist der Systementwurf damit abgeschlossen. Im Fall höherer Datenraten folgt als dritter Schritt die Betrachtung der Signalverzerrungen. Dabei kann sich herausstellen, daß die im ersten Schritt gewählten Pegel unzulässig hohe Signalverzerrungen verursachen. Insgesamt stellt sich die Systemauslegung als iterativer Prozeß dar, der zum Teil mehrere Durchläufe erfordert.

26.3.1 Pegel-Management

Die Wahl des Pegelplans eines Übertragungssystems mit Wellenlängenmultiplexbetrieb wird durch eine Reihe von Randbedingungen bestimmt. Wie bei Einkanalsystemen dürfen die Kanalpegel an den Eingängen der Verstärker aus Rauschgründen nicht zu klein sein. Für einen vom Empfänger benötigten optischen Signal-Rauschabstand OSNR in dB bezogen auf 0,1 nm gilt für eine Übertragung im Signalwellenlängenbereich um 1550 nm in guter Näherung folgender Zusammenhang zwischen dem Kanalpegel am Ausgang des Verstärkers P_a in dBm, der Dämpfung der Übertragungsfaser a in dB/km, der Länge eines Streckenabschnittes L in km, der Rauschzahl der Verstärker F in dB und der Anzahl der Streckenabschnitte m:

$$\begin{aligned} OSNR = {} & 58\ \text{dBm} + P_a - aL - F \\ & - 10 \log_{10}(m)\ \text{dB}\,. \end{aligned} \qquad (26.1)$$

Der Sockelbetrag von 58 dBm rührt vom unvermeidlichen Schrotrauschen der Laserstrahlung her und setzt sich aus dem Produkt der Photonenenergie mit der optischen Bandbreite zusammen. Wie mit Hilfe der Formel ersichtlich, resultiert sowohl das Anheben der Kanalpegel an den Verstärkerausgängen, das Absenken der Dämpfungen aller Streckenabschnitte als auch die Senkung der Rauschzahl der Verstärker um 1 dB jeweils in einer ebenso großen Verbesserung des OSNR. Eine Verringerung der Anzahl der Streckenabschnitte hingegen läßt den optischen Signal-Rauschabstand am Ende der Strecke nur logarithmisch anwachsen.

Tabelle 26.1 zeigt einen Überblick der für unterschiedliche Kanaldatenraten am Streckenende bzw. Empfänger benötigten OSNR-Werte. Grundsätzlich verhält sich der tolerierbare Signal-Rauschabstand proportional zur Kanaldatenrate, d.h. eine Vervierfachung erfordert eine Zunahme des OSNR um 6 dB. In der Tabelle lassen sich nur Bereiche angeben, weil der genaue Wert noch von der gewünschten Bitfehlerrate, von den durch die Strecke verursachten Signalverzerrungen und von der Güte des Empfängers abhängt.

Die maximal möglichen Kanalpegel an den Verstärkerausgängen bzw. Eingängen der Übertragungsfaserabschnitte werden entweder durch die Summenausgangsleistung verfügbarer optischer Verstärker begrenzt oder durch nichtlineare Effekte in der Übertragungsfaser. In der Praxis kommen Kanalpegel von ca. +2 dBm bis über +10 dBm zum Einsatz. Die Rauschzahlen kommerziell erhältlicher Verstärkermodule liegen um 5 dB. Bei Verwendung einer Faser mit einer Dämpfung von 0,21 dB/km, einem Eingangspegel von +10 dBm pro Kanal und einem geforderten OSNR von 20 dB läßt sich somit eine Strecke

Tabelle 26.1. Erforderliches OSNR (bezogen auf 0,1 nm) am Streckenende für unterschiedliche Kanaldatenraten

Kanaldatenrate	Erforderliches OSNR
2,5 GBit/s	15 … 21 dB
10 GBit/s	22 … 27 dB
40 GBit/s	30 … 35 dB

von über 200 km ohne Zwischenverstärkung überbrücken.

Längere Abstände zwischen den Sendern und Empfängern erfordern den Einsatz von Zwischenverstärkern. Bei unveränderten Ausgangspegeln und Rauschzahlen der Verstärker muß dabei die Dämpfung der Streckenabschnitte zwischen den Verstärkern reduziert werden, damit der optische Signal-Rauschabstand am Ende der Strecke konstant bleibt. Große Streckenlängen lassen sich folglich nur mit kurzen Streckenabschnitten bzw. einer überproportional hohen Anzahl von Verstärkern überbrücken.

Die genannte Formel erlaubt eine Abschätzung des OSNR eines Kanals am Ende einer Kette von gleichartigen Verstärkern und Streckenabschnitten. Der geforderte Signal-Rauschabstand am Ende des Systems ist jedoch nicht das einzige Kriterium, welches die maximal erzielbare Streckenlänge begrenzen kann. Aufgrund der unterschiedlichen Wellenlängen der einzelnen Kanäle werden diese entlang der Strecke leicht unterschiedlich behandelt. Beispielsweise führt die Wellenlängenabhängigkeit des Gewinns der Verstärker und der Einfügedämpfungen anderer Komponenten zu einer Aufspreizung der Kanalpegel.

Die Empfänger können jedoch nur für einen begrenzten Eingangspegel-Dynamikbereich fehlerfrei arbeiten (s. Abschn. 26.2.2). Ohne spürbaren Einfluß der stimulierten Raman-Streuung in der Übertragungsfaser auf die Kanalpegelverteilung liefern üblicherweise die optischen Verstärker den stärksten Beitrag zur Aufspreizung der Kanalpegel.

Bei gleichen Eingangspegeln, einem Empfänger-Dynamikbereich von 10 dB und einer Differenz zwischen den Gewinnen des am stärksten und am schwächsten verstärkten Kanals von 1 dB lasen sich im ungünstigsten Fall gleichartiger Gewinnspektren nur maximal 10 Verstärker kaskadieren. Dies entspricht einer Obergrenze von 9 Streckenabschnitten, die nicht von der Länge der einzelnen Abschnitte abhängt.

Die Anzahl kaskadierbarer Streckenabschnitte hängt somit von der Verfügbarkeit optischer Verstärker mit einem im Bereich der Kanalwellenlängen möglichst flachen Gewinnspektrum ab. Dieses läßt sich beispielsweise durch die Wahl einer geeignet mit Aluminium kodotierten Faser erzielen [17], eine Optimierung der Länge der aktiven Faser oder den Einsatz von wellenlängenselektiven Filtern [18, 19]. In jedem Fall erzielt der Verstärker das optimal flache Gewinnspektrum nur für einen bestimmten Gewinnwert bzw. Eingangspegel bei gegebenem Ausgangspegel. Wird er mit einem anderen Gewinn betrieben, dann verkippt das Gewinnspektrum aufgrund des geänderten Inversionsverlaufs entlang der aktiven Faser.

Ungünstigerweise erfordert der praktische Einsatz den Betrieb eines gegebenen Verstärkerentwurfs bei unterschiedlichen Gewinnwerten. Aus Kosten- und Logistikgründen sind die Hersteller stark daran interessiert, alle Zwischenverstärker entlang einer Strecke bzw. eine große Anzahl von Systemen mit demselben Verstärkertyp auszustatten. Abhängig von den auftretenden Dämpfungen der einzelnen Streckenabschnitte müssen die Verstärker folglich einen gewissen Bereich von Sollgewinnen verkraften.

Die daraus resultierende Gewinnverkippung läßt sich bei Systemen mit kleiner Kanalzahl in einem schmalen Wellenlängenband noch tolerieren. Soll der gesamte Wellenlängenbereich von 1530 nm bis 1560 nm für Kanäle genutzt werden, dann müssen Maßnahmen zur Kompensation der dynamischen Gewinnverkippung zum Einsatz kommen. Ein Lösungsansatz besteht darin, die Verstärker auf einen bestimmten Sollgewinn zu optimieren, welcher der maximal zulässigen Dämpfung eines Streckenabschnitts entspricht. Die Differenz zwischen dieser optimalen Dämpfung und der realen Streckendämpfung übernimmt ein Dämpfungsglied. Da ein Einsatz des Dämpfungsgliedes vor bzw. hinter dem Verstärker die Dämpfung zwischen den Verstärkern erhöht und damit die Anzahl der kaskadierbaren Streckenabschnitte vermindert, wird dieses vorzugsweise an geeigneter Stelle im Verstärker integriert [20].

Die steigende Anzahl von Kanälen erfordert immer höhere Summen-Ausgangsleistungen der Verstärker und breitere Wellenlängenbänder. Beide Maßnahmen verstärken den Einfluß der stimulierten Raman-Streuung in der Übertragungsfaser. Diese transferiert Leistung von den Kanälen bei kürzeren Wellenlängen hin zu Kanälen bei längeren Wellenlängen und verkippt somit die Kanalpegelverteilung. Arbeitet ein System mit Summenleistungen oberhalb von 18 dBm und einem Verstärkungsband von 30 nm oder mehr, dann können die von diesem Effekt pro Streckenabschnitt hervorgerufenen Pegeldifferenzen die von den Verstärkern verursachten übersteigen und müssen bei der Auslegung des Systems mit berücksichtigt werden [21].

Am Streckenende weichen neben den Pegeln üblicherweise auch die Signal-Rauschabstände der einzelnen Kanäle voneinander ab. Die erzielbare Streckenlänge wird durch den Kanal mit dem geringsten OSNR begrenzt. Es liegt daher nahe, den Eingangspegel dieses Kanals am Streckenanfang ein wenig anzuheben, um seinen Signal-Rauschabstand auf Kosten der anderen Kanäle zu verbessern [22].

Diese als Preemphase bezeichnete Optimierung der Kanalpegelverteilung am Streckeneingang läßt sich weiter fortsetzen, bis alle Kanäle am Streckenende den gleichen Signal-Rauschabstand aufweisen. Wenn das System rauschbegrenzt arbeitet, ermöglicht die Preemphase annähernd so viele Streckenabschnitte zu überbrücken wie mit einem System, das entlang der Strecke keine Pegeldifferenzen aufweist.

Abweichungen von der in bezug auf das Rauschverhalten optimalen OSNR-Balance am Streckenende sind dann erforderlich, wenn die daraus resultierende Pegelverteilung am Streckenende den Dynamikbereich der Empfänger überschreitet. Weiterhin können die Kanäle, deren Pegel im Rahmen der Preemphase am Streckenanfang stark angehoben werden, aufgrund von nichtlinearen Effekten wie z.B. Selbstphasenmodulation oder stimulierter Brillouin-Streuung Probleme bereiten. Bei der Betrachtung des einzelnen Kanals können die Berechnungen noch mit einfachen Formeln stattfinden. Eine Berücksichtigung der beim Mehrkanalbetrieb hinzukommenden Effekte erfordert wesentlich mehr Rechenaufwand und sollte daher zweckmäßigerweise mit Hilfe numerischer Simulationswerkzeuge erfolgen.

26.3.2 Lineare und nichtlineare Verzerrungen

Die Unterteilung in lineare und nichtlineare Effekte bezieht sich auf die Intensität des optischen Signals in der Glasfaser. Die Ursachen für lineare Verzerrungen sind:

- Faserdispersion
- Chirp
- Polarisationsmodendispersion
- Übersprechen in passiven optischen Komponenten
- Verzerrungen durch passive optische Komponenten

Faserdispersion und Polarisationsmodendispersion werden in Kap. 4 behandelt. Die Dispersion spielt jedoch auch bei den WDM-typischen nichtlinearen Verzerrungen eine wesentliche Rolle. Ihre Auswirkungen sind zwiespältig, sie kann sowohl Nichtlinearitäten stark unterdrücken als auch Verzerrungen erst ermöglichen (Tabelle 26.2).

Neben dem Übersprechen in optischen Filtern und Schaltern führen bei hohen Datenraten der Amplituden- und insbesondere der Phasengang zu Verzerrungen.

Die intensitäts- bzw. leistungsabhängigen nichtlinearen Verzerrungen haben ihre Ursache letztendlich entweder in der Abhängigkeit der Brechungszahl von der Lichtintensität (Kerr-Effekt), in der unelastischen Streuung der Lichtwelle an den Gitterschwingungen (Phononen) der Glasmoleküle (Ramanstreuung) oder an akustischen Wellen in der Glasfaser (Brillouinstreuung). Auch optische Verstärker, insbesondere Halbleiterlaserverstärker, können über die Gewinnmodulation nichtlineare Verzerrungen verursachen.

Die Variation der Brechzahl n mit der Lichtintensität ist verantwortlich für:

- Selbstphasenmodulation (SPM)
- Kreuzphasenmodulation (XPM)
- Vier-Wellen-Mischung (FWM)

Die Phononen-Wechselwirkungen führen zu:

- Stimulierter Brillouin-Streuung (SBS)
- Stimulierte Raman-Streuung (SRS)

SPM und XPM führen nur bei einer Konversion der Phasenmodulation in eine Amplitudenmodulation zu Signalverzerrungen. Diese kann bei einer von Null verschiedenen Dispersion auftreten [23] oder an den Flanken von Filtern.

Die Laufzeiten der Signale pro Länge weichen bei unterschiedlichen Wellenlängen voneinander ab. Weil die Kanäle während der Ausbreitung deswegen aneinander vorbeilaufen, erfolgt bezüglich der Kreuzphasenmodulation ein Mittelungseffekt, der sich sehr gut durch einen Tiefpaß erster Ordnung beschreiben läßt. Die Grenzfrequenz ω_{gr} liegt bei $1/(L_{eff}\, D\Delta\lambda)$, wobei L_{eff} die effektive Länge der Faser (Kap. 4), $\Delta\lambda$ den Kanalabstand und D den Dispersionskoeffizienten bezeichnet.

Die durch Nachbarkanäle induzierte Phasenmodulation nimmt daher mit zunehmendem Kanalabstand und zunehmendem Dispersionskoeffizient D ab. Als grobe Merkregel kann gelten, daß bei einem Signalschlupf von >4 Bit auf einer Faserlänge von etwa 20 km (entspricht effektiver Länge der Faser, siehe Kapitel 4) die Auswirkungen der XPM im Vergleich zu den Wirkungen der SPM vernachlässigbar sind. Bei einem Übertragungssystem mit einer Kanaldatenrate von 10 GBit/s und einem Kanalabstand von 200 GHz (1,6 nm) sind die zusätzlichen Verzerrungen durch Kreuzphasenmodulation in einer Standard-Monomodenfaser noch vernachlässigbar, bei einem 100 GHz-Raster jedoch nicht mehr. Durch dispersionskompensierende Maßnahmen lassen sich die Auswirkungen von SPM und XPM stark reduzieren, wobei jedoch generell gilt, daß mit zunehmender Anzahl der Streckenabschnitte und zunehmender optischer Leistung sich die erzielbare Signalqualität vermindert. Der Grund dafür ist letztlich darin zu suchen, daß bei der nichtlinearen Ausbreitung von optischen Signalen auf Glasfasern sich die Dispersion und die nichtlinearen Effekte nicht separieren lassen [24]. Es ist deshalb nicht egal, ob beispielsweise eine Dispersionskompensation am Streckenanfang oder am Streckenende vorgenommen wird.

Tabelle 26.2. Auswirkung linearer und nichtlinearer Effekte in WDM-Systemen und Gegenmaßnahmen

Effekt	Auswirkungen	Unterdrückung	Konflikt	Lösungsvorschlag
Vierwellenmischung	Übersprechen durch Leistungstransfer zwischen den Kanälen	Fasern mit hohen Dispersionskoeffizienten, großer Kanalabstand	Signalverzerrungen durch SPM und Dispersion, schlechte Bandbreitenausnutzung der Faser	geringe mittlere Dispersion, hohe lokale Dispersion, Fasern mit großem Modenfelddurchmesser
Stimulierte Brillouin-Streuung	Übermodulation	Frequenz- oder Phasenmodulation der Trägerwelle		
Stimulierte Raman-Streuung	Übersprechen durch Leistungstransfer von Kanälen mit kürzeren Wellenlängen zu Kanälen mit längeren Wellenlängen	Engeres Kanalraster	FWM, XPM	Optimierung, Faser bidirektional einsetzen, Absenkung der Pegel durch kürzere Streckenabschnitte, Fasern mit geringen Raman-Koeffizienten
Kreuz-Phasen-Modulation	Signalverzerrungen durch gegenseitige Phasenenmodulation der Kanäle und Umwandlung in Amplitudenmodulation durch Dispersion	Fasern mit hohen Dispersionskoeffizienten, großer Kanalabstand	Signalverzerrungen durch SPM und Dispersion, schlechte Bandbreitenausnutzung der Faser	geringe mittlere Dispersion und hohe lokale Dispersion, Fasern mit großem Modenfelddurchmesser, Dispersionskompensation
Dispersion	mit zunehmender Streckenlänge wachsende Signalverzerrungen	dispersionskompensierende Fasern und Fasergitter	Zusatzdämpfung verschlechtert optisches Signal-Rauschverhältnis	Positionierung zwischen zwei optischen Verstärkern z. B. innerhalb zweistufiger Zwischenverstärker
Polarisationsmodendispersion	Signalverzerrungen bei sehr hohen Datenraten meist bei älteren Fasern	Kompensator, Solitonenübertragung	relativ aufwendige Kompensationsmaßnahmen	Faserselektion
Amplituden- und Phasengang optischer Filter	Signalverzerrungen bei hohen Datenraten	Filter mit linearem Phasengang	Filter haben oft keinen flachen Transmissionsverlauf	Erhöhung der Empfängerdynamik

Bei der Vierwellenmischung erfolgen die Verzerrungen durch die Generation von neuen Spektralanteilen bei Summen- und Differenzfrequenzen der beteiligten Lichtwellen. Bei äquidistantem Frequenzraster wird also Leistung zwischen den Kanälen ausgetauscht. Der resultierende Störabstand ist umgekehrt proportional zum Quadrat der optischen Intensitäten und nimmt mit zunehmender Dispersion und mit zunehmendem Kanalabstand (falls die Dispersionsnullstelle außerhalb des Übertragungsbandes liegt) sehr stark zu. Auf Standard-Monomodenfasern spielt die Vierwellenmischung oberhalb 1500 nm wegen der hohen Dispersion im allgemeinen keine Rolle. Erst bei einem sehr engen Kanalraster (≤50 GHz) muß mit Verzerrungen gerechnet werden. Bei Übertragungswellenlängen in der Nähe des Dispersionsnullpunktes treten erhebliche Probleme bereits ab wenigen mW Leistung auf.

Durch die stimulierte Ramanstreuung findet ein Leistungstransfer von Lichtwellen höherer Frequenz zu Lichtwellen mit niedriger Frequenz statt, d.h. von ‚Blau' nach ‚Rot'. Langwelligere Signale werden also auf Kosten kurzwelligerer Signale verstärkt. Die zugehörige Intensitätsänderung pro Länge ist proportional zu beiden beteiligten (zeitabhängigen) Lichtintensitäten und wächst bis 13 THz in etwa linear mit dem Frequenzabstand [25]. Wegen der Zeitabhängigkeit der beteiligten Signale ergibt sich auch eine zeitabhängige Wechselwirkung, die Signale werden verzerrt. Auch hier zeigt sich wegen des dispersionsbedingten Schlupfes der Signale gegeneinander ein Tiefpaßverhalten; die Grenzfrequenz ist identisch mit der für die Kreuzphasenmodulation. Der Ramaneffekt wirkt auch bei gegenläufigen Signalen, nur daß hier die Mittelung über die effektive Länge der Faser zu einem zeitunabhängigem Leistungstransfer von ‚Blau' nach ‚Rot' ohne Signalverzerrungen führt.

Die SBS ist ein schmalbandiger Effekt (<100 MHz, typische Bandbreite für SMF etwa 20 MHz), der durch Frequenz- oder Phasenmodulation, d.h. durch Verminderung der spektralen Leistungsdichte, unterdrückt werden kann (Kap. 4). Ohne Unterdrückungsmaßnahmen führt er beim gebräuchlichsten Übertragungsformat, der binären Intensitätsmodulation, bei dem etwa die halbe Signalleistung in der optischen Trägerfrequenz konzentriert ist, zu einer Rückstreuung und damit Abschwächung der Frequenzkomponenten in einem etwa 20 MHz breiten Band um die Trägerfrequenz – man beobachtet eine sogenannte Übermodulation [26]. Merkliche Auswirkungen auf die Signalqualität treten ab einigen mW optischer Leistung auf (für SMF 1528 leistungsdichtespezifisch ab ca. 8 mW). Die Grenze ist sehr scharf (Kap. 4), d.h. geringe Leistungsschwankungen machen sich deutlich bemerkbar.

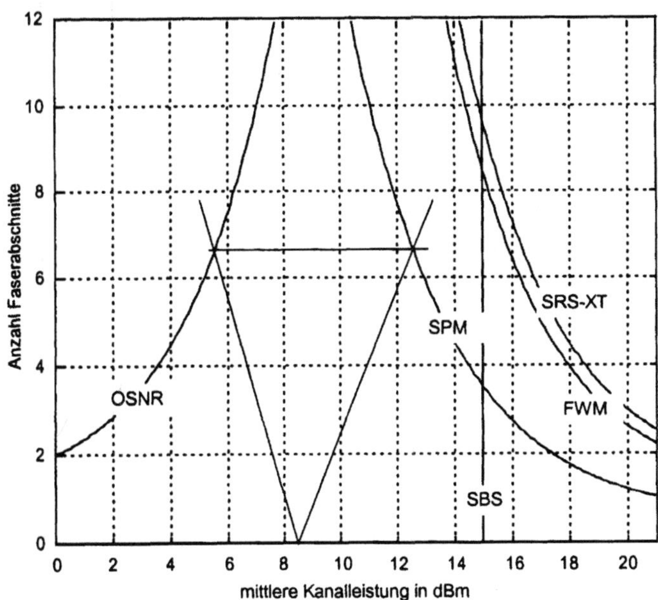

Abb. 26.11. Grenzen für ein 8 × 10 GBit/s-System mit 200 GHz Kanalabstand

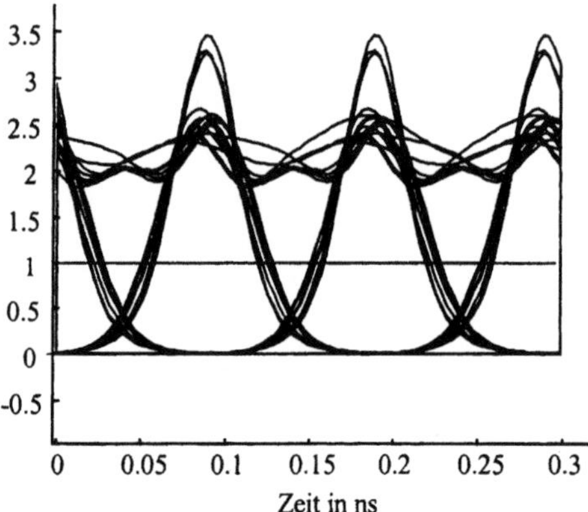

Abb. 26.12. Augendiagramm nach zehn 90-km-Abschnitten mit optimaler Dispersionskompensation und angepaßten Sendepegeln

In Abb. 26.11 sind die Grenzen eines Standard-Monomodenfaser basierten 8×10 GBit/s-Systems dargestellt. Wegen des relativ großen 200-GHz-Kanalrasters dominiert der begrenzende Einfluß der Selbstphasenmodulation, die, wegen der Wellenlängenabhängigkeit der faseroptischen Verstärker (ca. 1 dB pro Verstärker), bei 8,5 dBm Kanalleistung im ungünstigsten Fall nur noch 6 bis 7 Faserabschnitte mit je 90 km Länge zuläßt. Mit wellenlängenunabhängigen Verstärkern wären etwa 15 Abschnitte denkbar. Durch Optimierung der Sendepegel vor dem ersten optischen Verstärker gelingt zumindest eine teilweise Kompensation der Wellenlängenabhängigkeit, so daß 10 Streckenabschnitte auch im ungünstigsten Fall erreicht werden können. Ein typisches Empfangssignal für diesen Fall ist in Abb. 26.12 dargestellt.

26.3.3 Gezielte Nutzung nichtlinearer Effekte

Zu Beginn dieses Abschnitts wurden vor allem die systembegrenzenden Auswirkungen von linearen und nichtlinearen Verzerrungen behandelt. Diese lassen sich durch eine gezielte Systemauslegung aber auch vorteilhaft nutzen. Beispiele hierfür sind die Wahl von speziellen Dispersions-Kompensationsschemata oder der Einsatz von Solitonen-Impulsen (Kap. 4).

Mit Solitonen werden die größten regeneratorfreien Strecken erzielt, da sie die Nichtlinearität während der Ausbreitung zu ihrem Vorteil nutzen und damit höhere Kanalpegel zulassen, die wiederum die Überbrückung größerer Entfernungen erlauben [27]. Weil sich mit WDM die höchsten Datendichten (in Bit/Hz) übertragen lassen, wird in vielen Forschungszentren eine Kombination der zwei Techniken untersucht, um robuste Übertragungssysteme mit höchsten Datenraten zu realisieren [28]. Für moderne WDM Strecken bedient man sich jedoch nicht klassischer Solitonen-Impulse, sondern eher nichtlinearer RZ-Impulse zusammen mit Dispersionsmanagement (engl. nonlinear RZ, NLRZ oder dispersion-managed solitons, DMS). Im Unterschied zu reinen Solitonen ändert sich bei NLRZ-Übertragung die Impulsform entlang eines Faserabschnittes [29, 30]. Nachdem ein solches Dispersions-Management auch für eine lineare Übertragung bei Kanaldatenraten >2,5 GBit/s weit verbreitet ist (Abschn. 26.3.4), gleicht der Aufwand für eine nichtlineare RZ-Übertragung dem einer NRZ Übertragung.

Vorteile durch den Einsatz von nichtlinearen RZ-Impulsen ergeben sich für SPM-begrenzte Übertragung, d. h. bei Systemkonfigurationen, in denen FWM, Raman-Übersprechen und andere Mehrkanaleffekte vernachlässigbar sind. Im Vergleich zur Einkanalübertragung kommt es bei der WDM-Übertragung mit RZ-Impulsen zu einer nichtlinearen Wechselwirkung der Impulse unterschiedlicher Kanäle, die zu Jitter (engl. interchannel soliton interaction) führt (Abschn. 26.3.2, [30]). Wie bei Einkanalsystemen läßt sich der nichtlineare Jitter durch vergleichsweise einfach realisierbares spektrales Filtern oder die komplizierter umsetzbare bitsynchrone Regeneration teilweise reduzieren [31]. Derzeit wird durch nichtlineare RZ-Übertragung zusammen mit WDM unter Laborbedingungen das höchste Produkt aus spektraler Effizienz (in Bit/Hz) und Entfernung (in km) erreicht [32].

26.3.4 Dispersions-Management

Bei der für WDM-Systeme besonders geeigneten Standard-Monomodenfaser muß bei hohen Datenraten optische Dispersionskompensation eingesetzt werden. In linearen Übertragungssystemen, d. h. Systemen, in denen insbesondere SPM und XPM keine Rolle spielen, unterliegt das Kompensationsschema keinen besonderen Anforderungen und kann relativ schnell und ohne großen Aufwand erstellt werden. Einziger Optimierungsparameter ist das Signal-Rausch-Verhältnis am Empfänger, das durch geeignete Positionierung und Stückelung der DCF im Hinblick auf die zwischen den optischen Verstärkern anfallende Faserdämpfung maximiert werden muß (Abschn. 26.3).

In nichtlinearen Systemen ist das optimale Kompensationsschema stark von weiteren Randbedingungen abhängig. Man kann die Kompensationsschemata einteilen in:

- Vorkompensation
- Nachkompensation
- Vor- und Nachkompensation
- Kompensation nach jedem Streckenabschnitt in Kombination mit Vor- und Nachkompensation
- gezielter Einsatz von partieller Über- und Unterkompensation

Ein ideales Kompensationsschema (gültig für alle Systeme) gibt es nicht. Die besten Ergebnisse erzielt man im allgemeinen, wenn, gemittelt über die gesamte Strecke, am Ende eine leichte Unterkompensation stattfindet.

Mit zunehmendem optischen Pegel reduziert sich der Toleranzbereich für die maximal zulässige Fehlanpassung der Dispersionskompensation. Je nach Auslegung der DCF schrumpft damit der nutzbare Wellenlängenbereich für eine gemeinsame Kompensation aller Kanäle.

Eine nicht perfekt an die Dispersionssteigung der benutzten Standard-Monomodenfaser von 0,06 ps/nm²/km um 1550 nm angepaßte DCF mit einer Dispersionssteigung von −0,15 ps/nm²/km führt, wie in Abb. 26.13 gezeigt, nach 6×90 km zu einer Fehlanpassung von ca. 75 ps/nm. Bei 10 GBit/s und chirparmen Sendern liegen die erlaubten Dispersionstoleranzen bei linearen Systemen zwischen 500 und 1000 ps/nm. Da die Dispersionstoleranz umgekehrt proportional zum Quadrat der Datenrate ist, reduziert sich der Toleranzbereich bei 40 GBit/s auf 30 bis 60 ps/nm, so daß in der Praxis jeder Kanal am Faserende einzeln nachkorrigiert werden muß.

26.3.5 Dynamische Systemregelung und Überwachung

Die dynamische Systemregelung wird eingesetzt, um Änderungen der Systemparameter während des Betriebes einer Strecke zu kompensieren. Grundsätzlich können zwei Arten von Parameteränderungen auftreten. Die erste geht langsam vonstatten und rührt beispielsweise von einer Verkippung des Verstärkergewinnspektrums durch Temperaturänderungen oder einer Zunahme der Faserdämpfung durch Alterung her. Der zweite Typ erfordert eine wesentlich schnellere Reaktion der Systemregelung und umfaßt beispielsweise das Zu- oder Abschalten von Kanälen. Das Ziel der Regelung besteht in beiden Fällen darin, die Eingangspegel und Signal-Rauschabstände der verbleibenden Kanäle an den Empfängern jeweils konstant zu halten um damit die Voraussetzungen für eine ununterbrochen fehlerfreie Übertragung zu schaffen.

In der Praxis bestens bewährt hat sich die Regelung der Verstärker auf konstante Summenausgangsleistung. Bei diesem Regelprinzip sorgt ein lokaler Regelkreis in jedem Verstärker dafür, daß jeweils die Summe der Eingangspegel an den Eingängen der einzelnen Übertragungsfaserabschnitte konstant bleibt. Umsetzen läßt sich das Regelungsprinzip beispielsweise wie in Abschn. 26.2.4 dargestellt über eine Anpassung der Pumpleistung.

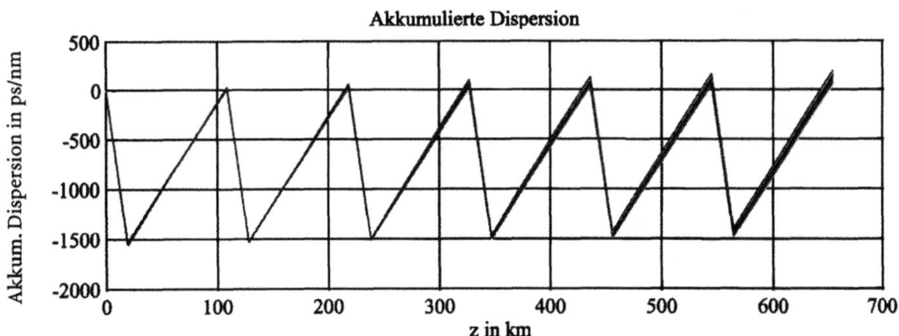

Abb. 26.13. Kompensationsschema mit Vor- und Vollkompensation für ein 8×10 GBit/s WDM-System mit Standard-Monomodenfaser und 200 GHz Kanalraster

Der große Vorteil der Regelung auf konstante Summenausgangsleistung besteht darin, daß sie die gesamte Strecke in voneinander unabhängige Abschnitte aufteilt. Eine Zunahme der Faserdämpfung in einem Streckenabschnitt wird am Ausgang des nachgeschalteten Verstärkers durch eine Anhebung des Gewinns kompensiert. Die folgenden Streckenabschnitte sind von der Änderung der Betriebsparameter somit nicht betroffen, wenn der Verstärker die durch die Änderung seines Gewinns verursachte Verkippung der Signalpegelverteilung intern ausgleicht.

Aufgrund des genannten Vorteils eignet sich die Regelung auf konstante Summenausgangsleistung hervorragend für statisch betriebene Punkt-zu-Punkt-Verbindungen. Betreiber fordern jedoch zunehmend die Möglichkeit, einzelne Kanäle ohne eine Beeinträchtigung der verbleibenden Kanäle zu- oder abschalten zu können. Die Ursache für diese Forderung liegt darin, daß sie das System bei laufendem Verkehr an geänderte Kapazitätsanforderungen anpassen wollen, beispielsweise durch Hochrüstung der Kanalzahl. Weiterhin soll das System bei einem störungsbedingten Ausfall einzelner Kanäle eine möglichst fehlerfreie Übertragung der verbleibenden Kanäle gewährleisten [33].

Ohne weitere Maßnahmen verändert die Regelung auf konstante Summen-Ausgangsleistung bei einem Wechsel der Anzahl aktiver Kanäle die Kanalpegel. Beispielsweise führt ein Ausfall der Hälfte der Kanäle zu einem Anwachsen der Pegel der verbleibenden Kanäle um 3 dB. Für den stationären Betrieb läßt sich dieser Anstieg verhindern, indem der Sollwert der Regelung entsprechend angepaßt wird. Dies setzt voraus, daß der Regler die neue Kanalzahl von der Systemsteuerung mitgeteilt bekommt, was nur mit einer gewissen Verzögerung geschehen kann.

Auch ohne eine Anpassung der Pumpleistung durch den Regler steigt der Kanalpegel bei einer Verringerung der Kanalzahl. Das neue, schwächere Eingangssignal sättigt die Verstärker weniger, wodurch der Gewinn anwächst. Dieser Anstieg erfolgt mit Zeitkonstanten im Bereich weniger zehntel Millisekunden und damit deutlich schneller, als die Systemsteuerung dem Ausgangsleistungs-Regler die neue Kanalzahl mitteilen kann. Letztendlich lassen sich konstante Pegel der verbleibenden Kanäle nur durch eine schnelle Gewinnregelung sicherstellen [34].

Die in Abschn. 26.2.4 dargestellte Umsetzung einer Gewinnregelung durch Anpassung der Pumpleistung bietet den Vorteil, daß sie sich sehr einfach mit der im selben Abschnitt beschriebenen Regelung auf konstante Summen-Ausgangsleistung kombinieren läßt. Der hinter dem Verstärkerausgang angeordnete Detektor liefert bereits das für den Summenausgangsleistungs-Regler erforderliche Signal. Statt der Pumpleistung steuert er bei einer Verschachtelung beider Regelungskonzepte den Sollgewinn der schnellen Gewinnregelung. Die Zeitkonstante der Summenausgangsleistungs-Regelung muß so groß gewählt werden, daß die Systemsteuerung dem Regler die neue Kanalzahl mitteilen kann, bevor dieser den Sollgewinn der Gewinnregelung spürbar verändert.

Die Genauigkeit der schnellen Gewinnregelung hängt davon ab, wie flach die Gewinnspektren der Verstärker ausfallen. Grundsätzlich weichen die Gewinne der Kanäle bei den einzelnen Wellenlängen ein wenig voneinander ab. Da die Photodioden nur die gesamte Ein- und Ausgangsleistung des Verstärkers erfassen, hält der Regler den über alle Kanäle gemittelten Gewinn konstant. Dies führt zu kleinen Schwankungen der Pegel, wenn die geschalteten Kanäle und die verbleibenden unterschiedliche Gewinnwerte aufweisen.

Welche Regelungsverfahren letztendlich in Systemen Anwendung finden, muß die Praxis zeigen. Eine alleinige Regelung der Verstärker auf konstanten Gewinn weist den entscheidenden Nachteil auf, daß die Auswirkungen von Änderungen wie beispielsweise einer Erhöhung der Faserdämpfung sich entlang der Strecke akkumulieren. Aus diesem Grunde sollte die schnelle Gewinnregelung immer mit einer langsamen Summenausgangsleistungs-Regelung kombiniert werden.

Das Ziel der Überwachung besteht darin, die Werte wichtiger Systemgrößen während des Betriebs zu protokollieren und beim Überschreiten vorgegebener Grenzwerte bestimmte Maßnahmen einzuleiten. Grundsätzlich sollte das System den Betreiber in derartigen Fällen durch eine Alarmmeldung informieren. Neben dieser reinen Benachrichtigung kann das System zusätzlich selbst aktiv werden. Dabei wird es versuchen, den Fehler durch die Anpassung von Betriebsparametern selbst zu beheben, seine Auswirkungen möglichst klein zu halten oder Folgeschäden zu vermeiden.

Den Versuch einer selbständigen Fehlerbeseitigung kann das System beispielsweise durch das Anstoßen eines neuen Preemphasezyklus unternehmen. Dazu muß es die Signal-Rauschabstände der einzelnen Kanäle am Streckenende mit Hilfe geeigneter Meßmittel ständig überwachen. Unterschreitet das OSNR eines Kanals den festgelegten Grenzwert, dann hebt das System dessen Pegel am Anfang der Strecke ein wenig an. Damit steigt der Signal-Rauschabstand des Kanals auf Kosten der anderen. Falls dabei nicht einer dieser Kanäle unter die OSNR-Schwelle sinkt, konnte das System den Fehler beheben. Auf diesem Wege lassen sich unter anderem die Auswirkungen von Schwankungen der Signalpegelverteilung durch polarisationsabhängige Dämpfung kompensieren.

Bei extrem hohen Kanaldatenraten, d.h. bei 40 GBit/s und mehr, liegen die Toleranzen für die Dispersionskompensation nur noch bei wenigen 10 ps/nm. Die Temperaturabhängigkeit der chromatischen Dispersion [35] erfordert daher bei sehr großen Streckenlängen eine dynamische Regelung der Kompensation. Die Regelgröße kann man beispielsweise mit Hilfe eines Pilottones gewinnen oder durch Filterung des Datensignals am Ende der Strecke mit Bandpaßfiltern, die Mittenfrequenzen bei der Taktfrequenz und darunterliegenden Oktaven aufweisen.

Als Beispiel für die Eingrenzung der Auswirkung von Fehlern kann das Verhalten beim Ausfall einzelner Kanäle dienen. In diesem Fall sollte die Übertragung der verbleibenden Kanäle weiterhin möglichst fehlerfrei erfolgen. Wie weiter oben bereits beschrieben wurde, läßt sich dies durch eine schnelle Gewinnregelung der Verstärker erzielen. Zusätzlich muß das System den Ausfall der Kanäle jedoch erkennen, die neue Kanalzahl bestimmen und diese an die Ausgangsleistungsregelungen der einzelnen Verstärker übermitteln.

26.4 Systemvarianten

26.4.1 Terrestrische Systeme

Ihren zahlenmäßig größten Einsatzbereich finden Übertragungssysteme mit Wellenlängenmultiplexbetrieb bislang bei terrestrischen Systemen. Die nachgefragte Transportkapazität stieg ab dem Jahr 1996 gewaltig durch das rasante Wachstum des Datenverkehrsaufkommen mit Raten von 100% bis 1000% pro Jahr. Die Hauptursache ist das ständige Wachstum des Internets. Da eine Umkehr dieses Trends eher unwahrscheinlich erscheint und das Sprachverkehrsaufkommen mit ca. 10% pro Jahr deutlich langsamer wächst, konzentrieren sich die Planungen zukünftiger Systeme in erster Linie auf die Zunahme des Datenverkehrs.

Bei den genannten Wachstumsraten scheidet ein Ausbau des Netzes allein durch das Verlegen neuer Fasern aus Zeit- und Kostengründen aus. Hier bietet der Wellenlängenmultiplexbetrieb eine willkommene Abhilfe, da er eine Steigerung der Kapazität durch die Übertragung zusätzlicher Kanäle auf vorhandenen Faserverbindungen erlaubt. Diesem Umstand muß die Entwicklung neuer Systeme Rechnung tragen. Bei deren Konzipierung ist darauf zu achten, daß sie höhere Übertragungskapazitäten sowohl beim Einsatz mit altem, bereits verlegten Fasermaterial erlauben als auch die Ausnutzung besserer Eigenschaften neu zu verlegender Fasern. Die hierfür erforderlichen Kompromisse steigern den Entwicklungsaufwand und verhindern üblicherweise die Umsetzung von Lösungen, die speziell für einen Anwendungsfall optimiert sind.

Die Berücksichtigung bereits verlegter Faserstrecken schränkt weiterhin die Plazierung der Netzelemente ein. Üblicherweise liegen potentielle Aufstellorte für Zwischenverstärker mit der erforderlichen Infrastruktur einige km bis wenige zehn km voneinander entfernt. Aus Kostengründen sollte das zu planende System die Gesamtstrecke sowohl ohne optoelektronische Regeneratoren als auch mit möglichst wenigen Zwischenverstärkern überbrücken. Die hierfür theoretisch optimalen Verstärkerabstände lassen sich in der Praxis zumeist nicht umsetzen. Statt dessen werden oftmals einzelne potentielle Aufstellorte für Zwischenverstärker ausgelassen und mehrere kurze Faserabschnitte zu längeren Streckenabschnitten zusammengefaßt. Aufgrund der zuweilen sehr ungleichmäßigen Stückelung gelingt die Annäherung an die optimalen Streckenabschnittslängen dabei nur ansatzweise. Als Folge kann die umsetzbare Systemauslegung mehr Zwischenverstärker aufweisen als bei frei wählbaren Verstärkerabständen erforderlich.

Übertragungssysteme mit Wellenlängenmultiplexbetrieb besitzen den großen Vorteil einer skalierbaren Übertragungskapazität. Der Betreiber hat die Möglichkeit, das System zunächst mit wenigen Kanälen in Betrieb zu nehmen und später nach aktuellem Kapazitätsbedarf die Kanalzahl zu erhöhen. Wie in Abschn. 26.3.1 bereits erwähnt, sollte das Zuschalten von Kanälen ohne eine Unterbrechung des Verkehrs bzw. eine Beeinträchtigung der bereits aktiven Kanäle stattfinden können. Üblicherweise verfügen die Betreiber nicht über genügend Ersatzkapazität, um den gesamten Verkehr zeitweise auf eine andere Strecke umleiten zu können. Auch bewirkt das Umschalten auf die Ersatzstrecke eine kurze Unterbrechung der Datenströme, die aufgrund der hohen Datenraten zu nicht unerheblichem Datenverlust führt.

Damit das Zu- und Abschalten von Kanälen unterbrechungsfrei erfolgen kann, sind eine Reihe von Maßnahmen zu ergreifen. Zunächst müssen die Verstärker ein Regelungskonzept aufweisen, das die Pegel der verbleibenden Kanäle konstant hält. Weiterhin muß die Systemsteuerung den Wechsel der Kanalzahl erkennen und diese Information an die betroffenen Stellen im System verteilen. Schließlich darf das Ziehen und Stecken von Karten im Baugruppenträger unter Spannung nicht zu einer Störung von anderen Komponenten führen, die Verkehr verarbeiten. Alle diese Forderungen ziehen eine Reihe von zusätzlichen Maßnahmen und Erschwernisse beim Entwurf des Systems nach sich.

26.4.2 Metro-Strecken

Im innerstädtischen oder Metro-Bereich spielen Entfernungen eine eher untergeordnete Rolle. Der Hauptvorteil der WDM-Technik für diesen Anwendungsfall liegt darin, sehr flexibel unterschiedliche Datenraten und Datenformate in einer Faser übertragen zu können. Statt einer Verbindung mit elektrischen Schnittstellen, die ein festgelegtes Datenformat etc. voraussetzen, kann der Betreiber einfach Wellenlängen vermieten. Ob der Kunde den ihm zugewiesenen Kanal dann für SDH-, IP- oder ATM-Verkehr nutzt, bleibt ihm selbst überlassen. Damit Dispersionseffekte und andere Signalverzerrungen keine Rolle spielen, sollten lediglich die Kanaldatenraten auf ca. 2,5 GBit/s beschränkt bleiben.

Topologisch werden WDM-Strecken im Metrobereich zumeist in Ringen verlegt (s. Abb. 26.14). Die beiden Endpunkte der Strecke befinden sich dann am selben Ort, der beispielsweise mit dem Übergabepunkt einer Weitverkehrsstrecke zusammenfällt. Entlang des Ringes erlauben Knoten den Zugriff auf einen Teil des Verkehrs. In diesen befinden sich optische Filter, mit deren Hilfe sich eine Untermenge der in der Faser geführten Wellenlängen aus- und wieder einkoppeln läßt.

26.4.3 Transozeanische Systeme

Die sehr großen Streckenlängen transozeanischer Systeme stellen hohe Anforderungen an den Pegelplan. Damit die Akkumulation der Rauschbeträge der einzelnen Zwischenverstärker in tolerierbaren Grenzen bleibt, müssen diese mit vergleichsweise hohen Eingangspegeln betrieben werden. Den Einsatz von hohen Ausgangspegeln verhindern die sonst stark störenden nichtlinearen Effekte in der Übertragungsfaser. Als Konsequenz bleibt nur die Verwendung kurzer Verstärkerabstände. Diese liegen bei transozeanischen Systemen, im Gegensatz zu terrestrischen Systemen, üblicherweise unter 50 km. Beispielsweise erfordert ein System mit einer Gesamtlänge von 10 000 km, einem OSNR am Ende

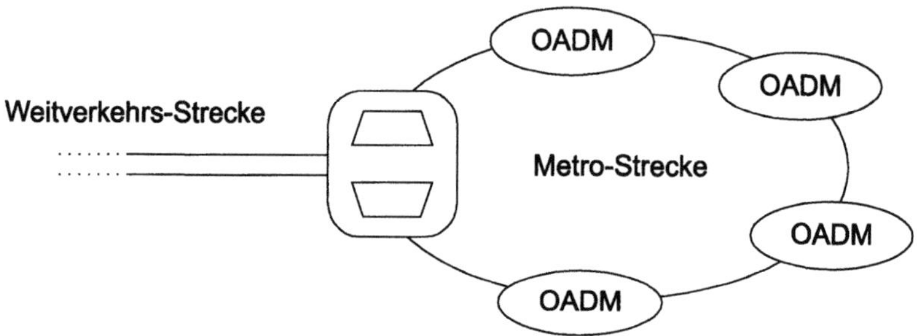

Abb. 26.14. Schematischer Aufbau einer Metro-Strecke mit Anbindung an eine Weitverkehrs-Strecke

von 25 dB (bezogen auf 0,1 nm; für eine Kanaldatenrate von 10 GBit/s), einem Fasereingangspegel von +5 dBm pro Kanal, einer Faserdämpfung von 0,21 dB/km und einer Rauschzahl der Verstärker von 5 dB nach der Näherungsformel für Einkanalbetrieb (Gl. 26.1) 223 Streckenabschnitte mit einer Länge von jeweils 45 km.

Die kurzen Verstärkerabstände erfordern eine hohe Anzahl von Zwischenverstärkern. Kleine Abweichungen der Gewinne bei unterschiedlichen Kanalwellenlängen in einem einzelnen Verstärkers können daher entlang der Strecke zu einem gewaltigen Anwachsen von Pegeldifferenzen führen. In den ersten Systemen wurde dieses Problem durch die Plazierung der Kanäle in einem sehr schmalen, möglichst flachen Bereich des Gewinnspektrums geeigneter Erbium-dotierter Fasern gelöst. Zusammen mit den erforderlichen Mindestkanalabständen (ca. 200 GHz, unter anderem aufgrund der verfügbaren Filtertechnologie) schränkte dieses Verfahren die Anzahl der übertragbaren Kanäle stark ein. Die anfänglich installierten Systeme arbeiten daher zumeist nur mit 4 Kanälen.

Ein Lösungsansatz für dieses Problem liegt in der Verwendung von Filtern, welche die von den Verstärkern zu stark angehobenen Kanalpegel zur Angleichung an die anderen wieder absenken [36]. Derartige Komponenten kommen bei transozeanischen Systemen üblicherweise nicht in jedem Verstärker zum Einsatz, sondern etwa nach jedem vierten bis zwanzigsten, weil die nach einem Verstärker aufgelaufenen Kanalpegeldifferenzen sich noch tolerieren lassen. Das Verfahren erlaubt sowohl die Realisierung von größeren Streckenlängen als auch die Nutzung eines breiteren Wellenlängenbandes, verbunden mit höheren Kanalzahlen.

Wie bei der Rauschakkumulation bereitet die extreme Länge transozeanischer Systeme auch bei der Bekämpfung von Signalverzerrungen große Probleme. Die Kanaldatenraten von Seekabelsystemen hinken denen zur gleichen Zeit an Land installierter Systeme zwar üblicherweise etwas hinterher, sind aber mittlerweile auch in den GBit/s-Bereich vorgestoßen und erreichen 10 GBit/s. Selbst bei Verwendung spezieller dispersionsverschobener Fasern erfordern diese Datenraten ein ausgeklügeltes Dispersionskompensationsschema. Die lokale Dispersion darf gewisse Mindestwerte nicht unterschreiten, weil sonst Probleme mit Vierwellenmischung auftreten. Ohne eine periodische Absenkung würde daher die akkumulierte Dispersion unzulässig stark anwachsen.

Als weiteres Problem ergibt sich, daß die einzelnen Kanäle aufgrund ihrer unterschiedlichen Wellenlängen in der Übertragungsfaser einen unterschiedlichen Dispersionsbeitrag erfahren. Idealerweise müßte der Dispersionskompensator die gleiche Wellenlängenabhängigkeit aufweisen, jedoch mit umgedrehten Vorzeichen. Diese Forderung läßt sich in der Praxis nur näherungsweise erfüllen. Als Folge können auch Signalverzerrungen die Länge des Übertragungssystems bzw. die Anzahl einsetzbarer Kanäle einschränken.

26.5 ITU-Festlegungen

Die Definition internationaler Standards obliegt der ITU (International Telecommunication Union). Sie soll technische und operationelle Fragen der Telekommunikation in Form von Empfehlungen (ITU-T Recommendations) auf eine weltweit einheitliche Basis bringen. Ziel dieser Standards ist eine möglichst weitgehende Interoperabilität von Systemen unterschiedlicher Hersteller. Speziell für optische Netze sind folgende Empfehlungen vorhanden bzw. werden erstellt [37].

- Rahmen / Übersicht bzgl. Empfehlungen: G.871
- Netzwerk Anforderungen und Architektur: G.otn, G.onr
- Funktionale Charakteristiken: G.681, G.oef
- Management Aspekte und Informationsmodell: G.onm, G.oni
- Strukturen : G.ons
- Physikalische Schicht: G.691, G.692, G.959.1
- Komponenten und Subsysteme: G.661, G.662, G.663, G.671, G.onc

Die Empfehlung G.692 [38] betrifft uni- und bidirektionale WDM Punkt-zu-Punkt Verbindungen mit optischen Verstärkern für Langstreckenanwendungen. Neben der Vorgabe von einheitlichen Systembezeichungen umfaßt sie ein vorgegebenes Frequenzraster mit einer Referenzfrequenz von 193,1 THz (entspricht einer Wellenlänge von 1552,52 nm) und hiervon ausgehend mögliche Kanalfrequenzen in 50 GHz Abständen. Die Abweichungen von der nominellen Kanalfrequenz dürfen bei Systemen mit Kanalabständen von

200 GHz und darüber ein Fünftel des Kanalabstands nicht überschreiten (zulässige Abweichungen bei kleineren Kanalabständen werden noch untersucht). Zur Verringerung des Einflusses der Vierwellenmischung auf dispersionsverschobenen Fasern werden Vorschläge zur Zuweisung der Kanalfrequenzen mit ungleichen Kanalabständen gemacht. Die möglichen Kanalzahlen sind 4, 8, 16 oder 32 mit Datenraten von 622 MBit/s, 2,5 GBit/s oder 10 GBit/s. Ferner sind verstärkerfreie Streckenabschnitte mit 80 km, 120 km und 160 km definiert. Diesen zugeordnet sind maximale Dämpfungen von 22, 33 bzw. 44 dB und, abhängig von Kanalzahl und Kanaldatenrate eine maximale Dispersion. Des weiteren werden Eigenschaften, Bezeichnungen und Einheiten von Schnittstellenparametern festgelegt. Der optische Überwachungskanal sollte bei 1510 nm oder 1480 nm liegen. Weitere Aspekte der physikalischen Schicht befinden sich in der Empfehlung G.959.1 [39]. Hier sind insbesondere detaillierte Referenzpunkte, d.h. Schnittstellen, innerhalb von WDM-Systemen festgelegt. Leider erfolgt die Definition von Standards zeitlich verzögert gegenüber der technischen Entwicklung moderner WDM-Systeme. Daher sind einige Eigenschaften kommerzieller Systeme nicht ITU-konform und somit ist eine mögliche Kombination von Geräten unterschiedlicher Hersteller nur eingeschränkt möglich.

Spezielle Literatur

[1] *Kotschenreuther, J.:* Wellenlängenmultiplex: Scharfer Wettlauf der Systemhersteller, ntz (1998), Bd. 10, S. 54–57

[2] *Yano, Y. et.al.:* 2.6 Tb/s WDM Transmission Experiment using Optical Duobinary Coding, ECOC'96, Post-Deadline-Paper ThB.3.1, Oslo, 1996

[3] *Fishman, D.A.; Nagel, J.A.:* Degradations due to stimulated Brillouin scattering in multigigabit intensity-modulated fiber-optic systems. Journal of Lightwave Technology (1993), Bd. 11, Nr. 11, S. 1721–1728
(Fehler auf Seite 1726, linke Spalte, letzte Zeile: „should be above" anstelle von „should not be above")

[4] *Villeneuve, B.; Kim, H.B.; Cyr, M.; Gariépy, D.:* A compact wavelength stabilization scheme for telecommunication transmitters. LEOS summers topical meetings (1997), Beitrag WD2, S. 19–20

[5] *Ramaswami, R.:* Optical networks: a practical perspective. Morgan Kaufmann Publishers (1998)

[6] *Bachmann, M. et al.:* Polarization-insensitive clamped-gain SOA with integrated spot-size convertor and DBR gratings for WDM applications at 1.55 μm wavelength. Electronics Letters (1996), Bd. 32, Nr. 22, S. 2076–2078

[7] *Yamada, M. et al.:* Gain-flattened Tellurite-based EDFA with a flat amplification bandwidth of 76 nm. IEEE Photonics Technology Letters (1998), Bd. 10, Nr. 9, S. 1244–1246

[8] *Sun, Y. et al.:* 80 nm ultra-wideband erbium-doped silica fibre amplifier. Electronics Letters (1997), Bd. 33, Nr. 23, S. 1965–1967

[9] *Kawai, S. et al.:* Ultra-wide, 75 nm 3 dB gain-band optical amplifier utilising gain-flattened erbium-doped fluoride fibre amplifier and discrete Raman amplification. Electronics Letters (1998), Bd. 34, Nr. 9, S. 897–898

[10] *Ohishi, Y. et al.:* Praseodymium-doped fiber amplifiers at 1.3 μm. IEICE Transactions on Communications (1994), Bd. E77-B, Nr. 4, S. 421–440

[11] *Krummrich, P.:* Praseodym-dotierte Faserverstärker für den Wellenlängenbereich um 1,3 μm. Fortschritt-Berichte VDI, Reihe 10, Nr. 379, VDI-Verlag, Düsseldorf (1995)

[12] *Nishida, Y et al.:* Plug-in type 1.3-μm fiber amplifier module for rack-mounted shelves. Technical Digest of the Conference on Optical Fiber Communication (1997), Bd. 6, 16.–21. Feb., Dallas, Texas, Beitrag WA6, S. 108–109

[13] *Sakamoto, T. et al.:* Thulium-doped fluoride fiber amplifiers for 1.4 μm and 1.6 μm operation. Technical Digest of the Conference on Optical Amplifiers and their Applications (1996), 11. – 13. Juli, Monterey, Ca, Beitrag ThC3, S. 40–43

[14] *Massicott, S.D. et al.:* 1480 nm pumped erbium-doped fibre amplifier with all optical automatic gain control. Electronics Letters (1994), Bd. 30, Nr. 12, S. 962–964

[15] *Zirngibl, M.:* Gain control in erbium-doped fibre amplifiers by an all-optical feedback loop. Electronics Letters (1991), Bd. 27, Nr. 7, S. 560–561

[16] *Scheerer, C. et al.:* Influence of filter group delay ripples on system performance. Technical Digest of the European Conference on Optical Communications (1999), Nice, Bd. I, S. 410–411

[17] *Takeda, N.; Taga, H.; Akiba, S.:* The effect of aluminium concentration in EDF on gain equalization of the cascaded EDFA system. Technical Digest of the Conference on Optical Amplifiers and their Applications (1996), Monterey, Ca, 11.–13. Juli, Beitrag FD16, S. 182–185

[18] *Wysocki, P. F. et al.:* Broad-band erbium-doped fiber amplifier flattened beyond 40 nm using long-period grating filter. IEEE Photonics Technology Letters (1997), Bd. 9, Nr. 10, S. 1343–1345
[19] *Dung, J.-C.; Chi, S.; Wen, S.:* Gain flattening of erbium-doped fibre amplifier using fibre Bragg grating. Electronics Letters (1998), Bd. 34, Nr. 6, S. 555–556
[20] *Kinoshita, S.; Onaka, H.; Chikama, T.:* Large capacity WDM transmission based on wideband Erbium-doped fiber amplifiers. Technical Digest of the Conference on Optical Amplifiers and their Applications (1998), Vail, Co, 26.–29. Juli, Beitrag MD1, S. 54–57
[21] *Krummrich, P.M. et al.:* Influence of stimulated Raman scattering on the channel power balance in bidirectional WDM transmission. Technical Digest of the Optical Fiber Communication Conference (1999), San Diego, CA, 21.–26. Feb, Beitrag WJ6, S. 171–173
[22] *Chraplyvy, A.R.; Nagel, J.A.; Tkach, R.W.:* Equalization in amplified WDM lightwave transmission systems. IEEE Photonic Technology Letters (1992), Bd. 4, Nr. 8, S. 920–922
[23] *Petermann, K.; Wang, J.:* Large signal analysis of FM-AM conversion in dispersive optical fibres and its application to PCM systems. Electronics Letters (1991) Bd. 27, Nr. 25, S. 2347–2348
[24] *Agrawal, G. P.:* Nonlinear Fiber Optics. 2nd ed., Wiley (1995), Kap. 2.4, S. 50–54
[25] *Agrawal, G. P.:* Nonlinear Fiber Optics. 2nd ed., Wiley (1995), Kap. 8, S. 316–324
[26] *Kawakami, H. et al.:* Overmodulation of intensity modulated signals due to stimulated Brillouin scattering. Electronics Letters (1994), Bd. 30, Nr. 18, S. 1507–1509
[27] *Nakazawa, M.:* Optical soliton transmission. Transactions of the Institute of Electronics, Information and Communication. Engineers C-I (1991), Bd. J74C-I, Nr. 11, S. 429-239
[28] *O'Mahony, M.J.:* Future prospects for optical communicatons. IEE Fifth Vacation School on 'Optical Fibre Communications', IEE London, UK (1990), 5.5
[29] *Doran N.J.:* Dispersion-Managed Solitons. European Conference on Optical Communications (1998), vol 1, pp 97–99
[30] *Agrawal, G. P.:* Nonlinear Fiber Optics. 2nd ed, Wiley (1995), Kap. 4, 5, 6
[31] *Kawai, S. et al.:* Reduction of timing jitter due to Gordon-Haus effect in ultra-long high speed optical soliton transmission using optical bandpass filters. IEICE Transactions on communications (1994), Bd. E 77-B, Nr. 4, S. 462–468
[32] *LeGuen D., O'Hare A., DelBurgo S., Grot D., Favre F., Georges F.:* Narrow band 640 Gbit/s soliton WDM transmission over 1200 km of standard fibre with 100 km 21 dB amplifier spans. European Conference on Optical Communications, Bd. 3, S. 61–63, 1998
[33] *Nagel, J.:* The dynamic behavior of amplified systems. Technical Digest of the Conference on Optical Fiber Communication (1998), Bd. 2, 22.–26. Februar, San Jose, CA, Beitrag ThO3, S. 319–320
[34] *Srivastava, A. K. et al.:* Fast gain control in an erbium-doped fiber amplifier. Technical Digest of the Conference on Optical Amplifiers and their Applications (1996), Bd. 11, 11.–13. Juli, Monterey, CA, Beitrag PDP4, S. 4-1–4-5
[35] *Hatton, W. H.; Nishiruma, JLT* 1986, LT4–4, S. 1552–1555
[36] *Bergano, N.S.; Davidson, C.R.:* Wavelength division multiplexing in long-haul transmission systems. Journal of Lightwave Technology (1996), Bd. 14, Nr. 6, S. 1299–1308
[37] *Bigi, F.:* Towards Optical Networking. Integrating and Managing Wavelength Division Multiplexing' 98, London, 1998
[38] *Draft ITU-T* Recommendation G.692–Optical Interfaces for multi-channel systems with optical amplifiers (COM 15-R 3, 3 (1997))
[39] *Draft ITU-T* Recommendation G.959.1–Physical layer aspects of otical networks (2(1998))

Netze mit Wellenlängenmultiplex 27

A. GLADISCH

Allgemeine Literatur

Sexton Mike; Reid Andy: Broadband Networking: ATM, SDH, and Sonet Artech House 1997 - *Green Paul*: Optical Networking Update; IEEE Journal on Selected Areas in Communication Vol 14 No 5 June 1996

27.1 Einführung

In den folgenden Abschnitten werden die grundlegenden Funktionen von Transportnetzen anhand des SDH-Netzes (SDH - engl: *Synchronous Digital Hierarchy*) und insbesondere die Bedeutung von optischen WDM-Netzen (WDM - engl: *Wavelength Division Multiplexing*) für die weitere Entwicklung der Transportnetze erläutert. Die Methodik der funktionalen Modellierung von Transportnetzen entsprechend den ITU-T-Empfehlungen G.803 [1] und G.805 [2], die das Verständnis für die elementaren Prozesse in Transportnetzen erheblich vereinfacht, wird eingeführt und genutzt um WDM-Transportnetze zu beschreiben. Abschließend werden Verfahren erläutert, die es einem Netzbetreiber ermöglichen, die Potentiale optischer Netze zu nutzen, ohne über exakte Kenntnisse der Details der Knotenimplementierung zu verfügen.

27.2 Allgemeine Betrachtung von Transportnetzen

27.2.1 Die Struktur von Kommunikationsnetzen

Telekommunikationsnetze können für die unterschiedlichsten Betrachtungsweisen in vielfältiger Weise modelliert werden, in jedem Fall wird man aber die Trennung zwischen Switching- und Routing-Funktionalitäten einerseits und Transportfunktionalitäten andererseits vornehmen können. In Abb. 27.1 ist diese vereinfachte Sicht auf ein Telekommunikationsnetz dargestellt, wobei anhand dieser Abbildung auch zu erkennen ist, daß sowohl das Transportnetz, als auch das „vermittelnde" Netz, jeweils durch separate Steuer- und Überwachungsnetze gesteuert und verwaltet werden. Das gegenwärtig verwendete digitale vermittelnde Netz nutzt ein separates Signalisierungsnetz (SS7) (im wesentlichen Signalisierung des Kundenrufs), das Telekommunikations-Management-Netz (TMN- engl.: *Telecommunication Management Network*), für die Wahrnehmung der Aufgaben der Netzbetreiber, wie Verwaltung etc., sowie Funktionen des intelligenten Netzes (IN), um seine komplexen Funktionen erfüllen zu können. Die vermittelnden Netzknoten sind, wie ebenfalls in Abb. 27.1 gezeigt, im allgemeinen mit einem sehr hohen Vermaschungsgrad untereinander verbunden. Es ist die Aufgabe des darunterliegenden Transportnetzes, diese vielen Verbindungen effektiv bereitzustellen, indem durch Multiplexierung Bündel mit hoher Datenrate erzeugt werden, die wiederum auf den Trassen (- zwei Ringnetze in Abb. 27.1 -) transportiert werden. Der Netzbetreiber steuert und überwacht das Transportnetz mit Hilfe des *Telecommunication-Management-Network (TMN)*. Eine direkte Steuerung des Transportnetzes durch Kunden, wie es im vermittelnden Netz üblich ist, gibt es im Transportnetz nicht, lediglich ein begrenzter Kreis von Nutzern erhält über spezielle TMN-Interfaces Zugriff auf eingegrenzte Bereiche. Das Transportnetz hat im wesentlichen folgende Aufgaben:

- quasi-statisches Bereitstellen von Transportverbindungen für die darüberliegenden Netzebenen,

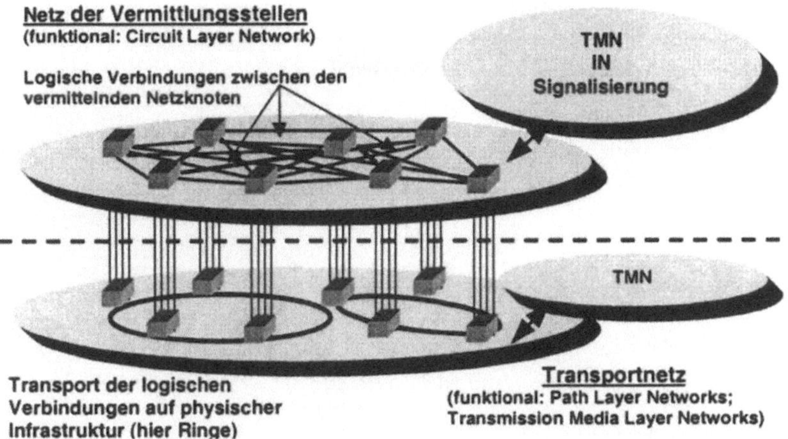

Abb. 27.1. Vereinfachtes Telekommunikationsnetz mit Transportschichten und Vermittlungsschicht, (TMN Telecommunication-Management-Network; IN – Intelligent Network)

- effektives Zusammenfassen der bereitzustellenden Verbindungen zu größeren Bündeln,
- Transport der Bündel über die physischen Medien
- Umkonfiguration des Netzes, wenn die Zahl und Lage von Quellen und Senken der bereitzustellenden Transportverbindungen sich ändert,
- Überwachen der Verbindungen und Isolation von Fehlern (z.B. Faserbrüche, Knotenfehler),
- Schutz von Transportverbindungen im Fehlerfall durch Rekonfiguration oder durch automatische Ersatzschaltung.

27.2.2 Funktionale Modellierung von Transportnetzen

27.2.2.1 *Ziel der funktionalen Modellierung*

Das Verständnis heutiger komplexer Kommunikationssysteme erfordert Verfahren zur abstrakten Beschreibung der Netz-Funktionalitäten von Systemen und Teilnetzen, ohne daß die exakten elektronischen Funktionen z.B. eines Schaltkreises oder einer Baugruppe bekannt sein müssen. Die ITU (ITU – International Telecommunication Union) hat zu diesem Zweck das Hilfsmittel der funktionalen Modellierung [1, 2] entwickelt. Die funktionalen Modelle von Transportnetzen werden benötigt, um auf einer allgemeingültigen und standardisierten Basis die Funktionen des Netzes zu beschreiben, die elementaren Netz-Funktionsblöcke (*Atomic Functions*) zu identifizieren und um daraus das Verhalten von Softwareelementen des Netzmanagement (*Managed Objects*), abzuleiten.

27.2.2.2 *Die Grundprinzipien des Layering und Partitioning*

Jedes Transportnetz kann in unabhängige, übereinander liegende Schichten (*Layer Network* bzw. *Layer*) zerlegt werden, wobei zwischen benachbarten Schichten strenge Client/Server Beziehungen bestehen (*Layering*). Ein *Layer Network* ist außerdem dadurch definiert, daß es unabhängig von den darüber und darunter liegenden *Layer Networks* geplant und betrieben werden kann, daß es eigene Überwachungsmechanismen und eigene Mechanismen zur Fehlerbeseitigung besitzt. Außerdem erlaubt das Konzept des *Layering*, daß zusätzliche *Layer* oder *Sub-Layer* mit besonderen, nicht allgemein im Netz verfügbaren Funktionen (z.B. automatische Ersatzschaltung), eingeschoben werden können, bzw. daß ein *Layer* in weitere *Layer* aufgespaltet werden kann, ohne daß die anderen *Layer Networks* davon beeinflußt werden.

Jedes *Layer Network* kann wiederum in nebeneinander liegende Teilnetze, die sich im gleichen *Layer* befinden, zerlegt werden (*Partitioning*; s. Abb. 27.2), die die interne Struktur, wie zum Beispiel Grenzen zwischen Netzbetreibern, administrative Bereiche eines Netzbetreibers und Grenzen zwischen Teilnetzen mit besonderen Funktionen, widerspiegeln. Der Zweck der Unterteilung (*Partitioning*) ist das Zerlegen der komplizierten Kommunikationsnetze in kleine überschaubare Teilnetze, die relativ eigenständig verwaltet werden können. Eine Unterteilung ist iterativ bis zu einem einzelnen Netzelement möglich. Ähnlich dem sehr vereinfachten Netzmodell aus Abschn. 27.2.1, werden im ITU-T Standard G.803 [1] folgende grundsätzliche Schichten (*Layer*) des Netzes betrachtet:

- *Circuit Layer,*
- *Path Layer* und
- *Transmission Media Layer.*

Das bereits vorgestellte *Circuit Layer Network* hat die Aufgabe die Ende-zu-Ende Kommunikationsverbindung zwischen den Anwendern herzustellen. Im klassischen Telekommunikationsnetz ist das *Circuit Layer* die Schicht der digitalen Vermittlung, die Definition des *Circuit Layer* wird aber aufgrund der Entwicklung der Datenkommunikation (IP, Ethernet etc.) in mehreren Standardisierungsgremien neu diskutiert. In einem erweiterten Verständnis kann das *Circuit Layer* auch als Schicht interpretiert werden, in der die Ende-zu-Ende-Verbindungen über primäre Protokolle z.B. IP (IP - engl.: *Internet Protocol*) hergestellt werden.

Das allgemeine Transportnetz aus Abschn. 27.2.1 wird aus Sicht des *Layering* in zwei weitere Klassen unterteilt: das *Path Layer Network* und das *Transmission Media Layer Network. Path Layer Networks* stellen allgemein verfügbare Transportdienstleistungen unabhängig von der Art der verwendeten Übertragungsmedien zur Verfügung. Typische *Path Layer Network* Dienstleistungen des SDH-Netzes (SDH- engl.: *Synchronous Digital Hierarchy*) sind der Transport von 2048 kbit/s-, 34364 kbit/s und 139264 kbit/s- Signalen (s. Kap. 25 bzw. Anhänge 1 und 2). Das *Path Layer Network* ist ein Modell für alle Funktionen des Netzes zum Schalten dieser Datenraten, zur Anpassung der Daten an den Transport im SDH-Netz und zur Überwachung der Qualität und Integrität des Transportes. Entsprechend den Prinzipien des *Layering* kann das *Path Layer Network* des SDH zur detaillierten Beschreibung der zwei Schaltebenen in zwei *Layer* zerlegt werden, dem *Higher Order Path Layer* und dem *Lower Order Path Layer.*

Transmission Media Layer Networks beinhalten den vom Übertragungsmedium abhängigen Transport von Signalen, die Multiplexbildung zur effektiven Ausnutzung des Mediums und Funktionen zur Überwachung der Qualität und Integrität des Transportes der Multiplexsignale. Das *Transmission Media Layer Network* kann ebenfalls in weitere *Layer* zerlegt werden, im Fall des SDH erfolgt die Unterteilung in *Multiplex Section Layer, Regenerator Section Layer und Physical Media*

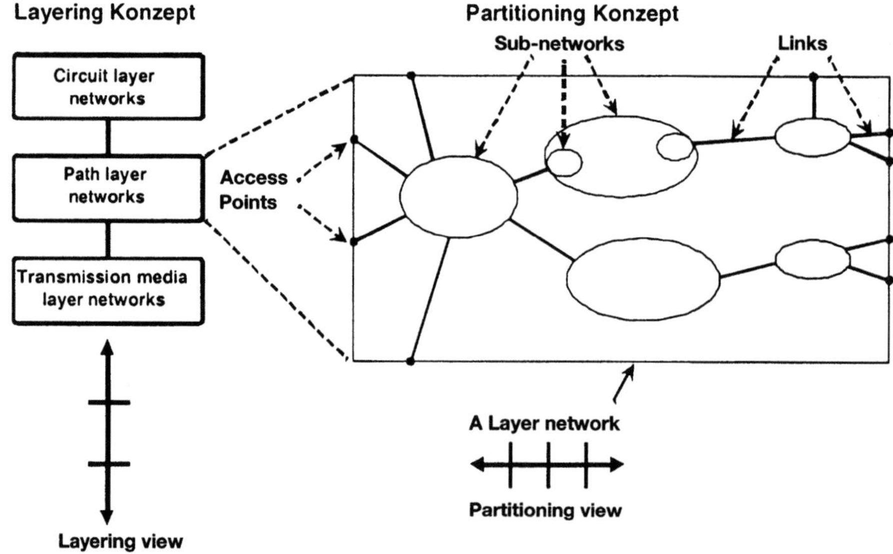

Abb. 27.2. Das Konzept des Layering und Partitioning (s. [1])

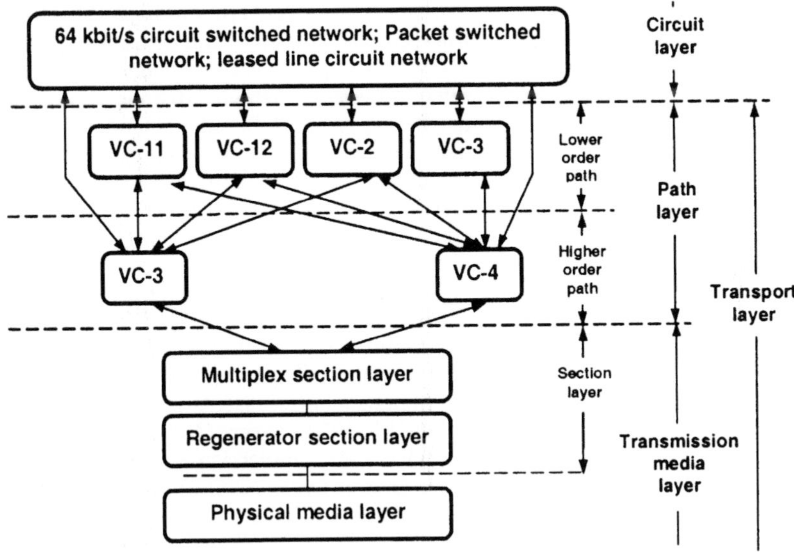

Abb. 27.3. Layering des SDH-Netzes [1] (VC virtual container)

Layer. Ein komplettes Bild der funktionalen Layer des SDH-Netzes ist in Abb. 27.3 dargestellt.

27.2.3 Die architektonischen Komponenten eines Layer Networks

Die funktionale Modellierung greift auf nachfolgend aufgelistete vier Gruppen von architektonischen Komponenten zurück, die in standardisierter Form zur Beschreibung der Teilfunktionen der Schichten genutzt werden (Abb. 27.4):

1. In jeder Schicht sind drei Verarbeitungsfunktionen (engl.: *Transport Processing Functions; TPF*) normiert.
2. Sie werden durch Referenzpunkte (engl.: *Reference Points*) getrennt.
3. Zwischen den Referenzpunkten von meist getrennten Netzelementen sind Transportgrößen (engl.: *Transport Entities*) definiert.
4. Die topologischen Komponenten (engl.: *Topological Components*) sind Hilfsmittel zur Beschreibung und der Netztopologie und zur Nutzung des *Partitioning*-Konzepts.

Mit den architektonischen Komponenten (Gruppen 1 und 2) werden die Funktionen der einzelnen Netzelemente beschrieben, während die Komponenten 3 und 4 zur Beschreibung der Funktion ganzer Netzbereiche notwendig sind [3].

Bei den Verarbeitungsfunktionen (architektonische Komponente 1) unterscheidet man zwischen *Adaptation Function* (AF); *Trail Termination Function* (TTF) und *Connection Function* (CF). Die *Adaptation Function* wandelt das Signal der darüberliegenden *Client*-Schicht in ein Signalformat der darunter liegenden *Server*-Schicht. Ein typisches Beispiel für eine *Adaptation Function* ist das Zuordnen eines Zeigers (*Pointer*), der auf die Startposition eines VC-4-Containers innerhalb des SDH-Rahmens zeigt (s. auch Anhänge 1 und 2). In WDM-Netzen ist zum Beispiel das Aufmodulieren eines Signals auf einen optischen Träger mit spezifischen Wellenlänge und die anschließende Multiplexierung zu einem WDM-Signal eine typische *Adaptation Function* (s. aber dazu den Abschn. 27.3). In der *Trail Termination Function* sind alle Prozesse zusammengefaßt, die der Sicherstellung der Integrität der Schicht selber dienen. Eine typische *Termination Function* des SDH ist das Schreiben und Lesen der *Higher-Order-Path-overhead-Bytes* (HOP-OH), die zum Beispiel zur Bestimmung der Ende-zu-Ende Bit-Fehlerhäufigkeit (B3-Bytes) und zur Überprüfung der korrekten Schaltfunktionen (*Path Label Byte* C1 und *Path Trace Identifier Byte* J1) dienen.

Die *Connection Function* beschreibt flexible Verbindungen zwischen den Referenzpunkten *Termination Connection Point* (TCP) und *Connection Point* (CP) bzw. zwischen

Connection Points. Die *Connection Function* wird zur Modellierung von logischen Verbindungen (Connections) genutzt, die entweder durch konzentrierte Netzelemente (manuelle Rangierverteiler; Cross-Connects, Add-Drop-Multiplexer) oder durch ganze Sub-Netze bereitgestellt werden.

Die Referenzpunkte (architektonische Komponenten [3]) sind durch das Format der durchfließenden Information charakterisiert, wobei man zwischen

- *Access Point* (AP),
- *Termination Connection Point* (TCP) und
- *Connection Point* (CP)
  unterscheidet.

Der *Access Point* liegt zwischen *Adaptation Function* und einer *Termination Function* und er ist durch die sogenannte *Adapted Information* (AI) charakterisiert. Der *Termination Connection Point* befindet sich am Ausgang einer *Termination Function* und ist durch die sogenannte „Charakteristische Information" bestimmt.

Ein *Connection Point* befindet sich auf der gleichen Ebene wie ein *Termination Connection Point*, er verbindet aber *Connection Functions* mit darunter liegenden Schichten. Die Bedeutung der sehr formal erscheinenden Referenzpunkte wird verständlich, wenn man bedenkt, daß an den Referenzpunkten die horizontal in einem Layer liegenden Verbindungen, d.h. korrekter Weise die *Link-*, *Sub-Network-Connections* und *Trails* enden und durch die Verkettung der Verbindungen und Referenzpunkte eine Sicht auf das logische Netz des Layers entsteht. Die übereinander liegenden Referenzpunkte in unterschiedlichen Schichten (Layer) werden vom Managementsystem zum Verweis aufeinander benötigt, um eine vollständige Sicht auf die logischen Verbindungen zu erreichen.

Um die logischen Zusammenhänge in einem SDH-Multiplexer zu beschreiben, der 63*2 Mbit/s Signale zu einem 155 Mbit/s Signal zusammenfügt, verweist zum Beispiel die Managementrepräsentation eines *Access-points* im VC-4 Layer (*Higher-Order-Path-Layer*) auf 63 *Connection-Points* des VC-12 Layer (*Lower Order Path*) und dadurch wird ermöglicht, daß beispielsweise im Fall eines Faserbruchs alle betroffenen 2 Mbit/s Signale, die im VC-4 Signal geführt werden, isoliert werden können.

Das bereits ausführlich erläuterte *Layer Network*, das *Sub-Network* und der *Link* sind die in G.803 festgelegten topologischen Komponenten.

Die Transportgrößen, die innerhalb jeweils einer Schicht definiert werden, beschreiben die logischen Beziehungen von gleichartigen Referenzpunkten zueinander, wobei ein *Trail* zwischen zwei AP, *Network Connection* zwischen zwei TCP und *Link Connection*, sowie

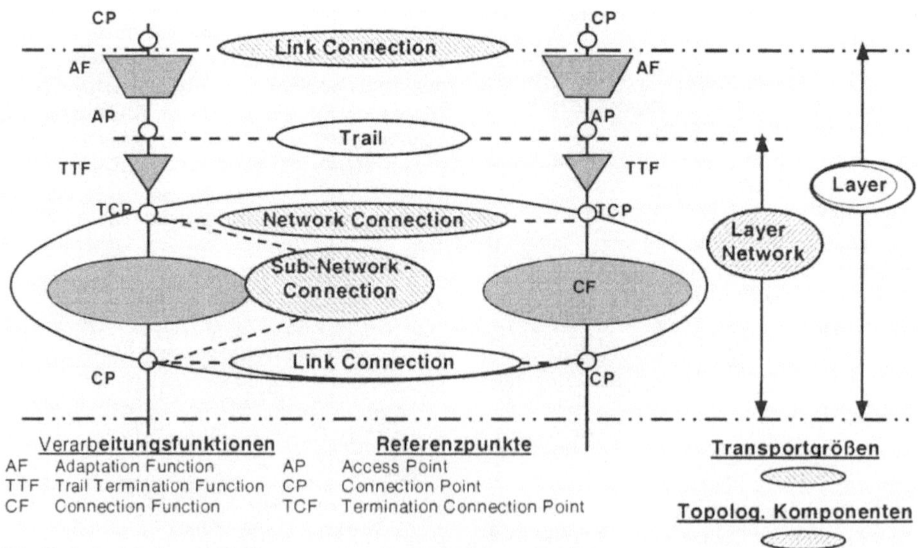

Abb. 27.4. Architektonische Komponenten eines Transportnetzes [3]

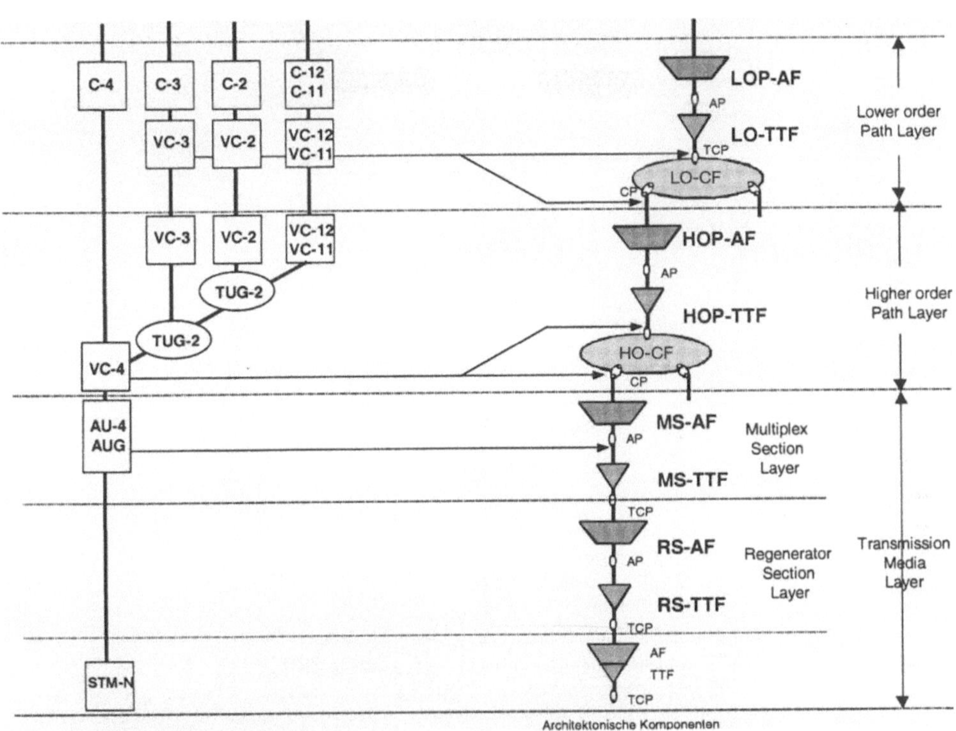

Abb. 27.5. SDH-Multiplexschema und funktionale Architektur [3]

Sub-Network Connection zwischen zwei CP liegen.

Eine Network Connection modelliert die logische Ende-zu-Ende-Verbindung in einem *Layer Network* und liegt daher zwischen zwei *Termination Connection Points*. Das Sub-Network ist ein administrativer oder funktionaler Teilbereich in einem *Layer Network* und die Verbindungen in einem *Sub-Network* können durch Managementaktionen des zum *Layer* gehörenden Managementsystems geändert werden. Verbindungen, die durch ein *Sub-Network* bereitgestellt werden, werden durch *Sub-Network Connections* modelliert. Hier erkennt man noch einmal die Vorteile des *Partitioning*, selbst wenn das Teilnetz aus einer Vielzahl von Netzelementen besteht, kann es für die Beschreibung der Verbindungen eines größeren Netzes sinnvoll sein, daß nur die vom Teilnetz bereitgestellten Verbindungen betrachtet und modelliert werden, d.h. das größere Netz kennt nur die *Sub-Network Connections*. Ein *Link* repräsentiert eine Verbindung die nicht durch Managementaktionen des zum *Layer* gehörenden Managementsystems geändert werden kann, da die Verbindung entweder fest an ein Medium gebunden ist, oder da nur das zum darunterliegenden *Layer* gehörende Managementsystem Schaltaktionen durchführen kann. Er wird durch eine *Link Connection* modelliert. Abbildung 27.5 zeigt die vereinfachte funktionale Architektur des SDH-Netzes mit den *Connection Function* in zwei unterschiedlichen Schichten und ordnet die Architektur grob den unterschiedlichen internen SDH-Signalen zu (s. auch Anhang zu Kap. 27).

27.3 WDM-Netze

27.3.1 Struktur und Elemente der WDM-Netze

Die WDM-Technik (Wellenlängenmultiplextechnik WDM engl.: *Wavelength Division Multiplexing*) nutzt die parallele Übertragung mehrerer optischer Träger auf einer Glasfaser aus, wobei gegenwärtig übliche Kanalabstän-

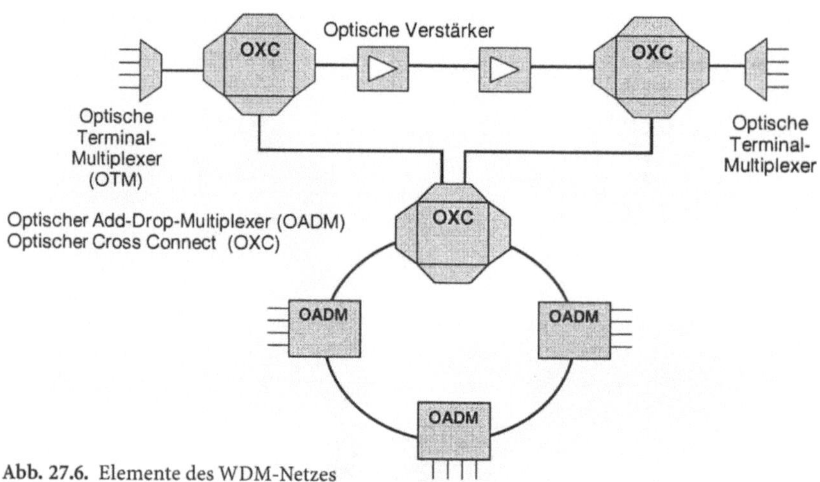

Abb. 27.6. Elemente des WDM-Netzes

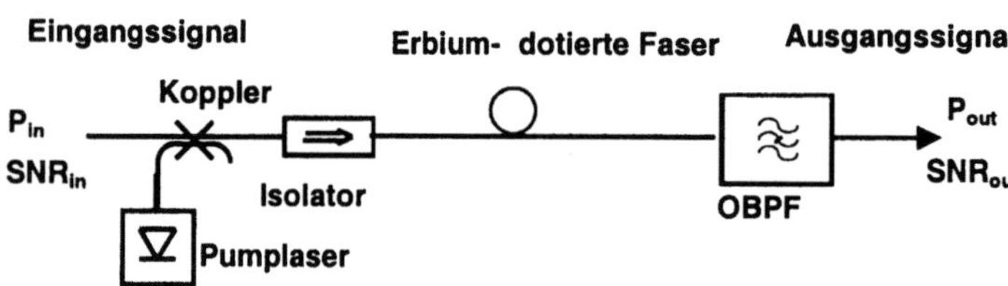

Abb. 27.7. Beispiel eines Blockschaltbildes eines optischen Verstärkers (OBPF optisches Bandfilter)

de zwischen 50 GHz und 500 GHz liegen. In den vergangenen Jahren wurde gezeigt, daß es technisch möglich ist, einzelne optische Träger zu schalten, bzw. zu *„routen"* und somit optische Netze zu realisieren. In Abb. 27.6 ist ein stark vereinfachtes optisches Transportnetz dargestellt, das aus optischen Verstärkern, Terminalmultiplexern und Schaltknoten, wie zum Beispiel optischen *Cross-Connects* oder optischen Abzweigmultiplexern (engl.: *Add-Drop-Multiplexer*) aufgebaut ist [4, 5].

Optische Verstärker

Optische Verstärker verstärken die ankommenden optischen Signale durch stimulierte Emission (Abb. 27.7; s. auch Kap. 22). Die Entwicklung des optischen Verstärkers war die entscheidende Voraussetzung, um optische Signale transparent, d.h. ohne elektrische Regeneration über sehr große Entfernungen übertragen zu können. In einem vollständigen Netzelement müssen neben dem eigentlichen Verstärker zusätzliche Steuerungs- und Überwachungsfunktionen realisiert werden, wie zum Beispiel:

- Überwachung der Eingangs und Ausgangsleistung, und Überwachung der Pumpleistung und der Temperatur des Pumplasers,
- Alarmgenerierung und Verarbeitung, sowie Bearbeitung des eingebetteten optischen Überwachungskanals.

Optische Terminalmultiplexer (OTM)

Ein optischer Terminalmultiplexer (Abb. 27.8) bildet aus einzelnen Nutz-Signalen ein optisches Wellenlängenmultiplexsignal bzw. trennt dieses wieder in einzelne Kanäle auf. In speziellen Terminalmultiplexern sind außerdem optische Ersatzschaltefunktionen und optische Verstärker eingebaut. Optische Terminalmultiplexer haben darüber hinaus die Aufgabe die Wellenlängen der einzelnen Kanäle auf das Kanalraster des Multiplexsignals umzusetzen, was zum Beispiel mit elektro-optischen Transpondern, die ein Signal beliebiger Wellenlänge detektieren und dieses

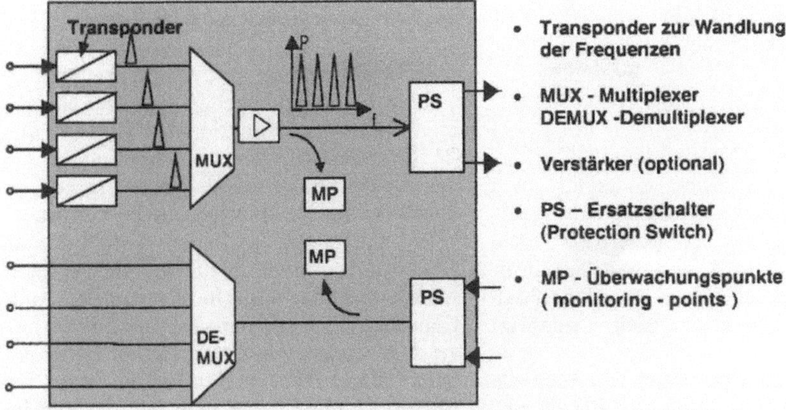

Abb. 27.8. Prinzipbild eines optischen Terminalmultiplexers

auf einer gewünschten Frequenz erneut aussenden, erfolgen kann. In den Terminalmultiplexern müssen ebenfalls eine Vielzahl von Überwachungsfunktionen vorgesehen sein, um das Funktionieren eine Multiplex-Sektion zu sichern.

Optischer Add-Drop-Multiplexer (OADM) (Abzweigmultiplexer)

Das Kernstück eines optischen Abzweigmultiplexers ist die optische Add-Drop-Einheit (OADU), die aus einem Multiplexsignal einzelne Frequenzkanäe heraustrennt bzw. neue Frequenzkanäle einfügt. Außerdem können im OADM ebenfalls optische Ersatzschaltefunktionen und optische Verstärker vorgesehen sein. Wie im Terminalmultiplexer ist es auch im OADM in den meisten Fällen erforderlich, daß die optischen Frequenzen (Wellenlängen) der „add"-Kanäle auf das Kanalraster des Multiplexsignals umgesetzt werden, was beispielsweise mit den bereits oben beschriebenen elektro-optischen Transpondern erfolgen kann.

Optischer Cross-Connect (OXC) (Rangierverteiler)

Im allgemeinen erlaubt der *WDM-Cross-Connect* (OXC) (Abb. 27.9) ein Schalten der Kanäle in der Raumlage (Zuordnung von Kanälen zu Ports) und in der Frequenzlage (Wellenlängenebene). Unabhängig von der konkreten Architektur beinhaltet der OXC daher Raum- und Frequenzstufen (d.h. Frequenzkonverter), wobei zur Kompensation von Verlusten und Signalstörungen zusätzlich optische Verstärker vorgesehen werden können. Bisher ist die Realisierung optscher Frequenzkonverter und somit auch der daraus aufgebauten Frequenzstufen sehr aufwendig

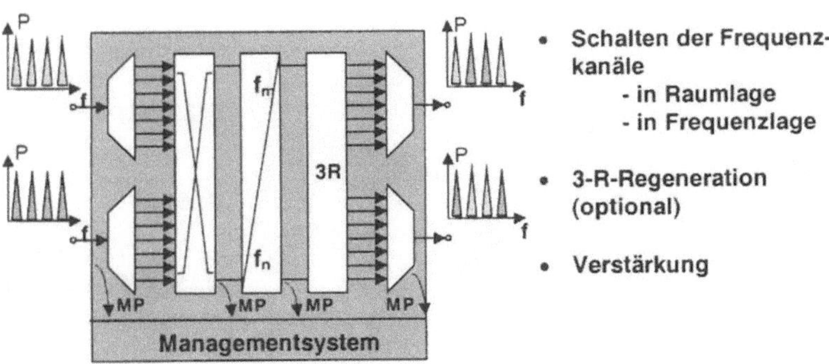

Abb. 27.9. Prinzipbild eines optischen Cross-Connect

und deshalb ist man bestrebt, optische Netze so zu entwerfen, daß nur wenige dieser Frequenzkonverter benötigt werden. Aus diesem Grund ist auch eine Einteilung der *Cross-Connects* in solche mit reiner Raumstufe (OXC/S) und *Cross-Connects* mit Raum und Frequenzstufe (OXC/SF) sinnvoll. Untersuchungen an Modellnetzen haben auch gezeigt, daß in sehr vielen Fällen eine geringe Vergrößerung der „*Connectivity*", d.h. der Anzahl der Fasern zwischen den optischen *Cross-Connects*, bereits dazu führt, daß keine Frequenzkonverter mehr benötigt werden.

Passive optische *Router* sind eine spezielle Form von *Cross-Connects*, die sich wie ein einmal fest verschalteter *Cross-Connect* verhalten und ohne Frequenzumsetzung arbeiten, d.h. es erfolgt eine festgelegte Umordnung der optischen Kanäle zu den Ausgangsports. Diese Bauelemente zeigen besonders deutlich die Vorteile der optischen Wellenlängenmultiplextechnik, da ein solcher *Router* mit einem einzigem rein passiven integriert-optischen Bauelement realisiert werden kann. Ein technologisch sehr ausgereiftes Beispiel für einen passiven Router ist der *Arrayed Waveguide Grating Multiplexer* (AWG, s. Abschn. 19.3.5).

27.3.2 Das funktionale Modell des WDM-Netzes

Basierend auf dieser groben Beschreibung der technischen Möglichkeiten optischer Netzelemente kann ein funktionales Modell (Abb. 27.10) des WDM-Netzes beschrieben werden, das es aufgrund seines Abstraktionsgrades erleichtert, die Netzbetriebsanforderungen an WDM-Netze, aber auch den Einfluß auf die Gesamtnetzarchitektur zu erkennen [4]. Demnach besteht das optische Netz aus drei funktionalen Schichten: dem *Optical Channel Layer*; dem *Optical Multiplex-Section Layer* und dem *Optical Transmission-Section Layer*. Das *Optical Channel Layer* stellt den darüber liegenden „Kundenschichten", wie SDH oder ATM hochratige Ende-zu-Ende-Verbindungen zur Verfügung und es ist ebenfalls die Ebene der *Connection-Function* (OCH_CF) des optischen Netzes. Das *Channel Layer* stützt sich auf ein *Multiplex-Section Layer* ab, das die Aufgabe eines gesicherten Bündeltransports hat. Darunter liegt wiederum das *Transmission-Section Layer*, das im wesentlichen die Aufgabe des gesicherten Transports über eine Sektion zwischen zwei Verstärkern wahrnehmen muß. Das im ITU-T-Standard G.872 beschriebene Modell ist übrigens so allgemein

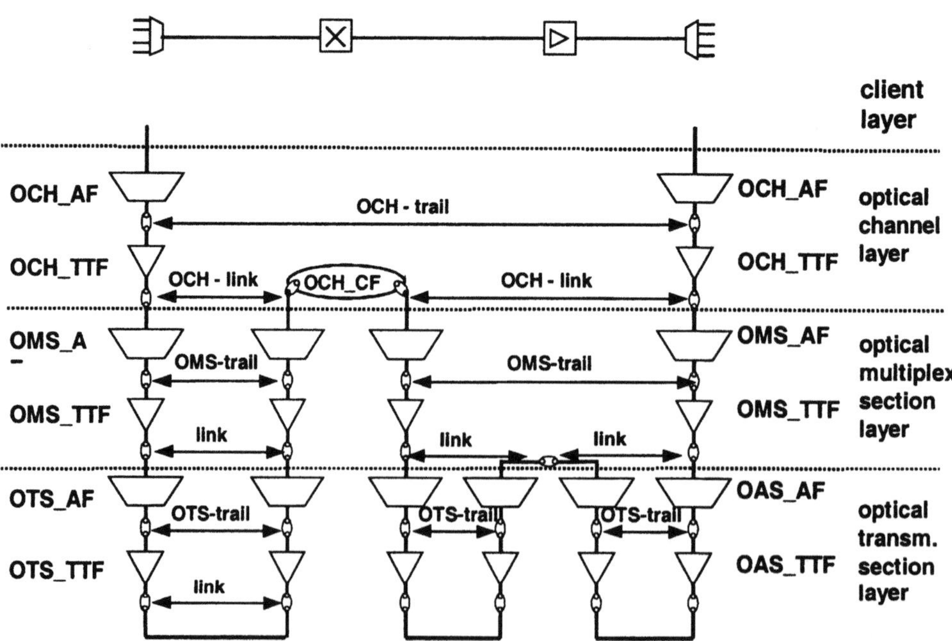

Abb. 27.10. Funktionale Architektur des optischen Netzes

gehalten, daß damit auch die Funktionalitäten eines TDM-basierten Netzes beschrieben werden können, bezogen auf ein WDM-Netz haben die *Transport-Processing-Functions* folgenden Inhalt:

- *Optical Channel Adaptation Function* (OCH_AF):
  Modulation eines Trägers mit dem Nutzsignal;
  Prüfung der Integrität des Kundensignals (Bandbreite; Leistung, Jitter/Wander);
- *Optical Channel Trail Termination Function* (OCH_TTF):
  Schreiben und Lesen eines *Channel Overhead*;
  Kanal Identifizierung; Prüfung der Kanalqualität;
  Alarmbehandlung z.B. Kanal-FDI und BDI (FDI - Forward Defect Indication, wird im Fehlerfall an nachfolgende Netzelemente gesendet um Detektion eines sekundären Fehlers zu unterdrücken. BDI - Backward Defekt Indication, wird im Fehlerfall an vorhergehende Netzelemente gesendet um Detektion eines sekundären Fehlers zu unterdrücken).
- *Optical Multiplex Section Adaptation Function* (OMS_AF):
  Bildung des optischen Multiplex-Signals;
  Bildung einer zwischen den Kanälen ausgeglichenen Summenleistung;
  Frequenzzuweisung; Frequenzüberwachung;
- *Optical Multiplex Section Trail Termination Function* (OMS_TTF):
  Schreiben und Lesen eines *Optical Multiplex Section Overhead*;
  Überwachung der Kanalleistungen
  OMS-Identifizierung;
  Alarm-Auswertung und Generierung und Prüfung der OMS-Qualität;
- *Optical Transmission Section Adaptation Function* (OTS_AF):
  Anpassung der optischen Summenleistung (über alle Kanäle) an die Netzwerkanforderungen (definierte Verstärkung);
  Multiplexen des optischen Kontrollkanals;
  Dispersionskompensation;
- *Optical Transmission Section Trail Termination Function* (OTS_TTF):
  Schreiben und Lesen des *Transmission-Section Overhead*;
  Alarm-Auswertung und Generierung;

27.3.3 Einsatzpotentiale von WDM-Systemen und Netzen

Die wesentlichen zwei Gruppen von Argumenten für den Einsatz von WDM-Systemen, nämlich funktionale Argumente und Möglichkeiten zur Kostensenkung werden in diesem Kapitel behandelt.

27.3.3.1 *Kosteneffizienz*

Der Hauptfaktor, der zum breiten Einsatz der WDM-Punkt-zu-Punkt-Systeme geführt hat, ist das enorme Wachstum der erforderlichen Übertragungskapazitäten auf der einen Seite und die Engpässe bei installierten Glasfasern auf der anderen Seite. Mit der WDM-Technik war und ist es möglich kosteneffektiv, d.h. ohne zusätzliche Tiefbauarbeiten flexibel auf das Wachstum der Transportkapazitäten zu reagieren. Selbst wenn noch ungenutzte Fasern zur Verfügung stünden, gestatten heute kommerziell verfügbare WDM-Systeme Kostensenkungen im Vergleich mit herkömmlichen SDH-Lösungen, da SDH-Transportnetze etwa alle 30-35 km (im zweiten optischen Fenster, d.h. 1300 nm) bzw. alle 70-100 km (im dritten optischen Fenster, d.h. 1500 nm) einen Regenerator benötigen, der das optische Signal in ein elektrisches umwandelt und die ideale Impulsform wieder herstellt, bevor das Signal wieder optisch ausgesendet wird. Optische Verstärker, die anstelle dieser Regeneratoren eingesetzt werden könnten, erlauben Verstärkerabstände von ca. 60–120 km und können viele optische Kanäle parallel verstärken. Da die Kosten für einen einzelnen Verstärker im Bereich der Kosten für ein bis zwei SDH-STM-16-Regeneratoren liegen, ist es für die Netzbetreiber überaus attraktiv WDM-Punkt-zu-Punkt-Systeme einzusetzen. Dies gilt insbesondere für sehr lange Strecken (z.B. 500 km) mit vielen Kanälen, bei denen die Kosteneinsparung durch Ersetzen der vielen parallel betriebenen SDH-Regeneratoren deutlich die Mehrkosten für die WDM-Terminalmultiplexer übersteigen.

Dispersionseffekte, d.h. die Verbreiterung der Impulse während der Ausbreitung auf die Glasfaser sind eine wesentliche begrenzende Einflußgröße bei Systemen im dritten optischen Fenster (1500 nm), die auf Standard-Einmodenglasfaser betrieben werden. Wie bereits in den Kap. 3 und 4 dargestellt, gibt es zwei dominante Arten von Dispersion in Einmodenglasfasern, die chromatische Dispersion und die Polarisationsmodendispersion (PMD). Beide Arten von Dispersion weisen eine invers quadratische Abhängigkeit zwischen überbrückbarer Entfernung und Übertragungsdatenrate auf, d.h. bei 10-facher Datenrate reduziert sich die überbrückbare Entfernung auf ein Hundertstel der ursprünglichen Länge. Wenn man mit zukünftigen Übertragungssystemen auch Kapazitäten weit über 2,5 Gbit/s übertragen will, ohne dispersionsverschobene, d.h. neu zu installierende Fasern zu nutzen, kann es vorteilhaft sein, WDM-Technik einzusetzen, da sowohl die chromatische Dispersion als auch die PMD nur jeweils auf einen einzelnen Kanal bezogen wirkt, und somit hinsichtlich der Dispersion jeder Kanal des Mehrkanal-WDM-Systems über eine n^2 größere Entfernung übertragen werden kann (n: Anzahl der Kanäle), als der Kanal eines System gleicher Kapazität, das ausschließlich im Zeitmultiplex arbeitet. Wenn die Dispersionsgrenze erreicht wird, müssen elektronische Regeneratoren eingesetzt werden, um die Signalform wieder herzustellen. Ganz davon abgesehen, daß die Dispersionsgrenze entsprechend den oben erläuterten Bedingungen früher erreicht wird, sind auch die Kosten für höchstratige Regeneratoren (10 Gbit/s oder mehr) gegenwärtig (2000) deutlich höher als die Kosten für optische Verstärker und Transponder, so daß die Netzbetreiber häufig WDM-Systeme mit 2,5 Gbit/s pro Kanal bevorzugen. Durch den Einsatz von dispersionskompensierenden Baugruppen (Fasern oder Gitter) kann sich aber zumindest bezüglich der chromatischen Dispersion diese Situation ändern.

27.3.3.2
Datenratenflexibilität und Übertragung verketteter Signale

Zu Beginn der Forschungen an optischen WDM-Netzen hatte man die Vision, daß es möglich sein müßte, die optischen Kanäle wie virtuelle Fasern zu behandeln, d.h. daß völlig unabhängig von *Line-Code*, Modulationsverfahren und Protokoll, alle optisch vorliegenden Signale auch transportiert werden könnten [6]. Diese Annahme hat sich sehr schnell als Irrtum herausgestellt und man hat einen praktikablen Satz von Datenraten und Datenformaten definiert, die im optischen WDM-Netz und von WDM-Punkt-zu-Punkt-Systemen transportiert werden sollen. Insbesondere beschränken die ITU-T-Empfehlungen die Datenraten vorerst auf maximal 10 Gbit/s pro Kanal, die Codierung auf binär NRZ bzw. RZ, sowie das Modulationsverfahren auf OOK (*on-off keying*). Trotzdem bieten die WDM-Systeme und Netze noch ein großes Maß an Flexibilität, da sie auch unter diesen Beschränkungen folgende Probleme lösen können:

1. Auf dem Gebiet der Datenkommunikation sind vielfältige Übertragungssysteme im Einsatz, deren Signale nicht unmittelbar in einen SDH-Container gemultiplext werden können. In den meisten Fällen ist dies auch nicht erforderlich, da die ATM-Plattform (ATM engl.: *Asynchronous Transfer Mode*) den Transport dieser Signale übernehmen könnte. Wenn aber die erforderliche Datenrate bereits im Bereich mehrerer hundert Mbit/s liegt, dann kann es kosteneffektiv sein, das ATM-Layer nicht zu nutzen, sondern direkt einen optischen WDM-Kanal zu belegen. Ein typisches Beispiel für solche Signale ist der *Fibre Channel* (800 Mbit/s).
2. Wenn die Netzschnittstellen von ATM-Switch und IP-Router mit einer Rate von 622 Mbit/s (STM-4c) bzw. 2,48 Gbit/s (STM-16c) und einem verketteten Container (s. Anhang) arbeiten, dann kann das standardkonforme SDH-Netz diese Signale nicht, bzw. nur mit erblichen Aufwand bei Planung und Betrieb („virtuelles Verketten") schalten und transportieren. Die funktionale Architektur des SDH-Netzes in Abb. 27.5 verdeutlicht noch einmal diese Problematik, da die unterste Schaltebene das *Higher Order Path Layer* (d.h. VC-4) ist. Selbst wenn mit speziellen SDH-Netzelementen das Schalten dieser Formate möglich ist, so ist trotzdem das Verhältnis von Transportdatenrate zu Schaltgranularität im günstigsten Fall 4:1 und somit äußerst ungünstig für den Betrieb eines Netzes. Ein extremes Beispiel hierfür wäre ein SDH-Ringnetz mit STM-16-Übertragungsdatenrate und STM-4c-Nutzinterfaces an den ADM. Ein derartiger Ring mit Pfad-Ersatzschaltung könnte maximal aus drei ADM bestehen! (Schaltgranulatität s. Anhang 1).
3. Der Transport von STM-4c, STM-16c und STM-64c verlangt eine zumindest manuell konfigurierbare Schaltebene für diese Raten, um einen sinnvollen Netzbetrieb und

Netzgewinn zu erreichen. Im Zusammenhang damit und in Bezug auf Kostenoptimierung sind die Vorteile der WDM-Netze darin zu sehen, daß Transitverkehrsströme, die in einem Knoten nur durchgeschaltet werden, in der optischen Ebene verbleiben können, wodurch aufwendige und teure elektrooptische Wandlungen entfallen.

4. Ganz allgemein erlaubt das optischen Netz eine optimale Zusammenfassung, Lenkung und Ersatzschaltung von Verkehrsströmen mit sehr grober Granularität, wobei im ersten Entwicklungsschritt insbesondere die Möglichkeit der optischen Ersatzschaltung eine wichtige Rolle spielen wird.

27.3.4 Offene Probleme von WDM-Netzen

27.3.4.1 *Der Konflikt zwischen Transparenz und Netz-Funktionalität*

In den vorherigen Abschnitten wurden die Grundsätze der Architektur von Transportnetzen dargestellt. Aus diesen Anforderungen ergeben sich zwei besonders kritische Punkte für die WDM-Netze, die bisher nicht völlig gelöst sind.

Jedes *Layer-Network* muß maximale funktionale Selbstständigkeit besitzen, das heißt unter anderem, das *Optical Channel Layer* muß unabhängig vom *Optical Multiplex Section Layer* und vom *Optical Transmission Section* sein. Außerdem muß jede Schicht in die Lage versetzt werden, die Integrität der *Trails* zu sichern und zu prüfen, bisher gibt es aber zum Beispiel für transparente Kanäle kaum Lösungen *Trace Identifier* ohne Zugriff auf den Zeitmultiplex-Rahmen des Nutzsignals zu schreiben oder zu lesen. Wenn WDM-Netze mehr leisten sollen, als die einfache Vergrößerung der nutzbaren Bandbreite der Glasfaser in Form von Punkt-zu-Punkt-Systemen, sondern wenn zumindest innerhalb transparenter Sub-Netze optische Kanäle ohne 3-R-Regeneration geschaltet werden sollen und wenn die Forderung nach funktionaler Entkopplung erfüllt werden soll, dann müssen Strategien entwickelt werden, die es ermöglichen, daß ein optischer Kanal geschaltet werden kann, ohne daß das Managementsystem eine genaue Kenntnis über die interne Gestaltung optischer Knoten hat, und ohne daß exakte numerische Simulationen über das Verhalten einzelner Sektionen und deren Wirkung auf den optischen Kanal erforderlich sind. (3-R-Regeneration: Ganz allgemein unterscheidet man bei digitalen Systemen zwischen 1-R, 2-R und 3-R-Regeneratoren, wobei ein 1-R-Regenerator mit einem einfachen linearen Verstärker gleichzusetzen ist, ein 2-R-Regenerator eine nicht-lineare Amplitudenübertragungsfunktion besitzt, die eine Verbesserung der Flankensteilheit zur Folge hat und ein 3-R-Regenerator mit Hilfe einer Taktrückgewinnung und eines Entscheiders völlig neue Impulse erzeugt. 1-R Reamplification; 2-R Reshaping; Reamplification; 3-R Retiming, Reshaping, Reamplification). Man beachte, daß aus Sicht der Netzarchitektur das Netz der optischen Kanäle zu den *Path-Layer-Networks* gehört, und diese müssen zumindest nach dem derzeitigen Verständnis (2000) völlig unabhängig von den spezifischen Übertragungsmedien sein. Das nachfolgend dargestellte Konzept der Normsektionen und Toleranzschemen erlaubt eine weitestehende Abstraktion von den realen physikalischen Prozessen und ist ein Weg, die erforderliche verallgemeinerte Sicht dem Netzmanagementsystem zur Verfügung zu stellen.

27.3.4.2 *Das Konzept der Normsektionen und Toleranzschemen*

Jede Datenübertragung über ein physikalisches Medium hat analogen Charakter. Erst durch die bit-weise Regeneration des Datenstromes wird der binäre Charakter des Datensignals (d.h. ein Bit hat entweder den logischen Wert ‚0' oder ‚1') zur Beseitigung sämtlicher Störungen des Signalpfades genutzt. Bei transparenten Übertragungssystemen entfällt dieser Art der Signalregeneration soweit als möglich, und um trotzdem einen sicheren Transport der Information zu gewährleisten, muß abgeschätzt werden, in welchen örtlichen Abständen eine Akkumulation physikalischer Störungen im Signal eine Regeneration zwingend notwendig macht. Dieser Abstand zweier Regeneratoren stellt somit die maximale Transparenzlänge des betrachteten Signals dar, aber leider führen unterschiedliche Signalformate zu unterschiedlichen Transparenzlängen. NRZ- bzw. RZ-Datenformate oder Soliton-Systeme sind unterschiedlich robust gegen verschiedene Störungsursachen. Darüber hinaus hängt die Leistungsfähigkeit der

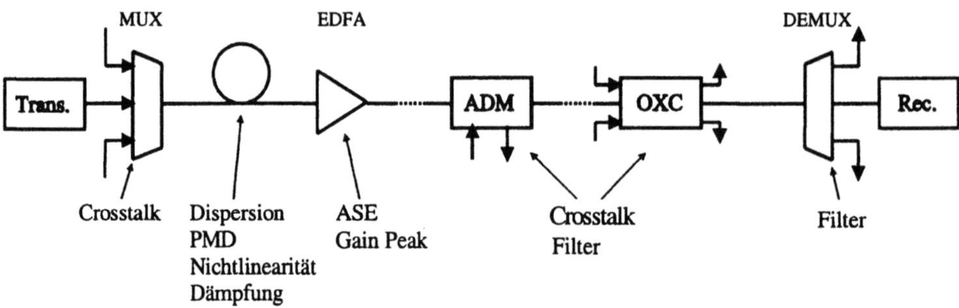

Abb. 27.11. Störquellen der optischen Signalübertragung [7]

Verfahren stark von den Betriebsbedingungen ab (Einkanal- oder WDM, Frequenzabstand der Kanäle, Verstärkerabstand etc.), so daß nach derzeitigem Erkenntnisstand keine Aussage über das „optimale" Datenformat gemacht werden kann. Im Folgenden wird nur das allgemein verwendete NRZ-Datenformat untersucht. In Abb. 27.8 sind die im optischen Signalpfad auftretenden Störungen dargestellt. Es ist ersichtlich, daß von der sendeseitigen Multiplexbildung bis zum Empfänger jede Systemkomponente prinzipiell ihre charakteristischen Arten der Signalstörung erzeugen kann.

Die maßgeblichen Störungen können in zwei Kategorien aufgeteilt werden:

1. **rein destruktive Effekte**, d.h. Störungen, die stets eine Systemverschlechterung herbeiführen, sowie
2. **Optimierbare Einflüsse**, d.h. Effekte, die sich bei geeignetem Systemdesign gegenseitig kompensieren.

Rein destruktive Störungen

Hier sind Nebensprechstörungen (*Crosstalk*), zunehmende Einengung der Nutzbandbreite sowie Signalverzerrung durch nichtideale Filter einzuordnen. Auch das Rauschen der optischen Verstärker (*Amplified Spontaneous Emission*, ASE, s. Abschn. 22.3) sowie Faserdämpfung und Polarisations-Modendispersion haben rein destruktiven Charakter. Diese Störungen sollten durch geeignete Anforderungen an die verwendeten Komponenten in möglichst kleinen Grenzen gehalten werden. Das Rauschen der Erbium-dotierten Faserverstärker (EDFA) sollte soweit wie möglich reduziert werden. Das minimale Rauschmaß eines Erbium-dotierten Faserverstärkers beträgt, quantentheoretisch bedingt, 3 dB. Heute verwendete EDFA's erreichen 4–5 dB. Da beim Verstärker-Design bereits intensiv numerische Optimierungsverfahren angewendet werden, ist mit einer drastischen Verbesserung nicht zu rechnen. In großen Netzen muß mit sog. *Gain-Flattening-Filtern* (Abschn. 21.5.2) die Verstärkungskurve des Verstärkers im verfügbaren Wellenlängen-Bereich konstant gehalten. Die Dispersion, die Dämpfung und die Polarisationsmodendispersion der genutzten Faser muß gesichert spezifiziert sein.

Optische Filter werden zur Kanaltrennung in Schaltknoten (OXC, OADM) sowie zur Rauschbegrenzung verwendet. Unabhängig von der Realisierung des Filters läßt sich dessen Einfluß auf das Nutzsignal durch eine komplexe Übertragungsfunktion beschreiben. Aus dieser Übertragungsfunktion lassen sich die Amplituden- (oder Leistungs-) Übertragungsfunktion sowie der Gruppenlaufzeitverlauf des Filters bestimmen. Ein im Sinne der Nachrichtentechnik brauchbares Filter zeichnet sich durch eine im Durchlaßbereich konstante Amplitudenübertragungsfunktion, sowie durch einen konstanten Gruppenlaufzeitverlauf aus. Abweichungen hiervon führen zu Signalverzerrungen, und somit zu einer Verschlechterung des Systemverhaltens. Besonders bei einer Kaskadierung von Filtern entlang der Strecke müssen deren Eigenschaften exakt festgelegt werden. In der Abb. 27.12 sind exemplarisch Meßergebnisse für verschiedene optische Filter und Multiplexer gezeigt, die verdeutlichen wie stark sich in der Praxis die Übertragungsfunktionen unterscheiden können. Um optische Filter in genügender Anzahl im Netz einsetzen zu können, sollten Toleranzmasken für Amplituden- und Gruppenlaufzeitverlauf der Filter definiert werden, wobei in die Spezifikation die Effekte die durch Kaskadierung sehr vieler Filter in-

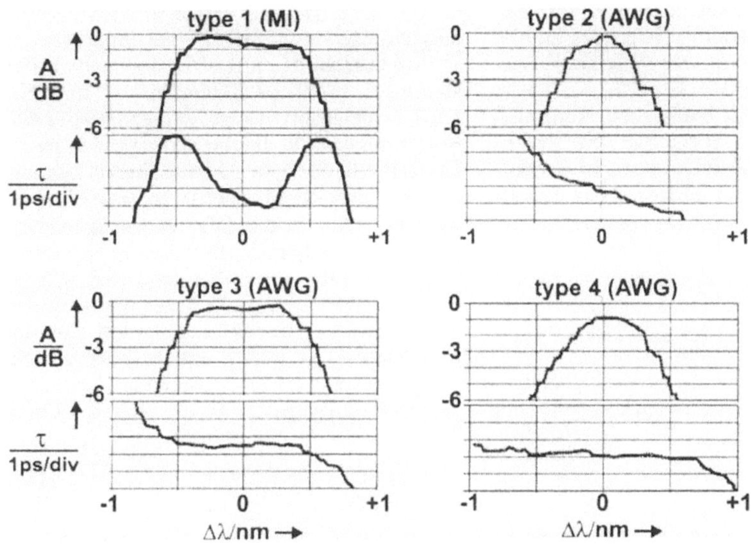

Abb. 27.12. Amplitudenübertragungsfunktion (A) bzw. Gruppenlaufzeitverlaut (τ) verschiedener optischer Filter [8] (MI Multi-Layer-Interference Filter; AWG Arrayed Waveguide Grating Router)

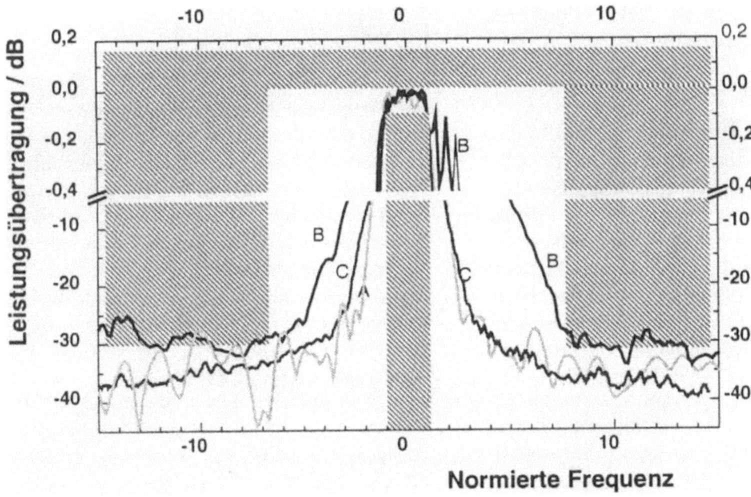

Abb. 27.13. Toleranzmaske für die Leistungsübertragungsfunktion eines optischen Filters. Die Linien A, B und C zeigen Werte für realisierte Filter für Fasergitter (A, C) und integriertes Filter mit Mach-Zehnder-Interferometer und Gitter

nerhalb eines Netzes entstehen mit eingerechnet werden müssen. Auch hier kann man nicht davon ausgehen, daß es für einen Netzbetreiber sinnvoll ist, Amplituden und Phasengang aller Filter und Multiplexer die im Netz eingesetzt sind in einer Datenbank zu speichern, um im Fall einer Netzrekonfiguration die Ende-zu-Ende-Übertragungsfunktion neu zu berechnen. Da es sehr vielfältige Filtertypen gibt (s. Abb. 27.12) und da Netzbetreiber es im allgemeinen vermeiden, in die Designdetails der Systemhersteller einzugreifen, können auch keine Formeln zur analytischen Berechnung der Übertragungsfunktion der Kaskade, die zum Beispiel für einfache Fabry-Perot-Filter existieren, angewendet werden. Der einzige derzeit bekannte praktikable Weg ist die Spezifikation von Toleranzmasken für den Ende-zu-Ende-Pfad. Darauf aufbauend kann bei Kenntnis der Referenznetzgröße und Beachtung der zulässigen Abweichungen in der Mittenfrequenz, das Toleranzschema der Einzelfilter, bzw. der einzelnen Netzelemente festgelegt werden. Beispielhaft ist in Abb. 27.13 eine Maske für die Leistungsübertragungsfunktion eines Filters spezifiziert und zusätzlich sind drei gemessene Übertragungsfunktionen von Faser-Gitter-Filtern eingezeichnet.

Kritische Parameter, die sorgfältig festgelegt sein müssen, sind hier Maximalwert und Welligkeit der Dämpfung im Durchlaßbereich, minimale Dämpfung im Sperrbereich sowie die Eckfrequenzen des Durchlaß- bzw. Sperrbereichs. Zusammenfassend kann gesagt werden, daß störende Einflüsse, die nicht durch Systemoptimierung beeinflußt werden können, durch entsprechende Toleranzforderungen minimiert werden sollten. Die Berücksichtigung der restlichen Effekte bei der Entwicklung eines optimalen Netzdesigns ist Thema des folgenden Abschnitts.

Optimierbare Effekte

Bei hochbitratiger Übertragung muß ein Großteil der Faserdispersion ‚extern', z.B. durch Einsatz von dispersionskompensierenden Fasern (*Dispersion Compensating Fibres*, DCF) kompensiert werden. Ohne Dispersionskompensation ist die praktische Übertragungsreichweite bei 2,5 Gbit/s auf etwa 1000 km, bei 10 Gbit/s auf etwa 80 km begrenzt. Zusätzlich zur Dispersion muß die Faserdämpfung periodisch durch Faserverstärker kompensiert werden. Die Übertragungsstrecke für den hier untersuchten 10 Gbit/s-Kanal beinhaltet also neben den verlegten Standard-Singlemode-Fasern (SMF) auch dispersionskompensierende Fasern (DCF) und Erbium-Verstärker *(EDFA). Eine periodische Anordnung* dieser Elemente könnte z.B. folgendermaßen aussehen:

Die Dispersion der ersten 80 km Standardsinglemodefaser (SMF 1) wird im folgenden DCF_1-Abschnitt mit Dispersionskompensierender Faser nachkompensiert und der DCF_2-Abschnitt bewirkt demgegenüber eine Vorkompensation der darauf folgenden 80 km Faserstrecke SMF_2. Da bei höheren Leistungen die Faser-Nichtlinearitäten, sowohl in der SMF, als auch in der DCF wirksam werden, wurden mit aufwendigen numerischen Simulationen [7] die optimalen Parameter, d.h. im wesentlichen die optische Eingangsleistung in die DCF und in die SMF so ermittelt, daß eine maximale Kaskadierbarkeit dieser Normsektionen möglich ist. Im Allgemeinen gelten folgende Grundregeln:

- Möglichst geringe Leistungspegel sorgen für eine ideale Funktionsweise der Dispersionskompensation. Berücksichtigt man jedoch den in jedem Erbiumdotierten Faserverstärker entstehenden Rauschanteil, so wird das Verhältnis von Signalleistung zu Verstärkerrauschen in diesem Betriebsbereich durch Rauschsignalakkumulation schnell verschlechtert. Hohe Leistungspegel reduzieren die Störung durch Verstärkerrauschen. Die hier dominante Fasernichtlinearität stört jedoch die Dispersionskompensation empfindlich, und verringert so die vertikale Augenöffnung am Ende jeder Kaskade. Da sich das Verhältnis von vertikaler Augenöffnung des Nutzsignals zur Stärke (Standardabweichung) des Rauschens direkt auf die Bitfehlerrate des Datensignals auswirkt, zeigen beide Extrembereiche schlechtes Übertragungsverhalten. Die Leistungspegel am Eingang jedes SMF- sowie jedes DCF-Abschnitts sind daher optimierbare Parameter.
- Um für jede SMF sowie für jede DCF der Strecke identische ‚optimale' Eingangsleistungen zu erhalten, muß die gesamte Strecke aus identischen Sektionen aufgebaut sein. Bei rein willkürlichem Aufbau der Strecke sind sämtliche Parameter voneinander unabhängig, eine numerische Optimierung würde an immens hoher

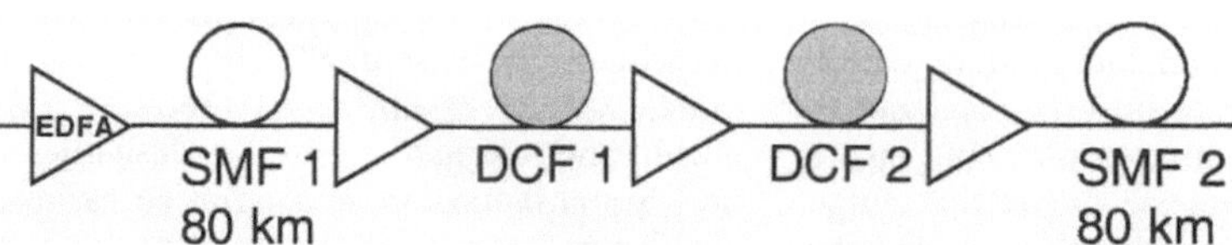

Abb. 27.14. Beispiel eines Abschnitts einer dispersionskompensierten Übertragungsstrecke (Normsektion)

Rechenzeit scheitern. Darüber hinaus stellt dann jede Strecke ein Unikat dar, die für sich optimiert werden muß. Ergebnisse könnten nicht wiederverwendet werden. Ein derartiges Vorgehen wäre erstens extrem uneffektiv und zweitens würde mit großer Wahrscheinlichkeit ein instabiles Netz mit unvorhersehbaren Eigenschaften erzeugt. Deshalb ist es für Netzbetreiber sinnvoll, zukünftige transparente optische Netze durch Kaskadierung vordefinierter Normsektionen, z.B. gemäß Abb. 27.14, aufzubauen. Durch numerische und experimentelle Optimierung sind die Eigenschaften und Grenzen des Netzes dann a priori bekannt. Für Netzaufbau, -ausbau und Netzmanagement könnten einfache Kaskadierungsregeln bereitgestellt werden.
- Da die Fasernichtlinearität selbst zur Dispersionskompensation beiträgt, ist auch der Grad der Dispersionskompensation in der DCF (d.h. die Länge der DCF-Abschnitte) optimierbar. Das Systemoptimum wird bei einem Kompensationsgrad von unter 100% erreicht.

27.3.4.3 *Integration der Normsektionen und Toleranzschemen in das Netzmanagement*

Die begrenzte Reichweite transparenter optischer Systeme hat gravierende Auswirkungen auf die Netzarchitektur und das Netzmanagement. Bisher konnte in periodisch 3R-regenerierten Netzen von einer fast unbegrenzten Reichweite für das SDH-Path-Layer ausgegangen werden. Das bedeutete, daß neue Verbindungen oder Ersatzwege im Fehlerfall bedenkenlos geschaltet werden konnten, wenn nur genügend Kapazität auf der Strecke vorhanden war. Entfällt diese periodische Regeneration, so sind folgende neue Aspekte zu beachten:

- Die Reichweite eines optischen Signalpfades ist begrenzt. Diese Transparenzgrenzen hängen von Datenrate und Format des transportierten Signals sowie dem auf der Strecke installierten Equipment ab. Im Prinzip muß beim Einrichten eines neuen Signalpfades untersucht werden, ob das Signal mit genügender Qualität transportiert werden kann.
- Die Kanäle eines WDM-Systems auf einer Faser sind wegen der nichtlinearen Wechselwirkung nicht mehr voneinander unabhängig. Hinzufügen einer weiteren Wellenlänge beeinflußt die Reichweite aller schon installierten Kanäle. Demzufolge müßte das Netzmanagement bei jeder Aktion über den Aufbau und die Auslastung des betreffenden Netzabschnitts vollständig Bescheid wissen, um Netzinstabilitäten zu vermeiden.

Eine Analyse des Netzes ‚in Echtzeit' ist wegen der damit verbundenen hohen Rechenzeit unmöglich. Mit dem Prinzip der Normsektionen wird die benötigte Information dagegen schon ‚vorgehalten' und ist vom Management-System innerhalb kürzester Zeit abrufbar. Der Aufbau eines transparenten Netzes müßte sich dabei folgendermaßen vollziehen:

Die einzelnen Strecken des Netzes werden aus vordefinierten Normsektionen aufgebaut, die aus Standardfaser, Verstärker und Dispersionskompensation bestehen. Sämtliche Normsektionen wurden vorher optimiert und bezüglich ihrer Reichweite, Kapazität, der optimalen Betriebsparameter und deren Toleranzbereich, spezifiziert. Diese Parameter werden in einer dem Management-System zugänglichen Datenbank gespeichert. Beim Schalten eines neuen optischen Pfades kann durch einfaches Abzählen der durchlaufenen Sektionen oder Auswertung gespeicherter Tabellen (s. Abb. 27.15) entschieden werden, ob eine transparente Übertragung bei vorgegebener Signalqualität möglich ist. Zusätzlich sollten in ausgewählten Knoten die am häufigsten benötigten Regeneratoren bereitgehalten werden, um eventuell die Reichweite eines Pfades zu erhöhen.

27.4 Ausblick

Obwohl gegenwärtig bereits viele WDM-Punkt-zu-Punkt-Systeme weltweit installiert sind, steht die Standardisierung dieser Systeme und auch die Standardisierung von Funktionen und Elementen der WDM-Netze bei ITU-T und ETSI noch am Anfang. In Tabelle 1 sind die Standards der ITU-T zum optischen Netz und die entsprechenden ATM- und SDH-Standards aufgelistet.

Die Standards zur Architektur eines optischen Netzes (G.872) und zu den Netzanforderungen (G.873) sind in einem sogenannten eingefrorenen Zustand. Basierend auf diesen grundsätzlichen Standards könnten die ande-

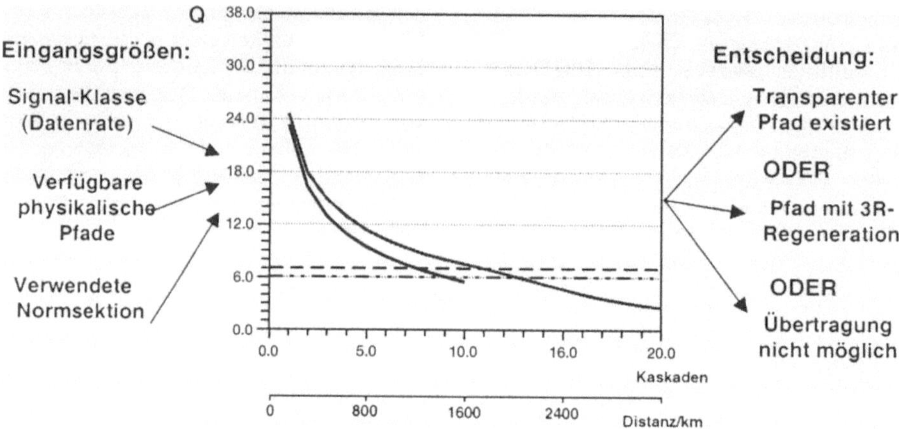

Abb. 27.15. Auswertung des Konzepts der Normsektionen entsprechend Abb. 27.14 im Netzmanagement. In der Grafik ist die Qualität eines übertragenen Signals als Funktion der durchlaufenen Normsektionen dargetellt. Die Normsektionen entsprechen Abb. 27.14. $Q = 5.9$ entspricht einer Bitfehlerrate von 10^{-9}, $Q = 7$ ergibt ca. 10^{-12}

ren noch fehlenden Standards, wie zum Beispiel die Spezifizierung des Objektmodells, entwickelt werden. Die WDM-Systeme und WDM-Netze haben in einem starken Maß auch die Regeln für die Planung und den Betrieb von Transportnetzen verändert. In der Vergangenheit war es immer erforderlich aus Kostengründen die Transportwege möglichst kurz zu halten und die verfügbare Bandbreite maximal auszunutzen, da aber WDM-Systeme weitaus kostengünstiger als herkömmliche Systeme große Bandbreiten über große Entfernungen transportieren, können diese Planungsregeln zugunsten anderer Optimierungskriterien vernachlässigt werden. Dieser Aspekt, aber noch viel stärker die rapide Entwicklung der Datenkommunikation und des Internets werden die Architektur der Netze verändern. In Abb. 27.16 sind drei Architekturen gezeigt. Das rechte Teilbild stellt die „klassische“ Architektur eines Universalnetzbetreibers dar, in der ATM als universelle Plattform für den Transport unterschiedlichster Dienste, unter anderem auch für Telefonie (POTS-plain old telephone service)) und IP (Internet Protocol) verwendet wird. Das ATM-Layer stützt sich auf ein SDH-Transportnetz und möglicherweise auch auf ein WDM-Netz ab. Da aber die erforderlichen Bandbreiten für die Verbindungen der IP-Router bereits im Gbit/s-Bereich liegen und da die IP auf ATM Architektur bisher nur sehr rudimentäre Funktionalitäten des ATM-Layers benötigt, verwenden insbesondere Internet-Service-Provider (ISP) oder andere Nischenanbieter eine stark vereinfachte Architektur die IP-Datagramme über ein *„Point-to-Point-Protocol“* (PPP), STM-Nc Verbindungen und über WDM-Netze transportiert. Da dann nur noch das WDM-Netz eine Transportnetzfunktionalität bietet, wird die Bedeutung vn WDM-Netzen weiter zunehmen.

Bei Beachtung der Prinzipien des „Network-Layering“, d.h. der administrativen Eigenständigkeit und Unabhängigkeit des optischen Netzes von den darüberliegenden

Tabelle 27.1. ITU-Standards für ATM, SDH und AON (All Optical Network)

	ATM	SDH	WDM
Optical Networking Framework			**G.onf**
Components and Sub-systems		G.661 ff	**G.onc**
Functional Characteristics	I.731 ff	G.825 ff G.783 ff	**G.oeg** **G.oef**
Physical Layer Aspects	G.703	G.703	**G.mcs** **G.onp**
Network Architecture	I.326	G.805; G.803	**G.872** **G.873**
Structures and Mapping	I.361 ff	G.707	**G.ons**
Management Aspects	I.751	G.774	**G.onm** **G.oni**

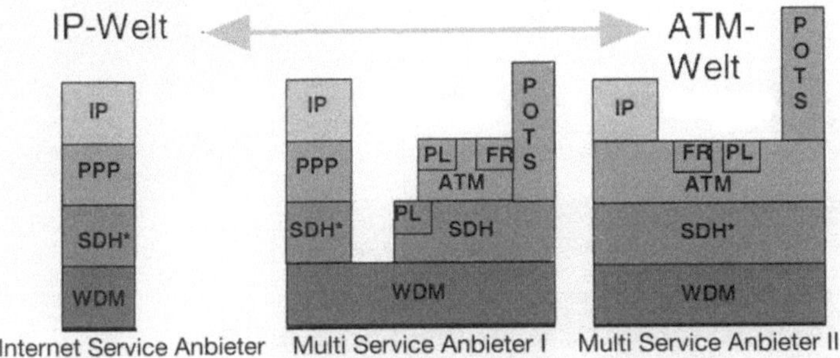

Abb. 27.16. Unterschiedliche Dienste-integrierende Netzarchitekturen [9]

Schichten, müßte es möglich sein, daß die WDM-Transportnetze nahezu unberührt davon bleiben, welche Architektur sich grundsätzlich durchsetzen wird, in jedem Fall wird das WDM-Netz die integrative Funktion, wie sie im mittleren Teilbild gezeigt ist, erfüllen müssen.

Anhang 1: SDH-Nutzdatenraten und Multiplexstruktur

Die SDH-Multiplexstruktur ist in Abb. 27.17 gezeigt. Um die Bedeutung der einzelnen Zwischenschritte besser verstehen zu können zeigt Abb. 27.18 die Schritte vom C-4 zum STM-N noch einmal im Detail. Im ersten Schritt wird der *Higher Order Path Overhead* an den C-4 angefügt und es entsteht ein VC-4 (eine *Higher Order Path Trail Termination Function*!). Anschließend wird der *Pointer* angefügt, der auf die Anfangslage der VC-4 im SDH-Rahmen zeigt *(Multiplex Section Adaptation Function!)*. Darauffolgend wird der SDH-Rahmen durch Schreiben von MS-OH und RS-OH komplettiert.

Unter Schaltgranularität versteht man ganz allgemein die Datenraten (bzw. die Datenformate), die ein übertragungstechnisches System schalten kann. SDH hat die Schaltgranularitäten VC-4 (VC-3) und VC12, während das optische Netz die Schaltgranularität „optischer Kanal“ hat. Der Begriff korrespondiert mit den *Connection Functions* im funktionalen Modell.

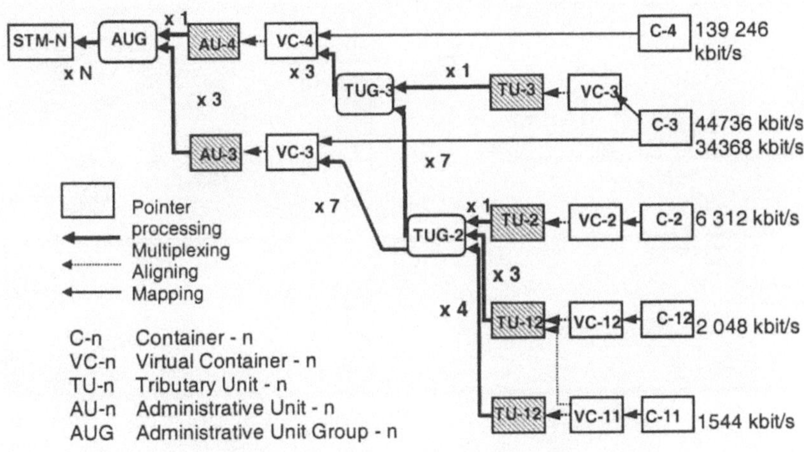

Abb. 27.17. SDH-Multiplexing nach G.707 [10]

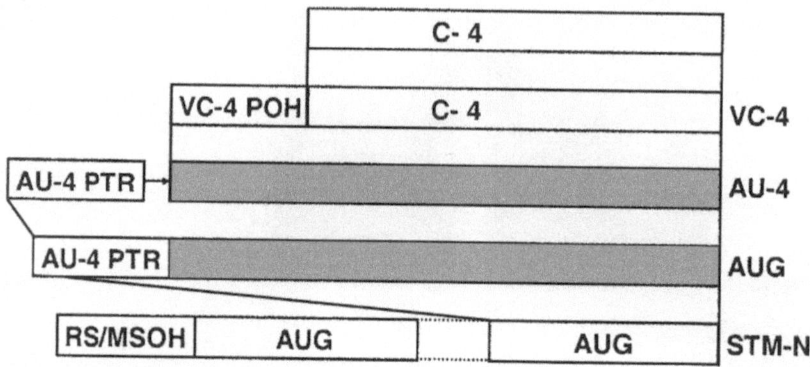

Abb. 27.18. Bildung eines STM-N aus C-4 Eingangssignalen

Anhang 2: SDH-Rahmenstruktur und verkettete SDH-Signale

Das häufig diskutierte Problem des Transports und Schaltens von VC-4-4c VC-4-16c sei in diesem Anhang kurz erläutert. Das Multiplex-Schema eines STM-N ($N = 1$; 4; 16,64) SDH-Rahmens, mit unverketteter *Payload* ist in Abb. 27.19 gezeigt [10]. An eine C-4-*Payload* (139,264 Mbit/s) werden in der *Higher Order Path Termination die Path-Overhead-Bytes* angefügt und es entsteht ein VC-4 Container. In der nachfolgenden *Multiplex Section Adaptation Function* wird der Pointer, der relative Lage des Anfangs des VC-4 Containers innerhalb des SDH Rahmens bestimmt dazugeschrieben, wodurch eine AUG (AUG engl: *Administrative Unit Group*) entsteht. *N* Stück AUG werden jeweils byte-weise zu einem STM-N Rahmen zusammengemultiplexed, wobei die *Section Overheads* (besteht aus *Regenerator-* und *Multiplex-Section-Overhead*) jeweils aus N*9+3 Bytes (RSOH) und N*9*5 Bytes (MSOH) bestehen *(Multiplex Section Trail Termination*). Das Multiplex-Schema für einen verketteten VC-4-Nc ist in Abb. 27.17 dargestellt. Das Format des Gesamtrahmens und des MSOH, RSOH ist wie beim vorherigen Rahmen, es existieren aber keine *N*-Stück AUG (bzw. AU-4) sondern nur noch die AU-4-Xc, wobei das *X* die Zahl der verketteten VC-4 angibt. (*X* immer kleiner gleich *N*). Da jeder verkettete Container nur einen P-OH

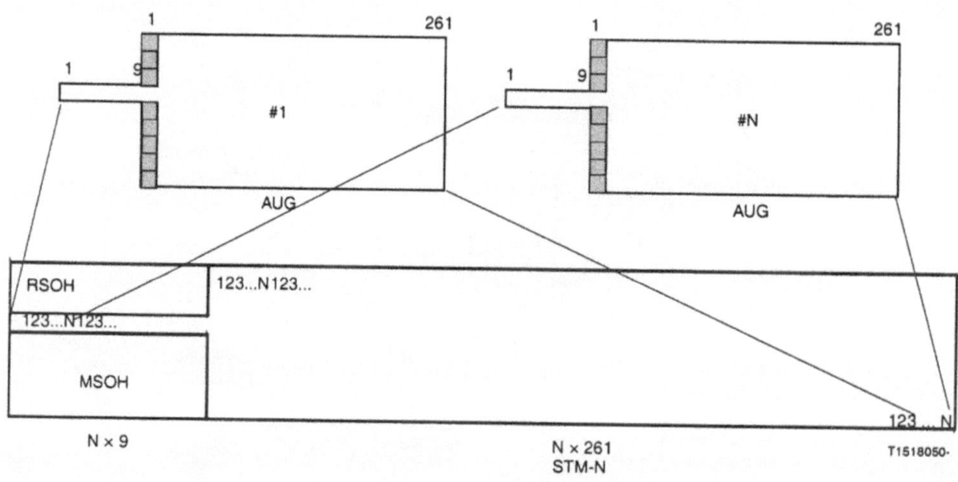

Abb. 27.19. STM-N Multiplexstruktur mit VC-4 Nutzlast (Payload)

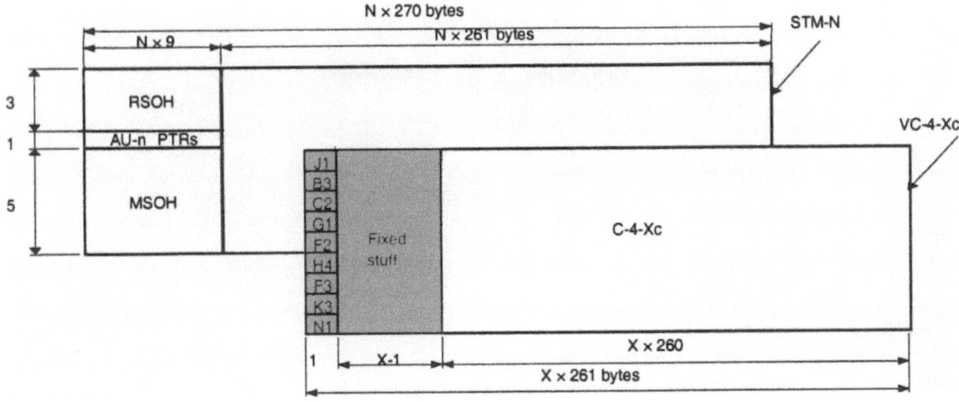

Abb. 27.20. STM-N mit verketteter Multiplex-Struktur

benötigt, bestehen die ersten Spalten im verketteten Rahmen aus dem P-OH des verketteten Signals und einem Bereich mit sogenannten *„fixed stuff"* (derzeit ungenutzt). Die ersten Pointer ($N - X + 1$) tragen den zulässigen, mit dem auf den verketteten VC verwiesen wird, während die nachfolgenden Zeiger *(Pointer)* den *Concatenation Indicator* (1001 auf bit 1–4 und 111111 auf bit 7–16) tragen.

Aus diesem Multiplexschemen ergeben sich die Schlußfolgerungen, daß nur speziell dafür erweiterte SDH-Netzelemente in der Lage sind verkettete Signale zu schalten, daß aber auch verkettete Datenformate mit „standard" SDH-Regeneratoren regeneriert werden können, da in den Regeneratoren nur die ersten 3*N*9 Bytes des RS-OH prozessiert werden.

Spezielle Literatur

[1] ITU-T G.803 Architectures of Transport Networks Based on the Synchronous Digital Hierarchy (SDH) Helsinki, 1993

[2] ITU-T G.805 Generic Functional Architecture of Transport Networks, Geneva 1995

[3] *Kohler, R.:* „Grundlagen für die Modellierung von Übertragungsnetzen der synchronen digitalen Hierarchie"; Technische Mitteilungen PTT Nr. 9 und 10 (1994) pp 414–426

[4] Draft ITU-T Recommendation G.otn. Architecture of optical transport networks. Geneva 1998

[5] *Gladisch, A.; Hanik, N.; Lehr, G.:* Netze mit optischen Frequenzmultiplex. Der Fernmeldeingenieur 6, 7, 8/97, Verlag Wissenschaft und Leben Georg Heidecker GmbH, Erlangen 1997

[6] *Green, P.:* Optical networking Update; IEEE Journal on selected areas on communications vol 14 (1996) 6. pp. 764–779

[7] *Hanik, N.; Gladisch, A.; Lehr, G.:* An Effective Method to Design Transparent Optical WDM-Networks; Technical Digest NOC-1998; Edinburgh 1998, pp 190–197

[8] *Caspar, C., Foisel, H.-M., v. Helmolt, C., Strebel, B., Sugaya, Y.:* Comparison of the cascadability performance of different types of commercially available wavelength (de)multiplexers; Electronics Letters, 11. Sept. 1997; Vol. 33, No. 19, pp 1624–1626

[9] *Wu, T.-H.:* Current trends in the design of reliable communication networks, Digest of the DRCN 98-conference, Brugge 1998; pp 1–6

[10] ITU-T G.707: Network Node Interface for the Synchronous Digital Hierarchy, Geneva 1996

Akronyme

AF	Engl.: Adaptation Function
AP	Engl.: Access Point
ASE	Engl.: Amplified Spontaneous Emission
ATM	Engl.: Asynchronous Transfer Mode
AUG	Engl.: Administrative Unit Group
AU-N	Engl.: Administrative unit-N
AWG	Engl.: Arrayed Waveguide Grating Multiplexer
CF	Engl.: Connection Function
CMIP	Engl.: Common Management Interface Protocol
C-N	Container-N
CP	Engl.: Connection Point
DCN	Engl.: Data Communication Network
DEMUX	Demultiplexer
ECC	Engl.: Embedded Control Channel
EDFA	Engl.: Erbium Doped Fibre Amplifier
GDMO	Engl.: Guidelines for the Definition of Managed Objects
HOP-OH	Engl.: Higher Order Path Overhead
IN	intelligentes Netz
IP	Engl.: Internet Protocol
IP	Engl.: Internet Protocol
LOP-OH	Engl.: Lower Order Path Overhead
MD	Engl.: Mediation Device
MIB	Engl.: Management Information Base
MS-OH	Engl.: Multiplex Section Overhead
MUX	Multiplexer
NE	Netzelement
OADM	Engl.: Optical Add Drop Multiplexer
OADU	Engl.: Optical Add Drop Unit
OCH	Engl.: Optical Channel
OCH_A	Engl.: Optical Channel Adaptation
OCH_TTF	Engl.: Optical Channel Trail Termination Function
OFDM	Engl.: Optical Frequency Division Multiplexing
OMS	Engl.: Optical Multiplex Section
OMS_A	Engl.: Optical Multiplex Section Adaptation
OMS_TTF	Engl.: Optical Multiplex Section Trail Termination Function
OS	Engl.: Operation System
OTM	Engl.: Optical Terminal Multiplexer
OTS	Engl.: Optical Transmission Section
OTS_A	Engl.: Optical Transmission Section Adaptation
OTS_TTF	Engl.: Optical Transmission Section Trail Termination Function
OXC	Engl.: Optical Cross-Connect
POTS-	Engl.: plain old telephone service
QA	Q-Adapter
RSOH	Engl.: Regenerator Section Overhead
SDH	Synchrone Digitale Hierarchie
SNR	Engl.: Signal to Noise Ratio
SS 7	Signalisierungsnetz
STM-N	Synchrones Transport Modul-N
TCP	Engl.: Termination Connection Point
TMN	Engl.: telecommunication management network
TPF	Engl.: Transport Processing Functions;
TTF	Engl.: Trail Termination Function
VC-N	Engl.: Virtuel Container-N
WDM	Engl.: wavelength division multiplexing
WS	Engl.: workstation

Optische Zugangsnetze 28

N. Gieschen

Allgemeine Literatur

Hultzsch, H. (Hrsg): Optische Telekommunikationssysteme – Physik, Komponenten und Systeme. Damm-Verlag, Gelsenkirchen (1996) – *Ims, L.A.*: Broadband Access Networks - Introduction strategies and techno-economic evaluation. Chapmann & Hall, London (1998) – *Jung, V., Warnecke, H.-J.*(Hrsg.): Handbuch für die Telekommunikation, Springer, Berlin (1998) – *Kashima, N.*: Optical Transmission for the Subscriber Loop. Artech House, London (1993)

28.1 Was sind Zugangsnetze?

Kommunikationsnetze dienen dem Informationsaustausch zwischen den angeschlossenen Nutzern und ermöglichen den Zugang zu Anwendungen und Diensten. Sie bestehen aus einem oder mehreren Netz- oder Diensteknoten, die durch Übertragungsstrecken miteinander verbunden sind, und den Netzzugängen für die Netzteilnehmer. In den Knoten werden die Verkehrsflüsse gebündelt, umgruppiert und Verbindungen werden entsprechend den Teilnehmerwünschen durch vermitteln (switching) oder lenken (routing) hergestellt. Neben den Schnittstellen zu den Netzzugängen befinden sich hier auch die Übergänge zu den Servern für die Verteil- und Sammeldiensten. Jeder Teilnehmer muß zunächst von seinem Standort aus an einen Netzknoten angeschlossen werden, damit er die angebotenen Dienste überhaupt in Anspruch nehmen kann. Für die Kommunikationsnetze sind Zugangsnetze nur notwendiges Mittel zum Zweck, s. Abb. 28.1.

Funktionell stellt das Zugangsnetz die Verbindung zwischen der Schnittstelle am Dienste-Zugangsknoten (Service Node Interface, SNI) und der Netzschnittstelle beim Nutzer (User Network Interface, XNI) her (Abb. 28.2). Praktisch übernimmt das Zugangsnetz den Transport der Nachricht im Zugangsbereich und die Anpassung an Teilnehmer- und Netzschnittstelle.

Während der Versorgungsbereich eines Netzes das gesamte von einem Netz abgedeckte geografische Gebiet darstellt, definiert der Anschlußbereich (AsB) das Zugangsnetz eines regional begrenzten Gebietes im Versorgungsbereich eines speziellen Netzknotens.

Die Netzgestaltung, die Anzahl der notwendigen Knoten und Verbindungsleitungen folgt primär wirtschaftlich-technischen Kriterien. Aufgabe des Netzplaners ist es, aus der Menge der möglichen Lösungsansätze das Netz herauszufinden, welches unter Berücksichtigung der jeweiligen Randbedingungen zu minimalen Gesamtkosten zu erstellen ist. Die Bedeutung der Zugangsnetze zeigt sich auch daran, daß sie erfahrungsgemäß mit $^2/_3$ und mehr zu den Gesamtinvestitionen eines Netzes beitragen.

Es gibt eine Vielzahl von Kommunikationsnetzen für die unterschiedlichsten Anwendungen, wie

- Telefon- und ISDN-Netze
- Datennetze
- Video-Verteilnetze wie die Breitbandkabelnetze (BK-Netze)
- Spezialnetze, wie Satelliten- und Mietleitungsstrecken
- Mobilfunknetze,
- Local Area Networks (LAN) und Campus-Netze
- ...,

die entweder den gesamten geografischen Versorgungsbereich eines Netzbetreibers oder nur Teilbereiche abdecken, mit den unterschiedlichsten Netzzugangstechnologien und Anschlußbereichsgrößen. Während die Anschlußleitungslängen bei LANs oder Campusnetzen üblicherweise nur wenige 100 m betragen, beim Telefonnetz nur wenige Kilo-

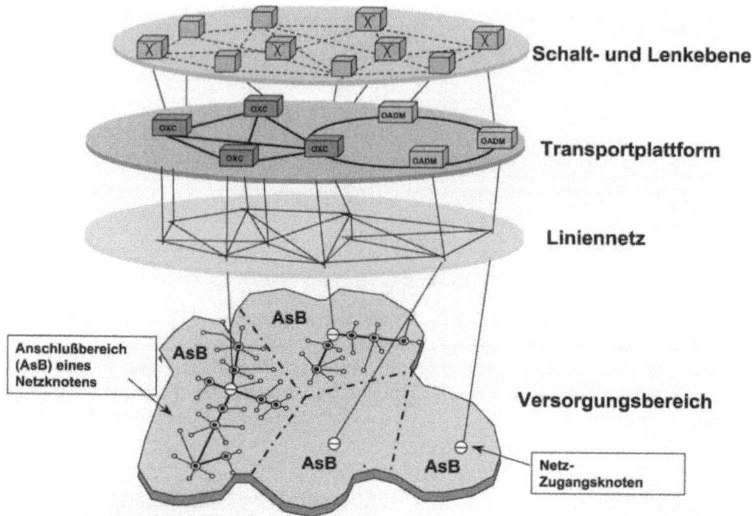

Abb. 28.1. Komponenten eines Kommunikationsnetzes

meter, sind bei Datennetzen bis zu 100 Kilometern und mehr nicht ungewöhnlich, je nach Netzgestaltung und eingesetzten Übertragungsmitteln. Die Teilnehmer selbst sind nicht homogen über den Zugangsbereich verteilt, sondern es gibt lokale Bereiche mit hohen Teilnehmerdichten, z. B. in Stadzentren und Blocksiedlungen, aber auch große Bereiche, wie z. B. in ländlichen Gebieten, in denen die Teilnehmer nur vereinzelt auftreten. Ausgehend vom jeweiligen Kommunikationsbedarf können sehr unterschiedliche Teilnehmergruppen, wie Privat-, kleinere und größere Geschäftskunden, unterschieden werden, für die auch entsprechend zugeschnittene übertragungstechnische Lösungen sinnvoll sein können.

Unter dem Begriff ‚Zugangsnetz' (Access Network, auch Local Loop und ‚last mile') wird in der Literatur vorwiegend aber das spezielle Telefonanschlußleitungsnetz verstanden. Wie sich außerdem zeigen wird, hat die im Laufe der Jahre für das Telefonnetz aufgebaute Infrastruktur auch maßgeblichen Einfluß auf die Gestaltung zukünftiger Universal-Zugangsnetze.

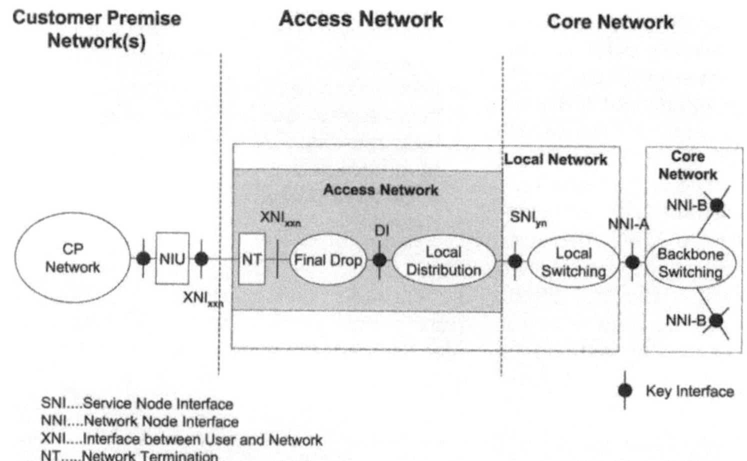

Abb. 28.2. Funktionale Definition des Zugangsnetzes (nach [28-1])

28.2 Netzinfrastruktur für Zugangsnetze

Der Begriff Netzinfrastruktur umfaßt alle linientechnischen Einrichtungen. In Festnetzen sind dies zunächst die metallischen Leiter bzw. die Glasfasern, die in Kabeln oder über Freileitungsstrecken geführt werden. Hinzu kommen Kanalanlagen, Maste sowie Gehäuse für Schalt- und Verzweigungspunkte, alle verbindungstechnischen Mittel und die Einrichtungen für die Netzabschlüsse am Netzknoten und beim Teilnehmer. Im weiteren Sinne gehört hierzu auch die Trasse, die Berechtigung zur Verlegung der Infrastruktur auf öffentlichen und privatem Gelände (‚Right of Way').

28.2.1 Infrastruktur existierender Telefon-Zugangsnetze

Das Telefonnetz ist das größte und zugleich immer noch wichtigste Kommunikationsnetz. Es ist in den meisten entwickelten Ländern flächendeckend vorhanden und praktisch an jedem Ort zugänglich. An das Telefonanschlußleitungsnetz der Deutschen Telekom sind derzeit über 45 Mio. Teilnehmer angeschlossen. Bei ca. 37 Mio. Haushalten in Deutschland ist praktisch eine 100%ige Flächendeckung erreicht.

28.2.1.1 *Ortsnetz und Anschlußbereich*

Telefonnetze sind für die Individualkommunikation ausgelegt, d.h. jeder Teilnehmer soll mit jedem anderem Teilnehmer des Netzes kommunizieren können. Die elementare Lösung erfordert daher für jeden Teilnehmer eine individuelle Verbindung zu jedem anderen Teilnehmer des Netzes, d.h. bei N-Teilnehmern sind insgesamt $K = N(N-1)/2$ bidirektionale Verbindungen notwendig. Diese Netzstruktur sprengt aber technisch und wirtschaftlich schon bei einer geringen Anzahl von Teilnehmern jeden Rahmen. Hinzu kommt, daß die einzelnen Leitungen extrem schlecht ausgenutzt sind, da im Mittel jeweils nur wenige Leitungen kurzzeitig genutzt werden. Durch die Einführung von Vermittlungsstellen, an denen jeder Teilnehmer angeschlossen wird, reduziert sich die Anzahl der notwendigen Verbindungen auf $K = N$, allerdings ist die Länge der einzelnen Anschlußleitungen immer noch extrem groß und solche Netze sind wirtschaftlich nur für lokale Bereiche denkbar. Erst die Einführung einer zweiten Vermittlungsebene, der sogenannten Fernnetzebene, ermöglicht den Aufbau wirtschaftlich tragbarer einheitlicher Telefonnetze. Die erste Vermittlungsebene, das Ortsnetz, ermöglicht die lokale Individualkommunikation und nur der über diese lokalen Bereiche hinausgehende Verkehr wird über die Fernnetzebene zum gewünschten Teilnehmer in einem anderen Ortsnetz weitervermittelt. Diese Netzstruktur erfordert nur noch die individuelle Anbindung jedes einzelnen Teilnehmers an die nächstgelegene Vermittlungsstelle.

Generell folgen alle Telefonnetze mehr oder weniger diesen Strukturen und sind ähnlich aufgebaut. Abweichungen sind nur durch nationale oder lokale Vorgaben, z.B. unterschiedliche Ausbaustrategien, der Wahl der eingesetzten Mittel, u.ä. bedingt. Die folgenden Ausführungen beziehen sich i.w. auf die Netzstrukturen für das Telefonnetz der Deutschen Telekom.

Ortsnetze werden üblicherweise nach kommunalen oder wirtschafts-geographischen Gesichtspunkten gebildet. Für Deutschland wurde durch die „Fernsprechordnung" bestimmt, daß Ortsnetze alle zusammenhängenden Teile einer Gemeinde umfassen sollen.

Während in kleinen Gemeinden Ortsnetz und Anschlußbereich (AsB) übereinstimmen, bestehen größere Ortsnetze aus mehreren AsB. So besteht das flächenmäßig größte Ortsnetz Deutschlands, das Ortsnetz Berlin, aus insgesamt 137 AsB. Im Gegensatz zu den Ortsnetzbereichen werden AsB allein nach technisch-wirtschaftlichen Kriterien geplant und ausgebaut. Im Netzschwerpunkt des AsB befindet sich der Netzzugangsknoten, entweder die Teilnehmervermittlungsstelle oder ein Konzentrator, der die Kanäle des AsB bündelt und über höherbitratige Übertragungsstrecken zu einer Vermittlungsstelle weiterleitet, die in diesem Falle der Diensteknoten für mehrere AsB ist. Jeder Teilnehmer innerhalb eines AsB ist durch eine individuelle Teilnehmeranschlußleitung an den Zugangsknoten angeschaltet.

28.2.1.2 *Infrastruktur im Anschlußbereich*

Für den Anschluß der Teilnehmer an die Ortsvermittlungsstelle sind zwar grundsätzlich alle nachrichtentechnischen Mittel, leitergebundene Medien (Kupfer-, Koax- oder Glas-

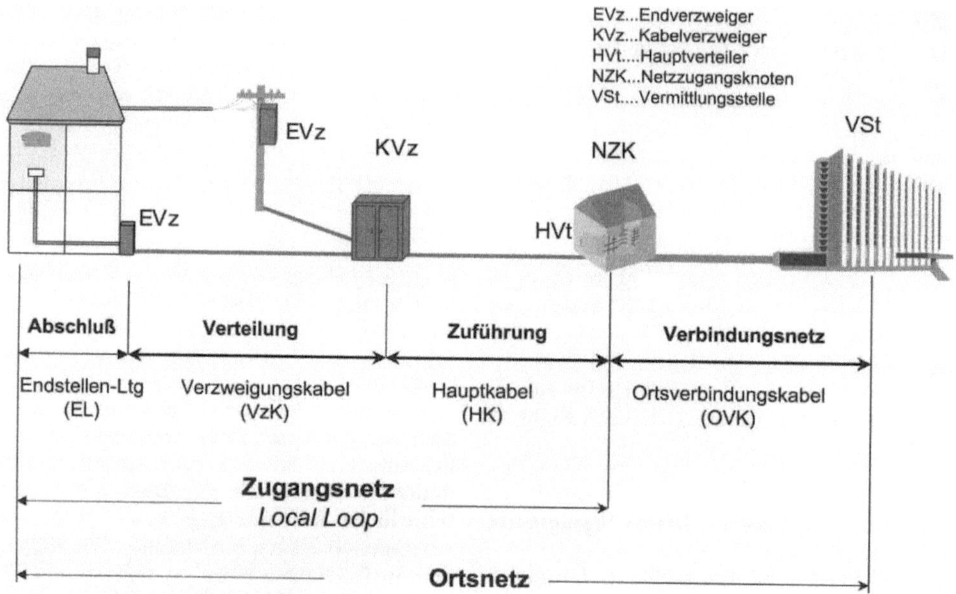

Abb. 28.3. Definition der Teilnehmeranschlußleitung

Referenzmodell Telefon-Zugangsnetz

Teilnehmer — Abschluß — EVz — Verteilung — KVz — Zuführung — NZK

	Zugangsnetzabschnitt		
	Abschluß	**Verteilung**	**Zuführung**
mittl. Länge (m)			
städtische Gebiete	50 -100	300 - 1000	500 - 2000
ländliche Gebiete	100 -1000		
Anzahl der Doppeladern (DA) je Kabel	1-10	10-200	400 - 2400
Kabelauslastung	100	50	65
Kabelverlegetechnik			
Innenstädte	80% Rohranlagen		
Vorstädte	50 % Rohranlagen / 30 % Erdkabel/ 20% Freileitung		
Ländliche Gebiete	20% Erdkabel / 80 % (Freileitung)		

Tabelle 28.1. Infrastrukturparameter europäischer Telefon-Anschlußbereiche ([28-2])

faserkabel) wie auch Funk, geeignet, aus wirtschaftlichen und technischen Gründen werden im traditionellen Telefonfestnetz die Teilnehmer überwiegend über eine symmetrische 2-Draht-Kupferleitung, die sog. Doppelader (DA) angeschaltet. Aus kosten- und betrieblichen Gründen werden vorwiegend nur DA mit Leiterdurchmessern von 0,4 bzw. 0,6 mm eingesetzt. Damit lassen sich für Telefonanschlüsse, bei der durch den internationalen Dämpfungsplan vorgegebenen zulässigen Dämpfung, verstärkerfreie Anschlußleitungslängen von ca. 5 km für realisieren.

Der Hauptverteiler (HVt) ist die Schnittstelle zwischen dem Netzzugangsknoten und dem AsB. Hier wird der Ausgang der Vermittlungseinrichtung, der einer bestimmten Rufnummer entspricht, mit der Anschlußleitung zum Standort des Teilnehmers, dem diese Rufnummer zugewiesen wurde, verbunden. Ein Ortswechsel innerhalb des AsB erfordert dann nur ein Umschwenken am Hauptverteiler auf eine Leitung, die zum neuen Standort führt.

Topologisch folgt das Kabelliniennetz im AsB einer Baum-Stern-Struktur, um die Verlegekosten, die mit bis zu einigen 100 DM/Km das größte Kostensegment bei der traditionellen Teilnehmeranschlußleitung darstellen, zu minimieren. Ausgehend vom Hauptverteiler werden in einem Hauptkabel (HK) gemeinsam etwa 1000–2000 DA zu einer Reihe von Unterverteilern, den Kabelverzweigern (KVz) geführt. KVz befinden sich in unmittelbarer Nähe der zu versorgenden Teilnehmer, typisch etwa 200–400, an öffentlichen Wegen oder Plätzen. Vom KVz aus führen Kabel geringerer Kapazität, die Verzweigerkabel (VzK) sternförmig zu den einzelnen Gebäuden und von dort aus weiter zur Anschlußdose des Nutzers (Abb. 28.1). Eine Übersicht über die Infrastrukturparameter europäischer Telefonanschlußbereiche zeigt Tabelle 28.1.

Neben den Anschlußleitungen für die Telefonnetze werden auch die Anschlußleitungen für weitere Dienste und Anwendungen, wie z. B. Miet- und Datenleitungen im gleichen Kabelliniennetz geführt.

28.2.2 Netzinfrastruktur optischer Zugangsnetze

Eine optische Anschlußleitung besteht in der einfachsten Form aus dem optischem Übertragungsmedium, im Festnetz mindestes eine Glasfaser, und einem Übertragungssystem zur Anpassung der elektrischen Signale an den Übertragungskanal. Für die Speisung des Übertragungssystems muß die Infrastruktur zusätzlich ein aufwendiges Stromversorgungskonzept bereitstellen, um unterbrechungsfreien Betrieb zumindest der Telefondienste (sog. ‚life-line services') zu gewährleisten.

Neben der Glasfaser gehören auch alle Verbindungsmittel (Stecker, Spleiße, Kabelmuffen) sowie die Glasfaserabschlüsse auf Netz- und Teilnehmerseite zur Netzinfrastruktur. Die relativ kurzen Leitungslängen im Zu-

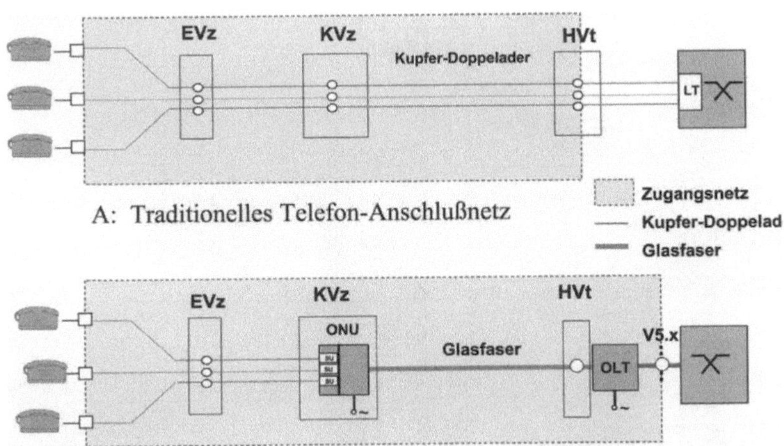

Abb. 28.4. Vergleich der Anschlußarten Kupfer-Glas

Tabelle 28.2. Terminologie optischer Zugangsnetzarchitekturen

FTTEx (Fibre To The local Exchange)	Das Glasfasernetz endet im Anschlußbreich am Netzknoten. Hier erfolgt der Übergang auf die vorhandenen Kupferleitungen oder andere Transportmedien
FTTZ/FTTx (Fibre To The Zone)	Das optische Netz endet im Versorgungsbereich am Punkt x, wobei x typisch für Cab/C/K, B oder H steht. Die Teilnehmer werden mit anderen Mitteln, z. B. Kupferleitungen oder Funk an den optischen Netzabschluß im Punkt x angeschlossen
FTTC/K/Cab (Fibre To The Curb/ Kerb/ Cabinet)	Das optische Netz endet an der ‚Bordsteinkante' (curb, bzw. kerb). Der ONU wird in einer Vorfeldeinrichtung, z. B. im KVz (Cabinet) untergebracht. Die Teilnehmer werden üblicherweise über Kupferleitungen angeschlossen
FTTB (Fibre To The Building)	Das optische Netz endet im Gebäude. Diese Lösung wird bei Mehrfamilien- bzw. bei Geschäftshäusern angewandt. Die Teilnehmer werden über Kupferleitungen an den ONU angeschlossen
FTTH (Fibre To The Home)	Das optische Netz endet direkt beim Tln., wo die Endgeräte an den ONU angeschlossen werden. Weitere gebräuchliche Bezeichnungen sind auch noch FTTO (Fiber To The Office), bzw. FTTD (Fiber To The Desk), wenn es sich um Geschäftskundennetze handelt. Da der Netzabschluß (NT) i. a. in die ONU integriert ist, wird die ONU bei dieser Variante auch als ONT bezeichnet

gangsbereich würden den Einsatz von preiswerten Multimode-Fasern, bzw. evtl. sogar der noch günstigeren Polymerfasern erlauben, ein einfacheres einheitliches Betriebskonzept und die Zukunftssicherheit sind aber die Gründe dafür, daß auch im Zugangsnetz praktisch nur Standard-Einmodefasern verlegt werden. Anzahl und Gesamtlänge der zu verlegenden Glasfasern sind abhängig von der Netzarchitektur und Netzausbaustrategie, s. Abb. 28.5 und Tabelle 28.2. Bei einem reinen Fiber To The Home (FTTH)-Ausbau muß aber in jeder Wohnung ein Kabel mit mindestens einer Glasfaser enden.

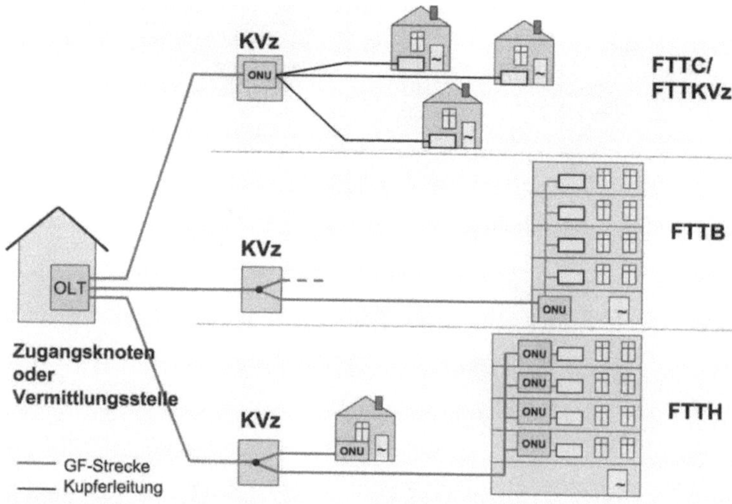

Abb. 28.5. Fiber In The Loop-Architekturen

28.2.3 Der Einfluß der Netzinfrastruktur auf die Entwicklung der Zugangsnetze

Aufgabe der Netzplanung ist es, die Kommunikationsnetze entsprechend den aktuellen und den zukünftig zu erwartenden Teilnehmerbedürfnissen wirtschaftlich zu planen. Das Verlegen und die Installation der Anschlußkabel verursacht den überwiegenden Anteil der Anschlußkosten beim Telefonnetz, weil beim Telefon der Netzzugang praktisch nur aus der Kupfer-DA besteht, da die Schnittstellen in den Endgeräten (Telefon bzw. Eingangsstufe der Vermittlungseinrichtungen) implementiert sind. Ein gradueller bedarfsorientierter Netzausbau wird dadurch erleichtert und die erforderlichen Investitionen können über längere Zeiträume gestreckt werden. So hat es gut 100 Jahre gedauert, bis nahezu jedes Grundstück und jede Wohnung in Deutschland über mind. 1 Kupfer-DA an das Telefonnetz angeschlossen werden kann. Für die Verlegung von Erdkabeln muß mit Kosten von 100–200 TDM/km und mehr gerechnet werden, je nach Oberflächenbeschaffenheit. Im internationalen Durchschnitt liegen die Kosten für die Herstellung eines Teilnehmeranschlusses bei etwa 1300 US-Dollar. Dieser Betrag kann sich sogar im Einzelfall, bei besonders aufwendigen Erdarbeiten oder in dünn besiedelten Gebieten auf bis zu 5000 Dollar pro Anschluß erhöhen. Der Anteil an den für die Überbrückung des VzK-Abschnitts, d.h. der letzten 300 m bis zum Kunden, beträgt im traditionellen Telefonnetz ca. 80% der gesamten linientechnischen Investitionen ([28.3]).

Der Übergang zu optischen Zugangsnetzen wird dadurch erschwert, daß

1. ein Glasfasernetz verlegt werden muß,
2. ein aufwendiges Kommunikationssystem benötigt wird und
3. ein gradueller Ausbau nahezu unmöglich ist.

Die existierende Telefonnetz-Infrastruktur hat für den Aufbau zukünftiger optischer Zugangsnetze eine mehrfache Bedeutung. Einerseits werden auch die neu zu verlegenden Glasfaserkabel für die optische Anschlußleitungen die vorhandenen Strukturen nutzen müssen, weil Kabeltrassen und Schaltpunkte innerhalb ausgebauter AsB bereits auf minimale Verlegekosten hin optimiert sind, andererseits kann die Integration teilnehmernaher Netzabschnitte in Form von Hybridnetzen die Höhe der Vorlaufinvestitionen senken.

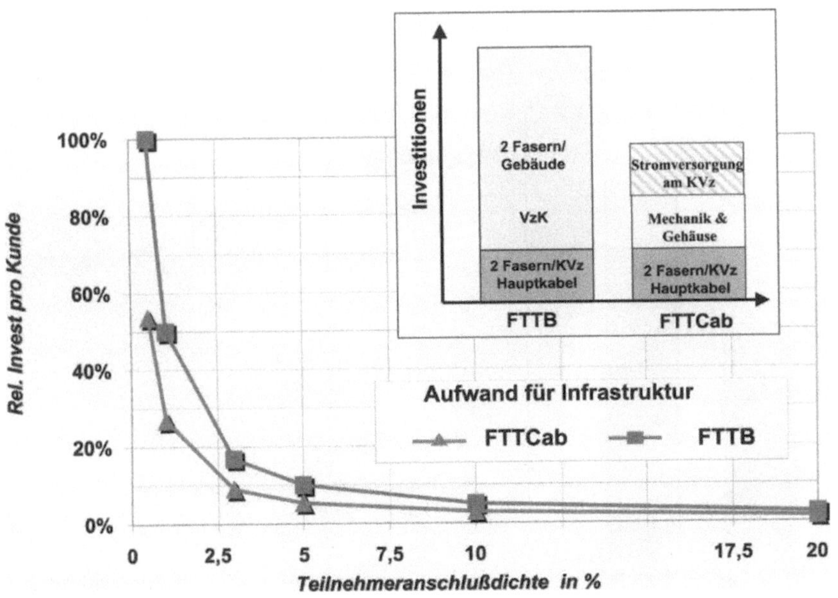

Abb. 28.6. Investitionen für die Erstellung der Netzinfrastruktur optischer Zugangsnetze

Der Netzbetreiber hat grundsätzlich drei Alternativen für die Weiterentwicklung seines Zugangsnetzes:

- Substitution bzw. Neuausbau im Falle von sog. ‚green field' Gebieten
- Addition durch Einführung von Overlay-Strukturen für die neuen Leistungsmerkmale
- Integration über eine Hybridlösung durch Einbindung der neuen Strukturen in das vorhandene Netz.

Allein wegen der hohen Infrastrukturinvestitionen ist die vollständige Substitution vorhandener Lösungen durch optische Netzzugänge praktisch keine Alternative. In den sog. ‚grüne Wiese'-Gebieten hingegen kann der Neubau von optischen Zugangsnetzen bereits heute eine geeignete Lösung sein. Ein erfolgreiches Beispiel hierfür ist der OPAL-Ausbau, s. Abschn. 28.6.1.

Additive Lösungen sind wegen der entstehenden heterogenen Strukteren allein aus betrieblichen Gründen oftmals unerwünscht und werden nur in Ausnahmefällen realisiert, wie z. B. zum Anschluß von einzelnen Teilnehmern mit hohem Übertragungsbedarf oder bei lokalen Teilnehmergruppen mit speziellen Anwendungen.

Aus heutiger Sicht erlaubt allein die integrative Lösung mit Hybridnetzen den Übergang zu optischen Zugangsnetzen mit vertretbarem Risiko. Hierbei wird das Zugangsnetz, ausgehend vom Netzknoten, in geeigneten Teilabschnitten bedarfsorientiert mit optischer Zugangstechnik ausgebaut, während auf den verbleibenden Abschnitten in Richtung Teilnehmer die vorhandenen Übertragungswege weitergenutzt werden. Beispiele für Hybridlösungen sind die FTTx-Ansätze wie Hybrid-Fiber-Coax- (HFC-) und die Kombination mit den Digital Subscriber Line- (xDSL-) Varianten (s. Abschn. 28.3.5 und 28.6.2).

Abbildung 28.6 stellt die Auswirkungen der hier erläuterten Zusammenhänge anhand der teilnehmerbezogenen Investitionen für die notwendige Netzinfrastruktur bei unterschiedlichen Netzausbauszenarien dar. Die in jedem Fall notwendigen sehr hohen Vorlaufinvestitionen für die Verlegung der Kabel usw. bei der Einführung neuer optischer Zugangsnetztechniken führen dazu, daß erst ab einer gewissen Mindestanzahl von angeschlossenen Teilnehmern der anteilige Aufwand auf ein Minimum abfällt. Das Risiko für den Netzbetreiber besteht darin, herauszufinden, 1. ob sich dieses Minimum in akzeptierbare Tarife umsetzen läßt und 2. ob die notwendige Mindestmenge an anschließbaren Teilnehmern im Ausbaugebiet vorhanden ist. Abbildung 28.7 zeigt für die gleichen Szenarien die insgesamt notwendigen Gesamtinvestitionen (Infrastruktur und optische Übertragungstechnik) im relativen Vergleich. Die Szenarien wurden beziehen sich hier auf typ. innerstädtische Versorgungsbereiche bei ei-

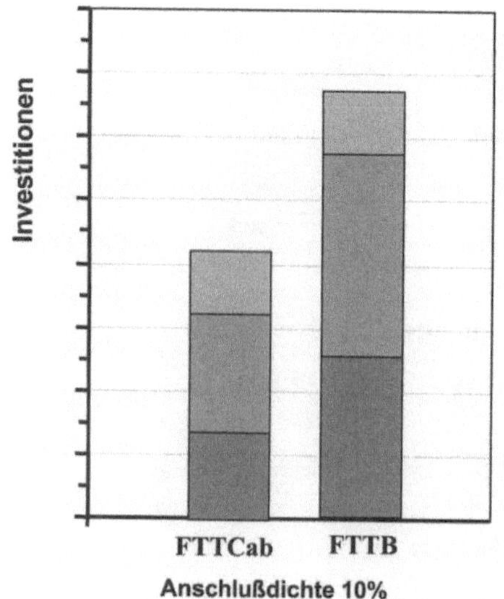

Abb. 28.7. Kostenstrukturen bei FTTCab- und FTTB-Ausbau für eine Anschlußdichte von 10%

ner angesetzten Anschlußdichte von 10%, d.h. 10% der im Untersuchungsbereich vorhandenen potentiellen Teilnehmer sind angeschlossen. Wie sich hier zeigt, tragen bei optische Netzten bereits in der Einführungsphase die Systeminvestitionen (der Aufwand für OLT ONU, Netzabschluß usw.) mit ca. 60% zu den Gesamtinvestitionen bei.

28.3 Gestaltung optischer Zugangsnetze

28.3.1 Topologien für den Netzzugang

Die Herausforderung beim Entwurf optischer Netzarchitekturen liegt darin, bereits durch eine geschickte Kombination physikalischer und logischer Topologien die Systemkosten optischer Zugangsnetze zu minimieren und gleichzeitig die Optionen für zukünftig Entwicklungen offen zu halten. Physikalische Topologien beschreiben die linientechnische Netzgestaltung, d.h. das Trassen-, Kabel- und Fasernetz, während die logischen Topologien angeben, wie die Signale mit nachrichtentechnischen Mitteln über das physikalische Netz geleitet werden.

Linien- bzw. Sternnetz

Ein Zugangsnetz, bei dem jeder Teilnehmer über eine eigene Glasfaser mit dem Netzknoten verbunden ist, ist ein reines Liniennetz und bildet bezogen auf den Netzknoten eine Einfachstern-Struktur. Es ist leicht einzusehen, daß bei dieser Topologie die gesamte Leitungslänge als die Summe der einzelnen Leitungslängen den Maximalwert erreicht. Da keine Verzweigungselemente in den einzelnen Anschlußleitungen vorhanden sind, wird die Reichweite bei vorgegebenem Leistungsbudget nur durch das Dämpfungsmaß des eingesetzten Übertragungsmediums bestimmt und diese Topologie ermöglicht die größte Anschlußlänge. Ein Beispiel für ein reines Liniennetz ist die Kupferleitung im Fernsprechanschlußnetz zwischen HVt und Teilnehmer, während das Kabelnetz bzw. die Trasse eine Baumstruktur aufweist.

Busnetz

Beim Busnetz sind die Teilnehmer über optische Koppelelemente an eine gemeinsam genutzte Glasfaser angekoppelt. Physikalisch handelt es sich um ein Punkt-zu-Multipunkt-(P-MP)-Netz. Eine störungsfreie Kommunikation bei dieser Netztopologie ist nur in Verbindung mit einem Protokoll, mindestens zur Koordinierung der Sendezeiten der angeschlossenen Teilnehmer, möglich. Werden die beiden Enden des Busses am gleichen Ort zusammengeführt, ergibt sich ein Ringnetz, das sich z.B. für den Aufbau von unterbrechungsfreien Netzen, sogenannten ‚selbstheilenden Ringen' eignet.

Wird vereinfachend angenommen, daß die einzelnen Teilnehmer in regelmäßigen Abständen direkt an den Faserbus angeschlossen werden, der Abstand zwischen zwei Teilnehmern sei L_0 und es sei keine Stichleitung vom Bus zu den jeweiligen Teilnehmerstationen vorhanden, ergibt sich die Gesamtlänge des Busnetzes (L_G) zu $L_G = N \cdot L_0$ (N = Anzahl der Teilnehmer). Die Teilnehmer werden über Koppler (Koppelfaktor C) an den Bus angekoppelt. Hierbei wird der C-fache Anteil der Kopplereingangsleistung zum Teilnehmer ausgekoppelt, während im Idealfall der verbleibende $(1-C)$-fache Anteil in Richtung zum nächsten Teilnehmer weitergesendet wird. Unter Vernachlässigung der Streckendämpfung steht dann am Eingang des N-ten Empfängers nur noch eine Signalleistung von P_N zur Verfügung

$$P_N = P_T * C\,[(1 - C) * \varepsilon]^N$$

mit P_T = Sendeleistung der Kopfstation, ε = excess loss des Kopplers.

Der Bus muß so dimensioniert werden, daß die Empfangsleistung am letzten Empfänger noch für die vorgegebene Signalqualität ausreicht. Bei konstantem Koppelfaktor müssen die Empfänger damit eine sehr große Signaldynamik verarbeiten. Wenn andererseits der Bus so ausgelegt wird, daß jeder Empfänger den gleichen Signalpegel empfängt, muß jeder Koppler entsprechend seiner Position im Bus für ein anderes Koppelverhältnis ausgelegt sein. Aus wirtschaftlicher und betrieblicher Sicht bietet dieses Buskonzept wegen der Vielzahl der notwendigen unterschiedlichen Komponenten keine sinnvolle Lösung und es ist auch schlecht für die Anwendung in ‚selbstheilenden Ringnetzen' geeignet. Der grundsätzliche Nachteil aller optischen Busnetze ist die starke, exponentiell mit der Zahl der Koppler ansteigende Einfügungsdämpfung entlang des Busses, die nur geringe Teilnehmerzahlen (typ. < 20) zuläßt.

Günstiger erscheint der optische Bus, wenn die Übertragung im Wellenlängenmultiplex vorgenommen wird. Hierbei wird für jede Teilnehmerstation eine eigene optische Trägerwellenlänge für die Übertragung eingesetzt. Wellenlängen- Multiplexer und -Demultiplexer als Koppelelemente weisen im Gegensatz zu den Leistungskopplern im Idealfall keine Koppelverluste auf. Im realen Fall trifft dieses allerdings nicht zu und die immer vorhandenen Einfügedämpfungen bestimmen letztendlich die maximal mögliche Anzahl der an den Bus anschaltbaren Teilnehmerstationen.

Aus den topologischen Netztypen, wie

- Liniennetzen für Punkt-zu-Punkt (P-P) Kommunikation,
- Stern- und Busnetzen für Punkt-zu-Multipunkt (P-MP), bzw. Multipunkt-zu Punkt (MP-P) Kommunikation

können alle anderen Netzstrukturen hergeleitet werden. Beispielsweise ist das Baumnetz eine Kombination aus Linien- und Sternnetz, während ein Ringnetz als ein Bus aufgefaßt werden kann, bei dem beide Enden an einem gemeinsamen Ort zusammentreffen.

Netze mit P-MP- Struktur haben den grundsätzlichen Vorteil, daß sie bei N Teilnehmern nur insgesamt $N + 1$ Netzabschlüsse benötigen, während in einfachen P-P-Netzen immer $2 * N$ Abschlüsse erforderlich sind

Mehrfachsternnetz

Die Zusammenschalten von einfachen Sternnetzelementen erlaubt den Aufbau von Mehrfachstern-Strukturen Ein Sternnetz besteht aus einem Knoten, der den Verkehr von einer Zuführung auf $n > 2$ Abzweige verteilt. In Glasfasernetzen sind 2 Realisierungsformen möglich,

- *aktiv*, in diesem Falle besteht der Knoten aus einem elektro-optischen Verzeigungselement, und
- *passiv*, wenn ein passives, rein optisches Verzweigungselement (Leistungsteiler oder Wellenlängendemultiplexer) verwendet wird.

Bei gleicher Leitungslänge zum Sternkoppler erhalten beim Sternnetz, im Gegensatz zum Busnetz, auch alle Teilnehmer die gleiche Empfangsleistung. Die Anzahl der von einem Sternnetz zu versorgenden Teilnehmer kann um eine Größenordnung höher als bei Bus-

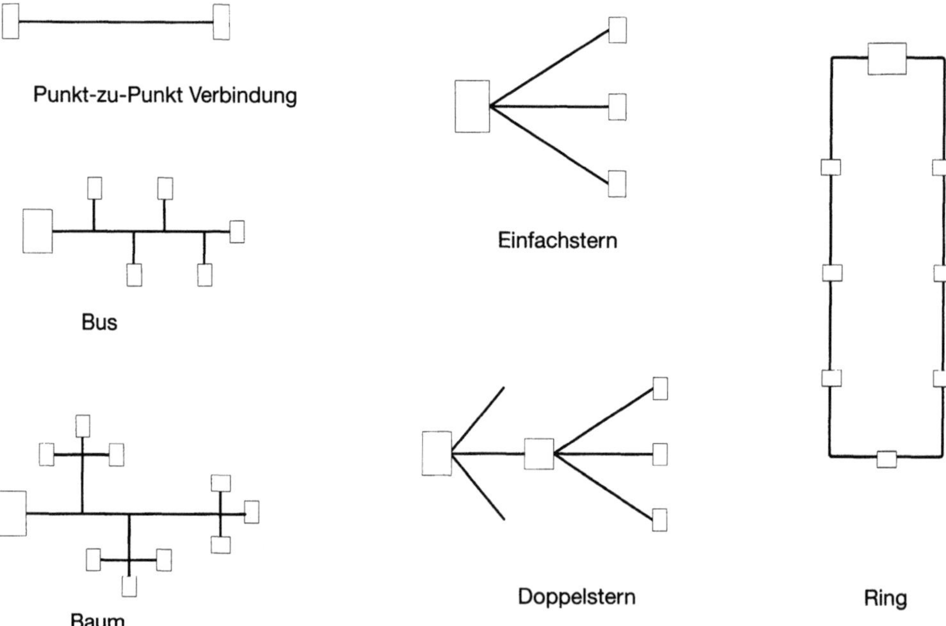

Abb. 28.8. Netztopologien

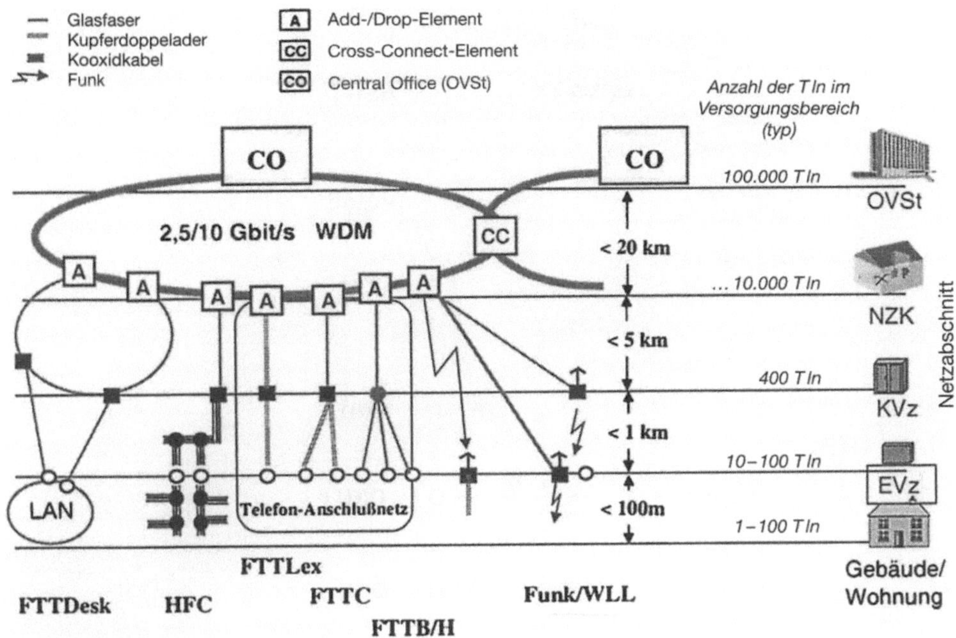

Abb. 28.9. Zugangsnetzlösungen

netzen. Auch bei Sternnetzen ist grundsätzlich ein Protokoll notwendig, um die kollisionsfreie Übertragung zu ermöglichen Die erforderliche Gesamtleitungslänge ist bei Sternnetzen zwar größer und liegt zwischen dem Leitungsbedarf für ein reines Liniennetz und dem der Busstruktur. Mehrfachstern-Topologien sind aber sehr flexibel und ermöglichen insbesondere in den Zugangsnetzen die Minimierung der Netzinvestitionen.

Abbildung 28.8 zeigt eine Übersicht einiger möglicher physikalischer Netztopologien.

Zusammenfassend muß festgestellt werden, daß es DIE optimale Topologie nicht gibt. Das Optimum wird jeweils problembezogen gesucht werden müssen. Im Hinblick auf die zukünftig erheblich größeren Zugangsbereiche ist es sinnvoll, das Zugangsnetz in die funktionalen Abschnitte

- Zuführungsnetz (Feeder) und
- Verzweigungsnetz,

zu unterteilen. Als Zuführungsnetz wird hier der Netzabschnitt zwischen der Vermittlungsstelle und einem Konzentrationspunkt im Zugangsbereich verstanden, auf dem der Verkehr bereits konzentriert geführt wird. Die Übertragungstechnik hat hierbei nur reine Transport- und Routingaufgaben, wobei z. B. auch traditionelle Übertragungs- und Multiplexsysteme eingesetzt werden können. Das Verzweigungsnetz ist dann der teilnehmernahe Netzbereich vom Konzentrationspunkt aus abwärts bis hin zum Teilnehmeranschluß. Da der Feederbereich nur über wenige Netzknoten geführt werden muß, können hier Busnetze, z. B. in Form von Ringnetzen optimal eingesetzt werden. Beispiele hierfür sind die sog. Metronetze. Für das Verzweigungsnetz als das eigentliche Anschlußnetz, welches den Verkehr der individuellen Teilnehmern sammelt bzw. zu ihnen hin verteilt, bieten hingegen die Sternnetze maximale Flexibilität bei minimalem Aufwand, s. Abb. 28.9.

Dieses allgemeine technische Konzept für die optischen Zugangsnetze unterstützt insbesondere die Gestaltung des Glasfaseranschlusses als diensteneutralen universalen Netzzugang, d. h. die gemeinsame Nutzung des gleichen Netzes für die Versorgung der angeschlossenen Teilnehmer mit den unterschiedlichsten Schmal- und Breitbanddiensten. Die gemeinsame Führung der Kanäle zu den einzelnen Teilnehmern durch weitestgehende Nutzung der gleichen physikalischen Infra-

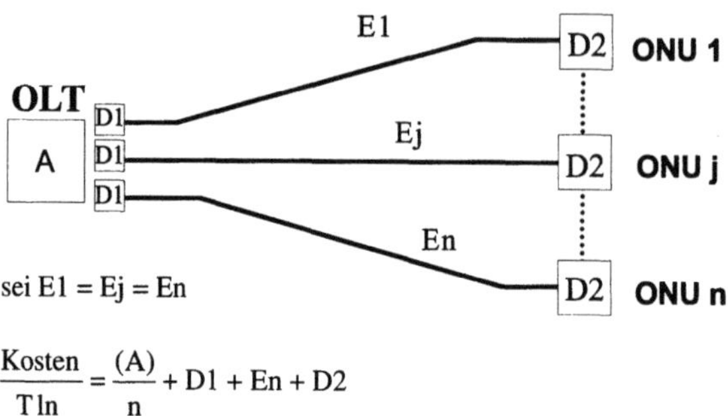

$$\frac{\text{Kosten}}{\text{Tln}} = \frac{(A)}{n} + D1 + En + D2$$

a Punkt-zu-Punkt System

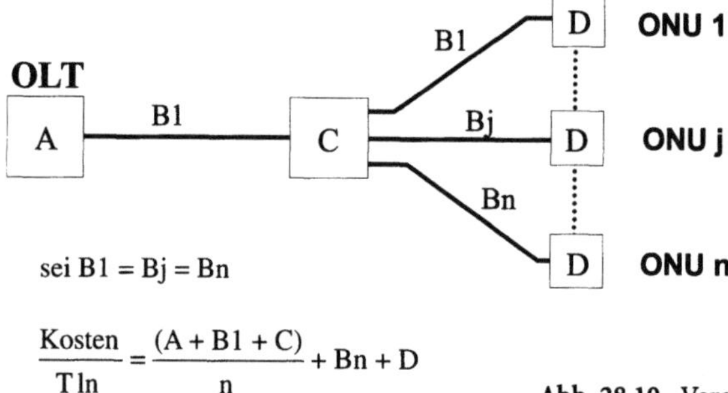

$$\frac{\text{Kosten}}{\text{Tln}} = \frac{(A + B1 + C)}{n} + Bn + D$$

b Punkt-zu-Multipunkt System

Abb. 28.10. Vergleich der Kostenstruktur von Punkt-zu-Punkt (P-P-) und Punkt-zu-Multipunkt-(P-MP-) Systemen

struktur ermöglicht kostensparenden Netzausbau. Für die Netzabschnitte, die von vielen Teilnehmern gemeinsam genutzt werden, kann dann ein höherer Aufwand getrieben werden, weil diese Kostenanteile auf alle Teilnehmer aufgeteilt werden, s. Abb. 28.10.

28.3.2 Netzelemente und Komponenten

Abbildung 28.11 zeigt schematisch die Struktur eines optischen Zugangsnetzes. Eine Kopfstation als netzseitiger Glasfaserabschluß, die OLT (OLT = Optical Line Termination) wird über das optische Verzweigungsnetz, das sogenannte ODN (ODN = Optical Distribution Network), mit den teilnehmerseitigen optischen Netzabschlüssen (Anzahl 1…*N*), den ONU's (ONU = Optical Network Unit) verbunden. Die ONU stellt den eigentlichen Glasfaseranschluß dar. Es ist üblich, die Schnittstellen des ODN mit S (Send) und R (Receive) zu bezeichnen. In Senderichtung OLT zu ONU liegt die Schnittstelle S am Ausgang des OLT und R am Eingang des ONU. Für den Betrieb in Gegenrichtung sind die Bezeichnungen entsprechend umgekehrt.

Neben den aktiven Netzabschlüssen und den Glasfaserstrecken werden noch optische Koppel- und Selektionselemente für die Gestaltung der physikalischen Infrastruktur benötigt. Hierzu gehören optische Leistungskoppler, die als Abzweig- und Sternkoppler eingesetzt werden, sowie Multiplexer, Demultiplexer und Filter für die wellenlängenselektive Führung optischer Kanäle.

Leistungskoppler

Optische Leistungskoppler sind passive Komponenten zum Zusammenfassen bzw. Aufteilen von optischen Signalen. Sie werden entweder als Faser-Schmelzkoppler oder integriert-optisch als Planarkoppler hergestellt (s. Kap. 14). Beim Schmelzkopplertyp ist der symmetrische und reziproke 2:2-Koppler, der durch das definierte Verschmelzen zweier Glasfaserstücke entsteht, das Basiselement, aus dem durch Kombination einzelner Elemente Koppler mit einer größeren Anzahl von Ein- und Ausgangstoren hergestellt werden. Grundsätz-

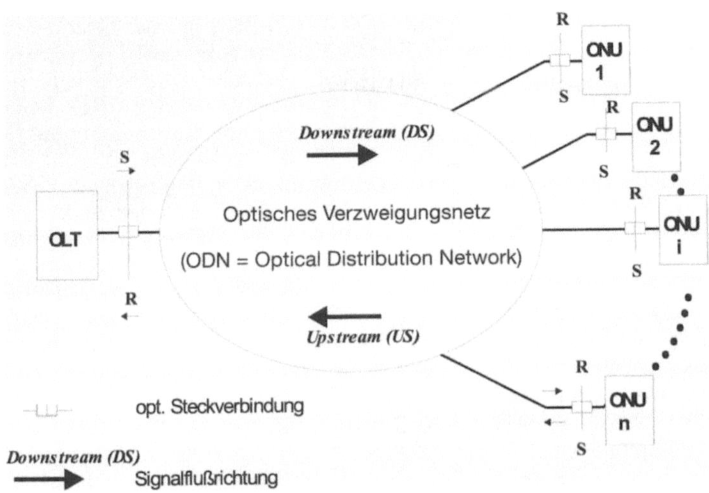

Abb. 28.11. Schematische Darstellung der Elemente eines optischen Zugangsnetzes

lich können Koppelelemente mit praktisch beliebigen Koppelverhältnissen hergestellt werden. Basiselement der planaren Version hingegen ist der Y-Verzweiger vom Typ 1:2, aus dem wiederum durch weitere Untersetzung Verzweiger vom Typ 1: N hergestellt werden können. Im Hinblick auf den universalen Einsatz in den Netzen ist die Wellenlängenabhängigkeit der Koppelelemente von großer Bedeutung. Während Faserkoppler eine erhebliche Wellenlängenabhängigkeit des Koppelfaktors aufweisen, sind die Y-Verzweiger wegen der Symmetrie des Koppelprozesses inhärent wellenlängenunabhängig.

Koppler mit einer größeren Anzahl von Ein-und Ausgangstoren werden auch als Sternkoppler bezeichnet. Als passive Leistungskoppler mit N-Eingängen und M-Ausgängen dienen sie zur gleichmäßigen optischen Leistungsaufteilung und -kopplung. Üblich sind symmetrisch-reziproke Sternkoppler vom Typ $N = M$, und asymmetrische Sternkoppler vom Typ $1{:}N$ und $2{:}N$.

Wird an einem Eingang ein optisches Signal angelegt, so steht bei einem $N{:}N$-Koppler im Idealfall an jedem Ausgang der $(1/N)$-fache Anteil der optische Eingangsleistung jedes Eingangs zur Verfügung. Bei realen Komponenten ist aber noch mit weiteren Verlusten durch Absorption, Fertigungstoleranzen sowie Spleiß- oder Steckerverlusten zu rechnen, die als Zusatzverluste (‚excess loss') im Datenblatt angegeben werden. Weitere wichtige Kenngrößen für Koppelelemente sind die Rückflußdämpfung (‚reflectance'), die das Verhältnis der an einen Eingang eingekoppelten optischen Leistung zu der am gleichen Eingang reflektierten Leistung angibt, und die Übersprechdämpfung (‚isolation'), die angibt, welcher Anteil der eingekoppelten Leistung auf den anderen Eingang übergekoppelt wird. Wie später gezeigt wird, haben beide Größen einen erheblichen Einfluß auf die Netzgestaltung und es muß dafür gesorgt werden, daß insbesondere die ungenutzten Tore der Koppler reflektionsfrei abgeschlossen sind.

Wellenlängenmultiplexer und -demultiplexer

Die riesige Übertragungsbandbreite der Glasfaser kann nur im Wellenlängenmultiplexbetrieb (WDM-Betrieb) optimal genutzt werden (s. Abschn. 28.4.2). Hierzu werden jeweils eine Anzahl von optischen Trägern unterschiedlicher Wellenlänge auf einer gemeinsamen Glasfaser übertragen. Jede Trägerwellenlänge kann unabhängig voneinander für die Übertragung genutzt werden. Um die Trägerwellen unabhängig voneinander aus- und einzukoppeln werden selektive Koppelelemente, WDM-Multiplexer und -Demultiplexer benötigt. Sie unterscheiden sich von Leistungskopplern dadurch, daß der Ein- und Auskoppelpfad für die gewünschte Wellenlänge im Idealfall keine Einfügedämpfung besitzt, während er für die anderen Wellenlängen eine sehr hohe Sperrdämpfung aufweist.

28.3.3 Passive optische Netze (PON)

28.3.3.1 *PON-Prinzip*

Als PON (Passive Optical Network) bezeichnet man Netztopologien, bei denen zwischen den optischen Netzabschlüssen OLT und ONU keine weiteren aktiven Komponenten im optischen Verzweigungsnetz (ODN) vorkommen, s. Abb. 28.12. Das Verzweigungsnetz besteht nur aus Glasfasern, Steckern und den passiven Koppel- und Verzweigungselementen für die Anschaltung der einzelnen Teilnehmer. Obwohl alle topologischen Netzstrukturen grundsätzlich für die Verwendung beim PON geeignet sind, werden gewöhnlich Fasernetze vom Typ Doppel- oder Mehrfachstern bevorzugt. Die beiden möglichen Senderichtungen im PON stellen unterschiedliche Anforderungen an das Übertragungssystem.

- Übertragung vom OLT zu den ONUs (‚Downstream'):
  Hierbei wird das Sendesignal am OLT in die zum Sternkoppler führende Glasfaser eingespeist und dort auf die einzelnen Ausgangsarme verteilt. An jedem Ausgang des Sternkopplers kann dann jeweils eine ONU oder, im Falle eines Mehrfach-Sternnetzes, auch ein weiterer Sternkoppler über eine eigene Glasfaser angeschlossen werden (Abb. 28.12). Das PON verhält sich bei der hier vorliegenden P-MP-Übertragung wie ein Verteilnetz, an das Übertragungssystem selbst sind keine besonderen Anforderungen zu stellen.
- Übertragung von den ONUs zum OLT (‚Upstream'):
  Bei dieser Übertragungsrichtung, (von den Teilnehmern zum Netzknoten hin) benötigt jede ONU einen eigenen optischen Sender. Die einzelnen Signale werden dann am Sternkoppler zusammengefaßt und anschließend gemeinsam auf einer Glasfaser zum OLT übertragen. Für eine störungsfreie Übertragung auf dieser physikalischen MP-P- Struktur muß durch ein geeignetes Übertragungskonzept dafür gesorgt werden, daß sich die einzelnen Übertragungssignale beim Zusammentreffen am Sternkoppler nicht gegenseitig stören.

PON-Architekturen verfügen über viele Vorzüge für den Einsatz in Zugangsnetzen und wurden bereits frühzeitig von Ingenieuren der British Telecom vorgestellt und intensiv studiert [28.4]. Zunächst ist, abgesehen von der Speisung von OLT und den ONUs, keine weitere kostentreibende Stromversorgung (s. Abb. 28.7) im Netz notwendig. Obwohl der Planungsaufwand am PON prinzipiell höher ist als bei konventionellen Systemen, kommt das PON wegen der inhärenten Flexibilität den Anforderungen der Anwender insbesondere in der Anfangsphase des Netzausbaus entgegen. Bei Inbetriebnahme des Netzes werden zunächst nur wenige Glasfasern, der relativ preiswerte Sternkoppler und ein OLT benötigt. Die ONUs werden anschließend nach Bedarf nachgerüstet. Zusätzlicher Übertragungsbedarf erfordert nur Änderungen an den aktiven Endpunkten (OLT und ONUs). Bei geeigneter Planung können längere Ausbauzeiträume als bei herkömmlichen Systemen vorgesehen und die teuren Installations- und Verlegearbeiten im Netz auf ein Minimum reduziert werden Bei einem Systemwechsel sind grundsätzlich keine Eingriffe ins PON erforderlich, es müssen nur OLT und die ONUs ausgetauscht werden Da im Netz nur passive Komponenten vorhanden sind, ist das ODN optisch transparent. Weitere logische Netze können auf der gleichen physikalischen Infrastruktur, z. B. durch Nutzung unterschiedlicher Frequenzbänder, leicht eingefügt werden.. Ein genereller Nachteil aller PON-Architekturen ist die Eigenschaft, daß jeder Teilnehmer grundsätzlich alle vom OLT ausgesendeten Signale empfangen kann. Es müssen besondere Maßnahmen getroffen werden, um die Vertraulichkeit (‚privacy') der Übertragung sicherzustellen. Auch müssen für die Fehlerlokalisierung im Falle eines Adernbruchs zusätzliche Hilfsmeßkreise vorhanden sein, da einfache OTDR-Messungen (OTDR = Optical Time Domain Reflectometry) in Sternkopplernetzen wegen der hohen Einfügedämpfung keine eindeutigen Aussagen über den Fehlerort liefern, wenn der Fehler vom OLT aus gesehen hinter dem Koppler auftritt.

PON sind grundsätzlich leistungsbegrenzte Systeme. Das maximale Aufteilungsverhältnis, und damit die maximal mögliche Anzahl der ONUs, die ein OLT in einem PON versorgen kann, wird durch das verfügbare Leistungsbudget bestimmt. Mit Hilfe optischer Verstärker (OA) kann zwar der Aufteilungsfaktor verbessert werden, da aber der OA zweckmäßigerweise am Sternkoppler einge-

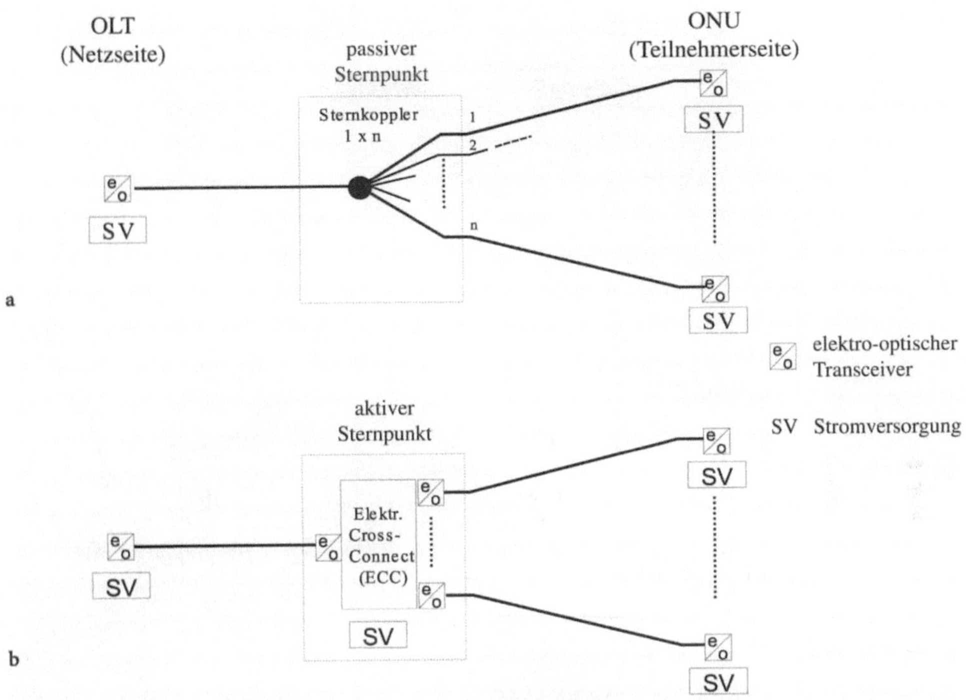

Abb. 28.12. Optische Netzstrukturen: a PON = Passives Optisches Netz, b AON = Aktives Optisches Netz)

Tabelle 28.3. Einfügedämpfung bei passiven optischen Netzstrukturen (PON) in Abhängigkeit vom Aufteilverhältnis

Sternkoppler		ODN Einfügedämpfungsmaß in dB				
Aufteilfaktor	Aufteilungsverlust in dB	Distanz zwischen den R- und S- Referenzpunkten 1 km	5 km	10 km	15 km	20 km
1	0,0	1,35	3,55	6,35	9,05	11,80
2	3,5	4,85	7,50	9,65	12,55	15,30
4	6,7	8,05	11,60	13,05	15,75	18,50
8	9,8	11,15	13,35	16,15	18,85	21,60
16	13,1	14,45	16,65	19,45	22,15	24,90
32	17,0	18,35	20,55	23,35	26,05	28,80
64	20,8	22,15	24,35	27,15	29,85	32,60
128	25,2	26,55	28,55	31,55	34,25	37,00

fügt wird, geht wegen der nun im Feld notwendigen Stromversorgung aber ein wesentlicher Vorteil der passiven Struktur verloren. Die Bandbreite des OA, auch wenn sie einige 10 nm betragen kann, fügt außerdem wieder einen ‚Flaschenhals' ins PON ein.

28.3.3.2 *PON-Varianten*

Während das PON physikalisch ein Stern- bzw. Baumnetz darstellt, bildet es logisch ein Busnetz nach. Der OLT entspricht dem Master, der den Zugriff der einzelnen ONUs auf die Übertragungskapazität im PON steuert und

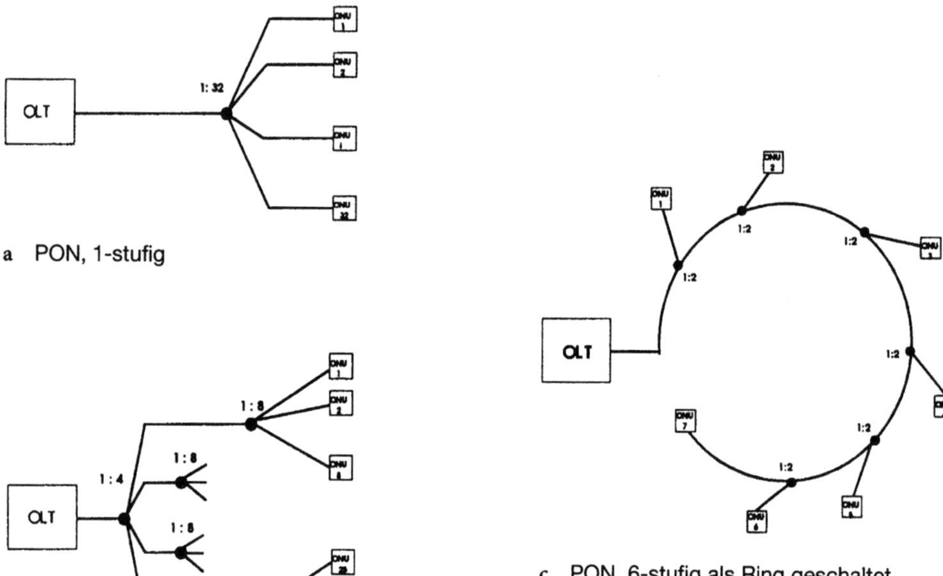

a PON, 1-stufig

b PON, 2-stufig

c PON, 6-stufig als Ring geschaltet

Abb. 28.13. Auswahl einiger Netzkonzepte für PON-Systeme (Aufteilungsfaktor jeweils 1:32)

eine fehlerfreie Übertragung gewährleistet (s. Abschn. Übertragungsverfahren für optische Zugangsnetze). Zyklisch erhält jede ONU nacheinander die Möglichkeit, Daten entsprechend der zugewiesenen Kapazität in Richtung OLT abzusenden. Nach der Art, wie dieser Prozeß organisiert ist, lassen sich zwei PON-Varianten unterscheiden.

PON mit fester Kapazitätszuordnung

Bei dieser Variante wird der Datenstrom im Zeitmultiplexverfahren (TDM) mit fester Kanalzuweisung übertragen, wobei aber die jeder ONU zugewiesene Kanalkapazität unterschiedlich sein kann. Die zeitweilig nicht genutzte Kapazität einer ONU kann bei diesen Varianten nicht von anderen ONUs genutzt werden. Das PON zeigt das gleiche Verhalten wie ein statischer Multiplexer. Dieser PON-Typ wird daher zweckmäßigerweise bei typischen Telefon- und Datendienstanwendungen mit gleichmäßigen Kapazitätsanforderungen eingesetzt. Praktisch kommt dieser Typ z.B. bei den OPAL-Systemen (s. Abschn. 28.6) zur Anwendung.

PON mit variabler Kapazitätszuordnung

Die Flexibilität im PON kann durch die Anwendung der asynchronen Zeitmultiplextechnik (ATM) erheblich gesteigert werden. Hierbei werden die Nachrichten auf Zellpakete aufgeteilt. Jedes Paket wird mit einem Label versehen, welches u.a. Adressfeld und Angaben zur Zuordnung enthält. Mit diesem Verfahren kann die Übertragungskapazität des PON bei jedem Abfragezyklus neu, je nach Bedarf, auf die ONUs aufgeteilt werden. Im Grenzfall kann sogar einer einzelnen ONU kurzzeitig die gesamte Übertragungskapazität zugewiesen werden. In Anlehnung an die Multiplextechnik wird diese Art PON auch als APON (= ATM-PON) bezeichnet. Das APON eignet sich hervorragend für Anwendungen mit burstartigen Verkehrscharakteristiken. Ein Beispiel für ein APON ist das FSAN-PON, s. Abschn. 28.6.2.

‚Super'-PON

An ein Standard PON-System können wegen des verfügbaren Leistungsbudgets maximal

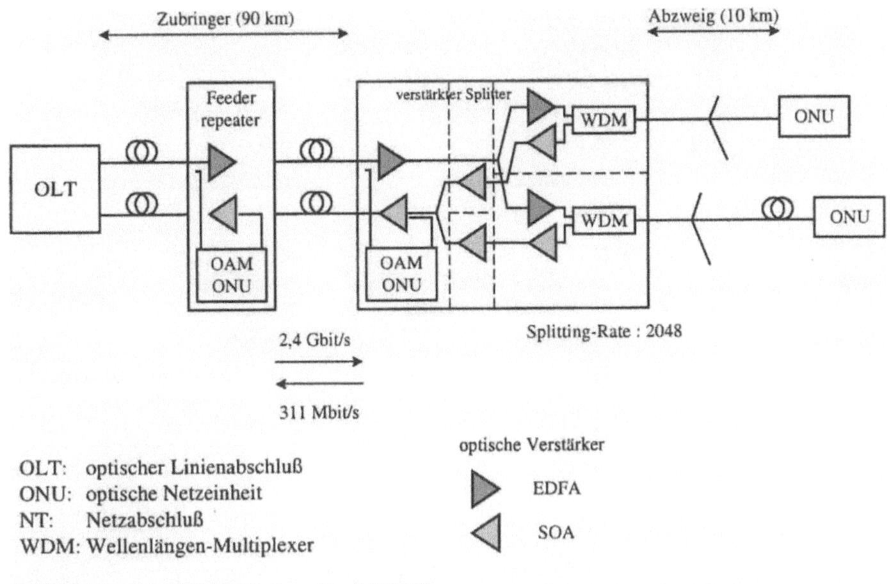

Abb. 28.14. ‚Super'-PON Konzept (nach [28-5])

bis zu 64 ONUs bei einer Netzreichweite von ca. 20 km angeschaltet werden, typisch sind aber 16–32 ONUs. Ein ‚Super'-PON hingegen soll in der Lage sein, z. B. 2048 ONUs in Netzen mit einer Reichweite von bis zu 100 km zu versorgen [28.5]. Motiviert wird diese Entwicklung durch die Erwartung, daß sich einerseits langfristig die Anzahl der Netzzugangsknoten erheblich reduziert und damit Zugangsnetze mit erheblich größeren Einzugsbereichen entstehen, und andererseits durch die Anschaltung von vielen Teilnehmern an einem gemeinsamen Netzknoten ein statistischer Multiplexgewinn zu erzielen ist, der die Systemkosten signifikant reduzieren könnte. Die Realisierung dieser Forderungen ist aber nur bei Einführung von optischen Verstärkern zur Kompensation der Aufteilungsverluste möglich und damit handelt es sich beim ‚Super'-PON nicht mehr um ein PON im eigentlichen Sinne. Wie Abb. 28.14 zeigt, ist das System aber so konzipiert, daß der passive Netzabschnitt hinter dem letzten Verstärker immer noch eine Reichweite von ca. 10 km überbrücken kann. Für den eigentlichen Zugangsnetzabschnitt, wie er im Abschn. 28.2.1.1 definiert wurde, ist das System weiterhin passiv. Mit dem hier dargestellten System können ca. 15000 Teilnehmer mit konventionellen Telefondiensten und mit den typischen Breitbanddiensten versorgt werden. Sind noch höhere Teilnehmerzahlen zu bedienen, muß die ‚upstream'-Bitrate erhöht werden.

WDM-PON

Die Anwendung von unterschiedlichen optischen Wellenlängen zur Übertragung auf dem PON ermöglicht eine Vielzahl neuer PON-Varianten und bietet die Option gleichzeitig mehrere unabhängige logische Netze auf der gleichen physikalischen Infrastruktur zu realisieren, s. Abschn. 28.4.2.

28.3.4
Aktive optische Netze (AON)

Kennzeichnend für ein aktives optisches Netz (AON) ist der aktive elektronische Verteiler (Multiplexer oder Crossconnect) zwischen den Netzabschlüssen, s. Abb. 28.12b. AONs liefern P-P Verbindungen. Die Vertraulichkeit ist dadurch gewährleistet, daß der aktive Verteiler jeder ONU in ‚Downlink'-Richtung nur den ihr betreffenden Informationskanal zuweist. Üblicherweise werden AONs als Sternnetze realisiert (aktiver Einfachstern). Zwischen OLT und aktivem Verteiler ist eine Feederverbindung eingefügt, auf der die einzelnen Kanäle hochbitratig im Zeitmultiplex übertragen werden. Auf dem Abschnitt zwischen dem elektronischen Verteiler und der

Tabelle 28.4. Vergleich der Eigenschaften von passiven und aktiven optischen Netzen

Merkmal	PON (Stern)	AON (Stern)
Netztyp	Punkt-zu Multipunkt	Punkt-zu-Punkt
Anzahl opt. Sender u. Empfänger	$N + 1$	$2\,(N + 1)$
Verteiler im Netz (VtN)	pass. Sternkoppler	elektr. Cross-Connect
Stromversorgung im VtN	nein	ja
opt. Transparenz	ja	nein
Abhörsicherheit	zusätzliche Mittel (Protokoll, Codierung) notwendig	vorhanden
Fehlerlokalisierung	aufwendig	einfach
Evolutionsfähigkeit	ja	nein, vollständiger Systemwechsel oder opt. Bypass notwendig

ONU wird jeweils nur die geringere, zur Versorgung der jeweiligen ONU erforderliche Bitrate übertragen. An die optischen Sender und Empfänger im Verzweigungsnetz werden somit grundsätzliche geringere Anforderungen als im PON gestellt. Diesen Vorteilen stehen aber einige gewichtige Nachteile gegenüber. So ist für den elektronischen Verteiler nun eine Stromversorgung im Feld Voraussetzung und es werden mehr aktive elektro-optische Wandler benötigt. Gegenüber einem PON ist bei einem AON wegen der notwendigen e/o-Wandlung vor und hinter dem elektronischen Verteiler die doppelte Anzahl der teuren aktiven Komponenten (opt. Sender und Empfänger) erforderlich. Ein gradueller Netzausbau ist nur bedingt möglich, denn der teure aktive elektronische Verteiler muß selbst bei einer nur geringen Teilauslastung bereits bei Netzinbetriebnahme im Kern vollständig installiert werden.

28.3.5 Hybridnetze

Wie in Abschn. 28.2.3 erläutert wurde, ist aus wirtschaftlichen Gründen die Einführung von optischen Zugangsnetzen in der Regel nur schrittweise, bei möglichst weitgehender Integration vorhandener Übertragungsplattformen, sinnvoll möglich. Dieses Ausbaukonzept, auch „Fiber To The x-" (FTTx-) Migrationsstrategie genannt, wobei x den Ort im Zugangsnetz bezeichnet, an der sich die ONU befindet, führt zu Hybridnetzen. Die wichtigsten Hybridnetzlösungen sind

- Fiber To The x (FTTx-) und xDSL
- Hybrid-Fiber Coax (HFC) und
- Radio In The Loop (RITL).

Neben der Wirtschaftlichkeit bieten Hybridnetze auch noch den Vorteil des schnelleren Netzausbaus.

28.3.5.1 *FTTx und xDSL*

xDSL (Digital Subscriber Line) steht als Sammelbezeichnung für eine große Klasse von Systemen, die mit digitalen Übertragungsverfahren die Übertragungskapazität der existierenden Kupfer-DA des Telefonnetzes optimal erschließen (Tabelle 28.5). Wie Abb. 28.15 zeigt, erlaubt die Qualität der vorhandenen symmetrischen, verdrillten Telefonleitungen theoretisch die Übertragung von Bitraten bis

Tabelle 28.5. Charakteristiken einiger xDSL-Varianten (BR = Bitrate, RW = Reichweite, sy = symmetrischer Betrieb, as = asymmetrischer Betrieb)

xDSL-Typ	Bezeichnung	typ. Charakteristika
HDSL	High bit-rate DSL	BR ca. 2 Mbit/s; RW ca. 2 km (sy)
SDSL	Symmetrical high bit-rate DSL	BR bis ca. 2 Mbit/s, RW > 2 km (sy)
ADSL	Asymmetrical DSL	BR bis ca. 8 Mbit/s, RW > 2 km (as)
VDSL	Very high bit-rate DSL	BR bis 25 Mbit/s, RW bis 1 – 1,5 km (as/sy)

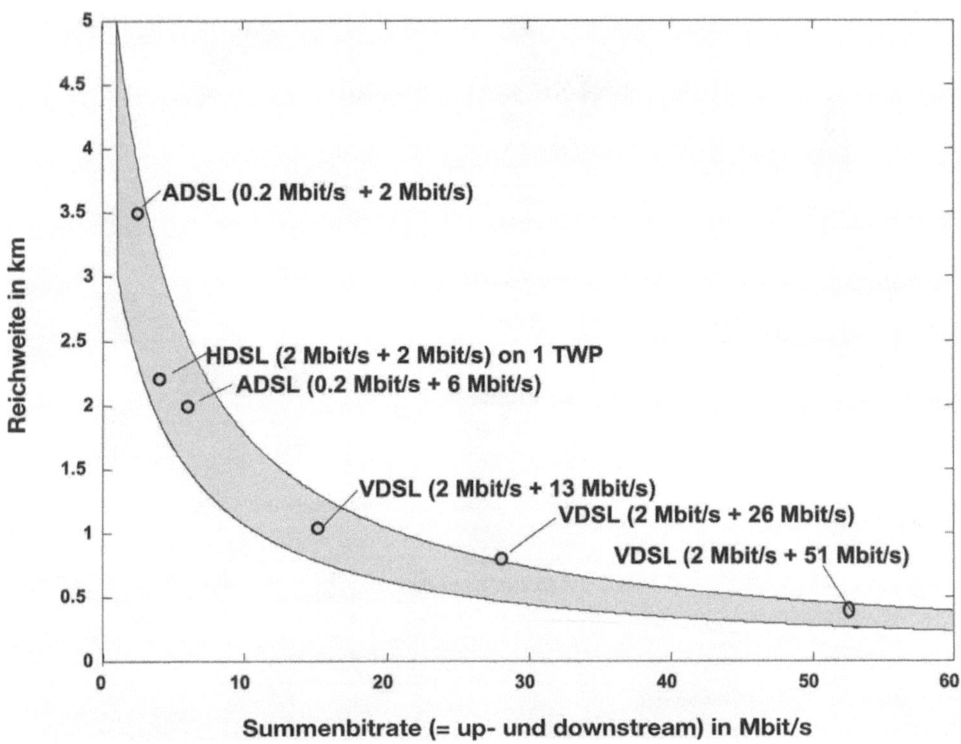

Abb. 28.15. Zusammenhang zwischen Summenbitrate und Reichweite bei DSL-Systemen [28-6]

zu 50 Mbit/s und mehr, die mögliche Reichweite beträgt dann aber nur noch einige hundert Meter. Für den Einsatz auf einer vorhandenen Telefonleitung ist nur ein Modempärchen erforderlich, sowie Koppelfilter zum Einschleifen auf Netz- und Teilnehmerseite. Die Filter stellen auch sicher, daß der vorhandene analoge Telefon- oder ISDN-Kanal störungsfrei parallel weiter betrieben werden kann. In Kombination mit einer FTTx-Ausbaustrategie ist hiermit ein gradueller, bedarfsangepaßter ökonomischer Netzausbau möglich. Die notwendige FTTx-Ausbaustrategie wird je nach Bandbreitenbedarf gewählt.

28.3.5.2
HFC-Netze

Breitbandverteilnetze (BK-Netze) werden seit vielen Jahren für die Verteilung von TV-Programmen betrieben. Mit dem Koaxialkabel ist hier bereits ein breitbandiges Medium (typ. 450 MHz, zukünftig bis 862 MHz) bis in die Wohnung der Teilnehmer vorhanden. Wie Abb. 28.16 zeigt, werden die BK-Netze gerichtet betrieben und weisen als reine Verteilnetze eine Baumstruktur auf. Mehre Nutzer sind gemeinsam an das gleiche Koaxialkabel angeschlossen (‚shared medium'), wobei diese Anzahl stark schwanken kann. Je nach Siedlungsgebiet und Gebäudetyp kann sie zwischen einigen 10 … 100 Nutzern und mehr variieren. Für den interaktiven Betrieb müssen diese Netze zunächst technisch aufgerüstet. Notwendig ist ein Glasfaserübertragungssystem zur Verbindung zwischen dem Netzzugangsknoten und dem letzten Verstärkerpunkt (C-Verstärker), wo die interaktiven Signale in einen unbelegten TV-Kanal eingespeist werden. Über Koaxialkabel-Netzabschlüsse in der Wohnung des Teilnehmers werden dann diese Signale ausgekoppelt und an die Engeräte übergeben. Für die interaktive Kommunikation usw. ist wie bei den xDSL-Techniken ein Modem, das Kabelmodem, notwendig sowie eine Steuereinheit beim Teilnehmer, die Set-Top-Box.

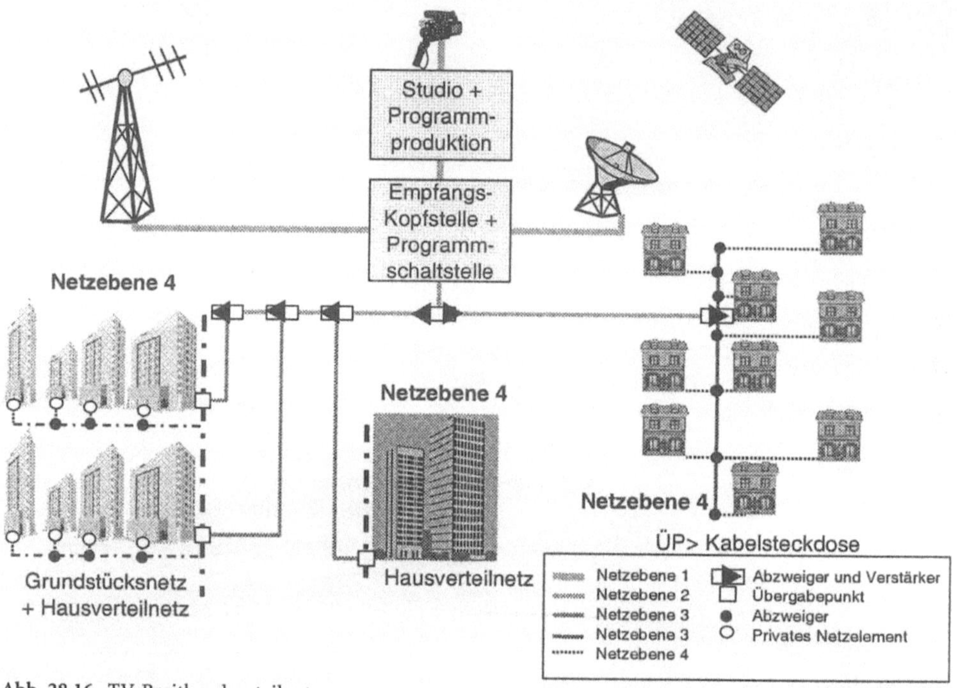

Abb. 28.16. TV-Breitbandverteilnetz

Von der Netzarchitektur her sind HFC-Netze den FTTC-Lösungen vergleichbar. Der Radius des Versorgungsbereichs der C-Verstärker beträgt einige 100 m und auch die Zahl der an den jeweiligen Koaxialkabelbaum angeschlossenen Teilnehmer liegt in etwa der gleichen Größenordnung wie beim Telefon-KVz.

28.3.5.3 *RITL-Netze*

Funksysteme bieten neben der Mobilität im Zugangsnetz noch weitere Vorteile, wie die gute Skalierbarkeit und den schnellen Aufbau. RITL (RITL = Radio in the loop) Systeme eignen sich vorwiegend für die Versorgung von neuen Ausbaugebieten mit geringerem Breitbandbedarf bzw. von dünn besiedelten Gebieten. Da es sich aber bei Funk aber um ein bandbreitenbegrenztes ‚shared' Medium handelt, kann auf steigende Teilnehmerdichte oder bei zunehmendem Bandbreitenbedarf letztendlich nur mit einer Reduktion der Funkzellengröße reagiert werden. Optische Übertragungssysteme werden in RITL-Netzen in jedem Fall zur Anbindung der Basisstationen benötigt. Nimmt man ein breitbandfähiges Mobilfunksystem der 3. Generation wie das UMTS (Universal Mobile Telecommunication Service) zum Maßstab, muß man das Netz für die Versorgung in urbanen Gebieten bereits auf Funkzellengrößen von ca. 500–1000 m Radius auslegen. Auch hier ergibt sich bereits im Anfangsausbau eine der FTTC-Lösung vergleichbare hybride Netzarchitektur.

28.4 Übertragungsverfahren für optische Zugangsnetze

Ausgehend von der Kommunikationsart lassen sich

> Netze für interaktive Dienste (IS) und
> Netze für Verteildienste (DS)

unterscheiden. Die nur der Informationsverteilung dienenden DS-Netze (P-MP-Kommunikation) lassen sich besonders einfach mit PON-Strukturen realisieren. Es wird nur ein Sender im OLT benötigt, während die ONU's nur mit optischen Empfängern ausgerüstet sind. Die Netze für interaktive Dienste hingegen haben in Abwärtsrichtung eine P-MP-Kommunikationsstruktur, während in Aufwärtsrichtung eine MP-P-Struktur vorliegt. Für die bidirektionale Kommunikation müssen zwei Übertragungskanäle zwischen den kommunizierenden Teilnehmern bereitgestellt werden, einer für jede Verkehrsrichtung.

Entsprechend der optischen Modulationsart des Basisbandsignals im optischen Zugangsnetz lassen sich prinzipiell

analoge optische Übertragungsnetze und
digitale optische Übertragungsnetze

unterscheiden. Digitale optische Übertragungssysteme mit intensitätsmodulierten Signalen sind wegen der größeren Störunempfindlichkeit und der einfach zu realisierenden optischen Wandler für optische Zugangsnetze besonders gut geeignet. Wegen der sehr hohen Anforderungen, speziell an die Eigenschaften der optischen Sender, werden analoge optische Systeme nur für die Anwendung in hybriden DS-Netzen für die TV-Übertragung in Betracht gezogen. Diese Lösung hat bei dieser Anwendung den Vorteil, daß auf der Teilnehmerseite keine weitere Signalumsetzung mehr erforderlich ist und die vorhandenen TV-Empfänger ohne Umrüstung weiter genutzt werden.

Der Vergleich von AON- und der PON-Topologie hinsichtlich übertragungstechnischer Wege zeigt, daß, obwohl beide das gleiche Netzlayout zeigen, ein AON nur optische P-P-Übertragungsstrecken enthält, während beim PON, allein bedingt durch das physikalische Übertragungsmedium in ‚downstream'-Richtung immer eine optische P-MP-Übertragung und in Gegenrichtung (‚upstream') immer nur MP-P-Verbindungen auftreten. Die Konzentration des Nachrichtenverkehrs erfolgt beim AON im aktiven Verteiler, außerhalb des Einflußbereichs der Teilnehmer. Beim PON hingegen ist die Teilnehmerstation für die Einhaltung der Sendebedingungen verantwortlich. Die gesendeten Signale müssen zeitlich so am Sternkoppler eintreffen, daß die Signale der anderen Teilnehmer nicht gestört werden. Das PON hat die konzentrierende Funktion. Technisch ist das Problem der Signalübertragung auf einer physikalischen P-MP-Übertragungsebene zu lösen.

Im Rahmen dieses Beitrags stehen wegen ihrer Besonderheit die interaktiven Übertragungskonzepte für PON im Mittelpunkt. Übertragungssysteme für digitale DS-PON-Systeme können hiervon abgeleitet werden und die optische Übertragungstechnik der P-P-Verbindungen wie sie in AON-Systemen auftreten sind bereits an anderer Stelle dargestellt.

28.4.1 Bi-direktionale Übertragung auf Glasfasern

Wie bereits dargestellt, erfordern interaktive Dienste die gleichzeitige Bereitstellung von zwei gegenläufigen Übertragungskanälen. Entweder man benutzt hierfür zwei getrennte Fasern mit jeweils gerichtetem Betrieb, dieses Verfahren wird auch als Raummultiplex SDM (SDM = Space Division Multiplex) bezeichnet, oder es wird nur eine Faser verwendet, auf der dann aber im Duplexbetrieb übertragen wird. Folgende Methoden sind hierfür geeignet und werden nachfolgend im Detail betrachtet:

- Raummultiplex SDM (Space Division Multiplex),
- Richtungsmultiplex DDM (DDM = Direction Division Multiplex),
- Zeitmultiplex TDM (TDM = Time Division Multiplex),
- Wellenlängenmultiplex WDM (WDM = Wavelength Division Multiplex)
- Codemultiplex CDM (CDM = Code Division Multiplex).

Raummultiplex

Die technisch einfachste Lösung ist das Raummultiplexverfahren SDM (SDM = Space Division Multiplex) auch Fasermultiplex genannt (Abb. 28.17a). Hierbei werden zwei Glasfasern für jede Verbindung eingesetzt, d.h. der Verkehr in Hin- und Rückrichtung wird jeweils im gerichteten Betrieb (Simplex) über eine eigene Glasfaser übertragen wie es z.B. im Fernnetz generell üblich ist. Das ODN besteht aus zwei i.a. identischen physischen Einzelnetzen, die entgegengesetzt betrieben werden. Neben den geringen technischen Anforderungen sind weitere Vorteile dieses Verfahrens das fehlende Übersprechen und die ungeschmälerte Leistungsbilanz. Ein genereller Nachteil ist der notwendige Aufwand; das ODN muß praktisch dupliziert werden.

Im sehr kostenintensiven Zugangsnetz sind deshalb die Einfaserlösungen von besonderem Interesse. Es wird ja hierbei nicht nur die zweite Faser eingespart, auch der Aufwand für Stecker, Spleiße und Koppelelemente wird halbiert und in Vorfeldeinrichtungen und Koppelfeldern wird der Platzbedarf reduziert.

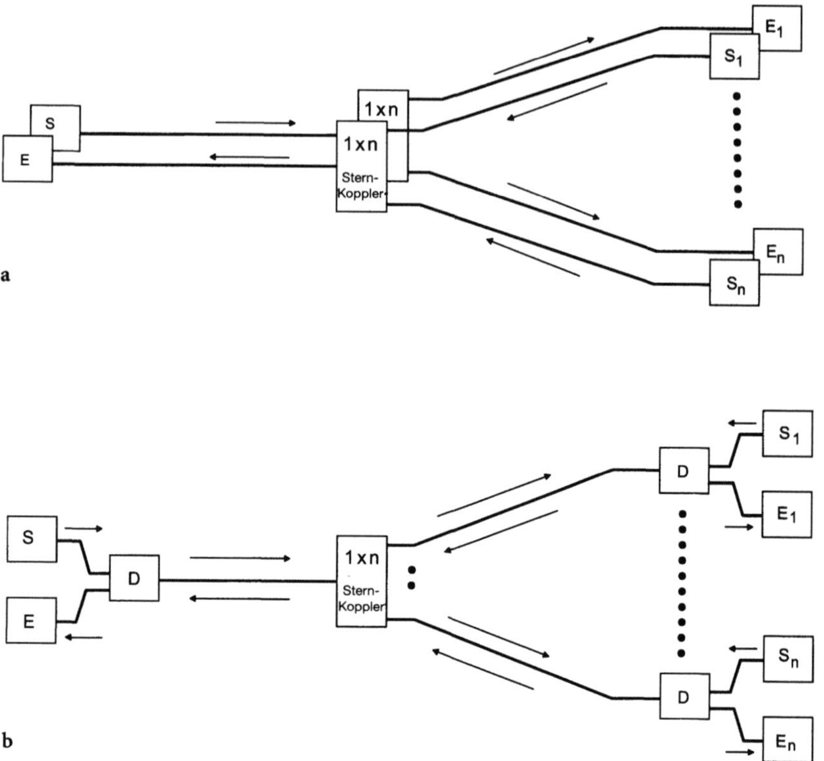

Abb. 28.17. Bidirektionale Übertragungskonzepte: **a** Raum-(Faser-)multiplex, **b** Wellenlängenmultiplex

An jedem Ende der Faser wird nun aber eine zusätzliche Komponente für die Ankopplung von Sender und Empfänger an die Glasfaser benötigt (Abb. 28.17b). Dieses Bauteil, der Duplexer, bewirkt die Richtungstrennung von Sende- und Empfangssignal. Erkauft wird dieser wirtschaftliche Vorteil aber durch eine größere Empfindlichkeit gegenüber Reflexionen, die auf der Übertragungsstrecke auftreten können und die Übertragung störend beeinflussen, s. hierzu auch Kap. 28.4.3.

Richtungsmultiplex

Als Richtungsmultiplex (DDM) oder ganz allgemein als Duplexbetrieb bezeichnet man die Methode, bei der für beide Übertragungsrichtungen die gleiche optische Wellenlänge verwendet wird. Die Signalübertragung erfolgt in Frequenz-Gleichlage im Voll-Duplexbetrieb. Obwohl dieses Verfahren nur den minimal möglichen zusätzlichen Aufwand erfordert, ist es wegen der großen Übersprechempfindlichkeit nicht unproblematisch und es bedarf großer Sorgfalt bei der Herstellung des Netzes. Als Duplexer werden preiswerte optische 3 dB-Leistungskoppler verwendet. Da jeder Leistungskoppler aber eine Einfügedämpfung von etwa 3,5 dB besitzt, wird das verfügbare Leistungsbudget dadurch aber um ca. 7 dB reduziert. Wegen ihrer geringeren Einfügedämpfung und der sehr guten Reflexionsunterdrückung sind optische Zirkulatoren (reflexionsfreie Dreitore) noch besser geeignet, Zirkulatoren sind derzeit aber nur als Hybridkomponenten zu einem um ein Vielfaches höheren Preis erhältlich.

Wegen der großen Übersprechempfindlichkeit wird der Voll-Duplex-Betrieb auf einer Glasfaser in PON im Zugangsnetz üblicherweise nicht angewendet.

Zeitmultiplex

Bei der bidirektionalen Übertragung im Zeitmultiplex wird das ‚Ping-Pong-Verfahren', auch als Time Compression Multiplexing (TCM) bezeichnet, eingesetzt. TCM ist ein

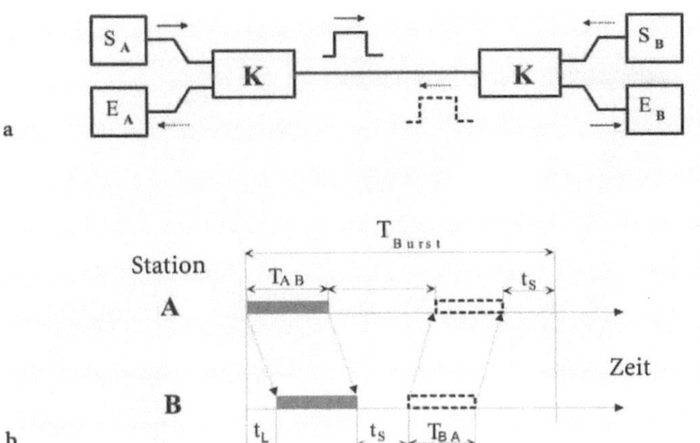

Abb. 28.18. Time Compression Multiplex-(TCM-)Methode

Zeit-Getrenntlageverfahren mit Halb-Duplexübertragung. Die Signalübertragung in den beiden Übertragungsrichtungen erfolgt abwechselnd zeitlich nacheinander, Abb. 28.18. Die Signale werden in gleicher Frequenzlage übertragen. Reflexionen bleiben ohne Einfluß, wenn die Umschaltpause der Übertragung der Signals zwischen Hin- und Rückrichtung größer ist als die doppelte Signallaufzeit. Möglicherweise vorhandene Reflexionen sind dann sicher abgeklungen und können kein Übersprechen mehr verursachen. An den Empfänger sind höhere Anforderungen zu stellen, da die die Signale bei diesem Verfahren notwendigerweise im Burstbetrieb mit einer mehr als doppelt so hohen Geschwindigkeit übertragen werden müssen.

Wie Abb. 28.18 weiter zu entnehmen ist, muß die notwendige Kanalbitrate bei NRZ-Signalen (NRZ = Non Return to Zero), bedingt durch die Laufzeitverzögerung und die außerdem noch zusätzlich notwendige Schutzzeit zur einwandfreien Unterscheidung der Übertragungsrichtung, immer mehr als doppelt so groß sein wie die Quellbitrate. Das Signal in Richtung B wird während der Zeitdauer T_{AB} gesendet und erscheint um die Signallaufzeit t_L verzögert am Empfänger B. Nach einer zusätzlichen Schutzzeit t_S antwortet die Station B mit dem Sendesignal (Dauer T_{BA}) in Richtung Station A. Die Antwort erscheint dann ebenfalls um die Signallaufzeit t_L verzögert an der Station A. Hier wird wieder eine Schutzzeit t_S eingefügt und die nächste Burstperiode T_{Burst} kann neu beginnen. T_{Burst} ergibt aus dem Zeitdiagramm zu

$$T_{Burst} = T_{AB} = T_{BA} + 2\,(t_L + t_S)\,.$$

Wenn vereinfachend angenommen wird, daß $T_{AB} = T_{BA} = T_{Bit}$ sei, dann ergibt sich die für die Nachrichtenübertragung effektiv notwendige Bitrate B aus $N = T_{Bit} * B$ (N = Anzahl der zu übertragenden Bits). Wegen $T_{Bit} * B = T_{Burst} * B_{Burst}$ ergibt sich die für die Burstübertragung notwendige Bitrate B_{Burst} zu

$$B_{Burst} = \frac{2\,T_{Bit}\,B}{[T_{Burst} - 2\,(t_L + t_S)]}\,.$$

Es zeigt sich also, daß, bedingt durch die immer vorhandene Signallaufzeit, die notwendige Burstbitrate B_{Burst} immer größer sein muß als die doppelte Informationsbitrate B, selbst wenn keine Schutzzeit eingefügt werden würde, und daß Anforderungen an den Burstempfänger mit zunehmender Leitungslänge größer werden.

Für die Ankopplung an die Glasfaser sind die gleichen Komponenten wie beim Richtungsmultiplex geeignet. Auch hier wird das verfügbare Leistungsbudget um etwa 7 dB reduziert.

Wellenlängenmultiplex

WDM-Verfahren sind Frequenzgetrenntlageverfahren mit voller Duplexfähigkeit. Die beiden Übertragungskanäle nutzen unterschiedliche Wellenlängenbereiche auf der Glasfaser für die Übertragung, beispielsweise die Wellenlänge 1300 nm für die eine Übertragungsrichtung und 1500 nm für die Gegenrichtung. Zur Trennung der Übertragungsrichtungen an den Enden der Glasfaserstrecke werden vorzugsweise wellenlängenselektive Koppler

Tabelle 28.6. Merkmale bi-direktionaler Übertragungsverfahren

Merkmal	SDM	DDM	TCM	WDM	CDM
Anzahl der Fasern	2	1	1	1	1
opt. Übertragungs-bitrate	B	B	> 2 B	B	≫ B
Kanalbitrate	beliebig	beliebig	moderat	beliebig	moderate
Reflexionsempfindlichkeit	nicht vorhanden	groß	gering	gering	nicht vorhanden
Duplexer	keiner	3 dB Koppler oder Zirkulator	3 dB Koppler	WDM-Koppler	3 dB Koppler
optischer Empfänger	einfach	einfach	Burst-empfänger	einfach	Breitband-empfänger (max. Bandbreite)
elektrischer Empfänger	einfach	einfach	komplex	einfach	komplex

(WDM-Koppler) eingesetzt. Die Einfügedämpfung für den gewünschten Kanal liegt hierbei in der Größenordung von nur etwa 0,5 dB, während der Einfluß des unerwünschten Kanals durch eine hohe Übersprechdämpfung (typ. > 30 dB) reduziert wird. Wegen der geringeren Einfügedämpfung ist die Wirkung von Reflexionen auf die Übertragungssysteme größer als bei DDM. Detaillierte Untersuchungen hierzu sind z. B. in ITU G983.wdm [28.1] zu finden.

Codemultiplex

Beim CDM werden die Signale im Frequenzgleichlageverfahren im Duplexbetrieb übertragen [28.8]. Die Bitströme der beiden Übertragungskanäle werden dabei, jeder für sich, mit einer eigenen Codefolge sehr großer Bitrate multipliziert und damit über ein weites Frequenzband ‚verschmiert'. Diese Spektrumspeizung wird auf der Empfängerseite durch eine nochmalige Multiplikation mit der gleichen Codefolge wieder aufgehoben. Während das erwünschte Signal wieder hergestellt wird, werden nun alle Störsignale, die z.B. durch Reflexionen und Übersprechen hervorgerufen werden, durch die hohe Taktrate über das gesamte Frequenzband verteilt. Damit fällt in den Empfangsbereich nur ein geringer Anteil dieses Störsignals, der als Rauschen detektiert wird. Für eine hohe Güte dieses Verfahren werden Codefolgen mit guten Kreuz- und Autokorrelationseigenschaften benötigt, d. h. erwünscht ist eine flache Kreuzkorrelationsfunktion und eine eindeutige möglichst nur zweiwertige Autokorrelationsfunktion. Die Störimmunität der Übertragung erhöht sich mit der Länge der benutzten Codefolge. Die sich hieraus ergebende erforderliche sehr große Übertragungsbitrate bedingt breitbandige optische Empfänger. Die im Vergleich zu schmalbandigen Empfängern geringere Empfindlichkeit verringert das Leistungsbudget. Als Koppelelemente sind hier einfache und preiswerte 3 dB-Leistungskoppler geeignet. Damit wird aber auch hier wieder das verfügbare Leistungsbudget um ca. 7 dB reduziert.

Die Übersicht in Tabelle 28.6 faßt die Merkmale der bidirektionalen Übertragungsverfahren in einem qualitativen Vergleich zusammen.

Eine Gegenüberstellung der Eigenschaften von Systemen mit einer bzw. zwei Glasfasern enthält Tabelle 28.7.

Tabelle 28.7. Vergleich 1-Faser zu 2-Faser-System

Merkmal		1-Faser-System	2-Faser-System
Kosten:	Glasfaser	++	–
	Stecker, Spleiße	++	–
	Sender-/Empfänger	–	+
Einfluß von Reflexionen		–	++
Übersprechempfindlichkeit		–	++
Optische Sendeleistung		–	+
Upgrade-Möglichkeiten		+	++

28.4.2 Übertragungs- und Kanalzugriffsverfahren für PON

In Netzen mit P-MP-Übertragung wie in einem PON nutzen mehrere Teilnehmer gemeinsam ganz oder teilweise den gleichen Übertragungskanal. Für eine störungsfreie Übertragung sind nun Multiplexverfahren zur gemeinsamen Übertragung der Kanäle und Zugriffstechniken für das Ein- und Auskoppeln der individuellen Teilnehmerkanäle erforderlich. Jeder Teilnehmer muß in der Lage sein, den ihm zugewiesenen Nachrichtenkanal sicher aus dem Summensignal herausfiltern zu können. Hierbei werden prinzipiell die gleichen Multiplextechniken eingesetzt wie bei der bidirektionale Übertragung über eine Faser, allerdings müssen nun nicht nur zwei Übertragungsrichtungen bereitgestellt wer-

a Mehrfachzugriff im Zeitmultiplex (TDMA)

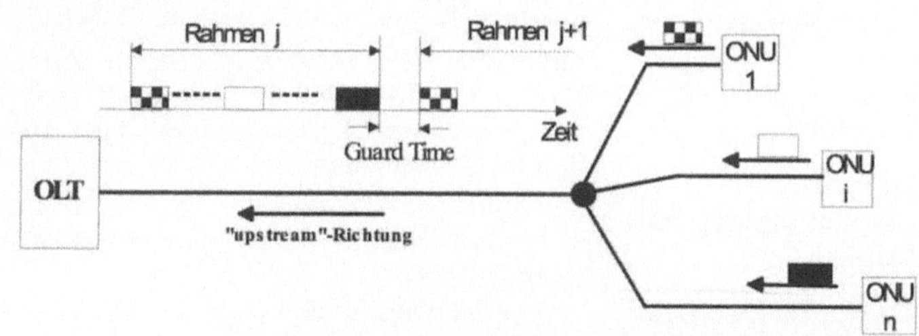

b Mehrfachzugriff im Frequenzmultiplex (FDMA)

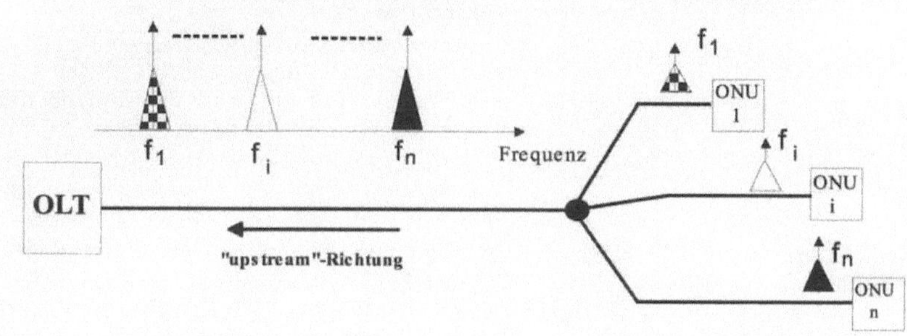

c Mehrfachzugriff im Codemultiplex (CDMA)

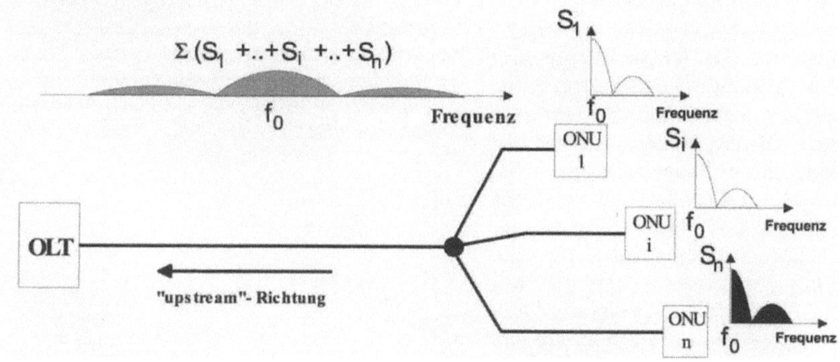

Abb. 28.19. Mehrfachzugriffsverfahren: **a** Zeitmultiplex, **b** Frequenzmultiplex, **c** Codemultiplex

den, sondern in jeder Übertragungsrichtung werden nun zusätzlich noch eine größere Anzahl unabhängiger Kanäle übertragen. Erschwerend kommt bei P-MP-Netzen die Asymmetrie der Übertragung hinzu. Im ‚downstream' werden die Kanäle von nur einem Sender abgesetzt und von den einzelnen ONUs individuell empfangen. Die Koordinierung der Aussendung ist deshalb unproblematisch. Die Übertragung der ‚upstream'-Kanäle in Gegenrichtung ist dagegen wegen der MP-P-Übertragung erheblich komplexer. Weil die einzelnen Sender in den ONUs sich an lokal unterschiedlichen Standorten befinden, ist grundsätzlich eine Abstimmung der Übertragung notwendig, um Übertragungsstörungen zu vermeiden.

Geeignete Multiplexverfahren sind

- TDM (Time Division Multiplex),
- WDM(Wavelength Division Multiplex) und
- CDM (Code Division Multiplex),

bzw. Kombinationen hiervon. Entsprechend kann der Mehrfachzugriff durch

- TDMA (Time Division Multiple Access),
- FDMA (Frequency Division Multiple Access) und
- CDMA (Code Division Multiple Access)

vorgenommen werden, wobei Multiplexen und Zugriff grundsätzlich in der elektrischen oder in der optischen Lage erfolgen kann (Abb. 28.19a–c).

Zeitmultiplexverfahren

Beim Zeitmultiplexverfahren (TDM = Time Division Multiplex) werden die digitalen Bitströme der einzelnen Kanäle zeitlich ineinander geschachtelt und anschließend mit der hohen Summenbitrate übertragen, s. Abb. 28.19a. In PON ist dieses Verfahren nur für die Abwärtsrichtung, für die Übertragung vom OLT zu den ONU's, geeignet. Jede ONU empfängt den gesamten Bitstrom und sucht sich den für sie bestimmten Datenstrom heraus. Für den Verkehr in Aufwärtsrichtung muß verhindert werden, daß die Datenströme der einzelnen ONU's am OLT kollidieren. In diesem Fall wird das auch aus der Satellitentechnik her bekannte Zeitmultiplexverfahren mit Vielfachzugriff, TDMA (Time Division Multiple Access) im Burstbetrieb eingesetzt, um den individuellen Kanalzugriff zu ermöglichen. Jede ONU sendet ihre Daten nur in dem für bestimmten Zeitschlitz zur OLT, so daß dann die Daten der angeschlossenen ONUs in richtiger Reihenfolge empfangen werden. Außerhalb der Burstperiode bleiben die Sender abgeschaltet. Kritisch ist die Bestimmung des Sendezeitpunktes. Da die Übertragungswege zu den einzelnen ONUs im Normalfall unterschiedlich lang sind, muß die Laufzeit vor Inbetriebnahme des Systems eingemessen und für jede ONU individuell durch den Einbau von Verzögerungsleitungen so ausgeglichen werden, um virtuell gleiche Übertragungslaufzeiten zwischen OLT und den ONUs sicherzustellen. Zusätzlich zu diesem als Grob-Ranging (coarse Ranging) bezeichnetem Verfahren wird während der Übertragung noch eine Fein-Ranging Prozedur durchgeführt, die Laufzeitschwankungen, z.B. durch Temperatureinflüsse ausgleichen soll. Außerdem wird auch beim TDMA-Verfahren noch eine zusätzliche Schutzzeit (guard time) zwischen den einzelnen Datenpaketen eingefügt (Abb. 28.20).

Um bei diesem Burstbetrieb eine schnelle und sichere Takt- und Trägersynchronisation zu garantieren, ist eine entsprechende Dimensionierung der Empfängerschaltung im OLT notwendig.

Bei TDMA gilt wie beim TCM-Verfahren, daß die Summenbitrate immer größer ist als die Summe der Bitraten der Einzelkanäle. Hieraus folgt, daß bei höheren Kanalbitraten bzw. bei größerem Aufteilungsfaktor bereits sehr schnell recht hohe Bitströme zu verarbeiten sind, s. Tabelle 28.8. Wegen der notwendigen Schutzzeiten verschlechtert sich das Verhältnis Brutto-/Nettobitrate und die Anforderungen an das Ranging nehmen zu. Der Einsatz des TDM/TDMA-Verfahrens im Breit-

Tabelle 28.8. Anstieg der Systembitrate als Funktion von Aufteilungsfaktor und ONU-Größe

Aufteilungs-faktor	mittl. Bitrate je ONU in Mbit/s	Systembitrate im PON in Mbit/s
16	2	> 32
16	8	> 128
16	16	> 256
32	2	> 64
32	8	> 256
32	16	> 512
64	2	> 128
64	8	> 512
64	16	> 1024

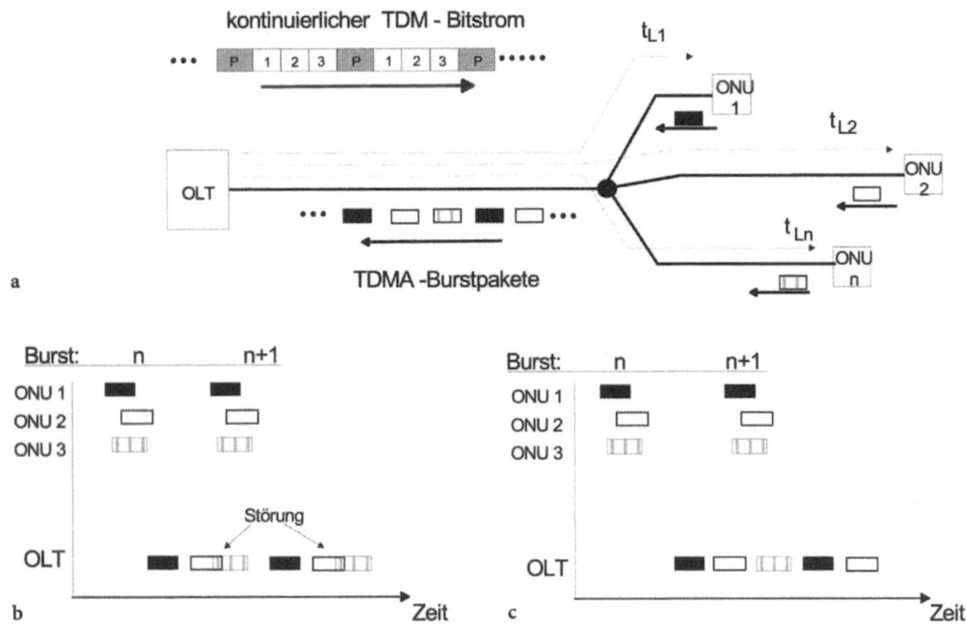

Abb. 28.20. Ranging in TDMA-PONs

band-PON gestattet deshalb nur moderate Systemgrößen, d.h. es kann nur eine kleinere Anzahl von Teilnehmern in einem PON versorgt werden. Ein besser geeignetes und flexibleres Konzept für Breitbandübertragung im PON auf TDM-Basis ist der Einsatz der sogenannten asynchronen Technik, das Asynchrone Transfer Modus-(ATM-)Verfahren. Das Übertragungskonzept, ATM-Betrieb auf PON wird auch APON genannt.

ATM über PON

Während beim TDM jedem Teilnehmer ein Kanal mit definierter Bitrate zugewiesen wird, unabhängig davon, ob diese Übertragungskapazität zu jedem Zeitpunkt benötigt wird, geht ATM von einer paketweisen Übertragung aus. Die Information wird in Datenpakete gleicher Länge aufgeteilt, die nacheinander übertragen werden. Jedes Paket besteht einer festen Anzahl von Bytes, zusammengesetzt aus je einem Anteil für die Informationsübertragung (Payload) und für die Adressierung (Header). ATM-Verbindungen werden im Zeitmultiplex betrieben. Eine ATM-Verbindung kann deshalb auch von mehreren Diensten genutzt werden, wobei die verfügbaren Zellen je nach Bedarf flexibel zugewiesen werden. Bei der Übertragung besteht selbst kein fester Zusammenhang zwischen den einzelnen Paketen, die Zuordnung zu den Diensten wird erst nach Auswertung der Header am Ziel wiederhergestellt. Man erreicht somit eine dynamische Bandbreitenzuweisung und jeder Dienst belegt nur die Bandbreite, die tatsächlich erforderlich ist. Im Extremfall können sogar alle Zellen nur einem Dienst zugewiesen werden, der dann mit maximaler Übertragungsrate übertragen wird. Die Gesamtheit aller Zellen, die von einem bestimmten Dienst belegt werden, wird als ‚virtueller Kanal' VC (Virtual Channel) bezeichnet.

APON-Systeme werden wegen dieser Flexibilität für den Betrieb von breitbandfähigen Teilnehmer-Zugangsnetzen favorisiert und sind mittlerweile auch kommerziell verfügbar.

Bei der Aussendung an die nachrichtenhaltigen Datenpakete (‚payloads') jeweils Overheadbytes mit Synchronisierungs- und Steuerfunktionen angehängt, sog. PLOAM-Zellen (Physical Layer OAM-cell). Auch bei APONs muß für eine störungsfreie Übertragung in Richtung OLT sichergestellt sein, daß keine Überlappung der Burstpakete unterschiedlicher ONUs stattfindet. Wegen der hohen Datenrate und weil die den einzelnen ONUs zugewiesene Übertragungskapazität von Ver-

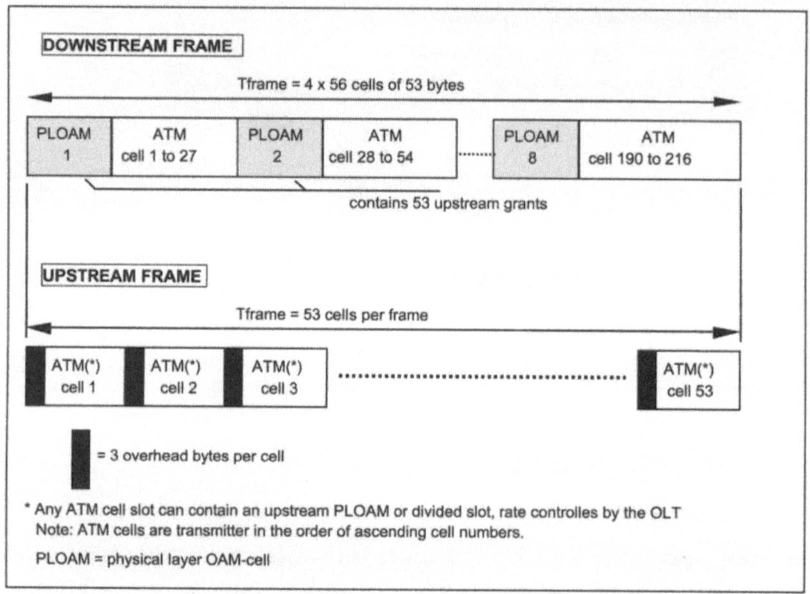

Abb. 28.21. Zellrahmenstruktur für das FSAN-APON nach ITU G.983.1 [28-20]

bindung zu Verbindung variieren kann ist beim APON die Rangingprozedur aufwendiger als beim reinen Zeitmultiplexbetrieb [28.9]. Damit steigen auch die Anforderungen an die Empfänger.

Wellenlängenmultiplexverfahren

Wellenlängenmultiplex (WDM = Wavelength Division Multiplex) ist der Oberbegriff für die optische Vielträgertechnik [28.10]. Hierbei werden die Quellensignale auf einzelnen, in der Frequenzlage gegeneinander versetzten, optischen Trägerwellen übertragen. Findet der Multiplexvorgang in der optischen Frequenzlage statt, spricht man allgemein vom Wellenlängenmultiplex (WDM), während die Methode, die Kanäle zunächst in der elektrischen Ebene zu multiplexen und dann anschließend das Multiplexsignal auf den optischen Sender zu geben, als Unterträgermultiplex (SCM = Subcarrier Multiplexing) bezeichnet wird. Je nachdem, wie groß der Frequenzabstand zwischen den Einzelkanälen ist, unterscheidet man Wellenlängenmultiplex (WDM), dichtes Wellenlängenmultiplex, optisches Frequenzmultiplex (OFDM = Optical Frequency Division Multiplex) und Unterträgermultiplex (SCM = Sub-Carrier Multiplex),

Tabelle 28.9. Übersicht Wellenlängenmultiplexverfahren

Bezeichnung	Multiplex-ebene	Kanalraster
WDM	optisch	n* 10 nm
DWDM	optisch	n* 1 nm
OFDM (HDWDM)	optisch	n* 0,01–0,1 nm
SCM	elektrisch	n* 1 MHz

s. Tabelle 28.9. OFDM wird vereinzelt auch noch als sehr dichtes Wellenlängenmultiplex (HDWDM = High Dense WDM) bezeichnet.

Nur die Wellenlängenmultiplextechnik ist in der Lage, die riesige Bandbreite der Faser für die Kommunikation verfügbar zu machen. Während bei der elektrischen Zeitmultiplextechnik die elektro-optischen Umsetzer die Systemkapazität auf Bitraten von einigen zehn Gigabit/s begrenzen, kann im WDM-Betrieb jeder einzelne optische Träger individuell mit dieser Bitrate beaufschlagt werden. Mit WDM ist graduelle Netzerweiterung möglich. Steigt der Kommunikationsbedarf an, dann kann die Kapazität des vorhandenen Fasernetzes einfach durch Hinzufügen einer neuen Trägerwellenlänge erweitert werden. Jeder Träger kann individuell genutzt werden. Je nach Bedarf können die Träger mit digitalen oder analogen Signalen moduliert werden. So ist auch der Betrieb von TDM-Systemen auf jeder Wellenlänge möglich. Die Bitrate mit der ein Einzelträger beaufschlagt werden kann, hängt nur vom Kanalabstand ab.

Eine notwendige Voraussetzung bei WDM-Systemen ist die Koordinierung der Sendefrequenzen. Jeder Teilnehmer darf nur das ihm zugewiesene Frequenzband nutzen, um einerseits eine Störung durch Übersprechen zu vermeiden und um andererseits die sichere Identifizierung der einzelnen Teilnehmer anhand der individuell zugeordneten Sendefrequenz zu gewährleisten. Die Sender müssen jeweils so auf eine gemeinsame Frequenzreferenz stabilisiert werden, daß die zulässigen Toleranzen nicht überschritten werden. Die Anforderungen an die Frequenzstabilisierung steigen mit der Kanaldichte und mit zunehmender Kanalzahl. Beim Einsatz von OFDM-Systemen kann es notwendig sein, die einzelnen optischen Trägerfrequenzen so genau zu synchronisieren, daß nur maximale Abweichungen von der Sollfrequenz in der Größenordnung von einigen Megahertz möglich sind.

Empfänger und Sender in WDM-Systemen sind im optischen Teil aufwendiger als bei TDM-Systemen, da sie entweder optische Selektionsmittel besitzen und/oder optisch in der Frequenz abstimmbar sein müssen. Der elektrische Teil hingegen ist einfacher zu realisieren, da die gesamte Multiplexfunktion entfällt. WDM-Netze können danach unterschieden werden, wie die Kanalwahl durchgeführt wird:

1. feste Sendefrequenz, feste Empfangsfrequenz,
2. feste Sendefrequenz, abstimmbarer Empfänger,
3. abstimmbarer Sender, fester Empfänger,
4. abstimmbarer Sender, abstimmbarer Empfänger.

Im ersten Fall ist offensichtlich nur eine feste Verbindung zwischen zwei festen Partnern möglich. Für ein WDM-System muß der Sender einen optischen Trägerkamm erzeugen, bei dem dann jeweils eine feste Frequenz einem bestimmten Empfänger zugeordnet ist. Der Empfänger muß mit einem optischen Selektionselement (Filter, Demultiplexer) ausgerüstet sein, um störfrei empfangen zu können. In diesem Fall wird auch auf einem PON eine P-P-Verbindung realisiert.

Tabelle 28.9 faßt die charakteristischen Daten möglicher frequenzselektiver Komponenten in einer Übersicht zusammen, Abb. 28.22 vergleicht die Eigenschaften der passiven Koppelelemente bei WDM-Betrieb. Die WDM-Netze in den Fällen 2–4 haben zusätzlich noch eine Vermittlungsfunktion, da jeder Sender

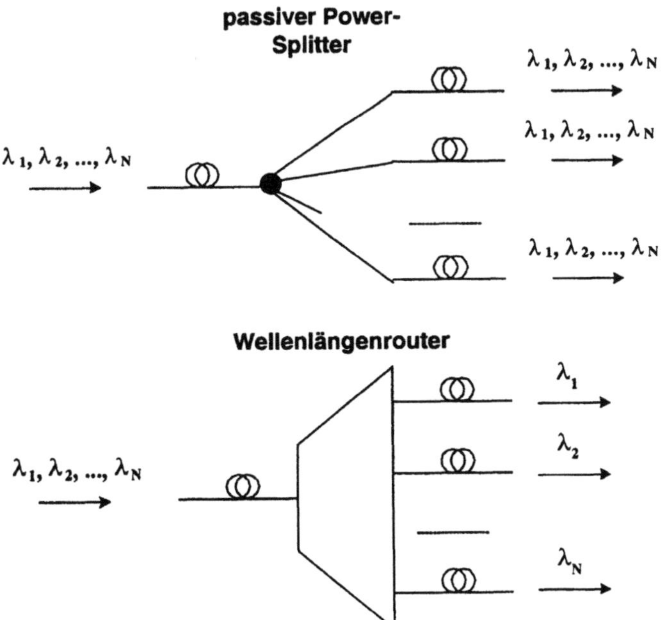

Abb. 28.22. Leistungstungsteiler und WDM-Demultiplexer (Router) im WDM-Betrieb

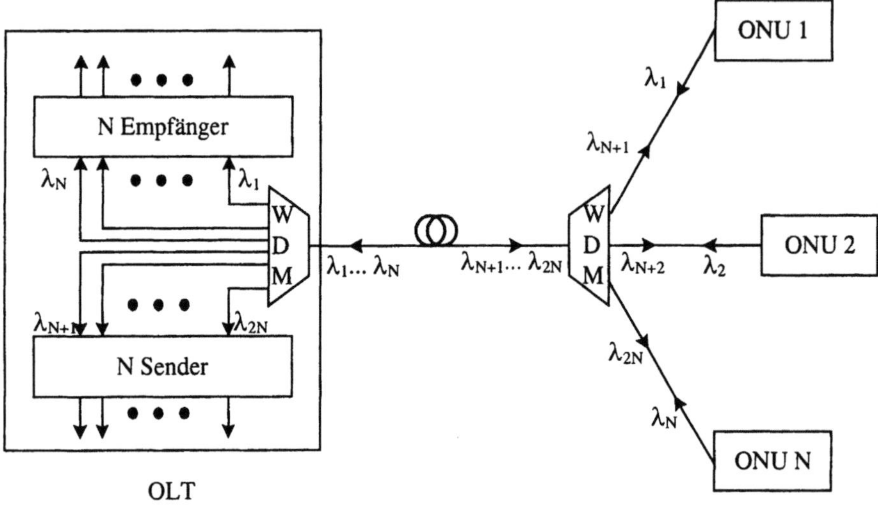

Abb. 28.23. „Passive Photonic Loop" (PLL) als Beispiel für eine WDM-PON-Realisierung vom Typ 3 [28-10]

individuell mit jedem Empfänger verbunden werden kann.

WDM-Zugangsnetze sind schon bereits in vielen Demonstratoren realisiert worden und haben ihre Universalität nachgewiesen [28.12]. Das Hauptproblem, die Herstellung preiswerter, feldtauglicher WDM-Laser und Demultiplexer ist noch ungelöst. Sollte es allerdings gelingen, integrierte Heterodynempfänger [28.11] preiswert herzustellen, ist zu erwarten, daß OFDM-Netze bevorzugt eingeführt werden. Sie haben den Vorteil, daß nur ein einheitliches optisches ‚Frontend', der integrierte Heterodynempfänger als optischer Tuner, notwendig ist, an dem dann die je nach Systemauslegung (Bitrate) erforderliche elektronische Empfängerschaltung angeschlossen werden kann. Es ist kein Ranging und kein aufwendiges Zeitmultiplexverfahren mehr notwendig. Die notwendige Frequenzüberwachung kann mit elektrischen Methoden im In-Band Verfahren realisiert werden.

Elektrisches Trägerfrequenzmultiplex (SCM)

Beim elektrischen Trägerfrequenzmultiplex werden die Kanäle bereits in der elektrischen Ebene auf Hilfsträger aufmoduliert (Abb. 28.19b). Man bezeichnet dieses Verfahren deshalb auch als Hilfsträgertechnikmultiplex (SCM = Sub Carrier Multiplexing). Am OLT wird hierbei jedem Kanal ein Hilfsträger mit definierter Frequenz fest zugewiesen. Die modulierten Trägersignale werden anschließend summiert und das Gesamtsignal dann dem Sendelaser zugeführt. Teilnehmerseitig wird das gesamte Signal vom optischen Empfänger wieder in die elektrische Ebene ungesetzt. Anschließend wird mit elektrischen Filtern der gewünschte Kanal selektiert. Bei der Übertragung in Gegenrichtung wird von jeder Station nur ein modulierter Hilfsträger definierter Frequenz auf den Sendelaser gegeben. Die ONU empfängt gleichzeitig die Summe aller gesendeten Signale und setzt diese wiederum in die elektrische Ebene um. Anschließend werden die Kanäle in einer elektrischen Filterbank wieder getrennt. SCM-Systeme sind voll transparent und technisch einfach zu realisieren, da für die Signalverarbeitung nur elektrische Komponenten benötigt werden und bei der Übertragung von Digitalsignalen keine großen Anforderungen an den Sendelaser gestellt werden. Sie sind für mittlere Bitraten (bis zu etwa 2–10 Mbit/s, je nach Kanalzahl) geeignet.

Codemultiplexverfahren

Das Prinzip der Codemultiplexübertragung zeigt Abb. 28.19c. Im Gegensatz zu TDM und FDM wird beim Codemultiplex (CDM = Code Division Multiplex) derselbe optische Kanal von allen Teilnehmern gleichzeitig belegt. Für die störungsfreie Übertragung wird jedes Sendesignal S_i ($i = 1 \dots n$) mit einer teilnehmerindividuellen Codesequenz C_j ($j = 1 \dots n$) moduliert. Auf der Empfängerseite wird anschließend mit einem Korrelationsempfänger der gewünschte Kanal durch Multiplikation mit der Codesequenz C_i aus dem Spektralgemisch wieder herausgefiltert. Voraussetzung bei dieser Betriebsart sind Codes mit guten Kreuzkorrelationseigenschaften, um eine eindeutige Kanaltrennung zu ermöglichen und damit die Signale wieder sicher herzustellen. Ein zusätzlicher Vorteil der CDM-Technik ist der Prozeßgewinn G proportional dem ‚Spreizungsfaktor' B/b, dem Verhältnis der Übertragungsbandbreite (B) zur Signalbandbreite (b). Für optische Übertragungssysteme sind Werte für G in der Größenordnung von etwa 5000 möglich, bei einer angenommenen Signalbitrate von 2 Mbit/s und einer (optischen) Übertragungsbitrate von 10 Gbit/s. Wegen des Fehlens geeigneter breitbandiger elekto-optischer Wandler kann der verfügbare riesige optische Übertragungsbereich nicht optimal genutzt werden und die Vorteile und Stärken des CDMA-Verfahrens kommen hier nur begrenzt zum Tragen.

28.4.3 Störeinflüsse

Die optische Signalübertragung kann durch eine Vielzahl von Effekten störend beeinflußt werden. Hierzu gehören u.a. Dispersion und Polarization aber auch z.B. die stimulierte Brillouin Streuung (s. Kap. 4), die z.B. begrenzend auf die optische Sendeleistung einwirkt. In optischen Zugangsnetzen sind aber zwei Arten von Effekten von besonderer Bedeutung:

- verteilte und feste Reflektionen, die bei bidirektionaler Übertragung in P-MP- oder MP-P-Netzen Probleme verursachen können, und
- die Erzeugung neuer Frequenzen durch nichtlineare Prozesse, die bei der Auslegung von optischen Mehrträgersystemen berücksichtigt werden müssen.

Störungen durch Reflektionen

Die Kostenvorteile bei Einfaserbetrieb müssen gegen eine grundsätzlich geringere Toleranz hinsichtlich der nichtidealen Eigenschaften des realen Übertragungskanals abgewogen werden. Rayleigh-Streuung, Nahübersprechen, das Übersprechen verursacht durch die nichtideale Isolation zwischen Sende- und Empfangskanal im Duplexer, und Fernübersprechen, hervorgerufen durch Reflexionen an Stoßstellen auf der Strecke, sind die Ursache dafür, daß Anteile des gesendeten Nutzsignals reflektiert werden. Diese Signalanteile überlagern sich dem aus der Gegenrichtung kommenden Nutzsignal und können die Empfangsqualität störend beeinflussen. Neben der Störbeeinflussung muß auch noch die Wirkung dieser Störleistung auf die Sicherheitsabschaltung der optischen Sender berücksichtigt werden. Der störende Interferenzpegel muß nicht nur hinreichend klein sein, um die Übertragungsqualität nicht zu beeinträchtigen, sondern er muß sogar so gering sein, daß, bei Ausfall des Sendesignals der Gegenstation im Falle einer Faserunterbrechung, die LOS-Erkennung (LOS = loss of signal) sicher funktioniert.

Im einfachsten Fall besteht das Übertragungssystem bei Duplexbetrieb aus Sender und Empfänger, die jeweils über den Duplexer an die beiden Enden der Faserstrecke angekoppelt werden, siehe z.B. Abb. 28.17. Dieses Modell wird den folgenden Betrachtungen zugrunde gelegt.

Übersprechen durch Rayleigh-Streuung

Die durch Inhomogenitäten in der Glasfaser hervorgerufene Rayleigh-Streuung ist bei jeder Übertragung vorhanden und kann auch durch keine technische Maßnahmen unterdrückt werden. Das eingekoppelte Licht wird hierbei diffus gestreut, wobei bei bidirektionaler Übertragung auf einer Faser der Anteil des Streulichtes, der zum Sender zurückgestreut wird, die Störung verursacht, da er sich mit dem von der Gegenstation kommende Signal überlagert. Dieser Effekt ist wellenlängenabhängig und baut sich mit zunehmender Faserenlänge bis zu einem Maximalwert auf. Der Anteil der rückgestreuten Leistung $R(L)$ ergibt sich zu [28.13]:

$$R(L) = P_s \frac{bn}{ac} (1 - e^{-2\,aL})$$

mit P_s = optische Leistung des Sendesignals, b = Rayleigh-Rückstreufaktor

$$b = \frac{0.038 * \lambda^2}{(n * w_0)^2}$$

L = Faserlänge, a = Dämpfungsmaß, n = Gruppenbrechzahl, c = Lichtgeschwindigkeit, w_0 = Fleckradius, λ = Wellenlänge.

Für große Streckenlängen ($aL \gg 1$, d. h. $L >$ 20 km) vereinfacht sich dieser Ausdruck zu

$$R(L \to \infty) = P_s \frac{bn}{ac}$$

Durch Rayleigh-Streung wird bei einer Wellenlänge von $\lambda = 1550$ nm ($a = 0{,}2$ dB/km) im ‚worst case' ein Anteil von etwa −32 dB der ausgestrahlten optischen Sendeleistung P_s von der Faserstrecke aus zum Sender reflektiert. Bei einer Wellenlänge von $\lambda = 1300$ nm reduziert sich dieser Wert auf etwa −34 dB ($a = 0{,}4$ dB/km). Dieser Störpegel, vermindert um die Einfügedämpfung des Koppelelements, tritt auch an der Oberfläche des Photodetektors auf.

Übersprechen durch Fresnelreflexionen (Fernübersprechen)

Während die Rayleigh-Streuung bereits bei der Herstellung der Glasfaser ‚eingebaut' wird, lassen sich feste Reflexionen an Stoßstellen und Übergängen grundsätzlich durch hinreichende Spezifikationen der Komponenten und saubere Aufbautechnik beherrschen.

Kenngröße für das Verhältnis von anliegender zu reflektierter optischer Leistung an einem Bauteil ist das Reflexionsdämpfungsmaß a_r (return loss).

Im ungünstigsten Fall befindet sich die erste Reflexionsstelle direkt hinter der Anschlußstelle des Richtkopplers an die Übertragungsstrecke, vor der Steckverbindung. Bezeichnet man mit P_s die optische Sendeleistung und das Einfügedämpfungsmaß des Richtkopplers mit a_e, dann beträgt die Leistung in dB des störenden Interferenzsignals I_{FEXT} auf dem Photodetektor

$$I_{FEXT} = P_s - 2a_e - a_r\,.$$

Insbesondere beim duplexbetriebenen PON müssen ungenutzte Kopplerausgänge reflexionsfrei abgeschlossen werden.

Übersprechen durch unzureichende Isolation (Nahübersprechen)

An die Komponenten zur Richtungstrennung sind besonders hohe Anforderungen hinsichtlich einer hinreichenden Übersprechdämpfung (isolation) $a_ü$ zu stellen, um das direkte Nahübersprechen des starken optischen Senders auf den Empfänger so stark zu reduzieren, daß die Übertragungsqualität nicht beeinflußt wird und der Pegel der überkoppelnden optischen Sendeleistung unter der Ansprechschwelle für die ‚Loss of Signal-' (LOS-) Detektion liegt.

Für Koppler/Verzweiger die auf Faserbasis bzw. integriert-optisch als Planarelement hergestellt worden sind, können Übersprechdämpfungswerte von $a_ü > 50$ dB erzielt werden. Bei der Verwendung von konzentrierten Elementen ist dieser Wert üblicherweise schlechter.

Die Störleistung I_{NEXT} in dB ergibt somit zu

$$I_{NEXT} = P_s - a_ü$$

Mögliche Reflektionseinflüsse werden bei der Systemauslegung im Systembudget über ein zusätzliches Margin zur Kompensation der möglichen Reflektions-Penalty δ berücksichtigt. Die Abschätzung der Penalty δ in dB kann unter Zuhilfenahme folgender empirisch ermittelter Gleichung durchgeführt werden [28.13:

$$\delta = \frac{(P_S - a_R - E + 15)^2}{45}$$

Hierbei bezeichnet E die Empfindlichkeit des Empfängers in dBm, a_R die Reflektionsdämpfung des Systems in dB und P_S die mittlere optische Sendeleistung in dBm. Diese Gleichung gilt für den Fall $P_S \geq a_R + E - 15$, im entgegengesetzten Fall bleiben mögliche Reflektionen ohne störenden Einfluß.

Übersprechen durch nichtlineare Fasereffekte:

Bei optischen Mehrträgersystemen können durch

- stimulierte Brillouin Streuung (SBS = Stimulate Brillouin Scattering),
- Vier-Wellen Mischung (FWM = Four Wave Mixing)

zusätzliche optische Träger erzeugt werden, die in die Übertragungskanäle fallen und dadurch Störungen verursachen. Bei SBS bewirkt die Interaktion des Lichtes mit akustischen Schwingungen in der Faser, daß mit steigender optischer Signalleistung ein immer größerer Anteil des eingestrahlten Lichtes zur Einkoppelstelle zuückgestreut wird (vergl. Kap. 4). Die optische Frequenz der reflektierten Lichtwelle liegt um etwa 10–13 Ghz tiefer als die der eingestrahlten Lichtwelle. Sofern bei der Festlegung eines bidirektionalen

WDM-Systems darauf geachtet wird, daß Hin- und der Rückkanal hinreichenden Frequenzabstand zueinander haben, bleibt dieser Effekt – abgesehen von der Reduzierung der Sendeleistung – ohne Bedeutung.

FWM ist ebenfalls ein fundamentaler Prozeß (s. Kap. 4), wobei hier die Ursache im intensitätsabhängigen Brechungsindex der Faser begründet liegt. Der Effekt baut sich entlang der Faserstrecke auf und hat maximale Wirkung bei Phasenanpassung. FWM erzeugt aus Kombinationen von jeweils 3 optischen Trägern (f_1, f_2, f_3) eine neue Frequenz

$$f_4 = f_1 + f_2 - f_3$$

in der Faser, die sich in gleicher Richtung ausbreitet wie die erzeugenden Frequenzen. Je größer der optische Kanalabstand ist, umso geringer ist die Störwirkung. Bei der Übertragungswellenlänge von 1550 nm und dem Einsatz von Standard-Einmodenfasern hat FWM keinen störenden Einfluß mehr, wenn der Kanalabstand >30 GHz ist. Beim Einsatz von dispersionsverschobenen Fasern ist wegen der hierbei besseren Phasenanpassung aber bereits einen Kanalabstand von >100 GHz für eine störungsfreie Übertragung notwendig.

28.5 Der Glasfaseranschluß

Der teilnehmerseitige Netzabschluß in optischen Zugangsnetzen (Optical Network Unit. ONU) muß

- die vom OLT kommenden optischen Signale in elektrische Signale wandeln, aufbereiten und an die elektrischen Teilnehmerschnittstellen übergeben, und
- die von den Teilnehmerschnittstellen kommenden elektrischen Signale bündeln und in für die optische Übertragung geeignete Signale wandeln.

Die hierfür notwendigen Funktionsblöcke zeigt Abb. 28.24.

Für einen großflächigen Einsatz im Zugangsnetz sind gleichzeitig konstruktive und betriebliche Randbedingungen wie

- geringer Leistungsverbrauch,
- stabiler Betrieb über weite Temperaturbereiche,
- kompakter und robuster Aufbau,
- lange Lebensdauern

zu erfüllen.

Ein sehr wichtiger Aspekt bei der Konzeption optischer Zugangsnetzsysteme ist die Verfügbarkeit preiswerter optischer Netzabschlüsse auf der Teilnehmerseite. Da leicht einzusehen ist, daß das Netzabschlußkonzept und das Übertragungsverfahren nicht unabhängig voneinander sind, muß zumindest versucht werden, Gemeinsamkeiten so weit wie möglich zu nutzen, um kostensenkende Fertigungsvorteile über große Stückzahlen zu erreichen. Eine Schlüsselkomponente in der ONU bei allen Systemen ist aber der Abschluß der optischen Übertragungsstrecke durch den optischen Transceiver (**Trans**mitter/Re**ceiver**), eine Kombination aus optischem Sender und optischem Empfänger. Obwohl manchmal auch die auf einer gemeinsamen Platine kombinierte Einheit von separatem optischen Sender und Empfänger bei Zweifasernetzen als Transceiver bezeichnet wird, wird hier unter dem Transceiver die Komponente verstanden, die die optische Übertragungsstrecke einer bi-

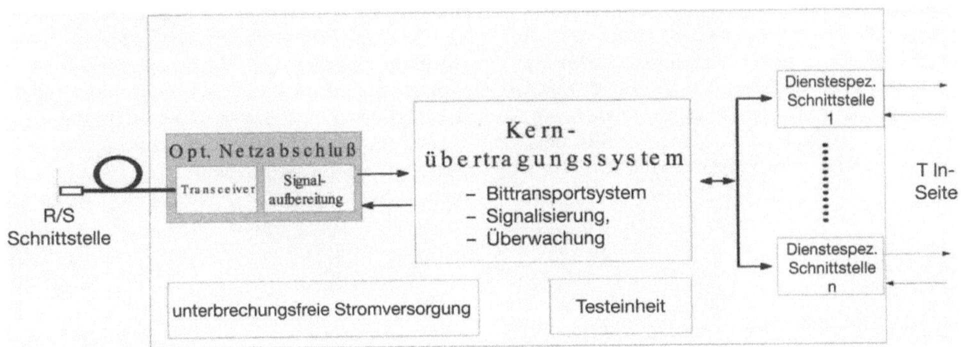

Abb. 28.24. ONU, Blockdiagramm

direktional betriebenen Glasfaser abschließt. Insbesondere für den teilnehmerseitigen Netzabschluß in der ONU ist man speziell daran interessiert, diese Komponente in einer kompakten, einfach herzustellenden Einheit zu integrieren, um kostengünstige und für den Massenmarkt geeignete Komponenten zu erhalten.

Die Justage- und Einkoppeltechniken bei optischen Komponenten, die zumindest bei geringeren bis moderaten Stückzahlen oft noch manuell realisiert wird hat haben einen erheblichen Einfluß auf die Kostengestaltung. Kostentreibend ist immer auch noch die Herstellung der aktiven Komponenten, insbesondere der Laserdioden. Wesentliche Verbesserungen können hier erreicht werden, wenn eine steigende Nachfrage einen Übergang zur Massenfertigung ermöglichen würde und es gelingt, auch die notwendigen Bauelementeeigenschaften, wie weite Arbeitsbereiche (Temperatur) und geringer Stromverbrauch, durch ein vereinfachtes und robustes Chipdesign zu realisieren. Notwendig ist auch die Verbesserung der Charakterisierung, d.h. es muß möglich sein, ungeeignete Komponenten bereits auf dem Wafer zu selektieren und nicht erst nach der Montage der Lasereinheit. Damit der ONU auch in wechselnder Umgebung mit großen Temperaturschwankungen eingesetzt werden kann, müssen insbesondere die optischen Sender so ausgelegt sein, daß ein sicherer Betrieb auch ohne die sonst üblicherweise erforderlichen aufwendigen Stabilisierungsmaßnahmen möglich ist.

28.5.1 Transceiver

Für die bidirektionale Übertragung der Informationenen auf einer Faser wird an jedem Ende der Glasfaserstrecke ein Transceiver benötigt. Wie bereits erwähnt, muß der Aufwand für die teilnehmerseitigen Komponenten minimiert werden, während bei der Gestaltung der Kopfstation diese Forderung wegen der Kostenumlegung auf viele Teilnehmer von erheblich geringerer Bedeutung ist, s.a. Abb. 28.10. Für die Anwendung in Zugangsnetzen sind deshalb Übertragungskonzepte von besonderem Interesse, bei denen ein wesentlicher Teil des Aufwandes zur Kopfstation hin verlagert werden kann, z.B. dadurch, daß sein sehr leistungsstarker hochwertiger optischer Sender beim OLT eingesetzt wird, während der Sender im optischen Netzabschluß der ONU beim Teilnehmer nur aus einer passiven Komponente besteht, die einen Teil dieser Sendeleistung auskoppelt, mit dem ‚upstreamsignal' moduliert, und zum Sender reflektiert.

Grundsätzlich lassen sich folgende Transceiver-Typen unterscheiden:

- Standard-Transceiver, der ‚normale' Transceiver bei dem ein optisches Sendeelement, eine LED oder eine Laserdiode, und eine Photodiode über einen Duplexer gekoppelt werden,
- Laserdioden-Transceiver, bei dem die Laserdiode abwechselnd als Sender oder als Empfänger betrieben wird, und
- Reflektions-Transceiver. Dieser Transceivertyp hat ebenfalls nur ein aktives optisches Element, die Photodiode des Empfängers, und verwendet als Sendeelement einen passiven Reflextionsmodulator, der einen Teil des ankommenden Lichtes moduliert und anschließend zur Gegenstation reflektiert.

Bei der opto-elektronischen Integrationstechnik ist hinreichende Integrationstiefe bei gleichzeitiger Universalität anzustreben, d.h. neben dem Transceiver sollten auch auch sämtliche elektronischen Kontroll- und Regelkreise für die opto-elektronische Umsetzer mit integriert werden. Die Schaltkreise für die system- und dienstespezifische Elektronik werden zweckmäßiger als separate elektronische Schaltkreise realisiert und extern angeschaltet.

Technologischevorschläge reichen vom ‚mikrooptisch-hybriden' [28.15] über den ‚planar-optischen' [28.16] bis zum ‚monolithisch integrierten' Transceiver [28.17]. Während bei Kleinserien hybride Transceiver immer noch konkurrenzfähig sind, sind planar-optische Transceiver mittlerweile Stand der Technik. Für Massenmarktanwendungensind aber noch weitere Kostenoptimierungen notwendig. Monolithische Transceiver sind als Labormuster und Kleinserien verfügbar, die übertragungstechnischen Eigenschaften müssen aber noch verbessert werden, bevor an einen Einsatz gedacht werden kann. Auch ist bisher noch zweifelhaft, ob bei diesen doch schon komplexen integrierten Strukturen die Ausbeute eine kostengünstige Fertigung erlaubt.

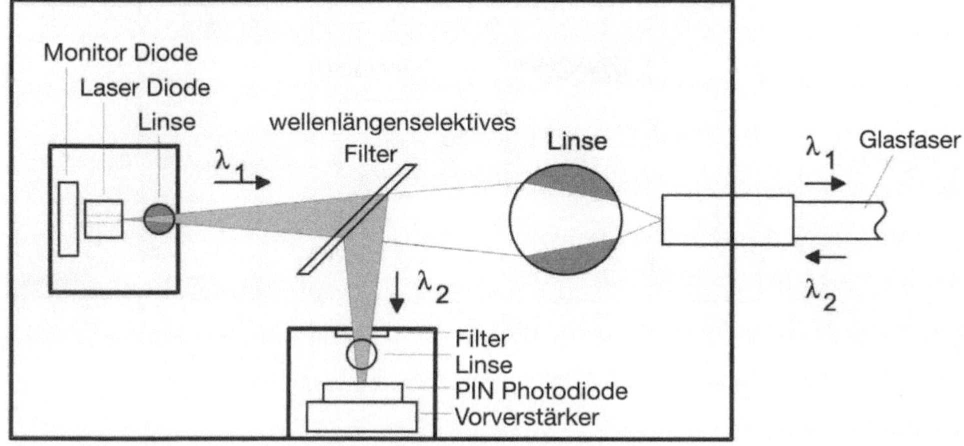

Abb. 28.25. Standard-Transceiver (Hybridversion)

Standard-Transceiver

In der Minimalversion besteht dieser Transceivertyp aus dem optischen Sender, dem optischen Empfänger und dem Koppelelement zur Ankopplung an die Glasfaser (Abb. 28.25).

Diese Ausführung des Transceivers bietet hinsichtlich möglicher Systemanwendungen die größtmögliche Flexibilität. Üblicherweise werden aus Kostengründen Fabry-Perot Laser als Sender und PIN-Dioden als Empfänger eingesetzt. Das Koppelelement ist je nach ge-

Tabelle 28.10. Beispiele für Transceiver

Parameter	Transceiver-Bauform			
	mikrooptisch-hybrid		planar-optisch	integriert-optisch
Wellenlänge in nm				
S	1300	1300	1300	1300
E1	1300	-	1300	1300
E2	-	1550	1550	1550
Laser	FP	FP	DFB	DFB
Sendeleistung (typ) in dBm	- 4	0	- 5	- 5
Bitrate in Mbit/s	155	622	29	622
Responsivity in A/W				
E1	0,4		0,25	0,35
E2		0,7		0,7
Einfügedämpfung in dB			10	6,2
Übersprechdämpfung in dB				
1300/1300	30			8,7
1300 /1550		50	> 30 dB	11,8
Größe	$10 \times 10 \times 10$ mm^3		ca. 40×10 mm^2	ca. 4×1 mm^2
Anwendung	TCM	WDM-Duplex bzw. TCM	TCM, zusätzlicher Empfangskanal für Verteilsystem vorhanden (WDM-Overlay)	TCM, zusätzlicher Empfangskanal für Verteilsystem vorhanden (WDM-Overlay)

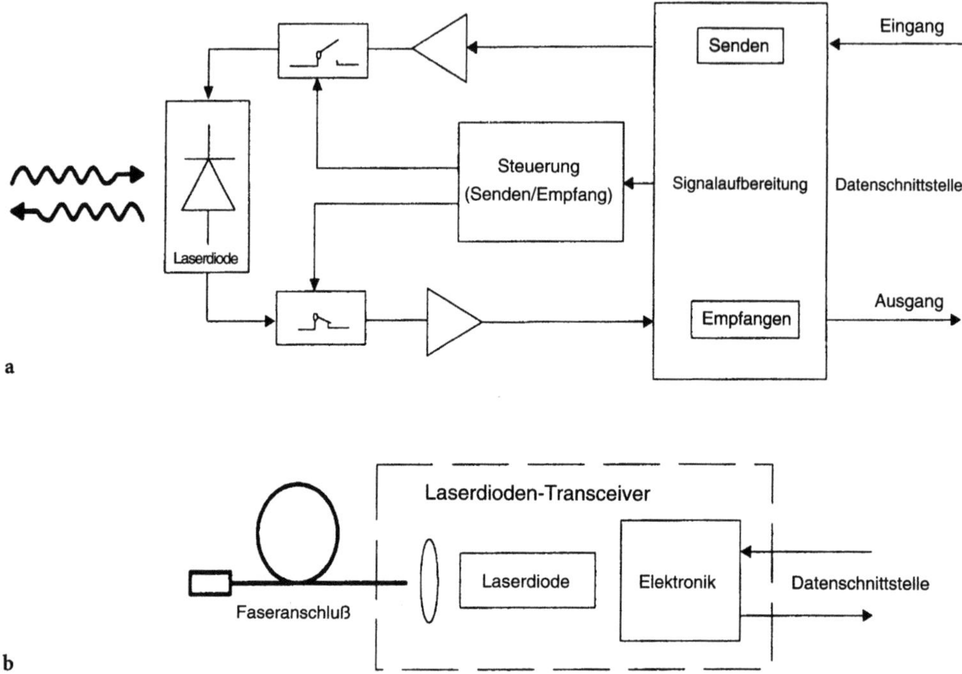

Abb. 28.26. Laserdioden-Transceiver: **a** Funktionsschaltbild, **b** prinzipieller Aufbau

wünschter Anwendung entweder ein einfacher Leistungsteiler/-koppler (bei TCM-Systemen) oder ein wellenlängenselektiver Koppler bei WDM-Systemen.

Transceivermodule müssen robust, kompakt und dabei sorgfältig konstruiert werden, um ein optisches und elektrisches Übersprechen zu vermeiden. Optisches Nahnebensprechen kann durch Streulicht oder Reflexionen innerhalb des Transceivers hervorgerufen werden, während die Ursache für optisches Fernnebensprechen Fresnelreflexionen in der optischen Verbindungsstrecke sind. Bei typischen optischen Empfangsleistungen in der Größenordnung von 100 nW und optischen Sendeleistungen in mW-Bereich sind Übersprechdämpfungen von 40–50 dB erforderlich, um Übertragungsstörungen durch Übersprechen zu vermeiden. Auch auf der elektrischen Anschlußseite muß durch geeignete konstruktive Maßnahmen ein Überkoppeln des Treiberstroms der Laserdiode auf den Pfad des Photodiodenstrom ausgeschlossen werden.

Kosten und minimaler Strombedarf favorisieren den Einsatz ungekühlter Laserdioden. Wegen der starken Temperaturabhängigkeit der Laserkennlinien sind damit aber schnelle Regelschaltungen notwendig, um eine Änderung des Extinktionsverhältnisses und damit eine Reduzierung des Modulationsgrades zu vermeiden.

Laserdioden-Transceiver

Laserdioden die mit inverser Vorspannung betrieben werden arbeiten als Photodetektoren (‚reverse Laser'), allerdings mit einer schlechteren Responsivity und bedingt durch die größeren internen Kapazitäten auch einer geringeren Bandbreite als konventionelle PIN-Dioden. Trotzdem bietet sich diese Schaltungsvariante bei TCM-Systemen, die im Halb-Duplexbetrieb bei mittleren Bitraten arbeiten, für eine kostengünstige Transceiver-Lösung an. Photodetektor und Koppler sind in diesem Fall nicht erforderlich und somit entfällt auch die 3-dB-Einfügedämpfung durch den Koppler, s. Abb. 28.26. Die Glasfaser wird direkt an die Laserdiode angekoppelt. Schnelles Umschalten zwischen Sender- und Empfängerbetrieb ist notwendig um die Schutzzeit nicht unnötig zu verlängern und den Übertragungswirkungsgrad nicht durch große Pausen

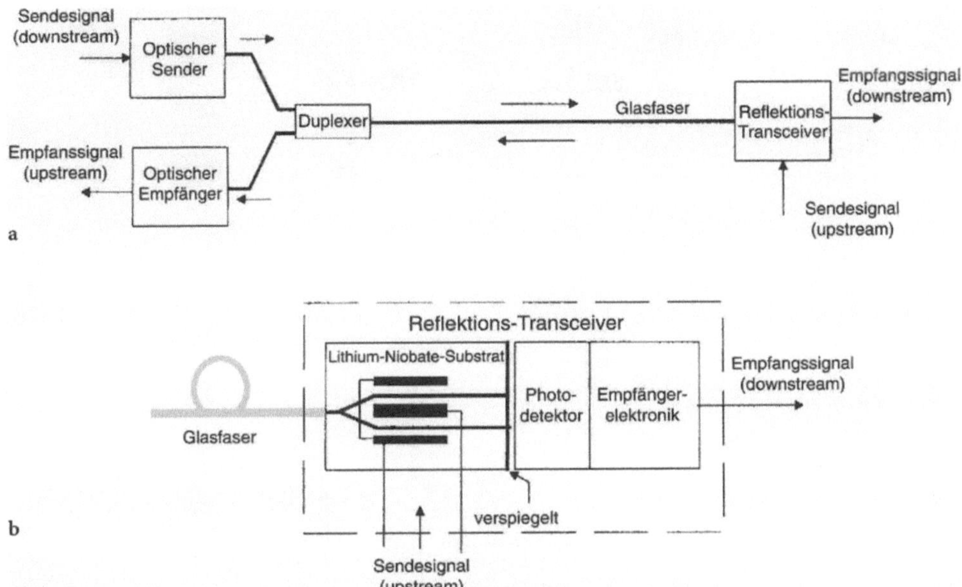

Abb. 28.27. Beispiel für Reflektions-Transceiver: **a** Funktionsschaltbild, **b** prinzipieller Aufbau

zu verschlechtern. Insbesondere beim Umschalten vom Sende- in den Empfangsbetrieb sind die parasitären Kapazitäten die Ursache für die großen Zeitkonstanen (Größenordnung einige 100 µs). Hier muß mit Schaltmaßnahmen (‚reverse biasing') die Entladestromcharakteristik verkürzt werden. Elektrisches Übersprechen muß auch bei diesem Typ durch eine geeignete Aufbautechnik (Schirmung und gute Masseführung) und die Entkopplung von Sender und Empfänger verhindert werden.

Reflektions-Transceiver

Bei diesem Konzept wird die aufwendigste Komponente im Transceiver, der optische Sender, durch einen passiven reflektiven Modulator ersetzt [28.18]. Ein Teil der ankommenden optischen Signalleistung wird auf diesen Modulator geleitet, moduliert und zum Empfänger zurückgesendet, s. Abb. 28.27. Ein grundsätzlicher Nachteil bei dieser Variante ist die erforderliche hohe optische Sendeleistung an der Kopfstation, die ausreichend sein muß, um zweimal die Übertragungsstrecke zu überbrücken und auch noch die Einfügedämpfung des optischen Modulators abzudecken.

28.6 Fiber in the loop (FITL) Realisierungen

28.6.1 Schmalband-Universalnetz OPAL

OPAL (OPtische AnschlußLeitung) steht für ein Ausbauprogramm der Deutschen Telekom, mit dem in den Jahren 1993–1995 ca. 1,2 Mio Haushalte in den neuen Bundesländern über Glasfasern mit Telefon- und Kabelfernsehanschlüssen versorgt wurden [28.19]. Diese ‚Grüne Wiese'-Ausgangssituation, die gesamte Kommunikationsinfrastruktur wurde von Grund auf erneuert, erlaubte einen Optimierungsansatz, bei dem es unter Einbeziehung auch der Netzknotentechnik erreicht wurde, optische Zugangsnetze zu errichten, ohne den Investitionsrahmen vergleichbarer Kupfernetze zu überschreiten.

Da seinerzeit noch keine Nachfrage nach Breitbanddiensten erkennbar war, wurde die OPAL-Technik nur als Schmalband-Plattform ausgeführt, wobei der Begriff ‚Schmalband' neben dem Telefondienst alle existierenden Kommunikationsdienste mit Bitraten bis 2 MBit/s umfaßt. Die alten Kupferkabellinien wurden durch eine Glasfaserinfrastruktur substituiert, d.h. komplette AsB wurden

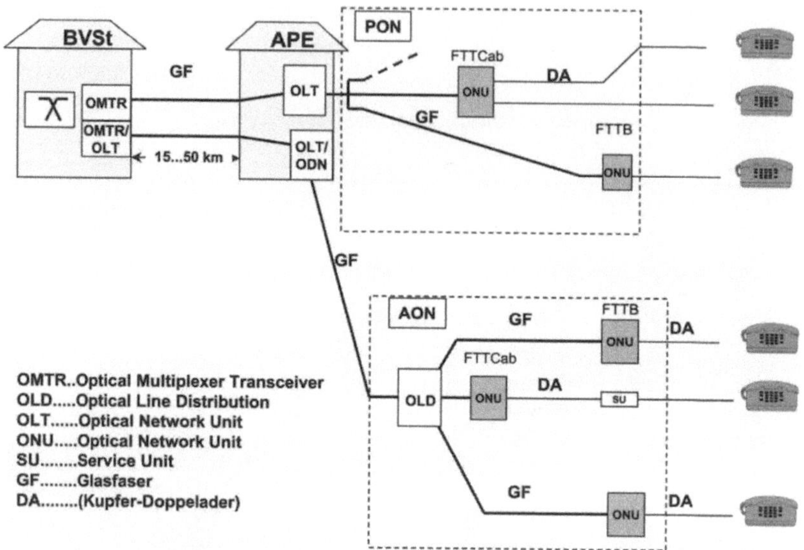

Abb. 28.28. OPAL-Zugangsnetzplattform

Tabelle 28.11. OPAL-Systemvarianten

	System			
	AT & T (Lucent)	Siemens	Raynet (Ericsson)	ke (Alcatel)
Übertragungsverfahren	TCM 1-Faser PON	WDM 1-Faser PON	simplex 2 Faser-PON	simplex 2 Faser-AON
OLT-Kapazität (Anzahl der 64 kbit/s-Kanäle)	480	952	480	1664
PON/AON-Kapazität (Anzahl der 64 kbit/s-Kanäle)	110–190	384	100–200	1664
max. Anzahl PON/AON je OLT	6	4	4	14
max. Anzahl ONU je PON bzw. AON	32	32	32	32
Versorgungsreichweite in km	11...20	18...20	20	46 + 2,5 (39)

auf Glasfasernetze umgestellt. Da die Verteildienste für die Kabelfernsehanschlüsse aus Kompatibilitätsgründen für analoge Signalübertragung ausgelegt waren, wurde auf eine aufwendige Integration verzichtet. Die Verteildienste werden mit einem eigenem Konzept auf einer zusätzlichen Glasfaser übertragen.

Eingesetzt wurden zunächst PON-Systeme unterschiedlicher Hersteller, später kam noch ein AON-System hinzu, Tabelle 28.11. Ziellösung war ein FTTB-Konzept, um die Infrastrukturkosten zu minimieren und ein späteres evtl. Hochrüsten auf Breitbandtechnik zu erleichtern. In dünnbesiedelten Gebieten, bzw. Anschlußbereichen mit geringem Kommunikationsbedarf wurden aber auch FTT-Cab-Varianten eingesetzt.

Die größte Herausforderung stellte das enge ‚Zeitfenster' durch Einbindung in das gesamte Wiederaufbauprogramm dar. Innerhalb kürzester Zeit mußten Planungsregeln für den Netzausbau, technische Spezifikationen für die Systemtechnik, Regeln für die Technikeinführung und die Betriebskonzepte vollständig neu erstellt werden. Bis heute (2000) ist das OPAL-Programm insofern einzigartig, da es immer noch die weltweit größere einheitliche optische Zugangnetzlösung in FTTB/Cab-Realisierung darstellt.

28.6.2 Breitband-Universalnetz FSAN

Die Schlüsselerkenntnis aus der Vielzahl der weltweiten Fiber In The Loop- (FITL-) Pilotprojekt, daß neben den Verlegekosten auch der Investitionsaufwand für die optische Zugangstechnik noch erheblich reduziert werden muß, um die Installation zukunftssicherer BB-Universalnetzzugänge (Full Services Access Networks, FSAN) mit vertretbarem Risiko zu ermöglichen, führte 1995 zur Gründung der FSAN-Initiative durch 6 europäische Telekommunikationsnetzbetreiber (Telcos) und die japanische NTT. Diesem Schritt lagen die Erwartungen zugrunde, daß nur eine Vereinheitlichung der Systemanforderungen hohe Stückzahlen ermöglicht und das damit mögliche Kostensenkungspotential die Einführung von optischen Zugangsnetzen ermöglichen würde. Mittlerweile haben sich 21 führende internationale Telcos und mehr als ein Dutzend strategischer Systemhersteller hier in einem offenen Forum zusammengefunden, um die Anforderungen für ein einheitliches, universales BB-Zugangssystem zu definieren und auf der Basis dieser Forderungen die internationale Standardisierung zu beschleunigen [28.20].

Wichtig für den Erfolg der FSAN-Initiative ist der ‚ganzheitliche' Ansatz, d.h. es wird versucht, alle relevanten technischen Parameter aber auch spezielle Randbedingungen und -einflüsse wie Betriebs- und Wartungskonzepte, Regulierungsaspekte, nationales Nachfrageverhalten, individuelle Migrationskonzepte, u.v.m. ‚unter einen Hut' zu bringen. Die konzeptionelle Umsetzung ist ein Hybridnetz, bestehend aus ATM-PON und xDSL-System, das eine FTTx-Migrationsstrategie ermöglicht, s. Abb. 28.29. Das x bezeichnet hier den Standort der ONU, je nach Ausbauvariante für EX, Cab, Curb, Building oder Home.

Die Spezifikationen für das FSAN-PON wurden inzwischen international standardisiert (ITU G.983-Serie) und erste ‚FSAN-PON'-Varianten sind kommerziell verfügbar und werden auch bereits eingesetzt. Alle Ergebnisse und Empfehlungen sind auf einer Webseite frei zugänglich, siehe [28.20].

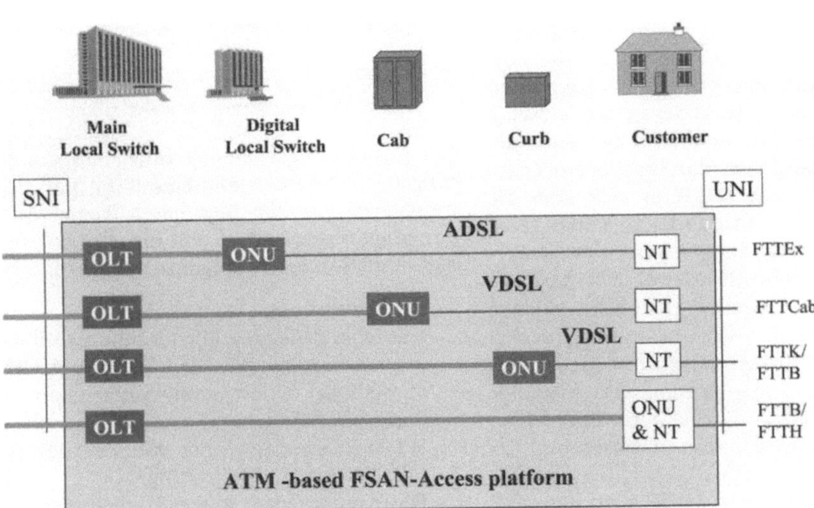

Abb. 28.29. FSAN-FTTx-Scenario [28-20]

Tabelle 28.12. Wichtige technische Parameter des FSAN-PON [28-20]

Parameter	Anforderungen
Glasfasertyp	1300 nm zero dispersion fibre (ITU G.652)
Optische Dämpfung	10-25 dB (G.982 Class B) 15-30 dB (G.982,Class C)
Max. Reichweite des ODN	> 20 km
Bidirektionale Übertragung	2 Fasern mit 1300 nm/1300 nm für up-/downstream 2 Fasern mit 1300 nm/1500 nm für up-/downstream 1 Faser WDM
Leitungsbitraten in Mbit/s	155,52/155,52 für up-/downstream 622,08/155,52 für up-/downstream
Übertragungscode	NRZ
Fehlerrate	< 10-9 über dem PON

28.7 Ausblick oder wann kommt FTTH

„Fiber To The Home", der Glasfaseranschluß in jedem Haushalt als ultimative Lösung ist seit Beginn der Arbeiten auf dem Gebiet der optischen Übertragungstechnik die Vison der unterschiedlichsten Interessengruppen, von Geräteherstellern über Netzbetreiber, Dienste- und Programmanbietern bis hin zum Kunden, der diesen Anschluß nutzen möchte. Bereits 1980 startete die Deutsche Bundespost im Rahmen der BIGFON-Projekte die Entwicklung eines FTTH-Versuchssystems, welches 1983/84 auch im realen Einsatz getestet wurde.

Die grundsätzliche Erkenntnis, daß selbst bei erheblich geringeren Technikpreisen die allgemeine Einführung von Glasfaseranschlüssen erhebliche Risiken durch die notwendigen Vorlaufinvestitionen beinhaltet, wurde durch die Vielzahl der in den letzten 2 Dekaden unter den unterschiedlichsten Bedingungen und Zielen durchgeführten Trials nur bestätigt. Auch zeigte es sich, daß die Möglichkeiten der vorhandenen Kupfernetze für meisten Anwendungen noch soweit ausreichten, daß keine Notwendigkeit bestand, diese Risiken einzugehen. Der relativ geringe Bedarf an hochbitratiger Übertragung für den Anschluß von Firmennetzen und Geschäftskunden wurde durch aufwendigere Einzellösungen abgedeckt, üblicherweise über einen eigens hierfür installierten Glasfaseranschluß mit Standard-(SDH)-Übertragungstechnik. Sicher kann man aber davon ausgehen, daß auf längere Sicht die Einführung neuer Multimedia-Dienste einen stark steigenden Bedarf an Übertragungskapazität hervorruft. Sicher ist auch, daß hierfür Glasfasernetze notwendig sind, die die notwendigen Übertragungsbandbreiten zu wirtschaftlichen Konditionen anbieten können. Ein Netzbetreiber muß aber in jedem Fall zunächst Wege finden, um die notwendige Infrastruktur zu schaffen, d.h. das Glasfasernetz näher zum Teilnehmer hin auszubauen. Grundsätzlich ist auch festzustellen, daß es keine optimale technische Lösung für alle denkbaren Fälle gibt. Jeder Netzbetreiber muß, ausgehend von der vorhandenen bzw. nicht vorhandenen Infrastruktur, seine Ausbaustrategie so festlegen, daß

- der kurz- bis mittelfristige Kommunikationsbedarf bei minimalem Kapitaleinsatz abgedeckt wird und das gewählte Konzept gleichzeitig die Möglichkeit für
- den langfristigen Ausbau zu einer einheitlichen ‚Netzplattform' gewährleistet

Die Auswirkungen einiger Entwicklungen in jüngster Zeit deuten aber darauf hin, daß sich möglicherweise die hier beschriebene Ausgangslage rasch ändert und die ‚chicken and egg'-Situation damit aufgebrochen wird:

- De-Regulierung
  Die Liberalisierung der Kommunikationsmärkte ermöglichte den Ausbau großer zusätzlicher Übertragungskapazitäten im Backbone-Bereich.
- WDM-Transporttechnik und Internetprotokollbasiertes (IP) Routing
  Die Kombination aus optischen Verstärkern, mittlerweile marktreifer WDM-Technik und neuen Verkehrslenkungsmecha-

nismen wie der Routertechnik unter Verwendung des Internet Protokolls (IP) führte in kurzer Zeit zu einem erheblichen Preisverfall in den Weitverkehrsnetzen.

- Wachstumsmarkt Internet
  Die überproportionale private Nachfrage zur Nutzung der multimedialen Angebote des Internets in jüngster Zeit steigert die Nachfrage nach den schnellen Internetzugängen.
- xDSL-Technik und Kabelmodem
  Beide Netzzugangstechniken werden derzeit in großen Stückzahlen weltweit in die Netze eingebaut, überwiegend in FTTEx-, aber auch in FTTCab-Konfigurationen und ermöglichen den Anbietern einen Einstieg in die Breitbandzugangstechnik bei überschaubarem Risiko (‚smooth migration path'). Die Zahl der Breitbandanschlüsse wächst mit Raten von jährlich einigen 100% in den USA rapide an [28.21] und allein in Deutschland stieg die Anzahl der DSL-Anschlüsse in einem Jahr von praktisch 0 auf über 300000 an.

Über einen weiteren mittelfristigen Netzausbau zu einem möglicherweise ‚all optical network' können zum jetzigen Zeitpunkt nur Vermutungen angestellt werden. Welcher Weg eingeschritten wird hängt entscheidend davon ab,

- wie sich der Bandbreitebedarf je Teilnehmer durch die zukünftigen Multimediadienste entwickelt, und
- ob die Lernkurven für die optischen und elektronischen Komponenten zur notwendigen Kostensenkung führen.

Spezielle Literatur

[1] www.itu.int/ITU-T/com15/index.html;
[2] Eurescom Project 917 (BOBAN) Deliv. 1, bei www.eurescom.de/public/
[3] *Wöhlbier, G.*: Planung von Telekommunikationsnetzen, Bd. 1, (1990), s. 294;
[4] *Hoppit, C.E., Clark, D.E.*: BT Technol. Journal 7, (1989) S. 101–114
[5] *Vetter, P. et. al.*: Proc. ISSLS '98 (Venedig), S. 383–389
[6] *Pollakowski, M.*: Der Fernmeldeingenieur, H 7/8 (1998)
[7] Eurescom Project 917 (BOBAN) Deliv. 10, bei www.eurescom.de/public/;
[8] *Salehi, J.A et. al.*: IEEE Transact. on Communicat. 37 (1989) 8, S. 824–842
[9] *Eldering, C.A. et. al.*: Proc. 4th Workshop on Optical Local Loop,Versailles (1992) S. 38–44
[10] *Mestdagh, D.*: Fundamentals of multi-access optical fiber networks, Artech House (1995)
[11] *Khoe, G. et. al.*: IEEE J. on Lightwave Technology 11 (1993) 5/6, S. 695–713
[12] *Senior, J.M. et. al*: IEEE Com. Magazine 36, No.12 (1998), S. 28–36
[13] *Ebskamp, F.*: Teleteknik (1988)1, S. 47–52
[14] *Yoshida, A.*: Electronics Letters 25 (1989) 25, S. 1723–1725
[15] *Althaus, H.-L. et. al.*: Siemens Components 31 (1993) S. 54-57
[16] *Ikushima, I. et. al.*: Journal of Lightwave Technology, 13 (1995) 5, S. 517f
[17] *Foster, G.M. et. al*: Electronics Letters 31 (1995) 2, S. 132–133
[18] *Gibassier, C., Abiven, J.*: Proc. 6th Workshop on Optical Access Networks, Kyoto (1995) paper 2.5
[19] *Frödrich, M. et. al.*: taschenbuch der fernmeldepraxis '95, Schiele & Schön, (1994) S. 41–105
[20] www.fsanet.net
[21] www.fcc.gov/broadband/

Liste spezieller Abkürzungen

AON	Aktives Optisches Netz
APON	ATM-PON
AsB	Anschlußbereich
CDM	Code Division Multiplexing (Codemultiplex)
CDMA	Code Division Multiple Access (CDM-Mehrfachzugriffsverfahren)
DA	Doppelader
DDM	Direction Division Multiplexing (Richtungsmultiplex)
DS	Distributed Service (Verteildienste)
xDSL	Digital Subscriber Line-Techniken

EVz	Endverzweiger
FDM	Frequency Division Multiplexing (Frequenzmultiplex)
FDMA	Frequency Division Multiple Access (FDM-Mehrfachzugriffsverfahren)
FITL	Fiber In The Loop
FSAN	Full Services Access Network
FTTB	Fiber To The Building
FTTC/K	Fiber To The Curb/Kerb
FTTCab	Fiber To The Cabinet
FTTDesk	Fiber To The Desk
FTTEx	Fiber To The Exchange
FTTH	Fiber To The Home
FTTx /FTTZ	Fiber To The Zone
HDWDM	High Dense WDM
HFC	Hybrid Fiber-Coax
HK	Hauptkabel
IIS	Interactive Services (Interaktive Dienste)
KVz	Kabelverzweiger
MP-P	Multipunkt-zu-Punkt
NT	Network Termination (Netzabschluß)
OAM	Operation, Administration & Maintenance (Betrieb, Verwaltung und Wartung)
ODN	Optical Distribution Network (Optisches Verzweigungsnetz)
OFDM	Optical Frequency Division Multiplex
OLT	Optical Line Termination (netzseitiger optischer Netzabschluß)
ONU	Optical Network Unit (teilnehmerseitiger optischer Netzabschluß)
OPAL	OPtische AnschlußLeitung
OVK	Ortsverbindungskabel
P-MP	Punkt-zu-Multipunkt
P-P	Punkt-zu-Punkt
PON	Passives Optisches Netz
S / R	„Send"/„Receive"-Schnittstelle im ODN
RITL	Radio In The Loop
SCM	Sub-Carrier Multiplex (Unterträgermultiplex)
SDM	Space Division Multiplex
SNI	Service Node Interface (Diensteknotenzugang)
TCM	Time Compression Multiplexing (Zeitkompressionsmultiplex)
TDM	Time Division Multiplex (Zeitmultiplex)
TDMA	Time Division Multiple Access
TPON	Telephony over PON
VSt	Vermittlungsstelle
VzK	Verzweigungskabel
WDM	Wavelength Division Multiplex (Wellenlängenmultiplex)

Optische Datennetze

J. Lenge, C. Schwantes

Allgemeine Literatur
C. DeCusatis et al. (Hrsg.): Handbook of Fiber Optic Data Communication, Academic Press, 1998 – *A. Badach, E. Hoffmann, O. Knauer*: High Speed Internetworking, Addison-Wesley-Longman, 1997 – *A. Zenk*: Lokale Netze – mit neuer Technik ins nächste Jahrtausend, Addison-Wesley-Longman, 1998 – *A. S. Tanenbaum*: Computernetzwerke, Prentice Hall, 1998 – *F. Bergmann, H.-J. Gerhardt* (Hrsg.): Handbuch der Telekommunikation, Carl Hanser Verlag, 2000

29.1 Einführung

In einer Zeit zunehmender Datenkommunikation über elektronische Medien, getrieben durch Anwendungen und Dienstleistungen der Internet-Gesellschaft, sind Hochgeschwindigkeits-Datennetze unentbehrlich. Nie zuvor sind die Anforderungen an die Datenübertragungskapazität so stark gestiegen wie heute (2001): Alle 6 Monate verdoppelt sich der Bedarf und in der Folge die Geschwindigkeit der Datenübertragung. Waren in den achtziger Jahren längere Zeit Datenraten von 1 Mbit/s bis 10 Mbit/s üblich und ausreichend, so werden seit Beginn der neunziger Jahre Datennetze mit 100 Mbit/s bis 1 Gbit/s entwickelt und eingesetzt. Es entstehen Anwendungen und Produkte für 10 Gbit/s, und Systeme mit 40 bzw. 100 Gbit/s werden bereits diskutiert. Voraussichtlich wird künftig für besonders hohe Kapazitäten in optischen Datennetzen auch die Technik des Wellenlängenmultiplex (*Wavelength Division Multiplexing*, WDM) eingesetzt (vgl. z. B. Kap. 26/27 oder [1]).

Gestützt durch immer leistungsfähigere Netzkomponenten entwickeln sich Hochleistungsstrukturen, die verstärkt die integrierte Übertragung verschiedener Inhalte berücksichtigen, so dass die Grenze zwischen Datenkommunikation und klassischer Telekommunikation zunehmend schwindet. Das folgende Kapitel gibt einen Überblick über Strukturen, Standards und Entwicklungen im Bereich der Datennetze mit besonderen Augenmerk auf glasfaserbasierte Netzwerktechnologien.

29.2 Eingliederung von Datennetzen in die Netzwerk-Architektur

Abbildung 29.1 zeigt schematisch die hierarchische Gliederung eines Netzwerkverbundes. Die Hierarchiestufen sind an der typischen räumlichen Ausdehnung und der Funktion der Netze orientiert:

- WAN: Weitverkehrsnetz (*Wide Area Network*)
- MAN: Regionales Netz, Metronetz (*Metropolitan Area Network*)
- Zugangsnetz (*Access Network*)
- LAN: Lokales Netz (*Local Area Network*)
- SAN: Systemnetz (*System Area Network*)

Weitverkehrsnetze (z. B. nationale/internationale Telefonnetze) sind in der Regel öffentlich zugänglich und übernehmen klassische Telekommunikationsaufgaben sowie den Transport großer Datenmengen über weite Strecken. Lokale Netze und Systemnetze werden meist privat betrieben. LANs verbinden z. B. die Datenverarbeitungssysteme eines Unternehmens, SANs vernetzen die Komponenten leistungsstarker Rechen- und Massenspeichersysteme. Die Anbindung an MANs und WANs (*Local Access* oder *Regional Access*) wird über spezielle Zugangsnetze oder durch direkten Anschluss an regionale Vermitt-

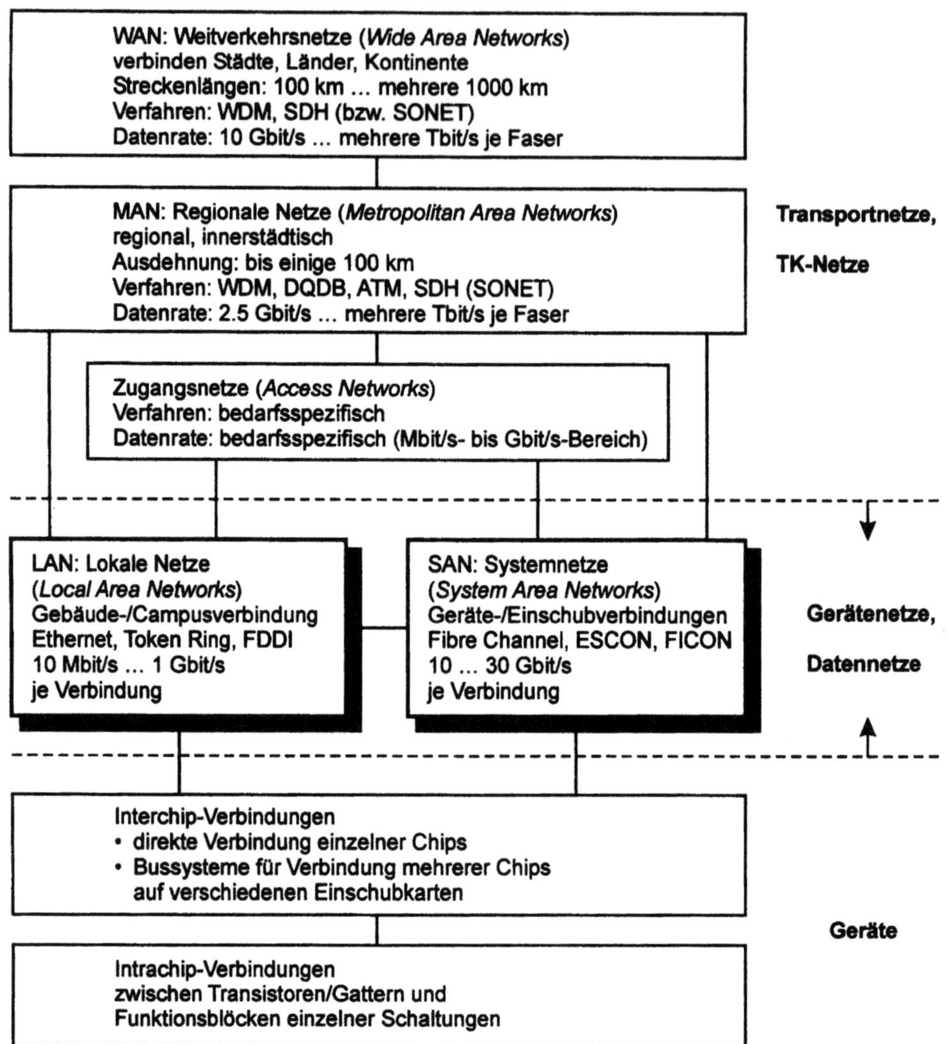

Abb. 29.1. Hierarchischer Netzwerkverbund mit typischen Ausdehnungen, Übertragungstechniken und Datenraten

lungsstellen realisiert. Im Endteilnehmerbereich werden lokale Zugangspunkte (*Local Access Points*) eingesetzt, um den Datenverkehr mehrerer Teilnehmer gebündelt in übergeordnete Netzwerke einzuspeisen.

WANs und LANs unterscheiden sich im Aufbau und bei den eingesetzten Verfahren z.T. erheblich, im Zuge integrierter Tele- und Datenkommunikation und ständig wachsender Kapazitätsanforderungen zeichnen sich aber ähnliche Entwicklungen ab. Da die typische Datenrate vom LAN- zum WAN-Bereich kontinuierlich ansteigt, werden optische Übertragungstechniken in MANs und WANs intensiv eingesetzt. In LANs koexistieren elektrische und optische Übertragung mit einem zunehmenden Trend zu optischen Netzen hoher Kapazität (vgl. 29.8), in SANs sind optische Verbindungen bereits etabliert (vgl. 29.7).

In der geräteinternen Datenkommunikation (Intrachip, Interchip) werden überwiegend elektrische Übertragungstechniken eingesetzt; optische Verfahren befinden sich im Stadium der Forschung bzw. Vorentwicklung.

Datennetze sind überwiegend in LAN- und SAN-Bereichen angesiedelt (in Abb. 29.1 schwarz hinterlegt), diese sind daher wesentlicher Gegenstand dieses Kapitels. Techniken für MAN- und WAN-Anwendungen werden nur am Rande behandelt, diese sind Thema der Kap. 24 bis 27. Zugangsnetze werden in Kap. 28 ausführlich dargestellt. Die nachfolgend vorgestellten Technologien und Spezifikationen stützen sich wesentlich auf Standards, Projekte und Empfehlungen der folgenden Organisationen:

Tabelle 29.1. Wichtige Organisationen für die Standardisierung von Netzwerken

ISO	*International Organization for Standardization* internationale Standardisierungsorganisation, gilt als höchste Instanz für globale Normen
IEC	*International Engineering Consortium*
IEEE	*Institute of Electrical and Electronics Engineers* international ausgerichteter US-amerikanischer Elektroingenieursverband
ANSI	*American National Standardization Institute* nationales Normungsinstitut der USA (vergleichbar mit DIN in Deutschland)
CCITT	*Comité Consultatife International de Télégraphie et Téléphonie* mittlerweile in die ITU-T übergegeangen
ITU	*International Telecommunication Union* Dachorganisation des CCITT-Nachfolgers *Telecommunication Standardization Sector* (ITU-T)
EIA	*Electronic Industries Alliance* US-amerikanische Vereinigung von Unternehmen der Elektrotechnik und Elektronik
TIA	*Telecommunications Industry Association* vertritt den Bereich Telekommunikaton der EIA

29.3 Das ISO/OSI-Referenzmodell und die IEEE-802-Standards

Die internationale Standardisierungsorganisation ISO definierte 1978 ein hierarchisches Modell für die Vernetzung von Systemen, die für die Kommunikation mit anderen Systemen ausgelegt sind („offene" Systeme). Das resultierende ISO/OSI-Referenzmodell oder kurz OSI-Modell (*Open Systems Interconnection*) wurde im Standard ISO/IEC 7498 genormt. Es stellt einen wichtigen Schritt zur internationalen Harmonisierung der Protokolle verschiedener Hersteller und deren Zusammenwirkens dar und dient heute als Referenz für Netzwerkarchitekturen.

Da die folgenden Abschnitte häufig auf das OSI-Modell Bezug nehmen, werden hier einige grundlegende Aspekte kurz vorgestellt. Der vollständige Umfang kann den in Tabelle 29.2 aufgeführten Standarddokumenten entnommen werden (Jahreszahlen kennzeichnen jeweils die aktuellste Überarbeitung).

Das OSI-Modell definiert sieben hierarchisch angeordnete Schichten mit aufsteigendem Abstraktionsgrad und gegeneinander abgegrenztem Aufgabenbereich (s. Abb. 29.2 links). Die Schichten 1 bis 4 bilden das *Transportsystem*, die Schichten 5 bis 7 werden als *Anwendersystem* bezeichnet. Wesentliche Gesichtspunkte bei der Festlegung der Schichten waren die Berücksichtigung international genormter Protokolle, die Minimierung des benötigten Informationsflusses zwischen den einzelnen Schichten und die Beschränkung auf eine zentrale Funktion je Schicht [2]. Die Arbeitsweise wird wesentlich durch *Dienste*, *Schnittstellen* und *Protokolle* beschrieben.

Dienste (*Services*) spezifizieren Art und Umfang der übernommenen Aufgaben. Jede Schicht erbringt bestimmte Dienste für die jeweils nächsthöhere Schicht. Ein Dienst legt jedoch nicht fest, auf welche Weise die Aufgaben ausgeführt werden oder wie der Zugriff darauf erfolgt.

Schnittstellen (*Interfaces*) beschreiben den Zugriff auf die verfügbaren Dienste, d.h. die Anzahl, Typen und Bedeutung der benötigten Parameter sowie die Art, in welcher die entsprechenden Ergebnisse zurückgeliefert werden.

Tabelle 29.2. ISO/IEC-Standards zum OSI-Referenzmodell

Dokument, Jahr	Bezeichnung
ISO/IEC 7498-1 : 1994	OSI Basic Reference Model: The Basic Model
ISO 7498-2 : 1989	OSI Basic Reference Model, Part 2: Security Architecture
ISO/IEC 7498-3 : 1997	OSI Basic Reference Model, Part 3: Naming and Addressing
ISO/IEC 7498-4 : 1989	OSI Basic Reference Model, Part 4: Management Framework

Protokolle (*Protocols*) kennzeichnen die interne Funktionsweise einer Schicht. Sie sind anderen Schichten nicht zugänglich und können daher bei Bedarf weitgehend modifiziert oder vollständig ersetzt werden, solange die benötigten Dienste weiterhin bereitgestellt werden und die Spezifikationen der Schnittstelle unverändert erhalten bleiben.

Für die Betrachtungen dieses Kapitels sind wesentlich die unteren OSI-Schichten 1 und 2 maßgeblich, diese werden hier näher behandelt. Weitergehende Informationen können z.B. [2–5] entnommen werden.

Schicht 1 wird als Bitübertragungsschicht oder physikalische Schicht (*Physical Layer*) bezeichnet. Die wesentliche Aufgabe besteht in der Übertragung von Bitströmen zwischen miteinander verbundenen Netzknoten. Zu diesem Zweck werden mechanische, elektrische (bzw. optische) und funktionale Parameter festgelegt.

Mechanisch:
Spezifikation der unterstützten Übertragungsmedien, Kabel, Stecker, Pinbelegungen, ...

Elektrisch/optisch:
Physikalische Pegel der logischen Symbolwerte, Bitdauer, Impedanzen, ...

Funktional:
Funktion der einzelnen Leitungen (Daten-, Steuer-, Erdungsleitungen), Zeitverläufe, Leitungscodierung, Verbindungsauf- und -abbau, serielle oder parallele Übertragung, Übertragungsmodus Simplex (unidirektional), Halbduplex (alternierend bidirektional) oder Vollduplex (gleichzeitig bidirektional), ...

Die Bitübertragungsschicht ist die einzige Ebene des OSI-Modells mit direktem Bezug zu den physikalischen Übertragungsmedien und -komponenten (diese werden mitunter als „Schicht 0“ bezeichnet); alle höheren Schichten arbeiten ausschließlich mit logischen Verbindungen und Datenkanälen.

Schicht 2 heißt Sicherungsschicht bzw. *Data Link Layer*. Ihre Aufgabe ist es, auf der Grundlage der reinen Bitübertragung (Schicht 1) einen zuverlässigen Datenkanal ohne unerkannte Übertragungsfehler bereitzustellen. Üblicherweise wird der Datenstrom mit Hilfe von Rahmenstrukturen in einzelne Datenpakete (*Frames* oder *Protocol Data Units*, PDU) zu je einigen 100 oder 1000 Byte zerlegt und sequentiell übertragen. Bei *verbindungsloser* Übertragung werden die Datenpakete voneinander unabhängig ohne Einhaltung einer festen Reihenfolge übertragen, während für *verbindungsorientierte* Kommunikation eine feste logische Verbindung aufgebaut wird und die Übertragung der Pakete in unveränderter Reihenfolge erfolgt. Der Empfänger kann im Bedarfsfall Bestätigungsrahmen (*Acknowledgement Frames*) erzeugen, die dem Sender den fehlerfreien Empfang bestätigen. Die Sicherungsschicht übernimmt die Aufgabenbereiche des Medienzugriffs und der Verbindungskontrolle (die innerhalb des Referenzmodells aber nicht explizit unterschieden werden):

Medienzugriff:
- Zugriffsregelung mehrerer Netzteilnehmer auf gemeinsam genutzte Übertragungsmedien bzw. -kanäle,
- Leitungscodierung und -decodierung (s. 29.4),
- Zerlegen und Einbetten des Datenstroms in Rahmen (*Encapsulation*), Einfügen von Rahmengrenzen, Quell-/Zieladressen und Informationen zur Fehlererkennung (z.B. *Cyclic Redundancy Check*, CRC),
- Identifikation und Auslesen der Rahmenstruktur, Extraktion der transportierten Daten (*Decapsulation*),
- Erkennen von Übertragungsfehlern (z.B. anhand von CRC-Prüfsummen),
- Verwerfen fehlerhafter Datenpakete,

- Synchronisation von Sendern und Empfängern bzw. Flusskontrolle zur Vermeidung von Pufferüberläufen am Empfänger.

Verbindungskontrolle:

- Auf- und Abbau sowie Überwachung logischer Verbindungen,
- Steuerung der Paketreihenfolge, Flusssteuerung und Fehlerüberwachung,
- Erzeugen und Auswerten von Empfangsbestätigungen (*Acknowledgement Frames*),
- erneutes Anfordern fehlender bzw. fehlerhafter Pakete.

Bei der Standardisierung des Transportsystems (Schichten 1 bis 4) haben sich für Weitverkehrsnetze und lokale Netze unterschiedliche Entwicklungen ergeben: Im WAN-Bereich sind überwiegend Normen der EIA und des CCITT (bzw. dessen Nachfolgers ITU-T) etabliert [3], bei LANs sowie z.T. bei den Metronetzen haben sich weitgehend Standards nach IEEE 802 durchgesetzt, die mittlerweile in die ISO/IEC-Standardserie 8802 übernommen wurden.

Abbildung 29.2 zeigt schematisch die sieben Schichten des OSI-Modells und einige IEEE-802-Standards für die unteren Ebenen. IEEE 802.1 beinhaltet einen grundlegenden Überblick und spezifiziert die Schnittstelle zu höheren Schichten (*Higher Layer Interface*, HILI).

Die Sicherungsschicht (OSI-Schicht 2) wird durch die separaten Teilschichten der logischen Verbindungskontrolle (*Logical Link Control*, LLC) und der Medienzugriffskontrolle (*Medium Access Control*, MAC) gebildet.

Die LLC-Teilschicht nach IEEE 802.2 übernimmt die Aufgaben der Verbindungskontrolle. Sie beinhaltet das eigentliche Protokoll der Sicherungsschicht, die Schnittstellen zu den HILI- und MAC-Ebenen und die zugehörigen Managementfunktionen [3]. Das LLC-Protokoll ist an das bitorientierte Protokoll HDLC (*High Level Data Link Control*) angelehnt, das z.B. bei X.25-Übertragungen verwendet wird (HDLC und X.25 sind Normen bzw. Empfehlungen der ITU-T). Der Vermittlungsschicht werden vier unterschiedliche Dienstklassen angeboten [6, 7]:

Typ-1-Dienste (*Unacknowledged Connectionless Mode Services*) arbeiten verbindungslos und ungesichert, d.h. ohne Empfangsbestätigung durch den oder die Empfänger. Von höheren Schichten übergebene Daten werden unmittelbar an die MAC-Teilschicht weitergereicht und über das Übertragungsmedium gesendet, ohne die Empfangsbereitschaft des Empfängers zu prüfen. Die LLC-Schicht kann bei Typ-1-Diensten weder die Vollständigkeit noch die Reihenfolge der Daten kontrollieren, dies muss im Bedarfsfall auf höheren Schichten erfolgen.

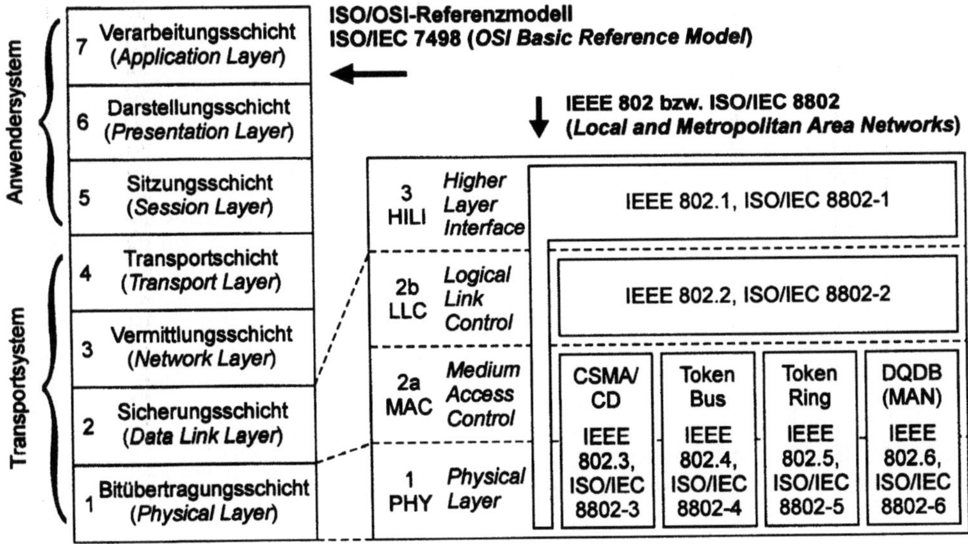

Abb. 29.2. Links: Die sieben Schichten des ISO/OSI-Referenzmodells nach ISO/IEC 7498
Rechts: LAN/MAN-Standards nach IEEE 802 bzw. ISO/IEC 8802 [3, 4, 5]

Typ-2-Dienste (*Connection Mode Services*) sind verbindungsorientiert, bei der Kommunikation werden explizit Verbindungsaufbau, Datentransfer und Verbindungsabbau unterschieden. Die Vergabe und Auswertung von Folge- und Bestätigungsnummern auf LLC-Ebene ermöglicht das Quittieren empfangener Datenpakete durch die Empfänger, so dass zerstörte Pakete gegebenenfalls erneut gesendet werden können. Vollständigkeit, Fehlerfreiheit und Reihenfolge der gesendeten Daten können damit auf der LLC-Ebene sichergestellt werden.

Typ-3-Dienste (*Acknowledged Connectionless Mode Services*) arbeiten verbindunglos, verwenden aber eine Empfangsbestätigung durch die Empfänger. Sie erlauben damit die Sicherstellung einer vollständigen Übertragung innerhalb der LLC-Schicht, ohne die Komplexität verbindungsorientierter Übertragungen zu erfordern.

Typ-4-Dienste sind speziell auf schnelle Punkt-zu-Punkt-Übertragungen im Vollduplexbetrieb ausgerichtet und ermöglichen zwei voneinander unabhängige Verbindungen (s. 29.5.1, 29.5.4).

Die MAC-Teilschicht umfasst die Aufgaben des Medienzugriffs. Der LLC-Schicht werden Dienste zum Senden und Empfangen einzelner Datenrahmen angeboten (*Transmit Frame, Receive Frame*), an der Schnittstelle zur Bitübertragungsschicht stehen Dienste zum bitweisen Senden und Empfangen sowie zum Warten zur Verfügung (*Transmit Bit, Receive Bit, Wait*) [8]. Je nach Netztopologie und Übertragungsmedium werden unterschiedliche Verfahren eingesetzt, die u.a. in IEEE 802.3 bis 802.6 beschrieben sind. Aufgrund der gegenseitigen Abhängigkeit spezifizieren diese Standards typisch sowohl MAC-Protokolle (Teilschicht 2a) als auch die Bitübertragung (Schicht 1). Verschiedene Übertragungsstandards unterscheiden auch innerhalb der Bitübertragungsschicht mehrere Bereiche und Teilschichten [4], dies wird hier jedoch nicht weiter betrachtet.

Eine Reihe allgemeiner Definitionen gelten für alle IEEE 802-konformen Netzwerke gemeinsam, dies sind insbesondere die geforderte Funktionalität (*Functional Requirements*, FR) sowie die HILI- und LLC-Spezifikationen. Netze nach IEEE 802 unterscheiden sich daher wesentlich nur auf den Schichten 1 und 2a.

29.4 Datenraten und Leitungscodierung

Der Begriff „Datenrate" ist in der Praxis nicht immer eindeutig. Je nach Netztyp und Auslastung findet u.U. keine kontinuierliche Übertragung statt, so dass Datenpakete in unregelmäßigen Abständen übermittelt werden und die Nenndatenrate nur selten und kurzzeitig erreicht wird. Der zumeist geringere effektive Datendurchsatz wird als *durchschnittliche* bzw. *mittlere* Datenrate oder *Sustained Data Rate* bezeichnet.

Zusätzlich ist die Datenrate auf unterschiedlichen OSI-(Teil-)Schichten oft unterschiedlich, da Nutzdaten (*Payload*) typisch auf jeder Ebene in Rahmen (*Frames*) eingebettet oder anderweitig mit schichtspezifischen Zusatzdaten (*Overhead*) versehen werden. Mit höheren Schichten werden nur die Nutzdaten ausgetauscht, tiefere Schichten erhalten auch die Zusatzinformationen als Payload und fügen evtl. ihrerseits Daten hinzu. (Die Nutzdaten innerhalb der MAC-Rahmen sind z.B. typisch LLC-Rahmen.) Der Overheadanteil steigt zu tieferen Schichten hin an, die Nutzdatenrate nimmt entsprechend zu höheren Schichten hin ab.

MAC-Datenrate
Netzwerke nach IEEE 802 verwenden in der Regel die MAC-Datenrate als Kenngröße, d.h. die Datenrate an der Schnittstelle zwischen der Bitübertragung (OSI-Schicht 1) und der MAC-Schicht (2a). Dies ist effektiv die Datenrate, mit der die Bits eines MAC-Rahmens übertragen werden. Trotz ihres Namens ist die MAC-Datenrate durch die Spezifikation der Bitübertragung bestimmt und gehört selbst nicht zur MAC-Schicht.

Datentaktrate
Die auf dem Übertragungsmedium benötigte Bandbreite ist wesentlich von der *Datentaktrate* abhängig, d.h. der Anzahl physikalisch übertragener Symboltakte je Zeit. Die Datentaktrate kann von der MAC-Datenrate abweichen, da auf der Bitübertragungsschicht eine Leitungscodierung durchgeführt wird. Definiert ein Netzwerkstandard für unterschiedliche Übertragungsmedien verschiedene Leitungscodierungen, so können auch bei gleichen Netztyp und gleicher MAC-Datenrate unterschiedliche Datentaktraten auftreten.

Die Leitungscodierung dient der Anpassung des Signals an die Eigenschaften des Übertra-

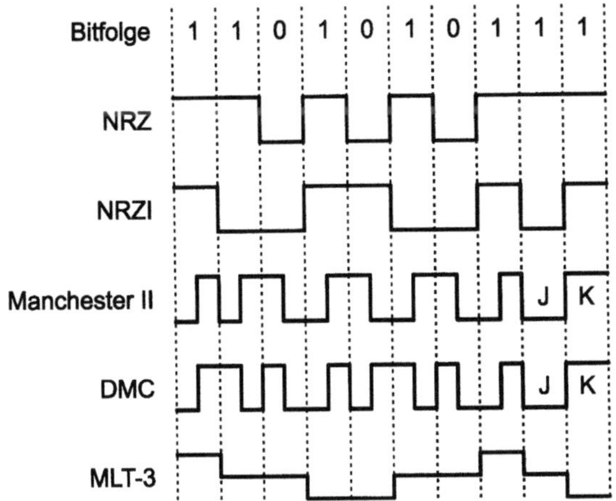

4B/5B-Code

Je 4 Datenbits (Nibbles, hexadezimal 0...F) werden auf 5-Bit-Symbole abgebildet.

⇒ 16 Nibbles, 32 Symbole

Nicht verwendete Symbole dienen u. a. zur Steuerung und Signalisierung.

Hex	Nibble	Symbol
0	0000	11110
1	0001	01001
2	0010	10100
3	0011	10101
4	0100	01010
5	0101	01011
6	0110	01110
7	0111	01111
8	1000	10010
9	1001	10011
A	1010	10110
B	1011	10111
C	1100	11010
D	1101	11011
E	1110	11100
F	1111	11101

Abb. 29.3. Links: Verschiedene Codierungen einer Bitsequenz (J und K sind ungültige Symbole) Rechts: 4B/5B-Codetabelle [9]

gungsmediums und der Sender bzw. Empfänger sowie der Leitungsüberwachung und -steuerung. Die Art der Codierung richtet sich nach physikalischen, protokollspezifischen und technologischen Anforderungen, u. a. die Art des Mediums, verfügbare Bandbreite, MAC-Datenrate, geforderte Bitfehlerrate, Gleichanteilsfreiheit des Signals, Dynamikbereich des Empfängers, benötigter Signal-Rausch-Abstand, Aufwand der Codierung/Decodierung und Synchronisation von Sender und Empfänger (Taktrückgewinnung).

Für die Übertragung ist die *Fundamentalfrequenz* (oder *Basisfrequenz*) mit den stärksten spektralen Signalanteilen bedeutsam [9]. Bei zweiwertiger Codierung liegt die Fundamentalfrequenz typisch bei der halben Datentaktrate. Durch mehrstufige Verfahren (*Multi Level Transmission*, MLT) kann sie reduziert werden. Dies ist speziell bei metallischen Leitern vorteilhaft, da hohe Frequenzanteile oft stark gedämpft werden. MLT-Verfahren stellen allerdings hohe Anforderungen an die Empfänger, da mehr als zwei Werte unterschieden werden müssen.

Abbildung 29.3 zeigt schematisch die Codierung einer Bitsequenz nach verschiedenen Verfahren. In Datennetzen sind v. a. die folgende Codierschemata bedeutsam [9, 10]:

NRZ

NRZ (*Non Return to Zero*) ist ein zweiwertiges Codierschema für pulsecodemodulierte Daten. Die binären Signalwerte Null und Eins werden direkt auf definierte physikalische Pegel abgebildet und über die Bitdauer konstant gehalten. Beim Einfachstromverfahren (*Neutral Current Method*) werden Pegel mit einheitlichem Vorzeichen verwendet, beim Doppelstromverfahren entspricht der Null-Pegel dem negativen Eins-Pegel. NRZ ist kein selbsttaktendes Verfahren, d. h. es besitzt keine Synchronisierungseigenschaften und erschwert die Taktrückgewinnung bei langen Null- bzw. Eins-Folgen. Die Datentaktrate entspricht der Datenrate.

NRZI

NRZI (*NRZ Invert on Ones*) ist eine NRZ-Variante mit einem Pegelwechsel bei jeder logischen Eins, bei einer logischen Null wird der vorangehende Pegelwert gehalten. NRZI wird in FDDI-Netzen mit optischer Übertragung eingesetzt (s. 29.8.3).

Manchester II

Der Manchester-Code ist nach IEEE 802.3 für Ethernet spezifiziert (s. 29.8.1). Je Bit werden zwei Takte übertragen. Im ersten Takt wird der Pegel des negierten Bitwertes, im zweiten der des Bitwertes übertragen. Da in der Mitte eines Bits stets ein Pegelwechsel erfolgt, ist die Taktrückgewinnung am Empfänger sehr einfach, die Datentaktrate wird jedoch gegenüber der Datenrate verdoppelt. Für Gleichanteilsfreiheit werden die Pegel oft um Null zentriert (+V, −V). Ungültige Symbole ohne Pegelwechsel (J und K oder MV0 und MV1 für *Manchester Code Violation*) dienen z. B. bei 10Base-F-Ethernet als Steuersignale (s. 29.8.1.1).

DMC

DMC (*Differential Manchester Coding*) ist nach IEEE 802.5 für Token Ring genormt (s. 29.8.2). Das differenzielle Manchester-Verfahren überträgt wie Manchester II zwei Takte je Bit mit einem Pegelwechsel in jeder Bitmitte. Die Richtung des Pegelwechsels kehrt sich bei jeder logischen Eins um und bleibt bei einer logischen Null bestehen. Die ungültigen *Code-Violation*-Symbole J und K dienen bei Token Ring der Rahmenkennzeichnung.

MLT-3

MLT-3 (*Multi Level Transmission 3*) ist ein dreistufiges bzw. ternäres Codierverfahren, d.h. es werden drei meist um den Nullpegel zentrierte Signalpegel verwendet (+V, 0, –V). Jede logische Eins bewirkt eine Pegeländerung, die zyklisch in der Reihenfolge +V, 0, –V, 0 durchgeführt wird. Die Datentaktrate entspricht der Datenrate, die Fundamentalfrequenz sinkt selbst im ungünstigsten Fall (kontinuierliche Eins-Folge) auf ein Viertel der Datentaktrate und wird damit gegenüber zweistufigen Verfahren halbiert. Die MLT-3-Codierung kommt u. a. bei elektrischer FDDI-Übertragung zum Einsatz (s. 29.8.3).

4B/5B

Jeweils 4 Datenbits bilden ein *Nibble* und werden nach einer festen Codiertabelle auf ein 5 Bit langes *Symbol* (2^5 = 32 mögliche Werte) abgebildet (s. Abb. 29.3). Die Codierung stellt sicher, dass unabhängig von der Eingangsbitsequenz maximal drei Null-Bits in Folge auftreten, um auch ohne die bandbreitenineffiziente Manchester-Codierung um eine einfache Taktrückgewinnung zu ermöglichen. Da die Übertragung der Datennibbles nur 2^4 = 16 Symbolwerte erfordert, können von den 2^5 = 32 möglichen Symbolwerten 16 zur Überwachung und Steuerung der Übertragung eingesetzt werden. 4B/5B transformiert ausschließlich Bitsequenzen und kann daher mit anderen Codierungsverfahren kombiniert werden Der Overhead durch die Umsetzung auf 5-Bit-Symbole erfordert zur Aufrechterhaltung der MAC-Datenrate eine um 25% erhöhte Übertragungsbitrate. 4B/5B wird vor allem bei FDDI (29.8.3) und 100Base-X Ethernet (29.8.1.2) eingesetzt.

8B/10B

Analog zu 4B/5B werden bei 8B/10B jeweils 8 Datenbits auf 10 Übertragungsbits abgebildet, um die Taktrückgewinnung bei langen Null- bzw. Eins-Folgen zu erleichtern. Die 786 zusätzlichen 10-Bit-Werte (2^8 = 256, 2^{10} = 1024) werden zur Übertragungskontrolle und -steuerung eingesetzt. Wie 4B/5B kann auch 8B/10B mit anderen Verfahren kombiniert werden und erfordert für gleichbleibende Nutzdatenrate eine Erhöhung der Bitrate um 25%. 8B/10B wird u.a. bei Fibre Channel (29.7.1), ESCON (29.7.2) und Gigabit Ethernet (29.8.1.3) eingesetzt.

8B/6T

8B/6T kombiniert Bitsequenz- und dreiwertige Pegelcodierung. Je 8 Bits (ein *Oktett*) werden nach einer Zuordnungstabelle [11] auf 6 dreiwertige Symbole mit den Pegeln „Minus", „Null" und „Plus" (–, 0, +) abgebildet. 8B/6T ist bandbreiteneffizienter als 4B/5B und 8B/10B, die Datentaktrate sinkt infolge der 8:6-Konvertierung bei konstanter MAC-Datenrate auf 75%, und die Fundamentalfrequenz wird durch die dreistufige Codierung zusätzlich gesenkt. Damit ist 8B/6T insbesondere für elektrische Übertragungen mit geringen Anforderungen an die Übertragungskabel interessant und wird z.B. bei 100Base-T4 Ethernet eingesetzt (29.8.1.2).

Zur Verdeutlichung sind in Tabelle 29.3 exemplarisch die Datenraten, Datentaktraten und Fundamentalfrequenzen einiger Netzprotokolle aufgeführt.

Tabelle 29.3. Typische Leitungscodierungen für einige Netzprotokolle [9]

Protokoll	Codierung	MAC-Datenrate	Datentaktrate	Fundamentalfrequenz
10Base Ethernet	Manchester II	10 Mbit/s	20 Mbit/s	10 MHz
Token Ring	DMC	4 bzw. 16 Mbit/s	8 bzw. 32 Mbit/s	4 bzw. 16 MHz
FDDI (optisch)	NRZ/NRZI mit 4B/5B	100 Mbit/s	125 Mbit/s	62,5 MHz
FDDI (elektrisch)	MLT-3 mit 4B/5B	100 Mbit/s	125 Mbit/s	31,25 MHz

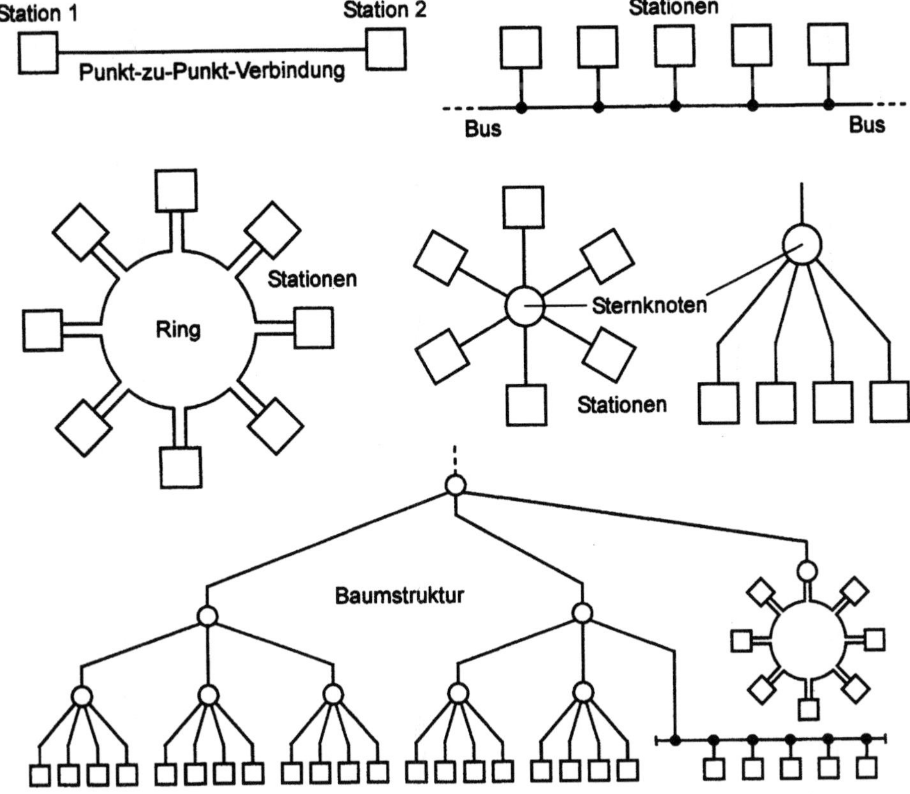

Abb. 29.4. Grundlegende Topologien für Datennetze: Punkt-zu-Punkt, Bus, Ring, Stern und Baum

29.5 Topologien

Abbildung 29.4 zeigt schematisch die für Datennetze wesentlichen Basistopologien *Punkt-zu-Punkt, Bus, Ring, Stern* und *Baum.* Im Folgenden werden jeweils charakteristische Eigenschaften, wichtige Begriffe und typische Anwendungen vorgestellt [12, 13].

29.5.1 Punkt-zu-Punkt-Verbindung

Die direkte Kopplung zweier Netzelemente über eine Punkt-zu-Punkt-Verbindung (*Point-to-Point*) stellt die einfachste Netztopologie dar und bietet trotz der prinzipiellen Beschränkung auf zwei Teilnehmer wesentliche Vorteile. Der Empfänger und der Übertragungsweg sind für alle Übertragungen statisch festgelegt, es müssen weder Quell- bzw. Zieladressen codiert und ausgewertet noch dynamisch Verbindungswege gesucht, auf- oder abgebaut werden. Die zur Verfügung stehende Bandbreite kann bei jeder Übertragung voll genutzt werden, eine Aufteilung auf mehrere Netzteilnehmer ist nicht erforderlich.

- Falls die Stationen eine physikalische Leitung als gemeinsames Übertragungsmedium (*Shared Medium*) zum Senden und Empfangen verwenden, stehen üblicherweise nur Simplex- und Halbduplexübertragung zur Verfügung, da ein Vollduplexbetrieb zusätzlichen technischen Aufwand erfordert.
- Stehen hingegen separate physikalische Verbindungen zum Senden und Empfangen bereit (z. B. verschiedene Adern bzw. Fasern des Verbindungskabels), so kann auch im Vollduplex mit voller Bandbreite übertragen werden.

Punkt-zu-Punkt-Verbindungen sind kostengünstig realisierbar, erfordern keine zusätzlichen Steuer- oder Kontrollelemente, benötigen praktisch keinen Managementaufwand und erlauben Übertragungen mit voller Bandbreitennutzung und extrem geringer Verzögerung (Latenz) beim Auf- und Abbau logischer Verbindungen.

29.5.2 Bustopologie

Bei einem Bussystem sind die einzelnen Stationen nacheinander über Abzweige an eine durchgängige Verbindung (Bus) angeschlossen. Da der Bus von allen Teilnehmern gemeinsam zur Übertragung genutzt wird, sind Bustopologien typisch *Shared-Media*-Systeme mit Halbduplexübertragung (vgl. 29.5.1).

Die Übertragung erfolgt in der Regel als *Broadcast*, d. h. die von einer Station auf den Bus geschickten Datenpakete werden zunächst von allen angeschlossenen Stationen empfangen. Jede Station überprüft die im Paket enthaltene Zieladresse und nimmt die Daten gegebenenfalls an (die Stationen müssen daher zwingend die eigene Netzadresse kennen). Vorteile der Bustopologie sind die kostengünstige Realisierung und die einfache Erweiterbarkeit. Es sind keine Steuerelemente notwendig, und neue Station können nach Anschluss an den Bus sofort uneingeschränkt am Datenverkehr teilnehmen. Nachteilig sind die Aufteilung der Übertragungskapazität des Busses auf alle Stationen (die Effizienz sinkt mit steigender Stationszahl), die umständliche Fehlerlokalisierung entlang ausgedehnter Busse und der Ausfall des gesamten Systems, wenn der Bus durch einen Fehler oder Wartungsarbeiten lokal unterbrochen wird. Mit Hilfe geeigneter *Repeater* (s. 29.6.1) können Busse segmentiert werden, um die maximale Länge und Stationszahl zu erhöhen und Ausfälle auf das betroffene Segment sowie die segmentübergreifende Kommunikation zu beschränken. Typische Bussysteme sind 10Base-5- und 10Base-2-Ethernet (s. 29.8.1).

29.5.3 Ringtopologie

Bei Ringtopologien sind die Netzstationen in einen geschlossenen logischen Ring mit definierter Umlaufrichtung eingebunden, so dass jede Station je einen eindeutigen Vorgänger und Nachfolger besitzt. Gesendete Daten werden von einer Station zur nächsten weitergeleitet, bis sie die Zielstation erreichen. Der Ring wird aus separaten Punkt-zu-Punkt-Verbindungen gebildet, meist aber als logisches Shared Medium genutzt, so dass sich die verfügbare Bandbreite auf alle Teilnehmer aufteilt. Da jede fehlerhafte Teilverbindung den Ausfall des gesamten Rings bedingt, werden häufig Primär- und Sekundärringe zur Sicherung eingesetzt. Wie bei Bustopologien wird das Netzwerkmanagement dezentral von den Stationen übernommen, zusätzliche Kontrollelemente sind nicht erforderlich. Ringstrukturen sind z. B. Fibre Channel Arbitrated Loop (s. 29.7.1), Token Ring (29.8.2) und FDDI (29.8.3).

29.5.4 Sterntopologie

In Sterntopologien ist jede Station separat mit einem zentralen Sternknoten verbunden. Neben einer einfachen Verwaltung bietet dies prinzipiell den Vorteil, dass fehlerhafte Verbindungen nicht zwingend auch das übrige Netz beeinträchtigen, da geeignete Sternknoten die angeschlossenen Verbindungen kontinuierlich überwachen und im Bedarfsfall vom Netz abkoppeln. Die Art des Sternknotens bestimmt wesentliche Netzeigenschaften:

Shared Media Stars
sind Sterntopologien mit einem Verteiler (*Shared Media Hub*, s. 29.6.4) am Sternpunkt, der empfangene Daten als Broadcast an alle angeschlossenen Stationen sendet. Die Sterntopologie beschränkt sich auf den physischen Aufbau, da die Verkabelung als sternübergreifendes Shared Medium einen logischen Bus bildet. Die verfügbare Bandbreite wird auf alle Stationen aufgeteilt, und es steht typisch nur Halbduplex zur Verfügung. Sterntopologien mit Verteilern werden gegenwärtig von praktisch allen Ethernet-Systemen unterstützt (s. 29.8.1).

Switched Point-to-Point
bezeichnet Sterntopologien mit einer Vermittlung (*Switch*, s. 29.6.5) am Sternpunkt, die kommunizierende Stationen durch dynamisch geschaltete Punkt-zu-Punkt-Wege verbindet. Switching ermöglicht typisch mehrere unabhängige Verbindungen gleichzeitig mit jeweils voller Systembandbreite, bei separaten Sende- und Empfangsleitungen oft auch im Vollduplex. Geschaltete Sterntopologien kombinieren die Effizienz von Punkt-zu-Punkt-Systemen mit der flexiblen Adressierung vieler Stationen. Sie werden in schnellen SANs und LANs eingesetzt, z. B. bei Fibre Channel

Fabric (s. 29.7.1), ESCON (29.7.2) oder Switched Ethernet (29.8.1).

29.5.5 Baumtopologie

Der Begriff Baumtopologie kennzeichnet allgemein die Verbindung mehrerer Netzsegmente bzw. Teilnetze zu einer hierarchisch gegliederten baumförmigen Gesamtstruktur. Viele Netzwerktypen unterstützen den Aufbau von Baumstrukturen direkt, so können z.B. die Sternpunkte einzelner Sterntopologien mit Hilfe übergeordneter Koppelelemente (s. 29.6) wiederum sternförmig zusammengefasst werden. Oft werden gezielt unterschiedliche Topologieformen und Netzwerkstandards in heterogenen Baumtopologien zusammengeführt, um deren Vorteile zu kombinieren. Der FDDI-Standard (s. 29.8.3) spezifiziert z.B. neben der Ringstruktur explizit auch Baumtopologien. In der Praxis führt die strukturierte Verbindung mehrerer Netzwerke fast immer zu einer Baumstruktur [13].

29.6 Netzkopplung (Internetworking)

Die Kopplung einzelner Netze oder Teilnetze mit übergreifendem Datenaustausch wird in der Praxis oft als *Internetworking* bezeichnet. Mit Hilfe geeigneter Koppelelemente werden einzelne Stationen, Netzsegmente oder ganze Netzwerke zu komplexeren Anordnungen verbunden. Je nach Ausführung sind dabei u.a. Übergänge zwischen verschiedenen Übertragungsmedien, Topologien oder Protokollen möglich. Die für Datennetze wesentlichen Einrichtungen und Techniken der Netzkopplung werden nachfolgend vorgestellt [13–16].

29.6.1 Repeater

Repeater verstärken Signale und leiten sie protokolltransparent in andere Netzsegmente weiter. Typisch werden dabei auch die Pegel, der Signalverlauf und der Takt regeneriert (3R-Regeneration nach *Reamplification, Reshaping, Retiming*). Fehlerhafte Signale werden in der Regel erkannt und nicht weitergeleitet. Da jedoch kein Zugriff auf die Informationen der transportierten Datenpakete erfolgt, sind weder zieladressabhängige Vermittlungen noch Protokollumsetzungen möglich.

Repeater dienen zur Überwindung von Längenrestriktionen der Übertragungsmedien sowie zur Eingrenzung fehlerhafter Teilverbindungen. In Bustopologien erlauben Repeater den Anschluss zusätzlicher Stationen. Die folgenden Bezeichnungen bzw. Klassifizierungen sind üblich:

Standard-Repeater
arbeiten auf der Ebene der Bitübertragung (OSI-Schicht 1) und leiten Signale unverzögert weiter.

Buffered Repeater
besitzen einen Puffer zur Zwischenspeicherung und leiten nur vollständig empfangene Datenpakete weiter (*Store and Forward*, SF). Da Kenntnisse über Aufbau bzw. Größe der Rahmenstruktur nötig sind, arbeiten sie typisch auf der MAC-Schicht.

Lokale Repeater
verbinden benachbarte Kabelsegmente direkt miteinander.

Remote-Repeater
dienen zur Überwindung größerer Distanzen (km-Bereich). Sie bestehen aus zwei separaten Einheiten (*Half Repeater*), die zusammen als Repeater wirken und meist vollduplextauglich über Lichtwellenleiter verbunden sind (*Link Segment* oder *Inter Repeater Link*, IRL).

Klasse-I-Repeater
erlauben die Verbindung unterschiedlicher Übertragungsmedien.

Klasse-II-Repeater
unterstützen nur einen Medientyp.

Multiport-Repeater
bieten mehr als einen Ausgangsanschluss. Sie werden heute kaum noch eingesetzt, da *Hubs* eine höhere Funktionalität bieten (s. 29.6.4).

Optische Repeater
(OR) unterstützen Lichtwellenleitersysteme. In der Regel erfolgt eine 3R-Regeneration auf elektrischer Ebene in Verbindung mit eingangsseitig optisch-elektrischer und ausgangsseitig elektrisch-optischer Signalwandlung.

29.6.2 Bridges

Brücken (*Bridges*) verbinden zwei oder mehrere Netze oder Segmente zu einem logischen Gesamtnetz. Sie arbeiten auf Schicht 2 des OSI-Modells, in lokalen Netzen typisch auf der

MAC-Teilschicht (*MAC Level Bridges*). In Token-Ring-Netzen (s. 29.8.2) realisieren Bridges z.T. auch LLC-Funktionalität. Da Brücken für Protokolle höherer Ebenen jeweils transparent arbeiten, können LLC-basierte Bridges auch Netze mit unterschiedlichen MAC-Verfahren verbinden, z.B. Token Ring und Ethernet (s. 29.8.1). Brücken erfüllen drei wesentliche Funktionen:

- Überwindung netzspezifischer Grenzen: Die Segmente mit Brücken unterteilter Netze dürfen jeweils separat die volle spezifizierte Stationszahl und Längenausdehnung umfassen.
- Fehlerbegrenzung: Fehlerhafte Datenpakete werden erkannt und nicht transportiert.
- Filterfunktion: Datenpakete werden nach Auswertung der Zieladresse ausschließlich in Zielsegmente weitergeleitet, um unnötigen Datenverkehr in unbeteiligten Segmenten zu vermeiden.

Analog zu Repeatern (vgl. 29.6.1) werden *Lokale Brücken*, *Remote-Brücken* und *Multiport-Brücken* unterschieden. Weitere übliche Bezeichnungen sind:

Source Routing
(Quellensteuerung) ist eine Betriebsart, bei der die Wegführung der Datenpakete nicht innerhalb der Brücke, sondern bereits durch die Sendestation bestimmt wird. Source Routing Bridges werden insbesondere in Token-Ring-Netzen (s. 29.8.2) verwendet.

Transparent Bridges
(transparente Brücken) verwenden im Gegensatz zum Source Routing interne Adresstabellen, die den Zieladressen der Datenpakete Ausgangsanschlüsse zuordnen.

Simple Bridges
(„einfache" Brücken) verwenden statisch vorkonfigurierte Adresstabellen.

Learning Bridges
(„lernende" Brücken) leisten einen weitgehend eigenständigem Aufbau der Adresstabellen mit dynamischer Anpassung.

29.6.3 Router

Router verbinden zwei oder mehrere Netze auf dem Niveau der Vermittlungsschicht (OSI-Schicht 3) und erlauben daher prinzipbedingt die Kopplung von Netzen, die sich auf den Schichten 1 und 2 unterscheiden. Router werden insbesondere in vermaschten Netzen eingesetzt, in denen mehrere mögliche Wege zwischen Start- und Zielpunkten zur Verfügung stehen. Neben der Bereitstellung globaler Netzadressen ist ihre zentrale Aufgabe das *Routing*, d.h. die Wegführung der Datenpakete. Wie Bridges verhindern auch Router unnötigen Datenverkehr in unbeteiligten Netzsegmenten, im Unterschied zu Bridges erhalten sie jedoch nur speziell an sie adressierte Datenpakete. Zur Erhöhung der Netzsicherheit kann protokollspezifischer Verkehr gefiltert werden.

Single Protocol Router
arbeiten mit nur einem Schicht-3-Protokoll und verbinden nur Netze, die dieses Protokoll verwenden.

Multi Protocol Router
unterstützen mehrere Schicht-3-Protokolle und können daher auch Netze mit unterschiedlichen Protokollen koppeln.

Bridging Router
bzw. *hybride Router* unterstützen ebenfalls mehrere Protokolle und besitzen zusätzlich Brückenfunktionalität. Nicht unterstützte oder nicht für Routing geeignete Protokolle werden nach Art einer Bridge weitergeleitet. In dieser Betriebsart werden entsprechend den Bridges alle Datenpakete empfangen und verarbeitet.

29.6.4 Hubs

Hubs bilden Konzentrationspunkte für sternförmige Verkabelungen, sie werden deshalb auch als Kabelkonzentratoren oder *Wiring Hubs* bezeichnet. Je nach Einsatzgebiet und der Anzahl angeschlossener Stationen werden Arbeitsgruppen- (*Workgroup Hubs*), Abteilungs- (*Departmental Hubs*) und unternehmensweite *Enterprise Hubs* unterschieden, die hierarchisch angeordnet werden können. In Deutschland ist „Enterprise Hub" ein geschütztes Warenzeichen [16]. Die Bezeichnung Hub steht allgemein für Vermittlungseinrichtungen zur Kopplung von Netzsegmenten und Endgeräten, je nach Ausführung werden unterschiedliche Netztypen, Protokolle und Übertragungsmedien verbunden und die Funktionalität von Datenkonzentratoren, Bridges, Routern oder anderen Managementsystemen bereitgestellt.

Shared Media Hubs
sind Verteiler, die durch gleichberechtigte Verteilung ankommender Signale auf alle Ausgänge mehrere Stationen an einen gemeinsamen Übertragungskanal anschließen. In Sterntopologien (Shared Media Stars, s. 29.5.4) wird der allgemeine Begriff „Hub" oft gleichbedeutend mit „Verteiler" verwendet. Shared Media Hubs stellen den Netzstationen über die Verkabelung einen logischen Bus als sternübergreifendes Shared Medium bereit.

29.6.5 Switches

Switches („Schalter") sind Vermittlungseinheiten, die abhängig vom benötigten Kommunikationsweg dynamisch Punkt-zu-Punkt-Verbindungen zwischen einzelnen Anschlüssen (*Ports*) schalten. Mehrere Verbindungen können gleichzeitig mit voller Netzbandbreite betrieben werden, bei separater Sende- und Empfangsleitung je Port ist Gegensatz zu Shared-Media-Systemen auch Vollduplexbetrieb möglich. Switches arbeiten typisch auf der 2. OSI-Schicht (zumeist auf MAC-Ebene), es werden aber auch Switches auf Schicht 3 angeboten (*Layer 3 Switches*). Die gezielte Datenvermittlung vermeidet wie bei Bridges überflüssigen Datenverkehr in unbeteiligten Netzsegmenten, die entsprechende Kapazität steht anderen Teilnehmern zur Verfügung. Im Gegensatz zu Bridges und Routern werden Switches in der Regel hardwareorientiert mit ASICs (*Application Specific Integrated Circuits*) realisiert und erreichen meist deutlich höhere Datendurchsätze und geringere Latenzzeiten.

Folgende Verfahren werden eingesetzt:

Cut Through
bezeichnet die sofortige Weiterleitung der Daten nach Eintreffen der Zieladresse eines Datenpaketes und deren Auswertung anhand der internen Adresstabelle. Beim Cut-Trough-Verfahren treten nur sehr geringe Latenzzeiten auf (gegenwärtig sind 30–40 µs erreichbar).

Store and Forward
(SF) beschreibt die Weiterleitung von Datenpaketen, nachdem diese vollständig empfangen und zwischengespeichert wurden (analog zu Buffered Repeatern). Die Rahmenstruktur kann komplett ausgelesen werden, um Filtermechanismen anzuwenden oder eine Fehlererkennung bzw. -korrektur durchzuführen. Gegenüber Cut-Through-Switching treten infolge der erforderlichen Zwischenspeicherung höhere Latenzen auf.

Per Port Switching
bzw. Konfigurationsschalten basiert auf statisch konfigurierten Verbindungen (z.B. der festen Zuordnung einzelner Ports zu verschiedenen Netzsegmenten).

Frame Switching
ist eine paketorientierte Vermittlung (*Packet Switching*), bei der für Datenrahmen variabler Größe anhand der Zieladresse dynamisch Verbindungen geschaltet werden. In SANs und LANs wird die Bezeichnung *Frame Switching* statt verwendet, um sie gegen WAN-Techniken wie *Fast Packet Switching* (FPS) abzugrenzen. Frame Switching wird bei Switched Ethernet (s. 29.8.1) und Switched Token Ring (29.8.2) eingesetzt.

Cell Switching
bezeichnet zellenbasierte Vermittlung, bei der Transportzellen fester Größe übertragen werden. Jeder Kommunikationsweg kann durch eine feste Zuteilung von Zellen eine logische Verbindung mit definierter mittlerer Datenrate erhalten. Dies ist insbesondere für Multimediaanwendungen mit konstantem Datenstrom vorteilhaft (*Streaming Data*, z.B. Audio-/Videoübertragung). Teilnehmer können mit unterschiedlicher Dienstgüte auf das Netz zugreifen (*Quality of Service*, QoS). Cell Switching bildet u.a. die Basis für ATM (*Asynchronous Transfer Mode*, s. z.B. Kap. 24 oder [17–21]).

Switching-Verfahren ermöglichen eine Vervielfachung des effektiven Datendurchsatzes und stellen derzeit eine Schlüsseltechnologie für Hochleistungsnetze dar. Sie werden in Hochgeschwindigkeits-SANs/LANs/MANs eingesetzt und bilden die zentrale Komponente für Switched-Point-to-Point-Topologien (vgl. 29.5.4).

29.6.6 Gateways

Gateways sind Protokollkonverter zur Verbindung zweier Netze mit verschiedener Kommunikationsarchitektur, gänzlich unterschiedlichen Protokollen oder verschiedenen Zeichensätzen. Der Begriff Gateway steht allgemein für Koppelelemente, die oberhalb der Vermittlungsschicht auf den OSI-Schichten 4 bis 7 arbeiten. Um den Aufwand zu begrenzen, erfolgt die Verbindung zweckmäßig auf der niedrigsten gemeinsamen Schicht beider Netze. Gateways werden typisch softwarebasiert durch Rechner mit entsprechender Programmierung realisiert. Sie sind in beiden Netzen adressierbare Knoten, unterstützen beide Protokolle vollständig und leisten bei Bedarf die vollständige Umsetzung der Adressierung, Formate, Codierung, Datenpufferung, Paketbestätigung, Flusskontrolle und Geschwindigkeit. Die Bearbeitung mehrerer Kommunikationsschichten durch Gateways erfordert gegenüber der Verwendung gemeinsamer Standardprotokolle in verschiedenen Netzen einen wesentlich höheren Aufwand, zudem wächst die Anzahl benötigter Gateways quadratisch mit der Anzahl eingesetzter Protokolle, da Gateways typisch nur zwei Protokolle konvertieren.

29.7 Systemnetze (SANs)

SANs sind eine Untergruppe der lokalen Netze (LANs), die speziell auf die Vernetzung von Massenspeichern (*Storage Farms*), Hochleistungsservern oder Großrechnern (*Mainframes*) zu leistungsfähigen Rechen- und Datenzentren ausgerichtet ist. Die Abkürzung SAN wurde ursprünglich als Speichernetz (*Storage Area Network*) oder Servernetz (*Server Area Network*) interpretiert, die heute übliche Bezeichnung *System Area Network* steht insbesondere für ein System mit mehreren Prozessoren, das architektonisch eher klassischen Netzwerken als rechnerinternen Bussystemen gleicht und nach außen eine geschlossene, zusammenwirkende Einheit bildet.

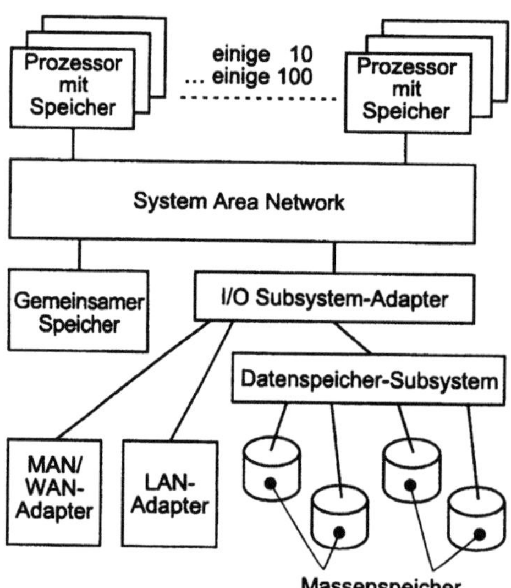

Abb. 29.5. Struktur eines System Area Network (SAN) [22]

Abbildung 29.5 zeigt exemplarisch ein SAN zur Vernetzung eines Multiprozessorsystems mit gemeinsam genutztem Speicher, Datenspeicher-Subsystem sowie Anbindungsstellen für LAN- und MAN/WAN-Netze.

Aus den genannten Einsatzbereichen folgen als wesentliche Anforderungen an SANs [22]:

- Sehr hohe Bandbreite bzw. Nutzdatenrate,
- geringe Verzögerungszeiten (Latenzen),
- wenig Overhead in der Zuteilung und Verwaltung von Verbindungen (feste Routing-Tabellen oder sehr schnelle Vermittlungsverfahren),
- kurze Übertragungsstrecken,
- extrem hohe Ausfallsicherheit.

SAN-Datenraten sind typisch wesentlich höher als in übrigen LANs, im Idealfall nah an der Systembus-Datenrate der vernetzten Rechensysteme. In der Praxis sind 100 Mbyte/s bis weit über 1000 Mbyte/s gefordert. Für Verzögerungszeiten nahe denen interner Bussysteme müssen über das gesamte SAN Latenzen weit unter 10 μs inklusive der Kommunikationsprotokolle erreicht werden. Um die Übertragungsstrecken so kurz wie möglich zu halten, werden SANs oft in einem einzigen Raum betrieben (die Verzögerung durch eine 100 m lange optische Verbindung kann bereits mehrere hundert Prozessorzyklen betragen). Die Verbindungslängen liegen typisch deutlich unter 100 m, nur bei Raum-zu-Raum-Verbindungen werden gelegentlich 100–300 m erreicht. Klassische Systemnetze verwenden häufig fest definierte Verbindungswege und Routing-Vorgaben, so dass die Auswertung von Quell- und Zieladressen zugunsten geringer Latenzen entfällt. Neuere Entwicklungen ermöglichen auch den Einsatz schneller Vermittlungsverfahren (Switching, vgl. 29.6.5).

Der derzeit wichtigste SAN-Übertragungsstandard ist der Fibre Channel (s. 29.7.1), alternativ werden ESCON/SBCON (29.7.2) oder FICON (29.7.3) eingesetzt. Seit der Einführung von Gigabit Ethernet werden zunehmend auch hochbitratige Ethernet-Systeme verwendet, aufgrund der stärkeren Verbreitung werden diese hier jedoch im LAN-Umfeld behandelt (29.8.1.3). Da hochbitratige SANs zunehmend optische Parallelverbindungen einsetzen (*Parallel Optical Interconnects*, POIs), werden diese in Abschn. 29.7.4 näher vorgestellt.

29.7.1 Fibre Channel

Fibre Channel (FC) wird seit 1988 unter Federführung der amerikanischen Normungsbehörde ANSI als Nachfolger der HIPPI-Norm entwickelt (*High Performance Parallel Interface*, s. z.B. [23]). Die britische Schreibweise „Fibre" statt des amerikanischen „Fiber" folgt historisch aus der Überarbeitung der Dokumentation durch einen britischen Lektor.

Entwicklungsziel war ein Hochgeschwindigkeits-Transportprotokoll auf der Ebene der Bitübertragung und der MAC-Schicht (vgl. 29.3), das die Integration bestehender Geräte und Protokolle ermöglicht und unterschiedliche Übertragungsmedien unterstützt. Trotz der auf Glasfasern ausgerichteten Bezeichnung „Fibre Channel" sind für kurze Distanzen explizit auch Kupferleitungen spezifiziert.

Fibre Channel bildet logisch eine serielle bidirektionale Punkt-zu-Punkt-Verbindung ohne eigenen Befehlssatz und ohne Kenntnis der transportierten Daten [24]. Andere Protokolle werden auf FC-Transportstrukturen abgebildet und transparent übertragen. Unter anderen ist die Einbettung der Protokolle HIPPI, IP (*Internet Protocol*), IPI (*Intelligent Peripheral Interface*) und SCSI (*Small Computer Systems Interface*) vorgesehen. Neben dem Aufbau von Netzwerken ist auch die Anbindung von Peripheriegeräten mit gleicher Ansteuerung und gleichen Schnittstellen über einen einheitlichen Kanal vorgesehen. Fibre Channel unterstützt drei Topologien [24]:

- *Fibre Channel Point-to-Point* ist eine Punkt-zu-Punkt-Topologie (vgl. 29.5.1) mit festem Kommunikationsweg, die keine komplexe Netzsteuerung mit Namensauflösung oder Verbindungsschalten erfordert.
- *Fibre Channel Arbitrated Loop* (FC-AL) bezeichnet Ringtopologien (vgl. 29.5.3) mit 2-126 Stationen, bei denen nur eine Verbindung zweier Geräten gleichzeitig aktiv sein kann. FC-AL ist eine preisgünstige Lösung für kleine bis mittlere Netze (insbesondere Datenspeichersysteme), für Kupferleitungen verlängert sich der erlaubte Übertragungsweg um ca. 10 m je Station. Bei großen Netzen mit vielen Stationen sinkt die Bandbreiteneffizienz infolge der gleichberechtigten Nutzung und des dezentralen Netzmanagements durch die Stationen, zudem fällt bei fehlerhaften Teilverbindungen der gesamte Ring aus.
- *Fibre Channel Fabric*, auch *Cross Point Switched Fabric* oder *Interconnected Switched Network* genannt, ist eine geschaltete Sterntopologie (vgl. 29.5.4) mit dem Fibre Channel Switch als zentraler Vermittlung (Abb. 29.6). Komplexe Schaltalgorithmen an den einzelnen Stationen können entfallen. Die Zahl der adressierbaren Netzknoten ist nahezu unbegrenzt, je nach Switch stehen ca. 16 Millionen Adressen zur Verfügung. Es werden verbindungs- und paketorientierte Übertragung mit und ohne Zustellungsgarantie unterstützt (vgl. 29.3). Die Topologien *Arbitrated Loop* und *Fabric* können kombiniert werden.

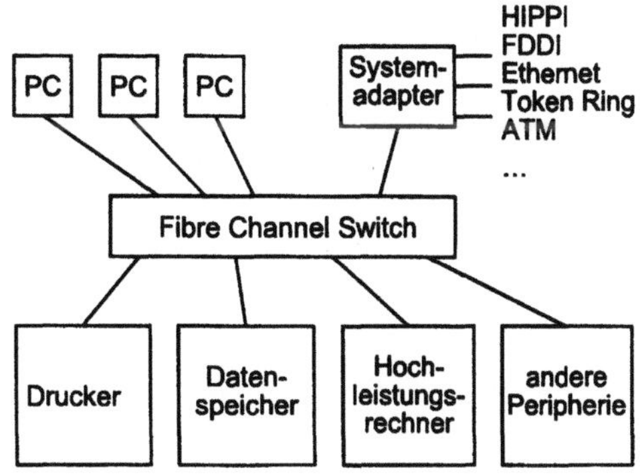

Abb. 29.6. Fabric-Topologie eines Fibre Channel-Netzwerkes [24]

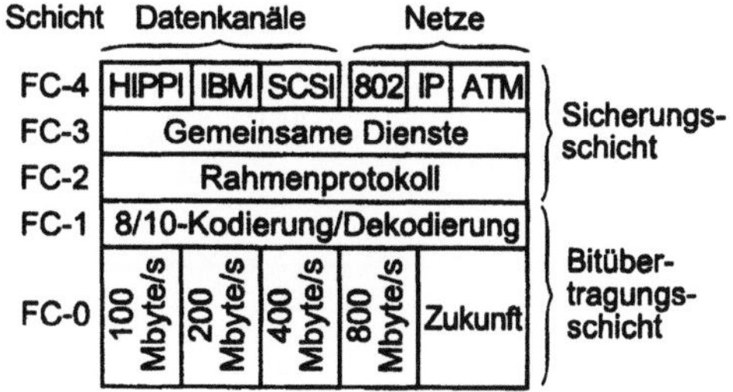

Abb. 29.7. Hierarchie der Schichten FC-0 bis FC-4 im Fibre Channel Standard, Bezug zu den Schichten 1 und 2 des ISO/OSI-Referenzmodells [23]

Der Standard umfasst die fünf Hierarchiestufen FC-0 bis FC-4 (Abb. 29.7). FC-0 und FC-1 werden in der Regel der Bitübertragung (OSI-Schicht 1) zugeordnet, FC-2 bis FC-4 der MAC-Teilschicht (2a) [23, 24, 25].

FC-4
bildet eine Schnittstelle auf MAC-Ebene. Protokolle wie SCSI, IP, ATM, Ethernet oder andere IEEE-802-Protokolle können darauf aufsetzen, so dass Fibre Channel auch im LAN-Bereich eingesetzt werden kann.

FC-3
beinhaltet gemeinsame Dienste (*Common Services*) wie Multicast-Sendungen, d.h. die Datenverteilung an mehrere Empfänger.

FC-2
umfasst Rahmenverwaltung, Flusskontrolle und zugehörige Dienste. Je 2048 Byte Nutzdaten werden in 2148 Byte große Rahmen eingebettet, die zusätzlich Quell- und Zieladressen, eine 32 Bit lange CRC-Fehlerprüfsumme und Signale zur Flusssteuerung enthalten.

FC-1
spezifiziert die 8B/10B-Leitungscodierung (vgl. 29.4), Verbindungssteuerung und Fehlererkennung [25].

FC-0
wird bei Fibre Channel als *Physical Layer* bezeichnet und definiert Übertragungsmedien (Glasfasern bzw. Kupferleitungen), Anschlüsse, Treiber, Übertragungsraten, Sender- und Empfängerspezifikationen und Vorgaben bezüglich des Jitters. Bei allen Übertragungen wird eine Bitfehlerrate von 10^{-12} garantiert, und sämtliche Verbindungen müssen die Laser-Sicherheitsstandards der Klasse 1 erfüllen.

Tabelle 29.4 fasst wesentliche Übertragungsmedien, Reichweiten und Datenraten zusammen, die Tabellen 29.5 und 29.6 enthalten

Tabelle 29.4. Übertragungsmedien, Reichweiten und Datenraten des Fibre Channel Standards [24]

Medium	Sender	Datenrate	Max. Reichweite	Signalrate
Einmodenfaser	LW-Laser	100 Mbyte/s 50 Mbyte/s 25 Mbyte/s	10 km	1062,5 Mbit/s 531,25 Mbit/s 265,625 Mbit/s
Vielmodenfaser 50 μm	SW-Laser	100 Mbyte/s 50 Mbyte/s 25 Mbyte/s	500 m 1 km 2 km	1062,5 Mbit/s 531,25 Mbit/s 265,625 Mbit/s
	LW-LED	12,5 Mbyte/s	10 km	132,8125 Mbit/s
Vielmodenfaser 62,5 μm	SW-Laser	100 Mbyte/s 50 Mbyte/s	300 m 600 m	1062,5 Mbit/s 531,25 Mbit/s
	LW-LED	25 Mbyte/s 12,5 Mbyte/s	1 km 2 km	265,625 Mbit/s 132,8125 Mbit/s
105 Ω STP Typ 1 (*Shielded Twisted Pair*)	ECL	25 Mbyte/s 12,5 Mbyte/s	50 m 100 m	265,625 Mbit/s 132,8125 Mbit/s
75 Ω Mini-Koaxialkabel	ECL	100 Mbyte/s 50 Mbyte/s 25 Mbyte/s 12,5 Mbyte/s	10 m 20 m 30 m 40 m	1062,5 Mbit/s 531,25 Mbit/s 265,625 Mbit/s 132,8125 Mbit/s
75 Ω Video-Koaxialkabel	ECL	100 Mbyte/s 50 Mbyte/s 25 Mbyte/s 12,5 Mbyte/s	25 m 50 m 75 m 100 m	1062,5 Mbit/s 531,25 Mbit/s 265,625 Mbit/s 132,8125 Mbit/s
150 Ω Twinax oder STP	ECL	100 Mbyte/s 50 Mbyte/s 25 Mbyte/s	30 m 60 m 100 m	1062,5 Mbit/s 531,25 Mbit/s 265,625 Mbit/s

Optische Übertragung: LW = langwellig (*long wave*), d. h. 1,3 μm
SW = kurzwellig (*short wave*), d. h. 780 – 850 nm
Elektrische Übertragung: ECL = emittergekoppelte Logik (*emitter coupled logic*)

Tabelle 29.5. Kenndaten der optischen Fibre Channel Schnittstelle für Einmodenfasern [24]

FC-0	100-SM-LL-L	100-SM-LL-I	50-SM-LL-L	25-SM-LL-L	25-SM-LL-I
Datenrate	100 Mbyte/s		50 Mbyte/s	25 Mbyte/s	
Nominale Bitrate	1062,5 Mbit/s		531,25 Mbit/s	265,625 Mbit/s	
Reichweite	2 m … 10 km	2 m … 2 km	2 m … 10 km		2 m … 2 km
Laserwellenlänge	1285…1330 nm	1270…1355 nm			
Ausgangsleistung	-9…-3 dBm	-12…-3 dBm	-9…-3 dBm	-9…-3 dBm	-12…-3 dBm
Extinktion	9 dB			6 dB	
Empfangsleistung	-25…-3 dBm	-20…-3 dBm	-25…-3 dBm		-20…-3 dBm

Tabelle 29.6. Kenndaten der optischen Fibre Channel Schnittstelle für Vielmodenfasern [24]

FC-0	100-M5-SL-I	50-M5-SL-I	25-M5-SL-L	25-M6-LE-I	12-M6-LE-I
Datenrate	100 Mbyte/s	50 Mbyte/s	25 Mbyte/s		12,5 Mbyte/s
Nominale Bitrate	1062,5 Mbit/s	531,25 Mbit/s	265,625 Mbit/s		132,8125 Mbit/s
Reichweite	2 m … 500 m	2 m … 1 km	2 m … 2 km	2 m … 1,5 km	2 m … 1,5 km
Kerndurchmesser	50 µm			62,5 µm	
Sender	Laser 1285…1330 nm			LED 1270…1355 nm	
Ausgangsleistung	-9…-3 dBm	-12…-3 dBm	-9…-3 dBm	-9…-3 dBm	-12…-3 dBm
Extinktion	9 dB			6 dB	
Empfangsleistung	-25…-3 dBm	-20…-3 dBm	-25…-3 dBm	-25…-3 dBm	-20…-3 dBm

Tabelle 29.7. ANSI-Dokumente zu Fibre Channel

Kurzform	Titel	ANSI Dokument, Jahr
FC-PH	Physical and Signalling Interface	X3.230-1994
FC-FP	Fibre Channel Mapping to HIPPI-FC	X3.254-1994
FC-PH-AM 1	FC-PH Amendment 1	X3.230-1994/AM 1-1996
	Fibre Channel Protocol for SCSI	X3.269-1996
FC-SB	Single-Byte Command Code Sets Mapping Protocol	X3.271-1996
FC-AL	Arbitrated Loop	X3.272-1996
HIPPI-FC	HIPPI Encapsulation of Frames of FC-PH Interface	X3.283-1996
FC-LE	Link Encapsulation	X3.287-1996
FC-FG	Fabric Generic Requirements	X3.289-1996
FC-PH-2	Physical and Signalling Interface-2	X3.297-1997
FC-PH-3	Physical and Signalling Interface-3	X3.303-1998
FC-SW	Switch Fabric	NCITS.321-1998
FC-GS	Generic Services (Revision of X3.288-1996)	NCITS.288-1999
100-SM-LC-L	Low-Cost 10-km Optical 1063-Mbaud Interface	NCITS.326-1999
FC-AL-2	Arbitrated Loop-2	NCITS.332-1999
SM-LL-V	Very Long Length Optical Interface	NCITS.339-2000

Kenndaten der optischen Schnittselle, und Tabelle 29.7 führt wesentliche ANSI-Standards bezüglich Fibre Channel auf.

29.7.2 ESCON/SBCON

ESCON (*Enterprise Systems Connection*) wurde 1990 von IBM als Hochleistungs-Netzwerksystem für Serveranlagen und Großrechner (speziell das IBM System/390) entwickelt und ist 1997 unter dem Namen SBCON (*Single Byte Command Code Sets Connection*) als ANSI-Standard X3.296-1997 erschienen.

ESCON basiert auf einer Switched-Point-to-Point-Topologie (vgl. 29.5.4) mit dem *ESCON Director* als zentralem Switch (Abb. 29.8). Die Verbindungen zwischen den Gerä-

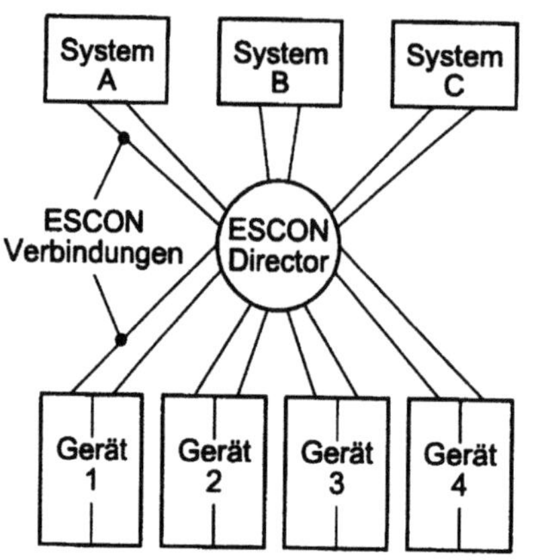

Abb. 29.8. Topologie eines ESCON- bzw. SBCON-Netzwerkes [26]

ten und dem Director sind doppelt ausgelegt (*Multipathing*), um vollständige Redundanz zu erzielen und die Netzfunktionalität beim Ausfall einzelner Verbindungen nicht zu beeinträchtigen. Die isolierte Analyse bzw. Reparatur einer Verbindung erfordert damit kein Abschalten des Netzes. Ein paralleler Einsatz mehrerer Director-Einheiten mit jeweils eigener Verbindung zu allen Stationen erhöht die Kapazität und Ausfallsicherheit des Netzes zusätzlich (Betrieb auch bei Ausfall eines Directors möglich). Die Topologie erlaubt [26]

- die dynamische Rekonfiguration (Beenden und Neueinrichten von Verbindungen),
- das Hinzufügen bzw. Entfernen von Verbindungen ohne Netzausfall,
- die Vergabe von Prioritäten für bestimmte Verbindungen,
- den isolierten Betrieb von Teilen des Netzwerks.

Abbildung 29.9 zeigt den Aufbau eines Datenrahmens. Wie bei Fibre Channel (s. 29.7.1) wird die 8B/10B-Codierung eingesetzt

Paketkopf (Header) | Trailer

SOF	DEST ADDR	SOURCE ADDR	LINK CTL	INFORMATION	CRC	EOF

SOF:	Startmarkierung	(2 Zeichen)
DEST ADDR:	Zieladresse	(2 Byte)
SOURCE ADDR:	Quelladresse	(2 Byte)
LINK CTL:	Verbindungskontrolle	(1 Byte)
INFORMATION:	Nutzdaten	(0-1028 Byte)
CRC:	Prüfsumme	(2 Byte)
EOF:	Endmarkierung	(2 Zeichen)

Abb. 29.9. Struktur eines ESCON-Datenrahmens [26]

(vgl. 29.4), die Verwendung synchroner Verbindungen mit kontinuierlicher Datenübertragung stellt die ständige Arbeitsbereitschaft aller Sender und Empfänger sicher.

ESCON spezifiziert faseroptische Punkt-zu-Punkt-Übertragungen mit 200 Mbit/s über bis zu 2 km Vielmodenfaser bzw. bis zu 20 km Einmodenfasern [26]. Neuere Produkte erlauben bis zu 3 km lange 62,5/125-µm-Vielmodenfasern, mit Hilfe aktiver Komponenten kann die Übertragungslänge auf 9 km erhöht werden. Die Datentransferrate moderner Vielmoden-ESCON-Produkte wird mit 10 Mbyte/s [27] bzw. 17 Mbyte/s [28] angegeben.

Tabelle 29.8 fasst wesentliche Spezifikation der optischen ESCON-Schnittstelle zusammen.

29.7.3 FICON

FICON (*Fibre Connectivity*) wurde von IBM als ESCON-Nachfolger entwickelt und ist seit März 1999 für das IBM System/390 verfügbar [28]. Gegenüber ESCON wurde die Übertragungskapazität auf 100 Mbyte/s je Ver-

Tabelle 29.8. Kenndaten der optischen ESCON-Schnittstelle [26]

ESCON	Einmodenfaser	Vielmodenfaser
Wellenlänge	1261 nm ... 1360 nm	1280 nm ... 1380 nm
Mittlere opt. Sendeleistung	-8 dBm ... -3 dBm	-20 dBm ... -14 dBm
Opt. Empfangsleistung	-28 dBm ... -3 dBm	-29 dBm ... -14 dBm
Spektrale Breite	≤ 7,7 nm	≤ 175 nm
Optische Anstiegszeit	≤ 1,5 ns	≤ 1,7 ns
Optische Abfallzeit	≤ 1,5 ns	≤ 1,7 ns
Extinktion	≥ 8 dB	≥ 8 dB

bindungskabel bei bidirektionaler Übertragung über bis zu 20 km Glasfaser gesteigert. Ein FICON-Kanal kann die Aufgaben von bis zu acht ESCON-Kanälen gleichzeitig übernehmen. FICON ist für den parallelen Betrieb mit anderen Systemen ausgelegt, insbesondere wird die Anbindung an ESCON-Netze unterstützt.

29.7.4 Optische Parallelverbindungen

Optische Parallelverbindungen (*Parallel Optical Interconnects*, POIs) werden für Hochgeschwindigkeitsverbindungen in LANs und SANs eingesetzt (z.B. in Fibre-Channel-Netzen). Derzeit (2001) werden bis zu 30 Gbit/s Summendatenrate je Verbindung und Streckenlängen bis zu einigen 100 m erreicht.

POIs nutzen Faserbänder im Raummultiplex und erlauben so höhere Transfergeschwindigkeiten und größere Übertragungslängen als Leitungsverbindungen (2001: bis zu 2,5 Gbit/s je Faser, künftig ca. 10 Gbit/s je Faser).

Wichtig für hohe Datenraten und eine kostengünstige Realisierung sind v.a. die Entwicklung integrierter VCSEL-Senderzeilen mit hoher Ausbeute (*Vertical Cavity Surface Emitting Laser*, s. z.B. Kap. 20), integrierter PIN- oder MSM-Detektorzeilen sowie preiswerter optischer Stecker- und Modultechniken, u. a. unter Verwendung mikrostrukturierter Siliciumelemente [22, 29–31].

Abbildung 29.10 zeigt am Beispiel des PAROLI®-Systems von Infineon Technologies [32, 33] den schematischen Aufbau einer optischen Parallelverbindung ohne Multiplex-, Demultiplex- und Codierstufen. Elektrische Ein- und Ausgangsstufen sind als LVDS (*Low Voltage Differential Signals*) nach IEEE 1596.3-1996 ausgelegt, die Sendemodule (Tx) verwenden VCSEL-Sender mit 840 nm Wellenlänge. Die Übertragungsstrecken sind mit bis zu 300 m langen 12-fach-Faserbändern realisiert (s. z.B. Kap. 6), die aus 62,5/125-µm-Vielmodenfasern mit Gradientenprofil (s. z.B. Kap. 5) bestehen und mit MT-basierten Steckern an die Sende- (Tx) bzw. Empfangsmodule (Rx) angeschlossen werden (250 µm Faserraster, s. z.B. Kap. 10).

29.8 Lokale Netze (LANs)

Lokale Netze (*Local Area Networks*, LANs) erstrecken sich üblicherweise über mehrere Räume, Gebäude oder einen Campus. Die Übertragungsstrecken reichen typisch von wenigen Metern bis zu etwa 2 km, nur in Ausnahmefällen werden 10–100 km erreicht [15]. LANs vernetzen vorwiegend Arbeitsplatzrechner (PCs), Zentralrechner, zentrale Speichermedien und Peripheriegeräte (z.B. Drucker) oder andere Datenendgeräte miteinander. Typische Einsatzgebiete für LANs sind

- die gemeinsame Nutzung von Peripheriegeräten und sonstigen Netzkomponenten durch mehrere Netzteilnehmer von verschiedenen Arbeitsplätzen aus (*Resource Sharing*),
- der gemeinsame Zugriff auf zentral bereitgestellte und aktualisierte Programme, Datenbanken oder sonstige Dateien (*File Sharing*),
- die gemeinsame Nutzung von Kommunikationsdiensten (z.B. E-Mail, Internet/Intranet, ...).

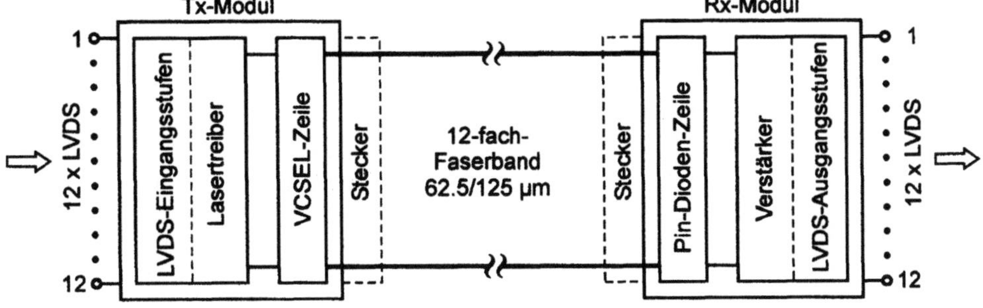

Abb. 29.10. Schema einer optischen Parallelverbindung (PAROLI®, Infineon Technologies): Sendemodul (Tx) mit VCSEL-Senderzeile, Vielmoden-Faserband und Empfangsmodul (Rx) mit PIN-Dioden-Detektorzeile

Als Übertragungsmedien dienen paarweise verdrillte Kupferleitungen (*Twisted Pair*, TP), Koaxial-Kupferleitungen oder Glasfasern (zumeist Vielmodenfasern), die in der Praxis oft als LWL (Lichtwellenleiter) bezeichnet werden. Die Übertragungsraten in lokalen Netzen liegen heute (2001) typisch zwischen 10 Mbit/s und 1 Gbit/s bei Bitfehlerraten von 10^{-8} bis 10^{-10} [15].

Mehrere LANs mit z.T. unterschiedlicher Topologie werden häufig durch entsprechende Koppelelemente in ein übergeordnetes firmen- bzw. campusübergreifendes Verteilernetz integriert. In diesem Zusammenhang wird oft der Begriff *Backbone* („Rückgrat") verwendet. Die Art und Ausführung von Backbone-Netzen differiert abhängig vom spezifischen Bedarf mitunter erheblich, sodass typische Charakteristika nur schwer anzugeben sind. Oft werden schnelle Ethernetsysteme oder FDDI-Netze als LAN-Backbone eingesetzt, mitunter auch ATM-Netze (*Asynchronous Transfer Mode*, s. z.B. Kap. 24 oder [17–21]). Im LAN-Bereich werden überwiegend die Übertragungsstandards Ethernet, Token Ring und FDDI eingesetzt. Diese werden in den folgenden Abschnitten näher behandelt.

29.8.1 Ethernet

Ethernet wurde ursprünglich 1973 von der Firma Xerox entwickelt, 1980 gemeinsam von den Unternehmen Digital Equipment (DEC), Intel und Xerox als offener DIX-Übertragungsstandard veröffentlicht („DIX" nach *Digital, Intel, Xerox*) und später zu DIX-Ethernet V2 weiterentwickelt. In überarbeiteter Form erfolgte unabhängig von Ethernet V2 eine Standardisierung nach IEEE 802.3, die schließlich in den ISO/IEC-Standard 8802-3 übernommen wurde. Wesentliche Unterschiede gegenüber Ethernet V2 sind ein unterschiedliches Rahmenformat und die Unterstützung der LLC-Teilschicht des OSI-Modells (vgl. 29.3).

Anmerkung:
Obwohl der Begriff „Ethernet" korrekt eigentlich DIX-Ethernet V2 bezeichnet, wird er in der Literatur und im Sprachgebrauch in aller Regel für Netze nach IEEE 802.3 bzw. ISO/IEC 8802-3 verwendet [12, 15]. Dies wird auch im folgenden so gehandhabt.

Ethernet ist derzeit (2001) der weltweit bedeutendste Netzwerktyp. Im LAN-Bereich ist Ethernet bereits seit Jahren vorherrschend und hat, vor allem durch die kostengünstige Realisierung, einfache Skalierung und Wartbarkeit sowie die problemlose Kopplung neuer Varianten an bestehende Netze, konkurrierende Systeme weitgehend an den Rand gedrängt. Etwa 83% aller weltweit bis Ende 1996 installierten Netzwerkkomponenten arbeiten nach dem Ethernet-Standard, 1997 betrug der Ethernet-Anteil aller neu verkauften Netzwerkprodukte 77% mit steigender Tendenz, und dieser Trend hält bis heute an [34]. Neue Ethernet-Spezifikationen mit Datenraten von 1 Gbit/s und künftig 10 Gbit/s dringen zunehmend auch in SAN- und MAN-Bereiche vor. Möglicherweise entwickelt sich Ethernet in Zukunft auf allen Netzebenen bis hin zur Weitverkehrstechnik zu einem bevorzugten Übertragungsstandard (*„Ethernet all the way"*).

Der Ethernet-Standard umfasst Protokolle für die Bitübertragung (OSI-Schicht 1) und die MAC-Teilschicht (2a), die LLC-Implementierung folgt der IEEE-Spezifikation 802.2 (vgl. 29.3). Klassische Ethernet-Systeme verwenden Halbduplexübertragung in einer logischen Bustopologie, die ursprünglich auch physikalisch als Bus realisiert wurde. Neuere Varianten werden typisch mit Hilfe von Verteilern (Hubs) als physikalischer Stern aufgebaut (vgl. 29.5.4), um den Netzbetrieb auch beim Ausfall einzelner Verbindungen zu ermöglichen. Mit dem Begriff *Switched Ethernet* werden geschaltete Sterntopologien mit einer Vermittlungsstelle (Switch) bezeichnet, bei denen mehrere Netzteilnehmer im Gegensatz zur logischen Busstruktur gleichzeitig und voneinander unabhängig mit voller Bandbreite auf das Netz zugreifen können (vgl. 29.5.2, 29.5.4).

Charakteristisch für Ethernet ist das CSMA/CD-Verfahren (*Carrier Sense Multiple Access with Collision Detection*) [4, 15], es wird daher auch als „Ethernet-Verfahren" bezeichnet. Bis auf den zukünftigen 10GBE-Standard (s. 29.8.1.4) unterstützen sämtliche Ethernet-Varianten CSMA/CD-basierte Halbduplexübertragung. CSMA/CD regelt den Zugriff auf das gemeinsam genutzte Übertragungsmedium (Shared Medium) und gehört damit zur MAC-Teilschicht. Sendewillige Netzteilnehmer überwachen den Übertragungsbus (*Carrier*), bis keine Kommunikation anderer Stationen mehr registriert wird (*Carrier*

Sense), und beginnen dann unmittelbar die Übertragung eines Datenrahmens. Diese erfolgt nach dem Broadcast-Prinzip simultan an alle Netzteilnehmer, so dass die adressierten Empfänger die gesendeten Daten direkt ohne Umweg empfangen können (*Multiple Access*). Falls mehr als eine Station gleichzeitig sendet und die Signale infolge der Interferenz unbrauchbar werden, wird eine Datenkollision erkannt (*Collision Detection*) und ein Kollisionssignal (*Jam Signal*) an alle Teilnehmer versandt. Die Kommunikation wird daraufhin abgebrochen und erst nach einer entsprechenden Wartezeit (*Backoff Time*) wieder aufgenommen. Wesentliche Eigenschaften CSMA/CD-basierter Netze sind [4]:

- Alle Netzteilnehmer sind gleichberechtigt, eine übergeordnete Station ist nicht erforderlich.
- Das Netz ist leicht skalierbar. Das Hinzufügen oder Entfernen von Stationen erfordert weder aktualisierte Teilnehmerlisten noch Rekonfigurationen. Neue Stationen können sofort am Betrieb teilnehmen.
- Ist die Maximallänge der versendeten Signale limitiert und das Netz nicht voll ausgelastet, so regelt sich der Netzverkehr vollständig selbst.
- Der Bus muss allseitig mit seinem Wellenwiderstand abgeschlossen werden, um Kollisionen durch Reflexionen zu vermeiden.
- Die Übertragungskapazität des Busses wird statistisch auf alle Stationen aufgeteilt.
- Hohe Effizienz bei geringer Auslastung: Im Gegensatz zu Token Ring (s. 29.8.2) und FDDI (29.8.3) kann bei freiem Bus verzögerungsfrei gesendet werden, da keine Sendeberechtigung benötigt wird.
- Die Kollisionswahrscheinlichkeit steigt mit zunehmender Auslastung, eine maximale Antwortzeit kann nicht garantiert werden (Datenverluste werden meist durch Protokolle höherer Ebenen verhindert).
- Die mittlere Datenrate auf dem Bus liegt infolge der Kollisionsanfälligkeit in der Praxis meist nur bei ca. 30–40 % der Nenndatenrate [35].

CSMA/CD ist maßgeblich durch die maximale Distanz zwischen zwei Teilnehmern, die Bitrate und die minimale Rahmenlänge begrenzt. Das wesentliche Kriterium ist dabei die rechtzeitige Erkennung und Behandlung von Kollisionen innerhalb der Signallaufzeit.

Abbildung 29.11 zeigt das Rahmenformat der MAC-Teilschicht für IEEE 802.3-Ethernet. Für eine sichere Handhabung von Kollisionen beträgt die minimale Rahmengröße 64 Byte exklusive Präambel und Startmarkierung. Bei Bedarf wird der Datenbereich mit Füllbits vergrößert (*Padding*). Die maximale Rahmengröße beträgt 1518 Byte.

Zu Vergleichszwecken ist auch das Ethernet-V2-Format dargestellt. Anstelle der LLC-Unterstützung kennzeichnet eine 2 Byte lange Typkennung höhere Protokolle im Datensegment. Typische Verwendungen der meist herstellerspezifischen Kennung sind z.B. in [4]

IEEE 802.3	PA	SFD	DA	SA	LEN	LLC	Data	PAD	FCS
Länge [Byte]	7	1	2 / 6	2 / 6	2	2 / 3	43...1498		4
	8		6	6			46...1500		
Ethernet V2	PA		DA	SA	Typ	Data			FCS

PA	Präambel	Je 10101010... für Taktsynchronisation
SFD	*Start Frame Delimiter*	Startmarkierung (Bitmuster 10101011)
DA	*Destination Address*	Zieladresse (Empfänger)
SA	*Source Address*	Quelladresse (Sender)
LEN	*Length*	Rahmengröße
Typ		Kennzeichnung der Nutzdaten
LLC	*Logical Link Control*	Daten der LLC-Teilschicht
Data		Nutzdaten
PAD	*Padding*	Füllfeld für minimale Rahmengröße
FCS	*Frame Check Sequence*	CRC-32-Prüfsumme für Fehlerkorrektur

Abb. 29.11. MAC-Rahmenformate für IEEE 802.3 und DIX-Ethernet V2 [4, 7]

Tabelle 29.9. Ethernet-Spezifikationen, z. T. entnommen aus [34]

Spezifikation	Übliche Bezeichnung(en)	Datenrate	Standard	Jahr
10Base-5	Thick Ethernet	10 Mbit/s	IEEE 802.3	1983
10Base-2	Thin Ethernet, Cheapernet	10 Mbit/s	IEEE 802.3a	1988
10Broad-36	Broadband Ethernet	10 Mbit/s	IEEE 802.3b	1988
1Base-5	Starlan	1 Mbit/s	IEEE 802.3c	1988
10Base-T	Twisted Pair Ethernet	10 Mbit/s	IEEE 802.3i	1990
10Base-F	Fiber Ethernet	10 Mbit/s	IEEE 802.3j	1992
100Base-T4, -T2, -Tx, -Fx	Fast Ethernet	100 Mbit/s	IEEE 802.3u	1995
1000Base-Sx, -Lx, -Cx	Gigabit Ethernet	1 Gbit/s	IEEE 802.3z	1998
1000Base-T		1 Gbit/s	IEEE 802.3ab	1999
10GBase-...	10 Gigabit Ethernet	10 Gbit/s	wahrscheinlich 2002	

aufgeführt. Die zulässigen Rahmengrößen von 64 bis 1518 Byte exklusive Präambel entsprechen der IEEE-Norm. Weder IEEE 802.3-Ethernet noch DIX-Ethernet V2 sehen eine Priorisierung von Datenpaketen auf MAC-Ebene vor.

Praktisch alle IEEE-Ethernet-Varianten verwenden die dargestellte Rahmenstruktur. Der Standard IEEE 802.1q zur Unterteilung einer Netzarchitektur in virtuelle Broadcast-Domänen (*Virtual LAN*, VLAN) erweitert die Rahmen zur Kennzeichnung der VLANs (*Tagging*) um 4 Byte und ist daher nicht voll kompatibel [36].

Nach dem ursprünglichen 10Base-5-Standard wurden und werden im Laufe der Zeit beständig weitere Ethernet-Spezifikationen eingeführt (s. Tabelle 29.9). Bei der Benennung gibt die erste Zahl jeweils die MAC-Datenrate an (vgl. 29.4). „1Base" entspricht einer Datenrate von 1 Mbit/s, „1000Base" beschreibt 1000 Mbit/s bzw. 1 Gbit/s und „10GBase" 10-Gbit/s-Systeme. Die Bezeichnung „Base" kennzeichnet die Übertragung im Basisband, „Broad" die eher unübliche Breitbandübertragung [4, 12]. Nachgestellte Zahlen und Buchstaben beinhalten zumeist Informationen zu Übertragungsmedien oder Segmentlängen.

Vollduplex

Neuere Ethernet-Spezifikationen (ab 10Base-T) verwenden in der Regel separate physikalische Leitungen für die Sende- und Empfangsrichtung. In Switched-Ethernet-Umgebungen ermöglichen diese auch Vollduplexübertragung, da kein Shared Medium mehr vorliegt. Im Vollduplexbetrieb ist eine segmentweite Flusskontrolle durch CSMA/CD jedoch nicht sinnvoll, so dass CSMA/CD z. T. durch lokale Steuerungsverfahren ersetzt wird [4]. 1992 erarbeitete ein Konsortium um das Unternehmen Kalpana entsprechende Erweiterungen der MAC-Spezifikation, Ende 1996 wurde mit IEEE 802.3x (*Full Duplex/FlowControl*) ein genormter Flusskontrollmechanismus für Vollduplex eingeführt [34].

Vollduplextaugliche Switched-Ethernet-Systeme erreichen im Gegensatz zu CSMA/CD in der Praxis unabhängig von der Rahmengröße (64–1518 Byte) annähernd 100 % Effektivität [36].

Nachfolgend werden die bedeutendsten Ethernet-Varianten 10Base, Fast Ethernet, Gigabit Ethernet und das künftige 10 Gigabit Ethernet vorgestellt [4, 34–44].

29.8.1.1
10Base-Ethernet

10Base-Ethernet mit einer Datenrate von 10 Mbit/s gehört derzeit (2001) zu den verbreitetsten LANs, wird aber sukzessive durch 100Base und 1000Base abgelöst. Es wird überwiegend elektrische Übertragung mit Manchester-II-Leitungscodierung eingesetzt (vgl. 29.4), aber auch optische Verbindungen sind spezifiziert (10Base-F). Alle 10Base-Varianten unterstützen CSMA/CD-basierte Übertragung im Halbduplex, 10Base-T und 10Base-F erlauben in geeigneten Switched-Ethernet-Umgebungen zusätzlich Vollduplexbetrieb.

10Base-5

(*Thick Ethernet*) aus dem Jahr 1983 verwendet 50-Ω-Koaxialleitungen mit einem Zentimeter Durchmesser und einer maximalen Segmentlänge von 500 m, die in der Regel ein physikalisches Bussystem bilden. Die einzelnen Stationen werden über in den Koaxialkern gedrückte Stifte angeschlossen („Vampirabzweige", *Vampire Taps*). 10Base-5 wurde weitgehend durch 10Base-2 abgelöst und ist heute praktisch bedeutungslos.

10Base-2
wurde 1988 eingeführt und basiert auf einfach (*Cheapernet*) oder doppelt geschirmten (*Thin Ethernet*) 50-Ω-Koaxialleitungen mit Durchmessern unter 0,5 cm, die typisch einen physikalischen Bus bilden. Die Abzweige sind als T-Stücke mit BNC-Steckern ausgeführt. Gegenüber 10Base-5 sind die kostengünstigere Realisierung und die leichtere Verlegung der weniger starren Kabel vorteilhaft, allerdings sind die Segmente auf maximal 200 m Länge und 30 angeschlossene Stationen begrenzt. Es befinden sich noch etliche 10Base-2-Netze im Einsatz, Neuinstallationen werden aber kaum noch vorgenommen.

10Base-T
aus dem Jahr 1990 nutzt paarweise verdrillte 4-Draht-Kupferleitungen (*Twisted Pair*, TP), die je nach Ausführung einen Wellenwiderstand um 100 Ω haben und bis zu 100–150 m lang sein dürfen. Je ein Aderpaar wird zum Senden und zum Empfang verwendet. 10Base-T wird physikalisch neben Punkt-zu-Punkt-Verbindungen als Stern mit einem Verteiler (*10Base-T-Hub*) betrieben. Dieser bildet eine *Collision Domain*, d.h. er trennt fehlerhafte Verbindungen automatisch vom Netz ab und stellt den Betrieb des restlichen Netzes sicher. 10Base-T ist die derzeit häufigste 10Base-Variante. Vorteilhaft sind die einfache Wartung und die integrierte Kontrolle auf Verbindungsschäden.

10Base-F
(*Fiber Ethernet*) spezifiziert seit 1992 die optische Datenübertragung über 50/125-μm- oder 62,5/125-μm-Vielmodenfasern (jeweils separate Sende- und Empfangsfasern). Vorteilhaft sind v. a. die geringe Rausch- und Störanfälligkeit sowie die überbrückbare Distanz von 2 km. Das Netz wird physikalisch als Punkt-zu-Punkt-Verbindung oder mit Kopplern in Sterntopologie aufgebaut. Die ungültigen Symbole J und K des Manchester-Codes (vgl 29.4) werden für Steuer- und Kontrollsignale genutzt, z. B. für die Übertragung von SIDLE-Symbolen (*Synchronous Idle*) zwischen MAC-Rahmen [4]. 10Base-F setzt sich aus drei Bestandteilen zusammen:

10Base-FL
(*Fiber Link*) beschreibt die asynchrone Datenübertragung in Netzen mit Sterntopologie über Distanzen bis zu 2 km zwischen Sternpunkt und Teilnehmer. 10Base-FL ersetzt den Industriestandard FOIRL (*Fiber Optic Inter Repeater Link*).

10Base-FB
(*Fiber Backbone*) behandelt die Kopplung aktiver Sternkoppler bzw. Hubs mit optisch-elektrischer Signalwandlung und Kollisionserkennung bei synchroner Übertragung über bis zu 2 km.

10Base-FP
(*Fiber Passive*) beschreibt Sterntopologien mit passiven Kopplern, bei denen Signale mit rein optischen Mitteln auf die Ausgänge verteilt werden. Für aktuelle Anwendungen sind passive Sternnetze kaum noch relevant.

29.8.1.2 *Fast Ethernet*

100Base-Ethernet nach IEEE 802.3u, auch *Fast Ethernet* genannt, ist eine im Juni 1995 eingeführte Erweiterung des IEEE-802.3-Standards mit einer Datenrate von 100 Mbit/s. Die Beibehaltung der Rahmenformate, der Schnittstellen, des CSMA/CD-Mechanismus und der LLC-Spezifikation nach IEEE 802.2 stellt die Abwärtskompatibilität mit 10Base-Ethernet sicher, so dass eine Kombination mit bestehenden Strukturen ohne Protokollübersetzung einfach möglich ist. Als Übertragungsmedien sind ausschließlich TP-Leitungen und Glasfasern spezifiziert. Wie bei 10Base-T werden Punkt-zu-Punkt- und verteilerbasierte oder vermittelnde Sterntopologien (Switched Ethernet) unterstützt. Aufgrund der höheren Datenrate werden strengere Anforderungen an die Übertragungsmedien gestellt, um die geforderten Reichweiten zu erzielen. Nähere Informationen zu den nachfolgend genannten Kabeltypen sind z. B. in [9, 40, 41] aufgeführt. Vier 100Base-Varianten werden unterschieden:

100Base-T4
unterstützt Halbduplexübertragung über bis zu 100 m TP-Kabel der Kategorien 3, 4 oder 5 mit vier Aderpaaren. Zur Einhaltung der maximalen Bandbreite von Kategorie-3-Kabeln (30 Mhz je Aderpaar) werden drei Aderpaare parallel zur Datenübertragung eingesetzt und die Datenrate entsprechend aufgeteilt, das vierte Aderpaar dient zur CSMA/CD-Trägerüberwachung und Kollisionserkennung. Zusätzlich wird der Bandbreitenbedarf mit Hilfe der 8B6T-Codierung auf etwa 25 MHz redu-

ziert (vgl. 29.4). Da zwischen einzelnen Datenpaketen kein kontinuierliches Signal übertragen wird, ist 100Base-T4 speziell auch für batteriebetriebene Geräte geeignet.

100Base-T2
ist eine spezielle Variante für die Übertragung mit nur zwei Aderpaaren, insbesondere über Kategorie-3-Kabel.

100Base-X
bezeichnet gemeinsame physikalische Spezifikationen von 100Base-Tx und 100Base-Fx, die vom FDDI-Standard (s. 29.8.3) auf Fast Ethernet übertragen wurden. Wie bei FDDI wird das 4B/5B-Codierungsschema eingesetzt (vgl. 29.4). Sowohl Halb- als auch Vollduplexübertragung werden unterstützt.

100Base-Tx
beschreibt die Übertragung über bis zu 100 m UTP-Kabel (*Unshielded Twisted Pair*) der Kategorie 5 oder STP-Kabel (*Shielded Twisted Pair*) des IBM-Typs 1. Zur Übertragung werden jeweils zwei Aderpaare genutzt.

100Base-Fx
verwendet zweiadrige Vielmoden-Faserkabel (50/125 μm oder 62,5/125 μm) mit separater Sende- und Empfangsfaser und bis zu 400 m Länge.

29.8.1.3 *Gigabit Ethernet*

Im November 1995 begann die Standardisierung des 1000Base-Ethernet (*Gigabit Ethernet*, GBE) mit einer Datenrate von 1 Gbit/s, die 1998 (IEEE 802.3z) und 1999 (IEEE 802.3ab) in Form zweier Erweiterungen der IEEE-Norm 802.3 abgeschlossen wurde. Gigabit Ethernet war ursprünglich für schnelle LAN-Backbones vorgesehen, ist mittlerweile in Hochleistungs-LANs etabliert und dringt zunehmend in SAN- und MAN-Bereiche vor. Die preisgünstige Realisierung und die Rückwärtskompatibilität mit übersetzungsfreier Ankopplung an bestehende 10Base- und 100Base-Infrastrukturen haben maßgeblich dazu beigetragen, dass Gigabit Ethernet konkurrierende Systeme wie ATM (*Asynchronous Transfer Mode*, s. z.B. Kap. 24 oder [17–21]) in LANs fast vollständig verdrängt hat. GBE ist weniger komplex als ATM, bietet aber Möglichkeiten des IP-Switching und erlaubt in eingeschränktem Umfang eine Prioritätssteuerung für IP-Datenströme und die Realisierung von Dienstgüten (*Quality of Service*, QoS) bzw. -klassen (*Class of Service*, CoS) durch das *Resource Reservation Protocol* (RSVP), die *Priority Functions* nach IEEE 802.1p und die Flusskontrolle auf Verbindungsebene nach IEEE 802.3x [34]. Da ATM von Netzbetriebssystemen kaum unterstützt wird, ist im Gegensatz zu GBE eine LAN-Emulation erforderlich, die das System u.U. stark ausbremst [35].

Gigabit Ethernet stellt die für IEEE-802-Netze geforderte Funktionalität (*Functional Requirements*) mit Ausnahme der Hamming-Distanz vollständig bereit. Wie bei Fast Ethernet bleiben die LLC- und MAC-Spezifikationen, der CSMA/CD-Betrieb im Halbduplex, das Rahmenformat und die maximale Rahmengröße erhalten. Die minimale Rahmengröße wird bei CSMA/CD von 64 auf 512 Byte erhöht, um auch bei etwa 100 m Stationsentfernung noch eine sichere Kollisionserkennung zu gewährleisten. Bei Bedarf werden kleine Rahmen entsprechend verlängert (*Frame Extensions* oder *Carrier Extensions*) oder mehrere Rahmen verkettet und im *Burst*-Modus bis zu 9710 Byte am Stück übertragen (8192 Byte maximale Burst-Länge zuzüglich 1518 Byte des letzten angefangenen Rahmens).

Die Topologien Punkt-zu-Punkt, verteilerbasierter Stern und Switched-Ethernet werden unterstützt, in Punkt-zu-Punkt- und Switched-Ethernet-Umgebungen ist Vollduplex nach IEEE 802.3x möglich. Die Übertragungsmedien folgen dem Verkabelungsstandard ISO/IEC 11801, die maximalen Übertragungslängen werden in der Regel nur im Vollduplexbetrieb erreicht [42].

GBE verwendet typisch 8B/10B- oder 4B/5B-Leitungscodierung (vgl. 29.4). Die 1998 eingeführte Norm IEEE 802.3z ist z.T. an physikalische Definitionen des Fibre Channel angelehnt (vgl. 29.7.1). Sie umfasst die Varianten 1000Base-Lx, 1000Base-Sx und 1000Base-Cx für Glasfasern und STP-Kabel. IEEE 802.3ab aus dem Jahr 1999 ist auf den Anschlussbereich ausgelegt und definiert 1000Base-T für UTP-Kabel [34, 37, 42].

1000Base-Lx
(*Longwave*) spezifiziert Übertragungen mit 1,3-μm-Lasern über bis zu 3–5 km Einmodenfaser (9 μm) oder 550 m Vielmodenfaser (50/125 μm oder 62,5/125 μm) [34, 36, 42].

1000Base-Sx
(*Shortwave*) beschreibt die Übertragung mit 850-nm-Lasern über bis zu 220–275 m lange

62,5/125-µm- oder bis zu 440–550 m lange 50/125-µm-Vielmodenfasern [34, 36, 42].

1000Base-Cx
(*Copper*) definiert elektrische Übertragungen über bis zu 25 m Twinax/STP-Kabel mit 150 Ω.

1000Base-T
spezifiziert elektrische Übertragungen über bis zu 100 m UTP-Kabel der Kategorie 5 mit vier Aderpaaren.

Preisgünstige VCSEL-Sender (*Vertical Cavity Surface Emitting Laser*, s. Kap. 20) haben zu einer hohen Verbreitung vielmodenfaserbasierter Netze geführt, diese stellen derzeit (2001) etwa 90% aller GBE-Systeme. Die Tabellen 29.10 und 29.11 enthalten Reichweiten und Kenndaten der optischen Gigabit-Ethernet-Spezifikationen.

29.8.1.4 *10 Gigabit Ethernet*

Kurz nach der Verabschiedung des Gigabit-Ethernet-Standards wurde 1999 eine erneute Erweiterung auf die zehnfache Datenrate vorgeschlagen. Im März 2000 begann die Arbeit am IEEE-Projekt P802.3ae für 10GBase-Ethernet (*10 Gigabit Ethernet*, 10GBE) mit einer Datenrate von 10 Gbit/s, nach derzeitiger Planung soll sie im Frühling 2002 beendet werden [43, 44]. Da die Entwicklung gegenwärtig noch andauert, werden die hier umrissenen Spezifikationen bis zum endgültigen Standard IEEE 802.3ae möglicherweise noch modifiziert.

10 Gigabit Ethernet ist neben der Verbindung von Hochgeschwindigkeitskomponenten in SANs, LANs und Backbone-Netzen explizit auch für den Einsatz im MAN- und WAN-Bereich vorgesehen und wird eine direkt integrierte Anbindung an Weitverkehrsnetze auf SDH- bzw. SONET-Basis beinhalten (*Synchronous Digital Hierarchy* bzw. *Synchronous Optical Network*, s. z.B. Kap. 24 oder [45–47]). Eventuell wird auch die intramaschinelle Kommunikation als mögliche Anwendung mit einbezogen.

Für umfassende Rückwärtskompatibilität mit bestehenden 10Base-, 100Base- und 1000Base-Installationen werden die Spezifikationen der LLC- und MAC-Teilschichten (mit Ausnahme des CSMA/CD-Mechanismus) unverändert übernommen. Das MAC-Rahmenformat und die minimale bzw. maximale Rahmengröße bleiben ebenfalls erhalten. Der nach IEEE 802 geforderte Funktionsumfang (*Functional Requirements*) soll mit Ausnahme

Tabelle 29.10. Reichweite von 1000Base-Sx und 1000Base-Lx über Vielmodenfaser (*Multi Mode Fiber, MMF*) und Einmodenfaser (*Single Mode Fiber, SMF*)

1000Base-Sx (850 nm Wellenlänge)			1000Base-Lx (1,3 µm Wellenlänge)		
Fasertyp	Modale Bandbreite	Minimale Reichweite	Fasertyp	Modale Bandbreite	Minimale Reichweite
MMF 62,5 µm	160 MHz · km	2…220 m	MMF 62,5 µm	500 MHz · km	2…550 m
MMF 62,5 µm	200 MHz · km	2…275 m			
MMF 50 µm	400 MHz · km	2…500 m	MMF 50 µm	400 MHz · km	
MMF 50 µm	500 MHz · km	2…550 m	MMF 50 µm	500 MHz · km	
SMF	–	nicht unterstützt	SMF	–	2 m … 5 km

Tabelle 29.11. Kenndaten der optischen Gigabit-Ethernet-Schnittstelle

Gigabit Ethernet	1000Base-Sx	1000Base-Lx
Wellenlänge	770…860 nm	1270…1355 nm
Mittlere opt. Sendeleistung	≥ –9,5 dBm	–11,5/–11…–3 dBm
Opt. Empfangsleistung	–17…0 dBm	–19…–3 dBm
Spektrale Breite	≤ 0,85 nm	≤ 4 nm
Optische Anstiegszeit	≤ 0,26 ns	≤ 0,26 ns
Optische Abfallzeit	≤ 0,21 ns	≤ 0,26 ns
Extinktion	≥ 9 dB	≥ 9 dB

des Hamming-Abstandes vollständig bereitgestellt werden, zusätzlich ist die Unterstützung des geplanten künftigen Standards IEEE P802.3ad (*Link Aggregation*) vorgesehen.

Auf der Bitübertragungsschicht werden wesentliche Änderungen eingeführt. Neben der Erhöhung der Datenrate auf 10 Gbit/s werden ausschließlich Punkt-zu-Punkt- und vermittelnde Sterntopologien (Switched Ethernet) spezifiziert. Shared-Media-Übertragungen werden explizit ausgeschlossen, so dass 10GBE keine Bus- oder verteilerbasierten Sterntopologien zulässt und auf der MAC-Ebene den CSMA/CD-Mechanismus nicht mehr unterstützt (insofern ist 10 Gigabit Ethernet strenggenommen kein „Ethernet" mehr). Konsequenterweise wird ausschließlich Vollduplexübertragung nach IEEE 802.3x eingesetzt. Auf physikalischer Ebene sollen grundsätzlich zwei verschiedene Spezifikationsfamilien eingeführt werden:

LAN PHY
ist mit einer Datenrate von 10 Gbit/s für SANs, LANs und Backbones vorgesehen.

WAN PHY
nutzt eine Datenrate von 9,58464 Gbit/s entsprechend der Nutzdatenrate bei SDH (VC-4-64c) bzw. SONET (OC-192c). Dies zielt auf die einfache Integration von 10GBE und SDH/SONET bzw. die Nutzung vorhandener SDH/SONET-Komponenten durch 10GBE. Aufgrund der fest definierten MAC-Datenrate 10 Gbit/s ist für WAN PHY die Einführung eines Adaptionsverfahrens für unterschiedliche MAC- und WAN-PHY-Datenraten erforderlich.

Während bei Fast Ethernet (s. 29.8.1.2) auf FDDI-Spezifikationen (29.8.3) zurückgegriffen und für Gigabit Ethernet (29.8.1.3) technologische Normen des Fibre Channel (29.7.1) übernommen werden konnten, ist für 10 Gigabit Ethernet die Entwicklung einer eigenen Technologie notwendig, da vorhandene Standards nach gegenwärtiger Einschätzung keine hinreichend kostengünstige Erweiterung auf 10 Gbit/s Datenrate erlauben. Insbesondere der Mangel an preiswerter Laser- und Transceiver-Technologie für hohe Datenraten gilt zur Zeit als Herausforderung für die Entwicklung der 10GBE-Technik [43].

Die endgültigen optischen Schnittstellen werden serielle optische Verbindungen über Ein- und Vielmodenfasern mit Wellenlängen von 850 nm, 1,3 µm und 1,55 µm unterstützen und vermutlich auch die Übertragung im Wellenlängenmultiplex umfassen (*Wavelength Division Multiplexing*, WDM, s. z. B. Kap. 26/27 oder [1]). Dabei soll strukturierte Verkabelung mit Fasermaterialien nach der zweiten Auflage der ISO/IEC-11801-Norm zum Einsatz kommen. Um dem breiten avisierten Anwendungsbereich Rechnung zu tragen, werden voraussichtlich auch optische Parallelverbindungen (POIs, s. 29.7.4) unterstützt. Möglicherweise werden zusätzlich rechnerinterne Verbindungen über Kupferleitungen und Lichtwellenleiter spezifiziert.

Tabelle 29.12. Avisierte optische Übertragungsdistanzen für 10 Gigabit Ethernet nach IEEE P802.3ae [43]

Distanz	Medium
≥ 100 m	bereits installierte Vielmodenfaser (*Multi Mode Fiber*, MMF)
≥ 300 m	Vielmodenfasern nach ISO/IEC-11801
≥ 2 km ≥ 10 km ≥ 40 km	Einmodenfaser (*Single Mode Fiber*, SMF)

Tabelle 29.12 zeigt geplante Übertragungslängen für verschiedene Glasfasertypen. Es soll zumindest eine Spezifikation angeboten werden, welche die Verwendung bereit installierter Vielmodenfaser-Infrastrukturen ermöglicht. Mit hochwertigen Einmodenfasern werden Übertragungslängen von über 40 km für den Einsatz im Metro- und Weitverkehrsbereich angepeilt.

In Verbindung mit Hochleistungs-Switches werden 10-Gigabit-Ethernet-Systemen künftig über SAN- und LAN-Anwendungen hinaus auch gute Chancen für eine weiter zunehmende Verbreitung von Ethernet-Technik in Weitverkehrs- und Metronetzen eingeräumt.

29.8.2 Token Ring

Token Ring (TR) wurde ursprünglich von IBM entwickelt und später nach IEEE 802.5 bzw. ISO/IEC 8802-5 genormt. Der Standard umfasst Protokolle für die Bitübertragung (OSI-Schicht 1) und die MAC-Schicht.

1985 wurden Systeme mit 4 Mbit/s eingeführt, seit 1989 stehen auch Produkte für 16 Mbit/s zur Verfügung [48]. Im Folgenden wird zunächst das klassische Token Ring beschrieben [4, 7, 12], danach werden Erweite-

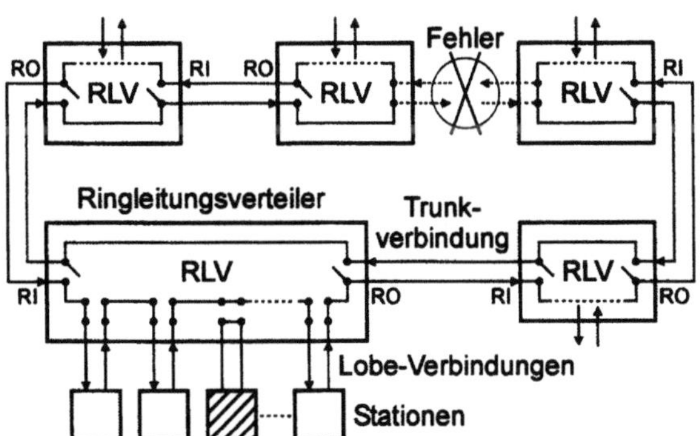

Abb. 29.12. Token-Ring-Topologie mit Ringleitungsverteilern (RLVs)

rungen auf effektiv 8 bzw. 32 Mbit/s im Vollduplex (*Dedicated Token Ring*) und 100 Mbit/s (*High Speed Token Ring*) vorgestellt. Künftig soll eine Spezifikation mit 1 Gbit/s (*Gigabit Token Ring*) eingeführt werden.

Token Ring basiert auf einer logischen Ringtopologie (vgl. 29.5.3), die physikalisch meist als Stern mit Ringleitungsverteilern (RLVs, auch *Wire Centers* oder *Multi Station Access Units* genannt) am Sternpunkt ausgeführt ist und als sternförmiger Ring (*Starshaped Ring*) bezeichnet wird. Je nach Typ werden 8–80 Stationen an einen RLV angeschlossen. Mehrere RLVs können an ihren RI- und RO-Anschlüssen (*Ring In*, *Ring Out*) kaskadiert werden (s. Abb. 29.12). Verbindungen zwischen Stationen und RLVs werden *Lobe*-Verbindungen genannt, Verbindungen der RLVs untereinander heißen *Trunk*-Verbindungen.

Die dargestellte Topologie erlaubt eine strukturierte Verkabelung auch bei komplexer Struktur (z. B. über mehrere Etagen) und lässt sich leicht warten und erweitern. Zentraler Vorteil gegenüber einfachen Ringstrukturen ist die erhöhte Netzsicherheit:

- Die RLVs können fehlerhafte Lobe-Verbindungen aus dem Ring entfernen, ohne das restliche Netz zu beeinträchtigen. Die Stationen erzeugen typisch eine Phantomspannung zur Steuerung eines *Bypass-Relais* im RLV, das die Station bei Verbindungsausfall automatisch abtrennt und meist auch vom Netzmanagement gesteuert werden kann. Abb. 29.12 zeigt eine abgetrennte Station (schraffiert).
- Bei vollständiger RLV-Ringverschaltung ergeben sich ein Primär- und ein redundanter Sekundärring (in Abb. 29.12 der innere Ring). Im normalen Betrieb wird nur der Primärring genutzt, beim Ausfall einer Trunk-Verbindung schalten die beiden benachbarten RLV-Anschlüsse automatisch auf den Sekundärring um, so dass wieder ein vollständiger Ring über das gesamte Netz entsteht. Erst der Ausfall weiterer Trunk-Verbindungen führt zur Abtrennung von Netzsegmenten, die allerdings weiterhin isoliert betrieben werden können.

Daten werden im Ring von jeder Station verstärkt bzw. regeneriert und in einer definierten Umlaufrichtung zur jeweils nächsten Station weitergeleitet. Die Sender und Empfänger sind dabei permanent aktiv [40].

Token Ring verwendet die DMC-Leitungscodierung (vgl. 29.4). Neben herstellerspezifischen Lösungen werden v. a. 150-Ω-STP-Kabel des IBM-Typs 1, 100-Ω-UTP-Kabel der Kategorie 5 nach IEEE 802.5q sowie Ein- und Vielmodenfasern nach IEEE 802.5j verwendet [4, 9]. Trunk-Verbindungen werden meist mit hochwertigeren Kabeln realisiert als Lobe-Verbindungen.

Ein Ring kann maximal 260 Stationen und bis zu 33 RLVs beinhalten, die maximale Länge der Lobekabel liegt bei ca. 50–400 m, und die Trunk-Kabellänge darf für optische Fasern bis zu etwa 2 km betragen. Die zulässigen Kabellängen und die maximale Stationszahl hängen jedoch wesentlich von den Übertragungsmedien, der Bitrate, der Netzstruktur und der Anzahl und Art der RLVs ab. So können aktive RLVs Signale oft regenerieren und erlauben gegenüber passiven RLVs meist längere Verbindungen. Auch die im Fehlerfall eintretende Ringverlängerung (Umweg über Sekundärring) ist zu beachten. In der Praxis werden zulässige Lobelängen mit Hilfe vorgefertigter Tabellen anhand der gemittelten Ringlänge (*Adjusted Ring Length*, ARL) bestimmt. Nähere Informationen sind z. B. in [4, 40, 49] aufgeführt.

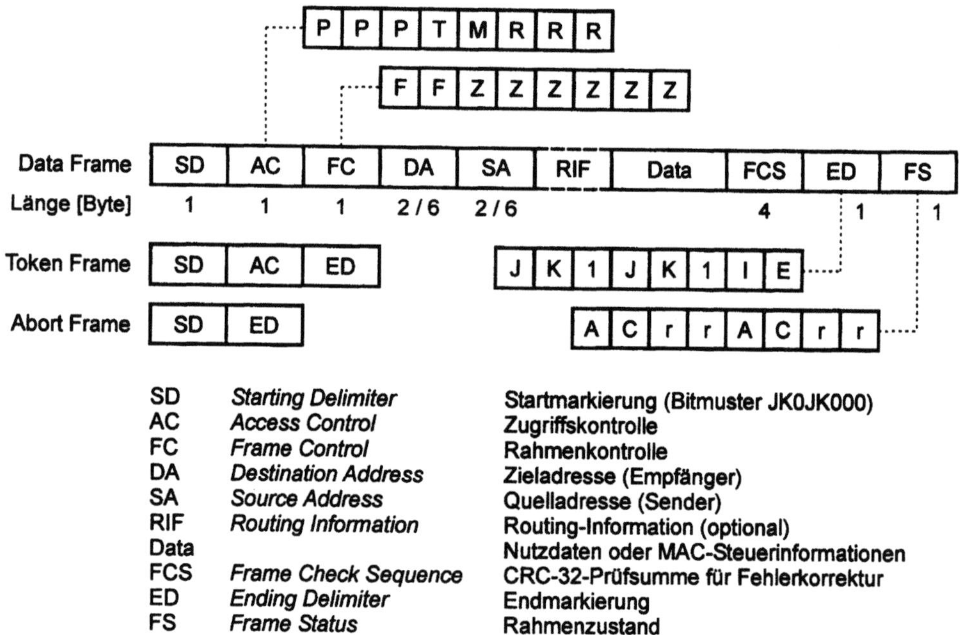

Abb. 29.13. MAC-Rahmenformate bei Token Ring: Datenrahmen (Data Frame), Tokenrahmen (Token Frame) und Abbruchrahmen (Abort Frame) [4]

Abbildung 29.13 zeigt die Struktur der drei Token-Ring-Rahmentypen (Daten-, Token- und Abbruchrahmen). Abbruchrahmen dienen der Netzsteuerung und werden hier nicht weiter betrachtet.

Die ungültigen Symbole J und K des DMC-Verfahrens dürfen nur in der Start- (SD) und der Endmarkierung (ED) auftreten, sodass eine einfache Rahmen- und Fehlererkennung möglich ist. Im Gegensatz zu Ethernet (s. 29.8.1) und FDDI (29.8.3) wird keine Präambel benötigt. Die maximale Rahmenlänge ist nur durch die maximale Übertragungszeit von üblicherweise 10 ms begrenzt, sie beträgt typisch 4096 Byte bei 4 Mbit/s bzw. 17 800 Byte bei 16 Mbit/s [4]. Token Ring unterstützt die Priorisierung von Daten auf der MAC-Ebene mit 8 Stufen (0 = geringste Priorität, 7 = höchste Priorität).

SD ist die Startmarkierung (*Starting Delimiter*) mit dem festen Bitmuster JK0JK000.

AC Das Zugriffskontrollfeld (*Access Control*) mit dem Bitmuster PPPTMRRR umfasst P-Bits für die Zugriffspriorität, das *Tokenbit* T zur Kennzeichnung des Rahmentyps (T = 1 für Datenrahmen, T = 0 für Tokenrahmen), das *Monitorbit* M (s. später) sowie R-Bits zur Reservierung von Prioritäten.

FC ist das Rahmenkontrollfeld (*Frame Control*) mit dem Bitmuster FFZZZZZZ. Die F-Bits (*Frame*) kennzeichnen die Art des Data-Feldes, FF = 00 markiert MAC-Steuerinformationen und FF = 01 LLC-Rahmen mit Nutzdaten. Die Z-Bits dienen dem Netzmanagement (s. später).

DA enthält die MAC-Zieladresse des Rahmens (*Destination Address*).

SA enthält die MAC-Adresse der Sendestation (*Source Address*). Im Gegensatz zur üblichen Konvention dient das erste Bit nicht der Unterscheidung von Individualadressen (Wert 0) und Gruppenadressen (Wert 1), sondern markiert mit dem Wert 1 das Vorhandensein des RIF-Feldes [4].

RIF ist ein optionales Feld mit Routing-Informationen für den Einsatz von Source Routing Bridges (vgl. 29.6.2).

Data beinhaltet entweder LLC-Rahmen mit Nutzdaten oder MAC-Steuerinformationen (s. FC-Feld).

FCS (*Frame Check Sequence*) ist eine 32 Bit lange CRC-Prüfsumme zur Fehlererkennung. Das FCS-Feld sichert den Inhalt aller Felder mit Ausnahme von ED und FS.

ED bezeichnet die Endmarkierung (*Ending Delimiter*) mit dem Bitmuster JK1JK1IE. Das I-Bit (*Intermediate*) ist 1, wenn der Rahmen zu einer Gruppe aufeinanderfolgender Rahmen gehört und mindestens noch ein Gruppenrahmen folgt. Einzelne Rahmen und der jeweils letzte Gruppenrahmen erhalten das I-Bit 0. Das E-Bit (*Error*) wird gesetzt, wenn eine Station einen Fehler feststellt (z.B. ungültiges DMC-Symbol an nicht erlaubter Stelle).

FS enthält den Rahmenstatus (*Frame Status*) mit dem Bitmuster ACrrACrr. Alle Bits sind doppelt vorhanden, da das FS-Feld nicht über die FCS-Fehlererkennung abgesichert ist. Die A-Bits (*Address Recognized*) werden zu 1 gesetzt, wenn die Zieladresse vom Empfänger erkannt wurde. Die C-Bits (*Frame Copied*) erhalten den Wert 1, wenn der Empfänger die Daten ausgelesen bzw. kopiert hat. Die r-Bits sind für künftige Erweiterungen reserviert.

Token Passing bezeichnet das Medienzugriffsverfahren in Token-Ring-Netzen, es wird auch Token-Ring-Verfahren, sequentielle Token-Methode oder Newhall-Verfahren genannt [12]. Auf dem Ring zirkulierende *Token* regeln den Sendezugriff der Stationen. Ein „freies" Token ist ein AC-Feld mit nicht gesetztem Tokenbit T und entspricht damit einem Tokenrahmen, ein „belegtes" Token ist ein AC-Feld mit gesetztem Tokenbit zu Beginn eines Datenrahmens.

Eine sendewillige Station muss zunächst auf ein freies Token warten. Übersteigt die Token-Priorität (P-Bits) die Priorität der zu sendenden Daten, so erhält die Station kein Senderecht und muss das Token zur nächsten Station weiterleiten. Andernfalls entfernt die Sendestation das freie Token vom Ring und sendet stattdessen einen Datenrahmen zur nachfolgenden Station. Der Rahmen wird nacheinander von den übrigen Stationen empfangen. Diese prüfen anhand der Zieladresse (DA-Feld), ob der Rahmen für sie bestimmt ist. Der Empfänger liest die Daten aus und setzt die A- und C-Bits im FS-Feld. Anschließend wird das Signal regeneriert und zur nächsten Station weitergeleitet. Nach einem vollständigen Umlauf kommt der Rahmen wieder beim Sender an. Dieser kann anhand der A- und C- Bits die Zustellung überprüfen:

- A = 0, C = 0: Zielstation ist nicht vorhanden oder nicht eingeschaltet.
- A = 1, C = 0: Zielstation ist vorhanden, konnte die Daten aber nicht kopieren.
- A = 1, C = 1: Zielstation ist vorhanden und hat die Daten angenommen.

Anschließend entfernt der Sender den gesendeten Rahmen wieder vom Ring (da die Umlaufzeit zumeist unter der Sendedauer liegt, muss der Ring oft bereits während des Sendens wieder geleert werden [7]). Solange noch weitere Daten gesendet werden sollen und dies innerhalb der maximal erlaubten Sendezeit (*Token Holding Time*) von typisch 10 ms möglich ist, können weitere Datenrahmen verschickt werden. Bei der Übertragung mehrerer Rahmen wird (mit Ausnahme des letzten Rahmens) das I-Bit im ED-Feld gesetzt. Nach beendeter Übertragung schickt die Sendestation wieder ein freies Token auf den Ring.

Eine Station kann eine Priorität reservieren, sofern noch keine Station eine Reservierung höherer Priorität vorgenommen hat. Die gewünschte Prioritätsstufe wird in die R-Bits des AC-Feldes eines Rahmens eingetragen. Die aktive Sendestation erzeugt daraufhin das nächste freie Token mit der reservierten Priorität. Das Token Passing Protokoll definiert Regeln, um ein ständiges Ansteigen der Priorität zu verhindern, damit Daten niedriger Priorität nicht dauerhaft von der Übertragung ausgenommen werden [7]. Prinzipiell muss jede Station, die die Prioritätsstufe erhöht, diese nach Beenden der Übertragung auch wieder herabsetzen. Im Extremfall kann eine sendewillige Station in den *Priority Hold Status* übergehen und Token mit höherer Priorität, aber nicht gesetzten R-Bits, auf die ursprüngliche Priorität herabsetzen [4].

Bei dem beschriebenen *Single-Token*-Verfahren, das typisch in 4-Mbit/s-Systemen eingesetzt wird, ist nur jeweils ein Token- oder Datenrahmen gleichzeitig auf dem Ring. In ausgedehnten 16-Mbit/s-Netzen reicht die Sendezeit bzw. die Größe des Rahmens u.U. aber nicht aus, um den Ring vollständig zu füllen, so dass Füllsymbole (*Idle Symbols*) eingefügt werden müssen und eine schlechte Ringauslastung erzielt wird.

Daher wird in 16-Mbit/s-Ringen wahlweise *Early Token Release* eingesetzt, d.h. nach dem

Senden eines Rahmens wird nach Ablauf einer definierten Zeitspanne ein neues freies Token erzeugt, bevor der Rahmen vollständig umgelaufen ist. Dieses kann zwischenzeitlich von anderen Stationen zum Senden benutzt werden, so dass sich mehrere Datenrahmen verschiedener Sender gleichzeitig auf dem Ring befinden können. Early Token Release ist nur in großen Netzen wirksam und bringt bei kleinen Ringlängen kaum Vorteile [7, 40].

Bei Token Ring übernimmt immer eine Station die Rolle des aktiven *Token Ring Monitors* (in der Regel die erste aktiv angeschlosse Station). Dieser bildet eine zentrale Instanz zur Netzüberwachung und -kontrolle und übernimmt v. a. die folgenden Aufgaben:

- Initialisierung des Rings, Neuinitialisierung nach Fehlern,
- Leeren und Neuinitialisieren des Rings bei Auftreten beschädigter oder unvollständiger Rahmen,
- Versenden von *Purge*-Rahmen (veranlasst alle Stationen zur Neuinitialisierung),
- Erzeugen des ersten freien Tokens nach jeder Initialisierung,
- Erzeugen eines neuen freien Tokens bei Tokenverlust (nach Ablauf der maximal erlaubten Umlaufzeit),
- Bereitstellung eines Puffers zur Sicherung einer Speicherkapazität im Ring, die mindestens einem Tokenrahmen entspricht,
- Verhindern von Mehrfachumkreisungen der Rahmen im Ring,
- Vorgabe des Referenztaktes für alle Stationen (*Master Clock*),
- Kontrolle der Sendezeiteinhaltung durch die Stationen,
- regelmäßiges Versenden eines AMP-Rahmens (*Active Monitor Present*).

Bei 4 (bzw. 16) Mbit/s beträgt die Ausdehnung eines Bits auf dem Ring 60 m (15 m), ein 24 Bit langer Tokenrahmen benötigt somit 1440 m (360 m) und kann die Gesamtlänge des Rings bereits überschreiten [4]. Daher muss der Monitor einen 24-Bit-Puffer zur Zwischenspeicherung bereitstellen.

Der aktive Monitor setzt als einzige Station das Monitorbit (M) im AC-Feld. Bei Empfang eines Rahmens mit gesetztem M-Bit ist dieser nicht ordnungsgemäß vom Sender entfernt worden und wird vom Monitor durch ein neues freies Token ausgetauscht.

Während Ethernet (s. 29.8.1) und FDDI (29.8.3) sich selbst synchronisieren, gibt bei Token Ring der aktive Monitor allen Stationen eine absolute Zeitreferenz vor (*Master Clock*). Zur Synchronisation besitzen die Stationen jeweils einen Puffer von 32 Bit zum Ausgleich von Taktabweichungen (*Jitter*).

Alle Stationen ausser dem aktiven Monitor sind Reservemonitore (*Standby Monitors*). Stellt eine Station fest, dass der aktive Monitor nicht mehr korrekt arbeitet (z. B. bei Ausbleiben des AMP-Signals), so wird ein *Claim*-Prozess zur Bestimmung eines neuen aktiven Monitors durchgeführt.

Mit Hilfe regelmäßig gesendeter SMP-Rahmen (*Standby Monitor Present*) identifiziert jede Station die MAC-Adresse ihrer Vorgängerstation im Ring (*Nearest Active Upstream Neighbor*, NAUN). Empfängt eine Station längere Zeit keine Daten, so wird ein Fehler vermutet und anhand der Kenntnis der jeweiligen Vorgängerstation ein *Beacon*-Prozess zur Lokalisierung der Fehlerstelle durchgeführt. Dabei erzeugen die Stationen spezielle Beacon-Rahmen. Empfängt eine Station einen Beacon-Rahmen von ihrem Vorgänger, so beendet sie die Aussendung eigener Beacon-Rahmen und leitet statt dessen die des Vorgängers weiter. Empfängt eine Station keine Beacon-Rahmen, so identifiziert sie die Vorgängerstation oder die zwischen ihnen befindliche Verbindung als defekt. Anschließend kann die Fehlerquelle durch Abtrennen der Station oder Umschalten auf den Sekundärring umgangen werden.

Für das Netzmanagements werden die Z-Bits im FC-Feld der Rahmenstruktur verwendet. Tabelle 29.13 zeigt typische Verwendungen.

Tabelle 29.13. Verwendung der Z-Bits im FC-Feld des MAC-Rahmens zum Netzmanagement [4, 7]

Z-Bits	Bezeichnung	Bedeutung
000000	Duplicate Address Test	Test, ob eine Adresse mehrfach vorkommt
000010	Beacon	Dienst zur Fehlerlokalisierung
000011	Claim	Bestimmung eines neuen aktiven Monitors
000100	Purge	Neuinitialisierung des Rings
000101	Active Monitor Present (AMP)	Kontrollausgabe des aktiven Monitors
000110	Standby Monitor Present (SMP)	Kontrollausgabe der übrigen Stationen

29.8.2.1
Dedicated Token Ring

Dedicated Token Ring (DTR) ist eine Erweiterung des Token-Ring-Standards durch die Universität von New Hampshire und die ASTRAL-Arbeitsgruppe (*Alliance for Strategic Token Ring Advancement Leadership*) der Hersteller 3Com, Bay Networks, Hewlett-Packard, IBM, Madge und Texas Instruments. DTR ist nach IEEE 802.5r genormt und realisiert zwei wesentliche Erweiterungen [4, 51]:

Switched Token Ring
bezeichnet die Einführung der Switching-Technologie in Token-Ring-Netzen. Stationen werden sternförmig an einen *Token Ring Switch* oder *DTR-Hub* angeschlossen, über dessen Anschlüsse „Mini-Ringe" mit der jeweiligen Station aufgebaut werden. Die Stationen kommunizieren effektiv über bidirektionale Punkt-zu-Punkt-Verbindungen, die nach Art eines Switch dynamisch eingerichtet und parallel betrieben werden können (vgl. 29.6.5). Die Aufteilung der Ringkapazität auf alle Teilnehmer entfällt, so dass die Stationen unabhängig voneinander mit voller Bandbreite übertragen können. DTR-Hubs lassen sich bei Bedarf kaskadieren.

Full Duplex Token Ring
Die bidirektionalen Punkt-zu-Punkt-Verbindungen bei Switched Token Ring bieten die Vorraussetzung für den Betrieb im Vollduplex. Zu diesem Zweck wurde die Token-Ring-Spezifikation um das TXI-Protokoll (*Transmit Immediate*) erweitert, das auf explizite Sendeberechtigungen durch Token verzichtet und simultanes Senden und Empfangen unterstützt. Full Duplex Token Ring verdoppelt damit die effektive Transferrate auf 8 Mit/s bzw. 32 Mbit/s.

DTR behält das Token-Ring-Rahmenformat und die Implementierung auf MAC- und LLC-Ebene bei, spezifiziert aber spezielle DTR-Stationen und Lobe-Kabel sowie das zusätzliche TXI-Protokoll. Für die Kompatibilität mit ursprünglichen Token-Ring-Netzen existiert ein Interoperatibilitätsmodus mit einem Zugriffsprotokoll für normales Token Passing (*Token Passing Access Protocol*, TKP). Sowohl einzelne DTR-Stationen als auch DTR-Hubs können an herkömmliche RLVs angeschlossen und in bestehende Token-Ring-Umgebungen integriert werden.

29.8.2.2
Token Pipe und Multi-Link

Token Pipe und *Multi-Link* bezeichnen zwei Techniken, die Effektivität von Token-Ring-Netzen punktuell gezielt zu steigern [50].

Token Pipe
zielt insbesondere auf die Kopplung von Switches untereinander und bietet die Möglichkeit, zwei bis vier Token-Ring-Ports zu bündeln und parallel für eine Verbindung zu nutzen. Im Vollduplex wird so eine effektive Übertragung mit maximal 128 Mbit/s (4 · 32 Mbit/s) bei 16-Mbit/s-Token-Ring möglich.

Multi-Link
erhöht die Anbindungsgeschwindigkeit einzelner Server durch die parallele Installation mehrerer Netzwerkkarten mit jeweils eigener MAC-Adresse und eigener Netzanbindung.

29.8.2.3
High Speed Token Ring

High Speed Token Ring (HSTR) mit einer Datenrate von 100 Mbit/s wurde durch die August 1997 gegründete *High Speed Token Ring Alliance* (HSTRA) forciert und 1998/1999 nach IEEE 805t genormt [48, 50]. HSTRA-Mitglieder sind bzw. waren u. a. die Unternehmen 3Com, Bay Networks, Cabletron, Cisco Systems, IBM, Madge, Novacom, Olicom und Zylan sowie das Interoperability Laboratory der Universität von New Hampshire (Bay Networks wurde inzwischen von Nortel übernommen, Cisco Systems hat die Allianz verlassen).

HSTR basiert auf Dedicated Token Ring (vgl. 29.8.2.1) und verwendet die physikalischen Spezifikationen des Fast Ethernet (s. 29.8.1.2). Die in Token-Ring-Netzen weit verbreiteten 150-Ω-STP- und 100-Ω-UTP-Kabel werden auch durch HSTR unterstützt, um bestehende Installationen einfach auf HSTR aufrüsten zu können. Zusätzlich ist die Übertragung über Glasfasern spezifiziert. HSTR ist rückwärtskompatibel zu Token-Ring-Netzen, unterstützt Source Routing Bridging (vgl. 29.6.2) und VLANs nach IEEE 802.1q (vgl. 29.8.1). Die Rahmengröße kann bis zu 18,2 Kbyte betragen.

Eine HSTR-Erweiterung auf 1 Gbit/s (*Gigabit Token Ring*) auf der physikalischen Basis der Gigabit-Ethernet-Spezifikationen soll in Zukunft erarbeitet werden.

29.8.2.4
Vergleich mit Ethernet

Gegenüber dem CSMA/CD-Verfahren der Ethernet-Systeme (vgl 29.8.1) ist Token Passing bei geringer Netzauslastung wenig effizient, da auch bei freiem Ring zunächst auf ein Token gewartet werden muss. Die Effizienz steigt jedoch im Gegensatz zu CSMA/CD mit zunehmender Auslastung, da keine Kollisionen auftreten [7, 50]. Infolge des zyklischen Token-Umlaufes sind die Stationen unabhängig von ihrer Position im Netz prinzipiell gleichberechtigt („faire" Verteilung der Zugriffsberechtigung), zudem führt die begrenzte Sendezeit je Station anders als bei Ethernet zu einem deterministischen Verhalten mit definierter maximaler Übertragungsverzögerung. In der Praxis werden auf dem Ring mittlere Datenraten bis über 90% der Nenndatenrate erreicht (bei CSMA/CD ca. 30–40%) [48, 50]. Allerdings ist dieser Vorteil mit der Einführung der Switching-Technologie kaum noch relevant (vgl. 29.8.1, 29.8.2.1).

Da bei Token Ring keine Mindestgröße der Rahmen eingehalten werden muss, kann das Auffüllen kleiner Datenpakete (Padding) entfallen. Zusätzlich erlaubt Token Ring gegenüber Ethernet die Verwendung sehr großer Rahmen (bei High Speed Token Ring bis zu 18,2 Kbyte, s. 29.8.2.3), so dass bei Übertragungen weniger Unterbrechungen erzeugt werden müssen. Zudem werden eine Priorisierung von Datenpaketen und das Source Routing Bridging (vgl. 29.6.2) auf MAC-Ebene unterstützt.

Auch bezüglich der Netzsicherheit bietet Token Ring Vorteile. Die Endgeräte und Kontrollstationen führen vor einer aktiven Aufnahme in das Netz eine Reihe automatischer Funktionstests durch (*Pre-Insertion Tests*). Stationen können sich bei internen Fehlern selbsttätig aus dem Netz entfernen und zusätzlich auch abgetrennt werden, wenn die Anzahl fehlerhaft gesendeter Datenpakete einen Schwellwert überschreitet [50]. Zusammen mit der zu Beginn skizzierten automatischen Umgehung fehlerhafter Lobe- und Trunk-Verbindungen bietet Token Ring damit weitreichende Selbstheilungsfunktionen, ohne den Eingriff eines Technikers zu erfordern.

Wesentliche Nachteile gegenüber Ethernet sind insbesondere die höheren Kosten (1998 waren Token-Ring-Produkte ca. 25–50% teurer als vergleichbare Ethernet-Produkte, und für High Speed Token Ring wurden nochmals 25% höhere Preise erwartet) [40, 50], der gegenwärtige Entwicklungsrückstand gegenüber Gigabit Ethernet sowie 10 Gigabit Ethernet sowie die vergleichsweise geringe Verbreitung von Token-Ring-Systemen. Zudem kann u.U. die Token-Ring-Monitorstation fehlerhaft arbeiten, ohne dass die übrigen Stationen dies bemerken (falls weiterhin AMP-Signale gesendet werden), so dass die zentrale Netzsteuerung und damit das gesamte Netz beeinträchtigt wird [7].

29.8.3
FDDI

FDDI (*Fiber Distributed Data Interface*) ist ein an Token Ring (vgl. 29.8.2) angelehnter Netzwerkstandard, der ab 1980 durch die ANSI-Gruppe X3T9.5 entwickelt, 1987/88 als ANSI-Norm verabschiedet und 1989 im ISO/IEC-Standard 9314 bestätigt wurde. FDDI gilt als erstes international standardisiertes Hochgeschwindigkeits-LAN [52]. Die Entwicklung zielte speziell auf glasfaserbasierte Netze, mittlerweile wird auch elektrische Übertragung unterstützt. FDDI bietet eine MAC-Datenrate von 100 Mbit/s. Es wird vorwiegend in schnellen LAN-Backbones eingesetzt, jedoch zunehmend durch Fast Ethernet und Gigabit Ethernet verdrängt [50]. Der Standard fordert eine maximale Bitfehlerrate von $2{,}5 \cdot 10^{-10}$, in der Praxis erreichen viele Implementierungen bessere Werte [23].

Abbildung 29.14 zeigt die zentralen Komponenten des Standards. FDDI umfasst Protokolle für die MAC-Schicht und die OSI-Schicht 1, die aus den Teilschichten *Physical* (PHY) und *Physical Medium Dependent* (PMD) besteht. PHY umfasst u. a. die Herstellung und Aufrechterhaltung physikalischer Verbindungen, die medienunabhängige Codierung der Informationen sowie Taktregeneration und -synchronisation. PMD spezifiziert die Übertragungsmedien, zugehörige Stecker, Sender, Empfänger und die medienabhängige Signalaufbereitung [53].

Mit dem Stationsmanagement (*Station Management*, SMT) definiert FDDI eine schichtübergreifende Kontrollinstanz für die Koordination und Überwachung der einzelnen Schichten. Aufgaben des SMT sind u. a. die Initialisierung und Konfiguration der Stationen, das Einfügen bzw. Entfernen von Stationen, die Vergabe von Sendeprioritäten, die Bandbreitenverwaltung, die Kontrolle der Ver-

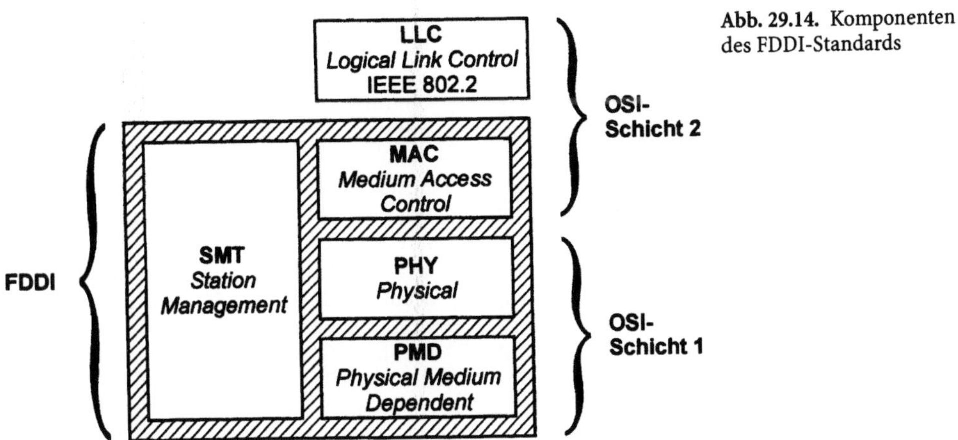

Abb. 29.14. Komponenten des FDDI-Standards

bindungen, die Fehlerisolation und -behebung bei Verbindungsstörungen, das Sammeln statistischer Informationen und die Managementkommunikation. Einzelheiten zum Stationsmanagement können z. B. [37, 54] entnommen werden.

FDDI basiert wie Token Ring auf einer Doppelring-Topologie mit Primär- und gegenläufigem Sekundärring (s. Abb. 29.15). Das Netz ist rekonfigurationsfähig, analog zu Token Ring erfolgt bei Verbindungsausfällen eine automatische Umschaltung auf den Sekundärring, so dass erst mehrere Ringunterbrechungen zur Isolation von Teilen des Netzes führen. Üblicherweise dient der Sekundärring der Netzsicherheit und wird nur im Fehlerfall benutzt, FDDI lässt aber die Möglichkeit offen, den Sekundärring im Normalbetrieb zur Steigerung der Netzkapazität einzusetzen (*Dual-MAC-Option* für FDDI-Stationen) [52, 53]. Ein optionaler dritter Ring wird ausschließlich für Netzmanagement, Diagnose und Anpassungen der Topologie verwendet.

FDDI unterscheidet vier Stationstypen:

- Stationen der Klasse A (*Dual Attachment Stations*, DAS) werden über A- und B-Ports an beide Ringe angeschlossen. Port A dient als Eingang des Primär- und Ausgang des Sekundärrings, Port B entsprechend als

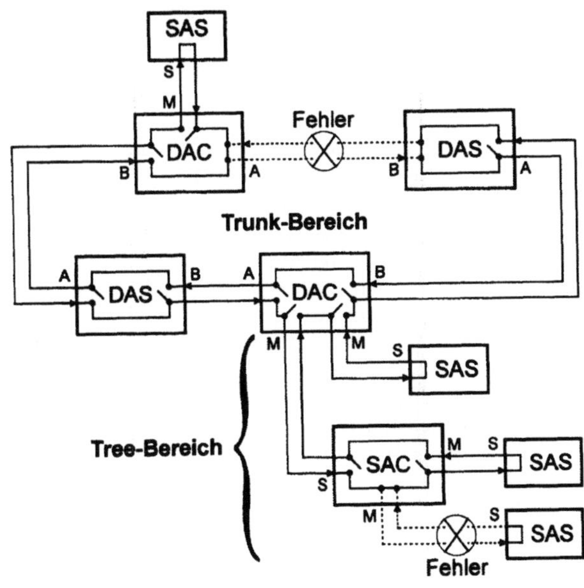

Abb. 29.15. FDDI-Topologie mit Trunk- und Tree-Bereich [53]

Eingang des Sekundär- und Ausgang des Primärrings.

- Stationen der Klasse B (*Single Attachment Stations*, SAS) werden mit Hilfe von *Konzentratoren* an den Primärring angeschlossen. Ihr S-Port (*Slave*) wird dazu mit einem M-Port (*Master*) des Konzentrators verbunden. Der Konzentrator übernimmt im Fehlerfall die Überbrückung der Station.
- Konzentratoren mit Doppelanschluss (*Dual Attachment Concentrators*, DAC) werden wie DAS-Stationen über A- und B-Ports an beide Ringe angeschlossen und binden ihrerseits über M-Ports SAS-Stationen oder SAC-Konzentratoren an den Primärring an.
- Konzentratoren mit Einfachanschluss (*Single Attachment Concentrators*, SAC) können ebenfalls über M-Ports SAS-Stationen an den Primärring anbinden, müssen jedoch selbst über ihren S-Port an einen SAC- oder DAC-Konzentrators höherer Ebene angeschlossen werden, um Zugang zum Primärring zu erhalten.

Doppelanschluss-Komponenten (DAS, DAC) sind direkt in die Doppelringstruktur eingebunden und können auch bei einer Ringunterbrechung aktiv bleiben, während einfach angeschlossene Komponenten (SAS, SAC) im Fehlerfall vom übergeordneten Konzentrator überbrückt und inklusive aller untergeordneten Stationen aus dem Ring entfernt werden (s. Abb. 29.15). Konzentratoren werden auch als Stationen der Klasse C bezeichnet. Im Gegensatz zu DAS- und SAS-Stationen ist die Implementierung der MAC-Komponente bei Konzentratoren optional. Mit kaskadierten Konzentratoren können neben dem FDDI-Doppelring (*Trunk-Bereich*) physikalische Stern- und Baumstrukturen (*Tree-Bereiche*) in die logische Ringtopologie integriert werden (vgl. Abb. 29.15). Neben der kombinierten Ring-/Baumstruktur sind folgende Sonderformen der FDDI-Topologie möglich:

- Konzentratoren, die selbst nicht an einen Konzentrator höherer Ebene angeschlossen sind, werden auch als *Root Concentrator* oder *Null Attachment Concentrator* (NAC) bezeichnet [52]. Der Begriff wird insbesondere für Topologien verwendet, in denen der NAC ausschließlich einen Einfachring mit den Komponenten an seinen M-Ports bildet und selbst nicht über A-, B- oder S-Ports in einen übergeordneten Ring integriert ist.
- Die einfachste FDDI-Topologie ist die direkte Punkt-zu-Punkt-Verbindung zweier SAS-Stationen über ihre S-Ports. Die Verbindung bildet logisch einen Einfachring mit zwei Stationen.
- Beim *Dual Homing* werden die A- und B-Ports einer DAS- oder DAC-Komponente mit verschiedenen M-Ports eines oder zweier Konzentratoren verbunden. Ein Anschluss ist dann zumeist inaktiv (*Standby Mode*) und stellt erst bei Ausfallen bzw. Abtrennen des aktiven Anschlusses eine Netzverbindung her. Auf diese Weise sind auch in reinen Tree-Bereichen ausfallsichere redundante Verbindungen realisierbar [54].

FDDI sah ursprünglich Vielmodenfasern sowie Sender mit 850 nm oder 1,3 µm Wellenlänge vor [52], später folgten auch PMD-Spezifikationen für Einmodenfasern, preiswerte Vielmodenfasern und elektrische Übertragungen über TP-Kabel. Einmodenfasern werden aus Kostengründen nur zur Überbrückung großer Entfernungen eingesetzt (40–60 km ohne Signalverstärkung), preiswerte Vielmodenfasern (*Low Cost Fibers*, LCF) sind aufgrund deren Längenbeschränkung kaum verbreitet. In der Praxis haben sich überwiegend 62,5/125-µm- oder 50/125-µm-Vielmodenfasern und 1,3-µm-Sender durchgesetzt. Der FDDI-Ring darf dann 100 km lang sein und bis zu 500 Stationen umfassen [37, 53]. Aus Sicherheitsgründen werden meist LEDs statt Laser als Sender genutzt, da auch Rechnerverbindungen möglich sind und Benutzer u. U. in direkten Kontakt mit den Anschlüssen kommen können [23]. Tabelle 29.14 fasst wesentliche Kenndaten der optischen Schnittstelle zusammen.

Eine kostengünstige Lösung ist die elektrische Übertragung über TP-Kabel (*FDDI over Copper*). Elektrische FDDI-Lösungen werden fast ausschließlich im Anschlussbereich der Endgeräte (z. B. vom Arbeitsplatzrechner zum Hub) oder bei der Tree-Verkabelung eingesetzt. Nach einer AT&T-Studie ist die maximale Reichweite von ca. 100 m je Verbindung für 95% der bestehenden FDDI-Installationen ausreichend [54]. Parallel zum von ANSI standardisierten TP-PMD existieren unterschiedliche Industriestandards für TP-basierte PHY- und PMD-Implementierungen. In der Praxis werden v. a. die folgenden Varianten eingesetzt [52, 54]:

Tabelle 29.14. Kenndaten der optischen FDDI-Schnittstelle [54]

Optisches FDDI PMD	MMF-PMD Vielmodenfasern	LCF-PMD billige Vielmodenfasern	SMF-PMD Einmodenfasern
Querschnitt	62,5/125 μm, 50/125 μm, 85/125 μm, 100/140 μm	zusätzlich 200/300 μm	9–10/125 μm
Dämpfung	≤ 2,5 dB/km	≤ 2,5 dB/km	≤ 3 dB/km
Bandbreite · Länge	≥ 500 MHz · km	≥ 500 MHz · km	≥ 1000 MHz · km
Wellenlänge	1230...1380 nm	1230...1380 nm	1230...1380 nm
Sender	LEDs	LEDs	Laserdioden
Empfänger	PIN-Dioden	PIN-Dioden	PIN-Dioden
Optische Sendeleistung	-20...-14 dBm	-22...-14 dBm	Kat. I: -20...-14 dBm Kat II: -4...0 dBm
Optische Empfangsleistung	-31...-14 dBm	-29...-14 dBm	-29...-14 dBm
Optisches Budget	> 11 dB	> 7 dB	Kat. I: > 11 dB Kat. II: > 33 dB
Stationsentfernung	≤ 2 km	≤ 500 m	Kat. I: < 20 km Kat. II: < 60 km
Mittlere Bitfehlerrate	$\leq 2{,}5 \cdot 10^{-12}$	$\leq 2{,}5 \cdot 10^{-12}$	$\leq 2{,}5 \cdot 10^{-12}$
Maximale Bitfehlerrate	$\leq 2{,}5 \cdot 10^{-10}$	$\leq 2{,}5 \cdot 10^{-10}$	$\leq 2{,}5 \cdot 10^{-10}$
Codierung	4B/5B + NRZI	4B/5B + NRZI	4B/5B + NRZI
Steckertyp	Media Interface Connector (MIC)	Duplex SC	MIC/ST

CDDI

(*Copper Distributed Data Interface*) – zeitweise auch als TPDDI bezeichnet – wurde 1990 von Crescendo, Apple, AT&T und Fibronics vorgeschlagen. CDDI erlaubt bis zu 150 m lange STP-Kabel des IBM-Typs 1A und maximal 50 m lange UTP-Kabel der Kategorie 5 mit RJ45-Steckern. CDDI ist nicht FDDI-standardkonform und erlaubt nur die Anbindung einfach angeschlossener Komponenten (SAS, SAC).

Greenbook

wurde im Mai 1991 unter Mitwirkung der Unternehmen AMD, Chipcom, Digital Equipment, Motorola und Synoptics vorgelegt. Spezifiziert sind 150-Ω-STP-Kabel der IBM-Typen 1 und 1A und Kabel des IBM-Typs 6 mit Sub-D- oder optional RJ45-Steckern. Greenbook erlaubt Kabellängen von 100 m und verwendet NRZI-Codierung. Es werden nur Stationen mit Einfachanschluss unterstützt.

SDDI

(*Shielded Distributed Data Interface*) wurde 1992 u.a. von AMD, Chipcom, IBM, Madge, Motorola, NPI, Summitomo und Sys-Konnekt verabschiedet. SDDI ist eng an Greenbook orientiert, die Verkabelung basiert auf Token Ring und verwendet 150-Ω-STP-Kabel der IBM-Typen 1A und 6A mit Sub-D-Steckern. Die Segmentlänge beträgt maximal 100 m, die Codierung entspricht mit 4B/5B und NRZI dem optischen FDDI-Standard. SDDI erlaubt auch Stationen mit Doppelanschluss.

TPDDI

(*Twisted Pair Distributed Data Interface*) bezeichnet üblicherweise die standardisierte TP-PMD-Spezifikaktion ANSI X3.263 (*Twisted Pair Physical Medium Dependent*). Es werden 150-Ω-STP-Kabel des IBM-Typs 1 mit Sub-D-Steckern und 100-Ω-UTP-Kabel der Kategorie 5 mit RJ45-Steckern für Entfernungen bis 100 m verwendet. Da die Datentaktrate von 125 Mbit/s (4B/5B-Code) bei NRZI-Übertragung zu hohen Verlusten durch Abstrahlung bzw. Dämpfung führt und das Signal durch starkes Rauschen und Übersprechen zwischen benachbarten Adern beeinträchtigt wird, ist ein modifiziertes Codierschema spezifiziert.

Der NRZI-Code wird in NRZ-Code gewandelt. Zur Reduktion von Frequenzspitzen infolge sich wiederholender Bitmuster (hohe Abstrahlungen) wird ein *Signal Scrambling* durchgeführt, d.h. die Bitfolge mit einem als Polynom generierten Bitmuster (*Stream Cipher*) XOR-verknüpft (der Empfänger verwendet dasselbe Bitmuster zur Entzerrung). Anschließend wird die Fundamentalfrequenz durch MLT-3-Codierung von 62,5 auf 31,25 MHz gesenkt (vgl. 29.4).

Die Dämpfungscharakteristik des Übertragungskabels wird durch eine frequenzabhängige Entzerrung ausgeglichen. Ähnlich zu

Tabelle 29.15. Kenndaten der elektrischen FDDI-Schnittstelle [54]

Elektrisches FDDI PMD	UTP-PMD Unshielded Twisted Pair	STP-PMD Shielded Twisted Pair
Kabeltyp	EIA Kategorie 5	IBM Typ 1
Impedanz	100 Ω	150 Ω
Ausgangsspannung	950...1050 mV	1165...1285 mV
Eingangsempfindlichkeit	≤ 200 mV	≤ 200 mV
Ein-/Ausgangsimpedanz	100 Ω	150 Ω
Stationsentfernung	≤ 100 m	≤ 100 m
Codierung	4B/5B + MLT-3	4B/5B + MLT-3
Steckertyp	RJ-45 8-polig	Sub-D 9-polig

10Base-T-Ethernet (vgl. 29.8.1.1) wird die notwendige Signalkorrektur anhand einer Rückkopplung des Sende- und Empfangssignals bestimmt.

Gegenüber der NRZI-Übertragung verbessern diese Maßnahmen das Nebensprechen auf Kabeln der Kategorie 5 von 32 auf 35 dB und den Signal-Rausch-Abstand von 13 auf 19 dB. Tabelle 29.15 fasst wichtige Kenndaten der elektrischen FDDI-Schnittstelle zusammen.

Die Spezifikation *SONET Physical Layer Mapping* (SPM) befindet sich derzeit (2001) noch in der Entwicklung, sie soll eine PMD-Variante zur Anbindung an SDH bzw. SONET (*Synchronous Digital Hierarchy* bzw. *Synchronous Optical Network*, s. z.B. Kap. 24 oder [45–47]) bereitstellen.

FDDI verwendet die 4B/5B-Codierung in Verbindung mit NRZI (s. 29.4). 8 der 16 überzähligen Symbole des 4B/5B-Codes sind als Steuerzeichen definiert, die übrigen stellen ungültige V-Symbole dar (*Code Violation*) und sind künftigen Erweiterungen vorbehalten. Tabelle 29.16 zeigt die Codierung der Steuerzeichen.

Das IDLE-Symbol I wird in Sendepausen als Füllsymbol übertragen, um die Synchronisation aufrechtzuerhalten. Die Symbole J, K und T werden in der Start- (SD) und Endmarkierung (ED) der FDDI-Rahmen verwendet, die übrigen dienen zur Signalisierung von Leitungszuständen und der Netzsteuerung [37, 54].

Abbildung 29.16 zeigt die Formate der FDDI-Rahmen auf MAC-Ebene. Die Präambel aus IDLE-Symbolen (I) dient der Taktsynchronisation (NRZI-codierte IDLE-Folgen ergeben taktweise Pegelwechsel). Die MAC-Komponente der FDDI-Stationen darf definitionsgemäß nur Rahmen mit mindestens 12 Symbole langer Präambel kopieren und nur

Tabelle 29.16. 4B/5B-Codierung der FDDI-Steuersymbole [37]

Symbol	4B/5B-Code	Bezeichnung
0 ... 16	s. 29.4	Datennibbles
	Steuerzeichen	
Q	00000	QUIET
I	11111	IDLE
H	00100	HALT
J	11000	im SD-Feld benutzt
K	10001	im SD-Feld benutzt
T	01101	im ED-Feld benutzt
R	00111	RESET (logische 0)
S	11001	SET (logische 1)
	Ungültige Zeichen (Code Violation)	
V (H)	00001	wie HALT
V (H)	00010	wie HALT
V	00011	
V	00101	
V	00110	
V (H)	01000	wie HALT
V	01100	
V (H)	10000	wie HALT

Rahmen mit mindestens 2 Symbole langer Präambel wiederholen. Bei Bedarf wird die Präambel empfangener Rahmen entsprechend angepasst (*Smoothing*). Strukturell werden Token- und Datenrahmen unterschieden. Die maximale Rahmenlänge von 4500 Byte ist durch zeitliche Taktschwankungen (*Jitter*) bedingt [23].

Das Rahmenkontrollfeld FC markiert die Länge der DA- und SA-Felder (4 oder 12 Symbole) sowie die Sendepriorität (FDDI bietet wie Token Ring 8 Prioritätsstufen). Zusätzlich kennzeichnet FC die Art des Token- bzw. Datenrahmens.

Arten von Tokenrahmen (s. später):

- Nicht eingeschränkte Token (*Non-Restricted Token*, NR-Token),

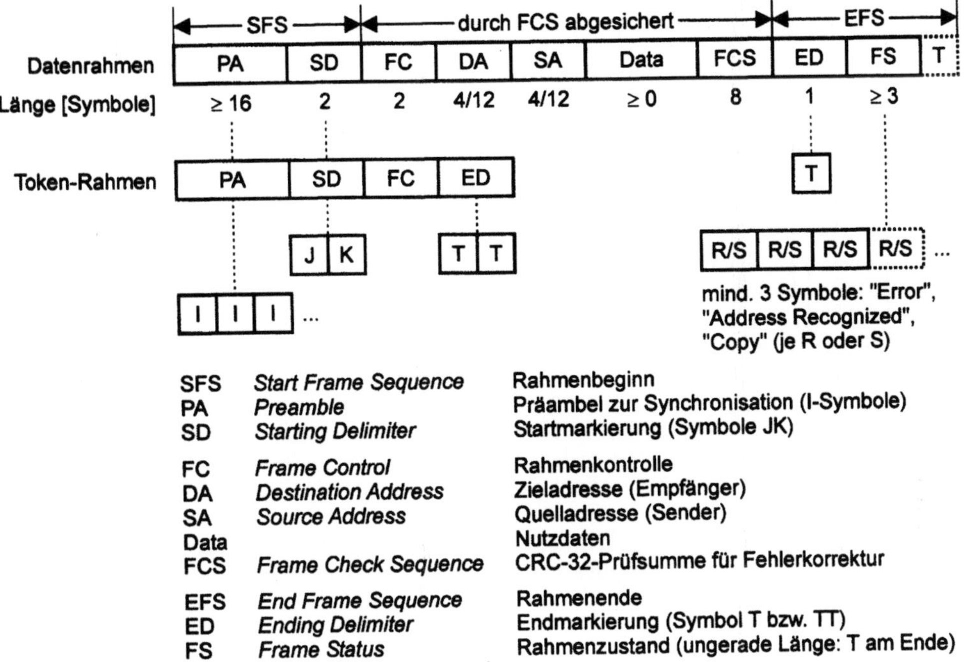

Abb. 29.16. FDDI-Rahmenformate

- eingeschränkte Token (*Restricted Token*, R-Token).

Arten von Datenrahmen:

- *MAC Frames* enthalten MAC-Steuerinformationen,
- *LLC Frames* enthalten LLC-Rahmen mit Nutzdaten,
- *SMT Frames* enthalten Informationen für das Stationsmanagement (*Station Management*, SMT),
- *Reserved Frames* sind für herstellerspezifische Informationen und künftige Erweiterungen reserviert.

Die Benennung der FDDI-Rahmentypen ist etwas unglücklich, da alle Rahmen zur MAC-Ebene gehören und damit eigentlich „MAC-Rahmen" sind. Zudem enthalten (FDDI-)LLC-Rahmen ihrerseits (IEEE-802.2-) LLC-Rahmen im Datensegment. In diesem Kapitel werden FDDI-Rahmentypen zur Unterscheidung mit „FDDI-" bezeichnet. FDDI-LLC-Rahmen können den Ring bei Bedarf über Bridges oder Router verlassen und in andere Netzsegmente übergehen, um den Empfänger zu erreichen. FDDI-MAC- und FDDI-SMT-Rahmen sind ringspezifisch und verbleiben bis zur Verarbeitung auf dem Ring. Sie dienen der Netzsteuerung bzw. dem Stationsmanagement [37, 54].

Das FS-Feld enthält zumindest drei Indikatorsymbole, die jeweils zu RESET (R) oder SET (S) im Sinne einer logischen 0 bzw. 1 gesetzt werden können (es werden jeweils 5-Bit-Symbole anstelle einzelner Bits verwendet, da das FS-Feld nicht über die Fehlerprüfsumme des FCS-Feldes abgesichert ist). Die Indikatoren haben jeweils direkte Entsprechungen bei Token Ring (s. 29.8.2):

- Der Indikator *Error* entspricht dem E-Bit im ED-Feld bei Token Ring,
- der Indikator *Address Recognized* entspricht den A-Bits im FS-Feld,
- der Indikator *Copy* entspricht den C-Bits im FS-Feld.

Es dürfen weitere Indikatoren angefügt werden (z. B. für herstellerspezifische Informationen). Ist die Anzahl der Indikatoren im FS-Feld ungerade, muss der Rahmen mit einem zusätzlichen T-Symbol beendet werden [54].

Die übrigen Felder der FDDI-Rahmen entsprechen bis auf die Verwendung 4B/5B-codierter Symbole funktional weitgehend den entsprechenden Feldern bei Token Ring. FDDI unterstützt drei verschiedene Dienstklassen:

- Nicht eingeschränkter asynchroner Dienst (*Nonrestricted Service* oder *Priority Service*): Diese Betriebsart entspricht weitgehend Token Ring. Es erfolgt eine dynamischer Verteilung der Bandbreite an alle Stationen unter Berücksichtigung von 8 Prioritätsstufen. Es werden nicht eingeschränkte Token verwendet (NR-Token, s. oben). Asynchroner Verkehr ist für Anwendungen mit zeitlich schwankendem Datenaufkommen geeignet, da die benötigte Bandbreite nur bei Bedarf belegt wird.
- Eingeschränkter asynchroner Dienst (*Restricted Service*): In dieser Betriebsart werden eingeschränkte Token verwendet (R-Token, s. oben), auf die nur zwei Stationen zugreifen dürfen. Dieser Modus kann z.B. benutzt werden, um vorübergehend einen schnellen Datentransfer mit hoher Bandbreite zwischen zwei Stationen durchzuführen.
- Synchroner Dienst (*Synchronous Service*): Die Stationen erhalten eine feste Bandbreitenzuteilung mit garantierter Zugriffszeit. Synchrone Übertragung ist insbesondere für zeitkritische Anwendungen und kontinuierliche Datenströme sinnvoll, da die benötigte Bandbreite fest reserviert wird und bis zur Freigabe permanent zur Verfügung steht. Synchrone und asynchrone Übertragung kann gemeinsam genutzt werden, synchroner Verkehr hat jedoch generell höhere Priorität als asynchroner Verkehr. Die Unterstützung des synchronen Modus ist für FDDI-Produkte optional [54].

Bei asynchroner Übertragung erfolgt der Medienzugriff wie bei Token Ring durch Token Passing. Die maximale Sendedauer (*Token Holding Time*) beträgt mindestens 4 ms pro Station (bei Token Ring typisch 10 ms) [52]. Ist eine Station berechtigt, asynchrone Daten mit mehreren Prioritätsstufen zu senden, so erhält sie für jede Priorität eine maximale Sendezeit [54]. Um auch bei hoher Datenrate und großer Ringausdehnung eine gute Auslastung zu erreichen, erzeugen sendende Stationen unmittelbar nach Beenden der Datenübertagung ein neues Frei-Token, so dass mehrere Rahmen verschiedener Sender gleichzeitig auf dem Ring sein können. Nur in Ausnahmefällen (z.B. für Aufgaben des Stationsmanagements) warten Stationen den Umlauf gesendeter Daten ab, bevor sie ein neues Frei-Token verschicken [37]. Analog zu Token Ring entfernt die Sendestation ihre Daten nach einem Umlauf wieder vom Ring (*Frame Stripping*, s. [54]).

Bei synchroner Übertragung wird eine zeitgesteuerte Variante des Token-Protokolls verwendet (*Timed Token Protocol*, TTP).

- Jede Station definiert ihre benötigte synchrone Bandbreite in Form einer gewünschten Sendezeit T_S je gewünschtem Zeitintervall T_I.
- Bei der Initialisierung des Rings wird durch einen *Claim-Token*-Prozess das kleinste gewünschte Zeitintervall T_I zur angestrebten Umlaufzeit eines Frei-Token um den Ring bestimmt (*Target Token Rotation Time*, TTRT). Jede Station passt die gewünschte Sendezeit gemäß $T_S \cdot \mathrm{TTRT}/T_I$ an die TTRT an, die neue Sendezeit SBA wird als *Synchronous Bandwidth Allocation* bezeichnet [54]. Die Netzsteuerung stellt bei der Vergabe synchroner Sendezeiten sicher, dass die Summe aller SBAs die Kapazität des Rings nicht übersteigt. Die Station mit der kürzesten T_I (= TTRT) „gewinnt" den Claim-Prozess und erzeugt das erste Frei-Token [53].

Für die Steuerung des Datenverkehrs besitzt jede Station zwei Zeitgeber, den *Token Rotation Timer* (TRT) und den *Token Holding Timer* (THT), sowie einen Zähler für verspätet eingetroffene Frei-Token (*Late Counter*, LC). Zu Beginn werden LC = 0 und TRT = TTRT gesetzt und der TRT gestartet, d.h. er läuft auf Null zurück. Das Senden wird für alle Stationen nach folgendem Schema durchgeführt:

- Ist bei Ablauf des TRT (also innerhalb der TTRT) noch kein Frei-Token eingetroffen, so wird LC um Eins erhöht. Bei LC = 1 wird der TRT wieder mit TRT = TTRT gestartet. Bei LC = 2 ist innerhalb der doppelten TTRT noch immer kein Frei-Token angekommen, in diesem Fall wird eine Netzstörung vermutet und eine Fehlerdiagnose eingeleitet.
- Ist bei Eintreffen eines Frei-Token LC = 0, so ist das Token vor Ablauf des TRT eingetroffen (*Early Token*). In diesen Fall wird der THT auf die verbleibende Restzeit des TRT gesetzt (THT = TRT) und der TRT wieder mit TRT = TTRT gestartet. Dann werden entsprechend der reservierten SBA synchrone Datenrahmen verschickt. An-

schließend wird der THT gestartet. Bis zum Ablauf des THT können asynchrone Datenrahmen verschickt werden, spätestens dann muss wieder ein neues Frei-Token erzeugt werden.
- Ist bei Eintreffen eines Frei-Token LC = 1, so ist das Token erst nach Ablauf des TRT eingetroffen (*Late Token*) und der TRT bereits wieder gestartet worden. Die Station versendet entsprechend der reservierten SBA synchrone Datenrahmen, setzt LC = 0 und erzeugt wieder ein Frei-Token. Asynchrone Daten dürfen bei einem Late Token nicht verschickt werden.

Dieses Protokoll stellt sicher, dass die durchschnittliche Umlaufzeit (*Average Synchronous Response Time*) die TTRT nicht übersteigt und die maximale Umlaufzeit (*Maximum Synchronous Response Time*) auf die doppelte TTRT begrenzt ist [37].

Im Gegensatz zu Token Ring verwendet FDDI keine explizite Monitorstation zur zentralen Überwachung des Rings und zur globalen Taktvorgabe. Die Monitorfunktionen sind dezentral auf alle an den Ring angeschlossenen FDDI-Stationen verteilt. Störungen werden z.B. bei längerer Inaktivität des Netzes (Ablaufen des *Valid Transmission Timers*), bei mehrfachem Ablaufen des TRT (s. oben) oder durch Kontrollprozesse des Stationsmanagements erkannt. Jede Station kann im bei Störungen einen Claim-Token-Prozess zur Neuinitialisierung des Rings veranlassen. Schlägt dieser fehl, so wird analog zu Token Ring ein *Beacon*-Prozess zur Lokalisierung des Fehlers eingeleitet. Stationen in der Nähe der gefundenen Fehlerstelle trennen sich vom Ring ab und führen einen Selbsttest durch, nach dessen erfolgreichem Abschluss sie gegebenenfalls wieder in den Ring aufgenommen werden. Bei Bedarf erfolgt eine Umschaltung auf den Sekundärring.

Der Sendetakt wird von jeder Station durch einen eigenen Oszillator erzeugt, der Empfangstakt wird aus dem empfangenen Bitstrom extrahiert. Die Abweichung zwischen Sende- und Empfangstakt darf maximal 0,01% der nominalen Datenrate betragen, zur Kompensation werden die Empfangssignale lokal im Elastizitätspuffer (*Elasticity Buffer*) zwischengespeichert [53].

Full Duplex FDDI

Analog zu Ethernet (s. 29.8.1) und Token Ring (29.8.2) werden auch FDDI-Komponenten für den Vollduplexbetrieb mit effektiv 200 Mbit/s angeboten. Full Duplex FDDI basiert auf Switching-Verfahren (s. 29.6.5) [52].

29.8.3.1
FDDI II

Trotz der hohen Übertragungsgeschwindigkeit ist FDDI für Echtzeit- und Multimediaanwendungen mit konstantem Datenstrom (z.B. Audio-/Videoübertragung) nur eingeschränkt geeignet.

Im asynchronen Betrieb treten bei 50 aktiven Stationen Übertragungsverzögerungen bis zu 200 ms auf (als tolerierbar gelten maximal 10 ms) [52]. Im Synchronbetrieb sind 8 bis 16 ms erreichbar, infolge der Token-Zugriffsmethode lassen sich jedoch Schwankungen der Verzögerungzeit und das Aufrechterhalten eines ausreichend konstanten Datenflusses nicht garantieren [37, 54].

Der FDDI-Nachfolgestandard FDDI II ergänzt die synchronen und asynchronen Dienste um isochrone Übertragungen mit konstanter Datenrate, die für Echtzeichtanwendungen geeignet sind. FDDI II übernimmt die FDDI-Spezifikation der Bitübertragung (OSI-Schicht 1). Auf der MAC-Ebene wird die hybride Ringsteuerung (*Hybrid Ring Control*, HRC) mit den Komponenten *Hybrid Multiplexer* (H-MUX) und *Isochronous MAC* (I-MAC) eingeführt (s. Abb. 29.17).

FDDI II definiert einen Standardmodus (*Basic Mode*), in dem sich alle Stationen wie bei FDDI verhalten und nur synchrone und asynchrone Übertragungen möglich sind. Im Standardmodus können FDDI- und FDDI-II-Komponenten gemeinsam in einem Ring betrieben werden. Der zusätzliche Hybridmodus (*Hybrid Mode* oder *HRC Mode*) wird nur von FDDI-II-Komponenten unterstützt. Er erlaubt die isochrone Übertragungen gemeinsam mit herkömmlichen synchronen bzw. asynchroner Rahmen. Bei isochroner Übertragung werden keine FDDI-Rahmenstrukturen verwendet, der Datenverkehr entspricht der klassischen Leitungsvermittlung. Die isochrone Übertragung wird daher auch als leitungsvermittelter Dienst bzw. CS-Dienst (*Circuit Switch*) bezeichnet.

Üblicherweise wird ein FDDI-II-Netz zunächst im Standardmodus gestartet. Bei der Initialisierung wird geprüft, ob alle Stationen FDDI II unterstützen. Falls ja, wird über den *Monitorprozess* eine Referenzstation (*Cycle Master*) bestimmt und in den Hybridmodus

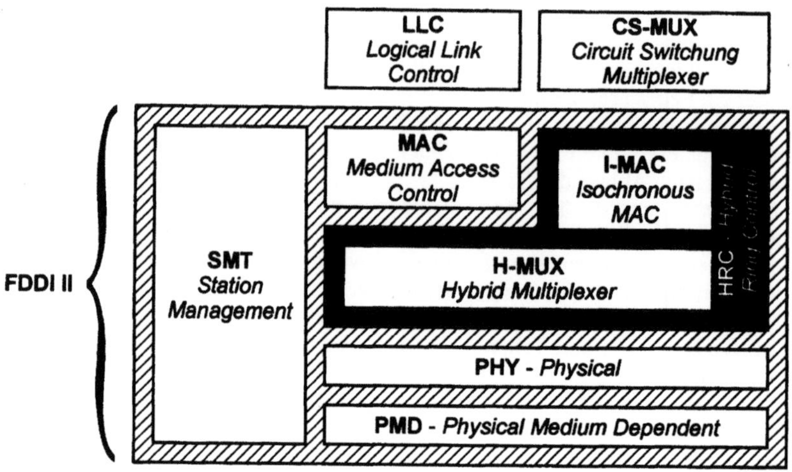

Abb. 29.17. Komponenten des FDDI-II-Standards

gewechselt [54]. Im Hybridmodus erzeugt der Cycle Master kontinuierlich 8000 Rahmen (*Cycles* oder *HRC Frames*) pro Sekunde, die jeweils 12500 Bit (1562,5 Byte) umfassen und in Intervallen von 125 µs nahtlos auf den Ring geschickt werden. Nach einem Umlauf werden die Cycles durch den Cycle Master wieder vom Ring entfernt.

Abbildung 29.18 zeigt den Aufbau der Cycles. Im Normalbetrieb enthalten die Felder SC und SEC je das Symbol S, und der Master nummeriert die Cycles im CS-Feld zyklisch von 64 bis 255 durch. Bei einem Monitorprozess sind SC und SEC mit dem Symbol R belegt, in diesem Fall wird anhand des im CS-Feld enthaltenen Monitorrangs (0-63) eine neue Masterstation ermittelt [54].

Mit dem DPG-Feld (*Dedicated Packet Group*) stehen jeweils 12 Byte pro Cycle (entsprechend 768 Kbit/s) permanent für synchronen bzw. asynchronen Datenverkehr zur Verfügung. Die Stationen können hier wie bei FDDI Token und Datenrahmen einfügen bzw. auslesen. Im Unterschied zu FDDI wird die Startmarkierung der Rahmen (SD-Feld) durch das Symbol I und das neue Symbol L gebildet, da die Kombination JK bei FDDI II für das SD-Feld des Cycle Headers verwendet wird [52].

Die 1536 Byte der 96 CG-Felder (*Cycle Groups*) werden in je 1 Byte lange „Zeitschlitze" zerlegt und nach dem Zeitmultiplexverfahren (*Time Division Multiplexing*, TDM, s. z.B. Kap. 25 oder [55]) auf 16 isochrone Breitbandkanäle aufgeteilt (*Wide Band Channels*, WBC). Ein WBC-Kanal erhält jeweils 96 Byte pro 125-µs-Cycle entsprechend einer konstanten Datenrate von 6,144 Mbit/s.

WBC-Kanäle können ihrerseits durch Zeitmultiplex in isochrone Kanäle geringerer Datenrate unterteilt werden. Die Größe von 96 Byte erlaubt die einfache Realisierung dreier E1-Kanäle nach CCITT-Norm mit je 2,048 Mbit/s (3 · 32 Byte/125 µs), die z.B. der Schnittstelle S_{2M} bei ISDN (*Integrated Services Digital Network*, s. z.B. [56, 57]) entsprechen [23, 54]. Bei einer Aufteilung auf vier Kanäle (4 · 24 Byte/125 µs) wird eine Datenrate von 1,536 Mbit/s erzielt, die T1-Kanälen mit 1,544 Mbit/s nahe kommt [23]. Der kleinstmögliche isochrone Datenkanal in FDDI-II-Systemen entspricht mit einem einzigen Byte (bzw. Zeitschlitz) pro Cycle einer Datenrate von 64 Kbit/s und damit genau einem ISDN-Kanal.

Der Cycle Master stellt die WBC-Kanäle bereit und kontrolliert deren Benutzung. Stationen können bei Bedarf ein oder mehrere Zeitschlitze bzw. 64-Kbit/s-Kanäle für isochrone Übertragungen anfordern und nach abgeschlossener Übertragung wieder freigeben. Alle nicht isochron genutzen WBC-Kanäle stehen zusätzlich zum DPG-Bereich für rahmenorientierte Übertragung zur Verfügung. Nur die Masterstation darf die PT-Felder im Cycle Header setzen (s. Abb. 29.18) und damit die Zuordnung der WBC-Kanäle zu isochroner oder rahmenorientierter Kommunikation vornehmen.

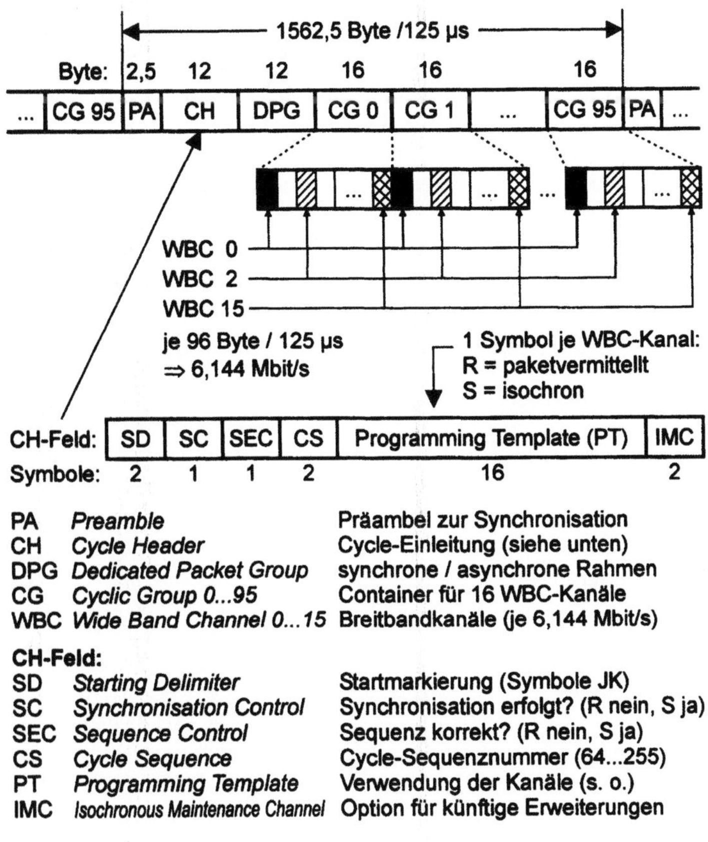

Abb. 29.18. Struktur eines Cycle- bzw. HRC-Rahmens bei FDDI II [54]

Die Zuordnung der zyklischen Zeitschlitze zu rahmenorientiertem oder isochronem Verkehr erfolgt im H-MUX der Stationen. Dieser verteilt empfangene Datenströme entsprechend an die MAC- und I-MAC-Komponente und platziert von diesen gesendete Daten in den jeweiligen Zeitschlitzen. Die MAC-Komponente entspricht weitgehend der von FDDI-Stationen und bearbeitet rahmenorientierte Kommunikation, während die I-MAC-Komponente isochronen Datenströme verarbeitet [54].

29.8.3.2 *FDDI follow on LAN*

Anfang der 90er Jahre begann mit *FDDI follow on LAN* (FFOL) die Entwicklung eines dritten FDDI-Standards nach FDDI und FDDI II. FFOL soll eine skalierbare Übertragungsgeschwindigkeit bieten und Datenraten des SDH-Standards (*Synchronous Digital Hierarchy*, s. z. B. Kap. 24 oder [45–47]) von 155,52 Mbit/s (STM-1) bis 2,488 Gbit/s (STM-16) unterstützen [52]. Vorgesehen ist die Übertragung von FDDI-, FDDI-II- und ATM-Daten (*Asynchronous Transfer Mode*, s. z. B. Kap. 24 oder [17–21]).

Die physikalischen FDDI-Spezifikationen sollen weitgehend beibehalten und bestehende Lichtwellenleiter- und TP-Verkabelungen unterstützt werden. Neben synchronen und asynchronen Diensten ist analog zu FDDI II auch isochrone Übertragung über einen Breitbandkanal (*Wide Band Channel*, WBC) im 8-KHz-Zyklus geplant. Asynchroner Datenverkehr soll über ATM-Zellen realisiert werden.

Die Standardisierung des FFOL wurde zwischenzeitlich eingestellt, am Designziel wird jedoch festgehalten [52].

29.8.3.3 *FDDI-Standarddokumente*

Tabelle 29.17 führt abschließend wesentliche ANSI- bzw. ISO-Dokumente zu FDDI und

FDDI II nach gegenwärtigem Stand (2001) auf. Die Spezifikation *SONET Physical Layer Mapping* (SPM) für eine Anbindung an SDH bzw. SONET (*Synchronous Digital Hierarchy* bzw. *Synchronous Optical Network*, s. z. B. Kap. 24 oder [45–47]) auf der PMD-Ebene ist noch nicht verabschiedet.

Tabelle 29.17. ANSI-X3- und ISO/IEC-9314-Dokumente zu FDDI (Fiber Distributed Data Interface)

Kurzform	Titel	Dokumente, Jahr
FDDI-MAC	Token Ring Media Access Control	ANSI X3.139-1987 (R 1997) ISO 9314-2 : 1989
FDDI-PHY	Token Ring Physical Layer Protocol	ANSI X3.148-1988 (R 1994) ISO 9314-1 : 1989
FDDI-PMD	Physical Layer Medium Dependent	ANSI X3.166-1989 (R 1995) ISO/IEC 9314-3 : 1990
FDDI-HRC	Hybrid Ring Control	ANSI X3.186-1992 (R 1997) ISO/IEC 9314-5 : 1995
FDDI-SMF-PMD	Single Mode Fibre PMD	ANSI X3.184-1993 (R 1998) ISO/IEC 9314-4 : 1999
FDDI-SMT	Station Management	ANSI X3.229-1994 ISO/IEC 9314-6 : 1998
FDDI-PHY-2	Physical Layer Protocol 2	ANSI X3.231-1994 ISO/IEC 9314-7 : 1998
FDDI-MAC-2	Media Access Control 2	ANSI X3.239-1994 ISO/IEC 9314-8 : 1998
FDDI-LCF-PMD	Low-Cost Fibre PMD	ANSI X3.237-1995 ISO/IEC 9314-9 : 2000
FDDI-MAC-ATS	Abstract Test Suite for MAC Conformance Testing	ANSI X3.245-1995 ISO/IEC 9314-26
FDDI-CT-PICS	Conformance Test Protocol Implementation Conformance Statement Proforma	ANSI X3.262-1995 ISO/IEC 9314-13 : 1998
FDDI-TP-PMD	Token Ring Twisted Pair PMD	ANSI X3.263-1995
FDDI-PHY-ATS	Abstract Test Suite for PHY Conformance Testing	ANSI X3.248-1996 ISO/IEC 9314-21 : 2000
FDDI-PMD-ATS	Abstract Test Suite for PMD Conformance Testing	ANSI X3.255-1996 ISO/IEC 9314-20
FDDI-SMT-2-CS	Station Management 2 – Common Services	ANSI X3.257-1997
FDDI-SMT-2-IS	Station Management 2 – Isochronous Services	ANSI X3.258-1997
FDDI-SMT-2-PS	Station Management 2 – Packet Services	ANSI X3.259-1997
FDDI-PHY-REP	Physical Layer Repeater Protocol	ANSI X3.278-1997
FDDI-SMT-ATS	Abstract Test Suite for SMT Conformance Testing	ANSI X3.286-1997 ISO/IEC 9314-25 : 1998

Spezielle Literatur

[1] A. S. Tanenbaum: *Computernetzwerke*, 3. Auflage, Kapitel 2.4.4.2 (Wellenlängenmultiplexverfahren), S. 140–141, Prentice Hall, 1998

[2] A. S. Tanenbaum: *Computernetzwerke*, 3. Auflage, Kapitel 1.4 (Referenzmodelle), S. 45-62, Prentice Hall, 1998

[3] A. Zenk: *Lokale Netze – mit neuer Technik ins nächste Jahrtausend*, 5. Auflage, Kapitel 9 (Das ISO-Schichtenmodell der offenen Kommunikation), S. 301–325, Addison-Wesley-Longman, 1998

[4] A. Badach, E. Hoffmann, O. Knauer: *High Speed Internetworking*, 2. Auflage, Kapitel 3 (IEEE-LAN-Standards), S. 99–185, Addison-Wesley-Longman, 1997

[5] G. E. Keiser: *Local Area Networks*, Kapitel 2 (Layered Network Architecture), S. 15-67, McGraw-Hill, 1989

[6] Siemens AG, *LLC-Protokoll*, Siemens Solution Provider Online Lexikon, 2000

[7] A. S. Tanenbaum: *Computernetzwerke*, 3. Auflage, Kapitel 4.3 (IEEE-Norm 802 für LANs und MANs), S. 302–332, Prentice Hall, 1998

[8] Siemens AG, *Medienzugangsverfahren*, Siemens Solution Provider Online Lexikon, 2000

[9] A. Badach, E. Hoffmann, O. Knauer: *High Speed Internetworking*, 2. Auflage, Kapitel 2 (Übertagungsmedien, Verkabelung, Übertragungsverfahren), S. 57-98, Addison-Wesley-Longman, 1997

[10] Siemens AG, *NRZ-Codierung, Einfachstromverfahren, Doppelstromverfahren, NRZ-I-Codierung, Manchester-Codierung, Differentielle Manchester-Codierung, MLT-Codierung, 4B/5B-Codierung, 8B/10B-Codierung, 8B/6T-Codierung*, Siemens Solution Provider Online Lexikon, 2000

[11] A. Badach, E. Hoffmann, O. Knauer: *High Speed Internetworking*, 2. Auflage, Anhang A.2 (Elemente des ternären Kodes), S. 352, Addison-Wesley-Longman, 1997

[12] A. Zenk: *Lokale Netze – mit neuer Technik ins nächste Jahrtausend*, 5. Auflage, Kapitel 3 (Kenndaten Lokaler Netzwerke), S. 57-84, Addison-Wesley-Longman, 1998

[13] A. Badach, E. Hoffmann, O. Knauer: *High Speed Internetworking*, 2. Auflage, Kapitel 1 (Internetworking-Grundlagen), S. 1-55, Addison-Wesley-Longman, 1997

[14] A. Zenk: *Lokale Netze – mit neuer Technik ins nächste Jahrtausend*, 5. Auflage, Kapitel 10 (Internetworking), S. 327–352, Addison-Wesley-Longman, 1998

[15] F. Bergmann, H.-J. Gerhardt (Hrsg.): *Handbuch der Telekommunikation*, Kapitel 17 (LAN, MAN, WAN), S. 747-768, Carl Hanser Verlag, München/Wien, 2000

[16] Siemens AG, *Repeater, Remote-Repeater, Multiport-Repeater, Optischer Repeater, Hub, LAN-Switch, Cut-Through-Verfahren, Store-and-Forward-Verfahren, LAN-Switching, Brücke, Source-Routing, Transparente Brücke, Router, Gateway*, Siemens Solution Provider Online Lexikon, 2000

[17] C. DeCusatis, E. Mass, D. Clement, R. Lasky (Hrsg.): *Handbook of Fiber Optic Data Communication*, Kapitel 11.3 (ATM), S. 400–414, Academic Press, London, 1998

[18] A. Zenk: *Lokale Netze – mit neuer Technik ins nächste Jahrtausend*, 5. Auflage, Kapitel 4.6 (ATM – Asynchronous Transfer Mode), S. 158–167, Addison-Wesley-Longman, 1998

[19] F. Bergmann, H.-J. Gerhardt (Hrsg.): *Handbuch der Telekommunikation*, Kapitel 9 (Breitband-ISDN und ATM), S. 309–338, Carl Hanser Verlag, München/Wien, 2000

[20] A. S. Tanenbaum: *Computernetzwerke*, 3. Auflage, Kapitel 1.6.4 (Breitband-ISDN und ATM), S. 79–84, Prentice Hall, 1998

[21] A. S. Tanenbaum: *Computernetzwerke*, 3. Auflage, Kapitel 2.6 (Breitband-ISDN und ATM), S. 165–177, Prentice Hall, 1998

[22] C. DeCusatis, E. Mass, D. Clement, R. Lasky (Hrsg.): *Handbook of Fiber Optic Data Communication*, Kapitel 10 (Intramachine Communications), S. 331–384, Academic Press, London, 1998

[23] A. S. Tanenbaum: *Computernetzwerke*, 3. Auflage, Kapitel 4.5 (LANs mit hohen Bitraten), S. 346–356, Prentice Hall, 1998

[24] C. DeCusatis, E. Mass, D. Clement, R. Lasky (Hrsg.): *Handbook of Fiber Optic Data Communication*, Kapitel 12 (Fibre Channel Standard), S. 415–438, Academic Press, London, 1998

[25] R. Graefen: *Das Datenmanagement geht mit den SAN eigene Wege* und *Das Speichernetz birgt ein enormes Entwicklungspotential*, Nachrichtentechnische Zeitschrift Informationstechnik und Telekommunikation (ntz), Ausgabe 1-2/1999, S. 51–54, VDE-Verlag, Berlin, 1999

[26] C. DeCusatis, E. Mass, D. Clement, R. Lasky (Hrsg.): *Handbook of Fiber Optic Data Communication*, Kapitel 13 (Enterprise Systems Connection Fiber Optic Link), S. 439–495, Academic Press, London, 1998

[27] Siemens AG, *enterprise system connection (ESCON)*, Siemens Solution Provider Online Lexikon, 2000

[28] IBM Corporation, *S/390 FIbre CONNectivity (FICON) Channel*, Produktmitteilung, IBM, 23.02.1999

[29] Special Issue on Optical Interconnections for Information Processing, J. Lightwave Technology, Nr. LT-13, S. 985–1120, Juni 1995

[30] J. Crow: *Parallel Fiber Optical Bus Technology – A Cost Performance Breakthrough*, 22nd European Conference on Optical Communication (ECOC 1996) Proceedings, Nr. 2, S. 47–54, Oslo, 1996

[31] H. Neefs (Hrsg.): *Advanced Research Initiative in Microelectronics MEL-ARI OPTO, Optoelectronic Inconnects for Integrated Circuits Achievements 1996–2000*, European Commission IST Programme, Brüssel, Juni 2000

[32] Infineon Technologies, *V23814-U1306-M130, Parallel Optical Link: PAROLI™ Tx AC, 1.6 Gbit/s - V23815-U1306-M130, Parallel Optical Link: PAROLI™ Rx AC, 1.6 Gbit/s*, Produktmitteilung Fiber Optics, September 1999

[33] I. Schmale et al.: *High-Speed 12 x 2.5 Gbit/s Parallel Optical Links (PAROLI) for Increased Transmission Lengths*, 26th European Conference on Optical Communication (ECOC 2000) Proceedings, Nr. 3, S. 231–232, München, 2000

[34] A. Zenk: *Lokale Netze - mit neuer Technik ins nächste Jahrtausend*, 5. Auflage, Kapitel 4.7 (Gigabit Ethernet), S. 167–184, Addison-Wesley-Longman, 1998

[35] S. Mayer: *Verbindungslos oder verbindungsorientiert?*, Nachrichtentechnische Zeitschrift Informationstechnik und Telekommunikation (ntz), Ausgabe 1–2/1999, S. 32, VDE-Verlag, Berlin, 1999

[36] A. Beierer: *Gigabit Ethernet - in vielen Fällen die richtige Wahl*, Nachrichtentechnische Zeitschrift Informationstechnik und Telekommunikation (ntz), Ausgabe 1–2/1999, S. 34–35, VDE-Verlag, Berlin, 1999

[37] C. DeCusatis, E. Mass, D. Clement, R. Lasky (Hrsg.): *Handbook of Fiber Optic Data Communication*, Kapitel 14 (Local Area Networks and Fiber Distributed Data Interface), S. 496–532, Academic Press, London, 1998

[38] A. Zenk: *Lokale Netze - mit neuer Technik ins nächste Jahrtausend*, 5. Auflage, Kapitel 4.1 (Ethernet-LANs), S. 88–108, Addison-Wesley-Longman, 1998

[39] A. Zenk: *Lokale Netze - mit neuer Technik ins nächste Jahrtausend*, 5. Auflage, Kapitel 4.5 (100VG-Any-LAN von HP), S. 148–157, Addison-Wesley-Longman, 1998

[40] A. Zenk: *Lokale Netze - mit neuer Technik ins nächste Jahrtausend*, 5. Auflage, Kapitel 4.2 (Token-Ring-LANs), S. 108–129, Addison-Wesley-Longman, 1998

[41] A. Zenk: *Lokale Netze - mit neuer Technik ins nächste Jahrtausend*, 5. Auflage, Kapitel 5.2 (Verkabelung der Zukunft und Vorschriften), S. 216–229, Addison-Wesley-Longman, 1998

[42] Siemens AG, *Gigabit Ethernet*, Siemens Solution Provider Online Lexikon, 2000

[43] J. Thatcher, *The P802.3ae 10 Gigabit Ethernet Project*, Mitteilung der IEEE Communications Society im Online-Magazin IEEE Network Interactive, NI IEEE 802 Perspectives, 27.02.2001

[44] Siemens AG, *10-Gbit/s-Ethernet*, Siemens Solution Provider Online Lexikon, 2000

[45] F. Bergmann, H.-J. Gerhardt (Hrsg.): *Handbuch der Telekommunikation*, Kapitel 3.6 (Synchrone Digitale Hierarchie - SDH), S. 52-59, Carl Hanser Verlag, München/Wien, 2000

[46] A. S. Tanenbaum: *Computernetzwerke*, 3. Auflage, Kapitel 2.4.4.4 (SONET/SDH), S. 145–151, Prentice Hall, 1998

[47] C. DeCusatis, E. Mass, D. Clement, R. Lasky (Hrsg.): *Handbook of Fiber Optic Data Communication*, Kapitel 11.2 (SONET), S. 391–400, Academic Press, London, 1998

[48] S. Nielsen: *Der einfache Weg zum High-speed Token Ring*, Nachrichtentechnische Zeitschrift Informationstechnik und Telekommunikation (ntz), Ausgabe 1–2/1999, S. 36–37, VDE-Verlag, Berlin, 1999

[49] Siemens AG, *Token Ring, Lobe-Kabel, Token-Ring-Übertragungsmedien, Token-Ring-Frame, Token-Ring-Steuerungsverfahren, Token-Ring-Monitor*, Siemens Solution Provider Online Lexikon, 2000

[50] A. Zenk: *Lokale Netze - mit neuer Technik ins nächste Jahrtausend*, 5. Auflage, Kapitel 4.8 (High-Speed-Token-Ring (HSTR)), S. 184–196, Addison-Wesley-Longman, 1998

[51] Siemens AG, *Dedicated Token Ring (DTR), Token Ring Switch, Full-Duplex-Token-Ring*, Siemens Solution Provider Online Lexikon, 2000

[52] Siemens AG, *fiber distributed data interface (FDDI), FDDI-Topologie, FDDI-Stationstypen, dual attached station (FDDI) (DAS), Einzeln angeschlossene Stationen, dual attachment concentrator (FDDI) (DAC), null attachment concentrator (FDDI) (NAC), FDDI-Zugangsverfahren, Full-Duplex-FDDI, fiber distributed data interface II (FDDI II), FDDI follow on LAN (FFOL)*, Siemens Solution Provider Online Lexikon, 2000

[53] A. Zenk: *Lokale Netze - mit neuer Technik ins nächste Jahrtausend*, 5. Auflage, Kapitel 4.4 (FDDI-LANs), S. 138–148, Addison-Wesley-Longman, 1998

[54] A. Badach, E. Hoffmann, O. Knauer: *High Speed Internetworking*, 2. Auflage, Kapitel 4 (Fiber Distributed Data Interface - FDDI), S. 187–246, Addison-Wesley-Longman, 1997

[55] A. S. Tanenbaum: *Computernetzwerke*, 3. Auflage, Kapitel 2.4.4.3 (Zeitmultiplexverfahren), S. 142–145, Prentice Hall, 1998

[56] F. Bergmann, H.-J. Gerhardt (Hrsg.): *Handbuch der Telekommunikation*, Kapitel 6 (ISDN), S. 161–232, Carl Hanser Verlag, München/Wien, 2000

[57] A. S. Tanenbaum: *Computernetzwerke*, 3. Auflage, Kapitel 2.5 (Schmalband-ISDN), S. 160–165, Prentice Hall, 1998

Optische Mikrowellentechniken in Zugangsnetzen für die Mobilkommunikation 30

G. Grosskopf

Allgemeine Literatur
Robertson, W.M.: Optoelectronic Techniques for Microwave and Millimeter-Wave Engineering, Norwood, USA, Artech House, 1995 - *Petermann, K.*: Laser Diode Modulation and Noise, Dordrecht Holland, Kluwer Academic Publishers 1988 - *Simons, R.*: Optical Control of Microwave Devices, Norwood, USA, Artech House, 1990 - *Zmuda, H.; Toughun, E.N.*: Photonic Aspects of Modern Radar, Norwood, USA, Artech House, 1994 - *Grau, G.; Freude, W.*: Optische Nachrichtentechnik, Berlin, Heidelberg, New York, Springer Verlag, 1991

Einführung

Künftige Zugangsnetze zum breitbandigen Kommunikationsnetz sollen neben der Vergrößerung der Dienstevielfalt Multimediaanwendungen mit hohen Datenraten gestatten. Da die Endgeräte an jedem Ort einsetzbar sein sollen, gewinnen breitbandige Mobilfunksysteme zunehmend an Bedeutung. Eine Realisierungsmöglichkeit hierfür sind hybride Glasfaser-Funksysteme (hybrid fibre radio, HFR). Sie enthalten einerseits Mikrowellenkomponenten für die Funkstrecken zwischen den Mobilterminals und den Basisstationen und andererseits optische Komponenten zur Herstellung einer breitbandigen, verlustarmen Verbindung zwischen Basis- und Kontrollstation (Abb. 30.1).

Viele digitale Mobilfunksysteme, die zur Zeit im Einsatz sind, übertragen hauptsächlich Schmalbanddienste in Frequenzbereichen bis etwa 2 GHz. Hierfür werden gegenwärtig einfache HFR-Systeme entwickelt [z.B. 1, 2]. Künftige breitbandige Indoor-Systeme mit zellularer Struktur, arbeiten mit Trägerfrequenzen bis zu 60 GHz und sind für Bitraten von 2 Mbit/s (Universal Mobile Telecommunication System, UMTS) bis zu 155 Mbit/s (Mobile Broadband System, MBS) und höher ausgelegt. Auch für die Überbrückung der letzten ‚100 m' zum Teilnehmer eignen sich HFR-Systeme, da damit für neue Netzbetreiber das Verlegen von Kabeln zum Teilnehmer entfällt. Für diese Anwendungen sind unter anderem die Frequenzbereiche bei 27 GHz und 42 GHz vorgesehen.

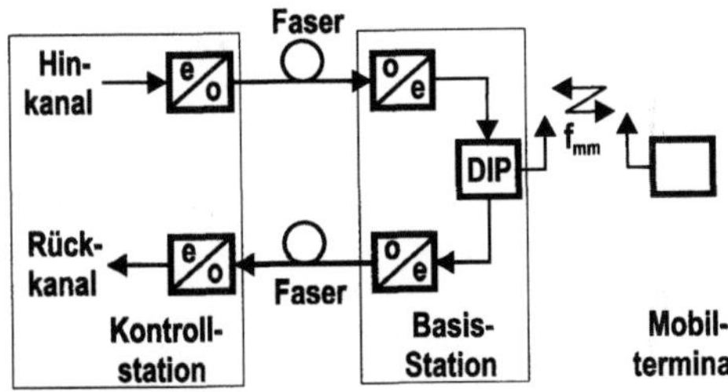

Abb. 30.1. Blockschaltbild eines bidirektionalen Mobilfunksystems, DIP: elektrische Frequenzweiche (Diplexer)

30.1 Hybride Glasfaser-Funksysteme (hybrid fibre radio systems, HFR)

Die Abb. 30.2 und 30.3 zeigen einige Systemkonfigurationen für die Realisierung von HFR-Systemen. Zum Vergleich ist auch ein Ansatz mit einer konventionellen fasergebundenen Übertragung der Datensignale zur Basisstation dargestellt, wo sie das Ausgangssignal eines dort befindlichen Mikrowellenoszillators modulieren und anschließend drahtlos zum Mobilterminal übertragen werden. Die zweite dargestellte Möglichkeit ist die Übertragung eines mit dem Datensignal modulierten Subträgers zur Basisstation, wo eine Frequenzumsetzung auf die Trägerfrequenz des Funkkanals erfolgt. Diese Anordnung, die mit heute zur Verfügung stehenden

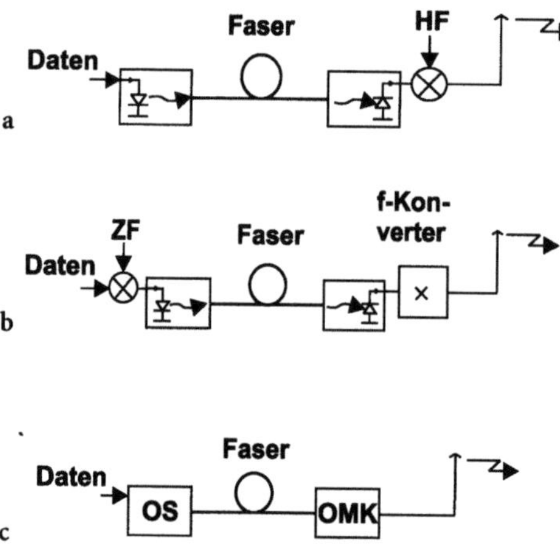

Abb. 30.2a–c. Konfigurationen hybrider Glasfaser-Funksysteme, Beispiele für den Hinkanal zum Mobilterminal. **a** Konventionelle optische Basisbandübertragung und dezentrale Erzeugung des Mikrowellenträgers, **b** optische Datenübertragung mit einem Subträger in der ZF-Lage und Vervielfachung in der Basisstation, **c** optische Mikrowellenerzeugung und Datenübertragung, OS: optischer Sender, OMK: Optik/Mikrowellenkonverter

preiswerten Komponenten realisierbar ist, stellt einen Zwischenschritt bei der Entwicklung von HFR-Systemen dar. Im dritten Beispiel wird das Mikrowellensignal für den Funkkanal gemeinsam mit dem Datensignal von der Kontrollstation zur Basisstation übertragen und von dort zum Mobilterminal abgestrahlt. Dieser Ansatz zeichnet sich durch eine Zentralisierung der Mikrowellensteuerung in der Kontrollstation des Zugangsnetzes aus, so daß der Aufwand in den Basisstationen geringer wird und damit eine kostengünstige Realisierung möglich erscheint. Für den Rückkanal vom Mobilterminal zurück zur Basis- bzw. zur Kontrollstation sind sowohl niederratige Verbindungen (unsymmetrischer Duplexbetrieb), als auch solche mit hohen Datenraten (symmetrischer Duplexbetrieb) denkbar. In Abb. 30.3 sind zwei Konfigurationen dargestellt, bei denen in der Basisstation das vom Mobilterminal kommende Signal auf eine niedrige Zwischenfrequenz umgesetzt wird, so daß eine einfache optische Rückübertragung zur Kontrollstation möglich ist. Hierbei können entweder in der Basisstation eine LED oder ein Laser als optischer Sender eingesetzt werden, oder man verwendet einen Reflexionsmodulator, der von der Kontrollstation aus optisch gespeist wird. Das Lokaloszillatorsignal für den Mischer in der Basisstation kann mit optischen Mitteln von der Kontrollstation aus erzeugt werden.

Man unterscheidet in HFR-Systemen zwei Prinzipien der optischen Mikrowellenerzeugung. Im ersten Fall wird der optische Sender in der Kontrollstation direkt oder extern mit dem Ausgangssignal eines Mikrowellengenerators in seiner Intensität moduliert. Die optische Welle wird über ein Fasernetzwerk zum Optik/Mikrowellenkonverter der Basisstation übertragen. An seinem Ausgang steht dann das gewünschte Mikrowellensignal zur Verfügung, das nach einer Verstärkung von der Antenne der Basisstation zum Mobilterminal abgestrahlt wird.

Im anderen Fall wird das Überlagerungsprinzip eingesetzt. Hierbei werden zwei optische Wellen mit einem Frequenzabstand der gewünschten Mikrowellenfrequenz von der Kontrollstation zur Basisstation übertragen und dort in einem Optik/Mikrowellenkonverter überlagert.

Entscheidend bei der HFR-Technik ist die geringe Dämpfung der Glasfaser, die für den gesamten Mikrowellenbereich frequenzunabhängig ist. Ein weiterer wichtiger Vorteil von HFR-Systemen ist, daß sich Mikrowellensignale mit guten spektralen Eigenschaften erzeugen lassen, da sich die Komponenten zur Steuerung u.U. fern ab von der Antenne,

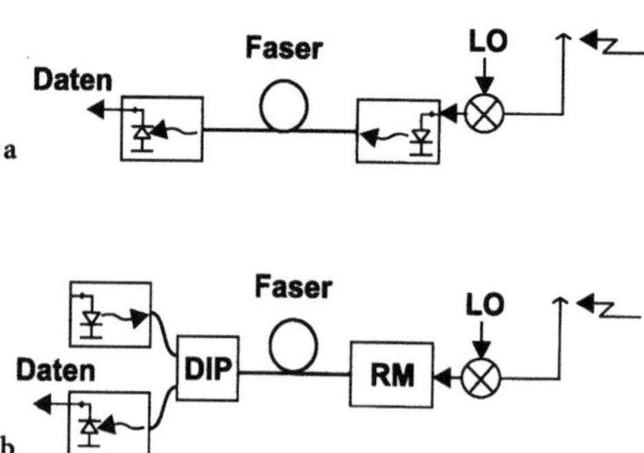

Abb. 30.3a, b. Konfigurationen hybrider Glasfaser-Funksysteme, Beispiele für den Rückkanal von der Basisstation zur Kontrollstation. **a** Optische Übertragung mit optischem Sender in der Basisstation der mit dem Rückkanalsignal moduliert wird, **b** optische Übertragung mit einem Reflexionsmodulator in der Basisstation der die von der Kontrollstation kommende optische Welle mit dem Rückkanalsignal moduliert. DIP: optischer Diplexer; RM: Reflexionsmodulator; LO: Lokaloszillator Signal

in einer geschützten Umgebung befinden können.

30.1.1 HFR-Systeme mit direkter und externer Intensitätsmodulation

Bei der direkten Intensitätsmodulation eines Halbleiterlasers wird die optische Ausgangsleistung des Lasers $P_{LD}(t)$ über den Injektionsstrom i_M moduliert (s. Kap. 21, Amann). Das optische Feld am Ausgang eines Einmoden-Lasers wird mit der komplexen, analytischen Größe $E(t)$ beschrieben

$$E(t) = \hat{E}_0(t) \cdot \exp j \cdot (\omega_0 \cdot t + \varphi_0(t)) \qquad (30.1)$$

Dabei ist $\hat{E}_0(t)$ die Amplitude des optischen Feldes, φ_0 und ω_0 sind die Phase und Frequenz des optischen Trägers.

Der Effektivwert der zeitabhängigen optischen Ausgangsleistung $P_{LD}(t)$ ist:

$$P_{LD}(t) = \frac{1}{2} |E(t)|^2 \qquad (30.2)$$

$$P_{LD}(t) = \eta_{DC} \cdot (I_0 - I_S) + \eta_{HF} \cdot \hat{i}_M \cdot \sin(\omega_M \cdot t + \varphi_I) \qquad (30.3)$$

mit I_0 = Vorstrom,

I_S = Schwellstrom
$\hat{i}_M$ = Modulationsstrom und
ω_M = Modulationsfrequenz.

η_{DC} ist der differentielle externe Quantenwirkungsgrad bei Gleichstrombetrieb, mit typischen Werten von 0,2 bis 0,4 mW/mA und η_{HF} ist der Wirkungsgrad für das Modulationssignal. Er ist entsprechend Abb. 21.3 in Kapitel 21 frequenzabhängig. Die Beziehung zwischen der optischen Ausgangsleistung P_{LD} und dem Modulationsstrom $i_M(t)$ ist in Abb. 30.4 dargestellt.

Bei der Intensitätsmodulation erhält man für die optische Leistung am Laserausgang

$$P_{LD}(t) = \langle P_{LD} \rangle \left[1 + m_I \cdot \sin(\omega_M \cdot t + \varphi_I)\right] \qquad (30.4)$$

$$m_I = \frac{\hat{P}_M}{\langle P_{LD} \rangle} \qquad (30.5)$$

Die emittierte Feldstärke weist infolge der Wurzelbildung Harmonische der Modulationsfrequenz auf.

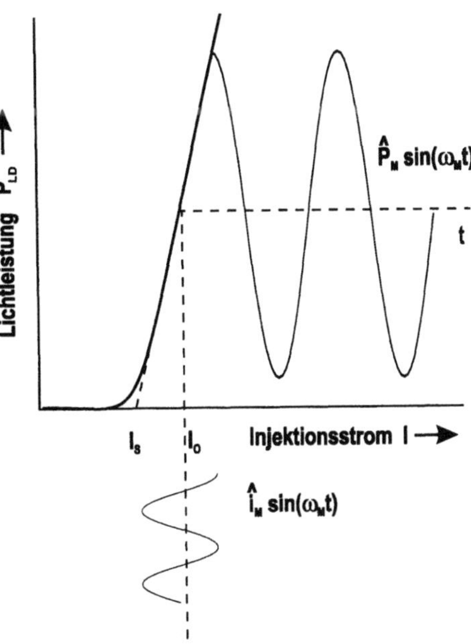

Abb. 30.4. Licht-Strom-Kennlinie eines Halbleiterlasers mit direkter Intensitätsmodulation

$$|E(t)| = \sqrt{2 \cdot \langle P_{LD} \rangle} \cdot \sqrt{1 + m_I \sin(\omega_M \cdot t + \varphi_I)} \qquad (30.6)$$

Neben der Intensitätsmodulation tritt infolge der Änderung der komplexen Brechzahl des Laserresonators eine Änderung der optischen Momentanfrequenz mit dem FM-Index m_F auf (Kap. 21, Gl. (21.43)). Den Zusammenhang zwischen Intensitäts- und Frequenzmodulation erhält man aus Kap. 21, Gl. (21.26) und (21.45):

$$\frac{m_F}{m_I} = \frac{\alpha_H}{2} \sqrt{1 + \left(\frac{\omega_g}{\omega_M}\right)^2} \qquad (30.7)$$

Die Größen α_H und ω_g sind der Linienverbreiterungsfaktor (Henry-Faktor) und eine für den verwendeten Laser charakteristische Frequenz, die in Kap. 21, Gl. (21.46) definiert wird. Damit setzt sich das emittierte Feld aus der Überlagerung der Spektralkomponenten von Intensitäts- und Frequenzmodulation zusammen Abb. 30.5, wobei der Frequenzabstand der Spektrallinien gleich der Modulationsfrequenz ist [3].

Bei der Realisierung von Systemen mit Intensitätsmodulation und Trägerfrequenzen < 1…2 GHz können bei geringer Reichweite von wenigen Kilometern kostengünstige Fabry

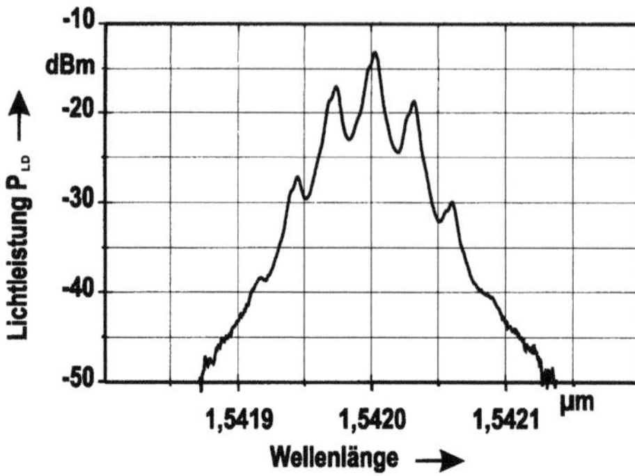

Abb. 30.5. Optisches Spektrum eines direkt modulierten DFB-Lasers, Modulationsfrequenz $f_M = 3{,}525$ GHz, $m_I = 0{,}66$, $\alpha_H = 3$

Perot Laser eingesetzt werden. Für höherfrequente Systeme und hohen Anforderungen bzgl. des Signal/Rauschverhältnisses müssen Laser mit monomodalem Emissionsspektrum verwendet werden. Die höchste erreichbare Modulationsfrequenz ist u.a. vom Vorstrom abhängig. Bei heute käuflichen Monomodelasern werden 3 dB-Frequenzen von 15 GHz erreicht, im Laborbetrieb wurden Werte bis über 30 GHz erzielt [z.B. 4].

Externe Intensitätsmodulation

Für diese Systeme können neben Halbleiterlasern, auch Festkörperlaser z.B. diodengepumpte NdYAG-Laser eingesetzt werden. Die Modulation des optischen Trägers erfolgt extern in einem Modulator mit Mach-Zehnder-Struktur z.B. auf $LiNbO_3$ oder auf Halbleiter-

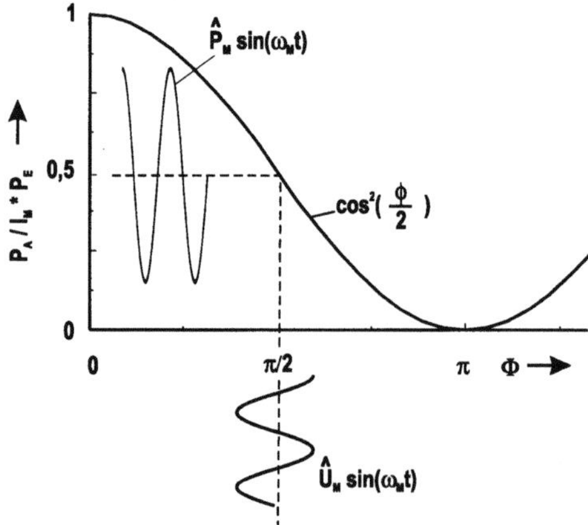

Abb. 30.6. $\cos^2$-Kennlinie eines Intensitätsmodulators mit Mach-Zehnder-Struktur

basis (Kap. 15, Hoffmann). Mit derartigen Anordnungen werden Mikrowellenfrequenzen bis 100 GHz erreicht [5]. Für die Beziehung zwischen der optischen Leistung am Modulatorausgang $P_{O,A}$ und der Modulationsspannung $U_M(t)$ gilt (Abb. 30.6):

$$P_{O,A}(t) = P_{O,E} \cdot l_M \cdot \cos^2\left(\frac{\phi(t)}{2}\right) \tag{30.8}$$

$$\phi(t) = \frac{\pi}{U_\pi}\left[U_0 + \hat{U}_M \cdot \sin(\omega_M \cdot t + \varphi_I)\right] \tag{30.9}$$

U_π ist dabei die Spannung, um einen Modulationsindex von 100% zu erhalten. Für die Intensitätsmodulation wird die Vorspannung $U_0 = U_\pi/2$ gewählt (Quadraturpunkt), so daß man bei kleiner Modulationsspannung $U_M \ll U_\pi$ näherungsweise ein intensitätsmoduliertes Signal erhält:

$$P_{O,A}(t) \approx \frac{1}{2} \cdot l_M \cdot P_{O,E}\left[1 - \frac{\pi}{U_\pi} \cdot \hat{U}_M \cdot \sin(\omega_M \cdot t + \varphi_I)\right] \tag{30.10}$$

$P_{O,E}$ ist die optische Leistung am Modulatoreingang, l_M beschreibt die optischen Verluste im Modulator. Wie bei der direkten Intensitätsmodulation besteht das Spektrum der optischen Feldstärke auch hier aus einer Vielzahl von Spektralkomponenten in der Umgebung des optischen Trägers. Für die Datenübertragung wird das Trägersignal entweder in seiner Phase, Frequenz oder Amplitude digital oder analog moduliert. Eine Alternative das Trägersignal und die Datenmodulation zu übertragen, ist Verbindung der direkten mit der externen Modulation. Hierbei wird der Laser mit dem Datensignal direkt moduliert, während das hochfrequente Trägersignal mit einem externen Modulator aufgeprägt wird [6, 7].

Direkte Detektion optischer Signale

Das in der Intensität und Frequenz modulierte optische Signal wird nach der Übertragung zur Basisstation mit einem Optik/Mikrowellenkonverter in ein elektrisches Signal umgewandelt. Hierfür werden schnelle Photodetektoren verwendet, denen ein Verstärker nachgeschaltet ist. Im Photodetektor mit der spektralen Empfindlichkeit S wird durch den inneren elektrooptischen Effekt ein Photostrom i_{ph} erzeugt (Kap. 23, Bach). Der Photostrom ist proportional dem Betragsquadrat der Summe der auftreffenden optischen Feldstärkeanteile

E_{ges}, die man durch Einsetzen von (30.6) und (30.7) in (30.1) erhält.

$$i_{ph}(t) = \frac{S}{2} |E_{ges}|^2 \tag{30.11}$$

$$S = \frac{\eta \cdot e}{h \cdot f} \tag{30.12}$$

(e: Elementarladung = 1,6 · 10^{-19} As, h: Plancksches Wirkungsquantum = 6,63 · 10^{-34} Ws², f: Lichtfrequenz, $\eta < 1$: äußerer Quantenwirkungsgrad).

Mit $\eta = 1$ erhält man für die spektrale Empfindlichkeit S = 1,25 A/W bei einer optischen Wellenlänge λ = 1,55 µm. Dieser Wert sinkt in Photodetektormodulen bei Mikrowellenfrequenzen auf 0,2–0,6 A/W, wenn man die Detektorzeitkonstante, die optischen Koppelverluste und elektrischen Verluste berücksichtigt.

Bei der direkten Detektion bleibt infolge der Betragsbildung nur die Phase φ_I des Mikrowellensignals erhalten, die Phase $\varphi_0(t)$ des optischen Trägers dagegen nicht. Der Photostrom setzt sich aus einem Gleichanteil $\langle P_{LD}\rangle \cdot S$ und einem Mikrowellenanteil (i_M) zusammen:

$$i_{ph}(t) = S \cdot \langle P_{LD}\rangle \, [1 + m_i \cdot \sin(\omega_M t + \varphi_I)] \tag{30.13}$$

$$m_i = \frac{\hat{i}_M}{S \cdot \langle P_{LD}\rangle} \tag{30.14}$$

Für die Datenübertragung ist nur der Mikrowellenanteil von Interesse, der verstärkt wird und anschließend die Antenne speist.

Charakteristische Größen optischer Mikrowellensysteme

Charakteristische Größen optischer Systeme mit Intensitätsmodulation sind neben dem Transmissionsfaktor, die Rauschzahl und der Dynamikbereich. Der Transmissionsfaktor (link gain) G ist das Verhältnis der elektrischen Signalleistungen am Aus- und Eingang des Systems. Für Systeme mit direkter (Index D) und externer (Index E) Intensitätsmodulation ist der Transmissionsfaktor

$$G_D = (\eta_{HF} \cdot l_{OPT} \cdot S)^2 \cdot \frac{R_A}{R_E} \tag{30.15}$$

$$G_E = \left(\frac{\pi}{2} \cdot \frac{P_{O,E} \cdot l_M \cdot l_{OPT}}{U_\pi}\right)^2 R_A \cdot R_E \cdot S^2 \tag{30.16}$$

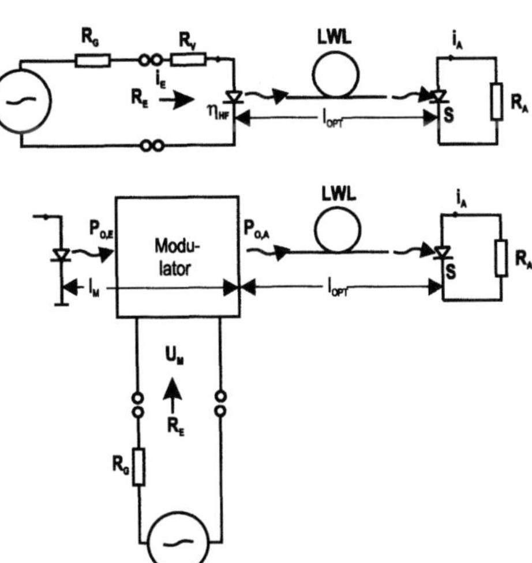

Abb. 30.7. Ersatzschaltbilder optischer Mikrowellensysteme mit direkter und externer Intensitätsmodulation und Direktdetektion. R_E: Eingangswiderstand, R_A: Ausgangswiderstand, R_G: Generatorinnenwiderstand, R_V: Vorwiderstand, U_E: Spannung am Modulatoreingang, i_A: Photostrom, i_E: Modulationsstrom, $P_{O,E}$: optische Leistung am Modulatoreingang, $P_{O,A}$: optische Leistung am Modulatorausgang, l_{OPT}: optische Verluste in der Faser einschließlich Koppelverluste, l_M: optische Verluste im Modulator einschließlich Koppelverluste

Die Größe R_E ist gemäß Abb. 30.7 der jeweilige Eingangswiderstand des Systems, R_A ist der Lastwiderstand der Photodiode. $P_{O,E}$ ist die mittlere optische Leistung am Eingang des externen Modulators. In l_M und l_{OPT} sind die Verluste des Modulators bzw. die des Fasernetzwerks, einschließlich Spleiß-, Stecker- und Koppelverluste zusammengefaßt. Es ist zu beachten, daß sie quadratisch in das Systembudget eingehen. Typische Werte für G_D sind −30 bis −15 dB, wobei die obere Grenze vom externen Quantenwirkungsgrad des Lasers vorgegeben wird. Dagegen wurden bei externer Modulation mit speziellen Anordnungen für G_E Werte oberhalb +20 dB erzielt [8].

Beispiele für Systeme mit $R_E = R_A = 50\,\Omega$:

1. Direkte Intensitätsmodulation (Gl. (30.15))
η_{HF} = 0,2 mW/mA, l_{OPT} = 0,35, S = 0,6 mA/mW,
$G_D = 1{,}76410^{-3}$ = −27,5 dB
2. Externe Intensitätsmodulation (Gl. (30.16))
P_E = 20 mW, l_M = 0,4, l_{OPT} = 0,7, U_π = 8 V,
S = 0,6 mA/mW,
$G_E = 1{,}110^{-3}$ = −29,6 dB

Das Rauschen in HFR-Systemen wird hauptsächlich durch den Laser und den Detektionsprozeß verursacht. Bei niedrigen Lichtleistungen kann auch das thermische Rauschen des Optik/Mikrowellenkonverters eine Rolle spielen. Das relative Intensitätsrauschen des Lasers nimmt mit steigendem Vorstrom ab, bis schließlich das auf Grund der Quantennatur des Lichts entstehende Schrotrauschen im Detektor überwiegt. Zur Charakterisierung wird häufig die elektrische äquivalente Rauschleistungsdichte am Eingang ($P_ä$) benutzt, die man erhält, wenn man das Rauschen des Mikrowellensignals P_R am Ausgang des Optik/Mikrowellenkonverters durch den Transmissionsfaktor $G = G_D$ oder G_E des Systems dividiert [9].

$$P_ä = \frac{P_R}{G} \tag{30.17}$$

Die Rauschzahl ist der Quotient der Signal-zu-Rausch Verhältnisse am Ein- und Ausgang des HFR-Systems. Damit gilt:

$$F = \frac{P_ä}{k_B \cdot T} \tag{30.18}$$

T ist die absolute Temperatur, k die Boltzmann Konstante. Für $T = 290$ Kelvin erhält man in logarithmischer Schreibweise:

$$F[\mathrm{dB}] = P_ä[\mathrm{dBm/Hz}] + 174\,[\mathrm{dBm/Hz}] \tag{30.19}$$

Die Rauschzahl ist in Systemen mit direkter Modulation und Widerstandsanpassung am Photodetektor sehr hoch, es werden Werte oberhalb von 40 dB beobachtet. Es gibt jedoch verschiedene Möglichkeiten, zu niedrigeren Rauschzahlen zu gelangen. Fügt man am Eingang des HFR-Systems einen Modulationsverstärker ein, so wird der Transmissionsfaktor größer und da die Rauschleistung überwiegend vom Laserlicht in der Photodiode und weniger vom Verstärker am Lasereingang verursacht wird, nimmt die Rauschzahl des erweiterten Systems entsprechend der Friisschen Formel ab [9]. Je nach Verstärkung werden Werte zwischen 28 und 5 dB erreicht. Noch niedrigere Werte bei ca. 3 dB werden mit externer Modulation erzielt [8]. Hier kann der Laser bei einem vergleichsweise weiter oberhalb der Schwelle liegenden Arbeitspunkt betrieben werden, so daß sich das relative Intensitätsrauschen des Lasers vermindert. Ausführliche Herleitungen der Beziehungen für die Rauschzahlen in Systemen mit direkter und externer Modulation sind in [10, 11] zu finden.

Das Rauschen bestimmt die untere Grenze der Signalleistung am Ausgang des Optik/Mikrowellenkonverters. Die obere Grenze wird durch die nichtlinearen Produkte 3. Ordnung festgelegt, die von den Linearitätseigenschaften der verwendeten Komponenten abhängen. Entsprechend Abb. 30.8 ist es damit möglich, den Dynamikbereich D_{IM} (spurious free dynamic range) zu definieren, der sich bei bekannten Werten für $P_{1,3}$ und $P_ä$ berechnen läßt. $P_{1,3}$ ist die theoretische elektrische Modulationsleistung bei der die Pegel von Grundwelle und nichtlinearen Störprodukten 3. Ordnung am Ausgang des Optik/Mikrowellenkonverters gleich sind.

$$D_{IM}\left[\frac{\mathrm{dB}}{\mathrm{Hz}^{2/3}}\right] = \frac{2}{3}\cdot(P_{1,3}[\mathrm{dBm}] - P_ä[\mathrm{dBm/Hz}]) \tag{30.20}$$

Abbildung 30.8 zeigt schematisch die Ausgangspegel eines HFR-Systems bei dem der Laser mit dem Summensignal zweier Sinussignale mit den Frequenzen f_1 und f_2 moduliert wird. Die durch nichtlineare Verzerrungen hervorgerufenen Störprodukte treten bei den Frequenzen $2\cdot f_1 - f_2$ und $2\cdot f_2 - f_1$ auf. Mit typischen Werten für $P_ä = -132$ dBm/Hz und $P_{1,3} = +33$ dBm erhält man für $D_{IM} = 110\ \mathrm{dB/Hz}^{2/3}$.

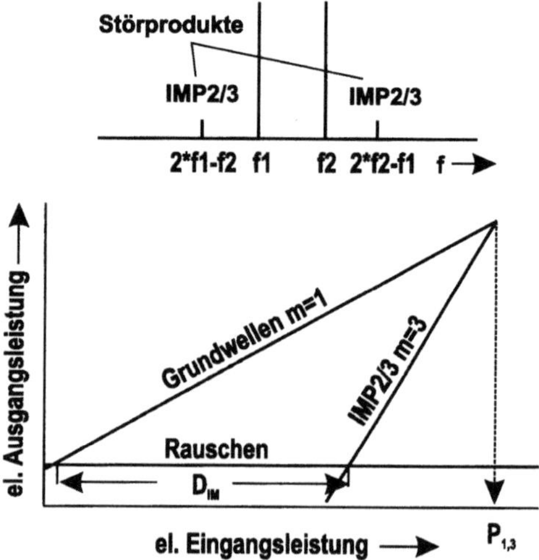

Abb. 30.8. Kenngrößen eines optischen Mikrowellensystems mit Intensitätsmodulation und Direktdetektion, D_{IM} Dynamikbereich, P_{13} extrapolierte Eingangsleistung, bei gleichem Pegel des Modulationssignals und der Störprodukte 3. Ordnung

Ein Vergleich von HFR-Systemen mit direkter und externer Modulation ergibt [9]: Systeme mit direkter Intensitätsmodulation werden meist bei Frequenzen unterhalb der Laserresonanzfrequenz betrieben, (Kap. 21, Amann). Besonders wenn nur geringe optische Verluste zu überbrücken sind, ist dadurch das relative Intensitätsrauschen die bestimmende Rauschquelle für das System. Im Gegensatz dazu können Systeme mit externer Modulation Laser verwenden, bei denen die Resonanzfrequenz sehr viel niedriger als die Modulationsfrequenz ist, so daß damit das Laserrauschen vernachlässigbar werden kann. Um den Einfluß nichtlinearer Verzerrungen bei der externen Modulation infolge der $\cos^2$-Charakteristik möglichst niedrig zu halten, sind nur geringe Modulationsindizes am Quadraturpunkt bei $U_0 = U_\pi/2$ möglich. Durch den hohen Gleichlichtpegel entsteht im Photodetektor ein hoher Photostrom, so daß die Rauschzahl bei externer Modulation überwiegend vom Rauschen des Photodetektors und des folgenden Verstärkers bestimmt wird.

30.1.2 Mikrowellenerzeugung mit optischen Heterodynverfahren

Bei diesen Verfahren werden optische Wellen mit einem Frequenzabstand der gleich der gewünschten Mikrowellenfrequenz ist, im Photodetektor des Optik/Mikrowellenkonverters überlagert (s. Kap. 23, Bach, Kap. 24 van As). Der resultierende Photostrom $i_{\text{ph}}(t)$ enthält nach Gl. (30.1) und Gl. (30.11) das Schwebungssignal. Es wird maximal, wenn die Polarisation beider Wellen übereinstimmt ($\vartheta = 0$).

$$i_{\text{ph}}(t) = \frac{S}{2}\{|E_1|^2 + |E_2|^2 + 2|E_1|\cdot|E_2|\cdot\cos[(\omega_1-\omega_2)\cdot t + \Delta\Psi(t)]\cdot\cos\vartheta\} \qquad (30.21)$$

$\Delta\Psi$ beschreibt das Phasenrauschen, das durch die spontane Emission verursacht wird (Kap. 18, Bogner).

Bei den Heterodynverfahren unterscheidet man zwei Klassen, bei denen die zu überlagernden Wellen entweder von einem Laser stammen und durch spezielle Verfahren auf Spektralkomponenten mit unterschiedlichen Frequenzen aufgeteilt werden, oder wenn sie von zwei getrennten Lasern mit monomodalem Emissionsspektrum erzeugt werden. Im ersten Fall verschwindet der Term $\Delta\Psi$, da die Phasenrauschterme der optischen Wellen korreliert sind, während im 2. Fall das Phasenrauschen in den Mikrowellenbereich übertragen wird und mit besonderen Verfahren unterdrückt werden muß.

Eine andere Klassifizierung ist im Hinblick auf die emittierten optischen Spektren möglich. Im ersten Fall besteht das Spektrum aus einer Vielzahl von Spektralkomponenten. Hierzu gehören die meisten Verfahren bei denen die zu überlagernden Wellen von einer einzigen optischen Quelle abgeleitet werden, z.B. das Ein- und Zwei-Seitenband-Modulationsverfahren [12–14], Verfahren mit Modenkopplung in Lasern [15] sowie Verfahren mit Subträgervervielfachung in Verbindung mit dispersiven Fasern [16, 17]. Bei der zweiten Klasse werden zwei optische Wellen überlagert, die entweder von zwei getrennten Lasern stammen (Zwei-Laserverfahren) [18, 19], oder die direkt von einem Laser erzeugt werden, der zwei Moden emittiert [20, 21].

Zwei-Seitenband-Modulationsverfahren

In der Kontrollstation wird das optische Signal eines Monomodelasers mit der Frequenz f_0 mit einem Intensitätsmodulator mit der halben Frequenz des gewünschten Mikrowellenträgers im Funkkanal moduliert (Abb. 30.9).

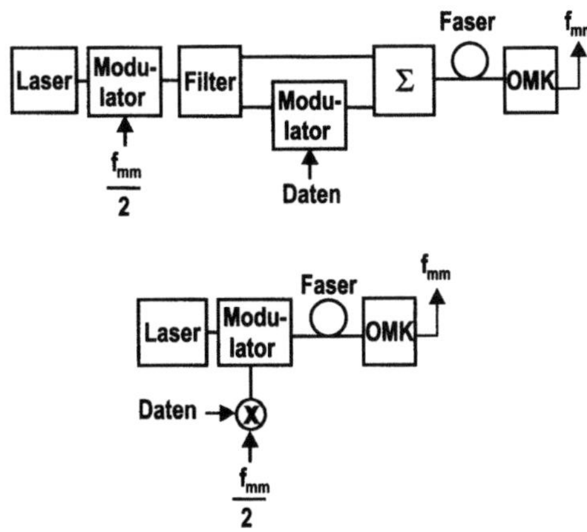

Abb. 30.9. Zwei-Seitenband-Modulationsverfahren, OMK: Optik/Mikrowellenkonverter

Die resultierende optische Feldstärke am Modulatorausgang $E_a(t)$ ist gegeben durch:

$$\frac{|E_a(t)|}{|E_e(t)|} = J_0(u_m) \cdot \cos u_v \cdot \cos(2\pi f_0 \cdot t)$$
$$+ J_1(u_m) \cdot \sin u_v$$
$$\cdot \left\{ \sin 2\pi \left(f_0 + \frac{f_{mm}}{2} \right) \cdot t - \sin 2\pi \left(f_0 - \frac{f_{mm}}{2} \right) \cdot t \right\}$$
$$+ J_2(u_m) \cdot \cos u_v \{ \cos 2\pi (f_0 + f_{mm}) \cdot t$$
$$+ \cos 2\pi (f_0 - f_{mm}) \cdot t \} + \ldots \quad (30.22)$$

mit der normierten Vorspannung: $u_v = \frac{\pi}{2} \cdot \frac{U_0}{U_\pi}$ und der normierten Modulationsamplitude: $u_m = \frac{\pi}{2} \cdot \frac{U_M}{U_\pi}$. E_e ist die Feldstärke am Modulatoreingang, f_{mm} ist die Frequenz des Trägers im Funkkanal.

Im Gegensatz zur externen Intensitätsmodulation in einem System mit Direktdetektion werden die Vorspannung und die Modulationsamplitude so gewählt, daß die Terme mit den Besselfunktionen J_1 maximal werden:

$$U_0 = U_\pi \quad \text{und} \quad \hat{U}_M = 1{,}2 \cdot U_\pi \, . \quad (30.23)$$

Der Frequenzabstand der beiden J_1-Spektralkomponenten ist gleich der gewünschten Frequenz für den Träger im Funkkanal. Für die Datenmodulation werden sie mit einem optischen Filter getrennt, wobei eine der Komponenten mit einem zweiten Modulator mit dem Datensignal moduliert wird. Beide Signale werden anschließend gemeinsam zur Basisstation übertragen und im Optik/Mikrowellenkonverter überlagert, an dessen Ausgang das Mikrowellensignal für den Funkkanal erhalten wird. Bei einer einfacheren Alternative ohne optische Filter und zweitem Modulator wird direkt die Frequenz des Mikrowellenoszillators moduliert. Diese Frequenzmodulation wird den beiden zu überlagernden optischen Wellen aufgeprägt und erscheint mit doppeltem Frequenzhub nach der Überlagerung im Mikrowellenbereich. Mit beiden Methoden sind phasenrauscharme Mikrowellensignale erzeugt worden und eine Reihe von Übertragungsversuchen bei unterschiedlichen Frequenzen bis zu 60 GHz durchgeführt worden [13, 14].

Laser mit Modenkopplung

Aktives Mode Locking in Laserdioden mit externem Resonator oder in besonderen Laserstrukturen führt auf ein Linienspektrum des emittierten optischen Feldes (Kap. 21, Amann):

$$E(t) = \sum_{m=-M}^{M} E_m(t)$$
$$= \sum_{m=-M}^{M} \hat{E}_{0,m} \cdot e^{j(2\pi f_m \cdot t + \varphi_m)} \quad (30.24)$$

$\hat{E}_{0,m}$ ist die Amplitude des Modes m mit der Frequenz f_m und der Phase φ_m. Beim aktiven Mode Locking wird der Laser mit einem Signal moduliert, dessen Frequenz mit der Differenzfrequenz der Lasermoden identisch ist (Abb. 30.10). Mit der Resonatorlänge l_{RES} ergibt sich zwischen den Moden eine Differenzfrequenz von

$$\Delta f = \frac{c}{2 \cdot n \cdot l_{RES}} \quad (30.25)$$

c ist hierbei die Lichtgeschwindigkeit und n die Brechzahl des Resonatormaterials. Mit f_0 als Frequenz des Modus im Maximum des Verstärkungsprofils des Lasers erhält man:

$$f_m = f_0 + m \cdot \Delta f \quad (30.26)$$

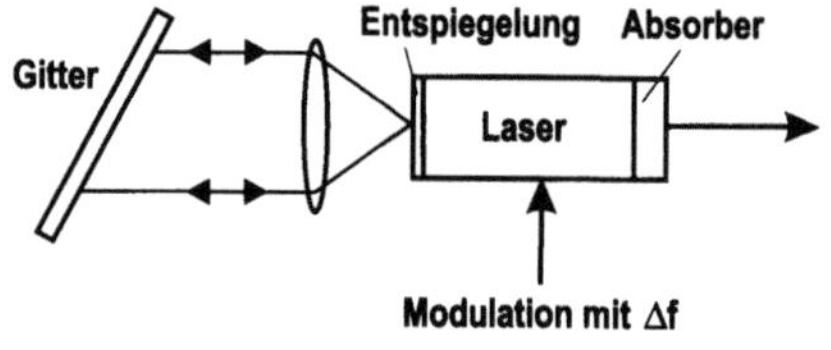

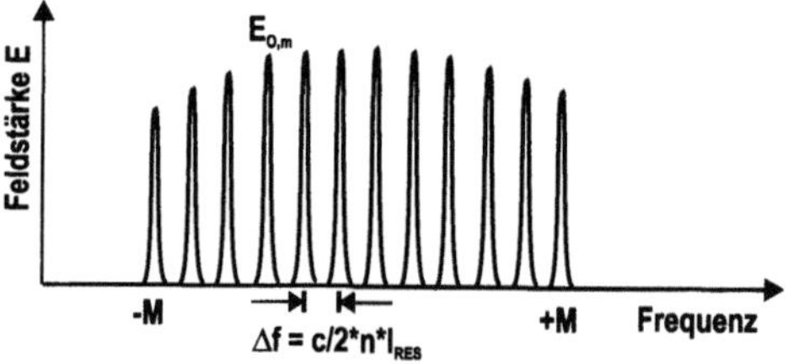

Abb. 30.10. Optisches Spektum und Prinzip eines Lasers mit aktiver Modenkopplung (schematisch), n: Brechzahl, l_{RES}: Resonatorlänge, c: Lichtgeschwindigkeit

Die Anzahl der Spektrallinien und ihre Amplituden hängen von den Eigenschaften des modengekoppelten Lasers, insbesondere von der Breite der erzeugten Pulse ab. Mit einem sättigbaren Absorber im Laserresonator, werden transformationsbegrenzte Pulsbreiten von < 1 ps erzielt.

Nach der Überlagerung im Photodetektor bilden sich im Photostrom Harmonische von Δf aus, wobei infolge des durch Modenkopplung verbreiterten Spektrums hohe Ordnungszahlen erreicht werden können. Es entstehen Frequenzen zwischen wenigen GHz bis über 100 GHz am Ausgang des Optik/Mikrowellenkonverters. Die Harmonische bei der gewünschten Trägerfrequenz für den Funkkanal wird durch Mikrowellenfilterung ausgewählt. Der Photostrom der k-ten Harmonischen $i_k(t)$ ist gegeben durch:

$$i_k(t) = S \cdot \sum_{m=-M}^{M} \cdot \hat{E}_m \cdot \hat{E}_{m+k} \cdot \cos(2\pi \cdot k \cdot \Delta f \cdot t + \varphi_m) \qquad (30.27)$$

$\pm M$ sind die Indizes der Feldkomponenten am unteren bzw. oberen Rand des optischen Spektrums, φ_m ist die Phasendifferenz der überlagerten Feldkomponenten, $i_k(t)$ wird maximal, wenn alle Phasendifferenzen identisch sind. Da die Rauschterme der einzelnen optischen Spektralanteile gleichphasig korreliert sind, wird das Phasenrauschen beim Umsetzen in den Mikrowellenbereich eliminiert. Die Modulation mit einem Datensignal erfolgt entweder mit einem externen Intensitätsmodulator oder direkt über den Laserstrom [15].

Verfahren mit Subträgervervielfachung

Bei der direkten Modulation eines Halbleiterlasers mit einem Sinussignal tritt neben der Intensitätsmodulation eine Modulation der optischen Momentanfrequenz auf, (Kap. 21, Amann). Je nach Modulationsgrad setzt sich das optische Feld aus einer Vielzahl von Spektralkomponenten zusammen, deren Frequenzabstand durch die Modulationsfrequenz f_M festgelegt wird (Abb. 30.5). Infolge der chromatischen Dispersion im Fasernetzwerk tritt während der Übertragung von der Kontroll- zur Basisstation eine FM-AM-Konversion auf, so daß sich nach dem Überlagern der Spektralanteile in der Photodiode Harmonische des Modulationssignals bilden [22]. Die k-te

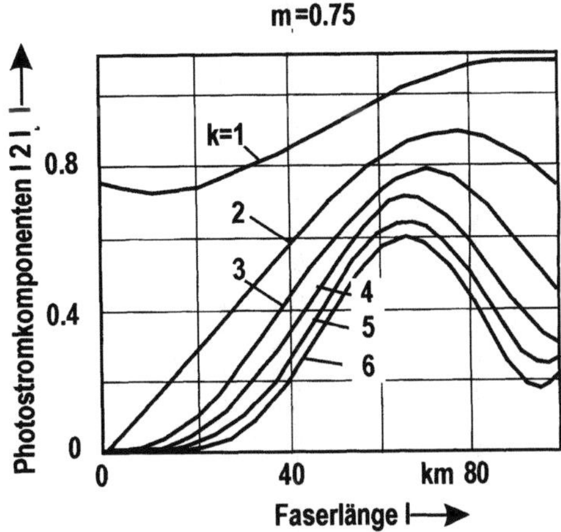

Abb. 30.11. Amplituden der Mikrowellenanteile des Photostroms beim Verfahren mit Subträgervervielfachung nach [22], Nummer der Harmonischen k, Modulationsindex $m_I = 0{,}75$, $\lambda = 1{,}5$ µm, $\alpha_H = 3$, $D = 18$ ps/nm, km

Harmonische des Modulationssignals des Photostroms im Zeitbereich ist gegeben durch:

$$i_k(t) = S \cdot \langle P_{LD} \rangle \cdot |2\, I_k| \cdot \cos(2\pi\, k f_M t + \varphi_k) \qquad (30.28)$$

Abbildung 30.11 zeigt die relativen Amplituden $|2\, I_k|$ in Abhängigkeit von der Faserlänge für ein System mit $\lambda = 1{,}5$ µm und einer chromatischen Dispersion von 18 ps/nm, km. Für den Laser mit monomodalem Emissionsspektrum wurde ein Linienverbreiterungsfaktor $\alpha_H = 3$ angenommen. Die Harmonische mit der gewünschten Trägerfrequenz für den Funkkanal wird mit einem Mikrowellenfilter ausgeblendet. Mit diesem Verfahren wurden phasenrauscharme Mikrowellensignale erzeugt und in Experimentalsystemen mit unterschiedlichen Modulationsformen und Frequenzen eingesetzt [16, 17, 23].

Bei den **Zwei-Laserverfahren** werden die optischen Signale zweier Laser überlagert, einer Methode, die von der kohärenten optischen Übertragungstechnik her bekannt ist (Kap. 24 van As) (Abb. 30.12). Für die Datenübertragung wird der sogenannte Signallaser mit dem Datensignal moduliert, während der Referenzlaser unmoduliert bleibt.

Bei den Halbleiterlasern verursacht die spontane Emission und Absorption der Photonen in den Laserresonatoren Phasenrauschen, das im Gegensatz zu den bisher be-

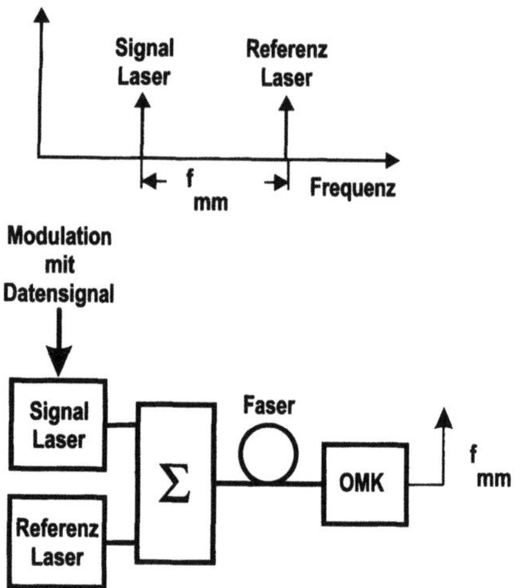

Abb. 30.12. Zwei-Laserverfahren, OMK: Optik/Mikrowellenkonverter, f_{mm}: Frequenz des erzeugten Mikrowellensignals

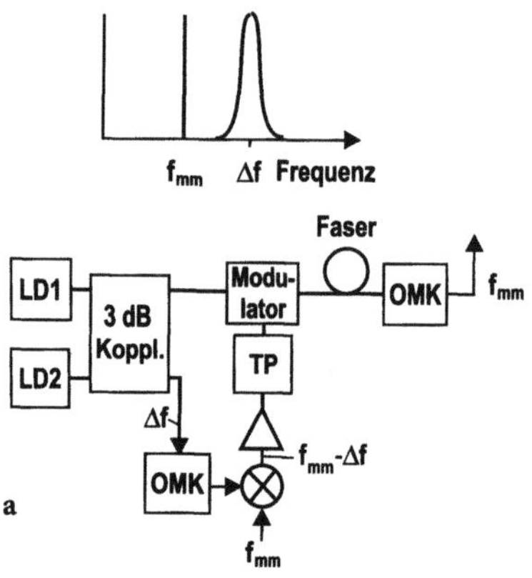

a

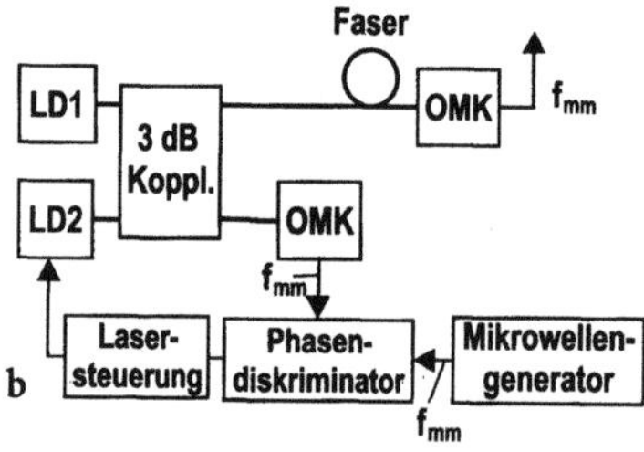

b

Abb. 30.13 a, b. Phasenrauschunterdrückung bei der optischen Mikrowellenerzeugung mit dem Zwei-Laserverfahren, f_{mm} Frequenz im Funkkanal, OMK: Optik/Mikrowellenkonverter. **a** Optoelektronische Kompensation nach [24], Δf : Frequenzabstand der Laser LD1 und LD2, **b** Optische Phasenregelschleife nach [25]

schriebenen Verfahren wegen der fehlenden Korrelation der Rauschterme in den Mikrowellenbereich abgebildet wird (Gl. (30.21)). Es gibt eine Reihe von Verfahren mit denen diese Störung unterdrückt wird, z. B. mit einer optoelektronischen Kompensation in der Kontrollstation. Hierbei wird nach [24] das Phasenrauschen des generierten Mikrowellensignals vor der Übertragung zur Basisstation detektiert und dem in der Übertragungsstrecke befindlichen Modulator zugeführt (Abb. 30.13 a). Nach der Überlagerung im Optik/Mikrowellenkonverter der Basisstation steht ein phasenrauschfreies Mikrowellensignal für den Funkkanal zur Verfügung. Ein anderes Verfahren verwendet eine optische Phasenregelschleife nach [z. B. 25] mit der die Phase des optisch erzeugten Mikrowellensignals mit der des Ausgangssignals eines Mikrowellengenerators verglichen wird. Phasendifferenzen werden über die Laseransteuerung mit dem Laser LD2 (Abb. 30.13 b) zu Null geregelt. Bei anderen Verfahren wird das Phasenrauschen mit Hilfe kohärenter Einstrahlung eines optischen Referenzsignals eliminiert [26–29].

Modulationsseitenband-Injection Locking

Die Laser LDS und LDR (Slavelaser) werden durch kohärente Einstrahlung mit den Modulationsseitenbändern eines Masterlasers (LDM) phasenstarr verkoppelt (Abb. 30.14). Der Masterlaser wird mit einer Subharmonischen der Frequenz des Funkkanals moduliert und die beiden zu stabilisierenden Laser werden an die Spektrallinien des Masterlasers gekoppelt, die den für das gewünschte Mikrowellensignal erforderlichen Frequenzabstand aufweisen. Da die Mikrowellenfrequenz allein vom Frequenzabstand der beiden Laser abhängt, können mit diesem Verfahren phasenrauscharme Mikrowellensignale in einem weiten Frequenzbereich generiert werden, die darüber hinaus Quarzstabilität aufweisen, wenn ein entsprechend hochwertiger Oszillator für die Modulation des Masterlasers verwendet wird (Abb. 30.15).

Die Modulation mit dem Datensignal ist auf unterschiedliche Weise möglich. Die einfachste Art ist die direkte Modulation eines der beiden Slavelaser über seinen Injektionsstrom. Da er an eine Spektrallinie des Masterlasers gekoppelt ist, wird die optische Phase seines Ausgangssignals moduliert, [30]. Der maximale Phasenhub beträgt ±90°. Größere

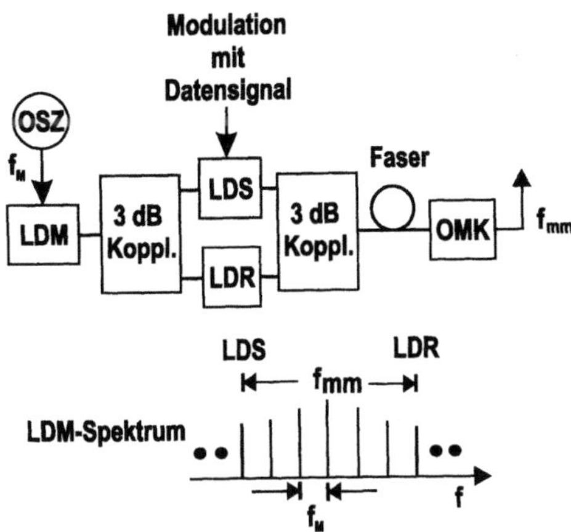

Abb. 30.14. Modulationsseitenband-Injection Locking Verfahren, LDM: Masterlaser, LDS und LDR Slavelaser, OMK: Optik/Mikrowellenkonverter, f_{mm}: Mikrowellenfrequenz in der Funkstrecke

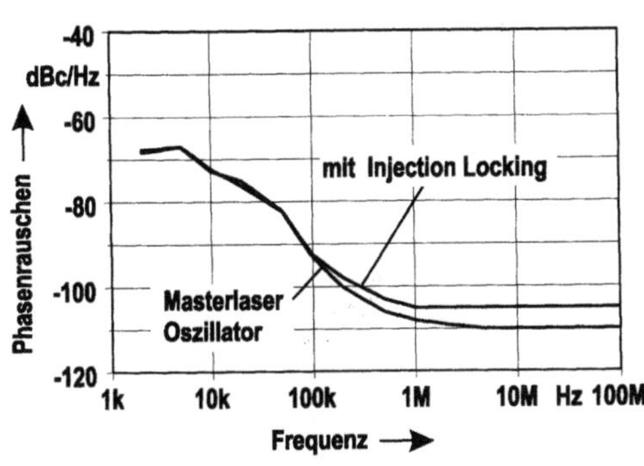

Abb. 30.15. Einseitenband-Phasenrauschen eines optisch erzeugten 64 GHz-Signals mit Phasenrauschunterdrückung mit Modulationsseitenband Injektion Locking, Phasenrauschen des LDM-Oszillators mit elektronischer Vervielfachung auf 64 GHz

30.2 Komponenten für die optische Mikrowellentechnik

Die maßgeblichen Komponenten für die optische Mikrowellentechnik sind Laser mit geringem Intensitäts- und Phasenrauschen (Kap. 21, Amann) und externe optische Modulatoren (Kap. 15, Hoffmann) z. T. mit hohen Grenzfrequenzen, Monomodefasern (Kap. 4, Ulrich, Renner), für die optische Übertragung, Photodetektoren (Kap. 23, Bach) für Optik/Mikrowellenkonverter und Mikrowellenkomponenten. Für den praktischen Einsatz von optischen Mikrowellensystemen sind speziell für Picozellen-Systeme kostengünstige, kompakte Komponenten mit niedrigem Leistungsverbrauch erforderlich. Hier wird die monolithische Integration bei der Herstellung der optischen Sender und Optik/Mikrowellenkonverter eine wesentliche Rolle spielen.

Monolithisch integrierter Sendemodul

Abbildung 30.16 zeigt schematisch einen monolithisch integrierten Schaltkreis (PIC: Photonic Integrated Circuit) mit zwei durchstimmbaren 4-Sektions-DBR-Lasern (DBR: Distributed Bragg Reflector), einem 3 dB-Koppler und einer Photodiode für Kontrollzwecke, sowie einer Einkoppelvorrichtung mit optischem Isolator für einen Faseranschluß [19]. Infolge der monolithischen Integration ist der Aufwand bei der Temperaturregelung wegen der gleichmäßigen Umgebungstemperatur einfacher. Es werden keine Elemente für eine Polarisationskontrolle benötigt, da die Polarisationsebenen beider Wellen durch die Wellenleitergeometrie auf dem Chip von vornherein parallel ausgerichtet sind. Die Phasenhübe werden mit einem externen Phasenmodulator, der im Zweig eines der Slavelaser eingefügt wird, erzielt. Eine weitere Möglichkeit der Datenmodulation ist mit einem externen Intensitätsmodulator möglich, der sich am Ausgang des optischen Senders nach dem Zusammenfügen der optischen Wellen der beiden Slavelaser befindet. Auch eine Frequenzmodulation ist möglich, indem die Frequenz des Masterlaseroszillators mit dem Datensignal moduliert wird.

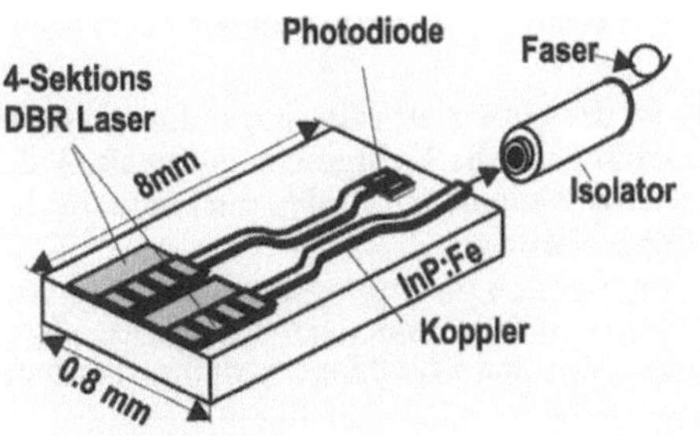

Abb. 30.16. Monolithisch integriertes optisches Sendemodul [19]

Aufbautechnik vereinfacht sich, weil das Einkoppeln in die optische Faser über nur eine Chip-Faser-Schnittstelle geschieht.

Fasernetzwerk

In dem passiven Netzwerk, das die Kontroll- und Basisstationen miteinander verbindet, werden die optischen Signale sowohl durch Dämpfungsverluste als auch durch Dispersionseffekte beeinflußt. Bei Monomodefasern spielen die chromatische Dispersion und die Polarisationsmodendispersion eine Rolle (Kap. 4, Ulrich, Renner).

Chromatische Dispersion in HFR-Systemen

Die chromatische Dispersion resultiert aus der Frequenzabhängigkeit der Brechzahl der optischen Faser, so daß die Spektralkomponenten des optischen Feldes mit unterschiedlicher Geschwindigkeit übertragen werden. Sie wird mit dem Dispersionskoeffizienten D beschrieben:

$$D = \frac{d\tau_{gr}}{d\lambda} \tag{30.29}$$

τ_{gr} ist Gruppenlaufzeit pro Längeneinheit. Die Intensität des Feldes (Abb. 30.5) setzt sich bei Intensitätsmodulation aus einem Gleich- und einem Wechselanteil zusammen,

$$P(t) = \langle P \rangle + \Delta P(t), \quad \Delta P \ll \langle P \rangle \tag{30.30}$$

Nach Ref. [31] erhält man für das Verhältnis der Wechselanteile $\Delta P_E, \Delta P_A$ am Ein- und Ausgang einer dispersiven Faser:

$$\frac{\Delta P_A}{\Delta P_E} = \cos(\omega_M^2 \cdot \xi) + j\alpha_H \cdot \sin(\omega_M^2 \cdot \xi) \cdot \frac{j\omega_M + \omega_g}{\omega_M} \tag{30.31}$$

mit

$$\xi = D \cdot l \cdot \frac{\lambda^2}{4\pi \cdot c} \quad \text{und} \quad \omega_M = 2\pi f_M \tag{30.32}$$

α_H ist der Linienverbreiterungsfaktor, l ist die Faserlänge, c die Lichtgeschwindigkeit, λ die optische Wellenlänge, und f_M die Frequenz des Mikrowellensignals.

Für den Fall $\alpha_H = 0$ erscheint das gewünschte Mikrowellensignal nach Gl. (30.31) periodisch mit der Faserlänge gedämpft, mit einem ersten Dämpfungsmaximum bei

$$l = \frac{c}{2\pi \cdot D \cdot \lambda^2 \cdot f_M^2} \tag{30.33}$$

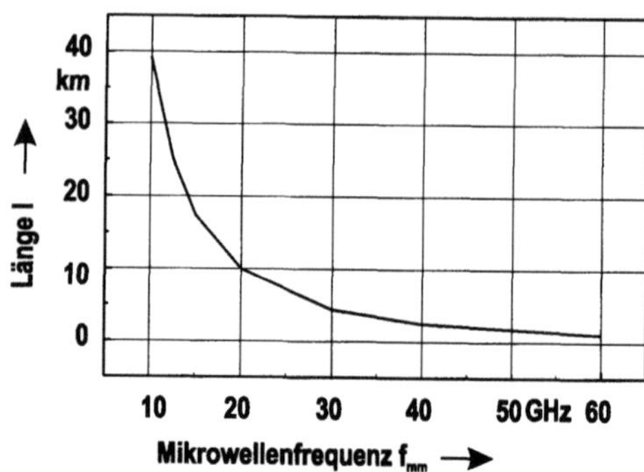

Abb. 30.17. Begrenzung der Faserlänge zwischen Kontroll- und Basisstation bei optischen Mikrowellensystemen mit Intensitätsmodulation und Direktdetektion infolge der chromatischen Faserdispersion, $\lambda = 1{,}5\ \mu m$, $D = 17$ ps/nm, km

Abbildung 30.17 zeigt für eine Monomodefaser mit $D = 17$ ps/nm, km die Faserlänge, bei der das erste Dämpfungsmaximum auftritt in Abhängigkeit von der Frequenz des Mikrowellensignals [32].

In optischen Heterodynsystemen wirkt sich die chromatische Dispersion auf das Phasenrauschen des erzeugten Mikrowellensignals aus. Das Phasenrauschen entsteht durch die spontane Emission und Absorption der Photonen im Laserresonator [Kap. 21, Aman]. Unter der Voraussetzung, daß die Rauschterme der zu überlagernden optischen Wellen gleichphasig korreliert sind, entsteht im Optik/Mikrowellenkonverter ein reines, phasenrauschfreies Mikrowellensignal. Infolge der chromatischen Dispersion und der damit verbundenen unterschiedlichen Verzögerungszeiten für beide Wellen wird mit zunehmender Faserlänge l die Korrelation der Rauschterme schwächer.

Für Systeme bei denen zwei optische Wellen mit Lorentz-förmigem Leistungsspektrum überlagert werden, gilt nach [32] für die spektrale Leistungsdichte des Mikrowellensignals:

$$S_D(f) = \delta(f) \cdot \exp(-2\pi \cdot \Delta\nu \cdot \Delta\tau) + \frac{\Delta\nu}{\pi[(\Delta\nu)^2 + f^2]} \cdot \left[1 - \exp(-2\pi \cdot \Delta\nu \cdot \Delta\tau) \left\{\cos(2\pi \cdot f \cdot \Delta\tau) + \frac{\Delta\nu}{f} \cdot \sin(2\pi \cdot f \cdot \Delta\tau)\right\}\right] \tag{30.34}$$

Dabei ist f die Frequenzdifferenz zum Mikrowellenträger mit der Frequenz f_{mm}. $\Delta\nu$ ist die spektrale Linienbreite des Lasers und $\Delta\tau$ ist die differentielle Verzögerung der zu überlagernden optischen Wellen. Für vernachlässigbare differentielle Verzögerungszeiten ($\Delta\tau \approx 0$) sind die Rauschterme korreliert, so daß das resultierende Überlagerungsspektrum eine Deltafunktion ist. In praktischen Systemen, in denen das Mikrowellensignal z.B. mit dem Modulationsseitenband-Injection Locking Verfahren erzeugt wird, ist das Phasenrauschen dann nur von der Güte des Oszillators abhängig, mit dem der Masterlaser moduliert wird, Abb. 30.15. Mit wachsendem Einfluß der Dispersion nimmt die Korrelation ab, so daß man bei völliger Dekorrelation ein Mikrowellensignal mit Lorentz-förmigem Leistungsspektrum und einer Linienbreite $2 \cdot \Delta\nu$ erhält.

Die Dekorrelation wirkt sich in zweierlei Hinsicht aus, zum einen sinkt das Signal-Rauschverhältnis, und zum anderen steigt das Phasenrauschen an.

Abnahme des Signal-Rauschverhältnisses:

$$\Delta SNR = 10 \lg \left(\frac{1}{\exp(-2\pi \cdot \Delta\nu \cdot \Delta\tau)} \right) \tag{30.35}$$

In Übertragungssystemen wird der Einfluß des Phasenrauschens mit dem Effektivwert des Phasenfehlers σ_ϕ bzw. mit der Varianz $(\sigma_\phi)^2$ beschrieben.

$$(\sigma_\phi)^2 = \int_{f=0}^{B_n} \frac{2 \cdot \Delta\nu}{\pi \cdot f^2} \{1 - \cos(2\pi \cdot f \cdot \Delta\tau)\} \, df \tag{30.36}$$

$$(\sigma_\phi)^2 \approx 8 \cdot \pi \cdot \Delta\nu \cdot B_n \cdot \Delta\tau^2 \tag{30.37}$$

wobei für die Rauschbandbreite B_n des Mikrowellenempfängers

$$B_n \ll \frac{1}{\Delta\tau} \tag{30.38}$$

gelten muß. Dabei ist

$$\Delta\tau = D \cdot \frac{\lambda^2}{c} \cdot l \cdot f_{mm} \tag{30.39}$$

Der durch Dispersion verursachte Phasenfehler hängt damit von der Laserlinienbreite, der Empfänger-Rauschbandbreite und der differentiellen Verzögerungszeit ab. Diese ist ihrerseits eine Funktion der Mikrowellenfrequenz f_{mm}. In Abb. 30.18 ist für ein System mit $\lambda = 1{,}5$ µm und mit einer Monomodefaser mit

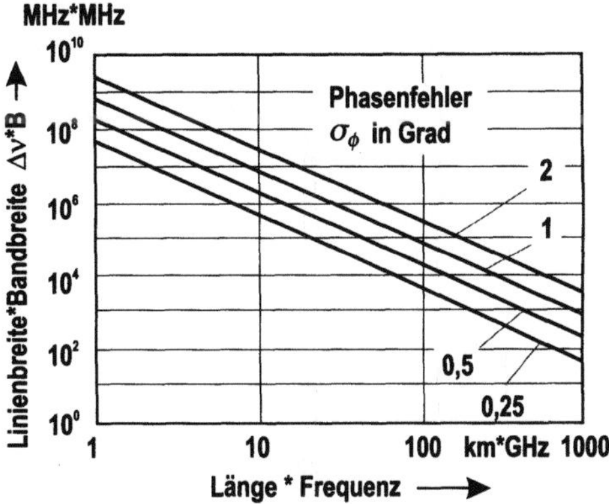

Abb. 30.18. Einfluß der chromatischen Dispersion auf den Phasenfehler σ_ϕ in einem optischen Mikrowellen-Heterodynsystem mit einer Standard-Monomodefaser, $\lambda = 1{,}5$ µm, Dispersionsfaktor $D = 17$ ps/nm, km

$D = 17$ ps/nm, km das Produkt von Linienbreite und Empfängerbandbreite über dem Produkt von Faserlänge und Mikrowellenfrequenz dargestellt. Parameter ist der durch die Dispersion verursachte Phasenfehler des Mikrowellensignals. Die Größe dieses Fehlers, die von einem System toleriert werden kann, hängt vom Modulationsformat ab. So wird z.B. für QPSK-Systeme entsprechend den Intelsat Spezifikationen ein maximaler Phasenfehler von 2,8° zugelassen.

Polarisationsmodendispersion in HFR-Systemen

Die erzeugte Mikrowellenleistung am Ausgang des Optik/Mikrowellenkonverters hängt vom Polarisationszustand [Kap. 4 Einmodenfasern Ulrich, Renner] der sich überlagernden optischen Wellen ab, vgl. Gl. (30.21). Jede der beiden am Faseranfang linear polarisierten Wellen wird mit jeweils zwei orthogonalen Eigenmoden beschrieben, die auf Grund der Doppelbrechung der Faser und ihrer unterschiedlichen Frequenz verschiedene Ausbreitungskoeffizienten besitzen. Damit weisen die beiden optischen Wellen am Faserausgang unterschiedliche Polarisationszustände auf, so daß nicht mehr die volle Mikrowellenleistung erzeugt werden kann. Die Komponenten der Feldstärke beider optischer Wellen 1 und 2 am Faseranfang sind gegeben durch:

$$E_{1,2}(t) = \hat{E}_0 \cdot \exp j(\omega_{1,2} t + \varphi_{1,2}) \cdot \begin{bmatrix} \cos\theta \\ \sin\theta \end{bmatrix} \tag{30.40}$$

θ ist der Winkel zwischen dem Feldvektor und der Hauptachse der Faser, E_0 ist die Feldamplitude, die für beide Wellen gleich sein soll, ω_1 und ω_2 sind die Frequenzen der optischen Wellen. Die Übertragungsmatrix der Faser ist gegeben durch:

$$T_{1,2}(l) = \begin{bmatrix} \exp(-j\beta_{x_{1,2}} l) & 0 \\ 0 & \exp(-j\beta_{y_{1,2}} \cdot l) \end{bmatrix} \tag{30.41}$$

mit

$$\beta_{x_{1,2}} = \frac{2\pi}{\lambda_{1,2}} \cdot n_x \cdot l \quad \text{und} \quad \beta_{y_{1,2}} = \frac{2\pi}{\lambda_{1,2}} \cdot n_y \tag{30.42}$$

mit $\lambda_{1,2}$: Wellenlängen der optischen Wellen 1 und 2, l: Faserlänge, n_x und n_y sind die Brechzahlen bei den Faserhauptachsen. Der ungünstigste Fall, bei dem eine große Zusatzdämpfung für das Mikrowellensignal entsteht, tritt bei einem Einkoppelwinkel von $\theta = 45°$ zu den Hauptachsen am Faseranfang auf:

Der Mikrowellenanteil des Photostroms ist dann gegeben durch:

$$i_{ph}(t) = S \cdot (\hat{E}_0)^2 \cdot \cos\left(\Delta\omega t + \Delta\varphi - \tau_g \cdot \frac{\Delta\omega}{2}\right) \cdot \cos\left(\frac{\Delta\omega}{2} \cdot \Delta\tau\right) \tag{30.43}$$

mit

$$\Delta\tau = \frac{n_x - n_y}{c} \cdot l \quad \text{und} \quad \tau_g = \frac{n_x + n_y}{c} \cdot l \tag{30.44}$$

S ist die spektrale Empfindlichkeit der Photodiode im Optik/Mikrowellenkonverter, $\Delta\omega = \omega_1 - \omega_2$ Frequenz des generierten Mikrowellensignals, $\Delta\varphi = \varphi_1 - \varphi_2$, Differenz der Anfangsphasen der optischen Wellen $\Delta\beta_{x,y} = \beta_{x,y}(\omega_1) - \beta_{x,y}(\omega_2)$ Differenz der Ausbreitungskoeffizienten. Der letzte Term in Gl. (30.43) beschreibt den Einfluß der Polarisationsmoden Dispersion. Bei Faserlängen

$$l = \frac{k \cdot c \cdot \pi}{\Delta\omega\,(n_x - n_y)}, \; k = 1, 3, 5, \ldots \tag{30.45}$$

wird das Mikrowellensignal ausgelöscht.

In optischen Übertragungssystemen treten statistische Änderungen der Polarisationsmodendispersion z.B. durch wechselnde Temperaturen und den damit verbundenen Änderungen der Faserdoppelbrechung auf. In Ref. [33] wird gezeigt, daß für eine Ausfallzeit von 1 Stunde pro Jahr durch Polarisationsmodendispersion in einem 60 GHz-HFR-System mit einer 20 km langen Monomodefaser ($\Delta\tau$ = 0,25 ps/$\sqrt{\text{km}}$) Zusatzdämpfungen von 2 dB zu erwarten sind.

Optik/Mikrowellenkonverter in HFR-Systemen

Diese Komponente stellt für optische Mikrowellensysteme eine Schlüsselkomponente dar, die maßgeblich die Kosten der Basisstation im Zugangsnetz bestimmt. Sie besteht aus einem Photodetektor kombiniert mit einem rauscharmen Mikrowellenverstärker. Als Photodetektoren kommen neben Photoleitern, Photodioden, MSM-Detektoren (metal semiconductor metal) und Phototransistoren in Frage, bei denen durch die inneren Photoeffekt d.h. durch Absorption von Photonen Ladungsträger erzeugt werden. In der Sperrschicht des Photodetektors wird ein der mittleren auftreffenden Lichtleistung proportionaler Photostrom erzeugt. Für HFR-Systeme ist lediglich das entstehende Mikrowellensignal von Interesse. Um einen möglichst hohen Transmissionsfaktor des optischen Übertragungssystems zu erzielen, ist ein hoher Konversionswirkungsgrad wichtig. Für Mehrkanalanwendungen sind darüber hinaus, zur Vermeidung von Übersprechen, hohe Anforderungen an den linearen Zusammenhang von Photostrom und optischer Eingangsleistung zu stellen. Heutige Komponenten können besonders in höchstfrequenten HFR-Systemen jeweils nur einen Teil der genannten Anforderungen erfüllen.

Für niedrige Trägerfrequenzen im unteren GHz-Bereich werden im allgemeinen Photodioden mit nachgeschaltetem Verstärker oder Phototransistoren mit unterschiedlichen Strukturen wie z.B. HBTs (Hetero Bipolar Transistors), HEMTs (High Electron Mobility Transistors) und MESFETS (Metal Semiconductor Field Effect Transistor) verwendet.

Anders sind die Verhältnisse für Optik/Mikrowellenkonverter in höchstfrequenten HFR-Systemen. Hier muß die absorbierende Zone des Photodetektors im Hinblick auf die hohen Frequenzen möglichst klein sein, um niedrige RC-Konstanten zu erreichen. Andererseits sinkt damit der Konversionswirkungsgrad und es besteht die Gefahr, daß infolge von Sättigungseffekten nichtlineare Verzerrungen des Mikrowellensignals auftreten. Die Forschungsarbeiten konzentrieren sich deshalb u.a. auf Komponenten mit Wanderwellenstruktur mit dem Ziel einer Verbesserung der Detektoreigenschaften durch Verteilung der Absorption über ein großes Volumen. Wegen der Leitungsstruktur hat die RC-Konstante keine Auswirkung auf die obere Grenzfrequenz [34, 35]. Andere Arbeiten verfolgen die monolithische Integration von Photodetektor und Mikrowellenverstärker. Mit einem MSM-Detektor der monolithisch mit einem 3-stufigen Verstärker integriert wurde, wurde bei 38 GHz eine spektrale Empfindlichkeit von 3,6 A/W und bei 60 GHz 1 A/W erzielt [36, 37].

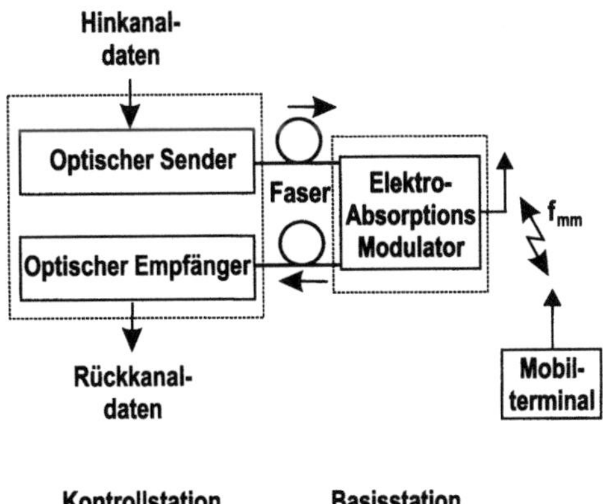

Abb. 30.19. Blockschaltbild eines bidirektionalen Mobilfunksystems mit optisch erzeugten Mikrowellenträgern in Netzen mit passiven Basisstationen

30.3 Beispiele von drahtlosen Zugangsnetzen mit optischer Mikrowellenerzeugung und Übertragung

Gegenwärtig werden zunehmend einfache HFR-Systeme für die Frequenzbereiche 0,8–0,96 GHz und 1,8–2,0 GHz entwickelt. Sobald eine Streckenlänge von mehr als 200 m zwischen Kontroll- und Basisstation überbrückt werden muß, ist eine kostengünstigere Verbindung mit HFR-Systemen im Vergleich zu konventionellen Koaxialkabeln möglich [1]. In der einfachsten Version werden Multiquantum-Well Fabry-Perot Laser mit multimodalem Emissionsspektrum verwendet (Kap. 19, Burkhard). Sie werden über den Injektionsstrom direkt in ihrer Intensität moduliert und können ohne Temperaturregelung und optische Isolatoren betrieben werden. Zwischen Kontroll- und Basisstationen sind Faserlängen von 5–20 km möglich. Eine Kontrollstation kann gleichzeitig mehrere Basisstationen versorgen. Für die optoelektronische Wandlung werden PIN-Photodioden verwendet, die über ein Anpassungsglied mit einem Verstärker verbunden sind. Die Systeme arbeiten formatunabhängig, so daß sowohl TDMA (Time Division Multiplex Access) als auch CDMA (Code Division Multiple Access) Formate übertragen werden. Sie sind damit für alle gängigen Übertragungsstandards geeignet [38, 39].

Eine andere Entwicklung ist besonders für Anwendungen in picozellularen Netzen mit vielen kostengünstigen Basisstationen geeignet [40] (Abb. 30.19). Die Basisstationen enthalten neben einer Antenne lediglich einen Elektroabsorptionsmodulator, der bei Duplexverkehr sowohl als Sende- als auch als Empfängerelement dient. Er erfüllt dabei zwei Funktionen, zum einen wandelt er die von der Kontrollstation kommenden optischen Signale in elektrische um, die zum Mobilterminal abgestrahlt werden. Zum anderen ermöglicht er die Modulation der optischen Welle mit dem Rückkanalsignal. Da keine weiteren elektronischen Schaltkreise in der Basisstation benötigt werden, ist eine Spannungsversorgung überflüssig, so daß ein System mit passiven Picozellen entsteht. Dieses System ermöglicht eine Verbindung z.B. zu einem tragbaren Personal Computer bei einer Trägerfrequenz von 2,4 GHz und einer Datenrate je nach Zellengröße bis zu 3 Mbit/s.

Für bidirektionale Breitbandsysteme mit Datenraten bis zu 155 Mbit/s gibt es unterschiedliche Ansätze, z.B. [15, 17, 29, 41–43]. (Abb. 30.20 a, b) zeigen schematisch eine Anordnung für bidirektionale Datenübertragung zu einem Mobilterminal mit dem Zwei-Laserverfahren mit Injection Locking. Der Signallaser (LDS) und der Referenzlaser (LDR) sind an die Spektrallinien des Masterlasers LDM gekoppelt. Der Masterlaser wird mit einer Subharmonischen der Trägerfrequenz des Funkkanals moduliert, der Signallaser wird mit einem Subträgersignal moduliert, dem die Daten des Hinkanals aufgeprägt sind. Nach der Übertragung über das Fasernetzwerk und Umwandlung in den Mikrowellenbereich stehen am Ausgang des Optik/Mikrowellenkonverters in der Basisstation zwei Mikrowellensignale zur Verfügung, eines als Trägersignal für die drahtlose Datenübertragung von der

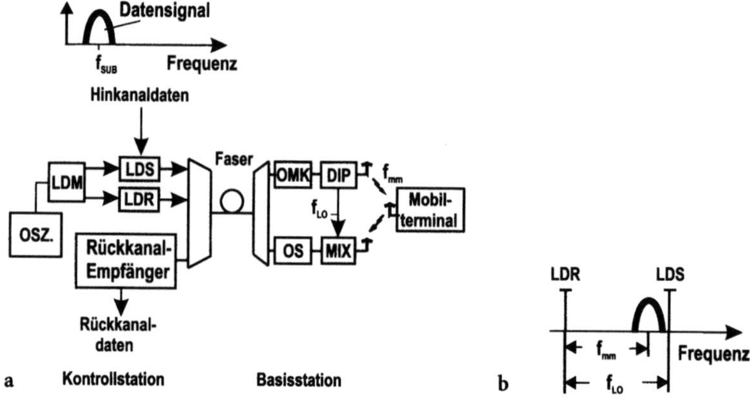

Abb. 30.20. **a** Blockschaltbild für ein bidirektionales Breitband-Mobilfunksystem mit optisch erzeugten Mikrowellenträgern, Referenzlaser LDR, Signallaser LDS, Masterlaser LDM, Optik/Mikrowellenkonverter OMK, Diplexer DIP, Mischer MIX, optischer Sender für den Rückkanal OS, Masterlaseroszillator: OSZ, f_{SUB}: Subträgerfrequenz. **b** Frequenzschema am Optik/Mikrowellenkonverter (OMK), f_{LO}: Lokaloszillatorfrequenz für den Rückkanalmischer, $f_{mm} = f_{LO} - f_{SUB}$: Frequenz des Mikrowellenträgers für den Hinkanal

Basisstation zum Mobilterminal (f_{mm}) und ein zweites als Lokaloszillatorsignal (f_{LO}) für den Rückkanalmischer in der Basisstation. Mit ihm wird das vom Mobilterminal kommende Rückkanalsignal auf eine niedrige Zwischenfrequenz umgesetzt, so daß eine konventionelle optische Übertragung zurück zur Kontrollstation möglich ist.

Spezielle Literatur

[1] *Hunziker, S.; Baechtold, W.*: Cellular remote antenna feeding: Optical fibre or coaxial cable? Electron. Lett. Vol. 34 (1998), 1038–1040
[2] *Bruun, M.; Gliese, U.*: Cost Competiveness of Fiber-Optic Infrastructures for Metropolitan Micro/Pico-Cellular Mobile Networks, IEEE Photonics Technol. Lett. Vol. 10, No. 3, (1998), 459–461
[3] *Olesen, H.; Jacobsen, G.*: A Theoretical and Experimental Analysis of Modulated Laser Fields and Power Spectra, IEEE Journ. Quantum Electronics, Vol. QE-18, No. 12, Dec. (1982), 2069–2080
[4] *Matsui, Y.* et al.: 30-GHz bandwidth 1,55 μm strain-compensated InGaAlAs-InGaAsP MQW laser, IEEE Photonics Technol. Lett. Vol. 9, No. 1, (1997), 25–27
[5] *Noguchi, K.; Mitomi, O.; Miyazawa, H.*: Low-voltage and broadband $Ti:LiNbO_3$ modulators operating in the millimeter wavelength region, Optical Fiber Communication OFC '96, San Jose, USA, (1996), Vol. 2, 205–206
[6] *Nowak, W.; Sauer, M.*: Dynamic Range Improvement and Multiplexing in Optical Microwave Subcarrier Systems by Dispersion Management, Wiss. Zeitschrift der TU-Dresden, 46 (1997), 55–59
[7] *Park, J.; Shakouri, M.S.; Lau, K.L.*: Millimeter-wave electro-optical upconverter for wireless digital communictions, Electron. Lett. Vol. 31 (1995), 1085–1086
[8] *Cox, C.H. III,; Ackerman, E.I.; Betts, G.E.*: Relationship between gain and noise figure of an analog link, 1996 IEEE MTT-S International Microwave Symposium Digest, 1551–1554
[9] *Olson, T.*: An RF and Microwave Fiber-Optic Design Guide, Microwave Journal (1996), 54–78
[10] *Yen, H.W.; Gee, C.M.; Blauvelt, H.*: High-Speed Optical Modulation Techniques, SPIE Vol. 545, Optical Technology for Microwave Applications II (1985), 2–9
[11] *Daryoush, A.S.* et al.: Interfaces for High-Speed Fiber-Optic Lins: Analysis and Experiment, IEEE Trans. Microwave Theory and Techniques Vol. 39 (1991), 2031–2044
[12] *Smith, G.H., Novak, D.*: Broadband Millimeter-Wave (38 GHz) Fiber-Wireless Transmission System Using Electrical and Optical SSB Modulation to Overcome Dispersion Effects, IEEE Photonics Technol. Lett., Vol. 10, No. 1, (1998), 141–143
[13] *Schmuck, H.* et al.: Faseroptische mm-Wellen-Übertragungstechnik und ihre Anwendung, telekom praxis, Band 74, (1997), 9–15
[14] *Schmuck, H.; Heidemann, R.*: Hybrid fibre-radio field experiment at 60 GHz, 22th Europ. Conf. on Optical Commun., (ECOC '96), Sept. 1996, Oslo, Norway, Conference Digest Vol. 4, 59–62

[15] *v. Helmolt, C.H.* et al.: A Mobile Broad-Band Communication System Based on Mode-Locked Lasers, IEEE Trans. Microwave Theory and Techniques, Vol. 45, (1997), 1424–1430
[16] *Wake, D.* et al.: Video Transmission Over a 40 GHz Radio Fibre Link, Electron. Lett., Vol. 28, (1992), 2024–2025
[17] *Braun, R.P., Villino, G.* et al.: Optical Harmonic Upconversion for the Microwave Generation in a Bidirectional Braodband Mocile Communication System, Electron. Lett., Vol. 33, (1997), 1884–1886
[18] *Simonis, G.J.; Purchase, K.G.*: Optical Generation, Distribution, and Control of Microwaves Using Laser Heterodyne, IEEE Transactions on Microwave Theory and Techniques, Vol. 38, (1990), 667–669
[19] *Braun, R.-P.* et al.: Optical Microwave Generation and Transmission Experiments in the 12 and 60 GHz Region for Wireless Communications IEEE Microwave Theory and Techniques, Vol. 46, (1998), 320–330
[20] *Wake, D.; Lima, C.R.; Davies, P.A.*: Optical Generation of Millimeter-Wave Signals for Fiber-Radio Systems Using a Dual-Mode DFB Semiconductor Laser, IEEE Trans. Microwave Theory and Techniques, Vol. 43, (1995), pp. 2270–2276
[21] *Pajarola, S.; Guekos, G.; Kawaguchi, H.*: Optical Millimeter-Wave Generation and Transmission Using a Dual-Polarization Emission External Cavity Diode Laser, Microwave Photonics MWP '97, Duisburg, Sept. 1997, paper TH3-1, Techn. Digest pp. 75–78
[22] *Freude, W.*: Microwave Generation and Transmission with Chirping Laser Diodes and Dispersive Fibres. Microwave Photonics MWP '97, Duisburg, Sept. 1997, paper FR3-4, Techn. Digest pp. 261–264
[23] *Mathoorasing, D.* et al.: 38 GHz Optical harmonic mixer for millimetre-wave radiowave systems, Electron. Lett., Vol. 31, (1995), 970–972
[24] *Georges, J.B.* et al.: Transmission of 300 Mbit/s BPSK at 39 GHz Using Feedforward Optical Modulation, Electron. Lett., Vol. 30, (1994), 160–161
[25] *Ramos, R.T.; Seeds, A.J.*: Fast Heterodyne Optical Phase-Lock Loop Using Double Quantum Well Laser Diodes, Electron. Lett., Vol. 28, (1992), 82–83
[26] *Kitayama, K.; Kuri, T.*: Dual lightwave technique for optical generation and transport of wireless signals, Microwave Photonics '97, Duisburg, Germany, Sept. 1997, paper TH2-0, Techn. Digest pp. 43–46
[27] *Burghard, H.; Schöll, H.*: A low phase noise 10 GHz to 2 THz continously tunable optical microwave source by optical injection, Microwave Photonics '97, Duisburg, Germany, Sept. 1997, paper TH3-0, Techn. Digest pp. 71–74
[28] *Goldberg, L.* et al.: Microwave signal generation with injection-locked laser diodes, Electron. Lett., Vol. 19, (1983), 491–493
[29] *Braun, R.-P.* et al.: Low Phase Noise Millimeter-Wave Generation at 64 GHz and Data Transmission Using Optical Side Band Injection Locking, IEEE Photonics Technology Letters Vol. 10, (1998), 728–730
[30] *Kobayashi, S.; Kimura, T.*: Optical Phase Modulation in an Injection Locked AlGaAs Semiconductor Laser, Electron. Lett., Vol. 18, (1982), 210–211
[31] *Wang, J.; Petermann, K.*: Small Signal Analysis for Dispersive Optical Fiber Communication Systems, Journ. Lightwave Technol., Vol. 10, (1992), 96–100
[32] *Gliese, U.; Norskov, S.; Nielsen, T.N.*: Chromatic Dispersion in Fiber-Optic Microwave and Millimeter-Wave Links, IEEE Trans. Microwave Theory and Techniques Vol. 44 (1996), 1716–1724
[33] *Hofstetter, R.; Schmuck, H.; Heidemann, R.*: Dispersion Effects in Optical Millimeter-Wave Systems Using Self-Heterodyne Method for Transport and Generation, IEEE Transactions on Microwave Theory and Techniques, Vol. 43, (1995), 2263–2296
[34] *Takahata, K.* et al.: 46,5-GHz-Bandwidth Monolithic Receiver OEIC Consisting of a Waveguide p-i-n Photodiode and a HEMT Distributed Amplifier, IEEE Photonics Technology Letters Vol. 10, (1998), 1150–1152
[35] *Scott, D.C.* et al.: High Power, High Frequency Traveling Wave Heterojunction Phototransistors with Integrated Polyimide Waveguide, 1998 IEEE MTT-S International Microwave Symposium, paper TH1C-5
[36] *Engel, Th.* et al.: Narrow-Band Photoreceiver OEIC on InP Operating at 38 GHz, IEEE Photonics Technology Letters Vol. 10, (1998), 1298–1300
[37] *Lin, L.Y.* et al.: High Speed Photodetectors with High Saturation for High Performance Microwave Photonic Systems, Microwave Photonics MWP '96, Kyoto, Japan, paper TH4-6, Techn. Digest pp. 313–316
[38] Ortel Vertriebs GmbH: Produktübersicht 1995
[39] *Hunziker, S.* et al.: Low Cost Fiber Optic Links for Cellular Remote Antenna Repeaters, Broadband Access Networks, D.W. Faulner, A.L. Harmer, IOS Press Ohmsha, 1997, 130–136
[40] *Wake, D.; Moodie, D.G.*: Passive Picocell-prospects for increasing the radio range, Microwave Photonics MWP '97, Duisburg, Sept. 1997, paper FR3-6, Techn. Digest pp. 269–271
[41] *Smith, G.H.* et al.: Fullduplex broadband millimetre-wave optical transport system for fibre-wirdeless access, Electron. Lett., Vol. 33, (1997), 1159–1160
[42] *Braun, R.-P.* et al.: Microwave generation for bidirectional broadband mobile communications using optical sideband injection locking, Electron. Lett., Vol. 33, No. 16, (1997), 1395–1396
[43] *O'Reilly, J.J.* et al.: RACE R2005: microwave optical duplex antenna, IEE Proc.-J, Vol. 140, No. 6, (1993), 385–391

Optische Freiraumverbindungen 31

T. Wiesmann, G. Ohm

Allgemeine Literatur
W. Hallmann, W. Ley: Handbuch der Raumfahrttechnik; Verlag C. Hanser 1988 – *E. Herter, H. Rupp:* Nachrichtenübertragung über Satelliten; Springer-Verlag 1983 – *G. Ohm:* Optical Communication between Satellites; Laser 89 – *S. G. Lambert, W. L. Casey:* Laser Communications in Space; Artech House 1995 – *J. Franz:* Optische Übertragungssysteme mit Überlagerungsempfang; Springer-Verlag 1988 – *J. Franz, V. K. Jain:* Coherent Optical Communication Systems: System Analysis, Design & Optimization; John Wiley & Sons Inc. 1996 – *G. Grau, W. Freude:* Optische Nachrichtentechnik; 1991 – Conf. Proceedings Space Laser Communications; Tokyo 1997 – *S. Mecherle:* Free-Space Laser Communication Technologies IX; SPIE Conference Proceedings; San Jose 1997 – *S. Mecherle:* Free-Space Laser Communication Technologies X; SPIE Conference Proceedings; San Jose 1998

31.1 Einführung

31.1.1 Anwendungen in der Satellitenkommunikation

Optische Freiraumverbindungen standen am Anfang aller Kommunikationssysteme. Mit Rauch, Feuer, reflektiertem Sonnenlicht und später auch anderen optischen Zeichen (Flaggen, optischer Telegraph) war es möglich, Nachrichten schnell über größere Entfernungen zu übertragen. Diese Art von Kommunikationstechnik wurde durch die elektrische Kommunikationstechnik abgelöst, bei der die Freiraum- bzw. Funkübertragung neben der leitungsgebundenen Übertragung von Anfang an eine große Rolle spielte. Die moderne optische Kommunikationstechnik, die sich nach der Erfindung des Lasers schnell etablierte, basiert fast ausschließlich auf leitungsgebundenen Übertragungsverfahren. Die optische Freiraumübertragung in der Atmosphäre konnte sich bis auf wenige Anwendungen wie z. B. kurze Datenverbindungen über Entfernungen einige cm bis km wie z. B. optische Interconnects, Anbindung von Peripheriegeräten an PCs, nicht durchsetzen. Der Hauptgrund dafür sind die Instabilitäten des Mediums Atmosphäre. Laserstrahlen werden durch Temperaturgradienten und Turbulenzen in der Luft abgelenkt und verformt und durch Nebel und Regen stark gestreut. Das führt zu einer stark schwankenden Streckendämpfung, die bei größeren Entfernungen nicht mehr kompensiert werden kann.

Außerhalb der Atmosphäre liegt dagegen ein ideales Medium (Vakuum) für die Freiraumübertragung vor. Aufgrund ihrer kurzen Wellenlänge lassen sich optische Strahlen schon mit kleinen Antennen (Teleskopen) extrem gut bündeln. Damit kommt man auch bei hohen Datenraten und großen Entfernungen mit sehr kleinen Sendeleistungen aus. Allerdings muß der optische Strahl sehr präzise ausgerichtet und nachgeführt werden.

Die optische Freiraumübertragung ist deshalb eine interessante Technik für Datenverbindungen zwischen Satelliten. Ein Anwendungsbereich, in dem schon sehr früh optische Übertragungstechnik in Betracht gezogen wurde, sind Datenrelaissysteme. Bei einem solchen System werden z. B. Bilddaten der Erde, die ein tieffliegender Satellit (LEO, low earth orbit) aufnimmt, zu einem geostationären Satelliten (GEO, geostationary orbit) übertragen, der sie dann direkt zu einer Erdfunkstelle sendet. LEO-GEO-Verbindungen dieser Art überbrücken Entfernungen von bis zu 45 000 km und erfordern Datenraten zwischen 100 Mbit/s und 1 Gbit/s.

Verbindungen zwischen geostationären Satelliten (GEO-GEO) sind für viele Anwendungen denkbar und vorteilhaft. Sie können z. B. zur Ressourcenteilung zwischen dicht benachbarten Satelliten (Cluster) dienen oder

Ausleuchtungsgebiete weit entfernter Satelliten verbinden. Die Entfernungen können je nach Anwendung zwischen wenigen km und 70000 km liegen.

Die größte Bedeutung haben mittlerweile die Intersatelliten-Verbindungen (ISL, intersatellite link) zwischen tieffliegenden Satelliten (LEO-LEO) gewonnen. LEO-Satelliten eignen sich besonders gut zum Aufbau globaler Kommunikationssysteme, die jeden Teil der Erde erreichen können. Gegenüber vergleichbaren GEO-Systemen zeichnen sie sich durch kurze Signallaufzeiten, geringe Sendeleistung und einfache Empfangsantennen aus. Um eine globale Bedeckung zu erreichen, sind zwischen den LEO-Satelliten Verbindungen erforderlich, die am einfachsten direkt als ISL hergestellt werden. Das erste eingeführte System dieser Art ist Iridium, das Ende 1998 mit 66 Satelliten in Betrieb gegangen ist. Es ermöglicht eine weltweite Sprachkommunikation mit Handgeräten, die nicht viel größer sind als die der terrestrischen Mobilfunksysteme. Bei globalen Systemen für Sprachkommunikation liegen die ISL-Datenraten unter 50 Mbit/s und die Entfernungen bei maximal 5000 km.

Wesentlich höhere Datenraten treten bei den im Aufbau befindlichen Satellitensystemen für Multimedia-Anwendungen auf. Bei Datenraten zwischen 64 kbit/s und 155 Mbit/s zu den Teilnehmern ergeben sich ISL-Datenraten von bis zu 10 Gbit/s. Grundsätzlich kommen für die Realisierung von Intersatelliten-Verbindungen sowohl die Mikro- bzw. Millimeterwellentechnik als auch die optische Übertragungstechnik in Frage. Bei einem Verhältnis der Wellenlängen von etwa 10^4, der in die Ausbreitungsbedingungen quadratisch eingeht, führt die optische Übertragung zu deutlich kleineren Antennendurchmessern und Sendeleistungen.

Mit zunehmender Datenrate gewinnt die optische Übertragung im Vergleich zur Mikro- bzw. Millimeterwellentechnik bei den wichtigen raumfahrttechnischen Parametern Masse und Leistungsaufnahme. Oberhalb von 100 Mbit/s haben optische Terminals in der Regel deutliche Vorteile, die durch den Wegfall von Interferenz- und Frequenzkoordinierungsproblemen noch verstärkt werden. Die Gesichtspunkte Faserdämpfung und Dispersion, die bei fasergebundener Übertragung oft den Ausschlag für die Wahl der Wellenlänge 1550 nm geben, spielen hier keine Rolle. Dagegen haben hohe Sendeleistung, hohe Empfindlichkeit des Empfängers und geringe Streckendämpfung (gleichbedeutend mit großen Teleskopdurchmessern) höchste Bedeutung.

Wegen des fehlenden Bedarfs für hochbitratige ISLs hat sich die optische Übertragung für ISL-Anwendungen noch nicht voll durchsetzen können. Erste Anwendungen gibt es in experimentellen Datenrelaissystemen. In Europa hat die ESA (European Space Agency) das Experiment SILEX (Semiconductor Laser Intersatellite Link Experiment, Start des ersten Terminals 1998) initiiert, bei dem auf einer LEO-GEO-Verbindung 50 Mbit/s übertragen werden [1]. Die Strecke von bis zu 45000 km wird von einer Laserdiode mit 50 mW Sendeleistung bei 850 nm Wellenlänge und mit Direktempfang überbrückt. Ein ähnliches Experiment wird mit gleicher Technik in Japan durchgeführt. Auch in den USA, wo seit 1960 an Weltraumanwendungen der Lasertechnik gearbeitet wird, gibt es eine Reihe vergleichbarer Entwicklungen im nicht-militärischen Bereich.

Die erste große Anwendungsmöglichkeit für ISL-Technik ergab sich bei Iridium, wo 66 Satelliten miteinander verbunden werden müssen. Obwohl optische Terminals bei der geforderten Datenrate von 6,25 Mbit/s kleiner, leichter, leistungseffizienter und kostengünstiger gewesen wären, hat man sich für Mikrowellen-Terminals im Ka-Band (23 GHz) entschieden. Der Hauptgrund für diese Entscheidung lag in dem vermeintlich zu hohen Risiko durch eine nicht ausgereifte und ausreichend demonstrierte Technik.

Bei den geplanten LEO-Systemen für Multimedia-Anwendungen mit ISL-Datenraten von mehreren Gbit/s stellt sich die Frage Mikro-/ Millimeterwellentechnik oder Optische Übertragung nicht mehr. Selbst ein Terminal bei der höchsten heute verfügbaren Mikrowellenfrequenz (V-Band-60 GHz) wäre viel zu groß und zu schwer und hätte eine Leistungsaufnahme von mehreren kW. Bei dem LEO-Multimediasystem Teledesic, das sich zur Zeit in der Entwicklung befindet und das aus mehr als 150 Satelliten bestehen wird, werden deshalb optische ISL zum Einsatz kommen. Das ausgewählte Übertragungskonzept basiert auf diodengepumpten Festkörperlasern mit einer Sendeleistung von etwa 1 W bei einer Wellenlänge von 1064 nm, 2-Phasen-Modulation (BPSK) und kohärentem Empfang. Mit dieser Technik wiegen die Terminals bei einer Datenrate von 8 Gbit/s weniger als 20 kg und nehmen weniger als 100 W Leistung auf.

Eine Alternative zu dem gewählten Konzept wäre Direktempfang bei 850, 1064 oder 1550 nm in Zusammenhang mit Wellenlängen-Multiplex-Verfahren (WDM) und mit optischem Vorverstärker, um die hohe Datenrate mit der verfügbaren Sendeleistung zu erreichen. Direktempfangssysteme haben aber grundsätzlich den Nachteil, daß sie bei Sonneneinstrahlung, die für bestimmte Satellitenpositionen bei LEO-Systemen nicht zu vermeiden ist, nicht funktionsfähig sind. Diesen Nachteil weisen Systeme mit kohärentem Empfang nicht auf.

31.1.2
Anforderungen beim Weltraumeinsatz

Alle bislang eingesetzten bzw. betrachteten optischen Übertragungstechniken für die Satellitenkommunikation stammen aus Entwicklungen für terrestrische Anwendungen. Sie müssen für Raumfahrtanwendungen modifiziert und optimiert werden. Die Anforderungen an Satellitengeräte ergeben sich aus wirtschaftlichen Gesichtspunkten und den besonderen Umweltbedingungen beim Start und beim Betrieb im Weltraum.

Masse und Volumen bestimmen die Transferkosten in den Weltraum und sind deshalb grundsätzlich zu minimieren. Auch die Leistungsaufnahme der Geräte sollte möglichst klein sein, denn sie bestimmt bei einer gegebenen Primärleistung einer Satellitenplattform die Größe bzw. Leistungsfähigkeit der Nutzlast. In gewissen Grenzen sind Leistungsaufnahme und Masse bei gleichen Kosten gegeneinander austauschbar. Hohe Anforderungen an die mechanische Stabilität der Geräte ergeben sich aus den starken Vibrationen beim Raketenstart und durch Schocks von Pyromechanismen, die z.B. zum Entfalten von Antennen dienen. Beim Betrieb im Weltraum sind das Vakuum und die erhöhte Strahlenbelastung Besonderheiten, die im Design der Geräte und bei der Auswahl aller Komponenten und Materialien zu berücksichtigen sind.

Im Weltraum kann der Wärmeausgleich zwischen einzelnen Komponenten nur durch Strahlung und Leitung erfolgen. Konvektion, die bei terrestrisch eingesetzten Geräten einen wesentlichen Beitrag zur Wärmeableitung leistet, ist im Vakuum nicht möglich. Deshalb sind bei Geräten mit hohen Verlustleistungen besondere Maßnahmen (z.B. Heatpipes) zur Wärmeableitung erforderlich. Schwierig wird der Wärmehaushalt auch, wenn die Geräte mit ihrer Oberfläche direkt den extremen Temperaturen des Weltraums ausgesetzt sind. Der Dauerbetrieb im Vakuum erfordert eine sorgfältige Materialauswahl. Werkstoffe, die zum Ausgasen neigen, sind nicht geeignet, weil sie sich im Vakuum verändern würden. Außerdem könnten austretende Gase andere Komponenten beeinträchtigen.

Ein vielschichtiges Problem stellt die kosmische Strahlung im Weltraum dar. Sie beeinträchtigt nicht nur die Funktion von Halbleiterbauelementen, sondern auch die Eigenschaften anderer Komponenten und Materialien, wie z.B. Glasfasern und Linsen. Die Strahlungsdosis hängt stark von der Höhe und der Inklination (Neigungswinkel gegenüber Äquator) der Flugbahn ab. So ändert sich die Dosis im Höhenbereich von 800 bis 2000 km und im gesamten Inklinationsbereich um den Faktor 100. Auch Art und Energie der Strahlung sind stark bahnabhängig. Es treten Protonen, Elektronen und schwere Ionen in unterschiedlicher Konzentration auf. Während in den LEO-Bahnen die Protonen dominieren, ist in den GEO-Bahnen der Elektronenanteil am größten. Die kosmische Strahlung führt zu einer kontinuierlichen Degradation der Bauelemente und Materialien und kann bei Halbleiterbauelementen Single Event Effects (Ionisationseffekte durch einzelne Teilchen) verursachen. Single Event Effects können zu einer einmaligen Fehlfunktion führen (z.B. Bitfehler) oder im ungünstigsten Fall ein Bauelement ganz zerstören.

Gerade für optische Terminals, deren Teleskope notgedrungen in den freien Raum gerichtet sind, können Mikrometeoriten oder Bruchstücke anderer Satelliten (Weltraumschrott; debris) zu einer Bedrohung werden. Derartige Schäden können nicht mit letzter Sicherheit ausgeschlossen werden und müssen deshalb in der Betrachtung des Gesamtsystems und seiner Verfügbarkeit berücksichtigt werden.

Die vorgegebene Lebensdauer von Satelliten, die zwischen 5 und 15 Jahren liegt, erfordert für viele Komponenten besondere Maßnahmen gegen die kosmische Strahlung. Bei Halbleiterbauelementen und optischen Komponenten kommen in der Regel nur strahlungsresistente Versionen zum Einsatz. In digitalen Schaltungen werden fehlertolerante Designs und entsprechende Software verwendet. Wenn diese Maßnahmen nicht ausreichen, werden kritische Komponenten zusätzlich abgeschirmt.

Die geforderte Lebensdauer eines Satelliten mit vorgegebener niedriger Ausfallwahrscheinlichkeit ist nur durch die Verwendung hochzuverlässiger Komponenten zu erreichen, deren Eignung in langwierigen und umfassenden Qualifikationen nachgewiesen ist. Komponenten oder Geräte, die trotz aller Maßnahmen die geforderte Zuverlässigkeit nicht erreichen, werden redundant aufgebaut, so daß im Fehlerfall eine Ersatzschaltung vorgenommen werden kann. Damit ist die Zuverlässigkeit von Satellitenstrecken heute mindestens so hoch wie von vergleichbaren terrestrischen Verbindungen.

31.2 Streckenauslegung

31.2.1 Besonderheiten des Freiraumkanals

Die übertragungstechnischen Anforderungen an die optische Freiraumübertragung ähneln in vielen Aspekten den aus der fasergebundenen Übertragung bekannten. Es treten jedoch die genannten zusätzlichen Randbedingungen des Raketenstarts, des Einsatzes im Weltraum und die Tatsache hinzu, daß die Eigenschaften des Übertragungskanals ähnlich wie bei einem Funkkanal zeitabhängig sind. Das Gesamtsystem (Abb. 31.1) umfaßt deshalb neben den eigentlichen nachrichtentechnischen Einrichtungen, die im Kommunikations-Subsystem zusammengefaßt sind, ein Optisches Subsystem und ein Ausricht-Subsystem.

Im Gegensatz zur fasergebundenen Übertragung steht nur ein einziger physikalischer Kanal für die beiden Übertragungsrichtungen zur Verfügung, und das Sendesignal muß zur Überbrückung der hohen Freiraumdämpfung gebündelt werden. Im optischen Subsystem sind zusammengefaßt die Funktionen der Trennung von Sende- und Empfangsrichtung und der Strahlbündelung im Teleskop, außerdem die optischen Elemente zur Gewinnung einer Regelgröße für die Ausrichtung des Teleskops. Die Auswertung dieser Signale und die Nachführung des Teleskops ist Aufgabe des Ausricht-Subsystems. Die Funktionen der drei Teilsysteme stehen in einer engen Wechselwirkung, die zu optimieren Aufgabe der Systemauslegung ist.

Die Einschränkungen durch Dämpfung und Dispersion der Glasfaser, die bei terrestrischen Systemen die Wahl der Betriebswellenlänge entscheidend beeinflussen, entfallen bei optischen Satellitenterminals. Deshalb ist auch die Wellenlänge von GaAlAs-Lasern um 850 nm für diese Anwendung interessant.

31.2.2 Übersicht über das Gesamtsystem

Dämpfungsbilanz

Alle Dämpfungs- und Gewinnbetrachtungen basieren wie in der Mikrowellentechnik üblich auf der Vorstellung von (hypothetischen) isotropen Strahlern als Sende- und Empfangsantenne. Die Freiraumdämpfung a_F[1] zwischen Sender- und Empfängerterminal (Abb. 31.2) mit dem Abstand L und der Sendewellenlänge λ ist

$$a_F = 10 \log (4\pi L/\lambda)^2 \qquad (31.1)$$

Der Gewinn des Sende- bzw. Empfangsteleskops g_{TS} bzw. g_{TE} wird bestimmt durch den

[1] Alle Größen der Leistung, des Gewinns und der Dämpfung in dB.

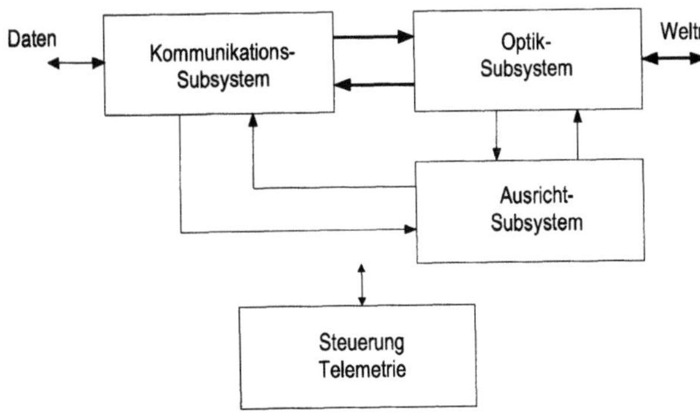

Abb. 31.1. Die Subsysteme eines Optischen Satellitenterminals. Neben den Kommunikationsgeräten sind das Optische- und das Ausricht-Subsystem an Aufbau und Aufrechterhaltung der Verbindung beteiligt

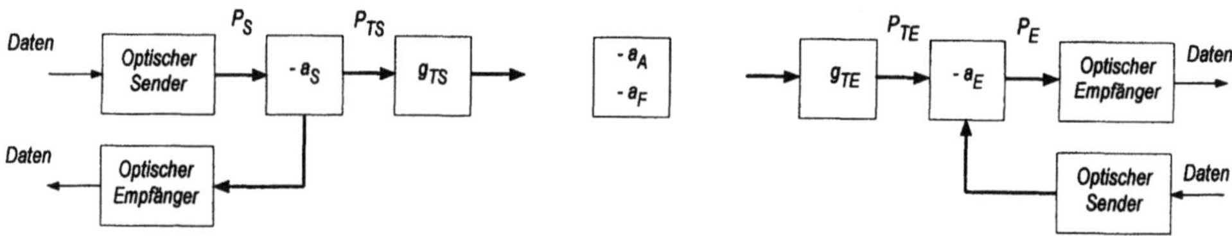

Abb. 31.2. Dämpfungsbilanz bei optischer Freiraumübertragung
a_S, a_E Dämpfung im optischen Pfad des Sende- bzw. Empfangsteil des Terminals
a_A, a_F Ausrichtdämpfung, Freifelddämpfung
g_{TS}, g_{TE} Gewinn des Teleskops im Sende- bzw. Empfangsbetrieb

Öffnungsdurchmesser D. Er wird auf den isotropen Strahler bezogen. Eine detailliertere Betrachtung folgt später.

Die Ausgangsleistung P_S des Senders wird auf dem Weg zum Ausgang des Teleskops um a_S gedämpft, so daß die vom Teleskop abgestrahlte Leistung

$$P_{TS} = P_S - a_S \tag{31.2}$$

ist. Die Dämpfung a_S beschreibt alle Verluste im optischen Sender zwischen Ausgang der Leistungsstufe (Leistungslaser oder optischer Verstärker) und dem Eingang des Teleskops. Sie umfaßt neben den reinen Transmissionsverlusten auch die Verluste im Sende-/Empfangsdiplexer, in der Weiche zur Zuführung des Suchstrahls und in eventuell eingesetzten Redundanzumschaltern.

Wegen der andauernden Relativbewegung der über die optische Übertragungsstrecke verbundenen Satelliten muß die exakte Ausrichtung der Sende- und Empfangsteleskope ständig überprüft und korrigiert werden (tracking). Die räumlich und zeitlich statistisch verteilte Fehlausrichtung hat näherungsweise Gauß-Charakteristik und führt zu einer zusätzlichen Ausrichtdämpfung a_A. Ihre Größe hängt von der Bahncharakteristik der Satelliten ab, vor allem aber vom Antennengewinn der Teleskope und von der Genauigkeit der Ausrichtverfahren. Sie kann mehrere dB betragen.

Empfangsleistung

Die im optischen Empfänger verfügbare Empfangsleistung

$$P_E = P_{TE} - a_E \tag{31.3}$$

ist gegeben durch die am Teleskop empfangene optische Leistung P_{TE} und die auf dem optischen Pfad zwischen Teleskop und Detektor auftretende Dämpfung a_E. Diese umfaßt neben den bereits beim Sender genannten Einflüssen auch Verluste durch die Aufteilung der Empfangsleistung auf zusätzliche Funktionen wie z. B. die Ermittlung des Ausrichtfehlers.

Die Gesamtdämpfung a_T zwischen dem Ausgang des optischen Senders und dem Eingang des optischen Empfängers ist somit gegeben durch

$$a_O = -a_S + g_{TS} - a_F - a_A + g_{TE} - a_E . \tag{31.4}$$

Die Entfernungen bei optischen Intersatellitenverbindungen ergeben sich aus dem globalen Charakter dieser Systeme und liegen im Bereich von 1000 km bis 70 000 km für Satelliten in geostationären Bahnen. Mit verfügbaren Sendeleistungen bis zu 1 W und Mindestempfangsleistungen je nach Wellenlänge, Empfangsverfahren, und Datenrate im Bereich von 1 nW bis 100 nW sind Antennengewinne im Bereich von 100 dB erforderlich. Diese können bei Wellenlängen um 1 µm mit Antennendurchmessern von etwa 100 mm bis 200 mm erreicht werden. Neben dem Absolutwert der Dämpfung ist auch die Dynamik der Empfangsleistung durch Dämpfungsänderung mit der Abstandsvariation zu beachten.

Hintergrundlicht

In Abschn. 31.3 wird gezeigt, daß der Strahldurchmesser am Empfangsort typischerweise mehrere hundert Meter beträgt. Somit befinden sich im Gesichtsfeld des Empfängers nicht nur das Gegenterminal mit seinem Sendeteleskop, sondern ein weiter Sternenhintergrund, im Extremfall die Erde, der Mond oder sogar die Sonne. In einer derartigen Konstellation ist Kommunikation nur noch möglich, wenn bereits das Teleskop durch schmalbandige und aufwendige Filter vor übermäßiger thermischer Belastung geschützt wird und die breitbandige Störleistung durch Filter im Strahlengang vom Detektor ferngehalten wird. Der kohärente Empfänger bietet hier den Vorteil, daß auf dem Detektor auftreffende Störleistung wegen fehlender Kohärenz mit dem Nutzsignal nur vernachlässigbare Störanteile liefert, die vom Stromrauschen im Detektor herrühren [2].

Dopplereffekt

Bei weltumspannenden Verbindungen unter gleichzeitigem Einsatz von geostationären und tieffliegenden Satelliten treten Relativgeschwindigkeiten von bis zu $v = 10$ km/s auf. Die Dopplerverschiebung der Übertragungsrate f_b von $\Delta f / f_b = v/c \approx 3 \cdot 10^{-4}$ muß bei der Auslegung der Taktrückgewinnung und bei Toleranzbetrachtungen berücksichtigt werden. Bei kohärentem Empfang stellt die entsprechende Verschiebung der Empfangswellenlänge hohe Anforderungen an das dynamische Abstimmverhalten des optischen Lokaloszillators (LO).

31.2.3 Komponenten und Kenngrößen des Kommunikations-Subsystems (Direktempfang)

Die allgemeinen Kenngrößen werden zunächst für das Direktempfangssystem (Abb. 31.3) beschrieben. Es wird nur ein Wellenlängenkanal betrachtet. Die Erweiterung auf mehrere Kanäle zur Steigerung der Übertragungskapazität ist in der Abbildung angedeutet.

Kodierung

Wegen der Relativbewegungen der Terminals und der ständigen Nachführbewegungen der Teleskope ist die Streckenbilanz dynamisch. Insbesondere können wegen der im Vergleich zur Bitdauer großen Zeitkonstanten der Ausrichtmechanismen über längere Bitfolgen Empfangssituationen mit erhöhter Fehlerwahrscheinlichkeit (Block- oder Büschelfehler) auftreten. Diese Instabilitäten des Übertragungskanals ähneln in mehrfacher Hinsicht den Eigenschaften des Funkkanals. Deshalb kommen als Schutzmaßnahmen die dort angewandten Verfahren der Kodierung in Betracht. Zur Verbesserung der Entscheidungssicherheit auf Bitebene wird Viterbi-Dekodierung angewandt. Die Reed-Solomon Blockkodierung erlaubt die Korrektur von einzelnen Bitfehlern (Fehlentscheidungen des Entscheiders). Durch Interleaving werden Büschelfehler über mehrere Blocks verstreut und damit die Chancen zur Korrektur verbessert [3].

Modulation für Direktempfang

Bei Systemen mit Direktempfang wird lediglich die Energie der Sendeimpulse im Empfänger ausgewertet; Wellenlängen-Chirp ist wegen der ungestörten Ausbreitung im Vakuum ohne Belang. Die optischen Eigenschaften und – je nach Datenrate – die verfügbare Leistung von Singlemode-Laserdioden sind völlig ausreichend. Deshalb kann in solchen Systemen die aufwandsgünstige Direktmodulation von Laserdioden über den Injektionsstrom angewandt werden. Neben NRZ-Verfahren wurden in der Vergangenheit auch Verfahren mit abweichenden Tastverhältnissen untersucht, zum Beispiel Pulsphasenmodulation mit 4 diskreten Werten. Solche Verfahren erlauben es, die Empfindlichkeit des Empfängers und das Leistungsvermögen der Sendedioden besser aufeinander abzustimmen.

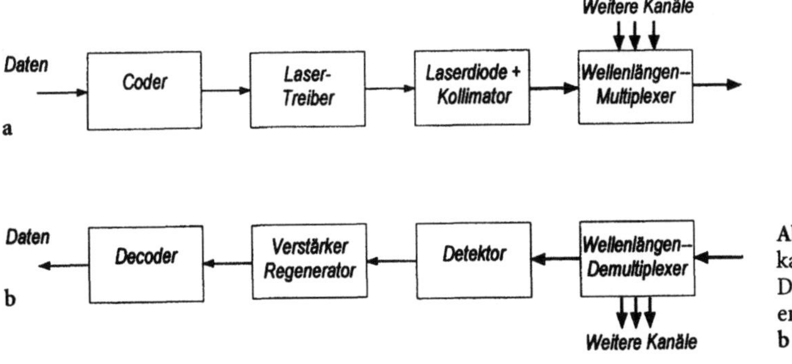

Abb. 31.3 a, b. Kommunikations-Subsystem bei Direktmodulation/Direktempfang. **a** Sendepfad, **b** Empfangspfad

Laserdioden

Neben den aus der fasergebundenen Übertragungstechnik bekannten Parametern wie Anstiegszeit, Form und Breite des Spektrums und Ausgangsleistung sind für Laserdioden in ISL-Anwendungen eine Reihe weiterer optischer Anforderungen von Belang. Diese sind möglichst geringe Elliptizität des Fernfeldes, hoher Polarisationsgrad, und geringer Wellenfrontfehler (WFE) [4]. Als Wellenfrontfehler wird der Effektivwert der Abweichung der Fernfeldwelle von der ebenen Form bezeichnet, bezogen auf die Wellenlänge. Er geht als ein Fehlerbeitrag in die Restfehler des vom Teleskop abgestrahlten Fernfeldes ein. Daneben ist für die Sendediode natürlich eine ausgezeichnete Zuverlässigkeit zu fordern mit einer mittleren Lebensdauer (mean time between failures, MTBF) $> 200\,000$ Stunden. [5, 6]. Die System-Zuverlässigkeit kann durch redundante Dioden noch weiter verbessert werden. Die Datenbasis für die genannten Parameter ist auch heute noch sehr schmal, so daß bei neuen Systementwürfen die Auswahl der Laserdiode absehbar ein kritischer Punkt bleiben wird. Umfangreiche Meßreihen im Rahmen der Entwicklung des Systems SILEX der ESA haben die Tauglichkeit von ausgewählten Diodentypen mit Wellenfrontfehlern WFE $< \lambda/50$ bei Ausgangsleistungen bis zu 100 mW nachgewiesen.

Erreichbare Sendeleistung und Datenrate sind durch die Eigenschaften der Laserdioden begrenzt. Wie in terrestrischen Systemen kann die Übertragungskapazität eines Systems durch Wellenlängenmultiplex vervielfacht werden. Die Gesamtkapazität ist so in einfacher Weise skalierbar. Der mögliche modulare Aufbau ist auch im Hinblick auf die Einführung von Redundanz vorteilhaft. Im Wellenlängenbereich um 1550 nm können die weltweiten Entwicklungsfortschritte bei terrestrischen Übertragungssystemen genutzt werden, die zu einer stetigen Verbesserung bei Sendeleistung und Zuverlässigkeit der Sendedioden geführt haben.

Empfangsverfahren

Bei den Empfangsverfahren stehen Direktempfang und Überlagerungsempfang im Wettbewerb. Die Empfänger sind in Abschn. 23.8 beschrieben.

Die Technik der Detektion unterscheidet sich sowohl für Direktempfang als auch für kohärenten Empfang grundsätzlich nicht von den Verfahren, die bei fasergebundener Übertragung verwendet werden. Die Mindestempfangsleistung auf dem Detektor ergibt sich deshalb in gleicher Weise. Besonderes Augenmerk ist aber auf die Strahlungsempfindlichkeit von Fotodioden zu richten, vor allem wenn sie bei sehr geringen Empfangspegeln eingesetzt werden. In diesem Punkt können Lawinenfotodioden ein besonderes Problem darstellen, da sie nahe dem Durchbruch betrieben werden, um hohe Verstärkungsfaktoren zu erreichen.

Die Schaltungstechnik für Empfänger ist in den zurückliegenden Jahren für Anwendungen in optischen Terminals perfektioniert worden. Besonders die Empfänger (Receiver Front End RFE) für 800 nm haben in Verbindung mit rausch- und kapazitätsarmen FETs und Silizium-Lawinenfotodioden Rekordwerte von 70 Photonen pro bit (bei 50 Mbit/s) erreicht [7, 8]. Schaltungen zur Regeneration der Daten sind aus der terrestrischen Übertragung bekannt. Beim Einsatz hochintegrierter Schaltungen besteht noch Zurückhaltung wegen fehlender Sicherheit bezüglich ihrer Strahlungshärte.

Richtungstrennung

Grundsätzlich ist von einer Duplexverbindung zwischen zwei Terminals auszugehen, wobei die Datenraten in beiden Richtungen unterschiedlich sein können. Um Gesamtmasse und Kosten des Terminals niedrig zu halten, wird bei kommerziellen Anwendungen ein einziges Teleskop für Sende- und Empfangsbetrieb genutzt. Die Möglichkeit der Benutzung unterschiedlicher Übertragungswege für die Trennung der Übertragungsrichtungen scheidet aus. Deshalb muß die Richtungstrennung über Frequenz- und/oder Polarisationstrennung erfolgen. Wenn die kommunizierenden Terminals z. B. in unterschiedlicher zirkularer Polarisation senden, können sie jeweils in der anderen zirkularen Polarisation empfangen. Die Richtungsweiche muß wegen der hohen Pegelunterschiede zwischen Sende- und Empfangssignal eine sehr hohe Selektion im Bereich von 90 dB aufweisen. Für Systeme mit Direktempfang bedeutet Richtungstrennung durch unterschiedliche Betriebsfrequenzen einen beträchtlichen Filteraufwand im optischen Subsystem. Bei Systemen mit kohärentem Empfang kann die Filterung einfacher in ZF-Lage oder im Basisband erfolgen. In jedem Fall

Tabelle 31.1. Kennwerte von ISL-Terminals mit Direktempfang

System	Auftraggeber	Referenz	Orbit	Datenrate	Wellenlänge	Sendeleistung	Modulation	Teleskop-Ø	Masse	Leistungsaufnahme	Starttermin
				Mbit/s	nm	mW		mm	kg	W	
FSDD	NASA	[12]		2 × 325	800	50	QPPM		115	200	1995
OICETS	NASDA	[12]	590 km	50	847	2 x 200	NRZ	260	140	250	1994
ETS VI	NASDA	[12]		1	830			75	22		1994
SILEX	ESA	[1, 12, 13]	LEO/GEO	50	847	60	NRZ	250	157	150	1999
SOUT	ESA	[13, 14]	LEO	50	850	50	NRZ	70	25	65	Studie

wird die Frequenzselektion durch unterschiedliche Polarisation der beiden Übertragungsrichtungen unterstützt. Bei zirkularer Polarisation ist im Gegensatz zu linearer Polarisation der Drehwinkel der beiden Gegenstellen gegeneinander ohne Belang.

Eine Reihe von experimentellen Systemen wurde mit der beschriebenen Technologie in Europa, USA und Japan realisiert. Tabelle 31.1 gibt einen Überblick. Das System SILEX der ESA wird beispielhaft in Abschn. 31.4 beschrieben. Direktempfangssysteme bestechen durch ihren einfachen Aufbau, insbesondere wenn auf optische Verstärker im Sender und/oder Empfänger verzichtet wird. Die für die neueren Satellitenkonstellationen erforderlichen hohen Datenraten können sie aber nur mit Wellenlängenmultiplex von 4 bis 16 Kanälen [9] oder in Verbindung mit rauscharmen optischen Vorverstärkern erreichen [10, 11].

31.2.4 Komponenten und Kenngrößen des Kommunikations-Subsystems (Überlagerungsempfang)

Um höhere Datenraten zu übertragen sind Systeme mit Überlagerungsempfang erforderlich (s. a. Kap. 23). Die Motivation für die Benutzung solcher Systeme mit höherer Komplexität als bei Direktempfang liegt in der höheren Übertragungskapazität und in der höheren erzielbaren Empfängerempfindlichkeit. Empfänger mit Phasenmodulation und Homodynempfang können im Idealfall mit etwa 10 Fotonen pro Bit eine Fehlerhäufigkeit von $< 10^{-9}$ erreichen. Der wesentliche Effekt ist die Ausnutzung des durch Mischung mit dem Lokaloszillator (LO)-Signal erzielten Verstärkungseffektes, so daß bei ausreichend hoher LO-Leistung das Signal-Rausch-Verhältnis nur noch durch das Schrotrauschen aus der LO-Leistung bestimmt ist. Die maximal zulässige Leistung auf dem Detektor begrenzt die verwendbare LO-Leistung.

Abbildung 31.4 zeigt das Prinzipschaltbild für ein Kommunikations-Subsystem. Wegen der einfacheren Datenübertragung zwischen Terminal und Satellit und wegen der einfacheren Kodierung/Dekodierung bei niedrigen Bitraten erfolgt die Bildung des Zeitmultiplexsignals erst im Terminal. Das Datensignal bei der Summendatenrate wird dann verstärkt, um den elektro-optischen Phasenmodulator anzusteuern.

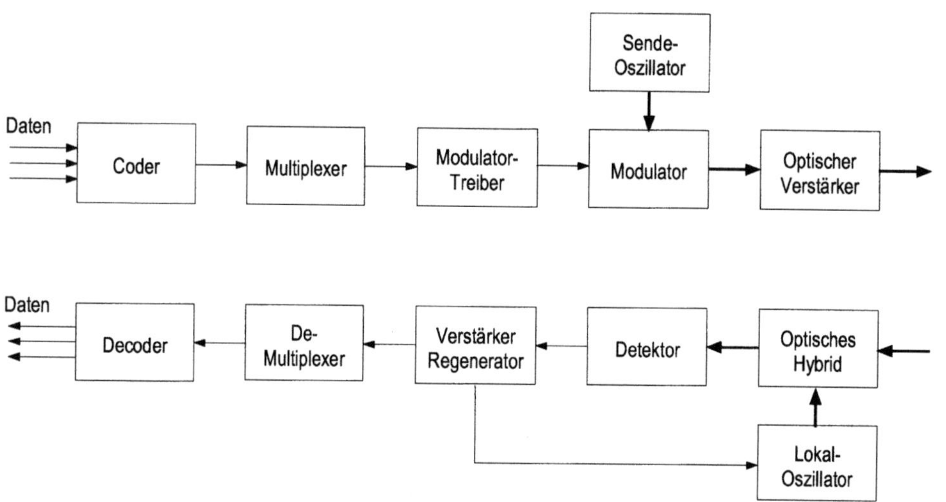

Abb. 31.4. Kommunikations-Subsystem für Überlagerungsempfang. Oben: Sendepfad; unten: Empfangspfad

Modulations- und Empfangsverfahren

Alle für terrestrische Übertragung bekannten Modulationsverfahren wie Amplitudenumtastung (amplitude shift keying ASK), Phasenumtastung (phase shift keying PSK), Differentielle Phasenumtastung (differential phase shift keying DPSK) kommen prinzipiell auch für optische ISLs in Frage. Wegen der höchstmöglichen Empfängerempfindlichkeit konzentriert sich das Interesse jedoch auf Binäre Phasenumtastung (binary phase shift keying BPSK) mit Homodynempfang. Das Hauptproblem bei Homodynempfang sind die hohen Anforderungen an die Phasenstabilität der optischen Oszillatoren, mit einer relativen Linienbreite unter 10^{-4} der Datenrate. Es wird entschärft durch die hohe Summendatenrate, typisch über 1 Gbit/s, und den Einsatz von diodengepumpten Nd:YAG-Lasern mit Linienbreiten unter 10 kHz.

Erste Systemexperimente wurden bei der Wellenlänge 10,2 µm mit CO_2-Lasern als Sender und Lokaloszillator durchgeführt. Die lange Wellenlänge führt jedoch zu großen Abmessungen für das optische Subsystem und

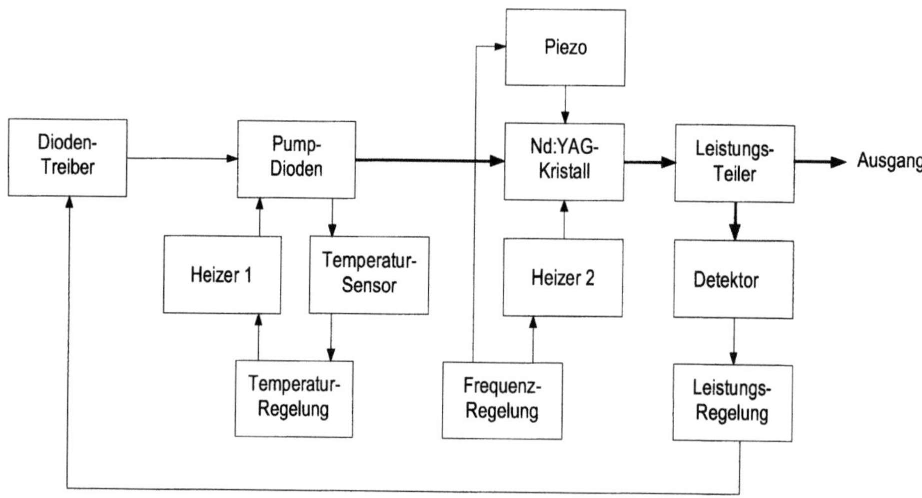

Abb. 31.5. Blockschaltbild eines Nd:YAG-Lasers, der als Sende- und Lokaloszillator eingesetzt wird

damit das Gesamtterminal [15]. Heute werden bevorzugt diodengepumpte Nd:YAG-Laser als Sende- und als Lokaloszillator eingesetzt [16, 17]. Abbildung 31.5 zeigt ein Blockschaltbild der Oszillatoranordnung mit den Pumplichtquellen und den Regelkreisen für Leistung und Frequenz.

Nd:YAG-Laser

Kernelement ist der Nd-dotierte Kristall mit Abmessungen im Bereich weniger Millimeter, der so gestaltet ist, daß sich die Feldverteilung des Pumplichtes und der Lasermode möglichst perfekt geometrisch überdecken. Nd besitzt mehrere Absorptionsbänder unterschiedlicher Breite und unterschiedlicher Wirkungsgrade.

Optisch/optische Wirkungsgrade im Bereich von 25% werden mit Pumpwellenlängen von 808 nm erreicht. Ein geringer Teil der Ausgangsleistung wird für die Leistungsregelung einem Detektor zugeführt. Der optische Isolator im Ausgangsstrahl verringert die Empfindlichkeit gegen Rückreflexionen nachfolgender optischer Elemente. Die Ausgangsleistung im Bereich von 50 mW wird in freier Strahlführung oder nach Polarisationswandlung elliptisch/linear mit einer polarisationserhaltenden Monomodefaser zum Phasenmodulator geführt.

Die Wellenlänge des Senders muß unter Berücksichtigung aller übrigen Toleranzen und Störgrößen, wie Dopplereffekt durch die Relativbewegung der beiden Terminals und Drift beider Oszillatoren über Alterung und Strahlungseinflüsse, innerhalb des Fangbereichs des Empfängeroszillators liegen. Die tatsächlich emittierte Sendefrequenz hängt ab von der Temperatur des Laserkristalls und anderen Parametern wie Umgebungsdruck und mechanischen Spannungen. Diese Parameter müssen im Betrieb sehr präzise beherrscht werden, die Temperatur z.B. im Bereich einiger mK. Andererseits können sie aber auch innerhalb eines Bereiches, der frei ist von Modensprüngen des Laserresonators, benutzt werden zur Frequenzfeinabstimmung, zum Ausgleich von Fertigungstoleranzen und der Dopplerverschiebung.

Optisches Pumpen

Die Pumpleistung wird bei seitengepumpter Ausführung großflächig in den Laserkristall eingespeist und in den strahlführenden Bereich fokussiert. Effizienter ist die Zuführung des Pumplichtes über eine Pumpfaser, die eine bessere geometrische Überdeckung mit dem Lasermode erlaubt und dadurch die Erwärmung des Kristalls durch Absorption in nicht strahlenden Bereichen minimiert. Hierzu muß die Pumpleistung zunächst in die Pumpfasern eingekoppelt werden, was mit hohem Wirkungsgrad (>70%) möglich ist. Durch die Verwendung mehrerer Dioden zur Versorgung eines Kristalls wird eine einfache Pump-Redundanz zur Erhöhung der Gesamtzuverlässigkeit möglich. Durch Selektion und Feinabstimmung über die Betriebstemperatur muß sichergestellt werden, daß die Wellenlänge der Pumpdioden im Absorptionsfenster der Nd-Dotierung des Kristalls liegt und über die Lebensdauer des Systems dort bleibt. Die Betriebstemperatur kann durch Heizen oder – allerdings mit höherem Leistungsverbrauch – durch Kühlen eingestellt werden. Sie kann auch benutzt werden, um die Wellenlängendrift der Pumpdioden auszugleichen, die mit der Erhöhung des Betriebsstroms zum Ausgleich der Alterung einhergeht.

Treiberverstärker und Modulator

(s.a. Kap. 15)

In Systemen mit optischer Frequenz- oder Phasenmodulation müssen hohe Anforderungen an die Modulationscharakteristik gestellt werden, die nur mit externer Modulation z.B. in einem elektro-optischen Modulator erfüllt werden können. Der Treiberverstärker liefert das Datensignal mit einem Spannungshub im Bereich von bis zu 10V an den elektrooptischen Phasenmodulator. Er muß gleichzeitig die Forderungen nach hoher Bandbreite, hohem Spannungshub und nach geringer Leistungsaufnahme erfüllen. Der Modulator kann z.B. aus $LiNbO_3$ in Freistrahloptik (bulk) oder in integriert-optischer Bauweise ausgeführt sein. Bei letzterem kommt der Polarisationserhaltung, der Leistungsfestigkeit und der Strahlungshärte der verwendeten Materialien besondere Bedeutung zu. Zulässige Eingangsleistungen im Bereich 50 mW wurden erreicht. Problematisch ist immer die für eine Phasenumtastung von 180° erforderliche hohe Ansteuerspannung von bis zu 10 V_{ss}, die vor allem bei hohen Datenraten nur mit hohem Aufwand an Schaltungstechnik und Verlustleistung erreichbar ist. Daneben darf die Modulation keinen Einfluß auf die geometrische Strahlführung im Modulator haben, damit parasitäre Richtungsmodulation vermieden wird.

Optischer Verstärker

Die Leistungstragfähigkeit integriert-optischer Modulatoren reicht heute nicht für die direkte Verarbeitung des Sendesignals aus. Deshalb muß ein optischer Verstärker nachgeschaltet werden, der als Faserverstärker aufgebaut werden kann und sich in seinem Aufbau prinzipiell nicht von den terrestrisch eingesetzten Verstärkern unterscheidet. Unterschiede liegen allerdings im mechanischen Aufbau und in der verwendeten aktiven Faser. Ihre Dotierung muß bei der abweichenden Wellenlänge (1064 nm) hohen Wirkungsgrad bieten und auch strahlungshart sein. Es kommen Dotierungen mit Nd (Pumpwellenlänge 808 nm) und mit Yb (Pumpwellenlänge 915 nm oder 970 nm) in Betracht [18]. Weil für die freie Ausbreitung im Weltraum keine Beschränkungen der optischen Sendeleistung durch nichtlineare Effekte im Übertragungsmedium zu berücksichtigen sind, können die verfügbaren Leistungen bis über 1 W (Faserverstärker) und bis 10 W („Bulk"-Verstärker) voll genutzt werden. Bezüglich der Versorgung mit Pumpleistung gelten grundsätzlich die gleichen Überlegungen wir für Nd:YAG-Laser. Optisch/optische Wirkungsgrade von bis zu 40% wurden erreicht.

Mindestempfangsleistung
(s.a. Kap. 23 und 24)

Die im Empfänger zur Einhaltung einer maximalen Bitfehlerwahrscheinlichkeit (z.B. 10^{-9}) benötigte Mindestempfangsleistung hängt von einer Reihe von Parametern ab wie z.B. vom Übertragungsverfahren, vom Auftreten besonderer Störungen wie starkes Hintergrundlicht, vom Detektions- und Demodulationsverfahren, von möglicherweise zur Verbesserung der Streckenbilanz eingeführter Kodierung, und von der Datenrate. Wegen der höchsten erzielbaren Empfindlichkeit beschränken wir uns hier für Systeme mit Überlagerungsempfang auf die Betrachtung von Phasenmodulation und Homodynempfang. Unter idealen Bedingungen reichen pro Bit 10 empfangene Fotonen aus, um eine Fehlerhäufigkeit von $< 10^{-9}$ zu erreichen.

In der Praxis wird dieser Wert nicht erreicht. Ursache sind die bereits erwähnten Rauscheigenschaften von Sende- und Lokaloszillator ebenso wie dynamische Restfehler der LO-Phase, Wellenfrontfehler und nichtideale Ausrichtung der LO-Wellenfront mit der empfangenen Wellenfront (Winkelfehler), nicht perfekte Übereinstimmung der geometrischen Verteilung von empfangener und LO-Leistung auf dem Detektor, und schließlich die durch Detektoreigenschaften begrenzte zulässige LO-Leistung selbst. Praktische Realisierungsverluste liegen im Bereich von 5 bis 10 dB.

Optische Phasensynchronisation

Bei kohärentem Empfang muß die Phase des Lokaloszillators den Änderungen der Empfangsphase folgen. Zur Beseitigung der Zweideutigkeit (Trägerunterdrückung!) in der Phase des Empfangssignals wird klassisch eine Costas-Schleife verwendet [19]. Teilwellen von Empfangssignal und Lokaloszillator (LO) werden in unterschiedlicher Phasenkombination überlagert und detektiert. Die Multiplikation der erhaltenen Inphase- und Quadratursignale liefert ein Fehlersignal zur Nachführung der LO-Phase. An diesem Verfahren ist nachteilig, daß ein optisches 90°-Hybrid mit 4 Ausgängen benötigt wird zur Überlagerung der Teilwellen und zur Erzeugung der Signale für die Detektion in Gegentaktanordnung.

Die Zweideutigkeit der optischen Phase kann unter mäßigen Einbußen (im Bereich von einigen dB) bei der Empfangsempfindlichkeit auch durch einfachere Mittel aufgelöst werden. Beim Restträgerverfahren (auch Pilottonverfahren) wird ein Phasenhub $\Phi < 180°$ gewählt, so daß ein unmodulierter Trägeranteil übertragen wird, auf den der Empfänger synchronisieren kann. Der von 180° abweichende Anteil der Trägerphase wird also nur für Synchronisationszwecke und nicht für die Informationsübertragung genutzt.

Beim Syncbitverfahren [20] wird in den Datenstrom in festen Abständen, z.B. nach jedem zehnten Bit, ein festes Bit eingefügt. Sein Wert ist im Empfänger bekannt und kann zur Erkennung der richtigen Trägerphase genutzt werden. Durch das Einfügen des Zusatzbits wird die Datenrate erhöht, mit entsprechender Einbuße bei erreichbarer Empfängerempfindlichkeit und Zusatzaufwand in der Sende- und Empfangselektronik.

In Tabelle 31.2 ist eine Reihe von experimentellen Systemvorschlägen aufgelistet. Die neueren Vorschläge sind getrieben vom großen kommerziellen Interesse an optischen ISLs für hohe Datenraten.

Tabelle 31.2. Vorgeschlagene oder in Entwicklung befindliche ISL-Systeme mit Überlagerungsempfang

System	Auftraggeber	Referenz	Sende-Laser	Empfangsverfahren	Datenrate	Wellenlänge	Sendeleistung	Teleskop-Ø	Leistungsaufnahme	Masse	Status	Jahr
					Mbit/s	nm	W	mm	W	kg		
CO_2	ESA	[13, 15]	CO_2	Homodyn	1000	10 200	1	250			Demonstrator	1986
SOLACOS	DLR	[21]	Nd:YAG	Heterodyn	1000	1064					Demonstrator	1995
SROIL	ESA	[13, 22]	Nd:YAG	Homodyn	1200	1064	1	35	40	20	Demonstrator	1998
LCT	DLR		Nd:YAG	Homodyn	8000	1064	1	100	100	20	Demonstrator	1998

31.2.5
Optische Baugruppen und optische Aspekte

Im optischen Terminal werden in Verbindung mit der Formung, der Filterung, der Kombination und Trennung verschiedener Signale, sowie der Führung und der Ausrichtung der optischen Signale eine Reihe von refraktiven und reflektiven optischen Elementen benutzt, die alle aus der klassischen Optik bekannt sind. Beispiele sind Linsen, Objektive, Umlenkspiegel, Blenden, Strahlteiler, Wellenplatten. Die extremen Umweltanforderungen (Vibration, Temperatur, Sonneneinstrahlung, radioaktive Strahlung) schränken allerdings die Materialauswahl bei Gläsern und Beschichtungen deutlich ein. Diese Elemente sind auf einer optischen Bank zusammengefaßt, die entweder temperaturstabilisiert werden muß oder aus Materialien mit geringer Wärmeausdehnung (Invar, Zerodur) in einem athermalen Aufbau realisiert wird. Neben der Verarbeitung der Kommunikationssignale liefert die optische Bank geeignete Signale für die verschiedenen Sensoren des Ausricht- und Nachführsystems.

Teleskop

Das Teleskop sendet den kollimierten Sendestrahl mit möglichst geringem Öffnungswinkel in Richtung des Gegenterminals und empfängt das von diesem ausgesendete Signal. Es soll bei kleinen Abmessungen und niedriger Masse einen möglichst großen Antennengewinn bieten. Die Anforderungen an die optische Qualität, an Blickfeld, Streulichtverhalten und Transmissivität der Teleskope unterscheiden sich nicht wesentlich von z. B. astronomischen Anwendungen. Allerdings erfordert der Aspekt der erforderlichen Bewegbarkeit und genauen Ausrichtung, zusammen mit der Forderung nach niedriger Masse, eine spezielle Betrachtung [23]. Abbildung 31.6 zeigt den schematischen Aufbau eines reflektiven Teleskops (Cassegrain) mit Haupt- und Hilfsreflektor und einer gaußförmigen Amplitudenbelegung der Austrittsapertur. Teile der mechanischen Halterung sind weggelassen. Durch den Hilfsreflektor im Zentrum abgeschattete Bereiche sind schraffiert. Das für die Ermittlung der Streckenbilanz des Übertragungssystems interessante Fernfeld des Teleskops ergibt sich durch Fouriertransformation der Aperturbelegung. Die Aperturbelegung des Teleskops kann zur Formung und

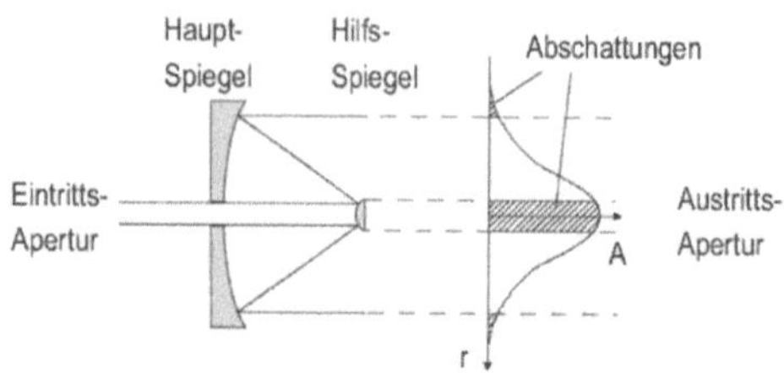

Abb. 31.6. Cassegrain-Teleskop und Aperturbelegung A über Radius r. Durch den Sekundärspiegel abgeschattete Flächen und Leistungsanteile, die den Primärspiegel überstrahlen, sind schraffiert

Optimierung des Sendestrahls benutzt werden. Die volle Ausleuchtung des Hauptspiegels mit quasi konstanter Feldstärke liefert den höchsten Antennengewinn.

Gewinn des Teleskops

Der Gewinn des idealen Sende- bzw. Empfangsteleskops g_{TSi} bzw. g_{TEi} mit Öffnungsdurchmesser D ist wird auf Sende- und Empfangsseite auf den isotropen Strahler bezogen. Er ist für konstante Aperturbelegung gegeben durch

$$g_{TSi/TEi} = 10 \log (\pi D/\lambda)^2 . \tag{31.5}$$

Der Gewinn ist ausschließlich bestimmt vom Verhältnis Durchmesser zu Betriebswellenlänge.

Bei konstanter Belegung der Apertur ist das Fernfeld nicht frei von Nebenzipfeln. Eine stärkere Konzentration der Sendeleistung auf die Hauptkeule wird mit gaußförmiger Amplitudenbelegung der Apertur erzielt. Dann gilt für den Idealfall von vernachlässigbarer Abschattung oder Beschneidung des Gaußfeldes bei Weite w der Aperturverteilung (volle Weite, Abfall der Amplituden auf 1/e) für den idealen Gewinn

$$g_{TiG} = 10 \log (\sqrt{2}\pi\, w/\lambda)^2 \tag{31.6}$$

In beiden genannten idealisierten Fällen wird der Gewinn reduziert durch Verluste a_G aus den nichtidealen Eigenschaften des Teleskops, z. B. Abschattung durch Sekundärspiegel und dessen Halterung, optischer Wirkungsgrad von Reflektoren, Reflexion an nichtideal entspiegelten Flächen, Depolarisation, Verluste in Filtern zur Unterdrückung von Hintergrundlicht, und aus nicht vollständiger Belegung der Apertur, so daß

$$g_{TS/TE} = g_{TSi/TEi} - a_G \tag{31.7}$$

bzw.

$$g_{TG} = g_{TiG} - a_G . \tag{31.8}$$

Die Verluste a_G liegen im Bereich von einigen dB.

Auf Grund von Restfehlern SR (Definitionshelligkeit; Strehl ratio) der optischen Wellenfront des Senders und des Teleskops tritt eine zusätzliche Aufweitung des Sendestrahls auf, die für kleine Fehler durch die Strehl-Verluste

$$\begin{aligned} a_{SR} &= 10 \log (SR) \\ &= 10 \log (e \exp(-(\text{WFE} \cdot 2\pi/\lambda)^2)) \end{aligned} \tag{31.9}$$

mit dem Effektivwert des Wellenfrontfehlers WFE (wave front error) beschrieben und in der Streckenbilanz berücksichtigt wird. Die Abweichung von der Ebenheit der optischen Wellenfront des Senders liegt typischerweise im Bereich $\lambda/20$ bis $\lambda/40$; zusammen mit den optischen Fehlern des Teleskops, die in der gleichen Größenordnung liegen, ergeben sich z. B. Strehl-Verluste für WFE = $\lambda/15$ von

$$a_S \approx 0{,}8 \text{ dB}.$$

Teleskoptypen

Kleinere Teleskope ($D < 50$ mm) werden bevorzugt als Linsenteleskope ausgeführt. Praktische Bedeutung haben aber vor allem größere Durchmesser, deshalb wird die Betrachtung auf Spiegelteleskope beschränkt. Abbildung 31.7 zeigt einige Ausführungsformen.

Abbildung 31.7 a zeigt das Grundschema des sehr kompakten Cassegrain-Teleskops. Die zusätzlich erforderlichen Elemente zur Bewegung des Sendestrahls, die mechanische Struktur und die Mechanismen zur Bewegung sind hier nicht dargestellt. Im Coudé-Teleskop (Abb. 31.7 b) wird das optische Signal durch die Lager der beiden Drehachsen des Grobausrichtmechanismus hindurch in das Teleskop geführt. Hier wird zwar nur das Teleskop selbst um die beiden senkrecht zueinander stehenden Achsen 1 und 2 bewegt, die Mechanismen müssen jedoch wegen der Verbindung von mechanischer und optischer Funktion beiden Anforderungen genügen und sind deshalb aufwendig und schwer. Das Cassegrain-Teleskop nach Abb. 31.7 c ist zusammen mit dem Spiegel 1 um die Teleskopachse dreh-

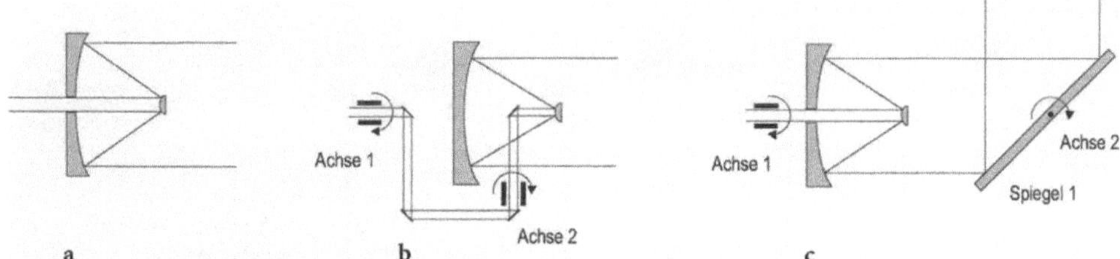

Abb. 31.7a–c. Bauformen von Teleskopen. **a** Cassegrain-Teleskop, **b** Coudé-Teleskop mit Strahlführung durch die Grobausricht-Achsen hindurch, **c** Cassegrain-Teleskop mit einer Drehachse (Azimuth) durch die Teleskop- achse („Periskop") und einem Planspiegel zur Strahlablenkung (Elevation)

bar („Periskop"); die Ausrichtung des Strahles in der zweiten Achse wird mit dem in einer Achse beweglichen Planspiegel durchgeführt. Diese Form verbindet einfache Mechanismen mit geringer Masse, allerdings ist der Drehwinkel um die Achse 2 begrenzt. Es kommt deshalb nur in Frage, wenn die Satellitenkonstellation solche Einschränkungen tolerieren kann.

Das Teleskop ist in den freien Weltraum gerichtet und den dort herrschenden Umgebungsbedingungen ausgesetzt. Dabei muß es hohe optische Qualität (Wellenfrontfehler $<\lambda/15$) aufweisen. Die Materialauswahl muß deshalb hohe mechanische Stabilität, geringe Wärmeausdehnung, Beständigkeit gegen extreme Temperaturen und gegen Strahlung sicherstellen. Neben Metallen (Invar) werden Glaskeramik, Siliziumcarbid oder kohlefaserverstärkte Kunststoffe verwendet. Die Strukturen und speziell der Hauptspiegel werden zur Masseeinsparung sehr dünnwandig ausgeführt, so daß die ideale Form u.U. erst erreicht wird, wenn der Einfluß der Gravitation entfällt.

Streulicht

Streulicht äußert sich als Anteil der eigenen Sendeleistung oder Leistung von externen Störquellen außerhalb des Empfängerblickfeldes, der auf den Empfänger des eigenen Terminals gelangt. Die Störleistung verschlechtert die Empfängereigenschaften und die Richtungstrennung. Wegen der im Vergleich zur Empfangsleistung sehr hohen Sendeleistung sind die Streulichteigenschaften aller optischen Bauteile und ihre Anordnung im Strahlengang sehr kritisch zu beachten. Streulicht kann durch den Einsatz von Blenden, Optiken mit geringer Reflexion und von Strukturelementen mit hoher Absorption minimiert werden [24].

Strahlführung im Terminal

Im Betrieb befindet sich das Optische Terminal im Hochvakuum des Weltraums. Deshalb kann das optische Signal auf der optischen Bank des Terminals problemlos frei geführt werden. Diese Aufbautechnik hat zudem den Vorteil geringer Verluste. Zu beachten ist allerdings die Situation bei Lagerung und Transport auf dem Boden und während der Tests, weil durch die abweichende Brechzahl der Luft die optischen Eigenschaften verändert werden. Die freie Strahlführung erfordert eine größere Zahl optischer Elemente auf einer optischen Bank und eine sehr stabile Aufbautechnik, welche die mechanischen Belastungen des Raketenstarts und die rauhe thermische Umgebung im Betrieb ohne Beeinträchtigung der Leistungsdaten übersteht. Als Alternative wird der Einsatz optischer Fasern zur Führung der optischen Signale im Terminal untersucht. Die Vorteile liegen im geringeren Gesamtgewicht dieser Lösung, verbunden mit größerer Flexibilität beim Entwurf der Gesamtanordnung des Terminals.

31.3 Ausrichtung und Nachführung

31.3.1 Gesamtaufbau des Ausricht- und Nachführsubsystems

Das Subsystem zur Ausrichtung und Nachführung des Sendestrahls (pointing, acquisition and tracking, PAT, Abb. 31.8) führt alle Funktionen aus, die zum Aufbau und zur Auf-

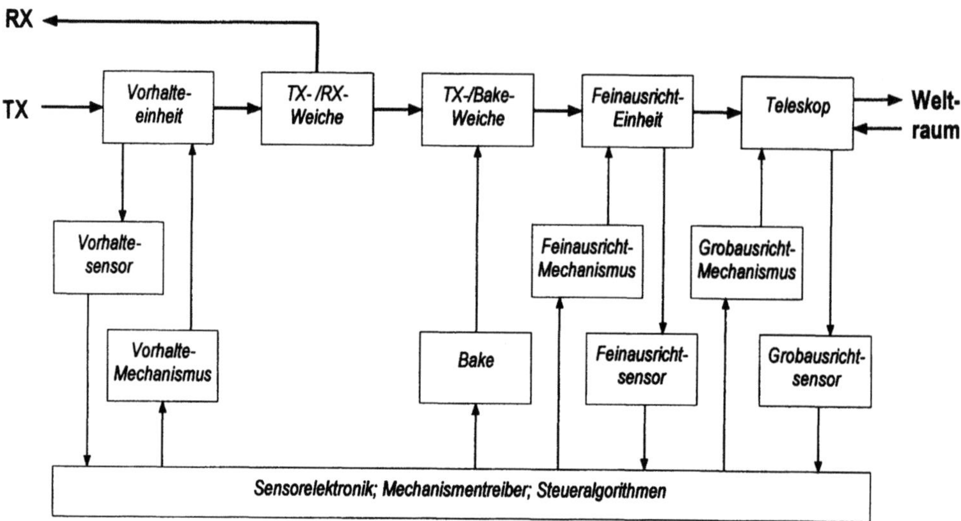

Abb. 31.8. Baugruppen des Ausricht- und Nachführsubsystems

rechterhaltung der optischen Verbindung erforderlich sind. Es verfügt über Mechanismen, um das Teleskop grob auszurichten und in einer zweiten Regelstufe die Strahlführung innerhalb des Teleskops fein auszurichten. Die Steuersignale für diese Mechanismen werden von Sensoren (Grobausrichtsensor, Feinausrichtsensor) geliefert, welche Abweichungen von der Solllage detektieren. In der Phase des Verbindungsaufbaus wird zusätzlich der Akquisitionssensor mit Signal versorgt, um das Gegenterminal sicher erkennen zu können. Der Vorhaltemechanismus erlaubt die Einstellung unterschiedlicher Blickrichtungen für Sende- und Empfangsstrahl. So kann der Einfluß der Signallaufzeit auf die beiden Soll-Richtungen kompensiert werden.

Alle Winkelangaben in diesem Abschnitt sind Fernfeldgrößen. Bei der Betrachtung der Winkelverhältnisse im Terminal ist zu berücksichtigen, daß die internen Winkel um die Teleskopvergrößerung verkleinert werden.

31.3.2 Verbindungsaufbau

Bevor die Datenübertragung über eine Intersatellitenverbindung aufgenommen werden kann müssen die beiden beteiligten Terminals relativ zueinander ausgerichtet werden. Zum Aufbau der Verbindung wird eine Reihe von Betriebszuständen durchlaufen, wie in Abb. 31.9 dargestellt.

Ruhemodus

Solange keine Verbindung besteht und auch kein Verbindungsaufbau versucht wird befindet sich das Terminal aus Gründen der Betriebssicherheit und der Leistungsersparnis in einem Ruhemodus. Lediglich einige überlebenswichtige Funktionen wie z.B. bestimmte Heizer und der Empfänger für Kommandos des Satelliten sind aktiv. Das Terminal befindet sich z.B. während des Satellitenstarts und während bestimmter Bahnmanöver des Satelliten in diesem Modus.

Ausrichten

Zur Vorbereitung des Verbindungsaufbaus wird das Teleskop mit dem Grobausrichtmechanismus in eine vom Terminalrechner vorberechnete absolute Richtung geführt (open loop pointing). Diese ergibt sich aus Informationen vom Satelliten über die eigene Bahn und Orientierung im Raum, sowie über die Bahn des Partnersatelliten. Diese Daten sind allerdings nur mit endlicher Genauigkeit bekannt (Unsicherheitsbereich). Abbildung 31.10 zeigt das Szenario. In diesem Modus sind wegen der großen Winkelbewegungen starke Reaktionsmomente auf den Satelliten zu erwarten, die die erreichbare Genauigkeit der Ausrichtung begrenzen.

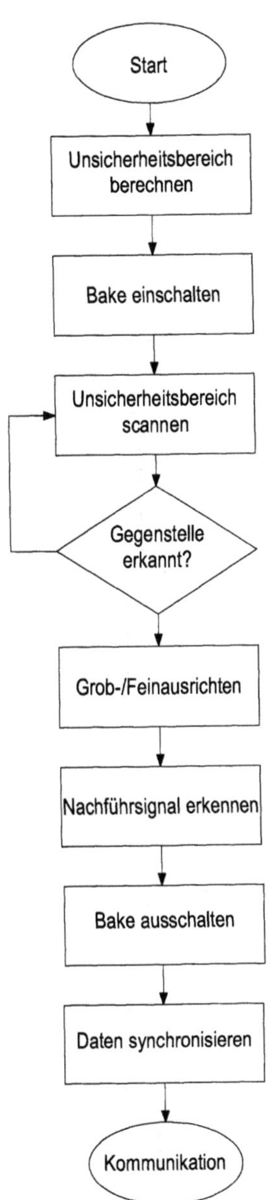

Abb. 31.9. Betriebszustände des Terminals. Das Flußdiagramm zeigt die Betriebszustände und die zeitliche Folge, in der sie durchlaufen werden

Akquisition

Der nun beginnende Suchvorgang wird erleichtert durch Zuschalten eines leistungsfähigen optischen Suchstrahls (Bake; beacon). Durch geeignete Auslegung des optischen Subsystems, z.B. eine nur teilweise Belegung der Sendeapertur, wird die Strahlaufweitung in diesem Betrieb gegenüber dem Kommunikationsstrahl vergrößert und damit der Suchvorgang vereinfacht. Der Suchstrahl wird mit leistungsstarken Laserdioden (Breitstreifenstruktur) realisiert und im Terminal meist über Glasfasern geführt. Seine Leistung kann zwischen 5 W und 10 W liegen. Die Auslegung des gesamten optischen Teilsystems wird vereinfacht, wenn für Suchstrahl und Kommunikation die selbe Wellenlänge benutzt wird. Ansonsten muß die Wellenlänge des Suchstrahls nicht zwingend mit der Kommunikationswellenlänge übereinstimmen und wird im allgemeinen nach anderen Gesichtspunkten gewählt wie verfügbare Leistung bestimmter Quellen, deren Wirkungsgrad und Zuverlässigkeit und Verfügbarkeit geeigneter Akquisitionssensoren. Wellenlängen von 808 nm oder 870 nm sind wegen der Verfügbarkeit leistungsfähiger Dioden zum Pumpen von Nd:YAG gebräuchlich. Die zulässige Geschwindigkeit der Suchbewegung wird durch die Auswertezeiten im Akquisitionssensor der Gegenstelle für den kurzzeitig empfangenen Suchstrahl und das zulässige Reaktionsmoment auf den Satelliten begrenzt.

Der Suchstrahl wird nun spiralförmig von innen nach außen über den Unsicherheitsbereich geführt, bis er von der Gegenstelle erkannt wird. Die Gegenstelle richtet unverzüglich den eigenen Suchstrahl in die Richtung, aus der der Suchstrahl empfangen wurde, so daß auch das andere Terminal den Strahl erkennen und sich danach ausrichten kann. Wurde von beiden beteiligten Terminals die Gegenstelle erkannt, wird über Grob- und Feinausrichtung das Teleskop so gut wie möglich auf die Gegenstelle ausgerichtet, bis der Empfangsfleck des Suchstrahls der Gegenstelle im Zentrum des Akquisitionssensors und damit im Sichtbereich des Nachführsensors (tracking sensor) liegt (Abb. 31.12). Dies wird kontinuierlich durch Auswertung des Signals des Akquisitionssensors überwacht. Befindet sich der empfangene Lichtfleck im Zentrum des Akquisitionssensors, wird auf den Nachführbetrieb (tracking) umgeschaltet.

Nachführen

Die Bake wird nun ausgeschaltet und das Terminal geht in den Kommunikationsmodus. Im Nachführbetrieb wird die Bewegung der Gegenstelle mit dem hochauflösenden Nachführsensor verfolgt und die Ausrichtung des

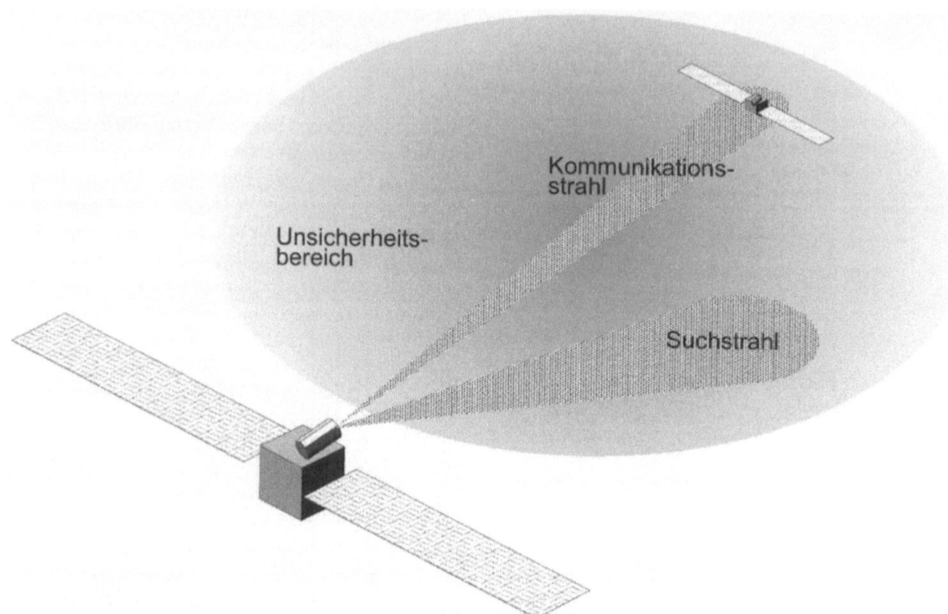

Abb. 31.10. Verbindungsaufbau. Die Gegenstelle wird mit Hilfe des Suchstrahls gesucht, die Verbindung wird durch Nachführen des Kommunikationsstrahls aufrechterhalten

Empfangspfades (Teleskop, Strahlführung im Teleskop) kontinuierlich nachgeführt. In diesem Betriebszustand liegt der Empfangsfleck des Kommunikationssenders im wesentlich kleineren Sichtfeld des Nachführsensors.

Ausricht-Verluste (pointing loss)

Die beiden über eine optische Freiraumverbindung verbundenen Terminals bewegen sich mit hoher Geschwindigkeit durch den Weltraum und sind neben ihrer Relativbewegung zusätzlich ständigen Störungen ihrer gegenseitigen Ausrichtung unterworfen. Diese haben ihre Ursache z. B. in Steuerungsmanövern des Satelliten zur Bahnkorrektur. Die Einflüsse dieser Störungen können nicht vollständig ausgeregelt werden, so daß statische und dynamische Restfehler zu erwarten sind, die auch die Leistungsbilanz der optischen Übertragungsstrecke beeinträchtigen und als Ausrichtverluste a_A in der Systembilanz berücksichtigt werden. Die Größe von a_A steigt mit der Größe des Winkelfehlers der Ausrichtung und dem Teleskopdurchmesser und liegt für typische Auslegung im Bereich von einigen dB.

Die Dimensionierung von Öffnungswinkel des Suchstrahls, Gesichtsfeld und Auflösung von Akquisitionssensor und Nachführsensor und die Festlegung der Schwenkgeschwindigkeit der Mechanismen ist eine sehr komplexe Optimierungsfunktion die darauf zielt, den gesamten Vorgang des Verbindungsaufbaus in möglichst kurzer Zeit und mit höchstmöglicher Erfolgswahrscheinlichkeit des ersten Versuchs durchzuführen. Die für den Verbindungsaufbau erforderliche Zeit liegt im Bereich von einer Minute. Genau wie für den Kommunikationsbetrieb müssen auch für Akquisition und für Tracking Leistungsbudgets berechnet werden, um diese Funktionen auch unter ungünstigen Bedingungen sicherzustellen.

Vorhaltewinkel

Intersatellitenverbindungen sind gekennzeichnet durch große Distanzen L (z. B. 10000 km, Abb. 31.11) zwischen den Terminals und durch Teleskopdurchmesser, die aus Leistungsgründen im Bereich von 100 mm liegen. Der volle Öffnungswinkel des Senderfernfeldes bei Gauß'scher Belegung der Teleskopapertur mit der Strahlweite $2\,w_0$ ist

$$\theta_F = 4\lambda/\pi 2\,w_0 \qquad (31.10)$$

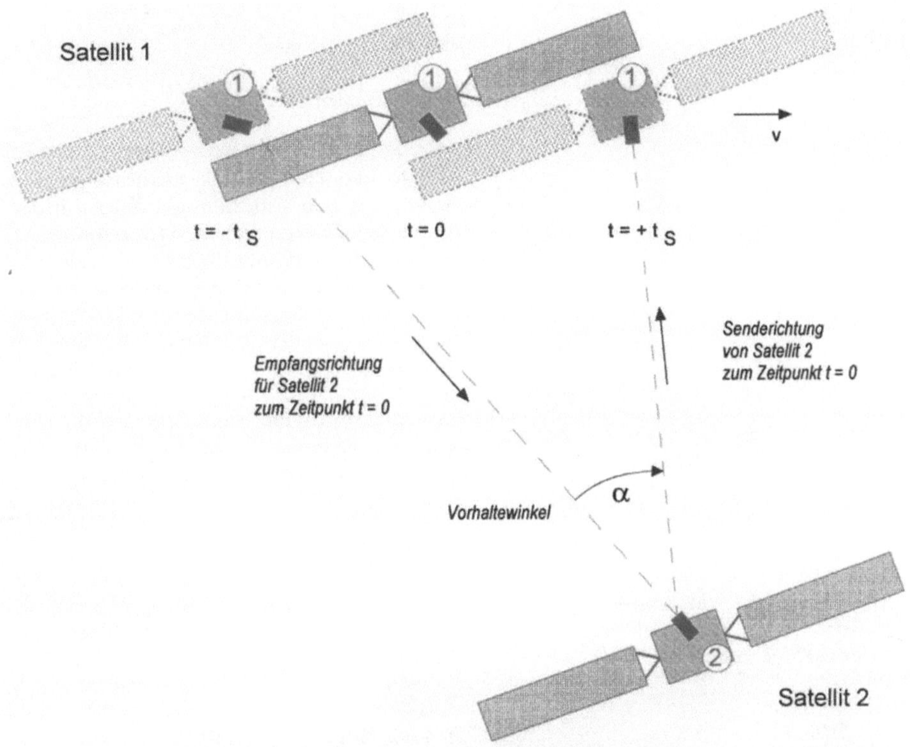

Abb. 31.11. Definition des Vorhaltewinkels. Das Teleskop auf Satellit 2 zeigt in Richtung des empfangenen Strahls (Ort von Satellit 1 zum Zeitpunkt $t = -t_s$), seine Senderichtung hält entsprechend der Relativgeschwindigkeit der Terminals und der Ausbreitungsgeschwindigkeit des Signals um α vor (Ort von Satellit 1 zum Zeitpunkt $t = +t_s$)

Der Durchmesser des Senderfernfeldes am Empfangsort im Abstand L

$$D_E = L\,\theta_F \qquad (31.11)$$

liegt mit diesen Zahlenwerten und $\lambda = 1\ \mu m$, $2w_0 = 50$ mm bei $D_E = 250$ m. Die Relativgeschwindigkeit der beiden Terminals quer zur Sichtlinie (Abb. 31.11) kann bis zu $v = 7000$ m/s betragen. In der Signallaufzeit

$$t_S = L/c \qquad (31.12)$$

ändert sich die relative Position der beiden Terminals unter Verwendung der genannten Zahlenwerte um

$$x = v t_S = 233\ \text{m}\,. \qquad (31.13)$$

Dieser Wert liegt in der selben Größenordnung wie der Durchmesser des Fernfeldes am Empfangsort und würde ohne Korrekturmaßnahmen die Aufrechterhaltung der Verbindung unmöglich machen. Um sicherzustellen, daß das gesendete Signal zum Empfangszeitpunkt am Ort der Gegenstelle eintrifft, muß die Senderichtung gegenüber der Empfangsrichtung um $\alpha = 2\times/L$ vorgehalten werden (point ahead). Der Vorhaltemechanismus ist in Anforderungen und technischer Ausführung sehr ähnlich dem Feinausrichtmechanismus.

Akquisitionssensor

Ein CCD-Array mit bis zu 1000 × 1000 Pixel ermöglicht mit seiner hohen Auflösung, daß der Suchstrahl der Gegenstelle frühzeitig erkannt wird und die Wahrscheinlichkeit einer schon beim ersten Durchgang erfolgreichen Akquisition sehr hoch gemacht werden kann. Beim Übergang von der Akquisition in das Nachführen muß vom Akquisitionssensor eine Auflösung gefordert werden, die besser ist als der Stellbereich des Feinausrichtsensors. Dazu

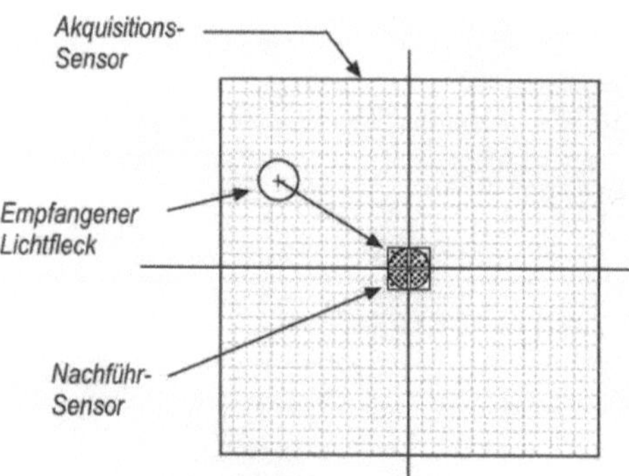

Abb. 31.12. PAT-Sensoren: Die Ausrichtmechanismen werden so gesteuert, daß sich der empfangene Lichtfleck zum Zentrum des Akquisitionssensors bewegt, bis er schließlich vom Nachführsensor erfaßt wird

kann die Auflösung eines solchen Detektors durch Gewichten der Leistungsanteile von benachbarten Pixels (Interpolation) elektronisch weiter verbessert werden.

Feinausrichtsensor

Als Feinausrichtsensor wird meist eine Vier-Quadranten-Fotodiode aus Silizium oder InGaAs verwendet, eventuell auch als Quadranten-APD mit deutlich verbesserter Empfindlichkeit [25]. Die für den Nachführsensor erforderliche optische Leistung muß durch Leistungsteilung vom Kommunikationssignal abgetrennt werden. Es ist deshalb wünschenswert, ein Verfahren zur Detektion des Ausrichtfehlers mit möglichst hoher Empfindlichkeit zu haben. Die höchste Empfindlichkeit ist erzielbar mit kohärentem Nachführen (coherent tracking). Es nutzt den sehr rauscharmen Verstärkungseffekt durch Überlagerung des auszuwertenden Signals mit dem LO aus und unterdrückt gleichzeitig inkohärente Hintergrundleistung. Besonders vorteilhaft wird dieses Verfahren, wenn die Funktion des Nachführsensors vom Kommunikationsdetektor mit übernommen werden kann, z.B. durch Aufteilung des Kommunikationsdetektors in vier Quadranten.

31.3.3 Schwenkmechanismen

Grobausrichtung

Der Grobausrichtmechanismus muß den Sendestrahl in eine beliebige Richtung richten können, um den Verbindungsaufbau mit der Gegenstelle zu ermöglichen. Dazu schwenkt er entweder das gesamte Teleskop, möglicherweise sogar einschließlich der direkt angebauten optischen Bank, oder aber nur Planspiegel vor dem Ausgang des feststehenden Teleskops. Die Bewegung muß in zwei Achsen erfolgen, was zwei meist identische Grobausrichtmechanismen mit den zugehörigen Antriebseinheiten erfordert. Wenn die Bahnkonstellation der Satelliten eine Einschränkung des Schwenkbereichs in einer Achse zuläßt, ist auch eine Kombination von einer Teleskop-Schwenkachse mit nur einem vorgebauten Spiegel möglich (Abb. 31.7c). Die Ausrichtgenauigkeit liegt im Sub-mrad-Bereich bei Grenzfrequenzen im Bereich von einigen zehn Hertz. Als Antrieb werden Schrittmotoren mit Überwachung der Augenblicksposition durch Winkel- oder Drehsensoren eingesetzt [26]. Die Ausrichtgenauigkeit ist durch die erreichbare Justagegenauigkeit zwischen den verschiedenen Sensoren und die Auflösung des Positionsgebers begrenzt.

Feinausrichtung und Vorhalteeinrichtung

Diese Mechanismen sind gekennzeichnet durch kleinen Winkelstellbereich (wenige zehn µrad im Fernfeld) bei einer Einstellgenauigkeit im Bereich von 1 µrad und hoher Grenzfrequenz im Bereich bis 10 kHz. Sie werden nach verschiedenen Funktionsprinzipien realisiert. Drehspiegel ähnlich einem Galvanometer bieten den Vorteil einer geringen Ansteuerleistung und einer hohen Grenzfrequenz, haben wegen der filigranen Bauweise aber Nachteile bei der Vibrationsbelastbarkeit während des Satellitenstarts. Für normalerweise benötigte Steuerung um zwei Achsen sind zwei separate Spiegel erforderlich. Die Ausführung als Kippspiegel mit Betätigung durch Piezo-Elemente hat einen robusten Aufbau, benötigt aber hohe Ansteuerspannungen. Ein einziger Spiegel kann bei entsprechender Lagerung in zwei Achsen bewegt werden, so daß der optische Aufbau einfach gehalten werden kann.

Zu jedem der genannten Mechanismen gehört eine elektronische Einheit mit Schaltungen zur Auswertung der Signale von den Stellsensoren, der Regelungstechnik und gegebenenfalls Leistungsstufen zur Ansteuerung der Stellantriebe. Die Algorithmen zur Steuerung und Regelung der Ausrichtung werden mit Hilfe eines schnellen Rechners realisiert.

31.4 Terminal-Beispiele

31.4.1 Direktempfang bei 850 nm und 1550 nm

Die Empfindlichkeit von Direktempfängern ist im Vergleich zu Überlagerungsempfängern geringer, vor allem bei höheren Datenraten. Terminals mit Direktmodulation und Direktempfang sind deshalb besonders vorteilhaft bei eher niedrigen Distanzen bis 5000 km und niedrigen Datenraten bis etwa 100 Mbit/s. Ein solches System ist SILEX, ein System der ersten Generation und eines der wenigen bereits in Betrieb befindlichen optischen Satellitenterminals [1].

Nach Aufbereitung der Nutzerdaten wie z.B. Kodierung und Verstärkung steuert der Stromausgang des Treiberverstärkers mit Pulsen von bis zu 500 mA direkt die Sende-Laserdiode an (Abb. 31.13). Die Laserdioden sind mit einer Wellenlängentoleranz von ± 2 nm selektiert und haben einen Wellenfrontfehler WFE $< \lambda/40$. Ihr Ausgangssignal mit einer mittleren Leistung von 50 mW bei 847 nm wird kollimiert und mit einem Anamorphoten zu einem Strahl mit kreisförmigem Querschnitt geformt. Trotz der hervorragenden Zuverlässigkeitswerte (MTBF > 100 000 h) wurde die Laserdiode als potentieller Schwachpunkt des Gesamtsystems angesehen und deshalb, ebenso wie der Empfänger, redundant ausgeführt. Die Reservediode kann über einen Polarisationsmultiplexer verlustarm zugeschaltet werden.

Über die Einrichtung zur Einstellung des Vorhaltewinkels, der bei SILEX bis zu 5 mrad betragen kann, und die Wellenlängenweiche zur Trennung von Sende- und Empfangsrichtung gelangt das Sendesignal zur Feinausricht-Einheit. Hier werden Sende- und Empfangsrichtung mit einer Genauigkeit von wenigen mrad eingestellt. Über eine weitere Weiche wird das Bakensignal mit einer Leistung von 10 W bei 801 nm in den Sendepfad eingefügt. Von hier gelangt das Sendesignal in

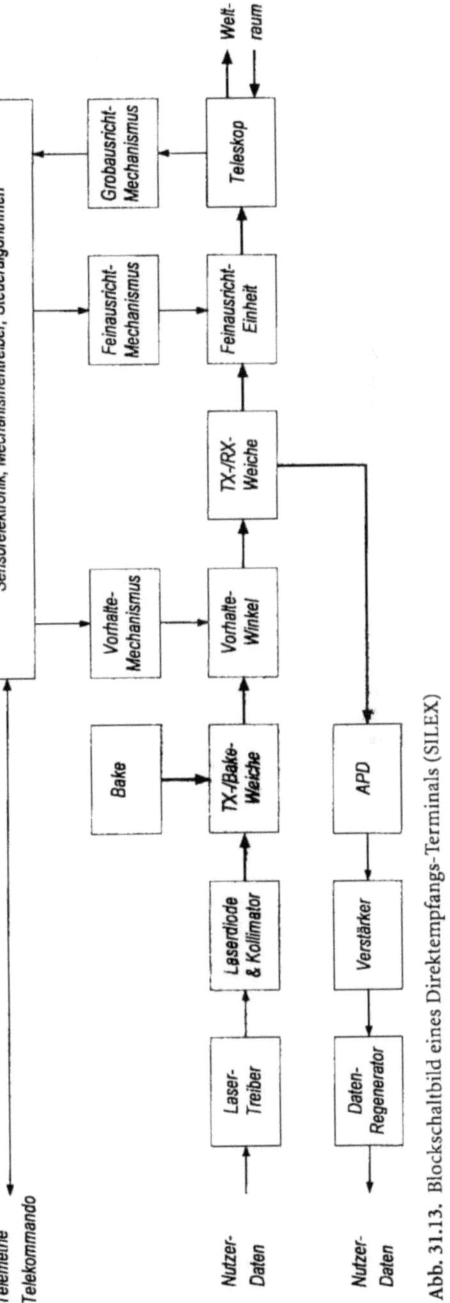

Abb. 31.13. Blockschaltbild eines Direktempfangs-Terminals (SILEX)

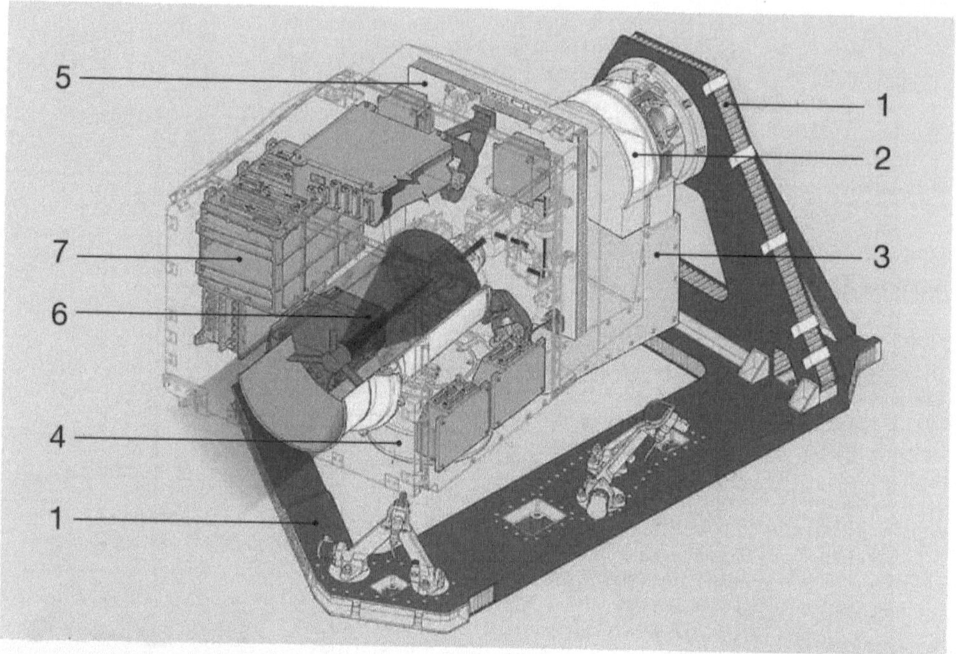

Abb. 31.14. Gesamtansicht des SILEX-Terminals (beweglicher Teil)
1 Trage-Struktur für den beweglichen Teil des Terminals
2 Grobausricht-Mechanismus (erste Achse)
3 Tragarm, Verbindung zwischen den beiden Grobausricht-Mechanismen
4 Grobausricht-Mechanismus (zweite Achse)
5 Optische Bank, fest mit dem Teleskop verbunden
6 Teleskop
7 Elektronische Geräte (Sende-/Empfangselektronik)

das Teleskop und wird in den Weltraum abgestrahlt. Das Teleskop ist vom Cassegrain-Typ und hat einen Durchmesser des Hauptreflektors von 250 mm bei einem effektiven WFE von $\lambda/20$. Der Öffnungswinkel des Fernfeldes ist 10 µrad. Die optische Bank, die im Orbit rekalibriert werden kann, ist mit dem Teleskop fest verbunden und wird zur Grobausrichtung gemeinsam mit dem Teleskop bewegt. Die große bewegte Masse (ca. 50 kg) macht starke Grobausrichtmechanismen erforderlich und ist wesentlich für die hohe Masse des Terminals verantwortlich. Leistungsaufnahme und Masse dieses Terminals entsprechen deshalb nicht mehr heutigem Stand.

In Empfangsrichtung gelangt die vom Teleskop bei 819 nm aufgenommene Leistung über Strahlteiler zur Versorgung von Akquisitions- und Nachführsensor und über Feinausricht-Einheit und Sende-Empfangsweiche auf den optischen Empfänger. Hier wird das Empfangssignal auf die Silizium-Lawinenfotodiode mit geringer Fläche, niedriger Kapazität und hoher Verstärkung bei niedrigem Zusatzrauschen fokussiert. In Verbindung mit dem rauscharmen Vorverstärker (Transimpedanzverstärker mit FET-Eingang) wird bei 50 Mbit/s eine Mindestempfangsleistung von −61 dBm erreicht. Abbildung 31.14 zeigt eine Gesamtansicht des Terminals, und Tabelle 31.3 gibt die Streckenbilanz für eine symmetrische Verbindung zwischen zwei SILEX-Terminals wieder.

31.4.2
Homodynempfang bei 1064 nm

Systeme mit einem diodengepumpten Nd:YAG-Laser als Sender und mit optischer Phasenmodulation (BPSK) und Homodynempfang (s. Einleitung) zeichnen sich aus durch hohe verfügbare Sendeleistung bei hoher

Tabelle 31.3. Streckenbilanz für eine symmetrische Verbindung zwischen 2 SILEX-Terminals (gleiche Teleskopdurchmesser und gleiche Datenraten in beiden Richtungen). Die einzelnen Größen werden bis zum Ende der Betriebsdauer garantiert, so daß die Systemreserve über die gesamte Betriebszeit zur Verfügung steht

Größe	Parameter	Wert	Einheit
Leistung der Laserdiode	60 mW @ 0,8 µm	17,8	dBm
Verluste im Optischen Subsystem Sender		- 4,0	dB
Teleskopgewinn Sender	250 mm; a_G = 2 dB	117,8	dB
Strehl-Verluste Sender	λ/15	- 0,8	dB
Freiraumdämpfung	50 000 km	- 297,9	dB
Ausrichtverluste	Fehler 2 µrad	- 2,0	dB
Teleskopgewinn Empfänger	250 mm; a_G = 2 dB	117,8	dB
Strehl-Verluste Empfänger	λ/20	0,0	dB
Verluste im Optischen Subsystem Empfänger		- 5,5	dB
Leistung auf dem Detektor		*- 56,8*	*dBm*
Mindestempfangsleistung	bei 50 Mbit/s	- 61,0	dBm
Degradation durch Hintergrundlicht		- 2,5	dB
Systemreserve		*1,7*	*dB*

optischer Qualität und spektraler Reinheit des Senders, durch hohe Detektionsempfindlichkeit und ein Minimum an erforderlicher Bandbreite der Empfängerschaltung. Dadurch sind sie besonders geeignet zur Übertragung von hohen Datenraten über große Distanzen [27]. Der Gesamtaufbau eines Terminals ist beispielhaft in Abb. 31.15 dargestellt.

Sender

Die Sendedaten werden vom Trägersatelliten im Leitungsmultiplex z.B. als 32 · 152 Mbit/s angeliefert, die Einzeldatenströme codiert und in einem Zeitmultiplexer zur Nutzdatenrate von etwa 5 Gbit/s zusammengefaßt. An diesem Punkt können auch zusätzliche Betriebsdaten in den Datenstrom eingefügt werden. Die Signalverarbeitung wird mit ASICs durchgeführt, und zwar in CMOS für die Signalverarbeitung auf Kanalebene und in GaAs oder Silizium im weniger komplexen Multiplexer. Der Treiberverstärker liefert das Datensignal an den elektrooptischen Phasenmodulator. Der Ausgangshub von ca. 10 V stellt heute eine technologische Barriere dar, die nur mit ganz erheblichen Nachteilen bei der Leistungsaufnahme überwunden werden kann.

Sendeoszillator

Als Sendeoszillator wird ein über Glasfasern diodengepumpter Nd:YAG-Laser verwendet. Mit einer Pumpleistung von 200 mW bei 808 nm liefert er den Sendeträger bei 1064 nm mit einer Leistung von 50 mW und einer Linienbreite < 10 kHz. Er wird über eine hochgenaue Temperaturregelung auf Nennfrequenz und in der Mitte eines von Modensprüngen freien Betriebsbereiches des Resonators stabilisiert. Spezielle Dotierungszusätze stellen sicher, daß die Sendewellenlänge auch unter Strahlungseinfluß weitgehend stabil bleibt. Die Wellenlänge der Pumpdioden wird ebenfalls durch Heizen in der Mitte des Absorptionsfensters des Nd-dotierten Laserkristalls gehalten. Ein Laser gleicher Bauart wird auch als optischer Lokaloszillator im Empfänger benutzt.

Elektro-optischer Phasenmodulator

Der $LiNbO_3$-Phasenmodulator erhält sein Eingangssignal über eine polarisationserhaltende Monomodefaser (polarisation maintaining single mode fiber PMSMF). Seine wesentlichen Kenngrößen sind eine Bandbreite > 5 GHz und Steuerspannung U_π < 10 V. Die Dämpfung der optischen Schwingung von einigen dB beim Durchgang durch den Phasenmodulator kann durch den nachfolgenden optischen Leistungsverstärker ausgeglichen werden, der ebenfalls über PMSMF angeschlossen ist.

Optischer Verstärker

Der optische Verstärker wird als Yb-dotierter Faserverstärker realisiert. Die Dotierung der aktiven Faser ist sorgfältig zu wählen, um eine

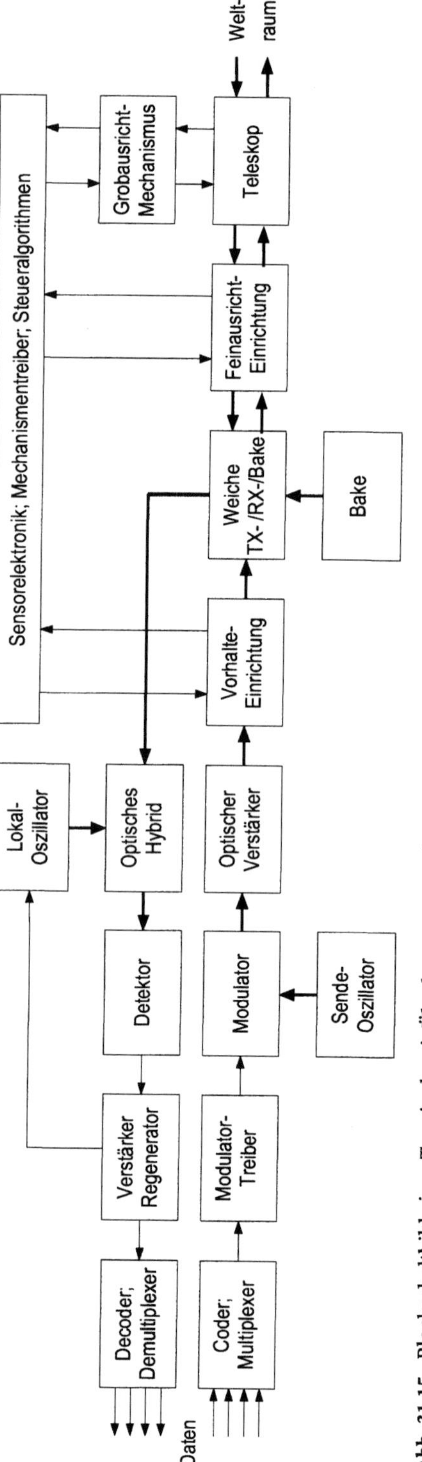

Abb. 31.15. Blockschaltbild eines Terminals mit Überlagerungsempfang

gute Kombination aus erforderlicher Pumpwellenlänge, Breite und Stabilität des Absorptionsfensters, Wirkungsgrad, Strahlungshärte und minimale Depolarisation zu erreichen. Die Pumpdioden sind über Glasfasern und einen Wellenlängenmultiplexer angeschlossen. Bei einem optisch/optischen Wirkungsgrad von 40% kann die Ausgangsleistung in der Monomode-Signalfaser 1 W übersteigen. Nichtlineare Effekte und der Einfluß von Störungen der Fasergeometrie an Spleißen oder nichtidealen optischen Steckverbindungen sind kritisch. Faserendflächen müssen von höchster optischer Qualität sein, um Beschädigung oder Zerstörung durch die Dichte der optischen Leistung zu verhindern.

Optisches Subsystem

Im optischen Subsystem durchläuft das Sendesignal in freier Strahlführung zunächst die Vorhalteeinrichtung, dann die Polarisationsweiche zur Trennung von Sende- und Empfangsrichtung, die Feinausricht-Einrichtung und schließlich das Teleskop. Die Grobausrichtung wird durch einen um zwei Achsen drehbaren Planspiegel realisiert, der vor dem feststehenden Teleskop unter etwa 45° zur Teleskopachse montiert ist. Das Teleskop hat eine freie Apertur von ca. 100 mm Durchmesser.

Empfänger

Besonderheit des kohärenten Empfangs ist, daß auch das Empfangssignal mit guter Qualität der Wellenfronten zur Überlagerung mit dem Lokaloszillatorsignal bereitgestellt werden muß. Die Auslegung der optischen Strahlführung im Terminal muß dies berücksichtigen. Außerdem folgen daraus hohe Anforderungen an die optische Qualität des Teleskops auch für den Empfangspfad. Der Effektivwert des Summenfehlers der Wellenfront sollte kleiner sein als etwa $\lambda/15$.

Das Empfangssignal

Das empfangene Signal passiert nach Verlassen des Teleskops die Feinausricht-Einrichtung und die Tx-Rx-Weiche, wird im optischen 90°-Hybrid mit dem LO überlagert und trifft auf die Gegentakt-Detektoren. Die geometrische Leistungsverteilung des LO-Signals ist der Verteilung der Empfangsleistung ähnlich (Airy-Scheibchen). Ausrichtfehler des Te-

Tabelle 31.4. Streckenbilanz für eine symmetrische Verbindung zwischen Terminals mit Homodynempfang (gleiche Teleskopdurchmesser und gleiche Datenraten in beiden Richtungen). Die einzelnen Größen werden bis zum Ende der Betriebsdauer garantiert, so daß die Systemreserve über die gesamte Betriebszeit zur Verfügung steht

Größe	Parameter	Wert	Einheit
Leistung Sendeoszillator	40 mW @ 1064 nm	16,0	dBm
Modulator-Dämpfung		– 5,0	dB
Optischer Leistungsverstärker		22,0	dB
Verluste im Optischen Subsystem Sender		– 2,0	dB
Teleskopgewinn Sender	100 mm; $a_G = 2$ dB	107,4	dB
Strehl-Verluste Sender	$\lambda/15$	– 0,8	dB
Ausrichtverluste Sender	3 µrad	– 2,0	dB
Freiraumdämpfung	10000 km	– 281,5	dB
Teleskopgewinn Empfänger	100 mm; $a_G = 2$ dB	107,4	dB
Ausrichtverluste Empfänger	3 µrad	– 1,0	dB
Strehl-Verluste Empfänger	$\lambda/15$	– 0,8	dB
Verluste im Optischen Subsystem Empfänger		– 2,0	dB
Optisches Hybrid		– 1,0	dB
Signalleistung of dem Detektor		*– 43,3*	*dBm*
Degradation durch Hintergrundlicht		0,0	dB
Mindestempfangsleistung	bei 6 Gbit/s	– 45,0	dBm
Systemreserve		*1,7*	*dB*

leskops führen zu mangelhafter Überdeckung von Empfangsstrahl und LO-Feld und sind in der Streckenbilanz (Tabelle 31.4) als Ausricht-Verluste berücksichtigt. Die Empfangsdioden sind als Quadrantendetektoren ausgeführt und dienen gleichzeitig zur Detektion des Kommunikationssignals und als Nachführdetektor. Hier wird auch Empfangsleistung für den Akquisitionssensor abgetrennt. Nach geeigneter Verarbeitung des verstärkten Signals kann durch Summen- und Differenzbildung einzelner Signale das Fehlersignal für die Nachführung des Sendestrahls abgeleitet werden, und durch Multiplikation der I- und Q-Signale wird ein Fehlersignal für die optische Phase des LO gewonnen (Costas-Schleife). Die analoge Verarbeitung der sehr breitbandigen Signale wird mit hochintegrierten ASICs in Silizium oder GaAs durchgeführt. Nur so können die Forderungen nach geringer Leistungsaufnahme erfüllt werden.

Lokal-Oszillator

Der LO-Laser ist baugleich mit dem Sendeoszillator. In dieser Anwendung kommen aber weitere Anforderungen hinzu. Wesentlichste Anforderung ist die Abstimmbarkeit zur Frequenz- und Phasennachführung. Der Nachführbereich der Frequenz ist dabei bestimmt durch Temperaturdrift und Alterung in Sender und LO und durch die Dopplerverschiebung. Die Nachführgeschwindigkeit ist bestimmt durch die dynamischen Änderungen der Dopplerverschiebung.

Das empfangene Signal wird verstärkt und regeneriert. Zum Einrasten des PLL zur Taktregenerierung ist aber erforderlich, daß auch der optische PLL zur Regelung der LO-Phase eingerastet ist, und daß diese Schleife die Sendefrequenz der Gegenstelle auffinden konnte. Das nicht-entschiedene Ausgangssignal des Empfängers liefert die erforderliche Frequenzinformation im nicht eingerasteten Zustand der optischen PLL.

Thermalhaushalt

Das Optische Terminal muß in einem weiten Temperaturbereich (typische Werte: – 20 °C bis + 70 °C) arbeiten. Dabei müssen auch äußerst temperaturempfindliche Parameter wie z. B. Wellenlänge von Nd:YAG-Laser oder Pump-Laserdioden oder bestimmte geometrische Randbedingungen und Justagen des optischen Subsystems innerhalb der Spezifikationswerte bleiben. Die Auslegung des Thermalhaushalts solcher Terminals hat deshalb große Bedeutung. Außerdem ist natürlich immer ein bezüglich Temperaturschwankungen robustes Design anzustreben, weil hochgenaue Temperaturregelung immer Zusatzgeräte und damit Zusatzmasse und Zusatz-Leistungsaufnahme bedeutet.

Gesamtaufbau

Es hat sich als sehr vorteilhaft erwiesen, die leistungsintensive Datenelektronik von den temperaturempfindlichen Einheiten wie Laser, optische Bank und Teleskop getrennt anzuordnen. Die Anzahl der Verbindungen zwischen beiden Einheiten soll dabei minimiert werden. Die optischen Baugruppen werden in einem mechanisch und thermomechanisch optimierten Träger mit geeigneter Struktur (Rahmenbauweise, Zylinder) aus geeigneten Materialien (z. B. Zerodur für geringe Wärmeausdehnung) untergebracht. Das beschriebene Konzept weist ein Minimum an beweg-ten Komponenten auf und kann deshalb mit sehr geringer Gesamtmasse realisiert werden (s. Tabelle 31.2).

Die Streckenbilanz für eine symmetrische Verbindung zwischen zwei Terminals mit Homodynempfang ist in den Grundzügen in Tabelle 31.4 dargestellt. Die Systemreserve wird über die gesamte Betriebsdauer garantiert und ist als Minimalwert zu verstehen, der auch unter ungünstigsten Bedingungen erreicht wird.

Spezielle Literatur

[1] *Oppenhäuser, G.; Wittig, M.E.; Popescu, A.F.*: European SILEX project and other advanced concepts for optical space communications; SPIE Proceedings, Vol. 1522 (1991), S. 2–13

[2] *Leeb, W. R.*: Power penalty for optical free-space data links due to background illumination; SPIE Vol. 885 Free Space Laser Communication Technologies (1988), S. 85–92

[3] *Bhargava, V.K. et al.*: Digital Communications by Satellite; J. Wiley & Sons

[4] *B.Menke, B.; Löffler, R.*: Investigation of communication diodes for the SILEX project; SPIE 1131 Optical Space Communications ECO2 (1989) Paris, S. 150–159

[5] *Li, B. et al.*: High Power, High Speed Single Mode Lasers for Optical Intersatellite Link Applications; Free-Space Laser Communication Technologies X; SPIE Conference Proceedings; San Jose (1998) S. 49–53

[6[*Strite, T.; Harder, C.*: Uniphase's 980 nm pump lasers show their reliability; III-Vs Review, Vol. 12, No. 1, S. 24–29

[7] *McGregor, A.D.; Dion, B.; McIntyre, R.J.*: High sensitivity, high data rate receivers for intersatellite links using low noise silicon avalanche photodiodes; SPIE 1131 Optical Space Communications ECO2 (1989) Paris, S. 176-186

[8] *Hespeler, B.; Hieber, E.; Wiesmann, T.*: A Low Noise Receiver for Free Space Optical Links; SPIE 1131 Optical Space Communications ECO2 (1989) Paris, S. 187–194

[9] *Baister, G. et al.*: Optical communications terminals for multi-media applications; Free-Space Laser Communication Technologies X; SPIE Conference Proceedings Vol. 3266; San Jose (1998), S. 135–145

[10] *Chan, V.W.S.*: Optical Space Communications; CRL International Topical Workshop on Space Laser Communications; Tokyo 1997; S. 99–106

[11] *Mecherle, G.S.*: Comparison of Coherent Detection and Optically Preamplified Receivers; Free-Space Laser Communication Technologies X; SPIE Conference Proceedings Vol. 3266; San Jose (1998), S. 111–119

[12] *Wittig, M.*: Optical Space Communication: How to realize the second generation of small optical terminals; Space Communications, Vol. 12, No. 2 (1994) S. 55–90

[13] *Lutz, H.P.*: Optical Communications in Space – Twenty Years of ESA Effort; ESA Bulletin 91, August 1997, S. 25–31

[14] *Baister, G.C. et al.*: The SOUT optical intersatellite communication terminal; IEE Proc. Optoelectronics, Vol. 141, No. 6 (1994) S. 345–355

[15] *Reiland, W.; Popescu, A.*: On-ground experiment of a full-scale CO_2 laser transceiver for free-space communications; SPIE Vol. 885 Free-Space Laser Communication Technologies (1988), S. 164–169

[16] *Kane, T.J.; Byer, R.L.*: Monolithic, unidirectional single-mode Nd: YAG ring laser; Optics Letters, Vol. 10, No. 2 (1985), S. 65–67

[17] *Kane, T.J.; Nilsson, A.C.; Byer, R.L.*: Frequency stability and offset locking of a laser-diode-pumped Nd:YAG monolithic nonplanar ring oscillator; Optics Letters, Vol. 12, No. 3 (1987), S. 175–177

[18] *Koechner, W.*: Solid-State Laser Engineering; Springer-Verlag 1996

[19] *Leeb, W.*: Heterodyne and homodyne detection in optical space communications; SPIE 1131 Optical Space Communications ECO2 (1989), Paris, S. 216–227

[20] *Wandernoth, B.*: 1064 nm 565 Mbit/s PSK transmission with homodyne receiver using synchronisation bits; Electronics Letters, Vol. 27, No. 19 (1991), S. 1692–1693

[21] *Pribil, K. et al.*: High Data Rate Inter-Satellite-Communication System SOLACOS; CRL International Topical Workshop on Space Laser Communications; Tokyo 1997; S. 159–166
[22] *Czichy, R.H.*: Miniature Optical Terminals; CRL International Topical Workshop on Space Laser Communications; Tokyo 1997; S. 167–175
[23] *Detaille, M. et al.*: Telescope as a high gain antenna; SPIE 1131 Optical Space Communications ECO2, 1989, Paris, S. 38–44
[24] *Manhart, S. et al.*: Straylight and backscattered light; SPIE 1131 Optical Space Communications ECO2, 1989, Paris, S. 45–53
[25] *Mathur, R.P.; Purll, D.J.*: Tracking sensor development for optical intersatellite links; SPIE 1131 Optical Space Communications ECO2, 1989, Paris, S. 88-96
[26] *Kern, R.H; Kugel, U.*: Pointing, Acquisition and Tracking (PAT) Subsystems and Components for Optical Space Communication Systems; SPIE 1131 Optical Space Communications ECO2, 1989, Paris, S. 97–107
[27] *Wiesmann, Th; Zech, H.*: Optical Space Communications Systems; ECOC 2000

Liste spezieller Abkürzungen

PAT	Pointing, Acquisition and Tracking	Ausrichtung, Verbindungsaufbau und Nachführung
Nd:YAG	Neodymnium Yttrium Aluminum Garnet	
WFE	wave front error	Wellenfrontfehler
MTBF	mean time between failures	Mittlere Zeit bis zum Ausfall
LO	local oscillator	Lokaloszillator
GEO	geostationary orbit	Geostationäre Umlaufbahn
LEO	low earth orbit	niedrige Umlaufbahn
MEO	medium earth orbit	mittlere Umlaufbahn
	free space attenuation	Freiraumdämpfung
FPA	fine pointing assembly	Feinausricht-Mechanismus
CPA	coarse pointing assembly	Grobausricht-Mechanismus
NPRO	non-planar ring oscillator	Nichtplanarer Ringoszillator
RX	receiver	Empfänger
TX	transmitter	Sender
TM/TC	telemetry and telecommand	Telemetrie und Telekommando
	background noise	Rauschen durch Hintergrundlicht
	coherent detection	kohärenter Empfang
	direct detection	Direktempfang
	farfield	Fernfeld
	homodyne detection	Homodynempfang
	pointing loss	Ausrichtverlust
	telescope	Teleskop
ISL	intersatellite link	Intersatellitenverbindung
PA	point ahead	Vorhalte(winkel)
PMSMF	Polarization maintaining single mode fiber	Polarisationserhaltende Monomodefaser

Infrarot-Datenübertragung 32

C. VON HELMOLT, U. KRÜGER

Allgemeine Literatur
Kahn, J.M.; Barry, J.R.: Wireless Infrared Communications, Proc IEEE, vol. 85, 1997, pp. 265–298. – *Gfeller, F.R.; Bapst, U.:* Wireles In-House Data Communication via Diffuse Infrared Radiation, Proc IEEE, vol. 67, 1979, pp. 1474–1486. – *Barry, J.R.:* Wireless Infrared Communication, Kluwer Academic Publishers, Boston-Dordrecht-London, 1994. – Bergmann, Schaefer, Lehrbuch der Experimentalphysik Band III, Optik, Walter de Gruyter, Berlin, New York, 1993. – *Millar, I. et al.:* The IrDA standards for highspeed infrared communications, Hewlett-Packard J., Feb. 1998.

32.1 Einführung

Seit der Einführung der Infrarot (IR) - Datenübertragung zur Fernbedienung von TV-Geräten, sind eine Vielzahl von Anwendungen, z.B. drahtlose Konferenzanlagen, - Museumsführer und - Industriebussysteme hinzugekommen. Weiterhin werden IR-Schnittstellen z.B. in Laptops, Drucker und Handys eingebaut, sowie hochratige Punkt zu Punkt Verbindungen und LANs auf IR-Basis realisiert. Es besteht ein starker preislicher Wettbewerb mit Systemen im Radiowellenbereich. Für IR-Träger und Träger im Radiowellenbereich gelten u.a. folgende wesentliche Unterschiede:

- Im IR-Bereich gibt es für Applikationen in geschlossenen Räumen im Gegensatz zum Radiowellenbereich keine Reglementierungen bzgl. des Spektrums und damit steht die riesige optische Bandbreite (> ... THz) prinzipiell zur Verfügung.
- Da im IR-Bereich der Detektor groß ist im Vergleich zur Wellenlänge, integriert er über viele lokale Minima und Maxima. Damit tritt kein lokales Fading des Trägers auf.
- IR-Strahlung kann in EMV-sensibler Umgebung angewandt werden.
- IR-Strahlung wird vollständig durch undurchsichtige Hindernisse, also z.B. Wände, unterdrückt. Damit ist der IR-Träger auf den jeweiligen Raum beschränkt und kann von Raum zu Raum wiederverwendet werden, was die gesamte Datenübertragungskapazität für ein Gebäude enorm erhöht und außerdem eine große Abhörsicherheit gewährleistet. Damit ist die IR-Strahlung aber auch für „echte" mobile Anwendungen, z.B. für Verbindungen zu Fahrzeugen, kaum geeignet.

Von Ausnahmen abgesehen, werden mobile IR-Verbindungen also nur innerhalb geschlossener Räume angewendet. Für eine raumübergreifende Übertragung ist im allgemeinen eine zusätzliche Festnetz-Infrastruktur erforderlich.

Das Prinzip einer optischen Freiraumübertragungsstrecke ist in Abb. 32.1 dargestellt. Das elektrische Eingangssignal wird von der Sendediode in ein optisches Signal umgewandelt. Nach Übertragung über die optische Freiraumstrecke fällt ein Teil des ausgesandten Lichts auf die Empfangsdiode und wird von dieser wieder in einen elektrischen Strom umgewandelt. Die Sende- und

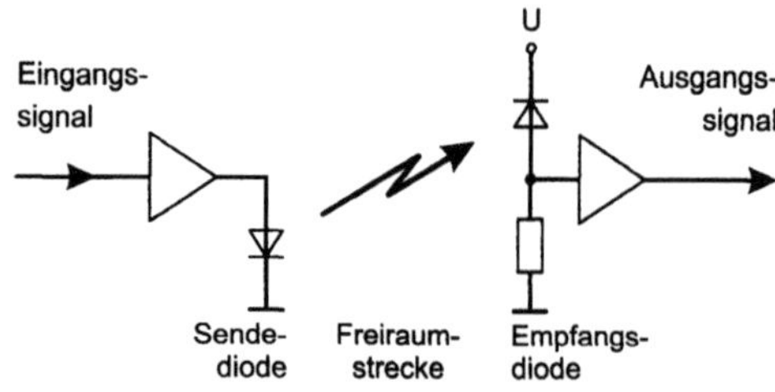

Abb. 32.1. Prinzip einer optischen Freiraumübertragungsstrecke

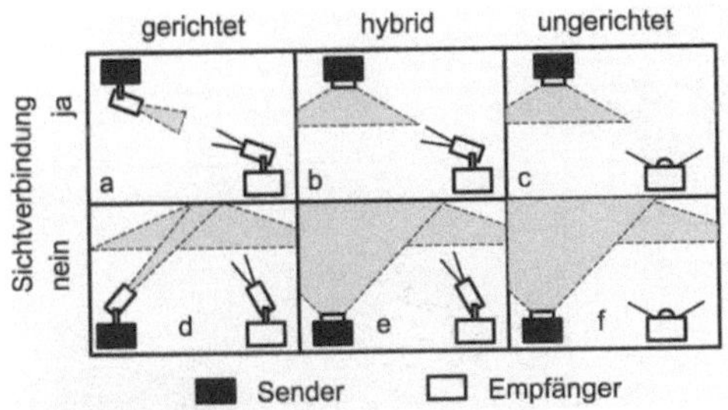

Abb. 32.2 a–f. Mögliche Anordnung des Senders zum Empfänger

Empfangskomponenten sowie die Augensicherheitsaspekte werden in Abschn. 32.2 behandelt. Die Anordnung und die Gesichtsfelder von Sender und Empfänger, s. Abb. 32.2, bestimmen ganz wesentlich die Eigenschaften der Freiraumübertragungsstrecke.

Der dadurch definierte optische Kanal wird im Abschn. 32.3 behandelt. Außerdem wird auf die optischen Eigenschaften der Atmosphäre und Störungen durch Fremdlicht eingegangen. Das abschließende Abschn. 32.4 behandelt die Modulationsarten des Trägers, die wesentlichen Einfluß auf die Eigenschaften des IR-Systems haben.

32.2 Komponenten für die IR Freistrahlübertragung und Augensicherheitsaspekte

Die Eigenschaften optischer Freistrahlsysteme hängen ganz wesentlich von den Eigenschaften der Komponenten, dem Sender und dem Empfänger sowie den Eigenschaften der Freistrahlstrecke (des Kanals) ab. Hier werden speziell die Sende- und Empfangselemente behandelt sowie die Augensicherheitsbedingungen, die die Sendeelemente erfüllen müssen. Zur Einführung werden die wichtigsten strahlenphysikalischen Größen erläutert.

32.2.1 Strahlenphysikalische Größen

Eine mögliche Definition des Raumwinkels Ω, unter dem man eine beliebige Fläche von einem Punkt aus sieht, stellt das Oberflächenintegral [1]

$$\Omega = \iint_F \frac{\cos\vartheta}{r^2} \cdot dF = \iint_\Omega d\Omega \qquad (32.1)$$

dar, wobei ϑ den Winkel zwischen dem Ortsvektor $\boldsymbol{r}$ im Aufpunkt und der Flächennormalen bezeichnet (vergl. Abb. 32.3). Nach (32.1) ist Ω dimensionslos, er trägt aber üblicherweise die Einheit Steradiant (sr). Der Raumwinkel des Halbraums z.B. ergibt sich mit $dF = r^2 \cdot \sin\vartheta \cdot d\vartheta \cdot d\varphi$ zu

$$\Omega_H = \int_0^{2\pi}\int_0^{\pi/2} \sin\vartheta \cdot d\vartheta \cdot d\varphi = 2\pi\ sr\,.$$

Die Strahlstärke I in W/sr einer Quelle ist definiert durch den differentiellen Strahlungsfluß $\partial\vartheta$ in W in das Raumwinkelsegment $\partial\Omega$:

$$I = \frac{\partial\vartheta}{\partial\Omega} \qquad (32.2)$$

Die Integration von (32.2) über den gesamten Raumwinkel liefert die gesamte von der Quelle abgestrahlte Leistung. Für flächenhafte Strahler nach Abb. 32.3 wird die Strahldichte L in $W/(m^2 \cdot sr)$ eingeführt, die durch das Differential

$$L = \frac{\partial^2 P}{\partial\Omega \cdot \partial A \cdot \cos\vartheta} \qquad (32.3)$$

definiert ist. Bemerkenswert ist hierbei, daß bei gleicher Brechzahl sich die Strahldichte einer Quelle durch kein optisches Instrument vergrößern läßt. Für konstante Strahldichte liegt ein sogenannter Lambertstrahler vor. Die Strahlstärke in eine bestimmte Richtung ϑ skaliert dann mit der scheinbaren Fläche $A \cdot \cos\vartheta$, für die Strahlstärke folgt mit (32.2) und (32.3)

$$I = L \cdot A \cdot \cos\vartheta = I_0 \cdot \cos\vartheta\,. \qquad (32.4)$$

Das normierte Strahlstärkendiagramm eines Lambertstrahlers zeigt Abb. 32.4, für den

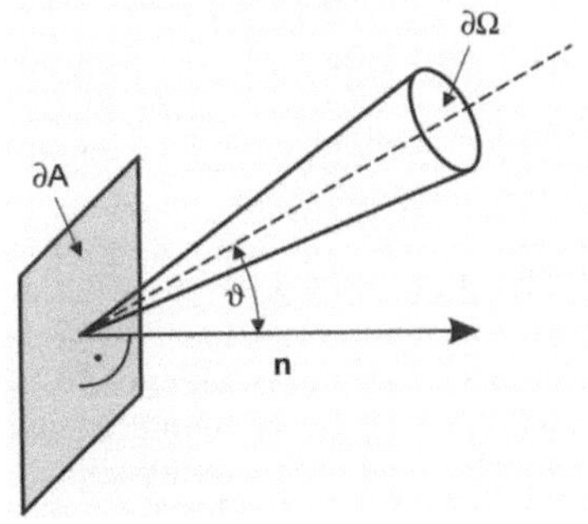

Abb. 32.3. Zur Definition der Strahldichte

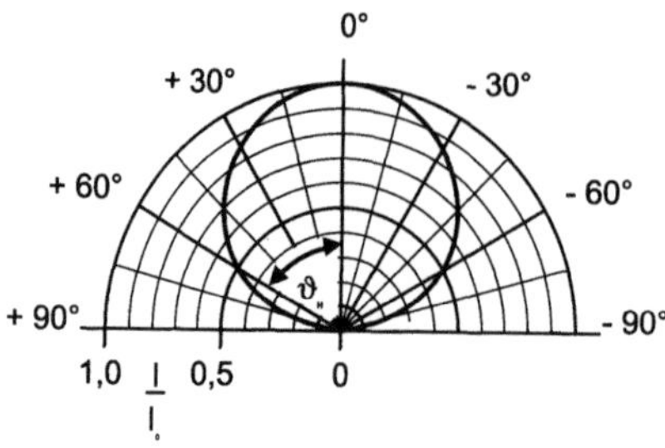

Abb. 32.4. Strahlungscharacteristik eines Lambertstrahlers ($m = 1$ in (32.6))

Halbwertswinkel ϑ_H gilt: $I(\vartheta_H) = I_0/2$, hier $\vartheta_H = 60°$. Die Integration von (32.4) über den Halbraum führt zu der abgestrahlten Leistung

$$P = I_0 \cdot \int_0^{2\pi} \int_0^{\pi/2} \cos\vartheta \cdot \sin\vartheta \cdot d\vartheta \cdot d\varphi = \pi \cdot I_0 \,. \tag{32.5}$$

Mit (32.4) läßt sich die Abstrahlcharakteristik oberflächenemittierender LEDs (s. Kap. 18) aber auch diffus reflektierender Flächen beschreiben. Lambert-ähnliche Strahler lassen sich durch

$$I(\vartheta) = I_0 \cdot \cos^m(\vartheta) \qquad mit\ I_0 = \frac{m+1}{2\pi} \cdot P,\ m \geq 1 \tag{32.6}$$

beschreiben, der Lambertkoeffizient m läßt sich aus dem Halbwertswinkel ϑ_H mit

$$m = \frac{\log 0{,}5}{\log(\cos\vartheta_H)} \tag{32.7}$$

bestimmen.

32.2.2 Sendekomponenten

Zur Konversion des elektrischen Signals in ein optisches (s. Abb. 32.1) verwendet man Lumineszenzdioden (LEDs, s. Kap. 18) oder Laserdioden (LDs, s. Kap. 19). Aus Kostengründen werden vorwiegend Bauelemente aus dem Wellenlängenbereich 0,8 µm < λ < 1 µm verwendet, da dann im Empfänger preiswerte Photodioden (PDs) aus Silizium eingesetzt werden können. Aus Gründen der Kompatibilität gleichzeitig betriebener IR Systeme, der verfügbaren Komponenten, sowie der Augen- und Störsicherheit werden zunehmend auch Systeme im Wellenlängenbereich 1,3 µm < λ < 1,6 µm untersucht.

Tabelle 32.1. Für die Freiraumübertragung wichtige Eigenschaften von LED und Laser

Eigenschaft	LED	LD
Spektrale Breite	10–50 THz	<1 MHz–2 THz
Modulations Bandbreite	bis ca. 50 MHz	>10 GHz
E/O Konversionseffizienz	10–20%	30–70%
Augensicherheit	i.a. augensicher	i.a. zusätzlicher Aufwand nötig
Kosten	niedrig	mittel bis hoch

In Tabelle 32.1 sind die für optische Freistrahlsysteme wichtigsten Parameter der Sendeelemente zusammengefaßt, die vorteilhaften Eigenschaften sind grau hinterlegt. In niederratigen (bis ca. 10 Mbit/s) gerichteten Systemen werden vorwiegend LEDs eingesetzt, in ungerichteten Systemen kommen aufgrund der benötigten hohen Ausgangsleistung hauptsächlich LDs zum Einsatz. Vertikal emittierende LDs (s. Kap. 20) werden in der Freiraumübertragung z.Z. noch nicht eingesetzt, insbesondere aber der niedrige Schwellenstrom und die Verfügbarkeit in Form eines Arrays lassen ihren Einsatz in mobilen Hochgeschwindigkeitsverbindungen unter Anwendung von Raumvielfachtechniken vorteilhaft erscheinen [2].

In den meisten z.Z. kommerziell erhältlichen Systemen werden oberflächenemittierende LEDs eingesetzt, da sie sehr preiswert sind und als Flächenstrahler i.a. die Augensicherheitsbedingungen s.u. erfüllen. Typische LEDs im Gehäuse mit Linse haben einen Halbwertswinkel von 10° < ϑ_H < 30°, wie er für gerichtete Verbindungen benötigt wird. Breitere Abstrahlwinkel für ungerichtete Verbindungen lassen sich durch mehrere LEDs realisieren, die in verschiedene Richtungen orientiert sind.

LEDs haben folgende technische Nachteile:

1) schlechter elektrooptischer Konversionsgrad,
2) niedrige Modulationsbandbreite bis einige 10 MHz bei preiswerten Ausführungen,
3) hohe spektrale Breiten, die entsprechend breitbandige optische Filter am Empfän-

ger erfordern, und damit zu schlechter Unterdrückung des Hintergrundlichts führen und
4) eine hohe Modulationsbandbreite wird üblicherweise auf Kosten eines reduzierten elektrooptischen Konversionsfaktors erzielt.

LDs sind wesentlich teurer als LEDs, sie bieten aber nach Tabelle 32.1 viele nahezu ideale Eigenschaften: Konversionseffizienzen von 30%–70%, hohe Modulationsbandbreiten und sehr schmale Spektralbreiten. Zur Erfüllung der Augensicherheitsbedingungen muß die räumliche Kohärenz zerstört werden und die Strahlung aus einer genügend großen Fläche in einen genügend großen Winkelbereich austreten. Dies wird üblicherweise durch Einfügen einer Streuscheibe (z.B. Milchglas etc.) zwischen Laseraustrittsspiegel und Gehäusefenster erreicht. Der Wirkungsgrad beträgt ca. 70% und die Abstrahlcharakteristik entspricht dann der eines Lambertstrahlers, s. Abb. 32.4. Mit computergenerierten Hologrammen [3] oder einer Ulbrichtkugel [4] als Alternative läßt sich zusätzlich die Abstrahlcharakteristik beeinflussen.

32.2.3 Empfangselemente

Der Empfängereingang besteht i.a. aus einer Optik zum Sammeln des Lichts, einem optischen Filter zum Unterdrücken des Hintergrundlichts und einer Photodiode (PD) zur optoelektronischen Konversion. Die vom Empfänger detektierte optische Leistung ist proportional zu seiner effektiven Fläche A_{eff}, die das Licht sammelt.

Eine Vergrößerung der PD-Fläche ist teuer und vergrößert die Sperrschicht-Kapazität, die wiederum zu niedrigerer Empfängerbandbreite und erhöhter Empfängerrauschleistung führt. Deshalb werden i.a. optische Konzentratoren, die man in abbildende und nicht-abbildende unterscheidet, eingesetzt. Teleskope, wie sie für Punkt zu Punkt Verbindungen (s. Kap. 31) eingesetzt werden, gehören zu den abbildenden Konzentratoren. Für LANs mit diffusen Übertragungsstrecken werden nicht-abbildende Konzentratoren z.B. in Form einer Halbkugel nach Abb. 32.5 eingesetzt. Zwischen dem Konzentrator und der PD befindet sich noch ein Kantenfilter, das (Stör)strahlung im Energiebereich oberhalb der Bandkante also kurzwelligeres Licht absorbiert. Mit ψ wird der Winkel zwischen der einfallenden Strahlung und der Empfängerachse bezeichnet. Unter Vernachlässigung von Reflexionsverlusten hat eine Photodiode ohne zusätzliche Optik eine effektive lichtsammelnde Fläche (vgl. (32.4))

$$A_{\mathrm{eff,PD}}(\psi) = \begin{cases} A \cdot \cos\psi & 0 \le \psi \le \pi/2 \\ 0 & \pi/2 < \psi \end{cases} \tag{32.8}$$

wobei A die physikalische PD-Fläche angibt. Die PD kann somit Strahlung aus dem gesamten Halbraum empfangen. Das Gesichtsfeld (field of view, FOV) ist definiert als der Winkel für den A_{eff} in (32.8) gegen Null geht, also FOV = 90° für die PD. Mit einem zusätzlichen Konzentrator und Filter (vgl. Abb. 32.5) ergibt sich

$$A_{\mathrm{eff}}(\psi) = \begin{cases} A \cdot T_s(\psi) \cdot g(\psi) \cdot \cos\psi & 0 \le \psi \le \psi_c \\ 0 & \psi_c < \psi \end{cases} \tag{32.9}$$

mit $T_s(\psi)$ Signalübertragungsfunktion des Filters.
$g(\psi)$ Konzentratorgewinn.
Ψ_c Gesichtsfeld (FOV) des Konzentrators.

Für einen idealisierten nichtabbildenden Konzentrator ergibt sich als thermodynamischer Grenzwert [5] ein maximaler Gewinn

$$g(\psi) = \begin{cases} \dfrac{n^2}{\sin^2\psi_c} & 0 \le \psi \le \psi_c \\ 0 & \psi_c < \psi \end{cases} \tag{32.10}$$

mit n = Brechzahl des Konzentrators.

Aus (32.10) folgt die Möglichkeit einer Erhöhung des Konzentratorgewinns auf Kosten des FOV. Mit einem Halbkugel-Kon-

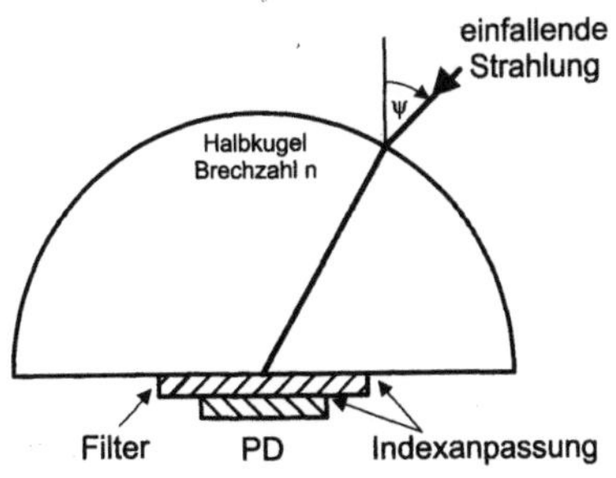

Abb. 32.5. Halbkugelkonzentrator

zentrator nach Abb. 32.5 ist es möglich, einen FOV $\psi_c \approx \pi/2$ bei $g(\psi) \approx n^2$ zu erzielen. Für einen Glas-Konzentrator mit $n = 1{,}5$ und 90° FOV folgt somit ein maximaler Gewinn von $g = 2{,}25 = 3{,}5$ dB (optisch).

Alternativ zu dem in Abb. 32.5 gezeigten Absorptionsfilter läßt sich ein dielektrisches Bandpaßfilter einsetzten. Wegen der Winkelabhängigkeit solcher Filter werden diese nicht zwischen Konzentrator und Detektor sondern auf der gekrümmten Konzentratoroberfläche angebracht. Weitere Hinweise auch zu parabolischen Konzentratoren finden sich in [6].

32.2.4 Sicherheitsaspekte

Als wesentlichen Punkt müssen die zugänglichen Sendequellen die Sicherheitsbedingungen für Auge und Haut erfüllen. Diese sind in der internationalen Norm IEC 825-1, deutsche Fassung EN 60825-1 [7] festgelegt. Geräte, die die Grenzwerte der zugänglichen Strahlung (GZS, engl.: AEL-Accessible emission limit) nach Klasse 1 erfüllen, gelten als sicher, d.h. der direkte Blick in den Strahl auch mit optischen Instrumenten ist ungefährlich.

In Abb. 32.6 sind die GZS-Werte für Punktquellen und kollimierte Strahlen nach Klasse 1 im für die IR Freistrahlübertragung interessierenden Wellenlängenbereich von 0,7 μm bis 1,6 μm dargestellt. Die wellenlängenabhängigen Grenzwerte beruhen auf der unterschiedlichen Art der Gefährdung, für Wellenlängen <1,4 μm sind die Grenzwerte durch die Netzhaut gegeben, für Wellenlängen ≥1,4 μm durch die Hornhaut. Die Leistungswerte in Abb. 32.6 sind in dBm entsprechend der üblichen Konvention P/dBm = 10 log (P/P_o) mit $P_o = 1$ mW angegeben. Parameter in Abb. 32.6 ist die Einwirkungsdauer t auf das Auge eines Beobachters. Entsprechend IEC 825-1 kann bei der Anwendung zur Datenübertragung von einem Maximalwert von 100 s einer absichtlichen Beobachtung ausgegangen werden; der Vollständigkeit halber ist auch der GZS-Wert für 30 000 s in Abb. 32.6 dargestellt. Bei den folgenden Betrachtungen wird von dem 100 s GZS-Wert ausgegangen. Für einen 900 nm Laser ist nach Abb. 32.6 eine Ausgangsleistung von − 2,6 dBm = 0,55 mW noch als augensicher anzusehen.

Zur Ermittlung der erlaubten Ausgangsleistung von flächenhaften Strahlern (z.B. oberflächenemittierende LEDs) werden kreisförmige Meßblenden definiert, hinter denen die transmittierte Leistung die GZS Werte erfüllen muß [7–9]. Der Abstand der Blenden zur Quelle beträgt 100 mm, entsprechend dem geringstmöglichen Akkomodationsabstand des normalsichtigen Auges. Der Blendendurchmesser und der GZS-Wert sind für λ < 1400 nm vom Durchmesser der Quelle abhängig. Die Auswertung der Vorschrift für λ = 900 nm ist in Abb. 32.7 als Funktion des Quellendurchmessers dargestellt. Kurve 1 zeigt die erlaubte Sendeleistung (GZS nach Klasse 1) eines Lambertstrahlers, Kurve 2 zum Vergleich den GZS Wert des kollimierten Strahls einer Punktquelle entsprechend Abb. 32.6. Die erheblich höheren Grenzwerte des Lambertstrahlers sind u.a. darin begründet, daß im Auge die flächenhafte Quelle auch wieder als Fläche auf der Netzhaut abgebildet wird. Kurve 3 zeigt die Grenzwerte der Sendeleistung, die sich aus dem Wert der maximal zulässigen Bestrahlung (MZB, engl. maximum permissible exposure – MPE), der Haut (500 mW/cm^2) und einem Meßblenden-

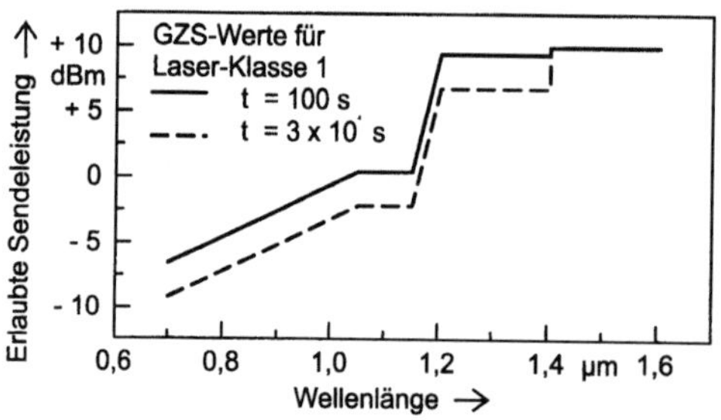

Abb. 32.6. GZS-Werte für Punktquellen und kollimierte Strahlen

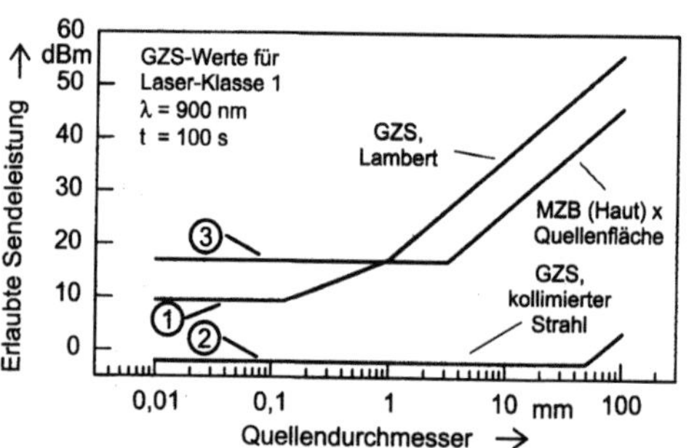

Abb. 32.7. GZS und MZB Grenzwerte in Abhängigkeit vom Quellendurchmesser für 900 nm

durchmesser von 3,5 mm für direkten Kontakt mit der Quelle ergeben. Will man für Quellendurchmesser >1 mm die Grenzwerte nach Kurve 1 ausnutzen, so muß durch konstruktive Maßnahmen dafür gesorgt werden, daß der MZB-Wert für die Haut nicht überschritten wird.

Da die Strahlstärke und der Durchmesser der strahlenden Fläche von Sendekomponenten häufig in Datenblättern angegeben werden, können diese Komponenten hinsichtlich der Augensicherheit mittels Kurve 1 überprüft werden. Aus der Kurve 1 folgt bei gegebenem Quellendurchmesser die erlaubte Sendeleistung P und mit (32.5) die zulässige Strahlstärke in Hauptstrahlrichtung I_0. Für Lambert-ähnliche Strahler mit kleinen Öffnungswinkeln ϑ_H also mit $m \gg 1$ liefert die Abschätzung nach Kurve 1 für I_0 einen zu restriktiven Wert, da sich innerhalb des durch die Meßanordnung s.o. definierten Raumwinkels $I(\vartheta) \sim \cos^m(\vartheta)$ nach (32.6) für $m \gg 1$ relativ stark ändert und somit zu einem kleineren Leistungsfluß durch die Meßblende als bei einem Lambertstrahler mit $I(\vartheta) \sim \cos(\vartheta)$ führt. Bis zu $m = 9$ bleibt der Fehler aber immer kleiner als 20%. Ist I_0 nach Kurve 1 und (32.5) bestimmt, folgt die maximale Sendeleistung eines Lambert-ähnlichen Strahlers aus (32.6), wobei m aus (32.7) mittels des Halbwertwinkels bestimmt wird. Eine genauere Berechnng des Grenzwertes für Flächenstrahler mit kleinerem ϑ_H ist in [8] beschrieben.

Alle Kurven in Abb. 32.7 sind wellenlängenabhängig. Zwischen 700 nm und 1400 nm skalieren die GZS-Werte in Abb. 32.7 entsprechend Abb. 32.6. Beispiel: Für einen Lambert-ähnlichen Strahler mit einem Durchmesser von 1 mm und einem Halbwertswinkel von 25° sind bei $\lambda = 950$ nm die maximal zulässige Strahlstärke in Hauptstrahlrichtung und die maximale Leistung zu bestimmen. Aus Kurve 1, Abb. 32.7 und (32.5) folgt für 900 nm $I_0 \approx 15$ mW/sr, aus Abb. 32.6 ergibt sich der Korrekturfaktor $10 \log(P(950\,\text{nm})/P_0) - 10 \log(P(900\,\text{nm})/P_0) = 1$ dB und damit für 950 nm: $I_0 = 18{,}9$ mW/sr. Aus $\vartheta_H = 25°$ ergibt sich mit (32.7) der Exponent m = 7,05 und mit (32.6) folgt $P_{max} = 14{,}7$ mW. Die genauere Rechnung nach [8] liefert $I_0 = 19{,}5$ mW/sr bzw. $P_{max} = 15{,}2$ mW, der Fehler beträgt somit 3%.

Für den Wellenlängenbereich der durch die Grenzwerte der Hornhaut gegeben ist, also 1400 nm $\leq \lambda <$ 4000 nm, und Quellendurchmesser $\leq$ 10 mm sind Ausgangsleistungen des Lambertstrahlers bis zu 170 mW augensicher, oberhalb eines Quellendurchmessers von 10 mm steigt die zulässige Leistung proportional zur Quellenfläche [7].

Für Pulsfolgefrequenzen größer als ca. 33,4 kHz beziehen sich die erlaubten Sendeleistungen auf den Mittelwert, bei niedrigeren Wiederholraten muß die Energie im Einzelpuls berücksichtigt werden [7].

32.3 Charakterisierung des optischen Freiraumkanals

Der optische Freiraum-Übertragungskanal besteht aus dem elektrooptischen Wandler, der Freiraumübertragungsstrecke und dem optoelektrischen Wandler auf der Empfängerseite (Abb. 32.1). Er wird als lineares System bezüglich der übertragenen optischen Leistung beschrieben. Abgesehen von den Sende- und Empfangskomponenten bestimmen Verluste durch Strahlaufweitung, Transmissionseigenschaften der Atmosphäre, mögliche Vielwegeinterferenzen und Störungen durch Fremdlicht primär die Kanaleigenschaften.

32.3.1 Atmosphärische Übertragung

Bei der Übertragung von Lichtwellen durch die Atmosphäre entsteht Dämpfung durch molekulare Absorption, durch Partikelstreuung (Nebel, Regen, Schneefall) und turbulente Streuung (aufgrund von Brechzahländerungen der Luft) [10]. Die Einflüsse der molekularen Absorption im Bereich von 0,6 µm < λ < 1,6 µm zeigt Abb. 32.8 für eine

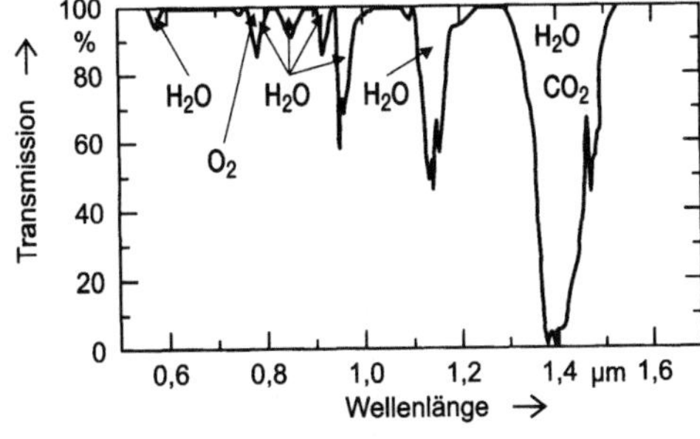

Abb. 32.8. Transmissionseigenschaften einer 300 m langen Luftstrecke

horizontale Entfernung von 300 m auf Meereshöhe [11].

Da abgesehen von speziellen gerichteten Verbindungen im Bereich außerhalb von Gebäuden der Schwerpunkt der IR Datenkommunikationssysteme für die Anwendung in Räumen vorgesehen ist, werden die oben genannten Witterungseinflüsse hier nicht weiter betrachtet. Der Leser sei an [10], [12], [13] verwiesen.

32.3.2 Störungen durch Fremdlicht

Bei der Freiraumübertragung nach Abb. 32.1 kann auch Fremdlicht auf die Empfangsdiode fallen. Starke IR-Strahlung ist enthalten z. B. in direktem Sonnenlicht, Tageslicht und Licht von Glühlampen, wobei Sonnenlicht mit einer Leistungsdichte von ca. 1,4 kW/m^2 (Solarkonstante) absolut dominiert. Die normierten optischen Spektren von Hintergrundlichtquellen sind in Abb. 32.9 gezeigt [6].

Unmoduliertes und niederfrequent moduliertes Fremdlicht kann mit einer wesentlich höheren Leistung auf die PD treffen als das Signallicht auch wenn ein optisches Filter z. B. nach Abb. 32.5 eingesetzt wird. Der resultierende Photogleichstrom führt zu Schrotrauschen, das i. a. die dominante Rauschquelle in IR Freistrahlempfängern mit großem FOV ist. Leuchtstoffröhren und insbesondere Sparlampen werden oft mit elektronischen Schaltungen angesteuert, die Modulationsfrequenzen inklusive Oberwellen bis zu einigen hundert Kilohertz erzeugen. Durch die Verschiebung des Modulationsspektrums (z. B. durch Subträgermodulation) lassen sich Störungen durch modulierte Hintergrundstrahler vermeiden.

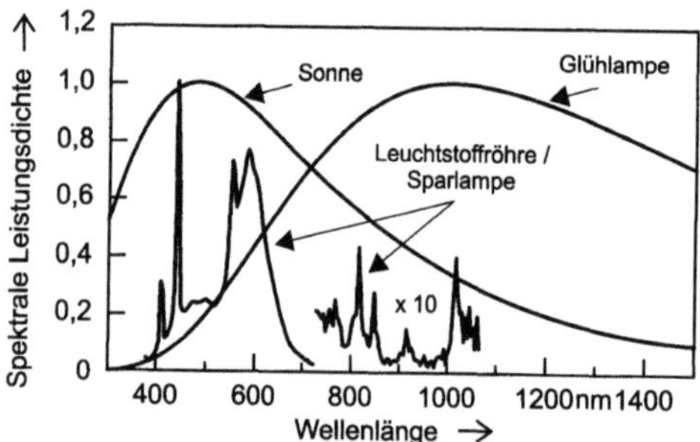

Abb. 32.9. normierte optische Spektren verschiedener Strahler

Ferner können auch Störungen durch andere Infrarotsysteme (z. B. Fernbedienungen, Laser-Entfernungsmesser bei Industriebussystemen etc.) auftreten.

32.3.3 Ungerichtete Übertragung

Die exakte Charakterisierung des diffusen Kanals (d. h. es existiert keine Sichtverbindung, Abb. 32.2f) ist sehr schwierig, da seine Übertragungseigenschaften wesentlich von der Raumgestalt und -größe, der Einrichtung des Raumes, dem Reflektionsvermögen aller Oberflächen und dem FOV von Sender und Empfänger abhängen. Mit gewissen Vereinfachungen lassen sich jedoch die Bandbreite und die Dämpfung des diffusen Kanals grob abschätzen.

Durch die großen Gesichtsfelder von Sender und Empfänger existieren eine Vielzahl von Verbindungswesen, was ja gewünscht ist, um Abschattungsprobleme zu verhindern und die Mobilität zu erhöhen. Gleichzeitig führt der Mehrwegeempfang aber zu einer zeitlichen Streuung der empfangenen Datenpulse. Die resultierende Übertragungsfunktion kann in erster Näherung durch einen Tiefpaß erster Ordnung beschrieben werden.

Eine grobe Abschätzung für die maximal übertragbare Bitrate ergibt sich aus der Bedingung, daß die maximale Laufzeitdifferenz der halben Bitdauer gleicht und wenn die Störung auf die erste Reflektion beschränkt wird [14]. Dann ergibt sich für RZ-Signale aufgrund der Mehrwegeausbreitung noch keine Verringerung der empfangenen Signalamplitude sowie keine Intersymbolinterferenz. Für eine Geometrie nach Abb. 32.2f, wobei Sender und Empfänger in Raummitte nebeneinander stehen und ausschließlich die Decke im Abstand h reflektiert, ergibt sich mit einem FOV von 60° die maximale Bitrate R_B zu:

$$R_B = \frac{c}{4 \cdot h} \approx 75 \frac{\text{MBit} \cdot \text{m}}{\text{s}} \cdot \frac{1}{h} \qquad (32.11)$$

Für einen FOV von 60° wird die oben genannte Bedingung gerade noch erfüllt (s. Abb. 32.10). Bezogen auf den Zellendurchmesser $d_z = 2 \cdot \tan(60°) \cdot h$ ergibt sich ein Bitraten-Längen-Produkt von 260 Mbit · m/s [14].

Für einen Büroraum von 5 m × 5 m (d. h. ein Zellendurchmesser von ca. 7 m ist zur

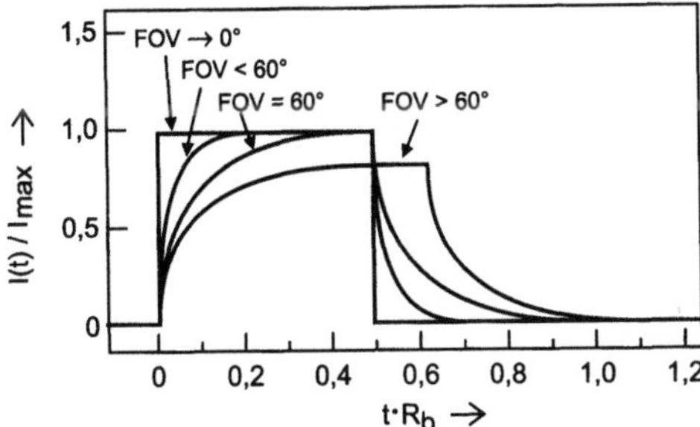

Abb. 32.10. Empfangspuls bei diffuser Übertragung in Abhängigkeit vom FOV

Versorgung nötig) ergibt sich nach (32.11) eine maximale Datenrate R_B von ca. 40 Mbit/s. Diese maximale Datenrate kann jedoch nur erreicht werden, wenn die erste Reflexion das empfangene Signal dominiert. Tragen weitere Reflexionen wesentlich zum Signal bei, so ist mit einer entsprechend niedrigeren maximalen Datenrate zu rechnen. Das Tiefpaßverhalten des Kanals läßt sich durch elektrische Entzerrung in dem Sender oder Empfänger innerhalb gewisser Grenzen kompensieren.

Existiert zusätzlich zum diffusen Kanal noch eine Sichtverbindung vergl. Abb. 32.2c, dann kann die von der Laufzeitdifferenz abhängige Interferenz beider Signale ortsabhängig zu einer weiteren Reduktion der Bandbreite führen. Eine Geometrie nach Abb. 32.2f ist somit vorzuziehen.

Die Dämpfung des diffusen Übertragungskanals kann mit einem anderen Modell abgeschätzt werden. Dabei befindet sich die Quelle in einer Kugel mit einer ideal reflektierenden ($\varrho = 1$) Oberfläche A und emittiert die Leistung P_S. Der Detektor mit der Empfangsfläche A_R und großem Gesichtsfeld befindet sich in der Kugelwand und absorbiert die einfallende Strahlung ($\varrho = 0$). Im Gleichgewichtszustand würde nun der Detektor die gesamte Sendeleistung P_S absorbieren. Setzt man nun alle Verluste ebenfalls als nicht reflektierende Fläche A_V in der Kugelwand an, so muß sich die Leistung P_S zwischen A_V und A_R aufteilen, und die Kanaldämpfung a_{KD} in dB wird zu:

$$a_{KD} \approx 10 \log\left(1 + \frac{A_V}{A_R}\right). \qquad (32.12)$$

Da es sehr schwer ist, die äquivalente Verlustfläche A_V zu bestimmen, setzt man oft statt der Teilfäche A_V die gesamte Oberfläche des betrachteten Raumes an. Dies ist auch insofern vernünftig, da dieser Ansatz eher der Kanaldämpfung für schlechter versorgte Bereiche wiedergibt. Für einen typischen Büroraum mit 3 m Höhe und 5 m × 5 m Grundfläche (Gesamtquaderfläche = 110 m^2) und einem Empfänger mit 1 cm^2 Empfangsfläche (Durchmesser ca. 11 mm) kann nach (32.12) mit einer Kanaldämpfung a_{KD} von ca. 60 dB gerechnet werden.

Bei der diffusen Übertragung ist das Gesichtsfeld des Empfängers sehr groß, damit wird auch entsprechend viel Fremdlicht empfangen und das damit verbundene Schrotrauschen dominiert das Gesamtrauschen. Der Signal zu Rauschabstand steigt damit proportional zur Empfängerfläche A. Wegen des hohen induzierten Photostroms und der damit verbundenen Verlustleistung sind PIN-Dioden besser geeignet als APDs.

32.3.4 Gerichtete Übertragung

Bei der gerichteten Übertragung kann in erster Näherung von einem nahezu idealen Kanal ausgegangen werden, d.h. die Bandbreite des Kanals ist sehr viel größer als die der Sende- bzw. Empfangskomponenten. Da bei gerichteten Verbindungen relativ schmalbandige optisch Interferenzfilter benutzt werden können, kann bei genügend starker Ausrichtung und Filterung der Einfluß des Fremdlichtes auf das Rauschen weitgehend unterdrückt werden. Das Rauschen wird dann durch das Verstärkerrauschen des Empfängers bestimmt. Damit ergibt sich beim Einsatz von APD-Dioden gegenüber PIN-Dioden eine Verbesserung des Signal zu Rauschabstandes (SNR) (s. Kap. 23).

Wird die Sendeleistung gleichmäßig auf die Grundfläche des Raums F_s verteilt und ist d_E der effektive Durchmesser des auf den Sender ausgerichteten Empfängers, so ergibt sich die Kanaldämpfung zu:

$$a_{KG} \approx -10 \log \frac{\pi \cdot d_E^2}{4 \cdot F_S}. \qquad (32.13)$$

Für eine Anordnung nach Abb. 32.2b ergibt sich mit $d_E = 11$ mm und $F_S = 5$ m × 5 m eine Kanaldämpfung a_{KG} von 54 dB. D.h. für einen Raum dieser Größe und einer Höhe von 3 m ist die Dämpfung des diffusen Kanals ca. 4 mal größer als beim gerichteten Kanal. Der diffuse Kanal ist aber im Vergleich zum gerichteten Kanal deutlich unempfindlicher gegenüber Abschattungen.

32.4 Modulationsverfahren und Systeme

In dem folgenden Abschnitt werden die für die IR-Übertragung digitaler Signale gebräuchlichen Modulationsverfahren behandelt und anschließend einige Systeme vorgestellt.

32.4.1 Modulationsverfahren

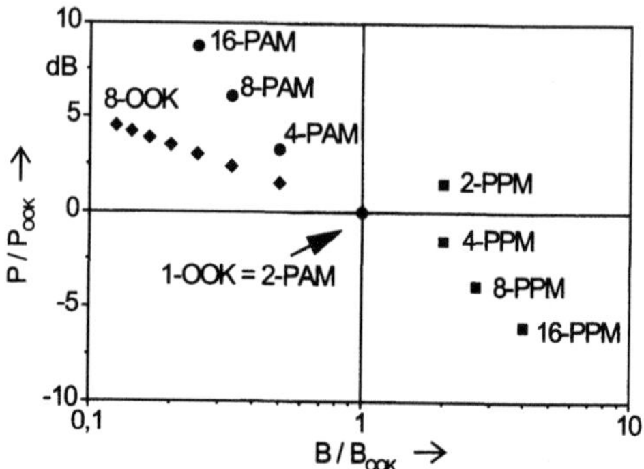

Abb. 32.11. benötigte Leistung und Bandbreite verschiedener Modulationsarten, bezogen auf OOK

Zwei wesentliche Randbedingungen für die IR-Datenübertragung sind bei der Auswahl der Modulationsart zu berücksichtigen. Zum einen ist die maximale Sendeleistung durch die Augensicherheitsbestimmungen gegeben, zum anderen ist die Übertragungsbandbreite, speziell bei ungerichteten Systemen, durch die Mehrwegeausbreitung beschränkt. Um die einzelnen Modulationsarten nun dahingehend beurteilen zu können, werden sie hinsichtlich ihres Sendeleistungsbedarfs (um eine bestimmte Bitfehlerwahrscheinlichkeit (BEP) zu erreichen) und ihres Bandbreitebedarfs (pro Wellenlängenkanal bei WDM-Systemen) mit den Werten für ein On-Off-Keying System (OOK) verglichen. OOK entspricht dabei einer Non-Return-to-Zero Modulation (NRZ) bei der das Vorzeichen immer positiv ist.

Aufgrund ihres einfachen Aufbaues werden Empfänger für Intensitätsmodulation (IM) eingesetzt. Wellenlängenmultiplexsignale werden dabei durch geeignete optische Filterung vor der Detektion in IM umgesetzt. Auch werden verschiedene Arten der Hilfsträgermodulation verwendet, um z.B. Phasenmodulation oder einfachen Vielfachzugriff zu ermöglichen. Für verschiedene Modulationsverfahren ist nun die benötigte Leistung (um eine BEP = 10^{-6} zu erreichen) und der Bandbreitenbedarf (pro Wellenlängenkanal bei WDM) bezogen auf die jeweiligen Werte für OOK im Abb. 32.11 dargestellt [6]. Die so gewonnenen Größen werden oft als Leistungs-, bzw. Bandbreiteneffizienz bezeichnet.

Die Leistungseffizienz kann prinzipiell dadurch erhöht werden, daß ein Kodierschema mit sehr viel mehr „Nullen“ als „Einsen“ angewandt wird. Bei konstanter mittlerer optischer Leistung ist dann die Leistung innerhalb der seltener auftretenden „Einsen“ entsprechend höher. Die Puls-Positions-Modulation (des Grades L: L-PPM) ist eine dahingehend optimierte Modulationsart, wobei im Durchschnitt nur eine „Eins“ in L übertragenden Zeichen auftritt. Das Bitwort ergibt sich dabei aus der Position der „Eins“. Sind z.B. L = 16 Positionen möglich, so werden 4 (ld(L)) Datenbits pro PPM-Wort übertragen. Bei der verwendeten Intensitätsdetektion ist die elektrische Leistung am Ausgang der PD proportional zum Quadrat der empfangenen optischen Leistung und damit ist der Kodiergewinn doppelt so hoch wie bei einer rein elektrischen Übertragung. Allerdings wird für PPM-Übertragung im Vergleich zu OOK eine deutlich höhere Bandbreite benötigt (vgl. Abb. 32.11).

Die Bandbreiteneffizienz läßt sich nun prinzipiell durch den parallelen Betrieb mehrerer Übertragungsstrecken (z.B. N parallele OOK Strecken = N-OOK in Abb. 32.11) oder einer Modulationsart mit entsprechend vielen Entscheidungsschwellen (z.B., QPSK, L-PAM mit L Stufen) steigern, jedoch meist auf Kosten der Leistungseffizienz. Hilfsträgerverfahren haben zwar schlechte Leistungs- und Bandbreiteneffizienz, ermöglichen aber einen sehr einfachen Vielfachzugriff und sind immun gegen niederfrequente Störungen.

Denkt man an das Internet als eine der Hauptanwendungen, so ist die benötigte Datenrate für den Downlink wesentlich höher als für den Uplink, so daß für diese beiden Richtungen durchaus unterschiedliche Modulationsarten zur Anwendung kommen könnten. So wäre es vorteilhaft beim

Downlink auf Bandbreiteneffizienz zu achten, während für den Uplink eine leistungseffiziente Modulaton zu bevorzugen wäre, um den Batterieverbrauch der Mobilteilnehmer zu minimieren.

Mit Raum- und Wellenlängenmultiplex können mehrere Verbindungen parallel aufgebaut werden, bei zusätzlichen elektrischen Multiplextechniken (Zeit-, Frequenz- und Codemultiplex) muß der optische Kanal zwischen den Teilnehmern aufgeteilt werden. Raum- und Wellenlängenmultiplex haben den großen Vorteil, daß man die riesige optische Bandbreite ausnutzen kann und jedem Teilnehmer i.a. die volle Kanalbandbreite zur Verfügung gestellt werden kann, während bei den elektrischen Multiplextechniken sich die Teilnehmer die Kanalbandbreite teilen müssen. Zur Zeit erhältliche Systeme für Punkt zu Punkt Verbindungen verwenden Raum- und Wellenlängenmultiplex, in LAN-Applikationen werden elektrische Multiplextechniken eingesetzt.

32.4.2 Systeme

Abschließend seien noch einige beispielhafte Systeme behandelt.

Die meisten IR Schnittstellen in Laptops, Druckern und Handys beruhen auf einem Standard der Infrared Data Association (IrDA) [15]. Der IrDA Standard 1.3 spezifiziert bei 0,9 μm Wellenlänge eine Punkt zu Punkt Sichtverbindung über 1 m Distanz mit Nutzdatenraten zwischen 2,4 kBit/s und 4 Mbit/s und einem FOV von 15°. Bei 4 Mbit/s und 4-PPM beträgt die Strahlstärke des Senders 100 mW/sr, der Empfänger hat eine effektiven Fläche von 0,2 cm^2. Ein Standard für 16 Mbit/s: Very Fast IR (VFIR) ist in Vorbereitung.

Für drahtlose LANs (WLAN)s existiert innerhalb des IEEE 802.11 Standards auch eine Spezifikation für IR [16]. Sie sieht 16-PPM Kodierung bei 1 Mbit/s und 4-PPM bei 2 Mbit/s Datenrate vor. Kommerziell erhältliche IR-WLAN Geräte bieten jedoch inzwischen Bitraten zwischen 4 Mbit/s und 10 Mbit/s und sind kompatibel zu dem weit verbreiteten IEEE 802.3 (Ethernet) Standard. Die von der Basisstation ausgeleuchtete Zelle hat dabei einen Durchmesser von ca. 10 m. Es sind sowohl Systeme mit ungerichteter Übertragung entsprechend Abb. 32.2c als auch hybride Systeme entsprechend Abb. 32.2b mit automatischer Nachführung der Mobilstation erhältlich.

Weiterhin existieren Geräte für hochratige Punkt zu Punkt Verbindungen bis 2,5 Gbit/s für den Betrieb außerhalb von Gebäuden. Das 2,5 Gbit/s System beruht auf Komponenten, die für die faseroptische Übertragung entwickelt wurden. Der Faserverstärker liefert eine Ausgangsleistung von 27 dBm, um genügend Systemreserve auch im Fall von Regen zu haben. Bei einer Strahldivergenz von 0,5 mrad und einem Teleskopempfänger mit einer effektiven Empfängerfläche von 0,025 m^2 kann eine Distanz von 4,4 km überbrückt werden [17]. Zur Reduktion von Intensitätsschwankungen aufgrund atmosphärischer Turbulenzen wird die Sendeleistung über drei parallele Aperturen abgestrahlt. In einer Erweiterung konnten in einem WDM Experiment 4 × 2,5 Gbit/s übertragen werden [18].

Spezielle Literatur

[1] Bronstein, Semendajew, Taschenbuch der Mathematik, B.G. Teubner Verlagsgesellschaft, Stuttgart, Leipzig, 1991

[2] *Heatley, D.; Wisely, D.; Neild, I.; Cochrane, P.:* Optical Wireless: The story so far, IEEE Communications Magazine, 12/1998, pp. 72–82

[3] *Smyth, P.; McCullagh, M.; Wisely, D.; Wood, D.; Ritchie, S.; Eardley, P.; Cassidy, S.:* Optical wireless local area network enabling technologies, BT Technol. J. Vol 11, No 2 April 1993, pp. 56–64

[4] *Pohl, V.; Jungnickel, V.; Hentges, R.; v. Helmolt, C.:* Integrating Sphere Diffuser for Wireless Infrared Communication, Proc IEE Colloquium „Optical Wireless Communications", London, June 22, 1999, pp. 4/1–4/6

[5] *Smestad, G.; Ries, H.; Winston, R.; Yablonovitch, E.:* The thermodynamic limits of light concentrators, Solar Energy Materials 21 (1990) pp. 99–111

[6] *Kahn, J.M.; Barry, J.R.:* Wireless Infrared Communications, Proc IEEE, vol. 85, 1997, pp. 265–298

[7] Sicherheit von Laser-Einrichtungen Teil 1: Klassifizierung von Anlagen, Anforderungen und Benutzer Richtlinien, Europäische Norm, EN 60825-1: 1994 + Änderung A11: 1996

[8] *Lasser, O.; Horak, W.:* Optische Strahlungssicherheit von LED und IRED nach der neuen Sicherheitsnorm IEC 825-1, ntz 5, 1996, S. 8–14
[9] *Sutter, E.:* Extended Sources – Concepts and Potential Hazards, Optics & Laser Technology, vol. 27, 1995, pp. 5–13
[10] *Unger, H. G.:* Optische Nachrichtentechnik, Elitera Verlag 1976
[11] Handbook of Optics, Chapter 14, Optical properties of the atmosphere, McGraw Hill, 1978
[12] *Kennedy, R.S.; Hoversten, E.V.:* On the atmosphere as an optical communication channel, IEEE Trans on Inform. Theory 15, no. 5, Sept. 1968, pp. 716–725
[13] *Clay M.R. et al.:* Attenuation of electromagnetic radiation in fogs in the infrared compared to that at visible wavelength. Summary of measurements made at one site from 29 October 1980 – 4 March 1983, Appl. Opt. 23, 17 Sept. 1984, pp. 2868–2869
[14] *Gfeller, F.R.; Bapst, U.:* Wireles In-House Data Communication via Diffuse Infrared Radiation, Proc IEEE, vol. 67, 1979, pp. 1474–1486
[15] IrDA im Internet: http://www.irda.org
[16] *Valadas, R.T.; Tavares, A.R.; de Oliveira Duarte, A.M.:* The Infrared Physical Layer of the IEEE 802.11 Standard for Wireless Local Area Networks, IEEE Communications Magazine, Dec. 1998, pp. 107–112
[17] *Nykolak, G.; Szajowski, P.F.; Tourgee, G.; Presby, H.:* 2.5 Gbit/s free space optical link over 4.4 km, Electron. Lett. 35 (1999) pp. 578–579
[18] *Nykolak, G.; Szajowski, P.F.; Jacques, J.; Presby, H.M.; Abate, J.A.; Tourgee, G.E.; Auborn, J.J.:* 4 × 2.5 Gbit/s 4.4 km WDM free-space optical link at 1550 nm, Proc. OFC '99 Post Deadline Paper pp. PD11-1-PD11

Sachverzeichnis

MIX
Papier aus verantwortungsvollen Quellen
Paper from responsible sources
FSC® C105338

If you have any concerns about our products,
you can contact us on
ProductSafety@springernature.com

In case Publisher is established outside the EU,
the EU authorized representative is:
Springer Nature Customer Service Center GmbH
Europaplatz 3, 69115 Heidelberg, Germany

Printed by Libri Plureos GmbH
in Hamburg, Germany